VERTEBRADOS

ANATOMIA COMPARADA, FUNÇÃO E EVOLUÇÃO

VERTEBRADOS

ANATOMIA COMPARADA, FUNÇÃO E EVOLUÇÃO

Kenneth V. Kardong
Washington State University

Revisão Técnica

Evanilde Benedito

Doutora em Ciências Biológicas pelo Programa de Pós-graduação em Ecologia
e Recursos Naturais da Universidade Federal de São Carlos (UFSCar).
Pós-doutora em Ecologia de Ecossistemas pelo Instituto Nacional de Pesquisas da Amazônia (INPA).
Professora de Zoologia do Departamento de Biologia da Universidade Estadual de Maringá (UEM).
Pesquisadora do Núcleo de Pesquisas em Limnologia, Ictiologia e Aquicultura (Nupélia).
Bolsista de Produtividade em Pesquisa do CNPq. Orientadora (Mestrado e Doutorado)
nos Programas de Pós-graduação em Ecologia de Ambientes Aquáticos Continentais
e de Pós-graduação em Biologia Comparada, ambos da UEM.

Tradução

Claudia Lucia Caetano de Araujo (Capítulos 9, 10, 18 e Apêndices)
Idilia Vanzellotti (Capítulos 1 a 8 e Glossário)
Patricia Lydie Voeux (Capítulos 11 a 17)

Sétima edição

- **Atendimento ao cliente: (11) 5080-0751 | faleconosco@grupogen.com.br**

- Translation of the Seventh edition in English of
VERTEBRATES: COMPARATIVE ANATOMY, FUNCTION, EVOLUTION
Original edition copyright © 2015 by McGraw-Hill Education. Previous editions ©2012, 2009, and 2006.
All rights reserved.
ISBN: 978-0-07-802302-6

- Portuguese edition copyright © 2016 by
Editora Guanabara Koogan Ltda.
All rights reserved.

- Direitos exclusivos para a língua portuguesa
Copyright © 2016 by
EDITORA GUANABARA KOOGAN LTDA.
Uma editora integrante do GEN | Grupo Editorial Nacional
Travessa do Ouvidor, 11
Rio de Janeiro – RJ – CEP 20040-040
www.grupogen.com.br

- Reservados todos os direitos. É proibida a duplicação ou reprodução deste volume, no todo ou em parte, em quaisquer formas ou por quaisquer meios (eletrônico, mecânico, gravação, fotocópia, distribuição pela Internet ou outros), sem permissão, por escrito, da EDITORA GUANABARA KOOGAN LTDA.

- Capa: Bruno Sales

- Editoração eletrônica: Hera

- Ficha catalográfica

K27v
7. ed.

Kardong, Kenneth V.
Vertebrados: anatomia comparada, função e evolução / Kenneth V. Kardong; tradução Claudia Lucia Caetano de Araujo, Idilia Vanzellotti, Patricia Lydie Voeux. - 7. ed. - [Reimpr.]. - Rio de Janeiro: Guanabara Koogan, 2022.
il.

Tradução de: Vertebrates: comparative anatomy, function, evolution
ISBN 978-85-277-2957-4

1. Vertebrados - Anatomia. 2. Vertebrados - Fisiologia. 3. Anatomia comparada. 4. Vertebrados - Evolução. I. Araujo, Claudia Lucia Caetano de. II. Vanzellotti, Idília Ribeiro. III. Voeux, Patrícia Lydie. IV. Título.

16-32662
CDD: 596
CDU: 597/599

Dedico com alegria e gratidão a
T. H. Frazzetta, que, assim como eu,
recorda-se carinhosamente de
Richard C. Snyder

Prefácio

Se você é um estudante que está iniciando o estudo dos vertebrados, várias dicas podem ser úteis, principalmente sobre como este livro dará suporte ao seu trabalho. Em primeiro lugar, a disciplina da biologia dos vertebrados é diversa e inclusiva. Ela reúne temas de biologia molecular, genes e genomas, evolução e embriologia, biomecânica e fisiologia experimental e incorpora à história dos vertebrados novos fósseis sucessivos e surpreendentes. Você encontrará mais uma vez, de maneira integrada, grande parte do que conheceu em cursos anteriores.

Em segundo lugar, para unificar esses temas, reescrevi e revisei esta sétima edição dentro da estrutura unificadora de forma, função e evolução. Os primeiros capítulos organizam essa estrutura, e os capítulos subsequentes tratam dos vertebrados, sistema por sistema. Observe que cada capítulo subsequente começa com uma exposição sobre a morfologia, seguida por análise da função e da evolução. Portanto, cada capítulo é independente – forma, função e evolução.

Em terceiro lugar, é provável que, ao iniciar este curso, o estudante já tenha algum conhecimento prévio sobre ciências, talvez esperando acumular conhecimento prático que seja útil mais tarde nos cursos profissionais ou nas carreiras da área de saúde. Certamente este curso oferece, em parte, essas informações práticas. No entanto, por ser uma disciplina de integração, a morfologia dos vertebrados reúne fisiologia, embriologia, comportamento e ecologia, além de empregar métodos modernos de sistemática e as novas descobertas da paleontologia. Assim, mais do que memorizar fatos isolados, você vai conhecer e compreender conceitos mais amplos atestados pela morfologia. O que pode ser uma surpresa é que muitas teorias, sobretudo as teorias evolutivas na biologia dos vertebrados, ainda não tenham sido comprovadas nem solucionadas, dando margem a novas abordagens. Essa é uma das razões que me levaram a incluir várias controvérsias e a apoiar seus esforços para participar do processo científico e de raciocínio.

Aqueles que usaram este livro antes perceberão que ele mantém uma organização familiar e convidativa, com a atualização do conteúdo e maior apoio para o estudante. Aqueles que leem este livro pela primeira vez notarão que a morfologia recebe tratamento generoso dentro do contexto filogenético. Na atualidade, porém, esperamos que nossos estudantes desenvolvam habilidades acadêmicas e profissionais que ultrapassem a simples facilidade com a terminologia anatômica. De modo geral, esperamos que desenvolvam habilidades de pensamento crítico

e tenham facilidade com conceitos científicos. Cada um de nós encontrará seu próprio caminho para criar um curso de morfologia dos vertebrados que sirva a esses objetivos. Este livro foi escrito para apoiar esses objetivos quando cada professor elaborar seu curso. É flexível. É possível misturar, combinar e mudar a ordem de acordo com o curso e enfatizar os sistemas mais apropriados para sua organização. Cada capítulo reúne forma, função e evolução pertinentes aos sistemas e, portanto, constitui uma unidade coesa. Nos casos em que informações ou conceitos são abordados com mais detalhes fora de determinado capítulo, há referências cruzadas que guiam o estudante e esclarecem a discussão. Recurso de sucesso em edições anteriores, mantive esta estratégia para melhorar o desempenho dos estudantes e ajudá-los a desenvolver habilidades de pensamento crítico e entendimento conceitual.

Para o estudante

Diversas características estratégicas nesta obra aumentam sua utilidade para os estudantes. É ricamente **ilustrada** com figuras que incluem novas informações e proporcionam novas perspectivas. Cada capítulo se inicia com um **sumário** que contém os tópicos que serão abordados. **Conceitos** importantes e termos anatômicos principais estão em negrito. **Referências cruzadas** direcionam os estudantes para outras áreas do texto em que podem relembrar seus conhecimentos ou esclarecer um assunto desconhecido. Cada capítulo termina com um **resumo**, que chama a atenção para alguns dos conceitos apresentados no capítulo. A maioria dos capítulos contém **Boxes Ensaio**, cuja finalidade é apresentar temas ou eventos históricos que os estudantes podem considerar interessantes e até mesmo divertidos. No fim do livro há um **glossário** de definições.

Além dessas características práticas, a obra usa tópicos selecionados da estrutura dos vertebrados para desenvolver as habilidades dos estudantes de pensamento crítico e o domínio de conceitos dentro de uma estrutura coerente.

Pensamento crítico

Nas ciências, o pensamento crítico é a capacidade de reunir informações factuais em um argumento fundamentado e lógico. Especialmente se for acompanhado por um laboratório, um curso de morfologia dos vertebrados propicia experiência prática com a anatomia de animais representativos. Os estudantes podem participar diretamente da descoberta da forma dos vertebrados. Mas também podem ser incentivados a ir mais longe. Os instrutores podem apresentar assuntos mais abrangentes para os estudantes – Como funciona? Como evoluiu? Por exemplo, no início do livro, os estudantes são apresentados às "ferramentas de trabalho", métodos usados para a análise empírica do mecanismo de funcionamento das partes e o posicionamento dos organismos em um contexto filogenético. Depois de uma exposição da morfologia básica, cada capítulo analisa o funcionamento e a evolução desses sistemas.

Incluí intencionalmente ideias novas, negligenciadas ou conflitantes sobre a função e a evolução. Muitas delas provêm da Europa, onde são conhecidas há muito tempo. Particularmente, considero muitas dessas ideias atraentes, até mesmo refinadas. Outras eu considero, com franqueza, fracas e não convincentes. Apesar de meu ceticismo, incluí algumas ideias contrárias. Meu propósito é fazer com que os estudantes pensem sobre forma, função e evolução.

Várias teorias sobre a evolução dos maxilares são analisadas, bem como várias teorias sobre a origem das nadadeiras pares. É comum a expectativa dos estudantes de que hoje tenhamos as respostas definitivas. Eles imploram: "Por favor, qual é resposta?" A discussão sobre a fisiologia dos dinossauros é uma oportunidade maravilhosa para mostrar aos estudantes o processo contínuo da investigação científica. A maioria assistiu aos filmes de Hollywood e espera que o assunto esteja resolvido. Mas nós sabemos que a ciência é um processo contínuo de aperfeiçoamentos, desafios e, às vezes, mudanças revolucionárias. Um Boxe Ensaio apresenta o argumento inicial da endotermia dos dinossauros. Essa discussão gerou outras investigações que agora desafiam essa noção dos dinossauros como feras "de sangue quente". O segundo Boxe Ensaio sobre endotermia dos dinossauros apresenta essa evidência nova e contrária e, portanto, mostra como é possível, mesmo em animais extintos, testar hipóteses sobre sua fisiologia, morfologia e estilo de vida.

Conceitos

A morfologia dos vertebrados também ajuda a avaliar e compreender os conceitos científicos que unem a biologia e refletem sobre o "mecanismo" de funcionamento da ciência. Como afirmou John A. Moore, a ciência é um "modo de conhecer" (Moore, zoólogo americano, 1988). A morfologia comparada põe em nítido contraste diferenças e semelhanças entre organismos. Os conceitos de homologia, analogia e homoplasia ajudam a compreender a base dessas características comparadas. Muitos dos conceitos surgiram no século 19 e se tornaram os temas condutores da biologia atual. A evolução, definida como a descendência com modificações ao longo do tempo, é um dos conceitos fundamentais da biologia. A morfologia dos vertebrados é uma vitrine das modificações adaptativas do plano básico do corpo dos vertebrados. Mas a evolução é a modificação de um organismo altamente integrado, um sistema conectado de partes e suas funções. Isso também foi reconhecido no século 19, sugerindo limites para a modificação evolutiva. A morfologia dos vertebrados oferece exemplos atraentes do modo de evolução de um organismo integrado. Por exemplo, um

notável registro fóssil documenta uma modificação inegável da articulação maxilar dos sinápsidos ao observar a substituição dos dois ossos participantes (articular, quadrado) dos sinápsidos basais por dois ossos diferentes nos grupos derivados, entre os quais os mamíferos. Os fósseis intermediários entre as duas condições mostram as alterações anatômicas, mas também sugerem como variações funcionais, que acompanham os sistemas em evolução, modificam sem prejudicar o desempenho.

A íntima ligação da forma e função ao estilo de vida é ilustrada em muitos sistemas vertebrados. Desenvolvido a partir de um plano vertebrado básico, o sistema locomotor dos tetrápodes ilustra a relação próxima entre membros e esqueleto axial e o tipo de locomoção – voo, cursorial, escavação. O sistema cardiovascular, sobretudo em organismos que exploram a água e o ar, ilustra a íntima relação entre morfologia vascular e a flexibilidade fisiológica que ela torna possível. Os conceitos básicos de forma, função e evolução adaptativa se apresentam diante de nós à medida que passamos de um sistema para outro na morfologia dos vertebrados.

Na maioria das vezes, a evolução ocorre por remodelamento, a modificação de um plano básico subjacente, em vez de uma construção totalmente nova. Isso é ilustrado no sistema esquelético, bem como no sistema cardiovascular (arcos aórticos).

Estratégia de organização e fundamentos

Escrevi este livro dentro da estrutura unificadora de forma, função e evolução, temas comuns que permeiam toda a obra. Os grupos de vertebrados estão organizados filogeneticamente, e seus sistemas são analisados nesse contexto. A morfologia é o mais importante, mas desenvolvi e integrei o conhecimento da função e da evolução na discussão da anatomia dos vários sistemas. Os cinco primeiros capítulos preparam o caminho.

O Capítulo 1 introduz a disciplina, avalia os antecessores intelectuais da morfologia moderna, define conceitos centrais e alerta os estudantes para erros de compreensão que possam, involuntariamente, trazer para o estudo dos processos evolutivos. O Capítulo 2 apresenta os cordados e suas origens, dando considerável atenção aos negligenciados protocordados e sua evolução. Isso prepara o terreno para uma ampla análise sobre o conjunto de caracteres na radiação dos vertebrados, assunto que ocupa o restante do livro, com início no Capítulo 3. Nele discorremos sobre vertebrados, suas origens e relações taxonômicas básicas. O Capítulo 4 introduz os conceitos básicos de biomecânica e biofísica, preparando para seu uso posterior na compreensão dos aspectos da constituição e da função dos vertebrados. O Capítulo 5 inclui um resumo de embriologia descritiva e conclui com uma discussão sobre o papel que os processos embrionários desempenham nos eventos evolutivos dos vertebrados.

Os demais capítulos apresentam cada um dos principais sistemas. Além de abordar temas gerais, cada capítulo conta com uma organização interna uniforme. Todos começam com uma introdução básica à morfologia e, em seguida, analisam a função e a evolução. Desse modo, os temas gerais são repetidos a cada capítulo, o que garante a uniformidade de apresentação de cada capítulo e a coerência de todos eles.

Novidades e atualizações da sétima edição

A descoberta de novos fósseis, modernas pesquisas experimentais e novas filogenias continuam a enriquecer a biologia dos vertebrados, às vezes resolvendo antigas questões ou nos surpreendendo com um novo entendimento sobre a função nos vertebrados e o mecanismo de evolução. Grande parte disso foi acrescentada a esta nova edição.

▶ **Dinossauros com penas.** As incríveis descobertas de novos fósseis de dinossauros, sobretudo na China, continuam, e alguns deles apresentam evidências de penas na superfície do corpo. Em outras palavras, as penas surgiram antes das aves. Isso significa que essas especializações cutâneas tinham funções biológicas antes do voo. O assunto é discutido no capítulo sobre o tegumento (Capítulo 6) com novas ilustrações.

▶ **Pele de tubarão.** Além de afetar favoravelmente o fluxo de líquido ao longo da superfície, as escamas placoides do tubarão também se encrespam e levantam quando a separação da camada limite começa a ocorrer para reduzir seus efeitos. Essa característica recém-descoberta da pele de tubarão encontra-se no Capítulo 6.

▶ **Evo-Devo.** Ampliei a seção sobre genética na evolução e no desenvolvimento (Capítulo 5) introduzida em edições anteriores. Vários exemplos mostram como os genes controladores (genes *Hox*) e os genes do desenvolvimento controlam a construção do corpo dos vertebrados e seus vários sistemas. Por exemplo, no Capítulo 8, um maravilhoso trabalho experimental em camundongos com uso de técnicas *knockout* mostrou como vários genes *Hox* controlam a diferenciação da coluna axial dos mamíferos. No capítulo de conclusão, eu enfatizo como esses conjuntos de genes evo-devo especiais constituem a base para compreender os mecanismos genéticos das principais mudanças evolutivas.

▶ **Relações filogenéticas.** Graças ao uso contínuo de conjuntos de dados genéticos e morfológicos aperfeiçoados, as relações genéticas estão se tornando mais bem resolvidas e grupos naturais estão surgindo dessa análise com mais clareza. Essa é a base da revisão no Capítulo 3, embora essas filogenias atualizadas estejam por todo o livro e novas filogenias tenham sido acrescentadas como, por exemplo, a filogenia da coluna axial (Capítulo 8).

▶ **Pulmões e ascensão dos arcossauros.** Os pulmões especialmente eficientes das aves são bem conhecidos, com bolsas de ar e fluxo unidirecional de ar. Mas novas evidências experimentais (Capítulo 11) identificam fluxo de ar unidirecional semelhante, mesmo sem bolsas de ar, nos crocodilos. Caso isso seja verdadeiro para os arcossauros em geral, pode representar uma adaptação respiratória a baixos níveis de oxigênio no início do Mesozoico e explicar a ascensão dos arcossauros.

▶ **Inversão dos cordados.** Novidades na genética do desenvolvimento, analisadas em edições anteriores, informam que os ancestrais imediatos dos cordados viraram e inverteram as superfícies dorsal e ventral. Essa ideia parece se manter e, portanto, ainda é a surpreendente base do plano corporal dos cordados hoje.

▶ **Atualização e revisão.** Esta nova edição recebeu inúmeras alterações e revisões. Essas modificações corrigiram informações erradas, atualizaram informações e, muitas vezes, tornaram uma explicação mais clara. Sou grato aos estudantes, revisores e colegas por me enviarem essas sugestões.

▶ **A serviço dos estudantes.** Características deste livro foram ampliadas para tornar sua apresentação mais clara e convidativa. Muitas figuras são novas, revisadas ou receberam novas legendas para melhorar a clareza. Por exemplo, além das figuras já mencionadas, outras novas ou revisadas ilustram um dinossauro com penas e esclarecem o desenvolvimento embrionário do sistema urogenital; várias figuras foram aprimoradas em outras partes. A obra conta com um Encarte, cujas figuras foram selecionadas dos capítulos e reproduzidas em cores para evidenciar melhor as estruturas destacadas e facilitar ainda mais a compreensão dos assuntos abordados.

▶ **A serviço dos professores.** Esta sétima edição – nova, revisada e atualizada – pode servir como referência e recurso de apoio para preparar um curso sobre vertebrados.

Arte e artistas

Por favor, permitam-me um momento final de lamento. No tocante às ilustrações, os livros modernos usam fotografias e figuras produzidas a partir de figuras de plástico criadas por computador, principalmente para representar eventos moleculares. Não há nada de errado nisso, mas se eliminou a participação do toque humano direto, ou seja, o artista. O preparo deste livro me deu a chance – devo dizer, sem custo para os estudantes – de contar com alguns dos melhores artistas atuais. Eles têm um olhar aguçado e talento tradicional para criar ilustrações artísticas esclarecedoras. Muitos contribuíram, mas L. Laszlo Meszoly (Harvard University) forneceu figuras especiais para esta edição, bem como para edições anteriores. Outra artista é Kathleen M. Bodley, cuja incrível capacidade de representar sobretudo os tecidos moles enriqueceu nosso guia de dissecção e é maravilhosa. Meus agradecimentos especiais aos dois. Eles preservam a maravilhosa tradição da ilustração científica.

Agradecimentos

Agradeço aos revisores, estudantes e colegas que generosamente compartilharam comigo suas sugestões para aprimorar esta edição. Espero que esses colegas percebam sua influência nesta edição e aceitem minha sincera gratidão por suas interessantes sugestões e críticas. Por sua ajuda especial nesta edição e em edições anteriores, agradeço a:

Daniel Blackburn
Trinity College

Richard W. Blob
Clemson University

Carol Britson
University of Mississippi

Stephen Burnett
Clayton State University

George Cline
Jacksonville State University

C. G. Farmer
University of Utah

T. H. Frazetta
University of Illinois

Nick Geist
Sonoma State University

Ira F. Greenbaum
Texas A & M University

Maria Laura Habegger
University of South Florida

Christine M. Janis
Brown University

Amy W. Lang
University of Alabama

Jon M. Mallatt
Washington State University

Sue Ann Miller
Hamilton College

Philip J. Motta
University of South Florida

Barbara Pleasants
Iowa State University

Calvin A. Porter
Xavier University of Louisiana

Tamara L. Smith
Westridge School

Jeffrey Thomas
Queens University Charlotte

David Varricchio
Montana State University

Mindy Walker
Rockhurst University

Andrea Ward
Adelphi University

Jeanette Wyneken
Florida Atlantic University

Foi um grande prazer trabalhar anteriormente com vários colegas que ofereceram apoio e auxílio. Em particular, menciono a valiosa ajuda de Christine M. Janis em vários capítulos difíceis, bem como a orientação paciente e muito esclarecedora que recebi de P. F. A. Maderson e W. J. Hillenius sobre a regeneração das penas das aves. Quero também mencionar Ira R. Greenbaum pela agradável e produtiva troca de informações sobre os vertebrados.

Por responderem às minhas dúvidas, oferecerem suas ideias críticas ou pela participação nesta e nas edições anteriores, agradeço a: Neil F. Anderson, Alejandra Arreola, Miriam A. Ashley-Ross, Ann Campbell Burke, Walter Bock, Warren W. Burggren, Anindo Choudhury, Michael Collins, Mason Dean, Ken P. Dial, Alan Feduccia, Adrian Grimes, Maria Laura Habegger, Linda Holland, Marge Kemp, Amy W. Lang, William T. Maple, Jessie Maisano, David N. M. Mbora, Philip Motta, David O. Norris, R. Glenn Northcutt, Kevin Padian, Kathryn Sloan Ponnock, Michael K. Richardson, Timothy Rowe, John Ruben, J. Matthias Starck, James R. Stewart, Billie J. Swalla, Steven Vogel, Alan Walker e Bruce A. Young.

Sou grato também à equipe paciente, capacitada e prestativa da editora McGraw-Hill, que foi extremamente importante para a publicação desta sétima edição. Agradeço mais uma vez à equipe de campo da McGraw-Hill, que coordenou o esforço de todos que ajudaram na revisão desta edição para professores e estudantes que usam este livro. Por sua vez, esses representantes de campo apontam o que vocês gostaram e não gostaram e, assim, ajudam no aprimoramento do livro, tornando-o um trabalho compartilhado em progresso. Lori Bradshow foi indispensável como editora de desenvolvimento. Trabalhar com Ligo Alex e sua talentosa equipe de revisores da Spi-Global foi um prazer.

Aos amigos e familiares, continuo grato por seu apoio durante as várias edições deste livro.

Sumário

CAPÍTULO 4

Constituição Biológica, 128

CAPÍTULO 5

História da Vida, 161

CAPÍTULO 6

Tegumento, 213

Encarte

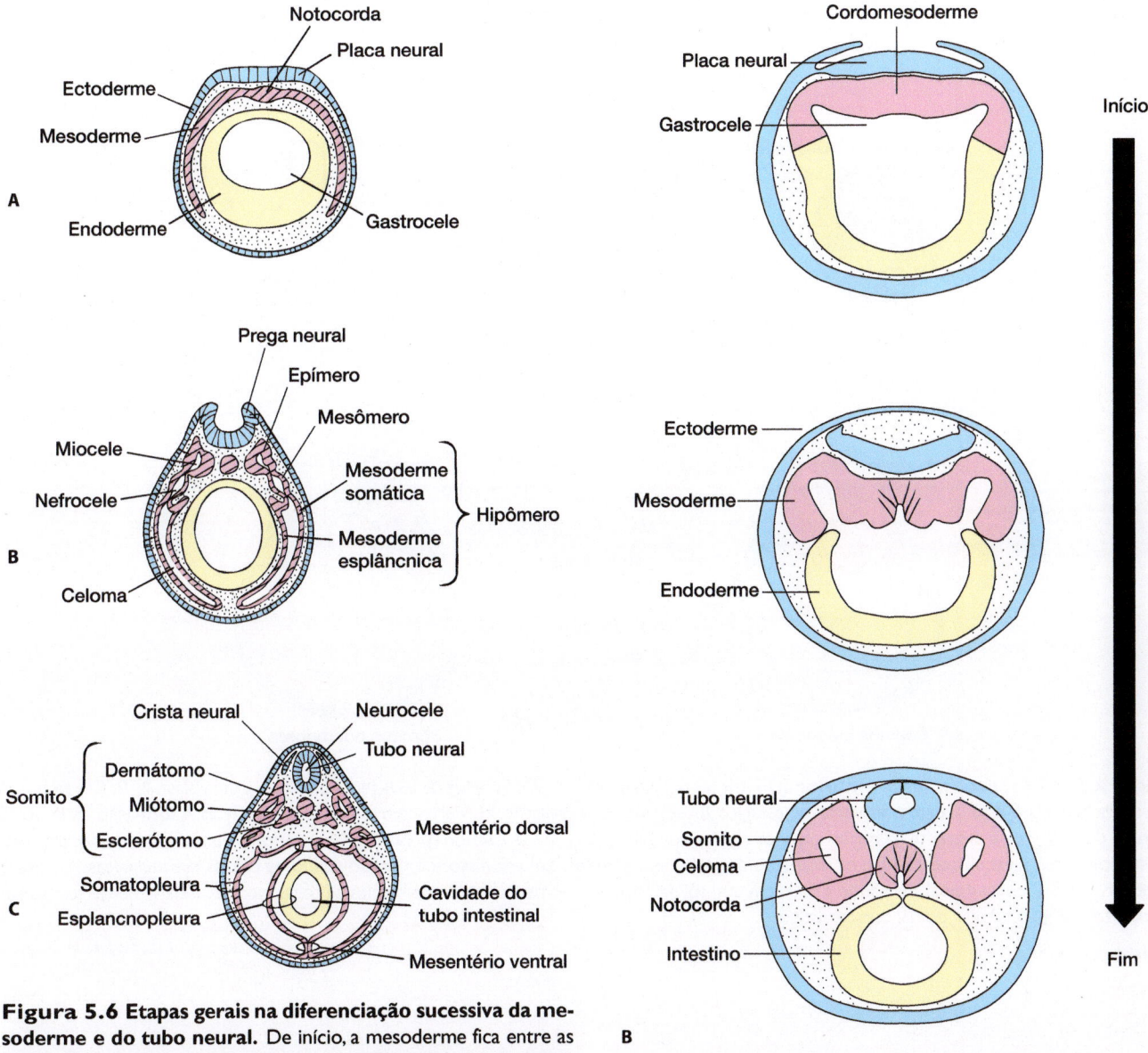

Figura 5.6 Etapas gerais na diferenciação sucessiva da mesoderme e do tubo neural. De início, a mesoderme fica entre as outras duas camadas germinativas (**A**) e se diferencia em três regiões principais: o epímero, o mesômero e o hipômero (**B**), cada uma originando camadas específicas e grupos de populações celulares derivadas da mesoderme (**C**). A neurulação começa com um espessamento dorsal da ectoderme em uma placa neural (A) que se dobra (B), e suas dobras se fundem em um tubo neural oco (C). Nota-se a formação e a separação da crista neural (C) das bordas da placa neural original.

Figura 5.7 Gastrulação e neurulação no anfioxo. B. Cortes transversais, sucessivamente mais antigos, ao longo do plano (*P*), definido na ilustração à esquerda (A). À medida que o desenvolvimento prossegue, surgem evaginações mesodérmicas que se exteriorizam, formando somitos, e deixam a endoderme para formar o revestimento do intestino.

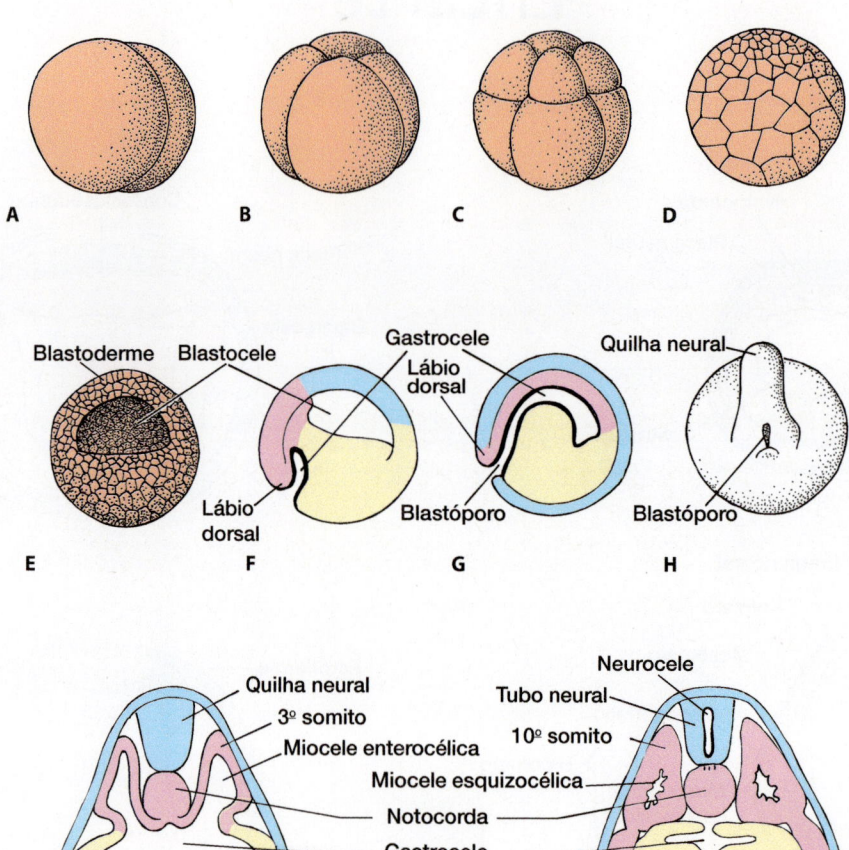

Figura 5.8 Desenvolvimento embrionário inicial na lampreia. A–D. Estágios da clivagem que levam a uma blástula. **E.** Corte transversal da blástula. **F** e **G.** Corte transversal de estágios sucessivos na gastrulação. **H.** Vista exterior de toda a gástrula. A formação da miocele dentro dos somitos é diferente na região anterior (**I**), em comparação com a posterior (**J**). Na região anterior, a miocele é enterocélica, mas, posteriormente, é esquizocélica. Não há formação de placa neural aberta. Em vez disso, um cordão sólido de células ectodérmicas vai para o interior da linha média dorsal, formando a quilha neural sólida. Esse cordão neural sólido de células se torna oco secundariamente, formando o cordão nervoso tubular dorsal característico.

De Lehman.

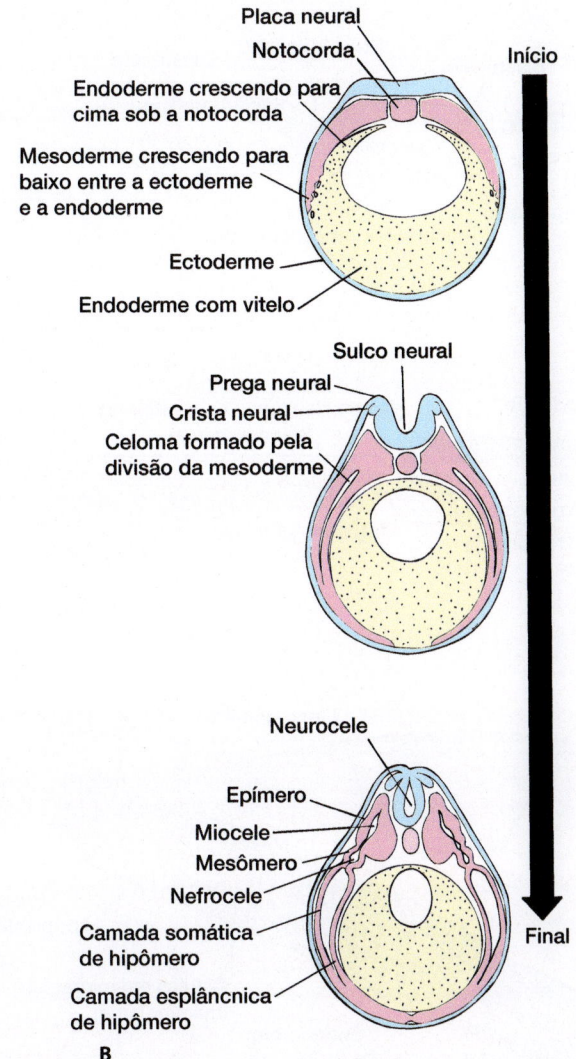

Figura 5.11 Gastrulação e neurulação em anfíbios. B. Cortes transversais sucessivamente mais antigos feitos através do plano (*P*) ilustrados no corte sagital (A). À medida que o desenvolvimento prossegue, asas de endoderme crescem, fundem-se e se tornam distintas da mesoderme. A mesoderme cresce para cima e se diferencia em várias regiões corporais. Nota-se que o celoma se forma dentro da mesoderme por uma divisão dessa camada mesodérmica.

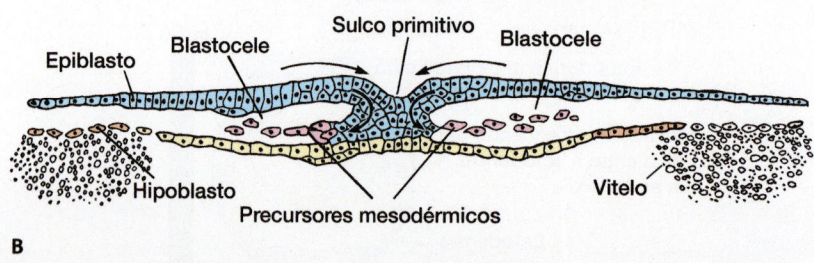

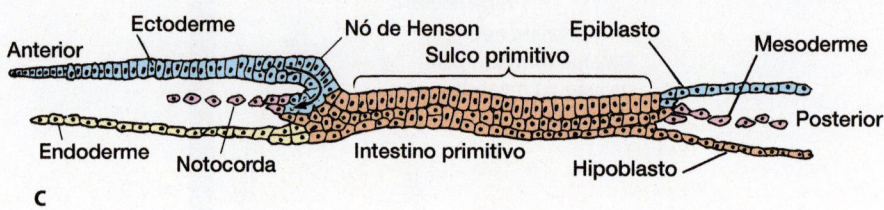

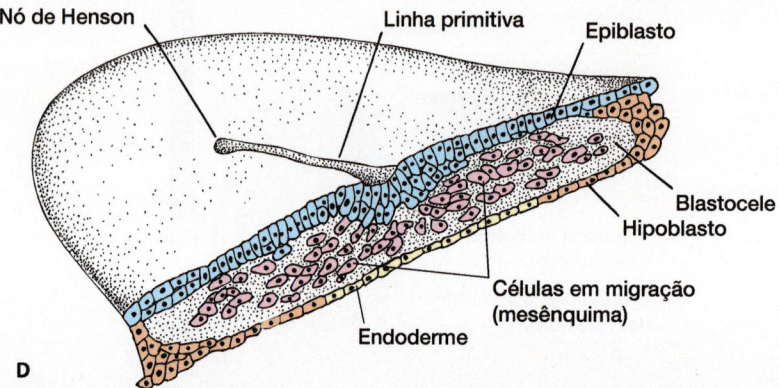

Figura 5.13 Gastrulação nas aves. B. Um corte transversal através do embrião ilustra o fluxo interno de células. Algumas dessas células contribuem para a mesoderme; outras deslocam o hipoblasto para formar a endoderme. **C.** Um corte médio longitudinal através do embrião mostra a migração para a frente de uma corrente separada de células que produzem a notocorda. **D.** Visão tridimensional da linha primitiva durante a gastrulação inicial.

B, de Carlson; C, de Balinski; D, de Duband e Thiery.

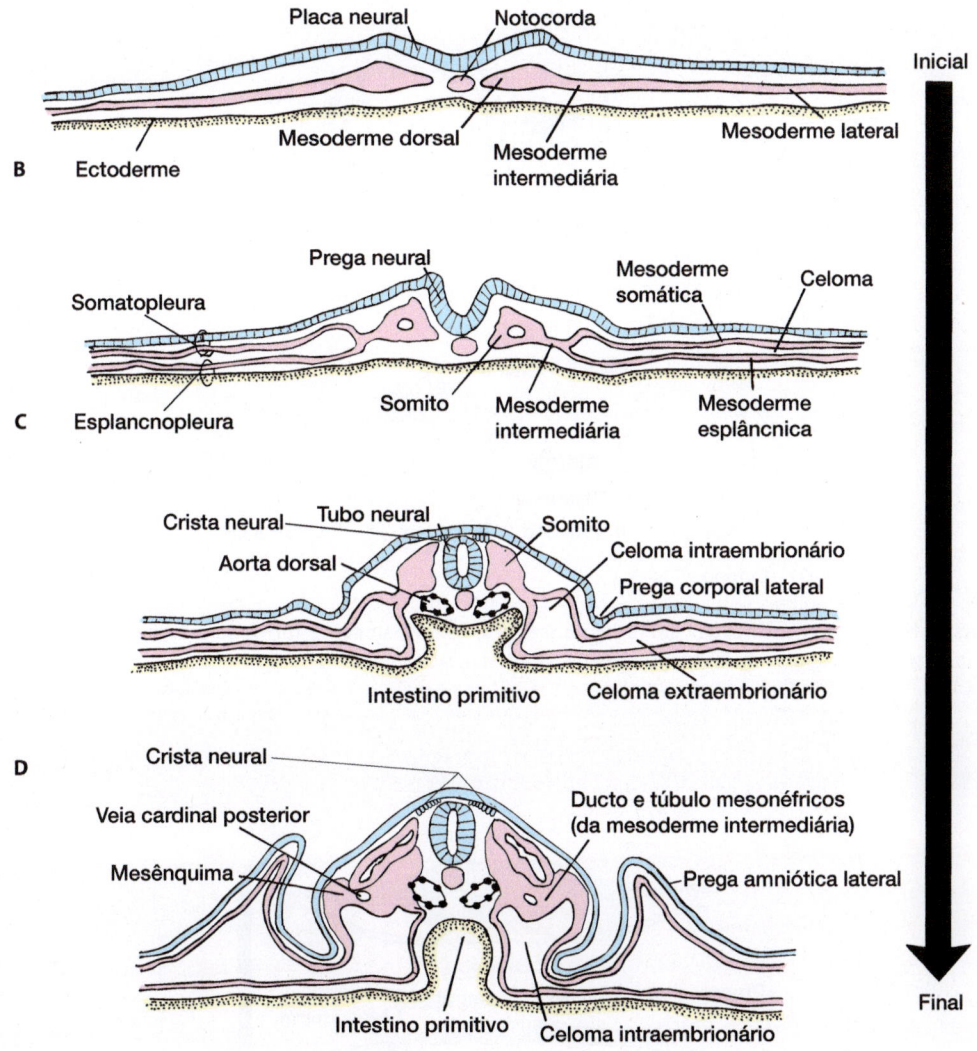

Figura 5.14 Gastrulação e neurulação em aves. B–E. Cortes transversais sucessivamente mais antigos através do plano (*P*), indicado no alto da figura (A). À medida que a gastrulação prossegue, as células que entram através da linha primitiva formam a mesoderme e a endoderme. A mesoderme se diferencia ainda mais nas regiões específicas, e a endoderme desloca o hipoblasto mais antigo para a periferia. Cortes transversais sucessivos mostram a neurulação prosseguindo da placa neural pelas dobras neurais para o tubo nervoso oco. Notam-se também a regionalização da mesoderme e o surgimento de membranas extraembrionárias (prega amniótica lateral).

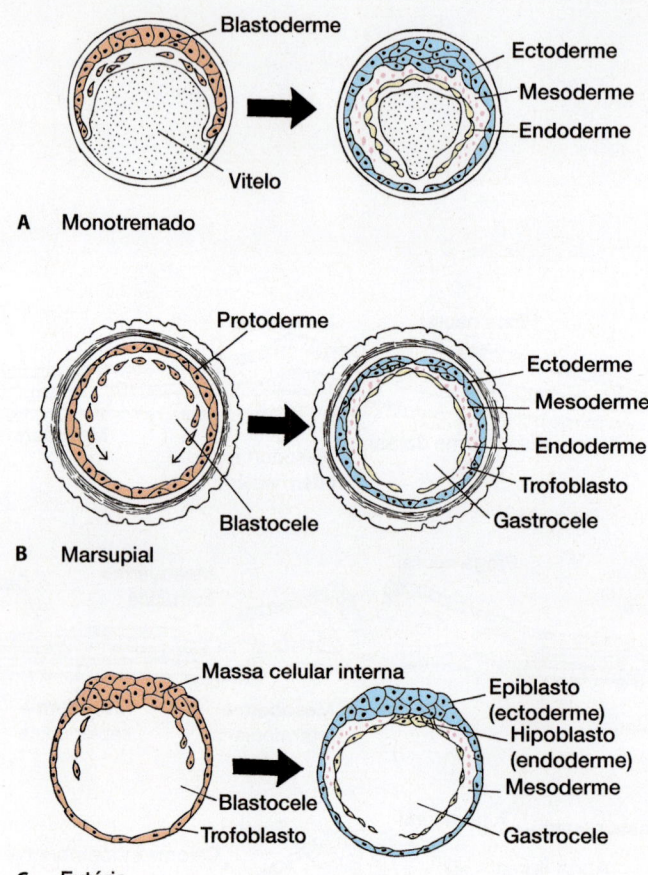

Figura 5.15 Gastrulação em mamíferos. Em todos os três grupos de mamíferos, forma-se uma linha primitiva pela qual as células entram para contribuir para a mesoderme. **A.** Monotremado. **B.** Marsupial. **C.** Eutério.

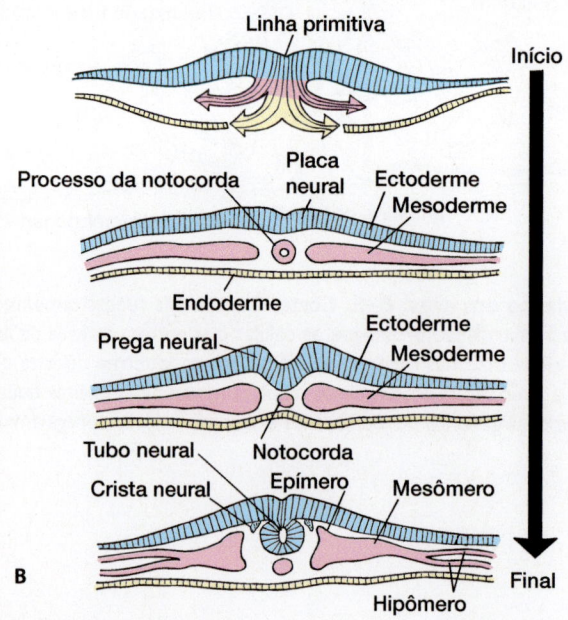

Figura 5.16 Gastrulação e neurulação nos mamíferos eutérios. B. Cortes transversais sucessivamente mais antigos através do plano (*P*) indicado no alto da ilustração (A). À medida que a gastrulação prossegue, as células que entram através da linha primitiva formam a mesoderme que se diferencia nas várias regiões corporais (corte transversal inferior).

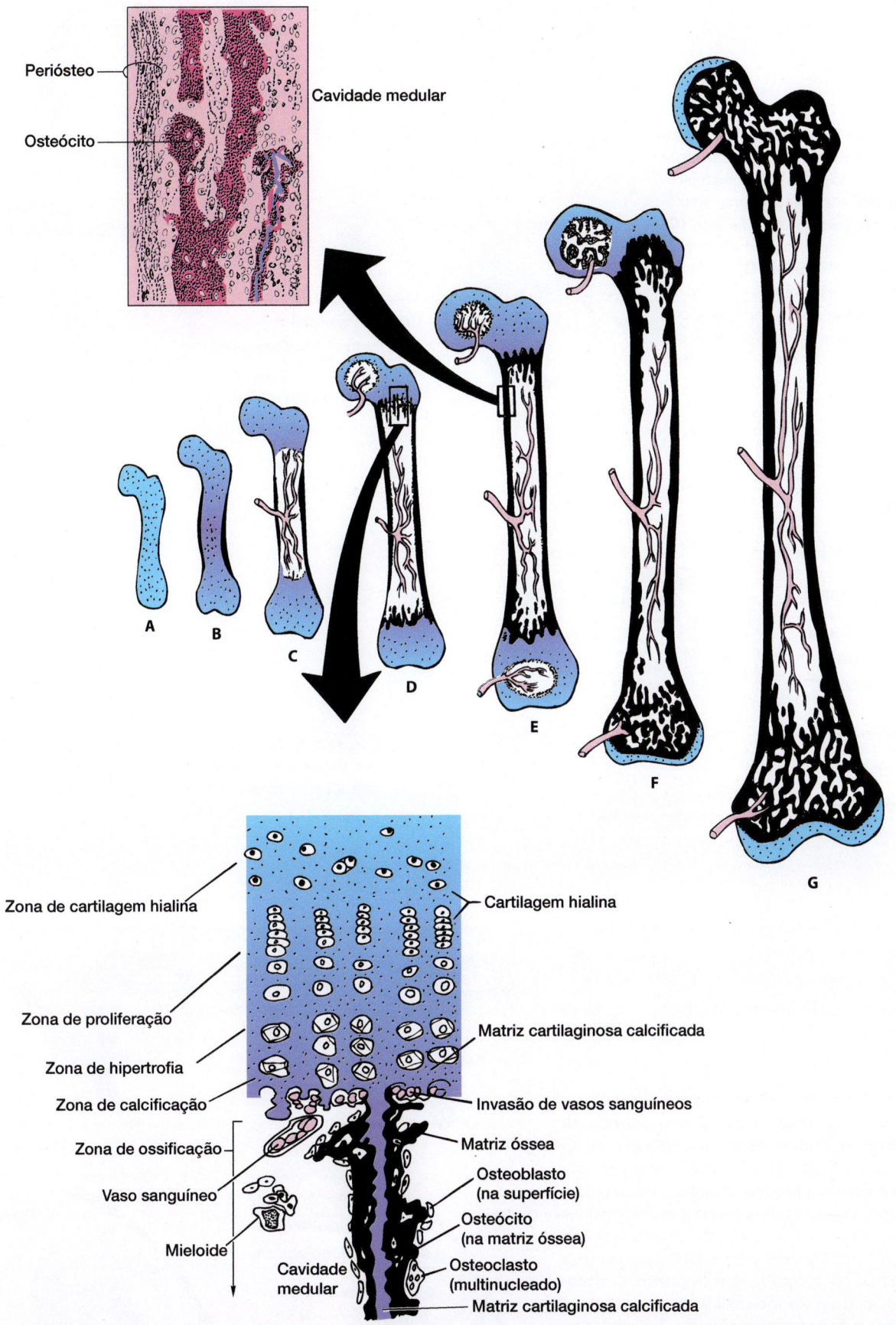

Periósteo

Osteócito

Cavidade medular

A

B

C

D

E

F

G

Zona de cartilagem hialina

Cartilagem hialina

Zona de proliferação

Zona de hipertrofia

Matriz cartilaginosa calcificada

Zona de calcificação

Invasão de vasos sanguíneos

Zona de ossificação

Matriz óssea

Vaso sanguíneo

Osteoblasto (na superfície)

Osteócito (na matriz óssea)

Mieloide

Osteoclasto (multinucleado)

Cavidade medular

Matriz cartilaginosa calcificada

Figura 5.24 Etapas do crescimento ósseo endocondral. A. Modelo de cartilagem hialina. **B.** Aparecimento de um colar ósseo. **C.** Calcificação de cartilagem na diáfise, seguida pela invasão de vasos sanguíneos. **D.** Início da ossificação. **D–F.** Aparecimento de centros secundários de ossificação (epífises). **G.** Na maturidade, o centro de crescimento (metáfise) desaparece. O detalhe superior ilustra uma parte da parede da diáfise em que aparece osso pericondral sob o periósteo. O detalhe inferior é um corte através da metáfise, mostrando proliferação sucessiva de nova cartilagem, calcificação e substituição pela linha avançada de ossificação.

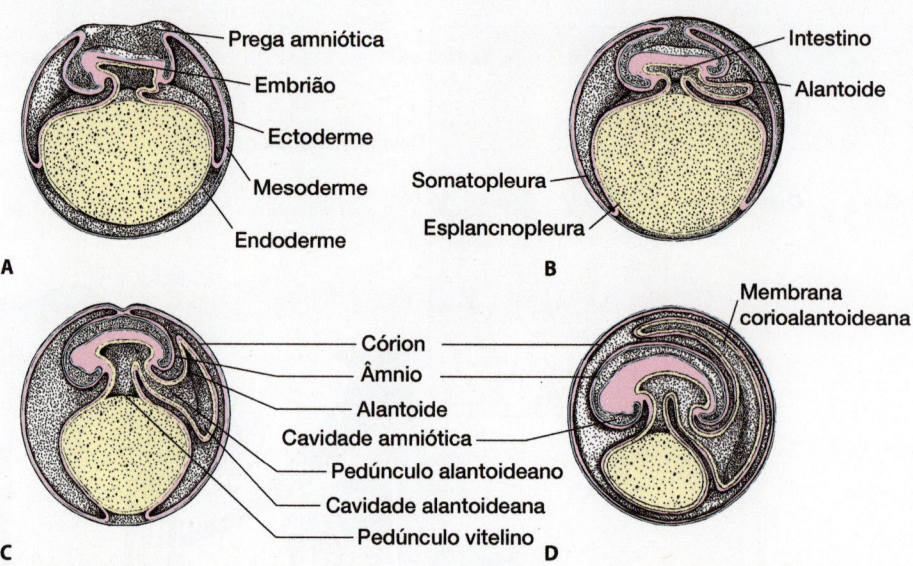

Figura 5.29 Formação da membrana extraembrionária em uma ave (cortes sagitais). A somatopleura sobe (**A**), formando dobras amnióticas que se juntam (**B**) e fundem (**C**) acima do embrião para produzir a membrana corioalantoideana (**D**). Forma-se uma extensa rede vascular dentro da mesoderme que serve como um local de troca respiratória para os gases que passam através da casca porosa (não mostrada).

De Arey.

Labels in figure A: Prega amniótica, Embrião, Ectoderme, Mesoderme, Endoderme

Labels in figure B: Intestino, Alantoide, Somatopleura, Esplancnopleura

Labels in figure C/D: Córion, Âmnio, Alantoide, Cavidade amniótica, Pedúnculo alantoideano, Cavidade alantoideana, Pedúnculo vitelino, Membrana corioalantoideana

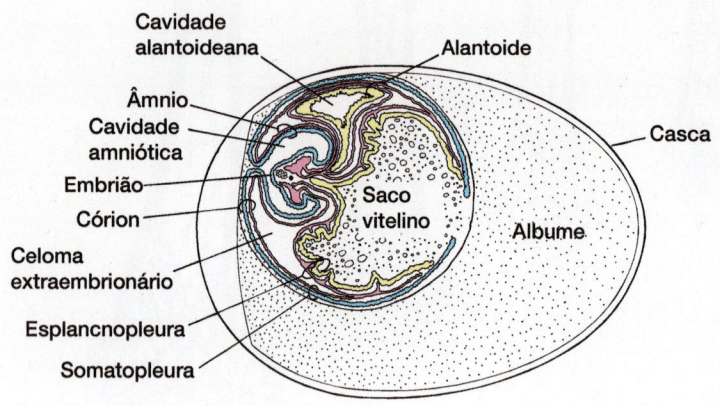

Labels: Cavidade alantoideana, Alantoide, Âmnio, Cavidade amniótica, Embrião, Córion, Celoma extraembrionário, Esplancnopleura, Somatopleura, Saco vitelino, Casca, Albume

Figura 5.30 Corte transversal de um embrião de ave dentro do ovo com casca após cerca de 8 h de incubação. Nota-se a formação inicial da alantoide e do âmnio.

De Patten.

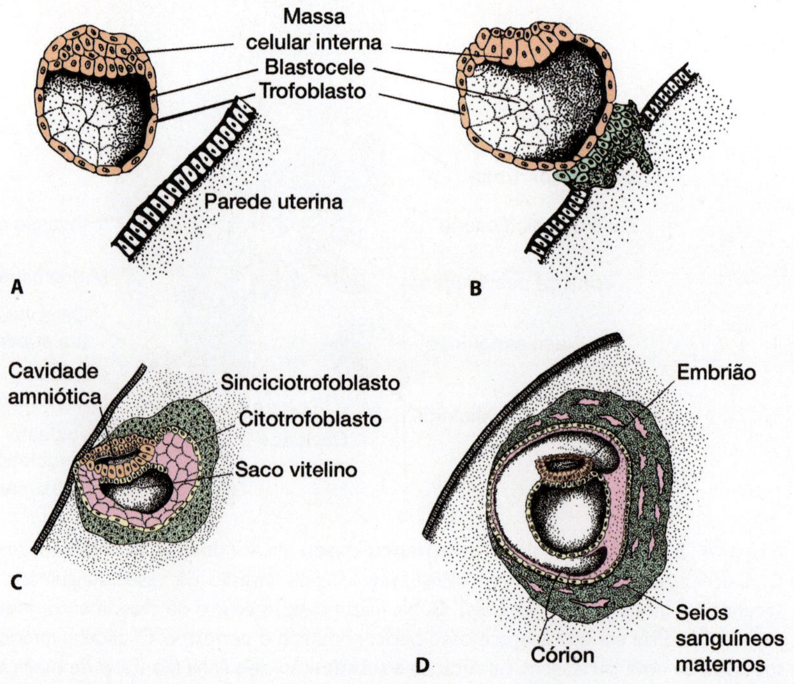

Figura 5.32 Implantação de um embrião de mamífero (humano) na parede uterina. A. O blastocisto ainda não aderiu à parede uterina por volta do quinto dia, mas é possível notar que a massa celular interna, o trofoblasto e a blastocele já estão presentes e a zona pelúcida foi eliminada. **B.** Contato inicial do blastocisto com a parede uterina. **C.** Penetração mais profunda do blastocisto na parede uterina. O trofoblasto origina um sinciciotrofoblasto externo, que é um sincício, e o citotrofoblasto interno. A cavidade amniótica se forma por cavitação dentro da massa celular interna. **D.** Seios sanguíneos da circulação materna seguem pelo sinciciotrofoblasto para dar suporte nutricional e troca respiratória para o embrião.

De McLaren em Austin e Short.

Labels in figure A/B: Massa celular interna, Blastocele, Trofoblasto, Parede uterina

Labels in figure C: Cavidade amniótica, Sinciciotrofoblasto, Citotrofoblasto, Saco vitelino

Labels in figure D: Embrião, Seios sanguíneos maternos, Córion

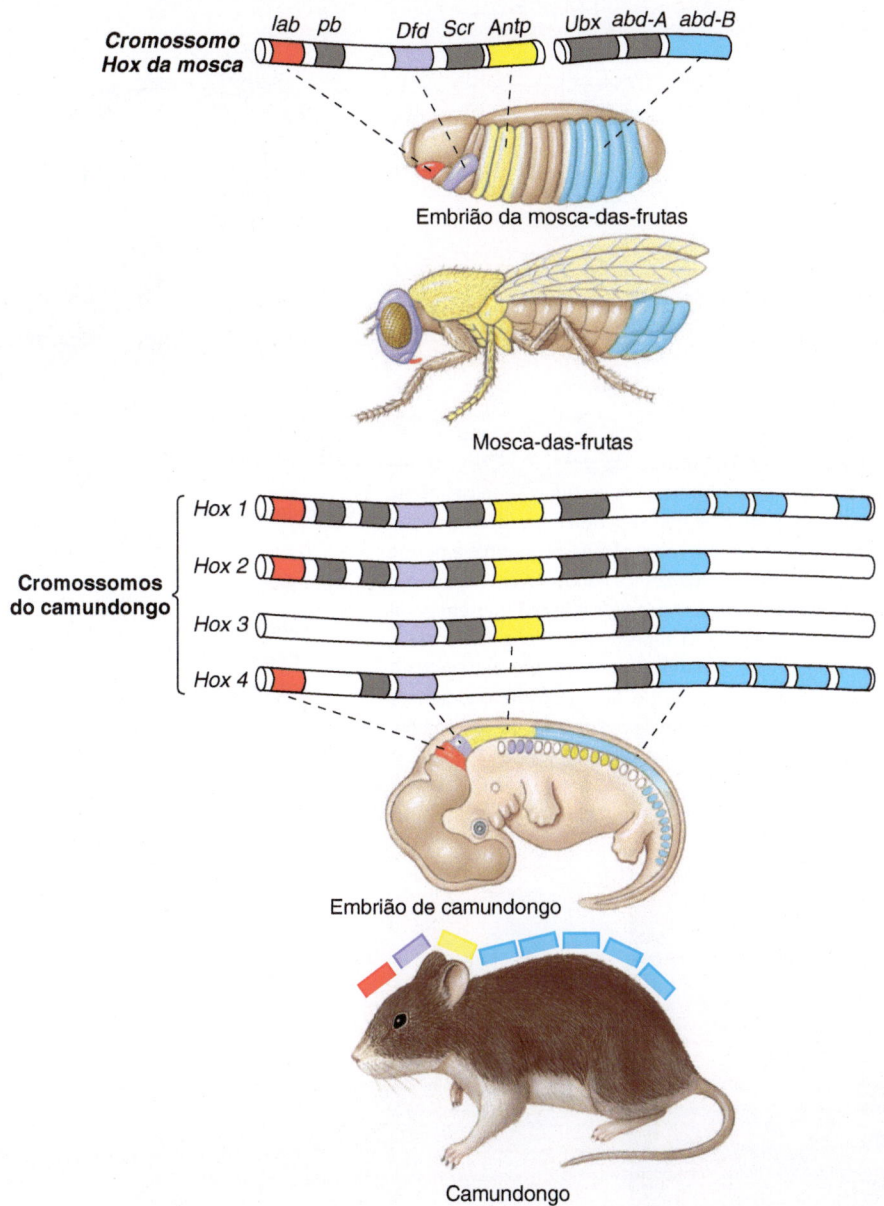

Figura 5.41 Genes *Hox*. Na mosca-das-frutas (*Drosophila melanogaster*), os genes *Hox* estão localizados em aglomerados em um único cromossomo, o cromossomo *HOX* da mosca. No camundongo (*Mus musculus*), genes similares estão localizados em quatro cromossomos. Na mosca e no camundongo, esses genes controlam o desenvolvimento de partes da frente para trás do corpo.

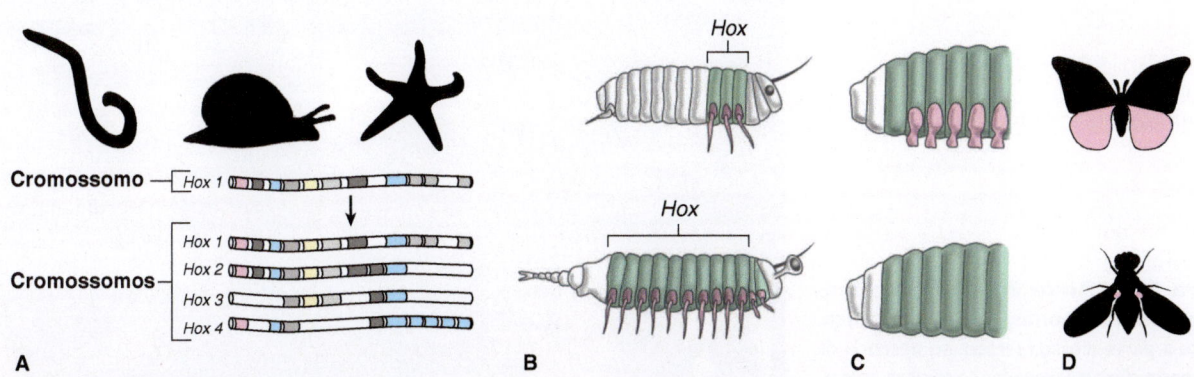

Figura 5.42 Alterações evolutivas nos genes *Hox*. Acredita-se que várias alterações importantes se baseiam em modificações nos genes *Hox* e em suas vias de controle de genes estruturais. Tais mudanças incluem aquelas no número de genes *Hox* que produzem alterações no nível de filos (**A**), alterações amplas na expressão dos *Hox* em regiões corporais (**B**), alterações locais da expressão dos *Hox* (**C**) e alterações na regulação ou na função dos genes subalternos, aí mudando o segundo segmento das asas de uma borboleta ou mariposa no haltere de voo (**D**).

De Gellon e McGinnis, 1998.

Figura 6.1 Desenvolvimento embrionário da pele. A. Corte transversal de um embrião vertebrado representativo. A ectoderme inicialmente se diferencia em um estrato basal profundo, que substitui a periderme externa. À medida que células da crista neural em migração passam entre a derme e a epiderme, algumas ficam entre essas camadas, tornando-se cromatóforos. **B.** A epiderme se diferencia ainda em uma camada estratificada que, em geral, tem um revestimento mucoso ou cutícula na superfície. Dentro da derme, o colágeno forma camadas distintas que constituem um estrato compacto. A membrana basal fica entre a epiderme e a derme. Sob a derme e a camada profunda de musculatura está a hipoderme, um agrupamento de tecido conjuntivo frouxo e tecido adiposo.

Figura 1 do Boxe Ensaio 6.1 Rã de dardo venenoso. Suas cores vivas advertem quanto a secreções cutâneas tóxicas venenosas para a maioria dos predadores.

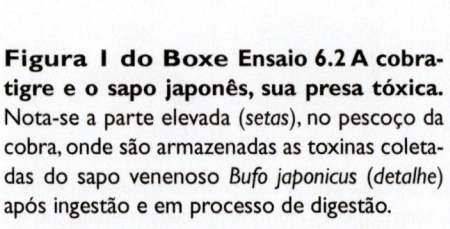

Figura 1 do Boxe Ensaio 6.2 A cobra-tigre e o sapo japonês, sua presa tóxica. Nota-se a parte elevada (*setas*), no pescoço da cobra, onde são armazenadas as toxinas coletadas do sapo venenoso *Bufo japonicus* (*detalhe*) após ingestão e em processo de digestão.

Fotos cedidas gentilmente por Deborah A. Hutchinson e Alan H. Savitzky, parte da equipe de pesquisa que incluiu A. Mori, J. Meinwald, F. C. Schroeder e G. M. Burghardt.

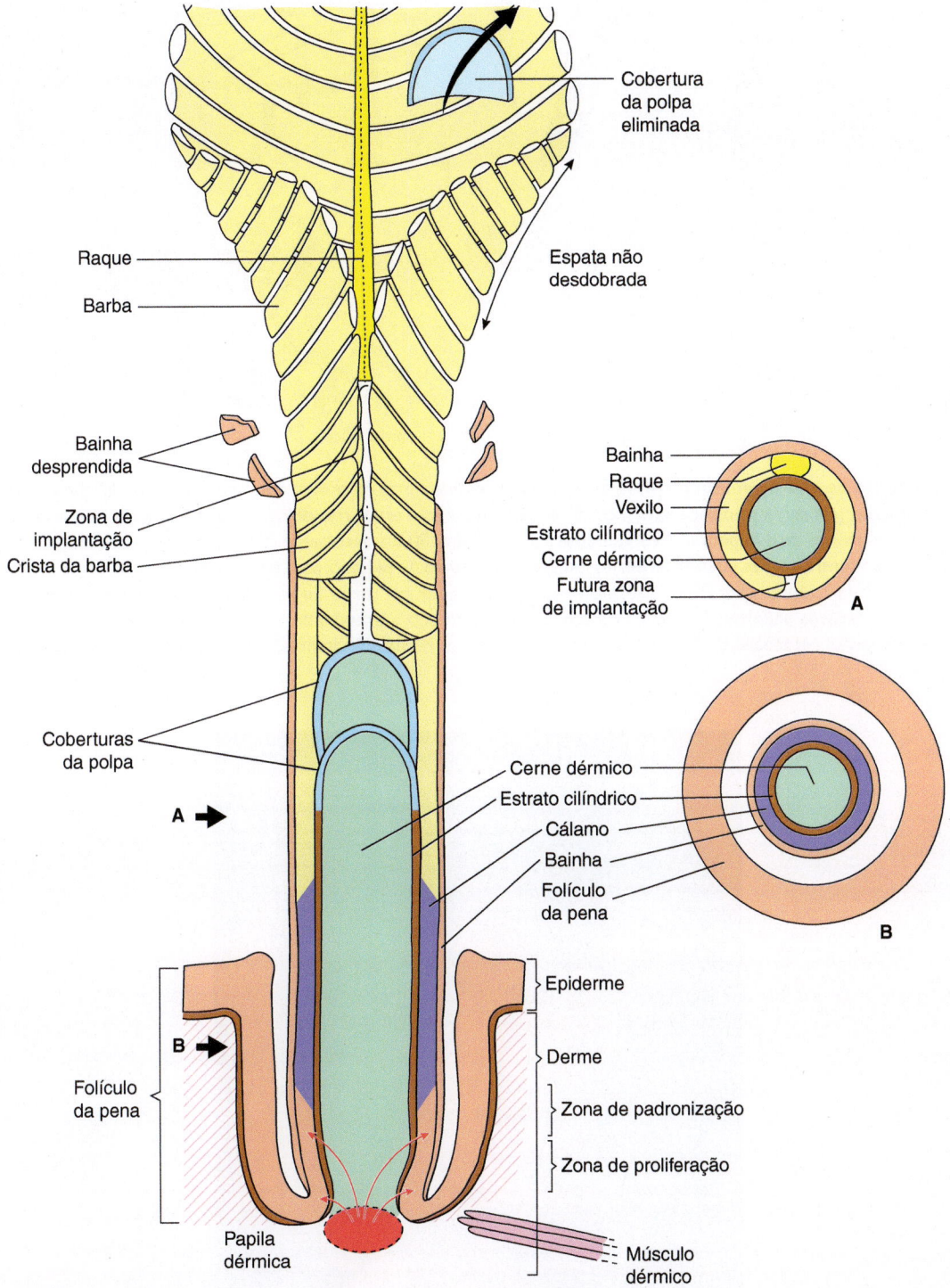

Figura 6.18 Síntese da regeneração da pena. Mostra-se uma síntese altamente esquemática, compactada, do desenvolvimento da pena. Os cortes transversais da pena em regeneração estão à direita, para mostrar o arranjo de camadas concêntricas envolvido. Na base do folículo da pena, a sinalização morfogenética entre a papila dérmica e a parede epidérmica do folículo estabelece uma zona de proliferação e uma de padronização. A nova pena, primeiro a espata e depois o cálamo, desenvolve-se entre a bainha e o estrato cilíndrico, que, juntos, envolvem o cerne dérmico altamente vascularizado e com função tanto de sustentação quanto nutritiva. **A** e **B.** As setas indicam aproximadamente onde foram feitos os cortes transversais.

Com base na pesquisa de P. F. A. Maderson e W. J. Hillenius.

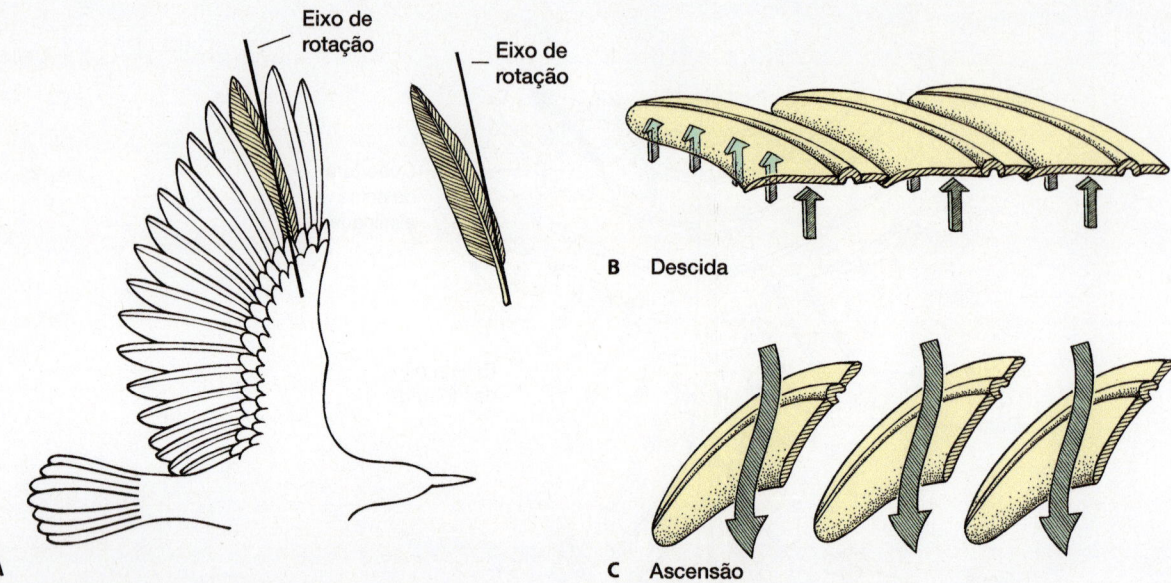

Figura 6.20 Função de voo do vexilo na pena assimétrica. A. A asa está estendida, como poderia parecer durante a descida rápida. Uma das penas primárias (*em cor*) é removida para mostrar o eixo de rotação em torno de seu cálamo, onde ela se insere no membro. **B** e **C.** Cortes transversais através de três penas de voo durante a aterrisagem (**B**) e a decolagem (**C**). Durante a descida rápida, cada pena experimenta a pressão do ar contra a parte inferior da asa ao longo de seu centro de pressão, para baixo da linha média anatômica da pena. Como a raque não é centralizada, todavia, o centro de pressão força a pena a girar em torno de seu eixo, e as penas primárias temporariamente formam uma superfície fechada uniforme. Durante a recuperação da ascensão, a pressão do ar contra a parte dorsal da asa força a rotação na direção oposta, abrem-se espaços entre as penas e o ar desliza entre as fendas resultantes, reduzindo a resistência à recuperação da asa.

Figura 1 do Boxe Ensaio 6.4 O pitohui-de-capuz, de cabeça preta e peito alaranjado, seguro na mão de uma pessoa. O escaravelho *choresine*, no detalhe e um pouco aumentado proporcionalmente, é a fonte da neurotoxina que constitui a defesa química do pássaro contra parasitas e predadores naturais.

Fotos fornecidas gentilmente por John P. Dumbacher e com base na pesquisa dele.

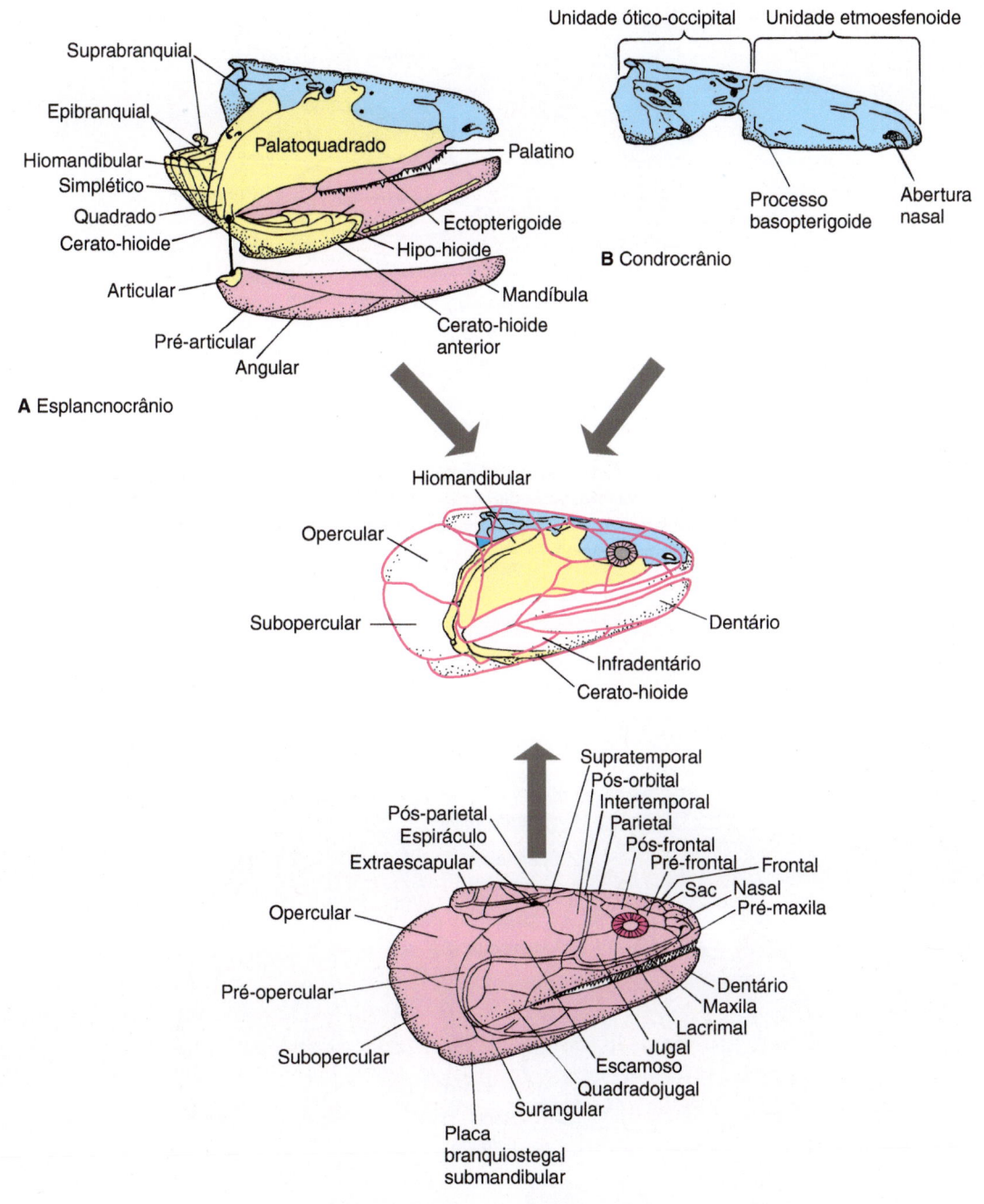

Figura 7.2 Crânio composto. O crânio é um mosaico formado por três partes contribuintes primárias: o condrocrânio, o esplancnocrânio e o dermatocrânio. Cada uma tem uma história evolutiva separada. O crânio do *Eusthenopteron*, um peixe ripidístio do Devoniano, ilustra como partes de todas as três fontes filogenéticas contribuem para a unidade. **A.** O esplancnocrânio (*amarelo*) surgiu primeiro e é mostrado em associação com o condrocrânio (*azul*) e partes do dermatocrânio (*rosa*). A maxila direita está abaixada a partir de seu melhor ponto de articulação, para revelar ossos mais profundos. **B.** O condrocrânio no *Eusthenopteron* é formado pela união entre as unidades etmoesfenoide anterior e ótico-occipital posterior. **C.** A parede superficial de ossos compõe o dermatocrânio. A figura central mostra a posição relativa de cada conjunto contribuinte de ossos que se unem no crânio composto. Abreviação: série nasal (Sac).

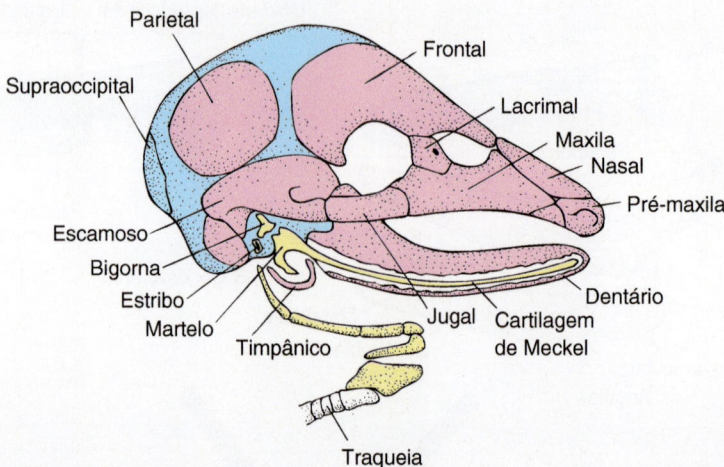

Figura 7.9 Crânio do embrião de tatu. Durante a formação embrionária dos três ossículos do ouvido médio (bigorna, estribo, martelo), a bigorna e o estribo surgem do arco mandibular, confirmando a derivação filogenética desses ossos. O dentário dérmico está cortado para revelar a cartilagem de Meckel, que se ossifica em sua extremidade posterior para formar o martelo. (*Em azul*, a contribuição do condrocrânio; *em amarelo*, a do esplancnocrânio; *em rosa*, a do dermatocrânio.)

De Goodrich.

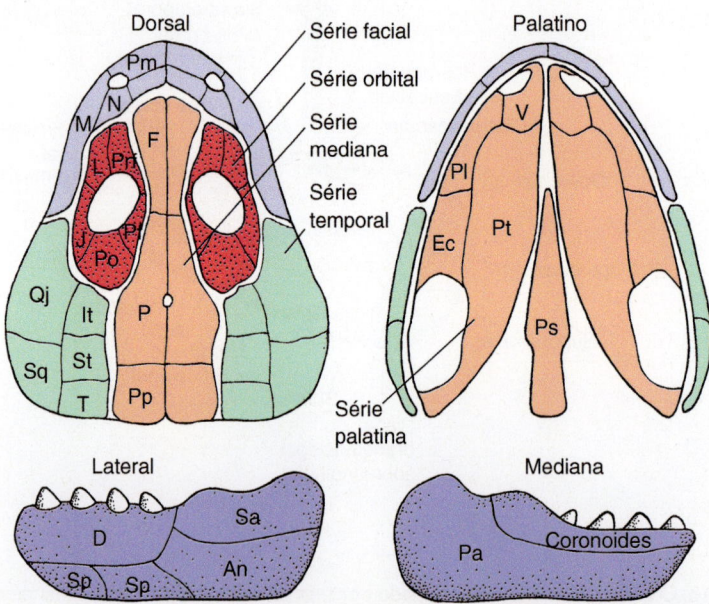

Figura 7.10 Principais ossos do dermatocrânio. Conjuntos de ossos dérmicos formam a série facial que circunda a narina. A série orbital circunda o olho e a série temporal compõe a parede lateral atrás do olho. A série mediana, os ossos do teto ficam no alto do crânio, acima do cérebro. A série palatina de ossos cobre o alto da boca. A cartilagem de Meckel (não mostrada) está encaixada na série mandibular da maxila inferior. Abreviações: angular (An), dentário (D), ectopterigoide (Ec), frontal (F), intertemporal (It), jugal (J), lacrimal (L), maxilar (M), nasal (N), parietal (P), pré-articular (Pa), palatino (Pl), pré-maxilar (Pm), pós-orbital (Po), pós-parietal (Pp), pré-frontal (Prf), paraesfenoide (Ps), pterigoide (Pt), quadradojugal (Qj), surangular (Sa), esplênio (Sp), escamoso (Sq), supratemporal (Si), tabular (T), vômer (V).

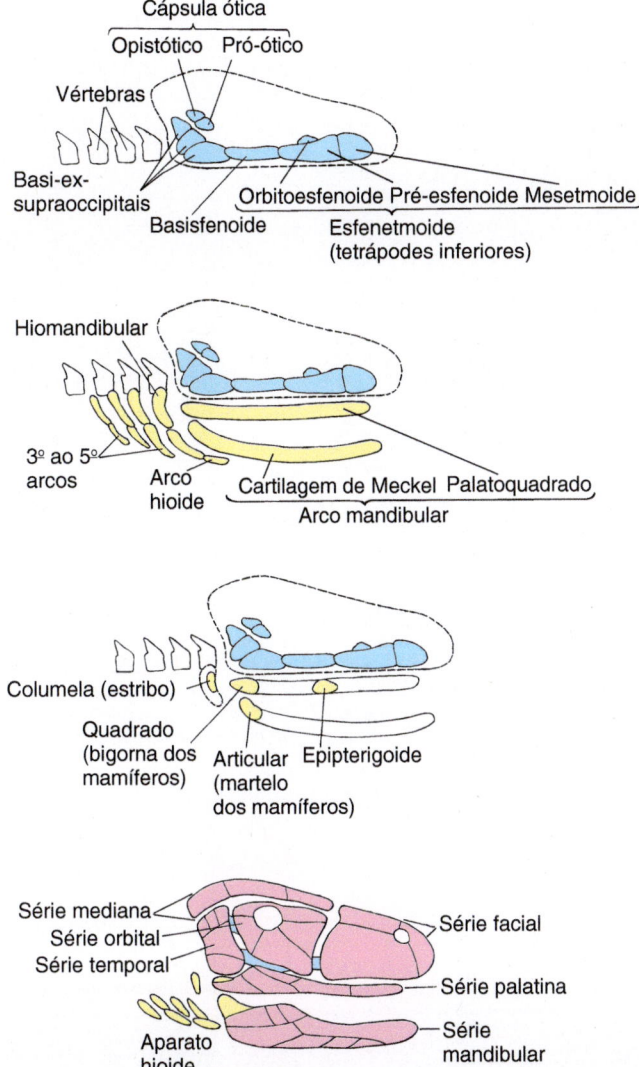

Cápsula ótica

Opistótico Pró-ótico

Vértebras

Basi-ex-supraoccipitais

Basisfenoide

Orbitoesfenoide Pré-esfenoide Mesetmoide

Esfenetmoide (tetrápodes inferiores)

Hiomandibular

3º ao 5º arcos

Arco hioide

Cartilagem de Meckel Palatoquadrado

Arco mandibular

Columela (estribo)

Quadrado (bigorna dos mamíferos)

Articular (martelo dos mamíferos)

Epipterigoide

Série mediana

Série orbital

Série temporal

Aparato hioide

Série facial

Série palatina

Série mandibular

Figura 7.11 Contribuições para o crânio. O condrocrânio (*azul*) estabelece uma plataforma de suporte unida por contribuições do esplancnocrânio (*amarelo*), em particular o epipterigoide. Outras partes do esplancnocrânio originam o articular, o quadrado e o hiomandibular, bem como o aparato hioide. O dermatocrânio (*rosa*) envolve a maior parte do condrocrânio junto com contribuições do esplancnocrânio.

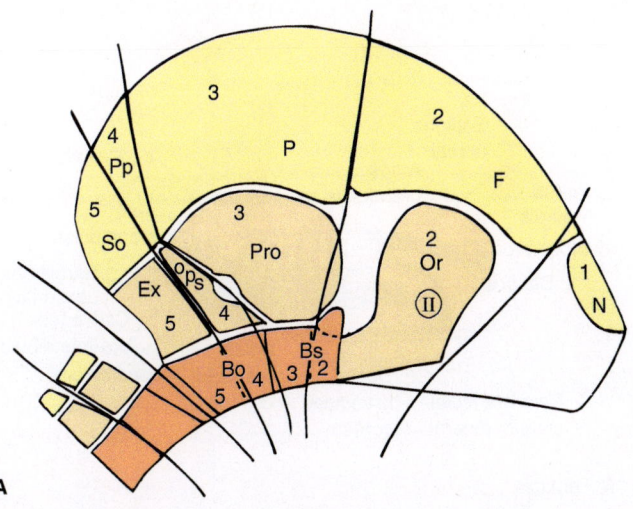

Figura I do Boxe Ensaio 7.1 Formação da cabeça. A derivação da cabeça de vértebras anteriores foi proposta separadamente por Goethe e Oken. Richard Owen (no século 19) expandiu as ideias deles. **A.** Crânio de carneiro, mostrando como seu padrão segmentar presumível poderia ser interpretado como derivado de partes das vértebras anteriores que se expandiram.

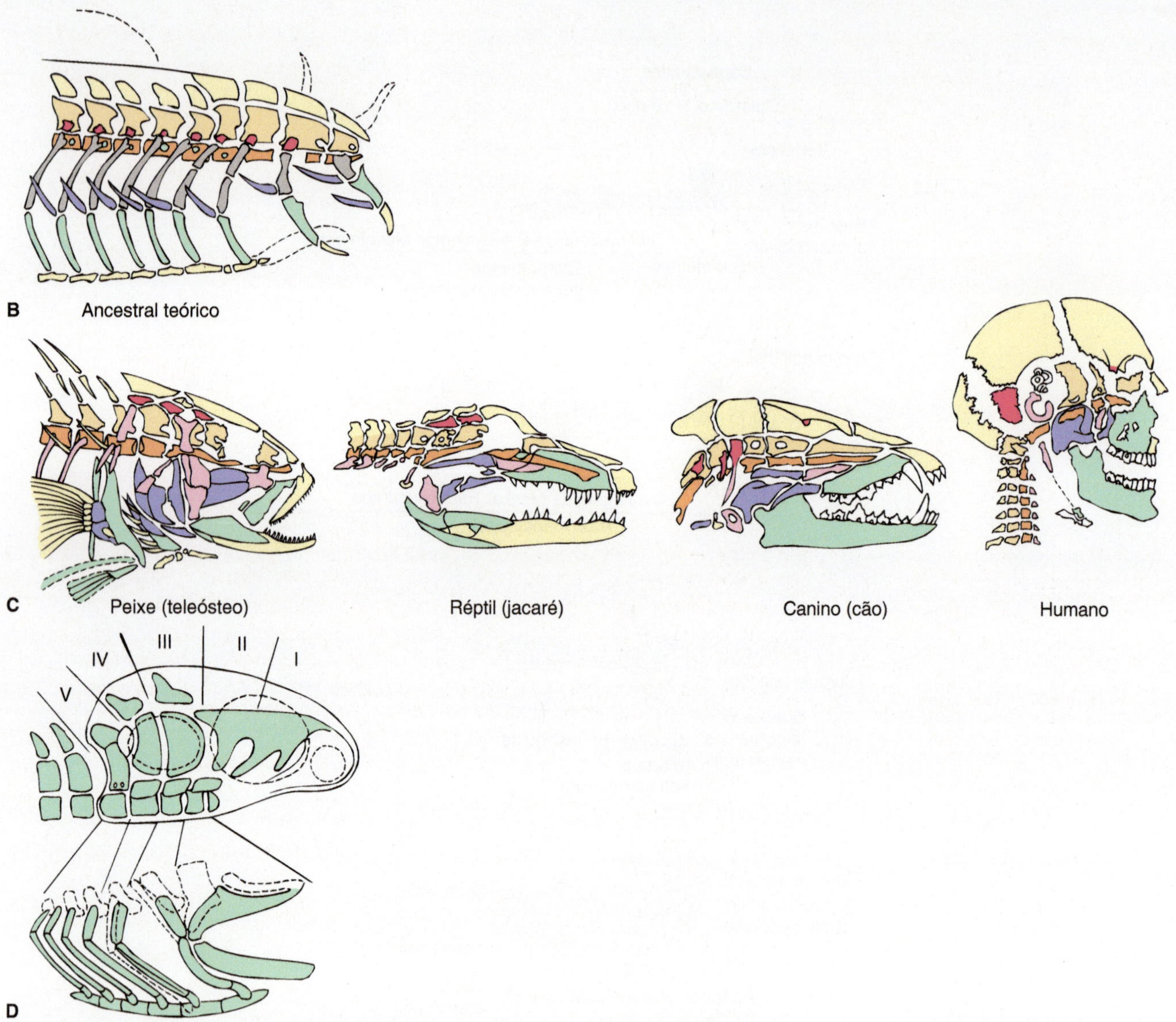

B   Ancestral teórico

C   Peixe (teleósteo)   Réptil (jacaré)   Canino (cão)   Humano

D

Figura 1 do Boxe Ensaio 7.1 Formação da cabeça. B. Richard Owen elaborou a hipótese da segmentação da cabeça a partir das vértebras, propondo que as vértebras anteriores no corpo se moviam para frente, contribuindo com elementos esqueléticos para a cabeça. Portanto, Owen acreditava que os elementos ósseos da cabeça poderiam ter homologia com partes de um padrão vertebral fundamental. **C.** Trabalhando com vários vertebrados, ele indicou como partes do crânio poderiam representar partes respectivas desse padrão vertebral subjacente do qual derivam. **D.** Como alternativa, T. H. Huxley propôs que, em vez de derivados das vértebras que se moviam para frente na cabeça, os componentes dessa eram derivados de uma segmentação básica sem relação com a segmentação vertebral atrás do crânio. Esses segmentos básicos (em algarismos romanos) ficam de fora de um crânio generalizado de vertebrado, para mostrar as respectivas contribuições para partes específicas. Abreviações: basioccipital (Bo), basisfenoide (Bs), exo-occipital (Ex), frontal (F), nasal (N), opistótico (Ops), orbitoesfenoide (Or), parietal (P), pós-parietal (Pp), pró-ótico (Pro), supraoccipital (So).

B e C, de Reader; D, de Jollie.

Figura 7.15 Alimentação dos ostracodermes. B. Reconstrução esquemática da cabeça de um heterostraco. Escamas orais pontiagudas rudimentares contornavam a boca e pode ser que fossem usadas para raspar ou desalojar alimento da superfície de rochas. Essa reconstrução de um heterostraco se baseou primariamente no *Poraspis*.

De Stensiö.

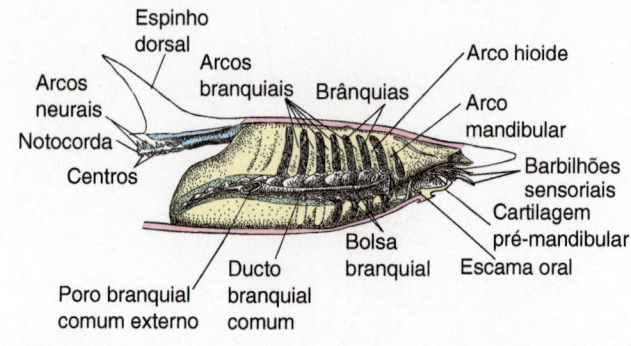

B *Poraspis*

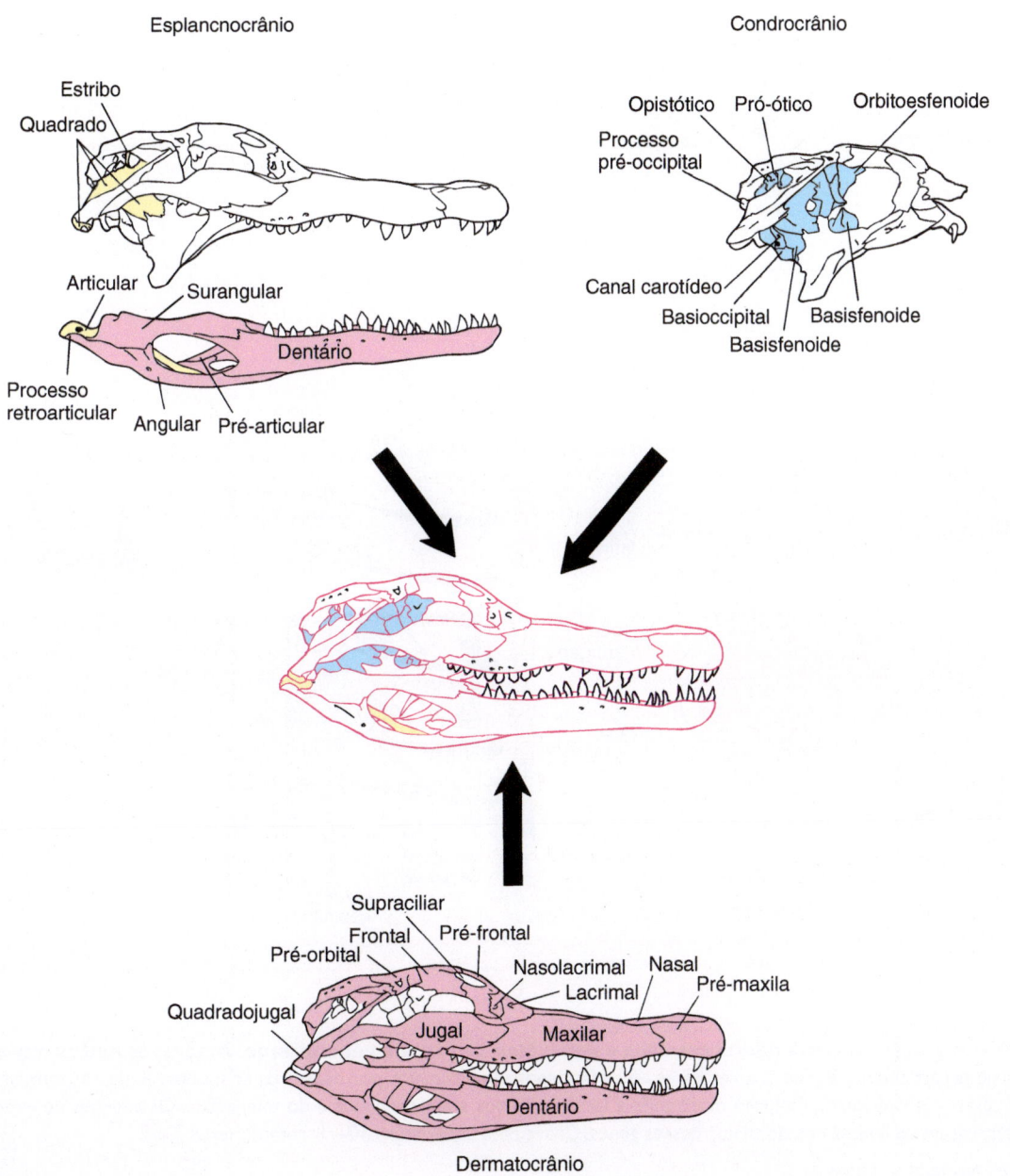

Figura 7.20 Principais ossos do crânio de um actinopterígio. A. Vista dorsal. **B.** Vista palatina (ventral). Os ossos operculares estão representados por linhas tracejadas. Abreviações: ectopterigoide (Ec), extraescapular (Es), intertemporal (It), jugal (J), lacrimal (L), maxilar (M), nasal (N), parietal (P), palatino (Pal), pré-maxilar (Pm), pós-orbital (Po), pós-parietal (Pp), paraesfenoide (Ps), pterigoide (Pt), quadrado (Q), rostral (R), supratemporal (St), tabular (T), vômer (V).

A   Dorsal

B   Palatal

Esplancnocrânio

Condrocrânio

Estribo
Quadrado

Opistótico   Pró-ótico   Orbitoesfenoide
Processo pré-occipital

Articular   Surangular
Dentário
Processo retroarticular   Angular   Pré-articular

Canal carotídeo
Basioccipital   Basisfenoide
Basisfenoide

Supraciliar
Frontal   Pré-frontal
Pré-orbital   Nasolacrimal   Nasal
Lacrimal   Pré-maxila
Quadradojugal   Jugal   Maxilar
Dentário

Dermatocrânio

Figura 7.44 Crânio do jacaré. Desenho composto de crânio característico dos vertebrados. O crânio é uma combinação de elementos que recebem contribuições do condrocrânio (*azul*), do esplancnocrânio (*amarelo*) e do dermatocrânio (*rosa*).

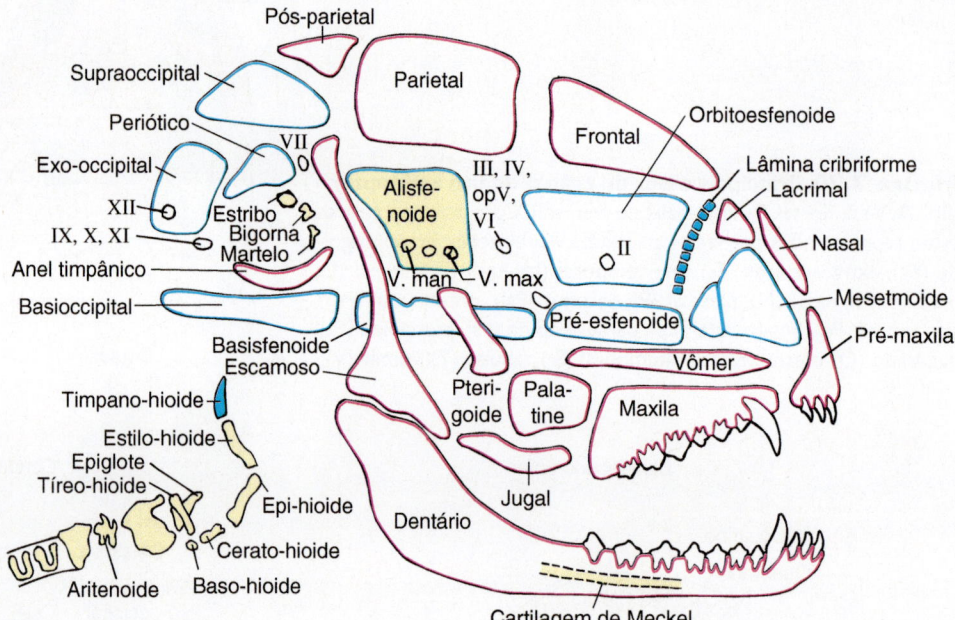

Figura 7.54 Diagrama do crânio de um cão. As origens dos vários ossos estão delineadas: dermatocrânio (*rosa*), condrocrânio (*azul*) e esplancnocrânio (*amarelo*).

De Evans.

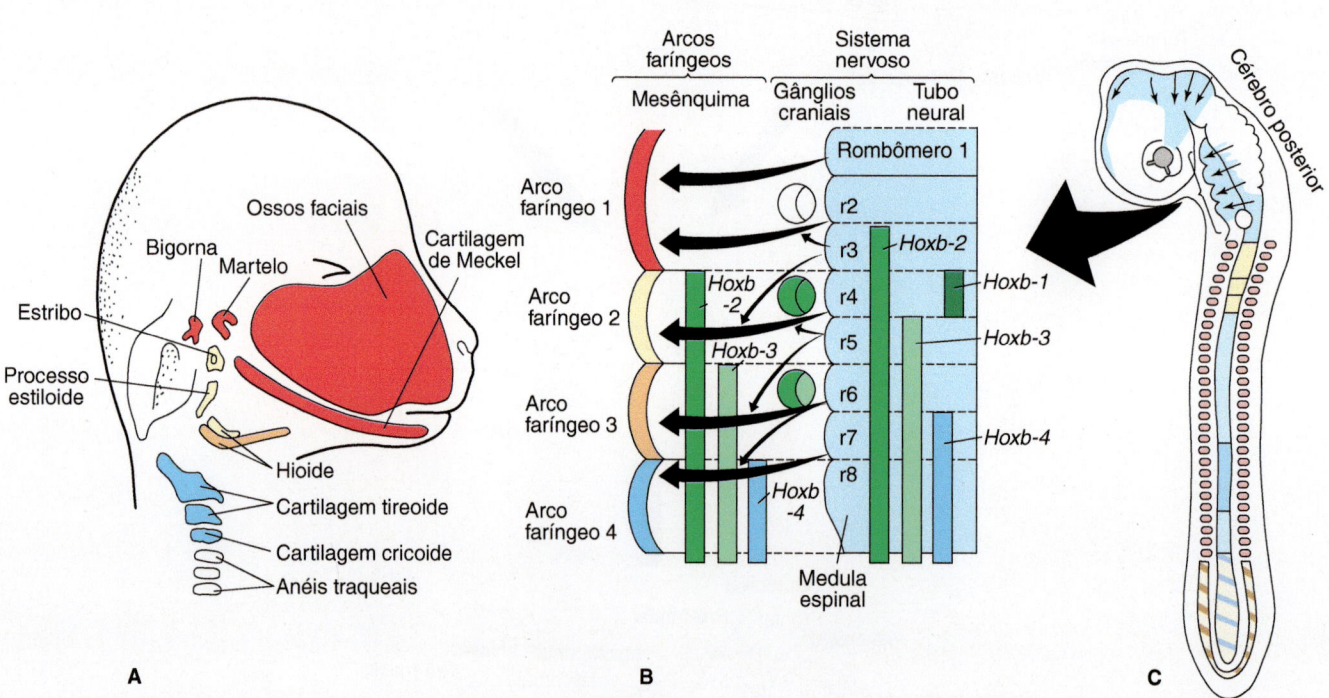

A

B

C

Figura 7.64 Migração da crista neural craniana e genes *Hox*, tetrápode generalizado. A. Várias estruturas cranianas derivadas de arcos faríngeos particulares. **B.** Por sua vez, esses arcos faríngeos são ocupados por células da crista neural que migram (*setas*) dos rombômeros do cérebro posterior. **C.** Embrião mostrando a localização dos arcos faríngeos e do telencéfalo. Os padrões de expressão *Hox* na crista neural mostram os limites dos domínios desses genes. Chave para abreviatura: r2–r8, rombômeros 2 a 8.

A e B, de McGinnis e Krumlauf; C, de Carlson.

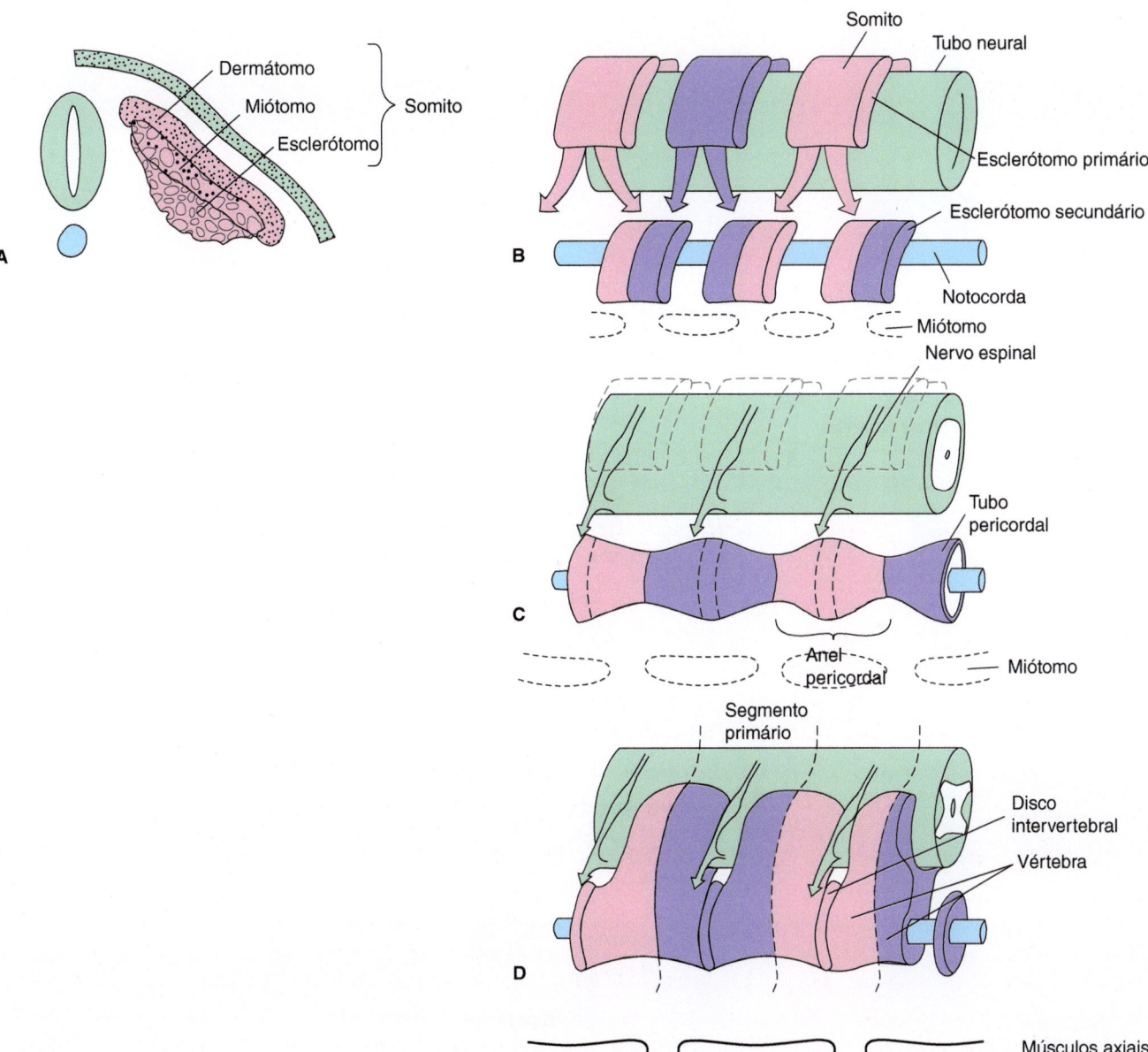

Figura 8.12 Desenvolvimento de vértebras em um mamífero generalizado. A. Corte de um somito, perto do tubo neural e da notocorda, mostrando sua diferenciação inicial em dermátomo (pele), miótomo (músculo axial) e esclerótomo primário (vértebra). **B.** O esclerótomo primário se forma a partir de células no lado medial do somito que se separa e desce na direção da notocorda e da outra metade do próximo somito adjacente. **C.** As células do esclerótomo que chegam, amontoam-se como anéis pericordais repetidos que crescem em contato, formando um tubo pericordal mais ou menos contínuo. **D.** As células amontoadas do tubo pericordal crescem para cima, em torno do cordão nervoso, e, em seguida, para baixo, formando o contorno dos arcos e espinhos neurais. A condrificação, em geral seguida pela ossificação, produz as vértebras ósseas do adulto. Os discos intervertebrais se diferenciam entre vértebras dentro dos anéis pericordais prévios. Nota-se que os miótomos, que acabam originando a musculatura axial, aparecem primeiro no registro com os somitos (**B**). Porém, à medida que a ressegmentação prossegue, os esclerótomos secundários ficam entre miótomos adjacentes (**C** e **D**). Isso significa que os músculos axiais que se formam a partir dos miótomos cruzam a articulação intervertebral, em vez de se inserirem nas vértebras, dando aos músculos ações úteis. Os somitos estão coloridos alternadamente em rosa e roxo para ajudar a seguirmos suas contribuições para os esclerótomos secundários compartilhados.

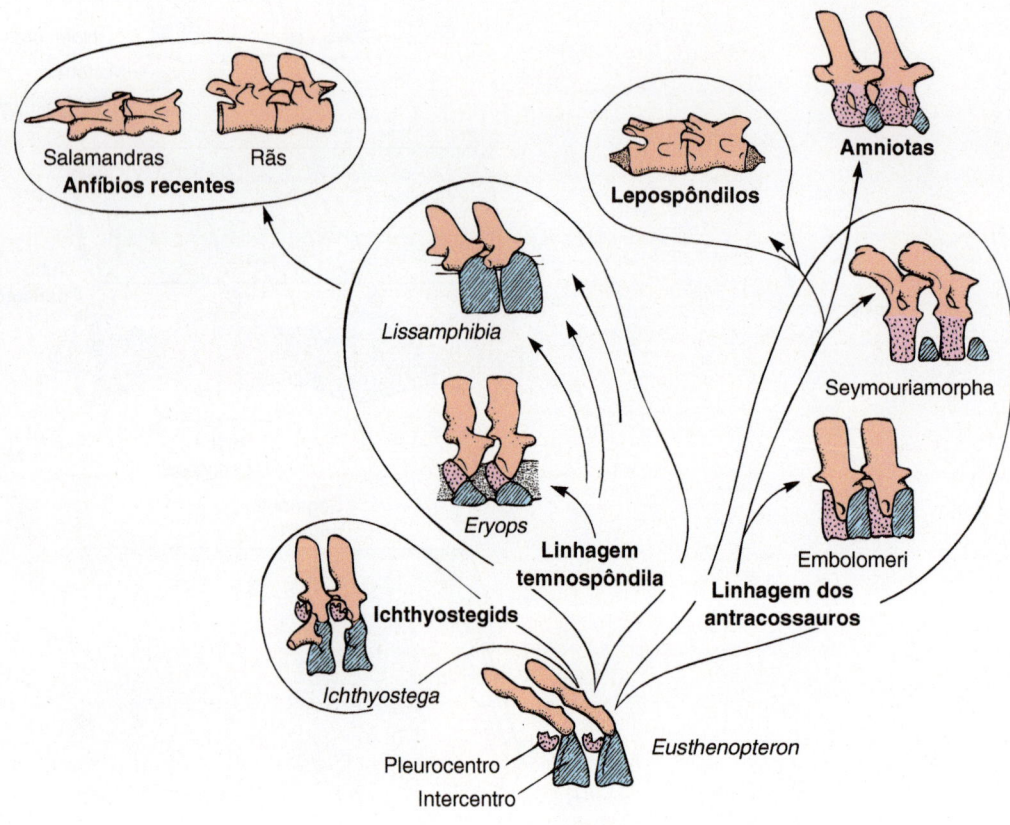

Figura 8.23 Vista tradicional da evolução de vértebras de tetrápodes. Os lepospôndilos são denominados por causa desse tipo vertebral sólido. A vértebra raquítoma, herdada de peixes ripidístios, evoluiu ao longo de duas linhas principais: termospôndilos e antracossauro. Na dos termospôndilos, o intercentro (*azul*) aumentou à custa do pleurocentro (*rosa*). Todavia, na linha dos antracossauros, o pleurocentro veio a predominar. (*Arco e espinho neurais em rosa hachurado.*)

CAPÍTULO 1

Introdução

Morfologia comparativa dos vertebrados

A morfologia comparativa trata da anatomia e de seu significado. Temos como foco os animais, em particular os vertebrados, e o significado que esses organismos e sua estrutura podem ter. O uso de "comparação" na morfologia comparativa não é uma questão de conveniência, mas, sim, uma ferramenta. A comparação de estruturas é a melhor maneira de realçar similaridades e diferenças, enfatizando os aspectos funcionais e evolutivos dos vertebrados, expressos em suas estruturas. A comparação também ajuda a formular as questões estruturais para as quais buscamos respostas.

Por exemplo, peixes diferentes têm nadadeiras caudais de formatos diferentes. Na nadadeira **homocerca**, ambos os lobos têm o mesmo tamanho, o que torna a nadadeira simétrica (Figura 1.1 A). Na nadadeira **heterocerca**, encontrada em tubarões e alguns outros grupos, o lobo superior é alongado (Figura 1.1 B). Por que essa diferença? A nadadeira homocerca é encontrada em peixes teleósteos – salmão, atum, truta e similares. Tais peixes têm uma bexiga natatória, um saco repleto de ar que faz com que seus corpos densos flutuem de maneira neutra. Eles não afundam nem boiam na superfície, assim não precisam se esforçar para manter sua posição vertical na água. Os tubarões, no entanto, não têm bexiga natatória e, portanto, tendem a submergir. O lobo expandido de sua nadadeira heterocerca os mantém elevados durante o nado, ajudando a contrabalançar a tendência à submersão. Assim, as diferenças na estrutura, nadadeira homocerca *versus* a heterocerca, estão relacionadas com

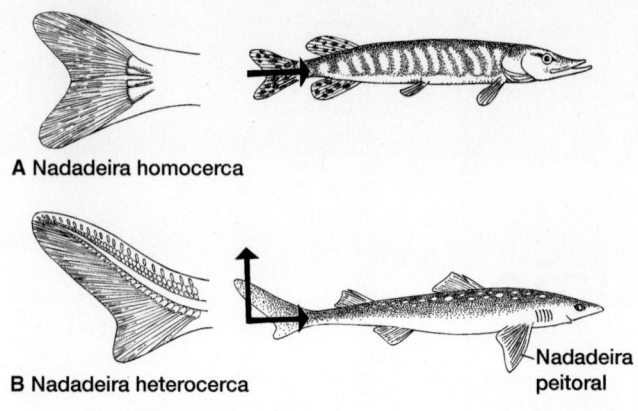

Figura 1.1 Nadadeiras homocerca e heterocerca de peixes. As formas são diferentes porque as funções são diferentes. **A.** Movimentos deslizantes de um lado para outro da nadadeira homocerca, comuns em peixes que flutuam em posição neutra, direcionam o corpo para a frente. **B.** Os golpes natatórios da nadadeira heterocerca impulsionam o peixe para a frente, e o movimento do longo lobo superior expandido possibilita a elevação da extremidade posterior do peixe. Os tubarões, um bom exemplo de organismos mais densos que a água, precisam das forças elevatórias proporcionadas pelo lobo expandido da nadadeira caudal para contrabalançar a tendência à submersão.

diferenças na função. A razão pela qual um animal é formado de determinada maneira tem relação com as necessidades funcionais da parte de seu corpo em questão. Forma e função estão relacionadas. A comparação de partes ressalta essas diferenças e auxilia na formulação de uma pergunta. A análise funcional nos auxilia a responder nossa pergunta e nos dá uma melhor compreensão da forma do animal. **Morfologia funcional** é a disciplina que relaciona uma estrutura à sua função.

Portanto, a análise comparada emprega vários métodos para responder a questões biológicas diferentes. Em geral, a análise comparativa pode ser usada em um contexto histórico ou não. Quando formulamos questões históricas, examinamos eventos evolutivos que ocorreram na história de vida. Por exemplo, com base na comparação de caracteres, podemos tentar elaborar classificações de organismos e a filogenia evolutiva do grupo. Geralmente, tais comparações históricas não se restringem apenas à classificação, centralizando-se no processo de evolução além de unidades morfológicas, como maxilas, membros ou olhos.

Quando fazemos comparações não históricas, como frequentemente é o caso, saímos do contexto evolutivo, sem a intenção de concluir com uma classificação ou a elucidação de um processo evolutivo. As comparações não históricas em geral se baseiam na extrapolação. Por exemplo, ao testarmos alguns músculos de vertebrados, podemos demonstrar que eles produzem uma força de 15 N (newtons) por centímetro quadrado de um corte transversal de fibra muscular. Em vez de tentar testar todos os músculos dos vertebrados, um processo muito demorado, supomos que outros músculos de um corte transversal semelhante produzem uma força similar (se outras questões forem iguais). A descoberta da produção de força em alguns músculos é extrapolada para outros. Na medicina, os efeitos comparativos de fármacos em coelhos ou camundongos são extrapolados para uso experimental em seres humanos.

Naturalmente, as presumíveis similaridades nas quais se baseia uma extrapolação não se mantêm em nossa análise. A melhor maneira de entender o ciclo reprodutivo feminino humano é comparando-o com o de primatas superiores, porque o ciclo reprodutivo deles, inclusive o humano, difere significativamente daquele de outros mamíferos.

A extrapolação nos possibilita fazer predições testáveis. Quando os testes não suportam uma extrapolação, a ciência é sustentada porque nos força a refletir sobre a hipótese além da comparação, talvez reexaminar a análise inicial de estruturas e reiniciar com hipóteses melhores sobre os animais ou sistemas de interesse. A comparação em si não é rápida nem fácil. O aspecto a enfatizar é o seguinte: a comparação é uma ferramenta de percepção que nos orienta em nossa análise e ajuda a elaborar hipóteses sobre a estrutura básica do animal.

Projetos de estudantes

Tais detalhes filosóficos, contudo, não costumam atrair os estudantes no seu primeiro curso sobre morfologia. A maioria inicialmente se aventura em um curso sobre a morfologia dos vertebrados na direção de outra profissão. Os cursos de morfologia costumam preparar os estudantes voltados para campos técnicos como a medicina humana, odontologia ou medicina veterinária. A forma e a função dos vertebrados serão os fundamentos desses campos médicos. Por exemplo, a medicina diagnóstica se beneficia do desenvolvimento de dispositivos protéticos anatômica e funcionalmente corretos para substituir partes do corpo lesadas por doença e traumatismo.

Além disso, a morfologia é importante para os taxonomistas, que usam a estrutura dos animais para definir características que, por sua vez, são usadas como a base para o estabelecimento de relações entre espécies.

A morfologia também é central para a biologia evolutiva. Muitos cientistas, de fato, gostariam de ver uma disciplina voltada para os temas combinados, ou seja, **morfologia evolutiva**. A evidência de alterações evolutivas passadas está registrada na estrutura do animal. Nos membros dos anfíbios estão os remanescentes estruturais de sua ancestralidade dos peixes com nadadeiras; na asa de uma ave estão as evidências de sua derivação dos répteis. Cada grupo recente hoje carrega episódios do caminho evolutivo seguido por seus ancestrais. Para muitos biólogos, um estudo dos produtos morfológicos do passado fornece informações sobre os processos que os originaram, das forças naturais que determinam as alterações evolutivas e das limitações da alteração evolutiva.

Configuração dos vertebrados | Forma e função

A morfologia oferece mais que apoio a outras disciplinas. O estudo da morfologia tem seus próprios atrativos. Ele levanta questões únicas sobre estrutura e oferece um método para responder a elas. Em suma, a morfologia dos vertebrados busca explicar a configuração do vertebrado, elucidando as razões e os processos que levam ao plano estrutural básico de um organismo. Para a maioria dos cientistas hoje, os processos evolutivos explicam a forma e a função. Poderíamos supor que as asas das aves, as caudas dos peixes ou os pelos dos mamíferos surgiram a partir das vantagens adaptativas de cada estrutura e, assim, foram

Boxe Ensaio 1.1   Método científico | O que eles dizem e o que não dizem

Formalmente, o método científico inclui a formulação de uma hipótese, o planejamento de um teste, a realização de um experimento, a análise dos resultados, a corroboração, ou a comprovação da falsidade da hipótese, e a formulação de uma nova hipótese. Na prática, a ciência não segue tal sequência estabelecida e linear. Equipamento quebrado, animais que não colaboram, trabalhos literários e reuniões de comitês todos conspiram contra os planos bem elaborados de camundongos, homens e mulheres. É mais que o "esperado inesperado" que afeta experimentos e testa nossa pressão sanguínea. As próprias questões intelectuais nem sempre encontram respostas satisfatórias. Acidentes, oportunidades e até mesmo sonhos fazem parte do processo criativo.

Otto Loewi compartilhou o Prêmio Nobel de medicina em 1936 com Henry Dale por ter demonstrado que os impulsos nervosos passam de uma célula nervosa para a seguinte em série, pelo espaço entre elas, a sinapse, com a ajuda de um transmissor químico. No início do século 20, a opinião estava dividida entre os fisiologistas segundo os quais essa transmissão de um neurônio para outro era química e os que pensavam que ela fosse elétrica. Era necessário um experimento definitivo que resolvesse a questão. Certa noite, quando dormia profundamente, Loewi vislumbrou o experimento definitivo e acordou. Aliviado e satisfeito, voltou a dormir até o dia seguinte. Ao despertar de manhã, lembrou-se de ter sonhado com o experimento, mas se esqueceu do que era. Passaram-se várias semanas até que, novamente em sono profundo, teve o mesmo sonho e o projeto do experimento voltou à sua mente. Sem perder a chance dessa vez, levantou-se, vestiu-se e, no meio da noite, foi para seu laboratório começar o experimento que definiria a questão da transmissão nervosa e que, anos depois, daria a ele o Prêmio Nobel compartilhado.

O experimento de Loewi era tão simples quanto inteligente. Ele retirou o coração e o nervo vago associado do corpo de uma rã e os isolou em um recipiente contendo solução fisiológica. Em seguida, estimulou o nervo vago da rã, tornando a frequência cardíaca lenta. Então pegou um pouco daquela solução fisiológica e a pingou sobre outro coração de rã isolado do qual tinha removido o nervo vago. A frequência desse coração também ficou lenta, uma evidência nítida de que uma substância química produzida pelo nervo vago estimulado controlava a frequência cardíaca. A transmissão entre o nervo (vago) e o órgão (coração) era feita por agentes químicos, não por correntes elétricas.

Ainda como um jovem biólogo celular, Herbert Eastlick começou uma série de experimentos de seu interesse sobre o desenvolvimento embrionário do músculo jovem. Ele transplantou os membros ainda em formação de um pinto para o lado do corpo de outro pinto hospedeiro enquanto este último ainda estava se desenvolvendo no ovo. Os membros posteriores transplantados em geral foram recebidos e cresceram bem no lado do corpo do pinto hospedeiro, a ponto de permitirem seu estudo. Um dia, quando um fornecedor local não tinha temporariamente os ovos de galinha Leghorn branca que Eastlick usava, ele os substituiu pelos de Leghorn vermelha, raça com penas vermelho-acastanhadas. Após 3 dias de incubação, um ovo estava aberto e ambas as áreas de formação das pernas de uma Leghorn vermelha foram transplantadas para um hospedeiro Leghorn branco. Os resultados foram um quebra-cabeça. Na perna direita transplantada da Leghorn vermelha, desenvolveram-se penas vermelhas e na perna esquerda transplantada da mesma Leghorn vermelha surgiram penas brancas. O que causou esses resultados opostos?

Eastlick verificou suas anotações, repetiu seus experimentos e tomou muito cuidado ao fazer mais transplantes. Alguns ovos transplantados ainda eram vermelhos e alguns eram brancos. Ele então cogitou que a parte remanescente do membro transplantado às vezes poderia incluir células da crista neural, mas nem sempre. As células da crista neural se formam primeiro no topo do tubo neural e, em seguida, dispersam-se no embrião. Ele tentou usar membros com e sem essas células, o que valeu a pena. Nos membros de Leghorn vermelha com células da crista neural, surgiram penas vermelhas. Naqueles sem as células com pigmento, surgiram penas brancas. Eastlick, que tinha começado a trabalhar com músculos, confirmou o que poucos imaginavam na época, ou seja, que um derivado das células da crista neural consiste em células de pigmento que confere às penas sua cor.

Alexander Fleming (1881–1955), enquanto estudava bactérias, notou que, quando fungos do mofo ocasionalmente contaminavam culturas, as bactérias surgidas depois deles não cresciam. Centenas de estudantes e bacteriologistas consagrados antes de Fleming viram mofos e provavelmente notaram o crescimento interrompido de bactérias. Entretanto, foi a curiosidade de Fleming que fez surgir a pergunta importante: "O que causa essa reação?". Ao responder a ela, ele descobriu que os mofos produziam penicilina, um inibidor bacteriano. A pergunta de Fleming abriu o caminho para o desenvolvimento de um novo ramo da farmacologia e uma nova indústria. Sua resposta estabeleceu a base do controle de doenças por meio dos antibióticos.

Testar uma hipótese bem elaborada é a base do método científico. No entanto, nem sempre podemos prever onde surgirá a nova hipótese. Uma ideia no meio da noite, um experimento errado ou uma observação detalhada do que é comum também podem inspirar uma nova hipótese científica, e são parte do método da ciência.

---

favorecidas pela seleção natural. Sem dúvida isso é verdadeiro, mas é apenas parte da explicação para a presença dessas respectivas características na configuração de aves, peixes e mamíferos. O ambiente externo no qual a configuração de um animal deve estar adequada certamente exerce pressões evolutivas sobre sua sobrevivência e, portanto, sobre as características anatômicas de sua configuração que lhe conferem vantagens adaptativas.

A própria estrutura interna também afeta os tipos de configurações visíveis ou não nos animais. Nenhum vertebrado terrestre se movimenta sobre rodas. Nenhum vertebrado aéreo voa impulsionado por uma hélice. Só a seleção natural não pode explicar a ausência de rodas nos vertebrados. É bem possível imaginar que rodas, se aparecessem em certos vertebrados terrestres, trariam vantagens adaptativas consideráveis e seriam fortemente favorecidas pela seleção natural. Em parte, a explicação está nas limitações internas da própria estrutura. Rodas girando não poderiam ser bem nutridas por vasos sanguíneos nem inervadas sem que esses cordões se torcessem, formando nós. Rodas e hélices estão excluídas da possibilidade estrutural nos vertebrados. A estrutura em si contribui para a configuração pelas possibilidades que oferece; a evolução contribui para a configuração pelas estruturas favoráveis que preserva.

Para entendermos a configuração como um todo, temos de consultar tanto a estrutura quanto a evolução. É aí que retornamos à morfologia. Ela é uma das poucas ciências modernas que considera a unidade natural tanto da estrutura (forma e função) quanto da evolução (adaptação e seleção natural). Ao uni-las em uma abordagem integrada, a morfologia contribui com uma análise holística das principais questões que antecedem a biologia contemporânea. A morfologia está relacionada principalmente com as propriedades emergentes dos organismos que os tornam muito mais que as reduzidas moléculas que os constituem.

A grande configuração

A configuração do vertebrado é complexa, geralmente sofisticada e às vezes notavelmente precisa. Para muitos dos primeiros morfologistas, essa complexidade, elegância e precisão implicaram a intervenção direta de uma mão divina orientando a produção de tais sofisticadas configurações. Entretanto, nem todos estavam convencidos. O alinhamento espetacular de montanhas não requer intervenção divina para ser explicado. Placas tectônicas dão uma explicação natural. Sob a pressão dessas placas em colisão, a crosta terrestre se dobra para produzir essas cordilheiras. Com o conhecimento, explicações científicas revelam os mistérios dos eventos geológicos envolvidos.

De maneira similar, a biologia encontrou explicações naturais satisfatórias para substituir aquelas antes atribuídas a causas divinas. Os princípios modernos da evolução e da biologia estrutural oferecem uma abordagem atual à configuração dos vertebrados e uma percepção dos processos responsáveis por sua elaboração. Da mesma forma que os processos das placas tectônicas auxiliam geólogos a entenderem a origem das características da superfície terrestre, os processos estruturais e evolutivos ajudam os biólogos a entenderem a origem da vida vegetal e animal. A vida na Terra é um produto desses processos naturais. Os seres humanos não estão isentos nem têm uma participação especial nesses processos. Como os demais vertebrados, eles também são produto de seu passado evolutivo e de um plano estrutural básico. O estudo da morfologia, portanto, nos dá uma compreensão dos processos integrados que nos forjaram. Entender os processos por trás de nossa configuração significa compreender o produto, ou seja, os próprios seres humanos, o que somos e no que podemos nos tornar.

No entanto, estou me adiantando na história. Nossa jornada intelectual não tem sido fácil no sentido de alcançar a clareza dos conceitos morfológicos que parecem nos convencer no momento. Os princípios nem sempre foram tão óbvios, a evidência nem sempre tão clara. De fato, algumas questões permanecem há 100 anos sem solução. A importância da estrutura básica para a evolução da configuração, central em grande parte da biologia no início do século 19, só foi reexaminada recentemente com relação à sua potencial contribuição à morfologia moderna. Em geral, a morfologia sofreu ataques internos decorrentes da malfadada discordância entre os cientistas centrados na estrutura e aqueles centrados na evolução. Até certo ponto, os princípios fundamentais tanto da estrutura quanto da evolução surgiram de fontes e pontos de vista intelectuais diferentes. Para entender isso, precisamos examinar o desenvolvimento histórico da morfologia. Mais adiante neste capítulo, examinaremos as raízes intelectuais das teorias sobre estrutura. Antes, porém, veremos as raízes intelectuais das teorias sobre a evolução.

Predecessores históricos | Evolução

O conceito de evolução está ligado ao nome Charles Darwin (Figura 1.2), embora a maioria das pessoas ainda se surpreenda ao saber que ele não foi o primeiro, nem o mais notável, a propor que os organismos evoluem. De fato, a ideia de modificação ao longo tempo em animais e vegetais remonta das antigas escolas da filosofia grega. Há mais de 2.500 anos, Anaximander desenvolveu ideias sobre a evolução de animais semelhantes a peixes e com escamas para as formas terrestres. Empedocles propunha que as primeiras criaturas se originavam das mesmas formas estranhamente montadas ao acaso – seres humanos com cabeça de bovino, animais com ramos como árvores. Ele argumentava que a maioria perecia, mas apenas aquelas criaturas que surgiam juntas em formatos práticos sobreviviam. Na melhor das hipóteses, essas teorias são mais poéticas que científicas, de modo que seria um exagero caracterizar esse pensamento filosófico grego como um predecessor prático da ciência evolutiva moderna. Apesar disso, a ideia da evolução existiu muito antes de Darwin, graças aos filósofos gregos.

O processo por trás da mudança

A contribuição do inglês Charles Darwin não foi a ideia de que as espécies evoluem, mas, sim, o fato de que ele propôs as condições e os mecanismos para essa mudança evolutiva. Três condições foram desenvolvidas.

Primeiro, se deixados sem controle, o número de indivíduos de qualquer espécie aumenta naturalmente devido ao *alto potencial reprodutivo*. Até mesmo o número de elefantes, cuja

Figura 1.2 Charles Darwin (1809–1882), com cerca de 30 anos e 3 anos após sua viagem a bordo do H.M.S. **Beagle**. Embora *A Origem das Espécies* ainda tivesse poucas páginas e estivesse a décadas de sua publicação, Darwin teve várias realizações, incluindo *A Viagem do Beagle*, uma coletânea de suas observações científicas. Naquela época, ele também estava noivo da prima, Emma Wedgwood, com quem teve um feliz casamento.

reprodução é lenta, assinalou Darwin, poderia aumentar de um para muitos milhões em poucas centenas de anos. No entanto, não temos um número extraordinário de elefantes porque, à medida que o número aumenta, os recursos são consumidos em uma taxa acelerada e se tornam escassos. Isso leva à segunda condição, a *competição* pelos recursos escassos. Por sua vez, a competição leva à terceira condição, a *sobrevivência de poucos*. Darwin denominou **seleção natural** o mecanismo segundo o qual certos organismos sobrevivem e outros não, isto é, a maneira por que a natureza elimina os menos aptos. Nessa luta pela vida, aqueles com maior capacidade de adaptação, em média, resistem melhor e sobrevivem para transmitir suas adaptações bem-sucedidas aos seus descendentes. Assim, a descendência com modificação resultou da preservação por seleção natural de características favoráveis.

Apesar de simples como parece hoje, a percepção de Darwin foi profunda. Ele não fez qualquer experimento decisivo, não misturou substâncias químicas em tubos de ensaio, não fez cultura de tecidos. Em vez disso, sua percepção surgiu de observação e da reflexão. A controvérsia sobre os processos evolutivos emerge de um dos três níveis – fato, trajetória, mecanismo – e propõe uma questão diferente em cada nível. O primeiro nível remete ao *fato de evolução* e questiona se os organismos mudam com o tempo. Ocorre evolução? O fato de que ocorreu evolução está hoje bem estabelecido por várias linhas de evidência, desde as alterações genéticas ao registro de fósseis. Isso, porém, não significa que todas as controvérsias sobre a evolução tenham sido resolvidas de maneira satisfatória. No nível seguinte, poderíamos perguntar: que *trajetória* a evolução tomou? Por exemplo, os antropólogos que estudam a evolução humana concordam com o fato de que os seres humanos evoluem, mas discordam, às vezes de maneira violenta, quanto à trajetória dessa evolução. Por fim, podemos perguntar: que *mecanismo* produziu essa evolução? No terceiro nível do debate evolutivo, Darwin deu sua maior contribuição. Para ele, a seleção natural era o mecanismo de alteração evolutiva.

Os debates verbais sobre o fato, a trajetória e o mecanismo da evolução se prolongaram e dispersaram porque os oponentes questionavam em diferentes níveis e acabavam com argumentos contraditórios. Cada uma dessas questões tinha de ser resolvida há muito tempo para nos proporcionar uma compreensão do processo evolutivo. Historiadores registraram violenta reação pública em relação às ideias de Darwin sobre a evolução, as quais desafiavam as convenções religiosas. Qual, porém, era o clima científico na época? Mesmo nos círculos científicos, a opinião estava muito dividida sobre a questão da "transmutação" de espécies, como a evolução era denominada. A questão inicial se centralizava no fato da evolução. As espécies mudam?

Lineu

O primeiro e mais importante cientista que achava que as espécies eram fixas e imutáveis era Carl von Linné (1707–1778), um biólogo sueco que seguiu o costume da época de latinizar seu nome para Carolus Linnaeus, pelo qual é mais reconhecido hoje (Figura 1.3). Ele elaborou um sistema para denominar vegetais e animais, que ainda é a base da taxonomia moderna. Em termos filosóficos, ele argumentava que as espécies eram

Figura 1.3 Carolus Linnaeus (1707–1778). Este biólogo sueco elaborou um sistema usado ainda hoje para nomear os organismos vivos. Ele também acreditava firmemente e defendia a opinião de que as espécies fossem imutáveis.

imutáveis, tendo sido criadas originalmente conforme as encontramos hoje. Por milhares de anos, o pensamento ocidental seguia a versão bíblica, de que todas as espécies resultaram de um ato único e especial de criação divina, conforme descrito no Gênesis, e daí em diante permaneceram imutáveis.

Embora a maioria dos cientistas, durante o século 18, parecesse evitar explicações estritamente religiosas, a versão bíblica da criação era uma presença forte nos círculos intelectuais ocidentais por ser conveniente e estar de acordo com os argumentos filosóficos de Lineu e dos que defendiam que as espécies eram imutáveis. Todavia, não era apenas a compatibilidade do Gênesis com a filosofia secular que fazia a ideia da imutabilidade das espécies tão atraente. Na época, evidências evolutivas não eram facilmente reunidas, aquelas disponíveis eram ambíguas, podendo ser interpretadas tanto a favor quanto contra a evolução.

Naturalistas

Hoje entendemos as adaptações perfeitas dos animais – o tronco dos elefantes, o pescoço longo das girafas, as asas das aves – como produtos naturais da alteração evolutiva, que resulta na diversidade das espécies. Contudo, para os cientistas de tempos antigos, as adaptações das espécies refletiam o cuidado exercido pelo Criador. A diversidade das espécies de vegetais e animais era prova do poder incontestável de Deus. Animados por tal convicção, muitos buscavam aprender sobre o Criador estudando o que Ele criara. Um dos primeiros a fazer isso foi o Reverendo John Ray (1627–1705), que reuniu suas crenças à sua história natural em um livro intitulado *A Sabedoria de Deus Manifestada nos Trabalhos da Criação* (1691). Ele abordou a difícil questão da razão pela qual o Divino criou criaturas nocivas. Parafraseando Ray, considere os piolhos: eles se abrigam e procriam em roupas, "um efeito da divina providência, destinado a impedir que homens e mulheres sejam desleixados e sujos, fazendo com que se mantenham limpos e asseados". William Paley (1743–1805), arquidiácono de Carlisle, também articulou a crença comum na época em seu livro *Teologia Natural; ou Evidências da Existência e dos Atributos da Divindade obtidas a partir dos Aspectos da Natureza* (1802). Louis Agassiz (1807–1873), curador do Museu de Zoologia Comparada da Harvard University, recebeu grande apoio público para seu trabalho bem-sucedido de construir e equipar um museu que colecionava as criaturas notáveis que eram as manifestações da mente divina no mundo (Figura 1.4). Para a maioria dos cientistas, filósofos e leigos, no mundo biológico das espécies não havia mutação, portanto não havia evolução. Mesmo nos círculos seculares de meados do século 19, os obstáculos intelectuais à ideia da evolução eram impressionantes.

J-B. de Lamarck

Entre os que apoiaram a evolução, poucos tiveram uma reputação tão inigualável quanto Jean-Baptiste de Lamarck (1744–1829) (Figura 1.5 A), que passou a maior parte da vida no limite da pobreza. Não ganhava sequer o equivalente a um professor no Jardim do Rei em Paris (depois Museu Nacional de História Natural; Figura 1.5 B). A fala rude, a inclinação para argumentar e opiniões fortes o tornavam pouco simpático para seus colegas. Apesar disso, sua *Philosophie Zoologique*, repudiada, quando publicada em 1809, como reflexões divertidas de um "poeta", acabou por estabelecer a teoria da descendência evolutiva como uma generalização científica respeitável.

As ideias de Lamarck tratavam das três questões da evolução – o fato, a trajetória e o mecanismo. Como fato da evolução, ele argumentava que as espécies mudavam com o tempo. Curiosamente, ele pensava que as formas de vida mais simples surgiam por geração espontânea; ou seja, elas surgiam já prontas na sujeira a partir de matéria inanimada, mas depois evoluíam para formas mais elevadas. Como trajetória da evolução, ele propôs uma modificação progressiva nas espécies ao longo de uma escala ascendente, da mais inferior à mais complexa e "perfeita" (significando os seres humanos), no outro extremo. Como mecanismo da evolução, Lamarck propôs que a própria necessidade produzia a alteração evolutiva hereditária. Quando os ambientes ou comportamentos se modificavam, um animal desen-

Figura 1.4 Louis Agassiz (1807–1873) nasceu na Suíça, mas se mudou para os EUA aos 39 anos de idade. Ele estudou fósseis de peixes e foi o primeiro a reconhecer evidências mundiais de episódios de glaciação na história da Terra. Ele fundou o Museu de Zoologia Comparativa da Harvard University. Embora brilhante e envolvente em público e em pesquisa anatômica, Agassiz não se convenceu com a teoria da evolução de Darwin até o fim da vida.

A

B

Figura 1.5 J-B. de Lamarck (A) trabalhou a maior parte de sua vida científica no Museu Nacional de História Natural (**B**). Sua posição acadêmica lhe deu a chance de promover a ideia da mutação das espécies.

volvia novas necessidades para satisfazer as demandas impostas pelo ambiente. As necessidades alteravam o metabolismo, mudavam a fisiologia interna do organismo e desencadeavam o aparecimento de uma estrutura para satisfazer tais necessidades. O uso contínuo de uma estrutura tendia a torná-la melhor desenvolvida; o desuso levava ao seu desaparecimento. À medida que os ambientes mudavam, uma necessidade surgia, o metabolismo se ajustava e novos órgãos eram criados. Uma vez adquiridas, essas características passavam para a prole. Essa, em suma, era a visão de Lamarck, que a denominou de evolução por meio da *hereditariedade de características adquiridas*. As características eram "adquiridas" para satisfazer novas necessidades e então "herdadas" pelas gerações futuras.

Embora se deva a Lamarck o crédito pelo pioneirismo na proposição da ideia sobre alterações evolutivas e, assim, de ter facilitado o caminho para Darwin, ele também criou obstáculos. Sua filosofia tinha como ponto central uma confusão inadvertida entre fisiologia e evolução. Qualquer pessoa que comece e permaneça em um programa de levantamento de peso com base regular pode esperar aumento da força e do tamanho dos músculos. Com o acréscimo de peso, o uso (a necessidade) aumenta; portanto, surgem músculos grandes. Essa resposta fisiológica é limitada ao indivíduo que se exercita, porque músculos grandes não passam para a prole. Charles Atlas, Arnold Schwarzenegger e outros fisiculturistas não transmitiram aos filhos o tecido muscular adquirido com exercícios. Se esses filhos quiserem ter músculos grandes, precisarão começar seu próprio programa de treinamento. Características somáticas adquiridas com o uso não podem ser herdadas. No entanto, Lamarck pensava de outra maneira.

Ao contrário de tais respostas fisiológicas, as evolutivas envolvem alterações em um organismo transmitidas (herdadas) de uma geração para a seguinte. Sabemos, hoje, que tais características têm base genética. Elas surgem de mutação gênica, não de alterações somáticas decorrentes de exercício ou necessidade metabólica.

Características adquiridas

O mecanismo da hereditariedade de características adquiridas proposto por Lamarck falhou porque confundiu a resposta fisiológica imediata com uma modificação evolutiva a longo prazo. A maioria das pessoas leigas até hoje ainda pensa como Lamarck. Elas veem erroneamente o surgimento de partes somáticas como se fosse para satisfazer necessidades imediatas. Recentemente, o moderador de um programa de vida selvagem sobre girafas recorreu inadvertidamente a uma explicação de Lamarck quando informava que o pescoço longo das girafas ajudava a satisfazer as "necessidades" de alcançar a vegetação do topo das árvores. Exigências ambientais não atingem o material genético nem produzem diretamente apropriados aperfeiçoamentos hereditários para atender a novas necessidades ou novas oportunidades. O fisiculturismo modifica músculos, não o DNA. Não existe uma via de modificação hereditária na fisiologia de quaisquer organismos.

O outro lado da moeda de Lamarck é o desuso – a perda – de uma estrutura seguindo a perda de uma necessidade. Alguns peixes e salamandras vivem em cavernas profundas, lugar aonde

a luz do dia não chega. Essas espécies não têm olhos. Mesmo que voltem para a luz, não se formam olhos nelas. Com a evolução, os olhos foram perdidos. É tentador atribuir essa perda evolutiva dos olhos ao desuso em um ambiente escuro, o que seria, sem dúvida, invocar um mecanismo de Lamarck. Ao contrário da teoria de Lamarck, traços somáticos não são hereditários.

Como é fácil concluir, fica difícil rejeitarmos a explicação de Lamarck. Caímos de maneira muito automática e confortável no hábito conveniente de pensar que as partes surgem para satisfazer "necessidades", uma coisa dando origem à outra. Para Darwin, e para alguns estudantes que se deparam hoje com a teoria da evolução, a teoria de Lamarck das características adquiridas impede um claro raciocínio. Infelizmente, Lamarck ajudou a popularizar uma visão errônea que a cultura atual perpetua.

Rumo à perfeição

A proposta da trajetória da evolução defendida por Lamarck também permanece uma abstração intelectual. O conceito da "escala da natureza" (do latim *scala naturae*) vem de Aristóteles e está estabelecido de várias maneiras por diversos filósofos. Seu tema central é que a vida em evolução tem uma direção iniciada com os organismos mais inferiores e evolui para os mais superiores, de maneira progressivamente ascendente para a perfeição. Os evolucionistas, como Lamarck, viam a vida de modo metafórico como subindo uma escada, um degrau de cada vez, na direção do complexo e perfeito. Após uma origem espontânea, os organismos progrediam nessa escada metafórica, ou escala da natureza, por muitas gerações.

O conceito de uma escada de progresso era equivocado, pois se observava a evolução animal como internamente dirigida em uma direção particular, desde as formas iniciais, imperfeitas, de corpo mole até os seres humanos perfeitos. Como a água que corre naturalmente colina abaixo, esperava-se que a descendência dos animais seria naturalmente perfeita. Animais simples não foram vistos como adaptados em si, mas sim como uma etapa para chegar a um futuro melhor. O conceito de escala da natureza estimulou os cientistas a verem os animais como aprimoramentos progressivos em antecipação de um futuro melhor. Infelizmente, ainda há resquícios dessa ideia na sociedade moderna. Não há dúvida de que os seres humanos são perfeitos no sentido de serem projetados para satisfazer demandas, porém não mais que qualquer outro organismo. Toupeiras e mosquitos, morcegos e aves, minhocas e tamanduás, todos adquiriram uma combinação igualmente perfeita de partes para desempenho nas demandas do ambiente. Não são os benefícios de um futuro distante que determinam a mudança evolutiva. Em vez disso, as demandas imediatas do ambiente atual determinam a forma e a configuração do animal.

A ideia de perfeição enraizada na cultura ocidental é perpetuada pelo aperfeiçoamento tecnológico contínuo. Nós a levamos sem perceber, como excesso de bagagem intelectual, na biologia, na qual ela desorganiza nossa interpretação da mudança evolutiva. Quando usamos os termos *inferior* e *superior*, arriscamo-nos a perpetuar essa ideia desacreditada de perfeição. Animais inferiores e superiores não são mal e bem constituídos, respectivamente. Tais termos se referem apenas à ordem de aparecimento evolutivo. Os animais inferiores evoluíram primeiro; os animais superiores surgiram depois deles. Portanto, para evitar qualquer sugestão de mais perfeição, muitos cientistas preferem substituir os termos *inferior* e *superior* por **primitivo** e **derivado**, para enfatizar apenas a sequência evolutiva de aparecimento, inicial e mais tardio, respectivamente.

Para Lamarck e outros evolucionistas de sua época, a natureza fazia o melhor e os animais melhoravam à medida que "ascendiam" na escala evolutiva. Assim, a contribuição histórica de Lamarck para os conceitos da evolução teve dois lados. Por um, suas ideias tinham obstáculos intelectuais. O mecanismo de mudança que ele propôs – hereditariedade de características adquiridas – confundiu resposta fisiológica com adaptação evolutiva. Ao ser pioneiro em estabelecer uma escala de imperfeição na natureza, ele desviou a atenção para o que supostamente leva os animais a um futuro melhor, em vez de se preocupar com o que realmente os formou no seu ambiente presente. Por outro lado, Lamarck defendeu com vigor a ideia de que os animais evoluíam. Por muitos anos, os livros foram duros com Lamarck, provavelmente para assegurar que seus erros não fossem assimilados pelos estudantes modernos. No entanto, também é importante reconhecer seu lugar na história das ideias evolutivas. Ao defender a mutação das espécies, ele ajudou a combater os dissidentes antievolucionários contemporâneos convictos, como Lineu, conferiu respeitabilidade à ideia da evolução e ajudou a preparar o ambiente intelectual para os que resolveriam a questão da origem das espécies.

Seleção natural

O mecanismo da evolução por meio da seleção natural foi revelado publicamente por duas pessoas em 1858, embora tenha sido concebido de maneira independente por ambos. Uma foi Charles Darwin e a outra, Alfred Wallace. Ambos faziam parte da tradição naturalista respeitada na Inglaterra vitoriana, que estimulava médicos, clérigos e pessoas com tempo disponível a se devotarem a observar plantas e animais no campo. Tais interesses não eram vistos como uma forma de passar o tempo em atividades inocentes. Pelo contrário, a observação da natureza era respeitável porque estimulava o contato com o trabalho do Criador. Apesar disso, o resultado foi uma profunda atenção para o mundo natural.

A. R. Wallace

Alfred Russel Wallace, nascido em 1823, era 14 anos mais jovem que Darwin (Figura 1.6). Embora seguindo uma vida de naturalista, Wallace não estava na situação econômica confortável da maioria dos cavalheiros de seu tempo; portanto, ele tentou uma forma de ganhar seu sustento. Primeiro, foi em busca de terra para ferrovias na Inglaterra e, finalmente, seguindo seu interesse na natureza, passou a coletar amostras biológicas em terras distantes para vender a museus quando retornava para sua terra natal. Sua pesquisa por plantas e animais raros em terras exóticas o levou à Floresta Amazônica e depois ao Arquipélago Malaio, no Extremo Oriente. A partir de seus diários, sabemos que ele ficou impressionado com a grande variedade e o número de espécies que encontrara em

Figura 1.6 Alfred Russel Wallace (1823–1913) em seus 30 anos.
©*National Portrait Gallery, London.*

suas viagens. No início de 1858, Wallace ficou doente enquanto estava em uma das Ilhas Spice (Molucas), entre Nova Guiné e Bornéu. Durante toda uma noite com febre, lembrou-se de um livro que tinha lido antes, escrito pelo Reverendo Thomas Malthus e intitulado *Um Ensaio sobre o Princípio da População, como Afeta o Futuro Aperfeiçoamento da Sociedade.* Malthus, ao escrever sobre populações humanas, observou que reprodução não controlada promove um crescimento populacional em progressão geométrica, embora o suprimento de alimentos aumente mais lentamente. O resultado simples, mas cruel, é que o número de pessoas aumenta com maior rapidez que a quantidade de alimentos. Se não há alimentos suficientes para todos, algumas pessoas sobrevivem, mas a maioria morre. A ideia levou Wallace a pensar que o mesmo princípio se aplicava a todas as espécies. Em suas próprias palavras escritas anos mais tarde:

> Ocorreu-me fazer uma pergunta: por que alguns morrem e alguns vivem? E a resposta foi clara, que os mais bem adaptados viveriam. A maioria saudável escapou do efeito das doenças; dos inimigos, os mais fortes, os mais ativos, ou os mais habilidosos; da fome, os melhores caçadores ou aqueles com melhor capacidade digestiva; e assim por diante.
>
> Então, ao mesmo tempo vi que a variabilidade sempre presente em todas as coisas vivas forneceria o material do qual, pela simples reprodução em condições atuais, somente o mais adaptado daria continuidade à espécie.
>
> Subitamente me veio a ideia da sobrevivência do mais adaptado.
>
> Quanto mais eu pensava sobre isso, mais me convencia de que eu tinha finalmente encontrado uma luz para a lei da natureza que solucionava o problema da Origem das Espécies.

(Wallace, 1905)

Wallace começou a escrever naquela mesma tarde e, em 2 dias, tinha sua ideia registrada no papel. Sabendo que Darwin estava interessado no assunto, mas sem saber até onde o raciocínio de Darwin tinha progredido, enviou o manuscrito a Darwin, para ter uma opinião. O correio era lento, assim, a jornada levou 4 meses. Quando o artigo de Wallace chegou com a inesperada coincidência com suas próprias ideias, Darwin foi tomado por grande surpresa.

Charles Darwin

Ao contrário de Wallace, Darwin (1809–1882) nasceu com boas condições financeiras. Seu pai era um médico bem-sucedido e sua mãe fazia parte da rica família Wedgwood (fabricantes de cerâmica). Ele tentou fazer medicina em Edimburgo, mas ficava entediado durante cirurgias. Temendo que o filho ficasse ocioso, o pai de Darwin redirecionou-o para Cambridge e uma carreira na igreja, mas Darwin não mostrou interesse. Na educação formal, ele parecia um estudante medíocre, mas em Cambridge seu interesse já existente pela história natural foi estimulado por John Henslow, um professor de Botânica. Darwin foi convidado a fazer excursões geológicas e coletar amostras biológicas. Ao se graduar, embarcou como naturalista do navio governamental H.M.S. *Beagle*, apesar das objeções do pai, que queria que ele seguisse uma carreira mais convencional no ministério.

Ele passou quase 5 anos no navio e explorou as regiões costeiras das terras que visitou. A experiência o transformou intelectualmente. A crença de Darwin na criação divina das espécies, com a qual começou a viagem, foi abalada pela enorme variedade de espécies e adaptações que viu durante a viagem. O assunto veio à tona especialmente nas Ilhas Galápagos, afastadas da costa oeste da América do Sul. Cada ilha continha sua própria variedade de espécies, algumas encontradas apenas em uma em particular. Especialistas locais poderiam dizer à primeira vista de qual das várias ilhas provinha certa tartaruga. O mesmo era verdadeiro para muitas das espécies de aves e plantas que Darwin coletou.

Darwin voltou à Inglaterra em outubro de 1836 e passou a trabalhar com o material coletado, obviamente impressionado pela diversidade que viu, mas ainda apegado às concepções errôneas sobre o que coletou nas Galápagos em particular. Ele pensava, por exemplo, que a tartaruga das Galápagos fora levada para lá, vinda de outras áreas, por fuzileiros navais que deixavam os répteis nas ilhas para pegá-los em uma visita posterior. Aparentemente, Darwin ignorou os relatos de diferenças entre as tartarugas de cada ilha, atribuindo essas diferenças a modificações que os animais recém-chegados sofriam para se adaptar a *habitats* novos e diferentes. No entanto, em março de 1837, quase um ano e meio após a partida de Galápagos, Darwin se encontrou, em Londres, com John Gould, respeitado especialista em Ornitologia. Gould insistiu que os tordos que Darwin havia coletado em três diferentes ilhas Galápagos na verdade eram espécies distintas. De fato, Gould enfatizou que as aves eram endêmicas nas Galápagos – espécies distintas, não meramente variedades – embora sem dúvida todas relacionadas com as espécies continentais da América do Sul. De repente, Darwin vislumbrou que não apenas aves, mas variedades

de plantas e tartarugas também eram distintas. Essas tartarugas isoladas geograficamente nas Galápagos não eram simplesmente derivadas de grupos ancestrais, mas agora espécies distintas das ilhas.

Eis a questão: cada uma dessas espécies de tartaruga, ave ou planta era um ato de criação divina? Embora distintas, cada espécie também tinha uma relação clara com as de outras ilhas próximas e com o continente da América do Sul. Para classificar essas espécies, Darwin tinha duas opções difíceis. Ou elas eram produto de uma criação divina, um ato para cada espécie, ou eram o resultado natural da adaptação evolutiva às diferentes ilhas. Se essas espécies relacionadas fossem atos de criação divina, então cada uma das muitas centenas de espécies representaria um ato distinto de criação. Porém, se fosse assim, todas deveriam ser semelhantes entre si, as tartarugas a outras tartarugas, as aves a outras aves e plantas a outras plantas nas várias ilhas, quase como se o Criador não tivesse novas ideias. Contudo, se essas espécies fossem o resultado natural de processos evolutivos, então seria esperado que houvesse similaridade e diversidade. O primeiro animal ou planta que chegou a essas ilhas oceânicas ou teve origem nelas iria constituir o grupo comum a partir do qual evoluiriam espécies semelhantes, mas eventualmente distintas. Darwin ficou com a evolução natural.

Ele, no entanto, precisava de um mecanismo pelo qual tal diversificação evolutiva poderia prosseguir e, de início, nada tinha a sugerir. As experiências de Darwin nas Ilhas Galápagos e em toda a viagem não se cristalizaram até seu retorno à Inglaterra. Dois anos após seu retorno, e enquanto escrevia os resultados de seus outros estudos a partir do *Beagle*, Darwin leu o interessante ensaio sobre população de Malthus, o mesmo que Wallace descobriria anos depois. O significado causou um impacto imediato em Darwin. Se os animais, como os seres humanos, disputassem os alimentos, então haveria competição por recursos escassos. Aqueles com adaptações favoráveis se sairiam melhor e surgiriam novas espécies que teriam incorporado essas adaptações. "Então cheguei enfim à teoria pela qual trabalhar", escreveu Darwin. Em um momento de percepção, ele resolveu o problema sobre as espécies. Era 1838 e é possível imaginar a empolgação com que ele passou a trabalhar em seus escritos e palestras. Nada de notável aconteceu. Na verdade, passaram-se 4 anos até que ele escrevesse seu primeiro rascunho, que consistia em 35 páginas a lápis. Dois anos depois, seu manuscrito tinha 200 páginas escritas a tinta, e o enviou para um desenhista em segredo, com uma soma em dinheiro e uma carta lacrada, instruindo sua esposa a publicá-lo se ele viesse a morrer. Poucos amigos íntimos sabiam o que ele havia proposto, mas a maioria não sabia, nem mesmo sua esposa, com quem ele se relacionava bem e tinha um casamento feliz. Essa era a Inglaterra vitoriana. Ciência e religião eram unha e carne.

A demora de Darwin é testemunha da profundidade com que ele entendeu o maior significado do que descobriu. Ele queria ter tido mais tempo para obter evidência e escrever os volumes que imaginava necessários sobre uma questão tão importante.

Então, em junho de 1858, 20 anos depois de ter vislumbrado o primeiro mecanismo da evolução, chegou o manuscrito de Wallace. Darwin ficou estupefato. Por coincidência, Wallace tinha usado a mesma terminologia, especificamente, da seleção natural. Amigos mútuos intervieram e, com crédito tanto para Wallace quanto para Darwin, foi lido um texto conjunto na ausência de ambos na Linnaean Society, em Londres, no mês seguinte, julho de 1858. Wallace foi, conforme Darwin escreveu a ele, "generoso e nobre". Com "admiração profunda", Wallace depois dedicou seu livro sobre o Arquipélago Malaio a Darwin, como prova de "estima pessoal e amizade". Estranhamente, aquele escrito conjunto não teve repercussão, porém Darwin agora tinha convicção.

Crítica e controvérsia

Darwin ainda tentou uma volumosa dissertação sobre a seleção natural, mas concordou com uma versão curta de "apenas" 500 páginas. Era *A Origem das Espécies*, publicada no final de 1859. Como era a última palavra sobre o assunto na época, a primeira edição esgotou assim que foi lançada.

Em grande parte por ter expandido o tema da evolução em *A Origem das Espécies* e publicado uma série contínua de trabalhos, Darwin é mais lembrado que Wallace como o formulador do conceito básico. Darwin deu consistência científica e uniformidade ao conceito da evolução, razão pela qual ele é conhecido como darwinismo.

Ciência e religião, especialmente na Inglaterra, estavam estreitamente ligadas. Durante séculos, a resposta pronta para a questão da origem da vida era uma explicação divina, conforme descrito no Gênesis. O darwinismo desafiava isso com uma explicação natural. A controvérsia foi imediata e, em alguns redutos antiquados, ainda persiste até hoje. O próprio Darwin desistiu da briga, deixando para outros a tarefa de defender publicamente as ideias da evolução.

Logo surgiram dois lados. Ao discursar no Parlamento Inglês, o então futuro primeiro-ministro Benjamin Disraeli disse aos seus pares: "A questão é a seguinte – o homem é um macaco ou um anjo? Eu, senhores, estou do lado dos anjos."

Apesar de reações às vezes absurdas, duas críticas eram sérias e conhecidas por Darwin: uma era a questão da variação, e a outra, a do tempo. Quanto ao tempo, parecia não ter sido suficiente. Se os eventos evolutivos que Darwin descrevera tinham tido desdobramentos, então a Terra teria de ser muito antiga para que a vida tivesse tempo para se diversificar. No século 17, James Ussher, Arcebispo de Armagh e Primaz de toda a Irlanda, fez um esforço honorável para calcular a idade da Terra. A partir de seus estudos bíblicos sobre os primórdios e dos dados históricos disponíveis na época, ele determinou que o primeiro dia da Criação foi um sábado, 22 de outubro, de 4004 a.C., ao anoitecer. Um contemporâneo dele, o Dr. John Lightfoot, vice-chanceler da Cambridge University, estimou ainda que os seres humanos foram criados 5 dias depois, às 9 h da manhã, presumivelmente horário de Greenwich. Muita gente acreditou que esses dados eram literalmente acurados, ou pelo menos indicativos da origem recente dos seres humanos, não tendo havido tempo para a evolução a partir de macacos ou anjos. Quem fez um esforço mais científico para determinar a idade da Terra foi Lord Kelvin, que usou as temperaturas obtidas em galerias profundas de minas. Raciocinando que a Terra teria esfriado a partir de seu estado fundido primitivo até as temperaturas atuais a uma taxa constante, Kelvin estimou que a Terra não tinha mais que 24 milhões de anos. Ele não

sabia que a radioatividade natural na crosta terrestre mantém a superfície quente. Tal fato leva a crer de maneira enganosa em uma temperatura próxima e, portanto, na idade, à temperatura de fusão dos primórdios da formação. A verdadeira idade da Terra é realmente de vários bilhões de anos, mas, infelizmente para Darwin, não se soube disso até muito depois de sua morte.

Os críticos também apontaram a hereditariedade da variação como um aspecto importante em sua teoria da evolução. A base da hereditariedade era desconhecida na época de Darwin. A ideia popular era a de que a hereditariedade era misturada. Como a mistura de duas tintas, a prole recebia um misto de características de ambos os genitores. Tal raciocínio, embora incorreto, era levado a sério por muita gente. Isso criava dois problemas para Darwin. De onde vinha a variação? Como passava de uma geração para outra? Se a seleção natural favorecia os indivíduos com características superiores, o que assegurava que tais características superiores não se misturassem nem diluíssem na existência da prole? Se as características favoráveis se misturassem, efetivamente seriam perdidas de vista e a seleção natural não funcionaria. Darwin podia ver a crítica surgindo e dedicou muito espaço em *A Origem das Espécies* à discussão das fontes de variação.

Hoje sabemos as respostas para esse paradoxo. Mutações em genes produzem novas variações. Os genes carregam características inalteradas e sem diluição de uma geração para outra. Esse mecanismo de hereditariedade não era conhecido nem estava disponível para Darwin e Wallace quando vislumbraram pela primeira vez as respostas para a origem das espécies. Provavelmente não é coincidência o fato de que os lapsos intelectuais de ambos se deviam ao clima científico convencional da época. Sem dúvida, o estudo da natureza era estimulado, mas uma interpretação aceitável da diversidade e da ordem observada dependia desses naturalistas. Embora a história bíblica da criação no Gênesis fosse conveniente e admitida literalmente por alguns para explicar a presença de espécies, também havia obstáculos científicos. A confusão entre adaptação fisiológica e evolutiva (Lamarck), a noção de escala da natureza, a ideia de espécies fixas (Lineu e outros), a idade jovem da Terra (Kelvin) e os conceitos incorretos de variação e hereditariedade (herança misturada) diferiam todos das predições de eventos evolutivos ou confundiam o quadro. A percepção intelectual de Darwin e Wallace conseguiu enxergar além dos obstáculos que outros não viram.

Predecessores históricos | Morfologia

Poderíamos esperar que o estudo da estrutura e o da evolução compartilhassem, através da história, uma relação confortável, um dando apoio ao outro. Além disso, a história da evolução está escrita na anatomia de seus produtos, nos vegetais e animais que representam de maneira tangível o desdobramento de alterações sucessivas com o tempo. Na maior parte, é possível ver evidência direta da vida passada e sua história na morfologia de fósseis. Mediante gradações, os animais vivos preservam evidência de sua origem filogenética. Pode parecer que a anatomia animal estaria de acordo com os primeiros conceitos evolutivos. Para alguns anatomistas do século 19, isso era verdadeiro. T. H. Huxley (1825–1895), lembrado por muitos colaboradores científicos inclusive em monografias sobre anatomia compara-

Figura 1.7 Thomas H. Huxley (1825–1895) aos 32 anos de idade.

Figura 1.8 Georges Cuvier (1769–1832) viveu na época da Revolução Francesa, que primeiro teve sua simpatia, mas, à medida que o desrespeito às leis e o derramamento de sangue passaram a fazer parte dela, passou a ser desaprovada por causa de seus excessos. Também foi contemporâneo de Napoleão. Cuvier foi para Paris em 1795 para assumir um posto no Museu Nacional de História Natural, onde exerceu funções administrativas e realizou estudos de paleontologia, geologia e morfologia durante a maior parte do restante de sua vida.

tiva, notabilizou-se por ser o primeiro a dar atenção às ideias de Darwin sobre a seleção natural, declarando que eram "verdadeiramente simples. Eu devia ter pensado nisso antes". Huxley era influente (Figura 1.7). Embora Darwin tenha se afastado da controvérsia pública após a publicação de *A Origem das Espécies*, Huxley a enfrentou com bastante vigor, tornando-se o "buldogue de Darwin" como amigo e também como adversário.

No entanto, nem todos os anatomistas se juntaram ao grupo dos evolucionistas. Alguns simplesmente viam a morfologia como dando evidência de estase apenas, não de mudança, enquanto muitos tinham objeções sólidas à evolução darwiniana, algumas delas não esclarecidas até hoje por biólogos evolucionistas. Para se entender a contribuição da morfologia para o raciocínio intelectual, é preciso voltar um pouco aos anatomistas que antecederam Darwin, entre os quais o destacado francês Georges Cuvier, especialista em anatomia comparada.

Georges Cuvier

Georges Cuvier (1769–1832) chamou a atenção para a função que as estruturas exerciam (Figura 1.8). Como as estruturas e a função a que serviam estavam estreitamente ligadas, Cuvier argumentou que os organismos precisavam ser entendidos como um todo funcional. As estruturas tinham uma hierarquia de dominância e subordinação, bem como compatibilidade entre si. Certas estruturas necessariamente funcionavam em conjunto, mas outras se excluíam mutuamente. Portanto, as combinações possíveis eram limitadas às estruturas que se integravam de maneira harmônica e satisfaziam as condições necessárias para a existência; assim, o número de estruturas coordenadas que poderiam ser reunidas em um organismo dentro de uma funcionalidade era previsível. Cuvier se gabava de que, se lhe fosse mostrada uma estrutura de um organismo, ele poderia deduzir como era o resto dele. Partes de organismos, como as de uma máquina, servem a algum propósito. Consequente-

mente, para que um organismo inteiro (ou máquina) funcione bem, é preciso que as partes se harmonizem. Os dentes aguçados dos carnívoros teriam que estar em maxilas adaptadas para morder, em um crânio no qual a maxila se encaixasse, em um corpo com garras para capturar a presa, com um trato digestório capaz de digerir carne e assim por diante (Figura 1.9). Bastaria a alteração de uma parte para que a maquinaria estrutural e funcional integrada do organismo falhasse. Se uma parte fosse alterada, a função de partes conectadas seria interrompida e o desempenho diminuiria. A evolução não poderia ajudar. Se um animal sofresse uma alteração, a harmonia entre as estruturas seria destruída e o animal não seria mais viável. A alteração (evolução) cessaria antes de começar. A morfologia funcional de Cuvier o colocou na companhia intelectual de Lineu, mas em oposição às ideias evolutivas de Lamarck.

Cuvier encorajou-se pelo conhecimento dos registros fósseis de sua época. Havia lacunas entre os principais grupos, como seria esperado se as espécies fossem imutáveis e a evolução não ocorresse. Naquele tempo, as antigas múmias egípcias de seres humanos e animais estavam sendo furtadas pelos exércitos de Napoleão e enviadas para museus da Europa. A dissecção provava que essas múmias antigas eram estruturalmente idênticas às espécies modernas. Mais uma vez, havia evidência de que não ocorria alteração, pelo menos para Cuvier. Hoje, com um registro fóssil mais completo à nossa disposição e a certeza de que ocorreu evolução há milhões de anos, não apenas nos poucos milênios desde o tempo dos faraós, podemos ter melhor clareza que Cuvier. Na época dele, as múmias eram uma evidência mínima que confirmava suas ideias a respeito da morfologia. As estruturas estavam adaptadas para realizar funções específicas. Se uma estrutura fosse alterada, a função falhava e o animal perecia. Portanto, não havia alteração nem evolução de espécies.

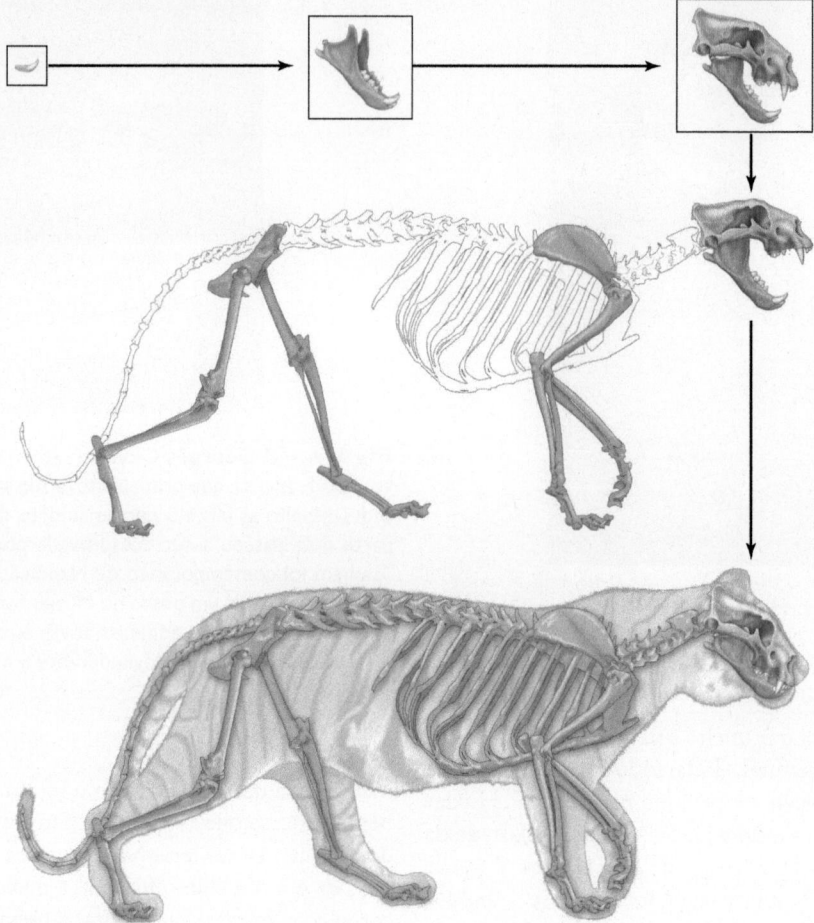

Figura 1.9 Constituição irredutível. Cuvier reconheceu que os organismos eram um todo complexo funcional. Certas estruturas necessariamente se adaptavam em conjunto. A remoção de uma estrutura levava a falhas de todo o organismo. Consequentemente, Cuvier dizia que, se visse uma estrutura, ele deduziria qual era o resto. A começar com os dentes de um carnívoro e necessariamente adaptá-los em uma maxila forte, parte de um crânio robusto, ajudado por membros com garras para capturar a presa, tudo no corpo de um predador, e assim por diante.

Richard Owen

Como Cuvier, o anatomista inglês Richard Owen (1804–1892) acreditava que as espécies eram imutáveis, mas, ao contrário do primeiro, considerava que a correspondência entre as estruturas (homologias) devia ter uma explicação (Figura 1.10 A). Praticamente os mesmos ossos e padrão estão presentes na nadadeira de um dugongo, no membro dianteiro de uma toupeira e na asa de um morcego (Figura 1.10 B). Cada um tem os mesmos ossos. Por quê?

Na perspectiva do século 20, a resposta é clara. Além de um ancestral comum, a evolução passa por estruturas similares na realização de novas funções adaptativas. No entanto, Owen, contrário às ideias da evolução, estava determinado a encontrar uma explicação alternativa. Sua resposta se centrou em torno de **arquétipos**. Um arquétipo tem um tipo de impressão biológica, um suposto plano subjacente de acordo com o qual um organismo foi construído. Todas as partes surgem daí. Os membros de cada grupo animal principal foram construídos a partir do mesmo plano estrutural essencial,

básico. Acreditava-se que todos os vertebrados, por exemplo, compartilhavam o mesmo arquétipo, o que explicava por que todos tinham as mesmas estruturas fundamentais. Diferenças específicas eram forçadas nesse plano subjacente por necessidades funcionais particulares. Owen foi vago sobre a razão pela qual excluía uma explicação evolutiva, mas foi vigoroso ao promover sua ideia de arquétipos.

Ele mesmo levou essa ideia para estruturas repetidas no mesmo indivíduo (Figura 1.11 A). Por exemplo, ele imaginou que o esqueleto dos vertebrados consistia em uma série de segmentos que denominou vértebras (Figura 1.11 B). Nem todas as estruturas disponíveis das vértebras repetidas em série se expressavam em cada segmento, mas todas estavam disponíveis se fossem necessárias. Em conjunto, essa série idealizada de vértebras constituía o arquétipo do esqueleto dos vertebrados. Johann Wolfgang Goethe (1749–1832), embora talvez seja lembrado mais como um poeta alemão, foi o primeiro a sugerir que as vértebras do crânio foram criadas a partir de vértebras modificadas e fundidas. Sua ideia foi expandida por outros, como Lorenz Oken (1779–1851), de modo que, no tempo de

A

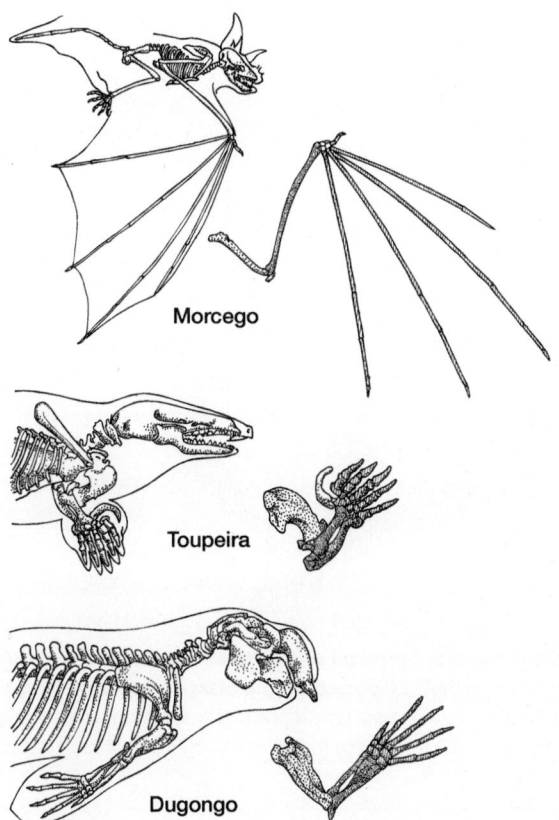

B

Figura 1.10 Richard Owen (1804–1892). **A.** Embora admirado por sua pesquisa anatômica, Owen era considerado um homem difícil por aqueles com que trabalhava ou se envolvia. Ele concordava com a ênfase de Cuvier na adaptação, mas achava que havia necessidade de uma explicação para as homologias e, por isso, introduziu a ideia dos arquétipos. **B.** Membros anteriores de morcego, toupeira e dugongo. Owen notou que cada membro exerce uma função diferente – voo, escavação e natação, respectivamente – e cada um é superficialmente diferente, mas conseguiu colocar todos os três em um plano subjacente comum que denominou arquétipo. Hoje sabemos que uma ancestralidade comum é responsável por essas similaridades subjacentes, embora nos agrade saber que Owen dava crédito à adaptação de diferenças superficiais entre essas partes homólogas.

B. De R. Owen.

Owen, o conceito era bem conhecido. Owen considerava que o crânio era formado por vértebras que se projetavam em direção à cabeça. Ele afirmou que todas as quatro vértebras contribuíram, bem como para formar as mãos humanas e braços de partes derivadas da quarta vértebra, "o segmento occipital do crânio".

T. H. Huxley, em uma palestra pública (publicada em 1857–1859), tomou para si a missão da "teoria vertebral do crânio" como havia sido conhecida. Osso por osso, ele traçou homologias e aspectos do desenvolvimento de cada componente do crânio, chegando a duas conclusões. Primeiro, o crânio de todos os vertebrados era construído no mesmo plano. Segundo, esse plano de desenvolvimento *não* é idêntico ao padrão de desenvolvimento das vértebras que o seguem. O crânio não é uma extensão das vértebras, pelo menos de acordo com Huxley. De maneira ostensiva, o tema da palestra pública por Huxley era o crânio, mas seu alvo era Owen e o arquétipo. Huxley escreveu que o arquétipo é "fundamentalmente contrário ao espírito da ciência moderna".

É certo que Owen era o líder dos morfologistas que idealizavam a estrutura e abusavam literalmente da teoria vertebral do crânio. Já Huxley se saía bem ao colocar em descrédito o conceito de arquétipos. Os dois homens discordavam sobre arquétipos e ficaram de lados opostos da evolução (Huxley a favor, Owen contra). Com o triunfo eventual da evolução darwiniana no século 20, as questões levantadas por morfologistas como Owen e Cuvier também tenderam a ser esquecidas. Em certo sentido, pôs-se tudo a perder, ou seja, questões morfológicas sérias foram esquecidas à medida que os conceitos evolutivos triunfaram.

O desenvolvimento da biologia molecular nos últimos tempos contribuiu ainda mais para o desvio da morfologia. A biologia molecular ganhou um lugar reservado na medicina e nas percepções da maquinaria molecular da célula. Infelizmente, em alguns círculos, todas as questões biológicas significativas com que os seres humanos se deparam foram reduzidas às leis químicas que governam as moléculas. Em seu extremo, tal ideia reducionista vê um organismo como nada mais que a simples soma de suas partes – conheça as moléculas para conhecer a pessoa.

Não há dúvida de que isso é ingênuo. Uma longa distância separa as moléculas de DNA do produto final que reconhecemos como um peixe, uma ave ou um ser humano. Ademais, tão óbvio quanto isso, a ação do DNA não chega a afetar a atividade da seleção natural, mas, em vez disso, a seleção natural age sobre o DNA para afetar a estrutura genética de populações. Uma grande quantidade do que precisamos entender sobre nós mesmos vem do mundo à nossa volta, não do DNA.

Os profissionais de morfologia começaram a cuidar dessas questões de Cuvier e Owen há um século e meio, e nos levaram para a frente em um contexto moderno. A ênfase de Cuvier sobre a adaptação trouxe nova vida, por causa da clareza que deu à nossa apreciação da constituição biológica. A ideia de um padrão subjacente ao processo da constituição também foi revisitada. O resultado disso foi bastante surpreendente. Para explicar a constituição biológica, precisamos de mais darwinismo. A morfologia, também, precisa ser vista como uma causa da configuração.

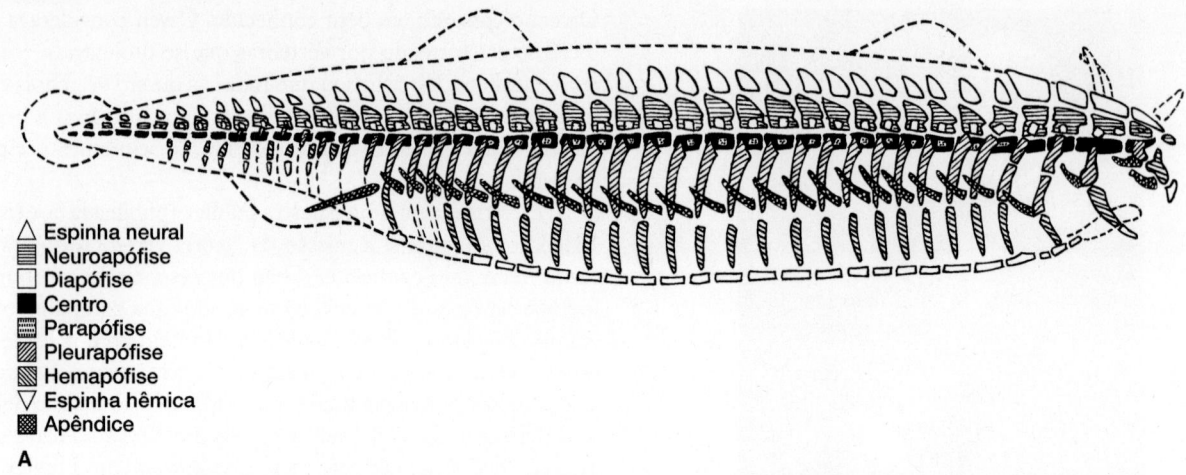

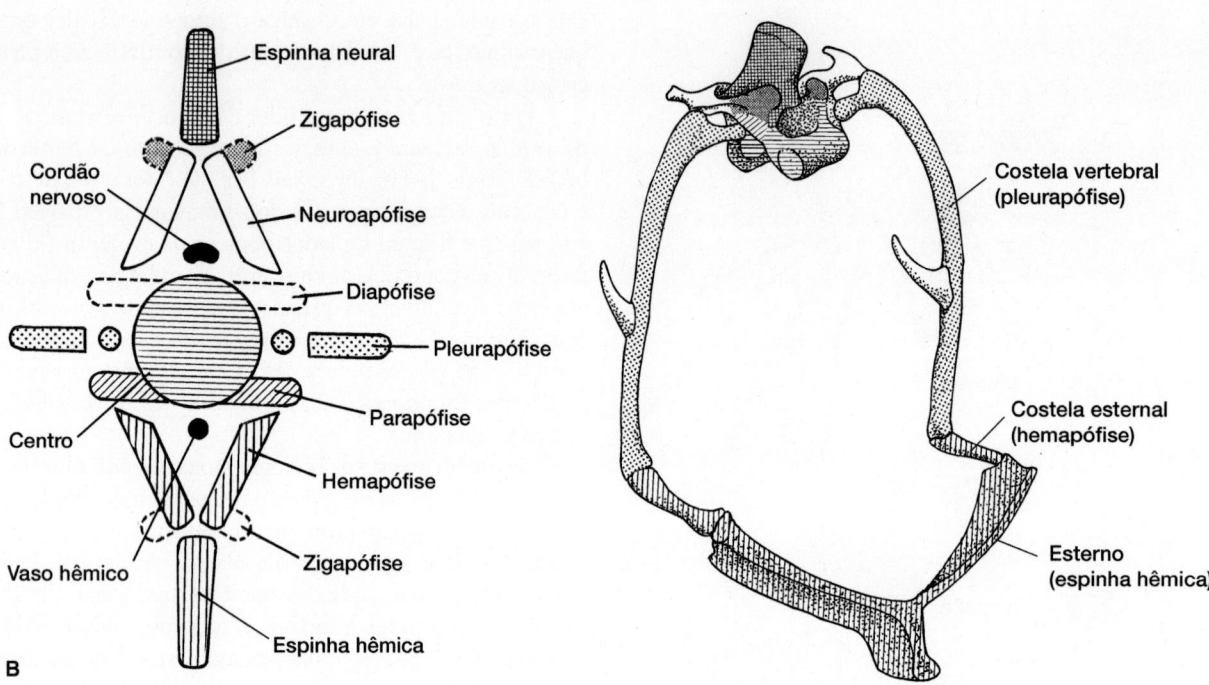

Figura 1.11 Arquétipo do vertebrado. Richard Owen viu o padrão subjacente do corpo dos vertebrados como uma série repetida de unidades vertebrais, coletivamente o arquétipo do vertebrado (**A**). Owen confirmou a hipótese de que essas unidades vertebrais, seguindo para a cabeça, produziam os elementos básicos do crânio. (**B**) Vértebra ideal. Cada vértebra incluía potencialmente numerosos elementos, embora nem todos se expressassem em cada segmento. Um corte real do esqueleto de uma ave indica como esse plano subjacente poderia ser concebido.

De R. Owen.

Por que não há elefantes voadores?

A configuração de nem todos os animais é semelhante. Algumas combinações animais imagináveis simplesmente não funcionam em termos mecânicos, de modo que nunca surgiriam. Sua massa é muito grande ou sua configuração é pesada. É óbvio que um elefante com asas literalmente nunca voaria, embora muitos biólogos evolucionistas modernos tendam a esquecer as limitações físicas ao discutirem a constituição de um animal. A maioria recorre apenas às explicações evolutivas. É tentador ficar satisfeito com tais explicações confortáveis sobre a configuração de um animal – o pescoço longo das girafas para que

elas possam alcançar a parte mais alta das árvores, a pelagem dos mamíferos como isolante térmico por serem criaturas de sangue quente, as barbatanas dos peixes para controlar a natação, o veneno das víboras que aumenta o sucesso na caça.

Esses e outros exemplos de configuração animal foram favorecidos pela seleção natural, presumivelmente por causa das vantagens adaptativas que conferiram. Isso é razoável, no máximo, mas é apenas metade da explicação. Em termos figurados, a seleção natural é um arquiteto de exteriores que escolhe projetos que se adaptam aos objetivos atuais. Contudo, os materiais brutos ou a morfologia de cada animal são, em si, um fator na configuração. Para construir uma casa com portas, janelas e teto, o arquiteto desenha um esquema, mas os materiais disponíveis afetam a característica da casa. O uso de tijolos, madeira ou palha limita ou restringe o projeto da casa. A palha não pode sustentar tanto peso quanto os tijolos, mas pode ser encurvada em formatos arredondados. A madeira torna a construção econômica, mas é suscetível à decomposição. As oportunidades e limitações do projeto se baseiam em cada material.

Para explicar a forma e a constituição, sem dúvida temos de considerar o ambiente em que o animal reside. Entre os grupos de aves, não há espécies verdadeiramente escavadoras como as toupeiras, que são mamíferos. Existe a chamada coruja-buraqueira, mas é difícil compará-la a uma toupeira na exploração de uma vida subterrânea. Os anfíbios mais modernos vivem na água porque precisam de umidade. Existem peixes que saltam da água, mas não são formas verdadeiramente voadoras com asas fortes. Os elefantes são grandes e de constituição pesada, o que exclui uma forma voadora porque não há como a seleção natural favorecê-la.

Para entender a forma e explicar a configuração, precisamos avaliar fatores tanto externos quanto internos. O ambiente externo ameaça o organismo com uma variedade de predadores, desafios climáticos e a competição com outros organismos, e a seleção natural é a manifestação desses fatores. Os fatores internos também desempenham um papel. Estruturas estão integradas em um indivíduo como um todo funcional. Se a configuração muda, isso tem de acontecer sem sérias alterações no organismo. Como as estruturas estão interligadas em um todo coerente, há limites para mudar antes que o maquinário do organismo falhe. A construção interna de um organismo ajusta os limites a alterações permissíveis e estabelece possibilidades produzidas pela seleção natural. Conforme uma nova espécie aparece, surgem mais possibilidades. Entretanto, a seleção natural não inicia as alterações evolutivas na configuração. Como um júri, a seleção natural atua apenas nas possibilidades surgidas antes dela. Se a seleção natural for forte e as possibilidades forem poucas, então ocorre a extinção ou a diversificação, porque a trajetória evolutiva particular é encurtada. Como resultado, a configuração de uma ave para ter delicadeza no voo oferece poucas possibilidades para a evolução de uma configuração robusta e de membros poderosos para cavar. Por outro lado, a configuração de uma ave possibilita a evolução adicional de espécies de vertebrados originárias das aves. Nem todas as alterações evolutivas são igualmente prováveis, em grande parte porque nem todas as morfologias (combinações de estruturas) estão disponíveis por igual para seleção natural.

A morfologia abrange o estudo da forma e da função, da maneira como a estrutura e sua função se tornam parte integrante de uma configuração interconectada (o organismo) e de como ela se torna um fator na evolução de novas formas. O termo **morfologia** não é um sinônimo da palavra **anatomia**; ele sempre significa muito mais. Para Cuvier, significa o estudo da estrutura com função; para Owen, significa o estudo de arquétipos além da estrutura; para Huxley, significa um estudo de alteração estrutural com o tempo (evolução). Hoje, diversas escolas de morfologia na América do Norte, na Europa e na Ásia em geral compartilham um interesse na integração estrutural de partes, no significado disso para o funcionamento do organismo e das limitações e possibilidades resultantes para os

processos evolutivos. A morfologia não reduz as explicações da configuração biológica a apenas moléculas. A análise morfológica enfoca os níveis mais altos da organização biológica – ao nível do organismo, de suas estruturas e de sua posição na comunidade ecológica.

Conceitos morfológicos

Para analisar configuração, foram desenvolvidos conceitos de forma, função e evolução. Alguns dos mais úteis desses são a similaridade, a simetria e a segmentação.

Similaridades

Em organismos diferentes, partes correspondentes podem ser consideradas semelhantes por três critérios – ancestralidade, função e aparência. Aplica-se o termo **homologia** a duas ou mais características que compartilham uma ancestralidade comum, enquanto o termo **analogia** é aplicado a características com função semelhante e o termo **homoplasia** a características que simplesmente se parecem (Figura 1.12). Esses termos datam do século 19, mas adquiriram seus significados atuais depois que Darwin estabeleceu a teoria da descendência comum.

Mais formalmente, as características em duas ou mais espécies são homólogas quando podem ser rastreadas no tempo até a mesma característica em um ancestral comum. A asa da ave e o braço da toupeira são membros anteriores homólogos, que levam ao ancestral comum, o réptil. A homologia reconhece a similaridade com base na origem comum. Uma classe especial de homologia é a **homologia seriada**, que significa similaridade entre partes repetidas sucessivamente no *mesmo* organismo. A cadeia de vértebras na coluna vertebral, os vários arcos branquiais ou segmentos musculares sucessivos ao longo do corpo são exemplos.

Estruturas análogas executam funções similares, mas podem ter ou não uma ancestralidade similar. As asas de morcegos e abelhas funcionam no voo, mas não são estruturas que possam ser rastreadas como uma parte similar em um ancestral comum. Já os membros anteriores de tartarugas e golfinhos

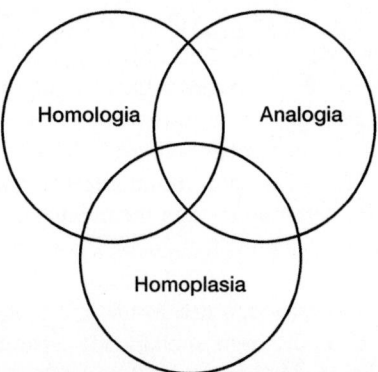

Figura 1.12 Similaridades. As partes podem ser similares em termos de ancestralidade, função e/ou aparência. Respectivamente, são definidas como homologia, analogia ou homoplasia. Nenhum desses tipos de similaridades é mutuamente exclusivo. As partes podem ser simultaneamente homólogas, análogas e homoplásicas.

funcionam como remos (analogia) e podem ser rastreados historicamente até uma origem comum (homologia). A analogia reconhece similaridades com base na função similar.

Estruturas homoplásicas se parecem e podem ou não ser homólogas ou análogas. Além de compartilharem origem (homologia) e função (analogia) comuns, os membros natatórios de tartarugas e golfinhos são similares superficialmente; eles são homoplásicos. Os exemplos mais óbvios de homoplasia vêm da simulação ou camuflagem, em que um organismo busca disfarçar em parte sua presença, assemelhando-se a algo não atraente. Alguns insetos têm asas formadas e esculpidas como folhas. Tais asas funcionam no voo, não na fotossíntese (não são análogas a folhas), e certamente tais pares não compartilham um ancestral comum (não são homólogas de folhas), mas têm a aparência externa semelhante à de folhas; elas são homoplásicas.

Tais definições simples de similaridades não foram deduzidas com facilidade. Em termos históricos, foi difícil para a morfologia esclarecer as bases de similaridades estruturais. Antes de Darwin, a biologia estava sob a influência da morfologia idealista, a visão de que cada organismo e cada parte expressavam externamente um plano subjacente. Os morfologistas olhavam para a essência ou tipo ideal por trás da estrutura. A explicação para esse ideal era a unidade do plano. Owen propôs que arquétipos eram a fonte subjacente das características de um animal. Para ele, homologia significava comparação com o arquétipo, não com outras partes adjacentes do corpo nem com ancestrais comuns. Homologia seriada significava alguma coisa também diferente, com base, mais uma vez, nesse arquétipo invisível. No entanto, a evolução darwiniana mudou isso, trazendo uma explicação para as similaridades, ou seja, uma descendência comum.

Analogia, homologia e homoplasia são fatores contribuintes distintos para a constituição biológica. Golfinhos e morcegos têm vidas bastante diferentes, embora possamos encontrar semelhanças fundamentais entre eles – pelos (pelo menos alguns), glândulas mamárias, similaridades de dentes e esqueleto. Tais características são compartilhadas por ambos por serem mamíferos com um ancestral distinto, mas comum. Golfinhos e ictiossauros pertencem a vertebrados ancestrais bastante diferentes, embora compartilhem certas semelhanças – membros natatórios no lugar de braços e pernas e corpos alongados. Essas características aparecem em ambos porque estão destinadas a satisfazer demandas hidrodinâmicas comuns da vida no mar aberto. Nesse exemplo, a convergência da constituição para satisfazer demandas ambientais comuns ajuda a entender as semelhanças de alguns aspectos locomotores (Figura 1.13). Em contrapartida, a pata traseira com membranas interdigitais de sapos saltadores e pinguins tem pouco a ver com a ancestralidade comum (não têm uma relação estreita) ou com demandas ambientais comuns (o sapo desliza no ar, o pinguim nada na água). Portanto, pode surgir similaridade estrutural de várias maneiras. A função similar em *habitats* similares pode produzir convergência de forma (analogia); a ancestralidade histórica comum pode levar adiante a estrutura compartilhada e similar para os descendentes (homologia); ocasionalmente, eventos acidentais ou incidentais podem resultar em partes que simplesmente se parecem (homoplasia). Ao explicar a constituição,

invocamos um, dois ou todos os três fatores combinados. Para entender a constituição, precisamos reconhecer a possível contribuição de cada fator separadamente.

Simetria

A simetria descreve a maneira pela qual o corpo de um animal se adapta ao ambiente que o cerca. **Simetria radial** se refere a um corpo direcionado igualmente a partir de um eixo central, de modo que qualquer dos vários planos que passem pelo centro divida o animal em metades iguais ou especulares (Figura 1.14 A). Invertebrados como as águas-vivas, ouriços-do-mar e anêmonas-do-mar são exemplos. Na **simetria bilateral**, apenas o **plano mesossagital** divide o corpo em duas imagens especulares, esquerda e direita (Figura 1.14 B).

As regiões corporais são descritas por vários termos (Figura 1.14 C). **Anterior** se refere à extremidade cefálica (**cranial**), **posterior** à da cauda (**caudal**), **dorsal** ao dorso e **ventral** ao ventre ou frente do corpo. A linha média do corpo é **medial**; os lados são **laterais**. Um apêndice inserido tem uma região **distal** (mais distante) e uma **proximal** (mais próxima) do corpo. A **região peitoral** ou tórax sustenta os membros anteriores; a **região pélvica** se refere aos quadris, que sustentam os membros posteriores. Um **plano frontal** (**plano cononal**) divide um corpo bilateral em cortes dorsal e ventral, um **plano sagital** divide em partes esquerda e direita e um **plano transverso** o separa em partes anterior e posterior.

Como os seres humanos mantêm o corpo verticalmente ereto e caminham com o ventre para frente, os termos **superior** e **inferior** em geral substituem *anterior* e *posterior*, respectivamente, na anatomia médica. Como muitos termos são usados apenas para descrever a anatomia humana, não é aconselhável empregar *superior* e *inferior* na pesquisa comparada porque poucos animais caminham como os seres humanos. Se você se aventurar no estudo da anatomia humana, pode esperar encontrar tais termos especializados.

Segmentação

Um corpo ou estrutura constituído de seções repetidas ou duplicadas é chamado de segmentado. Cada seção repetida é citada como um **segmento** (ou **metâmero**) e o processo que divide um corpo em seções duplicadas se denomina **segmentação** (ou **metamerismo**). A coluna vertebral, composta por vértebras repetidas, é uma estrutura segmentar, assim como a musculatura lateral do corpo de peixe, que é constituída por seções repetidas de músculo.

Nem toda a segmentação corporal é a mesma. Para entender a constituição com base na segmentação, precisamos voltar nossa atenção para os invertebrados. Entre alguns invertebrados, a segmentação é a base da reprodução amplificada. Em cestódios, por exemplo, o corpo começa com uma cabeça (o escólex) seguida por seções duplicadas denominadas proglotes (Figura 1.15). Cada seção é uma "fábrica" reprodutiva autocontida completa, com órgãos reprodutivos masculinos e femininos. Quanto mais seções, mais fábricas, e mais ovos e esperma são produzidos. Alguma unidade corporal total é estabelecida por cordões nervosos simples, mas contínuos, e canais excretores que vão de um segmento a outro. Fora isso, cada segmento é

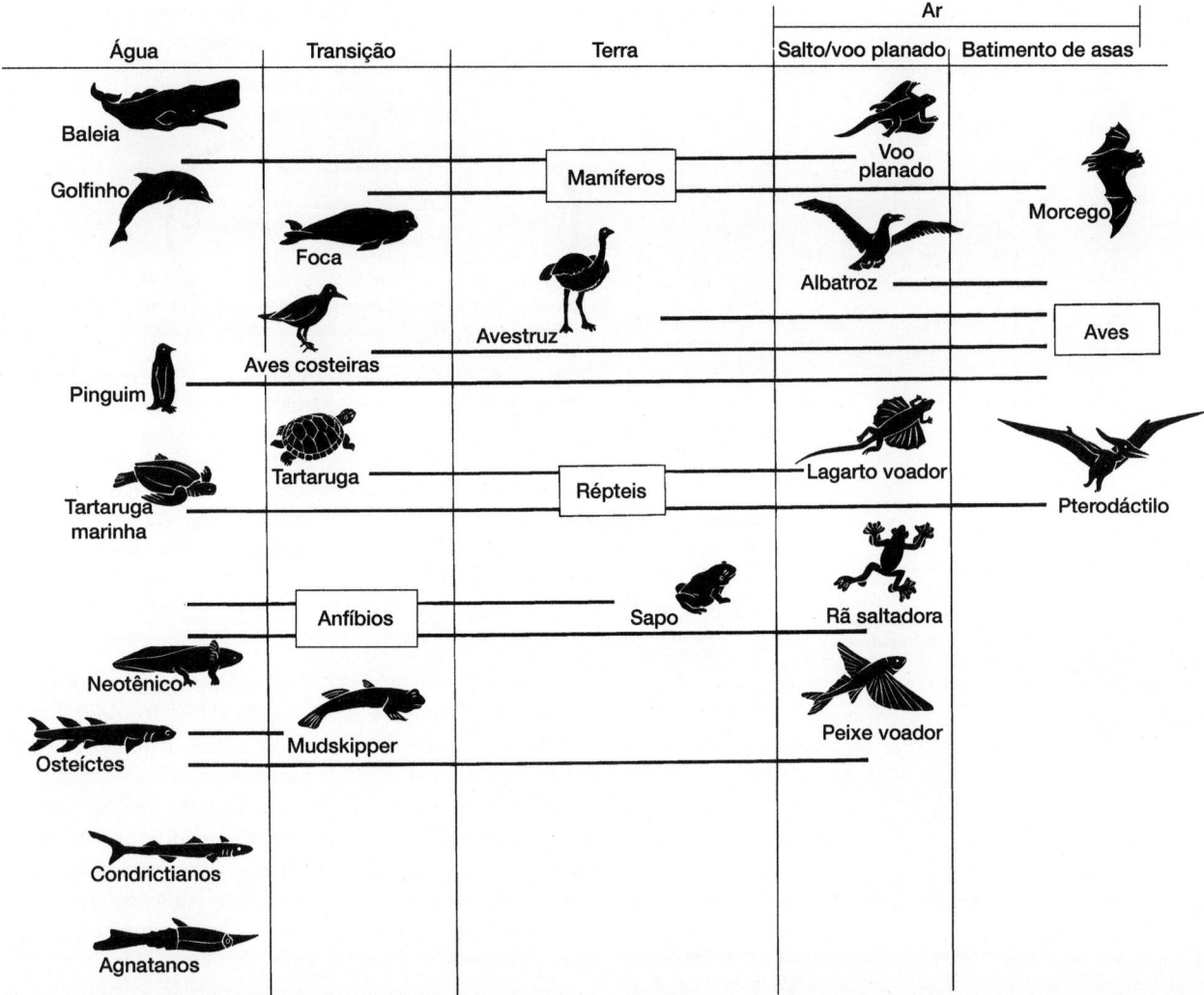

Figura 1.13 Convergência da configuração. Os grupos de animais, em geral, evoluem em *habitats* que diferem daqueles da maioria dos membros de seu grupo. A maioria das aves voa, mas algumas, como o avestruz, não podem fazer isso e vivem exclusivamente no solo; outras, como os pinguins, vivem a maior parte do tempo na água. Muitos, talvez a maioria, dos mamíferos são terrestres, mas alguns voam (morcegos) e outros vivem exclusivamente na água (baleias, golfinhos). Peixes "voadores" saltam no ar. À medida que espécies de grupos diferentes entram em *habitats* similares, têm demandas biológicas similares. A convergência para *habitats* similares em parte é responsável pelos corpos lisos e nadadeiras ou membros natatórios de atuns e golfinhos porque funções similares (analogia) são executadas por estruturas similares em condições similares. O atum e o golfinho têm origem de ancestrais diferentes e correspondem a um peixe e um mamífero, respectivamente. Só a função comum não é suficiente para explicar todos os aspectos da configuração. Cada configuração tem diferenças históricas que persistem, apesar do *habitat* similar.

semiautônomo, um modo de replicar órgãos sexuais e reforçar o produto reprodutivo total, segmentação bastante incomum em outros animais.

Os anelídeos, como minhocas e sanguessugas, têm corpos segmentados que fornecem suporte e locomoção, em vez de reprodução. A segmentação dos anelídeos difere daquela dos cestódios porque o celoma do corpo dos anelídeos é preenchido por líquido e forma um esqueleto hidrostático, um dos tipos básicos de sistemas de sustentação encontrados em animais.

O outro sistema de sustentação que vemos em animais é um esqueleto rígido. Estamos familiarizados com um esqueleto rígido porque nossos ossos e cartilagens constituem tal sistema. Outro exemplo é o esqueleto externo quitinoso dos artrópodes, como caranguejos, lagostas e insetos. Os esqueletos rígidos são sistemas eficientes de alavancas que permitem o uso muscular seletivo para produzir movimento.

Embora os esqueletos hidrostáticos talvez sejam menos familiares, são comuns entre animais. Como o termo *hidro* sugere, esse sistema de suporte inclui uma cavidade cheia de líquido envolta por uma membrana. Em geral, um esqueleto hidrostático também fica envolto em uma camada muscular. Sendo mais simples, a camada muscular é composta por faixas de fibras musculares circulares e longitudinais (Figura 1.16). O movimento ocorre pela deformação controlada do músculo do esqueleto hidrostático. No caso de animais que escavam ou rastejam, o movimento se baseia em ondas peristálticas produzidas na parede corporal. Os movimentos de natação se baseiam em ondas sinusoidais do corpo.

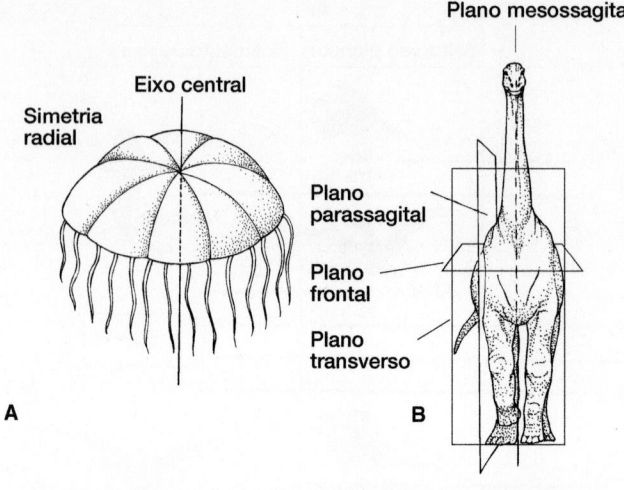

A

B

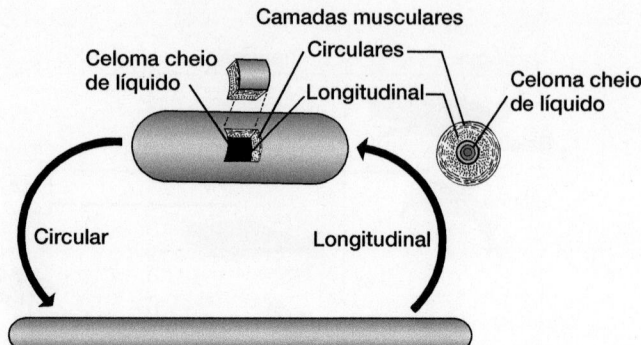

Figura 1.16 Esqueleto hidrostático. Como o mais simples, as alterações de forma e movimento envolvem duas unidades mecânicas, as camadas musculares (*longitudinal* e *circular*) da parede corporal e o celoma corporal cheio de líquido. A contração dos músculos circulares alonga a forma, enquanto a contração dos músculos longitudinais encurta o corpo. O líquido interno não é compressível, de modo que forças musculares se dispersam pelo corpo todo, causando alterações na forma.

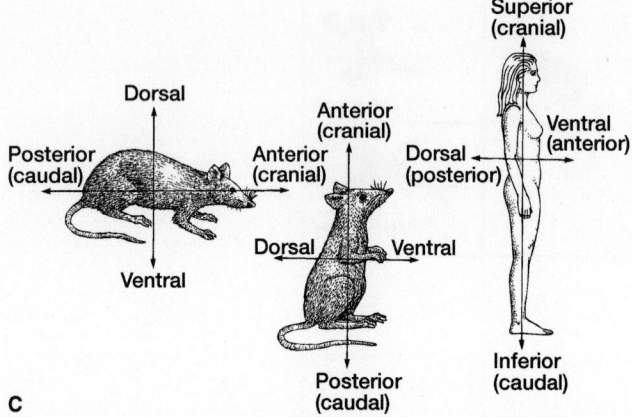

C

Figura 1.14 Simetria corporal. Radial e bilateral são as duas simetrias corporais mais comuns. **A.** Corpos radialmente simétricos estão regularmente em torno de um eixo central. **B.** Corpos simétricos bilateralmente podem ser divididos em imagens especulares apenas pelo plano mesossagital. **C.** Dorsal e ventral se referem ao dorso e ao ventre, respectivamente, e anterior e posterior às extremidades cranial e caudal, respectivamente. Em animais que se movem em posição ortostática (p. ex., seres humanos), superior e inferior se aplicam às extremidades cranial e caudal, respectivamente.

A vantagem de um esqueleto hidrostático é a coordenação relativamente simples. Apenas dois conjuntos de músculos, o circular e o longitudinal, são necessários. Em consequência, o sistema nervoso de animais com sistemas hidrostáticos em geral também é simples. A desvantagem é que qualquer movimento local necessariamente envolve o corpo inteiro. Como a cavidade cheia de líquido se estende pelo corpo inteiro, as forças musculares desenvolvidas em uma região são transmitidas pelo líquido para todo o animal. Assim, mesmo quando o movimento é localizado, os músculos de todo o corpo precisam ser empregados para controlar o esqueleto hidrostático.

Em animais verdadeiramente segmentados, **septos** subdividem de maneira sequencial o esqueleto hidrostático em uma série de compartimentos internos. Como uma consequência da compartimentalização, a musculatura corporal também é segmentada e, por sua vez, o suprimento nervoso e sanguíneo para a musculatura também está disposto de maneira segmentar. A vantagem locomotora é que tal segmentação permite um controle muscular mais localizado e alterações localizadas na forma (Figura 1.17). Por exemplo, o corpo segmentado de uma minhoca é capaz de movimento localizado.

A segmentação entre vertebrados é menos extensa que entre invertebrados. A musculatura lateral do corpo é disposta em blocos segmentados, e os nervos e vasos que a suprem seguem esse padrão segmentado. Contudo, a segmentação não parece profunda. As vísceras não são unidades repetidas e a cavidade corporal não está compartimentada de maneira seriada. A locomoção é proporcionada por um esqueleto rígido e a coluna vertebral (ou a notocorda) é suprida por musculatura segmentar; no entanto, a segmentação da musculatura externa do corpo não se estende para dentro do celoma e das vísceras.

Embora o corpo dos vertebrados não seja composto por um esqueleto hidrostático, certos órgãos se baseiam no princípio do suporte hidrostático. A notocorda, por exemplo, contém uma parte central de células ingurgitadas com líquido, envoltas em uma bainha de tecido conjuntivo fibroso. Esse bastão

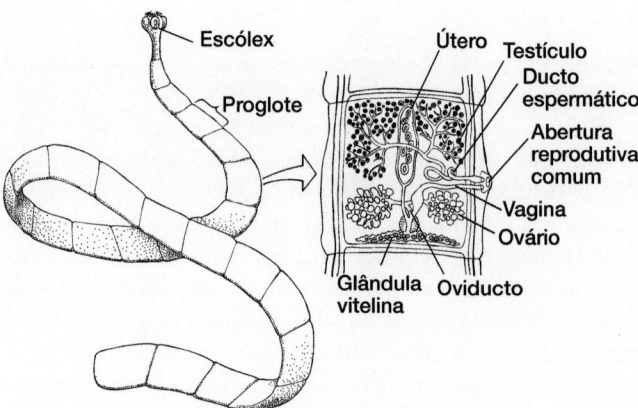

Figura 1.15 Cestódio segmentado. Cada seção, ou proglote, é uma fábrica reprodutiva que produz ovos e esperma.

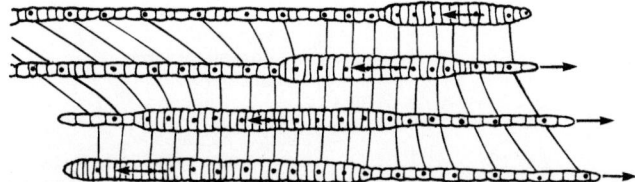

Figura 1.17 Locomoção de um verme segmentado. O líquido no interior da cavidade corporal flui em compartimentos selecionados, enchendo e expandindo cada um deles. Essa expansão do corpo é controlada de maneira seletiva por cada segmento corporal e coordenado totalmente pelo sistema nervoso do verme. À medida que o líquido passa de um compartimento para o seguinte, cada segmento expandido empurra contra o solo circundante e estabelece uma sustentação firme sobre as paredes do corpo do verme em forma de túnel. A extensão da parte anterior do corpo empurra a cabeça para frente, para que o verme progrida no solo.

De Gray e Lissmann.

incompressível, mas flexível, é um órgão hidrostático que funciona para manter o corpo em um comprimento constante. O pênis é outro exemplo de um órgão hidrostático. Quando estimulado da maneira apropriada, as cavidades dentro dele são preenchidas com líquido, no caso sangue, para dar ao órgão a rigidez ereta com alguma importância funcional.

Morfologia evolutiva

Como dito anteriormente, a evolução e a morfologia nem sempre foram boas companheiras. No lado mais brilhante, a cooperação mais recente entre cientistas de ambas as disciplinas esclareceu nosso entendimento da conformação animal. Com essa cooperação, os conceitos de conformação e alteração ficaram mais claros.

Função e papel biológico

Para a maioria de nós, o conceito de função é amplo e usado superficialmente para explicar como uma parte funciona em um organismo e como serve para adaptação ao ambiente. Os músculos da bochecha, em alguns camundongos pequenos, agem para fechar as maxilas e mastigar o alimento. Ao fazerem isso, esses músculos exercem o papel adaptativo de processar o alimento. A mesma estrutura funciona dentro de um organismo (mastigando) e no papel de satisfazer as demandas do ambiente (processando o recurso). Para reconhecer ambos os serviços, são empregados dois termos. O termo **função** se restringe a significar a ação ou propriedade de uma parte conforme ela funciona *em um organismo*. A expressão **papel biológico** (ou só o termo **papel**) se refere à maneira como uma parte é usada *no ambiente* no decorrer da vida do organismo.

Nesse contexto, os músculos da bochecha do camundongo funcionam para fechar as maxilas e exercem o papel biológico de processar o alimento. Nota-se que a parte pode ter vários papéis biológicos. As maxilas não apenas desempenham um papel no processamento do alimento, como também podem exercer o papel biológico de proteção ou defesa se usadas para morder um predador que ataca. Uma estrutura também

pode ter várias funções. O osso quadrado em répteis funciona como inserção da maxila inferior no crânio e também para transmitir ondas sonoras para o ouvido. Isso significa que tal músculo participa de pelo menos dois papéis biológicos: alimentação (busca por alimento) e audição (detecção de inimigos ou presas). As penas do corpo nas aves são outro exemplo (Figura 1.18 A–C). Na maioria das aves, as penas funcionam como cobertura do corpo. No ambiente, os papéis biológicos das penas incluem isolamento (termorregulação), perfil aerodinâmico do formato corporal (voo) e, em algumas, exibição durante a corte (reprodução).

As funções de uma estrutura são determinadas em grande escala de acordo com estudos laboratoriais; os papéis biológicos são observados em estudos de campo. A inferência de papéis biológicos apenas a partir de estudos laboratoriais pode ser enganadora. Por exemplo, algumas serpentes peçonhentas produzem secreções orais em que os biólogos em laboratório descobriram propriedades tóxicas. Muitos chegaram à conclusão de que o papel biológico de tais secreções orais tóxicas seria matar a presa rapidamente, mas estudos de campo provaram que não é esse o caso. Os seres humanos também produzem saliva um pouco tóxica (função), mas certamente não a usamos para envenenar

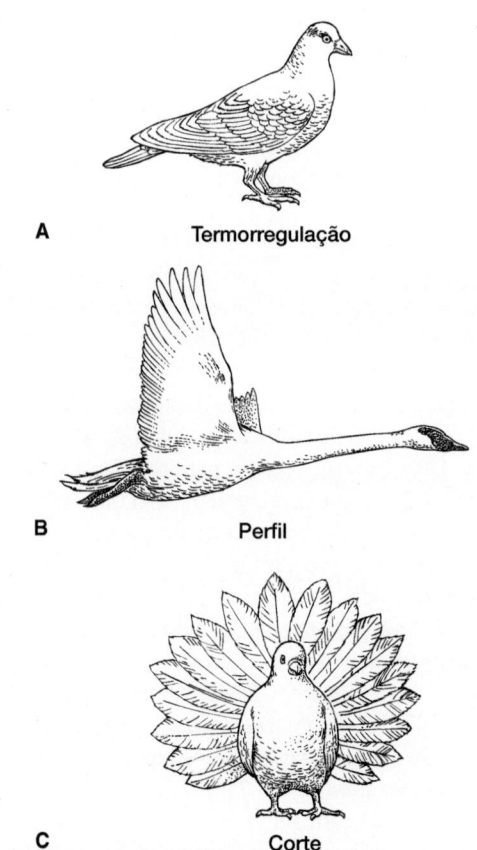

A Termorregulação

B Perfil

C Corte

Figura 1.18 Papéis biológicos. A mesma estrutura pode desempenhar vários papéis biológicos. Por exemplo, além de servirem para o voo, as penas participam (**A**) da termorregulação (isolamento térmico), impedindo a perda de calor para um ambiente frio; (**B**) do perfil aerodinâmico (voo), mantendo o corpo em linha reta; e (**C**) da reprodução (corte), exibindo as cores para os rivais ou parceiros prováveis do sexo oposto.

presas (papel biológico). A saliva desempenha o papel biológico de processar o alimento, iniciando a digestão e lubrificando o alimento. A toxicidade é um subproduto inadvertido da saliva humana, sem qualquer papel adaptativo no ambiente.

Pré-adaptação

Para muitos cientistas, a palavra **pré-adaptação** vem perdendo o sentido porque parece levar a uma compreensão errônea. Foram propostos termos alternativos (protoadaptação, exaptação), mas, na realidade, eles não ajudam e só congestionam a literatura com jargão redundante. Se mantivermos em mente que pré-adaptação não significa exatamente o que parece, então o termo não deveria apresentar uma dificuldade especial. Pré-adaptação significa que uma estrutura ou processo comportamental possui a forma e a função necessárias *antes* (daí pré) do surgimento do papel biológico que acaba vindo a desempenhar. Em outras palavras, uma parte pré-adaptada pode executar a tarefa antes que a mesma surja. O conceito de pré-adaptação não implica que um traço surge antecipadamente para preencher um papel biológico em algum momento no futuro. Os traços adaptativos desempenham papéis no presente. Se não há um papel imediato, a seleção elimina o traço.

Por exemplo, é provável que as penas tenham evoluído inicialmente nas aves (ou em seus ancestrais imediatos) como um meio de isolamento térmico, para conservar a temperatura corporal. Como a pelagem em mamíferos, as penas formam uma barreira superficial para retardar a perda corporal de calor. No caso das aves de sangue quente, as penas eram uma característica indispensável para a conservação de energia. Hoje, as penas ainda desempenham um papel na termorregulação, mas nas aves modernas o voo é seu papel mais óbvio. O voo veio depois na evolução das aves. Seus ancestrais imediatos eram do solo ou arborícolas, animais semelhantes a répteis. À medida que o voo se tornou um estilo de vida mais importante nesse grupo em evolução, as penas já presentes para isolamento se adaptaram nas superfícies aerodinâmicas para o voo. Nesse exemplo, podemos dizer que as penas isolantes eram uma pré-adaptação para o voo. Elas estavam prontas para servir como superfícies aerodinâmicas antes que surgisse seu papel biológico real.

De maneira semelhante, as asas de aves que mergulham são pré-adaptadas como remos. No pelicano e no mergulhão, são usadas para nadar enquanto a ave está submersa. Se, como agora parece provável, os pulmões primitivos para a respiração surgiram cedo nos peixes, então eles estavam pré-adaptados para se tornarem bexigas natatórias, dispositivos para a flutuabilidade dos peixes que surgiram mais tarde. As nadadeiras dos peixes estavam pré-adaptadas para se tornarem membros tetrápodes.

Um esquema hipotético de pré-adaptação caracteriza a origem das aves desde os répteis por meio de uma série de cinco estágios anteriores ao voo (Figura 1.19). Começando com os répteis, que viviam em árvores ou as frequentavam, a sequência mostra que alguns saltavam de galho em galho para escapar dos predadores que os perseguiam ou para alcançar árvores adjacentes sem precisar fazer uma longa jornada descendo de uma e subindo em outra. Tal comportamento estabeleceu a prática do animal de ficar no ar temporariamente. Em seguida

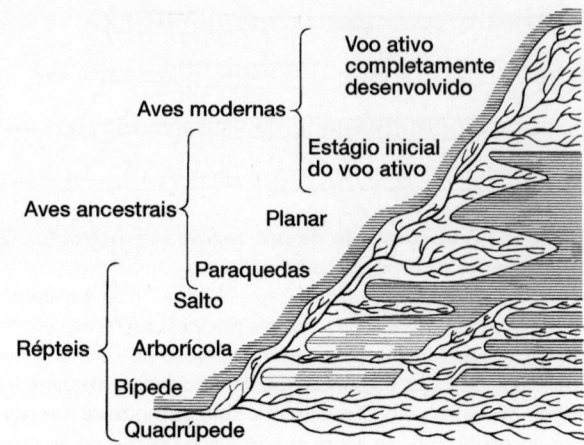

Figura 1.19 Evolução do voo da ave, modelada como uma série de etapas sucessivas, cada uma pré-adaptada para a seguinte, que caracteriza a evolução das aves a partir dos répteis. Cada etapa é adaptativa em si, mas, após ser alcançada, cada uma ajusta o estágio para a próxima.

De Bock.

passaram a agir como paraquedas, em que o animal abre os membros e achata o corpo para aumentar a resistência e tornar a descida mais lenta durante a queda vertical, amortecendo o impacto no solo. Equilibrar-se no ar foi a etapa seguinte. O animal fazia uma deflexão da linha de queda, de modo que o percurso horizontal aumentava. Planar, um estágio inicial do voo ativo, aumentou ainda mais a distância horizontal. O bater de asas deu acesso a *habitats* não disponíveis para as espécies terrestres. De fato, foi alcançado um novo modo de vida e as aves modernas são o resultado dele.

Tal visão, embora hipotética, representa uma sequência plausível pela qual o voo pode ter surgido nas aves e ajuda a combater várias críticas niveladas pelos processos morfológicos de mudança evolutiva. Uma reclamação antiga contra o conceito de mudança evolutiva é que muitas estruturas, grandes e complexas asas e penas, podem não ter tido qualquer valor seletivo quando surgiram pela primeira vez. Tais **estruturas incipientes** seriam pequenas e formativas quando estrearam na evolução. O argumento é o seguinte: estruturas incipientes não teriam um favorecimento seletivo até que fossem grandes e elaboradas o suficiente para exercer o papel que traria uma vantagem adaptativa, como o voo com bater de asas. No entanto, esse exemplo mostra que estruturas grandes e complicadas não precisam estar totalmente envolvidas de uma vez em uma grande farra evolutiva. Na hipotética evolução em cinco estágios do voo das aves, nenhum estágio precedente antecipou o subsequente. Os estágios em si não levaram necessariamente ao próximo. Cada estágio foi adaptativo em si, com vantagens imediatas. Se as condições mudaram, os organismos podem ter evoluído mais, porém não havia garantias.

Alguns mamíferos, como os esquilos "voadores", ainda são planadores. Eles estão bem-adaptados às florestas de coníferas. Outros, como os morcegos, são voadores poderosos, totalmente preparados e aptos para voar. Em um sentido evolutivo, os esquilos planadores não estão necessariamente "no caminho" para se tornarem voadores poderosos como os morcegos. Saltar e planar são suficientes para satisfazer suas demandas quando precisam se movimentar pelas densas florestas de coníferas do hemisfério norte. Para esses esquilos, o salto com voo planado satisfaz as demandas ambientais no presente, e não está antecipando um voo poderoso no futuro.

O exemplo da ave voadora também nos lembra de que um novo papel biológico em geral precede o surgimento de uma nova estrutura. Com um desvio nos papéis, o organismo sofre novas pressões seletivas em um ninho ligeiramente novo. A evolução do salto para a imitação de um paraquedas, daí para o voo planado ou deste para o bater de asas precoce, inicialmente colocou estruturas antigas a serviço de novos papéis biológicos. Esse desvio inicial nos papéis expôs a estrutura a novas pressões seletivas, favorecendo as mutações que solidificam uma estrutura em seu novo papel. Primeiro, vem o novo comportamento e, em seguida, o novo papel biológico. Por fim, uma mudança da estrutura se estabelece para servir a uma nova atividade.

Evolução como remodelamento

O esquema que traça a evolução do voo nas aves também nos diz que a mudança evolutiva em geral envolve renovação, não uma nova construção. Partes antigas são modificadas, mas raramente novas partes são acrescentadas. Quase sempre, uma nova estrutura nada mais é que uma parte antiga refeita para finalidades atuais. De fato, se algo completamente novo surgisse subitamente, é provável que prejudicasse a harmonia funcional do organismo e seria selecionado negativamente.

Como a evolução prossegue, em grande parte, por meio do processo de remodelamento, organismos descendentes trazem os traços de estruturas ancestrais. A pré-adaptação não causa alteração, sendo apenas uma interpretação dos desfechos evolutivos depois que eles ocorrem. A pré-adaptação é uma visão para o passado, um olhar de retorno, na percepção sobre de quais estruturas ancestrais surgiram as estruturas presentes. De acordo com essa visão, podemos ver que o salto precedeu o comportamento de paraquedas, que precedeu o voo planado, que precedeu o bater de asas. Cada etapa precedente estava pré-adaptada para a seguinte. O erro conceitual seria interpretar essas etapas como dirigidas internamente, de maneira inevitável, a partir dos répteis do solo para as aves voadoras. Nada desse tipo é intencional. Não sabemos o que ainda nos reserva a evolução no futuro, de modo que não podemos dizer que estruturas estarão pré-adaptadas até que elas tenham evoluído em seus novos papéis.

Filogenia

O caminho da evolução, conhecido como **filogenia**, pode ser resumido em esquemas gráficos, ou **dendrogramas**, que lembram uma árvore, com conexões ramificadas entre os grupos. O ideal é que a representação seja uma expressão confiável das relações entre grupos. No entanto, a escolha do dendrograma se baseia na inclinação intelectual e no desfecho prático. Os dendrogramas resumem o trajeto da evolução. Sua brevidade os torna atraentes. Todos implicam riscos, flertam com um excesso de simplificação e cortam caminhos para chegar a um ponto. Observemos as vantagens e desvantagens de vários tipos de dendrogramas.

Feijoeiros e arbustos

Em 1896, Ernst Haeckel escreveu *The Evolution of Man*, em que mostrou o *pedigree* humano, também chamado de filogenia humana (Figura 1.20). O livro é um resumo útil de suas ideias sobre o assunto. Talvez, hoje, alguém quisesse corrigir pontos na filogenia explícita de Haeckel, mas não se pode esquecer do aspecto mais importante do dendrograma, ou seja, que os seres humanos são o pináculo da evolução. Nem na época (século 19) nem agora (século 21) ele era o único a supor que a natureza ascendeu de uma espécie para a próxima como degraus de uma escada, do primitivo ao perfeito, desde formas inferiores até os seres humanos no alto da escala natural.

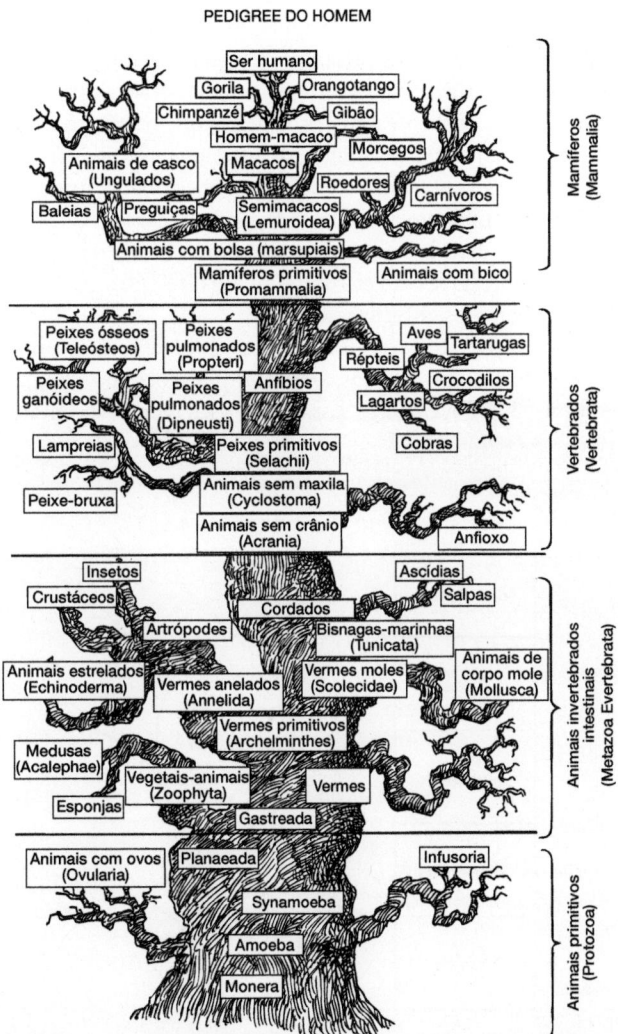

Figura 1.20 Filogenia de Haeckel. Como uma árvore, essa filogenia mostra a ramificação proposta para as espécies. Embora muitas linhas da evolução sejam mostradas, Haeckel preferiu chamá-la o "*Pedigree do Homem*", evidência sutil da opinião comum de que os seres humanos representam o máximo dos esforços evolutivos.

De Ernst Haeckel.

O que o tal dendrograma propôs sutilmente é a visão errada de que os seres humanos estão sozinhos como únicos no degrau mais alto da escada evolutiva.

Na realidade, a espécie humana é uma entre milhares de produtos evolutivos recentes. A evolução não progrediu subindo uma única escada, mas sim foi se ramificando ao longo de vários caminhos simultâneos. Embora os mamíferos continuem a prosperar em larga escala na terra, as aves evoluíram concomitantemente e peixes teleósteos se diversificaram em todas as águas do mundo. Aves, mamíferos, peixes e todas as espécies que sobrevivem até hoje representam a espécie atual, e ainda em evolução, dentro de seus respectivos grupos. Nenhuma espécie isolada é um Monte Everest entre o resto. Os seres humanos compartilham o momento evolutivo atual com milhões de outras espécies, todas com particulares longas histórias. Todas se adaptaram a sua maneira própria aos seus ambientes.

Para refletir esse padrão diverso de evolução de maneira confiável, os dendrogramas devem ser como arbustos, não como feijoeiros ou escadas (Figura 1.21 A e B). Depois que as aves evoluíram a partir dos répteis, estes não só persistiram, como, na verdade, diversificaram-se e continuaram a evoluir e prosperar. O mesmo é válido para os ancestrais anfíbios que deram origem aos répteis e para os peixes que originaram esses anfíbios ancestrais. Certamente, os anfíbios modernos trouxeram características primitivas de seus primeiros ancestrais, mas também continuaram a evoluir independentemente dos répteis desde que as duas linhagens se separaram há mais de 300 milhões de anos. As rãs são estruturalmente diferentes, por exemplo, dos primeiros ancestrais anfíbios.

Os dendrogramas que se parecem com feijoeiros ou escadas são resumos rápidos, sem complicações, do curso da evolução (Figura 1.21 A). Essa é sua vantagem. No entanto, eles também podem enganar porque implicam que o objetivo mais importante de um grupo inicial é servir como a fonte para um grupo derivado – peixes para anfíbios, anfíbios para répteis e assim por diante. Os dendrogramas com forma de escada representam nossa visão de que grupos mais recentes são mais perfeitos que os anteriores. Os dendrogramas com formato de arbusto não apenas traçam o caminho de novos grupos, como também nos mostram que, após um grupo originar outro, ambos podem continuar a evoluir simultaneamente e se adaptar a seus próprios ambientes (Figura 1.21 B). Assim que um novo grupo é produzido, a evolução entre os ancestrais não cessa nem faz com que um grupo necessariamente substitua seus ancestrais.

A evolução da vida é um processo contínuo e conectado de um momento para o próximo. Novas espécies podem evoluir gradualmente ou subitamente, mas não há um ponto de descontinuidade, nenhuma ruptura na linhagem. Se ocorre uma ruptura na linhagem evolutiva, a consequência é a extinção, um fim irreversível. Quando os taxonomistas estudam as espécies que vivem atualmente, examinam um recorte de tempo evolutivo em que só veem a mais recente, porém as espécies continuam com uma longa história divergente por trás delas. A discriminação aparente de espécies ou grupos no momento presente deve-se, em parte, a sua divergência prévia. Quando seu passado é rastreado, é possível determinar a conexão entre espécies. Um dendrograma que mostre as linhagens em três dimensões (Figura 1.22) enfatiza essa continuidade. Se reduzido a um dendrograma ramificado bidimensional, as relações ficam melhores, mas implicam uma distinção de espécies nos pontos ramificados. Os ramos súbitos são uma convenção taxonômica, porém não representam de maneira confiável a separação gradual e a divergência das espécies e dos novos grupos.

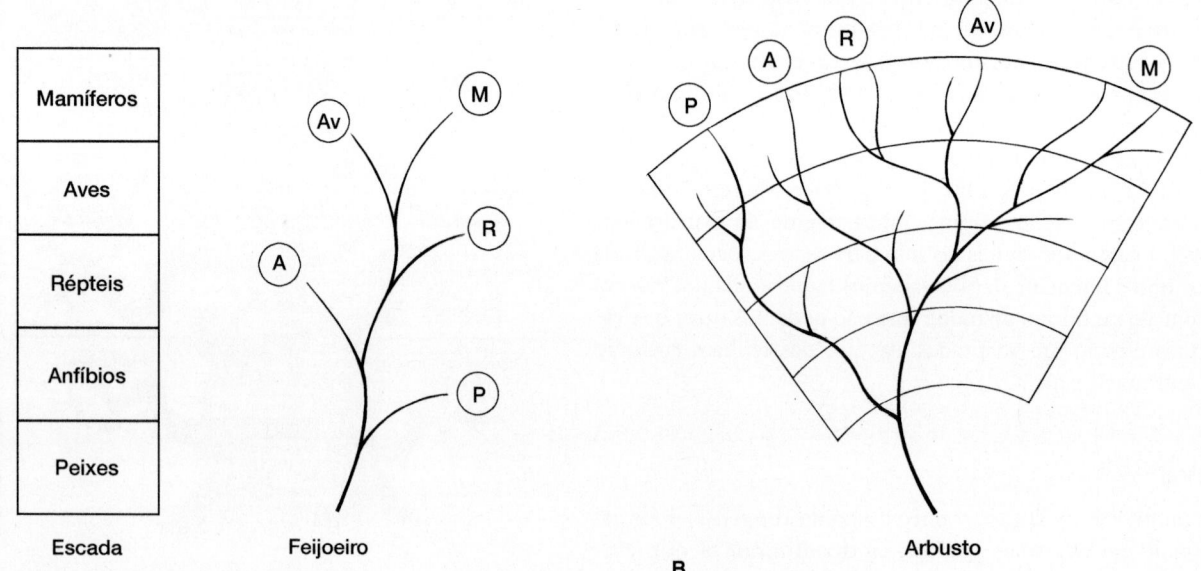

Figura 1.21 Feijoeiros e arbustos. A. A "escada da criação" é uma metáfora enganosa. A evolução prossegue não de maneira estática, como uma escada de espécies, uma acima da outra, mas sim ao longo de linhas paralelas que se ramificam. Os dendrogramas elaborados como pés de feijão ilustram a ordem em que um grupo apareceu, mas alimentam a noção errônea de que as espécies evoluíram em sequência linear ascendente até o momento presente. **B.** A diversidade da evolução desdobrada é mais bem representada por um dendrograma com a forma de um arbusto.

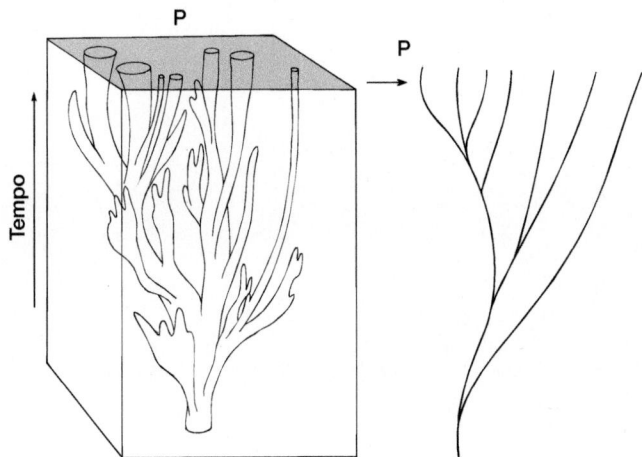

Figura 1.22 Evolução de dendrogramas. O curso da evolução, com alguns ramos extintos, é mostrado pelo dendrograma da esquerda. Paramos no tempo no plano horizontal (*P*) para observar as linhagens que persistiram até o presente. A ilustração à direita é um dendrograma bidimensional possível, que representa apenas as principais linhagens de descendentes que sobreviveram.

Simplificação

A maioria dos dendrogramas pretende focar um ponto e são simplificados para isso. Por exemplo, a evolução dos vertebrados está ilustrada na Figura 1.23 A com o intuito de enfatizar os passos ao longo da trajetória evolutiva. Embora essa representação seja consideravelmente simplificada, é um resumo conveniente, mas, se visto literalmente, o dendrograma é bastante implausível. As primeiras quatro espécies estão vivas, de modo que é improvável que sejam espécies ancestrais diretas nas etapas. Uma representação mais plausível de sua evolução é mostrada na Figura 1.23 B. As espécies em cada ponto de divisão viveram há milhões de anos e certamente estão extintas agora. Apenas ancestrais derivados com relação distante sobrevivem atualmente e são usados para representar etapas na origem dos vertebrados.

Um dendrograma mais complicado de aves é mostrado na Figura 1.24. Muitos grupos estão incluídos, sua evolução provável, traçada, e as relações entre eles, propostas. Portanto, sua filogenia é representada de maneira mais confiável, embora a complexidade do diagrama torne as principais tendências menos aparentes. Note como o detalhe mais completo dificulta a leitura do dendrograma de modo que ele fica menos útil para identificar tendências principais. Ao escolher um dendrograma, devemos decidir entre os simples (mas talvez enganosos) e complexos (mas talvez bastante confusos).

Padrões de filogenia

Os dendrogramas podem ser usados para expressar abundância relativa e diversidade. Os formatos abaulados e estreitados dos "balões" na Figura 1.25 representam, superficialmente, o número relativo de vertebrados que existiram em cada grupo, durante várias épocas geológicas. Os primeiros mamíferos e aves surgiram na era Mesozoica, mas se tornaram componentes abundantes e relevantes nas faunas terrestres muito mais

tarde – de fato, após o declínio dos répteis contemporâneos no final do Cretáceo. As formas dos ramos de um dendrograma trazem essa informação adicional.

As taxas em que novas espécies aparecem também podem ser representadas pelo prolongamento dos ramos de um dendrograma. Um dendrograma tem ângulos agudos, o que implica alteração rápida e o aparecimento relativamente súbito de novas espécies (Figura 1.26 A). Outro mostra ramos sem sub-ramificações, implicando o aparecimento gradual de novas espécies (Figura 1.26 B). Além desses dois tipos de dendrograma, há suposições diferentes sobre o processo da evolução. Alguns acreditam que a evolução produza novas espécies gradualmente, enquanto outros veem o processo como um evento em que as espécies persistem por muito tempo, com relativamente pouca modificação, após o surgimento abrupto

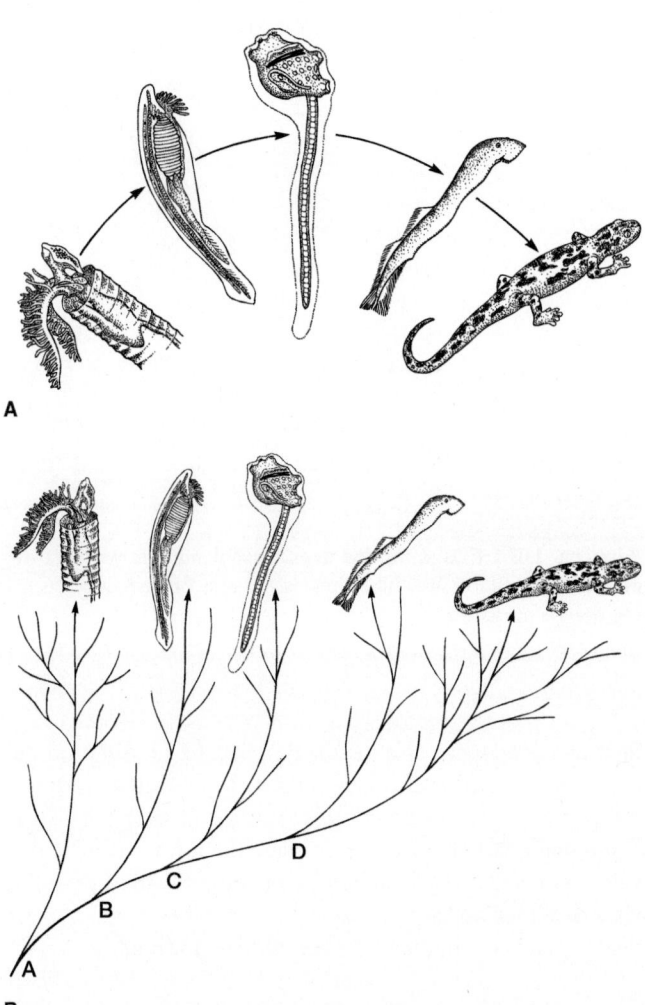

Figura 1.23 Etapas na evolução dos vertebrados. A. Exemplos de um hemicordado, um cefalocordado, uma larva urocordada, uma lampreia e uma salamandra (*da esquerda para a direita*). Todas são espécies vivas, de modo que não é provável que sejam ancestrais imediatos de cada grupo que as sucedeu, como esse esquema implica erroneamente. **B.** Seus ancestrais atuais (de *A* a *D*, respectivamente) viveram há milhões de anos e agora estão extintos. Descendentes modificados, que representam essas espécies hoje, trouxeram alguns traços primitivos de seus ancestrais extintos, mas também desenvolveram modificações adicionais.

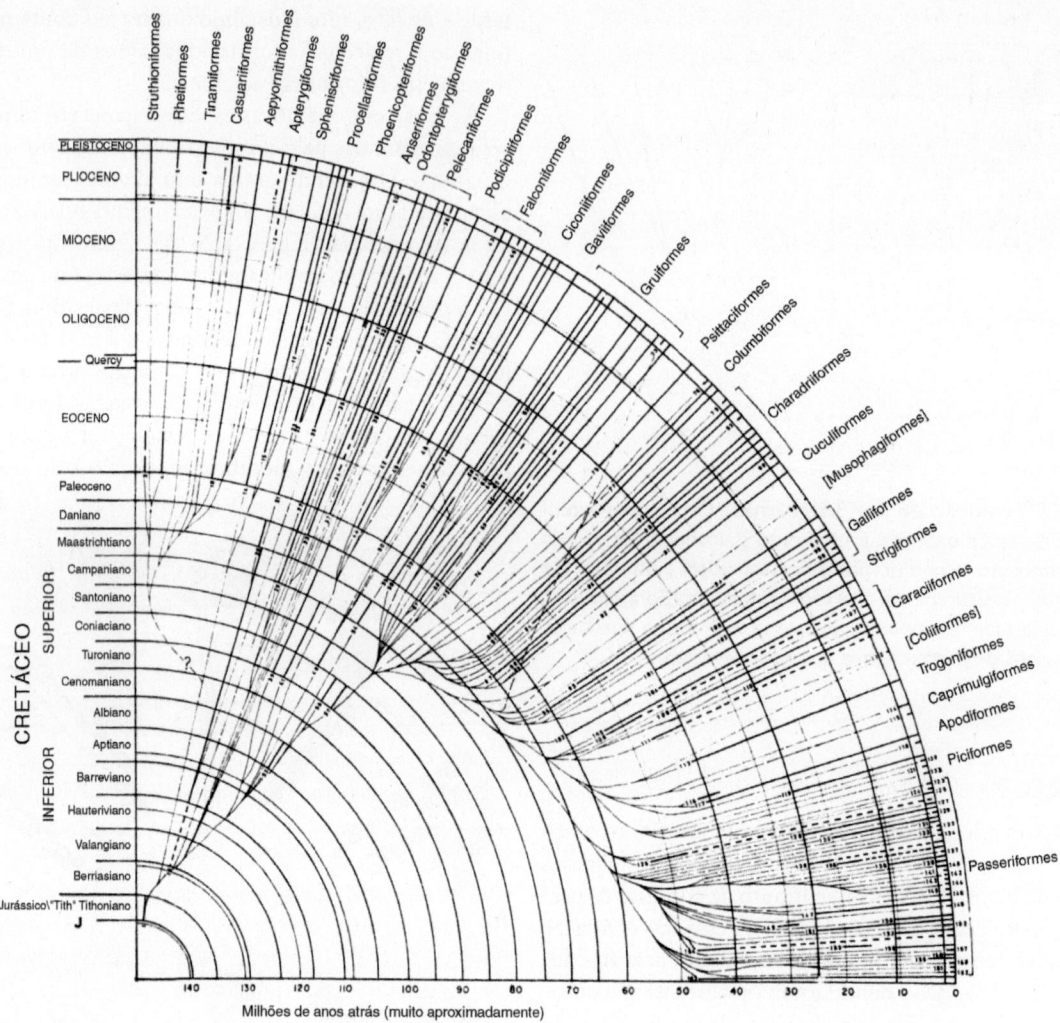

Figura 1.24 Filogenia das aves. Esse dendrograma tenta detalhar as relações e o momento de origem de cada grupo moderno de aves. Embora expresse as hipóteses dessas relações em detalhes, o diagrama é muito complexo e difícil de ver. As tendências gerais também são menos evidentes.

©J. Fisher, "Fossil Birds and Their Adaptive Radiation", em The Fossil Record, The Geological Society of London, 1967. Reimpressa com permissão de The Geological Society of London.

de uma nova espécie. Na década de 1940, G. G. Simpson denominou esses intervalos longos de evolução inalterada, interrompida ocasionalmente por surtos curtos de alteração rápida, como **evolução quântica**. Recentemente, novos esforços têm sido empreendidos por aqueles que compartilham o ponto de vista de Simpson, na tentativa de representar essa evolução em dendrogramas, com o nome de **equilíbrio pontuado**.

Categorias e clades

Os vertebrados viventes se originam de uma sucessão de ancestrais distantes, dos quais diferem bastante. Os vertebrados modernos trazem os resultados coletivos dessas mudanças após modificações – milhares delas. Em conjunto, essas modificações coletivas produzem os grupos modernos como os conhecemos hoje. Para reconstruir essa história, podemos examinar características particulares, usando-as para traçar a história dessas modificações. Formalmente, o estado inicial (ou ancestral) de uma característica é sua **condição primitiva**, conhecida como **traço**

plesiomórfico; seu estado posterior (ou descendente), após a transformação, é sua **condição derivada**, conhecida como **traço sinapomórfico**. Um **táxon** é simplesmente um determinado grupo de organismos, podendo ser **natural**, que indica com acurácia um grupo que existe na natureza resultante de eventos evolutivos, ou **artificial**, que não corresponde a uma unidade real de evolução. Um **grupo irmão** é o táxon mais intimamente relacionado com o grupo que estamos estudando. Usando características transformadas como referência, analisamos o padrão de evolução dos vertebrados e os nomeamos de acordo com o táxon, mas podemos fazer isso com diferentes objetivos em mente.

Se um grupo de organismos tem um número grande de características distintivas derivadas, podemos querer reconhecer isso sugerindo que o grupo tenha alcançado um novo estágio, etapa ou categoria em sua organização. Em um sentido tradicional, uma **categoria** significava uma expressão da magnitude da modificação ou nível de adaptação alcançado por um grupo em evolução. Alguns esquemas taxonômicos no passado classificavam os grupos em categorias. Por exemplo, o casco fundido e distinto

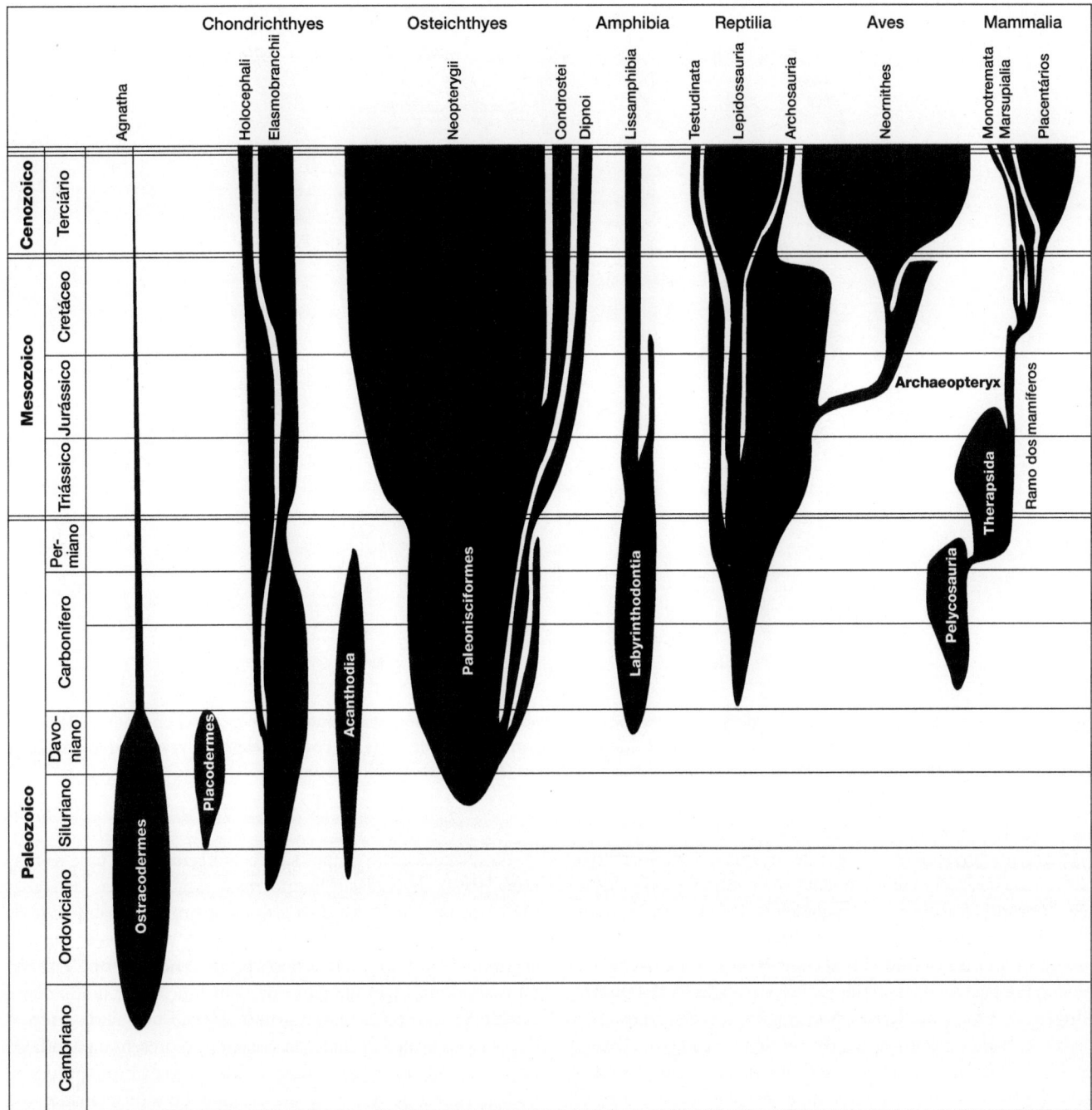

Figura 1.25 Abundância da filogenia. Esse dendrograma tenta representar o momento em que cada grupo de vertebrado apareceu pela primeira vez e a abundância relativa de cada grupo (representada pelo tamanho de cada balão).

das tartarugas pode ser visto como uma reorganização drástica do esqueleto que requer reconhecimento taxonômico. Isso poderia ser feito se elevando as tartarugas a um nível taxonômico distinto em comparação com as aves. Nesse sentido de categoria, os grupos em evolução abrangem um número tão grande de características derivadas que passam um limiar imaginário que os inclui em uma classificação taxonômica superior. De acordo com tal ideia, os mamíferos poderiam ser considerados uma categoria taxonômica, assim como as aves. Embora às vezes úteis como um meio de reconhecer a magnitude da divergência anatômica entre os grupos, as categorias podem ser enganosas. O grupo dos

répteis (Reptilia) tradicionalmente inclui membros com escamas e ovo com casca (ovo cleidoico), mas essa categoria não representa um grupo único em evolução. Em vez disso, a categoria dos répteis foi alcançada de maneira independente, uma vez dentro da linha dos répteis modernos e da dos mamíferos. Em contrapartida, os grupos atuais podem não parecer semelhantes – crocodilos e aves, por exemplo –, mas são sobreviventes de uma linhagem comum que os torna mais estreitamente relacionados entre si que com os répteis modernos. Portanto, podemos preferir reconhecer grupos com base em sua genealogia, em vez de usar um critério subjetivo do grau de alteração apenas.

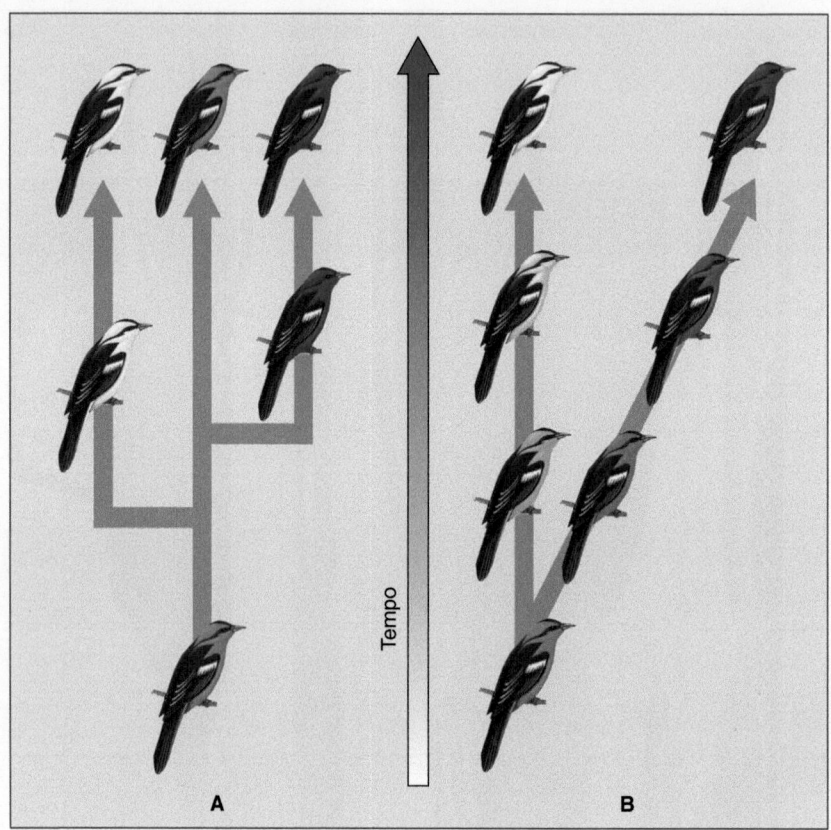

Figura 1.26 Padrões de evolução. Um dendrograma pode pretender representar o aparecimento abrupto (**A**) ou gradual (**B**) de novas espécies representadas por um novo ramo. Embora os dois dendrogramas concordem nas relações das espécies, revelam dois processos diferentes por trás de sua evolução, ou seja, um processo evolutivo rápido (**A**) ou gradual (**B**) de evolução.

Se os membros de um grupo de organismos compartilham um único ancestral comum, podemos reconhecer isso pelo nome da própria linhagem. Uma **clade** ou clado é uma linhagem – todos os organismos em uma linhagem mais o ancestral comum. A **sistemática tradicional** coloca juntos todos os organismos com características similares ou homólogas. A **sistemática filogenética** mais moderna coloca todos os organismos como pertencentes da mesma clade, daí ser denominada de **cladística**. Na cladística, o nome do táxon se refere à clade – à própria genealogia –, não necessariamente às características em si. Os clados são reconhecidos sem preocupação com a quantidade de variação anatômica no táxon. Consequentemente, alguns poderiam incluir membros muito homogêneos em sua morfologia básica (p. ex., aves, cobras, rãs) ou bastante heterogêneos (p. ex., peixes actinopterígeos). A genealogia, não a variação dentro de um grupo, é a base para o reconhecimento de um clado.

O dendrograma que ilustra essa genealogia é um **cladograma**, uma hipótese sobre as linhagens e suas relações evolutivas. As vantagens dos cladogramas são a clareza e a facilidade com que podem ser criticados. Uma desvantagem prática é que um cladograma pode ser substituído por um novo, nos deixando com uma taxonomia abandonada, substituída por nomes novos de acordo com as hipóteses mais recentes de relação. As transformações de uma característica desempenham um papel central na elaboração dos cladogramas. Em particular, características derivadas são mais importantes.

As relações entre grupos são reconhecidas com base nas características derivadas. Quanto mais características derivadas são compartilhadas por dois grupos, maior a probabilidade de que eles tenham uma relação próxima. A distribuição em que estamos interessados é nosso **grupo interno**; o **grupo externo** é próximo, mas não faz parte da distribuição e é usado como referência. Em particular, o grupo externo nos ajuda a tomar decisões sobre qual estado do caractere representa a condição derivada. O grupo irmão é o primeiro grupo externo que podemos consultar porque é o mais estreitamente relacionado, mas também podemos fazer comparações sucessivas com o segundo e o terceiro grupos externos, que têm relação mais distante. Em geral, nesse ponto, os fósseis podem ter um papel de referência importante, de modo que podemos decidir melhor sobre os estados primitivo e derivado de uma característica. Assim que se determina o nível de características compartilhadas derivadas, podemos representar associações em um diagrama de Venn (Figura 1.27 A). Como a evolução prossegue por descendência com modificação, conforme Darwin ajudou a estabelecer, esperamos que aqueles grupos mais estreitamente relacionados sejam parte de uma linhagem comum. Portanto, a partir de tal diagrama, elaboramos nossa hipótese de genealogia, com base nas características que examinamos, o cladograma (Figura 1.27 B). Os níveis de colchetes acima do cladograma representam os graus de inclusão de nossos grupos em clados. À medida que nomeamos cada clado, damos nossa classificação

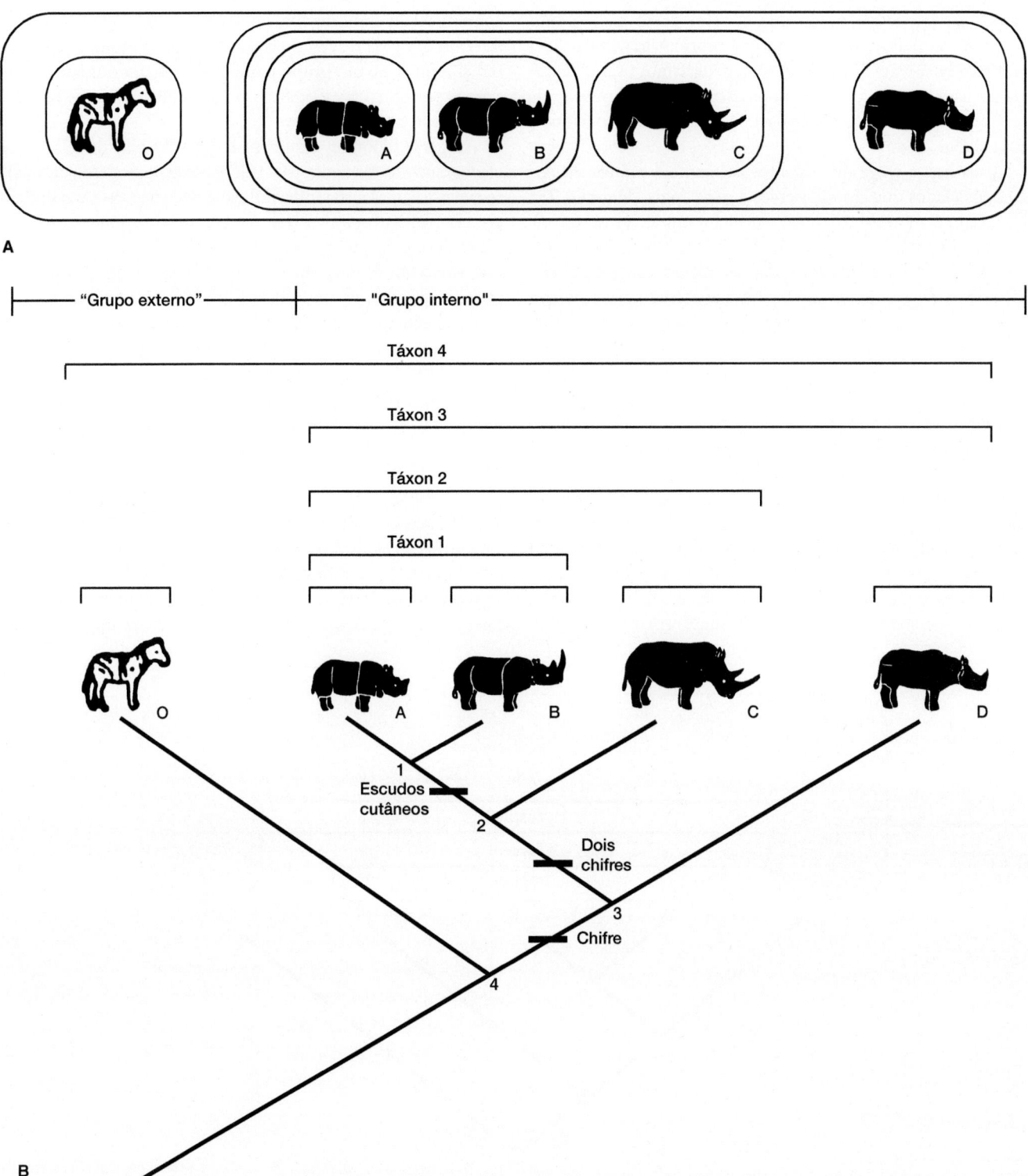

Figura 1.27 Classificação. A. Os diagramas de Venn distribuem os indivíduos em boxes sucessivos de relação. Indivíduos da mesma espécie são mais próximos e são colocados juntos no grupo menor – A, B, C, D e O. Se as espécies A e B compartilham mais aspectos únicos, com características derivadas em comum, que com quaisquer outras, então as colocaríamos em um grupo comum, e assim por diante, expandindo nosso diagrama para incluir aquelas com relação mais distante. **B.** A genealogia dessas espécies pode ser expressa no diagrama ramificado, com os colchetes representando clados sucessivos de descendência comum. O ponto de ramificação é o nó, a distância entre nós, o internó. O *Táxon 1* inclui as espécies A e B, junto com seu ancestral comum 1 no nó. O *Táxon 2* inclui as espécies A, B e C mais seu ancestral comum 2, representado no nó, e assim por diante. Para tornar a analogia mais familiar, cada táxon seria nomeado. Por exemplo, o *Táxon 3* poderia ser nomeado de "Rhinocerotidae". Para tornar a genealogia ainda mais útil, poderíamos identificar nos internós algumas das muitas transformações de característica que ocorreram. Por exemplo, um chifre surge primeiro entre os nós 3 e 4 e um segundo chifre surge entre os nós 3 e 2; escudos cutâneos espessos surgem entre os nós 2 e 1.

B. Modificada de Classification, British Museum (Natural History).

dentro do respectivo grupo interno. Em nosso cladograma, poderíamos marcar os locais em que ocorrem transformações particulares na característica. Assim, poderíamos usar o cladograma para resumir pontos importantes de transformação da característica na evolução dos grupos que estão associados a cada clado.

A cladística exige que sigamos fielmente a prática de nomear os clados que reconhecemos a genealogia (Figura 1.28). Um clado é **monofilético** quando inclui um ancestral e *todos* seus descendentes – mas *apenas* seus descendentes. Os grupos formados com base em características não homólogas são **polifiléticos**. Se combinarmos aves e mamíferos juntos porque ignoramos sua fisiologia endotérmica (sangue quente) como resultado da descendência comum, estaríamos formando um grupo polifilético artificial. Os grupos que incluem um ancestral comum e alguns de seus descendentes, mas não todos, são **parafiléticos**. Isso pode acontecer com algumas definições tradicionais de répteis. Os répteis e aves modernos derivam de um ancestral comum. Se as aves forem deixadas fora do clado que representava essa linhagem comum, então a que permanece seria um grupo parafilético. Se, por conveniência, forem usados grupos parafiléticos, os nomes em geral são colocados entre aspas para indicar a composição não natural do grupo. Tanto o grupo polifilético como o parafilético são artificiais. Eles não refletem o curso real e completo da evolução em uma linhagem

comum. Além disso, descobrimos um segundo significado para o termo *categoria* de acordo com os cladistas. Aqui, categoria é um sinônimo de um grupo parafilético. Quando tratarmos de grupos vertebrados específicos no Capítulo 3, vamos abordar essas questões diretamente.

Ao gerar hipóteses explícitas e desordenadas de relação, os cladogramas se tornaram parte da linguagem moderna da análise evolutiva, mas a sua inflexibilidade não obscurece a ramificação do padrão evolutivo que representam. Se, por questão de conveniência ou por não ser completo, os fósseis forem excluídos, então um cladograma baseado apenas nos grupos taxonômicos vivos pode ser improdutivo (Figura 1.29 A). Isso não sugere que as aves modernas evoluíram a partir dos crocodilos (ou os crocodilos das aves), apenas que as aves de grupos taxonômicos recentes têm uma relação mais próxima com os crocodilos que qualquer outro grupo vivo. O acréscimo de apenas alguns fósseis (Figura 1.29 B) deixaria claro que o cladograma poderia ser aumentado para refletir melhor a riqueza e a diversidade real da evolução nesses grupos de vertebrados. O acréscimo de grupos fósseis também nos ajuda a entender as etapas de transição entre os grupos vivos. Nessa filogenia (Figura 1.29 A), só estão representados elementos dos grupos vivos. Se tivéssemos apenas esses grupos para reconstruir as etapas da evolução inicial dos vertebrados, deixaríamos de ter uma grande quantidade de informação que os conecta. No entanto, uma série rica de grupos

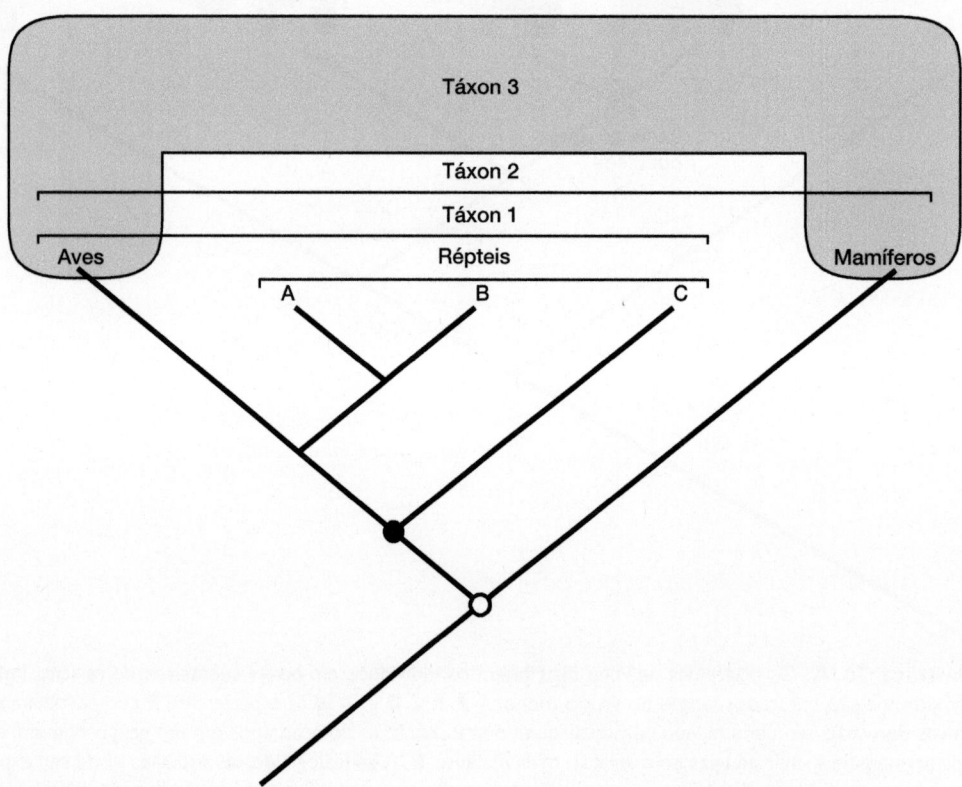

Figura 1.28 Conceitos cladistas. Os grupos monofiléticos incluem um ancestral e todos os grupos descendentes. O *Táxon 1* é monofilético porque inclui o ancestral comum (*círculo cheio no nó*) mais todos os descendentes – grupos *A*, *B*, *C* e *Aves*. Contudo, o grupo dos *Répteis* é parafilético, um grupamento artificial que exclui as *Aves*, um dos descendentes do mesmo ancestral que os grupos *A*, *B* e *C* compartilham. O *Táxon 3* é polifilético, também um grupo artificial, porque coloca *Aves* e *Mamíferos* juntos sob a hipótese errônea de que sua endotermia é um aspecto homólogo. O *Táxon 2* (Amniota) também é monofilético porque une todos os grupos que descendem do mesmo ancestral comum (*círculo aberto no nó*).

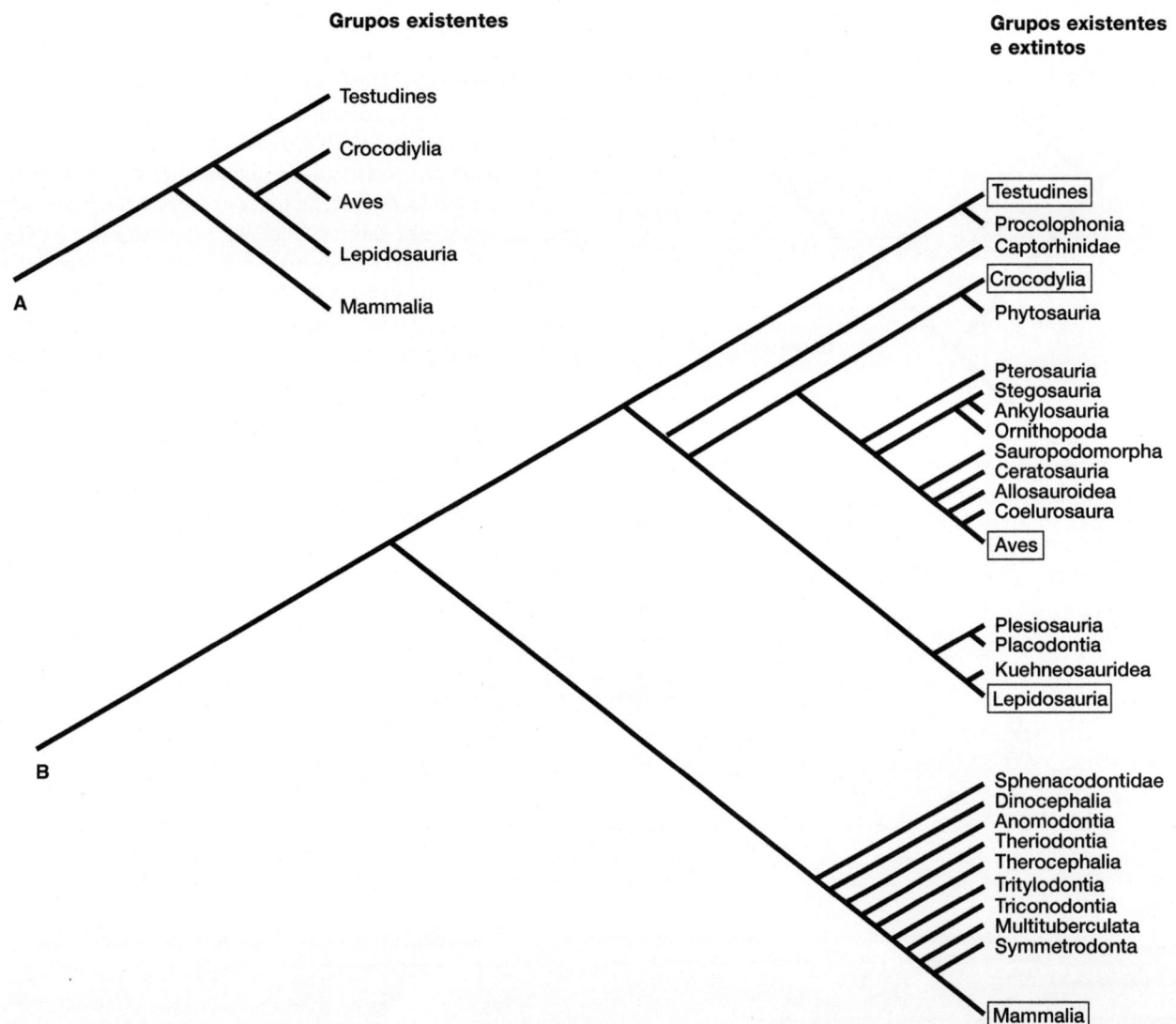

Figura 1.29 Grupos existentes e extintos. A. O cladograma de grupos vivos de amniotas mostra com clareza a estreita relação entre *Aves* e *Crocodilos,* mas não deve sugerir que os grupos modernos derivam diretamente de cada um deles. **B.** O acréscimo de grupos extintos ilustra a riqueza das associações históricas pregressas, pelas quais é possível seguir a evolução dos grupos modernos (*nos boxes*) até um ancestral comum. Os fósseis, quando acrescentados à análise, também ajudam a determinar os estados primitivo e derivado de características, e, portanto, a melhorar nossa capacidade de distribuir os grupos com base nos aspectos derivados compartilhados.

Modificada de A. B. Smith.

fósseis mostra as etapas intermediárias concretas, dando-nos mais confiança na interpretação dessa filogenia.

Formalmente, o **grupo *crown*** é a menor clade que inclui todos os membros vivos de um grupo, bem como quaisquer fósseis que façam parte dele. O **grupo *stem*** é o conjunto de grupos taxonômicos distintos que não estão no **grupo *crown*,** mas têm uma relação mais próxima com ele que qualquer outro grupo. Juntos, o grupo *crown* e o grupo *stem* constituem o **grupo total** (Figura 1.30). Por exemplo, na Figura 1.29, os grupos *crown* estão em boxes e os grupos *stem* ficam fora dos boxes.

Os estudantes devem reconhecer os dendrogramas como resumos de informação sobre o curso da evolução dos vertebrados, mas também precisam saber que os dendrogramas contêm, mesmo que de maneira inadvertida, expressões ocultas de preferência intelectual e vieses pessoais. Os dendrogramas são dispositivos práticos que se destinam a ilustrar um ponto. Às vezes, isso requer esboços complexos, enquanto outras vezes uma árvore filogenética serve a nossos propósitos.

Paleontologia

O paleontologista Alfred Romer uma vez se referiu poeticamente à grandeza e ao esplendor da evolução dos vertebrados como a "história dos vertebrados". Em certo sentido, é exatamente isso, uma história com idas e vindas que não poderia ser conhecida antes – o surgimento de novos grupos, a perda dos antigos, os mistérios de desaparecimentos súbitos, as narrativas evolutivas pelo desfile de caracteres. Como uma boa história, quando a terminarmos, conheceremos melhor os caracteres e, como nós mesmos somos parte da história, também vamos nos

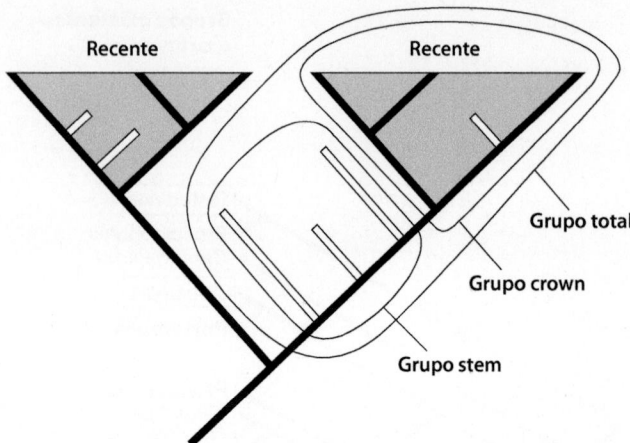

Figura 1.30 Grupos existentes e extintos na filogenia. O cladograma mostra a relação entre grupos existentes (*linhas negras*) e extintos (*linhas brancas*). Os grupos *stem* incluem todos os grupos fósseis intermediários agora extintos. Juntos, os grupos *crown* e *stem* constituem o grupo total, o clado monofilético.

conhecer um pouco melhor. A história dos vertebrados se desdobra por mais da metade de um bilhão de anos, um tempo quase inimaginável (Figura 1.31). Para nos ajudar a sondar essa vastidão de tempo, consultamos a paleontologia, a disciplina devotada a eventos do passado distante.

A história dos vertebrados é uma narrativa contada parcialmente do túmulo, porque, de todas as espécies que existiram, a maioria agora está extinta. O biólogo evolucionista e paleontologista G. G. Simpson estimou que, de todas as espécies animais que evoluíram, cerca de 99,9% estão extintas hoje. Assim, nessa história da vida sobre a Terra, a maioria do conjunto de características está morta. O que sobrevive são seus vestígios, os fósseis e seus contornos esboçados, que nos contam a estrutura e os primórdios da história dos vertebrados.

Fossilização e fósseis

Quando pensamos em vertebrados fósseis, provavelmente visualizamos ossos e dentes, as partes duras de um corpo que resistem mais aos processos destrutivos após a morte e o

Figura 1.31 Tempo geológico. A reunião de gases cósmicos sob a força da gravidade criou a Terra há cerca de 4,6 bilhões de anos. A vida não era abundante nem complexa até o Período Cambriano, cerca de 542 milhões de anos atrás, quando os primeiros vertebrados apareceram.

Fonte: da publicação da U.S. Geological Survey, Geologic Time.

Boxe Ensaio 1.2 | Elos perdidos

Thomas Jefferson, quando vice-presidente dos EUA, relatou, antes a um cientista da sociedade e, depois, publicou em 1797, um artigo sobre o *Megalonyx*, um fóssil de preguiça do solo cujos ossos foram descobertos na Virginia (depois denominado *Megalonyx jeffersonii*). Ele também conhecia grandes ossos de mastodontes e outros fósseis de grandes animais no leste dos EUA. Quando presidente, contratou a expedição de Lewis e Clark para tomar posse da terra, obter informação científica e encontrar uma passagem para o nordeste. Parte de seu objetivo era saber se os mastodontes, ou quaisquer outros animais descobertos como fósseis, ainda existiam na vastidão do continente ocidental. Em 1806, a expedição encontrou um osso gigante de perna perto de Billings, em Montana (EUA), que certamente era de um dinossauro. Infelizmente, não foram encontrados mastodontes vivos. Agora sabemos que eles desapareceram da América do Norte pelo menos 8.000 anos antes.

Antes da Revolução Americana, o naturalista francês George Louis LeClerc de Buffon propôs que, comparado ao seu rico ambiente europeu, o ambiente da América do Norte era empobrecido, incapaz de manter animais robustos. Patriota e mordaz, Jefferson usou o mastodonte como um exemplo de que tal animal tinha prosperado no Novo Mundo.

---

sepultamento. Certamente, a maioria dos vertebrados fósseis é conhecida a partir de seu esqueleto e de sua dentição. De fato, algumas espécies extintas de mamíferos são nomeadas com base em uns poucos dentes distintos, os únicos restos que sobrevivem. O composto fosfato de cálcio constitui ossos e dentes e é um mineral que costuma ser preservado indefinidamente, com pouca alteração na estrutura ou na composição. Se a água do solo atravessar os ossos na terra ou em rochas, com o tempo, outros minerais, como a calcita ou a sílica, podem se acumular nos espaços finos do osso, acrescentar minerais e endurecê-lo.

Os fósseis são mais que ossos e dentes, entretanto. Ocasionalmente, produtos de vertebrados, como ovos, tornam-se fósseis. Se ossos finos são preservados em seu interior, podemos identificá-los e o grupo ao qual pertencem (Figura 1.32). Isso nos diz mais sobre a estrutura dessa espécie, bem como sobre sua biologia reprodutiva. A descoberta, em Montana, de aglomerados de ovos fossilizados pertencentes a dinossauros com bico de pato foi um atestado do estilo de vida reprodutivo dessa espécie, e estava acompanhada de evidência circunstancial que implicava ainda mais. Os aglomerados de ovos estavam próximos uns dos outros, afastados cerca de dois corpos adultos de comprimento, sugerindo que aquela área era uma colônia de desova. A análise dos sedimentos da rocha em que foram encontrados indica que a colônia ficava em uma ilha no meio de um riacho, próxima das Montanhas Rochosas. No mesmo local, também havia ossos de dinossauros com bico de pato de tamanhos diferentes e, portanto, idades diferentes. Isso só poderia acontecer se os animais jovens ficassem em torno do ninho até completamente crescidos. Talvez os pais fossem buscar alimento para o filhote recém-eclodido. No caso dessa espécie de dinossauros com bico de pato, poderíamos imaginar que se tratava de um réptil sem sensibilidade que deposita os ovos e vai embora. Em vez disso, parece que esse réptil tinha um cuidado parental e comportamento social sofisticado. Os fósseis indicam busca de alimento, proteção e ensinamentos para o filhote, além de formação de casais.

Um fóssil marinho de um ictiossauro, um réptil semelhante a um golfinho, foi recuperado de rochas calcárias datando de 175 milhões de anos atrás (Figura 1.33). Esse espécime adulto parece ser uma fêmea fossilizada durante o parto. Vários esqueletos pequenos (jovens) permanecem em seu corpo, um aparentemente emergindo pelo canal de parto e outro já nascido ao lado dela (Figura 1.33). Se isso representa um "nascimento fossilizado", então, diferente da maioria dos répteis, os ictiossauros nasciam jovens vivos completamente funcionais, como os golfinhos de hoje.

Ocasionalmente, os fósseis preservam mais que apenas suas partes duras. Se é descoberto o esqueleto de um animal completo, a análise microscópica da região ocupada em vida pelo estômago poderia revelar os tipos de alimento ingeridos pouco antes da morte. Às vezes, encontram-se fezes fossilizadas. Embora não possamos saber que animal a eliminou, podemos ter alguma noção sobre os tipos de alimento que comia. Partes moles, em geral, caem logo após a morte e raramente fossilizam. Uma exceção notável a isso foi a descoberta de mamutes lanosos, parentes distantes dos elefantes, totalmente congelados e preservados nas profundezas do Ártico no Alaska e na Sibéria. Quando descongelados, esses mamutes forneceram pelos, músculos, vísceras e alimento digerido, achados verdadeiramente excepcionais. Raramente os paleontólogos têm tanta sorte. Em alguns casos, partes moles deixam uma impressão no terreno em que ficaram sepultadas. Impressões na rocha em torno do esqueleto do *Archaeopteryx* demonstraram que esse animal era uma ave (Figura 1.34). Impressões similares de

Figura 1.32 Ovos fósseis. O exame dos ossos fetais dentro desses ovos revela que são de *Protoceratops*, um dinossauro do Cretáceo que viveu onde hoje é a Mongólia.

Figura 1.33 Fóssil de ictiossauro. Esqueletos pequenos são vistos dentro do corpo do adulto e próximo a ele. Pode ser que seja um nascimento fossilizado, com um filhote já nascido (*do lado de fora*), um no canal de parto e vários ainda no útero. Tais preservações especiais sugerem o padrão reprodutivo e o processo vivo de nascimento nessa espécie.

pele nos contam sobre as texturas da superfície de outros animais – com escamas ou lisas, com placas ou finamente granulosa (Figura 1.35 A e B).

O comportamento passado de animais agora extintos às vezes fica implícito pelos seus esqueletos fossilizados. Esqueletos quase completos de serpentes fossilizadas foram encontrados em posições como quando vivas em rochas, datados de 32 milhões de anos atrás. Essas agregações naturais parecem representar, como em muitas espécies modernas de cobras de regiões temperadas, um evento social preparatório para a hibernação durante a estação fria do inverno. Outros comportamentos de vertebrados, ou pelo menos seus padrões locomotores, estão implícitos em pegadas fossilizadas (Figura 1.36). O tamanho e o formato das pegadas, junto com nosso conhecimento dos agrupamentos de animais da época, dão-nos uma boa ideia de quem as deixou. Seguindo os rastros de dinossauros, foi possível estimar a velocidade do animal no momento em que as deixou. A cinza vulcânica de 3,5 milhões de anos, agora endurecida, mantém as pegadas de ancestrais humanos. Descobertos recentemente por Mary Leakey na Tanzânia, conjuntos de pegadas são de um indivíduo grande, um menor e um ainda menor caminhando atrás do primeiro. Essas pegadas

confirmam o que tinha sido decifrado a partir de esqueletos, ou seja, que nossos ancestrais de mais de 3 milhões de anos atrás caminhavam eretos com as duas pernas.

Recuperação e restauração

Os talentos de paleontólogo e artista se combinam para recriar o animal extinto como parece ter sido quando vivo. Restos de animais mortos há muito tempo são fonte de material a partir

A

B

Figura 1.34 *Arqueopterix.* As penas originais tinham sido desintegradas há muito tempo, mas suas impressões deixadas na rocha ao redor confirmam que os ossos associados eram os de um pássaro.

Figura 1.35 Mumificação. A. Carcaça mumificada de fóssil do dinossauro com bico de pato *Anatosaurus*. **B.** O detalhe mostra a textura da superfície da pele.

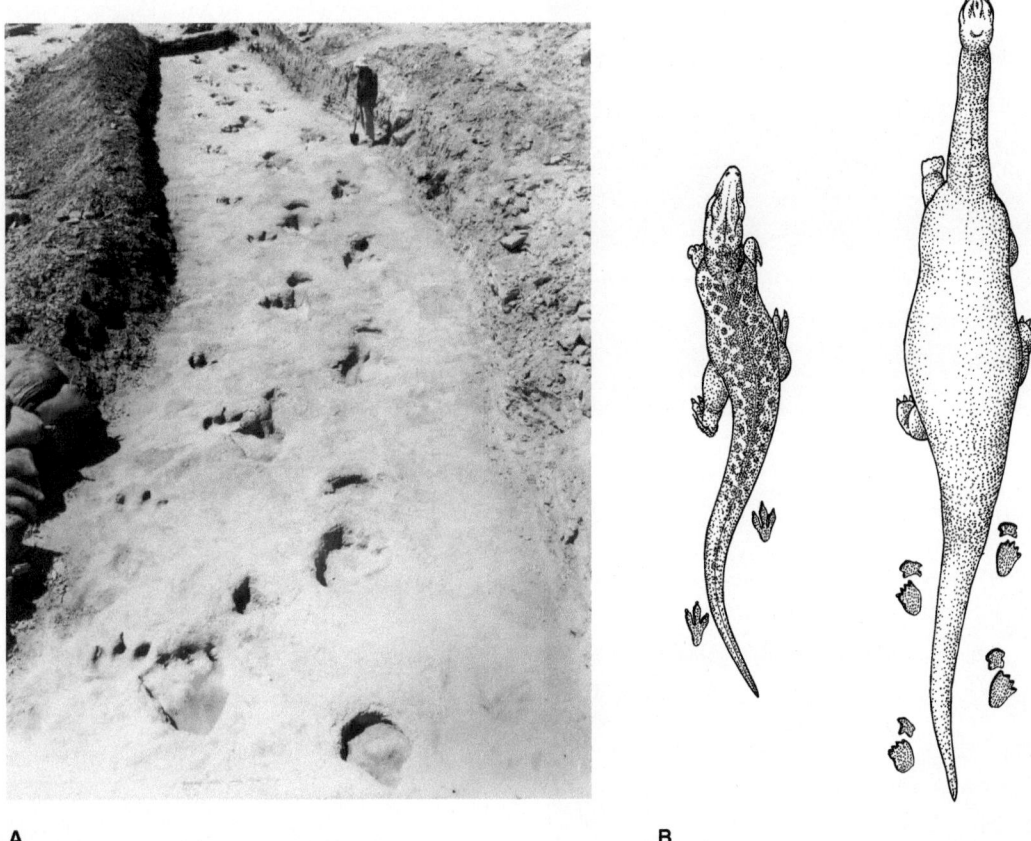

A   B

Figura 1.36 Pegadas de dinossauro. (A) Pegadas do final do Jurássico foram feitas em areia mole, que depois endureceu, formando rocha. Há dois conjuntos: os rastros maiores (**B**) de um saurópode e as pegadas com três dedos de um carnívoro menor, um dinossauro bípede.

do qual a anatomia básica é remontada. Depois de tanto tempo no solo, mesmo ossos impregnados de mineral se tornam quebradiços. Se os sedimentos lodosos originais em torno do osso tiverem endurecido como pedra, podem ser fragmentados ou cortados para expor o osso fossilizado no interior deles. Ponteiras e cinzéis ajudam a expor parcialmente a superfície mais superior e os lados do osso, que são envolvidos em uma camada protetora de gesso que se deixa endurecer (Figura 1.37). Após esse procedimento, o restante do osso é exposto e a cobertura de gesso é ampliada para envolvê-lo completamente. Os ossos quebradiços são enviados para laboratórios protegidos no gesso. Assim que chegam ao laboratório, o gesso e qualquer fragmento de rocha são removidos. Agulhas finas já foram usadas para retirar a rocha de ossos. Hoje, usa-se um jato de areia fina pulverizada por um instrumento do tamanho de um lápis para limpar ou cinzelar a rocha e liberar o fóssil.

A confiança em uma versão restaurada de um fóssil vem, em grande parte, da evidência direta do fóssil e do conhecimento de seus semelhantes modernos vivos, que dão indícios indiretos de sua biologia provável (Figura 1.38). O tamanho e as proporções do corpo são determinados facilmente a partir do esqueleto. Cicatrizes musculares nos ossos ajudam a determinar a posição dos músculos. Quando acrescentados ao esqueleto, nos dão uma ideia do formato do corpo. O tipo geral da alimentação – herbívoro ou carnívoro – fica implícito pelo

tipo de dentes; e o estilo de vida – aquático, terrestre ou aéreo – é determinado pela presença de estruturas especializadas, como garras, cascos, asas ou barbatanas. O tipo de rocha do qual o fóssil foi recuperado – depósitos marinhos ou terrestres, áreas pantanosas ou terra seca – corrobora seu estilo de vida. A comparação com vertebrados vivos relacionados e de estrutura similar ajuda a revelar o estilo de locomoção e as necessidades ambientais (ver Figura 1.38 A–C).

A presença ou ausência de orelhas, probóscide (tromba), nariz, pelos e outras partes moles, também precisa ser determinada. Os parentes vivos ajudam nesse processo. Por exemplo, todos os roedores vivos têm vibrissas, pelos longos no focinho, de modo que elas poderiam ser incluídas nas restaurações de roedores extintos. Exceto por algumas formas escavadoras ou com couraça, a maioria dos mamíferos tem uma cobertura de couro com pelagem, portanto é razoável cobrir um mamífero restaurado com pelos. Todas as aves vivas têm penas e os répteis têm escamas, portanto é lógico que ambos possam ser acrescentados aos respectivos fósseis restaurados, embora o comprimento ou tamanho tenha de ser estimado. As cores ou o padrão da superfície do corpo, como faixas ou pontos, nunca são preservados diretamente em um vertebrado extinto. Nos animais vivos, os padrões de cor camuflam a aparência ou enfatizam os comportamentos de corte e territorial. É razoável pensar que os padrões de superfície corporal tivessem funções semelhantes

A

B

Figura 1.37 Escavação fóssil em Wyoming (EUA).
A. Ossos de dinossauro parcialmente expostos. O chefe da expedição prepara o terreno e anota a localização de cada parte escavada.
B. Este fêmur de *Triceratops* é envolto em gesso para evitar que se desintegre ou seja danificado durante o transporte até o museu.

Fotografias por cortesia do Dr. David Taylor, Executive Director, NW Museum of Natural History, Portland, Oregon.

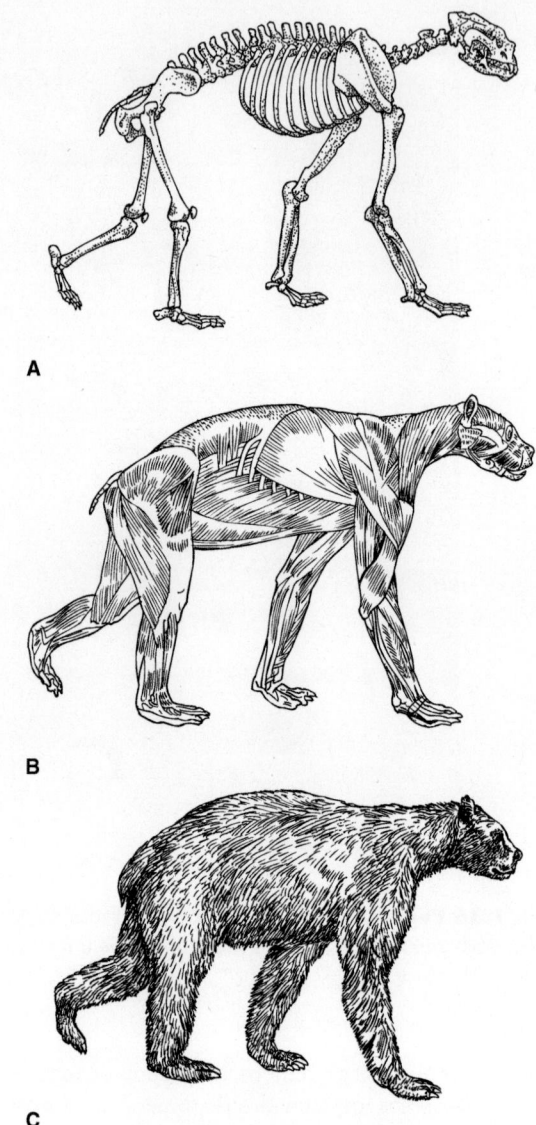

A

B

C

Figura 1.38 Reconstrução de um animal extinto. A. O esqueleto do urso de face pequena extinto, *Arctodussimus*, está posicionado em sua postura provável em vida. **B.** Marcas das inserções musculares nos ossos e o conhecimento da anatomia muscular geral dos ursos vivos permitem que os paleontólogos restaurem os músculos e, a partir daí, criem o formato corporal básico. **C.** O acréscimo da pelagem à superfície completa o quadro e nos dá uma ideia do que esse urso parecia estar fazendo no seu *habitat* no Alasca há 20.000 anos.

nos animais extintos, mas as cores e padrões específicos escolhidos para uma restauração em geral precisam ser produzidos a partir da imaginação do artista.

No entanto, às vezes a recuperação de material genético pode ajudar. Pelagens escuras e claras preservadas nos mamutes lanosos congelados sugerem variações de cor, mas antes não se sabia se isso representava uma variação natural de cor ou se era um artefato da preservação. Agora, o material genético isolado do osso da perna de um mamute com 43.000 anos inclui um gene que, em pelo menos duas formas vivas, camundongos e seres humanos, produz nuances de pelos claros e escuros. Agora é mais razoável restaurar mamutes com pelagem clara ou escura. Em um belo pedaço de paleontologia forense, cientistas também extraíram DNA suficiente de crânios de Neandertais extintos para isolar um gene da cor de cabelos. Nos seres humanos modernos, o mesmo gene determina o cabelo ruivo. Se ele atuou da mesma forma nos Neandertais, então pelo menos alguns eram ruivos. Alguns dinossauros e fósseis de aves retêm melanossomos, bolsas de grânulos de pigmento, em suas penas. As formas desses melanossomos implicam cores. Nas aves modernas, melanossomos de formato oblongo determinam cores negro-acinzentadas; os esféricos, tons castanhos a avermelhados. A presença dessas formas em dinossauros leva a crer que eles tinham uma cobertura, pelo menos em parte, de plumagem negra, cinza e marrom a vermelha.

Um mural dinâmico em um museu, mostrando dinossauros em luta ou Neandertais na caça, pode satisfazer nossa curiosidade sobre o que eles deviam fazer em vida. Contudo, em tais restaurações, a interpretação humana oscila entre os ossos reais e a reconstrução completamente colorida.

Novos achados fósseis, em especial de esqueletos mais complexos, melhoram a evidência a partir da qual elaboramos uma visão dos vertebrados extintos. Entretanto, em geral, surgem novas perspectivas nos ossos antigos, a partir de uma reavaliação inspirada das suposições nas quais as restaurações originais se basearam. É esse o caso na reavaliação recente dos dinossauros. Sua estrutura, seu tamanho e o sucesso agora parecem informar que tinham sangue quente, eram vertebrados ativos e que levavam um estilo de vida menos parecido com o de répteis e tartarugas de hoje e mais semelhante ao de mamíferos ou aves. Novas descobertas fósseis nos levam a pensar assim, mas a principal mudança na visão de artistas e paleontólogos que restauram dinossauros hoje reflete uma nova coragem para vê-los como vertebrados predominantemente terrestres ativos da era Mesozoica.

A reconstrução de fósseis humanos também acompanhou as novas descobertas. Quando desenterrados pela primeira vez no final do século 19, pensou-se que os ossos de Neandertais eram de um único indivíduo, um soldado cossaco das guerras napoleônicas de poucas décadas passadas. No começo do século 20, essa hipótese deu lugar a uma imagem de ombros caídos, sobrancelhas salientes e semblante sombrio. Os Neandertais foram reavaliados como uma raça à parte do moderno *Homo sapiens*, e a restauração refletiu essa imagem inferiorizada. Hoje, os Neandertais são classificados novamente como uma espécie humana, *Homo sapiens neanderthalensis*. Barbeado e vestido, um Neandertal poderia caminhar pelas ruas de Nova York sem chamar a atenção nem causar espanto. Talvez em Nova York, mas essa "nova" ascensão do Neandertal ao *status* moderno foi inspirada pelas restaurações de artistas atuais, que o fizeram parecer um ser humano.

A questão não é ridicularizar aqueles que erraram ou seguir a moda, mas sim reconhecer que qualquer restauração de um fóssil é feita em várias etapas de interpretação, além da evidência direta dos seus ossos. A reconstrução da história da vida na Terra é aprimorada com novas descobertas fósseis, bem como com o maior conhecimento da biologia animal básica. Quanto mais entendermos a função e a fisiologia dos animais, melhores serão nossas suposições ao restaurarmos a vida a partir de ossos de fósseis mortos. É preciso lembrar os riscos e armadilhas ao recriar criaturas do passado porque, ao fazer isso, recuperamos a história que nos contaram sobre a vida na Terra.

De animal a fóssil

A chance de que um animal morto se torne um fóssil é extremamente remota. Muitos comedores de cadáveres aguardam na cadeia alimentar (Figura 1.39). Doenças, o envelhecimento ou a fome podem enfraquecer um animal, mas, em geral, o instrumento imediato da morte é um inverno rigoroso ou um predador bem-sucedido. A carne é consumida por carnívoros e os ossos são partidos e fragmentados pelos seres necrófagos saqueadores que surgem em seguida. Em uma escala menor, larvas de insetos e, logo depois, bactérias se alimentam do que restar. Por estágios, o animal morto é reduzido a seus componentes químicos, que entram de novo na cadeia alimentar e se reciclam por meio dela. Em uma floresta pequena, centenas de animais morrem todos os dias do ano, como qualquer caminhante de trilhas ou caçador pode atestar, de modo que é raro encontrar um

Figura 1.39 Quase fósseis. Após a morte, poucos animais escapam aos olhos vigilantes de necrófagos em busca de uma refeição. Bactérias e insetos atacam a carne fresca deixada. Pequenos animais em busca de cálcio roem os ossos. Pouco é deixado para virar fóssil, quando e se isso acontece.

animal que tenha morrido há muito tempo. Os seres necrófagos e os decompositores agem rapidamente. Mesmo roedores, cuja alimentação habitual é à base de sementes ou folhas, roem ossos de animais mortos para obter cálcio. Para escapar desse destino cruel, é preciso que algo incomum intervenha, antes que todo vestígio do animal morto seja literalmente comido.

Animais que vivem na água ou em suas margens são mais propensos a ficar cobertos por lodo ou areia quando morrem (Figura 1.40). Animais de terras altas morrem no solo, ficando expostos às criaturas necrófagas e à decomposição; portanto, a maioria dos fósseis trazidos de rochas (*i. e.*, sedimentares) se forma na água. Mesmo quando sepultados com sucesso, os ossos ainda ficam em perigo. Sob pressão e calor, o silte se transforma em rocha. O deslocamento, o revolver e a separação das camadas rochosas podem pulverizar fósseis contidos nelas. Quanto mais tempo um fóssil fica sepultado, maior a chance de que esses eventos tectônicos o destruam. Por isso, é menos provável que rochas mais antigas abriguem fósseis. Por fim, é preciso que o fóssil seja descoberto. Em termos teóricos, é possível cavar qualquer lugar ao longo da crosta terrestre e acabar encontrando rochas fósseis. As escavações para a construção de estradas ou edificações ocasionalmente se deparam com fósseis. Em geral, essa abordagem casual à descoberta de fósseis é muito aleatória e onerosa. Em vez disso, os paleontólogos visitam **exposições** naturais, onde as camadas de cristal de rocha sofreram fraturas e se separaram, ou foram cortadas por rios, revelando as bordas de camadas de rocha talvez pela primeira vez em milhões de anos. Nessas camadas, ou **estratos**, a pesquisa tem início pelos fósseis remanescentes.

Tafonomia é o estudo da maneira pela qual a decomposição e a desintegração de tecidos afetam a fossilização. Sem dúvida, os organismos podem ser perdidos por tais processos destrutivos, porém, mesmo que acabem fossilizados, a decomposição precedente pode resultar em um fóssil enganoso. Por exemplo, os primeiros cordados só são conhecidos a partir de

Figura 1.40 Formação de um fóssil. O animal extinto que permanece escapou do apetite de necrófagos, agentes da decomposição e do posterior desvio tectônico das placas da crosta terrestre em que residia. Em geral, a água cobre um animal morto, de modo que ele não é percebido pelos necrófagos. Quanto mais silte se deposita com o tempo, mais profundamente o fóssil é enterrado no solo e compactado na rocha dura. Para que seja exposto, é preciso que haja uma fratura no terreno ou a ação cortante de um rio.

organismos de corpo mole, sem informar sobre a evolução das partes duras, como o esqueleto vertebrado. Os estudos tafonômicos de similares modernos revelaram que as características que diagnosticam organismos derivados sofreram decréscimo antes de caracteres primitivos se associarem aos primeiros ancestrais. A consequência é a produção de uma carcaça artificialmente simplificada a partir de sua condição natural derivada anterior a fossilização. Pelo menos no caso dos cordados, a primeira perda na decomposição é de caracteres sinafomórficos e, em seguida, de caracteres resistentes plesiomórficos, o que possibilita um viés na interpretação. Dependendo do tempo de decomposição e fossilização, é possível essa simplificação ser significativa e a interpretação resultante inserir o fóssil em um nível inferior da árvore filogenética.

Datação dos fósseis

Descobrir um fóssil não é suficiente. É preciso determinar sua posição no tempo com relação às outras espécies, porque isso ajudará a colocar sua morfologia em uma sequência evolutiva. As técnicas para datar fósseis variam e, de preferência, são usadas várias para se verificar a idade deles.

Estratigrafia

Uma dessas técnicas é a **estratigrafia**, um método que coloca os fósseis em uma sequência relativa entre si. Ocorreu a Giovanni Arduino, já em 1760, que as rochas poderiam estar arranjadas a partir das mais antigas (mais profundas) para as mais novas (superficiais). Na época em que o geólogo britânico Charles Lyell publicou seu grande clássico, em três volumes, *Principles of Geology*, entre 1830 e 1833, um sistema de datação relativo de camadas rochosas foi bem estabelecido. O princípio é simples: estratos similares, em camadas umas acima das outras, formam-se em ordem cronológica (Figura 1.41). Como na construção de uma torre, as rochas mais antigas são as do fundo, com as últimas rochas em sequência ascendente para cima, onde ficam as rochas mais recentes. Cada camada de

Figura 1.41 Estratigrafia. O sedimento se acumula no fundo de lagos por decantação da água. Quanto maior a quantidade de sedimento que se acumula, mais as camadas mais profundas ficam compactadas pelas de cima, até que endureçam e se tornam rocha. O animal fica incluso nessas várias camadas. A rocha mais profunda se forma primeiro e é mais antiga que a próxima da superfície. É lógico que fósseis na rocha profunda são mais antigos que os de cima, e sua posição nessas camadas de rocha lhes confere uma idade cronológica com relação aos mais antigos (mais profundos) ou mais jovens (superficiais).

rocha se denomina **horizonte temporal**, porque contém restos de organismos de outras partes do tempo. Quaisquer fósseis contidos em camadas separadas podem ser ordenados do mais antigo para o mais recente, de baixo para cima. Embora isso não forneça a idade absoluta, gera uma sequência geológica da espécie de fóssil com relação a outro. Ao colocarmos os fósseis em sequência estratigráfica, é possível determinar quais surgiram primeiro e quais por último, com relação a outros fósseis expostos na mesma rocha como um todo.

Fósseis-índice

Ao compararmos estratos rochosos de um local com rochas similares em outro local exposto, podemos elaborar uma sequência cronológica maior que aquela apresentada em um único local (Figura 1.42). A correlação real de estratos rochosos entre dois locais distantes é feita por comparação de estrutura e conteúdo mineral. Fósseis-índice são marcadores característicos que podem facilitar a comparação de estratos rochosos. Essas espécies de animais, em geral invertebrados de concha

dura, que conhecemos a partir de trabalho prévio, só ocorrem em um horizonte temporal específico. Portanto, a presença de um fóssil-índice confirma que a camada estratigráfica é equivalente em idade a uma camada similar contendo a mesma espécie de fóssil em outro local (Figura 1.43).

Datação radiométrica

A posição estratigráfica relativa é útil, mas, para se estabelecer a idade de um fóssil, usa-se uma técnica diferente, a datação radiométrica, que tem a vantagem da transformação natural de um isótopo elementar instável em uma forma que é mais estável com o tempo (Figura 1.44 A). Tal modificação radioativa ocorre a uma taxa constante, que se expressa como a meia-vida característica de um isótopo. A meia-vida é o período que deve transcorrer para que metade dos átomos na amostra original se transforme nos átomos do produto (Figura 1.44 B). Exemplos comuns incluem a "decomposição" do urânio 235 em chumbo 207 (meia-vida de 713 milhões de anos) e do potássio 40 em argônio 40 (meia-vida de 1,3 bilhão de anos). Quando as

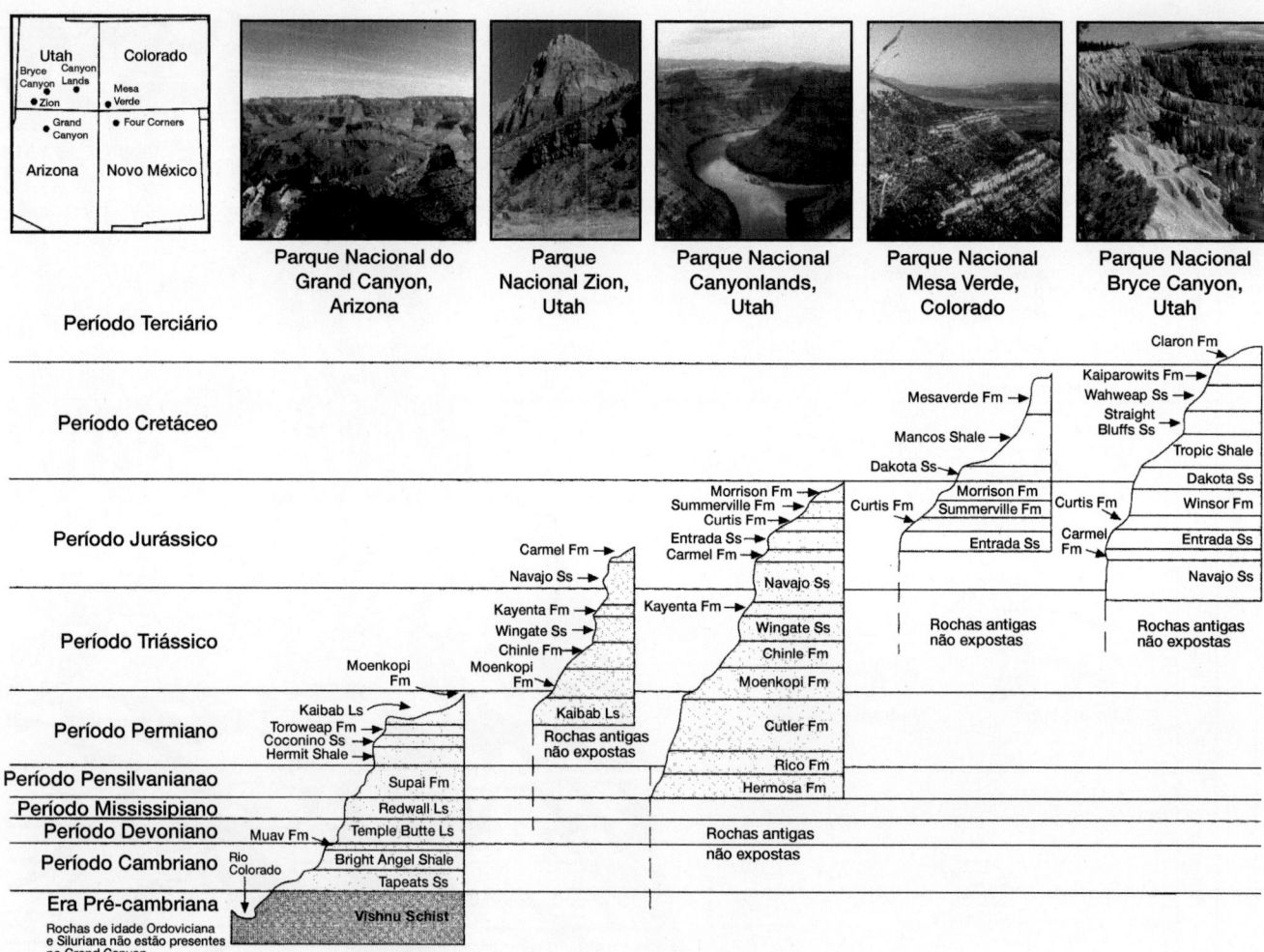

Figura 1.42 Elaboração da cronologia de fósseis. Cada conjunto de rochas expostas pode ter uma idade diferente de outras rochas expostas. Para elaborar uma sequência geral de fósseis, vários conjuntos expostos podem ser comparados conforme compartilhem camadas sedimentares similares (mesmas idades). A partir de cinco locais no sudoeste dos EUA, os intervalos de tempo sobrepostos permitem que os paleontólogos elaborem uma cronologia de fósseis maior que em qualquer outro local. *Legenda:* Fm, formação; Ls, calcário, do inglês *limestone*; Ss, arenito, do inglês *sandstone*.

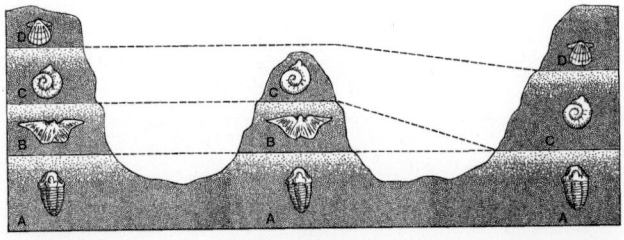

Localidade 1   Localidade 2   Localidade 3

Figura 1.43 Fósseis-índice. Após estudo cuidadoso em muitos locais bem-datados, os paleontólogos podem confirmar que certos fósseis só ocorrem em horizontes temporais distintos (camadas específicas de rocha). Esses fósseis-índice característicos são diagnósticos do fóssil-índice usado para datar as rochas em novas exposições. Nesse exemplo, a ausência de fóssil-índice confirma que a camada B não existe na terceira localização. Talvez os processos formadores de rocha nunca tenham alcançado a área durante esse período de tempo, ou a camada sofreu erosão antes que a camada C fosse formada.

De Longwell e Flint.

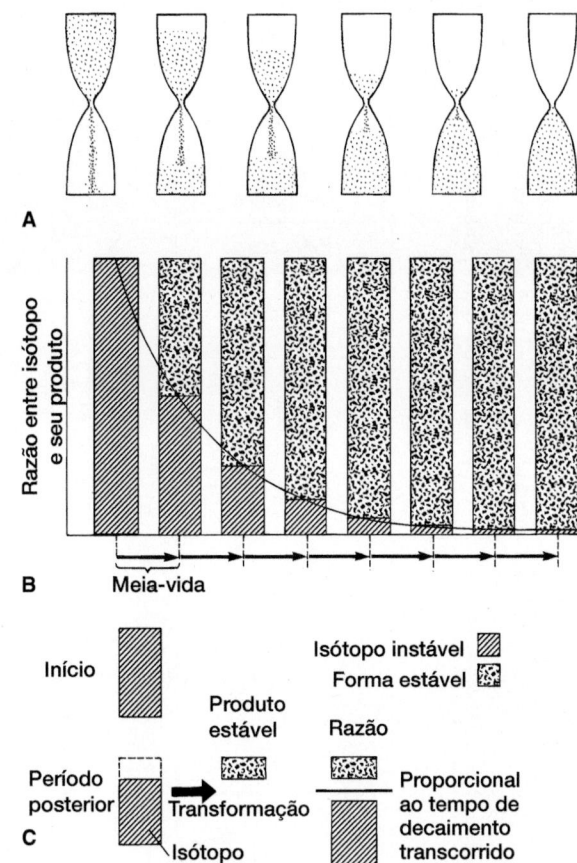

Figura 1.44 Datação radiométrica. A. A areia flui regularmente de um estado (*parte superior*) para outro (*parte inferior*) em uma ampulheta. Quanto mais areia no fundo, mais tempo terá transcorrido. Ao compararmos a quantidade de areia no fundo com o restante no alto, e sabendo a velocidade do fluxo, podemos calcular o tempo decorrido desde que o fluxo começou em uma ampulheta. Similarmente, sabendo a velocidade de transformação e as proporções dos produtos e do isótopo original, podemos calcular o tempo decorrido para o material radioativo na rocha se transformar em seu produto mais estável. **B.** Meia-vida. É conveniente visualizar a velocidade de transformação radioativa em termos de meia-vida, o período de tempo que um isótopo instável leva para perder metade de seu material original. O gráfico mostra meias-vidas sucessivas. A quantidade restante em cada intervalo é metade daquela existente durante o intervalo precedente. **C.** Um material radioativo se modifica, ou perde massa, a uma velocidade regular que não é afetada pela maioria das influências externas como calor e pressão. Quando se forma uma nova rocha, traços dos materiais radioativos são capturados dentro da rocha nova e mantidos junto com o produto no qual é transformado no tempo decorrido subsequente. Ao medirem a proporção do produto com relação ao restante, os paleontólogos podem datar a rocha e, assim, datar os fósseis que ela contém.

rochas se formam, esses isótopos radioativos costumam ser incorporados. Se compararmos a proporção dos átomos do produto com aqueles do original e soubermos a velocidade em que ocorre tal transformação, é possível calcular a idade da rocha e, portanto, a de fósseis nela contidos. Por exemplo, se nossa amostra de rocha apresentou quantidades de argônio maiores comparativamente ao potássio, então a rocha seria bastante antiga e a idade que estimamos seria bastante alta (Figura 1.44 C). A maioria do potássio teria se transformado em argônio, seu produto. Em contrapartida, se houver pouco argônio em comparação ao potássio, teria transcorrido pouco tempo e a idade que calculamos seria recente.

Alguns processos naturais ajudam a purificar a amostra. Cristais de zircônio, uma mistura de elementos, formam-se em câmaras no subsolo como rochas fundidas resfriadas. Quando a estrutura molecular compacta desses cristais se solidifica, o zircônio incorpora átomos de urânio, mas exclui os de chumbo. À medida que o urânio se transforma em chumbo com o tempo, apenas o chumbo derivado da transformação se acumula nos cristais. Ao medirmos a proporção restante de urânio e chumbo, pode-se calcular a idade dos cristais de zircônio.

Devido à tomada de isótopos durante a formação das rochas ser algumas vezes irregular, nem todas podem ser datadas por técnicas radiométricas. No entanto, quando disponível e checada com outras informações, a datação radiométrica nos dá as idades absolutas de rochas e dos fósseis nelas contidos.

Idades geológicas

O tempo geológico é dividido e, então, subdividido, em éons, eras, períodos e épocas (Figura 1.45). As rochas mais antigas da Terra, com 3,8 milhões de anos de idade, são encontradas no Canadá. Entretanto, as datas radiométricas de fragmentos de meteorito caídos na Terra dão estimativas de 4,6 bilhões de anos de idade. Desde que os astrônomos admitiram que nosso sistema solar e tudo nele – planetas, o sol, cometas, meteoros – se formou mais ou menos ao mesmo tempo, a maioria dos geólogos considera esse número a idade da Terra. A história da Terra, de 4,6 bilhões de anos até o presente, é dividida em quatro éons desiguais ao longo do tempo: Fanerozoico (vida visível), Proterozoico (início da vida), Arqueano (rochas ancestrais) e Hadeano (rochas fundidas). O éon mais antigo é o Hadeano, quando a maior parte da água existia na forma gasosa e a Terra ainda estava em grande parte fundida, não deixando

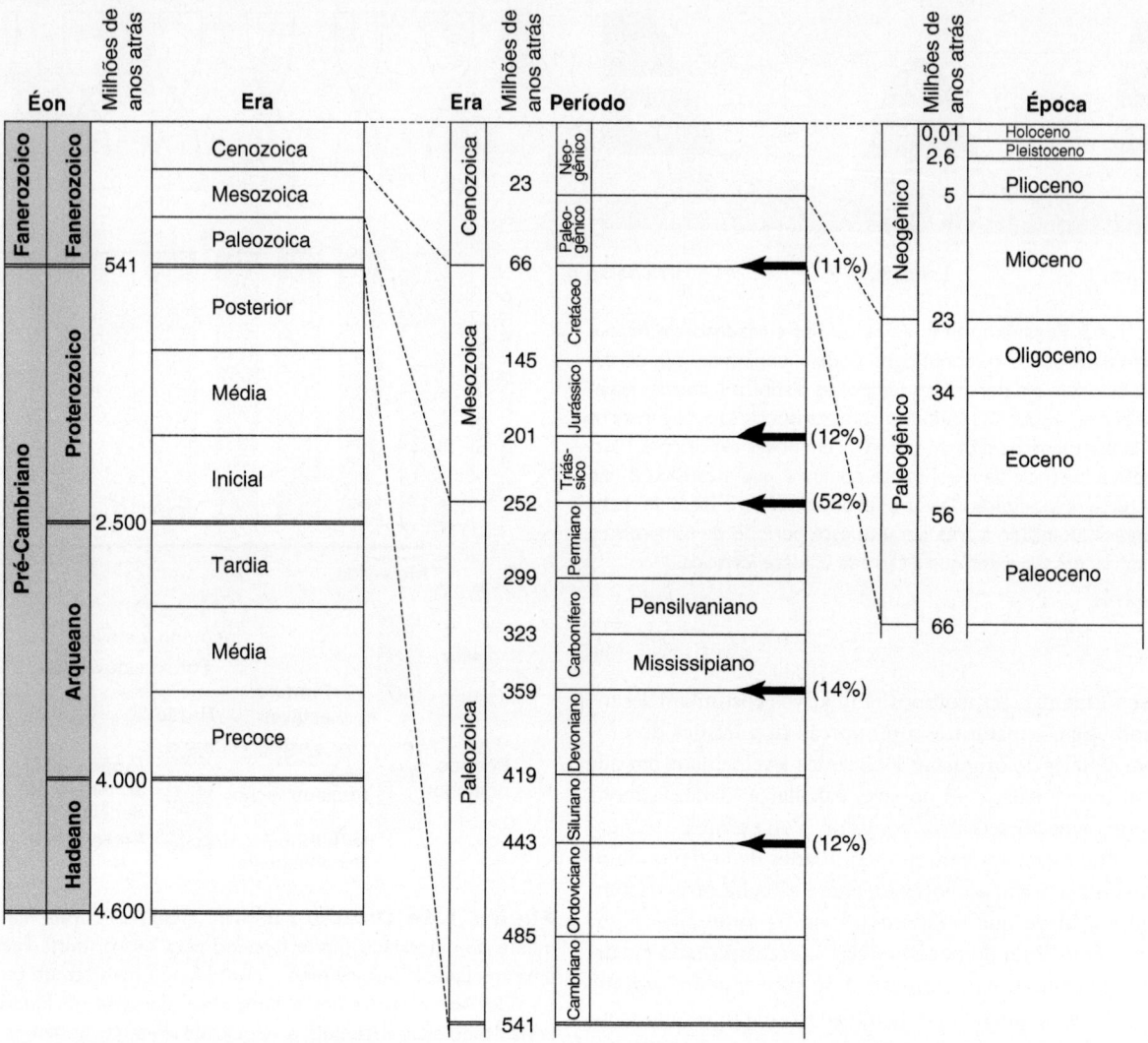

Figura 1.45 Intervalos de tempo geológicos. A história da Terra, desde seus primórdios há 4,6 bilhões de anos, é dividida nos principais éons, o Pré-Cambriano (Criptozoico) e o Fanerozoico, divididos, por sua vez, em eras de duração desigual – como a Paleozoica, a Mesozoica e a Cenozoica. Cada era é dividida em períodos e estes em épocas. Apenas as épocas do Cenozoico estão listadas nesta figura. As setas assinalam os tempos de extinção em massa, cinco ao todo. Entre parênteses, estão as magnitudes relativas dessas quedas catastróficas na diversidade.

De Raup e Sepkoski, 1982.

registro de rocha. As rochas mais antigas, datadas de 3,8 bilhões de anos, assinalam o começo do Arqueano e, por convenção, considera-se que terminou há 2,5 bilhões de anos. Os fósseis do Arqueano incluem impressões de microrganismos e estromatólitos, camadas aprisionadas de cianobactérias, bactérias e algas. Durante todo o Arqueano, a Terra e sua lua receberam fortes bombardeios de meteoritos. Em volta de cada local de impacto, a crosta sofreu fusão, talvez a pontilhando e permitindo que uma grande quantidade de lava inundasse a superfície em torno. Os processos geológicos na lua cessaram muito cedo em sua história, preservando uma paisagem cheia de crateras do Arqueano. O forte bombardeio de meteoros modificou ainda mais a crosta terrestre inicial, também a deixando com crateras. Entretanto, com a continuação dos processos geológicos na Terra, a formação de novas e a fundição repetida de crostas continentais antigas obliteraram muito dessas rochas iniciais e continentes cheios de crateras.

Do Arqueano ao Proterozoico, o registro de fósseis muda pouco. Estromatólitos e microfósseis ainda estão presentes. Microrganismos, denominados eucariontes, com um núcleo e capacidade de reprodução sexuada, além de se dividirem, apareceram tarde no Proterozoico. Esse também foi o momento em que os continentes do mundo se juntaram em um – ou talvez dois – bloco continental grande. Essa parte tardia do Proterozoico passou por uma idade do gelo longa e extrema. O gelo cobriu todos os continentes, estendendo-se quase até o Equador. Esses três éons às vezes são denominados, em conjunto, como Pré-Cambriano.

É compreensível que rochas desses éons iniciais sejam raras e que as que restaram só contenham resquícios de organismos microscópicos, as primeiras formas primitivas de vida a surgirem na Terra naquele momento. Há 542 milhões de anos ou, como agora sabemos, um pouco antes, houve um surgimento súbito de organismos multicelulares, razão pela qual começamos o éon Fanerozoico aqui.

O éon Fanerozoico se divide em três eras: Paleozoica (vida animal antiga), Mesozoica (vida animal média) e Cenozoica (vida animal recente). Os invertebrados predominaram durante a era Paleozoica, como ainda hoje. No entanto, entre os vertebrados, os peixes eram os mais onipresentes e diversos, de modo que a Paleozoica pode ser denominada a Idade dos Peixes. Os primeiros tetrápodes surgiram na Paleozoica e, no final dessa era, uma extensa expansão estava bem-encaminhada. No entanto, a extraordinária diversidade de répteis na Mesozoica ocupou quase todo o ambiente concebível. Tal expansão foi tão extensa que a era Mesozoica é conhecida como a Idade dos Répteis. A era seguinte, a Cenozoica, costuma ser chamada a Idade dos Mamíferos. Até então, os mamíferos incluíam espécies de tamanho pequeno e em pequeno número. As vastas extinções no final da Mesozoica, quando ocorreu o desaparecimento dos dinossauros e de muitos grupos relacionados de répteis, parecem ter dado oportunidades evolutivas para os mamíferos, que desfrutaram de um período de expansão própria na Cenozoica. Essa expansão deve ser mantida em perspectiva. Se a Cenozoica tivesse de ser nomeada de acordo com o grupo de vertebrados que abrangia a maioria das espécies, seria apropriado chamá-la de Idade dos Peixes Teleósteos, ou, em segundo lugar, Idade das Aves, ou, ainda em terceiro, Idade dos Répteis. Apesar das extinções prévias na Mesozoica que os deixaram defasados, os répteis hoje ainda superam os mamíferos em número de espécies. Entretanto, na Cenozoica, os mamíferos tiveram, pela primeira vez, uma expansão inigualável em sua história e ocuparam posições dominantes na maioria dos ecossistemas territoriais. Como nós, naturalmente, somos mamíferos e é nossa classe taxonômica que está no auge, a Cenozoica é a Idade dos Mamíferos.

As eras se dividem em períodos, cujos nomes se originaram na Europa. O Cambriano, o Ordoviciano e o Siluriano foram denominados por geólogos britânicos que trabalhavam no País de Gales. Respectivamente, Cambria era o nome romano de Gales e Ordovices e Silures eram os nomes de tribos celtas que existiam antes da conquista romana. Devoniano foi denominado assim por causa das rochas perto de Devonshire, também em solo britânico. O período Carbonífero ("que tem carbono") celebra similarmente os leitos britânicos de carbono dos quais dependeu muito a participação da Grã-Bretanha na Revolução Industrial. Na América do Norte, as rochas que contêm carvão dessa idade são similares às do Carbonífero Inferior e Superior; geólogos americanos às vezes se referem a essas divisões no Carbonífero como períodos Mississipiano e Pensilvaniano, por causa das rochas no vale do rio Mississipi e no estado da Pensilvânia. O nome Permiano, embora dado por um escocês, deve-se às rochas na província de Perm, no oeste da Sibéria. O nome do Triássico veio de rochas na Alemanha, Jurássico das Montanhas Jura entre a França e a Suíça, e Cretáceo da palavra latina para giz (creta), com referência aos penhascos brancos como giz ao longo do Canal Inglês.

Já se pensou que as eras geológicas poderiam ser divididas em quatro partes – Primária, Secundária, Terciária e Quaternária –, da mais antiga para a mais nova, respectivamente. Isso se mostrou insustentável para as eras, mas dois nomes, Terciário e Quaternário, sobrevivem nos EUA como os dois períodos da Cenozoica. Contudo, no âmbito internacional, esses termos são substituídos por Paleogênico e Neogênico.

Na escala temporal geológica, os períodos se dividem em épocas, geralmente denominadas de acordo com um local geográfico característico naquela idade. Às vezes, os limites entre épocas são assinalados por alterações na fauna característica. Por exemplo, na América do Norte, a parte final da época do Plioceno é reconhecida pela presença de espécies particulares de fósseis de cervos, arganazes e geômis. A parte inicial do Pleistoceno, que veio em seguida, é reconhecida pelo aparecimento dos mamutes. O limite, ou tempo de transição, entre ambas essas épocas é definido por uma fauna que inclui espécies extintas de lebres e ratos almiscarados, mas não mamutes. A maioria dos nomes de épocas não é de uso geral e não será citada neste livro.

A característica e o padrão de vida em torno de nós atualmente se devem muito tanto às espécies extintas quanto às novas que surgiram. Se os dinossauros não tivessem sido extintos no final da era Mesozoica, os mamíferos nunca teriam tido a oportunidade de se expandir como o fizeram durante a Cenozoica. O mundo seria diferente. Olhando para trás, todas as espécies não são mais que atores de passagem no estágio da vida. Algumas se vão com uma explosão, algumas com um lamento. Alguns membros de um grupo taxonômico desaparecem em **extinções uniformes**, ou **de base**, caracterizadas pela perda gradual de espécies por longos períodos de tempo. Nas **extinções catastróficas**, ou **em massa**, ocorre a perda de espécies de muitos grupos diferentes, abrangendo um grande número delas e de forma abrupta em um período relativamente curto de tempo geológico. Pelo menos cinco de tais episódios de extinção em massa são conhecidos desde o Fanerozoico (ver Figura 1.45). Note que as extinções no Cretáceo, inclusive dos dinossauros, são menores que as ocorridas na transição Permo-Triássico, quando talvez até 96% dos invertebrados marinhos tenham sido extintos. Embora mais extensa, a grande terra carismática dos vertebrados ainda não tinha evoluído em números, de modo que as extinções no Permo-Triássico afetaram principalmente pequenos invertebrados marinhos.

Ferramentas de trabalho

A análise da constituição dos vertebrados segue três etapas gerais, cada uma aprimorando a seguinte.

A questão

Em primeiro lugar em qualquer análise, é formulada uma questão específica sobre a constituição. Isso não é tão trivial ou simples como parece. Uma questão bem formulada requer raciocínio, sugere o experimento apropriado ou linha de pesquisa a ser seguida e promete uma resposta produtiva. Os físicos do final do século 19 acreditavam que o espaço continha um tipo de substância fixa invisível chamada "éter", que era responsável pela maneira como a luz trafegava pelo espaço. Como o som no ar, acreditávamos que a luz no éter se propagava se ajustando em movimento. À medida que os planetas circulam em torno do sol, seguem por esse vento de éter como uma pessoa sentada na parte aberta de um caminhão enfrenta o fluxo de ar. Os físicos formularam a pergunta: "Como a luz poderia ser afetada à medida que ela passa a favor ou contra o vento?" Após uma série de experimentos com a luz, não encontraram efeito algum do éter. Por um tempo, eles e outros cientistas ficaram quietos. Depois, levantaram uma questão mais difícil. O éter, como um ocupante invisível do espaço, não existe. Nenhum éter, nenhum vento. Eles deviam ter se questionado primeiro se o éter existia! No entanto, não devemos ter uma opinião negativa a respeito desses cientistas, porque mesmo erros inspiram questionamentos melhores e uma resposta eventual mais apropriada.

Na morfologia, podem ser usados vários recursos práticos para ajudar a definir a questão. Um é a dissecção, a descrição anatômica cuidadosa da constituição estrutural de um animal. A dissecção de suporte é a técnica mais moderna de tomografia digital em alta resolução, derivada da tomografia CAT (tomografia auxiliada por computador), usada na medicina humana e animal. Ela se baseia em imagens de raios X feitas sequencialmente e, em seguida, montadas em uma única imagem tridimensional do indivíduo (Figura 1.46). É capaz de mostrar detalhes tão pequenos quanto o tamanho de décimos de mícrons, mesmo quando os objetos dos quais são feitas as imagens são de materiais de alta densidade. Outro recurso é a taxonomia,

as relações propostas do animal (e suas partes) com outras espécies. Com essas técnicas, temos uma ideia da constituição morfológica e podemos fazer comparações de acordo com as relações com outros organismos. As questões específicas que então fazemos sobre a estrutura do organismo poderiam ser sobre sua função ou evolução.

A função

Para se determinar como uma estrutura funciona em um organismo, usam-se várias técnicas para inspecionar o funcionamento do organismo, ou de suas partes, diretamente. A radiografia, a análise por meio de raios X, permite a inspeção direta de partes duras ou marcadas durante o desempenho (Figura 1.47). Contudo, o custo ou a acessibilidade em geral tornam a radiografia de um organismo vivo impraticável. Em vez disso, às vezes se pode usar um vídeo em alta velocidade ou filme cinematográfico. O evento, por exemplo, alimentação ou corrida, é filmado com a câmera ajustada em alta velocidade, de modo que o evento se desenrola em câmara lenta quando se volta a usar a velocidade de projeção normal. A película ou filme preserva um registro do evento, e a reprodução em câmara lenta

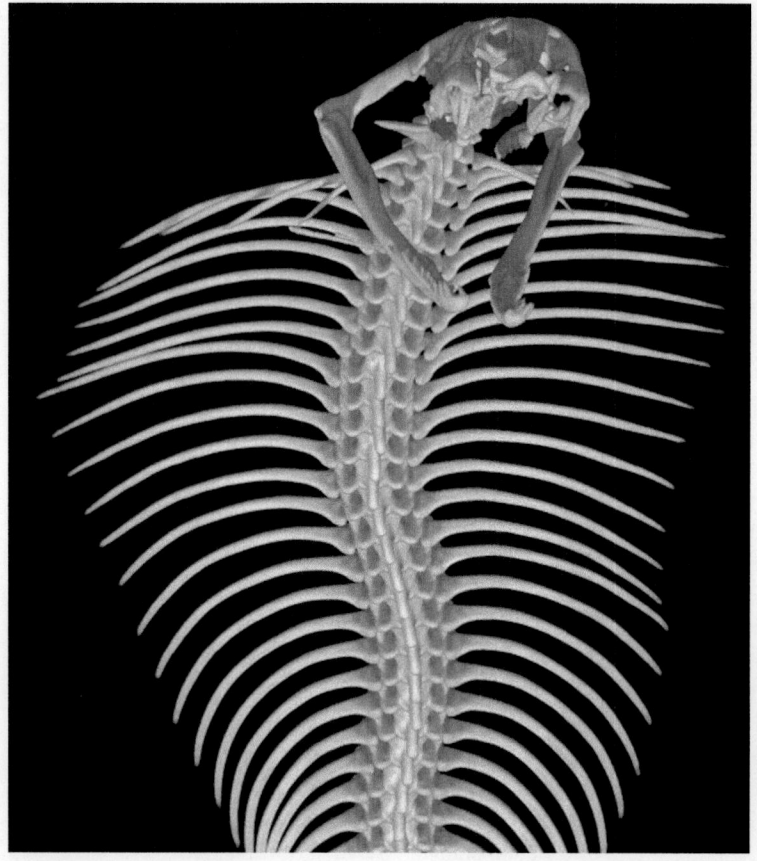

A

B

Figura 1.46 Cobra egípcia. A. Quando ameaçada, essa cobra levanta as costelas e exibe um "capuz", com expansão da pele, que pode ostentar uma imagem capaz de intimidar, com essa pose defensiva e erguida com a boca aberta. Métodos modernos de imagem permitem que os morfologistas examinem em detalhes a anatomia subjacente, aqui as costelas levantadas, que representam a ameaça de um ataque como retaliação por parte dessa cobra altamente venenosa. **B.** Cobra com o capuz parcial e a boca fechada.

A. De Bruce A. Young (University of Massachusetts) e Kenneth V. Kardong (Washington State University),"Naja haje" (on-line), Digital Morphology, em http://digimorph/org/specimens/Naja_haje. Consulte. B. Cortesia de Bruce A. Young.

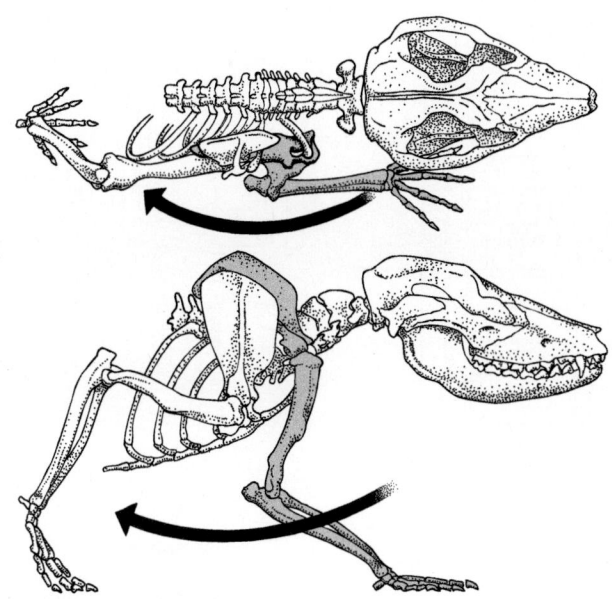

Figura 1.47 Passada de um gambá ao caminhar. A fase propulsiva é mostrada nesses traçados de radiografias em movimento, nas incidências cefálica e lateral. A mudança na posição da lâmina do ombro (escápula) é evidente.

Com base na pesquisa de F. A. Jenkins e W. A. Weijs.

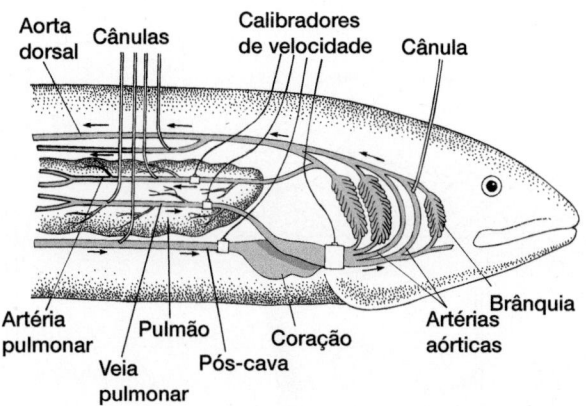

Figura 1.48 Análise das vísceras de um peixe com pulmão. Para monitorar a pressão sanguínea, são inseridas cânulas (tubos pequenos) nos vasos sanguíneos. Para monitorar a velocidade do fluxo sanguíneo, são colocados calibradores de velocidade em torno de vasos selecionados. A partir dessa informação, é possível determinar alterações na velocidade do fluxo sanguíneo nesse peixe com pulmão, quando ele respira na água ou enche seu pulmão de ar.

De K. Johansen.

permite a inspeção minuciosa de movimentos em uma velocidade na qual deslocamentos súbitos são óbvios. Marcadores naturais – por exemplo, o abaulamento de músculos ou partes visíveis como dentes ou cascos – permitem inferências sobre o funcionamento de ossos e músculos inseridos ou subjacentes. Também podem ser feitas inferências a partir da manipulação delicada de partes em um animal relaxado ou anestesiado. Portanto, com a radiografia ou uma fita/filme em alta velocidade, é possível acompanhar, medir e registrar ponto a ponto o deslocamento de pontos individuais no animal. A partir desse registro cuidadoso de deslocamentos, é possível calcular a velocidade e a aceleração de partes para descrever quantitativamente o movimento de partes. Junto com a informação sobre a atividade muscular simultânea, isso produz uma descrição da parte e uma explicação da maneira pela qual seus componentes ósseos e musculares conseguem um nível característico de desempenho.

As funções viscerais podem ser registradas de outras maneiras. Tubos finos (cânulas) inseridos nos vasos sanguíneos e conectados a instrumentos calibrados e responsivos (transdutores) nos permitem estudar o sistema circulatório de um animal (Figura 1.48). Foram usadas abordagens similares para estudos da função renal e glandular. Pode-se fazer com que os animais ingiram líquidos radiopacos, aqueles visíveis em radiografias, para que possamos acompanhar os eventos mecânicos do trato digestório. Os músculos, quando ativos, geram níveis baixos de cargas elétricas correntes. Eletrodos inseridos nos músculos podem detectá-las nos monitores, permitindo que o pesquisador determine quando um músculo particular está ativo durante o desempenho de algum evento. Essa atividade pode ser comparada com a de outros músculos. Tal técnica é a eletromiografia (EMG) e o registro elétrico do músculo é um **eletromiograma.**

A Figura 1.49 mostra um conjunto experimental combinando várias técnicas simultaneamente para analisar o ataque de uma serpente venenosa ao se alimentar. Com a cobra anestesiada e mediante técnica cirúrgica adequada, são inseridos quatro eletrodos bipolares isolados de arame fino nos quatro músculos maxilares laterais para registrar eletromiogramas de cada um desses músculos durante o ataque. Um calibrador de estiramento é fixado com cola a um local adequado no alto da cabeça da cobra, onde pode detectar o movimento dos ossos cranianos subjacentes. Os fios de arame, denominados *derivações*, dos quatro eletrodos bipolares e o calibrador são suturados à pele da cobra, ligados com cuidado a um cabo (fio elétrico) e conectados a pré-amplificadores que ampliam os sinais muito baixos vindos dos músculos maxilares. A interferência de "ruído" da corrente elétrica nesses sinais na sala pode ser reduzida se a cobra e o aparelho forem colocados em uma gaiola com isolamento acústico, uma gaiola de Faraday (não mostrada na Figura 1.49). A partir dos pré-amplificadores, cada circuito, denominado um canal, segue para um amplificador. O calibrador também entra no amplificador nessa junção (canal 5); pode ser necessário um balanceamento elétrico especial de seu sinal.

A cobra é centralizada sobre uma plataforma de força que registra as forças produzidas nos três planos do espaço (para a frente/para trás, para cima/para baixo, para a esquerda/direita) e as derivações entram nos últimos três canais para completar esse sistema de oito canais. Uma câmera de alta velocidade, ou um sistema de vídeo, faz um registro permanente do ataque rápido. A câmera produz uma descarga elétrica pulsada que se combina simultaneamente com o resto das descargas elétricas, permitindo a combinação de eventos filmados com os dados do EMG, do calibrador de corrente elétrica e da plataforma de força. Um espelho no fundo, inclinado a 45°, permite a colocação cuidadosa da câmera para registrar as incidências dorsal e lateral do ataque simultaneamente. Anotações sobre a temperatura, o tempo e outros dados do ambiente são feitas à mão.

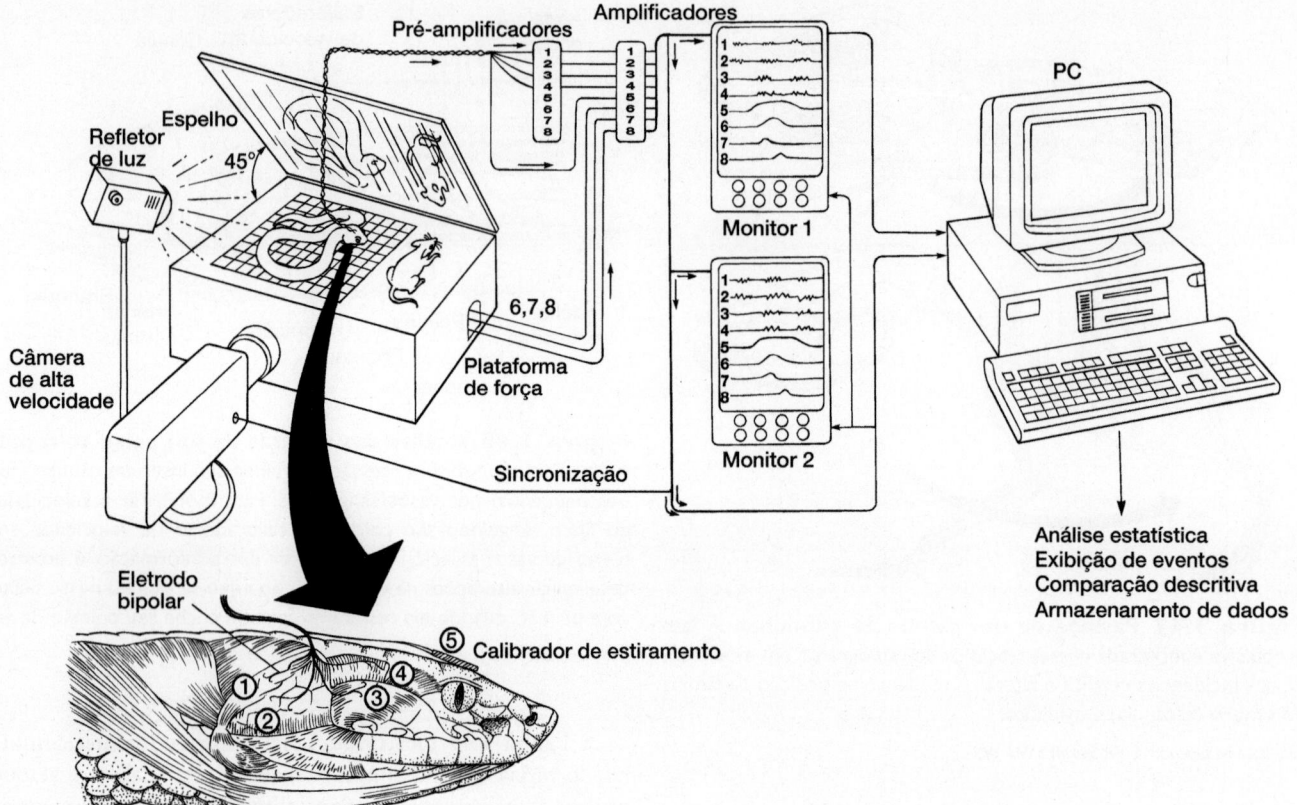

Figura 1.49 Análise experimental de função. Uma cirurgia cuidadosa possibilita a inserção de eletrodos bipolares nos quatro músculos maxilares localizados no lado direito da cobra. Um calibrador de estiramento é fixado sobre um ponto móvel no crânio da cobra. As derivações desses eletrodos são conectadas a pré-amplificadores e, em seguida, a amplificadores para ampliação e filtração dos sinais. Os canais da plataforma de força unem esses quatro eletrodos e levam as respostas nos três planos do espaço. A descarga elétrica é exibida nos monitores e salva no computador. O ataque da cobra é filmado por uma câmera de alta velocidade ou vídeo, que tem o pulso sincronizado com as outras descargas elétricas. Podem ser acrescentados comentários de voz. O "ruído" elétrico na sala pode ser reduzido colocando-se a cobra (mas não os instrumentos de registro) em uma gaiola de Faraday com isolamento acústico (não mostrada). Depois, a reprodução nos monitores do registro armazenado possibilita a análise manual dos dados ou o envio da reprodução para um computador para análise. A comparação de eventos separados é mais fácil se forem registrados simultaneamente, mas podem ser feitos registros de partes em separado e, então, combinados.

As descargas elétricas são exibidas em um monitor, para visão imediata, e salvas no computador, onde ficam armazenadas como um registro permanente. Mais tarde, os dados armazenados podem ser exibidos lentamente nos monitores. Com *software* apropriado, um computador permite a descrição quantitativa de eventos, combinando o filme/vídeo com eventos elétricos, e assim por diante.

Uma análise parcial dos dados sobre alimentação, obtidos dessa maneira, está ilustrada na Figura 1.50 A–C. São mostrados três instantes durante o ataque da cobra – logo antes, no começo e durante a injeção do veneno. As posições da cabeça dela nesses três pontos são traçadas a partir do registro do filme, e abaixo de cada posição estão as descargas dos primeiros cinco canais (eletromiograma 1 a 4, calibrador de estiramento 5). O movimento instantâneo da cobra se desdobra no começo (*à esquerda*) de cada registro e segue por cada traçado, da esquerda para a direita. A partir de dissecções prévias, componentes estruturais hipoteticamente importantes no desempenho do ataque se ajustam para a frente em um modelo morfológico proposto, ao qual esses novos dados são acrescentados.

Antes do início do ataque, todos os canais musculares estão silenciosos porque nenhuma contração está ocorrendo e o calibrador de estiramento indica que a boca da cobra está fechada (Figura 1.50 A). À medida que o ataque começa, a maxila inferior começa a se abrir. Isso é iniciado pela contração do músculo 1 e indicado, pela primeira vez, pela atividade no traçado elétrico (Figura 1.50 B). A rotação inicial do dente canino (também conhecido como "presa") da cobra é detectada pelo calibrador de estiramento. No terceiro ponto do ataque, a cobra fecha a maxila firmemente sobre o animal vítima da predação (o outro significado de "presa") e todos os músculos que atuam no fechamento da maxila, inclusive o primeiro, mostram altos níveis de atividade (Figura 1.50 C). O calibrador de estiramento indica alterações nas posições da maxila durante essa mordida, desde completamente aberta até seu fechamento sobre a presa. Portanto, o primeiro músculo abre a maxila inferior, mas sua alta atividade elétrica um pouco depois durante a mordida indica que continua a ter um papel. Os outros três músculos são fechadores poderosos da maxila, adutores, e agem primariamente durante a mordida.

Boxe Ensaio 1.3   Fósseis vivos

No sentido literal, um "fóssil vivo" é uma contradição porque, naturalmente, os fósseis estão mortos. No entanto, ocasionalmente, uma espécie sobrevive desde o início de sua linhagem até o presente com pouca alteração em sua aparência externa. Nesses fósseis vivos, a evolução é lenta. Como eles retêm em seus corpos características ancestrais e estão vivos, levam adiante a fisiologia e o comportamento perdidos em fósseis preservados. Todos os animais vivos, não apenas uns poucos privilegiados, retêm pelo menos um pouco das características que remetem a um tempo inicial em sua evolução. O ornitorrinco com bico de pato, um mamífero coriáceo da Austrália, ainda põe ovos, uma reminiscência de seus ancestrais répteis. Nós temos pelos, por exemplo, que vêm da maioria dos ancestrais mamíferos. Suponho que poderíamos até considerar nossa coluna vertebral como uma característica retida dos peixes!

No entanto, o que a maioria dos cientistas entende como um fóssil vivo é uma espécie não especializada, viva hoje, constituída pelas mesmas características ancestrais que surgiram logo nos primeiros dias da linhagem. Em termos do formato da cabeça e do corpo, os crocodilos têm sido rotulados como fósseis vivos, assim como os esturjões e *Amia*, um peixe norte-americano. Ao longo da costa da Nova Zelândia, persiste um réptil semelhante a um lagarto, o *Sphenodon*. Com quatro patas e escamas, ele parece um animal atarracado, mas um lagarto médio nos demais aspectos. Contudo, sob a pele, o sistema esquelético, em especial o crânio, é bastante antigo. Um dos fósseis vivos mais surpreendentes é o sarcopterígio *Latimeria*, um celacanto. Esse peixe é um parente distante do grupo que deu origem aos primeiros tetrápodes e, até 1939, acreditava-se que estivesse extinto há milhões de anos.

O *Latimeria* retém muitas características dos sarcopterígios: notocorda bem desenvolvida, focinho exclusivo, apêndices carnosos, cauda dividida. Sua descoberta despertou grande interesse porque os últimos membros dessa linhagem aparentemente tinham se extinguido há 75 milhões de anos. Em 1938, Goosen, um capitão de um pesqueiro comercial que trabalhava em águas marinhas do extremo sul da África, decidiu, em um impulso, pescar nas águas próximas do delta do Rio Chalumna. Ele estava a cerca de 5 km da costa, sobre o casco submarino, quando jogou suas redes a cerca de 73 m de profundidade na água. Uma hora ou mais depois, as redes foram recolhidas e despejaram no barco uma tonelada e meia de peixes

Figura 1 do Boxe A Sra. M. Courtenay-Latimer, quando era curadora do Museu East London, na África do Sul. Seus esboços e notas rápidas a respeito do celacanto enviado para J. L. B. Smith dar um parecer são mostrados ao lado da foto dela.

comestíveis, duas toneladas de tubarões e um celacanto. Nenhum daqueles velhos marinheiros tinha visto tal peixe até então e só tinham uma vaga ideia do que era, mas perceberam que era inigualável. Como de hábito, o tripulante salvou o peixe para a curadora do pequeno museu em East London, na África, a cidade do porto. (Embora isso tenha acontecido na África do Sul, uma herança britânica inspirou os nomes locais, daí East London para o museu local.)

A curadora era a Sra. M. Courtenay-Latimer (Figura 1 do Boxe). O acervo do museu era pequeno, para não dizer mínimo, de modo que o entusiasmo local e o apoio que ela recebeu a estimularam a exibir o representante da vida marinha local. Ela estimulou os tripulantes de barcos pesqueiros a buscarem espécimes incomuns. Quando algum era capturado, era incluído na pilha de peixes rejeitados não comestíveis no final do dia, e a Sra. Courtenay-Latimer era chamada para ver que espécimes queria. Naquele dia em particular, enquanto escolhia um peixe, ela vislumbrou o celacanto azul pontilhado cheio de escamas com barbatanas que pareciam braços. Ele tinha 1,6 m de comprimento e pesava 60 kg. Quando capturado, atacou o pescador, mas agora morto começava a se decompor no sol quente. A Sra. Courtenay-Latimer não era ictióloga por formação, nem contava com uma equipe de especialistas. Além de curadora, ela também era tesoureira e secretária do museu. Embora não reconhecesse no celacanto exatamente o que ele era, tinha perspicácia suficiente para perceber que era especial e convenceu um taxista relutante a levá-la, seu assistente e o peixe fedorento de volta ao museu. Os recursos precários do museu foram mais um desafio para ela, porque não havia *freezers* nem equipamento para conservar um peixe tão grande. Ela então foi a um taxidermista e

o instruiu a salvar mesmo partes não necessárias ao trabalho dele. No entanto, 3 dias depois no clima quente e sem uma palavra de retorno do especialista em peixes mais próximo com que ela havia entrado em contato, o taxidermista descartou as partes moles. Então ela relatou ao chefe do comitê de tutela do museu o que suspeitava que era e ele ironizou, sugerindo que "todos os gansos dela eram gansos". Aparentemente, ele preferia descartar o peixe, mas acabou cedendo e autorizou o empalhamento e a montagem do peixe.

Infelizmente, a carta da Sra. Courtenay-Latimer para o especialista mais próximo em peixes levou 11 dias para chegar a ele porque East London ainda ficava em uma região remota da África do Sul e era período de férias. O tal especialista era J. L. B. Smith, um instrutor de química por profissão e ictiólogo por determinação. A carta incluía uma descrição e um esboço desenhado do peixe, que foram suficientes para dizer a Smith que aquilo poderia ser o achado científico da década. Ele ficou muito ansioso para ver o peixe e confirmar o que era, mas não podia viajar 560 km até East London, pois tinha de aplicar provas a seus alunos e corrigi-las. Por fim, sua ansiedade e esperanças foram resolvidas quando finalmente visitou o museu e se deparou com o peixe pela primeira vez. Era um celacanto, até então conhecido pela ciência apenas como fósseis da era Mesozoica. Em homenagem à Sra. Courtenay-Latimer e ao lugar (Rio Chalumna), Smith o denominou de *Latimeria chalumna*.

Desde então, foram descobertos outros exemplares de *Latimeria* fora da costa da África oriental e na Indonésia. Eles parecem ser predadores que vivem a profundidades de 73 a 146 m. Graças, em grande parte, a um capitão, uma curadora e um químico, *Latimeria* é um fóssil vivo ainda hoje.

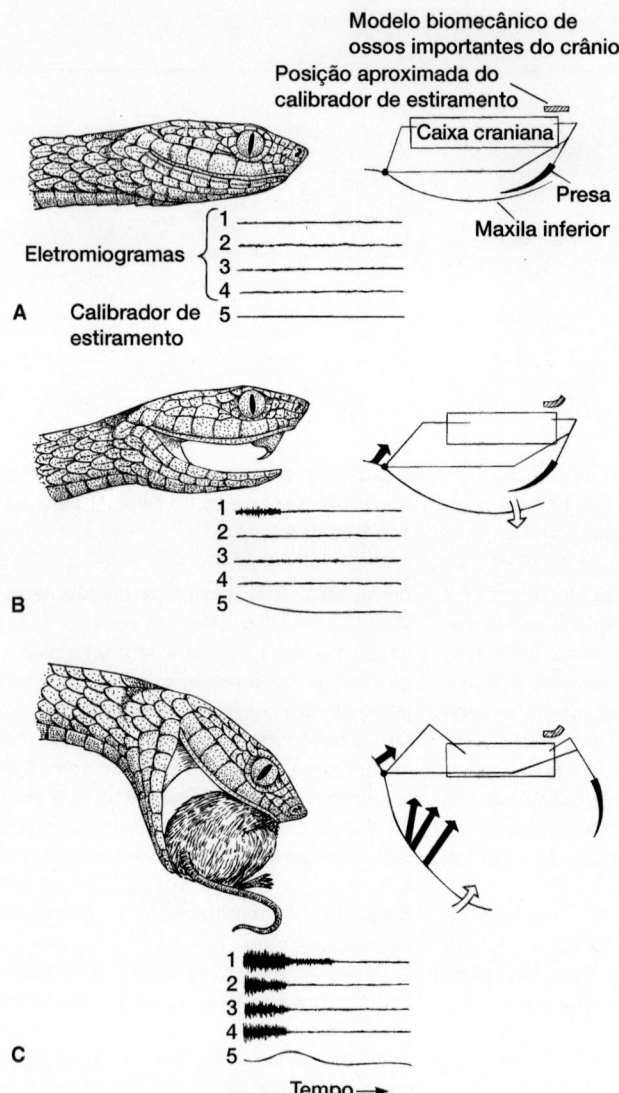

Figura 1.50 Análise inicial de dados morfológicos e funcionais. Três pontos no ataque alimentar estão ilustrados: (**A**) imediatamente antes ao ataque, (**B**) no início do ataque e (**C**) durante a mordida. Os traçados elétricos dos quatro músculos (*canais 1 a 4*) e do calibrador de estiramento (*canal 5*) são mostrados abaixo de cada etapa. Os modelos biomecânicos (à direita) do crânio da cobra durante cada estágio se baseiam em análise anatômica prévia. **A.** Nenhum miograma é evidente antes do ataque e não há deslocamento de osso nem do dente canino. **B.** Os registros do músculo abrindo a maxila da cobra (*canal 1*) e do calibrador de estiramento (*canal 5*) são os primeiros a mostrar alterações nos miogramas. O modelo incorpora essas alterações mostrando o início da ereção do dente canino da cobra. **C.** As maxilas da cobra se fecham com firmeza, embutindo o dente canino totalmente ereto dentro do animal predado. Esses eventos são incorporados no modelo (*à direita*), no qual setas cheias representam o início e a direção de vetores de contração.

Essa análise de forma e função está longe de ser completa. Muito mais músculos estão envolvidos, e características em ambos os lados do animal precisam ser avaliados. As apresentações de presas de diferentes tamanhos poderiam resultar em modificações da função maxilar e assim por diante. A análise anatômica produz um conhecimento da estrutura básica.

A partir disso, é possível formular um conjunto de questões sobre a constituição que podem ser postas à prova. Que elementos estruturais são críticos para o desempenho? Como eles funcionam? Os dados funcionais respondem a essas perguntas.

É melhor se o movimento e os eventos musculares puderem ser registrados simultaneamente, para fazermos comparações entre eles com mais facilidade, mas, em geral, isso não é viável. Pode ser que não se disponha de equipamento ou o animal não colabore. Portanto, não é raro, e certamente é aceitável, fazer partes da análise funcional separadamente e, em seguida, combinar os dados obtidos com os deslocamentos ósseos e a atividade muscular. É cada vez mais comum incluir a análise do sistema nervoso com simultâneas características musculares e ósseas, obtendo-se uma explicação mais completa do desempenho. Não apenas a base imediata do movimento é descrita, como também a do controle neural desses deslocamentos e o início da atividade muscular. A atividade de músculos nos momentos apropriados também pode ser vista.

O papel biológico

Para se descobrir o papel adaptativo de uma parte, os cientistas acabam se aventurando no campo para documentar como o animal realmente usa sua constituição morfológica no ambiente. A observação cuidadosa do organismo em seu ambiente precisa ser incorporada com técnicas de biologia populacional, para se avaliar o desempenho ecológico geral em termos de forma e função de um órgão. **Ecomorfologia** é o termo que foi cunhado para o reconhecimento da importância da análise ecológica no exame de um sistema morfológico.

Nesse ponto final em uma análise, temos uma boa ideia da maneira como uma estrutura poderia ser usada em condições naturais. Ocasionalmente, há surpresas. Por exemplo, diferentemente de outros tentilhões, o "pica-pau" de Galápagos usa o bico para quebrar um ramo ou galho fino, que utiliza como "ferramenta" para desalojar larvas de insetos escondidas na casca das árvores. O camundongo da floresta mastiga sementes e gramíneas resistentes, mas também, às vezes, come algum inseto, portanto suas maxilas não funcionam apenas para triturar sementes duras. A antilocabra, um animal das planícies norte-americanas semelhante a um cervo, pode atingir velocidades superiores a 96 km/h, mas nunca houve, hoje ou no passado, predador natural com habilidade comparável. Portanto, essa alta velocidade não é uma adaptação para escapar de predadores. Para se movimentar entre recursos escassos, esse animal corre a velocidades entre 30 e 50 km/h. Esse, e não o fato de escapar de predadores, parece ser o aspecto mais importante da velocidade e da constituição da antilocabra.

Portanto, estudos de laboratório determinam a forma e a função de uma constituição corporal. Estudos de campo avaliam o papel biológico da característica, ou seja, como a forma e a função da característica servem ao animal em condições naturais. Por sua vez, o papel biológico de uma característica sugere os tipos de pressões da seleção sobre o organismo e como a característica pode ser uma adaptação a essas forças evolutivas. Indo uma etapa adiante, a comparação de características homólogas de um grupo com outro, ou de uma classe com outra, nos dá ideia da maneira pela qual a alteração na característica do animal pode refletir modificações nas pressões da seleção.

A história da evolução dos vertebrados é a da transição e alteração adaptativa – transição da água para a terra (de peixes a tetrápodes), da terra para o ar (de répteis a aves) e, em alguns casos, da reinvasão da água (golfinhos, baleias) ou do retorno ao modo de vida terrestre (p. ex., avestruzes). No estudo da evolução dos vertebrados, é válido pensar como uma constituição particular faz com que o organismo se adapte a demandas particulares de seu ambiente atual e como a própria estrutura impõe limitações ou dá oportunidades para tipos de adaptação que poderiam surgir.

Resumo

A anatomia e seu significado são a base da morfologia comparativa. Nossa tarefa é entender como os organismos funcionam e como evoluíram. Embora hoje a forma, a função e a evolução, em conjunto, proporcionem esse entendimento, para chegar a essa união harmoniosa, o caminho foi difícil e a história, contenciosa. À morfologia, Darwin acrescentou e reuniu questões sobre a constituição biológica em um contexto comum: descendência com modificação. A morfologia tem sua própria história intelectual independente, reconhecendo a relação estreita entre forma e função, junto com os padrões anatômicos básicos subjacentes de acordo com os quais são constituídos os organismos. Daí vem o reconhecimento das influências separadas da história (homologia), da função (analogia) e da simples similaridade (homoplasia) na constituição dos vertebrados. A comparação é uma de nossas técnicas, assim como a avaliação experimental de funções e a representação dos eventos evolutivos em dendrogramas. Os dendrogramas resumem os padrões filogenéticos e sugerem o processo que provocou a alteração através do tempo. As principais etapas de evolução podem ser resumidas de maneira simples (ver Figura 1.23), mas isso pode subestimar sua complexidade. Essa também pode ser resumida (ver Figura 1.24), porém isso pode gerar um dendrograma confuso sem indicação de abundância. A abundância também pode ser resumida (ver Figura 1.25), mas isso faz com que se percam alguns detalhes da genealogia. A genealogia é resumida em cladogramas (ver Figura 1.29), mas isso dá primazia apenas à linhagem e simplifica muito os eventos evolutivos, em especial se não forem incluídos os fósseis.

A maioria das espécies que viveram hoje está extinta. Em consequência, nos voltamos para os registros fósseis, com os quais recuperamos o maior conjunto de características na história dos vertebrados. Ossos e dentes, por serem estruturas duras, têm maior probabilidade de sobreviver ao processo rude e violento da fossilização. Ocasionalmente, pegadas, impressões e partes moles sobrevivem, revelando indícios da vida dos organismos no passado. As reconstruções de materiais fósseis são uma forma de fazer reviver animais do passado, mas são hipóteses, suscetíveis a modismos, embora também sejam aprimoradas por fatos novos, filogenias sondadas e uma biologia aprimorada. Nos estudos morfológicos, uma biologia melhor emerge com as novas técnicas de análise funcional – a análise do movimento em alta velocidade e o monitoramento cuidadoso de processos fisiológicos. À medida que trazemos nosso entendimento da forma e da função dos vertebrados para o ambiente em que o animal vive, fazemos com que a morfologia comparativa defina o papel adaptativo das características de um organismo em particular. A base adaptativa da sobrevivência de um organismo não pode ser reduzida a seu genoma. É o organismo inteiro, integrado e dinâmico, não seus genes, que se harmoniza diretamente com o ambiente. A sobrevivência depende da forma e da função, combinadas de forma adaptativa com as forças da seleção, para se adequar ao ambiente no qual a característica é utilizada. Embarcamos, então, em uma descoberta dessa história notável dos vertebrados, procurando explicar como a constituição dos vertebrados funciona e como evoluiu.

CAPÍTULO 2

Origem dos Cordados

Os cordados não constituem nem o mais diverso nem o maior filo animal, embora, em termos de número de espécies, fiquem em um respeitável quarto lugar, atrás dos artrópodes, nematódeos e moluscos (Figura 2.1). Os cordados vivos consistem em três grupos de tamanhos diferentes: cefalocordados (anfioxos ou lanceolados), urocordados (tunicados ou "esguichos-do-mar") e o grupo maior, os vertebrados (peixes, anfíbios, répteis e mamíferos). Integra esse filo uma pequena família, a dos hominídeos, que inclui os seres humanos. Em parte, nosso interesse nos cordados deriva do fato de que pertencemos a esse filo, de modo que, estudando-o, vemos tópicos que nos dizem respeito. Nós, porém, temos mais que apenas interesses próprios nos cordados. Muitos deles são constituídos de partes duras que sobrevivem ao tempo, de modo a fornecer uma história respeitável em termos de registro fóssil, tornando-os especialmente úteis para a definição de ideias sobre os processos evolutivos. Os cordados avançados também são alguns dos animais que parecem mais intrigantes. Portanto, eles nos inspiram questões sobre a complexidade da organização biológica e os mecanismos especiais importantes na evolução.

Filogenia dos cordados

Os cordados têm uma cavidade corporal interna cheia de líquido, denominada **celoma**. Eles fazem parte de uma ramificação importante dos Bilateria (bilatérios), animais cujo corpo é construído em um plano bilateral simétrico. Dentro dos Bilateria, há duas linhas evolutivas aparentemente distintas e independentes. Uma é a dos **protostômios**, que incluem os moluscos, anelídeos, artrópodes e muitos grupos menores. A própria linhagem dos protostômios se divide em Lophotrochozoa e Ecdysozoa (Figura 2.2). A outra linhagem é a dos **deuterostômios**, que inclui os ambulacrácrios (equinodermos, hemicordados) e cordados (ver Figura 2.2). A distinção entre protostômios e deuterostômios foi reconhecida originalmente com base em certas características embriológicas (Tabela 2.1). Recentemente, estudos moleculares confirmaram e esclareceram a evolução dessas duas linhagens dos bilatérios. Adiante, discutiremos mais sobre o desenvolvimento embrionário, mas, aqui, alguns aspectos introdutórios gerais podem ajudar a esclarecer as diferenças entre protostômios e deuterostômios.

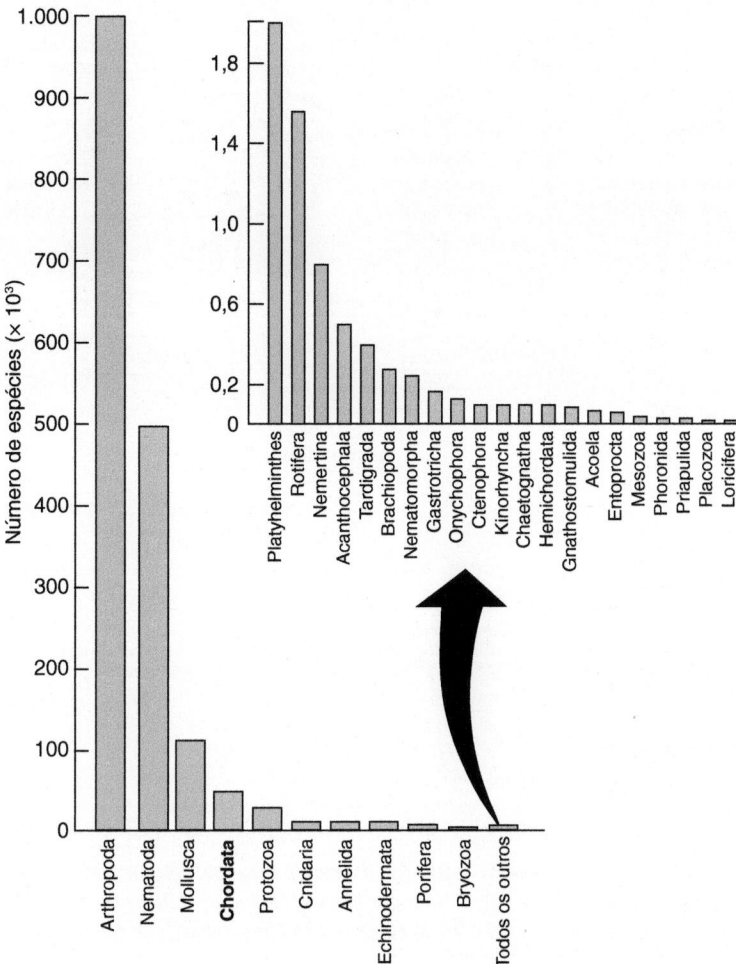

Figura 2.1 Abundância relativa de espécies nos filos animais. Quando forem finalmente contabilizados, os nematódeos podem superar os artrópodes em número.

Desenvolvimento embrionário; detalhes da clivagem inicial (Capítulo 5)

Em ambos os grupos de bilatérios, os ovos começam a se dividir repetidamente após a fertilização, em um processo denominado **clivagem**, até que o embrião muito jovem esteja constituído por muitas células formadas originalmente no ovo unicelular (Figura 2.3). Em alguns animais, as células em divisão do embrião são desalinhadas uma das outras, em um padrão conhecido como **clivagem espiral**. Em outros, a divisão celular é alinhada, em um padrão denominado **clivagem radial**. Nesse ponto, o embrião é pouco mais que um aglomerado de células em divisão que logo se arranja, como uma bola redonda e oca, com as células formando a parede externa em torno de uma cavidade cheia de líquido. Uma parede dessa bola de células começa a se invaginar e crescer para dentro, processo denominado **gastrulação**. A abertura nessa invaginação é o **blastóporo** e as próprias células invaginadas estão destinadas a se tornar o intestino do adulto. A invaginação continua até que as células alcançam a parede oposta, onde costumam se romper, formando uma segunda abertura do intestino primitivo (o blastóporo é a primeira abertura). O embrião, agora multicelular, é composto por três camadas básicas de tecido: uma **ectoderme** mais externa, uma **endoderme** mais interna que forma o revestimento do intestino e uma **mesoderme** que forma a camada entre as outras duas. Se a massa sólida de células mesodérmicas se divide para formar a cavidade corporal dentro delas, o resultado é um **esquizoceloma** (ver Figura 2.3 A). Se, em vez disso, a mesoderme surge como evaginações (bolsas externas) do intestino que se unem para formar a cavidade corporal, o resultado é um **enteroceloma** (ver Figura 2.3 B).

Os protostômios, termo que significa literalmente "primeira boca", são animais em que a boca surge do blastóporo ou perto dele. Além disso, eles tendem a sofrer clivagem espiral, ter um esquizoceloma e um esqueleto derivado da camada superficial de células (ver Figura 2.3 A). Os deuterostômios, termo que significa literalmente "segunda boca", são animais em que a boca surge não do blastóporo, mas secundariamente, na extremidade oposta do intestino, à medida que o próprio blastóporo se torna o ânus (ver Figura 2.3 B). Além disso, o desenvolvimento embrionário dos deuterostômios inclui clivagem radial, um enteroceloma e um esqueleto calcificado, quando existente, geralmente derivado de tecidos mesodérmicos. Essas características embriológicas compartilhadas pelos deuterostômios atestam que eles estão mais estreitamente relacionados entre si no sentido evolutivo que

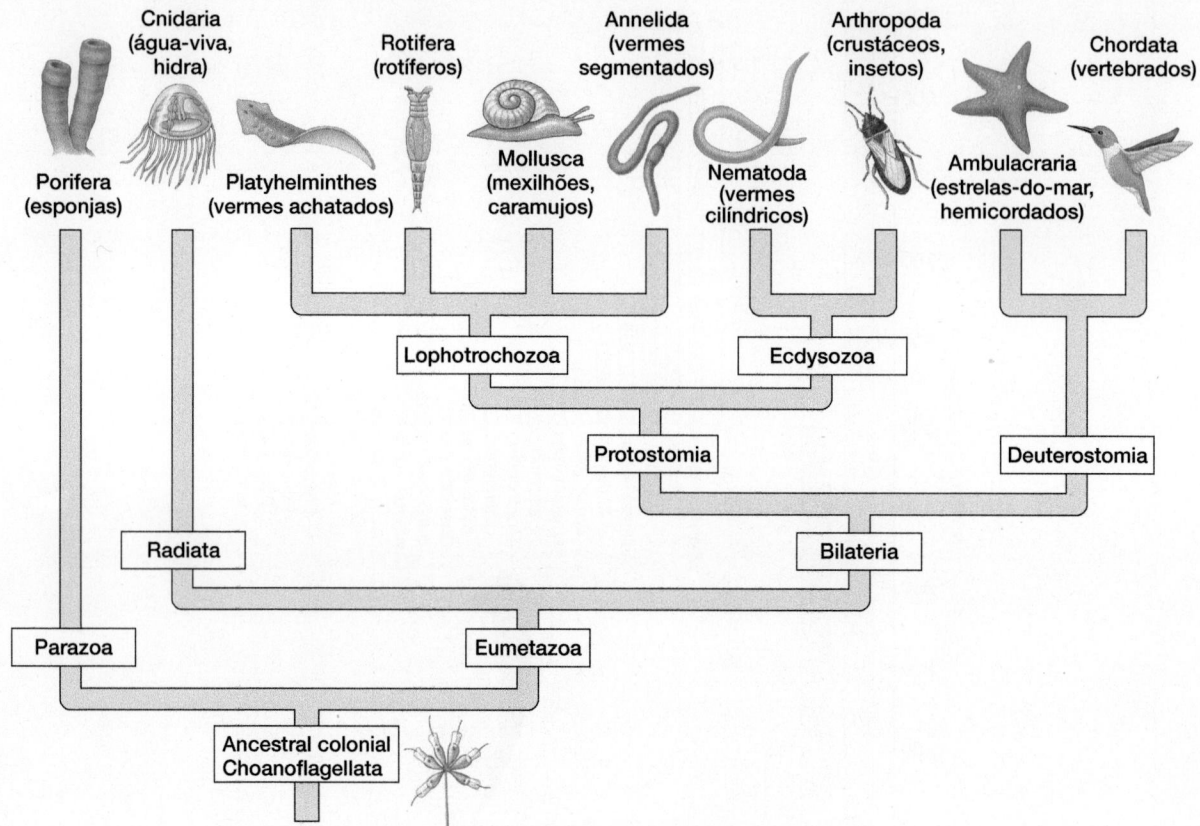

Figura 2.2 Evolução animal. Após a divergência das esponjas (*Parazoa*), separando-se de todos os outros animais (*Eumetazoa*), diferenças na simetria atestam dois grupos (*Radiata, Bilateria*). Diferenças embriológicas nos bilatérios diagnosticam os Protostômios e Deuterostômios. Note que cordados são deuterostômios junto com os Ambulacraria (equinodermos e hemicordados). Membros comuns de cada táxon entre parentêses.

qualquer dos protostômios. As características embriológicas, as modernas filogenias moleculares e o registro fóssil indicam que houve uma divergência ancestral e fundamental entre os protostômios e os deuterostômios.

Os cordados evoluíram dentro dos deuterostômios. Sua boca se forma opostamente ao blastóporo, sua clivagem é radial, seu celoma é enterocélico e seu esqueleto surge de tecidos mesodérmicos do embrião. Contudo, devemos estar atentos ao caráter dos próprios cordados. É fácil esquecer que dois dos três táxons dos cordados são tecnicamente invertebrados – os Cephalochordada e os Urochordata. Rigorosamente falando, os invertebrados incluem todos os animais, exceto os membros dos vertebrados.

Os primeiros fósseis cordados apareceram no período Cambriano, há cerca de 530 milhões de anos. Embora os cordados superiores tenham desenvolvido ossos e dentes duros bem preservados que deixaram um testemunho fóssil substancial de sua existência, é provável que os ancestrais dos primeiros cordados tivessem corpos moles e tenham deixado indícios do trajeto evolutivo de pré-cordados para cordados. Portanto, para decifrar a origem dos cordados, obtemos evidências dos indícios anatômicos e moleculares (códigos de sequências genéticas) presentes até hoje nos corpos dos cordados vivos. Para avaliar o sucesso de nossas tentativas de traçar a origem dos cordados, primeiro precisamos decidir o que define um cordado. Em seguida, tentamos descobrir os grupos animais que seriam os precursores evolutivos mais prováveis dos cordados.

Características dos cordados

À primeira vista, as diferenças entre os três táxons de cordados são mais visíveis que as similaridades que os unem. A maioria dos vertebrados tem um endoesqueleto, um sistema de elementos internos rígidos de osso ou cartilagem sob a pele. O endoesqueleto participa da locomoção, da sustentação e da proteção de órgãos delicados. Alguns vertebrados são terrestres, e a maioria usa as maxilas para se alimentar de partículas grandes de alimento. Os cefalocordados e urocordados são todos ani-

Tabela 2.1 Padrões fundamentais no desenvolvimento em bilateria.

Protostômios	Deuterostômios
Blastóporo (boca)	Blastóporo (ânus)
Clivagem espiral	Clivagem radial
Celoma esquizocélico	Celoma enterocélico
Esqueleto ectodérmico	Esqueleto mesodérmico

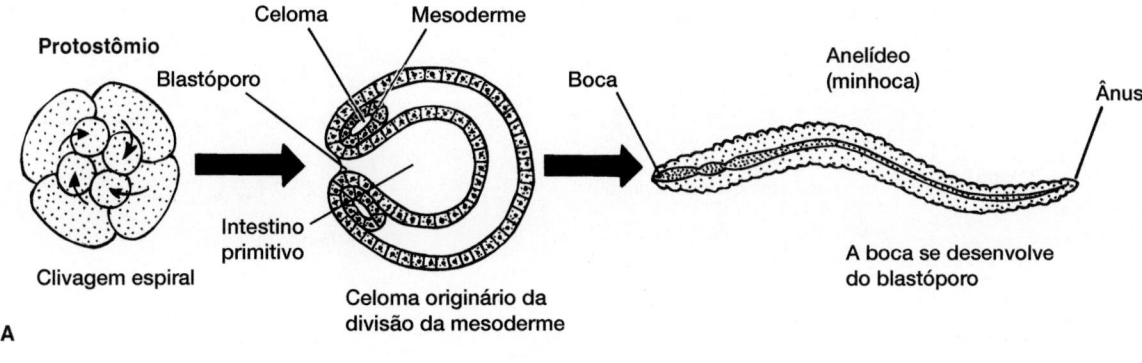

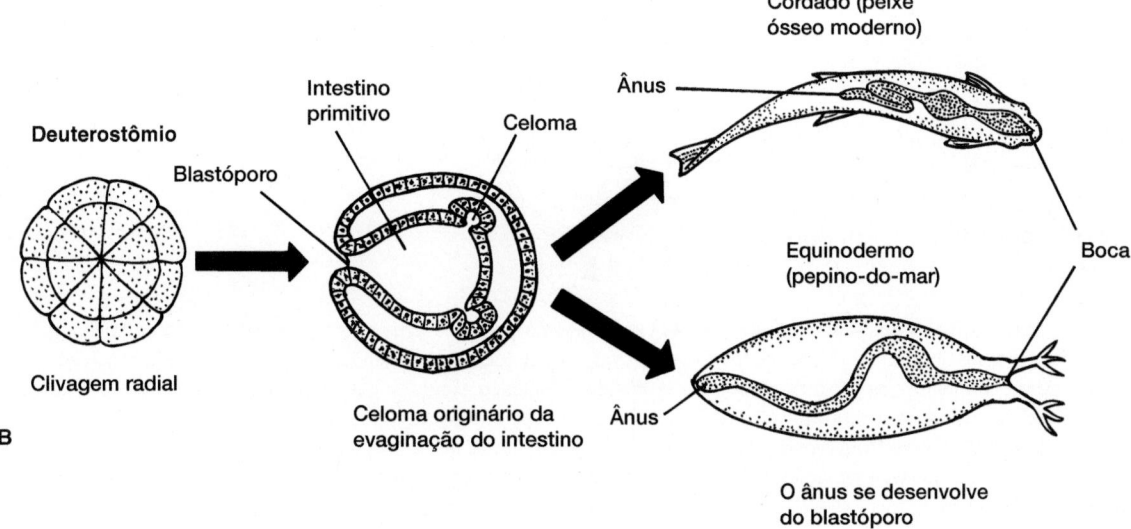

Figura 2.3 Protostômios e deuterostômios. Os bilatérios se dividem em dois grupos principais com base nas características embrionárias. **A.** Em geral, os protostômios apresentam clivagem espiral, formação de celoma pela divisão da mesoderme e boca derivada do blastóporo. **B.** Os deuterostômios costumam exibir clivagem radial, formação de celoma por evaginações intestinais e ânus derivado do blastóporo ou de sua proximidade.

mais marinhos e nenhum tem esqueleto ósseo ou cartilaginoso, no entanto, seu sistema de sustentação pode envolver bastões de colágeno. Os cefalocordados e urocordados se alimentam de material em suspensão, tendo uma bainha viscosa de muco que apreende pequenas partículas de alimento das correntes de água, que passam por um aparelho filtrador.

Todos os três táxons, apesar dessas diferenças superficiais, compartilham uma constituição corporal comum similar em pelo menos cinco aspectos fundamentais: **notocorda, fendas faríngeas, endóstilo** ou **glândula tireoide, cordão nervoso dorsal oco,** que forma o sistema nervoso central simples, e **cauda pós-anal** (Figura 2.4 A–C). Essas cinco características são diagnósticas dos cordados e, em conjunto, fazem distinção entre eles e todos os outros táxons. A seguir, analisaremos cada característica separadamente.

Notocorda

A notocorda é um bastão delgado que se desenvolve a partir da mesoderme em todos os cordados e se situa dorsalmente ao celoma, mas abaixo do sistema nervoso central e paralelo

ao mesmo (cordão nervoso dorsal). O filo tem o nome de Chordata (cordados) por causa dessa estrutura. A notocorda típica é composta por um conjunto central de células e líquido, envolto em uma bainha espessa de tecido fibroso (Figura 2.5 A). Às vezes, o líquido é mantido dentro de células intumescidas, denominadas células vacuoladas; outras vezes, ele fica entre as células do centro da notocorda. A notocorda não pode ser colapsada ao longo de seu comprimento como um telescópio (Figura 2.5 B), mas tem as propriedades mecânicas de um bastão elástico, de modo que pode ser flexionada lateralmente de um lado a outro (Figura 2.5 C). Essa propriedade mecânica resulta da ação cooperativa da bainha externa fibrosa e do líquido interno que ela contém. Se o líquido fosse drenado, como ao se retirar o ar de um balão, a bainha externa colapsaria e não formaria um dispositivo mecânico útil. O líquido que normalmente preenche a notocorda permanece estático e não flui. Tais estruturas mecânicas, em que a parede externa envolve uma parte central contendo líquido, são denominadas **órgãos hidrostáticos**. A notocorda é um órgão hidrostático com propriedades elásticas que resistem

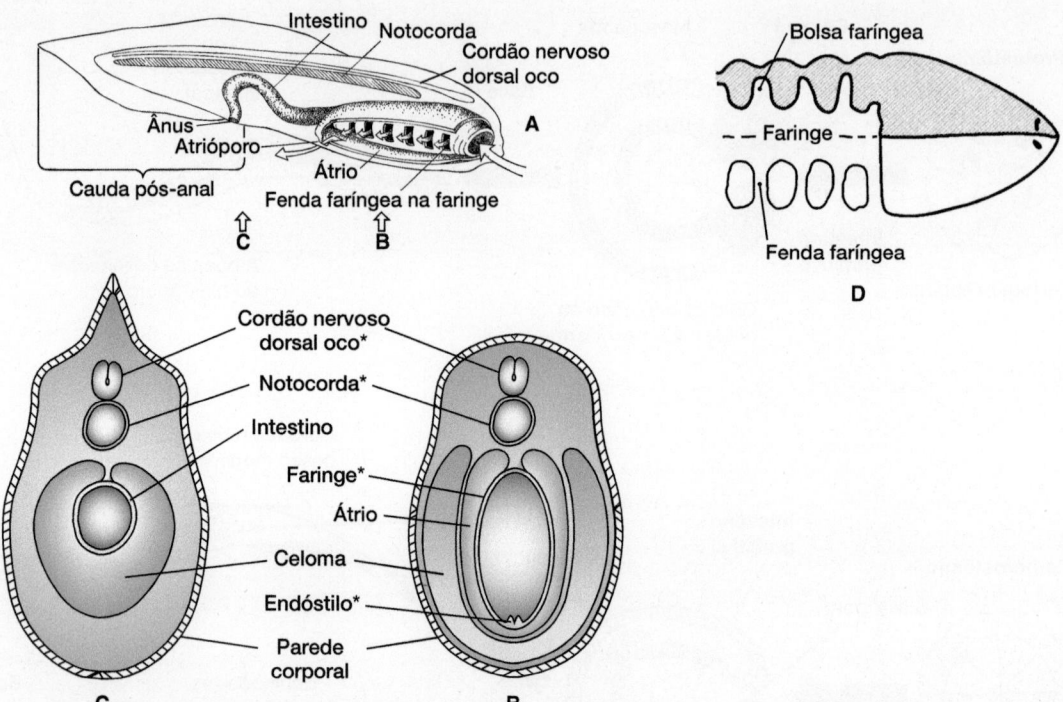

Figura 2.4 Características gerais dos cordados. A. Uma única corrente de água entra pela boca do cordado, flui para a faringe e, então, sai por várias fendas faríngeas. Em muitos cordados inferiores, a água que sai pelas fendas entra no átrio, uma câmara fechada comum, antes de retornar para o ambiente via o único atrióporo. O endóstilo é um sulco glandular que fica ao longo do assoalho da faringe. **B.** Corte transversal da faringe, mostrando a organização do tubo (faringe) dentro de um outro tubo (cavidade corporal). **C.** Corte transversal pela região posterior à faringe. **D.** Corte frontal pela faringe de embrião generalizado de cordado, mostrando (*em cima*) a formação precoce de bolsas faríngeas com a última abertura (*embaixo*) através das paredes para delinear as fendas faríngeas. Os asteriscos indicam as características sinapomórficas dos cordados.

à compressão axial e se localiza ao longo do eixo do corpo, permitindo flexão lateral, mas impedindo o colapso do corpo durante a locomoção (Figura 2.5 D).

Para entender a mecânica da notocorda, imagine o que ocorreria se um bloco de músculo se contraísse em um dos lados de um animal sem notocorda. À medida que o músculo encurta, ele encurta também a parede corporal da qual faz parte e compacta o corpo. Em um corpo com uma notocorda, o cordão longitudinal incompressível resiste à tendência de um músculo que se contrai para encurtar o corpo. Em vez do encurtamento do corpo, a contração do músculo leva a cauda para o lado. Assim, com a contração, a musculatura do corpo disposta de maneira segmentar age sobre a notocorda para iniciar movimentos natatórios que produzem pressão lateral contra o meio aquático circundante. Quando o músculo relaxa, a notocorda age como uma mola e retifica o corpo. Portanto, a notocorda impede o colapso ou alongamento do corpo e age como antagonista do músculo para retificar o corpo. Como resultado, contrações musculares, alternadas de lado a lado, em par com a notocorda, geram as ondas laterais da ondulação do corpo. Essa forma de locomoção pode ter sido a condição inicial que favoreceu primeiro a evolução da notocorda.

A notocorda continua a ser um membro importante na maioria dos grupos de cordados. Apenas nas últimas formas, como em peixes ósseos e vertebrados terrestres, a notocorda foi, em grande parte, substituída por uma estrutura funcional alternativa, a coluna vertebral. Mesmo quando substituída pela coluna vertebral, a notocorda ainda aparece como uma estrutura embrionária. Em mamíferos adultos com uma coluna vertebral completa, a notocorda é reduzida a um resquício, o **núcleo pulposo**, um pequeno centro de material gelatinoso dentro de cada disco intervertebral, que forma uma almofada esférica entre cada vértebra sucessiva.

Estrutura e desenvolvimento embrionário da notocorda (Capítulos 5 e 7)

Fendas faríngeas

Embora tenham surgido antes dos cordados, nos hemicordados, as **fendas faríngeas** foram incorporadas ao plano corporal dos cordados ao logo de seu desenvolvimento (ver Figura 2.4). A **faringe** é uma parte do trato digestório localizada em posição imediatamente posterior à boca. Durante algum momento na vida de todos os cordados, as paredes da faringe embrionária formam uma série de lacunas, as bolsas faríngeas (ver Figura 2.4 D), que mais tarde podem quase perfurar a parede, ou, nos cordados aquáticos realmente o fazem, formando uma série longitudinal de aberturas, as fendas faríngeas (também chamadas faringotremia, literalmente "orifícios faríngeos"). Em geral, usa-se a expressão *fendas branquiais* no lugar de fendas faríngeas para cada uma dessas aberturas, mas uma "brânquia" verdadeira é uma estrutura especializada, derivada dos peixes e larvas de anfíbios,

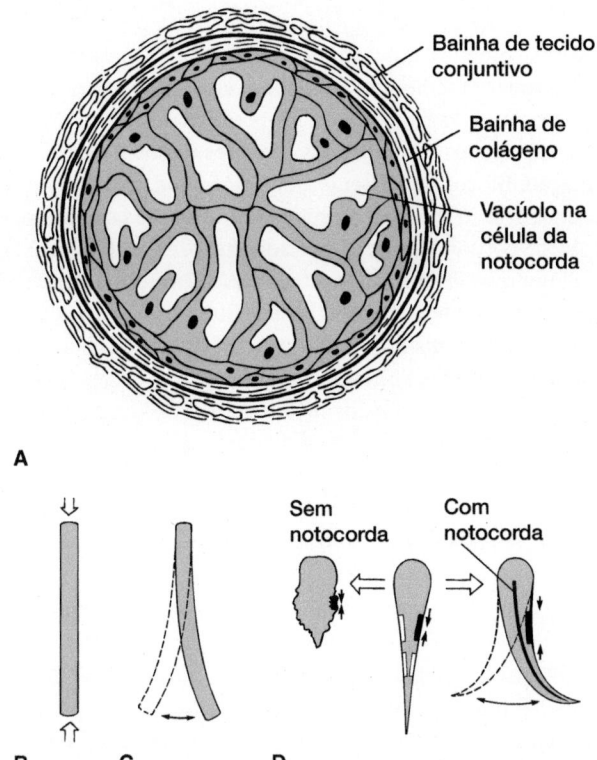

Bainha de tecido conjuntivo

Bainha de colágeno

Vacúolo na célula da notocorda

A

Sem notocorda

Com notocorda

B **C** **D**

Figura 2.5 Notocorda. A. Corte transversal da notocorda de um girino de rã. **B.** A notocorda fica abaixo da cavidade corporal e não é compressível no sentido de seu eixo, ou seja, ela resiste ao encurtamento no seu comprimento. **C.** No entanto, a notocorda é flexível lateralmente. **D.** Conforme vista de cima, as consequências da contração muscular em um corpo com e sem notocorda. Sem notocorda, a contração lateral do músculo alonga o corpo sem finalidade. Uma notocorda impede o colapso do corpo e as contrações musculares em lados alternados flexionam o corpo com eficiência por meio de movimentos natatórios.

composta por placas finas ou pregas com leitos capilares para a respiração na água. Em tais vertebrados, as brânquias se formam adjacentes a essas fendas faríngeas. As fendas são apenas aberturas, em geral sem papel significativo na respiração. Em muitos cordados primitivos, essas aberturas servem primariamente para a alimentação, mas nos embriões não têm um papel respiratório, de modo que a expressão *fendas branquiais* não é adequada.

Quando as fendas faríngeas surgiram, é provável que auxiliassem na alimentação. As aberturas na faringe permitiram o fluxo unidirecional da corrente aquática, para o interior da boca e para fora pelas fendas faríngeas (ver Figura 2.4). Secundariamente, quando as paredes que definem as fendas se tornaram revestidas com brânquias, a passagem da corrente de água também participava da troca respiratória com o sangue circulante por meio dos leitos capilares dessas brânquias. A água que entra na boca poderia trazer alimento suspenso e oxigênio para o animal. À medida que passava pelas brânquias vascularizadas, e em seguida saía pelas fendas, o dióxido de carbono era expelido com a água e levado para fora. Portanto, a corrente de água que passa através das fendas faríngeas pode simultaneamente manter atividades alimentares e respiratórias.

Nos cordados primitivos sem brânquias, a própria faringe geralmente se expande em uma **cesta faríngea** ou **branquial**, e o número de fendas em suas paredes se multiplica, aumentando a área superficial exposta para a passagem da corrente de água. O muco viscoso que reveste a faringe apreende partículas de alimento em suspensão. Conjuntos de cílios, que também revestem a faringe, produzem a corrente de água. Outros cílios capturam o muco carregado de alimento e o passam para o esôfago. Esse sistema de muco e cílios é especialmente eficiente em organismos pequenos, **que se alimentam de partículas em suspensão**, aqueles que extraem o alimento em suspensão na água. Tal sistema de alimentação é prevalente em cordados primitivos e em grupos que os precederam.

Nos primeiros vertebrados que dependiam da respiração por brânquias para manter um estilo de vida ativo, o muco e os cílios tinham menos serventia. Os cílios são bombas fracas, pouco eficientes contra a resistência das brânquias. Em tais vertebrados, uma bomba faríngea funcionava por meio de músculos no lugar de cílios para mover a água que ventilava as brânquias. A bomba muscular, no lugar do músculo e dos cílios, também se torna a base para a procura e o processamento de itens alimentares grandes. As fendas servem, ainda, como saídas convenientes para o excesso ou gasto de água, enquanto as estruturas branquiais adjacentes funcionam na respiração. Em peixes e anfíbios aquáticos, as fendas faríngeas que surgem durante o desenvolvimento embrionário geralmente persistem no adulto e formam o canal de saída pelo qual flui a água associada aos fluxos alimentar e respiratório. Exceto por partes do ouvido, para os vertebrados terrestres, as fendas das bolsas faríngeas embrionárias normalmente nunca se abrem e, portanto, não originam diretamente qualquer derivado no adulto.

Por que os cílios são substituídos por músculos à medida que o tamanho do corpo aumenta? (Capítulo 4)

Endóstilo ou glândula tireoide

O endóstilo é um sulco glandular no assoalho da faringe. A tireoide é uma glândula endócrina que produz dois hormônios importantes. Como o endóstilo, a tireoide surge embriologicamente do assoalho da faringe. E a glândula tireoide, como o endóstilo, está envolvida no metabolismo do iodo, sugerindo ainda mais uma homologia entre as duas, com o endóstilo sendo o predecessor filogenético da tireoide. Confirmando isso, o peixe sem maxilas chamado lampreia tem um endóstilo verdadeiro quando larva jovem, que se torna uma tireoide verdadeira quando ele chega à fase adulta. Portanto, todos os cordados têm endóstilo (urocordados, cefalocordados, larvas de lampreia) ou tireoide (lampreia adulta, todos os outros vertebrados).

Glândula tireoide (Capítulo 15)

Cordão nervoso dorsal e tubular

Uma terceira característica dos cordados é um cordão nervoso dorsal oco derivado da ectoderme (Figura 2.6 B). O sistema nervoso central de todos os animais tem origem embrionária ectodérmica, mas, apenas nos cordados, o tubo nervoso costuma se formar por um processo embrionário distinto, denomi-

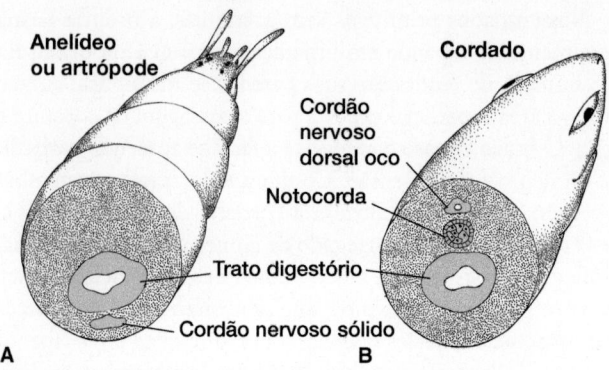

Figura 2.6 Cordão nervoso dorsal oco. A. Plano corporal básico de um anelídeo ou artrópode. Em tais animais, um cordão nervoso definitivo, quando existente, está em posição ventral, é sólido e fica abaixo do trato digestório. **B.** Plano corporal básico de um cordado. O cordão nervoso dos cordados fica em uma posição dorsal acima do trato digestório e da notocorda. Seu centro é oco ou, em termos mais corretos, é um canal central cheio de líquido, a neurocele, indicada como o ponto branco na parte oca dorsal do cordão nervoso.

nado **invaginação**. De início, a ectoderme da superfície dorsal se espessa em uma placa. Essa **placa neural** de células se dobra ou enrola e mergulha (invagina) para dentro da superfície à medida que o tubo passa a ficar dorsalmente dentro do embrião, logo acima da notocorda. Na maioria dos embriões não cordados, em contraste, as células ectodérmicas destinadas a formar o sistema nervoso central não se amontoam como placas superficiais espessadas (placódios). Em vez disso, as células superficiais se movem individualmente para dentro, para montar o sistema nervoso básico. O mais importante é que o principal cordão nervoso na maioria dos não cordados tem posição ventral, abaixo do intestino e é maciço (Figura 2.6 A). Contudo, nos cordados, o cordão nervoso fica acima do intestino e é oco em toda sua extensão ou, para sermos mais exatos, circunda a **neurocele**, um canal central cheio de líquido (Figura 2.6 B). A vantagem, se é que há alguma, de um cordão nervoso tubular em vez de maciço, é pouco entendida, mas essa característica distintiva é encontrada apenas nos cordados.

Formação do tubo nervoso (Capítulo 5)

Cauda pós-anal

Em quarto lugar, os cordados têm uma cauda pós-anal que representa um alongamento posterior do corpo, que se estende além do ânus. A cauda do cordado é primariamente uma extensão do seu aparelho locomotor, a musculatura segmentar da notocorda. Em contraste, o ânus nos animais não cordados é terminal, localizado na extremidade posterior do corpo. Adiante, falaremos mais sobre o papel dessa cauda pós-anal na natação.

Natação nos peixes (Capítulo 8)

Plano corporal dos cordados

O que é comum a todos os cordados são os cinco aspectos primários seguintes: notocorda, fendas faríngeas, endóstilo ou tireoide, cordão nervoso dorsal oco e cauda pós-anal. Tais carac-

terísticas podem constar apenas por um breve período durante o desenvolvimento embrionário, ou persistir até o estágio adulto, mas todos os cordados as exibem em alguma fase da vida. Em conjunto, elas formam um grupo de características encontradas apenas nos cordados. Os cordados também exibem segmentação. Blocos de músculos, ou **miômeros**, ficam dispostos em sequência ao longo do corpo adulto e da cauda, como parte da parede corporal externa (ver adiante, p. ex., a Figura 2.16). Os miômeros são retos (nos tetrápodes), têm forma de Σ (peixes) ou formato de > (cefalocordados).

Agora que temos noção das características básicas e secundárias dos cordados, voltemos nossa atenção à origem evolutiva desse grupo. Os biólogos interessados em tais questões geralmente examinam um grupo de cordados primitivos e seus ancestrais imediatos cujas estruturas e constituição informam sobre como e por que surgiu o plano corporal dos primeiros cordados. Esses animais são os protocordados.

Protocordados

Os protocordados são um agrupamento informal de animais que inclui um pré-cordado (hemicordados) e dois cordados primitivos (cefalocordados, urocordados) (Figura 2.7). Os táxons membros incluem alguns dos mais antigos ou "primeiros", daí o prefixo "proto" do termo. Não constituem exatamente um grupo taxonômico, mas um agrupamento de conveniência em que os membros compartilham algumas das cinco características do plano corporal fundamental dos cordados. Como o registro fóssil revela pouco sobre os ancestrais dos cordados, os indícios de suas origens foram investigados nos protocordados vivos, como produtos que são de uma longa história evolutiva independente de outros táxons. Sua anatomia é simples e sua posição filogenética é ancestral.

Eis nossas razões para darmos atenção específica a eles: suas morfologias e seus estilos de vida fornecem indícios instigantes de seu aparecimento e das vantagens das várias características que compreendem o plano corporal dos cordados. Os dados moleculares, usados para decifrar as relações filogenéticas, foram confirmados e surpreenderam nosso entendimento prévio dos eventos evolutivos com base na morfologia, em especial das larvas. Por muitos anos, os cientistas achavam que os primeiros cordados se assemelhavam com os urocordados em forma de bolsa ou enteropneustos em forma de vermes que, então, originaram os cefalocordados lineares em forma de peixes e, depois, os peixes verdadeiros (vertebrados). No entanto, há muito tempo, suspeitava-se que os equinodermos e hemicordados tinham uma relação mais estreita entre si que com outros deuterostômios. Isso é corroborado pelos dados moleculares e agora ambos são colocados em Ambulacraria (ver Figura 2.7). Em seguida, evidências moleculares e anatômicas mais recentes resultaram em uma alteração mais radical, de modo que os cefalocordados agora são vistos como cordados básicos e os urocordados ocupam uma posição mais derivada, próxima aos vertebrados. (ver Figura 2.7). Isso implica que os cefalocordados podem ser um bom modelo para os primeiros cordados e, de fato, lembram os ancestrais dos cordados. Porém, há ainda mais.

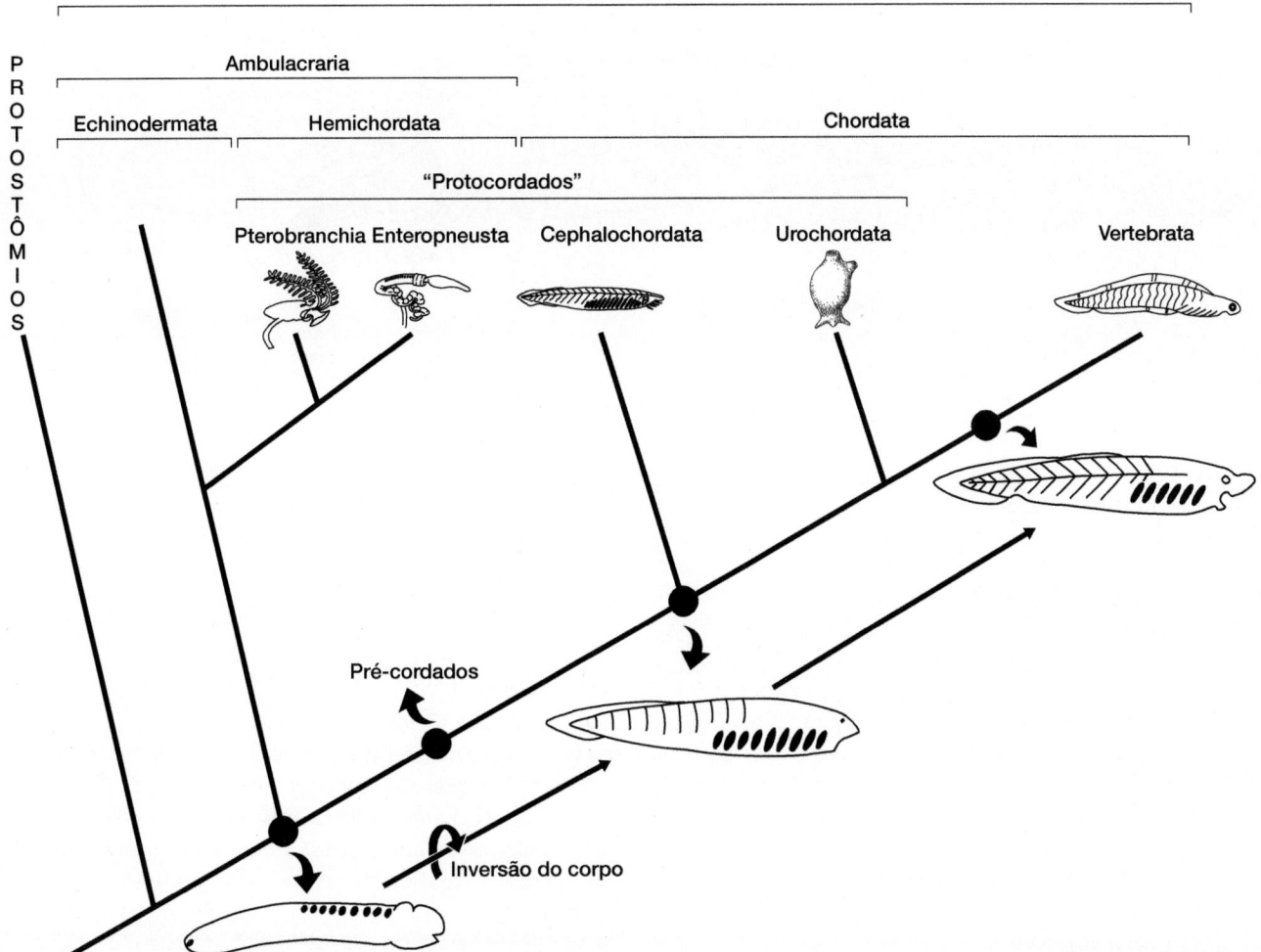

Figura 2.7 Relações filogenéticas entre os "protocordados". Os protocordados são comparados aos equinodermos e, de maneira mais distante, aos protostômios. Poucos protocordados vivos são mostrados na parte superior da figura; três ancestrais hipotéticos são
mostrados na parte inferior.

Conjuntos específicos de genes principais, que funcionam
por meio de proteínas sinalizadoras sintetizadas por eles, determinam qual parte do embrião será dorsal (as costas) e qual
será ventral (o ventre). A especificação das regiões gerais de
um embrião se denomina **padronização** e esse tipo particular
que determina o eixo do corpo é a padronização dorsoventral.
O equilíbrio entre o conjunto de genes para dorsal e o conjunto oposto para ventral acaba por estabelecer o eixo dorsoventral. Investigações moleculares revelaram que, nos cordados, as
ações desses conjuntos gênicos são inversas às observadas em
todos os outros animais, inclusive os hemicordados. A ação do
gene ventral nos animais não cordados é dorsal nos cordados.
Isso significa que, entre os hemicordados e cordados, o plano
corporal foi invertido (ver Figura 2.7)!

Informações adicionais sobre a inversão ulterior do corpo (p. 78)

É provável que, entre os membros vivos dos protocordados, descubram-se as etapas que levaram dos pré-cordados
aos primeiros cordados. Espera-se também que se entenda

por que as características do plano corporal dos cordados evoluíram, de que maneira isso ocorreu e quais foram as surpresas
ao longo do caminho. Antes de tentar entender essa história
desafiadora, complexa e surpreendente, vamos conhecer seus
participantes.

Características gerais dos protocordados

Todos os protocordados são animais marinhos que se alimentam por meio de cílios e muco, mas, em geral, sua vida como
larvas jovens é muito diferente da vida enquanto adultos. Como larvas, podem ser **pelágicos**, residindo em mar aberto entre a superfície e o fundo. Embora não fixos a coisa alguma, a
maioria das larvas que flutuam livres tem uma capacidade locomotora limitada e, portanto, é **planctônica**, indo de um lugar
para outro, principalmente conforme as correntes marinhas e
marés, e não por seus próprios esforços de natação por longas
distâncias. Como adultos, em geral são **bentônicos**, vivendo no
fundo do mar ou no interior de um substrato de fundo marinho. Alguns **escavam** no substrato ou são **sésseis** e se fixam a
ele. Alguns adultos são **solitários**, vivendo sozinhos, enquanto

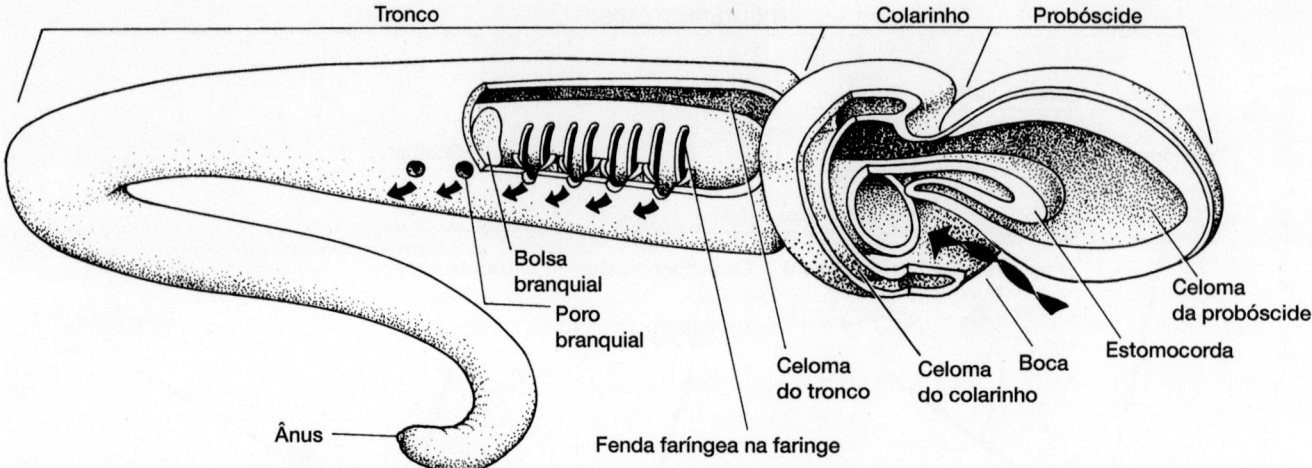

Figura 2.8 Hemicordado, verme generalizado. As regiões da probóscide, colarinho e tronco são mostradas em corte parcial, revelando o celoma em cada região e a anatomia interna associada do verme. Dentro da probóscide está a estomocorda, uma extensão do trato digestório. O cordão de muco carregado de alimento (*seta espiral à direita*) entra pela boca junto com a água. O alimento é direcionado pela faringe para o intestino. O excesso de água sai via fendas faríngeas. Várias fendas se abrem em cada bolsa branquial, um compartimento comum com um poro branquial que se abre no ambiente externo.

Modificada de Gutmann.

outros formam **colônias** e vivem juntos em grupos associados. Alguns são **dioicos** (literalmente, duas casas), com gônadas masculinas e femininas em indivíduos separados, ao passo que outros são **monoicos** (uma casa), caso em que um indivíduo tem gônadas tanto masculinas como femininas.

Essa categoria informal de conveniência, os protocordados, inclui três grupos: hemicordados, cefalocordados e urocordados. Vamos analisar cada um.

Hemichordata

Os membros dos hemicordados são "vermes" marinhos com ligações aparentes com os cordados por um lado e com os equinodermos, por outro. Eles compartilham com os cordados fendas faríngeas inconfundíveis (Figura 2.8). A maior parte de seu sistema nervoso é uma rede na epiderme cutânea, mas, na região do colarinho, a epiderme e o cordão nervoso dorsal estão invaginados em um **cordão do colarinho** mais profundo (ver adiante Figura 2.10). Esse método de formação, sua posição dorsal e o fato de que pode ser oco em partes lembra o tubo nervoso oco dorsal dos cordados, sugerindo a homologia entre eles. Entretanto, se o corpo do cordado é invertido, então esse colar está em uma posição errada, sugerindo, em vez disso, que seja uma característica única só dos hemicordados e que estes não têm um cordão nervoso dorsal, mesmo em parte. Alguns hemicordados têm um apêndice pós-anal, uma estrutura larvária ou, como adultos, um dispositivo que os ajuda a se manter em uma escavação ou túnel. No entanto, quando presente, esse apêndice não é um derivado do sistema locomotor e, portanto, os hemicordados não têm uma cauda pós-anal verdadeira. Eles também não têm notocorda. Embora tenham fendas faríngeas, todos os hemicordados não têm equivalentes homólogos de outras características dos cordados, daí o prefixo *hemi*, ou *meio*-cordados.

Como larvas, alguns desses vermes passam por um pequeno estágio planctônico, denominado **larva tornária** (Figura 2.9).

Essa larva planctônica está equipada com faixas ciliadas em sua superfície e um intestino simples. Em sua estrutura ciliada, com sistema digestório simples e o estilo de vida planctônico, a larva tornária lembra a **larva auriculária** dos equinodermos. Tais similaridades morfológicas atestam uma ligação filogenética estreita entre os hemicordados (larva tornária) e os equinodermos (larva auriculária). Essa relação estreita é confirmada pela análise genética recente baseada em estudos moleculares (expressão gênica), os quais unem ambos no táxon Ambulacraria (ver Figura 2.7).

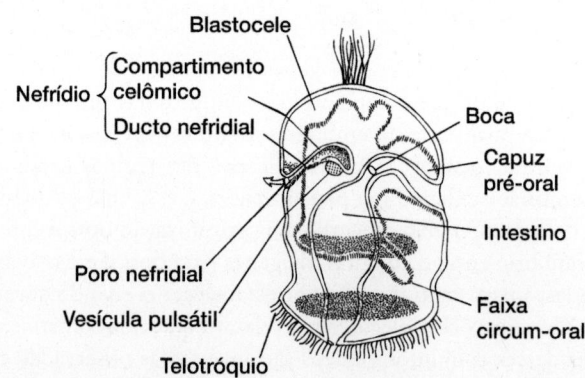

Figura 2.9 Hemichordata, larva tornária generalizada. O intestino simples se inicia na boca, sob um capuz pré-oral, e se estende ao longo do corpo da larva. Sobre a superfície, uma faixa circum-oral de cílios em forma de meandro fica ao longo de cada lado da larva. Um tufo de cílios se projeta da extremidade anterior e o telotróquio, uma franja de cílios, estende-se ao longo da extremidade posterior. O órgão excretor é um nefrídio, um compartimento celômico revestido por podócitos, que se estende na direção do exterior via um ducto nefridial ciliado e se abre por um poro nefridial.

Com base em Ruppert e Balser.

Os hemicordados, assim como os equinodermos e cordados, são deuterostômios. Sua boca se forma em posição oposta ao blastóporo embrionário e eles exibem os padrões característicos dos deuterostômios, como a clivagem embrionária e a formação de celoma. As similaridades dos hemicordados com os equinodermos na fase larval, por um lado, e com os cordados quando adultos, por outro, são instigantes. Talvez eles tenham chegado perto da via evolutiva, seguida tanto pelos pré-cordados quantos pelos pré-equinodermos, e ainda mantêm indícios da origem do plano corporal dos cordados. Mas é preciso lembrar que os hemicordados atuais são eles mesmos, milhões de anos distantes dos ancestrais atuais que podem ter compartilhado com os primeiros pré-cordados. Sua própria evolução os dotou de estruturas especializadas que servem aos seus hábitos sedentários. Os hemicordados abrangem dois grupos taxonômicos, os **enteropneustos**, formas cavadoras, e os **pterobrânquios**, em geral formas sésseis.

Enteropneusta

Os enteropneusta, ou "vermes de bolota", são animais marinhos tanto de águas profundas quanto superficiais. Algumas espécies chegam a ter 1 m de comprimento, mas a maioria é menor, vive em escavações revestidas por muco e tem o corpo dividido em três regiões – **probóscide, colarinho, tronco** –, cada uma com seu próprio celoma (Figuras 2.8 e 2.10 A–C). A probóscide, usada tanto para locomoção quanto para alimentação, inclui uma parede muscular externa que envolve um espaço celômico cheio de líquido. O controle muscular sobre a forma da probóscide confere ao animal uma sonda útil para formar um túnel ou se inflar contra as paredes da escavação e ancorar o corpo no lugar (Figura 2.10). Enterradas em seus buracos, muitas espécies ingerem o sedimento solto, extraem o material orgânico que ele contém, o sedimento digerido passa por seu intestino simples e se deposita em uma espiral (resíduo

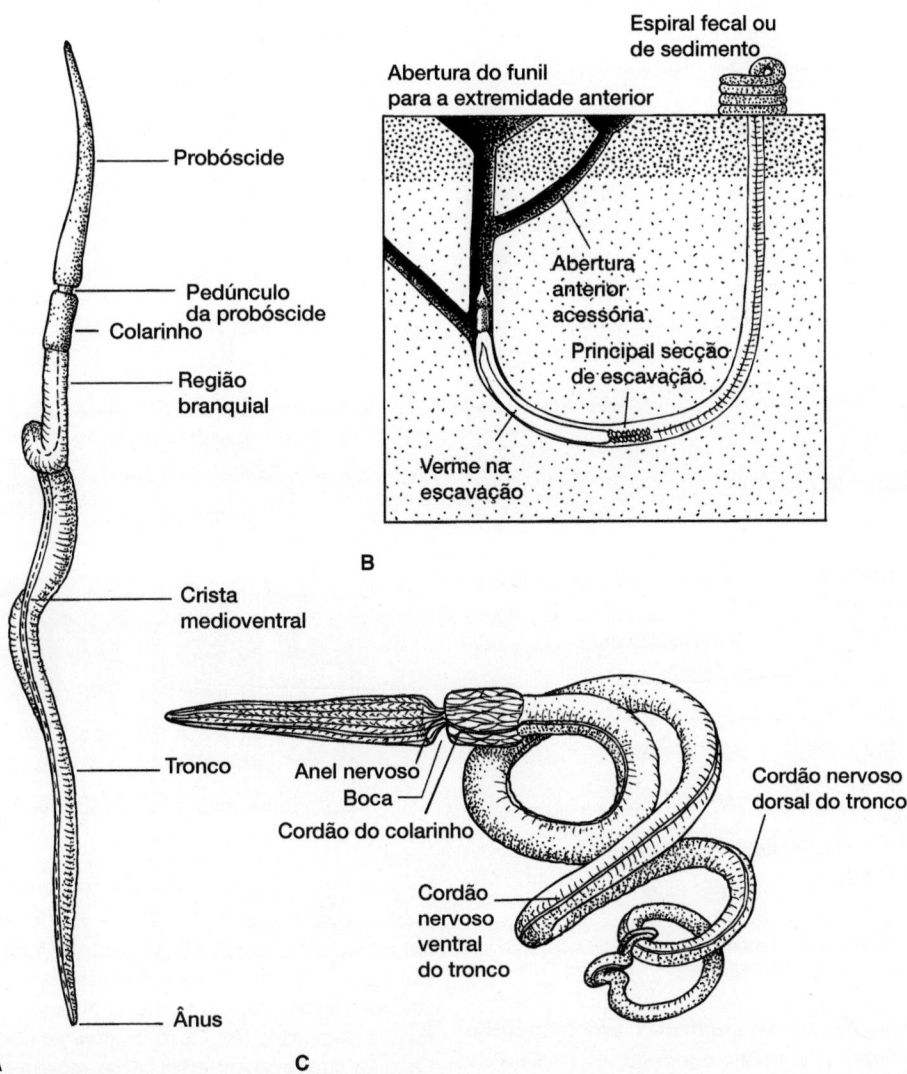

Figura 2.10 Hemichordata, Enteropneusta. Os hemicordados ilustrados nesta figura são enteropneustos, conhecidos informalmente como vermes de bolota. **A.** As características externas e as regiões do corpo de um verme adulto. **B.** O verme de bolota *Balanoglossus* em uma escavação. **C.** Sistema nervoso do verme de bolota *Saccoglossus*. O sistema nervoso está organizado em cordões nervosos dorsal e ventral na superfície corporal, dos quais redes de nervos se ramificam para todas as partes do corpo.

A e B, de Stiasny; C, de Knight-Jones.

fecal) na superfície do substrato, que a mudança das marés remove. Alguns enteropneustos de mares profundos e de corpo largo rastejam e deslizam ao longo do fundo oceânico abissal.

Outras espécies se alimentam de partículas em suspensão, extraindo pequenas quantidades de material orgânico e plâncton diretamente da água. Nessas formas, o batimento sincrônico dos cílios na superfície externa da probóscide distribui as correntes de água que fluem pela superfície mucosa do animal (Figura 2.11). Os materiais suspensos que aderem ao muco da probóscide são varridos ao longo dos trajetos ciliares para a boca. O lábio muscular do colarinho pode ser projetado para fora da boca para rejeitar ou selecionar partículas alimentares maiores.

O excesso de água que entra na boca sai por numerosas fendas faríngeas, situadas ao longo das paredes laterais da faringe. Conjuntos de fendas adjacentes se abrem em uma câmara comum, a **bolsa branquial**, situada dorsalmente, que, por sua vez, perfura a parede corporal externa para formar o **poro branquial**, uma abertura não dividida para o ambiente externo (ver Figura 2.8). Portanto, o excesso de água que sai da faringe passa primeiro através de uma fenda, em seguida por uma das várias bolsas branquiais e, por fim, sai para o meio externo pelo poro branquial (Figura 2.12 C).

Uma **crista hipobranquial** ciliada (ventral) e um **sulco epibranquial** ciliado (dorsal) correm ao longo da linha mediana da faringe. Essas estruturas e as paredes da faringe secretam muco e movimentam as partículas de alimento capturadas. O movimento das partículas ocorre no sentido dorsal para ventral e, em seguida, posteriormente para o intestino. Se o plano corporal dos cordados é invertido com relação ao dos hemicordados, então a crista hipobranquial pode ser homóloga ao endóstilo, o sulco ciliado alimentar, situado ventralmente em outros protocordados. Entretanto, nos hemicordados, a ligação do iodo e a secreção da bainha de muco em geral ocorrem ao longo da faringe e não estão centralizados em um único sulco.

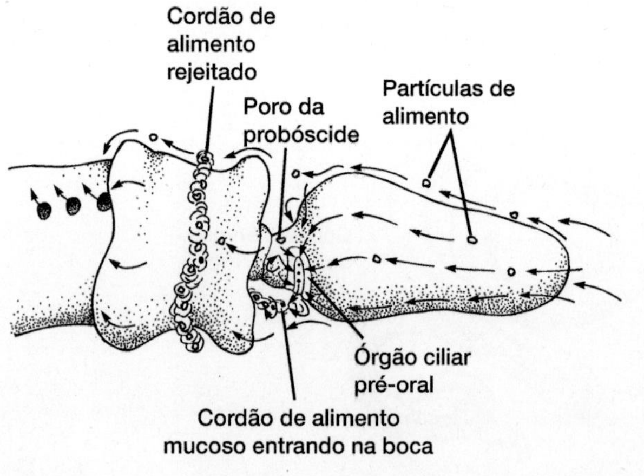

O endóstilo de outros protocordados, onde o iodo se concentra e as bainhas de muco são secretadas, pode não representar uma estrutura homóloga. Em vez disso, esse local do "endóstilo" pode representar simplesmente apenas uma região especializada na habilidade mais geral de vincular a produção de iodo por meio da faringe em hemicordados.

Durante a ontogenia, as perfurações em desenvolvimento nas paredes laterais da faringe formam as fendas faríngeas originais (Figura 2.12 A). Contudo, a seguir, cada fenda é subdividida parcialmente pela **barra lingual**, um crescimento para baixo a partir da margem superior da abertura (Figura 2.12 B). As barras carnosas entre as fendas originais são conhecidas como **barras faríngeas primárias** (ou septos) e as barras linguais que vão dividi-las são as **barras faríngeas secundárias**. Os **cílios laterais** que cobrem as bordas das barras faríngeas primárias e secundárias movem as correntes de água ao longo da faringe. Os **cílios frontais** movimentam o muco e ocorrem no epitélio secretor de

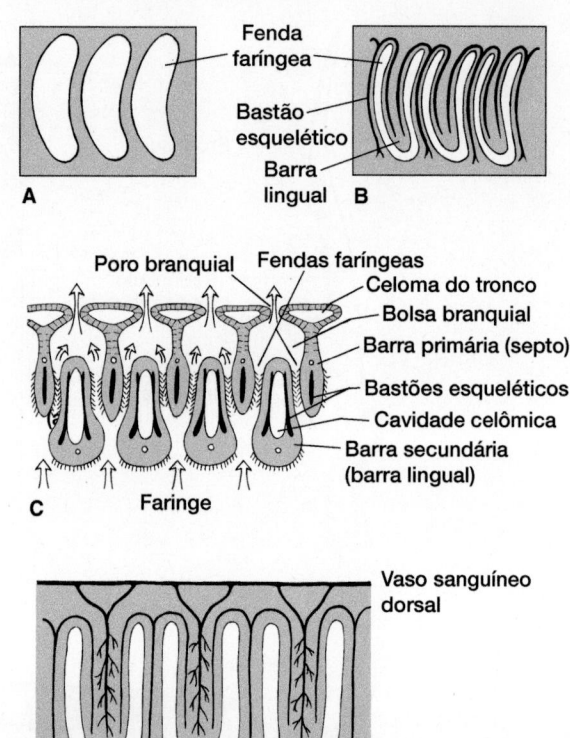

Figura 2.12 Faringe dos hemicordados. Vista lateral da formação da barra lingual (**A** e **B**). Durante o desenvolvimento, as fendas aparecem na faringe (**A**), seguindo-se a subdivisão parcial de cada fenda pelo crescimento de um processo para baixo, a barra lingual. Bastões esqueléticos em forma de M surgem dentro das barras primária e secundária (**B**). Corte transversal por barras branquiais (**C**). Os cílios que revestem essas barras movem a água da faringe para a as margens de cada barra lingual, passam pelas barras primárias, uma de cada vez, para a bolsa branquial comum e, então, para fora, por meio de um poro branquial. Suprimento vascular para as barras linguais (**D**). Os ramos dos vasos sanguíneos dorsais e ventrais suprem cada barra lingual, sugerindo que a troca respiratória também ocorre nas fendas faríngeas dos hemicordados.

Figura 2.11 Alimentação de partículas em suspensão aprisionadas pelo muco. A direção e o movimento do alimento e muco estão indicados por *setas*. O material alimentar, levado junto com a corrente de água gerada pela superfície ciliar, segue pela probóscide em direção à boca, na qual é capturado no muco e deglutido. O material alimentar rejeitado se acumula em uma faixa em torno do colarinho e é eliminado.

De Burdon-Jones.

muco ao longo das margens medianas das barras linguais e em outras partes do revestimento da faringe (Figura 2.12 C). Uma rede de vasos branquiais aferentes e eferentes supre as barras linguais, possivelmente participando da troca respiratória com a corrente de água que passa para o exterior (Figura 2.12 D).

O **estomocorda** (ver Figura 2.8) surge no embrião como uma evaginação do teto do intestino anterior embrionário para a faringe. No adulto, o estomocorda retém uma conexão estreita, que se torna a cavidade bucal. Essa conexão geralmente aumenta à medida que se projeta para a frente na cavidade da probóscide, indo formar um divertículo pré-oral. A superfície do estomocorda está associada a componentes dos sistemas vascular e excretor. Suas paredes consistem em células epiteliais, como as da cavidade bucal, bem como células ciliadas e glandulares. Seu interior oco se comunica com a cavidade bucal.

É provável que a excreção nos vermes de bolota ocorra em parte através da pele, mas eles também possuem um **glomérulo** (Figura 2.13), uma rede densa de vasos sanguíneos dentro da probóscide. Presume-se que o líquido vascular que entra no glomérulo a partir do vaso sanguíneo dorsal seja filtrado, produzindo "urina" que é liberada no celoma da probóscide e, por fim, eliminada através do poro da probóscide. Acredita-se, também, que, dentro do colarinho, um par de ductos ciliados do colarinho, que se estendem a partir do celoma do colarinho para o exterior via o primeiro poro faríngeo, tenha função excretora.

O sistema circulatório é representado por dois vasos principais, um **vaso sanguíneo dorsal** e um **ventral** (ver Figura 2.12 D). O sangue, que contém poucas células e não tem pigmento, é propelido por pulsações musculares nesses vasos principais. A partir do vaso dorsal, o sangue passa para frente, indo para um **seio sanguíneo central** na base da probóscide. No topo desse seio está a **vesícula cardíaca** (ver Figura 2.13), que exibe pulsações musculares e fornece força motriz adicional para direcionar o sangue do seio sanguíneo para frente até o glomérulo, de onde o sangue flui para o vaso sanguíneo ventral e, posteriormente, sob o trato digestório, suprido pelo vaso ventral.

O sistema nervoso nos vermes de bolota consiste principalmente em uma rede difusa de fibras nervosas na base da epiderme da pele (ver Figura 2.10 C). Dorsal e ventralmente, a rede nervosa é consolidada em cordões nervosos longitudinais unidos por conexões entre os nervos. Isso é muito diferente dos sistemas nervosos internalizados dos cordados, porém, como dito antes com relação a algumas espécies, a secção de cordão nervoso dorsal no colarinho se invagina a partir da ectoderme superficial, mergulha para baixo e sai da ectoderme para formar um **cordão do colarinho**.

As gônadas de Enteropneusta estão alojadas no tronco, os sexos são dioicos e a fertilização é externa. A clivagem inicial é radial e a formação das cavidades corporais em geral é enterocélica. Em algumas espécies, o desenvolvimento é direto do ovo para o adulto jovem, mas, na maioria, há um estágio de larva tornária tricelômica em que as três cavidades corporais incluem uma **protocele** anterior, uma **mesocele** mediana e uma **metacele** posterior, que se tornam o celoma da probóscide, do colarinho e do tronco, respectivamente (ver Figura 2.13). A tornária se alimenta e pode continuar a ser uma larva planctônica por vários meses, antes de sofrer metamorfose para se tornar um adulto bentônico.

O corpo do adulto é revestido por um epitélio ciliado de proeminência variada, disperso entre glândulas celulares que produzem uma camada de muco. A musculatura varia entre as regiões e as espécies, não tem segmentação, mas, em vez disso, as fibras musculares têm orientações circular e longitudinal. Essa musculatura corporal é mais bem desenvolvida dorsalmente, como o celoma. A parede do trato digestório reto é desprovida principalmente de musculatura intrínseca, embora faixas localizadas de fibras circulares possam ocorrer nas regiões branquial e esofágica.

A tornária tem um nefrídio (ver Figura 2.9), um órgão excretor pelo qual a larva regula seu ambiente iônico interno e se livra dos resíduos metabólicos. Ele consiste em um tubo de extremidade cega dentro da região anterior da larva. Durante a metamorfose, o nefrídio aumenta no celoma da probóscide (protocele) do adulto, mas, na larva, o ducto nefridial ciliado (canal do poro) leva os resíduos para a superfície e se abre no meio externo pelo **poro nefridial** (hidroporo, poro da probóscide, ver Figura 2.9). Além das células ciliadas, as paredes do nefrídio são revestidas por **podócitos**, células excretoras espe-

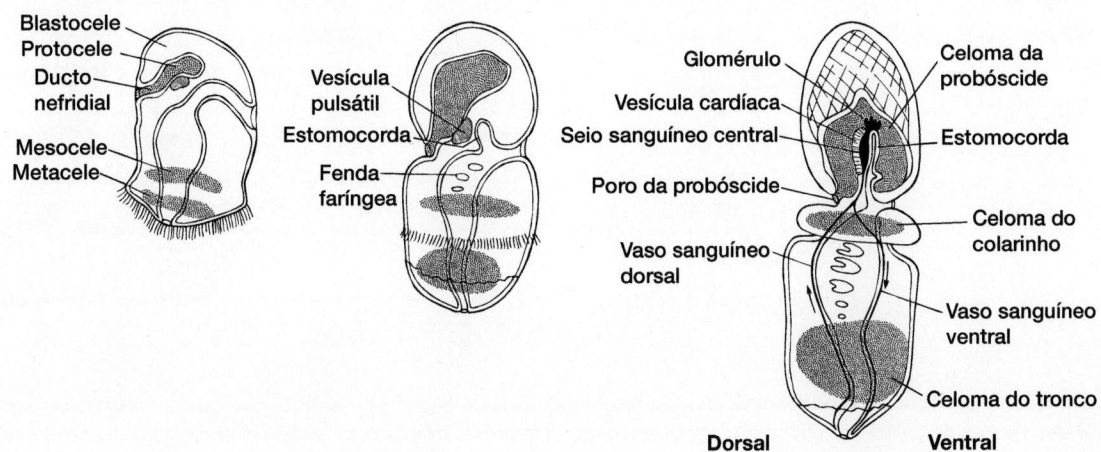

Figura 2.13 Metamorfose da larva de hemicordado. Transformação da larva na fase juvenil, da esquerda para a direita. Os três celomas da larva – protocele, mesocele, metacele – originam as três respectivas cavidades corporais do adulto – probóscide, colarinho e tronco.

cializadas que formam um limite poroso entre o lúmen do nefrídio e a blastocele, a cavidade da larva em que ele fica. Acredita-se que o batimento dos cílios retire o excesso de líquido da blastocele por meio da camada porosa de podócitos no lúmen do nefrídio, e para fora pelo poro nefridial. Uma pequena **vesícula pulsátil** contrátil fica próxima do nefrídio. Todas essas estruturas persistem e são funcionais dentro da probóscide do adulto, com evidências de que tenham homologias celulares com os túbulos renais dos vertebrados.

Rim dos vertebrados (Capítulo 14)

Durante a metamorfose da larva, o nefrídio se expande para se tornar o celoma da probóscide, seu canal se transforma no ducto e muito do revestimento se torna o músculo e o tecido conjuntivo. A vesícula pulsátil se torna o tecido contrátil, ou vesícula cardíaca, que fica no alto do seio venoso central em formação. Os podócitos se associam a vasos sanguíneos especializados, o glomérulo (ver Figura 2.13).

Pterobranchia

Os pterobrânquios evoluíram a partir dos vermes de bolota. A maioria dos pterobrânquios, que abrange apenas dois gêneros, vive em tubos secretados nas águas oceânicas (Figura 2.14 A). Essas espécies são pequenas e coloniais. Como, em geral, a identidade individual é perdida, cada indivíduo que contribui para a colônia é denominado de **zooide**. Todo zooide tem probóscide, colarinho e tronco, embora eles possam estar bastante

modificados. O colarinho, por exemplo, tem dois ou mais tentáculos elaborados como parte do aparelho alimentar que coleta partículas em suspensão (ver Figura 2.14 A). O tronco tem forma de U, com o ânus se encurvando para trás e se abrindo no alto do tubo rígido em que o animal reside. Uma extensão do corpo, o pedúnculo, fixa-o ao seu tubo e impulsiona o animal com segurança quando ele é incomodado (Figura 2.14 B).

Os órgãos excretores dos pterobrânquios incluem um glomérulo na probóscide e, talvez, um par ciliado de ductos do colarinho. Em geral, não há estomocorda. O sistema nervoso é mais simples que o dos vermes de bolota. Não há um cordão nervoso tubular. O **gânglio do colarinho**, a estrutura mais próxima de um sistema nervoso central nos pterobrânquios, fica perto da epiderme, na região dorsal do colarinho. Os ramos nervosos emanam do gânglio para os tentáculos e, posteriormente, para o tronco. A maioria das espécies tem algumas fendas faríngeas.

Afinidades filogenéticas dos hemicordados com os cordados

Com ligações com os cordados por um lado e com os equinodermos por outro, os hemicordados, entre outros grupos vivos, são os mais promissores no sentido de conectar os cordados a sua origem ancestral entre os invertebrados. Alguns reconheceram isso no início do século 20, mas o entusiasmo, talvez excessivo, resultou em uma interpretação errônea da estrutura dos hemicordados no campo dos cordados. De início, a esto-

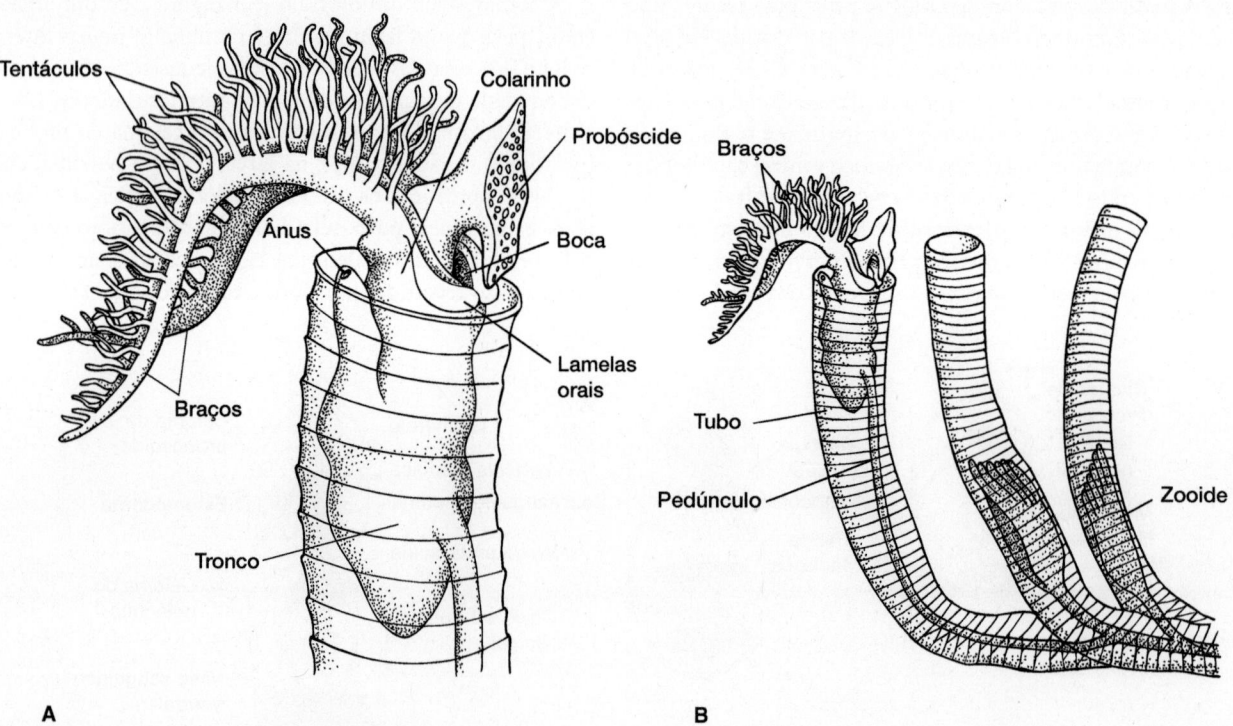

A   **B**

Figura 2.14 Hemichordata, Pterobranchia. A. O pterobrânquio séssil *Rhabdopleura*. Note que esse pterobrânquio tem o mesmo plano corporal dos vermes de bolota – probóscide, colarinho, tronco – mas essas três características se modificam e o animal inteiro vive em um tubo. **B.** Pterobrânquios em tubos. Quando incomodados, o pedúnculo encurta para puxar o pterobrânquio com segurança para dentro do tubo. Como vivem imersos em uma colônia, cada indivíduo costuma ser chamado um zooide.

De Dawydoff.

mocorda dentro da probóscide era considerada uma notocorda, e mais uma estrutura que os ligava aos cordados, mas tal alegação é infundada. Ao contrário de uma notocorda verdadeira, a estomocorda dos hemicordados é oca, origina-se da endoderme anterior à faringe e não tem a bainha fibrosa necessária para lhe dar a integridade estrutural de uma notocorda rígida. Os estudos atuais de expressão gênica também não encontram homologia entre a estomocorda (dos hemicordados) e a notocorda (dos cordados).

Embora as semelhanças faríngeas sejam uma ligação convincente com os cordados, o plano corporal dos hemicordados, composto de probóscide, colarinho e tronco, é bastante diferente do plano corporal de qualquer outro protocordado. E não podemos negligenciar a evidência larvária e molecular que coloca os hemicordados mais próximos dos equinodermos, mesmo que os últimos obviamente tenham sofrido modificações extensas (evolução de placas superficiais de carbonato de cálcio) e transformação radical de seu plano corporal adulto (simetria de cinco raios nas formas vivas).

Afinidades filogenéticas dos hemicordados com os equinodermos

Um dos equinodermos mais familiares é a estrela-do-mar (Figura 2.15 A). Característica do grupo, seu corpo adulto não segmentado se baseia na simetria pentarradial (cinco raios ou braços), partindo da simetria bilateral da maioria dos outros grupos de celomados. Em termos anatômicos, forma-se um endoesqueleto de ossículos distintos de carbonato de cálcio, produzidos por genes exclusivos dos equinodermos. Esses ossículos podem formar uma estrutura sólida (ouriços-do-mar, bolachas-da-praia) ou ser reduzidos a ossículos isolados em uma pele espessa (pepino-do-mar). Cada ossículo é um simples cristal de carbonato de cálcio comum a todos os equinodermos e uma característica diagnóstica que os une. Um sistema interno único de vasos cheios de líquido, o sistema hidrovascular, movimenta os pés tubulares usados por alguns na locomoção e, por outros, na captura de alimento. Alguns equinodermos se movem por meio da oscilação dos braços (ofiúros), enquanto outros estão fixados por um pedúnculo a um substrato (lírios-do-mar). Eles não têm cabeça nem cérebro e seu sistema nervoso consiste em nervos radiais que saem de um anel nervoso central e alcançam os braços e outras partes do corpo. Todos são marinhos, e o grupo é antigo (como os cordados, pelo menos do início do Cambriano, talvez até antes).

Os adultos dos equinodermos e hemicordados modernos não diferem muito, mas os **estilóforos**, um grupo fóssil de equinodermos, levam algumas características potencialmente intermediárias que confirmam a hipótese de que os equinodermos tiveram um ancestral similar a um hemicordado. Os estilóforos, às vezes divididos em solutos, cornetas e mitratos, são conhecidos apenas de rochas marinhas datadas de 505 a 325 milhões de anos atrás (Figura 2.15 B). Embora não tenham simetria pentarradial nem um sistema aquoso vascular, suas paredes corporais são formadas de placas articuladas de carbonato de cálcio, o que comprova que são equinodermos. Eles nos interessam porque, pelo menos alguns, têm uma faringe com fendas faríngeas e simetria um tanto bilateral, como os hemicordados e cordados. Hoje, os equinodermos e hemicordados são considerados em conjunto como Ambulacraria (ver Figura 2.7). Em termos retrospectivos, os Ambulacraria documentam, com a existência de fendas faríngeas, um início evolutivo para a formação dos cordados.

Cefalocordados

Os cefalocordados lembram os primeiros cordados, pelo menos com base em sua posição filogenética atual (ver Figura 2.7). Se os estudos atuais de expressão gênica estiverem corretos, então seu plano corporal básico é invertido dorsoventralmente em comparação com o dos primeiros deuterostômios, inclusive os hemicordados. Isso representa um salto sem a participação dos intermediários fósseis. Vamos ver o que temos em mãos.

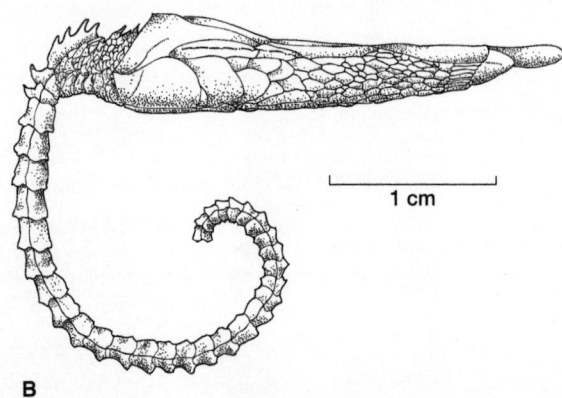

1 cm

A   B

Figura 2.15 Equinodermos. A. Estrela-do-mar. Esse equinodermo ilustra a simetria corporal básica dos cinco braços (pentarradial) e sua superfície espinhosa constituída por ossículos subjacentes de carbonato de cálcio. **B.** Estilóforo. Um equinodermo ancestral, conhecido apenas a partir de fósseis. Pequenas placas imbricadas, também de carbonato de cálcio, cobrem o corpo não pentarradial do qual se estende um pedúnculo em forma de chicote.

A, de Bryan Wilbur, Ashley Gosselin-Ildari, 2001, "Piaster sp." Digital morphology em http://digimorph.org/speccimens/piaster_sp/. B, de Jefferies.

Os cefalocordados vivos ocorrem nos mares quentes temperados e tropicais de todo o mundo. Sua constituição tem o padrão dos cordados, incluindo fendas faríngeas, cordão nervoso tubular, notocorda e cauda pós-anal (Figura 2.16 B e C). São animais simples em termos anatômicos, alimentando-se como outros protocordados, ou seja, de partículas em suspensão que passam por um aparelho filtrador faríngeo circundado por um átrio. Essa alimentação consiste em microrganismos e fitoplâncton. As fendas se abrem nas paredes da faringe extensa para a saída de uma corrente alimentar de via única direcionada por cílios. As margens de sustentação de cada fenda constituem as barras faríngeas primárias (Figura 2.17). Durante o desenvolvimento embrionário, uma barra lingual cresce para baixo a partir da margem superior de cada fenda e une-se à margem ventral, dividindo completamente cada fenda faríngea original em duas. Essa divisão, derivada da barra lingual, constitui uma barra faríngea secundária. A barra primária inclui uma extensão do celoma, mas a secundária, não. **Bastões de suporte** de cartilagem primitiva sustentam todas as barras faríngeas internamente. Bastões curtos de conexão, os **sinaptículos**, fazem a ligação dessas barras faríngeas.

As principais vias ciliadas de passagem do alimento ficam na faringe. O canal ventral é o endóstilo, o canal dorsal é o **sulco epibranquial** e as margens internas das barras faríngeas

primárias e secundárias contêm tratos ciliares. Um **capuz oral** fecha a entrada anterior da faringe e sustenta uma espécie de equipamento processador de alimento. **Cirros bucais**, que impedem a entrada de partículas maiores, projetam-se da margem livre do capuz oral, como uma peneira. As paredes internas do capuz oral têm tratos ciliados que levam as partículas de alimento para a boca. O movimento coordenado desses cílios dá a impressão de rotação e inspirou a denominação de **órgão rotatório** para esses tratos (ver Figura 2.16 C). Um desses tratos dorsais, em geral situado abaixo do lado direito da notocorda, tem uma invaginação ciliada que secreta muco para ajudar a coletar partículas de alimento, conhecida como **fosseta** ou **sulco de Hatschek**. Situada no teto da cavidade bucal, é uma similaridade compartilhada com a hipófise dos vertebrados, uma parte que também se forma por invaginação do teto da cavidade bucal. Isso levou alguns a proporem que a fosseta de Hatschek tem uma função endócrina (secretora de hormônio).

A parede posterior do capuz oral é definida pelo **velo**, um diafragma parcial que sustenta **tentáculos velares** sensoriais curtos. O material em suspensão passa por vários dispositivos de filtração, ou peneiras, para transpor a abertura central no velo e entrar na faringe. O muco, secretado pelo endóstilo e pelas células secretoras das barras faríngeas, é direcionado para as paredes da faringe por cílios. As partículas de alimento ade-

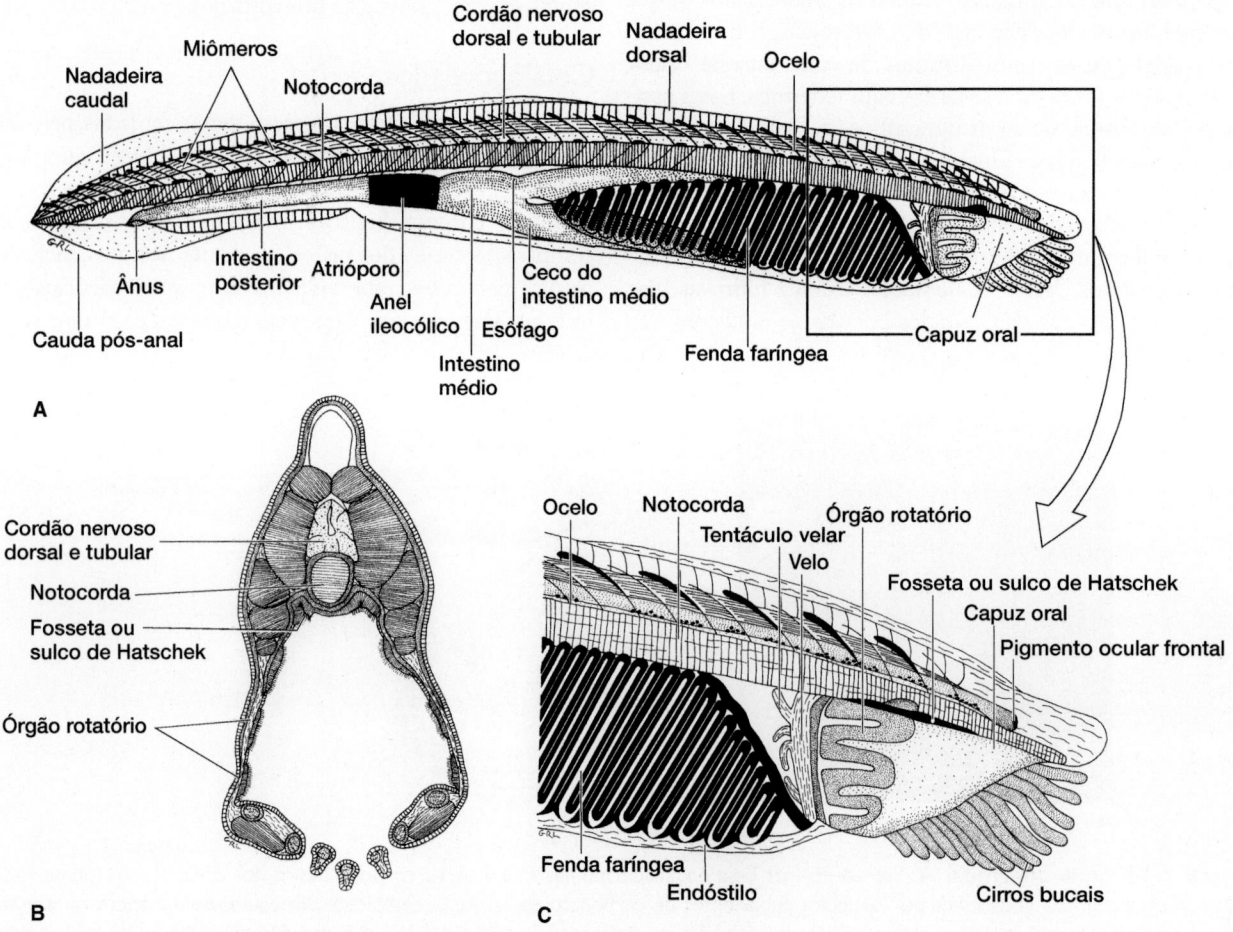

Figura 2.16 Cefalocordados. *Branchiostoma lanceolatum* (**A**), um cefalocordado vivo conhecido como anfioxo, mostrado em vista lateral, (**B**) corte transversal pelo capuz oral e (**C**) dilatação da extremidade anterior.

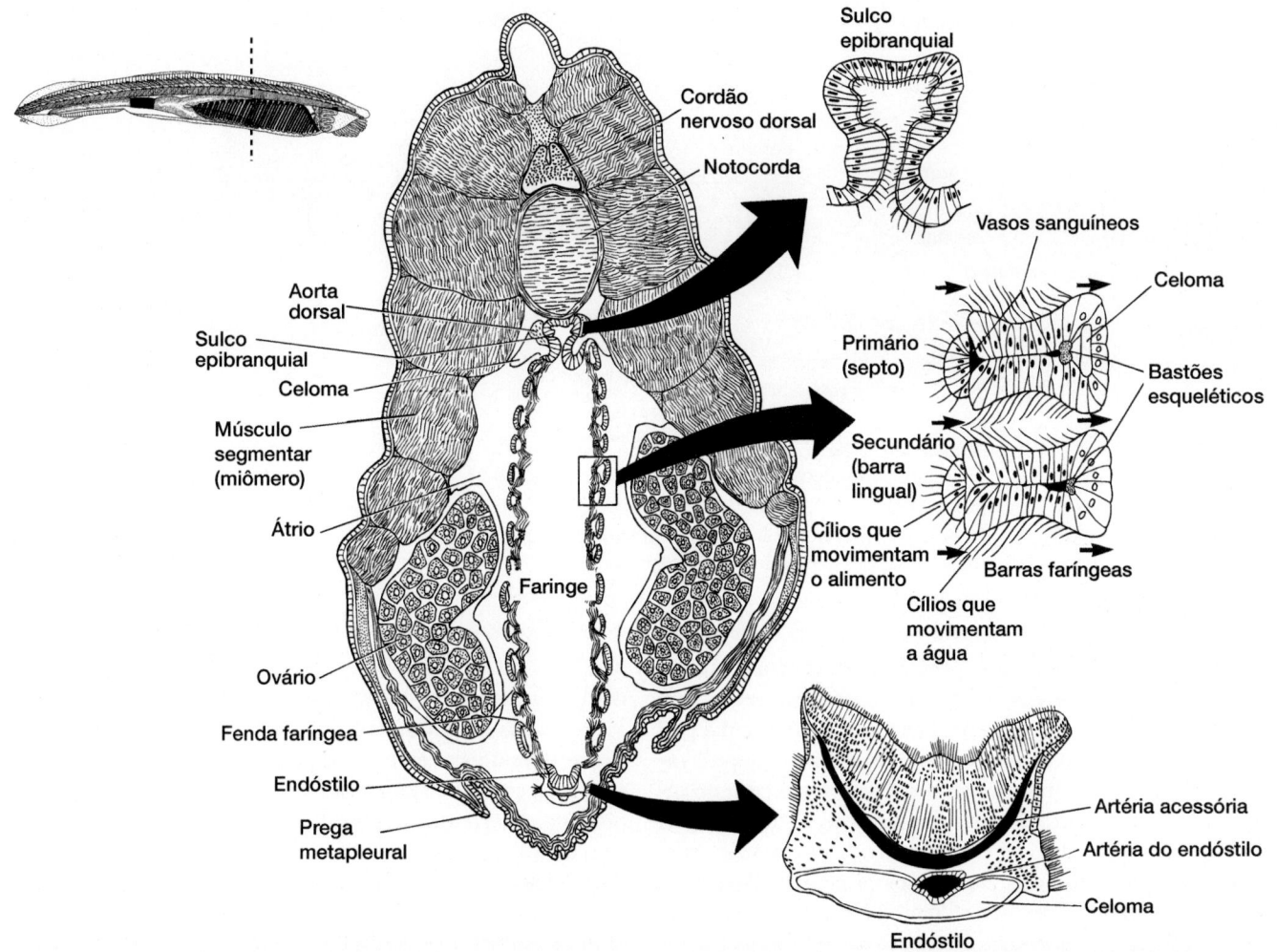

Figura 2.17 Corte transversal do anfioxo. Barras faríngeas oblíquas envolvem a faringe. À direita, duas das barras faríngeas estão aumentadas. Note que elas estão cortadas transversalmente em ângulos retos em relação ao seu eixo longitudinal. O celoma continua nas barras branquiais primárias, mas está ausente nas barras branquiais secundárias que se formam com prolongamentos para baixo, subdividindo cada fenda faríngea. O corte transversal é desenhado próximo ao ponto indicado no detalhe, no alto à esquerda.

De Smith; Moller e Philpott; Baskin e Detmers.

rem e, então, são reunidas dorsalmente em uma fileira no sulco epibranquial, do qual seguem para o intestino. A água filtrada passa para fora através das fendas faríngeas para o átrio e, por fim, sai posteriormente via o **atrioporo** único.

Partes do sistema digestório dos cefalocordados podem ser precursoras de órgãos dos vertebrados. Por exemplo, o endóstilo do anfioxo coleta iodo como a tireoide, glândula endócrina faríngea dos vertebrados. Acredita-se que o ceco do intestino médio, uma extensão anterior do intestino, seja um precursor do fígado (por causa de sua posição e do suprimento sanguíneo) e do pâncreas (porque as células em sua parede secretam enzimas digestivas). Qualquer que seja seu destino filogenético, essas e outras partes do anfioxo são um reflexo das demandas especializadas do consumo alimentar de partículas em suspensão.

O sangue do anfioxo é um plasma incolor que não tem células sanguíneas nem pigmentos que transportem oxigênio. Um par de **veias cardinais, anterior** e **posterior** leva o sangue do corpo, unindo-se em um par de veias cardinais comuns (ductos de Cuvier) (Figura 2.18). O par de veias cardinais comuns e a

única **veia hepática** se encontram ventralmente no **seio venoso** intumescido. O sangue flui anteriormente a partir do seio venoso para a **artéria do endóstilo** (aorta ventral). Abaixo de cada barra faríngea primária, a artéria do endóstilo se ramifica em um conjunto de vasos ascendentes para suprir a barra primária (ver Figura 2.18). Ao saírem da artéria do endóstilo, alguns desses vasos formam tumefações denominadas bulbos. As barras faríngeas secundárias não são supridas diretamente pela artéria do endóstilo. Em vez disso, o sangue flui das barras primárias para as secundárias por meio de pequenos vasos nos sinaptículos. Dentro das barras secundárias, o sangue segue dorsalmente nos vasos. Dorsais às fendas faríngeas, alguns vasos das barras primárias e secundárias se anastomosam, formando glomérulos renais em forma de bolsas. Também dorsais a esses glomérulos, todos os vasos de barra faríngea se unem no par de **aortas dorsais**. A extremidade anterior do anfioxo é suprida por prolongamentos anteriores das aortas dorsais. Posterior à faringe, as aortas esquerda e direita se fundem em uma aorta ímpar que supre o resto do corpo (ver Figura 2.18).

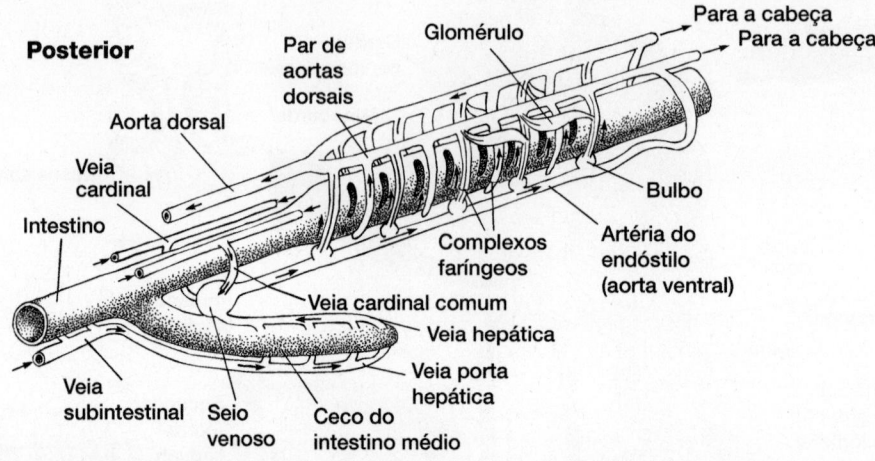

Figura 2.18 Sistema circulatório do anfioxo.

De Alexander.

Portanto, a circulação sanguínea no anfioxo tem o mesmo padrão geral daquela dos vertebrados. O sangue segue para frente pela aorta ventral (artéria do endóstilo), para cima pela aorta dorsal, em seguida posteriormente pela aorta dorsal. Vasos aferentes e eferentes movem o sangue para o ceco do intestino médio e a partir dele, respectivamente. O fluxo sanguíneo não tem um padrão reverso. Como nos vertebrados, redes vasculares, como capilares, nos órgãos principais do anfioxo, conectam os vasos aferentes e eferentes. No entanto, o anfioxo não tem coração. O seio venoso está posicionado como o coração de um vertebrado, mas não apresenta pulsações cardíacas. Em vez disso, a tarefa da contração é distribuída entre outros vasos: a veia hepática, a aorta ventral (artéria do endóstilo), os bulbos e outros, que bombeiam o sangue. Suas paredes não têm músculos lisos ou estriados, mas há células mioepiteliais contráteis especializadas, que, presume-se, sejam a fonte das forças que movem o sangue.

Na faringe, dois vasos paralelos seguem ininterruptos através de cada arco faríngeo, em vez do arco aórtico único, típico dos vertebrados. Dentro das barras secundárias desses dois vasos se formam alças conectadas em suas curvaturas, com vasos adjacentes na barra branquial primária. Os dois vasos sanguíneos são conhecidos, em conjunto, como **arco faríngeo complexo** (ver Figura 2.18). Embora distinto estruturalmente, um arco faríngeo complexo talvez seja análogo às artérias aferentes e eferentes das brânquias dos vertebrados.

A faringe e suas barras branquiais servem para a alimentação e são menos significativas na respiração. Em vez disso, toda a superfície corporal do anfioxo tem a difusão simples como a principal contribuição para a respiração.

Sistema circulatório (Capítulo 12)

O sistema excretor do anfioxo consiste em nefrídios pares, que se abrem no átrio por um túbulo nefridial, e um nefrídio ímpar, com abertura na cavidade bucal. Os nefrídios pares surgem de células mesodérmicas, diferentemente do que ocorre na maioria dos invertebrados celomados, em que são derivados de células ectodérmicas. Um nefrídio consiste em aglomerados de **podócitos** (Figura 2.19 A e B). Cada podócito é uma única célula com **pedicelos** citoplasmáticos, ou seja, projeções que ficam em contato com o glomérulo mais próximo, conectadas à aorta dorsal. Do outro lado do podócito, uma longa fileira circular de vilosidades, com um único flagelo longo no centro, projeta-se pelo espaço celômico para entrar no **túbulo nefridial**. Cada túbulo recebe um aglomerado de podócitos e, por sua vez, abre-se no átrio. Podócitos são comuns em invertebrados. Os podócitos do anfioxo, com pedícelos que envolvem os vasos sanguíneos glomerulares próximos, são muito semelhantes aos processos pedunculados dos podócitos, células encontradas nos rins de vertebrados. A função excretora exata dos podócitos no anfioxo não está esclarecida, mas seu arranjo entre um vaso sanguíneo e o átrio sugere um papel na eliminação de resíduos metabólicos removidos do sangue, que fluem para o meio exterior pela corrente de água que passa pelo átrio.

Rim dos vertebrados (Capítulo 14)

O estágio larval dos cefalocordados é planctônico e dura de 75 a mais de 200 dias. A larva jovem do anfioxo é bastante assimétrica na cabeça e na faringe (Figura 2.20). Por exemplo, o primeiro par de bolsas celômicas dá origem a duas estruturas diferentes: a fosseta de Hatschek à esquerda e o revestimento do celoma da cabeça à direita. As séries esquerda e direita de fendas faríngeas também surgem em momentos diferentes. A série esquerda aparece primeiro, perto da linha média ventral, e prolifera até 14 fendas. As últimas fendas nessa série degeneram, ficando oito fendas no lado esquerdo. A boca da larva se forma no lado esquerdo do corpo. Alguns pensam que a assimetria resultante da cabeça poderia estar relacionada com os movimentos corporais em espiral da larva do anfioxo durante a alimentação. Em seguida, as fendas remanescentes da esquerda migram para cima, no lado esquerdo da faringe, para sua

| Boxe Ensaio 2.1 | *Amphioxus* ou *Branchiostoma?* |

Desde sua descoberta, os cefalocordados pareciam destinados a ser uma lição de etiqueta taxonômica. Rebaixados em 1774 pela primeira tentativa de classificá-los, foram considerados lesmas e denominados *Limax lanceolatus* pelo zoólogo alemão P. S. Pallas (embora, para ser razoável, ele só tivesse um espécime mal-conservado e desbotado para examinar). Em 1836, William Yarrell reconheceu a natureza especial desses animais e os denominou de *Amphioxus* (que significa apontando em ambas as extremidades) *lanceolatus*. Esse nome também não foi confirmado, porque muito tempo depois se descobriu que O. G. Costa, 2 anos antes de Yarrell, o tinha batizado de *Branchiostoma*, que significa "boca em grelha", por causa dos cirros bucais e, pelas regras de prioridade taxonômica, a espécie deve ter esse nome genérico oficial. Contudo, anfioxo é um nome familiar, consagrado pelo uso comum. *Branchiostoma* não é tão conhecido, de modo que vamos manter anfioxo (sem itálico nem maiúscula) como nome comum, com "lanceolado" como complementar.

posição lateral definitiva. Ao mesmo tempo, as fendas faríngeas direitas surgem pela primeira vez, posicionadas simetricamente com as da esquerda. Mais fendas são, então, acrescentadas em ambos os lados, junto com o surgimento das barras linguais que as dividem à medida que se formam.

A larva não tem um átrio. Durante a metamorfose, o átrio é acrescentado a partir das pregas metapleurais. Essas pregas ventrolaterais surgem de cada lado, crescem para baixo sobre as fendas faríngeas, encontram a linha mediana ventral e se fundem para completar o átrio circundante (ver Figura 2.17). O velo é, então, acrescentado à boca, enquanto os cirros bucais e o órgão rotatório são adicionados anteriormente à boca. Durante essa metamorfose, a larva emerge do plâncton para um substrato em que vai escavar uma residência como adulto.

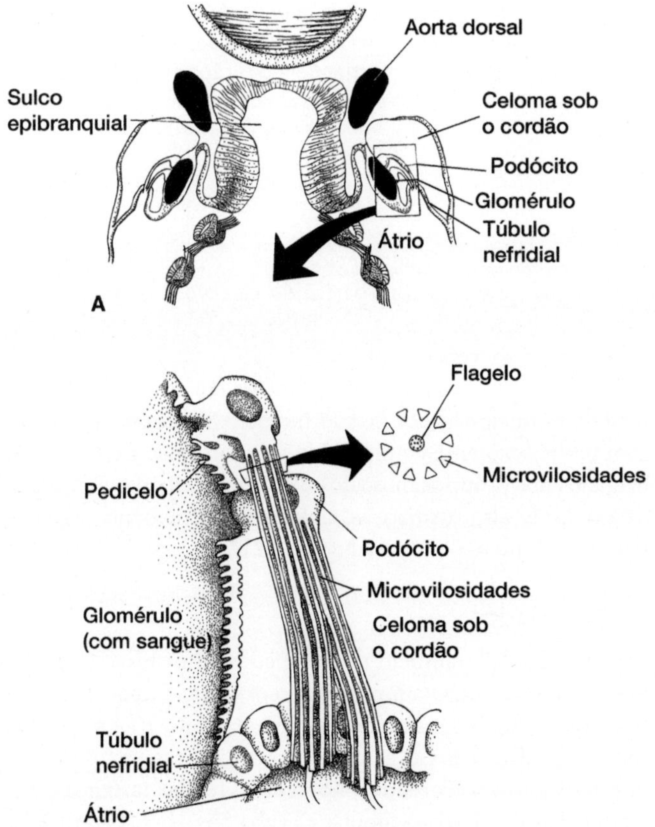

Embora os adultos sejam exímios nadadores, em geral vivem nas escavações, em sedimentos grossos, com seu capuz oral protruso na água sobrejacente. O anfioxo prefere águas costeiras e lagoas bem aeradas por marés, mas não agitadas pela ação forte das ondas. Seu sistema locomotor, com base nos músculos segmentares mioméricos da parede corporal e uma notocorda hidrostática, serve ao anfioxo em tais *habitats*. Provavelmente um reflexo do estilo de vida do anfioxo em escavações, sua notocorda rígida se localiza na extremidade rostral do corpo, daí a denominação de "cefalocordado" (cabeça, notocorda). A notocorda dos cefalocordados se origina do teto da gastrocele durante o desenvolvimento, como na maioria dos outros cordados. Entretanto, a notocorda do anfioxo consiste em uma série de células de músculo estriado dispostas transversalmente, o que é diferente da notocorda de todos os outros protocordados e vertebrados (Figura 2.21). Espaços cheios de líquido separam as células musculares e ambos, espaços e células, estão envoltos por uma bainha densa de tecido conjuntivo. Na larva, uma única fileira de células bem-compactadas e altamente vacuoladas forma uma notocorda, enquanto, no adulto, a maioria dos vacúolos celulares desaparece e espaços extracelulares cheios de líquido emergem entre essas células. Os músculos da notocorda recebem sua inervação por conexões do cordão nervoso dorsal, por meio de extensões citoplasmáticas que seguem dorsalmente através da bainha de tecido conjuntivo, até a superfície da medula espinal, onde encontram terminações nervosas dentro do cordão.

Quando essas células musculares se contraem, a bainha resistente da notocorda impede que ele se dilate como um balão, a pressão interna aumenta e a notocorda fica mais rígida. Esse enrijecimento pode retificar a escavação ou aumentar a taxa intrínseca de vibração do anfioxo, para ajudar na natação rápida.

O cordão nervoso tubular do anfioxo não tem uma parte anterior dilatada como um cérebro diferenciado, ou seja, ele não tem as tumefações indicativas de prosencéfalo, mesencéfalo

Figura 2.19 Nefrídio do anfioxo. A. Região dorsal da faringe, mostrando a relação dos podócitos com o glomérulo vascular de uma extremidade do átrio até a outra. **B.** Estrutura do nefrídio aumentada. Os podócitos envolvem as paredes do glomérulo por meio de pedicelos citoplasmáticos e alcançam o túbulo nefridial por meio das microvilosidades, que têm um flagelo central.

De Brandenburg e Kümmel.

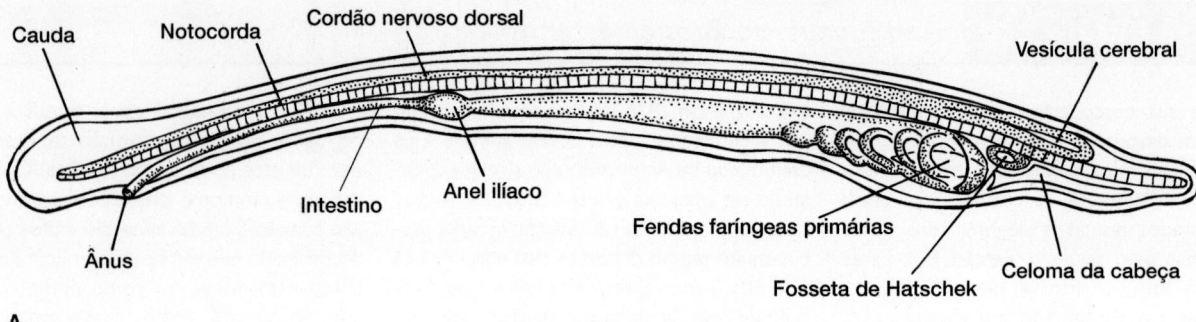

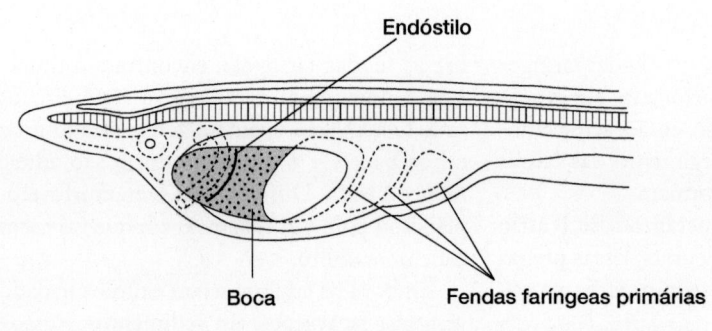

Figura 2.20 Larva de anfioxo. A. Fendas faríngeas surgem apenas no lado esquerdo do corpo durante o estágio inicial de desenvolvimento, mas o padrão básico dos cordados é evidente a partir da notocorda, do cordão nervoso dorsal e da cauda pós-anal curta. O átrio em torno da faringe não surge até a metamorfose. **B.** Lado esquerdo da larva inicial do anfioxo mostrando a posição assimétrica da boca que, na metamorfose, vai assumir uma posição central média. Essas fendas faríngeas primárias, junto com outras que surgem posteriormente, serão divididas por barras linguais.

A, de Lehman; B, de Wiley.

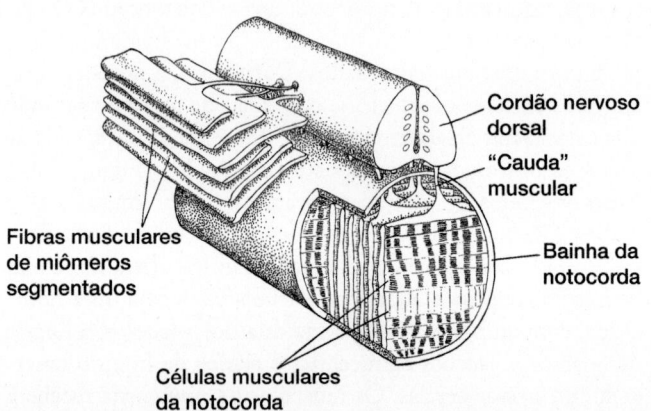

Figura 2.21 Notocorda especializada do anfioxo. Como uma fileira de fichas de pôquer, as placas de músculos em contração lenta ficam compactadas dentro da bainha da notocorda. Cada placa é uma célula muscular única, ou às vezes dupla, que contém fibrilas contráteis dispostas transversalmente. Extensões citoplasmáticas dessas placas, denominadas "caudas", passam para cima por meio de orifícios na bainha da notocorda, fazendo sinapse com a superfície do cordão nervoso dorsal. Ocorrem espaços cheios de líquido entre essas células musculares, embora alguns vacúolos também fiquem entre elas. As células musculares dos miômeros também enviam "caudas" para a superfície do cordão nervoso adjacente, onde fazem sinapse. O cordão nervoso estimula diretamente essas células por meio dessas sinapses.

De Flood; Flood, Guthrie e Banks.

e metencéfalo. No entanto, evidências microscópicas sugerem homologias celulares com partes do cérebro dos vertebrados, em particular, semelhanças com o metencéfalo e parte do diencéfalo do prosencéfalo.

As células musculares nos miômeros fazem contato com a medula espinal, não por nervos motores delicados que alcançam perifericamente os músculos, mas por meio de processos delgados dos próprios músculos de cada miômero que, a partir de extensões citoplasmáticas, alcançam centralmente a superfície da medula espinal (ver Figura 2.21).

Urocordados

Os urocordados, também denominados **tunicados**, têm forma de bolsa e corpo simplificado, em especial quando adultos (ver Figura 2.7). Porém, em algum ponto na história de sua vida, exibem todas as cinco características compartilhadas derivadas dos cordados: notocorda, fendas faríngeas, endóstilo, cordão nervoso tubular e cauda pós-anal (Figura 2.22 A). Consequentemente, são mesmo cordados, classificados de maneira apropriada no filo Chordata. Os urocordados são especialistas na alimentação com material em suspensão, principalmente plâncton particulado muito fino. Em sua maioria, a faringe se expande em um complexo aparato de filtração, a cesta branquial. Contudo, em algumas espécies, o aparelho filtrador é secretado pela epiderme e circunda o animal. Todas as espécies são marinhas. Os urocordados são divididos

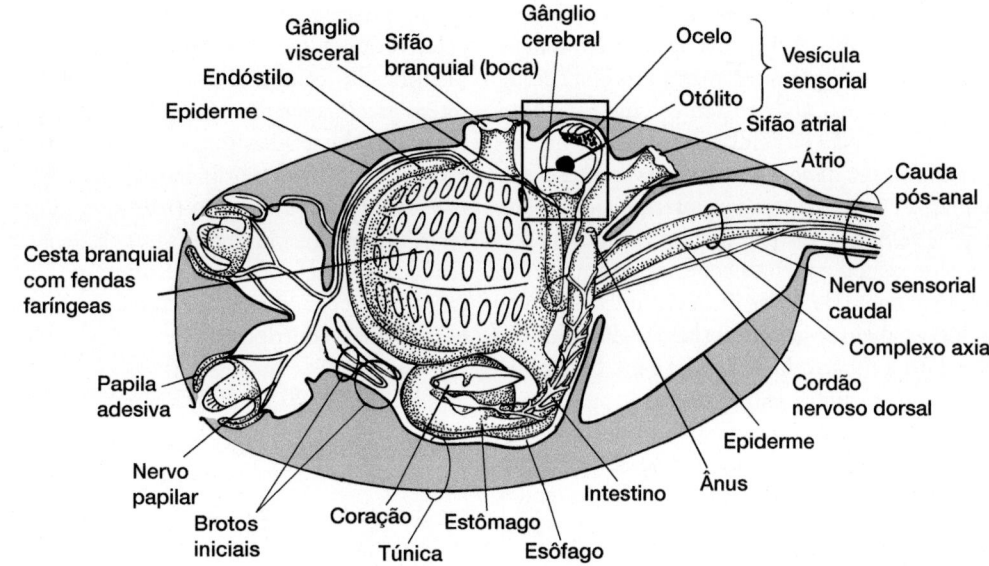

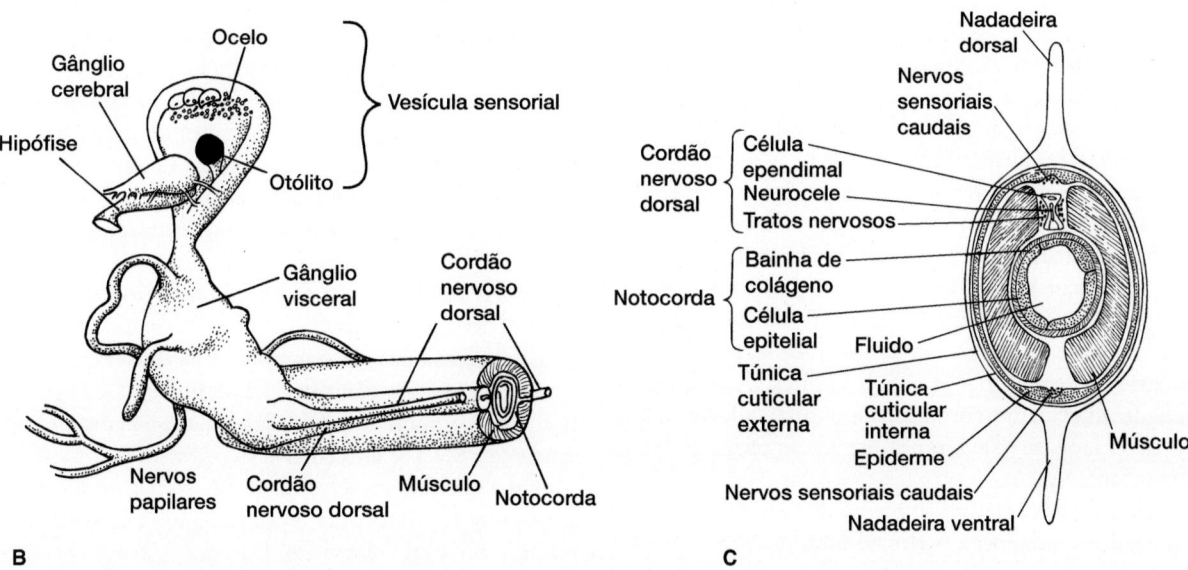

Figura 2.22 Urochordata, larva de Ascidiacea. A. Larva da ascídia *Distaplia accidentalis.* **B.** Vista ampliada do sistema nervoso anterior da larva de *Diplosoma* (principalmente seu "cérebro"); ver retângulo em A. **C.** Corte transversal da cauda da larva de *Diplosoma*. Durante o desenvolvimento, a cauda gira a nadadeira dorsal para o lado esquerdo do corpo, mas, nesta figura, a cauda sofre uma rotação de 90° e é desenhada na vertical. Note que as nadadeiras ventral e dorsal se formam a partir da camada externa da túnica e que a notocorda central está circundada por bainhas de músculo. O cordão nervoso dorsal é composto por células ependimais em torno da cavidade da neurocele, com axônios de nervos motores ao longo de sua lateral.

De Cloney e Torrence; Torrence; Torrence e Cloney. A, R. A. Cloney, "Ascidian larvae and the events of metamorphosis", American Zoologist, 22:817-826, 1982. American Society of Zoologists. Reimpressa com permisssão da Society for Integrative and Comparative Biology (Oxford University Press).

em várias classes taxonômicas importantes. Ascidiacea são sésseis quando adultos, mas as larvas são natatórias, enquanto os táxons Larvacea e Thaliacea são permanentemente pelágicos e vivem no plâncton, não fixados a qualquer substrato.

Urocordado significa literalmente "cordão na cauda", uma referência à notocorda. O nome familiar, tunicados, é inspirado pela cobertura externa flexível característica do corpo, a **túnica**, secretada pela epiderme subjacente com contribuições das células dispersas dentro da própria unidade. Essa túnica caracteriza os urocordados.

Ascidiacea

As ascídias, ou "esguichos-do-mar", são animais marinhos geralmente de cor brilhante. Algumas espécies são solitárias, outras formam colônias. Os adultos são sésseis, mas as larvas são planctônicas.

▶ **Larva.** A larva, às vezes chamada de **larva girinoide**, não se alimenta durante sua curta permanência de poucos dias como membro de vida livre do plâncton, mas se dispersa e seleciona o local em que terá residência permanente como adulto.

Apenas o estágio de larva exibe todas as cinco características dos cordados simultaneamente. A pequena faringe tem fendas nos girinos das espécies que formam colônias. O cordão nervoso tubular se estende em uma cauda sustentada internamente por uma notocorda rígida. Não há células vacuolizadas na notocorda das ascídias. Em vez disso, na maioria das espécies solitárias e de colônias, a notocorda tem um interior com menos células e, portanto, é tubular. Suas paredes são compostas por uma única camada de células epiteliais cobertas externamente por uma bainha circundante de fibras de colágeno. A camada epitelial tem um lúmen cheio de gel extracelular ou líquido (Figura 2.22 C). Portanto, a notocorda da ascídia é um bastão tubular túrgido e fechado em ambas extremidades.

Nas espécies solitárias de ascídias, não ocorre diferenciação completa do intestino da larva que não se alimenta, de modo que não há ânus que assinale o ponto além do qual a cauda continua. No entanto, em muitas espécies que formam colônias, o intestino da larva pode ser completamente diferenciado, incluindo um ânus que se abre na câmara atrial, e a alimentação pode ter início 30 min após sua fixação. A cauda "pós-anal" está presente, embora às vezes torcida ou girada 90° em relação ao corpo. Células músculares estriadas individuais estão situadas em séries ou camadas ao longo dos lados da cauda, mas não formam blocos segmentares de miômeros. Junções especiais **miomusculares** e lacunas unem essas células musculares, de modo que todas de um lado agem como uma unidade, contraindo-se em conjunto para curvar a cauda. Como o adulto, a larva de ascídia é coberta por uma túnica cuja superfície, por sua vez, é coberta por finas camadas cuticulares, uma interna e outra externa. A camada cuticular interna permanece após a metamorfose, formando a superfície mais externa do adulto jovem. Sob a túnica, a epiderme da extremidade anterior do corpo forma **papilas adesivas**, que servem para a larva se fixar a um substrato ao término de sua existência planctônica.

O sistema nervoso central se forma dorsalmente, da maneira típica dos cordados, a partir de uma placa neural embrionária que gira para cima. Há três divisões: (1) vesícula sensorial e (2) gânglio visceral, ambos formando um cérebro rudimentar, e (3) cordão nervoso dorsal oco, que se estende até a cauda. A **vesícula sensorial** (ver Figura 2.22 A), localizada perto da faringe rudimentar, contém um equipamento de navegação que provavelmente esteja envolvido na orientação da larva durante sua existência planctônica. Dentro da vesícula sensorial, há um **ocelo** ("olho pequeno") sensível à luz e um **otólito** sensível à gravidade (Figura 2.22 B). Um **gânglio cerebral** rudimentar, funcional após a metamorfose, e um **gânglio visceral** ficam próximos e enviam nervos para várias partes do corpo. O cordão nervoso inclui **células ependimais** ciliadas em torno da neurocele e **tratos nervosos** que surgem do gânglio visceral e passam laterais às células ependimais para suprir os músculos da cauda (ver Figura 2.22 C). Os nervos sensoriais retornam da cauda e das papilas adesivas para o gânglio visceral.

Nos vertebrados, a crista neural é um grupo especial de células embrionárias iniciais que partem do tubo neural e migram por meio de vias definidas, diferenciando-se em uma ampla gama de tipos celulares. De fato, tais células migratórias multipotenciais podem ser características exclusivas elaboradas pelos vertebrados. Recentemente, nas ascídias, também foram identificadas células migratórias, aventando-se a hipótese de serem precursoras das células da crista neural. Entretanto, essas células de ascídias migram como células únicas (não como cadeias de células) e originam apenas células de pigmento da parede corporal e do sifão (não são multipotenciais). Portanto, células neurais migratórias são estreantes nos urocordados, sendo nos vertebrados que encontramos células da crista neural com funções adicionais e um repertório amplo de estruturas para as quais contribuem.

Crista neural e placódios ectodérmicos (Capítulo 5)

Há células sanguíneas circulantes e um coração rudimentar (ver Figura 2.22 A). Em poucas espécies coloniais, as células sanguíneas se tornam maduras e o coração pulsa. Como o coração dos adultos, o das larvas periodicamente inverte a direção do bombeamento.

▶ **Metamorfose**. No final do curto estágio planctônico, a larva de ascídia faz contato com o substrato de escolha, geralmente em um local escuro ou sombreado, ao qual as papilas adesivas se fixam, e a metamorfose para adulto jovem começa quase imediatamente (Figura 2.23). Poucos minutos após a fixação, a contração da notocorda ou das células epidérmicas traciona o **complexo axial** (cauda e todo seu conteúdo) no corpo. As células da notocorda se separam, o líquido extracelular extravasa do lúmen central e a notocorda se torna limpa. O complexo axial é, então, reabsorvido nos dias seguintes e seus constituintes se redistribuem para manter o adulto jovem em crescimento. A camada externa da túnica também é perdida, assim como a vesícula sensorial e o gânglio visceral, porém a faringe aumenta, bem como o número das fendas em sua parede, e o indivíduo fixado começa a se alimentar pela primeira vez.

A maioria das características dos cordados que surgem na larva, ou seja, a notocorda, a cauda e o tubo nervoso dorsal, desaparece no adulto formado. Embora a faringe persista e até se expanda, torna-se altamente modificada. As fendas em suas paredes proliferam e cada uma se subdivide repetidas vezes, produzindo aberturas menores denominadas **estigmas**. Essa faringe remodelada forma a cesta branquial em forma de barril (faringe expandida mais numerosos estigmas) (Figura 2.24 A).

▶ **Adulto**. A túnica, composta de uma única proteína, a **tunicina**, e um polissacarídio similar à celulose dos vegetais, forma a parede corporal de uma ascídia adulta. A cesta branquial, uma grande cavidade atrial em torno dessa cesta e as vísceras ficam todas dentro das paredes formadas pela túnica (Figura 2.24), que fixa a base do animal a um substrato seguro (ver Figura 2.24 A). Sifões inalante (branquial) e exalante (atrial) formam os portais de entrada e saída da corrente de água que circula pelo corpo do tunicado. Tentáculos sensoriais digitiformes delgados circundam o sifão inalante para examinar a entrada de água e, talvez, excluir partículas excessivamente grandes antes que a água entre na cesta branquial. As complexas fendas faríngeas, os estigmas, peneiram a água que passa antes que ela flua da cesta branquial para o **átrio**, o espaço entre a cesta e a túnica (ver Figura 2.24 A). A partir daí, a corrente sai via o sifão exalante.

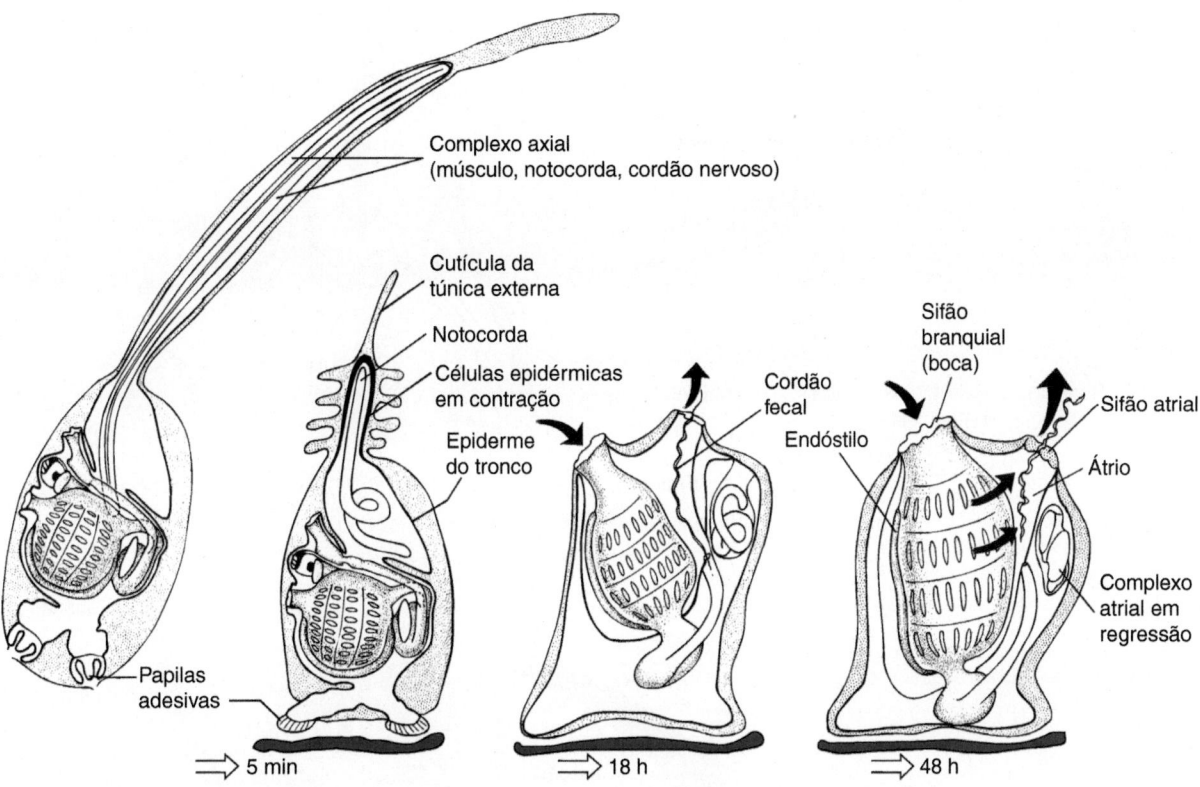

Figura 2.23 Metamorfose da larva da ascídia *Distaplia*, da esquerda para a direita. A larva planctônica que não se alimenta encontra um substrato e se fixa a ele. Papilas adesivas a mantêm no lugar, a contração da epiderme da cauda empurra o complexo axial no corpo e a cutícula externa se desprende da larva após a fixação. Cerca de 18 horas depois, a cesta branquial gira para reposicionar os sifões e o surgimento de uma estria fecal confirma o começo da alimentação ativa. Em torno de 48 horas, a maior parte do complexo axial é reabsorvida, a rotação se completa e a fixação ao substrato está firme. Nesse ponto, o adulto jovem é claramente diferenciado.

Com base na pesquisa de R.A. Cloney.

Fileiras de cílios revestem a cesta branquial. O **endóstilo** produtor de muco, um sulco alimentar mesoventral como o do anfioxo, está conectado por faixas ou tratos ciliados contínuos ao redor da superfície interior da **lâmina dorsal**. O material particulado é extraído da corrente de água, que passa por uma bainha de muco, uma rede que reveste a cesta branquial. As fileiras de cílios coletam o muco carregado de alimento em um movimento ventral para a dorsal, liberando-o na lâmina dorsal, que por sua vez, direciona-o posteriormente para o intestino.

O coração das ascídias, localizado perto da faringe, é tubular, com uma camada única de células mioepiteliais estriadas, semelhantes ao músculo, que formam sua parede (Figura 2.24 D). A **cavidade pericárdica** é o único remanescente do celoma. A contração do coração empurra o sangue para fora dos órgãos e da túnica. Depois de alguns minutos, o fluxo se inverte e o sangue volta para o coração pelos mesmos vasos. Diferente do sistema circulatório dos vertebrados, não há continuidade entre o mioepitélio cardíaco e os vasos sanguíneos, que não são revestidos por um endotélio. Em vez disso, são verdadeiras hemoceles – ou seja, espaços de tecido conjuntivo. O sangue contém um líquido plasmático com muitos tipos de células especializadas, inclusive **amebócitos**, que lembram os linfócitos dos vertebrados, são fagocíticos e alguns acumulam resíduos de materiais. Não foi encontrado um órgão excretor especializado nos tunicados.

O sistema nervoso do adulto consiste no **gânglio cerebral** localizado entre os sifões (Figuras 2.22 e 2.24 B). Os nervos que passam aos sifões, a cesta branquial e os órgãos viscerais surgem de cada extremidade do gânglio, abaixo do qual fica a **glândula subneural**, uma estrutura de função desconhecida deixada pela larva e unida à cesta branquial por um **funil ciliado**.

Faixas de músculo liso acompanham o comprimento do corpo e circundam os sifões, alterando, com sua contração, a forma e o tamanho do adulto. Quando a ascídia é ameaçada ou agredida por uma onda, em especial quando exposta a marés baixas, esses músculos se contraem rapidamente, diminuindo o tamanho do corpo, e a água é ejetada para fora pelos sifões, daí sua denominação comum de "esguichos-do-mar".

Todas as ascídias são hermafroditas, isto é, ambos os sexos ocorrem no mesmo indivíduo (monóico), embora a autofecundação seja rara. As ascídias solitárias se reproduzem apenas sexuadamente, enquanto as que formam colônias o fazem assim e também de maneira assexuada (Figura 2.25). A reprodução assexuada envolve **brotamento**. **Estolões** semelhantes a raízes na base do corpo podem se fragmentar em pedaços que produzem mais indivíduos ou podem surgir brotos ao longo dos vasos sanguíneos ou vísceras. Nas espécies que formam colônias, aparecem brotos até mesmo na larva antes da metamorfose. Tal brotamento confere ao tunicado um meio de se propagar rapidamente quando as condições melhoram, evitando

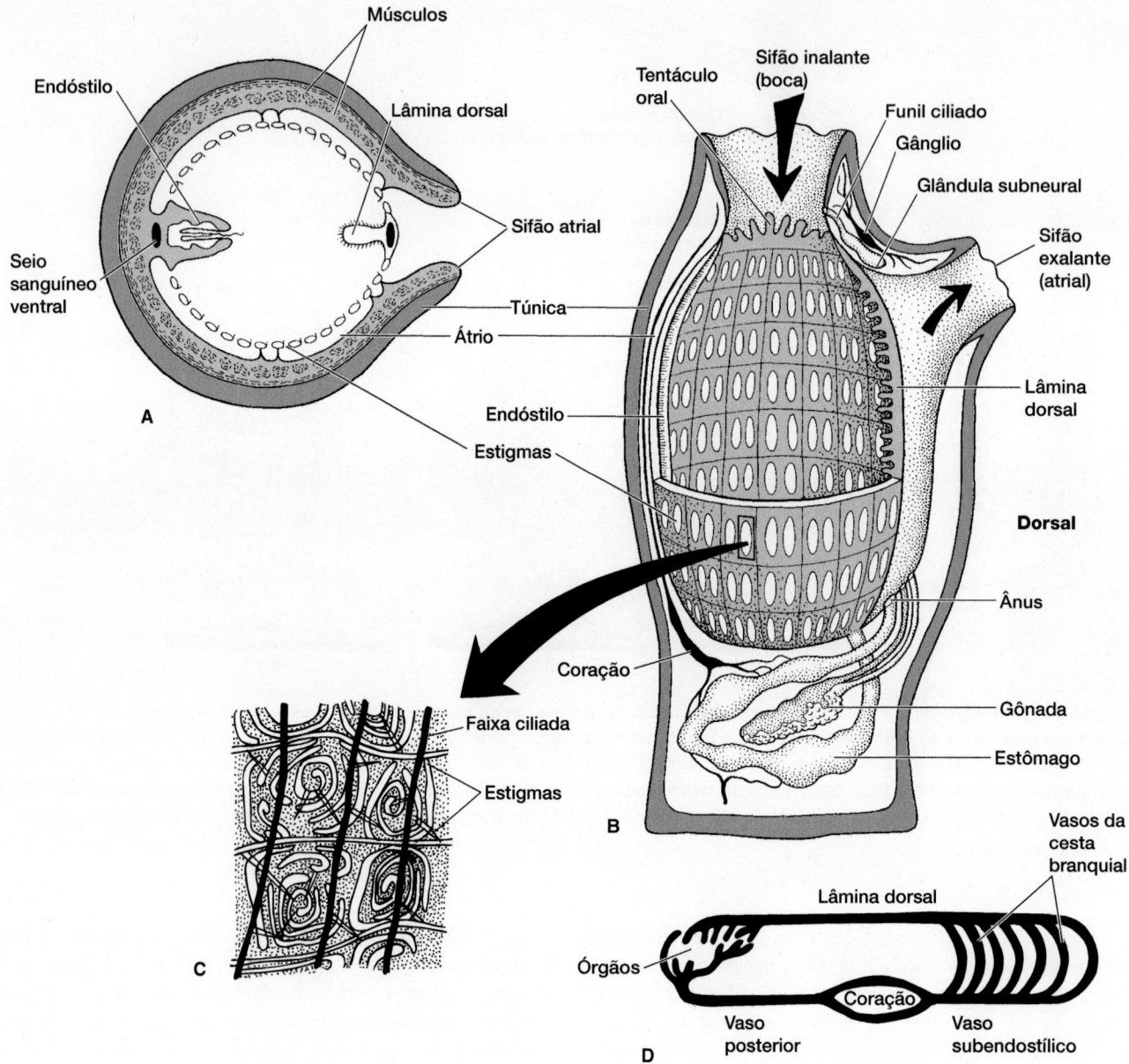

Figura 2.24 Ascídia adulta solitária. A. Corte esquemático do corpo no nível do sifão atrial, com dorsal à direita. O alimento capturado no muco do revestimento é movido dorsalmente, colhido na lâmina dorsal e levado para o estômago. **B.** O animal inteiro, com o lado esquerdo do corpo e parte da cesta branquial retirados. Os tentáculos orais rejeitam partículas grandes que entram com a corrente de água pelo sifão inalante. A água passa desse último sifão para a cesta branquial, pelas fendas faríngeas (*estigmas*), para o átrio e sai pelo sifão exalante. **C.** As estruturas de várias fendas faríngeas altamente subdivididas, os estigmas, estão ilustradas. **D.** Diagrama da circulação dos urocordados. O sangue flui em uma direção e então seu fluxo se inverte, em vez de manter uma única direção de fluxo.

assim a arriscada dispersão planctônica de larvas vulneráveis. Em algumas espécies, os brotos parecem especialmente resistentes e estão adaptados a sobrevivência em condições adversas temporárias.

Larvacea | Appendicularia

Os membros da classe Larvacea (larváceos), distribuída mundialmente, são animais marinhos delgados que atingem apenas alguns milímetros de comprimento, residem dentro da comunidade planctônica e receberam esse nome porque os adultos retêm características das larvas similares a algumas formas de girinos de ascídias, com sua cauda e tronco (Figura 2.26 A–C). A implicação foi a de que os larváceos adultos derivavam dos estágios larvários das ascídias. De fato, análises filogenéticas mais recentes sugerem outra possibilidade: os larváceos e as ascídias são igualmente ancestrais. Os larváceos se tornaram tão altamente modificados em um ciclo de vida rápido que é difícil imaginar seu ancestral imediato.

Os larváceos secretam um aparato de alimentar mais notável, que consiste em três componentes: **telas**, **filtros** e **matriz gelatinosa** expandida. Tal aparato fica na parte externa do corpo do animal e não é parte de sua faringe, como em outros

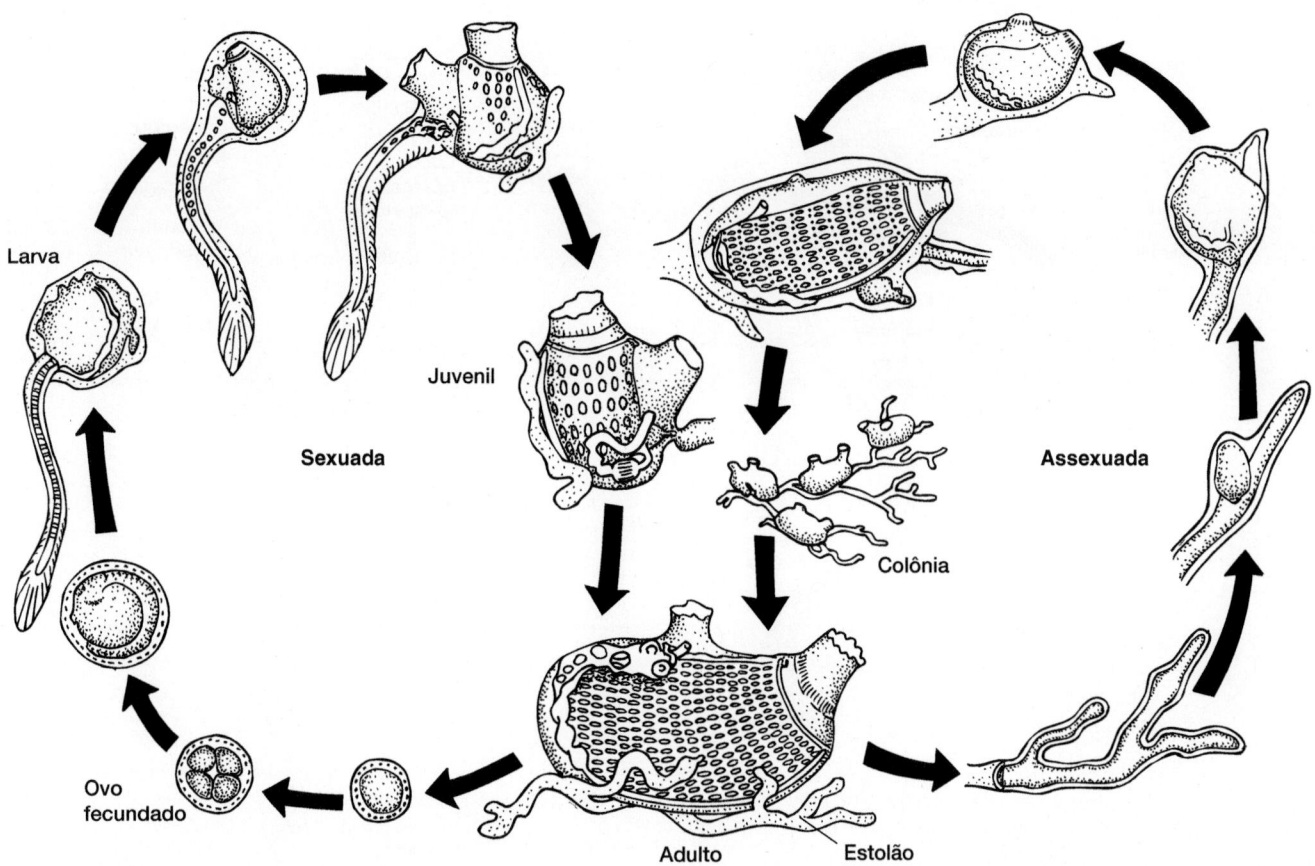

Figura 2.25 Urochordata | Ciclo de vida da ascídia. O ciclo de vida das ascídias que formam colônias inclui uma fase sexuada (*à esquerda*) e uma assexuada (*à direita*). Na sexuada, a larva do tunicado se desenvolve a partir do ovo fertilizado, é planctônica e persiste por algumas horas a poucos dias no máximo, encontrando logo um substrato e sofrendo metamorfose, tornando-se um jovem séssil que cresce até ficar adulto. A fase assexuada começa com brotamentos externos do estolão, similar a uma raiz, ou internos a partir de órgãos, dependendo da espécie. Esses brotos crescem e se diferenciam em adultos, geralmente formando uma colônia de tunicados.

De Plough.

urocordados. Como o larváceo vive dentro da matriz gelatinosa que ele constrói, ela é denominada "casa", também mantém as telas e filtros, além de formar os canais pelos quais as correntes aquáticas levam partículas em suspensão. As casas e estilos de alimentação diferem entre as várias espécies, mas, em geral, a cauda ondulante dos larváceos cria uma corrente alimentar que leva água para a casa. A água que entra passa primeiramente através da malha das telas, que excluem partículas grandes; em consequência, as telas servem como um dispositivo inicial de seleção. Essa água continua seu fluxo por passagens internas e, então, para os lados e pelos filtros mucosos de alimentação, onde as partículas finas de alimento em suspensão são removidas. Quando a corrente de água não tem mais material em suspensão, ela deixa a casa através da abertura exalante. O larváceo tem a vantagem de sua posição central conveniente na base dos filtros de alimentação para capturar todas as partículas alimentares interceptadas. Por meio da ação ciliar, o animal suga as partículas aprisionadas dos filtros para a faringe a cada período de poucos segundos e o muco secretado pelo endóstilo captura o alimento. O excesso de água sai da faringe por um par de fendas faríngeas e se une à corrente que sai pela abertura exalante.

Se os filtros ficarem entupidos com alimento, um fluxo reverso pode limpá-los. Se isso falhar, a casa é abandonada e uma nova é secretada (Figura 2.27). Os larváceos em alimentação ativa podem abandonar suas casas e construir novas em questão de poucas horas. A perturbação de larváceos capturados, talvez simulando ataque de predador, pode tornar ainda mais frequente o ciclo de abandono e construção.

O rudimento de uma nova casa (túnica), secretada pelo epitélio, já está presente enquanto o animal ainda ocupa a antiga. Algumas casas se rompem para liberar o larváceo; outras têm mecanismos especiais para que o animal escape. Quase imediatamente após sair da casa antiga, o animal inicia uma série vigorosa de movimentos que aumentam o rudimento da casa nova até que ele possa entrar nela. Assim que se encontra em seu interior, a expansão da nova casa continua, com o acréscimo de telas e filtros para os alimentos. Às vezes em poucos minutos, a nova casa está completa e o larváceo se alimenta novamente em segurança.

Todas as espécies, exceto uma, são monoicas e a maioria é **protândrica**, ou seja, a mesma gônada produz espermatozoides e óvulos (do mesmo indivíduo), mas em momentos diferentes durante a vida. A maturação é tão rápida que, com 24 a 48 h

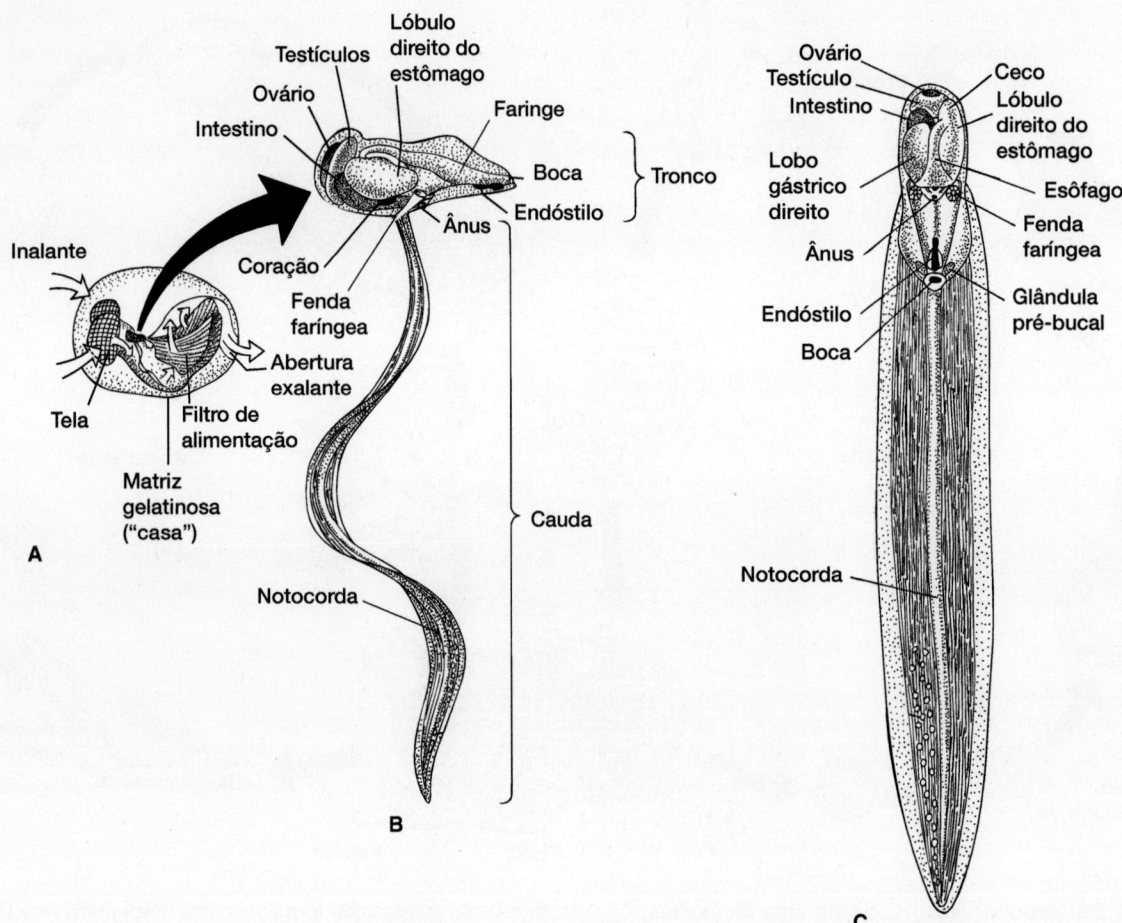

Figura 2.26 Urochordata, Larvacea (Appendicularia), *Oikopleura albicans.* **A.** O delgado *Oikopleura* é mostrado dentro de sua maior casa gelatinosa. O filtro alimentar do animal obtém o alimento da corrente inalante de água (*setas pequenas*). Esse larváceo reside na base da tela, onde suga o alimento delas. **B** e **C.** Vistas lateral e dorsal ampliadas, respectivamente, do larváceo isolado. A cauda ondulante, sustentada por uma notocorda, é ativa no sentido de produzir a corrente de alimento trazida pela água que se move pelos canais internos da casa e do filtro de alimentação.

A, de Flood; B e C, de Alldredge.

de fertilização, larváceos em miniatura secretam uma casa e começam a se alimentar.

Sua reprodução rápida e o aparelho de alimentação especial conferem aos larváceos uma vantagem competitiva sobre outras espécies aquáticas que se alimentam de partículas em suspensão. Os larváceos são especialmente adaptados para capturar organismos do ultraplâncton, bactérias de tamanho diminuto. Coletivamente, o ultraplâncton é o principal produtor na maioria dos oceanos abertos, mas, em geral, os organismos são muito pequenos para que possam ser capturados pelos filtros da maioria dos animais que se alimentam de partículas em suspensão. Esses organismos delgados que escapam dos outros animais desse tipo viram presas da filtração eficiente dos larváceos, que são capazes de aspirar grandes volumes de água, ingerir plâncton de vários tamanhos, incluindo os muito pequenos, e proliferar rapidamente em resposta a um aumento no suprimento alimentar para eles.

O tronco dos larváceos contém os principais órgãos do corpo, embora quais órgãos estejam presentes variam entre as três famílias de larváceos. Os membros da menor família,

Kowalevskiidae, não têm endóstilo nem coração. Na Fritillaridae, o estômago consiste em apenas poucas células. Na Oikopleuridae, a família mais bem estudada, o sistema digestório inclui um tubo digestório em forma de U, uma faringe com um par de fendas faríngeas e um endóstilo que produz muco. O sangue dos larváceos, desprovido de células em sua maior parte, circula por um sistema de seios simples que funcionam mediante a ação de bombeamento de um único coração e o movimento da cauda.

A cauda é fina e achatada. Dentro dela, faixas musculares agem sobre a notocorda para produzir movimento. Há um cordão nervoso tubular.

Thaliacea

Como os larváceos, os taliáceos são urocordados pelágicos de vida livre, mas, diferentes dos larváceos, eles aparentemente são derivados da ascídia adulta, e não da forma girinoide (Figura 2.28 A–C). Apresentam poucas fendas faríngeas. Os detalhes da alimentação não estão esclarecidos, embora cílios, muco e uma cesta branquial certamente participam.

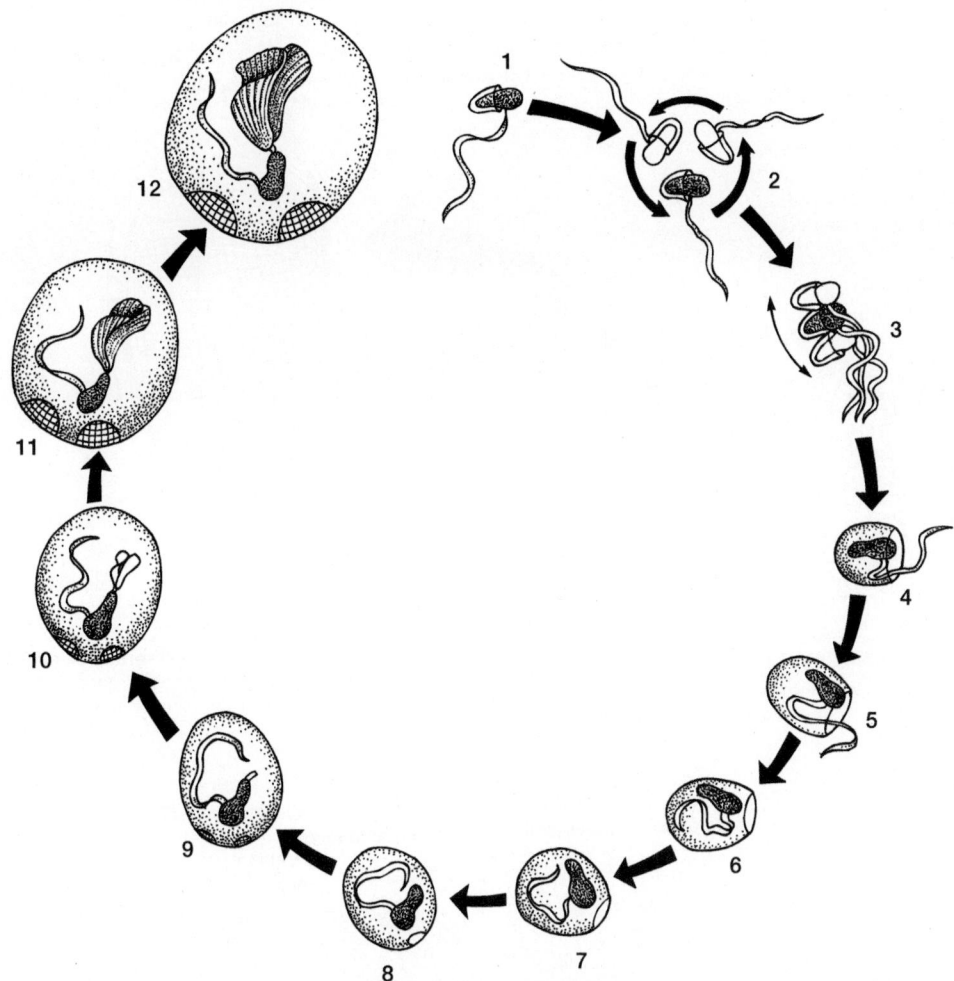

Figura 2.27 Construção da casa pelo apendiculário *Oikopleura*. Aparentemente, filtros obstruídos fazem um apendiculário abandonar sua casa (*1*). Movimentos vigorosos aumentam o rudimento de uma nova casa (*2* e *3*), até que haja espaço suficiente para o animal entrar (*4*).A partir daí, a casa aumenta, são secretados filtros e a alimentação recomeça (*12*).

De Alldredge.

Algumas espécies de taliáceos são construídas como ascídias coloniais, exceto pelos sifões inalante e exalante se situarem em extremidades opostas do corpo (ver Figura 2.28 C). A parte externa do corpo, ou túnica, encerra uma câmara cheia de água. A maioria dos taliáceos tem faixas circundando as paredes da túnica. A contração lenta dessas faixas musculares contrai a túnica e impele a água para fora da câmara pela abertura posterior. Quando os músculos relaxam, a túnica elástica se expande, puxando à água pela abertura anterior para encher de novo a câmara. Ciclos repetidos de contração muscular e expansão da túnica produzem um fluxo de água de via única através do taliáceo, criando um sistema de propulsão a jato para a locomoção.

Resumo dos protocordados

Os protocordados têm algumas (hemicordados) ou todas (cefalocordados, urocordados) as cinco características que definem um cordado – notocorda, fendas faríngeas, endóstilo ou glândula tireoide, tubo nervoso dorsal oco, cauda pós-anal –,

embora essas características possam estar presentes em um estágio na história de vida e não em outro. Sempre marinhos, seus adultos em geral são bentônicos e suas larvas, planctônicas. Consequentemente, larvas e adultos têm estilos de vida bastante diferentes, bem como sua constituição é muito diferente em termos estruturais. Seu alimento consiste de partículas em suspensão extraídas de uma corrente de água propelida por cílios. As partículas de alimento são recolhidas em lâminas de muco e direcionadas ao intestino. A água que flui com o alimento é lançada para fora por fendas faríngeas laterais, para evitar turbulência, que poderia romper os cordões de muco carregados de alimento cuidadosamente capturado. Quando existente, a notocorda, junto com os músculos da cauda, é parte do aparelho locomotor, dando ao animal mais mobilidade que aquela conferida apenas pelos cílios.

Os protocordados têm uma história filogenética que precede os vertebrados, tendo passado por uma evolução longa e independente que data de mais de 520 milhões de anos. Suas relações entre si e a sequência de sua emergência evolutiva

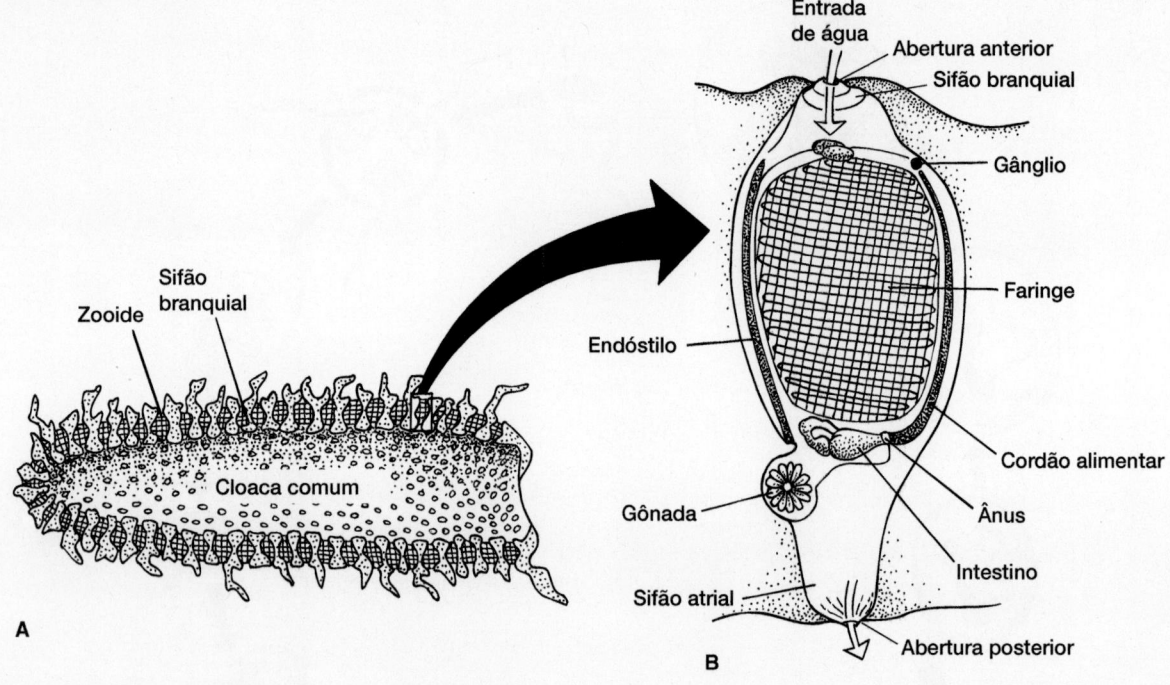

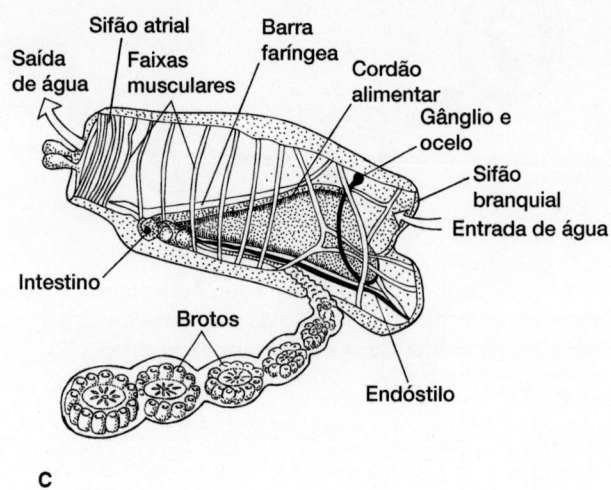

Figura 2.28 Urochordata, Thaliacea. A. Colônia de taliáceos. **B.** Zooide isolado. Corte longitudinal do corpo desse indivíduo, removido de sua "casa". *Setas pequenas* indicam a direção do fluxo de água. **C.** Ordem dos taliáceos, conhecida como salpas. Os sifões branquial e atrial estão em extremidades opostas, tornando a corrente aquática alimentar um jato propulsivo modesto. São produzidos brotos assexuados.

A e B, de Brien; C, de Berrill.

despertaram a atenção dos biólogos há mais de um século. Com esse conhecimento introdutório dos protocordados, retornemos à questão de sua origem evolutiva.

Origem dos cordados

Fósseis relevantes para a origem dos cordados são escassos, e a maioria dos invertebrados vivos é altamente derivada. A maioria dos grupos de invertebrados vivos divergiu entre si há mais de metade de um bilhão de anos e, desde então, seguiu seus próprios caminhos evolutivos separados. Qualquer que seja o grupo de invertebrados que citemos como ancestral imediato

dos cordados, não poderia ser convertido diretamente em um cordado a partir de sua forma moderna sem uma reorganização drástica. Embora os grupos vivos sejam examinados em busca de possíveis indícios das relações ancestrais que retenham, os biólogos sabem que os reais ancestrais dos cordados estão extintos há muito tempo.

Ante esses obstáculos intrínsecos e com pouca evidência de registro fóssil capaz de ajudar, não surpreende que o desacordo sobre a origem dos cordados seja comum. Em um ou outro momento, praticamente todo grupo de invertebrados é citado como uma fonte evolutiva intermediária de cordados. Embora absurdo, até os protozoários foram sugeridos como ancestrais mais ou menos diretos dos cordados! Menos extremas, mas também tentadoras, são as origens dos cordados entre os nemertinos, ou vermes em forma de fita, alegando-se que sua probóscide eversível deu origem à notocorda dos cordados, à faringe na região branquial e assim por diante.

Os métodos modernos de reconstrução filogenética nos ajudam, em especial os que empregam sondas moleculares de relações taxonômicas, fornecendo a cronologia do surgimento das características dos cordados, primitivos a derivados, e as relações hipotéticas entre eles e seus ancestrais imediatos (ver Figura 2.7). Infelizmente, até mesmo a melhor dessas reconstruções filogenéticas não passa de hipótese descritiva, pois não nos mostra as causas da alteração evolutiva, ou seja, *como* ocorreram e *por quê*. Nada é inevitável com relação aos cordados. Sua evolução deve se basear nos remodelamentos morfológicos plausíveis e nas vantagens, em termos de sobrevivência, que trouxeram benefícios adaptativos favoráveis aos cordados que surgiram.

Tal esforço para entender as origens dos cordados vem do início do século 19. Essa visão traça as origens dos cordados desde os anelídeos e artrópodes.

Cordados derivados de anelídeos e artrópodes

A primeira pessoa a propor que o plano corporal dos cordados derivava de uma versão invertida de um artrópode foi Geoffroy Saint-Hillaire, um zoólogo francês. Em 1822, ele criou essa teoria, talvez inspirado pelas dissecções que fizera em lagostas, mas também como parte da visão maior de que todos os animais compartilhavam um plano corporal comum subjacente que a natureza moldou em variações notáveis. Georges Cuvier se opôs a essa teoria e, em 1830, discordou publicamente de Saint-Hillaire, citando uma longa lista de diferenças que anulava as similaridades, resolvendo temporariamente a questão para a maioria dos cientistas.

Outras teorias que surgiram mais tarde, ainda no século 19, trouxeram de volta a ideia de que anelídeos ou artrópodes poderiam ser ancestrais dos cordados. No início do século 20, o biólogo W. H. Gaskell e, logo depois, William Patten levantaram de novo a questão e apresentaram o argumento de um caso que confirmava a ancestralidade dos cordados de anelídeos e/ou artrópodes.

O argumento de ambos, em conjunto, era o seguinte: anelídeos e artrópodes compartilham com os cordados similaridades da constituição corporal básica. Todos os três grupos são segmentados e exibem similaridades na regionalização geral do cérebro, com prosencéfalo e metencéfalo. Por fim, o plano corporal básico dos cordados está nos anelídeos e artrópodes, embora invertido (Figura 2.29 A e B). Nos anelídeos e artrópodes, o cordão nervoso ocupa uma posição ventral abaixo do intestino, junto com um vaso sanguíneo principal. Se um anelídeo ou artrópode for virado, isso traz o cordão nervoso para uma posição dorsal, junto com o vaso sanguíneo principal, que se torna a aorta dorsal. Na posição inversa, o corpo do anelídeo ou artrópode invertido se torna o corpo fundamental do cordado.

Desde então, tal argumento foi reforçado pela imaginação de outras pessoas, mas tem uma fragilidade importante. Por exemplo, muitas das supostas similaridades entre os cordados

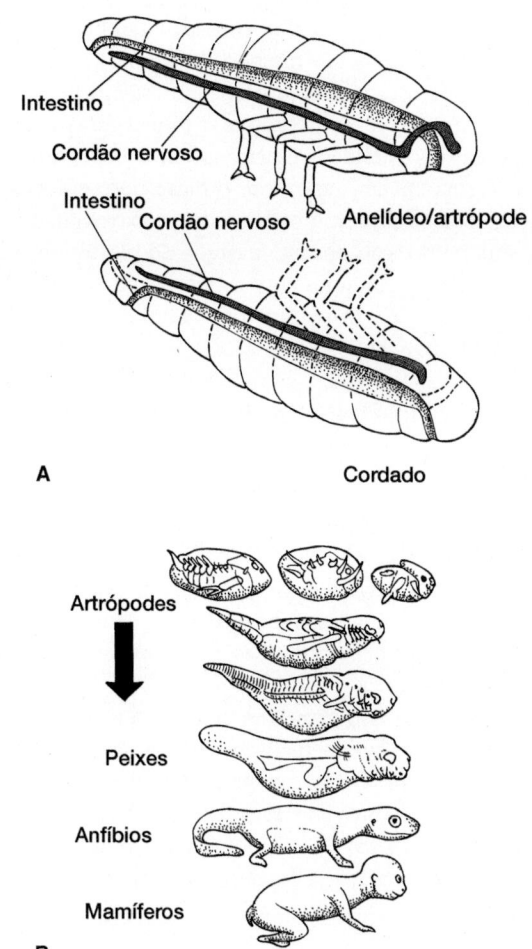

Figura 2.29 Evolução dos cordados proposta a partir de anelídeos/artrópodes. A. Se os detalhes forem ignorados, o corpo básico dos anelídeos/artrópodes virado de costas resulta no corpo básico dos cordados, com o cordão nervoso agora posicionado dorsalmente acima do intestino, e não mais abaixo do mesmo. **B.** A elaboração dessa teoria invertida começa com a larva náuplio, dos crustáceos, e outros artrópodes, que nadam com as patas para cima e as costas (o dorso) para baixo. Mediante formas de transição imaginárias, supostamente tais alterações deram origem aos vertebrados "invertidos".

Fonte: W. Patten, The Evolution of The Vertebrates and Their Kin, 1912. Philadelphia: P. Blakiston's Son & Co.

e anelídeos ou artrópodes resultam de homoplasia, não de homologia. A segmentação e os apêndices articulados que fazem parte do corpo de um artrópode são bastante diferentes da segmentação em miótomos dos cordados. O cordão nervoso principal de anelídeos e artrópodes é maciço, não oco como nos cordados, e seu desenvolvimento embriológico ocorre de maneira fundamentalmente diferente. Além disso, as posições habituais da boca e do ânus de um cordado são ventrais, enquanto um anelídeo ou um artrópode virado de costas fica com a boca e o ânus na parte de cima do corpo, apontando para o céu. A inversão de um anelídeo ou um artrópode para se ter o plano corporal de um cordado requer a migração da boca e do ânus para uma posição ventral ou a formação de novos ventralmente. Contrariando essa teoria, a embriologia dos cordados não preserva indícios de tal evento.

A história embrionária dos cordados também é fundamentalmente diferente no método de formação do celoma, na derivação da mesoderme e no padrão básico de clivagem inicial. Até mesmo o eixo corporal é diferente. Nos protostômios, como os anelídeos e artrópodes, a extremidade anterior se forma em um lado, com o blastóporo embrionário. Nos deuterostômios, como os cordados, a extremidade anterior aponta na direção oposta, afastada do blastóporo. Coletivamente, tais dificuldades com as teorias da ancestralidade de um anelídeo ou artrópode para os cordados estimularam propostas alternativas.

Cordados originários de equinodermos

Os equinodermos, como os cordados, são deuterostômios, conforme comprovam as similaridades. Talvez tenha sido essa similaridade subjacente que inspirou W. Garstang, um biólogo do final do século 19 e início do século 20, a criar uma teoria alternativa sobre a origem dos cordados. Ele argumentou que, por causa dessas afinidades embrionárias, os equinodermos, ou um grupo muito semelhante a eles, foram os prováveis ancestrais dos cordados.

À primeira vista, isso parecia improvável. Os equinodermos adultos, como estrelas-do-mar, ouriços-de-mar, pepinos-do-mar e crinoides têm poucas características sugestivas de afinidade filogenética com os cordados. Eles têm um tubo alimentar, placas de carbonato de cálcio na pele e simetria corpórea pentarradial (cinco braços). Examinemos em detalhes a teoria de Garstang.

Hipótese auriculária

Equinodermos e cordados são deuterostômios que compartilham similaridades embrionárias de clivagem e formação mesodérmica celoma. As larvas dos equinodermos, como as dos cordados em geral, são de simetria bilateral.

A hipótese de que os cordados se originaram dos equinodermos é conhecida como **hipótese auriculária**, em referência a um tipo particular de larva dos equinodermos, a larva auriculária encontrada nas holotúrias (pepinos-do-mar). Tal hipótese começa com uma larva diplêurula, uma versão idealizada dessa larva auriculária, tida como representante do ancestral simplificado de todas as larvas de equinodermos. Garstang propôs que, de fato, as características surgiram primeiro nessa larva diplêurula (Figura 2.30), que tem simetria bilateral e um intestino simples de via única. Próximo à boca ficava uma **faixa adoral** de cílios; na superfície lateral do corpo, uma longa fileira de cílios formava um meandro, a **faixa circum-oral**, que impulsionava a larva. Na via para cordata, Garstang imaginou que o corpo da larva se alongou, tornando-se cada vez mais muscular, e formou uma cauda que, junto com a notocorda, poderia gerar ondulações laterais como um meio de locomoção aquática. O alongamento do corpo eliminou a faixa ciliada circum-oral e trouxe suas metades esquerda e direita dorsalmente, onde se encontram na linha média, junto com o trato nervoso subjacente, o antecedente do tubo nervoso (ver Figura 2.30). Garstang apontou a rotação para cima do tubo neural durante o desenvolvimento embriológico dos vertebrados como um remanescente embrionário desse evento filogenético. A muscu-

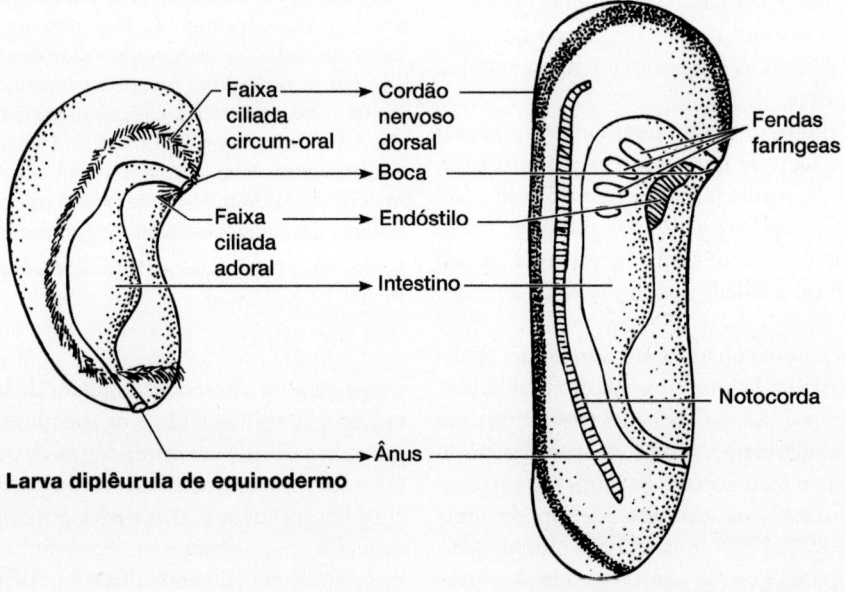

Figura 2.30 Teoria de Garstang da origem do plano corporal dos cordados. O ancestral comum proposto dos cordados (à esquerda) era simétrico bilateralmente e tinha a aparência externa de uma larva jovem de equinodermo. As faixas ciliadas circum-orais do ancestral e seus tratos nervosos subjacentes associados se moviam dorsalmente para se encontrar e fundir na linha média dorsal, formando um cordão nervoso dorsal no plano corporal do cordado. A faixa ciliada adoral deu origem ao endóstilo e aos tratos ciliados dentro da faringe do cordado. Outros cientistas além de Garstang notaram que o surgimento das fendas faríngeas melhorou a eficiência, proporcionando um fluxo de via única para a corrente aquática que trazia o alimento. Uma notocorda surgiu mais tarde e, com a musculatura natatória, é uma vantagem locomotora para o organismo maior.

latura do corpo segmentar com notocorda evoluiu simultaneamente com o tubo neural que a controlava. Em contrapartida, o alongamento da faixa adoral perto da boca e na faringe proporcionou os primórdios de um endóstilo. As fendas faríngeas, então, apareceram para completar sua transformação em um cordado totalmente desenvolvido.

No entanto, partindo de uma larva de equinodermo, a evolução não via com esperança futura as vantagens distantes do estilo de vida de um cordado (ver Capítulo 3). As alterações na larva de equinodermo tiveram de ser determinadas por alguma vantagem adaptativa imediata quando surgiram pela primeira vez. Qual seria?

Suponhamos, por exemplo, que a larva desse equinodermo ancestral tenha gasto cada vez mais tempo em seu estágio planctônico, alimentando-se, e, portanto, seu tamanho aumentou. O tamanho maior é uma vantagem para escapar da predação e se estabelecerse em um substrato assim que a metamorfose começa. Se o tamanho da larva aumentou por essa ou outras razões, tal alteração isolada exigia alterações compensatórias em dois sistemas, a locomoção e a alimentação, pela mesma razão.

A razão é a geometria. À medida que um objeto fica maior, a superfície e a massa aumentam de maneira desigual. A massa corporal aumenta proporcionalmente ao *cubo* das dimensões lineares, mas a área de superfície aumenta apenas ao *quadrado* das dimensões lineares. Em uma larva cujo tamanho aumentou, os cílios que a propelem não aumentariam com a rapidez suficiente para mantê-la com a massa expandida. A superfície locomotora ficaria para trás à medida que a larva ficasse maior. Como resultado, haveria relativamente menos cílios superficiais para movimentar um volume relativamente maior. Esse, o argumento em questão, favoreceu o desenvolvimento de um sistema locomotor alternativo. A musculatura natatória segmentar, o corpo alongado e a barra enrijecida (a notocorda) são as soluções supostas, primeiro suplementando e em seguida substituindo o sistema ciliar falho.

De maneira similar, o modo de alimentação teve de ser modificado, e pela mesma razão, ou seja, uma desproporção geométrica entre a área de superfície e a massa corporal, exigindo suporte nutricional. A superfície em torno da boca continha cílios que capturavam as partículas em suspensão e as traziam para a boca. Porém, à medida que o tamanho da larva aumentava, a massa corporal superou a capacidade desses cílios superficiais de satisfazer as necessidades nutricionais. Conforme a faixa ciliar adoral se expandiu em um endóstilo, o transporte alimentar melhorou. Perfurações (fendas) na faringe permitiriam um fluxo de via única para a corrente alimentar. Ambas alterações aumentariam a eficiência do mecanismo de alimentação. Essas estruturas alimentares podem ter sido favorecidas por tais pressões seletivas.

Consequências do tamanho sobre as proporções de superfície e volume (Capítulo 4)

Larva de equinodermo a cordado girinoide

No entanto, o problema da metamorfose da larva em um equinodermo adulto ainda permanece. Mais cedo ou mais tarde, o equinodermo planctônico tinha de se transformar em um adulto bentônico. Mas como essa larva de equinodermo, agora dotada de características dos cordados, poderia alcançar um destino evolutivo separado a partir do equinodermo adulto que ela estava fadada a ser após a metamorfose?

A resposta de Garstang a essa questão foi inteligente, mais uma vez. Ele sugeriu que o estágio adulto era eliminado e o de larva, acentuado. A larva pelágica está adaptada a um estilo de vida livre, enquanto o adulto ao seu estilo de vida bentônico. Se a larva modificada tivesse sucesso, e o adulto não, então o tempo gasto nesse estágio de larva poderia ser estendido à custa do tempo gasto como adulto. Se a larva se tornasse sexualmente madura enquanto ainda fosse larva, poderia se reproduzir, uma função do adulto, e escapar de um ciclo de vida destinado a ser um adulto bentônico. Tal processo se denomina pedomorfose.

Informações adicionais sobre pedomorfose (Capítulo 5)

Uma larva pedomórfica de equinodermo, equipada com características de cordado, poderia ter as vantagens adaptadas da maior mobilidade pelágica e, agora, capaz de se reproduzir, seguir uma linha evolutiva independente. Os cientistas favoráveis à ancestralidade dos cordados a partir dos equinodermos foram rápidos em invocar a pedomorfose nos esquemas filogenéticos. Garstang, por exemplo, sugeriu que os vertebrados poderiam ter evoluído a partir dos equinodermos ancestrais parecidos com hemicordados e, em seguida, com ancestrais parecidos com urocordados, por pedomorfose (Figura 2.31).

Origem e filogenia dos cordados

Do início ao fim do século 20, a maioria dos biólogos de vertebrados adotou a hipótese auriculária de Garstang, em especial a parte que defende a origem dos cefalocordados e vertebrados como sendo de larvas dos urocordados via pedomorfose. Contudo, recentemente, tal hipótese caiu em descrédito. Diferente de muitas outras sugestões iniciais sobre as origens dos cordados, a hipótese auriculária tem a vantagem de fazer predições científicas específicas que podem ser testadas, e o têm sido. De fato, é mais um cenário, um conjunto de predições específicas ou hipóteses, compondo, juntas, uma visão maior, integrada, sobre as origens dos cordados.

Talvez porque, em muitas partes, se tornou um alvo fácil. Por exemplo, muitas estruturas simplesmente surgiram, como por acaso (p. ex., notocorda, músculos segmentares). Mais problemática é a informação mais nova das expressões gênicas e filogéticas baseadas nas sequências gênicas. A dificuldade é reconciliar o cenário auriculário com essa filogenia molecular mais recente das origens dos cordados.

Talvez mais desafiador para a hipótese auriculária seja reconciliá-la com o desenvolvimento do mapeamento moderno. Nos cordados, os genes envolvidos na padronização do eixo corporal se expressam em toda a extensão do cordão nervoso. Porém, nas larvas do tipo da dipleurula, a expressão desses mesmos genes se restringe, principalmente, apenas à região da cabeça. Isso implica que a larva dipleurula é uma cabeça sem o resto do corpo! É óbvio que isso é um problema para a hipótese auriculária, que admite que a larva tem um equivalente ao tronco e à cauda dos cordados. Talvez o território (domínio) da

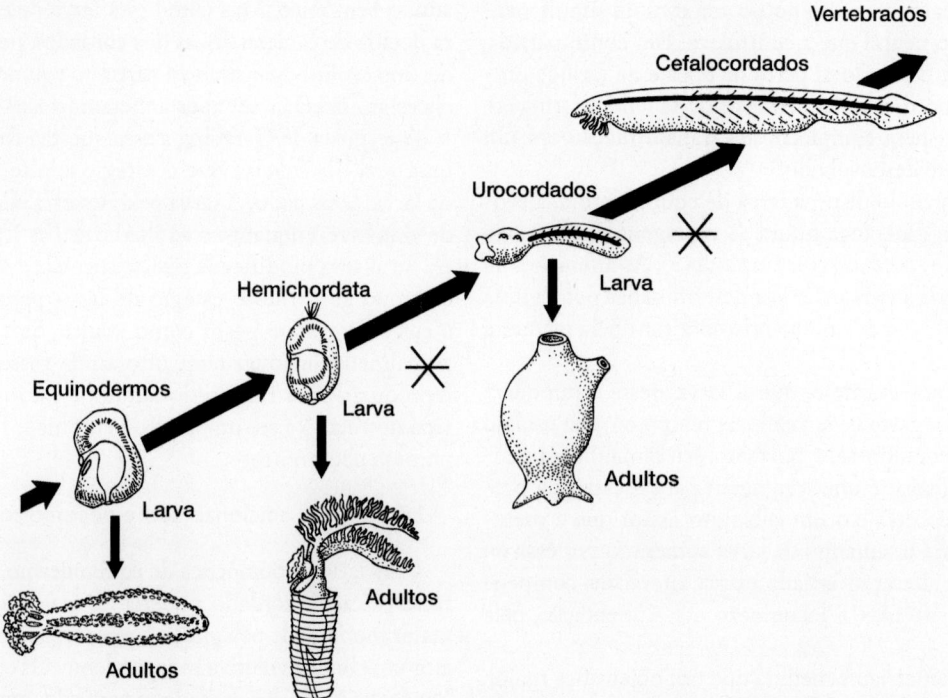

Figura 2.31 Resumo da hipótese de Garstang sobre as origens dos vertebrados. Começando com a larva de equinodermo, Garstang propôs uma série de etapas evolutivas literais pelas quais os estágios larvais que envolveram a pedomorfose (✳) e por fim produziram os cordados passaram. (Notar que a filogenia de Garstang é errônea sobre a colocação dos urocordados e cefalocordados.)

expressão desses genes na diplêurula possa ser ampliado para produzir um padrão de cordado completo e, portanto, esses genes da diplêurula poderiam originar todo o plano corporal do cordado. Mas isso é empilhar especulações sobre especulações, e nova evidência da inversão do corpo torna a hipótese auricular ainda menos aplicável às origens dos cordados.

Lembre-se de que, no início deste capítulo, mencionamos que os cordados parecem invertidos dorsoventralmente com relação a todos os outros bilatérios, incluindo os equinodermos e hemicordados. E mais, os cefalocordados, não os urocordados, são o grupo mais básico de cordados vivos. Tais ideias estão resumidas na Figura 2.32 e ampliadas na Figura 2.33.

Inversão dorsoventral

▶ **Origens e filogenia dos cordados.** Nos bilatérios, dois conjuntos de genes, que agem de acordo com as proteínas que produzem, especificam o eixo dorsoventral do corpo (Figura 2.34). A superfície dorsal convencional e ancestral é determinada, durante o desenvolvimento embrionário, pela proteína sinalizadora BMP (*bone morphogenetic protein* – proteína óssea morfogenética) e a superfície ventral pela proteína cordina (*chordin*). Entretanto, nos cordados ocorre o inverso – a BMP se expressa ventralmente e a cordina, dorsalmente. Isso só poderia acontecer se o ancestral ventral viesse a se tornar o cordado dorsal (e vice-versa). Os marcos anatômicos nos ajudam a rastrear essas mudanças. Note que, nos hemicordados, as fendas faríngeas se abrem dorsalmente, mas, nos cordados, o fazem ventralmente (Figura 2.34). A BMP e a cordina têm um gradiente e efeitos antagonistas no padrão dorsoventral. Curiosamente, a boca é uma exceção, abrindo-se ventralmente

em ambas as condições, antes e após a inversão. É possível que ela tenha migrado durante a inversão ou tenha se formado uma nova boca ventralmente nos cordados.

Embora lembrem a ideia do século 19, de Saint-Hillaire, de que os cordados se originaram de um protostômio invertido (anelídeo/artrópode), esses dados moleculares não confirmam tal derivação direta. Em vez disso, a inversão ocorreu nos deuterostômios.

Essa inversão ajuda a esclarecer algumas curiosidades e anomalias das características dos cordados que são justamente o inverso das características dos hemicordados. Por exemplo, nos hemicordados (enteropneusto), as partículas aprisionadas no muco são transportadas da parte dorsal da faringe para a ventral e em seguida para o intestino; em contraste, nos cordados, bainhas de muco carregadas com alimento são transportadas da parte ventral da faringe para a dorsal e então para o intestino. Nos hemicordados, o sangue flui para a frente no vaso dorsal e de volta no vaso ventral, mas nos cordados ele volta pelo vaso dorsal e segue para a frente pelo vaso ventral principal. A musculatura do corpo é mais bem desenvolvida dorsalmente nos hemicordados e ventralmente nos cordados. A inversão do corpo, no ponto mostrado na Figura 2.33, reconcilia essas diferenças e ajuda a explicar por que elas existem. E mais, notar que a boca do anfioxo jovem fica assimetricamente no lado esquerdo (ver Figura 2.20 B), como se esse estágio larvário inicial capturasse essa inversão filogenética ancestral em progresso.

Não se sabe por que houve inversão nos pré-cordados. Uma hipótese é a de que esses vermes pré-cordados viviam verticalmente em escavações, o que tornava a orientação dorsoventral menos importante. Uma segunda hipótese é a de que esses

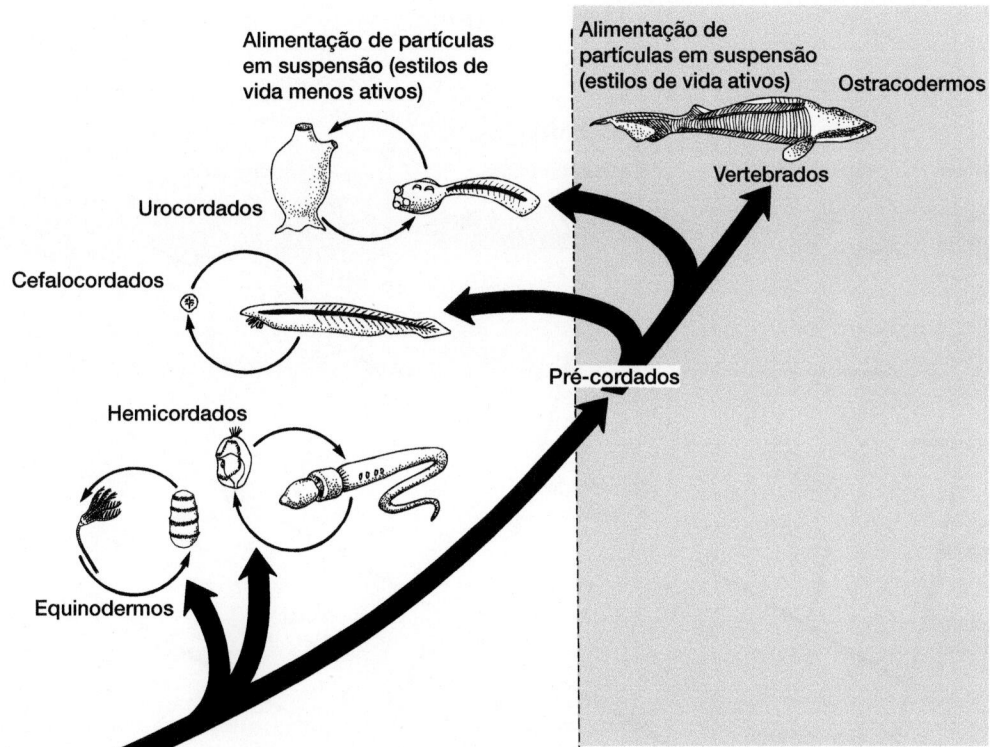

Figura 2.32 Estilos de vida, de pré-cordados a cordados. As fendas faríngeas estão desde cedo nos protocordados. Até chegarem a pré-cordados, outras características dos cordados estariam presentes – notocorda, cauda pós-anal, cordão nervoso dorsal oco –, todas servindo a um estilo de vida mais ativo. Uma ideia, mostrada aqui, é que o pré-cordado se alimentava de partículas em suspensão, embora de forma ativa, o que justifica suas características básicas de cordado. Outra ideia é que esse pré-cordado era um predador incipiente; tais características predatórias foram acentuadas nos vertebrados, mas reverteram nos cefalocordados e urocordados, que tiveram um retorno secundário ao hábito de se alimentar de partículas em suspensão.

ancestrais pré-cordados, quando começaram a nadar na coluna de água, o faziam confortavelmente de costas, com o ventre para cima, um tanto como os camarões e outros animais ainda fazem. Uma terceira hipótese é a de que a superfície dorsal e a ventral desses vermes pré-cordados não diferiam muito, de modo que pouco importava como ficassem no fundo do oceano, com o ventre, as costas ou os lados do corpo.

Deve-se, ainda, tentar imaginar a inversão dorsoventral. A evidência do desenvolvimento vem de apenas algumas espécies de artrópodes e cordados, um anelídeo e um hemicordado. O quadro pode ficar muito mais complicado quando mais espécies são investigadas (o motivo pelo qual minha colega Billie Swalla me recomendou ser mais cauteloso).

Qualquer que seja a história da inversão, contamos com a vantagem da filogenia molecular para mapear as etapas da origem dos cordados, que surgiram da ramificação dos deuterostômios (ver Figura 2.33) antes do Período Cambriano. É provável que esses primeiros pré-cordados fossem vermes móveis que viviam no fundo do mar, talvez similares aos hemicordados Enteropneusta. As fendas faríngeas surgiram, então, para auxiliar o sistema ciliar e mucoso de alimentação, levando vantagem do acúmulo de bactérias e outros microrganismos que cobriam o fundo dos oceanos característicos daquela época. É provável que outras características dos cordados se destinavam a servir para a locomoção, que se tornou mais ativa.

Um aumento no tamanho do corpo ou a disponibilidade de itens alimentares maiores podem ter favorecido tal modificação no estilo de vida e na locomoção. A segmentação muscular (miômeros) acompanhou a locomoção mais ativa, junto com um bastão elástico, mas anticompressivo (a notocorda), para evitar a compactação do corpo, e a extensão da cauda ajudava na propulsão. O tecido nervoso que servia aos miômeros segmentares se tornou consolidado para o controle mais efetivo da contração (cordão nervoso dorsal oco). A resumida consequência dessas alterações coletivas foi a produção de um cordado verdadeiro (cauda pós-anal), que lembra um pouco o anfioxo na forma corporal. Embora a evolução subsequente para vertebrados continuasse a enfatizar um estilo de vida cada vez mais ativo, muitos dos que sobrevivem até hoje, como o anfioxo e as ascídias, voltaram aos seus estilos de vida menos ativos ou mesmo sésseis, quando adultos.

Duas ideias gerais se mantêm até hoje como características desse primeiro cordado. Por um lado, alguns o veem como um predador incipiente com uma cabeça mais diferenciada, uma faringe simples com poucas fendas, olhos e uma boca grande. Tal pré-cordado predador ativo está destinado a evoluir em duas direções. Uma seria voltar atrás, secundariamente, a um sistema de filtração menos ativo do alimento (p. ex., cefalocordados, urocordados) e a outra seria na direção dos vertebrados, acentuando os traços predatórios.

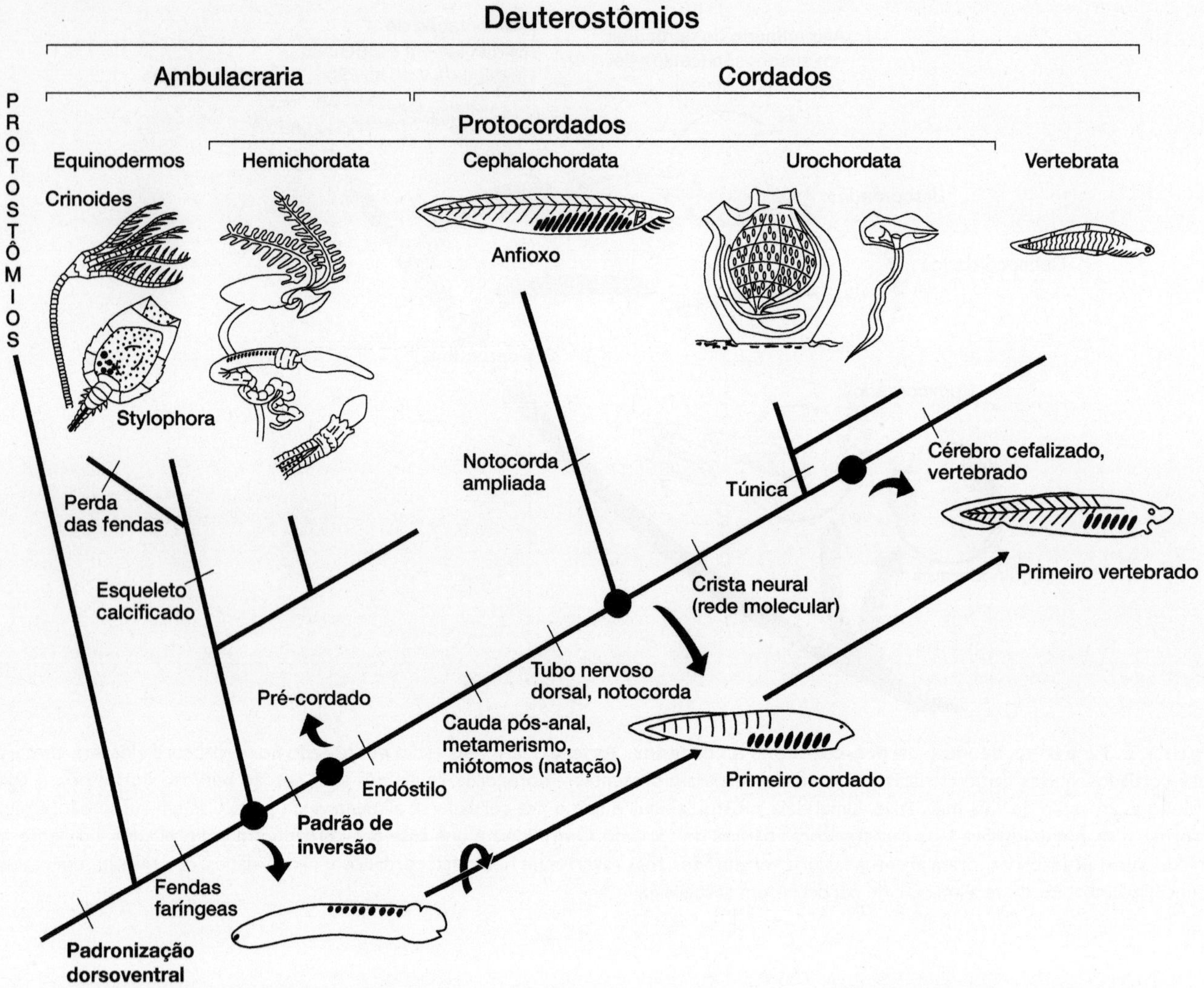

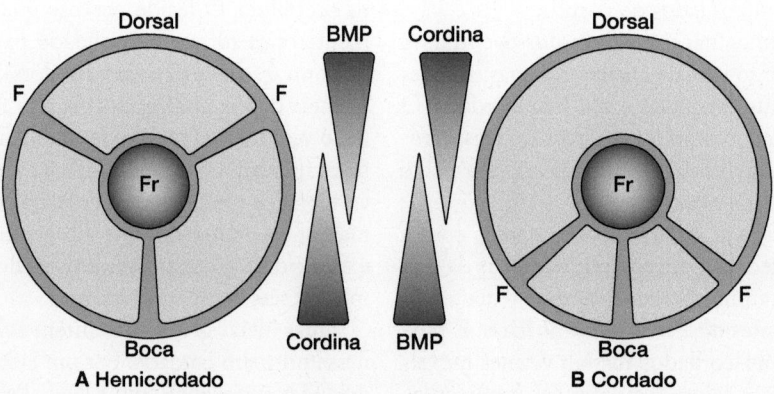

Deuterostômios

Ambulacraria

Cordados

Protocordados

Equinodermos Hemichordata Cephalochordata Urochordata Vertebrata

Crinoides

PROTOSTÔMIOS

Anfioxo

Stylophora

Cérebro cefalizado, vertebrado

Notocorda ampliada

Túnica

Perda das fendas

Primeiro vertebrado

Esqueleto calcificado

Crista neural (rede molecular)

Tubo nervoso dorsal, notocorda

Pré-cordado

Cauda pós-anal, metamerismo, miótomos (natação)

Primeiro cordado

Endóstilo

Padrão de inversão

Fendas faríngeas

Padronização dorsoventral

Figura 2.33 Relações filogenéticas dentro dos deuterostômios. Note que, entre os Ambulacraria (Equinodermata + Hemichordata) e Cephalochordata, ocorre uma inversão do corpo, revertendo o eixo dorsoventral. Outras modificações importantes nas posições das características são mostradas ao longo do caminho.

Com base em Mallatt, 2009.

Dorsal   BMP   Cordina   Dorsal

F   F

Fr   Fr

Cordina   BMP   F   F

Boca   Boca

A Hemicordado   B Cordado

Figura 2.34 Inversão dorsoventral: o corpo do cordado é um plano invertido daquele do hemicordado. A. Nos hemicordados (e nos protostômios em geral), o lado anatomicamente dorsal é determinado pela expressão da BMP, e o ventral, pela expressão da cordina. A partir da faringe do hemicordado, as fendas faríngeas se abrem dorsalmente. **B.** Nos cordados, ocorre o inverso, com a cordina determinando a superfície anatomicamente dorsal e a BMP a ventral. A partir da faringe, as fendas faríngeas se abrem ventralmente. A BMP e a cordina têm uma relação antagonista e um gradiente no estabelecimento do eixo dorsoventral. F, fendas faríngeas; Fr, faringe.

De Lowe et al., 2006.

Em contrapartida, o primeiro cordado mais provável não era um predador incipiente, e sim um filtrador de alimentos, embora ativo (ver Figura 2.32). Seu estilo de vida ativo seria o responsável pelas condições e similarmente favoreceram a evolução das características básicas dos cordados para a locomoção ativa, ao mesmo tempo que também explicaria o aparato de filtração alimentar quase idêntico dos cefalocordados e urocordados. Modificações subsequentes da faringe em particular, que vamos examinar no Capítulo 3, representam um estágio posterior, que produz vertebrados predatórios a partir do tal primeiro cordado que se alimentava de partículas em suspensão.

Resumo

A pesquisa filogenética em andamento e a disponibilidade de novos métodos moleculares dão uma ideia melhor, embora certamente não concluída, da evolução dos protocordados (ver Figura 2.33). Os vertebrados surgiram da ramificação dos deuterostômios, parte do clado dos cordados. O outro clado de cordados inclui os equinodermos mais os hemicordados, mais estreitamente relacionados entre si que com os cordados, com base nas similaridades compartilhadas na morfologia da larva e nos aspectos moleculares (sequências e expressão gênicas). Alguns equinodermos fósseis preservaram uma simetria bilateral, mas a maioria, inclusive todos os grupos vivos, divergiu de maneira drástica, tornando-se pentarradial, perdendo as fendas faríngeas e um cordão nervoso distinto formado de neurulação. Os hemicordados são monofiléticos, com os pterobrânquios surgindo dos enteropneusto, e exibem uma característica básica dos cordados (fendas faríngeas).

Há muito tempo, os cefalocordados têm sido considerados próximos dos vertebrados, mas a filogenia molecular argumenta o contrário e, agora, os coloca bem afastados, como cordados básicos. Todavia, isso lhes confere um novo *status* entre os animais vivos como representantes próximos dos cordados ancestrais. Infelizmente, é complicado um corpo como o do anfioxo derivar de um verme hemicordado invertido. Os corpos e sistemas nervosos são muito diferentes. A ausência de fósseis dificulta ainda mais prever os estágios intermediários.

Os urocordados são monofiléticos, sendo agora o grupo irmão dos vertebrados. A crista neural, que será discutida de maneira geral nestas páginas, é uma unidade sinapomórfica importante desses grupos. No entanto, os estágios de larva e adulto dos urocordados são muito simplificados, tendo eliminado os músculos segmentares (metamerismo), nefrídios e alguns complexos gênicos principais. Essa perda de uma parte significativa do genoma dos urocordados representa uma perda importante de dados moleculares informativos pelos quais poderiam ser comparados com os protocordados e colocados no seu grupo, mantendo essa filogenia por mais tempo. Esses genes perdidos apresentam-se mais cedo nos cefalocordados, e mais tarde nos vertebrados, em que são necessários para formar o plano corporal básico. Portanto, as larvas dos tunicados, ou de qualquer outro urocordado, não são ancestrais imediatos dos vertebrados. Em vez disso, é mais provável que tanto urocordados quanto vertebrados tenham surgido de um ancestral comum, simplificado nos urocordados, mas elaborado nos vertebrados.

Essa visão filogenética (ver Figura 2.33) sugere que um ancestral como um verme, talvez similar a um verme enteropnêustico, evoluiu para hemicordados/equinodermos em um lado dos deuterostômios e para um cordado no outro. Em termos estritos, isso significa que os cordados não evoluíram *a partir* dos equinodermos (cf. Garstang) e certamente não dos anelídeos/artrópodes (cf. Saint-Hillaire, Patten). Embora Garstang tenha trabalhado com uma filogenia errônea, ele trouxe para o estudo das origens dos cordados ideias sobre os mecanismos de alteração e a base adaptativa da mudança evolutiva.

Embora controversa em suas especificidades, a origem dos cordados certamente fica entre os invertebrados, uma transição que ocorreu nos tempos remotos do Proterozoico. Dentro dos cordados surgiram os vertebrados, um grupo de vasta diversidade que inclui algumas das espécies mais notáveis de animais que habitam a terra, o ar e as águas de nosso planeta. Nos primeiros cordados, foi estabelecido o plano corporal básico: fendas faríngeas, notocorda, endóstilo ou tireoide, cordão nervoso dorsal oco e cauda pós-anal. A alimentação dependia da separação de partículas de alimento em suspensão na água e envolvia a faringe, uma área especializada do intestino com paredes revestidas por cílios para conduzir o fluxo de água que trazia o alimento. As paredes da faringe eram revestidas por muco para capturar as partículas em suspensão. As fendas faríngeas permitiam um fluxo de água de mão única. O equipamento locomotor incluía uma notocorda e músculos dispostos de maneira segmentar, que se estendiam do corpo para uma cauda pós-anal.

A alimentação e a locomoção eram atividades que favoreciam essas novas estruturas especializadas nos primeiros cordados. Modificações evolutivas subsequentes iriam se centralizar em torno da alimentação e da locomoção, continuando a caracterizar a riqueza de adaptações encontrada nos vertebrados que viriam depois.

CAPÍTULO 3

História dos Vertebrados

Introdução

A história dos vertebrados tem pouco mais de meio bilhão de anos, um tempo inimaginável (Figura 3.1) durante o qual alguns dos animais mais complexos que conhecemos evoluíram. Os vertebrados ocupam ambientes marinhos, de água doce, terrestres e aéreos, exibindo ampla gama de estilos de vida. São cordados, como o anfioxo e os tunicados, e, durante algum tempo de vida, têm todas as cinco características que definem os cordados: notocorda, fendas faríngeas, tubo nervoso tubular dorsal e endóstilo. A diversidade dos vertebrados poderia ser atribuída à oportunidade. Eles surgiram quando havia poucos predadores de grande porte. Seu sucesso também pode ser de-corrente de sua grande variedade de inovações. Duas dessas inovações – a coluna vertebral e o crânio – justificam a deno-minação desse táxon importante.

Inovações

Coluna vertebral

A **coluna vertebral** inspira o nome dos *vertebrados* e é com-posta por **vértebras**, uma série de ossos separados ou blocos de cartilagem unidos firmemente como se fossem um osso único que define o eixo principal do corpo. Entre as vértebras su-cessivas há almofadas finas compressíveis, os **discos** ou **corpos intervertebrais**. Uma vértebra típica (Figura 3.2) consiste em

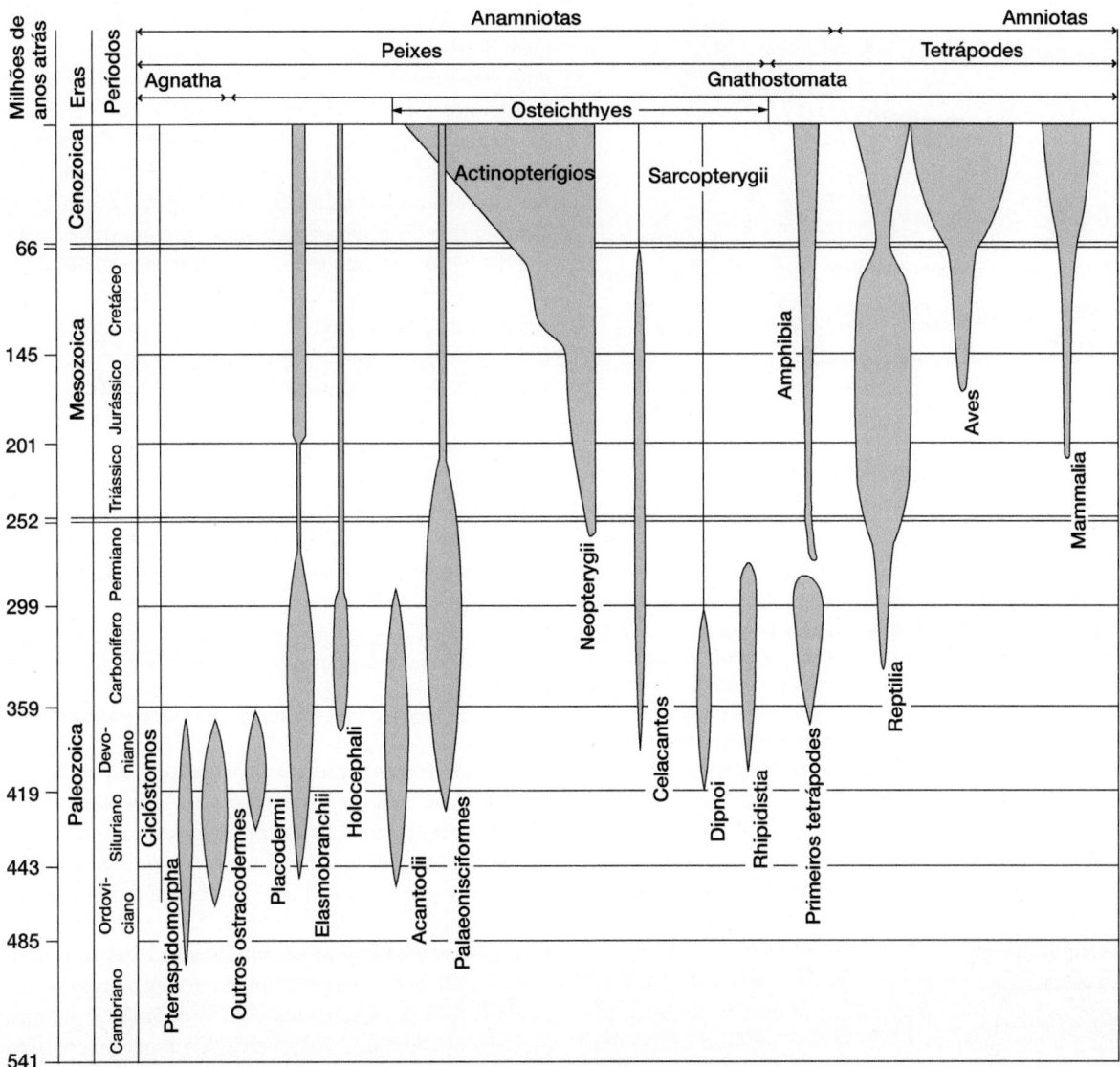

Figura 3.1 Diversidade dos vertebrados. A escala vertical à esquerda representa o tempo geológico em milhões de anos atrás. Os nomes das eras e períodos geológicos estão listados em conjunto com o tempo geológico. Cada coluna cinza do gráfico começa com o primeiro fóssil conhecido rastreado do grupo específico. A largura variável das colunas expressa estimativas subjetivas da abundância relativa e da diversidade daquele grupo particular através do tempo. Os agnatos são os mais antigos. Os Chondrichthyes estão representados por dois táxons: os elasmobrânquios e os holocéfalos. Os Osteichthyes estão representados por dois subgrupos: os actinopterígios (Palaeonisciformes, neopterígios) e os sarcopterígios (Dipnoi, Rhipidistia). Os grupos amplos tradicionais de vertebrados, indicados no alto do gráfico, incluem Agnatha e Gnathostomata, peixes e tetrápodes, e anamniotas e amniotas, que englobam os táxons abaixo deles. Os conodontes não estão indicados, mas seu surgimento no registro fóssil começa por volta do meio do Cambriano e perdura através do Triássico.

um corpo cilíndrico sólido, ou **centro**, que engloba a notocorda, um **arco neural** envolvendo a medula espinal e um **arco hemal** que encerra os vasos sanguíneos. As extensões desses arcos são os **espinhos neural** e **hemal**, respectivamente. Os primeiros vertebrados (*Haikouella, Haikouichthys*) tinham uma notocorda reta que satisfazia as demandas mecânicas de sustentação do corpo e locomoção, mas, aparentemente, também tinham vértebras rudimentares. Nesses e em outros dos primeiros peixes, os elementos vertebrais englobavam ou circundavam uma notocorda, que continuava a servir como componente estrutural principal do corpo do animal. Nos peixes que surgiram depois e em vertebrados terrestres, as vértebras sucessivas assumem as funções adultas de sustentação do corpo e movimento.

À medida que o papel da coluna vertebral aumenta, o da notocorda no adulto diminui. Nos adultos da maioria dos vertebrados avançados, a notocorda desaparece, embora nos mamíferos ela persista apenas como um núcleo pequeno, em forma de mola e semelhante a gel, dentro de cada disco intervertebral denominado **núcleo pulposo**.

Cabeça

A outra inovação importante que evoluiu nos vertebrados é o **crânio**, que justifica o outro nome do grupo, ou de um vasto subgrupo deles, *craniados*. O crânio é uma estrutura composta por osso e/ou cartilagem que sustenta órgãos sensoriais na cabeça e envolve o cérebro total ou parcialmente. O termo

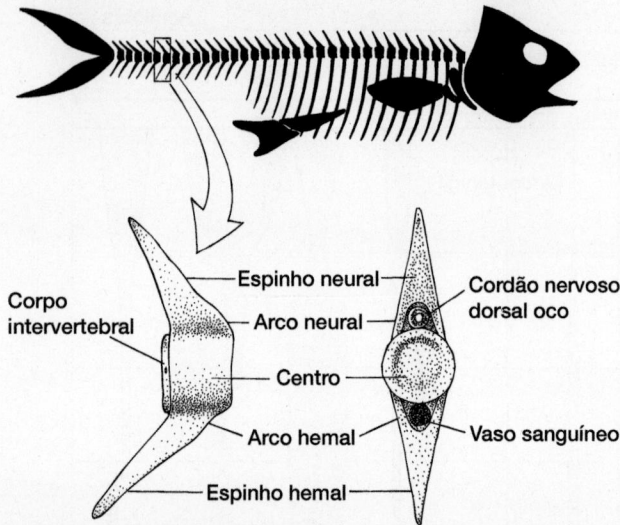

Figura 3.2 Vértebra básica. As vértebras substituem a notocorda como o meio predominante de sustentação corporal nos peixes e tetrápodes derivados. Uma vértebra típica consiste em um centro único, com um arco neural e um espinho neural dorsalmente, e um arco hemal e um espinho hemal ventralmente. A notocorda pode ficar no centro ou, na maioria dos casos, é perdida. Os corpos intervertebrais são almofadas cartilaginosas ou fibrosas que separam as vértebras. Nos mamíferos adultos, esses corpos se denominam discos intervertebrais, que retêm núcleos semelhantes a gel, remanescentes da notocorda embrionária.

cefalização se refere à aglomeração anterior de órgãos sensoriais especializados, como o par de olhos, o de ouvidos, o nariz e outros receptores sensoriais. A parte anterior do tubo neural, que supre esses órgãos sensoriais, aumenta para formar um cérebro distinto com protuberâncias denominadas prosencéfalo, mesencéfato e metencéfalo. O crânio, incluindo o tecido nervoso cefalizado, constitui a cabeça.

A evolução dos vertebrados se caracterizou por uma nova e ampla gama de estruturas cefálicas. No entanto, atualmente não há melhores características diagnósticas dos vertebrados que a existência de **células da crista neural** e **placódios epidérmicos**, ambas características embrionárias encontradas há muito tempo apenas nos vertebrados. Embora essas estruturas embrionárias não possam ser observadas diretamente em fósseis, seus derivados adultos podem. Elas originam a maioria dos órgãos sensoriais da cabeça, algumas partes do crânio e os tipos distintos de dentes. Como essas células são embrionárias, são transitórias e raramente nos lembramos delas quando pensamos nas características dos vertebrados. Porém, essas células especiais da crista neural e placódios são a fonte da maioria das estruturas do adulto que distinguem os vertebrados dos demais cordados.

Células da crista neural (Capítulo 5); formação da cabeça dos vertebrados (Capítulo 7)

Origem dos vertebrados

A origem e a evolução inicial dos vertebrados ocorreram em águas marinhas, mas, em uma ocasião, a evidência fóssil e fisiológica pareceu apontar para uma origem em água doce. Fósseis de vertebrados muito ancestrais foram recuperados do que pareciam depósitos de água doce ou delta de rios (Ordoviciano). Alguns desses primeiros fósseis de peixes consistiam em fragmentos de uma armadura óssea desgastada, como se, após a morte, os corpos tivessem sido varridos e levados pelas correntes, acabando por se depositar no lodo e na areia do fundo dos deltas dos rios. Na década de 1930, o fisiologista Homer Smith argumentou que o rim dos vertebrados funcionava bem para eliminar do corpo qualquer influxo osmótico de excesso de água, um problema entre os animais de água doce, mas não dos marinhos. Entretanto, a descoberta de fósseis de peixes ainda mais antigos (do Cambriano) confirmou a origem dos primeiros vertebrados como sendo em águas marinhas. A partir dessa descoberta, mostrou-se que os rins dos vertebrados, embora bons para manter o equilíbrio hídrico, precisam ser interpretados como uma inovação das formas de água doce. Os rins de lagostas e lulas funcionam de maneiras semelhantes, embora esses invertebrados e seus ancestrais sempre tivessem sido marinhos. Além disso, primeiro se pensou que os sedimentos do Ordoviciano eram de água doce, mas ficou comprovado que eram de partes rasas costeiras do mar. Hoje, poucos cientistas insistem que os primeiros vertebrados eram produtos de ambientes de água doce.

Fisiologia renal e evolução inicial dos vertebrados (Capítulo 14)

A evolução dos primeiros vertebrados se caracterizou por estilos de vida cada vez mais ativos, que hipoteticamente passavam por três etapas. A primeira compreendia um *pré-vertebrado* que se alimentava de partículas em suspensão, como o anfioxo, e contava apenas com cílios para gerar a corrente que trazia o alimento até a entrada da faringe. A segunda etapa foi um *agnatia*, um vertebrado inicial sem maxilas, mas com uma bomba muscular que gerava a corrente que trazia o alimento. A terceira etapa foi um *gnatostomado*, um vertebrado com maxilas que escolhia os alimentos a capturava. Ele ingeria itens alimentares maiores com uma boca vascularizada e maxilas que capturavam rapidamente a presa selecionada na água. É possível que essas três etapas tenham ocorrido conforme definido a seguir.

Primeira etapa | Pré-vertebrado

Esse pré-vertebrado surgiu dos protocordados (ver *Capítulo 2*). Lembre-se de que, atualmente, há dois pontos de vista contrastantes sobre quais aspectos o caracterizaram (ver Figura 2.32). Um é o de que o pré-vertebrado era um predador incipiente; o outro, o de que era um organismo que se alimentava de partículas em suspensão. A alimentação com partículas em suspensão, baseada em bombas ciliares, é comum aos hemicordados, urocordados e cefalocordados. Embora seja apenas uma hipótese, opto pelo ponto de vista de que o primeiro pré-vertebrado usava um método semelhante de alimentação de partículas em suspensão (Figura 3.3). Como já dissemos, teria sido um organismo marinho, talvez muito semelhante ao anfioxo, mas que não escavava e era bom nadador, mais capaz de tolerar o ambiente de estuários, em que a água dos rios entra no mar e se mistura com a salgada. O desvio de tal pré-vertebrado para a condição vertebrada envolveu duas alterações mecânicas na faringe que, juntas, produziram uma bomba muscular. Em primeiro lugar, a faringe desenvolveu uma faixa circular de

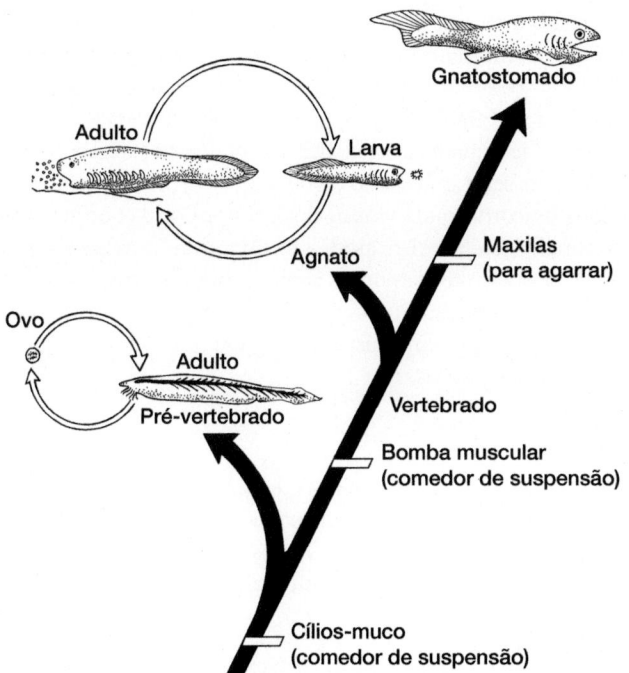

Figura 3.3 Origem dos vertebrados. Um estilo de vida predatório mais ativo caracterizou a evolução dos vertebrados, deixando para trás a alimentação com partículas em suspensão que caracterizava os ancestrais dos vertebrados. Os pré-vertebrados são vistos como comedores de partículas em suspensão, talvez semelhantes ao anfioxo, mas se modificaram e passaram a depender de uma faringe muscularizada para produzir correntes respiratórias e de alimento na água. Após os pré-vertebrados, desenvolveu-se um estágio agnata, em que os adultos podem ter sido comedores bentônicos, mas as larvas continuaram a tendência a um estilo de vida mais ativo. A seleção e a captura de presa específica podem ter vindo a seguir, resultando nos gnatostomados com maxilas. Portanto, a tendência inicial na evolução dos vertebrados foi de mecanismos ciliares a musculares na movimentação das correntes de alimento e, em seguida, para maxilas que capturavam a presa diretamente da água.

músculos. Em segundo, cartilagem resistente e elástica substituiu o colágeno nas barras faríngeas. A contração das faixas musculares constringiu a faringe, forçando a água para fora das fendas faríngeas. Com o relaxamento muscular, o suporte cartilaginoso voltava a expandir a faringe, restaurando sua forma original, e ela funcionava de novo na água. De início, essa nova bomba muscular era meramente suplementar às bombas ciliares existentes para a movimentação da água por meio da faringe. No entanto, nos animais maiores, as bombas ciliares superficiais se tornaram menos efetivas para suprir sua maior massa corporal. O aumento do tamanho do corpo favoreceu a proeminência da bomba muscular e a perda do mecanismo ciliar para movimentar a água. O aparecimento de uma bomba muscular ativa (e de uma barra cartilaginosa) acabou com os limites que uma bomba ciliar impunha ao tamanho do animal.

Junto com sua contribuição para uma alimentação mais eficiente de partículas em suspensão, a bomba muscular também satisfez as demandas de outra inovação importante na evolução dos vertebrados, as brânquias. Os protocordados tinham fendas faríngeas, mas não brânquias. **Brânquias** são órgãos respiratórios pregueados complexos nas bolsas faríngeas, cujas pregas (lamelas) contêm leitos capilares sanguíneos complexos. Elas são banhadas pela água carregada com alimento em suspensão e rica em oxigênio, que é bombeada pela faringe. Colocadas nessa corrente de água, as brânquias necessariamente aumentam a resistência ao líquido que flui. Portanto, além de servir para a alimentação, a bomba muscular forte também ajudava a empurrar a água através das brânquias recém-evoluídas, satisfazendo, assim, as maiores demandas respiratórias nesse pré-vertebrado ativo.

No final dessa etapa, os primeiros vertebrados estariam bastante aptos para encontrar alimento e nadar para fugir dos predadores. Eles teriam um sistema nervoso cefalizado, com olhos, nariz, órgão do equilíbrio (ouvido) e um cérebro distinto para lhes dar suporte.

A nova boca (Capítulo 13)

Segunda etapa | Agnatha

A formação de uma bomba faríngea muscular trouxe a evolução inicial dos vertebrados para o estágio de *Agnatha*. A diversificação que se seguiu a esses peixes sem maxila foi extensa a seu modo e culminou na expansão da bomba faríngea. Considera-se que esses agnatos se alimentavam de partículas em suspensão ou de um caldo incomumente espesso de partículas, ou de depósitos, com as larvas enfiando a boca no lodo orgânico ou arenoso para retirar o sedimento rico em partículas orgânicas e microrganismos. Embora os cílios e o muco da cesta branquial servissem para coletar as partículas que passavam na suspensão e transportá-las para o esôfago, a nova faringe musculosa, não os cílios, forçava a corrente rica em material orgânico para a boca. É possível que alguns agnatos fósseis (ostracodermes) tenham criado suspensões espessas de alimento usando estruturas rudimentares em torno de sua boca para raspar algas que cresciam nas superfícies rochosas, transformando-as em suspensão livre, que poderia, então, ser sugada para a boca pela ação da mesma faringe muscular.

Terceira etapa | Gnathostomata

Os pré-vertebrados, com sua bomba ciliar, e provavelmente os primeiros vertebrados agnatos, com sua bomba muscular, alimentavam-se de partículas em suspensão. As correntes que traziam o alimento vinham com bastante material orgânico, do qual algum colidia com o muco e era capturado. A transição de agnato para gnatostomados envolveu um desvio no método de alimentação, levando vantagem das partículas maiores com mais massa alimentar. As espécies de transição se tornaram alimentadores raptoriais, que capturavam determinadas partículas alimentares seletivamente do material em suspensão ou das superfícies. Algumas escolhiam itens alimentares seriam zooplâncton, com capacidade de defesa que lhe possibilitava correr ao ser abordado. Outras espécies preferiam itens ainda maiores, partículas com inércia significativa, como pequenos vermes, que exigiam o esforço de uma sucção potente para serem ingeridos. A alimentação por meio de captura e sucção favoreceu uma expansão súbita e forçada da bomba faríngea, seguida pelo fechamento firme da boca para evitar que o alimento capturado escapasse. O recolhimento elástico das barras cartilaginosas permitiu que os primeiros vertebrados sem maxila produzissem alguma sucção, levando o alimento para a boca, mas tal sistema era muito fraco para permitir a captura forçada e a ingestão. Com o advento das maxilas potencializadas pela ação muscular rápida, a expansão faríngea e a sucção ficaram mais fortes e ativas. Os músculos que serviam à barra faríngea anterior (perto da boca) se tornaram especialmente grandes, abrindo e fechando a boca rapidamente, com uma mordida forte, e segurando a presa "aspirada". A barra faríngea anterior maior, transformando-se em maxilas prendedoras, também eliminou a limitação de tamanho da presa, de maneira que mesmo presas grandes que se contorciam podiam ser capturadas. A predação ativa de organismos grandes se tornou um estilo de vida comum nos vertebrados subsequentes de ramos diversificados.

Classificação dos vertebrados

A taxonomia tradicional divide os vertebrados em classes, que podem ter emergido a partir de grupos de vertebrados que compartilham características distintas. Anfíbios, répteis, aves e mamíferos são denominados coletivamente de **tetrápodes**, termo que significa literalmente quatro patas, mas o grupo é entendido como incluindo os descendentes de ancestrais de quatro patas, como cobras, lagartos sem pernas, anfíbios sem pernas, mamíferos marinhos com nadadeiras e aves, bem como os próprios vertebrados **quadrúpedes** (de quatro patas). Todos os outros vertebrados são **peixes**. Os vertebrados com maxilas são **gnatostomados** (que significa "maxila" e "boca"); peixes sem maxilas são **agnatos** (que significa "sem maxilas"), que não têm elementos rígidos sustentando as bordas da boca. Embriões de répteis, aves e mamíferos têm uma membrana transparente e delicada em forma de bolsa, o **âmnio**, que envolve o embrião em um compartimento aquoso protetor. Os vertebrados que produzem embriões envoltos em tal âmnio são **amniotas**, enquanto aqueles sem âmnio são **anamniotas** (peixes e anfíbios).

Alguns desses grupos são parafiléticos, mas ainda retêm uma utilidade informal. Usaremos métodos formais para identificar grupos naturais, mas os estudantes também devem ficar à vontade com os nomes informais de simples conveniência.

Âmnio embrionário (Capítulo 5); categorias e monofilos (clades, clãs; Capítulo 1)

Agnatha

A história dos vertebrados começa com os agnatos. É óbvio que há uma boca, mas esses peixes "sem maxilas" não têm tais estruturas, um aparato mordedor derivado das barras faríngeas (5 arcos branquiais). Os vertebrados têm um passado antigo, tendo surgido no início do Cambriano, com a explosão de tipos de animais, há 500 milhões de anos. As feiticeiras e lampreias trazem essa história de vertebrados sem maxilas até o presente. Juntos, esses dois grupos vivos são conhecidos como **ciclóstomos** (o que significa "redondo" e "boca"). Em geral, são considerados antecessores dos vertebrados mais ancestrais, porém são altamente modificados, adaptados para estilos de vida especializados e, portanto, afastados de muitas maneiras

do estado ancestral geral. Fragmentos ósseos de carapaça do final do Cambriano atestam a existência de vertebrados e de um corpo ósseo. Esses animais eram os **ostracodermes** (cujo significado é "osso" e "pele"), peixes vertebrados ancestrais que tinham uma armadura óssea. Por fim, podemos acrescentar impressões fósseis notáveis e o carbono que permanece dos vertebrados de corpo mole vindos dos primórdios das origens dos vertebrados. As relações ainda são discutíveis e estão em mudança constante com as novas análises filogenéticas, mas certamente podemos resumir as análises em andamento e o extraordinário desdobramento histórico (Figura 3.4). Vamos começar com os agnatos vivos.

Agnatos vivos

A história fóssil das feiticeiras e lampreias chega ao final do Devoniano, mas é provável que a maioria dos agnatos vivos tenha surgido muito antes disso. Todos os agnatos vivos não têm ossos e possuem apenas uma única narina.

Myxinoidea

As **feiticeiras** – escavadores do lodo do fundo do mar semelhantes a enguias – alimentam-se de invertebrados mortos, ou que estejam morrendo, e de outros peixes, ou exercem a predação sobre invertebrados no lodo (Figura 3.5 A e B), e estão incluídos nos Myxinoidea. Elas usam processos semelhantes a dentes em sua "língua" muscular para raspar a carne de presas ou desenrolar vermes. Glândulas de lodo sob a pele liberam muco por meio de poros da superfície. Esse muco, ou "lodo", pode servir para escaparem de um predador deslizando ou tampar as brânquias do atacante. Além disso, as feiticeiras podem dar um nó no próprio corpo para escapar da captura ou ter mais força para rasgar o alimento (Figura 3.5 E e F).

Ovários e testículos ocorrem no mesmo indivíduo, mas apenas um tipo de gônada é funcional, de modo que as feiticeiras não são hermafroditas verdadeiros. Seus ovos são grandes e com vitelo, com cada indivíduo colocando até 30. O desenvolvimento de ovos com vitelo é direto, ou seja, não há estágio de larva ou metamorfose.

As feiticeiras têm uma única narina localizada terminalmente, na extremidade anterior da cabeça. A água entra nessa única abertura nasal, passa entre o ducto naso-hipofisário e a bolsa nasal ímpar, em seu caminho para a faringe e as brânquias. O aparelho vestibular, ou ouvido, é um órgão de equilíbrio e inclui um canal semicircular único. As feiticeiras adultas não têm vestígios de vértebras na notocorda nem em torno dela, mas algumas de suas larvas têm. Elementos semelhantes a vértebras se formam na cauda pós-anal dos embriões, logo abaixo da notocorda e em contato com a mesma. Aparentemente, não se desenvolvem vértebras verdadeiras no corpo nem na cauda, e as que surgem são perdidas na fase adulta. O líquido do corpo das feiticeiras também é único. Em outros vertebrados, a água do mar tem cerca de dois terços mais sal que o líquido corporal. Portanto, em outros peixes marinhos, a água se move osmoticamente para fora do corpo ao longo de seu gradiente, de modo que eles precisam regular seus níveis de água e sal constantemente, para que fiquem em equilíbrio com o ambiente à sua volta. Em contraste, as concentrações de sal

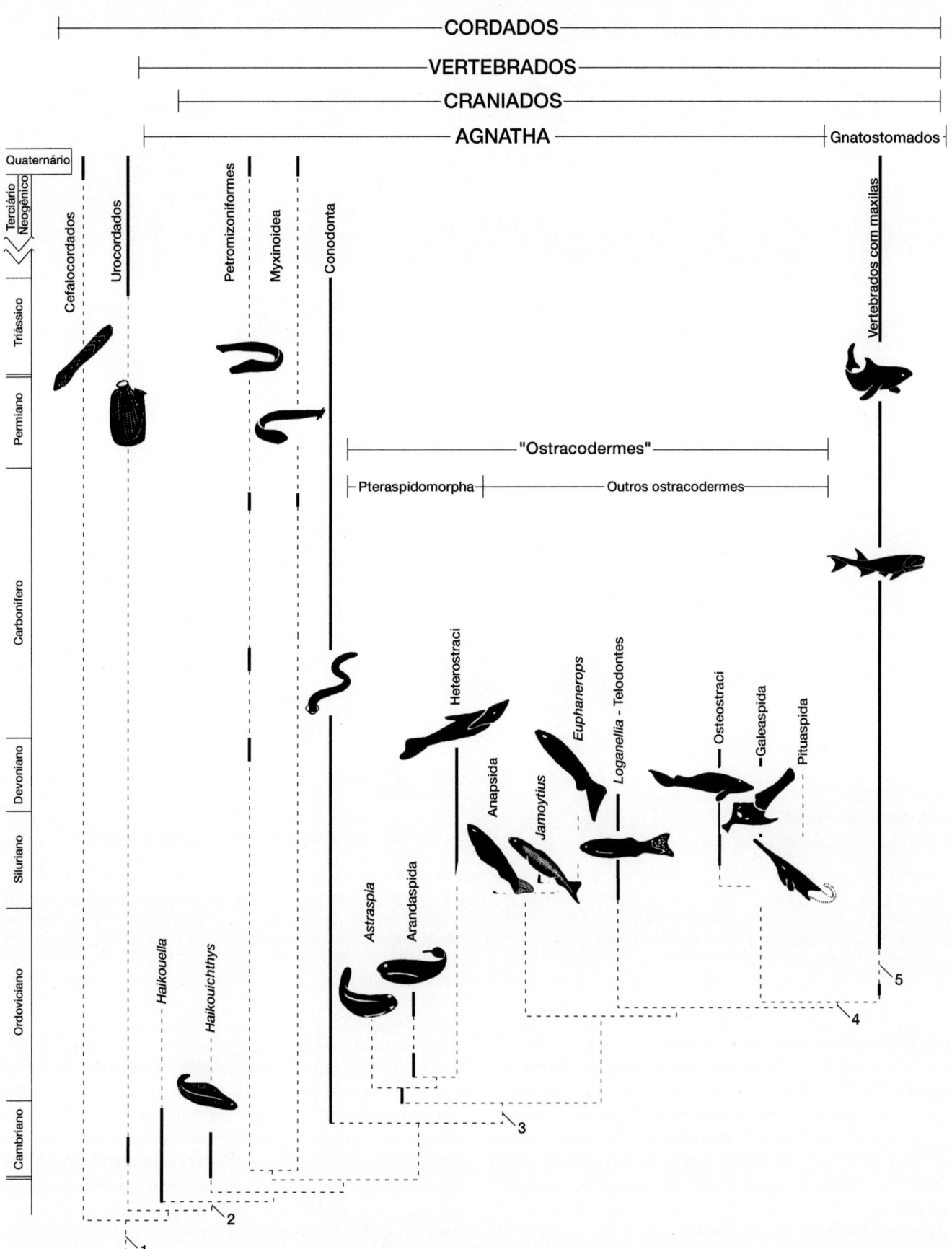

Figura 3.4 Relações filogenéticas dos agnatos. As linhas pontilhadas indicam as relações filogenéticas prováveis e a faixa geológica inferida. As linhas contínuas mostram faixas estratigráficas. Fragmentos ósseos dérmicos do final do Cambriano indicam a existência precoce de ostracodermes, provavelmente um membro sem nome dos Pteraspidomorpha. Principais sinapomorfias nos nós: (*1*) notocorda, cordão nervoso tubular e dorsal, fendas faríngeas, cauda pós-anal, endóstilo (tireoide). (*2*) Cérebro cefalizado, vértebras. (*3*) Esqueleto dérmico extenso, sistema de linha lateral em sulcos. (*4*) Nadadeiras peitorais. (*5*) Maxilas, nadadeiras pélvicas. *Modificada de Donoghue, Fore e Aldridge, com acréscimos baseados em Janvier e Mallatt.*

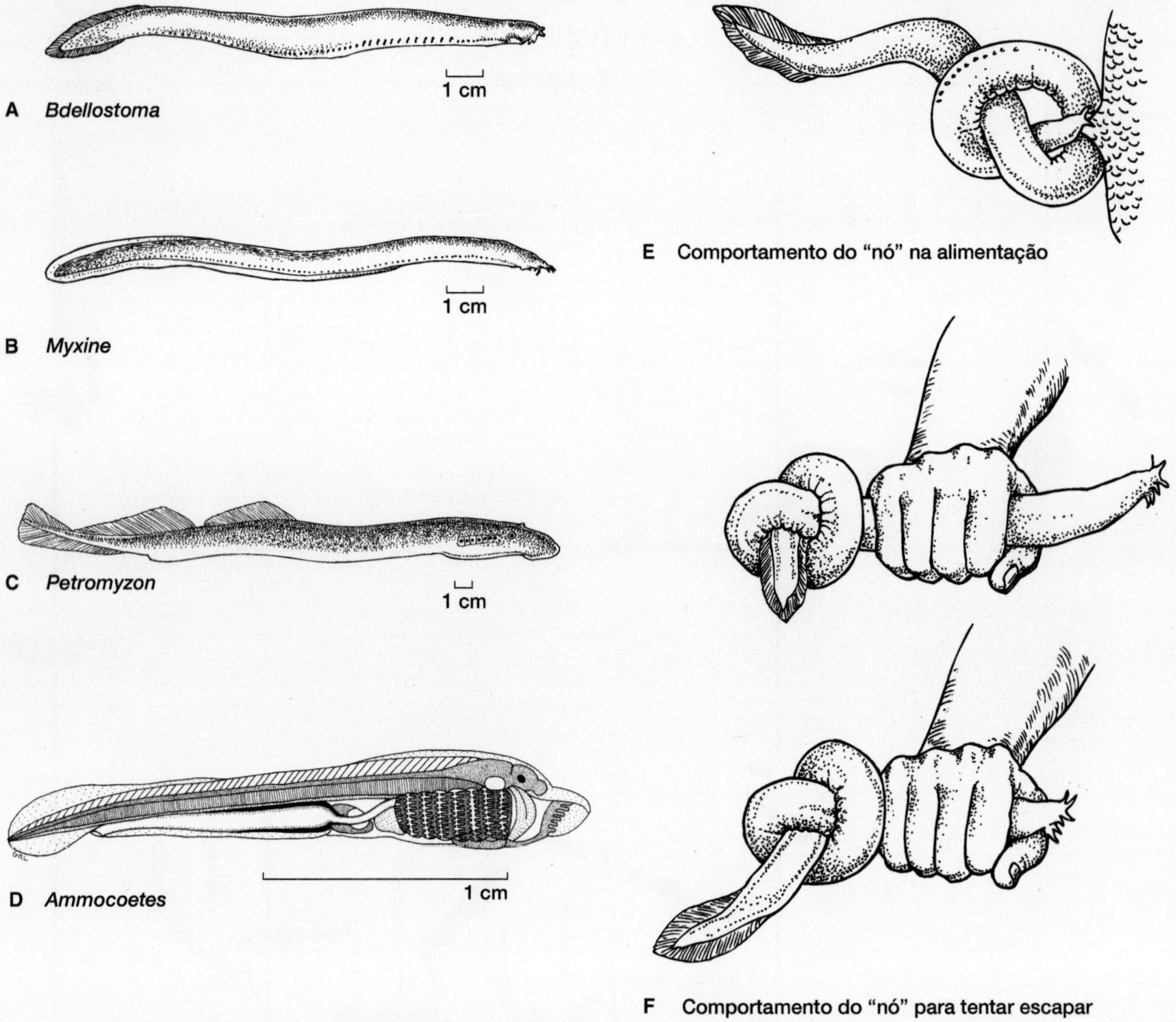

A   *Bdellostoma*
1 cm

B   *Myxine*
1 cm

C   *Petromyzon*
1 cm

D   *Ammocoetes*
1 cm

E   Comportamento do "nó" na alimentação

F   Comportamento do "nó" para tentar escapar

Figura 3.5 Agnatos vivos. Feiticeiras (Myxinoidea), lampreias (Petromizoniformes) e larvas de lampreia. **A.** Feiticeira *Bdellostoma*. **B.** Feiticeira *Myxine*. **C.** Lampreia, *Petromyzon*. **D.** *Ammocoetes*, larva de lampreia. **E.** Comportamento do "nó". As feiticeiras são necrófagas. Quando puxam pedaços de alimento de presas mortas, podem torcer o próprio corpo em um "nó" que desliza para a frente, para ajudar a arrancar os pedaços. **F.** O nó, junto com o muco secretado pelas glândulas cutâneas, também ajuda as feiticeiras a se livrarem deslizando de uma captura.

C, de Dean; E e F, de Jensen, 1966.

nos tecidos das feiticeiras são semelhantes às da água do mar circundante, e não há fluxo resultante de água para dentro ou para fora do corpo das feiticeiras. Tendo altas concentrações de sal, as feiticeiras são fisiologicamente como invertebrados marinhos. Com a similaridade fisiológica com os invertebrados e distinções dos outros vertebrados, as feiticeiras têm sido consideradas os únicos vertebrados vivos cujos ancestrais nunca viveram na água doce, mas permaneceram na água salgada desde o período dos primeiros vertebrados.

Petromizoniformes

As **lampreias** recentes (Figura 3.5 C) têm seu próprio grupo, os Petromizoniformes. Uma lampreia usa sua boca oval sugadora para se agarrar a uma pedra e manter sua posição em uma corrente. Nas lampreias parasitas, que constituem cerca de metade de todas as lampreias recentes, a boca adere à presa viva,

de modo que a "língua" áspera pode raspar a carne ou retirar a pele, permitindo que a lampreia rompa vasos sanguíneos e beba o líquido deles. Algumas espécies são marinhas, mas todas desovam em água doce. As formas marinhas em geral migram por longas distâncias para desovar na cabeceira dos rios. Durante a desova, os ovos fertilizados são depositados em um ninho preparado em seixos soltos. Uma **larva amocete** eclode do ovo (Figura 3.5 D). Ao contrário de seus pais, o amocete se alimenta de partículas em suspensão no sedimento solto do fundo de correntes de água doce, com a protrusão do capuz de sua boca. Com a metamorfose, o amocete se transforma em adulto. Em algumas espécies, o estágio de larva pode durar até 7 anos, tempo em que a metamorfose produz um adulto que não se alimenta, mas se reproduz e em seguida morre.

Nadadeiras medianas estão presentes, mas não há nadadeiras pares nem membros. As vértebras estão representadas por blocos individuais de cartilagem que vão até o topo da notocorda conspícua da lampreia. O ouvido, ou aparelho vestibular, inclui dois canais semicirculares. A única abertura naso-hipofisária medial não está relacionada com a respiração, e as similaridades do cérebro e dos nervos cranianos sugerem relação com alguns grupos de ostracodermes. Entretanto, uma análise detalhada das características morfológicas estabelece suas distinções.

Como as feiticeiras, as lampreias não têm ossos nem escamas superficiais. Sob manipulação experimental, as lampreias exibem a capacidade latente de calcificar seu endoesqueleto. Contudo, as feiticeiras normalmente não produzem, nem podem ser manipuladas experimentalmente para produzir, um esqueleto mineralizado externamente na derme cutânea. Assume-se que ambos os ciclóstomos, primitivamente, não tenham ossos. Vamos considerar isso brevemente em nossa revisão da evolução dos agnatos, mas, antes, completaremos nosso levantamento sobre os primeiros vertebrados.

Primeiros vertebrados fósseis

Os primeiros vertebrados não tinham tecidos mineralizados. Consequentemente, a história inicial dos vertebrados só pode ser documentada pelos fósseis que se formaram em condições muito incomuns e favoráveis, em que o traço do carbono nos tecidos moles foi preservado. Tudo vem da China, do início do Cambriano (Chengjiang).

Haikouella (Figura 3.6 A) e um animal muito semelhante denominado *Yunnanozoon* viveram próximo ao início do período Cambriano, parte do principal surto da explosão daquele período, e pode ser que estejam bem na base da ramificação dos vertebrados. Como o anfioxo, esse organismo tinha um átrio e um atrióporo associados ao fluxo de água através da faringe, junto com todas as características distintivas dos cordados. Além disso, tinha características associadas aos vertebrados – vértebras ("protovértebras" para alguns paleontólogos), barras faríngeas com filamentos de brânquias inseridos, um cordão nervoso dorsal com um cérebro relativamente grande, uma cabeça com possíveis olhos laterais e uma cavidade bucal situada ventralmente, com tentáculos curtos em torno da boca. Suas características (lábio superior como o dos amocetes, brânquias, cefalização dos órgãos sensoriais anteriores) e a posição antiga (Cambriano) também satisfazem as predições de origens dos vertebrados (Figura 3.3). Ele não tinha crânio nem cápsula auditiva, e os miômeros eram retos, não em forma de V.

Dois outros achados interessantes da China indubitavelmente são dos primeiros vertebrados. Um é o *Myllokunmingia* e o outro é o *Haikouichthys*, ambos do início do Cambriano, sem ossos, mas com elementos simples do crânio, como cápsulas do ouvido, do nariz (e talvez dos olhos). Contudo, ambos estavam equipados com brânquias, miômeros típicos em forma de V, um coração, uma cabeça e possíveis vértebras, bem como características distintivas dos cordados (notocorda, fendas faríngeas, cauda pós-anal). Se não forem os mesmos, *Myllokunmingia* e *Haikouichthys* eram, pelo menos, muito próximos em termos taxonômicos. Em comparação com *Haikouella*, ambos tinham mais características derivadas, como olhos grandes, miômeros em forma de V e um ouvido evidente em, pelo menos, um fóssil (Figura 3.6 B).

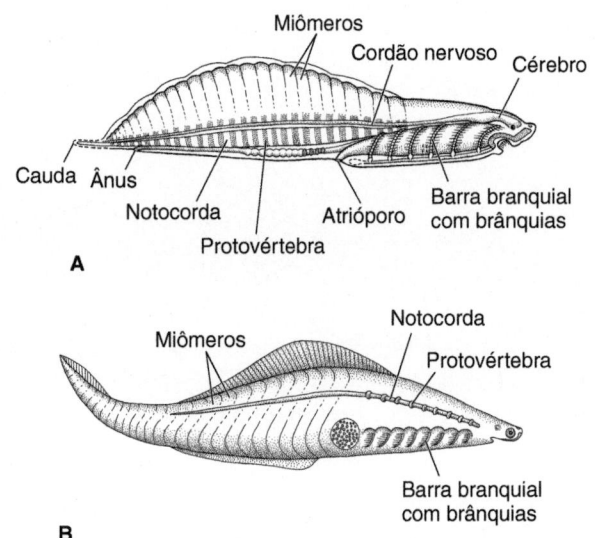

Figura 3.6 Fósseis dos primeiros vertebrados. A. *Haikouella* do início do Cambriano. Notam-se as brânquias, o cérebro e outras características dos vertebrados. **B.** *Haikouichthys* do início do Cambriano, 2,75 cm de comprimento.

A, da reconstrução gentilmente cedida por Mallatt e Chen; B, da reconstrução gentilmente cedida por Shu.

Conodontes

Por quase um século e meio, microfósseis semelhantes a dentes conhecidos como elementos conodontes foram importantes fósseis-índice em muitos estudos geológicos. Embora extremamente comum em rochas do final do Cambriano ao final do Triássico, o organismo portador dessa combinação de elementos pontiagudos e como dentes contendo fosfato não era conhecido, resultando na especulação de que poderia ser um molusco, ou cordado, ou mesmo uma parte de plantas aquáticas. O mistério foi resolvido no início da década de 1980, com a descoberta de fósseis de um animal delgado, com o corpo mole, comprimido lateralmente, e um conjunto completo de elementos conodontes em sua faringe. No entanto, havia muito mais que isso. Esses fósseis constituíam evidência de que os conodontes eram de fato vertebrados. O tronco exibia evidência de uma série de miômeros em forma de V, uma notocorda abaixo da linha média e raios na nadadeira caudal que poderiam ser interpretados como uma cauda pós-anal. Acima da notocorda, havia uma linha consistente com a interpretação de que seria um cordão nervoso dorsal (Figura 3.7). Alguns fósseis favoráveis mostram evidência de olhos grandes e uma cápsula ótica. Um exibe fendas faríngeas. O exame histológico de elementos conodontes sugeriu a existência de tecidos dentários mineralizados conhecidos como sendo de vertebrados, como osso celular, cristais de fosfato de cálcio, cartilagem calcificada, esmalte e dentina. A dentina é depositada pelos odondoblastos, derivados embrionários da ectomesoderme, fornecendo, assim, evidência indireta de crista neural, um tecido típico dos vertebrados.

Alguns acreditavam que o aparelho conodonte era um sistema filtrador de alimento que servia aos animais com corpos relativamente pequenos, com 3 a 10 cm de comprimento,

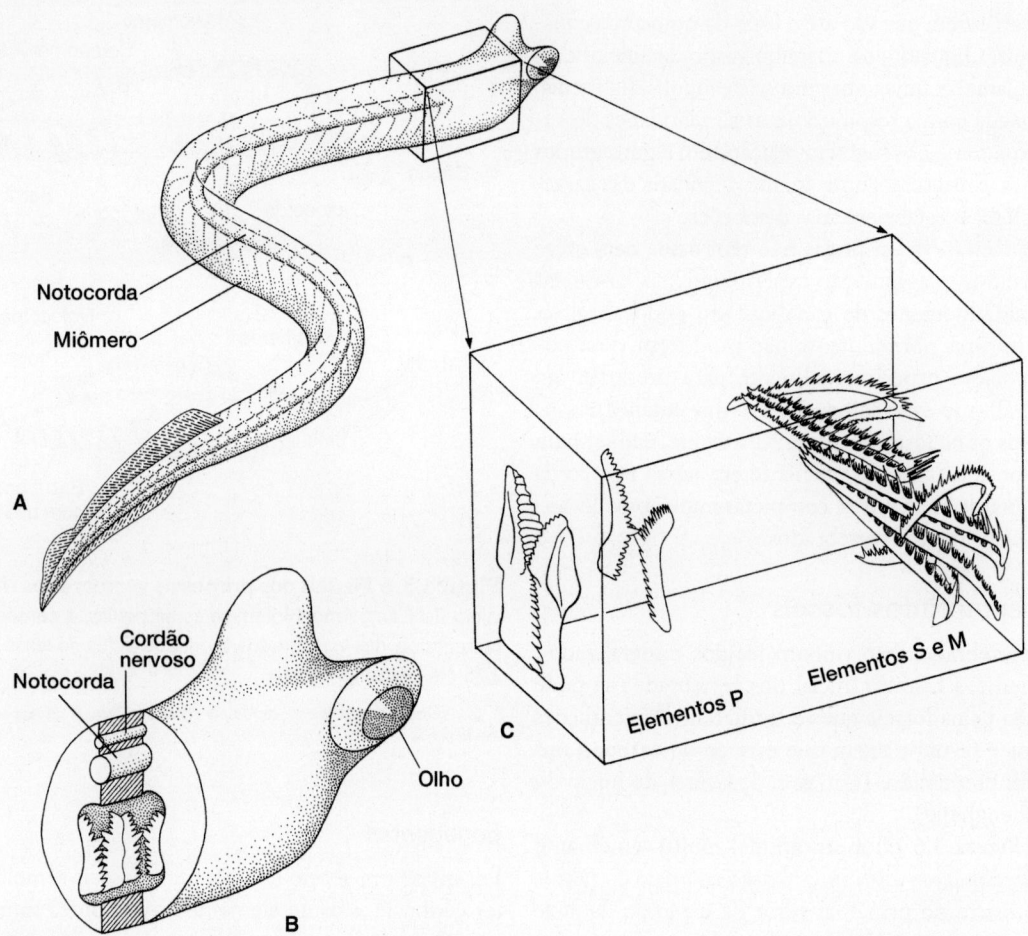

Figura 3.7 Conodonte. A. Animal inteiro restaurado. **B.** Corte transversal através da faringe, mostrando a posição dos elementos P. **C.** Aparelho conodonte isolado, mostrando elementos P, S e M.

De Alldridge e Purnell, 1996.

embora alguns talvez alcançassem 30 cm ou mais. Entretanto, a evidência de desgaste de alguns dos elementos sugere, em vez disso, que os elementos posteriores (P) eram usados como lâminas para cortar e esmagar o alimento, um sistema de filtração dos protocordados, bastante improvável de estar baseado no endóstilo. Um fóssil recente, em que esses elementos foram preservados nas suas posições naturais dentro do assoalho da faringe, implica que os elementos S e M (ver Figura 3.7) foram inseridos em um órgão similar à língua ou placas cartilaginosas que se moviam para fora e para dentro da boca, capturando e liberando, respectivamente, o alimento espetado. Esse aparelho alimentar incomum, o sistema locomotor (notocorda, miótomos) e olhos relativamente grandes movimentados por músculos extrínsecos sugerem ainda mais que os conodontes selecionavam e comiam partículas maiores – presas, não material em suspensão – nas águas marinhas onde viviam e nadavam.

Em alguns aspectos, os conodontes diferem bastante dos vertebrados e continuam sendo uma incógnita. Os elementos dentários do aparelho dos conodontes mostram evidência de substituição, mas elementos dentários desgastados ou quebrados também exibem evidência de crescimento por deposição

de camadas renovadas (*i. e.*, crescimento aposicional). O aparelho conodonte tem uma estrutura muito especializada (ver Figura 3.7). Se considerada uma estrutura semelhante à língua, teria função similar ao mecanismo lingual de alimentação das feiticeiras.

Ostracodermes

Após os conodontes, outros grupos de agnatos surgiram no final do Cambriano, e sua maior irradiação ocorreu no Siluriano e no início do Devoniano (Figura 3.8). Como os conodontes, eles tinham músculos oculares complexos, tecidos semelhantes à dentina e alguns tinham apêndices pares. Eles foram os primeiros vertebrados a ter um intricado sistema de linha lateral e ósseo, embora o osso esteja localizado quase exclusivamente no exoesqueleto (esqueleto externo), que envolve o corpo como uma armadura logo abaixo da epiderme, na derme (daí ser chamado de osso dérmico). O endoesqueleto desses últimos agnatos não era bem desenvolvido e, quando presente, geralmente era de cartilagem dentro do corpo.

Comparação do exoesqueleto com o endoesqueleto
(ver *Capítulo 7*)

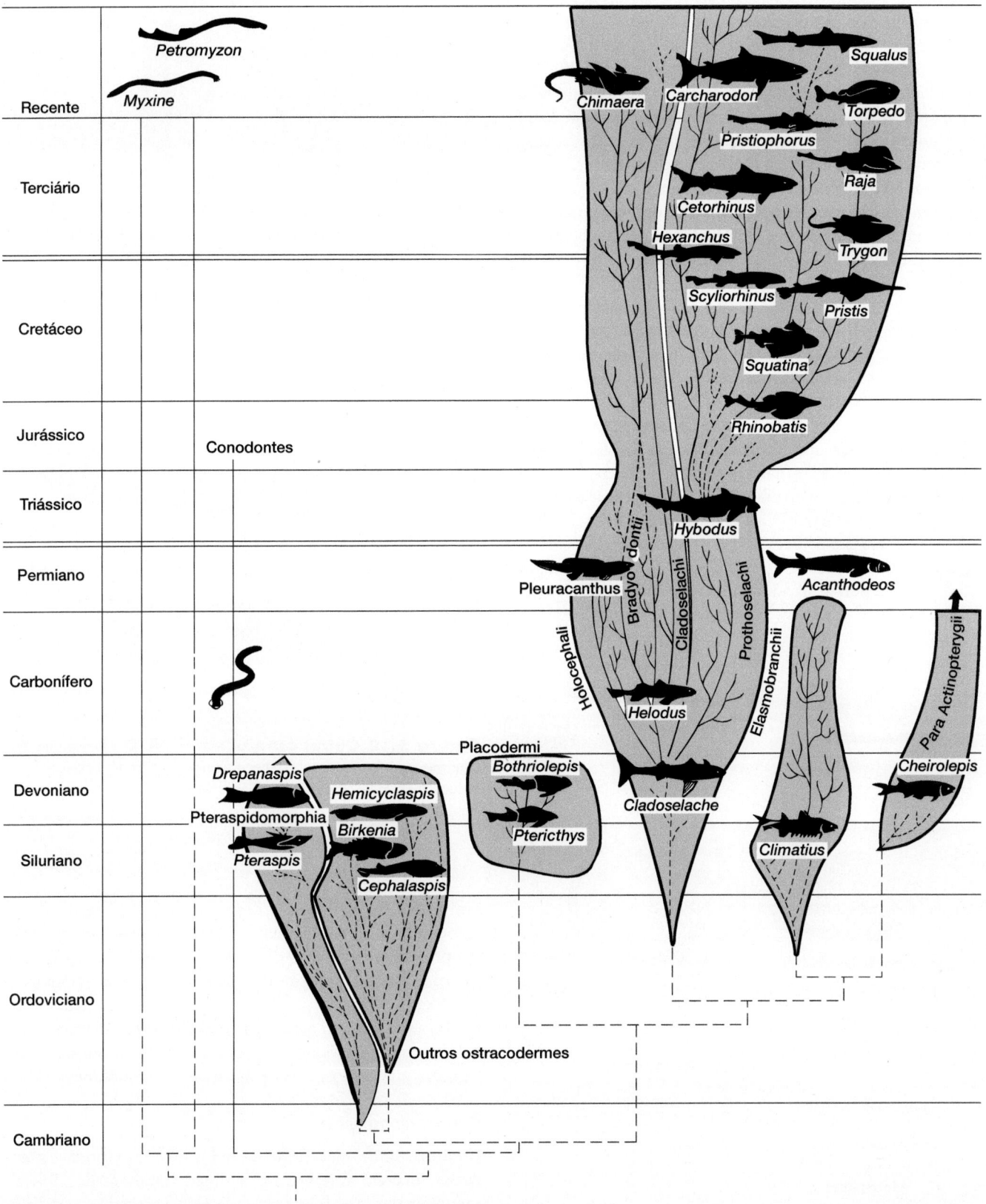

Figura 3.8 Filogenia dos euagnatos e primeiros gnatostomados. As linhas tracejadas representam associações filogenéticas hipotéticas, em que os fósseis intermediários são desconhecidos.

De J. Z. Young.

A maioria dos ostracodermes (Figuras 3.9 e 3.10) era do tamanho de peixinhos com não mais que alguns centímetros de comprimento. As placas ósseas da cabeça em geral eram largas e fundidas em um **escudo cefálico** composto. As placas no tronco eram tipicamente menores, permitindo a flexibilidade lateral para a natação. Sob as placas ósseas superficiais, raramente era evidente um endoesqueleto ósseo em fósseis. Isso sugere que a coluna vertebral, se presente, era cartilaginosa ou o suporte axial era fornecido pela notocorda. Os espinhos e lobos que se projetavam dos corpos com armaduras de muitos ostracodermes provavelmente os protegeram de alguma forma de predadores e talvez tenham contribuído para sua estabilidade ao se movimentaram pela água. Alguns ostracodermes telodontes (p. ex., *Phlebolepis*) tinham um par lateral de nadadeiras em forma de fitas. Nos osteostracos (p. ex., *Hemicyclaspis*), havia evidência de nadadeiras musculares na região do ombro. Elas lembram o par de nadadeiras dos gnatostomados, na posição e vascularização, mas sua anatomia interna é pouco conhecida.

O corpo pequeno, a ausência de nadadeiras, ou a existência de formas finas, uma armadura dérmica resistente, o achatamento dorsoventral e, naturalmente, a ausência de maxilas levaram à hipótese de que a maioria desses primários agnatos não era bons nadadores. Eles eram lentos e habitavam profundezas das quais podiam extrair alimento em suspensão de sedimentos orgânicos. Os grupos naturais de ostracodermes ainda estão sendo analisados. Ainda é muito difícil classificar

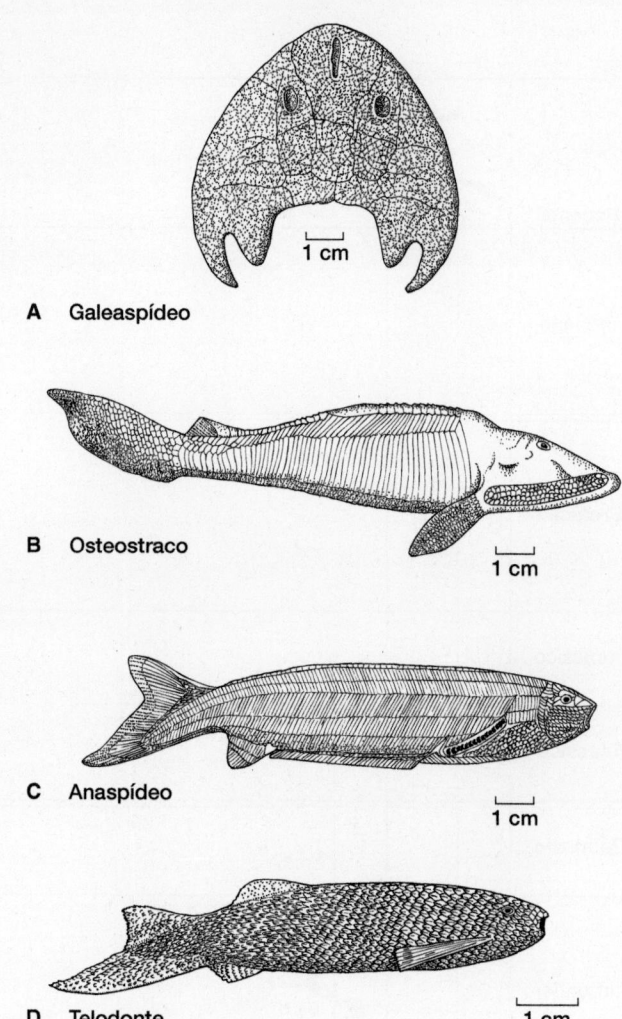

Figura 3.10 Outros ostracodermes. A. O galeaspídeo *Yunnanogaleaspis*, do qual se conhece apenas o escudo cefálico. **B.** O osteostraco *Hemicyclaspis*. **C.** O anaspídeo *Pharyngolepis*. **D.** O telodontídeo *Phlebolepis*.

A, de Pan e Wang; B e C, de May-Thomas e Miles; D, de Ritchie.

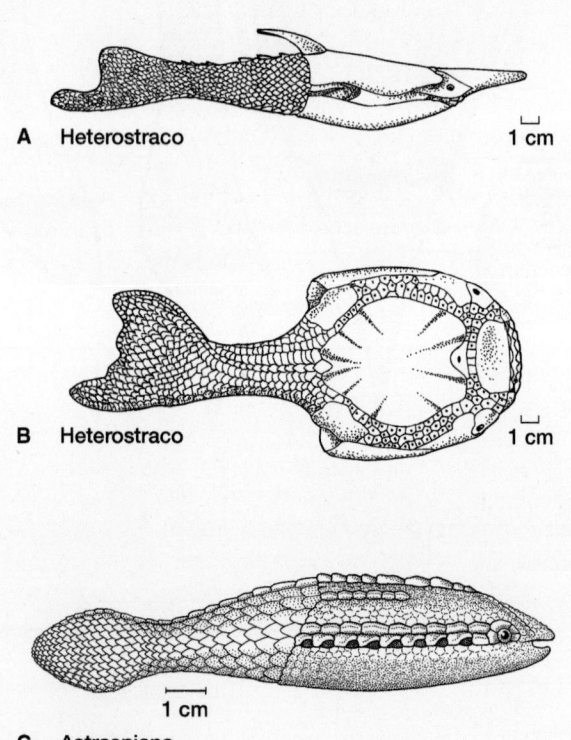

Figura 3.9 Pteraspidomorpha. Todos são peixes extintos do início do Paleozoico, com placas de armadura óssea que se desenvolveram na cabeça. **A.** O heterostraco *Pteraspis*. **B.** O heterostraco *Drepanaspis*. **C.** *Astraspis* da América do Norte.

A, de Grass; B, de White; C, de Elliott.

um grupo em particular, o dos telodontes. É incerto se essa taxonomia se deve, em grande parte, à escassez de características provenientes de material fóssil, em especial características internas. Parte da controvérsia também resulta das montagens parafiléticas, distribuições convenientes, mas não naturais, de fósseis similares. Em geral, a maioria dos ostracodermes se enquadra em vários monofilos distintos (pteraspidiformes, osteostracos, anaspídeos) e um grupo disperso (telodontes).

Pteraspidomorpha

Os pteraspidiformes surgiram no Ordoviciano (possivelmente no final do Cambriano), embora representados inicialmente apenas por fragmentos de ossos ancestrais sem células ósseas verdadeiras (osso acelular). Esses fragmentos foram recuperados de sedimentos bentônicos associados a invertebrados marinhos. O grupo se estende para o final do Devoniano, do qual foram encontrados fósseis mais completos. Embora algumas espécies estejam incompletas, um aparelho

Boxe Ensaio 3.1   Morfologia e moléculas

As relações filogenéticas se baseiam em comparações de traços derivados compartilhados, mas conjuntos diferentes de traços podem gerar hipóteses contraditórias de relações. Por exemplo, as relações entre as feiticeiras, lampreias e os vertebrados com maxilas ainda são discutidas porque as filogenias baseadas em traços morfológicos (e fisiológicos) contradizem aquelas que se baseiam em traços moleculares – sequências de DNA e RNA. Os dados morfológicos sugerem que os ciclóstomos não são um grupo monofilético, mas, em vez disso, que as feiticeiras são

mais básicas e as lampreias isoladas são o único grupo irmão de vertebrados com maxilas (p. ex., Gess et al., 2006). No entanto, extensos dados de sequenciamento genético sugerem o contrário, ou seja, que feiticeiras e lampreias formam um grupo monofilético natural, que é o grupo irmão vivo dos vertebrados com maxilas (p. ex., Mallatt e Winchell, 2007). Algumas vezes, a combinação de conjuntos de dados (morfológicos e moleculares) pode ajudar, mas outras, como no caso dos ciclóstomos e gnatostomados, um grande conjunto de dados (p. ex., moleculares) pode anular por completo

o efeito de alguma informação reveladora em outros aspectos de um conjunto pequeno de dados (p. ex., morfológicos), alterando artificialmente a interpretação filogenética (p. ex., Near, 2009). Às vezes, os fósseis podem ajudar a resolver tais conflitos revelando conjuntos de traços ancestrais que favoreçem uma hipótese em detrimento de outra. Infelizmente, quando as primeiras lampreias surgiram no Devoniano, já eram muito semelhantes às recentes, o que não surpreende porque é provável que os ciclóstomos tenham divergido de outros vertebrados muito antes.

---

vestibular com dois canais semicirculares e a existência de um par de aberturas nasais parecem caracterizar a maioria dos pteraspidiformes.

A maioria dos pteraspidiformes tinha escudos cefálicos formados pela fusão de várias placas ósseas grandes (ver Figura 3.9 A–C). Além do escudo cefálico, o exoesqueleto era composto por pequenas placas e escamas, com espinhos laterais e dorsais se projetando ocasionalmente desse escudo. Não se conhece pteraspidiforme algum que tenha nadadeiras pareadas.

Outros ostracodermes | Osteostracos, anaspídeos, telodontes

A forma do corpo dos ostracodermes varia bastante, sugerindo estilos de vida diversificados (ver Figura 3.10 A–D). Nos osteostracos e anaspídeos, a única abertura nasal emerge como uma abertura única da hipófise (glândula pituitária), geralmente com forma de orifício de fechadura. O registro fóssil desse grupo se estende do final do Ordoviciano ao final do Devoniano.

Sacos nasais (Capítulo 17)

Um grupo distinto, os osteostracos, tinha um aparelho vestibular que consistia em dois canais semicirculares, além de uma armadura resistente, constituída por placas ósseas (ver Figura 3.10 A e B), que formava um escudo cefálico e escamas menores que cobriam o resto do corpo. Os corpos eram **fusiformes** (em forma de fuso) ou achatados. Em alguns, lobos se projetavam para trás das margens do escudo cefálico, os quais agora se acredita que sejam homólogos das nadadeiras peitorais (dos ombros) pareadas dos gnatostomados e, como eles, podem ter conferido alguma estabilidade durante a natação ativa (ver Figura 3.10 B). Os anaspídeos, outro grupo de ostracodermes que surgiu no final do Siluriano, tinha um pequeno escudo cefálico, mais flexibilidade da armadura do corpo e uma cauda hipocercária (lobo ventral estendido), todas estruturas sugestivas de uma tendência à natação em mar aberto (ver Figura 3.10 C). Alguns anaspídeos e formas semelhantes a eles lembravam lampreias em aspectos importantes, como veremos adiante. Os telodontes talvez sejam seu próprio monofilo de ostracodermes ou um conjunto disperso

de grupos ancestrais menores. Seu exoesqueleto é composto inteiramente por escamas finas, os olhos são pequenos, as fendas das brânquias ficam em localização ventral e a cauda grande tem forma bifurcada (ver Figura 3.10 D). Eles viviam em ambientes marinhos rasos.

Tipos de cauda dos peixes (Capítulo 8)

Revisão da evolução dos agnatos

A história evolutiva detalhada dos agnatos ainda é discutível, mas a recuperação de novos fósseis extraordinários esclareceu pelo menos os primeiros eventos e diminuiu as controvérsias. A descoberta de *Haikouella* e *Haikouichthys* notavelmente bem preservados, mais formas relacionadas estreitamente, compensou a perda crítica da informação sobre os primeiros vertebrados. Os fósseis de corpo mole do Cambriano, *Haikouella* e *Haikouichthys*, ocupam posições básicas no grupo dos vertebrados (Figura 3.4). Esses achados fósseis recentes de vertebrados de corpo mole colocam a origem dos vertebrados na explosão do Cambriano há 500 milhões de anos. Os conodontes, conhecidos apenas a partir de microfósseis semelhantes a dentes há algumas décadas, agora estão restaurados com base nas impressões de fósseis de tecido mole, que dão um quadro detalhado desses animais delgados como enguias. Também foram recuperadas novas espécies de ostracodermes.

Com base nos estudos moleculares atuais, as feiticeiras e lampreias recentes estão juntas no grupo dos ciclóstomos, mas ainda não está decidido até onde vão os ciclóstomos com o resto dos agnatos. Em geral, os ciclóstomos têm uma posição básica, ou quase, nos agnatos, como fizemos aqui (ver Figuras 3.4 e 3.8). Com tal posição filogenética, a ausência de tecidos esqueléticos mineralizados em feiticeiras e lampreias seria primária e tais tecidos evoluíram depois delas, nos conodontes. Note que os conodontes, em grande parte por causa de seu aparelho alimentar mineralizado, são mais derivados que as feiticeiras ou lampreias. No entanto, a ausência de tais tecidos mineralizados e o fato de haver outras características morfológicas simples (reduzidas?) em feiticeiras e lampreias é que as coloca abaixo na filogenia agnata. Consequentemente, alguns biólogos excluem a possibilidade de que os ciclóstomos surgiram depois, talvez derivados dos ostracodermes, como anaspídeos ou *Jamoytius*. Se derivados dos ostracodermes, então a ausência de tecidos mineralizados em ciclóstomos é um traço secundário.

Mesmo que se prove que qualquer dessas posições dos ciclóstomos esteja correta, os ossos evoluíram primeiro nos ostracodermes, um grupo parafilético, básico para os gnatostomados. Pode ser que se prove que os ostracodermes sejam estágios de diversificação.

Gnatostomados

Uma das alterações mais significativas na evolução dos primeiros vertebrados foi o desenvolvimento de maxilas nos peixes ancestrais, como dispositivos destinados a agarrar e morder a presa, derivados dos arcos faríngeos anteriores. Dois grupos iniciais de peixes com maxilas são conhecidos. Os acantódios surgiram no início do Siluriano, embora a evidência de fragmentos possa datar de meados do Ordoviciano, cerca de 30 a 70 milhões de anos após o aparecimento dos primeiros ostracodermes. Um segundo grupo, os placodermes, é conhecido primeiramente do início do Siluriano (Figura 3.11). As maxilas podiam agarrar, morder ou esmagar a presa, permitindo que esses peixes capturassem e processassem alimentos maiores. Tal adaptação abriu espaço para uma expansão de estilo de vida predatório.

Os primeiros gnatostomados também tinham dois conjuntos de **nadadeiras pareadas**. Um, o das **nadadeiras peitorais**, ficava na parte anterior do corpo; o outro, das **nadadeiras pélvicas**, ficava na parte posterior do corpo. Ambos os pares se articulavam com cinturas ósseas ou cartilaginosas de sustentação dentro da parede corporal. Sustentados nas cinturas e controlados por musculatura especializada, os pares de nadadeiras conferiam estabilidade e controle, permitindo ao animal manobrar e espreitar ativamente em seu ambiente marinho. Em comparação com os ostracodermes, que os precederam, é provável que os primeiros gnatostomados tenham tido uma vida mais ativa, aventurando-se em novos *habitats* em busca de alimento, locais para reprodução e recursos inexplorados.

Em geral, essa irradiação dos gnatostomados prosseguiu ao longo de duas linhas principais de evolução – uma gerou os **Chondrichthyes** e a outra os **Teleostomi** (Figura 3.11), os primeiros incluindo tubarões e similares, o segundo abrangendo os peixes ósseos, o grupo mais diverso de qualquer vertebrado, do qual surgiram os tetrápodes. Filogeneticamente basais a essas duas linhagens principais de gnatostomados estão os placodermes, com que iniciamos nosso levantamento.

Placodermi

Os fósseis de **placodermes** (termo que significa "placas" e "pele") datam do início do Siluriano, mas floresceram no Devoniano. Os placodermes ancestrais eram similares aos primeiros ostracodermes de algumas maneiras. A maioria tinha uma forte armadura óssea envolvendo o corpo, a cauda era pequena e o escudo cefálico era composto por grandes placas fundidas de osso dérmico (Figura 3.12 A–G). O osso dérmico, que formava o esqueleto externo protetor, não tinha tecidos, como os dentículos encontrados na pele dos peixes Chondrichthyes. Diferentes dos ostracodermes, todos os placodermes tinham maxilas com projeções ósseas e alguns animais avançados com dentes tinham arcos. Consequentemente, não estavam restritos a uma alimentação à base de partículas em suspensão, sendo capazes, então, com maxilas e dentes predatórios, de explorar alimentos maiores ou morder partes grandes de uma presa descuidada. Um escudo ósseo torácico articulado com um escudo cefálico ósseo ajuda a distinguir os placodermes como um monofilo. Eles tinham nadadeiras peitorais e pélvicas. Uma noto-

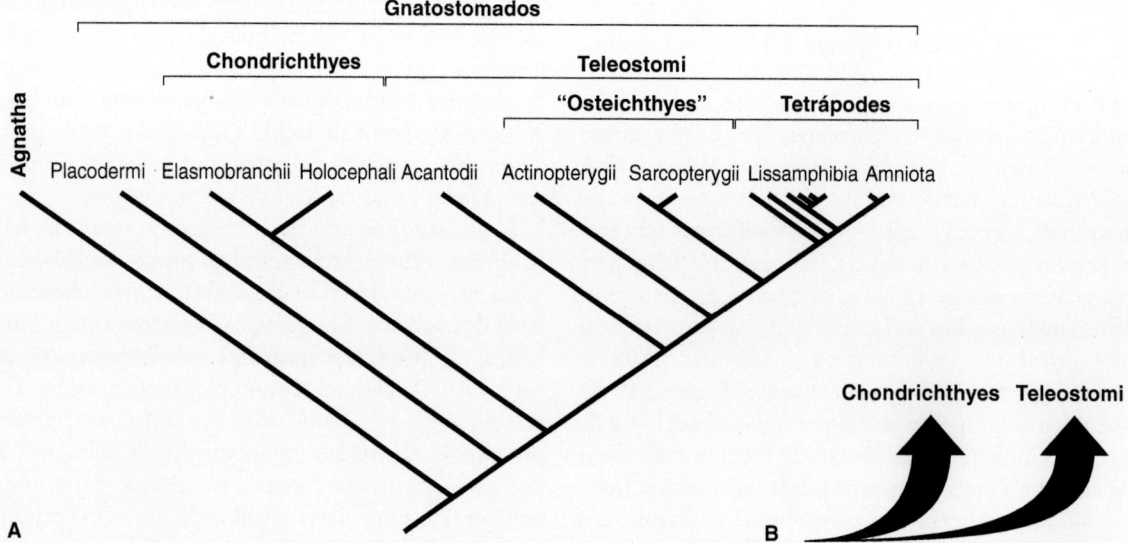

Figura 3.11 Gnatostomados, relações filogenéticas. A. Filogenia dos principais grupos de gnatostomados. **B.** Note que os gnatostomados, acima dos placodermes, evoluíram ao longo de duas linhas principais – os Chondrichthyes e os Teleostomi. As designações dos Osteichthyes lembram que aí o termo é parafilético.

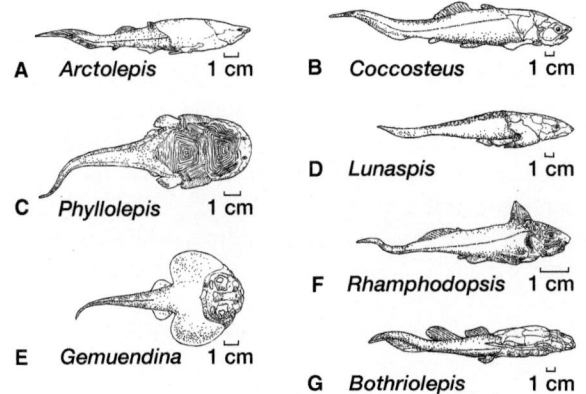

Figura 3.12 Placodermes. A maioria dos placodermes tinha uma armadura dérmica composta por placas ósseas na cabeça e no tórax, que se dividiam em escamas menores no meio do corpo e na cauda. Muitos placodermes eram grandes e a maioria era predadora ativa. **A.** O artródiro *Arctolepis.* **B.** O artródiro *Coccosteus.* **C.** O filolepídeo *Phyllolepis.* **D.** O petalictídeo *Lunaspis.* **E.** O renanídeo *Gemuendina.* **F.** O ptictodontídeo *Rhamphodopsis.* **G.** O antiarco *Bothriolepis.*

De Stensiö, 1969.

corda proeminente que dava sustentação longitudinal ao corpo era acompanhada por arcos neurais e hemais ossificados. Embora não houvesse centros verdadeiros, os arcos neural e hemal (na região logo abaixo da cabeça) em geral eram fundidos em um osso composto robusto denominado sinarcual, que proporcionava um fulcro com que a caixa craniana se articulava e que pode ter facilitado a elevação da cabeça. Com a exceção desse sinarcual, em geral não havia osso endocondral.

Os placodermes são um grupo diverso de peixes, geralmente com armadura resistente, talvez mesmo de origem polifilética. Alguns eram do tamanho de uma de nossas mãos, outros tinham até 10 m de comprimento e um grupo tinha uma distribuição praticamente mundial. Sem similares vivos hoje, é difícil interpretar o estilo de vida de tal peixe envolto em escudos ósseos. Em geral, eram tidos como peixes que se alimentavam no fundo do mar. O corpo da maioria tinha forma achatada. Junto com o escudo resistente e os pares de nadadeiras leves, o formato corpóreo sugere uma vida bentônica. Embora a maioria dos placodermes fosse bentônica, alguns tinham o escudo ósseo reduzido e mais leve ao longo do corpo. Além disso, o grande tamanho, as maxilas fortes, o corpo esguio e a coluna axial fortalecida sugerem que alguns placodermes tinham um estilo de vida ativo e predador.

Os placodermes se irradiaram ao longo de diversas linhagens. Alguns estavam adaptados ao oceano aberto, enquanto outros se disseminaram a partir dos ambientes marinhos em que surgiram para a água doce. Alguns eram habitantes especializados das profundezas, como os renanídeos, formas com o formato de pranchas ou raias. Os artrodiros, mais robustos, tinham vida pelágica, seguindo em busca de alimento. Algumas formas cônicas, como os pticodontídeos, lembravam as quimeras (peixes-rato) recentes, e os machos em geral tinham um conjunto de **clásperes pélvicos**, que eram nadadeiras pélvicas especializadas associadas à prática da fertilização interna. Mais evidência de seus hábitos reprodutivos vem de uma fêmea

pequena (25 cm) fossilizada parindo um filhote vivo com cordão umbilical intacto, confirmando a fertilização interna e o nascimento vivo (viviparidade).

Seus estilos de vida variados produziram várias formas, resultando em uma diversidade que dificulta colocar os placodermes em uma sequência filogenética estabelecida, questionando-se até se constituem um grupo unificado. Eles surgiram quando se acreditava terem aparecido os intermediários entre ostracodermes e gnatostomados recentes, mas os placodermes são muito especializados para serem tais intermediários diretos. Eles dominaram os mares no Devoniano, mas morreram subitamente, sendo substituídos no início do Carbonífero pelos ascendentes Chondrichthyes (peixes cartilaginosos) e Osteichthyes (peixes ósseos). Nenhum peixe existente hoje tem placas extensas de armadura óssea externa similar à dos placodermes, razão pela qual é difícil entender as vantagens mecânicas ou fisiológicas que tais corpos poderiam ter. Hoje, a maioria dos placodermes é vista como um grupo natural, mas especializado, que sofreu uma ampla diversificação precoce e, em seguida, desapareceu. Eles não têm qualquer descendente vivo nem relação próxima com os peixes cartilaginosos ou ósseos que os substituíram, o que os torna o único grupo importante de vertebrados com maxilas totalmente extinto e sem descendentes.

Chondrichthyes

Os condrictes recentes consistem em dois grupos, os tubarões e as raias (elasmobrânquios) e as quimeras (holocéfalos) (Figura 3.13 A e B). Alguns sistemáticos sugerem que cada grupo surgiu de maneira independente, mas evidências anatômicas e moleculares indicam o contrário. Por exemplo, ambos os grupos têm estruturas natatórias similares, esqueleto cartilaginoso (especialmente prismático) e clásperes pélvicos (nos machos); os membros ancestrais exibem similaridades na substituição seriada dos dentes.

As escamas placoides dos condrictes são distintivas pelo fato de que, em geral, são finas, pontiagudas ou em forma de cone, e não têm sinais de crescimento. De início, formaram-se sob a pele, emergindo na superfície. Tais escamas surgiram primeiro no meio do Ordoviciano, de maneira que é possível situar os primeiros Chondrichthyes nesse período. Contudo, o primeiro de dois episódios da irradiação dos Chondrichthyes começou mais tarde, no início do Devoniano, e se estendeu por todo o resto da era Paleozoica, quando foram, por algum tempo, mais comuns que os peixes ósseos. Seus resquícios mais antigos, principalmente dentes, são encontrados em águas marinhas e o grupo permaneceu predominantemente marinho desde então, embora uma ordem de tubarões (Xenacanthimorpha) do Paleozoico, fosse quase exclusivamente de água doce. Até hoje, os tubarões podem tolerar um tempo limitado em correntes de água doce e algumas espécies recentes fazem de tais águas sua casa. A maioria dos Chondrichthyes tinha o corpo esguio, fusiforme, sugerindo que eram nadadores ativos. O segundo episódio importante da irradiação começou no Jurássico e se estende até o presente.

Como sugere o nome Chondrichthyes (que significa "cartilagem" e "peixe"), os membros desse grupo têm esqueletos compostos predominantemente por cartilagem impregnada

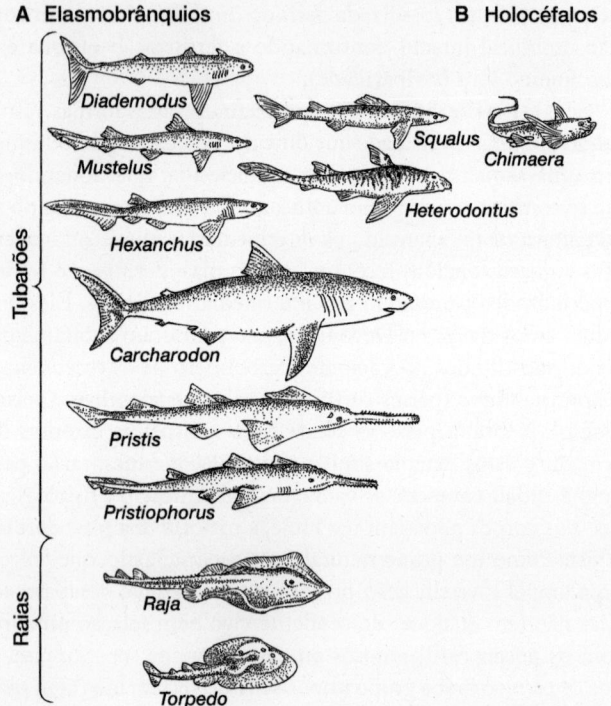

A Elasmobrânquios

Diademodus

Mustelus

Hexanchus

Carcharodon

Pristis

Pristiophorus

Raja

Torpedo

Tubarões

Raias

B Holocéfalos

Squalus

Chimaera

Heterodontus

Figura 3.13 Condrictes. A. Elasmobrânquios, incluindo vários tubarões e raias. **B.** Holocéfalos.

De J. Z. Young.

com cálcio. Entretanto, como vimos, já havia osso nos vertebrados agnatos mais antigos; portanto, sua quase ausência nos condrictes posteriores deve representar uma perda secundária. Tal hipótese é confirmada por traços de ossos encontrados nas escamas placoides e nos dentes. Também é encontrado osso como um verniz delgado nas vértebras de alguns tubarões recentes. Um fóssil de tubarão do Permiano tem até uma camada espessa de osso em torno de sua maxila inferior.

Como a maioria dos peixes, os condrictes são mais densos que a água, de modo que tendem a afundar. No caso das raias que habitam o fundo oceânico, isso não é um problema, mas os que nadam em mar aberto precisam de esforço extra para superar essa tendência. O fígado grande, contendo óleos que favorecem a flutuação, a parte anterior do corpo agindo como hidrofólios e a cauda heterocerca ajudam os condrictes a se manter na coluna de água.

Diferentes da maioria dos peixes ósseos, os cartilaginosos produzem um número relativamente pequeno de jovens. Algumas fêmeas põem ovos, em geral envoltos em uma cápsula espessa, coriácea; outras retêm os jovens em seu trato reprodutivo até o desenvolvimento completo. A gestação pode durar muito tempo. Em alguns integrantes da família Squalidae, os embriões são mantidos no útero por quase 2 anos e se nutrem diretamente do vitelo. Todavia, no caso de alguns embriões de tubarões retidos no trato reprodutivo da fêmea, o vitelo é suplementado por um material rico em nutrientes secretado pelas paredes do útero. Em outros, desenvolve-se uma estrutura semelhante à placenta, completa com um cordão umbilical, entre o embrião e a mãe. A nadadeira pélvica dos machos se modifica em um **clásper pélvico** usado para segurar a fêmea e ajudar na fecundação interna.

A caixa craniana dos condrictes geralmente é extensa, mas sem sutura entre os elementos. Nas espécies mais antigas, a notocorda predominava como o principal membro estrutural do esqueleto axial, embora alguns espinhos neurais cartilaginosos formassem uma série ao longo de sua superfície dorsal. Os condrictes recentes têm uma coluna vertebral composta principalmente por cartilagem que substitui em grande parte a notocorda como o suporte funcional do corpo. A primeira fenda de brânquia é reduzida e pode se fechar antes do nascimento, mas, nos elasmobrânquios, ela permanece aberta como uma fenda pequena e arredondada denominada **espiráculo**.

Elasmobranchii | Tubarões e raias

Entre os peixes cartilaginosos, os *tubarões* ocupam o primeiro lugar, provavelmente porque a maioria é de carnívoros formidáveis, com os tubarões-brancos e os azuis sendo exemplos extremos. A maioria dos tubarões recentes ocorre nos oceanos do mundo. Algumas espécies frequentam grandes profundidades ao longo de fossas oceânicas. Tubarões foram fotografados com câmaras remotas a profundidades de mais de 1.600 m. As fendas das brânquias, em geral cinco a sete, abrem-se diretamente para o exterior. Na maioria dos tubarões, a boca contém dentes serrilhados pontiagudos. Os dentes funcionais ficam cercados por fileiras de dentes substitutos, cada um pronto para girar em sua posição de modo a substituir um dente quebrado ou perdido, renovação que pode ser rápida. Nos tubarões jovens, cada dente anterior pode ser substituído semanalmente.

Substituição dos dentes (Capítulo 13)

O *Cladoselache*, um condricte de 2 m de comprimento, foi um dos primeiros tubarões do Devoniano. Como em seus parentes recentes, a substituição dos dentes era contínua. As nadadeiras eram sustentadas por brânquias pares, mas essas metades não se uniam como uma barra única que cruzava a linha média. Os tubarões da família Squalidae, o tubarão-frade e o tubarão-baleia são exemplos de elasmobrânquios recentes. Esses tubarões raramente excedem 1 m de comprimento. São uma iguaria em restaurantes, quando frescos, e a companhia frequente de muitos estudantes de Biologia nas aulas de Anatomia Comparada, quando preservados. O tubarão-frade e o tubarão-baleia chegam a medir 10 m e 20 m, respectivamente, o que faz deles, após as baleias, os maiores vertebrados vivos. Todavia, nenhum desses tubarões é um predador por excelência. Em vez disso, ambos filtram o alimento da água.

O tubarão-frade se alimenta nadando com a boca entreaberta. Dessa maneira, captura diariamente toneladas de zooplânctons, principalmente copépodes. Durante os meses de inverno, os estoques de plâncton diminuem nas águas subpolares e temperadas. Acredita-se que o tubarão-frade repouse no fundo em águas profundas durante essa estação. O tubarão-baleia se alimenta de plâncton o ano todo, com uma espécie de franja sobre as barras das brânquias, que se modificam em grandes peneiras. Quando se alimenta, aproxima-se do plâncton, em geral rico em *krill*, um pequeno crustáceo parecido com o camarão, por baixo e sobe rapidamente, engolfando os crustáceos e água de uma só vez. O excesso de água sai pelas fendas das brânquias e os pequenos crustáceos ficam retidos e são deglutidos.

Todas as *raias* pertencem à ordem Batoidea. As raias recentes são especialistas em viver no fundo do mar, tendo um registro fóssil do início do Jurássico. As nadadeiras peitorais são bastante grandes e fundidas com a cabeça, resultando no formato achatado do corpo, com a forma geral de um disco. A cauda é reduzida e o batimento das nadadeiras peitorais facilita a propulsão. Os dentes são destinados a esmagar a presa, principalmente moluscos, crustáceos e pequenos peixes encontrados enterrados na areia. Com sua cauda em forma de chicote, as raias com ferrão têm um espinho aguçado com que podem se defender de ataques. As raias elétricas podem até administrar choques graves, gerados por blocos de músculos modificados, para afastar os inimigos ou imobilizar as presas. A raia-manta e a raia-diabo, alguns dos maiores membros desse grupo, medem até 7 m de envergadura, da ponta de uma nadadeira até a ponta da nadadeira do lado oposto. Em geral são pelágicas e cruzam com graça as águas tropicais em busca de plâncton, que capturam por meio de barras branquiais modificadas.

Órgãos elétricos (Capítulo 10)

As raias têm um espiráculo circular localizado dorsalmente e atrás dos olhos, que é o meio primário pelo qual algumas raias trazem a água para boca e brânquias. As raias repousam apoiadas em sua superfície ventral, o "ventre", têm fendas completas nas brânquias situadas ventralmente e olhos na parte dorsal do corpo. Elas não devem ser confundidas com linguados – peixes ósseos que repousam sobre um dos lados do corpo contra o substrato e têm as fendas das brânquias *e* os olhos no "alto" do corpo.

Os termos *raia* e *arraia* são válidos e podem ser usados à vontade porque não há diferença biológica natural ou taxonômica entre eles. Em geral, as arraias têm um **rostro**, uma extensão pontuda da caixa craniana como um nariz, produzem ovos envoltos em uma casca coriácea e são membros da família Rajidae. A maioria das raias não tem rostro e tem os filhotes como nascituros vivos, mas pertencem a várias famílias diferentes. No entanto, em termos taxonômicos, as arraias são um tipo de raia e membros da ordem Batoidea.

Holocephali | *Quimeras*

As quimeras (ou peixes-rato) são representantes recentes dos holocéfalos e exclusivamente marinhas. As grandes nadadeiras peitorais se destinam primordialmente à natação, por meio de movimentos fortes de propulsão. Aparentemente, isso é responsável pelo fato de que a cauda não termina em uma nadadeira caudal propulsiva; em vez disso, é longa e afunilada como a de um rato, terminando pontiaguda, daí a denominação vulgar de *peixe-rato*. Os holocéfalos fósseis são conhecidos desde o final do Devoniano.

As quimeras diferem dos tubarões de muitas maneiras. A maxila superior delas está firmemente fundida com a caixa craniana. As aberturas de suas brânquias não ficam expostas à superfície, mas sim cobertas exteriormente por um **opérculo**. Entretanto, esse opérculo é uma projeção estendida da pele, não uma placa óssea como nos peixes ósseos. As quimeras adultas não têm o espiráculo pequeno e circular, derivado da primeira fenda de brânquia; ele ocorre apenas como uma estrutura embrionária transitória. Sua alimentação inclui algas marinhas e moluscos que as placas moedoras ou esmagadoras de seus dentes podem acomodar. As quimeras não têm escamas. Além dos cláspres pélvicos, os machos têm um gancho único mediano na cabeça, o **clásper cefálico**, que, acredita-se, prenda a fêmea durante a cópula.

Hoje, há apenas cerca de 25 espécies de quimeras, que gastam a maior parte do tempo em águas com mais de 80 m de profundidade e não têm valor comercial. Tais fatores desestimularam o estudo desse grupo e, assim, as quimeras continuam sendo pouco conhecidas.

Teleostomi

Constituem um grupo grande, que abrange os acantódios (grupo irmão dos peixes ósseos), os peixes ósseos e seus derivados tetrápodes (ver, adiante, Figura 3.15). Os teleósteos (Teleostei) surgiram desses Teleostomi e hoje compreendem a maioria dos peixes vivos.

Acantodii

São representados por espinhos no início do Siluriano, com alguma evidência discutível de que estavam presentes no final do Ordoviciano. Atingiram o auge da diversidade durante o Devoniano e persistiram no Permiano, muito depois da extinção dos placodermes. O maior acantódio tinha mais de 2 m de comprimento, mas a maioria era bem menor (menos de 20 cm), com corpos retilíneos. Os primeiros eram marinhos, mas, posteriormente, alguns tenderam a ocupar águas doces.

O termo acantódio significa "formas com espinhos", uma referência às fileiras de espinhos ao longo do alto e dos lados do corpo. Cada nadadeira, exceto a caudal, era definida em sua borda por um espinho fixo, proeminente, que provavelmente sustentava uma fina membrana cutânea (Figura 3.14 A e B). Muitas espécies tinham espinhos intermediários entre o par

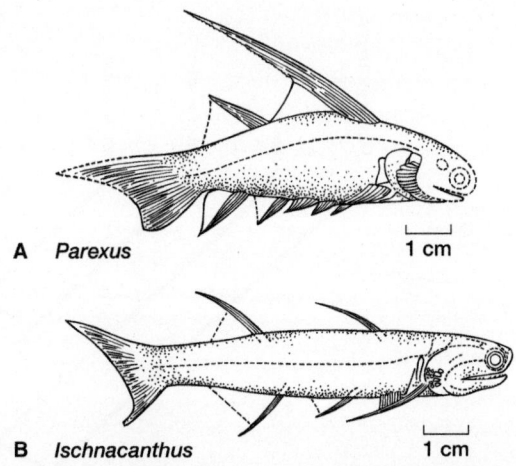

A *Parexus*

B *Ischnacanthus*

Figura 3.14 Acantódios. Notam-se os espinhos ao longo do corpo de cada um, que, em vida, sustentavam uma membrana como extensão da pele. **A.** *Parexus*, Devoniano Inferior. **B.** *Ischnacanthus*, Devoniano Médio-Inferior.

De Watson.

de cintura peitoral e o pélvico; outras tinham elementos ósseos verdadeiros inconfundíveis nas nadadeiras, dispostos ao menos na base do espinho peitoral. Sua coluna vertebral incorporava uma série de arcos neurais e hemais ossificados ao longo de uma notocorda proeminente, que se estendia para o longo lobo dorsal da cauda e servia como o principal suporte mecânico para o corpo. Em comparação com os ostracodermes, a armadura dérmica era consideravelmente reduzida e substituída por muitas escamas pequenas em toda a superfície do corpo. A armadura dérmica ocorria na cabeça, mas eram pequenas e não formavam uma unidade composta como um escudo cefálico. Em alguns, as fendas das brânquias se abriam separadamente, como nos condrictes, mas em outros elas tinham uma cobertura externa, pelo menos parcial, de um opérculo ósseo.

Os acantódios estiveram de um lado a outro na taxonomia dos gnatostomados, um reflexo de sua relação ainda incerta com outros peixes ancestrais com maxilas. Seus primeiros fósseis e o exoesqueleto parcial levam a compará-los com os placodermes. Por outro lado, uma relação com os Chondrichthyes é sugerida por sua boca subterminal abaixo do focinho (em contraste com a boca terminal de peixes ósseos), pela nadadeira caudal que se projetava no lobo dorsal, pela inexistência de superposição das escamas e pela estrutura maxilar básica. Além disso, a forma esguia e o esqueleto interno parcialmente calcificado dos acantódios apontam para uma relação com os Osteichthyes, peixes ósseos avançados. Em geral, são classificados entre peixes cartilaginosos e ósseos, mas podem ser reunidos com os ósseos nos Teleostomi (ver Figura 3.15), como reconhecimento das similaridades no crânio.

Osteichthyes

A maioria dos vertebrados vivos é constituída por peixes ósseos, membros dos Osteichthyes (ver Figuras 3.11 e 3.15). Pequenas escamas superpostas no final do Siluriano são os primeiros fósseis conhecidos desse grupo. Os Osteichthyes não são os únicos peixes que têm ossos em seu esqueleto, mas o termo taxonômico *Ostheichthyes* (que significa "osso" e "peixe") reconhece a existência indiscutível de osso, em especial no endoesqueleto, entre os membros dessa classe. Nos primeiros peixes ósseos, muito do esqueleto interno era ossificado e as escamas da superfície ficavam sobre uma base de osso dérmico. Na maioria dos descendentes mais tardios, a ossificação persistiu ou progrediu no esqueleto interno, embora o crânio e as escamas tenderam à ossificação reduzida. A tendência para uma ossificação mais completa do esqueleto interno reverteu apenas em poucos grupos, como os esturjões, peixes-espátula e alguns peixes pulmonados que surgiram depois e cujos endoesqueletos são primariamente cartilaginosos. Enquanto os problemas dos peixes cartilaginosos para flutuar são resolvidos com o fígado oleoso e nadadeiras que funcionam como pás de um aerobarco, a maioria dos peixes ósseos tem uma **bexiga natatória** ajustável e cheia de gás, que lhes confere capacidade neutra de flutuação, de tal modo que não precisam fazer esforço para mergulhar nem boiar na superfície.

Bexiga natatória e sua distribuição
nos peixes (Capítulo 11)
Escamas nos peixes ósseos (Capítulo 6)

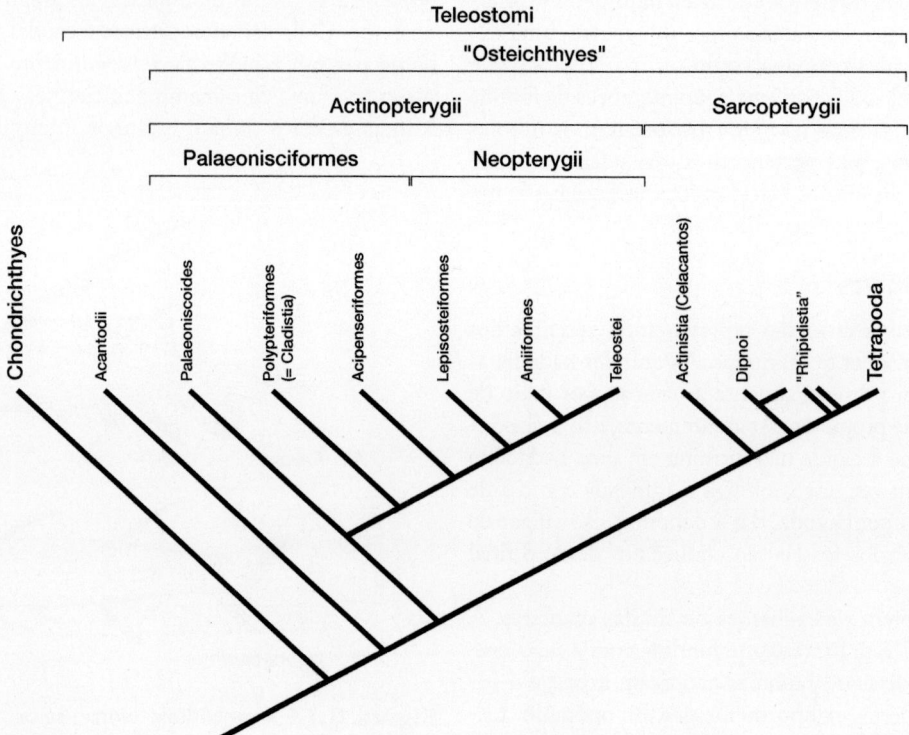

Figura 3.15 Teleostomi, relações filogenéticas. "Rhipidistia" em cotas para se notar que, como são constituídos atualmente, podem ser parafiléticos com uma linhagem relacionada com os Dipnoi e outra com os derivados de outras linhagens. "Osteichthyes" em cotas também para se notar uma possível associação parafilética.

Nenhuma característica única isolada os distingue de outros peixes. Mais que isso, os peixes ósseos têm um conjunto de características, incluindo um opérculo ósseo, uma bexiga natatória possivelmente modificada dos pulmões e uma ossificação extensa do endoesqueleto. Ossos dérmicos podem cobrir o corpo, em especial nos grupos ancestrais, mas nunca são grandes nem em forma de placas como nos ostracodermes e placodermes. Em vez disso, seu corpo é coberto por escamas subpostas. A boca é terminal, significando que fica na extremidade bem anterior do corpo, e não subterminal, como em alguns outros peixes, como os tubarões. Um opérculo ósseo cobre a série externa de fendas das brânquias. As nadadeiras são fortalecidas por **lepidotríquios**, bastões ósseos delgados ou "raios" que proporcionam um suporte interno em forma de leque.

Os peixes ósseos consistem em dois grupos de tamanhos bastante diferentes. Os **actinopterígios** compõem a vasta maioria desses peixes e têm sido o grupo dominante desde meados da era Paleozoica (Figura 3.16). O outro grupo é o dos **sarcopterígios** que, embora em número menor hoje, são importantes para a história dos vertebrados porque deram origem aos tetrápodes, todos os vertebrados terrestres e seus descendentes.

Actinopterygii

São conhecidos como "peixes com raios nas nadadeiras", por causa de suas nadadeiras distintas, sustentadas internamente por numerosos lepidotríquios (raios) delgados endoesqueléticos.

Os músculos que controlam os movimentos das nadadeiras estão localizados *dentro* da parede corporal, em contraste com os músculos dos sarcopterígios, situados fora da parede corporal, ao longo da nadadeira que se projeta.

Alguns biólogos especializados em peixes dividem os actinopterígios em **condrósteos**, **holósteos** e **teleósteos**, cada um destinado a representar os grupos primitivo, intermediário e avançado de peixes com raios nas nadadeiras, respectivamente, demonstrando o aumento na ossificação (Figura 3.17). Conforme mencionado, o esqueleto interno teve sua ossificação aumentada em muitos grupos, mas o crânio e as escamas tiveram redução na ossificação e, em alguns grupos, o endoesqueleto é mesmo cartilaginoso. Teleósteo ainda é um termo útil, mas, agora, usa-se condrósteo como sinônimo de acipenseriformes, conforme veremos nas próximas páginas, e holósteo pode ser um grupo parafilético. Em nosso esquema de classificação, usamos as duas divisões atuais, **Palaeonisciformes**, abrangendo os peixes ancestrais com raios nas nadadeiras, e **Neopterygii**, englobando os derivados. Esses dois grupos são subdivididos ainda em categorias inferiores (ver *Apêndice D*).

▶ **Palaeonisciformes.** Os extintos paleoniscídeos são os mais bem conhecidos dos Palaeonisciformes ancestrais e, provavelmente, os peixes ósseos mais antigos. Uma espécie chegava ter 0,5 m de comprimento, porém a maioria era menor. A notocorda dava suporte axial, embora arcos neural e hemal a acompanhassem à medida que a notocorda atingia a extensão da cauda. O corpo

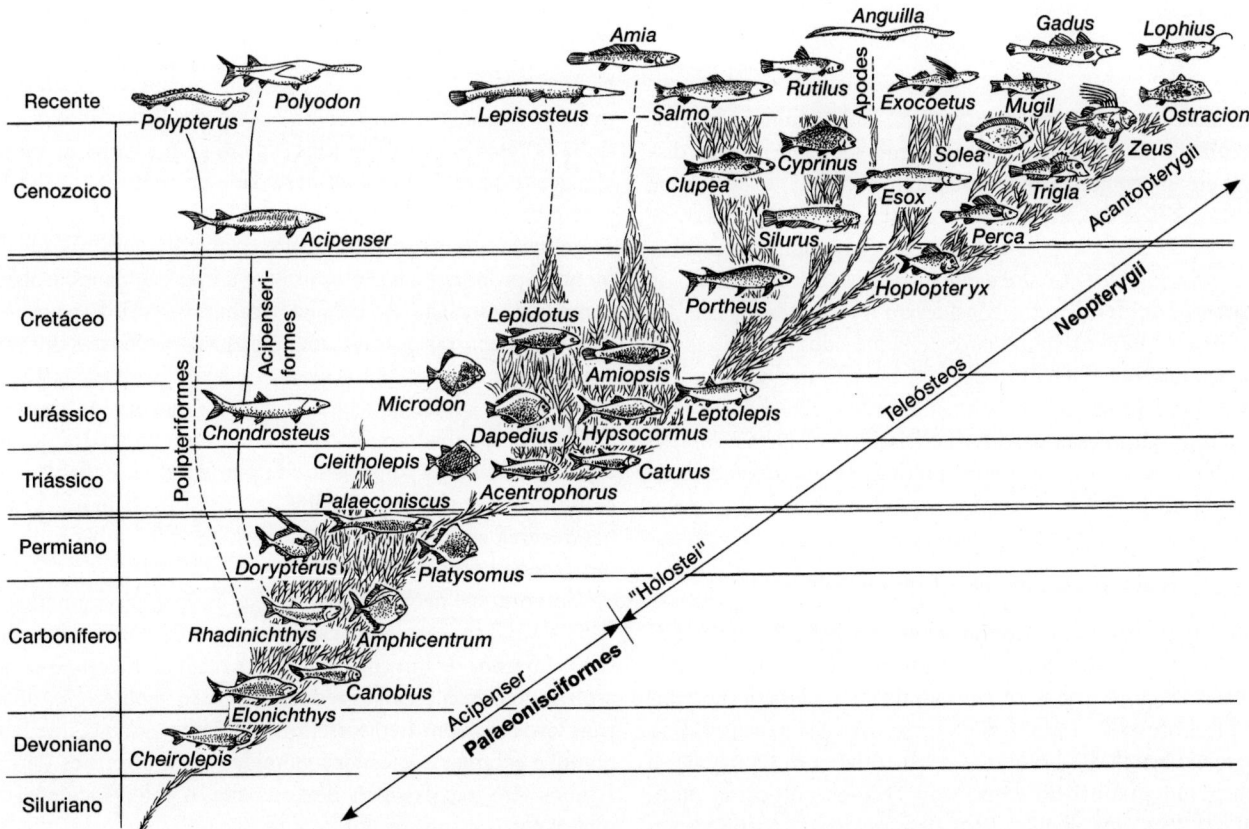

Figura 3.16 Filogenia dos actinopterígios.

De J. Z. Young.

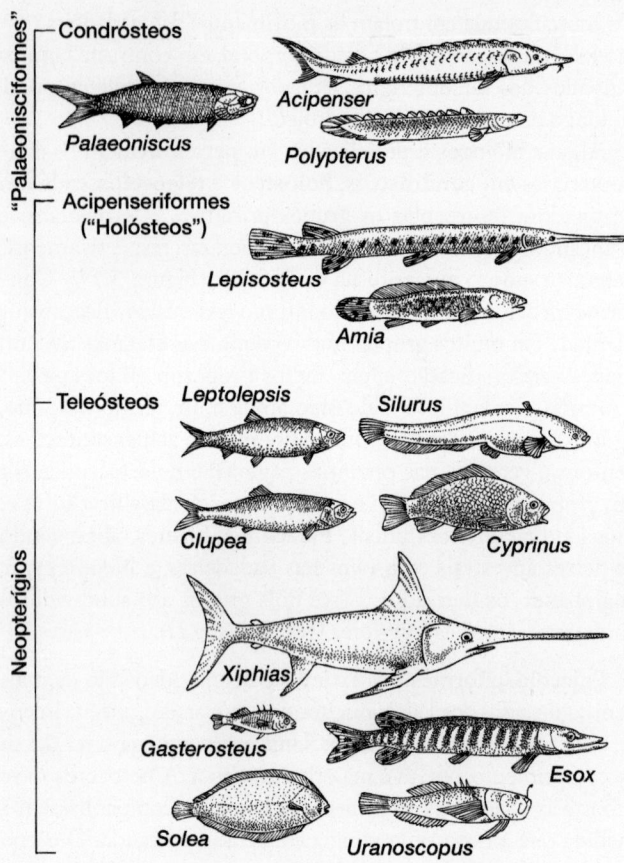

Figura 3.17 Actinopterígios representativos.

De J. Z. Young.

fusiforme dos paleoniscídeos sugere que tinham uma vida ativa. Era coberto por pequenas escamas romboides superpostas, dispostas em um conjunto de fileiras paralelas muito próximas uma da outra. A base de cada escama era óssea, seu interior era composto por dentina e a superfície coberta com ganoína, uma substância semelhante a esmalte e que justifica sua denominação de **escamas ganoides**. Muitos consideram a forma da cabeça dos primeiros tubarões e acantódios semelhante à dos paleoniscídeos. Pode ser que isso reflita uma relação filogenética ou uma convergência inicial de um estilo de alimentação bem-sucedido baseado na rápida captura das presas. Os paleoniscídeos ocuparam *habitats* marinhos e de água doce, tendo apresentado sua maior diversidade durante o final do Paleozoico, mas foram substituídos pelos neopterígios no início do Mesozoico.

Tipos de escamas dos peixes (Capítulo 6)

Os Palaeonisciformes sobreviventes incluem os acipenserídios, esturjões e peixes-espátula, classificados como Acipenseriformes (= condrósteos), e os polipterídios, classificados nos Polypteriformes (= *Cladistia*). Na maioria dos acipenserídios, a primeira fenda das brânquias é reduzida a um espiráculo; o suporte longitudinal do corpo vem de uma notocorda proeminente. Em uma divisão dos paleoniscídeos e outros peixes ósseos ancestrais, os acipenserídios em geral não têm escamas ganoides, exceto por algumas escamas maiores dispostas em fileiras separadas ao longo dos lados do corpo. Revertendo a

tendência na direção da ossificação, o esqueleto é quase inteiramente cartilaginoso. Os peixes-espátula ocorrem nas águas da América do Norte e da China, sendo filtradores de plâncton em mar aberto. O esturjão, a maior espécie de peixes de água doce, pode chegar a ter 8 m de comprimento e pesar 1.400 kg. Alguns migram entre a água doce e o mar, fazendo jornadas de mais de 2.500 km. Esses peixes sem dentes das profundezas comem invertebrados enterrados, peixes mortos e alevinos jovens de outras espécies de peixes. Alguns podem viver até 100 anos e não chegam à maturidade sexual até cerca dos 20 anos de idade. Suas **ovas** (ovos) são vendidas comercialmente como caviar da Rússia. Embora já tenham sido considerados uma espécie rejeitada, hoje constituem um alimento apreciado, em especial quando defumado. Mais de 50.000 são capturados anualmente só no Rio Columbia, na América do Norte.

Os polipterídios compartilham com outros condrósteos ancestrais as escamas ganoides romboides, padrões similares de ossos cranianos e um espiráculo. Eles habitam pântanos e riachos da África e incluem os gêneros vivos *Polypterus* e *Erpetoichthys*. Têm uma bexiga natatória mais parecida com um par ventral de pulmões. As espécies de *Polypterus* se afogam se não puderem inalar ar fresco para repor o oxigênio em seus pulmões. Suas nadadeiras peitorais também são "carnosas". Por causa de seu par de pulmões e das nadadeiras carnosas, antigamente eram classificados com os peixes pulmonados como sarcopterígios, mas, hoje, a maioria vê tais nadadeiras peitorais carnosas como uma característica distintiva que evoluiu independentemente das nadadeiras carnosas dos sarcopterígios. Alguns taxonomistas classificam os polipterídios como peixes ósseos cladístios (*Cladistia*), um grupo irmão dos Acipenseriformes mais Neopterygii.

▶ **Neopterygii.** No início do Mesozoico, esses peixes substituíram os Palaeonisciformes como o grupo mais dominante e que tinha florescido até então. Eles exibem ampla gama de morfologias e se adaptaram a uma variedade de *habitats* em todas as partes do mundo. Durante sua evolução, alterações no crânio acomodaram a maior mobilidade da maxila durante o fechamento e proporcionaram locais para a inserção da musculatura alimentar associada. As escamas ficaram mais finas e arredondadas. Em contraste, as escamas espessas superpostas dos paleoniscídeos conferiam proteção, mas a flexibilidade era restrita. É provável que a redução na quantidade de escamas na superfície tenha acompanhado o desenvolvimento de uma natação mais ativa. A notocorda foi substituída por vértebras cada vez mais ossificadas, que também promoviam a natação eficiente. A cauda heterocerca assimétrica dos paleoniscídeos foi substituída por uma cauda homocerca simétrica.

Embora os neopterígios ancestrais (antes chamados de "holósteos") tivessem uma cauda homocerca, permanecem vestígios internos de um ancestral com nadadeira heterocerca, sem espiráculo e com escamas reduzidas. Esses neopterígios ancestrais vivos incluem Lepisosteiformes (peixe-agulha), que retêm grandes escamas romboides ganoides, e Amiiformes (âmias). Ambos têm maxilas mais flexíveis que os paleoniscídeos, mas menos flexíveis que as dos neopterígios.

O grupo mais recente de peixes com raios nas nadadeiras é o derivado dos neopterígios, os Teleósteos (palavra que significa "terminal" e "peixe ósseo"). Esse grupo muito diverso abrange

Boxe Ensaio 3.2   Peixes pulmonados | Como lidar com a seca

Muitos peixes pulmonados vivem em pântanos que secam em algum período do ano. À medida que o nível da água começa a baixar, o peixe pulmonado escava a lama ainda mole, formando uma toca com formato de garrafa dentro da qual se enrola (ver Figura I A do Boxe). Quando a lama seca, o muco secretado por sua pele endurece, formando um casulo, um revestimento fino que resiste ainda mais à perda de água dentro da toca, mantendo o peixe pulmonado (ver Figura I B do Boxe). Em geral, a taxa metabólica do peixe também diminui, reduzindo suas demandas calóricas e de oxigênio. Tal estado fisiológico reduzido, em resposta ao calor ou à seca, denomina-se *estivação* (ver Figura I C do Boxe). Enquanto houver água parada acima da toca, o peixe pulmonado ocasionalmente vai até a superfície para respirar pela abertura da toca. Depois que a superfície seca completamente, a abertura da toca permanece aberta para possibilitar a respiração direta de ar.

A estivação tem uma longa história. Foram descobertas tocas de peixes pulmonados do início do Permiano e do Carbonífero. O peixe pulmonado africano normalmente fica em estivação por 4 a 6 meses, o tempo que dura a estação seca no verão, mas pode ficar períodos maiores nesse estado se

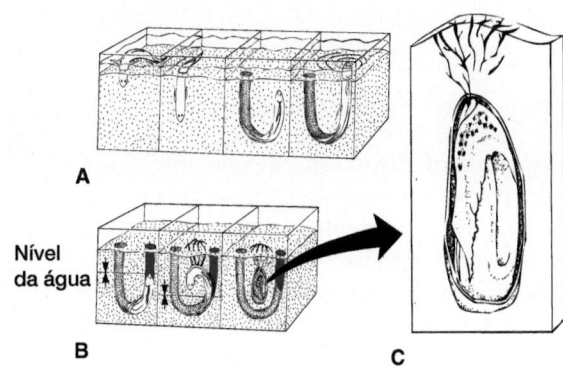

Figura I do Boxe Peixe pulmonado africano durante a estivação em sua toca. O metabolismo reduzido requer respiração menos frequente. O peixe pulmonado inspira ar fresco pela abertura da toca, que mantém a continuidade com o ambiente acima dela. **A.** Enquanto a água ainda cobrir o pântano, o peixe pulmonado escava tocas na lama mole, estabelece a toca básica em forma de U e vai à superfície para respirar. **B.** À medida que o nível da água diminui cada vez mais, o peixe pulmonado se movimenta em um casulo revestido por muco e mantém contato com o ar por orifícios respiratórios. **C.** No casulo, o peixe pulmonado enrolado entra em um estado de estivação, durante o qual sua taxa metabólica cai e suas necessidades respiratórias diminuem.

De Grasse.

for obrigado a isso. O peixe pulmonado sul-americano também fica em estivação, mas não forma um casulo mucoso nem fica em tal estado metabólico de torpor profundo.

Embora o peixe pulmonado australiano não fique em estivação, pode usar seus pulmões para respirar quando os níveis de oxigênio caem na água em que ele vive.

---

quase 20.000 espécies recentes com distribuição geográfica extensa, com as representantes presentes de um polo ao outro e em altitudes que variam daquela dos lagos alpinos às profundezas dos oceanos. Os teleósteos têm uma longa história, que data de 225 milhões de anos no final do Triássico. Apesar disso, parecem constituir um grupo monofilético. Em termos gerais, compartilham um conjunto de características, inclusive cauda homocerca, escamas circulares sem ganoína, vértebras ossificadas, bexiga natatória para controlar a flutuação e um crânio com mobilidade mandibular complexa que permite a captura rápida e a manipulação do alimento.

Alguns dos grupos mais familiares de teleósteos vivos incluem os clupeomorfos (arenques, enguias), salmonídeos (salmão, truta, peixes da família Coregonidae, lúcio, eperlano), percomorfos (percas de água doce e marinhas, robalos, cavalos-marinhos, esgana-gata, peixe-escorpião, hipoglosso), ciprinídeos (ciprinídeos de água doce, carpas, catastomídeos, carpa gigante), siluroides (bagres) e aterinomorfos (peixes voadores, peixe-rei, peixe-rei da Califórnia).

Sarcopterygii

São o segundo grupo de peixes ósseos. Ao contrário dos actinopterígios com raios nas nadadeiras, as finas nadadeiras dos sarcopterígios ficam nas extremidades de apêndices curtos, que se projetam com elementos internos e músculos moles, daí a

denominação de "peixes de nadadeiras carnudas". Embora os sarcopterígios nunca tenham sido um grupo diversificado, são significativos porque originaram muitos dos primeiros vertebrados terrestres. Os membros tetrápodes evoluíram dos sarcopterígios, mas essas nadadeiras não sustentam o corpo dos sarcopterígios nem são úteis para o peixe na terra. Em vez disso, as nadadeiras carnudas são dispositivos aquáticos que os sarcopterígios parecem usar para se erguer, fazer manobras em águas rasas ou se movimentar em águas mais profundas.

Os sarcopterígios foram comuns em água doce durante a maior parte da era Paleozoica, mas, hoje, os únicos sobreviventes são três gêneros de peixes pulmonados que vivem em correntes tropicais e os raros celacantos, confinados às águas profundas do Oceano Índico. A esses grupos são acrescentados fósseis, muitos deles recém-descobertos, que fornecem um quadro rico desse grupo de peixes do qual os tetrápodes evoluíram. Uma variedade de nomes históricos tem sido tentada para enquadrá-los ao mesmo tempo que a caracterização do grupo se altera. Para alguns estudiosos do assunto, os sarcopterígios já foram conhecidos como Choanichthyes, por causa das narinas externas com abertura interna para a boca por meio de orifícios denominados **coanas**. No entanto, diferenças no desenvolvimento embrionário levantaram dúvidas sobre a homologia das coanas entre os peixes e diminuíram o entusiasmo por essa denominação alternativa. Os sarcopterígios já foram divididos em dois subgrupos, **Dipnoi**, e todos os demais combinados nos **Crossopterygii** (peixes com nadadeiras lobadas). Os Dipnoi são um grupo monofilético, mas os crossopterígios agora são considerados parafiléticos e incluem os celacantos (Actinistea) e ripidístios, a que iremos nos referir adiante.

Coanas e narinas internas (Capítulo 7)

Além das nadadeiras carnudas, os sarcopterígios diferem de outros peixes ósseos por terem escamas cobertas com **cosmina**. Essas **escamas cosmoides**, inicialmente de formato romboide, tendem a se reduzir a discos circulares finos sem cosmina nos últimos sarcopterígios. As primeiras espécies tinham duas nadadeiras dorsais e cauda heterocerca (Figura 3.18 A e B). Nas seguintes, as nadadeiras dorsais foram reduzidas e a da cauda se tornou simétrica e **dificerca**, com a coluna vertebral se estendendo reta até a extremidade da cauda, e áreas iguais de nadadeira acima e abaixo dela (Figura 3.18 C).

Tipos de escamas dos peixes ósseos (Capítulo 6)
Tipos de nadadeiras caudais dos peixes (Capítulo 8)

▶ **Actinistia (Celacantos).** Os celacantos surgiram no meio do Devoniano e sobreviveram até o final do Mesozoico, quando se acredita que foram extintos. A descoberta ao acaso de um exemplar, na década de 1930, em águas marinhas afastadas da costa

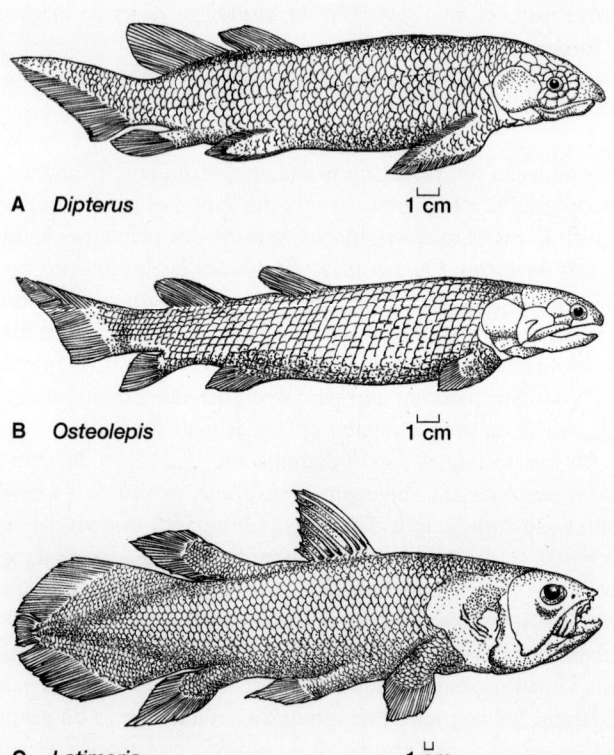

A *Dipterus*   1 cm

B *Osteolepis*   1 cm

C *Latimeria*   1 cm

Figura 3.18 Sarcopterígios. A. *Dipterus*, peixe fóssil do Devoniano. Nota-se a cauda heterocerca. **B.** *Osteolepis*, um ripidístio do Devoniano que também tinha uma cauda heterocerca. **C.** *Latimeria*, um sarcopterígio vivo (Coelacanthiformes) com cauda dificerca.

A e B, de Traquair; C, de Millot.

do sul da África ofereceu à ciência um "fóssil vivo" (ver Boxe Ensaio no *Capítulo 1*). Esse peixe africano era o *Latimeria*, que habita profundidades oceânicas de 100 a 400 m. Outras populações foram encontradas além da costa da Tanzânia, no leste da África. Uma segunda espécie foi descoberta em águas perto da Indonésia, também em grandes profundidades.

Em todo o grupo, a caixa craniana é dividida por uma articulação transversal em dobradiça no topo do crânio. Os centros vertebrais são delgados, mas a notocorda é especialmente proeminente. A maioria dos celacantos é marinha. Nos espécimes vivos, a bexiga natatória não atua na respiração, estando preenchida por gordura. Durante o dia, é comum eles repousarem em pequenos grupos em cavernas vulcânicas ao longo de declives íngremes. As nadadeiras carnudas os ajudam a se manter na posição nas correntes. Há um celacanto recém-descoberto e fotografado nas águas marinhas da Indonésia. Ele ainda não foi estudado em detalhes, mas pode ser que represente uma nova espécie.

Descoberta de celacantos viventes (Capítulo 1)
Cinese craniana do celacanto (Capítulo 7)

▶ **Dipnoi.** O registro fóssil dos peixes pulmonados se estende até o Devoniano. O *Styloichthys* (do início do Devoniano), o peixe pulmonado mais antigo conhecido, compartilhava algumas características com os ripidístios também, sugerindo que poderia ser uma espécie de transição entre os últimos e os recentes peixes pulmonados. Todos os peixes pulmonados do Devoniano eram marinhos, mas formas recentes ocupam águas doces. Há três gêneros sobreviventes em águas continentais e pântanos (Figura 3.19 A–C). Com um par de pulmões, os Dipnoi podem respirar durante os períodos em que os níveis de oxigênio na água caem ou a água empoçada evapora nas estações secas. Os peixes pulmonados recentes não têm cosmina, tendo um esqueleto composto principalmente por cartilagem, e exibem uma notocorda proeminente.

Os **ripidístios** datam do início do Devoniano. Embora a notocorda ainda seja proeminente neles, é acompanhada por arcos neural e hemal ossificados, bem como centros concêntricos que tendem a constringi-la e suplementar sua função. Durante o final do Paleozoico, os ripidístios foram os predadores dominantes de água doce entre os peixes ósseos. Sua caixa craniana tem, no meio, uma articulação em dobradiça transversal, de modo que a cabeça gira da posição anterior a posterior. Tal capacidade, junto com as modificações nos ossos cranianos e na musculatura da maxila, representa alterações que acompanham um estilo de alimentação especializado por envolver uma mordida poderosa. Os ripidístios constituem um grupo parafilético que abrange alguns peixes pulmonados como os **porolepiformes**, com outros sarcopterígios que originaram os tetrápodes, como os **osteolepiformes** e **panderictídeos**. Esses grupos básicos tinham maxilas que continham **dentes labirintodontes**, caracterizados por invaginação complexa de uma parede dentária em torno de uma cavidade de polpa central. Os ripidístios originaram os tetrápodes durante o Devoniano, mas eles próprios foram extintos antes, no Permiano.

Cinese craniana (Capítulo 7);
dentes labirintodontes (Capítulo 13)

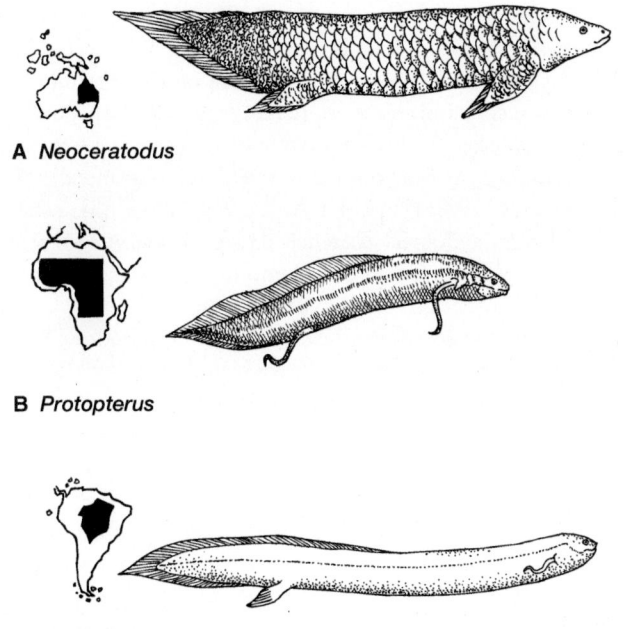

A *Neoceratodus*

B *Protopterus*

C *Lepidosiren*

Figura 3.19 Sarcopterígios – peixes pulmonados vivos. A. O peixe pulmonado australiano, *Neoceratodus*. **B.** O peixe pulmonado africano, *Protopterus*. **C.** O peixe pulmonado sul-americano, *Lepidosiren*.

Erik Jarvik, um paleontólogo sueco, fez descrições importantes do *Eusthenopteron*, um osteolepiforme (Figura 3.20 A). Suas nadadeiras e o crânio o colocavam próximo do ancestral dos tetrápodes. O *Panderichthys* (Figura 3.20 B), conhecido desde o final do Devoniano (ou um pouco antes), tem as mesmas nadadeiras com lobos, a estrutura da caixa craniana e uma articulação intracraniana como a do *Eusthenopteron*, mas o teto do crânio do *Panderichthys* é achatado, o osso parietal é par e os olhos se movem para cima e posteriormente, lembrando a condição dos primeiros tetrápodes.

Talvez o mais notável desses sarcopterígios de transição entre os peixes e tetrápodes seja o *Tiktaalik* recém-descrito, do final do Devoniano, cerca de 3 milhões de anos mais jovem que o *Panderichthys* (Figura 3.20 C). O *Tiktaalik* é um elo intermediário entre os peixes e os vertebrados terrestres, exibindo um corpo romboide coberto com escamas ósseas cosmoides, ausência de ligações ósseas do cérebro com a cintura peitoral, como nos vertebrados terrestres que vieram depois, um crânio achatado, provavelmente vantajoso para golpes rápidos nas presas em águas rasas, e perda da cobertura óssea da brânquia, sugerindo uma alteração na ventilação da brânquia para o uso suplementar de um pulmão. Sua presença nos sedimentos de rios canalizados indica um estilo de vida em água doce. Em águas rasas, talvez fosse difícil respirar. Em vez disso, quando ficava na superfície, o *Tiktaalik* podia simplesmente usar seu espiráculo posicionado

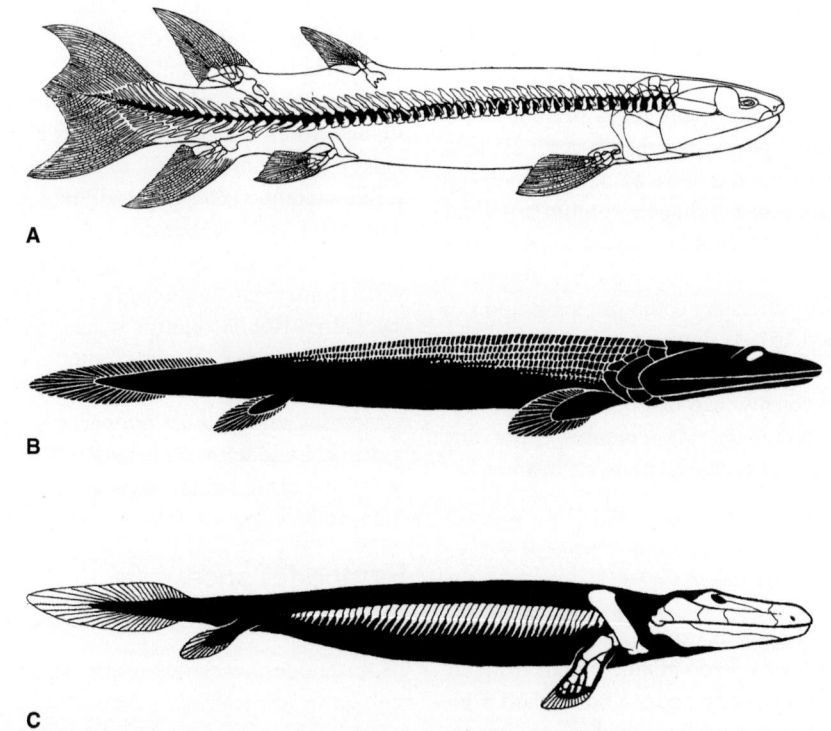

A

B

C

Figura 3.20 Sarcopterígios, "Ripidístios". Esses peixes do Devoniano são muito relacionados com os tetrápodes. **A.** O osteolepiforme *Eusthenopteron* tinha nadadeiras peitorais e pélvicas, com lobos e osso de sustentação interno. **B.** O panderictídeo *Panderichthys*, também equipado com nadadeiras peitorais e pélvicas com lobos, tinha o corpo achatado, olhos no alto da cabeça e não tinha nadadeiras dorsais e anais. **C.** O peixe, semelhante a um tetrápode, *Tiktaalik* é um intermediário notável entre outros sarcopterígios fósseis, por um lado, e os primeiros tetrápodes por outro. Notam-se elementos da cintura peitoral e apêndices, como nos tetrápodes, mas os apêndices não terminam em dedos e sim em nadadeiras radiadas como em outros sarcopterígios. Escamas removidas; cerca de 1 m de comprimento total.

A, de Carroll; B, de Vorobyeva e Schultz; C, de Daeschler, Shubin e Jenkins.

dorsalmente, uma abertura para a cavidade bucal, para inspirar o ar. Grandes costelas deram para a espécie melhor sustentação ao tentar a sorte na terra. Suas nadadeiras peitorais eram quase membros anteriores, mas não tanto, pois incluíam um esqueleto interno robusto, não terminando em dedos, e sim em radiações finas, como em outros peixes sarcopterígios.

Escamas de peixe (Capítulo 6)

Revisão da filogenia dos peixes

Todos os peixes recentes, exceto os ciclóstomos, pertencem aos Chondrichthyes ou aos Osteichthyes. Os peixes são diversos em sua morfologia e estão distribuídos por todo o mundo. Eles superam em número todos os demais vertebrados combinados e constituem um dos grupos de animais mais bem-sucedidos.

Nos primeiros peixes, os ostracodermes, o osso já era uma parte importante de sua constituição externa. Nos grupos que surgiram bem depois, houve uma tendência de a ossificação se estender para o esqueleto interno, mas ela foi reduzida secundariamente nos Chondrichthyes e em alguns peixes ósseos, como os Acipenseriformes e os pulmonados. Duas tendências gerais caracterizam os gnatostomados: por um lado, os Chondrichthyes perderam osso pericondral, aquele em torno da cartilagem, que foi substituído por cartilagem calcificada prismática; em contrapartida, os Osteichthyes tenderam a ganhar osso como parte de seu endoesqueleto.

Os peixes são os principais protagonistas da história dos vertebrados. Dentro do grupo, maxilas e nadadeiras pares surgiram primeiro. Os peixes de nadadeiras com raios são dominantes entre os vertebrados aquáticos desde meados da era Paleozoica. Os peixes de nadadeiras com lobos originaram os vertebrados terrestres, os tetrápodes. Assim, em certo sentido, a história dos tetrápodes é uma continuação da que começou com os peixes. Reconhecemos essa linhagem comum nos Teleostomi. Os tetrápodes herdaram apêndices pares, maxilas, vértebras e pulmões dos peixes. Celebramos essa relação estreita colocando os vertebrados terrestres como um subgrupo dos sarcopterígios (ver Figura 3.15). As demandas da vida terrestre e as novas oportunidades disponíveis levaram a um remodelamento mais extenso da constituição dos peixes como tetrápodes diversificados em modos de vida terrestres e, por fim, aéreos. A constituição dos tetrápodes é a parte da história dos vertebrados que veremos a seguir.

Tetrápodes

Os vertebrados fizeram tentativas de explorar a terra durante o final do Paleozoico, após a formação do grande supercontinente único Pangeia. Aqueles primeiros tetrápodes ainda viviam principalmente na água, mas podiam usar seus membros modelados para navegar na água doce rasa onde viviam e, talvez, fazer incursões ocasionais em terra. Desde esses primórdios, os tetrápodes subsequentemente sofreram uma irradiação extensa, de modo que, hoje, incluem os vertebrados exclusivamente terrestres e muitos grupos anfíbios, aquáticos e voadores. Em termos literais, a palavra tetrápode significa quatro patas, embora inclua alguns grupos derivados que depois perderam os membros, como as cobras. No sentido formal, a superclasse Tetrapoda se caracteriza por um *chiridium*, um membro muscular com articulações bem definidas e dígitos (dedos e artelhos). Um movimento injustificado tentou substituir o termo *Tetrapoda* por uma terminologia hermética alternativa, mas isso falhou, em parte porque deixaria de fora muitos grupos com mãos e pés, pois o termo significa "quatro patas". Assim, aqui o usaremos com seu sentido estabelecido, determinado pela existência de um *chiridium*, e no sentido filogenético por causa do conjunto de espécies mais relacionadas entre si que com os Rhipidistia (Figura 3.21).

As controvérsias sobre a taxonomia dos tetrápodes não são novas e refletem sérios esforços para reconhecer os grupos naturais e os eventos evolutivos. A anatomia da coluna vertebral já foi usada para o rastreamento das linhagens dos tetrápodes, mas a análise de tal característica única provou ser muito limitada e suscetível a convergência funcional (analogia), em vez de sinalizar de maneira confiável uma ancestralidade comum (homologia). A filogenia baseada apenas nas vértebras está abandonada, mas a taxonomia inspirada por sua estrutura vertebral sobrevive – temnospôndilos, embolômeros, lepospôndilos. Já se pensou que os **labirintodontes**, denominados originalmente por sua estrutura dentária complexa, eram um monofilo basal dos tetrápodes. Agora reconhecidos como um grupo original parafilético (ver Figura 3.21), "labirintodontes" ainda é um termo conveniente para os primeiros tetrápodes. Os labirintodontes documentam a transição incrível entre seus ancestrais peixes dentro dos sarcopterígios ("Rhipidistia") por um lado e depois para os últimos tetrápodes terrestres por outro.

Os primeiros tetrápodes são conhecidos apenas a partir de fósseis. Portanto, as técnicas moleculares, que dependem de representantes vivos, não podem complementar os estudos taxonômicos morfológicos. Além disso, há dois hiatos principais no registro fóssil dos anfíbios, um no final do período Paleozoico, que durou quase 100 milhões de anos entre os táxons vivos e seus ancestrais fósseis conhecidos mais antigos, e outro nos primeiros 30 milhões de anos do início do Carbonífero, denominado "hiato de Romer" em homenagem ao paleontólogo que o descreveu, Alfred Romer, durante o qual todas as principais linhagens ulteriores surgiram. Porém, centenas de pegadas e rastros preservados ocorrem durante toda a era Paleozoica e, embora não conectados com espécies em particular, tais pegadas e rastros só podem ter sido feitos na lama ainda mole pelos primeiros tetrápodes que caminharam sobre a terra. Ainda assim, sua história e seu estabelecimento subsequente na terra são extraordinários.

Tetrápodes ancestrais

Labirintodontes

Os tetrápodes ancestrais retiveram as escamas ósseas, embora tenham ficado restritas à região abdominal. Muitos tinham o comprimento do corpo surpreendentemente longo, com crânios também proporcionalmente grandes. *Eogyrinus*, uma espécie do Carbonífero, chegava a ter 5 m de comprimento (Figura 9.18 A). Sulcos jateados no crânio de alguns exemplares jovens tinham o **sistema de linha lateral**, um sistema sensorial estritamente aquático, encontrado em fósseis de jovens, mas ausente nos adultos da mesma espécie. Na metamorfose, os anfíbios terrestres vivos também perdem o sistema de linha la-

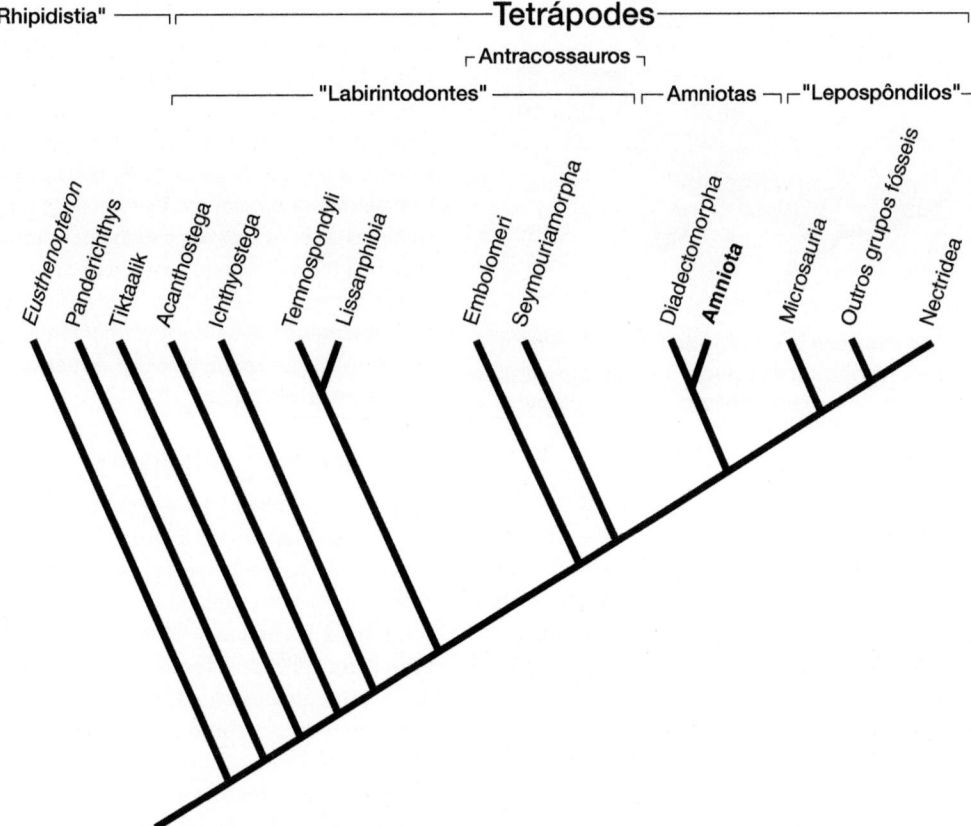

Figura 3.21 Relações filogenéticas dos tetrápodes. Grupos parafiléticos em cotas.

Com base em Coates, Ruta e Friedman.

teral de suas larvas aquáticas. Portanto, é provável que muitos tetrápodes ancestrais, como os anfíbios recentes, fossem aquáticos quando jovens e terrestres depois de adultos.

Os primeiros grupos de labirintodontes datam do final do Devoniano. Um era o *Acanthostega*, que poderia perfeitamente ser descrito como um "peixe de quatro patas" por sua estreita similaridade com os peixes ripidístios dos quais evoluíram (Figura 3.22). É um grupo intrigante e sugestivo de muitas maneiras. Além de ter herdado as vértebras distintivas dos ripidístios com notocorda sem constrição, os *Acanthostega*, como seus primeiros ancestrais, também tinham nadadeiras com raios sustentando uma nadadeira na cauda, um sistema de linha lateral e dentes labirintodontes. Como nos ripidístios, tinham uma articulação intracraniana. Além disso, *Acanthostega* era claramente um tetrápode, com um padrão mais característico de ossos dérmicos cranianos dos tetrápodes, membros com dedos e cinturas para a sustentação de peso. Embora na região do ouvido tivesse um estribo derivado de parte do segundo arco branquial (hiomaxila), *Acanthostega* não tinha um sistema auditivo especializado para a detecção de sons vindos do ar. Seu estribo servia primariamente como um suporte mecânico na parte posterior do crânio. Como alternativa, existe a hipótese de que fosse usado para controlar a passagem de correntes respiratórias de ar para e dos pulmões por meio do espiráculo. Isso não é tão surpreendente porque *Acanthostega*, como a maioria dos primeiros tetrápodes, ainda era um animal predominantemente aquá-

tico. De fato, *Acanthostega* retinha arcos branquiais "de peixe" sustentando brânquias internas, o que implica que vivia exclusivamente na água. Se representativo de todos os tetrápodes, então isso sugere que os dedos surgiram primeiro em um ambiente aquático e, depois, serviram na terra. Além disso, o conjunto de cinco artelhos e cinco dedos (*chiridium* pentadáctilo), que se tornou o padrão nos tetrápodes pós-Devoniano, ainda não estava fixado nesses primeiros grupos, que tinham mais de cinco (*chiridium* polidáctilo). *Acanthostega* tinha oito dedos e oito artelhos, *Ichthyostega* tinha sete dedos e *Tulerpeton*, outro tetrápode do Devoniano, tinha seis dedos (outros dígitos não foram preservados nos fósseis).

Outro tetrápode primordial foi *Ichthyostega* (Figuras 3.23 A; ver Figura 9.17). Uma notocorda grande sem constrição se estendia para a caixa craniana. Ao contrário de *Acanthostega*, e da maioria dos outros primeiros tetrápodes, a coluna vertebral de *Ichthyostega* era especializada para algum tipo de flexão dorsoventral, de função desconhecida (Figura 9.17). Ele tinha nadadeiras com raios sustentando uma nadadeira caudal, um sistema de linha lateral, dentes labirintodontes e brânquias internas.

Outros grupos fósseis também estavam presentes, embora sua colocação filogenética continue especialmente incerta, em grande parte por causa da extraordinária diversidade em cada grupo. Os Temnospondyli (ver Figura 9.18 B e C) têm o corpo tipicamente robusto, com o crânio todo coberto, mas achatado. Numerosos grupos eram exclusivamente aquáticos quando adultos. Foram os únicos labirintodontes que sobreviveram

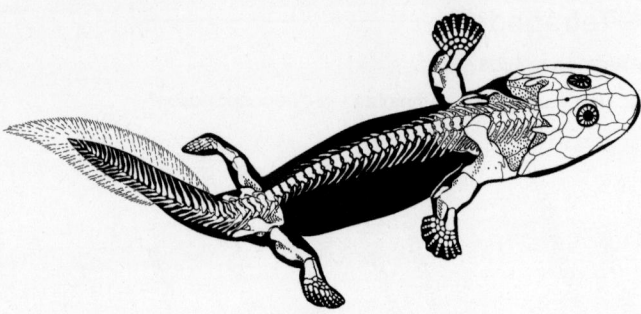

Figura 3.22 *Acanthostega*, **o tetrápode inicial.** Um tetrápode do Devoniano mostrando características de transição de peixe para tetrápode. Nota-se os membros polidáctilos. Ele tinha cerca de 60 cm de comprimento total.

Com base em Coates, 1996.

à era Paleozoica, produzindo as formas da Mesozoica, predadores achatados completamente aquáticos, com alguns grupos realmente invadindo o mar. O crânio dos antracossauros tendia a ser profundo e também tinha a tendência a ser terrestre quando adultos.

Ao contrário de seus ancestrais ripidístios, os primeiros tetrápodes estavam bem adaptados a incursões terrestres. Os membros e a cintura de sustentação em geral eram mais ossificados e fortes, e a proeminência da coluna vertebral tendia a aumentar. Nos primeiros tetrápodes, como em alguns peixes ripidístios antes deles (p. ex., *Tiktaalik*), não havia conexão da cintura escapular (do ombro) com o crânio, e uma região móvel desenvolvida do pescoço permitia que a cabeça se movesse em

todas as direções com relação ao corpo. Os ossos operculares foram perdidos, junto com as brânquias internas que protegiam. É provável que os tetrápodes ancestrais tenham herdado pulmões e o modo aquático de reprodução de seus ancestrais ripidístios. A fertilização provavelmente era externa, com a postura de grande número de ovos pequenos na água. Como nas salamandras recentes, os fósseis de estágios de larva dos tetrápodes da era Paleozoica exibiam brânquias externas. A utilização da terra foi quase certamente uma ocupação dos adultos após a metamorfose das larvas aquáticas. A maioria frequentava ambientes de água doce, embora alguns fósseis tenham sido encontrados em sedimentos de estuários ou mesmo ambientes marinhos costeiros.

Lissamphibia | Anfíbios recentes

Surgiram da irradiação dos labirintodontes, especificamente dos tenospôndilos (ver Figura 3.21), embora muitas características dos labirintodontes, como dentes labirintodontes voltados para dentro, tenham sido perdidas quando os lissanfíbios surgiram. Eles incluem fósseis e formas recentes. O termo **anfíbio** já foi aplicado a todos os primeiros tetrápodes, mas a análise taxonômica recente também torna isso abrangente. Hoje, alguns o aplicam como um equivalente dos lissanfíbios, mas aqui o restringimos a um subgrupo de formas recentes – **salamandras**, **rãs** e **cecílias** – que datam de 200 milhões de anos ao Jurássico e hoje incluem quase 4.000 espécies, exibindo uma ampla variedade de histórias de vida (Figura 3.24 A–C). Exceto por sua ausência em algumas ilhas oceânicas básicas, eles existem em todas as regiões tropicais e temperadas do mundo. Os ovos de anfíbios, que não têm casca nem membrana amniótica, são depositados na água ou em locais úmidos. A fecundação externa caracteriza anuros, enquanto a interna caracteriza a maioria das salamandras e, provavelmente, todas as cecílias. É típico haver um par de pulmões, embora esses órgãos possam ser reduzidos ou até mesmo estar totalmente ausentes em algumas famílias de salamandras. Glândulas mucosas da pele mantêm os anfíbios úmidos e glândulas cutâneas granulares (de veneno) produzem substâncias químicas desagradáveis ou tóxicas aos predadores.

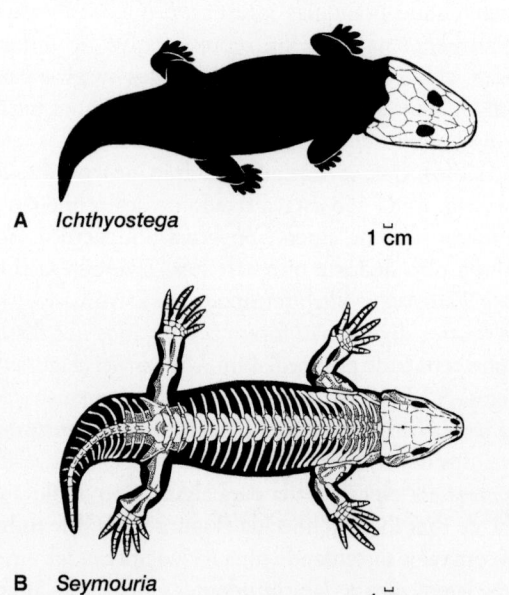

Figura 3.23 Tetrápodes labirintodontes. A. *Ichthyostega*, do final do Devoniano, é um membro do grupo dos ictiostegídios. O animal tinha cerca de 1 m de comprimento. **B.** Esqueleto de *Seymouria*, um antracossauro tardio altamente terrestre do início do Permiano, com cerca de 50 cm de comprimento.

B, de Wilson.

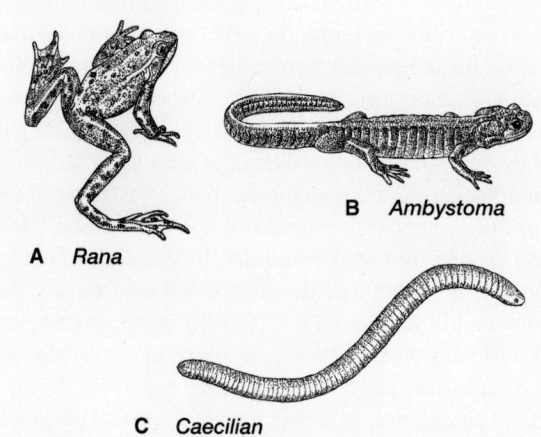

Figura 3.24 Lissamphibia. A. Rã (*Rana*). **B.** Salamandra (*Ambystoma*). **C.** Gymnophiona (*Caecilian*).

De algum modo, os anfíbios recentes estacionaram entre os peixes e os tetrápodes ulteriores; portanto, nos deram intermediários vivos aproximados da transição dos vertebrados da água para a terra. Contudo, os anfíbios em si são especializados e representam um ponto de partida considerável na morfologia, na ecologia e no comportamento dos tetrápodes ancestrais da era Paleozoica (Figura 3.25). Muitos ossos do crânio ancestral e da cintura peitoral foram perdidos. Com exceção das cecílias, eles não têm escamas, o que lhes possibilita respirar pela pele úmida. Os anfíbios vivos são pequenos. O registro fóssil não preserva um ancestral intermediário comum que os conecte de maneira definitiva com os lepospôndilos ou labirintodontes. As salamandras surgiram primeiro no Jurássico Superior. Quando as rãs apareceram pela primeira vez no Triássico, a constituição de seu esqueleto era essencialmente moderna e já exibia o sistema locomotor saltatório derivado e altamente desenvolvido.

Os anfíbios vivos compartilham algumas características comuns. A maioria das formas recentes é pequena, respira pela pele, tem dentes **pedicelados** exclusivos do grupo, com uma sutura que divide a base do dente de sua extremidade, e tem, ainda, um osso extra associado ao ouvido, o **opérculo auricular**. Os anfíbios vivos tipicamente sofrem metamorfose de larva para adulto, um remodelamento da forma de larva que pode ser sutil, como nas salamandras, ou bastante notável, como do girino para a rã adulta. Atualmente, a maioria dos taxonomistas considera todos os anfíbios vivos como membros de seu próprio grupo, os Lissamphibia.

Urodela | Salamandras

Urodela, ou Caudata, contém as salamandras. Em termos informais, "tritões" são salamandras aquáticas que pertencem à família Salamandridae. Na forma geral do corpo, as salamandras lembram os tetrápodes da era Paleozoica, com dois pares de membros e uma cauda longa. As salamandras terrestres exteriorizam a língua para se alimentar, mas as formas aquáticas separam as maxilas rapidamente para criar uma aspiração que engolfa o alimento. Em comparação com o crânio do ancestral tetrápode, o dos urodelos é mais largo e mais aberto, com muitos ossos já perdidos ou fundidos. As salamandras não têm uma "membrana timpânica", ou tímpano, nem uma **incisura temporal**, uma endentação na parte posterior do crânio. Entre as salamandras primitivas, a fertilização é externa, mas nos grupos avançados o macho produz um **espermatóforo**, um pacote que contém um acúmulo de esperma e é colocado no solo antes que uma fêmea o recolha em seu trato reprodutivo, facilitando a transferência do esperma. Depois que a fêmea recolhe todo o esperma, ou parte dele, para sua cloaca, os ovos são fertilizados internamente, dentro do trato reprodutivo.

Salientia ou Anura | Rãs

Rãs e sapos formam esse grupo. As rãs adultas não têm cauda, daí a denominação de *anuros* ("sem cauda"). Suas longas patas traseiras fazem parte de seu equipamento saltador, que inspirou o nome alternativo de *Salientia* ("saltadores"). Exceto no gênero *Ascaphus*, a fertilização é externa na maioria das rãs e sapos. Os ovos em geral são depositados na água ou em locais úmidos. A larva girino é uma especialização das rãs e em geral se alimenta raspando algas da superfície de rochas. Durante esse estágio, os anuros estão especialmente adaptados para explorar recursos alimentares temporários, como as algas que florescem em poças quase secas. Após uma existência curta, é típico o girino sofrer uma mudança rápida e radical, ou **metamorfose**, para adulto, com uma constituição bastante diferente. O adulto tem o corpo robusto e em geral exterioriza a língua para se alimentar. Quase todos têm **tímpano** (membrana timpânica), particularmente bem desenvolvido nos machos, para captar as vocalizações associadas à corte e à defesa do território.

Os termos *rã* e *sapo* são imprecisos. No sentido estrito, ambos pertencem à família Bufonidae. De maneira mais informal, usa-se a palavra "sapo" para qualquer rã que tenha a pele "verrucosa" e **glândulas parotoides** – massas glandulares grandes e elevadas atrás dos olhos. As "verrugas" consistem em aglomerados de glândulas cutâneas dispersos na superfície corporal. Outras rãs têm a pele lisa, sem verrugas, e não têm glândulas paratoides.

Gymnophionas ou ápodes | Cecilianos

Os Gymnophionas semelhantes a vermes, ou cecilianos, não exibem traços de membros ou cinturas, razão pela qual às vezes são designados como *ápodes* ("sem pés"). Todos estão restritos a

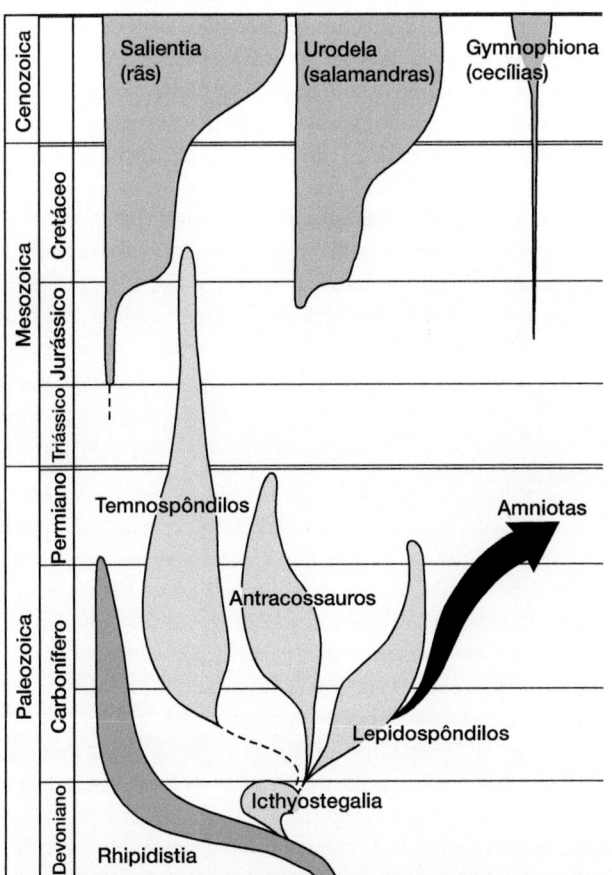

Figura 3.25 Períodos de aparecimento dos grupos recentes de anfíbios. As três ordens de labirintodontes (Ichtyostegalia, temnospôndilos e antracossauros) e as três ordens de Lissamphibia (Salientia, Urodela, Gymnophiona) são mostradas separadamente. Os peixes ripidísticos, dos quais surgiram os ancestrais tetrápodes, também estão incluídos.

habitats tropicais pantanosos, onde praticam um estilo de vida escavador. Ao contrário do crânio aberto de rãs e salamandras, o crânio dos cecilianos é sólido e compacto. Embora sua história de vida não seja bem conhecida, os machos têm um órgão copulatório, de modo que a fertilização é interna. Os cecilianos ancestrais depositavam os ovos dos quais eclodem larvas aquáticas; as espécies mais avançadas produzem jovens de vida terrestre. Considero aqui que surgiram dos tenospôndilos, mas alguns defendem uma origem independente dos lepospôndilos.

Lepospôndilos

Os lepospôndilos (Figuras 3.21 e 3.26) podem ser distinguidos dos labirintodontes por muitas características esqueléticas, em especial as associadas a um tamanho grande, à ausência de dentes labirintodontes e à grave redução de ossos cranianos dérmicos. O que os une e, depois, os distingue dos labirintodontes é uma vértebra sólida na qual todos os três elementos – espinho neural e dois centros – estão fundidos em um único centro, em forma de carretel. Os lepospôndilos surgiram bem no início do Carbonífero, nunca foram tão abundantes como os labirintodontes e foram extintos em meados do Permiano, muito mais cedo que os labirintodontes.

Tipos de vértebras (Capítulo 8)

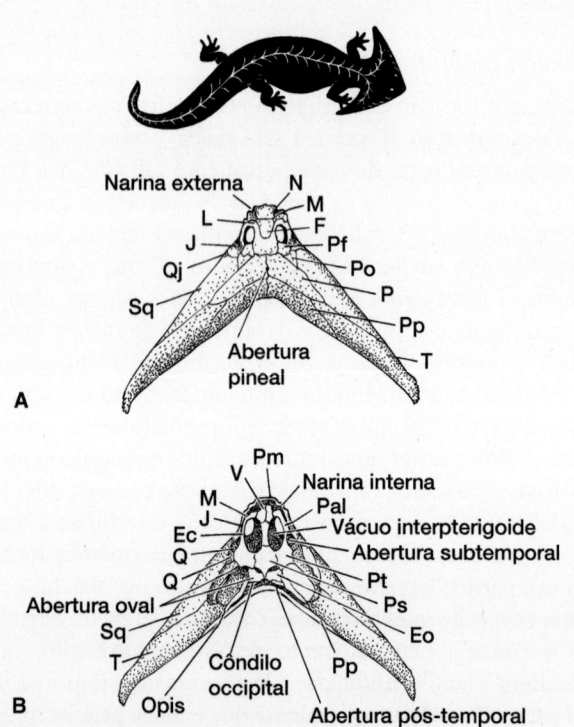

Figura 3.26 *Diploceraspis*, **um lepospôndilo, foi um nectrídeo "com chifres" do início do Permiano.** O comprimento do corpo inteiro era de cerca de 60 cm. Vistas dorsal (**A**) e ventral (**B**) do crânio. Os vários ossos do crânio são o ectopterigoide (*Ec*), o exoccipital (*Eo*), o frontal (*F*), o jugal (*J*), o lacrimal (*L*), o maxilar (*M*), o nasal (*N*), o parietal (*P*), o palatino (*Pal*), o pós-frontal (*Pf*), o pós-orbital (*Po*), o pós-parietal (*Pp*), o paraesfenoide (*Ps*), o pterigoide (*Pt*), o quadrado (*Q*), o quadradojugal (*Qj*), o esquamosal (*Sq*), o tabular (*T*) e o vômer (*V*).

De Beerbower.

Os lepospôndilos nectrídeos distintos aparentemente eram totalmente aquáticos, revertendo uma tendência na maioria dos outros tetrápodes ancestrais. Seus membros pares eram pequenos e a ossificação foi reduzida, mas a cauda de algumas espécies era bastante longa. O crânio dos nectrídeos "com chifres" do início do Permiano era achatado e exibia processos longos distintos em forma de asas (ver Figura 3.26 A e B).

Os microssauros (termo que significa "pequeno" e "lagarto") não eram lagartos, mas sim lepospôndilos, apesar do nome enganador. A maioria era pequena, medindo cerca de 10 cm de comprimento, e sua constituição variava. O grupo era primordialmente terrestre, embora várias famílias fossem secundariamente aquáticas, exibindo linhas de sulcos laterais na face, e poucas formas eram escavadoras.

Amniotas

Os embriões dos amniotas ficam envoltos em membranas extraembrionárias. O embrião, junto com suas membranas, está incluso em um ovo com casca calcária ou coriácea. Nas formas recentes, é possível observar diretamente a reprodução por ovos amnióticos. Por causa de suas grandes afinidades com os amniotas vivos, deduz-se que muitos vertebrados do Mesozoico depositavam tais ovos com casca, mas os animais fósseis, em especial os de grupos básicos, raramente deixaram evidência direta de seu estilo reprodutivo para que se possa definir sua posição taxonômica. Em vez disso, os estudos filogenéticos em que se usam muitas características colocam os grupos relacionados entre si, o que ajuda, pelo menos, a delinearmos as linhagens amniotas.

A irradiação amniota é composta por duas linhagens principais, a **Sauropsida** e a **Synapsida** (Figura 3.27). Como os fósseis documentam, elas divergiram muito cedo, certamente nos tempos do Carbonífero ou, talvez, antes. Os saurópsidos incluem aves, dinossauros, répteis recentes e muitas das montagens diversas do Mesozoico. Os saurópsidos se diversificaram ao longo de duas linhagens principais, a **Parareptilia** e a **Eureptilia**. Os Synapsida constituem uma linhagem que produziu muitas várias formas, inclusive os Therapsida e os mamíferos recentes.

▶ **Abertura do crânio.** Tradicionalmente, as relações entre esses grupos amniotas se baseavam nas características da região temporal do crânio, a área atrás de cada olho. Ela parecia ser um indicador variável das linhagens evolutivas e, em grande extensão, seu uso se provou justificado. Como consequência da atenção dada à região temporal, foi criada uma terminologia formal para descrever o crânio amniota.

A região temporal nos amniotas varia de duas maneiras: no número de aberturas, denominadas **aberturas temporais**; e na posição dos **arcos temporais** ou **barras**, constituídos pelos ossos que definem o crânio. A partir desses dois critérios, foram reconhecidos até quatro tipos primários de crânio. Nos amniotas ancestrais, bem como nos não ancestrais, a região temporal é completamente coberta por osso que não é perfurado pelas aberturas temporais (Figura 3.28 A). O **crânio anápsido** é característico dos primeiros amniotas e das tartarugas e similares que surgiram depois. O **crânio sinápsido**, encontrado nos mamíferos ancestrais, representa uma divergência inicial do anápsido. Ele tem um único par de aberturas temporais delimitadas por uma barra temporal formada pelos ossos escamosal e pós-orbital (Figura 3.28 B). Em outro grupo que divergiu dos anápsidos, reconhecemos um **crânio diápsido** que se caracteriza por dois pares de aberturas temporais separadas pela barra temporal. Como pontos de referência anatômica formal, essa barra escamosa pós-orbitária é designada como a **barra temporal superior**. A **barra temporal inferior**, formada pelos ossos jugal e quadrado jugal, define a margem inferior da abertura temporal inferior (Figura 3.28 C). Os diápsidos, inclusive os pterossauros e dinossauros, foram predominantes durante o Mesozoico e deram origem às aves e a todos os répteis vivos (exceto tartarugas). O crânio "euriápsido", antes tido como um tipo separado de crânio, na verdade é um crânio diápsido modificado, em que a barra temporal inferior é perdida (Figura 3.28 D), deixando o arco esquamosal-pós-orbital para formar a borda inferior da abertura par. Dois grupos de répteis marinhos do Mesozoico, os plesiossauros e os ictiossauros, tinham tal crânio modificado derivado de ancestrais diápsidos por perda, independentemente nos dois grupos, da abertura temporal inferior.

Embora provavelmente longe de terminada, essa filogenia (ver Figura 3.27) se beneficia da inclusão de fósseis descritos recentemente e de uma análise baseada em grande número de características. À medida que partes da filogenia ficarem

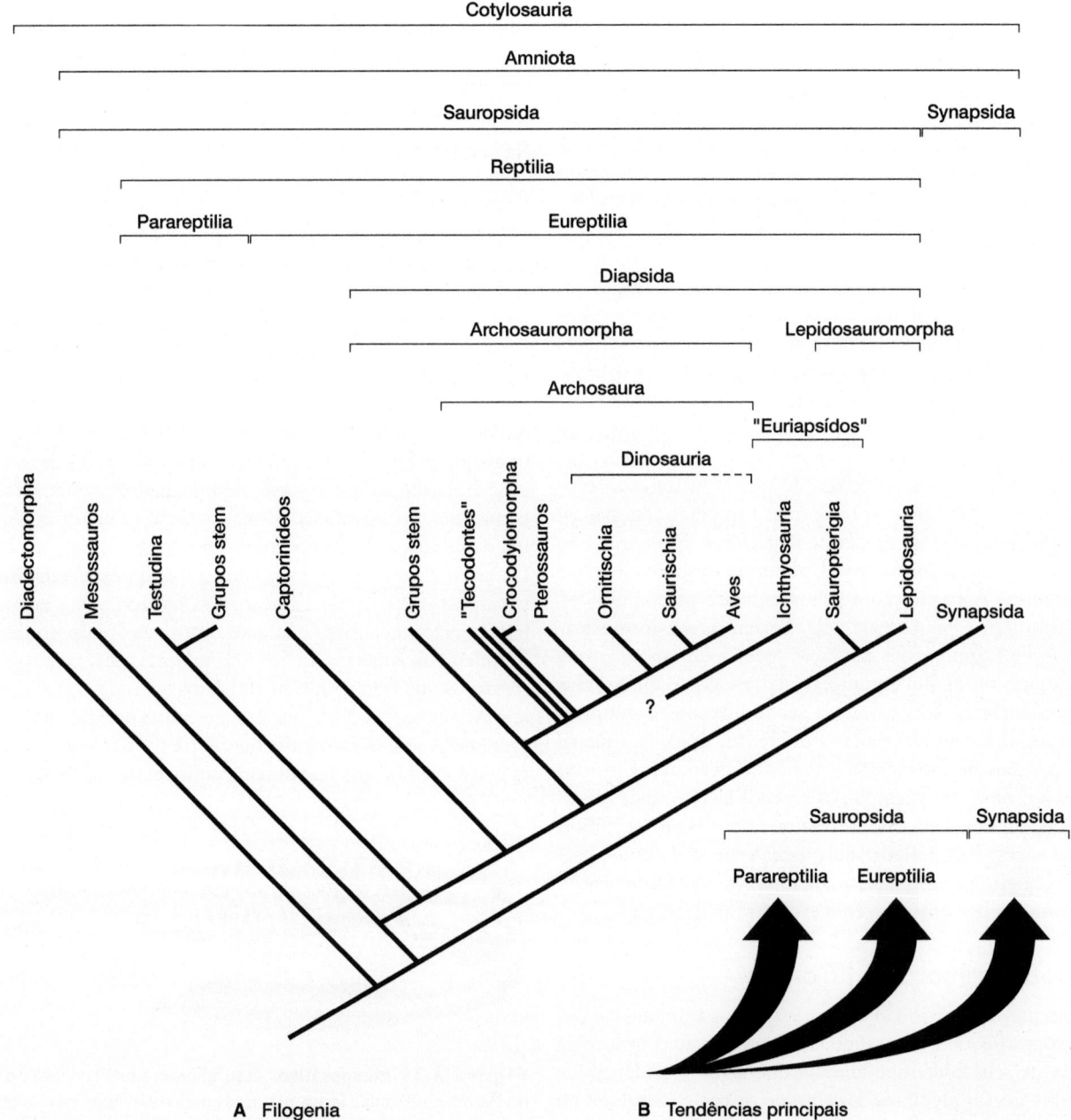

Figura 3.27 Amniotas, relações filogenéticas. (A) Filogenia dos grupos principais. Notam-se as principais tendências nos amniotas, conforme resumido em **(B)**. Grupos parafiléticos em cotas.

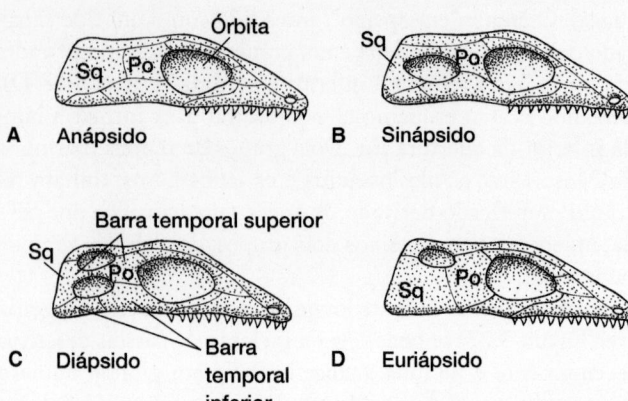

Figura 3.28 Tipos de crânio dos amniotas. As diferenças entre os crânios ocorrem na região temporal atrás da órbita. Pode haver duas, uma ou nenhuma abertura e a posição do arco formado pelos ossos parietal (*Po*) e esquamosal (*Sq*) varia. **A.** O crânio anápsido não tem abertura temporal. **B.** O crânio sinápsido tem uma barra acima de sua única abertura temporal. **C.** O crânio diápsido tem uma barra entre as duas aberturas temporais. **D.** O crânio "euriápsido" tem uma barra abaixo de sua única abertura temporal. Em vez de ser um tipo de crânio separado, acredita-se que seja derivado de um crânio diápsido que perdeu sua barra temporal inferior e abertura.

mais bem documentadas, é provável que termos antigos sejam abandonados ou definidos de maneiras mais restritas. Por exemplo, o grupo "Reptilia" já se tornou menos apropriado, como um táxon que abrange todos esses amniotas iniciais. O réptil *Sphenodon*, que vive em ilhas perto da Nova Zelândia, pode não ser familiar, mas a maioria de nós conhece cobras, lagartos, tartarugas e crocodilos. Dessas formas recentes, temos alguma imagem composta do que constitui um "réptil". Os répteis vivos têm escamas (mas não pelos nem penas) compostas em parte de epiderme superficial. Em geral, eles atingem a temperatura corporal preferida absorvendo calor do ambiente. A respiração é primariamente pelos pulmões, ocorrendo muito pouco pela pele. Portanto, achamos estranho que os taxonomistas ainda se preocupem sobre o que constitui um réptil. No entanto, os répteis, como entendidos tradicionalmente, demonstraram ser um grupo taxonômico com especializações associadas a diferentes tipos de alimentação, padrões de locomoção e tamanho corporal. Entre os grupos recentes, por exemplo, os crocodilos têm mais características em comum com as aves que com lagartos, cobras ou tartarugas. Para refletir sobre esses grupos naturais, precisamos restringir os nomes tradicionais e, em alguns casos, abandoná-los por uma filogenia evolutiva mais acurada.

Amniotas primordiais | Troncos

No presente, o grupo irmão mais provável dos amniotas é o dos diadectomorfos, como o grande *Diadectes* que, ao contrário da maioria de seus contemporâneos, exibe alguma evidência de ser herbívoro. Os membros desse grupo primitivo surgiram no final do Carbonífero e, junto com os lissanfíbios, mostram afinidades com os antracossauros (ver Figura 3.21). Sem dúvida, eles são um grupo de transição importante entre os tetrápo-

des amniotas e os não amniotas. Com as relações dos primeiros amniotas ainda sendo resolvidas, provisoriamente podemos colocar os diadectomorfos com os antracossauros. Como alternativa, podemos ressuscitar um termo antigo, cotilossauros, e colocá-los nesse táxon (ver Figura 3.27).

Esses termos permeiam a literatura antiga e podem servir no futuro, de modo que é necessária uma breve introdução. De vez em quando, os Seymourmorpha e vários outros grupos posteriores de não amniotas têm sido incluídos com os antracossauros. Quaisquer que sejam os pertencentes aos antracossauros, eles, em geral, são vistos como bastante relacionados com os amniotas, ou o grupo básico atual, ancestral de todos os amniotas. Entretanto, o termo cunhado originalmente para esse grupo básico de amniotas foi **Cotylosauria**, que incluía vários grupos e foi usado de forma abrangente. Os cotilossauros, termo que significa literalmente "répteis troncos", foram vistos como o grupo básico de amniotas do qual todos os demais se originaram. Vamos usá-lo aqui para incluir todos os amniotas e seu grupo irmão, os diadectomorfos (ver Figura 3.27).

Saurópsidos

Mesossauros

Os mesossauros foram os primeiros de muitos saurópsidos que assumiram uma existência aquática especializada (Figura 3.29). Há poucos fósseis deles e esse grupo intrigante não tem afinidade estreita com outros saurópsidos aquáticos. Seu surgimento data do Permiano Posterior, mas suspeita-se que tenha acontecido muito antes, porque o crânio primitivo não tem aberturas laterais. O focinho alongado, com vibrissas (cerdas) e dentes longos aguçados, pode ter formado um dispositivo adaptado para filtrar o alimento à base de crustáceos ou uma armadilha efetiva para peixes. Como muitos saurópsidos secundariamente aquáticos, os mesossauros tinham pés em forma de remo, cauda comprimida lateralmente e pescoço longo. Os arcos neurais do tronco eram expandidos e ligeiramente superpostos, resistindo à torção, mas favorecendo a inclinação lateral. Não se conhece qualquer outro saurópsido do final do Permiano na América do Sul e no sul da África, exceto os mesossauros que frequentavam ambos os lados da Bacia do Oceano Atlântico. Tal distribuição sugere uma posição muito mais próxima de ambos os continentes entre si e se tornou a primeira evidência biológica de desvio continental.

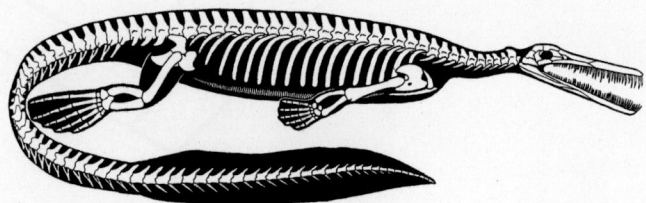

Figura 3.29 Mesossauro. Esse amniota aquático viveu no meio do Permiano. A cauda longa era usada para nadar e os membros provavelmente tinham forma de remo. Comprimento total de cerca de 1 m.

De McGregor; von Huene.

Reptilia

O táxon Reptilia, em sentido estrito, aplica-se aos Parareptilia e Eureptilia que, juntos, compartilham similaridades da caixa craniana que os distinguem dos mesossauros. O táxon Anápsida foi usado uma vez como nomenclatura para esse grupo e o Diápsida uma segunda vez. Os anápsidos eram répteis diagnosticados pelo crânio sem aberturas temporais e os diápsida pelo crânio com duas aberturas temporais. No entanto, a análise de múltiplas características, comparando-se justamente a região temporal, revela uma história evolutiva um pouco diferente. Alguns répteis com crânio anápsido não fazem parte dos anápsidos; os captorrinídeos têm crânio anápsido, mas pertencem ao grupo antigo dos "diápsidas". Hoje, o termo anápsido se aplica a um tipo de crânio, sendo pouco usado como o nome de um táxon. Em termos taxonômicos, agora se usa diápsida em um sentido mais restrito, para uma linhagem monofilética dos euurrépteis (ver Figura 3.27). Note que as aves também fazem parte desse grupo monofilético. Isso simplesmente confirma o reconhecimento de que as aves são um grupo derivado natural, mas especializado, dos primeiros répteis. Voltaremos às aves mais tarde, porém, primeiro, vamos completar nossa revisão dos saurópsidos.

▶ **Parareptilia.** Os testudíneos (tartarugas) e uma variedade de grupos fósseis (p. ex., *Pareiasaurus*) estão incluídos no grupo Parareptilia. Eles têm uma região auricular distintiva em que a membrana timpânica é sustentada pelo osso esquamosal (não pelo quadrado) e pelo processo retroarticular, uma projeção para trás da maxila inferior. Além disso, as patas têm uma característica única, pois os dígitos se articulam nos ossos do tornozelo.

Os únicos membros sobreviventes são as tartarugas. Quando elas surgiram, no final do Triássico, já tinham um casco distintivo, constituído por uma **carapaça** dorsal de costelas expandidas, placas cutâneas superficiais (escudos) e um **plastrão** ventral conectado por pedaços de ossos fundidos (Figura 3.30). Uma peculiaridade das tartarugas, encontrada somente nelas é a incorporação dos membros e cinturas articulados capazes de recolhê-los das posições de fora do cor-

po para dentro, onde ficam protegidos pelo casco ósseo (carapaça mais plastrão). Isso parece ser uma adaptação abrupta do plano corporal dos amniotas para o plano corporal especializado das tartarugas. As tartarugas mais primitivas das quais existe um registro fóssil (final do Triássico) já tinham esse casco que abrigava os membros. O que os fósseis não conseguem esclarecer, a genética molecular moderna sugere que o mecanismo subjacente – a modificação fundamental em alguns genes da tartaruga *Hox* – é a base aparente para a transformação radical do plano corporal dos amniotas na constituição exclusiva das tartarugas.

Esqueleto axial da tartaruga (Capítulo 8)

As tartarugas recentes pertencem aos Pleurodira ou aos Cryptodira, dependendo do método empregado para retratar como sua cabeça entra no casco. Os Pleurodira flexionam o pescoço lateralmente para retrair a cabeça, enquanto os Cryptodira o flexionam verticalmente. Esses dois grupos parecem compartilhar um ancestral comum, o *Proganochelys*, do final do Triássico. Em inglês, o termo *tortoise* às vezes é aplicado às tartarugas estritamente terrestres, mas nenhuma distinção taxonômica formal é feita entre elas e as aquáticas, todas englobadas no termo, também inglês, *turtle*.

Tradicionalmente, as tartarugas são vistas como o único réptil vivo representativo dos primeiros répteis, um grupo irmão dos diápsidos, como as considero aqui (ver Figura 3.27). Entretanto, admito que alguma evidência morfológica recente, que inclui fósseis, favorece a colocação das tartarugas na irradiação dos diápsidos, e não primitivamente nos répteis em geral. Embora não resolvida no momento, o resultado dessa controvérsia é importante porque, se as tartarugas voltassem a ser classificadas como diápsidos, então seria necessária uma revisão considerável dos estudos comparativos. Primeiro, as tartarugas (se diápsidos) não representariam mais a condição ancestral réptil com que outros grupos derivados poderiam ser comparados. Em segundo lugar, a ausência das aberturas temporais nas tartarugas (novamente, se diápsidos) implicaria uma condição secundária em que as duas aberturas ficam próximas mais uma vez, não uma condição ancestral. Em

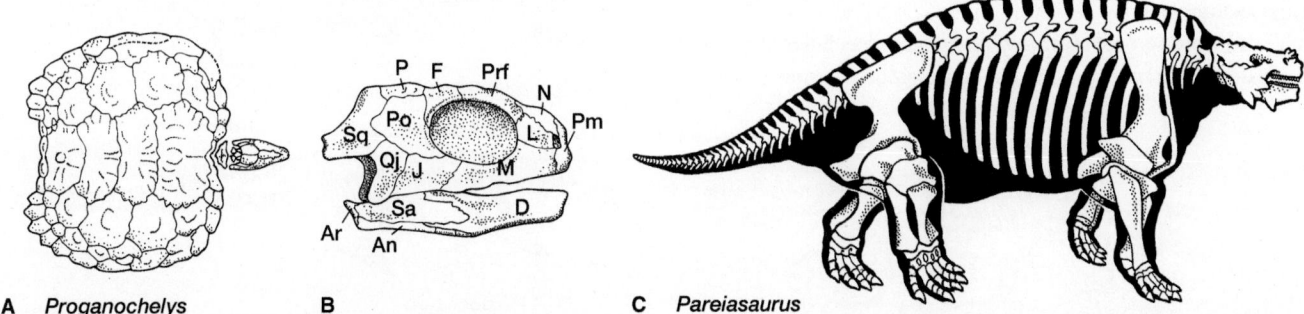

Figura 3.30 Parareptilia, Testudinata. A. *Proganochelys*, uma tartaruga do Triássico que exibia um padrão de escudos cutâneos superpostos, formando a carapaça. **B.** O crânio do fóssil de *Proganochelys*, mostrando a ausência de aberturas temporais. Comprimento total de 2 m. **C.** Pareiassauro do final do Permiano. Os ossos do crânio (B) incluem angular (*An*), articular (*Ar*), dentário (*D*), frontal (*F*), jugal (*J*), lacrimal (*L*), maxilar (*M*), nasal (*N*), parietal (*P*), pós-orbital (*Po*), pré-frontal (*Pf*), pré-maxilar (*Pm*), quadradojugal (*Qj*), suprangular (*Sa*) e esquamosal (*Sq*).

A e B, de Jaekel; C, de Gregory.

terceiro lugar, isso deixaria os Parareptilia compostos apenas por algumas formas fósseis, sem representantes vivos. Vamos aguardar para ver.

▶ **Eureptilia.** Constituem um grupo em que os diápsidos se caracterizam por duas aberturas temporais, junto com uma palatina no teto da boca. Com base nessas características cranianas, o diápsido considerado mais antigo é o *Petrolacosaurus*, um réptil Aracoscelida, do final do Carbonífero, da região em que hoje é o Kansas, nos EUA. O corpo tinha cerca de 20 cm de comprimento, o pescoço e os membros eram um pouco alongados e a cauda acrescentava mais 20 cm ao comprimento total. O crânio era tipicamente diápsido, com um par de aberturas temporais definidas por barras temporais completas.

Outras espécies primitivas de diápsidos se especializaram bastante. O *Coelurosaurus* tinha costelas muito alongadas que, em vida, provavelmente sustentavam uma membrana deslizante. O *Askeptosaurus* tinha cerca de 2 m de comprimento, era delgado e provavelmente de hábitos aquáticos.

O eurreptiliano mais basal não é um aeroscelídeo, mas um membro dos Captorhinidae, também conhecidos desde o Carbonífero. Os captorrinídeos não têm aberturas temporais e, portanto, representam o estágio logo antes do aparecimento da condição diápsida. Contudo, os captorrinídeos compartilham com outros eurreptilianos os membros longos e delgados característicos e geralmente similares aos dos lagartos recentes por terem um esqueleto bem ossificado (Figura 3.31). Fileiras de dentes finos e pontiagudos ao longo das margens das maxilas e no teto da boca, bem como um corpo ágil, sugerem que insetos podem ter sido a maior parte de sua alimentação, pois eram lagartos pequenos, semelhantes aos recentes. Os captorrinídeos são bastante similares aos antracossauros, mas têm características dos reptilianos, como a musculatura da maxila e detalhes estruturais dos reptilianos no crânio, nos membros e na coluna vertebral. O primeiro captorrinídeo ocupava tocos de árvore fora da água, uma confirmação a mais de que explorou a terra, uma característica mais dos répteis que de seus primeiros ancestrais tetrápodes.

▶ **Irradiação dos Eureptilia.** Há três linhagens principais, todas com a constituição dos diápsidos (ver Figura 3.27). Uma é a dos **Lepidosauromorpha**, que inclui formas fósseis e cobras, lagartos e similares. A segunda é a dos **Arcosauromorpha**, que inclui os dinossauros, aves e grupos relacionados. A terceira, dos **Euryapsida**, inclui os répteis marinhos do Mesozoico, ictiossauros e sauropterígios. Talvez devido às suas especializações aquáticas altamente modificadas, os "euriápsidos", formas marinhas do Mesozoico, informalmente continuam a frustrar os melhores esforços das análises filogenéticas para os classificar taxonomicamente. Colocamos os sauropterígios com os ictiossauros, mas nos Lepidosauromorpha (ver Figura 3.27).

▶ **Ichthyopterygia.** Durante o Mesozoico, várias linhagens importantes de diápsidos se especializaram para a existência aquática. Entre elas estão os **ictiossauros**, embora sua colocação exata na irradiação dos diápsidos não esteja estabelecida (Figura 3.32 A). A partir de depósitos do início do Triássico, os primeiros ictiossauros já surgiram como especialistas aquáticos. Os ictiossauros avançados tinham uma constituição corporal semelhante à dos botos ou toninhas, mas sua cauda batia de um lado para o outro para dar propulsão, ao contrário da cauda dos botos, que se move em direção dorsoventral. O corpo esguio, os membros em forma de remos e dentes em torno da margem de uma boca parecida com um bico comprovam um estilo de vida predador ativo. Preservado em sedimentos granulados finos, o conteúdo do estômago do ictiossauro inclui quantidades prodigiosas de belemnites (moluscos semelhantes a lulas), peixes e, em alguns, filhotes de tartarugas. Olhos relativamente muito grandes os capacitavam a enxergar em águas profundas e ver presas pequenas e rápidas. Há um fóssil de uma fêmea prenhe com filhotes totalmente formados prestes a nascer ou no processo de parto, evidência de nascituros (não de deposição de ovos) nesses répteis marinhos (Figura 1.33). Um dos maiores ictiossauros tinha o mesmo tamanho ou era maior que um cachalote moderno.

▶ **Sauropterygia.** Junto com os ictiossauros, constituíam outra linhagem de diápsidos do Mesozoico especializados para a vida aquática. Atualmente, são classificados de maneira hipotética como Lepidosauromorpha, grupo que inclui os primeiros **notossauros** (Triássico) e os **plesiossauros** posteriores (Jurássico-Cretáceo), que evoluíram a partir deles. O corpo do plesiossauro era robusto, o pescoço geralmente longo e os membros, modificados em forma de raquete, agiam como remos ou pás para impulsionar o animal na água (Figura 3.32 B).

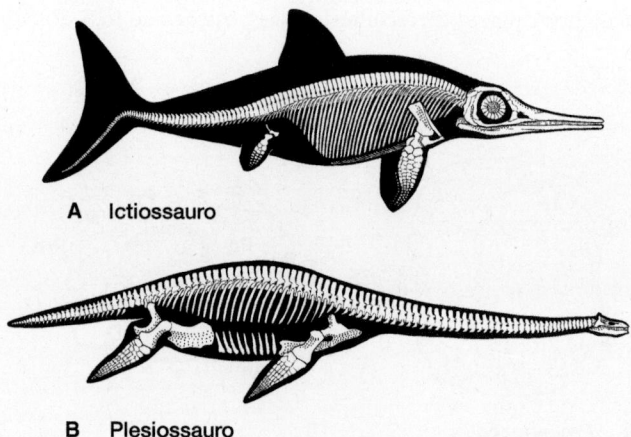

A Ictiossauro

B Plesiossauro

Figura 3.32 Répteis marinhos da Mesozoica. A. Ictiossauro, um réptil semelhante aos botos, com cerca de 1 m de comprimento. **B.** Sauropterígio, um plesiossauro, com cerca de 7 m de comprimento.

A, de Romer; B, de Andrews.

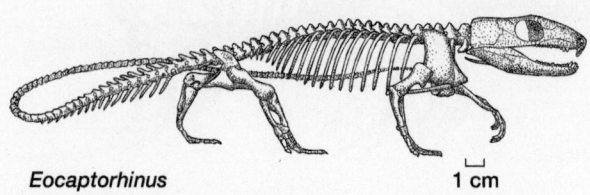

Eocaptorhinus   1 cm

Figura 3.31 Captorhinomorpha. Esqueleto do réptil *Eocaptorhinus*, do Permiano, um membro norte-americano da família dos captorrinídeos.

De Heaton e Reisz.

▶ **Lepidosauria.** São as cobras e os lagartos recentes, o *Sphenodon* e seus ancestrais. Os ancestrais mais prováveis de todos os lepidossauros recentes são um grupo do final do Permiano/início do Triássico, o **Eosuchia**. O *Sphenodon*, o tuatara, é o único sobrevivente de um grupo disseminado de répteis do Mesozoico denominado rincossauros e hoje só existe em partes da Nova Zelândia e ilhas próximas (Figura 3.33 A). Tal gênero tem o crânio primitivo típico dos Eosuchia, com barras temporais completas definindo as aberturas temporais inferior e superior. Os lagartos não têm a barra temporal inferior. As cobras não têm a inferior nem a superior. Como essas conexões foram perdidas no crânio de lagartos e cobras, ambos esses grupos de vertebrados, em especial as cobras, passaram a ter maior mobilidade na maxila, o que os capacita a capturar e deglutir as presas.

Consequências funcionais da perda dos arcos temporais (Capítulo 7)

Os **escamados** incluem cobras, lagartos e um grupo de répteis tropicais e subtropicais, os anfisbenianos. Alguns taxonomistas colocam os anfisbenídeos com os lagartos, enquanto outros os consideram um grupo distinto. Todos os anfisbenídeos são escavadores, a maioria não tem membros e suas presas são artrópodes (Figura 3.33 B). A maioria dos escamados vivos é de lagartos ou cobras (Figura 3.33 C e D). Muita gente se surpreende ao aprender que algumas espécies de lagartos (outros que não os anfisbenídeos) não têm membros, como as cobras; portanto, apenas a presença ou ausência de membros não distingue as cobras dos lagartos verdadeiros. Em vez disso, usam-se as diferenças na anatomia do esqueleto interno, em

especial no crânio, para distinguir os dois grupos. Além disso, os lagartos têm pálpebras móveis e, a maioria, um meato auditivo externo (abertura), enquanto as cobras não têm ambas as estruturas.

▶ **Arcosauromorpha.** Abrangem vários grupos considerados basais, pequenos agrupamentos de diápsidos conhecidos desde fósseis, e um grupo muito grande, o dos **arcossauros**, que inclui formas familiares como os crocodilos, dinossauros e aves. Os arcossauros exibem uma tendência no sentido de maior **bipedalismo**, ou locomoção sobre duas patas. Os membros anteriores tendem a ser reduzidos, enquanto os posteriores ficam sob o corpo, sendo os principais apêndices locomotores e que sustentam o peso do corpo. O crânio é diápsido, mas uma abertura adicional se abre na face, entre o maxilar e os ossos lacrimais, a **abertura antorbital**, bem como uma abertura mandibular na maxila inferior.

O termo *arcossauro*, que significa "réptil governante", reconhece a extraordinária irradiação e a proeminência desse grupo durante o Mesozoico. Assim, formalmente, os arcossauros incluem os "tecodontes", os mais ancestrais do grupo, crocodilos, aves, pterossauros e dois grandes grupos, os Saurischia e os Ornisthischia. Em conjunto, Saurischia e Ornisthischia constituem o que, informalmente, pessoas leigas imaginam como sendo os "dinossauros". Todavia, as aves são descendentes, que evoluíram da irradiação dos dinossauros (ver Figura 3.27), de modo que, formalmente, devem ser incluídas.

Os **tecodontes**, um grupo parafilético, surgiram tarde no Permiano e prosperaram durante o Triássico. Antes de serem extintos no final do Triássico, originaram todos os demais arcossau-

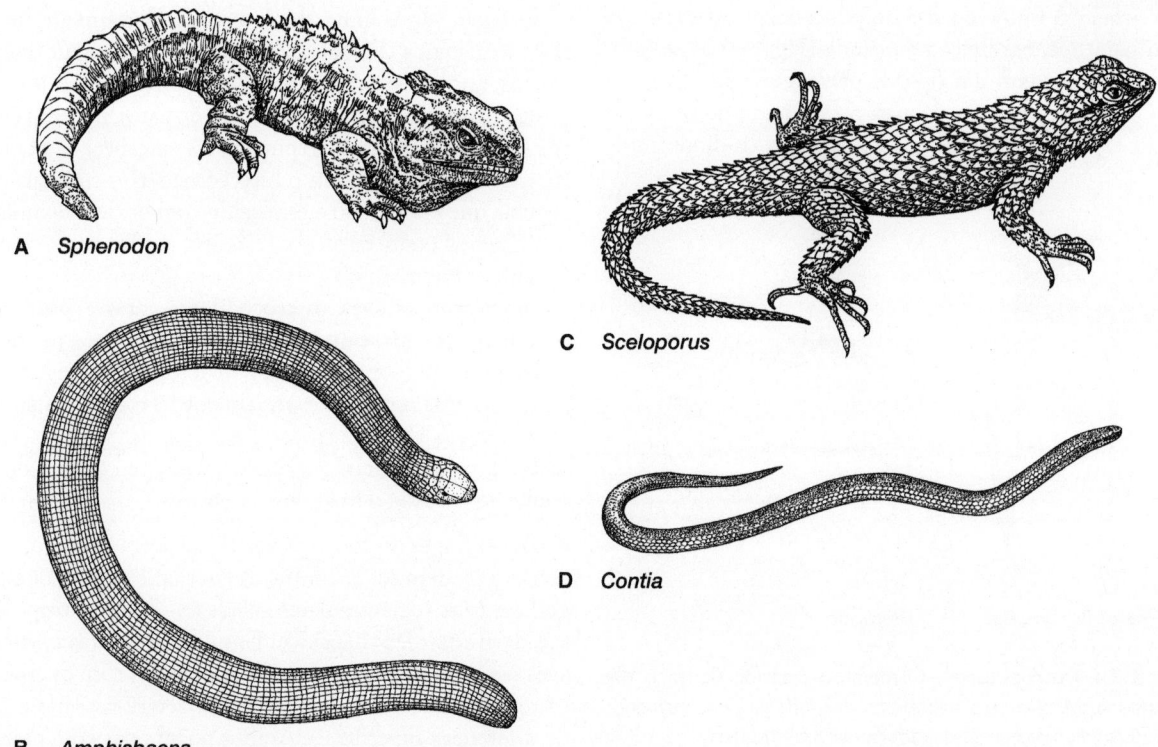

A   *Sphenodon*

B   *Amphisbaena*

C   *Sceloporus*

D   *Contia*

Figura 3.33 Lepidossauros. A. *Sphenodon*. **B.** Anfisbena, um lepidossauro escavador. **C.** Lagarto (*Sceloporus*). **D.** Cobra (*Contia*).

ros. O nome tecodonte vem dos dentes encaixados em alvéolos individuais profundos (condição tecodonte), em vez de ficarem situados em um sulco comum. No membro posterior de alguns tecodontes, ocorreu uma formação única de tornozelo, junto com uma tendência ao bipedalismo, à postura ereta, ortostática.

Tipos de tornozelos (Capítulo 9)

Os **pterossauros**, em geral denominados pterodáctilos por causa dos membros de um subgrupo, podiam deslizar e planar alto, mas também eram capazes de voar muito bem. Os pterossauros, aves e morcegos são os três únicos grupos de vertebrados que conseguiram locomoção aérea ativa. Devido à sua abertura anterorbital, à postura dos membros e às articulações especializadas do tornozelo, os pterossauros parecem ter uma afinidade filogenética com os dinossauros. O primeiro pterossauro conhecido já era especializado para voar, tendo asas membranosas. Muitos tinham o tamanho de um pardal ao de um falcão, mas o *Quetzalcoatlus* do final do Cretáceo, encontrado em leitos fósseis no Texas, tinha uma envergadura das asas estimada em 12 m. Os dentes dos pterossauros sugerem uma alimentação à base de insetos, em algumas espécies, e plâncton filtrado, em outras. O conteúdo de estômago fossilizado confirma que uma espécie se alimentava de peixes.

Os primeiros **Rhamphorhynchoidae** são pterossauros distinguidos por sua cauda e seus dentes longos (Figura 3.34 A). Os últimos pterodactiloides não tinham cauda nem dentes e, em geral, tinham uma crista projetada no alto da cabeça (Figura 3.34 B).

Os dinossauros incluem dois grupos de arcossauros: Saurischia e os Ornithischia, que diferem na estrutura pélvica. Nos saurísquios, os três ossos da pelve – ílio, ísquio e púbis – irradiam-se para fora a partir do centro da pelve (Figura 3.35 A). Nos ornitísquio, o ísquio e parte do púbis ficam paralelos e se projetam para trás, na direção da cauda (Figura 3.35 B). Todos os dinossauros têm um tipo de pelve saurísquio ou ornitísquio. Conforme veremos, as aves fazem parte do monofilo saurísquio e, portanto, alguns as incluem com os dinossauros.

A *Rhamphorhynchus* **B** *Pteranodon*

Figura 3.34 Pterossauros. O membro anterior alongado dos pterossauros sustentava uma membrana derivada da pele, formando a asa. **A.** *Rhamphorhynchus*. Envergadura das asas de cerca de 1,5 m. **B.** Esqueleto de *Pteranodon*. Envergadura das asas de cerca de 8 m.

A, de Williston; B, de Eaton.

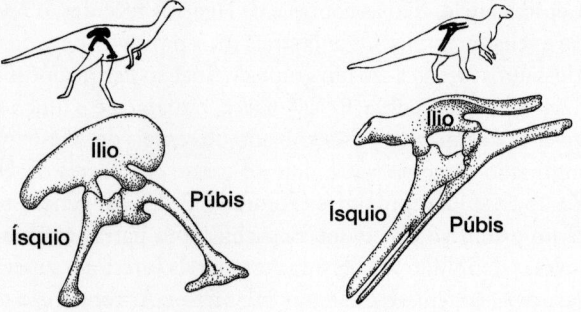

A   Quadril dos saurísquios   **B**   Quadril dos ornitísquios

Figura 3.35 Quadris dos dinossauros. Dois tipos de estrutura de quadril definem cada grupo de dinossauros. **A.** Todos os saurísquios tinham uma cintura pélvica com três ossos se irradiando. **B.** Os ornitísquios tinham um quadril com púbis e ísquio paralelos e próximos entre si.

Em consequência, os autores que queiram distinguir as aves de outros dinossauros podem se referir aos saurísquios mais os ornitísquios como "dinossauros que não são aves".

Há duas linhas independentes de evolução nos Saurischia (ver Figura 3.27). Os **tetrapódes** incluem principalmente espécies carnívoras. São bípedes confortáveis, adaptados para a locomoção com duas patas. Os tetrapódes incluem o *Velociraptor*, o *Tyrannosaurus* e o *Allosaurus*, dos quais as aves evoluíram. Os **sauropodomorfos**, principalmente herbívoros, constituem a outra linha dos saurísquios. Eles surgiram no Triássico e, no seu término, dividiram-se em grupos distintos, **prossaurópodes** e **saurópodes**. Os sauropodomorfos familiares incluem o *Apatosaurus* (antigamente *Brontosaurus*), o *Diplodocus* e o *Brachiosaurus*.

Existem várias linhas evolutivas exclusivamente herbívoras nos ornitísquios (Figuras 3.36 e 3.37). Uma inclui os **estegossauros**, **anquilossauros** e similares; outras incluem os **ornitópodes** (p. ex., dinossauros com bico de pato), **paquicefalossauros** (dinossauros bípedes com chifres na cabeça) e **ceratópsios** (p. ex., *Triceratops*). Com o bico córneo, eles colhiam material vegetal, que era fatiado e esmagado com os dentes molares. Os ornitísquios eram raros no Triássico, porém mais comuns no Jurássico (Figura 3.37).

Junto com as aves, os crocodilos, jacarés e similares mais próximos (**gaviais, caimãs**) são os únicos répteis membros dos arcossauros que sobreviveram no Mesozoico e existem até hoje. Por muitos aspectos, especialmente o crânio e a articulação do tornozelo, jacarés e crocodilos não foram mais retirados dos tecodontes ancestrais. As famílias recentes de crocodilos são conhecidas desde o final do Cretáceo.

▶ **Aves.** Superam todos os vertebrados em número, exceto os peixes, e podem ser encontradas em praticamente qualquer lugar, desde as regiões polares geladas às florestas tropicais. Elas são derivadas dos diápsidos. Entre os amniotas existentes, as aves são os mais estreitamente relacionados com os crocodilos e compartilham muitas das mesmas características básicas, apesar de diferenças superficiais. Ambos põem ovos com casca e têm estruturas ósseas e musculares similares. Há mais de um século, tais características levaram T. H. Huxley a chamar as aves de

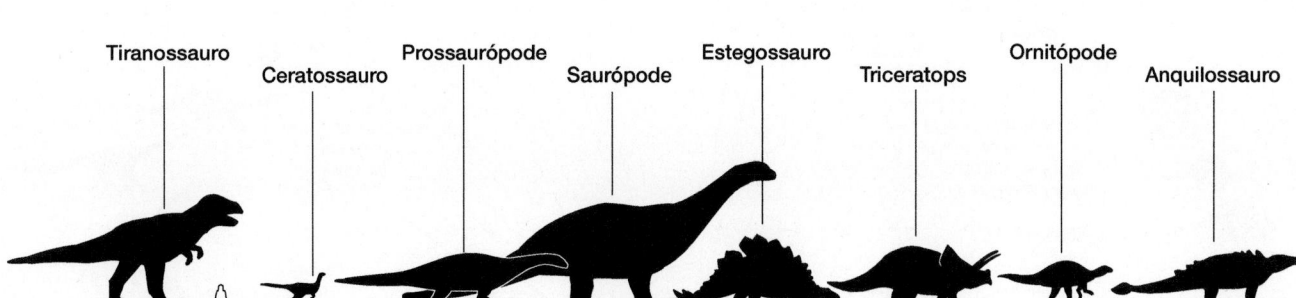

Figura 3.36 Tamanho de alguns dinossauros. São mostrados os tamanhos relativos de adultos. Um ser humano de 2 m delineado vazado é diminuto na comparação.

"répteis glorificados". Considerando os fósseis, a maioria considera que as aves se originaram dos saurísquios, como fizemos aqui (ver Figura 3.37), especificamente dos tetrapódes. Portanto, as aves fazem parte da irradiação dos dinossauros. A evidência dessa associação estreita com os dinossauros vem especialmente de similaridades nos quadris, punhos e fúrcula (osso do peito).

Dessa irradiação dos tetrapódes surgiram os celurossauros (ver Figura 3.37), que compartilham características mais estreitamente relacionadas com as aves, como a fúrcula e o esterno (osso do peito) fundido. A descoberta de penas em alguns membros desse grupo foi particularmente interessante e surpreendente. Algumas penas filamentosas eram plumosas e se soltavam, e poucas espécies tinham penas laminadas – achatadas e simétricas em ambos os lados de uma haste central. Tais penas devem ter sido bem adaptadas para o voo alto, o que leva alguns a sugerirem que as penas surgiram inicialmente para isolamento da superfície, ajudando na termorregulação da temperatura corporal. No entanto, esses dinossauros celurossaurianos e as primeiras aves não tinham conchas nasais, uma característica diagnóstica da fisiologia de sangue quente. Quaisquer que tenham sido considerados seus papéis biológicos iniciais, as penas evoluíram antes das aves.

Penas (Capítulo 6)
Dinossauros | Quente a frio – a sequela (Capítulo 3)
Conchas nasais (Capítulos 7 e 12)

Voo. Apenas as aves, morcegos e pterossauros evoluíram até a aquisição da capacidade de voar, mas nem todas as aves voam da mesma forma. Algumas aves voam alto, outras planam, flutuam no ar, e algumas não voam de jeito algum. As asas dos pinguins, que não voam, servem como nadadeiras. Os avestruzes deixaram de usar as asas e dependem inteiramente da corrida para sua locomoção. De fato, algumas das aves maiores evoluíram sem voar. O *Gastornis* (*Diatryma*), uma ave com 2 m de altura que não voa, cruzou as florestas da Europa e da América do Norte há 55 milhões de anos (Figura 3.38 B).

O *Phorusrhacus*, uma ave semelhante que também não voa, viveu na América do Sul há 30 milhões de anos (Figura 3.38 C). Ambas, não relacionadas, eram grandes predadoras terrestres. Embora não tenham deixado descendentes, ou-

tras grandes aves que não voavam evoluíram e sobreviveram até tempos recentes, junto com os humanos ancestrais. Exemplos são o pássaro-elefante (*Aepyornis*) de Madagascar e o moa (*Dinornis*) de 3 m de altura da Nova Zelândia. Os moas pertenciam a uma família de grandes aves do solo, vegetarianas, na Nova Zelândia, quando nenhum mamífero nativo vivia lá. Infelizmente para os moas e os cientistas recentes, os polinésios que chegaram por volta do ano 1300 d.C. caçaram os moas para comer e usar suas penas coloridas. Quando vieram os exploradores ocidentais, os moas já estavam extintos, havendo apenas fósseis para contar sua história.

Penas e origens. O tamanho, o voo e a anatomia apenas não distinguem as aves de outros vertebrados. As aves se caracterizam pelas penas, uma especialização da pele. Não fosse pela impressão das penas em rochas, os primeiros fósseis de aves do *Archaeopteryx* (de 150 milhões de anos atrás) poderiam ter sido confundidos com um réptil, só por causa da anatomia de seu esqueleto. Ele pertence aos Archaeornithes, ou "aves ancestrais". Essa ave do Jurássico era contemporânea dos dinossauros. De fato, com base em suas relações filogenéticas (Figura 3.27), as aves são dinossauros, um último ramo da linhagem monofilética (Figura 3.37). Contudo, para manter a divisão, alguns se referem a dinossauros que não são aves para distinguir esse vasto grupo das aves.

Como no caso das penas, novos fósseis encontrados, em especial na China, mostram dinossauros que não são aves com penas, entre os quais o *Anchiornis* (de 160 milhões de anos atrás), um terópode pré-*Archaeopteryx* com penas de voo em seus membros anteriores e um revestimento difuso pelo corpo, além de penas longas estranhamente nos membros posteriores.

Evolução das penas (Capítulo 6)

As aves do Cretáceo eram consideradas simplesmente membros iniciais das linhagens atuais e familiares. A descoberta de mais fósseis e táxons sugere, agora, outra interpretação, ainda discutida. De acordo com tal interpretação, esses fósseis do Cretáceo eram predominantemente aves terrestres que não pertenciam às linhagens recentes, sendo uma linhagem separada, os enantiornitinos ("aves opostas"). Como os dinossauros, todos os membros desse táxon foram extintos no final do Cretáceo.

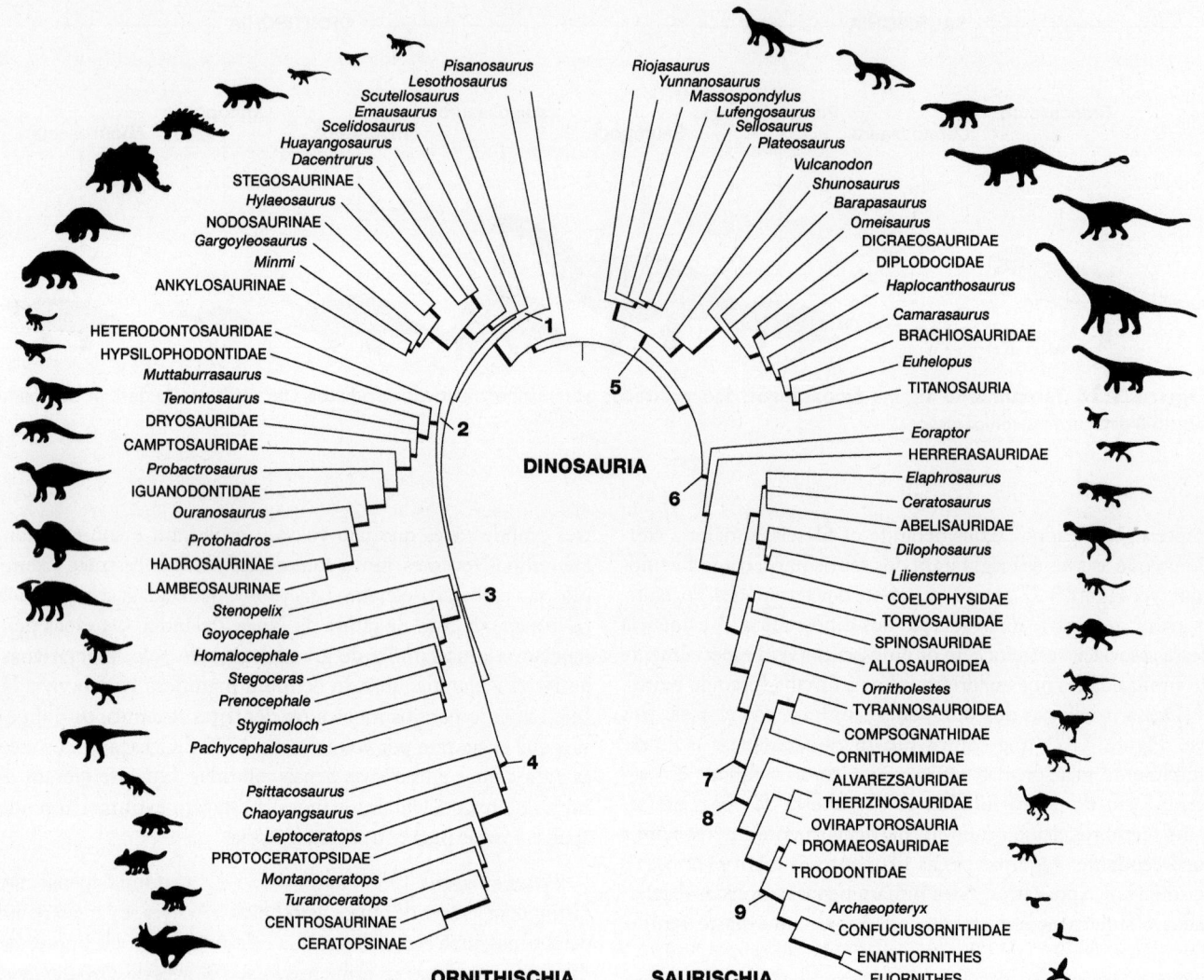

Figura 3.37 Filogenia dos dinossauros. Os dinossauros são compostos por duas linhagens, os ornitísquios (*à esquerda*) e os saurísquios (*à direita*). Os ornitísquios abrangem vários monofilos: (*1*) Thyreophora, incluindo os anquilossauros e estegossauros; (*2*) Ornitópodes, incluindo os dinossauros com bico de pato; (*3*) Paquicefalossauros e (*4*) Ceratopsia. Os saurísquios tinham dois monofilos principais: (*5*) Sauropodomorpha e (*6*) Tetrapódes, que abrangia os alossauros, vários outros dinossauros carnívoros, (*7*) Coelosauria, (*8*) Maniraptora e (*9*) aves.

Modificada de Paul C. Sereno,"The Evolution of Dinossaurs", Science, 25 de junho de 1999, 284:2137–2147. Copyright © 1999 American Association for the Advancement of Science.

Outras aves do Cretáceo pertenciam ao grupo menor Ornithurinae, ou aves do tipo moderno. Antes da extinção dessas aves no Cretáceo, como de seus companheiros mamíferos eutérios, elas se ramificaram. Em termos específicos, foi mediante transições de "aves pernaltas aquáticas" do grupo orniturino que surgiram os dois grandes grupos de aves recentes, o Paleognathae e o Neognathae. Os Paleognathae, ou "ratitas", incluem as avestruzes, emas, casuares, quivi, tinamídeos e vários grupos extintos, como os moas e pássaros-elefantes. Os Neognathae incluem todos os demais grupos vivos de aves.

Tipos de pena, seu desenvolvimento e sua função (Capítulo 6)

Diversidade. A constituição básica das aves provou ser altamente adaptável, e as aves sofreram uma diversificação extensa. Por exemplo, os orniturinos do Cretáceo incluíam um flamingo primitivo e o *Hesperornis*, uma ave mergulhadora com dentes e asas tão pequenas que certamente não voava. O *Ichthyornis* era uma ave marinha pequena, como a andorinha, recuperada de rochas do tempo do Cretáceo no Kansas (Figura 3.38 A). No final do Mesozoico, as aves aquáticas já tinham divergido bastante.

As aves continuaram a ser bem-sucedidas na exploração dos recursos aquáticos (Figura 3.39). Algumas espécies mergulhavam fundo, bem abaixo da superfície, e usavam as asas para propelir o corpo ao perseguirem peixes. Outras são especializadas para usar a velocidade do mergulho para chegar até os peixes mais abaixo da superfície. Muitas espécies se alimentam na própria superfície da água, perscrutando-a ainda no ar ou mergulhando o bico em busca dos recursos enquanto flutuam. Algumas espreitam o ar acima da água, surpreendendo outras aves e capturando as presas delas ("pirataria").

Aves de rapina são aquelas com **garras**, uma especialização usada para imobilizar ou agarrar a presa. Falcões, águias e co-

Boxe Ensaio 3.3   Dinossauros | Heresias e boatos – O debate acalorado

Alega-se que os dinossauros tinham sangue quente, como as aves e os mamíferos, e não sangue frio e de fluxo lento, como os lagartos e as cobras. Em termos específicos, a verdadeira questão não é se o sangue dos dinossauros era frio ou quente. Além disso, em um dia quente com sol escaldante, até um lagarto dito de sangue frio pode aquecer seu corpo e, em termos estritos, ter sangue quente circulando em suas artérias e veias. A questão não é a temperatura do sangue, quente ou fria, mas se a fonte de calor é interna ou externa. Para esclarecer isso, é preciso definirmos dois termos úteis, *ectotérmico* e *endotérmico*. Os animais que dependem em grande parte da luz ou irradiação solar do ambiente à sua volta para aquecer o corpo são de sangue frio ou, para sermos mais exatos, ectotérmicos ("calor de fora"). Tartarugas, lagartos e cobras são exemplos. Os animais "de sangue quente" produzem calor dentro de seus próprios corpos, metabolizando proteínas, gorduras e carboidratos. Para sermos mais corretos, esses animais são endotérmicos ("calor de dentro"). As aves e mamíferos são exemplos óbvios.

Os dinossauros eram ectotérmicos ou endotérmicos? A fonte de seu calor corporal é discutível, não a temperatura de seu sangue.

O calor dos ectotérmicos é obtido com facilidade, basta que se exponham ao sol. O problema de tal estilo de vida é que não há sol à noite e nem sempre ele está disponível em climas temperados e frios. Em contraste, o calor dos endotérmicos é dispendioso. Uma refeição digerida, em geral com bastante esforço, produz gorduras, proteínas e carboidratos gastos necessariamente em parte para gerar calor destinado a manter o corpo aquecido. A vantagem dos endotérmicos é que sua atividade não precisa estar ligada ao calor disponível do ambiente. Essas fisiologias diferentes são acompanhadas por estilos de vida diferentes. Os ectotérmicos se expõem durante o dia, escondem-se nas noites frias e hibernam nos invernos congelantes. Os endotérmicos permanecem metabolicamente ativos durante todo o dia e em qualquer estação, apesar do frio ou clima inclemente. Sem dúvida, há exceções – ursos e alguns mamíferos hibernam –, mas a endotermia requer atividade contínua na maioria dos casos. Portanto, a questão do sangue quente nos dinossauros não é fisio-lógica, mas sim sobre o tipo de estilo de vida que eles seguem.

Como os dinossauros foram classificados tradicionalmente como répteis, foram vistos por muitos anos como ectotérmicos, conforme seus semelhantes vivos – lagartos, cobras, tartarugas e crocodilos. De início, o caso dos dinossauros endotérmicos foi levantado em torno de quatro linhas principais de evidência. Vamos ver os argumentos.

Isolamento. Primeiro, alguns répteis do meio ao final do Mesozoico tinham isolamento na superfície do corpo, ou pelo menos pareciam ter. Para os ectotérmicos, um isolamento da superfície só bloquearia a absorção dos raios solares pela pele e iria interferir no aquecimento eficiente. Já para os endotérmicos, uma camada superficial que mantivesse o calor elaborado no interior de seu corpo poderia ser uma adaptação esperada. Infelizmente, o isolamento leve raras vezes é preservado, mas, em alguns fósseis do Mesozoico, impressões encontradas em rochas indicam uma camada isolante de penas (*Archaeopteryx*). Na verdade, é provável que as penas tenham surgido primeiro para isolamento térmico e só depois evoluído, tornando-se superfícies aerodinâmicas. Então, aparentemente, alguns répteis do Mesozoico tinham isolamento como os endotérmicos, em vez da pele lisa dos ectotérmicos.

Grande e temperado. Em segundo lugar, os grandes répteis do Mesozoico são encontrados em regiões temperadas. Hoje, répteis grandes, como as tartarugas terrestres gigantes e os crocodilos, não existem em regiões temperadas, mas vivem em climas tropicais quentes ou subtropicais. Os únicos répteis recentes que habitam regiões temperadas são lagartos e cobras pequenos ou delgados. A razão é fácil de entender. Quando o inverno chega nas regiões temperadas e o frio congelante se estabelece, esses pequenos répteis ectotérmicos se espremem em fendas profundas onde hibernam com segurança até a primavera e, assim, escapam das temperaturas muito frias do inverno. Já para um animal grande e volumoso, não há fendas nem tocas de tamanho adequado onde possam se abrigar para evitar o inverno frio. Animais grandes precisam ser endotérmicos para sobreviver em climas temperados. Mesmo que no Mesozoico o mundo fosse mais quente que hoje, sem as camadas polares de gelo, o inverno nas regiões temperadas do hemisfério norte era frio, e os dias, curtos. Portanto, a existência de grandes répteis em climas temperados do Mesozoico sugere que eram de sangue quente. Como os lobos, coiotes, caribus, cervos, alces, bisões e outros grandes mamíferos de grande porte das regiões temperadas hoje, os grandes répteis do Mesozoico dependiam do calor produzido fisiologicamente para resistir ao clima.

Proporções de predadores e presas. Em terceiro lugar, a proporção de predadores e presas leva a crer que os dinossauros eram endotérmicos. Em certo sentido, o sistema de aquecimento metabólico dos animais endotérmicos funcionava o tempo todo, de dia e à noite, para manter elevada a temperatura do corpo. Portanto, um único predador endotérmico requer mais "combustível", na forma de uma presa, para armazenar calor metabólico que um predador ectotérmico de tamanho semelhante. O paleontólogo Robert Bakker raciocinou que devia haver poucos predadores, mas uma grande quantidade de presas (muito combustível para alimentar poucos predadores) nos ecossistemas dominados por répteis endotérmicos. No entanto, se os répteis ectotérmicos dominassem, então devia haver proporcionalmente mais predadores. Selecionando os estratos crescentes até a ascensão dos dinossauros, Bakker compilou as proporções. Se os arcossauros do Mesozoico se tornaram endotérmicos, então a proporção de predadores e presas devia cair. Foi o que aconteceu. À medida que essa proporção era seguida a partir dos primeiros répteis, até os pré-dinossauros e dinossauros, ela caía. Havia proporcionalmente menos predadores e mais presas.

Histologia óssea. Em quarto lugar, a microarquitetura óssea dos dinossauros é similar à dos mamíferos endotérmicos, não à dos répteis ectotérmicos, cujos ossos exibem anéis de crescimento, como os das árvores, e, em grande parte pela mesma razão que nelas, crescem em estirões sazonais. Os mamíferos endotérmicos, com temperatura corporal constante o ano todo, não têm tais anéis de crescimento nos ossos. Quando foram examinados vários grupos de dinossauros, a microarquitetura de seus ossos revelou uma história clara – ausência de anéis de crescimento.

(continua)

| Boxe Ensaio 3.3 | Dinossauros | Heresias e boatos – O debate acalorado *(continuação)* |

Os dinossauros se tornaram animais ativos. Eles se divertiam e brincavam, perseguiam presas e as atacavam. Como animais endotérmicos, eram formidáveis. Foram representados até no cinema, emitindo um som ensurdecedor e jogando seu bafo de ar quente sobre os mamíferos que lhes serviriam de refeição – pessoas – no filme *Parque dos Dinossauros*.

O aspecto importante que não pode ser esquecido é que, à sua maneira, os dinossauros eram um grupo extraordinário. Esses animais ativos ocuparam quase todos os *habitats* terrestres concebíveis. Seus sistemas sociais eram complexos, e os adultos de algumas espécies eram enormes. Se os dinossauros eram endotérmicos, seu desaparecimento completo no final do Mesozoico

pode ser ainda mais misterioso e a perda do esplendor impressionante desse grupo ainda mais intrigante.

Embora os dinossauros tenham desaparecido, o debate sobre que tipo de réptil eles eram continua (ver Boxe Ensaio 3.5).

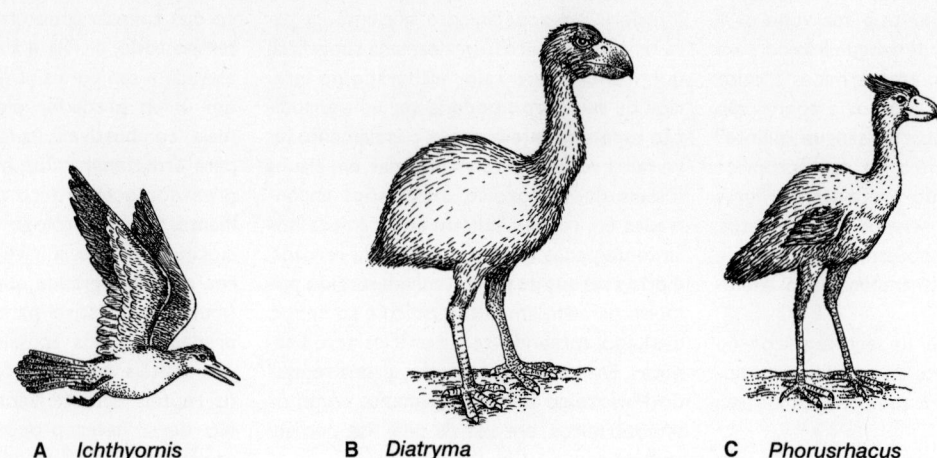

A *Ichthyornis*   B *Diatryma*   C *Phorusrhacus*

Figura 3.38 Aves extintas. A. O *Ichthyornis* era do tamanho de um pombo, é provável que pescasse para se alimentar e viveu na América do Norte há cerca de 100 milhões de anos. **B.** O *Diatryma* viveu há 55 a 50 milhões de anos. Era uma ave com mais de 2 m de altura que não voava e é provável que caçasse presas pequenas como o pequenino papa-léguas de hoje. **C.** O *Phorusrhacus*, outro predador que não voava, viveu na América do Sul há aproximadamente 30 milhões de anos.

De Peterson.

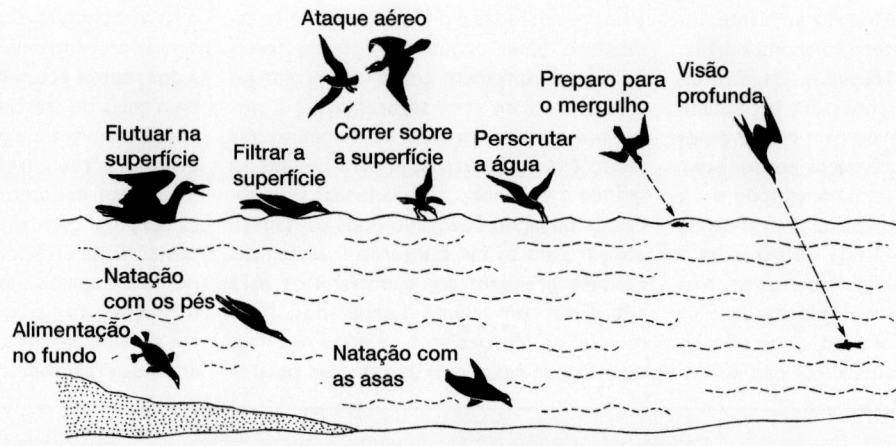

Figura 3.39 Estilos de vida das aves aquáticas.

rujas são exemplos. Muitas caçam presas no solo. Outras aves de rapina, como o falcão-das-pradarias, atacam suas presas, em geral um pombo ou um pato migratório lento, no ar e em seguida as levam para o solo para abatê-las (Figura 3.40).

Os pés e as asas refletem a função que executam. Aves que nadam têm membranas entre os dedos e as de rapina têm garras. Os pés das espécies corredoras são robustos, e os das que caminham de maneira desajeitada são largos. As aves que voam com ventos fortes em geral têm asas longas e estreitas, como as de pequenas aeronaves planadoras. Aves de alta velocidade ou migratórias têm asas estreitas, em geral mantidas para trás. Faisões e outras aves que fazem voos curtos em florestas de arbustos ou fechadas têm asas elípticas largas, com maior capacidade de manobra. Asas de alto encaixe são vistas em aves que voam em correntes de ar quente sobre áreas de terra.

Aerodinâmica e projeto das asas destinadas ao voo (Capítulo 9)

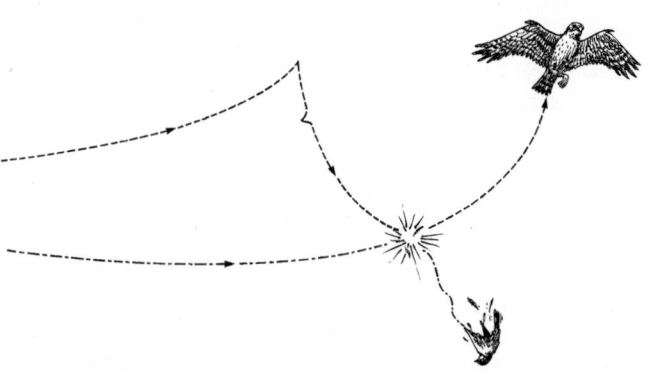

Figura 3.40 Ataque de falcão. O falcão golpeia com as garras e atinge a presa em pleno ar, acabando por controlá-la e abatendo-a no solo.

Synapsida

Surgiram no final do Paleozoico, há cerca de 300 milhões de anos. Durante o final do Carbonífero e por todo o Permiano subsequente, os sinápsidos eram os vertebrados terrestres mais abundantes, tendo se diversificado em pequenos a grandes carnívoros e herbívoros. Houve três ramificações principais: **pelicossauros**, **terápsidos** e **mamíferos** (Figura 3.41).

Os sinápsidos são amniotas, com uma única abertura temporal limitada acima pela barra temporal superior (ossos esquamosal e pós-orbital, ver Figura 3.28). Eles exibem algumas características iniciais da postura corporal e da formação dos dentes mais elaboradas nos mamíferos que surgiram depois. Antecipando isso, os paleontólogos certa vez se referiram a alguns dos primeiros sinápsidos (pelicossauros + terápsidos) como "répteis semelhantes a mamíferos", uma designação infeliz, porque eles não são répteis nem mamíferos, e isso incentiva a se observar superficialmente esses primeiros sinápsidos para enfatizar apenas os mamíferos. Os sinápsidos exibem, ainda, um registro fóssil notável, com grande variedade de formas distintas. Nos sinápsidos, observa-se a transição de ectotérmicos para endotérmicos amniotas (Figura 3.42).

Pelycosauria

São um grupo parafilético, agrupamento dos primeiros sinápsidos, cujas relações ainda estão sendo esclarecidas. Os pelicossauros surgiram no final do Carbonífero, de amniotas ancestrais, e logo sofreram uma irradiação extensa durante o início do Permiano, vindo a constituir cerca de metade dos gêneros de amniotas do seu tempo. Alguns, como o *Edaphosaurus*, eram herbívoros, mas a maioria era carnívora e exercia a predação, alimentando-se de peixes e anfíbios aquáticos. Espécies diferentes de pelicossauros diferiam no tamanho, mas não muito na constituição, talvez por causa de seu estilo de vida especializado. A espe-

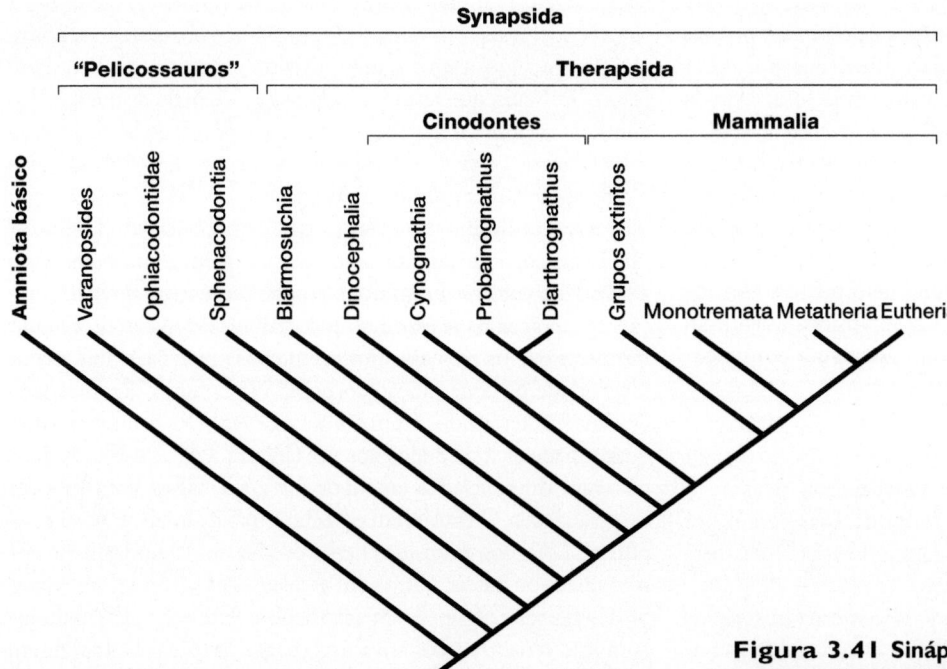

Figura 3.41 Sinápsidos, relações filogenéticas. "Pelicossauros" em cotas para lembrar que é parafilético.

Boxe Ensaio 3.4 | *Archaeopteryx* | Entre réptil e ave

A descoberta do *Archaeopteryx* foi particularmente providencial. Em 1861, o fóssil foi encontrado em uma rocha na Baviera, onde hoje é a Alemanha. Apenas 2 anos antes, Charles Darwin publicara *A Origem das Espécies*, que incendiou imediatamente o debate público. Eram os primeiros dias da paleontologia, com relativamente poucos fósseis recuperados e menos ainda cientistas sérios para decifrá-los. Os críticos de Darwin foram rápidos em apontar a ausência de intermediários fósseis entre os grupos, que a teoria dele da evolução antevia. Se um grupo originou outro, como as ideias de Darwin sugeriam, então deviam ocorrer formas de transição. O *Archaeopteryx* ajudou a chegar a esse objetivo. Ele era o tal intermediário fóssil porque tinha características tanto de aves (penas) quanto de répteis (esqueleto, dentes).

A descoberta do *Archaeopteryx* despertou o interesse na possibilidade de outros fósseis de ancestrais de aves que pudessem estreitar ainda mais a lacuna entre os répteis e as aves. Os répteis tinham dentes, mas as aves recentes não têm. Em algum momento entre os dois, os intermediários evolutivos desenvolveram um bico e perderam os dentes. Portanto, a descoberta de uma ave fóssil com dentes de réptil teria significado considerável e ajudaria a fornecer detalhes sobre essa transição evolutiva. O. C. Marsh, um paleon-

Figura 1 do Boxe Ave com dentes. O hesperórnis viveu há 100 milhões de anos em áreas costeiras da América do Norte. Embora de formato maior (quase 1 m ao todo), suas características e estilo de vida provável lembravam o mergulhão moderno. Tal ave também tinha dentes, uma característica mantida de seus ancestrais répteis.

tólogo americano de meados do século 19, descobriu tais aves com dentes, embora posteriores ao *Archaeopteryx* (Figura 1 do Boxe).

Apesar do significado das descobertas de Marsh, os inimigos da teoria da evolução no Congresso dos EUA protestaram contra o uso do dinheiro de impostos para a pesquisa de fósseis de aves com dentes, que todos acreditavam não existir (até Marsh descobri-las, naturalmente). Hoje, como no século 19, a ciência é um aspecto predominante de nossa cultura. A maioria dos políticos atuais não

tem uma base melhor em biologia ou qualquer ciência do que os do tempo de Marsh. A maioria de nossas figuras públicas ainda vem das faculdades de direito e administração. Uma base sólida em legislação e fraca sobre os cientistas resulta em uma preparação insuficiente das pessoas que determinam o destino da ciência em nossa sociedade.

Ocasionalmente, o *Archaeopteryx* ainda é notícia. Recentemente, um astrônomo bem conhecido, arvorando-se na paleontologia, argumentou que os fósseis de *Archaeopteryx* da Baviera eram falsificações. Às vezes, surgem fósseis falsificados, mas decididamente o *Archaeopteryx* não é um deles. É lamentável, mas a opinião desse astrônomo prestou um desserviço ao colocar em dúvida a legitimidade desses fósseis. Embora a mídia popularesca tenha se aproveitado e espalhado de maneira irresponsável os rumores prematuros de uma falsificação, falhou ao não relatar com isenção os resultados de uma investigação extensa que mostrou que tais alegações de falsificação eram totalmente infundadas. Para dizer o mínimo, esse astrônomo poderia ter poupado o tempo de muita gente caso se limitasse a trazer ideias novas sobre algo que conhece, em vez de cair na armadilha que ele próprio montou.

Fiquem atentos. O *Archaeopteryx* parece ter uma vida pública própria.

---

cialização mais notável em algumas espécies era uma "vela" larga ao longo das costas, que consistia em um retalho extenso de pele, sustentado internamente por uma fileira de espinhos neurais fixos que se projetavam de vértebras sucessivas (Figura 3.43 A e B). Se a vela tinha cores fortes em vida, talvez fosse exibida quando o animal fazia a corte, para atrair as fêmeas, ou afastar rivais, como as ornamentações elaboradas de aves atuais. É possível, também, que tal vela funcionasse como coletor solar. Quando seu lado mais largo estava voltado para o sol, o sangue que circulava nela era aquecido e distribuído para o resto do corpo.

O número de pelicossauros diminuiu de repente e eles foram extintos no final do Permiano. Os terápsidos evoluíram deles e, em grande parte, os substituíram por algum tempo como os vertebrados terrestres dominantes.

Therapsida

Surgiram no início do Permiano e prosperaram durante o Triássico. No entanto, praticamente todos desapareceram por volta do final desse período, com apenas poucas espécies persistindo até o início do Cretáceo.

O final do Permiano foi um período violento na história da Terra. A atividade vulcânica se intensificou, introduzindo a chuva ácida na atmosfera e nuvens de cinzas que circundavam o

globo terrestre. O clima esfriou e se formaram as camadas polares de gelo, culminando em uma Idade do Gelo. Não chega a surpreender que, com tamanho estresse nos ecossistemas, houve um evento significativo e definitivo na passagem do Permiano para o Triássico, que resultou na extinção de mais de metade dos animais marinhos e incluiu muitas das espécies de terápsidos na terra. Poucos grupos de terápsidos sobreviventes (cinodontes e dicinodontes) ressurgiram, irradiando-se no Triássico, mas logo seu número diminuiu e foram extintos no início do Cretáceo. No Triássico, houve o retorno de climas quentes mais amenos e a atividade vulcânica diminuiu. Aparentemente, a nova irradiação dos terápsidos se espalhou por maiores extensões de *habitats* terrestres que os pelicossauros e, em consequência, exibiu maior diversidade na constituição corporal. No entanto, algumas tendências nos terápsidos eram conservadoras. Eles tinham postura quadrúpede e cinco dedos nos pés (Figura 3.44 A e B). Os dentes eram diferenciados em tipos distintos, talvez com funções especializadas. O crânio, em especial a maxila inferior, ficou simplificada. Alguns terápsidos herbívoros se especializaram em comer raízes ou pastar, outros em escavar, outros, ainda, em comer brotos tenros e alguns eram arborícolas. A seleção geral para locomoção terrestre mais ativa e as especializações resultaram em grande diversidade nos terápsidos (Figura 3.42). Há, inclusive,

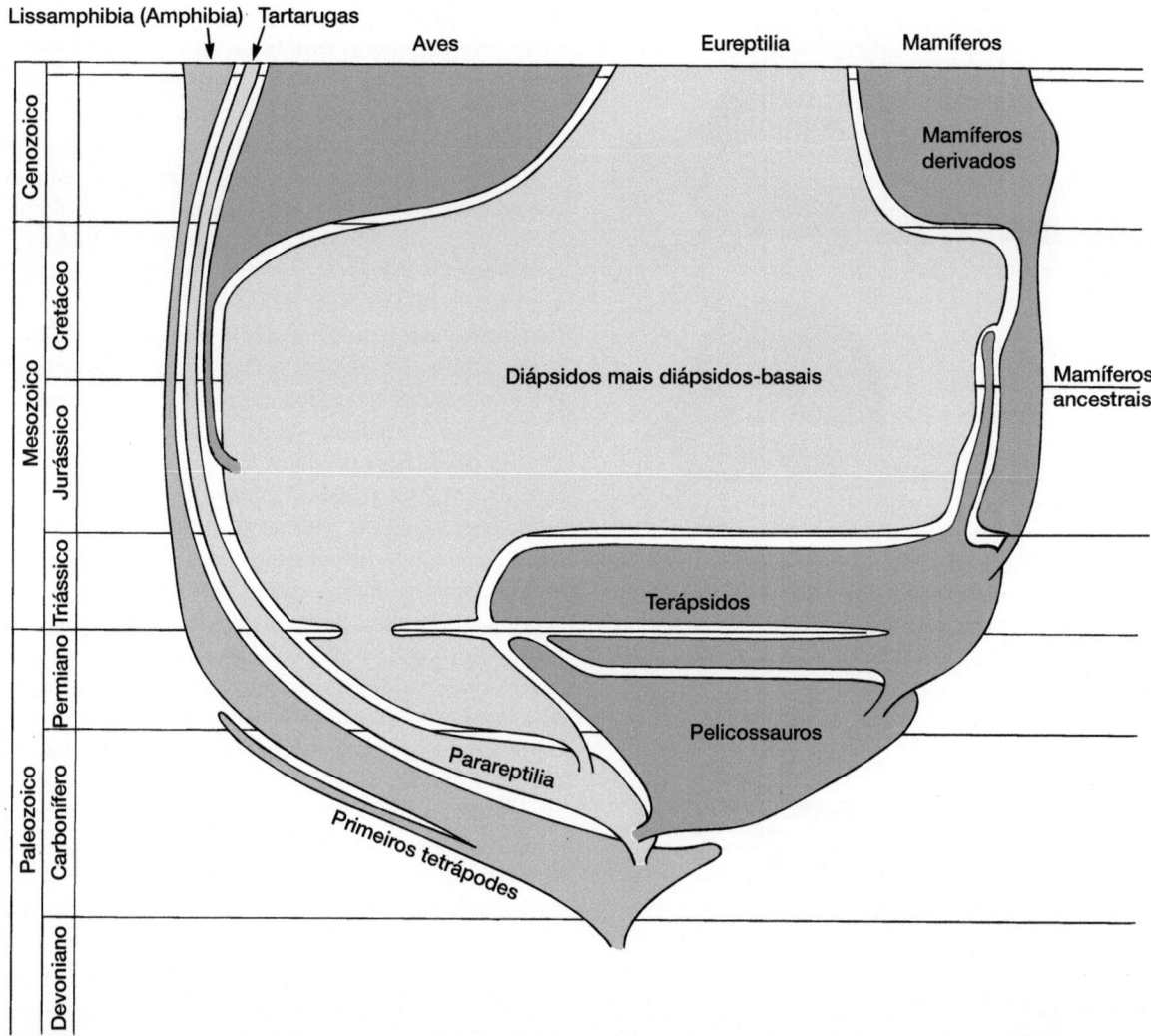

Figura 3.42 Diversidade relativa dos vertebrados terrestres. O tempo geológico está representado no eixo vertical e a diversidade dos vertebrados no horizontal. Os sinápsidos e os mamíferos que surgiram deles estão nas áreas sombreadas mais escuras. Nota-se a grande diversidade inicial dos terápsidos, que subitamente deram passagem para os répteis diápsidos durante o Mesozoico.

alguma evidência, proveniente da histologia óssea e da distribuição pelas latitudes, de que os terápsidos se tornaram endotérmicos a partir do Triássico.

▶ **Cinodontes.** Constituíram um grupo especialmente bem-sucedido de terápsidos. Alguns eram herbívoros, mas a maioria era carnívora. Eles surgiram no final do Permiano e se tornaram os carnívoros terrestres dominantes no início do Triássico, até serem substituídos pelos saurópsidos terrestres no final do Triássico. Os cinodontes tinham dentes especializados para despedaçar. Os ossos temporais e músculos do crânio também mudaram de maneira substancial durante sua evolução, resultando em maxilas modificadas mecanicamente. Além disso, o nariz tinha conchas nasais largas, constituídas por placas finas, espiraladas e pregueadas que aqueciam e umidificavam o ar que entrava (bem como apoiava o epitélio olfatório). No teto da boca, um palato secundário dividia a passagem do alimento da passagem do ar pelo nariz. À medida que o ar era expelido pelo nariz, as conchas nasais recapturavam muito desse calor e da umidade, reduzindo a perda de água e calor. Essas caracte-

rísticas sugerem que os cinodontes experimentaram estilos de vida ativos, baseados em um metabolismo endotérmico.

Durante sua evolução, o tamanho do corpo dos cinodontes diminuiu muito, do de um cão grande a só um pouco maior que o de uma doninha. No entanto, no final do Triássico, a maioria dos cinodontes teve um declínio acentuado, exceto por um grupo que permaneceu e, eventualmente, prosperou após a grande extinção dos dinossauros no final do Cretáceo. Esse grupo sobrevivente de cinodontes corresponde aos mamíferos (ver Figura 3.42).

Mammalia

Surgiram da irradiação dos terápsidos no final do Triássico, de início pequenos e semelhantes a um musaranho. Esses mamíferos do Mesozoico se depararam com uma fauna terrestre então dominada pelos dinossauros, especialmente os saurísquios em geral. A maioria dos mamíferos do Mesozoico era do tamanho de um musaranho e o maior deles não muito maior que um gato, mantendo-se assim até a extinção em massa que fechou a era. A irradiação de grupos mamíferos recentes co-

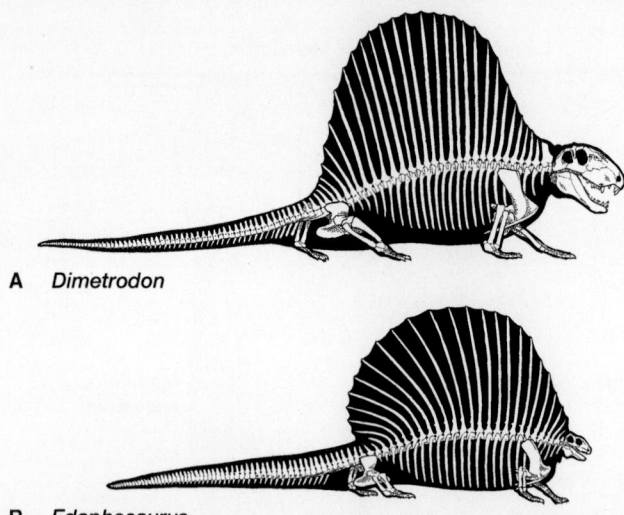

Figura 3.43 Pelicossauros. A. O *Dimetrodon*, um predador, chegava a ter 3 m de comprimento (Permiano Inferior no Texas). **B.** O *Edaphosaurus*, um herbívoro (final do Carbonífero e início do Permiano) com cerca de 3 m de comprimento.

De Romer.

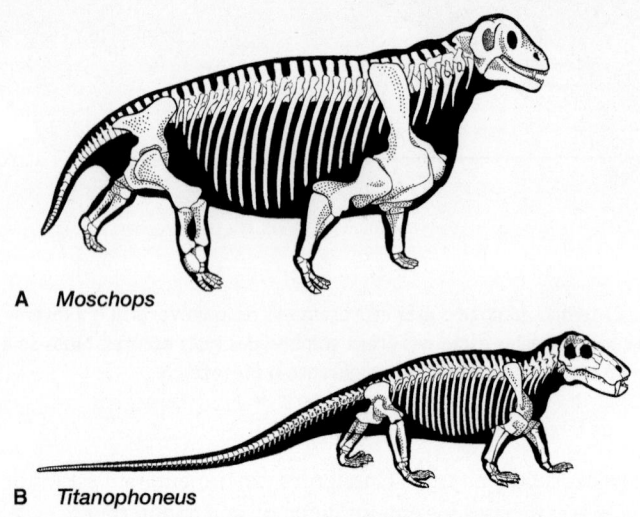

Figura 3.44 Terápsidos. A. *Moschops*, cerca de 5 m de comprimento. **B.** *Titanophoneus*, cerca de 2 m.

A, de Gregory; B, de Orlov.

meçou cedo na era Cenozoica, em especial entre os mamíferos terrestres. Então, surgiram as formas mais diversas e muito maiores, talvez relacionadas com o afastamento anterior de grandes massas de terra, criando os continentes menores que conhecemos hoje. Há cerca de 20.000 anos, à medida que o clima esquentou, a maioria dos grandes mamíferos, a megafauna, começou a desaparecer por causa da alteração climática ou porque as sociedades humanas, baseadas na caça, espalharam-se, em especial no hemisfério norte. As formas recentes incluem os **monotremados** (ornitorrinco e equidma) e os **Theria**, constituídos pelos **metatérios** (marsupiais com bolsas como cangurus e gambás) e **eutérios** (mamíferos placentários).

▶ **Características dos mamíferos.** As duas características primárias que definem os mamíferos vivos são os pelos e as glândulas mamárias. Em geral, os mamíferos são animais endotérmicos, nutridos ao nascimento com leite secretado pelas respectivas mães. Todos têm pelos, embora nas baleias, nos tatus e em alguns outros mamíferos eles sejam consideravelmente reduzidos. Uma camada espessa de pelos, a **pelagem**, tem a função primordial de isolamento térmico, mantendo a temperatura do corpo do mamífero. Os pelos também têm uma função sensorial, como um registro do tato fino. As bases de pelos sensoriais estimulam nervos associados quando o pelo se move. Os "bigodes", particularmente evidentes na face de carnívoros e roedores, são pelos longos especializados, denominados **vibrissas**.

As glândulas sebáceas da pele dos mamíferos estão associadas aos pelos. Seus produtos condicionam a pele e permitem a perda por evaporação do excesso de calor corporal. A similaridade embrionária entre as glândulas cutâneas e as mamárias sugere que as de leite derivaram dessas glândulas cutâneas especializadas. Poucos mamíferos têm numerosas glândulas sudoríparas, os seres humanos sendo uma exceção, daí a razão provável pela qual essas glândulas recebem tal atenção desproporcional. A maior parte do resfriamento em mamíferos é feita pela respiração (p. ex., cães) ou por mecanismos circulatórios especiais. Além disso, os eritrócitos de mamíferos, que transportam oxigênio, perdem seus núcleos e a maioria das organelas celulares quando amadurecem e entram na circulação geral.

Pelos, glândulas mamárias, glândulas sebáceas e eritrócitos sem núcleos (anucleados) são exclusivos dos mamíferos existentes hoje. Outras características que não estão necessariamente restritas a essa classe incluem um cérebro grande com relação ao tamanho do corpo, a manutenção da temperatura corporal alta (exceto em alguns jovens e durante os períodos de torpor em repouso) e modificações do sistema circulatório em comparação com o de outros amniotas.

Pelos e glândulas mamárias raramente são preservados em fósseis, de modo que têm pouco valor prático para o rastreamento da evolução inicial dos mamíferos. Em contrapartida, os fósseis de mamíferos em geral exibem três características esqueléticas distintas. A primeira é uma cadeia de três ossos finos, confinados ao ouvido médio, que conduzem o som do tímpano para o aparelho sensorial do ouvido interno. Os répteis têm apenas o osso primário do ouvido médio, nunca três. Em segundo lugar, a maxila inferior dos mamíferos é composta por um único osso dentário, enquanto a dos répteis é constituída por vários ossos. A terceira característica esquelética é uma articulação entre o osso dentário e o esquamosal das maxilas. Nos répteis, outros ossos formam a articulação da maxila. Mesmo essas três características nem sempre estão preservadas nos fósseis, de modo que os paleontólogos recorrem a outros aspectos, como a estrutura dentária. Por exemplo, a maioria dos dentes nos mamíferos é substituída só uma vez na vida, não continuamente, e a oclusão dentária é controlada de maneira mais precisa que nos répteis.

Dentes dos mamíferos, seu desenvolvimento e suas funções (Capítulo 13)

Nota-se que as características que a maioria de nós associa aos mamíferos (pelos e glândulas mamárias) não estão disponíveis para os paleontólogos. No que diz respeito aos

Boxe Ensaio 3.5   Dinossauros | De quente a frio – A sequela

Raras vezes o primeiro anúncio de nova evidência tem aceitação científica instantânea. Devemos ser profissionais céticos até a evidência ser avaliada, examinada de maneira independente e verificada novamente. Quando os cientistas fazem isso, o resultado, em geral, é o aparecimento de uma nova perspectiva, diferente de qualquer das teorias que nos orientaram da primeira vez. Os dinossauros, de sangue frio ou quente, podem ser um exemplo.

Isolamento. A evidência de pelos na superfície dos terápsidos é ambígua, mas, mesmo se presentes, os terápsidos são sinápsidos, ficando fora da irradiação dos dinossauros. Como os pterossauros, de fato, eles não tinham pelos. Fósseis de pterossauros descritos recentemente, preservados de forma extraordinária, mostram que as membranas de voo, esticadas em seus antebraços, tinham uma sustentação interna, proporcionada por uma rede requintada de tecido conjuntivo. Na superfície, isso produziu um padrão de linha fina na pele, que

foi confundido com "pelos". Essa rede interna, reagindo à pressão do ar, permitiu que a membrana da asa se transformasse em uma superfície aerodinâmica para satisfazer as demandas durante o voo.

Histologia óssea. Embora alguns dinossauros pareçam não ter os anéis de crescimento típicos dos ectotérmicos, o que justifica a predição de endotermia, algumas das primeiras aves têm anéis de crescimento. Os ossos de aves do Cretáceo, os enanthiornithinos, mostram evidência do crescimento anual de anéis, como os dos animais ectotérmicos. Se essas aves eram ectotérmicas, então seu parente conhecido imediato, o *Archaeopteryx*, provavelmente também tinha anéis, como os dinossauros saurísquios ancestrais dos quais ele presumivelmente evoluiu. Essa histologia está de acordo com as conclusões de uma comparação da fisiologia respiratória de aves e mamíferos vivos, que sugere que o voo pode ter precedido a endotermia nas aves do Cretáceo. Por fim, o exame recente de ossos de um dos primeiros saurópodes, o

Massospondylus, revelou um crescimento tênue de anéis pelo menos nesse dinossauro em particular.

Narizes. As conchas nasais são pregas de osso no nariz pelas quais o ar é direcionado quando entra e sai dos pulmões. As conchas nasais sustentam membranas que aquecem e umidificam o ar que entra, e desumidificam o que sai, recuperando a água perdida de outra forma. Nos casos em que a taxa respiratória é alta para manter a endotermia, as conchas nasais estão presentes nas passagens nasais, como em mamíferos e aves, já os dinossauros, aparentemente não os tinham. A TC (tomografia computadorizada) de fósseis de dinossauros não mostrou evidência dessas conchas nasais.

Apesar da evidência contra a endotermia dos dinossauros, suas taxas de crescimento eram aparentemente altas, como nos endotérmicos. E eles pareciam preparados para uma vida ativa. O debate ainda não terminou; as especulações sobre os dinossauros podem ressurgir.

---

mamíferos, sempre haverá algo um tanto arbitrário. Não podemos ter certeza de que um fóssil com o crânio ou o padrão dentário dos mamíferos também tinha pelos e glândulas mamárias em vida. Portanto, o uso da linhagem (monofilo) dá uma base mais objetiva para a definição do *status* taxonômico e representa de maneira mais acurada a história evolutiva dos mamíferos. Assim, é razoável considerar os mamíferos como um tipo de cinodonte, os cinodontes como um tipo de terápsido e os terápsidos como parte da linhagem dos sinápsidos (Figura 3.43).

▶ **Mamíferos extintos.** Os mamíferos são terápsidos do final do Triássico, o que os torna contemporâneos dos répteis do Mesozoico, como os pterossauros, crocodilos, tartarugas e dinossauros. Os mamíferos extintos incluem vários grupos com nomes elaborados: kueneoterídeos, haramiióideos, sinoconodontes, multituberculados e morganucodontes, para mencionar alguns. Em geral, esses primeiros mamíferos eram do tamanho de um musaranho. É provável que tivessem hábitos noturnos e fossem endotérmicos, e a maioria tinha dentes aguçados, pontiagudos. O cérebro era maior, com relação ao tamanho do corpo, que o dos répteis contemporâneos a eles. Os dentes nos mamíferos ancestrais eram mais adaptados para a predação e corte da vegetação, sendo **heterodontes**, o que significa terem aspecto geral diferente conforme sua posição enfileirada na boca – incisivos na frente, caninos, pré-molares e molares ao longo das partes laterais da boca. Isso permite a divisão do trabalho, com alguns dentes servindo para rasgar ou arrancar o alimento e outros para quebrá-lo mecanicamente e prepará-lo para a digestão rápida. As bochechas musculares mantêm o alimento entre as fileiras

de dentes que o mastigam. A função especializada de dentes implica, embora não comprove, que os mamíferos ancestrais eram endotérmicos. Se foram mesmo, é provável que tivessem uma camada isolante de gordura. Presume-se que os primeiros mamíferos eclodiam de ovos e eram amamentados nas glândulas mamárias como os monotremados, os mamíferos mais ancestrais ainda existentes.

▶ **Mamíferos vivos.** A ancestralidade dos marsupiais e mamíferos eutérios pode ser traçada até um grupo comum no início do Cretáceo. Eles compartilham várias características derivadas, inclusive viviparidade e não oviparidade, razão pela qual são colocados juntos nos Theria. É mais provável que os monotremados tenham surgido na Austrália, divergido cedo dos Theria, provavelmente no Jurássico Inferior, e que muito de sua própria evolução tenha ocorrido desde então. As três espécies de monotremados vivos incluem o ornitorrinco, que habita a Austrália e a ilha adjacente da Tasmânia, e as duas espécies equidnas que habitam a Austrália e a Nova Guiné. Como os mamíferos térios, os monotremados têm pelos, amamentam seus filhotes e são endotérmicos. No entanto, diferentes de outros mamíferos, não têm mamilos nem ouvidos externos e os embriões se desenvolvem em ovos com casca, características primitivas mantidas da condição amniota generalizada.

Embriologia dos monotremados (Capítulo 5)

Hoje, uma irradiação substancial de marsupiais permanece na América do Sul e na Austrália que, junto com as regiões em torno de ambas, mantêm uma diversidade desses animais (os cangurus australianos são um exemplo bem conhecido). O canguru nasce em um estágio de desenvolvimento precoce e fica na bolsa da mãe mamando até crescer bastante. Nenhum marsupial macho tem bolsa, uma característica das fêmeas, embora algumas espécies de marsupiais também não a tenham. Formas especializadas ainda presentes na Austrália, como um marsupial escavador (subterrâneo, semelhante a uma toupeira) e uma espécie capaz de planar no ar (um "esquilo voador" marsupial), sugerem que os marsupiais já tiveram grande diversidade. Os grandes mamíferos da Austrália têm uma constituição predominantemente marsupial, mas mamíferos placentários na forma de roedores também chegaram à Austrália há cerca de 4 milhões de anos e se ramificaram em muitas espécies menores endêmicas.

Marsupiais (Capítulos 5, 14 e 15)

Hoje, os mamíferos eutérios sem dúvida são os mais numerosos e diversificados do grupo dos mamíferos (Figura 3.45). As necessidades nutricionais e respiratórias de seus filhotes são satisfeitas pela **placenta**, um órgão vascular que conecta o feto ao útero da fêmea. Tal associação vascular não é exclusiva dos mamíferos eutérios. Em alguns marsupiais, forma-se uma "pla-

centa" temporária entre o embrião inicial e o útero da fêmea. O suporte nutricional e respiratório do embrião varia um pouco em alguns répteis, peixes e, até mesmo, alguns anfíbios. O que distingue os mamíferos eutérios é o fato de que a reprodução em *todas* as espécies se baseia em uma placenta.

Placentas dos vertebrados (Capítulo 5)

A diversificação e a distribuição adaptativas dos mamíferos eutérios evoluíram contra as modificações do ambiente causadas pela alteração na flora terrestre, pelas extinções em massa no final do Cretáceo, pela fragmentação e pela separação dos continentes, bem como pela mudança no clima. A taxonomia (ver Figura 3.45) capta isso em quatro grupos naturais – Afrotheria, Xenathra, Euarchontoglires e Laurasiatheria. Embora os Afrotheria atualmente vistos pareçam promissores como a raiz dos eutérios, a análise mais recente coloca os **Cingulados** (tamanduás) como o grupo mais primitivo de eutérios vivos. Os morcegos (**Chiroptera**) são os únicos mamíferos que podem voar, embora, no total, tenham surgido três tipos de mamíferos placentários, os outros dois sendo os lêmures voadores (**Dermoptera**), na Ásia, e um grupo de roedores (esquilos vo-

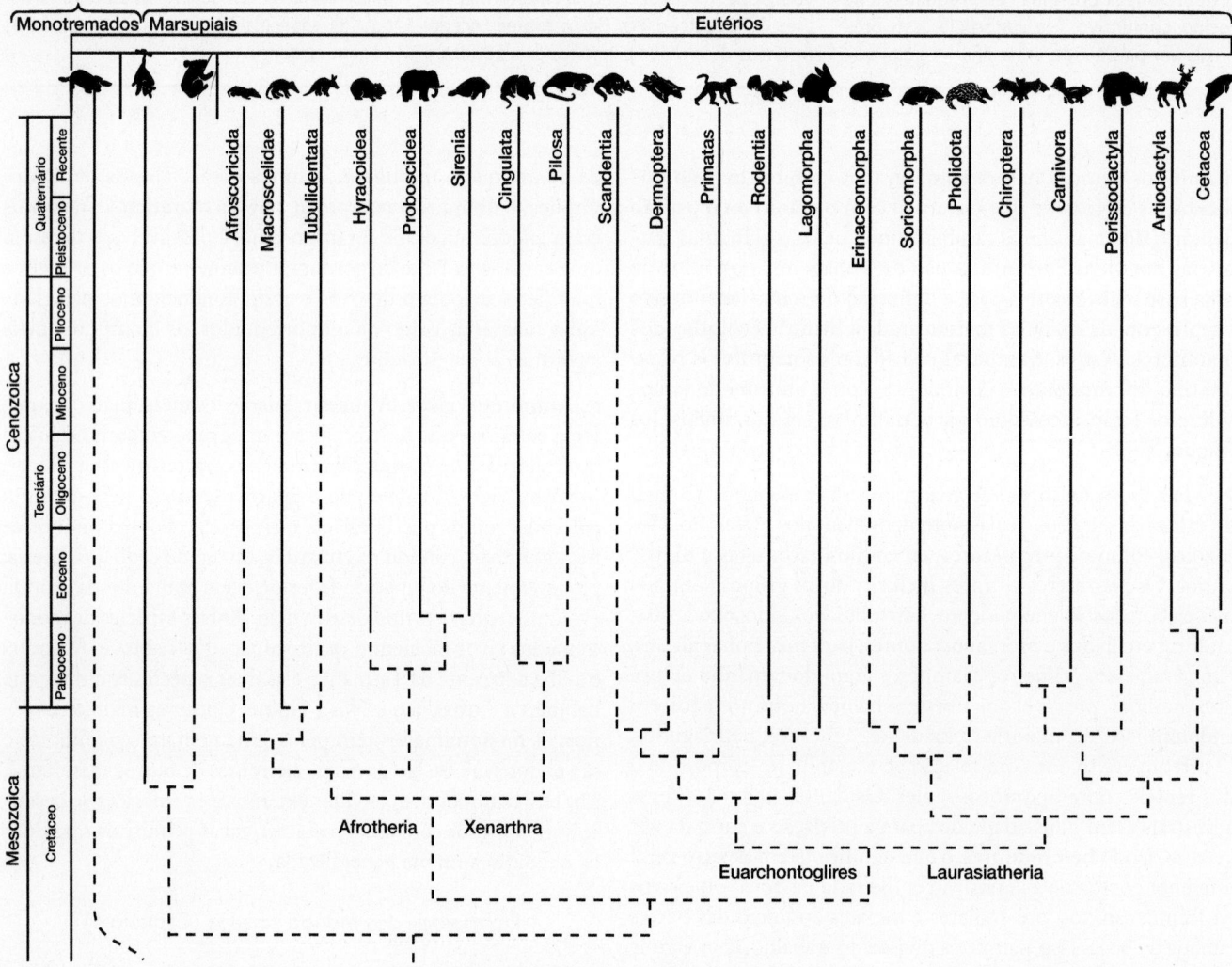

Figura 3.45 Mamíferos vivos. Os monotremados, marsupiais e eutérios são os três grupos de mamíferos vivos hoje, com os placentários sendo o maior grupo.

adores e esquilos anomalurídeos). Dois grupos de eutérios são totalmente aquáticos: os **Cetacea**, que incluem as baleias com dentes (**odontocetas**) e as sem dentes (**misticetas**), e os **Sirenia**, que incluem o peixe-boi.

O termo *ungulado* é uma palavra descritiva conveniente e se refere aos animais com casco, compreendendo cerca de um terço de todos os gêneros de mamíferos vivos e extintos. Os ungulados incluem os **Perissodactyla** (cavalos, rinocerontes, tapires), **Artiodactyla** (suínos, camelos, bovinos, cervos etc.) e **Cetáceos** (baleias e golfinhos), junto com os que, em geral, chamamos subungulados (= penungulados). Os subungulados incluem, de maneira geral, os **Proboscidea** (elefantes), **Sirenia** (vacas marinhas), **Tubulidentata** (oricteropodídeos) e **Hyracoidea** (procaviídeos). A maioria dos artiodáctilos tem rúmen, uma parte especializada do trato digestório, que justifica seu nome comum de **ruminantes**. Girafas, cervos, bovinos, bisões, ovinos, caprinos, antílopes e similares são artiodáctilos e, com poucas exceções como os suínos, todos são ruminantes.

Com relação aos **Carnivora**, o termo *fissípedse* (com dedos separados) é usado de maneira informal para os carnívoros terrestres (cães, gatos, ursos, gambás); já *pinípedes* se refere aos carnívoros semiaquáticos (focas e morsas).

O **Rodentia** é o maior grupo dos eutérios e, em geral, dividido informalmente em **Sciuromorpha** (como esquilos), **Myomorpha** (como camundongos) e **Hystricomorpha** (como o porco-espinho). Os **primatas** são arborícolas, ou tinham ancestrais que eram, e têm dedos e artelhos preênseis com unhas nas extremidades. Os **primatas inferiores**, ou prossímios (estrepsirrinos), incluem lêmures e lóris. Os **primatas superiores**, ou antropoides (haplorrinos), abrangem os macacos **catarrinos** (do Velho Mundo), sem cauda preênsil, e os macacos **platirrinos** (do Novo Mundo), alguns usando uma cauda preênsil. O termo *macaco* é genérico e não tem definição taxonômica formal, referindo-se aos *pongídeos* parafiléticos (orangotangos, gorilas, chimpanzés), enquanto o termo *hominídeos* se refere aos seres humanos e seus ancestrais imediatos da família **Hominidae**.

O lugar de origem e os caminhos pelos quais os mamíferos térios se dispersaram ainda são motivos de discussão, embora o registro fóssil conhecido indique que as espécies de marsupiais e eutérios mais precoces tenham surgido no início do Cretáceo na China, mas a distribuição subsequente dos marsupiais no Cretáceo foi na América do Norte e dos eutérios, um pouco depois, no final do Cretáceo.

A separação continental começou em seguida, e os poucos grandes continentes do Mesozoico se tornaram massas menores de terra, separadas entre si pelo oceano aberto. O Oceano Atlântico foi crescendo, mas ainda era pequeno, e a maioria dos continentes continuava em contato. O clima do final do Cretáceo, mesmo nas regiões polares, era ameno. Durante aquela época, os marsupiais se dispersaram pela Ásia, Antártida e Austrália, enquanto os eutérios migraram para a África e o Novo Mundo (Figura 3.46). Esses rebanhos de mamíferos ficaram semi-isolados à medida que os continentes se frag-

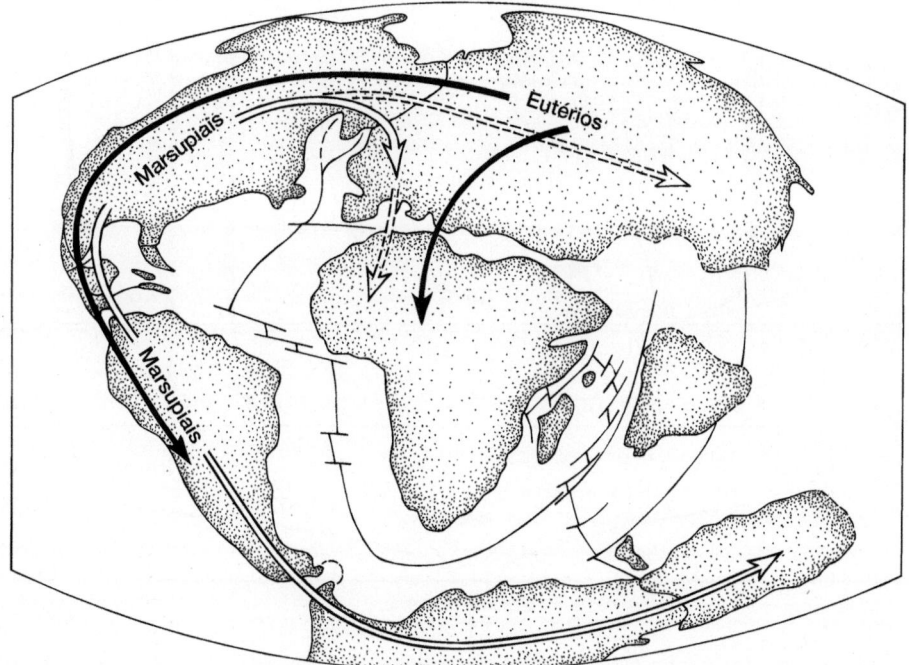

Figura 3.46 Irradiação dos térios. A posição dos continentes durante o final do Mesozoico é mostrada. Embora hoje a maioria dos marsupiais viva na Austrália, seu centro de origem aparentemente foi no Novo Mundo (América do Norte) do final do Cretáceo. Daí, espalharam-se em duas direções, uma durante o Eoceno, indo para a Europa e o norte da África, embora subsequentemente tenham sido extintos em ambos os continentes (linhas tracejadas). A outra direção que os marsupiais seguiram foi pela América do Sul e para a Antártida, até a Austrália, antes que esses continentes se separassem. Os eutérios se originaram no Velho Mundo e se disseminaram para o Novo Mundo por conexões terrestres que existiam entre os continentes durante a era Mesozoica.

De Marshall.

mentaram ainda mais na era Cenozoica, e foram os grupos distintos de mamíferos encontrados dentre os que subsequentemente evoluíram nos continentes separados.

No início do Mesozoico, todos os continentes estavam unidos em um único, a Pangeia, mas, em uma Terra ativa, esse supercontinente começou a se dividir em dois, de modo que, por volta do final do Mesozoico, a Pangeia tinha se transformado em duas regiões, originando a divisão geográfica das massas terrestres em norte e sul. Por sua vez, durante a era Cenozoica, essas regiões continuaram a se fragmentar ainda mais e se tornaram os continentes reconhecíveis que temos hoje. Essa fragmentação afetou a evolução dos mamíferos durante o final do Mesozoico e durante o Cenozoico. A filogenia molecular mais moderna, em que se baseia a Figura 3.45, também detecta vários grupos importantes de mamíferos eutérios. Muitos deles (Xenarthra, Afrotheria) são endêmicos no sul dos continentes, o que levou à hipótese de que os eutérios como um todo tiveram origem no sul. Entretanto, a evidência fóssil diz o contrário, ou seja, que os térios se originaram nas regiões do norte da Laurásia, durante o início do Jurássico, e, subsequentemente, disseminaram-se para outros continentes enquanto ainda existiam as conexões entre eles. A conexão da América do Sul com a Antártida e a Austrália persistiu no início do Cenozoico, favorecendo as migrações ao longo desse caminho. É provável que nessa mesma época as espécies dos continentes do norte entraram na África, também por grandes pontes de terra.

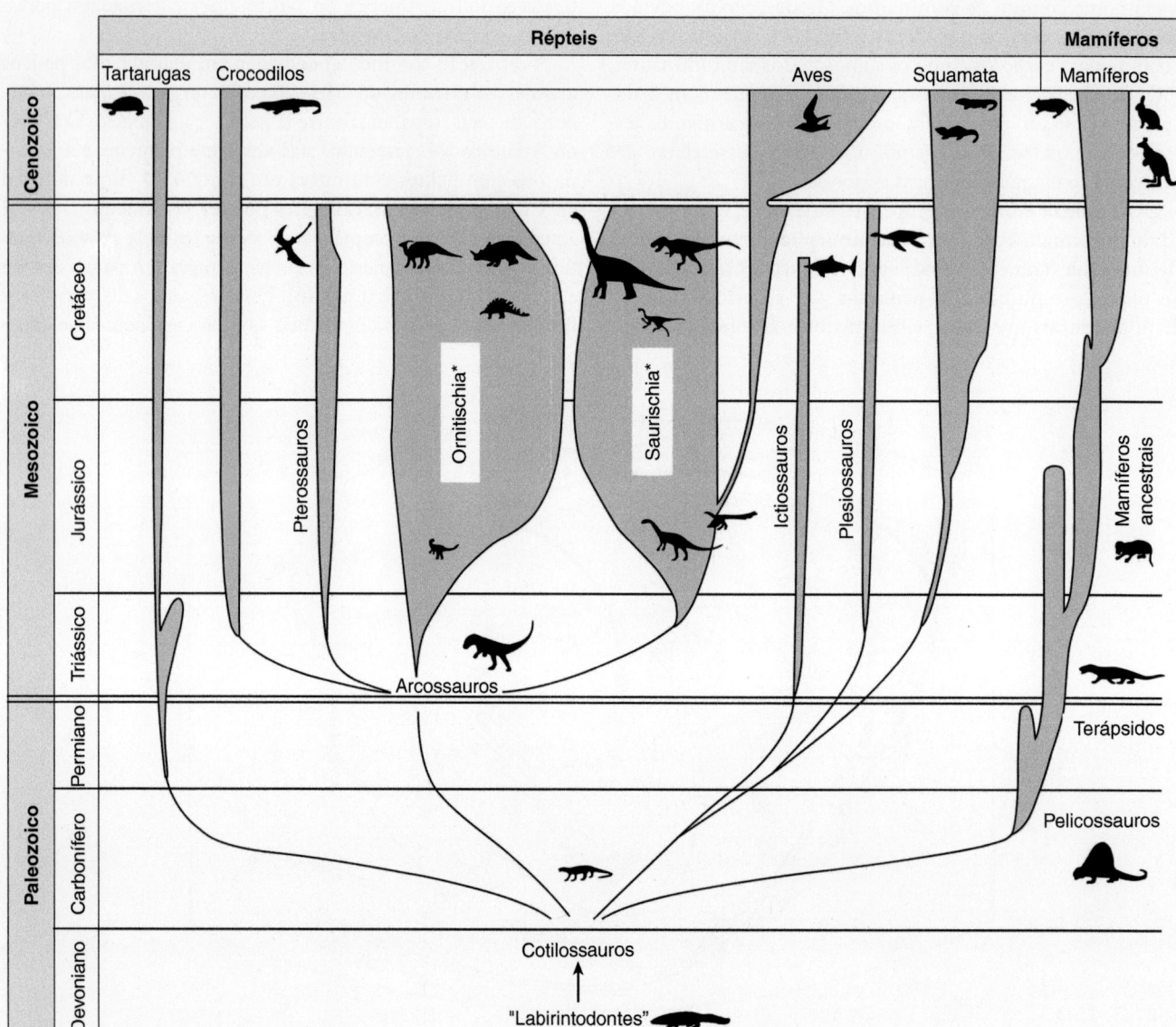

Figura 3.47 Diversidade do Mesozoico e extinções. A largura de cada grupo expressa de maneira subjetiva as estimativas da abundância relativa. Nota-se as extinções não só dos dinossauros, como também de outros grupos no Mesozoico. Observa-se, também, que as aves e os mamíferos são contemporâneos dos dinossauros, mas só se tornaram proeminentes depois que eles foram extintos.*Ornitischia mais Saurischia são iguais a dinossauros. "Labirintodontes" em cotas para lembrar que é um termo de conveniência e parafilético.

Resumo

▶ **Agnatha.** A coluna vertebral consiste em uma cadeia de vértebras, uma série segmentar de blocos de cartilagem ou osso, e caracteriza os vertebrados. Os primeiros vertebrados tinham corpo mole desde o Cambriano – *Haikouella* e *Hiakouichthys*. Os ostracodermes ficavam em conchas protetoras de osso dérmico. Hoje, os únicos representantes vivos desses agnatos são os ciclóstomos sem ossos – feiticeiras e lampreias. Sem maxilas, é provável que esses primeiros vertebrados tivessem um estilo de vida limitado até o surgimento dessas.

▶ **Gnatostomados.** A evolução das maxilas deu aos primeiros gnatostomados equipamento para morder ou esmagar a presa, e incluiu os primeiros acantódios e placodermes. Esses primeiros gnatostomados também tinham dois conjuntos de nadadeiras pares (ou espinhos). Os estilos de vida eram mais ativos e variados. Em geral, a irradiação dos gnatostomados prosseguiu ao longo de duas linhas principais de evolução, os actinopterógios e os sarcopterígios – uma gerando os Chondrichthyes (tubarões e similares) e a outra, os Osteichthyes (peixes ósseos). Durante o final do Paleozoico, os tetrápodes surgiram dos sarcopterígios e os vertebrados foram para a terra pela primeira vez. Esses primeiros tetrápodes só foram conhecidos por meio de fósseis. Os primeiros a sobreviver até o presente eram membros dos lissanfíbios, que conhecemos como anfíbios vivos (rãs, salamandras, cecílias). Os amniotas surgiram dessa irradiação inicial dos tetrápodes, produzindo saurópsidos por um lado e sinápsidos por outro. Em sua irradiação, os saurópsidos teriam originado tartarugas, lagartos, cobras, crocodilos e aves que conhecemos. Durante o Mesozoico (Figura 3.47), esses mesmos saurópsidos originaram um dos grupos mais notáveis que já houve na Terra, os dinossauros, em dois subgrupos – ornitísquios e saurísquios. Os sinápsidos sofreram independentemente sua própria irradiação especial, acabando por originar os terápsidos e mamíferos recentes – monotremados, marsupiais e eutérios (placentários).

CAPÍTULO 4

Constituição Biológica

Introdução | Tamanho e forma

Os corpos dos seres vivos, como as edificações, obedecem às leis da física. A gravidade faria cair um dinossauro mal constituído, como certamente aconteceria com uma ponte malfeita. Os animais precisam estar bem equipados para satisfazer as demandas biológicas. O pescoço longo das girafas possibilita que elas tenham acesso à vegetação do topo das árvores; as garras dos felinos seguram suas presas; uma camada espessa de couro protege o bisão do frio do inverno. Para os animais conseguirem alimento, fugirem dos inimigos ou resistirem a climas inóspitos, estruturas evoluíram a fim de que eles pudessem enfrentar tais desafios e sobreviver. Porém, há muito mais no ambiente de um animal que predadores e presas, clima e frio. A constituição de um animal precisa estar de acordo com as demandas físicas. A gravidade age sobre todas as estruturas ao seu alcance. Os vertebrados terrestres pesados precisam se esforçar bastante para movimentar um corpo maciço de um lugar para outro. Ossos e cartilagem têm de ser fortes o bastante para sustentar seu peso. Se essas estruturas esqueléticas falharem, o organismo vai falhar e sua sobrevivência estará em risco. Tanto em repouso quanto em movimento, os animais estão submetidos a forças que seus sistemas estruturais precisam aguentar. Como declarou o biólogo britânico J. B. S. Haldane,

"É fácil mostrar que uma lebre não poderia ser tão grande quanto um hipopótamo, ou uma baleia tão pequena quanto um arenque. Para cada tipo de animal há um tamanho mais conveniente, e uma grande alteração no tamanho inevitavelmente resulta em uma modificação na forma."

(Haldane, 1956, p. 952)

Neste capítulo, vamos examinar como as estruturas construídas pelos seres humanos e aquelas que evoluíram por seleção natural têm características em sua constituição que incorporam e resolvem os problemas comuns impostos por forças físicas básicas. Por exemplo, os organismos viventes têm grande variedade de tamanho (Figura 4.1), mas nem toda constituição funciona igualmente bem em todos os tamanhos (Figura 4.2).

Um gafanhoto pode saltar uma distância equivalente a 100 ou mais vezes o comprimento de seu corpo. De tempos em tempos, tal façanha levou algumas pessoas a alegarem que, se fôssemos gafanhotos, poderíamos pular sobre construções altas com um único salto, mas os gafanhotos têm dispositivos especiais adaptados para o salto, o que nós não temos. Sem dúvida, eles têm pernas longas que os ajudam a cobrir grandes distâncias, mas a razão mais importante pela qual diferimos deles nas respectivas capacidades relativas de salto não é uma questão de tamanho, nem de pernas longas. Se um gafanhoto tivesse nosso tamanho, seria incapaz de pular o equivalente a 100 vezes o comprimento do corpo, apesar das pernas longas. Diferenças no tamanho implicam necessariamente diferenças no desempenho e na constituição.

Para ilustrar isso, veremos dois exemplos, um na música e outro na arquitetura. Um pequeno violino, embora tenha o formato geral de um contrabaixo, contém uma caixa de ressonância pequena; portanto, sua amplitude de frequência é mais alta (Figura 4.3). O contrabaixo maior tem uma caixa de ressonância maior e, consequentemente, uma amplitude de frequência mais baixa. Uma catedral gótica, por ser grande, tem relativamente mais espaço que uma igreja pequena de bairro, feita de tijolos e argamassa. As grandes catedrais incluem dispositivos para aumentar as superfícies através das quais a luz possa passar para iluminar seu interior (Figura 4.4). Os fundos e as paredes laterais de catedrais são projetados com acréscimos que os arquitetos chamam de absides e transeptos. As paredes laterais são cortadas por aberturas em forma de fendas, clerestórios e janelas altas. Juntos, absides, transeptos, clerestórios e janelas altas possibilitam a entrada de mais luz, compensando o volume interno proporcionalmente maior da construção. Mais adiante neste capítulo, veremos que esses princípios também se aplicam aos corpos dos animais.

Os construtores navais frequentemente recorrem a um modelo em escala para testar ideias de um projeto de casco de embarcação. Como o modelo é muito menor que a embarcação que ele representa, responde de maneira diferente à ação das ondas em um tanque de teste. Portanto, um modelo não simula de maneira confiável o desempenho de uma embarcação maior. Para compensar, os construtores navais minimizam a discrepância de tamanho com um truque – usam velocidades mais lentas para modelos menores, de modo a manter as interações do barco com as ondas equivalentes às de grandes navios em mar aberto.

O tamanho e a forma têm uma ligação funcional dentro ou fora da biologia. O estudo do tamanho e de suas consequências é conhecido como **escalonamento**. Os mamíferos, dos musaranhos aos elefantes, compartilham fundamentalmente a mesma arquitetura esquelética, os mesmos órgãos, vias bioquímicas e temperatura corporal, mas um elefante não é simplesmente um musaranho muito grande. O escalonamento requer mais que a elaboração de partes maiores ou menores. Conforme o tamanho do corpo aumenta, as demandas sobre várias partes do corpo mudam de maneira desproporcional. Até o metabolismo segue escalas de tamanho.

O consumo de oxigênio por quilograma de massa corporal é muito maior em corpos menores. O tamanho e a forma estão necessariamente ligados e as consequências disso afetam todo o metabolismo do projeto corporal. Para entender por que, vamos primeiro falar do tamanho.

Tamanho

Como são de tamanhos diferentes, o mundo de uma formiga ou de uma barata-d'água e o de um ser humano ou um elefante impõem desafios físicos bastante diferentes (Figura 4.5 A e B). Uma pessoa que acaba de tomar banho vence com facilidade a tensão superficial da água e, com o corpo ainda molhado, provavelmente carrega sem muito problema uns 250 g de água na pele. No entanto, se uma pessoa escorregar durante o banho, terá de enfrentar a força da gravidade e correrá o risco de quebrar um osso. Para uma formiga, a tensão da superfície até mesmo de uma só gota de água poderia aprisioná-la, se não fossem as propriedades de seu exoesqueleto quitinoso que repele a água. Já a gravidade é pouco perigosa para esse inseto. Uma formiga pode erguer 10 vezes seu próprio peso, subir e descer do teto sem esforço ou cair longas distâncias sem sofrer qualquer lesão. Em geral, quanto maior um animal, maior o significado de gravidade. Quanto menor um animal, mais é excluído pelas forças da superfície. A razão disso tem pouco a ver com a biologia. Em vez disso, as consequências do tamanho vêm da geometria e das relações entre comprimento, superfície e volume, como vamos considerar a seguir.

Relações entre comprimento, área e volume

Se a forma permanece constante, mas o tamanho do corpo muda, as relações entre comprimento, área de superfície, volume e massa se modificam. Um cubo, por exemplo, que tenha seu comprimento duplicado duas vezes, é acompanhado por alterações maiores, proporcionais na superfície e no volume (Figura 4.6 A). Portanto, à medida que o comprimento duplica e reduplica, sua margem aumenta, primeiro 2 cm e depois 4 cm, ou seja, pelos fatores 2 e 4. Entretanto, a área de superfície total ou suas faces aumentam pelos fatores de 4 e 16. O volume do cubo aumenta mesmo nas etapas mais rápidas, por fatores de 8 e 64, com a duplicação e a reduplicação. A forma do cubo permanece constante, mas, por ser maior, e *só* por isso, ele contém relativamente mais volume por unidade de área de superfície que o cubo menor. Em outras palavras, o cubo maior tem relativamente menos área de superfície por unidade de volume que o cubo menor (Figura 4.6 B).

Certamente não é surpresa que um cubo grande tenha, em termos *absolutos*, mais área de superfície total e volume que um cubo menor. No entanto, observe a ênfase nas alterações *relativas* entre o volume e a área de superfície, e entre a área de superfície e o volume. Elas são uma consequência direta de modificações no tamanho. Essas alterações relativas na área de superfície com relação ao volume têm consequências profundas na constituição dos corpos ou nos projetos das edificações. Por causa delas, uma alteração no tamanho inevitavelmente requer uma modificação no projeto ou na constituição para manter o desempenho geral.

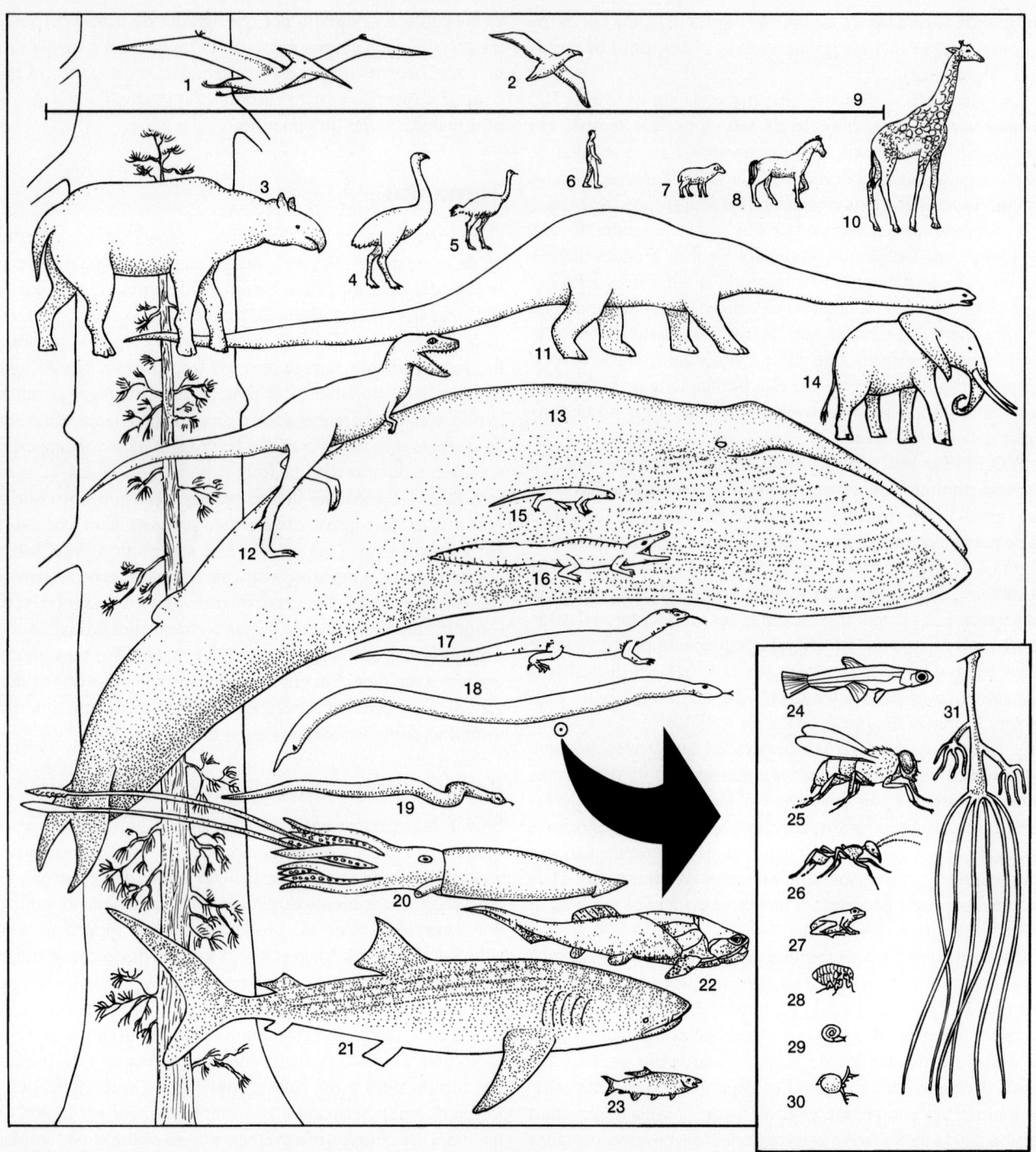

Figura 4.1 Tamanhos de animais em muitas ordens de magnitude. O maior animal é a baleia-azul e o menor vertebrado adulto é uma rã tropical. Todos os organismos estão desenhados na mesma escala e numerados da seguinte maneira: (*1*) o pterossauro *Quetzalcoatlus* é o maior réptil aéreo extinto; (*2*) o albatroz é a maior ave voadora; um fóssil de ave (não mostrado) da América do Sul tinha uma envergadura de asa estimada em 6 m; (*3*) *Baluchitherium* é o maior mamífero terrestre extinto; (*4*) *Aepyornis* é a maior ave extinta; (*5*) avestruz; (*6*) uma figura humana representada por essa escala tem 1,80 m de altura; (*7*) carneiro; (*8*) cavalo; (*9*) essa linha designa o comprimento do maior cestódio encontrado em seres humanos; (*10*) a girafa é o animal terrestre mais alto vivo; (*11*) *Diplodocus* (extinto); (*12*) *Tyrannosaurus* (extinto); (*13*) a baleia-azul é o maior animal vivo conhecido; (*14*) elefante africano; (*15*) o dragão de Komodo é o maior lagarto vivo; (*16*) o crocodilo de água salgada é o maior réptil vivo; (*17*) o maior lagarto terrestre (extinto); (*18*) *Titanoboa*, com aproximadamente 13 m, é a cobra extinta mais comprida; (*19*) a píton reticulada é a cobra viva mais comprida; (*20*) *Architeuthis*, uma lula de águas profundas, é o maior molusco vivo; (*21*) o tubarão-baleia é o maior peixe; (*22*) um artródiro é o maior placoderme (extinto); (*23*) peixe Megalopidae grande; (*24*) fêmea de *Paedocypris progenetica* das turfeiras da Sumatra; (*25*) mosca-doméstica; (*26*) formiga de tamanho médio; (*27*) essa rã tropical é o menor tetrápode; (*28*) ácaro do queijo; (*29*) menor caramujo terrestre; (*30*) *Daphnia* é a menor pulga-d'água comum; (*31*) uma hidra castanha comum. O corte inferior de uma sequoia gigante é mostrado no fundo à esquerda da figura, com um lariço de 30 m sobreposto.

De H. G. Wells, J. S. Huxley e G. P. Wells.

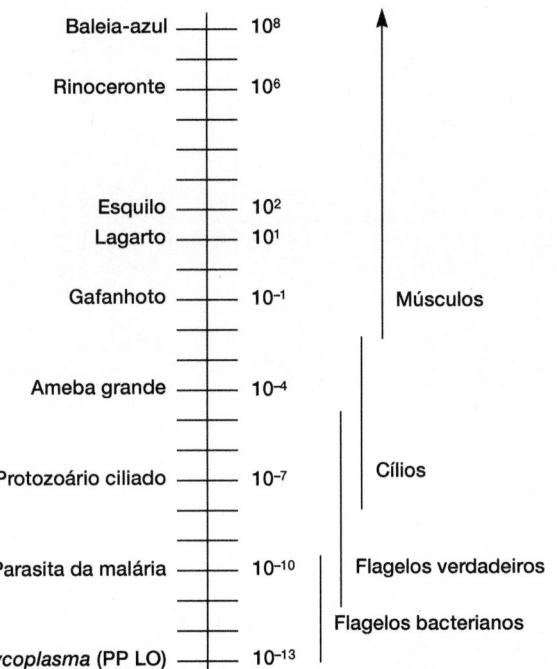

Figura 4.2 Tamanho do corpo e locomoção. As massas de organismos viventes são fornecidas em uma escala logarítmica. A baleia-azul está no alto da escala. O *Mycoplasma*, um organismo procarioto, semelhante a uma bactéria, está no ponto mais baixo da escala. O mecanismo locomotor varia de flagelos bacterianos a músculos, conforme o tamanho aumenta. O tamanho impõe limitações. Cílios e flagelos que movem uma pequena massa são menos adequados para a locomoção de massas maiores. Animais maiores requerem músculos para se locomover.

De McMahan e Bonner.

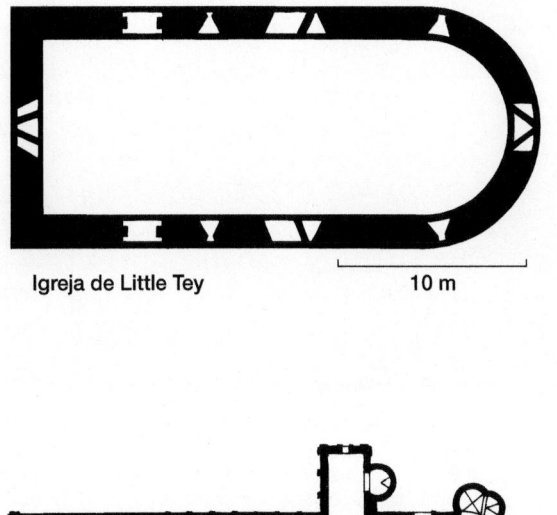

Igreja de Little Tey   10 m

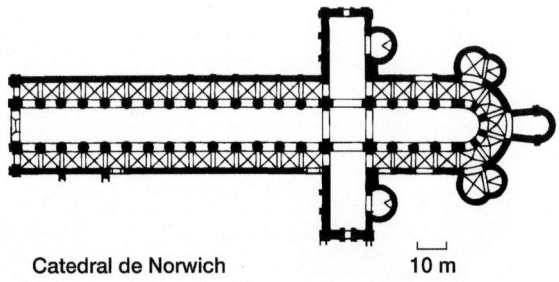

Catedral de Norwich   10 m

Figura 4.4 Influência do tamanho no projeto. As plantas baixas de uma igreja medieval pequena (em cima) e uma catedral gótica grande (embaixo) na Inglaterra foram desenhadas com aproximadamente o mesmo tamanho. A igreja medieval tem cerca de 16 m de comprimento e a catedral gótica, cerca de 139 m. Contudo, como a catedral gótica é maior, encerra um espaço relativamente maior. Transeptos, capelas e janelas alongadas nas paredes laterais da catedral são necessários para a entrada de mais luz e assim compensam o volume maior e a escuridão no interior.

Para mais detalhes sobre as consequências do tamanho no projeto, ver Gould, 1977.

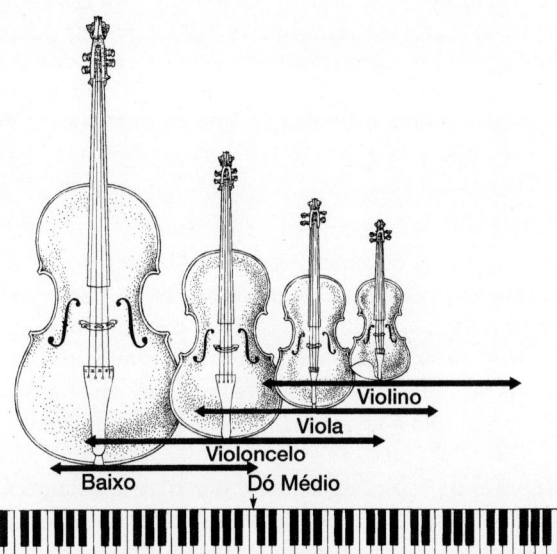

Figura 4.3 Influência do tamanho no desempenho. Os quatro membros da família dos violinos têm forma similar, mas diferem no tamanho. As diferenças de tamanho produzem ressonâncias diferentes e são responsáveis por diferenças no desempenho. A frequência do contrabaixo é baixa, a do violino é alta e o violoncelo e a viola produzem frequências intermediárias.

De McMahan e Bonner.

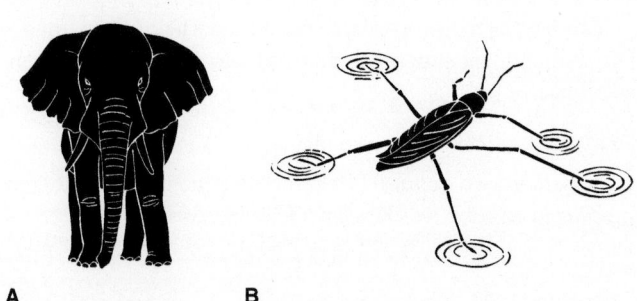

A   B

Figura 4.5 Consequências do tamanho grande ou pequeno. A gravidade exerce uma força importante sobre uma grande massa. A tensão de superfície é mais importante em massas menores. **A.** O grande elefante tem pernas fortes e robustas para manter seu peso considerável. **B.** A pequena barata-d'água é menos influenciada pela gravidade. Em seu mundo diminuto, as forças da superfície tornam-se mais significativas à medida que ela fica sobre a água sustentada pela tensão superficial.

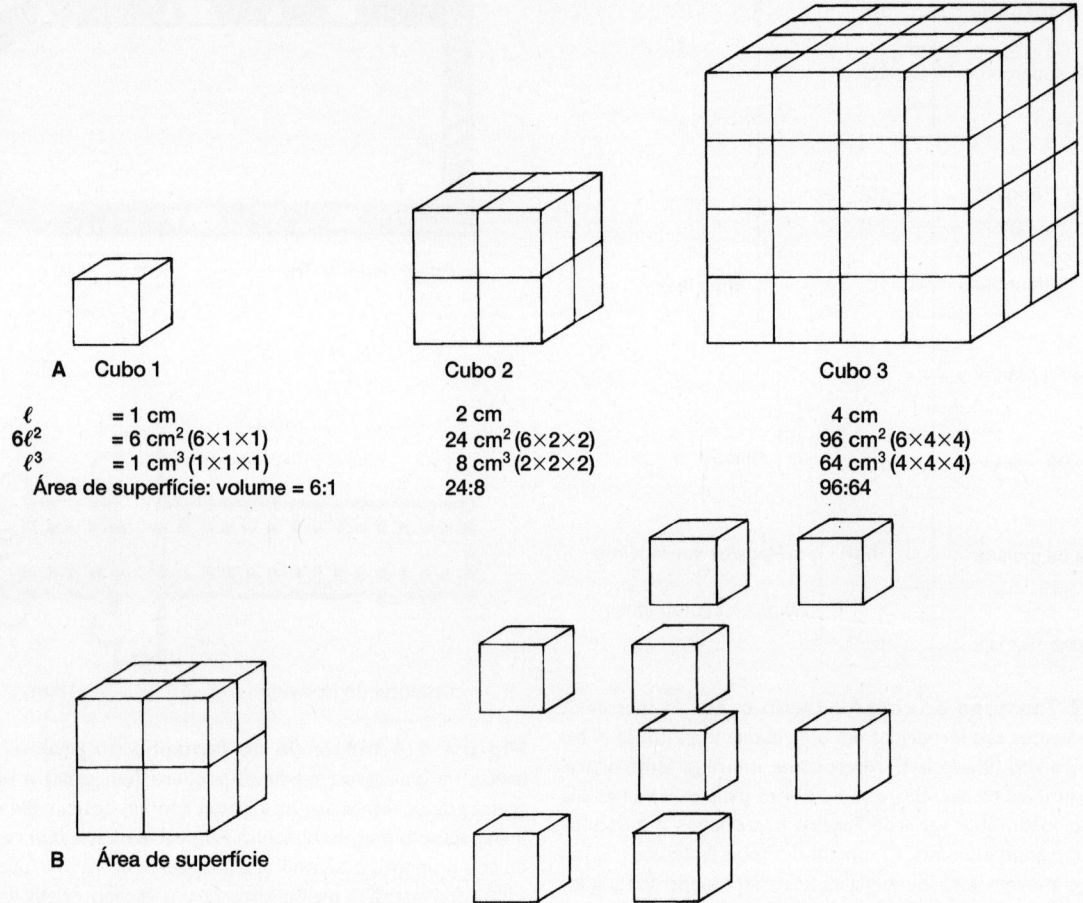

A   Cubo 1

ℓ = 1 cm
$6\ell^2$ = 6 cm² (6×1×1)
ℓ^3 = 1 cm³ (1×1×1)
      Área de superfície: volume = 6:1

Cubo 2

2 cm
24 cm² (6×2×2)
8 cm³ (2×2×2)
24:8

Cubo 3

4 cm
96 cm² (6×4×4)
64 cm³ (4×4×4)
96:64

B   Área de superfície

Figura 4.6 Comprimento, superfície e volume. A. Mesmo que a forma permaneça a mesma, basta um aumento de tamanho para mudar as razões entre comprimento, superfície e volume. O comprimento de cada margem do cubo quadruplica do menor para o maior tamanho mostrado. Os cubos 1, 2 e 3 têm 1, 2 e 4 cm de comprimento (*l*) em cada lado, respectivamente. O comprimento (*l*) de um lado aumenta por um fator de 2, como vimos do cubo 1 para o 2 e do 2 para o 3. A área de superfície aumenta por um fator de 4 (2²) a cada vez que se duplica o comprimento, e o volume aumenta por um fator de 8 (2³). Um objeto grande tem relativamente mais volume por unidade de superfície que um objeto menor do mesmo formato. **B.** Área de superfície. Dividindo-se um objeto em partes separadas, a área de superfície exposta aumenta. O cubo mostrado à esquerda tem uma área de superfície de 24 cm², mas, quando dividido em seus constituintes, a área de superfície aumenta para 48 cm² (8 × 6 cm²). Similarmente, a mastigação de alimento o quebra em muitos pedaços menores e, assim, expõe mais área superficial à ação de enzimas digestivas no trato digestório.

Em termos mais formais, a área de superfície (*S*) de um objeto aumenta em proporção ao quadrado (∝) de suas dimensões lineares (*l*):

$$S \propto l^2$$

No entanto, o volume (*V*) aumenta mais rapidamente, em proporção ao cubo de suas dimensões lineares (*l*):

$$V \propto l^3$$

Essa relação proporcional se mantém em qualquer forma geométrica com o tamanho expandido (ou reduzido). Se aumentamos uma esfera, por exemplo, do tamanho de uma bola de gude para o de uma de futebol, seu diâmetro aumenta 10 vezes, sua superfície aumenta 10², ou 100 vezes, e seu volume aumenta 10³, ou 1.000 vezes. Um objeto segue essas relações relativas impostas por sua própria geometria. Um aumento de 10 vezes no comprimento de um organismo, como pode ocorrer durante o crescimento, resultaria em um aumento de 100 vezes na área de superfície e de 1.000 vezes no volume, se a forma não se alterasse no processo. Assim, para manter o desempenho, um organismo teria de ser constituído de maneira diferente quando aumenta de tamanho, simplesmente para acomodar um aumento de seu volume. Em consequência, o mesmo organismo é necessariamente diferente quando maior, e sua constituição precisa ser diferente para acomodar relações diferentes entre seu comprimento, superfície e volume. Com isso em mente, vamos agora falar sobre a área de superfície e volume como fatores no projeto ou na constituição corporal.

Área de superfície

Para fazer uma fogueira, divide-se uma tora de madeira em muitos gravetos pequenos. Como a área de superfície aumenta, é fácil acender a fogueira. Da mesma forma, muitos processos e funções corporais dependem da área relativa de superfície. A mastigação quebra os alimentos em pedaços menores e aumenta a área de superfície disponível para a digestão. A troca eficiente de gases, oxigênio e dióxido de carbono, também depende em parte de área de superfície disponível. Nas brânquias ou pulmões, os vasos sanguíneos grandes se ramificam em muitos milhares de vasos delgados, os capilares, aumentando a área de superfície e facilitando a troca de gases com o sangue. As pregas no revestimento do trato digestório aumentam a área de superfície disponível para absorção. A força óssea e muscular é proporcional às áreas de corte transversal de partes que cada osso e músculo sustentam ou movimentam. O grande número de processos e funções corporais depende da área de superfície relativa. Esses exemplos mostram que alguns tipos de constituição maximizam a área de superfície, enquanto outros a minimizam. As estruturas (pulmões, brânquias, intestinos, capilares) adaptadas para promover a troca de materiais costumam ter grandes áreas de superfície.

Conforme vimos, como a escala de superfície e volume é diferente com a modificação do tamanho, os processos baseados na área de superfície relativa precisam mudar quando o tamanho aumenta. Por exemplo, em um organismo aquático delgado, os cílios da superfície se movimentam de maneira coordenada para impulsionar o animal. À medida que o animal fica maior, os cílios da superfície têm de movimentar proporcionalmente mais volume, tornando-se um meio menos efetivo de locomoção. Não surpreende que grandes organismos aquáticos dependam mais da força muscular que da capacidade ciliar para satisfazer suas necessidades locomotoras. Os sistemas circulatório, respiratório e digestório dependem particularmente de suas superfícies para satisfazer as necessidades metabólicas exigidas pela massa de um animal. Animais de grande porte precisam ter áreas digestivas grandes para assegurar uma superfície adequada para a assimilação do alimento e, assim, manter o volume do organismo. Esses animais podem compensar e manter taxas adequadas de absorção se o comprimento do trato digestório aumentar e ocorrer a formação de pregas e circunvoluções no mesmo. A captação de oxigênio pelos pulmões ou pelas brânquias, sua difusão do sangue para os tecidos e o ganho ou a perda de calor são processos fisiológicos que dependem da área de superfície. Como disse J. B. S. Huxley: "A anatomia comparativa em grande parte é a história do esforço para aumentar a área de superfície em proporção com o volume" (Haldane, 1956, p. 954). Não será surpresa para nós, então, quando, nos últimos capítulos, descobrirmos que órgãos e corpos inteiros estão destinados a satisfazer as necessidades relativas de volume com relação à área de superfície.

À medida que o tamanho do corpo aumenta, o consumo de oxigênio por unidade de massa corporal diminui (Figura 4.7). Em termos absolutos, é natural um animal grande ingerir uma quantidade maior de alimento por dia que um animal pequeno para satisfazer suas necessidades metabólicas. Sem dúvida, um elefante come muito mais por dia que um camundongo. Um puma pode consumir vários quilos de alimento por dia, enquanto um musaranho come apenas vários gramas. Porém, em termos relativos, o metabolismo por grama é menor no animal maior. Os vários gramas que o musaranho consome por dia podem representar uma quantidade equivalente a várias vezes o seu peso corporal; o consumo alimentar diário do puma corresponde a uma pequena parte de sua massa corporal. Animais pequenos funcionam com taxas metabólicas mais altas; por-

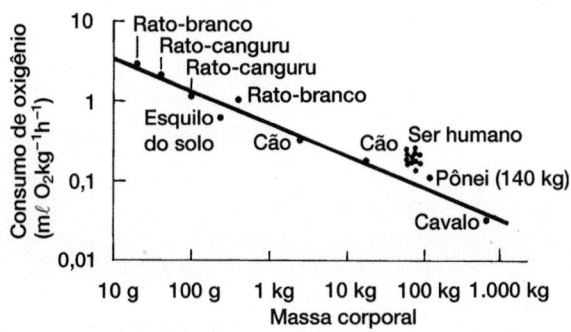

Figura 4.7 Relação entre metabolismo e tamanho do corpo. Os processos fisiológicos, como as partes anatômicas, seguem uma escala de tamanho. O gráfico mostra como o consumo de oxigênio diminui por unidade de massa à medida que o tamanho aumenta. O gráfico é logarítmico e mostra a massa corporal na escala horizontal e o consumo de oxigênio na vertical. O consumo de oxigênio é expresso como o volume ($m\ell$) de oxigênio (O_2) por unidade de massa corporal (kg) durante uma hora (h).

De Schmidt-Nielsen.

tanto, eles precisam consumir mais oxigênio para satisfazer suas demandas de energia e manter os níveis necessários de temperatura corporal. Isso se deve, em parte, ao fato de que a perda de calor é proporcional à área de superfície, enquanto a geração de calor é proporcional ao volume. Um animal pequeno tem mais área de superfície com relação ao seu volume que um animal maior. Se um musaranho for forçado a diminuir sua taxa metabólica específica do peso para a de um ser humano, seria necessário um isolamento de pelo menos 25 cm de espessura no couro para se manter aquecido.

Volume e massa

Quando o volume de um objeto sólido aumenta, sua massa aumenta proporcionalmente. Como a massa corporal é diretamente proporcional ao volume, a massa (como o volume) aumenta em proporção ao cubo das dimensões lineares do corpo.

Nos vertebrados terrestres, a massa corporal é sustentada pelos membros, cuja força é proporcional à sua área em corte transversal. Todavia, a modificação no tamanho do corpo impõe um erro potencial entre a massa corporal e a área de corte transversal do membro. Um aumento de 10 vezes no diâmetro resulta em um aumento de 1.000 vezes na massa, mas apenas de 100 vezes na área de corte transversal dos membros que sustentam o corpo. Se a forma ficar inalterada, sem ajustes compensatórios, os ossos que sustentam o peso vergam por causa da massa excessiva que precisam carregar. Por essa razão, os ossos de animais grandes são relativamente mais compactos e robustos que os de animais pequenos (Figura 4.8). Esse aumento desproporcional da massa em comparação com a área da superfície é a razão por que a gravidade é mais significativa para animais grandes que para pequenos.

Se olharmos os violinos, as catedrais góticas ou animais, as consequências da geometria reinam na questão de tamanho. Objetos de formato similar, mas tamanhos diferentes, apresentam desempenhos também diferentes.

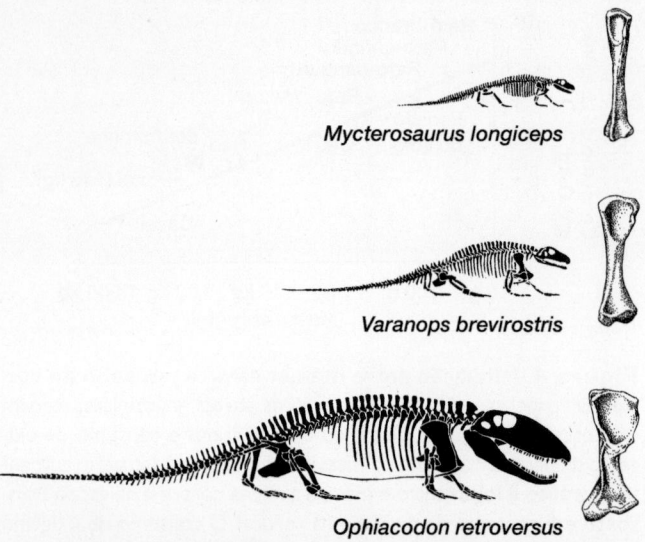

Figura 4.8 Tamanho do corpo e forma dos membros em pelicossauros. Estão ilustrados os tamanhos relativos de três espécies de pelicossauros. O fêmur de cada um, desenhado com o mesmo comprimento, é mostrado à direita de cada espécie. O pelicossauro maior tem massa relativamente maior, e seu fêmur mais robusto reflete sua demanda de sustentação.

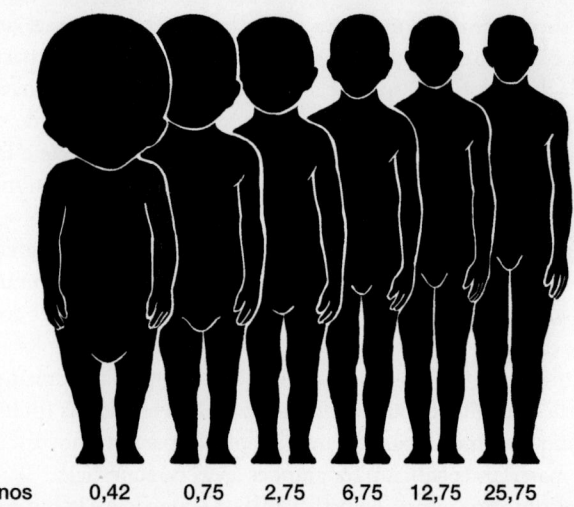

Anos   0,42   0,75   2,75   6,75   12,75   25,75

Figura 4.9 Alometria no desenvolvimento humano. Durante o crescimento, uma pessoa muda de forma, além de tamanho. À medida que um bebê cresce, sua cabeça corresponde a uma porção menor de sua estatura total, e seu tronco e seus membros correspondem a uma parte cada vez maior. As idades, em anos, estão indicadas abaixo de cada desenho.

De McMahon e Bonner; modificada de Medawar.

Forma

Para continuar funcionalmente equilibrado, um animal precisa ter uma constituição que possa ser alterada à medida que seu comprimento, área e massa cresçam a taxas diferentes. Como resultado, um organismo precisa ter formas diferentes em idades (tamanhos) diferentes.

Alometria

À medida que um animal jovem cresce, suas razões também podem mudar. As razões em crianças de tenra idade também mudam conforme elas crescem, não sendo simplesmente miniaturas de adultos. Com relação às proporções do adulto, a criança pequena tem uma cabeça grande e braços e pernas curtos. Essa alteração na forma em correlação com a modificação no tamanho é denominada **alometria** (Figura 4.9).

A detecção de escalas alométricas se baseia em comparações, geralmente de partes diferentes, à medida que um animal cresce. Por exemplo, durante o crescimento, o comprimento do bico do fuselo, uma ave costeira, aumenta mais rapidamente que sua cabeça, ficando relativamente longo em comparação com o crânio (Figura 4.10). Em geral, o tamanho relativo de duas partes, *x* e *y*, pode ser expresso matematicamente na equação alométrica

$$y = bx^a$$

em que *b* e *a* são constantes. Quando a equação é colocada em escala logarítmica, o resultado é uma linha reta (Figura 4.11 A e B).

As relações alométricas descrevem as alterações na forma que acompanham as modificações no tamanho. Não ocorrem mudanças na forma apenas durante a ontogenia. Ocasionalmente, uma tendência filogenética em um grupo de organis-

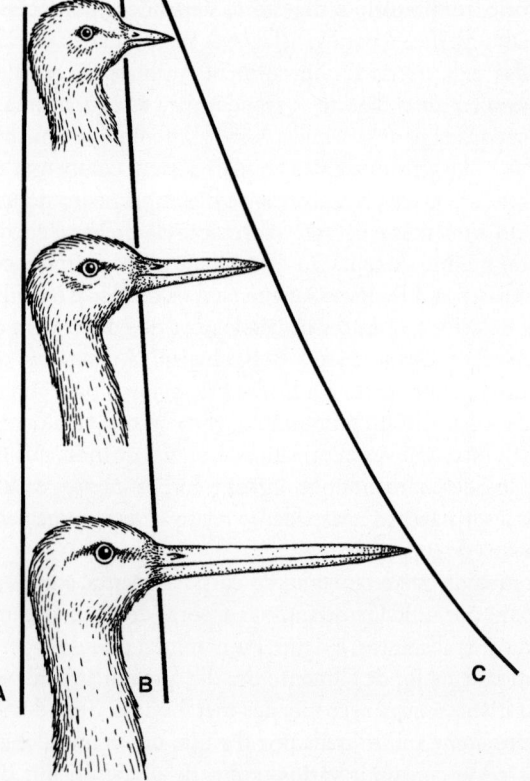

Figura 4.10 Alometria na cabeça de um fuselo-de-cauda-negra. As diferenças no crescimento relativo entre o comprimento do crânio (linhas *A* e *B*) e o do bico (linhas *B* e *C*) são comparadas. Nota-se que, a cada aumento no crescimento do crânio, o comprimento do bico também aumenta, mas a uma velocidade maior. Como resultado, o bico é mais curto que o crânio no filhote (no alto), porém mais comprido no adulto (parte inferior da figura).

Espécime	Dimensões do crânio (mm)	
	x	y
A	1	3,5
B	2	11,8
C	3	23,9
D	4	39,6
E	5	58,5
F	6	80.5
G	7	105,4
H	8	133,0
I	9	163,7
J	10	196,8
K	20	662,0
L	30	1.345,9
M	40	2.226,8
N	50	3.290,5
O	60	4.527,2
P	70	5.929,1
Q	80	7.489,9
R	90	9.204,3

A

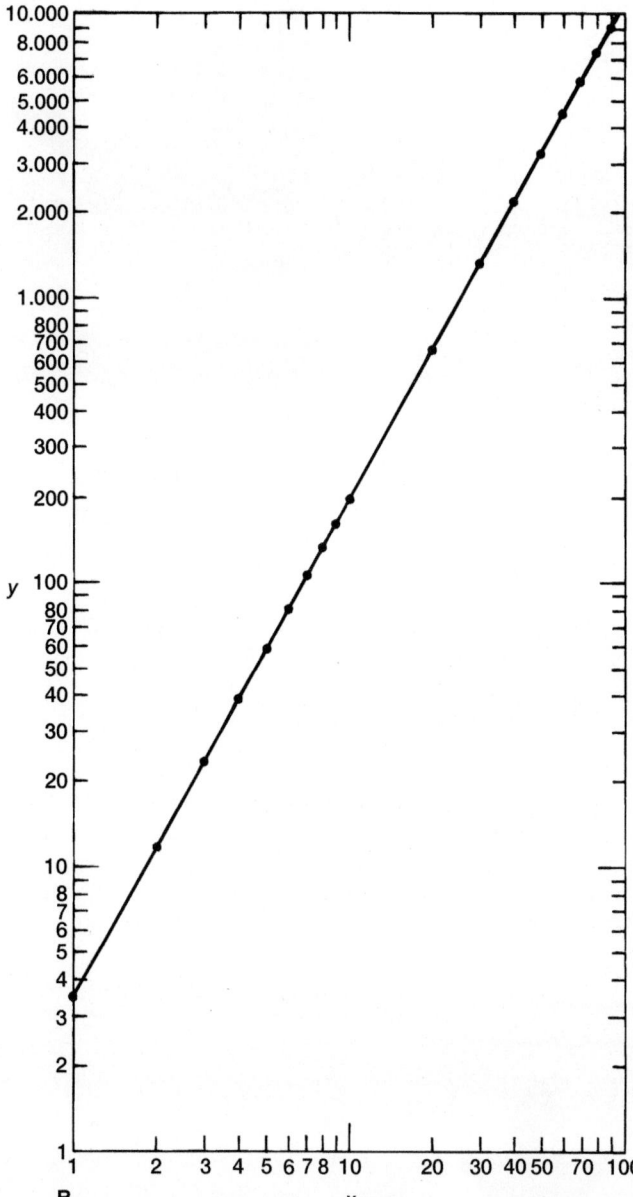

B

Figura 4.11 Gráfico de crescimento alométrico. A. Se organizarmos uma variedade de crânios da mesma espécie por ordem de tamanho (A–R), poderemos medir duas partes homólogas em cada crânio e coletar esses dados em uma tabela. **B.** Se colocarmos em um gráfico uma dimensão de crânio (y) contra outra (x), em escala logarítmica, uma linha conectando esses pontos descreve a relação alométrica durante o crescimento no tamanho dos membros dessa espécie. Isso pode ser expresso com a equação alométrica geral, $y = bx^a$, em que y e x são o par de medidas e b e a são constantes, b sendo o y que intercepta e a a inclinação da linha. Nesse exemplo, a inclinação da linha (a) é de 1,75. O y que intercepta (b) é de 3,5, observado no gráfico ou calculado se colocando o valor de x igual a 1 e se resolvendo y. A equação que descreve os dados é $y = 3,5x^{1,75}$.

Adaptada com permissão de On Size and Life, de T. McMahon e J. T. Bonner, copyright 1983 de Thomas McMahon e John Tyler Bonner. Reimpressa com autorização de Henry Holt and Company, LLC.

mos inclui uma alteração relativa no tamanho e na proporção através do tempo. Os gráficos alométricos também descrevem essa tendência. Os titanotérios são um grupo extinto de mamíferos que compreendem 18 gêneros conhecidos desde o final do Cenozoico. Um gráfico do comprimento do crânio *versus* o do chifre de cada espécie mostra uma relação alométrica (Figura 4.12). Nesse exemplo, traçamos as alterações evolutivas na relação entre partes em várias espécies.

Comparado com uma parte de referência, o crescimento característico pode exibir alometria positiva ou negativa, dependendo se for mais rápido (positivo) ou mais lento (negativo) que o da parte de referência. Por exemplo, comparado com o comprimento do crânio, o bico do fuselo mostra alometria positiva. O termo **isometria** descreve o crescimento em que as razões permanecem constantes, não ocorrendo alometria positiva nem negativa. Os cubos mostrados na Figura 4.6 exemplificam a isometria, assim como as salamandras ilustradas na Figura 4.13.

Grades de transformação

D'Arcy Thompson popularizou um sistema de grades de transformação que expressam as alterações globais na forma. A técnica compara uma estrutura de referência com uma estrutura derivada. Por exemplo, se o crânio de um feto humano é tomado como uma estrutura de referência, pode-se usar uma grade de transformação retilínea para definir pontos de referência nas interseções da linha horizontal com a vertical da grade (Figura 4.14). Esses pontos de referência no crânio fetal são, então, relocalizados no crânio do adulto. Em seguida, eles são conectados novamente para se redesenhar a grade, mas, como a forma do crânio mudou com o crescimento, a grade redesenhada também tem uma forma diferente. Portanto, a grade mostra graficamente as alterações de forma. De maneira similar, as grades de transformação podem ser usadas para enfatizar, graficamente, as diferenças filogenéticas na forma entre espécies, como os peixes mostrados na Figura 4.15.

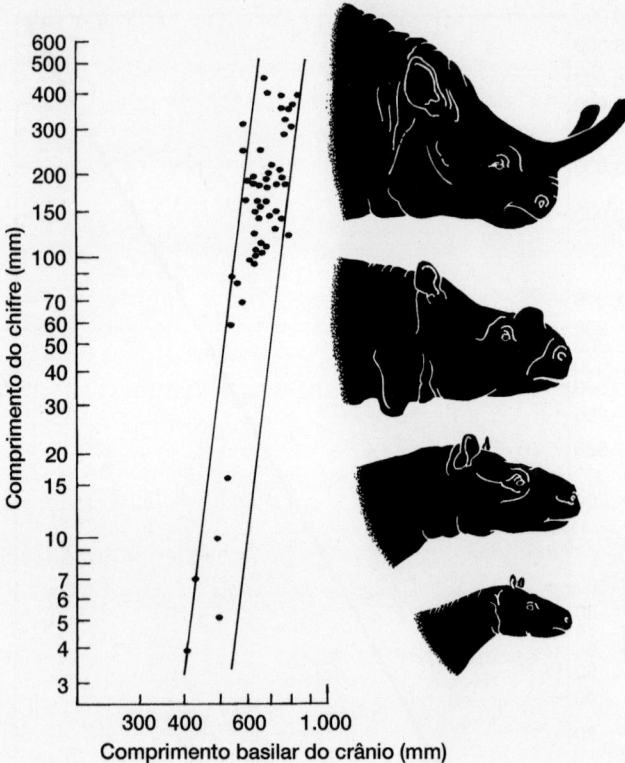

Figura 4.12 Tendências alométricas na filogenia. O comprimento do crânio e o dos chifres dos titanotérios, uma família extinta de mamíferos, estão colocados no gráfico. O comprimento do chifre aumenta de maneira alométrica ao aumento de tamanho do crânio de cada espécie.

De McMahon e Bonner.

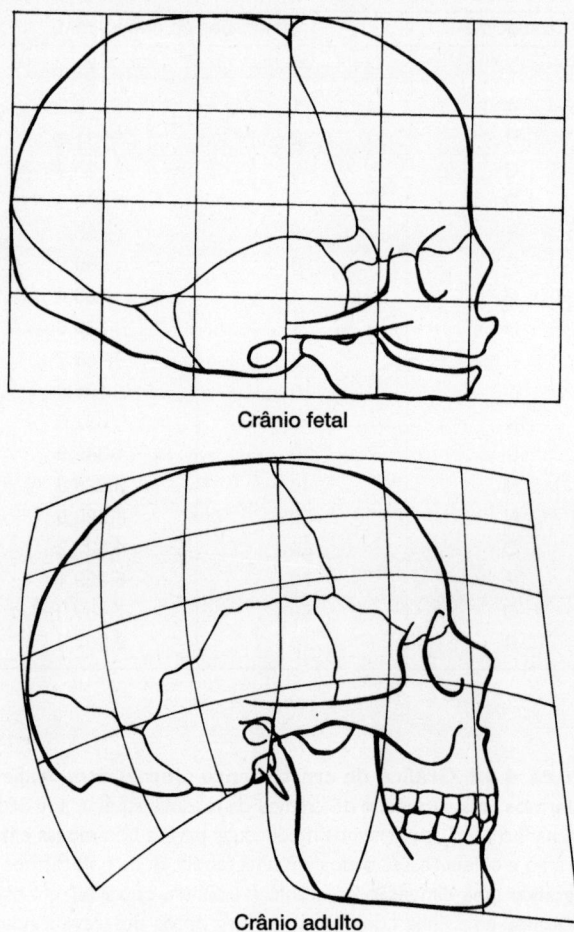

Crânio fetal

Crânio adulto

Figura 4.14 Grades de transformação na ontogenia. As alterações na forma do crânio humano podem ser visualizadas com grades de transformação correlacionadas. Linhas horizontais e verticais, espaçadas a intervalos regulares, podem ser traçadas sobre um crânio fetal. As interseções nessas linhas definem pontos de referência no crânio fetal que podem ser relocalizados no crânio do adulto (parte inferior da figura) e usados para se redesenhar a grade. Como o crânio do adulto tem uma forma diferente, os pontos de referência do crânio fetal precisam ser orientados. Uma grade reconstruída ajuda a enfatizar essa alteração de forma.

De McMahon e Bonner, com base em Kummer.

Figura 4.13 Isometria. Essas seis espécies de salamandra são de tamanhos diferentes, mas a menor tem quase a mesma forma da maior porque as proporções corporais no gênero (*Desmognathus*) permanecem quase constantes de uma espécie para outra.

Fornecida gentilmente por Samuel S. Sweet, UCSB.

Grades de transformação e equações alométricas não explicam alterações na forma, apenas as descrevem. No entanto, ao descrever alterações nas proporções, chamam a nossa atenção sobre a maneira como a forma se adapta bem ao tamanho.

Consequências em relação ao tamanho certo

Os animais, grandes ou pequenos, têm vantagens diferentes por causa de seus tamanhos. Quanto maior o animal, menos predadores representam uma ameaça para ele. Rinocerontes e elefantes adultos são muito maiores que a maioria dos predadores que podem ameaçá-los. O tamanho grande também é vantajoso nas espécies em que a agressão física entre machos

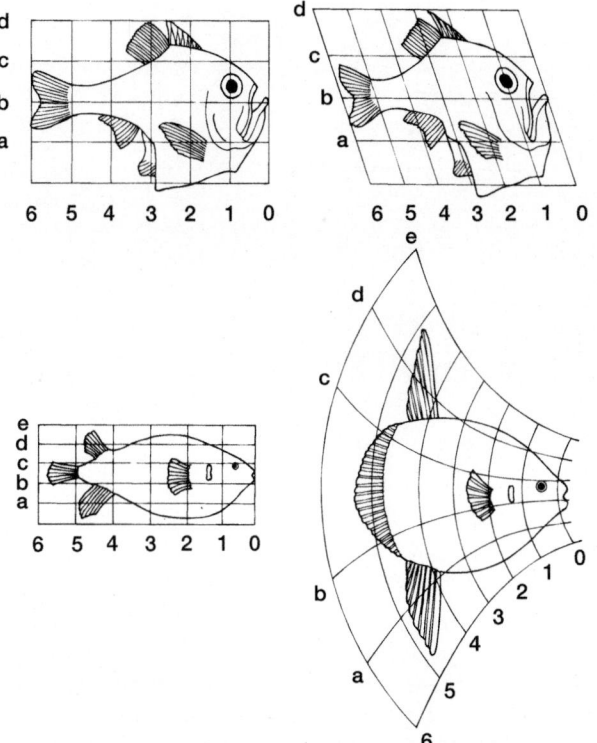

Figura 4.15 Grades de transformação na filogenia. As alterações entre duas ou mais espécies, em geral estreitamente relacionadas, também podem ser visualizadas com grades de transformação. Uma espécie é tomada como referência (*à esquerda*) e os pontos de referência são relocalizados nas espécies derivadas (*à direita*) para se reconstruir a grade transformada.

Modificada de Thompson.

competitivos faz parte do comportamento reprodutivo. Já o tamanho pequeno também tem suas vantagens. Nos ambientes assolados por secas temporárias, as gramíneas ou sementes que permanecem, mesmo escassas, podem manter alguns roedores pequenos. Por serem assim, precisam de pouco alimento para sobreviver à escassez. Quando a seca termina e os recursos alimentares voltam a ser abundantes, os roedores que sobreviveram, com seu tempo curto de reprodução e várias gerações, respondem rapidamente e sua população se recupera. Em contraste, um animal grande precisa de grande quantidade de alimento em base regular. Durante uma seca, ele tem de migrar ou perece. Em geral, animais de grande porte têm períodos de gestação e juventude prolongados, de modo que suas populações podem levar anos para se recuperar após uma seca grave ou outro evento climático/ambiental devastador.

Quanto maior um animal, mais sua constituição precisa ser modificada para sustentar seu peso relativamente maior, uma consequência dos efeitos crescentes da gravidade. Não é coincidência que a baleia-azul, o maior animal contemporâneo sobre a Terra, evoluiu em um ambiente aquático, no qual seu grande peso teve o suporte para flutuar no meio aquático. Para os vertebrados terrestres, há um limite superior de tamanho quando os membros de sustentação se tornam tão maciços que a locomoção fica impraticável. Os cineastas que criaram o Godzilla

certamente não sabiam que seu projeto era inviável, pois aquela fera enorme esmagaria os arranha-céus, pisoteando-os. Por muitas razões – a menor não sendo seu tamanho –, Godzilla é algo impossível.

As partes do corpo usadas para exibição ou defesa em geral mostram alometria, como ilustram os chifres do carneiro adulto na Figura 4.16. À medida que o macho da lagosta cresce, suas garras defensivas crescem também, mas muito mais rapidamente que o resto do corpo. Quando esse animal atinge um tamanho considerável, suas garras já se tornaram uma arma formidável (Figura 4.17). A garra exibe **crescimento geométrico**, ou seja, seu comprimento é *multiplicado* por uma constante a cada intervalo de tempo. O resto do corpo exibe **crescimento aritmético** porque uma constante é *adicionada* ao seu comprimento em cada intervalo de tempo. Para ser efetiva na defesa, a garra precisa ser grande, mas uma lagosta jovem ainda não pode empunhar essa arma pesada por causa de seu pequeno tamanho. Só após seu corpo atingir um tamanho substancial, as garras podem ser empregadas de maneira efetiva na defesa. O crescimento acelerado da garra prossegue vida afora até alcançar tamanho suficiente para lutar. Antes disso, a principal tática de defesa da lagosta ainda pequena é ficar imóvel sob uma rocha.

Esse exemplo mostra que o tamanho e a forma às vezes estão ligados por causa da função biológica, como ocorre com a lagosta e suas garras. Todavia, na maioria das vezes, a constituição tem a ver com as consequências da geometria. As alterações na relação entre comprimento, superfície e volume à medida que um objeto aumenta de tamanho (ver Figura 4.6) são a principal razão pela qual a mudança de tamanho é acompanhada necessariamente por uma modificação na forma. Como vemos frequentemente ao longo desta obra, o próprio tamanho é um fator na constituição e no desempenho dos vertebrados.

Biomecânica

As forças físicas são uma parte permanente do ambiente de um animal. Muito da constituição de um animal serve para capturar a presa, iludir os predadores, processar o alimento e atrair parceiras para a cópula. No entanto, a constituição biológica também precisa satisfazer as demandas físicas impostas ao organismo. Em parte, a análise da constituição biológica requer um entendimento das forças físicas que um animal enfrenta. No campo da **bioengenharia** ou **biomecânica**, usam-se conceitos de engenharia mecânica para resolver essas questões.

A mecânica é a mais antiga das ciências físicas, com uma história bem-sucedida de pelo menos 5.000 anos, desde os construtores das pirâmides do Egito, e continua até hoje com os engenheiros que enviam espaçonaves a outros planetas. No decorrer de sua história, os engenheiros dessa disciplina desenvolveram princípios que descrevem as propriedades físicas dos objetos, desde corpos até construções. Ironicamente, os engenheiros e biólogos em geral trabalham na direção inversa. Um engenheiro começa com um problema, por exemplo, um rio para cruzar, e, então, faz o projeto de um produto, uma ponte, para resolver o problema. Já um biólogo começa com o produto, por exemplo, a asa de uma ave, e trabalha em retrospectiva

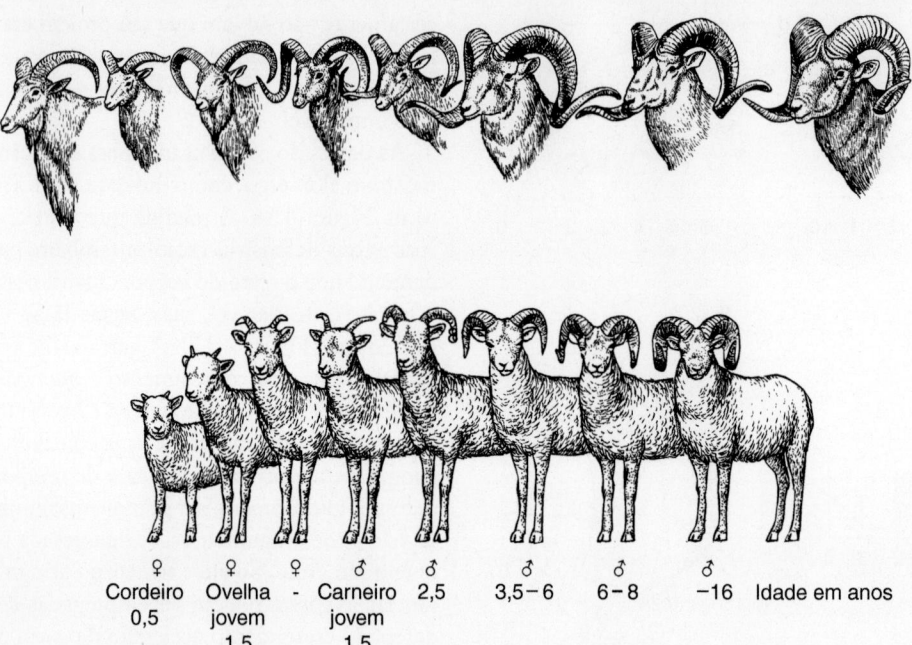

♀ Cordeiro 0,5 ♀ Ovelha jovem 1,5 - Carneiro jovem 1,5 ♂ 2,5 ♂ 3,5–6 ♂ 6–8 ♂ –16 Idade em anos

Figura 4.16 Modificações na forma dos chifres. A forma dos chifres dessas espécies e subespécies de carneiros asiáticos muda de acordo com sua distribuição geográfica (*no alto*). O primeiro, na parte superior da figura, é o carneiro selvagem (*Ammotragus*) do norte da África. Os outros pertencem a espécies ou subespécies do gênero *Ovis*, ovinos asiáticos do grupo argali, que se estende até a Ásia central. O último ovino à direita é o argali siberiano (*Ovis ammon ammon*). À medida que um macho jovem cresce (*ilustração na parte inferior da figura*), seus chifres mudam de formato. No carneiro adulto, esses chifres são usados na exibição social e no combate com machos rivais.

Modificada de Geist, 1971.

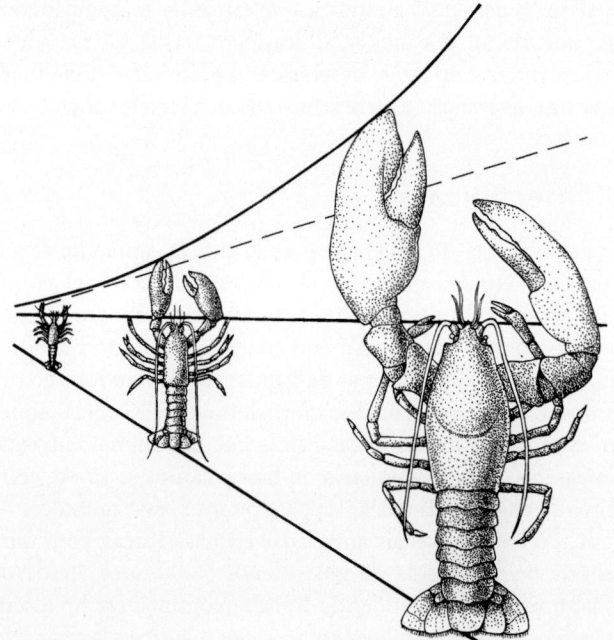

Figura 4.17 Alometria da lagosta. Embora a garra defensiva seja inicialmente pequena, ela cresce em proporção geométrica, enquanto o tamanho do corpo aumenta apenas em proporção aritmética. Por isso, quando o corpo está grande o suficiente para usar as garras, o tamanho delas já aumentou o bastante para ser uma arma efetiva. A linha tracejada indica o tamanho que a garra alcançaria se não mostrasse alometria, ou seja, se crescesse em proporção aritmética em vez de geométrica.

na busca da seleção do problema físico, o voo. Apesar disso, as analogias entre os animais e a engenharia simplificam nossa tarefa de entender a constituição dos animais.

Princípios fundamentais

Certamente, os animais são mais que meramente uma questão de mecânica, mas a perspectiva da biomecânica dá uma clareza à constituição biológica que não teríamos de outra maneira. Segue-se uma introdução a alguns princípios básicos da biomecânica.

Quantidades básicas | Comprimento, tempo e massa

A maioria dos conceitos físicos com que lidamos na biomecânica é familiar. **Comprimento** é um conceito de distância, **tempo** é um conceito do fluxo de eventos e **massa** é um conceito de inércia.

Entendemos com facilidade o que é comprimento e tempo, mas, com relação ao conceito de **massa**, nossa intuição não apenas falha, como, na verdade, interfere, porque aquilo que normalmente chamamos de "peso" não equivale a "massa". Massa é uma propriedade da matéria, enquanto peso é uma medida de força. Um jeito de pensar na diferença é considerar dois objetos no espaço sideral, por exemplo, uma caneta e um refrigerador. Ambos não teriam peso nem exerceriam força em uma escala. No entanto, continuariam tendo massa, embora a de cada uma seja diferente. Para lançar a caneta a um companheiro, o astronauta teria de fazer muito pouco esforço, mas para mover o refrigerador maciço e sem peso seria necessário um esforço considerável, mesmo na ausência de gravidade no espaço. Portanto, ao contrário da intuição, peso e massa não são conceitos idênticos.

Unidades

Unidades não são conceitos, mas, sim, convenções. São padrões de medida que, quando ligadas ao comprimento, ao tempo e à massa, conferem a eles valores concretos. Somente a fotografia de um prédio não dá a indicação necessária de seu tamanho (Figura 4.18); portanto, é preciso que haja alguém junto na foto para termos uma sensação de escala da construção. De maneira similar, as unidades servem como uma escala familiar. No entanto, na engenharia, foram criados sistemas diferentes de unidades, de modo que é preciso escolher qual usar.

Em alguns países de língua inglesa, principalmente nos EUA, o "sistema inglês" de medidas – libras, pés, segundos – tem sido preferido. De início, essas unidades se firmaram a partir de objetos familiares, como partes do corpo. A "polegada" foi associada originalmente à largura do polegar; o "palmo", à da palma da mão, cerca de 3 polegadas; o pé, a 4 palmos, e assim por diante.

Embora interessante, o sistema inglês pode ser maçante ao convertermos as unidades. Por exemplo, para converter milhas em jardas, temos de multiplicar por 1.760. Para converter jardas em pés, temos de multiplicar por 3 e para converter pés em polegadas temos de multiplicar por 12. Durante a Revolução Francesa, foi criado um sistema baseado no metro, mais simples. Converter quilômetros em metros, metros em centíme-

Tabela 4.1 Unidades fundamentais comuns de medida.

Sistema inglês	Quantidade física	Sistema internacional (SI)
Slug ou libra de massa	Massa	Quilograma (kg)
Pés (ft)	Comprimento	Metro (m)
Segundo (s)	Tempo	Segundo (s)
Pés/segundo (fps)	Velocidade	Metros/segundo (m s^{-1})
Pés/segundo^2 (ft s^2)	Aceleração	Metros/segundo^2 (m s^{-2})
Libra (lb)	Força	Newtons (N ou kg m s^{-2})
Pés-libra (ft-lb)	Momento (torque)	Metros Newton (Nm)

tros ou centímetros em milímetros só requer mover uma casa decimal. O **Sistema Internacional (SI)** é uma versão ampliada do sistema métrico mais antigo. As unidades primárias do SI incluem o metro (m), o quilograma (kg) e o segundo (s) para as dimensões de comprimento, massa e tempo, respectivamente. Neste livro, como em toda a física e na biologia, são usadas as unidades do SI. A Tabela 4.1 mostra as unidades comuns de medida de ambos os sistemas, o inglês e o SI.

Quantidades derivadas | Velocidade, aceleração, força e similares

Velocidade e **aceleração** descrevem o movimento dos corpos. Velocidade é a taxa de modificação na posição de um objeto; aceleração, por sua vez, é a taxa de alteração na velocidade. Em parte, nossa intuição nos ajuda a entender esses dois conceitos. Ao viajar para o leste pela rodovia, podemos mudar nossa posição à taxa de 88 km por hora (velocidade) (cerca de 55 mph [milhas por hora] se ainda estivermos raciocinando no sistema inglês). Paramos no posto de gasolina e aceleramos; pisamos no freio e desaceleramos, ou, melhor dizendo, experimentamos aceleração negativa. Com cálculos matemáticos, a expressão aceleração negativa é melhor que desaceleração porque podemos manter sinais positivo e negativo de maneira mais direta. A sensação de aceleração é familiar para a maioria de nós, mas, em uma conversação comum, é raro mencionar as unidades. Quando elas são aplicadas da maneira apropriada, podem soar estranhas. Por exemplo, frear um carro de repente pode produzir uma aceleração negativa de –290 km h^{-2} (cerca de –180 mph h^{-1}). As unidades podem não ser familiares, mas a experiência de aceleração, como a da velocidade, é um evento cotidiano.

Força descreve os efeitos de um corpo agindo sobre outro por meio de suas respectivas massa e aceleração. **Densidade** é a massa dividida por volume. A água tem uma densidade de 1.000 kg por metro cúbico (kg m^{-3}). **Pressão** é a força dividida pela área sobre a qual ela age – libras ft^{-2} ou N m^{-2}, por exemplo. **Trabalho** é a força aplicada a um objeto vezes a distância que o objeto se move na direção da força, com joule (de James Joule, 1818–1889) como a unidade. Estranhamente, se o objeto não se mover, muita força pode ser aplicada, mas o trabalho não funciona. Uma corrente que sustenta um candelabro exerce

Figura 4.18 Unidades de referência. Usamos objetos familiares como referência de tamanho. Se não houver essas referências, como seres humanos (*no alto*), é fácil superestimar o verdadeiro tamanho da catedral (*embaixo*). Unidades de medida como polegadas, pés, metros, libras ou gramas são convenções ligadas a quantidades para padrões de referência que expressem distâncias e peso.

uma força que mantém o objeto no lugar, mas, se o candelabro permanecer na posição, não ocorre deslocamento, de modo que não ocorre trabalho. **Potência** é a taxa em que o trabalho é feito, portanto se iguala ao trabalho dividido pelo tempo que ele leva. A unidade é o watt (de James Watt, 1736–1819), e um watt é um joule por segundo ($J\ s^{-1}$).

A conversação comum tem possibilitado que esses termos percam o significado, o que precisamos evitar quando os usamos em um sentido físico. Já mencionei o uso errôneo de peso (um resultado da gravidade) e massa (um resultado das propriedades do próprio objeto, independente da gravidade). Poderíamos falar de um braço forte fazendo muita força, quando o desconforto de fato resulta da força por área concentrada – pressão. Poderíamos expressar admiração por uma pessoa que levanta um peso dizendo que ela tem muita potência, quando de fato não estamos falando de capacidade de executar um trabalho, mas da força gerada para levantar o peso. Em termos físicos, falaríamos de maneira ambígua. Se dizemos que alguma coisa é pesada, pode ser que isso signifique que tem muita massa ou é muito densa. Até as unidades são enganadoras. A quantidade de calorias citada na embalagem de alimentos na verdade corresponde a quilocalorias, mas caloria soa como mais magro.

Sistemas de referência

No preparo para registrar eventos, seleciona-se uma rede convencional de referência que pode ser usada para um animal e suas atividades. No entanto, esteja preparado. Um sistema de referência pode ser definido com relação à tarefa em questão. Por exemplo, quando se caminha de volta do banheiro na cauda de um avião, usa-se o plano como referência e se ignora o fato de que, na verdade, estamos caminhando para frente com relação ao solo abaixo. Uma ave não pode eriçar as penas da cauda ao voar contra o vento – ela vai se deslocar mais rápido em relação ao solo embaixo dela. Para nossos propósitos, e também para a maioria das aplicações em engenharia, o sistema de coordenadas é definido com relação à superfície da Terra.

Para os sistemas de referência, há várias escolhas, inclusive os sistemas polar e cilíndrico. Contudo, o mais comum é o **sistema cartesiano retangular de referência** (Figura 4.19). Para um animal que se move no espaço tridimensional, sua posição em qualquer momento pode ser descrita exatamente em três eixos de ângulos retos entre si. O eixo horizontal é x, o vertical é y e o eixo em ângulos retos a esses é z. Uma vez definida, a orientação desses sistemas de referência não pode ser mudada, pelo menos não durante o episódio durante o qual estamos fazendo uma série de medidas.

Centro de massa

Se estamos interessados no movimento de um organismo inteiro em vez do movimento separado de suas partes, podemos pensar na massa de um animal como estando concentrada em um único ponto, denominado **centro da massa**. Em termos leigos, o centro da massa é o centro da gravidade, o ponto em torno do qual um animal fica igualmente em equilíbrio. À medida que a movimentação do animal muda a configuração de suas partes, a posição de seu centro de massa muda de uma hora para outra (Figura 4.20).

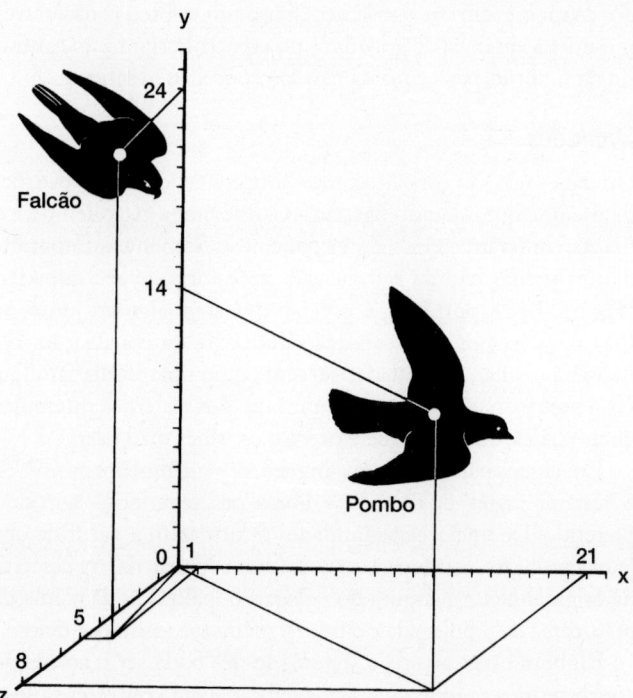

Figura 4.19 Um sistema de coordenada cartesiano de três eixos define a posição de qualquer objeto. O eixo horizontal, o vertical e aquele em ângulo reto aos dois costumam ser identificados como x, y e z, respectivamente. Os três se interseccionam na origem (0). A linha de projeção direta de um objeto em cada eixo define sua posição naquele instante ao longo de cada eixo. Portanto, as três projeções fixam a posição de um objeto no espaço – 1, 24, 5 para o falcão e 21, 14, 8 para o pombo. Os pontos brancos no gráfico representam o centro de massa de cada ave.

Figura 4.20 Centro de massa. O único ponto no qual a massa de um corpo pode ser considerada é o centro da massa. À medida que a configuração das partes desse corpo que salta muda da decolagem (*à esquerda*) até a posição do meio do salto (*à direita*), a localização instantânea do centro da massa (*pontos cinza*) também muda. De fato, nota-se que o centro de massa fica momentaneamente fora do corpo. Um atleta que pratica salto em altura ou salto com vara pode passar sobre a barra mesmo que seu centro de gravidade se mova sob a barra.

Vetores

Os vetores descrevem medidas de variáveis com certa magnitude e uma direção. Força e velocidade são exemplos de tais variáveis, porque elas têm magnitude (N no SI, mph no sistema inglês) e direção (p. ex., noroeste). Uma medida com apenas magnitude e sem direção é uma **quantidade escalar**. A duração em termos de tempo e a temperatura têm magnitude, mas não direção, de modo que são quantidades escalares, não vetoriais. Uma força aplicada a um objeto também pode ser representada ao longo de um sistema cartesiano retangular de referência. Quando usamos tal sistema de referência, a trigonometria nos ajuda a calcular os valores dos vetores. Por exemplo, podemos medir a força aplicada a um objeto arrastado (F na Figura 4.21), mas é mais difícil medir diretamente a parte daquela força que age horizontalmente contra o atrito da superfície (F_x). Entretanto, dada a força (F) e o ângulo (θ), calculamos tanto o componente horizontal quanto o vertical (F_x e F_y). E, naturalmente, em contrapartida, se conhecemos as forças componentes (F_x e F_y), podemos calcular a força resultante combinada (F).

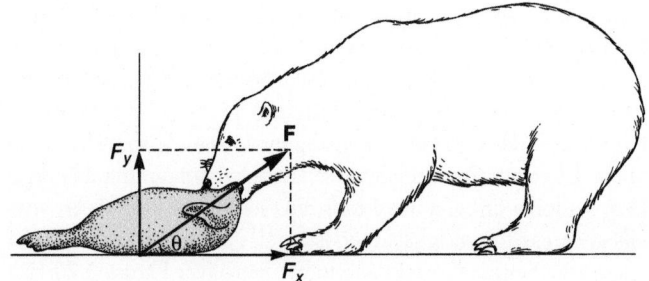

Figura 4.21 Vetores. Ao arrastar a foca, o urso-polar produz uma força resultante (F) que pode ser representada por duas pequenas forças componentes que agem vertical (F_y) e horizontalmente (F_x). A força horizontal age contra o atrito da superfície. Se conhecemos a força resultante (F) e seu ângulo (θ) com a superfície, podemos calcular as forças componentes usando gráficos ou a trigonometria.

Leis básicas de força

Muito da engenharia se baseia nas leis formuladas por Isaac Newton (1642–1737), sendo três delas fundamentais:

1. *Primeira lei da inércia.* Graças à sua inércia, todo corpo continua em um estado de repouso ou em uma trajetória uniforme de movimento até que uma nova força aja sobre ele para mantê-lo em movimento ou mudar sua direção. **Inércia** é a tendência de um corpo a resistir a uma alteração em seu estado de movimento. Se o corpo estiver em repouso, ele resistirá a ser movido, e se estiver em movimento, resistirá a ser direcionado ou parado.

2. *Segunda lei da inércia.* Em termos simples, a alteração no movimento de um objeto é proporcional à força que age sobre ele (Figura 4.22). Ou seja, uma força (F) é igual à massa (m) de um objeto vezes sua aceleração experimentada (a):

$$F = ma$$

As unidades dessa força em newtons (N), kg m s^{-2}, são a força necessária para acelerar 1 kg de massa a 1 metro por segundo^2.

3. *Terceira lei da inércia.* Entre dois objetos em contato, para cada ação há uma reação oposta e igual. A aplicação de uma força gera automaticamente uma força igual e oposta – empurrar sobre o solo e empurrar de volta para você.

As teorias da relatividade de Albert Einstein (1879–1954) impõem limites às leis de Newton, mas tais limitações só se tornam matematicamente significativas quando a velocidade de um objeto se aproxima da velocidade da luz (186.000 milhas/s). As leis de Newton servem muito bem para as viagens espaciais, levando veículos para a lua e os trazendo de volta, bem como nos servem aqui na Terra.

Na biomecânica se usa mais frequentemente a segunda lei de Newton, ou suas modificações, porque quantidades separa-

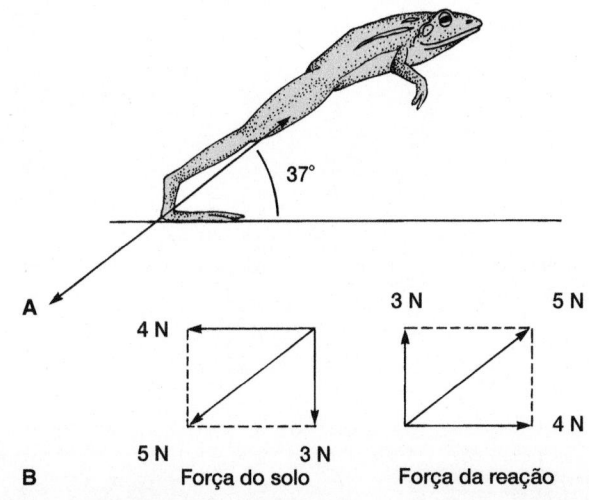

Figura 4.22 Forças de movimento. A. A força que uma rã produz ao decolar resulta de sua massa e da aceleração naquele instante ($F = ma$). **B.** As forças produzidas coletivamente pelos pés de uma rã robusta e pelo solo são opostas, mas iguais. Os vetores nos paralelogramos representam os componentes de cada força. Se uma rã de 50 g (0,05 kg) acelera 100 m s^{-2}, é gerada uma força de 5 N = (100 × 0,05) ao longo da linha do percurso. Ao usarmos relações trigonométricas, podemos calcular as forças componentes. Se a decolagem for a 37°, então essas forças componentes são de 4 N = (cos 37° × 5 N) e 3 N = (sen 37° × 5 N).

das podem ser medidas diretamente. Além disso, o conhecimento das forças que um animal experimenta nos dá melhor compreensão de sua constituição particular.

Corpos livres e forças

Para se calcularem as forças, é importante isolar cada parte do resto a fim de se investigarem as forças que agem sobre ela. Um **diagrama de corpo livre** mostra graficamente a parte isolada com suas forças (Figura 4.23 A e B).

Quando caminhamos sobre um piso, exercemos uma força sobre ele. O piso contribui muito pouco ou de maneira imperceptível até devolver uma força igual à nossa, que exemplifica o princípio da ação e reação descrito pela terceira lei de Newton. Se o piso não empurrar de volta igualmente, caímos sobre ele. Vamos pensar em um atleta de salto ornamental na extremidade de um trampolim, prestes a saltar. A prancha se encurva até empurrá-lo de volta com a força igual à exercida sobre ela pelo atleta. Ele e o trampolim estão separados no diagrama de corpo livre e a força de cada um é mostrada na Figura 4.23 A. Se ambas as forças forem iguais e opostas, elas se anulam e ficam em equilíbrio. Se não, é produzido movimento (ver Figura 4.23 B).

De modo prático, a mecânica é dividida entre essas duas condições. Se todas as forças que agem sobre um objeto estão em equilíbrio, estamos lidando com a parte da mecânica conhecida como **estática**. Quando as forças não estão em equilíbrio, estamos lidando com a **dinâmica**.

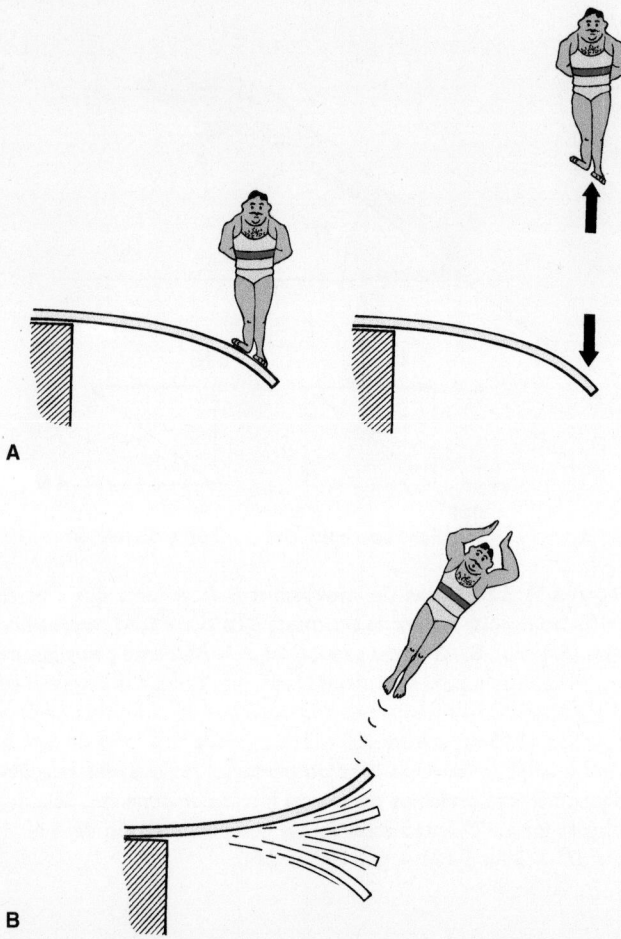

A

B

Figura 4.23 Diagramas de corpo livre. A. Dois corpos físicos, a plataforma e o atleta de salto ornamental, cada um exerce uma força sobre o outro. Se as forças dos dois corpos são iguais, em direções opostas, e alinhadas uma com a outra, então não resulta um movimento linear ou de rotação. Embora as forças estejam presentes, os dois corpos estão em equilíbrio (*à esquerda*). Para ilustrar essas forças (*à direita*), os dois corpos são separados em diagramas de corpo livre, e as forças que agem sobre cada um são representadas por vetores (*setas*). **B.** Se as forças forem desiguais, o movimento é impedido. O atleta, mediante impacto súbito, empurrou o trampolim ainda mais para baixo do que ele iria apenas sob o seu peso. Assim, o trampolim o empurra para cima com uma força maior que seu peso, fazendo-o subir acelerado.

Torques e alavancas

Nos vertebrados, os músculos geram forças e os elementos esqueléticos as aplicam. Há várias maneiras de representar isso mecanicamente. Talvez a representação mais intuitiva seja com torques e alavancas. A mecânica de torques e alavancas é familiar porque a maioria das pessoas tem sua primeira experiência manual com um sistema simples de alavanca, a gangorra infantil, cuja ação depende de pesos opostos a partir de um ponto pivô, o **fulcro**. A distância do peso ao fulcro é o **braço de alavanca**, medido como a distância perpendicular da força ao fulcro. É preciso encurtar o braço da alavanca e adicionar peso para manter a gangorra em equilíbrio (Figura 4.24 A). Alongando-a o suficiente, uma criança pequena pode brincar com várias outras maiores na extremidade oposta.

Uma força que age a uma distância (o braço de alavanca) do fulcro tende a trazer a gangorra de volta em torno desse ponto de rotação, ou, em termos mais formais, diz-se que produz um **torque**. Quando as alavancas são usadas para realizar uma tarefa, também reconhecemos um **torque interno** e um **torque externo**. Se for necessário obter mais força de saída (Figura 4.24B), o encurtamento "externo" e o alongamento "interno" nos braços de alavanca aumentam o torque externo. Em contrapartida, se for necessário um torque externo na velocidade ou distância de percurso, então o alongamento externo e o encurtamento interno nos braços da alavanca favorecem a maior velocidade e a distância no torque externo (Figura 4.24 C). Naturalmente, esse aumento da velocidade e da distância é conseguido à custa de força no torque externo. Em termos de engenharia, torque é descrito mais comumente como o **momento** em torno de um ponto e o braço da alavanca como o **braço de momento**.

A mecânica de alavancas significa que a força e a velocidade de saída têm uma relação inversa. Braços de alavanca longos favorecem a velocidade, enquanto braços curtos favorecem a força. Por mais que se queira ter ambos no projeto, digamos, do membro de um animal, a mecânica simples não possibilita isso. Similarmente, braços de alavanca longos cobrem uma distância maior, enquanto braços curtos se movem por uma distância menor. Para dado impulso, não é possível maximizar a força de saída e a de velocidade. É preciso fazer ajustes e trocas no projeto.

Considere os membros anteriores de dois mamíferos, um deles sendo um corredor especializado em velocidade e o outro um escavador especializado em gerar grandes forças de saída. Na Figura 4.25 A, o processo do cotovelo relativamente longo e o antebraço curto do escavador favorecem uma grande força de saída. No corredor (Figura 4.25 B), o cotovelo é curto e o antebraço é longo. Os braços de alavanca são menos favoráveis à força de saída no antebraço do corredor e mais favoráveis à velocidade. A velocidade do cotovelo é ampliada pela saída do braço da alavanca relativamente maior, mas isso é conseguido à custa de força de saída.

Em termos mais formais, podemos expressar a mecânica das forças de entrada e de saída em velocidades diferentes com razões simples. A razão F_o/F_i, entre a força do impulso e a da saída, é a **vantagem mecânica** (ou **vantagem da força**). A razão entre a saída e o impulso dos braços da alavanca, l_o/l_i, é **razão de velocidade** (ou **vantagem da distância**).

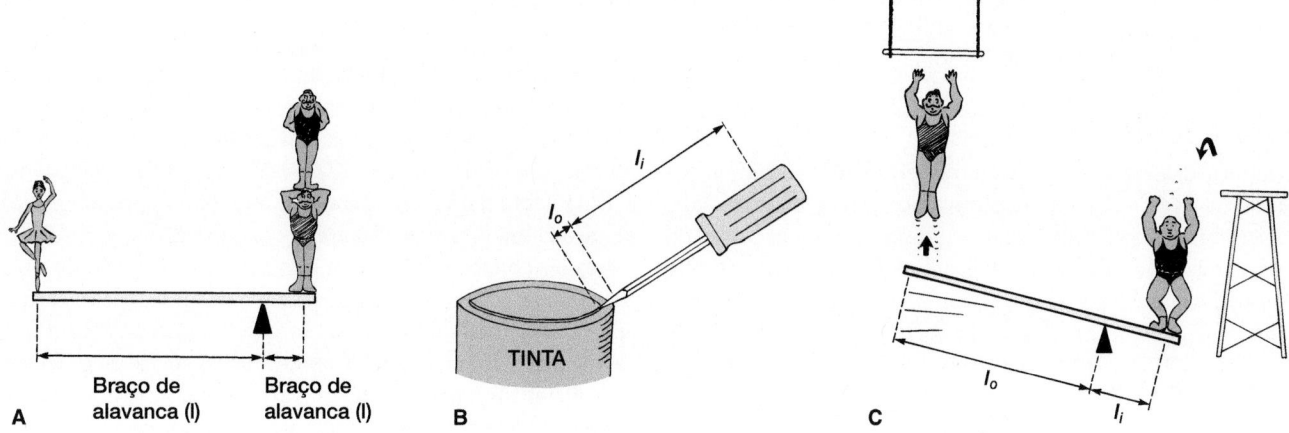

Figura 4.24 Princípios dos sistemas de alavancas. A. O equilíbrio de forças sobre um ponto de pivô (fulcro) depende das forças vezes suas distâncias até o ponto do pivô, seus braços de alavanca (*l*). **B.** Para obter mais força de saída, o ponto do pivô é movido para mais perto da saída e mais longe/distante ainda da força do impulso. Neste diagrama, a saída do braço de alavanca curto (l_o) e o impulso do braço de alavanca longo (l_i) trabalham a favor de mais força de saída. **C.** Para produzir alta saída de velocidade, o ponto do pivô é movido para mais perto da força do impulso (l_i). Mantendo as outras coisas iguais, a velocidade é alcançada à custa da força de saída.

Como se poderia esperar, escavadores têm maior vantagem mecânica com seu antebraço, mas os corredores têm maior vantagem em termos de velocidade. É evidente que há outras maneiras de produzir força de saída ou velocidade. O aumento do tamanho e, portanto, da força dos músculos que impulsionam e a ênfase nas células musculares de contração rápida

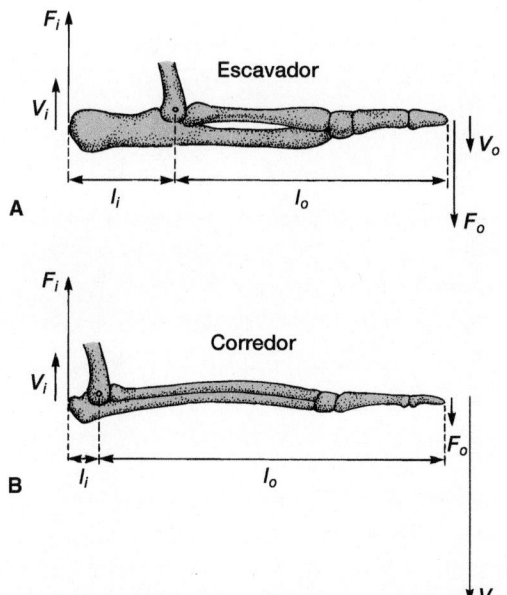

Figura 4.25 Força *versus* velocidade. Os antebraços de um animal escavador (**A**) e um corredor (**B**) estão desenhados com o mesmo comprimento total. As forças (F_i) e velocidades (*V*) de impulso são as mesmas, mas as forças (F_o) e velocidades (V_o) de saída diferem. As distinções resultam de diferenças entre as razões do braço da alavanca dos dois antebraços. A força de saída é maior no escavador que no corredor, mas a velocidade de saída do escavador é menor. Formalmente, essas diferenças podem ser expressas como diferenças no ganho mecânico e nas razões de velocidade.

afetam a saída. Os sistemas de alavancas de um animal, por sua vez, combinam as relações entre força e velocidade (ou distância).

Os artiodáctilos, como os cervos, têm membros constituídos para produzir tanto grande força, como durante a aceleração, quanto alta velocidade, como quando ele precisa fugir (Figura 4.26). Dois músculos, o músculo glúteo médio e o semimembranoso, com diversas vantagens mecânicas, dão contribuições diferentes para a produção de força ou de velocidade. O músculo glúteo médio favorece uma alta razão de velocidade ($l_o/l_i = 44$, em comparação com $l_o/l_i = 11$ no caso do semimembranoso), uma alavancagem que favorece a velocidade. Se compararmos esses músculos com as engrenagens de um carro, o músculo glúteo médio seria a engrenagem muscular "superior". No entanto, o semimembranoso tem uma vantagem mecânica que favorece a força e seria uma engrenagem muscular "inferior". Durante a locomoção rápida, ambos são ativos, mas o músculo inferior, que funciona como engrenagem inferior, é mais efetivo mecanicamente durante a aceleração, e o músculo superior da engrenagem é mais efetivo na manutenção da velocidade do membro.

Os dois músculos do membro do cervo se movimentam na mesma direção, mas cada um age com uma vantagem de alavanca diferente: um é especializado para exercer grande força e o outro para velocidade. Isso representa uma forma pela qual a constituição biológica pode incorporar a mecânica de torques e alavancas para dar ao membro de um animal corredor alguma força e velocidade. Como uma gangorra não tem um único fulcro que possa maximizar o gasto de força e o de velocidade simultaneamente, da mesma forma um músculo não pode maximizar ambas. Um único músculo tem alavanca que pode maximizar sua força de saída ou de velocidade, mas não ambos, limitação que surge da natureza da mecânica, não de qualquer necessidade biológica. Para funcionar dessa maneira, dois ou mais músculos podem dividir as diversas tarefas mecânicas entre eles e dar ao membro força, velocidade ou distância favoráveis durante a rotação do membro. A constituição biológica tem de obedecer às leis e aos limites da mecânica quando surgem problemas mecânicos funcionais no animal.

Terra e fluido

A maioria das forças externas que os vertebrados terrestres enfrentam surge de maneira definitiva dos efeitos da gravidade. Os vertebrados que vivem em meios fluidos, como os peixes na água e as aves no ar, enfrentam forças adicionais impostas pela água ou pelo ar em torno deles. Como as forças são diferentes, a constituição para enfrentá-las também difere.

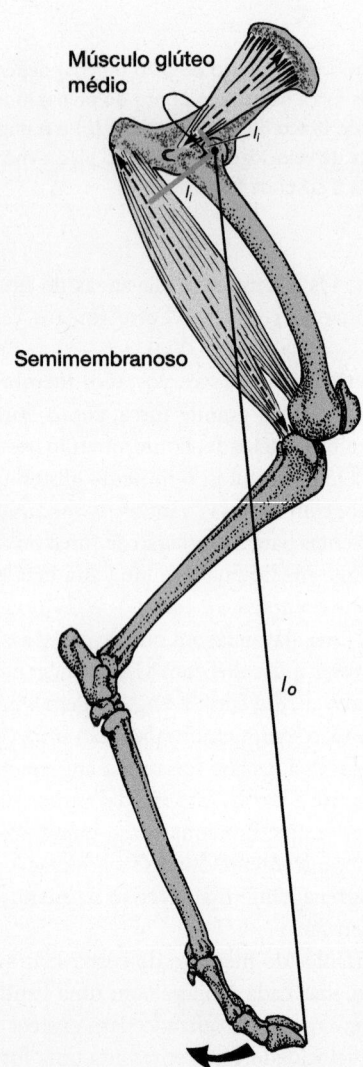

Figura 4.26 Músculos de alta e baixa engrenagem. O músculo glúteo médio e o músculo semimembranoso giram o membro na mesma direção, mas têm vantagens mecânicas diferentes ao fazer isso. O braço de alavanca de um músculo é a distância ao ponto de rotação ou ponto pivô (*ponto preto*) desde a linha de ação muscular (*linha tracejada*). A razão de velocidade é maior no músculo glúteo médio, o que consegue mover o membro mais rápido. Já o semimembranoso move o membro com maior força por causa do braço de alavanca mais longo. Os braços de alavanca em ambos os músculos (l_i) e o braço de alavanca comum (l_o) estão indicados.

De Hildebrand.

Vida na terra | Gravidade

A gravidade age sobre um objeto, acelerando-o. Na superfície terrestre, a aceleração média da gravidade é de cerca de 9,81 m s^{-2} na direção do centro da Terra. A segunda lei de Newton ($F = ma$) nos diz que um animal com massa de 90 kg produz uma força total de 882,9 N (90 kg $\times$ 9,81 m s^{-2}) contra a Terra sobre a qual está parado. Um objeto mantido em uma de nossas mãos exerce uma força contra a mão, que resulta da massa do objeto e da força da gravidade. A liberação do objeto e a aceleração resultante dos efeitos da gravidade se tornam aparentes à medida que o objeto ganha velocidade conforme cai na Terra (Figura 4.27). A tentativa persistente da gravidade de acelerar um animal terrestre para baixo constitui o peso do animal. Nos tetrápodes, os membros resistem a isso.

O peso de um animal quadrúpede é distribuído entre seus quatro membros. A força criada pelos membros anteriores e posteriores depende da distância de cada membro ao centro de massa do animal. Assim, um grande *Diplodocus* poderia ter suas 18 toneladas métricas (39.600 libras) distribuídas em uma proporção de 4 toneladas em seus membros anteriores e 14 toneladas nos posteriores (Figura 4.28).

Figura 4.27 Gravidade. O marisco liberado pela gaivota acelera sob a força da gravidade e ganha velocidade à medida que cai sobre as rochas. Notam-se as posições de aceleração do marisco, mostradas pelas setas, conforme os intervalos de tempo iguais entre cada uma delas.

Figura 4.28 Distribuição do peso. A. O centro de massa estimado desse dinossauro fica mais perto dos membros posteriores que dos anteriores, de modo que os posteriores sustentam a maior parte do peso do animal. No caso do *Diplodocus*, suas 18 toneladas métricas (39.600 libras) poderiam ser distribuídas em uma proporção de 4 toneladas nos membros anteriores e 14 toneladas nos posteriores. **B.** Se o *Diplodocus* levantasse a cabeça e os membros anteriores para alcançar a vegetação mais alta, então todas as 18 toneladas teriam de ser sustentadas pelos membros posteriores e a cauda, com a formação de três pontos de sustentação, cada membro e a cauda sustentando 6 toneladas.

Quando exploramos as consequências do tamanho e da massa no começo deste capítulo, notamos que animais grandes têm relativamente mais massa para dificultar seus movimentos que animais pequenos. Um lagarto pequeno escala com segurança os galhos de uma árvore e paredes verticais, enquanto um lagarto grande não pode se aventurar a fazer o mesmo. A gravidade, como outras forças, faz parte do ambiente dos animais e afeta seu desempenho em proporção com o tamanho do corpo. O tamanho também é um fator em animais que vivem nos fluidos, embora outras forças além da gravidade tendam a predominar.

A vida nos fluidos

▶ **Dinâmica dos fluidos.** A água e o ar são fluidos. É claro que o ar é mais fino e menos viscoso que a água, mas também é um fluido. Os fenômenos físicos que agem sobre os peixes na água geralmente se aplicam às aves no ar. O ar e a água diferem em viscosidade, mas impõem demandas físicas semelhantes sobre a constituição dos animais. Quando um corpo se move através de um fluido, este exerce uma força de resistência na direção oposta à do movimento do corpo. Essa força, denominada **arrasto**, pode surgir de vários fenômenos físicos, mas as forças causadas pelo **arrasto de atrito** (ou atrito da pele) e pelo **arrasto de pressão** (ver adiante) são mais importantes. Conforme um animal se move através de um fluido, este flui ao longo dos lados do corpo do animal. À medida que o fluido e a superfície corporal se movem, afastando-se um do outro, o fluido exerce uma força de resistência (arrasto) sobre a superfície do animal onde entra em contato. Essa força cria atrito de arrasto e depende, entre outras coisas, da viscosidade do líquido, da área de superfície, da textura da superfície e da velocidade relativa do fluido e da superfície.

Partículas individuais em um fluido seguindo um fluxo descrevem vias individuais. Se a direção média dessas partículas é colocada em um gráfico e pontos são ligados ao longo da linha de fluxo geral, teremos as linhas de corrente, que não se superpõem e representam o padrão geral em camadas do fluxo do fluido. Portanto, as **linhas de corrente** derivadas expressam o resumo estatístico de fluxos em camadas, deslizando suavemente um pelo outro em um fluido em movimento. Ocorrem eventos especiais e normalmente complexos na **camada limítrofe**, a camada fina e fluida mais próxima da superfície do corpo. Em geral, ela é um gradiente fino que reduz a velocidade do fluxo geral para zero na superfície do objeto ao redor do qual o fluido passa. Se seu carro seguir a 60 mph (96 km/h), a velocidade do ar cai de 60 mph para zero na camada limítrofe, razão pela qual é possível capturar insetos no campo de voo nessa camada, que pode ser muito fina. Em um Boeing 747, a camada limítrofe tem cerca de 2,54 cm de espessura na borda da asa. Instabilidades naturais na camada limítrofe podem fazer o fluido se tornar caótico de modo que o fluxo é dito turbulento e o arrasto se torna muito maior. Onde o fluxo é suave e não caótico, ele é descrito como laminar.

Se as partículas na camada limítrofe que passam ao redor de um objeto não conseguem fazer uma volta aguda suavemente além do objeto, então as camadas no fluxo tendem a se separar; isso é denominado **separação de fluxo** (Figura 4.29 A). O fluido além do objeto se move mais rápido e a pressão cai, levando ao arrasto de pressão, o que se pode ver como uma esteira de fluido alterado atrás de um barco em movimento. Fisicamente, a separação do fluxo resulta de um diferencial de pressões substancial (pressão de arrasto) entre a parte da frente e de trás do animal. Um corpo afilado estendido preenche a área de separação potencial, estimula as linhas de corrente a se aproximarem suavemente atrás dele e, assim, reduz a pressão de arrasto (Figura 4.29 B). O resultado é uma linha de corrente de forma comum a todos os corpos que precisam passar com rapidez e eficiência através de um fluido. Um peixe ativo, uma ave que voa rápido e um jato supersônico são todos linhas de corrente em grande parte pela mesma razão – redução do arrasto de pressão (Figura 4.30 A–D).

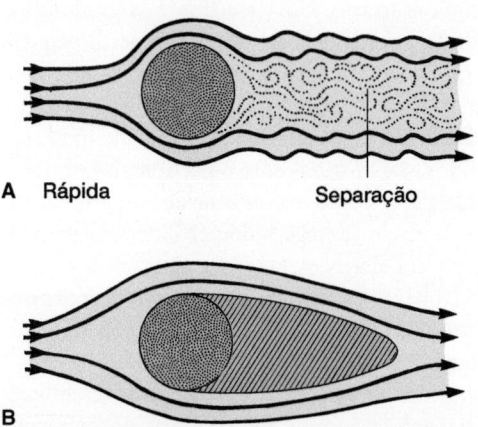

Figura 4.29 Linhas de corrente. A. Partículas na camada limítrofe são incapazes de fazer a mudança aguda de direção e velocidade para circular em torno de um objeto cilíndrico, ocorrendo separação do fluxo além do objeto. **B.** A extensão e o afunilamento do objeto na área de turbulência ajudam a prevenir a separação e resultam na forma de uma linha de corrente.

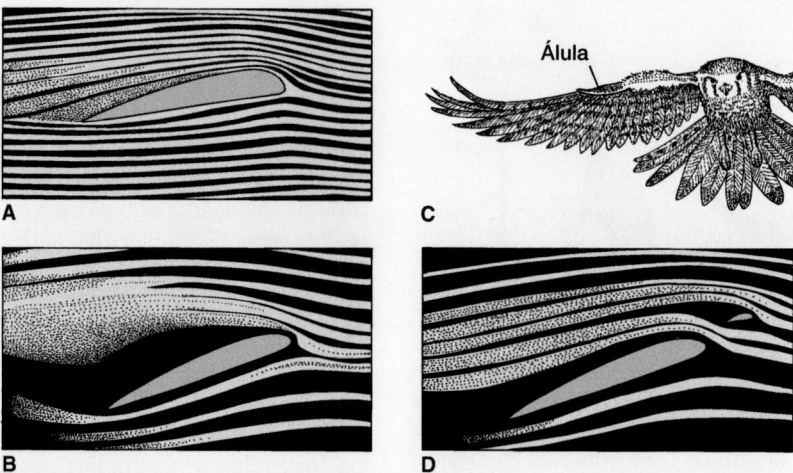

Figura 4.30 Vida nos fluidos. A. A asa de uma aeronave, mostrada em corte transversal, favorece o fluxo suave da linha de corrente. **B.** À medida que o ângulo da asa aumenta em relação ao fluxo do ar, a separação do fluxo da superfície superior da asa ocorre subitamente e a elevação é perdida. **C.** As aves, como este falcão, têm um pequeno tufo de penas (*álula*) que pode ser levantado para amenizar o fluxo de ar em ângulos altos de ataque. **D.** Quando a separação começa, esse pequeno aerofólio pode ser erguido para formar uma fenda que acelera o ar sobre o alto da asa, prevenindo a separação e, assim, protelando uma queda súbita na elevação.

Modificada de McMahon e Bonner.

Uma bola de golfe em pleno ar se depara com os mesmos problemas, mas sua engenharia funciona de maneira diferente para resolver as forças de arrasto. Sua superfície cheia de covinhas ajuda a manter a camada limítrofe maior, suaviza as linhas de corrente, reduz o tamanho da esteira alterada e, assim, diminui o arrasto de pressão. Como resultado, uma bola de golfe com covinhas se desloca com o dobro da rapidez de uma de superfície lisa, desde que outras condições sejam iguais.

Em conjunto, o atrito e o arrasto de pressão contribuem para o **perfil do arrasto**, que está relacionado com o perfil ou o formato que um objeto apresenta ao se mover em um fluido. Se você colocar sua mão em concha fora da janela de um carro em velocidade, pode sentir a diferença ao expor a borda e depois a palma da mão à corrente de ar. Uma alteração no perfil muda o arrasto. Uma asa fina e larga de uma ave que voa expondo a borda dela ao ar tem um perfil pequeno, mas, à medida que a asa se apruma, mudando o ângulo de ataque, o perfil largo da asa se defronta com o ar, aumentando o arrasto. As nadadeiras de peixes ou focas, quando usadas para fazer giros agudos, são movidas com o perfil mais largo para a água, em grande parte como a potência de impacto dos remos de um barco, levando vantagem do perfil de arrasto para ajudar a gerar forças angulares.

Os engenheiros examinam os problemas físicos associados ao movimento nos fluidos nas disciplinas de hidrodinâmica (água) ou aerodinâmica (ar). Aplicadas à constituição de um animal que se movimenta através de fluidos, essas disciplinas revelam como o tamanho e a forma afetam a maneira como as forças físicas de um fluido agem sobre um corpo em movimento.

Em geral, quatro características físicas afetam a interação dinâmica do fluido com o corpo. Uma delas é a *densidade*, ou massa por unidade de volume do fluido. A segunda é o *tamanho* e a *forma* do corpo à medida que encontra o fluido. A resistência que um remo de barco experimenta quando a lâmina é puxada com sua parte larga é, naturalmente, bastante diferente daquela quando é puxada pela borda. A terceira característica física de um fluido é sua *velocidade*. Por fim, a *viscosidade* de um fluido se refere a sua resistência ao fluxo. Essas quatro características são colocadas juntas em uma razão conhecida como número de Reynolds:

$$Re = \frac{\rho l U}{\mu}$$

em que ρ é a densidade do fluido e μ é uma medida de sua viscosidade; l é uma expressão da forma e do tamanho característicos do corpo e U é sua velocidade através do fluido.

Talvez porque nós mesmos sejamos grandes vertebrados terrestres, temos alguma intuição sobre a importância da gravidade, mas não uma sensação especial por tudo que o número de Reynolds tem a nos dizer sobre a vida nos fluidos. As unidades de todas as variáveis da equação se anulam entre si, deixando o número de Reynolds sem unidades – nem pés por segundo, nem quilogramas por metro, nada. É adimensional, um fator a mais que obscurece sua mensagem. Além disso, é uma das expressões mais importantes que resume as demandas físicas impostas sobre um corpo em um fluido. O número de Reynolds foi desenvolvido durante o século 19 para descrever a natureza do fluxo de fluido, em particular, como circunstâncias diferentes poderiam resultar em fluxos de fluido dinamicamente semelhantes. O número de Reynolds nos diz como as propriedades de um animal afetam o fluxo de fluido em torno dele. Em geral, quanto mais baixo o número de Reynolds, maior a importância do atrito com a pele; com números de Reynolds maiores, a pressão de arrasto poderia predominar. Talvez ainda mais importante, pelo menos para um biólogo, o número de Reynolds nos diz como as alterações de tamanho e forma podem afetar o desempenho físico de um animal transitando em um fluido. Ele direciona nossa atenção para as características do fluido (viscosidade) e do corpo (tamanho, forma, velocidade) mais prováveis de afetar o desempenho.

Para os cientistas que realizam experimentos, o número de Reynolds ajuda a construir um modelo em escala com dinâmica similar à do original. Por exemplo, vários biólogos gostariam de examinar a ventilação nas tocas de um roedor da família Sciuridae, mas faltava espaço conveniente para a construção de um sistema de túneis real no laboratório. Então, eles fizeram um sistema de túneis 10 vezes menor e compensaram com correntes de vento 10 vezes mais rápidas através dele. Os biólogos tinham confiança que o modelo em escala duplicaria as condições do original completo porque um número de Reynolds similar para cada túnel confirmou que eram dinamicamente semelhantes, apesar de seus tamanhos diferentes.

▶ **Estática dos fluidos.** Os fluidos, mesmo finos, de baixa densidade, como o ar, exercem uma pressão sobre os objetos dentro deles. A unidade de pressão, o Pascal (Pa), é equivalente a 1 newton agindo sobre 1 metro quadrado (m^2). A expressão "tão leve quanto o ar" traduz a concepção errônea comum de que o ar quase não tem presença física. De fato, o ar exerce uma pressão em todas as direções de cerca de 101.000 PA (14,7 psi, ou libras por polegada quadrada) ao nível do mar, o que equivale a 1 **atmosfera** (atm) de pressão. O envoltório de ar que circunda a Terra se estende por centenas de quilômetros. Embora não seja densa, a coluna de ar acima da superfície da Terra é bastante alta, de modo que o peso adicional em sua base produz uma pressão substancial na superfície da Terra. Nós e outros animais terrestres não temos consciência dessa pressão porque ela vem de todas as direções e é contrabalançada por uma pressão externa igual à de nossos corpos. Portanto, todas as forças sobre nossos corpos se equilibram, dentro e fora. Os sistemas respiratórios só precisam produzir alterações relativamente pequenas na pressão para movimentar o ar interno e externo dos pulmões.

Se nos deslocarmos de um lugar de baixa altitude para um de altitude elevada em um período de tempo curto, poderemos experimentar um desequilíbrio de pressão que se reflete em um desconforto em nossos ouvidos até que um bocejo ou o estiramento de nossa maxila resulta em um "estalido" e equilibra as pressões interna e externa, aliviando o problema. A maioria de nós já experimentou um aumento de pressão ao mergulhar em águas profundas. Em determinada profundidade, a pressão de um animal na água é a mesma de todos os lados. Quanto maior a profundidade em que o animal esteja, maior a pressão. Na água doce, a cada metro de profundidade, a pressão atmosférica aumenta cerca de $9,8 \times 10^3$ Pa. A 5 m, a pressão atmosférica seria de cerca de 49×10^3 Pa. Extrapolando isso para um ser humano, seria como tentar respirar com uma laje de 90 kg sobre o peito. Um saurópode totalmente submerso experimentaria 49×10^3 N em cada metro quadrado de todo seu tórax (Figura 4.31). Não é provável que mesmo os músculos maciços do tórax desse dinossauro pudessem suportar tanta pressão quando ele precisasse respirar. Portanto, é provável que os *Brachiosaurus* e outros animais de pescoço longo não tivessem vida aquática com seus corpos submersos e a cabeça acima da superfície para respirar, o pescoço funcionando como um tubo para respiração. Esse

Figura 4.31 Pressão da água. A pressão da água aumenta com a profundidade, mas, em qualquer profundidade, a pressão é igual em todas as direções. Para cada metro abaixo da superfície, a pressão na água doce aumenta cerca de 9.800 Pa. Um saurópode grande, submerso até o queixo, experimentaria uma pressão da água de cerca de 49.000 Pa (5 m × 9.800 Pa) em torno de seu tórax, excessiva para possibilitar a expansão torácica contra essa força. A respiração seria impossível. É provável que saurópodes como os *Brachiosaurus* não fossem completamente aquáticos, como mostrado aqui, e certamente não usavam o pescoço comprido para captar o ar acima de seu tórax submerso.

comportamento funciona apenas em criaturas pequenas próximas à superfície da água, como nas larvas de mosquito ou os cetáceos com narinas dorsais quando eles estão na superfície.

▶ **Flutuabilidade.** Descreve a tendência de um objeto submerso em um fluido a afundar ou se manter na superfície. Há muito tempo, Arquimedes (287–313 a.C.) definiu que a flutuabilidade tinha relação com o *volume* de um objeto, em comparação com seu próprio peso. Se a densidade do objeto submerso for inferior à da água, a flutuabilidade será uma força positiva que o impulsionará para cima; se a densidade for superior à da água, a flutuabilidade será negativa e o objeto será forçado para baixo. Como a densidade tem relação com o volume, qualquer alteração no volume irá afetar a tendência do objeto a flutuar ou afundar. Muitos peixes ósseos têm uma bexiga flexível de gás (bexiga natatória) que pode ser preenchida com vários gases. À medida que o peixe mergulha mais fundo, a pressão aumenta, comprimindo o ar, reduzindo o volume e, assim, tornando o peixe efetivamente mais denso. A flutuabilidade negativa então empurra o peixe para baixo e ele começa a afundar. Conforme veremos no Capítulo 11, tais peixes podem acrescentar mais gás na bexiga natatória para aumentar seu volume e retornar à flutuabilidade neutra.

Máquinas

Quando estamos interessados nos movimentos de partes de um mesmo animal, é costume representar cada parte móvel com uma ligação ou elo. Uma série unida de elos é uma **cadeia cinemática**, que representa os principais elementos de um animal.

Se esses elos forem frouxos e sem controle, diz-se que a cadeia é irrestrita. Uma cadeia cinemática restrita em movimento é contida e formalmente constitui um **mecanismo**. O movimento de um elo impede a movimentação definida e previsível em todos os outros elos do mesmo mecanismo (Figura 4.32 A).

Um mecanismo cinemático simula os movimentos relativos das partes do animal que representa, o que ajuda a identificar o papel de cada elemento. Por exemplo, vários elementos ósseos em ambos os lados do crânio de um lagarto estão envolvidos quando ele levanta o focinho ao se alimentar. Esses elementos podem ser representados por uma cadeia cinemática que constitui o mecanismo maxilar do lagarto (Figura 4.32 B e C).

Frequentemente, estamos interessados em mais que apenas o movimento de um mecanismo. Pode ser que queiramos saber algo sobre a transferência de forças reais. Tais dispositivos que transferem forças são **máquinas**. A definição formal de máquina é um mecanismo para transferir ou aplicar forças. No motor de um carro, os pistões transferem a força explosiva da combustão da gasolina para o bastão de conexão, este para os eixos e estes, por sua vez, para as engrenagens, os eixos das rodas e as próprias rodas. Os pistões e as rodas formam coletivamen-

te uma "máquina" que transfere energia para rodar a partir da ignição da gasolina. As alavancas que transferem forças também se qualificam como máquinas. A força de impulso que um braço da alavanca exerce na máquina é aplicada em qualquer lugar como uma força de saída pelo braço oposto da alavanca. Nesse sentido da engenharia, as maxilas de um herbívoro são uma máquina sempre que a força de impulso produzida pelos músculos maxilares é transmitida ao longo de maxila como uma força de saída para o esmagamento exercido pelos dentes molares (Figura 4.33).

Resistência dos materiais

Uma estrutura que sustenta peso transfere ou resiste às forças aplicadas sobre ela. Essas forças, denominadas **carga**, podem ser experimentadas de três maneiras gerais. As forças que pressionam um objeto para baixo de modo a compactá-lo são **forças compressivas**, as que o esticam são **forças tênseis** e as que o cortam em pedaços são as **forças de cisalhamento** (Figura 4.34 A–C). É surpreendente o fato de que a mesma estrutura não é capaz de lidar igualmente com a aplicação desses três tipos de força. A força máxima que qualquer estrutura sustenta sob compressão antes de se partir é sua **força compressiva**; sob tensão, é sua **força tênsil**; e, ante cisalhamento, é sua **força de cisalhamento**. Forças internas, denominadas de **estresse**, são a reação a essas forças externas exercidas sobre a estrutura.

A Tabela 4.2 lista a resistência de vários materiais quando expostos a forças compressiva, tênseis e de cisalhamento. Nota-se, a partir dessa tabela, que a maioria dos materiais é mais forte para resistir às forças compressivas e mais fraca em sua capacidade de lidar com a tensão ou o cisalhamento. Isso é muito significativo em um projeto. Normalmente, as colunas

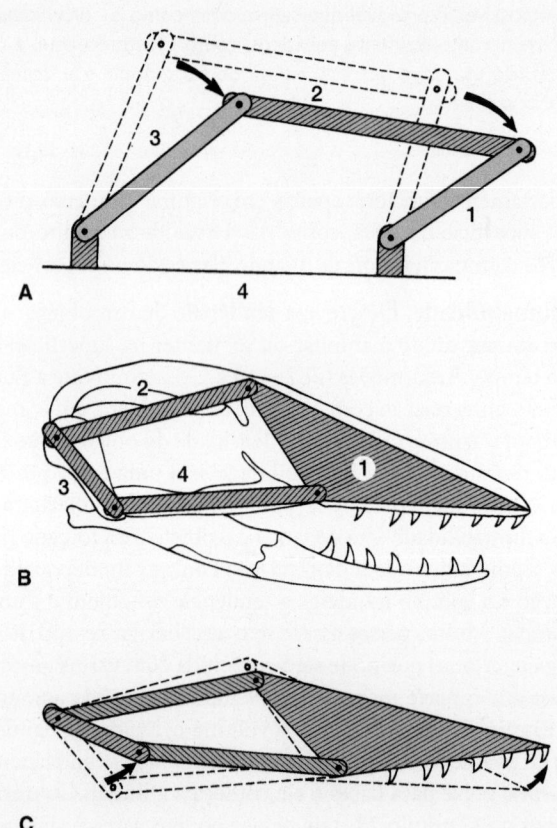

Figura 4.32 Cadeia cinemática. A. Esse mecanismo de quatro ligações é unido por conexões de pinos, de modo que o movimento da ligação 3 transmite um movimento específico das outras três ligações. **B.** A quarta ligação da cadeia do crânio de um lagarto (ignorando-se a maxila inferior) é restrita. **C.** Mais uma vez, o movimento da ligação 3 transmite um movimento específico de cada uma das outras ligações.

De T. H. Frazzetta.

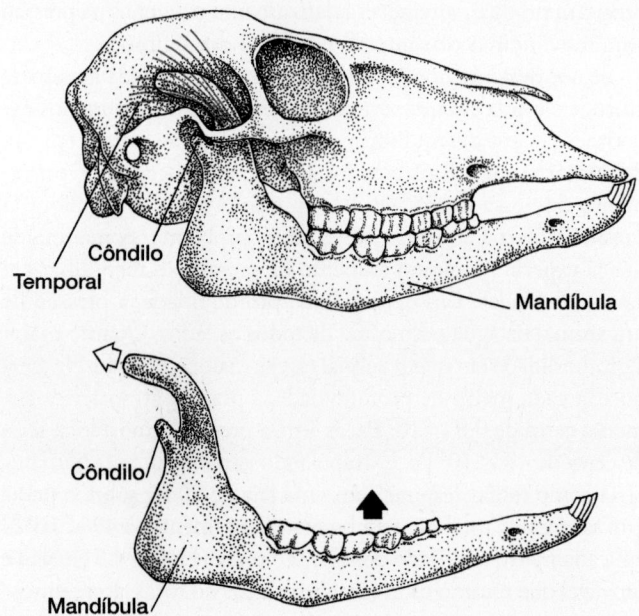

Figura 4.33 Maxilas como máquinas. Uma máquina transfere forças. Aqui, a maxila inferior de um herbívoro transfere a força do músculo temporal (*seta vazada*) para a fileira de dentes (*seta cheia*), onde o alimento é mastigado. A rotação ocorre em torno do côndilo.

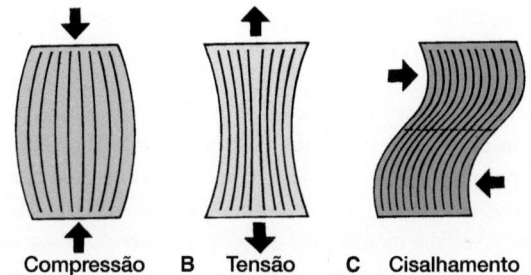

Figura 4.34 Direção da aplicação de força. A suscetibilidade de um material à ruptura depende da direção em que a força é aplicada (*setas*). A maioria dos materiais resiste mais à compressão (**A**) e menos à tensão (**B**) ou ao cisalhamento (**C**).

de sustentação de edificações sustentam a carga de maneira compressiva, sua orientação mais forte na sustentação do peso. No entanto, se a coluna se inclinar um pouco, as forças tênseis, às quais são mais suscetíveis, aparecem.

Quando um objeto se inclina, surgem forças compressivas no lado interno da inclinação e forças tênseis no externo. Lados opostos experimentam aplicações diferentes de força. A coluna pode ser forte o bastante para aguentar as forças compressivas, mas o surgimento de forças tênseis introduz forças às quais ela é intrinsecamente mais fraca no sentido de resistir. Se a inclinação persiste, podem surgir quebras no lado sob tensão, haver propagação pelo material e causar a queda da coluna. Contrafortes aéreos, que são braços laterais sobre os principais píeres de sustentação (colunas) das catedrais góticas, eram usados para prevenir a inclinação dos píeres, mantendo-os assim sob compressão para aguentar melhor o peso do teto arqueado da catedral (Figura 4.35).

Cargas

A maneira como uma carga é posicionada sobre uma coluna de sustentação afeta sua tendência à inclinação (Figura 4.36 A–C). Quando a carga é distribuída igualmente acima do eixo principal da coluna, a tendência à inclinação é anulada e a coluna

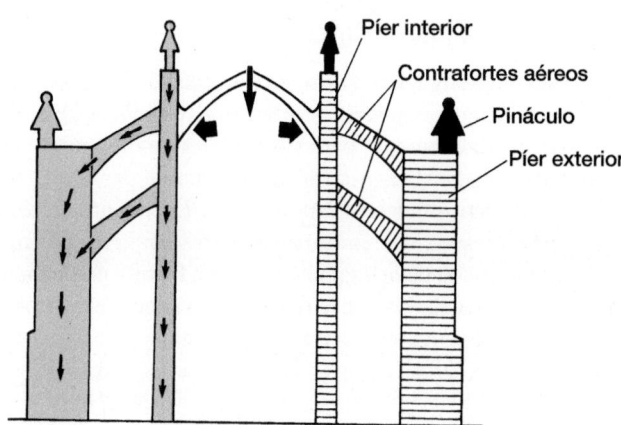

Figura 4.35 Catedral gótica. O lado direito da catedral mostra seus elementos estruturais. O lado esquerdo ilustra como essas estruturas suportam as linhas de força. Em seu projeto mais simples, a catedral inclui o píer exterior encimado por um pináculo, o píer principal interior e os contrafortes aéreos entre esses dois píeres. O peso da abóbada (*teto*) produz um empuxo oblíquo contra os píeres interiores. A pressão do vento ou a carga da neve acentuam essa pressão lateral, que tende a inclinar os píeres interiores principais. Os contrafortes aéreos agem em direção oposta para resistir a essa inclinação e ajudar a levar o empuxo lateral do teto para o solo (*setas pequenas*).

De Gordon.

suporta a carga primariamente por uma força compressiva (ver Figura 4.36 B). A mesma carga, colocada de maneira assimétrica fora do centro, faz a coluna se inclinar (ver Figura 4.36 C) e então surgem as forças tênseis (e de cisalhamento). Essas forças são maiores nas superfícies da coluna e menores no centro dela. O desenvolvimento de forças tênseis é especialmente prejudicial por causa da suscetibilidade intrínseca dos elementos de sustentação a tais forças – o que percebemos como rachaduras.

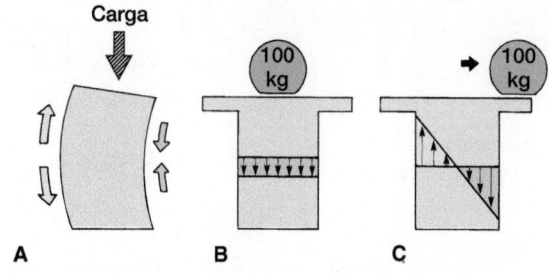

Figura 4.36 Carga. A. Quando um material se inclina sob uma carga, as forças compressivas (*setas finas*) se desenvolvem ao longo do lado côncavo e forças tênseis (*setas vazadas*) ao longo do lado convexo. **B.** Quando uma coluna de sustentação recebe uma carga distribuída de maneira simétrica (com o peso centralizado), o único tipo de força que ocorre é a compressiva. A distribuição da massa de 100 kg em uma seção representativa está ilustrada graficamente. Os comprimentos das setas voltadas para baixo mostram a distribuição igual das forças compressivas dentro dessa seção representativa. **C.** A carga assimétrica da mesma massa faz a coluna se inclinar. A coluna experimenta forças compressivas (*setas para baixo*) e forças tênseis (*setas para cima*). Essas duas forças são maiores perto da superfície e menores na direção do centro da coluna.

Tabela 4.2 Resistência de diferentes materiais expostos a forças compressiva, tênsil e de cisalhamento.

Material	Força compressiva (Pa)	Força tênsil (Pa)	Força de cisalhamento (Pa)
Osso	165×10^6	110×10^6	65×10^6
Cartilagem	$27,6 \times 10^6$	3×10^6	$0,26 \times 10^6$
Concreto	$24,1 \times 10^6$	4×10^6	$1,6 \times 10^6$
Vergalhão de ferro	$620,5 \times 10^6$	$310,2 \times 10^6$	$379,2 \times 10^6$
Granito	103×10^6	10×10^6	$13,8 \times 10^6$

Forças máximas mostradas.
Fonte: adaptada de J. E. Gordon, 1978. *Structures, or why things don't fall down*, DaCapo Press, NY. Também foram usadas outras fontes.

Constituição e falha biológicas

▶ **Fratura por fadiga.** Com o uso prolongado ou forçado, os ossos, como as máquinas, podem ficar fatigados e quebrar. Quando projetadas inicialmente, as partes funcionais de uma máquina são construídas com materiais fortes o bastante para suportar estresses calculados que irão experimentar. Entretanto, devido ao uso com o passar do tempo, essas partes em geral falham, condição conhecida pelos engenheiros como **fratura por fadiga**. Não muito depois da Revolução Industrial, os engenheiros notaram que as partes em movimento das máquinas ocasionalmente quebravam com cargas dentro dos limites de segurança. Eixos de trens em uso há algum tempo se quebravam de repente, sem razão aparente. Manivelas ou cames que muitas vezes já tinham suportado cargas máximas, de vez em quando se quebravam subitamente em operações rotineiras. Os engenheiros acabaram percebendo que um dos fatores que levava a essas falhas era a fratura por fadiga. Embora uma parte em movimento inicialmente pudesse ser forte o bastante para suportar cargas máximas com facilidade, com o tempo se formavam microfraturas no material, insignificantes individualmente, mas que, quando cumulativas, podiam se tornar uma fratura significativa que ultrapassava a resistência do material, que se quebrava em seguida.

▶ **Fratura por carga.** Nos vertebrados, a carga sobre os ossos é distribuída de maneira simétrica ou, quando isso não é possível, os músculos e tendões agem como suportes para reduzir a tendência de uma carga a induzir o encurvamento de um osso (Figura 4.37). Os maiores estresses se desenvolvem na superfície do

osso, enquanto em seu centro as forças são quase negligenciáveis. Em consequência, o cerne de um osso pode ser oco sem muita perda de sua força efetiva. Provavelmente pela mesma razão, junco, bambu, aros de bicicleta e varas de pescar são ocos. Isso economiza material sem que haja perda da resistência.

É provável que a maioria das fraturas comece no lado do osso que experimenta forças tênseis. Para se iniciar, uma fratura requer energia à medida que as ligações intermoleculares começam a se romper, porém, conforme se propaga, mais energia é liberada que consumida, de modo que a fratura tende a aumentar fácil e rapidamente. Vamos pensar, por exemplo, em rasgar um pedaço de papel – o rasgo começa com algum esforço, mas os subsequentes (fraturas) progridem com mais rapidez uma vez iniciados. No osso, uma fratura se propaga pela matriz, causando falha. Contudo, o osso é um material composto, constituído por várias substâncias que têm propriedades mecânicas diferentes. Juntas, essas substâncias resistem melhor à propagação de uma fratura que qualquer constituinte isoladamente (Figura 4.38 A–C). Esse mesmo princípio de materiais compostos dá à fibra de vidro sua resistência à quebra. A fibra de vidro consiste em fibras de vidro embebidas em uma resina de plástico. O vidro é quebradiço e a resina é fraca, mas juntos são fortes porque aguentam pequenas rachaduras e impedem que elas se espalhem. À medida que uma rachadura se aproxima do limite entre os dois materiais da fibra de vidro, a resina fica menos resistente. A rachadura se abre mais, distribuindo a força para os lados e reduzindo o estresse na ponta da rachadura que provocava seu avanço. Um espaço no material pode agir da mesma forma, razão pela qual espumas rígidas resistem a rachaduras. O osso usa tanto o alívio do estresse quanto pequenos vazios ou espaços para diminuir a propagação da rachadura.

Fibras de colágeno e cristais de hidroxiapatita são os principais materiais da matriz óssea e se acredita que ajam de maneira análoga ao vidro e à resina da fibra de vidro para suportar pequenas fraturas. Além disso, a orientação das fibras de colágeno se alterna em camadas sucessivas, de modo que recebem melhor as forças tênseis e compressivas.

Os dentes também parecem ser constituídos para interromper pequenas fraturas. A parte externa de um dente é o esmalte e a parte interna é a dentina. O esmalte é quase cerâmica pura, um fosfato de cálcio mineral chamado hidroxiapatita, mas a dentina, além da hidroxiapatita, também inclui cerca de 40%

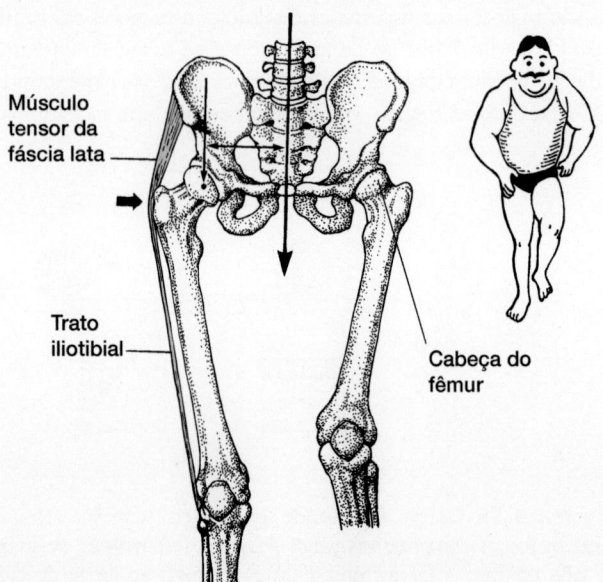

Figura 4.37 Suportes. O peso da parte superior do corpo é sustentado pela cabeça dos fêmures (*à esquerda*). Isso significa que, durante a marcha reta (*à direita*), a cabeça de um fêmur sustenta todo o peso da parte superior do corpo. Consequentemente, a haste alongada do fêmur (diáfise) recebe uma carga assimétrica, o que aumenta sua tendência a se inclinar. O trato iliotibial, formado pelo tendão longo do músculo tensor da fáscia lata, que segue lateralmente pelo fêmur, em parte se contrapõe a essa tendência à inclinação e, assim, reduz as forças tênseis que, de outro modo, surgiriam no fêmur.

Labels in figure: Músculo tensor da fáscia lata; Trato iliotibial; Cabeça do fêmur

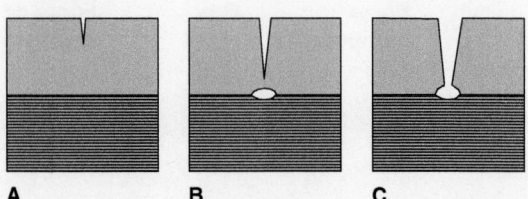

A   B   C

Figura 4.38 Fratura por propagação. A. A falha de uma estrutura começa com o aparecimento de uma microfratura que se espalha rapidamente. **B.** Em materiais compostos, como o osso, o avanço da fratura é precedido por ondas de estresse que podem fazer a força concentrada se disseminar até o limite entre os materiais compostos, onde estão menos unidos. **C.** Quando a linha de fratura encontra esse limite, sua extremidade aguçada fica romba e sua progressão é cerceada.

da proteína colágeno. O resultado é que esmalte e dentina têm propriedades físicas diferentes. Quando uma microrrachadura se propaga pelo esmalte em direção à dentina no interior do dente, ela para no limite com a dentina. Nessa interface de esmalte com dentina, a superfície é ornada, o que causa uma deflexão na trajetória da rachadura que se aproxima, diminuindo sua força total e impedindo que ela se espalhe.

Estrutura óssea (Capítulo 5); anatomia dentária (Capítulo 13)

Resposta tecidual ao estresse mecânico

Os tecidos podem mudar em resposta ao estresse mecânico. Se um tecido vivo não for submetido a estresse, ele tende a ter menos proeminência, condição denominada **atrofia** (Figura 4.39 A). Se passar por muito estresse, a proeminência do tecido tende a aumentar, condição denominada **hipertrofia** (Figura 4.39 B). A divisão e a proliferação celular sob estresse são chamadas em conjunto de **hiperplasia**. Portanto, em resposta ao exercício, o tamanho dos músculos de um atleta aumenta. Esse aumento global se deve, primordialmente, a um aumento no tamanho das células musculares existentes, não a um aumento do número de células (hipertrofia, mas não muita hiperplasia). Durante a gestação, há aumento tanto do tamanho do músculo uterino quanto do número de suas células (hipertrofia e hiperplasia).

Resposta do músculo liso ao exercício crônico
(Capítulo 10)

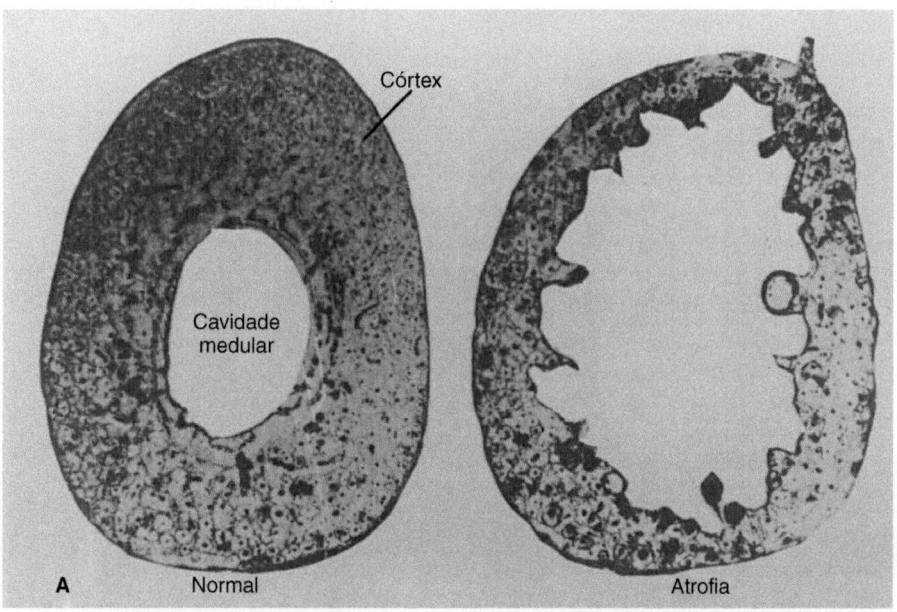

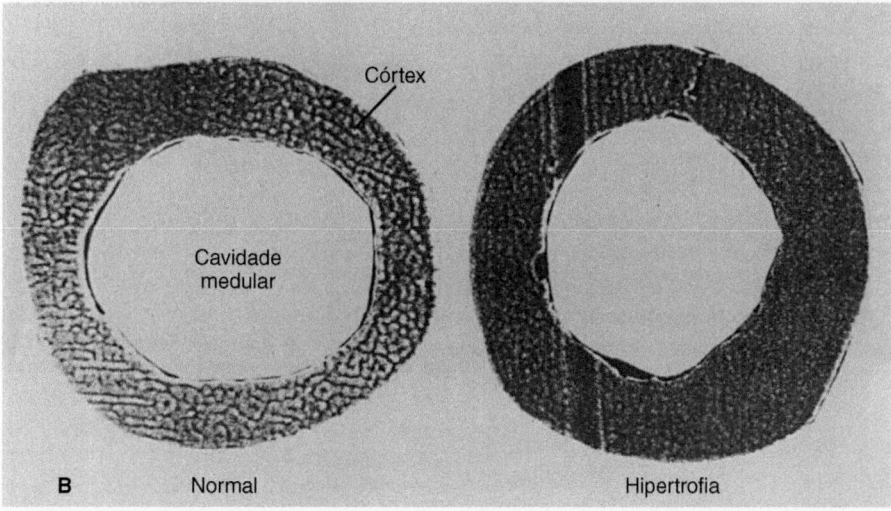

Figura 4.39 Perda (atrofia) e aumento (hipertrofia) de osso. A. Corte transversal de um osso normal do pé de um cão ilustrado *à esquerda*. O corte transversal do mesmo osso do pé oposto (*à direita*) que foi imobilizado em gesso por 40 semanas revela atrofia significativa. **B.** Corte transversal de um fêmur normal de suíno (*à esquerda*). O corte transversal do fêmur de um suíno que se exercitou com vigor em base regular por mais de 1 ano mostra aumento da massa óssea (*à direita*). A hipertrofia é evidente a partir do espessamento e da maior densidade do córtex ósseo.

O tecido pode, em algumas circunstâncias, mudar de um tipo para outro, uma transformação denominada **metaplasia**. As transformações metaplásicas em geral são patológicas. Por exemplo, o epitélio colunar pseudoestratificado normal da traqueia pode se tornar pavimentoso estratificado em tabagistas. No entanto, algumas alterações metaplásicas parecem fazer parte do crescimento normal e também dos processos de reparo. Por exemplo, os répteis exibem formação óssea metaplásica durante o crescimento dos ossos longos. Os condrócitos se tornam osteoblastos e a matriz cartilaginosa, óssea à medida que a cartilagem sofre transformação direta para osso ossificado. Durante o reparo ósseo nos répteis, anfíbios e peixes, o calo cartilaginoso parece surgir de tecido conjuntivo mediante metaplasia.

Tipos de tecido (Capítulo 5)

Todos os tecidos retêm alguma capacidade fisiológica de se ajustar às novas demandas, mesmo após o desenvolvimento embrionário ter se completado. O treinamento com pesos aumenta os músculos dos atletas e alonga seus tendões. A corrida regular de longa distância melhora a circulação, aumenta o volume sanguíneo e torna mais eficiente o metabolismo dos lipídios armazenados. Embora o número de células nervosas não aumente em resposta ao estresse fisiológico do exercício, a coordenação do desempenho muscular costuma melhorar. Os tecidos continuam a se adaptar fisiologicamente a modificações nas demandas por toda a vida do indivíduo. Um dos melhores exemplos é o osso, porque ilustra a complexidade da resposta tecidual.

Capacidade de resposta do osso

Embora exerça um papel protetor e de sustentação, o osso não pode se deformar muito nem alterar sua forma. Ossos da perna que a alongassem ou inclinassem como caniços certamente seriam inefetivos para a sustentação do corpo. Os ossos precisam ser firmes. Porém, como o osso vivo é dinâmico e responsivo, ele se modifica gradualmente durante a vida de um indivíduo. A programação genética de uma pessoa estabelece a forma básica que um osso adquire, mas fatores ambientais imediatos também contribuem para determinar a forma definitiva dos ossos. Algumas pessoas do Novo Mundo desenvolveram a prática de amarrar a cabeça dos bebês em uma prancha no berço (Figura 4.40 A, *à esquerda*). Como resultado, a forma normal do crânio deles se modificou, com o lado pressionado contra a prancha ficando achatado. Em partes da África e no Peru, o uso prolongado de uma bandagem na parte posterior do crânio causava seu alongamento (Figura 4.40 A, *à direita*). Até tempos recentes, as meninas chinesas ficavam com os pés permanentemente dobrados e bem unidos para que os tivessem pequenos quando adultas. Os artelhos eram mantidos juntos e o arco plantar exacerbado (Figura 4.40 B, *à direita*). O pé normal e grande em comparação com aqueles mantidos assim era considerado feio em mulheres (Figura 4.40 B, *à esquerda*). Como isso prejudicava o desempenho biomecânico do pé, tinha ainda a consequência social, que era considerada apropriada, de manter a mulher literalmente "em seu lugar".

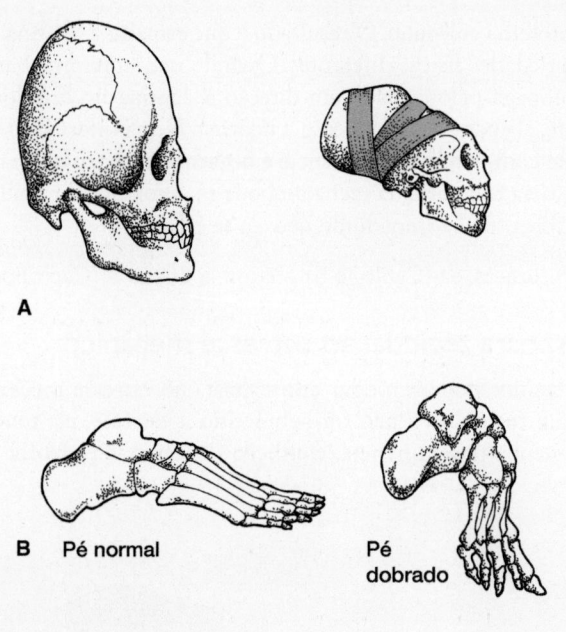

A

B Pé normal

Pé dobrado

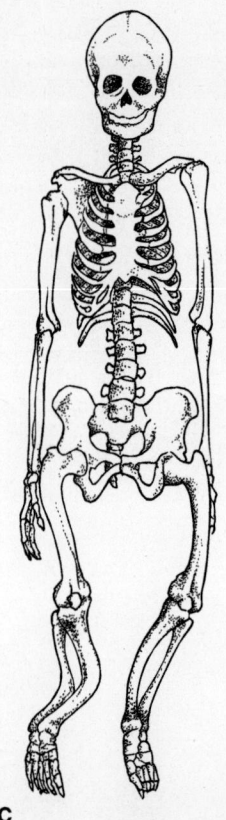

C

Figura 4.40 Capacidade de resposta do osso ao estresse mecânico. A. A pressão mecânica contínua de uma prancha no berço achatava a parte posterior do crânio dos índios Navajos (*à esquerda*) e uma bandagem no crânio dos nativos peruanos (*à direita*) o alongava. **B.** Antigamente, muitos chineses seguiam a prática de amarrar fortemente os pés dobrados das meninas. O pé pequeno deformado mostrado à direita era considerado socialmente "atraente". **C.** Uma deficiência nutricional de cálcio na infância acarreta raquitismo, que enfraqueceu esse esqueleto de mulher, mostrado aqui aos 70 anos de idade. Seus ossos se encurvaram sob a carga normal de seu corpo.

De Halsted e Middleton.

Boxe Ensaio 4.1   Como reparar o osso danificado | Autocura

Quando o osso fica sob estresse prolongado, ocorre dano microscópico na forma de microfraturas. A resposta do osso é uma adaptação fisiológica reparando essas microfraturas. O membro anterior dos tetrápodes inclui dois ossos (ulna e rádio) que vamos descrever em detalhes adiante. Por enquanto, precisamos reconhecer que cada um funciona como contraforte mecânico do outro. Caso se retire um desses dois ossos, deixando o outro sem seu par, o estresse se torna até quatro vezes maior. Contudo, depois de alguns meses, esse estresse diminui e volta ao normal. O que acontece? O osso se ajusta fisiologicamente depositando osso novo para enfrentar os novos estresses. A sobrecarga aumenta o dano microscópico, que estimula um aumento na taxa de reparo por formação de novo osso, remodelando-o. Isso, por sua vez, reduz o estresse na superfície, fazendo com que os desafios mecânicos sobre o osso voltem ao que eram antes do dano. No nível genético, as alterações na carga mecânica estimulam genes importantes envolvidos na formação óssea. Pense nisso. Eventos mecânicos alcançam as células ósseas e ativam genes que produzem não exatamente osso novo, mas osso no lugar certo para suportar os novos estresses mecânicos. Essa percepção é formidável. Considere os comentários de um cientista. Mais da metade das pessoas idosas que sofrem uma queda e têm uma fratura do quadril nunca mais conseguem ter uma vida independente e 20% morrem em 6 meses. Estatística cruel. No entanto, agora que as ligações dos eventos mecânicos com a ação de genes estão entendidas, há uma perspectiva promissora.

▶ **Influências ambientais.** Quatro tipos de influências ambientais alteram ou aprimoram a forma básica dos ossos determinada pela programação genética. Uma delas é a doença infecciosa. Um organismo patogênico pode agir diretamente, alterando o padrão de deposição óssea e modificando seu aspecto geral, ou destruindo fisicamente regiões de um osso. Uma segunda influência ambiental é a nutrição. Quando a alimentação é adequada, a formação óssea normal costuma estar garantida. Se a alimentação for deficiente, os ossos podem sofrer anormalidades consideráveis. O raquitismo, por exemplo, causado por uma deficiência de cálcio em seres humanos, resulta em curvatura nos ossos longos que sustentam peso (Figura 4.40 C). A radiação ultravioleta transforma o desidrocolesterol na vitamina D que o corpo humano precisa para incorporar o cálcio nos ossos. A luz do sol e suplementos lácteos em geral são suficientes para prevenir o raquitismo. Hormônios são o terceiro fator que pode afetar a forma dos ossos. O osso é um reservatório de cálcio, talvez a sua função mais antiga. Quando necessário, alguma quantidade de cálcio é removida da matriz óssea. Ocorre drenagem de cálcio durante a lactação, quando a fêmea produz leite rico em cálcio, durante a gestação, quando o esqueleto fetal começa a se ossificar, durante a postura de ovos, quando a casca dura é acrescentada, e durante o crescimento dos chifres, quando a base óssea dos mesmos está se desenvolvendo.

Controle endócrino do cálcio ósseo (Capítulo 15)

A quarta influência ambiental sobre a forma do osso é o estresse mecânico (Figura 4.40 B e C). Cada osso que sustenta peso enfrenta a gravidade, e os músculos exercem empuxo sobre a maioria dos ossos. As forças produzidas pela gravidade e pela contração muscular impõem estresses aos ossos que determinam sua forma definitiva. Durante a vida de um indivíduo, esses estresses mudam. Assim que um animal começa a andar e explorar seu ambiente, torna-se mais ativo. Quando adulto, pode migrar, lutar por território ou buscar mais recursos para alimentar a prole. À medida que um animal cresce, suas demandas aumentam. O aumento geométrico na massa de um animal em crescimento impõe demandas mecânicas maiores sobre os elementos de sustentação do corpo. Atletas humanos sob um programa de treinamento contínuo aumentam intencionalmente a carga sobre ossos e músculos para estimular adaptações fisiológicas à atividade mais pesada. Em contrapartida, a idade ou a tendência do indivíduo podem resultar em um declínio na atividade e menos estresse sobre os ossos. Os dentes podem cair, o que altera o padrão de estresse sobre as maxilas. Uma lesão pode levar o indivíduo a usar mais um membro que outro. Enfim, por uma variedade de razões, as forças exercidas sobre os ossos mudam.

▶ **Atrofia e hipertrofia.** A resposta do osso aos estresses mecânicos depende da duração da força. Se o osso sofrer pressão contínua, há perda de tecido ósseo e ocorre atrofia. A pressão contínua contra o osso surge ocasionalmente, quando o crescimento é anormal, como no caso de tumores cerebrais que fazem protrusão na superfície do cérebro e pressionam a superfície inferior do esqueleto craniano. Se essa pressão contínua for prolongada, o osso sofre erosão, formando uma depressão rasa ao longo da superfície de contato. Aneurismas, que são abaulamentos de vasos sanguíneos em pontos fracos da parede vascular, podem exercer pressão contínua contra o osso próximo e causar sua atrofia. Aparelhos ortodônticos colocados nos dentes por um dentista forçam os dentes contra os lados dos alvéolos dentários. A reabsorção de osso sob estresse contínuo abre caminho para os dentes migrarem lenta, mas constantemente, para posições novas e presumivelmente melhores nas maxilas.

Portanto, o osso submetido a uma força contínua sofre atrofia, mas isso também ocorre com ossos não submetidos a força alguma. Na ausência de forças, a densidade óssea na verdade diminui. Pessoas restritas ao leito ou em repouso prolongado sem exercício mostram sinais de osteoporose. Isso foi estudado experimentalmente em cães que tiveram uma pata imobilizada com gesso. A imobilização elimina ou reduz bastante as cargas normais sobre os ossos de um membro. Ossos imobilizados dessa maneira exibem sinais significativos de reabsorção, que pode ocorrer com bastante rapidez. Experimentos com asas imobilizadas de galos mostram que, em poucas semanas, desenvolve-se osteoporose extensa nos ossos dessas asas. Há rarefação da matriz óssea em astronautas que passam longos períodos na ausência de gravidade. Os sais de cálcio deixam os ossos, circulam pelo sangue e esse excesso acaba sendo excretado. Quando os astronautas voltam ao campo gravitacional da Terra, seus esqueletos recuperam gradualmente a densidade prévia. Mesmo com viagens longas, é improvável que o esqueleto desapareça por completo, mas pode ficar em um mínimo determinado geneticamente. E, naturalmente, as contrações musculares mantêm algum esquema de forças sobre os ossos. No entanto, durante viagens espaciais que duram muitos meses, a atrofia óssea pode progredir o suficiente para tornar perigoso o retorno à gravidade terrestre. A prevenção da atrofia óssea durante as viagens espaciais continua sendo um problema sem solução.

Entre o osso sob estresse contínuo e o não submetido a qualquer estresse, há o terceiro tipo de aplicação de força, o estresse *intermitente*, que estimula a deposição óssea, ou hipertrofia. Há muito tempo, suspeita-se da importância de forças intermitentes sobre o crescimento e a forma dos ossos pelo fato de que o osso sofre atrofia quando as forças intermitentes são eliminadas. Em contrapartida, quando ossos de coelho foram submetidos a estresse intermitente por um aparelho mecânico especial, ocorreu hipertrofia. Mais recentemente, ossos da asa de galos foram submetidos a estresse 1 vez/dia com cargas compressivas, mas imobilizados. Depois de 1 mês, os ossos submetidos a esse estresse artificial não exibiam osteoporose, e sim crescimento de novo osso, nitidamente uma resposta fisiológica apropriada ao estresse artificial intermitente induzido.

▶ **Constituição interna.** A forma geral de um osso reflete seu papel como parte do sistema esquelético. O tecido interno dos ossos consiste em áreas de **osso compacto** e **osso esponjoso**. Também se acredita que a distribuição do osso compacto e do esponjoso seja determinada por fatores mecânicos, embora haja pouca evidência indiscutível que confirme tal correlação. De acordo com uma teoria da engenharia, denominada teoria da trajetória, quando uma carga é colocada sobre um objeto, o material dentro do objeto leva o estresse interno resultante ao longo de trajetórias ou vias de estresse, que passam essas forças de uma molécula para outra dentro do objeto (Figura 4.41 A). Uma trave com a base embutida na parede se curvará sob seu próprio peso. A superfície inferior da trave experimenta forças compressivas à medida que o material é empurrado junto, e a superfície superior da trave experimenta tensão à medida que o material ali é puxado para se separar. O estresse resultante das forças compressivas e tênseis é levado ao longo de trajetórias de estresse que se cruzam em ângulos retos e se encontram sob a superfície da trave.

Culmann e Meyer, engenheiros do século 19, aplicaram essa teoria da trajetória à arquitetura interna dos ossos. Como o fêmur leva a carga de peso da parte superior do corpo, eles raciocinaram que trajetórias similares de estresse deviam surgir dentro desse osso. Para o corpo ter uma constituição forte e ser econômico com material, o tecido ósseo deve ser depositado ao longo dessas trajetórias de estresse, as linhas ao longo das quais a carga é realmente levada. Após examinar cortes de osso, Culmann sugeriu que a natureza dispôs espículas (**trabéculas**) ósseas em uma malha de osso esponjoso nas extremidades dos ossos longos (Figura 4.41B). Como essas linhas de estresse se movem-se para a superfície, perto da parte média

do osso, as trabéculas acompanham o processo, e o resultado é um osso tubular. Se as trabéculas ósseas seguirem as linhas internas de estresse, pode-se esperar que formem uma malha de osso esponjoso após o nascimento, quando cargas funcionais forem experimentadas pela primeira vez. Isso está corroborado. As trabéculas de fetos jovens exibem arquitetura aleatória, em forma de favo de mel. Só mais tarde são dispostas ao longo de linhas presumíveis de estresse interno.

▶ **Lei de Wolff.** À medida que as forças mecânicas aplicadas mudam, o osso responde de maneira dinâmica para se adaptar fisiologicamente aos estresses em mutação. A lei de Wolff, assim denominada por causa de um cientista que enfatizou a relação entra a forma e a função dos ossos, estabelece que o remodelamento ósseo ocorre em proporção com as demandas mecânicas impostas a eles.

Quando o osso experimenta novas cargas, o resultado, em geral, é uma tendência maior a se encurvar. Quando ocorre o encurvamento, surgem as forças tênseis. Os ossos são menos capazes de suportar as forças tênseis que as compressivas. Para compensar, sofrem um remodelamento ósseo para se adaptarem melhor à nova carga (Figura 4.42 A–C). De início, o remodelamento adaptativo inclui o espessamento ao longo da parede que sofre compressão. Por fim, todo o remodelamento restaura a forma tubular uniforme do osso. Como as células ao longo do lado compressivo são estimuladas seletivamente para depositar novo osso? Os nervos penetram através do osso, de modo que podem ser um caminho para promover e coordenar a resposta fisiológica dos osteócitos para a modificação diante da carga. Todavia, os ossos dos quais nervos foram cortados ainda permanecem sob a lei de Wolff e se ajustam às alterações na demanda mecânica.

Os músculos que causam empuxo nos ossos afetam a forma dos canais vasculares perto de seus pontos de inserção no osso, o que altera a pressão sanguínea nos vasos que circundam as células ósseas. O aumento da atividade muscular que acompanha o da carga poderia, via alterações na pressão sanguínea, estimular o remodelamento executado pelas células ósseas. No entanto, a ação muscular sobre o osso, mesmo que suficiente para alterar a pressão sanguínea, parece um mecanismo muito global para levar às respostas de remodelamento específicas observadas de fato nos ossos.

As células ósseas ocupam pequenas lacunas, espaços dentro da matriz de cálcio de um osso. Alterações leves na configuração das lacunas ocupadas por células ósseas seriam um mecanismo mais promissor. Sob compressão, as lacunas tendem a se achatar, enquanto, sob tensão, tendem a ficar arredondadas. Se tais configurações produzidas sob carga podem ser executadas pelas células ósseas que ocupam as lacunas, então as células ósseas podem iniciar um remodelamento de acordo com o tipo de estresse experimentado.

Outro mecanismo pode envolver **atividade piezoelétrica**, ou cargas elétricas de nível baixo. Essas cargas superficiais surgem dentro de qualquer material cristalino sob estresse – cargas negativas aparecem em superfícies sob compressão e as positivas em superfícies sob tensão. O osso, com sua estrutura de cristais de hidroxiapatita, experimenta cargas piezoelétricas quando submetido a algum estresse ou esforço. É fácil imaginar que, sob um novo estresse, surgiria um novo ambiente de car-

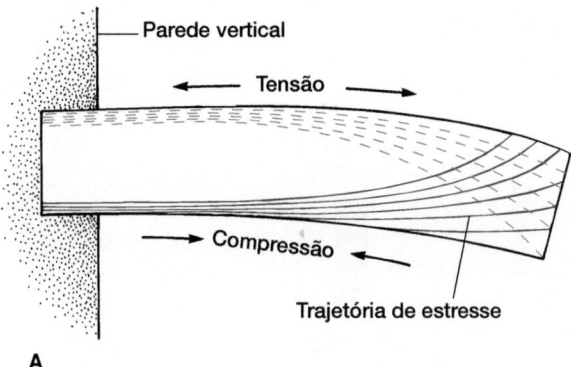

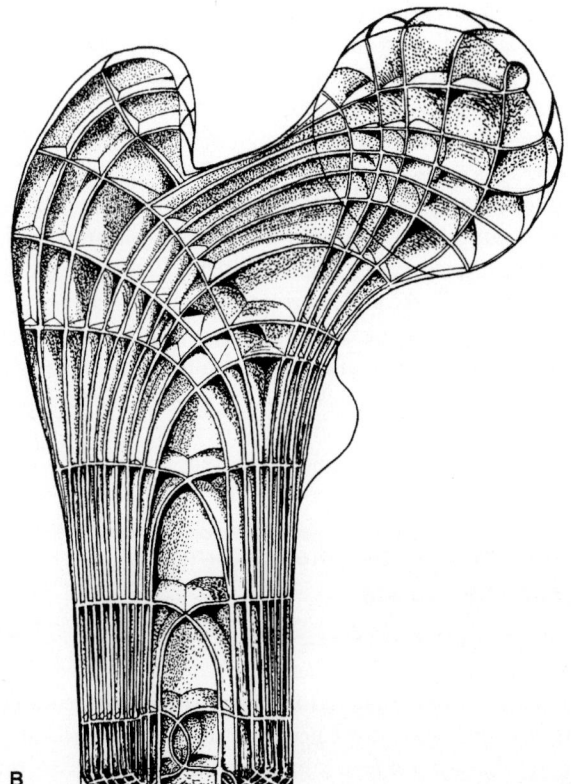

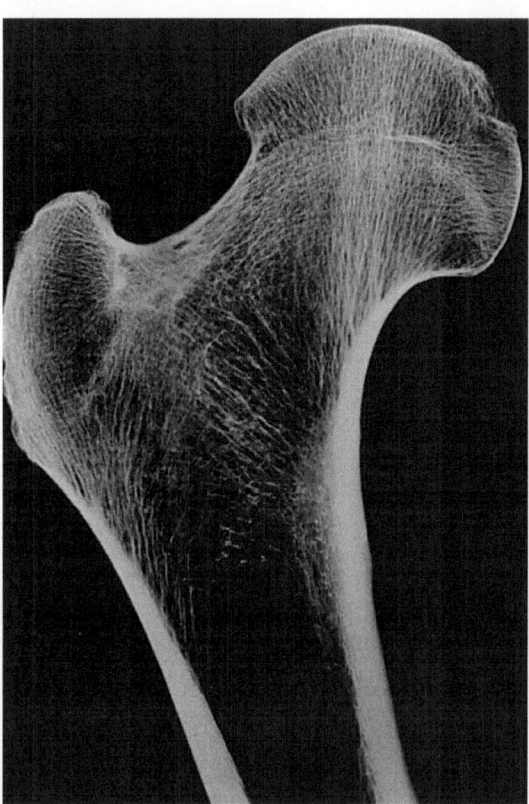

Figura 4.41 Trajetórias de estresse. A. Uma trave que se projeta de uma parede tende a se curvar sob seu próprio peso, colocando estresses internos sobre o material do qual é feita. Os engenheiros visualizam esses estresses internos como sendo levados ao longo de linhas denominadas trajetórias de estresse. As forças compressivas se concentram ao longo da parte inferior da trave, e as forças tênseis ao longo da parte superior. Ambas as forças são maiores na superfície da trave. **B.** Trajetórias de estresse no osso vivo. Quando se aplica essa teoria ao osso vivo, a matriz óssea parece estar arranjada ao longo de linhas internas de estresse. O resultado é uma malha econômica de osso, com material concentrado na superfície de um osso tubular. O corte transversal na extremidade proximal de um fêmur revela a malha de espículas ósseas, dentro da cabeça, que se tornam concentradas e compactadas ao longo da parede interna da haste do fêmur.

Modelo de malha cedido gentilmente por P. Dullemeijer, de Kummer.

gas piezoelétricas dentro do tecido. Se as células individuais do osso pudessem desligar essas cargas piezoelétricas localizadas, então poderia sobrevir uma resposta de remodelamento.

Embora promissores, cada um desses mecanismos propostos parece insuficiente para explicar o remodelamento fisiológico adaptativo que ocorre durante a resposta óssea às demandas funcionais impostas. Essa é uma área desafiadora que requer mais pesquisa.

Biofísica e outros processos físicos

A biofísica lida com os princípios de troca de energia e seu significado nos organismos viventes. O uso da luz, a troca de calor e a difusão de moléculas são fundamentais para a sobrevivência de um organismo. A constituição biológica e suas limitações são determinadas pelos princípios físicos que governam a troca de energia entre um organismo e seu ambien-

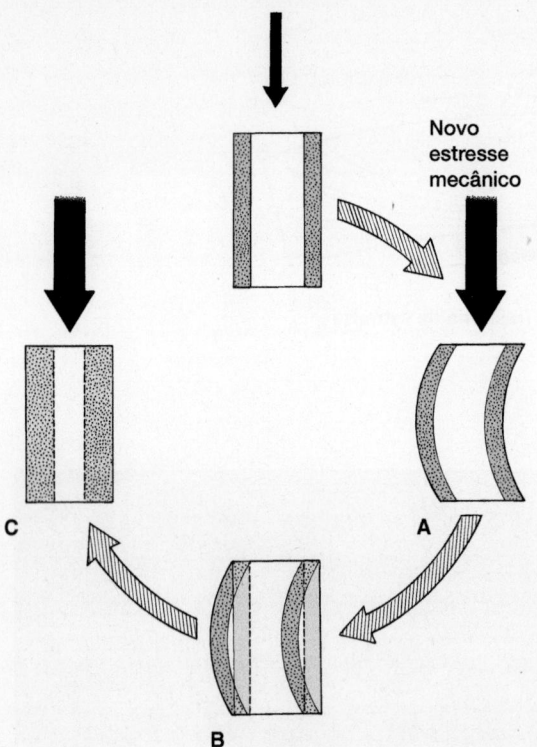

Figura 4.42 Remodelamento ósseo. Quando um osso tubular experimenta um estresse novo que causa mais distorção (**A**), ele apresenta uma resposta fisiológica que o torna mais espesso e retilíneo. Forma-se novo osso ao longo da superfície côncava (**B**), remodelando o osso, e a forma reta é restaurada (**C**). O remodelamento adicional faz com que o osso readquira sua forma original (*no alto da figura*), embora as paredes agora estejam mais espessas para suportar a carga nova maior.

te, bem como internamente entre os tecidos ativos dentro do organismo. Um dos mais importantes desses princípios físicos se aplica à troca de gases.

Difusão e troca

Pressões e pressões parciais

A pressão do ar varia ligeiramente conforme as condições climáticas, como frentes de baixa e alta pressão, e com a temperatura. Quando animais sobem em altitudes, a pressão do ar cai significativamente à medida que se torna mais rarefeito (torna-se menos denso) e a respiração fica mais difícil, forçada. Essa queda na pressão dos gases, em especial o oxigênio, cria a dificuldade. O ar é uma mistura de nitrogênio (cerca de 78% por volume), oxigênio (cerca de 21% por volume), dióxido de carbono e traços de outros elementos. Cada gás no ar age de maneira independente para produzir sua própria pressão, quaisquer que sejam os outros gases na mistura. Do total de 101.000 Pa (pressão do ar), ao nível do mar, o oxigênio contribui com 21.210 Pa (101.000 Pa × 21%), o nitrogênio com 78.780 Pa (101.000 Pa × 78%) e os gases restantes com 1.010 Pa. Como cada gás contribui com apenas uma parte da pressão total, sua contribuição é a **contribuição parcial**. A taxa em que o oxigênio pode ser inalado depende de sua pressão

parcial. A 5.300 m (18.000 pés) de altitude, a pressão do ar cai para cerca de 0,5 atm (atmosfera), ou 50.500 Pa. O oxigênio ainda compõe cerca de 21% do ar, mas, como o ar é mais rarefeito, há perda total do oxigênio presente. Sua pressão parcial cai para 10.605 Pa (50.500 × 21%). Com a queda na pressão parcial de oxigênio, o sistema respiratório capta menos e a respiração fica mais difícil. Animais que vivem em montanhas altas, em especial as aves que voam alto, precisam estar preparados para essa alteração na pressão atmosférica.

Como a água pesa muito mais que o ar por unidade de volume, um animal que mergulha experimenta alterações de pressão com muito mais rapidez que um que desce no ar. A cada descida de cerca de 10,3 m (33,8 pés), a pressão da água aumenta cerca de 1 atm. Portanto, uma foca a uma profundidade de 20,6 m experimenta quase 2 atmosferas a mais de pressão que quando fica na praia. É provável que o efeito dessa alteração de pressão sobre os fluidos corporais não tenha consequências, mas o gás nos pulmões ou na bexiga natatória dos peixes sofre uma compressão significativa. Cada 1 m de descida na água acrescenta 9.800 Pa de pressão, ou cerca de 1,5 libra de pressão por polegada quadrada da parede torácica. A compressão do gás nos pulmões ou na bexiga natatória reduz seu volume, influenciando a flutuabilidade. O movimento dos gases interno e externo da corrente sanguínea é afetado pela diferença na pressão parcial do oxigênio respirado na superfície e sua pressão parcial quando ele se difunde no sangue assim que o animal fica submerso. Vamos ver especificamente essas propriedades dos gases e como o corpo do vertebrado é constituído para acomodá-las quando tratarmos dos sistemas respiratório e circulatório nos Capítulos 11 e 12, respectivamente.

Troca em contracorrente, concorrente e corrente cruzada

A troca é uma grande parte da vida. O oxigênio e o dióxido de carbono passam do ambiente para o organismo e vice-versa. Os animais de sangue frio captam o calor de seu ambiente; animais grandes e ativos perdem calor para o meio que os cerca, de modo a evitar o superaquecimento. Íons são trocados entre os organismos e seu ambiente. Esse processo de troca, quer envolva gases, calor ou íons, às vezes é suplementado por correntes de ar ou água que passam uns pelos outros. A eficiência da troca depende da passagem das correntes em direções opostas ou equivalentes.

Imagine dois tubos idênticos paralelos, mas separados, pelos quais fluam correntes de água à mesma velocidade. A água que entra em um tubo é quente e a que entra em outro é fria. Se os tubos forem feitos de material condutivo e entrarem em contato um com o outro, o calor vai passar de um para o outro (Figura 4.43 A e B). O fluxo de água pode ser na mesma direção, como na **troca concorrente**, ou na direção oposta, como na **troca em contracorrente**. A eficiência da troca de calor entre os tubos é afetada pelas direções do fluxo.

Se as correntes forem concorrentes, à medida que os tubos entrarem em contato, a diferença de temperatura estará em seu máximo, mas cairá conforme o calor for transferido do tubo mais quente para o mais frio. A corrente de água fria ficará quente e a de água quente ficará fria; assim, em seu ponto de

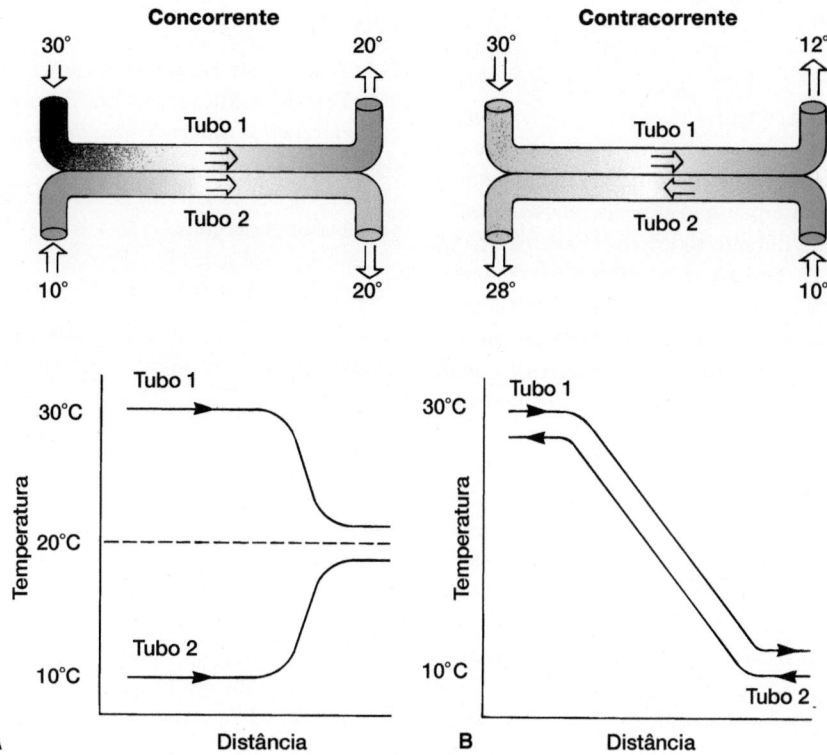

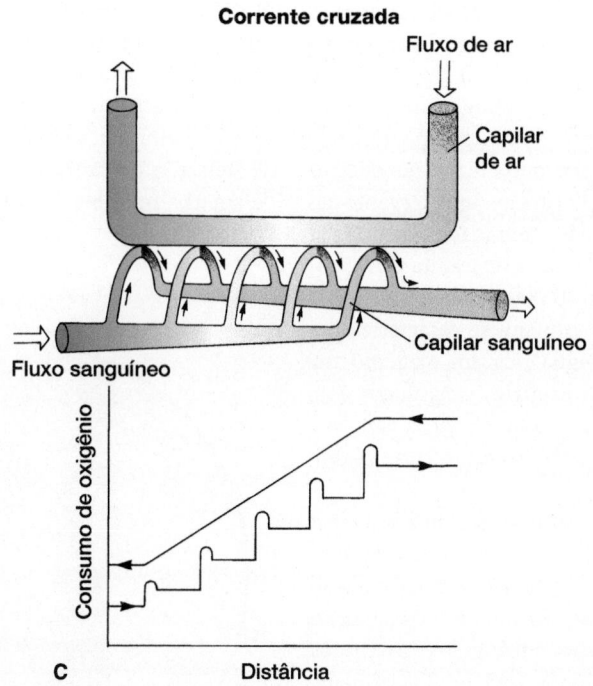

Figura 4.43 Sistemas de troca. A direção e o projeto dos tubos de troca afetam a eficiência da transferência, seja de calor, gases, íons ou outras substâncias. Os dois primeiros exemplos (**A** e **B**) ilustram a transferência de calor. O terceiro exemplo (**C**) mostra a troca gasosa. (**A**) A troca concorrente descreve a condição em que líquidos separados fluem na mesma direção. Como o gradiente de temperatura entre os líquidos é alto quando eles entram nos tubos e mais baixo quando saem, a diferença média na troca de calor entre os dois líquidos é relativamente alta. O líquido no tubo 2 está a 10°C quando entra e a 20°C quando sai. (**B**) Na troca em contracorrente, os líquidos passam em direções opostas dentro dos dois tubos, de modo que a diferença de temperatura entre eles permanece relativamente baixa ao longo de toda a sua extensão. O líquido no tubo 2 está a 10°C quando entra e a 28°C quando sai. Portanto, mais calor é transferido na troca em contracorrente que na troca concorrente. (**C**) Em uma troca em corrente cruzada, cada ramo capilar passa por um capilar de ar, em ângulos quase retos com ele, e capta oxigênio. Os níveis de oxigênio aumentam de maneira seriada no sangue que sai. As setas indicam a direção do fluxo.

partida, ambas as correntes de água se aproximam da média de suas duas temperaturas iniciais (Figura 4.43 A). Se tomarmos os mesmos tubos e as mesmas temperaturas de início, mas em correntes com direções opostas, teremos uma troca em contracorrente; a transferência de calor se torna muito mais eficiente que se ambas as correntes fluíssem na mesma direção (Figura 4.43 B). Um fluxo em contracorrente mantém um diferencial entre as duas correntes que passam durante todo seu trajeto, não só no ponto inicial de contato. O resultado é uma transferência muito mais completa de calor da corrente quente para a fria. Quando os tubos estão separados, a corrente fria é quase tão quente quanto a quente adjacente. Em contrapartida, a corrente quente dá mais de seu calor nessa troca em contracorrente, de modo que sua temperatura cai até quase aquela da corrente fria que entra.

Esse princípio físico de troca em contracorrente pode ser incorporado na constituição de muitos organismos viventes. Por exemplo, aves endotérmicas que vivem em clima frio poderiam perder muito calor corporal na água gelada se o sangue quente circulasse em seus pés quando expostos à água fria. A reposição desse calor perdido poderia ser dispendiosa. Uma troca de calor em contracorrente entre o sangue quente que circula nas artérias que suprem os pés e o sangue frio que retorna pelas veias impede a perda de calor nas aves aquáticas. Na parte superior das pernas dessas aves, pequenas artérias ficam em contato com pequenas veias, formando uma **rede** de vasos retorcidos entre si. Como o sangue arterial nesses vasos passa em direções opostas à do sangue venoso, é estabelecido um sistema de troca de calor em contracorrente. Quando o sangue das artérias alcança os pés, já passou quase todo seu calor para o sangue que retorna para o corpo pelas veias. Assim, há pouca perda de calor pelos pés na água fria. O sistema em contracorrente da rede forma um **bloco de calor**, impedindo a perda do calor corporal para o meio circundante. Estimativas indicam que a rede é tão eficiente na transferência de calor que, se pingarmos água fervente nas artérias de uma ave aquática em uma extremidade e gelada nas veias na outra extremidade, a queda na temperatura dos vasos sanguíneos dos pés será inferior a 1/10.000 de um grau.

A respiração em muitos peixes também se caracteriza por uma troca em contracorrente. A água rica em oxigênio flui através das brânquias, que contêm capilares sanguíneos com pouco oxigênio fluindo na direção oposta. Como a água e o sangue passam em direções opostas, a troca de gás entre os dois líquidos é muito eficiente.

Nos pulmões das aves, e talvez em outros animais, a troca de gases se baseia em outro tipo de fluxo, uma troca em corrente cruzada, feita por etapas, entre o sangue e o ar nos capilares. Como os capilares sanguíneos cruzam com os capilares aéreos, nos quais ocorre troca de gases, em ângulos quase retos, é criada uma corrente cruzada (Figura 4.43 C). Os capilares sanguíneos seguem em sequência a partir de uma arteríola para suprir cada capilar aéreo. Quando os capilares sanguíneos cruzam com um capilar aéreo, o oxigênio passa para a corrente sanguínea e o CO_2 para o ar. Cada capilar sanguíneo contribui em etapas para o nível crescente de oxigênio na vênula à qual se une. As pressões parciais variam ao longo do comprimento de um capilar aéreo, mas o efeito aditivo desses capilares sanguíneos em série é criar níveis eficientes de oxigênio no sangue venoso à medida que ele sai dos pulmões.

Óptica

A luz traz informação sobre o ambiente. Cor, claridade e direção chegam codificadas na luz. A decodificação dessa informação é tarefa dos órgãos fotossensíveis. Entretanto, a capacidade de tirar proveito dessa informação é afetada pelo que o animal vê na água ou no ar, bem como pela sobreposição dos campos visuais dos dois olhos.

Percepção de profundidade

A posição dos olhos na cabeça determina a visão panorâmica e a percepção de profundidade. Quando as aves estão posicionadas lateralmente, são visualizadas metades separadas do meio à sua volta e o campo de visão total em dado momento é extenso. Quando os campos visuais não se sobrepõem, o animal tem **visão monocular**. É comum animais destinados a servir como presas levantarem a cabeça e olhar o ambiente em várias direções para detectar a aproximação de ameaças potenciais. A visão monocular estrita, em que os campos visuais dos dois olhos são totalmente separados, é relativamente rara. Feiticeiras, lampreias, alguns tubarões, salamandras, pinguins e baleias têm visão monocular estrita.

Quando os campos visuais se sobrepõem, a visão é **binocular**. A sobreposição extensa dos campos visuais caracteriza os seres humanos. Temos até 140° de visão binocular, com 30° de visão monocular de cada lado. A visão binocular é importante em aves (até 70°), répteis (até 45°) e alguns peixes (até 40°). Na área de sobreposição, os dois campos visuais emergem em uma única **imagem estereoscópica** (Figura 4.44). A vantagem da visão estereoscópica é dar uma sensação de percepção profunda. Quando fechamos um olho e olhamos o ambiente à nossa volta, temos uma demonstração de quanto perdemos da sensação de profundidade quando usamos o campo visual de apenas um olho.

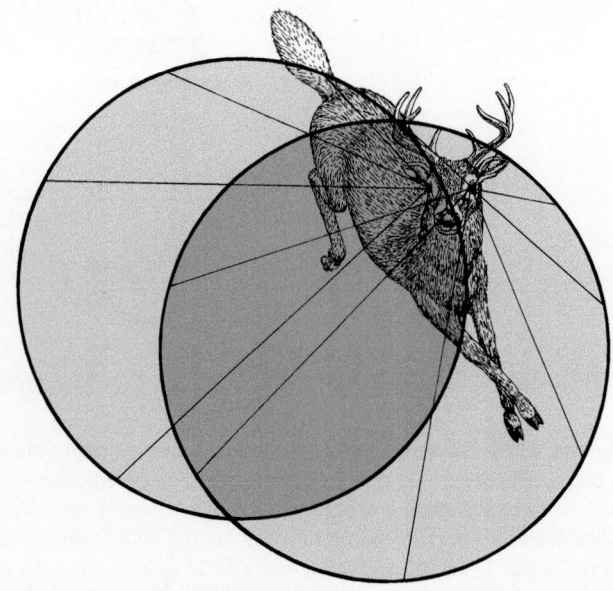

Figura 4.44 Visão estereoscópica. Onde os campos visuais cônicos do cervo se sobrepõem, produzem a visão estereoscópica (*área sombreada*).

A percepção de profundidade resulta da maneira pela qual o cérebro processa a informação visual. Na visão binocular, o campo visual que cada olho alcança é dividido no cérebro. Na maioria dos mamíferos, metade vai para o mesmo lado e a outra metade cruza para o lado oposto do cérebro via o **quiasma óptico**. Para dada parte do campo visual, os estímulos provenientes de ambos os olhos são levados juntos para o mesmo lado do cérebro, dentro do qual a **paralaxe** das duas imagens é comparada. Paralaxe é a imagem ligeiramente diferente que se tem de um objeto distante quando visto de dois pontos diferentes. Olhe um poste de iluminação distante de uma posição; depois pare a alguns metros lateralmente e olhe outra vez dessa nova posição. Pouco mais de um lado do poste pode ser visto e menos ainda do lado oposto; a posição do poste com relação aos pontos de referência ao fundo também muda. O sistema nervoso leva vantagem da paralaxe resultante da posição do olho. Cada imagem visual captada em cada olho fica ligeiramente afastada da outra por causa da distância entre os olhos. Embora essa distância seja pequena, é bastante para o sistema nervoso produzir uma sensação de profundidade resultante das diferenças na paralaxe.

Percepção de profundidade e visão estereoscópica (Capítulo 17)

Acomodação

O foco agudo de uma imagem visual sobre a retina é denominado **acomodação** (Figura 4.45 A). Os raios luminosos de um objeto distante incidem no olho em um ângulo ligeiramente diferente dos raios de um objeto mais próximo. À medida que um vertebrado dirige seu olhar de objetos próximos para distantes de interesse, o olho tem de se adaptar, ou acomodar, para manter a imagem em foco. Se a imagem for além da retina, resulta em **hipermetropia**, ou visão longa. Uma imagem focada na frente da retina produz **miopia**, ou visão curta (Figura 4.45 B e C)

O cristalino e a córnea são especialmente importantes para focalizar a luz que entra. Sua tarefa é afetada de maneira considerável pelo **índice de refração** dos meios através dos quais a luz passa, uma medida dos efeitos da inclinação da luz que passa de um meio para outro. O índice de refração da água é si-

milar ao da córnea, de modo que, quando a luz passa através da água para a córnea nos vertebrados aquáticos, há pouca alteração na inclinação com que ela converge sobre a retina. No entanto, quando a luz passa através do ar para o meio líquido da córnea nos vertebrados terrestres, ela se inclina consideravelmente. De maneira semelhante, os animais aquáticos que veem um objeto no ar precisam compensar a distorção produzida pelas diferenças nos índices de refração do ar e da água (Figura 4.46). Como uma consequência dessas diferenças ópticas básicas, os olhos são designados para funcionar na água ou no ar. A visão subaquática não é necessariamente fora de foco. Ela segue o caminho para nossos olhos adaptados ao ar quando saltamos em uma corrente transparente e tentamos focalizar os olhos em algo. Se colocarmos uma bolsa de ar na frente de nossos olhos (p. ex., uma máscara de mergulho), o índice de refração de nossos olhos designados para se acomodar retorna e as coisas ficam nítidas.

A acomodação pode ser conseguida por mecanismos que alteram o cristalino e a córnea. As feiticeiras e lampreias têm um músculo na córnea que muda a maneira com que ela focaliza a luz que entra. Nos elasmobrânquios, um músculo transferidor especial modifica a posição do cristalino dentro do olho, de modo que ele é designado para foco na visão a distância. Para eles verem objetos próximos, o músculo transferidor movimenta o cristalino para a frente. Na maioria dos amniotas, a curvatura do cristalino se modifica para acomodar o foco do olho nos objetos próximos ou distantes. Os músculos ciliares agem sobre o cristalino para modificar sua forma e, assim, alterar sua capacidade de focalizar a luz que passa (o que, por sua vez, nada tem a ver com os cílios microscópicos).

Os olhos e mecanismos de acomodação (Capítulo 17)

Figura 4.46 Refração. As diferenças nos índices de refração da água e do ar causam uma inclinação dos raios luminosos que entram na água a partir do inseto. O resultado faz com que o inseto pareça estar em uma posição diferente daquela em que realmente está, indicada pelas linhas tracejadas. O peixe-arqueiro tem de compensar isso para lançar um esguicho de água com precisão e captar a imagem real, não a imaginária.

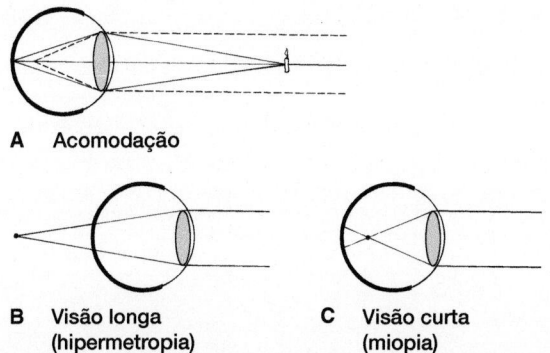

A   Acomodação

B   Visão longa   C   Visão curta
(hipermetropia)   (miopia)

Figura 4.45 Acomodação. A. Visão normal é aquela em que a imagem, linhas contínuas, está em foco na retina do olho. **B.** Condição de visão mais longa (hipermetropia), em que o cristalino leva os raios luminosos para um foco atrás da retina. **C.** Condição de visão mais curta (miopia), em que o foco mais agudo está na frente da retina.

Resumo

Tamanho importa; forma também. Como qualquer outra característica de um organismo, o tamanho e a forma têm consequências na sobrevivência. Organismos grandes têm menos inimigos sérios. Organismos pequenos passam a ter força em número. No entanto, o tamanho e a forma têm consequências físicas, em si mesmas e decorrentes delas. Para um animal pequeno, a gravidade quase não representa perigo. Lagartos pequenos escalam paredes e andam nos tetos. Já para animais grandes, a gravidade pode ser uma ameaça maior que predadores. Como J. B. S. Haldane nos lembra, por causa das diferenças de escala, uma alteração de tamanho requer inevitavelmente uma modificação na forma. Na biologia, isso não é uma razão, mas sim uma consequência necessária da geometria. A área de superfície aumenta rapidamente com o aumento de tamanho, uma escala proporcional ao quadrado das dimensões lineares; o volume (a massa) é afetado ainda mais, aumentando em proporção equivalente ao cubo das dimensões lineares. Inevitavelmente, organismos maiores têm relativamente mais massa com que lidar e, em consequência, os sistemas de sustentação e locomoção devem ser constituídos de maneiras diferentes e mais fortes para satisfazer as demandas físicas que acompanham o tamanho maior.

Alterações na forma proporcionais ao tamanho, o que se denomina *alometria*, são comuns durante o crescimento de um organismo jovem até se tornar um adulto maior e podem ser ilustradas com gráficos ou grades de transformação. O resultado, com relação ao tamanho do corpo, geralmente é acelerar o desenvolvimento de uma parte do corpo, que atinge seu tamanho total mais tarde na vida, quando o adulto já está grande e amadurecido o suficiente para usá-la. A forma é importante para os animais que se movem com velocidades significativas através de fluidos. Uma forma delgada, no fluxo de um fluido, ajuda a reduzir o arrasto que, do contrário, retardaria a progressão. Na vertical, uma nadadeira usa o arrasto do perfil para gerar forças. Uma forma favorável, como linha de corrente, estimula o fluxo suave, sem separação. O número de Reynolds nos diz como as alterações no tamanho e na forma poderiam afetar o desempenho de um animal em um fluido, além de enfatizar a importância de ambos para satisfazer as demandas físicas do ambiente fluido.

As forças, produzidas por músculos, são transmitidas por meio de alavancas, o sistema esquelético. As leis de Newton do movimento identificam as forças físicas que um animal enfrenta, surgidas da inércia, do movimento e da ação/reação. Ao iniciar o movimento, o sistema de osso e músculo supera a inércia, acelera os membros ou o corpo em movimento e o contato com um fluido ou o solo dá retorno com as forças de reação. Os músculos colocam uma força em um sistema de alavanca e este gasta aquela força como parte de uma tarefa. A razão entre saída e ganho representa a vantagem mecânica, uma das maneiras de expressar se um músculo tem uma alavancagem que aumenta a força de saída ou a velocidade com que ela é gasta. As cadeias de ossos articulados funcionam como máquinas para transferir as forças de ganho de uma parte do mecanismo para outra.

Ao transmitir ou receber forças, o próprio sistema de osso e músculo fica exposto a estresses, como as forças de compressão, tensão ou cisalhamento. O nível de falha sob cada uma é diferente, com os ossos em geral mais resistentes à compressão e mais suscetíveis à ruptura por cisalhamento. Além disso, os estresses resultantes são transferidos de maneira desigual dentro do elemento esquelético. A lei de Wolff lembra que o osso sofre remodelação interna proporcional ao nível e à distribuição desses estresses.

Também abordamos os fundamentos da difusão de gases e a óptica, que aplicaremos mais amplamente em vários capítulos adiante.

Neste capítulo, reconhecemos que os organismos enfrentam demandas físicas que põem em perigo sua sobrevivência. Em consequência, voltamos à disciplina que estuda tal relação física entre constituição ou projeto e as demandas, a engenharia. A partir disso, aplicamos os conhecimentos de biomecânica e biofísica para entender mais sobre as bases adaptativas da arquitetura animal.

História da Vida

Introdução

O político inglês Benjamin Disraeli dizia que "a juventude é uma ilusão; a idade adulta, uma batalha; a velhice, um arrependimento". O desdobramento de eventos normais desde a fase de embrião até a morte constitui a história da vida de um indivíduo. Se ela termina ainda na ilusão, durante a luta ou em arre-

pendimento, como propôs Disraeli, isso é assunto para os poetas. Para os biólogos, a história da vida começa com a fecundação, seguindo-se o desenvolvimento embrionário, a maturidade e, em alguns casos, a senescência, cada estágio sendo o prelúdio do subsequente. O **desenvolvimento** embrionário, ou **ontogenia**, estende-se da fecundação ao nascimento ou à eclosão. Durante esse tempo, uma única célula, o óvulo, é fecundada e se

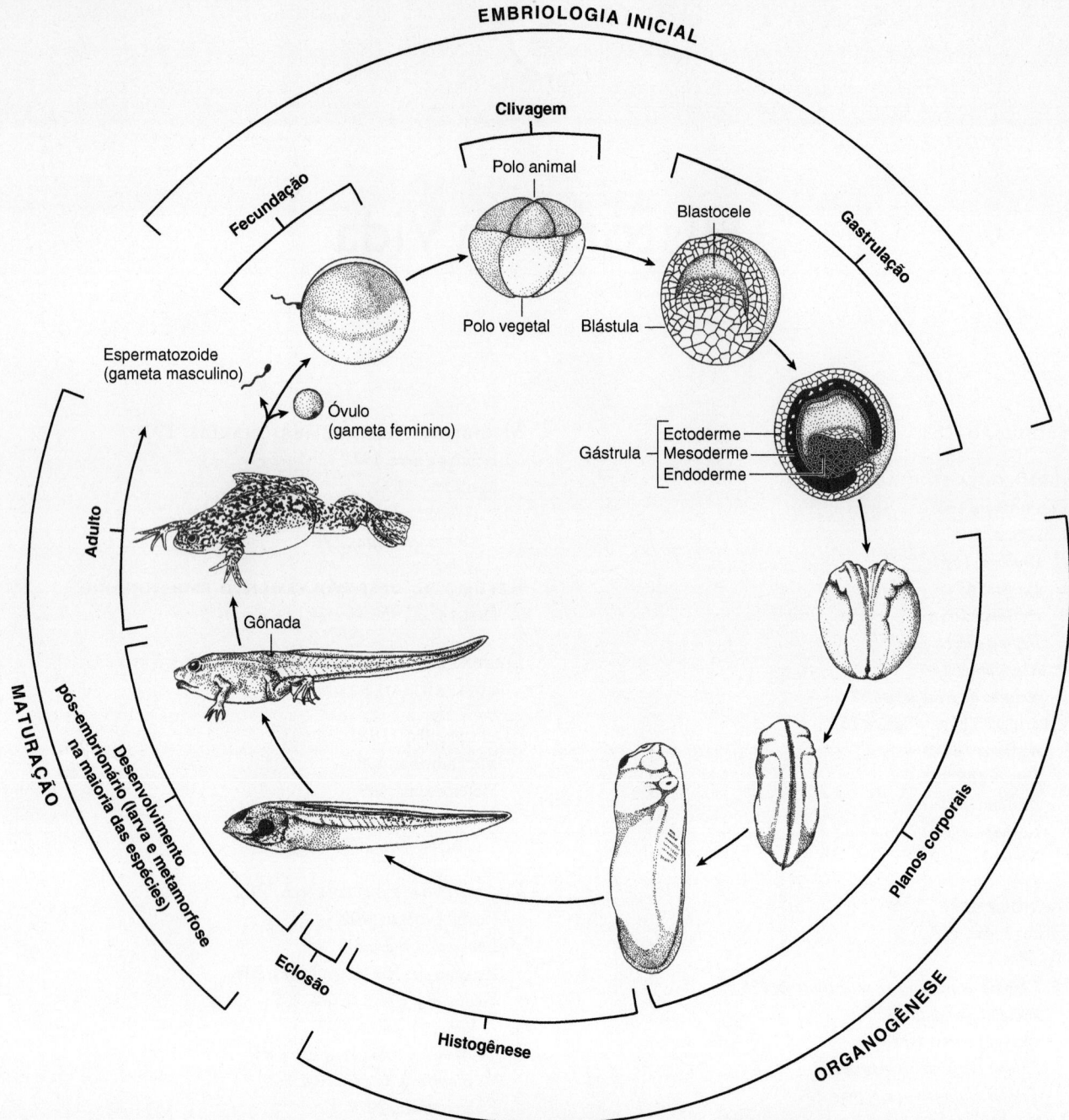

Figura 5.1 De uma única célula a milhões de células – ciclo biológico de uma rã. Um espermatozoide fecunda o óvulo de célula única, e a divisão celular (clivagem) começa, desenvolvendo-se em uma blástula multicelular com o centro cheio de líquido (blastocele). Em seguida, os rearranjos principais (gastrulação) das camadas celulares em formação (ectoderme, mesoderme, endoderme) levam a um estágio embrionário em que essas células embrionárias formativas dão origem aos órgãos (organogênese) e tecidos específicos (histogênese). Ao eclodir, a larva se alimenta e cresce, acabando por sofrer uma modificação anatômica importante (metamorfose), tornando-se uma rã jovem e, logo, adulta, que se reproduz para repetir esse ciclo.

divide em milhões de células, a partir das quais a organização estrutural básica do indivíduo toma forma. A maturidade inclui o tempo desde o momento do nascimento até a maturidade sexual e está relacionada ao crescimento de tamanho e à aquisição de habilidades aprendidas, bem como ao aparecimento de características anatômicas que distinguem o adulto pronto para se reproduzir. Antes de estarem aptos para a reprodução, os indivíduos são denominados jovens ou imaturos. Quando o jovem e

o adulto são muito diferentes na forma e a mudança de um para outro ocorre de maneira abrupta, a transformação se denomina **metamorfose**. Um exemplo familiar de metamorfose é a transformação de um girino em uma rã (Figura 5.1).

A perda do vigor e da capacidade reprodutiva acompanha a **senescência**, ou o **envelhecimento**, um fenômeno conhecido em seres humanos, mas raro em animais silvestres. De fato, animais senescentes geralmente servem de alimento ocasional, mas de fácil obtenção, para predadores. A maioria dos exemplos entre outros animais que não os seres humanos vem de zoológicos, porque, no caso, os animais são poupados do destino natural de seus semelhantes de vida livre. São conhecidos poucos exemplos de senescência na vida selvagem. Algumas espécies de salmão envelhecem rapidamente após a desova e morrem em questão de horas. Indivíduos idosos de espécies sociais ocasionalmente sobrevivem, como canídeos e primatas superiores. Entretanto, os seres humanos são incomuns entre os vertebrados porque os indivíduos idosos costumam ter vida longa após a fase reprodutiva. Mesmo antes dos medicamentos e cuidados de saúde, capazes de prolongar a vida, os cidadãos idosos caracterizavam sociedades humanas ancestrais. O valor da velhice para as sociedades humanas não está nos seus serviços como guerreiros, caçadores ou lavradores, porque já perderam o vigor físico, nem na sua capacidade de procriação. Talvez as pessoas idosas tenham sido valorizadas porque podiam cuidar das crianças e eram como bibliotecas ambulantes, repositórios de conhecimento adquirido em toda uma vida plena de experiências. Quaisquer que sejam as razões, a maioria das sociedades humanas é incomum na proteção aos indivíduos idosos, dando a eles segurança e não os entregando aos lobos.

Embriologia inicial

Na outra extremidade da história da vida de um indivíduo estão os eventos da embriologia inicial, um estudo complexo e fascinante em si (ver Figura 5.1). O desenvolvimento embrionário contribuiu muito para a biologia e a morfologia evolutivas. No início do desenvolvimento, as células do embrião se transformam ao acaso nas três camadas germinativas primárias: **ectoderme**, **mesoderme** e **endoderme**. Cada uma, por sua vez, origina regiões específicas que formam os órgãos do corpo. As estruturas de duas espécies que passam por etapas bastante semelhantes de desenvolvimento embrionário podem ser consideradas evidência de homologia entre essas estruturas. A homologia próxima confirma a relação filogenética de ambas as espécies.

Embora o desenvolvimento embrionário seja um processo contínuo, sem interrupções, reconhecemos estágios em sua progressão que servem para acompanharmos os eventos e compararmos os processos de desenvolvimento entre grupos. O estágio mais jovem do embrião é o óvulo fecundado, ou **zigoto**, que se desenvolve subsequentemente nos estágios de **mórula**, **blástula**, **gástrula** e **nêurula**. Durante esses estágios iniciais, a **área embrionária** fica delineada a partir da **área extraembrionária** que sustenta o embrião ou libera nutrientes, mas não se torna parte do próprio embrião. O embrião delineado primeiro se organiza em camadas germinativas básicas e, então, passa pela **organogênese** (termo que significa "formação dos órgãos"), durante a qual as camadas germinativas bem estabelecidas se diferenciam nos órgãos específicos.

Fecundação

A união de duas células sexuais maduras, ou **gametas**, constitui a fecundação. O gameta masculino é o **espermatozoide**, e o gameta feminino, o **óvulo**. Cada um leva o material genético do respectivo genitor. Ambos são **haploides** na maturidade, com cada um contendo metade dos cromossomos de cada genitor. A passagem do espermatozoide através das camadas externas do óvulo põe em movimento, ou **ativa**, o desenvolvimento embrionário.

Embora um ovo possa ser muito grande, como o da galinha, é uma única célula com núcleo, citoplasma e membrana celular, ou **membrana plasmática**. Enquanto ainda está no ovário, acumula **vitelogenina**, uma forma de transporte de vitelo (a gema) produzida no fígado da fêmea e levada para sua corrente sanguínea. Uma vez no óvulo, a vitelogenina é transformada em **plaquetas vitelinas**, que consistem em estoques de nutrientes que ajudam a satisfazer as necessidades de crescimento do embrião em desenvolvimento. A quantidade de vitelo que se acumula no óvulo é específica de cada espécie. Óvulos com quantidades pequenas, moderadas ou imensas de vitelo são **microlécitos**, **mesolécitos** ou **macrolécitos**, respectivamente (Tabela 5.1). Além disso, o vitelo pode estar distribuído de maneira uniforme (**isolécito**) ou concentrado em um polo (**telolécito**) no óvulo esférico. Quando o vitelo e outros constituintes estão dispostos de maneira desuniforme, o óvulo mostra uma **polaridade** definida por um **polo vegetal**, onde fica a maior parte do vitelo, e um **polo animal** oposto, onde fica o núcleo haploide proeminente.

A região imediatamente abaixo da membrana plasmática do óvulo é o seu **córtex**, que consiste em **grânulos corticais** especializados, ativados na fecundação. Fora da membrana plasmática, três envoltórios circundam o óvulo. O primeiro, o **envoltório primário**, fica entre a membrana plasmática e as células circundantes do ovário. O componente mais resistente dessa camada é a **membrana vitelina**, uma cobertura transparente de proteína fibrosa. Nos mamíferos, a estrutura homóloga se denomina **zona pelúcida**. Quando se observa a zona pelúcida ao microscópio óptico, uma linha fina estriada, antes denominada "zona radiada", parece constituir outro componente discreto dessa camada primária. No entanto, a microscopia eletrônica de alta resolução revela que a zona radiada não é uma camada separada, mas sim um efeito produzido pelo acúmulo denso de microvilosidades que se projetam da superfície do óvulo e se misturam com as que alcançam a parte interna das células circundantes do ovário. Esse acúmulo de microvilosidades aumenta a superfície de contato entre o óvulo e seu ambiente dentro do ovário. Após a fecundação, abre-se um **espaço perivitelino** entre a membrana vitelina e a plasmática.

Tabela 5.1 Comparação dos padrões de clivagem e acúmulo de vitelo em vertebrados representativos.		
Padrão de clivagem	**Acúmulo de vitelo**	**Animais representativos**
Holoblástico	Microlécito	Anfioxo
	Mesolécito	Lampreias, cações, ganoides, anfíbios
Meroblástico	Macrolécito	Elasmobrânquios e teleósteos
Discoidala	Macrolécito	Répteis, aves, monotremados

ᵃA clivagem discoidal é um caso extremo de clivagem mesoclástica.

O **envoltório secundário do óvulo** é composto por **células** ou **folículos ovarianos**, que o circundam imediatamente e ajudam na transferência de nutrientes para o óvulo. Na maioria dos vertebrados, as células foliculares saem do óvulo à medida que ele deixa o ovário. Entretanto, nos mamíferos eutérios, algumas células foliculares se fixam a ele, tornando-se a **coroa radiada**, que acompanha o óvulo em sua jornada até o útero. O espermatozoide bem-sucedido tem de penetrar as três camadas – de células foliculares (nos mamíferos eutérios), a membrana vitelina e a membrana plasmática.

O **envoltório terciário do ovo**, a cobertura exterior que o circunda, forma-se no oviduto. Em alguns tubarões, ele consiste em um estojo do ovo. Em aves, répteis e monotremados, inclui a casca, as membranas da casca e a albumina que envolve o ovo. A camada secundária é adicionada após a fecundação, quando o óvulo segue pelas tubas uterinas. Os vertebrados que depositam ovos encapsulados nessas cascas ou em outros envoltórios terciários são **ovíparos** (termo que significa "ovo" e "nascimento"). Quando os genitores constroem ninhos para manter os ovos aquecidos, diz-se que os ovos são **incubados**. Os vertebrados cujos embriões nascem sem tais envoltórios são **vivíparos** (termo que significa "vivo" e "nascimento"). O período de **gestação** inclui o tempo de desenvolvimento do embrião dentro da fêmea.

A viviparidade evoluiu de maneira independente centenas de vezes nos vertebrados. Muitas dessas ocasiões ocorrem em peixes, mas a maioria é observada nos escamados. Estranhamente, não se conhece circunstância de viviparidade em tartarugas, crocodilos ou aves, talvez porque usem a casca do ovo como reservatório de cálcio para o embrião quando seu próprio esqueleto sofre ossificação. Nos escamados, o cálcio é armazenado no vitelo embrionário, de modo que a perda evolutiva da casca do ovo não causa perda ao acesso às reservas de cálcio. A viviparidade evoluiu repetidas vezes nos escamados.

Em algumas espécies, a casca do ovo fica retida dentro dos ovidutos da fêmea até a eclosão ou sua expulsão. Logo em seguida, o jovem é liberado para o mundo a partir do oviduto. Tais padrões reprodutivos deixam claro para nós que temos de distinguir o ato de dar à luz do modo de fornecer nutrientes ao feto. Em termos específicos, **parturição** é o ato de nascimento dos vivíparos e **oviposição** é o ato de pôr ovos. O termo genérico **parição** inclui a parturição e a oviposição. Dois termos gerais descrevem os padrões de nutrição fetal: embriões que retiram nutrientes do vitelo do ovo são **lecitotróficos**, um tipo de nutrição que ocorre mediante a transferência direta de vitelo para a parte conectante do trato digestório, como em alguns peixes, ou pelas artérias e veias vitelinas que fornecem uma conexão vascular entre o embrião e suas reservas de vitelo; quando os nutrientes são obtidos de fontes alternativas, os embriões são **matrotróficos**. As placentas vasculares ou secreções do oviduto que liberam nutrientes são exemplos de matrotrofismo. Quando a prole recebe nutrientes após o nascimento ou a eclosão, o matrotrofismo pode continuar. Nos mamíferos, a liberação de nutrientes muda do matrotrofismo pré-parturição (placenta) para o matrotrofismo pós-parturição (lactação).

A liberação do óvulo pelo ovário é a **ovulação**. A fecundação geralmente ocorre logo em seguida. Com a fusão do óvulo com o espermatozoide, o número diploide de cromossomos é restaurado. A ativação do desenvolvimento, iniciada pela penetração do espermatozoide, desencadeia o processo subsequente, a **clivagem**.

Clivagem

Repetidas **divisões celulares** mitóticas do zigoto ocorrem durante a **clivagem**. Há pouco ou nenhum crescimento ou aumento de tamanho do embrião, mas o zigoto se transforma de uma célula única em massa de células denominada mórula. Por fim, forma-se a blástula multicelular e oca (Figura 5.2 A–C). Os **blastômeros** são as células que resultam dessas divisões iniciais por clivagem do ovo.

Os primeiros sulcos de clivagem surgem no polo animal e progridem na direção do polo vegetal. Onde o vitelo é escasso, como nos ovos microlécitos do anfioxo e dos mamíferos eutérios, a clivagem é **holoblástica** – os sulcos mitóticos passam sucessivamente por todo o zigoto, do polo animal para o polo vegetal. Depois que os primeiros sulcos fazem essa passagem, desenvolvem-se outros sulcos perpendiculares àqueles, até se formar uma bola oca de células em torno da cavidade interna cheia de líquido. Em termos estruturais, blástula é a bola oca de células em torno da cavidade interna denominada **blastocele**. Nos embriões em que o vitelo seja abundante, a divisão celular é impedida, a formação de sulcos mitóticos é mais lenta, e apenas parte do citoplasma sofre clivagem, denominada **meroblástica**. Em casos extremos, como nos ovos de muitos peixes, répteis, aves e monotremados, a clivagem meroblástica se torna **discoidal**, porque o material vitelino, extenso no polo vegetal, continua não dividido por sulcos mitóticos e a clivagem se restringe a um capuz de células em divisão no polo animal.

Em todos os grupos de cordados, a clivagem converte um zigoto de uma célula única em uma blástula multicelular oca. As variações no processo fundamental de clivagem resultam de diferenças características na quantidade das reservas acumuladas de vitelo. O padrão mais simples ocorre no anfioxo, em que há pouco vitelo. Os ovos de anfíbios têm substancialmente mais vitelo que os do anfioxo; os da maioria dos peixes, répteis, aves e monotremados contêm grandes reservas de vitelo; e os mamíferos eutérios têm pouco vitelo (Figura 5.2 A–D; ver Tabela 5.1).

Anfioxo

Os ovos do anfioxo são microlécitos. O primeiro plano de clivagem passa do polo animal para o polo vegetal, formando dois blastômeros. O segundo plano de clivagem ocorre em ângulos retos com o primeiro e também passa do polo animal para o vegetal, produzindo um embrião de quatro células que lembra uma laranja com quatro cortes na superfície. O terceiro plano de clivagem também se forma em ângulos retos com os dois primeiros e fica entre os polos, logo acima do equador, produzindo o estágio de oito células denominado mórula (ver Figura 5.2 A). Divisões subsequentes dos blastômeros, agora cada vez menos em sincronia uma com a outra, produzem a blástula de 32 células que circunda a blastocele cheia de líquido.

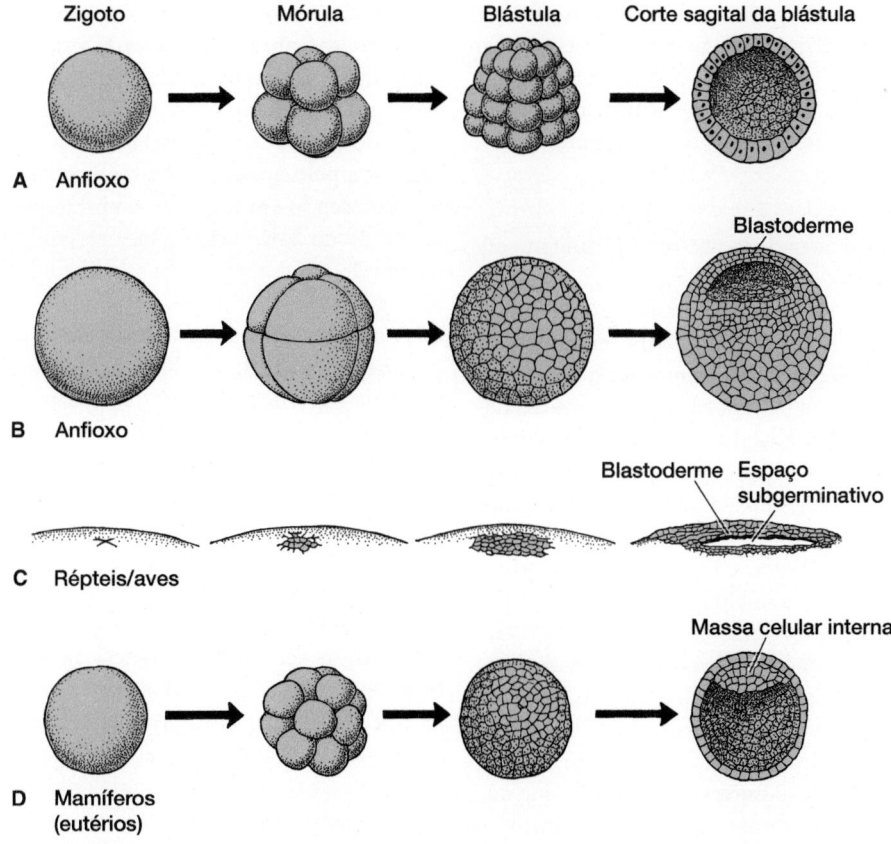

| Zigoto | Mórula | Blástula | Corte sagital da blástula |

A Anfioxo

Blastoderme

B Anfioxo

Blastoderme   Espaço subgerminativo

C Répteis/aves

Massa celular interna

D Mamíferos (eutérios)

Figura 5.2 Estágios de clivagem em cinco grupos de cordados. Os tamanhos relativos não estão em escala. **A.** Anfioxo. **B.** Anfíbio. **C.** Répteis e aves. **D.** Mamífero eutério.

Peixes

Nos ganoides e cações, a clivagem é holoblástica, embora os sulcos de clivagem do polo vegetal se formem lentamente. A maioria das divisões celulares se restringe ao polo animal (Figura 5.3). Os blastômeros no polo vegetal são relativamente grandes e contêm a maior parte das reservas de vitelo; aqueles no polo animal são relativamente pequenos e formam a **blastoderme**, um capuz de células arqueado sobre uma pequena blastocele. A blástula produzida é muito semelhante à dos anfíbios.

Nas feiticeiras, condrictes e na maioria dos teleósteos, a clivagem é fortemente discoidal, deixando a maior parte do citoplasma vitelino do polo vegetal não dividida (Figura 5.4 A–D). A clivagem dos teleósteos produz duas populações de células na blástula: a blastoderme, também denominada **blastodisco** por ser uma placa discreta de tecido embrionário, ou **disco embrionário** por destinar-se a formar o corpo do embrião, e o **periblasto**, uma camada sincicial bem aderida ao vitelo não clivado. Este último ajuda a mobilizar esse vitelo, de modo que possa ser usado pelo embrião em crescimento (ver, posteriormente, Figura 5.9).

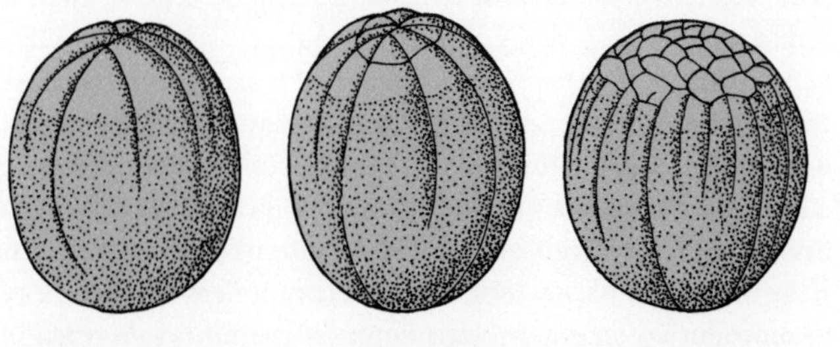

Anfíbios

Como nos ganoides e cações, os blastômeros do polo animal se dividem com mais frequência que os do vegetal, no qual se presume que a divisão celular seja mais lenta pela abundância

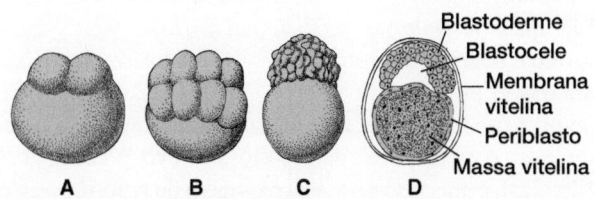

Blastoderme
Blastocele
Membrana vitelina
Periblasto
Massa vitelina

A   **B**   **C**   **D**

Figura 5.4 Clivagem discoidal em um teleósteo (peixe-zebra). A clivagem começa com o aparecimento do primeiro sulco mitótico (**A**). Após divisões mitóticas sucessivas (**B**), surge a blástula (**C**). Corte transversal da blástula (**D**). Um capuz de blastoderme fica na massa vitelina não clivada e uma membrana vitelina ainda está presente em torno de toda a blástula.

De Beams e Kessel, em Gilbert.

Figura 5.3 Clivagem holoblástica no cação, *Amia.*

De Korschelt.

de plaquetas vitelinas. Em consequência, as células do polo vegetal, tendo sofrido poucas divisões, são maiores que as do polo animal, mais ativo. Quando o estágio de blástula é alcançado, os pequenos blastômeros do polo animal constituem a blastoderme e formam um teto sobre a blastocele emergente.

Répteis e aves

Nos répteis e aves, o óvulo fecundado não produz diretamente um embrião. Em vez disso, as primeiras células em clivagem formam uma blastoderme que acaba se separando para formar um epiblasto (embrião futuro) e um holoblasto (estruturas de sustentação). O vitelo é tão prevalente dentro do polo vegetal que os sulcos de clivagem não passam totalmente através dele; portanto, a clivagem é discoidal. Os blastômeros resultantes da clivagem bem-sucedida se aglomeram no polo animal, formando a blastoderme (denominada *blastodisco* em termos descritivos nos répteis e nas aves), que fica no alto do vitelo não dividido (ver Figura 5.2 C). A expressão **espaço subgerminativo** se aplica à cavidade cheia de líquido entre a blastoderme e o vitelo nesse ponto do desenvolvimento.

A blastoderme se torna **bilaminar** (com duas camadas). As células em sua borda migram para frente, sob a blastoderme, na direção da futura extremidade anterior do embrião. Ao longo do caminho, essas células ficam unidas pelas que caem da blastoderme, evento conhecido como **ingresso**. As células que migram junto com as de ingresso formam o novo **hipoblasto**; as células restantes na blastoderme agora constituem o **epiblasto**. O espaço entre o hipoblasto recém-formado e o epiblasto é a blastocele comprimida.

Mamíferos

Nos mamíferos, o estágio de blástula se denomina **blastocisto**. Os três grupos vivos de mamíferos diferem nos seus modos de reprodução. Os mamíferos vivos mais primitivos, os monotremados, ainda se reproduzem como os répteis, pondo ovos com casca. Os marsupiais são vivíparos, mas o neonato nasce em um estágio muito precoce de desenvolvimento. Os mamíferos eutérios retêm o embrião dentro do útero até um estágio final no desenvolvimento e satisfazem a maioria de suas necessidades nutricionais e respiratórias por meio da placenta especializada. Por causa de tais diferenças, o desenvolvimento embrionário nesses três grupos será discutido separadamente.

▶ **Monotremados.** Nos monotremados, as plaquetas vitelinas se agrupam no óvulo para produzir um ovo macrolécito. Quando o óvulo é liberado do ovário, as células foliculares são deixadas para trás. A fecundação ocorre no oviduto, cujas paredes secretam primeiro uma camada "semelhante a albume" e, em seguida, uma casca coriácea, antes da deposição do ovo. A clivagem, que é discoidal, começa durante essa passagem do embrião pelo oviduto e origina a blastoderme, um capuz de células que fica por cima do vitelo não dividido. A blastoderme cresce em torno dos lados do vitelo e o envolve quase completamente (Figura 5.5 A).

▶ **Marsupiais.** Nos marsupiais, o óvulo só acumula quantidades modestas de vitelo. Quando há ovulação, ela é circundada por uma zona pelúcida, mas não tem células foliculares (falta a coroa radiada; Figura 5.5 B). Assim que o óvulo é fecundado, o oviduto acrescenta uma **camada mucoide** e, em seguida, uma fina **membrana da casca** externa que não é calcificada, mas, em geral, tem modo de formação, composição química e estrutura semelhantes aos da casca dos ovos dos monotremados e de alguns répteis ovíparos. Ela é uma camada acelular secretada pelo epitélio do lúmen da tuba uterina e do útero, permanecendo em torno do embrião por toda a clivagem e a formação do blastocisto, talvez servindo de sustentação para o embrião em desenvolvimento, liberado para o meio externo no final da gestação.

A clivagem inicial em marsupiais não resulta na formação de uma mórula. Em vez disso, os blastômeros se espalham em torno da superfície interna da zona pelúcida, formando uma **protoderme** de camada única em torno de um centro cheio de líquido. De início, o blastocisto é uma protoderme **unilaminar** (de camada única) em torno de uma blastocele. Mediante a captação de líquidos uterinos, o tamanho do blastocisto, do seu envoltório mucoide e das membranas da casca se expande. As células de um polo do blastocisto dão origem ao embrião e ao seu âmnio, enquanto as células restantes originam um **trofoblasto**. As células trofoblásticas ajudam a estabelecer o embrião durante sua breve estadia no útero, após o que participam da troca fisiológica entre os tecidos maternos e fetais, contribuem para as membranas extraembrionárias e, possivelmente, protegem contra a rejeição imunológica prematura da fêmea ao embrião antes do nascimento.

▶ **Eutérios.** Nos eutérios, o óvulo contém muito pouco vitelo quando é liberado do ovário, circundado pela zona pelúcida e por células foliculares aderidas, que formam a coroa radiada. Após a fecundação, a clivagem resulta na mórula, uma bola compacta de blastômeros ainda dentro da zona pelúcida e com uma camada mucoide externa acrescentada. O surgimento de cavidades cheias de líquido dentro da mórula precede o da blastocele. As células se organizam em torno da blastocele para formar o blastocisto. A zona pelúcida impede que o blastocisto se ligue prematuramente ao oviduto, para que chegue ao útero, quando abre um pequeno orifício na zona pelúcida, pelo qual se exterioriza. Nesse ponto, o blastocisto consiste em uma esfera externa de células trofoblásticas e massa interna de célula aglomeradas contra uma parede (Figura 5.5 C). O trofoblasto contribui para as membranas extraembrionárias, que irão estabelecer uma associação nutritiva e respiratória com a parede uterina. A massa interna de células contribui com mais membranas em torno do embrião e acaba por formar o corpo dele.

Recentemente se levantou uma dúvida sobre a homologia das camadas trofoblásticas nos eutérios e marsupiais. Os últimos não têm mórula nem a massa interna de células, além de também diferirem dos eutérios em outros aspectos da clivagem. Os termos *membrana coriovitelina* e *membrana corioalantoide* foram sugeridos para substituir a palavra *trofoblasto*, mas a questão não é só de nomes. Se o trofoblasto prova ser único dos eutérios, isso implica que surgiu como uma nova estrutura embrionária no Cretáceo, quando os mamíferos eutérios surgiram. Esse novo trofoblasto teria sido um componente vital no estilo reprodutivo emergente dos eutérios, permitindo a troca intrauterina prolongada entre os tecidos maternos e os fetais. No entanto, o trofoblasto dos marsupiais executa a maior parte das

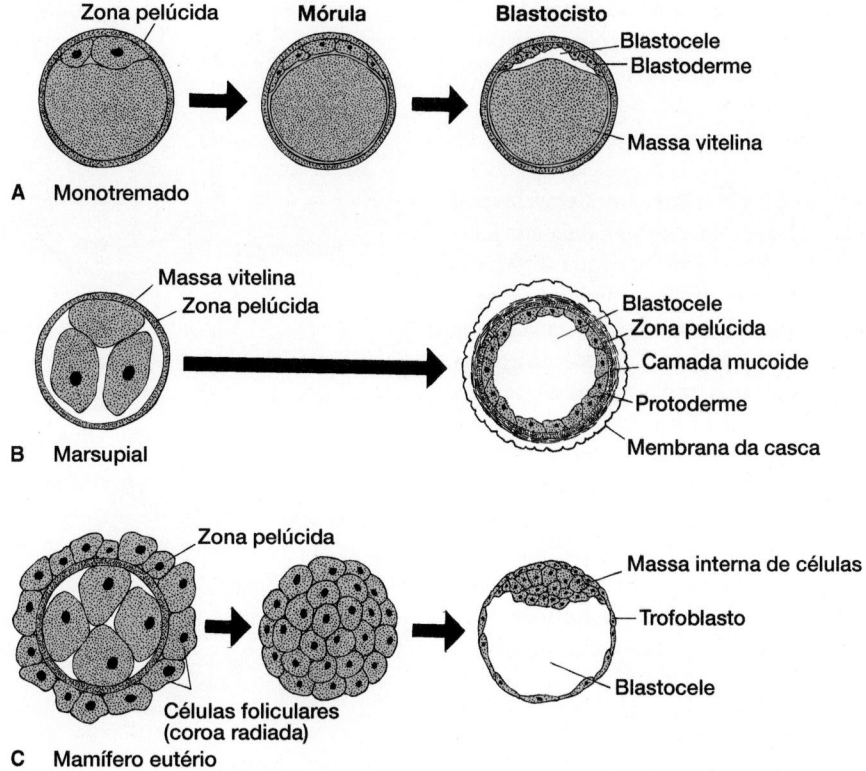

Figura 5.5 Clivagem em três grupos de mamíferos vivos. A. Monotremados exibem clivagem discoidal, com um blastocisto composto por um capuz de blastoderme acima do vitelo não clivado. **B.** Nos marsupiais, a clivagem não resulta em um estágio distinto de mórula composto por massa de células sólidas. Em vez disso, as células produzidas durante a clivagem se disseminam ao longo do lado interno da zona pelúcida e se tornam diretamente a protoderme. O oviduto produz uma camada mucoide e a membrana fina da casca. **C.** Os mamíferos eutérios passam de mórula para um blastocisto, onde as células ficam à parte, como uma massa celular interna e uma parede externa (o trofoblasto). Muito pouco vitelo está presente. Uma camada mucoide e a zona pelúcida estão presentes em torno da mórula, mas não são mostradas aqui.

Monotremados com base em Flynn e Hill.

mesmas funções que o dos eutérios. Até que a evidência seja mais persuasiva, vamos seguir o ponto de vista convencional de um trofoblasto homólogo em mamíferos eutérios e marsupiais.

Revisão da evolução dos mamíferos (Capítulo 3)

Resumo da clivagem

Durante a clivagem, divisões celulares repetidas produzem uma blástula multicelular, em que cada célula é uma parcela contendo, dentro de suas paredes, parte do citoplasma original do ovo. Como os ingredientes dentro do ovo polarizado original estavam distribuídos de maneira desigual, cada célula tem uma composição plasmática um pouco diferente da que tinha durante a migração para novas posições dentro do embrião. Em algumas espécies, a blástula inibe os líquidos uterinos, que aumentam seu tamanho, mas não o crescimento, pela incorporação de novas células. Durante a gastrulação, o estágio após a formação da blástula, a maioria das células chega aos seus destinos finais. Contudo, parte da capacidade inicial dessas células de se diferenciar ao longo de muitas vias diminuiu, de modo que a maioria das células nesse estágio está destinada a contribuir para apenas uma parte do embrião. Durante os estágios embrionários subsequentes, o destino das células fica ainda mais estreito, até que cada uma acaba se diferenciando em um tipo celular terminal.

Gastrulação e neurulação

As células do trofoblasto sofrem rearranjos importantes dentro do embrião até os estágios de gástrula e nêurula. **Gastrulação** (que significa "intestino" e "formação") é o processo pelo qual o embrião forma um tubo endodérmico distinto que constitui o intestino inicial. O espaço que ele encerra é a **gastrocele**, ou **arquêntero**. **Neurulação** (que significa "nervo" e "formação") é o processo de formação de um tubo ectodérmico, o **tubo neural**, precursor do sistema nervoso central que circunda uma **neurocele**. A gastrulação e a neurulação ocorrem simultaneamente em algumas espécies e incluem outros eventos embrionários com consequências a longo prazo. Durante esse tempo, as três camadas germinativas ocupam suas posições iniciais características: ectoderme no lado externo, endoderme revestindo o intestino primitivo e mesoderme entre ambas (Figura 5.6 A). As bainhas de mesoderme se tornam tubulares e a cavidade corporal resultante envolta por ela é o **celoma** (Figura 5.6 B).

A clivagem se caracteriza por divisão celular e a gastrulação pelos principais rearranjos de células. No final da gastrulação, grandes populações de células, originalmente na superfície da blástula, dividem-se e se disseminam na direção da parte interna do embrião, processo muito além do simples embaralhamento celular. Como resultado dessa reorganização, são estabelecidas de maneira estratégica as camadas de tecido e associações celulares dentro do embrião. O modo como são posicionadas é que vai determinar, em grande parte, suas interações subsequentes com as outras. As interações de um tecido com outro, ou indutivas, são alguns dos determinantes principais da posterior formação dos órgãos.

Embora o padrão de gastrulação varie consideravelmente entre os grupos de cordados, normalmente se baseia em poucos métodos de movimento celular em várias combinações. As células podem se disseminar pela superfície externa como uma unidade (**epibolia**) ou virar para dentro e, então, espalhar-se sobre a superfície interna (**involução**); uma parede de células pode fazer uma endentação ou, simplesmente, dobrar-se para dentro (**invaginação**); bainhas de células podem se dividir em camadas paralelas (**deslaminação**); ou células individuais da superfície podem migrar para o interior do embrião (**ingresso**).

Qualquer que seja o método, as células que se movem para o interior deixam para trás a bainha de células superficiais que constitui a ectoderme. O método mais comum de neurulação é a **neurulação primária**, em que o tubo neural é formado pelo dobramento da ectoderme dorsal. Em termos específicos, a ectoderme superficial se espessa em uma faixa de tecido que forma a **placa neural**, ao longo da qual será o lado dorsal e o eixo anteroposterior do embrião (ver Figura 5.6 A). Em tetrápodes, tubarões, peixes pulmonados e alguns protocordados, as margens da placa neural em seguida crescem para cima, em cristas paralelas que constituem as **dobras neurais** (ver Figura 5.6 B), que acabam se encontrando e fundindo na linha média, formando o tubo neural que encerra a neurocele (Figura 5.6 C) e está destinado a se diferenciar-se em cérebro e medula espinal (o sistema nervoso central). Pouco antes ou assim que as dobras neurais se fundem, algumas células dessas dobras ectodérmicas se separam e estabelecem uma população distinta de **células da crista neural**. No tronco do embrião, elas estão organizadas inicialmente em cordões, mas, na cabeça, elas formam bainhas. A partir de sua posição inicial logo após a formação do tubo neural, as células da crista neural migram ao longo de vias definidas para contribuir para vários órgãos. Tais células são exclusivas dos vertebrados e discutidas em detalhes mais adiante neste capítulo.

Em lampreias e peixes teleósteos (e na região da cauda de tetrápodes), a placa neural não forma diretamente um cordão nervoso tubular via dobramento. Em vez disso, o tubo neural se forma por um processo de **neurulação secundária** em que a neurocele surge via cavitação dentro de um cordão previamente sólido. Em termos específicos, a placa neural espessada se volta para dentro, a partir da superfície ao longo da linha média dorsal, formando diretamente um bastão *sólido* de células ectodérmicas, a **quilha neural**. Mais tarde, surge uma neurocele por cavitação dentro do centro da quilha neural previamente sólida, originando o tubo nervoso tubular dorsal característico. Como não há invaginação da placa neural para formar um tubo, em termos estritos, não há "crista" nos peixes que origine uma "crista" neural. Nas lampreias e peixes teleósteos, as células da crista neural se segregam a partir das bordas dorsolaterais da quilha neural. Daí em diante, seu comportamento e as contribuições para a formação de tecidos são similares aos observados nos tetrápodes. Tais células se organizam em populações

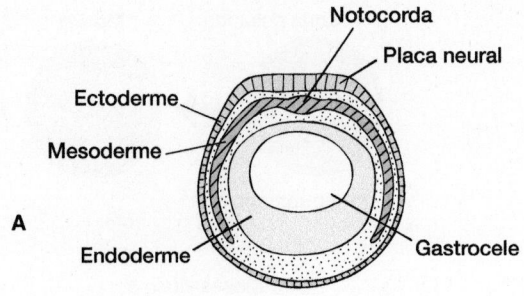

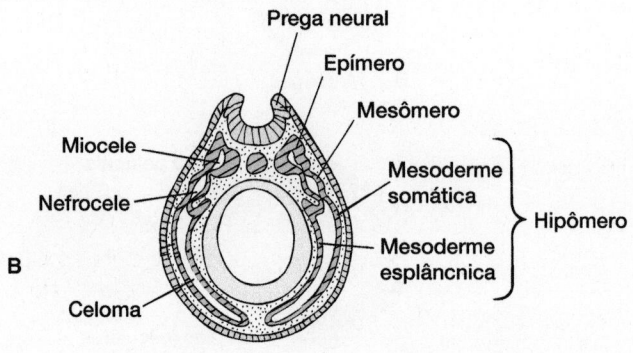

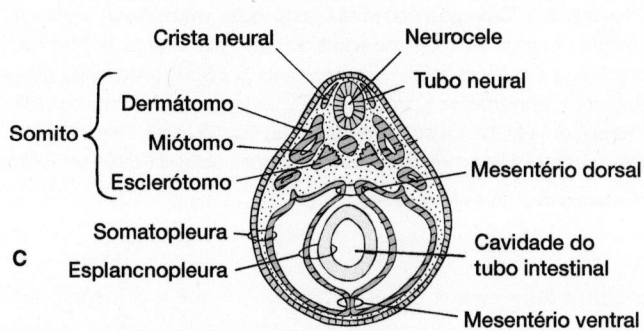

Figura 5.6 Etapas gerais na diferenciação sucessiva da mesoderme e do tubo neural. De início, a mesoderme fica entre as outras duas camadas germinativas (**A**) e se diferencia em três regiões principais: o epímero, o mesômero e o hipômero (**B**), cada uma originando camadas específicas e grupos de populações celulares derivadas da mesoderme (**C**). A neurulação começa com um espessamento dorsal da ectoderme em uma placa neural (A) que se dobra (B), e suas dobras se fundem em um tubo neural oco (C). Nota-se a formação e a separação da crista neural (C) das bordas da placa neural original. (Esta figura encontra-se reproduzida em cores no Encarte.)

distintas de células da crista, antes (tronco) ou após (craniais) começarem a migração ventral ao longo de vias distintas para localizações de diferenciação eventual.

A endoderme é derivada de células que se movem para o interior da superfície externa da blástula. Primeiro, a endoderme forma as paredes de um intestino simples, que se estende da extremidade anterior para a posterior do embrião. Porém, à medida que o desenvolvimento prossegue, evaginações do intestino e suas interações com outras camadas germinativas produzem glândulas associadas e seus derivados.

A mesoderme também é derivada de células que entram a partir da superfície externa da blástula. As células mesodérmicas proliferam à medida que se expandem em uma bainha de tecido em torno dos lados internos do corpo, entre a ectoderme externa e a endoderme interna. Ocasionalmente, em vez de formarem uma bainha, as células mesodérmicas se dispersam, produzindo uma rede de células frouxamente conectadas, denominada **mesênquima** (o termo **ectomesênquima** se aplica à confederação frouxa de células derivadas da crista neural). A notocorda surge da linha média dorsal entre bainhas laterais de mesoderme. Cada bainha lateral de mesoderme se diferencia em três regiões: um **epímero** dorsal ou **mesoderme paraxial**, um **mesômero** ou **mesoderme intermediária** e um **hipômero** ou **placa mesodérmica lateral** (ver Figura 5.6 B). A cavidade central dentro da mesoderme é o **celoma primário** ou **embrionário**. Partes do celoma embrionário se fecham na mesoderme, formando uma **miocele** dentro do epímero, uma **nefrocele** dentro do mesômero e um **celoma** simples (cavidade corporal) na placa mesodérmica lateral.

Dois processos podem produzir essas cavidades dentro da mesoderme. Na **enterocelia**, o método mais primitivo de formação de celoma em cordados, a cavidade interior é contida dentro da mesoderme quando, pela primeira vez, ele aponta para fora das outras camadas teciduais. Na **esquizocelia**, a mesoderme se forma, primeiro, como uma bainha sólida e se divide depois, para abrir a cavidade dentro dela. Ao se lembrar de que os vertebrados são deuterostômios, caracterizados por enterocelia, pode ser que se surpreenda ao aprender que a esquizocelia predomina nesse grupo como um todo. De fato, os cefalocordados e as lampreias são os únicos cordados em que o celoma se forma por enterocelia estrita. Isso levou muita gente a concluir que o método de formação do celoma não é um critério útil para caracterizar grupos superfiléticos. Outros afirmam que a ausência de enterocelia na maioria dos vertebrados provavelmente é uma condição secundária, derivada de ancestrais enterocélicos. A formação do celoma via divisão mesodérmica pode ser atribuída a modificações do desenvolvimento, talvez para acomodar estoques maiores de vitelo. De acordo com tal hipótese, a esquizocelia evoluiu de maneira independente em vertebrados e protostômios. Até esse dilema ser resolvido, vamos seguir a ideia de que a formação esquizocélica de celoma nos vertebrados é derivada de ancestrais enterocélicos.

Significado filogenético da formação de celoma (Capítulo 2)

A mesoderme paraxial (epímero) se forma como um par de condensações cilíndricas adjacentes e paralelas à notocorda. A mesoderme paraxial se organiza em aglomerados conectados de células mesenquimais levemente espiraladas, denominados **somitômeros**. Começando perto do pescoço e progredindo posteriormente, formam-se fendas entre os somitômeros, delineando aglomerados condensados separados anatomicamente de mesoderme, os **somitos**. Os somitômeros na cabeça permanecem conectados, podendo ser em número de sete nos amniotas e teleósteos, e quatro nos anfíbios e tubarões. Eles dão origem aos músculos estriados da face, das maxilas e da garganta, com o componente de tecido conjuntivo derivado da crista neural. O número de somitos, em série com os somitômeros, varia de acordo com a espécie e se divide em três populações mesodérmicas separadas. Essas populações de células somíticas contribuem para a musculatura da pele (**dermátomo**), a musculatura do corpo (**miótomo**) e as vértebras (**esclerótomo**). O mesômero origina partes do rim. À medida que o celoma se expande dentro do hipômero, bainhas internas e externas de células mesodérmicas são definidas. A parede interna do hipômero é a **mesoderme esplâncnica** e a parede externa é a **mesoderme somática** (ver Figura 5.6 B). Essas bainhas de mesoderme se associam à endoderme e à ectoderme, com que interagem depois para produzir órgãos específicos. Coletivamente, o par composto da bainha de mesoderme esplâncnica e da bainha adjacente de endoderme forma a **esplancnopleura**; a mesoderme somática e a ectoderme adjacente formam a **somatopleura** (ver Figura 5.6 C).

Anfioxo

A gastrulação no anfioxo ocorre por invaginação da parede vegetal (Figura 5.7 A). À medida que as células vegetais crescem para dentro, obliteram a blastocele. Em seguida, as células no lado interno se separam em endoderme e mesoderme. Alguns pesquisadores preferem enfatizar o potencial dessa camada única, chamando-a de futuras endoderme e mesoderme. Outros se referem a ela como **endomesoderme**, em reconhecimento a sua unidade presente. Por fim, a endomesoderme se move para cima contra a parede do lado interno da ectoderme e forma o intestino primitivo. A gastrocele se comunica com o exterior por meio do **blastóporo** (ver Figura 5.7 A). Em consequência, durante o início da gastrulação, o embrião se transforma de uma camada única de blastômeros em uma camada dupla de bainhas celulares que consistem em ectoderme e endomesoderme. Cada camada dará origem a tecidos e órgãos específicos do adulto.

A delineação da mesoderme ocorre durante a neurulação no embrião do anfioxo. Forma-se uma série de evaginações pares que saem da mesoderme. Essas cavidades emergem, tornando-se o celoma (Figura 5.7 B). À medida que as evaginações mesodérmicas pareadas tomam forma, a mesoderme na linha média dorsal entre elas se diferencia na **cordomesoderme**. Além de originar a notocorda, a cordomesoderme estimula a diferenciação da ectoderme sobrejacente no sistema nervoso central. A epiderme lateral à placa neural inicial se desprende e se move através da placa neural. Só depois que os dois lados se encontram e formam uma bainha contínua de epiderme é que o tubo neural abaixo fica arredondado (ver Figura 5.7 B). A mesoderme, então, fica delineada em epímero, mesômero e hipômero.

Peixes

A gastrulação, como a clivagem, é modificada em proporção com a quantidade de vitelo presente, a qual varia bastante de um grupo de peixes para outro, de modo que os padrões de gastrulação também são muito variados.

Em lampreias e peixes ósseos primitivos, o início da gastrulação é assinalado pelo aparecimento de uma endentação, cuja borda dorsal é o **lábio dorsal do blastóporo** (Figura 5.8 A–J), um local de organização importante dentro do embrião.

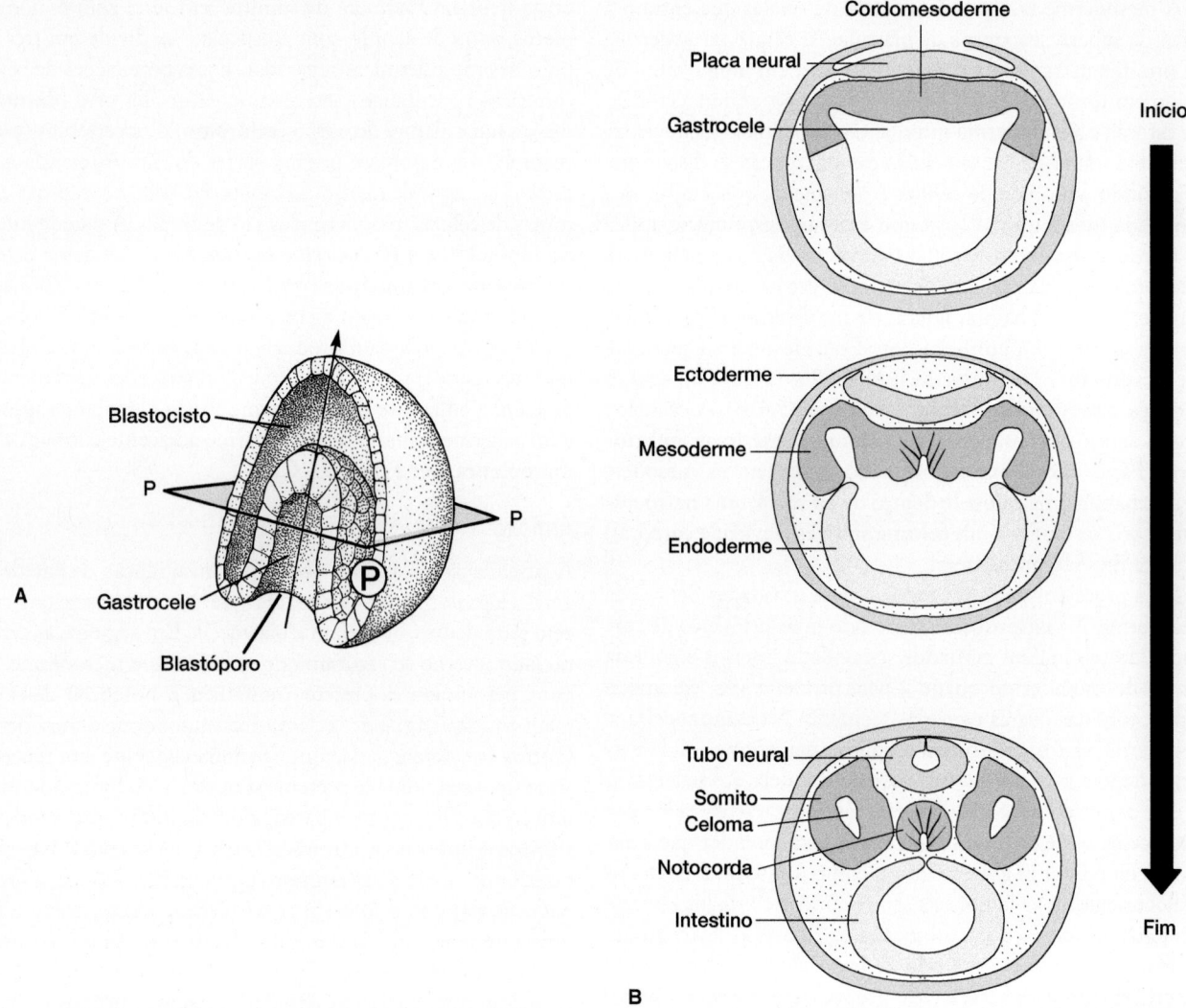

Figura 5.7 Gastrulação e neurulação no anfioxo. A. À esquerda, a invaginação no polo vegetal empurra as células para o interior da blástula. A blastocele acaba ficando obliterada e o novo espaço que essas células em crescimento definem se torna a gastrocele. A seta indica o eixo anteroposterior do embrião. **B.** Cortes transversais, sucessivamente mais antigos, ao longo do plano (*P*), definido na ilustração à esquerda (A). À medida que o desenvolvimento prossegue, surgem evaginações mesodérmicas que se exteriorizam, formando somitos, e deixam a endoderme para formar o revestimento do intestino. (A Figura 5.7 B encontra-se reproduzida em cores no Encarte.)

As células superficiais fluem para o blastóporo por epibolia, deslizam sobre o referido lábio, voltam-se para dentro e, então, começam a se disseminar ao longo do teto interno do embrião. Essas células superficiais que entram constituem a endomesoderme, nome que, mais uma vez, lembra-nos as duas camadas germinativas (endoderme e mesoderme) em que vão se separar. A endomesoderme circunda uma gastrocele e oblitera a blastocele à medida que cresce.

Durante a gastrulação em tubarões e peixes teleósteos, a blastoderme cresce sobre a superfície do vitelo, acabando por engolfá-lo completamente para formar o **saco vitelino** extraembrionário. Enquanto isso, a endomesoderme surge sob e nas bordas da blastoderme que está se disseminando (Figura 5.9 A e B). A endomesoderme é contínua com a camada superficial do blastoderme, mas sua fonte é discutível. Alguns alegam que é formada por células que fluem em torno da borda da blastoderme e para dentro. Outros, que as células profundas já no lugar se rearranjam

para produzir a endomesoderme. Seja qual for sua fonte embrionária, a endomesoderme tende a ser mais espessa na borda posterior da blastoderme, onde se concentra no **escudo embrionário** que produz o corpo do embrião (Figura 5.10 A–D).

A separação da endomesoderme em endoderme e mesoderme ocorre em seguida. Quando finalmente se separam, a endoderme é uma bainha achatada de células sobre o vitelo adjacente, mas não cresce em torno da massa inteira de vitelo. Até então, ainda não surgiu uma gastrocele reconhecível. A mesoderme forma a cordamesoderme na linha média. As células da cordamesoderme dão origem a notocorda e a placas laterais de mesoderme, que crescem em torno do vitelo. Portanto, o vitelo acaba envolto em uma membrana que consiste em periblasto, mesoderme e ectoderme, mas não endoderme.

A gastrulação se baseia em várias diferenças notáveis nos grupos de peixes. Em lampreias, o celoma é enterocélico, formando-se à medida que a mesoderme se exterioriza da endomesoderme.

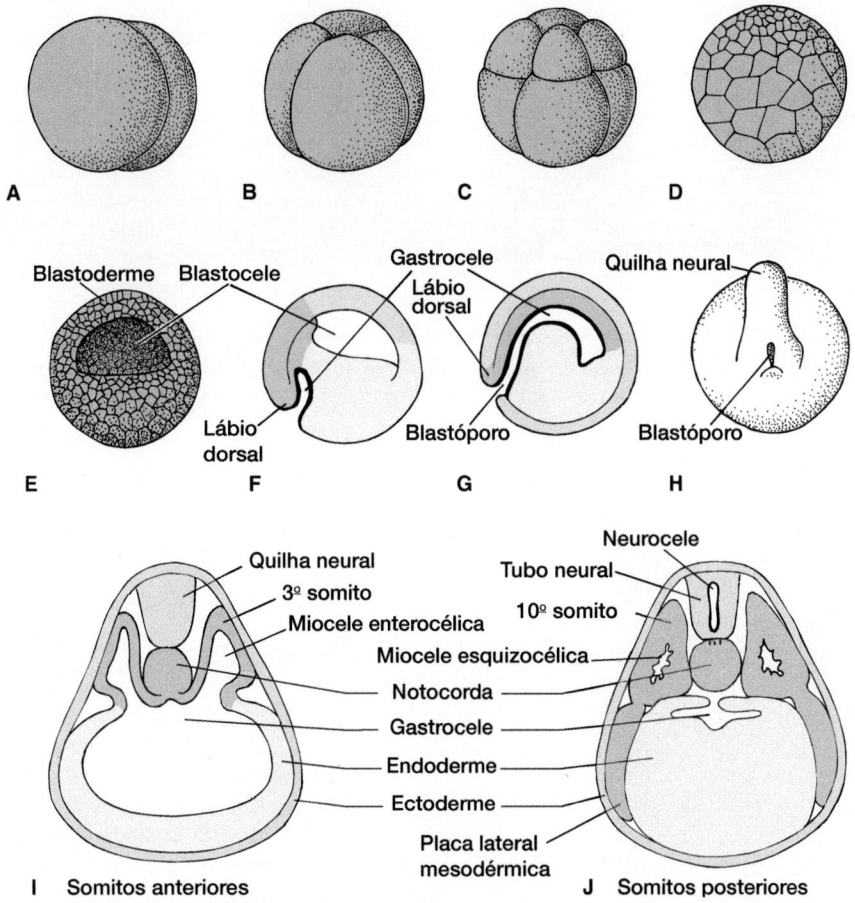

Figura 5.8 Desenvolvimento embrionário inicial na lampreia. (A–D) Estágios da clivagem que levam a uma blástula. **(E)** Corte transversal da blástula. **(F e G)** Corte transversal de estágios sucessivos na gastrulação. **(H)** Vista exterior de toda a gástrula. A formação da miocele dentro dos somitos é diferente na região anterior **(I)**, em comparação com a posterior **(J)**. Na região anterior, a miocele é enterocélica, mas, posteriormente, é esquizocélica. Não há formação de placa neural aberta. Em vez disso, um cordão sólido de células ectodérmicas vai para o interior da linha média dorsal, formando a quilha neural sólida. Esse cordão neural sólido de células se torna oco secundariamente, formando o cordão nervoso tubular dorsal característico. (Esta figura encontra-se reproduzida em cores no Encarte.)

De Lehman.

Isso é semelhante ao processo enterocélico no anfioxo e sugere que a enterocele representa o método primitivo de formação de celoma. Não sabemos como ocorre a formação de celoma nas feiticeiras, mas em todos os outros vertebrados o celoma se forma por esquizocelia, em que a bainha sólida de mesoderme se divide para abrir espaços que se tornam a cavidade corporal.

Anfíbios

Nos anfíbios, uma endentação superficial assinala o início da gastrulação e estabelece o lábio dorsal do blastóporo. Ocorrem três movimentos celulares principais e simultâneos. Primeiro, o movimento de células superficiais por epibolia cria uma corrente de células que flui na direção do blastóporo a partir de todas as direções (Figura 5.11 A). Em segundo lugar, essas células involuem sobre os lábios do blastóporo. Em terceiro, as células que entram se movem para locais específicos no embrião e os ocupam. As células que entram por tais vias migratórias se tornam parte da endomesoderme que circunda a gastrocele. A cordamesoderme, precursora da notocorda, surge mesodorsalmente dentro da endomesoderme. A separação da endo-

mesoderme em camadas germinativas distintas começa com o aparecimento de projeções pareadas de tecido em crescimento fora da parede lateral interna da endomesoderme e para cima, encontrando-se sob a notocorda em formação. Essas projeções pareadas de tecido, junto com a região ventral de endomesoderme carregada de vitelo, separam-se na própria endoderme. O resto da endomesoderme se torna a mesoderme. A partir de uma bainha sólida de células, a mesoderme cresce para baixo, entre a endoderme recém-delineada e a ectoderme externa. O epímero, o mesômero e o hipômero distintos se tornam evidentes na mesoderme, e, por esquizocelia, a camada mesodérmica sólida se divide, produzindo o celoma (Figura 5.11 B).

A gastrulação estabelece a endoderme e a ectoderme, oblitera a blastocele, forma a nova gastrocele e deixa um blastóporo parcialmente fechado por células carregadas com vitelo e não retiradas por completo no interior do embrião.

A neurulação nos anfíbios começa antes da endomesoderme se separar em suas camadas germinativas distintas. Como em todos os tetrápodes, a neurulação prossegue por espessamento da placa neural, que gira para cima no tubo neural oco

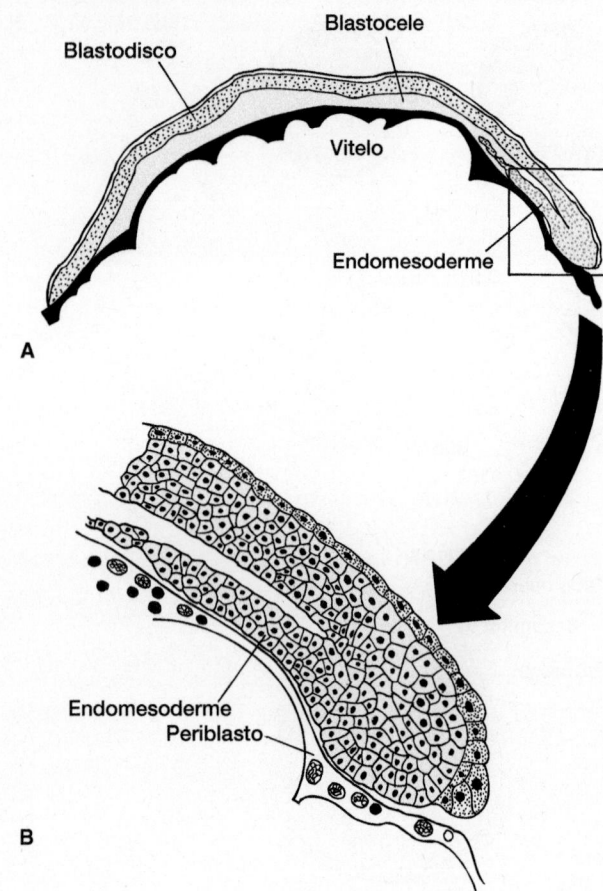

Figura 5.9 Gastrulação em um estágio inicial em um peixe teleósteo (truta). A. Corte transversal da blastoderme arqueada sobre uma blastocele comprimida. **B.** Vista aumentada da região posterior da blastoderme quando a segunda camada, a endomesoderme, aparece primeiro.

Figura de Boris I. Balinski. Introduction to Embryology. 5ᵗʰ ed., Figure 155 © 1981 Brooks/Cole, uma parte de Cengage Learning, Inc. Reproduzida, com autorização, de www.cengage.com/permissions.

(ver Figura 5.11 B). Uma vista externa do desenvolvimento de anuros, a partir da fecundação até o crescimento de opérculo e membros anteriores está ilustrada na Figura 5.12.

Répteis e aves

Nesses animais, acúmulos enormes de vitelo alteram os processos embrionários. A blástula achatada inclui o epiblasto superficial, o hipoblasto abaixo e a blastocele entre eles.

▶ **Répteis.** Os processos iniciais do desenvolvimento em répteis são pouco estudados em comparação com os das aves, mas presume-se que sejam basicamente os mesmos. Com base na morfologia dos embriões iniciais, os estágios da clivagem de répteis e aves são similares, como é a neurulação. Uma diferença notável é a gastrulação. Os répteis retêm um blastóporo discreto associado ao movimento de células durante a gastrulação; em aves, o blastóporo é perdido e a gastrulação envolve uma corrente de células pela linha primitiva (ver a seguir).

▶ **Aves.** O início da gastrulação é assinalado no epiblasto pelo aparecimento de uma área espessada, que será a região posterior do embrião, constitui a **linha primitiva** (Figura 5.13 A–D) e

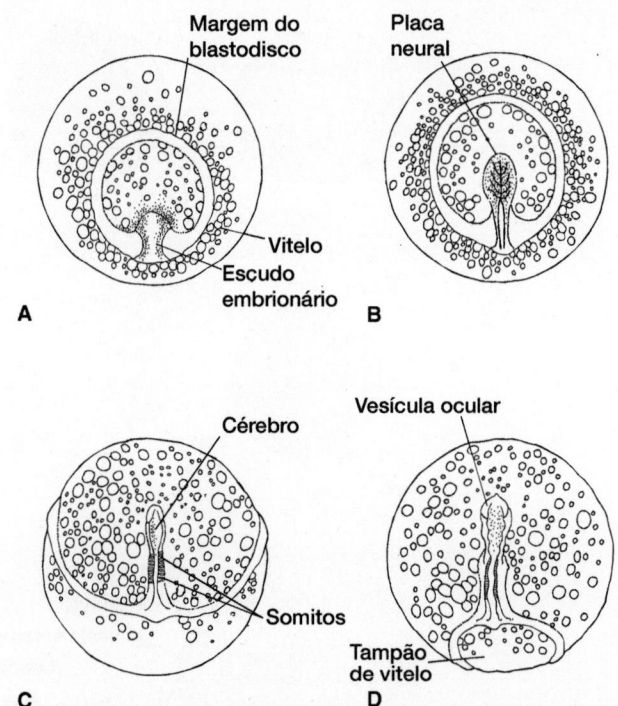

Figura 5.10 Diferenciação dentro do escudo embrionário de um peixe teleósteo (truta). A. Gastrulação inicial. **B.** Gastrulação tardia. **C.** Formação de regiões anteriores do embrião dentro do escudo embrionário. **D.** Blastoderme com o supercrescimento do vitelo quase completo.

Figura de Boris I. Balinski. Introduction to Embryology. 5ᵗʰ ed., Figure 156 © 1981 Brooks/Cole, uma parte de Cengage Learning, Inc. Reproduzida, com autorização, de www.cengage.com/permissions.

se origina como um aglomerado elevado de células denominado **nó primitivo** (nó de Hensen). O **sulco primitivo** é um canal estreito que fica abaixo do meio da linha primitiva. As células se disseminam pela superfície do epiblasto por epibolia e alcançam a linha primitiva, onde involuem nas margens da linha e entram no embrião. As células que entram por meio da linha primitiva contribuem para a mesoderme, disseminando-se entre o epiblasto e o hipoblasto, ou formam a endoderme descendo até o nível do hipoblasto, onde deslocam as células hipoblásticas, empurrando-as para a periferia (ver Figura 5.13 B).

No final da gastrulação, muitas células superficiais originalmente pertencentes ao epiblasto migraram para novas posições dentro do embrião. As células remanescentes na superfície agora constituem uma endoderme própria. As células em involução empurraram as células do hipoblasto para a área extraembrionária e, em seu lugar sobre o vitelo, estão as células recém-chegadas da endoderme embrionária. Entre a ectoderme e a endoderme está a mesoderme, também composta de células que chegam, por involução, através da linha primitiva. Ao longo da linha média, uma notocorda se diferencia dentro da mesoderme (ver Figura 5.13 C).

A neurulação (Figura 5.14) está relacionada à formação de um tubo neural a partir de uma placa neural precursora. No início da neurulação, as três camadas germinativas já foram delineadas (ver Figura 5.14 A) e a reorganização da mesoderme

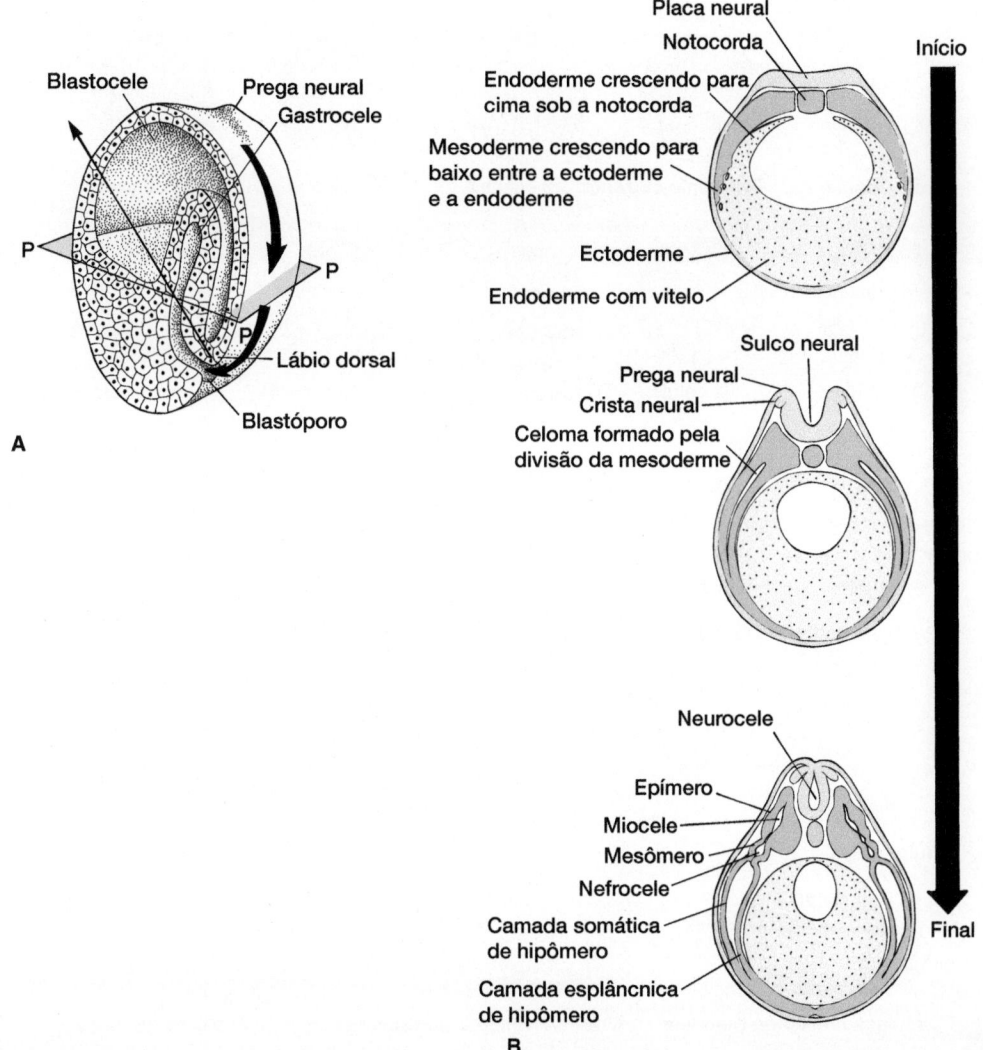

Figura 5.11 Gastrulação e neurulação em anfíbios. A. Corte sagital da gástrula de um anfíbio. As células se movem ao longo da superfície (epibolia) e migram para dentro no blastóporo, formando a gastrocele alargada. As linhas contínuas indicam os movimentos das células na superfície. A seta longa indica o eixo anteroposterior do embrião. **B.** Cortes transversais sucessivamente mais antigos feitos através do plano (P) ilustrados no corte sagital (A). À medida que o desenvolvimento prossegue, asas de endoderme crescem, fundem-se e se tornam distintas da mesoderme. A mesoderme cresce para cima e se diferencia em várias regiões corporais. Nota-se que o celoma se forma dentro da mesoderme por uma divisão dessa camada mesodérmica. (A Figura 5.11 B encontra-se reproduzida em cores no Encarte.)

lateral começa. De início, a mesoderme é uma placa de tecido sólido que fica lateral à notocorda, com epímero, mesômero e hipômero reconhecíveis. O hipômero se divide, formando as camadas esplâncnica e somática de mesoderme e o celoma esquizocélico entre elas. A associação dessas camadas mesodérmicas com endoderme adjacente e pele ectodérmica produz a esplancnopleura e a somatopleura compostas (ver Figura 5.14 C). Embora a linha primitiva não tenha uma abertura como um blastóporo, funciona como tal, sendo o lugar pelo qual as células superficiais entram no embrião.

Mamíferos

▶ **Monotremados.** A gastrulação, como a clivagem, é bastante diferente nos três grupos vivos de mamíferos. Nos monotremados, como nos répteis, a gastrulação envolve um blastodisco no alto de uma grande massa de vitelo. No fim da clivagem, o

blastocisto é unilaminar. A blastoderme tem cinco a sete células de espessura em seu centro, mas é mais fina nas margens. A bainha de blastoderme cresce por divisão celular mitótica e se dissemina em torno do vitelo. Durante a pré-gastrulação, o blastocisto dos monotremados se torna bilaminar. À medida que a blastoderme cresce em torno do vitelo, ela elimina células para dentro, formando as camadas endodérmica e ectodérmica distintas. A endoderme é formada a partir dessas células que se movem para dentro; a ectoderme é composta por células que permanecem além da superfície. Essas duas camadas crescem no polo vegetal, de modo que o vitelo fica completamente encerrado dentro do embrião.

Como nas aves, a gastrulação em monotremados começa com o aparecimento da linha primitiva. Desde seu desenvolvimento inicial como uma área espessada na endoderme, para a qual convergem células superficiais, a linha primitiva se

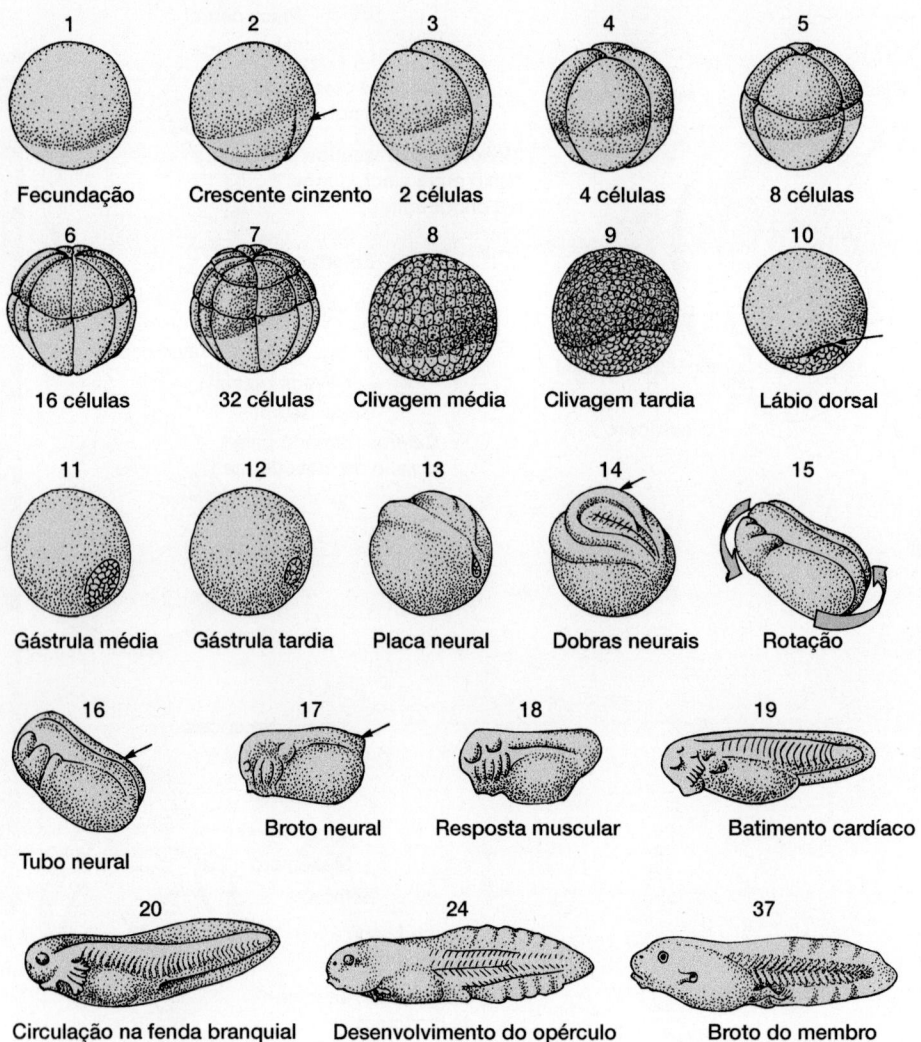

Figura 5.12 Vista externa do desenvolvimento de anuro. Começando com a fecundação (*1*), seguem-se sucessivamente os estágios de mórula (*6 a 8*), blástula (*9* e *10*), gástrula (*11* e *12*) e nêurula (*13 a 16*). No desenvolvimento tardio, forma-se o broto da cauda (*17*), surgem as torções musculares (*18*), começa o batimento cardíaco (*19*), desenvolvem-se as fendas branquiais externas funcionais (*20*) e a circulação sanguínea ocorre por meio da nadadeira caudal. Os eventos subsequentes incluem a formação de um opérculo (*24*), um retalho de pele da cabeça que cresce sobre as fendas branquiais e as cobre. Os membros posteriores se desenvolvem primeiro e, em seguida, os membros anteriores. Por fim, o embrião sofre metamorfose para a rã juvenil. Os estágios *21 a 23* e *25 a 36* não estão ilustrados.

De Duellman e Trueb.

transforma em um eixo alongado principal em torno do qual o corpo do embrião se organiza. A placa neural (= placa medular na literatura antiga) se forma como um espessamento inicial de células ectodérmicas antes que se possa distinguir uma linha primitiva nítida. Detalhes do movimento celular agora são conhecidos, mas se presume que a epibolia e a involução tragam células superficiais em torno da linha primitiva no interior do embrião.

O segundo evento da gastrulação é o aparecimento de uma bainha mesodérmica (Figura 5.15 A). É provável que ela surja de células que entram pela linha primitiva e se interponham em sua posição costumeira entre a ectoderme e a endoderme existentes.

Nos equidnas (monotremados), o embrião dentro do útero aumenta de tamanho porque absorve o líquido secretado pelo órgão antes de ser envolto em uma casca externa coriácea. Acredita-se que o líquido absorvido forneça nutrição para o crescimento embrionário durante os últimos dias de gestação e o período de incubação de 10 dias.

A neurulação em monotremados parece envolver a rotação da placa neural em um tubo neural oco.

▶ **Marsupiais.** Nos marsupiais, o blastocisto é composto por uma única camada de células protodérmicas que se disseminam em torno da parede interna da zona pelúcida. O blastocisto marsupial é distinto entre os mamíferos, não formando blastodisco como nos monotremados, nem massa interna de células como nos eutérios. Em termos estritos, é unilaminar no final da clivagem. Durante a pré-gastrulação, o blastocisto unilaminar se transforma em um embrião bilaminar com uma ectoderme e uma endoderme. As células da protoderme proliferam perto

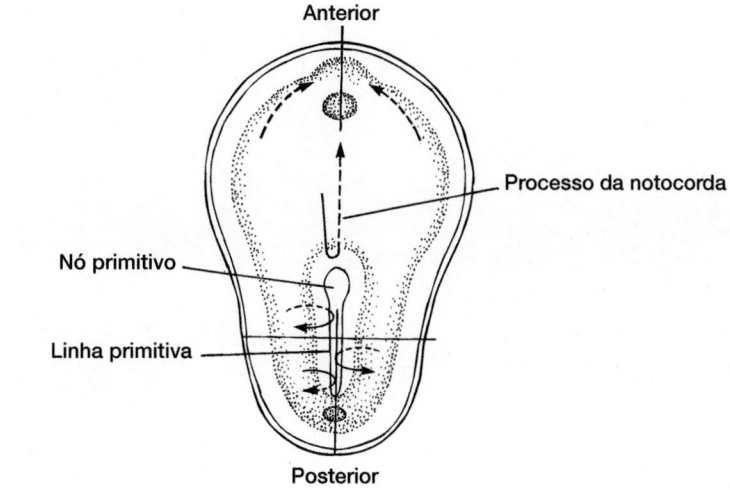

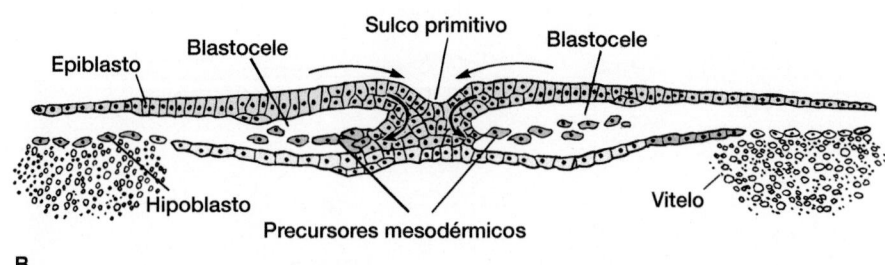

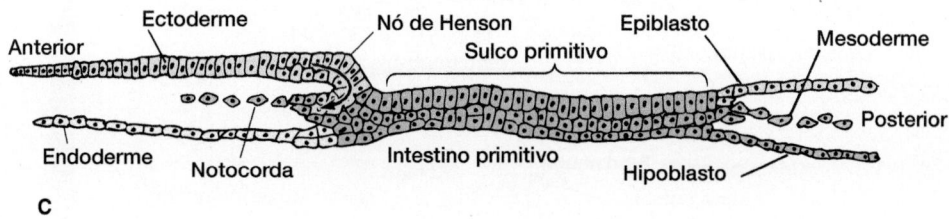

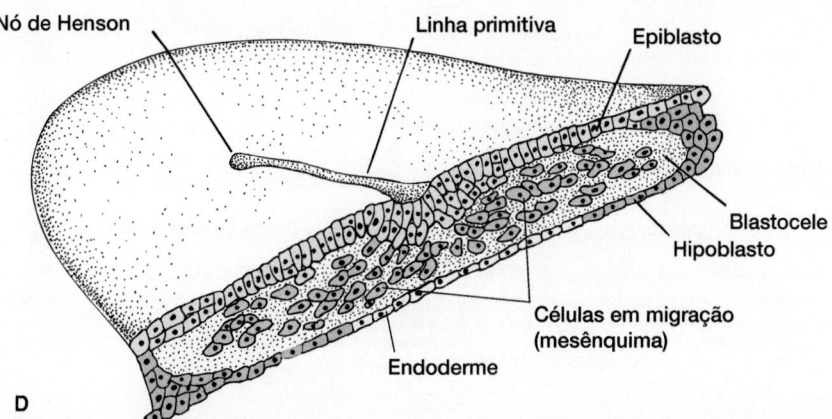

Figura 5.13 Gastrulação nas aves. A. Vista dorsal da linha primitiva. As setas indicam a direção dos principais movimentos celulares a partir da superfície e através da linha primitiva para o interior. **B.** Um corte transversal através do embrião ilustra o fluxo interno de células. Algumas dessas células contribuem para a mesoderme; outras deslocam o hipoblasto para formar a endoderme. **C.** Um corte médio longitudinal através do embrião mostra a migração para a frente de uma corrente separada de células que produzem a notocorda. **D.** Visão tridimensional da linha primitiva durante a gastrulação inicial. (As figuras B, C e D encontram-se reproduzidas em cores no Encarte.)

A e B, de Carlson; C, de Balinski; D, de Duband e Thiery.

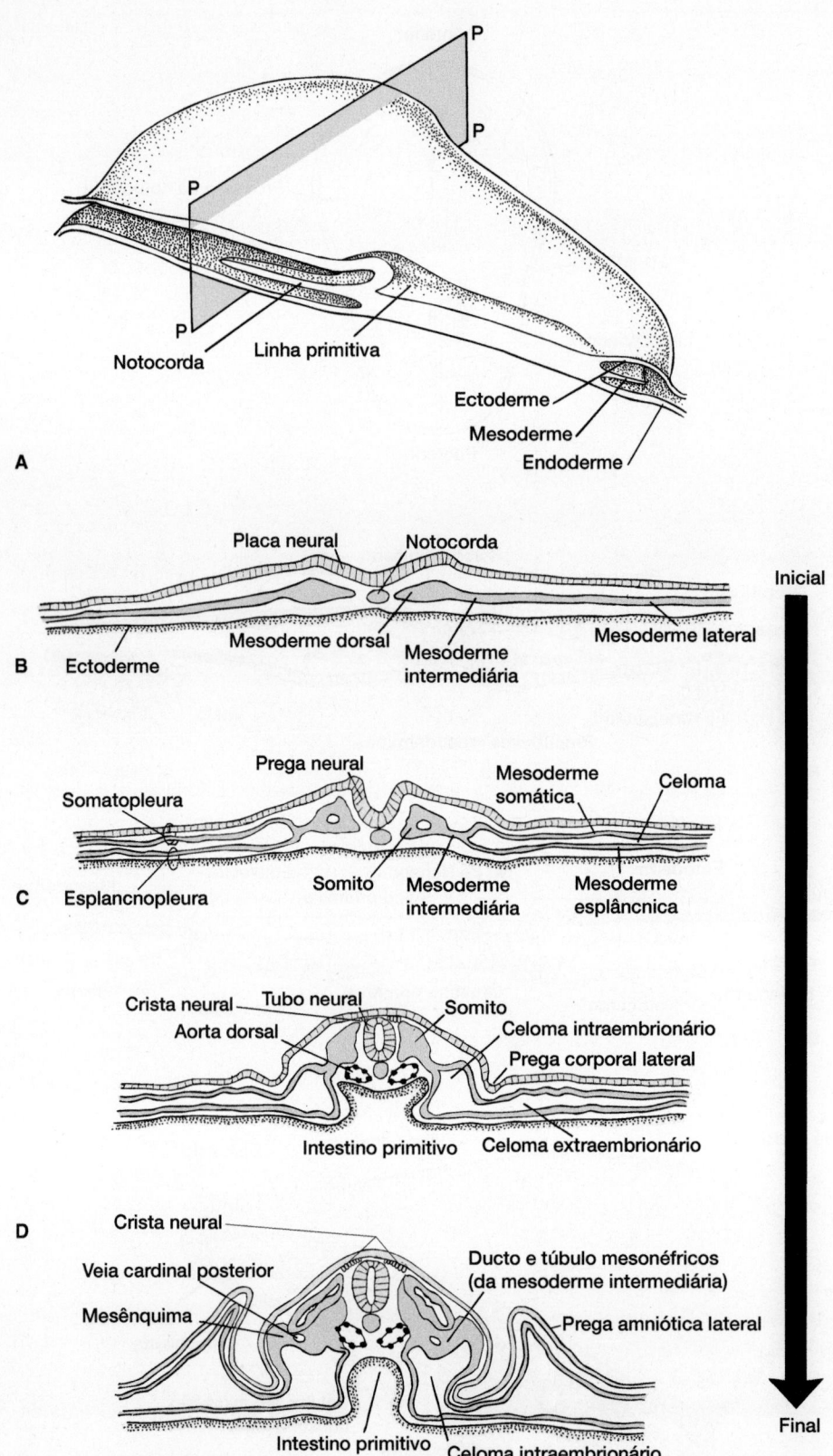

Figura 5.14 Gastrulação e neurulação em aves. A. Corte sagital do disco embrionário mostrando a linha primitiva e a extensão das três camadas germinativas primárias. **B–E.** Cortes transversais sucessivos mais antigos através do plano (*P*), indicado no alto da figura (A). À medida que a gastrulação prossegue, as células que entram através da linha primitiva formam a mesoderme e a endoderme. A mesoderme se diferencia ainda mais nas regiões específicas, e a endoderme desloca o hipoblasto mais antigo para a periferia. Cortes transversais sucessivos mostram a neurulação prosseguindo da placa neural pelas dobras neurais para o tubo nervoso oco. Notam-se também a regionalização da mesoderme e o surgimento de membranas extraembrionárias (prega amniótica lateral). (As figuras B, C, D e E encontram-se reproduzidas em cores no Encarte.)

do polo animal e migram em torno de sua própria superfície interna, formando uma camada endodérmica mais profunda (Figura 5.15 B). A camada protodérmica superficial nesse ponto é agora chamada ectodérmica. À medida que as duas camadas germinativas são delineadas, a linha primitiva surge na ectoderme, assinalando o início da gastrulação.

As células superficiais vão para a linha primitiva e se invaginam no interior do embrião. Uma vez no interior, contribuem para a mesoderme, que se espalha entre a ectoderme e a endoderme (ver Figura 5.15 B).

Como em outros vertebrados, a placa neural se enrola formando o tubo neural durante a neurulação.

▶ **Eutérios.** Nos **eutérios**, o blastocisto é composto por duas populações distintas de células no fim da clivagem, um trofoblasto externo e uma massa celular interna. Durante a pré-gastrulação, a reorganização da massa celular interna produz um disco embrionário bilaminar composto por epiblastos (futuros ectoderme e mesoderme) e hipoblastos (futuro tecido extraembrionário; ver Figura 5.15 C). Isso ocorre quando algumas células se soltam da massa celular interna e migram para a periferia da blastocele e seu entorno, formando uma fina camada hipoblástica, às vezes citada, já nesse ponto, como endoderme. A população restante de células da massa celular interna é o epiblasto. O agora achatado e circular epiblasto, junto com as células adjacentes e subjacentes do hipoblasto, constitui o disco embrionário. Nesse ponto, o epiblasto contém todas as células

que vão produzir o embrião real. **Membrana exocelômica** é uma designação usada ocasionalmente para as células endodérmicas fora do disco embrionário. Isso se baseia na teoria não comprovada de que as células endodérmicas surgem do trofoblasto, não da massa celular interna como o hipoblasto.

Nos eutérios, como nas aves, o aparecimento de uma linha primitiva assinala o início da gastrulação (Figura 5.16 A). As células superficiais do epiblasto seguem na direção da linha primitiva (epibolia) e sobre suas bordas (involução) para alcançar o interior. Como nos embriões de répteis e aves, algumas células que entram se movem profundamente no embrião, deslocando o hipoblasto para a periferia, onde suas células contribuem para os tecidos extraembrionários. Outras células que entram, organizam-se em uma mesoderme mediana. Essas células mesodérmicas crescem para fora, entre o hipoblasto primitivo (agora denominado mais corretamente endoderme) e o epiblasto superficial (agora denominado ectoderme) que ficou desprovido de células. A notocorda surge dessas células que entraram (Figura 5.16 B). A mesoderme, situada lateralmente, é, primeiro, uma bainha sólida de tecido, mas, depois, diferencia-se em epímero, mesômero e hipômero.

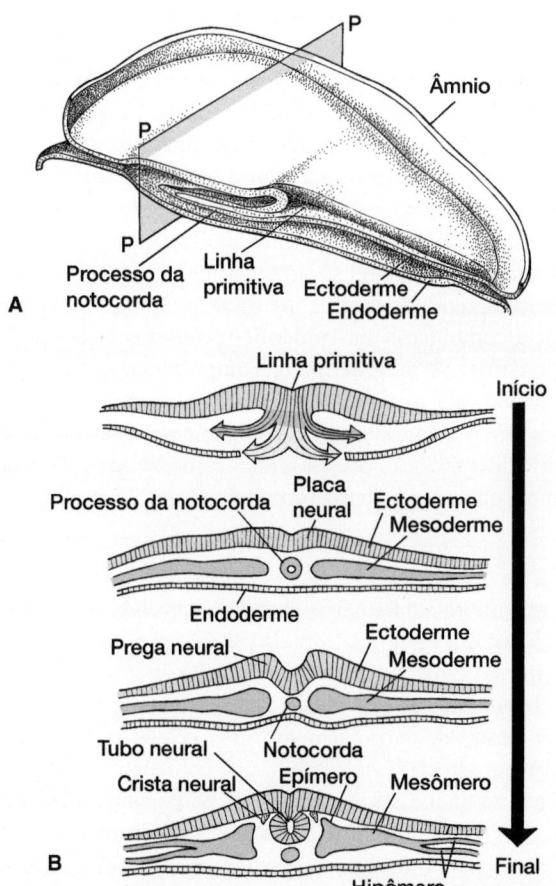

Figura 5.15 Gastrulação em mamíferos. Em todos os três grupos de mamíferos, forma-se uma linha primitiva pela qual as células entram para contribuir para a mesoderme. **A.** Monotremado. **B.** Marsupial. **C.** Eutério. (Esta figura encontra-se reproduzida em cores no Encarte)

Figura 5.16 Gastrulação e neurulação nos mamíferos eutérios. A. Corte sagital do disco embrionário. **B.** Cortes transversais sucessivamente mais antigos através do plano (*P*) indicado no alto da ilustração (A). À medida que a gastrulação prossegue, as células que entram através da linha primitiva formam a mesoderme que se diferencia nas várias regiões corporais (corte transversal inferior). (A Figura 5.16 B encontra-se reproduzida e cores no Encarte.)

A divisão da camada mesodérmica sólida produz o celoma por esquizocelia e define as bainhas mesodérmicas somática e esplâncnica.

À medida que ocorre a regionalização da mesoderme, há a neurulação no desenvolvimento de um tubo nervoso tubular a partir da placa neural (ver Figura 5.16 B).

Organogênese

No final da neurulação, ocorreram várias reorganizações importantes do embrião. Primeiro, a polaridade baseada no eixo do polo animal-vegetal do ovo foi substituída pela simetria bilateral baseada no eixo anteroposterior do corpo embrionário emergente. Em segundo lugar, as três camadas germinativas primárias foram delineadas: ectoderme, endoderme e mesoderme. Em todos os vertebrados, a ectoderme origina o tecido nervoso e a epiderme; a endoderme origina o revestimento dos tubos digestório e respiratório; e a mesoderme origina os sistemas esquelético, muscular e circulatório, além dos tecidos conjuntivos (Figura 5.17). Há exceções, mas, em geral, nos grupos de vertebrados, o mesmo tecido adulto principal tem como sua fonte a mesma camada germinativa específica do embrião. Em terceiro lugar, as três camadas germinativas ficam posicionadas de maneira estratégica uma após a outra, de modo que possam interagir mutuamente durante a **organogênese**, a diferenciação de órgãos a partir de tecidos. Com frequência e subsequentemente, duas camadas germinativas se combinam para formar um único órgão. Por exemplo, o canal alimentar é derivado tanto da endoderme (revestimento, camada secretora) quanto da mesoderme (músculo liso e camadas externas investidas). O músculo liso (mesoderme) é acrescentado ao revestimento (endoderme) da árvore respiratória. O tegumento inclui a combinação da epiderme (ectoderme) com a derme (mesoderme). A mesoderme tem importância especial na organogênese por causa de suas associações cooperativas com a ectoderme e a endoderme. É parcialmente sustentada na sua própria diferenciação por essas duas camadas, mas, por sua vez, estimula ou induz ambas a formarem partes de órgãos.

Histogênese

O ambiente imediatamente em torno da célula é a **matriz extracelular**, que significa "fora da célula", ou o **espaço intersticial** (**interstício**), que significa "em torno da célula". Porém, células separadas que funcionam isoladas raras vezes são encontradas dentro do corpo. Em vez disso, células semelhantes em geral estão associadas em bainhas ou confederações de células. O lugar no qual esses agregados de células similares são especializados para executar uma função comum constitui um **tecido**. Uma tarefa inicial do desenvolvimento é posicionar as células produzidas durante a clivagem em uma das camadas germinativas celulares: ectoderme, mesoderme, endoderme. Por sua vez, essas camadas germinativas formadoras se diferenciam nos tecidos apropriados mediante o processo de **histogênese** (que significa "formação de tecido"). Há quatro categorias primárias de tecidos adultos: **epitélio, tecido conjuntivo, tecido muscular** e **tecido nervoso**. Os tecidos muscular e nervoso são discutidos em maiores detalhes nos Capítulos 10 e 16, respec-

tivamente. Como encontramos epitélios e tecidos conjuntivos repetidamente, vamos falar sobre eles em seguida, bem como discutir os aspectos de seu desenvolvimento embrionário.

Epitélio

Os tecidos epiteliais são formados por células bem unidas, com muito pouca matriz extracelular entre elas. Em geral, um lado do epitélio fica sobre uma **camada basal**. Por muitos anos, **membrana basal** era a designação usada para descrever essa camada, mas a microscopia eletrônica revelou que a membrana basal é uma mistura de duas estruturas com origens separadas, a **lâmina basal** (derivada de epitélio) e a **lâmina reticular** (derivada de tecido conjuntivo). Por convenção, a escolha de termos depende do que se pode ver ao microscópio, uma membrana basal (microscopia óptica) ou lâminas basal e reticular (microscopia eletrônica). A membrana basal ancora células nas bainhas, age como uma barreira seletiva para a passagem de metabólitos e regula o comportamento celular mediante a sinalização celular – a comunicação de uma célula com outra. Oposta à membrana basal está a **superfície livre**, ou **camada apical**, que fica voltada para um **lúmen** (cavidade) ou para o ambiente externo. Com uma extremidade sobre a membrana basal e a oposta voltada para o lúmen, as células epiteliais têm uma polaridade distinta. A superfície livre é o local habitual em que a célula libera os produtos secretores (**exocitose**) ou capta materiais (**endocitose**). É mais provável que a superfície livre forme processos digitiformes finos, como microvilosidades e cílios. **Estereocílios** são microvilosidades muito longas. Os epitélios são divididos em duas categorias, bainhas (membranas) e glândulas (secretoras; Figura 5.18).

Epitélio de cobertura e revestimento

As membranas epiteliais cobrem superfícies ou revestem cavidades corporais, ductos e o lúmen de vasos. Dispostos em bainhas, os epitélios podem ser (1) **simples**, quando constituídos por uma camada única de células, ou (2) **estratificados**, quando compostos por mais de uma camada de células. As próprias células podem ser **pavimentosas** (achatadas), **cúbicas** (em fora de cubo) ou **colunares** (altas) na forma. Os nomes dos epitélios são dados de acordo com esses aspectos do arranjo e do formato das células. Por exemplo, o epitélio pavimentoso simples é constituído por uma camada única (daí ser simples) de células achatadas (por isso pavimentoso). Tal epitélio mais comumente reveste cavidades corporais e vasos. O tecido que reveste vasos sanguíneos e linfáticos se denomina **endotélio** e o que reveste cavidades corporais é o **mesotélio**. O epitélio cúbico simples está em muitos ductos. O epitélio colunar simples reveste o trato digestório e algumas outras estruturas tubulares (ver Figura 5.18).

No epitélio pavimentoso estratificado, característico da pele, da boca e do esôfago, as células ocorrem empilhadas em camadas (estratificadas) e as células superficiais são achatadas (pavimentosas). Epitélios estratificados cúbicos e colunares são raros. Em mamíferos, as células da uretra masculina e as dos folículos de Graaf do ovário são exemplos.

Além dos epitélios simples e estratificados, há o terceiro tipo de epitélio de revestimento, o **epitélio pseudoestratificado** encontrado na traqueia. As células parecem empilhadas quando

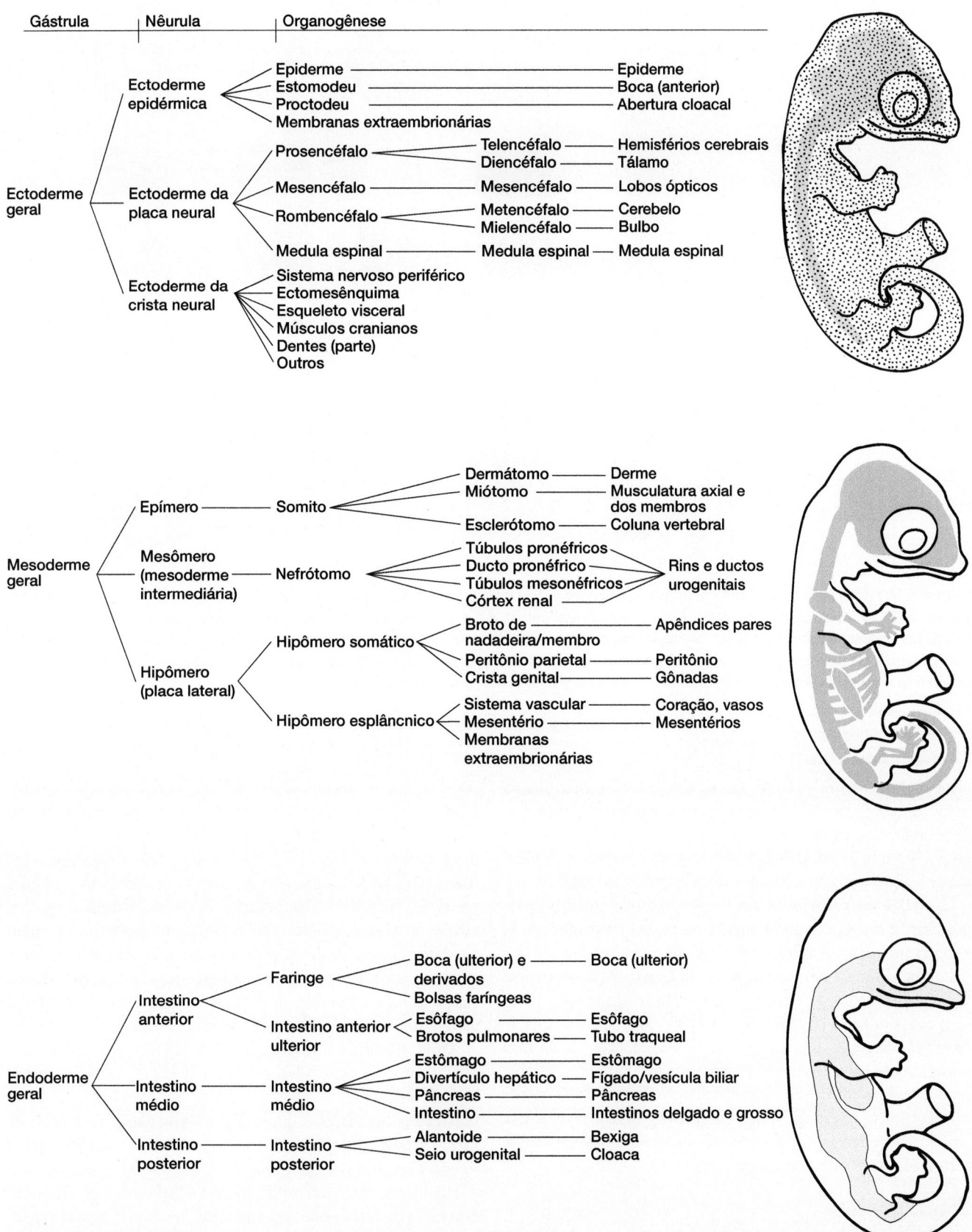

Figura 5.17 Organogênese. As três camadas germinativas primárias são delineadas durante a gastrulação e a neurulação. Daí em diante, elas se diferenciam nas várias regiões corporais, que produzem os principais órgãos do corpo do vertebrado. A origem embrionária de cada órgão, ou parte de um órgão, pode ser traçada de volta a essas camadas germinativas específicas. Em geral, a ectoderme produz a pele e o sistema nervoso; a mesoderme produz o esqueleto, os músculos e o sistema circulatório; a endoderme produz o trato digestório e seus derivados viscerais.

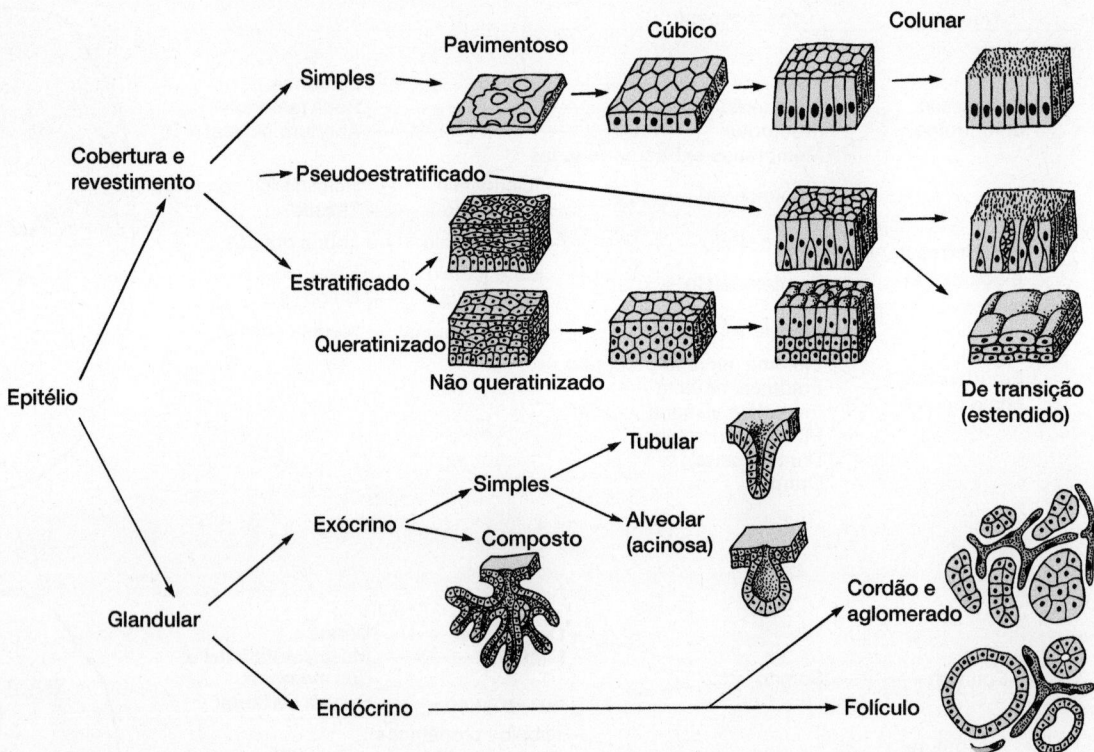

Figura 5.18 Classificação dos epitélios. Os epitélios são classificados em dois grupos: (1) membranas que delineiam ou cobrem cavidades e (2) glândulas que secretam produtos que agem em outros locais no corpo. As membranas têm uma camada única (simples) ou várias (estratificadas) bainhas de células. As células nas bainhas podem ser pavimentosas, cúbicas ou colunares. As glândulas exócrinas liberam seus produtos (secreções) em ductos únicos (simples) ou ramificados (compostos). As glândulas endócrinas liberam seus produtos nos vasos sanguíneos e estão dispostas em aglomerados (cordões e grupos) ou esferas finas (folículos).

De Leeson e Leeson.

vistas pela primeira vez ao microscópio, porém, uma olhada mais cuidadosa revela que não estão em verdadeiras camadas. O arranjo escalonado de seus núcleos é responsável por essa falsa ("pseudo") estratificação. Realmente, todas as células, mesmo aquelas no alto, ficam sobre a membrana basal.

Epitélio de transição é um tipo especial de epitélio pseudoestratificado, encontrado apenas na bexiga e nos ductos do sistema urinário. As células se estendem quando a bexiga está distendida, permitindo que acomodem alterações no tamanho. Quando relaxadas, as células de transição se agrupam e parecem constituir um epitélio em múltiplas camadas. Um estudo recente indica que, mesmo quando relaxadas, cada célula toca a membrana basal, portanto o tecido é corretamente um epitélio pseudoestratificado. A denominação de *epitélio de transição* é incorreta e vem do tempo em que se pensava, de maneira equivocada, que esse tecido era intermediário (por isso dito de transição) entre outros tipos de epitélio.

Epitélio glandular

Células especializadas na secreção de um produto são chamadas de **glândulas**. Aquelas com ductos que coletam e levam o produto são as **glândulas exócrinas**; se o produto é levado para fora pelo sistema circulatório, elas são denominadas **glândulas endócrinas**. Em geral, as glândulas surgem do **epitélio glandular**. A ectoderme e a endoderme do embrião inicial são epitélios de

revestimento, portanto, órgãos adultos derivados deles são órgãos epiteliais. As glândulas epiteliais surgem como tubos ou cordões sólidos por meio de invaginações e evaginações dessas duas camadas epiteliais germinativas. Contudo, em termos estritos, nem todas as células que produzem secreções são glândulas epiteliais derivadas da ectoderme ou da endoderme. Algumas células de tecido conjuntivo derivadas do mesênquima secretam produtos que são levados para fora delas por ductos ou vasos sanguíneos, ou são coletados na matriz extracelular em torno da célula secretora. Portanto, a maioria das glândulas do corpo do vertebrado é de origem epitelial, mas nem todas.

Uma **glândula multicelular** é composta por muitas células secretoras agregadas, enquanto uma **glândula unicelular** tem apenas uma célula secretora. As glândulas exócrinas podem ser **tubulares** (cilíndricas) ou **alveolares** (acinosas; de forma arredondada). As glândulas podem ser **simples**, quando são drenadas por um único ducto, ou **compostas**, drenadas por múltiplos ductos ramificados. As **células mioepiteliais** são derivadas da ectoderme (portanto, são epiteliais), mas têm propriedades contráteis (daí o prefixo *mio*). Elas estão associadas a regiões basais de células secretoras e ajudam mecanicamente na liberação dos produtos de glândulas exócrinas. As glândulas endócrinas são compostas por células agregadas em **cordões** e **aglomerados** (bainhas e massas sólidas) ou **folículos** (esferas delgadas ocas, ver Figura 5.18).

Tecidos conjuntivos

Em geral, os tecidos conjuntivos incluem ossos, cartilagem, tecido conjuntivo fibroso, tecido adiposo e sangue (Figura 5.19). À primeira vista, os tecidos conjuntivos parecem ser desajustes histológicos – sobras após todos os outros tecidos terem sido categorizados. Eles têm uma variedade de funções e ocorrem em contextos diversos. O tecido adiposo armazena lipídios; ossos e cartilagens sustentam o corpo; o sangue transporta gases respiratórios; o tecido conjuntivo denso serve para compactar órgãos. As células ósseas residem em um estojo rígido de fosfato de cálcio (hidroxiapatita); as sanguíneas ocorrem no plasma líquido. Para complicar o assunto, os esquemas de classificação dos tecidos conjuntivos variam nos diferentes livros. Foram feitos esforços louváveis, mas inúteis, para se encontrar um denominador comum para todos os tecidos conjuntivos. Alguns fisiologistas os definem em termos funcionais, com base em seu papel mecânico de sustentação. Osso, cartilagem e talvez tecidos conjuntivos fibrosos se qualificam como tecidos de sustentação, mas o sangue certamente não o é. Outros definem os tecidos conjuntivos como originários do mesênquima. Sem dúvida, muitos tecidos conjuntivos surgem da mesoderme, mas há exceções a isso também. Por exemplo, os tecidos conjuntivos dos músculos das maxilas e alguns ossos cranianos surgem de células da crista neural, não da mesoderme.

Em vez de pesquisar uma definição totalmente restritiva, talvez seja melhor ver os tecidos conjuntivos como uma ordem conveniente, que de outra forma seria um amontoado de tipos teciduais. Em geral, cada tipo de tecido conjuntivo inclui um *tipo celular* distinto que é isolado de outras células e circundado,

ou envolto, por uma *matriz extracelular* relativamente abundante. Naturalmente, o tecido adiposo é exceção, porque quase nenhuma matriz circunda as células adiposas individuais.

A consistência da matriz extracelular que circunda os tecidos conjuntivos determina as propriedades físicas do tecido e, portanto, seu papel funcional. No osso, a matriz é dura; no tecido conjuntivo frouxo, é como um gel; no sangue, é líquida. A matriz é constituída por fibras de proteínas e uma **substância fundamental**. A consistência da substância fundamental varia de líquida a sólida, dependendo do tipo de tecido.

Os tecidos conjuntivos também podem ser categorizados como gerais ou especiais.

Tecidos conjuntivos gerais

Encontram-se dispersos em ampla escala por todo o corpo. O mais comum é o tecido conjuntivo fibroso, que forma tendões e ligamentos, bem como grande parte da derme da pele e das cápsulas externas de órgãos. A célula distintiva é o **fibroblasto** e a matriz extracelular secretada por eles é principalmente uma rede de fibras proteicas em uma substância fundamental de gel polissacarídico. O mesênquima, que já vimos neste capítulo que é um tecido embrionário, não deve ser confundido com uma camada germinativa (p. ex., ectoderme, mesoderme, endoderme). Ao contrário das células epiteliais, as células mesenquimais não são polarizadas; elas não se acoplam juntas por complexos juncionais proeminentes, nem ficam sob uma membrana basal. Geralmente, há espaço intercelular entre células mesenquimais, que podem persistir como uma fonte de células formadoras que se diferenciam e substituem células danificadas no adulto.

Tecidos conjuntivos especiais

Exemplos de tecidos conjuntivos especiais são o osso, a cartilagem, o sangue e os tecidos hemopoéticos. Os dois tipos de **tecidos hemopoéticos** formam células sanguíneas. O **tecido mieloide** está localizado dentro de cavidades ósseas, e o **tecido linfoide** ocorre no baço, nos linfonodos e em outros locais. Pensava-se que os tecidos mieloide e linfoide só produzissem um tipo de célula sanguínea circulante, **mielócitos** e **linfócitos**, respectivamente. Hoje sabemos que ambos os tipos são capazes de manufaturar cada uma dessas células sanguíneas.

Alguns tecidos conjuntivos especializados podem sofrer **mineralização**, um processo geral em que vários íons inorgânicos (p. ex., ferro, magnésio, cálcio) se depositam na matriz orgânica de tecidos para endurecê-los. A dentina, o esmalte e a ganoína das escamas ganoides de peixes são alguns exemplos. A **calcificação** é um tipo especializado de mineralização em que há deposição de carbonato de cálcio (invertebrados) ou fosfato de cálcio (vertebrados) na matriz orgânica. Ocorre calcificação inicial durante alguns tipos de desenvolvimento ósseo, o reparo ósseo e em alguns peixes, como tubarões. Nos condrictes, podem ser reconhecidos três tipos de calcificação: areolar, de tecido densamente calcificado formado em anéis concêntricos usados para determinar a idade dos peixes; globular, que consiste em esférulas formadas ou fundidas de fosfato de cálcio; e prismático denso, que produz refração da luz, daí a designação de prismático, e é um sinafomorfismo

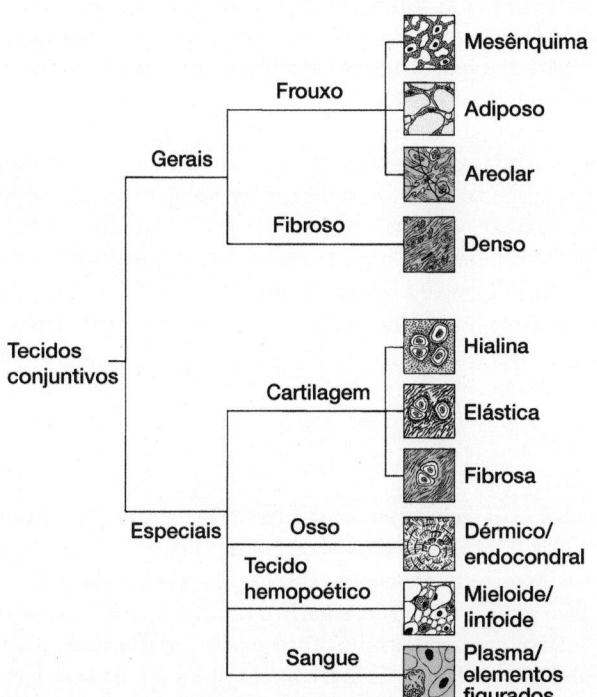

Figura 5.19 Categorias de tecido conjuntivo. Osso, cartilagem, tecido fibroso, tecido adiposo e sangue são alguns dos tecidos conjuntivos do corpo. Cada tipo de tecido conjuntivo inclui um tipo distinto de célula circundado por matriz extracelular.

dos condrictes. **Ossificação** é um tipo especializado de calcificação, exclusivo dos vertebrados, que envolve a deposição de hidroxiapatita (fosfato de cálcio) na matriz orgânica, levando à formação óssea.

A cartilagem e o osso são tecidos conjuntivos mineralizados em que há deposição de sais inorgânicos e fibras de proteína na matriz. Eles diferem no tipo celular (condrócitos na cartilagem, osteócitos no osso), na composição da matriz (sulfato de condroitina na cartilagem, fosfato de cálcio no osso) e na vascularização (a cartilagem é tipicamente avascular, o osso é tipicamente vascular). Eles também diferem na microarquitetura: o osso pode ser altamente ordenado nos ósteons e a cartilagem, em geral, é menos organizada. Em suas superfícies, ambos são cobertos por uma camada similar de tecido conjuntivo fibroso. Embora praticamente idênticas, essas bainhas fibrosas recebem a denominação apropriada de **pericôndrio** em torno da cartilagem e **periósteo** em torno do osso.

▶ **Cartilagem.** A cartilagem é um tecido conjuntivo especial firme, mas flexível. A matriz consiste primariamente em sulfato de condroitina (substância fundamental) e proteínas colagenosas ou elásticas (fibras). A cartilagem dos agnatos viventes não tem colágeno, o que sugere que ele se tornou a proteína estrutural predominante da cartilagem mais tarde, com a origem dos gnatostomados. Espaços dentro da matriz, denominados **lacunas**, abrigam células de cartilagem, ou **condrócitos**. As propriedades físicas da cartilagem e, portanto, seus papéis funcionais, são determinados em grande parte pelo tipo e pela abundância de fibras de proteína na matriz. Há três tipos de tecido cartilaginoso.

O mais disseminado é a **cartilagem hialina**. No embrião, essa cartilagem compõe muitos ossos antes de sofrerem **ossificação** (formação óssea). No adulto, ela persiste nas extremidades articulares de ossos longos, nas pontas das costelas, nos anéis traqueais e em muitas partes do crânio. Fibrilas de colágeno estão presentes na matriz, mas não em abundância suficiente para serem vistas com facilidade à microscopia óptica. O nome hialino, que significa "vítreo", refere-se ao aspecto homogêneo da matriz, que lembra pedaços de vidro congelados (Figura 5.20 A).

Onde a cartilagem é submetida a forças tênseis ou cargas que deformam, a substância fundamental é reforçada generosamente com fibras de colágeno, óbvias ao exame microscópico. Tal cartilagem é a **fibrocartilagem** (Figura 5.20 B). A substância fundamental sólida é especialmente efetiva para resistir a forças compressivas, enquanto as fibras de colágeno incorporadas são melhores para enfrentar as forças tênseis. A fibrocartilagem ocorre nos discos intervertebrais, na sínfise pubiana, nos discos dentro do joelho e seletivamente em outros locais.

Como o nome sugere, a **cartilagem elástica** é flexível e elástica, propriedade que se deve à existência de fibras elásticas na matriz (Figura 5.20 C). O suporte interno das orelhas e da epiglote é um bom exemplo de cartilagem elástica.

A cartilagem não recebe seu suprimento sanguíneo diretamente, só havendo vasos sanguíneos dentro do pericôndrio em sua superfície. Portanto, os nutrientes e gases precisam passar entre o sangue e condrócitos por difusão em ampla escala através da matriz interveniente. Da mesma maneira, os nervos não penetram diretamente na cartilagem, que pode estar

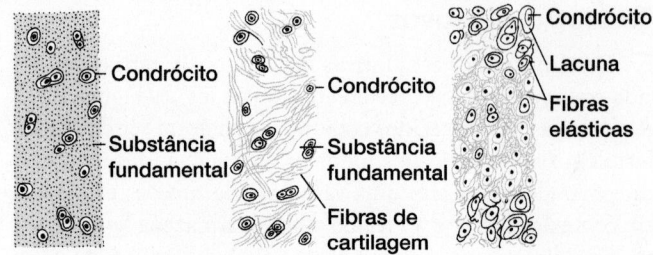

Figura 5.20 Tipos de cartilagem. A célula cartilaginosa, ou condrócito, é circundada por uma matriz composta por uma substância fundamental e fibras de proteína. **A.** As fibras não são aparentes na matriz de cartilagem hialina quando observadas à microscopia óptica. **B.** As fibras de cartilagem são abundantes na fibrocartilagem, dando resistência mecânica às forças tênseis. **C.** A elastina, a proteína predominante na cartilagem elástica, torna a cartilagem elástica e flexível.

invadida maciçamente por sais de cálcio, como no esqueleto dos peixes condrictes, mas nunca é tão altamente organizada quanto o osso.

▶ **Osso.** É um tecido conjuntivo especializado em que há deposição de fosfato de cálcio e outros sais orgânicos na matriz. As células ósseas são identificadas com base em sua atividade: os **osteoblastos** estão engajados na osteogênese (*i. e.*, produzem novo osso); os **osteoclastos** removem o osso existente; e os **osteócitos** mantêm o osso completamente formado.

Há vários critérios para se classificar um osso. De acordo com o aspecto visual, vemos dois tipos de osso: o **esponjoso**, que é poroso, e o **compacto**, que parece denso a olho nu (Figura 5.21). Conforme a posição, reconhecemos o **osso cortical** no limite externo, ou córtex de um osso, e o **osso medular**, que fica no núcleo do osso.

A existência ou ausência de células ósseas determina se um osso é **celular** ou **acelular**, respectivamente. O osso pode ser descrito, ainda, como **vascular** ou **avascular**, conforme haja muitos ou poucos canais sanguíneos (= vascular) atravessando-o, respectivamente. A organização do osso, em especial a orientação do colágeno e a colocação ordenada de células ósseas dentro da matriz, é um dos critérios mais usados para se classificar um osso. Como tal critério foi aplicado em ampla escala a vários grupos sobreviventes e extintos de vertebrados, criou-se uma terminologia variada. Para nossa finalidade, vamos reconhecer duas contagens gerais de osso com base nos critérios descritivos – osso lamelar e não lamelar. O **osso não lamelar** (= osso fibrolamelar; osso tecidual) se caracteriza pelo arranjo desordenado, irregular, de colágeno dentro da matriz (Figura 5.22 A), sendo típico do osso em crescimento rápido. O **osso lamelar** é formado pelo arranjo ordenado, regular, das fibras de colágeno dentro da matriz, em geral acompanhadas pela orientação regular de células ósseas (Figura 5.22 B), sendo típico do osso em crescimento lento. Uma camada de matriz óssea, com suas fibras de colágeno bem compactadas alinhadas em paralelo, denomina-se **lamela**. Camadas sucessivas de lamelas podem ter seu alinhamento de colágeno orientado em ângulos diferentes com lamelas adjacentes, resultando em uma estrutura semelhante a

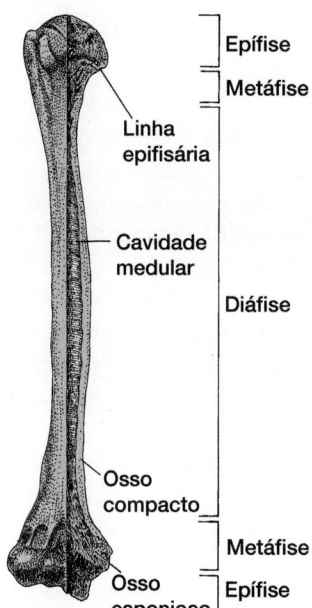

Figura 5.21 Regiões de um osso longo. A parte cortada no meio do osso é a diáfise (pedúnculo), que contém a cavidade medular. Nos mamíferos e em alguns outros grupos, desenvolvem-se centros secundários de ossificação nas extremidades do osso, ou epífises, embora esse termo às vezes seja usado só com referência a uma extremidade de osso. Entre a diáfise e a epífise, está a metáfise, a região de crescimento ativo do osso. O osso compacto é denso, enquanto o esponjoso é poroso. A cavidade medular e todos os espaços no osso esponjoso são preenchidos com tecidos hematopoiéticos (formadores de sangue).

madeira compensada, que dá mais resistência ao osso. Um tipo especial de osso lamelar é o **osso de Havers** (ou haversiano; Figura 5.22 C). Sais orgânicos ficam dispostos em uma unidade regular e altamente ordenada, conhecida como **ósteon** (Figura 5.22 C e D; Figura 5.23). Cada ósteon é uma série de anéis concêntricos constituídos por células ósseas e camadas de matriz óssea em torno de um canal central através do qual passam vasos sanguíneos, linfáticos e nervos. Os canais de Volkmann, que seguem em diagonal por meio desse sistema, interconectam vasos sanguíneos entre ósteons.

Muitos ossos exibem **linhas de interrupção de crescimento (LIC)** durante o qual o crescimento cessa, ou pode haver erosão leve ou absorção de osso já depositado (ver Figura 5.22). Essas linhas se formam como resultado de atividade sazonal, abundância nutricional ou qualidade do alimento, diferenças nas taxas de crescimento em várias idades ou como interrupções nos pulsos de crescimento em decorrência de estresse ambiental (p. ex., clima frio). É comum animais ectotérmicos exibirem essas linhas em base anual ou sazonal, mas poucos endotérmicos as produzem, como várias espécies de tetrazes da Eurásia, ratos silvestres do Velho Mundo, o golfinho comum, várias espécies de ratazanas, visão, cervo de Sika e gibão. O osso que exibe períodos de deposição mantida interrompidos por essas linhas ou anéis se denomina **osso zonal** (Figura 5.22). Um dos critérios mais importantes para classificar um osso é o padrão de desenvolvimento embrionário, do qual há dois tipos básicos: **endocondral** e **intramembranoso**. Na próxima seção e nas subseções sobre osso, vamos descrever esses dois tipos de desenvolvimento ósseo.

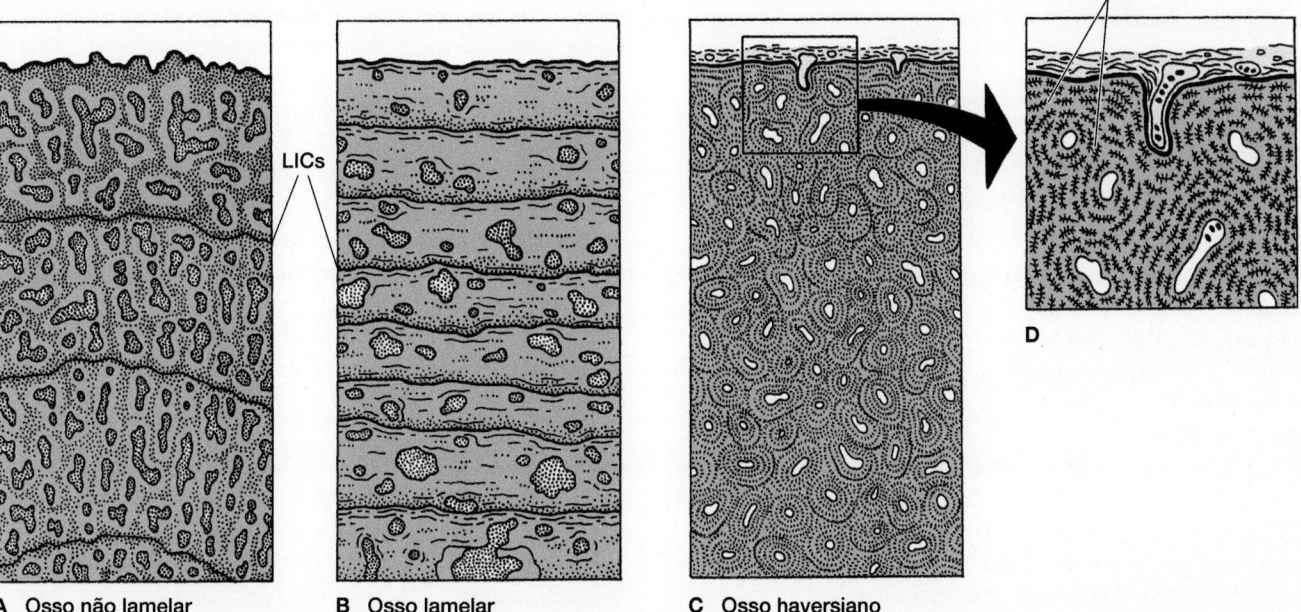

Figura 5.22 Tipos gerais de osso. A. Osso não lamelar (= fibrolamelar) baseado em um jovem jacaré americano. **B.** Osso lamelar baseado em várias tartarugas ainda existentes e extintas. **C.** Osso haversiano, uma forma especializada de osso lamelar. **D.** Corte ampliado de osso haversiano. Notam-se as linhas de interrupção de crescimento (LIC), que podem surgir em todos os tipos de osso, delineando aqui regiões zonais entre elas. O osso interrompido por elas às vezes é denominado osso zonal.

A, de Reid, 1997; B, de Ricqlès, 1976 e outros; C, de Krstić. Artista: L. Laszlo Meszoly.

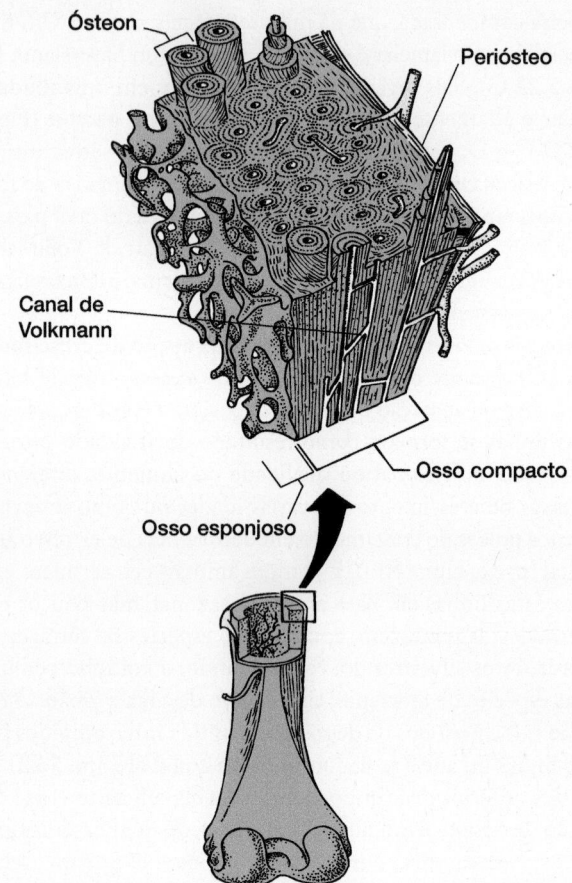

Figura 5.23 Arquitetura óssea. Os ósteons tornam o osso compacto. Cada ósteon é uma série de anéis concêntricos de osteócitos e sua matriz. Nervos e vasos sanguíneos passam por um canal central dentro de cada ósteon. Conexões diagonais, conhecidas como canais de Volkmann, possibilitam que os vasos sanguíneos se interconectem entre os ósteons. À medida que se formam novos ósteons, eles em geral expulsam os mais velhos, como parte do processo dinâmico em andamento de remodelamento ósseo.

De Krstić.

Desenvolvimento e crescimento ósseos

Tanto no desenvolvimento endocondral quanto no intramembranoso, o primeiro osso que se forma parece ser não lamelar, às vezes dito como **osso imaturo** ou **osso tecidual**, enquanto grupos de células se interpõem entre feixes de colágeno dispersos de maneira irregular. Conforme o desenvolvimento prossegue para um arranjo mais ordenado da matriz, o osso se torna lamelar, às vezes também denominado **osso maduro**. Ambos os padrões de desenvolvimento começam com agregados locais de células mesenquimais em um arranjo frouxo. Daí em diante, os processos diferem. No desenvolvimento intramembranoso, o osso se forma diretamente sem cartilagem intermediária; no desenvolvimento endocondral, há formação de cartilagem no início, que depois é substituída por osso. A partir do aspecto visual macroscópico do osso maduro, é impossível dizer se foi produzido por desenvolvimento endocondral ou intramembranoso. Vamos ver esses dois tipos de desenvolvimento em maiores detalhes.

Desenvolvimento ósseo endocondral

Endocondral significa dentro ou a partir de colágeno, e os ossos que resultam desse processo de desenvolvimento às vezes são designados como **ossos cartilaginosos** ou **de substituição**. Durante o desenvolvimento endocondral, podemos reconhecer até três regiões em alguns ossos. O pedúnculo mediano é a **diáfise**, cada extremidade é uma **epífise**, e a região entre elas é a **metáfise** ou **placa epifisária** (ver Figura 5.21). O desenvolvimento ósseo endocondral envolve a formação de um modelo de cartilagem do futuro osso a partir de tecido mesenquimatoso e a substituição subsequente desse modelo de cartilagem por tecido ósseo. A substituição de cartilagem continua pela maior parte da vida inicial do indivíduo.

As etapas desse processo estão ilustradas na Figura 5.24 A–G. Primeiro, coleções frouxas de células mesenquimais se condensam para formar uma cartilagem hialina circundada por um pericôndrio (Figura 5.24 A). Segundo, forma-se o colar ósseo periósteo na região da diáfise (Figura 5.24 B). As células na superfície interna do perocôndrio diafisário se tornam osteoblastos e depositam o colar ósseo. À medida que o colar ósseo está sendo formado, sais de cálcio se acumulam na matriz para calcificar a cartilagem no núcleo da diáfise (Figura 5.24 C). Os sais de cálcio também impedem a troca de nutrientes e gases dos condrócitos com os vasos sanguíneos da superfície da cartilagem, de modo que os condrócitos sepultados morrem conforme a calcificação prossegue. Em seguida, o sistema vascular invade a cartilagem calcificada. Esses vasos sanguíneos em proliferação erodem a cartilagem, liberando restos dela para formar os espaços iniciais da cavidade medular.

Por fim, os osteoblastos surgem no núcleo do osso e o centro primário de ossificação é estabelecido (Figura 5.24 D). Dentro dele, pequenos pedaços velhos de cartilagem calcificada são substituídos por novo osso. **Trabéculas** em forma de espículas são elementos de transição do novo osso e reabsorvem a cartilagem calcificada. Depois, quando predomina a matriz calcificada, as trabéculas são chamadas de **espículas ósseas**. Mais osteoblastos circulantes no sangue são trazidos pelo tecido vascular invasor. Quase ao mesmo tempo, também aparecem osteoclastos, sinalizando a natureza ativa do remodelamento ósseo mediante deposição (osteoblastos) e remoção (osteoclastos) da matriz. A substituição da cartilagem, que começa na diáfise, continua na metáfise. A placa epifisária é a área ativa de crescimento da cartilagem, de sua calcificação, sua remoção e da deposição de osso novo. À medida que se aproxima o processo de ossificação, os condrócitos proliferam e sofrem hipertrofia, enquanto a matriz circundante se calcifica (Figura 5.24, *detalhe inferior*). Os vasos sanguíneos invadem e causam erosão da cartilagem calcificada. A ossificação é o último processo a dominar uma região e, por fim, substitui os resquícios de cartilagem.

A proliferação de cartilagem nas epífises alonga o osso. A deposição contínua de osso sob o periósteo diafisário contribui para aumentar o crescimento no perímetro ósseo. Os ossos de peixes, anfíbios e répteis crescem por toda a vida, embora o crescimento seja lento nas fases tardias. Portanto, alguns peixes, tartarugas e lagartos podem atingir tamanhos muito grandes. Em aves e mamíferos, contudo, o crescimento ósseo cessa quando o tamanho adulto é alcançado.

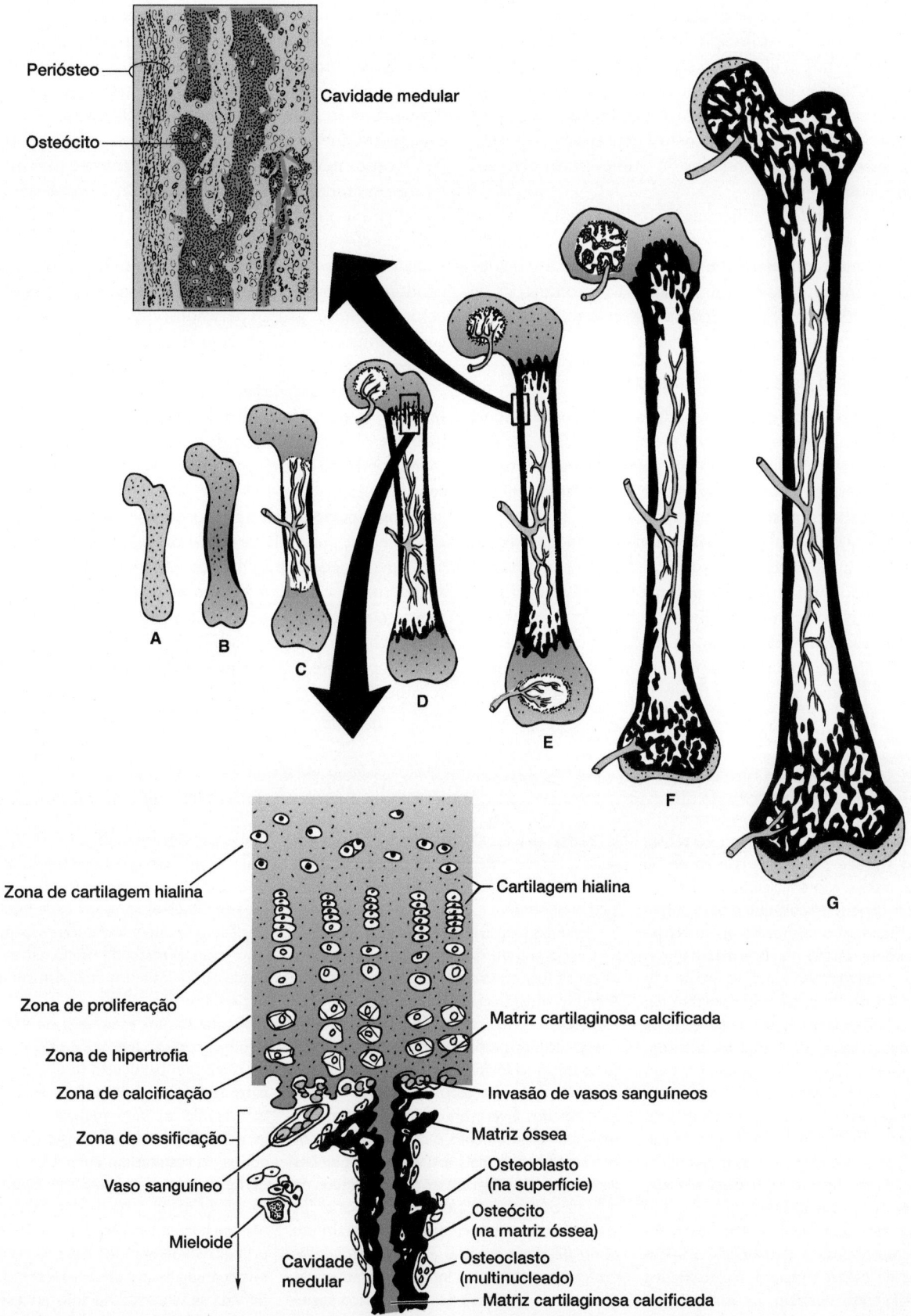

Figura 5.24 Etapas do crescimento ósseo endocondral. A. Modelo de cartilagem hialina. **B.** Aparecimento de um colar ósseo. **C.** Calcificação de cartilagem na diáfise, seguida pela invasão de vasos sanguíneos. **D.** Início da ossificação. **D–F.** Aparecimento de centros secundários de ossificação (epífises). **G.** Na maturidade, o centro de crescimento (metáfise) desaparece. O detalhe superior ilustra uma parte da parede da diáfise em que aparece osso pericondral sob o periósteo. O detalhe inferior é um corte através da metáfise, mostrando proliferação sucessiva de nova cartilagem, calcificação e substituição pela linha avançada de ossificação. (Esta figura encontra-se reproduzida em cores no Encarte.)

Em mamíferos e nos ossos de alguns lagartos e aves, surgem centros secundários de ossificação nas epífises (Figura 5.24 E e F). Os eventos que ocorrem são semelhantes aos observados durante a ossificação primária no pedúnculo do osso, ou seja, a cartilagem se calcifica, os vasos sanguíneos invadem as epífises, surgem os osteoblastos e novo osso é depositado. Nos seres humanos, esses centros secundários de ossificação surgem aos 2 a 3 anos de idade.

Quando os mamíferos atingem a maturidade sexual ou logo depois, as placas epifisárias e as regiões metafisárias que ocupam se ossificam completamente (Figura 5.24 G). Dito de outro modo, a zona de ossificação ultrapassa a proliferação de cartilagem. Nesse ponto, a principal fase de crescimento de um mamífero está terminada.

Desenvolvimento ósseo membranoso

Nesse caso, o osso se forma diretamente a partir do mesênquima, sem uma cartilagem precursora (ver Figura 5.23). De início, o mesênquima é compactado em bainhas ou membranas, daí os ossos resultantes ocasionalmente serem mencionados como "ossos membranosos".

À medida que as células do mesênquima se condensam, são rapidamente supridas com vasos sanguíneos. Entre essas células compactadas de matriz óssea, surge uma substância fundamental semelhante a um gel. Barras densas de matriz óssea são depositadas dentro da substância fundamental, e os osteoblastos se tornam evidentes pela primeira vez simultaneamente. As barras densas de matriz ficam mais numerosas e, por fim, substituem a substância fundamental em forma de gel. O crescimento subsequente prossegue por aplicação de camadas sucessivas de novo osso à superfície dessas barras existentes de matriz óssea (Figura 5.25 A–C). Há três tipos de desenvolvimento ósseo intramembranoso especializado: osso dérmico, osso sesamoide e osso pericondral.

Os **ossos dérmicos** se formam diretamente pela ossificação de mesênquima. São denominados assim porque sua fonte de mesênquima fica dentro da derme da pele. Muitos ossos do crânio, a cintura escapular e o tegumento são exemplos. Ocasionalmente, os ossos dérmicos substituem elementos endocondrais em termos estruturais e funcionais. A maxila humana, como em muitos grupos derivados, começa como em elemento cartilaginoso, mas depois é embainhada em osso dérmico abaixo dos dentes.

Os **ossos sesamoides** se formam diretamente dentro de tendões, que são derivados de tecido conjuntivo. A patela do joelho e o osso pisiforme do punho são exemplos. O crescimento sesamoide parece ser uma resposta de tendões a estresses mecânicos.

O **osso pericondral** e o **periósteo** se formam a partir da camada celular profunda de tecido conjuntivo fibroso que cobre a cartilagem (pericôndrio) ou o osso (periósteo). Esse tipo de osso se desenvolve cedo e retém a capacidade de formar osso diretamente no adulto. Os osteoblastos se diferenciam dentro dessa camada interna do pericôndrio ou periósteo para produzir osso sem um precursor cartilaginoso. Tal formação óssea direta de osso superficial é chamada de **crescimento por aposição**.

Boxe Ensaio 5.1   Evolução do osso

O osso é encontrado apenas nos vertebrados. Não se sabe por que surgiu na escala evolutiva nesse e não em algum outro grupo de animais. Uma teoria diz que o osso surgiu primeiro não como um tecido de sustentação, mas como uma forma de armazenamento de cálcio ou fosfato. Como os sais de cálcio e fosfato e outros minerais ocorrem em maior concentração na água do mar que nos tecidos dos organismos marinhos, eles tendem a invadir o corpo dos animais, buscando um equilíbrio. O excesso de sais e minerais pode ser excretado pelos rins ou se depositar em outro local, como a pele. Íons de cálcio e fosfato participam das vias metabólicas celulares, de modo que, se fossem armazenados em maior quantidade que a excretada, seriam facilmente acessíveis em momentos de maior demanda metabólica. Grandes estoques de cálcio e fosfato, se localizados superficialmente, também formariam uma superfície dura, protegendo os vertebrados contra o ataque físico de predadores. Esse papel protetor secundário poderia, então, favorecer o desenvolvimento de uma armadura óssea mais extensa, característica dos primeiros peixes. O surgimento de um esqueleto ósseo interno ocorreu ainda mais tarde, com a seleção para um suporte mecânico melhorado.

Por mais plausível que seja essa hipótese, não esclarece de que maneira particular o cálcio se fixa no esqueleto dos vertebrados. A fração inorgânica rígida do osso dos vertebrados é de fosfato de cálcio na forma de cristais de hidroxiapatita, em vez de carbonato de cálcio na forma de cristais de calcita ou aragonita, que caracteriza a maioria dos esqueletos dos invertebrados. Talvez, como foi sugerido recentemente, o cálcio no osso dos vertebrados seja mais estável em condições de estresse fisiológico associado a estilos de vida ativos. Em contraste com a maioria dos invertebrados, os vertebrados mostram um estilo de vida ancestral e incomum, que se caracteriza por surtos intensos de atividade, que levam à formação de ácido láctico, seguida por flutuações acentuadas no pH sanguíneo, acompanhadas por acidose prolongada (mais acidez), antes do retorno do pH aos níveis de repouso. Em condições de acidose, o carbonato de cálcio dos invertebrados tende a se dissolver, literalmente, enquanto o fosfato de cálcio dos vertebrados é mais estável. É óbvio que um esqueleto com tendência a se dissolver após atividade intensa seria frágil. Isso também inundaria o sangue circulante com excesso de cálcio, talvez complicando ainda mais o metabolismo normal de órgãos internos.

Portanto, um esqueleto de cálcio daria alguma proteção mecânica, mas o de fosfato de cálcio em particular (e não o de carbonato de cálcio) faria uma matriz óssea mais estável. Ele também reduziria as desvantagens fisiológicas da dissolução óssea, que do contrário resultariam em um animal dependente de surtos de atividade. Essa hipótese da evolução do osso dos vertebrados também se adapta bem às ideias de quem vê os primeiros vertebrados ou pré-vertebrados como animais que abandonaram os estilos de vida sedentários de seus ancestrais por outros mais ativos (ver também Ruben e Bennett, 1987).

Evolução inicial dos cordados (Capítulo 2)

Após a ossificação e a formação do osso estar completa, uma ruptura ou um traumatismo nesse osso pode ser acompanhado pelo aparecimento de cartilagem. Como essa cartilagem se forma após a formação óssea inicial, é denominada **cartilagem secundária**. Após ruptura, a cartilagem mantém unidas as extremidades do osso quebrado e é logo substituída por ossificação óssea endocondral. O reparo de uma fratura envolvendo cartilagem é comum entre os vertebrados. Alguns embriologistas preferem uma definição mais restritiva, reconhecendo como cartilagem secundária apenas a que surge nas margens de ossos intramembranosos, a partir de células periósteas, em resposta a estresses mecânicos. Uma vez formada, essa cartilagem pode se ossificar ou permanecer como cartilagem pelo resto da vida. Nesse sentido estrito, a cartilagem secundária só é reconhecida em aves e mamíferos.

Histologia óssea comparativa

O osso composto de ósteons é encontrado em todos os gnatostomados, mas não é o único padrão histológico de osso, nem mesmo o mais comum. Em muitos peixes teleósteos, o osso é acelular, com ausência total de osteócitos na matriz de fosfato de cálcio. Durante o crescimento, os osteoblastos na superfície secretam nova matriz. No entanto, essas células permanecem na superfície do osso e não ficam envoltas em suas próprias secreções, de modo que o osso que produzem é acelular. Os ostracodermes e alguns outros grupos de peixes têm osso celular e acelular. Em anfíbios e répteis, o osso costuma ser lamelar e celular, com osteócitos presentes. Ocasionalmente, também há ósteons, formados secundariamente durante o crescimento e o remodelamento contínuòs. Entretanto, com mais frequência, forma-se novo osso em base sazonal, produzindo anéis de crescimento no córtex.

A ideia de que o osso é composto por um sistema extenso de ósteons vem do osso humano e, em geral, pode ser aplicada aos primatas superiores, porém, mesmo entre mamíferos, esse padrão mostra diferenças. Em muitos mamíferos não primatas, podem ser encontradas grandes áreas de osso acelular e avascular no mesmo indivíduo. Os ossos de ratos exibem poucos ósteons. Em muitos marsupiais, insetívoros, artiodáctilos e carnívoros, os ossos ou grandes regiões ósseas podem não ter ósteons.

Remodelamento e reparo ósseos

Com o tempo, acumulam-se microfraturas na matriz óssea mineralizada do osso. Se não forem tratadas, essas microfraturas podem coalescer e se tornar uma fratura maior, levando à falha do osso em um momento crítico. Para reparar o dano antes que o osso fique muito enfraquecido, é preciso que novo osso substitua o antigo em uma base regular. Uma frente avançada de osteoclastos erode os canais no osso existente. No rastro desses osteoclastos, uma grande população de osteoblastos passa pelos canais recém-erodidos e deposita novo osso em anéis concêntricos característicos, formando um novo ósteon, que substitui as lamelas de ósteons velhos (Figura 5.26).

Esse processo de reparo ósseo não apenas é parte importante da manutenção preventiva, como também consiste em um processo de remodelamento contínuo pelo qual o osso se adapta às novas demandas funcionais que surgem durante a vida de

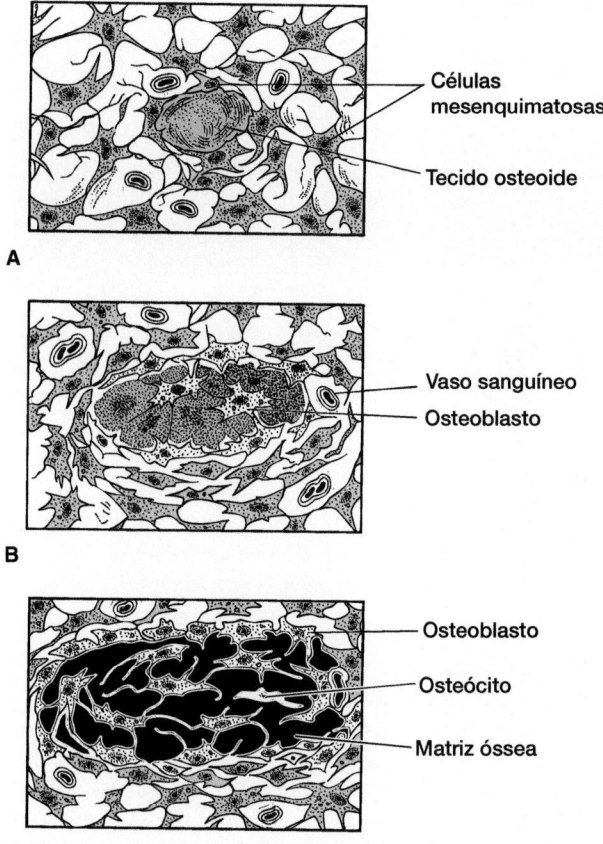

Figura 5.25 Formação de osso intramembranoso. A. Células mesenquimatosas convergem e produzem tecido osteoide, um precursor da matriz óssea. **B.** Vasos sanguíneos invadem, aparecem osteoblastos e o tecido osteoide inicial é enriquecido com cálcio, formando a matriz do osso imaturo. **C.** Após a formação da matriz cada vez mais densa, as células dentro dela são denominadas, de maneira mais apropriada, osteócitos. Aquelas na superfície ainda produzem ativamente mais matriz óssea e, assim, são osteoblastos.

De Krstić.

um indivíduo. Contudo, apesar da manutenção preventiva, golpe ou torção inesperados podem quebrar um osso.

Uma ruptura inicia um processo de reparo em quatro etapas. Primeiro, forma-se um coágulo de sangue entre as extremidades quebradas do osso (Figura 5.27 A). A contração do músculo liso e a coagulação normal vedam as extremidades danificadas dos vasos sanguíneos que passam através do osso. Em segundo lugar, desenvolve-se um calo entre as extremidades da ruptura, principalmente em decorrência da atividade de células dentro do periósteo (Figura 5.27 B). O calo é composto de cartilagem hialina e fibrocartilagem, em geral com pequenas partes remanescentes do coágulo sanguíneo. Nesse momento, também surgem algumas novas espículas ósseas. Em terceiro lugar, o calo cartilaginoso é substituído por osso, em grande parte por um processo que lembra a formação óssea endocondral. A cartilagem se calcifica, os condrócitos morrem, o tecido vascular invade, chegam osteoblastos e osteoclastos e surge a matriz óssea (Figura 5.27 C). Após a substituição da cartilagem, as duas extremidades quebradas do osso ficam entrelaçadas por espículas ósseas irregulares (Figura 5.27 D). Por fim,

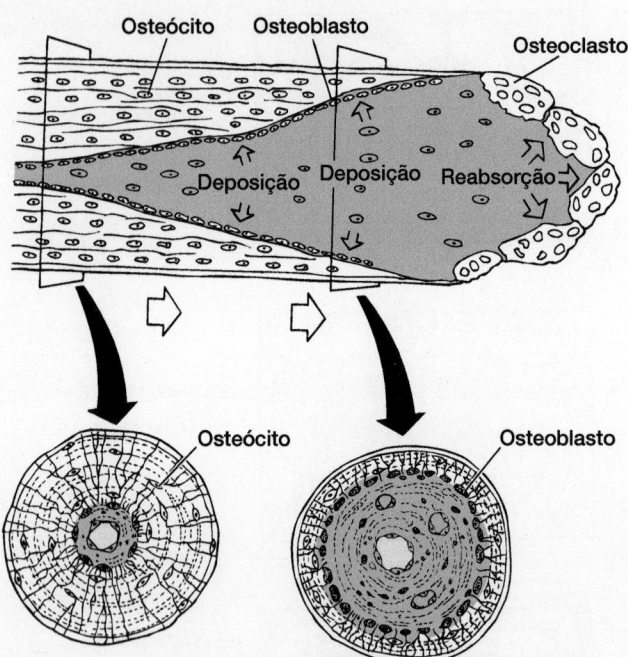

Figura 5.26 Formação de um novo ósteon. Uma linha avançada de osteoclastos remove células ósseas mediante erosão, através da matriz óssea existente, para abrir um canal. Surgem osteoblastos ao longo do perímetro do canal e imediatamente começam a formar anéis concêntricos de nova matriz organizada em torno de um vaso sanguíneo central (*embaixo*). À medida que esses próprios osteoblastos ficam circundados pela matriz, tornam-se osteócitos.

De Lanyon e Rubin.

osteoblastos e osteoclastos participam do remodelamento desse reparo para terminar o processo. Essa etapa final de remodelamento pode continuar por meses. Se a ruptura original tiver sido grave, a área de reparo pode continuar irregular e desigual por muitos anos (Figura 5.27 E).

Em 1843, o Dr. David Livingstone (de "Dr. Livingstone, presumo"), o famoso escocês que explorou a África no início do século 19, foi atacado seriamente por um leão. Ele sofreu uma fratura no braço, mas sobreviveu, prosseguindo em sua longa campanha missionária. Após sua morte 30 anos depois, seus restos mortais foram levados para a Inglaterra e identificados positivamente, em parte pelo calo nítido da fratura ainda evidente.

Articulações

Onde elementos separados de osso ou cartilagem entram em contato, formam-se **juntas** ou **articulações**, que podem ser definidas em termos funcionais, dependendo de serem móveis ou não. Se uma articulação favorece movimento considerável, é dita uma **articulação sinovial** ou **diartrose**. Se é restritiva ou não possibilita qualquer movimento relativo entre elementos articulados, denomina-se **sinartrose**. As articulações podem ser definidas estruturalmente, dependendo do tipo de tecido conjuntivo que as une pela articulação. Em termos estruturais, uma articulação sinovial (diartrose) é definida por uma **cápsula sinovial** (ou **articular**) cujas paredes consistem em tecido conjuntivo denso revestido por uma **membrana sinovial**, que secreta um

líquido sinovial lubrificante no espaço confinado; as extremidades de ossos em contato são revestidas por uma **cartilagem articular**. As sinartroses não têm estruturas sinoviais (cápsula, membrana, fluido) e, por isso, distinguem-se estruturalmente das diartroses. Com relação às sinartroses, se a conexão entre elementos é de osso, ela é uma **sinostose**; se consiste em cartilagem, é uma **sincondrose**; se é tecido conjuntivo fibroso, é uma **sindesmose**. Onde uma sinostose representa a fusão de ossos antes separados, a união firme é considerada **anquilosada**. A maioria das sincondroses, em especial se formadas na linha média, denomina-se **sínfise**. As sínfises mandibular e pubiana seriam exemplos. A maioria das **suturas** é sindesmose.

Tais critérios duplos para definir as articulações – um funcional e outro estrutural – baseiam-se em grande parte nas articulações encontradas em mamíferos. Embora esses termos se apliquem geralmente a outros vertebrados, há exceções. Em cobras, a "sínfise mandibular" possibilita movimento relativo considerável dos ramos da maxila e pode não ter cartilagem. As sindesmoses entre elementos cranianos laterais introduzem graus consideráveis de liberdade, não restrições; superfícies articulares livremente móveis podem ser cobertas com cartilagens articulares, mas não têm uma cápsula sinovial completa. Na nadadeira do golfinho, as articulações sinoviais habituais dos mamíferos entre falanges individuais foram substituídas secundariamente por sindesmoses firmes, que tornam a nadadeira rígida, mas forte em seu papel como um dispositivo hidrodinâmico. Nas aves, alguns ossos cranianos formam sindesmoses. Contudo, os ossos articulados podem ser adelgaçados, possibilitando flexão significativa ou encurvamento por meio da articulação, como parte do sistema de cinesia craniana das aves. Como resultado de tal variação, a função articular (mobilidade) nem sempre pode ser prevista a partir da estrutura articular (tipo de tecido conjuntivo) apenas, ou vice-versa.

Crista neural e placódios ectodérmicos

As células da crista neural, placódios ectodérmicos e seus muitos derivados ficaram conhecidos desde o século 19, mas seu significado extraordinário para a evolução dos vertebrados só recebeu a devida atenção recentemente. Nos vertebrados, as células migratórias da crista neural e placódios ectodérmicos contribuem para uma grande variedade de estruturas adultas, mas são deixadas de lado cedo no desenvolvimento dos vertebrados.

Antes de completar o fechamento das dobras neurais, as células da crista neural se separam dessas dobras e do epitélio superficial adjacente para montar cordões temporários distintos acima do tubo neural em formação. Esse é um estágio do qual migram, subsequentemente, por vias definidas no embrião, para locais permanentes, onde se diferenciam em uma grande variedade de estruturas, inclusive gânglios dos nervos espinais e cranianos, células de Schwann que formam a bainha isolante em torno de nervos periféricos, células cromafins da medula adrenal, células de pigmento do corpo (exceto na retina e no sistema nervoso central) e vários tipos de células produtoras de hormônios amplamente dispersas. Na cabeça, as células da crista neural originam a maior parte da cartilagem e do osso da maxila inferior e a maioria do tecido conjuntivo dos músculos voluntários. No núcleo dos dentes, **odontoblastos** que secretam a

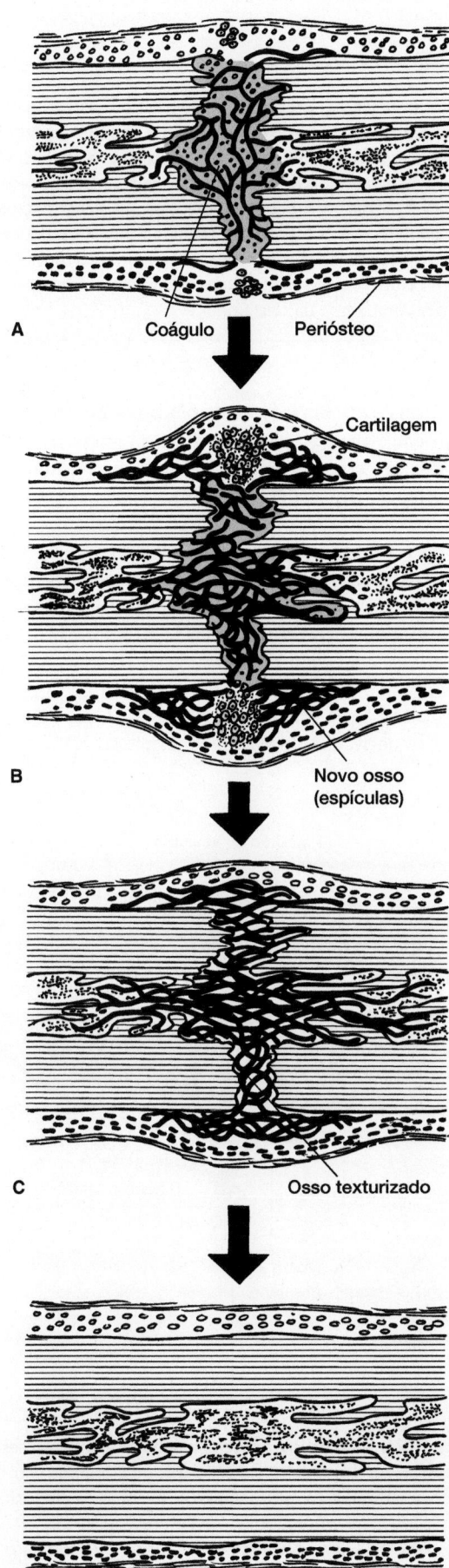

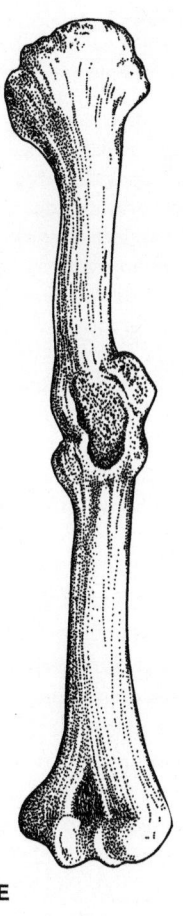

Figura 5.27 Reparo de fratura óssea. (A) Quando ocorre uma fratura, de início se forma um calo de sangue coagulado e restos celulares entre as extremidades do osso quebrado (**B**), mas é logo substituído por cartilagem, que se calcifica, é invadida por vasos sanguíneos e surgem osteoblastos e osteoclastos, com deposição de nova matriz óssea. (**C**) As espículas do osso texturizado mantêm unidas as extremidades quebradas da fratura e o remodelamento (**D**) tem início para substituir a parte quebrada do osso. (**E**) Uma fratura cicatrizada. A maioria das fraturas ósseas cicatriza, com retorno ao formato quase normal do osso após um período de remodelamento, mas nem sempre. Se a fratura for grave e o realinhamento ósseo não for feito da maneira apropriada, então o reparo pode ser imperfeito. O úmero ilustrado, do Dr. David Livingstone, mostra o local de uma fratura causada pelo ataque de um leão 30 anos antes.

A a D, de Krstić; Ham; E, de Halsted e Middleton.

Boxe Ensaio 5.2	O Jogo das células da crista neural

Nos vertebrados, as células da crista neural surgem na borda da placa neural e expressam uma diversidade de tipos celulares (Tabela 5.2) à medida que correntes dessas células migram para suas localizações definitivas. Por sua contribuição significativa para a cabeça e o corpo dos vertebrados, sua estreia evolutiva foi proposta como o evento fundamental da transição da alimentação por filtração para a predação ativa. Todavia, a origem da crista neural entre os protocordados continua discutível, pois tipos celulares homólogos não foram identificados de maneira conclusiva. A manipulação recente de sistemas genéticos e reguladores nos urocordados (ascídios) revelou evidência de uma linhagem celular de pigmento que provavelmente representa um precursor molecular da crista neural. Isso sugere que, se não o tipo celular, então a rede molecular reguladora é encontrada nos ascídios e, daí, nos vertebrados predadores. É provável que esse maquinário molecular mais tarde tenha se incorporado na placa ectodérmica lateral dos vertebrados para produzir seus derivados celulares distintos da crista neural.

camada interna de dentina também surgem de células da crista neural. Os derivados de células da crista neural estão resumidos na Tabela 5.2.

Os **placódios ectodérmicos** são anatomicamente distintos das células da crista neural, embora ambos possam surgir por interações comuns do desenvolvimento. Nos teleósteos, placódios nasais e óticos se comportam como a quilha neural, formando-se como brotos sólidos, que, em seguida, geram cavitações. Em outros vertebrados, todos os placódios são espessamentos da ectoderme superficial, que se invaginam para formar receptores sensoriais específicos (Figura 5.28). Fibras sensoriais dos nervos espinais que partem ao longo do comprimento da medula espinal surgem embriologicamente de células da crista neural. Os nervos cranianos surgem de células da crista neural e placódios ectodérmicos no embrião. Em peixes e anfíbios, os placódios que contribuem para os nervos cranianos estão localizados em duas fileiras dentro da cabeça. A fileira superior de **placódios dorsolaterais** e a fileira inferior de **placódios epibranquiais** ficam em sequência logo acima das fendas branquiais. Algumas células dos placódios dorsolaterais também contribuem para outros sistemas sensoriais. Elas migram para posições sobre a cabeça e ao longo do corpo, onde se diferenciam em células receptoras e nervos sensoriais associados do sistema sensorial da linha lateral. O **placódio ótico**, um membro especialmente proeminente da série dorsolateral de placódios, invagina-se a partir da superfície, como uma unidade, para formar o aparelho vestibular ligado ao equilíbrio e à audição.

Nervos cranianos e espinais (Capítulo 16); órgãos sensoriais derivados de placódios (Capítulo 17)

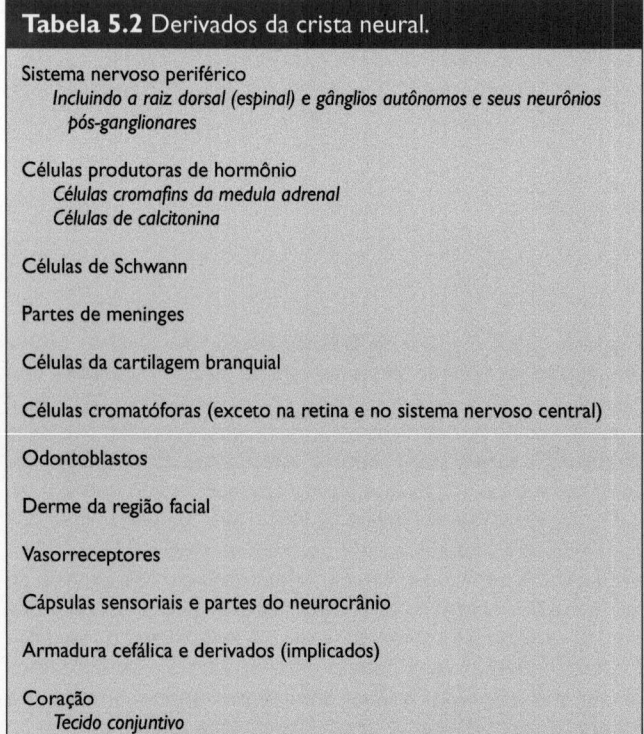

Tabela 5.2 Derivados da crista neural.

Sistema nervoso periférico
Incluindo a raiz dorsal (espinal) e gânglios autônomos e seus neurônios pós-ganglionares

Células produtoras de hormônio
Células cromafins da medula adrenal
Células de calcitonina

Células de Schwann

Partes de meninges

Células da cartilagem branquial

Células cromatóforas (exceto na retina e no sistema nervoso central)

Odontoblastos

Derme da região facial

Vasorreceptores

Cápsulas sensoriais e partes do neurocrânio

Armadura cefálica e derivados (implicados)

Coração
Tecido conjuntivo
Músculo liso das válvulas de saída

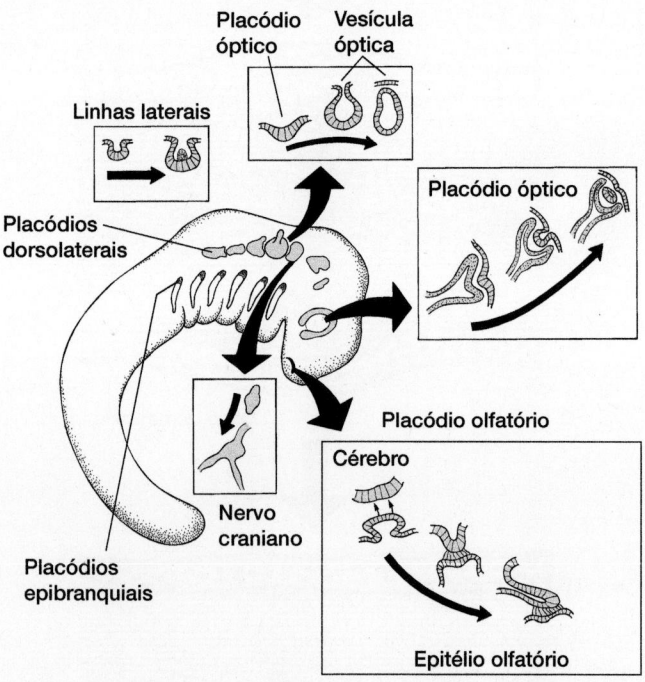

Figura 5.28 Placódios ectodérmicos em um vertebrado representativo. Há dois conjuntos pares de placódios ectodérmicos, os dorsolaterais e os epibranquiais, bem como os olfatórios e os ópticos. Todos formam órgãos ou receptores sensoriais. Não mostrado: o placódio adeno-hipofisário, que sai do revestimento bucal, articula-se com a neuro-hipófise e, juntos, formam a glândula hipófise (pituitária).

O par de **placódios olfatórios** se forma no topo da cabeça e se diferencia em receptores sensoriais do olfato, que crescem e se conectam com o cérebro. Entre os placódios olfatórios, e talvez compartilhando uma origem filogenética comum, está o **placódio adeno-hipofisário**, uma evaginação medial da ectoderme que aumenta a bolsa hipofisária (bolsa de Rathke), contribuindo para a adeno-hipófise da pituitária. O par de **placódios ópticos** se forma lateralmente para produzir o cristalino do olho. Os placódios podem interagir com a crista neural, mas não surgem dela. Todos os placódios de vertebrados, exceto o placódio óptico, diferenciam-se em nervos sensoriais. Os derivados dos placódios ectodérmicos estão resumidos na Tabela 5.3.

O corpo do vertebrado, em especial a cabeça, em grande parte é uma coleção de estruturas originárias da crista neural ou de placódios. Embora integrados harmoniosamente no adulto, esses derivados únicos distinguem os vertebrados de todos os outros cordados.

Tabela 5.3 Placódios e seus derivados.

Placódio	Derivado
Dorsolateral	
Linha lateral	*Mecanorreceptores e eletrorreceptores da linha lateral*
Ótico	*Aparelho vestibular*
Nervo craniano	*Gânglios de nervo sensorial*
Epibranquial	
Nervo craniano	*Gânglios de nervo sensorial VII, IX, X*
Olfatório	Epitélio sensorial
Óptico	Cristalino do olho

Membranas extraembrionárias

Embora o embrião esteja no ovário (teleósteos) ou durante sua passagem pelo oviduto (maioria dos vertebrados), ele adquire envoltórios extrínsecos secundários e terciários. Membranas intrínsecas não devem ser confundidas com esses envoltórios acrescentados pelos ovidutos. As membranas intrínsecas, que surgem das camadas germinativas embrionárias e crescem até circundar o embrião em desenvolvimento, são as **membranas extraembrionárias** (Figura 5.29 A–D), que funcionam no sequestro de produtos de excreção, no transporte de nutrientes e na troca de gases respiratórios. Elas criam um ambiente aquático fino que envolve o embrião em uma cápsula preenchida por fluido. Assim que as membranas extraembrionárias se formam, o embrião efetivamente flutua em um ambiente quase sem gravidade, com esta tendo um efeito apenas leve sobre seus tecidos delicados em crescimento. As membranas extraembrionárias também protegem o embrião jovem dentro de seu próprio ambiente úmido, de modo que um corpo externo de água não é necessário.

Vertebrados cujos embriões têm membranas extraembrionárias são **amniotas**, com o **âmnio** sendo uma delas. Os amniotas incluem répteis, aves e mamíferos. Os **anamniotas**, termo que significa sem âmnio, incluem peixes e anfíbios. Os peixes depositam seus ovos na água, e os anfíbios procuram locais úmidos ou voltam à água para depositar os ovos. Embriões de peixes e anfíbios não têm a maioria das membranas extraembrionárias dos amniotas, mas têm sacos vitelinos.

As membranas extraembrionárias aparecem cedo e continuam a aumentar durante todo o desenvolvimento, acompanhando o aumento das necessidades metabólicas do embrião em crescimento. Ao nascimento ou à eclosão, o indivíduo jovem rompe essas membranas e passa a depender de seus próprios

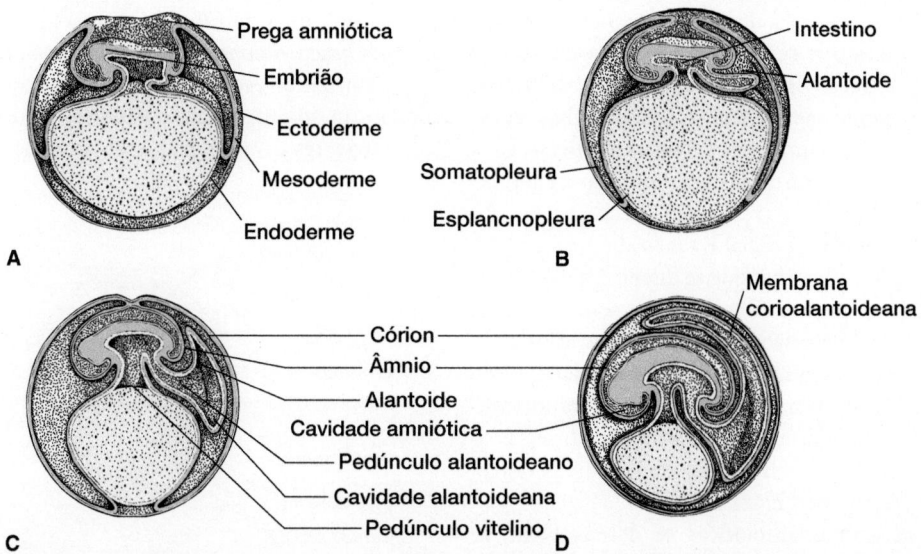

Figura 5.29 Formação da membrana extraembrionária em uma ave (cortes sagitais). A somatopleura sobe (**A**), formando dobras amnióticas que se juntam (**B**) e fundem (**C**) acima do embrião para produzir a membrana corioalantoideana (**D**). Forma-se uma extensa rede vascular dentro da mesoderme que serve como um local de troca respiratória para os gases que passam através da casca porosa (não mostrada). (Esta figura encontra-se reproduzida em cores no Encarte.)

De Arey.

Tabela 5.4 Fontes das quatro membranas extraembrionárias na maioria dos répteis, aves e mamíferos.

| Grupo vertebrado | MEMBRANA EXTRAEMBRIONÁRIA | | | | |
| | Âmnio | Córion | Alantoide | Saco vitelino | Membrana respiratória |
	FONTES DA CAMADA GERMINATIVA				
Aves	Ectoderme, mesoderme somática	Ectoderme, mesoderme somática	Endoderme, mesoderme esplâncnica	Endoderme, mesoderme esplâncnica	Córion, alantoide
Répteis	Ectoderme, mesoderme somática	Ectoderme, mesoderme somática	Endoderme, mesoderme esplâncnica	Endoderme, mesoderme esplâncnica	Córion, alantoide
Monotremados	Ectoderme, mesoderme somática	Ectoderme, mesoderme somática	Endoderme, mesoderme esplâncnica	Endoderme, mesoderme esplâncnica	Córion, alantoide
Marsupiais	Ectoderme, mesoderme somática	Ectoderme, mesoderme somática	Endoderme, mesoderme esplâncnica	Endoderme, mesoderme esplâncnica	Córion, esplancnopleura
Mamíferos eutérios	Ectoderme (trofoblasto), mesoderme somática	Ectoderme (trofoblasto), mesoderme somática	Endoderme, mesoderme esplâncnica	Endoderme, mesoderme esplâncnica	Córion, alantoide

órgãos internos para satisfazer suas necessidades nutricionais (trato digestório) e respiratórias (pulmões). As quatro membranas extraembrionárias e suas origens em répteis, aves e mamíferos estão resumidas na Tabela 5.4 e são discutidas em detalhes nas subseções a seguir.

Répteis e aves

Em aves e geralmente em répteis, as membranas extraembrionárias se formam logo após o estabelecimento das camadas germinativas básicas. As camadas germinativas que contribuem para a membrana extraembrionária são contínuas com as camadas germinativas do corpo do embrião, mas se disseminam para fora, afastando-se do embrião. A esplancnopleura bilaminar da endoderme e a mesoderme esplâncnica formam uma bainha membranosa que se espalha em torno do vitelo, envolvendo-o como o **saco vitelino**. Desenvolvem-se vasos sanguíneos no componente mesodérmico da esplancnopleura que se disseminam e formam uma rede de **vasos vitelinos**. Essa rede de vascularização é importante para mobilizar a energia e nutrientes do vitelo durante o crescimento embrionário. A somatopleura da ectoderme superficial e a mesoderme somática formam a outra bainha bilaminar que se dissemina para fora do corpo embrionário (Figura 5.30). A bainha somatopleura cresce para cima sobre o embrião como **dobras amnióticas**, que acabam se encontrando e fundindo na linha mediana. Duas membranas são produzidas a partir das dobras amnióticas. Uma é o âmnio, que circunda imediatamente o embrião e o encerra em uma **cavidade amniótica** cheia de líquido. A outra é o **córion** mais periférico (ver Figura 5.29 C).

À medida que as dobras amnióticas se desenvolvem, a **alantoide**, um divertículo da endoderme do intestino posterior, cresce para fora, levando com ele mesoderme esplâncnica. A endoderme e a mesoderme esplâncnica da alantoide continuam a se expandir, deslizando entre o âmnio e o córion, bem como entre o saco vitelino e o córion. Por fim, a alantoide externa e o córion se fundem para formar uma única membrana composta, a **membrana corioalantoideana** (ver Figura 5.29 C e D). A mesoderme no meio dessa membrana forma uma rede extensa de **vasos alantoideanos** que funcionam na troca respiratória através da casca porosa. A **cavidade alantoideana** limitada pelo alantoide se torna um repositório para os resíduos excretores do embrião.

Mamíferos

Estruturas homólogas das quatro membranas extraembrionárias de répteis e aves aparecem nos mamíferos: âmnio, córion, saco vitelino e alantoide. Nos monotremados, as membranas extraembrionárias se formam de maneira praticamente igual à observada em répteis e aves (ver Tabela 5.4). A alantoide vascular tem uma função respiratória antes e após a deposição do ovo. O saco vitelino pode se acoplar à parede uterina, absorvendo nutrientes. Após o acréscimo das membranas da casca e a deposição do ovo, esse saco vitelino vascular continua a mobilizar nutrientes armazenados, mas agora do vitelo dentro do ovo

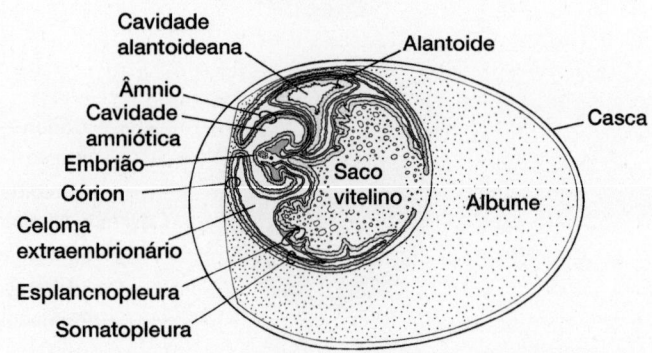

Figura 5.30 Corte transversal de um embrião de ave dentro do ovo com casca após cerca de 8 h de incubação. Note-se a formação inicial da alantoide e do âmnio. (Esta figura encontra-se em cores no Encarte.)

De Patten.

com casca. Nos marsupiais e em alguns mamíferos eutérios, como cães e suínos, o âmnio se forma a partir das dobras amnióticas na somatopleura, como ocorre em répteis, aves e monotremados. Em outros mamíferos eutérios, como os seres humanos, surgem espaços cheios de líquido dentro da massa celular interna, antes do estabelecimento das camadas germinativas. Esses espaços coalescem para formar a cavidade amniótica inicial.

Nos mamíferos térios, há uma estrutura homóloga ao saco vitelino, mas que só contém algumas plaquetas de vitelo nos marsupiais e nenhuma nos eutérios. Em vez disso, é preenchida com líquido. O disco embrionário fica suspenso entre a cavidade amniótica e o saco vitelino. Como em outros amniotas, a alantoide começa como uma evaginação do intestino posterior que se expande para fora, sendo circundada por uma camada de mesoderme à medida que cresce. O córion dos mamíferos eutérios é bilaminar, como nos répteis e aves, formando-se a partir do trofoblasto e da camada mesodérmica adjacente. A alantoide em expansão cresce em contato com grande parte da parede interna do córion e se funde a ela, originando a

membrana corioalantoideana. Os vasos alantoideanos, ou **vasos umbilicais**, como são mais conhecidos nos mamíferos, desenvolvem-se dentro do núcleo mesodérmico da membrana corioalantoideana. Eles vasos funcionam na respiração e na troca nutricional com o útero materno.

Placenta dos eutérios

A **placenta** é uma estrutura composta, formada a partir de tecidos do feto e tecidos maternos, de modo que ambos têm um contato vascular íntimo (Figura 5.31). Nos mamíferos eutérios, duas membranas extraembrionárias, juntas ou separadas, podem produzir uma placenta, dependendo da espécie. Uma é a membrana corioalantoideana. A placenta corioalantoideana em geral é denominada **placenta alantoideana** porque a alantoide do feto fornece os vasos sanguíneos. A outra estrutura extraembrionária é o saco vitelino, que, se fornece vasos sanguíneos, produz uma **placenta vitelina**. O saco vitelino expandido faz contato com o córion para formar a membrana coriovitelina composta, que invade as paredes uterinas para formar uma

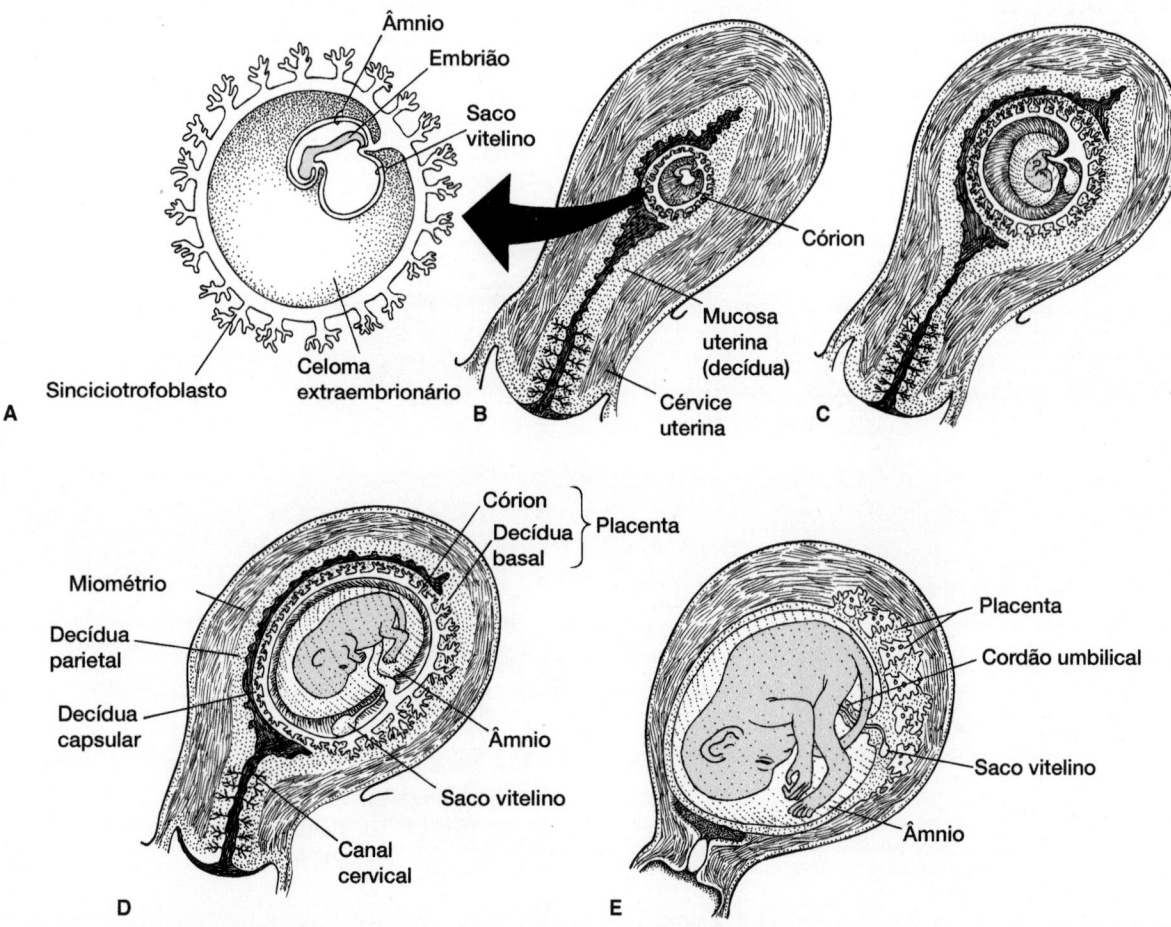

Figura 5.31 O útero durante a gravidez. A–E. Embrião de primata e suas membranas são mostrados em estágios sucessivos do desenvolvimento. A decídua é o revestimento mais interno do útero; o miométrio é a parede muscular mais externa. A parte da decídua associada ao córion fetal é a decídua basal. Juntos, a decídua materna basal e o córion fetal formam a placenta. A decídua parietal e a decídua capsular compõem o restante da decídua. Assim que a placenta se forma, o cordão umbilical contém o par de artérias umbilicais, a única veia umbilical e o pedúnculo do saco vitelino da placenta para o embrião. A cavidade amniótica continua a crescer com o embrião até o termo, momento em que contém líquido (a chamada bolsa d'água).

De Patten e Carlson.

placenta. Parte da membrana coriovitelina pode ser vascular, outras partes podem ser avasculares, formando, assim, respectivamente, placentas vitelinas vasculares e avasculares. Em alguns mamíferos eutérios, como cães, a placenta vitelina é transitória, enquanto em outros, como guaxinins e camundongos, ela permanece funcional até o nascimento. Na placenta, o sangue da mãe não passa para o feto. Em vez disso, a placenta coloca os leitos capilares do feto e da fêmea em associação estreita, mas não unidos diretamente, para permitir a transferência de nutrientes e oxigênio da mãe para o feto e de resíduos de nitrogênio e dióxido de carbono do feto para a mãe.

Os mamíferos eutérios também são conhecidos como **mamíferos placentários** porque sua reprodução se caracteriza por uma placenta que começa a se formar quando o blastocisto faz o primeiro contato com a parede do útero preparado para recebê-lo. Nos seres humanos, a implantação do blastocisto resulta em fixação à parede uterina cerca de 6 dias após a ovulação (Figura 5.32 A–D). Em algumas espécies, a implantação é adiada por semanas a meses, porque o desenvolvimento subsequente do blastocisto é interrompido temporariamente. Essa implantação demorada, denominada **implantação tardia**, estende-se por toda a gestação, para impedir o nascimento inoportuno de um novo indivíduo enquanto a fêmea ainda estiver amamentando filhotes da ninhada anterior ou os recursos sazonais forem escassos. Texugos, ursos, focas, alguns cervídeos e camelos têm implantação tardia.

Após a implantação, as células do trofoblasto proliferam para formar duas camadas reconhecíveis. As células da camada externa, **sinciciotrofoblasto**, perdem suas delimitações para formar um sincício multinucleado. O sinciciotrofoblasto ajuda o embrião a entrar na parede uterina e estabelecer uma associação com os vasos sanguíneos maternos. A segunda camada derivada do trofoblasto é o **citotrofoblasto**, cujas células retêm suas delimitações e contribuem para a mesoderme extraembrionária (Figura 5.32 C).

Em suma, a placenta é formada de tecidos fetais e maternos. Os vasos sanguíneos do feto crescem no sinciciotrofoblasto, onde estabelecem uma associação estreita com os vasos sanguíneos maternos. A placenta mantém as funções respiratória e nutricional do feto. Os hormônios produzidos pela placenta estimulam outros órgãos endócrinos da mãe e ajudam a manter a parede uterina com a qual o embrião está associado.

Circulação sanguínea placentária (Capítulo 12)

Outras placentas

A maioria das pessoas se surpreende ao saber que marsupiais e até peixes, anfíbios e répteis desenvolvem placentas (Figura 5.33). De fato, as aves constituem o único táxon de vertebrados em que nenhum membro tem placenta. Como os mamíferos eutérios, os marsupiais e répteis têm placentas alantoideanas e vitelinas. Um dos tipos de placenta mais disseminados

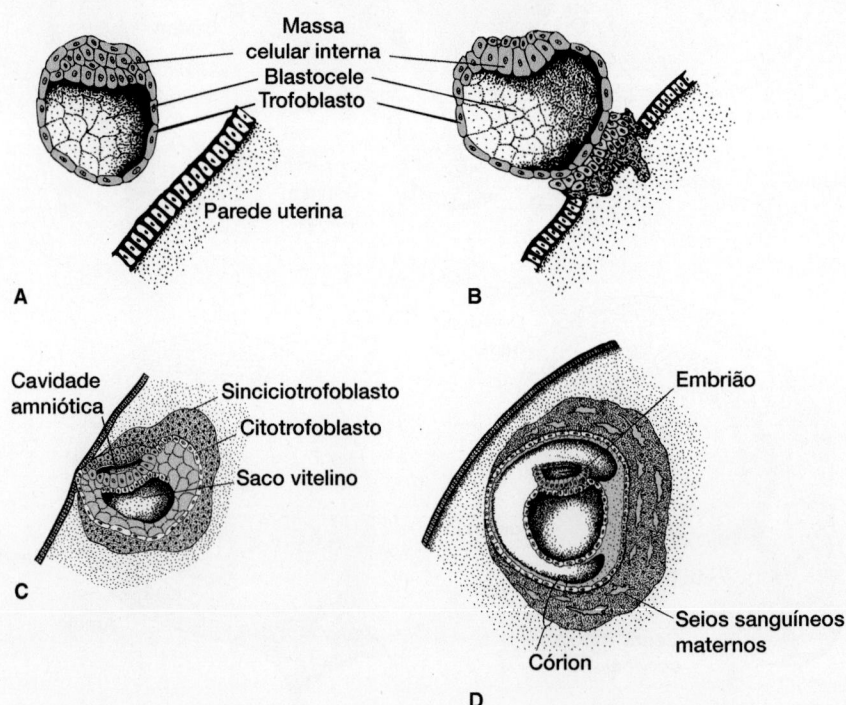

Figura 5.32 Implantação de um embrião de mamífero (humano) na parede uterina. A. O blastocisto ainda não aderiu à parede uterina por volta do quinto dia, mas é possível notar que a massa celular interna, o trofoblasto e a blastocele já estão presentes e a zona pelúcida foi eliminada. **B.** Contato inicial do blastocisto com a parede uterina. **C.** Penetração mais profunda do blastocisto na parede uterina. O trofoblasto origina um sinciciotrofoblasto externo, que é um sincício, e o citotrofoblasto interno. A cavidade amniótica se forma por cavitação dentro da massa celular interna. **D.** Seios sanguíneos da circulação materna seguem pelo sinciciotrofoblasto para dar suporte nutricional e troca respiratória para o embrião. (Esta figura encontra-se reproduzida em cores no Encarte.)

De McLaren em Austin e Short.

entre os marsupiais é a placenta de saco vitelino, que propicia a troca de gás e nutrientes entre os tecidos fetais e uterinos (Figura 5.33 D). Em alguns marsupiais, como coalas e *bandicoots* (espécie de rato grande da Austrália e da Nova Guiné), há tanto uma placenta vitelina quanto uma alantoideana (Figura 5.33 C). A implantação nos *bandicoots* é similar à observada nos mamíferos eutérios (Figura 5.33 F), em que o córion invade o útero, fazendo com que os leitos capilares fetais e maternos fiquem estreitamente associados.

A maioria dos répteis, como as aves, deposita ovos, mas muitos lagartos e cobras liberam os filhotes já formados. Esses répteis têm placentas vitelinas e alantoideanas. Em alguns répteis, como os **lagartos *Mabuya*** sul-americanos, a membrana corioalantoideana se interdigita com o epitélio uterino para formar um **placentoma** (Figura 5.33 B), a placenta corioalantoideana especializada *sobre* o embrião para a troca de nutrientes e gases.

Resumo do desenvolvimento embrionário inicial

As reservas de vitelo afetam o padrão de clivagem e a subsequente gastrulação. Quando o vitelo se acumula no ovo em grandes quantidades, interfere mecanicamente na formação de sulcos mitóticos e restringe a clivagem à área relativamente livre de vitelo no polo animal. Em casos extremos, como nos peixes teleósteos, répteis, aves e monotremados, a clivagem é discoidal, com o blastodisco confinado a um capuz de células no alto do vitelo. A gastrulação subsequente envolve rearranjo de células superficiais que se movem através de um escudo embrionário ou linha primitiva. Como blastóporos, tanto escudos embrionários quanto linhas primitivas funcionam como áreas de organização. Ambos podem ser homólogos de blastóporos, mas achatados para acomodar a grande quantidade de vitelo.

A clivagem discoidal evoluiu independentemente em peixes teleósteos de um lado e em répteis, aves e monotremados do outro. Naturalmente, não sabemos que padrão de clivagem caracterizou os primeiros lissanfíbios. Os anfíbios modernos têm ovos mesolécitos e clivagem holoblástica. Se os lissanfíbios tinham o mesmo padrão de clivagem que os descendentes modernos dos anfíbios, então a clivagem discoidal vista nos répteis, aves e monotremados modernos deve representar uma condição derivada que evoluiu de maneira independente da clivagem discoidal dos teleósteos.

Nos mamíferos eutérios, o saco vitelino é quase completamente desprovido de vitelo, embora a clivagem seja discoidal e a gastrulação ocorra por uma linha primitiva, como se houvesse uma grande quantidade de vitelo e as células tivessem de se mover em torno de tal obstrução. É provável que esse processo de clivagem represente a retenção de aspectos herdados de ancestrais com ovos carregados de vitelo. Sem referência à base filogenética dos mamíferos eutérios, seria difícil explicar tal padrão de desenvolvimento embrionário inicial.

A divisão de vertebrados em amniotas e anamniotas reflete uma diferença fundamental no mecanismo de suporte embrionário. O aparecimento do âmnio junto com outras membranas extraembrionárias nos répteis representa uma adaptação cada vez maior a um modo terrestre de vida, que tira vantagem de muitas novas possibilidades. A maioria dos répteis, aves e monotremados tem **ovos cleidoicos**, ou com casca. Assim que o ovo cleidoico evoluiu, as fêmeas não precisaram mais percorrer longas distâncias até coleções de água para depositar seus ovos em segurança. O ovo cleidoico é um pequeno mundo autocontido. O saco vitelino mantém nutrientes para sustentar o embrião em desenvolvimento, a alantoide serve como um repositório em que os resíduos nitrogenados podem ser sequestrados com segurança para fora do embrião e o âmnio faz o embrião flutuar em água para evitar o ressecamento e amenizar choques mecânicos. O saco vitelino ou a alantoide se tornam vascularizados para exercer uma função respiratória.

Entre os mamíferos, veremos uma variedade de concessões nesse padrão de desenvolvimento embrionário. Com menos vitelo, o embrião aumenta de maneira correspondente a sua dependência de um oviduto e do útero para obter nutrientes. Isso é verdadeiro com relação aos monotremados, cujos embriões retêm um estoque de vitelo, mas o volume relativo é consideravelmente menor que nos répteis. Antes de adquirir a casca e ser depositado, o embrião do monotremado pode usar um saco vitelino vascular para absorver nutrientes da parede uterina. Esse saco continua a acumular nutrientes enquanto o embrião se desenvolve já no ovo com casca. Nos marsupiais, o início da gestação é relativamente lento. Assim que a membrana externa da casca se rompe, uma placenta vascular modesta estabelece uma associação com o útero e a organogênese passa a ser mais rápida. No entanto, o desenvolvimento prolongado dentro da fêmea tem outros problemas. À medida que o embrião fica maior, as demandas respiratórias aumentam e a liberação de oxigênio precisa ser aprimorada. Nos mamíferos eutérios, cresce uma placenta bem desenvolvida para trocar gases com o sangue materno e resolver esse problema. Todavia, surge outro problema potencial para o embrião porque a placenta o mantém em estreita associação com os tecidos maternos. Pelo menos metade do embrião é imunologicamente estranho, porque metade de suas proteínas é produzida pela contribuição genética do macho. Se reconhecido como estranho, o sistema imune da mãe pode tentar rejeitar o embrião.

Nos marsupiais, o embrião fica um tempo relativamente curto dentro do útero e nasce em um estágio precoce do desenvolvimento. Cangurus adultos podem chegar a pesar 70 kg, mas o filhote nasce com menos de 1 kg. Um período curto de gestação resolve, em parte, a possível rejeição imunológica e dá evidência da razão pela qual o feto nasce cedo. Além disso, o blastocisto do marsupial é protegido inicialmente do reconhecimento imunológico por uma membrana inerte da casca do ovo, de origem estritamente materna, que fica retida durante a maior parte do período curto de gestação. Nos mamíferos eutérios, acredita-se que a camada externa do trofoblasto promova a implantação e previna a rejeição do embrião durante a gestação prolongada.

Desenvolvimento do celoma e de seus compartimentos

O celoma produzido dentro do hipômero durante o desenvolvimento embrionário inicial é dividido na fase final do desenvolvimento. Em peixes, anfíbios e na maioria dos répteis, o

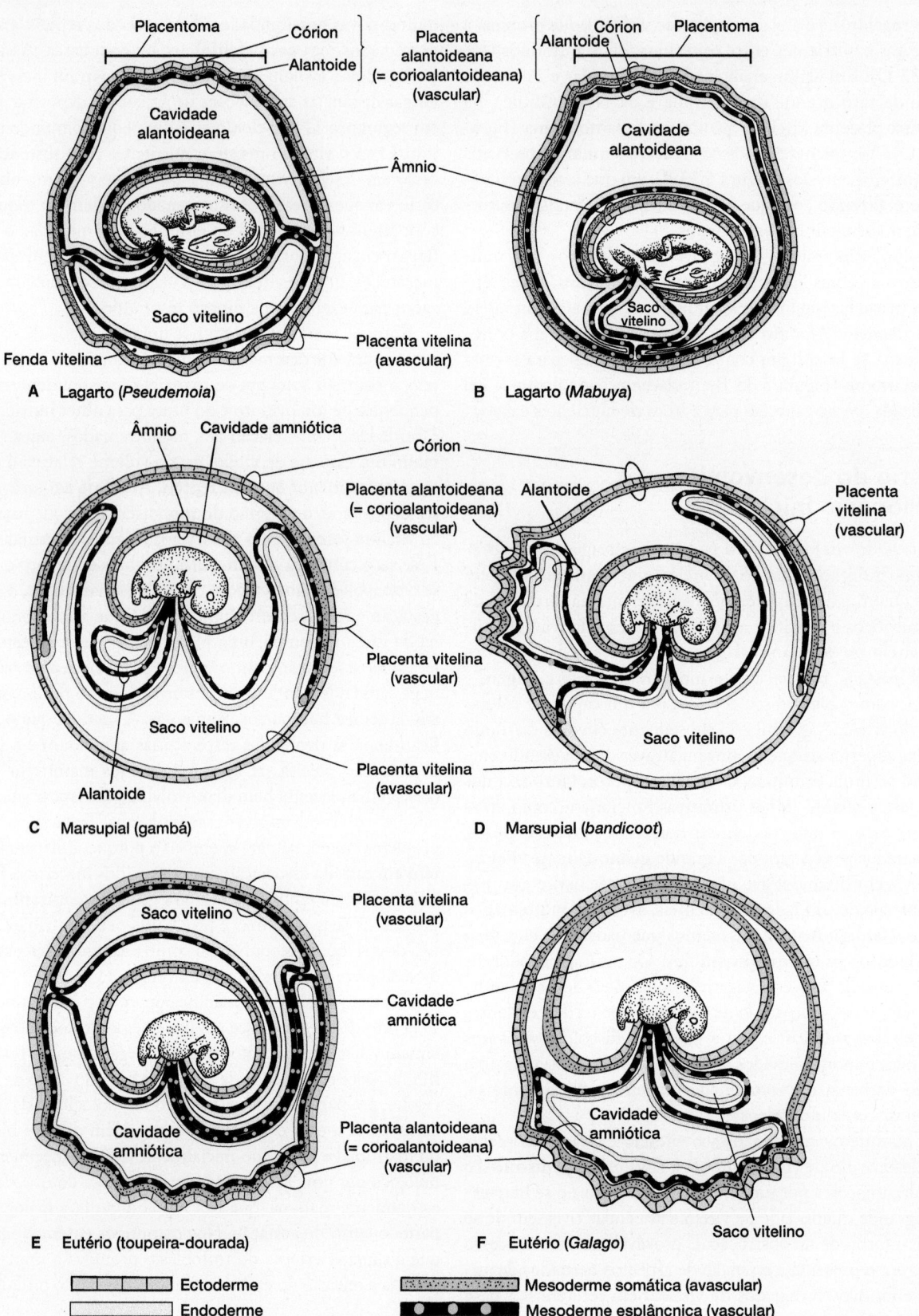

Figura 5.33 Membranas extraembrionárias fetais. A convergência caracteriza a evolução de membranas extraembrionárias nos amniotas. **A.** Placentas vitelina e alantoideana, *Pseudemoia* (um lagarto australiano). **B.** Placenta alantoideana. *Mabuya*, um lagarto sul-americano. **C.** Placenta vitelina (regiões vascular e avascular) do gambá, *Didelphis* (marsupial). **D.** Placentas vitelina e alantoideana, *bandicoot* (marsupial). **E.** Placentas vitelina e alantoideana, toupeira-dourada (eutério). **F.** Placenta alantoideana, um bebê de primata arborícola (eutério). As células que ajudam a digerir o vitelo invadem a fenda vitelina, que está presente em muitos escamados.

Alguns de Dawson; com agradecimentos especiais a James R. Stewart.

celoma é subdividido em uma **cavidade pericárdica** anterior, que contém o coração, e uma **cavidade pleuroperitoneal**, que abriga a maioria das outras vísceras (Figura 5.34 A–C). O nome cavidade pleuroperitoneal teve origem com os tetrápodes, mas é aplicado mesmo a tubarões e outros peixes sem pulmões (pleuro-). O **septo transverso** é uma divisão fibrosa complicada que separa esses dois compartimentos do celoma. Grandes veias embrionárias passam através desse septo à medida que voltam do coração. Essas veias acabam entrando em contato com o **divertículo hepático** do intestino, que está destinado a se tornar o fígado. À medida que o divertículo hepático cresce no núcleo do mesênquima do septo, encontra essas grandes veias embrionárias que se subdividem nos sinusoides vasculares do fígado. Conforme o crescimento prossegue, o fígado faz uma protuberância a partir dos confins do septo transverso. A parede posterior do septo se torna a **serosa** que cobre o fígado, e uma conexão constrita para o septo se transforma no **ligamento coronário**. Nos répteis, o septo transverso fica oblíquo dentro do corpo, e não dorsoventralmente. Isso resulta de seu desvio posterior para uma posição abaixo da cavidade pleuroperitoneal situada dorsalmente. Os pulmões ficam na extremidade cranial da cavidade pleuroperitoneal, mas, em geral, não são localizados separadamente, em seus próprios compartimentos celômicos.

Entretanto, em alguns répteis, cada pulmão é sequestrado em um compartimento celômico separado, a **cavidade pleural**. Formam-se cavidades pleurais nos crocodilos, tartarugas e al-guns lagartos, bem como em aves e mamíferos, embora o padrão de desenvolvimento nos mamíferos seja diferente do observado em outros grupos. Nos répteis que têm uma cavidade pleural e em todas as aves, ela é delimitada por um septo oblíquo fino, não muscular, conhecido como **prega pulmonar** (Figura 5.35), que cresce a partir da linha média na direção e dentro da serosa hepática. O crescimento continua até que a prega pulmonar se una à parede corporal. Portanto, ela suspende parcialmente o fígado e sequestra cada pulmão em sua própria cavidade.

Nos mamíferos, uma **prega celômica** (**membrana pleuroperitoneal**) originária da parede corporal dorsal cresce ventralmente, encontrando o septo transverso e se fundindo com ele. Essa fusão se restringe a cada pulmão em sua própria cavidade pleural. A prega celômica se torna um **diafragma** vascularizado, de modo que suas contrações influenciam diretamente a ventilação pulmonar após a eclosão ou o nascimento (ver Figura 5.34 D e E). A musculatura do diafragma é complexa. Algumas células da margem externa do diafragma surgem nos miótomos torácicos, na parede corporal adjacente, e são inervadas pelos respectivos nervos torácicos. Além disso, o mesênquima associado ao intestino anterior no nível das vértebras lombares se condensa para formar faixas do músculo diafragma, coletivamente os **pilares** esquerdo e direito. Essas faixas musculares se originam na coluna vertebral e se inserem no diafragma dorsomedial. No entanto, a maioria das células que surgem nos miótomos cervicais é anterior ao diafragma. Esses primórdios de músculo cervical entram na prega celômica quando ela está

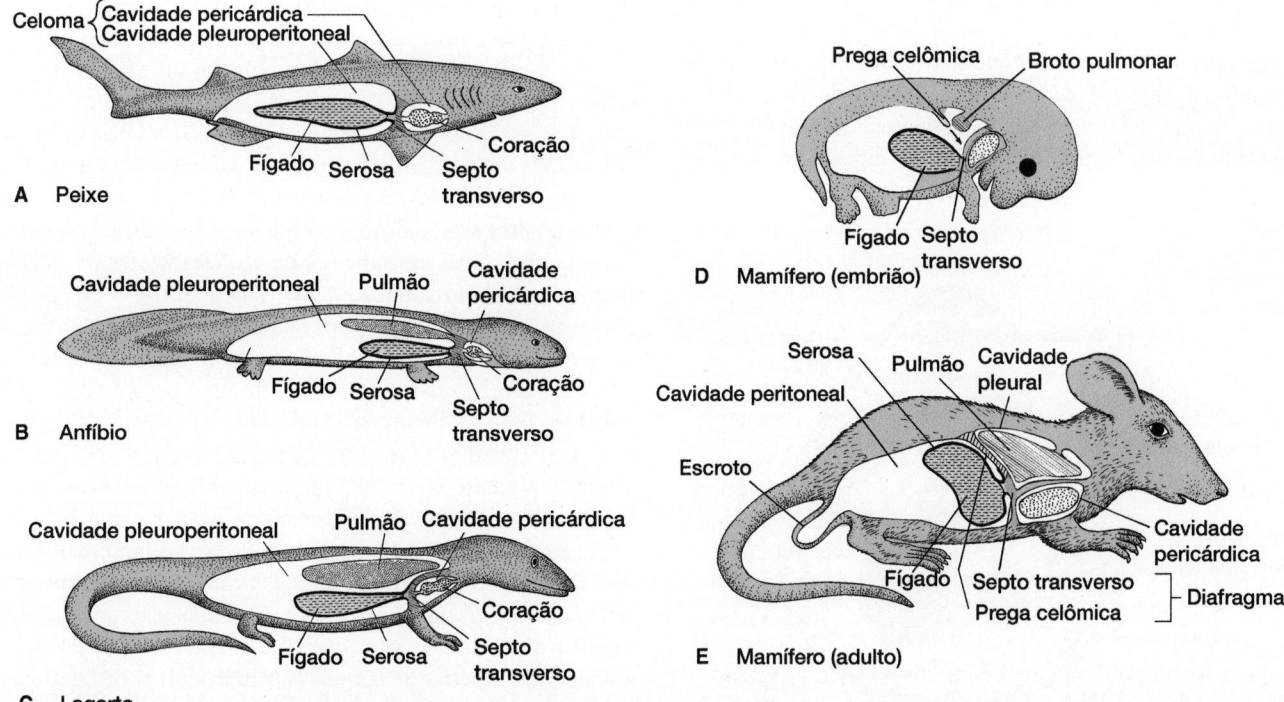

Figura 5.34 Cavidades corporais. O celoma, que surge do hipômero, é dividido por um septo fibroso transverso em cavidades pericárdica e pleuroperitoneal nos peixes (**A**), anfíbios (**B**) e na maioria dos répteis (**C**). Nos mamíferos embrionários, uma prega celômica cresce na face pulmonar posterior e faz contato com o septo transverso (**D**), separando, assim, a cavidade pleural da peritoneal. Subsequentemente, essa prega é revestida com primórdios musculares e, junto com o septo transverso, torna-se o diafragma muscular pré-hepático no adulto (**E**). Nos machos de algumas espécies, uma extensão posterior do celoma através da parede corporal produz a bolsa escrotal (escroto), que recebe os testículos.

oposta à região cervical. O crescimento diferencial do embrião causa um deslocamento caudal gradual da prega celômica, levando esses músculos para a parte posterior do corpo. O septo transversal ventral permanece relativamente não muscular e forma o **tendão central** do diafragma em forma de cúpula. O **nervo frênico**, uma coleção de vários nervos cranianos, desenvolve-se na região do pescoço, adjacente aos miótomos cervicais. À medida que esses miótomos são levados para a parte posterior, o nervo frênico os acompanha, servindo para inervar a maioria do diafragma. A posição do diafragma anterior ao fígado o torna um **diafragma pré-hepático** (ver Figura 5.34 D). Apenas os mamíferos têm esse diafragma pré-hepático, mas muitos vertebrados têm uma bainha análoga de faixas de músculo estriado localizadas posteriormente ao fígado, que funcionam na ventilação pulmonar e são chamadas de **diafragmas pós-hepáticos**. Nos crocodilos, por exemplo, os **músculos diafragmáticos** funcionam coletivamente como um diafragma pós-hepático, puxando o fígado posteriormente e o usando como um tampão para ajudar a insuflar os pulmões.

Diafragmas dos vertebrados e ventilação pulmonar (Capítulo 11)

Bainhas celulares finas de mesotélio, uma categoria especial de epitélio que forma a placa lateral de mesoderme, reveste o celoma e suas subdivisões. O mesotélio garante a integridade das cavidades, define espaços em que órgãos ativos operam mais livremente e ajuda a sequestrar órgãos com atividades conflitantes. Por exemplo, a cavidade pericárdica separa o coração de outras vísceras para permitir a geração transitória de pressão favorável em torno desse órgão nos estágios críticos de seu ciclo de bombeamento, de modo que suas câmaras possam ser preenchidas. A cavidade pleuroperitoneal acomoda o intestino, em que ondas peristálticas movem o alimento durante a digestão. A cavidade dá liberdade de movimento ao intestino durante episódios digestivos, embora a atividade do trato digestório continue sob o controle dos mesentérios, que o mantêm suspenso. A divisão do celoma em compartimentos também torna possível o controle mais localizado de órgãos internos. Por exemplo, dentro das cavidades pleurais, os pulmões ficam diretamente sob o controle dos músculos que os ventilam. Alguns mamíferos têm um escroto, uma bolsa celômica que faz protrusão para fora da cavidade corporal e para a qual os testículos descem, encontrando um ambiente mais frio, favorável para produção e armazenamento de esperma (ver Figura 5.34 E). O mesotélio de lados opostos do corpo se encontra, envolve os órgãos internos e forma um pedúnculo conectante que os suspende dentro da cavidade e conecta órgãos adjacentes entre si. Esse pedúnculo é um **mesentério** que consiste em duas camadas de mesotélio com tecido conjuntivo, vasos sanguíneos e tecido nervoso entre elas.

Maturação

Metamorfose

Conforme os eventos do desenvolvimento inicial prosseguem, o embrião adquire forma. Se esse indivíduo que está surgindo for de vida livre e fundamentalmente diferente do adulto, é denominado uma larva e acabará sofrendo metamorfose, uma modificação pós-embrionária radical e abrupta na estrutura para a transformação em adulto. Mesmo nos vertebrados que não sofrem uma metamorfose distinta, o recém-nascido passa por um período de maturação, durante o qual se desenvolve do estágio juvenil ao adulto. Em termos estritos, o processo global de **ontogenia** (desenvolvimento) está em andamento por toda a vida do indivíduo e não termina na eclosão ou no nascimento.

Não é raro a larva e o adulto, ou o jovem e o adulto, terem vidas diferentes em ambientes bastante distintos. Entre os cordados marinhos, como os tunicados, as larvas não se fixam, são móveis ou levadas livremente por correntes para novas localizações. Tais larvas são estágios dispersos. Menos restritas que os adultos sésseis fixados ao fundo, as larvas dos tunicados selecionam o local específico onde vão estabelecer residência permanente como adultos. O tunicado adulto é o estágio de alimentação e reprodução. Em rãs, a larva jovem, ou girino, é tipicamente um estágio de alimentação em que o indivíduo se aproveita dos recursos transitórios em uma poça de água que esteja secando ou de um *bloom* de algas. O estágio adulto sexualmente maduro fica menos confinado às poças de água. Se a larva e o adulto vivem em ambientes diferentes, necessariamente terão constituições diferentes.

Se as condições experimentadas pela larva forem mais hospitaleiras que as impostas ao adulto, o equilíbrio de tempo que um indivíduo gasta como larva em comparação com adulto também pode mudar para que haja adaptação. Por exemplo, em algumas espécies de lampreias, o indivíduo pode continuar no estágio de larva por vários anos, sofrendo metamorfose para adulto apenas por um tempo curto de algumas semanas, suficiente para se reproduzir antes de morrer. A única função do adulto é se reproduzir (Figura 5.36 A).

Em algumas espécies de salamandras, a forma adulta ancestral não aparece durante o ciclo biológico. Em vez disso, a larva amadurece sexualmente e se reproduz. Nas populações de vár-

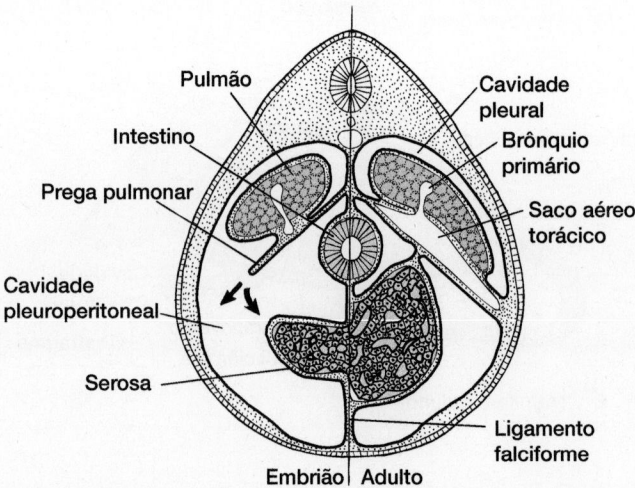

Figura 5.35 Cavidades corporais das aves. Corte transversal de uma ave, ilustrando as cavidades embrionárias (*esquerda*) e da ave adulta (*direita*). No embrião, a prega pulmonar cresce obliquamente para estabelecer contato com o fígado e a parede corporal. Isso confina o pulmão na cavidade pleural.

zea da salamandra do noroeste, *Ambystoma gracile*, os indivíduos permanecem como larvas aquáticas por vários anos, até que sofrem metamorfose, tornando-se adultos terrestres sexualmente maduros que procriam. Nas populações de encostas altas da mesma espécie, muitos indivíduos não sofrem metamorfose (Figura 5.36 B). Suas formas de larva atingem a maturidade sexual e procriam. Para esses indivíduos, abdicar da metamorfose significa que evitam se tornar uma forma terrestre, exposta aos

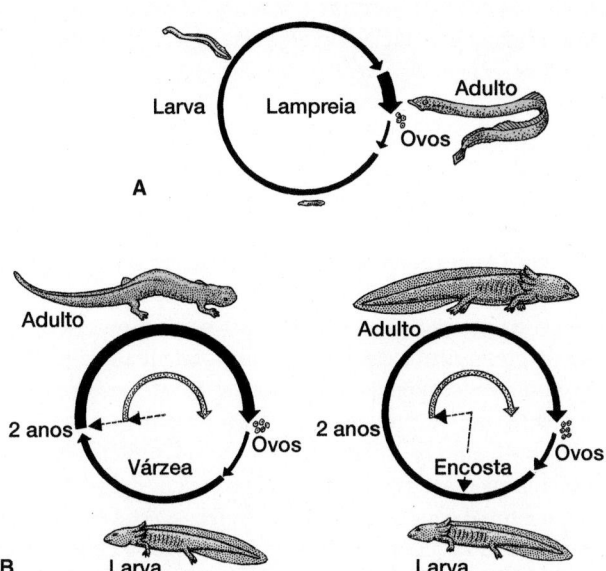

Figura 5.36 Heterocronia. A. Ciclo biológico de uma lampreia. Em muitas espécies, o estágio de larva dura bastante, até vários anos, e a metamorfose resulta em um adulto que se reproduz durante um período curto de algumas semanas e morre. **B.** A salamandra do noroeste, *Ambystoma gracile*, vive tanto nas regiões de várzea quanto nas encostas elevadas do noroeste do Pacífico. Sua larva é primariamente aquática, mas o adulto é mais terrestre. Nas populações de várzea, a larva sofre metamorfose por volta dos 2 anos de idade, torna-se adulto e se reproduz. Nas populações das encostas de montanhas, as espécies normalmente não sofrem metamorfose, embora os indivíduos fiquem sexualmente maduros e se reproduzam por volta dos 2 anos de idade. Portanto, nas populações das encostas, os indivíduos com 2 anos de idade são larvas no aspecto anatômico e nos hábitos, mas capazes de procriar. A pedomorfose descreve uma larva individual na anatomia, porém sexualmente madura. Neotenia é um caso especial de pedomorfose em que a maturidade sexual ocorre, mas o desenvolvimento somático é lento, permitindo que as características juvenis persistam. Como os ponteiros de um relógio, tanto a maturidade sexual (*ponteiro menor*) quanto o desenvolvimento somático (*ponteiro maior*) surgem ao mesmo tempo (dois anos de idade) durante a metamorfose nas populações de várzea do noroeste do Pacífico. Nas populações das encostas, o desenvolvimento somático é mais lento e a metamorfose não ocorre, mas a maturidade sexual acontece mais ou menos ao mesmo tempo. Isso é indicado por um movimento mais lento do ponteiro maior do relógio (desenvolvimento somático) com relação ao ponteiro menor (desenvolvimento reprodutivo). Essas são formas neotênicas – adultos (sexualmente maduros), mas em um corpo juvenil (anatomicamente larva). O círculo externo (*seta escura*) segue as alterações somáticas. O círculo interno (*seta clara*) mostra o início e a extensão da maturidade sexual durante a história da vida da salamandra.

invernos alpinos rigorosos. Ao continuarem larvas, eles mantêm seu estilo de vida aquático, ficando em segurança durante o inverno em águas não congeladas mais profundas. Em termos teóricos, o adulto transformado poderia voltar com segurança para as coleções de água no início do inverno, mas a forma de larva já tem fendas branquiais externas e maxilas para se alimentar, estando mais bem adaptada à vida aquática. Ocasionalmente, é o estágio de larva que enfrenta riscos consideráveis. Algumas larvas de rã eclodem em um ambiente aquático repleto de predadores. Aparentemente, tais desafios favorecem o **desenvolvimento direto**, em que o embrião jovem se desenvolve diretamente na rã jovem, pulando o estágio de larva. As espécies principalmente arborícolas de rãs de Puerto Rico, habitantes das Américas Central e do Sul, bem como da maior parte do sul da Florida, têm um estágio de larva em seus ciclos biológicos. De seus ovos, depositados na água protegidos em meio a ramos de árvores, eclodem diretamente rãs jovens que são réplicas menores das adultas, pulando o estágio de larva (girino).

Heterocronia

Todos os vertebrados passam de embrião para larva e/ou um estágio juvenil antes de chegar à fase adulta. A modificação evolutiva de adultos começa aqui primeiro, nos estágios iniciais da ontogenia, por chances relativas no tempo dos eventos de desenvolvimento. O termo **heterocronia** descreve tal alteração filética, em que há um desvio ontogênico no início ou momento do surgimento de uma característica em uma espécie descendente, em comparação com seu ancestral. Por exemplo, o disco oral das lampreias aumenta cedo em sua ontogenia larvária. No entanto, em algumas formas parasitárias, ele permanece pequeno até uma fase tardia de maturidade sexual, quando aumenta. Nota-se que a heterocronia é determinada em uma base relativa – descendente comparado com ancestral ou, em termos mais formais, um grupo interno comparado com um externo. É uma alteração ontogenética com consequências filogenéticas. Como a heterocronia liga a ontogenia à filogenia, em geral foi o centro de debates sobre os processos além da modificação evolutiva. Novidades evolutivas recentes e, às vezes, dramáticas de adultos podem surgir de maneira independente de mudanças no momento dos eventos do desenvolvimento. Como essas alterações resultam de desvios nas ontogenias existentes, podem surgir rapidamente novas morfologias em uma escala de tempo evolutivo, produzindo novas possibilidades adaptativas. Infelizmente, houve uma proliferação de termos, uso impróprio e mudança de significado. Vamos ver como alguns poderiam ser úteis e podem ser resgatados da confusão da aplicação anterior.

A heterocronia inclui vários processos ontogenéticos que afetam a *taxa* de crescimento de uma parte, o *início* de seu aparecimento durante a embriologia ou a *duração* de seu período de crescimento. Dependendo das relações entre taxa, início e duração da ontogenia, a consequência é produzir dois resultados filogenéticos principais: pedomorfose e peramorfose. Na **pedomorfose** (que significa "criança" e "forma"), as características embrionárias ou *juvenis* de ancestrais aparecem nos *adultos* dos descendentes. Na **peramorfose** (que significa "além" e "forma"), as características do adulto dos ancestrais, exageradas ou ampliadas na forma, aparecem nos *adultos* dos descendentes. Por exemplo, em seres humanos, nossa face achatada, em vez de um focinho, parece ser uma característica pedomórfica, a retenção da característica juvenil de primatas jovens. Entretanto, nossos membros relativamente longos, em comparação com os dos primatas, parecem ser uma característica peramórfica, o resultado do crescimento prolongado do membro posterior após a maturidade sexual.

Peramorfose

O surgimento de novas morfologias adultas, exagerando ou ampliando as morfologias adultas ancestrais, ocorre por vários processos em que uma característica fica maior, cresce mais rápido ou o desenvolvimento começa relativamente mais cedo. Tais processos são, respectivamente, a hipermorfose, a aceleração e o pré-deslocamento. Na **hipermorfose**, a ontogenia é mais longa e termina tarde, de modo que o crescimento alométrico de partes continua além do término normal nos ancestrais. Na **aceleração**, a característica cresce mais rápido durante a ontogenia, em comparação com o que tempo que levava no ancestral. No **pré-deslocamento**, o início é mais cedo e o crescimento da característica começa antes, de modo que é mais avançado em seu desenvolvimento que no ancestral em um estágio semelhante. Começando mais cedo, a característica tem um ponto de início e fica relativamente à frente de outros tecidos em desenvolvimento. Por esses três processos, uma característica ou aspecto fica exagerada no adulto completo em comparação ao seu desenvolvimento no ancestral (Figura 5.37).

A maioria dos exemplos de peramorfose em vertebrados até o momento foi teórica ou difícil de confirmar. Acredita-se que o aumento filogenético no tamanho do chifre nos brontoteros representava um exemplo de peramorfose (ver Figura 4.12), especificamente pelo processo de hipermorfose. No entanto, a reinterpretação dos dados questiona a simples relação alométrica ou as bases técnicas e sugere a possibilidade do envolvimento de vários processos ontogenéticos diferentes. O "alce" irlandês, um artiodáctilo extinto do Pleistoceno, tinha uma galhada enorme de chifres. Na verdade, ele era um cervo, o maior que já existiu. Nessa família de cervos, as medidas do tamanho da galhada com relação ao crânio (ou ao corpo) em adultos mostram uma relação alométrica positiva forte, mas o alce irlandês não se encaixa bem nessa relação alométrica simplesmente por ser o maior cervo. Aparentemente, seu crescimento continuou além do término normal nos ancestrais (hipermorfose), resultando em um cervo exagerado, com galhada maior acompanhando o tamanho corporal grande.

Pedomorfose

Adultos são pedomórficos se lembram as formas juvenis ou seus ancestrais. Dito de maneira um pouco diferente, a pedomorfose resulta quando a larva se torna uma forma reprodutiva madura. Em termos de adaptação, pode ser que represente um equilíbrio entre as vantagens e desvantagens da morfologia da larva *versus* a do adulto. A pedomorfose ocorre mediante vários processos em que as morfologias do adulto são construídas a partir de características juvenis porque as características

do adulto exibem término precoce, crescimento mais lento ou o desenvolvimento tem início relativamente tardio. Tais processos são, respectivamente, a progênese, a neotenia e o pós-deslocamento (ver Figura 5.37).

Na **progênese**, há uma interrupção precoce do desenvolvimento somático. O crescimento cessa em um estágio relativamente inicial; o indivíduo se torna sexualmente maduro em uma idade mais precoce e, portanto, como adulto, tem características juvenis. Com relação ao crescimento somático, a maturidade sexual é acelerada. A progênese é encontrada em algumas linhagens de anfíbios e insetos. Por exemplo, durante o desenvolvimento inicial em algumas espécies da salamandra tropical do gênero *Bolitoglossa*, as mãos e os pés têm membrana e parecem um remo. Só mais tarde no seu desenvolvimento acabam sendo delineados dedos distintos. Diferentemente de outras espécies desse gênero tropical, a *Bolitoglossa occidentalis* vive nas árvores. Ela tem membranas nos pés e um corpo pequeno, ambas as características sendo adaptações para a vida arborícola. Os pés achatados em forma de remo a ajudam a ficar agarrada às folhas sem escorregar, e o corpo pequeno reduz os riscos da atração gravitacional para baixo e resulta da cessação do crescimento em um tamanho juvenil ainda pequeno. Como uma consequência dessa interrupção precoce do desenvolvimento, outros processos do desenvolvimento na *B. occidentalis* também são interrompidos cedo. O desenvolvimento dos membros cessa antes que os dedos sejam delineados, deixando o animal com membranas nas mãos e nos pés em forma de remos. Outras características também não se desenvolvem, truncadas da mesma forma pelo término prematuro do desenvolvimento. Nem todas as modificações correlacionadas com o pequeno tamanho do corpo têm necessariamente significado adaptativo, mas o corpo pequeno e as membranas nos pés parecem ter vantagens importantes. A maturidade sexual nessa espécie, comparada com a observada em espécies bastante relacionadas, ocorre mais cedo em relação ao desenvolvimento somático, fornecendo um exemplo de pedomorfose que resulta de progênese.

Na **neotenia**, as características crescem mais lentamente, em comparação com o que se observa em um ancestral. A maturidade sexual normal supera o crescimento somático lento, resultando em um adulto pedomórfico (ver Figura 5.36 B). A salamandra aquática *Necturus maculosus* é permanentemente neotênica. Ela vive no fundo de lagos e mantém as fendas branquiais por toda a vida. Entretanto, populações da salamandra-tigre *Ambystoma tigrinum* exibem neotenia em resposta a condições ambientais imediatas. No oeste da América do Norte, algumas populações são neotênicas e se reproduzem como formas aquáticas que respiram por fendas branquiais; outras perdem as fendas branquiais, desenvolvem pulmões e sofrem metamorfose, tornando-se adultos sexualmente maduros. Conforme já foi dito, algumas populações da salamandra do noroeste também exibem neotenia (ver Figura 5.36 B).

No **pós-deslocamento**, uma característica surge tarde no desenvolvimento, com relação ao seu momento de aparecimento em um ancestral. Começando tarde, a característica não alcança a forma adulta ao término da maturação, mantém sua qualidade juvenil e se torna uma característica pedomórfica no adulto.

HETEROCRONIA

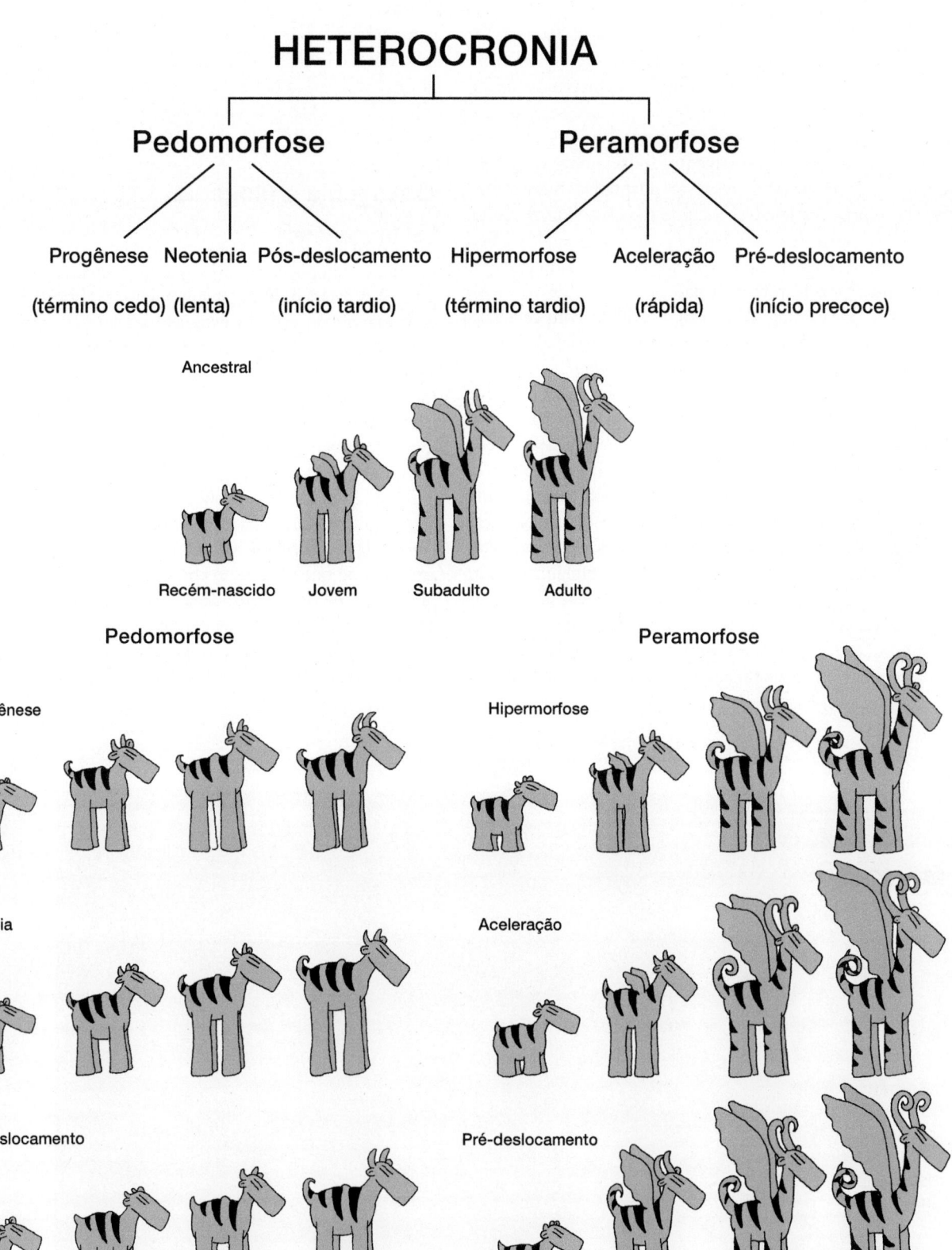

Pedomorfose

Progênese   Neotenia   Pós-deslocamento

(término cedo) (lenta)   (início tardio)

Peramorfose

Hipermorfose   Aceleração   Pré-deslocamento

(término tardio) (rápida)   (início precoce)

Ancestral

Recém-nascido   Jovem   Subadulto   Adulto

Pedomorfose

Peramorfose

Progênese

Hipermorfose

Neotenia

Aceleração

Pós-deslocamento

Pré-deslocamento

Figura 5.37 Heterocronia. A heterocronia resulta em um adulto que retém características juvenis, pedomorfose, ou exibe características exageradas, peramorfose. Na progênese, há término precoce do crescimento somático e as características juvenis, relativas ao ancestral, caracterizam o adulto. Na hipermorfose, o término é tardio, resultando no crescimento contínuo dos chifres, da cauda e das asas. Na neotenia, o crescimento dos chifres e da cauda é lento; na aceleração, tal crescimento é rápido. No pós-deslocamento, o crescimento dos chifres e da cauda começa tarde, e, no pré-deslocamento, o início ocorre cedo.

Modificada de Kenneth J. McNamara, Shapes of Time; desenhos novos de Sarah Long.

Cada estágio na ontogenia é adaptativo em si. Para ser um adulto bem-sucedido, primeiro o indivíduo precisa ser bem-sucedido na infância ou na juventude. As características de larva e juvenis funcionam não como meros predecessores das estruturas adultas que virão, mas, sim, servindo ao indivíduo no ambiente que ele ocupa no momento. Toda a ontogenia de um indivíduo é a soma total de respostas adaptativas a ambientes diferentes e pressões seletivas durante toda sua vida. A alteração na ênfase entre as morfologias da larva e do adulto reflete essa mudança adaptativa no tempo que um indivíduo gasta em cada estágio de sua história de vida.

O termo "recapitulação" é antigo e dúbio com relação à heterocronia. Na **recapitulação**, a espécie descendente como *embrião* ou jovem lembra os estágios *adultos* de ancestrais. É um termo dúbio porque foi usado de várias maneiras por cientistas diferentes e esteve no centro do debate sobre a "lei biogenética". Tentativas recentes de reciclá-lo foram empregando-o para descrever as consequências filogenéticas de processos de heterocronia. Por exemplo, à medida que os alces irlandeses jovens cresciam, é provável que passassem por estágios do tamanho adulto de ancestrais menores, "recapitulando" tais estágios, até alcançarem seu tamanho adulto exagerado e derivado. Alguns estudiosos do assunto caracterizam a pedomorfose como "recapitulação invertida", significando que o ancestral é o inverso dos indivíduos derivados da sequência filogenética. Embora não seja uma opinião compartilhada por todos os biólogos que estudam a evolução, talvez seja o momento de abandonar o termo "recapitulação", por causa de seu mau uso histórico e porque existem termos mais válidos. Para entender isso, vamos rever sua história, voltando ao século 19.

Ontogenia e filogenia

Lei biogenética

Há muito tempo se supunha que a ontogenia, em especial os primeiros eventos do desenvolvimento embrionário, tinha indícios atuais de eventos evolutivos distantes. Ernst Haeckel, um biólogo alemão do século 19, disse isso corajosamente em 1866, no que se tornou conhecido como **lei biogenética**. As fendas faríngeas, arcos branquiais numerosos e outras características dos peixes surgem, de fato, nos primeiros embriões de répteis, aves e mamíferos, mas são perdidos à medida que esses embriões tetrápodes chegam a termo (Figura 5.38). Embora perdidas quando o desenvolvimento dos tetrápodes prossegue, essas e muitas estruturas semelhantes são remanescentes de características dos peixes, vindas do passado evolutivo. Haeckel argumentou que, do ovo ao corpo completo, o indivíduo passa por uma série de estágios de desenvolvimento que são repetições breves e condensadas de estágios pelos quais evoluíram ancestrais sucessivos. A lei biogenética diz que a ontogenia recapitula (repete) de forma abreviada a filogenia.

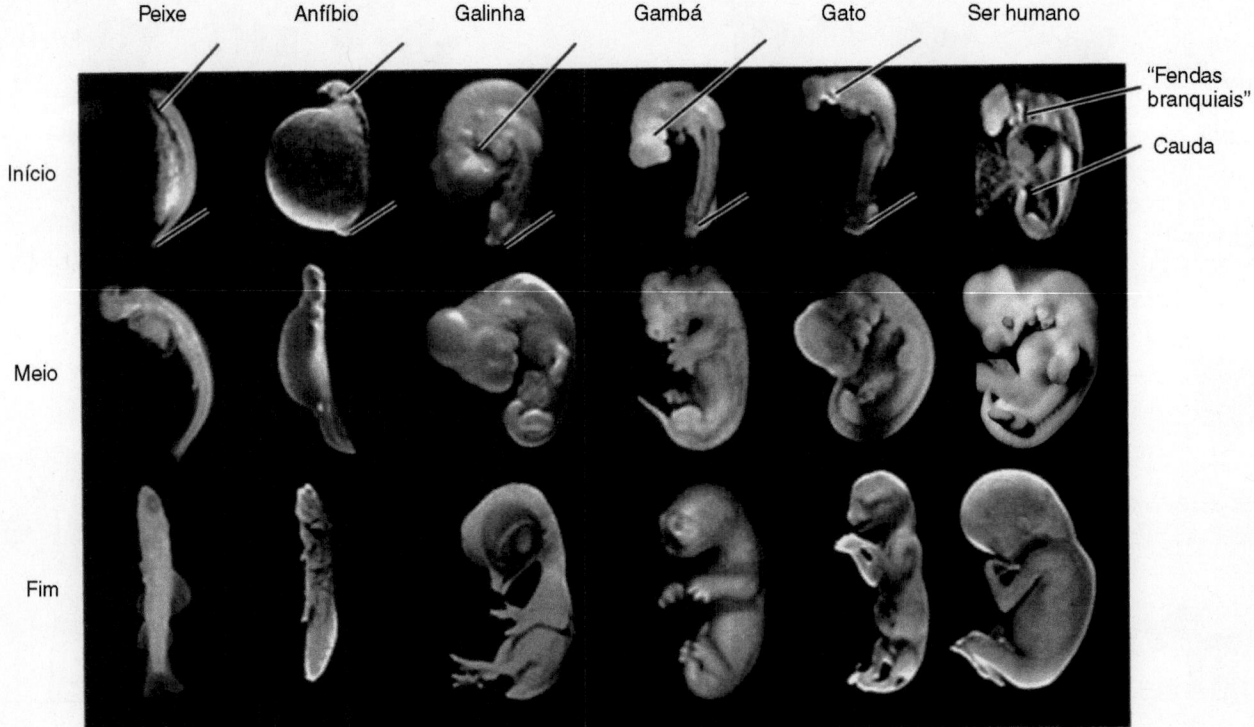

Figura 5.38 Embriologia e evolução. Seis espécies são mostradas na figura. O estágio mais jovem de desenvolvimento de cada um está no alto da figura, seguido por dois estágios mais avançados embaixo. Nota-se que as "fendas branquiais" (= fendas faríngeas) estão presentes em peixes e anfíbios, produzindo derivados nos adultos. No entanto, nos tetrápodes dependentes dos pulmões e sem fendas branquiais quando adultos, essas mesmas fendas branquiais embrionárias ainda ocorrem nos embriões jovens, e, mesmo em seres humanos, há uma cauda inicial.

Fotos cedidas gentilmente por M. Richardson et al., 1997, 1998.

Haeckel certamente reconheceu que a recapitulação era aproximada. Comparando-a com um alfabeto, ele sugeriu que o ancestral por trás de cada organismo poderia ser uma sequência de estágios, A, B, C, D, E,... Z, enquanto a embriologia de um indivíduo descendente poderia passar por uma série aparentemente defeituosa, A, B, D, F, H, K, M e assim por diante. Nesse exemplo, vários estágios evolutivos ficavam fora da série de desenvolvimento. Embora a ancestralidade de um organismo pudesse incluir uma série inteira de etapas, Haeckel não acreditou que todas surgiriam necessariamente na ontogenia de um indivíduo posterior. Os estágios evolutivos podiam desaparecer da série de desenvolvimento. Apesar disso, ele percebeu que a série básica de estágios ancestrais principais permanecia a mesma e, portanto, a lei biogenética se aplicava.

O desenvolvimento certamente exibe uma conservação, em que características ancestrais persistem como relíquias nos grupos modernos. Contudo, na ontogenia, não é só literalmente uma repetição da filogenia, como Haeckel supôs. Um contemporâneo dele, Karl Ernst von Baer (1792–1876), citou exemplos de embriões de animais descendentes que não se enquadravam na lei biogenética: os embriões de pintainho não têm escamas, nem bexiga natatória, tampouco nadadeiras e assim por diante, como têm os peixes adultos que os precederam na escala evolutiva. Além disso, a ordem de aparecimento de estruturas ancestrais às vezes é alterada nos embriões dos descendentes. Haeckel permitiu exceções, mas von Baer não. Von Baer disse que essas exceções e "milhares" mais eram assim. Ele propôs leis alternativas de desenvolvimento.

Lei de von Baer

Von Baer propôs que o desenvolvimento prossegue do *geral* para o *específico*, o que depois foi denominado **lei do geral para o específico** de von Baer (Figura 5.39 A). O desenvolvimento começa com células indiferenciadas da blástula que se tornam camadas germinativas, em seguida tecidos e, por fim, órgãos. Os embriões jovens são indiferenciados (geral), mas, à medida que o desenvolvimento prossegue, surgem características distintivas (específicas) da espécie – chifres, cascos, penas, carapaça. O embrião, em vez de passar por estágios de ancestrais distantes, cada vez mais se afasta deles. Portanto, o *embrião* de um descendente nunca é como o *adulto* de um ancestral, mas apenas parecido de maneira geral com o embrião do ancestral. Outros cientistas depois de von Baer também discordaram da aplicação estrita da lei biogenética. O que se pode concluir de tudo isso?

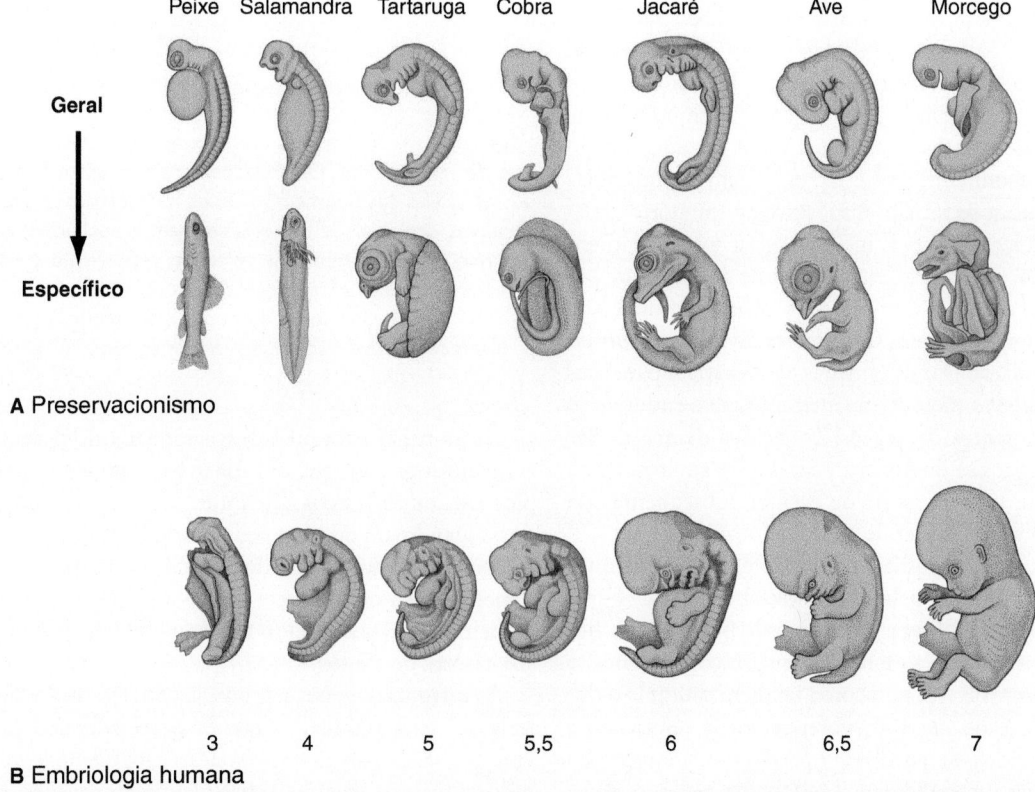

Figura 5.39 Princípios da embriologia. A. Preservacionismo. Nos embriões iniciais, características *gerais* são preservadas, como as fendas branquiais, a cauda e os primórdios dos membros. Porém, à medida que o desenvolvimento prossegue, surgem características *específicas*, nas quais as características particulares do adulto se estabelecem. Notam-se, por exemplo, as alterações na cobra e no morcego. **B.** Embriologia humana. Observa-se que o embrião não se torna primeiro um peixe delgado, seguido por um anfíbio, réptil (ou ave) antes de se tornar humano. Não há recapitulação embrionária de ancestrais adultos durante o desenvolvimento humano. A idade aproximada, em semanas, de cada embrião é fornecida abaixo do respectivo desenho.

Fonte: peixe, cobra, morcego baseados em Richardson; anfíbio, em Harrison; tartaruga, em Miller; jacaré, em Ferguson; ave, em Patten.

Resumo das leis biogenéticas

Primeiro, a lei biogenética, conforme proposta por Haeckel, não abrange uma descrição ampla de ontogenia e filogenia. Não ocorre qualquer correspondência geral entre *embriões* descendentes e *adultos* ancestrais. Como von Baer salientou, o que se observa melhor é uma correspondência entre os *embriões* dos descendentes e os *embriões* de seus ancestrais.

Em segundo lugar, a similaridade embrionária, seguida por maior diferenciação na direção dos estágios adultos, ocorre comumente como von Baer propôs, de geral para específica (ver Figura 5.39 A). As características gerais aparecem primeiro. Pode-se dizer que um embrião inicial é um vertebrado e não um artrópode, um tetrápode e não um peixe, uma ave e não um réptil, uma ave de rapina e não um pato. À medida que um embrião de peixe se aproxima da eclosão, seus brotos de "membros" se transformam em nadadeiras, os das aves em asas, os de mamíferos em patas ou cascos e assim por diante. Por exemplo, nos seres humanos, em um de nossos primeiros estágios embrionários, temos fendas branquiais, uma cauda e outras estruturas gerais dos vertebrados, mas, à medida que o desenvolvimento prossegue, os embriões humanos não se transformam sucessivamente em peixes escorregadios, anfíbios pegajosos, répteis com escamas (ou aves emplumadas), antes de chegarem à fase de mamíferos com pelos (Figura 5.39 B). Nossa embriologia não é uma repetição abreviada da evolução de peixe para mamífero. Em vez disso, nosso desenvolvimento embrionário prossegue do geral para o específico, de um embrião vertebrado generalizado para um ser humano particular, reconhecível. Todavia, há um elemento de conservacionismo profundo na ontogenia, mesmo não sendo uma extensão de eventos evolutivos. Depois de tudo, os embriões jovens de mamíferos, aves e répteis desenvolvem fendas branquiais que nunca se tornam dispositivos respiratórios funcionais. É recapitulação? Não. É melhor pensar nisso como um **preservacionismo**, por motivos não difíceis de se imaginar.

Cada parte do adulto é o produto do desenvolvimento de preparação embrionária prévia. O zigoto se divide para formar a blástula; a gastrulação traz as camadas germinativas para suas posições apropriadas; a mesoderme interage com a endoderme para formar rudimentos de órgãos; os tecidos dentro desses rudimentos de órgãos se diferenciam em órgãos adultos. Basta saltar uma etapa e toda a cascata de eventos subsequentes do desenvolvimento pode ocorrer de maneira imprópria.

Nos mamíferos, a notocorda do embrião é substituída quase inteiramente, no adulto, pela coluna vertebral sólida (Figura 5.40). Para o embrião jovem, a notocorda proporciona um eixo inicial, uma estrutura ao longo da qual o corpo delicado do embrião se desenvolve. A notocorda também estimula o desenvolvimento do tubo nervoso sobrejacente; se removida, o sistema nervoso não se desenvolve. O papel de sustentação no adulto é da coluna vertebral, mas a notocorda tem um papel *embrionário* vital antes de desaparecer, que é o de servir para o embrião jovem como um elemento central da organização embrionária. Uma notocorda que persiste em um embrião de mamífero não deve ser interpretada como uma lembrança sentimental de uma história filogenética distante. Em vez disso, deve ser visto como um componente funcional do desenvolvimento embrionário inicial.

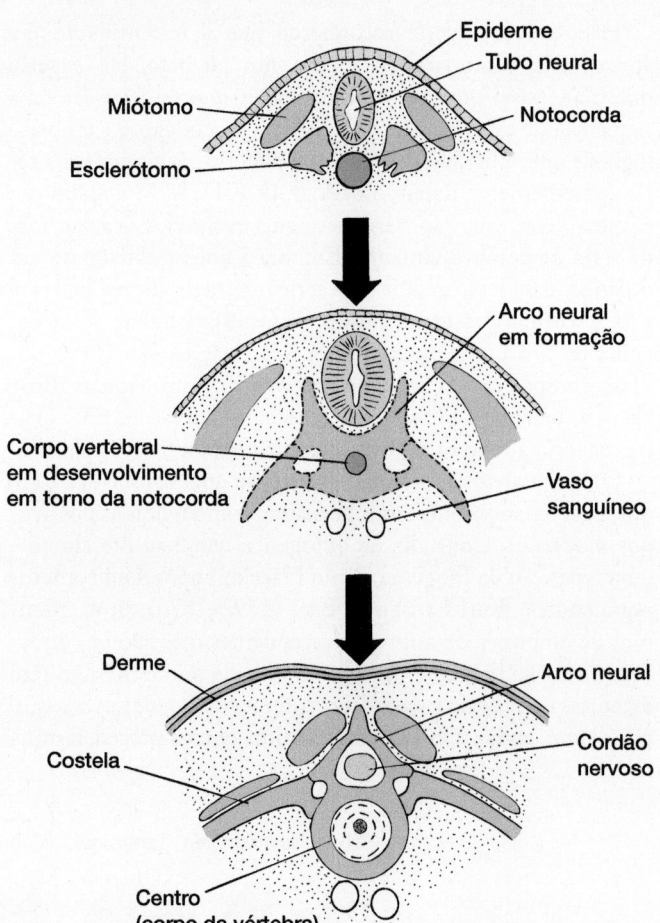

Figura 5.40 Vértebras substituem a notocorda nos embriões de mamíferos. Os esclerótomos são aglomerados segmentados de células que ficam em torno da notocorda e se diferenciam nas vértebras dispostas de maneira segmentar, conhecidas coletivamente como coluna vertebral. As vértebras protegem o cordão nervoso e servem de locais para a inserção de músculos. A coluna vertebral substitui funcionalmente a notocorda, que persiste apenas como um pequeno centro dos discos intervertebrais entre vértebras sucessivas.

Outra razão para o conservacionismo no desenvolvimento é a pleiotropia, em que um único gene pode ter efeitos múltiplos em muitos traços diferentes e até mesmo não relacionados. Quando um ou mais genes controlam um grupo de traços, a modificação um a um fica difícil. Portanto, é provável que a modificação de um gene ligado a múltiplos traços altere de maneira desfavorável todo um conjunto de características em sua cascata de efeitos.

As estruturas, genes e processos do desenvolvimento se entrelaçam para produzir a conservação evidente no desenvolvimento. Eles não são eliminados facilmente sem uma ruptura ampla dos eventos subsequentes. Inovações anatômicas, novas estruturas que surgem para servir no adulto, em geral são acrescentadas no final dos processos de desenvolvimento, não no começo. Uma nova estrutura inserida cedo no processo de desenvolvimento iria requerer muitas substituições simultâneas de muitos processos do desenvolvimento alterados dali em diante. Assim, as inovações evolutivas em geral surgem mais por remodelamento que por construção inteiramente nova.

Os membros anteriores de ancestrais que sustentavam o corpo e permitiam que o organismo alcançasse a superfície da terra são renovados nas asas que fazem morcegos e aves voarem. Não precisamos olhar além de nossos próprios corpos humanos para encontrar exemplos semelhantes de remodelamento evolutivo. A estrutura óssea e as pernas que trazemos de nossos ancestrais distantes, que se apoiavam confortavelmente em todos os quatro membros, nos permitiram assumir a postura ortostática e bípede. Os braços e mãos que podem controlar o movimento delicado de um pincel ou escrever um romance foram remodelados a partir dos antigos membros anteriores que serviam de apoio para um tronco robusto e ajudavam nossos ancestrais a escapar dos predadores. É difícil apagar o passado. Quando já existem partes disponíveis, a renovação é mais fácil que a construção de algo novo.

Genes *Hox* e seus reinos

Devemos o termo *homeótico* a William Bateson (1861–1926) e seu interesse na variação biológica. Ele notou que partes do corpo normal de animais e vegetais em geral sofriam desvios, transformando uma parte na similar de outra, produzindo variedades estranhas. Certa vez ele observou, por exemplo, os estames de uma flor se transformarem em pétalas. Em 1894, ele chamou tais variedades de **mutantes homeóticos** (*homeo-*, mesmo; *-ótic*, condição). Um exemplo mais recente vem da mosca-das-frutas. Os segmentos repetidos do corpo de uma mosca normal estão aglomerados em três regiões no corpo – cabeça, tórax e abdome. A *cabeça* inclui olhos, peças bucais e antenas sensoriais; o *tórax* contém as asas, pernas e o haltere (órgão do equilíbrio); o *abdome* contém a maior parte dos órgãos corporais, mas não tem pernas, asas, antenas, nem outros apêndices. Ocasionalmente, em uma geração, ocorre uma mutação abrupta, transformadora. Observado de perto, o mutante homeótico parece saído de um filme de ficção científica. Uma perna substitui as antenas na cabeça, ou um segundo segmento com asa é acrescentado ao tórax, dando ao mutante dois pares de asas. Uma parte do corpo é substituída por outra.

Hoje sabemos que tais alterações importantes se devem a **genes homeóticos** – genes principais que deixam de ter sob seu comando legiões de genes secundários responsáveis pela formação de partes do corpo. Embora funcionassem primeiro em artrópodes, em particular a mosca-das-frutas, foram encontrados genes homeóticos similares em todo o reino animal e até mesmo em plantas e fungos (leveduras). Ainda que às vezes restrita a vertebrados, a designação de **genes *Hox*** agora é mais comumente usada, abarcando todos esses genes homeóticos sempre que ocorrem. Antes de vermos detalhes sobre a ação dos genes *Hox* e seu significado evolutivo, primeiro precisamos entender o contexto em que agem.

De ovo a adulto

O ovo é uma célula; o adulto é constituído por milhões de células. Para o ovo se transformar em um adulto, é preciso que ocorram divisões celulares repetidas, começando na fecundação. De início, a divisão se restringe à clivagem do ovo, mas, por fim, a proliferação de células em divisão também contribui para o crescimento em tamanho do embrião. Cada célula somática formada por divisão contém uma quantidade equivalente e total de DNA.

Como todas as células têm o mesmo conjunto de instruções do DNA, qualquer célula particular em qualquer parte do embrião poderia formar músculo, ou nervo, ou contribuir para um braço ou uma perna. Contudo, essas células e partes não podem aparecer ao acaso, ou o embrião será uma mistura de partes e pedaços em locais estranhos. Os braços precisam se desenvolver na frente, os membros posteriores atrás do corpo; os olhos têm de estar na cabeça e, de fato, a cabeça tem de ficar na extremidade anterior, e assim por diante. É preciso que as partes corporais cresçam no embrião já nas posições corretas desde seu surgimento. É necessário haver organização, que começa com o estabelecimento da simetria corporal básica – da frente para trás, de cima para baixo. Formalmente, é estabelecida uma **polaridade** corporal no embrião jovem, em que são delineadas extremidades anterior e posterior (frente e costas) e regiões dorsal e ventral (superior e inferior). Em geral, isso é feito mediante gradientes químicos, com a concentração de substâncias químicas distintas em uma região diminuindo à medida que elas passam para outra região, como da frente para trás. Tais gradientes, juntamente com outra informação química, fornecem **informação posicional** dentro do embrião. As substâncias químicas agem como orientadoras, direcionando o posicionamento e a colocação subsequentes das partes. Estabelecido esse eixo cedo, ele fica no lugar, como uma impressão digital ou estrutura básica, para orientar a colocação e a construção subsequentes de partes corporais. Em alguns animais, os genes *Hox* na verdade determinam a polaridade do corpo, enquanto, em outros, a polaridade é estabelecida no ovo ainda não fecundado. De todo modo, a informação posicional é estabelecida cedo, pronta para a colocação direta de partes corporais e eventos embrionários subsequentes.

Modelamento | Posições e partes

Com a polaridade do corpo no lugar, o embrião agora pode ser construído, e a maioria dos genes *Hox* funciona nesse ambiente embrionário. A informação posicional dentro do embrião e os indícios do ambiente funcionam por meio de intermediários químicos que ativam os genes *Hox* e, por sua vez, ativam grandes bancos de genes estruturais. Os genes *Hox* são *genes reguladores* que comandam as partes do programa genético que controlam genes estruturais; os *genes estruturais*, na verdade, elaboram produtos envolvidos na construção do fenótipo. Genes *Hox* particulares determinam onde se formam pares de asas ou se desenvolvem as pernas. Eles são considerados genes de controle, que comandam porque podem regular 100 ou mais genes estruturais. Em consequência, mesmo uma pequena alteração em um gene *Hox* pode resultar em efeitos ampliados dos genes estruturais subalternos. Há uma similaridade molecular surpreendente nos genes *Hox* no reino animal, mais um testemunho do nível molecular para a continuidade evolutiva subjacente entre grupos.

Os genes *Hox* são encontrados em aglomerados, com seus *loci* alinhados com cromossomos. A ordem dos genes *Hox* nos aglomerados é a mesma da frente para trás, conforme a parte

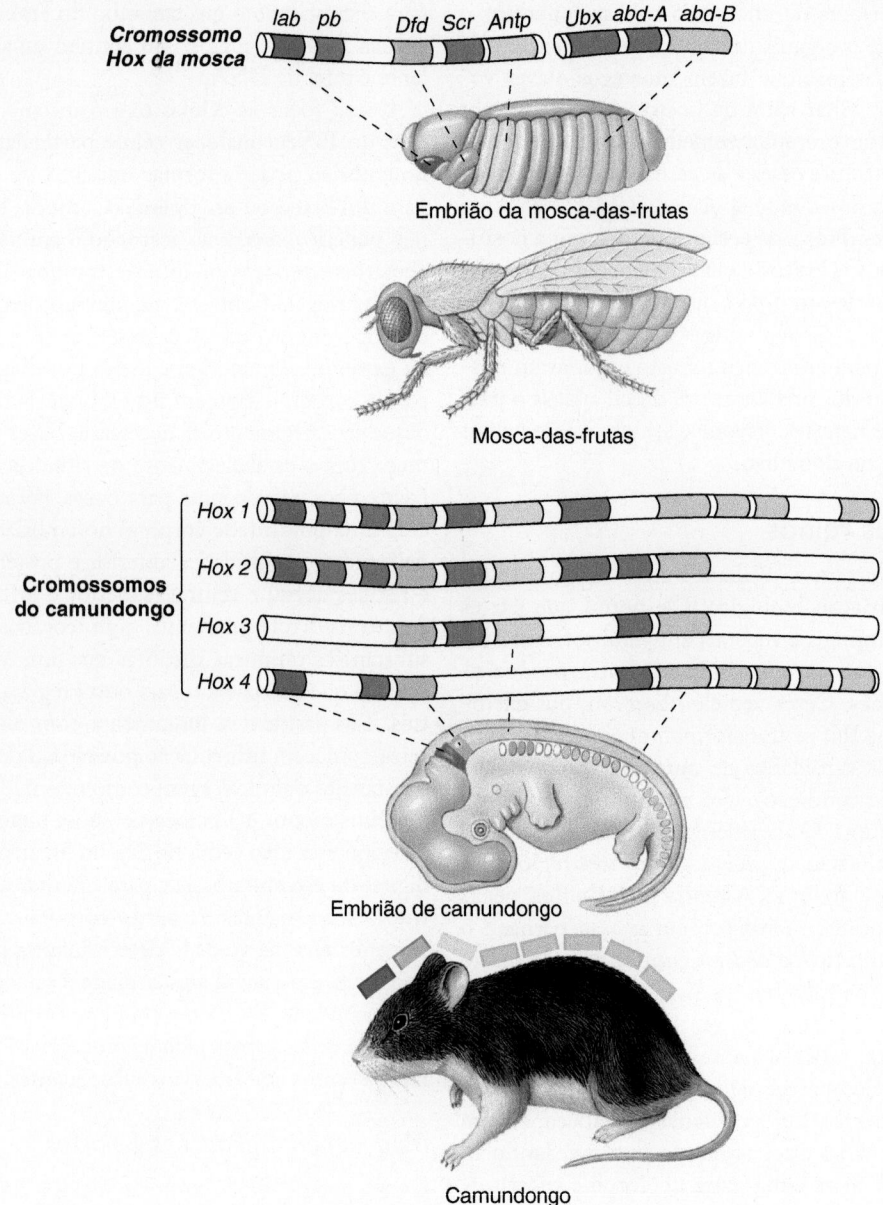

Figura 5.41 Genes *Hox*. Na mosca-das-frutas (*Drosophila melanogaster*), os genes *Hox* estão localizados em aglomerados em um único cromossomo, o cromossomo *HOX* da mosca. No camundongo (*Mus musculus*), genes similares estão localizados em quatro cromossomos. Na mosca e no camundongo, esses genes controlam o desenvolvimento de partes da frente para trás do corpo. (Esta figura encontra-se reproduzia em cores no Encarte.)

do corpo que afeta (Figura 5.41). Uma pequena alteração em um gene *Hox* de um aglomerado pode produzir grandes alterações na região do corpo comandada por ele, acrescentando ou retirando segmentos, pernas ou asas.

Significância evolutiva

A pesquisa continua. Muitas questões aguardam o desfecho de pesquisas, mas algumas correlações promissoras entre alterações nos genes *Hox* e os principais eventos evolutivos são aparentes (Figura 5.42). As alterações mais importantes entre os principais filos animais estão correlacionadas com duplicações nos genes *Hox* ou um aumento de seu número (Figura 5.42 A). O número de regiões corporais sob o comando dos genes *Hox*

pode se expandir, havendo acréscimo de segmentos, ou pode mudar a característica de segmentos típicos (Figura 5.42 B e C). Por meio de mutações que alteram a ação dos genes, partes de segmentos são acrescentadas ou eliminadas (Figura 5.42 D).

Os genes *Hox* são sofisticados e complexos. Eles são altamente conservados em termos anatômicos (sequências de nucleotídios) e uniformes em sua expressão (genes reguladores). O que parece ter evoluído é como eles são ativados e como os genes-alvo subalternos respondem. A pesquisa está revelando uma história mais complexa. Aparentemente, alguns genes *Hox* estão voltando e se repetindo durante o desenvolvimento embrionário, respondendo a condições anatômicas e químicas modificadas dentro do embrião em desenvolvimento. Não apenas os

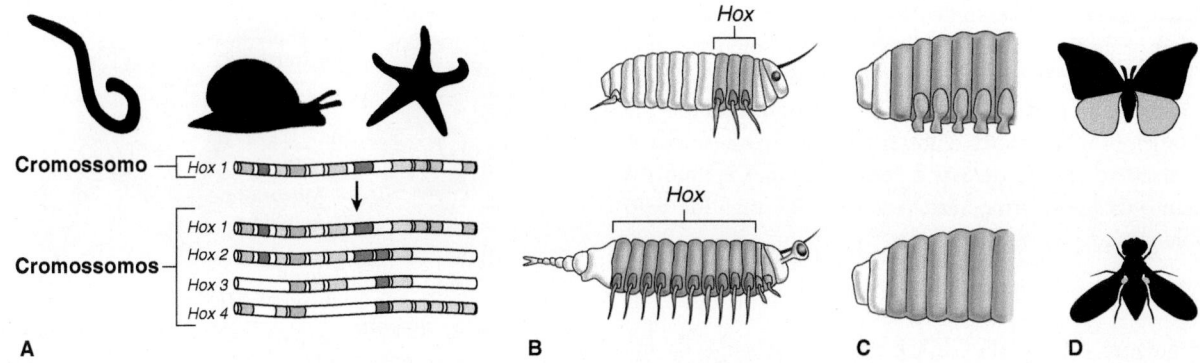

Figura 5.42 Alterações evolutivas nos genes *Hox*. Acredita-se que várias alterações importantes se baseiam em modificações nos genes *Hox* e em suas vias de controle de genes estruturais. Tais mudanças incluem aquelas no número de genes *Hox* que produzem alterações no nível de filos (**A**), alterações amplas na expressão dos *Hox* em regiões corporais (**B**), alterações locais da expressão dos *Hox* (**C**) e alterações na regulação ou na função dos genes subalternos, aí mudando o segundo segmento das asas de uma borboleta ou mariposa no haltere de voo (**D**). (Esta figura encontra-se reproduzida em cores no Encarte.)

De Gellon e McGinnis, 1998.

genes *Hox* simultaneamente se tornam legiões de genes estruturais, como alguns também podem controlar de maneira direta e seletiva genes individuais subalternos. Os genes *Hox* ativados em um estágio no desenvolvimento embrionário podem ser ativados outra vez mais tarde, porém produzem um efeito diferente. Os genes *Hox* e seus ativadores podem permanecer mais ou menos os mesmos, porém os tecidos dependentes deles respondem de maneira diferente. Nas moscas, o par de halteres, elevando-se no segmento torácico atrás do único par de asas, aparentemente é uma modificação das asas que ocupavam aquela posição nos ancestrais (ver Figura 5.42 D). À medida que os encontrarmos, vamos examinar exemplos de genes *Hox* funcionando em vários sistemas de vertebrados, contribuindo para a base genética da modificação evolutiva rápida.

Epigenômica

Os organismos são mais que meros produtos gênicos. Em termos estritos, os genes só fazem variedades de RNA. Daí em diante, algumas variedades de RNA montam aminoácidos diferentes nas proteínas que, por sua vez, constroem partes de células, que cooperam para fazer células inteiras, que se unem para formar tecidos e assim por diante até um organismo ser montado. À medida que esses eventos se movem mais a partir dos genes, estes têm um efeito direto cada vez menor sobre o organismo que será formado. As associações mútuas estabelecidas entre células e tecidos desempenham um papel importante no desenvolvimento final. Esses eventos são **epigenômicos** (= epigenéticos), literalmente acima de genes ou do genoma. Cada nível de organização – proteínas, células, tecidos, órgãos e assim por diante – fica sob a jurisdição de restrições adicionais pelas quais o desenvolvimento prossegue. Um exemplo pode ajudar.

Indução

Durante o desenvolvimento inicial, os antecessores da cadeia de vértebras que compõem a coluna vertebral surgem como uma série de blocos ou segmentos pareados de tecido, os esclerótomos, aninhados ao longo de cada lado do tubo neural (ver Figura 5.40). Se o desenvolvimento prosseguir normalmente, os esclerótomos vão originar cartilagem que se ossifica em vértebras, enquanto o tubo neural dá origem ao cordão espinal. Se for removida uma parte do tubo neural experimentalmente nesse estágio inicial, então é evidente que a parte afetada do cordão espinal não se desenvolverá. No entanto, surpreendentemente, a coluna vertebral adjacente também não se desenvolve, mesmo que os esclerótomos não tenham sido afetados diretamente. Isso ocorre porque o tubo neural, além de fornecer o fundamento para o cordão espinal, também estimula o desenvolvimento adequado dos esclerótomos vizinhos. O efeito estimulador entre tecidos em desenvolvimento do embrião é conhecido como **indução**. Os eventos do desenvolvimento são acoplados em etapas entre si. No adulto, a coluna vertebral serve para proteger o cordão espinal, circundando-o. Os nervos que partem da medula se espremem entre vértebras sucessivas. Para que as estruturas estejam bem adaptadas no adulto, os nervos e vértebras precisam combinar e crescer juntos. A indução entre o tubo neural e os esclerótomos assegura uma sincronia entre eles, de modo que nenhum surja prematuramente. As interações teciduais, não genes, são os eventos mais imediatos do desenvolvimento que promovem e dão forma ao resultado.

Entre o tubo neural e os esclerótomos, a indução é um caminho de mão única – do tubo neural para os esclerótomos. O experimento inverso, a remoção do esclerótomo, acarreta uma pequena interrupção no crescimento do tubo neural. Entretanto, a indução recíproca entre tecidos é comum. O crescimento embrionário dos membros dos tetrápodes é um exemplo. Dois pares de brotos de membros surgem ao longo dos lados do corpo, sendo a primeira evidência dos futuros membros anteriores e posteriores. À medida que cada broto de membro cresce como um ramo, as partes proximal, média e distal adquirem forma, nessa ordem. Dentro do broto de cada membro, há um núcleo mesodérmico reconhecível e uma superfície espessada de ectoderme na extremidade, a **crista ectodérmica apical** (**CEA**). Tanto a mesoderme quanto a CEA precisam interagir para produzir o desenvolvimento do membro. Se a CEA for removida, o desenvolvimento do membro cessa imediatamente. A CEA promove o crescimento externo do broto do membro. O núcleo de mesoderme determina se o membro produzido será anterior ou posterior. A troca de núcleos de mesoderme entre os membros anteriores e posteriores nas aves resulta em uma reversão ao arranjo de asas e pernas. A CEA estimula o crescimento da mesoderme, mas, por sua vez, é mantida pelo núcleo de mesoderme subjacente.

Filogenia

O acoplamento estreito de CEA e mesoderme surge da interação entre os próprios tecidos, e não do que determinam genes distantes. A sequência de eventos do desenvolvimento decorre predominantemente dessas induções mútuas entre tecidos. Uma alteração mínima de um tecido pode ter um efeito profundo nas estruturas do adulto que são produzidas. Tais interações epigenéticas foram fundamentais não apenas no desenvolvimento, mas também na evolução. Lagartos sem pernas são exemplos disso.

A maioria dos lagartos tem quatro patas, usadas com muita vantagem, mas em algumas espécies com *habitats* favoráveis, evoluíram formas sem pernas, que usam o corpo inteiro, como as cobras, deslizando pela terra. Como em outros vertebrados, os membros dos lagartos também crescem como brotos laterais ao longo dos lados do embrião jovem. Além disso, somitos próximos, aglomerados de mesoderme, crescem para baixo, contribuindo com células para o núcleo de mesoderme no broto do membro e estabelecendo uma interação com a CEA (Figura 5.43 A). Nos lagartos sem membros, esses somitos não crescem completamente para baixo, a CEA regride e os membros não se desenvolvem (Figura 5.43 B). Nesses lagartos em especial, ocorreu uma alteração adaptativa importante para a ausência de membros, por simples modificação de um padrão de desenvolvimento inicial. Nesse caso, a evolução sem membros não requer o acúmulo de centenas de mutações, cada uma em uma pequena parte anatômica do membro, uma no polegar, uma no segundo dedo e assim por diante. Em vez disso, poucas alterações no crescimento do broto do membro durante o estágio de desenvolvimento inicial aparentemente originam a condição sem membro que encontra adaptação favorável no *habitat* especializado frequentado por esses lagartos.

Grande parte do mesmo padrão de desenvolvimento ocorre nas pítons, que são cobras primitivas com membros posteriores rudimentares. Os brotos desses membros aparecem no embrião, mas a CEA não se materializa nem se torna ativa (não surgem brotos de membros anteriores, perdidos no início da evolução). A base genética desse padrão de desenvolvimento foi descoberta. Genes controladores regulam a expressão da CEA, mas não a ativam e, assim, o crescimento do broto do membro não se inicia, resultando em uma cobra sem membros. Em termos específicos, existe a hipótese de que os genes *Hox* que controlam a expressão do tórax ou da região torácica nos ancestrais expandiram seu domínio posteriormente, assumindo a responsabilidade pelo desenvolvimento do resto do corpo nas primeiras cobras. Dito de outra forma, o corpo de uma cobra, do pescoço à cloaca, é um tórax expandido. Os membros nos ancestrais da cobra surgiam na frente e além do tórax,

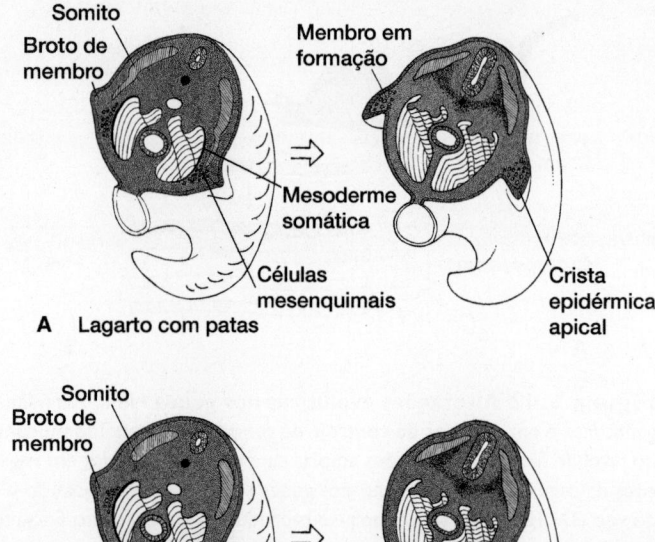

Figura 5.43 Formação de membro em lagartos. Cortes transversais através da extremidade posterior do embrião são mostrados. **A.** Células mesenquimais normalmente saem da mesoderme somática, entram na formação do broto do membro e se tornam o núcleo do membro em crescimento. Processos ventrais dos somitos locais chegam nessa área de células mesenquimais em migração. **B.** Nos lagartos sem patas, formam-se brotos rudimentares iniciais do membro, mas os somitos não crescem nessa vizinhança. Isso aparentemente nega uma influência indutiva sobre os eventos. A crista epidérmica apical regride, o broto do membro retrocede, e não se desenvolve membro algum.

mas não na própria região torácica. Consequentemente, a expansão caudal progressiva dos domínios torácicos do gene *Hox* seria acompanhada pela não expressão de membros. De fato, conforme o domínio torácico se expandiu, na verdade suprimiu qualquer crescimento local de broto de membro. Isso foi responsável pela perda dos membros anteriores e posteriores via supressão acompanhante da CEA. Tais alterações em larga escala na morfologia, iniciadas pelo controle relativamente pequeno, mas importante, dos genes, poderiam ser a base de alterações evolutivas rápidas.

As cobras sem membros evoluíram a partir de lagartos com patas. Algumas cobras primitivas, como as pítons, ainda mantêm vestígios dos membros posteriores, como uma cobra fóssil que manteve membros posteriores pequenos mas bem diferenciados. Isso sugere que um dos primeiros estágios na evolução das cobras foi a perda dos membros anteriores, o que pode ser explicado pela expressão do gene *Hox*. Nos vertebrados, como as aves, membros anteriores se desenvolvem logo anteriores à expressão mais anterior do domínio do gene *Hox*, o *Hoxc6*. Posterior a esse ponto, o *Hoxc6* e o *Hoxc8* se superpõem e, juntos, especificam vértebras torácicas que trazem costelas características do tórax. Todavia, nas pítons, os domínios desses dois

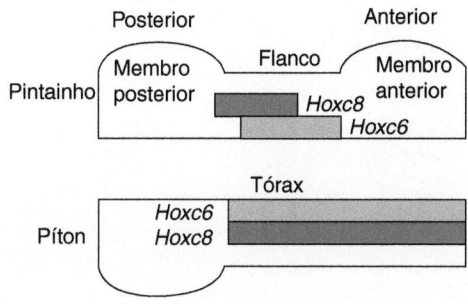

Figura 5.44 Perda membro nas cobras. No pintainho, o domínio do *Hoxc6* se estende para frente para promover o desenvolvimento dos membros anteriores. Onde seu domínio se sobrepõe com o *Hoxc8*, os dois juntos especificam as vértebras torácicas com costelas. Na píton, a expressão de ambos os genes se estende para frente, originando vértebras para formar costelas. O *Hoxc6* não serve apenas uma região, como no pintainho, mas se sobrepõe com o *Hoxc8* de modo que os membros anteriores não se formam.

Com base em Cohn e Tickle.

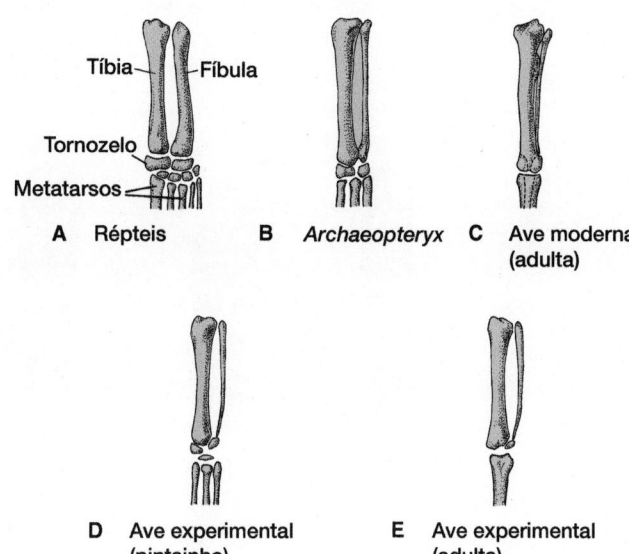

Figura 5.45 Membros posteriores de um réptil (A), uma ave primitiva (*Archaeopteryx*) (B) e uma ave moderna (C e D). Os vários ossos do tornozelo de répteis e o par de ossos da perna, a tíbia e a fíbula, nessa série de aves modernas. Embora Müller não tenha alterado o genótipo de pintainhos experimentais, sua barreira mecânica separava regiões de diferenciação produzidas no membro posterior embrionário (D) e adulto (E), similares aos do *Archaeopteryx* e especialmente similares aos membros de répteis (A). Aparentemente, o programa de desenvolvimento subjacente nas aves modernas foi alterado muito pouco no decorrer da evolução. Müller conseguiu criar grande parte da condição ancestral no pé fazendo apenas alterações modestas no padrão de desenvolvimento nas aves modernas.

De Müller e Alberch.

genes *Hox* são estendidos juntos na maioria do corpo, de modo que o desenvolvimento de membro anterior não ocorre, mas sim vértebras dentro de seus domínios para formar vértebras torácicas (Figura 5.44). O corpo da cobra é essencialmente um tórax expandido. A perda dos membros posteriores parece ter ocorrido por um mecanismo diferente. O *sonic hedgehog*, um gene importante na manutenção da crista epidérmica apical, não se expressa, levando aparentemente à falha no desenvolvimento do membro posterior.

Uma alteração semelhante de um padrão de desenvolvimento parece ter sido a base da evolução do pé especializado das aves modernas. Nos répteis, a tíbia e a fíbula da perna têm o mesmo comprimento e se articulam com vários ossos pequenos do tornozelo (Figura 5.45 A). No *Archaeopteryx*, essa característica começou a mudar. Embora a tíbia e a fíbula tivessem o mesmo comprimento, os ossos do tornozelo eram reduzidos no *Archaeopteryx* (Figura 5.45 B). Nas aves modernas, a fíbula é curta e fina, mas a tíbia aumentou, para englobar os dois ossos do tornozelo e formar um único osso composto (Figura 5.45 C).

Em uma tentativa de esclarecer a evolução da perna das aves, o embriologista Armand Hampé fez experimentos em que separou tíbia e fíbula ou providenciou mesênquima adicional para o tornozelo durante o desenvolvimento inicial do broto do membro. O membro produzido em ambos os casos tinha uma semelhança notável com o do *Archaeopteryx*. A tíbia e a fíbula tinham o mesmo comprimento e ossos separados do tornozelo estavam presentes novamente (Figura 5.45 D). Esses experimentos foram ampliados por Gerd Müller, que usou barreiras inertes inseridas nos membros posteriores iniciais de embrião de pintainho para separar regiões de diferenciação na tíbia e na fíbula. O membro resultante sugeriu a Müller similaridades com membros de répteis em que a tíbia e a fíbula tinham o mesmo comprimento e não eram muito próximas (Figura 5.45 E). Além disso, a musculatura do membro posterior do pintainho do experimento reverteu para um padrão de inserção característico dos répteis. Tais manipulações expe-

rimentais não poderiam ter afetado o genoma porque apenas o padrão de desenvolvimento foi alterado. Será que Hampé e Müller induziram experimentalmente a evolução reversa e descobriram o método simples pelo qual alterações profundas ocorreram inicialmente em aves? Nos arcossauros ancestrais, algumas mutações que afetam o fornecimento de células para a fíbula ou a interação com ela podem ter tido um efeito em cascata sobre o desenvolvimento do tornozelo, que resultou em uma constituição extensamente alterada no adulto.

É tentador interpretar outras estruturas especializadas de maneira semelhante. Entre cavalos modernos, apenas um único artelho (o do meio ou terceiro) persiste em cada perna, formando o dedo funcional (Figura 5.46 A). No entanto, os cavalos ancestrais, como o *Protorohippus*, tinham quatro dedos nas patas anteriores e três nas posteriores. Ocasionalmente, cavalos modernos desenvolvem vestígios do segundo e do quarto dedos (Figura 5.46 B–D). Quando isso ocorre, vislumbramos um padrão de desenvolvimento subjacente que produz o pé. A redução dos dedos em cavalos foi uma adaptação favorável porque contribuiu para o desempenho locomotor. Literalmente, ocorreram centenas de alterações estruturais em ossos, músculos, ligamentos, nervos e vasos sanguíneos desde os ancestrais de quatro e cinco dedos até os cavalos modernos de um dedo só. Se isso, como a evolução para a ausência de membros

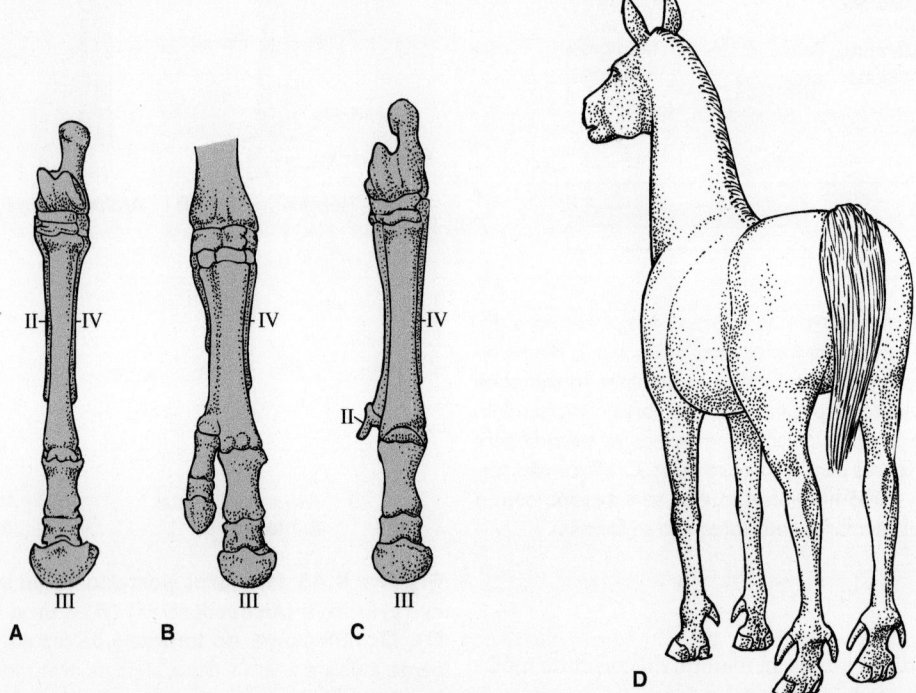

Figura 5.46 Atavismos, dedos extras em cavalos modernos. A. Os cavalos modernos têm um único dedo grande em cada pé, um único artelho, que evoluiu de ancestrais com três ou quatro dedos. No decorrer de sua evolução, os dedos periféricos IV, II e I foram perdidos e o dedo central (III) foi enfatizado. **B** e **C.** Contudo, em raras ocasiões, esses dedos "perdidos" ou seus resquícios reaparecem, como um testemunho da existência persistente do padrão de desenvolvimento subjacente do ancestral. **D.** Raras vezes, cavalos modernos, como o da ilustração, exibem mais dedos. Tais remanescentes nos cavalos modernos aparentemente representam a nova emergência parcial de um padrão ancestral antigo.

Para mais informações sobre dedos extras em cavalos modernos, ver Gould, S. J. 1983. Hen's teeth and horse's toes. Further reflections in natural history. *New York: W. W. Norton.*

Boxe Ensaio 5.3	O polegar do panda

O panda-gigante das florestas da China é parente dos ursos. Porém, diferente deles, que são onívoros e comem praticamente qualquer coisa, o panda-gigante se alimenta quase exclusivamente de brotos de bambu durante cerca de 15 h por dia. Quando passam entre os bambuzais, os pandas deixam pegadas que mostram o polegar e os dedos adjacentes. Além da dieta, outra exclusividade dos pandas com relação aos ursos é o fato de eles terem aparentemente seis dedos nos membros anteriores, em vez dos cinco costumeiros. O dedo extra é o "polegar", que na verdade não é um polegar, mas sim um osso alongado do punho, controlado por músculos que funcionam contra os outros cinco dedos para retirar as folhas dos bambus. O polegar verdadeiro tem outra função, não estando disponível para agir em oposição aos outros dedos. O osso sesamoide radial do punho sofreu uma remodelação e foi

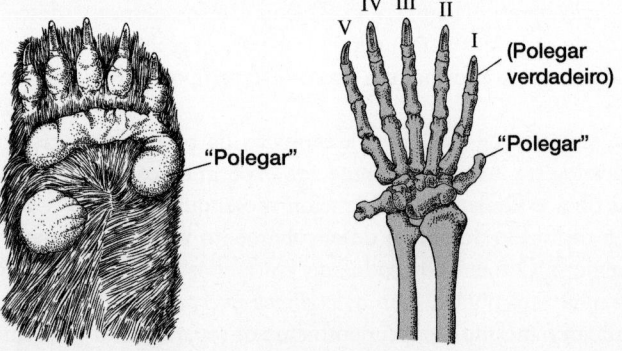

Figura 1 do Boxe O polegar do panda. O panda tem cinco dedos, como a maioria dos mamíferos, mas opostos a eles há um outro dedo, um "polegar", que na verdade não é um polegar, mas um osso elaborado do punho.

levado a servir como o "polegar" efetivo (Figura 1 do Boxe).

A disponibilidade de partes diminui ou aumenta as oportunidades evolutivas. Se o osso do punho estivesse destinado de maneira irreversível a exercer outra função, como era o polegar original, as portas da evolução da alimentação à base de bambu poderiam ter se fechado e esse urso cativante nunca teria evoluído (ver também Davis, 1964, e Gould, 1980).

em alguns lagartos, baseou-se em um estreitamento do padrão de desenvolvimento, então centenas de alterações podem ter ocorrido com relativamente poucas mutações genéticas.

A alteração evolutiva de padrões de desenvolvimento é uma via simples para produzir modificações anatômicas profundas. No entanto, vamos nos lembrar de que vemos apenas os sucessos em retrospectiva, não as falhas. Se não surgirem mutações adequadas no momento apropriado, o organismo nada pode fazer para produzir uma parte desejada. As necessidades não determinam os aprimoramentos genéticos desejados. No caso de cavalos, aves, lagartos sem membros e lampreias, o aparecimento fortuito, mas a tempo, de novos genes que afetam os padrões de desenvolvimento produzidos renovaram estruturas do adulto, que encontraram adaptações favoráveis com o tempo. Para cada estrutura que se sucedeu e persistiu, muitas falharam e pereceram.

Resumo

Durante a vida, um organismo começa como um ovo fecundado, passa por desenvolvimento embrionário, nasce ou eclode, talvez tendo maturação subsequente como uma larva ou jovem, chega à maturidade sexual e pode chegar à senescência antes de morrer. Essa é sua história de vida. Não é o vertebrado adulto em si que evolui, mas sim seu ciclo biológico inteiro, como apontamos ao falar das salamandras e lampreias (ver Figura 5.36).

Durante o desenvolvimento embrionário, são delineados tipos diferentes de células. Esse aumento de diversidade celular se denomina **diferenciação**. À medida que as células se diferenciam, também sofrem maior deslocamento dentro do embrião, tomando posições onde formam os órgãos básicos e a configuração do embrião, que será a forma do adulto básico nesse plano embrionário. Esses movimentos e reorganização das células como parte de camadas teciduais são a **morfogênese** (corpo + forma).

Antes da fecundação, os constituintes dentro do óvulo podem se organizar de maneira desigual durante sua permanência no ovário, definindo um polo animal e um vegetal. A fecundação ativa o óvulo no desenvolvimento e restaura o complemento diploide de cromossomos. A divisão mitótica rápida caracteriza a clivagem, produzindo, a partir do zigoto de uma única célula, uma blástula oca multicelular (blastocisto). O padrão é muito diverso entre os embriões, em grande parte por causa da quantidade e da distribuição de vitelo. Durante a gastrulação e a neurulação, as camadas germinativas básicas – ectoderme, mesoderme, endoderme – se delinearam por processos morfogenéticos como a disseminação da superfície (epibolia), disseminação para dentro (involução), e invaginação e/ou deslaminação de bainhas de células. A neurulação primária prossegue pelo movimento rotatório das dobras neurais. A neurulação secundária prossegue por cavitação em uma quilha neural sólida (cordão medular) e é encontrada em todo o corpo dos teleósteos e na região da cauda de todos os tetrápodes. Embora derivada da ectoderme, a crista neural pode ser considerada uma quarta camada germinativa por causa da importância nos vertebrados, originando gânglios e

suas fibras de nervos sensoriais, células medulares da glândula adrenal, melanóforos da pele, componentes esqueléticos e de tecido conjuntivo dos arcos branquiais, bem como outros tipos de células. Durante a gastrulação, uma simetria bilateral substitui a simetria dos polos animal e vegetal do zigoto. Quatro tipos básicos de tecidos, derivados dessas camadas germinativas básicas, se diferenciam – epitélio, tecidos conjuntivo, muscular e nervoso. Esses tecidos interagem durante a organogênese para formar órgãos.

Nos amniotas, o óvulo fecundado não resulta diretamente em um embrião. Em vez disso, o embrião emerge como uma população distinta de células dentro do ovo em clivagem. O restante das células produzidas contribui para as membranas extraembrionárias que sustentam o embrião e suas necessidades nutricionais e respiratórias, além de mantê-lo em um ambiente aquoso. A eclosão ou o nascimento podem trazer o vertebrado jovem para um ambiente onde ele passa sua vida de larva ou jovem. A maturação gradualmente, ou por metamorfose abrupta, leva-o à maturidade sexual, às vezes acompanhada por alguma alteração no ambiente.

Os estágios iniciais de desenvolvimento de um ciclo biológico não são meras etapas para chegar até adulto, mas formas adaptativas em si, como os estágios de larva heterocrônicos (neotônicos) de salamandras, que as adaptam ao ambiente aquático em que vivem naquele estágio. A heterocronia é uma alteração filogenética baseada em uma alteração embrionária no momento relativo de eventos do desenvolvimento. As alterações no momento relativo, em comparação com um ancestral, podem ocorrer de três maneiras: no início, na duração e no término do crescimento de uma parte com relação ao resto do embrião. Os resultados são a peramorfose ou a pedomorfose, que podem afetar uma parte ou todo o organismo. A alteração evolutiva de padrões de desenvolvimento é um meio simples de produzir alterações anatômicas profundas. No entanto, não podemos nos esquecer de que vimos apenas os sucessos em retrospectiva, e não as falhas. Se não ocorrerem mutações gênicas apropriadas no momento certo, o organismo não pode produzir uma parte desejada. As necessidades não determinam os aprimoramentos genéticos desejados. O aparecimento fortuito de novos genes que afetam os padrões de desenvolvimento produz estruturas adultas renovadas que podem ou não ser adaptações favoráveis com o tempo. Para cada estrutura que se sucedeu e persistiu, muitas falharam e pereceram.

A variação nos embriões de vertebrados, em especial durante a gastrulação e a neurulação, em geral é atribuída à acomodação a quantidades relativas de vitelo armazenado, em torno de quais processos morfogenéticos constroem o corpo inicial do embrião. No entanto, também há conservacionismo nesses eventos, alguma preservação de estruturas e processos embrionários, mesmo nos diferentes grupos de vertebrados. O embrião dos mamíferos eutérios mantém muito pouco vitelo, embora seus processos de desenvolvimento progridam *como se* houvesse muito vitelo – forma-se uma linha primitiva e a gastrulação prossegue em torno de suas bordas, em grande parte como acontece em outros grupos de vertebrados cujos ovos têm bastante vitelo. Esse conservacionismo resulta da importância contínua de funções primitivas (p. ex., indução do notocorda), efeitos ligados de redes genéticas pleiotrópicas e alterações adaptativas profundas no adulto que podem requerer ajustes apenas modestos no embrião.

Processos genéticos e teciduais comuns agora são vistos como subjacentes aos eventos fundamentais do desenvolvimento. Os eventos embrionários iniciais resultam na **padronização** do embrião, estabelecendo primeiro as regiões corporais básicas – dorsal, ventral, anterior e posterior (vimos isso no Capítulo 2, quando mencionamos a padronização na evolução dos cordados). A interação celular durante a organogênese envolve **sinalização celular**, em que as células se comunicam mediante contato direto por meio de moléculas liberadas por uma célula e levadas até outra, o que pode governar sua atividade celular e coordenar suas ações relacionadas. Partes de DNA, como os genes *Hox*, agem como "desvios" controladores – desvios genéticos. Eles não codificam quaisquer proteínas, mas regulam quando e onde outros genes são ativados ou desativados.

Esses padrões de desenvolvimento e evolução ensinam que nenhuma parte é uma ilha. Todas as partes estão ligadas e integradas com o resto do organismo. Em consequência, não há correspondência um a um entre genes e partes do corpo. Alguns genes afetam muitas partes, algumas partes são afetadas por muitos genes. A evolução não prosseguiu necessariamente gene a gene, cada um trazendo uma pequena modificação que em milhões de anos foi acrescentada a uma nova estrutura. Com sua influência dispersada, uma pequena alteração genética, em especial nos desvios gênicos, pode causar grandes modificações estruturais integradas que são a base de alterações evolutivas importantes e rápidas na constituição dos indivíduos.

Tegumento

O tegumento (ou pele) é um órgão composto. Na superfície está a **epiderme**; abaixo dela, a **derme**; e, entre ambas, a **membrana basal** (lâmina basal e lâmina reticular). A epiderme é derivada da ectoderme e produz a lâmina basal (Figura 6.1 A). A derme se desenvolve do mesoderma e do mesênquima, originando a lâmina reticular. Entre o tegumento e a musculatura corporal profunda está uma região subcutânea de transição constituída por tecido conjuntivo muito frouxo e tecido adiposo. Ao exame microscópico, a região é denominada **hipoderme**. À dissecção anatômica macroscópica, a hipoderme é vista como **fáscia superficial** (Figura 6.1 B).

O tegumento é um dos maiores órgãos do corpo, constituindo até 15% do peso corporal humano. A epiderme e a derme, juntas, formam algumas das estruturas mais variadas encontradas nos vertebrados. A epiderme produz pelos, penas, barbatanas, garras, unhas, chifres, bicos e alguns tipos de escamas. A derme origina ossos dérmicos e osteodermos de répteis. Coletivamente, a epiderme e a derme formam dentes, dentículos e escamas de peixes. De fato, os destinos do desenvolvimento da derme e da epiderme estão tão ligados pela membrana basal que, na ausência de uma, a outra em si é incapaz ou impedida de produzir as estruturas especializadas. Em termos de desenvolvimento embrionário, então, a epiderme e a derme estão bastante acopladas e são mutuamente necessárias.

Como o limite crítico entre o organismo e seu ambiente externo, o tegumento tem uma variedade de funções especializadas. Ele forma parte do exoesqueleto, espessa-se para resistir à lesão mecânica e a barreira que ele estabelece impede a entrada de patógenos. Foram identificados mais de 200 gêneros diferentes de bactérias residentes em amostras de pele de voluntários humanos sadios, inclusive muitas que, se tivessem a chance de encontrar um corte na pele, causariam infecções estafilocócicas sérias, acne e eczema, entre outras patologias. O tegumento também ajuda a manter a forma de um organismo. A regulação osmótica e o movimento de gases e íons para dentro e para fora da circulação são ajudados pelo tegumento, em conjunto com outros sistemas. A pele capta o calor necessário, ou irradia o excesso, e contém receptores sensoriais. Ela se especializa em penas para a locomoção, pelos para isolamento e chifres para a defesa. Pigmentos cutâneos bloqueiam a luz solar prejudicial e exibem cores brilhantes durante a corte. A lista de funções pode ser ampliada facilmente.

A variedade notável de estruturas cutâneas e papéis dificulta fazer um resumo sucinto das formas e funções do tegumento. Vamos começar vendo a origem e o desenvolvimento embrionários da pele.

Origem embrionária

No final da neurulação no embrião, a maioria dos precursores da pele está delineada. A camada única de ectoderme superficial prolifera, originando a epiderme de múltiplas camadas.

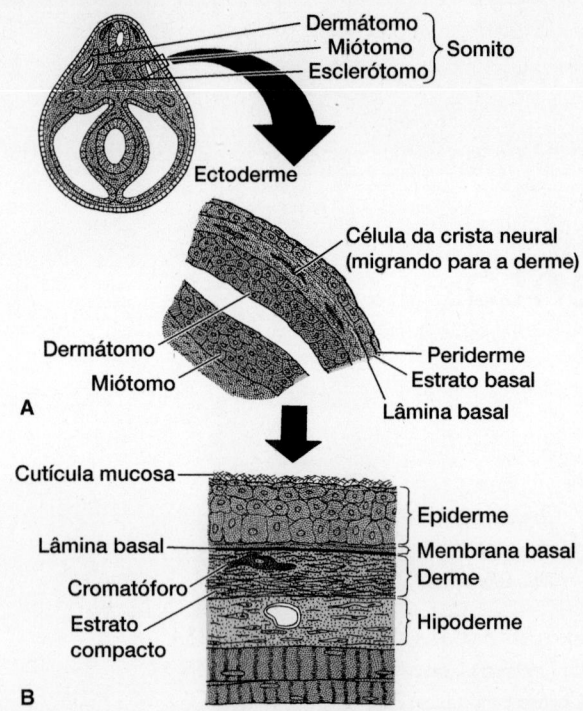

Figura 6.1 Desenvolvimento embrionário da pele. A. Corte transversal de um embrião vertebrado representativo. A ectoderme inicialmente se diferencia em um estrato basal profundo, que substitui a periderme externa. À medida que células da crista neural em migração passam entre a derme e a epiderme, algumas ficam entre essas camadas, tornando-se cromatóforos. **B.** A epiderme se diferencia ainda em uma camada estratificada que, em geral, tem um revestimento mucoso ou cutícula na superfície. Dentro da derme, o colágeno forma camadas distintas que constituem um estrato compacto. A membrana basal fica entre a epiderme e a derme. Sob a derme e a camada profunda de musculatura está a hipoderme, um agrupamento de tecido conjuntivo frouxo e tecido adiposo. (Esta figura encontra-se reproduzida em cores no Encarte.)

A camada profunda da epiderme, o **estrato basal (estrato germinativo)**, fica sobre a membrana basal. Mediante divisão celular ativa, o estrato germinativo substitui a camada única de células denominada **periderme** (ver Figura 6.1 A). Outras camadas cutâneas são derivadas dessas duas à medida que a diferenciação prossegue.

A derme surge de várias fontes, principalmente do dermátomo. Os **epímeros** segmentares (somitos) se dividem, produzindo o **esclerótomo** medialmente, fonte embrionária das vértebras, e o **dermomiótomo** lateralmente. Células internas do dermomiótomo se rearranjam no **miótomo**, a principal fonte de músculo esquelético. A parede externa do dermomiótomo se espalha sob a ectoderme como um **dermátomo** mais ou menos distinto, que se diferencia no componente de tecido conjuntivo da derme. O tecido conjuntivo dentro da pele é difuso e irregular, embora, em algumas espécies, feixes de colágeno estejam dispostos em uma camada ordenada distinta dentro da derme, denominada **estrato compacto** (ver Figura 6.1 B). As células de origem da crista neural migram para a região entre a derme e a epiderme, contribuindo para a armadura óssea e as células de pigmento da pele denominadas **cromatóforos** (que significa

"cor" e "transporte"). Em geral, os cromatóforos residem na derme, embora, em algumas espécies, possam enviar pseudópodes para a epiderme ou ficar nela. Frequentemente, costumam se dispersar na hipoderme. Nervos e vasos sanguíneos invadem o tegumento para completar sua composição estrutural.

Fundamentalmente, o tegumento é composto por duas camadas, epiderme e derme, separadas pela membrana basal. São acrescentadas vascularização e inervação, além das contribuições da crista neural. A partir de tais ingredientes estruturais simples, surge uma grande variedade de derivados tegumentares. O tegumento abriga órgãos sensoriais que detectam os estímulos provenientes do ambiente externo. A invaginação da epiderme superficial forma glândulas cutâneas exócrinas, se retiverem ductos, e endócrinas, caso fiquem separadas da superfície e liberem produtos diretamente nos vasos sanguíneos (Figura 6.2). A interação entre epiderme e derme estimula especializações como dentes, penas, pelos e escamas de diversas variedades (Figura 6.3 A–I).

Características gerais do tegumento

Derme

A derme de muitos vertebrados produz placas de osso diretamente pela ossificação intramembranosa. Devido à sua origem embrionária e à posição inicial dentro da derme, esses ossos são chamados de **ossos dérmicos**. Eles são proeminentes nos peixes ostracodermes, porém surgem secundariamente em grupos derivados, como algumas espécies de mamíferos.

Desenvolvimento de osso dérmico (Capítulo 5)

O componente motor conspícuo da derme é o tecido conjuntivo fibroso, composto principalmente por fibras de colágeno, que podem se entrelaçar em camadas distintas denominadas **pregas**. A derme do protocordado anfioxo exibe um arranjo especialmente ordenado de colágeno em cada prega (Figura 6.4). Por sua vez, as pregas são laminadas juntas em uma orientação muito regular, mas alternada. Essas camadas alternadas agem como o trançado das fibras têxteis, dando alguma forma à pele e impedindo que ela fique flácida. Nos vertebrados

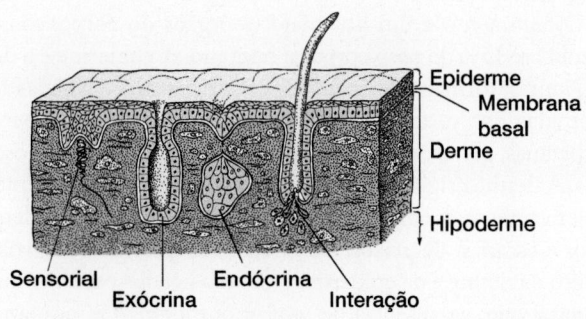

Figura 6.2 Especializações do tegumento. Receptores sensoriais residem na pele. Glândulas exócrinas com ductos e endócrinas sem ductos se formam a partir de invaginações da epiderme. Mediante uma interação da derme com a epiderme, surgem estruturas cutâneas especializadas, como pelos, penas e dentes.

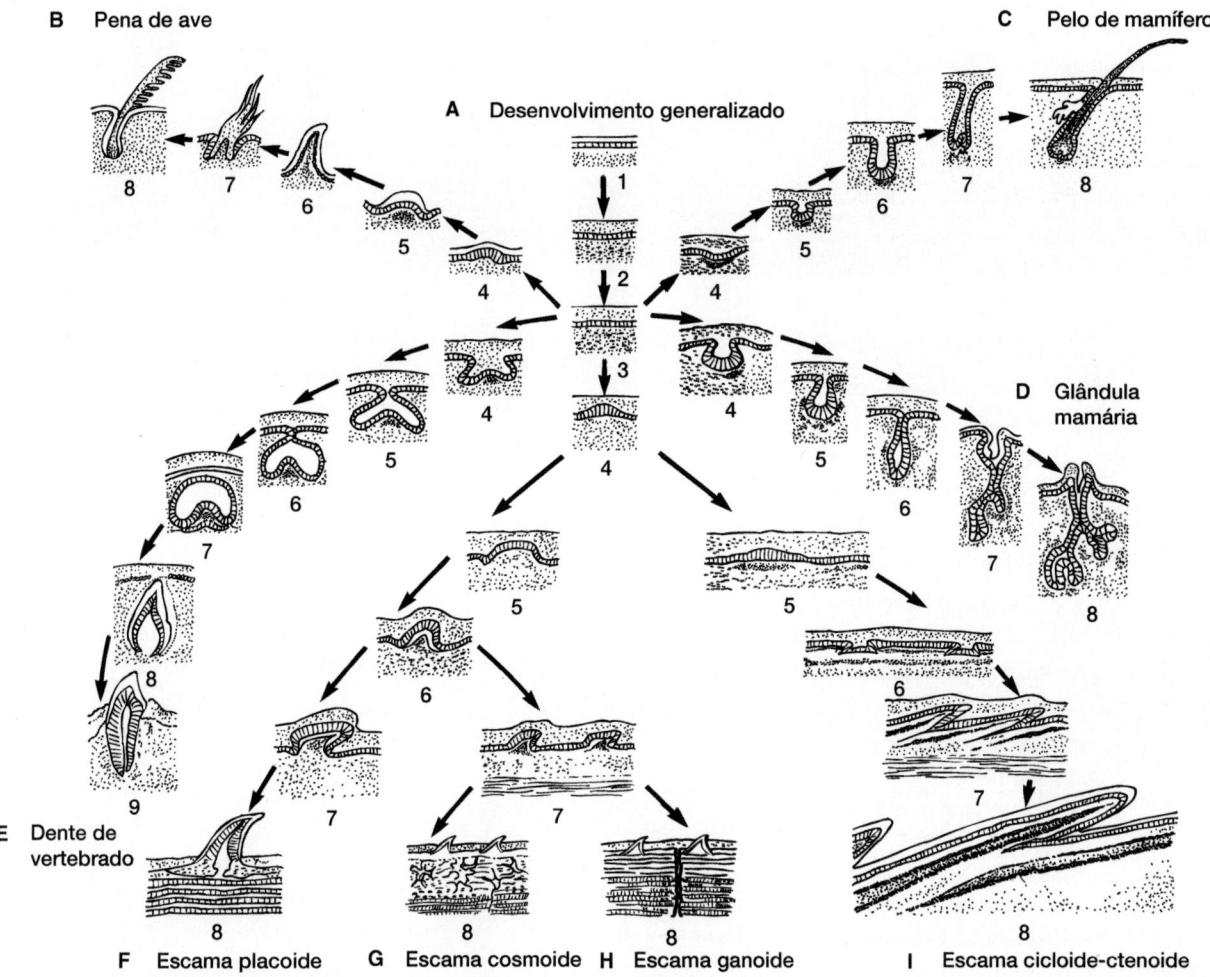

Figura 6.3 Derivados cutâneos. (**A**) Além do arranjo simples de epiderme e derme, com uma membrana basal entre ambas, desenvolve-se uma grande variedade de tegumentos nos vertebrados. A interação da epiderme com a derme origina penas nas aves (**B**), pelos e glândulas mamárias nos mamíferos (**C** e **D**), dentes nos vertebrados (**E**), escamas placoides nos condrictes (**F**) e escamas ganoides e cicloidesctenoides nos peixes ósseos (**G–I**).

Com base em pesquisa de Richard J. Krejsa em Wake.

aquáticos, como tubarões, os feixes de colágeno se posicionam em ângulos entre si, criando **vieses** na pele, como uma roupa. Ou seja, a pele se estica quando puxada em um ângulo oblíquo na direção das fibras. Por exemplo, se você pegar um lenço e puxá-lo na direção das fibras, ele vai se estender muito pouco sob essa tensão paralela. No entanto, se você puxar em cantos opostos, a tensão será aplicada obliquamente em um ângulo de 45° em relação às fibras, e o lenço vai se estender bastante (Figura 6.5 A e B). Esse princípio parece determinar o movimento do colágeno na pele do tubarão, cujas pregas cutâneas flexíveis acomodam o encurvamento lateral do corpo, ao mesmo tempo que resistem a distorções na forma do corpo (Figura 6.5 C). Como resultado, a pele se estica sem enrugar e, como não enruga, a água flui suavemente e sem turbulência ao longo da superfície do corpo (Figura 6.5 D).

Em peixes e vertebrados aquáticos, inclusive cetáceos e escamados, as fibras de colágeno da derme estão dispostas em camadas ordenadas que formam um estrato compacto reconhecível. Nos vertebrados terrestres, o estrato compacto é menos óbvio,

porque a locomoção na terra depende mais dos membros e menos do tronco. E, naturalmente, qualquer enrugamento da pele é menos prejudicial para o vertebrado terrestre que se move pelo ar. Em consequência, as fibras de colágeno estão presentes, até em abundância, na pele de vertebrados terrestres, porém ordenadas muito menos regularmente e sem formar camadas distintas.

Epiderme

A epiderme de muitos vertebrados produz muco para umedecer a superfície cutânea. Em peixes, o muco parece dar alguma proteção contra infecção bacteriana e ajuda a assegurar o fluxo laminar de água pela superfície corporal. Nos anfíbios, o muco provavelmente desempenha funções semelhantes e ainda ajuda a proteger a pele contra o ressecamento quando o animal faz suas incursões terrestres.

Nos vertebrados terrestres, a epiderme que cobre o corpo forma uma camada externa **queratinizada** ou **cornificada**, o **estrato córneo**. É uma das inovações dos tetrápodes que os ajuda a viver em um ambiente terrestre seco e abrasivo.

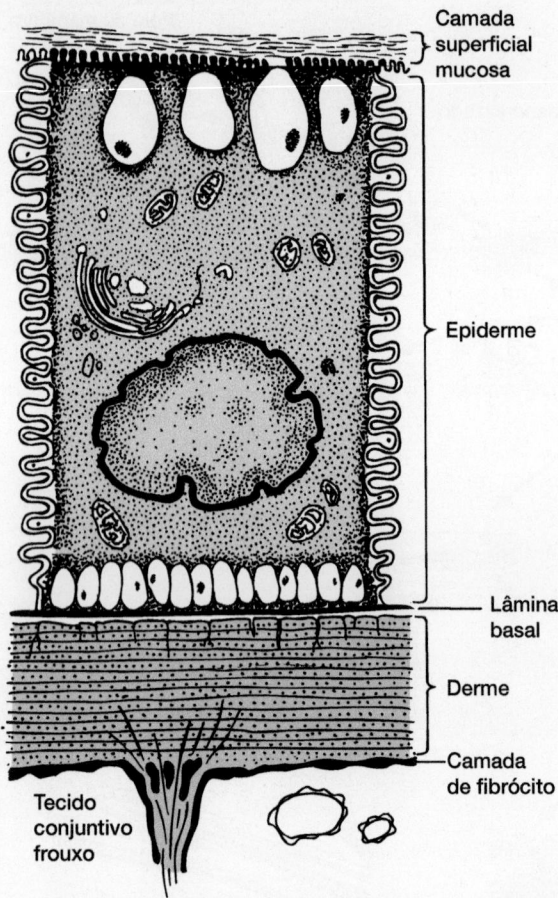

Figura 6.4 Protocordado, pele de anfioxo. A epiderme é uma camada única de células cuboides ou colunares, que secretam um muco que reveste a superfície e fica sobre uma lâmina basal. A derme consiste em fibras de colágeno muito altamente ordenadas, dispostas em camadas alternadas para formar um "tecido têxtil" que confere suporte estrutural e flexibilidade à parede corporal externa. O pigmento é secretado pelas próprias células epidérmicas.

De Olsson.

Todas as células no estrato córneo são células mortas. Novas células epidérmicas são formadas por divisão mitótica, primariamente no estrato basal profundo. Essas novas células epidérmicas empurram as mais externas na direção da superfície, onde tendem a se autodestruir de maneira ordenada. Durante sua destruição, vários produtos proteicos se acumulam e formam coletivamente **queratina** em um processo denominado **queratinização**. O estrato córneo superficial resultante é uma camada não viva que serve para reduzir a perda de água pela pele em ambientes terrestres secos. A queratina é uma classe de proteínas produzidas durante a queratinização, e as células epidérmicas específicas que participam são os **queratinócitos**. Nos sauropsídeos, a epiderme produz dois tipos de queratinócitos – um contendo a forma α (mole) e outro contendo a forma β (dura) de queratina. A α-queratina está presente nas camadas epidérmicas mais flexíveis, onde ocorrem alterações de forma. A β-queratina é mais comum em especializações como escamas duras, garras, bico e penas. Nos sinapsídeos, só há α-queratina.

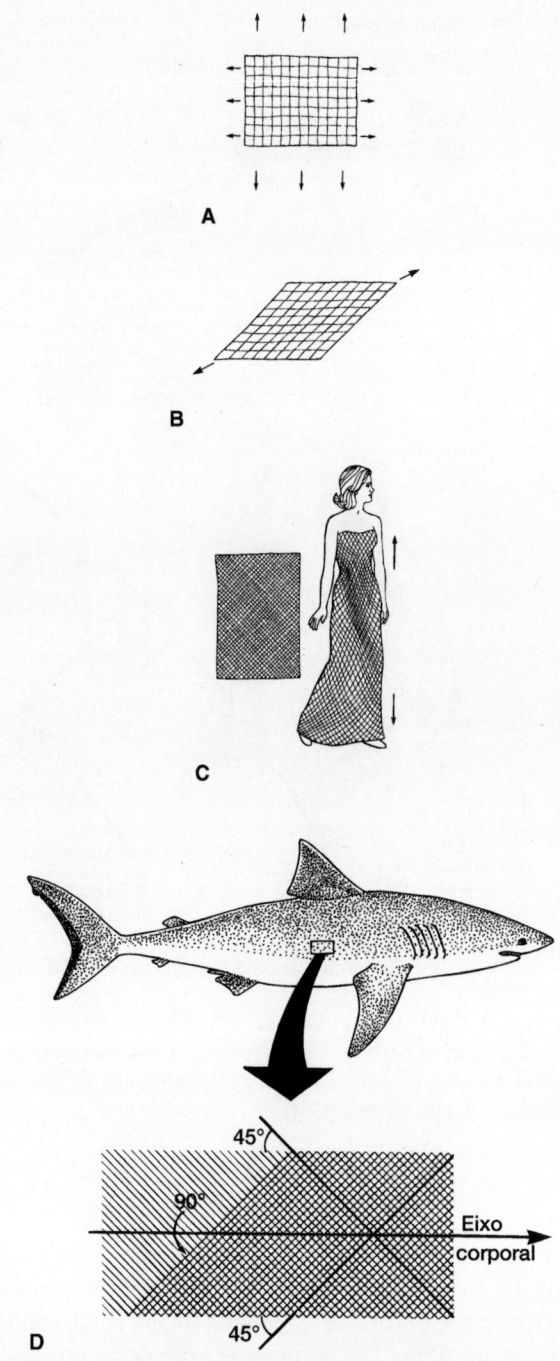

Figura 6.5 Inclinação na trama do material. A. Tramas longitudinais e cruzadas compõem as fibras do tecido. Se a força tênsil for paralela às tramas (conforme indicado pelas setas), ocorre pouca distorção do tecido. **B.** No entanto, a tensão ao longo de ângulos de 45° das tramas resulta em uma alteração substancial na forma. **C.** Os estilistas de moda tiram vantagem dessas características dos tecidos ao desenhar roupas. Na direção diagonal frouxa, o tecido não fica pregueado nem se dobra, podendo manter sua forma ao longo das tramas. **D.** As camadas de colágeno do estrato compacto da pele de peixes agem de maneira semelhante. O padrão diagonal flexível da pele é orientado a 45° com o comprimento do corpo, acomodando, assim, o encurvamento lateral durante a natação. Esse arranjo mantém a pele flexível, mas esticada, de modo que não ocorre enrugamento da superfície e não é induzida turbulência na corrente que passa sobre o corpo conforme o peixe nada.

De Gordon.

Também ocorre queratinização e formação de um estrato córneo onde o atrito ou a abrasão mecânica direta agridem o epitélio. Por exemplo, a epiderme da cavidade oral de vertebrados aquáticos e terrestres em geral exibe uma camada queratinizada, em especial se o alimento consumido for incomumente cortante ou abrasivo. Nas áreas do corpo em que o atrito é comum, como as solas dos pés ou as palmas das mãos, a camada cornificada pode formar uma camada protetora espessa, ou **calo**, para evitar dano mecânico (Figura 6.6). O estrato córneo pode se diferenciar em pelos, cascos, bainhas córneas ou outras estruturas cornificadas especializadas. A expressão *sistema de queratinização* se refere à interação elaborada de epiderme e derme que produz a transformação ordenada de queratinócitos nas estruturas cornificadas.

Por fim, formam-se escamas dentro do tegumento de muitos vertebrados aquáticos e terrestres. Elas são, basicamente, dobras no tegumento. Se predominarem as contribuições dérmicas, em especial na forma de osso dérmico ossificado, a dobra é denominada **escama dérmica.** Uma dobra epidérmica, em especial na forma de uma camada queratinizada espessa, produz uma **escama epidérmica.**

Filogenia

Tegumento dos peixes

Com poucas exceções, a pele da maioria dos peixes viventes não é queratinizada nem coberta por muco. As exceções incluem especializações queratinizadas em alguns grupos. Os "dentes" que revestem o disco oral das lampreias, a cobertura maxilar de alguns peixinhos herbívoros (ciprinídeos) e a superfície de atrito sobre a pele do ventre de alguns peixes semiterrestres são todos derivados queratinizados. Entretanto, na maioria dos peixes viventes, a epiderme é viva e ativa na superfície do corpo e não há camada superficial proeminente de células mortas queratinizadas. As células superficiais em geral são padronizadas com **microcristas** finas que podem manter a

camada superficial de muco formada a partir de várias células individuais na epiderme, com a contribuição de glândulas multinucleadas. A camada de muco, denominada **cutícula mucosa**, resiste à penetração por bactérias infecciosas, provavelmente contribui para o fluxo laminar de água pela superfície, torna os peixes escorregadios para os predadores e, em geral, inclui substâncias químicas repugnantes, que afugentam os inimigos ou são tóxicas para eles.

Ocorrem dois tipos de células dentro da epiderme de peixes: as **epidérmicas** e as **glândulas unicelulares** especializadas. Nos peixes viventes, incluindo os ciclóstomos, células epidérmicas prevalentes constituem a epiderme estratificada. As células epidérmicas superficiais estão bem conectadas por junções celulares e contêm numerosas vesículas secretoras que liberam seus produtos na superfície, onde contribuem para a cutícula mucosa. As células epidérmicas da camada basal são cuboides ou colunares. A atividade mitótica está presente, mas não se restringe à camada basal.

As glândulas unicelulares são únicas, especializadas e ficam dispersas entre a população de células epidérmicas. Há vários tipos de glândulas unicelulares. A **célula claviforme** é uma glândula unicelular alongada, às vezes binucleada (Figura 6.7). Algumas substâncias químicas dentro dessas células causam alarme ou medo. Acredita-se que sejam liberadas por indivíduos observadores que avisam outros sobre o perigo iminente. A **célula granular** é uma célula diversa, encontrada na pele de lampreias e outros peixes (ver Figura 6.7). Tanto as células granulares quanto as claviformes contribuem para a cutícula mucosa, mas suas outras funções não são bem entendidas. A **célula globosa** é um tipo de glândula unicelular ausente na pele de lampreias, mas, em geral, encontrada em outros peixes ósseos e cartilaginosos. Ela também contribui para a cutícula mucosa e é reorganizada por seu formato "globoso", ou seja, uma haste basal estreitada e uma extremidade apical larga que elimina secreções. A microscopia eletrônica ajudou a distinguir um tipo adicional de glândula unicelular na epiderme, a **célula saculiforme.** Ela elabora um grande produto secretor ligado à membrana, que parece funcionar como um repelente ou toxina contra inimigos quando é liberado. Como se costuma dar mais atenção ao estudo da pele dos peixes, outros tipos de células estão sendo reconhecidos. Essa lista crescente de células espe-

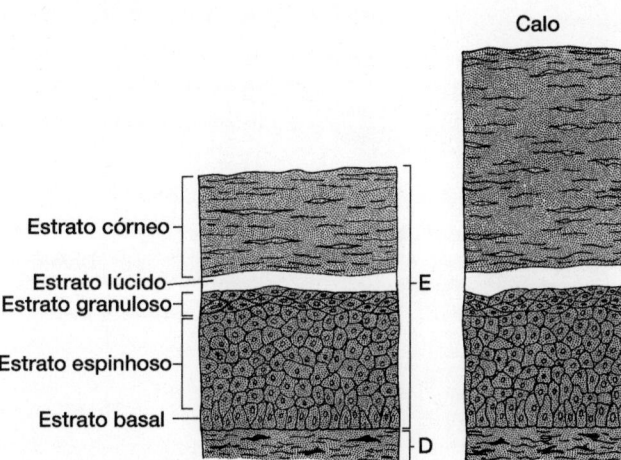

Figura 6.6 Queratinização. Nos locais onde o atrito mecânico aumenta, o tegumento responde aumentando a produção de um calo queratinizado protetor e, em decorrência disso, o estrato córneo se espessa. Abreviaturas: *E* = epiderme; *D* = derme.

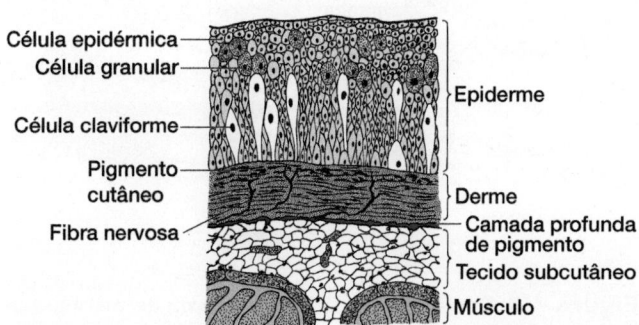

Figura 6.7 Pele de lampreia. Entre as numerosas células epidérmicas, estão glândulas unicelulares separadas, as células granulares e as claviformes. Notar a ausência de queratinização. A derme consiste em um arranjo regular de colágeno e cromatóforos.

cializadas dentro da epiderme revela uma complexidade e uma variedade de funções que ainda não tinham sido apreciadas.

O colágeno dentro do estrato compacto está organizado de maneira regular, em camadas que se espiralam em torno do corpo do peixe, permitindo o encurvamento da pele sem que ela enrugue. Em alguns peixes, a derme tem propriedades elásticas. Quando um peixe encurva o corpo ao nadar, a pele no lado esticado armazena energia que ajuda a desfazer a curvatura do corpo e bater a cauda na direção oposta.

A derme do peixe em geral origina osso dérmico, o qual dá origem a escamas dérmicas. Além disso, a superfície das escamas às vezes é coberta por uma camada de **esmalte** celular duro, de origem epidérmica, e **dentina** mais profunda, de origem dérmica. Até recentemente, o esmalte e a dentina eram reconhecidos com base na aparência, não em sua composição química. Como a aparência superficial das escamas mudou entre os grupos de peixes, a terminologia também mudou. Acreditava-se que o esmalte fosse o caminho filogenético para a "ganoína" e a dentina para a "cosmina". Esses termos foram inspirados pela aparência superficial das escamas, não por sua composição química nem mesmo pela sua organização histológica. Talvez seja melhor pensarmos que a ganoína é uma expressão morfológica diferente do esmalte, a cosmina, uma expressão morfológica diferente da dentina, e estarmos preparados para diferenças sutis ao encontrá-las.

Peixes primitivos

Em ostracodermes e placodermes, o tegumento produziu placas ósseas proeminentes de armadura dérmica que envolveu seus corpos em um exoesqueleto. Os ossos dérmicos da região craniana eram grandes, formando os escudos cefálicos; porém, mais posteriormente ao longo do corpo, os ossos dérmicos tenderam a se partir em pedaços menores, as escamas dérmicas. A superfície dessas escamas era ornamentada com tubérculos finos em forma de cogumelos, os quais consistiam em uma camada superficial de esmalte, ou uma substância semelhante ao esmalte, sobre uma camada interna de dentina (Figura 6.8). Uma ou várias cavidades pulpares irradiadas ficavam dentro de cada tubérculo. O osso dérmico que dava sustentação a esses tubérculos era **lamelar**, organizado em um padrão em camadas.

A pele das feiticeiras e lampreias viventes difere bastante daquela dos peixes fósseis primitivos. Não há osso dérmico e a superfície cutânea é lisa e sem escamas. A epiderme é composta por camadas compactadas de numerosas células epidérmicas vivas por toda parte, com glândulas unicelulares dispersas entre elas, ou seja, grandes células granulares e células claviformes alongadas. Além disso, a pele das feiticeiras inclui **células filamentares**, que eliminam cordões espessos de muco na superfície cutânea quando o peixe fica irritado. A derme é altamente organizada em camadas regulares de tecido conjuntivo fibroso. Há células de pigmento por toda a derme. A hipoderme inclui tecido adiposo. Dentro da derme, as feiticeiras também têm **glândulas de lodo** multicelulares, que liberam seus produtos por ductos, para a superfície.

Chondrichthyes

Os peixes cartilaginosos não têm osso dérmico, mas persistem dentículos superficiais, denominados **escamas placoides**, que lhes conferem uma superfície cutânea áspera (Figura 6.9 A). Há numerosas células secretoras na epiderme e células epidérmicas estratificadas. A derme é composta por tecido conjuntivo fibroso, em especial fibras elásticas e de colágeno, cujo arranjo regular forma uma trama, semelhante à de um tecido têxtil na derme (ver Figura 6.5 D), que dá resistência à pele e impede que ela enrugue durante a natação.

A escama placoide se desenvolve na derme, mas se projeta através da epiderme até alcançar a superfície. Forma-se um capuz de esmalte na ponta, com dentina por baixo e uma cavidade pulpar interna (Figura 6.9 A e B). Cromatóforos ocorrem na parte inferior da epiderme e nas regiões superiores da derme.

Nos tubarões, a separação do fluxo líquido da superfície do corpo pode aumentar bastante o arrasto. A pele de muitos tubarões tem pelo menos dois mecanismos que controlam essa separação da camada limítrofe e, assim, reduzem o arrasto e ambos os mecanismos envolvem as escamas placoides. Primeiro, a superfície do espinho da escama é esculpida como costelas de porco, quilhas paralelas que controlam a separação da camada

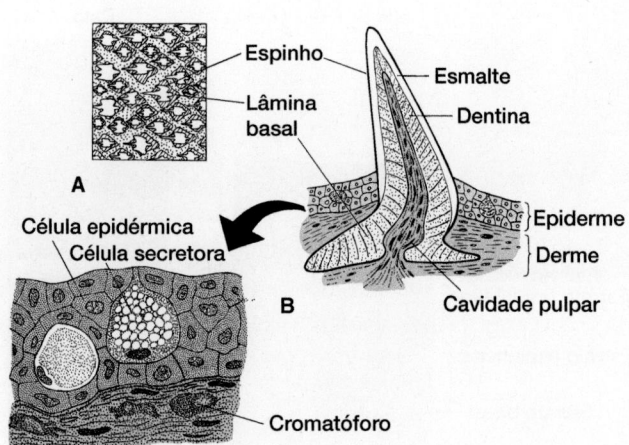

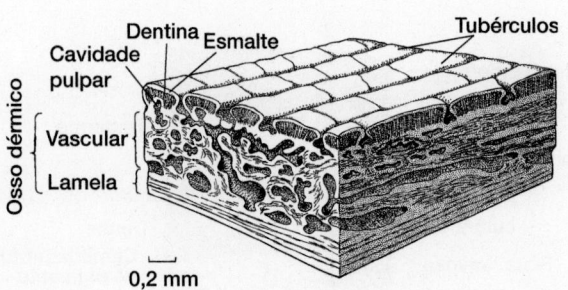

Figura 6.8 Corte através de uma escama de ostracoderme. A superfície consiste em tubérculos elevados revestidos com dentina e esmalte, contendo uma cavidade pulpar interna. Esses tubérculos ficam sobre uma base de osso dérmico, parte da armadura dérmica que cobre o corpo.

De Kiaer.

Figura 6.9 Pele do tubarão. A. Vista da superfície da pele, mostrando arranjo regular de escamas placoides se projetando. **B.** Corte através de uma escama placoide de um tubarão. A escama que se projeta consiste em esmalte e dentina em torno de uma cavidade pulpar.

Boxe Ensaio 6.1   Dardos venenosos e rãs venenosas

A pele da maioria dos anfíbios contém glândulas que secretam produtos de sabor desagradável ou mesmo tóxicos para predadores. Em geral, essas toxinas cutâneas não são elaboradas pelas próprias rãs, mas cooptadas de toxinas de suas presas, como formigas ou outros artrópodes. Alguns especialistas em formigas sugerem que os insetos, por sua vez, podem captar toxinas ou precursores delas de sua alimentação. Nas regiões tropicais do Novo Mundo vive um grupo de rãs, as de dardos venenosos, com secreções cutâneas particularmente tóxicas (Figura 1 do Boxe). Pessoas nativas da região em geral capturam essas rãs, as colocam em bastões sobre o fogo para estimular a liberação dessas secreções e então a colhem nas pontas de seus dardos, que causam torpor ou mesmo a morte quando usados para caçar. O cozimento

Figura 1 do Boxe Rã de dardo venenoso. Suas cores vivas advertem quanto a secreções cutâneas tóxicas venenosas para a maioria dos predadores. (Esta figura encontra-se reproduzida em cores no Encarte.)

desnatura as toxinas, tornando a caça comestível para os seres humanos. Se confirmado por pesquisa futura, as toxinas que

esses nativos usam fariam um retorno ecológico, por meio das rãs, para os insetos e destes para sua alimentação.

---

limítrofe (Figura 6.10 A). Em segundo lugar, nas regiões do corpo do tubarão particularmente suscetíveis a separação, como as laterais, gradientes de pressão adversas, provocam uma ereção passiva das escamas placoides, como se fossem cerdas eriçadas. No perímetro máximo corrente acima das laterais do corpo, as linhas de corrente necessariamente aceleram, reduzindo a pressão ali e, assim, induzindo o fluxo próximo da superfície a reverter na direção do ponto de partida e baixa pressão. Esse fluxo reverso, próximo ao corpo, ergue as escamas placoides. Eriçadas, elas reduzem a separação do fluxo e, portanto, minimizam a pressão de arrasto (Figura 6.10 B).

Dinâmica dos fluidos | Camada limítrofe (Capítulo 4)

Peixes ósseos

A derme dos peixes ósseos é subdividida em uma camada superficial de tecido conjuntivo frouxo e uma camada mais profunda de tecido conjuntivo fibroso denso. Cromatóforos são encontrados dentro da derme. O produto estrutural natural mais importante da derme é a escama. Em peixes ósseos, as escamas dérmicas na verdade não perfuram a epiderme, mas ficam tão próximas da superfície que dão a impressão de que a pele é dura (Figura 6.11 A e B). A epiderme de cobertura inclui uma camada basal de células, acima da qual há células epidérmicas estratificadas. À medida que se movem em direção à superfície, as células epidérmicas sofrem transformação citoplasmática, mas não se tornam queratinizadas. Dentro dessas células epidérmicas em camadas, ocorrem glândulas unicelulares, as células secretoras e claviformes. Essas glândulas, juntamente com células epidérmicas, são a fonte da cutícula mucosa, ou superfície "escorregadia".

Com base em sua aparência, são reconhecidos vários tipos de escamas entre os peixes ósseos. A **escama cosmoide**, vista

nos sarcopterígios primitivos, fica sobre uma camada dupla de osso, uma vascular e outra, lamelar. Na superfície externa desse osso está uma camada agora reconhecida como dentina, e, disseminada superficialmente sobre a dentina, está uma camada agora reconhecida como esmalte. A aparência incomum dessas camadas de esmalte e dentina inspirou, na literatura antiga, os nomes de "ganoína" e "cosmina", na crença errônea de que a ganoína era fundamentalmente um mineral diferente do esmalte e a cosmina diferente da dentina. Embora a natureza química dessas camadas agora seja clara, os primeiros nomes não definiram os termos para tipos distintivos de escamas. Na escama cosmoide, há uma camada espessa bem desenvolvida de dentina (cosmina) abaixo de uma camada fina de esmalte (Figura 6.12 A).

A **escama ganoide** se caracteriza pela prevalência de uma camada superficial estreita de esmalte (ganoína) sem uma camada subjacente de dentina (Figura 6.12 B). O osso dérmico forma o fundamento da escama ganoide, surgindo como uma camada dupla de osso vascular e lamelar (nos peixes paleoniscoides) ou uma camada única lamelar (em outros ancestrais actinopterígios). As escamas ganoides são brilhantes (por causa do esmalte), superpostas e entrelaçadas. Os polipteriformes viventes e gars retêm escamas ganoides. Contudo, na maioria das outras linhagens de peixes ósseos, as escamas ganoides são reduzidas pela perda da camada vascular de osso e da superfície de esmalte. Isso produz, nos teleósteos, uma escama que é mais distinta.

A **escama dos teleósteos** não tem esmalte, dentina nem uma camada óssea vascular. Apenas osso lamelar, que é acelular e principalmente não calcificado, permanece (Figura 6.12 C). São reconhecidos dois tipos de escamas teleósteas. Um é a **escama cicloide**, composta de anéis concêntricos, ou **círculos**. O outro é a **escama ctneoide**, com uma franja de projeções ao logo de sua margem posterior (Figura 6.12 D). Novos círculos

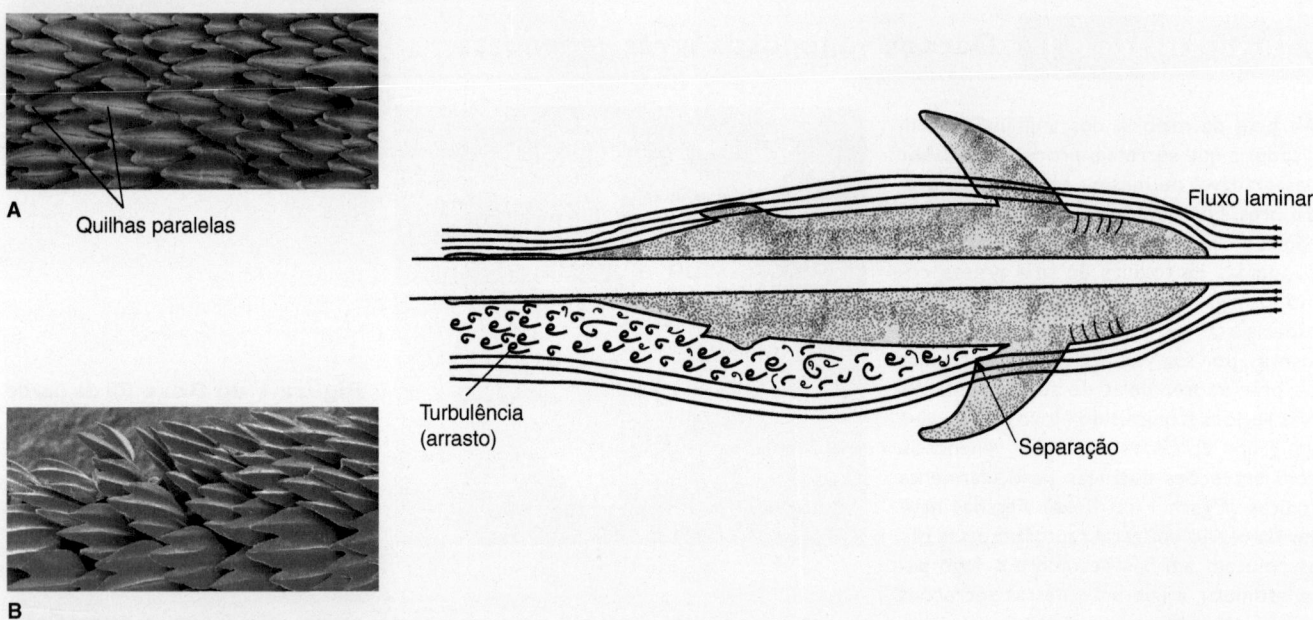

A Quilhas paralelas

Fluxo laminar

Turbulência
(arrasto)

Separação

B

Figura 6.10 Redução do arrasto na pele do tubarão – tubarão mako. A. É estabelecido um fluxo laminar na superfície do tubarão e as escamas ficam relaxadas (*detalhe superior*). **B.** Quando ocorre a separação da camada limítrofe, resulta em turbulência e, portanto, um aumento na pressão de arrasto. No entanto, o fluxo superficial adverso reverso age sobre as escamas para atuar passivamente ou eriçá-las, como cerdas (*detalhe inferior*). Isso produz um efeito favorável sobre a separação do fluxo. As escamas eriçadas manualmente em (B) ilustram a ereção das escamas.

Com base na pesquisa de Philip Motta com Amy W. Lang e Maria Laura Habegger, que também forneceram gentilmente as fotos pela University of South Florida.

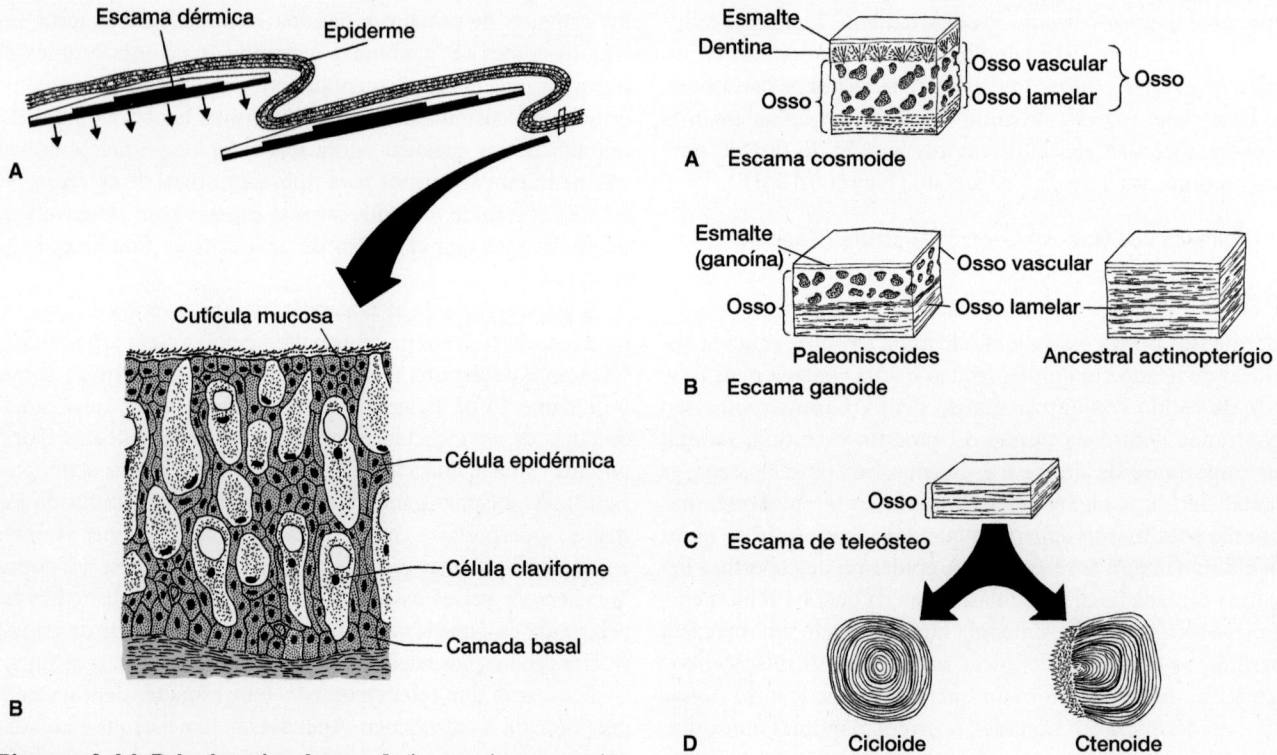

Escama dérmica   Epiderme

A

Cutícula mucosa

Célula epidérmica

Célula claviforme

Camada basal

B

Figura 6.11 Pele de peixe ósseo. A. Arranjo de escamas dérmicas dentro da pele de um peixe teleósteo (as setas indicam a direção da escala de crescimento). **B.** Aumento da epiderme. Notam-se as células epidérmicas e claviformes.

A, de Spearman.

Esmalte
Dentina
Osso vascular
Osso
Osso lamelar

A Escama cosmoide

Esmalte
(ganoína)
Osso vascular
Osso
Osso lamelar
Paleoniscoides   Ancestral actinopterígio

B Escama ganoide

Osso

C Escama de teleósteo

D Cicloide   Ctneoide

Figura 6.12 Tipos de escamas de peixes ósseos. Corte transversal de uma escama cosmoide (**A**), uma ganoide (**B**) e uma escama de teleósteo. (**C**) Vistas superficiais dos dois tipos de escamas de teleósteo, a cicloide e a ctneoide (**D**).

são depositados, como os anéis de uma árvore, à medida que o peixe teleósteo cresce. Ciclos anuais são evidentes nos agrupamentos desses círculos e, a partir desse padrão nas escamas, podemos determinar a idade de cada peixe.

Tegumento dos tetrápodes

Embora ocorra queratinização em peixes, entre os vertebrados terrestres ela é um aspecto importante do tegumento. A queratinização extensa produz uma camada cornificada externa proeminente, o estrato córneo, que resiste à abrasão mecânica. Em geral, são acrescentados lipídios durante o processo de queratinização ou por disseminação, através da superfície, de glândulas especializadas. A camada cornificada ao longo desses lipídios aumenta a resistência da pele dos tetrápodes ao ressecamento.

Glândulas multicelulares são mais comuns na pele de tetrápodes que na de peixes. Nos peixes, a cutícula mucosa e as secreções das glândulas unicelulares na superfície da pele, ou em suas proximidades, cobrem-na. Em contraste, entre tetrápodes, as glândulas multicelulares geralmente ficam na derme e chegam à superfície por ductos comuns que perfuram a camada cornificada. Portanto, o estrato córneo que protege a pele e impede o ressecamento também controla a liberação de secreções diretamente na superfície. Se não houvesse essas aberturas no estrato córneo, a superfície da pele não seria coberta ou lubrificada.

Anfíbios

Os anfíbios são de interesse especial porque, durante sua vida, em geral sofrem metamorfose de uma forma aquática para uma terrestre. Na maioria dos anfíbios modernos, a pele também é especializada como uma superfície respiratória por meio da qual ocorre troca de gases com os leitos capilares na epiderme inferior e na derme mais profunda. De fato, algumas salamandras não têm pulmões e dependem inteiramente da **respiração cutânea**, através da pele, para satisfazer suas necessidades metabólicas.

Respiração cutânea (Capítulo 11)

Os tetrápodes mais primitivos têm escamas como os peixes dos quais surgiram. Entre os anfíbios viventes, só há escamas dérmicas como vestígios em algumas espécies de cecílias tropicais (ápodes). Rãs e salamandras não têm sequer traços de escamas dérmicas (Figura 6.13 A). Nas salamandras, a pele das larvas aquáticas inclui uma derme de tecido conjuntivo fibroso, que consiste em tecido conjuntivo frouxo sobre uma camada profunda compacta. Dentro da epiderme, há células basais profundas e células apicais superficiais. Dispersas por toda parte estão grandes **células de Leydig**, que se acredita que secretem substâncias que dificultam a entrada de bactérias e vírus (Figura 6.13 B). Nos adultos terrestres, a derme é composta de maneira semelhante por tecido conjuntivo fibroso. Na epiderme, agora não há células de Leydig, mas podem ser reconhecidas regiões distintas, como o estrato basal, o espinhoso, o granuloso e o córneo. A existência de um estrato córneo fino confere alguma proteção contra abrasão mecânica e retarda a perda de umidade do corpo sem prejudicar muito a troca cutânea de ga-

ses. Durante a estação reprodutiva, podem formar-se **almofadas nupciais** nos dedos ou membros dos machos de salamandras ou rãs. Essas almofadas são calos elevados de epiderme cornificada que ajudam o macho a segurar a fêmea durante o acasalamento.

Em geral, a pele de rãs e salamandras inclui dois tipos de glândulas multicelulares: as de muco e as de veneno. Ambas estão localizadas na derme e se abrem na superfície por meio de ductos conectantes (ver Figura 6.13 B). As **glândulas de muco** tendem a ser menores, cada uma formada por um pequeno aglomerado de células que liberam seu produto em um ducto comum. As **glândulas de veneno** (glândulas granulares) são maiores e, em geral, contêm secreções armazenadas dentro de seu lúmen. As secreções das glândulas de veneno têm sabor desagradável ou são tóxicas para predadores. No entanto, poucas pessoas que manipulam anfíbios podem ter contato com tais secreções, mas não precisam ficar preocupadas porque elas só são potencialmente prejudiciais se ingeridas ou injetadas na corrente sanguínea.

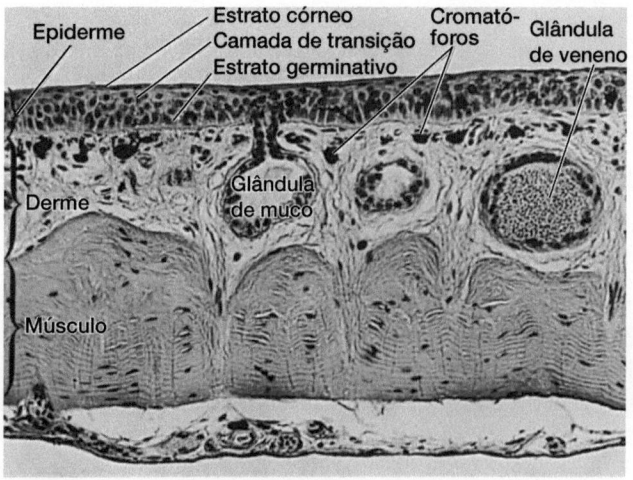

A

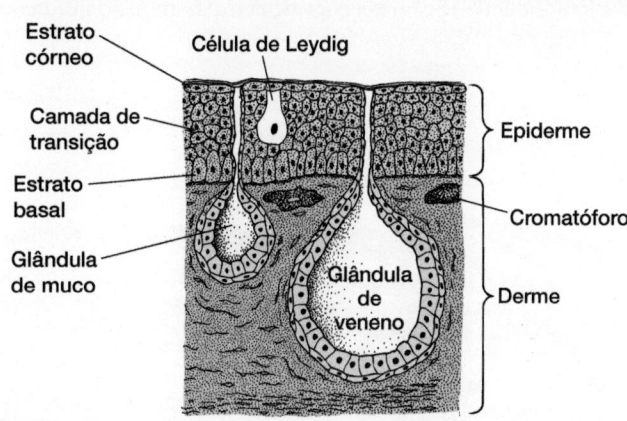

B

Figura 6.13 Pele de anfíbio. A. Corte através da pele de uma rã adulta. Um estrato basal por baixo e um estrato córneo superficial estão presentes. A camada de transição entre eles inclui um estrato espinhoso e um estrato granuloso. **B.** Vista esquemática da pele de anfíbio mostrando glândulas de muco e de veneno que esvaziam suas secreções por meio de ductos curtos na superfície da epiderme.

Ocasionalmente, podem ser encontrados cromatóforos na epiderme de anfíbios, porém a maioria fica na derme. Os leitos capilares, restritos à derme na maioria dos vertebrados, alcançam a parte inferior da epiderme em anfíbios, uma característica que serve à respiração cutânea.

Répteis

O crânio dos répteis reflete sua tendência maior para a existência terrestre. A queratinização é muito mais extensa, e as glândulas cutâneas são menos numerosas que nos anfíbios. As escamas estão presentes, mas são fundamentalmente diferentes das escamas dérmicas dos peixes, construídas em torno do osso de origem dérmica. A escama dos répteis não tem o suporte ósseo subjacente ou qualquer contribuição estrutural da derme. Em vez disso, é uma dobra na epiderme da superfície, portanto uma escama epidérmica. A junção entre escamas epidérmicas adjacentes é a **articulação** flexível (Figura 6.14 A). Se a escama epidérmica for grande e em forma de placa, às vezes é denominada **escudo**. Além disso, as escamas epidérmicas podem ser modificadas em cristas, espinhos ou processos semelhantes a chifres.

Muitos répteis têm osso dérmico, embora comumente não esteja associado a escamas. A **gastrália**, um agrupamento de ossos na área abdominal, é um exemplo. Ossos dérmicos que sustentam a epiderme são denominados **osteodermas**, placas de osso dérmico localizadas sob escamas epidérmicas. Os osteodermas são encontrados em crocodilianos, alguns lagartos e alguns répteis extintos. É provável que alguns ossos da carapaça da tartaruga sejam osteodermas modificados.

A derme da pele dos répteis é composta por tecido conjuntivo fibroso. A epiderme em geral é delineada em três regiões: estrato basal, estrato granuloso e estrato córneo. Entretanto, isso se altera antes da muda naqueles répteis que perdem grandes pedaços da camada cutânea cornificada. Em tartarugas e crocodilos, o desprendimento da pele é modesto, comparável ao de aves e mamíferos, nos quais caem pequenos flocos a intervalos irregulare, mas nos lagartos, e em especial nas cobras, o desprendimento da camada cornificada, denominado **muda** ou

ecdise, resulta na remoção de partes extensas de epiderme superficial. Quando a muda começa, o estrato basal, que originou os estratos granuloso (interno) e córneo (externo), duplica as camadas mais profundas de granuloso e córneo, empurrando-as sob as camadas antigas. Leucócitos invadem o **estrato intermédio**, uma camada temporária entre a pele antiga e a nova (Figura 6.14 B). Acredita-se que esses leucócitos promovam a separação e a perda da camada superficial antiga da pele.

As glândulas tegumentares da pele de répteis ficam restritas a certas áreas do corpo. Muitos lagartos têm fileiras de **glândulas femorais** ao longo do lado inferior do membro posterior na região da coxa. Os crocodilos e algumas tartarugas têm **glândulas odoríferas**. Em jacarés de ambos os sexos, um par de glândulas odoríferas se abre na cloaca, e outro par se abre nas margens da maxila inferior. Em algumas tartarugas, as glândulas odoríferas podem produzir cheiros bastante pungentes, em especial quando o animal fica alarmado por manipulação. Acredita-se que a maioria das glândulas tegumentares de répteis tenha um papel no comportamento reprodutivo ou para desestimular predadores, mas as glândulas e seus papéis sociais não estão ainda bem entendidos.

Aves

▶ **Estrutura básica.** As penas de aves foram consideradas nada mais que escamas de répteis elaboradas. Isso simplifica muito a homologia. Certamente, escamas epidérmicas ao longo das pernas e pés (Figura 6.15 A) de aves confirmam que as aves se originaram dos répteis. Se não é uma escama remodelada direta de réptil, então a pena é como exemplo de outra homologia ainda mais fundamental da interação subjacente das camadas epidérmicas-dérmicas que produzem uma especialização cutânea (ver Figura 6.3).

A derme de pele da ave, em especial perto dos folículos das penas, é ricamente suprida com vasos sanguíneos, terminações nervosas sensoriais e músculos lisos. Durante a estação reprodutiva, a derme no peito de algumas aves fica cada vez mais vascularizada, formando uma espécie de **chocadeira** em que o sangue quente fica bem próximo dos ovos incubados.

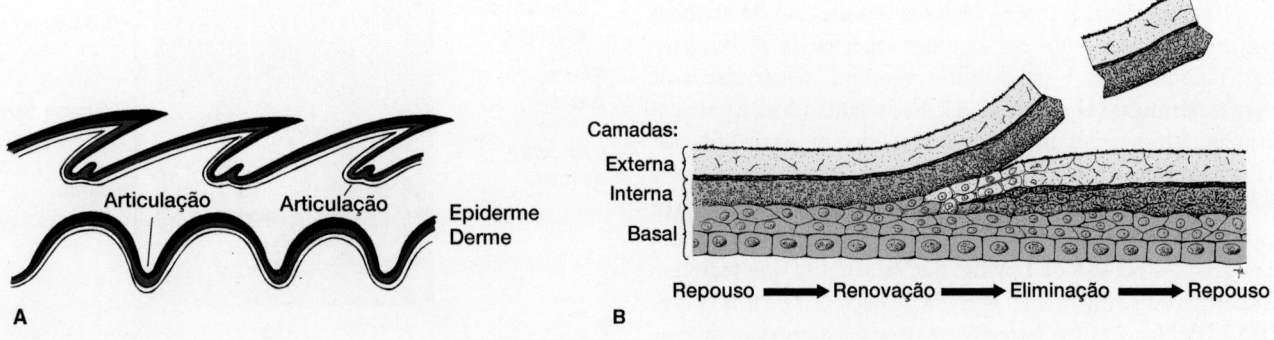

Figura 6.14 Pele de réptil. A. Escamas epidérmicas. A extensão da projeção e a sobreposição de escamas epidérmicas variam entre os répteis e ao longo do corpo do mesmo indivíduo. Escamas do corpo da cobra (*no alto*) e escamas tuberculares de muitos lagartos (*embaixo*) estão ilustradas. Entre as escamas, há uma área mais fina de epiderme, uma "articulação", que dá flexibilidade à pele. **B.** Desprendimento da pele. Pouco antes da perda da camada epidérmica antiga, as células basais produzem uma geração epidérmica interna. Leucócitos se acumulam na zona da divisão, para promover a separação da epiderme nova da antiga externa.

A, de Maderson; B, de Landmann.

Boxe Ensaio 6.2 | Toxinas emprestadas

A cobra asiática *Rhabdophis tigrinus* tem como se defender das toxinas da presa natural que ela consome, um sapo venenoso, que tem glândulas cutâneas tóxicas para a maioria dos vertebrados, mas essa cobra-tigre australiana pode tolerá-las. De fato, ao digerir o sapo, a cobra recolhe essas toxinas em glândulas especiais que tem na nuca (no pescoço). Quando a cobra é mordida por seu próprio predador, essas glândulas explodem no pescoço dela (**Figura I do Boxe**), liberando o conteúdo tóxico que causa uma sensação de queimação ou até cegueira se espirrado nos olhos, desencorajando ou afastando o atacante. Há alguma evidência até de que a cobra-fêmea possa passar as toxinas para seus embriões jovens, equipando-os com um arsenal químico defensivo quando nascem. O sequestro de toxinas em invertebrados é bem conhecido, mas essa descoberta na *R. tigrinus* pode levar à descoberta de sistemas similares em outras cobras que se alimentam de anfíbios com glândulas cutâneas venenosas.

Figura I do Boxe A cobra-tigre e o sapo japonês, sua presa tóxica. Nota-se a parte elevada (*setas*), no pescoço da cobra, onde são armazenadas as toxinas coletadas do sapo venenoso *Bufo japonicus* (*detalhe*) após ingestão e em processo de digestão. (Esta figura encontra-se reproduzida em cores no Encarte.)

Fotos cedidas gentilmente por Deborah A. Hutchinson e Alan H. Savitzky, parte da equipe de pesquisa que incluiu A. Mori, J. Meinwald, F. C. Schroeder e G. M. Burghardt.

A epiderme compreende o estrato basal e o estrato córneo. Entre eles, está a camada de células de transição transformada na superfície queratinizada do estrato córneo (Figura 6.15 B).

A pele das aves tem poucas glândulas. A **glândula uropigial**, localizada na base da cauda (Figura 6.16 A), secreta um produto lipídico e proteico que as aves coletam nos lados do bico e esfregam nas penas. O cuidado com as penas usando essa secreção as torna repelentes à água e provavelmente condiciona a queratina da qual são compostas. Após uma muda, o autocuidado também ajuda a plumagem recém-regenerada a assumir sua forma funcional. A outra glândula, localizada na cabeça de algumas aves, é a **glândula de sal**, bem desenvolvida nas aves marinhas. As glândulas de sal excretam o excesso de sal obtido quando essas aves ingerem alimento marinho e água do mar.

Excreção de sal (Capítulo 14)

As penas distinguem as aves de todos os outros vertebrados viventes. Elas podem ser estruturalmente elaboradas e ter uma variedade de formas. Além disso, são produtos cutâneos que não têm vascularização nem elementos nervosos, originários principalmente da epiderme e do sistema de queratinização.

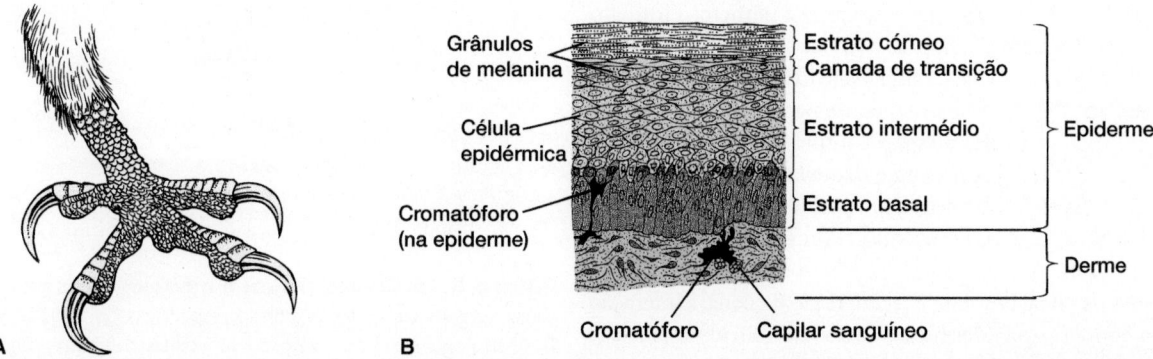

Figura 6.15 Escamas e pele de aves. A. Escamas epidérmicas estão presentes nos pés e pernas das aves. **B.** Corte da pele mostrando o estrato basal e a camada superficial queratinizada, o estrato córneo. As células que se movem para fora da camada basal o fazem primeiro através do estrato intermediário e da camada de transição, antes de alcançar a superfície. Essas camadas médias são equivalentes às camadas espinhosa e granulosa de mamíferos.

A, de Smith; B, de Lucas e Stettenheim.

Elas são depositadas ao longo de tratos distintos, denominados **ptérilas**, na superfície do corpo (ver Figura 6.16 A). Mediante uma ou mais mudas, elas são substituídas a cada ano.

Em geral, a pena da ave moderna é constituída por uma haste tubular central, a **raque**, que leva de cada lado um **vexilo**, uma série de **barbas** com conexões entrelaçadas denominadas **bárbulas**. A raque e os vexilos inseridos constituem a **espata** (Figura 6.16 B). A raque continua proximal como o **cálamo** sem barba, que ancora a pena ao corpo e em geral é movido por músculos inseridos na pele. Nas aves recentes, as penas são de muitos tipos e exercem funções diferentes (Figura 6.16 C). As penas de voo são longas e os vexilos simétricos em torno da raque rígida; as penas de voo das asas são *remiges* e as da cauda *retrizes*. As penas do contorno, ou **penáceas**, cobrem o corpo e, em geral, têm vexilos simétricos em torno da raque. As penas de baixo, ou **plumuláceas**, não têm uma raque distinta nem bárbulas intercaladas que se estendem do cálamo como uma pena plumosa importante para isolamento (Figura 6.16 B).

As penas se desenvolvem embriologicamente a partir dos **folículos das penas**, invaginações da epiderme que se aprofundam na derme subjacente. A raiz do folículo da pena, associada à cavidade pulpar dérmica, começa a formar a pena.

A pena velha cai (muda) e o começo de uma nova pena, o filamento da pena (ou pena sanguínea), logo cresce do folículo como uma consequência da proliferação celular na base do folículo (Figura 6.17 A). As novas células epidérmicas formam três tecidos distintos: uma bainha de suporte depois descartável em torno da pena em crescimento; os próprios tecidos principais da pena que posteriormente assumem seu formato funcional definitivo; e as coberturas da polpa, que protegem temporariamente o cerne dérmico delicado. À medida que a espata em crescimento começa a se desfraldar (Figura 6.17 B), formam-se novas coberturas protetoras, uma abaixo da outra conforme as antigas se desprendem junto com as partes superiores da bainha eliminada quando a própria ave remove a pena ao se limpar (Figura 6.17 C). Quando o desenvolvimento da espata se completa, começa o do cálamo dentro da mesma bainha na base da pena. A pena totalmente formada, em sua base no folículo, está, então, no lugar (Figura 6.17 D).

Em certo sentido, uma pena é uma bainha de queratinócitos maduros ou mortos, cheia de fendas. Isso acontece graças à notável zona de padronização que determina o número, o formato e o espaçamento entre células e as populações celulares que formam o primórdio da pena. Conforme as cristas da barba da espata jovem são delineadas pela zona de padronização, do mesmo modo o são as fendas e espaços futuros que surgirão entre elas. A formação do cálamo difere daquela da espata pelo fato de que não surgem fendas, sendo produzido um cálamo tubular.

Esses eventos regenerativos estão resumidos na Figura 6.18, que mostra uma visão esquemática e bem ampliada do desenvolvimento da pena. Durante a regeneração da pena, a interação indutiva entre a papila dérmica e a base do folículo estabelece uma zona de proliferação celular, onde são produzidos novos queratinócitos, e uma zona de padronização acima dela, que gerará os sinais morfogenéticos que determinam o destino desses queratinócitos. No folículo, formam-se anéis de células externas (β-queratina), a bainha e a própria pena, mais ou menos concêntricos em torno do estrato interno cilíndrico e das cobertu-

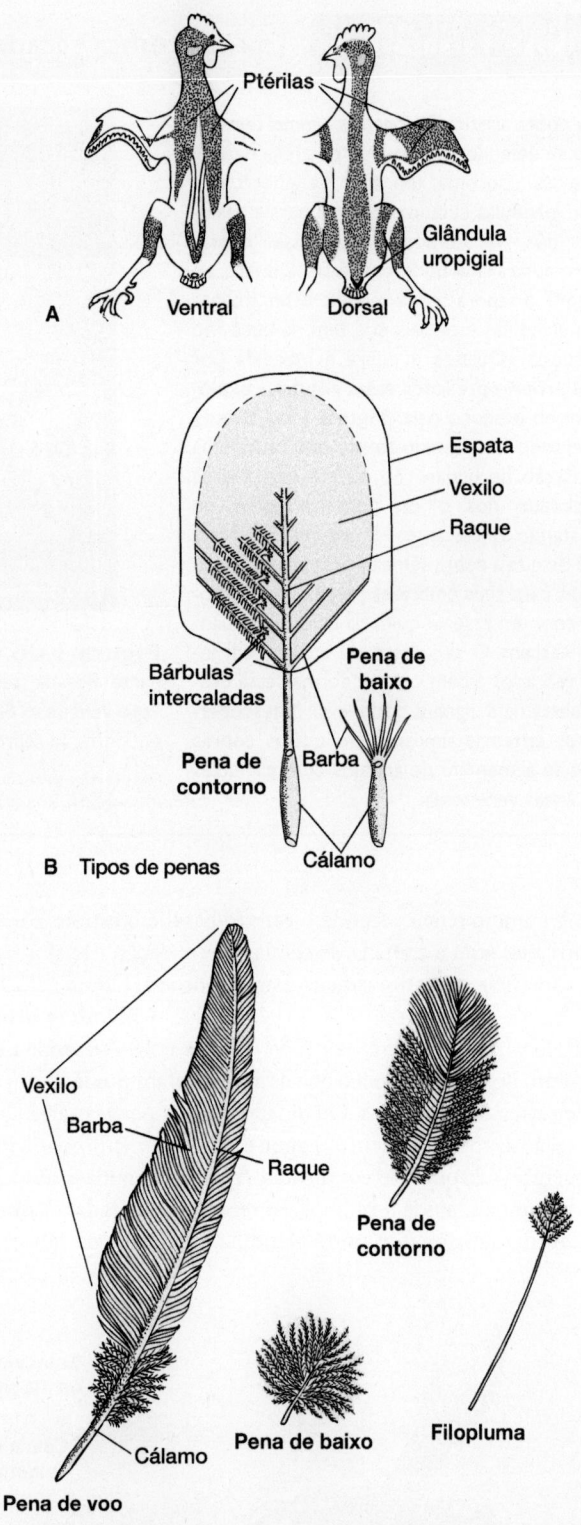

Figura 6.16 Características e morfologia das penas. A. As penas surgem ao longo de ptérilas específicas ou regiões de penas. **B.** Morfologia geral do contorno e detalhes das penas. **C.** Tipos de penas. As penas de voo constituem as principais superfícies locomotoras. As penas do contorno no corpo constituem a forma aerodinâmica superficial de uma ave. Filoplumas em geral são especializadas para exibição. As penas de baixo ficam perto da pele, servindo como isolamento térmico.

A e C, de Smith; B, de Spearman.

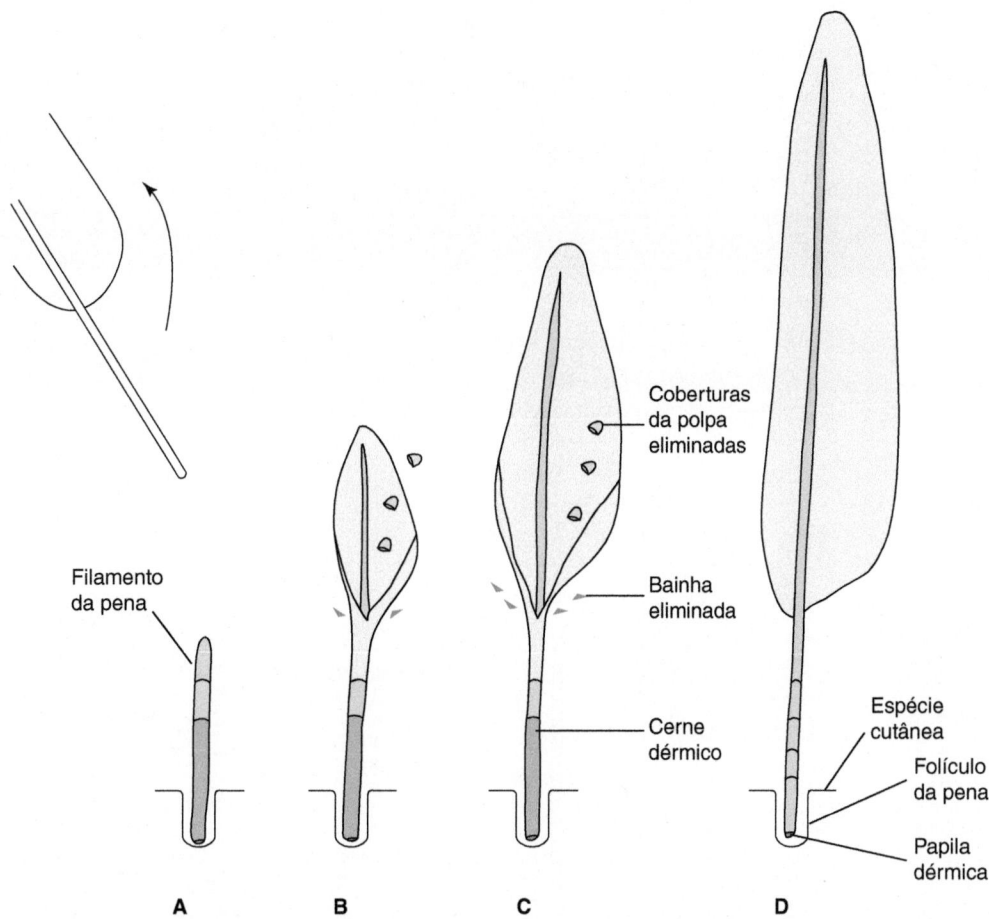

Filamento
da pena

Coberturas
da polpa
eliminadas

Bainha
eliminada

Cerne
dérmico

Espécie
cutânea

Folículo
da pena

Papila
dérmica

A   **B**   **C**   **D**

Figura 6.17 Crescimento da pena. Muda e sequência do desenvolvimento da pena substituta. **A.** A pena velha cai (muda) e um novo filamento de penas logo cresce a partir do folículo, como resultado da proliferação celular em sua base. **B** e **C.** Estágios sucessivos no desenvolvimento da espata. Nota-se que alguns tecidos necessários para o desenvolvimento inicial (bainha, coberturas da polpa) agora perdem sua função e se desprendem à medida que a pena madura emerge. **D.** Pena nova madura no lugar.

Com base na pesquisa de P. F. A. Maderson e W. J. Hillenius.

ras da polpa (α-queratina) e do cerne dérmico (ver Figura 6.18; cortes transversais). O filamento da pena continua a crescer para fora do folículo, acompanhado pelo cerne dérmico altamente vascularizado, que se estende pela saída do folículo acima do tegumento circundante. Os tecidos do cerne são protegidos contra ressecamento e traumatismo por uma sucessão de coberturas da polpa derivadas do estrato cilíndrico. A bainha protetora, importante de início como um desdobramento da pena em desenvolvimento, acaba sendo perdida quando a ave se limpa e assim que a pena diferenciada está madura e pronta para ficar no lugar. Conforme a extremidade da espata aponta, sua base ainda está sendo construída. Quando a diferenciação da espata se completa, o cálamo é a próxima estrutura a se formar, também na mesma região abaixo da bainha. À medida que a formação do cálamo prossegue, as coberturas da polpa continuam a formar-se dentro do cerne oco, conforme o cerne dérmico regride dentro do folículo. Os músculos dérmicos, conectados em uma rede de músculos, agem induzindo a ereção das penas móveis.

O processo de padronização é complexo. Novos queratinócitos formados na zona de proliferação se movem para cima no folículo, mas seu destino é determinado por sinais morfogené-

ticos que emanam da zona de padronização, onde as células são programadas para formar bainha, coberturas de polpa, barbas, bárbulas ou a raque. As células que se movem através da zona de padronização recebem sinais diferentes daqueles das células que as precedem ou seguem, resultando na diferenciação específica da pena que está surgindo. À medida que a espata está sendo diferenciada, o processo de padronização define as populações de queratinócitos, como tecidos das futuras barba, bárbulas e raque. Além disso, outros sinais também estabelecem destinos padronizados, mais precisamente onde as células perderão suas conexões com outras células e formarão os futuros espaços e fendas entre barbas e bárbulas. Portanto, o processo de padronização não apenas estabelece o destino das células que formam estruturas da espata, como também determina o espaçamento definitivo entre partes da pena. Durante a implantação, esse espaçamento permite que barbas e bárbulas adjacentes se separem à medida que emergem. O ato da ave de arrancar a espata que está surgindo estimula a sobreposição e o entremeio de bárbulas à medida que a pena madura adquire seu formato final. Quando isso se completa, começa a formação do cálamo. O processo de padronização agora especifica

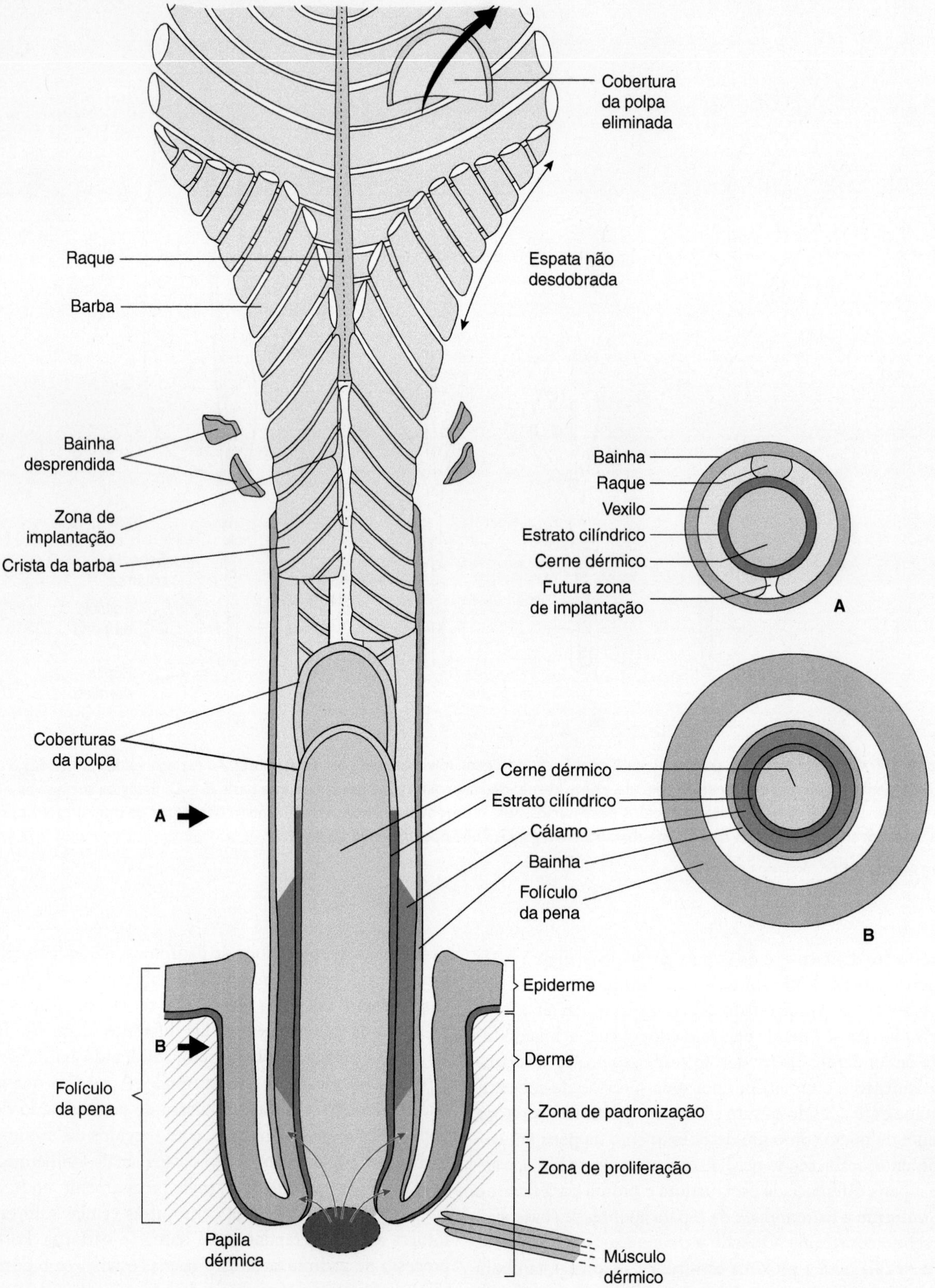

Cobertura
da polpa
eliminada

Raque

Barba

Espata não
desdobrada

Bainha
desprendida

Zona de
implantação

Crista da barba

Bainha
Raque
Vexilo
Estrato cilíndrico
Cerne dérmico
Futura zona
de implantação

A

Coberturas
da polpa

Cerne dérmico
Estrato cilíndrico
Cálamo
Bainha
Folículo
da pena

B

A ➡

B ➡

Epiderme

Derme

Folículo
da pena

Zona de padronização

Zona de proliferação

Papila
dérmica

Músculo
dérmico

Figura 6.18 Síntese da regeneração da pena. Mostra-se uma síntese altamente esquemática, compactada, do desenvolvimento da pena. Os cortes transversais da pena em regeneração estão à direita, para mostrar o arranjo de camadas concêntricas envolvido. Na base do folículo da pena, a sinalização morfogenética entre a papila dérmica e a parede epidérmica do folículo estabelece uma zona de proliferação e uma de padronização. A nova pena, primeiro a espata e depois o cálamo, desenvolve-se entre a bainha e o estrato cilíndrico, que, juntos, envolvem o cerne dérmico altamente vascularizado e com função tanto de sustentação quanto nutritiva. **A** e **B.** As setas indicam aproximadamente onde foram feitos os cortes transversais. (Esta figura encontra-se reproduzida em cores no Encarte.)

Com base na pesquisa de P. F. A. Maderson e W. J. Hillenius.

um resultado diferente, a aderência ininterrupta de queratinócitos e a não existência de espaços formando, assim, essa base tubular da pena. Portanto, a zona de padronização determina não apenas o destino da célula, mas também o espaçamento entre partes da pena, além de programar as células destinadas a formar a bainha, as coberturas da polpa e, possivelmente, o estrato cilíndrico, bem como o próprio primórdio da pena. A raque não é formada pela fusão de várias barbas, mas sim por esse processo de padronização.

▶ **Funções.** Há vários tipos de penas (Figura 6.16 C). As penas de contorno formam a superfície aerodinâmica da ave. As penas de baixo ficam perto da pele para isolamento térmico. As filoplumas em geral são especializadas para exibição. As penas de voo das asas são um tipo de pena de contorno, caracterizam-se por uma raque longa e vexilos proeminentes (Figura 6.16) e constituem as principais superfícies aerodinâmicas. Essas penas têm algum valor como isolamento, mas sua função primária é a locomoção. A maioria das penas recebe estímulos sensoriais e tem cores para exibir ou fazer a corte. Ocorrem cromatóforos dentro da epiderme, e seus pigmentos são levados nas penas para colori-las, porém a refração da luz nas barbas e bárbulas também cria algumas das cores iridescentes que as penas exibem.

▶ **Evolução das penas.** Quando pensamos em penas, pensamos em seu papel no voo, mas é provável que elas tivessem outras funções quando surgiram pela primeira vez. Uma hipótese é a de que as penas, ou as escamas que as antecederam, tiveram um papel no isolamento da superfície. É evidente que esse isolamento mantinha o calor corporal ou impedia sua absorção excessiva, ambos uma vantagem inicial das penas. O isolamento da superfície interferiria na absorção do calor ambiental, uma desvantagem se os ancestrais das aves fossem ectotérmicos. Entretanto, muitas espécies de lagartos ectotérmicos têm grandes escamas superficiais. Uma vez que o lagarto exposto ao sol está aquecido, ele recolhe as escamas, de modo que elas agem como muitos parassóis delgados para manter a superfície cutânea na sombra e impedir maior absorção da radiação solar (Figura 6.19). Uma vez aumentadas e formadas para excluir o calor, essas protopenas estariam pré-adaptadas para a retenção de calor ou para o voo.

Outros argumentam que os ancestrais das aves eram endotérmicos. De acordo com esse ponto de vista, as protopenas inicialmente funcionavam para conservar o calor corporal produzido internamente. A evolução de dispositivos aerodinâmicos para o voo ocorreu mais tarde.

Tenham sido as aves ectotérmicas ou endotérmicas no início, muitos sugerem, ainda, que as penas tinham um papel no isolamento da superfície do corpo quando surgiram e, depois, sofreram uma adaptação secundária para o voo. Contudo, as primeiras aves e seus ancestrais dinossauros imediatos não tinham conchas nasais, uma característica diagnóstica da fisiologia de sangue quente. Caso tenham servido como isolamento, aquelas primeiras penas devem ter tido um papel mais complicado que se pensava.

Dinossauros | De quente a frio – A sequela (Capítulo 3); Conchas nasais (Capítulos 7 e 12)

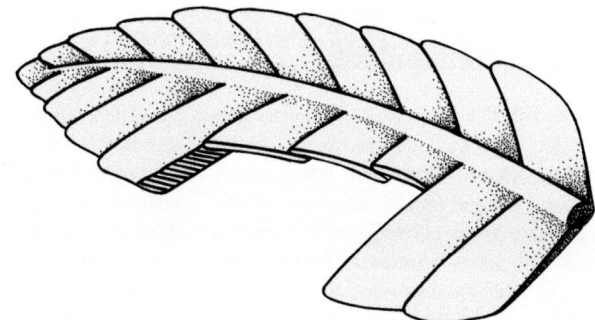

Figura 6.19 Escama hipotética, estágio intermediário entre uma grande escama de réptil e uma pena inicial de ave. Alguns lagartos viventes usam escamas grandes para refletir o excesso de radiação solar. A subdivisão da escama proporciona a flexibilidade necessária para a movimentação livre em um animal ativo. *De Regal.*

Uma opinião totalmente diferente vem do argumento de que as penas evoluíram como um auxílio para planar e depois voar. As penas foram selecionadas por causa de seu efeito favorável sobre a corrente de ar que passa sobre o corpo ou os membros de um animal planando. Se o membro da protoave não estivesse alinhado com a corrente, então resultaria em pressão de arrasto e a turbulência reduziria a eficiência aerodinâmica. No entanto, as escamas da superfície que se projetam da borda do membro o alinhariam com a corrente, reduzindo o arrasto e sendo favorecidas pela seleção.

Princípios aerodinâmicos (Capítulos 4 e 9)

Quer tenham evoluído primeiramente para planar ou como forma de isolamento, as penas foram modificadas a partir das escamas dos répteis ou, pelo menos, da interação indutiva comum entre a derme e a epiderme. Nas aves modernas, as penas que servem para o voo são altamente modificadas. Barbas e bárbulas intercaladas conferem alguma integridade estrutural à pena flexível de voo. Nas penas de voo, a raque não é centralizada, o que torna o vexilo assimétrico (Figura 6.20 A), afetando a ação da pena de voo durante o batimento das asas. Quando a ave desce ao solo, a pressão do lado inferior de cada pena age ao longo de sua linha média anatômica, o **centro de pressão**. No entanto, como a raque fica fora do centro, o resultado é a torção da pena ligeiramente em torno de seu ponto de inserção no membro, forçando as penas da asa juntas em uma superfície larga, que pressiona contra o ar e a leva para frente (Figura 6.20 B). Ao levantar voo, o centro de pressão fica no alto da pena assimétrica e a força a se torcer na direção oposta, abrindo um canal entre as penas (Figura 6.20 C). Isso reduz sua resistência à corrente de ar e permite que a asa se recupere e prepare para a descida potente em seguida.

Voo da ave (Capítulo 9)

Essa torção controlada das penas de voo, respondendo passivamente ao batimento das asas, depende da assimetria da pena e, portanto, da ação da pressão do ar contra ela durante o voo pleno. Um olhar próximo às penas da asa do *Archaeopteryx*

Boxe Ensaio 6.3   Penas eriçadas

Desde o final do século 20, há relatos de novos dinossauros encontrados na China a partir de fósseis muito bem preservados. Porém, o mais inesperado é que alguns desses animais eram cobertos por uma fina camada de penas plumosas (Figura I do Boxe). O alvoroço científico foi enorme e imediato. A Figura I do Boxe é um resumo da filogenia das afirmações atuais de que havia dinossauros com penas, especificamente no grupo dos terópodes. Alguns tinham uma plumagem, como cobertura inferior da

superfície (plumulácea), enquanto outros também tinham penas com haste e vexilo simétrico (penáceas). Outros, ainda, tinham vexilos assimétricos, o que implica capacidade de voo. Alguns tinham penas de asa nos antebraços.

Há controvérsia em torno de dois aspectos desses fósseis. O primeiro é um desafio à interpretação dessas impressões fósseis de "penas", que alguns alegam não o serem, pelo menos não nos primeiros terópodes, mas sim fibras cutâneas de colágeno degradado.

O segundo desafio é a filogenia, que parece estar em fluxo considerável. Sem dúvida isso é verdadeiro, em especial à medida que novos fósseis são acrescentados aos dados básicos, mas também é verdadeiro para a maioria das filogenias que fazem parte da pesquisa em andamento. O nó 1 é onde podemos identificar "Aves", o 2 é dos deinonicossauros e o 3 não está denominado. No entanto, conforme mais fósseis são descobertos, nossa definição de aves pode mudar para o nó 2 ou mesmo para o 3.

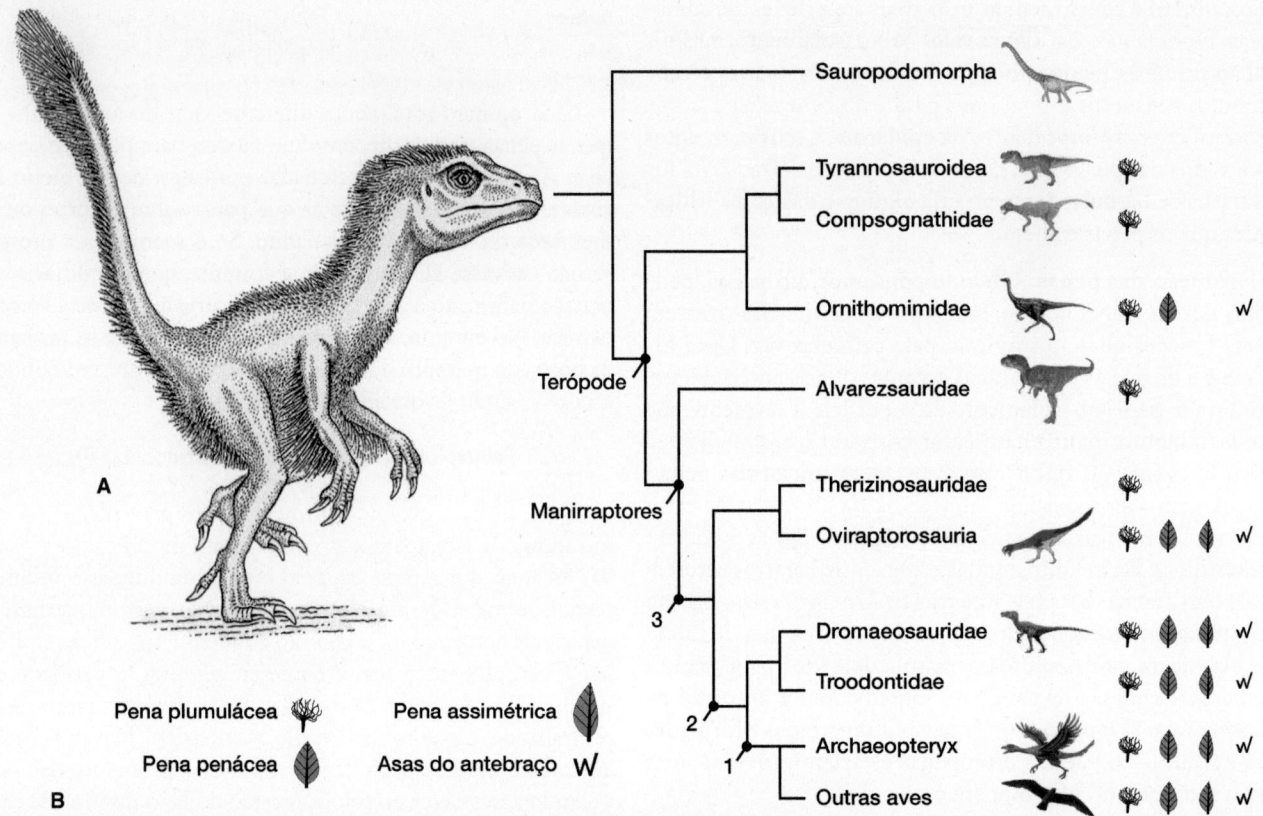

Figura I do Boxe Dinossauros emplumados. A. Possível reconstrução de um terópode inicial emplumado. **B.** Resumo da filogenia mostrando as alegações da ocorrência de penas em terópodes. Em alguns táxons, apenas poucas espécies mostram evidência de penas. As primeiras a surgir foram as penas de baixo (plumuláceas), em seguida as de contorno (penáceas), as assimétricas (de voo) e as dos antebraços (W).

também revela uma raque descentralizada e um vexilo assimétrico (Figura 6.21). Isso sugere que o voo pleno já tinha evoluído na época do *Archaeopteryx*.

Mamíferos

Como em outros vertebrados, as duas camadas principais da pele dos mamíferos são a epiderme e a derme, que se unem e formam uma interface através da membrana basal. Abaixo fica a hipoderme, ou fáscia superficial, composta de tecido conjuntivo e gordura.

▶ **Epiderme.** A epiderme pode ser localmente especializada, como pelos, unhas ou glândulas. As células epiteliais da epiderme são queratinócitos e pertencem ao sistema de queratinização que forma a camada superficial cornificada morta da pele. As células queratinizadas da superfície são continuamente esfoliadas e substituídas por células que surgem primariamente da camada mais profunda da epiderme, o estrato basal. As células dentro desse estrato se dividem por mitose, produzindo algumas que permanecem para manter a população de células-tronco e outras que são empurradas para fora. À medida que se

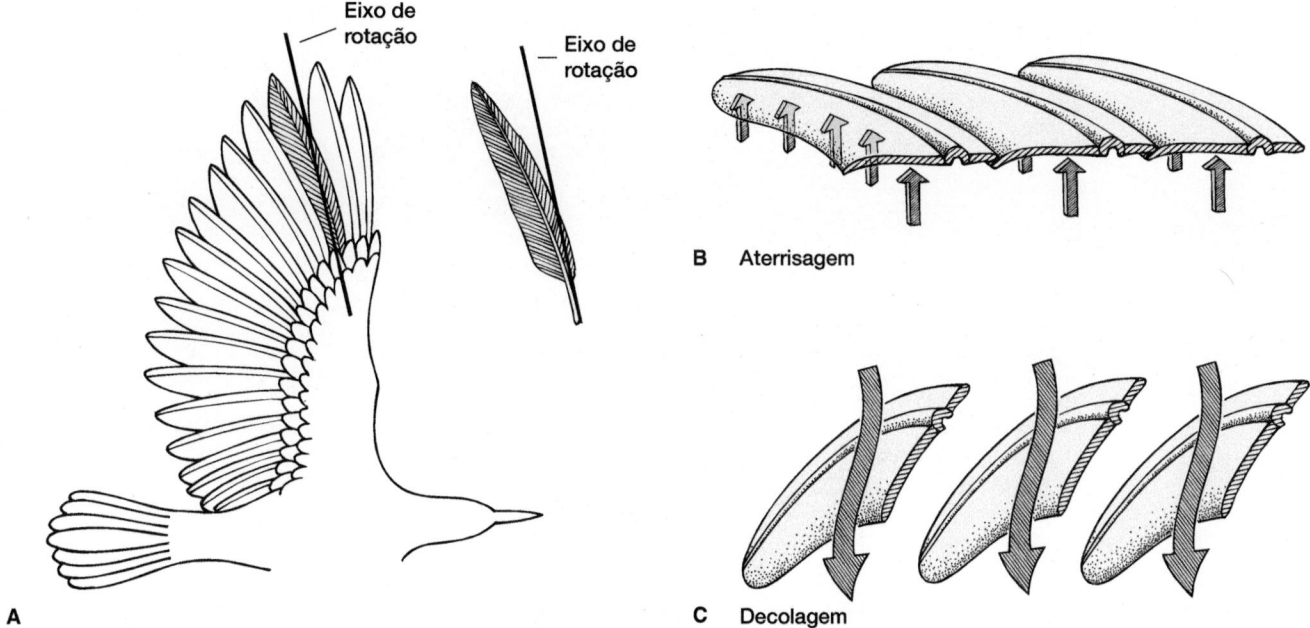

Figura 6.20 Função de voo do vexilo na pena assimétrica. A. A asa está estendida, como poderia parecer durante a descida rápida. Uma das penas primárias (*em cor*) é removida para mostrar o eixo de rotação em torno de seu cálamo, onde ela se insere no membro. **B e C.** Cortes transversais através de três penas de voo durante a aterrisagem (B) e a decolagem (C). Durante a descida rápida, cada pena experimenta a pressão do ar contra a parte inferior da asa ao longo de seu centro de pressão, para baixo da linha média anatômica da pena. Como a raque não é centralizada, todavia, o centro de pressão força a pena a girar em torno de seu eixo, e as penas primárias temporariamente formam uma superfície fechada uniforme. Durante a recuperação da ascensão, a pressão do ar contra a parte dorsal da asa força a rotação na direção oposta, abrem-se espaços entre as penas e o ar desliza entre as fendas resultantes, reduzindo a resistência à recuperação da asa. (Esta figura encontra-se reproduzida em cores no Encarte.)

deslocam para níveis mais altos, elas passam por estágios de queratinização exibidos como camadas sucessivas distintas na direção da superfície: **estrato espinhoso, estrato granuloso,** em geral um **estrato lúcido** e um **estrato córneo** (Figura 6.22). O processo de queratinização é mais distinto em regiões do corpo onde a pele é mais espessa, como nas solas dos pés. Em outras partes, essas camadas, em especial o estrato lúcido, podem ser menos evidentes.

Os queratinócitos são o tipo celular mais proeminente da epiderme. Outros tipos são reconhecidos, embora suas funções sejam conhecidas com menos clareza. As **células de Langerhans** são estreladas, dispersas isoladamente por todas as partes superiores do estrato espinhoso. Sugere-se que elas possam desempenhar um papel nas ações do sistema imune mediadas por célula. Acredita-se que as **células de Merkel**, originárias da crista neural e associadas a nervos sensoriais próximos, respondam à estimulação tátil (mecanorreceptores).

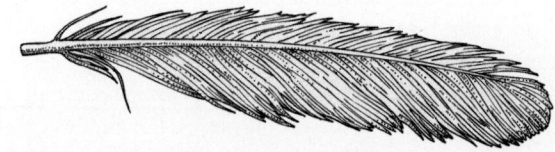

Figura 6.21 Pena do *Archaeopteryx*. Essa pena da asa de *Archaeopteryx* mostra o desenho assimétrico do vexilo, sugerindo que isso pode ter sido utilizado durante o voo pleno, como nas aves modernas.

Com base em Ostrom.

Além desses tipos de células epiteliais, outro tipo proeminente que se associa secundariamente à epiderme é o cromatóforo. Eles surgem de células da crista neural embrionária e podem ser encontrados em praticamente qualquer local do corpo. Os que alcançam a pele ocupam locais dentro das partes mais profundas da própria epiderme. Eles secretam grânulos de melanina, que passam diretamente para as células epiteliais e são levados para o estrato córneo ou para as hastes dos pelos. A cor da pele resulta de uma combinação do estrato córneo amarelo, os vasos sanguíneos vermelhos subjacentes e grânulos de pigmento escuro secretados pelos cromatóforos.

▶ **Derme.** A derme dos mamíferos tem uma camada dupla. A **camada papilar** externa emite projeções digitiformes, denominadas **papilas dérmicas**, na epiderme sobrejacente. A **camada reticular** mais profunda inclui tecido conjuntivo fibroso arranjado de maneira irregular e que ancora a derme à fáscia subjacente. Vasos sanguíneos, nervos e músculo liso ocupam a derme, mas não chegam à epiderme. A derme dos mamíferos produz ossos dérmicos, mas eles contribuem para o crânio e a cintura escapular e só raramente alcançam as escamas dérmicas da pele. Uma exceção é o *Glyptodon*, um mamífero fóssil cuja epiderme tinha osso dérmico subjacente. Ocorre uma situação similar no tatu vivente. Essa espécie representa desenvolvimentos secundários de osso dérmico no tegumento do mamífero.

Vasos sanguíneos e nervos entram na derme. Folículos pilosos e glândulas se projetam para dentro a partir da epiderme (ver Figura 6.21). Em geral, a derme é composta por tecido con-

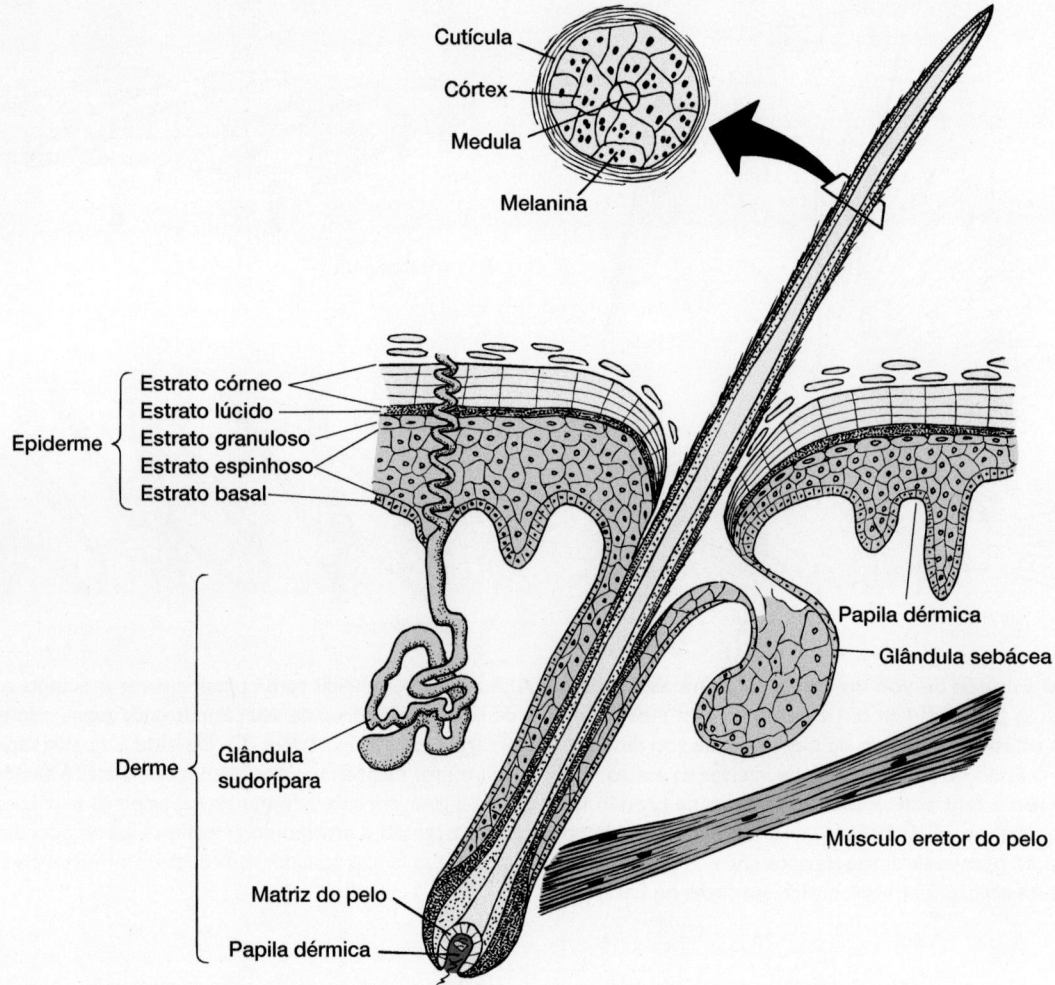

Cutícula

Córtex

Medula

Melanina

Epiderme
- Estrato córneo
- Estrato lúcido
- Estrato granuloso
- Estrato espinhoso
- Estrato basal

Papila dérmica

Glândula sebácea

Derme

Glândula sudorípara

Músculo eretor do pelo

Matriz do pelo

Papila dérmica

Figura 6.22 Pele de mamífero. A epiderme se diferencia em camadas distintas. Como em outros vertebrados, a mais profunda é o estrato basal que, por divisão mitótica, produz células que, conforme envelhecem, tornam-se sucessivamente parte do estrato espinhoso, do estrato granuloso, do estrato lúcido e, por fim, da superfície do estrato córneo. A derme contém papilas dérmicas que dão um aspecto ondulado à epiderme sobrejacente. Glândulas sudoríparas, folículos pilosos e receptores sensoriais ficam na derme. Nota-se que os ductos sudoríparos passam através da epiderme sobrejacente para liberar suas secreções aquosas na superfície cutânea. Abreviatura: *E* = estrato.

juntivo fibroso, disposto irregularmente, que costuma estar impregnado com fibras elásticas que conferem certa capacidade de estiramento e retorno ao formato original. À medida que uma pessoa envelhece, essa elasticidade é perdida e a pele fica flácida.

▶ **Pelo.** Os pelos são filamentos delgados de queratina. A base de um pelo é a **raiz**. O restante de seu comprimento constitui uma **haste** sem vida. A superfície externa da haste forma uma **cutícula** escamosa, abaixo da qual está o **córtex piloso** e no centro fica a **medula do pelo** (ver Figura 6.22).

A haste do pelo se projeta acima da superfície da pele, mas é produzida dentro de um **folículo piloso** enraizado na derme. A superfície da epiderme continua abaixo na derme, para formar o folículo piloso. Em uma base expandida, o folículo recebe um pequeno tufo na derme, a **papila pilosa**, que parece estar envolvida na atividade estimulante das **células da matriz** da epiderme, mas ela própria não contribui diretamente para a haste do pelo. O aglomerado delgado de células vivas da matriz, como o resto do estrato basal, é a região germinativa

que começa o processo de queratinização para produzir o pelo dentro do folículo. Diferente da queratinização dentro da epiderme, que é geral e contínua, a que ocorre dentro do folículo piloso é localizada e intermitente.

A haste do pelo cresce se exteriorizando do folículo piloso vivo, que segue um ciclo de atividade em três estágios – crescimento, degeneração, repouso. Durante o crescimento, há proliferação ativa de células na papila pilosa que fica na base do pelo, produzindo o acréscimo sucessivo à haste do pelo, que emerge e continua a se alongar a partir da superfície cutânea. No final do estágio de crescimento, as células produtoras de pelo se tornam inativas e morrem, entrando no estágio de degeneração. Em seguida, o folículo entra no estágio de repouso, que pode durar várias semanas ou meses. Por fim, as células-tronco na papila produzem um novo folículo e o estágio de crescimento recomeça. Mais ou menos ao mesmo tempo, a haste do pelo antigo cai e é substituída pela haste nova em crescimento. O ciclo é intrínseco e o corte dos pelos não parece acelerar seu crescimento.

Boxe Ensaio 6.4   Aves"venenosas"

O pitohui-de-capuz é uma ave canora colorida, talvez uma de meia dúzia de espécies endêmicas relacionadas nas florestas da Nova Guiné. É a primeira espécie documentada de ave tóxica. Sua pele e penas são banhadas por uma neurotoxina potente que, se tocada, causa dormência e formigamento. Acredita-se que essa neurotoxina distribuída confira ao pitohui alguma proteção contra ectoparasitas. Aparentemente, o veneno da ave também funciona para repelir ataques de cobras e falcões, o que também pode ocorrer por causa da coloração viva anunciando sua toxicidade para predadores. A neurotoxina não é fabricada pelo pitohui, mas, sim, adquirida de um escaravelho que a ave pode comer com segurança. A mesma neurotoxina, formalmente batraquiotoxina, também é encontrada em algumas rãs venenosas, provavelmente obtida da mesma fonte de inseto ou similar.

Figura 1 do Boxe O pitohui-de-capuz, de cabeça preta e peito alaranjado, seguro na mão de uma pessoa. O escaravelho *choresine*, no detalhe e um pouco aumentado proporcionalmente, é a fonte da neurotoxina que constitui a defesa química do pássaro contra parasitas e predadores naturais. (Esta figura encontra-se em cores no Encarte.)

Fotos fornecidas gentilmente por John P. Dumbacher e com base na pesquisa dele.

Os cromatóforos no folículo contribuem com grânulos de pigmento para a haste do pelo, conferindo-lhe a cor. O músculo **eretor do pelo**, uma faixa delgada de músculo liso ancorada na derme, está inserido no folículo e faz o pelo se eriçar em resposta ao frio, medo ou raiva. À medida que os seres humanos (e muitos outros mamíferos) envelhecem, seus pelos ficam cinzentos, perdendo sua cor original. Isso ocorre porque as células-tronco especiais responsáveis pela cor dos pelos dentro do folículo piloso começam a morrer. No início da vida, essas células-tronco se diferenciam em melanócitos especializados que elaboram os pigmentos dos pelos e da pele. Porém, conforme cada indivíduo envelhece, essas células morrem, eliminando uma fonte de pigmentos e deixando a haste do pelo sem acréscimo de cor, de modo que ela permanece apenas com sua cor acinzentada ou prateada intrínseca.

Uma cobertura espessa de pelos, a **pelagem**, é composta por pelos de guarda e os inferiores mais próximos da pele. Os **pelos de guarda**, ásperos e maiores, são mais evidentes na superfície externa da pelagem. A **pelagem inferior** fica sob os pelos de guarda e, em geral, é muito mais fina e curta. Ambos funcionam em grande parte como forma de isolamento. Na maioria dos animais marinhos, a pelagem inferior é reduzida ou inexistente, sendo evidentes apenas os pelos de guarda. O pelo tem posição, ou seja, ele é assentado em uma direção particular, para resistir a choques (Figura 6.23). Ocorre uma exceção nas toupeiras, que não têm espaço ao seu redor e precisam voltar nos túneis que escavam. O pelo delas pode se inclinar para frente ou para trás sem muita diferença na posição.

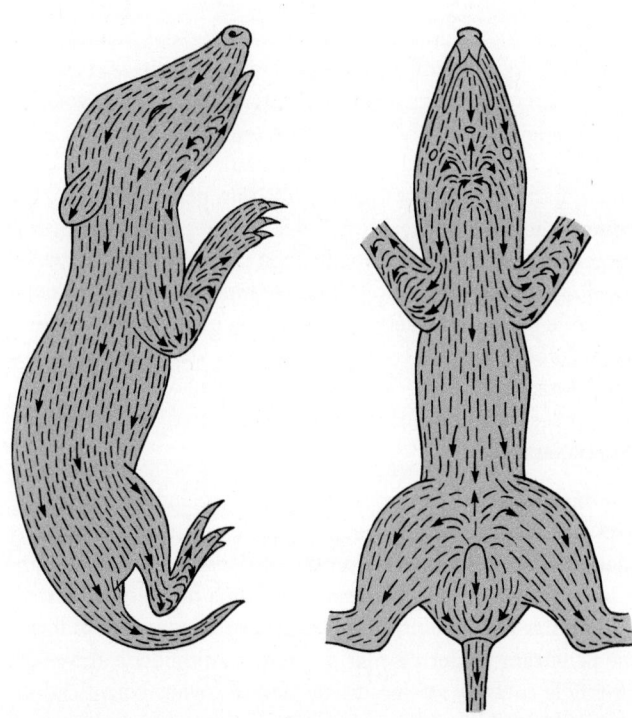

Figura 6.23 Áreas de pelos. O pelo cresce em uma direção particular, na qual se mantém. Notam-se as várias direções de crescimento (*setas*) em que crescem os pelos do marsupial *Nesokia bandicota*.

De Lyne.

Alguns pelos são especializados. Nervos sensíveis estão associados às raízes das **vibrissas**, ou "bigodes", em torno do focinho de muitos mamíferos. Tal função sensorial pode ter sido a primeira dos pelos na forma de vibrissas, surgindo antes da evolução para uma pelagem isolante. Não surpreende que as vibrissas sejam comuns hoje em mamíferos noturnos que vivem em tocas com luz limitada. Os **espinhos** do porco-espinho são pelos rígidos especializados para defesa.

▶ **Evolução do pelo.** As impressões cutâneas fósseis do Jurássico Médio evidenciam a existência de pelos presumivelmente de mamíferos. No entanto, o valor adaptativo inicial do pelo continua especulativo. Uma hipótese é a de que eles surgiram inicialmente para isolamento da superfície, retendo o calor corporal nos mamíferos endotérmicos primitivos. A existência de conchas nasais nos sinapsídeos, no início do Permiano, sugere uma endotermia inicial e, daí, um papel isolante para o pelo. Uma hipótese alternativa é a de que o pelo evoluiu primeiro como bastões finos que se projetavam nas articulações, entre as escamas, e serviam como dispositivos táteis. Esses "protopelos" poderiam ajudar a monitorar os dados sensoriais da superfície quando um animal se escondia de um inimigo ou para se abrigar do clima. Se a importância desse papel aumentou, foram favorecidas hastes mais longas e, talvez, a evolução de estruturas que lembram vibrissas. Esse protopelo sensorial pode, então, ter evoluído secundariamente para uma pelagem isolante à medida que os mamíferos se tornaram endotérmicos. Embora isolante nos mamíferos modernos, o pelo ainda retém uma função sensorial.

Sendo mole e passível de decomposição, o pelo não deixa um traço confiável no registro fóssil. Alguns terapsídeos, ancestrais dos mamíferos, tinham fossetas delgadas na região facial do crânio, que lembram as associadas às vibrissas sensoriais dos mamíferos modernos. Alguns interpretaram essas fossetas como evidência indireta de pelos nos terapsídeos, mas o crânio de alguns lagartos modernos com escamas tem fossetas similares e, naturalmente, os lagartos não têm pelos. Portanto, tais fossetas não são evidência conclusiva de pelos. Além disso, uma impressão cutânea especialmente bem preservada de *Estemmenosuchus*, um terapsídeo do Permiano Superior, não mostra evidência de pelos. A epiderme era lisa, sem escamas, e indiferenciada, embora suprida com glândulas. Em vida, é provável que a pele fosse mole e maleável. Assim, ainda não sabemos quando os pelos surgiram nos mamíferos primitivos ou em seus ancestrais terapsídeos.

▶ **Glândulas.** Há três tipos principais de glândulas tegumentares nos mamíferos: sebáceas, écrinas e apócrinas. Glândulas odoríferas, sudoríparas e mamárias são derivadas delas. As glândulas sebáceas são globulares ou em forma de bolsa, as écrinas e apócrinas são invaginações longas espiraladas da epiderme que penetram na derme, mas mantêm continuidade através da superfície cutânea, até mesmo do estrato córneo cornificado.

As **glândulas sebáceas** produzem uma secreção oleosa, o **sebo**, liberada nos folículos pilosos para condicioná-los e ajudar a pelagem a repelir a água. Não há glândulas sebáceas nas palmas das mãos e plantas dos pés, mas elas estão presentes, sem pelos associados, nos cantos da boca, no pênis, perto da vagina e dos mamilos. Nesses locais, sua secreção lubrifica a superfície cutânea. As **glândulas céreas** no canal auditivo externo, que secretam a cera da orelha, e as **glândulas meibomianas** das pálpebras, que secretam uma película oleosa sobre a superfície do globo ocular, provavelmente são derivadas de glândulas sebáceas.

As **glândulas écrinas** produzem fluidos aquosos finos, não associados aos folículos pilosos, e começam a funcionar na puberdade, sendo inervadas principalmente por nervos colinérgicos. Na maioria dos mamíferos, essas glândulas estão associadas às palmas das mãos e plantas dos pés, caudas preênseis e outros locais em contato com superfícies abrasivas. Chimpanzés e seres humanos têm o maior número de glândulas écrinas, inclusive algumas nas palmas das mãos e plantas dos pés. No ornitorrinco, essas glândulas estão restritas ao focinho. Elas estão presentes nas patas de camundongos, ratos e gatos, e surgem em torno dos lábios nos coelhos. Elefantes não têm glândulas écrinas nem sebáceas.

As **glândulas apócrinas** produzem um líquido lipídico viscoso e estão associadas aos folículos pilosos, começam a funcionar na puberdade e são inervadas principalmente por nervos adrenérgicos. A função primária de suas secreções é a sinalização química.

A evaporação superficial dos produtos dessas glândulas ajuda a dissipar calor, daí sua designação de "glândulas sudoríparas". No entanto, elas não são encontradas em todos os mamíferos e, na verdade, os seres humanos são excepcionais no uso perfusivo do resfriamento evaporativo para a termorregulação. Nossas glândulas sudoríparas são derivadas das glândulas écrinas, mas as de equinos derivam das glândulas apócrinas, um exemplo de evolução convergente. O suor também contém produtos de degradação; portanto, o tegumento representa uma via para a eliminação de produtos metabólicos.

Inervação colinérgica e adrenérgica (Capítulo 16)

As **glândulas odoríferas** são derivadas das apócrinas e produzem secreções que desempenham um papel na comunicação social. Essas glândulas podem estar localizadas em quase qualquer parte do corpo, como no queixo (alguns cervos, coelhos), na face (cervos, antílopes, morcegos), na região temporal (elefantes), no tórax e nos braços (muitos carnívoros), na região anal (roedores, cães, gatos, mustelídeos), no ventre (cervo almiscarado), no dorso (rato-canguru, caititu norte-americano, camelos, esquilos do solo) ou nas pernas e nos pés (muitos ungulados). As secreções dessas glândulas são usadas para demarcar território, identificar o indivíduo e manter a comunicação durante a corte.

As **glândulas mamárias** produzem **leite**, uma mistura aquosa de gordura, carboidrato e proteínas que nutre os filhotes. Cristas mamárias ectodérmicas, dentro das quais se formam as glândulas mamárias, estão localizadas ao longo do lado ventrolateral do embrião. O número de glândulas mamárias varia de acordo com a espécie. A liberação do leite para um lactente é a **lactação**.

Foi relatada lactação em machos de uma espécie de morcego frugívoro da Malásia, abrindo a possibilidade de que esses machos realmente amamentem os filhotes. Além dessa espécie, a lactação foi relatada apenas em animais machos domesticados, um resultado provável de condições anormais de criação e patológicas. Além de tais exceções, as glândulas mamárias só se tornam funcionais nas fêmeas. As glândulas mamárias consistem em numerosos **lóbulos**, cada um sendo um aglomerado de alvéolos secretores em que o leite é produzido. Os alvéolos podem se abrir em um ducto comum que, por sua vez, conecta-se diretamente com a superfície através de uma papila epidérmica elevada, ou **mamilo**, em geral circundado por uma área circular de pele pigmentada denominada **aréola**. Os ductos alveolares também podem se abrir em uma câmara comum, ou **cisterna**, dentro de um longo colar de epiderme denominado **úbere**, que forma um ducto secundário que leva o leite da cisterna para a superfície (Figura 6.24 A–C). Pode ocorrer acréscimo de tecido adiposo sob as glândulas mamárias, produzindo as **mamas**.

Os monotremos não têm mamilos e úberes, nem há formação de mamas. O leite é liberado de ductos na placa láctea achatada, ou aréola, na superfície cutânea (Figura 6.24 A). A frente do focinho do lactente é formada para se adaptar à superfície, permitindo a sucção vigorosa. Em períodos curtos de 20 a 30 min, um filhote de équidna pode mamar o equivalente a cerca de 10% de seu peso corporal. Os mamíferos marsupiais e eutérios têm úberes ou mamilos (Figura 6.24 B e C). Na maturidade sexual, há acúmulo de tecido adiposo sob a glândula mamária para formar a mama. O aumento das glândulas mamárias ocorre sob estimulação hormonal, pouco antes do nascimento de um filhote. A lactação estimula uma resposta neural do sistema nervoso que resulta na liberação de **ocitocina**, o hormônio que estimula a contração de células mioepiteliais que circundam os alvéolos, e assim o leite é liberado. Na linguagem coloquial, essa liberação ativa é conhecida como *descida do leite*.

A origem da lactação nos mamíferos continua um assunto complexo. Os primeiros mamíferos, talvez com apenas uma exceção (*Sinoconodon*), tinham dentição difiodonte (dentes "de leite" e dentes permanentes), como os mamíferos modernos, em comparação com a dentição polifiodonte (substituição contínua de dentes) da maioria dos vertebrados. Difiodonte implica a existência de glândulas mamárias e amamentação para nutrição, porque essa forma de alimentação em vez do consumo de alimentos duros permite o crescimento substancial do crânio antes que os dentes sejam necessários para processar alimentos duros.

Dentes (Capítulo 13)

As similaridades detalhadas das glândulas mamárias nos monotremos, marsupiais e eutérios viventes indicam uma origem monofilética dessas glândulas, possivelmente pela combinação de partes de glândulas sebáceas e apócrinas preexistentes. Isso levou Daniel Blackburn a levantar a hipótese de uma série de etapas na evolução da lactação nos mamíferos, começando nos ancestrais que incubavam ovos dos quais os filhotes eclodiam. As secreções da glândula cutânea das fêmeas que tinham propriedades antimicrobianas protegeriam a superfície do filhote contra bactérias, fungos ou outros patógenos. A ingestão dessas secreções em pequenas quantidades pelos recém-nascidos reduziria os efeitos patológicos e o número de microrganismos no trato digestório. Se essa secreção incluía imu-

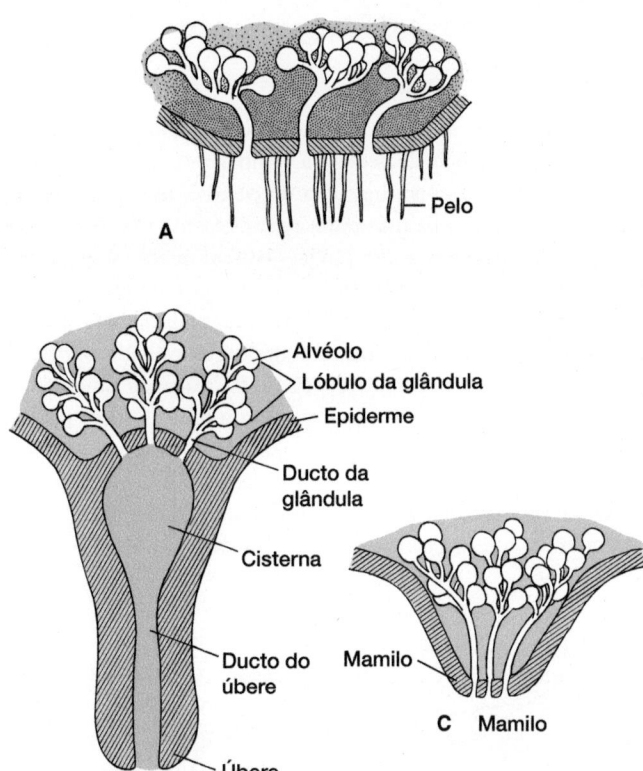

Figura 6.24 Glândulas mamárias. O tecido glandular mamário derivado do tegumento fica na derme, mas ductos atravessam a epiderme até a superfície. As glândulas mamárias estão dispostas em lóbulos, cada um sendo um agrupamento de alvéolos e seus ductos imediatos. **A.** Nos monotremos, a glândulas mamárias se abrem diretamente na superfície cutânea não especializada e o filhote pressiona o focinho formado para se adaptar à placa cutânea onde essas glândulas estão. **B.** Em alguns marsupiais e muitos mamíferos placentários, os ductos mamários se abrem por meio de especializações do tegumento. O úbere é uma especialização tubular da epiderme expandida em sua base na cisterna, uma câmara que recebe leite das glândulas mamárias antes de passá-lo ao longo do ducto comum do úbere para o lactente. **C.** O mamilo é uma papila dérmica elevada em torno da qual os lábios do lactente se adaptam diretamente para sugar o leite liberado.

noglobulinas maternas, isso também acarretaria diretamente imunidade para a prole. Qualquer valor nutricional incluído nessas secreções de glândulas mamárias ancestrais teria um significado adaptativo adicional. Ante tal cenário, as glândulas cutâneas maternas de uma placa de incubação primeiro forneciam proteção contra patógenos e, então, seriam envolvidas na nutrição do filhote. A evolução subsequente incluiu a transformação da secreção em um fluxo abundante que era muito mais nutritivo (*i.e.*, o leite). O aumento de nutrientes no leite substituiu o suprimento do vitelo grande como a base da sustentação do embrião. Isso foi favorecido ainda mais pela maior eficiência na sucção por parte do lactente, por especializações anatômicas (úberes nos térios) e pelo controle fisiológico da produção e da liberação do leite (por hormônios).

Liberação de leite (Capítulo 15)

Especializações do tegumento

Unhas, garras, cascos

Unhas são placas de células epiteliais cornificadas bem compactadas na superfície de dedos e artelhos; portanto, são produtos do sistema de queratinização da pele. A **matriz ungueal** forma nova unha na base da unha existente, empurrando-a para frente, para substituir a que esteja gasta ou quebrada na margem livre. As unhas protegem as pontas dos dedos de lesão mecânica inadvertida. Elas também ajudam a estabilizar a pele na ponta dos dedos e artelhos, de modo que no lado oposto a pele pode estabelecer um atrito seguro para agarrar objetos.

Apenas os primatas têm unhas (Figura 6.25 A). Nos outros vertebrados, o sistema de queratinização no término de cada dedo produz garras ou cascos (Figura 6.25 B e C). As **garras**, ou **talões**, são projeções queratinizadas encurvadas, comprimidas lateralmente a partir da ponta dos dedos. Elas são vistas

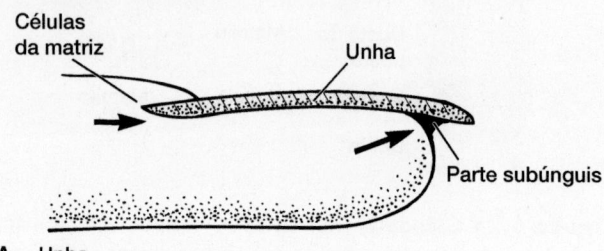

A   Unha

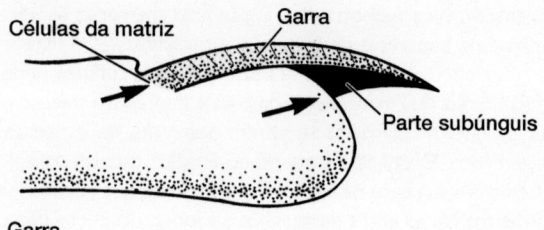

B   Garra

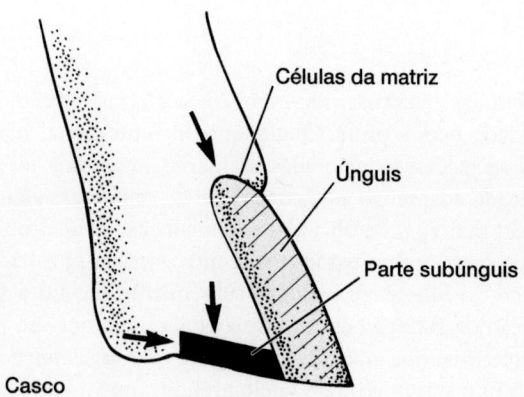

C   Casco

Figura 6.25 Derivados epidérmicos. O únguis (unha, garra ou casco) é uma placa de epitélio cornificado que cresce para fora a partir de um leito de células da matriz em proliferação em sua base e de uma parte subungueal mais mole próxima de sua ponta.

De Spearman.

em alguns anfíbios e na maioria das aves, répteis e mamíferos. **Cascos** são placas queratinizadas aumentadas nas pontas dos dedos dos ungulados.

O casco dos cavalos consiste em parede, sola e ranilha (Figura 6.26). A **parede do casco** tem forma de U e se abre no calcanhar, um derivado do tegumento, e consiste em um **estrato externo** queratinizado (= tectório), uma camada superficial brilhante, um **estrato médio**, mais espesso e também queratinizado e permeado com canais tubulares espiralados, e um **estrato interno** (= lamelado), uma camada alta e regularmente laminada dobrada para dentro que se ramifica para dentro da derme (= córion) abaixo. A parede do casco cresce para fora a partir de sua base, a região germinativa (células da matriz), e não a partir da derme subjacente, cerca de 6 mm por mês, levando 9 a 12 meses ao todo para o artelho se renovar.

A parte inferior do casco, que faz contato com o solo, inclui a **ranilha** em forma de cunha, um derivado sobretudo queratinizado do tegumento que preenche a abertura do calcanhar da parede do casco. A **sola** preenche o espaço da superfície em contato com o solo entre a parede e a ranilha triangular (Figura 6.26 B), e consiste em epiderme e derme espessada, o córion da sola. Dentro da sola está a **almofada digital** gordurosa, um derivado da hipoderme.

A parede do casco transfere energia de impacto graças às laminações do dedo. Muito da energia de impacto também é absorvido pela leve abertura da parede do casco em forma de U. As forças provenientes do solo, da ranilha e da almofada digital, mais o movimento para fora das cartilagens laterais, criam um componente hidráulico de absorção do choque. Ondas curtas nos plexos venosos no casco atingem altos valores durante o contato, de 600 a 800 mmHg.

Cornos e galhadas

Lagartos "com chifres" têm processos que se estendem da parte posterior da cabeça e parecem cornos, mas são escamas epidérmicas pontiagudas especializadas. Mamíferos, dinossauros e tartarugas extintos são os únicos vertebrados com cornos ou galhadas verdadeiros.

A pele, junto com o osso subjacente, contribui para os cornos e galhadas verdadeiros. À medida que essas estruturas adquirem forma, o osso subjacente se eleva, levando com ele o tegumento sobrejacente. Nos **cornos**, o tegumento associado produz uma bainha cornificada consistente que se adapta sobre o núcleo ósseo nunca ramificado (Figura 6.27 A). Nas **galhadas**, a pele viva sobrejacente (denominada "veludo") aparentemente adquire forma e fornece o suprimento vascular do osso em crescimento. Por fim, o veludo cai, deixando o osso sem essa bainha constituir o material real das galhadas terminadas e que é ramificado (Figura 6.27 B).

Galhadas verdadeiras ocorrem nos membros da família Cervidae (p. ex., alguns cervos, alces europeus, canadenses e americanos). Tipicamente, apenas os machos têm galhadas, que são ramificadas e são eliminadas anualmente, mas há exceções notáveis. Caribus e renas de ambos os sexos têm galhadas sazonais. Nos cervos que as têm, elas consistem em um **feixe principal**, do qual se ramificam os **galhos** ou **pontas**. Nos machos de 1 ano de idade, as galhadas não costumam ser mais que

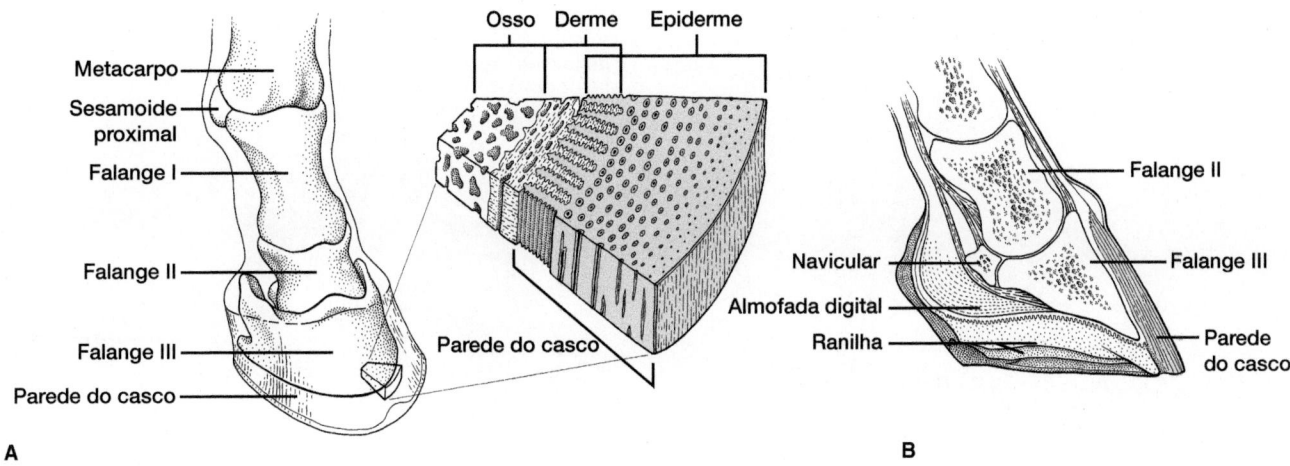

Figura 6.26 Casco do cavalo. A. Pé anterior do cavalo, mostrando os ossos internos e a parede do casco. O corte transversal aumentado mostra camadas desde a parede externa até o osso interno. **B.** Corte longitudinal através do pé anterior do cavalo.

De William J. Banks, Applied Veterinary Histology, 2ª ed. 1986. Lippincott Williams & Wilkins.

forquilhas ou espículas que podem ser bifurcadas. O número de ramificações tende a aumentar com a idade, embora não de modo exato. Na idade avançada, as galhadas podem ficar deformadas. No caribu e, em especial, no alce americano, o feixe principal da galhada é comprimido e **palmado**, ou em forma de pá, com um número de pontas que se projetam da margem.

O ciclo anual de crescimento e perda da galhada no cervo de cauda branca, por exemplo, está sob controle hormonal. Na primavera, o dia mais longo incita a hipófise na base do cérebro a liberar hormônios que estimulam a galhada a brotar de locais nos ossos do crânio. No final da primavera, a galhada em crescimento fica coberta pelo veludo. No outono, os hormônios produzidos pelos testículos inibem a hipófise, e o veludo seca. Ao se limpar e

esfregar, o animal elimina o veludo, expondo o osso da galhada completamente formada, agora morto (Figura 6.28 A–E). Os machos usam a galhada durante a disputa com outros machos por fêmeas receptivas para a reprodução. Após essa breve estação reprodutiva, outras alterações hormonais resultam em um enfraquecimento da galhada em sua base, onde ela se insere ao osso vivo do crânio. A galhada se quebra e cai, deixando o cervídeo sem ela por um tempo curto durante o inverno.

Entre os mamíferos, são encontrados **cornos verdadeiros** nos membros da família Bovidae (p. ex., bovinos, antílopes, carneiros, caprinos, bisões, gnus). É comum a ocorrência de cornos em machos e fêmeas, que se mantêm todo o ano e continuam a crescer durante a vida do indivíduo. O corno não é ra-

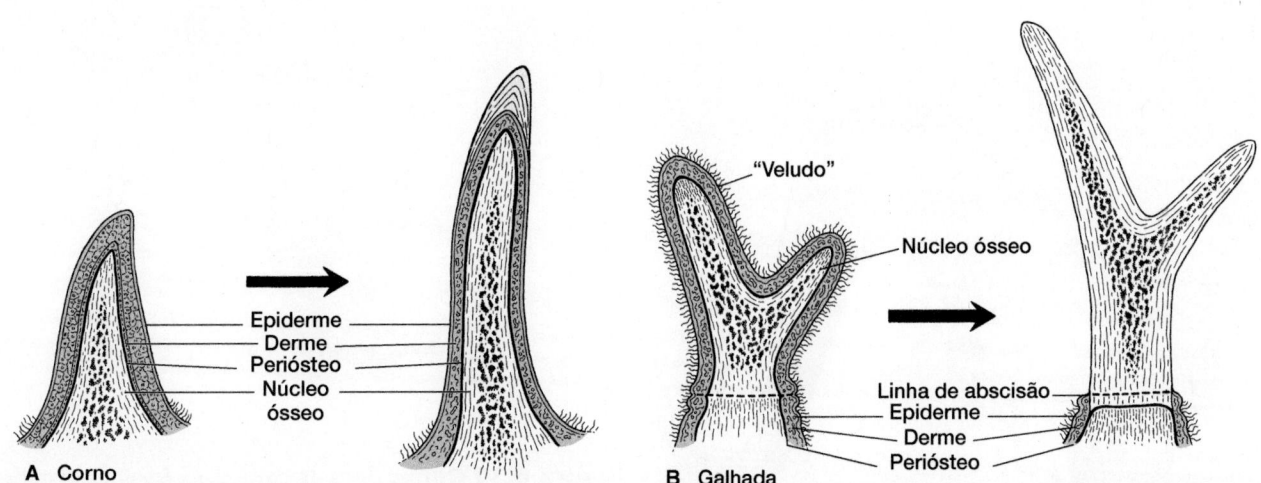

Figura 6.27 Cornos e galhadas. A. Os cornos surgem como crescimentos externos do crânio, abaixo do tegumento, que forma uma bainha queratinizada. Os cornos ocorrem em bovídeos de ambos os sexos e, em geral, ficam retidos o ano inteiro. **B.** As galhadas também surgem como crescimentos externos do crânio abaixo do tegumento subjacente, conhecido como "veludo" por causa de sua aparência, que acaba por secar e cair, deixando apenas as galhadas ósseas, restritas à família dos cervídeos e, exceto nos caribus e renas, presentes apenas nos machos. As galhadas são eliminadas anualmente.

De Modell.

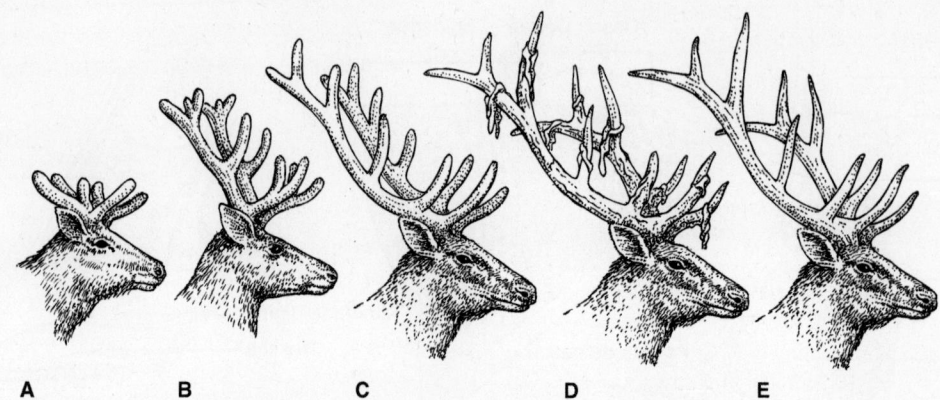

Figura 6.28 Crescimento anual da galhada do alce canadense/europeu. A e **B.** A galhada nova começa a crescer em abril. **C.** Por volta de maio, ela está quase completamente formada, embora ainda coberta pelo tegumento vivo (veludo). **D.** No final do verão, o veludo começou a secar e se desprender. **E.** Galhada óssea completamente formada.

De Modell.

mificado e se forma a partir de um núcleo ósseo e uma bainha queratinizada (Figura 6.29). Os cornos dos machos se destinam a suportar o impacto durante lutas entre eles. Nas espécies maiores, as fêmeas geralmente também têm cornos, embora não tão grandes nem tão curvos quanto os dos machos. Nas espécies menores, as fêmeas geralmente não têm cornos.

Ao contrário dos cornos verdadeiros da família Antilocapridae, os do carneiro têm forma de forquilha nos machos adultos. A bainha cornificada externa mais antiga, mas não o cerne ósseo, é eliminada anualmente no início do inverno (Figura 6.30 A). No verão, a nova bainha, já no lugar, cresceu completamente e se tornou uma forquilha. As fêmeas desse animal também têm cornos cuja bainha queratinizada é substituída anualmente, mas, em geral, eles são muito menores e com uma forquilha muito pequena. Os chifres das girafas são ainda mais diferentes e se desenvolvem a partir de processos cartilaginosos separados que se ossificam, fundem-se no alto do crânio e continuam cobertos por uma

pele viva não cornificada (Figura 6.30 B). O chifre dos rinocerontes não inclui um núcleo ósseo, sendo, portanto, um produto exclusivamente do tegumento e que se forma a partir de fibras de queratina compactadas (Figura 6.30 C).

A Antilocapra

B Girafa

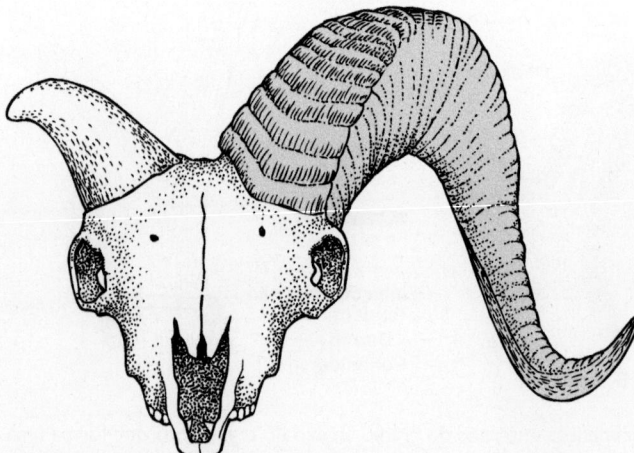

Figura 6.29 Cornos verdadeiros do carneiro da montanha (Bovidae). A cobertura cornificada do corno do carneiro da montanha foi removida do lado direito do crânio para revelar o núcleo ósseo.

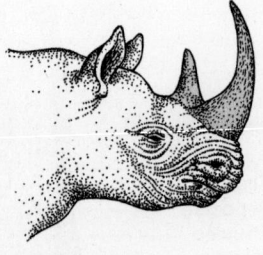

C Rinoceronte

Figura 6.30 Outros tipos de cornos. A. Em Antilocapridae, o núcleo ósseo dos cornos não é ramificado, mas a bainha cornificada o é. **B.** Os chifres da girafa são pequenas saliências ossificadas cobertas por tegumento. **C.** Os rinocerontes têm vários chifres em uma baixa saliência no crânio, mas que não têm núcleo ósseo interno. Como crescimentos externos da epiderme apenas, eles são compostos principalmente de fibras compactadas queratinizadas.

De Modell.

Boxe Ensaio 6.5 — Cor da pele

No ser humano, a conversão do deidrocolesterol em vitamina D, necessária para o metabolismo ósseo normal, requer pequenas quantidades de radiação ultravioleta. Se a vitamina D for insuficiente, ossos ficam moles e deformados. Em contrapartida, o excesso de radiação ultravioleta pode ser muito prejudicial para os tecidos vivos mais profundos. Só a pele não é especialmente eficiente para refletir ou absorver com segurança esses comprimentos de onda de radiação solar. Essa tarefa é dos cromatóforos e do pigmento que eles produzem.

São necessários apenas alguns minutos de exposição à luz solar todos os dias para converter precursor suficiente (deidroc0lesterol) em vitamina D para satisfazer as necessidades metabólicas de um indivíduo. Nas regiões tropicais perto do equador, a luz do sol passa diretamente através das camadas atmosféricas e se choca com a Terra. Os vertebrados terrestres cobertos de pelos, penas ou escamas têm alguma proteção externa contra a exposição ao sol. Os seres humanos, que praticamente não têm uma cobertura espessa de pelos, ficam desprotegidos. O excesso de radiação ultravioleta pode resultar em quantidades prejudiciais de vitamina D, queimaduras solares e maior incidência de câncer de pele. A evolução de um número maior de cromatóforos na pele de pessoas em regiões tropicais protege contra o excesso de radiação ultravioleta. Nas regiões temperadas afastadas do equador, o ângulo de incidência da luz solar é baixo, passando mais diagonalmente através de mais atmosfera e, assim, filtrando muito da radiação ultravioleta. Poucos cromatóforos na pele compensam a menor disponibilidade de radiação ultravioleta, aparentemente permitindo que haja radiação bastante para converter o deidrocolesterol em uma quantidade suficiente de vitamina D. As diferenças na cor da pele entre as populações humanas resultam desses comprometimentos adaptativos.

Portanto, o número de cromatóforos na pele é uma adaptação evolutiva no nível de exposição à radiação ultravioleta. Além disso, a produção de grânulos de pigmento pode mudar em resposta a alterações a curto prazo na exposição à luz do sol. Se a exposição ao sol for menor, os cromatóforos diminuem seu nível de síntese de grânulos de pigmento e a pele clareia. Se a exposição aumentar, a produção de pigmento também aumenta e a pele escurece. Tal bronzeamento ocorre em todos os seres humanos, porém é mais visível nos de pele clara e origem caucasiana. A exposição súbita a altos níveis de luz solar pode resultar em queimaduras pelo sol, ou dano radioativo ao tegumento. Como ocorre com uma queimadura em um fogão quente, a própria pele se repara e elimina as camadas danificadas. Por isso, a pele "descasca" durante vários dias após uma queimadura pelo sol.

Barbatanas

O tegumento dentro da boca de baleias (Mysticeti) sem dentes forma placas conhecidas como **barbatanas**, que agem como filtros para extrair o *krill* da água absorvida pela boca distendida. Embora às vezes citadas como "osso de baleia", essas barbatanas não contêm osso, sendo uma série de placas queratinizadas que surgem do tegumento. Durante sua formação, grupos de papilas dérmicas se estendem e alongam para fora, curvando a epiderme sobrejacente que forma uma camada cornificada sobre a superfície dessas papilas. Coletivamente, essas papilas e a epiderme que as cobre constituem as placas das barbatanas de baleia (Figura 6.31).

Alimentação das baleias com barbatanas
(Capítulo 7)

Escamas

As escamas têm muitas funções. Tanto as escamas epidérmicas quanto as dérmicas são rígidas, de modo que absorvem a agressão mecânica e a abrasão da superfície, prevenindo o dano aos tecidos moles abaixo delas. A densidade das escamas também as torna uma barreira contra a invasão de patógenos estranhos e retarda a perda de água pelo corpo. Nos tubarões e outros peixes, elas amortecem a turbulência da camada limítrofe, aumentando a eficiência da natação. Alguns répteis regulam a quantidade de calor superficial que absorvem expondo alternadamente os lados do corpo ao sol ou protegendo-os dele. Isso determina se os raios solares serão defletidos de toda a face da escama ou ela vai ficar na sombra com a borda posterior erguida para que alcancem a epiderme fina abaixo dela.

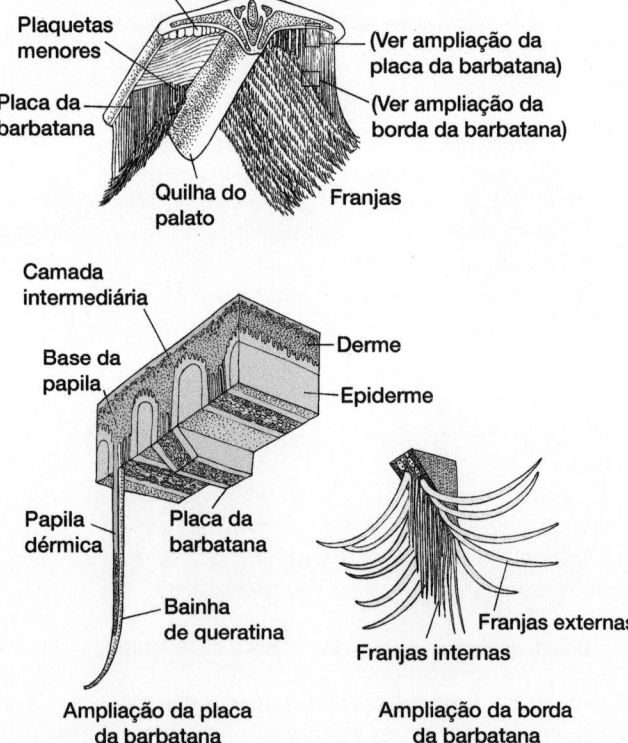

Figura 6.31 Barbatanas de uma baleia. O revestimento da boca inclui um epitélio com a capacidade de formar estruturas queratinizadas. Grupos de epitélio em crescimento se tornam queratinizados e franjados para formar as barbatanas. Os cortes longitudinais da camada queratinizada e da parte franjada estão aumentados abaixo do diagrama da barba.

De Pivorunas.

As escamas epidérmicas são o componente principal da pele dos répteis. Elas também estão presentes ao longo das pernas e, em alguns mamíferos, como o castor, revestem a cauda (Figura 6.32 A).

Armadura dérmica

O osso dérmico forma a armadura dos peixes ostracodermes e placodermes. Sendo um produto da derme, o osso dérmico encontra seu caminho se associando com uma grande variedade de estruturas. O osso dérmico sustenta as escamas de peixes ósseos, mas tende a ser perdido nos tetrápodes e não está presente na pele de aves e da maioria dos mamíferos. Foram notadas exceções prévias, como no mamífero fóssil *Glyptodon* (Figura 6.32 B) e na pele do tatu vivente. No entanto, ossos dérmicos selecionados permanecem no crânio e na cintura peitoral de peixes, tendo persistido nos grupos recentes de vertebrados. A maioria dos ossos dérmicos do crânio e da cintura escapular tem sua origem filogenética na pele e depois se volta para dentro, tornando-se partes do esqueleto. Esse compartilhamento de partes disponíveis entre sistemas revela mais uma vez o caráter remodelador da evolução.

A carapaça das tartarugas é uma estrutura composta. A metade dorsal é a **carapaça**, formada pela fusão de osso dérmico com costelas expandidas e vértebras (Figura 6.32 C). Ventralmente, o **plastrão** representa ossos dérmicos fundidos ao longo do ventre. Na superfície da carapaça e do plastrão, placas queratinizadas de epiderme cobrem esse osso subjacente.

Casco de tartaruga (Capítulo 8)

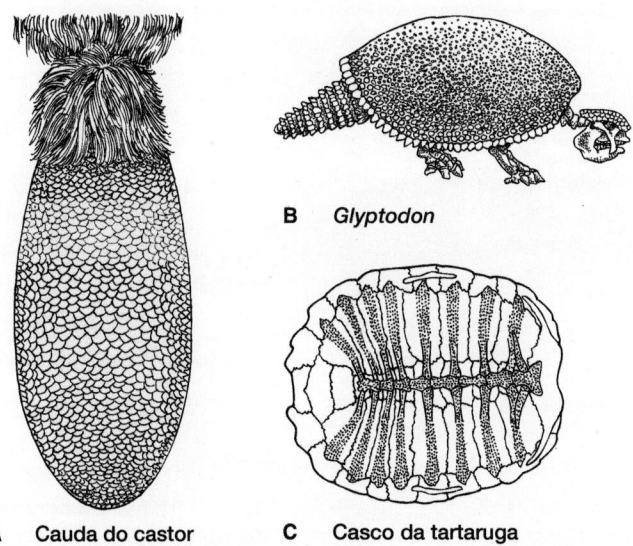

A   Cauda do castor

B   *Glyptodon*

C   Casco da tartaruga

Figura 6.32 Derivados epidérmicos e dérmicos. A. Ocorrem escamas epidérmicas em algumas estruturas de mamíferos, como essa cauda de um castor (*vista dorsal*). **B.** Embora escamas dérmicas sejam raras, elas ocorrem e estão fundidas na armadura do *Glyptodon*, um mamífero fóssil. **C.** O casco da tartaruga é derivado de três fontes – as costelas e as vértebras do endoesqueleto (*áreas pontilhadas*) mais o osso dérmico que surge no tegumento (*áreas brancas*). A superfície dessa carapaça óssea é coberta por grandes escamas epidérmicas largas e finas (não mostradas).

De Smith.

Muco

O muco produzido pela pele desempenha várias funções. Nos vertebrados aquáticos, ele inibe a entrada de patógenos e pode até ter uma leve ação antibacteriana. Nos anfíbios terrestres, o muco mantém o tegumento úmido, permitindo que funcione na troca de gás. Embora a respiração cutânea seja proeminente em anfíbios, ela também ocorre em outros vertebrados. Por exemplo, muitas tartarugas dependem da troca cutânea gasosa à medida que hibernam submersas em águas cobertas por gelo durante o inverno. Suas carapaças são muito espessas, obviamente, para permitir a troca significativa de gases, mas áreas expostas de pele em torno da cloaca oferecem uma oportunidade viável. As serpentes marinhas podem depender da respiração cutânea para até 30% de sua captação de oxigênio. Similarmente, peixes como o linguado, a enguia europeia e o *mudskipper* podem depender de alguma troca cutânea de gás para satisfazer suas necessidades metabólicas.

Respiração cutânea (Capítulo 11)

O muco também está envolvido na locomoção aquática. Como uma cobertura superficial, ele alisa as irregularidades e características ásperas da superfície na epiderme para diminuir o atrito que um vertebrado encontra ao nadar por águas relativamente viscosas.

Cor

A cor da pele resulta de interações complexas entre propriedades físicas, químicas e estruturais do tegumento. Alterações no suprimento sanguíneo podem deixar a pele avermelhada, como quando fica ruborizada. A **dispersão diferencial** da luz, conhecida como dispersão de Tyndall, é a base para grande parte da cor na natureza. É esse fenômeno que faz o céu parecer azul em dias claros. Nas aves, cavidades cheias de ar dentro das barbas das penas tiram vantagem desse fenômeno de dispersão para produzir as penas azuis do martim-pescador, do gaio-azul, do azulão e do trigueirão índigo. Grande parte das cores preta, marrom, vermelha, laranja e amarela resulta de pigmentos que produzem cor pela reflexão seletiva da luz. Fenômenos de interferência são responsáveis pelas **cores iridescentes**. Conforme a luz é refletida de materiais com índices diferentes de refração, a interferência entre comprimentos de onda diferentes de luz produz cores iridescentes. Em muitas aves, essas cores resultam da interferência da luz refletida das delgadas barbas e bárbulas das penas.

Muitos dos pigmentos que produzem cores por essa variedade de fenômenos físicos são sintetizados por cromatóforos especializados e mantidos neles. Por causa dessas células, o sufixo *cito*, em vez de *foro*, seria mais lógico, porém a tradição de usar o sufixo *foro* (que significa "carregador de") na palavra cromatóforos e em todos os seus vários tipos é uma convenção enraizada, aplicada especialmente às células de pigmento de vertebrados ectotérmicos e todos os invertebrados com cromatóforos. Neste texto, seguimos a prática disseminada. A maioria dos cromatóforos surge da crista neural embrionária e pode se fixar em quase qualquer parte do corpo. Não é raro encontrá-los associados às paredes do trato digestório, dentro

dos mesentérios ou em torno dos órgãos reprodutivos. Sua função nesses locais remotos não está definida, mas se acredita que protejam camadas celulares profundas contra a radiação solar penetrante.

Com base na forma, na composição e na função, são reconhecidos quatro tipos de cromatóforos. O mais bem conhecido é o **melanóforo**, que contém o pigmento melanina. Organelas celulares denominadas **melanossomos** abrigam esses grânulos de melanina, que interceptam a luz solar incidente na superfície de um animal, impedindo a penetração de radiação prejudicial. É evidente que eles também acrescentam cor ao tegumento, capaz de camuflar um animal, tornando-o menos detectável ou ressaltando uma parte que contribua para um comportamento de exibição. Há dois tipos de melanóforos. O **melanóforo dérmico** é uma célula larga achatada que muda de cor rapidamente e só é encontrada nos ectotérmicos. O **melanóforo epidérmico** é uma célula fina alongada proeminente nos endotérmicos, mas presente em todos os vertebrados. Ao contribuir com melanossomos, acrescenta cor aos queratinócitos, pelos e penas.

O **iridóforo**, que contém plaquetas cristalinas de guanina que refletem a luz, é um segundo tipo de cromatóforo, encontrado nos vertebrados ectotérmicos e na íris do olho de algumas aves. Outros dois tipos de cromatóforos são o **xantóforo**, que contém pigmentos amarelos, e o **eritróforo**, assim chamado por seus pigmentos vermelhos. Além disso, alguns cromatóforos contêm vários desses pigmentos, mas não estão classificados. Por exemplo, na íris do pombo mexicano, os cromatóforos contêm tanto plaquetas refletoras (conforme esperado nos iridóforos) quanto melanina (como nos melanóforos). Isso sugere que a diferenciação de cromatóforos a partir das células-tronco da crista neural tem de responder a uma variedade de aspectos do desenvolvimento que produzem células de pigmento com propriedades intermediárias.

A luz do sol pode influenciar alterações fisiológicas na atividade do cromatóforo. Uma exposição maior estimula o aumento da produção de grânulos de pigmento, resultando em pele mais escura em questão de dias. Em alguns vertebrados, a resposta é mais imediata. Alguns peixes e lagartos podem mudar de cor quase instantaneamente. O camaleão verdadeiro, por exemplo, pode mudar de cor combinando com o ambiente, pelo menos se o solo for marrom-claro a verde-escuro. Alguns peixes, como o linguado, podem mudar não apenas a própria cor, mas também o padrão de cor, para se assemelhar ao fundo do mar (Figura 6.33 A). Esse ajuste fisiológico de cor ao fundo é mediado pelo sistema endócrino e envolve a redistribuição dos grânulos de pigmento dentro dos cromatóforos. Já se acreditou que os próprios cromatóforos mudassem de forma, enviando seus pseudópodes citoplasmáticos. Agora parece que as mudanças de cor não se baseiam em alterações na forma da célula. Em vez disso, os cromatóforos assumem um formato relativamente fixo e, em resposta à estimulação hormonal, seus grânulos de pigmento são levados para pseudópodes previamente posicionados ou de volta para se concentrar centralmente dentro da célula (Figura 6.33 B).

Controle endócrino dos melanóforos
(Capítulo 15)

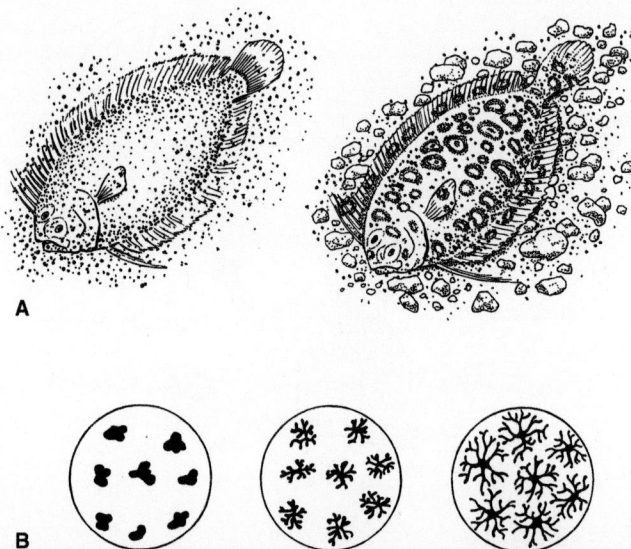

Figura 6.33 Alterações de cor. A. O linguado muda a cor de sua superfície conforme a textura e o padrão do substrato se alteram. **B.** Mediados pelo sistema endócrino, os cromatóforos no tegumento modificam a posição dos grânulos de pigmento dentro de seus processos celulares para modificar o matiz e o padrão da cor da pele.

Resumo

Nossa pele é um órgão dinâmico. A cada 2 semanas, aproximadamente, nós a eliminamos – melhor dizendo, nós a substituímos. Nossa epiderme se renova rapidamente. Células basais substituem as células em transformação. A pele dos vertebrados também é a fonte filogenética de especializações na superfície.

De maneira geral, é fácil ver a homologia das estruturas tegumentares (Figura 6.34). Pelos, penas e as escamas dos répteis são todos produtos da epiderme, daí serem bastante homólogos. No entanto, vistos em separado, persistem controvérsias em termos de homologia. Por exemplo, alguns alegam que o pelo é uma escama de réptil transformada, com função originalmente protetora. Outros argumentam que o pelo é um derivado de cerdas epidérmicas, com função originalmente sensorial. Alguns autores apontam a similaridade estrutural entre as escamas placoides e os dentes do tubarão para corroborar a hipótese de que os dentes dos vertebrados surgiram das escamas do tubarão. Outros discordam, dizendo que os dentes estavam presentes nos primeiros peixes, antes da evolução dos tubarões, de modo que as escamas do tubarão não poderiam ser precursoras dos dentes dos vertebrados.

Ao abordarmos as controvérsias acerca da evolução cutânea, temos de nos lembrar de que a pele consiste em duas camadas, epiderme e derme, não sendo uma estrutura evolutiva única. As interações entre essas duas camadas tiveram participação em sua evolução. A derme ajuda a manter, regular e especificar os tipos e a proliferação de células epidérmicas. Isso foi bem explorado na embriologia experimental. Por exemplo, a epiderme da pele de um embrião de pintainho, destinada a formar as escamas da perna, pode ser destacada de sua derme subjacente e mantida viva em isolamento com nutrientes suficientes. As células de tal epiderme viva, mas isolada, param de proliferar. Se recombinadas

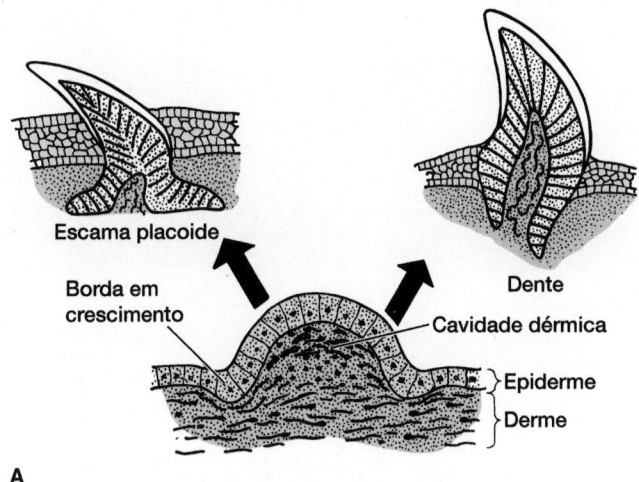

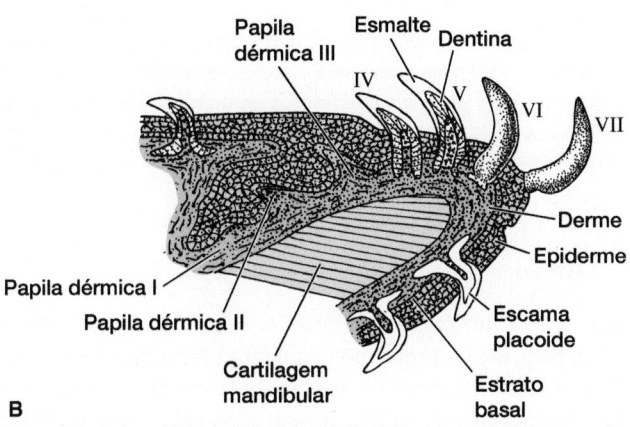

Figura 6.34 Interação entre a epiderme e a derme.
A. Interações entre a derme e a epiderme produzem uma variedade de estruturas, como os dentes e as escamas placoides. **B.** Os dentes do tubarão são derivados do epitélio oral. As similaridades básicas de composição (esmalte, dentina) e o método de formação (epiderme-derme) sugerem que os dentes e as escamas placoides são homólogos como estruturas tegumentares. Os estágios sucessivos no desenvolvimento dentário estão indicados por algarismos romanos.

B, De Smith.

in vitro com a derme embrionária, as células epidérmicas voltam a proliferar e se formam escamas. Sabemos que o estímulo está dentro da derme porque se qualquer tecido, como cartilagem ou músculo, é substituído, a epiderme não responde.

Em algumas circunstâncias, a epiderme age de maneira autônoma a partir da derme. Quando exposta ao ar, a epiderme isolada de pintainho mostra a capacidade intrínseca de se transformar em uma camada queratinizada sem contato com derme subjacente. Embora não bem entendido, esse grau de autonomia epidérmica parece dependente da capacidade da epiderme de reconstruir a membrana basal ou seu equivalente químico.

Apesar de sua independência ocasional, a atividade da epiderme é influenciada em grande parte pela derme subjacente. Sua direção de diferenciação também é atribuição da derme. Por exemplo, no embrião de pintainho, a derme da pele faz com que a epiderme sobrejacente forme escamas queratinizadas e a derme do tronco induz a epiderme subjacente a produzir penas. Se a derme do tronco for substituída experimentalmente por derme da perna, a epiderme sobrejacente do tronco que produziria penas irá, em vez disso, produzir espessamentos semelhantes a escamas, característicos da derme transplantada. Em cobaias, se a derme do tronco, das orelhas ou da sola dos pés for transplantada abaixo da epiderme em qualquer parte do corpo, a epiderme responderá produzindo derivados epidérmicos característicos do tronco, das orelhas ou da sola dos pés, respectivamente. Em alguns lagartos, a pele forma dois tipos de escamas epidérmicas, uma fina e de formato tubercular e outra grande e sobreposta. O tipo de escama é determinado pela derme subjacente. Se a derme embrionária se desviar entre os dois tipos de escamas em desenvolvimento, a epiderme sobrejacente vai se diferenciar de acordo com sua derme transplantada. Em embriões de camundongo, a derme especifica o tipo de pelo e o padrão geral dos pelos produzidos. A derme do lábio superior promove a formação de vibrissas, enquanto a derme do tronco promove a formação de pelos de guarda.

Em grande medida, portanto, a resposta da epiderme é específica para o tipo de derme subjacente. Até certo ponto, a idade de uma derme ou epiderme transplantada experimentalmente influencia essa resposta. Os resultados tendem a variar se a fonte de um transplante for um embrião jovem e a do outro transplante for um embrião velho ou adulto. Apesar disso, em circunstâncias normais, a derme parece trazer um substrato físico necessário e organização junto com um suprimento de nutrientes para a epiderme. O efeito estimulador da derme sobre a epiderme é **indução embrionária**. Embora a derme não contribua diretamente com suas próprias células para qualquer derivado epidérmico (pelos, penas, escamas), induz o tipo de especialização epidérmica. A epiderme responde alterando a atividade de sua camada germinativa para produzir a estrutura especificada.

Essa interação epidérmica-dérmica é evidente mesmo em transplantes de tecido entre espécies de classes diferentes. Entretanto, a derme em geral não pode induzir a epiderme a formar uma especialização que não é típica de sua classe. A epiderme do lagarto pode ser pareada com a derme do pintainho ou do camundongo. Da mesma forma, a epiderme do pintainho pode ser pareada com a derme do lagarto ou do camundongo, e a epiderme do camundongo pode ser pareada com a derme do lagarto ou do pintainho. Nesses transplantes recíprocos entre répteis (lagarto) e aves (pintainho) e entre répteis (lagarto) e mamíferos (camundongo), o tipo de especialização cutânea induzida (escama, pena ou pelo) se dá de acordo com a origem da epiderme, não da derme transplantada. Portanto, a epiderme do lagarto é induzida a formar uma escama de réptil, a epiderme de pintainho a formar uma pena e a epiderme do camundongo a formar pelos, independentemente da origem da derme com que seja combinada. É interessante o fato de que, se a derme transplantada não vier de uma região que produz uma especialização cutânea, parece não ter a capacidade necessária para induzir a epiderme da outra classe de animal a formar uma especialização. Além disso, as especializações induzidas por esses transplantes de derme entre classes não se desenvolvem completamente. As escamas de lagartos, penas das aves

e pelos dos mamíferos se formam, mas param de crescer após certo estágio. Aparentemente, a derme estranha é suficiente para estimular a proliferação epidérmica, mas não pode especificar o tipo de derivado epidérmico.

A evolução da pele, em particular suas especializações, aparentemente envolveu alterações na capacidade da derme para induzir e da epiderme para responder, bem como nas interações entre elas. A partir da embriologia experimental nas formas vivas, vemos que, se falamos apenas da evolução de estruturas epidérmicas, negligenciamos o papel da derme nesse processo. Embora a derme possa não contribuir realmente com células para derivados cutâneos especializados, é indispensável para sua formação normal. A remoção da derme da cavidade da polpa de uma escama placoide faz com que o esmalte e a dentina não se formem normalmente. Se a derme se perder abaixo da cavidade pulpar de um dente em formação, haverá formação incompleta do esmalte dentário e vice-versa. A remoção da epiderme faz com que a derme não possa formar corretamente uma escama placoide ou dente de vertebrado. A interação de epiderme e derme é necessária para produzir um derivado cutâneo normal.

A embriologia experimental ampliou essa percepção nos eventos evolutivos. As aves modernas, evidentemente, não têm dentes. O pintainho jovem, ao quebrar a casca do ovo, usa o que se chama de "dente do ovo". Na realidade, não é um dente, só uma projeção no bico cornificado. Eis por que a pesquisa recente surpreende. Koller e Fisher coletaram a derme indutora de dente da maxila de um camundongo, a colocaram sob o bico de uma ave e deixaram o par se diferenciar. Em vários experimentos bem-sucedidos, surgiram dentes rudimentares. A epiderme do pintainho foi induzida pela derme do camundongo a formar dentes! Embora não se formem dentes nas aves modernas, a epiderme das aves não perdeu totalmente sua capacidade potencial formadora de dentes. Esse potencial latente nas aves não se expressa porque a interação indutiva entre a derme e a epiderme da ave foi perdida. A epiderme está presente e a derme também, mas nas aves sua interação mudou.

Talvez o foco dos eventos evolutivos no tegumento tenha sido tanto nessa interação quanto nas próprias camadas. Obviamente, as interações não fossilizam e são difíceis de caracterizar estruturalmente. É um tanto surpreendente haver controvérsias sobre a homologia. Se pensarmos na epiderme, na derme e em suas interações como uma unidade evolutiva, então seus produtos especializados (pelos, penas e escamas dos répteis) são bastante homólogos. As escamas do tubarão, dentes dos vertebrados e escamas dos peixes ósseos podem ser vistos como produtos desse sistema de interação entre epiderme e derme; portanto, são estruturas tegumentares homólogas.

Sistema Esquelético | Crânio

O esqueleto dá forma ao corpo do vertebrado, sustenta seu peso, oferece um sistema de alavancas que produz movimento junto com os músculos e ainda protege partes moles, como nervos, vasos sanguíneos e vísceras. Por ser rígido, pedaços do esqueleto sobrevivem melhor à fossilização do que tecidos moles, de modo que a maioria de nosso contato com animais extintos há muito tempo costuma ser por meio de seus esqueletos. A história da função e da evolução dos vertebrados está escrita na arquitetura do esqueleto.

O sistema esquelético é composto por um exoesqueleto e um endoesqueleto (Figura 7.1 A). O **exoesqueleto** é formado a partir do tegumento ou dentro dele, com a derme originando osso e a epiderme dando origem à queratina. O **endoesqueleto** se forma nas partes profundas do corpo, a partir da mesoderme e de outras fontes, não diretamente do tegumento. Os tecidos que contribuem para o endoesqueleto incluem o conjuntivo fibroso, osso e cartilagem.

Durante a evolução dos vertebrados, a maioria dos ossos do exoesqueleto ficava dentro do tegumento e protegia estruturas superficiais. A armadura dérmica dos ostracodermes e as escamas ósseas de peixes são exemplos. Alguns ossos se voltaram para dentro, incorporando-se com outros mais profundos e elementos cartilaginosos do endoesqueleto para formar estruturas compostas. Por questões práticas, isso dificulta o exame do exoesqueleto e do endoesqueleto separadamente. Partes de um costumam ser encontradas junto com o outro, razão pela qual escolhemos unidades estruturais compostas e seguimos sua evolução. Essa maneira de dividir o esqueleto para estudo nos dá duas unidades: o crânio, ou **esqueleto craniano**, e o **esqueleto pós-craniano** (Figura 7.1 B). O esqueleto pós-craniano inclui a coluna vertebral, os membros, as cinturas e as estruturas associadas, como costelas e cascos. Nos Capítulos 8 e 9, examinaremos o esqueleto pós-craniano. Nossa discussão sobre o esqueleto começa com o crânio.

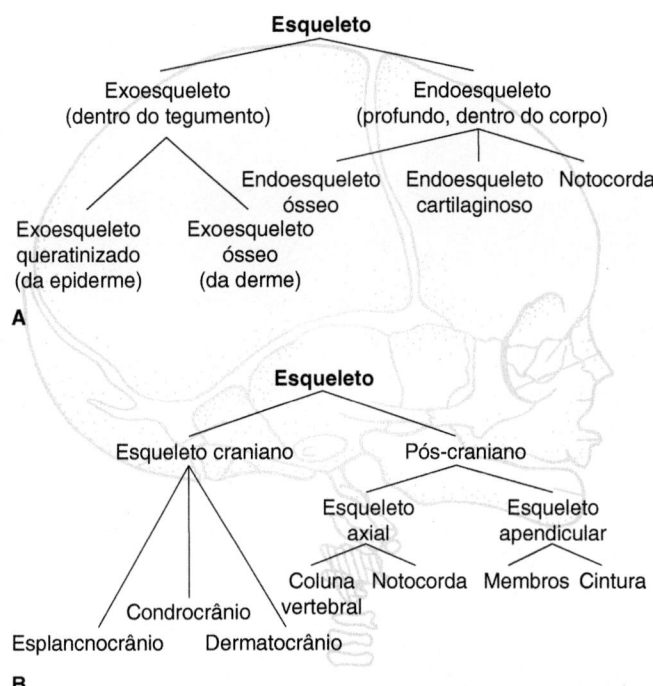

Figura 7.1 Organização de tecidos esqueléticos nos vertebrados. Os componentes do sistema esquelético funcionam juntos como uma unidade, mas, por conveniência, podem ser divididos em partes manipuláveis para análise mais detalhada. **A.** Como um sistema de proteção e sustentação, o esqueleto pode ser dividido em estruturas da parte externa (exoesqueleto) e da interna (endoesqueleto) do corpo. **B.** Com base na posição, o esqueleto pode ser tratado como dois componentes separados, o esqueleto craniano (crânio) e o pós-craniano, que inclui o esqueleto axial e o apendicular.

Introdução

Embora emergido em uma unidade harmoniosa, o **crânio** do vertebrado é, na verdade, uma estrutura composta, formada por três partes distintas, cada qual surgindo de uma fonte filogenética separada. A parte mais antiga é o **esplancnocrânio** (**crânio visceral**), que surgiu primeiro, para sustentar as fendas faríngeas nos protocordados (Figura 7.2 A). A segunda parte, o **condrocrânio**, fica embaixo e sustenta o cérebro, sendo formado por osso endocondral ou cartilagem, ou ambos (Figura 7.2 B). A terceira, o **dermatocrânio**, é uma contribuição que forma, nos vertebrados posteriores, a maior parte do envoltório craniano mais externo. Como sugere o nome, o dermatocrânio é composto por ossos dérmicos (Figura 7.2 C).

Osso dérmico e endocondral (Capítulo 5)

Além desses componentes formais, aplicam-se dois termos gerais às partes do crânio. **Caixa craniana** é o termo coletivo que se refere aos componentes cranianos fundidos que circundam imediatamente ao cérebro e o protegem. Estruturas do dermatocrânio, o condrocrânio, e mesmo o esplancnocrânio, podem formar a caixa craniana, dependendo da espécie. Alguns morfologistas usam **neurocrânio** como um termo equivalente para condrocrânio. Outros expandem esse uso incluindo o condrocrânio a cápsulas sensoriais fundidas ou inseridas

– as cápsulas de suporte nasais, ópticas e óticas. Outros ainda consideram neurocrânio apenas as partes ossificadas do condrocrânio. É bom estar preparado para significados um pouco diferentes na literatura. Embora usemos pouco o termo *neurocrânio*, subentende-se que inclui a caixa craniana (ossificada ou não) mais as cápsulas sensoriais associadas.

Condrocrânio

Os elementos do condrocrânio parecem ficar em série com as bases das vértebras. Esse arranjo inspirou vários morfologistas do século 19 a proporem que a coluna vertebral primitiva inicialmente se estendia para a cabeça, formando o crânio. Mediante aumento seletivo e fusão, esses elementos vertebrais de intrusão eram vistos como a fonte evolutiva do condrocrânio. Em consequência, surgiu a ideia de que a cabeça era organizada em um plano segmentar como a coluna vertebral que a originou. Hoje, essa hipótese não é tão plausível, embora muitos admitam que o arco occipital que forma a parede posterior do crânio pode representar vários segmentos vertebrais ancestrais que agora contribuem para a parede posterior do condrocrânio (Tabela 7.1).

Nos elasmobrânquios, o condrocrânio expandido e envolvente sustenta e protege o cérebro contido nele. No entanto, na maioria dos vertebrados, o condrocrânio é primariamente uma estrutura embrionária que serve como etapa para o desenvolvimento do cérebro e de sustentação para as cápsulas sensoriais.

Embriologia

Embora a formação embrionária do condrocrânio esteja entendida, pode haver uma diferença considerável quanto aos detalhes, em especial porque as contribuições da crista neural podem variar bastante de acordo com a espécie. Além disso, diferenças nos recursos de pesquisa (marcadores gênicos, corantes vitais, transplantes de tecido) também podem levar a interpretações diferentes. Em geral, condensações do mesênquima na cabeça formam cartilagens alongadas perto da notocorda. O par anterior são as **trabéculas**, o par posterior constitui as **paracordais** e, em alguns vertebrados, um par de **cartilagens polares** fica entre elas (Figura 7.3 A). Além das paracordais, várias **cartilagens occipitais** em geral também aparecem. Além dessas cartilagens, cápsulas sensoriais associadas ao nariz, aos olhos e às orelhas desenvolvem cartilagens de sustentação: **nasais, ópticas** e **óticas**, respectivamente. Dois tipos de células embrionárias se diferenciam para formar o condrocrânio. Células da crista neural contribuem para a cápsula nasal, as trabéculas (possivelmente apenas a parte anterior) e, possivelmente, para parte da cápsula ótica (Figura 7.4 A). O mesênquima de origem mesodérmica contribui para o resto do condrocrânio (Figura 7.4 B). À medida que o desenvolvimento prossegue, essas cartilagens se fundem. A região entre as cápsulas nasais formada pela fusão das extremidades anteriores das trabéculas é a **placa etmoide**. As paracordais crescem juntas através da linha mediana para formar a **placa basal** entre as cápsulas óticas. As occipitais crescem para cima e em torno do cordão nervoso para formar o **arco occipital** (Figura 7.3 B). Coletivamente, todas essas cartilagens expandidas e fundidas constituem o condrocrânio.

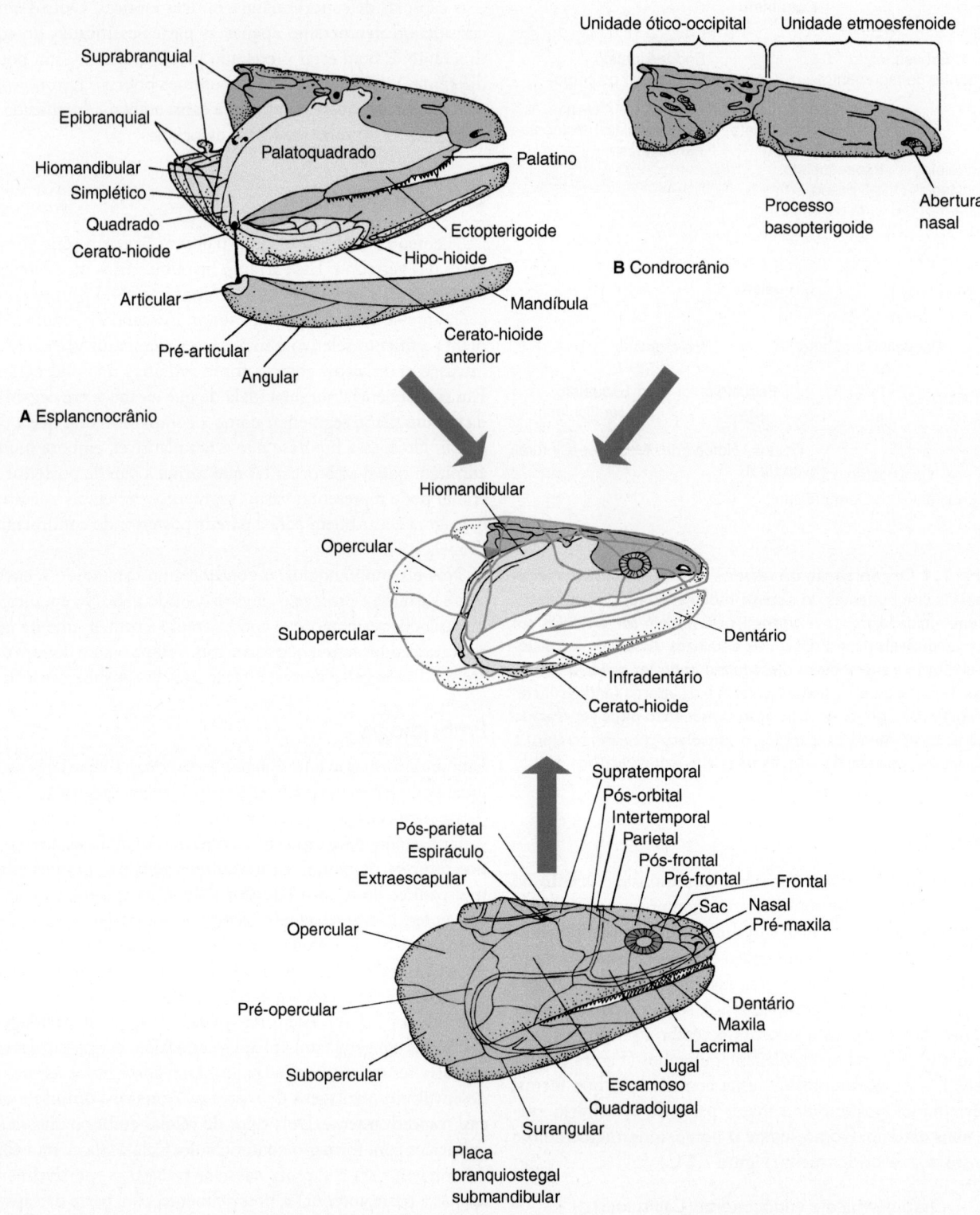

A Esplancnocrânio

B Condrocrânio

C Dermatocrânio

Figura 7.2 Crânio composto. O crânio é um mosaico formado por três partes contribuintes primárias: o condrocrânio, o esplancnocrânio e o dermatocrânio. Cada uma tem uma história evolutiva separada. O crânio do *Eusthenopteron*, um peixe ripidístio do Devoniano, ilustra como partes de todas as três fontes filogenéticas contribuem para a unidade. **A.** O esplancnocrânio (*amarelo*) surgiu primeiro e é mostrado em associação com o condrocrânio (*azul*) e partes do dermatocrânio (*rosa*). A maxila direita está abaixada a partir de seu melhor ponto de articulação, para revelar ossos mais profundos. **B.** O condrocrânio no *Eusthenopteron* é formado pela união entre as unidades etmoesfenoide anterior e ótico-occipital posterior. **C.** A parede superficial de ossos compõe o dermatocrânio. A figura central mostra a posição relativa de cada conjunto contribuinte de ossos que se unem no crânio composto. Abreviação: série nasal (Sac). (Esta figura encontra-se reproduzida em cores no Encarte.)

Tabela 7.1 Contribuições endocondrais para o condrocrânio.

Estrutura endocondral	Peixes (teleósteos)	Anfíbios	Répteis/Aves	Mamíferos
Ossos occipitais	Supraoccipital Exo-occipital Basioccipital	Supraoccipital Exo-occipital Basioccipital	Supraoccipital Exo-occipital Basioccipital	Supraoccipital Exo-occipital } Osso occipital Basioccipital
Osso mesetmoide	Mesetmoide[a] (internasal)	Ausente	Ausente	Mesetmoide (ausente em mamíferos ancestrais, ungulados) } Etmoide
Região etmoide	Ossificada	Não ossificada	Não ossificada	Conchas nasais (etmo, naso, maxilo)
Ossos esfenoides *Esfenetmoide* *Orbitoesfenoide* *Basisfenoide* *Pleuroesfenoide*	*Esfenetmoide* *Orbitoesfenoide* *[Basisfenoide][b]* *Pleuroesfenoide*	*Esfenetmoide* *Orbitoesfenoide* *Basisfenoide* *?*	*Esfenetmoide* *Orbitoesfenoide* *Basisfenoide* *Pleuroesfenoide (crocodilianos, anfisbaenas)*	*Presfenoide* *Orbitoesfenoide* } *Esfenoide[c]* *Basisfenoide* *Ausente*
Lateroesfenoide			Lateroesfenoide (cobras)	Ausente
Cápsula ótica *Periótica*	{ Pró-ótico *Epiótica* *Esfenótica*	Pró-ótico *Opistótico*	Pró-ótico } *Opistótico* } *Epiótica* (ausente em aves)	Periótico com *processo mastoide*

[a]Osso de origem dérmica, não sendo, portanto, estritamente homólogo do mesetmoide tetrápode.
[b]Osso ausente ou reduzido em alguns peixes.
[c]O alisfenoide do esplancnocrânio contribui.

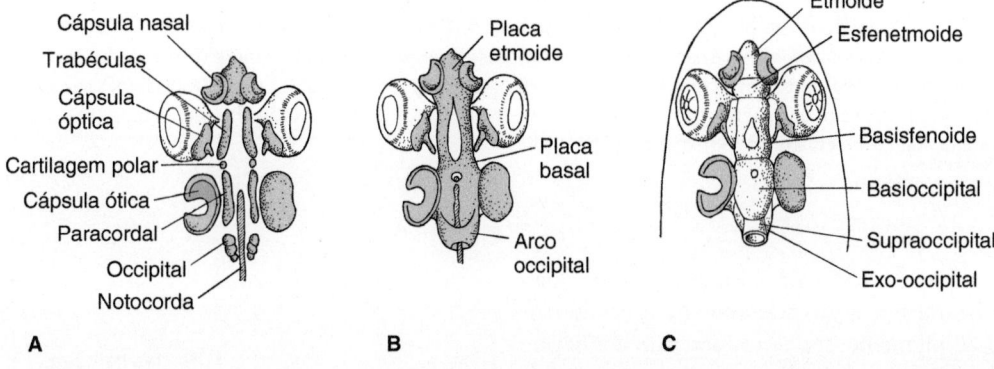

Figura 7.3 Desenvolvimento embrionário do condrocrânio. A cartilagem aparece primeiro, mas, na maioria dos vertebrados, é substituída por osso (branco) em uma fase posterior do desenvolvimento. O condrocrânio inclui esses elementos cartilaginosos que formam a base e a parte posterior do crânio junto com as cápsulas de sustentação em torno dos órgãos sensoriais. A condensação inicial de células do mesênquima se diferencia em cartilagem (**A**), que cresce e se funde, unindo-se para produzir o osso etmoide básico e regiões occipitais (**B**) que depois se ossificam (**C**), formando ossos básicos e cápsulas sensoriais.

De deBeer.

Nos elasmobrânquios, o condrocrânio não se ossifica. Em vez disso, a cartilagem cresce ainda mais para cima e sobre o cérebro para completar as paredes protetoras e o teto da caixa craniana. Na maioria dos outros vertebrados, o condrocrânio se ossifica parcial ou totalmente (Figura 7.3 C).

Esplancnocrânio

O esplancnocrânio é uma estrutura ancestral dos cordados. No anfioxo, o esplancnocrânio, ou pelo menos seu precursor, está associado às superfícies de filtração de alimentos.

Entre os vertebrados, o esplancnocrânio sustenta as brânquias e serve para a inserção dos músculos respiratórios. Elementos do esplancnocrânio contribuem para as maxilas e o aparato hioide dos gnatostomados.

Embriologia

Nos vertebrados, o esplancnocrânio surge embriologicamente de células da crista neural, *não* da placa lateral da mesoderme como o músculo liso nas paredes do trato digestório. Essa origem embrionária comum une os elementos do esplancnocrânio em uma comunidade de elementos. Nos protocordados, as

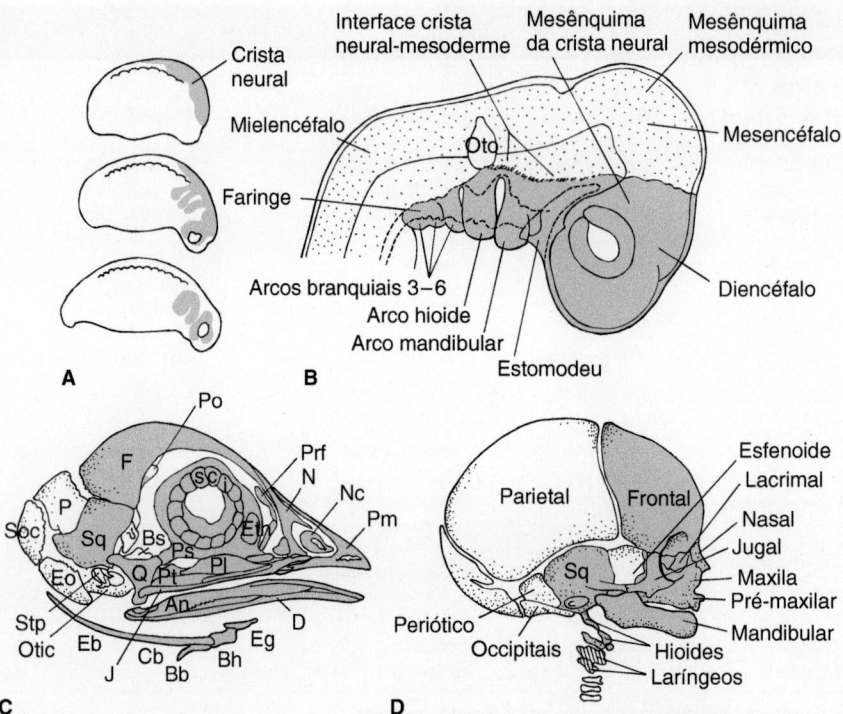

Figura 7.4 Contribuições da crista neural para o crânio. A. Embrião de salamandra ilustrando a disseminação sequencial de células da crista neural. Durante o desenvolvimento embrionário inicial, as células da crista neural contribuem para o mesênquima da cabeça, denominado ectomesoderme em razão de sua origem da crista neural. **B.** Células de origem mesodérmica também contribuem para o mesênquima da cabeça, o mesênquima mesodérmico, cuja posição (*pontilhado*), assim como a da crista neural (*sombreado*) mais a interface aproximada entre eles, está indicada no embrião de galinha. O crânio de um pintainho (**C**) e o de um feto humano (**D**) mostram ossos ou partes de ossos derivados da crista neural (*sombreado*). Abreviações: angular (An), basobranquial (Bb), baso-hioide (Bh), basisfenoide (Bs), ceratobranquial (Cb), dentário (D), epibranquial (Eb), entoglosso (Eg), exo-occipital (Eo), etmoide (Et), frontal (F), jugal (J), nasal (N), cartilagem da cápsula nasal (Nc), parietal (P), palatino (Pl), pré-maxilar (Pm), pós-orbital (Po), pré-frontal (Pfr), paraesfenoide (Ps), pterigoide (Pt), quadrado (Q), ossículo escleral (Sci), supraoccipital (Soc), escamoso (Sq), estribo (Stp).

De Noden, Couly et al.; LeDourain e Kalcheim.

células da crista neural surgiram nos urocordados, nos quais migram do tubo neural para a parede corporal, e lá se diferenciam em células de pigmento, seu único derivado conhecido atualmente. As barras faríngeas nos protocordados surgem da mesoderme e formam a cesta branquial não unida, o predecessor filogenético do esplancnocrânio dos vertebrados. Entretanto, a crista neural nos vertebrados origina uma grande variedade de estruturas do adulto, incluindo as maxilas e arcos branquiais. Células da crista neural saem dos lados do tubo neural e se movem para as paredes da faringe, entre fendas faríngeas sucessivas, diferenciando-se nos respectivos arcos faríngeos. Os arcos faríngeos de vertebrados aquáticos em geral estão associados ao seu sistema respiratório de brânquias. Por causa dessa associação, são conhecidas como **arcos branquiais**, ou **arcos das brânquias**.

Cada arco pode ser composto por uma série de até cinco elementos articulados em cada lado, começando com o elemento **faringobranquial** dorsalmente e, em seguida, em ordem descendente, o **epibranquial**, o **ceratobranquial**, o **hipobranquial** e o **basobranquial** (Figura 7.5). Um ou mais desses arcos branquiais anteriores podem vir a delimitar a boca e apoiar os dentes. Os arcos branquiais que sustentam a boca são chamados de **maxilas**, com cada arco contribuinte sendo

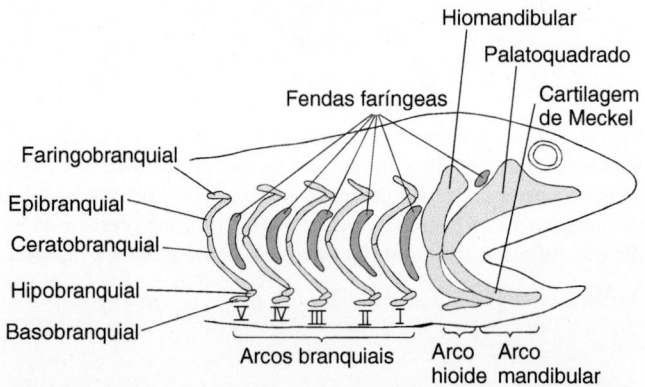

Figura 7.5 Esplancnocrânio ancestral. São mostrados sete arcos. Até cinco elementos compõem um arco de cada lado, começando com o faringobranquial dorsalmente e, em sequência, o basobranquial mais ventralmente. Os dois primeiros arcos completos são denominados: mandibular (o primeiro) e hioide (o segundo, que sustenta o primeiro). Os elementos característicos dos cinco arcos estão reduzidos a dois no arco mandibular: palatoquadrado e cartilagem de Meckel. O grande hiomandibular, derivado de um elemento epibranquial, é o componente mais proeminente do arco seguinte, o hioide, além do qual o número de arcos branquiais é variável, I, II e assim por diante. As cartilagens labiais não estão incluídas.

numerado em sequência. O primeiro arco totalmente funcional da maxila é o **arco mandibular**, o maior e mais anterior da série modificada de arcos, sendo composto pelo **palatoquadrado** dorsalmente e pela **cartilagem de Meckel** (cartilagem mandibular) ventralmente. O **arco hioide**, cujo elemento mais proeminente é o **hiomandibular**, segue o arco mandibular. Um número variável de arcos branquiais, em geral designados por algarismos romanos, segue o arco hioide (ver Figura 7.5).

Origem das maxilas

Nos agnatos, a boca não é definida nem sustentada por maxilas. Em vez disso, o esplancnocrânio sustenta o teto da faringe e as fendas faríngeas laterais. Sem maxilas, os ostracodermes ficariam restritos a uma dieta à base de alimentos pequenos, particulados. É provável que as superfícies alimentares com cílios e muco dos protocordados continuaram a exercer grande parte do papel na técnica de captura dos alimentos dos ostracodermes. Em alguns grupos, pequenas estruturas semelhantes a dentes, derivadas de escamas superficiais, circundavam a boca. Talvez os ostracodermes usassem esses "dentes" rudimentares para raspar a superfície das rochas e retirar algas ou outros organismos incrustados nelas. À medida que essas partículas alimentares ficavam suspensas na água, os ostracodermes as traziam até a boca com a corrente do fluxo de água. As paredes da faringe revestidas de muco colhiam essas partículas livres da corrente de água.

As maxilas surgiram primeiro nos acantódios e peixes placodermes, que as usavam como armadilhas para agarrar toda a presa ou tirar pedaços de uma presa maior. Em alguns grupos, as maxilas também serviam para esmagar ou mastigar dispositivos para processar alimentos na boca. Com o advento das maxilas, esses peixes se tornaram mais predadores de vida livre de águas abertas.

As maxilas surgiram do par anterior de arcos das brânquias. A evidência que confirma isso vem de várias fontes. Primeiro, a embriologia dos tubarões sugere que maxilas e arcos branquiais se desenvolvem similarmente em série (Figura 7.6) e ambos surgem da crista neural. O espiráculo parece já ter sido uma fenda branquial de tamanho normal, mas nos tubarões recentes é compacta e muito reduzida pelo arco hioide dilatado, em sequência na série. Além disso, nervos e vasos sanguíneos estão distribuídos em um padrão semelhante ao dos arcos branquiais e maxilas. Por fim, a musculatura das maxilas parece ter se transformado e modificado a partir da musculatura do arco branquial.

Portanto, parece razoável concluir que os arcos branquiais filogeneticamente originam as maxilas, mas os detalhes continuam controversos. Por exemplo, não temos certeza se as maxilas representam derivados do primeiro, do segundo, do terceiro ou mesmo do quarto arco branquial de ancestrais. A derivação do arco mandibular também desperta alguma polêmica. A **teoria serial** é a hipótese mais simples e sustenta que o primeiro ou, talvez, o segundo arco branquial ancestral originou exclusivamente o arco mandibular; o arco branquial seguinte originou exclusivamente o arco hioide e o restante dos arcos originaram os arcos branquiais dos gnatostomados (Figura 7.7 A).

Erik Jarvik, um paleontólogo sueco, propôs a **teoria composta**, uma hipótese mais complexa baseada no exame que ele

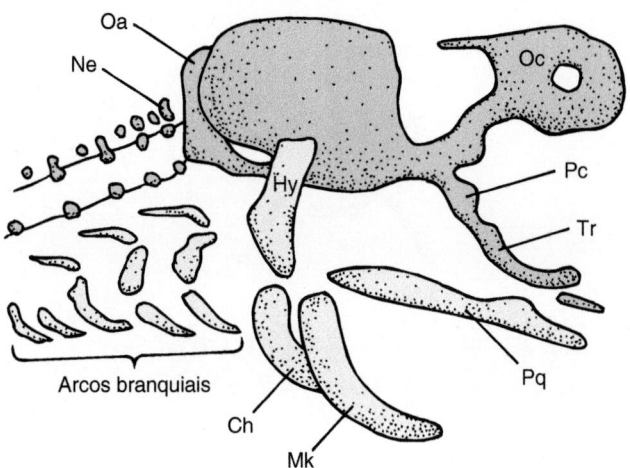

Figura 7.6 Embrião de tubarão, o *Scyllium* tem maxilas que parecem ficar em série com os arcos branquiais. O arco mandibular é o primeiro, seguido pelo hioide e, então, por vários arcos branquiais. Tal posição das maxilas, em série com os arcos, é considerada evidência de que elas derivam do arco branquial mais anterior. Abreviações: cerato-hioide (Ch), hiomandibular (Hy), cartilagem de Meckel (Mk), arco neural (Ne), arco occipital (Oa), cartilagem orbital (Oc), cartilagem polar (Pc), palatoquadrado (Pq), trabécula (Tr). As cartilagens labiais não estão incluídas.

De deBeer.

fez de crânios de peixes fósseis e na embriologia de formas vivas (Figura 7.7 B). Ele levantou a hipótese de que as espécies ancestrais tinham 10 arcos branquiais, o primeiro e o seguinte sendo denominados terminais, o pré-mandibular, o mandibular, o hioide e seis arcos branquiais. Além da ideia de "um arco, uma mandíbula", ele imaginou uma série complexa de perdas ou fusões entre partes seletivas de vários arcos juntos, para produzir a mandíbula única composta. De acordo com essa teoria, o arco mandibular dos gnatostomados é formado pela fusão de partes do arco pré-mandibular e do mandibular de ancestrais sem maxilas. O palatoquadrado se forma a partir da fusão do epibranquial do arco pré-mandibular com um faringobranquial do arco mandibular. A cartilagem de Meckel surge do elemento ceratobranquial expandido. Em seguida, o arco hioide surge filogeneticamente dos elementos epibranquial, ceratobranquial e hipobranquial do terceiro arco branquial ancestral. Os arcos branquiais restantes persistem em ordem seriada. Os outros elementos dos arcos ancestrais são perdidos ou fundidos ao neurocrânio.

A embriologia descritiva fornece evidências para a quarta dessas teorias. Contudo, somente a embriologia descritiva não pode traçar componentes de estruturas do embrião até as do adulto com total confiabilidade. Podemos olhar para frente para usar as técnicas mais modernas que ajudam nisso. Por exemplo, as populações de células podem ser marcadas com marcadores químicos ou celulares no início do desenvolvimento embrionário e seguidas até os eventuais locais de residência no adulto. Esses marcadores nos possibilitariam detectar a contribuição dos arcos branquiais para as maxilas ou o condrocrânio.

Tal trabalho está em andamento no momento, com o uso de sondas moleculares e genéticas, mas os resultados têm sido

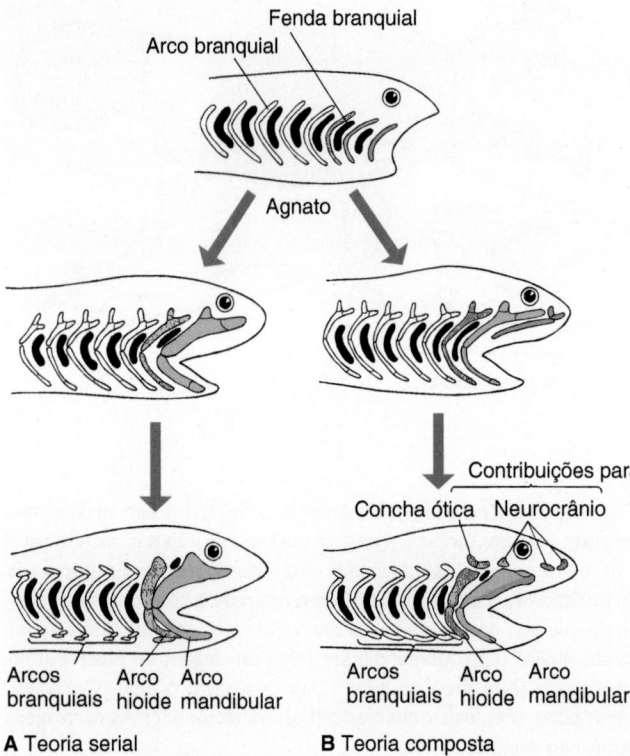

Figura 7.7 Teorias serial e composta do desenvolvimento da maxila. A. A teoria serial diz que as maxilas surgem completamente de um dos arcos branquiais anteriores. Elementos dela podem ser perdidos, mas outros dos demais arcos não contribuem. **B.** Na teoria composta, o arco mandibular é formado a partir de elementos de vários arcos adjacentes que também contribuem para o neurocrânio.

bastante instáveis e contraditórios. Por exemplo, no trabalho inicial sobre uma espécie de lampreia sem maxila, os primeiros resultados identificaram um gene *Hox* que não se expressou no arco mandibular dos vertebrados com maxila. Isso sugeriu que esse gene *Hox* suprimia o desenvolvimento da maxila (na lampreia) e sua ausência (nos gnatostomados) removeu essa inibição para facilitar a evolução das maxilas. Todavia, trabalho mais recente em outras espécies de lampreias não detectou tal expressão *Hox*, sugerindo que, em vez disso, o gene *Hox* não é um componente-chave da evolução da maxila.

Foram encontrados resultados mais consistentes com outros genes importantes. A ideia emergente, mas ainda hipotética, da evolução da maxila baseada nessa evidência molecular é a de que o arco mandibular de peixes sem maxila se dividiu – a parte dorsal contribuindo para o neurocrânio e o restante evoluindo para a própria maxila dos gnatostomados. Isso fica mais próximo da teoria composta, mas difere em detalhe, que precisa ser estabelecido. Apesar disso, todas essas opiniões compartilham o mesmo consenso básico, ou seja, que em geral as maxilas dos vertebrados são derivadas de arcos branquiais ancestrais (Tabela 7.2).

Tipos de inserções da maxila

Graças à proeminência da maxila, a evolução maxilar em geral é traçada de acordo com sua inserção (*i. e.*, o **suspensório**) ao crânio (Figura 7.8). Os agnatos representam o estágio **paleostílico** inicial, em que nenhum dos arcos se insere diretamente ao crânio. A condição mandibulada mais inicial é **euautostílica**, encontrada nos placodermes e acantódios. O arco mandibular é

Arco	Tubarões	Teleósteos	Anfíbios	Répteis/Aves	Mamíferos
I	Cartilagem de Meckel	Articular[a]	Articular	Articular	Martelo[b]
	Palatoquadrado	Quadrado Epipterigoide	Quadrado Epipterigoide	Quadrado Epipterigoide	Bigorna[b] Alisfenoide
II	Hiomandibular	Hiomandibular Simplético Inter-hioide	Estribo Extracolumela	Estribo Extracolumela	Estribo[b]
	Cerato-hioide	Cerato-hioide Hipo-hioide	Cerato-hioide Hipo-hioide	Cerato-hioide	Corno anterior do hioide
	Baso-hioide	Baso-hioide		Corpo do hioide	Corpo do hioide
III	Faringobranquial Epibranquial Ceratobranquial Hipobranquial	Faringobranquial Epibranquial Ceratobranquial Hipobranquial	Corpo do hioide	Segundo corno do hioide	Segundo corno do hioide
IV	Arco branquial		Último corno e corpo do hioide Cartilagens laríngeas (?)	Último corno e corpo do hioide Cartilagens laríngeas (?)	Cartilagens tireoideas (?)
V	Arco branquial	Arco branquial	Cartilagens laríngeas (?)	Cartilagens laríngeas (?)	Cartilagens laríngeas
VI	Arco branquial	Arco branquial	Não presente	Não presente	Não presente
VII	Arco branquial	Arco branquial			

Tabela 7.2 Derivados dos arcos branquiais em tubarões, teleósteos e tetrápodes.

[a]Às vezes o osso dérmico contribui.
[b]Ver adiante, na Figura 7.53, e no texto relacionado, uma discussão sobre a evolução do ouvido médio.

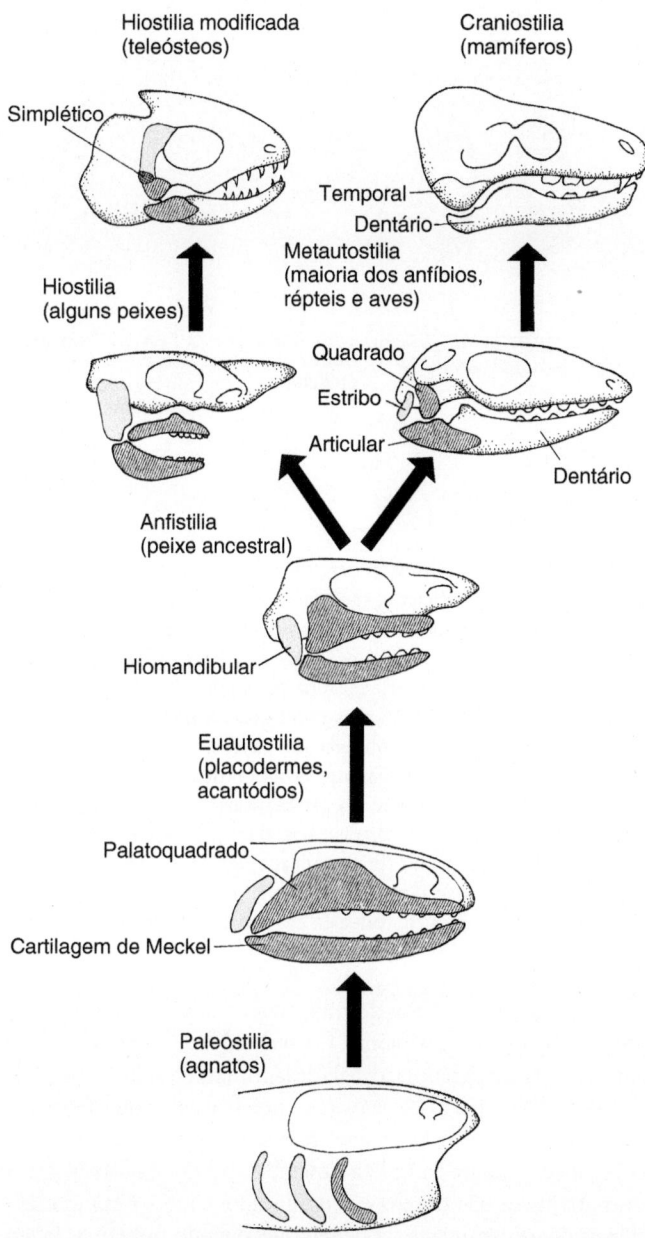

Figura 7.8 Suspensão da maxila. Os pontos em que as maxilas se inserem no crânio definem o tipo de suspensão da maxila. Notam-se os arcos mandibulares (*áreas hachuradas*) e os arcos hioides (*em cinza*). O osso dérmico (*áreas brancas*) da maxila inferior é o dentário.

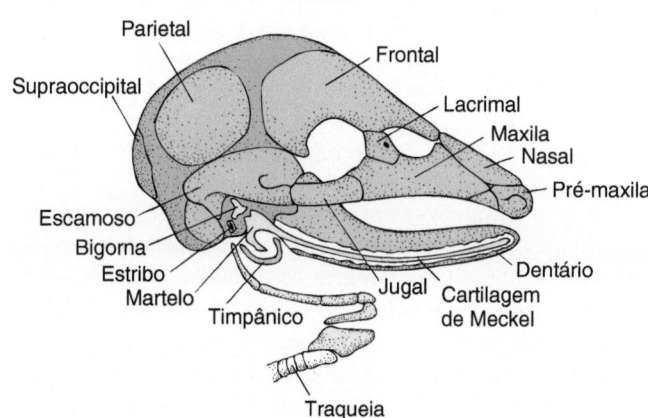

Figura 7.9 Crânio do embrião de tatu. Durante a formação embrionária dos três ossículos do ouvido médio (bigorna, estribo, martelo), a bigorna e o estribo surgem do arco mandibular, confirmando a derivação filogenética desses ossos. O dentário dérmico está cortado para revelar a cartilagem de Meckel, que se ossifica em sua extremidade posterior para formar o martelo. (*Em azul*, a contribuição do condrocrânio; *em amarelo*, a do esplancnocrânio; *em rosa*, a do dermatocrânio.) (Esta figura encontra-se reproduzida em cores no Encarte.)

De Goodrich.

suspenso do crânio por si mesmo (daí "auto"), sem a ajuda do arco hioide. Nos primeiros tubarões, alguns osteíctes e ripidístios, a suspensão da maxila é **anfistílica**, ou seja, as maxilas estão inseridas à caixa craniana por meio de duas articulações primárias, anteriormente por um ligamento que conecta o palatoquadrado ao crânio e posteriormente pelo hiomandibular. Muitos, talvez a maioria, dos tubarões recentes exibem uma variação de suspensão mandibular anfistílica. Na maioria dos peixes ósseos recentes, a suspensão da maxila é **hiostílica** porque o arco mandibular é inserido à caixa craniana primariamente por meio do hiomandibular. Em geral, um novo elemento, o **osso simplético**, ajuda na suspensão da maxila. O

crânio visceral permanece cartilaginoso nos elasmobrânquios, mas dentro dos peixes ósseos e depois nos tetrápodes, o centro de ossificação aparece, formando contribuições ósseas distintivas para o crânio. Na maioria dos anfíbios, répteis e aves, a suspensão da maxila é **metautostílica**. As maxilas estão inseridas à caixa craniana diretamente pelo quadrado, um osso formado na parte posterior do palatoquadrado (ver Figura 7.8). O hiomandibular não participa da sustentação da maxila; em vez disso, ele origina a **columela** ou **estribo**, que tem função na audição. Outros elementos do segundo arco e partes do terceiro contribuem para o **hioide** ou **aparato hioide**, que sustenta a língua e o assoalho da boca. Nos mamíferos, a suspensão da maxila é **craniostílica**. Toda a maxila superior está incorporada na caixa craniana, mas a maxila inferior fica suspensa do osso dérmico **escamoso** da caixa craniana. A maxila inferior dos mamíferos consiste inteiramente em osso **dentário**, também de origem dérmica. O palatoquadrado e as cartilagens de Meckel ainda se desenvolvem, mas permanecem cartilaginosas, exceto nas extremidades posteriores, que originam a **bigorna** e o **martelo** do ouvido médio, respectivamente (Figura 7.9). Portanto, nos mamíferos, o esplancnocrânio não contribui para as maxilas do adulto ou sua suspensão, formando, em vez disso, o aparato hioide, o estiloide e os três ossículos do ouvido médio: martelo, bigorna e estribo. Com a cartilagem de Meckel, o esplancnocrânio contribui para o molde em torno do qual se forma o osso dentário.

Dermatocrânio

Os ossos dérmicos que contribuem para o crânio pertencem ao dermatocrânio. Filogeneticamente, eles surgem da armadura óssea do tegumento dos primeiros peixes e se interiorizam para se aplicarem ao condrocrânio e ao esplancnocrânio. Elementos ósseos da armadura também se associam aos elementos endocondrais da cintura peitoral para originar seus componentes dérmicos.

Cintura dérmica (Capítulo 9)

Os ossos dérmicos se associaram primeiro ao crânio nos ostracodermes. Nos grupos posteriores, outros ossos dérmicos do tegumento sobrejacente também contribuem. O dermatocrânio forma os lados e o teto do crânio, completando a caixa óssea protetora em torno do cérebro, e a maior parte do revestimento ósseo do teto da boca, além de envolver muito do esplancnocrânio. Os dentes que surgem dentro da boca em geral ficam sobre ossos dérmicos.

Como o nome sugere, os ossos do dermatocrânio surgem diretamente dos tecidos mesenquimatosos e ectomesenquimatosos da derme. Mediante o processo de ossificação intramembranosa, esses tecidos formam os ossos do dermatocrânio.

Partes do dermatocrânio

A tendência dos elementos dérmicos nos peixes recentes e anfíbios viventes foi se perderem ou fundirem, de modo que o número de ossos é reduzido e o crânio, simplificado, em comparação com seus ancestrais. Nos amniotas, os ossos do dermatocrânio predominam, formando a maioria da caixa craniana e a maxila inferior. O crânio dérmico pode conter uma série considerável de ossos unidos firmemente em suturas para formar a caixa que contém o cérebro e outros elementos cranianos. Por conveniência, podemos agrupar essas séries e reconhecer os ossos mais comuns em cada uma (Figura 7.10; Tabela 7.3).

Séries de ossos dérmicos

▶ **Série facial.** A série facial circunda a narina externa e forma coletivamente o focinho. A maxila e a pré-maxila (incisivo) definem as margens do focinho e, em geral, contêm dentes. O osso nasal se situa em posição mediana à narina. O septomaxilar é um osso dérmico pequeno da série facial que costuma estar ausente. Quando presente, geralmente fica escondido abaixo dos ossos superficiais e ajuda a formar a cavidade nasal.

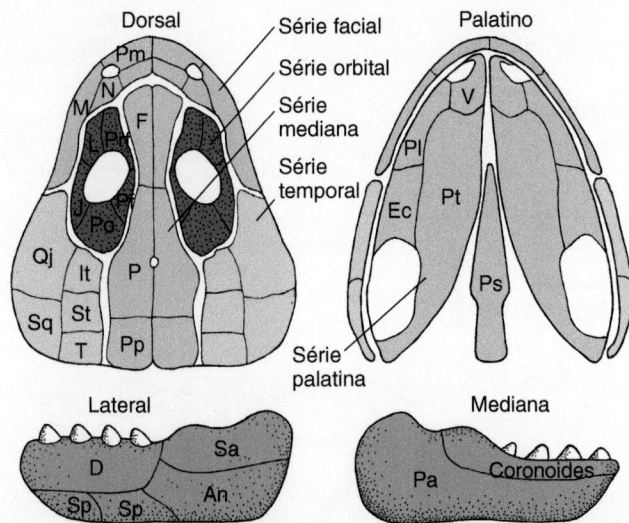

Figura 7.10 Principais ossos do dermatocrânio. Conjuntos de ossos dérmicos formam a série facial que circunda a narina. A série orbital circunda o olho e a série temporal compõe a parede lateral atrás do olho. A série mediana, os ossos do teto ficam no alto do crânio, acima do cérebro. A série palatina de ossos cobre o alto da boca. A cartilagem de Meckel (não mostrada) está encaixada na série mandibular da maxila inferior. Abreviações: angular (An), dentário (D), ectopterigoide (Ec), frontal (F), intertemporal (It), jugal (J), lacrimal (L), maxilar (M), nasal (N), parietal (P), pré-articular (Pa), palatino (Pl), pré-maxilar (Pm), pós-orbital (Po), pós-parietal (Pp), pré-frontal (Prf), paraesfenoide (Ps), pterigoide (Pt), quadradojugal (Qj), surangular (Sa), esplênio (Sp), escamoso (Sq), supratemporal (Si), tabular (T), vômer (V). (Esta figura encontra-se reproduzida em cores no Encarte.)

▶ **Série orbital.** Os ossos dérmicos circundam os olhos para definir a órbita superficialmente. O **lacrimal** é denominado assim por causa do ducto nasolacrimal (de lágrimas) dos tetrápodes, que passa através ou perto desse osso. O **pré-frontal**, o **pós-frontal** e o **pós-orbital** continuam o anel de ossos acima e atrás da órbita. O **jugal** geralmente completa a margem inferior da órbita. Esses ossos dérmicos não devem ser confundidos com os **ossículos esclerais** de origem na crista neural que, quando presentes, ficam dentro da órbita definida pelo anel de ossos dérmicos.

Tabela 7.3 Principais ossos dérmicos do crânio.					
CAIXA CRANIANA					**MAXILA**
Série facial	**Série orbital**	**Série temporal**	**Série mediana**	**Série palatina**	**Série mandibular**
Pré-maxila	Lacrimal	Infratemporal	Frontal	Vômer	Ossos laterais:
Maxila	Pré-frontal	Supratemporal	Parietal	Palatino	Dentário (dentes)
Nasais (septomaxilar)	Pós-frontal Pós-orbital	Tabular	Pós-parietal	Ectopterigoide	Espleniais (2)
	Jugal	Escamoso Quadradojugal		Pterigoide Paraesfenoide (*ímpar*)	Angular Surangular Ossos medianos *Pré-articular Coronoides*

▶ **Série temporal.** A área atrás da órbita, completando a parede posterior da caixa craniana, é a **região temporal**. Em muitos tetrápodes ancestrais, essa série tem um recorte posterior, a **incisura temporal**, já considerada uma membrana timpânica suspensa, nomeada de acordo como incisura ótica. Isso agora parece improvável e, em vez disso, talvez ela acomodasse um espiráculo, um tubo respiratório. Aberturas denominadas **fenestras** surgem dentro dessa região temporal da caixa craniana externa em muitos tetrápodes, associadas à musculatura da maxila. Uma fileira de ossos, o **intertemporal**, o **supratemporal** e o **tabular**, compõe a parte mediana da série temporal. Essa fileira é reduzida nos primeiros tetrápodes e, em geral, foi perdida nas espécies que surgiram depois. Lateralmente, o **escamoso** e o **quadradojugal** completam a série e formam a "bochecha".

Osso temporal (Capítulo 7)

▶ **Série mediana.** Os ossos medianos, ou **ossos do teto**, localizam-se no alto do crânio e recobrem o cérebro embaixo. Ela inclui o **frontal** anteriormente e o **pós-parietal** (interparietal) posteriormente. Entre eles está o grande **parietal**, ocupando o centro do teto e definindo o pequeno **forâmen parietal**, se existente, um orifício no teto do crânio que expõe a glândula pineal, endócrina, para receber diretamente a luz do sol.

▶ **Série palatina.** Os ossos dérmicos do **palato primário** cobrem grande parte do teto da boca. O maior e mais mediano é o **pterigoide**. Laterais a ele estão o vômer, o palatino e o **ectopterigoide**. Podem haver dentes sobre algum ou todos esses ossos palatais. Nos peixes e tetrápodes inferiores, também há um osso dérmico mediana ímpar, o **paraesfenoide**.

▶ **Série mandibular.** A cartilagem de Meckel geralmente está envolta nos ossos dérmicos da série mandibular. Lateralmente, a parede dessa série inclui o **dentário** e um ou dois **espleniais**, o **angular**, no canto posterior da maxila, e o **surangular** acima. Muitos desses ossos envolvem o lado mediano da maxila e encontram o **pré-articular** e um ou vários **coronoides** para completar a parede mandibular mediana. As maxilas esquerda e direita em geral se encontram na parte anterior, na linha mediana, em uma **sínfise mandibular**. Se firme, a sínfise mandibular as une em uma unidade arqueada. De maneira mais notável nas cobras, a sínfise mandibular é composta por tecidos moles, que viabilizam o movimento independente de cada maxila.

Resumo da morfologia do crânio

Caixa craniana

Nos peixes condrictes, a caixa craniana é um envoltório cartilaginoso elaborado em torno do cérebro. Não há dermatocrânio, refletindo a eliminação de quase todos os ossos do esqueleto. Entretanto, na maioria dos peixes ósseos e tetrápodes, a caixa craniana é extensamente ossificada, com contribuições de várias fontes. Com fins descritivos, é válido imaginar que a caixa craniana é uma caixa com uma plataforma de elementos do endoesqueleto que sustenta o cérebro, todo envolto em ossos do exoesqueleto (Figura 7.11). A plataforma de endoesqueleto é montada a partir de uma série

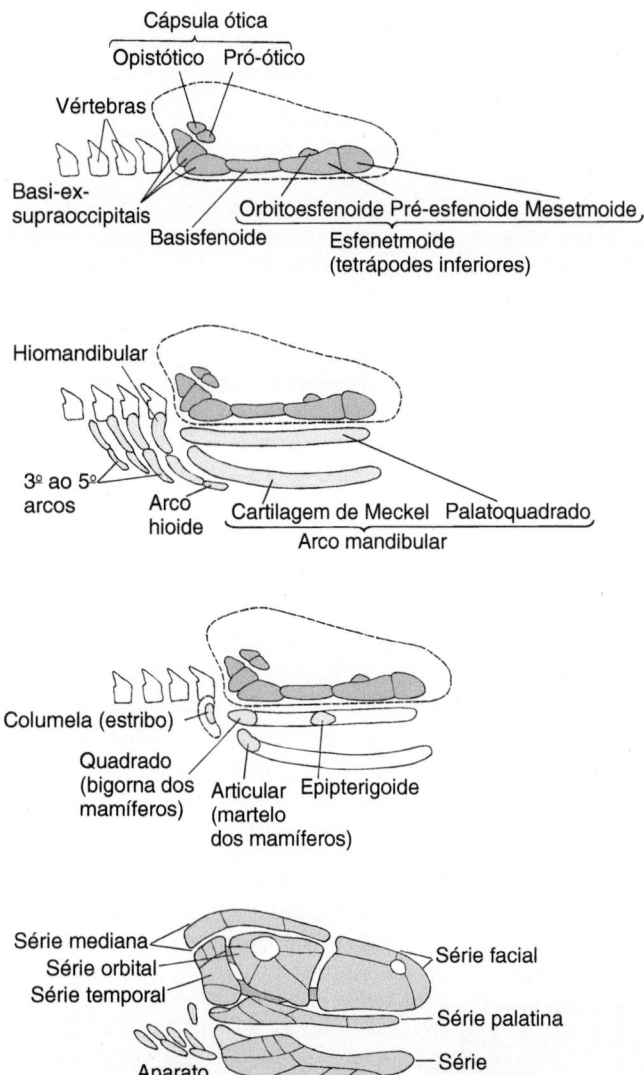

Figura 7.11 Contribuições para o crânio. O condrocrânio (*azul*) estabelece uma plataforma de suporte unida por contribuições do esplancnocrânio (*amarelo*), em particular o epipterigoide. Outras partes do esplancnocrânio originam o articular, o quadrado e o hiomandibular, bem como o aparato hioide. O dermatocrânio (*rosa*) envolve a maior parte do condrocrânio junto com contribuições do esplancnocrânio. (Esta figura encontra-se reproduzida em cores no Encarte.)

de ossos **esfenoides**. Os ossos **occipitais**, aparentemente derivados das vértebras anteriores, formam a extremidade dessa plataforma esfenoide. Esses, que podem ser até quatro (**basioccipital**, **supraoccipital** e o par de **exo-occipitais**), fecham a parede posterior da caixa craniana, exceto por um grande orifício que eles definem, o **forâmen magno**, através do qual corre a medula espinal. A articulação do crânio com a coluna vertebral é estabelecida por meio do **côndilo occipital**, uma superfície única ou dupla, produzida primariamente dentro do basioccipital, mas com contribuições dos exo-occipitais em algumas espécies.

A cápsula ótica fica na parte posterior da plataforma do endoesqueleto e encerra os órgãos sensoriais do ouvido. O esplanc-

Boxe Ensaio 7.1 · Formação da cabeça

A noção de que o crânio é derivado de vértebras compactadas em série data do século 18. O naturalista e poeta alemão W. Goethe (1749–1832) aparentemente foi o primeiro a ter essa ideia, mas não a publicá-la. Ele nos deu o termo *morfologia*, que para ele significava a pesquisa pelo significado subjacente no projeto orgânico ou formato. Entre suas descobertas estava a observação de que as flores das plantas eram pétalas modificadas do caule, compactadas e unidas. Sua experiência com os vertebrados e seus crânios em particular ocorreu em 1790, quando estava visitando um antigo cemitério em Veneza, onde viu no solo um crânio de carneiro ressecado e com as suturas ósseas desintegradas, mas mantidas na sequência. Os ossos separados do crânio de carneiro pareciam ser as vértebras anteriores encurtadas para frente do esqueleto ósseo, mas Goethe não publicou essa ideia até 1817. O crédito por ela e sua elaboração foi para outro naturalista alemão, L. Oken (1779–1851) em 1806. Oken estava passando por uma floresta e se deparou com o crânio de um carneiro, também ficando impressionado com a homologia seriada com as vértebras e logo depois publicou o achado (Figura 1 A do Boxe).

Em seguida, a teoria vertebral da origem do crânio caiu nas mãos de Richard Owen e se tornou parte de sua teoria muito emblemática sobre os arquétipos animais (Figura 1 B do Boxe). Por causa da proeminência de Owen no âmbito científico no início do século 19, a ideia do crânio proveniente das vértebras se tornou uma questão central nas comunidades científicas europeias. Um dos discordantes mais persuasivos dessa hipótese de uma origem vertebral para o crânio foi T. H. Huxley, que baseou sua crítica em um estudo comparativo detalhado de crânios de vertebrados e seu desenvolvimento. Isso veio à tona (sem intenção) em uma palestra de Croon em 1858, para a qual Huxley fora convidado e argumentou que o desenvolvimento do crânio mostra-

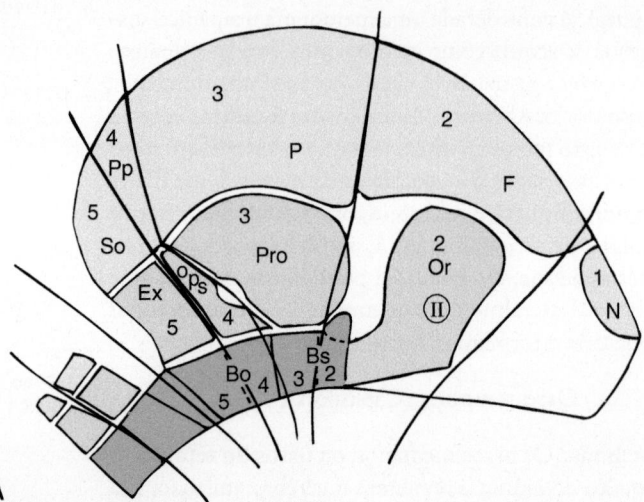

Figura 1 do Boxe Formação da cabeça. A derivação da cabeça de vértebras anteriores foi proposta separadamente por Goethe e Oken. Richard Owen (no século 19) expandiu as ideias deles. **A.** Crânio de carneiro, mostrando como seu padrão segmentar presumível poderia ser interpretado como derivado de partes das vértebras anteriores que se expandiram. (*Continua*)

A, de Jollie.

va não ser composto por vértebras. Ele sugeriu que o "crânio não era mais derivado das vértebras, estas sim eram derivadas do crânio", que, segundo Huxley, surgiu quase da mesma forma na maioria dos vertebrados, fundindo-se em uma unidade, não como uma série articulada. A ossificação do crânio não mostrava similaridade com a das vértebras em série que se seguiam. Embora fosse provável que Huxley estivesse certo sobre isso quanto à maioria do crânio, a região occipital se ossifica de maneira semelhante à das vértebras.

Ao descartar a teoria vertebral, Huxley a substituiu por uma teoria segmentar, traçando a segmentação para somitos, não vértebras (Figura 1 C do Boxe). Ele considerou como um marco "fixo" a cápsula ótica que continha o ouvido e visualizou qua-

tro somitos (pré-óticos) na frente e cinco (pós-óticos) atrás como fontes segmentares para derivados segmentares adultos e derivados da cabeça.

Hoje, alguns argumentam que a cabeça é um sistema único de desenvolvimento, sem qualquer ligação com os somitos segmentares (somitômeros). As células da crista neural que também contribuem para partes do crânio não exibem um padrão segmentar na cabeça. Todavia, pelo menos em peixes, os arcos branquiais são segmentares (Figura 1 D do Boxe), como a mesoderme para-axial da cabeça (somitômeros), e a segmentação aparentemente pode ser levada para o neurocrânio que acompanha. A parte sombreada na série dos vertebrados (ver Figura 1 C do Boxe) mostra derivados de partes de um ancestral teórico (ver Figura 1 B do Boxe).

(Continua)

---

nocrânio contribui com o **epipterigoide** (**alisfenoide** nos mamíferos) para a plataforma endoesquelética e origina um (columela/estribo) ou mais (martelo e bigorna nos mamíferos) ossos do ouvido médio, que ficam na cápsula ótica.

Na maioria dos vertebrados, os elementos do endoesqueleto, junto com o cérebro e os órgãos sensoriais que eles sustentam, são envoltos por elementos do exoesqueleto, derivados da derme, para completar a caixa craniana.

Maxilas

Nos vertebrados ancestrais, a **maxila superior** consiste no palatoquadrado endoesquelético. Ele é totalmente funcional nas maxilas dos condrictes e peixes ancestrais, mas nos peixes ósseos e tetrápodes em geral suas contribuições para o crânio são limitadas por meio de dois derivados: o epipterigoide, que se funde com o neurocrânio, e o **quadrado**, que

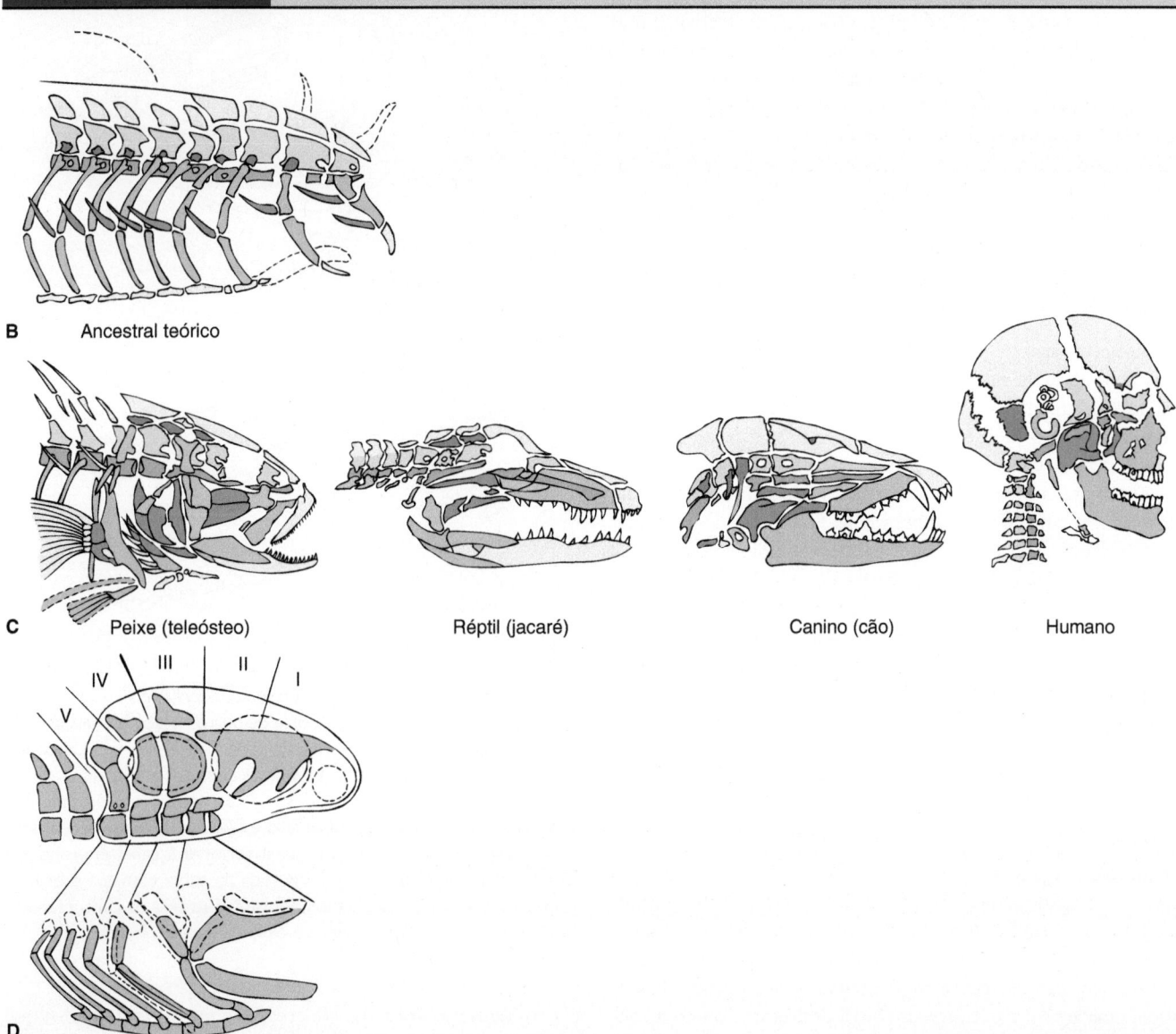

Boxe Ensaio 7.1   Formação da cabeça (*continuação*)

B   Ancestral teórico

C   Peixe (teleósteo)   Réptil (jacaré)   Canino (cão)   Humano

D

Figura 1 do Boxe (*Continuação*) Formação da cabeça. B. Richard Owen elaborou a hipótese da segmentação da cabeça a partir das vértebras, propondo que as vértebras anteriores no corpo se moviam para frente, contribuindo com elementos esqueléticos para a cabeça. Portanto, Owen acreditava que os elementos ósseos da cabeça poderiam ter homologia com partes de um padrão vertebral fundamental. **C.** Trabalhando com vários vertebrados, ele indicou como partes do crânio poderiam representar partes respectivas desse padrão vertebral subjacente do qual derivam. **D.** Como alternativa, T. H. Huxley propôs que, em vez de derivados das vértebras que se moviam para frente na cabeça, os componentes dessa eram derivados de uma segmentação básica sem relação com a segmentação vertebral atrás do crânio. Esses segmentos básicos (em algarismos romanos) ficam de fora de um crânio generalizado de vertebrado, para mostrar as respectivas contribuições para partes específicas. Abreviações: basioccipital (Bo), basisfenoide (Bs), exo-occipital (Ex), frontal (F), nasal (N), opistótico (Ops), orbitoesfenoide (Or), parietal (P), pós-parietal (Pp), pró-ótico (Pro), supraoccipital (So). (Esta figura encontra-se reproduzida em cores no Encarte.)

B e C, de Reader; D, de Jollie.

---

suspende a maxila inferior, exceto nos mamíferos. A maxila e a pré-maxila dérmicas substituem o palatoquadrado como maxila superior.

A **maxila inferior**, ou **mandíbula**, consiste apenas na cartilagem de Meckel nos condrictes. Na maioria dos peixes e tetrápodes, a cartilagem de Meckel persiste, mas encerrada dos ossos exoesqueléticos do dermatocrânio, que também sustentam os dentes. A cartilagem de Meckel, inclusa no dermatocrânio, em geral continua não ossificada, exceto em alguns tetrápodes nos quais sua extremidade anterior se ossifica como o osso do **mento**. Na maioria dos peixes e tetrápodes (exceto nos mamíferos), a extremidade posterior da cartilagem de Meckel pode fazer protrusão da caixa exoesquelética como um osso **articular** ossificado.

Nos mamíferos, a maxila inferior consiste em um único osso, o dentário dérmico. A parte do dentário em que fica o dente anterior é o **ramo mandibular**. Os músculos que fecham a maxila estão inseridos no **processo coronoide**, uma extensão do dentário para cima. Posteriormente, o dentário forma o **côndilo mandibular** expandido, um processo arredondado que se articula com a **fossa glenoide**, uma depressão dentro do osso temporal da caixa craniana. Portanto, nos mamíferos, o côndilo mandibular do dentário substitui o osso articular como a superfície da maxila inferior, por meio da qual se estabelece a articulação mandibular com a caixa craniana.

Aparato hioide

O hioide ou aparato hioide é um derivado ventral do esplancnocrânio atrás da maxila. Nos peixes, ele sustenta o assoalho da boca. Elementos do aparato hioide são derivados das partes ventrais do arco hioide e de partes dos primeiros arcos branquiais. Nas larvas e anfíbios pedomórficos, as barras branquiais persistem, mas formam um aparato hioide reduzido que sustenta o assoalho da boca e brânquias funcionais. Em adultos, as brânquias e a parte associada do aparato hioide são perdidas, embora persistam elementos dentro do assoalho da boca, em geral para sustentar a língua. É comum o aparato hioide incluir uma parte principal, o **corpo**, e extensões, os **cornos**. Em muitos mamíferos, inclusive seres humanos, a extremidade distal do corno hioide se funde com a região ótica da caixa craniana para formar o **processo estiloide**.

Cinese craniana

Cinese significa movimento. Portanto, cinese craniana se refere literalmente ao movimento dentro do crânio, mas, se deixada de lado como uma definição geral, ela se amplia a ponto de proporcionar um contexto válido em que se discute a função do crânio. Alguns autores restringem a expressão a crânios com uma articulação transversa em dobradiça através do teto do crânio e uma articulação transversa basal deslizante no teto da boca. Porém, essa definição restrita exclui a maioria dos peixes teleósteos, apesar de seus elementos cranianos altamente móveis. Aqui, usamos cinese craniana significando movimento entre a maxila superior e a caixa craniana, perto das articulações entre elas (Figura 7.12 A). Tais **crânios cinéticos** caracterizam a maioria dos vertebrados. Eles são encontrados nos peixes ancestrais (ripidístios e provavelmente paleoniscoides), peixes ósseos (em especial teleósteos), tetrápodes muito ancestrais, a maioria dos répteis (inclusive a maioria das formas do Mesozoico), aves e os primeiros ancestrais terápsidos dos mamíferos. Os atuais anfíbios, tartarugas, crocodilos e mamíferos (com a possível exceção das lebres, ver Boxe Ensaio 7.2) não têm crânios cinéticos. A presença disseminada de cinese craniana entre os vertebrados, mas sua ausência essencial entre mamíferos, parece criar um problema para os seres humanos. Como nós, conforme a maioria dos outros mamíferos, temos **crânios acinéticos**, sem tal movimento entre a maxila superior e a caixa craniana, tendemos a subestimar sua importância (Figura 7.12 B).

Tanto a cinese quanto a acinese têm suas vantagens. A cinese craniana é um caminho para mudar rapidamente o tamanho

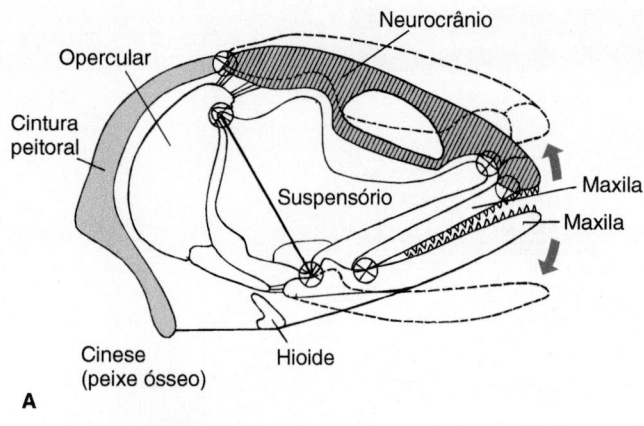

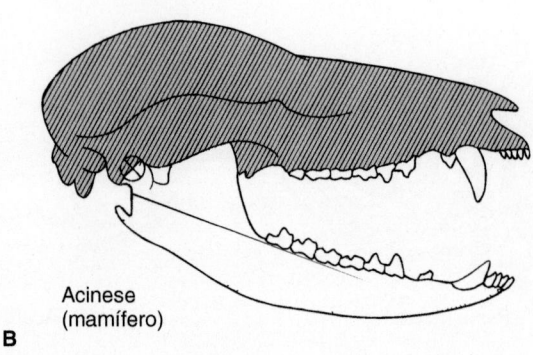

Figura 7.12 Mobilidade dos ossos do crânio. A. O crânio do peixe é cinético. A maxila superior e os outros ossos laterais do crânio giram um sobre o outro em uma série interligada, resultando em deslocamentos desses ossos (*linha tracejada*) durante a alimentação. Os círculos representam pontos de rotação relativa entre elementos articulados. **B.** O crânio do mamífero é acinético porque não ocorre movimento relativo entre a maxila superior e a caixa craniana. De fato, a maxila superior está incorporada na caixa craniana e fundida com ela. Não há articulações em dobradiça através da caixa craniana nem quaisquer ligações móveis de ossos cranianos laterais.

e a configuração da boca. Nos peixes e outros vertebrados que se alimentam na água, a cinese rápida cria uma redução súbita de pressão na cavidade bucal, de modo que o animal pode sugar uma presa de surpresa. Esse método de captura de presas, que tem a vantagem de um vácuo súbito para engolfar a água que contém o alimento pretendido, é conhecido como **alimentação por aspiração**. A cinese craniana também possibilita que os ossos que contêm dentes se movam rapidamente para frente no último momento para alcançar a presa pretendida com rapidez. Em muitas cobras venenosas, ossos ligados ao longo dos lados do crânio podem girar para frente. A víbora venenosa levanta o osso maxilar que contém o dente canino (também conhecido como presa) e a leva de uma posição dobrada ao longo do lábio superior para frente da boca, onde pode liberar o veneno com mais facilidade no animal capturado (presa, nesse sentido). Em muitos peixes e répteis com crânios cinéticos, os dentes na maxila superior podem ser reorientados na direção da presa para ficarem em uma posição mais favorável durante a captura ou alinhar melhor as superfícies de esmagamento durante a deglutição. Aí, a cinese craniana induz um contato próximo simultâneo e o fechamento das maxilas superior e

Boxe Ensaio 7.2   Cinese craniana em lebres?

Nas lebres (mas não nas pikas, família Ochotonidae, de relação distante, nem em seus ancestrais fósseis), uma sutura entre regiões da caixa craniana fetal continua aberta no animal adulto, formando uma articulação intracraniana (Figura I do Boxe) que fica ao longo dos lados e da base da caixa craniana do animal adulto, articulando-se no alto como uma dobradiça, por meio do pós-parietal. A articulação possibilita movimento relativo entre as partes anterior e posterior da caixa craniana. Foi aventada a hipótese de que essa articulação ajuda a absorver as forças de impacto impostas conforme os membros anteriores entram em contato com o solo quando a lebre corre. Ante o impacto, a deformação mecânica da articulação absorve alguma energia cinética à medida que a dobradiça é esticada. Essa deformação e a absorção reduzem o choque recebido pela parte anterior da caixa craniana. Além disso, as forças de impacto tendem a direcionar o sangue dos seios intracranianos para uma associação complexa de canais venosos e espaços dentro do crânio, ajudando a dissipar ainda mais essas forças cinéticas à medida que atuam contra a resistência oferecida pelas paredes do sistema sanguíneo vascular.

A parte externa das orelhas (pavilhões auriculares) das lebres irradia o calor gerado durante atividade extenuante, mas aparentemente só após o término do exercício locomotor. Durante a locomoção, as orelhas em geral ficam eretas, graças aos fortes músculos em suas bases. Aventou-se a hipótese de que essas orelhas eretas ajudam a reabrir a articulação intracraniana à medida que a lebre toma impulso para acelerar novamente, em certo sentido "reajustando" o mecanismo craniano e o preparando para agir como um dispositivo de absorção de choque quando os membros anteriores voltam a se chocar com o solo (Figura I C do Boxe).

O significado funcional da articulação intracraniana ainda é discutível. No entanto, se tal hipótese for confirmada, essa articulação

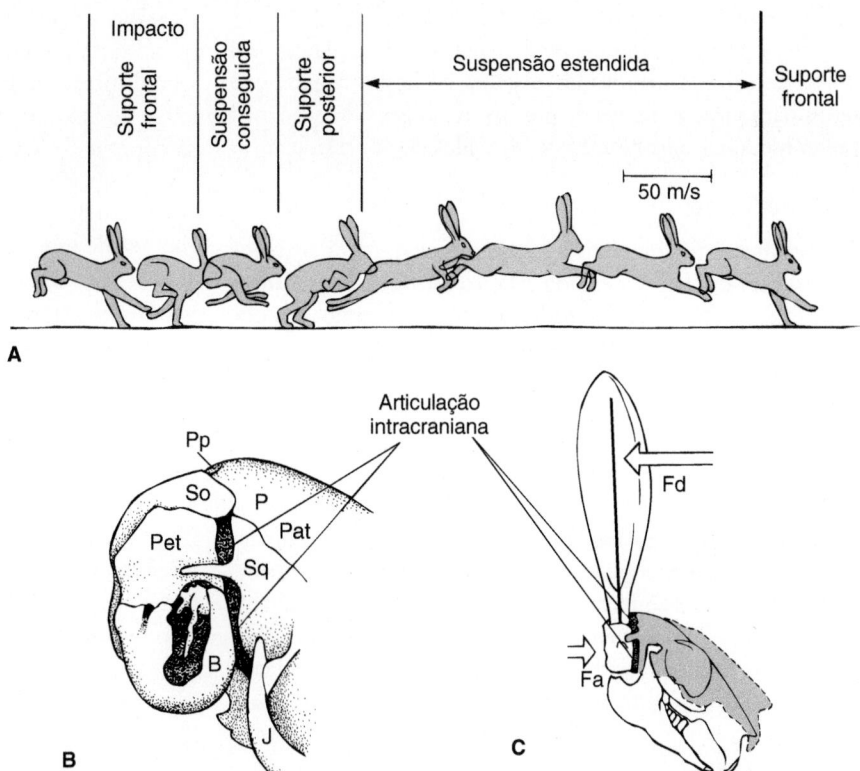

Figura I do Boxe Cinese craniana possível em lebres. A. Estão ilustradas as fases durante a corrida. Nota-se que os membros anteriores recebem o impacto inicial sobre o solo. **B.** Regiões posteriores do crânio da lebre *Lepus*. A articulação intracraniana se estende ao longo dos lados do crânio entre as regiões escamosa (*Sq*) e ótica e, em seguida, ao longo da base do crânio. O osso interparietal forma a dobradiça que fica no alto do crânio. **C.** A parte externa das orelhas, mantida ereta e inserida à parte posterior do crânio, pode ajudar a reposicionar essa parte do crânio com relação à anterior durante a fase de suspensão estendida da corrida. O movimento presumido (ligeiramente exagerado) da caixa craniana anterior com relação à posterior está indicado. *Fa* é o vetor de força devido à aceleração resultante do empuxo e *Fd* é o vetor de força decorrente do arrasto das orelhas ao vento. Abreviações: bula timpânica (B), pós-parietal (Pp), jugal (J), parietal (P), periótico (Pet), supraoccipital (So), região escamosa (Sq). (Com base na pesquisa de D. Bramble.)

especializada em lebres, junto com a projeção das orelhas, também poderia servir para reduzir a vibração do olho na caixa craniana anterior. Entre os mamíferos, a cinese na lebre representa uma condição independente e aparentemente única que não evoluiu da cinese nos terápsidos. Além disso, evoluiu não por suas vantagens durante a alimentação, mas sim pelas vantagens durante a locomoção rápida.

---

inferior na presa capturada. Sem isso, a primeira maxila a fazer contato isoladamente acabaria perdendo a presa após a captura. Em contrapartida, a perda da cinese nos mamíferos os deixa com um crânio acinético, o que faz os lactentes mamarem com facilidade. Mamíferos jovens e adultos podem mastigar com firmeza com seus conjuntos de dentes especializados que agem com acurácia a partir de um crânio acinético seguro.

Estrutura e oclusão dentárias (Capítulo 13)

Filogenia do crânio

O crânio é uma estrutura composta, derivada do esplancnocrânio, do dermatocrânio e do condrocrânio. Cada componente do crânio vem de uma fonte filogenética separada. O curso subsequente da evolução do crânio é complexo, refletindo estilos complexos de alimentação. Com uma visão geral da estrutura do crânio agora em mente, voltamos um olhar mais específico para o caminho dessa evolução.

Agnatos

Primeiros vertebrados

Os primeiros vertebrados, *Haikouella* e *Haikouichthyes*, são conhecidos a partir de impressões de tecidos moles apenas, pois não há tecidos mineralizados. Alguns biólogos alegam que eles tinham protovértebras ou precursores delas. Contudo, não apresentam quaisquer elementos formados de um crânio.

Ostracodermes

Os osteostracos foram um dos grupos mais comuns de ostracodermes. Eles tinham um escudo cefálico formado de um único pedaço de osso dérmico arqueado, dois olhos próximos em posição dorsal, com uma única abertura pineal entre eles, e uma narina mediana na frente da abertura pineal. Ao longo dos lados do escudo cefálico está o que se acredita serem campos sensoriais, talvez receptores de campo elétrico ou um sistema linear precoce lateral sensível às correntes de água.

O escudo cefálico largo e achatado rebaixou o perfil de ostracodermes, talvez possibilitando que eles escavassem a superfície do fundo, e seu corpo leve sugere que eram peixes bentônicos. O escudo cefálico formou o teto sobre a faringe e manteve os arcos branquiais sequenciais que se esticavam como feixes pelo teto da faringe. Pares de **lamelas branquiais** sustentadas nos **septos interbranquiais** ficavam estacionados entre essas

barras. Reconstruções da cabeça do *Hemicyclaspis*, um cefalospidomorfo, indicam que uma placa, presumivelmente de cartilagem, esticava-se através do assoalho da faringe (Figura 7.13 A). Acredita-se que a ação muscular elevava e abaixava essa placa para direcionar uma corrente de água primeiro para a boca, em seguida para as brânquias e, por fim, para os poros branquiais ao longo do lado ventral da cabeça. Partículas suspensas mantidas na corrente de água poderiam ser capturadas dentro da faringe antes que a água fosse expelida (Figura 7.13 B).

Os anaspídeos eram outro grupo de ostracodermes iniciais. Em vez de um escudo ósseo único, muitas escamas ósseas pequenas cobriam a cabeça (Figura 7.14 A a C). Os olhos eram laterais, com uma pineal se abrindo entre eles e uma única narina na frente. O corpo ficava alinhado com a corrente, sugerindo uma vida um pouco mais ativa que a de outros ostracodermes.

Os heterostracos tinham a cabeça achatada a um formato de projétil, composta por várias placas ósseas fundidas (Figura 7.15 A). Seus olhos eram pequenos e posicionados lateralmente, com uma pineal mediana se abrindo, mas nenhuma narina mediana. Presume-se que a água fluía pela boca, passava pelas fendas das brânquias da grande faringe, para um túnel comum, e saía por um único poro. A boca de alguns heterostracos era contornada por escamas orais pontiagudas que podiam ser usadas para desalojar o alimento das rochas, viabilizando que se juntasse à corrente de água que entrava (Figura 7.15 B).

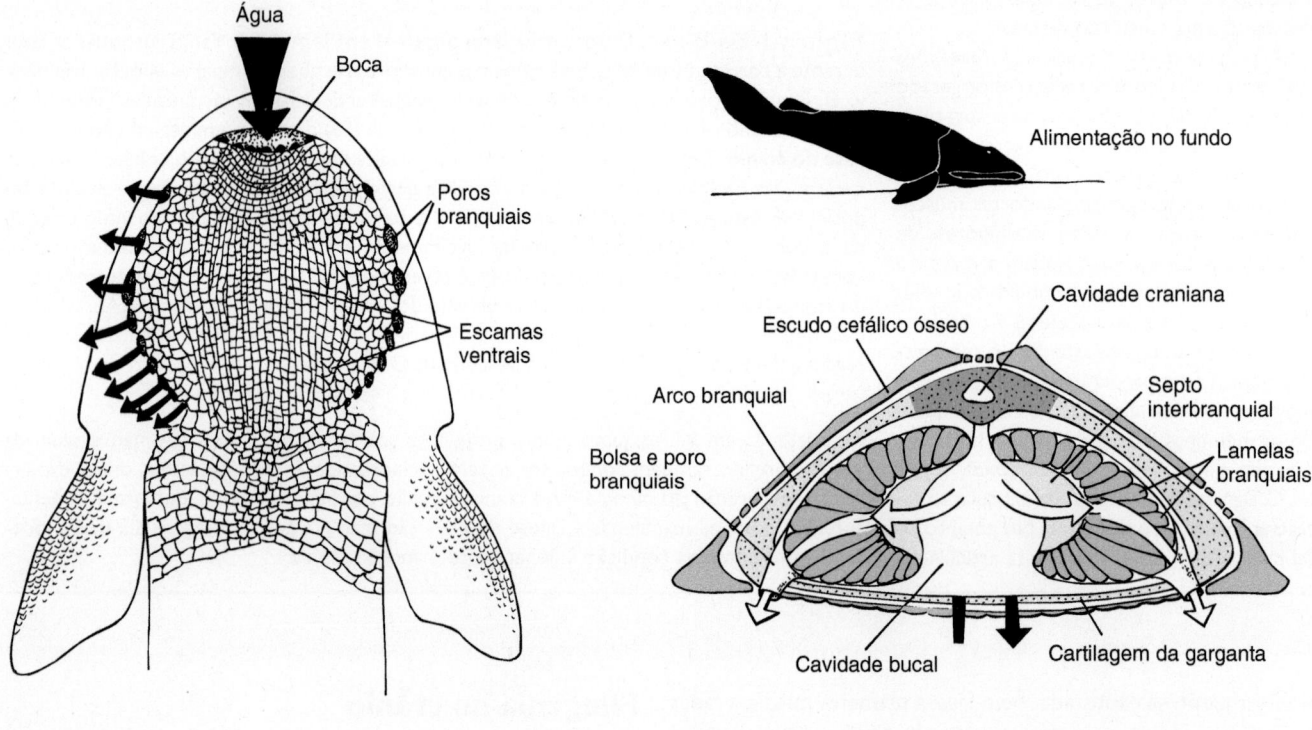

Figura 7.13 Ostracoderme *Hemicyclaspis*, um cefalospidomorfo. A. Vista ventral mostrando os poros branquiais, locais presumíveis de saída da água que se move através da faringe. **B.** Corte transversal através da faringe, ilustrando as lamelas branquiais respiratórias e o arco branquial de sustentação. Presumivelmente, o assoalho da faringe poderia ser elevado e abaixado para direcionar ativamente a água para a boca e fora dela por meio dos vários poros branquiais. A corrente cruzava as brânquias respiratórias antes de sair. O alimento suspenso podia ser recolhido na faringe e, então, passava para o esôfago.

De Jarvik.

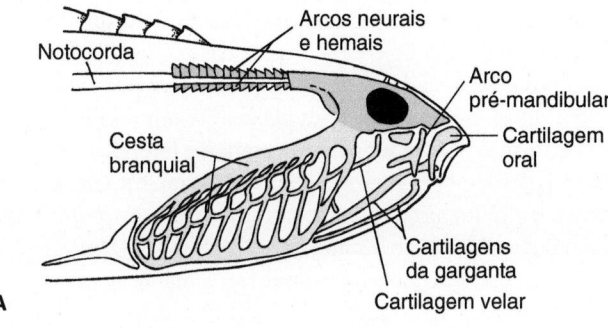

A

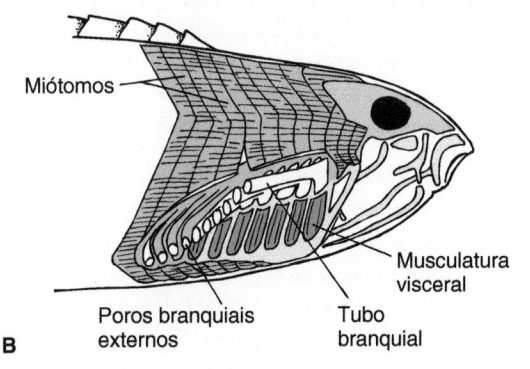

B

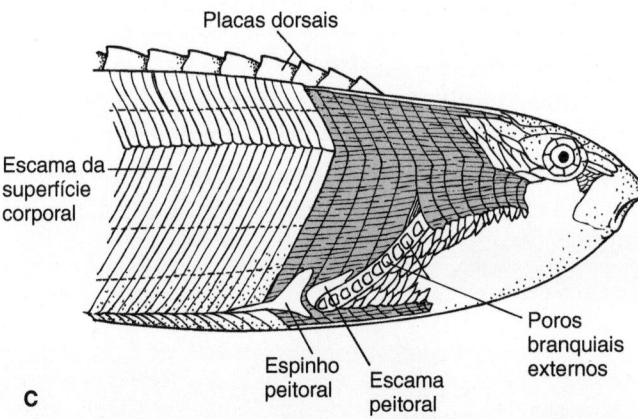

C

Figura 7.14 Ostracoderme _Pterolepis_, um anáspido. A. Crânio exposto. O esplancnocrânio incluía alguns elementos em torno da boca e o condrocrânio continha o olho. Havia uma notocorda e elementos vertebrais sobre ele. **B** e **C.** Restauração dos músculos e algumas das escamas superficiais. As cartilagens da garganta sustentavam o assoalho da cavidade bucal, que pode ter sido parte de uma bomba para levar água para a boca e, em seguida, forçá-la para fora através das brânquias e dos poros branquiais externos.

De Stensiö.

Alguns cientistas pensam que certos ostracodermes eram predadores, usando a cavidade bucal para capturar uma presa grande, porém, como não tinham maxilas fortes, sua alimentação não se baseava na potência da mordida ou do esmagamento. A cabeça com lâminas fortes e o corpo esguio da maioria deles leva a crer que tinham um estilo de vida bastante inativo, alimentando-se de detritos e restos orgânicos absorvidos e levados para a faringe.

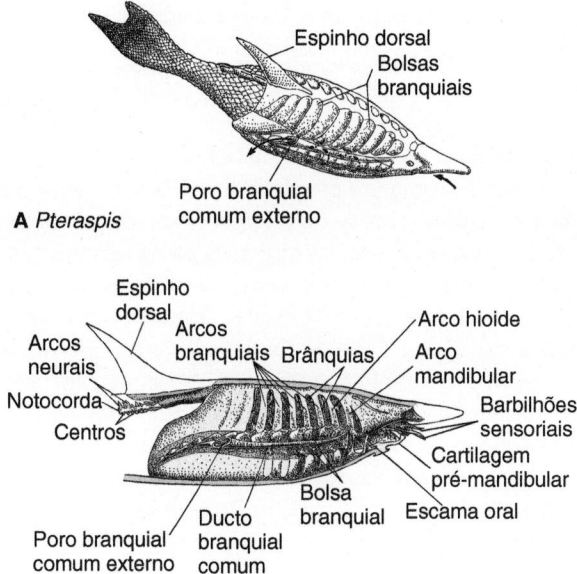

A _Pteraspis_

B _Poraspis_

Figura 7.15 Alimentação dos ostracodermes. A. Visão lateral de _Pteraspis_, um heterostraco. A água fluía pela boca, sobre as brânquias, suspensa nas bolsas branquiais e para uma câmara comum, antes de sair por um poro branquial. Em toda a cauda, as escamas ósseas eram pequenas, para acomodar a curvatura lateral da cauda. **B.** Reconstrução esquemática da cabeça de um heterostraco. Escamas orais pontiagudas rudimentares contornavam a boca e pode ser que fossem usadas para raspar ou desalojar alimento da superfície de rochas. Essa reconstrução de um heterostraco se baseou primariamente no _Poraspis_. (A figura 7.15 B encontra-se reproduzida em cores no Encarte.)

De Stensiö.

Ciclóstomos

Feiticeiras e lampreias são os únicos agnatos sobreviventes. Todavia, especializações subsequentes os deixaram com anatomias bastante diferentes daquela dos primeiros ostracodermes. Os ciclóstomos não têm osso algum e são especializados para a vida parasitária ou necrófaga, que depende de uma língua capaz de raspar tecido para obter uma refeição. As lampreias têm uma única narina mediana e uma abertura pineal, junto com a entrada para a abertura naso-hipofisária. Bolsas branquiais estão presentes. A caixa craniana é cartilaginosa. Os arcos branquiais, embora presentes, formam uma cesta branquial não unida. As feiticeiras têm uma narina mediana, mas nenhuma abertura pineal externa.

Gnatostomados

Todos os vertebrados, exceto os agnatos, têm maxilas e formam o grupo que abrange os gnatostomados ("boca com maxila"). Alguns biólogos assinalam o advento de maxilas nos vertebrados como uma das transições mais importantes em sua evolução. Músculos potentes no fechamento, derivados da musculatura do arco branquial, tornam as maxilas dispositivos fortes para morder ou agarrar. Portanto, não surpreende que, com o advento das maxilas, os gnatostomados mudaram sua alimentação à base de partículas em suspensão dos ostracodermes para itens alimentares maiores. Com a mudança na dieta, veio também um estilo de vida mais ativo.

Peixes

▶ **Placodermes.** De um terço à metade anterior do corpo dos placodermes era composto por placas fortes de osso dérmico que também encerrava a faringe e o cérebro. O restante do corpo era coberto por pequenas escamas ósseas. As placas dérmicas da cabeça eram espessas e bem unidas em uma unidade denominada **escudo craniano** (Figura 7.16 A e B). Embora o padrão dessas placas dérmicas tenha sido comparado com as escamas dos peixes ósseos, tal arranjo era diferente o bastante para parecer melhor seguir a convenção de usar nomes diferentes até se chegar a algum acordo sobre suas homologias. A caixa craniana era fortemente ossificada e as maxilas superiores estavam inseridas nela. A maioria tinha uma articulação bem definida entre ela e a primeira vértebra. Parece que não havia espiráculo. A água que saía da boca o fazia posteriormente, na abertura da junção entre os escudos craniano e do tronco. A maioria dos placodermes tinha cerca de 1 m de comprimento, embora uma espécie tivesse maxilas fortes e alcançava quase 6 m ao todo.

▶ **Acantódios.** São os gnatostomados com um dos primeiros registros fósseis sobreviventes. A maioria era pequena, com vários centímetros de comprimento e corpo alinhado, sugerindo um estilo de vida ativo de natação. O corpo era coberto por escamas ósseas dérmicas, em forma de diamante, que não se sobrepunham. As escamas ósseas da região da cabeça eram maiores nas placas menores. O padrão de escamas dérmicas cranianas lembrava os peixes ósseos, porém, como os placodermes, em geral tinham

seus próprios nomes. Algumas espécies tinham um **opérculo**, um retalho ósseo que cobria a saída das fendas das brânquias. Os olhos eram grandes, sugerindo que a informação visual tinha importância especial para esses peixes. Os *Acanthodes* (do início do Permiano) tinham uma **fissura craniana lateral**, um hiato que dividia parcialmente a caixa craniana posterior. Essa fissura é uma característica importante nos peixes actinopterígios, porque possibilita uma saída para o décimo nervo craniano. O arco mandibular que formava as maxilas era muito semelhante ao dos tubarões e peixes ósseos. Três centros de ossificação aparecem dentro do palatoquadrado: o metapterigoide e o **autopalatino**, ambos articulados com partes da caixa craniana, mais o quadrado posterior articulado com a cartilagem de Meckel ossificada (Figura 7.17 A). Um osso dérmico, o **mandibular**, reforçava a margem ventral da maxila inferior. Um arco hioide e cinco arcos branquiais sucessivos estavam presentes nos *Acanthodes* (Figura 7.17 B).

▶ **Condrictes.** Os peixes cartilaginosos quase não têm ossos. Dentículos estão presentes como vestígios de escamas constituídos pelos minerais esmalte e dentina. Não há dermatocrânio. Em vez disso, o condrocrânio se expandiu para cima e sobre o alto da cabeça, formando a caixa craniana. Em consequência, o condrocrânio é um componente muito mais proeminente do crânio que na maioria dos outros vertebrados. As regiões **etmoide** e **orbital** anterior e a **ótico-occipital** posterior estão inclusas em uma caixa craniana não dividida. O esplancnocrânio está presente. Nos condrictes ancestrais, seis arcos branquiais acompanhavam as maxilas (Figura 7.18 A e B). A maxila superior (palatoquadrado) dos tubarões ancestrais era sustentada pela caixa craniana e, provavelmente, pelo hiomandibular.

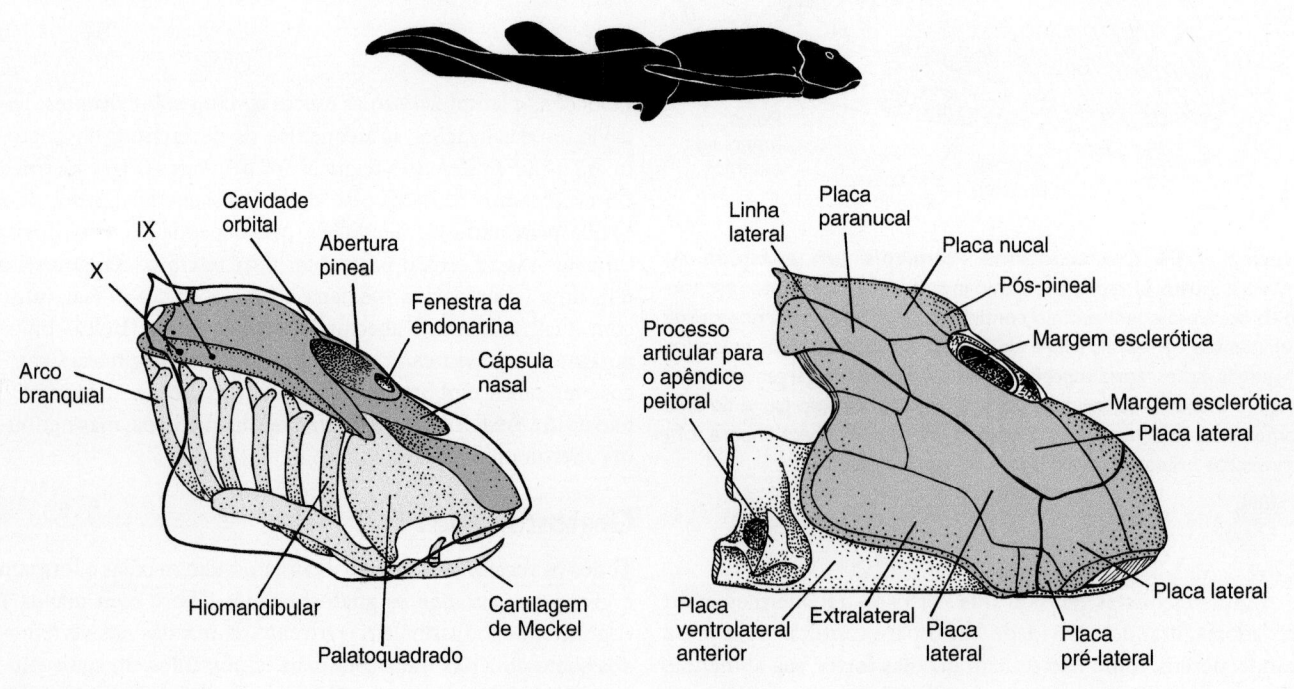

A

B

Figura 7.16 Crânio dos placodermes. O *Bothriolepis* tinha cerca de 15 cm de comprimento e viveu no Devoniano médio. **A.** Vista lateral do esplancnocrânio e do condrocrânio. **B.** Crânio com o dermatocrânio sobrejacente no lugar. Notam-se as placas dérmicas.

De Stensiö, 1969.

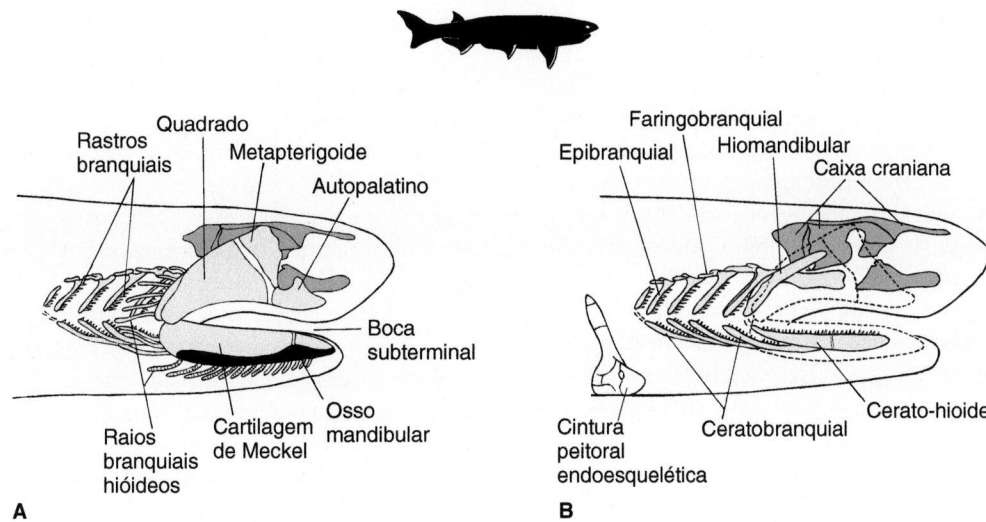

Figura 7.17 Crânio dos acantódios, *Acanthodes.* **A.** Vista lateral com o arco mandibular mostrado em sua posição natural. **B.** O arco mandibular foi removido para revelar melhor o condrocrânio, o arco hioide e cinco arcos branquiais sucessivos. (Em preto, osso dérmico; cinza-claro, esplancnocrânio; cinza-escuro, condrocrânio.)

De Jarvik.

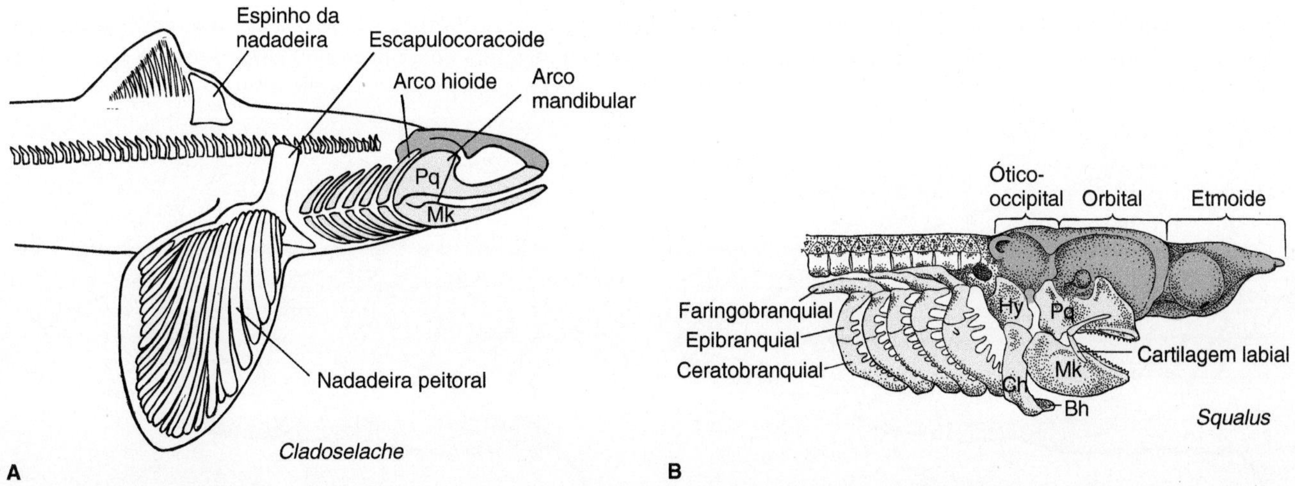

Figura 7.18 Crânio do tubarão. A. Tubarão ancestral *Cladoselache*, do Devoniano posterior, que chegava a ter até 55 cm de comprimento. **B.** Tubarão moderno *Squalus*, o tubarão-cachorro. O arco hioide, segundo na série, é modificado para sustentar a parte posterior do arco mandibular. À medida que o hioide se move para frente para ajudar a suspender a maxila, a fenda branquial anterior fica obstruída e reduzida ao pequeno espiráculo. Embora fundidas em uma unidade, as três regiões básicas do condrocrânio são a etmoide, a orbital e a ótico-occipital. Abreviações: baso-hioide (Bh), cerato-hioide (Ch), hiomandibular (Hy), cartilagem de Meckel (Mk), palatoquadrado (Pq).

A, de Zangerl.

Os tubarões recentes em geral não apresentam uma inserção forte e direta entre o hiomandibular e o palatoquadrado. Em vez disso, as maxilas são suspensas em dois outros locais, pelo cerato-hioide e pela cartilagem de Meckel, e por uma conexão ligamentosa forte que se estende da base da cápsula nasal ao processo orbital do palatoquadrado. Como o cerato-hioide, e, até certo ponto, o hiomandibular, movia-se para ajudar a sustentar as maxilas, a fenda branquial na frente ficou obstruída, deixando apenas uma pequena abertura, o **espiráculo**. Em alguns tubarões (o grande branco, o mako ou anequim e o cabeça de martelo) e na maioria dos peixes ósseos vivos, o espiráculo

também desapareceu. Nos condrictes, como os holocéfalos, as maxilas esmagam mecanicamente cascos duros de presas, mas, nos condrictes ativos, como os tubarões predadores, as maxilas capturam as presas.

Os tubarões usam a sucção para trazer presas pequenas para a boca, porém o mais comum é atacarem diretamente, aproximando-se com a cabeça. Conforme os tubarões erguem a cabeça, sua mandíbula inferior desce (Figura 7.19 A). As maxilas superior e inferior se articulam entre si e ambas, por sua vez, ficam suspensas como um pêndulo do arco hioide, oscilando em torno de sua inserção na caixa craniana, o que possibilita que as maxilas desçam e desviem para baixo e para frente sobre a presa (Figura 7.19 B). Dentes ao longo das maxilas superior (palatoquadrado) e inferior (cartilagem de Meckel) estão orientados com as pontas em posição ereta para penetrar na superfície da presa. Ocasionalmente, uma membrana nictitante, um retalho móvel de pele opaca, é exteriorizada para proteger cada olho.

A protrusão da maxila também pode ajudar no encontro sincronizado das maxilas superior e inferior sobre a presa. Se a maxila inferior sozinha fosse responsável pelo fechamento da boca, poderia golpear prematuramente a presa, antes que a maxila superior ficasse posicionada de maneira adequada para ajudar. A protrusão das maxilas para fora da cabeça possibilita que elas assumam uma configuração geométrica mais favorável, de modo a encontrar a presa ao mesmo tempo e evitar a deflexão quando se fecham. Conforme as maxilas pegam a presa, o arco mandibular é protraído perto da extremidade de fechamento. Se a presa for grande, o tubarão pode sacudir violentamente a cabeça para cortar um pedaço e deglutí-lo.

Quando protraídas, as maxilas alteram a silhueta em linha reta do corpo, característica de um peixe ativo de mar aberto. A retração das maxilas após a alimentação restabelece a forma reta hidrodinâmica do peixe e as traz de volta contra o condrocrânio.

▶ **Actinopterígios.** Os primeiros actinopterígios tinham olhos relativamente grandes e pequenas cápsulas nasais. As maxilas eram longas, estendendo-se até a frente da cabeça, tinham numerosos dentes e um opérculo coberto pelos arcos branquiais. O arco hioide aumentava a sustentação das maxilas. Foi difícil assinalar as homologias de ossos dérmicos em alguns grupos, em parte por causa da proliferação de ossos extras, em especial faciais. Em torno da narina externa, pode haver ossos muito finos, atribuíveis de maneira variável pela posição aos nasais, rostrais, anteorbitais e outros. Um esquema comum é o mostrado na Figura 7.20 A e B, mas também há diversas variedades. Nota-se em particular o conjunto de **ossos operculares** que cobrem as brânquias e o de **extraescapulares** na margem dorsal posterior do crânio. Esses são os principais ossos dérmicos nos actinopterígios, que foram perdidos nos tetrápodes (Figura 7.21 A e B).

Nos actinopterígios, ocorreu uma ramificação extraordinária que se mantém. É difícil generalizar sobre as tendências dentro do crânio, porque muitas especializações variadas dos peixes ósseos recentes fazem parte dessa ramificação. Se há uma tendência comum, é para a maior liberação de elementos ósseos para cumprir funções diversificadas na procura por alimento.

A maioria dos actinopterígios vivos usa a sucção rápida para se alimentar, com a captura da presa completada em 1/40 de segundo. A expansão quase explosiva da cavidade bucal cria um vácuo para conseguir desviar a captura. A pressão negativa com relação à do ambiente suga um pulso de água que leva

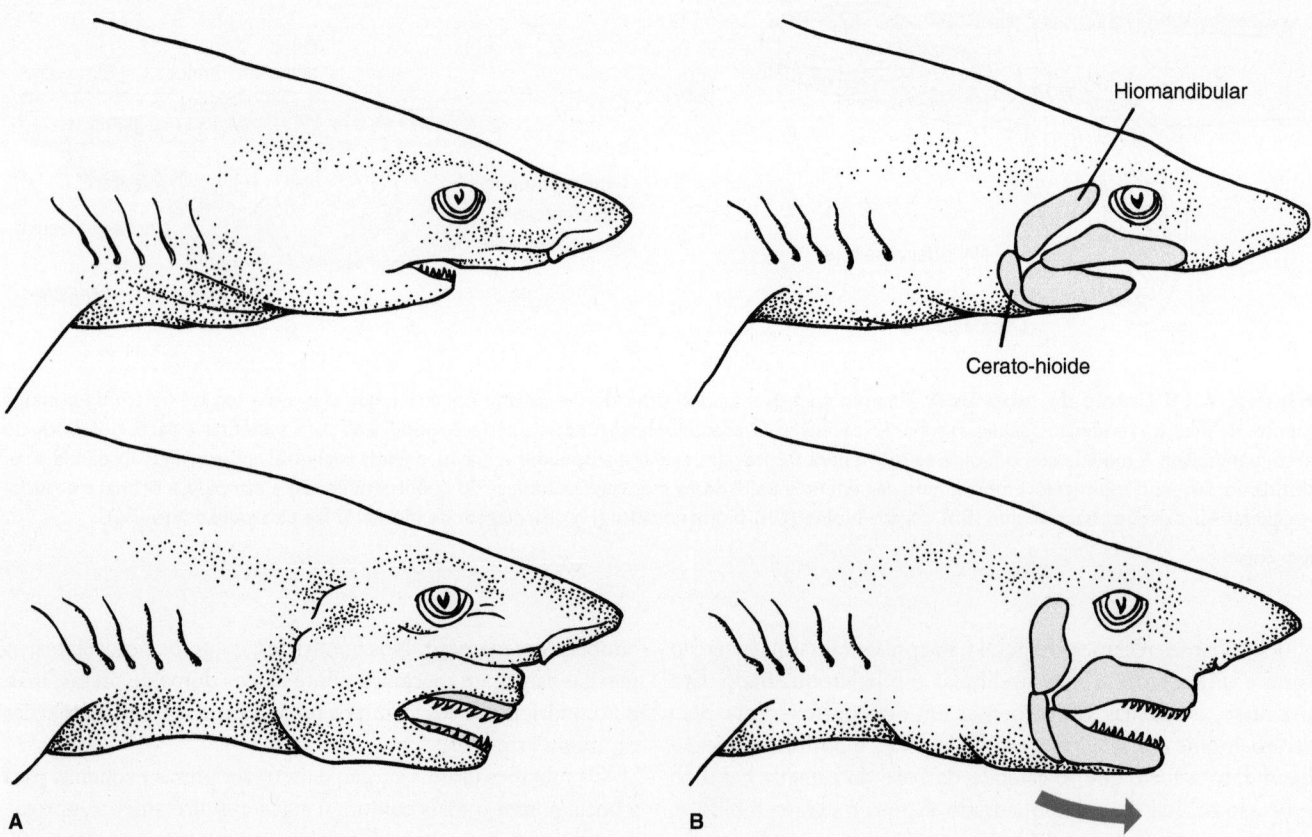

A   **B**

Figura 7.19 Alimentação em tubarões. A. Desenho do tubarão com as maxilas retraídas (*no alto*) e protraídas manualmente (*embaixo*). **B.** Alterações na posição do arco mandibular, interpretadas conforme ele vai para frente sobre sua suspensão do cerato-hioide. A posição ilustrada está perto do término do fechamento da maxila sobre a presa. A seta indica o desvio ventral e para frente das maxilas.

Com base na pesquisa de T. H. Frazzetta e simplificada.

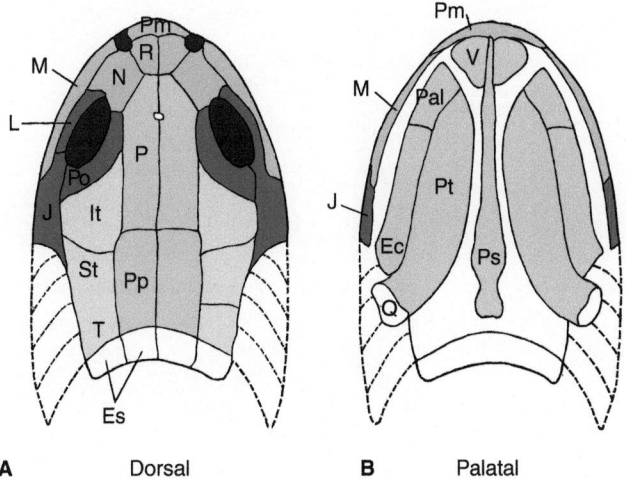

Figura 7.20 Principais ossos do crânio de um actinopterígio. A. Vista dorsal. **B.** Vista palatina (ventral). Os ossos operculares estão representados por linhas tracejadas. Abreviações: ectopterigoide (Ec), extraescapular (Es), intertemporal (It), jugal (J), lacrimal (L), maxilar (M), nasal (N), parietal (P), palatino (Pal), pré-maxilar (Pm), pós-orbital (Po), pós-parietal (Pp), paraesfenoide (Ps), pterigoide (Pt), quadrado (Q), rostral (R), supratemporal (St), tabular (T), vômer (V). (Esta figura encontra-se reproduzida em cores no Encarte.)

a presa para a boca. Uma vez capturada, os dentes a seguram. A compressão da cavidade bucal expele o excesso de água posteriormente pelas fendas branquiais. Os peixes que se alimentam por sucção conseguem uma quantidade maior de alimento que aqueles que se alimentam de partículas em suspensão. Partículas grandes de alimento têm maior inércia e requerem um dispositivo de alimentação mais potente. Os peixes que se alimentam por sucção têm uma cavidade bucal bem muscular e maxilas cinéticas poderosas.

Nos actinopterígios ancestrais, como o fóssil *Cheirolepis* e o vivo *Amia* (ver Figura 7.21 A e B; Figura 7.22 A e B), o aparelho alimentar inclui várias unidades. Uma é o neurocrânio, ao qual o pré-maxilar e o maxilar costumam estar fundidos. A parte posterior do neurocrânio se articula com a vértebra anterior e é livre para girar com ela. Os ossos operculares formam uma unidade ao longo do lado da cabeça. O **suspensório** é formado pela fusão de vários ossos em diferentes espécies, mas, em geral, inclui o hiomandibular, vários pterigoides e o quadrado. O suspensório é formado como um triângulo invertido, seus dois cantos superiores se articulando com o focinho e a caixa craniana, seu terceiro canto superior com a mandíbula. Durante a abertura da maxila, os músculos epaxiais do tronco elevam o neurocrânio e a maxila superior inserida. Os músculos

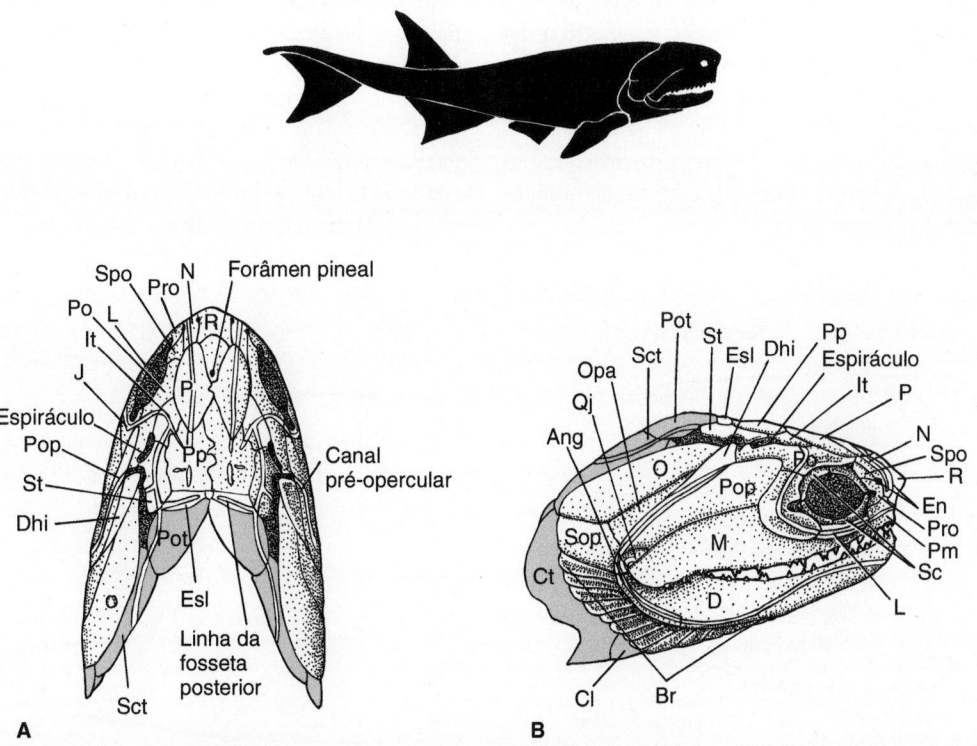

Figura 7.21 Crânio do peixe paleoniscoide ancestral *Cheirolepis*, do Devoniano Posterior. O comprimento total do peixe era de cerca de 24 cm. **A** e **B.** Vistas dorsal e lateral do crânio, respectivamente. Os ossos da cintura peitoral (*cinza*) estão bem conectados à parede posterior do crânio. Abreviações: angular (Ang), branquiostegais (Br), clavícula (Cl), cleitro (Ct), dentário (D), dermo-hioide (Dhi), narinas externas (En), extraescapular lateral (Esl), intertemporal (It), jugal (J), lacrimal (L), maxilar (M), nasal (N), opercular (O), opercular acessório (Opa), parietal (P), pré-maxilar (Pm), pós-orbital (Po), pré-opercular (Pop), pós-temporal (Pot), pós-parietal (Pp), pré-orbital (Pro), quadrado-jugal (Qj), rostral (R), anel esclerótico (Sc), supracleitro (Sct), subopercular (Sop), supraorbital (Spo), supratemporal (St).

De Carroll.

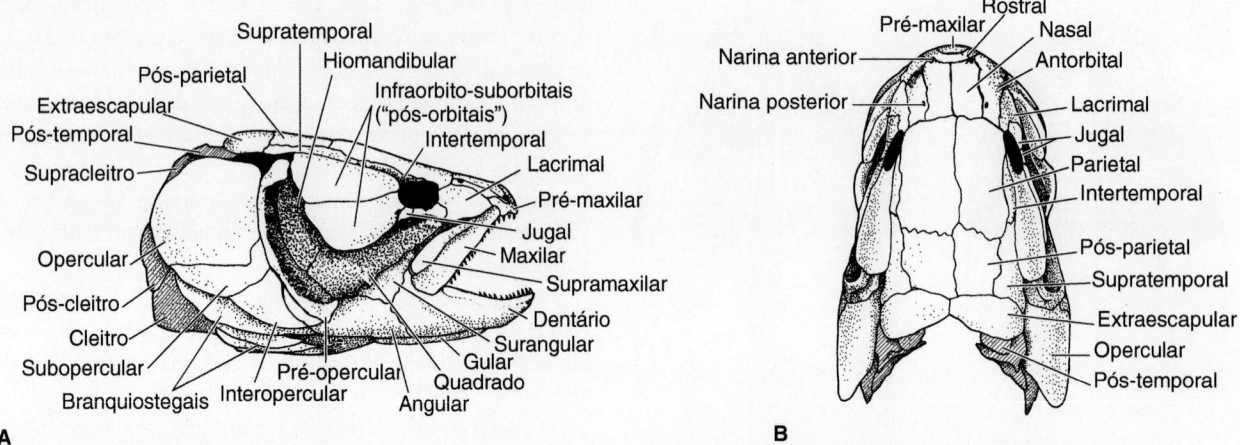

Figura 7.22 Crânio de *Amia*, um condrósteo. Vistas lateral (**A**) e dorsal (**B**). Cintura peitoral (*área hachurada*).

esterno-hioides na garganta movem o aparato hioide para abaixar a mandíbula (Figura 7.23 A e B). Os fortes músculos adutores das maxilas vão do suspensório diretamente para a mandíbula, fechando a maxila inferior.

Nos actinopterígios derivados, os teleósteos, os ossos cranianos em geral têm maior liberdade de movimento (Figura 7.24 A a E). O pré-maxilar e o maxilar agora costumam articular-se livremente entre si e com o neurocrânio (Figura 7.25). Durante a abertura mandibular, o neurocrânio é elevado e a mandíbula é abaixada. Além disso, o arranjo geométrico das maxilas possibilita que elas se movam para frente. O aparato hioide forma suportes dentro do assoalho da cavidade bucal. Quando puxadas para trás pela musculatura da garganta, esses suportes hioides empurram as paredes laterais da cavidade bucal, afastando-as, e assim contribuindo para seu súbito aumento e a criação de sucção dentro dela.

▶ **Sarcopterígios.** Nos primeiros peixes pulmonados, a maxila superior (palatoquadrado) era fundida com a caixa craniana ossificada, que constituía uma unidade única com dentes achatados em placas. Isso sugere que os primeiros peixes pulmonados comiam alimentos duros, assim como seus semelhantes vivos que têm placas dentárias similares e maxilas para se alimentarm de ostras, caramujos e crustáceos. Outro grupo de sarcopterígios, o dos ripidístios, tinha maxilas fortes com dentes pontiagudos pequenos. No entanto, em contraste com os dentes de outros peixes, as paredes dos dentes dos ripidístios eram bastante invaginadas, produzindo **dentes labirintodontes**. A maxila inferior tinha dentes grandes no osso dentário e ao longo dos ossos laterais do palato – vômer, palatino, ectopterigoide. Os ossos do dermatocrânio lembravam os de actinopterígios e, como nesses, o palatoquadrado se articulava anteriormente com a cápsula nasal e lateralmente com o maxilar. Diferente dos actinopterígios e

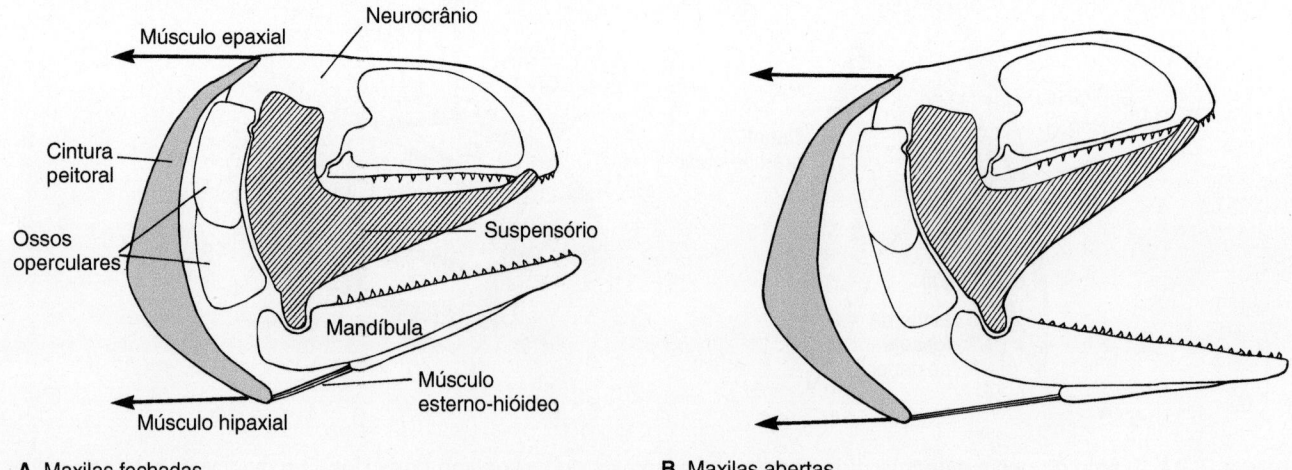

A Maxilas fechadas

B Maxilas abertas

Figura 7.23 Abertura da maxila no peixe actinopterígio ancestral. A. Maxilas fechadas. **B.** Maxilas abertas. A mandíbula gira sobre sua articulação com o suspensório, que, por sua vez, articula-se com os ossos operculares. A cintura peitoral permanece relativamente fixa em sua posição, mas o neurocrânio gira sobre ela para levantar a cabeça. As linhas de ação dos principais músculos são mostradas pelas setas. Cintura peitoral (*cinza*).

De Lauder.

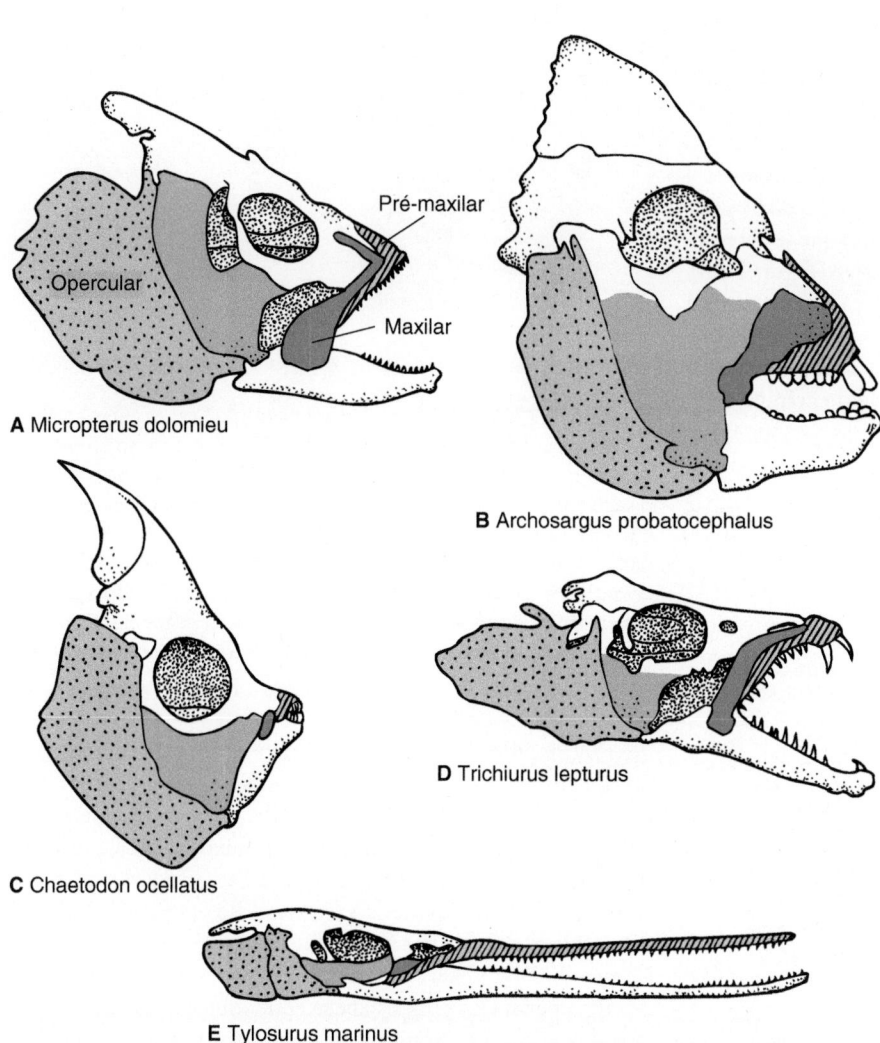

A Micropterus dolomieu

Opercular
Pré-maxilar
Maxilar

B Archosargus probatocephalus

C Chaetodon ocellatus

D Trichiurus lepturus

E Tylosurus marinus

Figura 7.24 Crânios de teleósteos. Apesar da grande diversificação dos teleósteos em muitos habitats, o padrão básico dos ossos do crânio é preservado. **A.** *Micropterus dolomieu.* **B.** *Archosargus probatocephalus.* **C.** *Chaetodon ocellatus.* **D.** *Trichiurus lepturus.* **E.** *Tylosurus marinus.*

De Radinsky.

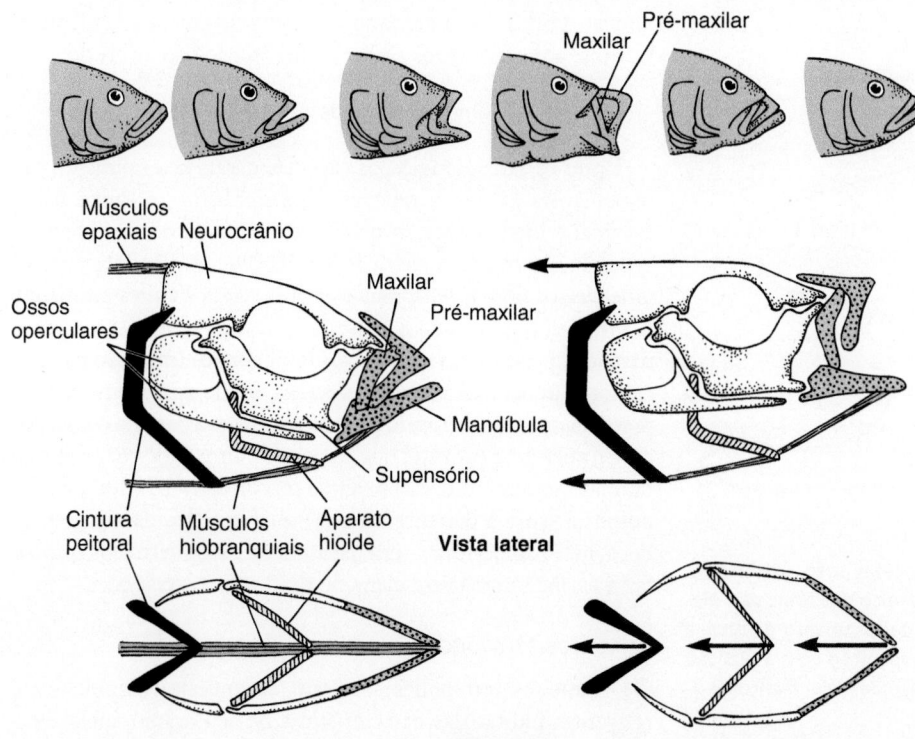

Músculos epaxiais
Neurocrânio
Maxilar
Pré-maxilar
Pré-maxilar
Ossos operculares
Mandíbula
Supensório
Cintura peitoral
Músculos hiobranquiais
Aparato hioide
Vista lateral

Vista ventral

Figura 7.25 Alimentação por sucção de um peixe teleósteo. A série do alto é como um filme em alta velocidade da abertura da maxila (sem mostrar alimento). Notam-se as alterações na posição das maxilas. São mostradas a vista lateral e a ventral, respectivamente, dos principais ossos cinéticos do crânio quando as maxilas se fecham (*à esquerda*) e quando se abrem (*à direita*). Nota-se o movimento das maxilas para frente (*área pontilhada*) e a expansão para fora da cavidade bucal. As linhas de ação muscular são mostradas por setas.

De Liem.

peixes pulmonados existentes, a caixa craniana dos ripidístios se ossificava em duas unidades articuladas: uma **unidade etmoide** (unidade etmoesfenoide) e uma ótico-occipital posterior, havendo uma articulação flexível entre elas. Nos ossos dérmicos do teto acima dessa articulação, formava-se uma dobradiça entre o parietal e o pós-parietal. Em consequência, o focinho podia girar para cima sobre o resto do crânio, deslocamento que se acredita que tenha sido importante durante a alimentação (Figura 7.26). A notocorda funcional também se estendia bem para a parte da frente da cabeça, passando por um túnel no segmento ótico-occipital, em contato com a parte posterior da unidade etmoide e talvez dando maior sustentação nessa região do crânio.

Dentes labirintodontes (Capítulo 13)

▶ **Cápsulas nasais.** Desde os peixes aos tetrápodes, as cápsulas nasais tiveram uma história complexa. Elas mantiveram o epitélio olfatório na forma de um **saco nasal** pareado (Figura 7.27 A).

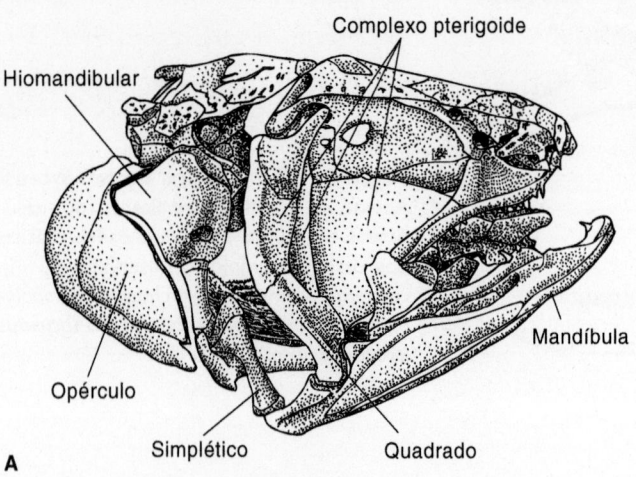

A

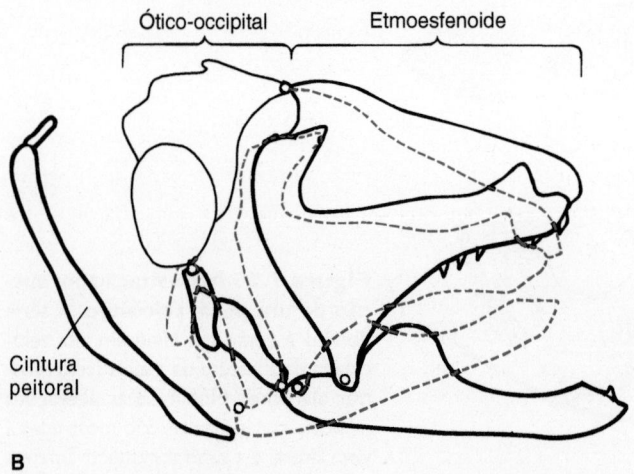

B

Figura 7.26 Cinese craniana de um celacanto, *Latimeria.* **A.** Vista lateral do crânio. **B.** Modelo biomecânico dos principais elementos funcionais mostrando o padrão de deslocamento durante a abertura da maxila (*linhas contínuas*), em comparação com a posição fechada (*linhas tracejadas*). O complexo pterigoide inclui o entopterigoide, o ectopterigoide e o epipterigoide.

A, de Millot, Anthony e Robineau; B, com base em Lauder.

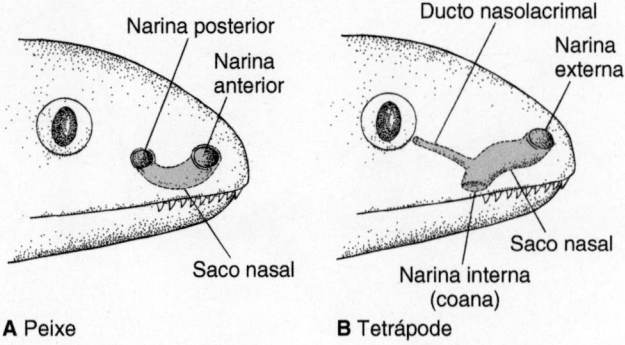

A Peixe   **B** Tetrápode

Figura 7.27 Aberturas do saco nasal. A. Em um peixe actinopterígio, o saco nasal tipicamente tem uma narina anterior, por meio da qual a água entra, e uma narina posterior, pela qual a água sai, mas o saco nasal não se abre na boca. **B.** Em um tetrápode, o saco nasal tem uma narina externa (homóloga à narina anterior do peixe) e um ducto nasolacrimal para a órbita (uma extensão do saco nasal). Além dessas, uma terceira extensão do saco nasal, a narina interna (homóloga à narina posterior do peixe), abre-se na cavidade bucal, através do teto da boca e agora, em sua posição interna, denomina-se coana.

Nos actinopterígios, o saco nasal não se abre diretamente na boca. Em vez disso, suas aberturas anterior (para a corrente de entrada) e posterior (para a corrente de saída) nas narinas estabelecem uma via de mão única para o fluxo da água, por meio do epitélio olfatório, liberando-o para captar odores químicos frescos. Em contraste, cada saco nasal dos tetrápodes se abre diretamente na boca por meio de uma narina interna, ou **coana** (Figura 7.27 B). Cada saco nasal também se abre para o exterior por uma **narina externa**, estabelecendo uma via respiratória para o fluxo de ar para dentro e para fora dos pulmões. Além das narinas internas e externas, uma terceira abertura dentro do saco nasal começa como um tubo, o **ducto nasolacrimal**, que vai em direção à órbita para drenar o excesso de secreções da glândula lacrimal adjacente, após ajudar a umedecer a superfície do olho.

Órgãos olfativos (Capítulo 17)

Entre os sarcopterígios, as cápsulas nasais dos ripidístios são semelhantes às dos tetrápodes. Nos ripidístios, o ducto nasolacrimal é uma adaptação que beneficia os peixes de superfície que colocam os olhos e narinas fora da água. A glândula lacrimal umedece os órgãos sensoriais expostos sujeitos ao ressecamento. É provável que o ducto nasolacrimal seja uma extensão do saco nasal dos peixes actinopterígios. Os ripidístios (mas não os celacantos) também têm narinas internas, o que aparentemente representa um novo derivado do saco nasal que a conecta com a boca. Entretanto, é provável que os peixes pulmonados não tenham narinas internas, embora isso ainda seja discutível. Neles, a narina posterior (para a corrente externa) se abre perto da margem da boca, mas não perfura a série palatina de ossos dérmicos como o faz a narina interna verdadeira de ripidístios e tetrápodes.

Primeiros tetrápodes

Os primeiros tetrápodes surgiram de ancestrais ripidístios e retiveram muitas das características de seu crânio, inclusive a maioria dos ossos do dermatocrânio. Numerosos ossos do focinho foram reduzidos, deixando um osso nasal distinto ocupando uma posição mediana à narina externa (Figura 7.28 A e B). Começando nos tetrápodes, o hiomandibular deixa de estar envolvido na suspensão da maxila e, em vez disso, passa a funcionar como o estribo (ou columela) na audição, dentro do ouvido médio. Conforme já dito, o hiomandibular/estribo nos peixes ripidístios pode ter tido importância na inalação e na exalação do ar para e dos pulmões via o espiráculo. No entanto, como os primeiros tetrápodes evoluíram para uma vida terrestre, passou a ter função na audição no ar. A série opercular de

ossos que cobrem as brânquias foi perdida. Os extraescapulares na parte posterior do crânio do peixe também desapareceram nos tetrápodes ancestrais. Junto com isso, a cintura peitoral perdeu sua inserção à parte posterior do crânio. Os ossos do teto e o condrocrânio ficaram associados de maneira mais próxima, reduzindo a mobilidade do neurocrânio no focinho, em comparação com os ripidístios.

O sistema de linha lateral, um sistema sensorial aquático, é evidente nos crânios dos primeiros tetrápodes, pelo menos nos jovens que, presume-se, eram estágios aquáticos

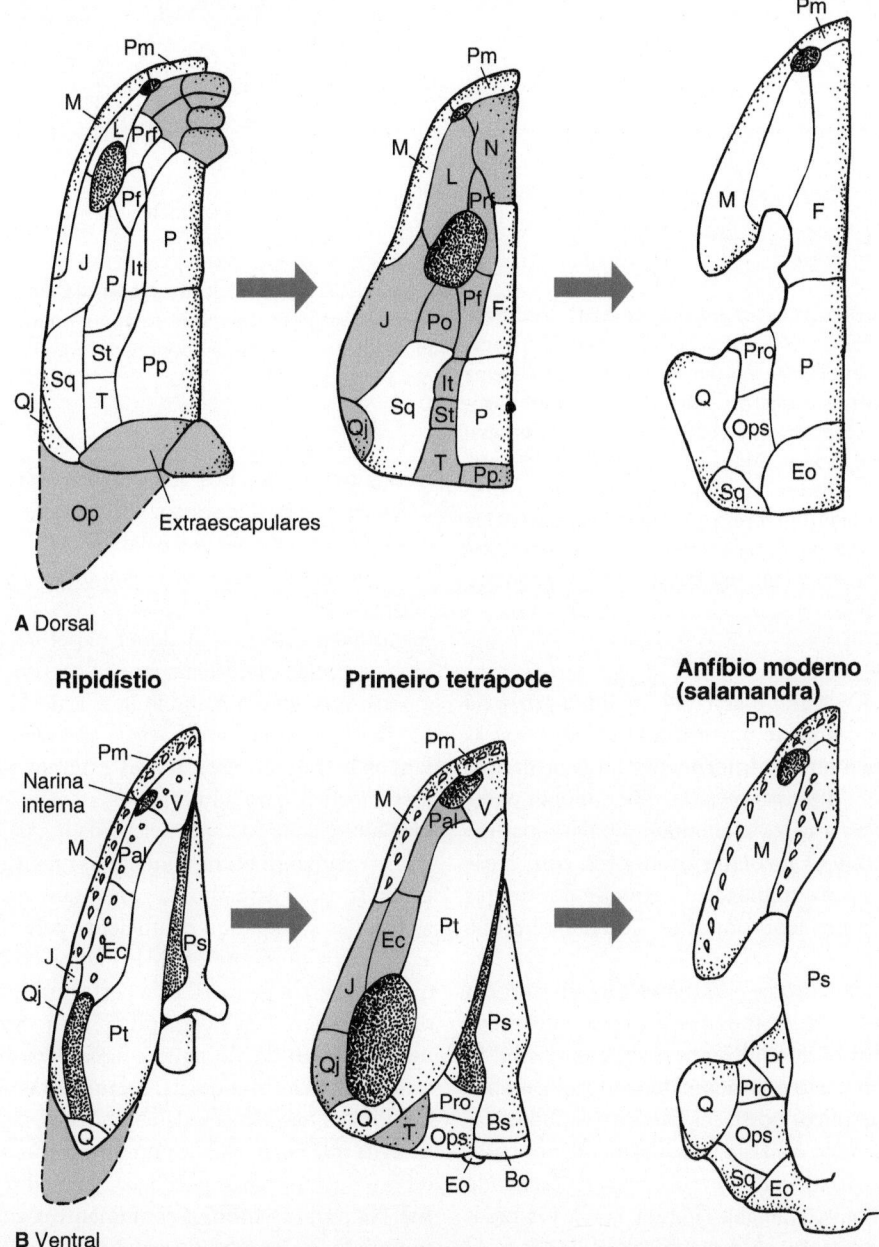

Figura 7.28 Vistas esquemáticas de modificações cranianas dos ripidístios para os primeiros tetrápodes até os anfíbios recentes (salamandra). A. Vistas dorsais. **B.** Vistas ventrais (palatais). Os ossos do crânio perdidos no grupo derivado estão sombreados no crânio do grupo precedente. Abreviações: basioccipital (Bo), basisfenoide (Bs), ectopterigoide (Ec), exo-occipital (Eo), frontal (F), intertemporal (It), jugal (J), lacrimal (L), maxilar (M), nasal (N), opercular (Op), opistótico (Ops), parietal (P), palatino (Pal), pós-frontal (Pf), pré-maxilar (Pm), pós-orbital (Po), pré-frontal (Pfr), pró-ótico (Pro), pós-parietal (Pp), paraesfenoide (Ps), pterigoide (Pt), quadrado (Q), quadradojugal (Qj), supratemporal (St), escamoso (Sq), tabular (T), vômer (V).

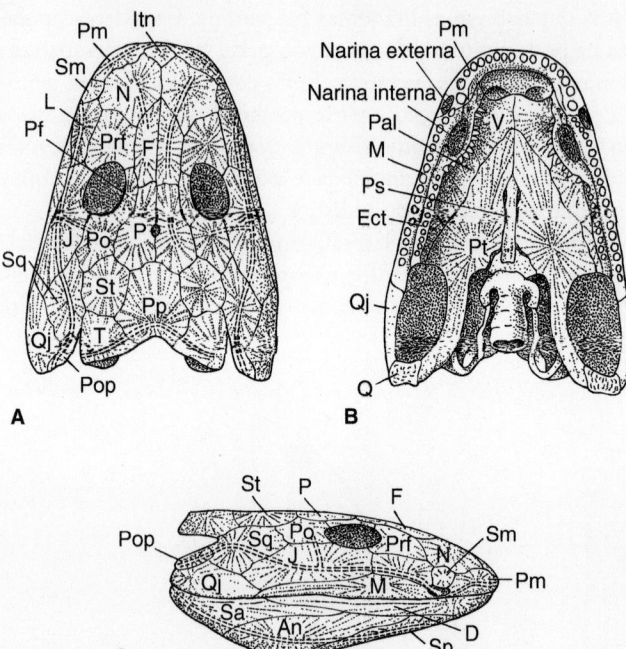

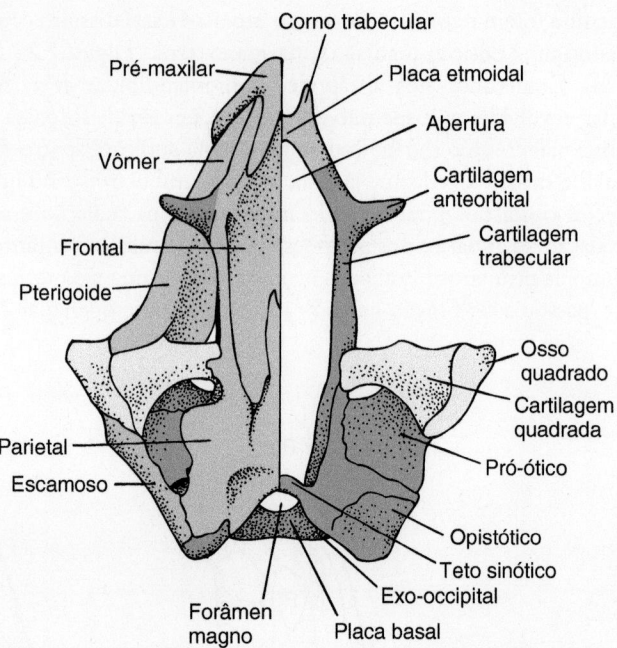

Figura 7.29 Crânio de um tetrápode ancestral do Devoniano Posterior. Vistas dorsal (**A**), ventral (**B**) e lateral (**C**). Traçados paralelos de linhas pontilhadas indicam a evolução do sistema de linha lateral aquático nos ossos do crânio. Abreviações: angular (An), dentário (D), ectopterigoide (Ect), frontal (F), internasal (*Itn*), jugal (J), lacrimal (L), maxilar (M), nasal (N), parietal (P), palatino (Pal), pós-frontal (Pf), pré-maxilar (Pm), pós-orbital (Po), pré-opercular (Pop), pós-parietal (Pp), pré-frontal (Prf), paraesfenoide (Ps), pterigoide (Pt), quadrado (Q), quadradojugal (Qj), surangular (Sa), septomaxilar (Sm), esplênio (Sp), supratemporal (St), escamoso (Sq), tabular (T), vômer (V).

Figura 7.30 Crânio de _Necturus_, um anfíbio moderno. Os ossos superficiais do crânio estão indicados à esquerda e foram removidos para revelar o condrocrânio e derivados do esplancnocrânio à direita.

(Figura 7.29 A a C). O crânio é achatado e, em alguns, há uma incisura temporal na parte posterior. O estribo traz as vibrações sonoras para o ouvido interno, mas, nos primeiros tetrápodes, ele ainda era um osso robusto que também parecia ser um suporte entre a caixa craniana e o palatoquadrado. Os dentes eram cônicos nos labirintodontes, com o esmalte dobrado em padrões complexos. O esmalte dos dentes não era muito dobrado nos lepospôndilos, que também não tinham incisura ótica.

O crânio dos anfíbios recentes é bastante simplificado em comparação com o de seus ancestrais fósseis, com muitos dos ossos dérmicos perdidos ou fundidos em ossos compostos. O crânio das cecílias é compacto e firmemente ossificado, embora o padrão de ossos dérmicos possa ser bastante variado. Nas salamandras, o condrocrânio consiste primariamente nos ossos **orbitoesfenoide** e **pró-ótico**, com os exo-occipitais fechando a parede posterior da caixa craniana (Figura 7.30). Os ossos nasais em geral estão presentes. Até quatro pares de ossos do teto contribuem para o crânio: frontais e parietais presentes em todos, mas os pré-frontais e lacrimais variam entre os grupos. Nos anuros (Figura 7.31), a ossificação do condrocrânio é altamente variável, em geral só com cinco ossos presentes, um único esfenetmoide e um par de pró-óticos e exo-occipitais. Há um osso nasal, mas apenas um par composto de **frontopa-**

rietais permanece nos ossos do teto. Em rãs e salamandras, o único paraesfenoide se expandiu para formar uma grande placa que coroava outros ossos palatais.

O esplancnocrânio, um componente principal do crânio de peixes, é reduzido nos anfíbios. Nos anfíbios recentes, o hiomandibular não tem qualquer papel na suspensão da maxila, tarefa exercida exclusivamente pelos ossos articular e quadrado, a partir dos quais a mandíbula se articula com o crânio. Os arcos branquiais que compõem o aparelho hiobranquial sustentam as brânquias respiratórias externas nas larvas, mas após a metamorfose para adulto, esses arcos ficam reduzidos ao aparato hioide, que sustenta a ação da língua.

As salamandras comumente usam a sucção para se alimentar na água. O assoalho da garganta se expande rapidamente e as maxilas se separam o suficiente para a entrada do fluxo de água com a presa pretendida (Figura 7.32). O excesso de água que vem com a presa sai pela parte posterior da boca, pelas fendas branquiais. Nas salamandras, como nos peixes, há um fluxo **unidirecional** de alimento e água para dentro da boca e para fora das fendas branquiais. Salamandras após a metamorfose e rãs adultas não têm fendas branquiais, de modo que o excesso de água que entra na boca durante a alimentação tem de reverter seu fluxo para sair pela boca, sendo dito um fluxo **bidirecional**. Na terra, os anfíbios comumente usam a língua viscosa que se projeta. Na amplitude próxima, os músculos levam a língua sobre as maxilas separadas para entrar em contato com a presa. Na amplitude mais distante, a ação muscular funciona em cooperação com espaços cheios de líquido dentro da língua para acelerá-la ao longo do aparato hioide. A retração da língua traz o alimento aderido para a boca e os dentes se fecham sobre ele para controlar a presa que se debate.

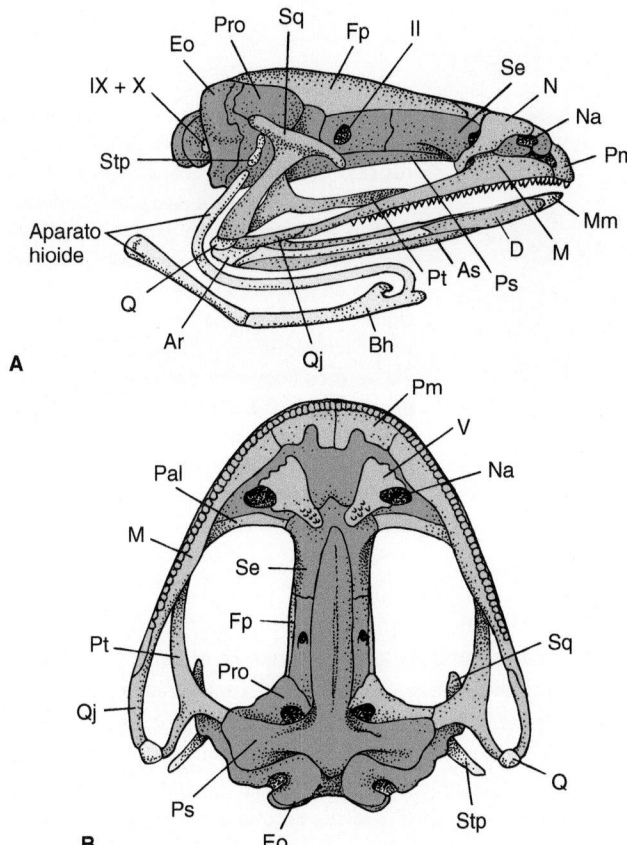

Figura 7.31 Crânio de rã. Vistas lateral (**A**) e ventral (**B**). Abreviações: articular (Ar), anguloesfenoide (As), baso-hioide (Bh), dentário (D), exo-occipital (Eo), frontoparietal (Fp), maxilar (M), mentomeckeliano (Mm), nasal (N), narina (Na), palatino (Pal), pré-maxilar (Pm), pró-ótico (Po), paraesfenoide (Ps), pterigoide (Pt), quadrado (Q), quadradojugal (Qj), esfenetmoide (Se), escamoso (Sq), estribo (Stp), vômer (V). Os algarismos romanos indicam os forâmens por onde passam os nervos cranianos.

De Marshall.

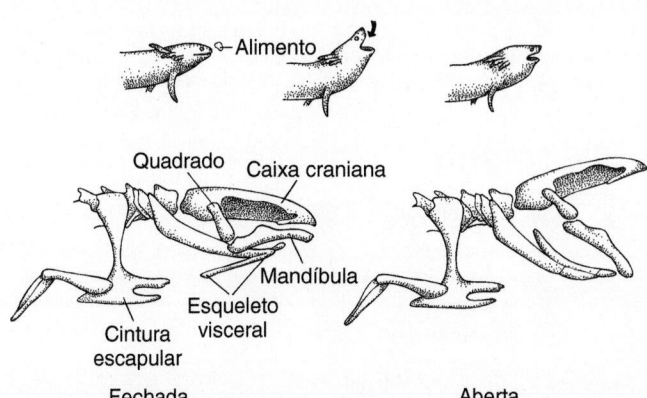

Figura 7.32 Alimentação por sucção de uma salamandra aquática. Antes, durante e após a alimentação por sucção na sequência de um filme em alta velocidade (*série do alto*). Notam-se as posições interpretadas dos elementos cranianos quando as maxilas se fecham (*embaixo à esquerda*) e abrem (*embaixo à direita*).

De Lauder.

Amniotas ancestrais

Os primeiros amniotas eram pequenos e é provável que sua aparência geral lembrasse a dos lagartos. O teto do crânio, como o dos primeiros tetrápodes, era formado pelo dermatocrânio, com aberturas para os olhos, o órgão pineal e as narinas (Figura 7.33 A a D). Flanges e processos robustos de inserção constituem evidência de músculos fortes para fechar as maxilas. O palatoquadrado do arco mandibular era reduzido ao pequeno epipterigoide e ao quadrado separado. O arco hioide produziu um estribo, um osso resistente que envolvia a parte posterior do dermatocrânio contra o condrocrânio. Esses primeiros tetrápodes não tinham uma incisura temporal. É possível que a transmissão do som para o ouvido interno ocorresse ao longo dos ossos da maxila inferior.

▶ **Aberturas cranianas.** Conforme dito, a região temporal do dermatocrânio contém características particularmente reveladoras das linhagens de amniotas (Figura 7.34). Aberturas são fendas no dermatocrânio mais externo. O crânio dos anápsidos não tem aberturas temporais. Nas tartarugas recentes, **emarginações** em geral se enraizam na margem posterior do teto do crânio, sendo grandes incisuras que funcionam como aberturas, mas são derivados filogenéticos independentes. O crânio de diápsidos inclui duas aberturas temporais, condição transferida para o *Sphenodon*, crocodilos e similares. Contudo, as barras

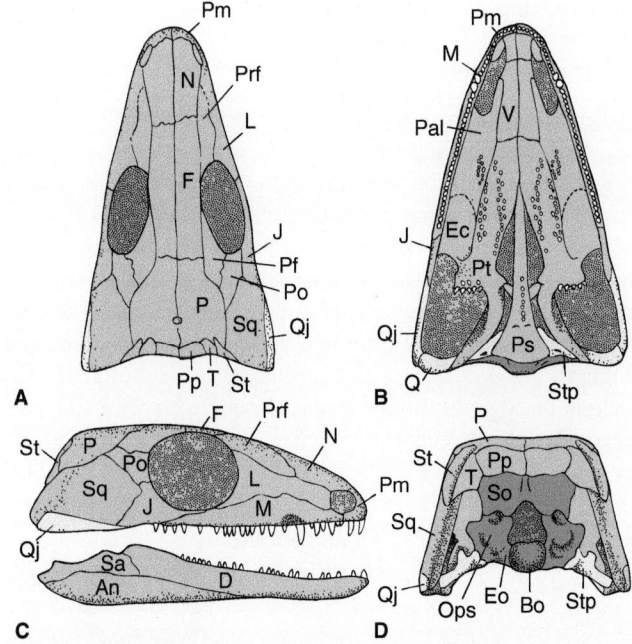

Figura 7.33 Crânio de um primeiro amniota do Carbonífero. Vistas dorsal (**A**), ventral (**B**), lateral (**C**) e posterior (**D**). Abreviações: angular (An), basioccipital (Bo), dentário (D), ectopterigoide (Ec), exo-occipital (Eo), frontal (F), jugal (J), lacrimal (L), maxilar (M), nasal (N), opistótico (Ops), parietal (P), palatino (Pal), pós-frontal (Pf), pós-orbital (Po), pós-parietal (Pp), pré-frontal (Prf), paraesfenoide (Ps), pterigoide (Pt), quadrado (Q), quadradojugal (Qj), surangular (Sa), supraoccipital (So), supratemporal (St), escamoso (Sq), estribo (Stp), tabular (T), vômer (V).

De Carroll.

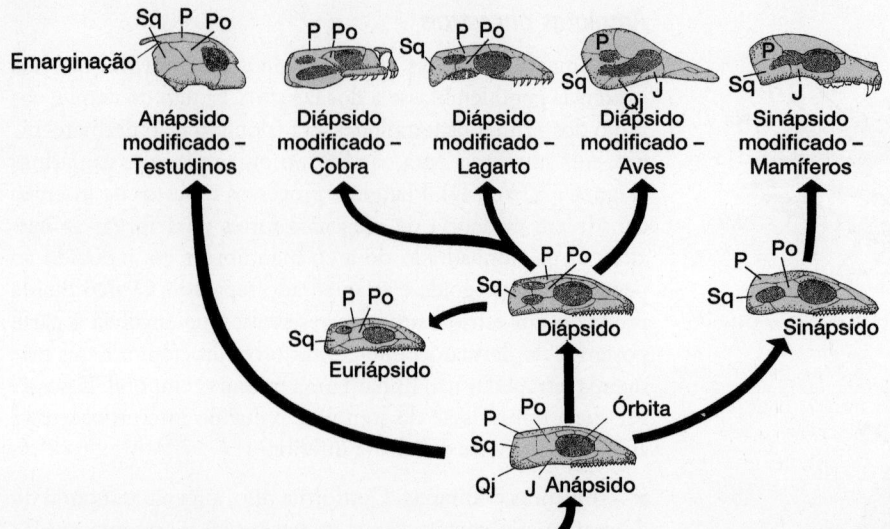

Figura 7.34 Principais linhagens evolutivas do dermatocrânio nos amniotas. O crânio de anápsido ocorre nos amniotas ancestrais e seus descendentes recentes, tartarugas em geral. Dois grupos principais, os diápsidos e os sinápsidos, evoluíram de maneira independente dos Anápsidos. O *Sphenodon* e os crocodilianos retêm o crânio ancestral dos diápsidos, mas ele se modificou nos derivados como serpentes, lagartos e aves. As partes sombreadas indicam as posições das aberturas temporais e órbitas. Abreviações: jugal (J), parietal (P), pós-orbital (Po), quadradojugal (Qj), escamoso (SQ).

temporais inferiores e/ou superiores em geral foram perdidas em outras formas modernas, o que resulta nas diversas variedades contemporâneas de um crânio modificado de diápsido, em que a condição de diápsido está bastante alterada, como em aves, lagartos e, em especial, nas cobras.

O crânio de sinápsido dos pelicossauros, terápsidos e mamíferos recentes contém uma única abertura temporal. A perda do osso pós-orbital desses mamíferos resulta no surgimento de abertura temporal com a órbita.

Implicações taxonômicas das aberturas temporais (Capítulo 3)

Embora o termo seja usado pelos taxonomistas para delinear as linhagens filogenéticas incluídas nos tetrápodes, o significado funcional das aberturas não está claro. Com poucas exceções, a maioria sendo principalmente os lepospôndilos, os primeiros tetrápodes e amniotas ancestrais não tinham aberturas. Como tais estruturas estão associadas a músculos adutores mandibulares fortes, sugeriu-se que elas abrem espaço no crânio para esses músculos ficarem abaulados durante a contração (Figura 7.35 A a C). Contudo, é difícil ver como tal função poderia ter alguma vantagem inicial que favorecesse sua evolução. De início, as aberturas seriam muito pequenas para dar

espaço aos músculos abaulados que presumivelmente favoreceram seu aparecimento. Como alternativa, alguns cientistas sugeriram que o osso não esticado do dermatocrânio poderia ter pouco valor seletivo se não contribui para a inserção muscular. Sua perda seria esperada, resultando no surgimento inicial de aberturas nessas áreas. De maneira mais positiva, foi proposto que as margens de aberturas proporcionam um local de inserção mais seguro para os músculos que uma superfície plana. Os tendões musculares surgem com o periósteo, disseminando as forças tênseis em torno da margem e as distribuindo pela superfície estendida do osso. Isso poderia tornar o local de inserção menos suscetível a ficar frouxo no osso.

Qualquer que seja a função das aberturas, sua existência seria possível apenas se orifícios não enfraquecessem de maneira indevida a capacidade do crânio de suportar estresses. Sua ausência nos labirintodontes e amniotas ancestrais, sua existência nos amniotas posteriores e o surgimento de emarginações por um caminho diferente em tartarugas implicam uma interação complexa e não entendida completamente entre a função e o projeto corporal nos primeiros tetrápodes.

▶ **Cinese craniana nos répteis.** Os elementos cranianos de répteis exibem graus variáveis de mobilidade. Movimentos mais

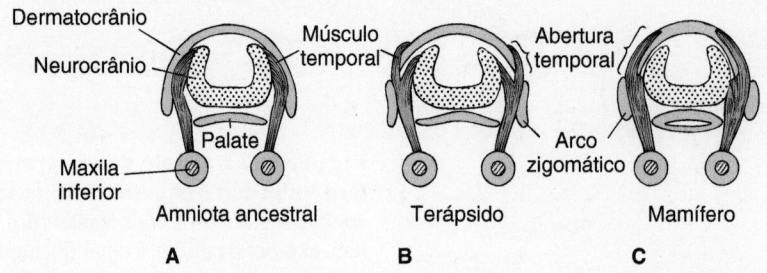

Figura 7.35 Aberturas temporais. O desvio na inserção muscular da maxila no crânio é mostrado. **A.** Crânio de anápsido. Nos primeiros amniotas, os músculos temporais passavam do neurocrânio para a maxila inferior. Tal tipo de crânio se manteve nas tartarugas modernas. **B.** A perfuração no dermatocrânio abre as aberturas e a inserção dos músculos das maxilas expande as bordas dessas aberturas. **C.** Inserção extensa dos músculos da maxila à superfície do dermatocrânio. Tal desenvolvimento de aberturas caracteriza as radiações diápsida e sinápsida.

De Smith.

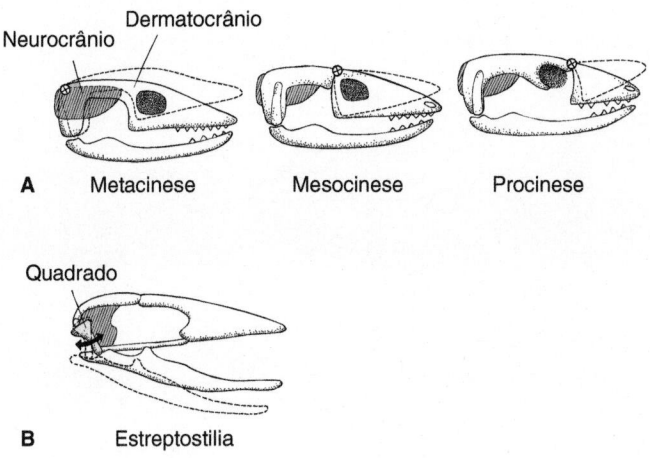

Figura 7.36 Cinese craniana nos escamados. A. Há três tipos de cinese craniana com base em grande parte na posição em que a dobradiça (X) fica no alto do crânio. A dobradiça pode ficar na parte posterior do teto do crânio (metacinese), além da órbita (mesocinese) ou na frente dela onde o focinho se articula (procinese). **B.** A capacidade do quadrado de girar em torno de sua extremidade dorsal é conhecida como estreptostilia.

extensos são encontrados no crânio de lagartos e especialmente de cobras. Nesses dois grupos, uma dobradiça transversal se estende pelo teto do crânio, uma **articulação transcraniana**. Dependendo da posição dessa dobradiça, são usados três nomes. Quando a dobradiça passa pela parte posterior do crânio, causando a rotação entre o neurocrânio e o dermatocrânio externo, diz-se que o crânio exibe **metacinese** (Figura 7.36 A). Se uma articulação passa pelo dermatocrânio atrás do olho, o crânio exibe **mesocinese**. Se uma articulação no dermatocrânio passa na frente das órbitas, o crânio exibe **procinese**. Dependendo do número de dobradiças, o crânio pode ser **monocinético**, quando tem uma articulação, ou **dicinético** (anficinético), quando tem duas articulações. Embora rara, é possível que haja mesocinese nos anfisbenas e em alguns lagartos escavadores. A procinese é típica em cobras e aves. Os lagartos mais recentes são dicinéticos, com articulações meta e mesocinéticas no teto de seus crânios.

O termo **estreptostilia** não se aplica ao teto do crânio, mas ao quadrado, e descreve a condição em que o quadrado é livre para sofrer algum grau de rotação independente em torno de sua conexão dorsal com a caixa craniana (Figura 7.36 B). A maioria dos lagartos, cobras e aves é estreptostílica.

Répteis recentes

As tartarugas modernas têm crânios anápsidos, mas emarginações que se desenvolvem a partir da região posterior para frente resultam na abertura de grandes regiões dentro dos ossos externos do dermatocrânio (Figura 7.37 A a E). Grandes músculos que fecham as maxilas ocupam esse espaço. Embora as tartarugas não tenham dentes, as superfícies opostas das maxilas superior e inferior em geral são cobertas por placas "dentárias" queratinizadas que liberam forças poderosas para morder o alimento.

Vários répteis recentes são membros sobreviventes da ramificação dos diápsidos. No *Sphenodon*, barras temporais superiores e inferiores completas se unem com firmeza na frente e

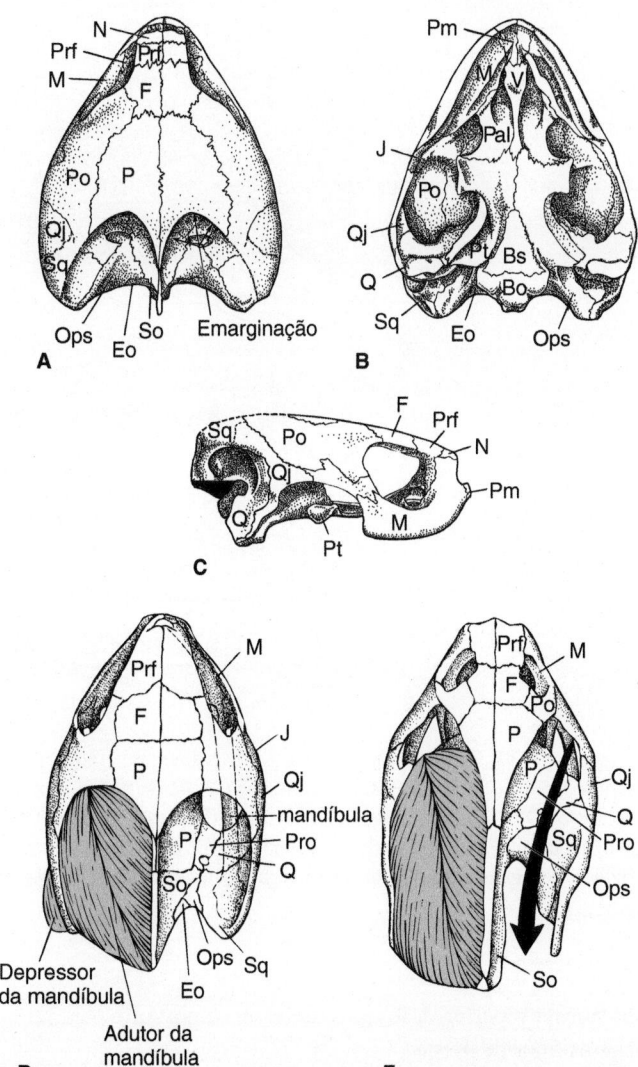

Figura 7.37 Crânios de tartaruga. A a C. Crânio de *Pleisochelys*, do final do Jurássico. O *Pleisochelys* é o membro conhecido mais antigo dos Cryptodira. Nota-se a ausência de quaisquer aberturas temporais, mas a existência de emarginações demarcadas na borda dorsal posterior do crânio. Vistas dorsal (A), ventral (B) e lateral (C). **D.** Tartaruga europeia *Emys*, mostrando o local de residência dos músculos que abrem (depressor da mandíbula) e fecham a maxila (adutor da mandíbula) com relação à emarginação. **E.** Tartaruga moderna de casco mole *Trionyx*, mostrando a linha de ação do adutor da mandíbula (*seta contínua*), da maxila inferior para o crânio dentro da emarginação aumentada. Abreviações: basioccipital (Bo), basisfenoide (Bs), exo-occipital (Eo), frontal (F), jugal (J), maxilar (M), nasal (N), opistótico (Ops), parietal (P), palatino (Pal), pré-frontal (Prf), pré-maxilar (Pm), pró-ótico (Pro), pós-orbital (Po), pterigoide (Pt), quadrado (Q), quadradojugal (Qj), supraoccipital (So), escamoso (Sq), vômer (V).

A a D, de Carroll; E, de Romer.

atrás da parede lateral do crânio (Figura 7.38 A a D), mas não há uma articulação transcraniana nem palato móveis. Em consequência, nenhuma mobilidade significativa é possível dentro do dermatocrânio, porém a mandíbula desliza para trás e para frente no quadrado fixo do qual é suspensa. A única fileira de dentes da mandíbula se move entre uma fileira dupla de dentes

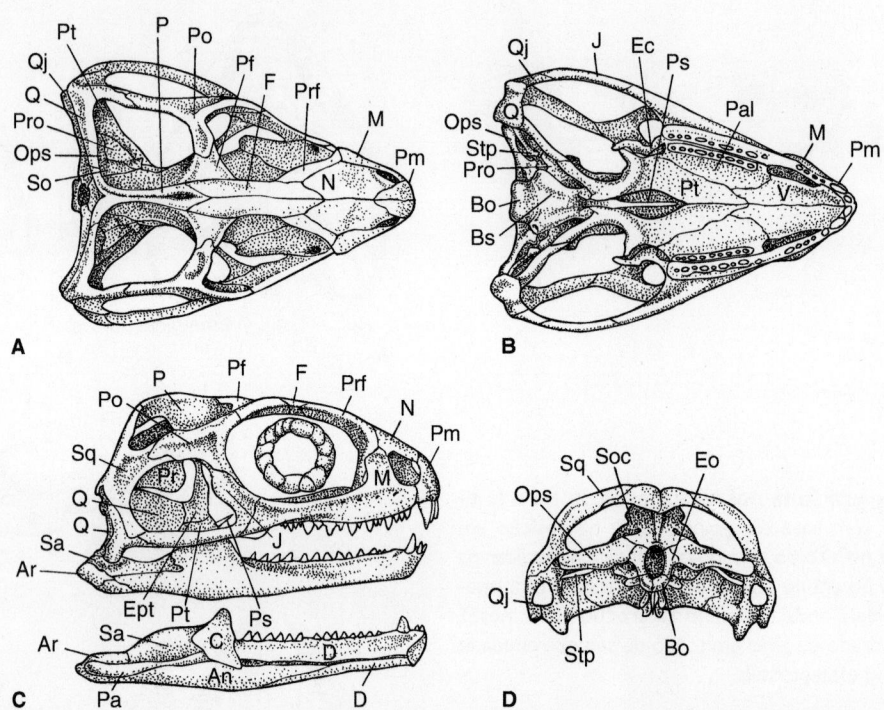

Figura 7.38 Rincocefálico vivo. As duas aberturas temporais são limitadas ainda pelo osso no *Sphenodon*, um diápsido vivo. Vistas dorsal (**A**), ventral (**B**), lateral (**C**) e posterior (**D**). Abreviações: angular (An), articular (Ar), basioccipital (Bo), basisfenoide (Bs), coronoide (C), dentário (D), ectopterigoide (Ec), exocciptal (Eo), epiterigoide, (Ept), frontal (F), jugal (J), maxilar (M), nasal (N), opistótico (Ops), parietal (P), pré-articular (Pa), palatino (Pal), pós-frontal (Pf), pré-maxilar (Pm), pós-orbital (Po), pré-frontal (Prf), pró-ótico (Pro), paraesfenoide (Ps), pterigoide (Pt), quadrado (Q), quadradojugal (Qj), surangular (Sa), supraoccipital (Soc), escamoso (Sq), estribo (Stp), vômer (V).

De Carroll.

na maxila superior, ação que parece ser importante para fatiar alguns tipos de presas.

A perda da barra temporal inferior produz o crânio diápsido modificado dos lagartos (Figura 7.39). A perda desse escoramento ósseo inferior lateralmente libera a parte posterior do crânio do focinho, promovendo, assim, a estreptostilia e, portanto, a parte mesocinética da dicinese do lagarto. Os ancestrais do lagarto, os younginiformes, aparentemente tinham uma única articulação metacinética na parte posterior do crânio. Uma segunda articulação cinética, a mesocinética, foi acrescentada àquela na maioria dos lagartos recentes, tornando dicinético o crânio da maioria dos lagartos. Embora crânios de alguns lagartos especializados, como os escavadores, ancestrais e alguns herbívoros, pareçam monocinéticos, é provável que isso seja uma condição secundária. Essa maquinaria cinética das maxilas de lagartos foi modelada como um sistema ligado de quatro barras (Figura 7.40 A e B). Uma unidade é o focinho triangular. Sua parede posterior forma uma das quatro ligações. O canto dorsal do focinho participa na articulação mesocinética e forma uma segunda ligação mecânica com a extremidade dorsal do quadrado através do alto do crânio. O quadrado representa a terceira ligação. A quarta ligação mecânica conecta a extremidade inferior do quadrado (onde ela encontra o pterigoide) na frente ao canto posterior inferior do focinho, completando e fechando a cadeia cinemática de quatro barras.

Mecanismos biomecânicos (Capítulo 4)

Sem uma série cinemática de ligações, o fechamento da maxila seria como o de uma tesoura, e as forças que fecham a maxila sobre a presa seriam um componente para frente que poderia desviar ou expelir a presa da boca, aumentando a chance de perdê-la (Figura 7.40 C). Todavia, no crânio de muitos lagartos, a rotação das quatro ligações possibilita alterações na configuração geométrica. Como consequência, esses lagartos podem alterar o ângulo da fileira de dentes no focinho à medida que ela se fecha sobre a presa. As maxilas superior e inferior se fecham e chegam na presa quase simultaneamente, liberando forças direcionadas para ela; portanto, é menos provável que o lagarto perca a presa.

A articulação metacinética não é diretamente parte desse conjunto de ligação de ossos, embora seu eixo transverso seja coincidente com a articulação quadradoparietal do mecanismo de ligação de quatro barras. A articulação metacinética possibilita que o dermatocrânio, ao qual a cadeia de ligação está unida, movimente-se com relação ao neurocrânio mais profundo. O eixo da articulação metacinética é quase coincidente com a articulação superficial entre a extremidade dorsal do quadrado e a caixa craniana, mas não faz parte desse conjunto mais externo de ligações. Portanto, a rotação em torno dessa articulação metacinética levanta todo o dermatocrânio com o conjunto inteiro de ligações relativas ao neurocrânio.

Alguns lagartos, como muitas salamandras terrestres, projetam a língua durante a alimentação. Quando a língua é exteriorizada o suficiente, o lagarto usa sua **alimentação lingual**

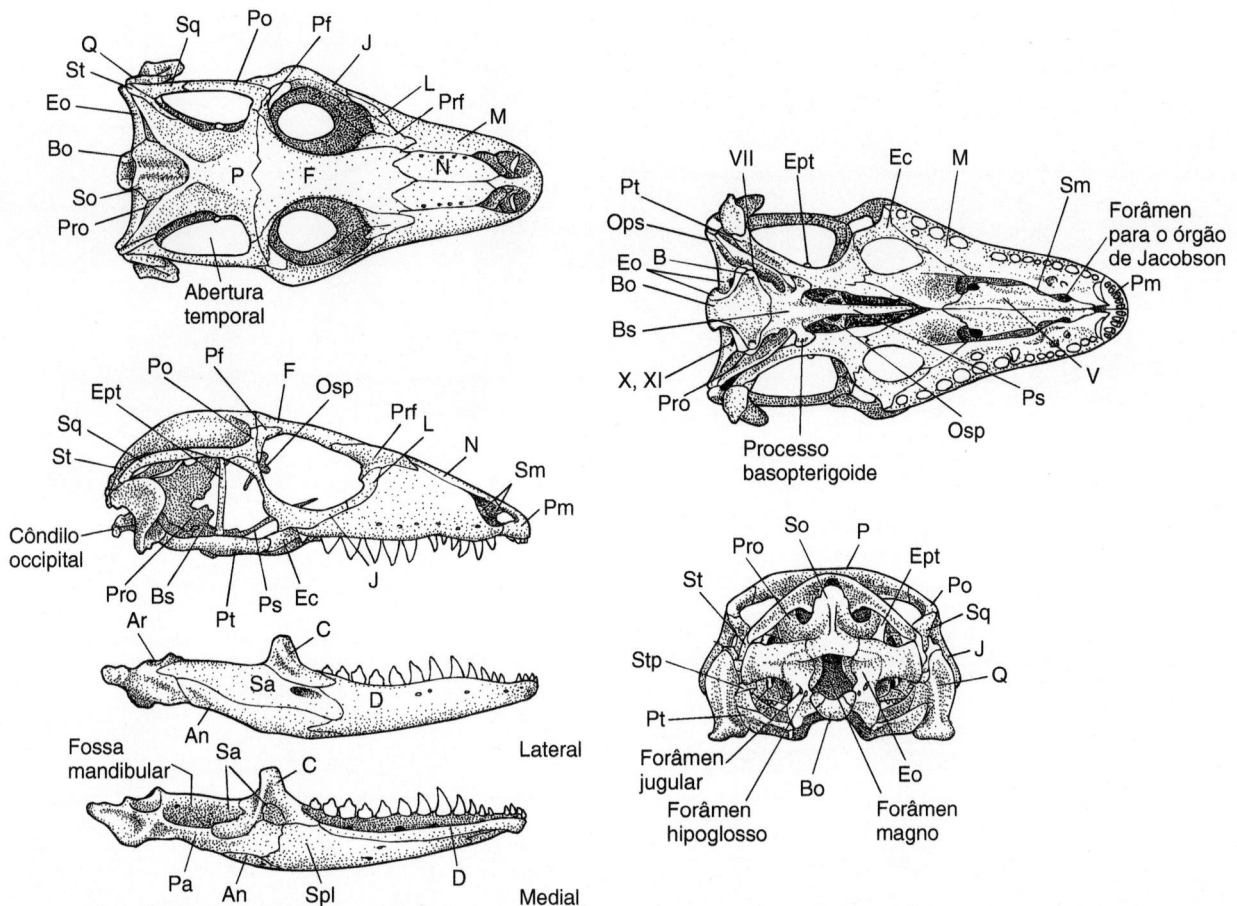

Figura 7.39 Crânio de lagarto. Os lagartos são diápsidos modificados. Eles têm aberturas, mas não a borda óssea dorsal da abertura anterior, um resultado de alterações que aumentam a cinese craniana. Abreviações: angular (An), articular (Ar), basioccipital (Bo), basisfenoide (Bs), coronoide (C), dentário (D), ectopterigoide (Ec), epipterigoide (Ept), frontal (F), jugal (J), lacrimal (L), maxilar (M), nasal (N), opistótico (Ops), orbitoesfenoide (Osp), parietal (P), pré-articular (Pa), pós-frontal (Pf), pré-maxilar (Pm), pós-orbital (Po), pré-frontal (Prf), paraesfenoide (Ps), pró-ótico (Pro), pterigoide (Pt), quadrado (Q), surangular (Sa), septomaxilar (Sm), esplênio (Sp), supraoccipital (So), escamoso (Sq), supratemporal (St), estribo (Stp), vômer (V).

De Jollie.

(Figura 7.41 A). As maxilas se separam e a língua viscosa é projetada em direção à presa. Nos camaleões, um **músculo acelerador** envolve o **processo lingual** (= **entoglosso**) do aparato hioide (Figura 7.41 B e C). Após a contração, o músculo acelerador comprime o processo lingual, aumentando a velocidade à medida que desliza sob o processo, talvez como se deslizasse sobre a superfície escorregadia de uma barra de sabão, e segue até a ponta glandular da língua (Figura 7.41 D). No momento da captura, a extremidade da língua está fora da boca, na direção da presa. Com o impacto, a extremidade carnosa glandular da língua se achata contra o alvo, estabelecendo a aderência firme. A retração da língua para trás na boca recupera a presa e as maxilas então se fecham para mantê-la capturada.

Em cobras, os ossos frontal e parietal do teto crescem para baixo em torno dos lados do crânio, formando também a maior parte das paredes da caixa craniana (Figura 7.42). Seu aumento resulta na redução ou perda de muitos dos outros ossos dérmicos. O crânio das cobras é procinético. Uma articulação que cruza o crânio se forma na frente da órbita, entre as regiões frontal e nasal. No entanto, a maior parte da extensa mobilidade da maxila das cobras resulta de modificações no desenho dos ossos laterais do crânio. As barras temporais superiores e inferiores são perdidas, removendo, assim, suportes que, no crânio de outros diápsidos, formam estruturas restritivas na região temporal. A maquinaria cinemática do crânio das cobras inclui mais elementos que o sistema de ligação dos lagartos (Figura 7.43 A a C). O quadrado, como nos lagartos, é estreptostilia, mas articulado de maneira frouxa com o pterigoide. As forças musculares que incidem diretamente no pterigoide são transmitidas para a maxila que contém os dentes via a ligação ectopterigoide. O maxilar gira sobre o pré-frontal, do qual é suspensa da caixa craniana. Em muitas cobras, especialmente nas venenosas avançadas como as víboras, o pré-frontal e o supratemporal também exercem alguma rotação sobre a caixa craniana. Assim, o sistema cinético pode ser modelado sobre uma cadeia de ligação com até seis ligações (supratemporal, quadrado, pterigoide, ectopterigoide, maxilar, pré-frontal) suspensas em cada extremidade a partir de uma sétima ligação, a caixa craniana (Figura 7.43 D).

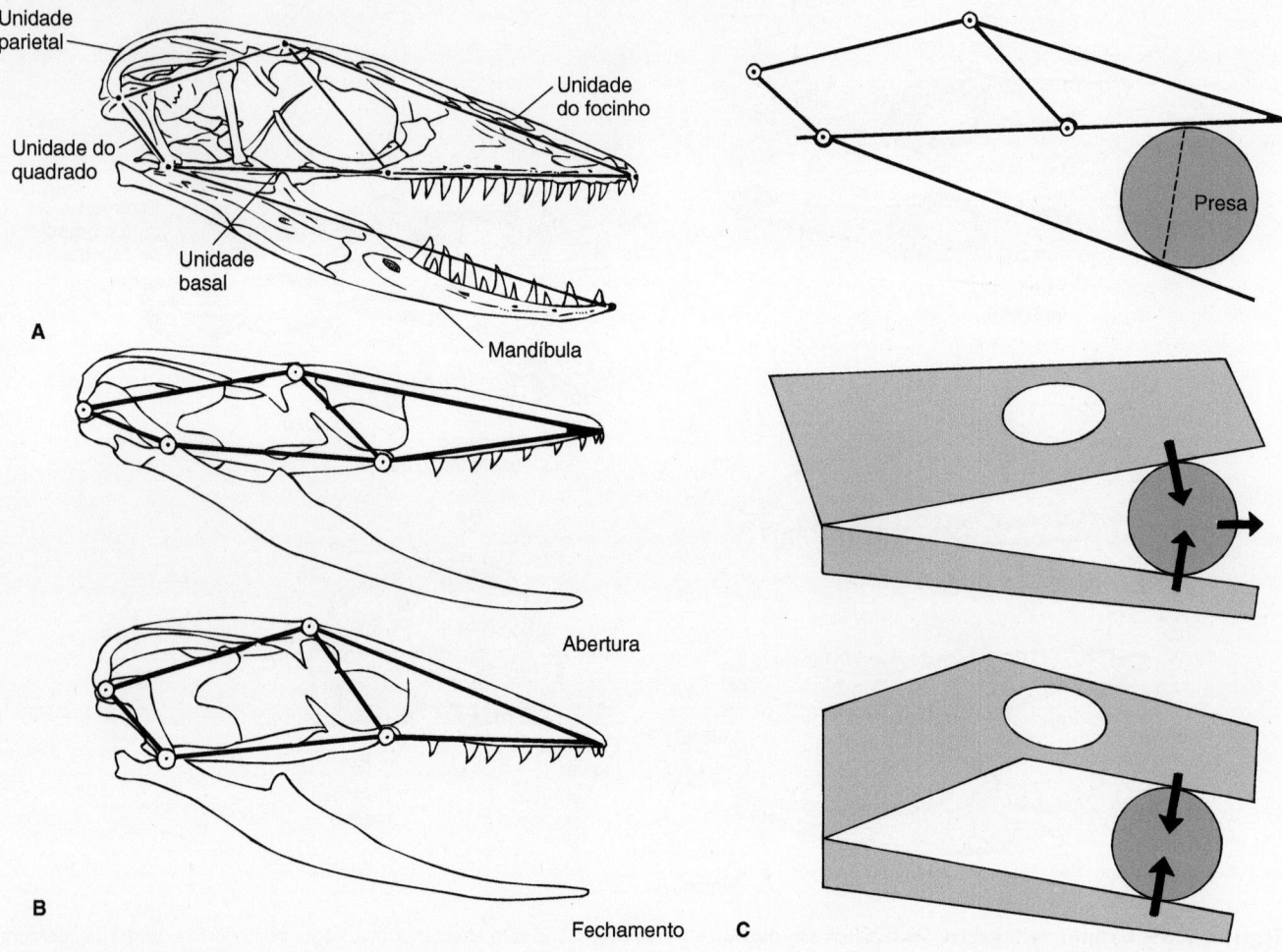

Figura 7.40 Cinese do crânio de um lagarto. A. As articulações dentro do crânio fazem o focinho se erguer ou se inclinar para baixo, em torno de sua articulação mesocinética, com o restante da caixa craniana. Isso resulta em uma alteração no ângulo de fechamento dos dentes quando o animal pega sua presa. **B.** Essas unidades móveis do crânio do lagarto podem ser representadas como um mecanismo cinemático por ligações (*linhas grossas*) e pontos de rotação (*círculos*). Em comparação com a posição em repouso dessas ligações (A), são mostradas alterações geométricas durante a abertura (*meio*) e o fechamento (*embaixo*) sobre a presa. **C.** O significado funcional da cinese craniana em lagartos está relacionado com a alteração resultante no ângulo das fileiras de dentes. A cinese inclina o focinho, de modo que ambas as fileiras se fecham diretamente sobre a presa (*embaixo*). Quando não é esse o caso (*meio e em cima*), o fechamento da maxila seria mais a ação de uma tesoura, tendendo a levar a presa para fora da boca.

Com base na pesquisa de T. H. Frazzetta.

A maxila das cobras, suspensa a partir do quadrado, inclui um dentário que contém os dentes e se articula com um **osso composto** posterior derivado do surangular, do pré-articular e do articular fundidos. Um esplênio delgado costuma estar presente no lado mediana. Ambas as metades da maxila inferior se unem na sínfise mandibular, não por fusão óssea, mas, sim, por meio de tecidos moles flexíveis que mantêm as extremidades das maxilas unidas. Dessa forma, as extremidades mandibulares usufruem de movimento independente generoso. Como não há conexões ósseas cruzadas entre cadeias de ossos móveis nos lados esquerdo e direito, cada conjunto cinético de ligações pode se espalhar e se mover de maneira independente do outro no lado oposto. Isso tem importância particular durante a deglutição, quando os conjuntos esquerdo e direito de ossos se alternam na abordagem à vítima da predação (ver Figura 7.63 e Boxe Ensaio 7.3). É um erro pensar que as cobras

"desarticulam" as maxilas ao deglutir. Em vez disso, a grande liberdade de rotação entre elementos das cadeias cinemáticas, o movimento independente de cada uma delas e a capacidade de levar as maxilas flexíveis para fora de maneira a acomodar uma vítima predada volumosa são responsáveis pela flexibilidade das maxilas nessas espécies. Tais processos, não a desarticulação, possibilitam que as cobras deglutam (embora devagar) vítimas da predação inteiras relativamente grandes.

Os crocodilianos, bem como o *Sphenodon* e os escamados (lagartos e cobras), representam os répteis sobreviventes com um crânio diápsido. O crânio crocodiliano é uma estrutura composta por elementos de condrocrânio, dermatocrânio e esplancnocrânio, embora o dermatocrânio tenda a predominar (Figura 7.44). Ambas as barras temporais estão presentes e o crânio é firme, sem qualquer evidência de cinese craniana. Contudo, os ancestrais dos crocodilianos tinham crânios cinéticos, sugerindo

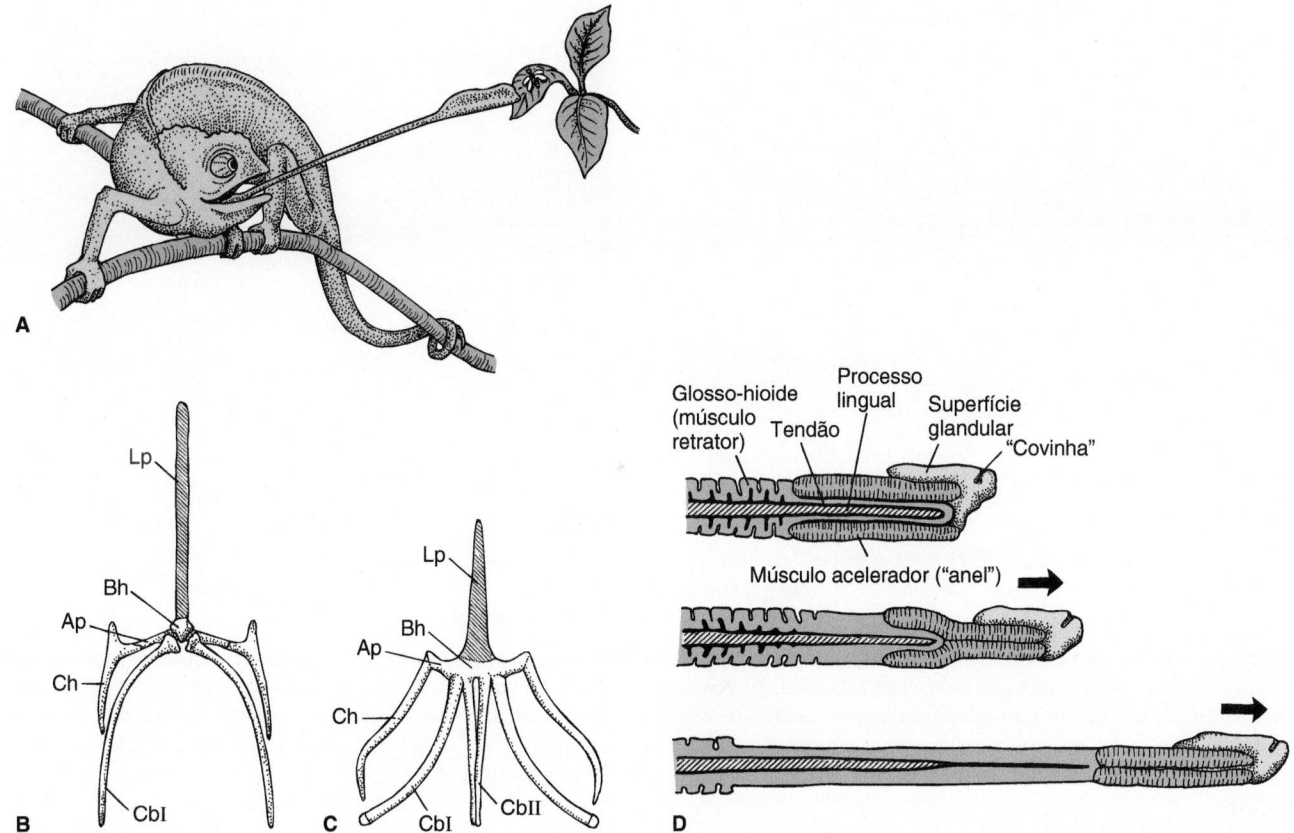

Figura 7.41 Alimentação lingual em lagartos. A. O camaleão de Jackson usa sua língua projetada a longas distâncias para capturar uma presa. **B.** O aparato hioide do camaleão inclui um processo lingual alongado (*Lp*), ao longo do qual a língua desliza durante a refeição. **C.** Aparato hioide de um lagarto cuja língua não se projeta. **D.** Base mecânica da projeção da língua. O músculo acelerador, uma faixa circular em torno do processo lingual, contrai-se para comprimir o processo lingual. Essa compressão causada pelos músculos aceleradores faz com que o músculo deslize rapidamente na direção da ponta do processo lingual, levando com ele a superfície glandular da língua. No momento da captura, a língua é lançada do processo lingual na direção da presa. O músculo glosso-hioide dobrado inserido na ponta da língua também é levado e acaba sendo responsável pela retração da língua com a presa aderida nela. Abreviações: processo anterior (Ap), baso-hioide (Bh), ceratobranquiais I e II (Cbl e CbII), cerato-hioide (Ch), processo lingual (Lp).

B e C, de Bramble e Wake.

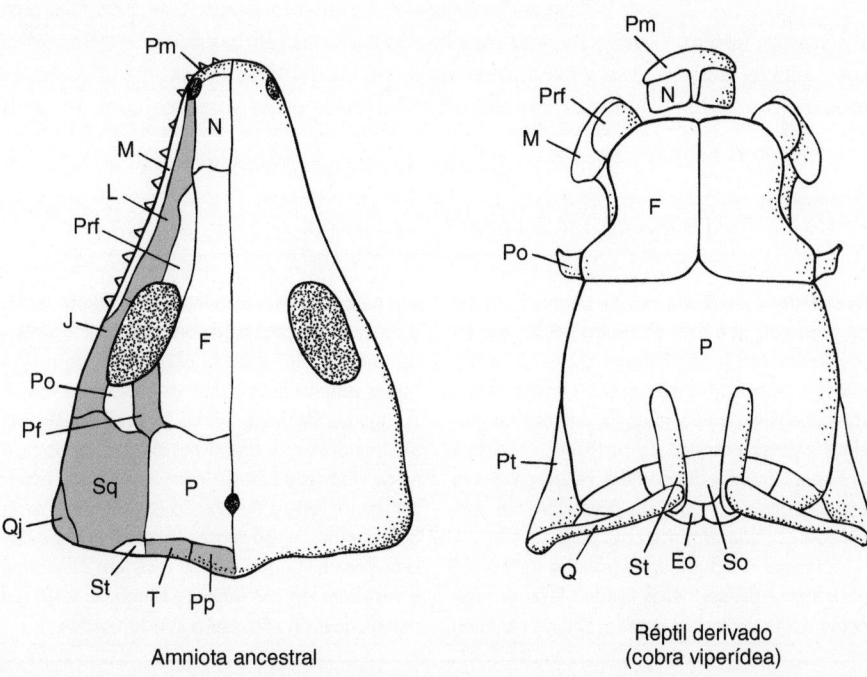

Amniota ancestral

Réptil derivado
(cobra viperídea)

Figura 7.42 Comparação esquemática do crânio derivado de uma cobra recente com o crânio de um amniota. Os ossos perdidos na cobra moderna estão indicados pelo sombreado no captorinomorfo ancestral. Abreviações: exo-occipital (Eo), frontal (F), jugal (J), lacrimal (L), maxilar (M), nasal (N), parietal (P), pós-frontal (Pf), pré-maxilar (Pm), pós-orbital (Po), pós-parietal (Pp), pré-frontal (Prf), pterigoide (Pt), quadrado (Q), quadradojugal (Qj), supraoccipital (So), escamoso (Sq), supratemporal (St), tabular (T).

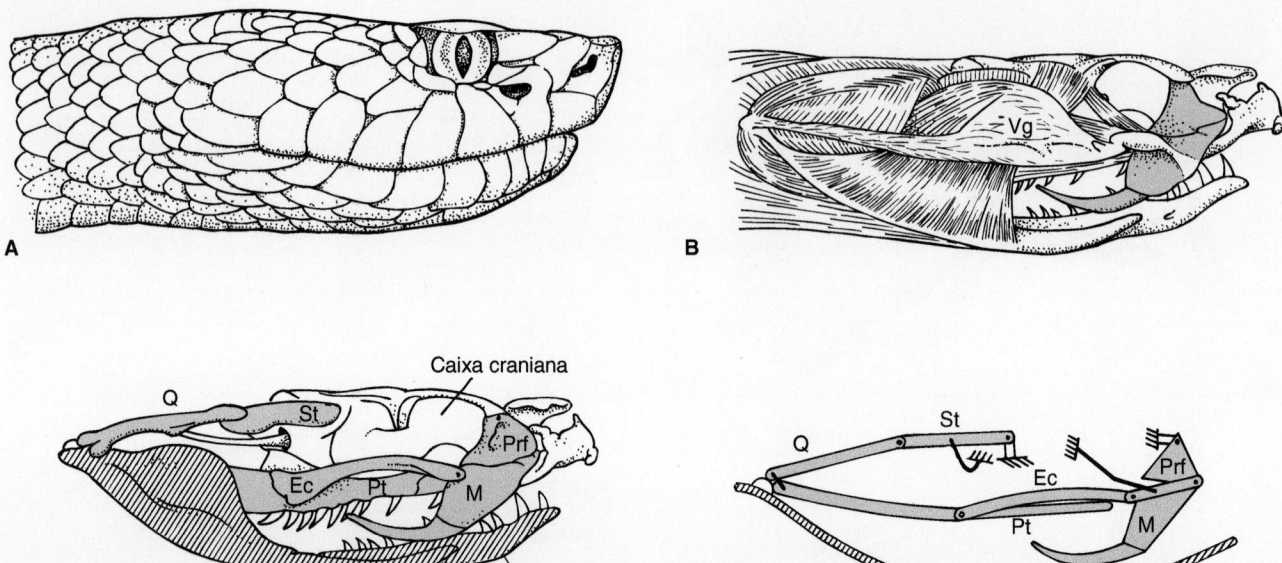

Figura 7.43 Modelo cinemático dos ossos móveis do crânio em uma cobra venenosa, a mocassim aquática. Toda a cabeça (**A**) com a remoção sucessiva da pele e dos músculos (**B**) revela os ossos do crânio (**C**). A ligação dos ossos móveis com relação à caixa craniana está em cinza, e a maxila inferior hachurada com linhas diagonais. (**D**) Modelo biomecânico de ossos móveis capazes de rotação em torno de conexões. Os ossos móveis incluem o ectopterigoide (Ec), o maxilar (M), o pterigoide (Pt), o pré-frontal (Prf), o quadrado (Q) e o supratemporal (St). A localização da principal glândula de veneno (Vg) também é mostrada.

De Kardong.

que as formas modernas perderam essa característica. Além disso, os crocodilianos recentes têm um palato secundário, uma característica a mais dos ancestrais diápsidos. No teto da boca, ossos marginais (pré-maxila, maxilar, palatino) crescem para dentro, encontrando-se na linha mediana, abaixo da região esfenoide. Junto com o pterigoide, esses ossos produzem o palato ósseo secundário que separa a via de passagem nasal da boca.

Aves

As aves também surgiram de um ancestral diápsido, porém, como os escamados, exibem modificação considerável desse padrão de crânio (Figura 7.45). A caixa craniana é muito inflada e ossificada nas aves, acomodando um cérebro relativamente expandido. As suturas entre ossos em geral estão bem unidas no adulto, de modo que não é fácil delinear os limites entre elas. Os ossos palatais são bastante variados, mas exibem alguma redução e leveza. O vômer e o ectopterigoide são pequenos, os pterigoides são curtos e se articulam com o quadrado, e os epipterigoides costumam ser perdidos (Figura 7.46 A a D).

Como as tartarugas e alguns dinossauros, as aves não têm dentes e suas maxilas são cobertas por bainhas queratinizadas. As aves se alimentam de presas que deslizam, como as costeiras que comem peixes, e têm bicos queratinizados com margens

---

Boxe Ensaio 7.3　Características marcantes das cobras

As maxilas das cobras são altamente cinéticas, com grande liberdade de movimento. Os ossos do crânio, que em outros répteis estão fixados à caixa craniana ou têm movimento restrito, estão unidos, nas cobras, em cadeias de ligação com movimento extenso em relação à caixa craniana. Além disso, as séries de ossos ligados nos lados esquerdo e direito não estão unidas diretamente, de modo que podem se deslocar de maneira independente, característica que possibilita a alternância recíproca de movimento à esquerda e à direita dos ossos da maxila sobre a vítima da predação que estiver sendo deglutida. Esse movimento independente e para fora das maxilas (não a "desarticulação" das maxilas) torna possível que a maioria das cobras degluta vítimas grandes da predação. Pouco a pouco, as maxilas distendidas se alternam em etapas sobre a vítima da predação até que ela seja completamente engolfada.

Durante o ataque da cascavel, a inclinação para frente desses ossos ligados levanta rapidamente a maxila e as presas (dentes caninos) ficam em posição para injetar o veneno na vítima da predação. As presas da cobra são dentes modificados com o cerne oco, de modo que o veneno flui a partir da base até a vítima. As presas da maioria das cobras venenosas são maiores que os outros dentes na boca, e as de víboras e víboras com fosseta são especialmente longas. A rotação extensa da maxila que contém esses dentes (presas) em tais cobras possibilita que eles se inclinem para cima e para fora do caminho, ao longo do lobo superior, quando não estão sendo usados.

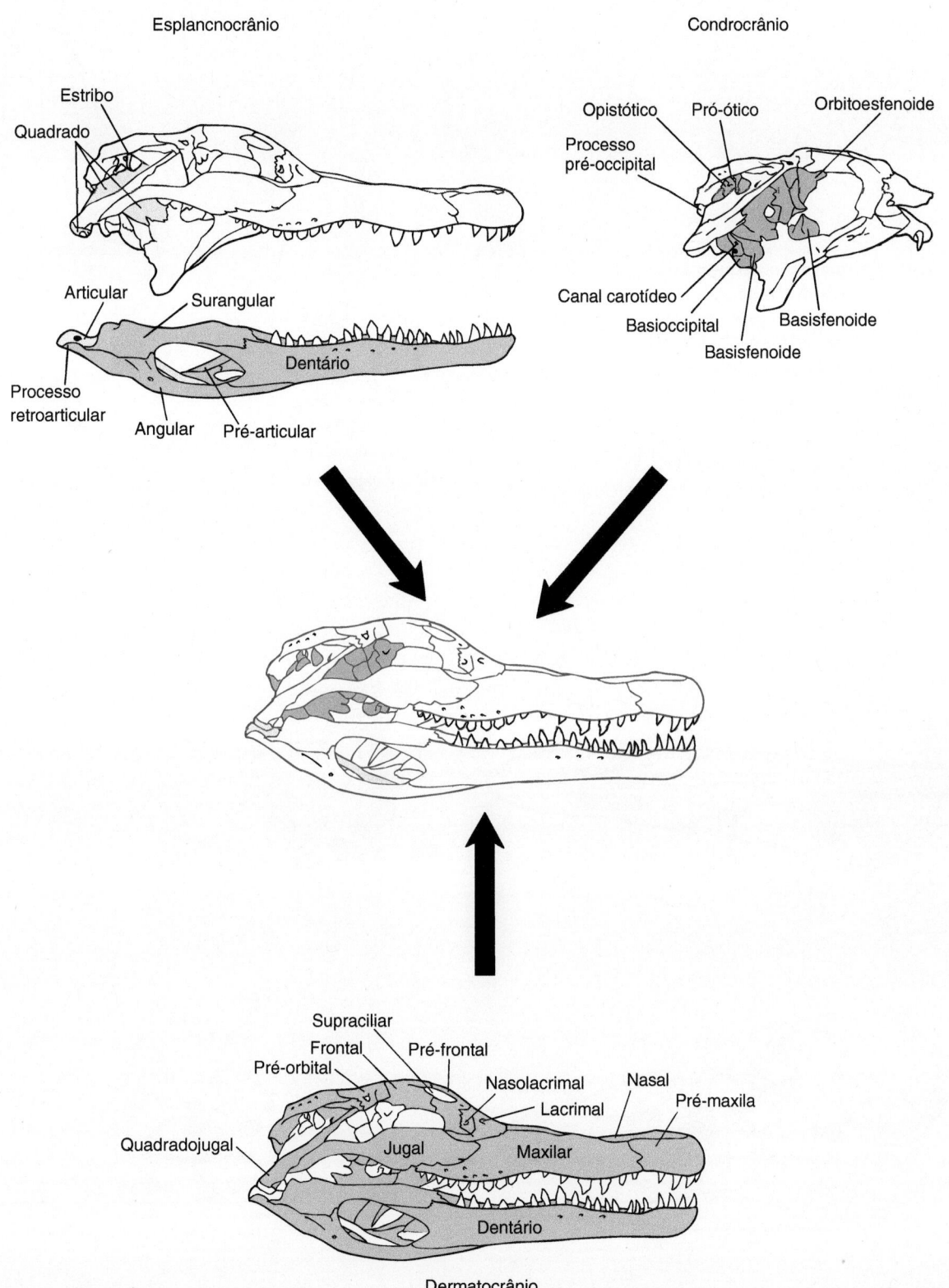

Figura 7.44 Crânio do jacaré. Desenho composto de crânio característico dos vertebrados. O crânio é uma combinação de elementos que recebem contribuições do condrocrânio (*azul*), do esplancnocrânio (*amarelo*) e do dermatocrânio (*rosa*). (Esta figura encontra-se reproduzida em cores no Encarte.)

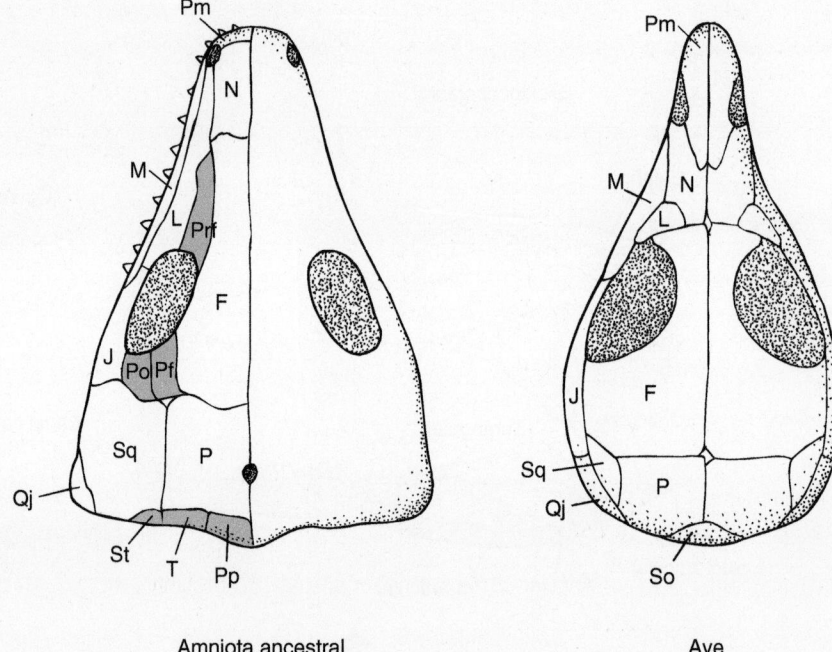

Figura 7.45 Comparação esquemática do crânio de uma ave derivada com o de um amniota ancestral. Os ossos perdidos nas aves estão sombreados no réptil ancestral. Abreviações: frontal (F), jugal (J), lacrimal (L), maxilar (M), nasal (N), parietal (P), pós-frontal (Pf), pré-maxilar (Pm), periorbital (Po), pós-parietal (Pp), pré-frontal (Prf), quadradojugal (Qj), supraoccipital (So), escamoso (Sq), supratemporal (St), tabular (T).

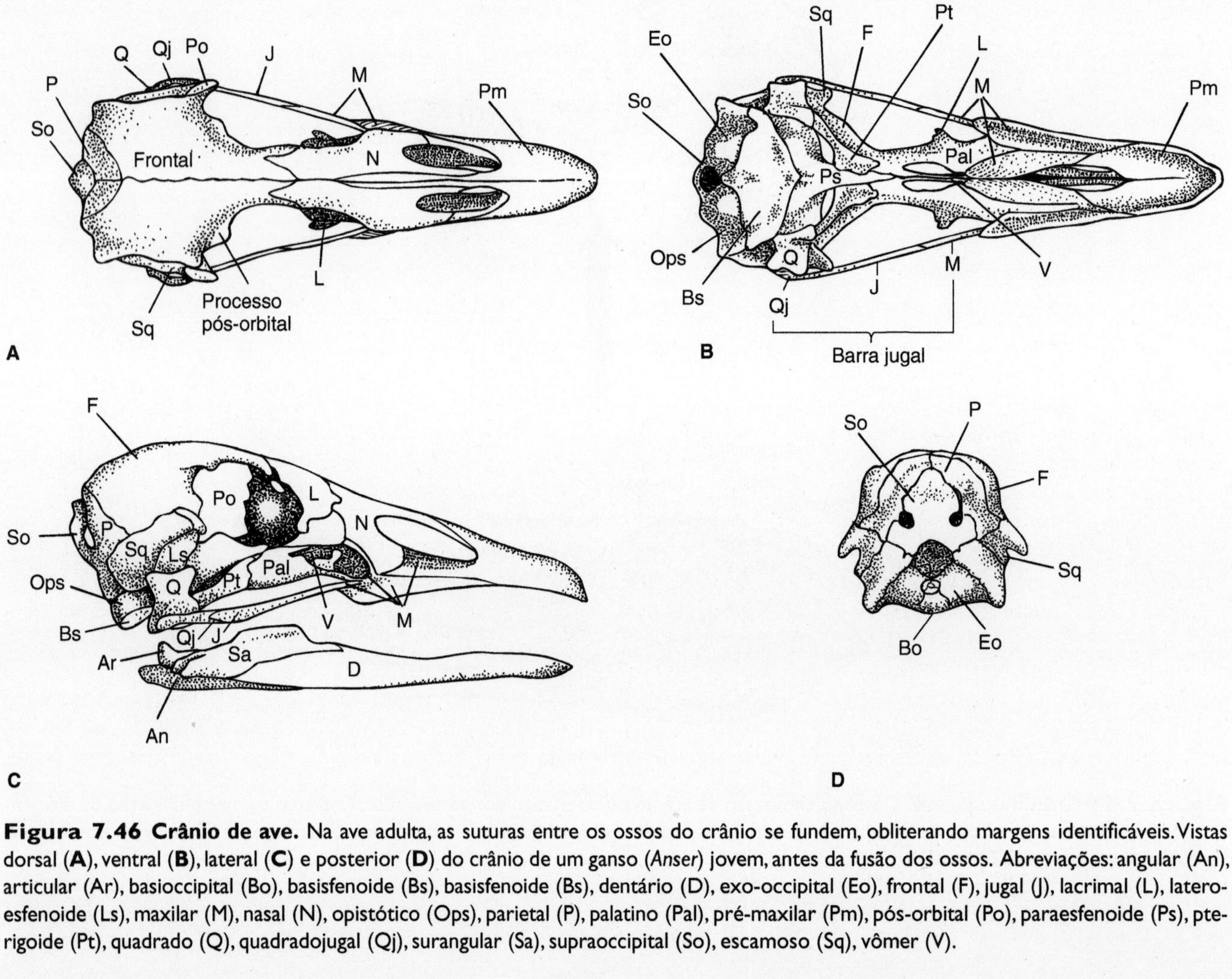

Amniota ancestral

Ave

Figura 7.46 Crânio de ave. Na ave adulta, as suturas entre os ossos do crânio se fundem, obliterando margens identificáveis. Vistas dorsal (**A**), ventral (**B**), lateral (**C**) e posterior (**D**) do crânio de um ganso (*Anser*) jovem, antes da fusão dos ossos. Abreviações: angular (An), articular (Ar), basioccipital (Bo), basisfenoide (Bs), basisfenoide (Bs), dentário (D), exo-occipital (Eo), frontal (F), jugal (J), lacrimal (L), lateroesfenoide (Ls), maxilar (M), nasal (N), opistótico (Ops), parietal (P), palatino (Pal), pré-maxilar (Pm), pós-orbital (Po), paraesfenoide (Ps), pterigoide (Pt), quadrado (Q), quadradojugal (Qj), surangular (Sa), supraoccipital (So), escamoso (Sq), vômer (V).

serrilhadas que favorecem o atrito ao agarrarem a presa. As maxilas são externas, situadas no **bico**. Não têm barra temporal superior e a inferior é um bastão delgado, denominado barra jugal (barra quadrado jugal-jugal), que se estende da parte posterior do bico até o lado do quadrado móvel (estreptostilia). O crânio é procinético. Um forte **ligamento periorbital** se estende de trás do olho à maxila inferior. Nas aves neognatas, o palato se divide de maneira funcional na articulação pterigopalatina (Figura 7.47 A e B). O par de pterigoides convergentes se encontra na linha mediana ou perto dela para se acoplar aos palatinos (Figura 7.47 B). Nesse acoplamento, tais ossos formam uma articulação que desliza ao longo da margem ventral do septo orbital. As articulações nasofrontal e palatomaxilar são ósseas finas, flexíveis, não sinoviais, mas podem ser representadas como dobradiças em torno das quais ocorre rotação. Os ossos importantes em termos mecânicos são modelados como um sistema de ligação em cada lado (Figura 7.47 C). Quando os músculos inseridos puxam o quadrado e o palato para frente, o palato dividido desliza ao longo do septo, empurrando os palatinos para frente, que, por sua vez, empurram

contra a base do bico, girando-o em torno da articulação nasofrontal e elevando-o. O par acoplado de ligações em gínglimo é um **mecanismo biela–manivela**. (Os músculos que agem diretamente sobre a maxila inferior ativam sua abertura.) Os músculos que fecham a maxila agem da maneira oposta, movendo o bico para baixo para agarrar o alimento e trazem de volta a maquinaria cinética para a posição de repouso. A barra jugal fina em geral se exterioriza durante a abertura da maxila, mas não contribui de maneira significativa para o mecanismo que eleva a maxila superior.

Muitas aves usam o bico como uma sonda, para alcançar larvas escondidas ou insetos dentro da casca das árvores ou do solo macio. Tais aves costumam usar uma forma de rincocinese, a elevação das pontas do bico em torno dos pontos de rotação dentro das maxilas (Figura 7.47 E). As maxilas não precisam ficar separadas para a ave pegar o alimento. Outras aves têm bicos que abrem sementes duras e maxilas curtas e potentes que concentram as forças de fechamento na base do bico.

Nas aves paleognatas, como emas e avestruzes, os pterigoides não se encontram na linha mediana, mas deslizam sobre

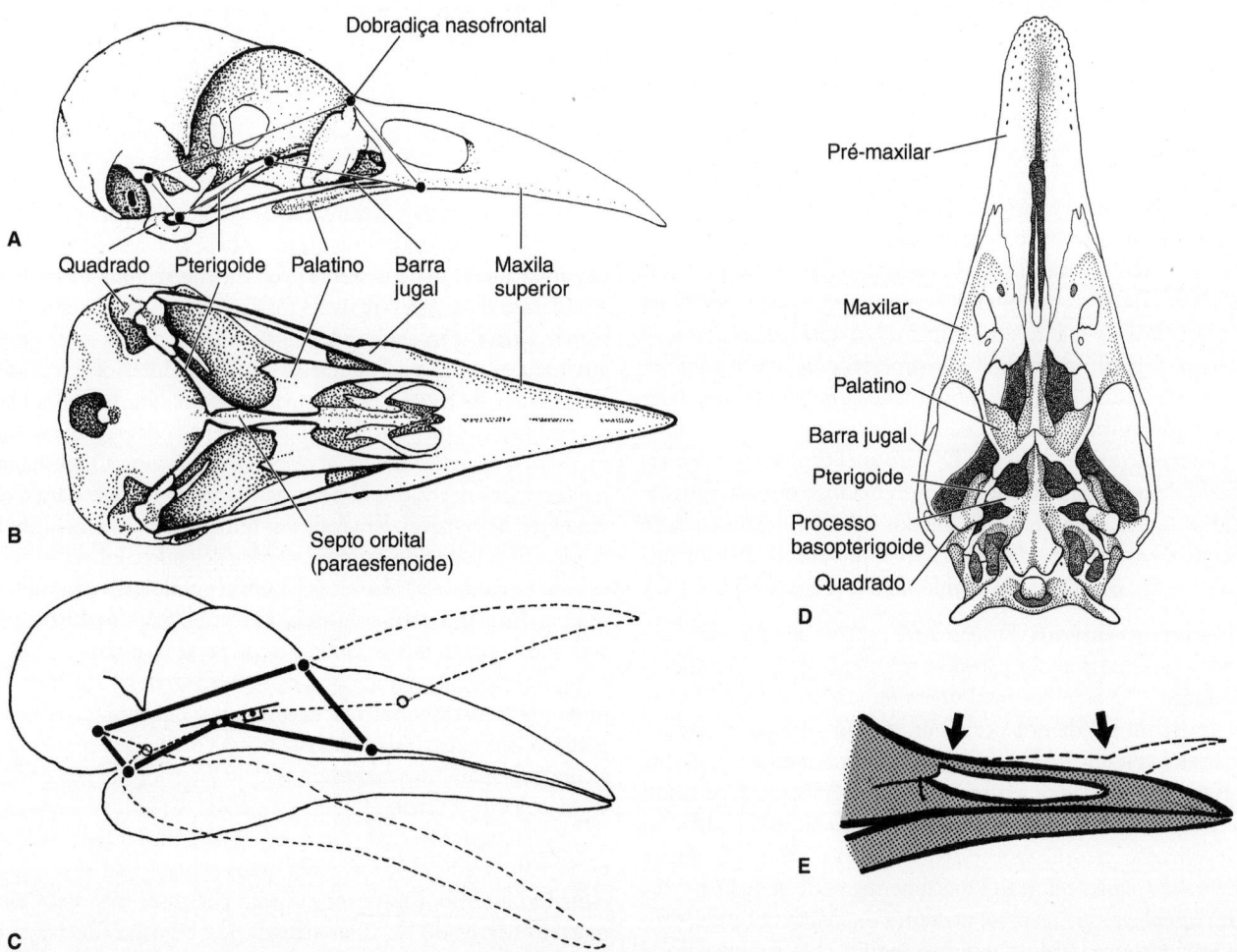

Figura 7.47 Cinese craniana no crânio do corvo (*Corvus*). A. Vista lateral. **B.** Vista ventral. **C.** Modelo de ligação de cinese craniana, mecanismo biela-manivela. A partir da posição de repouso (*linhas contínuas*), o ponto de acoplamento entre os pterigoides e palatinos desliza para frente ao longo do septo orbital para uma nova posição (*linhas tracejadas*), o que levanta a maxila superior em torno da articulação procinética (dobradiça nasofrontal). **D.** Paleognato. Palato do avestruz. **E.** Rincocinese. Flexões dentro do bico possibilitam que as pontas das maxilas superior e inferior se separem, sem a abertura de toda a boca.

suportes que se projetam, os processos basopterigoides (Figura 7.47 D). O palato é tão distinto em termos estruturais que se questiona de todos os paleognatos (ratitas e tinamídeos) representam uma condição primitiva e um grupo monofilético.

Sinápsidos

▶ **Sinápsidos ancestrais.** O pelicossauro *Dimetrodon* representa um sinápsido ancestral. Os terápsidos continuam a linhagem dos sinápsidos e exibem uma diversidade considerável (Figura 7.48). Por algum tempo no Permiano e no início do Triássico, foram razoavelmente abundantes. Alguns eram herbívoros, mas a maioria era carnívora. A maioria dos ossos do crânio dos primeiros amniotas persiste, mas uma característica dos sinápsidos é que a região temporal desenvolve uma única abertura, limitada horizontalmente ao longo de sua borda inferior por uma conexão óssea entre os ossos jugal e escamoso que faz protrusão na região da bochecha. Essa barra óssea escamosa jugal agora é chamada comumente de **arco zigomático**. Em toda a evolução dos sinápsidos, há uma tendência ao aumento da abertura temporal, provavelmente relacionada com a maior massa e a especialização da musculatura próxima da maxila. Nos terápsidos derivados e mamíferos ancestrais, a barra vertical que divide a órbita da abertura temporal única foi perdida.

▶ **Mamíferos.** O crânio dos mamíferos representa um padrão sinápsido altamente modificado. Vários elementos dérmicos foram perdidos nos mamíferos térios, inclusive o pré-frontal, o periorbital, o pós-frontal, o quadradojugal e o supratemporal (Figura 7.49). Os pós-parietais, tipicamente um par nos répteis, fundem-se em um único, o **interparietal** mediano nos terápsidos, que nos mamíferos pode se incorporar ao tabular e se fundir com os ossos occipitais. Os monotremados retêm várias características do crânio dos primeiros sinápsidos, inclusive os ossos pré-frontal, pós-frontal e pleuroesfenoide juntos com occipitais não fundidos. Os monotremados também são relativamente especializados. Os térios não têm o lacrimal e os jugais são pequenos (Figura 7.50 A a D). Um anel timpânico circunda os ossos do ouvido médio dos monotremados e ocasionalmente dos marsupiais, porém, na maioria dos eutérios, outros ossos se expandem em uma grande cápsula proeminente, a bula timpânica, que abriga o ossículo do ouvido médio (Figura 7.51 A a C).

▶ **Mamíferos eutérios.** Fusões entre centros de ossificação separados produzem ossos compostos no crânio dos mamíferos placentários. O osso occipital único representa a fusão do basioccipital, do par de exo-occipitais, do supraoccipital e do interparietal (Figura 7.52 A). O osso occipital define o forâmen magno e fecha a parede posterior da caixa craniana. Como nos monotremados e marsupiais, há um côndilo occipital bilobado, de localização ventral, que se articula com o **atlas**, a primeira vértebra da região cervical. Dorsalmente, pode se formar uma **crista nucal** elevada na parte posterior da região occipital, proporcionando um local de inserção seguro para os músculos e ligamentos da nuca que sustentam a cabeça.

Vários centros embrionários contribuem para o osso esfenoide, representando o orbitoesfenoide, o pré-esfenoide, o basisfenoide e um grande alisfenoide (o epipterigoide dos vertebrados inferiores) (Figura 7.52 B).

No lado da caixa craniana atrás da órbita, forma-se um grande osso **temporal** pela fusão de contribuições de todas as três partes do crânio (Figuras 7.52 C e 7.53). O dermatocrânio contribui com o escamoso e a **bula timpânica** (um derivado do angular) em muitos mamíferos. O condrocrânio contribui com o **periótico**, um derivado dos ossos pró-ótico e opistótico (ver Figura 7.52 C). O periótico em geral tem uma projeção direcionada ventralmente, o **processo mastoide**. O esplancnocrânio contribui com os três ossos delgados do ouvido médio (martelo, bigorna e estribo) e o estiloide (Figura 7.54).

Na maioria dos tetrápodes, a cápsula nasal permanece não ossificada. Contudo, nos mamíferos, a parte etmoide se ossifica para formar **conchas nasais** em forma de espiral. Em geral, há três conjuntos de conchas nasais inseridas aos respectivos ossos vizinhos: **nasoturbinado**, **maxiloturbinado** e **etmoturbinado**. As paredes espiraladas das conchas nasais sustentam a mucosa que reveste as vias nasais. O ar que entra por essas vias é aquecido e umidificado antes de chegar aos pulmões, funções de importância especial nos endotérmicos. Ausente nos ungulados, mas presente na maioria das outras ordens, como roedores, carnívoros e primatas, há outra região da cápsula nasal, o **mesetmoide** dos mamíferos. Tal elemento forma o septo entre as cápsulas nasais e, em geral, permanece cartilaginoso. Entre a área nasal e a cavidade craniana fica a **lâmina cribriforme** (ver Figura 7.54), transversa e finamente perfurada. Nervos olfatórios originários do epitélio olfatório da cápsula nasal passam através dessa lâmina para alcançar o bulbo olfatório do cérebro.

▶ **Ossos do ouvido médio.** Duas alterações profundas na maxila inferior assinalam a transição dos terápsidos para mamíferos (Figura 7.55). Ambas se encaixam com perfeição e resultam em tamanha alteração no desenho do crânio que alguns anatomistas duvidaram delas até o registro fóssil surpreendentemente bom tornar a transição evolutiva inegável. Uma dessas alterações é a perda dos ossos pós-dentários da maxila inferior e a outra é a existência de três ossos no ouvido médio. Nos vertebrados, o ouvido interno fica profundamente dentro da cápsula ótica e mantém o aparelho sensorial responsivo aos sons. O hiomandibular ou seus derivados liberam as vibrações sonoras para o ouvido interno sensível. Em todos os tetrápodes, o hiomandibular tende a ficar reduzido a um osso leve e delgado conhecido como estribo (= columela). Às vezes há um segundo osso derivado do hiomandibular, a **extracolumela**. O estribo fica suspenso na cavidade do ouvido médio, onde o impacto de inserções restritivas é minimizado. À medida que os sons chegam ao tímpano em movimento, essas vibrações encontram o pequeno estribo responsivo. Sua extremidade oposta normalmente se expande para alcançar o aparelho sensível do ouvido interno, que responde às vibrações que o estribo libera.

Nos mamíferos, dois outros ossos delgados unem o estribo no ouvido médio. Juntos, esses ossos transmitem o som para o ouvido interno. Em termos específicos, esses três ossos são o martelo (derivado do osso articular), a bigorna (derivada do quadrado) e o estribo (derivado do hiomandibular). A existência desses três ossos no ouvido médio é tão distinta que muitos anatomistas assinalam a transição fóssil para mamíferos no momento dessa aquisição.

Anatomia e função do ouvido (Capítulo 17)

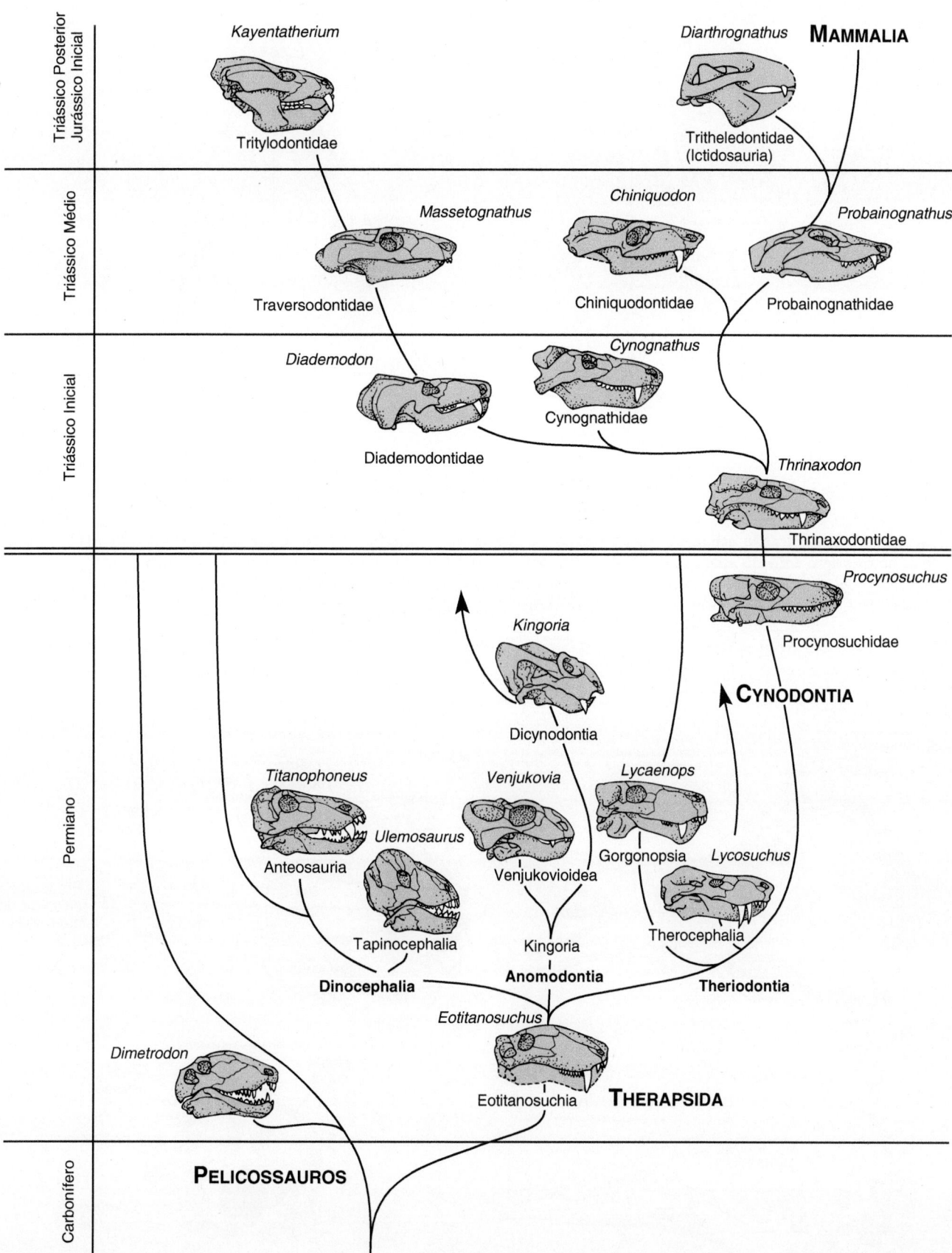

Figura 7.48 Ramificação inicial dos terápsidos. Os terápsidos continuam a linhagem dos sinápsidos e exibem uma diversidade considerável. Por algum tempo no Permiano e no início do Triássico, foram razoavelmente abundantes. Alguns eram herbívoros, mas a maioria era carnívora. Anomodontia continuou no Cretáceo. Therocephalia continuou até o meio do Triássico.

Com base na pesquisa de James A. Hopson.

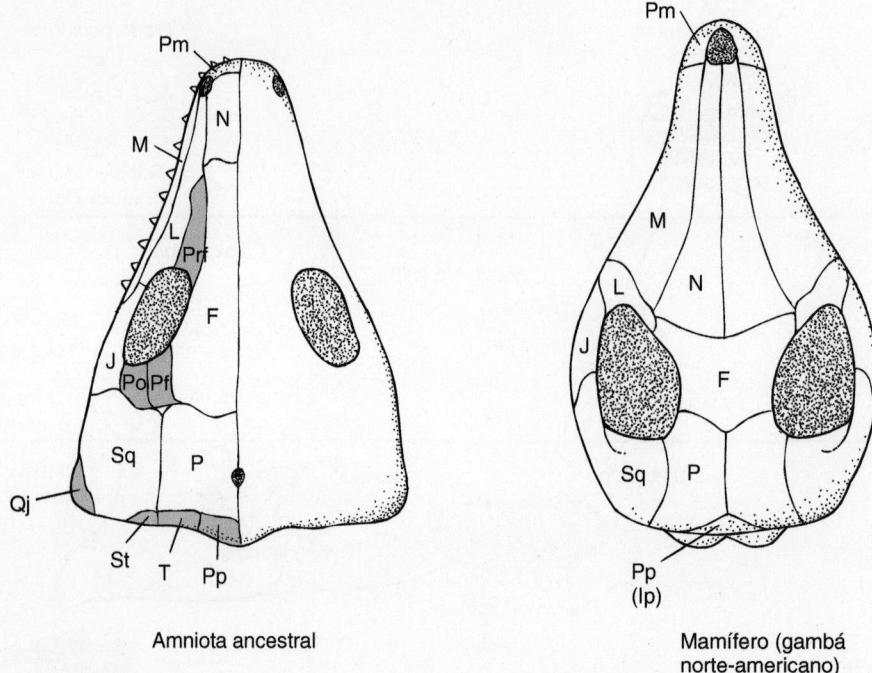

Amniota ancestral

Mamífero (gambá
norte-americano)

Figura 7.49 Comparação esquemática do crânio de um derivado mamífero com o de um amniota ancestral. Os ossos perdidos no mamífero derivado estão sombreados no amniota ancestral. Nos mamíferos, surgem as aberturas orbital e temporal. Abreviações: frontal (F), jugal (J), interparietal (Ip), lacrimal (L), maxilar (M), nasal (N), parietal (P), pós-frontal (Pf), pré-maxilar (Pm), pós-orbital (Po), pós-parietal (Pp), pré-frontal (Prf), quadradojugal (Qj), escamoso (Sq), supratemporal (St), tabular (T).

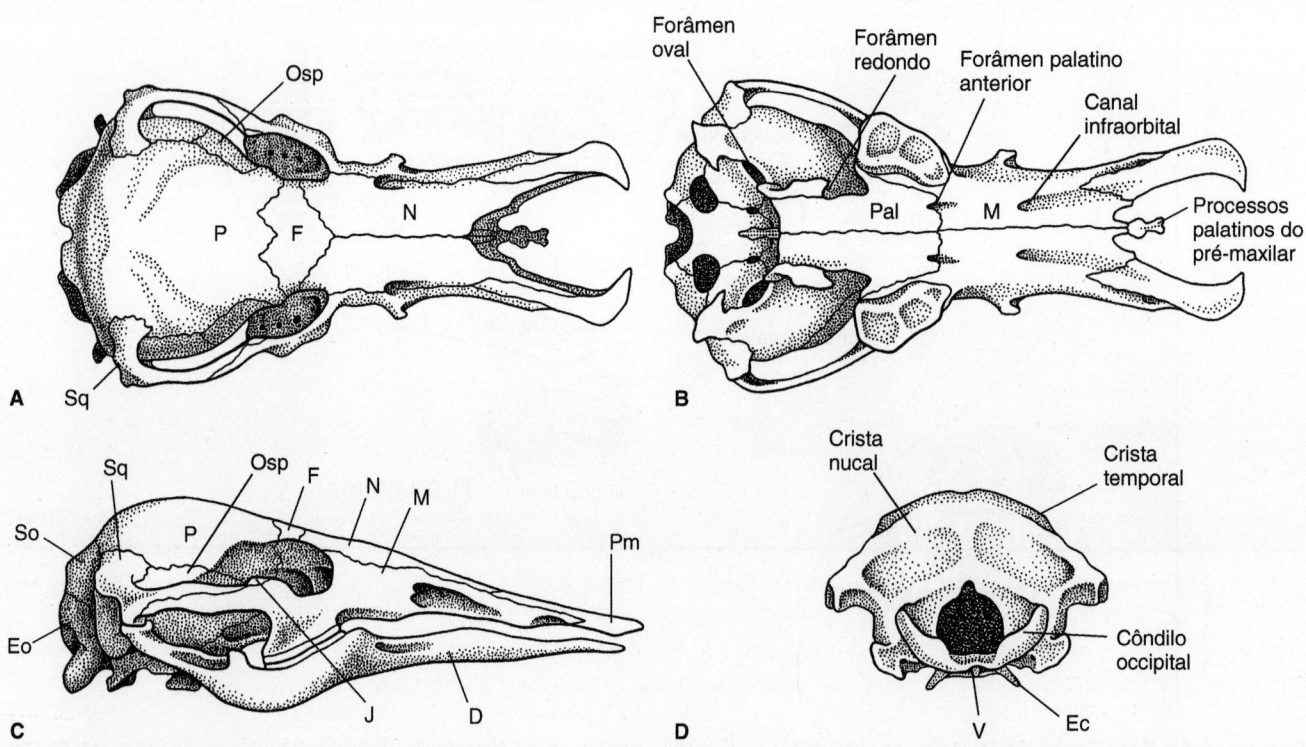

Figura 7.50 Monotremado, crânio do ornitorrinco (*Ornithorhynchus*). Vistas dorsal (**A**), ventral (**B**), lateral (**C**) e posterior (**D**). Abreviações: dentário (D), ectopterigoide (Ec), exo-occipital (Eo), frontal (F), jugal (J), maxilar (M), nasal (N), orbitoesfenoide (Osp), parietal (P), palatino (Pal), pré-maxilar (Pm), supraoccipital (So), escamoso (Sq), vômer (V).

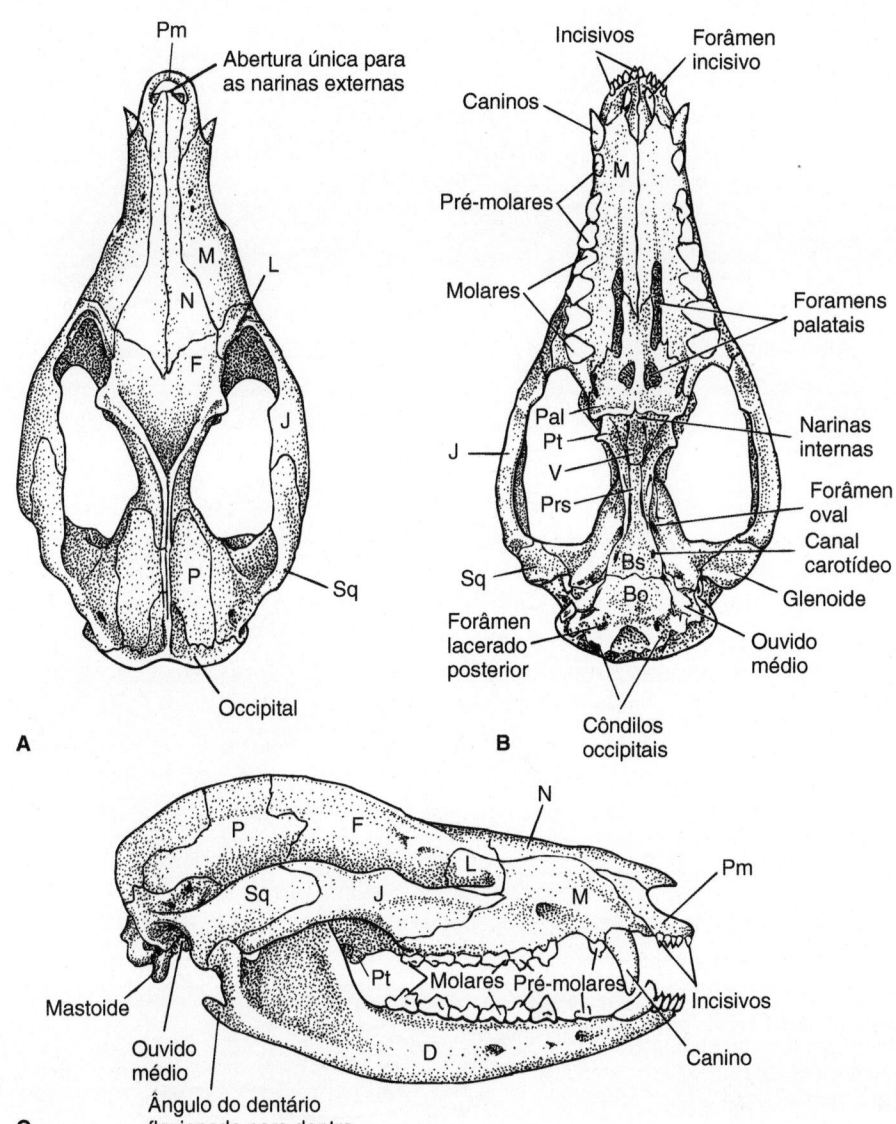

Figura 5.51 Crânio do marsupial _Didelphis_ (gambá norte-americano). Vistas dorsal (**A**), palatina (**B**) e lateral (**C**). Abreviações: basioccipital (_Bo_), basisfenoide (_Bs_), dentário (_D_), frontal (_F_), jugal (_J_), lacrimal (_L_), maxilar (M), nasal (_N_), parietal (_P_), palatino (_Pal_), pré-maxilar (Pm), pré-esfenoide (_Prs_), pterigoide (_Pt_), escamoso (_Sq_).

De Carroll.

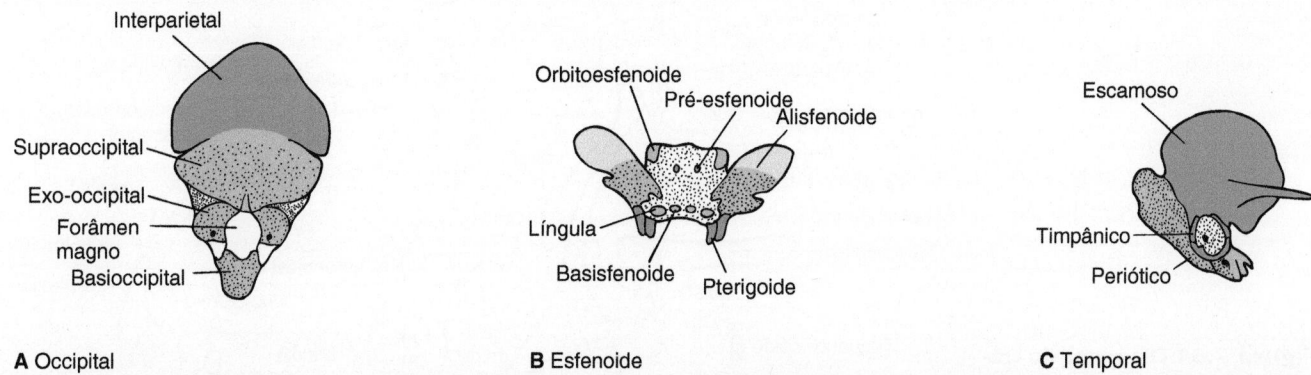

Figura 7.52 Ossos compostos do crânio de um mamífero placentário durante o desenvolvimento embrionário, _Homo sapiens_. A. O osso occipital tem centros de ossificação que incluem o interparietal (pós-parietal), o supraoccipital, o par de exo-occipitais e o basioccipital. **B.** O osso esfenoide é uma fusão do orbitoesfenoide, do pré-esfenoide, do basisfenoide, do pterigoide e do alisfenoide (epipterigoide). Em muitos mamíferos, esses ossos fundidos são unidos por partes do pterigoide e da língula. **C.** O osso temporal resulta primariamente da emergência do escamoso, do timpânico e do periótico (pró-ótico mais opistótico).

De Hyman.

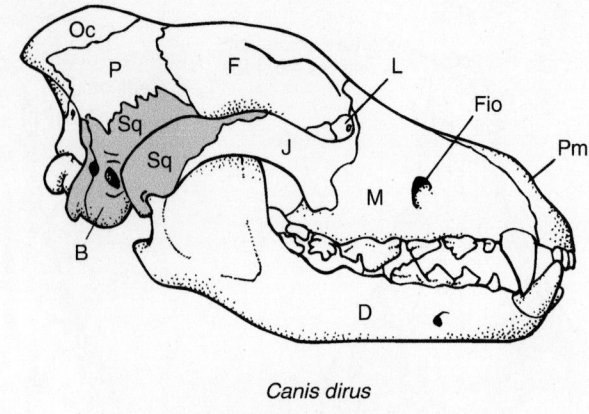

Canis dirus

Figura 7.53 Osso temporal do mamífero. O osso temporal se forma filogeneticamente do dermatocrânio (angular, escamoso) e do condrocrânio (pró-ótico, opistótico), em que constam contribuições do esplancnocrânio (articular, quadrado, estribo, estiloide). Os elementos ósseos separados nos primeiros amniotas (círculo externo) contribuem para o osso temporal composto dos mamíferos (círculos médio e interno). Algumas dessas contribuições são ossos dérmicos (*). A cápsula ótica fica escondida abaixo da superfície do crânio, deixando o processo mastoide exposto e, em geral, alongado. A bula ou bula timpânica se forma, pelo menos em parte, do ânulo timpânico, ele próprio um derivado filogenético do osso angular. A porção escamosa exposta do osso temporal está destacada no crânio do lobo *Canis dirus* do Pleistoceno. Abreviações: bula timpânica (B), dentário (D), frontal (F), forâmen infraorbital (Fio), jugal (J), lacrimal (L), maxilar (M), occipital (Oc), parietal (P), pré-maxilar (Pm), escamoso (Sq).

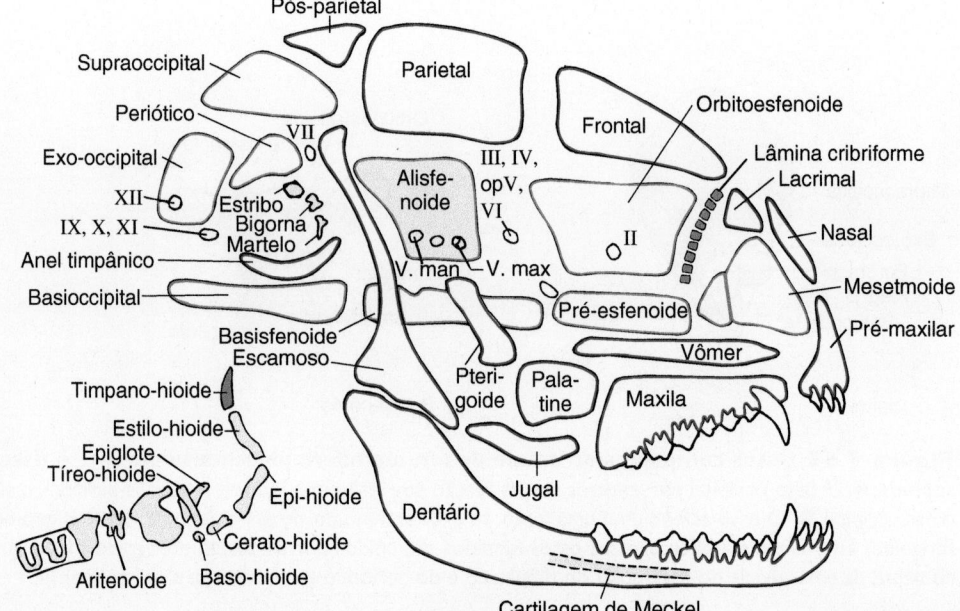

Figura 7.54 Diagrama do crânio de um cão. As origens dos vários ossos estão delineadas: dermatocrânio (*rosa*), condrocrânio (*azul*) e esplancnocrânio (*amarelo*). (Esta figura encontra-se reproduzida em cores no Encarte.)

De Evans.

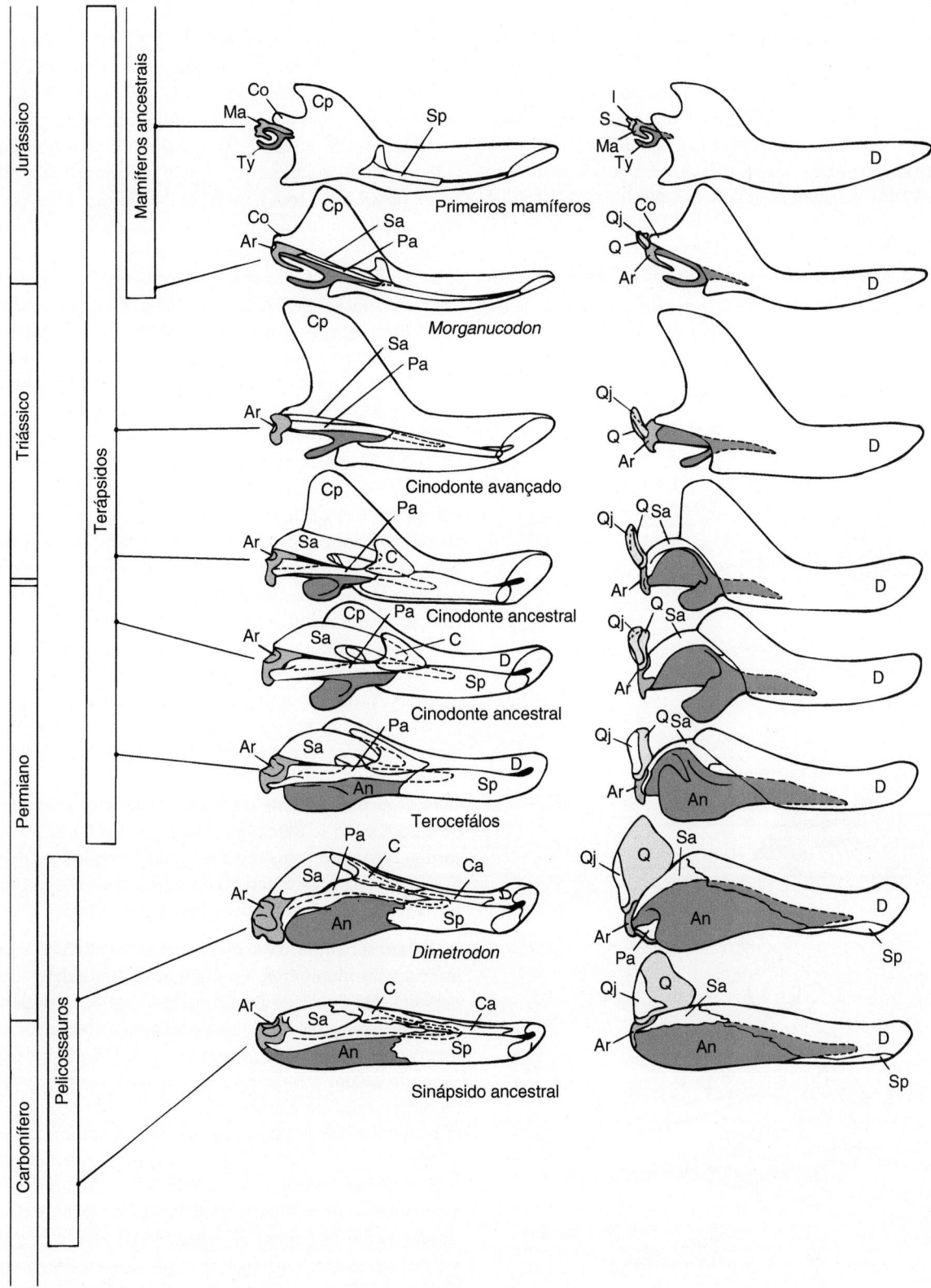

Figura 7.55 Evolução dos ossos do ouvido médio de mamíferos. Na coluna à esquerda, uma vista mediana do ramo mandibular esquerdo; na coluna à direita, vista lateral do ramo mandibular direito e do quadrado. Nenhum dente é mostrado para as comparações ficarem mais nítidas. A partir dos pelicossauros ancestrais, até os terápsidos e os primeiros mamíferos, as alterações nos ossos pós-dentários estão indicadas ao longo com a incorporação do quadrado (bigorna) e do articular (martelo) no ouvido médio. As espécies fósseis usadas para acompanharmos essas alterações são mostradas com relação à sua ocorrência no registro geológico. Abreviações: angular (An), articular (Ar), coronoide (C), coronoide anterior (Ca), côndilo do dentário (Co), processo coronoide (Cp), dentário (D), bigorna (I), martelo (Ma), pré-articular (Pa), quadrado (Q), quadradojugal (Qj), estribo (S), surangular (Sa), esplênio (Sp), ânulo timpânico (Ty).

Com base na pesquisa de James A. Hopson e Edgar F. Allin.

Acopladas à derivação dos três ossos do ouvido médio estão alterações nos ossos posteriores da mandíbula. Nos primeiros sinápsidos (os pelicossauros), a maxila inferior inclui o dentário com os dentes, além de vários ossos pós-dentários (angular, articular, coronoide, pré-articular, esplênio, surangular) (Figura 7.56). Nos sinápsidos derivados (os mamíferos), esse conjunto de ossos pós-dentários foi totalmente perdido na maxila inferior e o dentário aumentou para assumir o papel funcional exclusivo de maxila inferior. Do pelicossauro ao terápsido até o mamífero, os detalhes anatômicos dessas alterações estão bem documentados em uma sequência de tempo ordenada pelo registro fóssil. Nos pelicossauros, o articular (futuro martelo) fica na parte posterior da mandíbula e estabelece a articulação da maxila inferior com o quadrado (futura bigorna). Nos primeiros aos últimos terápsidos, esses dois ossos diminuíram de tamanho, ao longo dos pós-dentários, acabando por se moverem para fora da maxila inferior e assumir uma posição no ouvido médio. Acredita-se que a razão funcional dessas alterações esteja relacionada com a melhora da audição, em especial para uma amplitude maior de sons. A redução filogenética no tamanho desses ossos diminuiria sua massa e, assim, aumentaria sua capacidade de resposta oscilatória às vibrações vindas do ar. Sua remoção da articulação mandibular torna possível um papel mais especializado na transmissão do som para o ouvido interno. Como alternativa, ou junto com tais alterações relacionadas com a audição, alguns morfologistas propuseram que modificações no estilo de alimentação ocasionaram mudanças no local preferido de inserção dos músculos que fecham a maxila, especificamente um desvio para frente do dentário e mais próximo dos dentes. Músculos mandibulares maiores agindo perto da fileira de dentes diminuem os estresses na parte posterior da maxila, onde ela se articula com o crânio. A perda dos ossos pós-dentários, então, poderia refletir esse desvio nas forças para frente da fileira de dentes e para fora a partir da articulação desses ossos formados.

Essas alterações na maxila inferior foram acompanhadas por mudanças no método de preparação do alimento antes da deglutição. A maioria dos répteis pega seu alimento, deglutindo-o inteiro ou em grandes pedaços. Os mamíferos costumam mastigar seu alimento antes de degluti-lo, processo conhecido como **mastigação**, que também ocorre em alguns grupos de peixes e lagartos. No entanto, é nos mamíferos que a estratégia de alimentação se baseia na mastigação do alimento. Se ela se tornou uma parte mais característica da preparação do alimento, então seria possível esperar modificações nos músculos que fecham a maxila, com maior ênfase no dentário.

▶ **Palato secundário e acinese.** Além das alterações na maxila inferior dos mamíferos, a existência de um palato secundário também está associada à mastigação. O palato secundário inclui um **palato duro** de osso e uma continuação posterior de tecido carnoso, o **palato mole** (Figura 7.57 A e B). O palato duro é formado de um crescimento para dentro dos processos ósseos do pré-maxilar, do maxilar e do palatino, que se encontram na linha mediana de uma plataforma óssea (Figura 7.58 A a C). O palato duro e sua continuação carnosa separam efetivamente a câmara alimentar abaixo da via respiratória. Algumas tartarugas, e também os crocodilianos, têm um palato secundário, beneficiando-se das vantagens da separação de vias para o alimento e o ar. Entretanto, a mastigação requer que o alimento fique na boca por um tempo estendido nos mamíferos; portanto, a separação das vias respiratórias e orais tem importância especial. A mastigação pode prosseguir sem impedir a respiração regular. De maneira semelhante, o palato secundário completa o teto firme da câmara alimentar, de modo que a ação de bomba da garganta de um lactente mamando cria uma pressão negativa efetiva dentro da boca sem interferir na via respiratória.

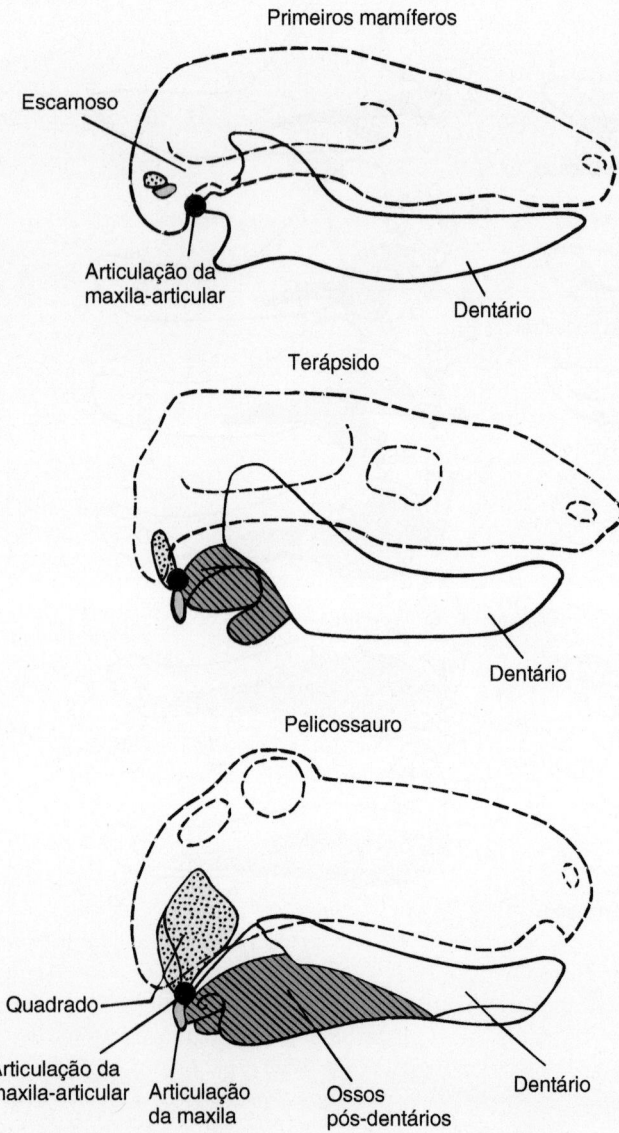

Figura 7.56 Alterações na articulação da maxila durante a transição dos primeiros sinápsidos (pelicossauros) para os mais recentes (mamíferos). Nos mamíferos, os ossos pós-dentários da maxila inferior são principalmente perdidos e o dentário aumenta. Os ossos envolvidos na articulação da maxila em pelicossauros, o articular e o quadrado, diminuem de tamanho e se movem para contribuir com os ossículos do ouvido interno nos mamíferos. A articulação da maxila nos mamíferos é substituída pelo dentário e pelo escamoso. O estribo não é mostrado.

Mastigação (Capítulo 13)

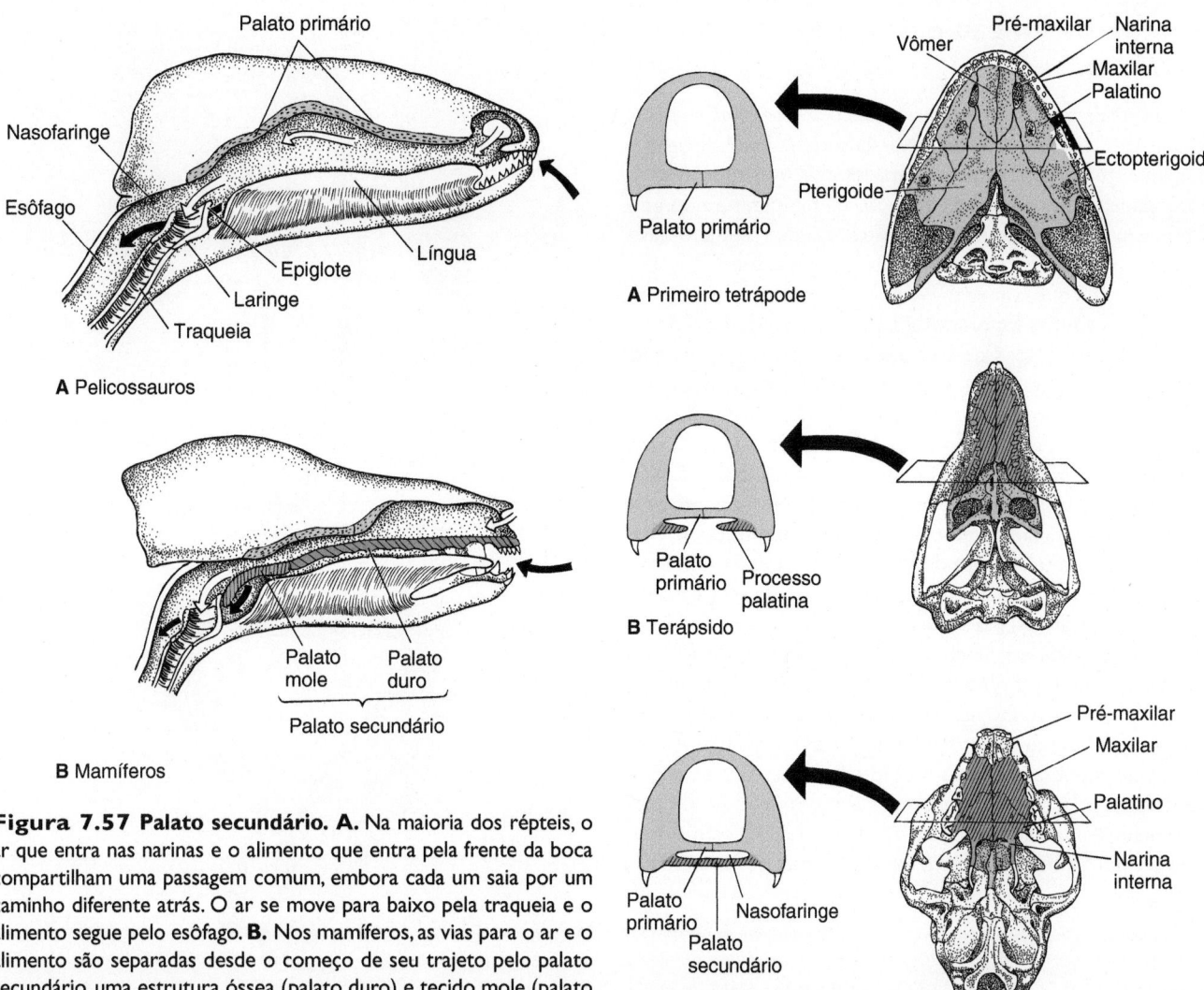

Figura 7.57 Palato secundário. A. Na maioria dos répteis, o ar que entra nas narinas e o alimento que entra pela frente da boca compartilham uma passagem comum, embora cada um saia por um caminho diferente atrás. O ar se move para baixo pela traqueia e o alimento segue pelo esôfago. **B.** Nos mamíferos, as vias para o ar e o alimento são separadas desde o começo de seu trajeto pelo palato secundário, uma estrutura óssea (palato duro) e tecido mole (palato mole). Setas brancas indicam a via de ar; setas pretas indicam a via de alimento.

Figura 7.58 Evolução do palato secundário. A. Primeiro tetrápode com um palato primário em corte transversal (*à esquerda*) e vista ventral (*à direita*). **B.** Terápsido com um palato secundário parcial formado pela extensão mediana do pré-maxilar e da maxilar. **C.** Mamífero com um palato secundário que, além de extensões do pré-maxilar e do maxilar, inclui parte do osso palatino.

De Smith.

A mastigação em mamíferos foi acompanhada pela oclusão dentária, muito precisa para a função mecânica de quebrar o alimento. A oclusão forte e precisa requer um crânio firme, razão pela qual os mamíferos perderam a cinese craniana, ficando com um crânio acinético. O côndilo mandibular dos mamíferos se adapta em uma articulação muito precisa com o osso escamoso. Quando as maxilas se fecham sobre essa articulação, as fileiras superior e inferior de dentes ficam corretamente alinhados, possibilitando que dentes especializados funcionem da maneira apropriada. Como uma consequência adicional da oclusão precisa, o padrão de erupção dentária nos mamíferos difere daquele da maioria dos outros vertebrados. Nos vertebrados inferiores, os dentes se gastam e são substituídos continuamente (**polifiodontia**); portanto, a fileira de dentes está sempre mudando. Se a função primária dos dentes for segurar a presa, isso causa pouca dificuldade. Todavia, substituição contínua significa que em alguma localização nas maxilas os dentes gastos são perdidos ou dentes novos estão se movendo para a posição. Para evitar que a oclusão seja prejudicada, os dentes na maioria dos mamíferos não são substituídos continuamente. Os mamíferos exibem **difiodontia**. Há erupção apenas de dois conjuntos de dentes durante a vida de um mamífero, os "dentes de leite" (decíduos) no animal jovem e os "permanentes" dos adultos.

Tipos de dentes e seu desenvolvimento (Capítulo 13)

A cadeia de eventos que levou da mastigação à acinese e à difiodontia não deve ser vista como inevitável. Alguns peixes mastigam seu alimento, mas retêm crânios cinéticos e polifiodontia. No entanto, os eventos evolutivos que produziram o crânio dos mamíferos subestimam a importância de examinar as alterações anatômicas em parceria com as alterações funcionais que precisam acompanhar a modificação filogenética do desenho dos vertebrados. Forma e função caminham necessariamente juntas, uma seguindo a outra.

Resumo da função e do desenho do crânio

O crânio realiza uma variedade de funções. Ele protege e sustenta o cérebro e seus receptores sensoriais. Pode abrigar o equipamento de resfriamento para resfriar o cérebro durante atividade mantida ou uma elevação na temperatura do ambiente. Em muitos mamíferos terrestres ativos, o epitélio nasal que reveste as vias nasais dissipa o excesso de calor por evaporação à medida que o ar se move por esse revestimento úmido. Uma função similar foi proposta para a via respiratória elaborada em alguns grupos de hadrossauros, os dinossauros com bico de pato (Figura 7.59). O ar que entrava por suas narinas tinha de fazer um trajeto pelas vias respiratórias intricadas formadas dentro do pré-maxilar e dos ossos nasais para promover o resfriamento evaporativo. O crânio de muitos animais também sustenta a caixa de voz e ocasionalmente serve como uma caixa de ressonância sonora para abafar ou amplificar o chamado de um animal. A foca de Weddell desfruta da vantagem de suas maxilas abertas e mantém os orifícios respiratórios na superfície do gelo (Figura 7.60).

Esses exemplos nos lembram de que o crânio é uma "ferramenta" de uso múltiplo envolvida em uma grande variedade de funções. Seu desenho reflete e incorpora esses múltiplos papéis. Generalizações sobre o desenho do crânio podem ser enganadores se ignorarmos suas múltiplas funções. Entretanto, se tivermos cautela, podemos entender como o desenho do crânio reflete problemas funcionais fundamentais. O crânio funciona primordialmente como parte do sistema de alimentação

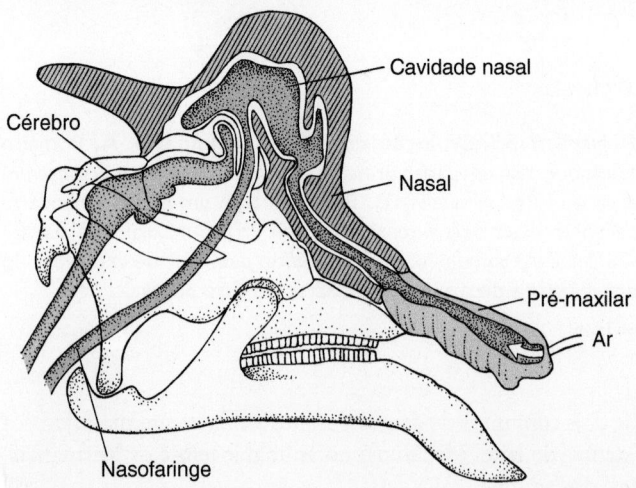

Figura 7.59 Passagem do ar nos dinossauros com bico de pato. A via para a passagem de ar é formada pelo pré-maxilar e pelos ossos nasais do hadrassauro. O ar que fluía pela cavidade nasal em seu trajeto para os pulmões resfriava o epitélio nasal de revestimento e, portanto, o sangue que fluía por ele. Embora o sistema vascular do hadrossauro não seja conhecido, se fosse similar ao de alguns mamíferos, esse sangue resfriado poderia circular de modo a pré-resfriar o que flui para o cérebro. Dessa maneira, o cérebro ficava protegido de temperaturas elevadas. Como alternativa, ou além disso, tal passagem de ar expandida pode ter sido uma câmara de ressonância para amplificar vocalizações.

De Wheeler.

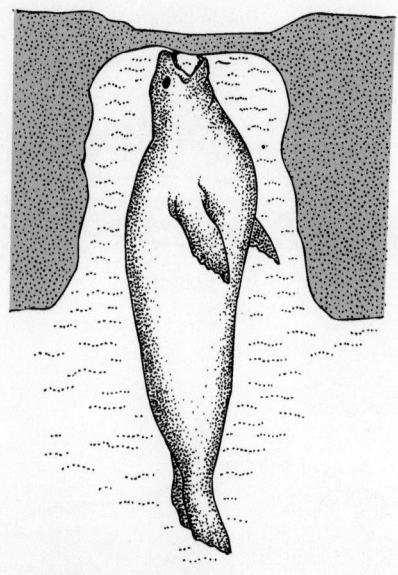

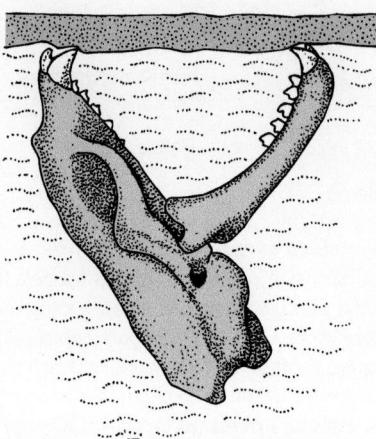

Figura 7.60 Foca de Weddell. Além da alimentação, as maxilas dessa foca são usadas para raspar o gelo e abrir um orifício para respirar.

De Kooyman.

dos vertebrados. Como resolver os problemas de alimentação depende em grande parte se a alimentação ocorre no ar ou na água. Cada meio apresenta limitações e oportunidades diferentes. A viscosidade da água e a flutuabilidade de organismos delgados no meio que é a água, muito mais que o ar, mantém uma comunidade mais rica de organismos planctônicos flutuantes. A alimentação à base de partículas em suspensão e a captura desses pequenos organismos se tornam econômicas, e dispositivos de filtração do alimento favorecem a adaptação. Em geral, a alimentação ocorre em duas etapas, captura seguida pela deglutição do alimento. Vamos ver uma de cada vez.

Captura da presa

Alimentação na água

A primeira etapa na alimentação é a captura do alimento, que, em geral, depende do meio em que ocorre a alimentação. A viscosidade maior da água traz tanto problemas quanto oportunidades para o animal se alimentar na água. A alimentação na água tem a desvantagem de que o meio transmite com facilidade ondas de choque ou pressão imediatamente na frente do predador que se aproxima de seu alimento. Essas ondas podem chegar um instante antes do avanço do predador e alertar ou desviar a presa visada. Em contrapartida, quando um vertebrado suga água rapidamente para a boca, a viscosidade da água arrasta a presa. Essa viscosidade é responsável pela **alimentação por sucção**, usada para capturar presas relativamente grandes.

Para capturar alimentos pequenos, os animais aquáticos usam a **alimentação à base de partículas em suspensão**. A densidade da água lhe confere viscosidade para retardar a queda de material particulado da suspensão. Em comparação com o ar, a água mantém flutuando as partículas orgânicas pequenas e microrganismos, uma fonte nutricional potencial rica para um organismo que tenha o equipamento para colhê-los. Os cílios se movem e controlam as correntes de água (e o transporte do alimento capturado) e o muco viscoso agarra o alimento suspenso à medida que ele passa.

▶ **Alimentação à base de partículas em suspensão.** É uma estratégia alimentar em grande parte restrita aos animais que vivem na água, talvez exclusiva deles. Há quem discorde, argumentando que os morcegos "filtram" insetos "suspensos" no ar, mas isso não tem fundamento. O ar é muito fino para manter alimento suspenso por muito tempo. Os morcegos pegam ou agarram a presa, mas, na verdade, não usam um aparelho de filtração nem se deparam com os problemas mecânicos dos organismos aquáticos em um meio viscoso, de modo que não se alimentam de partículas em suspensão. A maioria dos seres que se alimentam assim é de organismos bentônicos (que vivem nas profundezas aquáticas) ou está associada a um estilo de alimentação herbívoro ou à base de detritos. A respiração e a alimentação estão bastante interligadas. Em geral, nas mesmas correntes de água ocorrem ambas as atividades.

Os organismos que se alimentam de partículas em suspensão usam vários métodos para interceptar e obter nutrientes existentes nas correntes de água. As partículas capturadas geralmente são menores que os poros do filtro, com o qual elas podem colidir diretamente (Figura 7.61 A) ou, por causa de sua inércia, desviar-se das correntes e colidir com a superfície coberta de muco do filtro (Figura 7.61 B). Com o impacto, as partículas aderem ao muco viscoso e ficam aprisionadas nele, passando, em seguida, por cílios para o trato digestório.

Menos comumente, pode ser usada uma espécie de peneira para reter partículas suspensas maiores que sua malha. À medida que a corrente de água passa pela peneira, as partículas são retidas e, em seguida, recolhidas na face do filtro seletivo (Figura 7.61 C). Esse método é raro entre animais, talvez porque as partículas relativamente grandes filtradas tendem a entupir a peneira. Os cirros bucais do anfioxo interceptam partículas grandes, aparentemente para evitar que elas entrem na faringe e entupam o sistema alimentar por suspensão. As brânquias dos peixes ósseos também removem material particulado. Quando o filtro fica entupido, esses peixes podem eliminar o material por meio de um tipo de tosse ou com a expansão rápida dos arcos das brânquias. Os larváceos (urocordados) aban-

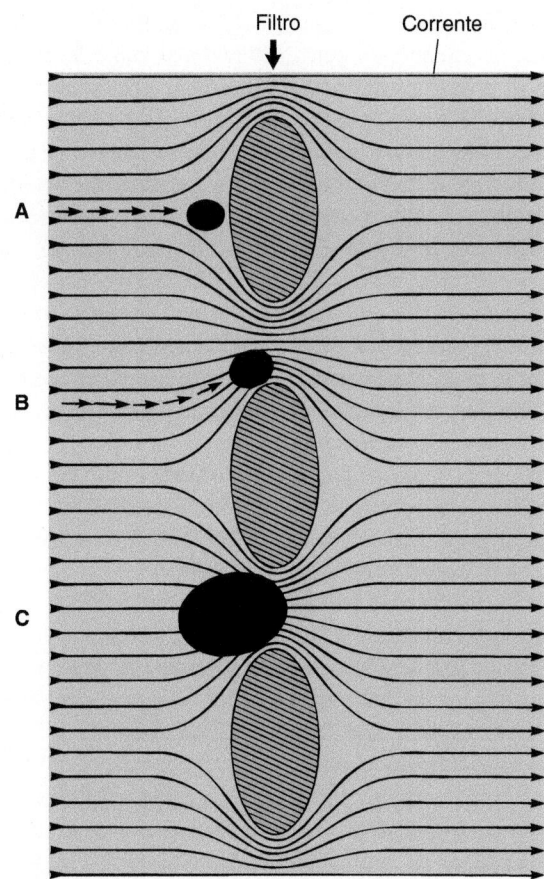

Figura 7.61 Alimentação à base de partículas em suspensão. A. A interceptação direta de partículas de alimento ocorre quando elas colidem com o dispositivo de filtração. O alimento é levado em correntes que fluem em torno de barras através de aberturas no filtro alimentar. **B.** Partículas pequenas e densas fluem ao longo das correntes até que o líquido sofra um desvio agudo. A inércia da partícula faz com que elas se desviem das correntes, colidam com o dispositivo de filtração e fiquem aderidas à camada mucosa do filtro. **C.** O aparelho de filtração pode funcionar como uma peneira, retendo partículas grandes que não passam pelos poros pequenos. Cílios direcionam o muco carregado de alimento para o trato digestório.

donam seu filtro quando ele fica entupido, secretam um novo e continuam a capturar microrganismos da corrente circulante de água.

Em alguns invertebrados, o muco tem carga elétrica. Uma atração leve puxa as partículas em suspensão para que fiquem em contato com as paredes do dispositivo de filtração. No entanto, tais mecanismos de alimentação à base de partículas em suspensão são desconhecidos nos vertebrados e protocordados.

No anfioxo, o endóstilo e o revestimento da faringe secretam muco, que é desviado para cima pela ação dos cílios que também revestem a faringe. A corrente principal, direcionada pelos cílios, passa pelos cirros na entrada da boca e para a faringe, através das fendas faríngeas, para o átrio e, pelo atrióporo, sai para o ambiente externo novamente. Partículas pequenas suspensas na corrente passam pelas barras faríngeas. Algumas desviam da corrente de água, colidindo com a camada de muco em que ficam aprisionadas. O muco e as partículas nele capturadas seguem dorsalmente no sulco epibranquial, onde formam um cordão mucoso que outros cílios levam para o trato digestório.

Na larva amocete de lampreias, a alimentação à base de partículas em suspensão é similar à do anfioxo, exceto por um par de retalhos musculares velares, em vez de cílios, que batem ritmicamente para criar a corrente que flui para o interior da faringe. O muco, secretado ao longo dos lados da faringe, é direcionado para cima, pelos cílios, para dentro do sulco epibranquial. Uma fileira de cílios na base desse sulco forma muco e o alimento capturado fica em um cordão que passa para o trato digestório. O endóstilo ventral de amocete acrescenta enzimas digestivas para a formação do cordão de muco que envolve o alimento, mas não secreta muco.

Embora se imagine que os ostracodermes empreguem novos modos de alimentação, a ausência de maxilas fortes torna isso improvável. Eles parecem não ter também a língua muscular dos ciclóstomos para quebrar o alimento e colocá-lo em suspensão. Portanto, é provável que os ostracodermes mantinham o estilo alimentar à base de partículas em suspensão similar ao dos protocordados que os precederam. Até o advento dos gnatostomados, não vimos uma tendência significativa que não a alimentação à base de partículas em suspensão.

Nos gnatostomados, esse tipo de alimentação é menos comum. Alguns actinopterígios usam as brânquias como uma peneira para filtrar partículas maiores da corrente de água que passa. As larvas de anuros empregam uma bomba bucal. Elas ficam em uma corrente de água que contém partículas alimentares ou raspam a superfície de rochas para que o material revolvido entre com a corrente.

O sucesso e a eficiência dessa forma de alimentação dependem do tamanho e da velocidade das partículas que passam, sendo mais efetivo com partículas pequenas, que não entopem o filtro nem escapam do revestimento mucoso. Para tirar vantagem de itens alimentares grandes, evoluiu outro tipo de alimentação, aquela por sucção (aspiração).

▶ **Alimentação por sucção.** Como a maioria dos peixes, os anfíbios que vivem na água costumam usar a alimentação por sucção (ver Figuras 7.25 e 7.32). A cavidade bucal se expande rapidamente, a pressão cai e o alimento é aspirado para a boca. A geometria e o aumento da cavidade bucal são controlados pelo esqueleto visceral muscular. O excesso de água, engolfado com o alimento, é acomodado de diversas maneiras. Nas salamandras antes da metamorfose e nos peixes, as fendas branquiais na parte posterior da boca são uma saída para o excesso de água. O fluxo é unidirecional. As tartarugas têm um esôfago expansivo que recebe e temporariamente retém o excesso de água, até que ela possa ser expelida lentamente sem a perda da presa capturada.

Os primeiros estágios na evolução dos vertebrados ocorreram na água, principalmente em águas marinhas, mas algumas vezes em água doce. As adaptações para a alimentação e a respiração tiraram vantagem dessas condições. Os primeiros vertebrados já tinham as adaptações para a alimentação à base de partículas em suspensão e por aspiração (sucção). Com a transição dos vertebrados para a terra e o ar, nenhum desses dois tipos de alimentação era eficiente para procurar ou processar alimentos, então as maxilas se especializaram em agarrar.

Alimentação no ar

A alimentação terrestre na maioria dos anfíbios e em muitos lagartos requer que a língua se projete. **Alimentação lingual** é uma expressão que define o uso de uma língua viscosa que se projeta com rapidez para capturar as presas (Figura 7.62; ver 7.41 A a D). Entretanto, em muitos outros animais, a presa é capturada por **preensão**, método pelo qual o animal agarra rapidamente a presa com as maxilas, que, projetadas para apanhar a presa são verdadeiras armadilhas.

Como uma estratégia para capturar a presa, a preensão nem sempre envolve as maxilas. As aves de rapina atacam com as garras e os predadores mamíferos em geral também as usam para pegar e controlar a presa pretendida. As maxilas têm uso secundário para ajudar a imobilizar a vítima ou mordê-la e matá-la.

Deglutição

Assim que um animal captura e segura sua presa, precisa degluti-la para digeri-la. Nos que se alimentam de partículas em suspensão, os cordões de muco carregados de alimento são levados para o esôfago pela ação ciliar sincronizada. Outros animais geralmente deglutem a presa inteira ou em grandes pedaços. Os que se alimentam por sucção expandem rapidamente a cavidade bucal repetidas vezes para levar a presa capturada para o esôfago. Os vertebrados terrestres usam a língua para reposicionar o bolo alimentar e levá-lo para a parte posterior da boca.

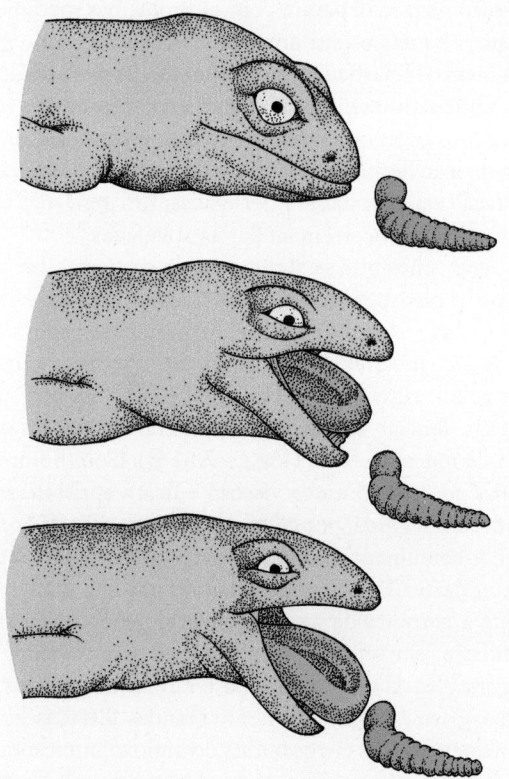

Figura 7.62 Alimentação terrestre de uma salamandra. Nessa sequência filmada, as maxilas da salamandra se abrem (*no alto*), a língua começa a se projetar (*no meio*), aproxima-se (*embaixo*) e, então, fica em contato com a presa.

Com base na pesquisa de J. H. Larsen.

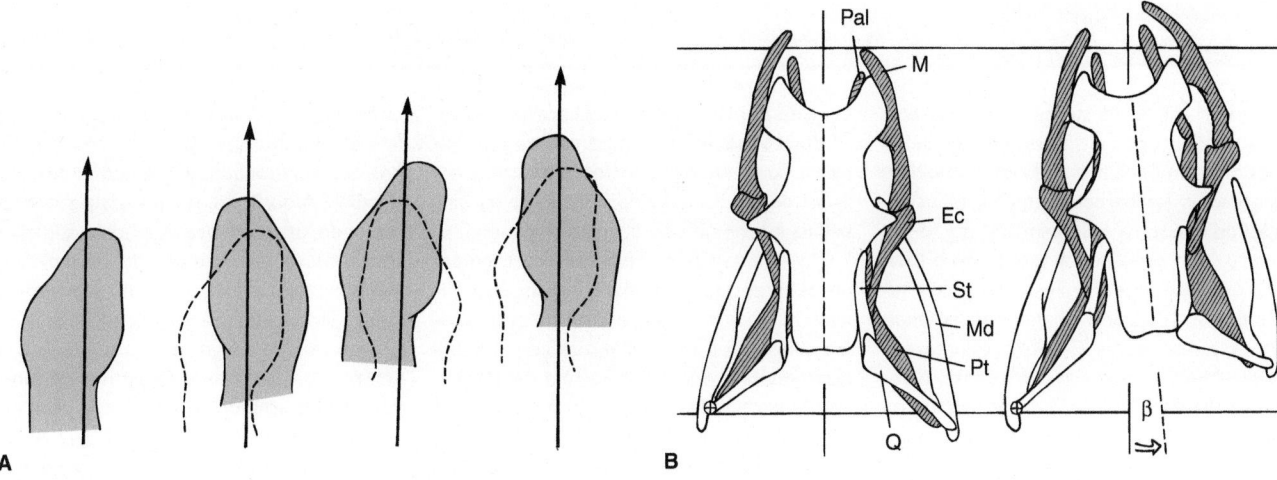

Figura 7.63 Deglutição na cobra *Elaphe*, em vista dorsal. A. Desenho da cabeça da cobra durante movimentos sucessivos de deglutição, da esquerda para a direita. A posição prévia da cabeça está indicada nas linhas tracejadas. Alternando avanços à esquerda e à direita, as maxilas se movem sobre a presa ao longo da linha de progressão, o eixo da deglutição, até que as maxilas passem por toda a presa. Esses deslocamentos colocam a presa na parte posterior da garganta, onde contrações dos músculos do pescoço a movimentam ao longo do caminho para o estômago. **B.** Ossos móveis do crânio de um lado (*sombreado*) oscilam fora da presa e avançam mais para frente, onde ficam em repouso momentaneamente sobre a superfície da presa em uma nova posição. Ossos móveis do lado oposto agora fazem sua parte. Com tal movimento recíproco, as maxilas caminham ao longo da presa. Além do deslocamento mandibular, o próprio crânio sofre um desvio para fora do eixo de deglutição (*seta*) por um ângulo (β) na direção dos ossos que avançam, para continuar movendo a presa para dentro. Abreviações: ectopterigoide (Ec), maxilar (M), mandíbula (Md), palatino (Pal), pterigoide (Pt), quadrado (Q), supratemporal (St).

De Kardong.

O crânio altamente cinético das cobras propicia grande liberdade de movimento. Uma cobra deglute um animal relativamente grande movimentando em etapas os ossos que contêm os dentes sobre a presa devorada (Figura 7.63 A e B).

Mecanismos de deglutição dos vertebrados terrestres (Capítulo 13)

Em muitos vertebrados, a deglutição envolve a mastigação do alimento, que ocorre inclusive em alguns grupos de peixes e lagartos. Nos mamíferos, a mastigação teve influência profunda no desenho do crânio, produzindo um crânio acinético com oclusão dentária precisa e apenas dois conjuntos de dentes substituídos, um palato secundário, musculatura grande de fechamento da maxila e alterações na estrutura da maxila inferior.

Resumo

Crista neural craniana

As células da crista neural craniana deixam seus locais iniciais perto do tubo neural e formam correntes de células que contribuem para o mesênquima, o qual se diferencia em osso, cartilagem, células nervosas cranianas e várias outras estruturas na cabeça. Em particular, o cérebro posterior (telencéfalo) é segmentado em compartimentos denominados rombômeros. As células da crista neural derivadas de certos rombômeros migram para determinados arcos faríngeos, compondo sua população, e esses arcos, por sua vez, originam estruturas cranianas particulares (Figura 7.64). Em geral, nos tetrápodes, as células da crista neural dos rombômeros 1 e 2 (e, em alguns táxons, do prosen-

céfalo e do mesencéfalo) migram para o primeiro arco faríngeo (mandibular), produzindo o palatoquadrado e a cartilagem de Meckel, alguns dos ossos faciais e, nos mamíferos, a bigorna e o martelo. As células do rombômero 4 entram no segundo arco faríngeo (hioide), produzindo o estribo, o processo estiloide e contribuem para o hioide. O rombômero 6 libera células da crista neural para os arcos faríngeos 3 e 4, que contribuem para as cartilagens hioide e tireoide. O rombômero 7 também contribui para o arco faríngeo 4. As células dos rombômeros 3 e 5 não migram por seu mesênquima adjacente, mas, em vez disso, entram nas correntes de células da crista neural de cada lado deles.

É bastante surpreendente, pelo menos nos tetrápodes, que as células da crista neural que migram para o primeiro arco faríngeo formem populações separadas, uma dorsal e uma ventral. Esta última forma elementos do arco mandibular, o palatoquadrado e a cartilagem de Meckel, enquanto a dorsal não contribui para as maxilas, como já se pensou, mas sim para partes do condrocrânio.

Os genes *Hox* se expressam em várias combinações e regiões da crista neural (ver Figura 7.64), instruindo as células sobre quais tecidos elas formarão, bem cedo no processo. Embora os detalhes ainda estejam sendo revelados, muitas das principais alterações evolutivas nas maxilas dos vertebrados, dentes e ossos faciais, parecem se basear em modificações na colocação ou no destino instruído das células da crista neural. Por exemplo, um gene *Hox* se expressa no arco mandibular de uma espécie de lampreia, mas não nos gnatostomados. Essa perda aparente da expressão de gene *Hox* pode ter sido a base genética que facilitou a evolução de maxila nos gnatostomados.

Crista neural (pp. 246, 291)

Boxe Ensaio 7.4   Da costa para o mar | Evolução das baleias

O maior animal existente é a baleia-azul, que se alimenta por filtração. Seu dispositivo filtrador é um conjunto de placas semelhantes a cerdas (as barbatanas), uma especialização de queratina (não esmalte) em forma de escova do epitélio oral que ocupa o local onde os dentes poderiam estar na maxila superior. "Osso de baleia" é um nome errôneo para essas estruturas. O termo é incorreto porque não há osso nas barbatanas. Conforme a baleia se movimenta, as barbatanas agem como um coador para capturar o alimento da corrente de água que passa por elas. A preferência alimentar depende um pouco da espécie, mas a maioria das baleias

com essas placas filtra pequenos peixes ou crustáceos semelhantes a camarões denominados "*krill*", encontrados ou capturados em águas densas. O alimento recolhido na barbatana é lambido pela língua e deglutido.

As baleias-azuis e jubarte representam um subgrupo que tem essas placas, denominado baleias de barbatanas ou rorquais. Outro subgrupo é o das baleias glaciais (*Eubalaena glacialis*) e ambos não têm dentes, somente barbatanas, e o crânio é alongado e arqueado para manter o aparelho filtrador.

Para se alimentarem, as baleias glaciais abrem um pouco as maxilas e mergulham em águas ricas em *krill*. A corrente de água

entra pela frente da boca e passa pela parede lateral suspensa das placas de cerdas, onde o *krill* fica aprisionado, é lambido e deglutido (Figura I A do Boxe). A baleia-azul se alimenta de forma diferente. À medida que ela se aproxima de um aglomerado de peixes ou *krill*, abre bem a boca e engolfa a presa concentrada com a água em torno dela. Sulcos pregueados ao longo de seu pescoço e do ventre possibilitam que a garganta fique insuflada como uma bolsa e se encha com essa massa de água (Figura I B do Boxe). Até 70 toneladas de água ficam temporariamente na garganta expandida. A baleia então contrai a bolsa tumefeita, forçando a água através das

Figura I do Boxe Alimentação das baleias. A. A baleia da direita tem longas placas de barbatanas suspensas em sua maxila superior e se alimenta nadando através do plâncton com a boca entreaberta. A água entra, passa ao longo dos lados da língua e, então, através barbatanas, onde o plâncton fica preso. **B.** À medida que uma baleia de barbatana se aproxima de uma concentração de organismos planctônicos, em geral *krill*, ela abre a boca e os engolfa junto com a água em que estão. Sua garganta pregueada possibilita uma expansão considerável da boca para acomodar a água cheia de plâncton. A baleia deixa a garganta forçar a água para fora através das barbatanas, mantendo o alimento atrás, mas deixando o excesso de água ser filtrado para fora. Com a língua, ela lambe o alimento e o deglute. **C.** O crânio das baleias foi altamente modificado durante sua evolução, em especial o desenho da face e a posição das narinas. O *Andrewsarchus*, um ungulado carnívoro terrestre do Eoceno, pode ter pertencido ao grupo do qual evoluíram os primeiros cetáceos. Para comparação, estão ilustradas baleias de barbatanas do Eoceno (*Prozeuglodon*), do Oligoceno (*Actiocetus*) e uma recente. Embora não haja uma linha evolutiva direta com cada uma, essas comparações mostram as alterações no desenho do crânio dos cetáceos, especialmente na região facial. Abreviações: frontal (F), jugal (J), maxilar (M), nasal (N), parietal (P), pré-maxilar (Pm).

A e B, de Pivorunas; C, de Olsen; Romer.

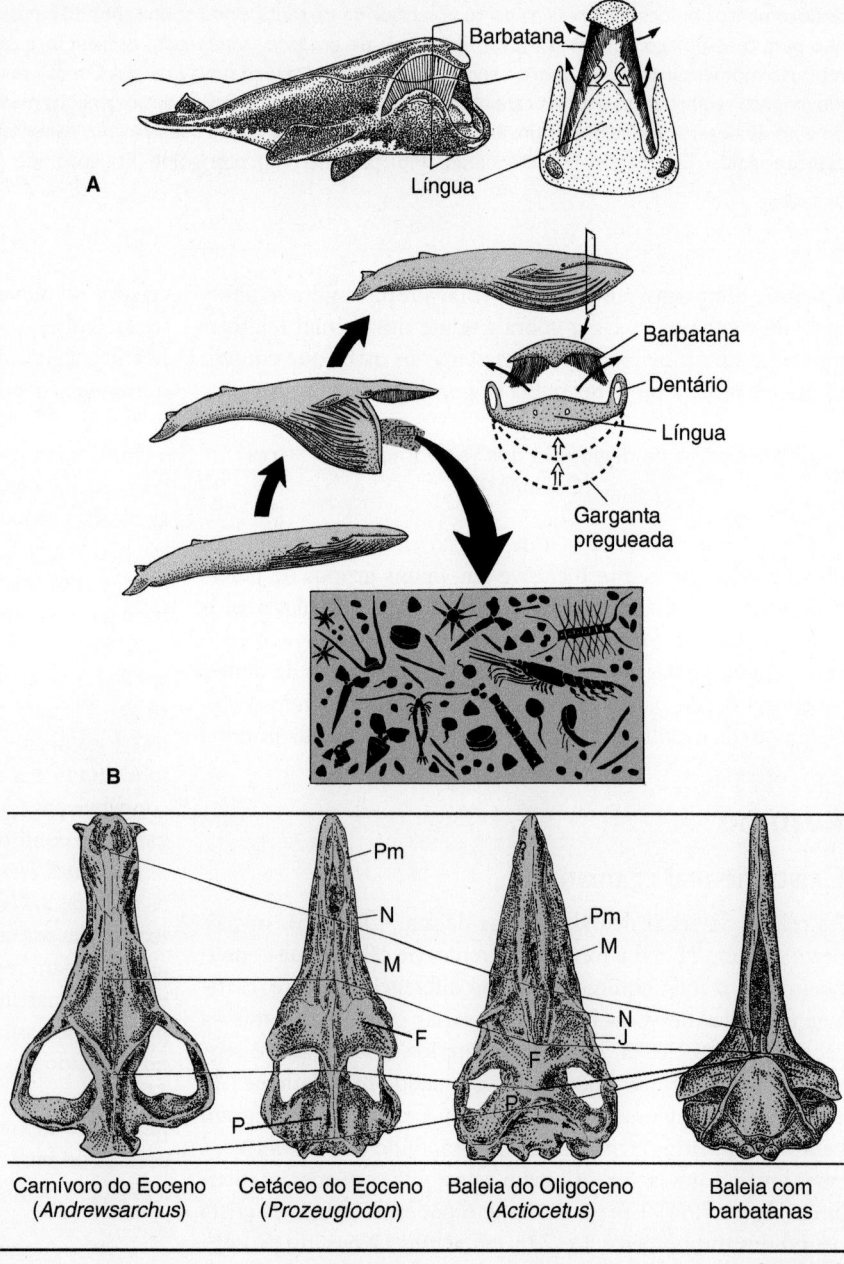

Carnívoro do Eoceno
(*Andrewsarchus*)

Cetáceo do Eoceno
(*Prozeuglodon*)

Baleia do Oligoceno
(*Actiocetus*)

Baleia com
barbatanas

(continua)

Boxe Ensaio 7.4 Da costa para o mar | Evolução das baleias (*continuação*)

barbatanas, onde o alimento é retido, coletado pela língua e deglutido.

Observou-se que as jubarte liberam bolhas de ar enquanto circundam um aglomerado de presas que nadam acima delas. Conforme as bolhas sobem, formam uma "nuvem de bolhas" que pode encurralar ou levar o aglomerado para a superfície, perto da cabeça da baleia. A nuvem de bolhas também pode imobilizar ou confundir as presas, fazendo com que se juntem, ou servir para disfarçar a baleia que emerge com a boca aberta no centro da nuvem de bolhas. Algumas jubarte começam se alimentando na superfície, girando ou batendo a cauda na água à medida que mergulham. Assim que a cauda está perto de entrar novamente na

água, a baleia a flexiona, movimentando a água e deixando uma efervescência de bolhas na superfície. Acredita-se que isso atordoe as presas e faça com que se aglomerem bem juntas. A baleia, então, libera uma nuvem de bolhas à medida que mergulha, seguindo através das bolhas para capturar as presas com a boca.

As baleias fósseis mais antigas vieram do Oligoceno e trazem lembranças inconfundíveis dos mamíferos terrestres ancestrais. Havia dentes incisivos, caninos, pré-molares e molares distintos. Dessas primeiras baleias, surgiram as duas linhagens mais modernas. Uma é a das baleias com barbatanas, denominadas de maneira formal de misticetas. A outra linhagem principal é a daquelas

com dentes, ou odontocetas, que inclui várias espécies.

Em ambas as linhagens, o crânio é telescopado. Alguns ossos são empurrados juntos e até se sobrepõem, embora persista um focinho longo (Figura 1 C do Boxe). Nas odontocetas, o alongamento para trás dos ossos faciais cria o focinho. Nas misticetas, os ossos occipitais são empurrados para frente. Embora alcançado de maneira diferente, o resultado é o mesmo – a reposição das narinas em uma localização mais central e dorsal. Quando uma baleia sobe à superfície para respirar, essa posição das narinas torna possível a ventilação dos pulmões com facilidade e o aporte de ar fresco sem que a baleia tenha de colocar toda a cabeça fora da água.

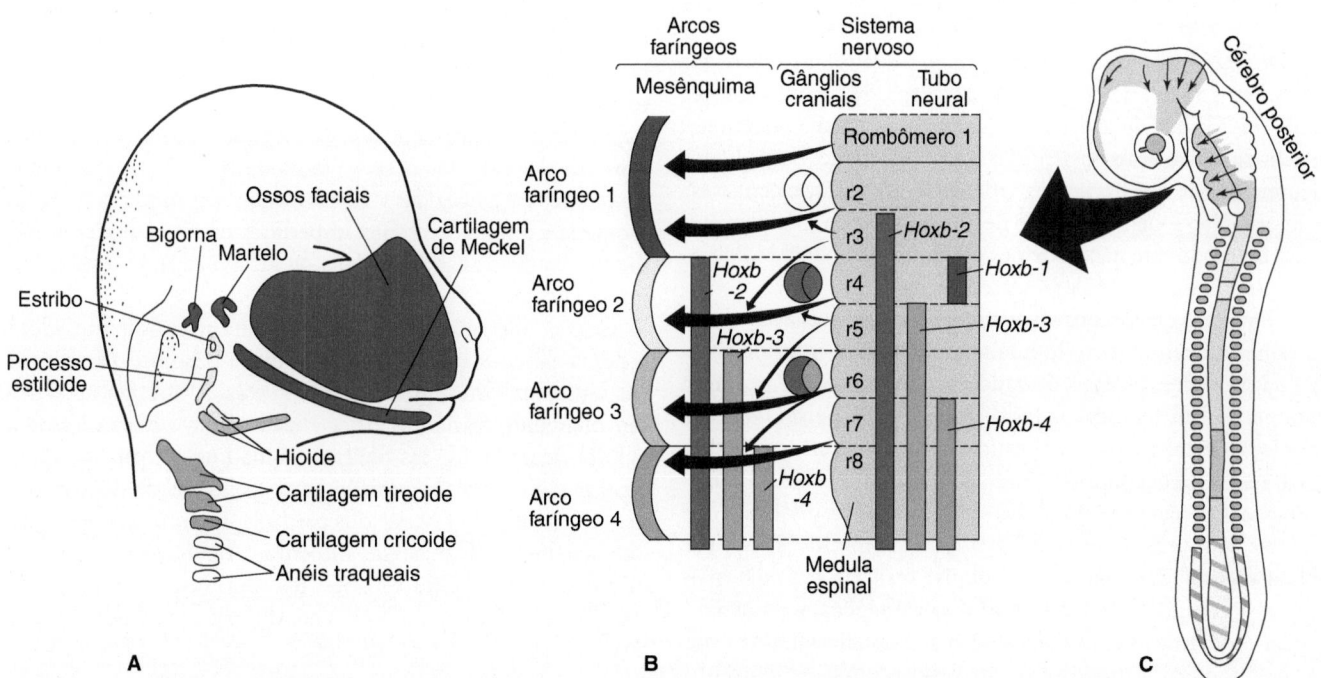

Figura 7.64 Migração da crista neural craniana e genes *Hox*, tetrápode generalizado. A. Várias estruturas cranianas derivadas de arcos faríngeos particulares. **B.** Por sua vez, esses arcos faríngeos são ocupados por células da crista neural que migram (*setas*) dos rombômeros do cérebro posterior. **C.** Embrião mostrando a localização dos arcos faríngeos e do telencéfalo. Os padrões de expressão *Hox* na crista neural mostram os limites dos domínios desses genes. Chave para abreviatura: r2–r8, rombômeros 2 a 8. (Esta figura encontra-se reproduzida em cores no Encarte.)

A e B, de McGinnis e Krumlauf; C, de Carlson.

Emergência dos mamíferos

Os mamíferos trouxeram muitas inovações para o desenho dos vertebrados, várias delas envolvendo o crânio. Uma já notada é na maxila inferior. Nos primeiros amniotas, como nos gnatostomados em geral, as maxilas se articulam com a caixa craniana por meio da junção do articular com o quadrado. Nos mamíferos, isso é bastante diferente. As maxilas se articulam por meio da articulação do dentário com o temporal. Vários ossos pós-dentários foram perdidos durante essa transição para mamíferos; o quadrado e o articular se moveram para o ouvido médio. O dentário se expande posteriormente para formar uma nova articulação com o crânio, pelo dentário com o temporal. Embora os fatores que favoreçam essas alterações sejam discutíveis, a realidade delas não é. Os ossos localizados na parte posterior da maxila inferior dos amniotas ancestrais foram perdidos ou tiveram sua função alterada a partir da articulação mandibular para a audição. Esse fato, porém, levanta uma nova questão. Como os ossos envolvidos na suspensão da maxila poderiam mudar de função sem afetar as espécies intermediárias? Se os ossos pós-dentários se moveram para o ouvido médio, como poderiam abandonar a suspensão da maxila sem causar um problema no método de sustentação da maxila no crânio? G. Cuvier, anatomista francês do século 19, teria negado tal possibilidade. Ele argumentou que a evolução não poderia ocorrer só por essa razão, porque uma alteração na estrutura modificaria a função e iria interromper a evolução antes que ela começasse.

O *Diarthrognathus*, um cinodonte posterior próximo aos mamíferos ancestrais, sugere uma pergunta. Seu nome significa dois (*di-*) locais de articulação (*arthro-*) da maxila (*-gnathus*). Além da articulação do articular com o quadrado, herdada dos répteis, parece que havia uma articulação do dentário com o escamoso. Não sabemos o estilo de alimentação do *Diarthrognathus*, de modo que não podemos ter certeza do papel biológico que essa segunda articulação desempenhava.

O que os vertebrados vivos sugerem? Algumas aves, como o talhamar, alimentam-se mantendo a maxila inferior abaixo da superfície da água e voando ao longo dela até pegarem um peixe. Em seguida, as maxilas seguram o peixe. Uma articulação secundária parece esticar a maxila inferior e ajuda a evitar seu deslocamento quando colide com o peixe. O *Diarthrognathus* não se alimentava de peixes, mas pode ser que lutasse com presas que se debatiam ou competidores por ela. Uma segunda articulação mandibular tornaria a maxila mais forte. Quaisquer que tenham sido as vantagens, uma articulação do dentário com o escamoso se estabeleceu antes que a maxila inferior perdesse os ossos pós-dentários; portanto, quando o quadrado e o articular foram perdidos, um método alternativo de articulação da maxila com o crânio já estava no lugar. Isso é significativo porque a perda ou o movimento desses ossos para sustentar audição não alterou a função que eles deixaram de ter, a suspensão da maxila. Em certo sentido, a articulação existente do dentário com o escamoso estava "pronta para servir", pré-adaptada para uma função nova e expandida.

Pré-adaptação (Capítulo 1)

Outro cinodonte ulterior, o *Probainognathus*, como o *Diarthrognathus*, exibe uma extensão posterior do dentário para estabelecer um ponto secundário de articulação com o crânio (Figura 7.65). Ambos e vários outros cinodontes que vieram depois, com articulações maxilares duplas de transição, sugerem como pode ter ocorrido uma transição harmoniosa na forma e na função. Eles nos lembram, mais uma vez, de que uma série de alterações anatômicas sozinhas constitui uma afirmação incompleta sobre os eventos evolutivos. As alterações anatômicas precisam estar acopladas com hipóteses sobre a série de alterações funcionais que as acompanha. Forma e função caminham juntas e ambas devem receber nossa atenção se quisermos entender o processo de alteração evolutiva.

Modificações evolutivas de formas imaturas | Acinese nos mamíferos

Às vezes esquecemos que uma modificação evolutiva pode surgir em um estágio embrionário ou imaturo e, depois, incorporar-se ou se expandir no adulto. Esse pode ter sido o caso da acinese nos mamíferos. Em todos os mamíferos, os lactentes mamam nas mães. O ato de mamar requer uma bomba e uma vedação. Lábios carnudos proporcionam a vedação em torno da glândula mamária, a boca é a câmara que recebe o leite, e a ação para cima e para baixo da língua o bombeia da mãe para a boca do lactente e seu esôfago. Se a respiração e a alimentação compartilhassem uma câmara comum, como na maioria dos répteis, o lactente teria de interromper a amamentação e liberar sua inserção ao mamilo para respirar. Um palato secundário torna desnecessária essa interrupção ineficiente na alimentação, pois a separa da respiração, ao manter a boca separada das câmaras nasais. No entanto, um palato secundário que separa a boca das vias nasais também funde as metades esquerda e direita do crânio, impedindo assim qualquer movimento dentro da caixa craniana ou através dela. O resultado é um crânio acinético.

Outras alterações no adulto evoluíram mais tarde. Com a perda da cinese, o crânio ficou firme e pronto para servir aos músculos fortes que fecham a maxila. A mastigação, o desenvolvimento de dentes especializados para a mesma (com a oclusão acurada de suas fileiras) e uma língua muscular (para colocar o alimento na posição entre as fileiras de dentes) podem então ter sido favorecidos para adaptação. Certamente, há outras maneiras de mastigar alimentos. Alguns peixes com crânios cinéticos e dentes substituídos continuamente mastigam seu alimento. Nos mamíferos, a condição parece especialmente favorável para a mastigação, e encontramos essa adaptação em quase todas as espécies de mamíferos, inclusive seu aparecimento em alguns dos últimos terápsidos. A análise dos eventos evolutivos em geral se centraliza nos estágios adultos, embora o entendimento desses eventos dependa do conhecimento de toda a história de vida da espécie.

Crânio composto

O dermatocrânio, o condrocrânio e o crânio visceral contribuem para o crânio. Embora suas origens filogenéticas sejam diferentes, partes de cada um se combinam em uma unidade funcional,

estereospôndila consiste em um único corpo derivado inteiramente do intercentro.

Na outra condição vertebral geral dos tetrápodes, denominada **holospondilia**, todos os elementos vertebrais em um segmento estão fundidos em um único pedaço. Tipicamente, o centro fundido deriva de um pleurocentro. O intercentro, se presente, permanece como uma contribuição não ossificada para a cartilagem intervertebral entre as vértebras. Na **vértebra lepospôndila**, um tipo especializado de vértebra hiospôndila, o centro da vértebra sólida tem forma de vagem e em geral é perfurado por um canal da notocorda (Figura 8.3 B).

Houve época em que um tipo vertebral era usado como o principal critério para definir os táxons dos tetrápodes e se pensava a cada tipo caracteriza uma tendência filogenética separada. Com essa ênfase taxonômica, veio uma proliferação de terminologia descritiva para se rastrear a suposta filogenia vertebral; no entanto, surgiram problemas com essa abordagem. Muitos dos primeiros tetrápodes evoluíram, a partir de um ancestral aquático, para novos hábitos terrestres e suas vértebras se modificaram para acomodar a vida na terra, onde a caminhada predominou. No entanto, outros tetrápodes derivados reinvadiram ou voltaram de maneira secundária para os hábitos aquáticos, onde a natação ganhou ênfase renovada. As vértebras desses últimos são similares às dos tetrápodes ancestrais predominantemente aquáticos. Portanto, os tipos morfologicamente semelhantes de vértebras representam múltiplas tendências evolutivas, sendo testemunhas da convergência funcional, mas não evidência de uma unidade filogenética próxima. Em consequência, muito da terminologia elaborada, baseada na suposição errônea de estreita afinidade filogenética, foi praticamente abandonado, embora poucos termos tenham sido aproveitados para uso taxonômico. Por exemplo, uma vértebra temnospôndila designava uma vértebra de várias partes com um arco separado, porém, no uso descritivo, esse significado foi designado para outros termos. Além disso, outros termos

que sobreviveram, ainda que desenvolvidos com referência aos tetrápodes, agora são frequentemente aplicados às vértebras de peixes como uma conveniência descritiva.

Os centros são ligados sucessivamente em uma cadeia de vértebras, a **coluna axial**. As formas das superfícies das extremidades articulares dos centros afetam as propriedades da coluna vertebral e a maneira pela qual as forças se distribuem entre as vértebras. Um esquema funcional para classificar os centros poderia ser desejável, mas a análise de suas funções mecânicas complicadas provou ser difícil e continua incompleta. Portanto, os critérios anatômicos que empregam o formato articular são usados com mais frequência, produzindo diversos tipos de centros.

Os centros com extremidades planas são os **acélicos** (**anfiplanos**) e parecem especialmente adequados para receber e distribuir forças compressivas dentro da coluna vertebral (Figura 8.4 A). Se cada superfície é côncava, o centro é **anficélico**, um desenho que parece dar movimento limitado na maioria das direções (Figura 8.4 B). Os centros côncavos anteriormente e convexos posteriormente são **procélicos** (Figura 8.4 C). A forma inversa, côncava posteriormente e convexa anteriormente, caracteriza centros **opistocélicos** (Figura 8.4 D). Os centros

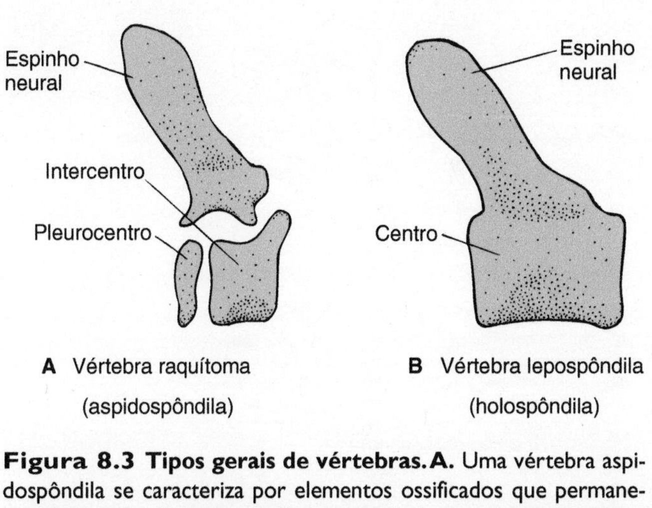

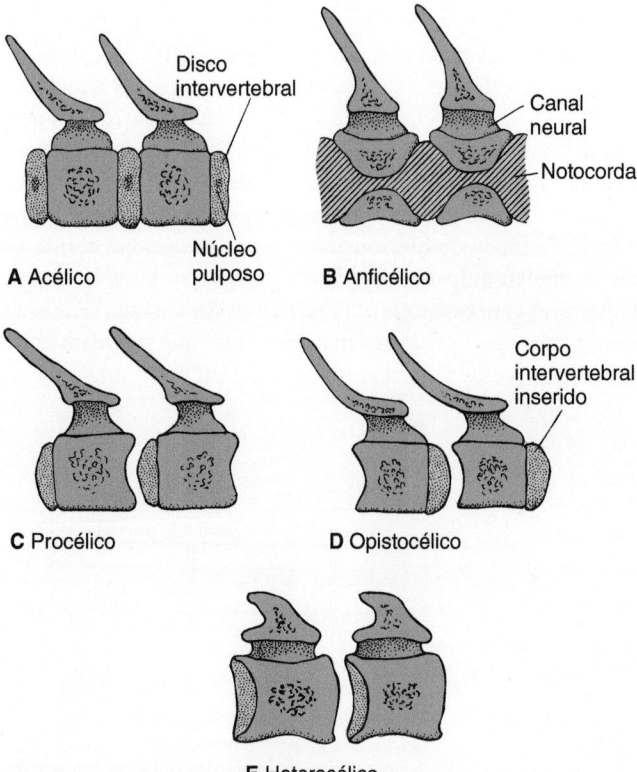

Figura 8.4 Formas gerais dos centros. As formas dos centros de articulação variam, conforme vistas em corte sagital, e definem tipos anatômicos específicos: (**A**) acélico, em que ambas as extremidades são planas; (**B**) anficélico, com ambas as extremidades côncavas; (**C**) procélico, com a extremidade anterior côncava; (**D**) opistocélico, com a extremidade posterior côncava; (**E**) heterocélico, em que as extremidades articulares têm forma de sela. A parte anterior está à direita.

De Kent.

Figura 8.3 Tipos gerais de vértebras. A. Uma vértebra aspidospôndila se caracteriza por elementos ossificados que permanecem separados. O tipo específico ilustrado é uma vértebra raquítoma que tem três partes distintas: pleurocentro, intercentro e espinho neural. **B.** Uma vértebra holospôndila se caracteriza pela construção fundida de todos componentes. O tipo específico mostrado é uma vértebra lepospôndila, uma vértebra holospôndila com um centro semelhante a uma vagem.

heterocélicos têm superfícies articulares em forma de sela em ambas as extremidades (Figura 8.4 E). Nos centros procélicos e opistocélicos, a superfície articular convexa de um centro se adapta à superfície côncava do seguinte para formar uma articulação do tipo bola-soquete, que possibilita o movimento extenso em todas as direções sem esticar o cordão nervoso que seus arcos neurais protegem. Por comparação, se a série vertebral acélica ou anficélica for flexionada, os centros adjacentes giram como dobradiças em torno de suas bordas. Se a rotação for extensa, como quando se abre uma porta, o espaço tenderá a se ampliar entre os centros e esticar o cordão nervoso central que segue dorsalmente entre eles (Figura 8.5 A). Entretanto, nos centros procélicos e opistocélicos, com articulação bola-soquete, o ponto de rotação não é a margem, mas sim a parte central da superfície convexa do centro. A flexão da série vertebral não abre um espaço entre eles, e o cordão nervoso central não fica indevidamente esticado (Figura 8.5 B). Os centros heterocélicos tornam possível grande flexão lateral e vertical, mas impedem a torção ou rotação da coluna vertebral em torno de seu eixo longitudinal (Figura 8.5 C). Os centros heterocélicos são mais comuns em tartarugas que retraem o pescoço e em certas vértebras de aves.

Essa classificação anatômica inclui apenas o critério de formato do centro, mas tecidos moles em geral estão associados e costumam ser extremamente importantes na função. A notocorda ou seus derivados adultos seguem pelas concavidades nas extremidades articular dos centros, cobertos por almofadas cartilaginosas preenchendo tais concavidades. *Disco intervertebral* é uma designação de uso amplo para qualquer almofada de tecido entre superfícies articulares dos centros. Contudo, em termos estritos, nos adultos um disco intervertebral é uma almofada de fibrocartilagem, cujo centro em forma de gel, o **núcleo pulposo**, é derivado da notocorda embrionária. De acordo com essa definição estrita, os discos intervertebrais são encontrados apenas nos mamíferos, em que se situam entre superfícies sucessivas de centros adjacentes. Em outros grupos,

a almofada entre os centros é denominada **cartilagem intervertebral**. Ligando as bordas de centros adjacentes está o **ligamento intervertebral**, que é importante no controle da rigidez da coluna vertebral quando ela é flexionada.

As **apófises**, que são processos descritos mais completamente quando falarmos sobre a coluna axial mais adiante neste capítulo, projetam-se dos centros e de seus arcos. Em geral, as apófises incluem **diapófises** e **parapófises**, ambas se articulando com as costelas. As **basoapófises** são processos pares ventrolaterais, remanescentes das bases do arco hemal, que podem receber a articulação com costelas ventrais. As apófises também formam processos entrelaçados antitorção, as **zigoapófises**, entre vértebras sucessivas. **Processo transverso** é uma designação que, em geral, aplica-se a qualquer processo que se estenda a partir do centro ou do arco neural, mas, em termos históricos, tem sido usada de forma tão abrangente que perdeu seu significado morfológico exato.

Costelas

As costelas são estruturas de reforço que às vezes se fundem ou articulam com vértebras, servem como locais para a inserção muscular segura, ajudam a levantar o corpo, formam uma caixa protetora em torno das vísceras (caixa torácica) e, algumas vezes, servem como dispositivos respiratórios acessórios. Em termos embriológicos, as costelas se formam previamente na cartilagem, dentro de **miosseptos** (miocomas), ou seja, dentro de bainhas dorsoventrais de tecido conjuntivo que fazem a divisão sucessiva da musculatura corporal segmentar (Figura 8.6 A a C). Nos labirintodontes, as costelas são curtas na região pós-sacral, mas a maioria dos tetrápodes não tem essa região e as vértebras caudais nunca desenvolvem costelas.

Em muitos peixes, há dois conjuntos de costelas com cada segmento vertebral, um conjunto dorsal e um ventral. As **costelas dorsais** se formam na interseção de cada miosepto com o **septo horizontal** (septo esqueletogênico horizontal), uma

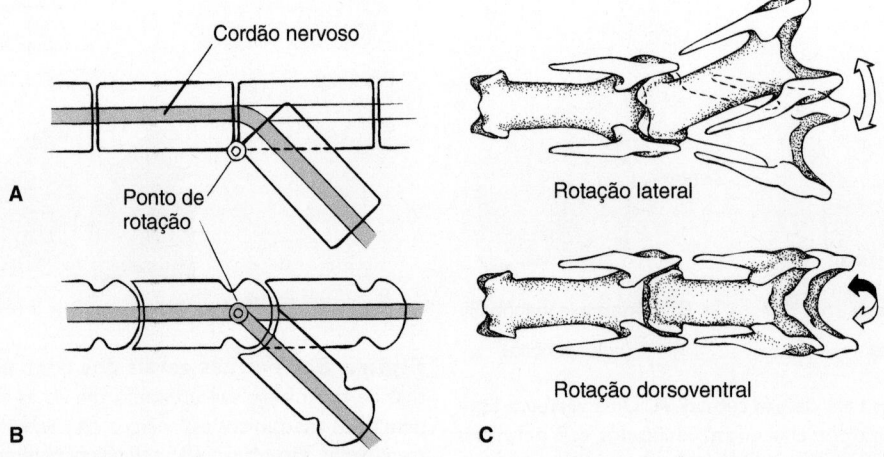

Figura 8.5 Funções dos centros. A. Os centros anficélicos ou acélicos se flexionam em torno de um ponto em suas margens, que tende a esticar o cordão nervoso dorsal localizado centralmente. **B.** Os centros opistocélico e procélico eliminam essa tendência ao estiramento potencialmente danosa com extremidades articuladas que estabelecem um ponto de localização central, em vez de um em ambas as margens. **C.** Nos centros heterocélicos, superfícies opostas em forma de sela se adaptam juntas, possibilitando rotação lateral e dorsoventral extensa. Vista ventral de duas vértebras do avestruz *Struthio*.

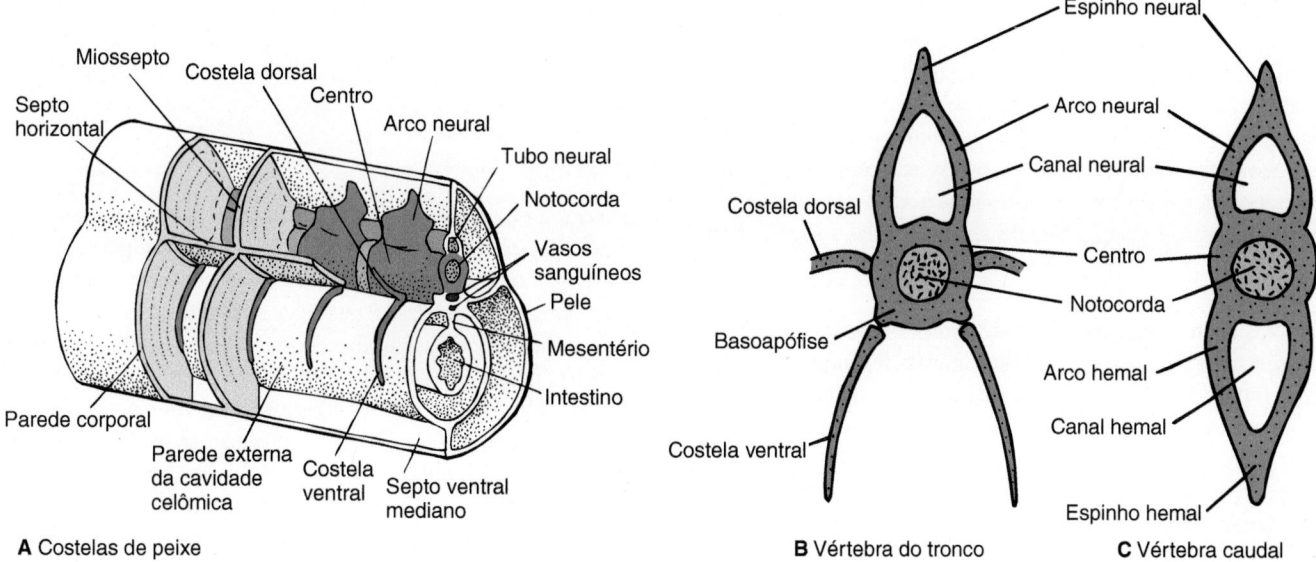

Figura 8.6 Costelas. A. Nos peixes, as costelas dorsais se desenvolvem onde os miosseptos fazem intersecção com o septo horizontal e as costelas ventrais se desenvolvem onde eles encontram a cavidade celômica. **B.** Corte transversal de vértebra do tronco de um peixe. **C.** Corte transversal de vértebra caudal de um peixe. As costelas ventrais do tronco são homólogas seriadas dos arcos hemais caudais.

bainha longitudinal de tecido conjuntivo (ver Figura 8.6 A). As **costelas ventrais** se formam em pontos onde os miosseptos encontram as paredes da cavidade celômica. Elas são seriadamente homólogas com os arcos hemais das vértebras caudais (ver Figura 8.6 C). Nos tetrápodes, um desses conjuntos de costelas é perdido e o outro, aparentemente as costelas dorsais, persiste, tornando-se as costelas do tronco dos vertebrados terrestres. As costelas dos tetrápodes ancestrais são **bicipitais**, tendo duas cabeças que se articulam com as vértebras. A cabeça ventral da costela, ou **capítulo**, articula-se com a **parapófise**, um processo ventral do intercentro. A cabeça dorsal, ou **tubérculo**, articula-se com a **diapófise**, um processo do arco neural (Figura 8.7). Se esses processos vertebrais não se desenvolvem, a superfície articular persiste, formando uma pequena cavidade, a **faceta**, para receber a costela. Nos amniotas, o intercentro é perdido ou incorporado em outros elementos, de modo que o capítulo tem de desviar sua articulação para o pleurocentro (na maioria dos répteis e aves) ou entre centros (nos mamíferos).

Embora as costelas funcionem na locomoção dos tetrápodes, elas se tornaram uma parte cada vez mais importante do sistema respiratório, para mover o ar pelos pulmões. A classificação das costelas dos tetrápodes se baseia no tipo de associação que elas estabelecem com o esterno. As costelas que encontram ventralmente o esterno são as **costelas verdadeiras**. As que se articulam com outra, mas não com o esterno, são as **costelas falsas**. As falsas que não se articulam ventralmente são as **costelas flutuantes**. As costelas verdadeiras consistem em dois segmentos unidos, a **costela vertebral** (**costal**), um segmento articulado com as vértebras, e a **costela esternal**, um segmento distal, geralmente cartilaginoso, que encontra o esterno. A articulação entre os segmentos vertebral e esternal acomoda alterações no formato do tórax durante a expansão e a compressão respiratórias.

Nas aves, as costelas cervicais são reduzidas e fundidas às vértebras. Na região torácica, as primeiras costelas são flutuantes, seguidas por costelas verdadeiras que se articulam com o esterno. Algumas costelas flutuantes e a maioria das verdadeiras têm **processos uncinados**, projeções que se estendem posteriormente a partir de seus segmentos proximais. Como a caixa torácica em geral, os processos uncinados servem como locais de inserção dos músculos respiratórios e do ombro.

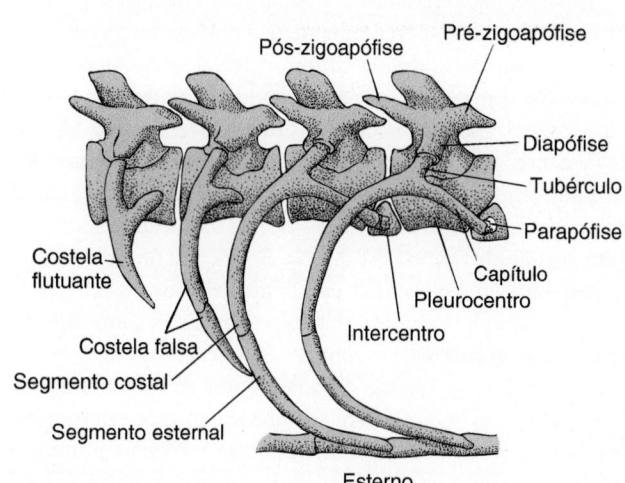

Figura 8.7 Costelas amniotas. As costelas são denominadas com base na sua articulação com o esterno (costelas verdadeiras), entre si (costelas falsas) ou com nada ventralmente (costelas flutuantes). Primitivamente, as costelas são bicipitais, tendo duas cabeças, um capítulo e um tubérculo, que se articulam, respectivamente, com a parapófise no intercentro ou a diapófise no arco neural. O corpo da costela pode se diferenciar em uma parte dorsal, a costela ou segmento vertebral, e uma parte ventral, a costela ou segmento esternal, que se articula com o esterno.

Nas aves, agem primariamente como alavancas dos braços para os músculos inalatórios que elevam a caixa torácica. Projeções similares das costelas também são encontradas em alguns lagartos vivos e répteis fósseis, bem como nos primeiros labirintodontes, *Acanthostega* e *Ichthyostega*, em que se projetam posteriormente, sobrepondo-se à costela adjacente seguinte. Tal sobreposição entre costelas sucessivas pode acrescentar alguma firmeza geral às costelas torácicas, dando a elas a irregularidade funcional para agirem como uma unidade durante a ventilação pulmonar e a locomoção.

Nos mamíferos, todas as vértebras torácicas contam com costelas que definem essa região, algumas flutuantes (posteriores), outras, falsas. Contudo, a maioria é verdadeira e encontra o esterno por meio de segmentos cartilaginosos esternais das costelas. Nas regiões cervical e lombar, as costelas só existem como remanescentes fundidos com os processos transversos, formando o que deve ser denominado de maneira apropriada de **pleurapófises** (processo transverso mais remanescente).

Esterno

O esterno é uma estrutura esquelética mesoventral, de origem embrionária endocondral, que surge dentro do septo de tecido conjuntivo ventral e dos miosseptos adjacentes (Figura 8.8 A a F). É um local de origem dos músculos torácicos. Conforme assinalado, também serve para a fixação das extremidades ventrais das costelas verdadeiras, completando a caixa torácica protetora condrificada ou ossificada. A **caixa torácica** consiste em costelas e elementos esternais que englobam as vísceras. Alterações no tamanho e na forma da caixa torácica também atuam comprimindo ou expandindo os pulmões, para proporcionar a ventilação. O esterno pode consistir em uma única lâmina óssea ou vários elementos em série.

Os peixes não têm esterno. Quando ele surgiu pela primeira vez nos tetrápodes, aparentemente não era um derivado filogenético das costelas nem da cintura peitoral, embora, em muitos grupos, tenha sido associado secundariamente a ambos. Os primeiros tetrápodes fósseis não tinham esterno, mas os anfíbios recentes têm. Em muitos Urodelas, ele é uma **placa esternal** mesoventral única e sulcada ao longo de suas bordas anteriores para receber os elementos ventrais da cintura escapular, a **placa coracoide** (Figura 8.8 A). No Anura, um único elemento, o **xifesterno**, em geral com a **cartilagem xifoide** na extremidade, fica posterior à cintura peitoral e, em alguns, um segundo elemento o **monoesterno**, envolto pela **cartilagem epiesternal**, fica anterior à mesma cintura (Figura 8.8 B). Tartarugas, cobras e muitos lagartos sem membros não têm esterno, mas ele é comum em outros répteis, nos quais consiste em um único elemento mesoventral associado à cintura escapular (Figura 8.8 C). Durante a locomoção, o esterno no réptil confere estabilidade aos elementos da cintura que sustentam peso. Nas aves que voam, os músculos maciços do voo surgem de um grande esterno com uma quilha central proeminente, a **carina**, uma superfície adicional para inserção muscular (Figura 8.8 D). Na maioria dos mamíferos, o esterno consiste em uma cadeia de elementos ossificados em série, as **estérnebras** (Figura 8.8 E e F), a primeira e a última geralmente modificadas e denominadas **manúbrio** e **xifesterno**, respectivamente.

Portanto, alguns anfíbios recentes e a maioria dos amniotas têm esterno. Contudo, sua ausência nos ancestrais comuns desses grupos significa que ele surgiu de maneira independente, várias vezes, no âmbito do tecido conjuntivo mesoventral.

Gastrália

Posterior ao esterno em alguns vertebrados há um conjunto de elementos esqueléticos, derivado separadamente: a **gastrália**, ou costelas abdominais (ver Figura 8.2). Ao contrário do esterno e diferentes das costelas, a gastrália tem origem dérmica e se restringe aos lados da parede corporal ventral, entre o esterno e a pelve, não se articulando com as vértebras. Constitui uma estrutura comum em alguns lagartos, crocodilos e no *Sphenodon*, servindo como um sistema esquelético acessório, com locais para inserção muscular e sustentação do abdome. Escamas dérmicas ventrais na região abdominal dos labirintodontes precederam a gastrália em termos funcionais e talvez os tenham originado anatomicamente. Por sua vez, é provável que estejam relacionados com as escamas ventrais dos ancestrais ripidístios. Como ocorre com a gastrália, essas escamas abdominais ajudavam a sustentar as vísceras, pois, em muitos labirintodontes, estavam organizadas em fileiras compactadas em forma de divisórias. São muito proeminentes no *Acanthostega*, com as divisórias interrompidas por um sistema de fileiras transversas de escamas.

Nas tartarugas, o **plastrão** é uma placa óssea composta que forma o assoalho do casco (Figura 8.9 A a C) e consiste em um grupo fundido de elementos dérmicos ventrais, incluindo contribuições das clavículas (epiplastrões) e interclavículas (entoplastrão), bem como elementos dérmicos da região abdominal (possivelmente a gastrália). Tais ossos dérmicos ventrais inexistem nas aves e mamíferos, mas, em muitos peixes, formam-se dentro da derme da região do ventre. Nos peixes e em outros vertebrados, a derme exibe potencial para a produção independente de derivados esqueléticos como a gastrália em diferentes linhagens filogenéticas. Graças a tais derivações, múltiplas, mas independentes, da derme, talvez seja melhor restringir o termo *gastrália* aos elementos em forma de costelas na região abdominal, em vez de aplicá-lo a todos os ossos dérmicos abdominais.

Desenvolvimento embrionário

Em sua maioria, a origem embriológica das vértebras foi o mesênquima. No início do desenvolvimento embrionário, o mesoderma paraxial se arranja de maneira segmentar em somitos. À medida que se diferenciam, os somitos formam vértebras (e costelas), músculo esquelético e a derme da pele dorsal. A definição desses respectivos destinos das células dentro do somito ocorre relativamente tarde, após a formação do somito. Logo em seguida, as células laterais mais próximas da ectoderme se diferenciam em dermátomo (derme) e miótomo (músculos esqueléticos). Células medianas partem e migram na direção da notocorda nas proximidades, formando correntes de células mesenquimais que se dispõem de maneira segmentar ao longo da notocorda em grupos denominados esclerótomos, os quais, por sua vez, contribuem para a formação de vértebras e costelas.

Diferenciação de somitos (Capítulo 5)

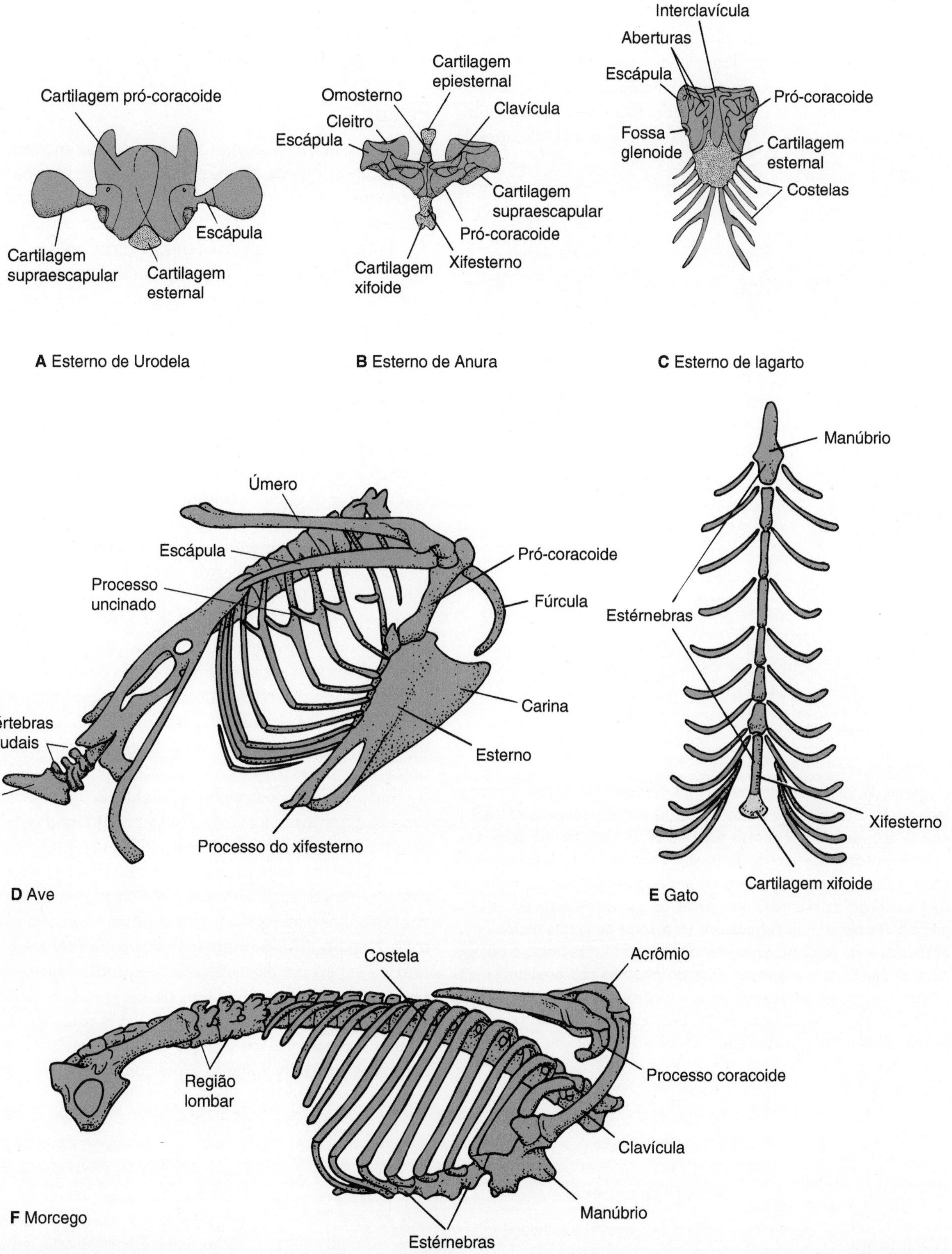

Cartilagem pró-coracoide

Cartilagem supraescapular   **Escápula**

Cartilagem supraescapular   **Cartilagem esternal**

A Esterno de Urodela

Omosterno   **Cartilagem epiesternal**

Cleitro   **Clavícula**

Escápula

Cartilagem supraescapular

Pró-coracoide

Cartilagem xifoide   **Xifesterno**

B Esterno de Anura

Interclavícula

Aberturas

Escápula   **Pró-coracoide**

Fossa glenoide   **Cartilagem esternal**

Costelas

C Esterno de lagarto

Úmero

Escápula   **Pró-coracoide**

Processo uncinado   **Fúrcula**

Vértebras caudais   **Carina**

Pigóstilo   **Esterno**

Processo do xifesterno

D Ave

Manúbrio

Estérnebras

Xifesterno

Cartilagem xifoide

E Gato

Costela   **Acrômio**

Região lombar   **Processo coracoide**

Clavícula

Manúbrio

Estérnebras

F Morcego

Figura 8.8 Esterno dos tetrápodes. A. Urodela, vista ventral. **B.** Anura, vista ventral. **C.** Esterno de lagarto, vista ventral. **D.** Esterno de ave, vista lateral. Nas aves, o esterno tem uma quilha profunda, formando uma carina que oferece mais uma área de inserção para os músculos grandes do voo. Dentro da coluna axial, a cauda é curta, terminando em um pigóstilo especializado que sustenta um leque de penas da cauda; os ossos pélvicos e muitas das vértebras estão fundidos; e o ombro é envolto pelo grande pró-coracoide. **E.** Esterno de mamífero (gato), vista ventral. **F.** Esterno de morcego, vista lateral. Nos morcegos, as estérnebras são robustas e fundidas. Dentro da coluna axial, a região lombar e os espinhos neurais são curtos, as costelas são largas e o processo coracoide e a clavícula são grandes, refletindo seus papéis no voo.

A a E, de Smith; F, de Hildebrand.

Em alguns grupos, as etapas no desenvolvimento foram abreviadas, reformadas ou eliminadas e isso complicou a interpretação de eventos do desenvolvimento. Estruturas homólogas e eventos paralelos do desenvolvimento nem sempre podem ser determinados com facilidade. Em consequência, a interpretação e a terminologia subsequente aplicada às etapas do desenvolvimento e derivados adultos variam muito. Sem entramos no âmbito discutível das controvérsias, vamos ver o que é possível dizer com alguma confiança.

Peixes

Entre os condrictes e muitos peixes ósseos ancestrais, as correntes de influxo de células vindas dos esclerótomos primeiro se congregam em aglomerados distintos e se diferenciam em pares de cartilagens, e não diretamente em vértebras ossificadas. Formam-se até quatro pares de cartilagens por segmento. O embriologista Hans Gadow denominou esse par de cartilagens de **arcuálios**. O destino de cada arcuálio no desenvolvimento pode ser esquematizado do embrião até o adulto, e sua contribuição específica para as vértebras do adulto pode ser identificada (Figura 8.10). Embora tais etapas do desenvolvimento comumente ocorram nos elasmobrânquios e em muitos peixes ósseos ancestrais, *nem* sempre aparecem cartilagens distintas nos grupos posteriores e certamente os tetrápodes não as têm. Embora esses grupos divididos não tenham arcuálios, Gadow propôs que fossem um padrão subjacente em todos os grupos posteriores. Ele atribuiu sua ausência nos amniotas a saltos no desenvolvimento, reduções e eliminação de etapas intervenientes. Entretanto, isso parece forçar uma interpretação sobre a formação vertebral que não se encaixa para os primeiros tetrápodes, sendo inacurada inclusive com relação aos teleósteos. Vamos ver os eventos da formação vertebral nos teleósteos e tetrápodes para entender a teoria de Gadow.

Na maioria dos teleósteos, a formação embrionária das vértebras prossegue em três etapas. Primeiro, a bainha da própria notocorda se diferencia em uma cadeia de elementos cartilaginosos, os **centros cordais** (ou cordacentros; Figura 8.11 A). Entre centros cordais sucessivos, a bainha não diferenciada da notocorda é destinada a se tornar o ligamento intervertebral entre as vértebras do adulto. Em segundo lugar, o mesênquima local se condensa no nível dos miosseptos. Essas condensações se tornam esboços cartilaginosos e são chamadas **centros dos arcos** (arcuálios para alguns), que originam os arcos dorsais e ventrais. Depois, células originárias dos esclerótomos se condensam na superfície da bainha da notocorda, formando o tubo pericordal, que se ossifica sem passar, primeiramente, por um estágio cartilaginoso (Figura 8.11 B). À medida que a formação vertebral prossegue, os centros cordais profundos se fundem com seus respectivos centros pericordais em suas superfícies.

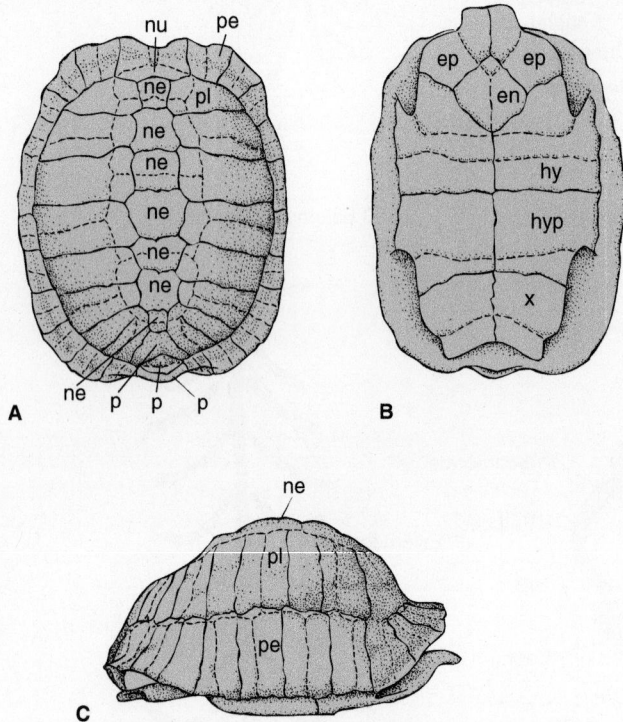

A   **B**

C

Figura 8.9 Casco da tartaruga *Testudo*. As linhas contínuas indicam as suturas entre placas ósseas; as linhas tracejadas representam as escamas dérmicas mais superficiais. **A.** Vista dorsal da carapaça convexa. **B.** Vista ventral do plastrão achatado. **C.** Vista lateral de todo o casco. A carapaça consiste em numerosas placas periféricas (pe) ao longo da margem, oito pares de placas pleurais (pl) e uma única placa nucal (nu), seguida por uma série de placas neurais (ne) abaixo da linha mediana dorsal, terminando com três placas pigais (p). As três placas na margem anterior do plastrão representam o epiplastrão (ep), ou o par de clavículas, e o entoplastrão (en), ou a única interclavícula. Os hipoplastrões (hy, hyp) e o xifoplastrão (x) são as placas de plastrão remanescentes a serem incorporadas no casco.

De Romer e Parsons.

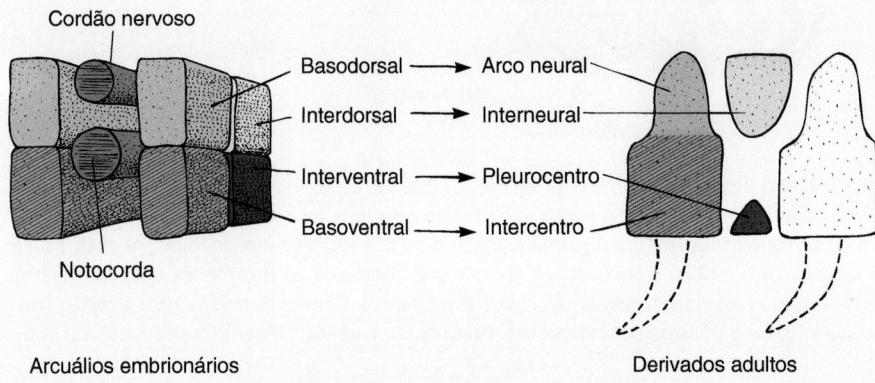

Cordão nervoso

Basodorsal → Arco neural
Interdorsal → Interneural
Interventral → Pleurocentro
Basoventral → Intercentro

Notocorda

Arcuálios embrionários   Derivados adultos

Figura 8.10 Arcuálios. Durante o desenvolvimento embrionário, em alguns peixes ancestrais, as células mesenquimais que alcançam a notocorda formam blocos distintos de cartilagem, até quatro apresentações por segmento, denominados arcuálios. Em tais peixes, a embriologia subsequente de cada arcuálio pode ser acompanhada de acordo com a parte da vértebra que forma no adulto.

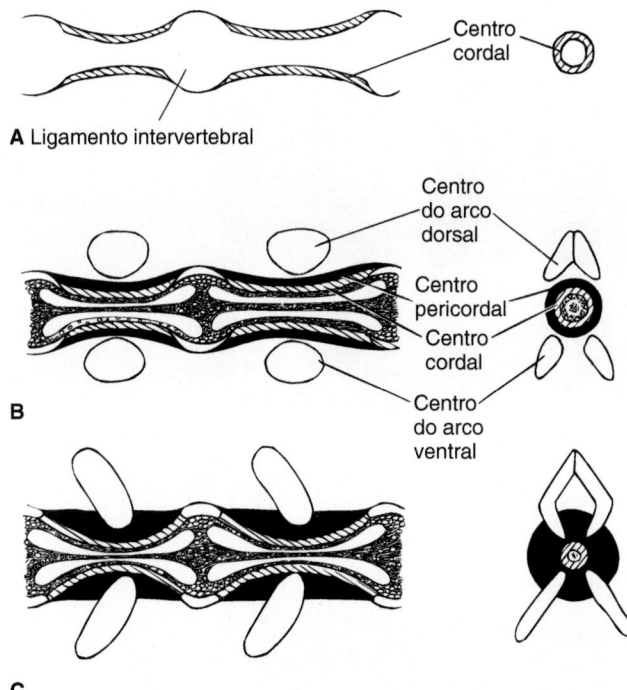

Figura 8.11 Formação embrionária de vértebras nos teleósteos. Estágios sucessivos no desenvolvimento embrionário são mostrados em vistas laterais (*à esquerda de cada desenho*) e em corte transversal (*à direita de cada desenho*) através do meio de um centro em formação. **A.** Um centro cordal (cordacentro) se forma dentro da bainha da notocorda. **B.** Rudimentos cartilaginosos pares, ou esboço, de arcos dorsais e ventrais se formam nos miosseptos, a partir de condensações do mesênquima. Dentro do tubo pericordal, formado a partir de células de esclerótomos, aparecem centros pericordais (autocentros) de ossificação. **C.** O centro cordal se incorpora dentro do centro pericordal ossificado, formando o centro. Em geral, mas nem sempre, os arcos se fundem com o centro, ossificando-se ao longo dele. A notocorda pode persistir como almofadas cartilaginosas intervertebrais que se situam nas partes centrais dos centros.

Em geral, mas nem sempre, os centros dos arcos se fundem com o tubo pericordal e se ossificam (Figura 8.11 C). Portanto, embora os arcuálios antecedam as vértebras e em seguida contribuam para a formação delas nos elasmobrânquios e peixes ósseos ancestrais, esse padrão não é seguido estritamente nos peixes derivados, como os teleósteos. Nesses, o esboço cartilaginoso é a fonte dos centros dos arcos, mas o tubo pericordal e a bainha da notocorda são as fontes dos centros, não os arcuálios.

Nos tetrápodes, as vértebras não se desenvolvem a partir de arcuálios modificados, nem mesmo em parte. Os centros dos tetrápodes surgem de um tubo pericordal de origem mesenquimal, e não de blocos distintos de cartilagem (arcuálios). Em consequência, a visão abrangente de Gadow de um padrão comum de arcuálios subjacente ao desenvolvimento vertebral em todos os vertebrados não é aceita hoje.

Tetrápodes

No tronco e na cauda dos tetrápodes, cada uma das cadeias segmentares de somitos se divide internamente em camadas distintas de células. Lateralmente, somitos formam o dermá-

tomo; abaixo dele, o miótomo; e, medial a ambos, o esclerótomo. Na maioria dos tetrápodes, correntes de células mesenquimais saem desse esclerótomo interno (Figura 8.12 A), migram para dentro, na direção da linha mediana e se aglomeram ao longo dos lados da notocorda, mas não nas laterais do cordão nervoso. Inicialmente, essas correntes de células que chegam formam aglomerados maiores denominados **anéis pericordais**, dispostos de maneira seriada ao longo da notocorda. Corpos ou discos intervertebrais acabam surgindo dentro desses anéis. As células mesenquimais que chegam, condensam-se para conectar esses anéis e formar uma camada mais ou menos contínua, ou **tubo pericordal**, de espessura variável, que engloba a notocorda (Figura 8.12 B). A seguir, o contorno geral das futuras vértebras aparece como condensações mesenquimais que se estendem ao longo dos lados do tubo neural, o futuro espinho neural (Figura 8.12 C), e, para um processo neural estendido, o futuro arco neural. Os corpos ou discos intervertebrais se diferenciam dentro dos anéis do tubo pericordal, delineando os limites de cada segmento vertebral. Nesse momento, o contorno geral de cada vértebra é reconhecível e as condensações de mesênquima já se encontram condrificadas. A formação óssea é endocondral, de modo que, na maioria dos tetrápodes, a ossificação subsequente substitui esses processos cartilaginosos, produzindo as vértebras ósseas do adulto.

Nota-se que a vértebra óssea não se forma direta ou exclusivamente a partir de seu esclerótomo adjacente, uma a uma. Em vez disso, metades de esclerótomos adjacentes se fundem, formando esclerótomos ressegmentados que produzem as vértebras básicas (ver Figura 8.12 C). À medida que as células saem dos **esclerótomos primários** em seu caminho para formar o tubo pericordal, elas primeiramente se reagrupam, ou o fazem durante o trajeto (ver Figura 8.11 A). Esse agrupamento celular é realizado pela metade caudal de um esclerótomo que se funde com a metade cranial do seguinte para formar blocos ressegmentados de células, os **esclerótomos secundários**. Essas células reagrupadas continuam se encaminhando para a notocorda, para formarem o tubo pericordal (Figura 8.12 B). Isso proporciona um mecanismo de desenvolvimento pelo qual o esclerótomo e seu miótomo (Figura 8.12 D), inicialmente em sincronia um com o outro, passam por um estágio antes de se diferenciarem nas respectivas vértebras e músculos. Portanto, a musculatura se forma através de vértebras adjacentes, não dentro delas. Dessa maneira, os músculos agem sobre vértebras adjacentes em uma posição funcional adequada. Se um músculo ficasse inserido em apenas uma vértebra, é evidente que ele não teria um papel funcional significativo. Os nervos espinais brotam e crescem por fora, entre vértebras sucessivas.

Alguns cientistas, trabalhando com cortes seriados de vértebras em desenvolvimento de mamíferos, afirmam que a segmentação ocorre. Eles argumentam que as células migram obliquamente do esclerótomo primário diretamente para localizações entre os miótomos, sem qualquer agrupamento prévio. No entanto, os resultados da embriologia experimental confirmam a hipótese de que os esclerótomos de fato sofrem ressegmentação. Foram usadas células de esclerótomos de um pintainho e uma codorniz porque têm características microscópicas distintas e, portanto, podem ser reconhecidas. Cada um dos outros esclerótomos foi substituído cirurgicamente em pintainhos

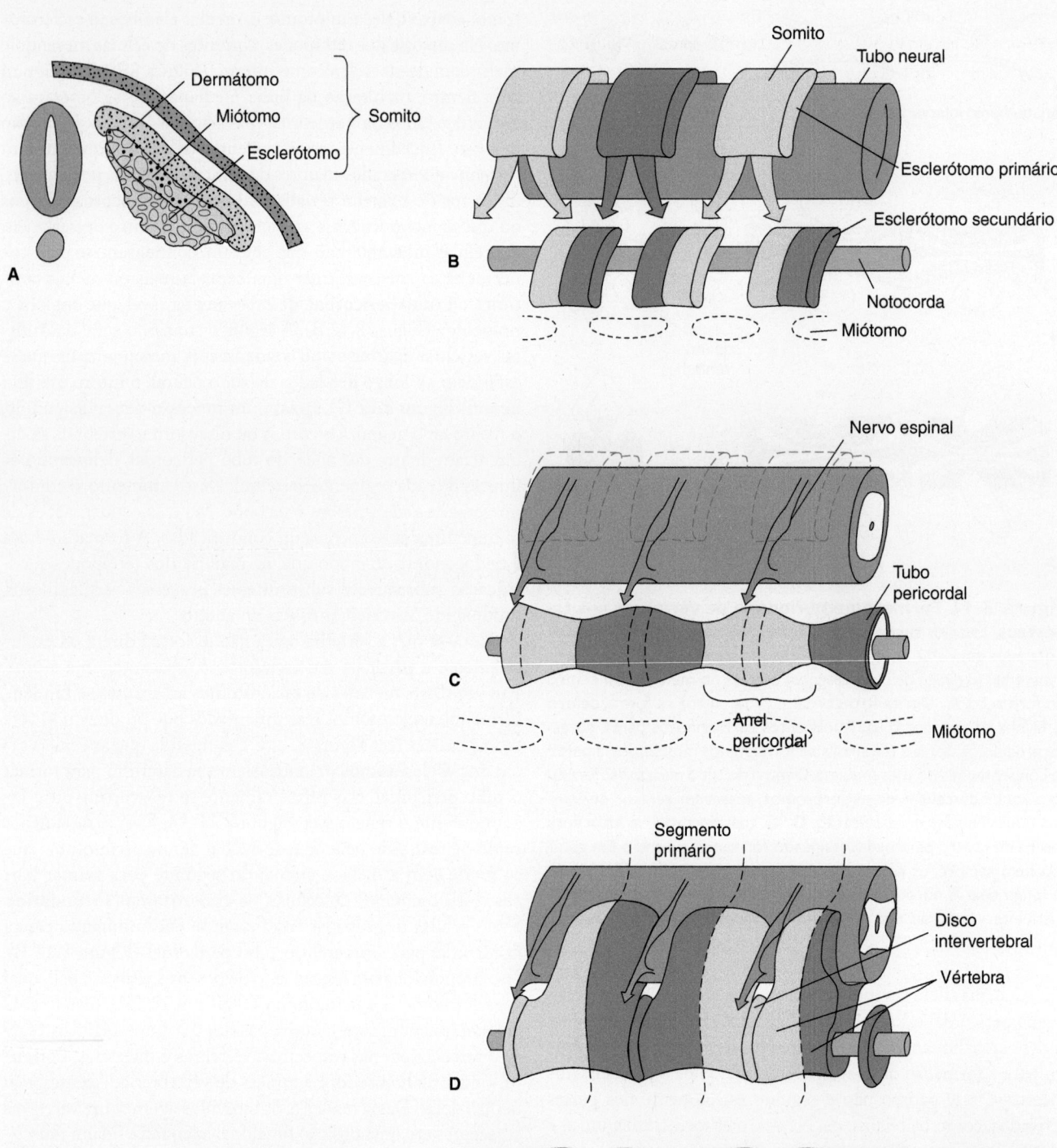

Figura 8.12 Desenvolvimento de vértebras em um mamífero generalizado. A. Corte de um somito, perto do tubo neural e da notocorda, mostrando sua diferenciação inicial em dermátomo (pele), miótomo (músculo axial) e esclerótomo primário (vértebra). **B.** O esclerótomo primário se forma a partir de células no lado medial do somito que se separa e desce na direção da notocorda e da outra metade do próximo somito adjacente. **C.** As células do esclerótomo que chegam, amontoam-se como anéis pericordais repetidos que crescem em contato, formando um tubo pericordal mais ou menos contínuo. **D.** As células amontoadas do tubo pericordal crescem para cima, em torno do cordão nervoso, e, em seguida, para baixo, formando o contorno dos arcos e espinhos neurais. A condrificação, em geral seguida pela ossificação, produz as vértebras ósseas do adulto. Os discos intervertebrais se diferenciam entre vértebras dentro dos anéis pericordais prévios. Nota-se que os miótomos, que acabam originando a musculatura axial, aparecem primeiro no registro com os somitos (**B**). Porém, à medida que a ressegmentação prossegue, os esclerótomos secundários ficam entre miótomos adjacentes (**C** e **D**). Isso significa que os músculos axiais que se formam a partir dos miótomos cruzam a articulação intervertebral, em vez de se inserirem nas vértebras, dando aos músculos ações úteis. Os somitos estão coloridos alternadamente em rosa e roxo para ajudar a seguirmos suas contribuições para os esclerótomos secundários compartilhados. (Esta figura encontra-se reproduzida em cores no Encarte.)

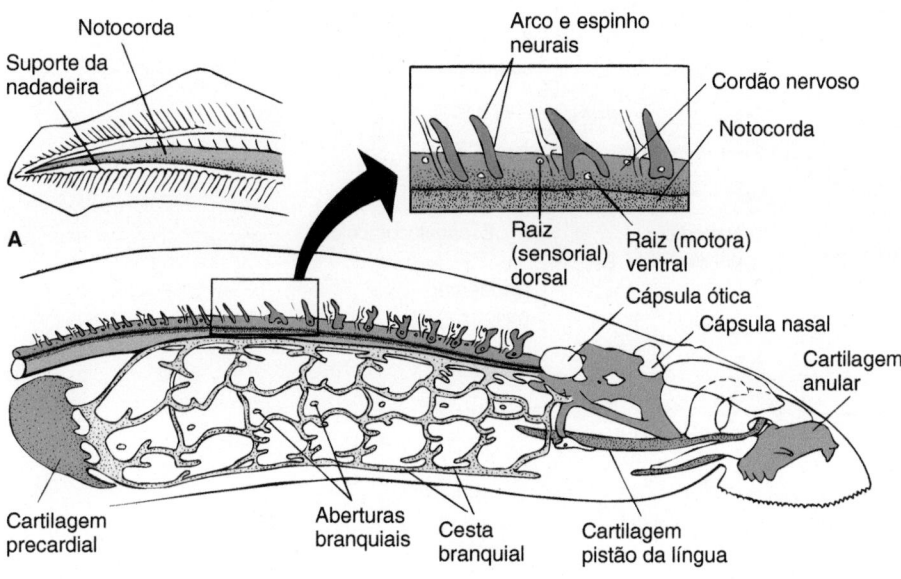

Figura 8.13 Esqueleto de lampreia.
A. Aumento de corte caudal da lampreia.
B. Extremidade anterior da lampreia com aumento do esqueleto axial, ilustrando a notocorda proeminente. Nota-se que apenas poucos elementos vertebrais cartilaginosos estão presentes.

A, de Remane; B, de Jollie.

hospedeiros por um de codorniz, antes da ressegmentação, deixando-se o desenvolvimento prosseguir normalmente. As diferenças visíveis entre as células de pintainho e codorniz possibilitaram determinar a contribuição de cada uma das vértebras resultantes. Nesses experimentos, vértebras individuais continham tanto células de pintainho quanto de codorniz, sugerindo que, de início, esclerótomos alternados de ambos sofrem ressegmentação antes da diferenciação em vértebras.

Filogenia

Peixes

Agnatos

Entre os ostracodermes, a notocorda é grande e proeminente, um contribuinte importante para o esqueleto axial funcional. É mais difícil determinar os elementos vertebrais que a circundam, em grande parte porque o esqueleto interno em geral é pouco preservado, ou, o mais provável, as vértebras eram incomuns. Em alguns heterostracanos, osteostracanos e galeaspídeos, foram observados traços de impressões de elementos vertebrais em espécimes fósseis. É provável que esses elementos fossem pedaços pequenos não ossificados de vértebras, que ficavam sobre uma notocorda proeminente. Portanto, entre os ostracodermes, uma notocorda forte constituía o eixo mecânico central do corpo.

Entre as feiticeiras e lampreias vivas, a situação é similar. As feiticeiras têm uma notocorda proeminente, mas, quando adultas, não apresentam qualquer indício de elementos vertebrais. Todavia, algumas de suas larvas exibem elementos semelhantes a vértebras (arcuálios) na cauda pós-anal, que podem ter alguma influência indutiva, mas não fornecem qualquer estrutura adulta após a metamorfose. As lampreias têm elementos vertebrais, mas são pequenos e cartilaginosos, situados dorsalmente em uma notocorda muito proeminente, que serve de suporte axial primário para o corpo (Figura 8.13 A e B).

Gnatostomados

▶ **Peixes ancestrais.** Na maioria dos placodermes e acantódios, a coluna axial consistia em uma notocorda proeminente. Não há evidência de centros vertebrais, embora geralmente haja arcos dorsais e ventrais. Alguns placodermes preservam evidência de uma notocorda proeminente sustentando arcos neurais e hemais ossificados (Figura 8.14 A). Impressões fósseis da maioria dos acantódios também mostram evidência clara de uma série ossificada de arcos neurais e hemais (Figura 8.14 B), situados sobre uma notocorda proeminente. Nos condrictes, uma notocorda proeminente proporcionava sustentação suplementar (Figura 8.15 A a C); uma coluna vertebral era representada apenas por arcos neurais e hemais cartilaginosos.

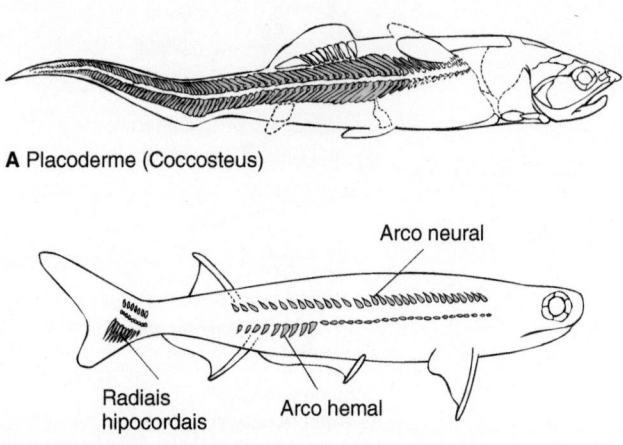

A Placoderme (*Coccosteus*)

B Acantódio (*Acanthodes*)

Figura 8.14 Esqueleto axial de peixes ancestrais. A. Placoderme *Coccosteus*, com notocorda proeminente sustentando elementos vertebrais dorsais e ventrais. **B.** Acantódio *Acanthodes*, com arcos neurais e hemais que presumivelmente ficavam sobre uma notocorda.

De May-Thomas e Miles.

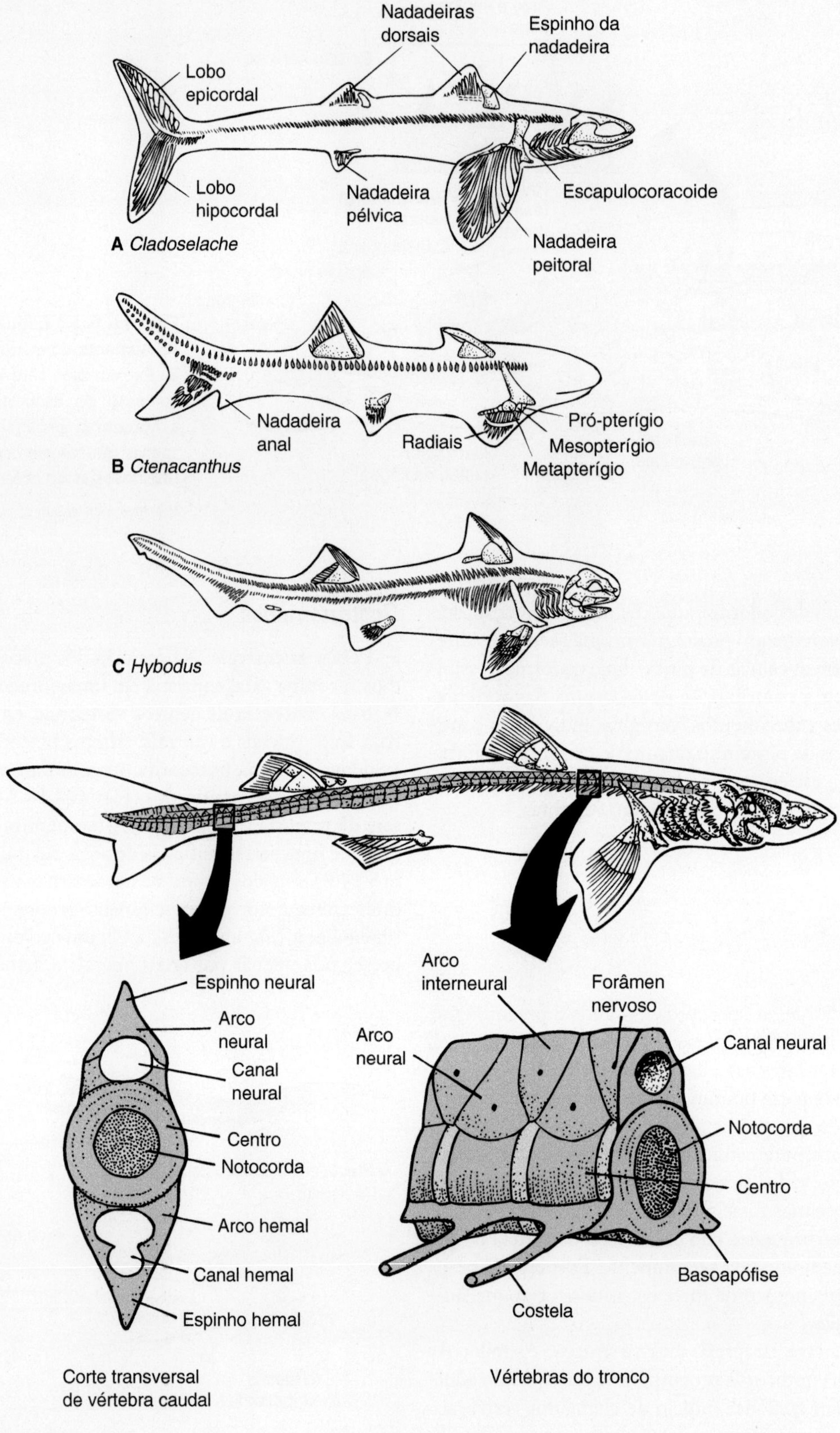

Figura 8.15 O esqueleto axial em tubarões e seus ancestrais. A. Tubarão do Paleozoico *Cladoselache* com uma cadeia de arcos neurais presumivelmente sobre uma notocorda que se estendia até a cauda. **B.** *Ctenacanthus* do final do Paleozoico. **C.** *Hybodus* do Mesozoico. **D.** Tubarão moderno *Squalus*. Os elementos vertebrais tendem a aumentar nos elasmobrânquios, passando por cima da notocorda como o principal suporte mecânico para o corpo nas formas modernas.

De Carroll.

No entanto, em tubarões avançados, essas características aumentam, tornando-se os elementos estruturais predominantes do eixo corporal, e a notocorda persiste apenas como um elemento constrito, encerrado dentro dos centros vertebrais (Figura 8.15 D). Entre os paleoniscoides, a notocorda não era constrita e se estendia do crânio até quase a extremidade da cauda. Uma série de espinhos neurais fica dorsalmente ao longo da notocorda, e arcos hemais ventrais a acompanhava nas regiões do tronco e da cauda.

Entre os peixes ósseos ancestrais, como esturjões ou solhos e o peixe ganoide do Mississippi (*Polyodon spatula*), a coluna vertebral não é ossificada, presumivelmente uma condição secundária, mas vários elementos das vértebras estão presentes em cada segmento (Figura 8.16 A). Em mais peixes ósseos derivados, como as âmias (Figura 8.17 A a D) e os teleósteos (Figura 8.16 B e C), a coluna vertebral tipicamente é ossificada e seus centros são mais proeminentes para substituir a notocorda como o principal suporte mecânico do corpo. Os espinhos neurais e costelas se desenvolvem, como o fazem os elementos ósseos acessórios que ajudam internamente a estabilizar algumas das nadadeiras não pareadas.

Em termos mecânicos, a coluna axial de peixes representa um feixe elástico. Movimentos curvos laterais, produzidos pela musculatura do corpo, colocam a coluna em compressão (Figura 8.18 A e B). Mesmo durante surtos máximos de velocidade, a notocorda do peixe ou as vértebras ossificadas experimentam estresses dentro de sua capacidade de parar sem quebrar ou colapsar (Figura 8.18 C). Entretanto, quando flexionada lateralmente, a coluna vertebral corre o risco de empenar e suas vértebras separadas poderiam ficar desarticuladas se sua união fosse muito frouxa (Figura 8.18 D). Os ligamentos intervertebrais

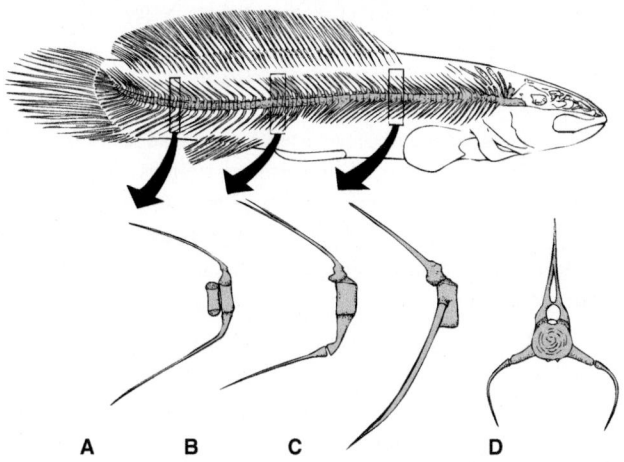

Figura 8.17 Esqueleto axial de âmia, *Amnia calva*. A a **C.** Cortes laterais representativos da coluna vertebral. **D.** Corte transversal de uma vértebra do tronco. Nota-se a predominância de vértebras ossificadas.

De Jarvik.

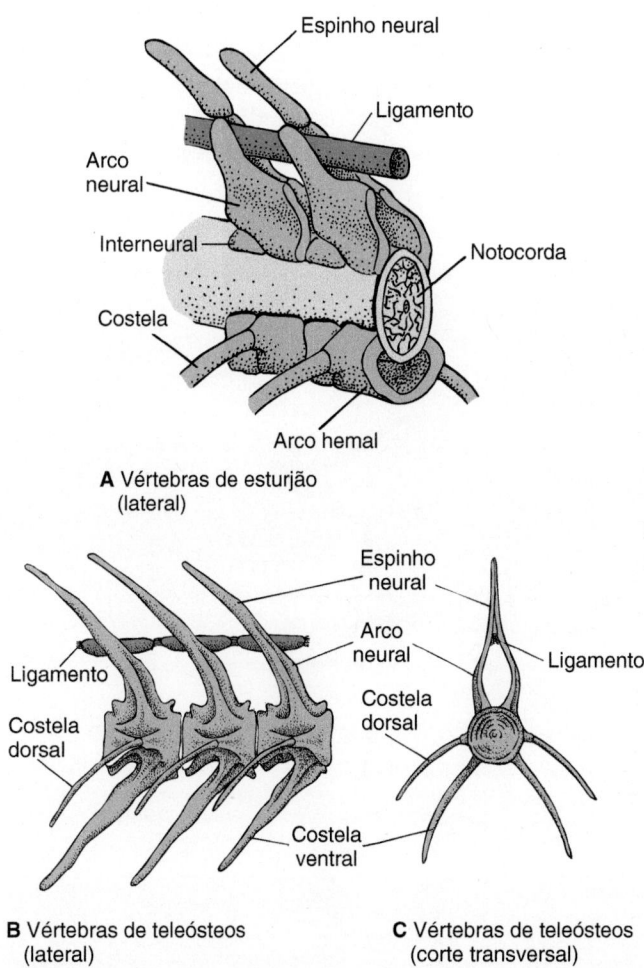

A Vértebras de esturjão (lateral)

B Vértebras de teleósteos (lateral)

C Vértebras de teleósteos (corte transversal)

Figura 8.16 Vértebras do tronco de actinopterígios. A. Vértebras de esturjão, vista lateral. **B.** Vértebras de teleósteos, vista lateral. **C.** Vértebras de teleósteos, corte transversal.

De Jollie.

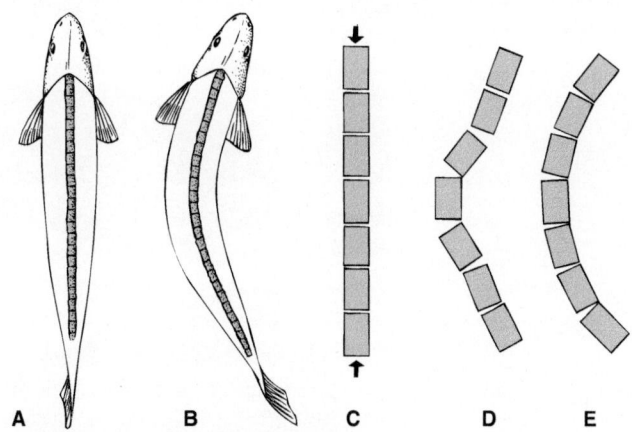

Figura 8.18 Função de vértebras anficélicas em um teleósteo. A e **B.** A natação envolve o desenvolvimento de flexão lateral da coluna vertebral, induzida por contrações da musculatura corporal. **C.** Cadeia de vértebras mostrada sob cargas axiais. Mesmo durante surtos máximos de velocidade, as vértebras ossificadas são fortes o bastante para suportar cargas compressivas máximas. **D.** Quando flexionada, a cadeia de vértebras poderia entortar e quebrar. **E.** Os ligamentos intervertebrais firmes que resistem à curvatura fazem com que a coluna vertebral recupere a rigidez.

Com base na pesquisa de J. Laerm, 1976.

resistem a isso e a coluna vertebral recupera sua rigidez. Portanto, os centros parecem funcionar como membros de compressão, e a rigidez que persiste ao empenamento é controlada pelo grau de flexão lateral possível a partir desses ligamentos entre centros (Figura 8.18 E).

Embora a compressão pareça ser a força mais prevalente, a coluna axial em alguns peixes precisa ser capaz de resistir à torção e à tendência a torcer ou "espremer" a coluna axial. As forças de torção são especialmente agudas em peixes com caudas assimétricas, na qual um lobo é bastante longo. Nesses peixes, a oscilação da cauda assimétrica produz a elevação desejada, mas também tende a torcer a coluna axial, possivelmente até afetando as vértebras do tronco. Neles e nos tetrápodes posteriores, em que a **torção** coloca em risco a integridade da coluna axial, várias características do desenho dessa coluna parecem direcionar as demandas mecânicas da torção. A consolidação de elementos vertebrais separados em uma coluna vertebral holospôndila de vértebras sólidas ajuda a parar as forças de torção. Se a notocorda permanece proeminente, sua bainha em geral é bastante espessa e investida com faixas de tecido conjuntivo fibroso, orientadas de maneira a resistir à torção excessiva.

▶ **Esqueleto e nadadeiras caudais.** Na maioria dos peixes, o esqueleto axial continua na cauda, onde pode adquirir várias formas. Em muitos peixes, a cauda é assimétrica, com um lobo dorsal longo e um ventral pequeno, separados por uma incisura. Se a extremidade posterior da coluna vertebral vira para cima

e nesse lobo dorsal, formando seu eixo central, forma-se uma **cauda heterocerca** (Figura 8.19). Na **cauda dificerca**, a coluna vertebral se estende reta para trás, com a própria nadadeira desenvolvida de maneira simétrica acima e abaixo dela. Os peixes pulmonados vivos são exemplos. A **cauda homocerca**, característica de teleósteos, tem lobos iguais e parece ser simétrica, mas a coluna vertebral estreitada que fica em sua base inclina para cima, formando o suporte para a borda dorsal da nadadeira. Os arcos hemais abaixo se expandem nos reforços de suporte, conhecidos como hipurais, nos quais o resto da nadadeira se insere (Figura 8.19 A a C). Entre os primeiros vertebrados, a cauda não era comumente simétrica. Em vez disso, a maioria dos ostracodermes mostrava a condição heterocerca (Figura 8.19 A), ou mesmo uma condição heterocerca "reversa", denominada **cauda hipocerca**, em que o eixo vertebral entra na cauda e vira para baixo em um lobo ventral estendido. As caudas simétricas dificerca e homocerca (Figura 8.19 B e C) geralmente são derivadas de ancestrais com caudas heterocercas assimétricas. Elas são comuns entre peixes com pulmões ou vesículas de ar que dão a seus corpos densos flutuabilidade neutra. Em tubarões, que não têm esses elementos, a elevação da parte posterior do corpo aparentemente é providenciada pelo lobo dorsal estendido da cauda heterocerca.

Quando a cauda heterocerca de tubarões é removida e testada separadamente em tanques experimentais, tendem a empurrar para baixo contra a água, resultando em uma força de reação para cima na cauda, que produz a elevação (Figura 8.20).

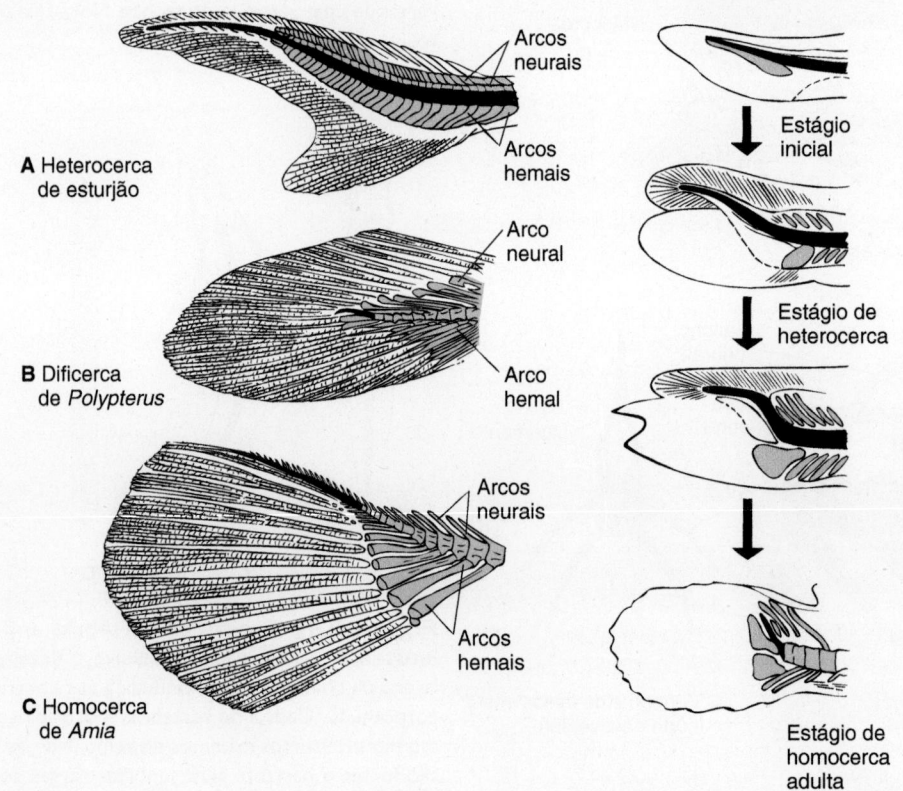

Figura 8.19 Nadadeiras caudais de peixes. A. Esturjão. **B.** Bichir, *Polypterus*. **C.** Âmia, *Amia*. Notam-se as posições da coluna vertebral e as condições da notocorda restante. A sequência que leva à cauda homocerca é mostrada à direita de cada ilustração.

De Kent.

De fato, a remoção do lobo dorsal ou ventral sozinho revela que, dentro da cauda, a elevação produzida pelos dois lobos difere em magnitude e direção (Figura 8.20 B). Em geral, à medida que a cauda oscila para trás e para frente, o pequeno lobo ventral promove o desvio de água para cima, causando um pequeno componente de força para baixo, enquanto o grande lobo dorsal promove o desvio de água para baixo, resultando em uma força grande para cima (Figura 8.20 B). O efeito geral é para a cauda produzir uma força resultante direcionada para frente e para cima. Embora primeiro possa parecer estranho que o lobo ventral produza forças contrárias à elevação geral para cima gerada pela cauda, essa ação do lobo ventral poderia representar um método para um ajuste fino da elevação. Em tubarões que já tenham ingerido uma grande refeição ou em fêmeas grávidas, o centro da massa corporal poderia fazer com que o corpo sofresse um desvio, oscilação ou angulação desfavorável para fora da linha de sua trajetória. O lobo ventral poderia ajudar a nivelar o tubarão em uma orientação mais direta do corpo. Na terminologia náutica aplicada a submarinos, o ajuste para a oscilação vertical é denominado "compassamento" (equilíbrio longitudinal do navio). Há pequenos músculos radiais no lobo ventral da cauda do tubarão. Sua contração poderia alterar a rigidez, mudar as forças produzidas na cauda, ajudar a equilibrar o corpo e ajustar o tubarão em torno de seu centro de gravidade. Essa elevação transmitida para a parte posterior do corpo tenderia a girar o tubarão acima da cauda e de nariz para baixo. Isso é contrabalançado pela elevação gerada por toda a linha reta da cabeça do tubarão junto com suas nadadeiras peitorais. Em um tubarão nadando, essa elevação cranial, junto com a elevação caudal produzida, compensa a densidade da imersão do tubarão.

Se essa interpretação da função de uma cauda heterocerca está correta, então a cauda heterocerca reversa, a hipocerca de ostracodermes, faria o nariz apontar para cima, contrabalançando o peso da parte anterior do corpo, erguendo a boca do substrato à medida que o peixe se movesse para uma nova localização, onde poderia novamente encontrar alimentos enterrados nos sedimentos moles. Isso ajudaria o animal a se alimentar com substrato enterrado nos sedimentos moles.

▶ **Sarcopterígios.** A notocorda continua para servir como o principal elemento de suporte dentro do esqueleto axial dos sarcopterígios, incluindo os ancestrais ripidístios dos primeiros tetrápodes. Nos sarcopterígios vivos, a coluna vertebral pode ser rudimentar e cartilaginosa (Figura 8.21 A e B). No entanto, em muitas espécies iniciais, como os ripidístios, os elementos vertebrais em geral eram ossificados e exibiam um tipo raquítomo de aspidospondilia, em que cada vértebra consistia em três elementos vertebrais separados: um arco neural, um intercentro em forma de alça ou crescente e um par de pleurocentros (Figura 8.22 A). Na cauda, o intercentro se expandiu no arco

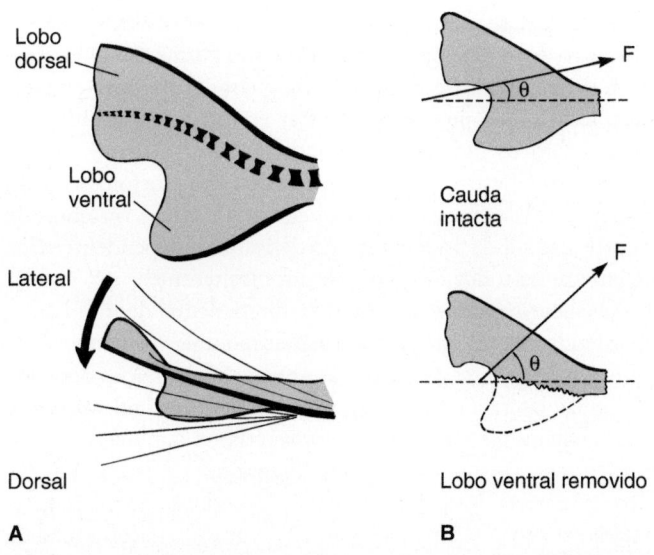

Figura 8.20 Geração de forças caudais. A. Cauda de um tubarão *Heterodontus portusjacksoni*, conforme vista de lado e de cima, movendo-se na direção da seta. A coluna vertebral se estende no lobo dorsal. As linhas grossas pretas indicam as bordas rijas que levam as partes mais flexíveis dos lobos que ficam atrás. Por causa dessa inclinação, o lobo dorsal produz uma grande força para cima e seu lobo ventral produz um pequeno componente para baixo. **B.** Sem o lobo ventral, o empuxo é inclinado em um ângulo maior (θ) com o eixo do corpo. A força resultante da cauda intacta (*no alto*) e a cauda com o lobo ventral removido (*embaixo*).

Modificada de J. R. Simons, 1970.

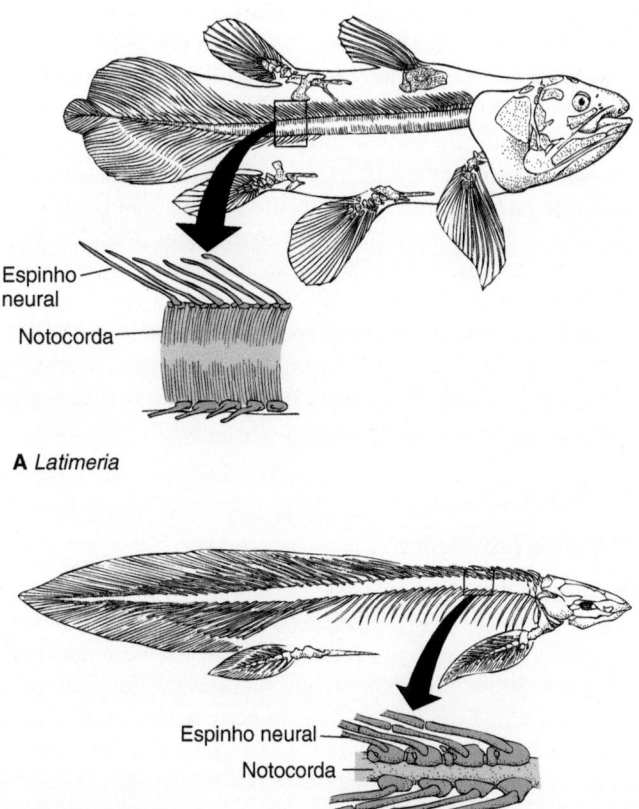

Figura 8.21 Esqueleto axial de sarcopterígios vivos. A. Vista lateral aumentada do esqueleto axial posterior do celacanto *Latimeria*. **B.** Vista lateral aumentada de vértebras do tronco e notocorda do peixe pulmonado *Neoceratodus*.

De Andrews, Miles e Walker.

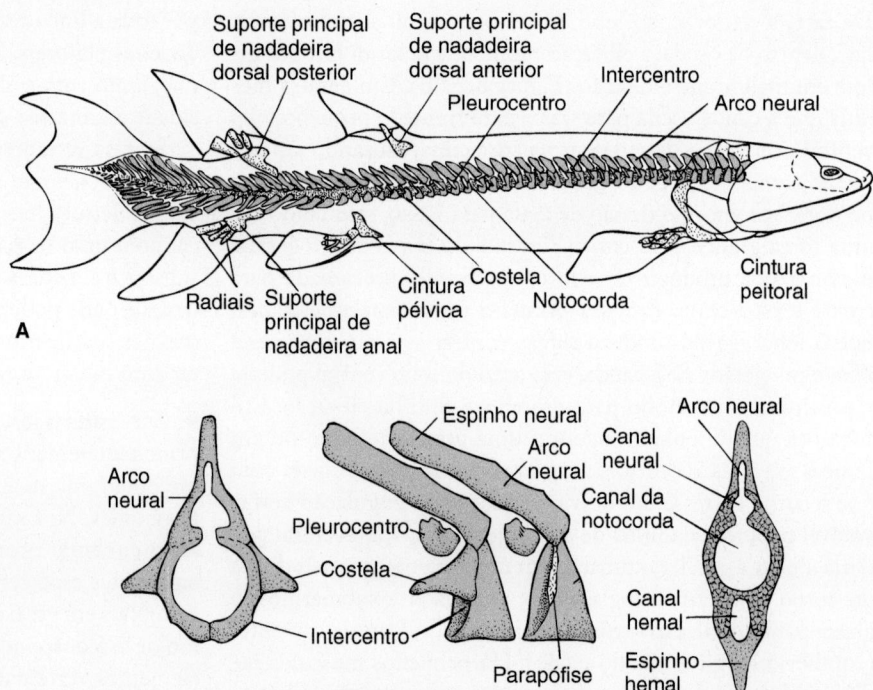

Figura 8.22 Esqueleto axial do fóssil ripidístio *Eusthenopteron*. A. Esqueleto axial restaurado. **B.** Corte transversal de vértebras do tronco. **C.** Vista lateral de vértebras do tronco. **D.** Corte transversal de uma vértebra caudal.

A, de Moy-Thomas e Miles; B–D, de Jarvik.

e no espinho hemais contínuos. Embora diferindo em alguns detalhes, ocorria uma condição aspidospôndila em muitos ripidístios iniciais, incluindo *Eusthenopteron* (do fim do Devoniano) e *Osteolepis* (do Devoniano médio). Na cauda desses primeiros ripidístios, cada vértebra aspidospôndila incluía o par de pequenos pleurocentros e os arcos dorsal (neural) e ventral (hemal). Na região do tronco, o arco hemal ficou reduzido e sua base se expandiu no intercentro proeminente (Figura 8.22 B e C). Os miossseptos segmentares marcam as bordas dos primeiros segmentos embrionários e se inserem ao arco neural e ao intercentro medialmente no adulto. Nos últimos e, em geral, maiores ripidístios, a fusão de elementos centrais produziu uma condição aspidospôndila derivada em que cada segmento consistia em um único centro de osso em forma de anel, ao qual o arco neural pode ter se fundido ou não.

Tetrápodes

Primeiros tetrápodes

A transição dos vertebrados para a terra trouxe mudanças consideráveis nas pressões de seleção que atuam sobre seu desenho. À medida que os animais evoluíram da água para o ar, seus corpos passaram de um desenho que suportava a flutuação para um em que o corpo ficava suspenso entre membros. Todos os sistemas, incluindo a respiração, a excreção e a sustentação do corpo, foram afetados. As modificações no esqueleto axial são especialmente indicativas dessas novas demandas mecânicas.

Os lepospôndilos devem seu nome ao tipo distintivo de vértebra hoslospôndila, denominada lepospôndila, em que os elementos vertebrais estão fundidos. Presume-se que surgiram de ancestrais com vértebras aspidospôndilas. Portanto, a única vértebra sólida típica de lepospôndilos representa a fusão de elementos vertebrais originalmente separados (Figura 8.23).

Muitos lepospôndilos tinham caudas longas e profundas, sugerindo que eles, como as salamandras modernas, eram nadadores. Os anfíbios recentes também têm uma coluna vertebral composta por vértebras sólidas únicas de cada segmento, sugerindo que podem ter evoluído desses primeiros lepospôndilos. Entretanto, um hiato silencioso no registro fóssil se estende desde os últimos lepospôndilos (no Permiano) até as primeiras rãs (no início do Jurássico), quase 40 milhões de anos sem fósseis que pudessem mostrar conexão dos anfíbios recentes com os últimos lepospôndilos. Suas vértebras similares podem refletir a convergência de desenho morfológico com papéis paralelos na natação. Em consequência, as vértebras de construção sólida podem ter sido derivadas independentemente em um ou todos os grupos de anfíbios recentes.

Os labirintodontes evoluíram diretamente de ripidístios, mantendo seu tipo de vértebra aspidospôndila. O modo característico de progressão de peixes em que a locomoção depende de ondas laterais de ondulação na coluna vertebral foi retido nas salamandras modernas e é provável que também estivesse presente nos primeiros anfíbios (Figura 8.24 A a C). A natação na maioria dos peixes depende da produção de inclinações laterais do corpo que movimentam a parte posterior à medida que as ondas empurram os lados do peixe contra a água em volta dele (Figura 8.24 A e B). Essas ondas no trajeto produzem ondulações laterais do corpo do peixe e também são a base para a locomoção terrestre em salamandras e mesmo na maioria dos répteis. Sincronizados com essas oscilações laterais do corpo, há movimentos que erguem a planta do pé, para estabelecer pontos de rotação em torno dos quais a coluna vertebral dos tetrápodes ondula (Figura 8.24 C).

Juntamente às vértebras, tais ondulações laterais do corpo também foram passadas dos peixes ancestrais para os primeiros tetrápodes, constituindo o modo básico de locomoção dos

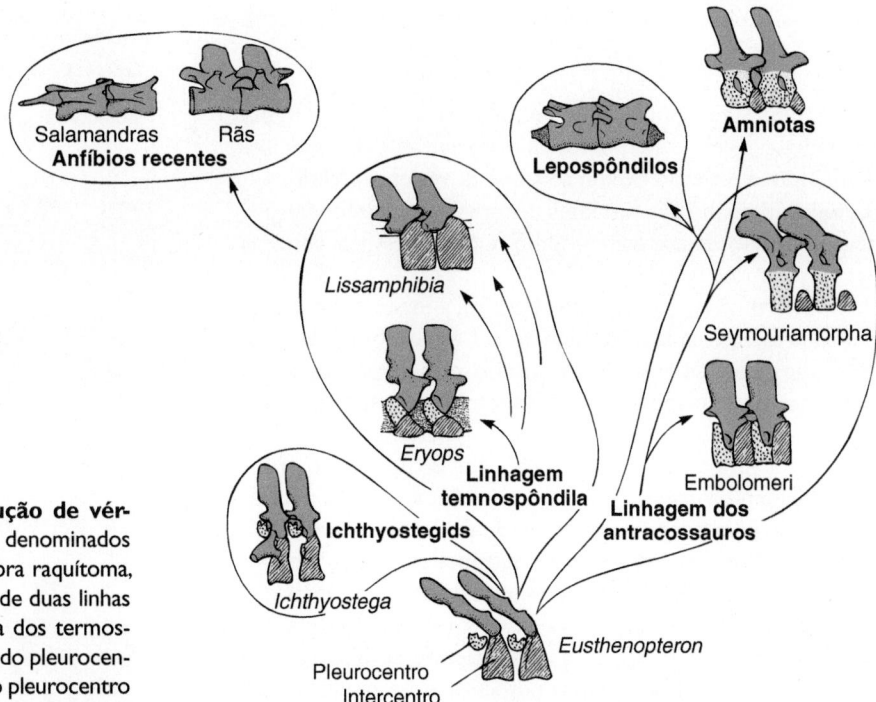

Figura 8.23 Vista tradicional da evolução de vértebras de tetrápodes. Os lepospôndilos são denominados por causa desse tipo vertebral sólido. A vértebra raquítoma, herdada de peixes ripidístios, evoluiu ao longo de duas linhas principais: termospôndilos e antracossauro. Na dos termospôndilos, o intercentro (*azul*) aumentou à custa do pleurocentro (*rosa*). Todavia, na linha dos antracossauros, o pleurocentro veio a predominar. (*Arco e espinho neurais em rosa hachurado.*) (Esta figura encontra-se reproduzida em cores no Encarte.)

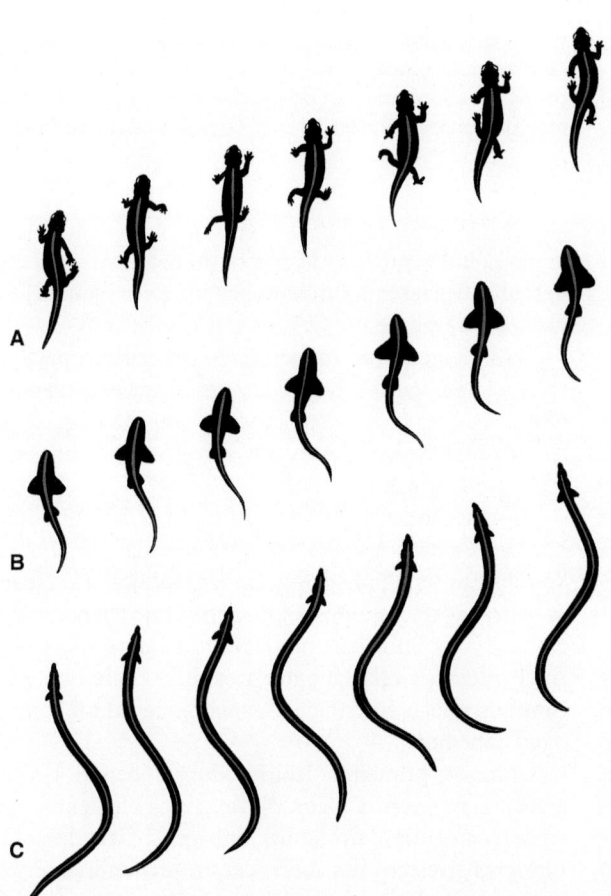

Figura 8.24 Locomoção ondulatória lateral de peixes a tetrápodes. Movimentos natatórios laterais de peixes são incorporados no padrão básico de locomoção terrestre dos tetrápodes ancestrais. **A.** As ondulações laterais de uma salamandra não pressionam o corpo contra seu ambiente terrestre circundante, mas servem para avançar cada pé para frente, plantado na terra, e então girar o corpo sobre esse ponto de pivô para a locomoção terrestre. **B.** As ondulações similares do corpo de um tubarão o empurram contra a água e o levam para frente. **C.** As oscilações de lado a lado do corpo de uma enguia exercem uma força contra a água circundante à medida que o peixe segue para frente.

De Gray.

primeiros tetrápodes que caminharam sobre a terra. O que era mecanicamente novo nesse modo inicial de locomoção terrestre era a tendência a torcer a coluna vertebral, colocando-a em torque. Sem água circundante para sustentar o corpo e com pés plantados estabelecendo pontos de pivô, caminhar na terra impunha novos estresses de torção sobre as vértebras. Vários aspectos do desenho das vértebras dos primeiros tetrápodes podem ser interpretados como modificações funcionais voltadas para esses novos estresses.

Como em *Acanthostega* e *Ichthyostega*, a maioria das vértebras dos primeiros labirintodontes era aspidospôndila. Embora isso tendesse a abrir o caminho para condições derivadas nas espécies posteriores, as vértebras dessas primeiras espécies consistiam em componentes separados aplicados a uma notocorda ainda proeminente. Tal agrupamento frouxo de elementos ósseos poderia, à primeira vista, não parecer apropriado para lidar com as forças de torção introduzidas na coluna axial quando os primeiros tetrápodes se aventuraram na terra. No entanto, uma hipótese funcional que incorpora a natureza fibrosa da notocorda e a estrutura sólida dos elementos vertebrais sugere o contrário. Se as faixas fibrosas dentro da bainha externa da notocorda fossem perfuradas nas espirais opostas que as cruzam a cerca de 45°, criariam um tipo de estrutura geodésica, ou empenada e em trama, resistente às forças de torção (Figura 8.25 A). Pedaços ósseos rígidos das vértebras podem ter sido colocados assim para ocupar os espaços entre essas faixas fibrosas. Flexões laterais do corpo durante a locomoção terrestre fariam com que as bordas desses pedaços vertebrais ósseos ficassem em contato, fazendo torque adicional. Contudo, até aquele ponto, a bainha elástica da notocorda possibilitaria a flexibilidade necessária para produzir essas inclinações laterais durante a locomoção. Esse modelo funcional mostra que a coluna vertebral dos primeiros labirintodontes consistia em dois componentes mecânicos, a bainha da notocorda, introduzindo flexibilidade limitada, e os elementos vertebrais rijos, prevenindo o torque excessivo (Figura 8.25 B e C).

Vários grupos de labirintodontes foram caracterizados por diferenças na proeminência relativa de cada centro vertebral. Na **linhagem temnospôndila**, o intercentro se tornou predominante. Já na **linhagem dos antracossauros**, foi o pleurocentro. Em ambas, a notocorda foi reduzida à medida que os respectivos centros aumentaram para assumir o papel central no suporte axial.

Nos primeiros temnospôndilos, as vértebras eram raquítomas, um tipo especializado de vértebra lepospôndila, que consistia em um arco neural, um intercentro em forma de crescente abaixo da notocorda e um par de pleurocentros ósseos acima da notocorda. Todavia, nos temnospôndilos posteriores, os intercentros se tornaram cilindros proeminentes, grandes e completamente ossificados, sobre os quais ficava o arco neural. Em contrapartida, o pleurocentro ficou muito reduzido ou foi totalmente perdido. No passado, usava-se o termo *estereospôndilo* para esses temnospôndilos posteriores, com base na visão de que todos compartilhavam um ancestral comum porque tinham um desenho vertebral semelhante (intercentro proeminente). Entretanto, agora parece mais provável que esses temnospôndilos posteriores evoluíram de

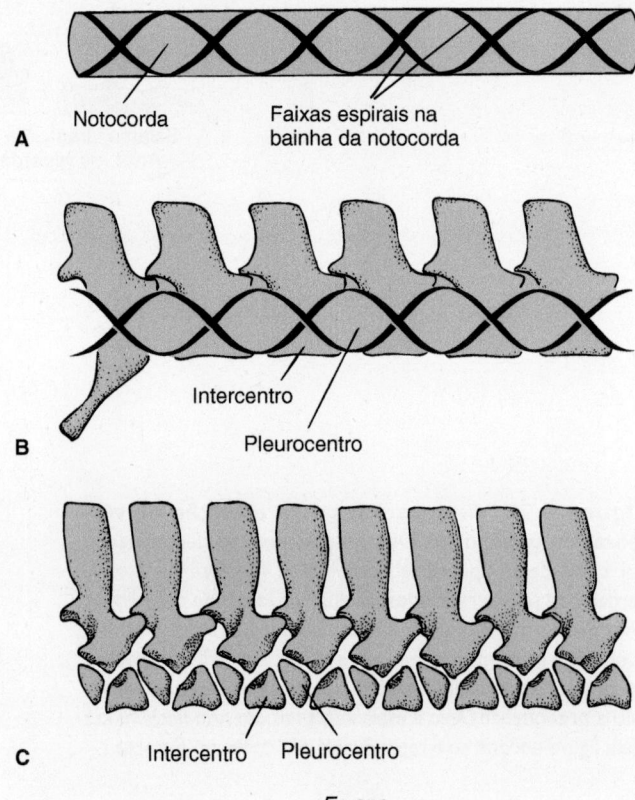

Figura 8.25 Modelo geodésico do esqueleto axial de um tetrápode ancestral. A. Faixas de tecido conjuntivo em direções opostas, cada uma a 45° com o eixo longitudinal da notocorda, formam uma estrutura geodésica que resiste à flexão e ao torque. **B.** Uma coluna vertebral raquítoma tem muito do mesmo padrão; aí está sobreposta pela estrutura geodésica. **C.** Coluna vertebral de *Eryops* com os espaços da estrutura geodésica ocupados por osso rígido em torno da notocorda, possibilitando flexão controlada que resiste ao torque.

De Parrington.

maneira independente de grupos precedentes separados e que desenhos vertebrais similares são uma consequência da evolução convergente.

Na linhagem dos antracossauros, o centro oposto, o pleurocentro, aumentou. De início, nos antracossauros aquáticos, o pleurocentro tinha o tamanho aproximado daquele do intercentro; subsequentemente, nos antracossauros terrestres, passou a predominar.

A evolução vertebral nessas linhagens labirintodontes implica várias questões. Por exemplo, por que o intercentro predomina em uma linhagem (temnospôndilos) e o pleurocentro na outra (antracossauros)? Ou, poderíamos perguntar, por que em *ambas* as linhagens um centro predomina por completo? Infelizmente, a relação entre a estrutura vertebral e a função continua pouco entendida, de modo que vamos começar com o que sabemos.

Com os primeiros labirintodontes dando continuidade à sua vida terrestre, a consolidação dos elementos vertebrais separados ocorreu em ambas linhagens, fazendo com que as vértebras tivessem um único centro predominante. Nas duas linhas de evolução do labirintodontes, elementos diferentes estão reduzidos, mas as vantagens funcionais são equivalentes, mais precisamente a força aumentada. A locomoção na terra impôs estresses significativamente maiores de sustentação de peso sobre a coluna axial. Portanto, a locomoção terrestre exigiu uma coluna vertebral caracterizada por firmeza e força para suspender e sustentar o corpo. O aumento dos centros ossificados à custa da notocorda deu sustentação firme ao corpo. O aumento de um centro em detrimento do outro teve o efeito global de reduzir o número de centros por segmento de dois para um. Isso reduz a flexibilidade, dá firmeza à coluna vertebral e, portanto, aumenta sua capacidade de sustentar o peso do corpo na terra. Em contrapartida, quanto mais centros por segmento, maior a flexibilidade da coluna vertebral, um desenho vantajoso para um organismo aquático que emprega flexões laterais de sua coluna vertebral durante a natação.

As radiações, tanto em temnospôndilos quanto em antracossauros, incluíram a reinvasão de *habitats* aquáticos, bem como a entrada em *habitats* semiaquáticos e terrestres. Em consequência, a coluna vertebral, fundamental para a locomoção, foi tão variada quanto os estilos de vida emergentes. Se a natação era favorecida, as regiões do tronco e da cauda em geral eram alongadas e o número de vértebras, maior. Isso foi especialmente verdadeiro nos últimos embolômeros, um grupo de antracossauros que aparentemente se readaptou a usar o nado como modo primário de locomoção, e nos primeiros lepospôndilos, um grupo que parece ter sido especialista em natação desde seu surgimento. No entanto, nos primeiros temnospôndilos, como o *Eryops*, e nos últimos antracossauros, como o *Seymouria*, a ênfase foi na locomoção terrestre. Isso foi acompanhado por uma redução no número de vértebras, ossificação vertebral extensa, aumento dos centros, redução da notocorda e maior firmeza global da coluna vertebral.

Não se sabe por que o intercentro (temnospôndilos) ou o pleurocentro (antracossauros) vieram a predominar. Eventos simples ao acaso nas vias independentes da evolução podem ter tirado vantagem de caminhos diferentes em duas ocasiões. Porém, é mais provável que reflitam diferenças funcionais nas duas linhas de evolução dos labirintodontes. A maior proeminência do intercentro nos temnospôndilos pode ter sido favorecida por sua ênfase na locomoção aquática. Dos dois centros, o intercentro foi mais estreitamente associado aos músculos axiais e costelas que serviam à natação. O aumento do intercentro pode, então, ter acompanhado as maiores demandas funcionais da locomoção aquática. Por outro lado, a maior proeminência dos pleurocentros nos antracossauros, e mais tarde nos amniotas, pode ter sido favorecida por uma tendência oposta na direção da locomoção terrestre. Os pleurocentros sustentavam os arcos neurais, sucessivamente entrelaçados por meio de suas zigoapófises, que se tornaram mais importantes com o aumento da função de suportar carga. Portanto, os pleurocentros maiores podem ter acompanhado o aumento de seus espinhos neurais associados e zigoapófises, conforme essas passaram a desempenhar papéis mais proeminentes durante a locomoção terrestre.

Certamente, uma das inovações vertebrais dos tetrápodes foram essas zigoapófises vistas primeiro no labirintodontes. Os vertebrados terrestres se depararam com um novo problema mecânico, uma tendência à torção excessiva da coluna vertebral.

Em peixes, o esqueleto axial recebe um suporte mais ou menos contínuo e uniforme ao longo de todo seu comprimento, enquanto nos tetrápodes apenas dois pares de pontos, os membros anteriores e posteriores, proporcionam sustentação. Como as próprias plantas dos pés opostas sobre uma superfície para estabelecer pontos de suporte durante a locomoção, a coluna vertebral interveniente é pressionada ou contraída, colocando o estresse compartilhado sobre as conexões fibrosas entre vértebras sucessivas. As zigoapófises ósseas alcançam por meio dessas articulações vertebrais para engatar articulações deslizantes. Elas são orientadas para tornar possível a inclinação em um plano horizontal ou vertical, mas resistir à torção.

O outro aspecto novo do esqueleto axial que também aparece primeiro nos labirintodontes é o delineamento de uma região sacral, o local de inserção da cintura pélvica à coluna vertebral. Os primeiros labirintodontes mostram tal região. A existência de uma região sacral unindo a cintura pélvica e a coluna vertebral é tomada como evidência de que a transferência direta das forças propulsivas nos membros posteriores para o esqueleto axial se tornou um componente importante do sistema locomotor terrestre muito cedo na evolução dos tetrápodes.

Outras alterações no esqueleto axial, relacionadas com a maior exploração da terra, também foram evidentes pela primeira vez nos labirintodontes. A conexão entre a cintura peitoral e a parte posterior do crânio foi perdida. Isso ocorreu tanto em *Acanthostega* quanto *Ichthyostega*, por exemplo. Acompanhando essa perda estava o redesenho da primeira vértebra, que se tornou uma vértebra cervical, dando maior liberdade de rotação da cabeça sobre ela. Para os primeiros tetrápodes, a vida na terra significava que a mandíbula inferior ficava no chão. A abertura das maxilas requeria o levantamento da cabeça porque a maxila inferior não podia ficar caída. Desacoplada da cintura peitoral, a cabeça podia ser erguida sem contenção ou interferência do ombro. Esse desacoplamento, juntamente ao aparecimento de uma vértebra cervical, possibilitava que o tetrápode virasse a cabeça para um lado sem reorientar o resto de seu corpo inteiro. E mais, quando a cabeça ficou desacoplada da cintura peitoral, passou a sacudir menos à medida que os pés pisavam o solo durante a locomoção terrestre. Isso foi vantajoso porque a cabeça levava a maioria dos órgãos sensoriais.

Amniotas

Filogeneticamente, os amniotas recebem suas vértebras da linha dos antracossauros, de modo que seu principal centro é um pleurocentro e o pequeno é o intercentro, que contribui para as cartilagens intervertebrais. Contudo, em muitos répteis e aves e em todos os mamíferos, o intercentro geralmente é perdido para a coluna vertebral como uma contribuição óssea, sendo lembrado apenas pelo capítulo da costela que ainda se articula entre vértebras onde o intercentro ocorreria. Em alguns amniotas, o intercentro contribui para partes das vértebras cervicais. Livros mais especializados, como os de anatomia humana, complicam-se apenas por chamar o pleurocentro sobrevivente de "centro" ou às vezes de "corpo" das vértebras, uma referência à sua unidade fundida com o espinho neural. Após essa longa, embora provocante, e intrigante história evolutiva, tal nome brando é desigual para o papel filogenético do pleurocentro.

Nos amniotas, a cabeça gira primariamente sobre duas vértebras cervicais anteriores especializadas para a função, uma resposta aparente para o problema de manutenção da força óssea retendo a mobilidade do crânio (Figura 8.26 A a G). A primeira vértebra cervical é o **atlas** e a segunda é o **áxis** (Figura 8.26 F e G). Os movimentos verticais (inclinação, para cima e para baixo) e horizontais (oscilação, para os lados) da cabeça são gravemente limitados às articulações do crânio com a atlas, enquanto os movimentos de torção ocorrem em grande parte dentro da articulação crânio-atlas. Isso divide o trabalho entre duas articulações e mantém a força óssea no pescoço.

Nas tartarugas, o casco para dentro do qual os membros e a cabeça são retraídos é uma unidade composta, feita de costelas expandidas, vértebras e ossos dérmicos do tegumento que se fundem em uma caixa óssea protetora que abriga as vísceras moles (Figura 8.27 A a C). As tartarugas são únicas pelo fato de que o esqueleto apendicular fica *dentro* do gradil de costelas, em vez de fora dele, como em todos os outros vertebrados (Figura 8.28 A e B).

É fácil entender funcionalmente esse aspecto morfológico curioso de tartarugas lentas e laboriosas. Ele traz os membros e cinturas, vulneráveis aos predadores, para dentro de uma caixa óssea resistente e protetora. Como, porém, ele se expande suavemente de fora para dentro? O registro fóssil ajuda pouco. A tartaruga mais primitiva conhecida é do final do Triássico, já abrigando membros e cinturas dentro do casco, como as tartarugas modernas. De fato, é difícil imaginar que estágios intermediários graduais de fora para dentro podem ter agido assim. A resposta vem da genética molecular moderna. Aparentemente, essa etapa evolutiva não ocorreu em passos graduais,

porém de maneira mais súbita. As tartarugas têm um conjunto de genes *Hox*, existente em outros tetrápodes, mas que, nelas, sobrepujam aspectos específicos de padronização do esqueleto axial. Isso implica que uma modificação de alguns genes *Hox* produziu uma série de alterações rápidas nos programas da padronização do desenvolvimento das tartarugas que foi favorável em termos adaptativos para valorizar a sobrevivência. Isso formou as inovações morfológicas radicais que inauguraram o plano bem-sucedido específico da tartaruga no Triássico, mas baseado apenas em algumas alterações genéticas simples e rápidas.

A coluna vertebral dos amniotas em geral é especializada. Nas cobras, em que as forças de torção poderiam ser bem maiores por serem animais sem pernas, conjuntos adicionais de zigoapófises, o **zigosfeno** anterior e o **zigantro** posterior, providenciam verificações adicionais sobre a torção, mas não restringem significativamente a inclinação lateral da coluna vertebral (Figura 8.29 A e B). Nas aves, numerosas vértebras cervicais têm articulações heterocélicas altamente móveis entre elas, dando ao crânio, que fica sobre essa cadeia flexível de vértebras, grande liberdade de movimento e alcance (Figura 8.30). Na outra extremidade da coluna vertebral, as vértebras torácicas posteriores, lombares, sacrais e, ocasionalmente, caudais se fundem em uma unidade, o **sinsacro**. Similarmente, ossos adjacentes da cintura pélvica se fundem no osso **inominado**, que, por sua vez, funde-se com o sinsacro (Figura 8.31). O resultado global é a união de ossos pélvicos e vertebrais em uma estrutura resistente, mas leve, que sustenta o corpo durante o voo.

Nos mamíferos, a coluna vertebral se diferencia em duas regiões distintas. Tipicamente, os mamíferos têm sete vértebras cervicais, começando com o atlas e o áxis, que dão à a cabeça

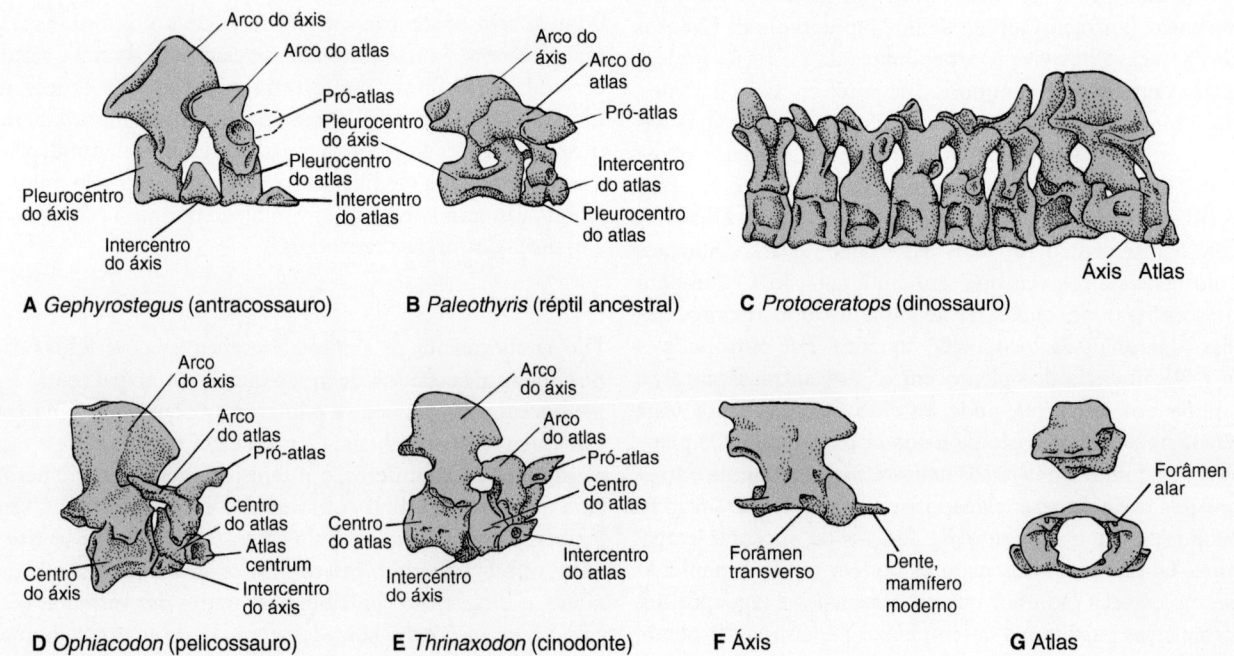

Figura 8.26 Vértebras cervicais. Fusões e reduções nas primeiras vértebras cervicais produzem as vértebras cervicais distintas. **A.** Antracossauro *Gephyrostegus*. **B.** Réptil ancestral *Paleothyris*. **C.** Ornistíquio *Protoceratops*. **D.** Pelicossauro sinapsídeo *Ophiacodon*. **E.** Cinodonte terapsídeo *Thrinaxodon*. **F.** Áxis de um mamífero moderno. **G.** Atlas de um mamífero moderno.

C, de Romer; outros de Carroll.

Boxe Ensaio 8.1   Morfologia molecular

Os genes, em especial os *Hox*, exercem controle global sobre a padronização do corpo dos vertebrados. Os efeitos de genes específicos sobre a morfologia podem ser revelados por experimentos de "nocaute" em que genes de interesse alvejados são eliminados ou sua expressão é suprimida. Isso cria essencialmente um gene "mutante" produzido em laboratório. Por exemplo, em um camundongo normal (Figura 1 A do Boxe), o esqueleto axial inclui uma caixa torácica de 13 vértebras torácicas (com costelas), seguidas por uma região lombar com seis vértebras desprovidas de costelas, seis vértebras sacrais com costelas curtas fundidas aos processos transversos que encontram a cintura pélvica e uma região caudal de número variável de vértebras. Entretanto, se o gene *Hox10* (e suas cópias duplicadas) for submetido a nocaute (*-Hox10*), eliminando seu efeito sobre o desenho axial, nenhuma vértebra lombar é formada; em vez disso, as costelas se projetam de todas as vértebras posteriores (Figura 1 B do Boxe). Se o *Hox11* (e suas cópias duplicadas) sozinho for submetido a nocaute (*-Hox11*), as vértebras lombares parecem normais, mas as sacrais não se formam; em seu lugar, essas vértebras assumem identidade semelhante à lombar (Figura 1 C do Boxe). Esses experimentos de nocaute juntos nos dizem como certas características da padronização da coluna axial podem ser efetuadas por controle genético. O *Hox10* age reprimindo a formação de costelas, mas o *Hox11* suprime em parte o *Hox10* localmen-

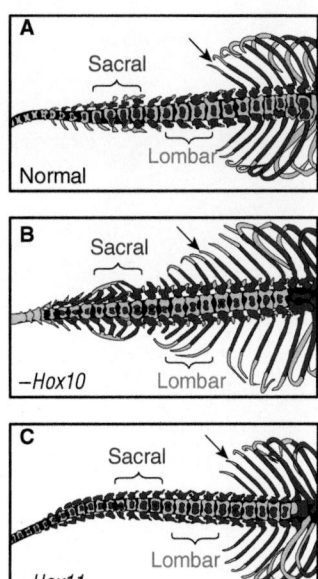

Figura 1 do Boxe Padronização axial por genes *Hox*. A. Padronização axial normal do camundongo, mostrando o caixa torácica, a região lombar e a sacral. **B.** O nocaute de *–Hox10* sozinho remove sua influência reguladora e as costelas se formam sobre vértebras na região lombar esperada. **C.** Na ausência de *– Hox11*, não se formam vértebras sacrais. Os asteriscos identificam a região lombar; a seta denota a posição da 13ª vértebra torácica. Cinturas e membros não estão incluídos. Figura fornecida gentilmente por Mario Capecchi, baseada em sua pesquisa na *Science* (2003).

te, verificando sua expressão e, portanto, possibilitando, também localmente, a formação de vértebras sacrais. A partir disso, podemos postular a base genética para a região lombar em mamíferos e como as alterações na expressão do gene *Hox* são responsáveis pela variação no número axial na região lombossacral por desvios nos limites da expressão gênica.

Genes *Hox* e seus reinos (Capítulo 5); genes *Hox* (Capítulo 18)

---

grande liberdade de movimento. Mesmo a girafa de pescoço longo e a baleia "sem pescoço" têm sete vértebras cervicais, embora ocorram exceções nas preguiças (com seis a nove) e sirênios (com seis). Nos tatus e muitos mamíferos saltadores como os ratos-cangurus, as sete vértebras cervicais podem fundir-se. Em geral, o número de vértebras nas regiões torácica e lombar varia entre 15 a 20, sendo duas ou três sacrais, embora os seres humanos tenham cinco. O número de vértebras caudais é bastante variável. A cauda dos mamíferos é muito menos maciça que a dos répteis. Arcos, zigoapófises e processos transversos diminuem na direção da extremidade posterior da cauda, de maneira que a maioria das vértebras caudais perto do fim da série consiste em apenas um centro.

Forma e função

A maioria das alterações filogenéticas na forma da coluna vertebral se destina a novas funções. A transição da água para a terra foi uma alteração significativa no estilo de vida dos verte-

brados, e acompanhada por modificação considerável nas demandas mecânicas sofridas pelo esqueleto axial. Para entender essas forças mecânicas e seu impacto no desenho, devemos, primeiro, comparar os problemas gerais encontrados pelos vertebrados aquáticos e terrestres.

Ambiente fluido

Em um meio aquoso, como os de água doce e marinhos, um organismo não depende primariamente da estrutura do endoesqueleto para sustentação. Em vez disso, o corpo tira vantagem de sua flutuabilidade na água que o circunda (Figura 8.32 A). Para um organismo aquático ativo, há dois problemas a superar. O primeiro é o arrasto sobre o corpo conforme desliza através de um meio relativamente denso, a água. A resposta é a linha de corrente, o contorno do corpo para reduzir as forças de arrasto. Não é acidental o fato de que as formas gerais do corpo de peixes que nadam com rapidez e das aeronaves supersônicas sejam em linha reta. Esse formato melhora

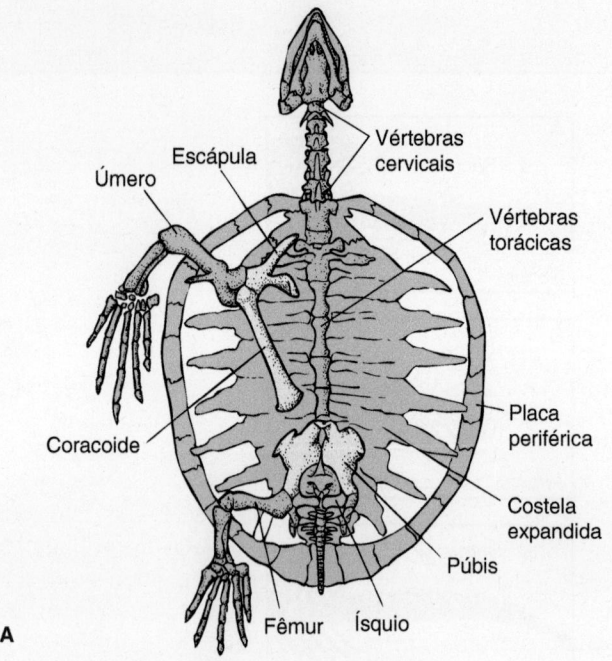

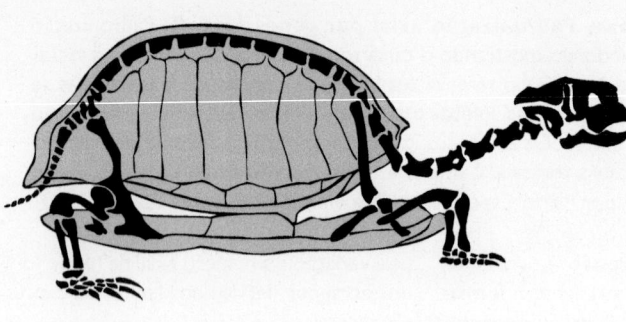

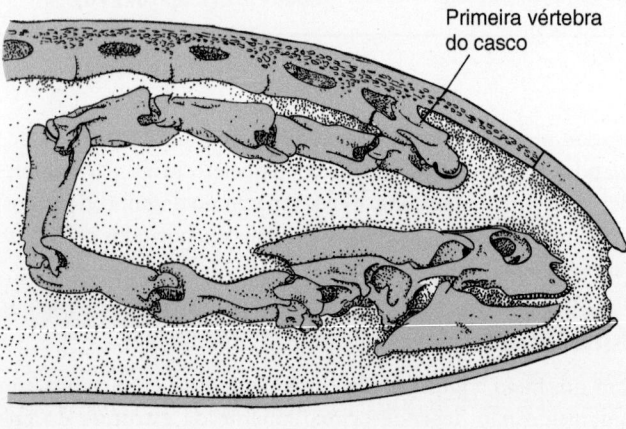

Figura 8.27 Esqueleto da tartaruga. A. O esqueleto dessa tartaruga fóssil mostra como vértebras expandidas, costelas e placas dérmicas periféricas se fundem para formar o casco. **B.** Silhueta do esqueleto cranial, apendicular e axial sem o casco. **C.** Cabeça da tartaruga de casco mole *Trionyx* retratada dentro de seu casco. Articulações flexíveis entre vértebras cervicais tornam possível esse movimento extenso.

A, de Bellairs; B, de Radinsky; C, de Dalrymple.

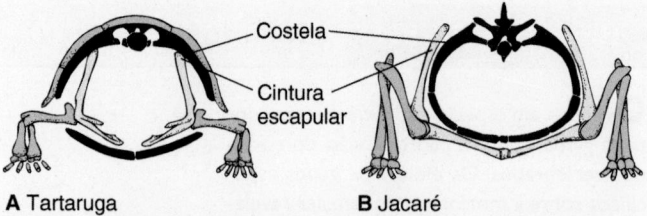

Figura 8.28 Corte transversal do corpo da tartaruga. (**A**) Mostrando a posição não usual do esqueleto apendicular dentro da caixa torácica (*escuro*), em comparação com o esqueleto de outros vertebrados, que fica fora dela, ilustrado por esse corte transversal de um jacaré (**B**).

o desempenho de peixes e aeronaves à medida que eles encontram as demandas físicas comuns enquanto atravessam um meio que resiste à sua passagem.

Linhas de corrente (Capítulo 4)

O segundo problema para um organismo aquático ativo é a orientação no espaço tridimensional. Qualquer corpo alinhado com a corrente tem uma tendência para se desviar de sua linha de trajeto, girando sobre seu centro de massa. Em peixes, essas perturbações são contrabalançadas por nadadeiras estabilizadoras, posicionadas apropriadamente ao longo do corpo.

Estabilidade tridimensional (Capítulo 9)

Ambiente terrestre

A terra em geral apresenta uma superfície bidimensional pela qual se pode manobrar. Como os tetrápodes vivem na terra sem a flutuabilidade de um meio denso como a água, a gravidade representa um problema. Quando ficam no lugar, o corpo dos tetrápodes repousa sobre o solo entre as patas afastadas ou suspenso entre os pares de pernas, como na maioria dos mamíferos e dinossauros quadrúpedes. Os pares de pernas funcionam como escoras que sustentam o corpo entre elas. A coluna vertebral serve como uma ponte entre os suportes, as pernas, e suspende o corpo (Figura 8.32 B). Uma analogia mecânica conveniente foi feita entre essa postura e estruturas de engenharia como pontes.

O que os engenheiros de pontes chamam de ponte suspensa é uma ponte de dois braços em que ambas as extensões são equilibradas uma contra a outra, ou em cantiléver, e levam o peso dos trilhos para um pilar (Figura 8.33 A). As forças de compressão são originadas por membros estruturais sólidos, as forças tênseis por cabos. A ponte leva o leito dos trilhos estendido entre eles. O peso de cada seção da estrada de ferro é transferido para o pilar mais próximo. O ponto entre pilares onde a transferência de peso muda é o **nodal** (Figura 8.33 B).

Mecânica de carga (Capítulo 4)

A coluna vertebral de mamíferos, se vista em termos de engenharia, poderia ser representada por duas pontes suspensas, com o corpo suspenso a partir delas. Os espinhos e centros representam os membros de compressão; os ligamentos e músculos,

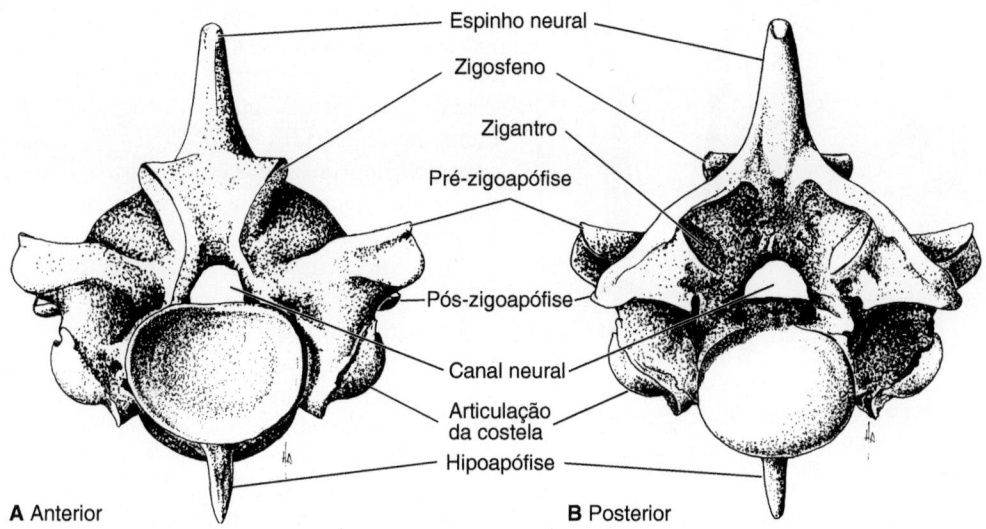

Figura 8.29 Vértebras do tronco de uma cobra em vista anterior (A) e posterior (B). Além de pré e pós-apófises que se entrelaçam, as cobras têm um conjunto adicional de processos, o zigosfeno e o zigantro, que se engajam para impedir a torção da longa coluna vertebral que serpenteia.

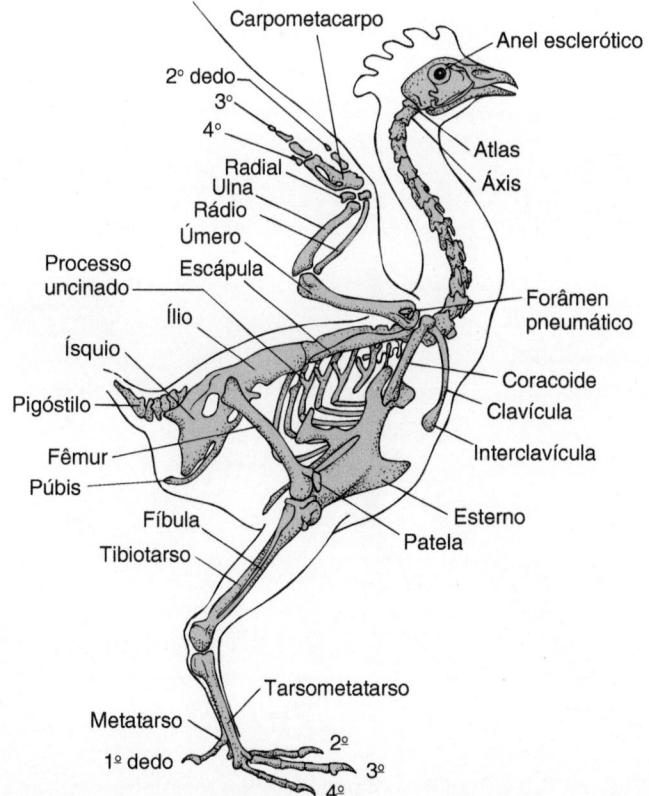

Figura 8.30 Esqueleto de uma galinha.

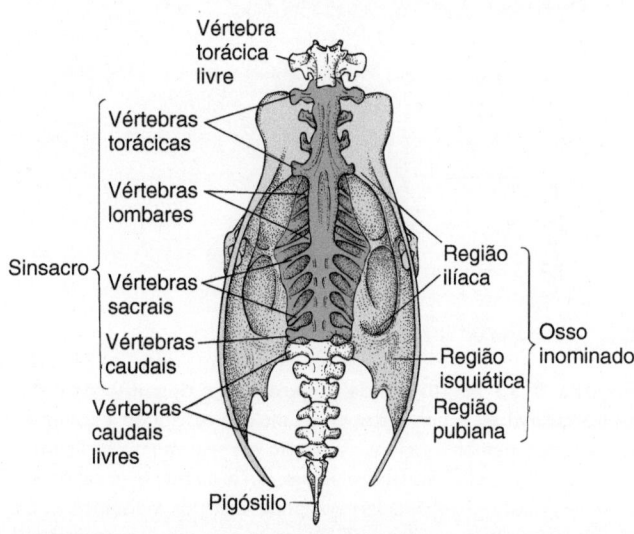

Figura 8.31 Sinsacro e inominado de um pombo, vista ventral. Nota-se como o sinsacro (*cinza-escuro*) está fundido a elementos unidos da pelve, o osso inonimado (*cinza-claro*).

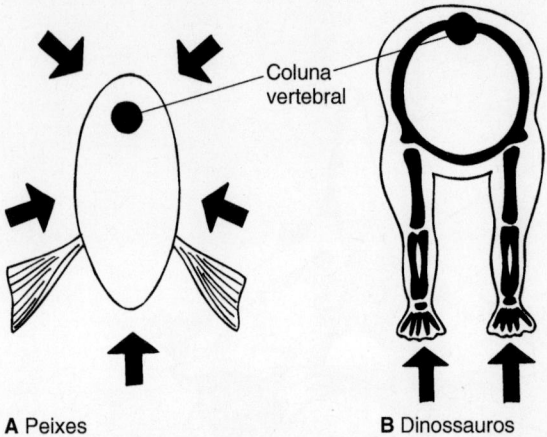

Figura 8.32 Sustentação do corpo. A. Em peixes, a água circundante (*setas*) sustenta o peso do corpo e o faz flutuar. **B.** Nos tetrápodes, os membros sustentam o peso do corpo e a coluna vertebral o suspende.

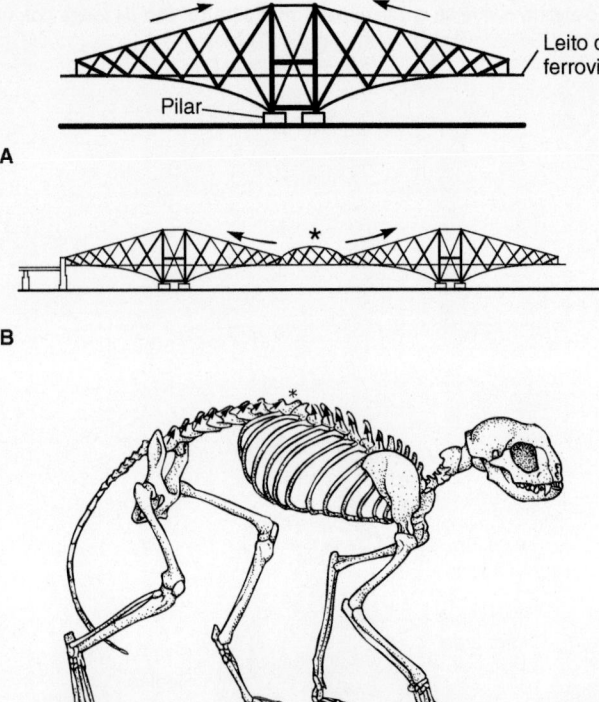

Figura 8.33 Analogias de engenharia e desenho da coluna vertebral. A. A ponte suspensa funciona resistindo à compressão em seus membros rígidos e à tensão em seus membros flexíveis. Cada seção da ponte fica sobre pilares. **B.** Se as seções e pilares estão combinados, o peso da ferrovia pode transpor a distância entre pilares mais próximos. O "nodal" (*) marca o ponto de transferência na distribuição do peso entre dois pilares. **C.** Por analogia, a coluna vertebral poderia ser vista como servindo praticamente à mesma função, transpondo a distância entre os membros anteriores e posteriores. Os ossos resistem à compressão; os músculos e ligamentos resistem às forças tênseis. A mudança na orientação dos espinhos neurais assinala o ponto do nodal.

De Dubrul.

os membros de tensão; os dois pares de pernas, os pilares. O ponto do nodal depende da distribuição relativa do peso entre os dois pilares, os dois pares de pernas (Figura 8.33 C). Onde o nodal ocorre, a distribuição de força dentro da coluna vertebral muda, e membros estruturais que recebem essas forças também se modificam. Tal analogia com a engenharia ajuda a explicar a orientação reversa dos espinhos neurais a meio caminho, ao longo do comprimento da coluna vertebral, entre os dois pares de pernas. O ponto em que os espinhos neurais revertem poderia corresponder ao nodal biológico, e assim refletir estruturalmente as forças mecânicas subjacentes que a coluna vertebral precisa suportar.

Se o corpo for pesado, uma região em geral serve de alavanca para outra. No iguanodonte, um dinossauro bípede, a cauda pesada ajuda a equilibrar o peso do tórax e da parte anterior do corpo com os membros posteriores (Figura 8.34).

Outras analogias com a engenharia ajudam a esclarecer os caminhos em que alguns aspectos da forma biológica poderiam representar soluções para problemas de estresse mecânico. Por exemplo, para carregar peso, qualquer arco precisa manter sua forma encurvada e evitar o achatamento. Pontes suspensas em arco suspendem o peso do leito da ferrovia (Figura 8.35 A). O mesmo princípio mecânico parece estar incorporado no desenho dos mamíferos. Entre os pares de membros, os músculos abdominais e o esterno mantêm a coluna vertebral arqueada, impedindo-a de vergar e mantendo efetivamente sua integridade estrutural e, portanto, funcional. O pescoço forma um arco reverso, com ligamentos e músculos mantendo a cabeça (Figura 8.35 B e D).

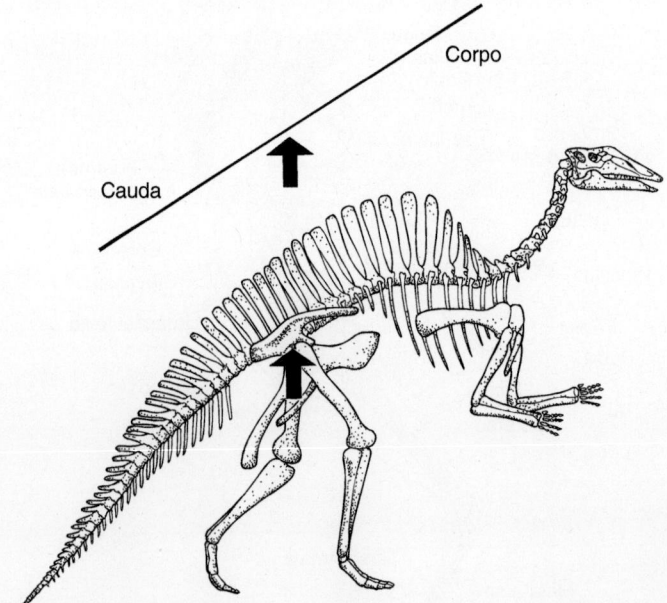

Figura 8.34 Equilíbrio bipodálico. Nos animais bípedes, como esse dinossauro iguanodonte *Ouranosaurus*, o peso da cauda maciça e a parte superior do corpo são equilibrados como uma simples gangorra no fulcro dos quadris. Aparentemente, a firmeza da coluna vertebral era mantida por redes de ligamentos fortes que uniam os espinhos neurais da cauda.

De Carroll.

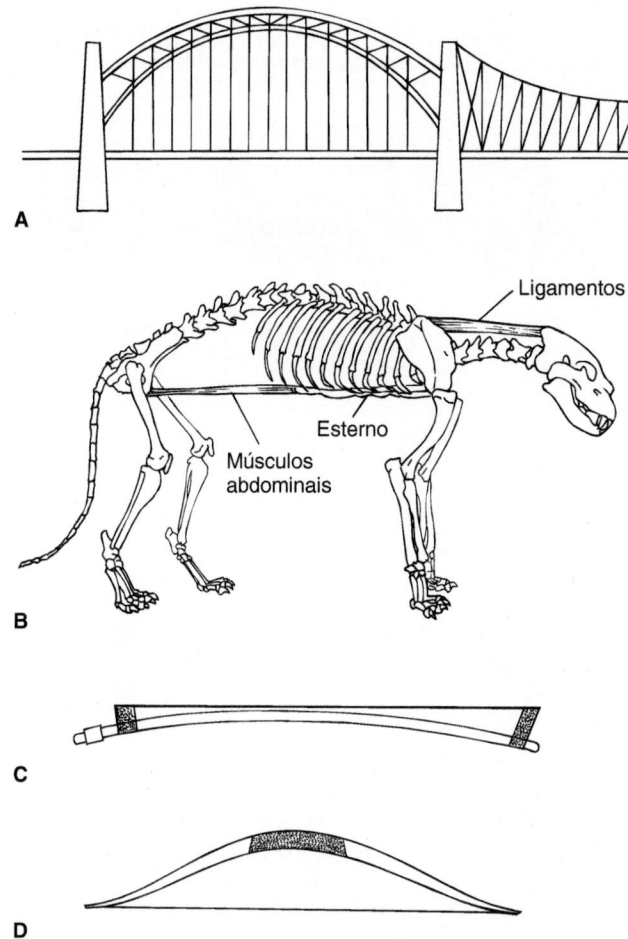

Figura 8.35 Manutenção do arco. A. O leito da estrada e os pilares de uma ponte suspensa em arco mantêm a distância de um arco. À medida que a integridade do arco é mantida, sustenta o peso da ponte. **B.** Similarmente, os músculos e ligamentos mantêm a coluna vertebral em arcos. **C.** O arco das vértebras cervicais é como o arco reverso de uma vareta de violino. **D.** O outro arco, formado pelas vértebras do tronco, lembra um arco de arqueiro.

De Dubrul.

Desenho dos vertebrados

Nem todas as vértebras são morfologicamente iguais, ainda que na mesma coluna vertebral. As diferenças no desenho refletem demandas mecânicas diferentes em partes da coluna.

Direção do espinho neural

O ângulo que o espinho neural faz com seu centro frequentemente varia de uma vértebra para outra e pode representar um caminho estrutural para orientar o espinho, de modo que ele receba o conjunto de forças mecânicas na direção que cause menos estresse. Forças mecânicas locais sobre o espinho surgem, em grande parte, da contração da musculatura axial. A musculatura axial complexa se origina em locais distantes ao longo da coluna vertebral e alcança as extremidades dos espinhos neurais, aplicando forças sobre eles. Os músculos rostrais inseridos no espinho neural o puxam para frente; músculos mais caudais o puxam para trás. Se esses grupos se contraem

juntos, então o espinho experimenta a força resultante de ambos, e não uma ou outra força agindo separadamente. É importante se lembrar de que os ossos, como a maioria das estruturas, são mais fracos em tensão e cisalhamento, porém mais fortes quando carregados em compressão. Se essa força resultante curvar o espinho, colocaria partes dele em tensão ou cisalhamento, o que é pior, e então o exporia a forças que ele é menos capaz de suportar. Portanto, o espinho neural parece estar orientado de tal maneira que seu eixo longitudinal está em paralelo com as forças resultantes impostas coletivamente por todos os músculos axiais inseridos nele. Essa orientação significa que o espinho experimenta essas forças como uma força compressiva, a direção do estresse da carga em que é mais forte (Figura 8.36 A).

Altura do espinho neural

A altura de um espinho neural aparentemente é proporcional à alavancagem mecânica que os músculos precisam exercer para mover ou estabilizar a coluna vertebral. Em um sentido, os espinhos neurais são alavancas que transmitem a força da contração muscular para os centros (Figura 8.36 B). Essa força é proporcional ao corte transversal fisiológico do músculo e ao seu braço de alavanca, sua distância perpendicular ao centro.

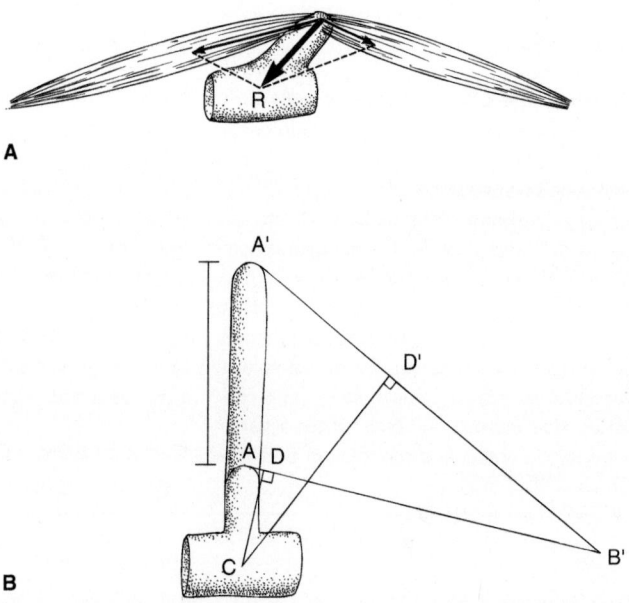

Figura 8.36 A orientação e a altura do espinho neural refletem as forças mecânicas que agem sobre ele ou por ele. A. Os músculos axiais desenvolvem forças cuja resultante é coincidente com a direção do espinho neural. Se a resultante produzisse um cisalhamento ou curvatura da coluna, introduziria forças que o espinho neural, como a maioria das estruturas de sustentação, é menos capaz de enfrentar. **B.** Os músculos que se inserem no espinho neural agem como uma alavanca para trazer a força para o centro. Um modo de intensificar a alavancagem mecânica dessa força é aumentar o comprimento do espinho neural. O aumento do comprimento de A para A' muda o comprimento do braço de alavanca, a distância perpendicular da linha de ação ao centro. Nesse exemplo, o braço de alavanca aumenta de CD para CD' e, assim, aumenta a força efetiva sobre o centro.

Boxe Ensaio 8.2 — Engenharia humana

O vertebrado humano é uma das partes mais interessantes da engenharia pessoal do corpo. Nossa postura fica ereta quando caminhamos. Em outras palavras, somos bípedes. Dependemos mais de duas pernas que de quatro, ao contrário de nossos ancestrais quadrúpedes. Nossa postura incomum exigiu alguma reengenharia para reestabilizar nossa caminhada ereta. Poucos outros mamíferos são preparados para parar e andar confortavelmente com duas pernas. Cães-da-pradaria ficam de pé com os dois membros posteriores, alguns cervos erguem suas patas anteriores, outros primatas se tornam bípedes por curtas distâncias, mas os seres humanos são construídos para serem bípedes confortáveis.

A instabilidade de pé vem de dois aspectos de nossa postura bípede. Primeiro, usamos metade do número de pilares de apoio, dois membros, em comparação com os quatro dos quadrúpedes. Segundo, a postura ereta coloca o tórax e muito do restante de nosso corpo bem acima de nosso centro de gravidade. Por essas razões, adaptações não usuais para tal postura forem incorporadas em nosso desenho.

Podemos imaginar que nossa postura é construída de três modificações, cada uma elevando o torso em incrementos de cerca de 30° (Figura I A a E do Boxe). Primeiro, a frente do corpo é levantada cerca de 30° (Figura I A do Boxe). Essa mudança é vista em alguns primatas e pode ser conseguida sem muito redesenho dos músculos da perna. Segundo, a parte superior da pelve é inclinada para trás, girando a coluna vertebral em mais 30° (Figura I B do Boxe). Terceiro, a coluna vertebral na região lombar sofre uma curvatura dos últimos 30° para trazer a parte superior do corpo totalmente para cima (Figura I C do Boxe).

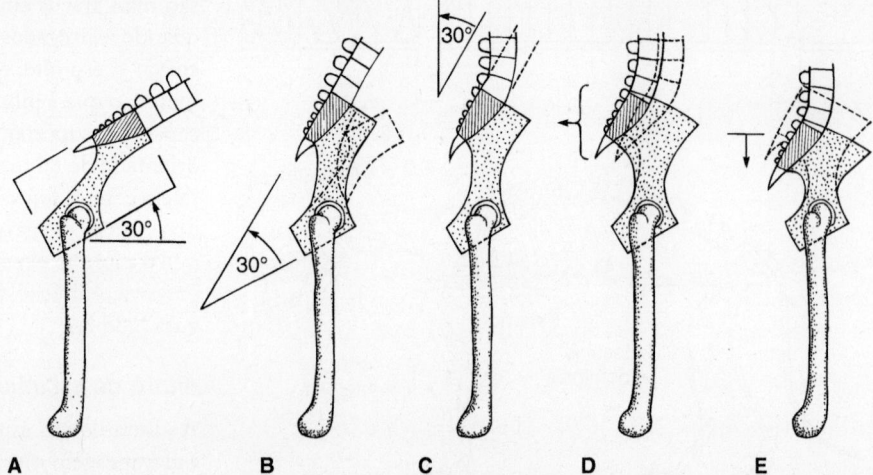

Figura I do Boxe Postura bípede humana. Comparada com a dos primatas quadrúpedes (**A**), a postura ereta dos seres humanos funciona por mudanças na inclinação da cintura pélvica (**B**), aumento da curvatura na parte inferior das costas (**C**) e alargamento (**D**) seguido por encurtamento dos quadris (**E**).

Com base na pesquisa de G. Krantz.

Para acomodar o nascimento de um bebê com a cabeça relativamente grande, o canal do parto na pelve é expandido, desviando a região sacral mais para trás (Figura I D do Boxe). Ao se alcançar essa postura ereta, as linhas de ação muscular dos quadris para o fêmur são alteradas. Uma pelve larga é necessária para conseguir a mesma disseminação de orientações musculares e ângulos mecânicos favoráveis sobre o fêmur. O encurtamento e o alargamento da pelve restauram uma alavanca muscular mais vantajosa dos músculos glúteos durante o caminhar a passos largos (Figura I E do Boxe).

Canal de parto (Capítulo 9); marcha de passos largos humana (Capítulo 10)

A coluna de vértebras que se projeta acima dos quadris, como o mastro de um navio que se projeta acima do convés, é estabilizada por um sistema de ligamentos e músculos que agem como cordame para sustentar a coluna (Figura 2 A do Boxe). A abertura e o encurtamento da pelve também alargam a base de sustentação (Figura 2 B do Boxe). Se a pelve permanecesse alta, a parte superior do corpo seria colocada bem acima de seu suporte equilibrado sobre o fêmur (Figura 2 C do Boxe). Com o encurtamento da distância entre os quadris e a cabeça do fêmur, o peso da parte superior do corpo é trazido para perto e diretamente acima do fêmur, sobre o qual é equilibrado e situado em uma posição menos precária.

Para aumentar essa força, o músculo poderia ser aumentado ou o espinho neural alongado. O aumento do comprimento da coluna aumenta o braço de alavanca do centro para a linha de ação muscular e, assim, aumenta efetivamente a vantagem mecânica do músculo.

Os desenhos vertebrais incorporam modificações para resolver esses problemas mecânicos. Por exemplo, em muitos répteis, os espinhos nas vértebras do tronco têm quase o mesmo comprimento e orientação similar (Figura 8.37 A). Comparada com a dos mamíferos, a musculatura axial dos répteis é menos especializada para a locomoção rápida. Em muitos mamíferos, a altura e a direção dos espinhos variam na mesma coluna vertebral, indicando funções especializadas realizadas por seções diferentes dela (Figura 8.37 B).

Regionalização da coluna vertebral

Agora, podemos voltar e fazer um panorama da coluna vertebral para resumir como a transição da água para a terra mudou as demandas mecânicas sobre as vértebras e de que maneira as mudanças no desenho acompanharam isso.

Em peixes, a coluna vertebral se diferencia em duas regiões, a caudal e a do tronco (Figura 8.38 A). Zigoapófises e projeções entrelaçadas similares geralmente estão ausentes. Os centros não são especializados, exceto se recebem costelas ou arcos hemais ou neurais. A coluna vertebral relativamente indiferenciada de peixes reflete o fato de que não é usada para sustentar o corpo. A sustentação geralmente vem da flutuabilidade da água circundante. A coluna vertebral oferece principalmente

| Boxe Ensaio 8.2 | Engenharia humana (*continuação*) |

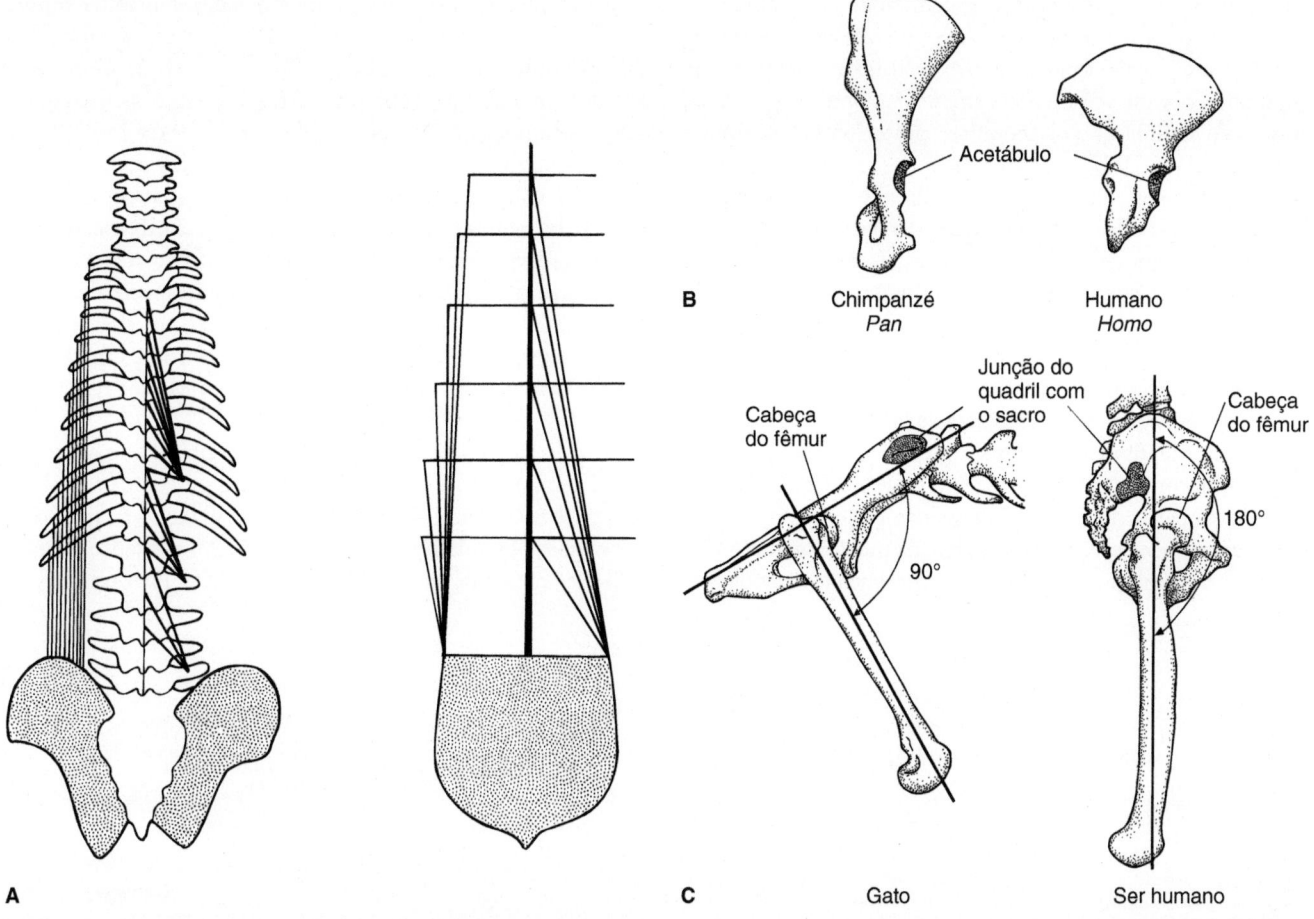

Figura 2 do Boxe Corpos e biomecânica. A postura ereta dos seres humanos traz alguma instabilidade à medida que o peso da parte superior do corpo é levado para cima dos quadris. Vários aspectos do esqueleto humano são remodelados para devolver alguma estabilidade. **A.** Músculos e ligamentos, como o cordame de um navio, ampliam a distância entre vértebras e acima dos quadris, nas vértebras inferiores e costelas, para estabilizar a coluna vertebral em elevação. **B.** A lâmina do ílio é alargada para aumentar a base de sustentação dos quadris. **C.** A distância entre o sacro e a cabeça do fêmur é encurtada em seres humanos, trazendo a base da coluna vertebral para mais perto de seu suporte eventual pelo acetábulo (encaixe do quadril) e oferecendo a mesma diversidade de inserções musculares no quadril para manter uma linha favorável de ação sobre o fêmur.

De Dubrul.

locais de inserção para a musculatura da natação. Ela serve como um substituto mecânico da notocorda, resistindo à tendência do corpo ao engavetamento, além de possibilitar flexibilidade lateral para a natação.

Nos tetrápodes, entretanto, a coluna vertebral sustenta o corpo contra a gravidade e recebe e transmite as forças propulsivas que os membros geram durante a locomoção. Demandas funcionais diversas são colocadas sobre a coluna vertebral, de modo que podemos esperar encontrar delineação de regiões especializadas.

Nos primeiros tetrápodes, as regiões caudal, sacral, do tronco e cervical modesta da coluna vertebral são delineadas (Figura 8.38 B). A maioria dos primeiros tetrápodes não é estritamente terrestre e retorna frequentemente para a água. Muito

da musculatura e do esqueleto axial ainda retêm similaridades com seus ancestrais peixes. Por exemplo, a cauda longa em geral sustenta uma nadadeira larga, e a região do tronco é relativamente indiferenciada, como nos peixes. No entanto, a locomoção na terra é importante, especialmente entre adultos. Por meio da cintura pélvica, os membros posteriores se inserem diretamente na região adjacente da coluna vertebral para definir a região sacral. A região cervical também é diferenciada, dando alguma liberdade para o crânio fazer movimentos independentemente do corpo.

Nos amniotas ancestrais, as regiões cervical, toracolombar, sacral e caudal estão presentes (Figura 8.38 C). A região sacral é mais forte que nos primeiros tetrápodes, designada para suportar a existência mais habitual sobre a terra. A maioria retém um tronco (**dorsal**, região **toracolombar**). As costelas sobre as vértebras imediatamente na frente dos membros posteriores podem ser encurtadas e, em alguns répteis fósseis e recentes, o tronco pode se diferenciar em duas regiões, o tórax com costelas e a região lombar sem costelas. O aparecimento de uma região lombar dentro do tórax posterior é digno de nota, porque reflete um aumento na *performance* locomotora. À medida que os membros posteriores se inclinam para frente para dar passadas longas durante a locomoção rápida, a coluna vertebral em geral flexiona lateralmente sobre si mesma. Isso pode fazer com que costelas sobre vértebras adjacentes fiquem umas sobre as outras. A perda de costelas na área de maior flexão impede essa aglomeração, produzindo uma seção pré-sacral da coluna vertebral sem costelas, a região lombar. Consequentemente, o aparecimento de uma região lombar marca um ponto em que os tetrápodes começam a experimentar formas mais rápidas de locomoção. Isso ocorre em muitos arcossauros, alguns répteis recentes e sinapsídeos. O comportamento locomotor não pode ser facilmente determinado a partir de fósseis diretamente. No entanto, o comportamento pode ser inferido a partir da morfologia. No Capítulo 9, veremos que a morfologia do esqueleto apendicular

confirma essa interpretação. Presumivelmente, estilos de vida mais ativos acompanharam, mais tarde, essas formas mais rápidas de locomoção nos tetrápodes.

Cinco regiões distintas são diferenciadas dentro da coluna vertebral de mamíferos: cervical, tórax, lombar, sacral e caudal (Figura 8.38 D). A musculatura é inserida à coluna vertebral de maneiras complexas, correspondendo às demandas que a locomoção ativa coloca sobre as vértebras individuais. Nos mamíferos aquáticos e outros tetrápodes que secundariamente voltam a ter um estilo de vida aquático, a coluna axial, pelo menos em parte, volta a ser dotada da capacidade de compressão dos peixes. Os membros posteriores em geral são reduzidos e os anteriores formam uma espécie de remos (Figura 8.39). Na toninha ou porco-do-mar, por exemplo, zigoapófises antitorção estão ausentes dos centros, embora incisuras entrelaçadas de espinhos neurais sucessivos resistam à torção (Figura 8.40 A e B).

As aves são um exemplo interessante, exibindo uma combinação próxima de forma e função dentro da coluna vertebral. As vértebras cervicais são articuladas de maneira flexível para dar à cabeça grande liberdade de movimento e alcance quando uma ave limpa suas penas ou procura alimento. Por outro lado, a

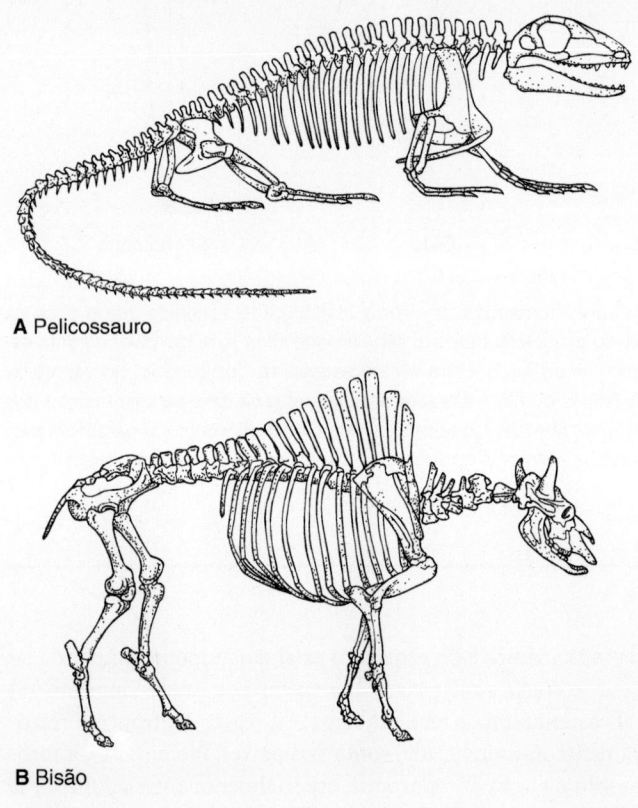

A Pelicossauro

B Bisão

Figura 8.37 Variação na altura dos espinhos neurais pode ser vista em vertebrados nos quais pesos relativamente maciços precisam ser sustentados pela coluna vertebral. A. Esqueleto de um pelicossauro, com a maioria dos espinhos neurais de altura e orientação semelhantes. **B.** Esqueleto de um bisão, ilustrando os espinhos neurais altos no ombro. Por meio dos ligamentos com o crânio e vértebras cervicais, esses espinhos neurais ajudam a sustentar o peso da cabeça maciça.

A, de Carroll; B, de Romer.

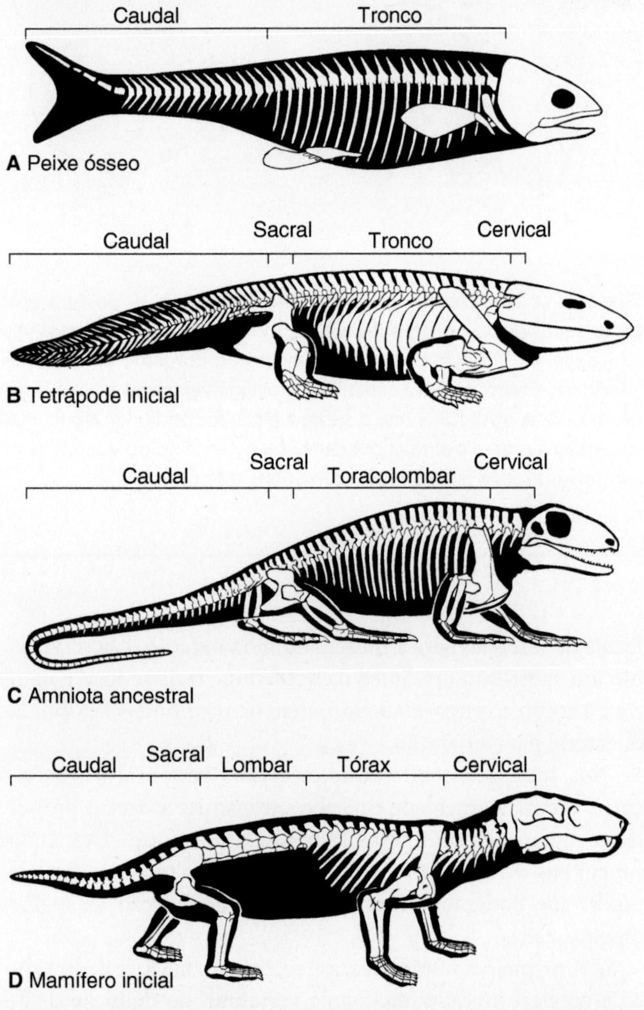

A Peixe ósseo

Caudal — Tronco

B Tetrápode inicial

Caudal — Sacral — Tronco — Cervical

C Amniota ancestral

Caudal — Sacral — Toracolombar — Cervical

D Mamífero inicial

Caudal — Sacral — Lombar — Tórax — Cervical

Figura 8.38 Regionalização da coluna vertebral. A. Peixe ósseo. **B.** Labirintodonte. **C.** Amniota ancestral. **D.** Mamífero inicial.

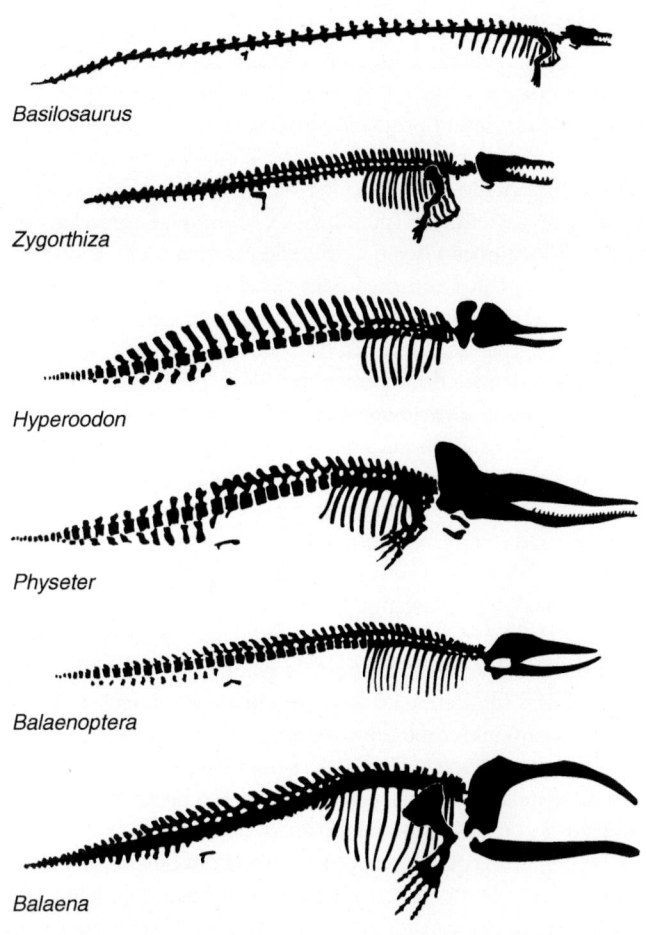

Basilosaurus

Zygorthiza

Hyperoodon

Physeter

Balaenoptera

Balaena

Figura 8.39 Esqueletos axiais de baleias em silhuetas laterais. São mostradas duas espécies fósseis (*Basilosaurus*, *Zygorthiza*), duas odontocetas (*Hyperoodon*, *Physeter*) e duas misticetas (*Balaenoptera*, *Balaena*). Nota-se a redução no tamanho dos membros e cinturas e o aumento proporcional no tamanho da coluna vertebral comparado com o tamanho de membros, cinturas e coluna vertebral de quadrúpedes.

De Kent.

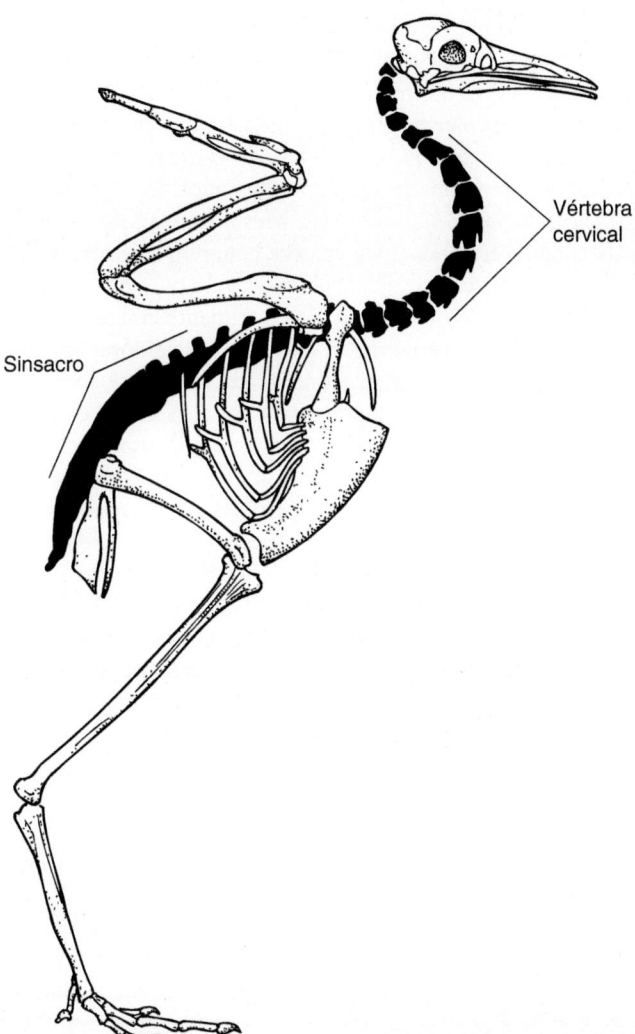

Figura 8.41 Coluna vertebral de ave. As regiões de fusão vertebral extensa estão indicadas posteriormente dentro do sinsacro. As numerosas vértebras cervicais heterocélicas possibilitam a grande mobilidade da cabeça.

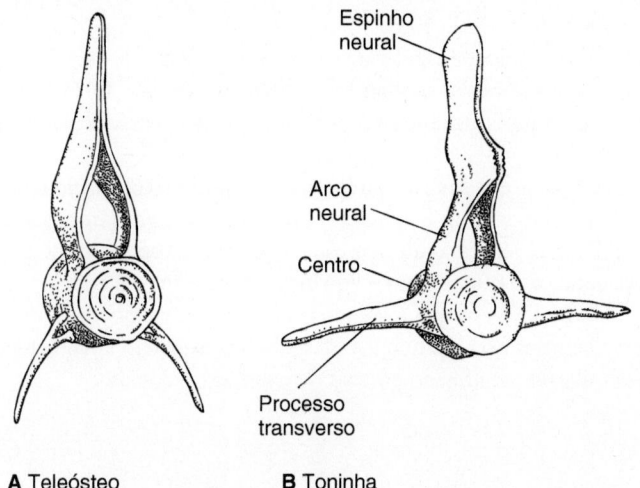

Espinho neural

Arco neural

Centro

Processo transverso

A Teleósteo   **B** Toninha

Figura 8.40 Vértebras de vertebrados aquáticos. A. Vértebra de peixe teleósteo. **B.** Vértebra de uma toninha. Nota-se a redução de zigoapófises nas vértebras da toninha aquática.

maioria das vértebras na parte média e posterior da coluna está fundida entre si e com a cintura pélvica (Figura 8.41). Isso confere rigidez à coluna vertebral e estabiliza um eixo firme e estável para controle enquanto uma ave está voando. Indiretamente, essa fusão de elementos diminui o peso do corpo, porque menos músculos são necessários para controlar vértebras individuais. Desse modo, os músculos necessários à estabilidade podem ser reduzidos, é possível perceber uma economia no projeto, e o peso da ave é diminuído. A coluna vertebral da maioria das aves exibe tal uniformidade, uma indicação provável do significado importante do voo e suas demandas sobre o desenho biológico desses vertebrados que priorizaram a vida no ar.

Resumo

O esqueleto axial inclui a notocorda e a coluna vertebral. A notocorda é a mais antiga, antecedendo os vertebrados, tendo aparecido durante a evolução inicial dos cordados. É um bastão delgado que se desenvolve a partir da mesoderme, ficando dorsal ao celoma. Tipicamente, é composta de uma parte central de células preenchidas com líquido e envoltas em uma bainha fibrosa. Mecanicamente, flexiona lateralmente, mas não se comprime axialmente, transformando, assim, a contração de músculos axiais em ondulações laterais durante a locomoção. Também é proeminente dos peixes derivados, servindo como o principal meio de suporte axial. Mesmo quando substituída pela coluna vertebral, ainda aparece como uma estrutura embrionária, induzindo o desenvolvimento do tubo neural acima dela e servindo como etapa para o crescimento embrionário do corpo. Cadeias de vértebras articuladas, cartilaginosas ou ósseas, constituem a coluna vertebral. Cada vértebra é composta por um centro, serve de suporte para um arco neural e um espinho neural e, em geral, está associada a processos, incluindo costelas. Ocorrem corpos ou discos intervertebrais entre vértebras sucessivas. As formas de superfícies articulares determinam os papéis funcionais. As costelas, que geralmente encontram o esterno mesoventralmente, protegem as vísceras e contribuem para os movimentos respiratórios em tetrápodes. Nas tartarugas, as cinturas do quadril e do ombro são, na verdade, trazidas para dentro da caixa torácica abaixo do casco protetor. O desenvolvimento embrionário da coluna vertebral pode envolver formação prévia primeiro em arcuálios (peixes condrictes, alguns outros peixes), aparecimento de esboço especializado (teleósteos) ou tubo pericordal (maioria dos tetrápodes), antes que a ossificação ocorra.

Vértebras são raras em agnatos e peixes gnatostomados ancestrais, em que o suporte axial comumente depende de uma notocorda proeminente (Figura 8.42). A nadadeira caudal libera forças propulsivas, direcionando o peixe para frente, mas também pode produzir forças de levantamento. Especialmente em processos ósseos e tetrápodes, a coluna vertebral ossificada substitui em grande parte a notocorda como a principal fonte de suporte axial e locomoção.

Cartilagens intervertebrais ou discos intervertebrais são compostos de tecido conjuntivo fibroso e fluido, e ficam entre vértebras sucessivas. Os vários tipos de colágeno que constituem o tecido conjuntivo fibroso estão arranjados de maneira a resistir a forças de tensão e cisalhamento. Especialmente dentro do núcleo dos discos intervertebrais estão os proteoglicanos, proteínas inseridas a cadeias especiais de carboidratos. Sua estrutura química especial lhes confere a propriedade de ligação na água, o que, portanto, as coloca a serviço funcional de forças compressivas.

Na flutuabilidade da água, a coluna axial serve primariamente como uma viga de compressão, resistindo ao engavetamento do corpo durante a locomoção e transformando forças musculares axiais em ondulações laterais de natação. Essas mesmas ondulações laterais de peixes são levadas para os primeiros tetrápodes na terra, como a base inicial de locomoção terrestre. No ambiente terrestre, a coluna axial assume a função adicional de suspender o peso do corpo, sem a ajuda da flutuabilidade aquática, conforme é levado sobre a superfície da terra. A coluna vertebral do tetrápode geralmente incorpora elementos de desenho que são análogos às estruturas de engenharia criadas por seres humanos, como pontes, em que o peso é sustentado em uma viga ou suspenso sobre ou entre colunas de sustentação (membros). O torque se torna um aspecto da locomoção dos quadrúpedes, favorecendo o aparecimento de aspectos antitorção das vértebras, como as zigoapófises, em tetrápodes. A altura e a direção de espinhos neurais reflete seu papel de alavancas, liberando forças para os centros vertebrais e movendo ou estabilizando a coluna vertebral. A coluna vertebral é regionalizada, refletindo demandas funcionais. Nos peixes, a coluna vertebral é relativamente indiferenciada nas regiões do tronco e caudal. Ela não tem zigoapófises e não é usada como suporte do peso do corpo, mas, em vez disso, é usada basicamente para suporte muscular e inserção, como uma viga de compressão. Em tetrápodes, a coluna vertebral é usada para sustentação do próprio corpo, os membros providenciam a força propulsiva para locomoção e essas forças são transmitidas para o corpo pela coluna vertebral. Uma região cervical se diferencia, nos primeiros tetrápodes, para mobilidade craniana, como faz a região sacral para inserção direta dos quadris à coluna axial. Essas regiões são ainda mais distintas em répteis, nos quais, posteriormente, o corpo pode exibir redução de costela, produzindo uma região lombar ou como ela. Nos mamíferos, a locomoção baseada em flexões da coluna vertebral verticalmente (cf., lateralmente) é acompanhada pelo aparecimento de uma região lombar distinta. Isso fornece aos mamíferos cinco regiões distintas – cervical, torácica, lombar, sacral e caudal. Em aves, as demandas dinâmicas da locomoção aérea são acompanhadas por fusões acentuadas e flexões da coluna vertebral. A fusão do sinsacro (sacro mais vértebras adjacentes) com o inominado (ílio, ísquio, pelve) produz uma plataforma estável e firme durante o voo, e múltiplas vértebras cervicais heterocélicas trazem de volta a flexibilidade quando a ave estende a cabeça.

Em termos gerais, o esqueleto contribui, com sua musculatura, para a inclinação do corpo, armazenando energia elástica e transmitindo forças úteis para a locomoção gerada por apêndices (nadadeiras ou membros) ou pela cauda (aquática). Costelas associadas ajudam a ventilar os pulmões. O esqueleto axial também mantém a posição do corpo parado contra a gravidade.

A forma e a função da coluna vertebral estão relacionadas diretamente com as demandas estáticas e dinâmicas impostas a ela. Por sua vez, essas últimas estão relacionadas com os ambientes gerais em que servem – aquático ou terrestre – e com o tipo de locomoção em que a coluna vertebral está envolvida. Como estudaremos no Capítulo 9, o desenho do esqueleto apendicular é similarmente afetado por tais demandas funcionais.

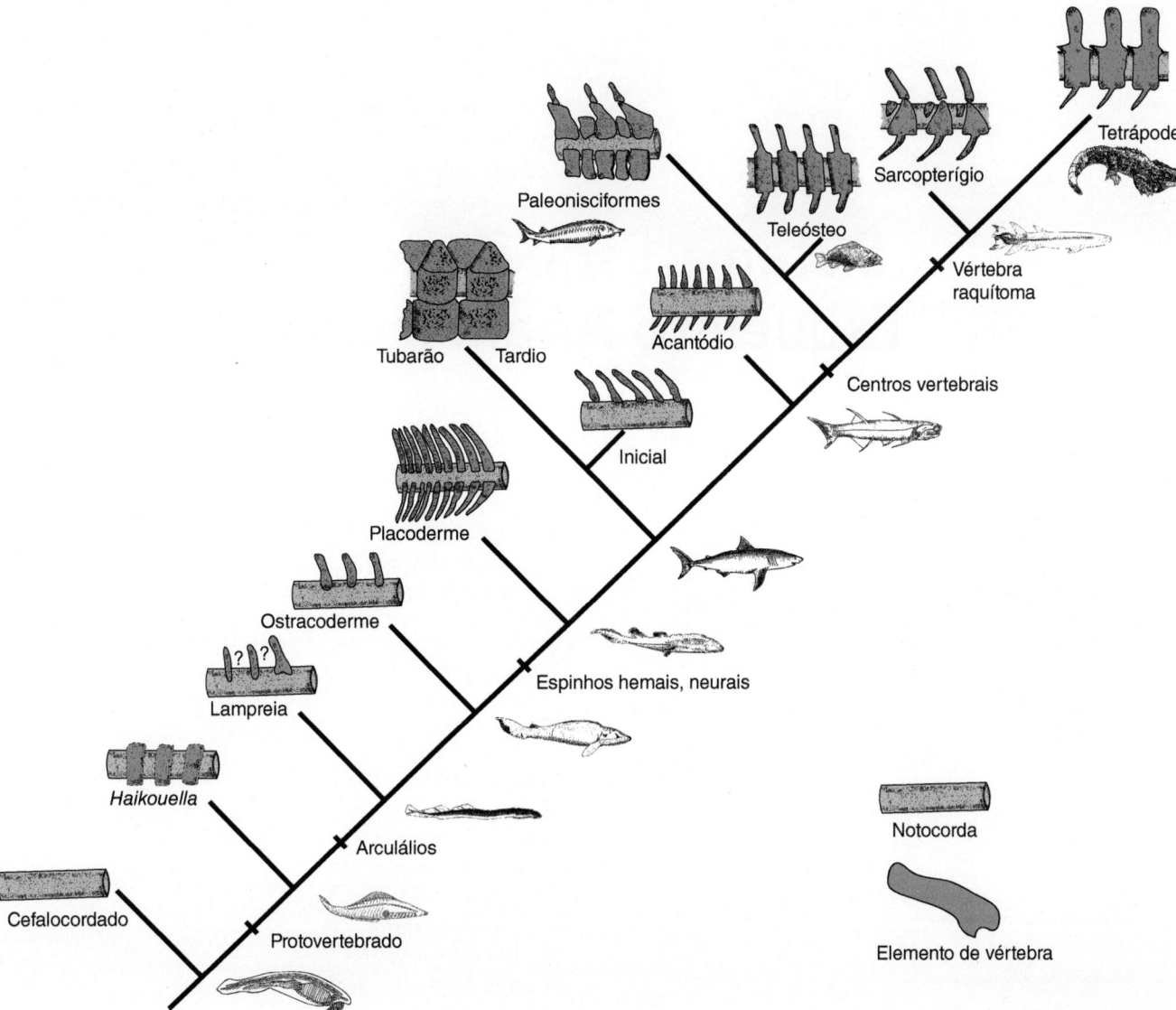

Figura 8.42 Filogenia da coluna axial. Esse resumo esquemático da ocorrência da coluna axial ilustra a importância inicial e contínua da notocorda na evolução dos cordados. Arcos neurais e hemais e seus espinhos podem estar presentes cedo na filogenia, mas não se tornaram proeminentes até os placodermes. Centros vertebrais são encontrados mais tarde na evolução em tubarões, peixes ósseos e tetrápodes, nos quais os centros substituem a maior parte da notocorda, que contribui apenas para o núcleo dos discos intervertebrais. Notocorda, sombreada; elementos vertebrais, branco. A existência geral de espinhos neurais em ostracodermes é incerta, razão pela qual está indicada por ponto de interrogação (?).

CAPÍTULO 9

Sistema Esquelético | Esqueleto Apendicular

Introdução

A partir dos componentes do esqueleto apendicular, a evolução criou alguns dos mecanismos locomotores mais elegantes e especializados, desde as nadadeiras dos peixes até os membros dos tetrápodes. O sistema apendicular, como o restante do sistema esquelético, está bem representado no registro fóssil. Isso nos põe em contato direto com detalhes estruturais de animais extintos e nos ajuda a traçar o curso geral das modificações filogenéticas desses elementos do esqueleto. No esqueleto apendicular, a relação entre estruturas e função biológica é direta, ao menos de modo geral. Não é necessário ser especialista em engenharia aerodinâmica para compreender que as asas das aves possibilitam tanto acesso ao meio aéreo como aos estilos de vida especiais decorrentes disso, que os membros dos tetrápodes servem para o deslocamento sobre a terra e que as nadadeiras dos peixes são adequadas para a água. As transições da água para a terra e desta para o ar influenciaram a concepção e a remodelação do sistema apendicular.

Entretanto, o que vemos neste capítulo é que forma e função podem estar estreitamente relacionadas. Nem todas as aves usam o ar de igual modo. Na verdade, algumas não voam, como pinguins e avestruzes. Os tetrápodes usam a terra de diferentes maneiras: alguns se movem lentamente, outros correm, alguns escavam e outros sobem em árvores. Em certos peixes, as nadadeiras garantem sustentação para cruzar as águas; em outros, elas se especializaram para manobrar em lugares estreitos. Forma e função são um pouco diferentes em cada um e o projeto biológico reflete essas diferenças.

Componentes básicos

O esqueleto apendicular compreende as **nadadeiras pares** ou **membros** e as **cinturas**, estruturas do corpo que as sustentam. A cintura anterior é a **cintura peitoral** ou **escapular**, que se forma por elementos esqueléticos dérmicos e endocondrais e sustenta nadadeiras ou membros peitorais. A cintura posterior é a **cintura pélvica** ou **quadril**, formada por elementos esqueléticos endocondrais que sustentam nadadeiras ou membros pélvicos.

Nadadeiras

Particularmente nos peixes primitivos, o corpo é apto a apresentar espinhos, lobos ou processos salientes. Ao contrário dessas projeções, as nadadeiras são processos membranosos ou palmados, reforçados internamente pelos finos **raios da nadadeira**. Inicialmente, esses raios se formam na interface entre derme e epiderme, como escamas, mas depois afundam na derme, sendo às vezes denominados raios *dérmicos* das nadadeiras. Em elasmobrânquios, esses raios dérmicos, denominados **ceratotríquios**, são bastões queratinizados delgados (Figura 9.1 A). Em peixes ósseos, os raios das nadadeiras são denominados **lepidotríquios** e geralmente são uma série de diminutos elementos ossificados ou condrificados que reforçam essa membrana (Figura 9.1 B). A ponta da nadadeira em alguns peixes ósseos pode ser ainda mais reforçada por outros bastões queratinizados, os **actinotríquios**. A parte da nadadeira situada perto do corpo é sustentada por **pterigióforos** de dois tipos gerais: os **basais**, alargados e localizados na parte proximal da nadadeira, e os **radiais**, delgados e que estendem a sustentação desde os basais até a região média da nadadeira (Figura 9.2 A).

As nadadeiras são ímpares, com exceção de um par perto da cabeça, as nadadeiras peitorais, e de um segundo par posterior a esse, as nadadeiras pélvicas. Os pterigióforos basais dessas nadadeiras pares projetadas se articulam com as cinturas no interior da parede do corpo e são sustentados por elas. Daremos mais atenção a essas nadadeiras pares, pois elas são a origem filogenética dos membros dos tetrápodes.

Membros

Oficialmente, um membro é denominado **quirídio**, um apêndice muscular com articulações bem-definidas que tem dígitos (dedos) na extremidade em vez de uma nadadeira. Os quirídios dos tetrápodes, membros anteriores e posteriores, têm o mesmo padrão, sendo constituídos de três regiões. O **autopódio**, a extremidade distal do membro, consiste em numerosos elementos que compõem o punho e o tornozelo, os quais, por sua vez, sustentam os respectivos dígitos (Figura 9.2 B). O termo especial *mão* implica uma estrutura modificada para preensão, e *pé* sugere a função de apoio na postura ereta. No entanto, esses dois termos não se aplicam de modo lógico a todos os tetrápodes. Por exemplo, a parte terminal do membro anterior de um cavalo não é uma mão, assim como a parte terminal do membro posterior de um golfinho não é um pé. Apesar disso, os termos **mão** e **pé**, respectivamente, são usados para denominar o autopódio dos membros anteriores e posteriores. A região mediana do membro é o **zeugopódio**, com dois elementos de sustentação internos: ulna e rádio no antebraço, tíbia e fíbula na perna. A região do membro mais próxima do corpo é o **estilopódio** e tem um único elemento: úmero no braço, fêmur na coxa.

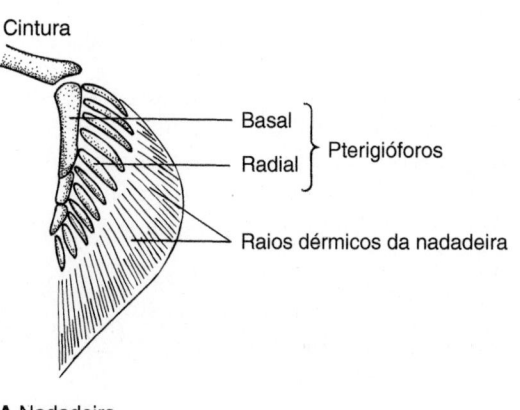

A Nadadeira

Termo morfológico	Membro anterior	Membro posterior
Estilopódio	Braço	Coxa
Zeugopódio	Antebraço	Perna
Autopódio	Mão (punho-palma-dedos)	Pé (tornozelo-planta-dedos)

B Membro

Figura 9.2 Componentes básicos da nadadeira e do membro. A. A nadadeira é constituída de pterigióforos, basais e radiais, e de raios dérmicos. Os raios da nadadeira são denominados de *lepidotríquios* em peixes ósseos e *ceratotríquios* em elasmobrânquios. **B.** O membro, anterior ou posterior, compreende três regiões: estilopódio (*braço/coxa*), zeugopódio (*antebraço/perna*) e autopódio (*mão/pé*).

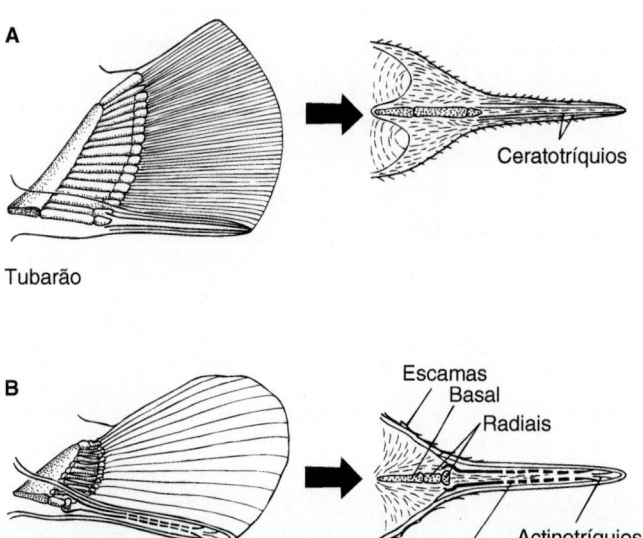

Figura 9.1 Raios das nadadeiras. A. Ceratotríquios são bastões queratinizados que se irradiam como as varetas de um leque para sustentar internamente as nadadeiras de peixes condrictes. **B.** Lepidotríquios são suportes cartilaginosos ou ossificados do interior das nadadeiras de peixes ósseos.

Uma depressão na cintura peitoral, a **cavidade glenoidal**, articula-se com o úmero, enquanto uma cavidade profunda na pelve, o **acetábulo**, aloja o fêmur.

Origem das nadadeiras pares

Como qualquer objeto que se desloca em um espaço tridimensional, o corpo dos peixes está sujeito a se desviar de sua linha de trajetória em relação ao seu centro de massa. Ele pode movimentar-se de um lado para outro (**guinada**), girar em torno de seu eixo longitudinal (**balanço**) ou fazer movimentos anteriores e posteriores (**arfagem**; Figura 9.3 A). Testes em túnel de vento utilizando modelos de tubarão com nadadeiras removidas ajudaram a esclarecer de que modo elas proporcionam estabilidade a um corpo hidrodinâmico. Aparentemente, as nadadeiras dorsais e laterais controlam o corpo mediante resistência a perturbações em relação a seu centro de massa. Outros testes com as nadadeiras peitorais mostram que elas não produzem sustentação importante, tal como uma aeronave com asas fixas. Em vez disso, as nadadeiras peitorais são usadas para manobras dentro de uma vegetação cerrada (alguns teleósteos) e durante a natação horizontal constante (tubarões) para iniciar os movimentos ascendentes ou descendentes.

Dinâmica das nadadeiras caudais heterocercas (Capítulo 8)

À medida que se tornaram mais ativos, os primeiros peixes teriam experimentado instabilidade durante o movimento. Provavelmente, essas condições favoreceram o desenvolvimento de qualquer projeção do corpo que resistisse ao arremesso, ao balanço ou à guinada, e resultaram no desenvolvimento das primeiras nadadeiras pares. As cinturas associadas estabilizaram as nadadeiras, serviram como locais para fixação muscular e transmitiram forças propulsoras ao corpo.

Em peixes gnatostomados, dois tipos básicos de nadadeiras se desenvolveram a partir de duas distribuições diferentes do **eixo do metapterígio**, uma cadeia de elementos basais do endoesqueleto. A primeira é a **nadadeira do tipo arquipterígio**, que tem o o eixo do metapterígio passando pela linha média da nadadeira (Figura 9.3 B). A partir desse eixo central, os elementos radiais do endoesqueleto se projetam externamente para sustentar com uniformidade os lados **pré-axial** (anterior) e **pós-axial** (posterior) da nadadeira. Os raios dérmicos delgados se estendem até as margens da nadadeira para completar essa sustentação. Externamente, a nadadeira do tipo arquipterígio tem o formato de uma folha estreita na base. O segundo tipo básico é a **nadadeira do tipo metapterígio**, na qual o eixo do metapterígio dos elementos basais está localizado posteriormente. A maioria dos elementos radiais se projeta desse eixo posterior para o lado pré-axial da nadadeira e os raios dérmicos se estendem das extremidades dos elementos radiais até as margens dela (Figura 9.3 B). Esses dois tipos de nadadeiras influenciaram o trabalho teórico sobre a origem das nadadeiras pares. Para acompanhar a origem filogenética das nadadeiras dos primeiros peixes, há duas propostas: a teoria do arco branquial e a teoria da prega tegumentar.

Teoria do arco branquial

Durante a segunda metade do século 19, o morfologista C. Gegenbaur propôs que as nadadeiras pares e suas cinturas surgiram dos arcos branquiais (Figura 9.4). Mais especificamente,

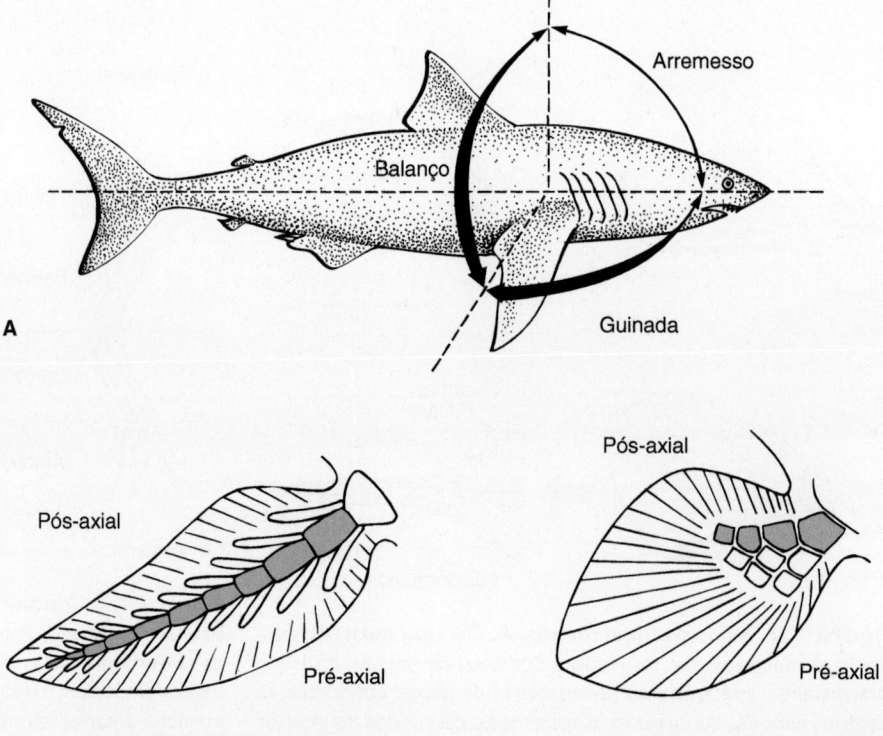

Figura 9.3 Nadadeiras como estabilizadores. A. O corpo de um peixe pode se desviar da linha de trajetória pretendida de três maneiras. O balanço gira o peixe em torno de seu eixo longitudinal, a guinada o balança de um lado para outro e o arremesso possibilita movimentos para cima e para baixo em relação a seu centro de massa. **B.** Existem dois tipos de estruturas de nadadeira: a do tipo arquipterígio, com um eixo central simétrico (*à esquerda*), e a do tipo metapterígio, com o eixo assimétrico deslocado em direção ao lado pós-axial (*à direita*). O eixo metapterígio presente em ambos está sombreado.

a cintura endoesquelética se originou do arco branquial e a nadadeira do tipo arquipterígio primitiva, dos raios branquiais. Inicialmente, Gegenbaur baseou sua teoria na anatomia da nadadeira de tubarões. Entretanto, a descoberta, em 1872, do peixe pulmonado australiano *Neoceratodus*, convenceu-o de que as nadadeiras primitivas eram do tipo arquipterígio, semelhantes

às nadadeiras pares do *Neoceratodus* – uma haste central que sustenta uma série de elementos radiais. Essa haste se articulava com a cintura escapular endoesquelética do peixe pulmonado, o futuro escapulocoracoide.

Todavia, a explicação da teoria do arco branquial é incompleta. Embora explique a evolução da cintura peitoral, não esclarece (1) o surgimento de uma cintura pélvica posterior, distante dos arcos branquiais, (2) a presença de osso dérmico na cintura peitoral, nem (3) as diferentes embriologias da cintura peitoral e dos arcos branquiais.

Teoria da prega tegumentar

Mais ou menos na mesma época, os morfologistas F. M. Balfour e J. K. Thacher apresentaram, em separado, a teoria da prega tegumentar, uma concepção alternativa, ampliada por cientistas subsequentes. Segundo ela, as nadadeiras pares se originaram dentro de pregas ventrolaterais pares, porém contínuas, que foram enrijecidas por uma série transversal de pterigióforos endoesqueléticos, basais na parte proximal e radiais na parte distal (Figura 9.5 A–C). A extensão interna dos pterigióforos basais e sua fusão ao longo da linha mediana produziram as cinturas de sustentação e aumentaram a estabilidade (ver, adiante, Figura 9.10 C). O osso dérmico, uma contribuição da armadura óssea sobrejacente, foi acrescentado posteriormente à cintura peitoral para fortalecer ainda mais as nadadeiras pares.

Várias evidências indiretas geralmente são citadas em apoio à teoria da prega tegumentar. Os pré-gnatostomados com as primeiras pregas tegumentares foram dois agnatos do início do Cambriano, *Myllokunmingia* e *Haikouichthys* (ver Figura 3.6). Além disso, muitos fósseis preservados dos primeiros peixes apresentam indícios ou supostos vestígios dessas pregas. Por exemplo, alguns ostracodermes primitivos tinham pregas contínuas laterais ao longo da parede ventral do corpo. Os acantódios tinham duas fileiras de espinhos para marcar o suposto local de um par de pregas tegumentares em seus ancestrais (Figura 9.6 A–C). Ademais, se as nadadeiras peitorais e pélvicas se originaram de uma prega, é provável que tenham surgido ao mesmo tempo (Figura 9.6 B). Nesse contexto, é significativo o fato de que as nadadeiras pares de embriões de tubarão se desenvolvem juntas a partir de um espessamento contínuo da ectoderme ao longo da parede lateral do corpo (Figura 9.6 D e E). Isso foi interpretado como uma recapitulação embrionária da transição filogenética das pregas para as nadadeiras pares.

Recentemente, a teoria da prega tegumentar foi exposta com mais detalhes. Erik Jarvik, por exemplo, enfatizou as contribuições dos segmentos para as nadadeiras do tipo arquipterígio em alguns peixes viventes. Se as nadadeiras fossem inicialmente timões, as contribuições dos miótomos segmentares adjacentes muscularizariam as pregas, tornando-as móveis. Jarvik sugeriu, ainda, que os elementos basais e radiais do endoesqueleto se desenvolveram a partir do mesênquima dentro do núcleo da prega, sustentando a nadadeira que se projeta e servindo como locais para fixação dos músculos. Na nadadeira, os raios dérmicos de sustentação se desenvolveram a partir de fileiras modificadas de escamas, evento que parece se repetir durante o desenvolvimento embrionário de raios dérmicos das nadadeiras de muitos peixes viventes.

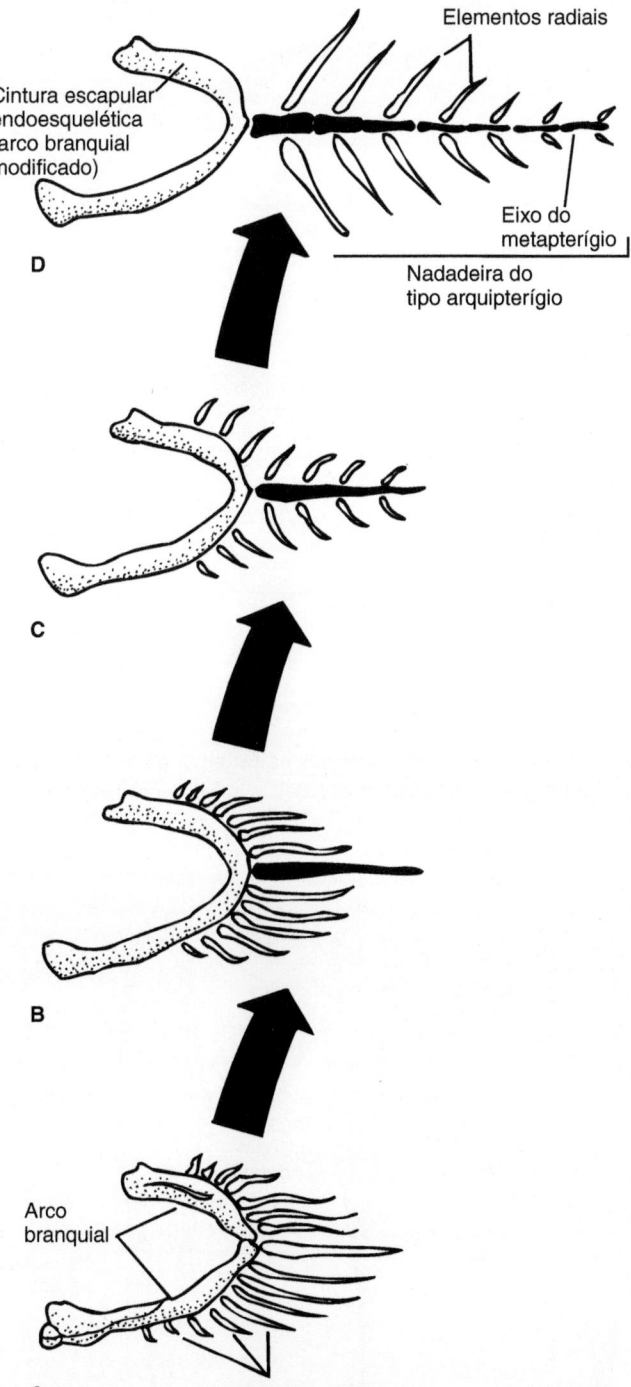

Figura 9.4 Teoria do arco branquial proposta por Gegenbaur para a origem das nadadeiras pares. Os raios branquiais se expandem (**A** e **B**) e proliferam (**C**), formando uma longa sustentação central para uma nadadeira externa, semelhante à condição do tipo arquipterígio (**D**) encontrada em alguns peixes pulmonados atuais.

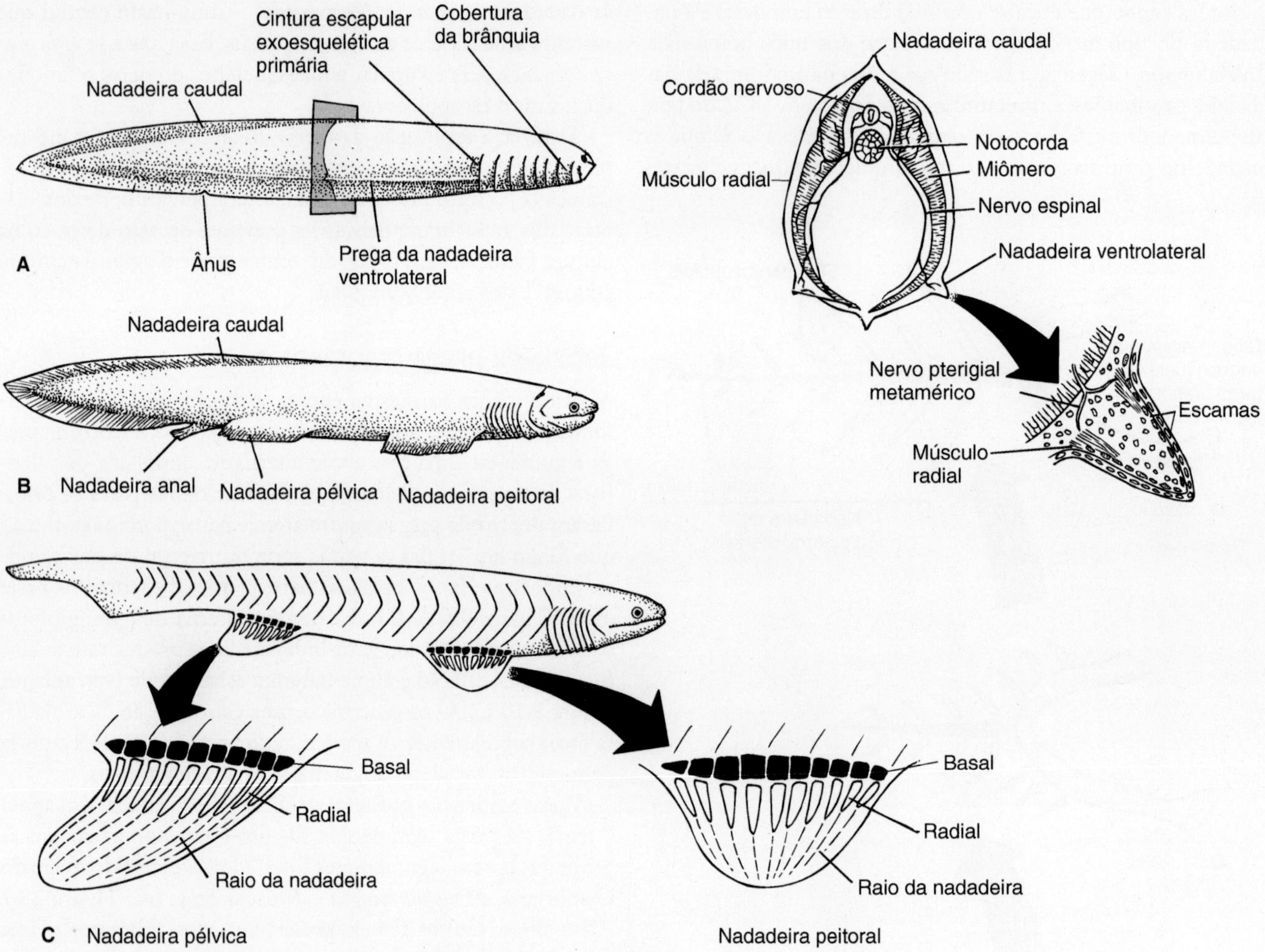

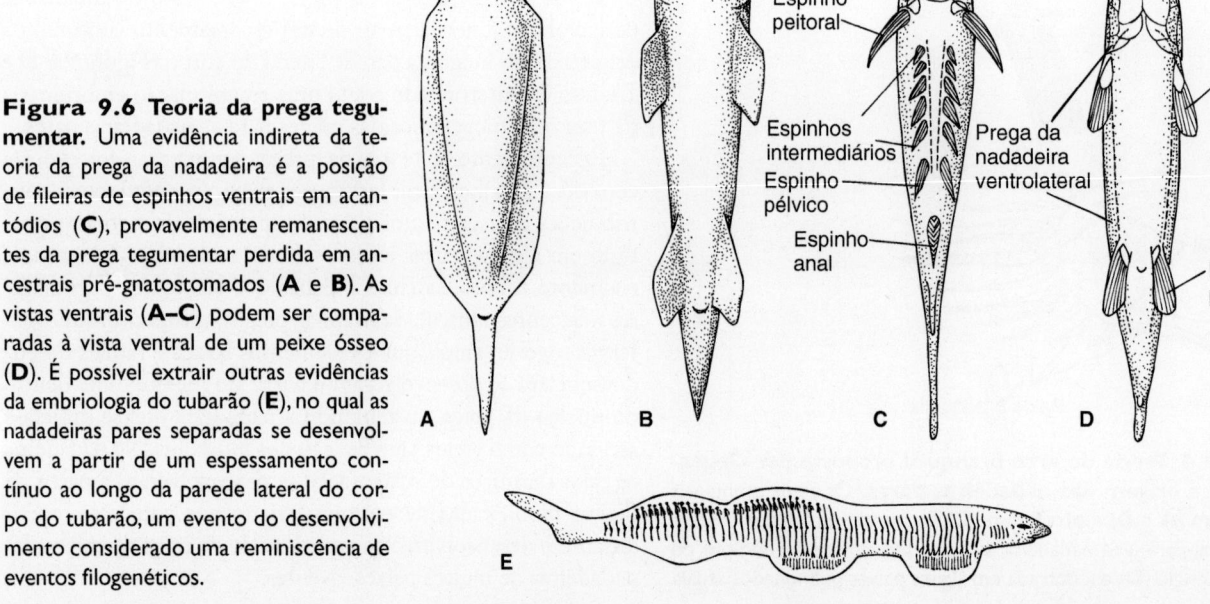

Nadadeira caudal

Cintura escapular exoesquelética primária

Cobertura da brânquia

Nadadeira caudal

Cordão nervoso

Músculo radial

Notocorda

Miômero

Nervo espinal

Nadadeira ventrolateral

Nervo pterigial metamérico

Músculo radial

Escamas

A   Ânus

Prega da nadadeira ventrolateral

Nadadeira caudal

B   Nadadeira anal   Nadadeira pélvica   Nadadeira peitoral

Basal

Radial

Raio da nadadeira

C   Nadadeira pélvica

Basal

Radial

Raio da nadadeira

Nadadeira peitoral

Figura 9.5 Teoria da prega da nadadeira proposta por Balfour e Thacher para a origem das nadadeiras pares. Nadadeiras estabilizadoras laterais (**A**) se dividem em nadadeiras peitorais e pélvicas especializadas (**B**). Elementos basais e radiais aumentam para sustentar as nadadeiras (**C**). O eixo do metapterígio está colorido de preto.

Figura 9.6 Teoria da prega tegumentar. Uma evidência indireta da teoria da prega da nadadeira é a posição de fileiras de espinhos ventrais em acantódios (**C**), provavelmente remanescentes da prega tegumentar perdida em ancestrais pré-gnatostomados (**A** e **B**). As vistas ventrais (**A–C**) podem ser comparadas à vista ventral de um peixe ósseo (**D**). É possível extrair outras evidências da embriologia do tubarão (**E**), no qual as nadadeiras pares separadas se desenvolvem a partir de um espessamento contínuo ao longo da parede lateral do corpo do tubarão, um evento do desenvolvimento considerado uma reminiscência de eventos filogenéticos.

Espinho peitoral

Espinhos intermediários

Espinho pélvico

Espinho anal

Prega da nadadeira ventrolateral

Nadadeira peitoral

Nadadeira pélvica

A   **B**   **C**   **D**   **E**

Jarvik também fez objeção à ideia de que o osso dérmico fosse acrescentado inicialmente à cintura escapular por causa de forças de seleção que favoreceriam a estabilidade da nadadeira. Ele destaca que a cintura escapular do peixe está localizada na transição do tronco para a cabeça. Nesse ponto, a musculatura axial é interrompida por fendas faríngeas. A consolidação de pequenos ossos dérmicos da pele em uma cintura dérmica composta pode ter sido vantajosa inicialmente, porque oferecia um local anterior para fixação da musculatura axial interrompida nesse ponto de transição. Essa cintura dérmica também formaria a parede posterior da cavidade bucal, protegeria o coração e seria o local de fixação de alguns grupos de músculos da mastigação e do arco branquial. Por uma dessas razões, ou por todas elas, pode ter surgido uma cintura dérmica anterior que, apenas secundariamente, uniu-se aos elementos do endoesqueleto para sustentar a nadadeira. É claro que não haveria ação de forças de seleção semelhantes na parte posterior do corpo, onde a musculatura axial se estende sem interrupção desde o tronco até a ponta da cauda. Isso ajudaria a explicar a contribuição dérmica para a cintura peitoral e sua ausência nas cinturas pélvicas.

A análise experimental do desenvolvimento do membro em embriões de aves, camundongos e tubarões acrescenta outra perspectiva à base genética da evolução de pregas tegumentares para nadadeiras. O corpo embrionário dos tetrápodes é dividido em compartimentos em relação ao eixo dorsoventral. A expressão do gene *Engrailed-1* é restrita ao compartimento ventral do corpo do embrião, o que ajuda a criar um padrão dorsoventral. Nessa zona de expressão ventral, dois genes *T-box*, *Tbx5* e *Tbx4*, determinam a identidade de cada par de apêndices, anterior e posterior, respectivamente. Os tubarões também têm esses dois genes *T-box* que especificam nadadeiras anteriores e posteriores fixadas ao longo de seu comprimento e paralelas ao eixo longitudinal do corpo. O gene *sonic hedgehog*

(*Shh*), ausente em tubarões, mas presente em tetrápodes, promove o crescimento do membro com afastamento do corpo; o membro é liberado da fixação paralela ao corpo com surgimento de um eixo proximal-distal. Já o pré-vertebrado anfioxo tem apenas um gene *T-box*, *AmphiTbx4/5*.

Essas descobertas sugerem a seguinte situação para a evolução das pregas das nadadeiras laterais em apêndices pares: o ancestral hipotético (Figura 9.7 A) tinha pregas laterais com genes *T-box* (*Tbx*) expressos no domínio *Engrailed-1* ao longo do compartimento ventral do corpo. A presença de nadadeiras peitorais, mas não pélvicas, como em alguns ostracodermes, poderia ser o resultado desse conjunto único de genes *Tbx*. Em seguida, e antes do surgimento dos peixes condrictes, a duplicação do agrupamento *Tbx* produziu dois grupos de genes, um anterior (*Tbx5*) e um posterior (*Tbx4*), que expressam as nadadeiras peitorais e pélvicas, respectivamente (Figura 9.7 B). A aquisição subsequente de expressão *Shh* criou um eixo proximal-distal e promoveu o crescimento das nadadeiras e seu afastamento da parede do corpo (Figura 9.7 C), como ocorre, por exemplo, em peixes sarcopterígios e em tetrápodes posteriores.

Desenvolvimento embrionário dos membros dos tetrápodes

Embora Gegenbaur considerasse as nadadeiras do tipo arquiptterígio o tipo mais antigo de nadadeira, isso agora parece improvável. As nadadeiras do tipo arquiptterígio dos peixes pulmonados provavelmente são modificações das nadadeiras do tipo metaptterígio, comuns em peixes gnatostomados. Nenhum desses tipos mostra derivação dos arcos branquiais embrionários como imaginou Gegenbaur. A parte mais constante, e talvez mais antiga, da nadadeira é o eixo do metaptterígio situado posteriormente, que nós reconhecemos nas nadadeiras pares dos peixes gnatostomados, bem como nos membros dos tetrápodes.

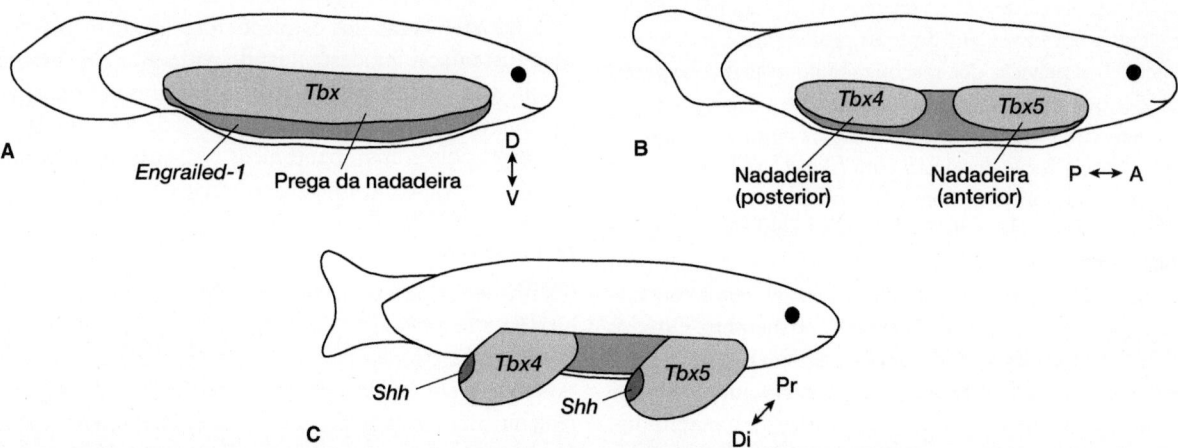

Figura 9.7 Evolução de pregas tegumentares para nadadeiras pares. A. Ancestral hipotético com pregas tegumentares laterais. O gene *T-box*, *Tbx*, é expresso no domínio do gene de padronização *Engrailed-1*. **B.** A duplicação de *Tbx* produz dois complexos de genes: um influencia o desenvolvimento da nadadeira anterior (*Tbx5*); o outro controla o desenvolvimento da nadadeira posterior (*Tbx4*) no tubarão. Entre os dois, o flanco é indiferenciado. **C.** A aquisição de *Shh* promove o crescimento das nadadeiras e seu afastamento da parede do corpo, uma característica transmitida aos tetrápodes. Abreviações: Genes *T-box* = *Tbx5* e *Tbx4*; dorsal = D; ventral = V; anterior = A; posterior = P; ventral = V; proximal = Pr; distal = Di; *sonic hedgehog* = Shh.

Com base em Tanaka et al.

Na verdade, estudos embrionários recentes detectam o que parece ser um padrão de desenvolvimento comum dos membros anteriores e posteriores da maioria dos tetrápodes, caracterizado pelo predomínio de elementos que surgem posteriormente no lado pós-axial do membro. Primeiro, surge um estilopódio, constituído de um único elemento proximal (úmero ou fêmur). Em seguida, o estilopódio se ramifica e produz uma série adjacente de elementos pré-axiais (rádio ou tíbia) e pós-axiais (ulna ou fíbula) que representam a parte intermediária do membro, o zeugopódio. Graças à subdivisão e ao brotamento de primórdios embrionários, só o elemento pós-axial estende o padrão embrionário emergente em sentido distal, formando a maioria dos primórdios do autopódio (mão ou pé), que inclui todos os dígitos. O elemento pré-axial contribui apenas para alguns elementos do punho ou do tornozelo, mas não para os dígitos do autopódio embrionário emergente (Figura 9.8 A).

Esse padrão embrionário de formação do membro é assimétrico. A série pós-axial de elementos ósseos se ramifica e forma a maior parte do membro e todos os seus dígitos. A série pré-axial nunca se ramifica. A assimetria do membro em tetrápodes parece ser consequência da preservação do eixo do metapterígio em peixes (Figura 9.8 B). Em condrictes, actinopterígios primitivos e fósseis de ripidístios, o eixo do metapterígio ramificado forma a série de elementos pós-axiais nas nadadeiras. Os elementos do eixo do metapterígio são incorporados ao membro dos tetrápodes com a assimetria básica; portanto, o eixo do metapterígio do membro do tetrápode é assimétrico, atravessando os elementos pós-axiais e os dígitos. Os membros dos adultos variam de grupo para grupo, e essa variação pode ser reconstituída pelas modificações do desenvolvimento do modelo embrionário subjacente. As modificações do padrão básico incluem a fusão ou a perda de seus elementos fundamentais, a expansão de elementos existentes e o surgimento ocasional de novos componentes esqueléticos (**neomorfos**).

A configuração básica dos elementos de sustentação geralmente é a mesma nos apêndices peitorais e pélvicos. Entretanto, algumas diferenças se devem a variações na cintura pélvica. Por exemplo, em condrictes e em diversos placodermes, muitas vezes as nadadeiras pélvicas dos machos são dotadas de **cláspers**, modificações dos pterigióforos usadas durante a cópula para segurar a fêmea. Em muitos peixes teleósteos, a cintura pélvica e as nadadeiras associadas se deslocam para frente e se localizam na região escapular, juntamente com as nadadeiras peitorais.

A transição filogenética de nadadeira a membro, esclarecida por estudos embriológicos do desenvolvimento do membro em tetrápodes, recebeu apoio recente da análise de genes *Hox* envolvidos no crescimento e na configuração do membro. Estudos embriológicos mostram que o eixo do metapterígio principal reto da maioria das espécies de peixes se curva anteriormente no membro dos tetrápodes para formar a base do membro distal, de modo que os dígitos se originam da margem posterior desse eixo curvo (Figura 9.8 C). Os domínios de expressão do gene *Hox*, em peixes e camundongos, confirmam que o eixo principal é curvo anteriormente e que os dígitos se originam de sua margem posterior. Outros genes *Hox* que controlam a formação de dígitos nos membros dos tetrápodes também são responsáveis pela formação do esqueleto da nadadeira em peixes actinopterígios primitivos. Portanto, os dígitos não são um neomorfo dos tetrápodes, mas representam a cooptação de um mecanismo genético antigo presente em actinopterígios basais, recuperado nos primeiros tetrápodes com a finalidade de contribuir para o surgimento e a diferenciação dos dígitos.

Filogenia

Peixes

Agnatos

Dois vertebrados do Cambriano, *Myllokunmingia* e *Haikouichthys*, apresentavam pregas tegumentares ventrolaterais, mas não tinham nadadeiras pares separadas. As nadadeiras pares também estão ausentes em agnatos viventes, feiticeiras e lampreias.

Os ostracodermes tinham nadadeiras medianas ímpares, sendo uma caudal e, com frequência, nadadeiras anal e dorsal ímpares. Em geral, os anaspídeos tinham um par de espinhos afiados na região escapular e alguns gêneros apresentavam pregas tegumentares laterais extensas e estabilizadoras ao longo do corpo. Fósseis de Heterostraci e Galeaspida não apresentam nenhum vestígio de nadadeiras pares, que constavam somente em alguns osteóstracos e apenas na região peitoral. Os ângulos do escudo cefálico tinham fossas entalhadas, nas quais se encaixavam as nadadeiras peitorais em formato de lobos, e as margens da fossa serviam como locais para fixação da musculatura associada da nadadeira. Os detalhes das próprias nadadeiras são incompletos, mas há evidências de um endoesqueleto e de músculos associados. Portanto, nenhum ostracoderme tinha nadadeiras pélvicas, e a maioria não tinha sequer nadadeiras peitorais rudimentares.

Assim como os acantódios, condrictes e placodermes, os ostracodermes não tinham pulmões nem bexigas gasosas. A superfície da armadura óssea lhes conferia uma densidade maior que a da água circundante; portanto, eles tendiam a afundar quando paravam de nadar. Nadadeiras ou espinhos peitorais propiciavam sustentação anterior, assim como o escudo cefálico achatado, dando aos ostracodermes recursos para produzir uma sustentação modesta quando nadavam. No entanto, a ausência ou o desenvolvimento de nadadeiras peitorais, a pequena musculatura do corpo e a ausência de mandíbula sugerem que esses peixes eram bentônicos e se alimentavam no fundo, nadando ativamente em águas abertas poucas vezes.

Placodermes

Os primeiros peixes placodermes apareceram no início do Siluriano e se expuseram bastante à radiação, aparentemente tirando vantagem de mandíbulas potentes e estilo de vida ativo. Apresentavam cinturas peitoral e pélvica. A cintura pélvica parece ter sido formada por um único elemento endoesquelético. Já a cintura peitoral, mais complexa, consistia em vários elementos dérmicos fundidos que contribuíam para as paredes da armadura óssea torácica e abraçavam o escapulocoracoide endoesquelético. Este continha uma fossa articular na qual se encaixavam os pterigióforos basais da nadadeira. Em alguns placodermes, como os Antiarchi, a "nadadeira" peitoral era bastante especializada, formando um apêndice afilado de elementos endocondrais encerrados em osso dérmico (Figura 9.9 A e B).

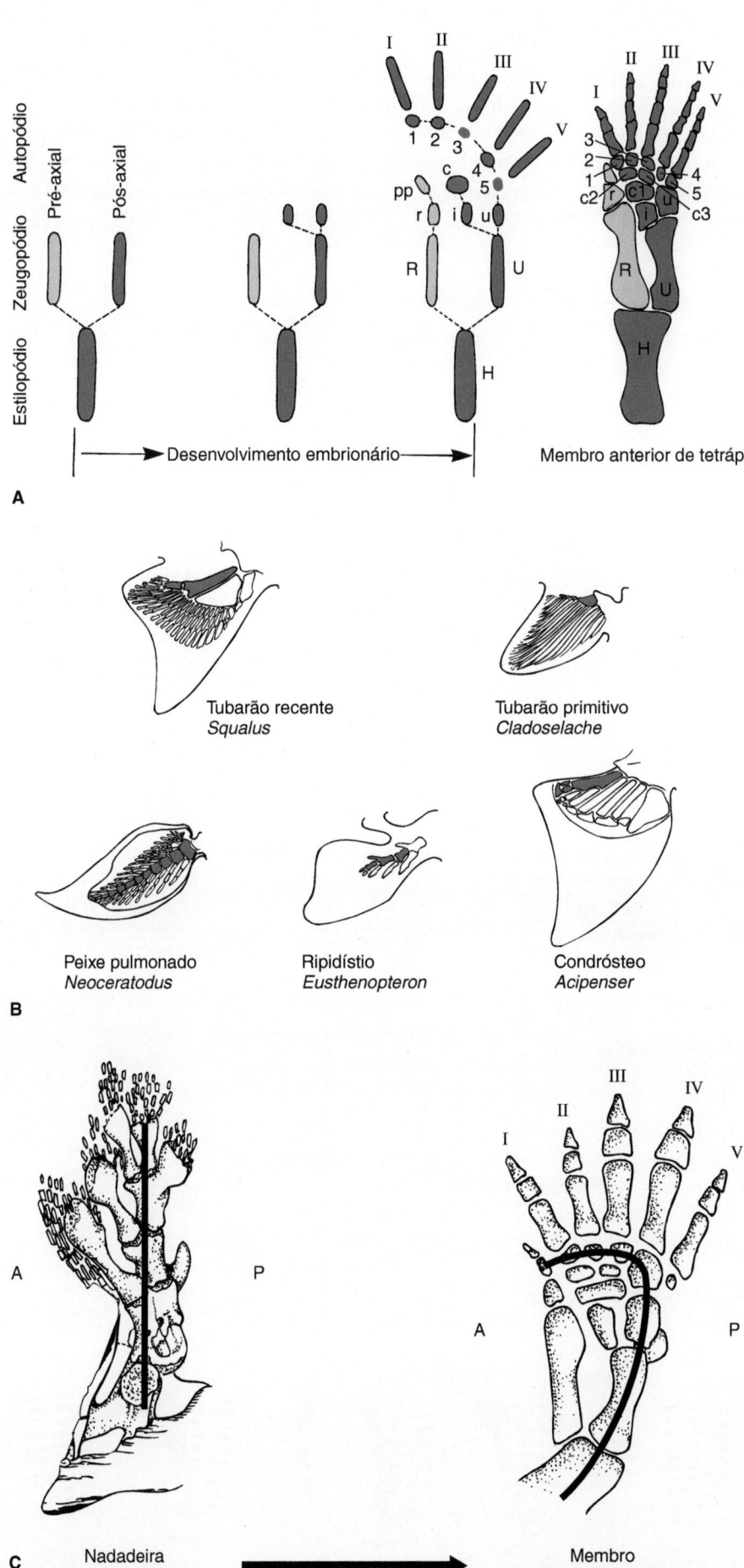

Figura 9.8 Modelo hipotético do desenvolvimento da maior parte do membro. A. O elemento estilopódio aparece e se divide em elementos pré-axial e pós-axial no zeugopódio. O elemento pré-axial (rádio/tíbia) não se ramifica, mas dá origem a elementos distais que contribuem para o autopódio. O elemento pós-axial (ulna/fíbula) se ramifica e forma os ossos carpais, ou tarsais, e o arco digital, que dá origem aos dedos das mãos e dos pés. Acredita-se que esse lado pós-axial do membro seja derivado do eixo do metapterígio dos peixes. **B.** Posição do eixo do metapterígio em peixes representativos. **C.** Transição de nadadeira para membro. Tanto o trabalho embriológico (**A**) supracitado quanto os estudos do gene *Hox* respaldam a concepção de que os membros dos tetrápodes são construídos sobre o eixo principal da nadadeira do peixe, de modo que o eixo é curvado para produzir os dígitos ao longo de sua margem posterior. Abreviações: anterior (*A*), posterior (*P*), úmero (*H*), rádio (*R*), ulna (*U*), radial (*r*), pré-polegar (*pp*), intermédio (*i*), ulnar (*u*), centrais (*c1* a *c5*), ossos carpais (*I* a *5*), dígitos (*I* a *V*).

A e B, com base em Shubin e Alberch; C, com base em Jarvik.

Condrictes

Os condrictes primitivos, como os primeiros tubarões, tinham nadadeiras peitorais e pélvicas cuja função básica era a estabilização. Eles consistiam em elementos basais, além de elementos radiais compactados, que sustentavam a nadadeira e a cintura era um único elemento basal ampliado (Figura 9.10 A).

Nos tubarões posteriores, os componentes basais pares das cinturas peitoral e pélvica se estenderam até a linha mediana do corpo e se fundiram em **barras escapulocoracoides** e **puboisquiáticas**, respectivamente (Figura 9.10 B e C). Mesmo os primeiros condrictes não apresentavam sinais de contribuições dérmicas para a cintura escapular. Os tubarões recentes têm três

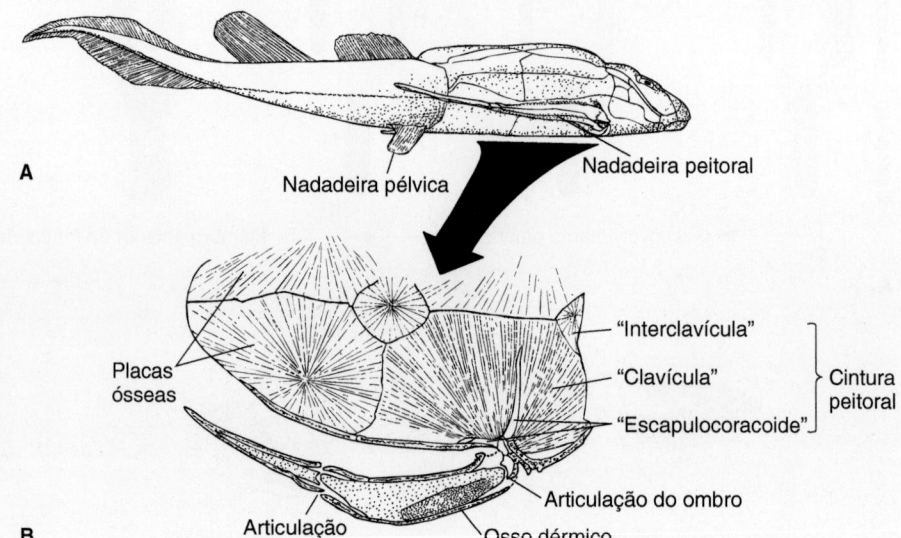

Figura 9.9 O Antiarchi *Bothriolepis*, um placoderme do final do Devoniano. A. Vista lateral. **B.** Vista ventral detalhando a nadadeira peitoral. A nadadeira pélvica era apenas ligeiramente desenvolvida, e a nadadeira peitoral, embora separada, era pouco mais que um espinho especializado articulado com a cintura. Os elementos endocondrais estavam encerrados em osso dérmico. A nadadeira peitoral está seccionada para mostrar elementos endocondrais no exoesqueleto dérmico. As homologias de ossos que contribuem para a cintura peitoral são incertas, por isso são citadas entre aspas.

Com base em Stensiö, 1969.

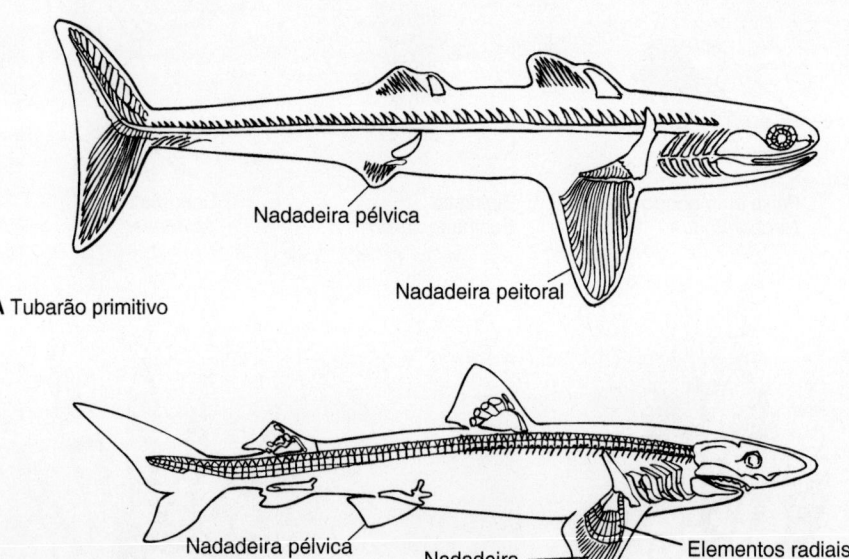

Figura 9.10 Tubarões ancestrais (A) e recentes (B). Uma tendência na evolução do esqueleto apendicular do tubarão foi a fusão de elementos separados da cintura basal ao longo da linha mediana (**C**). Essas fusões de pterigióforos produziram as barras puboisquiáticas e escapulocoracoides.

A e B, com base em Carroll; C, com base em Hyman.

pterigióforos aumentados na base da nadadeira peitoral. Em posição posterior está o **metapterígio**, originado da série de basais do eixo do metapterígio, seguido pelo **mesopterígio** e pelo **propterígio**, derivados expandidos dos radiais. O eixo do metapterígio na nadadeira pélvica consiste em uma série pós-axial, geralmente com um elemento longo que sustenta um grupo de elementos radiais (Figura 9.11).

Acantódios

Nos acantódios, grandes espinhos formavam o bordo de ataque das nadadeiras dorsais, anais e pares. Com frequência, havia outros espinhos dispostos em fileiras entre as nadadeiras peitorais e pélvicas. Em vida, a pele, coberta por fileiras de delicadas escamas, estendia-se entre esses espinhos (Figura 9.12 A–C). Se presentes, os elementos basais e radiais tendiam a ser bem pequenos. Em alguns acantódios, o espinho peitoral se articulava com um escapulocoracoide, mas não se demonstrou a articulação do espinho pélvico com a cintura endoesquelética.

Peixes ósseos

▶ **Actinopterígios.** A cintura peitoral dos actinopterígios é parcialmente endocondral, porém a maior parte é dérmica. Todos os membros do grupo têm uma bexiga de ar, portanto, a maioria deles tem flutuabilidade neutra. As nadadeiras atuam principalmente como pequenos remos para manobras fechadas ou leves ajustes da posição do corpo, ou para frear.

A cintura escapular dérmica, bem-estabelecida mesmo nos peixes ósseos primitivos, forma um colarinho de osso em formato de U ao redor da margem posterior da câmara branquial

e envolve o pequeno escapulocoracoide endoesquelético. O maior elemento da cintura escapular dérmica é o **cleitro**, sobre o qual o escapulocoracoide geralmente está localizado (Figura 9.13). Na parte ventral, o cleitro encontra a **clavícula**, que se curva medialmente e encontra a clavícula oposta na linha mediana sob a câmara branquial. No local de união, forma-se uma **sínfise**. Na parte ventral, o cleitro sustenta um **supracleitro** e este, por sua vez, um **pós-temporal** por meio do qual a cintura dérmica se fixa na parte posterior do crânio. Em alguns actinopterígios, outros ossos dérmicos podem se unir a essa cintura (p. ex., pós-cleitro = anocleitro), enquanto, em outros, os ossos dérmicos podem ser perdidos (p. ex., os teleósteos costumam perder a clavícula). No entanto, esse conjunto básico de ossos dérmicos é comum na cintura escapular de actinopterígios.

Nós usamos o nome "pós-cleitro" para designar o elemento dérmico encontrado na cintura escapular da maioria dos actinopterígios, nos sarcopterígios e nos primeiros tetrápodes, nos quais desaparece. No entanto, isso quebra algumas convenções de nomenclatura, nas quais o nome muda de pós-cleitro para anocleitro em sarcopterígios e nos primeiros tetrápodes. O estudante deve estar preparado para essa mudança de nome em algumas referências científicas.

▶ **Sarcopterígios.** Às vezes também são denominados peixes de nadadeiras lobadas, uma referência aos músculos e aos elementos de sustentação internos que se projetam do corpo e formam a base carnosa da nadadeira dérmica. Entre os sarcopterígios, os ripidístios são especialmente interessantes porque as nadadeiras têm certas características que as aproximam dos membros dos primeiros tetrápodes.

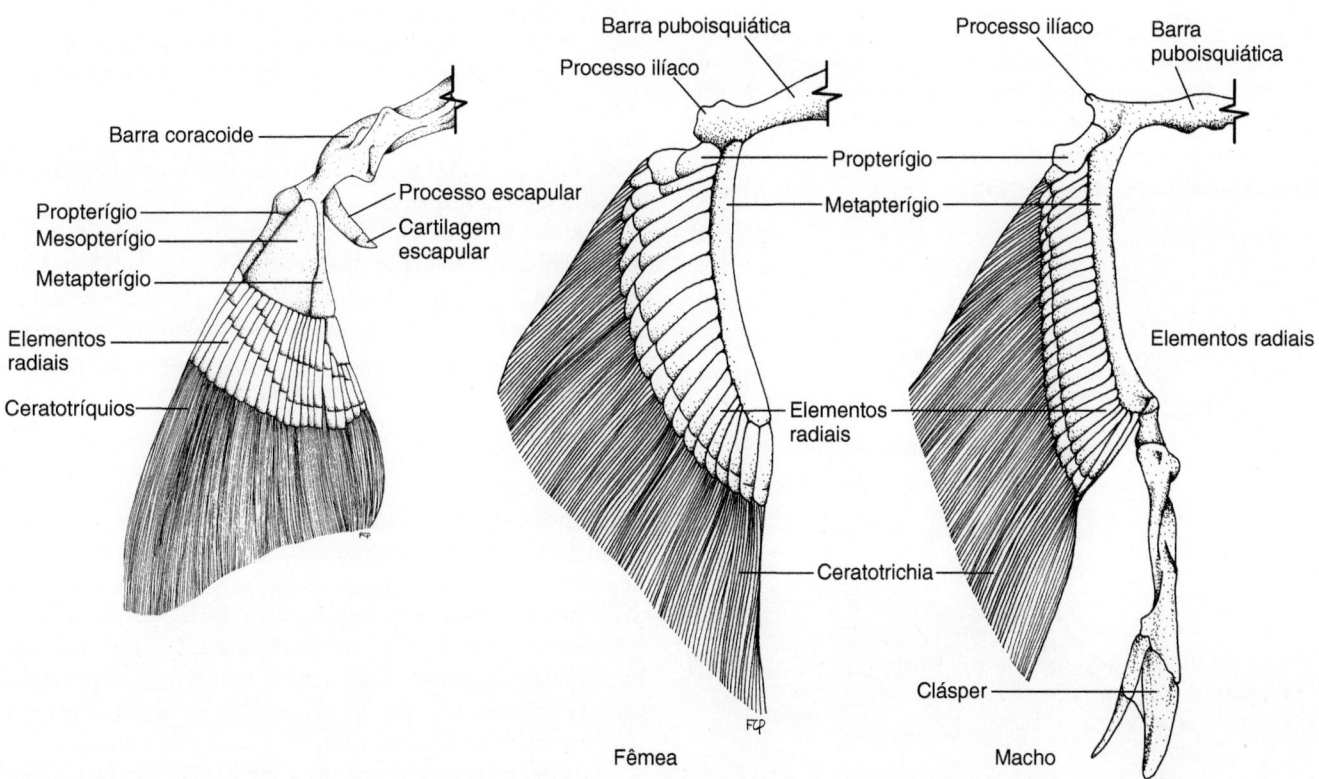

Figura 9.11 Elementos apendiculares nas nadadeiras peitorais e pélvicas e nas cinturas do tubarão recente *Squalus*.

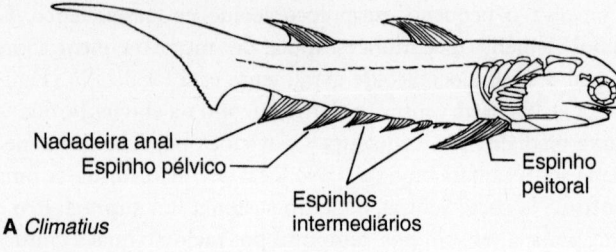

A *Climatius*

Nadadeira anal
Espinho pélvico
Espinhos intermediários
Espinho peitoral

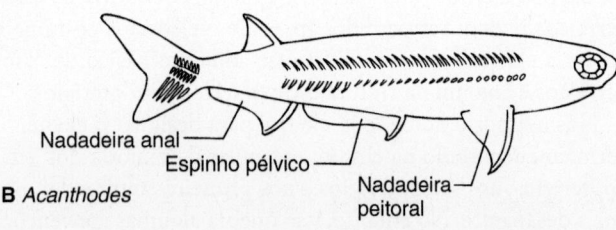

B *Acanthodes*

Nadadeira anal
Espinho pélvico
Nadadeira peitoral

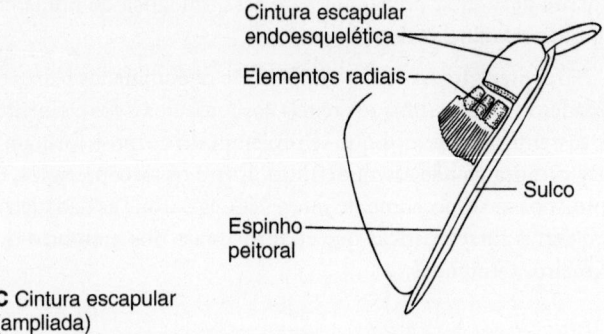

Cintura escapular endoesquelética
Elementos radiais
Sulco
Espinho peitoral

C Cintura escapular (ampliada)

Figura 9.12 Peixes acantódios. A. *Climatius,* mostrando a fileira de espinhos entre os elementos peitorais e pélvicos. **B.** *Acanthodes.* **C.** Ampliação do ombro endoesquelético restaurado de *Acanthodes.* Observe o espinho peitoral com os pequenos elementos radiais e elementos fundidos em sua base.

A e B, com base em Carroll; C, com base em Jarvik.

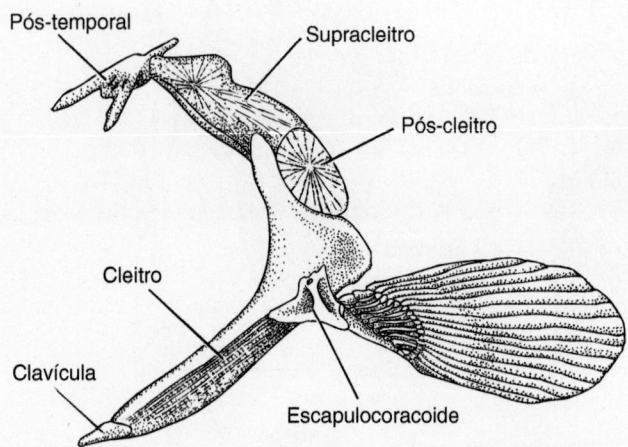

Pós-temporal
Supracleitro
Pós-cleitro
Cleitro
Clavícula
Escapulocoracoide

Figura 9.13 Cintura peitoral de Amia, um actinopterígio primitivo.

Os sarcopterígios sobreviventes compreendem três gêneros de peixes pulmonados viventes e um único gênero de celacanto, *Latimeria*. Os peixes pulmonados do início do Devoniano apresentam algumas especializações esqueléticas que caracterizam sua evolução subsequente. Nos gêneros viventes, as nadadeiras são consideravelmente reduzidas. Apenas os elementos esqueléticos do peixe pulmonado australiano (*Neoceratodus*) apresentam características que podem ser consideradas homólogas às de outros peixes. A cintura escapular dérmica consta de cleitro e clavícula com um pós-cleitro dorsal (= anocleitro) (Figura 9.14 A). A cintura endoesquelética consta de um escapulocoracoide que sustenta a série de elementos da nadadeira que se projetam em um padrão arquipterígio. As nadadeiras pélvicas pares também são do tipo arquipterígio e estão apoiadas sobre um único elemento cartilaginoso da cintura.

Apesar da estrutura endoesquelética, essas nadadeiras não transportam os peixes pulmonados em excursões terrestres. As nadadeiras delgadas e filiformes dos peixes pulmonados sul-americanos e africanos, por exemplo, não são adequadas para o transporte terrestre do corpo. O peixe pulmonado australiano tem nadadeiras um pouco mais fortes, porém é, na verdade, o mais aquático dos três gêneros. As nadadeiras desse peixe pulmonado servem para manobrar em águas rasas ou avançar entre a vegetação aquática e os obstáculos no fundo.

Os celacantos surgiram no Devoniano Médio, embora o sobrevivente *Latimeria* seja um táxon mais recente deles. Os elementos esqueléticos das nadadeiras de *Latimeria* formam um eixo longo e não ramificado. A cintura escapular dérmica não tem uma interclavícula, mas compreende um arco de quatro ossos, uma clavícula ventral, um cleitro e um provável pós-cleitro que sustentam o escapulocoracoide, além de um osso dorsal que se supõe ser o supracleitro (Figura 9.14 B). A cintura pélvica é constituída de um único elemento com vários processos. A observação direta de *Latimeria* viventes em seu *habitat* natural, em profundidades de cerca de 150 m, revela que as nadadeiras pares são usadas para estabilizar e controlar sua posição em correntes submarinas nas quais eles são deslocados lentamente ou permanecem suspensos.

Alguns fósseis de ripidístios deixaram um registro extraordinariamente detalhado da estrutura de suas nadadeiras lobadas. Um dos mais bem-estudados é o *Eusthenopteron*, um ripidístio do final do Devoniano. Seus apêndices peitorais e pélvicos sustentam nadadeiras dérmicas, mas, internamente, eles têm ossos acima do punho/tornozelo homólogos aos dos membros dos primeiros tetrápodes (Figura 9.15 A e B). A nadadeira peitoral se articula com um escapulocoracoide e uma série de elementos dérmicos pares de sustentação na cintura: cleitro, pós-cleitro (ou anocleitro), supracleitro e pós-temporal. Além desses, há um elemento dérmico ímpar, em posição medioventral, que se sobrepõe a ambas as pontas inferiores das duas metades da cintura (ver Figura 9.15 B). Esse osso oval, basicamente uma escama oval aumentada, é a **interclavícula**, um novo componente da cintura dos peixes que se junta a ela pela primeira vez nos ripidístios. Essa estrutura também é mantida na cintura dérmica dos tetrápodes posteriores.

A nadadeira pélvica se articula somente com um osso da cintura endoesquelética. Os membros esquerdo e direito dessa cintura par não se encontram na linha mediana nem se articulam

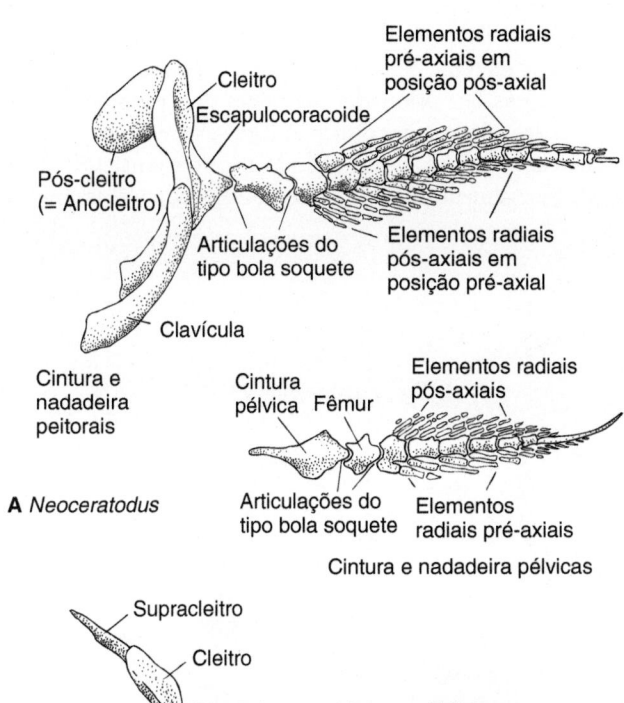

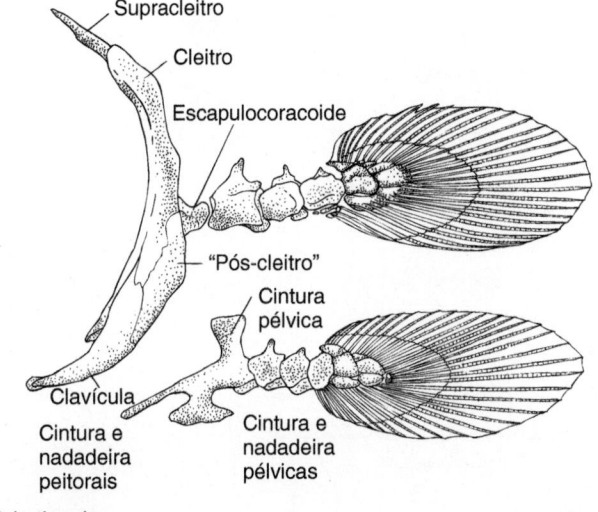

A *Neoceratodus*

B *Latimeria*

Figura 9.14 Esqueletos apendiculares de sarcopterígios viventes. A. O dipnoico australiano *Neoceratodus*. **B.** O celacanto *Latimeria*.

A, com base em Jarvik; B, com base em Millot e Anthony.

com a coluna axial. Em vez disso, estão embutidos na parede do corpo e oferecem uma base óssea da qual sai uma nadadeira carnosa de cada lado do peixe (ver Figura 9.15 A).

Tetrápodes

Os primeiros tetrápodes preservaram ou rapidamente apresentaram modificações do esqueleto apendicular relacionadas com a locomoção terrestre e a exploração desse ambiente. Uma dessas modificações, que apareceu no peixe sarcopterígio *Tiktaalik* e se manteve nos tetrápodes, foi a perda da fixação da cintura peitoral no crânio, uma característica que aumentou a mobilidade craniana e talvez tenha reduzido a trepidação da cabeça. As cinturas e os membros se tornaram mais fortes, mais robustos e mais ossificados (Figura 9.16 A e B). Um dos primeiros a apresentar essas modificações foi o *Ichthyostega*, que tinha a cintura pélvica constituída de um

único osso dividido em três partes: **púbis**, **ísquio** e **ílio**. Por meio do ílio, a cintura pélvica se uniu à coluna vertebral e, assim, definiu a região sacral (Figura 9.17). A cintura peitoral perdeu sua fixação no crânio, e as nadadeiras dos ancestrais peixes foram substituídas por dígitos.

O *Eogyrinus*, um tetrápode secundariamente aquático do Carbonífero, alcançava mais de 2 m de comprimento. Embora fortalecidos, seus membros e cinturas eram relativamente pequenos para seu tamanho e, na maior parte, cartilaginosos; portanto, é improvável que tenham sido usados para se aventurar na terra. Em vez disso, assim como as salamandras recentes e alguns peixes, o *Eogyrinus* provavelmente usou os membros como pivôs sobre os quais se movia na água (Figura 9.18 A). Os membros e as cinturas dos tetrápodes iniciais se tornaram cada vez maiores e mais fortes, um reflexo do aumento dos hábitos terrestres e da exploração da terra. O *Eryops*, um temnospôndilo do Permiano, também alcançava comprimentos de quase 2 m. No entanto, os membros e as cinturas do *Eryops* eram estruturas de sustentação robustas, extensamente ossificadas e fortes de um tetrápode comprometido com a vida na terra (Figura 9.18 B e C). O crânio de jovens *Eryops*, ao contrário do crânio de adultos, mostram evidências de um sistema de linha lateral, um sistema sensorial aquático. Isso sugere que os adultos eram predominantemente terrestres e os jovens, predominantemente aquáticos, um ciclo de vida não muito diferente do ciclo de vida de muitos anfíbios recentes.

Sistema de linha lateral (Capítulo 17)

Cintura peitoral

Os tetrápodes herdaram dos ripidístios uma cintura escapular constituída de elementos dérmicos e endoesqueléticos. Entretanto, ao contrário de seus ancestrais peixes, os tetrápodes têm uma cintura escapular separada do crânio do ponto de vista estrutural e funcional. Como a cintura peitoral não está mais conectada à parte posterior do crânio, também há perda da série dorsal de ossos dérmicos, que estabeleciam essa conexão nos peixes. Portanto, nos primeiros tetrápodes, o osso de conexão com o crânio, o pós-temporal, e os ossos contíguos do ombro, supracleitro e pós-cleitro (= anocleitro), estão ausentes, deixando uma cintura escapular dérmica composta dos elementos ventrais remanescentes: dois cleitros, duas clavículas e uma interclavícula medioventral que une as duas metades da cintura pela linha mediana (Figura 9.19). Em anfíbios recentes, geralmente há perda total dos ossos dérmicos, como nas salamandras, ou redução da sua proeminência, como nos anuros. O escapulocoracoide endoesquelético se torna o elemento predominante da cintura, mas preserva sua fidelidade ao cleitro (ver Figura 9.19). Em peixes, o escapulocoracoide, como sugere seu nome composto, tende a ser um elemento único. Nos primeiros tetrápodes, porém, origina-se de dois centros embrionários distintos de ossificação endocondral e produz dois ossos distintos, a **escápula** e o **procoracoide** (Figura 9.20).

Em amniotas ancestrais, a clavícula e a interclavícula persistem, mas o cleitro geralmente está ausente. A clavícula desaparece em alguns répteis recentes, mas é preservada em muitos.

Em tartarugas, é incorporada ao plastrão como **entoplastrão**. Em aves, as duas clavículas geralmente se fundem à interclavícula ímpar, produzindo um osso composto, a **fúrcula**. Tanto a escápula quanto o procoracoide da cintura endocondral persistem. Na verdade, eles se tornam uma parte mais proeminente da cintura escapular em aves e répteis recentes.

Um escapulocoracoide unificado acompanha os primeiros vertebrados na terra. No entanto, logo começamos a ver no ombro de alguns dos primeiros tetrápodes dois elementos endocondrais articulados, mas distintos. Eles se desenvolvem a partir de dois centros de ossificação, dando origem a uma escápula separada (dorsalmente) e um "coracoide" separado (ventralmente).

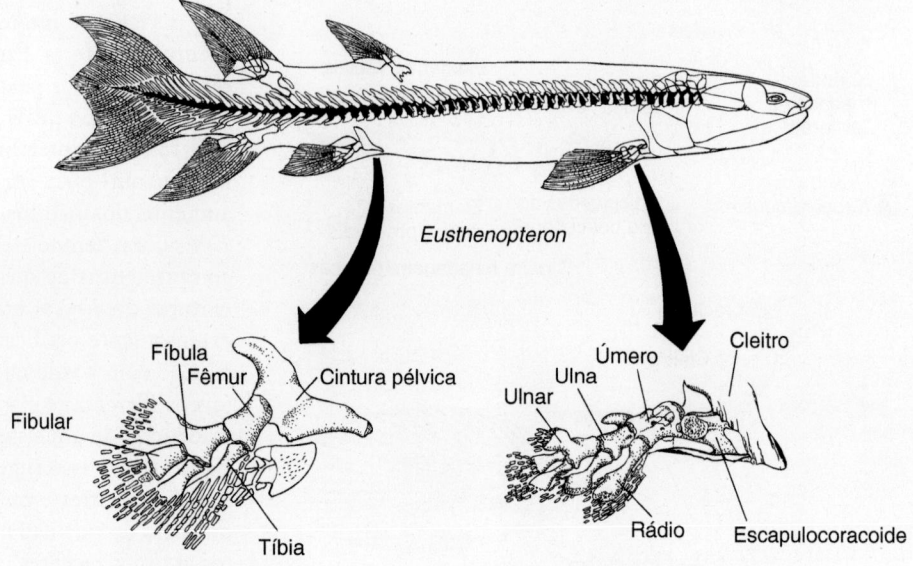

Figura 9.15 Esqueleto apendicular do ripidístio fóssil *Eusthenopteron*. A. Cintura e nadadeira pélvicas. **B.** Cintura e nadadeira peitorais.

Com base em Carroll; Jarvik.

A Cintura e nadadeira pélvicas

B Cintura e nadadeira peitorais

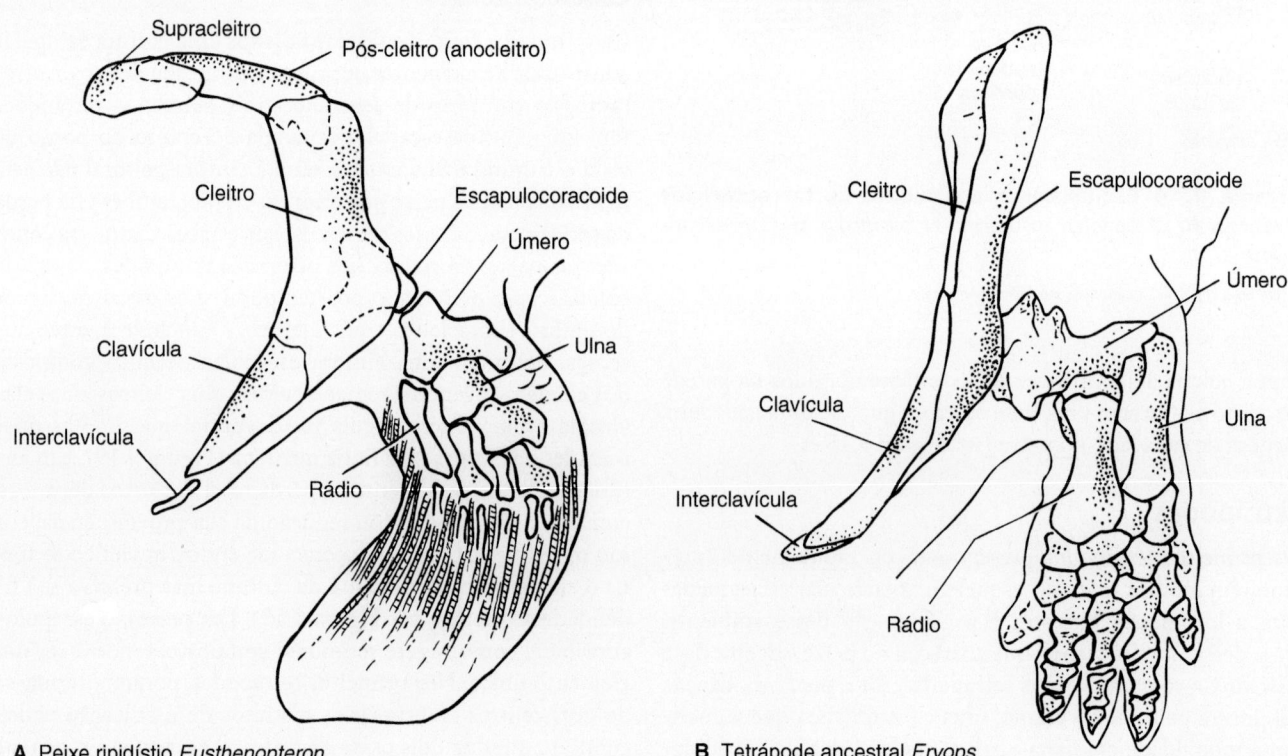

A Peixe ripidístio *Eusthenopteron*

B Tetrápode ancestral *Eryops*

Figura 9.16 Esqueleto apendicular de um ripidístio, em que se mostram a cintura e o apêndice esquerdos. A. *Eusthenopteron,* peixe ripidístio do final do Devoniano. **B.** *Eryops,* um temnospôndilo do Carbonífero.

Com base em Romer, Jarvik e outras fontes.

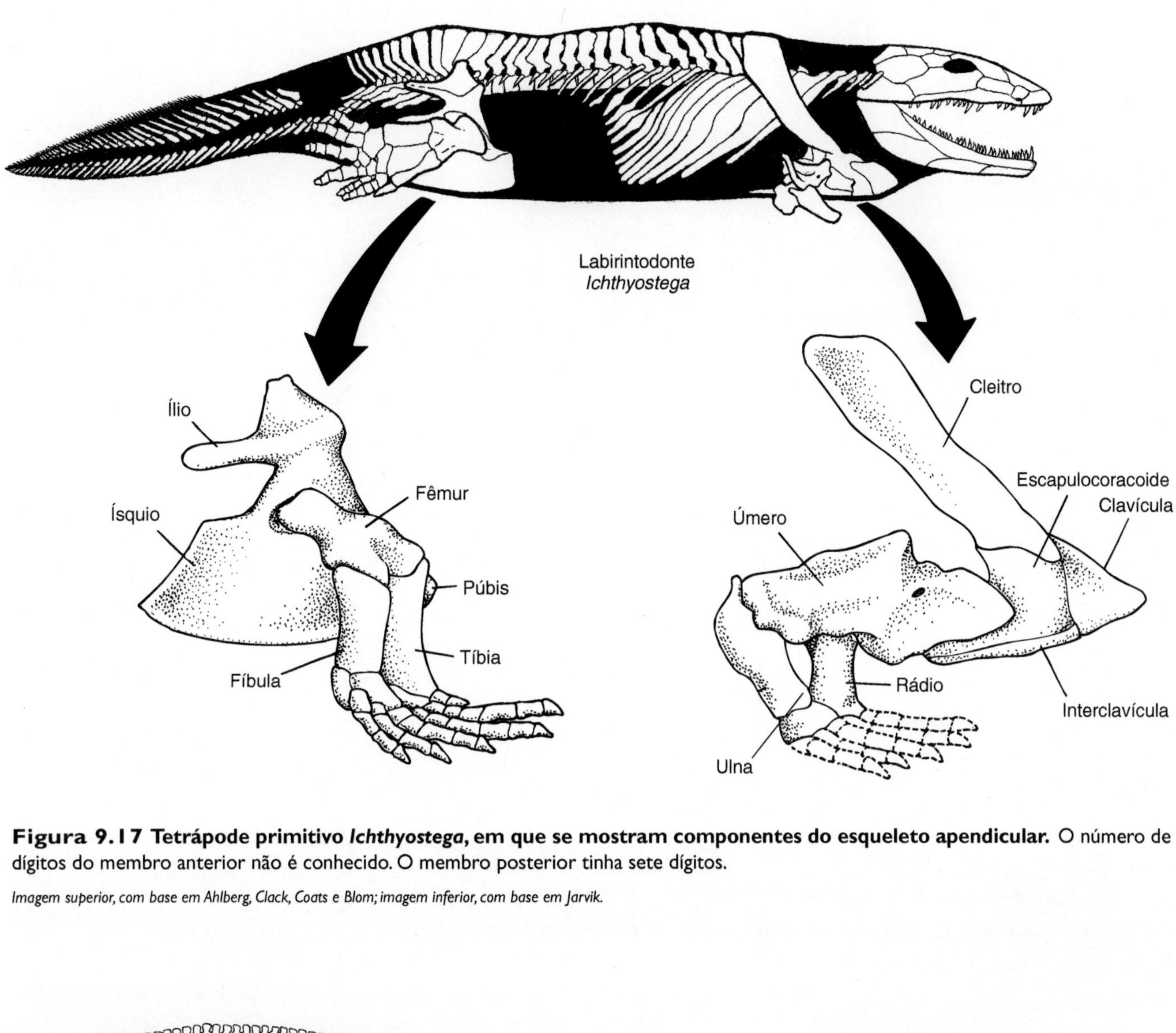

Labirintodonte
Ichthyostega

Ílio

Ísquio

Fêmur

Púbis

Tíbia

Fíbula

Cleitro

Úmero

Escapulocoracoide

Clavícula

Rádio

Interclavícula

Ulna

Figura 9.17 Tetrápode primitivo *Ichthyostega*, em que se mostram componentes do esqueleto apendicular. O número de dígitos do membro anterior não é conhecido. O membro posterior tinha sete dígitos.

Imagem superior, com base em Ahlberg, Clack, Coats e Blom; imagem inferior, com base em Jarvik.

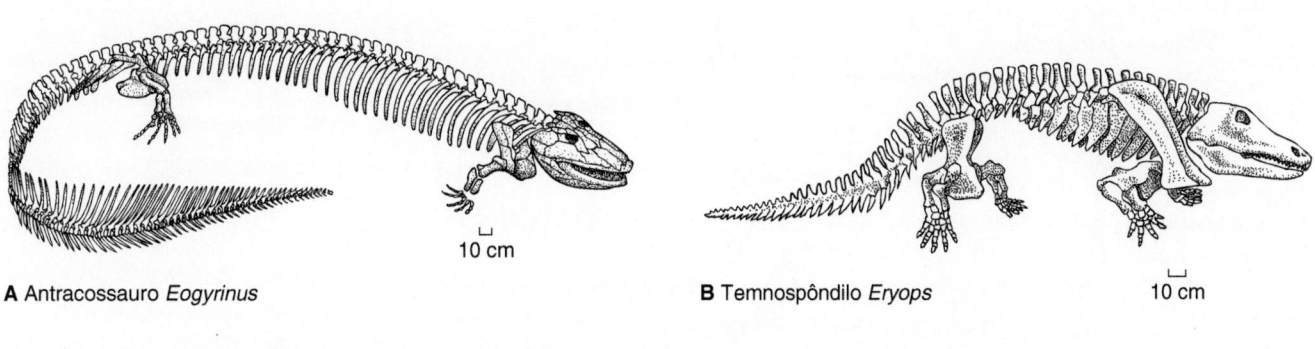

A Antracossauro *Eogyrinus*

10 cm

B Temnospôndilo *Eryops*

10 cm

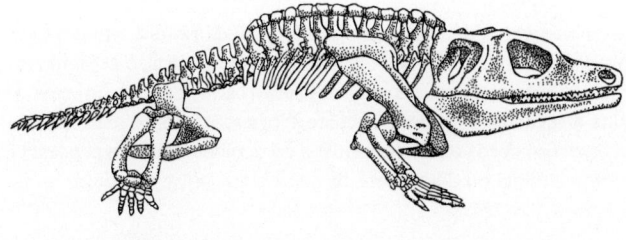

C Temnospôndilo *Cacops*

10 cm

Figura 9.18 Tetrápodes primitivos. A. *Eogyrinus*, do Carbonífero, tinha mais de 2 m de comprimento. Embora houvesse membros e cinturas, eles eram fracos para um animal desse tamanho e talvez servissem como pivôs em vez de estruturas para sustentação de peso. **B** e **C.** Em comparação, os membros e as cinturas mais robustos de *Eryops* e *Cacops*, ambos do Permiano, indicam o maior uso dos membros para a locomoção terrestre.

Com base em Carroll.

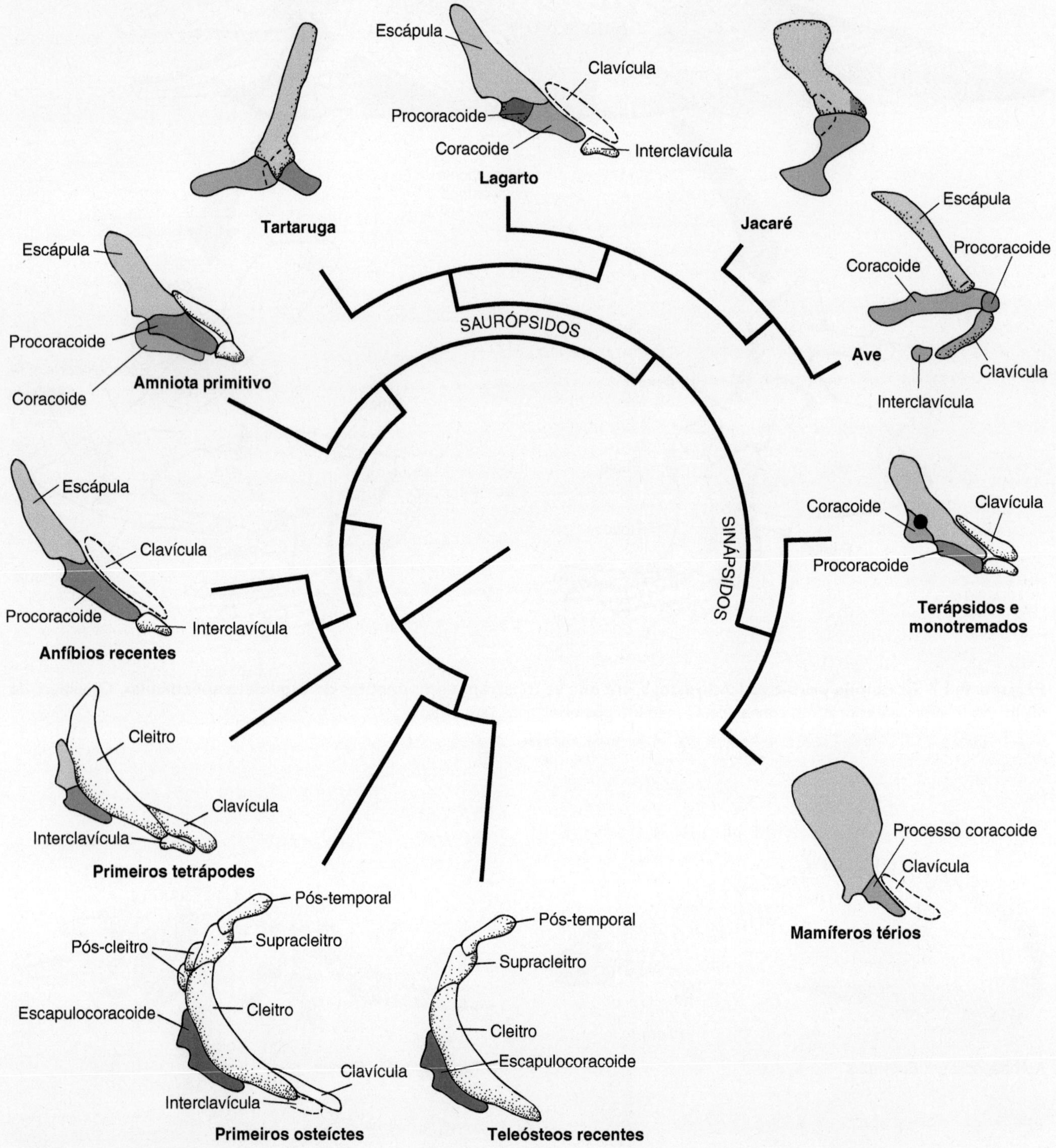

Figura 9.19 Resumo da evolução da cintura peitoral. Observe que os elementos dérmicos (*sem sombreado*) da cintura tendem a ser perdidos e os elementos endocondrais (*sombreados*) tendem a se tornar mais proeminentes. Um único elemento endocondral, o escapulocoracoide, está presente em peixes, mas dois ossos distintos, a escápula e o procoracoide, estão presentes nos primeiros tetrápodes. Em amniotas primitivos, aparece um terceiro osso endocondral, o coracoide, que se une à escápula e ao procoracoide, filogeneticamente mais antigos. Os três persistem em mamíferos primitivos, embora apenas dois permaneçam em mamíferos térios (escápula e coracoide como um processo). Em répteis e aves recentes, a escápula e o coracoide persistem e o procoracoide diminui ou desaparece da cintura escapular do adulto.

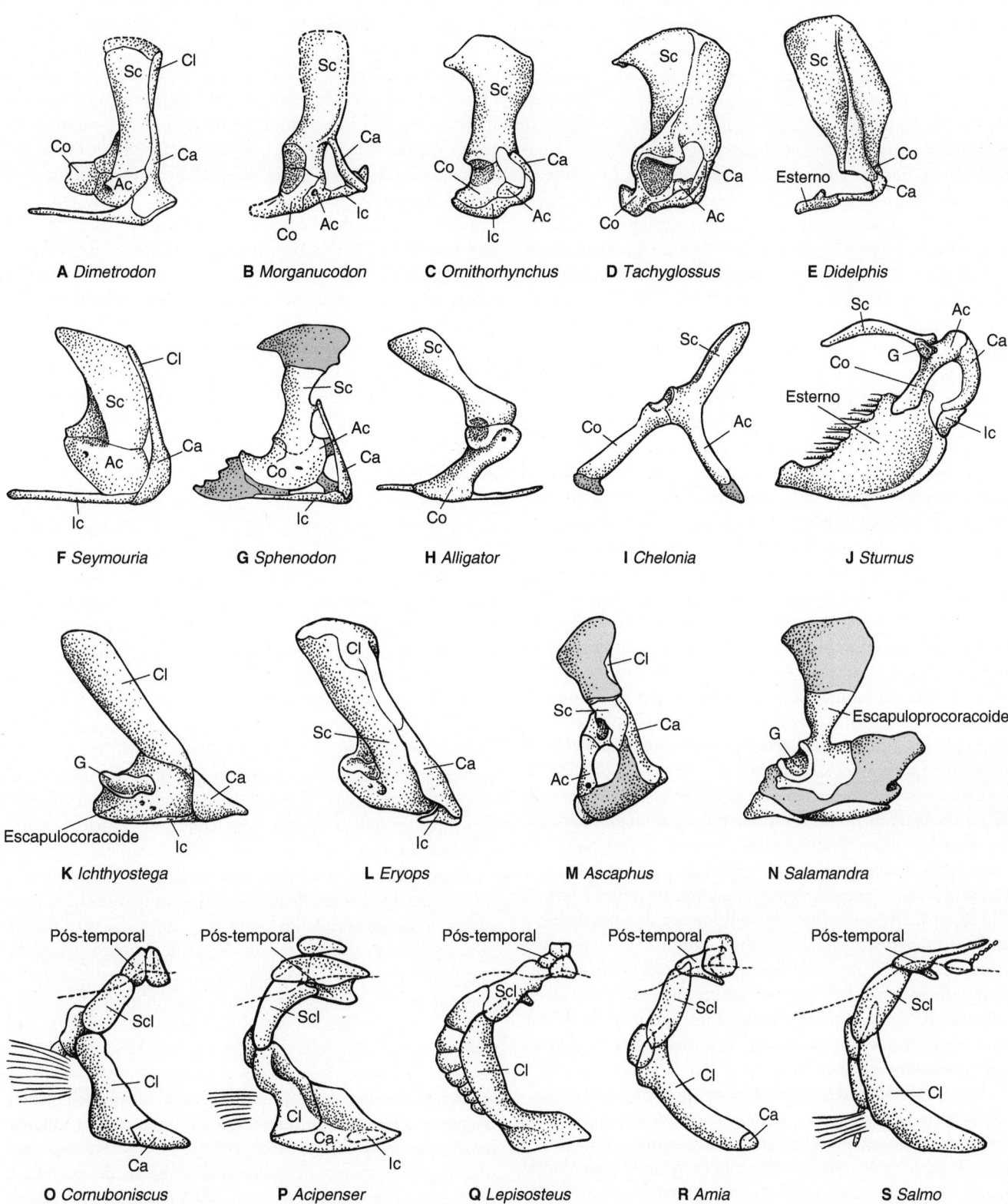

Figura 9.20 Cintura peitoral de alguns vertebrados. A. Pelicossauro. **B.** Mamífero primitivo extinto. **C.** Ornitorrinco, um monotremado. **D.** Equidna, um monotremado. **E.** Gambá, um marsupial. **F.** Labirintodonte. **G.** *Sphenodon*, um réptil. **H.** Jacaré, um réptil. **I.** Tartaruga,
um réptil. **J.** Ave. **K.** *Ichthyostega*, um tetrápode ancestral. **L.** Temnospôndilo. **M.** Anuro. **N.** Salamandra. **O–S.** Actinopterígios. Abreviações:
procoracoide (*Ac*), clavícula (*Ca*), cleitro (*Cl*), coracoide (*Co*), glenoide (*G*), interclavícula (*Ic*), escápula (*Sc*), supracleitro (*Scl*). Os elementos
cartilaginosos estão sombreados.

Com base em Romer e Parsons; Jollie.

Ainda mais tarde, em amniotas basais, a cintura escapular sofre outra modificação e passa a exibir três elementos endocondrais primários – a escápula na parte dorsal, mas dois elementos na parte ventral, o antigo "coracoide" preservado dos primeiros tetrápodes e um novo "coracoide". Para evitar confusão e acompanhar o destino de cada um desses dois coracoides, eles recebem nomes diferentes. O elemento mais antigo homólogo ao coracoide dos primeiros tetrápodes é o **procoracoide** (= coracoide anterior). O novo coracoide é denominado apenas de **coracoide** (= coracoide posterior, = metacoracoide) (ver Figura 9.19). Nos sinápsidos, essa cintura escapular de três partes é preservada em pelicossauros, terápsidos e mamíferos monotremados. Em mamíferos térios, o procoracoide se torna vestigial (marsupiais) ou é incorporado ao manúbrio do esterno (eutérios). O coracoide é reduzido e se une à escápula como o processo coracoide. Embora anatomicamente unidos, o estabelecimento do padrão genético do processo coracoide dos térios e da escápula está sob o controle de diferentes genes *Hox*, o que apoia ainda mais a concepção de que cada um deles é um derivado filogenético separado.

Em saurópsidos, a cintura escapular endocondral de três partes também é preservada, mas sua evolução é complicada em grupos derivados, em parte devido à atual localização filogenética incerta das tartarugas e em parte devido às aparentes fusões ontogenéticas na cintura, onde o procoracoide frequentemente está presente em subadultos, mas não em adultos, quando se funde com a escápula. A maioria dos saurópsidos basais apresenta uma cintura escapular dividida em três partes, mesmo em adultos – escápula, coracoide, procoracoide. As tartarugas têm uma escápula e um coracoide distintos. O processo acromial representa o procoracoide fundido (embora alguns anatomistas ainda afirmem que o processo é uma projeção da escápula e que o procoracoide está ausente). A maioria dos lagartos tem os três elementos – escápula, coracoide, procoracoide – embora o procoracoide esteja reduzido a um processo unido aos outros ossos. Entre os outros répteis, há uma escápula e um coracoide no esqueleto ossificado, mas o procoracoide tem vários destinos. Por exemplo, em crocodilianos, o procoracoide não se separa de seu primórdio embrionário durante o desenvolvimento para formar outro osso no adulto; em vez disso, desaparece durante o desenvolvimento ou é incorporado à porção ventral da escápula, perdendo as suturas indicativas durante o processo. Em aves, o procoracoide rudimentar pode contribuir para a porção da escápula ao redor da cavidade glenoidal e para uma extremidade do coracoide como o processo procoracoide.

Vários elementos dérmicos do ombro persistem nos primeiros sinápsidos. A clavícula e a interclavícula estão presentes em terápsidos e monotremados, porém, em marsupiais e eutérios, a interclavícula está ausente, a clavícula frequentemente tem tamanho reduzido e a escápula se torna o principal elemento do ombro. Por outro lado, o coracoide (coracoide posterior) está reduzido e fundido à escápula como **processo coracoide** (ver Figuras 9.19 e 9.20).

Cintura pélvica

A cintura pélvica nunca recebe contribuições de osso dérmico, sendo exclusivamente endoesquelética desde sua primeira aparição nos placodermes. Ela surgiu dos pterigióforos, talvez várias vezes, para sustentar as nadadeiras. É formada por um único elemento na maioria dos peixes e em tetrápodes bem iniciais, mas conta com três ossos endocondrais – ílio, ísquio e púbis – nos tetrápodes mais desenvolvidos (Figuras 9.21 e 9.22). Por meio do ílio, a cintura pélvica se uniu à coluna vertebral pela primeira vez nos primeiros tetrápodes, estabelecendo e, portanto, definindo a região sacral. Esses três ossos da cintura pélvica persistem em todos os amniotas posteriores, embora seu padrão geral varie. Por exemplo, dois modelos distintos, as cinturas pélvicas dos saurísquios e dos ornitísquios, definem dois respectivos grupos de dinossauros. Nas aves, os três ossos aparecem embriologicamente como centros de ossificação separados, mas depois se fundem e formam um osso composto, o **osso inominado**, em geral sem vestígio de suturas entre eles. A fusão posterior do osso inominado ao sinsacro, também um osso composto, confere considerável firmeza ao esqueleto posterior das aves.

Mãos e pés

O autopódio na extremidade de cada membro dos tetrápodes sofreu uma complexa evolução. O acompanhamento dessa evolução foi difícil, principalmente por causa dos numerosos elementos participantes. Existem vários **dígitos**; cada um deles começa com um **elemento metapodial** (**metacarpais** no membro anterior, **metatarsais** no membro posterior) proximal, seguido por uma cadeia de **falanges**. Os dígitos se apoiam sobre vários ossos separados, conhecidos pelo nome coletivo de **carpais**, no punho, e **tarsais**, no tornozelo. Em alguns vertebrados marinhos (ictiossauros, plesiossauros, cetáceos, sirenídeos e carnívoros marinhos, p. ex.), a principal tendência é de **polifalangia**, uma proliferação do número de falanges. É muito incomum encontrar espécies com mais de cinco dígitos, uma condição conhecida como **polidactilia.** Em muitos grupos, porém, como em ungulados e carnívoros terrestres, houve uma tendência oposta, ou seja, de redução do número de falanges e perda ou fusão dos ossos carpais e tarsais associados.

A concepção tradicional era de que o membro básico dos tetrápodes consistia em cinco dígitos nomeados e numerados (algarismos romanos) por seu padrão **pentadáctilo** (Figura 9.23). Alguns desapareceram em linhas especializadas, mas esse modelo básico de cinco dígitos é uma hipótese razoável, pois os membros da maioria dos amniotas primitivos têm cinco dígitos. Infelizmente, os exemplares de fósseis dos primeiros tetrápodes, como o *Ichthyostega*, não preservaram suficientemente os dedos para permitir a contagem confiável, pelo menos até pouco tempo atrás. Novas descobertas de exemplares dos primeiros tetrápodes testam essa hipótese de cinco dígitos. O membro posterior de *Ichthyostega* tinha sete dígitos (o número na mão ainda é desconhecido), a mão de *Acanthostega* tinha oito dígitos (o número no pé é desconhecido) e os membros anteriores e posteriores de *Tulerpeton* tinham seis dígitos (Figura 9.24). Esses fósseis do final do Devoniano são os vestígios mais antigos de tetrápodes disponíveis. Em conjunto, indicam que o padrão tetrápode primitivo era polidáctilo e que o padrão de cinco dígitos é uma estabilização posterior.

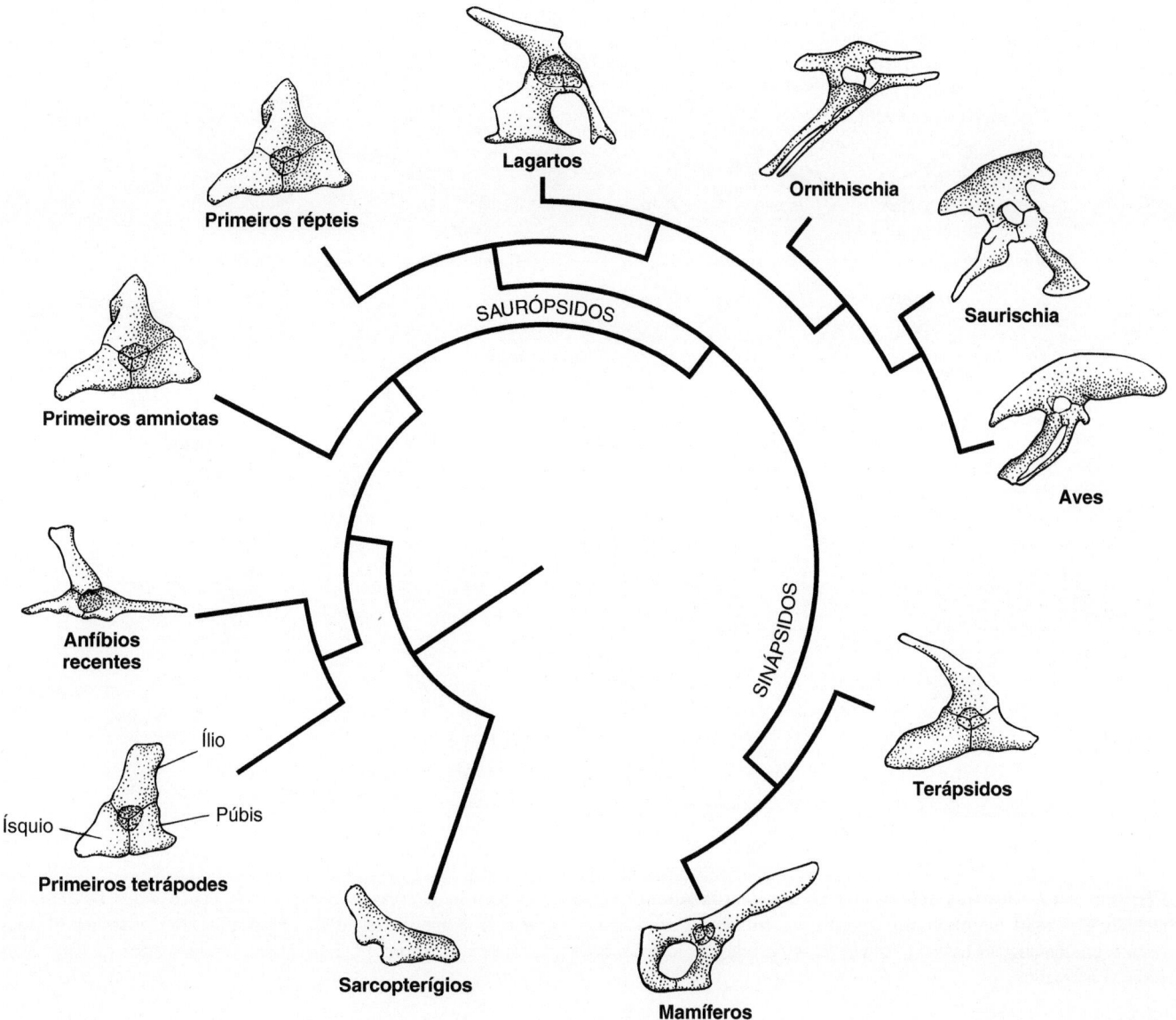

Figura 9.21 Resumo da evolução da cintura pélvica. Três elementos endocondrais – ílio, ísquio, púbis – caracterizam a cintura pélvica nos primeiros tetrápodes. Esse padrão básico persiste até os tetrápodes posteriores.

Especulações recentes também sugerem que dois padrões independentes de membros de tetrápodes podem ter surgido a partir da condição polidáctila em tetrápodes primitivos. Um deles era a linhagem amniota, na qual o número de dígitos se estabilizou em cinco em cada membro. A outra linhagem leva aos anfíbios recentes, com cincos dígitos nos membros posteriores, mas somente quatro nos membros anteriores. A concepção antiga é que esse padrão de quatro dígitos é derivado de um ancestral de cinco dígitos. Se fizermos o levantamento da ancestralidade dos anfíbios recentes até esses primeiros tetrápodes, como alguns sugerem atualmente, perceberemos que o número reduzido de dígitos dos anfíbios deriva diretamente dos ancestrais polidáctilos.

Essas especulações são tentadoras e reanimadoras, mas ainda muito experimentais. Os primeiros tetrápodes eram claramente polidáctilos. No entanto, o significado disso para a evolução dos tetrápodes posteriores aguarda mais estudos. Para os

nossos propósitos, o padrão de cinco dígitos é uma base útil para discutir a evolução dos membros e as mudanças em seu desenho funcional.

Na mão, um dígito é constituído de várias falanges com um metacarpal na base. Por sua vez, cada um dos cinco metacarpais se articula com um carpal. Os ossos do punho que se articulam com o rádio e a ulna são, respectivamente, o **radial** e o **ulnar**. O **intermédio** está entre esses dois ossos do punho. No meio do punho há de um a três ossos **centrais**. No pé, o número primitivo de dígitos também é cinco, e cada um deles tem um metatarsal em sua base. Por sua vez, cada dígito se articula na parte proximal com a seguinte sequência de ossos: tarsal, central, tibial, intermédio e fibular; os três últimos encontram a tíbia e a fíbula da perna (Figura 9.23).

Embora esse imponente padrão de elementos esperados das mãos e dos pés propicie um ponto de partida quando analisamos a anatomia distal dos membros, com frequência a morfologia

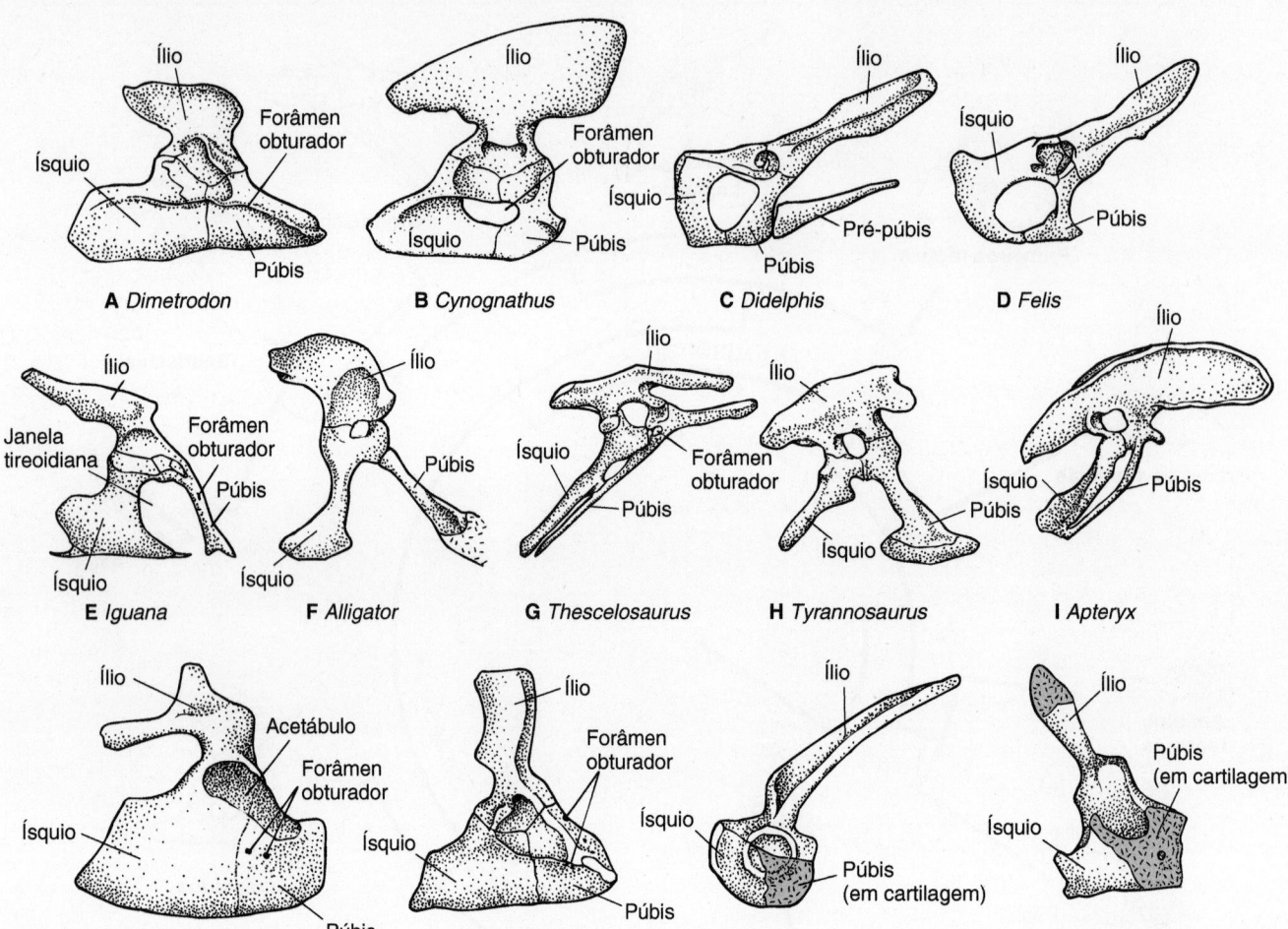

Figura 9.22 Cinturas pélvicas de alguns vertebrados. O pontilhado representa áreas cartilaginosas. **A.** Pelicossauro. **B.** Réptil terápsido. **C.** Gambá, um marsupial. **D.** Gato, um mamífero placentário. **E.** Lagarto. **F.** Jacaré, um réptil. **G.** Ornitísquio, um dinossauro. **H.** Saurísquio, um dinossauro. **I.** Ave. **J.** Primeiros tetrápodes. **K.** Temnospôndilo, tetrápode. **L.** Anuro. **M.** Salamandra. Os elementos cartilaginosos estão sombreados.

Com base em Romer e Parsons.

verdadeira é consideravelmente modificada por fusões, alongamentos, eliminações e acréscimos de elementos aparentemente novos a esse padrão (Figuras 9.25 A–H e 9.26 A–G). Por exemplo, o **pisiforme** é um osso sesamoide que pode estar localizado fora do carpo, sobretudo em répteis e mamíferos. Em aves, a fusão dos elementos do membro anterior produz um autopódio com três dígitos (II, III, IV). O ulnar regride durante a ontogenia e, no seu espaço, surge um neomorfo derivado de uma nova condensação embrionária (ver Figura 9.25 E). Esse novo osso do punho das aves não foi nomeado. Alguns ainda o chamam de ulnar; outros escrevem "ulnar" entre aspas. Alguns atribuem um número a ele; outros o chamam de neomorfo. Todas essas opções serão encontradas por um tempo em novas referências na literatura sobre aves.

No membro posterior, os dígitos laterais podem desaparecer nos mamíferos cursoriais, e os metatarsais mediais (III e IV) podem fundir-se e formar um osso do tornozelo composto ou ser reduzidos a um único osso proeminente (metatarsal III), comumente denominado de **osso da canela** (ver Figura 9.26 E). Em aves, a fusão de elementos no membro

posterior produz um osso composto, o **tarsometatarso**, assim nomeado por causa dos elementos que o compõem (ver Figura 9.26 C). Em mamíferos, o fibular é o osso tarsal específico que se articula com a fíbula, porém é mais comumente chamado de **calcâneo**. O tibial, comumente chamado de **astrágalo**, funde-se com o intermédio e, juntos, os dois se articulam com a tíbia (ver Figura 9.26 F). Embora originados em mamíferos, os termos *calcâneo* (= fibular) e *astrágalo* (= tibial) foram usados para se referir aos tornozelos de répteis e aves. Entretanto, as diferenças nas contribuições embrionárias para esses dois ossos em répteis, aves e mamíferos talvez denunciem as diferenças de homologia e, em rigor, exijam nomes diferentes. Ainda assim, algumas incertezas relativas às contribuições embrionárias persistem, e a conveniência do uso dos termos *calcâneo* e *astrágalo* para designar ossos tarsais com funções semelhantes pode fazer com que sejam usados em todos os grupos, ao menos por enquanto.

Nos amniotas, dois tipos de articulações do tornozelo podem ser formadas: entre a perna e os tarsais proximais ou entre os próprios tarsais proximais (astrágalo e calcâneo). A **articulação**

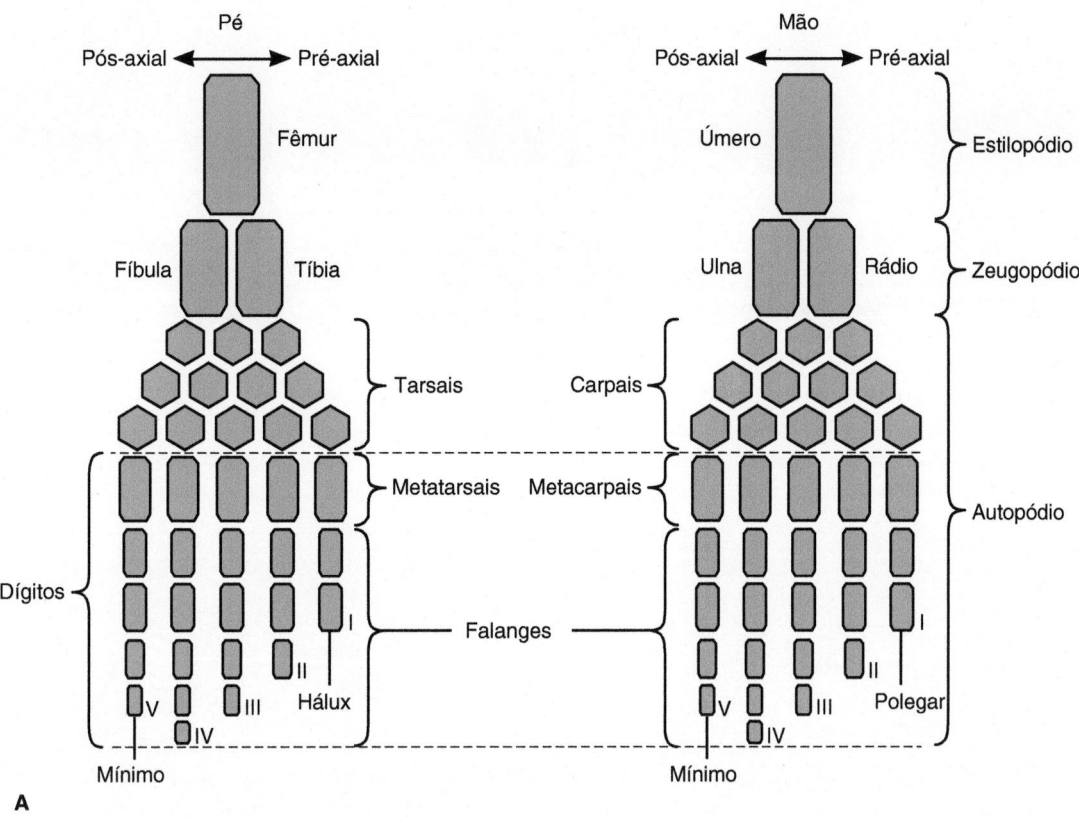

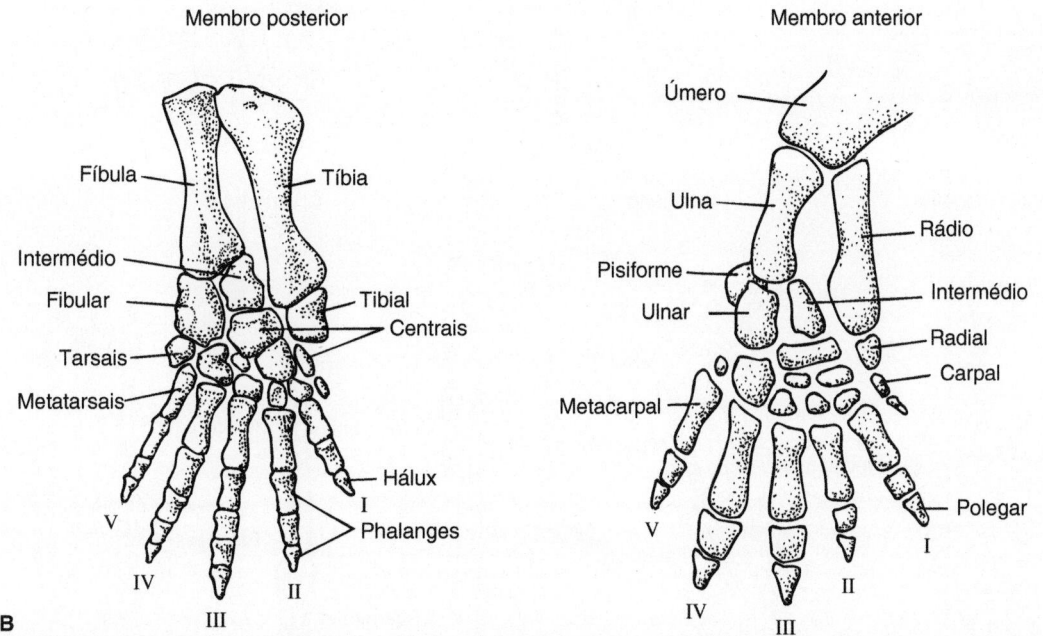

Figura 9.23 Organização básica dos membros anteriores e posteriores. A. As mãos e os pés têm cinco dígitos; cada dígito inclui seu metacarpal ou metatarsal e cadeia de falanges. Por sua vez, esses dígitos se articulam com vários ossos do punho e do tornozelo. **B.** Membros anterior e posterior de tetrápode primitivo.

A, com base em Smith; B, com base em Jarvik.

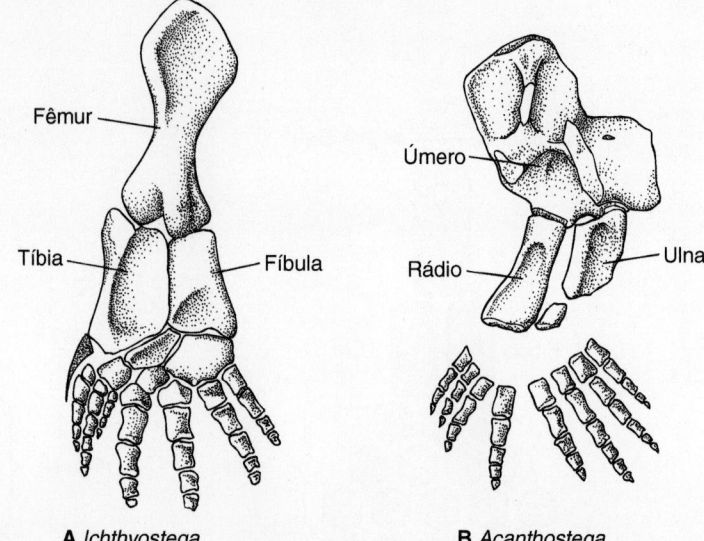

Figura 9.24 Membros polidáctilos dos primeiros tetrápodes (vistas dorsais). **A.** Membro posterior de *Ichthyostega* com sete dígitos. **B.** Membro anterior de *Acanthostega* (um ictiostegálio) com oito dígitos.

Com base em Coates e Clark, 1990.

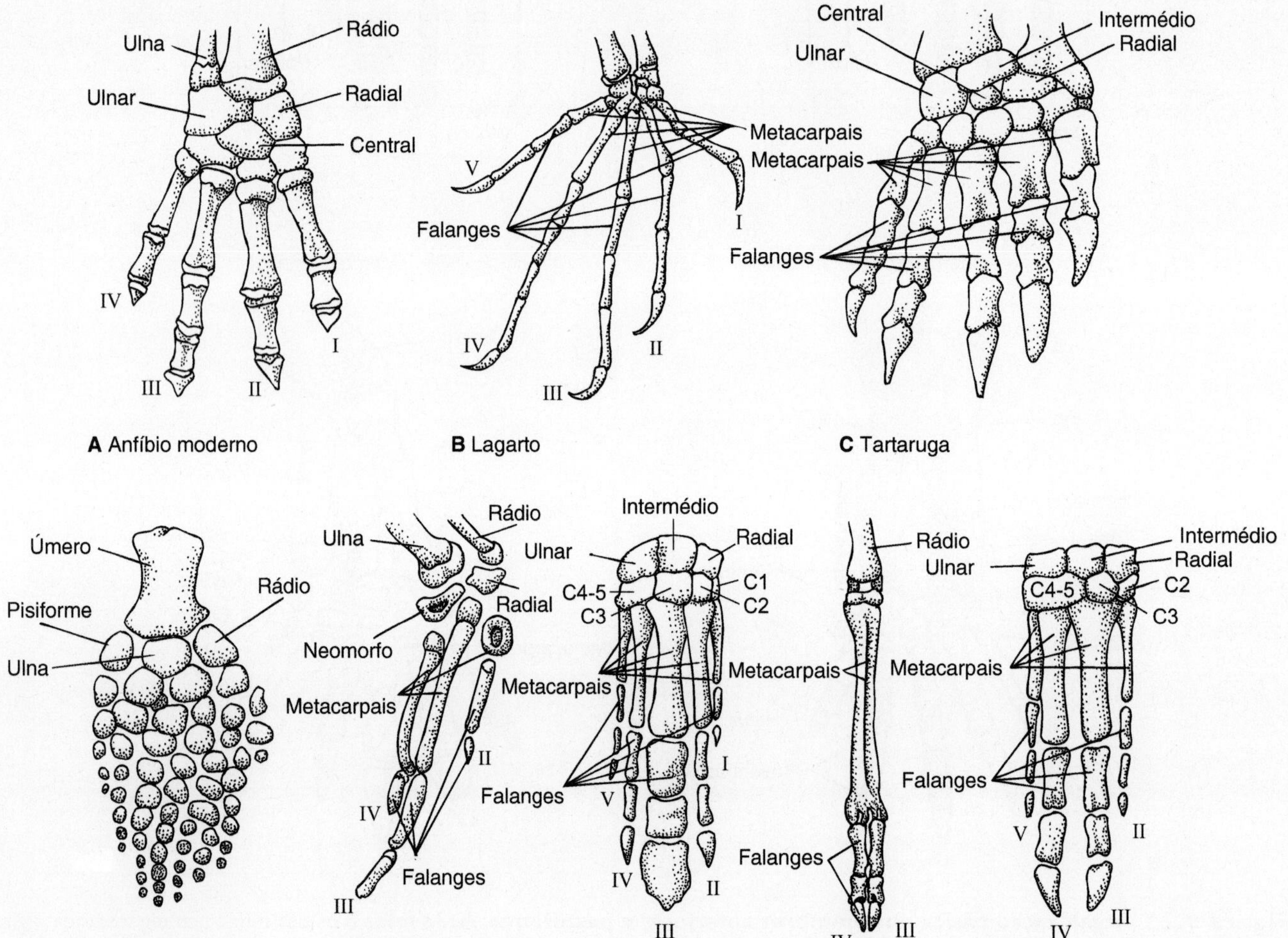

A *Ichthyostega*

B *Acanthostega*

A Anfíbio moderno

B Lagarto

C Tartaruga

D Ictiossauro

E Ave

F Perissodáctilo

G Artiodáctilo

H Artiodáctilo generalizado

Figura 9.25 Variações da mão dos tetrápodes. A. Anfíbio (*Necturus*). **B.** Lagarto. **C.** Tartaruga (*Pseudemys*). **D.** Ictiossauro. **E.** Ave. **F.** Perissodáctilo primitivo hipotético. **G.** Artiodáctilo. **H.** Artiodáctilo generalizado.

Com base em Smith.

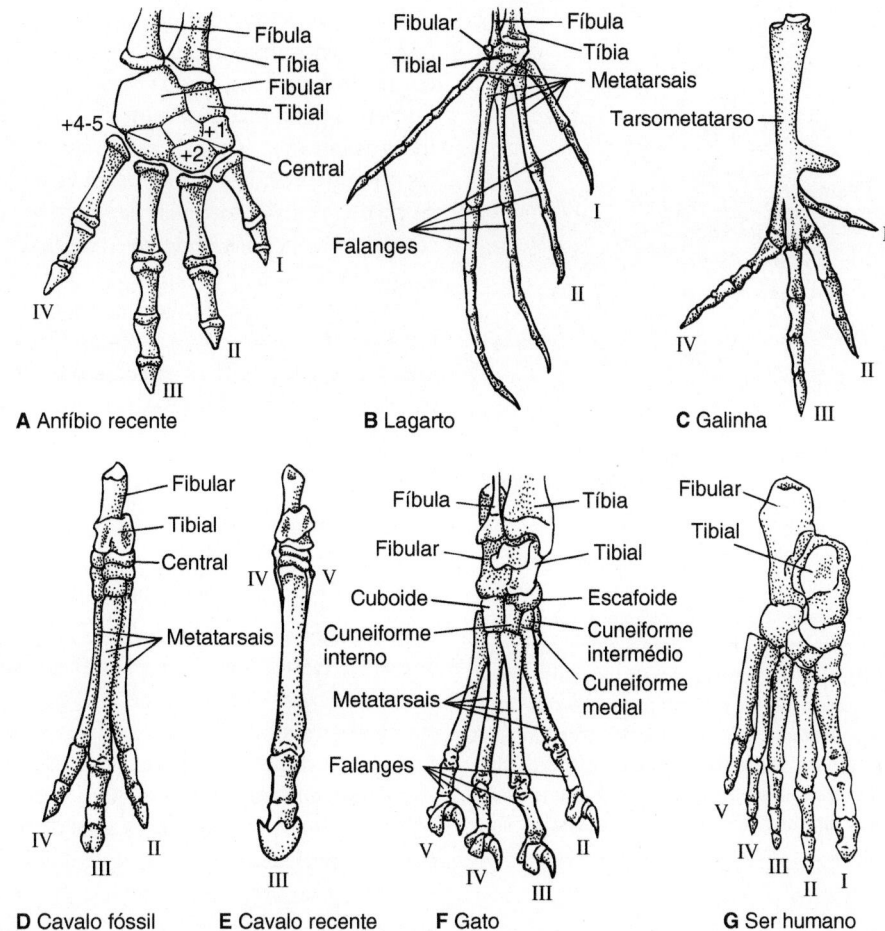

Figura 9.26 Variações do pé de tetrápodes. A. Anfíbio (*Necturus*). **B.** Lagarto. **C.** Ave (galinha). **D.** Cavalo fóssil. **E.** Cavalo recente. **F.** Gato. **G.** Ser humano.

mesotarsal é uma articulação simples entre os elementos proximais (astrágalo e calcâneo) e distais do tarso (Figura 9.27 A). A articulação mesotarsal ocorre na maioria dos amniotas. O tornozelo em pterossauros, dinossauros e aves é uma especialização dessa articulação, na qual os tarsais proximais se fundem com a tíbia (formando o tibiotarso) e os tarsais distais se unem aos metatarsais (formando o tarsometatarso). Ao menos nos dinossauros e nas aves, é provável que essas modificações representem uma adaptação para a locomoção bípede. Uma forte união que entrelaça o astrágalo e o calcâneo garante que a articulação mesotarsal restrinja a flexão tipo dobradiça ao mesmo plano de movimento do membro como um todo. Além disso, a articulação mesotarsal põe novamente o calcâneo em íntimo contato com a fíbula, na qual se torna parte da perna. Nesse caso, o calcâneo assume maior função de sustentação de peso nos membros posteriores, que agora são posicionados sob o corpo para ajudar a sustentar o animal.

A linha de flexão da **articulação crurotarsal**, um segundo tipo de articulação, passa entre o calcâneo e o astrágalo (Figura 9.27 B). Nos crocodilianos e nos tecodontes mais avançados, a articulação principal é fletida entre a extremidade distal do astrágalo e a fíbula (ver Figura 9.27 B); no tornozelo crurotarsal dos térios, a articulação principal é fletida entre a extremidade distal da tíbia e a extremidade distal do calcâneo.

As modificações no padrão primitivo de mãos e pés estão relacionadas com as mudanças na demanda funcional surgidas das funções biológicas que contam com a participação dos membros. Analisaremos resumidamente essas mudanças de função, mas primeiro vamos refletir sobre o significado geral dos padrões morfológicos que encontramos até agora no sistema apendicular.

Evolução do sistema apendicular

Origem dupla da cintura peitoral

Durante toda a sua evolução, a cintura pélvica foi endocondral. Em tetrápodes, ela compreende três ossos distintos, o ílio, o ísquio e o púbis, em vez do elemento único característico dos peixes.

Entretanto, a origem da cintura peitoral de osteíctes é claramente dupla, constituída de ossos dérmicos e endocondrais. O componente endocondral, o escapulocoracoide, desenvolveu-se por fusão ou expansão de vários elementos basais das nadadeiras. Ele atua como a superfície articular da nadadeira e, mais tarde, do membro. A musculatura apendicular do membro anterior está firmemente fixada nele. O componente dérmico da cintura escapular se desenvolveu a partir de ossos dérmicos

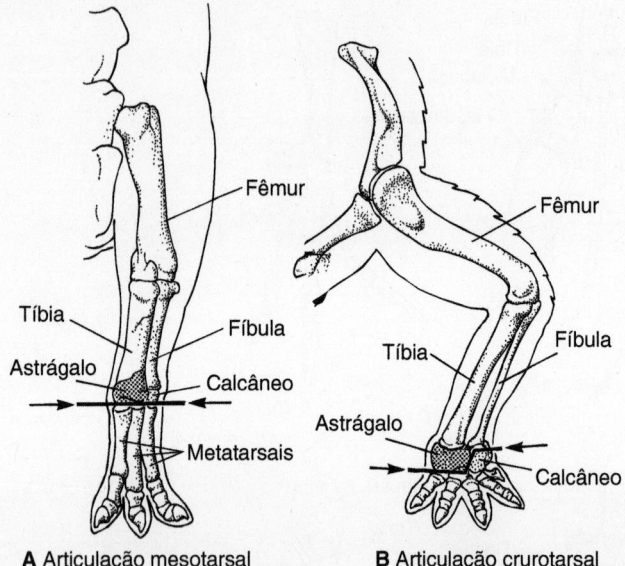

Figura 9.27 Tipos de tornozelo de arcossauros. A. Articulação mesotarsal. A articulação ocorre diretamente entre os tarsais proximais (*astrágalo* e *calcâneo*) e metatarsais distais (portanto, *mesotarsal*). Aves, dinossauros e vários outros grupos de répteis do Mesozoico tinham articulações mesotarsais. **B.** Articulação crurotarsal. A linha de flexão, indicada pela linha preta grossa e setas, ocorre entre o astrágalo e o calcâneo. Os crocodilos, mostrados aqui, alguns terápsidos e a maioria dos térios têm uma articulação crurotarsal. A linha cheia identificada por setas indica o eixo de flexão de cada articulação.

da superfície do corpo. Em peixes ostracodermes, esses ossos constituíam a armadura externa de proteção. Durante o desenvolvimento da cintura dos primeiros peixes, parte da armadura dérmica pode ter afundado para se unir aos componentes endocondrais existentes da cintura do peixe. Por outro lado, antes de se associarem às nadadeiras peitorais, esses ossos dérmicos podem ter desenvolvido o papel adicional de fixar o ponto anterior de transição entre a musculatura axial e a câmara branquial. Qualquer que seja a via evolutiva, os ossos dérmicos se tornaram uma importante sustentação da cintura peitoral endoesquelética. Assim como os ossos endocondrais, esses ossos dérmicos foram transmitidos aos tetrápodes, e um novo elemento dérmico, a interclavícula, surgiu em alguns ripidístios. A interclavícula foi incorporada à sínfise mesoventral entre as metades da cintura escapular. Em geral, a cintura dérmica aumentou a área para fixação muscular e protegeu o coração, mas atuou principalmente como firme sustentação para os elementos endocondrais do ombro.

Vantagem adaptativa das nadadeiras lobadas

A transição da água para a terra acarretou modificações importantes no sistema apendicular. Felizmente, os ripidístios predecessores dos tetrápodes tinham nadadeiras lobadas pré-adaptadas para se tornarem os membros dos tetrápodes. Entretanto, elas não eram como uma antecipação dos futuros papéis na terra, mas serviam a esses peixes no ambiente aquático em que viviam. Então, qual teria sido a função biológica imediata das nadadeiras lobadas em peixes ripidístios?

Sabemos, pelos tipos de depósitos geológicos em que seus ossos são encontrados, que muitos dos primeiros ripidístios viveram em água doce, como vivem hoje seus parentes dipnoicos. Os peixes pulmonados viventes usam suas nadadeiras lobadas rudimentares para "andar" no fundo de rios de correntes lentas ou remansos; isto é, eles usam as nadadeiras como pontos de pivô em torno dos quais se move o corpo flutuante. Se os corpos de água doce onde vivem secarem durante as estações quentes e secas do ano, aparentemente os peixes pulmonados não se arriscam a se deslocar por uma curta distância sobre a lama até as coleções de água remanescentes. Em vez disso, eles escavam a lama, formam um casulo protetor ao seu redor e estivam. A taxa metabólica cai, a respiração se torna mais lenta, e eles dormem até que a chuva volte a encher os corpos de água que estejam secos.

Estivação do peixe pulmonado (Capítulo 3)

Não está claro quando os raios das nadadeiras desapareceram e os dígitos surgiram. Talvez tenha havido uma transição com a presença de ambos. Alguns peixes ripidístios fósseis usavam a capacidade de se manter parados contra a corrente em emboscadas para capturar presas. Os apêndices incluíam elementos endoesqueléticos robustos, com uma nadadeira palmada na extremidade. Esse modelo parece ser um precursor de membros para sustentação de peso dos tetrápodes posteriores. Nos primeiros tetrápodes, uma série de dígitos surgiu antes dos punhos e tornozelos. Esse leque de dígitos poderia ter distribuído a carga do peso sobre a terra antes do desenvolvimento de articulações do punho e do tornozelo mais estáveis.

Seria conveniente consultar diretamente os ripidístios viventes para ver como são realmente usadas as nadadeiras lobadas. É evidente, porém, que não há qualquer ripidístio de água doce sobrevivente. Talvez os primeiros ripidístios, como seus primos atuais, os peixes pulmonados, usassem suas nadadeiras lobadas móveis como pontos de pivô para movimentá-los através da vegetação aquática próxima das margens de corpos e cursos deágua. Em águas rasas, plantas aquáticas e detritos das florestas circundantes produziriam um ambiente subaquático complexo que ofereceria refúgio quando um ripidístio fosse ameaçado ou presas quando estivesse à procura de alimento. As nadadeiras lobadas oferecem uma solução para manobrar dentro dessa "floresta" de água doce. Sob esse ponto de vista, essas nadadeiras são adaptações aquáticas úteis para os peixes em águas rasas. O ambiente terrestre apresenta diferentes desafios. A utilidade das nadadeiras lobadas para esse fim é outra questão.

Em terra

É provável que a musculatura associada às nadadeiras dos primeiros ripidístios fosse fraca demais para garantir propulsão diretamente para o transporte em terra ou para sustentar o peso do corpo fora da água. No entanto, a pequena musculatura era suficiente para fixar as nadadeiras no corpo como pinos. Isso permitiu que a musculatura axial bem-desenvolvida produzisse ondulações laterais e que as nadadeiras semelhantes a pinos agissem como pivôs em torno dos quais o corpo poderia girar. Portanto, as mesmas ondulações do tronco usadas na natação poderiam ser usadas, com pequena modificação, para curtas jornadas em terra (Figura 9.28 A e B). A morfologia e o comportamento de natação existentes provocaram a transição gradual para a terra. O *Ichthyostega*, um tetrápode do Devoniano, embora dotado de membros, ainda parece ter tido hábitos aquáticos. A cauda contava com uma nadadeira caudal, seu sistema de linha lateral estava presente, mesmo em adultos, havia brânquias internas e suas vértebras ainda não haviam substituído a notocorda como a base predominante para a sustentação axial. Do mesmo modo, a maioria dos lepospôndilos e os primeiros temnospôndilos parecem ter sido predominantemente aquáticos. Somente a partir do Permiano, 50 milhões de anos depois que os vertebrados invadiram a terra pela primeira vez, surgiram comunidades de tetrápodes mais completamente terrestres.

Por que, no entanto, deixar a água? Que vantagens poderiam ter os ripidístios que deixaram seu mundo aquático e se aventuraram na terra? Várias ideias foram propostas. Segundo uma hipótese, as excursões à terra se desenvolveram, ironicamente, para manter esses peixes na água. O Devoniano foi uma época de secas e inundações ocasionais, o que sugere que os ripidístios podem ter usado nadadeiras/membros fortalecidos para se deslocar de uma pequena coleção de água que estivesse secando para outra maior e permanente. Entretanto, isso pressupõe que o membro já fosse suficientemente forte para ser usado durante permanências temporárias na terra antes dessas secas. Além disso, a resposta dos peixes pulmonados recentes à seca é a estivação e não o abandono do meio aquático.

Outra hipótese destaca que o movimento para a terra foi favorecido pela predação na água. Para escapar da predação por outras espécies ou do canibalismo de adultos, os peixes jovens podem ter frequentado águas rasas onde os predadores não podiam segui-los. Como o jovem tinha de manobrar em águas rasas entre a densa vegetação costeira, suas nadadeiras lobadas podem ter evoluído em apêndices com maior capacidade de sustentação. Depois disso, o deslocamento sobre a terra teria sido uma opção. Segundo essa concepção, o primeiro deslocamento até a terra não incluiu grandes excursões até outras coleções de água, mas um passo curto até a praia próxima. Seria necessário apenas que as nadadeiras lobadas fossem fortes o suficiente (para servir como estacas?) para participar mecanicamente dessa primeira tentativa de exploração da terra.

Outros sugeriram que os membros se desenvolveram para possibilitar que os peixes saíssem da água e respirassem. No entanto, se isso fosse necessário, por terem pulmões, bastaria que esses peixes viessem até a superfície da água e engolissem o ar fresco acima. O alimento foi proposto como outro chamariz para o movimento em direção à terra. Naturalmente, não havia outros vertebrados na terra e os dentes do labirintodonte não eram adequados para se alimentar de plantas. Os artrópodes, porém, eram abundantes, já que haviam se distribuído nos ambientes terrestres muito antes (Siluriano). Eles podem ter sido uma fonte alternativa de alimento para os primeiros tetrápodes que se precipitaram em direção às praias ou costas para procurá-los. Outra proposta é de que os primeiros tetrápodes vieram à terra para se expor ao sol, como os crocodilianos atuais, e, depois de aquecidos, deslizaram de volta para a água.

Como não havia ninguém lá para registrar os eventos, não é possível ter certeza das pressões seletivas que favoreceram a transição para a terra. Mas o registro fóssil demonstra claramente que essa transição na evolução dos vertebrados ocorreu durante o Devoniano. É interessante saber que a transição da água para a terra aconteceu várias vezes, embora com um impacto filogenético menos duradouro. Em alguns peixes teleósteos atuais, por exemplo, há espécies, como os saltadores-do-lodo (subfamília Oxudercinae), que usam um esqueleto fortalecido para se aventurarem temporariamente na terra a fim de procurar comida e talvez fugirem temporariamente dos predadores deixados para trás na água.

Forma e função

As mudanças no sistema esquelético, assim como em muitos outros sistemas, foram profundas na transição de ambientes aquáticos para a vida na terra. Em terra, os membros, e não a cauda, foram os principais responsáveis pela locomoção.

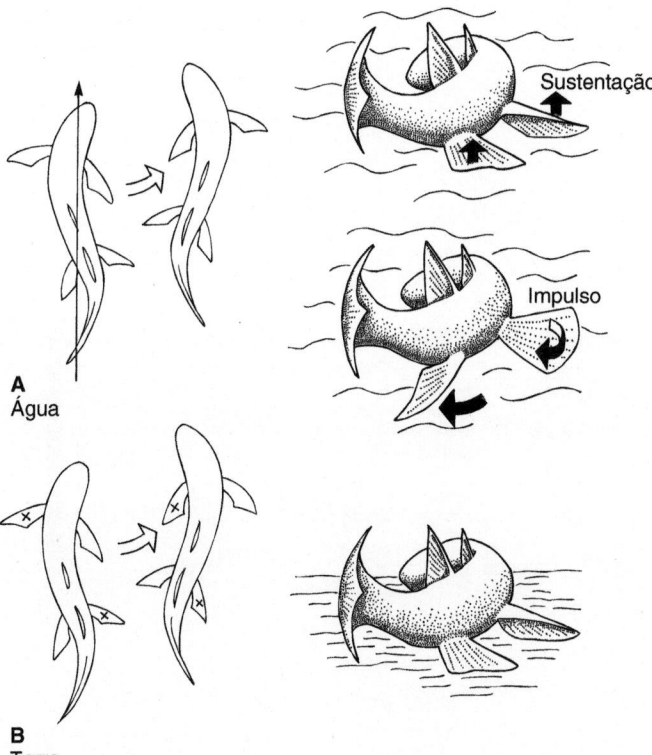

Figura 9.28 Transição da água para a terra. Os mesmos movimentos de natação usados na água podem ter ajudado os ripidístios que se aventuraram na terra. **A.** Na água, ondulações laterais típicas do corpo do peixe propiciam a propulsão para nadar. As nadadeiras mantidas em posição horizontal podem ter funcionado como hidrofólios para garantir a sustentação. As nadadeiras giradas verticalmente e dirigidas para trás teriam servido como remos, auxiliando a propulsão para frente. **B.** Na terra, esses peixes poderiam ter usado as mesmas ondulações laterais do corpo para posicionar as nadadeiras como pontos de pivô (x) em torno dos quais o corpo "nadava". Não seria necessário que os membros tivessem a força de membros de tetrápodes totalmente desenvolvidos, pois não eram usados para sustentar o peso nem para produzir força locomotora; eles eram necessários apenas como estacas ao redor das quais a forte musculatura corporal poderia girar.

Consequentemente, os membros passam por alterações morfológicas extensas e importantes. Além disso, o ombro e o quadril costumam estabelecer diferentes associações estruturais com a coluna axial em consequência da transição para a terra. Em tetrápodes, a coluna axial é suspensa da cintura escapular por músculos, mas o quadril está unido diretamente à coluna (Figura 9.29 A e B). O ombro se movimenta no tórax por meio desses músculos, de modo que o impacto do membro anterior com o solo seja amortecido e essas forças não sejam transmitidas ao crânio. O quadril está firmemente associado ao sacro por meio de uma conexão óssea (ver Figura 9.29 B). Os potentes membros posteriores transmitem sua força propulsora diretamente para a coluna axial óssea.

Diferentes modos de locomoção na terra impõem diferentes demandas mecânicas ao esqueleto apendicular. Os tetrápodes especializados para correr são **cursoriais**. Aqueles que escavam ou se entocam são **fossoriais** e os que saltam são **saltadores** (ricochete). Os modos mais rápidos de locomoção ocorrem entre os especialistas em voo ou **aéreos** (voadores). Em geral, a locomoção **arborícola** se refere a animais que vivem em árvores. Uma forma é a locomoção **escansorial**, que se refere aos animais que escalam árvores com o uso de garras, além de estarem aptos à locomoção terrestre. Os esquilos são um exemplo. Gibões e macacos-aranhas, por exemplo, movem-se sob os galhos, balançando-se com os braços e alternando as mãos para passar de um galho a outro, um método de movimento arborícola denominado de **braquiação**.

Cada uma dessas especialidades terrestres é acompanhada de modificações morfológicas da estrutura básica dos membros e das cinturas. Para compreender as diferentes demandas funcionais que esses modos especializados de locomoção terrestre impõem ao esqueleto apendicular, é preciso primeiro dar um passo atrás e ver em que ponto surgiram a estrutura e o comportamento terrestres básicos, ou seja, com os peixes nadando na água.

Natação

Como vimos, o corpo de um peixe ativo que atravessa um meio viscoso como a água é submetido a uma força de arrasto, que retarda seu avanço. O contorno hidrodinâmico impede a separação do fluxo, reduz o arrasto e melhora o desempenho. As ondulações laterais que passam ao longo do corpo movem o peixe através do meio aquoso, produzindo um impulso para trás, contra a água, e propiciando uma força para frente. A locomoção primitiva básica do tetrápode evoluiu a partir dessa ondulação lateral característica que os peixes usam para nadar.

Esse mesmo modo de progressão ainda é muito útil para a maioria dos anfíbios e répteis recentes e lhes proporciona acesso a uma grande variedade de *habitats*. Nos tetrápodes que se tornam secundariamente aquáticos, como os cetáceos, os membros podem voltar a ser secundários em relação à cauda e perder sua proeminência na locomoção aquática (Figura 9.30 A). No entanto, nem todos os vertebrados secundariamente aquáticos têm membros reduzidos. Por exemplo, os pinípedios juntam

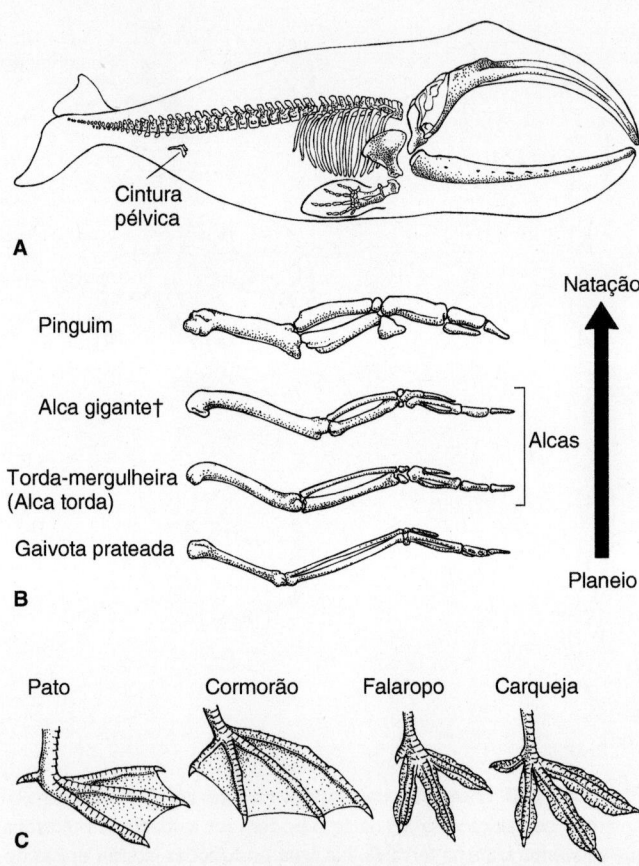

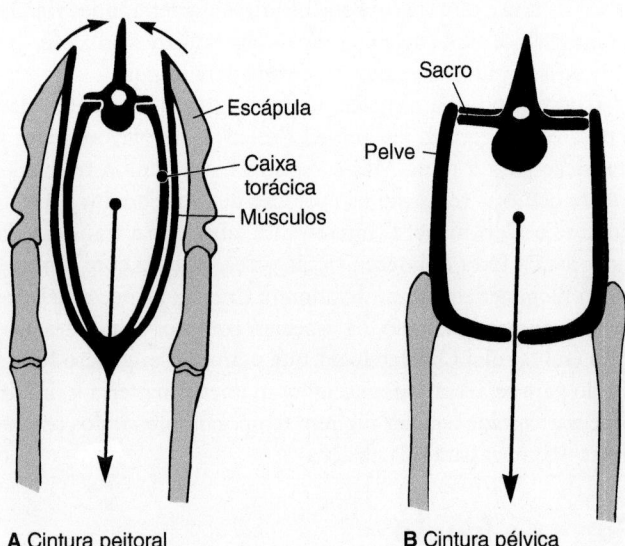

A Cintura peitoral   **B** Cintura pélvica

Figura 9.29 Cinturas apendiculares de tetrápodes. A. Músculos da cintura peitoral sustentam a parte anterior do corpo dos tetrápodes em uma alça muscular. **B.** A cintura pélvica está diretamente unida à coluna vertebral pelo sacro.

Figura 9.30 Adaptações do esqueleto apendicular em tetrápodes secundariamente aquáticos. A. Esqueleto de uma baleia-franca, que mostra a redução do esqueleto apendicular, sobretudo da cintura pélvica e das nadadeiras, nesse mamífero aquático. **B.** Os ossos esguios da gaivota contrastam com o membro anterior robusto do pinguim. Entre eles são mostrados os membros anteriores das alcas, algumas extintas (†). Essas modificações refletem um papel cada vez maior na natação subaquática. **C.** As aves nadadoras costumam ter pés palmados.

C, com base em Peterson.

os membros posteriores, formando um tipo de "cauda" que ajuda a nadar. As asas das aves aquáticas costumam assumir um papel maior na natação. Os ossos dos membros anteriores se tornam mais fortes e robustos, o que é um reflexo da maior força necessária para dotar a ave de nadadeiras para impulsioná-la quando nada à procura de alimento na água. Em pinguins, as asas não servem para voar e são usadas exclusivamente como nadadeiras para a natação subaquática (Figura 9.30 B). Os membros posteriores das aves nadadoras podem tornar-se pés parcial ou completamente palmados para aumentar a pressão contra a água quando remam (Figura 9.30 C).

Locomoção terrestre

Primeiras marchas

O padrão de contatos do pé com o substrato, ou **passos**, durante a locomoção, constitui a **marcha** de um animal. Um **ciclo** é o uso completo de todos os membros antes de repetir um padrão de pisada. Já o **fator de carga** mede a porcentagem do ciclo total em que o pé está em contato com o substrato. Por convenção, um fator de carga de 50% ou maior corresponde à caminhada; abaixo de 50% é uma corrida. Em maiores velocidades, a marcha pode incluir uma **fase de suspensão**, na qual todos os pés momentaneamente não estão em contato com o substrato.

As marchas diferem em relação aos padrões de passos e à velocidade. Como observou o biólogo Milton Hildebrand, os fatores mais importantes na seleção da marcha são a estabilidade e a economia de esforço. É provável que esses fatores tenham sido importantes desde os primeiros passos experimentais dos vertebrados na terra até os métodos de locomoção muito especializados que surgiram mais tarde. Como já mencionado, as ondulações laterais do corpo dos peixes foram levadas para a terra com os primeiros tetrápodes, que incorporaram flexões laterais do corpo aos padrões de pisada para estabelecer pontos de pivô. Entretanto, é provável que as marchas dos primeiros tetrápodes também estivessem presentes em ancestrais aquáticos que faziam manobras em águas rasas.

Locomoção dos primeiros tetrápodes (Capítulo 8)

Uma marcha básica é a **sequência diagonal**, na qual os pés diagonalmente opostos tocam o solo mais ou menos ao mesmo tempo. O **trote** se baseia na sequência diagonal e ocorre em tetrápodes, mas também em alguns peixes, nos quais ondulações laterais do corpo do peixe põem nadadeiras diagonalmente opostas em contato com o substrato, ajudando a impulsioná-los pelo fundo do leito de água. A linha entre pontos diagonais de apoio passa sob o centro de massa, melhorando a sustentação. Os quadrúpedes podem acrescentar um terceiro pé aos passos, produzindo três pontos de contato com base em uma sequência diagonal. No entanto, se o centro de massa estiver fora do triângulo de sustentação criado pelos pés, a marcha é instável. Além disso, as ondulações laterais do corpo não contribuem de maneira simultânea para as excursões dos membros anteriores e posteriores (Figura 9.31 A). Uma compensação que aumenta a estabilidade é acrescentar esse terceiro ponto de apoio de tal modo que o centro de massa fique dentro dos amplos limites do triângulo de sustentação. Em princípio,

esse é basicamente o mesmo modo pelo qual um tripé propicia maior estabilidade que dois pés. Os peixes que se locomovem no fundo ou anfíbios com longas caudas podem incorporá-las como um terceiro ponto de apoio junto com os dois propiciados por nadadeiras ou membros. Desse modo, o centro de massa é levado para dentro do triângulo de sustentação (ver Figura 9.31 A).

Outra marcha básica é a **marcha de sequência lateral**, na qual os pés do mesmo lado, por isso lateral, movem-se juntos e tocam o solo mais ou menos ao mesmo tempo. O acréscimo de um terceiro membro de contato a essa sequência estabelece um triângulo de sustentação. Durante os ciclos de locomoção, o centro de massa se mantém dentro dessa configuração de sustentação, nunca em sua margem (Figura 9.31 B). Essa marcha estável de sequência lateral ocorre em salamandras, ao caminharem na terra, e nos répteis.

Ao contrário da marcha produzida pelas nadadeiras dos peixes que andam no fundo, essas marchas terrestres incluem considerável rotação longitudinal do estilopódio. Isso faz com que o membro seja mais que um modo de estabelecer um ponto de contato com o solo sobre o qual o corpo gira, contribuindo também para a locomoção a partir da geração de uma força de tração (puxando) e de propulsão (empurrando) contra o solo (Figura 9.31 C).

Em peixes ripidístios, as ondulações laterais ao longo do corpo podem ter sido a base para o posicionamento de nadadeiras diagonalmente opostas como pontos de pivô, produzindo uma marcha semelhante a um andar trotado. Mantida nos primeiros tetrápodes, essa marcha também teria servido a eles quando submersos em águas rasas. No entanto, se eles caminhassem com o corpo acima da superfície da água, as instabilidades de um andar trotado teriam se tornado bastante consideráveis. A evolução da marcha de sequência lateral teria sido um modo de recuperar a estabilidade do corpo nesses primeiros tetrápodes. Depois do desenvolvimento desse modo de progressão mais estável, períodos prolongados de locomoção terrestre seriam mais eficientes do ponto de vista biomecânico e, portanto, mais prováveis. As salamandras preservam as duas marchas, o andar trotado e a marcha de sequência lateral de três pontos.

Esse aumento dos tipos de marcha pode ter ocorrido rapidamente ou durante um longo período, em ancestrais ainda na água, mas que frequentavam águas mais rasas e saíam cada vez mais da água. A retração do membro pode ter ocorrido cedo também, mesmo em ripidístios que andavam submersos. No entanto, a rotação do estilopódio (ver Figura 9.31 C) só contribuiria para a passada depois da existência de um cotovelo e um joelho em ângulo reto, o que ocorreu durante ou depois da transformação da nadadeira dos ripidístios em membro.

Primeiros modos de locomoção

Nos primeiros tetrápodes, os membros se localizavam lateralmente, em uma postura aberta, criando pontos de pivô (Figura 9.32 A). A locomoção ocorria, como em peixes, por alternância de ondulações laterais da coluna vertebral em torno desses pivôs. Em anfíbios e répteis recentes, o modo de progressão característico ainda depende desse padrão de oscilações laterais pelas quais a coluna vertebral se move em torno dos

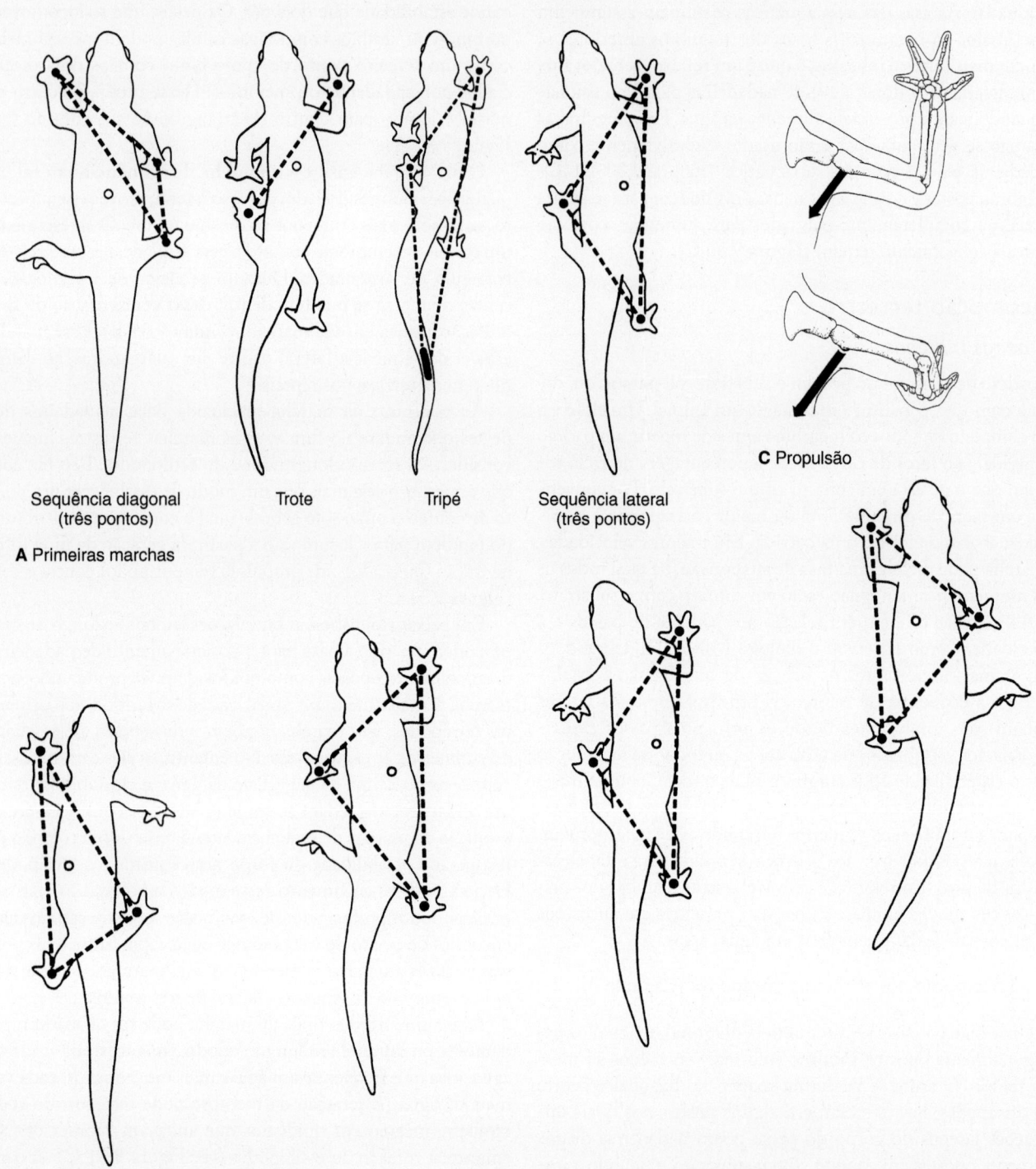

Figura 9.31 Marchas primitivas. A. Primeiras marchas. A sequência diagonal estabelece a sustentação entre os três pés apoiados, mas o centro de massa (*círculo vazado*) está fora do triângulo de sustentação, o que torna a marcha instável. Durante o trote, os pés diagonalmente opostos (neste caso, o pé anterior direito e o pé posterior esquerdo) tocam o solo ao mesmo tempo. O centro de massa está na linha que une esses dois pontos de apoio ou próximo a ela. A mesma postura de caminhada poderia ser estabilizada pelo acréscimo de um terceiro ponto de apoio. Uma cauda longa pressionada contra o solo, juntamente com dois pés, produz um triângulo de sustentação (*tripé*) dentro do qual está o centro de massa. A sequência lateral também traz estabilidade à marcha pela criação de um triângulo de sustentação dentro do qual está apoiado o centro de massa. **B.** Ciclo de sequência lateral. O centro de massa (*círculo vazado*) nunca deixa o triângulo de sustentação criado por três dos quatro membros durante um ciclo de marcha. **C.** Propulsão por rotação do membro. Os músculos retratores do membro produzem uma força em sentido posterior (*seta*) que gira o osso longo e, portanto, retrai o pé para impulsionar o animal para frente.

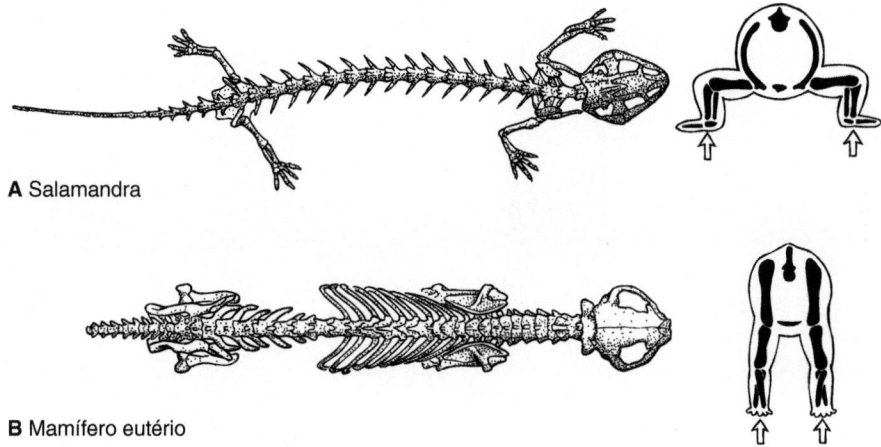

A Salamandra

B Mamífero eutério

Figura 9.32 Mudança na postura do membro. A. A postura aberta dessa salamandra era típica de anfíbios fósseis, bem como da maioria dos répteis. **B.** Mamífero eutério. Essa postura começou a mudar nos sinápsidos, de modo que se acredita que, nos terápsidos posteriores, os membros tenham passado a uma posição mais embaixo do corpo, um reflexo da maior eficiência na locomoção.

pontos de rotação criados pelos pés. No entanto, em algumas aves terrestres, em muitas espécies de dinossauros e em muitos grupos de mamíferos, a tendência foi em direção à locomoção cursorial.

Da natação dos peixes para a marcha dos primeiros tetrápodes (Capítulo 8)

A partir da postura aberta característica dos primeiros tetrápodes, muitos tetrápodes posteriores desenvolveram membros sob o corpo, uma mudança de postura que facilita e torna mais eficiente o balanço do membro durante a locomoção rápida (Figura 9.32 B). Crocodilos e jacarés usam posturas abertas ao descansarem na margem, mas podem mudar a posição dos membros quando se movem. Caso eles se precipitem com rapidez na água, podem puxar os membros para baixo do corpo, em uma posição mais diretamente sob seu peso. Assim, é mais fácil balançar os membros sob o corpo levantado. Em várias linhagens de terápsidos, na maioria dos mamíferos eutérios e em muitos dinossauros, essa mudança de postura dos membros é causada por uma modificação estrutural no modelo do membro. Há torção das extremidades distais do fêmur e, sobretudo, do úmero, o que gira os dígitos nas extremidades dos membros para frente, mais alinhados com a direção do movimento (Figura 9.33).

Acompanhando essa mudança de postura houve uma tendência a restringir o movimento do membro a um plano específico, o plano sagital. Os primeiros tetrápodes com uma postura aberta precisavam usar um balanço com o braço levantado depois de cada propulsão para estabelecer um novo ponto de pivô à frente (Figura 9.34 A). Entretanto, com as pernas sob o corpo, a recuperação do membro após os impulsos de propulsão pode ser realizada com eficiência quando o animal balança seus membros para frente sob o corpo como um pêndulo (Figura 9.34 B). Em tetrápodes com uma postura aberta, os músculos adutores, que se estendem da cintura ao membro, são volumosos para levantar e sustentar o corpo em posição elevada. Como os membros se movem diretamente sob o corpo, a musculatura adutora é reduzida.

Em terápsidos, o acetábulo e a cavidade glenoidal se deslocaram ventralmente, acompanhando a alteração para dentro da postura dos membros. De maneira mais notável na cintura escapular, a posição dos membros anteriores diretamente sob a escápula afastou as forças mecânicas da linha mediana e as aproximou da escápula (Figura 9.35 A e B). Isso conferiu a ela maior função na locomoção e sustentação de peso. Por outro lado, os elementos mediais – clavícula, interclavícula, coracoide e procoracoide –, com função de sustentação reduzida, tornam-se menos proeminentes. Os membros posteriores também foram deslocados para baixo do corpo, acompanhados pela redução dos músculos adutores. Por sua vez, o púbis e o ísquio, locais de origem desses músculos, também diminuíram. A mudança na orientação da cintura pélvica possibilitou um impulso para diante mais alinhado com o sentido para frente do deslocamento (Figura 9.36 A e B).

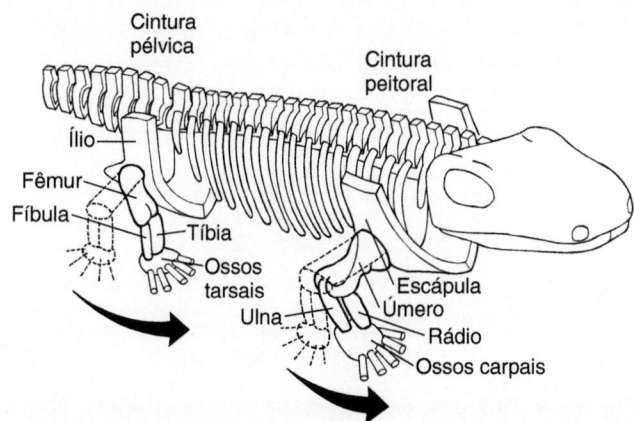

Figura 9.33 Orientação dos dígitos. Os dedos dos primeiros tetrápodes tendiam a apontar lateralmente (*linhas tracejadas*). Entretanto, acompanhando a locomoção terrestre mais eficiente, a direção dos dígitos mudou junto com a posição do membro. A torção do úmero e do fêmur levou os dedos para frente, mais alinhados com a direção do movimento. Observe, principalmente, como as extremidades opostas do úmero giraram para levar os dedos para frente.

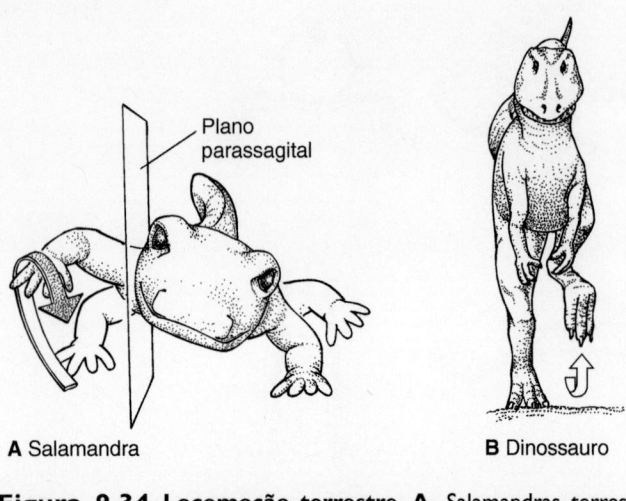

A Salamandra   **B** Dinossauro

Figura 9.34 Locomoção terrestre. A. Salamandras terrestres, porém não cursoriais, obtêm recuperação do membro por um balanço circular do braço acima da altura do ombro, fora do plano parassagital. **B.** Os dinossauros cursoriais recuperam a posição do membro por um balanço pendular em um plano parassagital, que mantém os membros diretamente abaixo do corpo, de modo que eles sustentem o próprio peso. O balanço do tipo pêndulo aumenta a facilidade e a eficiência da recuperação do membro.

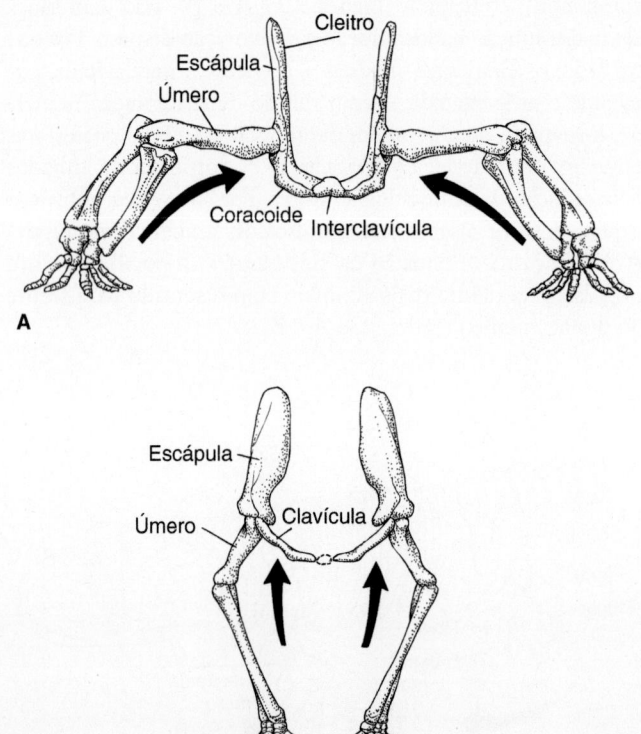

Figura 9.35 Mudança no papel da cintura escapular com a alteração na postura do membro. A. A postura aberta produz uma força medialmente direcionada à cintura escapular, conferindo aos elementos mediais um papel importante na resistência a essas forças. **B.** À medida que os membros são levados para baixo do corpo, essas forças se dirigem menos para a linha mediana e mais em direção vertical. Essa posição dos membros poderia ser responsável pela perda de alguns elementos peitorais nas linhas filogenéticas em que houve mudança da postura do membro.

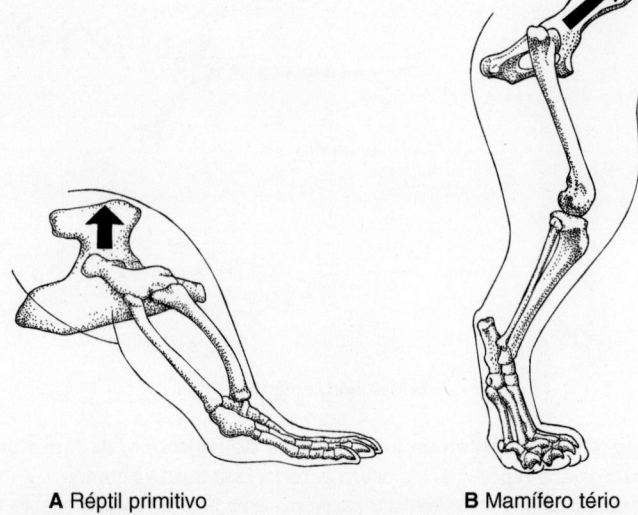

A Réptil primitivo   **B** Mamífero tério

Figura 9.36 Mudanças na cintura pélvica. A. Quando os membros estão abertos, as forças de propulsão são transferidas em direção mais vertical através do sacro. **B.** Em mamíferos, nos quais a locomoção rápida se torna comum, a orientação da cintura pélvica se modifica de modo que o impulso dos membros posteriores para frente está mais alinhado com a direção do deslocamento e é transferido para a coluna vertebral.

Uma mudança notável no mecanismo funcional de participação da coluna vertebral na locomoção ocorre inicialmente nos primeiros mamíferos. Essa mudança é caracterizada pela substituição das flexões laterais por flexões verticais. Em animais com posturas abertas, a flexão lateral da coluna vertebral contribui para o movimento de recuperação circular acima do ombro. Com os membros sob o corpo, as ondulações laterais contribuem pouco para oscilações do membro. Por conseguinte, as alterações estruturais inicialmente observadas nos primeiros mamíferos foram acompanhadas de uma substituição da flexão lateral pela flexão vertical da coluna vertebral, coordenando-a com os membros balançados no mesmo plano. A perda de costelas da parte posterior do tronco, que produz uma região lombar mais diferenciada, representa uma especialização estrutural que possibilitou maior flexibilidade da coluna axial em um plano vertical.

De modo geral, à medida que a locomoção foi usada para o transporte mais prolongado, eficiente e rápido na terra, várias modificações estruturais foram incorporadas ao esqueleto apendicular. A torção levou os dígitos para frente, mais alinhados com a direção do movimento. Os membros abertos foram levados para debaixo do corpo. A flexão vertical da coluna vertebral acrescentou seus movimentos aos deslocamentos dos membros. O conjunto dessas mudanças facilita e torna mais eficiente a oscilação do membro e contribui para estilos de vida ativos.

Também houve modificações semelhantes no esqueleto apendicular dos arcossauros. Os membros foram posicionados sob o corpo para transportar o peso com maior eficiência quando se deslocavam ou migravam em busca de recursos. Entretanto, a locomoção geralmente era baseada em uma postura bípede, com o tronco e a cauda equilibrados entre os membros posteriores.

Boxe Ensaio 9.1   Engenharia humana | Braços e mãos, pernas e pés

Embora tenha se passado um longo período de 5 a 10 milhões de anos desde que distantes ancestrais humanos se balançavam em árvores, ainda preservamos evidências dessa locomoção por braquiação.

No membro anterior, por exemplo, os braquiadores são caracterizados por braços longos com mãos preensoras. Embora nossos braços sejam mais curtos que os de primatas que ainda dependem da locomoção em árvores, eles são relativamente longos em comparação com os de outros vertebrados. Se nos colocarmos confortavelmente de pé, com os braços estendidos ao lado do corpo, nossos dedos alcançam abaixo do quadril. Já os membros anteriores de um animal não braquiador, como um cão ou gato, não alcançam tão longe se empurrados para trás. Na mão de um braquiador, os dígitos II a V formam um gancho, com o qual seguram galhos acima da cabeça. Sem considerar que isso seja especial, usamos esse mesmo projeto confortável para segurar a alça de uma mala transportada ao lado do corpo. Em vez de estar acima da cabeça, o braço está ao lado do corpo, mas a preensão usada é igual. Em vertebrados cursoriais, como os gatos, a clavícula é reduzida, mas em braquiadores como os macacos, ela é um elemento estrutural importante do ombro que serve para transferir o peso do corpo para o braço (Figura 1 do Boxe). O *Homo sapiens* preserva essa clavícula proeminente.

A constituição de nossos membros posteriores e da cintura pélvica serve para acomodar a postura bípede vertical (Figura 2 A e B do Boxe). O canal de parto, a abertura formada pelas cinturas pélvicas esquerda e direita e através da qual o bebê passa durante o parto, é amplo, sobretudo em seres humanos, para acomodar o grande crânio do lactente (Figura 2 B do Boxe). No entanto, o alargamento do quadril para propiciar um canal de parto satisfatório põe a cabeça dos fêmures em posição muito afastada e fora da linha de centro do peso do corpo. A curvatura do fêmur logo acima do joelho possibilita o balançar dos membros diretamente sob o corpo.

Nossa postura bípede e os movimentos pendulares das pernas modificam a arquitetura do pé. Os grandes primatas preservam um pé posterior preensor, com um hálux projetado. Em seres humanos, o hálux está alinhado com os outros dedos do pé, de modo que, ao balançarem sob o corpo, os mem-

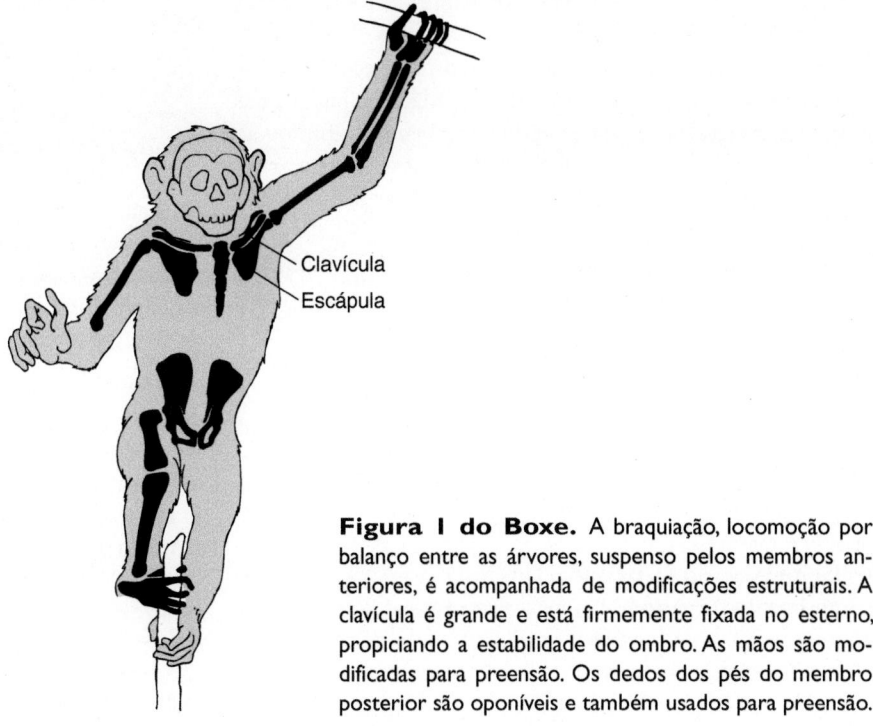

Figura 1 do Boxe. A braquiação, locomoção por balanço entre as árvores, suspenso pelos membros anteriores, é acompanhada de modificações estruturais. A clavícula é grande e está firmemente fixada no esterno, propiciando a estabilidade do ombro. As mãos são modificadas para preensão. Os dedos dos pés do membro posterior são oponíveis e também usados para preensão.

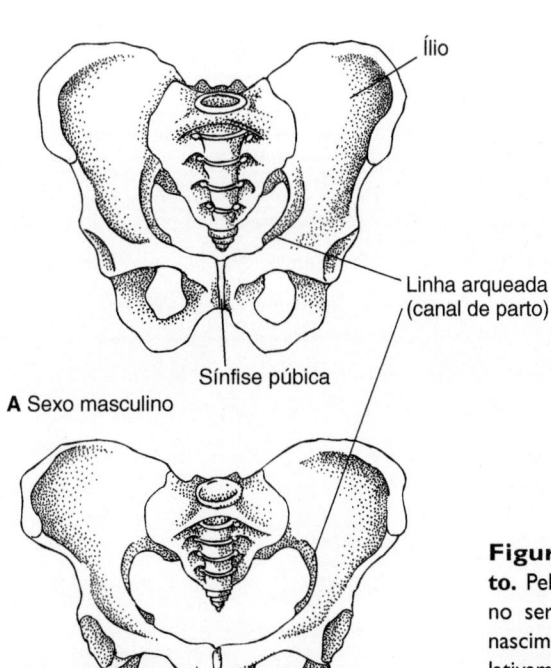

Íleo

Linha arqueada (canal de parto)

Sínfise púbica

A Sexo masculino

B Sexo feminino

Figura 2 do Boxe Canal de parto. Pelves masculina (**A**) e feminina (**B**) no ser humano. Em seres humanos, o nascimento de um bebê com cabeça relativamente grande demanda um canal de parto maior. Assim, o quadril é mais largo no sexo feminino que no sexo masculino para dar passagem à cabeça do lactente.

bros podem ser aproximados da linha de trajetória sem se chocar no hálux projetado da perna oposta. O pé humano forma um arco, um modo de alargar a base de sustentação sobre a qual fica a parte superior do corpo. O arco também modifica a geometria do pé: ao sair durante a marcha, o pé estende mais o tornozelo do que se não houvesse arco.

Locomoção cursorial

Além do aumento da facilidade e da eficiência da oscilação dos membros, muitos tetrápodes posteriores se tornam especialistas em locomoção rápida, acompanhados por outras modificações que servem como modo de transporte especializado. A locomoção rápida evoluiu tanto nos predadores quanto nas presas, duas faces da moeda evolutiva. Também possibilitou ao animal os recursos necessários para se deslocar de áreas com recursos esgotados a novas pastagens e localizar recursos dispersos em *habitats* com esse tipo de escassez.

A celeridade ou velocidade alcançada por um vertebrado é um produto do *comprimento da passada* pela *frequência das passadas*. Se as demais condições forem iguais, os vertebrados com passadas mais longas podem cobrir maiores distâncias que os animais de pernas curtas, portanto, alcançam maior velocidade. Quanto maior for a frequência de oscilação do membro, mais rápido o animal se desloca. Vamos analisar adaptações que servem ao comprimento da passada ou a sua frequência e, portanto, contribuem para a locomoção cursorial.

▶ **Comprimento da passada.** Um recurso para aumentar o comprimento da passada é alongar o membro. Os vertebrados altamente cursoriais apresentam alongamento acentuado dos elementos distais do membro. Uma modificação relacionada é a mudança de postura do pé. Os seres humanos caminham com toda a planta do pé em contato com o solo, apresentando postura **plantígrada**. Os gatos caminham com postura **digitígrada**, na qual somente os dígitos sustentam o peso. Os veados têm postura unguligrada, deslocando-se nas pontas dos dedos

(Figura 9.37). A postura plantígrada é a condição primitiva dos tetrápodes da qual são derivadas todas as outras posturas do pé. A mudança da postura plantígrada para a postura digitígrada e unguligrada alonga efetivamente o membro e aumenta o comprimento da passada.

Outro modo de aumentar o comprimento da passada é aumentar a distância que os membros transpõem quando estão fora do solo. Por exemplo, o guepardo, ao aumentar sua velocidade de 50 para 100 km/h, não modifica muito a frequência de oscilação do membro, mas aumenta o comprimento da passada. Com um salto cada vez maior para frente e com extrema flexão e extensão da coluna vertebral, os membros do guepardo ampliam seu alcance a cada passada para aumentar a velocidade (ver, adiante, Figura 9.42 A).

▶ **Frequência das passadas.** A velocidade de deslocamento também depende da frequência de movimento dos membros. Músculos maiores e com maior eficiência mecânica aumentam essa frequência. Certamente, o encurtamento do membro facilitaria a oscilação e aumentaria a frequência das passadas, mas também diminuiria o comprimento da passada e prejudicaria a velocidade. No entanto, a flexão do membro durante a recuperação causa seu efetivo encurtamento, aumentando a frequência das oscilações para frente.

Outra maneira de promover a frequência da passada é tornar mais leve a extremidade distal do membro para reduzir a massa e, portanto, a inércia que é preciso superar devido a essa massa. Se a maior parte dos potentes músculos dos membros estiver localizada próxima do corpo e levar sua força distalmente, por tendões leves, até o ponto de aplicação da força na extremidade

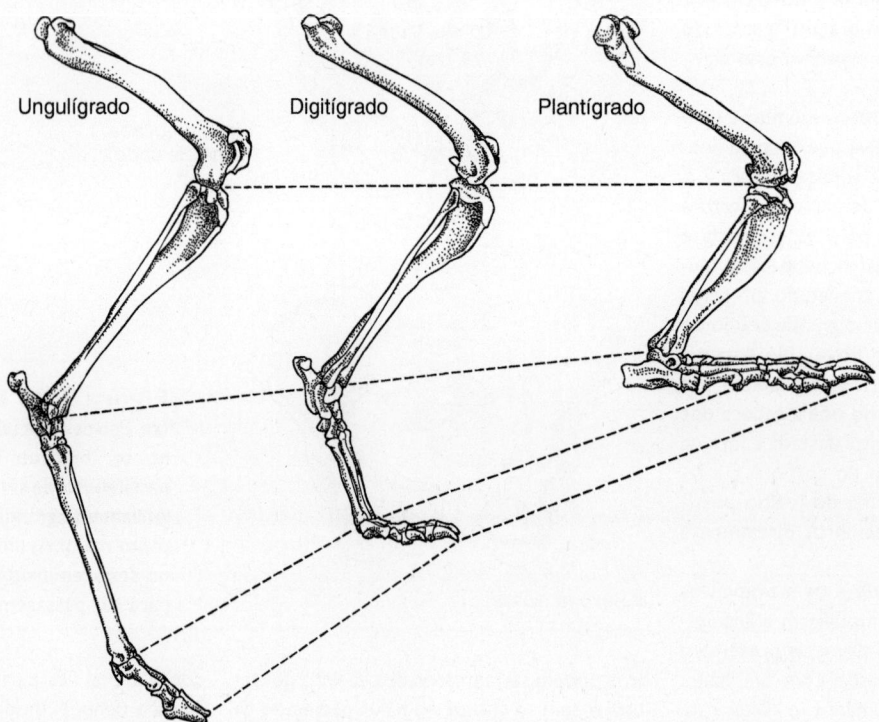

Figura 9.37 Posturas do pé. Constituição dos pés unguligrados, digitígrados e plantígrados. Note como as mudanças na postura do pé produzem membros relativamente maiores.

Com base em Hildebrand.

do membro, a inércia é reduzida na extremidade distal do membro. Ao se tornar mais leve, o membro pode ser movido com mais facilidade e eficiência, com menor gasto energético. São exemplos os músculos dos membros agrupados nos ombros e no quadril de veados, cavalos e outros animais rápidos (Figura 9.38). Outra adaptação que aumenta a frequência da passada é a diminuição do número de dígitos. Em mamíferos altamente cursoriais, um ou dois dígitos centrais são fortalecidos para receber as forças de impacto com o solo. No entanto, os dígitos mais periféricos tendem a diminuir ou desaparecer (Figura 9.39 A e B). No geral, o resultado é tornar o membro mais leve e possibilitar sua oscilação mais rápida. As aves especializadas para locomoção terrestre rápida, como avestruzes, apresentam adaptações cursoriais semelhantes, como o alongamento dos membros posteriores e a perda de dígitos (Figura 9.39 C).

▶ **Marcha.** A marcha escolhida por um animal depende da frequência de deslocamento, dos obstáculos do terreno, da capacidade de manobra desejada e do tamanho do corpo (Figura 9.40). Diferenças sutis de padrão e ritmo de pisada levaram especialistas em marcha animal a reconhecer muitos tipos e subtipos, sobretudo em mamíferos e, especialmente, em cavalos. Analisaremos apenas alguns tipos gerais.

O **passo** é uma marcha de velocidade intermediária com uma sequência de quatro batimentos distintos, com no mínimo um pé em contato com o solo e sem fase de suspensão. Pode ter uma sequência lateral acelerada (elefantes, cavalos) ou uma sequência diagonal (primatas). O passo garante contato contínuo com o solo com no mínimo um pé e diminui os deslocamentos verticais, o que explica por que é a única marcha rápida usada por grandes elefantes e por que é usada por primatas arborícolas ao se deslocarem sobre galhos instáveis.

No **passo rápido**, os pares laterais de membros do mesmo lado se movem juntos. Os animais de pernas longas marcham com passos rápidos para não entrelaçar as pernas, o que poderia ocorrer, sobretudo em maior velocidade, quando também há uma fase de suspensão entre a oscilação de lados opostos. Alguns cavalos de tiro que apresentam uma capacidade natural para o passo rápido usam esse tipo de marcha em corridas.

O trote, outro tipo de marcha, é vantajoso, pois a linha de apoio entre membros diagonalmente opostos passa diretamente sob o centro de massa. Esse fato torna essa marcha mais estável que o passo rápido, e o trote é a marcha de caminhada favorita de salamandras, répteis e animais de corpo largo, como os hipopótamos.

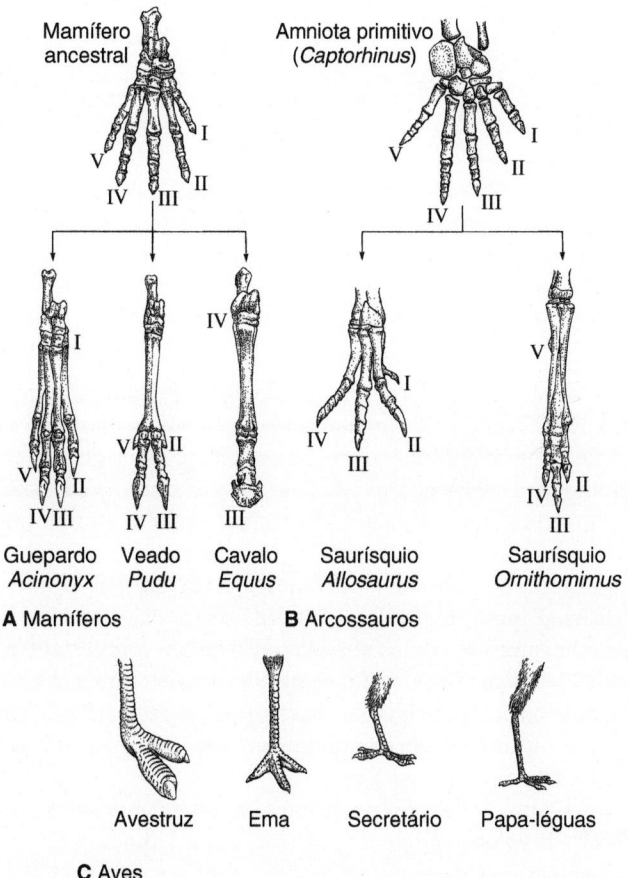

Figura 9.39 Redução de dígitos em animais cursoriais. Os dígitos centrais nas extremidades dos membros tendem a ser fortalecidos, enquanto os dígitos periféricos desaparecem. O resultado é a maior leveza da porção distal do membro. **A.** A figura mostra o pé posterior de um guepardo, um veado e um cavalo. Observe os vários graus de redução dos dígitos em comparação com um mamífero ancestral mais geral. **B.** Uma tendência semelhante, aparentemente relacionada com a locomoção cursorial, ocorre em arcossauros, embora o pé de nenhum arcossauro seja tão reduzido quanto o do cavalo, que tem apenas um dígito. **C.** As aves cursoriais têm membros posteriores delgados, às vezes com perda de dígitos, como na avestruz.

A, com base em Hildebrand; B, com base em Romer; C, com base em Peterson.

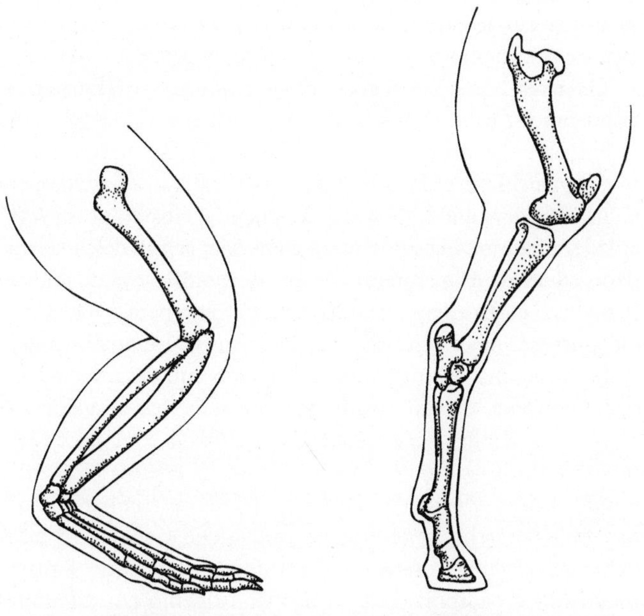

Figura 9.38 Localização dos músculos do membro em um lagarto (*à esquerda*) e um cavalo (*à direita*). Em animais cursoriais, como os cavalos, os músculos que atuam ao longo da perna tendem a se agrupar perto do corpo e a exercer suas forças ao longo do membro por meio de tendões longos e leves. Esse modelo reduz a massa do membro inferior e, portanto, diminui a inércia que é preciso superar durante a oscilação rápida do membro.

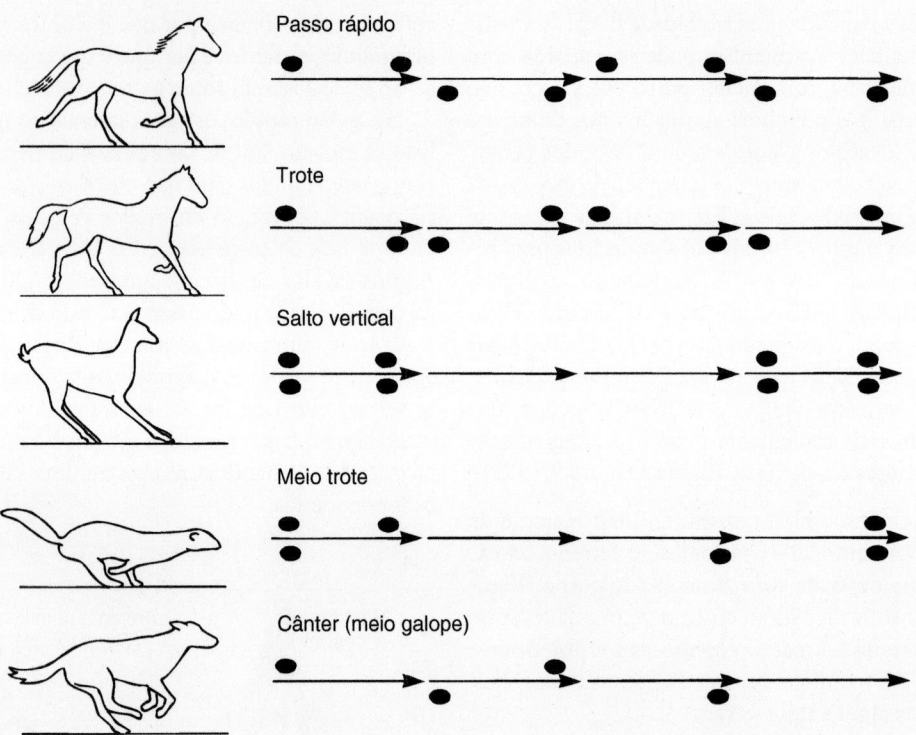

Figura 9.40 Padrões de marcha ou passos de vários mamíferos. A marcha específica escolhida depende da velocidade de deslocamento, do tamanho do animal e da estrutura do terreno. Estão indicados os padrões de passos produzidos por cada marcha quando os pés tocam o solo.

Com base em Hildebrand.

No **salto vertical**, comum em alguns artiodáctilos, os quatro pés tocam o solo simultaneamente. Embora essa marcha abale e desacelere bruscamente o animal, propicia grande estabilidade com os quatro pés toda vez que estes tocam o solo. Inversamente, os quatro pés saem do solo durante a fase de suspensão elevada de cada ciclo da marcha, o que talvez seja vantajoso para um animal que precisa transpor arbustos baixos. Alguns propõem que o salto vertical não é tanto uma marcha, mas sim uma exposição social ou um comportamento de defesa, no qual o artiodáctilo alcança determinada altura, que lhe permite vigiar e detectar predadores agachados na grama, ou anuncia seu comportamento de alerta para animais da mesma espécie.

No **salto**, os dois pés posteriores impulsionam o animal, há flexão da coluna vertebral para aumentar o alcance durante a suspensão e os dois pés anteriores tocam o solo simultaneamente. O meio salto e o galope também são usados em altas velocidades. Quando um par de pés se aproxima do solo, o **pé líder** toca o solo antes do **pé acompanhante**. No **meio salto**, os pés posteriores tocam o solo quase simultaneamente, mas os pés anteriores têm um padrão de avanço e acompanhante diferente. No **galope**, os pés anteriores e posteriores apresentam padrões de avanço e acompanhante diferentes. Em baixa velocidade, com um padrão de passos ligeiramente diferentes, o galope é denominado **cânter (meio galope)**. O galope e o meio salto são **marchas assimétricas**, pois as pisadas de um par, pés anteriores ou posteriores, são desigualmente espaçados durante um ciclo. Essas marchas podem ser menos estáveis que

as **marchas simétricas**, como o trote ou o passo rápido. A fase de suspensão, acrescentada às marchas mais rápidas, aumenta o alcance dos membros e o comprimento da passada.

Os seres humanos, como outros animais corredores, economizam esforço à medida que aumentam a velocidade pela modificação do padrão de marcha. À proporção que aumentamos a velocidade gradualmente, passamos da caminhada para a corrida por volta de 8 km/h (2,4 m·s⁻¹). Abaixo dessa velocidade, a caminhada exige menos energia; acima dessa velocidade, a corrida exige menos energia. A modificação da marcha mantém o custo energético em nível mínimo para a velocidade em que estamos nos deslocando. Os cavalos também modificam a marcha voluntariamente quando aumentam a velocidade, passando da caminhada ao trote e, depois, ao galope. A energia metabólica necessária está relacionada com o consumo de oxigênio (O₂). Para padronizar o uso de energia (oxigênio) em diferentes velocidades com a finalidade de comparação nas diferentes marchas, convertemos o uso de oxigênio em mililitros de oxigênio consumidos em uma distância de 1 m. Se medirmos e padronizarmos o uso de oxigênio em diferentes velocidades e marchas, constataremos que em cada marcha há uma velocidade mínima que consome a menor quantidade de energia. Se a velocidade do cavalo for maior em determinada marcha, o consumo de energia é maior; se a velocidade for menor, o uso de energia também aumenta. Há uma velocidade em cada marcha na qual a economia de esforço é máxima. Isso produz uma relação entre velocidade e uso de energia que não é linear (direta), mas curvilínea (em formato de U) (Figura 9.41).

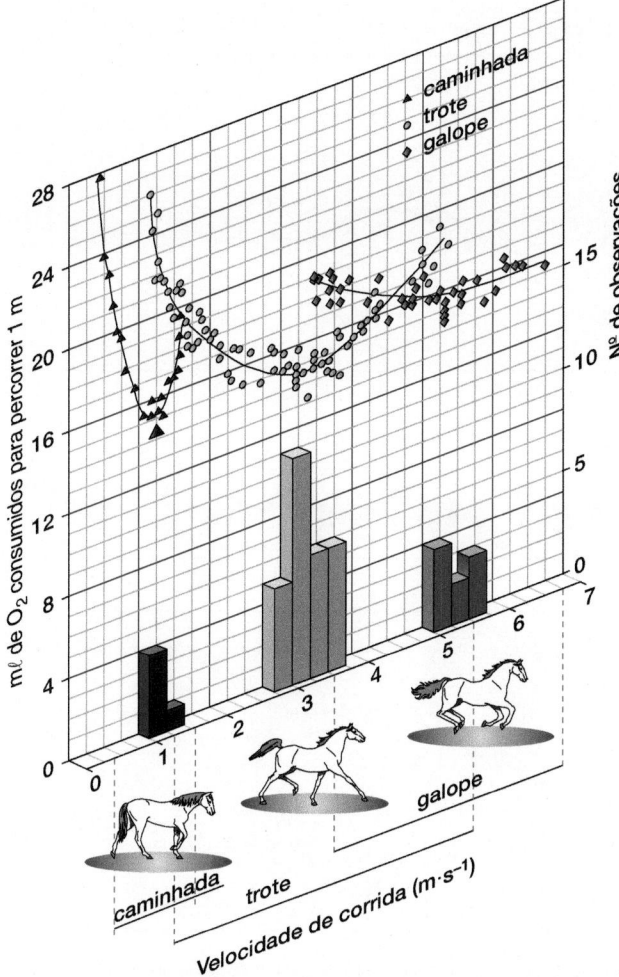

Figura 9.41 Escolha da marcha e consumo de energia.
Três marchas equinas de velocidades crescentes são examinadas experimentalmente para avaliar o custo energético metabólico de cada uma. As três marchas produzem três curvas de uso de energia, expressos em mililitros de oxigênio, para mover o cavalo pela distância de 1 m. Observe que há uma velocidade mais econômica em cada marcha. Em geral, o custo metabólico aumenta se o cavalo for mais rápido ou mais devagar nessa marcha.

Reproduzida, com autorização, de Macmillan Publishers Ltd. Nature. D. F. Hoyt and C. Richard Taylor. 1981. Gait and the energetics of locomotion in horses. Nature 292:239-240. Copyright 1981.

Tabela 9.1 Velocidade máxima e tamanho de animais cursoriais.

Animal	Velocidade máxima		Peso (kg)
	km/h	(mph)	
Cavalo	67	(42)	540
Leão	80	(50)	180
Antilocapra	95	(59)	90
Ser humano	35	(22)	85
Guepardo	102	(63)	35
Coiote	65	(40)	10
Raposa	60	(37)	4,5

O guepardo, além de usar a velocidade de maneira diferente, também é menor que o cavalo. Este último consegue manter uma velocidade de 30 km/h por mais de 30 km. Entretanto, se tivesse constituição semelhante à de uma raposa ou um guepardo, não conseguiria manter nem mesmo velocidades moderadas por mais de alguns quilômetros. O guepardo não é um modelo de resistência, mas tem boa constituição para corridas rápidas por curtas distâncias. Caso fosse maior e tivesse uma massa maior para carregar, sua constituição morfológica teria que acompanhar esse aumento. No guepardo, a grande flexão da coluna vertebral estende e depois reúne os membros durante as fases de suspensão. O resultado é o aumento do comprimento efetivo da passada. Estima-se que essa flexão acentuada da coluna vertebral sozinha, aumentando o comprimento da passada, acrescente quase 10 km/h à velocidade do animal. No entanto, essas flexões também implicam deslocamento vertical de grande parte da massa corporal, em vez de deslocamento no sentido do movimento. O guepardo precisa gastar energia considerável para sustentar essa massa a cada série de passadas. Para um animal pesado como um cavalo, esse modelo consome energia demais para manter viagens por longas distâncias. Por conseguinte, a flexão da coluna vertebral do cavalo durante o galope pleno é muito pequena. O deslocamento vertical da coluna vertebral no quadril pode ser menor que 10 cm e, no ombro, menor que 5 cm. A energia usada para sustentar essa massa é proporcionalmente menor, e a maior parte do peso do animal é transportada ao longo da trajetória linear do movimento.

O cavalo e o guepardo são animais cursoriais que usam a velocidade de maneiras diferentes em funções biológicas diferentes, respectivamente, resistência e explosão. No entanto, suas constituições também representam diferentes ajustes ao tamanho do corpo, respectivamente, grande e pequeno. Se o cavalo, de maior tamanho, tivesse constituição semelhante à do guepardo, que é menor, não conseguiria sustentar tão bem sua maior massa e manter sua resistência locomotora, da qual depende muito. As demandas dinâmicas da locomoção exercidas sobre o sistema esquelético dependem tanto das funções biológicas desempenhadas pela locomoção quanto das demandas impostas pelo tamanho do corpo.

Assim, a escolha da marcha certamente está relacionada com a estabilidade, mas também com a minimização do uso de energia em diferentes velocidades.

▶ **Usos da locomoção cursorial.** A locomoção cursorial é difundida entre os vertebrados, sobretudo entre os mamíferos, mas é empregada de muitas maneiras. O leão e o guepardo usam a velocidade para aceleração rápida por curtos períodos, enquanto o cavalo e o antilocapra costumam usar suas habilidades cursoriais para cruzar planícies abertas em busca de recursos dispersos ou para se distanciarem de possíveis predadores. No entanto, a situação é mais complexa que isso e o tamanho do corpo também é uma influência (Tabela 9.1).

Por exemplo, tanto o cavalo quanto o guepardo estão adaptados para modos cursoriais de locomoção (Figura 9.42 A e B).

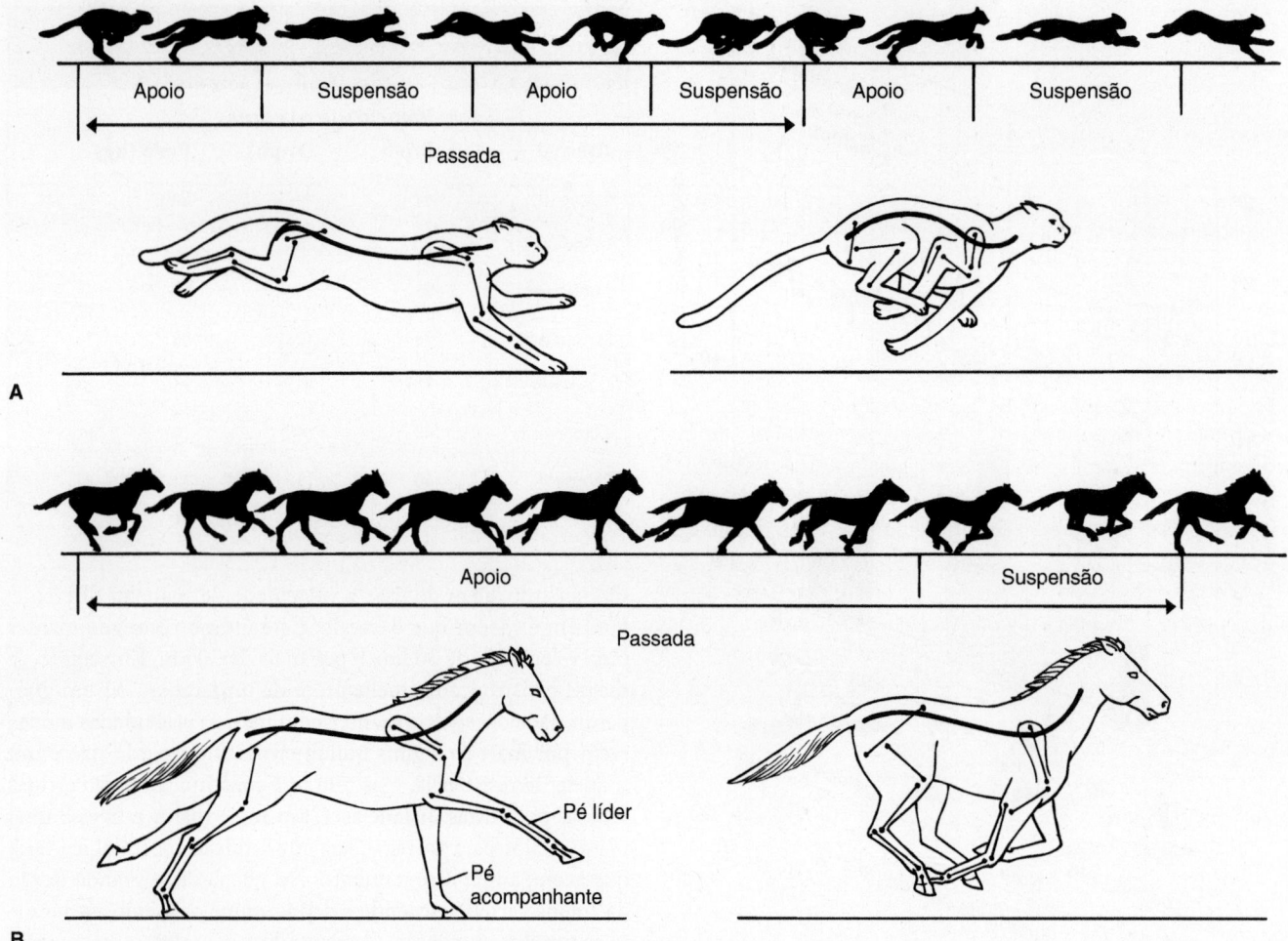

Figura 9.42 Comparação de dois mamíferos cursoriais, um cavalo e um guepardo. A. O guepardo depende de corridas velozes e curtas para alcançar a presa. Observe a extensa flexão da coluna vertebral que aumenta o comprimento da passada e a velocidade final em aproximadamente 10 km/h. **B.** O cavalo usa sua velocidade para a locomoção prolongada, portanto, para evitar a exaustiva elevação e queda vertical da massa corporal, características do guepardo, a flexão da coluna vertebral é muito menor. Uma coluna vertebral menos flexível mantém a massa do cavalo mais linear ao longo de sua linha de movimento. Os pés líder e acompanhante mudam durante longos períodos de corrida rápida.

Com base em Hildebrand.

Locomoção aérea

▶ **Planeio e paraquedismo.** O planeio e o paraquedismo são basicamente modos diferentes de retardar uma descida. O paraquedismo propriamente dito implica a maximização do arrasto. É comum nas pequenas sementes de plantas, com menos de 100 mg. Camundongos e gatos em queda podem usar o "paraquedismo" para reduzir a velocidade de impacto, mas têm poucas outras opções, pois não têm área de superfície significativa para sustentação. Já o planeio implica a minimização do arrasto e o uso da sustentação para criar uma razão mais favorável entre sustentação e arrasto. Ocorre em sementes mais pesadas e também em vários vertebrados aéreos. O planeio no ar ocorre em pelo menos algumas espécies de todas as classes de vertebrados. Os peixes "voadores" estendem nadadeiras peitorais especialmente largas durante curtos planeios no ar acima da água (Figura 9.43 A). Uma serpente tropical que foge de uma ameaça achata seu corpo para formar um paraquedas longo e estreito para retardar a queda de árvores. Uma espécie de anuro

tropical afasta seus dedos longos e palmados para desacelerar a queda no ar (Figura 9.43 B). Lagartos com pregas cutâneas especiais e esquilos com pele frouxa entre os membros anteriores e posteriores estendem essas membranas para retardar a queda no ar ou aumentar a distância de seu deslocamento horizontal (Figura 9.43 C–F). Entretanto, essa é uma tentativa de voo, e não um voo propriamente dito. Na verdade, esses animais planam. O voo ativo verdadeiro ocorre somente em três grupos: nos morcegos, nos pterossauros e na maioria das aves (Figura 9.44). Em cada grupo, os membros anteriores são modificados em asas que têm duas funções: geram a força que os impulsiona para frente através do ar e propiciam a sustentação contra a gravidade.

▶ **Voo.** A maioria das análises funcionais de voo ativo se concentrou em aves, aproveitando-se das sofisticadas equações aerodinâmicas que os engenheiros usam para projetar aeronaves. No entanto, o empréstimo direto dos engenheiros foi especialmente difícil porque as asas das aves têm todas as características que se busca eliminar ao projetar aeronaves. As asas das aves batem

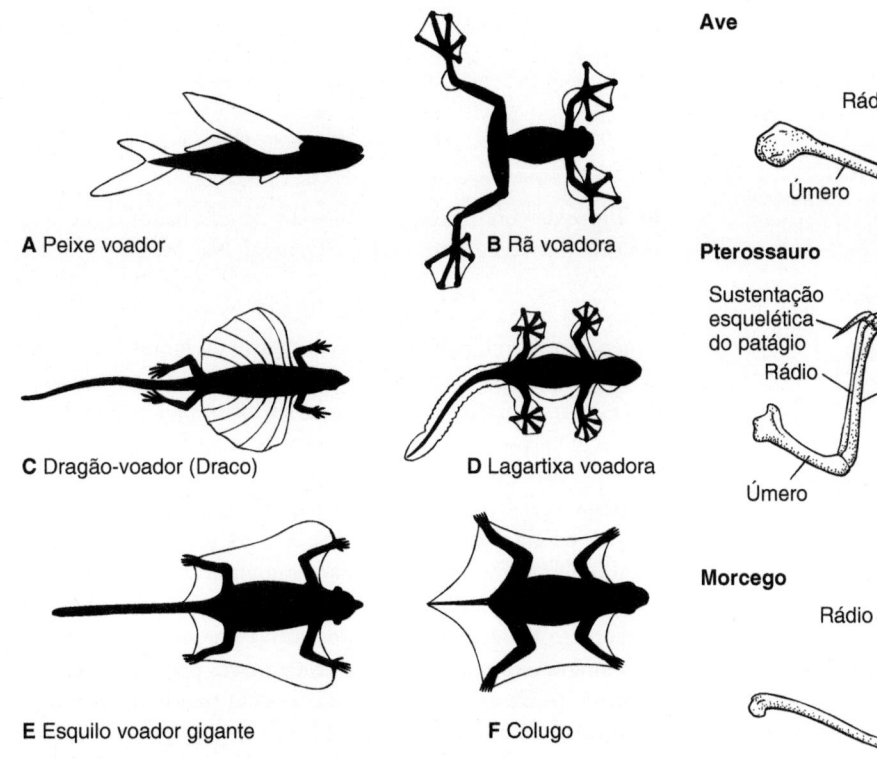

Figura 9.43 Planeio e paraquedismo. Todas as classes de vertebrados têm pelo menos algumas espécies que ocasionalmente se deslocam no ar. **A.** Peixe. **B.** Anfíbio. **C** e **D.** Répteis. **E** e **F.** Mamíferos.

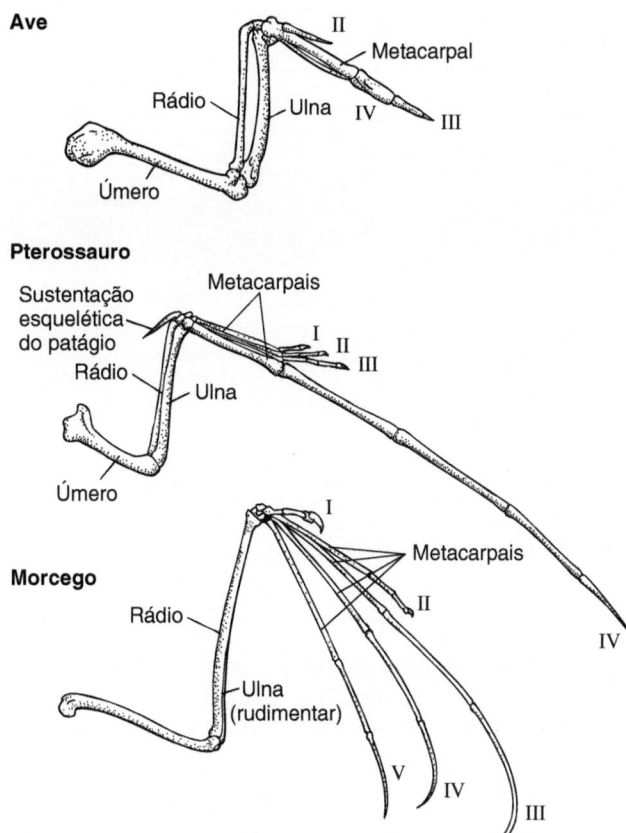

Figura 9.44 Modificações do membro anterior na ave, no pterossauro e no morcego para suportar a superfície aerodinâmica. De modo geral, os dígitos participantes são mais longos e os ossos, mais leves.

Com base em Hildebrand.

(enquanto as asas do avião são fixas), são porosas (em vez de sólidas) e cedem à pressão do ar (em lugar de resistir à pressão como nos aviões). Embora geralmente se deva fazer premissas simplificadas, essas análises permitiram compreender várias adaptações para o voo em aves.

▶ **Penas.** As penas de contorno dão ao corpo de uma ave seu formato aerodinâmico que ajuda a cortar o ar com eficiência. Recobrindo o corpo para criar uma silhueta aerodinâmica, as penas de contorno ajudam a manter um fluxo de ar laminar ao longo do corpo e reduzem o arrasto por atrito. Sugeriu-se até mesmo que o formato do corpo, semelhante ao da asa de um avião, também propicia sustentação. Entretanto, a maior parte da sustentação é produzida pelas asas. As penas primárias, ligadas à mão, são responsáveis pelo impulso para frente. As penas secundárias, unidas ao antebraço, propiciam sustentação (Figura 9.45). Assim, as funções do voo são divididas entre esses dois tipos de penas de voo. As primárias garantem o impulso para frente e as secundárias atuam como asas de avião, propiciando sustentação.

Aerodinâmica (Capítulo 4); penas (Capítulo 6)

▶ **Esqueleto.** Imagens de alta velocidade e radiográficas de aves em voo apresentam uma visão detalhada do movimento das asas e do papel da cintura peitoral e da caixa torácica. O ciclo de batimento da asa é dividido em quatro fases: (1) transição entre batimento para cima e para baixo, (2) batimento para baixo, (3) transição batimento para baixo e para cima e (4) batimento para cima. Durante a transição batimento para cima e para baixo, o bordo de ataque da asa está elevado acima do corpo e quase no

plano sagital. As articulações do cotovelo e do punho estão totalmente estendidas. A partir dessa posição, a asa é levada vigorosamente para baixo (depressão) e para frente (protração) durante o batimento para baixo, produzindo impulso e sustentação. O punho e o cotovelo se mantêm estendidos durante o batimento para baixo. A asa continua o movimento para baixo e para frente até que sua ponta se estenda à frente do corpo. Durante a transição batimento para baixo e para cima, o movimento da asa é invertido, levando ao batimento para cima. O batimento para cima é complexo e aparentemente produz pouca sustentação, mas reposiciona a asa para o próximo batimento para baixo. Durante o batimento para cima, a asa é dobrada e levada para cima (elevação) e para trás (retração), enquanto o cotovelo e o punho são completamente flexionados (Figura 9.46 A–C).

Quando essas asas batem também ocorrem mudanças sincrônicas na caixa torácica e na cintura escapular. Durante o batimento para baixo, a fúrcula flexível em formato de U, acompanhada pelos procoracoides, curva-se lateralmente. O esterno se move para cima e para trás. Durante o batimento para cima, esses movimentos são invertidos. A fúrcula volta ao lugar e o esterno se move para baixo e para frente (Figura 9.46 D). Essas mudanças de configuração na caixa torácica alteram o tamanho da cavidade torácica. Além das contribuições dessas mudanças para o voo, acredita-se que elas também sejam parte

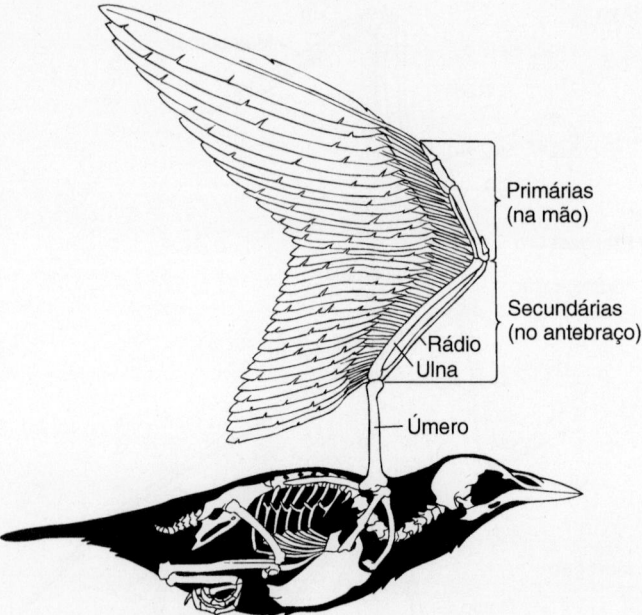

Primárias
(na mão)

Secundárias
(no antebraço)

Rádio
Ulna

Úmero

Figura 9.45 As penas da asa dividem as funções de voo entre elas. As penas da ponta (primárias) estão fixadas na mão e são responsáveis principalmente pela produção de impulso; as penas mais proximais (secundárias) estão fixadas no antebraço e participam principalmente da sustentação.

do mecanismo respiratório de ventilação pulmonar. Esse acoplamento dos sistemas locomotor e respiratório usa as forças musculares produzidas durante o voo para ventilar os pulmões e os sacos aéreos ao mesmo tempo.

Fluxo de ar nos pulmões das aves (Capítulo 11)

Na maioria das aves, a fúrcula provavelmente funciona como uma mola quando se curva e volta ao lugar durante o voo. A energia é armazenada na forma de energia elástica em ossos curvados durante uma parte do batimento; em seguida, é recuperada durante a retração em uma fase posterior do ciclo. No entanto, as clavículas não são fundidas em aves como papagaios e tucanos e são tipicamente vestigiais ou ausentes em aves que não voam. Em algumas aves que planam, as fúrculas são bastante rígidas e provavelmente resistem à flexão. Embora não se compreenda o significado funcional dessa diversidade estrutural, a expectativa seria de que a fúrcula das aves tivesse outras funções no voo além de ser um simples mecanismo para armazenar e devolver energia.

Já mencionamos a fusão do osso inominado ao sinsacro, o que estabiliza o corpo durante o voo. A flexibilidade das vértebras cervicais possibilita que as aves alcancem todas as partes de seu corpo. Essas duas características, fusão e flexibilidade, são quase uniformes em todas as aves, testemunhando a influência do voo na constituição biológica. O esqueleto também apresenta outras modificações para voar. Os ossos de aves, inclusive de *Archaeopteryx* e pterossauros, mas não de morcegos, são ocos em vez de preenchidos por tecido hematopoiético ou adiposo como os ossos de outros vertebrados (Figura 9.47). A ausência desses tecidos nos ossos de aves torna o esqueleto

mais leve e diminui o peso a ser lançado ao ar. Em pterossauros, morcegos e, sobretudo, aves, o esterno expandido é a origem dos potentes músculos **peitorais** de voo.

Esterno (Capítulo 8)

▶ **Tipos de voo.** Embora o voo seja o denominador comum na maioria das vezes, nem todo voo é igual. Nas aves que pairam e com voo potente, a ênfase é na força de propulsão máxima e, portanto, nas penas primárias fixadas às mãos. Nessas aves, a mão é proporcionalmente a maior parte do membro anterior (Figura 9.48 A). Nas aves que planam, a ênfase é na sustentação e, portanto, nas penas secundárias fixadas no antebraço. O antebraço é proporcionalmente a parte mais longa da asa em aves que planam (Figura 9.48 B e C).

Beija-flores, andorinhões e andorinhas dependem de batimentos de asa fortes e frequentes. As aves planadoras se aproveitam do ar em movimento para ganhar altitude e permanecer no alto (Figura 9.49 A–D). Essas aves que planam sobre oceanos se beneficiam de ventos fortes predominantes e têm asas longas e estreitas como as de aeronaves planadoras (Figura 9.50 A). Essas aves planadoras podem passar tanto tempo no ar quanto no solo durante o dia. Em alguns especialistas em planar, mecanismos de trava nos ossos e ligamentos do punho e do ombro, e não músculos, mantêm a asa estendida, reduzindo a energia muscular ativa necessária para planar. Entretanto, o caráter aerodinâmico do ar em movimento pode ser diferente, portanto o caráter do voo planado também é diferente.

As aves que planam em espaços abertos usam térmicas, correntes ascendentes de ar quente. À medida que o sol aquece a Terra, o ar próximo é aquecido e começa a subir. Abutres, águias e grandes gaviões encontram essas correntes térmicas ascendentes, circulam para continuar dentro delas e usam-nas para ganhar altitude com facilidade. Essas aves têm asas com fendas (Figura 9.50 B). Para voar em *habitats* fechados, como bosques e florestas com vegetação arbustiva, as asas elípticas proporcionam a aves como faisões uma decolagem rápida e explosiva e maneabilidade em espaços apertados (Figura 9.50 C). Aves de rapina, aves aquáticas migratórias, andorinhas e outras que dependem de voo rápido, têm asas em formato de flecha (Figura 9.50 D). Para compreender esses modelos gerais de asa, é preciso examinar a base aerodinâmica do próprio voo e os problemas resolvidos por diferentes tipos de asas.

▶ **Aerodinâmica.** Durante o voo horizontal com batimento de asas, quatro forças atuam sobre uma ave em equilíbrio. A sustentação ascendente (L) é oposta ao peso (mg), que tende a puxar a ave para baixo. O arrasto (D) atua em sentido oposto ao da trajetória e as asas geram impulso (T), um componente de força para frente (Figura 9.51 A). O ângulo entre a asa e a corrente de ar é seu **ângulo de ataque**. O aumento desse ângulo aumenta a sustentação, mas só até certo ponto. À medida que o ângulo de ataque aumenta, o arrasto também aumenta por causa da mudança no perfil da asa que encontra o fluxo de ar (da borda para a lateral) e do aumento da separação do fluxo pela asa. Portanto, em algum ângulo de ataque extremo que depende da velocidade do ar e do formato específico da asa, o fluxo de ar na camada limite se separa do topo da asa e a sustentação

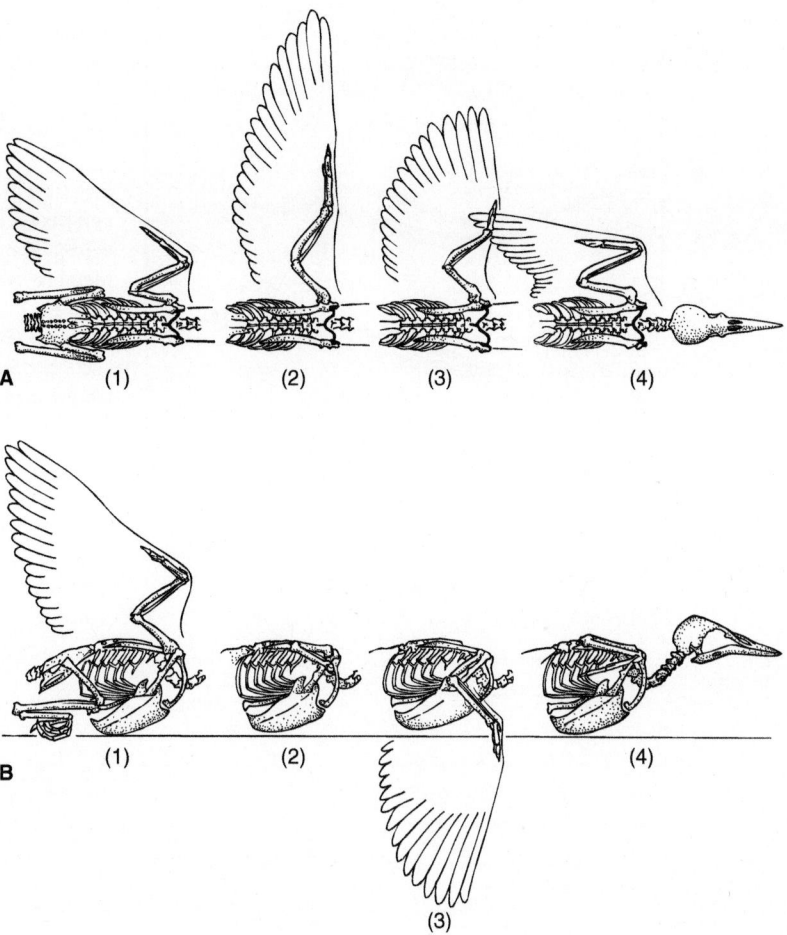

Figura 9.46 Ciclo de batimento de asas de um estorninho-comum. As posições da cintura escapular e da asa são ilustradas em vistas dorsal (**A**) e lateral (**B**). **C.** Vista anterior da fúrcula e dos procoracoides, que se curvam lateralmente no batimento para baixo (*linhas tracejadas*) e se retraem medialmente no batimento para cima (*linhas cheias*). **D.** Vista lateral da excursão do esterno, que se move em sentido posterodorsal durante o batimento para baixo e em sentido oposto (anteroventral) durante o batimento para cima. *B2* e *B4* mostram apenas o úmero da asa para não impedir a visão da caixa torácica.

Com base em Jenkins, Dial e Goslow.
Reproduzida de F.A. Jenkins, Jr. et al., "A Cineradiographic Analysis of Bird Flight," Science, 16 Sept. 1988, 241:1495-98. Reproduzida, com autorização, de AAAS.

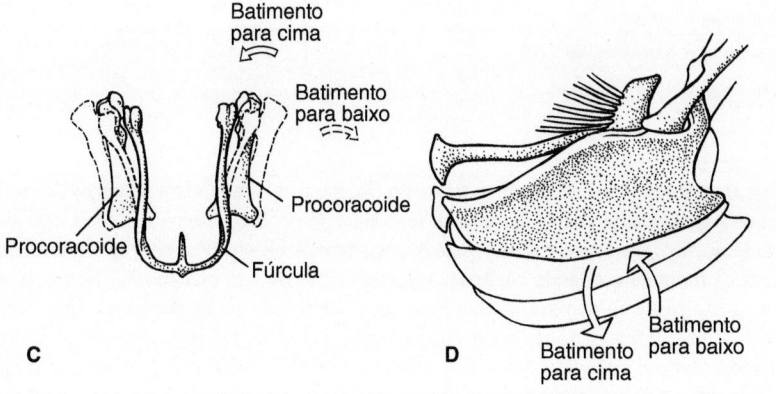

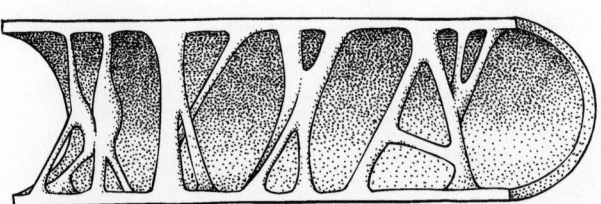

Figura 9.47 Ossos longos das aves. Muitos tecidos que contribuem para o peso estão reduzidos nas aves. As cavidades medulares dos ossos longos não são preenchidas por tecido e as paredes ósseas são mais finas. Hastes delgadas enrijecem o osso e impedem seu arqueamento. Na sustentação, os espaços são preenchidos com extensões dos sacos aéreos.

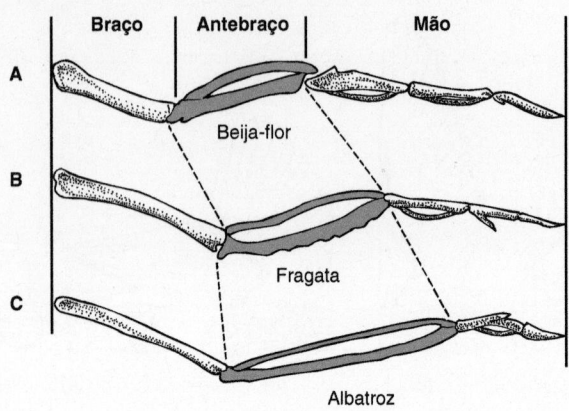

Figura 9.48 As diferenças de voo são refletidas por diferenças na constituição da asa. Em uma ave que paira no ar, como o beija-flor (**A**), a ênfase é nas penas primárias e na parte distal do membro anterior, local de fixação das penas primárias; por conseguinte, a mão é relativamente alongada. Nas aves que planam, como a fragata (**B**) e, sobretudo, o albatroz (**C**), a ênfase recai nas penas secundárias, e a parte do antebraço que sustenta essas penas é relativamente alongada.

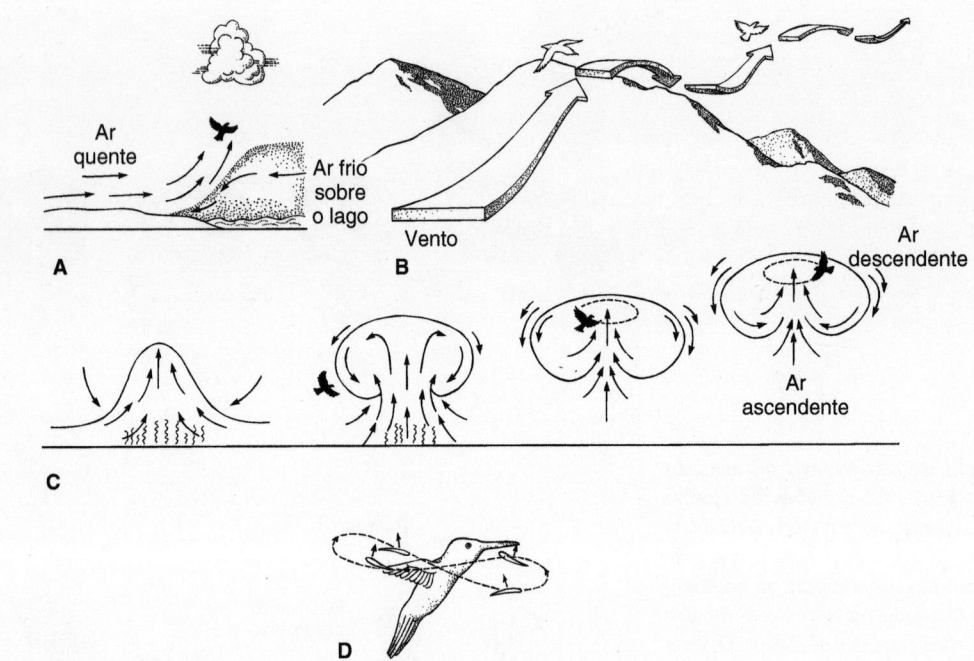

Figura 9.49 Voo planado e pairado. A. As aves que planam se aproveitam de rajadas ascendentes de correntes de vento. O ar frio sobre a água desliza abaixo do ar mais leve aquecido sobre a terra. Ao subir, o ar cria rajadas ascendentes que as aves usam para ganhar altitude. **B.** Voo planado em uma cadeia montanhosa. A elevação ocorre quando uma montanha baixa força o vento a subir. O vento ressurge atrás da montanha, criando repetidas oportunidades de voo planado. **C.** Térmicas. Áreas locais do solo aquecidas pela luz solar esquentam o ar adjacente, que começa a subir. Essa bolha de ar quente ascendente é uma térmica com circulação interna, como mostram as setas. À medida que a térmica sobe, as aves planadoras entram e voam em círculos no seu centro para alcançar maior altitude. **D.** As aves com voo pairado, como o beija-flor, dependem totalmente da força dos músculos das asas para produzir sustentação. As asas batem rapidamente no trajeto tracejado, produzindo sustentação (*setas*) nos batimentos para trás e para frente.

Com base em Peterson.

A Pardela   **B** Gavião   **C** Faisão   **D** Andorinha

Figura 9.50 O formato da asa difere com o tipo de voo. A. Aves planadoras têm asas longas e estreitas como planadores. **B.** Aves que planam sobre a terra, como os gaviões, têm asas fendidas, com as penas primárias ligeiramente espaçadas nas pontas. **C.** Nas aves que precisam manobrar em espaços pequenos, como os faisões, as asas são elípticas para possibilitar rápidos episódios de voo em *habitats* cerrados, como as florestas. **D.** Aves de voo rápido, como falcões e andorinhas, têm asas em formato de flecha.

Com base em Pough, Heiser e McFarland.

cai radicalmente. Quando isso acontece, as asas perdem a sustentação (**estol**) (Figura 9.51 B). O estol pode ser adiado caso se impeça a separação das camadas de ar no fluxo. Em aves, a pequena álula controla a corrente de ar que passa sobre a asa e impede sua separação prematura à medida que o ângulo de ataque inicialmente aumenta. Assim, é possível alcançar maiores ângulos de ataque antes do estol, de modo que se possa produzir maior sustentação, embora também com maior arrasto.

Aerodinâmica (Capítulo 4); penas (Capítulo 6)

Aerofólio é um objeto que, quando colocado em uma corrente de ar, produz uma reação útil. O aerofólio, que pode ser a asa de uma ave, um pterossauro, um morcego ou um avião, gera sustentação em consequência de seu ângulo de ataque, dos detalhes de seu formato e da velocidade do ar. Os aerofólios aceleram o ar que passa ao longo de uma superfície em relação à outra, ajustando o ângulo de ataque para produzir sustentação máxima em relação ao custo de arrasto, resultando na razão máxima sustentação–arrasto. Desde o fim do século 19, sabemos que as **asas arqueadas** – asas com superfície superior convexa – produzem resultados superiores às asas planas inclinadas simples (como pipas). Quando o ângulo de ataque é igual a zero (ângulo de sustentação igual a zero), a corrente de ar dividida passa em velocidades iguais pelo extradorso (superfície superior) e intradorso (superfície inferior) e volta a se encontrar no bordo de fuga (Figura 9.51 C), sem produzir sustentação. No entanto, à medida que aumenta o ângulo de ataque, o aerofólio aumenta a

velocidade da corrente de ar que passa no topo da asa, a qual alcança o bordo de fuga antes da metade inferior (Figura 9.51 E) e produz sustentação. O principal determinante dessa sustentação é a redução da pressão, basicamente "sucção" da corrente de ar rápida que passa no extradorso da asa. Essa sustentação é ampliada por uma contribuição menor da pressão aumentada da corrente de ar mais lenta sob a asa (Figura 9.51 E e F).

▶ **O voo.** Formalmente, a asa cria um campo de pressão local que produz sustentação. A sustentação é produzida de duas maneiras principais. Primeiro, a parte inferior da asa desvia para baixo o ar que encontra e, por sua vez, essa massa de ar transmite à asa um momento para cima. Em seguida, a asa inclinada para cima cria no extradorso uma bolsa de pressão negativa em relação ao ambiente. A modificação do ângulo de ataque modifica a pressão (Figura 9.51 D e F). Em ângulos de ataque moderados, o perfil de pressão da asa apresenta, em relação ao ambiente, pressões positivas ao longo do intradorso e pressões negativas ao longo do extradorso. O resultado de ambos os efeitos é a sustentação: (a) a asa empurra o ar para baixo, o ar empurra a asa para cima e (b) a pressão negativa no topo da asa a puxa para cima.

O perfil de pressão real de uma asa depende da velocidade do ar, da densidade do ar e de detalhes da própria asa, bem como do ângulo de ataque. Em geral, a parte frontal da asa gera a maior parte da sustentação. Observe como a pressão negativa no topo da asa é maior que a pressão positiva que atua na superfície inferior da asa (Figura 9.51 F). Parte da sustentação é causada pelo desvio do ar que avança pela base da asa. A maior

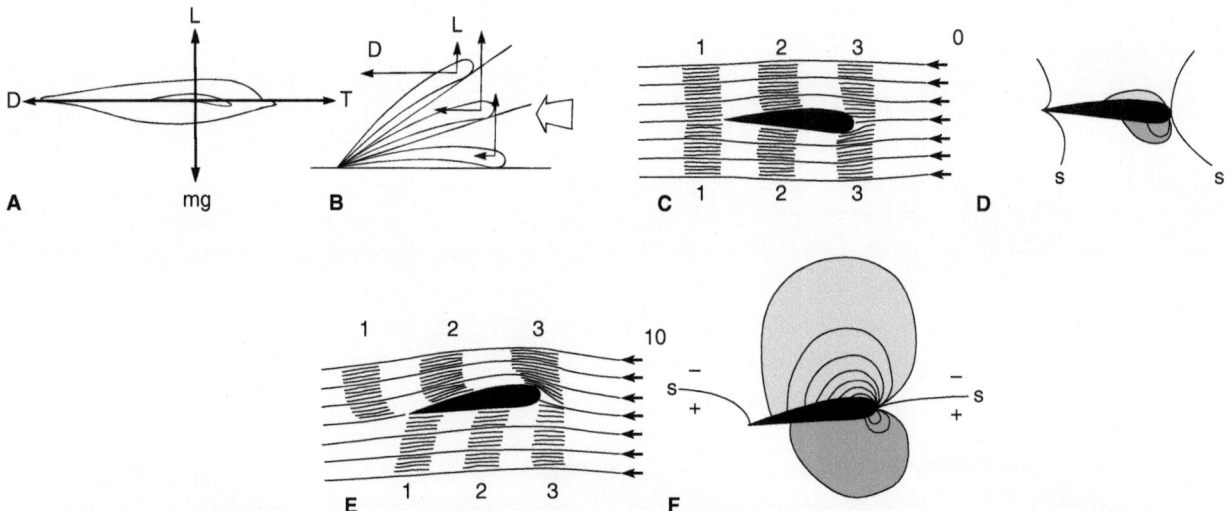

Figura 9.51 Aerodinâmica da sustentação. A. Durante o voo batido estável, quatro forças básicas atuam sobre o animal. Os batimentos ativos da asa produzem um impulso para frente (*T*) e a asa produz sustentação (*L*). Em oposição estão a força da gravidade (*mg*) para baixo e a força de arrasto (*D*), que atua em sentido oposto à linha de deslocamento. **B.** Tanto a sustentação quanto o arrasto são afetados pelo ângulo de ataque entre a asa e o fluxo de ar. Em certo ângulo de ataque crítico, ocorre separação do fluxo e estol das asas do animal. **C.** O fluxo de ar laminar é mostrado atravessando uma asa com ângulo de ataque de 0°, da direita para a esquerda, com produção de sustentação igual a zero. Três coortes sucessivas de ar nesse fluxo laminar – 1, 2 e 3 – são mostradas para ilustrar como os fluxos de ar divididos, que passam acima e abaixo da asa, reúnem-se igualmente no bordo de fuga. **D.** O perfil de pressão dessa asa indica baixa geração de pressão. **E.** Entretanto, à medida que o ângulo de ataque aumenta – neste caso, de 10° –, aumenta a velocidade do fluxo de ar superior, de modo que a coorte superior alcança o bordo de fuga antes da metade inferior (*l*) e, portanto, as duas metades não se reúnem. **F.** O perfil de pressão indica, com linhas de contorno, a diminuição (–) e o aumento (+) de pressão que agora atuam, respectivamente, acima e abaixo da asa. Linha de estagnação (*s*).

C–F, modificada de Denker.

parte da sustentação, porém, é gerada por eventos ocorridos no topo do aerofólio. As propriedades aerodinâmicas desse perfil geralmente incluem **linhas de estagnação**, nas quais a velocidade relativa do ar cai a zero. Um pequeno inseto que caminhe sobre a asa de um avião em voo poderia seguir na linha de estagnação sem tomar conhecimento do vento.

De modo geral, os aviões são projetados com asas arqueadas. Com ângulos de ataque crescentes acima de zero (ausência de ascensão), a sustentação aumenta, mas somente até determinado ponto. Quando os ângulos de ataque são altos, o fluxo de ar pela asa começa a se separar, com consequente perda de sustentação. A superfície curva, arqueada, ajuda a manter as linhas aerodinâmicas e, portanto, impede essa separação do fluxo em ângulos de ataque maiores. Em animais, as asas podem ser finas e muito arqueadas, com a superfície inferior côncava. Como nos aviões, a curva superior ajuda a evitar o estol. Aparentemente, a superfície inferior é côncava para distribuição mais uniforme do momento transmitido em sua superfície. Em 1903, os irmãos Wright projetaram um aerofólio semelhante: curvo na parte superior, côncavo na parte inferior. No entanto, isso é raro em aeronaves atuais por causa das dificuldades de fabricação e porque a grande curvatura só é benéfica perto do estol. Nas aeronaves, o estol é um problema durante a decolagem e a aterrissagem abordado por extensão dos *flaps* no bordo de fuga da asa. Isso cria realmente uma curvatura adicional para reduzir a chance de estol.

Para calcular a sustentação geral, é preciso incluir a **circulação aerodinâmica**, um modelo matemático. Para compreender a circulação, considere, primeiro, os padrões de fluxo de ar ao redor de um objeto como uma bola de beisebol. Sem rotação, o fluxo é simétrico nos dois lados (Figura 9.52 A). Entretanto, ao

girar, a bola puxa o ar ao seu redor na direção do giro, por causa da viscosidade e da tendência do ar de aderir à superfície, um tipo de vórtice vinculado que circula com a bola (Figura 9.52 B). Considerando-se o conjunto, essa circulação é somada à velocidade do fluxo de ar de um lado e subtraída do outro, resultando em uma força assimétrica (Figura 9.52 C), o que faz com que a bola de beisebol siga uma trajetória curva. A rotação também é o que causa a trajetória curva de uma bola de golfe para a esquerda ou para a direita, dependendo do sentido do giro.

O aerofólio não gira para produzir a circulação de um vórtice físico verdadeiro em torno da asa. Em vez disso, por causa de seu formato e do efeito no fluxo de ar, ele afeta a corrente de ar *como se* estivesse girando. Esse efeito pode ser calculado ou, ao menos, visualizado pelo resumo dos efeitos separados seguidos por sua reunião. Sem circulação, o fluxo de ar que deixa o bordo de fuga de um aerofólio não se afasta suavemente, pois tenta girar o canto vivo (Figura 9.52 D). Sozinha, a circulação (Figura 9.52 E) é o fluxo matemático calculado necessário para constituir a saída de ar com escoamento harmonioso. Quando os dois são somados (Figura 9.52 F), o ar se afasta harmoniosamente do bordo de fuga. Simplificando, o efeito da circulação é que a asa empurra o ar para baixo, contribuindo para a sustentação.

Os aerofólios têm outra consequência curiosa, mas importante, decorrente da circulação. Um aerofólio que produz sustentação é circundado por um tipo de vórtice – poderíamos dizer que é um vórtice virtual. Ou seja, se subtrairmos o vetor de velocidade posterior igual à velocidade da aeronave, das velocidades em cada ponto (Figura 9.53 A), restaria um vórtice, com fluxo para trás acima da asa e para frente abaixo dela. É virtual porque as partículas de ar não se movem fisicamente ao

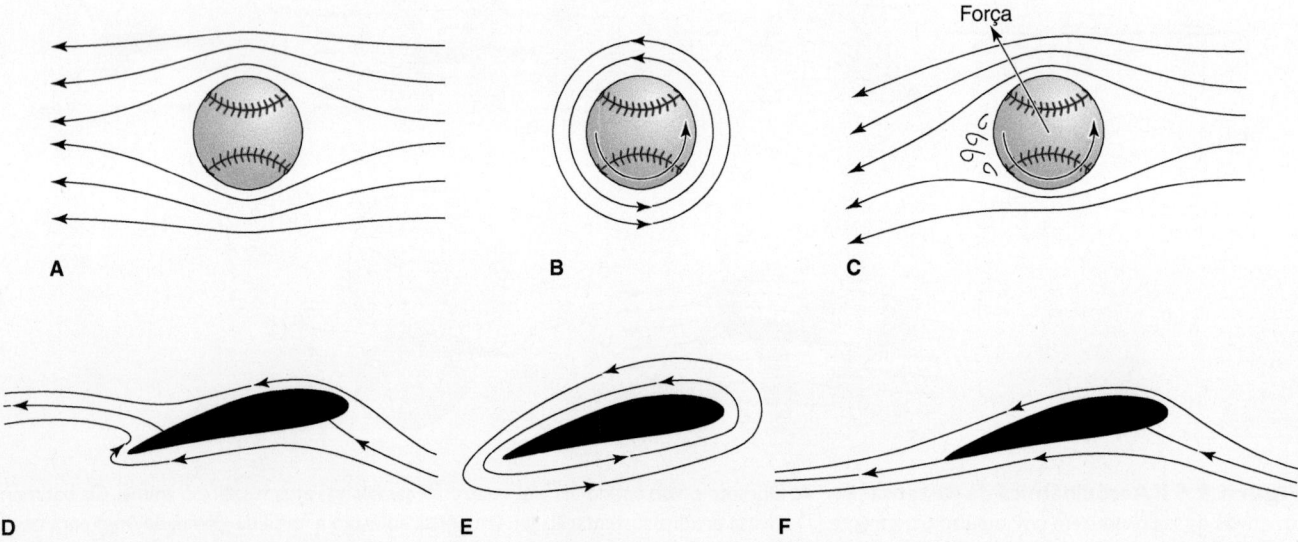

Figura 9.52 Circulação aerodinâmica. Trajetória curva da bola. Uma bola de beisebol em voo pode experimentar dois padrões de fluxo de ar em consequência de seu movimento. **A.** Sem rotação, o fluxo de ar é simétrico nos dois lados. **B.** Com rotação, a bola puxa o ar perto de sua superfície, produzindo uma fina camada limite circulante. **C.** Atuando em conjunto ou em oposição, o fluxo simétrico e a fina camada limite circulante causam aceleração do fluxo de um lado e desaceleração do outro; a consequência é a deflexão de todo o fluxo de ar e um desequilíbrio da força que atua sobre a bola, o que produz a trajetória curva. Sustentação de um aerofólio. Um aerofólio não gira, mas seu efeito sobre o fluxo de ar pode ser semelhante. **D.** Fluxo de ar sem circulação. **E.** Apenas circulação. **F.** Padrão de fluxo real total ao redor de um aerofólio.

A–C, com base em Anderson e Eberhardt; D–F, com base na NASA.

redor da asa em órbitas verdadeiras, mas, como vimos na Figura 9.52, as consequências físicas do aerofólio sobre o fluxo de ar atuam como se as partículas de ar circum-navegassem a asa.

Em geral, os vórtices não têm extremos – eles tendem a girar sobre si mesmos como rodas (toroides). Assim, esses curiosos vórtices visuais ultrapassam as extremidades das asas, voltando-se para trás como um par de vórtices de fuga (Figura 9.53 B). Essa dispersão representa perda de energia e é minimizada por asas longas e finas ou por asas com penas primárias externas, separadas nas pontas (ver Figura 9.50). Às vezes, recupera-se um pouco de energia, portanto, uma ave que participa de um voo com formação em V recebe alguma sustentação de um dos vórtices da ponta da asa da ave à sua frente (Figura 9.53 C).

O arrasto total é a soma das forças que resistem ao movimento de um animal através de um fluido. Participam duas categorias gerais de arrasto: arrasto parasita e arrasto induzido. O **arrasto parasita** é a resistência de um animal à passagem através de um fluido, feita de várias formas: o arrasto do perfil é a parte dessa resistência causada pelo formato do animal que se desloca através do fluido; o arrasto de atrito é causado por tensão de cisalhamento na camada limite; o arrasto de pressão é causado por refluxo adverso na esteira. O **arrasto induzido** está associado à produção de sustentação (Figura 9.53 D). Uma asa que encontra o vento relativo produz sustentação perpendicular a sua superfície. A parte útil dessa sustentação é vertical, diretamente oposta à gravidade. A diferença vetorial entre a sustentação e seu componente vertical efetivo representa o arrasto induzido. Portanto, o arrasto induzido é o componente vetorial da força de sustentação oposto ao sentido do deslocamento. De maneira paradoxal, ao produzir sustentação, a asa gera um componente de força retardadora que diminui a velocidade da ave por aumento do arrasto total.

Arrasto de atrito e de pressão (Capítulo 4)

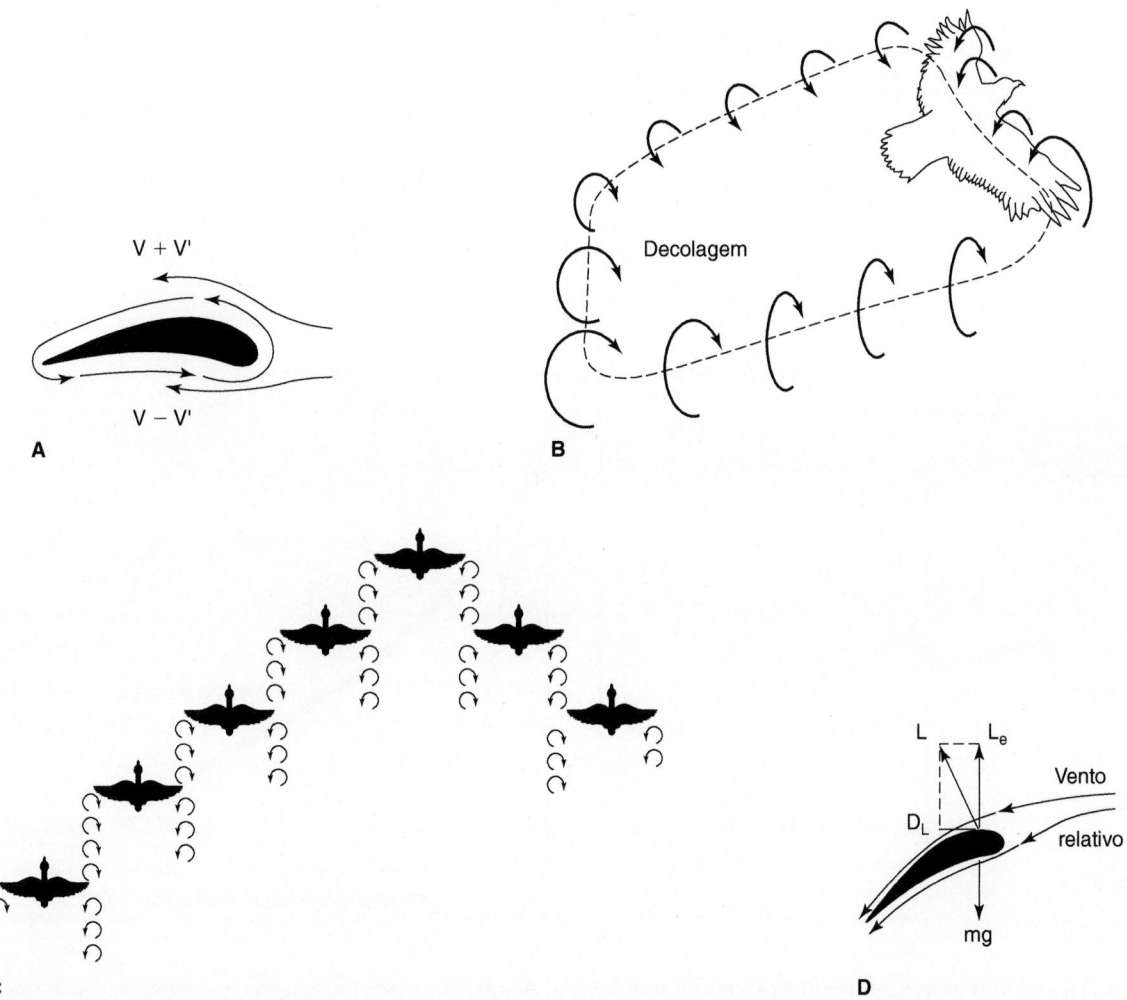

Figura 9.53 Vórtices e arrasto aerodinâmicos. A. À medida que é produzida sustentação, a circulação é induzida, produzindo um vórtice virtual. A subtração da velocidade de circulação (V') abaixo da asa e a soma dessa mesma velocidade acima dela revelam a ação de vórtices ao redor da asa. **B.** Sistema de vórtice associado a uma asa que produz sustentação. **C.** As aves que voam em formação em V assumem uma posição e um ritmo de batimento de asas nas extremidades das outras para tirarem proveito da energia dos vórtices. **D.** Arrasto induzido. Com o aumento do ângulo de ataque, há aumento da sustentação (L) perpendicular à superfície. O componente vertical dessa sustentação (L_e) tem ação oposta à da gravidade (mg). O componente horizontal é o arrasto induzido (D_L) com ação oposta ao sentido de deslocamento.

B e C, com base em Vogel, 2003.

Os animais que planam dependem dos mesmos princípios aerodinâmicos que os animais voadores, exceto por não haver impulso. As diferenças de desempenho têm a ver com diferenças relativas entre as forças de sustentação e arrasto. Um animal planador, como um esquilo voador, estende o corpo quando está no ar para apresentar uma ampla superfície ao ar. Caso o voo planado seja estável, várias forças atuam sobre ele. A resistência do corpo estendido contra o ar produz sustentação (L), há o arrasto (D) no sentido oposto ao do deslocamento e também a ação do peso (mg). A trajetória planada descendente faz um ângulo (θ) com o solo. Em relação a esse ângulo, o componente de força que produz sustentação é mg×cos θ, e o arrasto é mg×sen θ. A razão L/D é maior que 1 durante o voo planado estável (Figura 9.54 A). A rã "voadora" também plana (Figura 9.54 B), porém com uma razão menor entre sustentação e arrasto. As relações entre as forças são iguais, exceto pelo

fato de que a área que sustenta o peso é pequena, a sustentação é pequena e a razão L/D é menor; portanto, a trajetória do voo planado é mais íngreme (ver Figura 9.54 B).

Até mesmo as serpentes, que não têm membros, inventaram um método para planar (Figura 9.54 C e D). A serpente *Chrysopelea paradisi*, habitante das florestas do Sudeste Asiático e do Sri Lanka, lança-se do alto das copas e plana nos espaços abertos até galhos mais baixos ou até o solo. A ecologia dessas serpentes é desconhecida, portanto, o papel biológico do planeio é pura especulação. Muitos animais planadores vivem em florestas. Para um animal não planador, o deslocamento até uma árvore adjacente seria uma árdua jornada se ele tivesse que descer, andar no solo e depois escalar a árvore de interesse. No entanto, um voo planado até uma árvore próxima, mas a alguns metros de distância, evitaria o longo caminho até o solo e a escalada. A serpente *Chrysopelea paradisi*

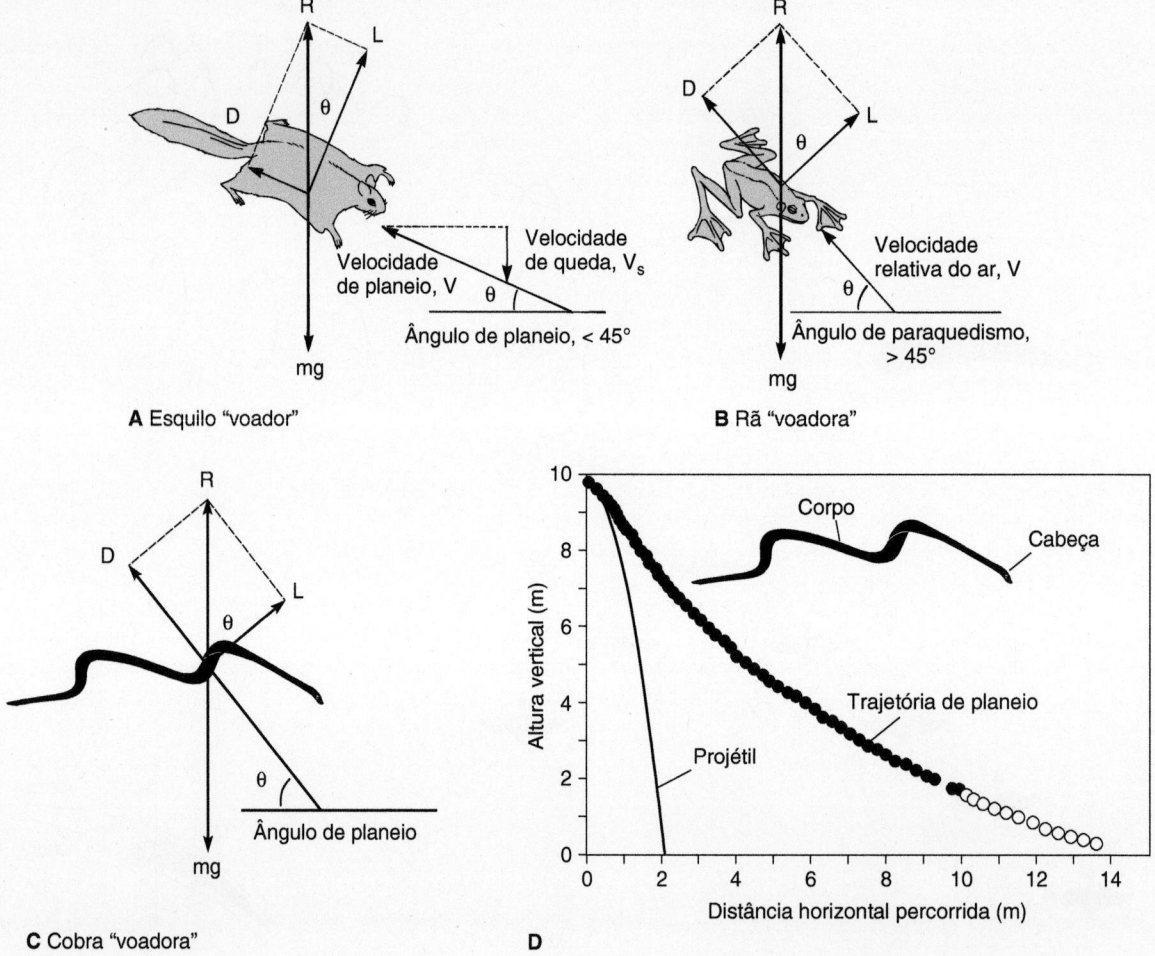

Figura 9.54 Aerodinâmica da locomoção aérea não batida. A e **B.** Esses dois planadores têm diferentes trajetórias de planeio, pois têm diferentes áreas de sustentação de seu peso. O esquilo voador tem expansões de pele entre os membros anteriores e posteriores que podem ser estendidas para produzir alguma sustentação. A rã tem membranas interdigitais aumentadas que, em conjunto, produzem sustentação. Entretanto, a razão total entre sustentação e arrasto (L/D) na rã é menor, resultando em uma trajetória de planeio mais íngreme e em um maior ângulo com o solo (θ). **C.** Serpente *Chrysopelea paradisi.* **D.** Comparação entre as trajetórias de planeio da serpente (*pontos*) e de um projétil não planador (*linha cheia*) lançados na mesma velocidade inicial. Os pontos vazados no final são extrapolados até o solo depois que a cobra saiu do campo de visão (*pontos cheios*) durante a filmagem de seu planeio. A força da gravidade (*mg*) está agindo em sentido oposto à resultante (*R*) do arrasto (*D*) e da sustentação (*L*).

A e B, com base em Norberg; C e D, com base na pesquisa de J. J. Socha.

parece se encaixar nesse estilo de vida, planando diretamente de uma árvore até a outra. Para obter sustentação, ela achata o corpo, que é percorrido por ondulações de um lado ao outro enquanto está no ar. Durante o planeio, ela também pode mudar de direção apontando a cabeça na direção desejada no início de uma nova ondulação do corpo.

Origem do voo das aves

Atualmente, várias teorias divergentes tentam explicar os estágios do surgimento do voo das aves a partir de um ancestral reptiliano. Uma delas, a **teoria arborícola**, prefigura o passo pré-voo inicial entre ancestrais bípedes habitantes de árvores (Figura 9.55 A); saltar de um galho a outro é econômico, poupando uma longa viagem de descida até o solo e subida em outra árvore vizinha. O salto estabelece o comportamento de ir para o ar, talvez deixando para trás predadores que o perseguiam. No paraquedismo, os membros abertos favoreceram o surgimento de superfícies com penas que desaceleraram a descida e amorteceram o impacto na aterrissagem. O voo planado aproveitou as maiores superfícies com penas, que defletiram ainda mais a linha de queda e aumentaram a distância horizontal efetiva percorrida no ar. Os movimentos de batimento e, por fim, o voo ativo prolongaram o tempo no ar e produziram um estilo de vida explorado pelas aves. Esses estágios criam platôs adaptativos progressivamente maiores até alcançar o voo aéreo em aves.

As outras duas teorias – diferentes da teoria arborícola, que começa com um ancestral que vive em árvores – partem de um ancestral que vive no solo. A **teoria do caçador de insetos** (Figura 9.55 B) propõe a origem das penas em ancestrais bípedes rápidos que corriam no solo e usavam os antebraços para golpear e capturar insetos. Nesse caso, as penas surgiram para aumentar a efetividade dos golpes ou se estender para trás, aumentando a velocidade do animal corredor pré-voador atrás da presa. O hábito de saltar no ar estabeleceu o comportamento de se deslocar no ar temporariamente e, a partir desse estágio, pode ter se desenvolvido o voo batido ativo. Apesar da dificuldade de imaginar um ancestral que batia asas e golpeava atrás de insetos em uma paisagem do Mesozoico, essa teoria propõe estágios bastante abruptos. Além disso, assim que o ancestral equipado com "mata-moscas" saltasse no ar, desaceleraria, reduzindo o momento no ar.

A **teoria cursorial**, como proposta inicialmente, imaginou de maneira semelhante o ancestral pré-voo das aves como um réptil bípede, terrestre e veloz, que buscava alimento ou fugia de seus predadores. No entanto, pela mesma razão, a desaceleração após decolar, essa teoria tinha dificuldade para explicar o voo e parecia que as penas ou asas incipientes não traziam vantagem seletiva. No entanto, as pesquisas recentes sugerem uma resposta.

Logo após a eclosão, algumas aves, antes que possam voar, batem as asas ainda em desenvolvimento para escalar planos inclinados, um comportamento denominado **corrida inclinada com a ajuda das asas** (WAIR; do inglês, *wing-assisted inclined running*). Até mesmo o batimento de pequenas asas empurra a ave em direção ao plano inclinado, impedindo que ela caia, mantendo seus pés agarrados ao substrato inclinado e permitindo que os fortes membros posteriores usem a tração

para subir. Do ponto de vista evolutivo, nas pré-aves esse membro anterior incipiente com penas propiciaria vantagens locomotoras semelhantes, talvez representando um estágio intermediário adaptativo na origem do voo (Figura 9.55 C). Como essa corrida inclinada com a ajuda das asas exigiria um movimento dorsoventral do membro anterior, esse estágio também iniciaria a transição para um movimento dorsoventral de voo das aves posteriores.

O princípio fundamental da maioria das teorias sobre a origem do voo é que o estágio de planeio precedeu o estágio de voo. Esse princípio foi testado por Kevin Padian e Ken Dial, que examinaram as posições filogenéticas comparativas de vertebrados planadores e voadores. Acontece que os três clados de voadores – aves, morcegos e pterossauros – estão distantes dos 15 clados de planadores conhecidos viventes e extintos. Os morcegos, em especial, estão muito distantes dos oito clados de mamíferos planadores. Além disso, nenhum grupo externo imediato, nem fóssil de morcego, inclui membros bípedes. Ao que tudo indica, os morcegos desenvolveram o voo ativo por modificação da locomoção quadrúpede convencional. Em geral, esses resultados contrários, divergentes da concepção prevalente, sugerem que o voo ativo não costuma ser precedido filogeneticamente por um ancestral planador recente.

Locomoção fossorial

Animais que passam parte da vida, ou toda ela, no subsolo são chamados de **subterrâneos**. Nesse estilo de vida, o animal aproveita túneis ou buracos existentes para se refugiar. Serpentes, lagartos, tartarugas e muitos anfíbios fogem para tocas ou cavidades naturais profundas na terra para buscar alívio do frio intenso no inverno ou do calor excessivo em pleno verão. Muitos peixes se protegem de predadores em túneis, enquanto os predadores costumam usar os túneis para se esconder até que possam sair e atacar uma presa desavisada. Predadores lisos, como as serpentes ou as doninhas, seguem as presas abaixo do solo até câmaras subterrâneas. Alguns animais subterrâneos armazenam alimentos em esconderijos no subsolo.

Entretanto, muitos vertebrados subterrâneos escavam seus próprios túneis e são chamados de fossoriais. Esse hábito se desenvolveu em todas as classes de vertebrados. Os cães-da-pradaria e os coelhos escavam extensos túneis interconectados; as habitações subterrâneas dos coelhos são **coelheiras**, que podem incluir um labirinto de corredores com rotas de fuga e confortáveis ninhos nos quais são criados os filhotes. Assim, a escavação pode produzir *micro-habitats* mais seguros, de clima agradável e onde o alimento é mais abundante que na superfície.

▶ **Modos de escavar.** Um peixe pulmonado, que busca refúgio temporário quando um corpo d'água seca, usa o corpo e as nadadeiras para escavar a lama macia. Os linguados, de corpo plano, balançam as nadadeiras peitorais para suspender a areia solta. Ao assentar, a areia cobre e esconde seu corpo. Os anuros se alojam de costas em uma cavidade rasa escavada com os membros posteriores. Entre os répteis, as anfisbenas usam as cabeças pontudas para penetrar no solo macio. A pressão do corpo contra as paredes do túnel compacta o substrato, de modo que as paredes se sustentam e não desabam imediatamente sobre o

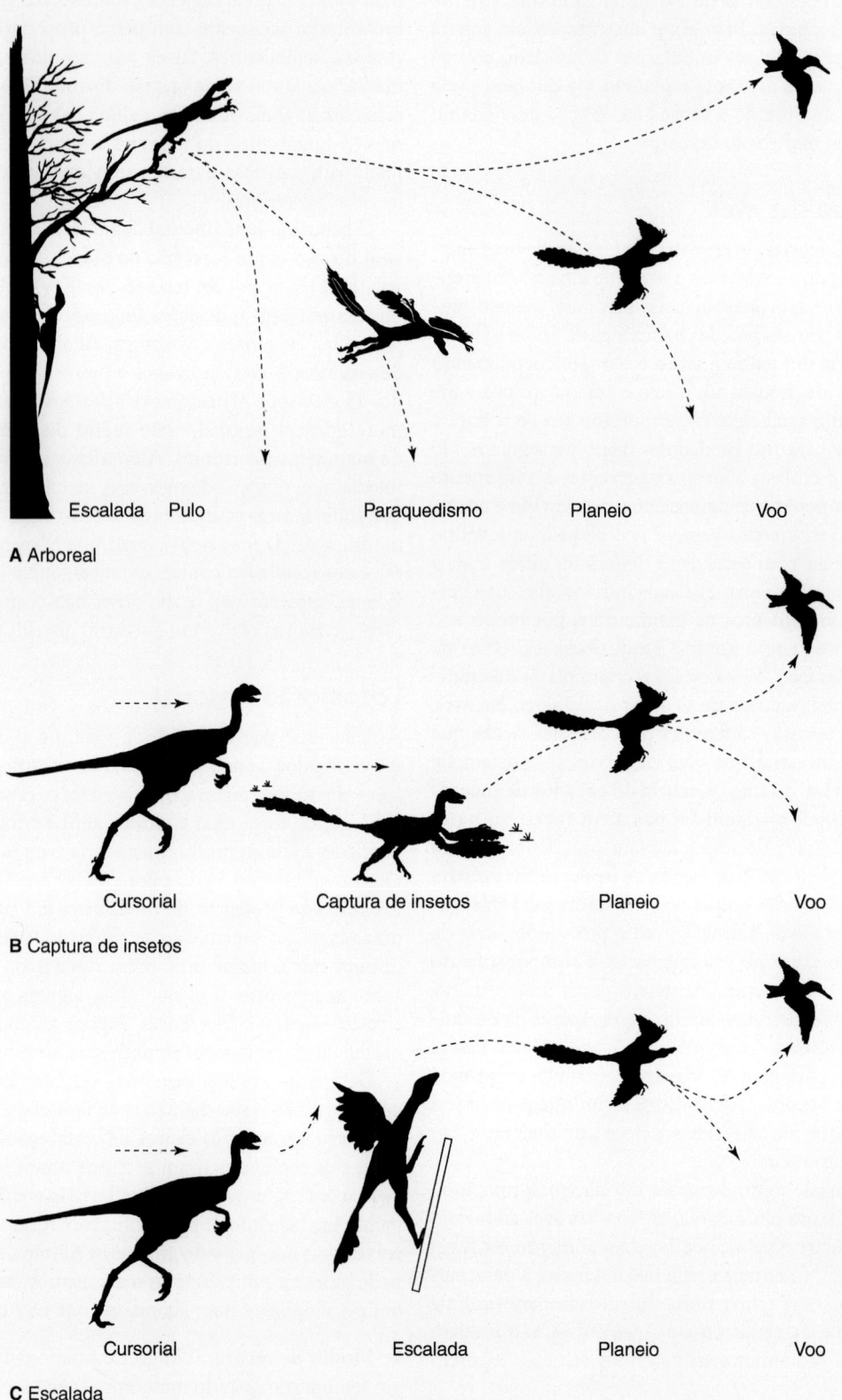

Figura 9.55 Origem do voo das aves. Três principais teorias sobre a evolução do voo nas aves. **A.** Teoria arborícola. A partir da vida nas árvores, os estágios são: salto, paraquedismo, planeio e voo. Os fatores iniciais que favorecem a evolução de superfícies com penas ocorrem em consequência da descida no meio aéreo. **B.** Teoria da captura de insetos. A partir de um ancestral cursorial, o uso dos antebraços para capturar ou perseguir insetos favoreceu o surgimento das superfícies com penas. **C.** Também a partir de um ancestral cursorial, as protoasas foram favorecidas como recursos para a escalada de planos inclinados e, mais tarde, o planeio rudimentar e o voo.

Com agradecimento a K. Dial por apresentar as teorias.

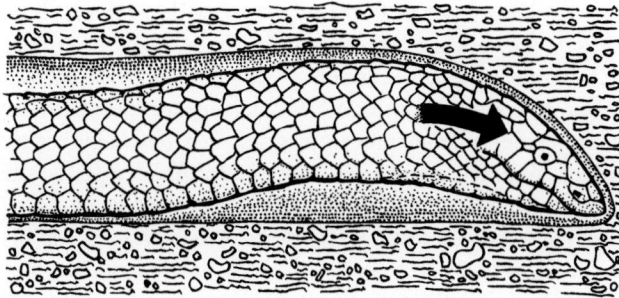

Figura 9.56 Enquanto estão no subsolo, os animais fossoriais enfrentam problemas especiais, e a obtenção de ar suficiente não é o menor deles. A serpente da areia usa a cabeça para abrir um buraco pouco maior que seu corpo na areia solta, criando um espaço sem areia para facilitar a respiração.

Com base em Gans.

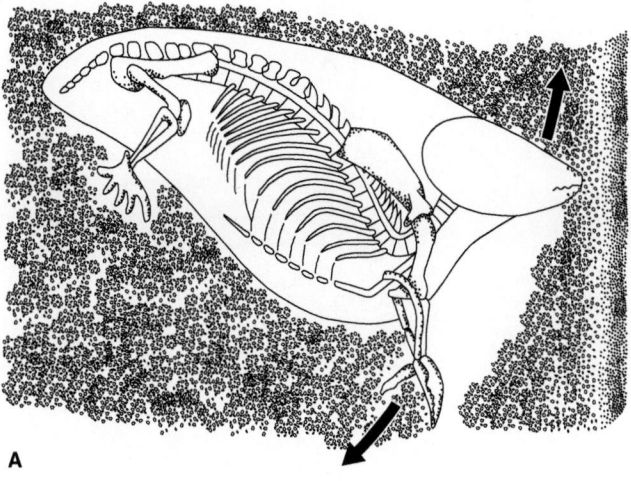

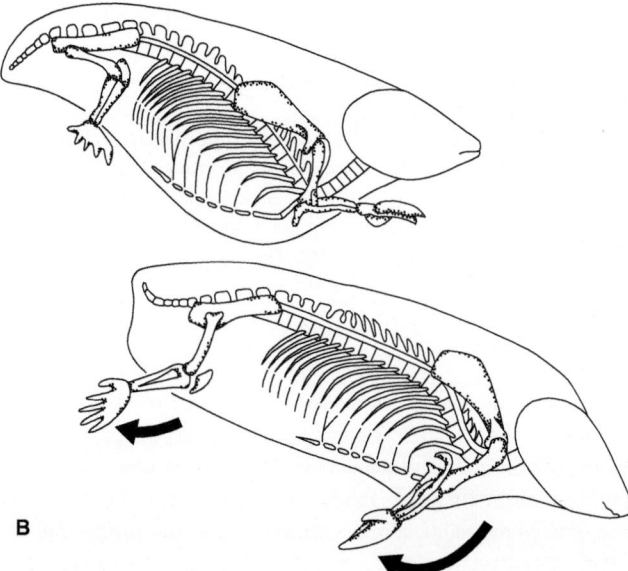

animal. Algumas serpentes abrem caminho através da areia solta e descem vários centímetros abaixo da superfície, afastando-se do calor do deserto acima delas (Figura 9.56). Muitos roedores roem o solo, com seus poderosos dentes incisivos, para soltá-lo antes de escavar com seus membros.

▶ **Adaptações fossoriais.** A toupeira-dourada de Grant (*Eremitalpa granti*) vive nas dunas do Deserto do Namibe na África do Sul. Em geral, por volta de meio-dia nesse deserto escaldante, a toupeira-dourada se enterra até 50 cm de profundidade para encontrar temperaturas agradáveis e escapar do calor abrasador. Depois do pôr do sol, ela emerge para as temperaturas mais frias e busca alimento na superfície. A escavação é realizada em duas fases. Durante a fase de escoramento, a toupeira-dourada levanta a cabeça contra a areia e, depois, empurra o tórax para baixo (Figura 9.57 A). O resultado é a compactação da areia e a abertura de um bolsão na frente da toupeira. Isso é rapidamente seguido por ciclos repetidos da fase de escavação-propulsão, na qual os golpes com os membros posteriores e, sobretudo, os potentes movimentos dos fortes membros anteriores empurram a areia para trás e deslocam o corpo para frente (Figura 9.57 B).

O esqueleto apendicular, sobretudo os membros anteriores, pode aplicar grande força para mover a terra. Em geral, há várias modificações estruturais. A primeira delas é que os ossos dos membros de animais fossoriais são mais fortes e robustos, e os músculos fixados neles são relativamente grandes (Figura 9.58 A e B). Assim, forma-se um sistema osteomuscular curto e vigoroso, diferente dos membros longos ou delicados dos especialistas cursoriais ou aéreos. A segunda mudança diz respeito ao membro como sistema de alavanca, o qual é adaptado para grande produção de força. O antebraço e a mão dos vertebrados fossoriais, que constituem o braço de força, são relativamente curtos. O cotovelo, que constitui o braço de resistência, é alongado para aumentar a ação da alavanca de contração muscular. A terceira modificação é que a mão costuma ser grande e larga, como uma pá, e estendida por fortes garras que escavam o solo a cada movimento.

Mecânica de alavancas (Capítulo 4)

Figura 9.57 Escavação pela toupeira-dourada de Grant. A. Fase de escoramento. A princípio, a toupeira abre um espaço à sua frente, levantando a cabeça e abaixando o tórax para compactar a areia. **B.** Fase de escavação-propulsão. Os membros posteriores e os membros anteriores especialmente fortes se movem para trás (*seta*) e empurram o corpo da toupeira para frente no espaço produzido. O ciclo é repetido várias vezes antes de outra fase de escoramento da toupeira (na verdade, não é uma toupeira verdadeira, mas um membro da Afrotheria).

Com base na pesquisa de J. P. Gasc, F. K. Jouffroy, S. Renous e F. von Blottnitz. Reproduzida de Gasc, J. P., Jouffroy, F. K., Renous, S. e Blottnitz, F. V. (1986). Morphofunctional study of the digging system of the Namib Desert Golden Mole (Eremitalpa granti namibensis): cineflurographical and anatomical analysis. J. Zool., Lond. 208, 9-35. Reproduzida, com autorização, de John Wiley & Sons.

Resumo

O esqueleto apendicular compreende as nadadeiras pares ou membros e as cinturas que as sustentam. O quadril, ou cintura pélvica, é exclusivamente endocondral; a cintura escapular ou peitoral é constituída de elementos dérmicos e endocondrais. Essa constituição dupla sugere uma origem evolutiva dupla: elementos endocondrais originados de suportes basais da nadadeira

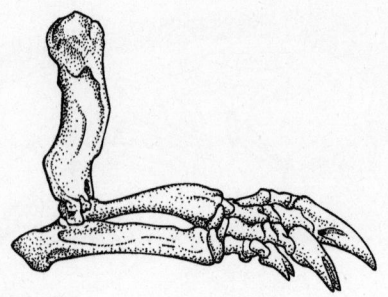

A Membro anterior de pangolim

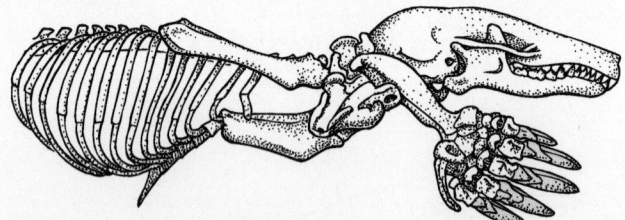

B Membro anterior de toupeira-dourada

Figura 9.58 Adaptações do esqueleto para escavação. A. O membro anterior de um mamífero escavador, o pangolim, é curto e robusto, o que lhe confere uma vantagem de força para empurrar a terra. **B.** A constituição da toupeira-dourada é semelhante, com potentes membros anteriores e uma mão larga, semelhante a uma pá.

Com base em Hildebrand.

e elementos dérmicos originados de ossos de revestimento no tegumento. As nadadeiras pares surgiram cedo, propiciando aos peixes ativos maneabilidade e estabilidade em um ambiente aquático tridimensional. Talvez eles tenham surgido de partes dos arcos branquiais ou, mais provavelmente, das pregas das nadadeiras ventrolaterais dos primeiros vertebrados agnatos. As nadadeiras pares, apenas na região peitoral, ocorreram em alguns oostracodermes. Os primeiros placodermes, acantódios e condrictes estavam bem equipados com nadadeiras pares e cinturas peitoral e pélvica. Os membros anteriores e posteriores estão no mesmo plano, em sentido proximal-distal – estilopódio, zeugopódio, autopódio. Eles se originaram das nadadeiras carnosas de ancestrais ripidístios, que provavelmente usavam as nadadeiras como pontos de pivô na água. Os membros dos primeiros tetrápodes tinham múltiplos dígitos, até sete ou oito por quirídio, até a redução para o padrão pentadáctilo em tetrápodes posteriores. As ondulações laterais dos peixes que nadam foram levadas para a locomoção terrestre inicial, na qual os membros estabeleceram pontos de apoio e, ao redor deles, o corpo ondulava na terra. A perda da fixação da cintura escapular ao crânio aumentou a mobilidade craniana e foi acompanhada nos primeiros tetrápodes de perda dos ossos dérmicos de conexão – pós-temporal (crânio) e ossos dérmicos da cintura dorsal.

Durante toda a sua evolução, a cintura pélvica é constituída de três processos (no início) ou de três ossos separados (mais tarde) – ílio, ísquio e púbis. A evolução da cintura peitoral é mais complexa; os elementos dérmicos tendem a desaparecer, sobretudo em teleósteos derivados e em tetrápodes. Os componentes endocondrais dos peixes, escapulocoracoide, predominam em

tetrápodes, nos quais se formam a partir de dois centros de ossificação, a escápula e o procoracoide. Nos primeiros amniotas, um novo elemento endocondral se une à cintura escapular, o coracoide (= coracoide posterior). Os dois "coracoides" persistem em tetrápodes subsequentes e, embora o *procoracoide* seja um elemento ventral proeminente do ombro em anfíbios, répteis e aves, apenas o *coracoide* é mantido em mamíferos térios.

A locomoção inicial dos tetrápodes na terra era realizada com postura aberta, com ondulações laterais do corpo em torno de pontos de pivô alternados estabelecidos pelos pés. Quando a locomoção terrestre se tornou mais importante e especializada, modificações morfológicas alteraram a postura. Os membros assumiram posição mais embaixo do corpo, aumentando a facilidade e a eficiência das oscilações dos membros. A locomoção cursorial especializada teve importância sobretudo em arcossauros e, mais tarde, em uma tendência independente em sinápsidos, a partir dos terápsidos. Ela é auxiliada por várias adaptações que aumentam o comprimento da passada (alongamento distal do membro, mudança na postura do pé) e sua frequência (membros mais leves, por mudanças na massa muscular, e perda de alguns dedos). Nos primeiros mamíferos, a coluna vertebral passa de flexões laterais para flexões dorsoventrais, o que aumenta o comprimento da passada. As diferenças morfológicas acompanham o modo específico de uso da locomoção cursorial, para aceleração rápida ou para percorrer longas distâncias, e os problemas de escala de acordo com o tamanho.

A locomoção aérea em aves ilustra outra modificação morfológica para uma função biológica especializada – o voo. Normalmente, os membros anteriores são especializados, como aerofólios, que produzem sustentação para resistir à gravidade, e como superfícies de impulsão, que desenvolvem velocidade anterógrada. Assim como existem diferentes tipos de locomoção cursorial, há diferentes tipos de voo. Algumas aves pairam (p. ex., beija-flor), com ênfase nas forças de propulsão e nas penas primárias sustentadas no autopódio (mão). Outras têm asas longas e estreitas, com ênfase nas penas secundárias sustentadas no zeugopódio (antebraço). Estas garantem a sustentação usada no planeio que aproveita as térmicas ascendentes ou as rajadas ascendentes naturais de correntes de vento. As asas elípticas (p. ex., faisão) propiciam maneabilidade em *habitats* cerrados. Os membros dos pinguins perderam totalmente a função de voo e têm constituição robusta para atender às demandas de locomoção na água.

Há uma relação estreita entre o esqueleto apendicular e as demandas locomotoras desse sistema, sobretudo em tetrápodes. Por conseguinte, é um bom sistema para ilustrar a correspondência de forma e função para responder à mudança das demandas ambientais e, consequentemente, às mudanças das demandas biomecânicas. A transição da água para a terra foi acompanhada de modificações nas cinturas e nos membros, que passaram a sustentar peso e se tornaram importantes no desenvolvimento de forças propulsoras que movem o tetrápode sobre a terra. De modo geral, na locomoção terrestre, o sistema apendicular foi posto a serviço de papéis biológicos especializados – a locomoção cursorial, aérea, fossorial e de outros tipos. Esses modos especializados de locomoção são refletidos nas adaptações específicas de forma e função do sistema apendicular.

Sistema Muscular

Introdução

Os músculos fazem as coisas acontecerem. Eles proporcionam força para o movimento e, com o sistema esquelético, são os motores e as alavancas que fazem um animal agir. Além disso, restringem o movimento, o que é igualmente importante. Quando estamos confortavelmente de pé ou sentados refletindo, os músculos mantêm a posição do corpo para evitar que ele tombe. Os músculos também atuam sobre as vísceras – vasos sanguíneos, canais respiratórios, glândulas, órgãos – e afetam sua atividade. Por exemplo, os que circundam o tubo digestório tubular se contraem em ondas peristálticas que misturam e deslocam o alimento em seu interior. Os músculos formam esfíncteres, que controlam a saída de material de ductos tubulares. Camadas de músculos nas paredes das vias respiratórias afetam o fluxo de ar que entra e sai dos pulmões. Os músculos que revestem as paredes dos vasos sanguíneos afetam a circulação.

Os músculos têm participação secundária na produção de calor. Como é do conhecimento de qualquer atleta, o calor é um subproduto da contração muscular. Normalmente, o corpo humano produz calor suficiente, mas se a temperatura central cair no frio, grandes músculos em todo o corpo se contraem fortemente e produzem calafrios. Esses músculos não fazem trabalho extra, mas liberam calor extra, e a temperatura central volta ao normal. Em algumas espécies de peixes, os músculos extrínsecos do olho, que giram o globo ocular, assumem a função especializada adicional de produzir calor. Esses músculos aumentados contêm vias bioquímicas geradoras de calor. O calor produzido é transportado por vasos sanguíneos diretamente até o encéfalo para aquecê-lo.

Dois subprodutos da contração muscular, geralmente não percebidos, são ruído e tensão elétrica muito baixa. Entretanto, muitos tubarões e alguns outros peixes predadores têm receptores sensitivos que detectam esses ruídos e sinais elétricos a curta distância. Mesmo quando as presas estão escondidas ou enterradas, seus músculos se contraem para bombear água através das brânquias durante a respiração regular. O ruído elétrico emitido pela contração pode denunciar sua posição aos predadores. Em algumas espécies de peixes, esses subprodutos elétricos dispersos se tornaram uma importante função de músculos especializados. Esses blocos de músculo são **órgãos elétricos** e estão presentes em graus variáveis em mais de 500 espécies de peixes (Figura 10.1), produzindo altos níveis de tensão, mas não de força. Os órgãos elétricos surgiram em várias espécies de condrictes e também em peixes teleósteos de diferentes famílias. Esse surgimento independente de órgãos elétricos é um exemplo de evolução convergente.

Eletrorreceptores (Capítulo 17)

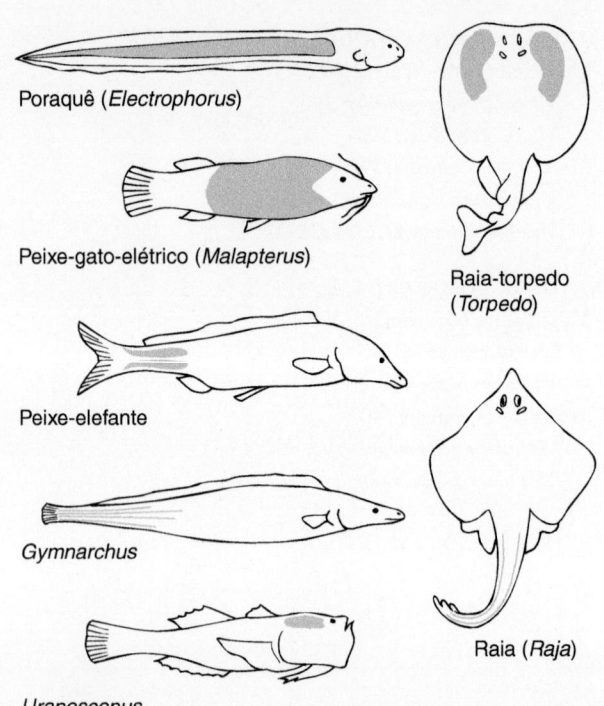

Poraquê (*Electrophorus*)

Peixe-gato-elétrico (*Malapterus*)

Peixe-elefante

Gymnarchus

Uranoscopus

Raia-torpedo (*Torpedo*)

Raia (*Raja*)

Figura 10.1 Órgãos elétricos. Os órgãos elétricos são blocos especializados de músculos derivados, por exemplo, de músculos branquiais na raia-torpedo e de músculos axiais em raias *Raja*. Em raias-torpedo, raias *Raja*, poraquês e peixes-gatos-elétricos, esses órgãos aplicam um choque de tensão suficiente para atordoar presas ou desencorajar o ataque de um predador. Em outros peixes, os órgãos elétricos produzem um campo elétrico fraco ao redor do corpo, o que possibilita a detecção de qualquer objeto que invada esse campo. Dessa maneira, peixes com campos elétricos são capazes de navegar e encontrar alimento em águas escuras ou lodosas. Cada peixe ilustrado na figura pertence a uma família diferente. A raia-torpedo e a raia da família Rajidae são elasmobrânquios; já os outros são peixes ósseos. Portanto, os órgãos elétricos tiveram origem independente várias vezes nos diferentes grupos.

De Novick.

Os órgãos elétricos disparam energia com a finalidade de paralisar as presas. Outros peixes, como a raia-torpedo, usam choques para se proteger de predadores. Há outros, ainda, que usam os órgãos elétricos para gerar um campo elétrico em torno de seus corpos. À medida que se deslocam em águas escuras, os objetos que se aproximam invadem esse campo elétrico e alertam o peixe para a presença de objetos em seu caminho. Assim, os músculos especializados dos órgãos elétricos têm uma função biológica na captura de alimentos, na defesa e na navegação.

Na maioria dos vertebrados, porém, os músculos produzem forças que controlam o movimento que pode deslocar o organismo no ambiente ou controlar ações e processos corporais internos.

Organização dos músculos

Classificação dos músculos

Como os músculos têm muitas funções e são muitos os cientistas de diversos campos que os estudam, não nos surpreende que haja diferentes critérios para sua classificação. O critério escolhido depende da propriedade muscular que seja objeto de interesse pessoal. Os listados a seguir são usados com maior frequência para distinguir os músculos:

1. Classificação de acordo com a cor. Existem músculos **vermelhos** e **brancos**. Essa classificação caiu em desuso porque a simples distinção de cor subestima a complexidade muscular.
2. Classificação de acordo com a localização. Os **músculos somáticos** movem os ossos (ou cartilagens), e os **músculos viscerais** controlam a atividade de órgãos, vasos e ductos.
3. Classificação segundo o modo de controle pelo sistema nervoso. Os **músculos voluntários** estão sob controle consciente imediato, ao contrário dos **músculos involuntários**.
4. Classificação de acordo com a origem embrionária. Essa classificação será analisada com mais detalhes neste capítulo.
5. Classificação segundo a aparência microscópica geral. Existem músculos **esqueléticos, cardíacos** e **lisos**. Analisaremos essa aparência microscópica geral adiante.

Todas as células musculares são equipadas com estruturas celulares convencionais, como núcleos, mitocôndrias etc., mas criaram-se termos especializados para organelas celulares conhecidas. **Sarcolema** é o nome dado à membrana celular; **retículo sarcoplasmático**, ao complexo retículo endoplasmático agranular. Outros termos especializados serão definidos ao longo do capítulo.

Músculo esquelético

Examinado ao microscópio, o músculo esquelético parece ter linhas ou estriações transversais produzidas pela estrutura subjacente. O músculo esquelético também está sob controle voluntário e geralmente está associado a ossos e cartilagens. Todas as células musculares esqueléticas são multinucleadas, com muitos núcleos distribuídos em seu citoplasma. De modo geral, cada célula tem menos de 5 cm de comprimento, mas elas podem estar unidas pelas extremidades e formar fibras compostas mais longas. Internamente, cada célula muscular esquelética contém longas unidades denominadas **miofibrilas**. Cada miofibrila é uma cadeia de unidades repetidas (**sarcômeros**). Por sua vez, cada sarcômero é constituído de **miofilamentos** de dois tipos: **filamentos grossos** e **finos**. O exame ao microscópio eletrônico mostra um desenho repetido e muito bem organizado de filamentos grossos e finos dentro de cada sarcômero, com um padrão de linhas distinto em cada um (Figura 10.2). Essa organização molecular é pequena demais para ser vista diretamente ao microscópio óptico; no entanto, como as miofibrilas na célula muscular tendem a estar bem alinhadas entre si, o efeito geral é a "estriação" da fibra muscular, visível até mesmo ao microscópio óptico.

Cada célula muscular é inervada individualmente por um ramo de uma única célula nervosa. A terminação do nervo se expande e forma uma **placa terminal motora**, seu ponto de contato com o sarcolema da célula muscular. A onda de excitação elétrica originada na célula nervosa se propaga ao longo do sarcolema e é levada ao interior da célula por invaginações do sarcolema, os **túbulos transversais**.

Músculo cardíaco

O músculo cardíaco é exclusivo do coração. Assim como o músculo esquelético, é caracterizado por um padrão listrado, mas, ao contrário das células musculares esqueléticas, as cardíacas são curtas, mononucleadas, muitas vezes ramificadas e unidas umas às outras por **discos intercalares**, formam lâminas (Figura 10.3). As células musculares cardíacas são involuntárias. Ondas de contração que conduzem impulsos elétricos se

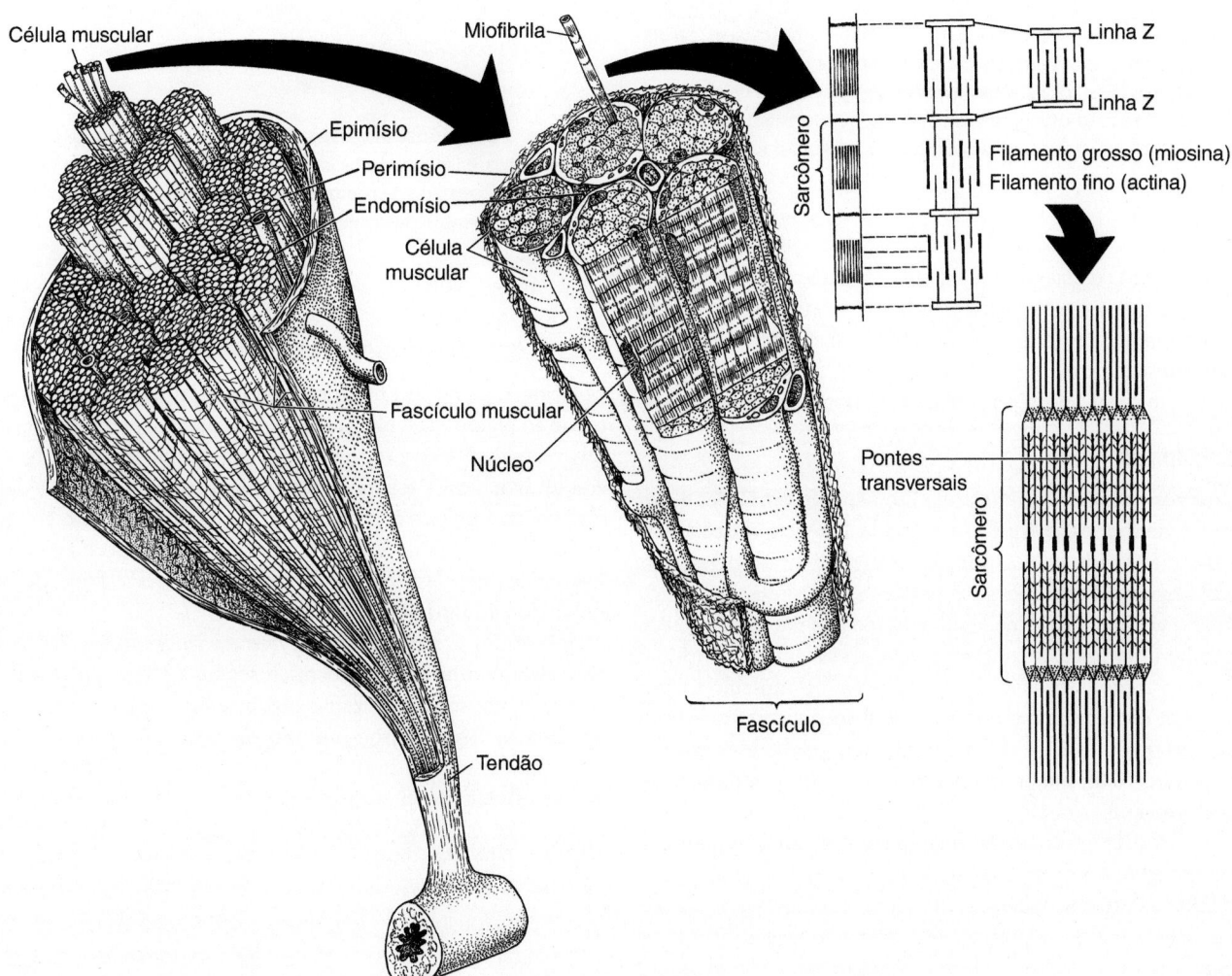

Figura 10.2 Músculo esquelético. Cada célula muscular é constituída internamente de miofibrilas; cada miofibrila é uma cadeia de sarcômeros; e cada sarcômero é constituído em nível molecular de miofilamentos: especificamente, miofilamentos de miosina (grossos) e actina (finos) superpostos. O arranjo molecular desses filamentos cria o padrão de estriações na miofibrila. Como estão bem alinhados na célula muscular, os feixes de miofibrilas produzem um padrão estriado visível na superfície celular. Cada célula muscular é envolvida por tecido conjuntivo (endomísio), grupos de células são enfeixados por outro envoltório (perimísio) e todo o músculo é coberto por uma lâmina externa de tecido conjuntivo (epimísio). Essas camadas de tecido conjuntivo ultrapassam as extremidades das células musculares e formam tendões que conectam músculos a ossos.

Segundo Krstić.

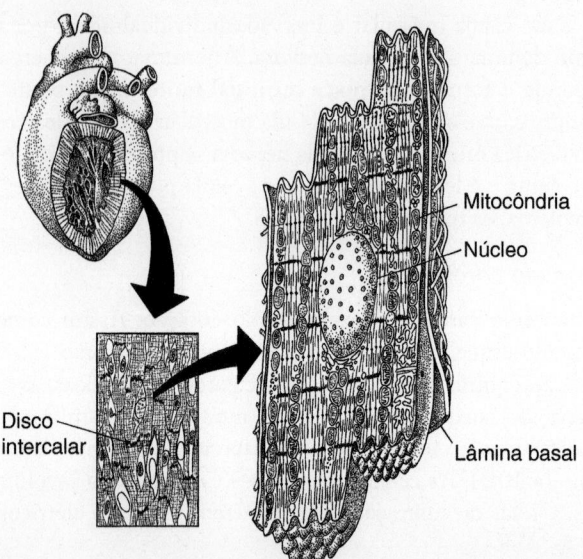

Mitocôndria

Núcleo

Disco
intercalar

Lâmina basal

Figura 10.3 Músculo cardíaco. As células musculares cardíacas, encontradas apenas no coração, são curtas e unidas entre si por
discos intercalares, locais especializados de fixação. As células musculares cardíacas se organizam em lâminas, que formam as espessas
paredes do coração, capazes de bombear o sangue.

Com base em Krstić.

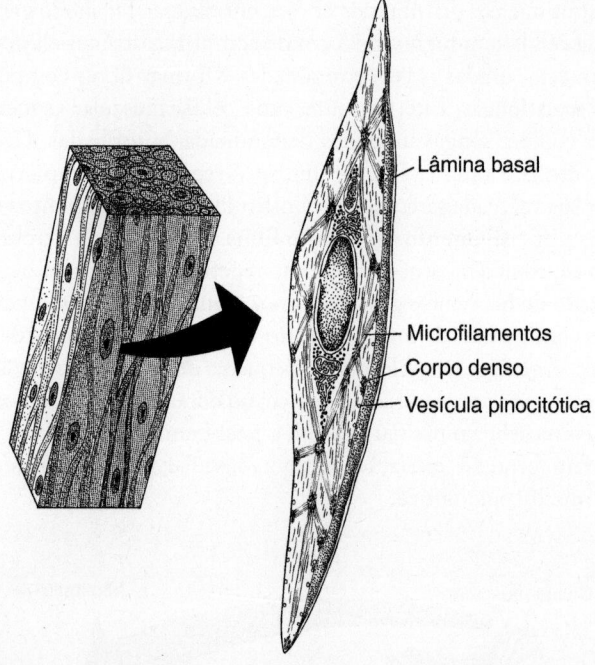

Lâmina basal

Microfilamentos
Corpo denso
Vesícula pinocitótica

Figura 10.4 Músculo liso. À direita, uma célula muscular lisa
está ampliada e isolada do bloco de músculo liso. Embora o músculo
liso não seja estriado, acredita-se que seu mecanismo contrátil dependa de filamentos deslizantes de actina e miosina.

Com base em Krstić.

propagam nas células e através dos discos intercalares, podendo
ser iniciadas por nervos ou por contração intrínseca do próprio
tecido muscular. Se mantido saudável e ativo fora do corpo, o
tecido muscular cardíaco é capaz de se contrair de maneira espontânea e rítmica sem estimulação externa.

Músculo liso

Ao microscópio óptico, o músculo liso não tem estriações e, por
isso, foi denominado "liso". O músculo liso está quase totalmente relacionado com as funções viscerais – trato digestório,
vasos sanguíneos e pulmões – e, portanto, também é um tipo de
músculo visceral. A atividade do músculo liso não está sujeita a
controle voluntário. As contrações típicas são lentas e contínuas
em comparação com as contrações rápidas do músculo esquelético. Por conseguinte, o músculo liso é adequado para esfíncteres, nos quais a fadiga poderia significar a perda de controle.

Todas as células de músculo liso são mononucleadas, curtas
e fusiformes (Figura 10.4). As células musculares lisas são unidas por junções e formam lâminas que envolvem os órgãos nos
quais exercem controle mecânico. As células musculares lisas
das lâminas estão acopladas eletricamente. A inervação da superfície geralmente se propaga por toda a lâmina. Hormônios
também podem excitar ou inibir diretamente a contração. O
mecanismo molecular de contração não é tão bem compreendido quanto no músculo estriado, mas geralmente se supõe que
dependa de um mecanismo de filamentos deslizantes.

Os músculos esqueléticos são o centro de atenção na exposição sobre músculos neste capítulo. Eles propiciam a força que
movimenta o esqueleto. Os músculos cardíaco e liso são analisados juntamente com as vísceras em capítulos posteriores.

Coração (Capítulo 12); sistema digestório (Capítulo 13)

Estrutura dos músculos esqueléticos

O termo *músculo* tem no mínimo dois significados. Às vezes se
refere ao tecido muscular (células musculares e endomísio); outras vezes, se refere a todo o órgão (células musculares e tecido
conjuntivo, nervos e suprimento sanguíneo associados). Algumas vezes, é preciso inferir o significado pelo contexto em que
se usa o termo *músculo*. Nós usamos o termo específico **célula
muscular** para designar o componente contrátil ativo de um
músculo como órgão.

É comum o uso do termo *fibra muscular* em vez de *célula
muscular*. A olho nu ou ao microscópio óptico sob pequeno
aumento, um músculo destrinchado se assemelha a uma corda
desgastada. Isso inspirou o termo *fibra muscular* para designar
esses filamentos diminutos e desgastados que, na verdade, são
longas células musculares individuais. Como essas são verdadeiramente as células musculares estriadas, a escolha do termo
fibra é infeliz. Pela lógica, deve-se usar o termo *célula muscular*
para designá-las, mas essa não é a prática habitual. Como esse uso está consolidado, seguimos a convenção de anatomistas
e fisiologistas e usamos o termo *fibra muscular* para designar
uma célula muscular inteira, esquelética ou lisa, mas não uma
célula muscular cardíaca.

A parte carnosa de um músculo é seu **ventre** e as extremidades que se unem ao esqueleto ou a órgãos adjacentes formam as **inserções**. O músculo bíceps braquial de seu braço é
constituído, assim como os músculos esqueléticos, de feixes de
células musculares. Primeiro, cada célula muscular é levemente
envolvida por uma camada de tecido conjuntivo, o **endomísio**.
Grupos de células musculares são envolvidos pelo **perimísio**.

Todo o músculo é envolvido por uma camada externa de tecido conjuntivo, o **epimísio**. O **fascículo** é um feixe de células musculares, delimitado por perimísio próprio.

Tendões

O órgão muscular não está fixado nos ossos pelas fibras musculares contráteis que o constituem. Em vez disso, os vários envoltórios de tecido conjuntivo se estendem além das extremidades das fibras musculares e se conectam ao periósteo do osso. Esses componentes conjuntivos do músculo, semelhantes a cordões, que se fixam no osso são denominados **tendões**. Os tendões expandidos em lâminas planas e delgadas de tecido conjuntivo resistente são **aponeuroses**. As lâminas de tecido conjuntivo fibroso que envolvem e conectam partes do corpo são **fáscias**.

Os tendões têm várias funções. A massa muscular pode estar localizada em uma posição conveniente e ainda assim é possível transmitir a força muscular a um ponto distante através dos tendões. Por exemplo, os músculos dos membros de animais cursoriais geralmente estão agrupados perto do corpo, porém, por intermédio de longos tendões, a força é aplicada nas extremidades das pernas (Figura 10.5). Os tendões também permitem o controle refinado graças à distribuição das forças aos dígitos para a realização de movimentos precisos. Os longos tendões que se estendem dos músculos do antebraço até as pontas dos dedos nas mãos dos guaxinins ou dos primatas são exemplos.

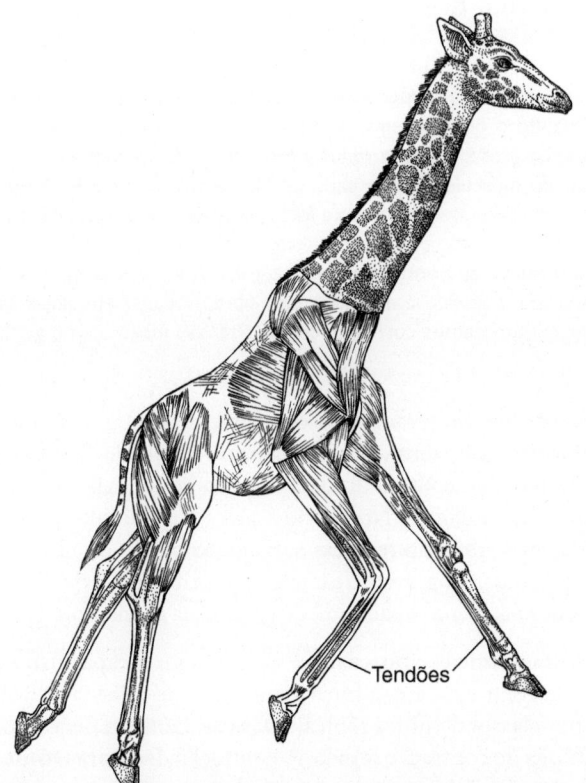

Figura 10.5 Tendões do membro de uma girafa. Os tendões distribuem a força das contrações musculares para locais distantes do próprio músculo. Os músculos dos membros de uma girafa estão localizados perto do corpo, mas os tendões seguem ao longo dos ossos da perna e transmitem a força aos cascos da girafa.

Os tendões são metabolicamente econômicos e o suprimento vascular é modesto. Eles necessitam de pouca manutenção e consomem pouca energia em comparação com as fibras musculares. Os tendões possibilitam que as fibras musculares, de alto custo metabólico, tenham apenas o comprimento suficiente para produzir o grau necessário de encurtamento ou força. O restante da distância entre o músculo e seus dois locais de inserção é completado pelos tendões.

Bases da contração muscular

Músculo em repouso e ativo

Um músculo está relaxado, ou em **estado de repouso**, quando não recebe estimulação nervosa. Um músculo em estado de repouso é macio, e as fibras de colágeno que o circundam mantêm seu formato durante essa fase. O músculo não produz força e se expande caso submetido a uma força tensora. A resistência à tensão aplicada procede das fibras de colágeno. Quando os nervos estimulam um músculo até seu limiar, ocorre contração e geração de **força tensora**, o que constitui o **estado ativo** do músculo. Os ossos nos quais o músculo está inserido e a massa que deve mover representam resistências externas denominadas **carga**. O encurtamento do músculo por contração depende do equilíbrio relativo entre a força tensora de contração e a carga a ser movida.

Mecanismos moleculares de contração

Embora as contrações musculares sejam ativas e produzam força, não são capazes de alongar o músculo para afastar os locais de inserção. A química da contração muscular se baseia em filamentos de proteínas musculares que deslizam entre si para encurtar o músculo. No músculo esquelético, cujo mecanismo contrátil é mais bem compreendido, pontes transversais químicas, que se constituem e reconstituem entre filamentos grossos e finos para impulsionar ou deslizar esses filamentos entre si, participam da contração. Não precisamos compreender os mecanismos bioquímicos, mas temos de entender que o efeito do deslizamento é encurtar o sarcômero do qual fazem parte. A terminação do neurônio responsável pela inervação, a placa motora terminal, transmite a onda elétrica de despolarização para o sarcolema (membrana celular); este, por sua vez, distribui o estímulo que está se propagando para todas as partes da fibra muscular e para seu interior a intervalos regulares, via túbulos transversais associados ao retículo sarcoplasmático. No interior da fibra muscular, essa onda elétrica de despolarização estimula eventos químicos locais, resultando no deslizamento de filamentos moleculares. Como a contração é simultânea em todos os sarcômeros de uma célula, o resultado é o encurtamento simultâneo das cadeias de sarcômeros, o que encurta a fibra muscular e gera uma força tensora.

Função muscular

Fibras musculares

Algumas das principais características contráteis de uma fibra muscular são a rapidez com que alcança a tensão máxima e o tempo durante o qual é capaz de manter essa tensão. Várias propriedades interagem para determinar o grau de tensão gerado pela fibra muscular. Uma dessas é o mecanismo molecular do próprio encurtamento, ou seja, o deslizamento de filamentos grossos e finos. As consequências desse mecanismo contrátil aparecem nas chamadas curvas de tensão-comprimento.

Curvas de tensão-comprimento de uma única fibra muscular

A tensão produzida por determinada fibra muscular não é constante, mas depende do comprimento fixo do músculo quando ele é estimulado. Podemos segurar as duas extremidades de uma fibra muscular em determinado comprimento e, em seguida, estimulá-la e registrar a tensão produzida. Caso se faça isso com a mesma fibra muscular em diferentes comprimentos, as tensões produzidas são diferentes em cada comprimento. As tensões e os comprimentos podem ser representados em uma curva de tensão-comprimento cujo pico ocorre em comprimentos intermediários, com valores mais baixos nas duas extremidades (Figura 10.6 A–D). Essa curva decorre das limitações das pontes transversais entre os miofilamentos.

Quando a fibra muscular é fixada em uma posição estirada, a superposição dos filamentos é muito pequena, há formação de poucas pontes transversais e baixa tensão (ver Figura 10.6 B). Quando o músculo é fixado nas posições mais curtas, a superposição dos filamentos interfere na formação de pontes transversais e a tensão é novamente baixa (ver Figura 10.6 A). Apenas em comprimentos intermediários o número de pontes transversais é máximo e a tensão alcança o auge (ver Figura 10.6 C).

Propriedades das fibras musculares

▶ **Cor.** Até mesmo os onívoros, como nós, podem notar às vezes, durante uma refeição festiva e exagerada, que a carne de um mesmo animal tem cores diferentes. O peru, por exemplo, tem carnes clara e escura. Em peixes, pode-se notar que a maior parte do músculo é branca, mas às vezes algumas espécies têm uma pequena faixa lateral de músculo vermelho. Os dois tipos de músculo, que os primeiros pesquisadores denominaram convenientemente de músculos vermelho e branco, também têm diferentes propriedades fisiológicas.

Os músculos constituídos de fibras vermelhas tendem a ser muito bem vascularizados e ricos em **mioglobina**, uma macromolécula que armazena oxigênio e tem cor vermelha, e resistentes à fadiga. Os músculos constituídos de fibras brancas são menos vascularizados e têm baixo teor de mioglobina, mas se contraem com rapidez. As aves de caça, como os perus, têm voo curto e rápido. Elas não migram por longas distâncias contínuas, e os músculos peitorais, usados no voo, são constituídos de fibras musculares brancas. No entanto, os músculos da perna, usados para correr no solo, são vermelhos. Em aves migratórias, como patos, os mesmos músculos peitorais são escuros, capazes de manter o voo prolongado.

Em peixes como lúcios e percas, que fazem rápidas investidas para capturar as presas, os músculos laterais do corpo são tipicamente brancos. Em peixes migratórios e naqueles que nadam contra correntes contínuas em rios rápidos, os mesmos músculos laterais do corpo tendem a ser vermelhos.

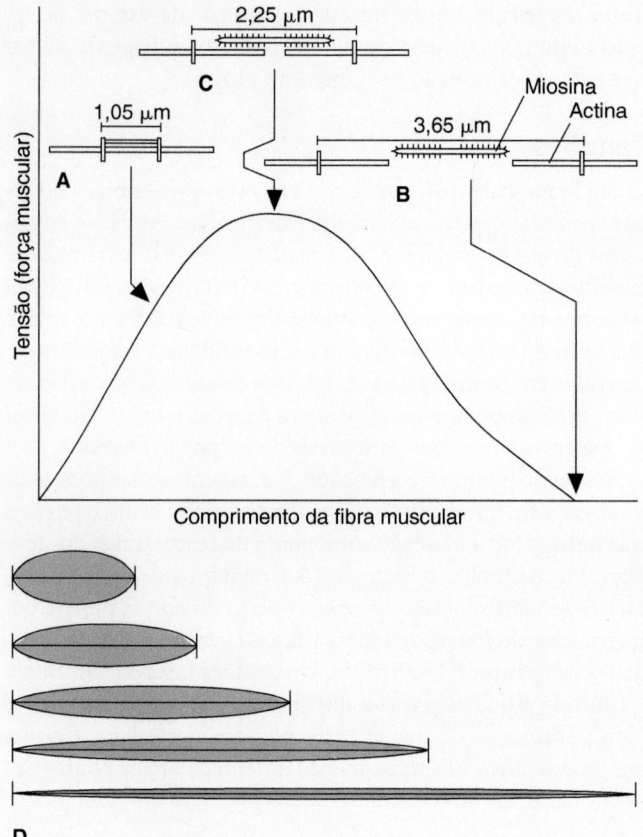

Figura 10.6 Curvas de tensão-comprimento de uma fibra muscular. Se uma fibra muscular for fixada em determinados comprimentos e estimulada, a força produzida varia com o comprimento. A força alcança o auge entre os dois extremos de comprimento. **A.** Quando o comprimento do músculo é curto, a superposição de filamentos grossos e finos reduz a força total. **B.** Quando o comprimento do músculo é aumentado, os filamentos estabelecem poucas pontes transversais e, portanto, a força gerada é menor. **C.** A condição ideal ocorre em comprimentos intermediários, porque se forma o número máximo de pontes transversais para alcançar a força máxima. **D.** Abaixo do gráfico, é mostrada uma fibra muscular em cinco diferentes comprimentos correspondentes à tensão mostrada no gráfico.

Se não for exagerada, essa equiparação de cor do músculo e velocidade de contração, resistência e fisiologia nos auxilia a compreender as bases do desempenho do animal e os tipos de músculo atuantes. No entanto, a cor do músculo sozinha nem sempre revela diferenças sutis na fisiologia da fibra. Por exemplo, outra importante característica diferencial de uma fibra muscular é sua capacidade de gerar uma força prolongada.

▶ **Fibras tônicas e fásicas.** De acordo com a capacidade da fibra de gerar e manter a força gerada, os músculos são divididos nas classes de fibras tônicas e fásicas, também denominadas fibras de contração rápida. A contração das **fibras tônicas** é relativamente lenta, com geração de pouca força, mas pode ser mantida por longos períodos. Essas fibras participam da manutenção da postura, portanto compõem grande parte da musculatura axial e apendicular. As fibras tônicas são comuns em anfíbios e répteis, menos frequentes em peixes e aves, e raras em mamíferos, nos quais estão presentes nos músculos extrínsecos do olho e da orelha média. Ao contrário, as **fibras fásicas** geralmente produzem contração rápida, portanto compõem os músculos usados para movimentos rápidos. As fibras fásicas são encontradas em músculos somáticos de todas as classes de vertebrados.

As fibras fásicas foram mais estudadas e, de modo geral, são de dois tipos: **contração lenta** e **contração rápida**. Como sugere o nome, as fibras de contração lenta demoram mais que as fibras de contração rápida para alcançar a força máxima, em alguns casos mais que o dobro do tempo. No entanto, *rápido* e *lento* são termos relativos e específicos de acordo com a espécie. Por exemplo, os músculos de contração rápida do beija-flor têm um tempo de contração de 8 ms. Em cobaias, o tempo de contração pode ser em torno de 21 ms. Nos mamíferos, as contrações rápidas e lentas em ratos são, em média, de 13 e 38 ms, respectivamente. Em gatos, os tempos de contração são de 40 e 90 ms, dependendo dos músculos participantes. As diferenças nas velocidades de contração parecem estar relacionadas com diferenças nos tipos de miosina nas fibras, diferenças na quebra de ATP (trifosfato de adenosina) e diferenças na inervação. Demonstrou-se, ao menos em peixes, que esses dois tipos de fibras, de contração lenta e rápida, também são diferentes do ponto de vista embriológico, pois se originam de diferentes populações de células nos somitos e em diferentes ambientes celulares.

A reação de coloração de uma fibra pode revelar sua natureza bioquímica, que sugere sua possível função fisiológica. Essas técnicas mostram que alguns tipos de fibras musculares têm grandes reservas de glicogênio; outros tipos contêm enzimas que contribuem para curtas explosões de atividade ou para a atividade prolongada. Alguns tipos de fibra parecem ser intermediários (Figura 10.7). Músculos com aparência vermelha ou branca a olho nu podem ter um ou mais desses tipos de fibras, dependendo da espécie de vertebrado. Essa mistura de tipos de fibras explica por que a cor não é suficiente para caracterizar a fisiologia do músculo. Atualmente, muitos cientistas usam as características bioquímicas ou os mecanismos moleculares para ajudar a identificar os tipos de fibra.

Além da velocidade de contração, as fibras de contração rápida e lenta têm diferentes resistências à fadiga durante o exercício prolongado. As fibras de contração lenta (S) tendem a ser resistentes à fadiga. Por exemplo, algumas fibras de contração lenta estudadas em gatos mantinham tensão constante durante 60 minutos de atividade contínua. As fibras de contração rápida têm propriedades contráteis mais variadas. Até três tipos de fibras são reconhecidos nos músculos dos membros de gatos (Tabela 10.1). Em um extremo estão as fibras de contração rápida que produzem uma grande força, porém com fadiga fácil, a tensão cai a zero em menos de um minuto de estimulação contínua. Essas fibras são de contração rápida, fatigáveis (FF). Outras fibras de contração rápida são resistentes à fadiga (FR) e costumam produzir menor força, porém são capazes de manter contrações prolongadas. Entre essas duas propriedades contráteis estão as fibras de contração rápida intermediárias (FI), embora seja difícil caracterizar esse tipo com certeza e a categoria possa não ser útil.

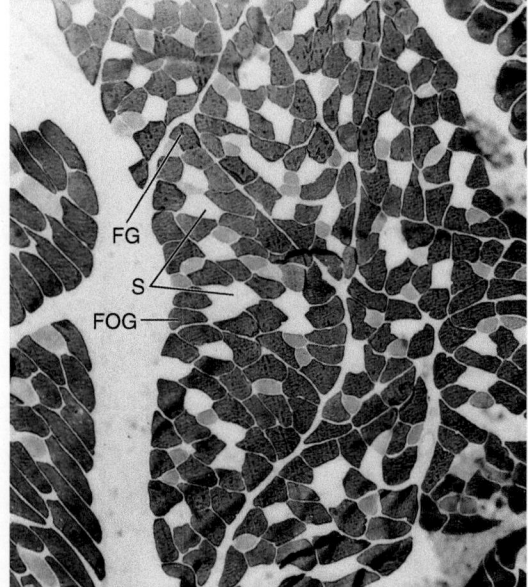 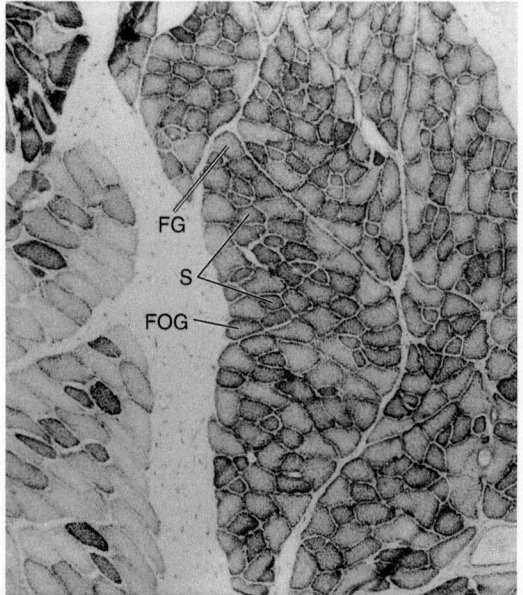

Figura 10.7 Perfis histoquímicos de fibras musculares em corte transversal. O músculo fresco é extraído, submetido a corte seriado e corado. **A** e **B.** Cortes adjacentes do mesmo músculo tratados com diferentes corantes. **A.** As fibras de contração lenta (S) são claras; as fibras de contração rápida são escuras. **B.** As fibras de contração lenta são conhecidas, restando apenas as fibras de contração rápida para identificar. As fibras de contração rápida e metabolismo glicolítico (FG) são claras e as fibras de contração rápida e metabolismo glicolítico e oxidativo (FOG) são escuras. **A.** Coloração para miosina ATPase, pré-incubação em pH 10,4. **B.** Coloração para NADH-D (nicotinamida adenina dinucleotídio desidrogenase).

Modificada de Young, Magnon e Goslow, 1990, com agradecimentos.

Tabela 10.1 Tipos de fibra muscular e suas propriedades fisiológicas.				
Tipo de fibra	**Tempo de contração**	**Força gerada**	**Resistência à fadiga**	**Histoquímica**
Contração lenta				
S	Lento	Muito pequena	Muito alta	Metabolismo oxidativo lento (SO)
Contração rápida				
FR	Rápido	Pequena	Alta	Rápida e metabolismo glicolítico e oxidativo (FOG)
FI	Rápido	Média	Média	Rápida intermediária (FI)*
FF	Rápido	Grande	Baixa	Rápida e metabolismo glicolítico (FG)

Nota: As abreviações das fibras são: contração lenta (S); contração rápida, resistentes (FR); contração rápida, intermediária (FI); contração rápida, fatigável (FF).
*Pode ser uma categoria artificial.

Existem muitos tipos diferentes – ou isoformas – de miosina, e esses perfis histoquímicos nem sempre são bons preditores das características de contração. Consequentemente, agora é frequente o uso de outros métodos, em particular de técnicas moleculares, para examinar a fisiologia e o mecanismo contrátil dos músculos.

Com frequência, o órgão muscular é uma mistura de tipos de fibras com diferentes resistências à fadiga. Há a hipótese de que os neurônios motores em um músculo estabeleçam uma prioridade no recrutamento dos tipos de fibras durante o exercício prolongado. Quando a atividade começa, as fibras de contração lenta são as primeiras a serem recrutadas para gerar tensão. Com a continuação da atividade, são recrutadas fibras de contração rápidas resistentes à fadiga. Se a atividade persistir, recrutam-se as fibras de contração rápida capazes de produzir grande força, mas cuja fadiga é relativamente rápida. Aparentemente, a ocasião exata do emprego de cada tipo de fibra depende do vigor da atividade, da espécie de animal e do condicionamento prévio do músculo.

Para resumir, as características contráteis das fibras musculares dependem das propriedades musculares dos filamentos grossos e finos, dos tipos de fibra, das proporções de fibras em um músculo e do padrão de recrutamento de fibras durante a atividade muscular. Nenhuma característica isolada é diagnóstica da velocidade contrátil da fibra, do nível de tensão produzido ou da força contínua. Nem todos os tipos de fibras ocorrem em todas as classes de vertebrados. O músculo tem a capacidade intrínseca de responder a diferentes tipos de atividade mecânica, porém dentro de limites. Por exemplo, o treinamento de força geralmente causa aumento da massa e da força muscular, mas o treinamento de resistência aumenta a captação eficiente de oxigênio e a resistência à fadiga, à custa da massa e da força muscular. A sobrecarga muscular – exercício crônico – causa hipertrofia muscular; a imobilização muscular causa atrofia. Diferenças de cargas e resistências podem ativar genes variados que controlam a produção de diversas isoformas de miosina apropriadas para as demandas físicas. Ao menos em seres humanos, o aumento do treinamento de resistência aeróbica causa aumento das fibras FF (contração rápida e metabolismo glicolítico) e o treinamento de força causa aumento das fibras S (contração lenta) e FR (contração rápida e metabolismo glicolítico oxidativo). No entanto, nenhum programa de treinamento parece capaz de converter fibras de contração lenta (S) em fibras de contração rápida (F) de qualquer tipo, ou vice-versa, em quantidades significativas.

Como veremos adiante, o próprio músculo pode realizar diferentes funções em diferentes espécies. Além disso, as diferenças de desempenho podem ser, em parte, consequências de alterações da constituição geral e da arquitetura interna do músculo.

Músculos e fibras

Alguns órgãos musculares geram grandes forças; outros movimentam suas cargas com rapidez. Alguns movem cargas por longas distâncias; outros as deslocam somente por curtas distâncias. Alguns músculos produzem movimento graduado ao deslocarem cargas pesadas, mas também produzem movimento uniforme quando a carga é leve. Essas diferenças de desempenho muscular não se devem apenas à modulação de pontes transversais moleculares. Como, então, essa variedade de propriedades se origina de um mesmo mecanismo molecular?

Geração total de força por um músculo

Em última análise, a geração total de força por um músculo depende de dois componentes funcionais. O deslizamento de filamentos moleculares é responsável pelo **componente ativo**, que contribui para a força total. O componente elástico também pode contribuir para a força total do músculo (Figura 10.8). Quando grupos musculares oponentes ou a gravidade alongam um músculo, parte dessa energia é armazenada no músculo. Os componentes elásticos atuam como um elástico esticado. Quando o músculo encurta, essa energia armazenada elasticamente é somada ao componente ativo de contração para ajudar no encurtamento. A energia elástica é armazenada no tecido conjuntivo dos músculos e dos tendões musculares. Essa propriedade elástica parece ser prevalente, sobretudo, em músculos participantes de movimentos repetitivos, como o balanço do membro durante a corrida ou a flexão do tronco durante a natação prolongada. Por exemplo, os tendões longos das pernas dos camelos atuam como "molas" elásticas, armazenando energia quando o membro toca o solo para sustentar o peso do animal ao andar ou correr. Quando o membro sai do solo, mais de 90% dessa energia armazenada é recuperada e contribui para o movimento anterior. Suspeita-se, embora ainda sem comprovação, que as

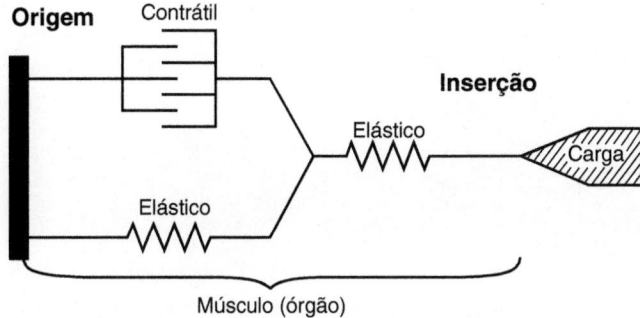

Figura 10.8 Representação esquemática de componentes funcionais de um músculo. Os filamentos deslizantes representam o componente ativo do músculo. As molas representam o componente elástico e podem estar ao lado (em paralelo) ou depois (em série) do componente contrátil. A força total gerada pelo músculo provém dos dois componentes.

extensas lâminas de tendões e aponeuroses na cauda dos golfinhos atuem de maneira semelhante para armazenar energia quando os músculos são estirados ao nadar. Quando a batida da cauda é invertida, essa energia é recuperada.

O órgão muscular contém o mecanismo contrátil ativo formado pelo deslizamento de unidades moleculares e pelo componente elástico existente no tecido conjuntivo. A contração ativa consome energia química liberada por ATP, a fonte de energia da célula. O componente elástico depende da energia mecânica resultante da gravidade ou do movimento de partes do corpo que impõem uma carga ao músculo como uma mola, armazenando energia até a liberação. Assim, a força total gerada por um músculo se origina da ação combinada de contração ativa e retração elástica.

Em algumas situações, como ao correr sobre piso plano em velocidade constante, os músculos da perna precisam encurtar muito pouco para manter o animal em movimento. Os músculos e os tendões absorvem e liberam energia mecânica para manter movimentos cíclicos dos membros e sustentar a massa corporal. Assim como um pula-pula armazena a energia gravitacional quando toca o solo e depois a libera para ajudar na subida, o músculo também pode atuar como uma mola para armazenar e liberar a energia gravitacional. Durante a fase de apoio da corrida, os músculos da perna se encurtam muito pouco e armazenam energia, depois há um retorno elástico para a recuperação dessa energia elástica quando o pé sai do solo. Do ponto de vista mecânico, é semelhante a bater uma bola de basquete – é necessário acrescentar pouca força para manter o movimento. No entanto, ao correr em um aclive ou ao desacelerar ou acelerar, os músculos da perna precisam trabalhar mais. Nessas condições, há maior recrutamento muscular e o encurtamento do músculo precisa ser grande para produzir a força necessária.

Curvas de tensão-comprimento de um músculo

A curva de tensão-comprimento de um músculo inteiro (Figura 10.9) tem propriedades diferentes da curva de tensão-comprimento de uma fibra muscular isolada (Figura 10.6). Isso ocorre porque o músculo como órgão contém lâminas compactas de tecido conjuntivo que acrescentam um componente

elástico ao componente ativo da força. Uma vez que os componentes ativo e elástico contribuem para a força gerada, sua curva de tensão-comprimento é uma combinação de ambos. A **tensão passiva** representa a força necessária para estirar o músculo relaxado e se deve aos constituintes elásticos do músculo, sobretudo às fibras colágenas. A curva de **tensão total** é medida em diferentes comprimentos quando o músculo está se contraindo. A soma dos componentes ativo e elástico constitui a tensão total. A **tensão ativa**, contribuição apenas do componente ativo, é a diferença entre a tensão total e a tensão passiva.

O formato dessa curva de tensão-comprimento se torna importante quando pensamos na constituição dos sistemas ósseo e muscular. As fibras musculares, os componentes que produzem tensão ativa, têm um comprimento em que a tensão é máxima. Desse modo, qualquer músculo tem um comprimento em que produz sua tensão ativa máxima (ver Figura 10.9 A), o que significa que um músculo que precisa ser muito encurtado não é capaz de produzir força máxima durante toda a amplitude de movimento. Portanto, se uma parte do esqueleto se move por uma longa distância, às vezes vários músculos movem o osso na mesma direção (ver Figura 10.9 B). Cada músculo alcança o pico de tensão em um ponto ligeiramente diferente do movimento, e a responsabilidade de gerar a força máxima é transferida de um músculo para o subsequente durante a rotação do osso. Isso pode explicar por que vários músculos com ações idênticas podem ser parte de uma constituição na qual um grande músculo pareceria suficiente.

Por outro lado, algumas posições articulares possibilitam a produção de maior força em determinado instante, provavelmente porque as curvas de tensão-comprimento de diferentes músculos estão quase alinhadas. Esse parece ser o caso do fechamento da maxila humana, no qual a força máxima de mordida é produzida em posição semiaberta, ponto em que os principais músculos de fechamento da maxila alcançam força máxima ao mesmo tempo.

Força graduada

A onda de despolarização elétrica que sai do nervo e se propaga para a fibra muscular tem de alcançar ou ultrapassar um limiar, caso contrário, não há contração. Consequentemente, a excitação nervosa é do tipo **tudo ou nada**. Esse limiar é alcançado ou não; na prática, há contração máxima da fibra muscular ou não há contração alguma. Entretanto, a tensão gerada pela fibra muscular *não* é graduada. Não há aumento da tensão proporcional à magnitude do estímulo nervoso. Um momento de reflexão sobre essa característica da contração da fibra muscular cria um enigma. Se a ativação de uma fibra muscular é do tipo tudo ou nada, como é produzido um movimento graduado?

Por exemplo, o mesmo músculo pode produzir um movimento graduado, com aplicação de uma grande força a um osso quando o animal movimenta uma carga pesada ou uma pequena força quando movimenta uma carga leve. Por exemplo, ao levar um objeto pesado, mas não impossível com a mão, o bíceps braquial produz a grande força necessária. No entanto, ao levantar um lápis leve com o antebraço, o mesmo bíceps braquial produz uma força menor. Um mecanismo de geração da força graduada é a **modulação de frequência**. Até certo ponto,

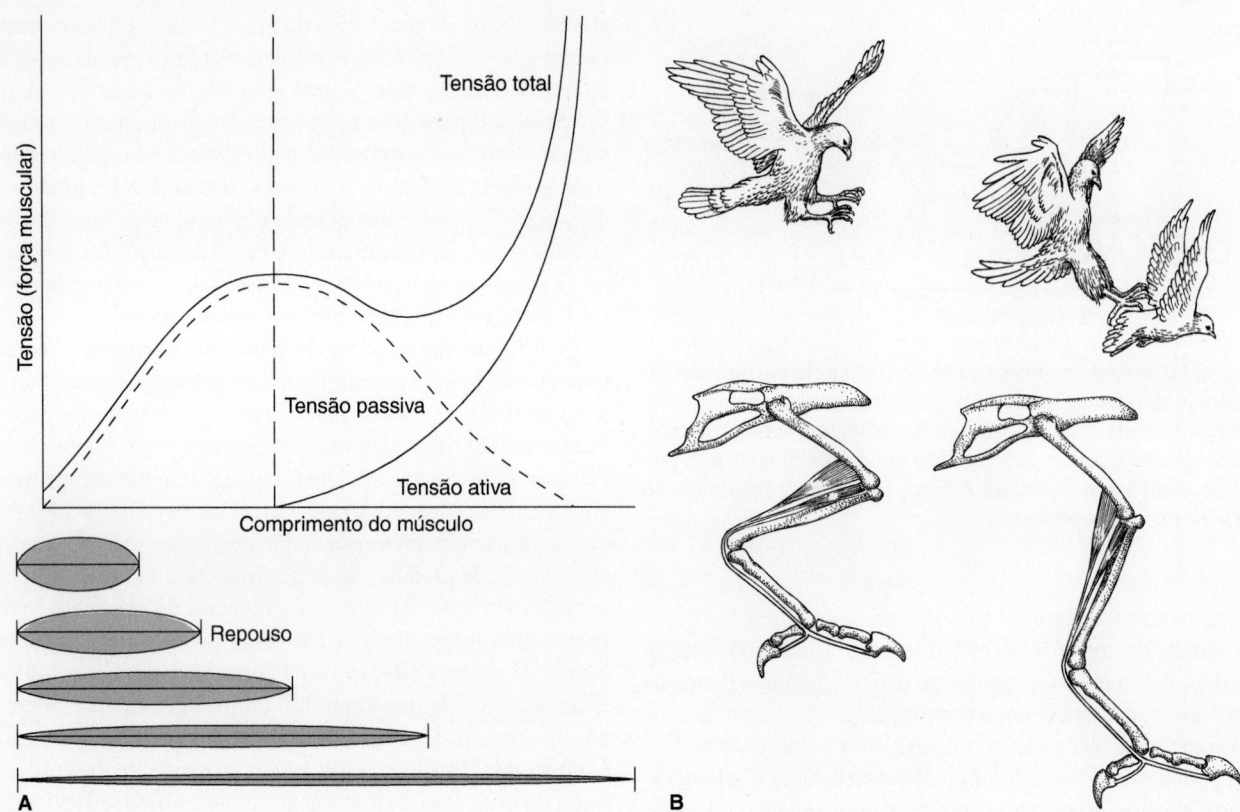

Figura 10.9 Curva de tensão-comprimento de um órgão muscular. A. A curva de tensão passiva representa a força necessária para estirar um músculo relaxado. A curva de tensão total é a força medida de um músculo ativo em vários comprimentos. A diferença entre as curvas de tensão em repouso e de tensão total é a curva de tensão ativa, que representa apenas a força dos componentes contráteis ativos do músculo. Observe que os cinco comprimentos do músculo são representados abaixo do eixo horizontal. **B.** Quando esse gavião ataca a presa, seus membros se estendem para fazer contato. Ao fazerem isso, a distância entre a origem e a inserção dos músculos da perna muda; assim, a tensão produzida por esses músculos também muda. Como esses dois músculos alcançam a força máxima em diferentes comprimentos, há um deles em tensão máxima, ou próximo a ela, durante toda a amplitude de extensão da perna.

Com base na pesquisa de G. E. Goslow.

a força aumenta à medida que aumenta a **frequência**, não a intensidade, de chegada de impulsos nervosos. O aumento da força com aumento da frequência de pulso constitui modulação de frequência. Por fim, essa força alcança o auge e não aumenta mais, ainda que a frequência do impulso continue a aumentar, uma condição conhecida como contração tetânica. Dentro do intervalo de resposta graduada à modulação de frequência, os nervos motores de uma fibra muscular podem gerar uma força graduada.

Um segundo modo de equiparar essa força graduada às cargas é a contração seletiva de algumas, muitas ou todas as fibras musculares de um músculo. Como isso é feito? Um neurônio motor inerva exclusivamente um grupo de fibras musculares. Outro neurônio faz o mesmo, mas inerva um grupo diferente de fibras musculares dentro do músculo. O conjunto formado por um neurônio motor e o grupo exclusivo de fibras musculares que inerva é denominado **unidade motora**. Graças ao recrutamento de outros neurônios motores, o sistema nervoso central é capaz de aumentar seletivamente a força total gerada por um músculo até equipará-la à carga (Figura 10.10). Não é surpresa que, em caso de necessidade de movimentos delicados, haja menos fibras musculares para cada neurônio.

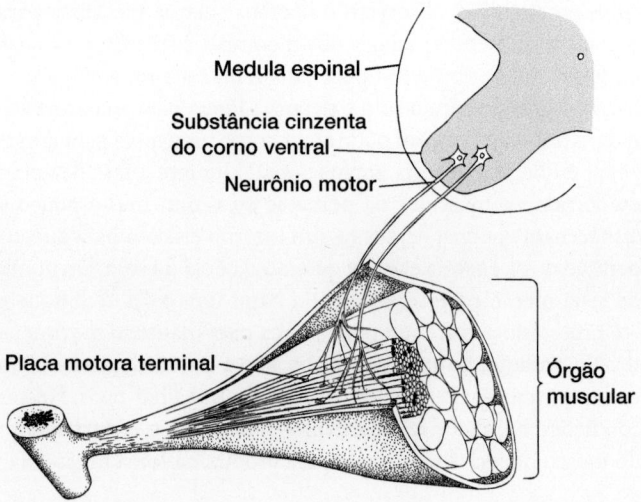

Figura 10.10 Duas unidades motoras. Muitos neurônios motores suprem um músculo, mas cada neurônio inerva apenas algumas fibras musculares. O recrutamento seletivo de outras unidades motoras pode aumentar a força muscular. Portanto, o número de fibras musculares que se contraem pode ser aumentado gradualmente para gerar a força necessária para a realização do trabalho.

Boxe Ensaio 10.1 Como exercitar os músculos

Quando exercitados, os músculos aumentam, ou pelo menos aumentam se o exercício implicar aumento da carga e for praticado com regularidade durante um período. O falecido humorista Robert Benchley tinha um sofá que chamava de "a pista". Como contava, quando os amigos insistiam para que se exercitasse, ele agradecia e dizia-lhes, enquanto alegremente saía da sala em que estava, que se dirigia à pista e ficaria algum tempo lá. Eles sempre se surpreendiam ao ver como parecia descansado ao voltar.

O exercício significa mais que isso para a maioria de nós. Em rigor, porém, quando um músculo se contrai, mesmo durante a caminhada lenta, está sendo "exercitado". Portanto, os fisiologistas do exercício preferem o termo *sobrecarga crônica* para descrever altos níveis de atividade muscular prolongada, ou apenas "treinamento" para reconhecer as demandas musculares elevadas e suas consequências.

Os músculos aumentam em resposta ao treinamento. Esse aumento é consequência de várias mudanças no músculo. Há proliferação de capilares e aumento do tecido conjuntivo fibroso, o que aumenta o volume do músculo. No entanto, o aumento do volume muscular é consequência principalmente do aumento de tamanho das células existentes. Cada célula ganha mais miofilamentos. O resultado é um aumento da área de corte transversal das fibras que, após alguns programas de treinamento, chega a 50%. Até bem pouco tempo, as evidências de um aumento associado do número de fibras eram menos claras. As fibras aumentavam de tamanho, mas seu número não parecia aumentar. Caso se aplique um peso à asa de uma codorna, há um ganho considerável de massa no músculo latíssimo do dorso estirado em decorrência do aumento do número e do tamanho das fibras. No exemplo da ave, porém, a sobrecarga é contínua, e não intermitente como na maioria dos treinamentos. Em gatos, o exercício pode induzir a um pequeno aumento das fibras (9%). Aparentemente, essas fibras adicionais não surgem pela divisão de fibras existentes, mas sim pelo acréscimo de novas fibras a partir de células indiferenciadas no músculo. Portanto, os estudos atuais indicam que grandes aumentos de massa muscular induzidos pelo treinamento podem abranger alguma mudança no número de fibras, mas são causados principalmente pelo aumento do tamanho das fibras.

Quando se exercitaram seres humanos, ratos ou gatos para avaliar a resposta fisiológica dos músculos ao treinamento, os músculos que respondem à sobrecarga crônica são aqueles que participam efetivamente do aumento de atividade. Por exemplo, quando um ser humano se exercita em uma bicicleta ergométrica, os músculos das pernas aumentam durante o longo período de treinamento. Se apenas uma perna for exercitada, só há aumento dos músculos dessa perna. A resposta fisiológica é localizada.

O mecanismo de adaptação dos tipos de fibras à sobrecarga é complexo. Sem dúvida, as fibras musculares se modificam durante o crescimento. A inervação parece participar da determinação do tipo de fibra. Em um experimento que troque os nervos que estimulam as fibras de contração lenta e rápida, a fibra muscular assume, até certo ponto, as propriedades contráteis do novo nervo (*i. e.*, músculos de contração lenta passam a ter contração rápida e vice-versa).

No entanto, o mecanismo de resposta das fibras musculares ao treinamento não é tão claro. A resposta do músculo depende um pouco da natureza do treinamento, ou seja, das cargas movimentadas e da duração do treinamento. Os efeitos obtidos ao pedalar uma bicicleta contra baixa e alta resistência são diferentes.

Os treinamentos de força e resistência produzem adaptações fisiológicas bastante diferentes nos músculos. Em geral, o treinamento de força aumenta a massa e a força muscular; o treinamento de resistência aumenta a captação de oxigênio e as alterações metabólicas, promovendo a resistência. Estranhamente, porém, às vezes os treinamentos simultâneos de força e resistência causam interferência mútua. Ao que tudo indica, em nível molecular, diferentes programas de treinamento promovem mecanismos antagonistas de sinalização genética que, por sua vez, interferem na resposta do músculo ao treinamento de força em particular.

Atletas de alto nível foram examinados para estudar a resposta dos músculos ao treinamento. Pequenas amostras de músculo podem sofrer biopsia, sendo retiradas e examinadas. Quando isso é realizado nos músculos quadríceps de maratonistas de elite, observa-se uma grande proporção de fibras de contração lenta no músculo. Já a biopsia do quadríceps de velocistas de elite

mostra uma grande proporção de fibras de contração rápida. Isso sugere que as características fisiológicas dos músculos da perna correspondem à circunstância atlética. Os corredores de resistência têm mais fibras de contração lenta, porém resistentes à fadiga. Os velocistas têm mais fibras de contração rápida.

Essas proporções de fibras musculares são o resultado de treinamento ou herança? Para responder a essa pergunta, seres humanos passaram por um programa de resistência que consistia em exercícios intensos na bicicleta 2 vezes/dia. A proporção de fibras de contração lenta no músculo vasto lateral foi avaliada por biopsia antes e depois de 6 semanas de treinamento de resistência. O potencial oxidativo do músculo, sua capacidade de usar oxigênio na síntese de ATP, quase duplicou. O aumento da capacidade oxidativa não ocorreu somente nas fibras de contração lenta ou de contração rápida, mas nos dois tipos. Além disso, houve aumento da concentração de capilares que irrigavam o músculo. Por fim, os músculos aumentaram com o treinamento, conforme esperado, mas sem modificação importante das proporções de fibras de contração lenta e rápida. O treinamento melhorou o desempenho, mas não modificou os tipos básicos de fibras do músculo. O treinamento por si só não parece ser suficiente para transformar um maratonista de nível internacional em um velocista de nível internacional.

Isso criou a possibilidade de detecção precoce de futuros atletas — sejam animais como cavalos de corrida ou galgos ingleses, sejam atletas olímpicos humanos — por biopsia e seu preparo para uma carreira brilhante. No entanto, isso não é tão simples, ainda que desejável. O desempenho máximo de um atleta é mais que apenas músculo. A extensão da vascularização muscular, a capacidade do sistema respiratório de prover oxigênio, a taxa de conversão de energia armazenada em energia disponível e outros fatores também afetam o desempenho de um atleta, sem mencionar a "motivação", que também é um fator importante. Sem dúvida, a fisiologia e o tipo de fibra muscular estabelecem limites para o desempenho, porém de maneira complexa. Ainda não somos capazes de prever com certeza o futuro desempenho atlético alcançável por um ser humano ou uma raça de cavalos.

As unidades motoras em músculos laríngeos que controlam a vocalização ou em músculos extrínsecos do olho que movimentam os olhos podem conter apenas dez fibras musculares, enquanto uma unidade motora no grande músculo gastrocnêmio da perna pode ter vários milhares de células musculares por neurônio motor.

Área de secção transversal

A força máxima produzida por um músculo é proporcional à área de secção transversal de todas as suas miofibrilas. Dois termos expressam essa relação entre tensão e fibras musculares. A área de secção transversal de um *músculo*, perpendicular ao eixo longitudinal em sua porção mais espessa, é sua **secção transversal morfológica**. A **secção transversal fisiológica** de um músculo representa a área de secção transversal de todas as *fibras* musculares, perpendicular a seus eixos longitudinais. Nos músculos em que todas as fibras são paralelas entre si e ao eixo longitudinal do músculo, as secções transversais morfológicas e fisiológicas são iguais. Quando as fibras são oblíquas ao eixo longitudinal do músculo, a secção transversal fisiológica é um indicador mais exato de sua capacidade de gerar tensão. A secção transversal fisiológica está relacionada com a quantidade de fibras musculares presentes. Quanto maior a quantidade de fibras, maiores são a tensão e a força máxima produzidas, o que é razoável. Portanto, ao contrário do que se poderia esperar a princípio, um músculo longo e um músculo curto, com secções transversais fisiológicas iguais, geram forças *iguais*, não diferentes (Figura 10.11 A–D).

Essas propriedades se assemelham de algum modo às de uma corrente, que não é mais forte que seu elo mais fraco. O aumento do comprimento não torna a corrente mais forte. Para aumentar a força, mais seções paralelas de corrente são acrescentadas adjacentes umas às outras. Do mesmo modo, uma célula muscular pode ser comparada a um pacote que contém cadeias de sarcômeros, e sua tensão é limitada pelo sarcômero mais fraco. Portanto, o aumento do comprimento não aumenta a tensão. Para aumentar a tensão, é preciso aumentar o número de cadeias de sarcômeros adjacentes pelo aumento do número de fibras musculares paralelas (ver Figura 10.11 D).

Orientação das fibras

Se os outros fatores forem iguais, a tensão gerada por um músculo varia com a orientação de suas fibras. As fibras musculares podem ser organizadas de duas maneiras gerais e cada uma delas confere diferentes propriedades mecânicas. Um **músculo paralelo**, no qual todas as fibras estão orientadas ao longo da linha de tensão gerada, tem, como indica o nome, fibras paralelas entre si. Um **músculo pinado** tem fibras oblíquas à linha de força gerada e se insere em um tendão comum que recebe as fibras musculares inclinadas (Figura 10.12 A). Cada tipo de músculo tem vantagens e desvantagens mecânicas.

Os músculos paralelos são melhores para movimentar uma carga leve por uma grande distância. O músculo esternomastóideo, que gira a cabeça, ou o longo músculo sartório, que aduz o membro posterior, são alguns exemplos. Os músculos pinados são mais adequados para mover uma carga pesada por uma curta distância (Figura 10.12 B). O forte músculo gastrocnêmio

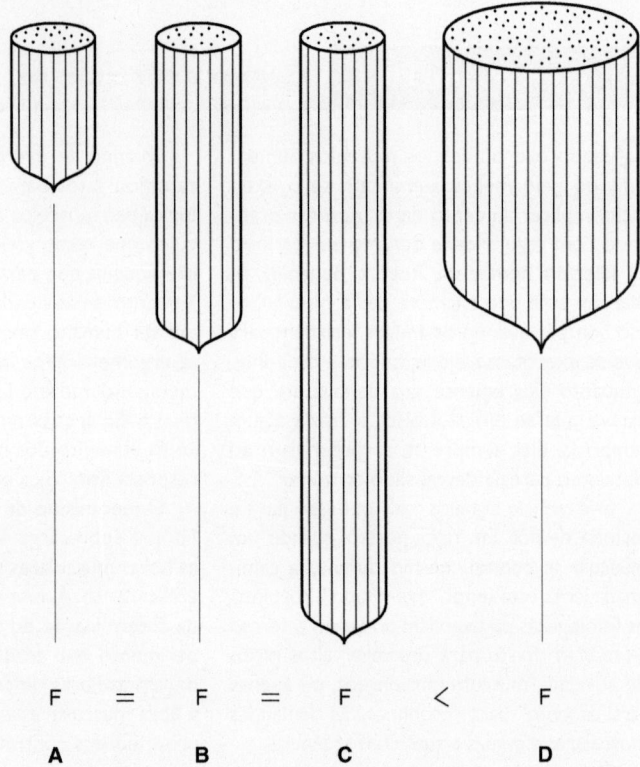

Figura 10.11 A força muscular é proporcional à área de secção transversal. A–C. Músculos de diferentes comprimentos, mas com iguais áreas de secção transversal e que, portanto, produzem a mesma força. **D.** Um músculo com maior área de secção transversal e, portanto, com mais fibras musculares, produz maior tensão que os outros, se todas as outras condições forem iguais.

da panturrilha é um exemplo. Ele está inserido no calcâneo e exerce força considerável para estender o pé e levantar o peso do corpo, mas seu encurtamento é pequeno.

A geração de tensão nos dois tipos de músculo, paralelo e pinado, depende do mecanismo de contração dos filamentos deslizantes. As propriedades mecânicas se originam de diferenças na organização das fibras. O músculo pinado possibilita o agrupamento de mais fibras musculares no mesmo espaço. Considere dois músculos de tamanho e formato iguais, mas com organização das fibras diferente. Os músculos pinados têm fibras mais curtas e em maior quantidade em determinado volume que os músculos paralelos. Por serem mais curtos e oblíquos em relação à linha de ação, os músculos pinados se encurtam menos, portanto, seu tendão de inserção se movimenta por uma distância menor. No entanto, como a quantidade de fibras agrupadas no mesmo espaço é maior, a força útil produzida ao longo da linha de ação é maior (ver Figura 10.12 B).

Mais formalmente, a área de secção transversal fisiológica de um músculo pinado é maior que a de um músculo paralelo equivalente. Em um músculo pinado, a força produzida por fibras individuais pode ser separada em seus vetores componentes; um dos vetores é um componente útil alinhado com o tendão, o outro é perpendicular e não contribui para a força útil (Figura 10.12 C). O componente de força útil calculado

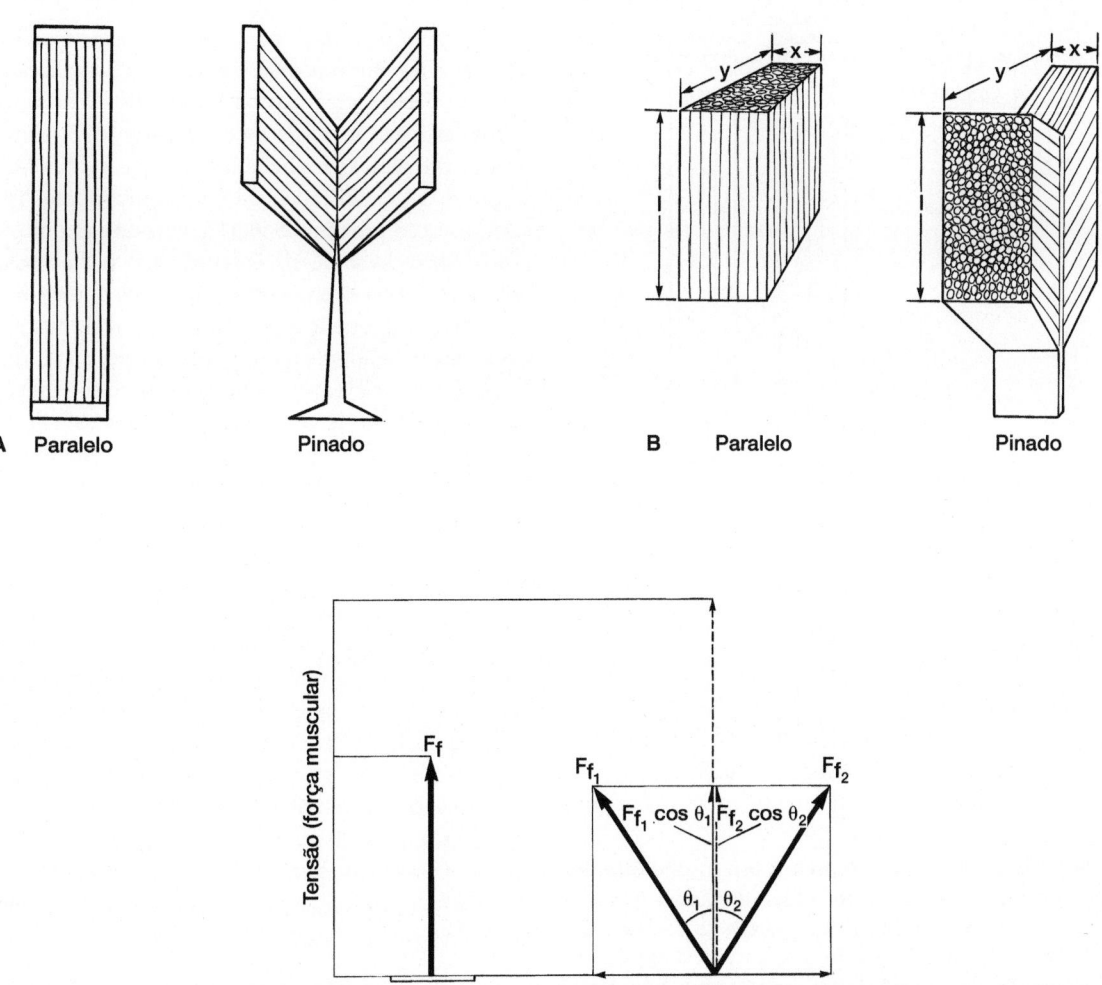

Figura 10.12 Músculos paralelos e pinados. A. Os músculos com fibras alinhadas ao longo da linha de ação são paralelos. Os músculos com fibras oblíquas à linha de ação são pinados. **B.** A orientação do músculo pinado possibilita o agrupamento de maior quantidade de fibras no mesmo volume que a organização paralela. A orientação oblíqua das fibras nos músculos pinados reduz a distância efetiva de possível movimentação da inserção e a força que cada fibra pode direcionar ao longo da linha de ação. No entanto, a maior quantidade total de fibras compensa isso e torna os músculos pinados mais adequados para a movimentação de cargas pesadas por curtas distâncias. Os dois blocos de músculos têm o mesmo tamanho tridimensional, xyl. A força que o músculo paralelo é capaz de produzir é proporcional a sua secção transversal, xy. A força do músculo pinado é maior e proporcional a sua secção transversal fisiológica, xl de um lado, mais xl do outro. **C.** A força que uma fibra produz ao longo da linha de ação em um músculo paralelo é igual à força dessa fibra. Em um músculo pinado, a força útil de uma fibra está ao longo da linha de ação do músculo. Essa força útil é o componente trigonométrico da força da fibra (F_f) multiplicado pelo cosseno do ângulo entre a fibra e a linha de ação do músculo (θ). Como é possível agrupar mais fibras no mesmo volume de um músculo pinado, a força útil de duas fibras é aditiva, produzindo uma força total maior que em um músculo paralelo de tamanho semelhante.

por trigonometria vetorial é igual à força da fibra (F_f) multiplicada pelo cosseno do ângulo de inclinação (θ), ou $F_f \times \cos \theta$. Desde que esse ângulo de inclinação não seja muito grande, a maior parte da força de contração da fibra produz um grande vetor componente útil ao longo da linha de ação do tendão. Esse componente da força útil é um pouco menor que a tensão da fibra, porém isso é compensado pela existência de maior quantidade de fibras que em um músculo paralelo de tamanho equivalente.

Na prática, a maioria dos músculos é um meio-termo entre os dois extremos especializados, paralelo e pinado. O que se deve enfatizar, porém, é que as diferentes propriedades dos músculos paralelos e pinados não decorrem de diferenças em

seu mecanismo de contração em nível molecular. É no nível tecidual de organização que surgem propriedades diferentes de desempenho geral.

Velocidade de encurtamento

Se outros fatores (como fisiologia da fibra e ângulo de inclinação) forem iguais, a velocidade absoluta de encurtamento é maior em um músculo longo que em um músculo curto (Figura 10.13 A e B). Suponha que tenhamos dois músculos idênticos em todas as propriedades e dimensões, exceto pelo fato de que um é longo e o outro é curto. O tempo relativo necessário para que cada um se contraia até metade do comprimento de repouso é igual, mas a velocidade absoluta percorrida pelo ponto de

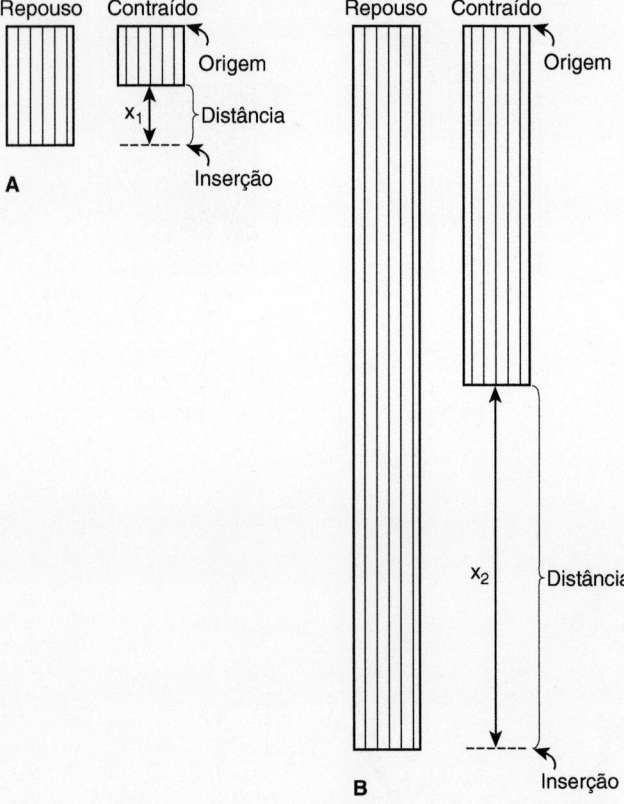

Figura 10.13 O ponto de inserção em um músculo longo tem maior velocidade e transpõe maior distância que em um músculo curto. A. Um músculo curto que se contrai até a metade de seu comprimento em repouso se encurta o correspondente à distância x_1. **B.** Um músculo longo que se contrai até a metade de seu comprimento faz isso no mesmo tempo se for constituído do mesmo tipo de sarcômero. No entanto, a velocidade de contração de cadeias de sarcômeros é aditiva, produzindo velocidade maior ao longo de maior distância (x_2). É frequente a participação dos músculos longos quando há necessidade de deslocamento rápido.

inserção é maior no músculo mais longo, que tem mais sarcômeros em série, cujas velocidades são somadas. Portanto, quanto mais longo for um músculo, maior é a velocidade de sua inserção.

Distância de encurtamento

Se outros fatores forem iguais, a distância absoluta da contração de um músculo é maior no músculo longo que no músculo curto. Essa propriedade, assim como a velocidade, é uma consequência do efeito aditivo das cadeias de sarcômeros. Quando os sarcômeros individuais se encurtam, a distância percorrida é somada à dos sarcômeros adjacentes em série. Como há mais sarcômeros em cada cadeia de um músculo longo, o efeito aditivo é maior no músculo longo que no curto. Logo, a inserção de um músculo longo é deslocada por uma distância maior que a inserção de um músculo curto.

Sistemas de alavanca osso-músculo

A ação de um músculo é mais que uma simples propriedade de sua fisiologia ou da organização das fibras. Trabalhos teóricos indicam que o desempenho de um músculo pode depender de sua inserção nos ossos do sistema de alavanca. Por exemplo, um músculo que transpõe apenas uma articulação pode estar inserido perto (proximal) ou longe (distal) do ponto de rotação na articulação. Cada local de inserção, proximal ou distal, produz diferentes propriedades mecânicas. O músculo com inserção distal é mais adequado para movimentos fortes; aquele com inserção proximal é mais adequado para movimentos rápidos. Quando se deseja empurrar um portão pesado ou que está com o trinco emperrado, aplica-se força no ponto mais distante das dobradiças para aumentar a alavanca. Quando se deseja abrir rapidamente um portão leve, a aplicação de força perto das dobradiças produz melhores resultados. Essas diferenças decorrem de variações na simples vantagem mecânica, mas uma ocorre à custa da outra. O movimento rápido (inserção proximal) é produzido à custa do movimento forte (inserção distal) e vice-versa.

O local de inserção também afeta a distância que percorre uma parte móvel. Por exemplo, o músculo bíceps braquial produz um longo deslocamento da extremidade do antebraço se estiver inserido perto do cotovelo. Se o bíceps tiver inserção distal e igual encurtamento, produz um deslocamento muito mais curto do antebraço (Figura 10.14 A e B).

Uma análise hipotética dos membros indica que é inevitável a escolha entre as constituições que favorecem a força e as que favorecem a velocidade de deslocamento do membro. Por exemplo, o músculo redondo maior, que se estende da escápula até o úmero, tem inserção mais distal no membro anterior do tatu (escavador forte) que no membro anterior do gato (corredor veloz; Figura 10.15 A e B). Essa relação proximal e distal pode

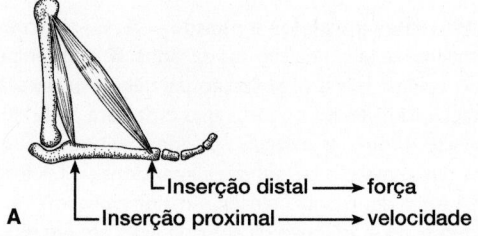

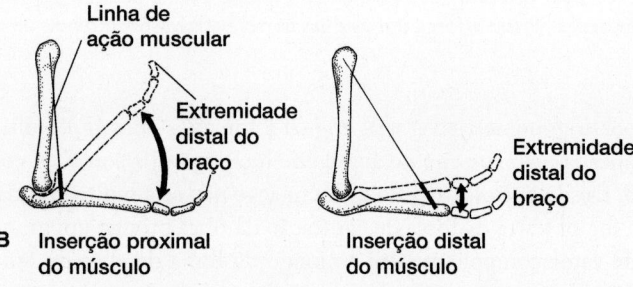

Figura 10.14 Força *versus* velocidade. Um músculo inserido em pontos variados em um sistema de alavanca produz vantagens mecânicas diferentes. **A.** Se estiver inserido perto do ponto de rotação (proximal), o músculo favorece a velocidade. Se estiver inserido distal ao ponto de rotação, favorece a força. **B.** A inserção proximal também favorece a maior excursão da extremidade distal da parte movimentada. A linha espessa indica a distância de encurtamento muscular, igual em ambos.

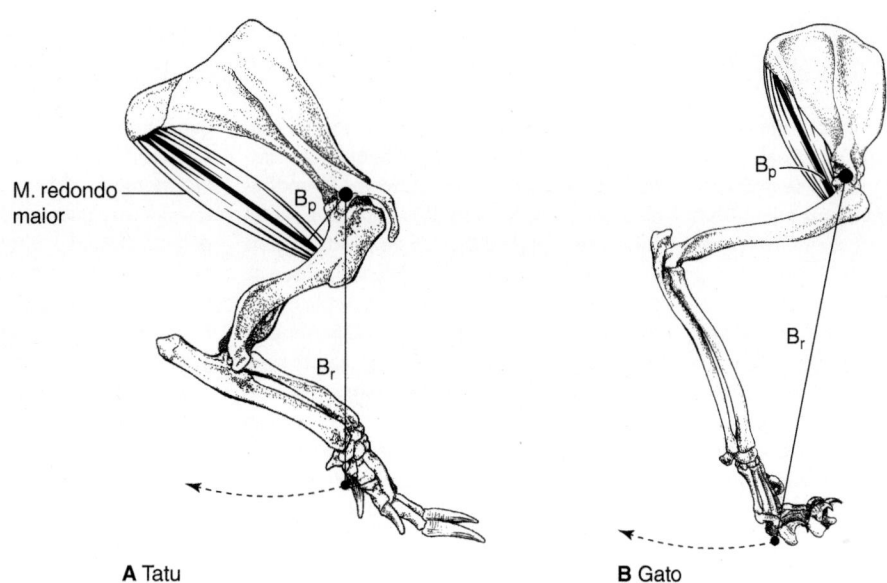

Figura 10.15 Força *versus* velocidade na constituição dos membros anteriores. A. No tatu, o músculo redondo maior está inserido em um ponto distal no úmero. **B.** No gato, o redondo maior está inserido mais perto do ponto de rotação. A mudança no braço de potência (B_p) e no braço de resistência (B_r) altera a vantagem mecânica, que deixa de ser favorável à força (tatu) para ser favorável à velocidade (gato). A ilustração mostra os dois membros anteriores em vista lateral e com o mesmo comprimento total. O músculo redondo maior se insere na face medial do úmero, que não é vista neste desenho. A linha contínua ao longo do eixo longitudinal indica a linha de ação, e o braço de alavanca é perpendicular ao ponto de rotação do membro (*ponto preto na articulação glenoide*). No plantígrado tatu, o braço de resistência atua na planta do pé; no digitígrado gato, o braço de resistência atua nas extremidades dos metacarpais.

Com base na pesquisa de Hildebrand.

ser expressa como **vantagem mecânica da alavanca**, a razão entre o braço de *potência* e o braço de *resistência*. O braço de potência (B_p) é a distância perpendicular do ponto de rotação do osso até a linha de ação do músculo. O braço de resistência (B_r) é a distância do ponto de rotação até o ponto de aplicação de movimento. No tatu, essa razão é de aproximadamente 1:5; no gato, é de cerca de 1:9. O tatu tem maior vantagem de força no sistema de antebraço que o gato, com ponto de inserção muscular mais distal e perna relativamente mais curta para dotar o músculo redondo maior de vantagem de força. Com relação à velocidade, porém, as razões mostram que os músculos do antebraço do gato têm vantagem de velocidade. A razão 1:9 indica que os dedos se movem nove vezes mais rápido que o ponto de inserção muscular. É alcançada uma taxa de balanço do membro mais alta, mas à custa da força. Essas supostas mudanças no desempenho com a modificação das razões ainda aguardam confirmação experimental em vários animais. Essas análises oferecem esclarecimento temporário das vantagens e desvantagens mecânicas de constituições alternativas dos membros.

Braços da alavanca (Capítulo 4)

No mesmo membro do mesmo indivíduo, diversos músculos podem se inserir no osso de modo a usufruir de diferentes vantagens mecânicas e fazer contribuições variadas para a força ou a velocidade durante o balanço do membro. Muitos animais cursoriais têm **músculos de baixa** e **alta velocidade**. Os músculos de baixa velocidade, como os isquiotibiais, têm uma vantagem mecânica de força para ajudar a superar a inércia durante

a aceleração ou a movimentação da massa do membro. Os músculos de alta velocidade têm uma vantagem de velocidade e produzem rápido balanço do membro.

Além dos efeitos na força ou na velocidade, a inserção proximal de um músculo tem outras consequências sobre o desempenho. Caso um músculo esteja inserido perto do ponto de rotação, pode causar longa excursão da extremidade distal de um osso enquanto se encurta muito pouco perto do pico de força de sua curva de tensão-comprimento. Caso a inserção seja distal, é necessário o encurtamento muito maior do músculo para produzir o mesmo deslocamento distal do osso. De modo geral, quanto maior é o encurtamento real de um músculo, mais energia ele consome, ainda que a força seja igual. Portanto, os músculos com inserção proximal usam menos energia e constituem um modelo mais econômico para a rotação de segmentos do membro durante a locomoção.

É preciso destacar algumas precauções. A primeira delas é que a maioria desses princípios de desempenho e constituição se baseia em argumentos teóricos fundamentados nas supostas consequências dos locais de inserção muscular e nas vantagens e desvantagens do braço de alavanca. É difícil confirmar muitos desses princípios por testes experimentais diretos. Em segundo lugar, a maioria desses argumentos pressupõe que as variações no braço de alavanca não o encurtarão demais para o trabalho, ou então o músculo não seria capaz de executar a tarefa. É evidente que mesmo um grande músculo não seria capaz de movimentar efetivamente uma parte se a alavanca fosse muito pequena. A terceira é que nós partimos do princípio de que o músculo e sua vantagem mecânica estejam bem equiparados à

Boxe Ensaio 10.2   Alta velocidade

Os atletas de corrida com amputações abaixo do joelho enfrentam um problema de engenharia durante a adaptação de próteses. De certo modo, a corrida é uma marcha em saltos, como driblar uma bola de basquete. Ao bater no chão, uma bola de basquete bem cheia armazena energia mecânica elasticamente no ar comprimido e no seu revestimento esticado ao tocar o solo. Essa energia é rapidamente devolvida, de modo que a bola bate no chão e alcança a altura anterior, e você só precisa aplicar um pouco de força extra com a mão para compensar a perda de energia por atrito. Quando o pé de uma

pessoa que corre toca o solo, a energia mecânica é absorvida pelos componentes elásticos, principalmente os músculos e tendões da perna; quando o pé dá o impulso e sai do solo, essa energia elástica é devolvida à perna e, com força adicional dos músculos que se contraem, impulsiona o corredor para frente (Figura 1 A do Boxe). A amputação da perna abaixo do joelho remove mecanicamente esses ossos de sustentação, é claro, mas também retira o sistema de músculos e tendões participantes do armazenamento elástico e da geração de forças ativas. A conduta tem sido projetar uma lâmina de carbono flexível

que é inserida na parte inferior da perna e é especializada para corrida de alta velocidade. No momento do contato, a lâmina absorve a energia mecânica e a devolve quando o pé sai do solo (Figura 1 B do Boxe). Em parte porque os músculos da perna estão ausentes, a lâmina é mais longa que a perna normal, para compensar – portanto, o comprimento da passada é maior. Isso levou os círculos olímpicos a discutirem se a prótese biônica torna o corredor melhor. Com o aperfeiçoamento das próteses para substituição de partes danificadas ou amputadas, essa controvérsia tende a aumentar.

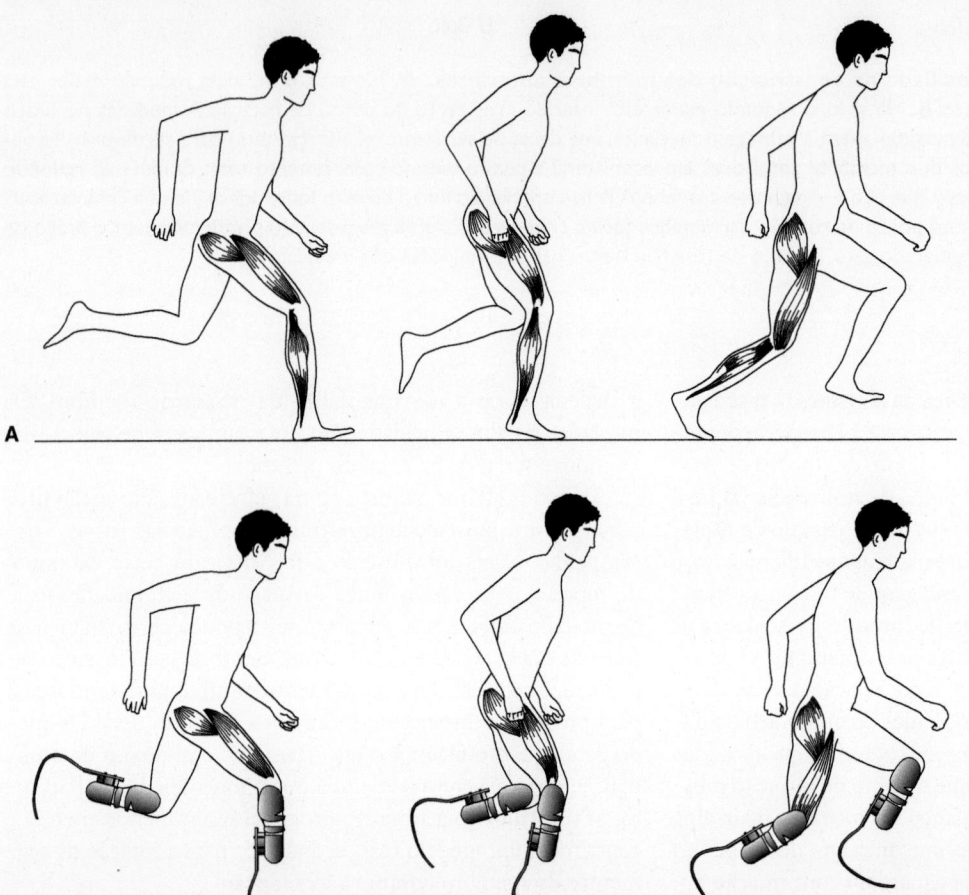

A

B

Figura 1 do Boxe Lâminas de corrida. A. Durante a corrida normal, a perna armazena energia mecânica durante o passo e a devolve elasticamente quando o pé sai do chão. A contração muscular ativa se soma a essa força elástica. **B.** A lâmina curva tem ação mecânica semelhante, armazenando a energia mecânica durante o contato e a devolvendo elasticamente quando o pé sai do chão.

carga externa. Por exemplo, observamos que quanto mais longas são as fibras musculares, maiores são a velocidade e a distância de encurtamento. No entanto, pode ocorrer o inverso se for necessário mover uma carga *pesada*. Um músculo curto, porém forte, com muitas fibras, produz mais força para mover a grande carga que um músculo longo, porém mais fraco, com menos fibras. Estamos apenas expondo o óbvio. Tanto a velocidade quanto a distância de encurtamento dependem não só do comprimento das fibras musculares, mas também da relação da

força gerada com o tamanho da carga externa. A partir de generalizações cuidadosas acerca da velocidade da força e da distância de encurtamento, é possível reconhecer a conciliação entre a constituição interna do músculo e o tamanho da carga externa.

Sequência das ações musculares

É evidente que a ação dos músculos não é isolada. Qualquer movimento conta com a participação de vários músculos, e cada um deles alcança sua força máxima em momentos diferentes durante o movimento. Por exemplo, a marcha de passos largos dos seres humanos é constituída de duas fases de movimento: a **fase de apoio**, desde que o calcanhar toca o solo até a saída dos dedos, e a **fase de balanço**, desde que os dedos saem do solo até o toque do calcanhar (Figura 10.16 A–E). Os músculos que movimentam o membro são acionados em diferentes pontos dessas fases. Quando o calcanhar toca o solo, há atividade máxima dos músculos isquiotibiais e prétibiais; em seguida, aumenta a atividade do quadríceps enquanto o tronco é levado para frente sobre o membro. Com a saída do calcanhar do solo, aumenta a atividade do grupo da panturrilha (gastrocnêmio, sóleo). Durante a fase de balanço, há inatividade elétrica ou baixa atividade da maioria desses músculos enquanto a gravidade balança a perna flexionada para frente, como um pêndulo sob o corpo. O uso seletivo dos músculos reduz muito as contrações musculares e o gasto total de energia.

Durante a locomoção normal, o sistema nervoso central coordena esse elaborado padrão de mobilização seletiva dos músculos. Parte da dificuldade para projetar membros humanos artificiais para substituir membros amputados se deve a essa complexidade de sequência e ação muscular. É necessário não só que a prótese produza as forças necessárias, mas também que essas forças sejam geradas na ordem correta para a simulação fiel da locomoção normal.

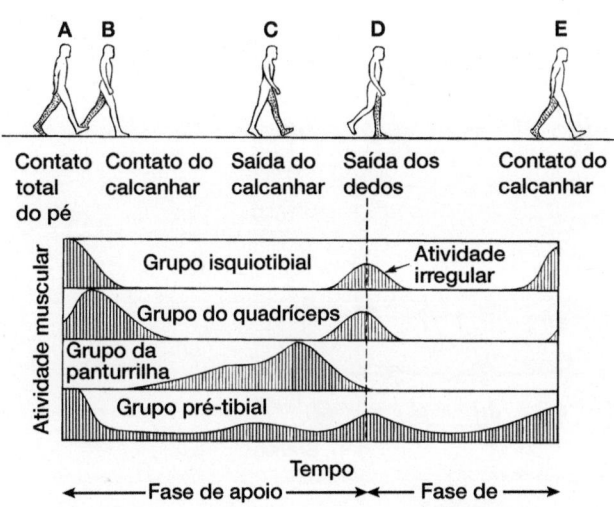

Figura 10.16 Ação sequencial dos músculos. Durante a atividade, os músculos alcançam o auge da atividade em momentos ligeiramente diferentes para distribuir e propagar as forças que produzem movimento. A marcha de passos largos humana é dividida em uma fase de apoio (**A–C**, *perna direita*), durante a qual o pé está em contato com o solo, e uma fase de balanço (**D** e **E**, *perna direita*), durante a qual o membro balança livremente para frente. Os grupos dos músculos da perna alcançam a força máxima em diferentes momentos de cada fase. A maioria se mantém inativa durante a fase de balanço porque a gravidade puxa o membro para frente como um pêndulo. A atividade máxima dos músculos isquiotibiais, quadríceps e pré-tibiais ocorre no início da fase de apoio. O grupo da panturrilha alcança o auge da atividade e, provavelmente, de força logo antes do fim da fase de apoio.

Modificada de J. V. Basmajian.

O recrutamento dos tipos de músculo também é seletivo. Por exemplo, em elasmobrânquios e alguns teleósteos primitivos, as fibras vermelhas são resistentes à fadiga, enquanto as fibras brancas se cansam mais facilmente, porém se contraem com mais rapidez. Estudos eletromiográficos de tubarões mostram que o bloco de músculos vermelhos ao longo do corpo produz ondulações natatórias em baixas velocidades. À medida que a velocidade aumenta, são recrutados os blocos brancos de musculatura axial (Figura 10.17 A). As carpas e alguns outros teleósteos têm músculos "rosa", um terceiro tipo de fibra cuja natureza fisiológica é intermediária entre os vermelhos e brancos. À medida que a velocidade de nado aumenta em carpas e alguns teleósteos, há um recrutamento ordenado de blocos de musculatura axial; primeiro, o músculo vermelho, depois o rosa e, por fim, o branco quando a velocidade é alta (Figura 10.17 B).

Resumo da mecânica dos músculos

Toda contração muscular está baseada essencialmente no mecanismo dos filamentos deslizantes, a formação de pontes transversais entre as moléculas de actina e miosina. Quando se formam as pontes transversais, elas deslizam umas sobre as outras para encurtar os sarcômeros que, em conjunto, causam o encurtamento de toda a fibra muscular. Apesar desse mecanismo universal, os músculos realizam diversas tarefas e participam de muitas funções. Mudanças de desempenho e função são causadas por alterações em níveis mais altos de organização, não por modificações no mecanismo básico de deslizamento dos filamentos. Por exemplo, as propriedades de um músculo são influenciadas pelo comprimento ou pela orientação de uma fibra muscular, pela fisiologia, pelo tipo de inserção dos músculos no sistema de alavanca que movimentam e pela sequência de ações do músculo em relação aos outros.

Se reduzirmos a questão às moléculas de actina e miosina, só podemos compreender parcialmente a constituição e a função muscular. As especificidades de organização no nível da célula, do tecido e do órgão também são necessárias para explicar a base do desempenho muscular.

Ações musculares

De modo geral, um **padrão motor** é qualquer movimento repetitivo ativado pelo sistema nervoso. Os músculos podem ter ação independente, simultânea ou sequencial para compor padrões motores complexos que controlam o sistema ósseo. Até mesmo padrões motores aparentemente simples podem contar com a participação de muitos músculos. Durante uma tosse forte para desobstruir a garganta, há contração de 253 músculos nomeados. Os músculos que atuam em conjunto para produzir movimento na mesma direção geral são **sinergistas**. Os músculos bíceps braquial e braquial do antebraço humano são sinergistas na ação de flexão do úmero. Os músculos que causam movimentos opostos são **antagonistas**. O bíceps braquial e o tríceps braquial, em faces opostas do braço, são antagonistas. Eles se contraem em direções opostas durante a rotação rápida do antebraço, não para que haja oposição, mas sim equilíbrio, e para controlar e coordenar movimentos rápidos ou vigorosos.

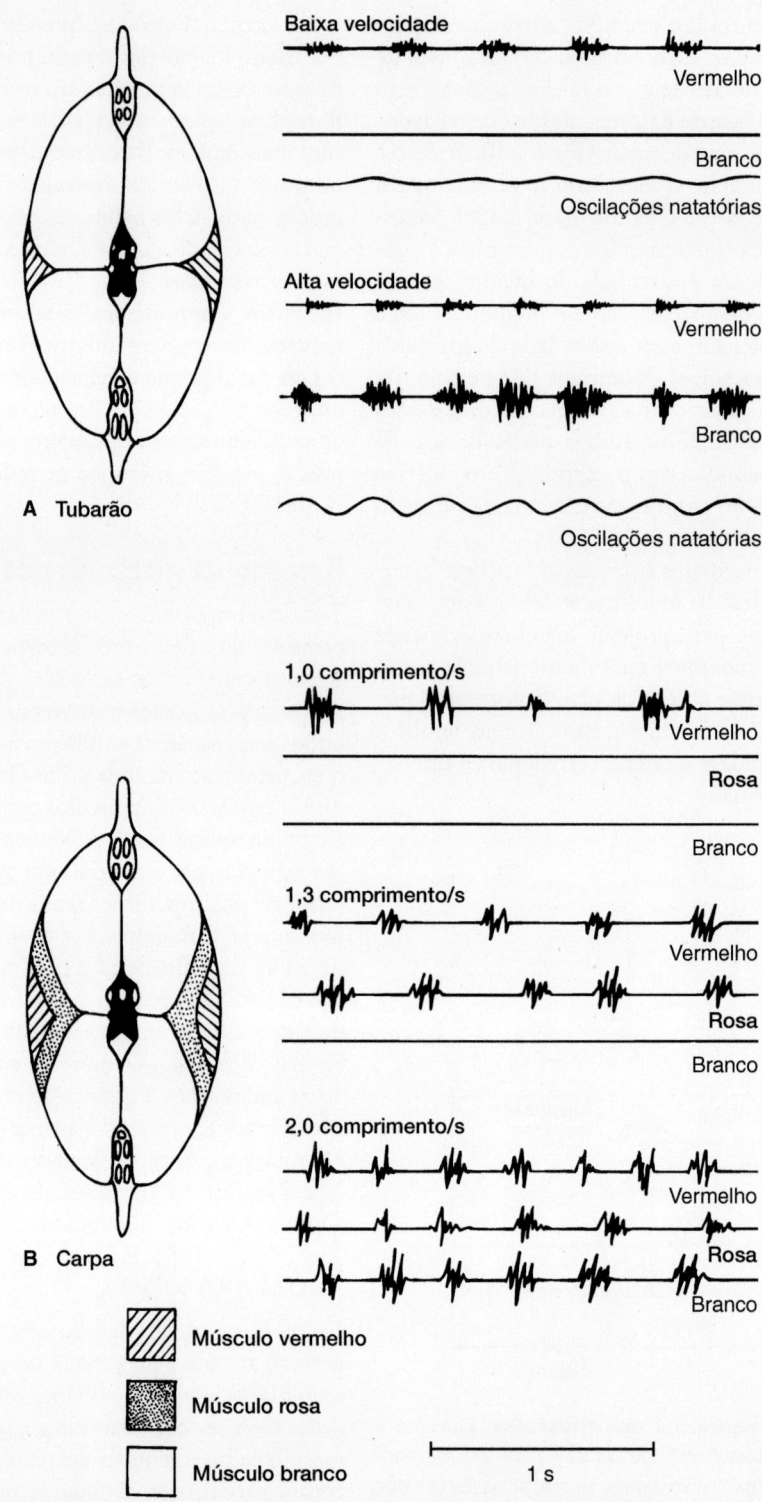

Figura 10.17 Recrutamento sequencial da musculatura axial em peixes. Cortes transversais de um tubarão (**A**) e uma carpa (**B**) mostram a posição dos tipos de músculos na cauda. A musculatura axial dos peixes é caracterizada por até três tipos de fibras musculares. Esses tipos são denominados, de acordo com a aparência, de músculo vermelho, rosa e branco. Eles representam uma sequência fisiológica das fibras fásicas lentas (resistência) até as rápidas (fatigáveis). Como essas fibras estão organizadas em diferentes regiões do corpo, é possível inserir eletrodos para registrar a velocidade de nado em que cada grupo de fibras é recrutado e começa a contribuir para as ondulações natatórias. **A.** Os tubarões têm apenas músculos vermelhos e brancos. Em baixa velocidade, as fibras vermelhas se contraem; em maior velocidade, as fibras brancas se juntam a elas. O traçado ondulado abaixo de cada grupo de eletromiogramas representa as oscilações natatórias do tubarão. **B.** Alguns peixes teleósteos, como a carpa, têm os três tipos de fibras. As fibras musculares vermelhas, rosa e, por fim, brancas são recrutadas em sequência à medida que aumenta a velocidade de nado. Cada miograma representa a atividade elétrica e, portanto, mostra a contração muscular nesse ponto. Usa-se o comprimento do corpo por segundo para expressar a velocidade de nado.

Modificada de Johnson et al., 1977.

O mesmo músculo pode ter várias ações em diferentes condições. A ação primária de um músculo é seu **movimento primário**. Os dois pontos de fixação óssea são definidos de acordo com isso. A **origem** de um músculo é o ponto relativamente imóvel de sua fixação, e a **inserção**, o relativamente móvel. Cada local de origem de um músculo é uma **cabeça**, e cada local de inserção é uma **cauda**. Por vezes, um músculo pode ter ação sinérgica e ter um movimento secundário além de seu movimento básico. Por exemplo, o músculo gênio-hióideo dos mamíferos passa entre o hioide e o queixo. O movimento básico é mover o hioide que, por sua vez, move a laringe para frente. Secundariamente, quando a laringe é mantida em posição fixa, o músculo gênio-hióideo auxilia o músculo digástrico a abaixar a mandíbula e abrir a boca. Os músculos também podem agir como **fixadores** para estabilizar uma articulação ou um sistema de alavanca. Ao fechar a mão com delicadeza, só há contração dos músculos do antebraço. O bíceps e o tríceps se mantêm relaxados. No entanto, ao fechar a mão com força, há contração involuntária do bíceps e do tríceps, músculos do braço, não para ajudar diretamente a fechar os dedos, mas para estabilizar o cotovelo enquanto os músculos do antebraço fecham a mão.

Outros termos também descrevem a ação muscular (Figura 10.18). Flexão e extensão se aplicam principalmente aos membros. Os músculos **flexores** dobram uma parte em relação a outra e em torno de uma articulação. Os músculos **extensores** esticam uma parte (p. ex., retificam o joelho). Os termos adução e abdução são mais usados para descrever o movimento do membro em relação ao corpo. Os músculos **adutores** apro-ximam o membro da linha mediana do corpo e os **abdutores** afastam. Aplicados à ação da mandíbula, os músculos **levantadores** (um tipo especial de adutor) fecham e os **abaixadores** (um tipo especial de abdutor) abrem a boca. A contração dos músculos **protratores** causa a projeção de uma parte, como a língua de uma rã, de sua base, enquanto os **retratores** trazem-na de volta. Um membro pode ser girado por **rotadores**, especificamente **supinadores**, se girarem a palma da mão ou a planta do pé para cima, ou **pronadores**, se as girarem para baixo. Às vezes, o termo rotação também é usado de maneira genérica para descrever a oscilação ou o balanço geral do membro. Os músculos **constritores** ou **esfíncteres** circundam tubos ou aberturas (p. ex., os constritores das brânquias ao redor da faringe, os esfíncteres intestinais ao redor do ânus) e tendem a fechá-los; os músculos **dilatadores** têm ação antagonista e abrem o orifício. À medida que abordarmos esses músculos adiante neste capítulo, definiremos outras ações musculares.

Homologias musculares

Durante sua evolução, alguns músculos se fundiram, outros se dividiram em novos músculos, alguns tiveram sua importância diminuída e outros mudaram seus pontos de inserção e, portanto, sua função. Ao contrário da história evolutiva dos ossos, os músculos não deixam vestígios diretos no registro fóssil. É preciso inferir suas posições a partir das marcas de fixação nos ossos fossilizados. É difícil acompanhar essas mudanças no registro fóssil para estabelecer homologias. Por conseguinte, é frequente o uso de critérios alternativos, como a semelhança de fixação. Considera-se que fixações semelhantes em músculos diferentes atestam sua homologia. No entanto, os locais de fixação do mesmo músculo podem variar em diferentes grupos (Figura 10.19 A). Nos mamíferos, o músculo gastrocnêmio na parte posterior da perna está inserido no calcâneo. Já nos anuros, o tendão do músculo gastrocnêmio se estende ao longo da planta do pé como a aponeurose plantar.

Outro critério é a semelhança funcional. Parte-se do princípio de que a função semelhante de dois músculos representa a preservação de um padrão ancestral comum. Esse critério também pode levar a erro. Por exemplo, o músculo abaixador da mandíbula tem um só ventre em répteis. Nos mamíferos, o músculo digástrico tem aproximadamente a mesma função, mas dois ventres (por isso, *di-* e *-gástrico*) e suas partes têm origens embrionárias diferentes (Figura 10.19 B).

Outro critério usado com frequência é a inervação, porque entre ela e o músculo parece haver alguma estabilidade filogenética. Nos mamíferos, o esperado seria que o músculo diafragma da parte posterior do tórax fosse inervado por nervos torácicos posteriores adjacentes. No entanto, o responsável é um nervo cervical originado bem anterior a ele, perto da cabeça. Durante o desenvolvimento embrionário, o precursor muscular do diafragma se origina na região cervical e migra para a posterior. O nervo cervical que o inerva, o nervo frênico, também surge nessa região e acompanha o diafragma até sua localização final posterior.

A origem embrionária é usada com frequência para estabelecer homologias musculares. A exemplo de outras estruturas, o desenvolvimento embrionário semelhante é sugestivo de

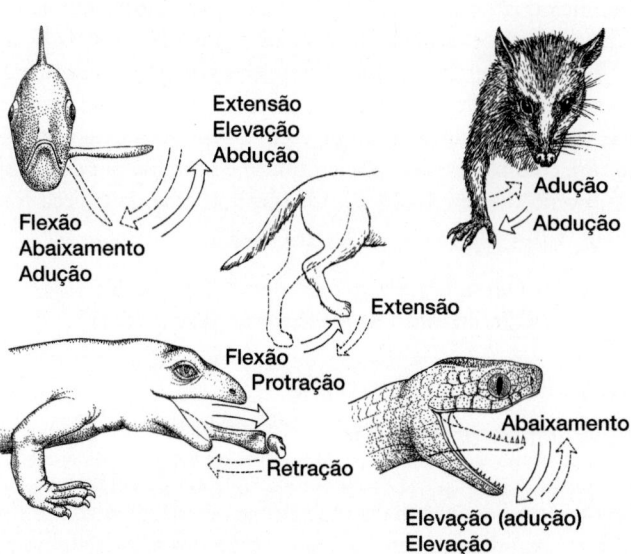

Figura 10.18 Ações musculares. A adução muscular move um apêndice em direção à linha mediana ventral, e a abdução muscular o afasta. Embora esses termos se apliquem aos membros dos tetrápodes e às nadadeiras dos peixes, às vezes os termos *abaixamento* e *flexão* são usados como sinônimo de *adução* em peixes; *extensão* e *elevação* são sinônimos de *abdução*. Em tetrápodes, flexão significa dobrar uma parte, extensão significa esticá-la. A protração move uma parte da base para frente e a retração a traz de volta. Abertura da mandíbula é abaixamento ou abdução, e fechamento é elevação ou adução.

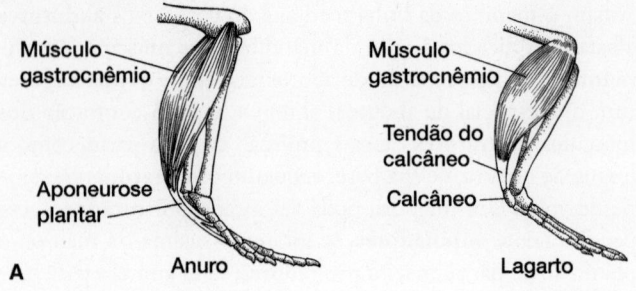

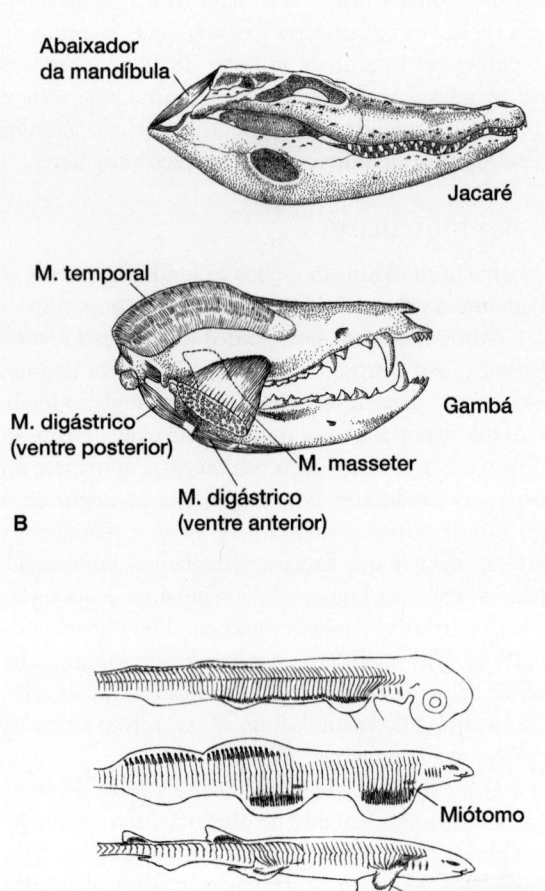

Figura 10.19 Critérios de homologia muscular. As homologias musculares podem ser baseadas em vários critérios, embora cada um deles tenha suas incertezas. **A.** A função semelhante entre músculos sugere homologia. Os músculos posteriores da perna de anuros e répteis estendem o pé. Embora se considere que esse músculo seja o gastrocnêmio, as inserções são ligeiramente diferentes em cada animal. **B.** Os músculos abaixador da mandíbula e digástrico abaixam a mandíbula de répteis (jacaré) e mamíferos (gambá), mas as inervações deles são diferentes, o que sugere que não são homólogos. **C.** Com frequência, usa-se um padrão embrionário comum de desenvolvimento para estabelecer homologias musculares. Por exemplo, durante o desenvolvimento embrionário dos músculos da nadadeira em tubarões, as extremidades ventrais de miótomos crescem para baixo ao longo do corpo, formando uma crista baixa e, por fim, entrando na nadadeira. Nos tetrápodes, os músculos dos membros se originam de modo semelhante, diretamente dos miótomos.

C, com base em Goodrich.

origem filogenética próxima. Entretanto, mesmo esse critério pode estar associado a dificuldades. Por exemplo, as vértebras de peixes e tetrápodes primitivos se originam por uma sequência diferente de acontecimentos embrionários, tubo pericordal ou arcuália. Aparentemente, os acontecimentos embrionários foram modificados em tetrápodes. Isso diminui a utilidade dos critérios embrionários como modelo uniforme para estabelecer homologias entre as vértebras de peixes e tetrápodes.

Desenvolvimento da vértebra (Capítulo 8)

Origem embrionária dos músculos

De modo geral, os músculos têm três origens embrionárias. Uma delas é o **mesênquima**, um agrupamento frouxo de células dispersas por todo o corpo do embrião. O músculo liso nas paredes dos vasos sanguíneos e de algumas vísceras se origina do mesênquima. A segunda origem dos músculos é o par de **hipômeros**. Quando o hipômero se diferencia do restante da mesoderme, suas paredes mediais (esplâncnicas) envolvem o intestino e se diferenciam nas camadas de músculo liso do trato alimentar e de seus derivados (Figura 10.20 A). As células do hipômero também formam o músculo cardíaco do coração tubular. A terceira origem embrionária é a **mesoderme paraxial**, a partir da qual se desenvolve a maioria dos músculos esqueléticos (Figura 10.21). Durante a neurulação, ou logo depois, a mesoderme paraxial, como seu nome sugere, forma-se perto do tubo neural, ao longo do eixo do corpo embrionário (Figura 10.22 A). No tronco, a mesoderme paraxial é distribuída de maneira segmentar em somitos anatomicamente separados. Na cabeça, ela não se diferencia em **somitos** distintos, mas forma aglomerados de mesoderme, denominados **somitômeros**, em série com os somitos distintos que os seguem (Figura 10.22 A).

De modo geral, os amniotas têm sete pares de somitômeros na cabeça; por vezes, menos. Os somitos do corpo se dividem nas populações de células que contribuem para pele (dermátomo), coluna vertebral (esclerótomo) e musculatura do corpo (miótomo; Figura 10.20 B). Os somitômeros da cabeça formam os músculos da cabeça e da faringe.

Diferenciação do hipômero (Capítulo 5);
Diferenciação da mesoderme (Capítulo 5)

Musculatura pós-craniana

Musculatura apendicular

Em muitos peixes, as extremidades ventrais de miótomos adjacentes crescem para baixo, entram no broto da nadadeira e se diferenciam diretamente na musculatura desta. Nos amniotas, os músculos dos membros derivam de células mesenquimais que se desprendem das extremidades ventrais de somitos (miótomos) adjacentes, e não da contribuição direta de miótomos embrionários para os músculos. Essas células mesenquimais migram para o broto do membro e, em seguida, se diferenciam na musculatura apendicular. A mesoderme da placa lateral adjacente também libera células mesenquimais, que entram no broto do membro, mas, de modo geral, dão origem ao osso ou à cartilagem do membro, juntamente com os tendões, os ligamentos e a rede vascular (ver Figura 10.20). Em um padrão análogo ao de amniotas, a musculatura da nadadeira de teleósteos também se origina de um pequeno número de células mesenquimais que migram dos somitos adjacentes para a nadadeira e formam sua musculatura. Portanto, os condrictes, e talvez outros peixes, usam um mecanismo embrionário primitivo para constituir a musculatura da nadadeira – contribuições diretas dos miótomos (Figura 10.19 C). Os teleósteos (e amniotas) usam um mecanismo embrionário mais derivado – células mesenquimais migratórias, que dão origem à musculatura apendicular. Em nível genético, a expressão dos padrões embrionários em teleósteos e amniotas se baseia em genes *Hox* semelhantes, mas diferentes sinais genéticos direcionam a formação de músculos da nadadeira em condrictes.

Musculatura axial

A musculatura axial origina-se de miótomos que se diferenciam a partir de somitos. Esses miótomos crescem e se expandem ao longo das laterais do corpo, formando a musculatura associada com a coluna vertebral (ou notocorda), as costelas e a

parede lateral do corpo (Figura 10.21 A e B). Em gnatostomados, uma lâmina longitudinal de tecido conjuntivo contínuo, o **septo horizontal**, divide os miótomos em regiões dorsal e ventral, cada uma delas destinada a se tornar, respectivamente, a **musculatura epaxial** e **hipaxial** (Figuras 10.20 C e 10.21 B).

Musculatura craniana
Musculatura mandibular e faríngea

A musculatura mandibular tem duas origens embrionárias diferentes, cada uma delas com uma inervação diferente, mas funcionalmente integradas para cooperar na movimentação

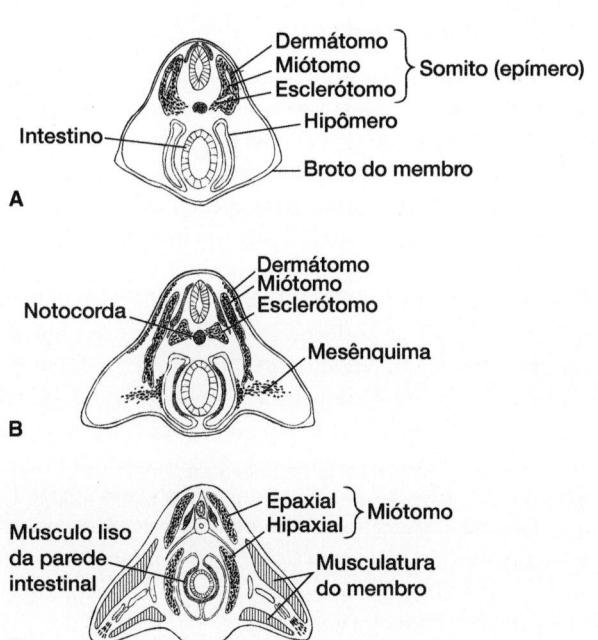

Figura 10.20 Origem embrionária de músculos pós-cranianos em um tetrápode generalizado. A. Corte transversal que ilustra as três regiões da mesoderme – epímero, mesômero e hipômero – durante a diferenciação no período embrionário. O epímero é segmentado para formar o somito que, por sua vez, forma o dermátomo, o miótomo e o esclerótomo. **B.** Células do dermátomo movem-se sob a pele e se diferenciam na derme cutânea. Células mesenquimais derivadas da camada somática da mesoderme da placa lateral (precursores ósseos) e do miótomo somítico (precursores dos músculos do membro) deslocam-se para o broto do membro. As células do esclerótomo crescem em sentido medial ao redor da notocorda e se diferenciam em vértebras. **C.** Interações da ectoderme superficial com as células mesenquimais migratórias promovem o desenvolvimento geral do membro. A divisão longitudinal do miótomo produz os músculos epaxiais e hipaxiais do corpo (mostrados em corte transversal).

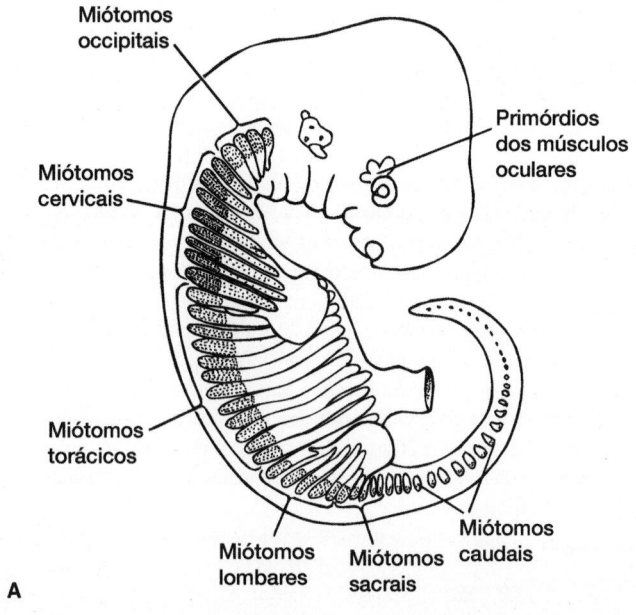

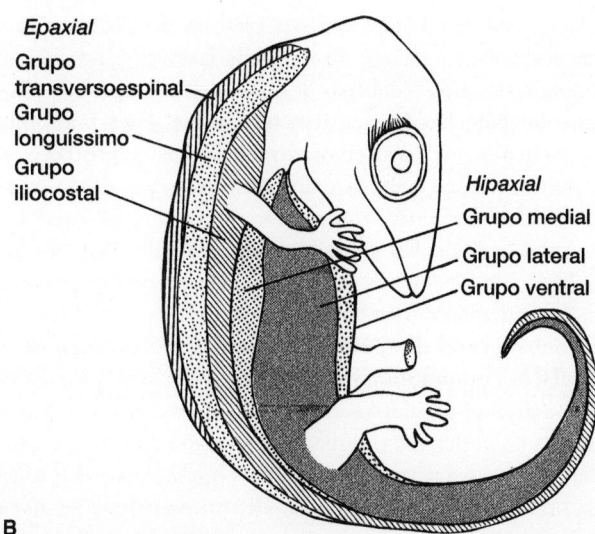

Figura 10.21 Músculos derivados de miótomos embrionários em um réptil (lagarto). A. Durante o desenvolvimento embrionário, os miótomos se expandem nas respectivas áreas do corpo. **B.** Diferenciação de grupos musculares do tronco superficial e da cauda.

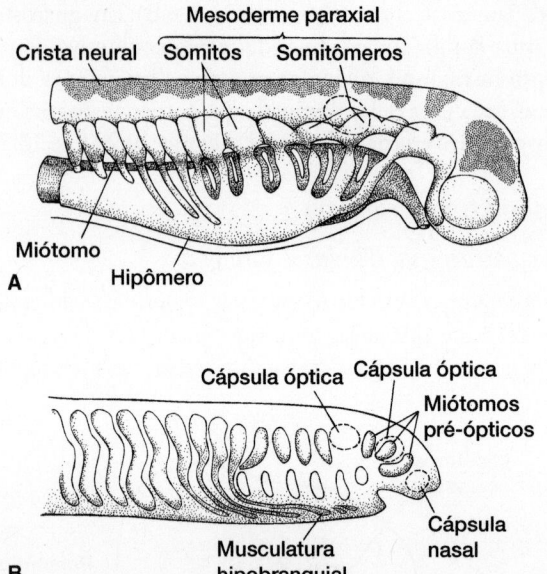

Figura 10.22 Origem embrionária dos músculos cranianos em embrião de tubarão. A. A mesoderme paraxial – a mesoderme dorsal perto da notocorda embrionária – divide-se em somitos distintos no tronco, mas forma somitômeros (expansões localizadas que continuam conectadas) na cabeça. Os somitômeros contribuem para grande parte da musculatura da cabeça, inclusive aquela associada aos arcos branquiais. Os somitos do tronco se diferenciam em musculatura axial e contribuem para a musculatura da nadadeira. **B.** Em um estágio ligeiramente posterior no desenvolvimento, os miótomos cervicais derivados dos somitos crescem ventralmente para dentro da garganta e originam os músculos hipobranquiais sob os arcos branquiais.

Com base em Goodrich.

da mandíbula. Um grupo é a **musculatura hipobranquial** (Figura 10.22 B), que se origina de miótomos de somitos do tronco cujas extremidades ventrais crescem para baixo e para frente e entram na faringe ao longo da face ventral dos arcos branquiais, daí *hipo*- (debaixo de) e *branquial* (arcos). Embora cresçam para frente e entrem na faringe, esses miótomos são acompanhados por nervos originados na região cervical da coluna vertebral adjacentes aos somitos originais do tronco. Consequentemente, a musculatura hipobranquial é suprida por nervos espinais. Ela segue entre os elementos ventrais dos arcos branquiais e entre os arcos branquiais e a cintura peitoral, além de contribuir para a língua.

O outro grupo de músculos mandibulares e faríngeos, a **musculatura branquiomérica**, é derivado de somitômeros na cabeça e suprido por nervos cranianos. Observe que os músculos branquioméricos se originam de somitômeros, o que contradiz uma visão antiga. Como os arcos branquiais e seus músculos branquiais estão localizados dentro da parede faríngea, acreditava-se que houvesse homologia serial com os músculos lisos também localizados na parede do tubo digestório. Parecia razoável concluir que as estruturas da cabeça se originavam embriologicamente da parte visceral ou esplâncnica do hipômero, assim como o músculo liso que se diferencia na parede intestinal. As células do hipômero, até quando se pode acom-

panhá-las em cortes microscópicos do embrião, pareceram confirmar essa concepção. O termo *esqueleto visceral*, baseado nessa noção, ainda é usado.

Essa visão – de que grande parte da cabeça é derivada do hipômero – já abandonada, alimentou a discussão sobre a organização da própria cabeça. Uma hipótese sugeriu a homologia serial de todos os componentes cranianos da cabeça com o plano segmentar do tronco. A hipótese oposta ressaltava o grau de diferença dos tecidos cranianos entre si e a diferença fundamental entre eles e o tronco. Com as novas técnicas de marcação de células individuais e grupos de células, é possível identificar com maior segurança as origens embrionárias da cabeça. Nem todos os grupos de vertebrados foram analisados por essas técnicas, mas já dispomos de dados suficientes para abandonar a ideia de que os músculos esqueléticos mandibulares se originam do hipômero. Em vez disso, constatamos que os dois grupos de músculos mandibulares se originam de partes seriais da mesoderme paraxial: os músculos hipobranquiais se desenvolvem a partir de somitos e os músculos branquioméricos, de somitômeros. Nenhum deles, obviamente, é parte do hipômero.

Músculos extrínsecos do olho

Os pequenos músculos que movimentam ou dão forma ao cristalino para a focalização da luz na retina são intrínsecos, localizados dentro do globo ocular, e serão analisados no Capítulo 17 com os órgãos sensitivos. Os músculos extrínsecos, externos, giram o globo ocular na órbita para direcionar o olhar para objetos de interesse (Figura 10.23). Os seis músculos extrínsecos do olho se originam das paredes da órbita e estão inseridos na superfície externa do bulbo do olho. As fixações possibilitam a rotação do olho até as posições desejadas. Esses seis músculos se originam de três (talvez quatro) somitômeros diferentes. O somitômero anterior dá origem aos músculos retos superior, inferior e medial e ao músculo oblíquo inferior, todos supridos pelo terceiro (III) nervo craniano. O próximo somitômero dá origem ao músculo oblíquo superior, suprido pelo quarto (IV) nervo craniano. O terceiro somitômero dá origem ao músculo reto lateral, suprido pelo sexto (VI) nervo craniano. A eventual contribuição de um quarto somitômero para a musculatura extrínseca do olho ainda está em estudo.

A discussão sobre o número de somitômeros que contribuem para a musculatura extrínseca do olho sempre foi aguerrida, talvez porque agora esteja claro que o número originado dentro da cabeça varia de acordo com o grupo de vertebrado. Às vezes, usa-se o termo mais geral **miótomos pré-óticos** para reconhecer, sem compromisso com o número, os somitômeros que contribuem para a musculatura extrínseca do olho.

Anatomia comparada

De modo geral, a musculatura somática craniana e pós-craniana surge da mesoderme paraxial, havendo, então, homologia serial entre elas. Esta seção expõe esse sistema nos peixes e depois examina a complexa remodelagem do sistema muscular de tetrápodes para atender as diferentes demandas funcionais da vida na terra.

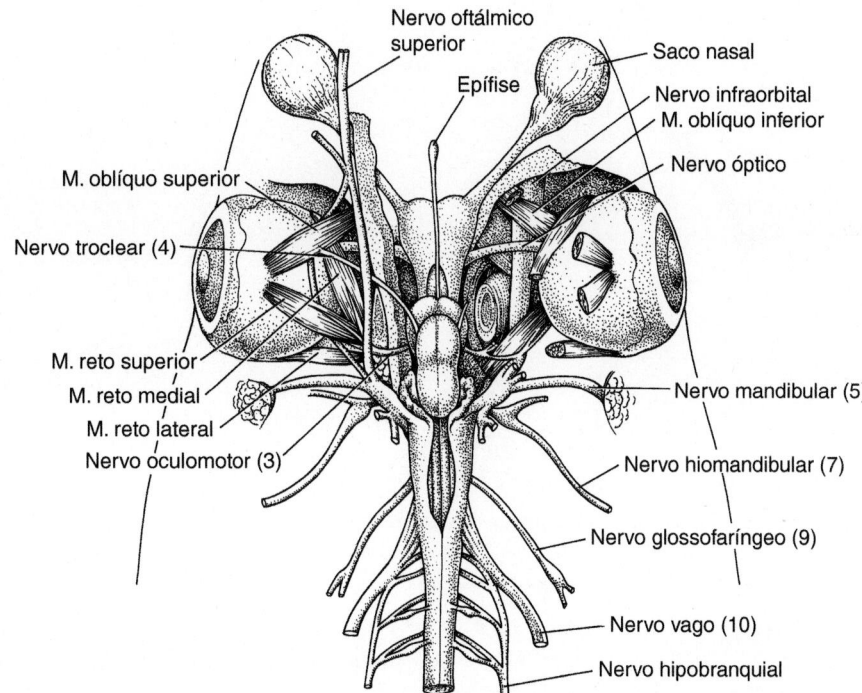

Figura 10.23 Musculatura extrínseca do olho de um tubarão (vista dorsal). Os músculos extrínsecos do olho são derivados de somitômeros e giram o globo ocular na órbita para direcionar o olhar. O teto do condrocrânio sobre o globo ocular foi retirado para expor vários músculos extrínsecos (*à esquerda*). Os músculos oblíquo e reto superiores foram seccionados para expor os músculos extrínsecos mais profundos (*à direita*).

Musculatura pós-craniana

Musculatura axial

▶ **Peixes.** A musculatura axial dos peixes se origina diretamente de miótomos embrionários e segmentares. Depois da diferenciação completa em musculatura adulta, os blocos de musculatura axial preservam a segmentação, mas recebem o nome de **miômeros** para distingui-los dos miótomos embrionários dos quais se desenvolveram. Os sucessivos miômeros são separados uns dos outros por lâminas de tecido conjuntivo, os **miosseptos**, que se prolongam para dentro, fixam-se na coluna axial (coluna vertebral ou notocorda) e unem sucessivos miômeros em massas musculares. O **septo horizontal** do esqueleto está ausente em ciclóstomos (Figura 10.24 A), mas presente em todos os peixes gnatostomados, nos quais divide os miômeros em massas musculares epaxiais e hipaxiais (Figura 10.24 B). Cada nervo espinal que supre um miômero se bifurca. O primeiro ramo, o **ramo dorsal**, supre a divisão epaxial; o segundo ramo, o **ramo ventral**, supre a divisão hipaxial. As costelas dorsais, quando presentes, desenvolvem-se na intersecção do septo horizontal com sucessivos miosseptos.

A musculatura axial dos peixes produz as principais forças de propulsão para locomoção e, como seria esperado, constitui a maior parte da musculatura do corpo. Vistos a partir da superfície lateral, os miômeros são dobrados em blocos em zigue-zague que, com frequência, têm formato de V ou W (ver Figura 10.24 B). As fibras musculares que constituem os miômeros são curtas, mas esse formato dobrado de cada miômero se estende por vários segmentos axiais, proporcionando a ele e a suas fibras controle sobre uma grande extensão do corpo. Uma contração que se propaga na musculatura axial alterna de um lado a outro, desenvolvendo sinuosidades características de ondulação lateral. Essas potentes flexões produzidas pela

musculatura axial são responsáveis pelos impulsos laterais do corpo contra a água e empurram o peixe para frente. A coluna axial, seja uma coluna vertebral articulada, seja uma notocorda flexível, é o local de fixação desses músculos e atua como uma viga de compressão, resistindo à telescopagem do corpo que poderia ocorrer.

A força propulsora da ondulação lateral é perpendicular à superfície da seção do peixe geradora de força. Como o corpo ondulante se curva cada vez mais em direção à cauda, a direção da força em relação à linha da trajetória se inclina mais posteriormente. A aceleração da cauda também é maior que a das seções do corpo perto da cabeça, de modo que a força é maior na cauda. O aumento da força e sua inclinação posterior ajudam a explicar por que a cauda é importante na geração de forças para o nado.

Em termos mais formais, isso pode ser explicado por forças de propulsão e reação. A força de reação, ou força normal devolvida pela água, é igual e oposta à força de propulsão do corpo do peixe contra a água (Figura 10.25 A). A força normal é decomposta em dois vetores componentes, um em direção lateral e outro perpendicular, direcionado para frente. O vetor de força lateral não acrescenta nada à progressão para frente, mas o vetor de força para frente leva o peixe (ou, no mínimo, aquela parte do corpo) adiante. O tamanho desse vetor de força para frente representa o tamanho do impulso para frente gerado naquele ponto do corpo do peixe. Como a força normal é maior na cauda e seu vetor componente dirigido para frente é maior que o vetor no tronco, a cauda é a parte mais importante do corpo geradora de forças úteis para natação (Figura 10.25 B e C).

Posteriormente, a musculatura axial continua do tronco até a cauda. Anteriormente, a musculatura axial está fixada no crânio e na cintura peitoral. Alguns peixes usam essas ligações

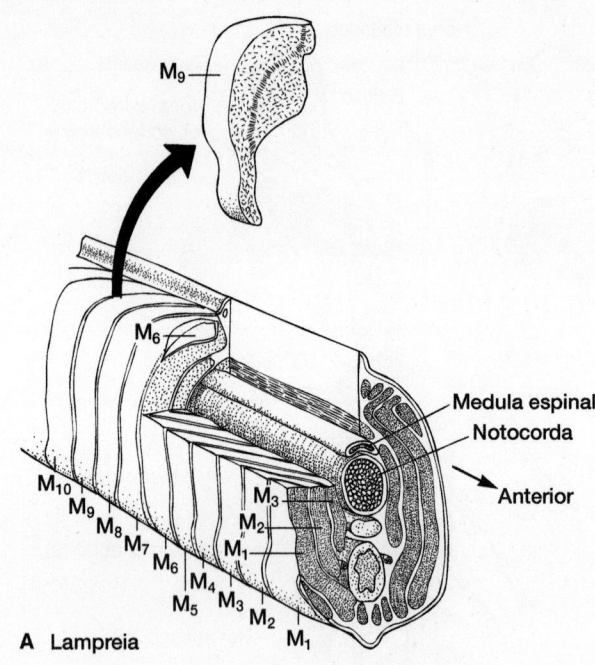

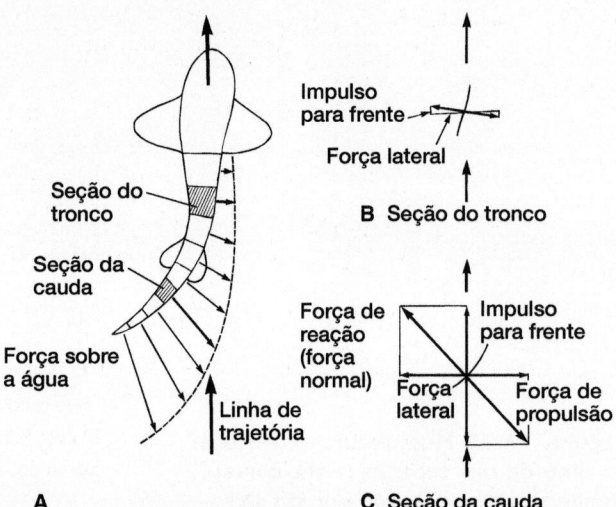

Figura 10.25 Forças de natação em um tubarão. A. Ondulações seguem posteriormente ao longo do corpo, criando curvas, que empurram a água e produzem uma força propulsora. A água devolve uma força de reação, ou força normal. O corpo é arbitrariamente dividido em seções. O nível e a direção da força propulsora gerada por cada seção são indicados pelos vetores (*setas*). Observe a mudança no ângulo da força de propulsão ao longo do corpo em relação à linha da trajetória. **B.** Diagrama de forças do tronco. O desenho mostra as forças de propulsão e normal de uma seção anterior do tronco. Observe que o componente anterior da força normal está muito reduzido em comparação com a força normal que atua sobre a cauda. **C.** Diagrama de forças da cauda. Nesta seção da cauda são mostrados os vetores componentes lateral e anterior da força normal. O vetor anterior ao longo da linha de trajetória impulsiona o peixe para frente.

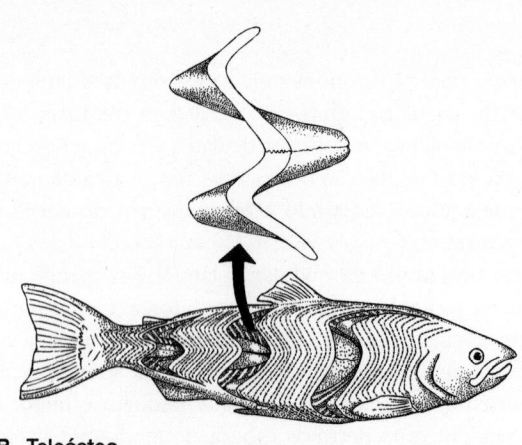

Figura 10.24 Musculatura axial dos peixes. A. Tronco de lampreia em vista seccionada mostrando a organização de miômeros segmentares e numerados. **B.** Vista lateral de teleósteo mostra a organização de miômeros que formam a extensa musculatura do tronco. Partes da musculatura do tronco foram removidas para mostrar a organização dos miômeros dobrados. Um bloco de músculo segmentar está aumentado e é mostrado sozinho.

A, modificada de Hardisty, 1979; B, reproduzida de Peters e Mackay.

durante a alimentação para elevar o neurocrânio ou estabilizar a cintura peitoral, de que se originam os músculos de abertura da boca.

▶ **Tetrápodes.** De modo geral, os músculos apendiculares dos tetrápodes assumem maior responsabilidade pela locomoção e, por conseguinte, contam com maior volume muscular. Embora a musculatura axial tenda a ser reduzida, a remanescente se diferencia em músculos especializados, um reflexo do controle mais complexo exercido sobre a flexão da coluna vertebral e o movimento da caixa torácica (Figura 10.26 A–C).

Nas salamandras, os músculos epaxiais ainda constituem basicamente uma massa muscular, o **dorsal do tronco** (ver Figura 10.26 B). A musculatura hipaxial se diferenciou em alguns músculos, mas, em comparação com outros tetrápodes, a musculatura axial ainda é bastante simples e constitui grande parcela de toda a musculatura do corpo. Acredita-se que a manutenção da proeminência da musculatura axial em salamandras seja um reflexo da persistência da função decisiva da coluna axial na locomoção e da modesta contribuição dos membros para a propulsão. Nos anuros, cujas patas posteriores têm a função de locomoção saltatória especializada, a musculatura apendicular dos membros posteriores é grande e a musculatura axial tem sua proeminência reduzida.

Nos répteis, o septo horizontal é perdido ou indistinto, embora o suprimento pelos ramos dorsal e ventral do nervo espinal ainda revelem quais são os músculos de origem epaxial e hipaxial (ver Figura 10.26 C). Embora as ondulações laterais da coluna vertebral contribuam para a locomoção, os membros se tornam muito mais importantes na produção das forças propulsoras decisivas para a locomoção. A musculatura epaxial associada à coluna vertebral está reduzida. A musculatura hipaxial forma grande parte da parede do corpo e está associada à respiração, porque esses músculos estão inseridos na caixa torácica. Como a caixa torácica das tartarugas é rígida, ocorre redução ou perda dos músculos hipaxiais. Nas

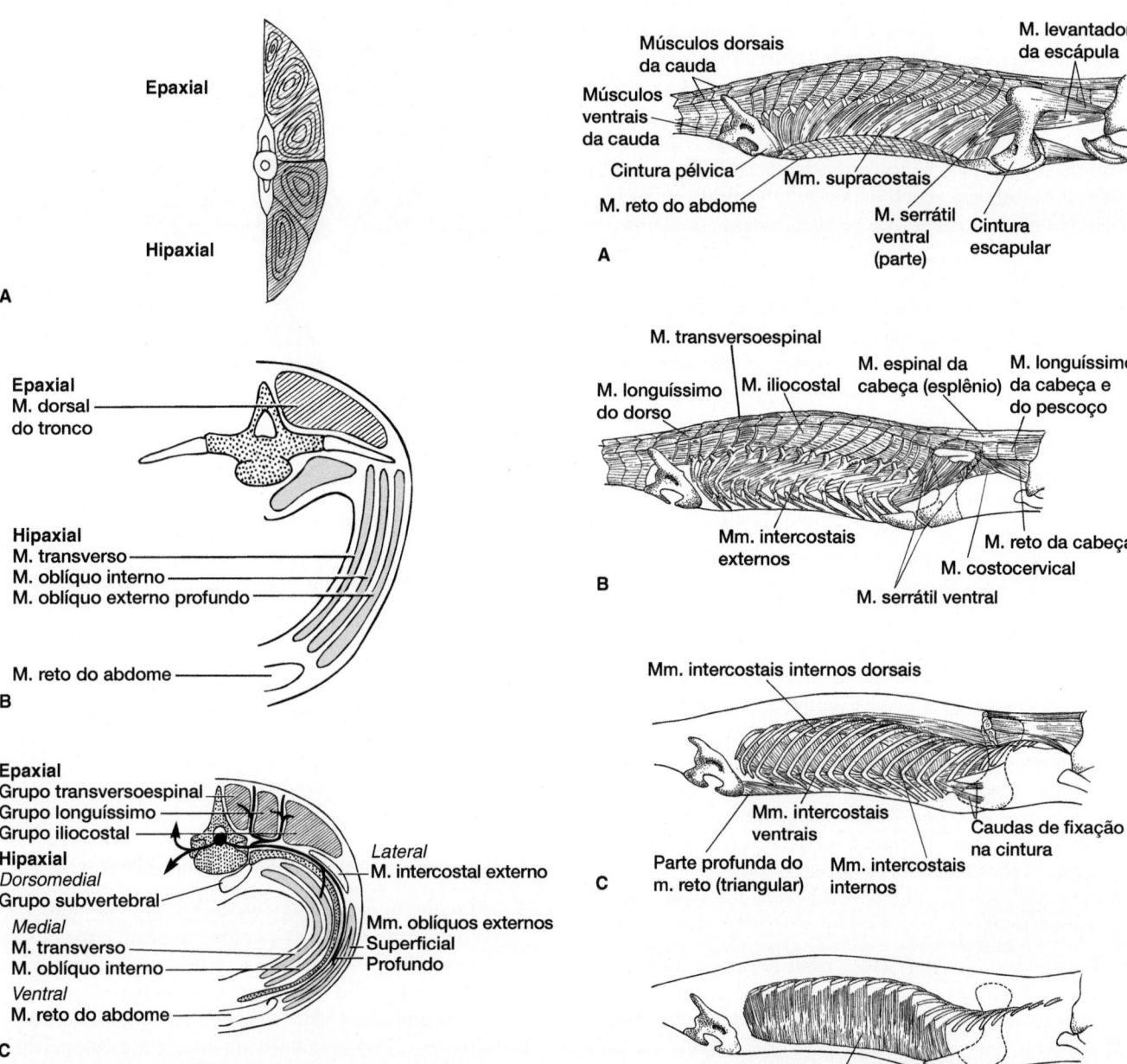

Figura 10.26 Organização da musculatura axial (cortes transversais). A. Os peixes teleósteos têm regiões de massas musculares epaxiais e hipaxiais relativamente indiferenciadas. **B.** As salamandras têm uma musculatura epaxial que é uma massa muscular relativamente indiferenciada, o dorsal do tronco. Os músculos hipaxiais se diferenciam em vários músculos separados. **C.** Os lagartos têm massas musculares epaxiais e hipaxiais que se diferenciaram em vários grupos especializados de músculos. O septo horizontal não é reconhecido com facilidade, mas a distribuição dos ramos de nervos espinais possibilita a identificação de derivados da musculatura epaxial (ramo dorsal do nervo espinal) e hipaxial (ramo ventral).

Figura 10.27 Vistas laterais da musculatura axial do réptil *Sphenodon*. **A-D.** As camadas musculares são sucessivamente removidas para mostrar os músculos profundos.

cobras, que evidentemente não têm membros, a coluna axial tem função importante na ondulação lateral e a musculatura axial é proeminente.

Os músculos axiais em répteis tendem a se dividir em várias camadas, formando muitos músculos diferenciados que se estendem por vários segmentos (Figura 10.27 A–D). Existem três divisões gerais da musculatura epaxial: os grupos musculares **transversoespinal, longuíssimo** e **iliocostal**. De modo geral, os músculos desses três grupos se inserem nas vértebras; em algumas espécies, eles se dividem em outros grupos musculares.

A musculatura hipaxial inserida na caixa torácica controla a respiração e também ajuda a mover o tronco. Como mencionado, essa pode ser uma função proeminente em cobras. A maioria dos estudos descritos sobre a musculatura hipaxial dos répteis reconhece três precursores embrionários que dão origem a três grupos de músculos diretos e um quarto grupo composto. Um grupo é a musculatura **dorsomedial**, que passa sob a coluna vertebral, como o músculo subvertebral, e se estende anteriormente como o músculo longo do colo, que ajuda a movimentar o pescoço. O segundo grupo é a musculatura **medial**, que está distribuída ao longo da face interna da caixa torácica e inclui os músculos transverso do abdome e oblíquo interno. O terceiro é a musculatura **lateral**, que se estende na parte externa da caixa torácica e inclui os músculos oblíquos externos e intercostais externos. Ao que tudo indica, derivados da musculatura medial e lateral contribuem para a musculatura **ventral**, que inclui o músculo reto do abdome, que se estende desde o esterno e as costelas até a pelve. É dividido ao longo da região medioventral pela linha alba e é cruzado transversalmente a intervalos regulares por inscrições de tecido conjuntivo, padrão que sugere uma natureza segmentar básica.

Nas aves, as mesmas divisões da musculatura axial são representadas, mas estão reduzidas, sobretudo em regiões de fusão das vértebras associadas.

Os mamíferos têm as três divisões reptilianas da musculatura epaxial e quatro divisões da musculatura hipaxial, embora tendam a formar numerosas divisões que produzem outros músculos. A ausência de costelas na região abdominal transforma os músculos intercostais segmentares em uma lâmina contínua de músculos oblíquos.

Musculatura apendicular

▶ **Peixes.** Nos peixes, duas massas musculares opostas se estendem sobre as superfícies dorsal e ventral das nadadeiras, desde a cintura até os pterigióforos. A origem embriológica são os miótomos, que crescem para o interior das nadadeiras e se diferenciam nessas massas musculares. Os músculos dorsais levantam a nadadeira; os ventrais a abaixam ou aduzem. Por vezes, esses músculos produzem diferentes caudas musculares que auxiliam a rotação da nadadeira. Em comparação com a volumosa musculatura axial, a musculatura da nadadeira dos peixes é relativamente delgada.

▶ **Tetrápodes.** Nos tetrápodes, esses músculos apendiculares dorsais e ventrais tendem a ser mais proeminentes, pois os membros assumem a maior parte da tarefa de produzir forças locomotoras, com menor participação da musculatura axial. Além de se tornarem mais proeminentes, essas massas musculares tendem a se separar e dividir, formando muitos músculos distintos que aumentam consideravelmente a complexidade da musculatura dos membros dos adultos. Essa história é ainda mais complicada pelo fato de que a musculatura dos membros dos tetrápodes recebe contribuições filogenéticas de outras regiões. A musculatura axial ao longo do corpo e a musculatura branquiomérica dos arcos branquiais também contribuem para os músculos dos membros dos tetrápodes, sobretudo para os dos ombros. Além disso, os músculos do quadril e do ombro transmitem forças locomotoras à coluna vertebral de modos diferentes. A cintura pélvica está fixada diretamente na região sacral da coluna vertebral, mas a cintura peitoral de vertebrados terrestres é suspensa por uma **"alça" muscular** (Figura 10.28). Esse é um conjunto de músculos que seguem do tórax até o ombro para suspender a parte anterior do corpo mediante amarras musculares originadas nas lâminas das cinturas peitorais. Por fim, muitos tetrápodes especializados se distanciam da tendência geral. Os anuros, por exemplo, são especializados para saltar e têm uma complexa musculatura nos

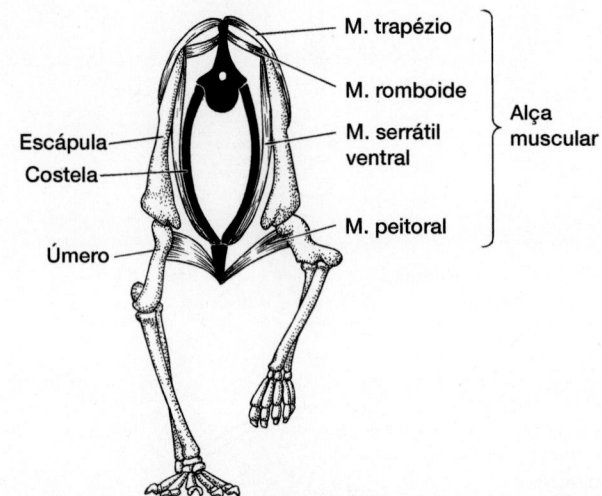

Figura 10.28 A "alça muscular" dos mamíferos. Os músculos apendiculares dos membros anteriores suspendem a parte anterior do corpo a partir dos ombros. Alguns desses músculos surgem de músculos axiais (romboide, serrátil ventral), outros de músculos branquiais (trapézio) e alguns da própria musculatura do membro anterior (peitoral).

membros posteriores; as aves são especializadas para o voo e a musculatura de seus membros serve às demandas especiais da locomoção aérea.

Cintura peitoral e membro anterior. As contribuições para os músculos dos ombros e dos membros anteriores dos tetrápodes têm quatro origens: músculos branquioméricos, axiais, dorsais do membro e ventrais do membro (Figura 10.29 A–C).

1. **Músculos branquioméricos.** Os músculos branquioméricos contribuem para os grupos **trapézio** e **mastóideo** derivados do músculo cucular de peixes primitivos, como os condrictes. Nos mamíferos, o grupo trapézio compreende os músculos clavotrapézio, acromiotrapézio e espinotrapézio. Já o mastóideo abrange os músculos cleidomastóideo e esternomastóideo (Tabela 10.2).

2. **Musculatura axial.** A musculatura axial contribui para o músculo **levantador da escápula**, o complexo **romboídeo** e o **serrátil**. Esses três derivados da musculatura axial, junto com o músculo trapézio de origem branquiomérica, formam a alça muscular, que suspende o corpo entre as duas escápulas. A cintura peitoral das tartarugas é uma exceção, pois está diretamente fixada à carapaça. Em alguns tetrápodes, como os pterossauros, as aves e os morcegos, a cintura peitoral está apoiada sobre o esterno. Nos peixes ósseos, a cintura peitoral geralmente está fixada na parte posterior do crânio, mas isso não ocorre na maioria dos tetrápodes. A liberdade do ombro em relação ao crânio é estabelecida, nos primeiros tetrápodes, durante a transição para a terra e parece estar parcialmente relacionada com o aumento da mobilidade craniana. Quando a cintura escapular se tornou livre do crânio, os músculos branquioméricos e axiais próximos foram pressionados para servirem como parte da alça muscular, por meio da qual os membros anteriores estão

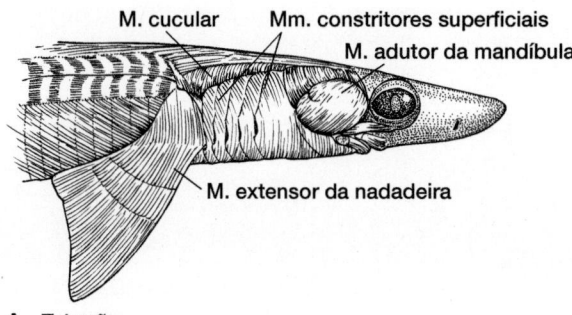

M. cucular   Mm. constritores superficiais
M. adutor da mandíbula
M. extensor da nadadeira

A   Tubarão

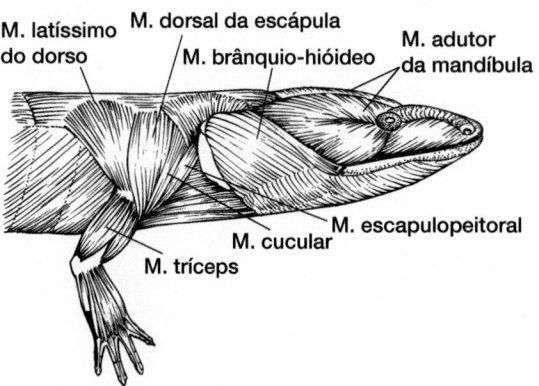

M. latíssimo do dorso   M. dorsal da escápula
M. brânquio-hióideo   M. adutor da mandíbula
M. escapulopeitoral
M. cucular
M. tríceps

B   Salamandra (*Necturus*)

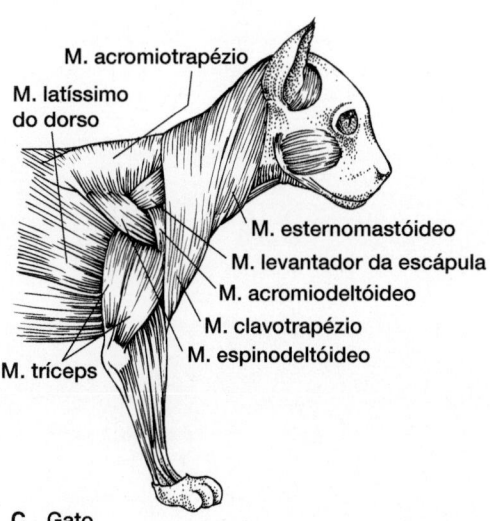

M. acromiotrapézio
M. latíssimo do dorso
M. esternomastóideo
M. levantador da escápula
M. acromiodeltóideo
M. clavotrapézio
M. espinodeltóideo
M. tríceps

C   Gato

Figura 10.29 Musculatura craniana e do ombro. Vistas laterais de tubarão (**A**), salamandra *Necturus* (**B**) e gato (**C**).

fixados ao corpo. A maioria dos remanescentes dos músculos peitorais e dos membros anteriores de tetrápodes se origina das massas musculares dorsais e ventrais (ver Tabela 10.2).

3. **Músculos dorsais.** Os músculos dorsais do ombro estão inseridos no úmero e sua função é produzir seu balanço durante o movimento ou manter sua posição fixa enquanto o animal está de pé. Desses músculos, apenas o **latíssimo do dorso** se desenvolve fora dos membros, na parede do corpo. Nos mamíferos, uma pequena cauda do

latíssimo na escápula se separa e dá origem ao músculo **redondo maior**. Os outros músculos dorsais que agem no úmero são **redondo menor**, **subescapular** e **deltóideo**, que podem formar dois músculos diferentes. O proeminente músculo **tríceps**, que costuma ter várias cabeças, também é um derivado da musculatura dorsal, mas estende o antebraço. Os músculos dorsais do antebraço formam a maior parte da musculatura extensora, que estende os dedos por meio de tendões (ver Tabela 10.2).

4. **Músculos ventrais.** O músculo **peitoral** é um músculo ventral muito proeminente do tórax. A partir de uma origem extensa ao longo do esterno, suas fibras convergem no úmero (Figura 10.30 A–C). Esse músculo tende a se dividir em quatro derivados mais ou menos diferentes nos mamíferos: **peitoantebraquial**, **peitoral maior** profundo, **peitoral menor**, ainda mais profundo e, o mais profundo de todos, **xifiumeral**. O músculo **supracoracóideo** dos répteis, de posição ventral, estende-se lateralmente, desde sua origem no coracoide, até sua inserção no úmero. No entanto, em mamíferos térios, o supracoracóideo tem origem dorsal, na face lateral da escápula. A espinha da escápula, óssea, divide esse músculo nos músculos **supraespinal** e **infraespinal**, que também se inserem no úmero. O músculo **coracobraquial**, originado no coracoide, segue ao longo da superfície inferior do úmero. Nos mamíferos, o músculo **bíceps braquial** tem duas cabeças, que representam a aparente fusão de dois músculos que se inserem no antebraço e o flexionam nos vertebrados inferiores. Os flexores do antebraço, desenvolvidos a partir dos músculos ventrais, atuam por intermédio de tendões nos dígitos (ver Tabela 10.2).

Cintura pélvica e membro posterior. Ao contrário do ombro, o quadril dos tetrápodes não tem alça muscular na qual "flutue". Em vez disso, a cintura pélvica está fundida à coluna vertebral. Por conseguinte, poucos músculos extrínsecos controlam os membros posteriores. O músculo **psoas menor** da musculatura axial é uma exceção. No entanto, a maior parte da musculatura do membro posterior é derivada de músculos dorsais e ventrais que se diferenciam na complexa variedade de músculos de coxa, quadril e perna (ver Tabela 10.2).

1. **Músculos dorsais.** O músculo **puboisquiofemoral interno** de tetrápodes inferiores é um músculo dorsal que vai da região lombar e cintura até o fêmur, o que o torna importante para a rotação do membro. Três músculos se diferenciam a partir dele nos mamíferos. Todos estão inseridos no fêmur, mas se originam da região lombar: **psoas**, ílio (**ilíaco**) e púbis (**pectíneo**). O músculo **iliofemoral** dos tetrápodes inferiores vai do ílio até o fêmur e estende o membro. Nos mamíferos, divide-se nos músculos **tensor da fáscia lata**, **piriforme** e **complexo do glúteo**. *Quadríceps* é um termo coletivo para designar o músculo **reto femoral** e as três cabeças do **vasto** (lateral, medial e intermédia). Esses músculos estão ao longo da margem anterior do fêmur e, de modo geral, são bastante proeminentes. Por meio da inserção comum na patela, eles são extensores da perna muito poderosos. O longo músculo

Tabela 10.2 Homologias da musculatura axial e apendicular.

Grupos de músculos	Salamandra	Répteis	Mamíferos
CINTURA PEITORAL E MEMBROS ANTERIORES			
Branquiomérico	Cucular	Trapézio	Clavotrapézio Acromiotrapézio Espinotrapézio
	Levantadores do arco	Esternomastóideo	Cleidomastóideo Esternomastóideo
Axial	Levantador da escápula Toracoescapular	Levantador da escápula Serrátil ventral	Levantador da escápula Romboide Serrátil ventral
Dorsal	Latíssimo do dorso	Latíssimo do dorso	Latíssimo do dorso Redondo maior
	Subcoracoescapular	Subcoracoescapular	Subescapular
	Dorsal da escápula Procoracoumeral longo	Dorsal da escápula Deltóideo clavicular	Deltoide (acromiodeltoide e escapulodeltoide)
	Tríceps	Tríceps	Tríceps
	Extensores do antebraço	Extensores do antebraço	Extensores do antebraço
Ventral	Peitoral	Grupo peitoral	Peitoral (4)
	Supracoracóideo	Supracoracóideo	Supraespinal Infraespinal
	Coracorradial Umeroantebraquial	Bíceps braquial Braquial inferior	Bíceps braquial (parte) Bíceps braquial (parte)
	Coracobraquial	Coracobraquial	Coracobraquial
	Flexores do antebraço	Flexores do antebraço	Flexores do antebraço
CINTURA PÉLVICA E MEMBROS POSTERIORES			
Axial	Subvertebral	Subvertebral	Psoas menor
Dorsal	Puboisquiofemoral Interno	Puboisquiofemoral interno	Psoas Ilíaco Pectíneo
	Extensor do ílio Puboisquiofemoral externo	Iliotibial Femorotibial	Reto femoral Vasto
	Iliotibial	Ambiens	Sartório
	Iliofemoral	Iliofemoral	Tensor da fáscia lata Glúteo mínimo Glúteo médio Piriforme
	Tibial anterior	Tibial anterior	Tibial anterior
	Extensor comum dos dedos	Extensor comum dos dedos	Extensor longo dos dedos Extensor longo do hálux Fibular terceiro
	Fibular longo	Fibular longo	Fibular longo
	Fibulares longo e curto	Fibular curto	Fibular curto
	Extensor curto dos dedos	Extensor curto dos dedos	Extensor curto dos dedos
Ventral	Puboisquiofemoral externo	Puboisquiofemoral externo	Obturador externo Quadrado femoral
	Adutor femoral Pubotibial	Adutor femoral Pubotibial	Adutor femoral curto Adutor femoral longo
	Caudofemoral	Caudofemoral	Caudofemoral
	Isquioflexor	Flexor tibial externo Flexor tibial interno II	Semitendíneo dorsal Semitendíneo ventral Bíceps femoral
		Flexor tibial interno I	Semimembranáceo
	Puboisquiotibial	Puboisquiotibial	Grácil
	Flexor sublime e longo dos dedos	Gastrocnêmio interno	Gastrocnêmio medial Flexor longo do hálux
	Poplíteo Fibulotarsal	Gastrocnêmio externo	Gastrocnêmio lateral Sóleo Plantar

| Boxe Ensaio 10.3 | Manobras cuidadosas, saídas rápidas e nado de cruzeiro em águas abertas |

Para gerar um melhor impulso na natação, o corpo de um peixe deve ser profundo (alto no sentido dorsoventral) para apresentar à água uma superfície larga, semelhante a um remo. O mangangá é um exemplo (Figura 1 A do Boxe). Ele não só tem o corpo profundo, mas também uma silhueta lateral aumentada pela expansão das nadadeiras ao longo das superfícies dorsal e ventral. Portanto, a área lateral total do peixe pressionado contra a água durante a natação é extensa e ajuda a gerar impulso. Nem todos os peixes, porém, são constituídos dessa maneira, pois o emprego da natação é bastante diferente entre os peixes.

Os peixes que necessitam realizar manobras cuidadosas têm o corpo discoide (Figura 1 B do Boxe). O acará-bandeira, popular em lojas que vendem peixes tropicais, desliza com cuidado entre a vegetação densa e posiciona o corpo para encontrar o alimento ao longo das folhas de plantas aquáticas. O peixe-borboleta, habitante de recifes de corais, manobra em baixa velocidade entre as prateleiras de corais, fuçando com a boca em diminutas fendas à procura de alimento. Os corpos discoides mantêm o eixo anteroposterior curto e, portanto, possibilitam a manobra em espaços pequenos. Com frequência, a margem do corpo tem uma franja

de nadadeiras que controlam ajustes precisos e específicos.

Outros peixes são adequados para rápidas investidas nas quais aceleram para surpreender a presa ou fugir da aproximação súbita de perigo. O lúcio é um exemplo (ver Figura 1 B do Boxe). O uso da natação para investidas rápidas demanda que o peixe supere a inércia. Consequentemente, quase 60% da massa do lúcio é de músculo axial, que garante a ele uma usina de unidades contráteis para gerar grandes forças repentinas. Além disso, seu corpo é relativamente flexível, ao menos na cauda; portanto, pode se dobrar, formando curvaturas de grande amplitude para gerar uma força normal mais de acordo com a trajetória desejada.

Embora menos especializada que o lúcio, a truta também tem massa relativamente grande de musculatura axial e um corpo flexível. Quando ameaçada, é capaz de rapidamente formar uma curva em formato de C e usar sua musculatura axial para "sair" repentinamente, acelerando com rapidez em outra direção para escapar (Figura 1 C do Boxe).

Ainda outros peixes, como o atum, têm uma constituição específica para o nado tipo cruzeiro (Figura 1 B do Boxe). A borda de fuga da cauda é expandida para produzir o impulso da cauda contra a água. No entanto, o

pedúnculo que conecta a cauda ao corpo é muito estreito. Desse modo, a massa total da cauda e de seu pedúnculo é muito pequena, assim como a inércia que deve superar para a oscilação durante a natação. Por outro lado, a maior parte da musculatura axial está agrupada em posição mais anterior no tronco, o que aumenta sua inércia. Há menor tendência de que a cauda transmita suas oscilações para o corpo mais volumoso e cause balanços laterais desnecessários do corpo. De modo geral, essas mudanças na localização da massa muscular, associadas ao formato hidrodinâmico, tornam a constituição do atum para natação particularmente eficiente para o cruzeiro prolongado, uma vantagem em um peixe que percorre grandes distâncias no mar aberto à procura de cardumes de peixes pequenos, suas principais presas.

É claro que a maioria dos peixes não é tão especializada e precisa encontrar um meio-termo entre esses extremos. Além disso, a constituição de um peixe demanda mais que apenas atenção para a massa de musculatura axial. Por exemplo, o mangangá tem a cabeça relativamente grande para desalojar e apanhar animais bentônicos com seu potente sistema de sucção. Assim, sua constituição geral ideal é um meio-termo entre as exigências para alimentação e para natação.

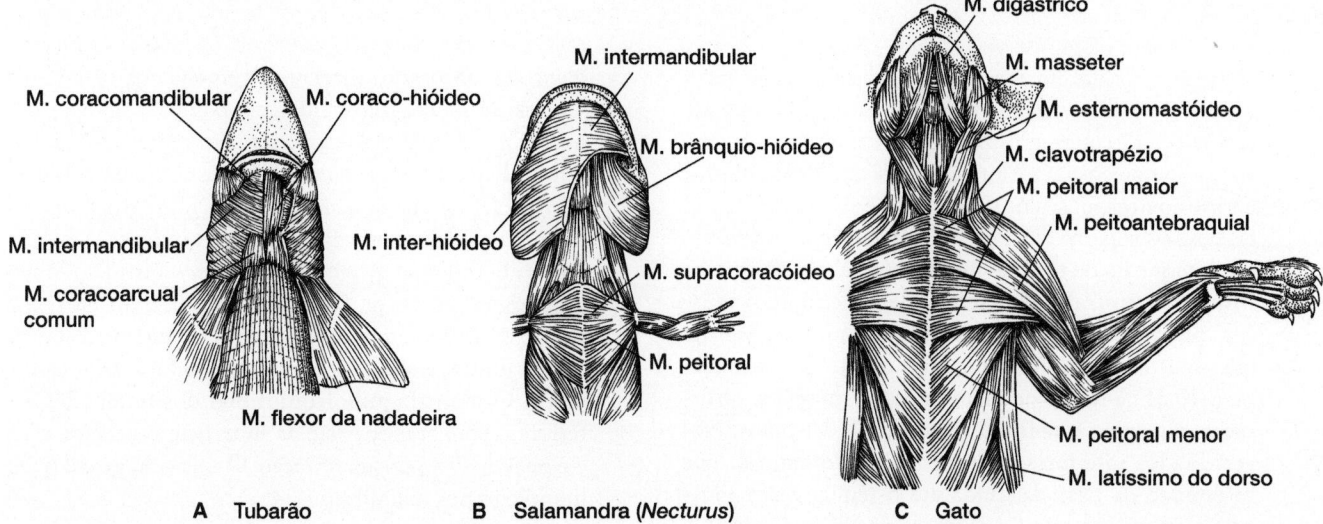

A   Tubarão   **B**   Salamandra (*Necturus*)   **C**   Gato

Figura 10.30 Músculos cranianos, hipobranquiais e do ombro. Vistas laterais de tubarão (**A**), salamandra Necturus (**B**) e gato (**C**).

Boxe Ensaio 10.3 · Manobras cuidadosas, saídas rápidas e nado de cruzeiro em águas abertas (continuação)

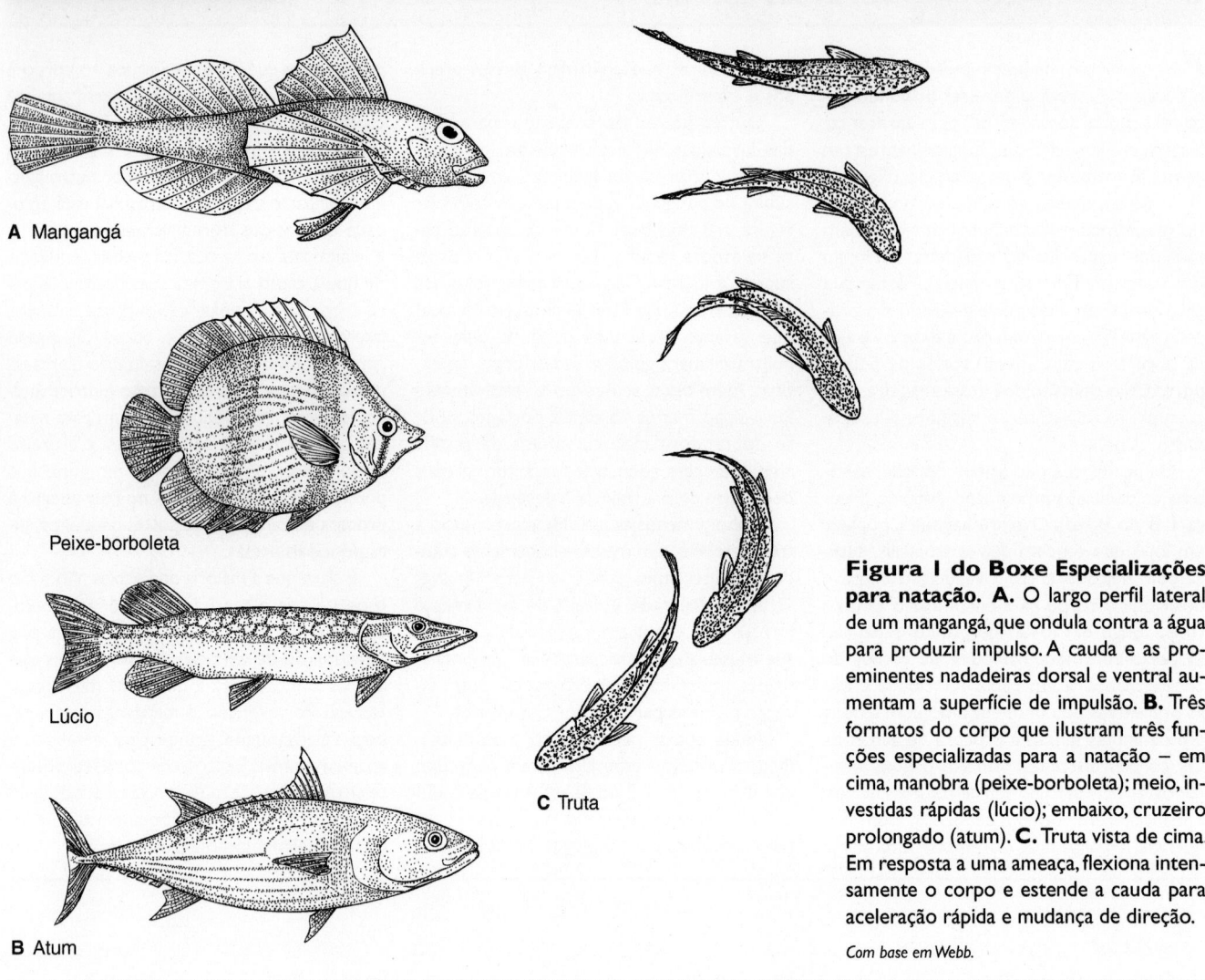

A Mangangá

Peixe-borboleta

Lúcio

B Atum

C Truta

Figura I do Boxe Especializações para natação. A. O largo perfil lateral de um mangangá, que ondula contra a água para produzir impulso. A cauda e as proeminentes nadadeiras dorsal e ventral aumentam a superfície de impulsão. **B.** Três formatos do corpo que ilustram três funções especializadas para a natação – em cima, manobra (peixe-borboleta); meio, investidas rápidas (lúcio); embaixo, cruzeiro prolongado (atum). **C.** Truta vista de cima. Em resposta a uma ameaça, flexiona intensamente o corpo e estende a cauda para aceleração rápida e mudança de direção.

Com base em Webb.

sartório surge no ílio, mas transpõe duas articulações, o quadril e o joelho, antes de se inserir na tíbia. O músculo **ambiens**, de répteis, e o **iliotibial**, de anfíbios, são prováveis homólogos do sartório. O músculo **tibial anterior** e vários outros músculos dorsais da perna constituem os extensores da perna que fazem a dorsiflexão do tornozelo por intermédio de tendões longos (ver Tabela 10.2).

2. **Músculos ventrais.** Nos tetrápodes inferiores, o músculo **puboisquiofemoral externo** é um músculo ventral que se estende do púbis e do ísquio até o fêmur (Figura 10.31 A–C). Nos mamíferos, os músculos **obturador externo** e **quadrado femoral** são derivados. Nos vertebrados inferiores, o músculo **caudofemoral**, que se estende da base da cauda até o fêmur, é um músculo potente que retrai o membro posterior. Quando o membro posterior está em posição fixa, o caudofemoral tem a ação inversa de balançar a cauda. Nos mamíferos, sua proeminência é reduzida. Do mesmo modo, os

músculos **obturador interno** e **gêmeos** nos mamíferos são relativamente diminuídos em comparação com seu homólogo, o **isquiotrocantérico**, em répteis. O **adutor femoral**, que é grande na maioria dos tetrápodes, estende a coxa. O nome *isquiotibial* designa um grupo de três músculos: **semimembranáceo, semitendíneo** e **bíceps femoral**. Todos se originam na pelve, seguem ao longo da margem posterior do fêmur e se inserem na perna abaixo do joelho ou perto dele, na extremidade distal do fêmur. Juntos, esses músculos proeminentes flexionam a perna. O músculo **puboisquiotibial** dos tetrápodes inferiores cobre grande parte da superfície ventral da coxa e é responsável por sua retração. O músculo **grácil** é seu homólogo nos mamíferos.

O músculo ventral mais proeminente da perna é o **gastrocnêmio**, o músculo da "panturrilha". Nos mamíferos, ele tem duas cabeças, resultante da fusão de dois diferentes precursores

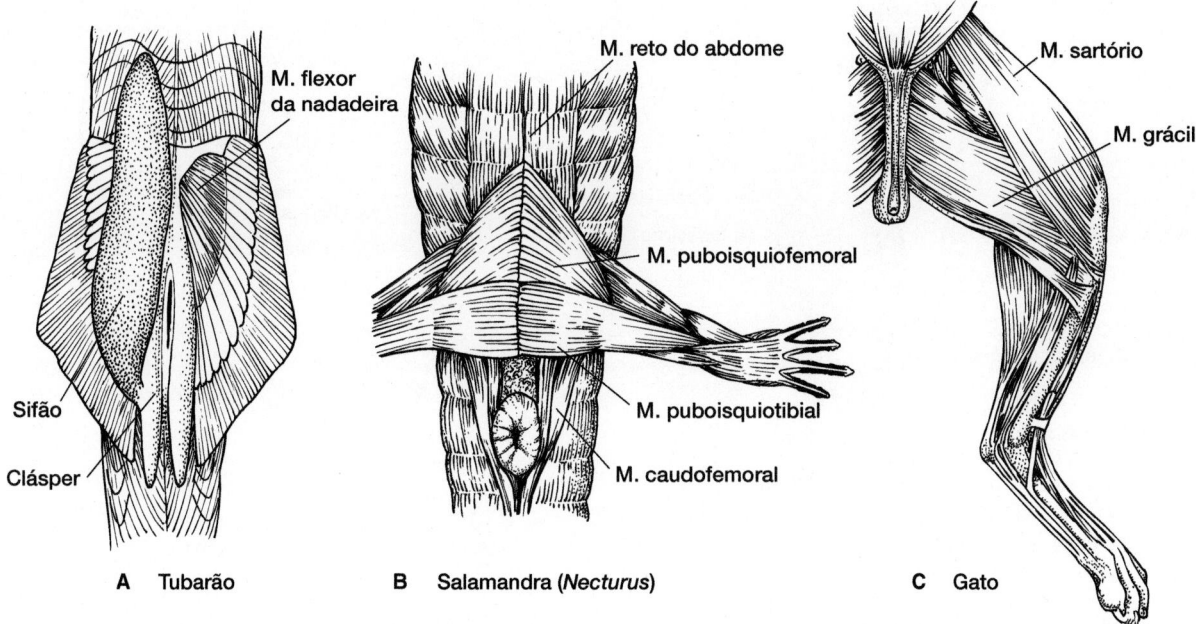

Figura 10.31 Musculatura pélvica. Vistas ventrais de tubarão (**A**), salamandra *Necturus* (**B**) e gato (**C**).

filogenéticos. Os músculos **gastrocnêmio medial** e **flexor longo do hálux**, de mamíferos, originam-se do **gastrocnêmio interno** dos répteis. Os músculos **gastrocnêmio lateral, sóleo** e **plantar** originam-se do **gastrocnêmio externo** de répteis (ver Tabela 10.2).

Especializações entre os tetrápodes. A locomoção dos tetrápodes depende do deslocamento alternado de membros em ritmo moderado. Variações desse modo generalizado de progressão geralmente dependem de modificações da musculatura responsável pelo movimento. Nos anuros, por exemplo, a locomoção é saltatória e há ativação simultânea de ambos os membros por contração de poderosos extensores do membro posterior. No fim de um salto, a cintura peitoral e os membros anteriores dos anuros absorvem o impacto da aterrissagem. A alça muscular da cintura peitoral que suspende o corpo em outros tetrápodes provavelmente absorve os choques e solavancos durante a locomoção. No entanto, essa função está claramente acentuada em anuros, e o modo de progressão é uma forte variação do balanço alternado dos membros de outros tetrápodes. Os músculos do membro anterior do anuro são robustos para ajudar durante a aterrissagem, e os músculos extensores do membro posterior são proeminentes para lançar o animal. Esse modo especializado de locomoção poderia ser responsável pela musculatura relativamente complexa e diferenciada dos anuros em comparação com as salamandras. A Figura 10.32 A e B mostra a musculatura superficial da rã.

Nos tetrápodes especializados para locomoção cursorial, os músculos apendiculares tendem a se agrupar em posição proximal, perto do tronco, e suas forças são distribuídas em sentido distal, por intermédio de longos tendões, até as extremidades dos membros. Essa constituição reduz a massa transportada pelo próprio membro que, por sua vez, diminui a inércia que é preciso superar durante a oscilação alternada do mem-

bro. Entre os mamíferos, os perissodáctilos (Figura 10.33) e os artiodáctilos apresentam o reposicionamento proximal mais bem desenvolvido da massa muscular do membro, mas é possível encontrar tendências semelhantes na maioria dos outros grupos de mamíferos que dependem da locomoção rápida. Ao que parece, tendências paralelas surgiram em répteis do Mesozoico, sobretudo nos rápidos arcossauros. Os músculos apendiculares dos membros posteriores desses répteis bípedes mostram evidências de agrupamento proximal, provavelmente com longos tendões que se estendem até as extremidades dos membros.

Tendências cursoriais (Capítulo 9)

Nas aves, as tendências gerais de evolução muscular características dos tetrápodes são evidentes (Figura 10.34). A proeminência da musculatura axial tende a diminuir, enquanto a da musculatura apendicular aumenta. As massas musculares se diferenciam em um grupo mais complexo de músculos distintos. As aves também apresentam variações na constituição da musculatura, relacionadas com as demandas especializadas do voo ativo e da aterrissagem segura. A fusão da coluna vertebral posterior com elementos da cintura pélvica em um suporte ósseo rígido diminui a necessidade de grandes massas de músculos axiais para firmar a coluna vertebral. Assim, há uma redução da musculatura axial posterior. Na extremidade anterior da coluna axial, a cadeia de vértebras cervicais, controlada por um complexo conjunto de músculos cervicais, garante flexibilidade e controle muito preciso do movimento da cabeça. A musculatura da cintura pélvica e do membro posterior é diferenciada em uma proeminente massa muscular. Quando uma ave aterrissa, os músculos dos membros posteriores sustentam e equilibram a massa do corpo no impacto com o solo ou um galho. A maioria dos músculos é agrupada na porção proximal

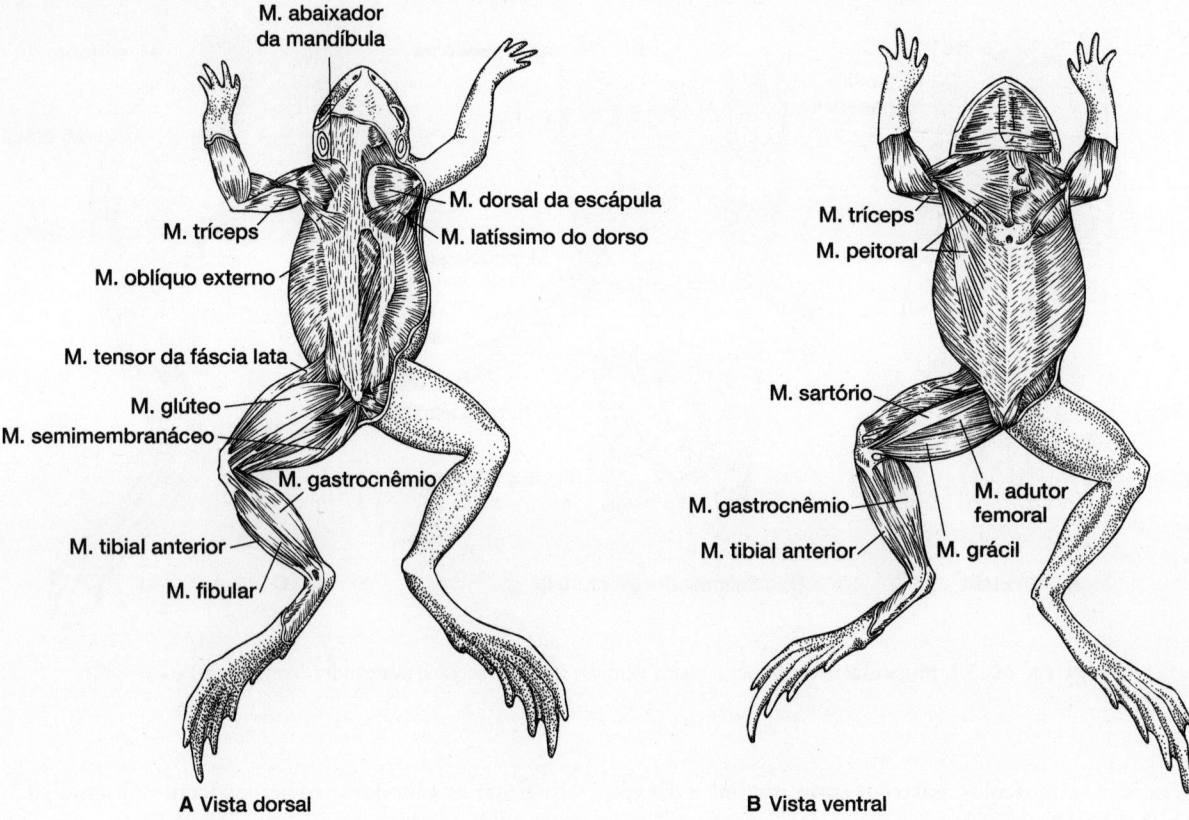

Figura 10.32 Musculatura superficial de uma rã. Vistas dorsal (**A**) e ventral (**B**).

Modificada de J. Z. Young, The Life of Vertebrates, Clarendon Press, Oxford.

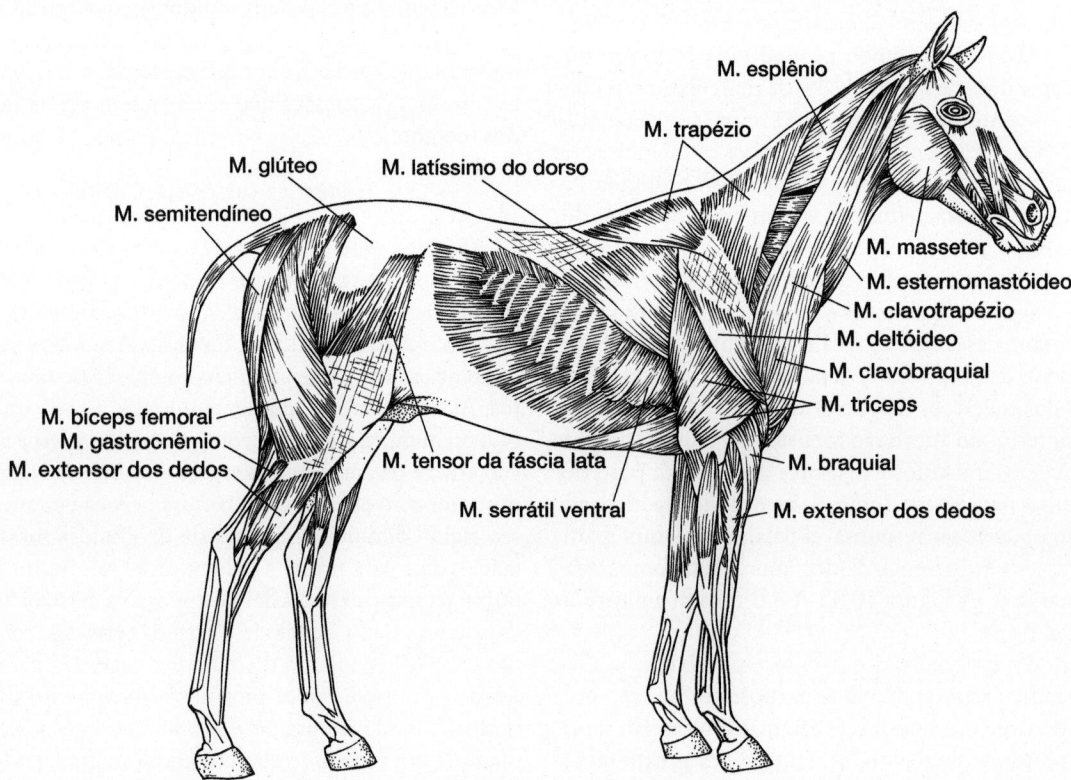

Figura 10.33 Musculatura superficial de um cavalo.

Com base em Goody.

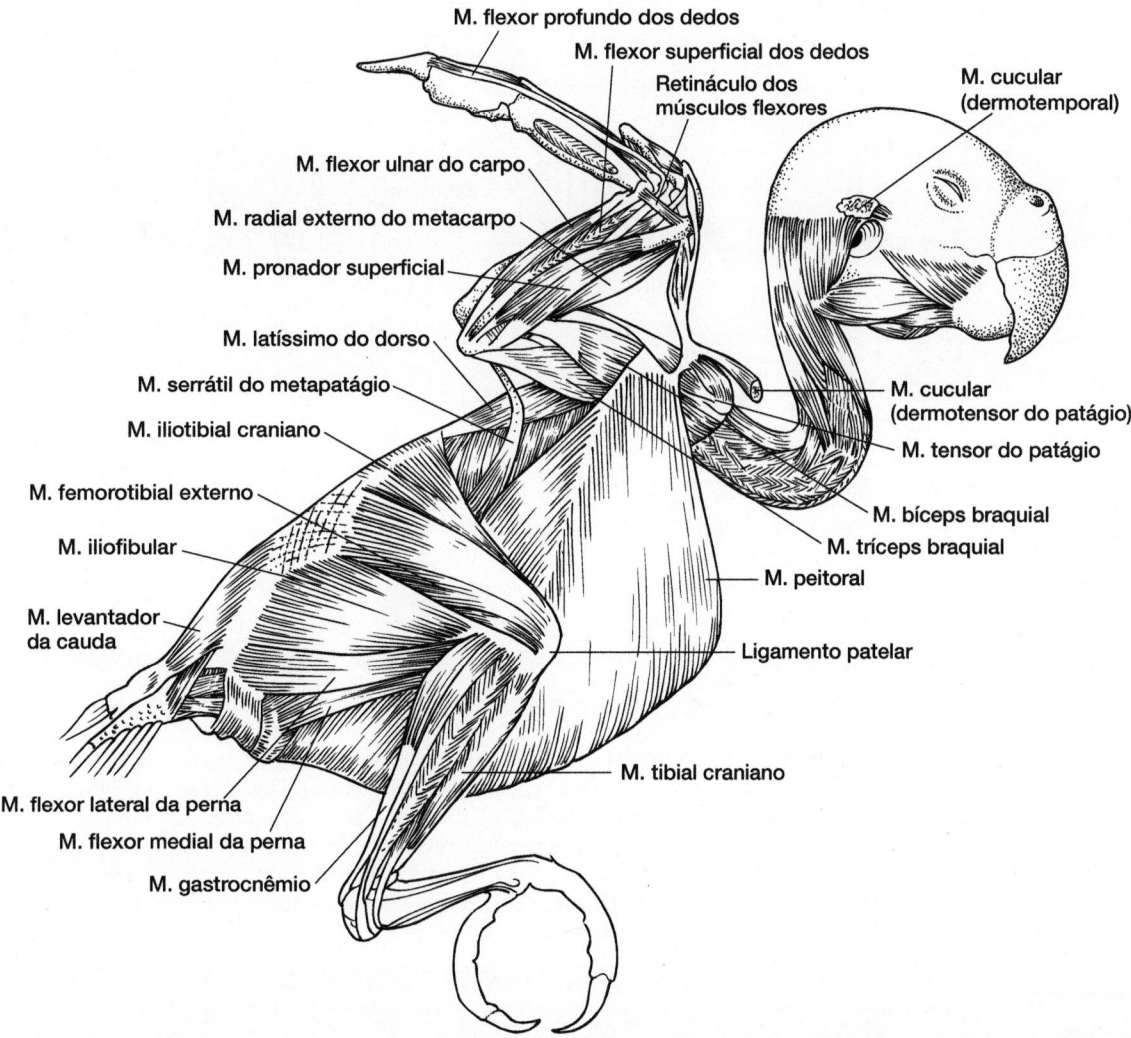

M. flexor profundo dos dedos

M. flexor superficial dos dedos

Retináculo dos
músculos flexores

M. cucular
(dermotemporal)

M. flexor ulnar do carpo

M. radial externo do metacarpo

M. pronador superficial

M. latíssimo do dorso

M. serrátil do metapatágio

M. iliotibial craniano

M. femorotibial externo

M. iliofibular

M. levantador
da cauda

M. flexor lateral da perna

M. flexor medial da perna

M. gastrocnêmio

M. cucular
(dermotensor do patágio)

M. tensor do patágio

M. bíceps braquial

M. tríceps braquial

M. peitoral

Ligamento patelar

M. tibial craniano

Figura 10.34 Musculatura superficial de um periquito, com a asa levantada.

Com base em Evans.

e se estende até os dedos por intermédio de longos tendões. O agrupamento proximal dos músculos mantém a massa perto da linha mediana do corpo, uma característica importante durante o voo, mas os longos tendões que se estendem até os dedos conferem maior precisão ao posicionamento dos dedos, uma característica que tem maior importância em aves de poleiro e de rapina.

Adaptações esqueléticas das aves (Capítulo 8)

Os músculos da cintura peitoral e dos membros anteriores (asas) são particularmente bem-desenvolvidos e especializados para o voo ativo. A maioria dos músculos da asa está agrupada na região proximal, sobretudo o volumoso músculo peitoral, localizado perto da linha mediana do esterno, seu local de origem. O músculo peitoral está inserido no úmero e garante uma forte batida para baixo durante o voo. Em posição profunda ao músculo peitoral está o supracoracóideo. É preciso lembrar que em répteis esse músculo se estende de sua origem na cintura peitoral até o úmero (Figura 10.35), trajeto que o torna um adutor (abaixador) do membro. No entanto, nas aves,

o forte tendão do músculo supracoracóideo se estende sobre a extremidade do coracoide, semelhante a uma roldana, e se insere na superfície dorsal do úmero (Figura 10.36 A–C). Essa reorientação do ponto de inserção possibilita que o músculo levante a asa, o que faz dele um levantador da asa. Consequentemente, os músculos abaixador (peitoral) e levantador (supracoracóideo), responsáveis por movimentos opostos durante as batidas da asa para baixo e para cima, estão sobre o esterno e se originam dele (Figura 10.36 C). Suas ações nas aves são bastante diferentes em virtude das variações filogenéticas nos pontos de inserção.

Quando uma ave está voando, principalmente quando está planando, seu antebraço é estendido para esticar a pele sobrejacente. A região anterior de pele entre o ombro e o punho é o **patágio**, e em sua borda de ataque está o músculo **patagial** (ver Figura 10.34). Esse músculo, que pode formar várias pequenas caudas, origina-se da clavícula e se estende por intermédio de um longo tendão até os metacarpais do punho. Como um varal, a borda de ataque do patágio pende desse músculo semelhante a uma corda, que forma a margem anterior da superfície

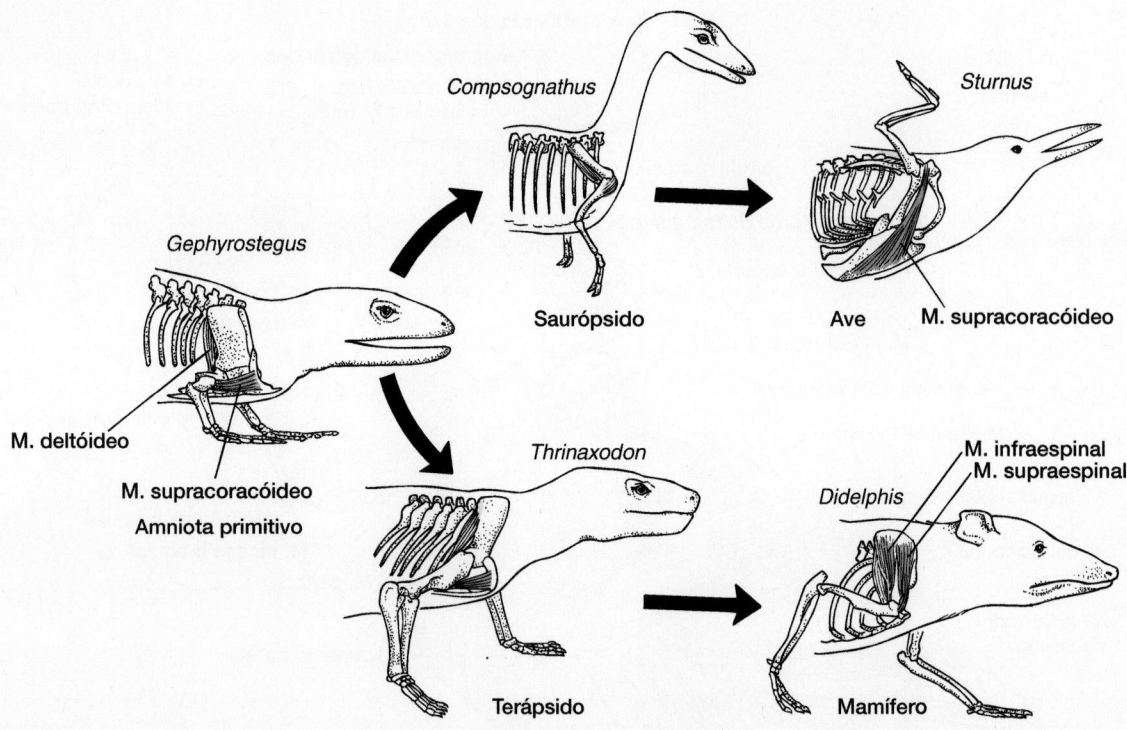

Figura 10.35 Evolução dos músculos supracoracóideos. Em répteis primitivos como o *Gephyrostegus*, esse músculo provavelmente se originou no coracoide e estava inserido na cabeça proximal do úmero para aduzir o membro. Há indícios de que tinha um trajeto seme-lhante em terápsidos (*Thrinaxodon*). Nos mamíferos, como o gambá (*Didelphis*), o supracoracóideo se origina na escápula e é dividido pela espinha da escápula em supraespinal e infraespinal. No terápode *Compsognathus*, um arcossauro, o músculo supracoracóideo provavelmente tinha um trajeto semelhante ao observado em répteis primitivos, com origem no coracoide e inserção na extremidade proximal do úmero. Nas aves recentes, o supracoracóideo se origina no esterno, estende-se sobre o coracoide e se insere na extremidade proximal dorsal do úmero. A ilustração também mostra o músculo deltóideo e seus derivados.

Com base em G. E. Goslow, Jr. et al., "The avian shoulder: An experimental approach" American Zoologist, 29: 287-301. Reproduzida com permissão da Society for Integrative and Comparative Biology (Oxford University Press).

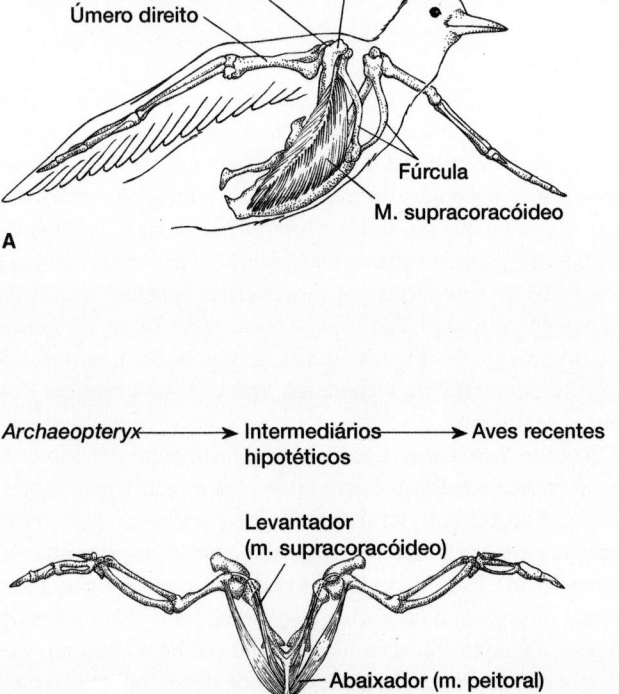

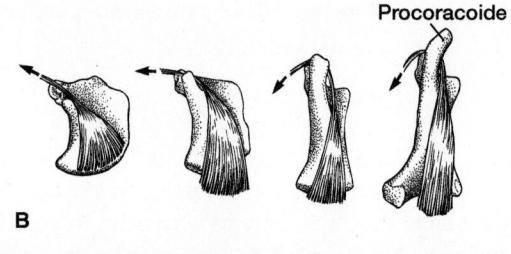

Figura 10.36 Músculo supracoracóideo em aves recentes. A. O supracoracóideo é mostrado em sua origem no esterno, sob o músculo peitoral, que foi removido. O tendão passa sobre o coracoide e se insere na superfície dorsal do úmero; portanto, esse músculo levanta a asa. **B.** Variações propostas do músculo supraco-racóideo desde o *Archaeopteryx* até as aves modernas, passando por intermediários hipotéticos. **C.** Grupos separados de músculos peito-rais originados no esterno produzem o forte movimento da asa pa-ra baixo e o seu retorno. Os músculos de recuperação se originam no esterno e ascendem por uma abertura na escápula, a fúrcula, e do coracoide; o local de inserção é a superfície dorsal do úmero. A contração dos músculos peitorais eleva o úmero e levanta a asa. Os músculos deltóideos originados na escápula também podem ajudar a levantar a asa. Os poderosos músculos abaixadores inseridos na face ventral do úmero puxam a asa para baixo.

Com base em Goslow, Dial e Jenkins.

de voo da asa. No caso de secção do músculo patagial ou de seu longo tendão, o patágio perde seu formato aerodinâmico e a asa se torna inútil para o voo.

Os músculos do antebraço das aves são pequenos, mas numerosos. É provável que melhorem as posições das penas das asas, formando e controlando a superfície aerodinâmica que a asa apresenta ao fluxo de ar.

Voo (Capítulo 9); Aerodinâmica (Capítulo 9)

Musculatura craniana

Até recentemente, acreditava-se que os músculos esqueléticos associados à mandíbula, à faringe e aos arcos branquiais tivessem duas origens diferentes: a musculatura branquiomérica e a musculatura hipobranquial. No entanto, como exposto na seção sobre músculos pós-cranianos (ver Figura 10.22 A e B), a concepção atual prevê que os músculos branquioméricos e hipobranquiais da mandíbula tiveram uma origem comum, a mesoderme paraxial. A musculatura branquiomérica se origina da mesoderme paraxial craniana (somitômeros) e a hipobranquial, da mesoderme paraxial do tronco (somitos). Tendo enfatizado a unidade da musculatura mandibular em vez de suas diferenças embrionárias, seguimos, porém, essa divisão histórica por conveniência na descrição de aspectos comparativos da musculatura craniana (Tabela 10.3).

Musculatura branquiomérica

Os nervos cranianos suprem a musculatura branquiomérica associada às laterais dos arcos branquiais (Figura 10.37 A–D). Nos peixes, os arcos branquiais, junto com seus músculos branquioméricos, atuam como uma bomba que desloca a água através das brânquias, substituindo o sistema ciliar de protocordados. Como o arco branquial anterior deu origem à mandíbula e à maxila, a musculatura associada acompanhou os elementos ósseos ou cartilaginosos e se tornou parte do sistema de fechamento e abertura da mandíbula dos peixes gnatostomados.

De modo geral, cada arco branquial é dotado de seu próprio conjunto de musculatura branquiomérica, aumentada ou reduzida em função das variações específicas do arco. A condição ancestral presumida é observada em peixes (ver Figura 10.37 D). Aqui, um músculo **constritor** laminar se estende

Tabela 10.3 Homologias da musculatura craniana.

Arco	Nervo craniano	Tubarão	*Necturus*	Jacaré, Lagarto	Gato, marta
MUSCULATURA BRANQUIOMÉRICA					
1	V	Levantador do palatoquadrado Espiracular Adutor da mandíbula Pré-orbital	Adutor da mandíbula (levantador da mandíbula)	Adutor da mandíbula Pterigóideo (4 presentes)	Masseter Temporal Pterigóideos Tensor do véu palatino Tensor do tímpano
		Intermandibular	Intermandibular	Intermandibular	Milo-hióideo Digástrico anterior
2	VII	Levantador do hiomandibular	Abaixador da mandíbula Brânquio-hióideo	Abaixador da mandíbula Brânquio-hióideo	Músculo do estribo Platisma e músculos da face (parte)
		Inter-hióideo	Inter-hióideo Constritor do pescoço	Inter-hióideo Constritor (esfíncter) do pescoço (gular) em parte	Platisma e músculos da face (parte) Digástrico posterior Estilo-hióideo
3	IX, X *XI	Cucular	Cucular Levantadores do arco	Trapézio Esternomastóideo	Complexo do trapézio Complexo do esternocleidomastóideo
		Interarcuais	—	—	
		Constritores superficiais e interbranquiais	Dilatador da laringe Subarcuais Transversos ventrais Abaixadores do arco	Alguns músculos intrínsecos da laringe e da faringe	Alguns músculos intrínsecos da laringe e da faringe
MUSCULATURA HIPOBRANQUIAL					
	*XII	Coracoarcuais Coraco-hióideo	Reto do pescoço	Reto do pescoço Esterno-hióideo Omo-hióideo	Esterno-hióideo Omo-hióideo Tio-hióideo
		Coracomandibular	Genioglosso Gênio-hióideo	Genioglosso Gênio-hióideo	Gênio-hióideo, outros da língua e da laringe
		Coracobraquial	—	—	

*Em tetrápodes.

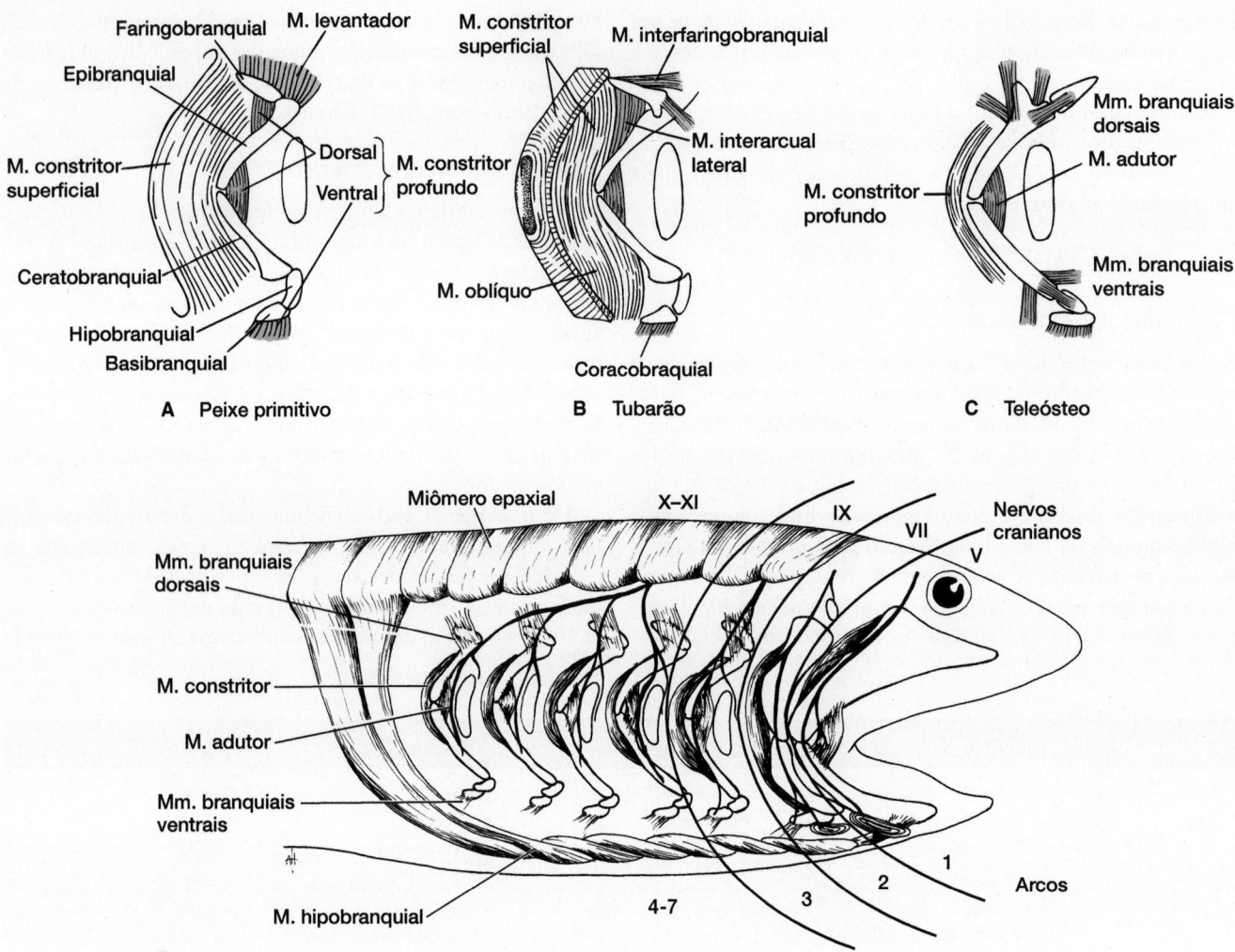

Figura 10.37 Musculatura branquiomérica. A. Vista lateral de um arco branquial primitivo mostrando os grupos básicos de músculos levantadores e constritores, com suas estruturas esqueléticas. **B.** Arco branquial de tubarão. **C.** Arco branquial de teleósteo. **D.** Os músculos mandibulares e maxilares e seus nervos cranianos tendem a permanecer com seu respectivo arco branquial durante a evolução subsequente. Cada arco tem músculos levantadores e constritores que, respectivamente, elevam e fecham os elementos articulados. Os nervos cranianos V, VII, IX e X a XI suprem respectivamente músculos dos arcos 1, 2, 3 e 4 a 7. De modo geral, a fidelidade de músculos, nervos e arcos foi mantida durante a evolução dos arcos branquiais e subsequente modificação em componentes da mandíbula e da maxila.

Com base em Jollie; Mallatt.

lateralmente a partir de cada arco branquial no centro da brânquia e pode continuar até a superfície do corpo sob a pele. A parte mais medial dessa lâmina muscular é separada do restante do arco e é denominada **adutor**. Os constritores empurram a água através da faringe; os adutores curvam o arco. Músculos pequenos e profundos se inserem nas extremidades dorsal e ventral dos arcos: os músculos **branquiais**, **dorsais** e **ventrais**. Eles participam de várias funções relacionadas com os elementos móveis no arco branquial.

Do ponto de vista filogenético, há grande fidelidade entre um nervo craniano e seus músculos branquioméricos e, por sua vez, entre um grupo de músculos branquioméricos e seu respectivo arco. Por conseguinte, o rastreamento dos arcos branquiais possibilita rastrear homologias musculares e também descobrir a que estrutura cada músculo, ou seus derivados, dá origem em diferentes grupos.

▶ **Arco mandibular.** Nos tubarões, tanto o constritor quanto o adutor da mandíbula estão na superfície do corpo. O músculo **adutor da mandíbula**, o maior músculo da mastigação, está localizado no ângulo da mandíbula, no qual produz grande força de fechamento. Unindo-se ao adutor, nos tubarões, há um músculo oral, o **pré-orbital**, que se origina perto da órbita e se afila enquanto segue posteriormente até sua inserção no adutor da mandíbula ou na mandíbula. Nos peixes ósseos, o adutor é composto de vários músculos derivados que atuam em algumas partes do crânio altamente cinético. Nos tetrápodes, o adutor da mandíbula persiste como um forte adutor. Com frequência, tem várias cabeças proeminentes e distintas que convergem como um músculo pinado em um tendão comum. Nos mamíferos, o **masseter** e o **temporal** são músculos que fecham a boca com diferentes linhas de ação; ambos são derivados do adutor da mandíbula, assim como os músculos **pterigóideos**.

As partes dorsal e ventral do músculo constritor da mandíbula são separadas pela própria mandíbula. A parte ventral é o músculo **intermandibular**, uma lâmina transversal de músculo que se estende entre as margens ventrais das duas mandíbulas. Nos tetrápodes, o intermandibular persiste como uma lâmina muscular transversal, geralmente localizada entre as mandíbulas. Nos mamíferos, é denominado **milo-hióideo**; a parte anterior do músculo **digástrico**, que participa da abertura da boca, também é derivada do intermandibular.

Nos tubarões, o derivado dorsal do constritor da mandíbula é o **levantador do palatoquadrado**, que se estende do condrocrânio até a cartilagem do palatoquadrado. Em alguns peixes, como a quimera, e nos tetrápodes, a cartilagem do palatoquadrado se funde à caixa craniana e se torna parte dela, e o músculo levantador do palatoquadrado está ausente.

▶ **Arco hioide.** O arco hioide começa como um arco branquial separado em peixes primitivos (uma condição que atualmente só é observada em quimeras), mas os elementos do arco hioide têm participação secundária na suspensão das mandíbulas em alguns vertebrados (outros peixes com mandíbula) e se separam formando o aparelho hioide em outros (tetrápodes). Os músculos associados também mudam de posição. Os músculos constritores hióideos são proeminentes em peixes, nos quais formam os principais músculos da bomba de água para respiração; mas eles estão reduzidos ou desaparecem em tetrápodes. Nos tubarões, o maior dos constritores hióideos é o **levantador do hiomandibular**, que se estende do condrocrânio até a cartilagem hiomandibular. O segundo deles, muitas vezes estreitamente fundido ao primeiro, é o **epi-hióideo**, que se insere no tecido conjuntivo atrás do ângulo da mandíbula. Nos peixes ósseos, o equivalente do epi-hióideo é o **levantador do opérculo**, com sua inserção no opérculo. O **abaixador da mandíbula** dos tetrápodes, que abre a boca, é o homólogo do levantador do opérculo e do epi-hióideo. Nos mamíferos, o abaixador da mandíbula dá origem ao **músculo do estribo**, mas é o **digástrico** que abre a boca, não o músculo do estribo, que protege o ouvido interno

de ruídos altos. A seção posterior do digástrico é derivada da musculatura hioide ventral, o inter-hióideo.

Nos peixes, a parte ventral do músculo constritor hióideo é o **inter-hióideo**. Esse músculo segue em sentido transversal entre as extremidades inferiores das duas barras do hioide. Nos tetrápodes, forma outras lâminas delgadas de músculos, o **constritor do pescoço**, que constituem camadas extensas de músculos faciais em mamíferos. Um deles, o **platisma**, é um músculo não especializado derivado do arco hioide. De modo geral, é uma delgada camada muscular subcutânea que atravessa a garganta, fixando a pele no pescoço. Outros músculos derivados do arco hioide têm funções mais especializadas, entre as quais está o controle da expressão facial e dos lábios durante a alimentação. Nos mamíferos, a sucção pode ter levado à diferenciação inicial dos músculos platisma. Depois, o controle facial durante a alimentação se tornou importante em mamíferos herbívoros, porque os lábios são usados para ajudar a apreender e arrancar partes das plantas. Nos rinocerontes (Figura 10.38), os músculos **levantador do lábio superior** e **levantador nasolabial** movem o lábio superior, e o **abaixador do lábio mandibular** move os lábios inferiores. O músculo **zigomático** controla a comissura dos lábios. O músculo **orbicular da boca** fecha os lábios. A contração do músculo **canino** dilata a narina. O músculo **bucinador** achata as bochechas, comprimindo o alimento entre as fileiras de dentes. Nossa própria face usa músculos semelhantes e é altamente expressiva.

▶ **Arcos branquiais.** Como já mencionado, o músculo constritor de uma brânquia típica de peixes é composto de uma parte profunda no centro da brânquia e, nos elasmobrânquios, de um constritor superficial que forma uma cobertura branquial simples na superfície do corpo. Além disso, os músculos branquiais dorsais e ventrais curtos estão localizados acima e abaixo dos arcos e atuam com os adutores para controlar os movimentos locais dos arcos durante a ventilação branquial (Figura 10.39). Relacionado com os músculos branquiais dorsais está o cucular, formado pela fusão das caudas de vários músculos branquiais

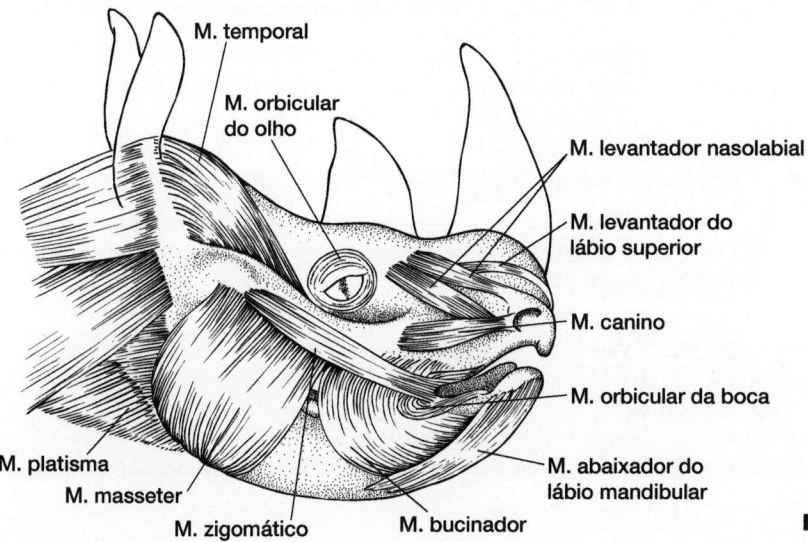

M. temporal

M. orbicular do olho

M. levantador nasolabial

M. levantador do lábio superior

M. canino

M. orbicular da boca

M. platisma

M. masseter

M. abaixador do lábio mandibular

M. zigomático   M. bucinador

Rinoceronte-negro (*Diceros*)

Figura 10.38 A cabeça de rinoceronte-negro mostra os músculos faciais que atuam nas margens da boca e das narinas.

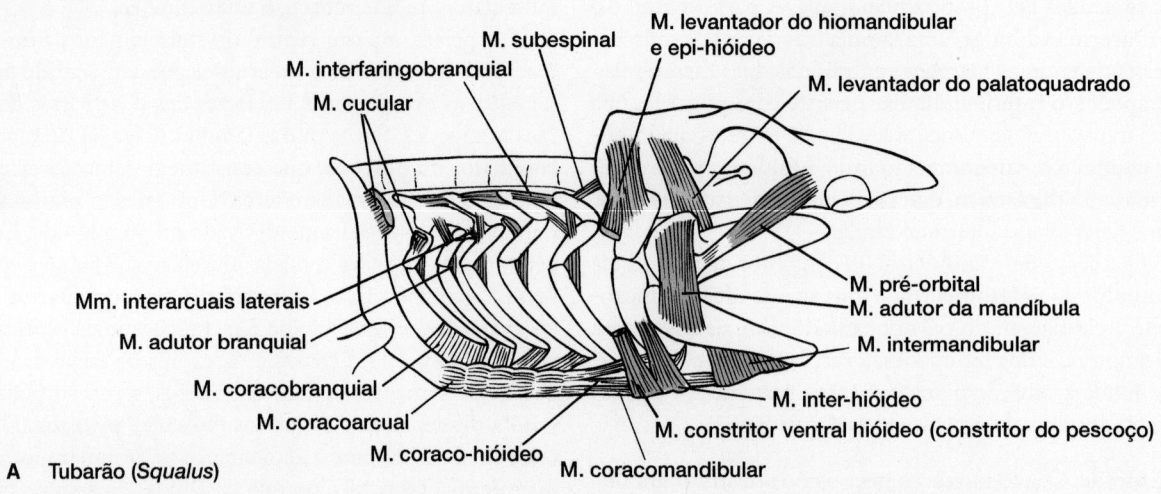

M. subespinal
M. interfaringobranquial
M. cucular
M. levantador do hiomandibular e epi-hióideo
M. levantador do palatoquadrado
Mm. interarcuais laterais
M. adutor branquial
M. coracobranquial
M. coracoarcual
M. coraco-hióideo
M. coracomandibular
M. pré-orbital
M. adutor da mandíbula
M. intermandibular
M. inter-hióideo
M. constritor ventral hióideo (constritor do pescoço)

A Tubarão (*Squalus*)

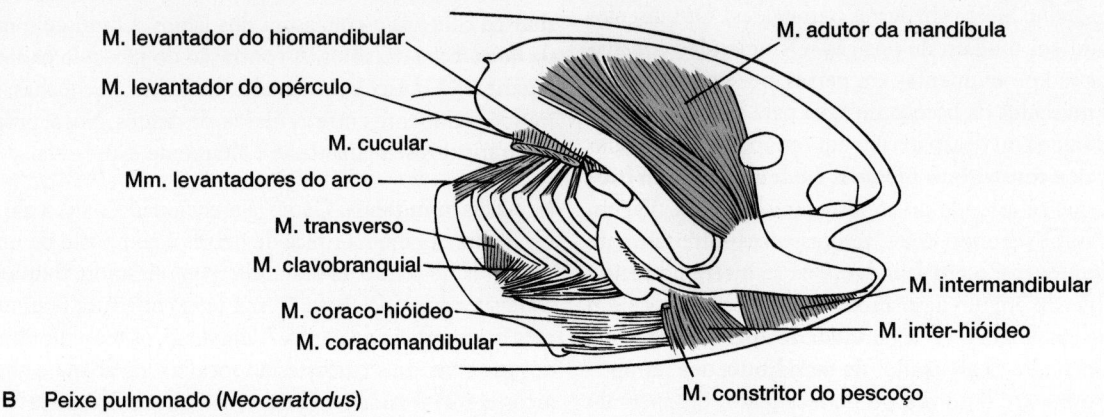

M. levantador do hiomandibular
M. levantador do opérculo
M. cucular
Mm. levantadores do arco
M. transverso
M. clavobranquial
M. coraco-hióideo
M. coracomandibular
M. adutor da mandíbula
M. intermandibular
M. inter-hióideo
M. constritor do pescoço

B Peixe pulmonado (*Neoceratodus*)

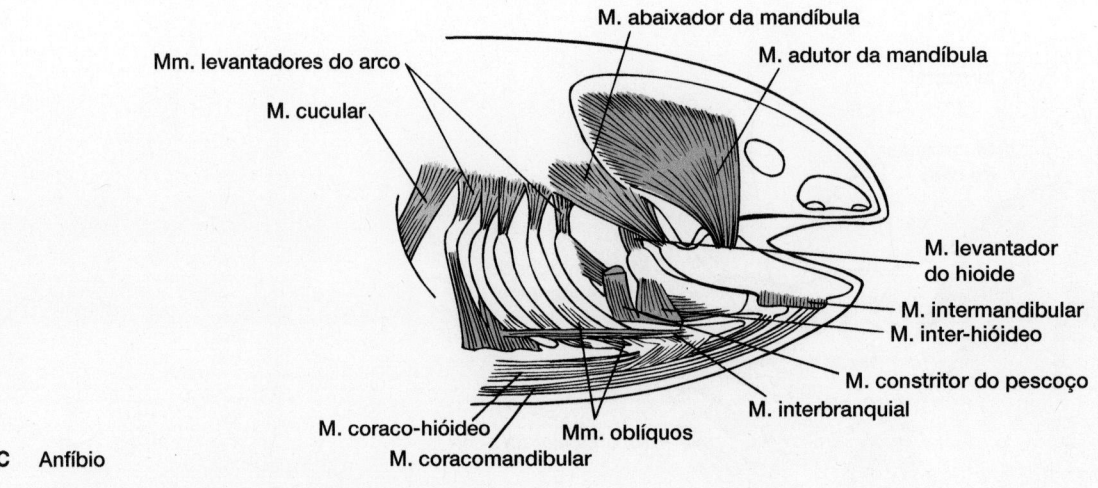

Mm. levantadores do arco
M. cucular
M. abaixador da mandíbula
M. adutor da mandíbula
M. levantador do hioide
M. intermandibular
M. inter-hióideo
M. constritor do pescoço
M. interbranquial
M. coraco-hióideo
Mm. oblíquos
M. coracomandibular

C Anfíbio

Figura 10.39 Vista lateral da musculatura da cabeça. A. O tubarão *Squalus*. **B.** O peixe pulmonado *Neoceratodus*. **C.** Anfíbio (composição de músculos de um anuro e um urodelo adultos).

Com base em Jollie.

sucessivos. Estende-se da superfície dorsal do corpo em sentido descendente até o último arco branquial e a escápula. Nos tetrápodes, estende-se da musculatura axial até a escápula e geralmente forma um par de complexos musculares, os grupos trapézio e mastóideo.

Os arcos branquiais são importantes componentes estruturais do sistema de bombeamento e alimentação dos peixes. Eles diminuem em tetrápodes e contribuem apenas para a laringe e outras partes da garganta. Os músculos constritores associados são reduzidos de maneira semelhante aos músculos laríngeos; entretanto, a função de alguns levantadores é ampliada, contribuindo como os músculos trapézio e mastóideo para a alça muscular que sustenta a cintura escapular.

Musculatura hipobranquial

Os músculos hipobranquiais se originam de somitos cervicais cujas extremidades ventrais migram para o assoalho da faringe (ver Figura 10.37 D). A musculatura hipobranquial é suprida por nervos espinais e segue abaixo das extremidades inferiores dos arcos branquiais em trajeto anteroposterior. Nos peixes, esses músculos se originam da região coracoide da cintura escapular. Eles são o coracomandibular e um esterno-hióideo, embora nos tubarões o esterno-hióideo seja dividido em um coraco-hióideo anterior e um coracoarcual posterior. Eles são importantes na abertura da boca e na expansão da cavidade bucal. Nos tetrápodes, acompanham os arcos branquiais com a contribuição de músculos associados à garganta, ao aparelho hioide, à laringe e à língua.

Além dos músculos hipobranquiais, os somitos cervicais também dão origem a outros músculos, os **miótomos epaxiais**, músculos cervicais que se inserem na parede posterior do neurocrânio e podem levantá-lo durante a abertura da mandíbula. Somente nos tubarões alguns dos somitos cervicais também contribuem para os músculos **interfaringobranquiais**, que se unem a arcos branquiais sucessivos na faringe.

Resumo

Os músculos esqueléticos movem ossos e cartilagens; os músculos cardíacos deslocam o sangue; os lisos controlam as vísceras. Todos dependem do mecanismo molecular de filamentos deslizantes, actina e miosina. Os músculos esqueléticos se fixam aos ossos por meio de tendões. Apesar do mecanismo de contração em comum, os músculos esqueléticos alcançam diferentes níveis de desempenho de várias maneiras. As fibras tônicas e fásicas produzem, respectivamente, contração relativamente lenta e rápida. No órgão muscular, os componentes ativos (filamentos deslizantes) e elásticos contribuem para a força total (tensão). A força graduada é gerada por modulação de frequência e por recrutamento seletivo de unidades motoras. As características de desempenho, como força e velocidade da inserção, também são afetadas pela área de corte transversal, pela orientação das fibras (paralela ou pinada), pelo comprimento do músculo e pelos locais de inserção em um sistema de alavanca (proximal ou distal). A sequência da contração muscular aciona músculos individuais em momentos favoráveis durante o movimento complexo e possibilita o recrutamento à medida que se modificam a velocidade e a resistência.

Os músculos se hipertrofiam em resposta ao exercício crônico por causa do aumento da vascularização, acréscimo de tecido conjuntivo e aumento das células musculares pelo ganho de miofilamentos. No entanto, não há aumento considerável da quantidade de células musculares. O treinamento com pesos pode estimular a conversão de um tipo de fibra fásica rápida em outro. Qualquer que seja o programa de treinamento, porém, não há conversão significativa entre fibras fásicas *lentas* e fásicas *rápidas*. Com o envelhecimento, os músculos como órgãos perdem massa por perda de fibras musculares. Por volta de 50 anos, há perda de até 10% dos dois tipos de fibras, rápidas e lentas. Entretanto, o envelhecimento afeta mais as fibras fásicas rápidas, cujo ritmo de perda é maior que o das lentas.

Nos peixes, há predomínio da musculatura axial, que é representada por blocos de músculo com organização segmentar. Nos tetrápodes, a musculatura axial é relativamente reduzida e os músculos apendiculares ganham importância. Os tetrápodes também apresentam maior complexidade nas massas musculares, conforme ilustrado pelas várias centenas de músculos que se diferenciam dessas massas.

A diferenciação filogenética dos músculos ocorre de muitas maneiras. Uma delas é a **migração** de **primórdios** musculares para outras regiões do corpo. A muscularização do diafragma em mamíferos começa com o surgimento de primórdios musculares no pescoço que migram posteriormente durante o desenvolvimento embrionário para o septo do corpo anterior ao fígado. Nesse local, eles se diferenciam nos músculos esqueléticos do diafragma. A musculatura hióidea se expande por todo o pescoço e a cabeça de alguns tetrápodes para formar o platisma e outros músculos da face (Figura 10.40). Outro mecanismo de diferenciação filogenética dos músculos é a fusão. O músculo reto do abdome, que se estende ao longo do ventre dos tetrápodes, é formado por **fusão** das regiões ventrais de vários miótomos que crescem em direção à região abdominal durante o início do desenvolvimento embrionário. Nesse exemplo, um único músculo se origina por fusão de partes de sucessivos segmentos de miótomos. Os músculos também podem se diferenciar por **divisão**. O músculo peitoral no tórax é um músculo grande, em formato de leque nos tetrápodes inferiores, mas nos mamíferos, divide-se em até quatro músculos distintos que atuam no membro anterior.

Diafragma (Capítulo 5)

A maior diferenciação da musculatura dos tetrápodes em comparação com a musculatura dos peixes é um reflexo da mudança das demandas da sustentação e locomoção na terra. A corrida, o voo e outras atividades dos tetrápodes implicam mais que a simples mecânica de balançar os membros ou bater as asas. São padrões motores complexos que exigem controle preciso. Um guepardo que corre em uma superfície irregular precisa não só balançar os membros com rapidez, como também posicionar o pé de modo a se acomodar rapidamente às pequenas irregularidades da superfície a cada vez que o pé toca o solo. Quando as mudanças das correntes de ar e as rajadas de vento subitamente alteram o fluxo aerodinâmico através das asas, as aves precisam ajustá-las rapidamente, assim como fazem com as penas de voo. A musculatura mais diferenciada dos tetrápodes é uma indicação indireta dessa maior variedade e precisão dos movimentos que eles podem e devem realizar.

A filogenia muscular também ilustra a natureza remodeladora da evolução. Músculos que surgem inicialmente na mandíbula e na maxila (p. ex., trapézio, mastoide), e na musculatura axial (p. ex., serrátil), são incorporados ao sistema muscular do ombro e do membro anterior. Por outro lado, também vemos na evolução muscular uma incrível fidelida-

de entre os músculos e sua inervação. O nervo frênico para o diafragma tem origem em posição anterior, como o primórdio muscular, na região cervical e acompanha esse músculo até seu destino final, na parte posterior do corpo. Grupos de músculos associados aos arcos branquiais são, de modo geral, fielmente supridos pelo mesmo nervo craniano em todos os vertebrados, apesar de esses músculos do arco branquial costumarem ser remodelados para desempenhar novas funções nos tetrápodes.

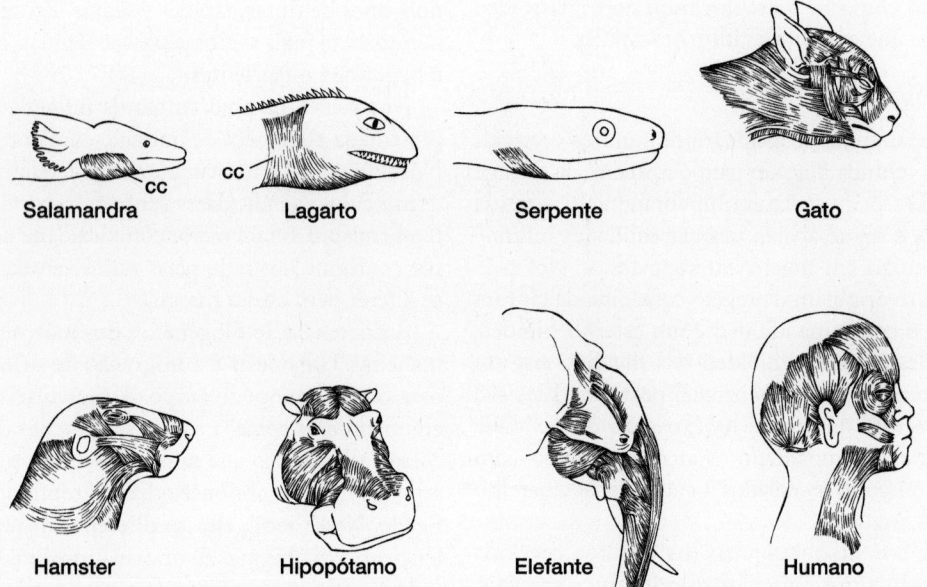

Figura 10.40 Evolução dos músculos da face. Nos tetrápodes, a musculatura hióidea se expande e circunda parcialmente o pescoço como uma delgada lâmina, o constritor do pescoço (cc). Esse músculo também tende a aderir à derme. Nos mamíferos, a musculatura derivada do arco hioide se expande radicalmente sobre a cabeça e se diferencia em um conjunto de músculos faciais, mais bem diferenciados ao redor dos olhos, lábios e orelhas, nos quais acentuam a expressão facial.

CAPÍTULO 11

Sistema Respiratório

Introdução

Para manter seu metabolismo efetivo e sua sobrevivência, as células do corpo dos vertebrados precisam repor o oxigênio utilizado e se livrar dos subprodutos acumulados durante o metabolismo. Essas tarefas competem principalmente a dois sistemas de transporte: os sistemas circulatório e respiratório. Basicamente, o sistema circulatório conecta as células localizadas dentro do corpo ao ambiente e é discutido no Capítulo 12. O sistema respiratório, que é objeto deste capítulo, envolve a troca de gases entre a superfície de um organismo e seu ambiente. Em sua forma mais simples, esses dois sistemas ajudam

no processo da **difusão passiva**, isto é, o movimento aleatório de moléculas de uma área de alta pressão parcial para uma área de baixa pressão parcial (Figura 11.1 A). O oxigênio habitualmente (mas nem sempre) encontra-se em alta pressão parcial no ambiente e tende a se difundir para dentro do organismo. O dióxido de carbono é recolhido nos tecidos e tende a se dissipar para fora.

Contudo, se não for auxiliada, a difusão passiva por si só não é suficiente para atender às necessidades dos grandes organismos multicelulares. Por exemplo, um organismo aquático esférico hipotético não poderia ter raio de mais de 0,5 mm para que os tecidos do centro pudessem receber suprimento

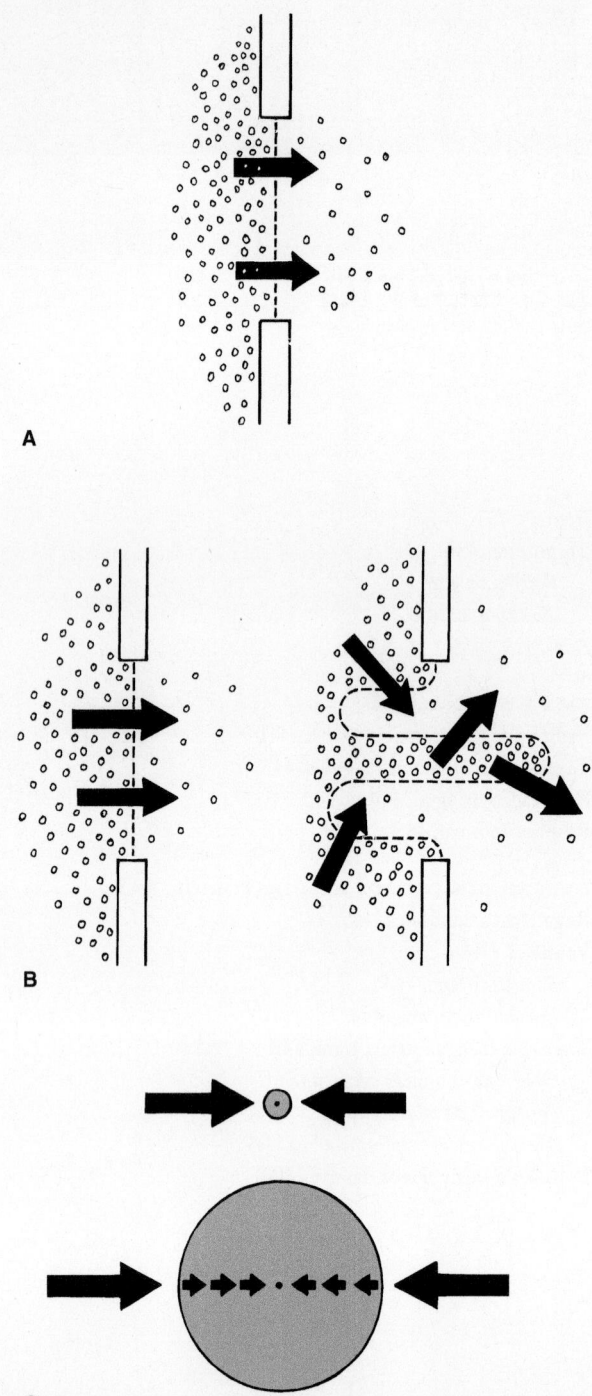

Figura 11.1 Difusão passiva. A. As moléculas de gás se movem de uma área de alta pressão parcial para uma área de baixa pressão parcial. Por fim, um equilíbrio é alcançado quando a concentração de moléculas se torna igual em ambos os lados da superfície através da qual a difusão ocorre. **B.** A velocidade de movimento das moléculas em difusão depende da área de superfície disponível. O aumento da área de superfície aumenta a velocidade da difusão, embora a concentração final de equilíbrio seja a mesma, independentemente da área de superfície disponível. **C.** O tempo levado para que as moléculas alcancem os tecidos profundos depende da distância que precisam percorrer. As moléculas que se movem dentro das células, no centro do pequeno círculo, alcançam a parte central muito antes que as moléculas que precisam atravessar tecidos mais espessos para alcançar as células do centro.

adequado de oxigênio apenas por difusão, mesmo se a água ao redor estivesse saturada com oxigênio. Se o oxigênio sofresse difusão passiva de nossos pulmões até nossas extremidades, esse percurso levaria vários anos! Obviamente, isso não ocorre. Nos grandes organismos multicelulares, a difusão passiva é auxiliada por sistemas de transporte. Os sistemas circulatório e respiratório aceleram o processo.

Durante a evolução dos animais, ocorreram importantes modificações no projeto dos órgãos respiratórios para otimizar a difusão de gases importantes. A taxa de difusão passiva entre um organismo e o seu ambiente depende de vários fatores, como a área de superfície. Quanto maior a área de superfície disponível, maior a oportunidade de movimento das moléculas através de uma superfície epitelial (Figura 11.1 B). Por exemplo, os órgãos de troca gasosa dos vertebrados são altamente subdivididos a fim de aumentar a superfície disponível para a transferência de gases entre o ar e o sangue. Outro fator é a distância: quanto maior, mais tempo levará para que as moléculas alcancem seus destinos (Figura 11.1 C). Os tecidos espessos diminuem a velocidade de difusão, enquanto as barreiras finas ajudam no processo. As paredes finas dos órgãos respiratórios reduzem a distância entre o ambiente e o sangue. Um terceiro fator é a resistência à difusão pela própria barreira de tecido. A pele úmida dos anfíbios atuais facilita a transferência gasosa. Diferentemente dessa situação, a pele da maioria dos mamíferos é cornificada e espessa, uma característica que diminui a velocidade de difusão dos gases com o ambiente.

Um dos fatores mais importantes que afetam a taxa de difusão é a diferença das pressões parciais através da superfície de troca. As brânquias da maioria dos peixes apresentam alta pressão parcial de oxigênio em relação ao sangue; por conseguinte, o oxigênio se difunde das brânquias para o sangue. Em certas ocasiões, peixes que vivem em águas quentes estagnadas podem encontrar pressão parcial de oxigênio na água menor que a do seu sangue. Nessas condições incomuns, o oxigênio pode, de fato, difundir-se na direção inversa, de modo que o peixe corre risco de perder oxigênio para a água!

Tanto o sistema respiratório quanto o circulatório possuem "bombas" que movimentam os líquidos, como ar ou água (respiração) ou sangue (circulação). O coração é uma bomba que faz o sangue circular. Nos peixes, a bomba respiratória predominante é o aparato branquial, que conduz a água através das brânquias (Figura 11.2 A). Nos tetrápodes, uma bomba familiar é a caixa torácica, algumas vezes auxiliada pelo diafragma, que movimenta o ar através dos pulmões (Figura 11.2 B). Como veremos, muitos tipos de dispositivos suplementares de bombeamento também fazem parte do mecanismo respiratório nos vertebrados. Essas bombas, ao moverem líquidos que contêm gases, funcionam para manter altos gradientes de pressão parcial através das superfícies de troca.

Os sistemas respiratório e circulatório, apesar de serem anatomicamente distintos, estão acoplados funcionalmente no processo da **respiração**,[1] a liberação de oxigênio aos tecidos e a remoção de produtos de degradação, principalmente dióxido

---

[1]Os bioquímicos usurparam o termo e o empregam para se referirem a algo bastante diferente, ou seja, a respiração química, que consiste na degradação aeróbica de substratos em vias bioquímicas.

de carbono. A **respiração externa** se refere à troca gasosa entre o ambiente e o sangue através da superfície respiratória; a **respiração interna** refere-se à troca gasosa entre o sangue e os tecidos profundos do corpo.

Durante a respiração externa, os gases se difundem entre o ambiente e o organismo – o oxigênio entra, enquanto o dióxido de carbono sai. A **ventilação,** ou respiração, é o processo ativo de mover o meio respiratório – água ou ar – através da superfície de troca. A cessação do movimento do meio respiratório é a **apneia** ou interrupção da respiração. O bombeamento de sangue através de um órgão por meio de capilares é conhecido como **perfusão.** Os **órgãos respiratórios** são especializados na ventilação para fornecer oxigênio e remover o dióxido de carbono acumulado durante a perfusão. As demandas sobre o órgão respiratório variam dependendo de o meio ser água ou ar. Isso se deve, em parte, a diferenças na densidade. A água, por ser mais densa que o ar, precisa de mais energia para seu movimento. Estando os outros parâmetros iguais, a ventilação que envolve o movimento de

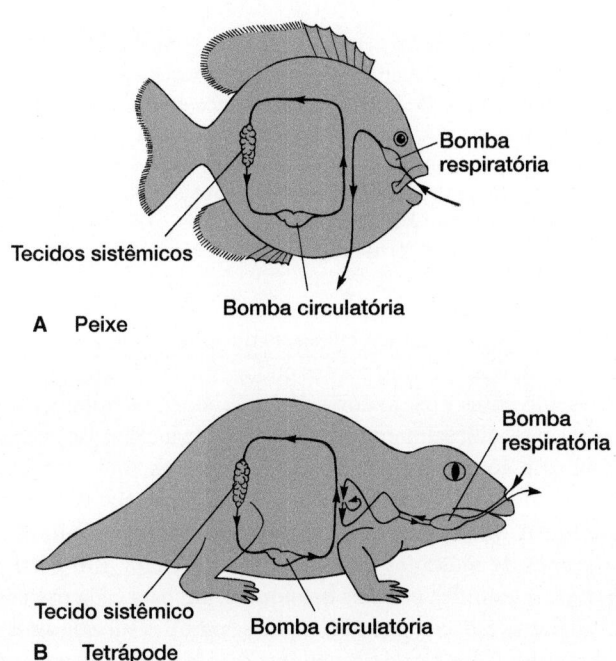

A Peixe

B Tetrápode

Figura 11.2 Os sistemas respiratório e circulatório cooperam para fornecer oxigênio aos tecidos profundos e remover o dióxido de carbono. Ambos os sistemas estão representados na figura. Durante a respiração externa, o ar, ou a água, é inalado e transportado até os capilares de troca do sangue. Em seguida, o sangue transporta o oxigênio para todos os tecidos sistêmicos (do corpo), representados aqui por uma pequena porção de tecido, onde ocorre a respiração interna. O oxigênio é liberado nesses tecidos e o dióxido de carbono é removido. **A.** Nos peixes, a bomba respiratória inclui habitualmente os arcos branquiais e sua musculatura. A respiração externa ocorre nos capilares branquiais. O coração, que é a principal bomba circulatória, transporta o sangue através das brânquias e, em seguida, para os tecidos sistêmicos. **B.** Nos tetrápodes, essa bomba respiratória pode incluir a cavidade bucal, que força o ar para dentro dos pulmões elásticos contra a resistência, e uma caixa torácica ao redor dos pulmões. A respiração externa ocorre nos pulmões. A bomba circulatória, ou coração, transporta o sangue através dos vasos. A troca respiratória interna ocorre entre o sangue e os tecidos sistêmicos.

água tem maior custo energético que a ventilação que envolve o movimento de ar fino. Além disso, como a água é mais densa, as estruturas flutuam melhor na água que no ar. As brânquias sustentadas pela água tendem a colapsar no ar e, portanto, deixam de funcionar como órgãos respiratórios na terra. Os pulmões são estruturalmente reforçados para funcionar melhor no ar.

Todavia, não são apenas diferenças nas propriedades físicas do ar e da água que afetam a ventilação e os dispositivos que atuam nela. A solubilidade do gás no ar difere daquela na água. Isso significa que a disponibilidade de gases para os órgãos respiratórios difere no ar e na água. O ar atmosférico é composto de oxigênio (cerca de 21%), nitrogênio (cerca de 78%) e dióxido de carbono (menos de 0,03%). O restante é constituído por oligoelementos. Nos microambientes, como as tocas de animais, a composição pode mudar ligeiramente. Todavia, em geral, a pressão parcial dos gases fisiologicamente importantes ao nível do mar é extremamente constante no mundo inteiro. Embora a pressão parcial varie com a altitude, a composição dos gases no ar é relativamente inalterada até mais de 100 km, em virtude da mistura efetuada por ventos e correntes de ar. Entretanto, na água, a situação é muito diferente. Quando colocados em contato com a água, esses gases entram em solução. A quantidade de gás que se dissolve na água depende da química do próprio gás, de sua pressão parcial no ar, da temperatura da água e da presença de outras substâncias dissolvidas. Em consequência, a quantidade de oxigênio na água pode ser muito variável; além disso, nunca é tão concentrada quanto no ar.

Na maioria das brânquias dos peixes, a ventilação é **unidirecional**. A água entra na cavidade bucal pela boca, passa pela fileira de brânquias, conhecida como **filamentos branquiais**, e sai fluindo apenas em uma direção (Figura 11.3 A). Nos peixes ativos, a ventilação é quase contínua para manter uma corrente mais ou menos constante de nova água banhando as superfícies de troca das brânquias. Todavia, a ventilação pulmonar é habitualmente **bidirecional**, com entrada e saída de ar pelos mesmos canais (Figura 11.3 B). O ar fresco que é **inalado** nos

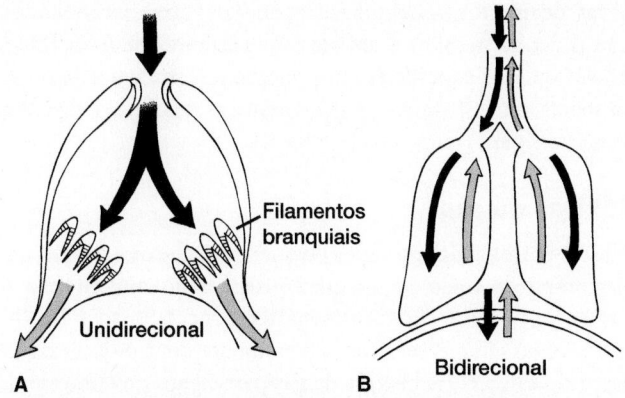

A **B**

Figura 11.3 Fluxo unidirecional e bidirecional. A. Nos peixes e em muitos anfíbios, o movimento de água é unidirecional, visto que a água flui pela boca, através dos filamentos branquiais e para fora da câmara branquial lateral. **B.** Em muitos vertebrados com respiração aérea, o ar flui para dentro do órgão respiratório e, em seguida, inverte a sua direção para sair pela mesma via, criando um fluxo bidirecional.

pulmões mistura-se com o ar consumido e é **exalado**. Os capilares de troca do pulmão são reabastecidos de modo intermitente, e não continuamente, com ar.

Os vertebrados que vivem em meios aquosos se deparam, com mais frequência, com muito pouco oxigênio, uma condição denominada **hipoxia**, em parte porque a água já apresenta baixa concentração de oxigênio dissolvido. Por esse motivo, os órgãos que complementam a respiração são encontrados, em sua maioria, entre os animais aquáticos, e não entre os animais estritamente terrestres.

Uma das importantes transições na evolução dos vertebrados foi a troca da respiração aquática pela respiração aérea. Esse evento evolutivo importante, juntamente com a fisiologia do sistema respiratório, tornou a respiração o foco de muita pesquisa. Começaremos com uma descrição dos vários órgãos que surgiram para facilitar a respiração. Eles têm algo a nos ensinar sobre as forças evolutivas que atuaram no desenvolvimento do sistema respiratório na água, no ar e entre os dois.

Órgãos respiratórios

Brânquias

As brânquias dos vertebrados foram desenvolvidas para a respiração na água. Especificamente, trata-se de redes capilares densas na região branquial que servem à respiração externa. As brânquias são sustentadas por elementos esqueléticos, os arcos branquiais. O mecanismo de ventilação das brânquias depende de sua localização interna ou externa. As **brânquias internas** estão associadas a **fendas** e **bolsas faríngeas**. Com frequência, são cobertas e protegidas lateralmente por dobras de pele mole, como o **septo interbranquial** nos peixes condrictes, ou por um **opérculo** firme, como em muitos peixes osteíctes (Figura 11.4 A a C). A ventilação envolve habitualmente a bomba muscular da cavidade bucal, levando ativamente a água através das brânquias internas. As **brânquias externas** surgem na região branquial como redes capilares filamentosas que se projetam na água circundante (Figura 11.4 D). São encontradas nas larvas de muitos vertebrados, incluindo peixes pulmonados, alguns actinopterígios e anfíbios. As correntes de água fluem através de suas superfícies em projeção ou, em águas paradas, músculos especializados movimentam as brânquias externas para trás e para frente para ventilá-las.

Bexigas de gás

Muitos peixes actinopterígios possuem uma **bexiga de gás**, um saco alongado cheio de gás, que consiste habitualmente em ar que entra por um **ducto pneumático** conectado ao trato digestório, ou em gás secretado diretamente dentro da bexiga a partir do sangue. As bexigas de gás participam no controle da flutuação (bexigas natatórias) e, algumas vezes, na respiração (pulmões).

Pulmões

Os pulmões dos vertebrados foram desenvolvidos para a respiração aérea. Os pulmões são sacos elásticos localizados dentro do corpo, e seu volume aumenta quando o ar é inalado

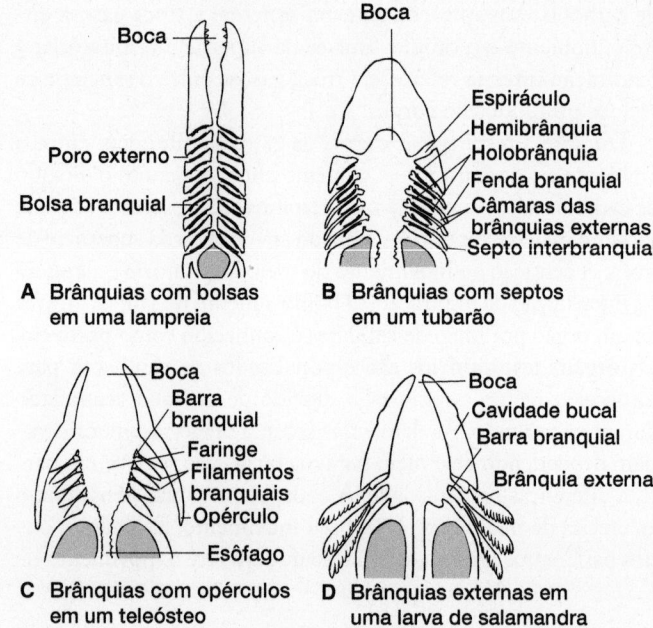

Figura 11.4 Coberturas branquiais. A. Bolsa branquial em lampreias. Não há qualquer cobertura para proteger a abertura lateral da câmara branquial. **B.** Brânquias com septos em tubarões. Válvulas com abas individuais formadas a partir de septos branquiais individuais protegem cada câmara branquial. **C.** Na maioria dos teleósteos e em algumas outras espécies, as várias brânquias são cobertas por um opérculo comum. **D.** Nas larvas de salamandras, os arcos branquiais sustentam brânquias externas vasculares que se projetam na água.

e diminui quando ele é exalado. Embriologicamente, os pulmões surgem como evaginações endodérmicas da faringe. Nos peixes ancestrais e na maioria dos tetrápodes, os pulmões dos adultos são habitualmente em pares. São de localização ventral em relação ao trato digestório e, nos amniotas, estão conectados com o ambiente externo por meio da **traqueia**. A entrada na traqueia é feita por meio da **glote**, protegida por minúsculos grupos de músculos que a abrem e a fecham. Em geral, a traqueia se ramifica em dois **brônquios**, um para cada pulmão. Em algumas espécies, cada brônquio se ramifica sucessivamente em **broquíolos** menores, que finalmente fornecem ar às superfícies respiratórias no pulmão. Nos tetrápodes com corpos delgados, um dos pulmões pode ser de tamanho reduzido e, em alguns anfisbenídeos e na maioria das cobras derivadas, existe apenas um pulmão.

A traqueia, os brônquios e os bronquíolos podem comportar um volume significativo de ar. Embora a expiração force a maior parte do ar consumido para fora dos pulmões, certa quantidade é retida nessas passagens. Com a inalação, esse ar "consumido" é puxado de volta aos pulmões antes que o ar fresco proveniente de fora os alcance, misturando-se com ele. Esse volume de ar usado dentro das vias respiratórias é denominado **espaço morto**. O volume total inalado em uma única inspiração é o **volume corrente**. Em uma galinha, o espaço morto pode representar até 34% do volume corrente total. O volume corrente normal de um ser humano em repouso é de cerca de 500 mℓ. Como o espaço morto é de cerca de 150 mℓ (30%), 350 mℓ de ar fresco alcançam efetivamente os pulmões.

Bexigas natatórias

Se a bexiga de gás for utilizada para controlar a flutuação do peixe na coluna de água vertical, é denominada **bexiga natatória**. Em certas ocasiões, as bexigas de gás também podem ser altamente vascularizadas para participar na respiração complementar e são denominadas **bexigas respiratórias de gás** ou **pulmões**. As paredes vasculares internas dos pulmões são subdivididas em numerosas partes que aumentam a área de superfície disponível para a troca respiratória externa.

As bexigas natatórias diferem dos pulmões de três maneiras. Em primeiro lugar, as bexigas natatórias habitualmente têm localização dorsal em relação ao trato digestório; em contrapartida, os pulmões são ventrais. Em segundo lugar, as bexigas natatórias são únicas, mas os pulmões são habitualmente pareados. *Neoceratodus*, o peixe pulmonado australiano, é uma exceção, visto que, quando adulto, possui um único pulmão dorsal em relação ao trato digestório; todavia, a sua traqueia se origina ventralmente a partir do trato digestório. Seu pulmão embrionário surge inicialmente como um par de primórdios, sugerindo que o pulmão único de *Neoceratodus* é uma condição derivada. Em terceiro lugar, nas bexigas natatórias, o sangue que retorna drena para circulação sistêmica geral (veias cardinais) antes de entrar no coração. Nos pulmões, o retorno venoso entra no coração separadamente da circulação sistêmica geral.

A despeito de suas diferenças, as bexigas natatórias e os pulmões compartilham muitas semelhanças básicas de desenvolvimento e anatomia. Ambos são evaginações do intestino ou da faringe e apresentam inervação e musculatura aproximadamente equivalentes. Alguns morfologistas tomam essas semelhanças como evidências de que os pulmões e as bexigas natatórias são homólogos. Mesmo se forem homólogos, não está bem esclarecido que função surgiu primeiro: a transferência de gás ou o controle da flutuabilidade. As duas funções não são mutuamente exclusivas. Uma bexiga natatória cheia que ajuda na transferência de gases também faz com que o peixe tenha maior flutuabilidade, e uma bexiga natatória usada para flutuabilidade também pode ser utilizada como fonte temporária de oxigênio. Entre os peixes, reversões evolutivas entre as funções de respiração e flutuabilidade ocorreram repetidamente. Os pulmões evoluíram para bexigas natatórias não respiratórias que, em processos evolutivos subsequentes, reverteram para pulmões.

Filogeneticamente, nem os pulmões nem as bexigas natatórias estão presentes nos agnatos, elasmobrânquios ou placodermes (Figura 11.5). Os pulmões, de posição ventral, provavelmente surgiram no ancestral comum imediato dos actinopterígios e sarcopterígios. As bexigas natatórias dos actinopterígios, se forem homólogas, seriam derivados posteriores dos pulmões (ver Figura 11.5). O hábito comportamental de engolir ar pode ter surgido até mesmo antes dos pulmões. A subida para engolir ar na superfície é observada em peixes sem órgãos especializados na respiração aérea e até em alguns tubarões. Por conseguinte, o hábito de engolir bolhas de ar, pressionando-as dentro das câmaras branquiais, pode ter precedido o aparecimento de dispositivos anatômicos especializados desenvolvidos para extrair eficientemente o oxigênio do ar e explorar esses comportamentos.

Apesar de defendermos o ponto de vista de que os pulmões ventrais duplos representam a condição primitiva nos peixes ósseos (ver Figura 11.5), podemos argumentar uma situação diferente nos peixes pulmonados. O peixe pulmonado australiano possui um único pulmão dorsal (o que constitui a condição primitiva) e pode ser plesiomórfico em comparação com os peixes pulmonados africanos e sul-americanos mais derivados. O peixe pulmonado australiano apresenta grandes nadadeiras carnosas, um grande opérculo, um corpo pesado, brânquias bem-desenvolvidas e até seus estoques serem ameaçados pela sobrepesca, aventurava-se na água salgada, bem como na água doce, como os primeiros peixes ósseos. Outros peixes pulmonados são mais derivados, com diminutas nadadeiras, pequenos opérculos, corpos alongados como enguias, respiratórios de ar obrigatórios e *habitat* estritamente na água doce. Nesse aspecto, o duplo pulmão ventral dos peixes pulmonados africanos e sul-americanos representaria um estado derivado.

Órgãos respiratórios cutâneos

Embora os pulmões e as brânquias sejam os principais órgãos respiratórios, a pele pode complementar a respiração. A respiração através da pele, denominada **respiração cutânea**, pode ocorrer no ar, na água ou em ambos. Na enguia europeia e no linguado, a captação de oxigênio através da pele pode responder por até 30% da troca gasosa total (Figura 11.6). Os anfíbios dependem acentuadamente da respiração cutânea, e, com frequência, desenvolveram estruturas cutâneas acessórias para aumentar a área de superfície disponível para a troca gasosa. Com efeito, nas salamandras da família Plethodontidae, os adultos carecem de pulmões e de brânquias e dependem totalmente da respiração cutânea para suprir suas necessidades metabólicas. À semelhança da maioria dos mamíferos, os seres humanos apresentam muito pouca respiração cutânea, embora a nossa pele seja permeável a algumas substâncias químicas aplicadas topicamente (espalhadas na superfície). De fato, muitas pomadas medicinais são absorvidas pela pele. Os morcegos tiram proveito da respiração cutânea que ocorre através das membranas bem-vascularizadas de suas asas para eliminar até 12% do dióxido de carbono total, porém obtêm apenas 1 ou 2% de suas necessidades totais de oxigênio por esse meio (ver Figura 11.6). As penas e a pele pouco vascularizada das aves impedem a respiração cutânea. De modo semelhante, ela é limitada nos répteis em razão da cobertura superficial das escamas. Todavia, nas áreas entre as escamas (nas dobradiças das escamas) e nas áreas com escamas reduzidas (p. ex., ao redor da cloaca), a pele é altamente vascularizada para possibilitar alguma respiração cutânea. As cobras marinhas podem complementar até 30% de sua captação de oxigênio por meio da respiração cutânea através da pele nas laterais e do dorso. Muitas tartarugas passam o inverno frio em hibernação de maneira segura no fundo de lagoas não congeladas, onde a respiração limitada ao redor da cloaca é suficiente para suprir as necessidades metabólicas reduzidas.

A larva recém-eclodida do peixe teleósteo *Monopterus albus*, um habitante do Sudeste Asiático, utiliza predominantemente a respiração cutânea durante o início de sua vida.

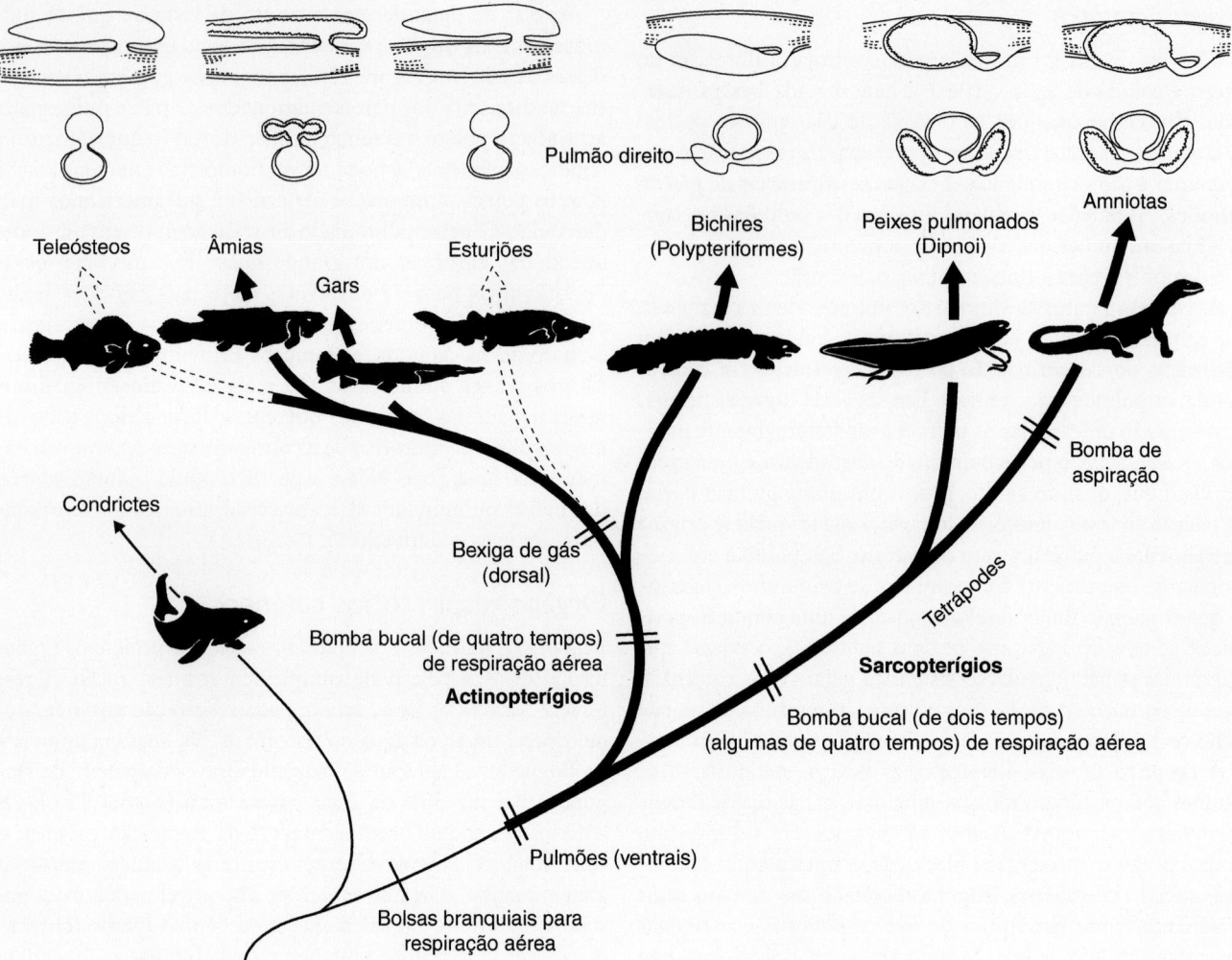

Figura 11.5 Evolução das bexigas de gás. Os pulmões, de posição ventral, evoluíram no ancestral comum dos actinopterígios e sar-copterígios. As bexigas natatórias nos actinopterígios podem ter evoluído independentemente ou terem sido modificadas a partir de pulmões primários. Algumas bexigas de gás têm uma função respiratória. Acima do dendrograma, que mostra o aparecimento evolutivo de cada grupo, são apresentados cortes sagitais (*em cima*) e transversais (*embaixo*) do pulmão e sua conexão com o trato digestório. Nos Polypteriformes (*Polypterus*), os pulmões em pares se abrem por uma glote muscular comum para dentro do assoalho direito da faringe. O pulmão esquerdo é reduzido, o direito é longo, porém o revestimento epitelial da boca é liso. As bexigas natatórias dos esturjões se originaram do estômago e as dos teleósteos ancestrais, do esôfago, sugerindo que essas bexigas de gás não respiratórias podem ter uma origem independente nesses dois grupos. As *setas tracejadas* indicam pontos nos quais houve perda da função respiratória da bexiga de gás.

Com base em Liem; Perry et al.

Por ocasião da eclosão, as grandes nadadeiras peitorais altamente vascularizadas batem de modo a impulsionar uma corrente de água para trás, passando pela superfície da larva e seu saco vitelino. O sangue nos vasos cutâneos superficiais segue um fluxo anterógrado. Isso estabelece uma troca por contracorrente entre a água e o sangue, aumentando a eficiência da respiração cutânea dessa larva (Figura 11.7 A). Esse órgão respiratório faz com que a larva possa habitar a fina camada de água superficial na qual o oxigênio do ar se dissolve. De maneira semelhante, em muitos anfíbios, o aumento da área de superfície possibilita maior troca gasosa cutânea (Figura 11.7 B e C).

Troca em contracorrente (Capítulo 4)

Órgãos acessórios da respiração aérea

Os pulmões e a pele não são os únicos órgãos que utilizam fontes de oxigênio no ar. Muitos peixes possuem regiões especializadas que captam o oxigênio do ar (Figura 11.8). *Hoplosternum*, um bagre tropical encontrado em água doce na América do Sul, engole ar e o deglute em seu trato digestório (ver Figura 11.8 A). O oxigênio no ar engolido se difunde através da parede do trato digestório para a corrente sanguínea. O trato digestório é ricamente suprido de vasos sanguíneos que complementam a respiração branquial. A enguia-elétrica *Electrophorus* engole e retém o ar na sua boca para expor as redes de capilares da boca ao oxigênio (ver Figura 11.8 D).

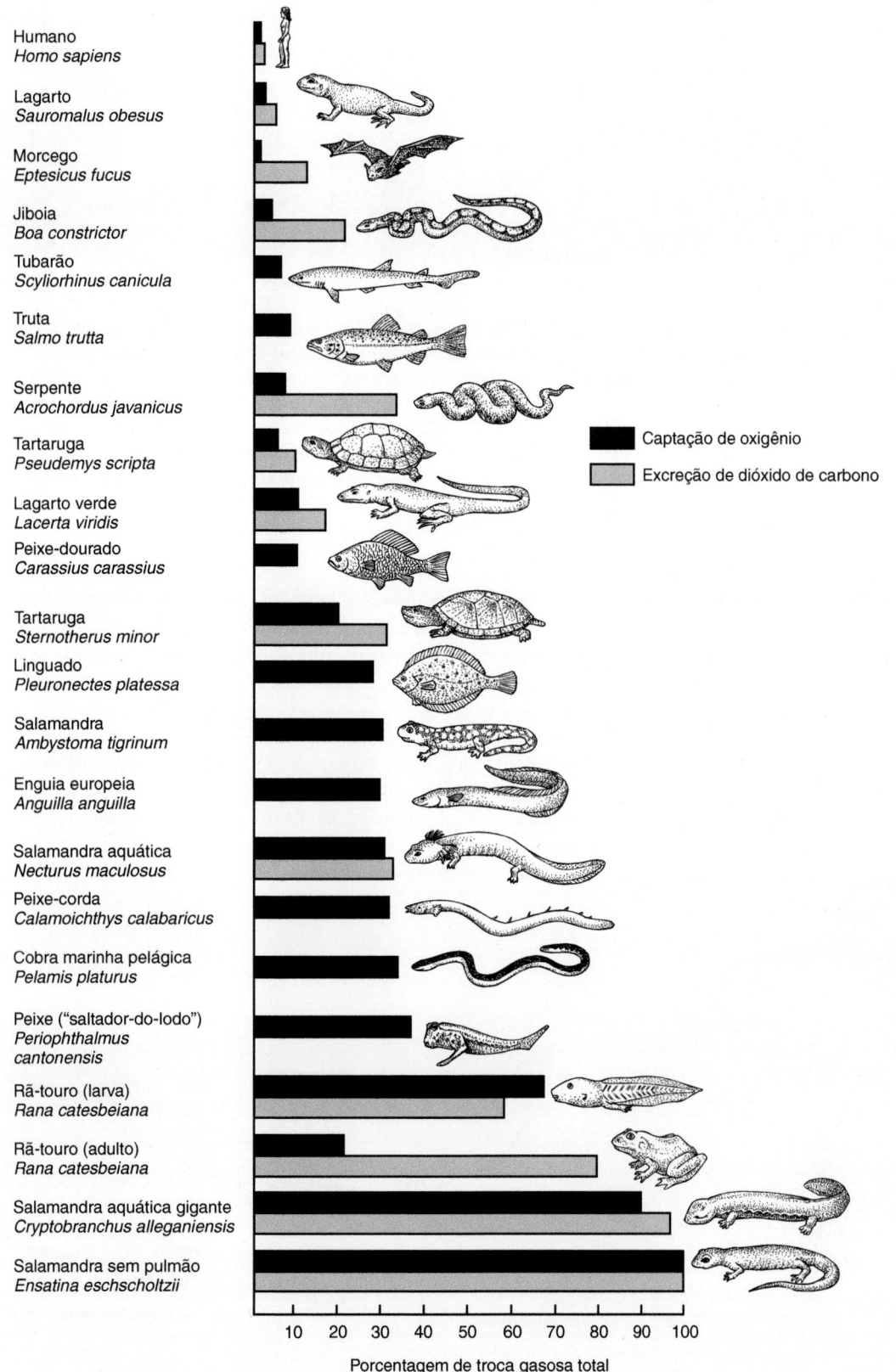

Captação de oxigênio

Excreção de dióxido de carbono

Porcentagem de troca gasosa total

Figura 11.6 Respiração cutânea entre os vertebrados. A maioria dos anfíbios depende, em grande parte, da respiração cutânea para suprir suas necessidades metabólicas, e alguns, como a família de salamandras sem pulmão (Plethodontidae), utilizam-na exclusivamente. São também conhecidos outros vertebrados que complementam a respiração branquial ou os pulmões com a respiração cutânea. A troca gasosa através da pele envolve a captação de oxigênio do ambiente e a liberação de dióxido de carbono para ele, porém essas trocas não são necessariamente da mesma magnitude. Por exemplo, a perda de dióxido de carbono através das membranas das asas dos morcegos responde por cerca de 12% da troca gasosa total, porém a captação de oxigênio é consideravelmente menor. A excreção cutânea de dióxido de carbono (*barras cinza*) e a captação de oxigênio (*barras pretas*) estão indicadas como porcentagem de troca gasosa total.

De Feder e Burggren.

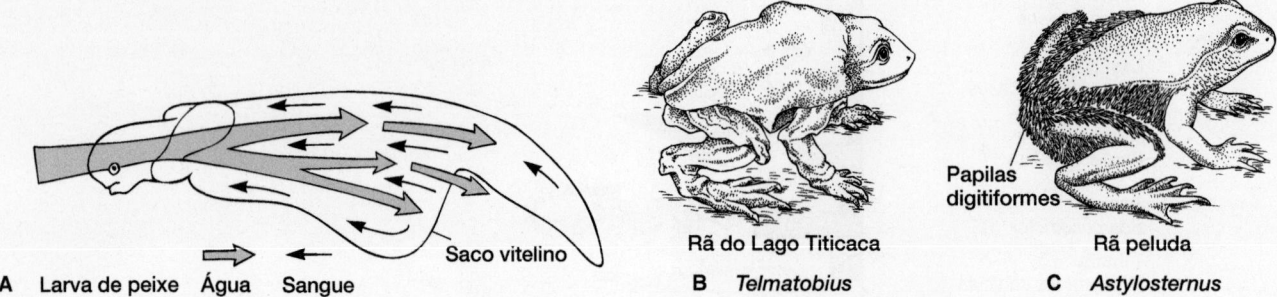

A Larva de peixe Água Sangue Saco vitelino

Rã do Lago Titicaca
B *Telmatobius*

Papilas digitiformes

Rã peluda
C *Astylosternus*

Figura 11.7 Adaptações para respiração cutânea. Muitos vertebrados exibem especializações complexas ou elaboradas que aumentam a eficiência da troca gasosa através da pele. **A.** Enquanto ainda pequena, essa larva do peixe *Monopterus albus* ocupa a fina camada de água adjacente à superfície, onde os níveis de oxigênio são relativamente altos. Suas nadadeiras peitorais batem, forçando a água a fluir pela sua superfície corporal. O sangue que circula através da pele flui na direção oposta da água, estabelecendo uma troca por contracorrente entre o sangue e a água. **B.** Na rã do Lago Titicaca, *Telmatobius culeus*, pregas de pele frouxa, proeminentes no dorso e nos membros, proporcionam uma extensa área de superfície para respiração cutânea. **C.** No macho da rã *Astylosternus robustus*, numerosas papilas aparecem durante a estação de acasalamento, formando um órgão respiratório complementar pregueado nas laterais e nos membros posteriores.

A, de Liem; B, C, de Feder e Burggren.

As brânquias normalmente não são órgãos adequados para a respiração aérea (Figura 11.8 C). As superfícies úmidas de troca, semelhantes a folhas, grudam umas às outras no ar e colapsam sem o suporte de flutuação da água. Todavia, em alguns peixes, as brânquias são utilizadas para a respiração aérea (ver Figura 11.8 B). O peixe *Mnierpes*, um habitante das margens rochosas batidas por ondas da costa do Pacífico Tropical das Américas Central e do Sul, ocasionalmente faz uma breve permanência na terra para procurar alimento, fugir de predadores aquáticos e evitar períodos de intensa ação das ondas. Durante essas estadias,

o *Mnierpes* mantém o ar entre os filamentos branquiais para extrair o oxigênio. Suas brânquias são reforçadas para evitar o seu colapso durante esses períodos de respiração aérea.

Respiração e embriões

Entre os anamniotas, a respiração geralmente ocorre diretamente entre o ambiente circundante e o embrião através da pele. Nas aves e na maioria dos répteis, o embrião está envolvido por membranas extraembrionárias e fechado dentro de uma casca.

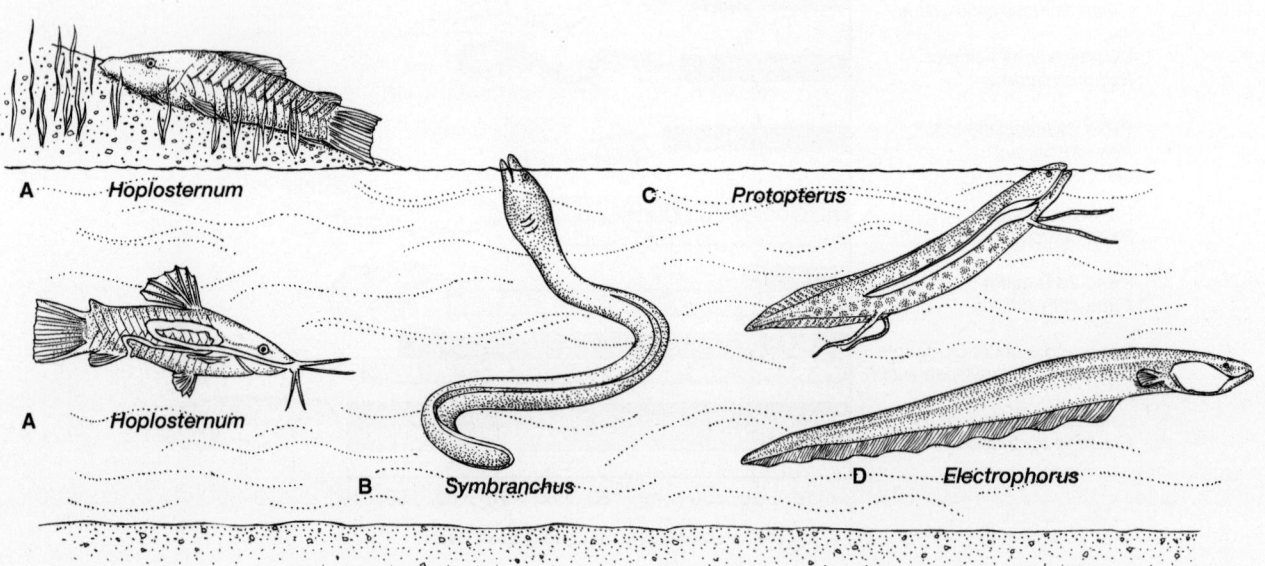

A *Hoplosternum*
C *Protopterus*
A *Hoplosternum*
B *Symbranchus*
D *Electrophorus*

Figura 11.8 Peixes com respiração aérea. Os peixes que temporariamente respiram ar vivem, em geral, em águas onde ocorre depleção de oxigênio sazonal ou de modo frequente. Engolir água complementa a captação diminuída de oxigênio através das brânquias e ajuda o peixe a suportar curtos períodos de hipoxia. **A.** *Hoplosternum*, um peixe semelhante à carpa, deglute ar e, no intestino, redes capilares extras absorvem esse oxigênio suplementar. **B.** *Symbranchus* mantém uma bolha de ar contra suas brânquias reforçadas para absorver o oxigênio extra. **C.** *Protopterus*, um peixe pulmonado, possui pulmões bem desenvolvidos para a respiração aérea. **D.** *Electrophorus*, uma enguia-elétrica, ao engolir ar, capta oxigênio através da mucosa bucal.

De Johansen.

Uma dessas membranas, o corioalantoide, situa-se diretamente abaixo da casca e atua como órgão respiratório. A casca porosa possibilita a captação de oxigênio e a eliminação de dióxido de carbono pelo sangue que circula dentro do corioalantoide, que sustenta as necessidades respiratórias do embrião de galinha durante a maior parte de seu tempo no ovo (Figura 11.9 A e B). Cerca de 6 horas antes da eclosão, o pintainho bica a membrana interna da concha para empurrar o seu bico dentro de um pequeno espaço de ar dentro da casca. Isso possibilita o enchimento de seus pulmões pela primeira vez e o início da participação, juntamente com o corioalantoide, na respiração aérea. Quando o pintainho quebra a casca externa várias horas depois, seus pulmões respiram ar atmosférico diretamente e o corioalantoide rapidamente perde a sua função (Figura 11.9 C).

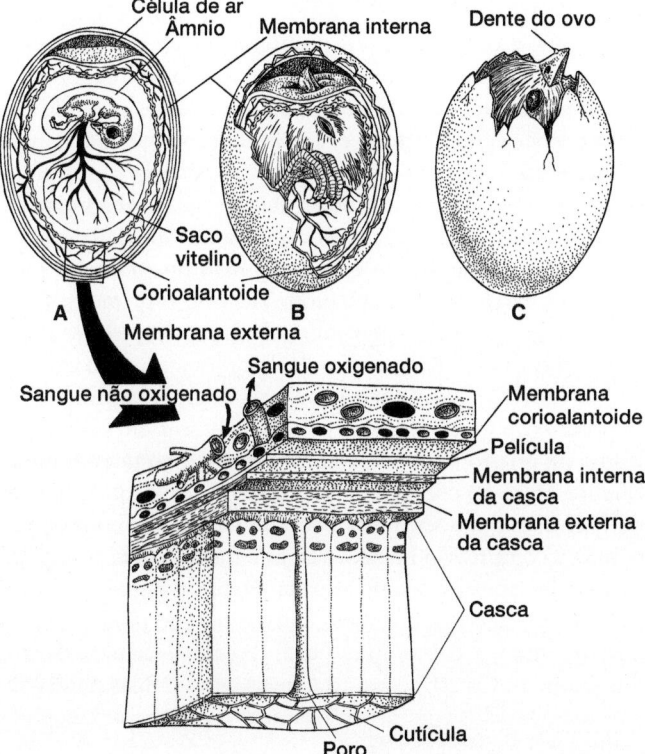

Figura 11.9 Respiração no embrião de galinha. A. Enquanto o embrião de galinha está dentro do ovo, ele respira através da casca porosa. A corioalantoide transporta o sangue para a superfície interna da casca para a troca de gases nessa interface. A própria casca é constituída de cristais de calcite perfurada por minúsculos poros. As membranas interna e externa da casca a separam da corioalantoide vascularizada. O embrião de galinha supre todas as suas necessidades respiratórias até 19 dias de incubação, visto que o ar passa através da casca porosa e efetua a troca de gases com o sangue na corioalantoide. **B.** No dia 19, o embrião empurra seu bico através da membrana interna da casca dentro do espaço aéreo entre ambas as membranas. Seus pulmões inflam e o pintainho respira ar além da respiração continuada pela corioalantoide. **C.** Seis horas depois, o pintainho bica a casca propriamente dita, um processo denominado *eclosão*, para respirar diretamente o ar atmosférico. Em seguida, a respiração por meio da corioalantoide declina e o pintainho quebra ainda mais a casca, saindo dela em seguida.

De Rahn e Paganelli.

Mecanismos de ventilação

Qualquer que seja o órgão de troca – pulmões, brânquias, pele ou estruturas acessórias – a água ou o ar se movem diretamente através das superfícies respiratórias para aumentar a taxa de difusão. Alguns mecanismos de ventilação se baseiam em cílios, mas a maioria envolve a ação de músculos.

Cílios

Se um animal for pequeno e as suas demandas metabólicas forem modestas, cílios microscópicos são suficientes para movimentar a água pelas superfícies respiratórias e sustentar a troca de gases entre os tecidos e o ambiente. Os cílios revestem as vias ao longo das quais flui a corrente de água. Seus batimentos coordenados conduzem a água, um meio relativamente viscoso, pela faringe e através das brânquias. Os cílios, à semelhança de remos, não são efetivos contra um meio relativamente fino, como o ar. Além disso, eles são estruturas de superfície, de modo que são limitados pela área disponível. À medida que o tamanho de um animal aumenta, a massa aumenta mais rapidamente que a área superficial, e os cílios se tornam menos apropriados como mecanismo para movimentar a corrente de ventilação que transporta oxigênio até o organismo. Por conseguinte, os cílios, como parte do sistema de ventilação, são encontrados em pequenos organismos aquáticos com baixas demandas metabólicas, como os protocordados.

Nos grandes vertebrados, os canais respiratórios frequentemente conservam os cílios, porém estes estão envolvidos na eliminação de resíduos superficiais que podem obstruir o aparato respiratório. Apesar de estarem "dentro" do corpo, os pulmões estão continuamente expostos ao ar fresco do ambiente externo. Células ciliadas e mucosas são especializadas na remoção de impurezas desse ar. Estão entremeadas por todo o revestimento dos pulmões e secretam muco sobre o revestimento para reter as poeiras e o material particulado. Os cílios batem em padrões coordenados para mover esse cobertor mucoso carregado com material estranho para as vias respiratórias superiores e para dentro da faringe, onde é deglutido sem ser percebido.

Outra secreção que reveste os pulmões (e as bexigas de gás) é o **surfactante**. O surfactante diminui a tensão superficial na interface água–ar. Isso passa a constituir uma função cada vez mais importante nos locais onde há divisão da superfície respiratória interna. A tensão superficial pode colapsar os compartimentos microscópicos resultantes nos quais ocorre a troca gasosa. O surfactante diminui essa tensão superficial, ajuda a estabilizar esses compartimentos e mantém a sua integridade estrutural como superfícies elaboradas para a troca respiratória.

Mecanismos musculares

A ventilação nos vertebrados depende habitualmente de uma ação muscular. A água que se movimenta pelas brânquias efetua a sua ventilação. Nos anfíbios com brânquias externas, os músculos presentes dentro delas ou associados às bases das brânquias que se projetam sofrem contração para movê-las para trás e para frente através da água. Alguns peixes natatórios se aproveitam de sua progressão através da água e abrem suas bocas ligeiramente, possibilitando a entrada de água que irriga as brânquias. Essa técnica pela qual a própria locomoção de um peixe para frente contribui para a ventilação das brânquias é conhecida como **ventilação forçada**. Ela é característica de muitos peixes pelágicos grandes e ativos, como o atum e alguns tubarões. Mais comumente, bombas musculares conduzem ativamente a água ou o ar através do órgão respiratório. Existem três tipos principais de bombas, uma comum na respiração aquática e duas encontradas entre os vertebrados de respiração aérea.

Ventilação na água | Bomba dupla

Nos peixes de respiração aquática, a bomba mais comum é uma **bomba dupla** (Figura 11.10). Esse sistema gnatostomado, como o próprio nome sugere, consiste em duas bombas em *tandem*, a bomba bucal e a bomba opercular, que trabalham em um padrão sincrônico para conduzir a água em um fluxo unidirecional quase contínuo através dos filamentos branquiais. Esse mecanismo de irrigação das brânquias pode ser visto como uma bomba de dois tempos. O primeiro tempo, ou *fase de sucção*, começa com as cavidades bucal e opercular comprimidas e as válvulas oral e opercular fechadas. Com a expansão da cavidade bucal, criando uma pressão intraoral baixa, as válvulas orais se abrem e a água externa entra rapidamente, seguindo o gradiente de pressão. A expansão simultânea da cavidade opercular mais posterior com sua válvula

fechada também cria uma pressão que é até mesmo mais baixa que a da cavidade bucal adjacente. Em consequência, a água que entra na cavidade bucal é estimulada, pelo diferencial de pressão, a continuar através das brânquias para dentro da cavidade opercular.

Durante o segundo tempo ou *fase de força*, as válvulas orais se fecham e as operculares se abrem. A compressão muscular simultânea das cavidades bucal e opercular eleva a pressão em ambas; todavia, devido à válvula opercular aberta, a pressão na cavidade opercular é ligeiramente menor. Por conseguinte, a água flui da cavidade bucal através das brânquias e sai pela válvula opercular aberta. O momento apropriado das fases de sucção e de força, juntamente com os diferenciais de pressão entre elas, resulta em um fluxo unidirecional quase contínuo de água fresca através das brânquias.

Ventilação no ar | Bomba bucal

Os peixes e os anfíbios de respiração aérea utilizam uma bomba bucal para ventilar os pulmões. A **bomba bucal** (bomba em pulsos) emprega a cavidade bucal, que se expande para se encher com ar fresco e, em seguida, comprime-se para bombear esse ar dentro dos pulmões. Os gases já consumidos saem em sincronia sob as forças bucais. Na **bomba bucal de dois tempos** (Figura 11.11 A), a expansão inicial da cavidade bucal traz ar fresco e o ar expirado dos pulmões para dentro da boca, onde se misturam durante o primeiro tempo. No segundo tempo, a compressão bucal força esses gases bucais misturados para dentro dos pulmões, sendo o excesso de gás expelido pelas narinas ou pela boca. A expiração e a inspiração de gases também podem se basear em um mecanismo de quatro tempos. A **bomba bucal de quatro tempos** (Figura 11.11 B) começa com a expansão bucal, que traz o ar dos pulmões para dentro da boca, de modo que, no segundo tempo, a compressão bucal, esse gás é forçado para fora pelas narinas. No terceiro tempo, a expansão bucal puxa o ar fresco para dentro da boca por meio das narinas, de modo que, no quarto tempo, a compressão bucal força esse ar para dentro dos pulmões. Os esfíncteres traqueais e as válvulas nasais estão sincronizados com os deslocamentos bucais para ajudar a controlar o movimento de gás.

▶ **Peixes de respiração aérea.** Os peixes que ocasionalmente engolem ar atmosférico, como os peixes pulmonados, não são diferentes de outros peixes quando estão respirando ativamente na água. Utilizam o mesmo mecanismo de bomba dupla para irrigar as brânquias. Todavia, quando o peixe pulmonado respira ar, a bomba dupla é modificada em uma bomba bucal para mover o ar para dentro e para fora dos pulmões. A bomba bucal de quatro tempos pode ser resumida como uma fase de expiração e uma fase de inspiração. A **fase de expiração** começa com a *transferência* (expansão 1) do ar consumido dos pulmões para dentro da cavidade bucal. Em alguns peixes, o relaxamento de um esfíncter ao redor da glote possibilita essa transferência dos pulmões para a cavidade bucal. A expiração é concluída com a *expulsão* (compressão 2) do ar da cavidade bucal para fora por meio da boca ou sob o opérculo. Conforme o peixe sobe e a sua cabeça rompe a superfície, a boca se abre para a *entrada* (expansão 3) de ar atmosférico, a primeira etapa na **fase de inspiração**.

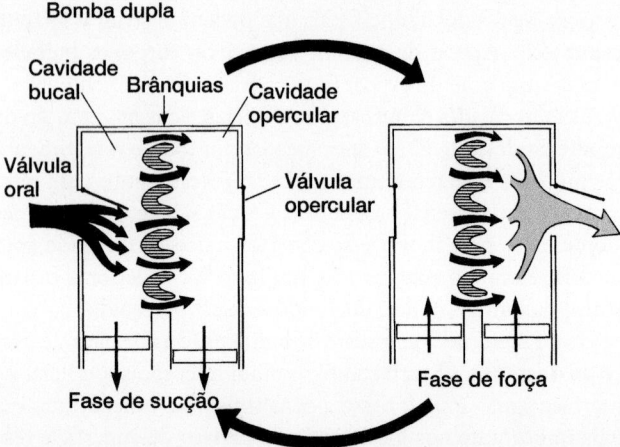

Figura 11.10 Peixes de respiração aquática: a bomba dupla. Na maioria dos peixes, as cavidades bucal e opercular formam bombas duplas em lados opostos dos filamentos branquiais. A ação muscular expande ambas as cavidades, representadas pelos pistões descendentes (*setas escuras dirigidas para baixo à esquerda*), na fase de sucção. Durante a fase de força, os músculos se contraem para comprimir as cavidades, representadas pelos pistões ascendentes (*setas escuras dirigidas para cima, à direita*). Conforme a pressão dentro de cada cavidade diminui ou aumenta, maior quantidade de água (fase de sucção) é puxada para dentro e expelida (fase de força). Devido à ligeira diferença de pressão entre as cavidades bucal e opercular, a água se movimenta quase continuamente da cavidade bucal para a opercular. As válvulas da boca e do opérculo impedem o fluxo inverso de água. Por conseguinte, estabelece-se um fluxo de água unidirecional e mais ou menos contínuo através das brânquias.

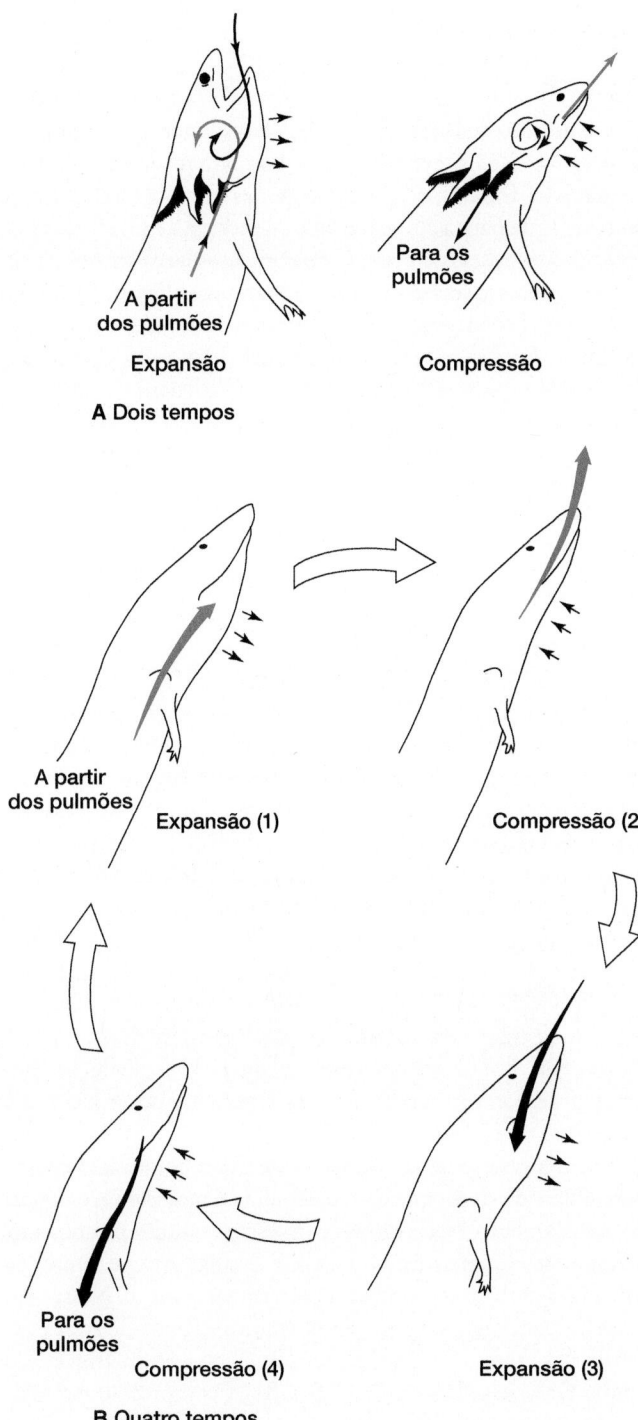

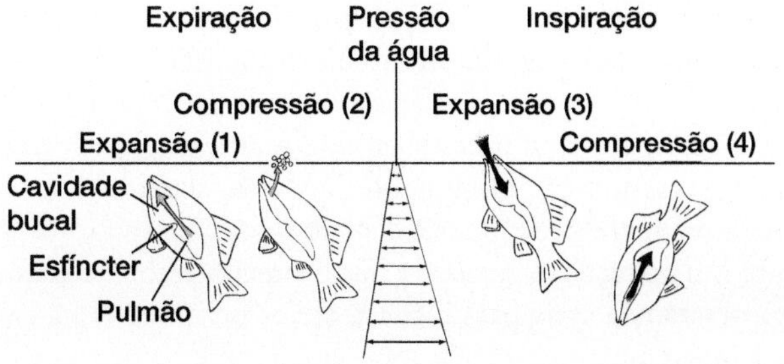

Figura 11.12 Peixes de respiração aérea: bomba bucal. A bomba de quatro tempos ocorre em duas fases – expiração e inspiração. Durante a expiração, a pressão da água circundante nas paredes do corpo força o ar para fora dos pulmões e para fora da boca aberta. Durante a inalação, a cabeça do peixe rompe a superfície, e a cavidade bucal se expande, puxando o ar para dentro. A compressão muscular da cavidade bucal força a válvula na boca fechada, e a pressão positiva movimenta o ar para dentro dos pulmões. Um esfíncter situado entre a boca e os pulmões se fecha para impedir o escape de ar.

A inspiração é concluída com a *compressão* (4), que força uma bolha de ar fresco da cavidade bucal para dentro dos pulmões (Figura 11.12).

Teoricamente, essa troca bidirecional de ar para dentro e para fora dos pulmões nos peixes de respiração aérea poderia ser ajudada pela pressão hidrostática da coluna de água ao redor do peixe. Como a pressão hidrostática circundante aumenta com a profundidade, um peixe que sobe até a superfície com a sua cabeça apontada para cima sofre uma pressão ligeiramente maior dentro de seu corpo do que na cavidade bucal mais próxima da superfície. Durante a expiração, isso poderia ajudar a forçar o ar dos pulmões para dentro da cavidade bucal e para fora da boca. Por outro lado, quando o peixe já engoliu ar atmosférico e se dirige para baixo, o ar na cavidade bucal que está mais profunda estaria sob uma pressão ligeiramente maior que o ar no pulmão, que está em uma posição ligeiramente mais superficial. Isso poderia ajudar a mover a bolha de ar fresco engolida para dentro do pulmão.

Na prática, alguns peixes se aproveitam efetivamente do diferencial hidrostático na pressão da água sobre seus corpos quando transferem ou liberam o ar durante a expiração. Em geral, isso é ampliado por contrações musculares dentro da cavidade bucal e músculos estriados ao redor do pulmão. Entretanto, a inspiração parece estar baseada principalmente em contrações ativas da musculatura branquial.

▶ **Anfíbios.** À semelhança dos peixes de respiração aérea, os anfíbios utilizam uma bomba de pulsos para ventilar seus pulmões, com fluxo de ar bidirecional. O método de ventilação com bomba bucal de dois tempos é primitivo para os anfíbios e é encontrado na maioria deles. A sua presença foi relatada em alguns peixes pulmonados (p. ex., o peixe pulmonado africano). Alguns anfíbios aquáticos utilizam a bomba bucal de quatro tempos. Quando um anfíbio está na água, a pressão hidrostática contra as laterais de seu corpo parcialmente submerso comprime o pulmão, produzindo uma pressão que é mais alta que a pressão atmosférica. Quando o ele expira o ar, essa pressão hidrostática ajuda na ventilação dos pulmões.

Figura 11.11 Bomba bucal | Dois tempos e quatro tempos. Os peixes e os anfíbios de respiração aérea utilizam a expansão e a compressão da cavidade bucal para movimentar os gases para dentro e para fora dos pulmões. **A.** Bomba bucal de dois tempos (com base em *Ambystoma tigrinum*). A expansão mistura o gás dos pulmões e o ar fresco na boca; com a compressão, essa mistura é forçada para dentro dos pulmões e o excesso é expelido pelas narinas. **B.** Bomba bucal de quatro tempos (com base em *Amphiuma tridactylum*). A expansão bucal inicial (1) puxa o ar para dentro da boca, que é em seguida expelido durante a compressão bucal (2); nessa etapa, a expansão bucal (3) puxa o ar fresco para dentro, forçando-o para dentro dos pulmões com a compressão bucal (4).

Modificada de Simons, Bennett e Brainerd.

Além dos efeitos passivos da pressão da água, os músculos hipaxiais (particularmente o músculo transverso do abdome) sofrem contração para ajudar ativamente na expiração. Isso ajuda a limpar os pulmões e produz maior volume corrente durante a respiração infrequente. Todavia, a contração muscular ativa aparentemente não contribui para a inspiração. Durante a inspiração, a cavidade bucal precisa trabalhar contra essa pressão da água para reabastecer os pulmões. Uma cavidade bucal muscular forte resolve esse problema de respirar o ar enquanto o animal está imerso na água. Por outro lado, a cavidade bucal na qual está centrada a bomba bucal também está envolvida na alimentação. Como veremos adiante neste capítulo, a dupla função da cavidade bucal na alimentação e na ventilação pode resultar em demandas conflitantes e comprometimentos em sua estruturação.

Ventilação no ar | Bomba de aspiração

A **bomba de aspiração** é um terceiro tipo, depois das bombas dupla e bucal, que não empurra o ar dentro dos pulmões contra uma força de resistência. Na verdade, o ar é sugado ou aspirado pela baixa pressão criada ao redor dos pulmões (Figura 11.13). Os pulmões estão localizados *dentro* da bomba, de modo que a força necessária para ventilá-los é aplicada diretamente. A "bomba" inclui a caixa torácica e, com frequência, um diafragma muscular. Um diafragma móvel no tórax, mais do que a ação da cavidade bucal, é o que causa mudanças de pressão. O diafragma, à semelhança de um êmbolo, altera a pressão nos pulmões, favorecendo a entrada e a saída de ar.

A bomba de aspiração é bidirecional. Ela é encontrada nos amniotas – répteis, mamíferos e aves; nestas, em particular, ela é altamente modificada. A cavidade bucal não faz mais parte do mecanismo de bombeamento dos amniotas. Diferentemente da bomba bucal, a alimentação e a ventilação não estão acopladas nos vertebrados que utilizam uma bomba de aspiração. Esse desacoplamento funcional aumenta as oportunidades para a diversificação independente dos mecanismos de alimentação e ventilação.

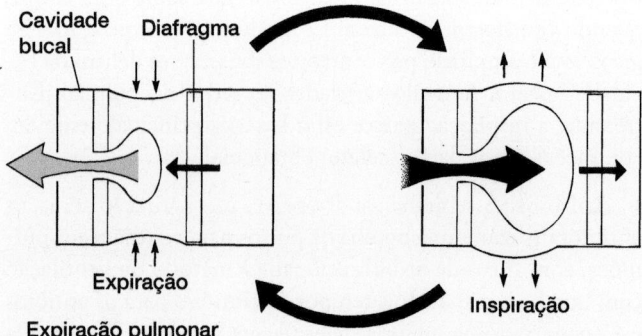

Figura 11.13 Amniotas de respiração aérea: bomba de aspiração. Na maioria dos amniotas, a cavidade bucal tem pouca ligação com o processo de forçar o ar para dentro e para fora dos pulmões. Na verdade, a caixa torácica se expande e comprime, e/ou um diafragma se move para frente e para trás dentro da cavidade do corpo, criando uma pressão positiva que expele o ar ou uma pressão negativa que puxa o ar para dentro dos pulmões.

Filogenia

Agnatos

Como no caso dos cefalocordados, a larva amocete da lampreia depende de canais revestidos por cílios para recolher o alimento coletado. Todavia, diferentemente dos cefalocordados, a corrente de água para a alimentação e a ventilação é produzida por bombas compostas de **pregas velares musculares** ou **véu** e pela compressão e expansão do aparato branquial (Figura 11.14 A). O fechamento do véu e a compressão muscular do aparato branquial conduzem a água através das brânquias e para fora das fendas faríngeas. O relaxamento desses mesmos músculos permite que o aparato branquial elástico retorne a seu formato expandido, puxando, assim, a água de fora para dentro pelo véu aberto. As aberturas faríngeas são pequenas e redondas, e não consistem em fendas longas como as do anfioxo. Existem, normalmente, sete pares de fendas. Dobras de pele recobrem essas aberturas, que atuam como válvulas. Embora a água possa sair através delas, o movimento da água para dentro força o seu fechamento; por conseguinte, o fluxo reverso é impedido (Figura 11.14 B).

Diferentemente das brânquias laterais dos gnatostomados, as brânquias dos amocetes se localizam medialmente aos arcos branquiais. Cada brânquia inclui uma divisão central, o septo interbranquial, que sustenta um conjunto de **lamelas primárias (filamentos branquiais)** nos lados anterior e posterior. Cada filamento é extensamente subdividido em numerosas e minúsculas **lamelas secundárias**, semelhantes a placas, que contêm redes capilares respiratórias. A corrente de água é direcionada através das partes laterais dessas lamelas secundárias. O sangue que flui dentro das redes capilares das lamelas segue em direção oposta. Por conseguinte, a água e o sangue, que fluem em direções opostas, estabelecem um sistema de contracorrente entre eles para melhorar a difusão dos gases.

Em muitas espécies, a lampreia adulta é um estágio reprodutivo de vida curta, que não se alimenta e morre pouco depois do acasalamento. Nas espécies com estágio adulto prolongado, o adulto se alimenta fixando a boca circular à parte lateral da presa viva. A língua é utilizada para raspar a carne. Nessas espécies, a boca segura a presa, impedindo a entrada de água para ventilar as brânquias. Com efeito, a água sai e entra através das fendas faríngeas (Figura 11.15 A e B). A compressão e o relaxamento musculares do aparato branquial conduzem essa água, que se movimenta para dentro e para fora da bolsa branquial através das fendas associadas, diferentemente do que ocorre na maioria dos peixes. Uma separação que divide a faringe em um esôfago dorsal, conectado ao trato digestório, e em um canal ventral de água que abastece as bolsas branquiais impede a mistura do alimento com a água da respiração.

Nas feiticeiras, não ocorrem grandes expansões e contrações do aparato branquial. Em lugar disso, o enrolamento e o desenrolamento do véu, um de cada lado, juntamente com contrações e relaxamentos sincronizados das bolsas branquiais, produzem uma corrente de água que entra pela narina e ductos nasofaríngeos, flui em uma única direção através das brânquias e sai (Figura 11.16 A). Em corte transversal, o véu tem o

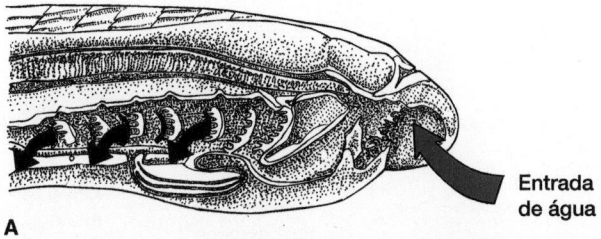

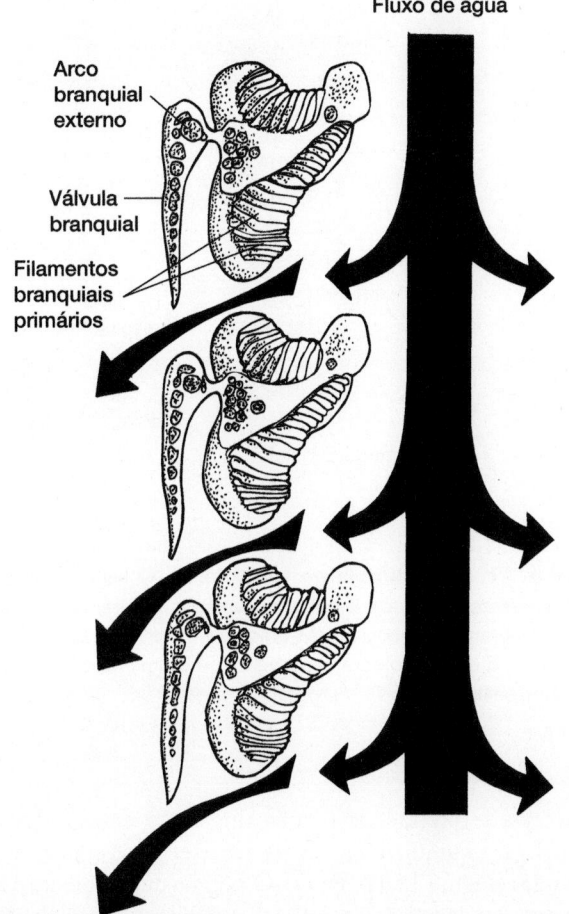

Figura 11.14 Ventilação na larva do amocete. A. O véu muscular puxa a água para dentro da boca e a empurra através das fendas faríngeas e das brânquias antes que saia. **B.** Corte frontal feito através de três arcos branquiais, mostrando a posição das brânquias e a direção do fluxo de água.

De Mallatt.

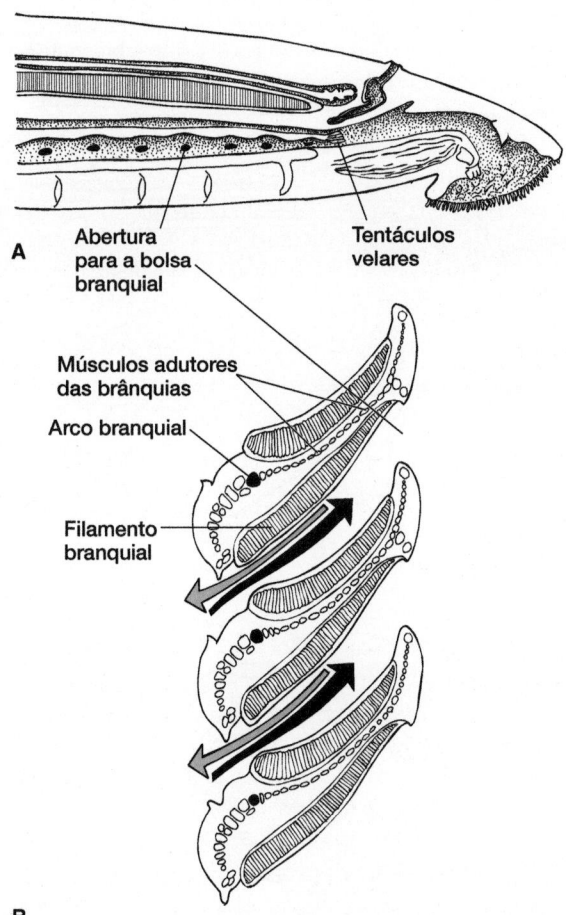

Figura 11.15 Ventilação na lampreia adulta. A. Corte longitudinal. Como a boca da lampreia adulta frequentemente está fixada a uma presa, a água precisa entrar e sair alternativamente pelas fendas faríngeas. Por conseguinte, diferentemente da maioria dos peixes, a ventilação das brânquias na lampreia é bidirecional. **B.** Corte frontal de três arcos branquiais. As setas duplas indicam o fluxo corrente de água: *preto*, influxo; *cinza*, efluxo.

De Mallatt.

formato de um T invertido (Figura 11.16 B e C). As suas partes laterais se enrolam e desenrolam para produzir a corrente de água que entra pela narina e segue posteriormente através das bolsas branquiais. As bolsas branquiais são definidas por uma parede muscular externa que envolve as lamelas branquiais. Há vasos sanguíneos aferentes que suprem as lamelas, as quais são drenadas por vasos branquiais eferentes (Figura 11.16 D). A corrente de água propelida pelo véu e pela ação de bombeamento dessas bolsas branquiais flui através das lamelas branquiais e para fora pelo ducto branquial comum.

Elasmobrânquios

À semelhança das brânquias de todos os gnatostomados, as brânquias dos elasmobrânquios se localizam lateralmente ao arco branquial. Cada brânquia consiste em uma divisão central, o septo interbranquial, recoberto em cada face por lamelas primárias (filamentos branquiais). As lamelas primárias são compostas de fileiras de lamelas secundárias. A água flui pelos lados para irrigar as brânquias. Como as varetas de um leque, os **raios branquiais** dentro do septo proporcionam suporte. O termo **holobrânquia** se refere a um arco branquial e às lamelas de ambas as faces anterior e posterior de seu septo. Uma **hemibrânquia** é um arco branquial com lamelas em apenas uma face. As placas de lamelas opostas nas brânquias adjacentes constituem uma **unidade respiratória** (Figura 11.17 A e B).

Entre os condrictes, os mecanismos respiratórios dos tubarões foram os mais estudados. A ventilação se baseia em um mecanismo de bomba dupla, que cria pressões negativas (sucção) e positivas alternadas para puxar a água para dentro

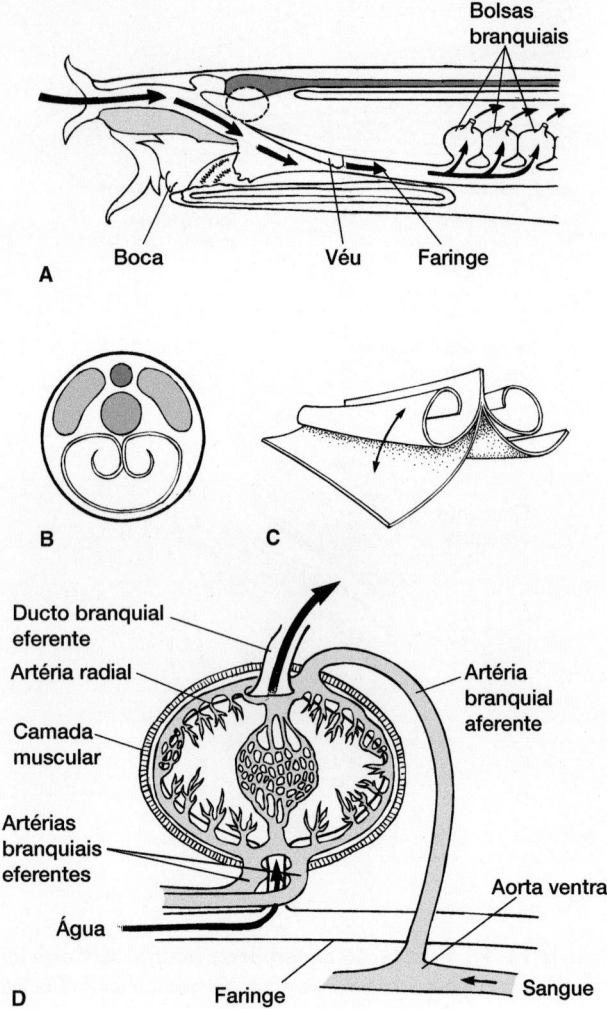

Figura 11.16 Ventilação na feiticeira. A. Corte longitudinal. A água (*setas*) entra pelas narinas, e não pela boca, para alcançar a faringe. O véu, em formato de rolo de pergaminho, enrola-se para cima e para baixo, à medida que as bolsas branquiais se contraem para conduzir essa corrente através das brânquias e para fora dos poros branquiais. **B.** Corte transversal do véu em formato de rolo de pergaminho. **C.** Vista lateral do enrolamento e desenrolamento do véu para movimentar a água através da faringe. **D.** Uma bolsa branquial individual mostrando os locais de entrada e de saída da água, bem como a posição das redes capilares no seu interior. As paredes musculares dessas bolsas são comprimidas pela contração, porém expandidas por retração elástica.

De Liem.

e, em seguida, conduzi-la através das brânquias. As pressões registradas em qualquer um dos lados das brânquias, nos compartimentos bucal e **parabranquial**, revelam a eficiência dessa bomba dupla. Embora as pressões aumentem e diminuam em cada cavidade, a pressão é sempre relativamente mais baixa na cavidade parabranquial, localizada lateralmente às brânquias, do que na cavidade bucal, situada medialmente às brânquias. Além de trazer novos pulsos de água para dentro da boca, o mecanismo de bomba dupla do tubarão também mantém uma diferença de pressão quase constante entre os compartimentos bucal e parabranquial. Em consequência, as

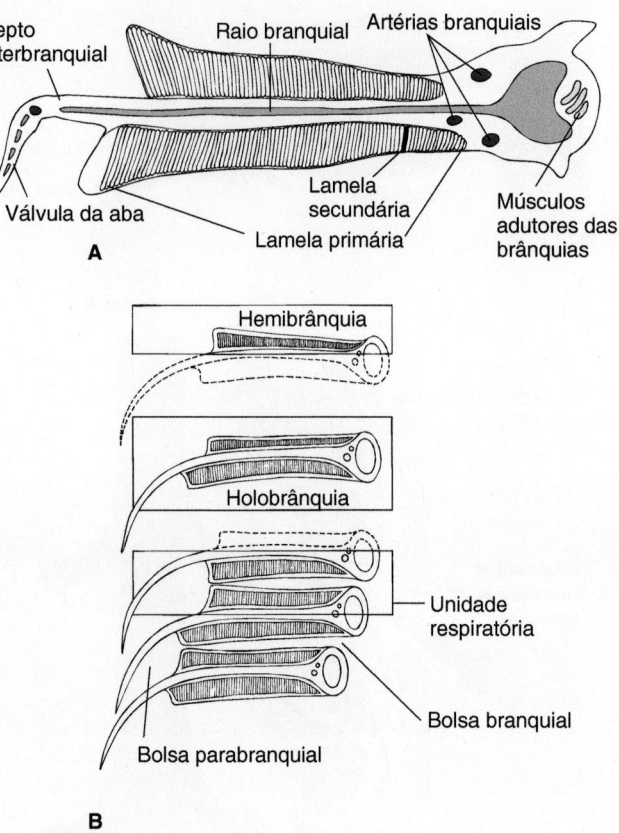

Figura 11.17 Brânquia de tubarão. A. O septo interbranquial apresenta fileiras de lamelas sustentadas por raios branquiais e um arco branquial medial. **B.** As unidades estruturais incluem uma hemibrânquia e uma holobrânquia, bem como uma unidade respiratória funcional.

A, de Mallatt.

oscilações de pressão da bomba dupla são convertidas em uma irrigação unidirecional mais suave e quase contínua das brânquias (Figura 11.18 A a D). O sangue que flui dentro dos capilares das lamelas secundárias estabelece um padrão de contracorrente ou, talvez, de corrente cruzada, promovendo uma troca gasosa eficiente.

Troca em contracorrente e corrente cruzada (Capítulo 4)

Nos tubarões que nadam em águas abertas, a ventilação forçada pode contribuir para a irrigação das brânquias e quase substituir a bomba dupla nesses momentos.

O que era embriologicamente a primeira fenda branquial é reduzido a uma pequena abertura oval, o **espiráculo**, que apresenta uma hemibrânquia muito reduzida, algumas vezes designada como **pseudobrânquia espiracular**. Nas raias que vivem no fundo, a boca ventral pode estar parcialmente enterrada, deixando o espiráculo de localização dorsal em uma posição desobstruída, possibilitando a entrada de água para a irrigação das brânquias. O espiráculo também pode desempenhar um papel na amostragem de substâncias químicas presentes na corrente de água que está passando. Para a maioria dos outros elasmobrânquios, a função da pseudobrânquia espiracular é desconhecida. Nos tubarões, ela provavelmente não desem-

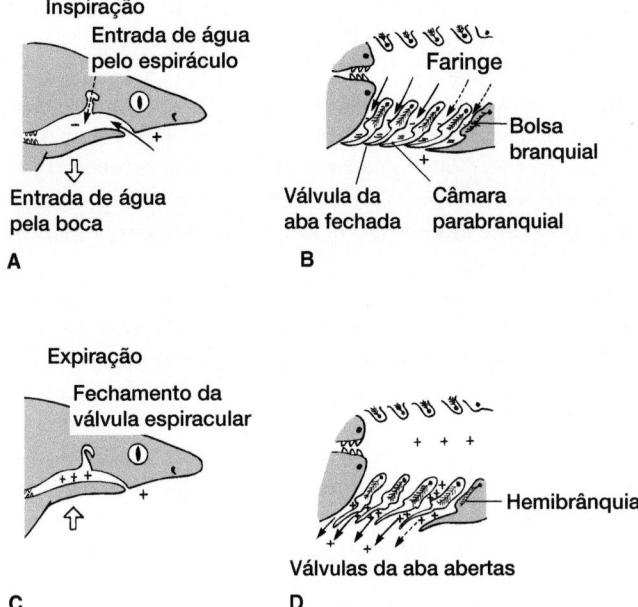

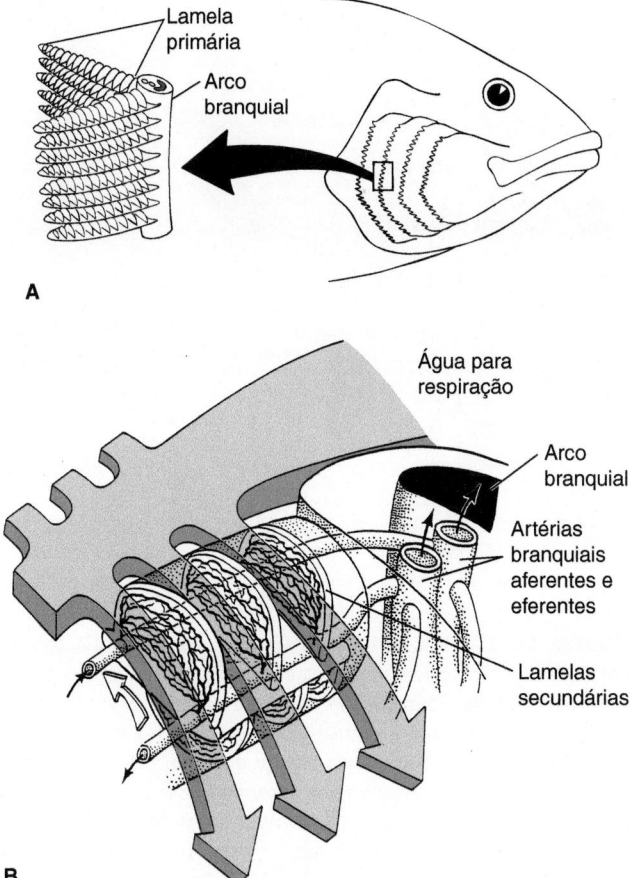

Figura 11.18 Ventilação das brânquias em um tubarão. Vistas laterais (**A** e **C**) e frontais (**B** e **D**). As pressões positiva e negativa relativas estão indicadas por + e –, respectivamente. O mecanismo de ventilação consiste em uma bomba bucal que puxa água para dentro e a força através dos filamentos branquiais e, em seguida, para fora. Observe que as válvulas da aba se fecham durante a inspiração e que as pressões relativas são sempre mais baixas na câmara parabranquial que na faringe. Por conseguinte, a água segue um movimento unidirecional através das brânquias, em um fluxo pulsante, porém contínuo.

De Hughes e Ballintijn.

Figura 11.19 Ventilação das brânquias em teleósteo. A. Foi removida uma faixa das brânquias, mostrando o empilhamento das lamelas branquiais. **B.** O fluxo de água é direcionado através das lamelas secundárias em direção oposta ao fluxo sanguíneo dentro de cada lamela secundária, estabelecendo, assim, uma troca por contracorrente entre eles.

penha uma função respiratória, visto que o sangue que supre a pseudobrânquia provém de uma brânquia adjacente totalmente funcional e o sangue já está oxigenado.

Os holocéfalos (quimeras) também carecem por completo de espiráculos. Também diferem de outros elasmobrânquios por terem uma única aba extensa de pele ou opérculo, que recobre todos os arcos branquiais, em lugar de válvulas individuais sobre cada fenda faríngea.

Peixes ósseos

O opérculo dos osteíctes é ósseo ou cartilaginoso, e proporciona uma cobertura de proteção sobre os arcos branquiais e as brânquias que sustentam. Além disso, o opérculo faz parte da bomba dupla usada para a ventilação das brânquias.

Em corte transversal, cada brânquia tem o formato de um V e é composta por lamelas primárias (filamentos branquiais), que são subdivididas em lamelas secundárias e sustentadas por um arco branquial. Músculos adutores muito pequenos cruzam os filamentos para controlar a disposição das brânquias adjacentes que governam o fluxo de água através das lamelas secundárias (Figura 11.19 A). À semelhança das brânquias da maioria dos outros peixes, o sangue nas lamelas secundárias flui em uma direção, enquanto a água flui na direção oposta para estabelecer uma troca por contracorrente (Figura 11.19 B).

Os peixes que ventilam uma bexiga de gás o fazem ao engolir e forçar o ar fresco pelo ducto pneumático. Em geral, um peixe expele o ar consumido à medida que se aproxima da superfície da água, capta e deglute um novo gole de ar fresco e desce de novo. No jeju, um peixe de água doce da região amazônica, o compartimento muscular anterior da bexiga de gás está conectado a um compartimento posterior por meio de um esfíncter. Quando o jeju irrompe na superfície, o ar fresco engolido na cavidade bucal é forçado ao longo do ducto pneumático e entra preferencialmente na câmara anterior da bexiga de gás (Figura 11.20 A e B). O esfíncter se fecha e o ar consumido na câmara posterior sai. Por fim, o esfíncter se abre, e as paredes musculares da câmara anterior sofrem contração, forçando o novo ar para dentro da câmara posterior vascularizada (Figura 11.20 C e D).

Resumo da respiração dos peixes

Brânquias

Nos peixes de respiração aquática, surgiram diferentes aparatos para desempenhar uma função comum – conduzir uma corrente de água através das brânquias vascularizadas. A compressão

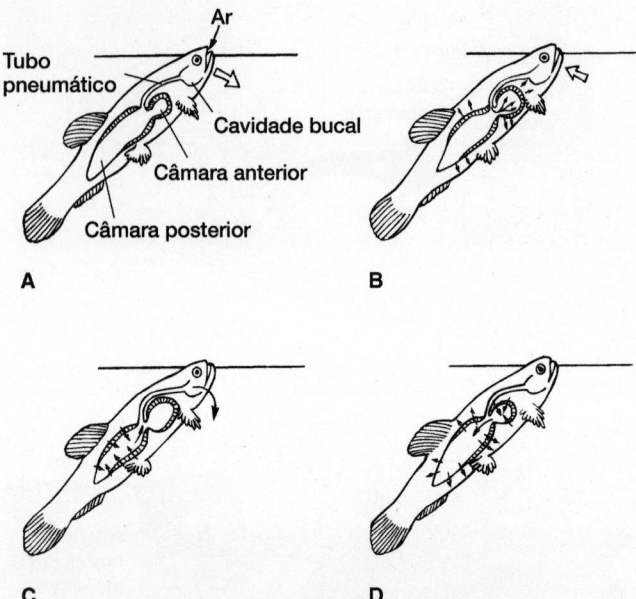

Figura 11.20 Peixes de respiração aérea. A maioria dos peixes de respiração aérea utiliza uma bomba bucal para encher as bexigas aéreas ou pulmões, que são capazes de separar o ar consumido do ar que entra durante a ventilação. A boca rompe a superfície (**A**), de modo que o ar puxado para dentro do tubo pneumático entra preferencialmente na câmara aérea anterior (**B**). O ar consumido na câmara posterior é forçado para fora por meio do tubo pneumático e sai sob o opérculo (**C**). O esfíncter entre as câmaras anterior e posterior se abre, possibilitando também o reabastecimento da câmara posterior com ar (**D**).

De Randall, Burggren, Farrell e Haswell.

e a expansão do aparato branquial irrigam as brânquias das lampreias de modo bidirecional. O enrolamento de um véu movimenta a água através das brânquias das feiticeiras. A ventilação forçada ocorre em peixes que nadam ativamente na água, quando eles abrem a boca, possibilitando a entrada da água, que passa através das brânquias. Nos gnatostomados, o aparato mais comum que atua na irrigação das brânquias é a bomba dupla. Os arcos branquiais e seus músculos associados constituem os componentes centrais dessa bomba. Como também estão envolvidos na alimentação, a estruturação do aparato branquial representa um compromisso entre as demandas de alimentação e ventilação.

Pulmões e bexigas natatórias

Sacos preenchidos com ar surgem no início da evolução dos peixes ósseos e desempenham funções respiratórias e hidrostáticas. Nos peixes pulmonados e tetrápodes, a função respiratória predomina. No peixe pulmonado australiano, a traqueia surge a partir do assoalho do esôfago e se curva ao redor do lado direito do esôfago para se unir a um único pulmão em uma posição dorsal dentro da cavidade corporal, uma localização que também é favorável para o controle da flutuabilidade. No peixe pulmonado africano, *Protopterus*, a traqueia também surge a partir do assoalho do esôfago, porém se une a pulmões pareados de tamanho igual (Figura 11.21 A). Os pulmões são

subdivididos em favéolos (Figura 11.21 A e B), e o ar forçado para dentro deles faz trocas com o sangue capilar que circula nas paredes dos favéolos.

Nos peixes actinopterígeos, a função hidrostática se tornou mais pronunciada à medida que esses peixes passaram para novas zonas adaptativas do ambiente marinho e encontraram uma nova série de forças seletivas. Para entender isso, precisamos examinar o motivo pelo qual um peixe poderia precisar de um órgão hidrostático.

Os peixes são, em sua maioria, mais densos que a água onde vivem, de modo que tendem a afundar. Se seus esqueletos forem altamente ossificados, como nos peixes ósseos, a alta densidade do osso torna essa tendência a afundar ainda mais pronunciada. Não é surpreendente que quase todos os osteíctes possuam alguma forma de bexiga de gás (ou pulmão). As bexigas de gás cheias de ar conferem flutuabilidade ao corpo do peixe e ajudam a resistir à sua tendência a afundar. As bexigas natatórias estão habitualmente ausentes entre os peixes ósseos que vivem no fundo e peixes de mar aberto, como o atum e a cavala, que nadam continuamente.

Nos teleósteos ancestrais, a bexiga natatória é **fisóstoma**, retendo a sua conexão com o trato digestório por meio do ducto pneumático, que libera ou capta o ar (Figura 11.22 A). Na maioria dos peixes teleósteos mais derivados, essa conexão é perdida, e a bexiga natatória se torna um saco fechado de gases, denominado bexiga natatória **fisoclista** (Figura 11.22 B). Ambos os tipos ajustam a flutuabilidade do peixe a várias profundidades da água.

O volume ocupado pela bexiga natatória determina sua flutuabilidade e sua capacidade de compensar a maior densidade do corpo do peixe. Como a pressão da água aumenta com a profundidade, a bexiga natatória de paredes finas tende a ser comprimida quando o peixe desce e sofre expansão quando o peixe sobe.

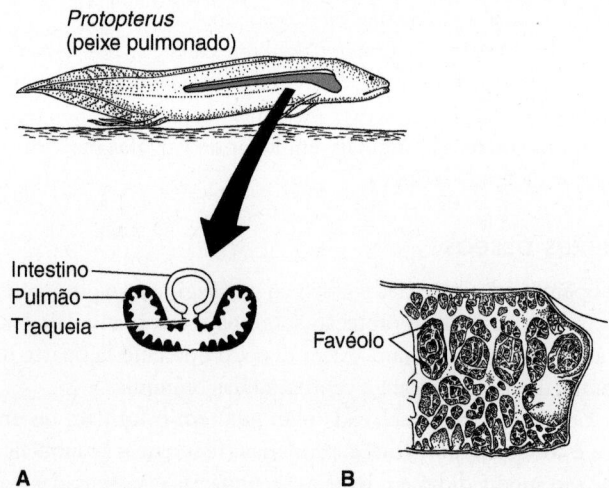

Figura 11.21 Pulmões do peixe pulmonado *Protopterus*. **A.** Vista dos pulmões do lado direito, em corte transversal. **B.** Ampliação da parede interna do pulmão. O pulmão é subdividido internamente, formando pequenos compartimentos ou favéolos, mais numerosos na parte anterior do pulmão. A localização aproximada dos pulmões está indicada pela área escurecida (*parte superior*) na vista lateral do corpo do peixe.

Boxe Ensaio 11.1   Com a boca na areia

Na maioria dos peixes ósseos, a irrigação das brânquias se baseia em uma bomba dupla que puxa a água para dentro da boca, através dos filamentos branquiais, e para fora sob o opérculo. Entretanto, alguns peixes com hábitos alimentares especializados exibem um mecanismo de ventilação modificado, semelhante ao da lampreia parasita. Um exemplo é o esturjão *Acipenser,* cuja boca é usada como tubo de sucção que pode ser protraído para sondar e se alimentar nos sedimentos do fundo lodoso. Quando o esturjão não está se alimentando, a ventilação das brânquias ocorre como a de um peixe ósseo – a água entra pela boca, move-se através das brânquias e sai pela abertura do opérculo (Figura I A do boxe). Entretanto, quando se alimenta, a boca do esturjão fica enterrada nos sedimentos do fundo, de modo que ele não pode respirar. Nessas circunstâncias, a água entra na cavidade bucal não pela boca, que está se alimentando, mas, sim, por uma abertura permanente na margem superior do opérculo. Em seguida, a água vira e passa através das brânquias na direção normal para sair pela abertura opercular habitual (Figura I B do boxe). Curiosamente, embora esteja presente e teoricamente disponível, o espiráculo é responsável por uma quantidade muito pequena da água que entra durante esses movimentos alternativos de ventilação durante a alimentação.

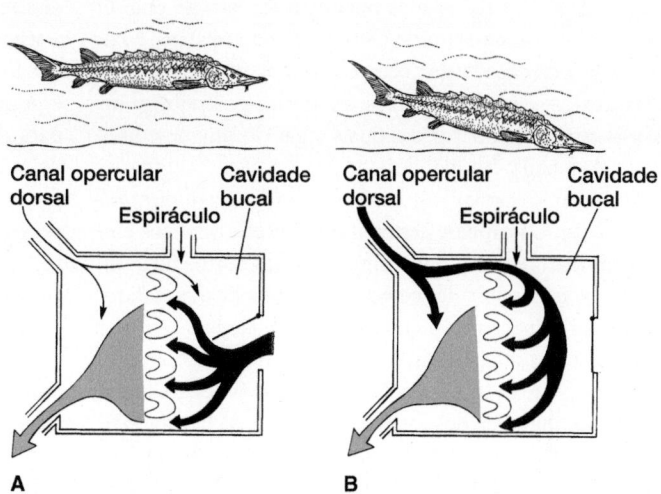

Figura I do Boxe Ventilação das brânquias no esturjão. A. No esturjão, bem como na maioria dos peixes durante a respiração normal, a água (*setas cheias ramificadas*) se move para dentro da boca, através das brânquias e sai sob o opérculo. **B.** Entretanto, quando o esturjão se alimenta nos detritos, sua boca não pode servir de porta de entrada para a água. Nesses momentos, a água entra ao longo de um canal opercular dorsal para passar através das brânquias (coluna de imagens abertas em formato de U) e, em seguida, sair pelo canal ventral normal sob o opérculo.

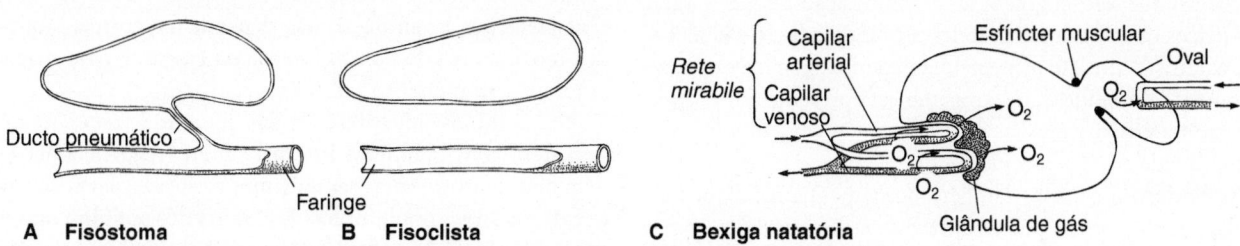

Figura 11.22 Bexigas natatórias. A. As bexigas natatórias fisóstomas mantêm sua conexão com a faringe por meio do ducto pneumático. O volume de ar pode ser controlado se o peixe engole mais ar ou libera ar extra pelo ducto pneumático. **B.** Na bexiga natatória fisoclista, o ducto pneumático de conexão foi perdido. O volume de ar e, portanto, a flutuabilidade são controlados se houver liberação de mais gás dentro da bexiga na *rete mirabile* ou se uma certa quantidade for removida no oval. **C.** A *rete mirabile* é uma aglomeração de capilares. Conforme o sangue deixa a glândula de gás da bexiga natatória através dos capilares venosos da rede, ocorre adição de ácido láctico. Isso diminui a afinidade da hemoglobina pelo oxigênio. Por conseguinte, o oxigênio tende a se difundir para fora e a entrar nos capilares arteriais adjacentes que transportam sangue para a rede. Em consequência, a concentração de oxigênio aumenta no sangue arterial à medida que se aproxima da glândula de gás, de modo que a pressão parcial de oxigênio nos capilares arteriais da rede é alta quando alcança a glândula de gás. Isso favorece a liberação de oxigênio dentro da bexiga natatória.

Por conseguinte, se a bexiga natatória tiver de manter um volume constante, é necessária a adição de gás quando o peixe mergulha e sua remoção quando sobe para a superfície. Os peixes com bexigas natatórias fisóstomas podem fazer isso ao engolir ar extra ou liberar o ar consumido pelo ducto pneumático. Mais comumente, a secreção de gás ocorre diretamente através das paredes da bexiga. Algumas bexigas natatórias possuem **glândulas de gás** especiais, a partir das quais o gás do sangue é liberado dentro da bexiga. Na glândula de gás, os vasos sanguíneos formam um arranjo capilar por contracorrente, a *rete mirabile* (Figura 11.22 C). Os capilares arteriais aferentes e venosos eferentes dentro dessa rede estão próximos uns dos outros na glândula de gás. Experimentos de secreção de gás na bexiga natatória sugerem que o mecanismo envolve o ácido láctico. Durante a passagem pela glândula de gás, o ácido láctico é adicionado ao sangue que deixa a glândula, aumentando a acidez desse sangue, o que reduz a solubilidade dos gases e a afinidade da hemoglobina pelo oxigênio. Em consequência, a pressão parcial de oxigênio nos capilares venosos é mais alta que a pressão parcial de oxigênio que chega aos capilares arteriais adjacentes. O oxigênio se difunde para dentro dos capilares arteriais, elevando sua pressão arterial antes de o sangue arterial fluir para dentro da glândula de gás. Com a repetição do processo, a pressão parcial de oxigênio nos capilares arteriais da rede aumenta até ultrapassar a pressão parcial de oxigênio na bexiga natatória; em consequência, o oxigênio é liberado na bexiga (ver Figura 11.22 C).

A reabsorção de gás envolve frequentemente regiões especializadas. Em muitos teleósteos derivados existe um **oval**, isto é, uma bolsa em uma das extremidades na qual o gás é absorvido de volta ao sangue. Durante a reabsorção, os vasos sanguíneos do oval sofrem dilatação, e o esfíncter de músculo liso que separa o oval do restante da bexiga se abre. O gás com alta pressão parcial na bexiga pode, então, entrar em contato com as paredes vasculares do oval e ser absorvido pelo sangue que sai da bexiga.

Em geral, os gases das bexigas natatórias (78% de nitrogênio, 21% de oxigênio) assemelham-se, em sua composição, aos gases do ar, pelo menos quando a bexiga é preenchida inicialmente com ar engolido. Entre os peixes com bexigas natatórias fisoclistas, que não engolem ar, a composição de gases varia. Nos peixes que vivem em grandes profundidades, o gás na bexiga natatória consiste principalmente em oxigênio. Na truta e em outros salmonídeos, o nitrogênio está presente em proporções muito altas nas bexigas natatórias, independentemente da profundidade em que vivem.

As bexigas natatórias também desempenham funções secundárias. Em certos peixes, a bexiga está conectada com o aparato auditivo e ajuda na detecção de sons. Alguns produzem sons dentro da bexiga natatória ou a utilizam como ressonador. A liberação de ar por meio de arroto constitui uma forma de som. Ranger os dentes é outra forma. Os sons podem causar vibração da bexiga natatória, ou esta pode amplificar ou ressoá-los. Outros peixes apresentam músculos especializados que "dedilham" a própria bexiga, de modo a produzir um som. Como os machos têm músculos especializados que não são encontrados nas fêmeas, acredita-se que os sons resultantes façam parte de exibições territoriais ou de corte.

Detecção do som pela bexiga natatória (Capítulo 17)

Os condrictes não possuem bexiga natatória. A tendência desses peixes a afundar é solucionada de maneira diferente. Um esqueleto cartilaginoso evita a densidade adicional de uma ossificação extensa. Além disso, duas outras fontes neutralizam a tendência a afundar. Uma delas é constituída pelas nadadeiras. Os elasmobrânquios possuem amplas nadadeiras peitorais e podem modificar o seu ângulo em relação ao fluxo de água para direcionar o seu corpo para cima ou para baixo. A nadadeira caudal heterocerca, conforme bate para trás e para frente durante a natação, produz ascensão e compensa a densidade do peixe, juntamente com as nadadeiras peitorais. Uma segunda fonte de ascensão é gerada por um óleo (**esqualeno**), que consiste em lipídios e hidrocarbonetos. Os óleos são mais leves que a água, de modo que eles reduzem a densidade do condricte. Observando a dissecação de um tubarão, o óleo abundante permeia o grande fígado. Em alguns tubarões, somente o óleo do fígado pode constituir 16 a 24% do peso corporal. O esqualeno, ao reduzir a densidade, diminui a energia necessária para a natação, visto que o corpo e a nadadeira heterocerca não precisam despender tantos esforços para compensar a ascensão.

Nadadeiras heterocercas (Capítulo 8)

Anfíbios

Nos anfíbios recentes, a pele constitui um importante órgão respiratório, e, em algumas espécies, representa o órgão respiratório exclusivo. A pele é úmida, e a camada de queratina é relativamente fina, possibilitando a fácil difusão dos gases entre o ambiente e o rico suprimento de capilares dentro do tegumento.

A importância da respiração cutânea nos anfíbios recentes é quase certamente maior que nos primeiros tetrápodes. Muitos dos primeiros tetrápodes tinham escamas, que teriam obstruído a troca gasosa através da pele. Os tetrápodes antigos provavelmente dependiam de pulmões para a respiração. Muitos, incluindo *Ichthyostega*, tinham costelas proeminentes envolvendo o tórax, embora essas costelas não fossem móveis e mais provavelmente só fossem usadas para sustentação. Todavia, nos anfíbios recentes, a ventilação não depende das costelas, mas sim dos movimentos de bombeamento da garganta para irrigar as brânquias ou encher os pulmões.

Nos anfíbios aquáticos, fendas faríngeas frequentemente persistem com brânquias internas. Com frequência, há também brânquias externas semelhantes a plumas, particularmente entre as larvas dos anfíbios. A maioria dos anfíbios, mas nem todos, têm pulmões para respirar ar. A superfície respiratória dos pulmões está habitualmente mais bem desenvolvida anteriormente e diminui posteriormente ao longo das paredes internas. Essa superfície é **septal**, o que significa que há formação de separações que se subdividem para aumentar a área de superfície exposta ao ar que entra. Os septos se interconectam e dividem a parede interna em compartimentos, os **favéolos**, que se abrem na câmara central dentro de cada pulmão. Os favéolos diferem dos alvéolos dos pulmões dos mamíferos, uma vez que não são encontrados na extremidade de um sistema traqueal altamente ramificado. Eles são subdivisões internas da parede do pulmão, que se abrem em uma câmara central comum.

Boxe Ensaio 11.2 | Espiráculos e respiração

Ele [espermacete] havia esfriado e cristalizado de tal modo que quando, juntamente com vários outros, sentei-me em frente de uma grande banheira de Constantine, encontrei-o estranhamente solidificado em massas, aqui e ali rolando na parte líquida. Era nosso trabalho espremer essas massas, tornando-as novamente fluidas. Uma tarefa doce e gordurenta! Não é de admirar que antigamente esse esperma era um cosmético favorito. Tão clareador! Tão doce! Tão amaciante! Tão deliciosamente emoliente! Depois de ele estar em minhas mãos por apenas alguns minutos, meus dedos pareciam enguias e começaram, como se fossem de fato, a serpentear e se mover em espiral.

Herman Melville, *Moby Dick*

"Lá vem ela" era o chamado dos baleeiros à procura de sua caça, os cachalotes que subiam à superfície. Além de sua gordura, o colossal órgão do espermacete em seu nariz era um prêmio especial, devido à grande quantidade de óleo de alta qualidade coletado dele, até 4 toneladas em alguns machos grandes.

Quando está na superfície, uma baleia reabastece o ar respiratório e, em seguida, enche novamente os pulmões por longas narinas que se abrem no espiráculo próximo da extremidade da cabeça. Quando a baleia exala, o ar quente que sai se condensa, dando a ilusão de um jato de água. Quando mergulha, o cachalote pode alcançar uma profundidade de uma milha ou mais à procura de seu alimento favorito, a lula-gigante. Mergulhar profundamente proporciona à baleia o acesso a recursos indisponíveis para a maioria dos outros grandes predadores.

O órgão do espermacete contém lipídios únicos e fibras colágenas. Representa os tecidos moles altamente hipertrofiados no lado direito da face, produzindo um nariz extremamente assimétrico. Abaixo do órgão do espermacete está o denominado *junk* do cachalote, um tecido adiposo com compartimentos lipídicos semelhantes a uma lente, homólogo ao "melão" dos golfinhos. Nos golfinhos, esse tecido atua como uma lente para formar e moldar pulsos de sonar usados na navegação, além de procurar e rastrear a presa. Nos cachalotes, o órgão do espermacete e o *junk* representam um enorme investimento de energia, porém um investimento que não pode ser usado para atender às necessidades metabólicas, visto que os constituintes químicos são tóxicos para a baleia.

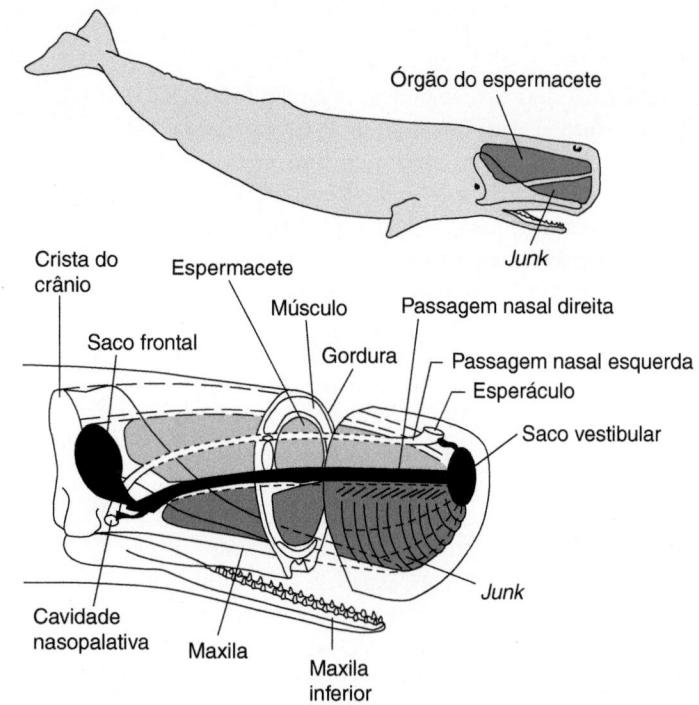

Figura I do Boxe Cachalotes. A grande cabeça dos cachalotes contém o órgão do espermacete, que é impregnado com óleo. As duas passagens nasais são assimétricas. A passagem nasal esquerda alcança finalmente as narinas internas; a direita segue o seu percurso abaixo do órgão do espermacete. O órgão do espermacete atua, mais provavelmente, como uma lente para focar estrondos sônicos produzidos para atordoar e, em seguida, capturar a presa. Seu maior tamanho nos machos sugere um papel adicional na seleção sexual acústica.

De Clarke; com base na pesquisa de Kenneth Norris e Ted Cranford, a quem agradecemos.

As duas passagens nasais são diferentes. A partir do espiráculo, a passagem nasal esquerda é especializada para a respiração. Segue ao longo do lado esquerdo do órgão do espermacete até as narinas internas superiores. A laringe única se liga às narinas internas inferiores para estabelecer uma continuidade completa da via respiratória para encher e ventilar os pulmões, separando-a do canal alimentar do esôfago. Todavia, a passagem nasal direita é especializada na produção de som. Segue para frente a partir do espiráculo e alcança um saco vestibular. A partir desse saco, a passagem nasal se alarga em um tubo amplo à medida que segue um percurso posterior entre o órgão do espermacete e o *junk*, expandindo-se acentuadamente em um segundo saco grande (saco frontal) que cobre toda a face do crânio em formato de anfiteatro antes de entrar na narina interna direita (Figura I do boxe). A importância funcional desse enorme nariz assimétrico é controversa.

De acordo com um ponto de vista, o órgão do espermacete é um aparato de flutuabilidade. O óleo, ao ser aquecido ou resfriado, derrete ou solidifica, tornando-se menos ou mais denso e, portanto, ajuda o cachalote a subir ou descer, respectivamente. Entretanto, trata-se de uma função improvável, visto que o órgão do espermacete carece da vascularização necessária para aquecer ou resfriar o óleo. Além disso, esse armazenamento de óleo parece representar um imenso investimento para um retorno tão pequeno, visto que o sistema de natação maravilhosamente eficiente da baleia pode realizar essa tarefa. Mais plausivelmente, o nariz do cachalote é uma máquina bioacústica, que gera e foca um feixe sônico em presas suscetíveis, atordoando-as e, em seguida, recolhendo-as. O nariz do cachalote é particularmente grande nos machos, levando ao ponto de vista que ele também poderia atuar como aríete de ataque entre machos em combate ou ser usado na seleção sexual acústica.

O ar inspirado percorre a traqueia até o lúmen central do pulmão e, a partir daí, difunde-se para os favéolos circundantes. Os capilares localizados dentro das paredes finas dos septos dos favéolos captam o oxigênio e liberam dióxido de carbono.

Larvas dos anfíbios

As larvas das salamandras tipicamente apresentam brânquias tanto internas quanto externas. A ação de bombeamento da garganta irriga as brânquias internas com uma corrente de água unidirecional através de suas superfícies. As brânquias externas semelhantes a plumas são mantidas para fora na corrente de água, possibilitando o fluxo de água através dela. Se não houver qualquer corrente, ou se a água estiver estagnada, as larvas podem ondular suas brânquias para trás e para frente através da água para irrigar as redes capilares que elas contêm.

As larvas dos anuros entregam bombas bucais e faríngeas para produzir um fluxo de água unidirecional através das brânquias e gerar uma corrente que traz alimento. O "pistão" para a parte bucal dessa bomba inclui elementos aumentados do esplancnocrânio (cerato-hioide, "copula", placa hipobranquial). Esses elementos se articulam com o palato quadrado, que atua como fulcro sobre o qual giram para expandir e comprimir a cavidade bucal (Figura 11.23 A e B). A ação dos músculos sobre a bomba faríngea ainda não está bem elucidada, mas parece envolver a compressão e a expansão dessa cavidade.

O mecanismo básico da ventilação das brânquias dos anfíbios inclui uma cavidade bucal e uma cavidade faríngea, separadas uma da outra por uma valva, o véu. A cavidade bucal é separada da boca pela **valva oral** e das narinas pela **valva nasal interna**. A inspiração deprime o assoalho da cavidade bucal, o que diminui a pressão no seu interior. O véu se fecha temporariamente para impedir a entrada de água na cavidade faríngea, porém a água preenche a cavidade bucal por meio da boca e das narinas. Quase no final do estágio de inalação, a constrição faríngea causa uma elevação da pressão dentro da cavidade faríngea em relação à cavidade bucal. Isso mantém o véu fechado e empurra a água através das brânquias. O estágio de expiração começa com a elevação do assoalho da cavidade bucal, elevando a pressão no seu interior e forçando as valvas oral e nasal fechadas. A expansão quase simultânea da cavidade faríngea diminui a pressão interna em relação à cavidade bucal. Em consequência, a água na cavidade bucal abre o véu e enche novamente a cavidade faríngea, deslocando a água para dentro. À semelhança dos peixes de respiração aquática, as brânquias dos girinos apresentam uma corrente de água unidirecional quase contínua que passa através de suas superfícies.

Em alguns girinos, como os da rã *Ascaphus truei*, a ventosa oral proeminente ao redor da boca é usada para se prender à superfície das rochas nos rios de corrente rápida onde vivem. Uma ventosa firmemente fixada impede a entrada de água pela boca. Entretanto, a ação do assoalho da cavidade bucal puxa a água para dentro das narinas e, em seguida, a força através das brânquias antes de sair (Figura 11.24 A). Essa mesma ação da cavidade bucal, juntamente com as valvas que guardam a boca, remove a água da área da ventosa oral, produzindo a baixa pressão que ajuda a manter o girino fixado à rocha (Figura 11.24 B).

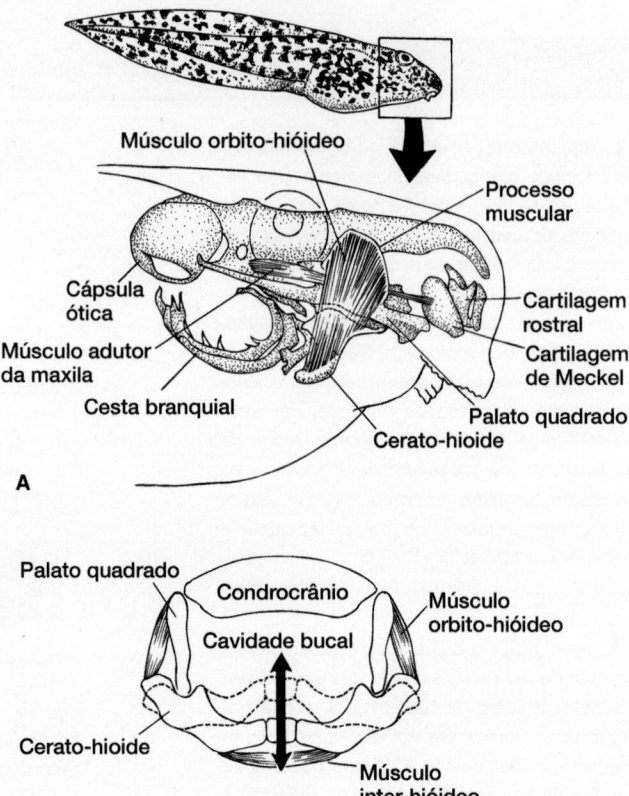

Figura 11.23 Ventilação nas brânquias do girino. A. O condrocrânio e os principais componentes do crânio visceral estão ilustrados. **B.** O assoalho da cavidade bucal é elevado e abaixado (*seta com dupla ponta*) para produzir o movimento da água. Dois conjuntos de músculos são principalmente responsáveis. O músculo orbito-hióideo abaixa o assoalho, enquanto o músculo inter-hióideo o eleva.

De Wassersug e Hoff.

Anfíbios adultos

Quando a larva dos anfíbios sofre metamorfose em um adulto, ocorre perda das brânquias. A respiração cutânea continua desempenhando um importante papel, suprindo as demandas respiratórias depois da metamorfose, e os pulmões, quando presentes, são ventilados por uma bomba bucal.

Os quatro estágios da ventilação do pulmão estão mais bem elucidados nas rãs. No primeiro estágio, a cavidade bucal se expande para puxar ar fresco pelas narinas abertas (Figura 11.25 A). No segundo estágio, a glote se abre rapidamente, liberando o ar consumido dos pulmões elásticos. Esse ar flui pela cavidade bucal com pouca mistura e é liberado pelas narinas abertas (Figura 11.25 B). No terceiro estágio, as narinas se fecham e ocorre elevação do assoalho da cavidade bucal, forçando o ar fresco retido nessa cavidade para dentro do pulmão por meio da glote aberta (Figura 11.25 C). No quarto estágio, a glote se fecha, retendo o ar que acabou de encher os pulmões, e as narinas se abrem novamente. Entre os ciclos, a cavidade bucal pode oscilar repetidamente (Figura 11.25 D). Antigamente, acreditava-se que essa rápida oscilação pudesse transformar temporariamente o revestimento da boca em um órgão respiratório acessório. Todavia, as evidências experimentais refutam

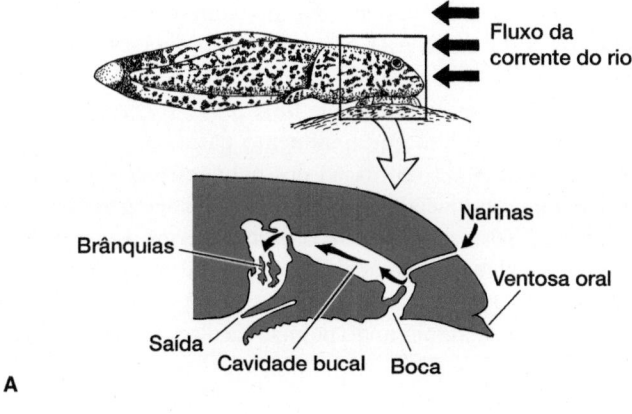

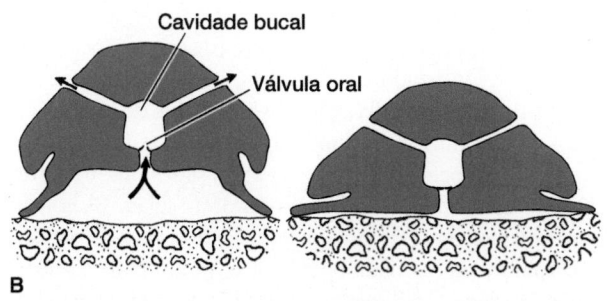

Figura 11.24 Ventilação das brânquias na larva da rã do gênero *Ascaphus*. O girino utiliza a grande ventosa oral ao redor de sua boca para estabelecer uma fixação eficiente à superfície inferior de uma rocha em um rio de corrente rápida (*setas cheias*). **A.** Quando a ventosa oral é fixada, a água (*setas cheias*) para irrigar as brânquias entra pelas narinas, passa pela cavidade bucal através das brânquias e, em seguida, sai. **B.** A água retirada da área à qual a ventosa oral estava fixada cria um vácuo que ajuda a ventosa a se manter presa à rocha. A válvula oral impede qualquer rompimento dessa vedação.

De Gradwell.

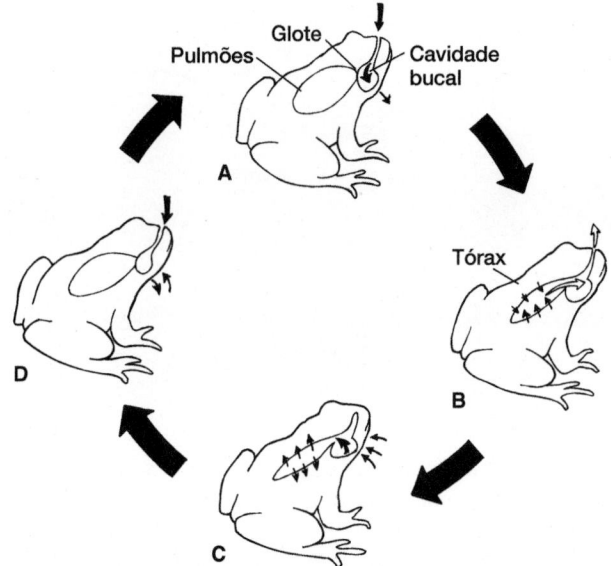

Figura 11.25 Ventilação pulmonar na rã. A. A garganta da rã se abaixa para reabastecer o ar na cavidade bucal. **B.** Com a abertura da glote, o tórax é comprimido, forçando o ar consumido dos pulmões a passar por aquele mantido na cavidade bucal e expelindo-o (*setas vazadas*). **C.** A elevação da garganta e o fechamento das narinas forçam o ar fresco da cavidade bucal para dentro dos pulmões. **D.** O bombeamento repetido da garganta (*múltiplas setas*) limpa a cavidade bucal.

Modificada de Gans, De Jongh e Faber.

essa hipótese. Os capilares que revestem a boca não servem para a troca gasosa. Com efeito, essas oscilações bucais entre os enchimentos do pulmão servem principalmente para limpar a cavidade bucal de qualquer resíduo de ar expirado na boca depois de cada ciclo de ventilação.

Nas rãs, a bomba bucal e, portanto, a cavidade bucal também servem para produzir vocalizações, que desempenham um papel essencial na organização social e no sucesso do acasalamento. Em consequência, as modificações evolutivas que ocorreram na cavidade bucal afetam três funções significativamente diferentes.

As opiniões divergem quanto à proximidade de funções entre a bomba bucal das rãs e a dos peixes pulmonados. Certamente, elas diferem em sutilezas. Por exemplo, a troca entre o ar consumido nos pulmões e o ar fresco retido na boca parece ser mais eficiente nas rãs. Entretanto, as semelhanças são notáveis. Tanto nas rãs quanto nos peixes pulmonados, o movimento do aparato hioide ajuda a encher a cavidade bucal, e o ar consumido expelido dos pulmões atravessa essa mesma câmara. Em ambos os grupos, o ar fresco é empurrado para dentro dos pulmões contra uma pressão. Até certo ponto, as rãs mantiveram o padrão básico de enchimento dos pulmões apresentado

pelos peixes pulmonados. Todavia, tudo isso muda nos répteis, nas aves e nos mamíferos. O mecanismo de ventilação nesses grupos é a bomba de aspiração, que se afasta daquele dos anfíbios e dos peixes anteriores que respiravam ar.

Répteis

Durante o desenvolvimento embrionário inicial dos répteis, aparecem sulcos **faríngeos** e, em certas ocasiões, fendas faríngeas, que, no entanto, nunca se tornam funcionais depois do nascimento. Em alguns grupos, a respiração cutânea complementar é significativa; todavia, na maior parte, os pulmões pareados preenchem suas necessidades respiratórias.

Os pulmões das serpentes e da maioria dos lagartos incluem, tipicamente, uma única câmara de ar central na qual se abrem os favéolos (Figura 11.26 A e B). À semelhança dos cordões de uma bolsa, os cordões de músculo liso definem e circundam a abertura de cada favéolo. As paredes finas de cada um apresentam redes capilares e podem ser até mesmo subdivididos por septos internos menores. Algumas vezes, os favéolos estão reduzidos na parte posterior do pulmão, deixando-a como uma região onde não ocorre troca. Nos lagartos-monitores, nas tartarugas e nos crocodilos, a própria câmara única de ar central é subdividida em numerosas câmaras internas que recebem ar da traqueia. Essas câmaras internas são ventiladas por movimentos respiratórios, enquanto a troca de gás parece ocorrer por difusão entre os favéolos e essas câmaras.

O enchimento dos pulmões em todos os répteis se baseia em um mecanismo de bomba de aspiração, porém as partes anatômicas que realmente participam podem diferir. A bomba

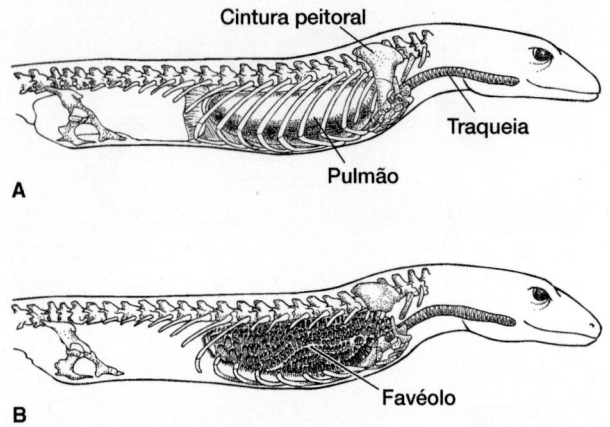

Figura 11.26 Ventilação pulmonar em um lagarto. A. Os pulmões estão localizados no tórax, circundados pelas costelas e conectados com a traqueia. A compressão e a expansão da caixa torácica forçam o ar para dentro e para fora dos pulmões. **B.** Vista em corte do revestimento interno dos pulmões, mostrando numerosos favéolos que, em seu conjunto, conferem ao revestimento uma aparência de favo de mel. Os favéolos internos dos pulmões aumentam a área de superfície respiratória e atuam na troca gasosa com os capilares que revestem suas paredes.

De Duncker.

de aspiração atua sobre as paredes do pulmão, modificando sua forma e induzindo o fluxo de ar para dentro e para fora. As costelas alteram o formato das paredes corporais ao redor dos pulmões, e os músculos intercostais existentes entre essas costelas as movimentam. Por exemplo, nos lagartos, conjuntos de músculos intercostais movem ativamente as costelas para frente e para fora durante a inspiração. O resultado consiste em aumento da cavidade ao redor dos pulmões, diminuição da pressão em seu interior e entrada de ar dentro dos pulmões. Durante a expiração ativa, conjuntos diferentes de músculos intercostais sofrem contração para dobrar as costelas para trás e para dentro, comprimindo os pulmões dentro de sua cavidade e expelindo o ar. Em certas ocasiões, a expiração é passiva, de modo que a contração muscular é mínima e a gravidade (e algum recolhimento elástico) atua sobre as costelas, fazendo com que elas comprimam a cavidade pulmonar. Entre os movimentos respiratórios, a glote é fechada para evitar o escape prematuro de ar.

Nas cobras, os pulmões longos e estreitos se estendem por quase todo o corpo. Nas cobras ancestrais, bem como em outros répteis, os pulmões são pareados; todavia, em muitas cobras derivadas, o pulmão esquerdo está reduzido e, com frequência, totalmente perdido. Na maioria das cobras, os favéolos são proeminentes anteriormente; todavia, diminuem de modo gradual e se tornam ausentes posteriormente, produzindo duas regiões no pulmão, uma porção respiratória anterior (favéolos) e uma porção sacular posterior (avascular) (Figura 11.27 A a C). As costelas e os músculos associados percorrem toda a extensão do tórax, de modo que a compressão e a expansão regionais da parede do corpo expandem e esvaziam o pulmão. A abertura e o fechamento da glote estão sincronizados com esses movimentos. A troca gasosa ocorre na porção respiratória do pulmão.

A porção sacular do pulmão atua como um fole quando a parte anterior do corpo está ocupada com diferentes funções e indisponível para comprimir ou expandir o pulmão. Por exemplo, quando uma cobra engole uma presa, o corpo se torna distendido à medida que o alimento passa lentamente pelo esôfago; contudo, a ventilação dos pulmões precisa continuar. Embora a traqueia, reforçada com anéis semicirculares de cartilagem, permaneça aberta, a parte anterior do corpo não pode atuar como bomba de aspiração. Em vez disso, a parte posterior do corpo atrás da presa se expande e se contrai, possibilitando o enchimento do pulmão sacular e o esvaziamento dos pulmões.

Nos jacarés e em outros crocodilos, o fígado ajuda na bomba de aspiração, atuando como um "pistão" para ventilar os pulmões. Durante a inspiração, as costelas se movimentam para frente e para fora, expandindo a cavidade ao redor dos pulmões, Além disso, o fígado, localizado imediatamente atrás dos pulmões, é puxado posteriormente pela ação dos **músculos do diafragma**, derivados da musculatura abdominal interna. Estendem-se para frente a partir da pelve e da gastrália até o **septo pós-hepático**, uma lâmina fina conectada à face posterior do fígado. A contração dos músculos do diafragma puxa o fígado para trás, aumentando o volume da cavidade pulmonar e diminuindo a pressão dentro dos pulmões. Isso provoca a entrada de ar atmosférico. A expiração reverte esses movimentos. As costelas retornam à sua posição, e o fígado se move para frente contra o pulmão, devido à contração dos **músculos abdominais**. Como a pressão nas paredes do pulmão aumenta, o ar é expelido (Figura 11.28). De modo global, a adição da ação dos músculos do diafragma à respiração aumenta o volume de ar retido nos pulmões e, portanto, ajuda a aumentar o tempo de mergulho.

A ventilação nas tartarugas representa um problema especial de estruturação. A carapaça ao redor dos pulmões impede mudanças no formato e também impede o bombeamento por aspiração com o uso das costelas. Nas tartarugas de carapaça mole, os movimentos do aparato hioide puxam a água para dentro e para fora da faringe. O oxigênio é absorvido na faringe para sustentar a tartaruga enquanto está submersa. Em tartarugas do gênero *Chelydra*, o plastrão é reduzido, possibilitando deformações da parede do corpo que contribuem para a ventilação do pulmão. Mais comumente, os movimentos dos membros para dentro e para fora alteram a pressão dos pulmões, e lâminas especiais de músculos na carapaça mudam a pressão pulmonar (Figura 11.29 A). Os pulmões e outras vísceras das tartarugas se encontram em uma única cavidade fixa, de modo que qualquer mudança de volume irá alterar a pressão nos pulmões. Um membro estendido ou recolhido dentro da carapaça afeta a pressão nessa cavidade e ajuda na bomba de aspiração (Figura 11.29 B). Além disso, a cavidade visceral posterior é fechada por uma **membrana limitante**, um tecido conjuntivo ao qual estão inseridos os músculos **transverso do abdome** e **oblíquo do abdome**. A contração ou o relaxamento desses músculos alteram o volume da cavidade dentro da carapaça e contribuem para a inspiração e a expiração do ar (Figura 11.29 C). O músculo do diafragma, embora esteja ausente nos jabutis, está presente na maioria das outras tartarugas. O músculo do diafragma, juntamente com o músculo transverso do abdome, comprime a cavidade visceral, atuando como

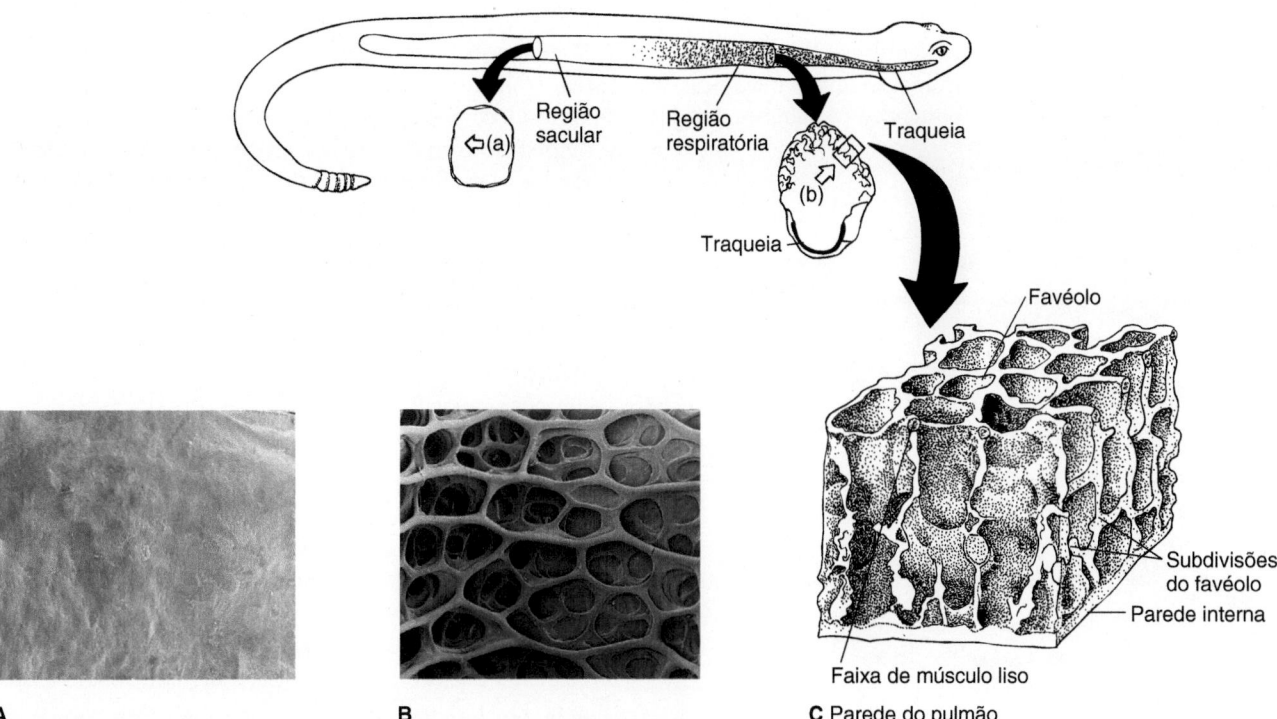

Figura 11.27 Pulmão de cobra, cascavel. À semelhança do corpo da cobra, o único pulmão da cascavel é longo e fino. O ar percorre a longa traqueia até alcançar o pulmão. A maioria das cobras tem dois pulmões de tamanho desigual; todavia, em muitas cobras venenosas, o pulmão esquerdo é perdido. A traqueia da cascavel se torna uma abertura através da qual se une ao pulmão. A parte anterior do pulmão é altamente vascularizada e atua na troca respiratória. A parte posterior é, basicamente, uma região sacular avascular. As costelas ao longo das partes laterais do corpo se comprimem e se expandem para esvaziar ou encher os pulmões. Quando a cobra engole uma presa, o ápice da traqueia é empurrado à frente dela, de modo que a respiração possa continuar. À medida que a presa se move ao longo do esôfago, que é paralelo à traqueia, as costelas anteriores se expandem para possibilitar sua passagem. Nesse momento, não podem comprimir nem expandir a parte anterior do pulmão. Por conseguinte, as costelas posteriores atuam na região sacular do pulmão, funcionando como um fole para movimentar o ar pelas superfícies respiratórias. Cortes transversais representativos das regiões sacular e respiratória estão ilustrados na parte superior das figuras. As vistas mostradas nas fotos (**A**) e (**B**) estão indicadas no corte transversal do pulmão da cobra, acima. **A.** Vista luminal da superfície da região sacular. **B.** Vista luminal da região respiratória, mostrando os favéolos. A entrada de cada favéolo é definida por uma rede de músculos lisos em formato de favo de mel. **C.** Corte da parede da região respiratória, mostrando as subdivisões adicionais dentro dos favéolos.

De Luchtel e Kardong.

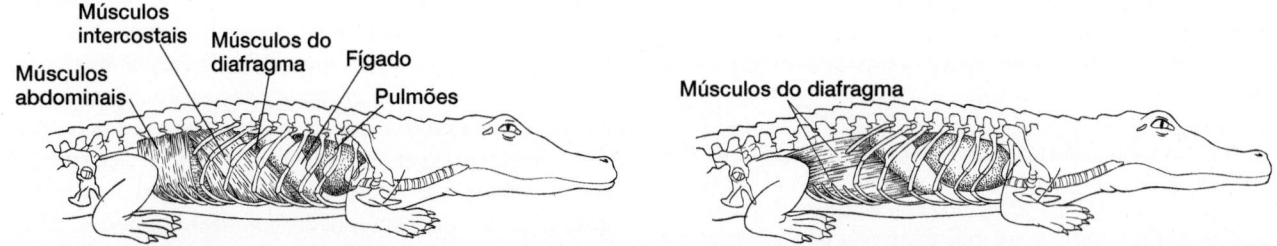

Figura 11.28 Ventilação no crocodilo. Além da caixa torácica, a bomba de aspiração no crocodilo utiliza os movimentos do fígado para trás e para frente como um pistão, atuando sobre os pulmões. Durante a inspiração, a caixa torácica se expande, e o fígado é puxado de volta, enquanto o crocodilo inspira ar fresco dentro dos pulmões. Durante a expiração, a caixa torácica e o movimento do fígado para frente comprimem os pulmões, e o crocodilo expele o ar consumido.

De Pooley e Gans.

músculos para a expiração. A glote se abre, e o músculo oblíquo do abdome expande a cavidade visceral, atuando como músculo para a inspiração.

Como em outros tetrápodes, a ventilação dos pulmões e a locomoção estão acopladas. A locomoção impõe mudanças de configuração na caixa torácica e, portanto, nos pulmões alojados

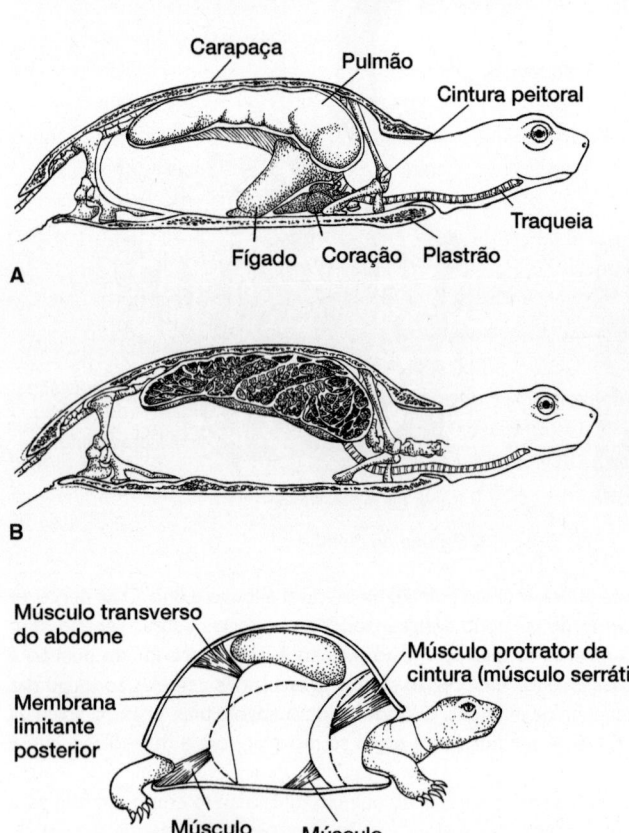

Figura 11.29 Ventilação na tartaruga. A. Localização do pulmão dentro da carapaça da tartaruga. **B.** Vista em corte do pulmão, mostrando sua estrutura interna. Os pulmões da tartaruga estão localizados dentro de uma carapaça rígida de proteção. Em consequência, a caixa torácica fixa é incapaz de atuar na ventilação dos pulmões. Em seu lugar, as tartarugas possuem lâminas de músculos dentro da carapaça que se contraem e relaxam para forçar o ar para dentro e para fora dos pulmões. As tartarugas também têm a capacidade de alterar a pressão do ar dentro dos pulmões, movendo seus membros para dentro e para fora da carapaça. **C.** No jabuti especializado, não há diafragma, porém outros músculos respiratórios assumem a sua função. Dentro da carapaça rígida, as vísceras estão envolvidas por membranas limitantes que, sob a ação muscular, alteram sua posição durante a expiração (*linha sólida*) e a inspiração (*linha tracejada*). Durante a expiração ativa, a contração do músculo transverso do abdome puxa a membrana limitante posterior para cima contra o pulmão, enquanto a contração do músculo peitoral puxa a cintura escapular de volta para dentro da carapaça, comprimindo ainda mais as vísceras. Durante a inspiração ativa, os músculos expiratórios relaxam, e a contração do músculo oblíquo do abdome e o músculo protrator da cintura expande a cavidade visceral, puxando a membrana limitante posterior para fora e a cintura escapular para frente, respectivamente.

A e B, de Duncker; C, de Gans e Hughes.

dentro dela. No dinossauro bípede *Deinonychus*, de 2 metros, o músculo caudotronco se origina na base da cauda, passa ao redor da extremidade do púbis, semelhante a uma roldana, e se insere na gastrália. A sua contração atua na caixa torácica, porém é sincronizada com forças rítmicas e cíclicas geradas durante a locomoção. Conforme os membros posteriores desse dinossauro corredor fazem contato com o solo, a inércia do pescoço e da cauda os puxam para baixo, comprimindo a caixa torácica e contribuindo para a expiração (Figura 11.30). Conforme o membro perde o contato com o solo, o pescoço e a cauda sofrem rebote para cima, aumentando o volume torácico para promover a inspiração (ver Figura 11.30).

Mamíferos

Os pulmões dos mamíferos são ventilados por uma bomba de aspiração. Mudanças no formato da caixa torácica e a ação do **diafragma** muscular semelhante a um pistão contribuem para esse mecanismo de bombeamento. O diafragma consiste nas partes **lombar**, **costal** e **esternal**, todas as quais convergem para um **tendão central**. Diferentemente dos músculos diafragmáticos dos crocodilos, que se localizam posteriormente ao fígado, o diafragma dos mamíferos é anterior ao fígado e atua diretamente nas cavidades pleurais onde residem os pulmões (Figura 11.31 A e B). Os músculos intercostais seguem seu trajeto entre as costelas. Os músculos transverso do abdome, serrátil e reto do abdome, que estão inseridos nas costelas e se originam fora da caixa torácica (Figuras 11.31 C e D), ajudam na ventilação pulmonar dos mamíferos.

Ventilação

A **ventilação** dos mamíferos é bidirecional e envolve a caixa torácica e o diafragma. Na inspiração, os músculos intercostais externos se contraem, movimentando as costelas adjacentes e o externo medial para frente. Como as costelas têm formato curvo, essa rotação inclui uma oscilação para fora e também para frente de cada costela arqueada. O resultado consiste na expansão do espaço delimitado pela caixa torácica ao redor dos pulmões. A contração do diafragma em formato de cúpula faz com que ele se achate, aumentando ainda mais a cavidade torácica. Os pulmões elásticos se expandem para preencher a cavidade torácica aumentada, e o ar é aspirado para dentro (Figura 11.32 A e B).

Durante a expiração ativa, os músculos intercostais internos se inclinam na direção oposta dos músculos intercostais externos relaxados e puxam as costelas de volta. O relaxamento do diafragma produz a sua retração, de modo que ele readquire o seu formato arqueado em cúpula. A retração das costelas e o relaxamento do diafragma diminuem o volume do tórax, forçando o ar para fora dos pulmões. A energia elástica armazenada no pulmão e a gravidade que atua para dobrar ou provocar colapso da caixa torácica podem ajudar na expiração (Figura 11.32 C).

Embora os cientistas concordem sobre os músculos que controlam a respiração dos mamíferos, suas funções precisas demonstraram ser difíceis de definir, em parte devido ao padrão surpreendentemente complexo de movimento das costelas e, em parte, devido à caixa torácica e ao diafragma

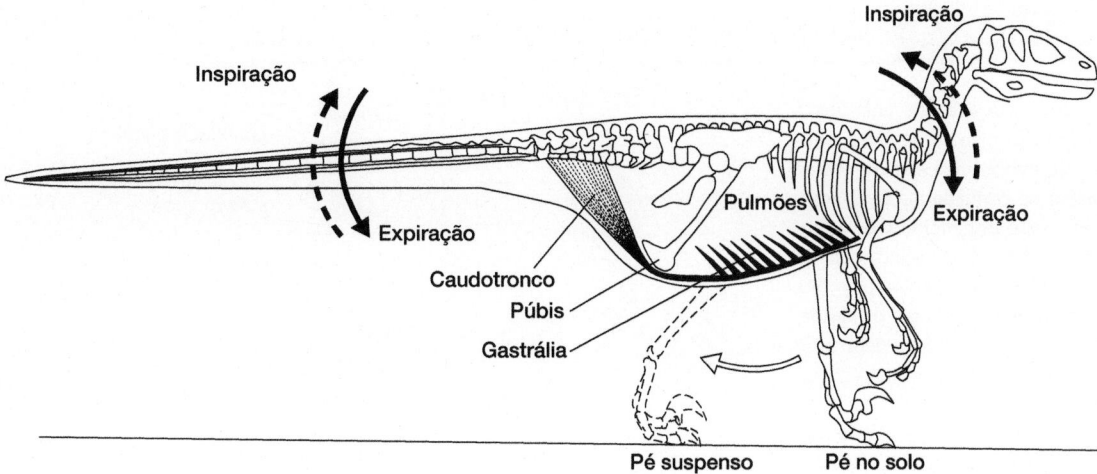

Inspiração

Inspiração

Expiração

Pulmões

Expiração

Caudotronco

Púbis

Gastrália

Pé suspenso   Pé no solo

Figura 11.30 Acoplamento da ventilação e da locomoção. Conforme o pé estabelece contato com o solo, o pescoço e a cauda continuam para baixo, comprimindo a caixa torácica (expiração) (*setas cheias*); o deslocamento do membro balança a perna (*linha tracejada*) para trás (*seta vazada*), elevando o pé do solo, o que causa rotação do pescoço e da cauda para cima, expandindo a caixa torácica (inalação) (*setas tracejadas*). Esses efeitos locomotores eram presumivelmente sincronizados com as contrações do caudotronco para ventilar os pulmões.

Com base na pesquisa de D. Carrier e C. Farmer.

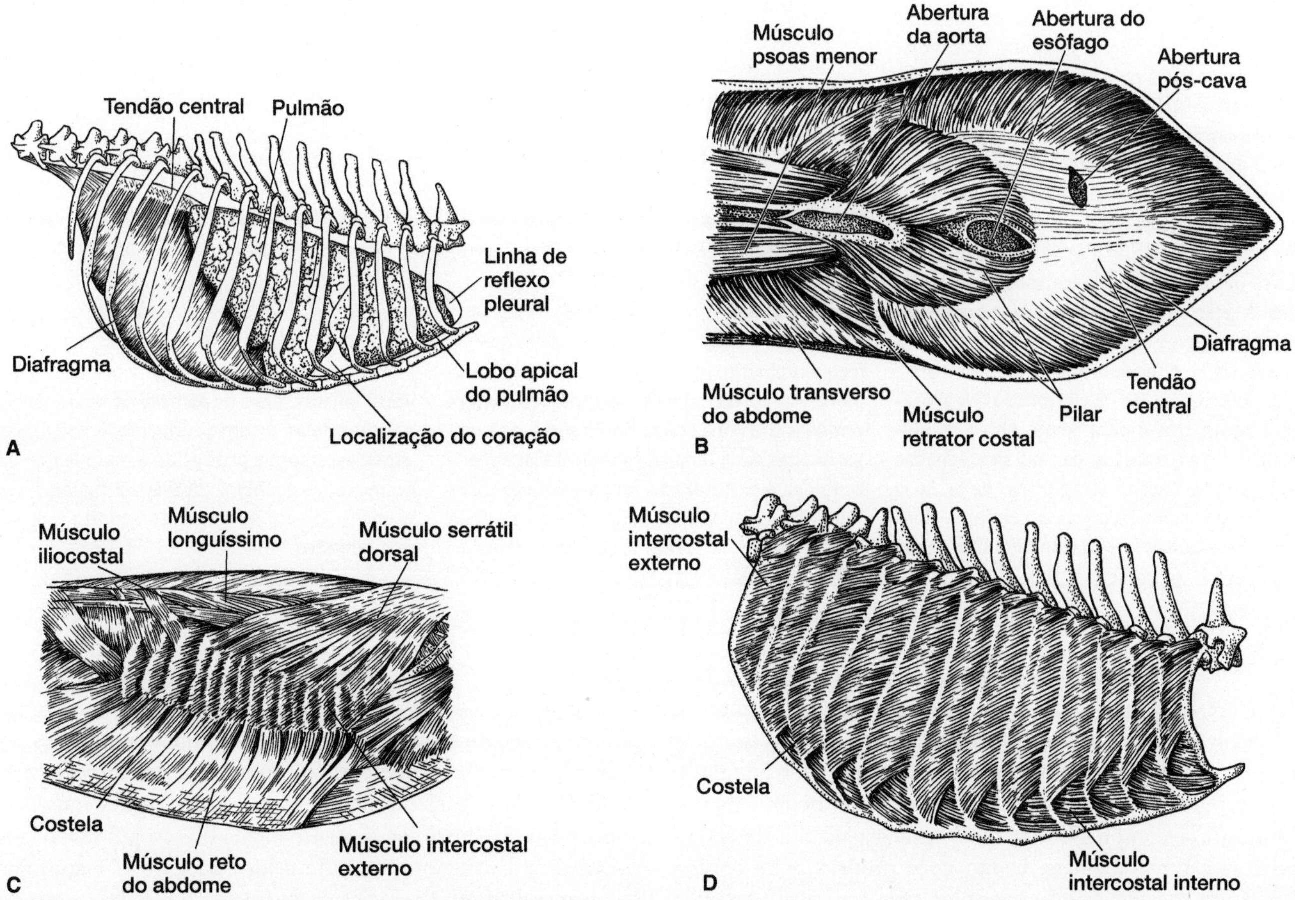

Tendão central   Pulmão

Linha de
reflexo
pleural

Diafragma

Lobo apical
do pulmão

Localização do coração

A

Músculo
psoas menor   Abertura
da aorta   Abertura do
esôfago   Abertura
pós-cava

Diafragma

Tendão
central

Músculo transverso
do abdome   Músculo
retrator costal   Pilar

B

Músculo
iliocostal   Músculo
longuíssimo   Músculo serrátil
dorsal

Costela

Músculo reto
do abdome   Músculo intercostal
externo

C

Músculo
intercostal
externo

Costela

Músculo
intercostal interno

D

Figura 11.31 Ventilação no cão. Em geral, a ventilação dos pulmões dos mamíferos envolve expansões e contrações da caixa torácica, juntamente com depressão e elevação do diafragma. Os detalhes são notavelmente complexos. **A.** Localização dos pulmões e do diafragma dentro da caixa torácica do cão (*vista lateral direita*). **B.** Vista ventral do diafragma (*cranial para a direita*), localizado atrás dos pulmões, com formato de cúpula. Observe as aberturas que possibilitam a passagem anteroposterior da aorta, do esôfago e da pós-cava. Músculos superficiais (**C**) e profundos (**D**) da caixa torácica (*vistas laterais direita*).

De Miller, Christensen e Evans.

Boxe Ensaio 11.3   O canto das rãs

Além da cavidade bucal e dos pulmões, a vocalização das rãs envolve um terceiro compartimento, o saco vocal, uma câmara que se abre no assoalho da cavidade bucal. O acesso a esse saco é feito por meio de uma fenda controlada por músculo. As contrações da parede do corpo forçam o ar dos pulmões, passando pela laringe, para dentro da cavidade bucal e, pela fenda aberta, para dentro do saco vocal, inflando-o. Em seguida, as contrações dos músculos no assoalho da cavidade bucal invertem o fluxo de ar, de modo que ele retorna do saco vocal para a cavidade bucal, pela laringe, e para os pulmões, inflando-os novamente (Figura I A–C do boxe).

No sapo *Bufo valliceps,* a laringe consiste em um par de cartilagens aritenóideas envolvidas pela cartilagem cricóidea circular. As cartilagens aritenóideas formam uma unidade entre os cornos do hioide. O músculo constritor da laringe se origina a partir dos cornos do hioide e está inserido na cartilagem aritenóidea, próximo da abertura da glote. Na contração, expande as cartilagens aritenóideas para alargar a abertura. Os músculos anteriores e posteriores da laringe formam uma tira através da parte anterior e posterior das cartilagens aritenóideas. Quando ambos sofrem contração, deslizam através das cartilagens aritenóideas em direção ao meio, exibindo a maior vantagem mecânica nesse ponto para fechar essas cartilagens. A ação cooperativa desse músculo dilatador e desses músculos constritores afeta o fluxo de ar e modula a produção de som.

Conforme o ar é deslocado vigorosamente para trás e para frente entre os pulmões e o saco vocal, as narinas são fechadas para evitar o escape temporário de ar. Se o saco vocal for grande, como em algumas espécies, vários pulsos de enchimento são, então,

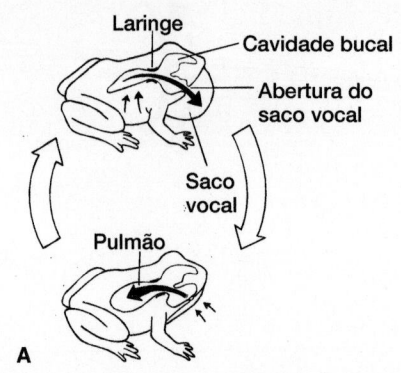

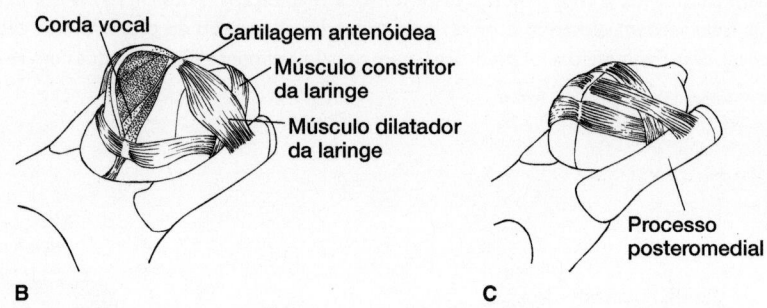

Figura I do Boxe O canto da rã. A. A musculatura da parede do corpo força o ar para fora dos pulmões, pela laringe e para dentro da cavidade bucal. A partir da cavidade bucal, o ar entra no saco vocal por meio de uma abertura. A compressão da garganta força esse ar de volta ao longo do trajeto inverso para dentro dos pulmões. **B.** Laringe aberta. **C.** Laringe fechada.

Com base na pesquisa de C. Gans.

frequentemente usados para inflá-lo por completo. As cordas vocais pareadas consistem em duas tiras finas de tecido dentro da laringe, fixadas, cada uma, por uma cartilagem aritenóidea e esticadas ao longo do fluxo de ar. Conforme o ar sai dos pulmões e passa pelas cordas vocais, as cordas e, com frequência, as margens próximas da laringe vibram. O saco vocal inflado serve de câmara de ressonância para modular o som produzido. Em algumas espécies, o som é produzido à medida que os pulmões se enchem; todavia, na maioria das espécies, o som é produzido quando o ar sai dos pulmões.

---

que não estão igualmente envolvidos em todos os momentos da ventilação. Por exemplo, durante uma respiração tranquila, apenas os músculos inspiratórios podem exibir atividade. Nesses momentos, os músculos expiratórios podem não se contrair, e a compressão da caixa torácica resulta de forças elásticas e gravitacionais. Como você próprio pode confirmar, é até mesmo possível ventilar seus pulmões movendo apenas o diafragma, e não a caixa torácica. Quando realiza uma ventilação vigorosa durante o exercício, a caixa torácica, o diafragma e a maioria dos músculos estão envolvidos. Para complicar ainda o assunto, parece existir um acoplamento dos ciclos de respiração com os ciclos locomotores, de modo que ambos estão sincronizados.

O diafragma dos mamíferos é imediatamente posterior aos pulmões e separa a cavidade torácica, que inclui os pulmões, da cavidade abdominal, que contém outras vísceras importantes. Quando um animal está em repouso, o diafragma muscular constitui o principal componente na ventilação pulmonar dos mamíferos. Entretanto, durante a locomoção nos mamíferos quadrúpedes, a caixa torácica pode receber forças de reação do solo por meio dos membros anteriores, que modificam ligeiramente seu formato. Além disso, as vísceras abdominais, que têm certa liberdade de movimento dentro da cavidade do corpo, deslizam para frente e para trás em sincronia com o ritmo imposto no corpo pelo padrão de oscilação dos membros. As vísceras abdominais atuam como um tipo de "pistão", em

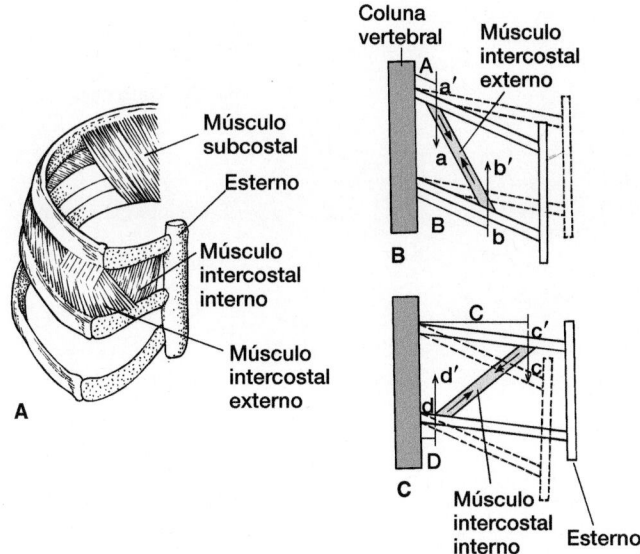

Figura 11.32 Movimento da caixa torácica em seres humanos. A. Vários músculos têm seu percurso entre costelas adjacentes em ângulos inclinados. **B.** Durante a inspiração, os músculos intercostais externos se contraem, fazendo com que as costelas adjacentes sejam puxadas para frente, com expansão das cavidades pleurais ao redor dos pulmões e aspiração de ar dentro deles. **C.** A expiração é frequentemente passiva. A gravidade puxa as costelas para baixo (posteriormente), comprimindo os pulmões e expelindo o ar. Durante a respiração vigorosa, a expiração pode ser ativa. Quando isso ocorre, os músculos intercostais internos, inclinados em direção oposta, sofrem contração para comprimir a caixa torácica.

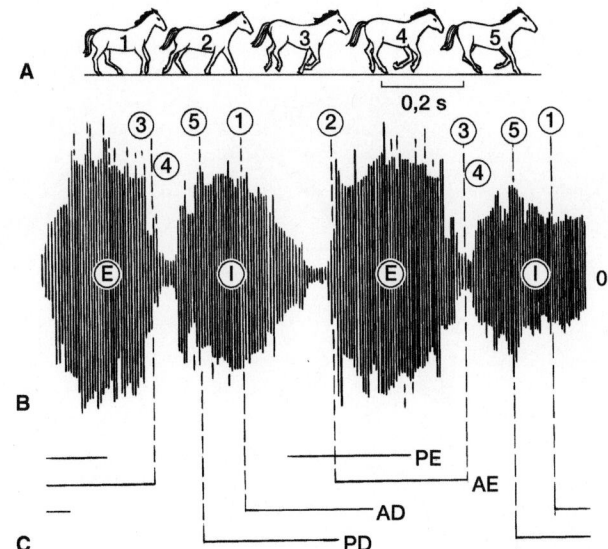

Figura 11.33 Ciclos locomotor e de ventilação nos mamíferos. Durante a locomoção rápida, os ciclos de inspiração e expiração estão frequentemente sincronizados com as fases do ciclo locomotor. **A.** Posições do corpo de um cavalo em cinco pontos sucessivos de um meio-galope, indicadas pelos números nos círculos. **B.** Os surtos de som registrados nas narinas revelam os pontos de inspiração (*círculos com I*) e de expiração (*círculos com E*). **C.** O padrão de passo indica os momentos de contato do pé com o solo: perna anterior esquerda (*AE*), perna anterior direita (*AD*), perna posterior esquerda (*PE*), perna posterior direita (*PD*).

De Bramble e Carrier.

primeiro lugar pressionando anteriormente a cavidade torácica e, em seguida, deslizando posteriormente, liberando a pressão nos pulmões. Um mamífero correndo se aproveita desse movimento rítmico das vísceras, expelindo o ar quando as vísceras exercem pressão contra o tórax e inspirando quando se afastam. Por conseguinte, nos mamíferos cursoriais, os padrões de respiração e o modo de locomoção estão frequentemente acoplados (Figura 11.33 A a C).

Troca gasosa

Conforme assinalado nos répteis, os favéolos ao longo das paredes interiores dos pulmões formam a superfície de troca respiratória. O ar é puxado para dentro da parte central do pulmão e se difunde para dentro dos favéolos. Todavia, nos mamíferos, os locais de troca respiratória são alcançados por uma via diferente. As vias respiratórias (incluindo a traqueia, os brônquios e os bronquíolos) se dividem repetidamente, produzindo ramificações cada vez menores até terminar finalmente em compartimentos de fundo cego, os **alvéolos**, que caracterizam os bronquíolos e os sacos aéreos respiratórios (Figura 11.34 A a C). A traqueia, os brônquios e os bronquíolos terminais, que transportam o gás para os alvéolos e a partir deles, são denominados **árvore respiratória**, com base em seu padrão de ramificação. Não ocorre nenhuma troca gasosa ao longo das vias condutoras da árvore respiratória até o ar alcançar os bronquíolos respiratórios e os alvéolos. Nos mamíferos, a área alveolar total é extensa, talvez mais de 10 vezes a dos anfíbios de massa

semelhante. Essa grande área de troca é essencial nos mamíferos para manter a alta taxa de captação de oxigênio necessária para um endotérmico ativo. As vias nasais não apenas fazem parte desse sistema de condução, mas atuam também para aquecer e umedecer o ar que entra.

Aves

A respiração cutânea é insignificante nas aves. O órgão respiratório quase exclusivo é o pulmão. À semelhança dos mamíferos, as aves possuem dois pulmões conectados a uma traqueia e ventilados por uma bomba de aspiração. Entretanto, além disso, as semelhanças estruturais são poucas. Por exemplo, não existem alvéolos em fundo cego para dentro e para fora dos quais o ar se movimenta. Em lugar disso, as vias de condução se ramificam repetidamente e, por fim, formam numerosas vias minúsculas e de direção única, os **parabrônquios**, que possibilitam o fluxo de ar pelos pulmões. Pequenos capilares aéreos se abrem nas paredes de cada parabrônquio e a troca gasosa com o sangue ocorre efetivamente nos **capilares aéreos**. Além disso, nove **sacos aéreos** avasculares estão conectados aos pulmões, embora estejam dobrados entre as vísceras e se estendam para dentro da parte central da maioria dos ossos grandes (Figura 11.35 A e B). Por conseguinte, os ossos das aves contêm ar, e não medula. Pode haver de 6 (pardal) a 12 (aves limícolas) sacos aéreos. Em geral, os sacos aéreos anteriores incluem o **saco interclavicular** único e os **sacos aéreos cervicais** e **torácicos**

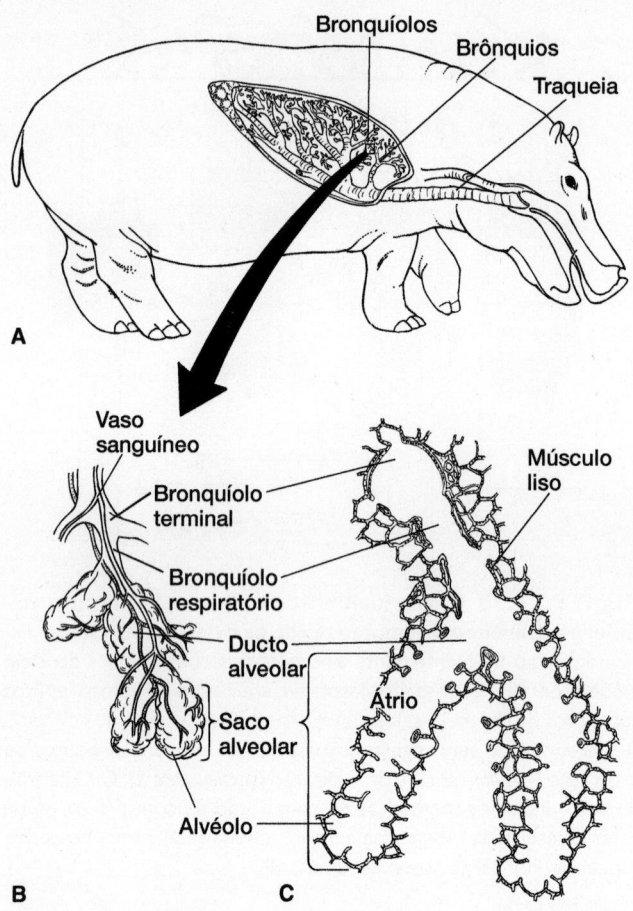

Figura 11.34 Pulmão dos mamíferos. Os pulmões dos mamíferos têm fundo cego e terminam em pequenos alvéolos. **A.** A traqueia leva às cavidades pleurais e se ramifica em brônquios para suprir os pulmões esquerdo e direito. As repetidas ramificações dos brônquios produzem bronquíolos cada vez menores que, finalmente, levam aos sacos alveolares. **B.** Saco alveolar ampliado. As artérias e veias suprem os alvéolos para realizar a troca gasosa neles. **C.** São mostradas as subdivisões internas dos sacos alveolares. Cada pequeno compartimento é um alvéolo, onde ocorre de fato a troca respiratória entre o sangue e o ar. Observe as faixas de músculo liso nas aberturas dos sacos alveolares.

anteriores pareados. Os sacos aéreos posteriores incluem os sacos aéreos torácicos posteriores e abdominais pareados (ver Figura 11.35 A).

A traqueia é dividida em dois **brônquios primários** (= mesobrônquios) que não entram no pulmão, mas que se estendem posteriormente para alcançar os sacos aéreos posteriores. Ao longo de seu percurso, os brônquios primários dão origem a numerosos ramos, dos quais os mais proeminentes incluem os **brônquios laterais**, **ventrais** e **dorsais**, bem como os **brônquios secundários**, que levam aos parabrônquios (Figura 11.36 A a C). Durante sua passagem pelo parabrônquio, os gases se difundem entre o lúmen do parabrônquio e os capilares aéreos conectantes em fundo cego. Por sua vez, o oxigênio se difunde dos capilares aéreos para dentro dos capilares sanguíneos adjacentes, que liberam dióxido de carbono nos capilares aéreos. Assim, as paredes dos capilares aéreos e dos capilares sanguíneos constituem os locais de troca gasosa.

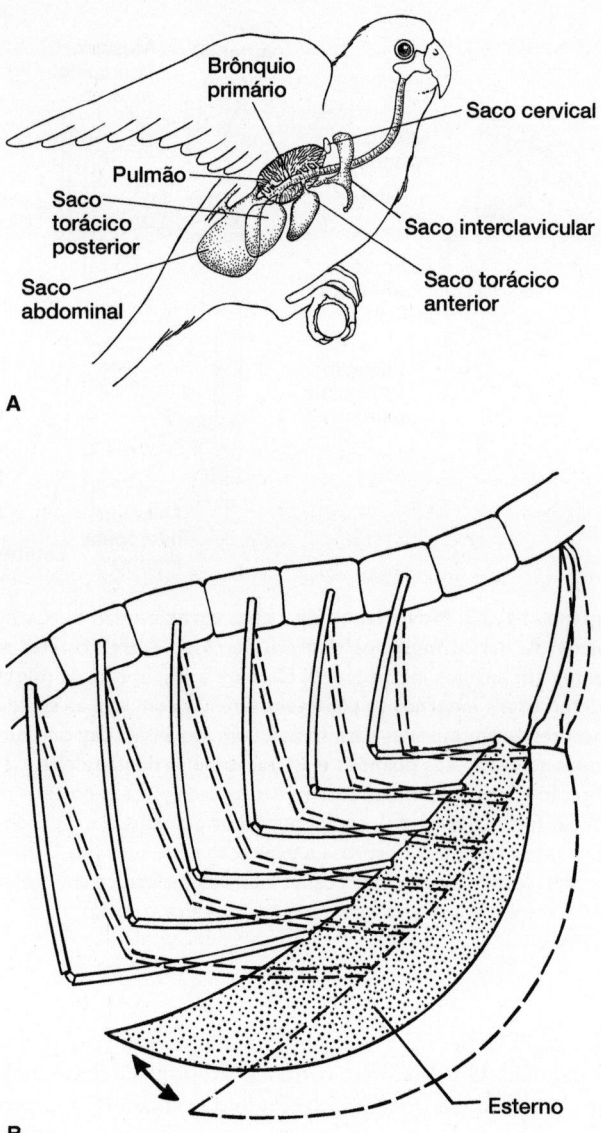

Figura 11.35 Sistema respiratório das aves. A. O sistema respiratório das aves consiste em pulmões pareados localizados na parede dorsal da cavidade torácica. Os sacos aéreos que se encontram entre as vísceras e se estendem até a parte central dos ossos adjacentes estão fixados aos pulmões. Aparentemente, os próprios pulmões não modificam seu formato com o movimento da caixa torácica. Em vez disso, a compressão e a expansão da caixa torácica atuam sobre os sacos aéreos, puxando o ar para dentro deles e, em seguida, para os pulmões. **B.** Ventilação do pulmão das aves. As costelas estão articuladas umas às outras e ao esterno, de modo que o abaixamento do esterno resulta em expansão da caixa torácica e inspiração. A elevação do esterno comprime os sacos aéreos, e o ar é expelido (ver Figura 11.37).

Dentro desse vasto sistema de vias que se conectam, não há valvas sugerindo qual seria o padrão do fluxo de ar. Isso resultou em muita especulação sobre os papéis desempenhados pelas diferentes partes do sistema respiratório. Sem pensar muito, alguns propuseram que os sacos aéreos atuam para tornar a ave mais leve, como balões cheios de hélio, para ajudar a elevar a ave no ar. Todavia, como o ar presente nos sacos tem a mesma

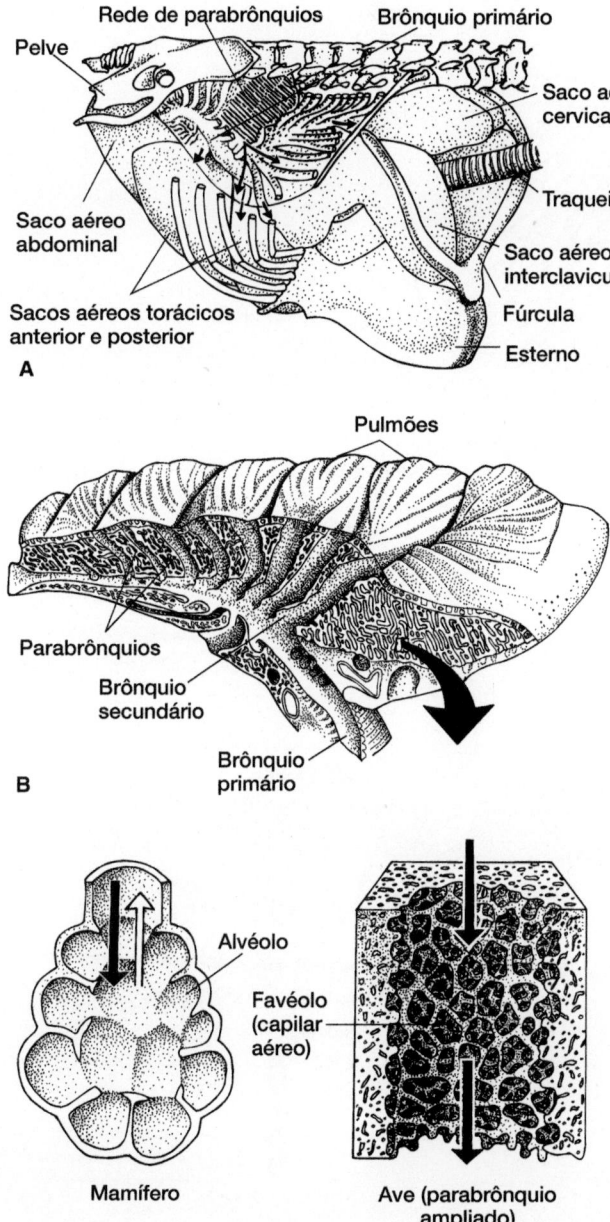

Figura 11.36 Pulmão das aves. A. Vista lateral direita. Os pulmões e os sacos aéreos estão localizados dentro da cavidade do corpo, entre o esterno e a coluna vertebral. O pulmão foi removido para mostrar o brônquio primário e a rede interna de parabrônquios. Os sacos aéreos inflados estão indicados. **B.** Vista lateral direita. Corte do pulmão isolado. Os pequenos poros no pulmão exposto são os parabrônquios. A traqueia se ramifica em dois brônquios primários (mesobrônquios) que se estendem até os sacos aéreos posteriores. Ao longo de seu trajeto, abrem-se nos brônquios secundários, levando aos parabrônquios, que se abrem dentro do tecido respiratório altamente subdividido, os capilares aéreos. No pulmão das aves, o fluxo pelos parabrônquios é unidirecional, diferentemente do fluxo de ar dos mamíferos, que termina em alvéolos em fundo cego. **C.** Comparação das superfícies respiratórias dos mamíferos e das aves. No pulmão dos mamíferos, os alvéolos têm fundo cego. Para que ocorra troca gasosa, o ar precisa se mover de modo bidirecional (*setas vazada e sólida*). No pulmão das aves, o ar segue de modo unidirecional (*setas cheias*) pelos parabrônquios, reabastecendo os capilares aéreos que circundam e se abrem nos parabrônquios.

De Duncker.

densidade do ar fora da ave, os sacos aéreos não proporcionam qualquer ascensão da ave. O acréscimo de sacos aéreos não torna a ave mais leve. Outros propuseram que os sacos aéreos atuam para resfriar os testículos quentes. Isso pode constituir uma função secundária e mais tardia; todavia, como as fêmeas também apresentam sacos semelhantes, isso não parece ter sido uma vantagem seletiva original. Certamente, os sacos aéreos não são um pré-requisito para o voo, visto que os morcegos, que apresentam pulmões típicos de mamíferos, são bons voadores e podem até mesmo, em certas ocasiões, migrar por longas distâncias.

Estudos atuais sugerem que alguns dinossauros terrestres tinham sacos aéreos. Alguns lagartos e cobras terrestres atuais possuem sacos aéreos, nos quais atuam como foles em coordenação com os pulmões vasculares. Isso pode representar a sua função derivada nas aves, nas quais atuam como um sistema mais sofisticado de foles. Os detalhes desse mecanismo ainda são controversos, porém alguns aspectos estão elucidados. Se acompanharmos uma única respiração, a sua passagem pelos sacos e pulmões inclui dois ciclos completos de inspiração e expiração (Figura 11.37 A e B). Durante a primeira inspiração, o ar entra na traqueia, passa ao longo dos brônquios primários e, em seguida, divide-se: uma parte passa diretamente para os pulmões, enquanto o restante enche os sacos aéreos posteriores (sacos aéreos torácicos posteriores e abdominais). Na primeira expiração, o ar desses sacos aéreos posteriores flui pelos pulmões, deslocando o ar consumido que sai pela traqueia. À medida que começa a segunda inspiração, o ar que entra novamente se divide: uma parte reabastece os sacos aéreos posteriores e o restante flui pelos pulmões, empurrando o restante do ar consumido do ciclo anterior para fora e, temporariamente, para dentro dos sacos aéreos anteriores (sacos aéreos torácicos anteriores e interclavicular). Com a segunda expiração, o ar desses sacos aéreos anteriores sai agora com o ar dos pulmões, substituído pelo ar dos sacos aéreos posteriores, que agora flui através dos pulmões. Por conseguinte, esse padrão de ventilação produz um fluxo unidirecional quase contínuo de ar fresco pelos pulmões. Especulando ainda mais, esse fluxo unidirecional também pode estabelecer uma troca por corrente cruzada dentro do pulmão, com fluxo de ar dos sacos aéreos posteriores para os anteriores à medida que o sangue circulante flui próximo dele na direção oposta (Figura 11.38).

Forma e função

Padrões de transferência gasosa

Em um sentido geral, um órgão respiratório deve acoplar o fluxo sanguíneo com a ventilação. Uma função do órgão respiratório consiste em orientar o fluxo sanguíneo em relação à ventilação. A orientação é importante, visto que afeta a eficiência da troca gasosa. Um padrão comum é o fluxo por contracorrente, ilustrado nas brânquias de alguns peixes, nas quais a água flui pelas lamelas secundárias em uma direção, enquanto o sangue flui através dos capilares na direção oposta (Figura 11.39 A). Essa disposição mantém altos gradientes de pressão parcial de gases, enquanto a água e a corrente sanguínea passam uma pela outra. Conforme já assinalado, acredita-se que o fluxo de corrente cruzada ocorre entre os capilares aéreos

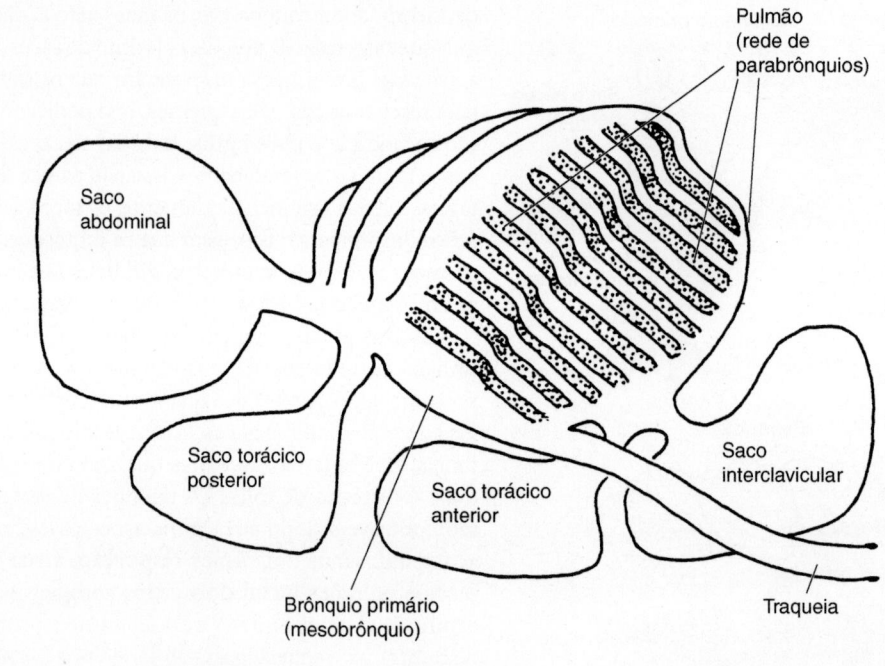

A

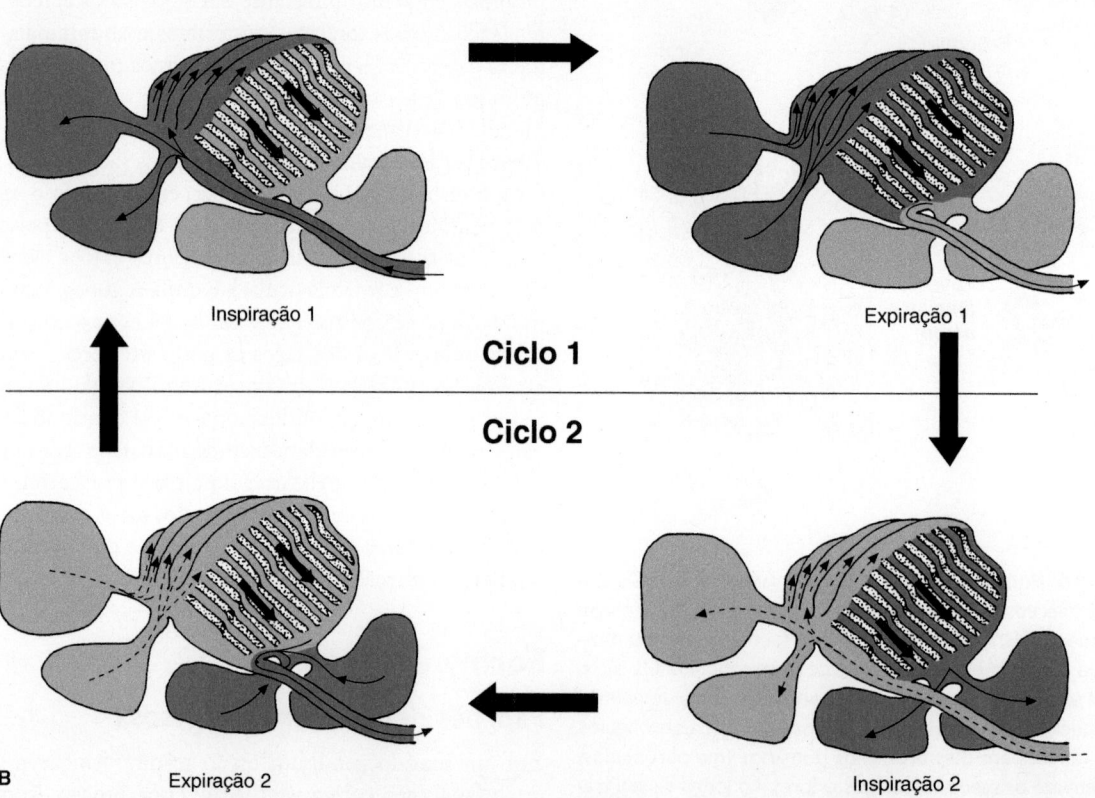

B

Figura 11.37 Representação esquemática da hipótese de ventilação pulmonar nas aves. A. O sistema respiratório das aves inclui sacos aéreos anteriores (interclavicular e torácico anterior) e posteriores (torácico posterior e abdominal), que se conectam com a rede de parabrônquios e, portanto, com o tecido respiratório. **B.** Padrões de fluxo de ar durante a respiração. O movimento de uma inalação de ar para dentro, através do corpo e para fora exige dois ciclos de inspiração/expiração. Durante a primeira inspiração (1), a inalação de ar (*seta cheia*) entra e o ar é dividido: uma parte preenche os sacos aéreos posteriores, e o restante passa para a rede de parabrônquios. Na expiração (1), o ar fresco dos sacos aéreos posteriores passa para os pulmões, empurrando o ar consumido para fora. No segundo ciclo (*seta tracejada*) de inspiração (2), o ar entra e é dividido: uma parte reabastece os sacos aéreos posteriores, e o restante passa para a rede de parabrônquios, empurrando o restante do ar da primeira respiração para dentro dos sacos aéreos anteriores. Durante a expiração (2), o ar consumido é empurrado para fora dos pulmões e sai com o ar dos sacos aéreos anteriores.

Com base em Scheid e Piiper, 1989.

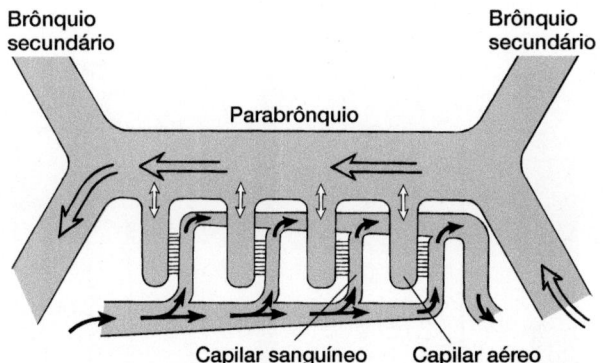

Figura 11.38 Troca gasosa de corrente cruzada no pulmão das aves. A difusão de gases entre os capilares aéreos e os parabrônquios (*setas vazadas*) reabastece os gases disponíveis para troca entre os pulmões e os capilares sanguíneos (*setas cheias*). Existe a hipótese de que o oxigênio seja progressivamente transferido para o sangue (e o dióxido de carbono retirado), com base em um sistema eficiente de corrente cruzada.

e sanguíneos nos pulmões das aves. O fluxo de ar e o fluxo de sangue se cruzam obliquamente, em lugar de seguir em paralelo. Os capilares sanguíneos estão em série entre si quando cruzam um gradiente de gás dos capilares aéreos. O oxigênio é eficientemente transferido para o sangue antes de sair desse sistema de troca. As brânquias de alguns peixes também podem operar em um padrão de corrente cruzada (Figura 11.39 B). Os pulmões dos mamíferos ilustram a troca gasosa envolvendo um **reservatório uniforme**. A ventilação do pulmão tende a manter as pressões parciais dos gases dentro dos espaços alveolares uniformes em virtude da respiração frequente, mistura de gases e ausência de barreiras significativas à difusão. O sangue circulante nos capilares alveolares encontra pressões parciais mais ou menos uniformes (Figura 11.39 C).

A área respiratória dentro dos pulmões dos vertebrados tem sido frequentemente descrita como *alveolar*, um termo inspirado pela estrutura dos pulmões dos mamíferos. Todavia, o termo é inapropriado para outros grupos. Os compartimentos respiratórios da maioria dos vertebrados não mamíferos não se formam no final de uma árvore brônquica. Em seu lugar, os compartimentos são, em sua maioria, subdivididos por septos

secundários e terciários e deveriam ser denominados favéolos. Esse padrão deveria ser designado como *faviforme* para distingui-lo do padrão alveolar dos mamíferos. Nas aves, esse tipo de subdivisão produz um terceiro padrão estrutural, os *pulmões parabronquiais*, nos quais sacos em fundo cego circundam e se abrem em um parabrônquio central. Os pulmões faviformes (ou faveolares) apresentam área de superfície menor e menos elasticidade que os pulmões alveolares. Todavia, são simples e econômicos, suficientes para atender às demandas metabólicas geralmente mais baixas da maioria dos répteis. Os pulmões alveolares exibem maior área de superfície para sustentar as necessidades metabólicas maiores dos mamíferos. Os pulmões alveolares também são mais elásticos e são ventilados de modo diferente, permitindo aos mamíferos ventilar constantemente seus pulmões com baixo custo metabólico. O sistema de troca gasosa de corrente cruzada e o uso de sacos aéreos no pulmão parabronquial das aves sustentam sua maior amplitude metabólica e possibilitam a extração de oxigênio em grandes altitudes.

Taxas de transferência de gases

Os órgãos respiratórios também precisam ser projetados de modo que a *taxa* em que o ar ou a água passa pela superfície respiratória (ventilação) seja igual à *taxa* em que o sangue se move através do órgão respiratório (perfusão). Quando os pulmões estão funcionando de modo eficiente, as taxas de ventilação e de perfusão estão equilibradas, de modo que a quantidade de oxigênio disponível para difusão através da superfície respiratória de um lado corresponde exatamente à capacidade de perfusão do sangue no lado oposto para transportar esse oxigênio (Figura 11.40 A). Para o dióxido de carbono, o inverso é verdadeiro. A quantidade de dióxido de carbono transportada pelo sangue precisa ser igual à capacidade do meio respiratório de eliminá-lo. Se a perfusão for muito lenta, o sangue permanece por muito tempo no órgão após estar saturado e não consegue mais captar qualquer quantidade adicional de oxigênio (Figura 11.40 B). Por outro lado, se a perfusão for muito rápida em relação à taxa de ventilação, o sangue flui pelo órgão de modo excessivamente rápido e sai antes de ficar totalmente saturado com oxigênio (Figura 11.40 C). Em ambas as situações, o custo metabólico da extração de oxigênio será maior que o custo ideal e a respiração será ineficiente.

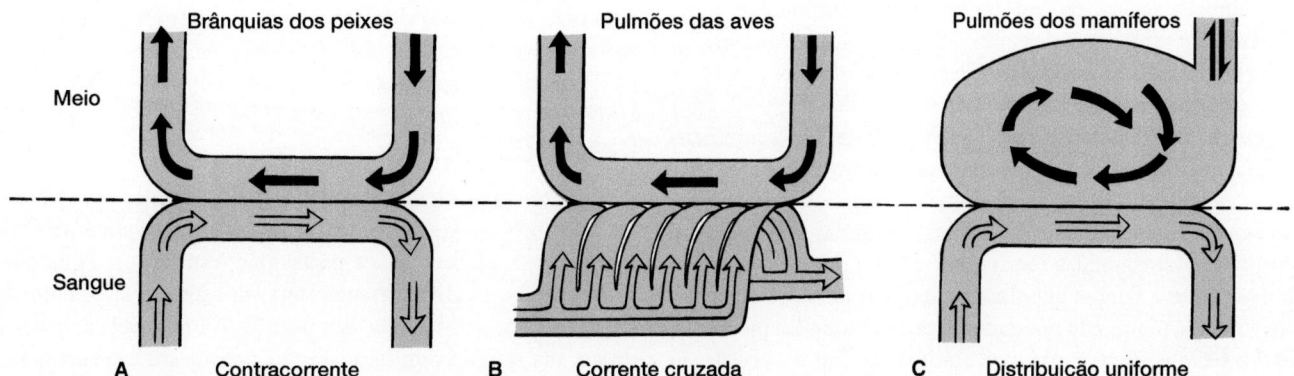

Figura 11.39 Padrões de transferência gasosa. A orientação da ventilação (*setas cheias*) em relação ao fluxo sanguíneo (*setas vazadas*) é estabelecida pelo órgão respiratório. **A.** Contracorrente. **B.** Corrente cruzada. **C.** Distribuição uniforme.

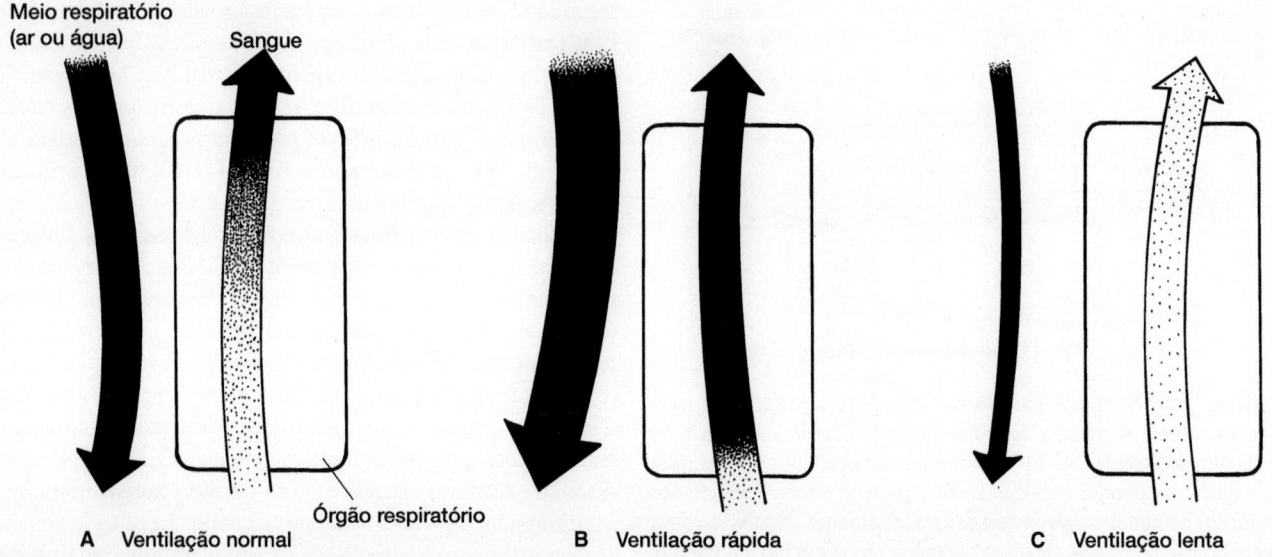

Figura 11.40 Razão ventilação:perfusão. O órgão de respiração aérea ou aquática equilibra o fluxo de sangue (perfusão) com o movimento do meio respiratório (ventilação). **A.** Se a perfusão e a ventilação forem equilibradas adequadamente, o sangue sai do órgão respiratório tão logo esteja saturado com oxigênio. **B.** Se a ventilação for muito rápida, o sangue permanece por mais tempo do que o necessário no órgão respiratório e se torna saturado precocemente, porém não capta qualquer quantidade adicional de oxigênio. **C.** Se a ventilação for muito lenta, o sangue fica apenas parcialmente oxigenado quando sai do órgão de troca. A respiração que é muito rápida ou muito lenta é ineficiente. As larguras das setas são proporcionais às taxas de fluxo. O sombreamento das setas que passam pelo órgão respiratório indica o grau de saturação de oxigênio.

A razão entre ventilação e perfusão depende da espécie. Dentro de determinada espécie, a razão muda de acordo com os níveis de atividade e a disponibilidade de oxigênio no ambiente. Nos mamíferos, a razão pode ser de 1:1; em alguns répteis, pode alcançar 5:1. Foi constatado que alguns peixes apresentam razão de 35:1. Como medida relativa da interação dos sistemas respiratório e circulatório de uma espécie, as razões de transferência gasosa fornecem uma compreensão dos problemas que uma espécie enfrenta, bem como de sua resposta fisiológica.

Por exemplo, a água, mesmo quando está saturada com ar dissolvido, ainda contém consideravelmente menos oxigênio dissolvido que um volume igual de ar. Além disso, a água é 1.000 vezes mais densa e mais viscosa que o ar, de modo que os gases sofrem difusão muito mais lenta. Em consequência, volumes relativamente grandes de água precisam ser movimentados através das superfícies das brânquias para igualar a alta afinidade do sangue em perfusão pelo oxigênio; por esse motivo, a razão ventilação:perfusão é geralmente alta nos peixes. O fluxo de água pode ser até 35 vezes o fluxo de sangue. A água flui quase continuamente e em contracorrente. Diferentemente desse padrão, os répteis inativos com baixas demandas metabólicas podem respirar apenas uma vez mais ou menos a cada minuto. Nos mamíferos, com altas demandas metabólicas e ventilação bidirecional, a respiração é mais ou menos contínua, de modo que o sangue que flui dos alvéolos torna-se saturado. Nos seres humanos em atividade física, as demandas metabólicas dos tecidos ativos aumentam ainda mais. Tanto a ventilação quanto a perfusão aumentam acompanhando o ritmo uma da outra nessas situações. Se você respira mais rápido (ventilação), a sua frequência cardíaca acelera (perfusão).

Muitos ajustes sutis ajudam a otimizar a troca gasosa. Por exemplo, os peixes respondem a uma queda do oxigênio disponível na água de várias maneiras. Como seria esperado, a ventilação das brânquias aumenta, bem como o débito de sangue pelo coração. Ocorrem também outros ajustes como o reposicionamento dos filamentos branquiais para possibilitar a participação de mais lamelas secundárias na respiração (Figura 11.41 A a C). Além disso, o tempo de trânsito da água que passa pelas brânquias aumenta, e a distância de difusão através das lamelas provavelmente diminui. Atuando em conjunto, essas mudanças coletivas preservam a captação de oxigênio mantendo, da melhor forma possível, razões de troca favoráveis durante os momentos de baixa disponibilidade de oxigênio.

Como vimos, os órgãos respiratórios envolvidos na respiração na água e no ar são necessariamente diferentes em sua estrutura, devido aos diferentes problemas enfrentados com a troca gasosa nesses dois meios. Analisaremos essas diferenças nas próximas duas seções.

Respiração na água

A 15°C, a água retém cerca de 1/30 do oxigênio em comparação com o ar. Além disso, a água é consideravelmente mais densa que o ar. Todavia, os peixes que respiram na água normalmente conseguem manter um suprimento suficiente de oxigênio para seus tecidos. Em parte, isso é possível em virtude de sua alta taxa de ventilação. O fluxo de água é habitualmente mais de dez vezes o fluxo de sangue. No entanto, isso também ocorre devido à dupla bomba que mantém uma corrente quase contínua de água fresca banhando as brânquias e ao padrão de

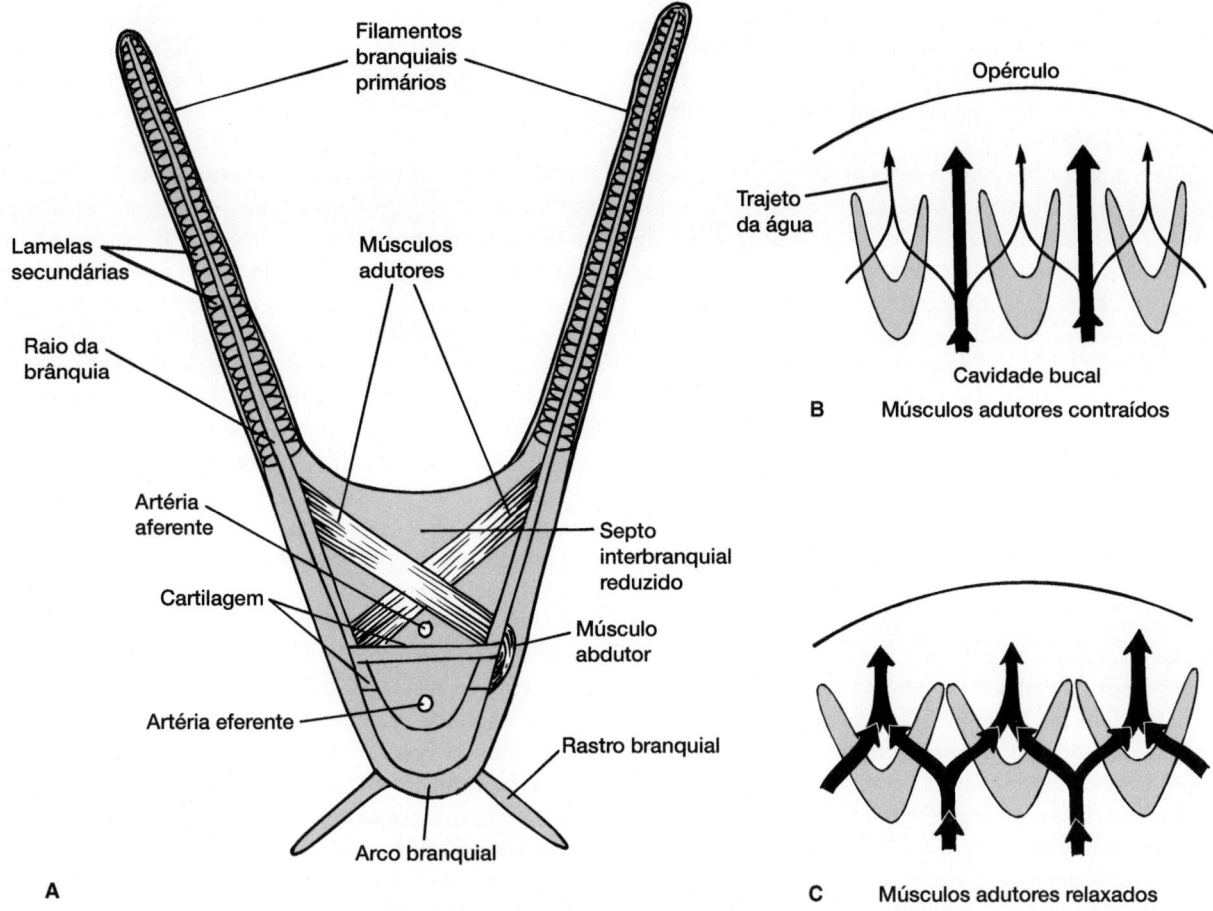

Figura 11.41 Brânquias dos peixes. A. As posições dos filamentos branquiais são controladas por músculos adutores transversais. **B.** Em condições de repouso, os filamentos branquiais primários podem se separar para permitir que o excesso de água evite as superfícies respiratórias. **C.** Quando ativos, os filamentos primários são movimentados mais diretamente no fluxo de água para aumentar a irrigação dos filamentos branquiais secundários e aumentar a oportunidade de troca gasosa.

contracorrente eficiente do fluxo. Em consequência dessa estrutura, a água que deixa as brânquias pode ter liberado 80 a 90% de seu oxigênio, uma taxa de extração bastante alta. Nos mamíferos, por exemplo, apenas cerca de 25% do oxigênio no pulmão é captado antes de o ar ser expirado. Embora a ventilação dos peixes tenha a capacidade de extrair mais oxigênio, o custo metabólico de mover a água mais densa é mais alto, de modo que o alto nível de extração de oxigênio é obtido apenas com certo custo.

Respiração no ar

A água é densa, de modo que seu movimento bidirecional seria um método de respiração relativamente dispendioso, conforme a massa de água é acelerada inicialmente em uma direção e, em seguida, na outra. Por outro lado, o ar é leve, de modo que o movimento bidirecional exige uma quantidade relativamente menor de energia. Todavia, as superfícies de troca estão expostas à evaporação nos vertebrados que respiram no ar. Por esse motivo, os órgãos de respiração aérea, como os pulmões, estão geralmente recolhidos em cavidades, impedindo o fluxo unidirecional ou a troca por contracorrente e exigindo um método de ventilação bidirecional. Natural-

mente, a exceção é a disposição incomum que evoluiu nas aves, cujos órgãos para a respiração aérea são ventilados por um fluxo unidirecional, e a troca gasosa envolve um padrão de corrente cruzada.

Evolução dos órgãos respiratórios

Regulação acidobásica

A evolução dos órgãos respiratórios está, em grande parte, relacionada com problemas que envolvem a *extração* do oxigênio a partir da água ou do ar para abastecer o metabolismo, mas não totalmente. Com frequência, a estruturação de um órgão respiratório depende de seu papel oposto, isto é, a *eliminação* de produtos de degradação metabólicos. Os mecanismos que regulam o equilíbrio acidobásico do sangue ilustram como o sangue processa os subprodutos do metabolismo.

Durante a respiração, o oxigênio é transportado para os tecidos ativos do corpo. Simultaneamente, os subprodutos do metabolismo são removidos. A amônia (NH_3), um subproduto tóxico, é excretada pelas brânquias ou pelos rins na forma de ureia e de ácido úrico, menos nocivos. Todavia, a excreção de dióxido de carbono representa outra questão. Surpreendentemente, o dióxido de carbono em si não é muito tóxico, embora os íons hidrogênio (H^+) que ele gera possam constituir um problema. A eliminação do dióxido de carbono do corpo está relacionada com seus efeitos sobre os níveis de ácidos e bases do sangue ou **equilíbrio de pH**.

Quando o dióxido de carbono entra no sangue, ele se combina com a água, sofrendo dissociação reversível em ácido carbônico, o qual, por sua vez, forma um íon hidrogênio e um íon bicarbonato (Figura 11.42). O aumento dos íons hidrogênio no sangue provoca uma diminuição do pH sanguíneo. Quanto maior o acúmulo de íons hidrogênio, mais ácido o sangue se torna. Conforme os íons hidrogênio são removidos, o sangue fica menos ácido (mais básico). Isso é de importância crítica. A afinidade da hemoglobina pelo oxigênio diminui com a diminuição do pH. Mais fundamentalmente, as enzimas proteicas que controlam o metabolismo celular essencial operam dentro de uma estreita faixa de pH. Se o pH sanguíneo estiver muito alto ou muito baixo, essas enzimas não funcionam. O controle do pH se concentra no controle dos íons hidrogênio, e isso, por sua vez, é afetado pelos níveis sanguíneos de dióxido de carbono. A eliminação do dióxido de carbono desloca a equação mostrada na Figura 11.42 para a esquerda. Um íon hidrogênio se recombina com um íon bicarbonato, de modo que a concentração de íons hidrogênio no sangue é reduzida, e os níveis de ácido caem. O acúmulo de dióxido de carbono no sangue tem o efeito inverso – o sangue se torna mais ácido.

Quando um vertebrado se exercita, ocorre acúmulo de ácido láctico no sangue como subproduto do metabolismo das proteínas. Por fim, o ácido láctico é decomposto por degradação química, porém não imediatamente. Assim, o acúmulo de ácido láctico ameaça modificar desfavoravelmente o pH do sangue. Um aumento compensatório na eliminação de dióxido de carbono neutraliza essa alteração do pH sanguíneo induzida pelo ácido láctico. O hidrogênio se difunde para fora do sangue, e o pH retorna a níveis normais. O dióxido de carbono faz parte de um complexo sistema de tamponamento que evita a ocorrência de oscilações drásticas nos níveis de pH. Nos mamíferos, a frequência respiratória aumenta com o exercício; por conseguinte, mais oxigênio é captado nos pulmões para sustentar o metabolismo aeróbico, e maior quantidade de dióxido de carbono é eliminada para tamponar o pH sanguíneo.

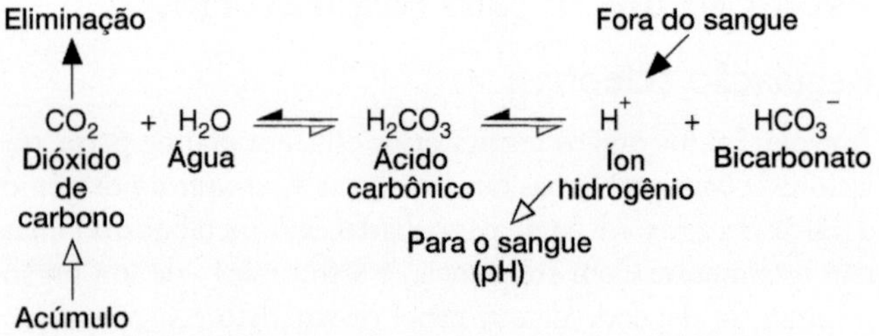

Nos peixes, certa quantidade de dióxido de carbono é eliminada através da pele, porém a maior parte é eliminada pelas brânquias. Nos anfíbios adultos, o oxigênio é captado pelos pulmões, porém o dióxido de carbono é quase exclusivamente eliminado através da pele. Além disso, o rim dos anfíbios participa na regulação do equilíbrio ácido por meio da secreção de íons hidrogênio; todavia, ele faz isso empregando um mecanismo secretor que depende de um suprimento imediato de água. Como os anfíbios habitualmente frequentam fontes de água fresca, isso é simples e fácil. Desse modo, o equilíbrio ácido nos anfíbios é mantido indiretamente pela eliminação de dióxido de carbono através da pele (o que afeta a equação de dissociação e, portanto, a concentração de íons hidrogênio) ou diretamente por meio da secreção de íons hidrogênio pelos rins.

Entretanto, os anfíbios pagam um preço por esse sistema simples de eliminação. Como o equilíbrio ácido pelos rins se baseia em um mecanismo de secreção que exige grandes influxos de água, os anfíbios precisam ter acesso imediato a um suprimento de água. A água para a eliminação, e não as demandas de captação de oxigênio, constitui uma das principais razões pelas quais os anfíbios estão tão estreitamente ligados a ambientes aquáticos.

A perda das brânquias dos peixes nos primeiros tetrápodes significou a perda de uma importante via usada na regulação do equilíbrio do pH. Conforme acabamos de assinalar, os rins e a pele dos anfíbios recentes assumiram essa função. Não se sabe como o *Ichthyostega*, que tinha algumas escamas espessas na pele, e outros Lissamphibia fósseis lidaram com esse problema. Nos amniotas, os pulmões assumiram a função de regular o equilíbrio do pH ao eliminar o dióxido de carbono. No rim dos mamíferos, a eliminação se baseia em um mecanismo diferente daquele dos anfíbios, conservando a água. No Capítulo 15, discutiremos o papel dos rins no equilíbrio hídrico e na regulação acidobásica. Essa breve passagem pela química do sangue nos lembra que a evolução da vida na terra exigiu mais que o aparecimento dos membros. Novos problemas fisiológicos também tiveram de ser resolvidos.

Ventilação

A evolução dos órgãos respiratórios também é uma história dos aparatos mecânicos que movimentam a água ou o ar. Algumas bombas respiratórias dependem de cílios; entretanto, a maioria baseia-se na contração muscular.

Bombas ciliares

A troca gasosa cutânea pode ter desempenhado um importante papel na respiração dos primeiros vertebrados, e, em alguns grupos, como os anfíbios atuais, continua atuando. A troca direta de gases entre os tecidos e o ambiente através da pele constitui uma maneira simples e direta de suprir as necessidades metabólicas modestas de pequenos organismos. As pequenas larvas de alguns peixes ainda dependem da respiração cutânea.

Figura 11.42 Equações de dissociação do dióxido de carbono e seus efeitos sobre o equilíbrio do pH. O acúmulo ou a eliminação de dióxido de carbono (CO_2) afetam o pH do sangue. Quando os níveis sanguíneos de CO_2 estão baixos, os íons hidrogênio (H^+) se combinam com íons bicarbonato (HCO_3^-) para formar ácido carbônico (H_2CO_3) que se dissocia em água (H_2O) e CO_2. A equação é deslocada para a esquerda. Quando o CO_2 se acumula no sangue, a equação é desviada para a direita, resultando em acúmulo de H^+ no sangue e em pH mais ácido.

Boxe Ensaio 11.4   Um grande desafio | Mergulho autônomo – SCUBA

A tentação de explorar ou investigar o mundo subaquático vem instigando diretamente os seres humanos há séculos. A maneira mais fácil tem sido segurar a respiração e mergulhar. Uma limitação evidente é que você só pode permanecer debaixo da água até o seu fôlego acabar. Para aumentar o tempo submerso, vários aparelhos têm sido usados para bombear ar a mergulhadores usando capacetes de oxigenação ou capacetes rígidos. A limitação desses aparelhos, naturalmente, é que o mergulho fica restrito pela conexão de ar com a superfície.

O equipamento do mergulho autônomo ou Scuba solucionou esse problema. O Scuba ou, mais corretamente, S.C.U.B.A. significa *"self-contained underwater breathing apparatus"* (aparato autônomo para respiração submersa). Um grande volume de ar, comprimido em um pequeno cilindro, e um dispositivo para liberá-lo de acordo com a demanda, o regulador, conferem ao mergulhador uma grande liberdade de movimento enquanto está submerso (Figura 1 A do Boxe).

Um traje de mergulho com ar comprimido foi inventado, em 1825, e um regulador de acordo com a demanda, em 1866. Porém ninguém pareceu estabelecer a conexão entre os dois, pelo menos para o propósito da exploração subaquática, exceto Júlio Verne, que juntou ambos no mundo da ficção em seu livro *20.000 Léguas Submarinas*. O crédito por aplicar esses aparelhos ao mundo real vai para Jacques Cousteau (França) e para Emile Gagnan (Canadá). Eles ajustaram um regulador de demanda a um reservatório de ar comprimido e o testaram durante o verão de 1943. Ele funcionou. O mergulho foi revolucionado, porém com alguns riscos adicionais.

A maioria dos riscos provém dos efeitos das pressões parciais aumentadas dos gases. Na superfície da Terra, a coluna de ar tem um peso sobre uma pessoa ao nível do mar, produzindo uma atmosfera de pressão ou 101.000 Pa (14,7 psi). No mar, cada descida de 10 m aumenta a pressão sobre o mergulhador em cerca de mais uma atmosfera. Assim, em uma profundidade de 20 m, a pressão é de 3 atmosferas ou 303.000 Pa (1 atmosfera da coluna de ar ao nível do mar mais 2 atmosferas de pressão adicional da água do mar a 20 m). E isso é que cria problemas. Para que o ar comprimido encha os pulmões a 20 m, o regula-

dor precisa igualar a pressão nos pulmões. Por conseguinte, o ar entra nos pulmões em uma pressão mais alta do que aconteceria na terra, ao nível do mar. A alta pressão do ar nos pulmões coloca altos níveis de gases dentro do sangue. Quando o sangue fica saturado, ele mantém maior quantidade de gás do que em pressões mais baixas. Em consequência desses níveis elevados de saturação, podem surgir problemas se o mergulhador for muito fundo ou subir com muita rapidez.

Por outro lado, se o mergulhador continua descendo, o nitrogênio (cerca de 78% do ar) alcança níveis inusitadamente altos no sangue. Em profundidades de mais de 30 m, os níveis elevados de nitrogênio podem causar tontura, perda da capacidade de julgamento e comprometimento das funções motoras simples (Figura 1 B do Boxe). Essa condição é conhecida como **narcose por nitrogênio.** De modo surpreendente, o oxigênio (cerca de 21% do ar) pode se tornar tóxico se as altas pressões parciais o forçam a alcançar níveis elevados no sangue. O excesso de oxigênio pode causar lesão pulmonar e dano permanente ao sistema nervoso central.

Por outro lado, se o mergulhador subir com muita rapidez, também podem surgir problemas devido ao nitrogênio. Quando o mergulho é profundo e prolongado, as pressões parciais elevadas empurram níveis altos de nitrogênio dentro do sangue. O mergulhador, quando estiver subindo, precisa levar um tempo suficiente para possibilitar a eliminação do excesso de nitrogênio através dos pulmões conforme o ar é expelido. Quando você abre rapidamente a tampa de um refrigerante, o gás sob pressão retorna subitamente à pressão atmosférica e sai da solução efervescente, formando bolhas. A mesma coisa ocorre no sangue quando um mergulhador sobe muito rapidamente para a superfície. O nitrogênio sai da solução com muita rapidez e forma bolhas no sangue. Essas bolhas podem se alojar em qualquer local – pulmões, articulações, músculos, estômago, cérebro – e causar dor ou morte. A condição é conhecida como **mal dos mergulhadores** ou doença da descompressão. O tratamento exige a rápida colocação do mergulhador afetado em uma câmara de recompressão para elevar novamente a pressão em seu corpo e forçar as bolhas de nitrogênio

de volta ao sangue. Em seguida, lentamente, o indivíduo é trazido de volta a pressões atmosféricas normais, dando tempo suficiente para que o excesso de nitrogênio escape através dos pulmões, por difusão.

Os mamíferos marinhos que mergulham em grandes profundidades, como os golfinhos e as focas, não estão imunes à doença da descompressão, mas parecem depender de mecanismos que minimizam o problema. De maneira mais óbvia, seus pulmões não são preenchidos com ar sob pressão. Eles respiram na superfície e, em seguida, mergulham. Nenhum ar é adicionado durante o mergulho profundo. De fato, o excesso de ar retido nos pulmões é habitualmente expelido. Por conseguinte, à medida que o animal desce e a pressão em sua caixa torácica e pulmões aumenta, essa pressão não força o ar residual para dentro do sangue em alta pressão. Não há formação de altos níveis de nitrogênio no sangue, de modo que existe menos risco de o nitrogênio sair do sangue durante o retorno do animal à superfície. Além disso, a árvore de brônquios é sustentada por anéis cartilaginosos apenas até o nível dos bronquíolos respiratórios. A ausência de anéis de sustentação além desse ponto na árvore de brônquios possibilita o colapso dos alvéolos sob alta pressão. Em consequência, não há muito ar retido nos pulmões, onde poderia ter contato prolongado com as superfícies de troca capilar durante um mergulho prolongado sob alta pressão. Por fim, embora o mecanismo ainda não esteja bem elucidado, parece que os tecidos dos mamíferos marinhos são resistentes à doença da descompressão. Sua gordura, em particular, parece ser capaz de absorver o excesso de nitrogênio com segurança. Os ictiossauros, répteis semelhantes aos golfinhos, do Mesozoico, demonstram evidências de doença da descompressão. Quando bolhas de nitrogênio se formam dentro dos ossos, eles bloqueiam o suprimento sanguíneo local. Isso provoca a morte das células ósseas, enfraquecendo, assim, o osso, algumas vezes com consequente dano visual. Essa lesão óssea pode ser observada em ossos fósseis de ictiossauros, tendo talvez ocorrido quando subiram muito rapidamente até a superfície para escapar dos ataques de predadores, como grandes tubarões ou, como eram prevalentes no período, grandes crocodilos marinhos.

(continua)

Boxe Ensaio 11.4 | Um grande desafio | Mergulho autônomo – SCUBA
(continuação)

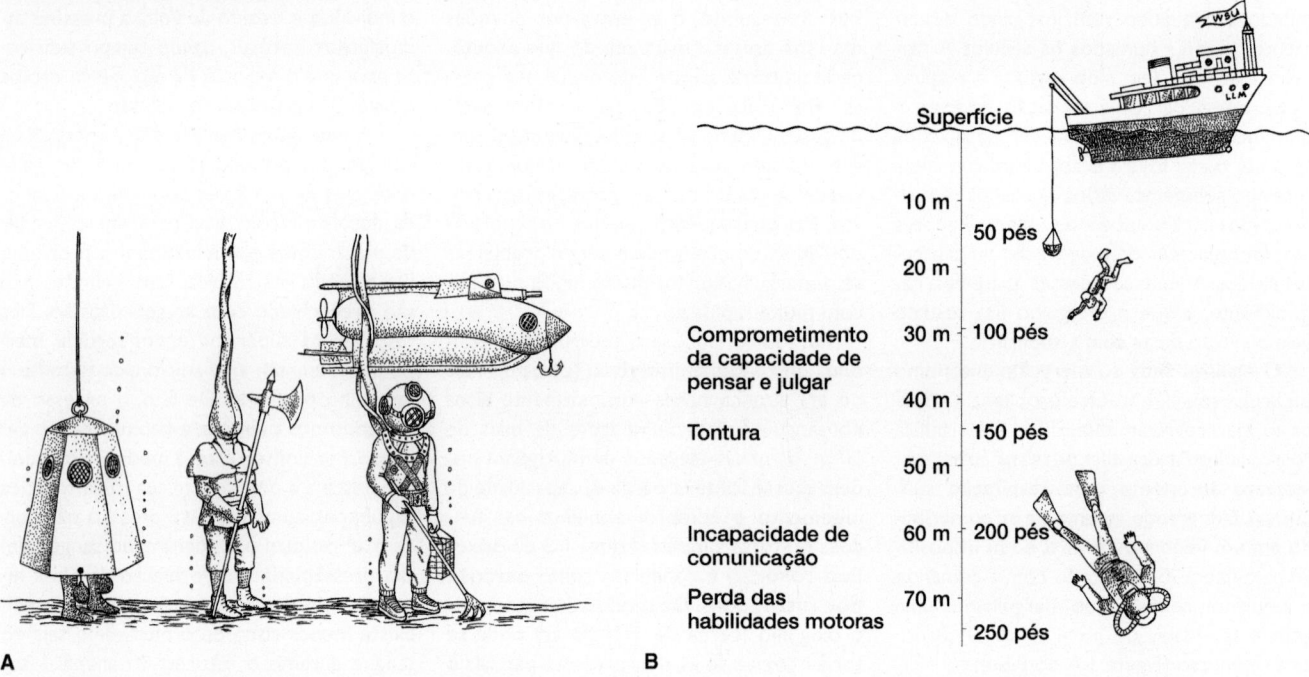

Superfície

10 m
50 pés
20 m

Comprometimento   30 m   100 pés
da capacidade de
pensar e julgar

40 m

Tontura   150 pés

50 m

Incapacidade de   60 m   200 pés
comunicação

Perda das   70 m
habilidades motoras
                             250 pés

A   B

Figura I do Boxe S.C.U.B.A. A. Primeiras formas de aparelhos para respiração submersa. Não recomendado para uso domiciliar. **B.** Sintomas de narcose por nitrogênio em várias profundidades.

Em alguns casos, como a larva do peixe pulmonado australiano, são usados cílios superficiais para desenvolver correntes respiratórias pela superfície do organismo.

Entre os protocordados, os cílios movimentam a corrente de água que traz alimento para as redes de muco dentro da cesta branquial. Esta, com sua grande área de superfície e extenso suprimento de sangue, ventilada por essa "bomba ciliar", também assume grande parte das tarefas respiratórias da pele. Se essa condição existiu nos ancestrais dos primeiros peixes, teria tido consequências para a sua evolução subsequente.

Em primeiro lugar, essa cesta branquial, baseada em uma bomba ciliar ativa especializada para a ventilação e a alimentação, teria permitido a evolução de espécies maiores e mais ativas do que seria possível apenas com a respiração cutânea. Em segundo lugar, ao reduzir a dependência da respiração cutânea em um vertebrado, as bombas ciliares possibilitaram a evolução da armadura óssea espessa, que impede a respiração cutânea. A presença de armadura dérmica nos peixes ostracodermes pode refletir essa oportunidade evolutiva.

Bombas musculares

Se um animal é grande ou ativo, a capacidade de ventilação dos cílios é menor que o aumento das necessidades metabólicas. As bombas musculares, que substituem os cílios como mecanismo para movimentar as correntes de água, constituem uma resposta a esse problema. Por exemplo, a larva amocete das lampreias

emprega um véu muscular para bombear a água através das brânquias. No adulto, a cesta branquial participa no movimento muscular da água pelas superfícies de troca.

O aparecimento de bombas musculares nos primeiros vertebrados foi provavelmente um pré-requisito para alcançar um grande tamanho e estilos de vida ativos. Sem esses mecanismos respiratórios, os tipos de vertebrados que evoluiriam teriam sido consideravelmente restritos.

Transição da água para a terra

Nenhuma mudança de estilo de vida teve efeitos mais importantes na estruturação dos vertebrados que sua transição de uma vida na água para a vida na terra. No que concerne ao sistema respiratório, essa transição incluiu uma mudança de órgãos de respiração na água para órgãos de respiração aérea e, por fim, uma mudança no tipo de bomba de ventilação. Os pulmões de respiração aérea surgiram antes de começar essa transição, e a bomba de aspiração que preenche eficientemente os pulmões surgiu muito tempo depois dos vertebrados terrestres terem se estabelecido.

Órgãos de respiração aérea

Um pré-requisito para a vida na terra é a presença de um órgão respiratório capaz de atuar na troca gasosa com o ar. A evolução de órgãos de respiração aérea ocorreu várias vezes em diferentes linhagens de peixes ósseos. Esses órgãos incluem bexigas natatórias vascularizadas, partes do trato digestório, compartimentos especializados da câmara branquial e, nos dipnoicos, pulmões. Uma característica comum a muitos peixes com órgãos de respiração aérea é o fato de que eles vivem em água doce suscetível a hipoxia sazonal. Em consequência de altas temperaturas, seca, decomposição de material orgânico ou água estagnada, os níveis de oxigênio na água ocasionalmente caem rapidamente. A hipoxia pode representar um momento de intenso estresse para os peixes; todavia, de modo irônico, o oxigênio pode ser obtido com facilidade na atmosfera acima deles. Presumivelmente, foram exatamente essas condições de hipoxia sazonal que favoreceram a evolução de órgãos acessórios capazes de extrair oxigênio a partir de goles de ar atmosférico.

Evolução do pulmão (Capítulo 11)

É instrutivo comparar essa situação enfrentada por muitos peixes ósseos com a dos elasmobrânquios, que nunca desenvolveram uma capacidade de respiração aérea. Os condrictes conseguem uma flutuabilidade neutra porque seus esqueletos foram reduzidos a cartilagem, e seus óleos de flutuação reduzem a sua densidade global. Não possuem bexigas de gás. Frequentam águas marinhas bem-oxigenadas, e alguns tubarões navegam em águas abertas profundas distantes da interface água-ar.

A transição evolutiva da água para a terra ocorreu entre os sarcopterígeos e os tetrápodes antigos. Atualmente, todos os celacantos, com exceção de *Latimeria*, estão extintos. Infelizmente, *Latimeria* habita águas marinhas profundas e aparentemente é especializada. Seu pulmão, inundado por gordura, não é um órgão respiratório. Entre os peixes pulmonados, os peixes australianos (*Neoceratodus*) e os sul-americanos (*Lepidosiren*) vivem em rios rasos de água doce, enquanto o peixe pulmonado africano (*Protopterus*) é encontrado principalmente em lagos. Quando seu ambiente aquoso se torna hipóxico ou seca por completo, eles utilizam seus pulmões para capturar o oxigênio atmosférico.

A vida desses peixes pulmonados sugere que os pulmões evoluíram sem a antecipação de uma vida na terra, mas devido à vantagem adaptativa imediata que eles conferiam, ou seja, como complementos da respiração branquial quando o oxigênio dissolvido na água se tornava inadequado. Os pulmões foram pré-adaptados. Seu papel biológico era complementar, permitindo aos peixes obter uma fonte alternativa de oxigênio no ar atmosférico acima de seu mundo aquático. Quando os primeiros tetrápodes começaram a explorar o mundo terrestre, os pulmões já estavam prontos para desempenhar o seu novo papel como principais órgãos respiratórios. A vida terrestre veio depois do aparecimento dos pulmões, e não antes.

Vantagens da migração para a terra

Que condições podem ter favorecido o deslocamento para a terra? Uma sugestão foi que a seca sazonal dos lagos de água doce favoreceu o deslocamento dos peixes encalhados pela terra à procura de lagos que persistissem. Talvez. Entretanto, os peixes pulmonados recentes que enfrentaram condições semelhantes normalmente não migram pela terra à procura de nova

água. Na verdade, permanecem em estado de estivação, enterrando-se na lama, onde sua taxa metabólica cai. Encerrados em casulos de lama, podem sobreviver vários anos até que as chuvas retornem e reabasteçam os lagos.

Outra sugestão é a de que os baixos níveis de oxigênio na água impeliram os peixes para a terra à procura de alternativas. Entretanto, como já assinalamos, a hipoxia estimula a respiração aérea, mas não necessariamente a migração.

Atualmente, os peixes que se aventuram na terra, como o teleósteo *Periophthalmus* (saltão-do-lodo), aparentemente fazem isso à procura de alimento e para fugir de predadores aquáticos. De modo semelhante, essas vantagens podem ter favorecido os movimentos dos primeiros ripidístios para a terra, começando, assim, a fase terrestre da evolução dos vertebrados.

Modificações esqueléticas para a terra (Capítulo 9)

Mecanismos de respiração aérea

Embora a respiração aérea em si tenha evoluído antes da migração dos vertebrados para a terra, os mecanismos de respiração aérea desenvolvidos na terra pelos primeiros tetrápodes foram modificações da bomba dupla, um mecanismo de respiração na água dos peixes (Figura 11.43). Já vimos os estágios evolutivos envolvidos. A bomba dupla é modificada na bomba bucal dos peixes de respiração aérea para forçar o ar dentro de seus pulmões ou bexigas de gás. Esse mesmo mecanismo de bomba bucal constitui a base a partir da qual os anfíbios adultos viventes enchem seus pulmões, porém com modificações. Como os anfíbios não têm brânquias internas, o componente opercular em funcionamento com a bomba bucal se torna redundante nos anfíbios adultos e é perdido nas rãs e salamandras adultas. A tarefa de ventilar os pulmões fica agora, principalmente, a cargo de outro componente da bomba bucal, a cavidade bucal, que se torna maior e alargada. Isso significa que a cavidade bucal dos anfíbios adultos precisa desempenhar duas funções principais, a alimentação e a respiração, frequentemente com demandas contraditórias em sua estrutura.

Por outro lado, a cavidade bucal dos anfíbios movimenta um grande volume de ar para ventilar os pulmões. Para mover um grande volume corrente, as maxilas devem ser leves para reduzir a massa, e o crânio deve ser largo. Por outro lado, esperaríamos que as maxilas fossem curtas e robustas para atuar na alimentação. Foi aventada a hipótese de que as salamandras Plethodontidae resolveram essas demandas competidoras da cavidade bucal perdendo seus pulmões. Nessa família de salamandras, a respiração ocorre inteiramente através da pele; por conseguinte, a cavidade bucal serve exclusivamente para a alimentação e, em consequência, é estreita e robusta.

A bomba de aspiração separa o aparato respiratório (caixa torácica e diafragma) do aparato de alimentação (maxilas), oferecendo outra maneira de resolver as demandas opostas na cavidade bucal. As consequências evolutivas dessa separação de funções são mais evidentes nos répteis. Os répteis possuem cabeças pequenas e maxilas fortes. Os estilos de alimentação são variados e especializados. Diferentemente dos anfíbios recentes, eles eliminam o dióxido de carbono através dos pulmões, e não através de sua pele armada ou espessa que resiste à perda

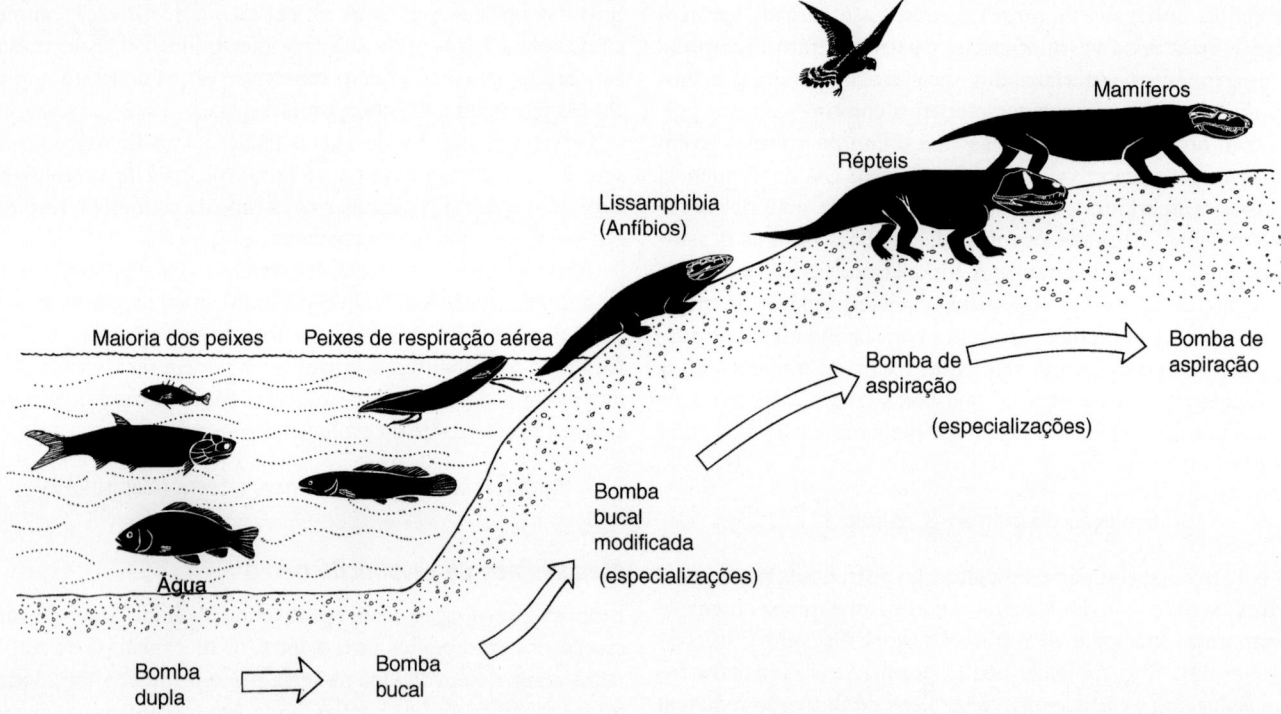

Figura 11.43 Evolução dos mecanismos de ventilação. Os peixes de respiração aquática irrigam suas brânquias com um mecanismo de dupla bomba, em que as cavidades bucal e opercular operam em conjunto. Os peixes de respiração área utilizam um mecanismo de bomba bucal, uma modificação da bomba dupla, em que a cavidade bucal constitui o principal componente mecânico. Nos anfíbios adultos, a ventilação do pulmão se baseia em uma bomba bucal modificada, em que a bomba opercular é totalmente perdida. Todavia, a estrutura craniana dos anfíbios é comprometida, visto que a cavidade bucal precisa funcionar na alimentação e na ventilação dos pulmões. Uma solução é encontrada nas salamandras Plethodontidae. A troca gasosa ocorre inteiramente por respiração cutânea e os pulmões são perdidos; por conseguinte, a cavidade bucal serve apenas para a alimentação. Nos amniotas, a bomba de aspiração separa completamente a alimentação da ventilação dos pulmões, desacoplando as demandas das maxilas na atuação em ambas as atividades. As bombas básicas dupla e bucal são especializadas em muitos peixes. A respiração das aves representa uma especialização da bomba de aspiração.

de água. Essas mudanças combinadas tornaram os répteis capazes de se afastar ainda mais das fontes de água e de se tornar mais comprometidos com estilos de vida terrestres.

Pulmões e sacos aéreos das aves

Em certas ocasiões, algumas aves alcançam altitudes notavelmente altas. Durante as migrações noturnas, a maioria das aves alcança 1.800 m (6.000 pés). Aviões e radares registram a presença de aves em altitudes de 6.100 a 6.400 m (20.000 a 21.000 pés). Alpinistas que escalaram o Monte Everest mencionaram ter observado aves em altitudes de 7.940 m (26.000 pés). O fluxo unidirecional contínuo pelo tecido respiratório das aves, talvez em um padrão de corrente cruzada, confere às aves um sistema respiratório eficiente para sustentar suas altas necessidades metabólicas. Os mamíferos possuem um sistema de ventilação que também sustenta uma alta taxa metabólica. Todavia, o pulmão especialmente eficiente das aves, com sua capacidade de captar oxigênio mesmo em ar rarefeito, confere às aves uma vantagem especial quando voam em altas altitudes.

Não se sabe por que essa habilidade em altas altitudes evoluiu nas aves. Certamente, em grandes altitudes, as aves migratórias podem voar acima da cobertura das nuvens e assegurar o acesso a informações de navegação a partir das posições do sol e das estrelas. Elas também poderiam pegar carona em uma corrente a jato em altas altitudes e quase triplicar sua velocidade. Porém é possível que seja muito mais do que isso.

Troca por contracorrente e corrente cruzada (Capítulo 4)

O fluxo de ar unidirecional nos pulmões das aves mantém o ar oxigenado inalado separado do ar desoxigenado do ar que sai dos pulmões. Todavia, nos mamíferos, o ar consumido, ao ser expirado, mistura-se parcialmente com o novo ar inspirado, reduzindo a eficiência da respiração externa. Os crocodilos, no entanto, também podem ter pulmões unidirecionais. Eles apresentam pulmões mais ou menos tradicionais dos répteis, com traqueia e diafragma, mas que carecem totalmente de qualquer sistema de sacos aéreos semelhantes aos das aves (ver Figura 11.28). Todavia, de modo surpreendente, os trabalhos experimentais iniciais utilizando a ventilação artificial e imagens computadorizadas parecem confirmar um fluxo de ar unidirecional através dos pulmões dos crocodilos. A hipótese para explicar isso é a de que o ar inalado flui pela traqueia até os dois brônquios primários, cada qual desembocando nos pulmões pareados. O ar inicialmente não passa pelo primeiro grupo de brônquios secundários, visto que estão voltados desfavoravelmente em ângulos retos ao ar que entra; o ar em velocidade alcança um segundo grupo de brônquios secundários, que alimentam os parabrônquios, nos quais ocorre a troca gasosa. O ar ainda em movimento sai dos parabrônquios e entra no primeiro grupo de brônquios secundários que não recebeu o ar antes de ser exalado. Isso estabelece efetivamente um fluxo de ar unidirecional pelos componentes de troca gasosa do pulmão. As razões pelas quais os crocodilos se beneficiariam desse sistema de respiração unidirecional eficiente, como nas aves, são conjeturas. Sabemos que os ancestrais dos crocodilos, os primeiros arcossauros, viviam em uma Terra onde os níveis de oxigênio atmosférico eram metade daqueles atuais – aproximadamente o que os alpinistas no Monte Everest experimentam. Nessas condições, um padrão unidirecional eficiente teria desfrutado de uma vantagem adaptativa e evoluído antes dos crocodilos e aves recentes. Mais do que as aves e os crocodilos, os arcossauros em geral podem ter desenvolvido pulmões particularmente eficientes sob pressões seletivas de baixo nível de oxigênio atmosférico no início do Mesozoico. Isso lhes teria conferido algumas vantagens sobre seus contemporâneos taxonômicos, os sinapsídeos, que perderam o seu domínio inicial para os arcossauros (ver Figuras 3.42, 3.47). Por fim, os sacos aéreos das aves – ao que tudo indica, necessários para um fluxo de ar unidirecional, conforme descrito anteriormente – podem ser, de fato, cruciais na redistribuição do peso para controlar a inclinação e a rotação durante o voo!

Resumo

O sistema respiratório ajuda na difusão passiva dos gases entre o organismo e seu ambiente (respiração externa). A ventilação se refere ao processo ativo de movimentar o meio respiratório, a água ou o ar, através das superfícies de troca. Essas superfícies respiratórias podem incluir o tegumento (cutâneo), bexigas de gás, órgãos acessórios de respiração aérea (p. ex., boca, intestino) ou estruturas embrionárias. Entretanto, os principais órgãos respiratórios são as brânquias e os pulmões. A água é mais densa e mais viscosa que o ar e contém menos oxigênio. Como os meios diferem nessas propriedades físicas, as bombas de ventilação dos vertebrados também diferem na água e no ar. Os cílios atuam em pequena escala na água, porém não são eficientes em larga escala ou no ar rarefeito. Em consequência, os grandes vertebrados empregam bombas musculares para ventilar os órgãos respiratórios. Nos vertebrados aquáticos, essas bombas consistem em bombas duplas e bombas bucais para movimentar a água através das brânquias. Nos vertebrados terrestres de respiração aérea, a bomba bucal pode ser modificada, ou uma bomba de aspiração derivada pode substituí-la para movimentar o ar através dos pulmões. As brânquias são projetadas para a respiração na água e habitualmente movimentam a água em um fluxo unidirecional, passando pelas superfícies de troca vasculares, onde ocorre a troca de oxigênio e de dióxido de carbono. As brânquias também constituem importantes locais de osmorregulação e excreção de nitrogênio, normalmente em forma de amônia. Os pulmões são projetados para a respiração aérea e movimentam o ar de modo bidirecional para uma troca gasosa com as redes capilares. Tanto as brânquias quanto os pulmões funcionam eficientemente para igualar a taxa de ventilação com a taxa de perfusão.

A transição dos vertebrados, desde os peixes até os tetrápodes, incluiu uma transição do sistema respiratório na água para um sistema respiratório de respiração aérea. Entretanto, grande parte dos órgãos de respiração aérea, especificamente os pulmões, evoluiu aparentemente nos peixes ancestrais, antes mesmo de estabelecerem nadadeiras ou pés na terra. As águas quentes e estagnadas perdem oxigênio, tornam-se hipóxicas e submetem os peixes que vivem nelas sob pressão seletiva para desenvolver e/ou ampliar as capacidades de respiração aérea. Entretanto, apenas o desenvolvimento de pulmões não foi suficiente para atender à modificação das necessidades respiratórias. Essas águas estagnadas asfixiadas por vegetação também apresentam comumente acúmulo de dióxido de carbono, ou hipercapnia. Se isso de fato ocorreu, então as brânquias se tornaram menos efetivas na eliminação de dióxido de carbono por gradiente de difusão para um ambiente aquático. Com efeito, a presença de altos níveis de dióxido de carbono e de baixos níveis de oxigênio na água poderia produzir o inverso – um fluxo desfavorável de ambos os gases. Nessas condições estressantes, o tegumento com escamas ou armado proporcionaria uma barreira contra a difusão para o influxo de dióxido de carbono e perda de oxigênio para a água. Esse tegumento espesso também seria pré-adaptativo para impedir a perda de água durante a permanência na terra. A bomba dupla dos peixes, que acopla os mecanismos opercular e bucal, sofreu remodelagem, perdendo o mecanismo opercular e aumentando o mecanismo bucal. O problema da função dupla e, por vezes, conflitante da região bucal – ventilação e alimentação – é resolvido pela bomba de aspiração derivada, destinada a sustentar as necessidades de ventilação, deixando a cavidade bucal para a captura e deglutição das presas.

Os pulmões faviformes (ou faveolares) dos anfíbios e dos répteis apresentam uma pequena área de superfície, porém são suficientes para atender às demandas metabólicas geralmente menores. Os pulmões alveolares exibem uma grande área de superfície e sustentam as grandes necessidades metabólicas dos mamíferos. Eles são elásticos e ventilados por uma bomba de aspiração, possibilitando a ocorrência de ventilação com baixo custo metabólico. Nas aves, o sistema de sacos aéreos e a troca gasosa por corrente cruzada dentro dos pulmões parabronquiais sustentam uma alta amplitude metabólica e captação de oxigênio.

Sistema Circulatório

Introdução

Poucas pessoas conseguem alcançar a velocidade de 20 km/h em uma corrida e poucos têm a capacidade de mantê-la. Contudo, na próxima maratona olímpica, os finalistas alcançarão, em média, essa velocidade por mais de 42 km, o que corresponde a uma duração de mais de 2 horas! As baleias podem mergulhar, a partir da superfície, até profundidades de mais de 2.000 m e se alimentar lá por até uma hora. Durante esse período, elas sofrem imensas pressões sobre seus corpos, mais de 16 milhões Pa (cerca de 2.300 psi) por metro quadrado de superfície corporal. Isso é quase igual a uma coluna de chumbo de 150 m de altura exercendo pressão em cada metro quadrado do corpo. Animais como o órix, um antílope africano, podem ficar expostos a temperaturas ambientes escaldantes durante o dia, e suas temperaturas corporais podem ultrapassar 45°C. Em grande parte, atletas humanos e animais podem se ajustar a mudanças na atividade e ao estresse físico, devido a ajustes coordenados pelo sistema circulatório.

Em cooperação com o sistema respiratório, o sistema circulatório transporta gases entre os locais de respiração externa e interna. Todavia, o sistema circulatório também desempenha muitas outras funções importantes, como se ajustar a mudanças de pressão sobre o corpo ou dentro dele e transportar o excesso de calor produzido no corpo até a pele para dissipá-lo. Em contrapartida, um réptil frio que se aquece ao sol recolhe o calor da superfície para aquecer seu sangue, que então circula para o resto do corpo. O sangue também transporta a glicose e outros produtos finais da digestão até órgãos ativos para uso metabólico ou até outros órgãos para armazenamento temporário. O sistema circulatório transporta hormônios para órgãos-alvo e produtos de degradação para os rins, e células e substâncias químicas do sistema imune para defender o corpo contra a invasão de organismos estranhos.

O sistema circulatório dos vertebrados consiste, basicamente, em um conjunto de tubos conectados e bombas que movimentam um líquido. A capacidade do organismo de se ajustar a mudanças fisiológicas imediatas nas atividades físicas e metabólicas depende da resposta rápida desse sistema. O sistema circulatório inclui os sistemas vasculares do sangue e da linfa. Os vasos linfáticos e a **linfa**, que é o líquido que circula neles, constituem, em conjunto, o **sistema linfático**, discutido mais adiante neste capítulo. O sistema vascular inclui os vasos sanguíneos que transportam o sangue bombeado pelo coração. Em seu conjunto, o sangue, os vasos e o coração constituem o **sistema cardiovascular**, discutido a seguir.

Sistema cardiovascular

Sangue

As células produzidas por tecidos hematopoéticos entram habitualmente na circulação, constituindo o **sangue periférico** ou **circulante**. O sangue circulante compreende o plasma e os elementos figurados. O **plasma** é o componente líquido, que pode ser considerado a substância fundamental do sangue, um tecido conjuntivo especial. Os **elementos figurados** são os componentes celulares do sangue. Os **eritrócitos** ou **hemácias** constituem um tipo de célula dos elementos figurados. Os eritrócitos possuem núcleos, mas os eritrócitos maduros nos mamíferos são desprovidos desses. A **hemoglobina**, a principal molécula de transporte de oxigênio, é excretada pelos rins se permanecer livre no plasma. Portanto, os eritrócitos atuam como reservatórios para a hemoglobina, evitando sua eliminação. Os eritrócitos variam quanto ao tamanho, de 8 μm nos seres humanos, para 9 μm nos elefantes e até 80 μm em algumas salamandras. Essas células vivem, em sua maioria, por 3 a 4 meses no sangue circulante antes de serem degradadas e substituídas.

Os **leucócitos** representam o segundo constituinte celular principal dos elementos figurados. Eles defendem o corpo de infecções e doenças. As **plaquetas** constituem o terceiro elemento figurado e liberam fatores que produzem uma cascata de eventos químicos que resultam na formação de um **coágulo** ou **trombo** em locais de lesão tecidual.

O plasma e os elementos figurados conferem ao sangue uma ampla variedade de papéis nos processos do corpo. Além de atuar na respiração e na proteção contra doenças, o sangue também desempenha um importante papel na nutrição (transporta carboidratos, lipídios, proteínas), na excreção (transporta metabólitos consumidos), na regulação da temperatura corporal (transporta e distribui o calor), na manutenção do equilíbrio hídrico e no transporte de hormônios.

Artérias, veias e capilares

Apesar de variações no seu tamanho, são identificados três tipos principais de vasos sanguíneos: as artérias, as veias e os capilares. As **artérias** transportam o sangue que sai do coração, as **veias** transportam o sangue de volta ao coração, e os **capilares** são os minúsculos vasos localizados entre elas. As artérias transportam, em sua maioria, sangue rico em oxigênio, enquanto as veias transportam sangue pobre em oxigênio, embora isso nem sempre seja verdadeiro. Por exemplo, a artéria pulmonar transporta sangue pobre em oxigênio do coração para o pulmão para ser reabastecido, enquanto a veia pulmonar habitualmente traz de volta sangue rico em oxigênio. Por conseguinte, a direção do fluxo sanguíneo em relação ao coração é que define o tipo de vaso, e não o conteúdo de oxigênio que o sangue transporta.

As artérias e as veias possuem paredes tubulares organizadas em três camadas que envolvem o lúmen central (Figura 12.1). A camada mais interna, a **túnica íntima**, inclui o revestimento das células endoteliais voltadas para o lúmen. Do lado externo, encontra-se a **túnica adventícia**, composta principalmente de tecido conjuntivo fibroso. Entre essas duas camadas, há a **túnica média**, que difere mais acentuadamente nas

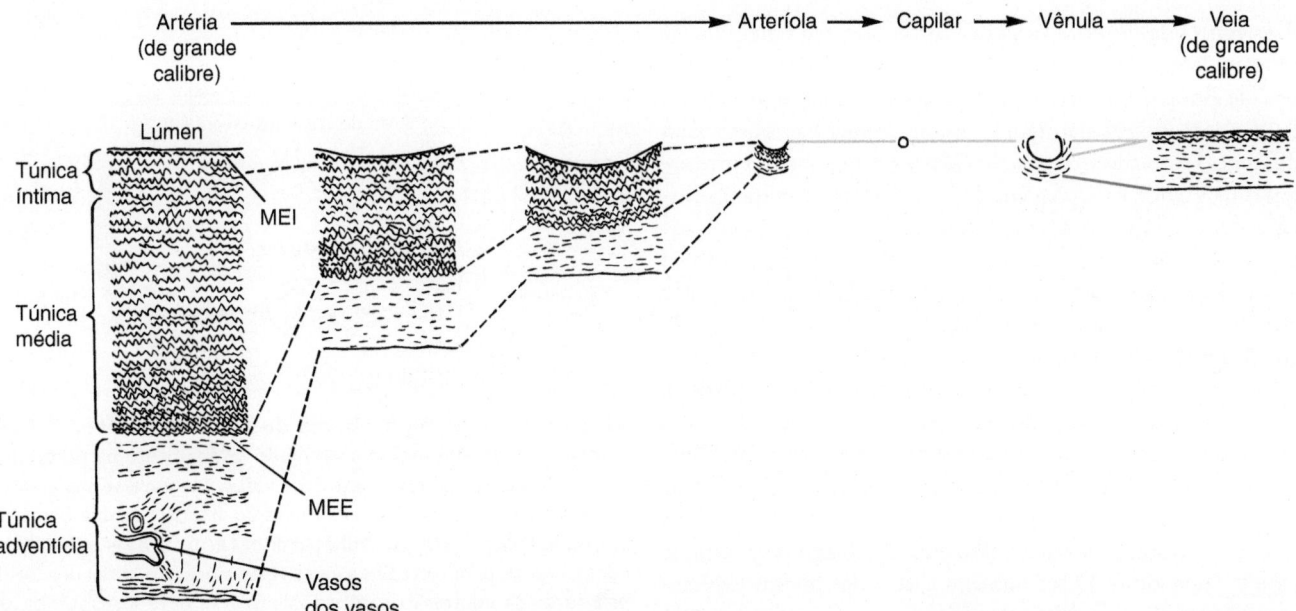

Figura 12.1 Vasos sanguíneos. As três camadas das paredes dos vasos sanguíneos mudam quanto à espessura relativa e ao tamanho, desde as artérias de grande calibre até arteríolas pequenas, capilares, vênulas e veias. Nas artérias de grande calibre, a túnica média está particularmente bem impregnada com fibras elásticas, incluindo cinturões denominados *membranas elásticas interna* (*MEI*) e *externa* (*MEE*). Em virtude de suas paredes, as artérias são capazes de se distender e receber o pulso de sangue liberado subitamente do coração. Os grandes vasos sanguíneos recebem seu próprio suprimento sanguíneo a partir de pequenos vasos presentes em suas paredes, os vasos dos vasos.

artérias e nas veias. O músculo liso contribui para a túnica média das artérias de grande calibre, mas são as fibras elásticas que predominam. Nas grandes veias, essa camada média contém principalmente músculo liso, com quase nenhuma fibra elástica. As veias costumam apresentar válvulas unidirecionais em suas paredes, enquanto as artérias são desprovidas dessas. As artérias e veias muito pequenas são denominadas **arteríolas** e **vênulas**, respectivamente. Nesses pequenos vasos, a túnica adventícia é fina e a túnica média é composta principalmente de músculo liso, de modo que as arteríolas e as vênulas são muito semelhantes em sua estrutura (Figura 12.1).

Os músculos lisos formam lâminas que circundam as paredes das artérias ou das veias. As células musculares lisas respondem aos estímulos nervosos e hormonais. Quando sofre contração, o calibre de um vaso diminui, em uma resposta denominada **vasoconstrição**. Quando a contração do músculo circular cessa, a pressão do sangue residente força o vaso a se abrir e restaura ou aumenta o tamanho do lúmen, uma resposta denominada **vasodilatação**. O músculo liso de orientação oblíqua também pode ajudar na vasodilatação.

Os gases, os nutrientes, a água, os íons e o calor atravessam as paredes dos capilares sanguíneos. Para facilitar uma troca eficiente, os capilares são muito pequenos e apresentam paredes extremamente finas. Os capilares carecem de túnica média e de túnica adventícia. Apenas a parede endotelial da túnica íntima permanece. Conjuntos de capilares que suprem determinada área de tecido constituem uma **rede capilar**. Cada tecido possui múltiplos conjuntos de redes capilares sobrepostas. Conforme a atividade dos tecidos aumenta ou diminui, uma quantidade maior ou menor dessas redes se abre ou se fecha para regular o suprimento sanguíneo para esses tecidos.

Artérias

A estrutura das artérias varia de acordo com seu tamanho. As artérias de grande calibre apresentam quantidades consideráveis de fibras elásticas em suas paredes, enquanto as artérias de pequeno calibre não têm quase nenhuma. São observadas diferenças estruturais, devido às diferenças funcionais entre artérias de grande e de pequeno calibre. As artérias atuam principalmente como sistema de suprimento que transporta o sangue a partir do coração, para os tecidos corporais. Elas também absorvem e distribuem a súbita onda de sangue que passa por elas quando o coração se contrai. As contrações rítmicas do coração enviam jatos de sangue nas artérias de grande calibre. Essas, com suas paredes elásticas, expandem-se para receber a súbita injeção de sangue, que pode ser percebida nas artérias do punho ou do pescoço na forma de "pulso". Entre as contrações, as paredes arteriais distendidas sofrem recolhimento elástico, conduzindo esse volume de sangue suavemente ao longo das artérias menores e das arteríolas, que direcionam esse sangue para tecidos locais. O ser humano é uma das poucas espécies com propensão a doenças arteriais, que se caracterizam pelo endurecimento das paredes arteriais e perda da retração elástica. Em consequência, as artérias acometidas não se expandem para atenuar o pulso súbito de sangue e tampouco movimentam a coluna de sangue entre os batimentos cardíacos. O coração precisa trabalhar com mais força, e as artérias menores e

arteríolas experimentam ondas maiores de pressão arterial. Esses pequenos vasos, que não foram projetados para suportar essas pressões, podem sofrer ruptura. Se isso ocorre em um órgão de importância crítica, como o cérebro, pode levar à morte.

Hemodinâmica da circulação

As pressões e os padrões de fluxo do sangue circulante por meio dos vasos constituem a **hemodinâmica** da circulação. Em virtude de suas hemodinâmicas diferentes, as pressões sanguíneas associadas aos lados arterial e venoso da circulação são consideravelmente diferentes. Quando ocorre contração dos ventrículos do coração, a força máxima produzida é a **pressão sistólica**. A **pressão diastólica** constitui a pressão mais baixa nos vasos sanguíneos, alcançada entre os batimentos cardíacos. A pressão diastólica resulta da força mantida pela retração elástica das artérias. A pressão arterial é habitualmente expressa de maneira resumida, com leitura e registro iniciais da pressão sistólica. Por exemplo, na maioria dos adultos jovens humanos, 120/80 são os valores normais das pressões sistólica e diastólica, respectivamente, obtidos dos vasos do braço (Figura 12.2). Se as artérias começarem a mostrar sinais de doença, ocorrerá elevação da pressão arterial, um sinal indicador de que as principais artérias estão começando a perder a sua capacidade de absorver as forças de bombeamento cardíaco em consequência de alterações estruturais em suas paredes. Algumas das pressões arteriais mais altas registradas em vertebrados são as da girafa, cuja pressão média em repouso é de 260/160 em nível do coração. Essas pressões são necessárias para suprir o cérebro

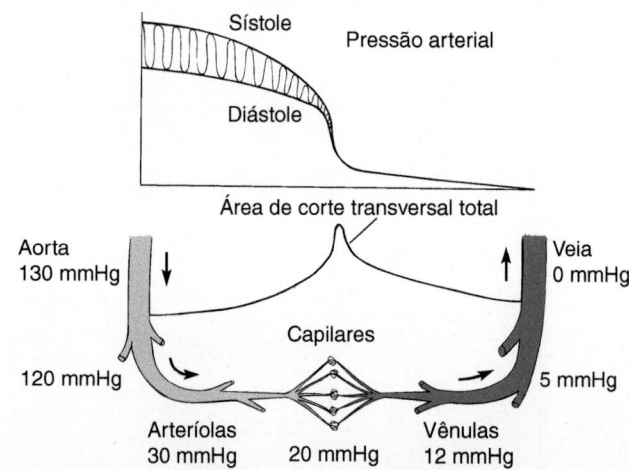

Figura 12.2 Hemodinâmica do fluxo sanguíneo. O fluxo sistêmico de sangue está representado graficamente na parte inferior da figura. Acima dos respectivos vasos, encontra-se sua área de corte transversal total. Observe a pressão arterial nos diferentes vasos. À medida que o sangue flui a partir das artérias de grande calibre, como a aorta, para os capilares e as veias, a pressão inicial produzida pela força da contração cardíaca cai. Isso se deve à resistência do atrito com as paredes dos vasos e da área transversal total crescente. Os capilares apresentam uma área de corte transversal particularmente grande. A diferença entre as pressões sistólica e diastólica diminui à medida que o sangue se aproxima dos capilares, tornando-se mínima depois, no fluxo venoso. A pressão arterial normal de um ser humano adulto está indicada em mmHg.

com sangue em uma pressão suficiente quando o animal está parado ereto. A pressão do sangue que alcança o cérebro cai, devido, em grande parte, aos efeitos da gravidade, para cerca de 120/70, um valor comparável ao dos humanos.

Na maioria dos vertebrados, a pressão normalmente declina à medida que o fluxo sanguíneo se afasta do coração (Figura 12.2). Essa queda de pressão resulta de dois fatores: do atrito, à medida que o sangue se depara com a resistência das paredes luminais dos vasos, e do aumento na área transversal total dos vasos sanguíneos. O fluxo de qualquer fluido em tubos sofre resistência pelo atrito do líquido contra as paredes. Para que o sangue circule, uma força deve ser aplicada para vencer essa resistência; todavia, em consequência dela, a pressão arterial cai à medida que a circulação prossegue. Além disso, conforme o sangue flui das artérias de grande calibre para artérias pequenas, arteríolas e capilares, a área de corte transversal total dos vasos aumenta, particularmente nos capilares. Como um rio de correnteza rápida que deságua em um grande lago, a pressão declina à medida que o maior volume é preenchido. Como resultado, o sangue que alcança o lado venoso do sistema circulatório mantém uma pressão muito pequena. De fato, em algumas das veias de grande calibre, as forças que movimentam o sangue podem cair para zero ou até mesmo se tornarem negativas. Quando isso ocorre, o sangue tende a fluir em uma direção inversa ou retrógrada. Lidar com essas pressões desfavoráveis é uma tarefa que compete às veias.

Veias

Como as veias fazem o sangue retornar ao coração, trata-se de tubos coletores. Em determinado momento, até 70% do sangue circulante dentro do corpo pode estar nas veias. Durante momentos de estresse, a ocorrência de uma ligeira vasoconstrição de veias estratégicas diminui efetivamente o volume de "reserva" e movimenta certa quantidade de sangue desse reservatório para o lado arterial do sistema circulatório.

As veias também foram projetadas para lidar com pressões arteriais baixas. É comum a presença de válvulas unidirecionais que impedem o fluxo retrógrado de sangue dentro de suas paredes. Quando as veias passam entre músculos ativos ou através de partes do corpo sujeitas a mudanças de pressão (p. ex., as cavidades pleurais que contêm os pulmões), as forças externas atuam e comprimem suas paredes. Essas forças complementares contribuem para o fluxo venoso e, devido às válvulas unidirecionais, o sangue se movimenta apenas em uma direção, de volta ao coração (Figura 12.3). Compreensivelmente, nas veias que passam através de órgãos e tecidos do corpo que não oferecem qualquer força induzida, como aquelas dentro dos ossos ou no cérebro, não há válvulas unidirecionais, e o retorno do sangue ao coração depende de qualquer pressão intrínseca remanescente e da gravidade.

Microcirculação

O componente específico do sistema cardiovascular que regula e sustenta intimamente o metabolismo celular é a **microcirculação**. As redes capilares, as arteríolas que as abastecem e as vênulas que as drenam formam a microcirculação. O fluxo sanguíneo para as redes capilares é controlado por músculos

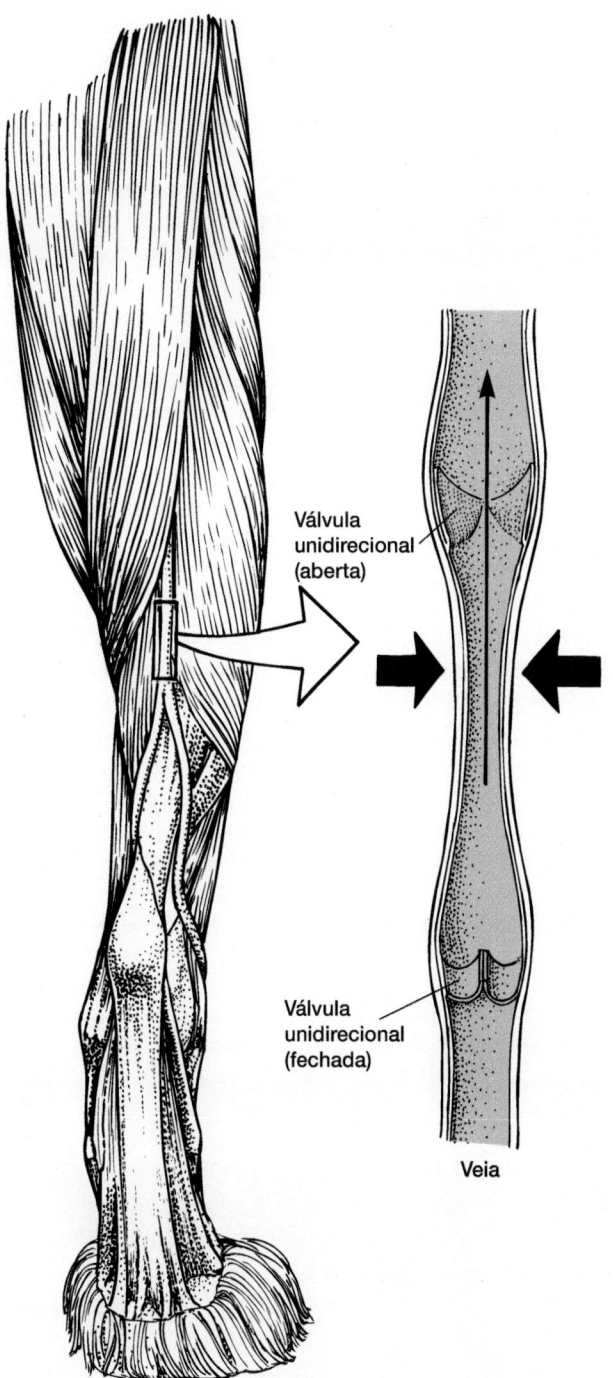

Válvula unidirecional (aberta)

Válvula unidirecional (fechada)

Veia

Figura 12.3 Válvulas unidirecionais nas veias. As válvulas unidirecionais dentro dos lumens das veias impedem o movimento retrógrado do sangue e asseguram o seu retorno em direção ao coração (*seta vertical*). A pressão que impulsiona o fluxo sanguíneo (*setas cheias horizontais*) provém dos órgãos circundantes, habitualmente dos músculos, que atuam sobre as veias e as comprimem. A figura mostra uma vista dissecada da perna posterior de um leão.

lisos. Os **esfíncteres pré-capilares** são pequenos anéis de músculo liso que restringem a entrada para as redes capilares. As paredes, tanto das arteríolas quanto das vênulas, incluem lâminas finas de músculo liso. O controle nervoso e hormonal global desses músculos regula o fluxo de sangue para os capilares, assim como eventos locais nos próprios tecidos abastecidos.

Seja por eventos gerais do corpo (nervosos, hormonais) ou por atividade local (autorregulação), as redes capilares ajustam o fluxo sanguíneo para corresponder à atividade celular. O sangue pode ser deslocado por meio de **desvios** que evitam por completo algumas regiões (Figura 12.4).

Quando um animal abaixa a cabeça para beber em um rio, a pressão arterial dentro de seus tecidos muda rapidamente (Figura 12.5). Rápidos ajustes na microcirculação servem para igualar e distribuir essas flutuações temporárias de pressão, a fim de evitar um estresse excessivo em órgãos particularmente sensíveis, como o cérebro e a medula espinal. A distribuição do calor pelo corpo também é influenciada pela microcirculação. Quando um animal está ativo, o excesso de calor transportado pelo sangue alcança a superfície do corpo. As redes capilares da pele se abrem para aumentar o fluxo sanguíneo, trazendo mais calor para a superfície do corpo, a partir da qual pode ser dissipado. Os seres humanos de pele clara enrubescem durante o exercício, indicando esse aumento no fluxo sanguíneo periférico. Em clima frio, observa-se o inverso. À medida que a temperatura corporal cai, o suprimento de sangue periférico diminui, reduzindo, assim, a perda de calor e ajudando a manter a temperatura corporal central. Os estados emocionais também aumentam o fluxo sanguíneo periférico, abrindo mais redes capilares. Quando isso ocorre na face, ficamos corados.

A microcirculação também está envolvida na distribuição do sangue para os órgãos ativos. Os capilares são tão pequenos que seria necessário uma hora para que apenas algumas gotas de sangue passassem por um deles. Apesar disso, em seu conjunto, as redes capilares representam um volume extenso, sendo a sua

Figura 12.5 Mudanças na pressão arterial. Com mudanças de postura, a cabeça e os membros são elevados ou abaixados em relação ao coração. Uma girafa que abaixa a cabeça para beber água rapidamente sofre um aumento de pressão dentro do cérebro e nos tecidos cranianos. Os ajustes na microcirculação constituem uma maneira de evitar que essas pressões possam criar um problema.

extensão linear algo em torno de 96.500 km (cerca de 60.000 milhas) de microtubos no total. Nenhum animal possui um volume de sangue disponível suficiente para preencher todos os seus capilares de uma vez. Se todos os capilares do corpo se abrissem simultaneamente, todos os principais vasos sanguíneos seriam rapidamente esvaziados e ocorreria falência do sistema circulatório. Isso não acontece porque o sangue é seletivamente direcionado para redes capilares abertas apenas em órgãos ativos.

Normalmente, nem todos os tecidos do corpo estão ativos simultaneamente, de modo que o suprimento de sangue para os tecidos ativos é suficiente. Por meio de arranjo seletivo, o volume de sangue necessário a qualquer momento pode ser mantido baixo. Todavia, em algumas circunstâncias, a microcirculação não consegue transportar sangue suficiente para atender às necessidades teciduais. Por exemplo, se houver mais órgãos ativos do que sangue disponível, a microcirculação dará preferência a alguns, e não a outros. Se for realizado um exercício vigoroso logo após uma grande refeição, o sistema digestório e os músculos esqueléticos irão competir pelo sangue para sustentar suas atividades. A prioridade é dada aos músculos esqueléticos, visto que mais redes capilares se abrem neles, e o estômago recebe menos sangue. Os seres humanos que fazem exercícios podem se queixar de "cólicas laterais". Isso resulta da **isquemia**, que consiste em uma falta localizada de sangue suficiente para que o estômago possa atender às expectativas metabólicas.

Após a ocorrência de lesão ou traumatismo grave, a microcirculação pode não ser capaz de regular a distribuição do sangue. Quando isso ocorre, surge uma condição denominada choque ou, mais corretamente, **choque hipotensivo**, que resulta de uma cascata de eventos. Um número excessivo de vasos se abre, não há sangue suficiente disponível, a pressão cai e a circulação falha. Se o choque não for rapidamente revertido, a morte pode ocorrer logo. O arsenal químico presente em alguns venenos de

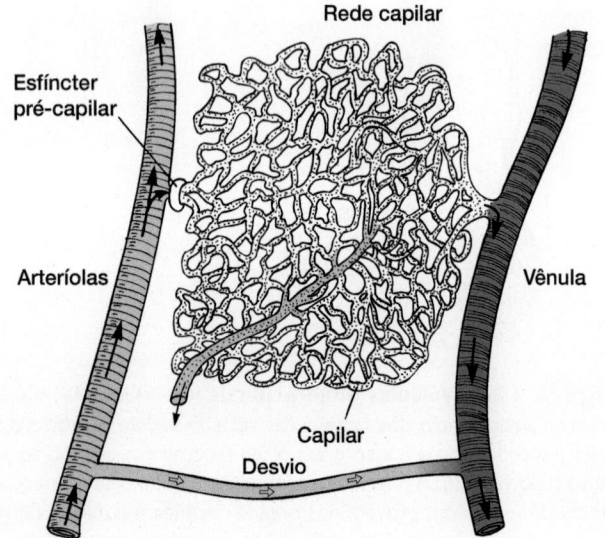

Figura 12.4 Microcirculação. A microcirculação inclui as redes capilares, bem como as arteríolas que os abastecem e as vênulas que os drenam. O fluxo habitual de sangue que entra e sai da rede capilar e passa por ela está esquematizado (*setas cheias*). Os músculos lisos das paredes das arteríolas formam pequenas faixas, os esfíncteres pré-capilares, que controlam o fluxo sanguíneo para a rede capilar. Um desvio direto que se estende do lado arterial para o lado venoso da circulação possibilita importantes deslocamentos do sangue (*setas vazadas*).

cobra usa essa característica fisiológica geral do sistema cardiovascular. Quando injetado na presa, o veneno provoca choque, ajudando a cobra a liquidar rapidamente a sua refeição.

Circulações simples e dupla

O sangue circula de acordo com dois padrões gerais. A maioria dos peixes exibe um padrão de *circulação simples*, em que o sangue passa apenas uma vez pelo coração durante cada circuito completo. Com esse padrão, o sangue se move do coração para as brânquias e, em seguida, para os tecidos sistêmicos e de volta ao coração (Figura 12.6 A). Os amniotas apresentam um padrão de **circulação dupla**, em que o sangue passa duas vezes pelo coração durante cada circuito, movendo-se do coração para os pulmões, de volta ao coração, em seguida para os tecidos sistêmicos e de volta ao coração pela segunda vez (Figura 12.6 B). O aparecimento dessa circulação dupla envolvendo a adição de um circuito pulmonar representou um importante evento evolutivo. Entre os vertebrados com circulação simples e aqueles com circulação dupla, encontram-se intermediários funcionais com características de ambas as condições, incluindo peixes pulmonados, anfíbios e répteis. Nesses casos, supõe-se que tenham ocorrido vantagens adaptativas das formas de transição que se aventuraram na terra, ressaltando a evolução da estruturação do sistema circulatório. Começaremos a examinar a derivação embrionária básica do sistema cardiovascular.

Desenvolvimento embrionário do sistema cardiovascular

A maioria dos vasos sanguíneos surge na mesoderme embrionária (ou a partir do mesênquima) quase ao mesmo tempo em que essa camada germinativa se estabelece. Pequenos aglomerados de células mesodérmicas, denominados **ilhotas sanguíneas**, marcam o início embrionário do sistema cardiovascular (Figura 12.7 A–D). As ilhotas sanguíneas embrionárias produzem tanto os vasos sanguíneos quanto as células do sangue, de modo que estão envolvidas na **angiogênese** (formação dos vasos sanguíneos) e na **hematopoese** (formação de células sanguíneas). As ilhotas sanguíneas se fundem, formando uma rede vascular conectada, que finalmente liga as partes do embrião entre si e o conecta a seu suprimento de nutrientes e órgãos respiratórios. O coração embrionário é tubular. Logo no início, apresenta batimentos rítmicos autônomos, que impulsionam o sangue através da rede vascular em desenvolvimento. No embrião inicial, esses batimentos cardíacos ajudam principalmente a promover a formação de novos vasos sanguíneos. À semelhança do adulto, o sistema cardiovascular do embrião na fase média ou final do desenvolvimento também assume um papel ativo e essencial na respiração, no metabolismo, na excreção e no crescimento.

Quando inicialmente formado, o coração embrionário do vertebrado já é contrátil e é constituído por quatro câmaras principais contíguas. O **seio venoso** é a primeira câmara que recebe o sangue que retorna ao coração. Em seguida, o sangue flui para o **átrio**, depois, para o **ventrículo** e, por fim, para a quarta câmara, o **bulbo cardíaco**. A partir do bulbo cardíaco, o sangue deixa o coração para entrar nas artérias, distribuindo-se pelo corpo do embrião. Na maioria dos tetrápodes, a mesoderme

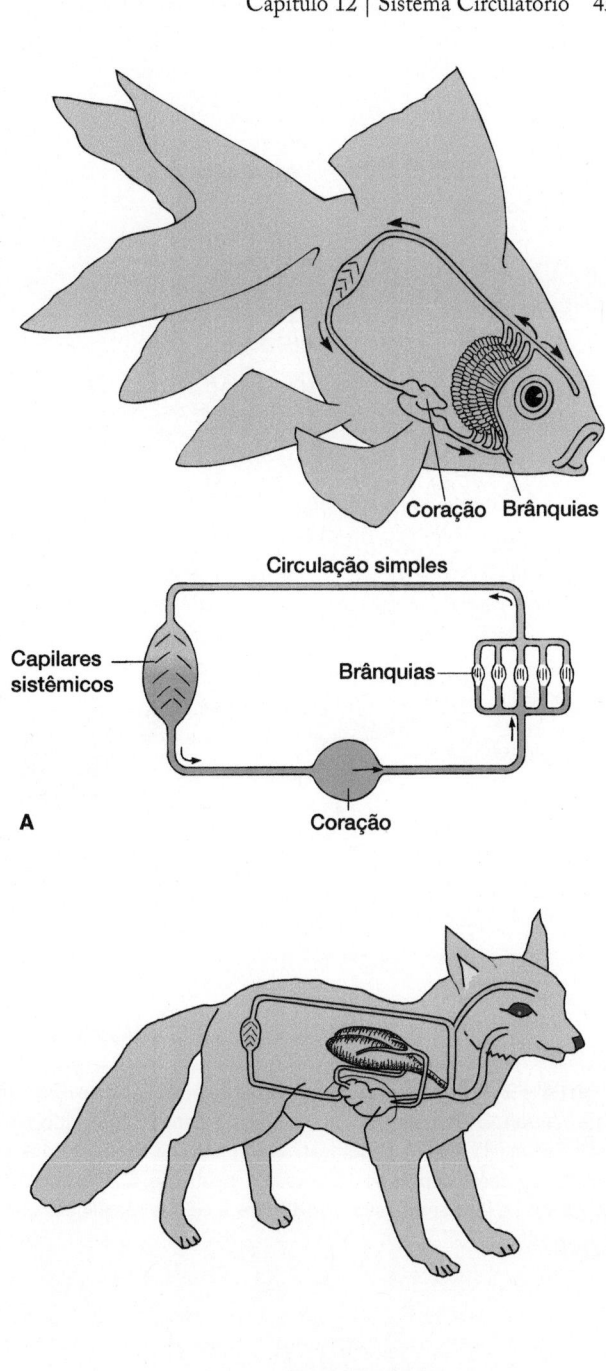

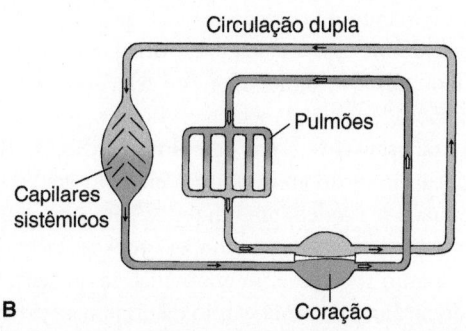

Figura 12.6 Circulações simples e dupla. A. A circulação simples dos peixes inclui o coração, as brânquias e os capilares sistêmicos em série entre si (as *setas* indicam o trajeto do fluxo sanguíneo). **B.** A circulação dupla da maioria dos amniotas inclui o coração, os pulmões e os capilares sistêmicos. O sangue passa duas vezes pelo coração antes de completar um ciclo. Isso posiciona os pulmões e os tecidos sistêmicos em circuitos separados, porém paralelos entre si.

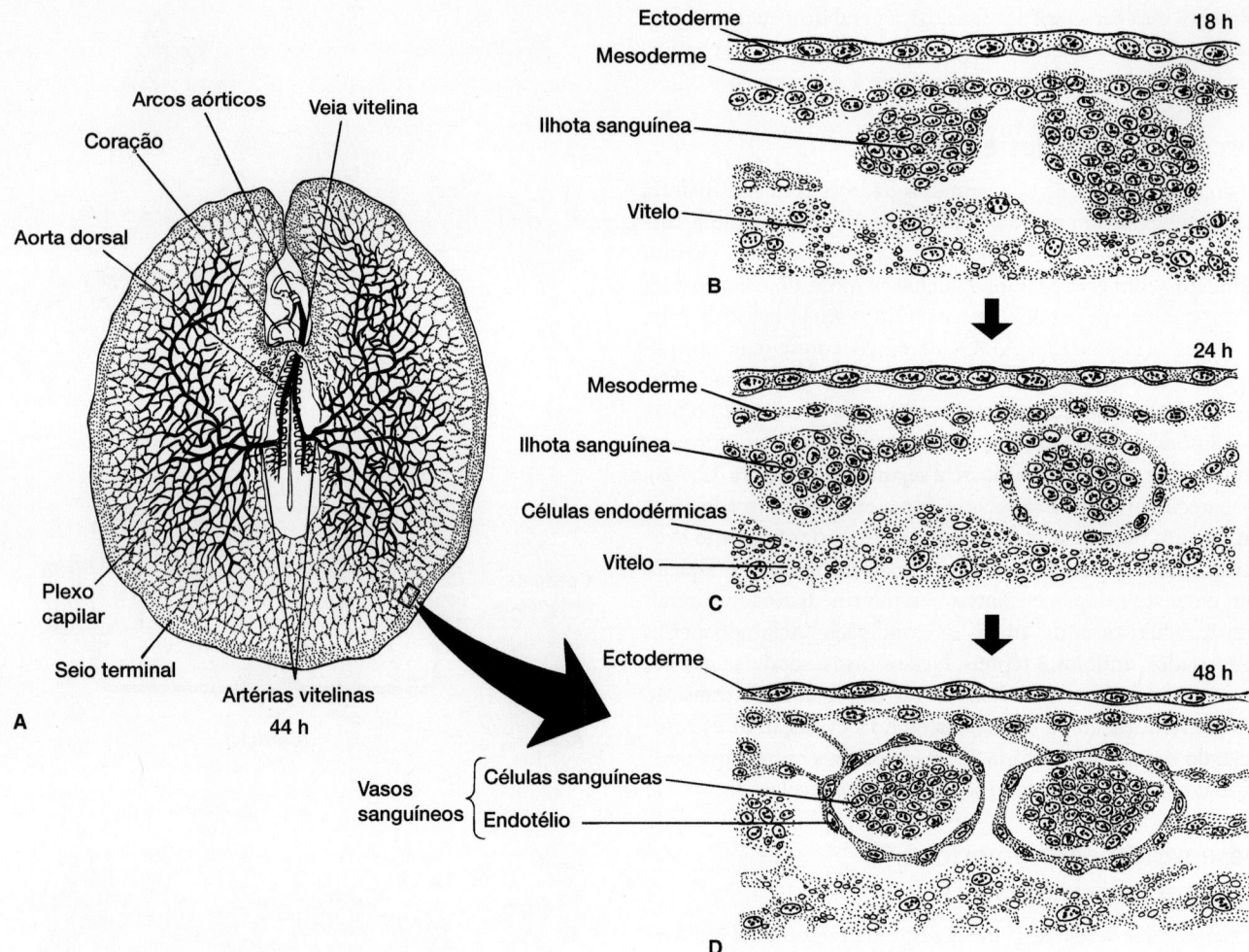

Figura 12.7 Formação das células sanguíneas embrionárias. A. Embrião de galinha depois de cerca de 44 horas de incubação (*vista ventral*). O sistema circulatório já está bem estabelecido. As ilhotas sanguíneas periféricas coalesceram em vasos vitelinos principais. **B–D.** Sequência detalhada de desenvolvimento na formação dos vasos sanguíneos. **B.** Aglomerados locais de mesoderme se organizam em ilhotas sanguíneas depois de 18 horas de incubação. **C.** Desenvolvimento com 24 horas de incubação. **D.** Com cerca de 44 a 48 horas de incubação, já se formaram vasos sanguíneos e células sanguíneas distintos, que fazem parte da rede vascular vitelina.

De Patten e Carlson.

esplâncnica forma o coração tubular básico de quatro câmaras. O desenvolvimento do coração começa quando as células deixam a mesoderme esplâncnica para formar um par medial de **tubos endocárdicos** (Figura 12.8 A e B). As células remanescentes na mesoderme esplâncnica proliferam, produzindo uma região lateral espessada, o par de **epimiocárdio**. As células do tubo endocárdico e do epimiocárdio crescem em direção à linha mediana e se fundem em um único coração tubular de localização central. Especificamente, os tubos endocárdicos fundidos formam o revestimento endotelial do coração, denominado **endocárdio**, e o epimiocárdio dá origem ao extenso músculo cardíaco da parede do coração, o **miocárdio**, juntamente com o peritônio visceral fino que recobre a superfície do coração. Com essas fusões, o coração embrionário básico de quatro câmaras está estabelecido (Figura 12.8 C).

O dobramento subsequente do coração tubular resulta em torção do coração em diferentes configurações, porém a sequência interna do fluxo sanguíneo permanece a mesma (Figura 12.9).

Na maioria dos peixes, os adultos mantêm esse coração embrionário básico de quatro câmaras. Todavia, nos peixes pulmonados e tetrápodes, vários graus de subdivisões internas isolam compartimentos adicionais no coração, e algumas das câmaras originais podem tornar-se reduzidas ou podem ser apropriadas por outras partes do sistema vascular do adulto. Examinaremos essas modificações anatômicas e seu significado funcional à medida que as encontrarmos neste capítulo. Em primeiro lugar, será feita uma revisão do esquema básico das principais artérias e veias, que constitui o sistema de distribuição do sangue do coração (Figura 12.10).

Filogenia do sistema cardiovascular

Os vasos do sistema cardiovascular são tão variados quanto os diversos órgãos que suprem. Entretanto, essas variações se baseiam em modificações de um plano fundamental de organização comum aos vertebrados. Como é, em geral, altamente modificada nas formas derivadas, essa organização fundamental

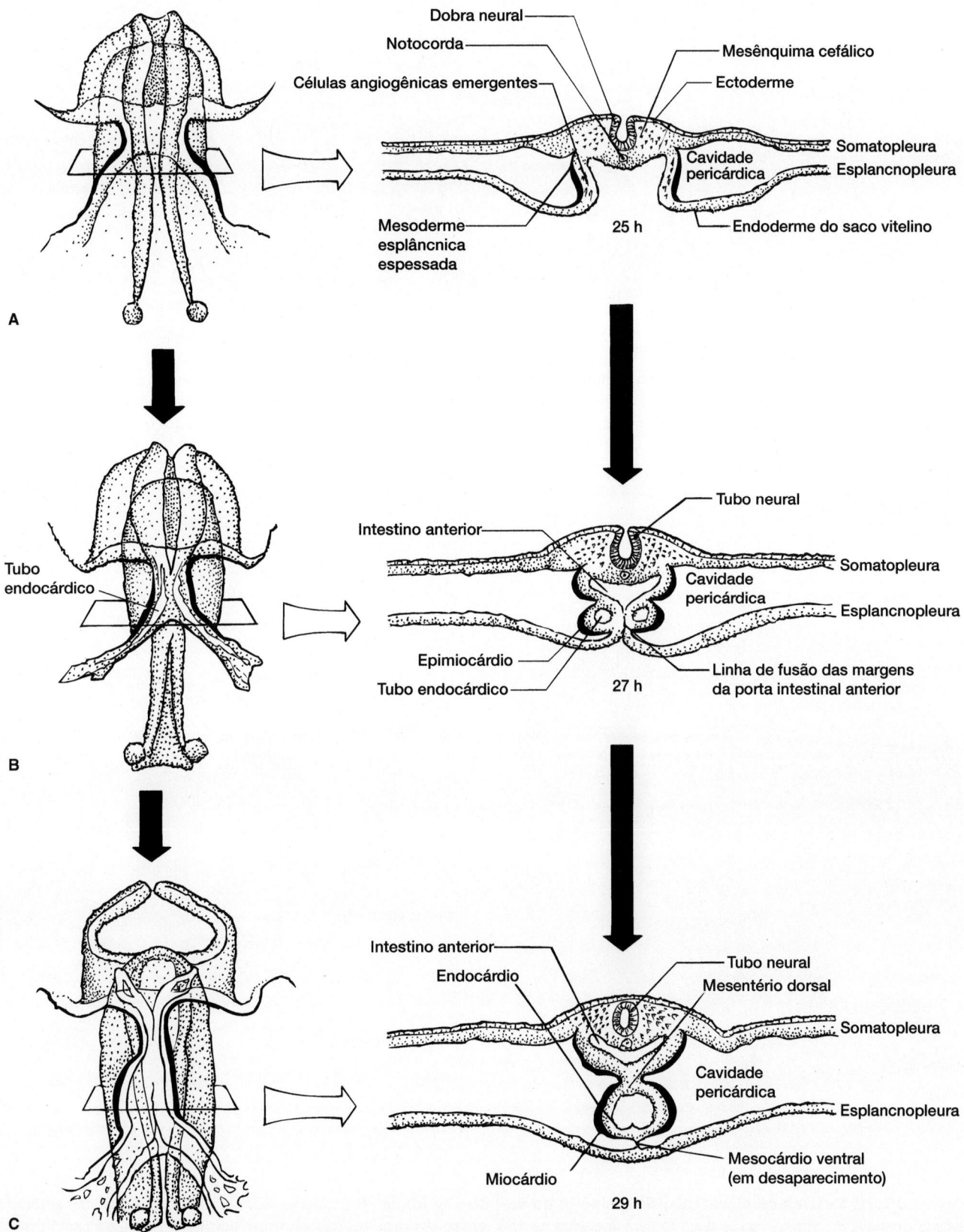

Figura 12.8 Formação do coração embrionário. Embrião de galinha em estágios sucessivos de incubação (25, 27 e 29 horas, respectivamente). São ilustradas vistas ventral (*à esquerda*) e em corte transversal correspondente (*à direita*) da formação do coração. **A.** Células angiogênicas emergem do epimiocárdio, uma mesoderme esplâncnica espessada. **B.** As células angiogênicas se diferenciam em um par de tubos endocárdicos primordiais. **C.** Este par de tubos sofre fusão medial, formando um único tubo endocárdico, que é o futuro revestimento do coração. O epimiocárdio espesso forma o peritônio fino na superfície do coração, enquanto o miocárdio externo forma a parede muscular do coração.

De Patten e Carlson.

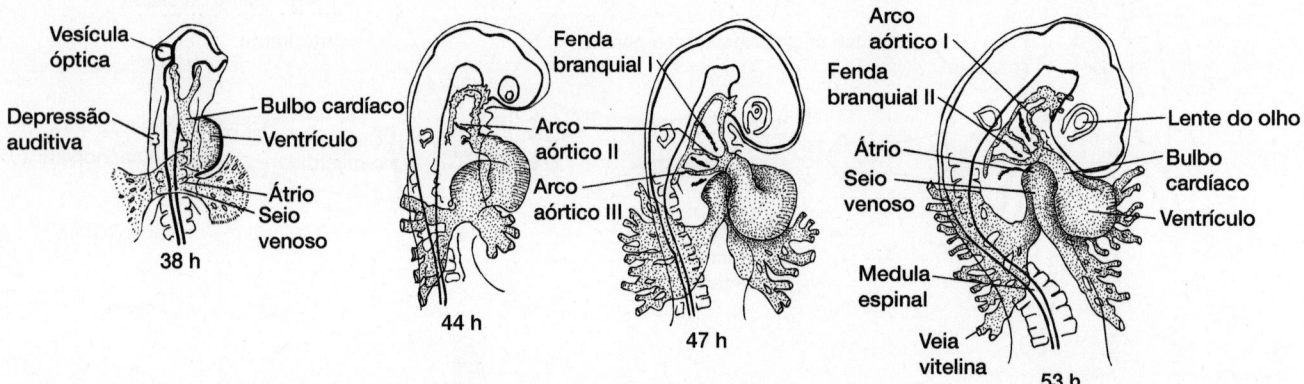

Figura 12.9 Crescimento do coração do pintainho. O coração de quatro câmaras consiste em seio venoso, átrio, ventrículo e bulbo cardíaco. Uma vez formado, o dobramento e o aumento subsequentes deslocam as posições relativas dessas câmaras. Esse processo não altera o curso do fluxo sanguíneo através do coração embrionário funcionante.

De Patten e Carlson.

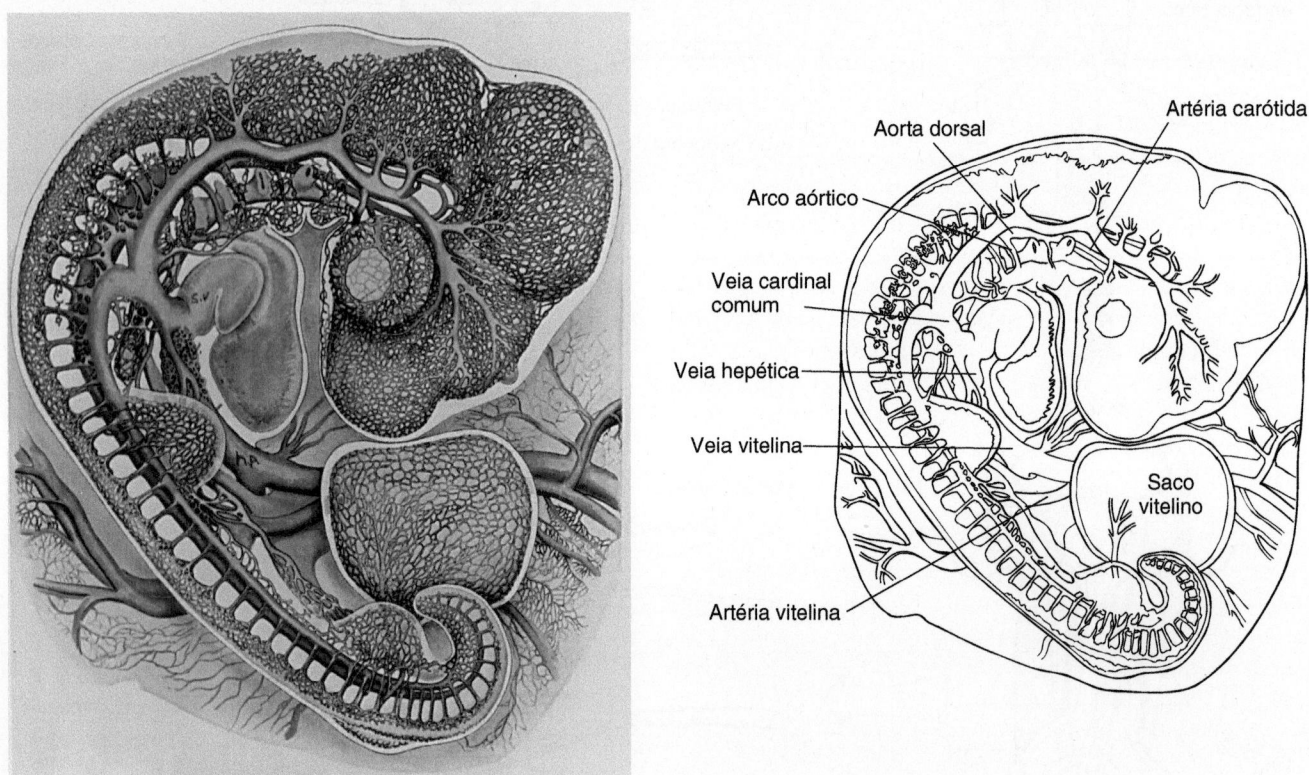

Figura 12.10 Sistema cardiovascular de um pintinho de 4 dias de idade. A circulação venosa mostra veias cardinais anteriores e posteriores que drenam na veia cardinal comum que entra no seio venoso. As veias vitelinas retornam por meio da pós-cava em formação e percorrem os sinusoides hepáticos para entrar no coração através da veia hepática. A circulação arterial também está bem estabelecida. Os arcos aórticos passam ao redor da faringe para se unir acima na aorta dorsal, que fornece sangue à cabeça por meio das artérias carótidas. A aorta dorsal continua posteriormente, formando por fim as artérias vitelinas para o vitelo.

De Patten.

do sistema cardiovascular é mais evidente nos vertebrados ancestrais. O sangue que deixa o coração entra, inicialmente, em uma aorta ventral ímpar e segue seu trajeto para frente, abaixo da faringe. Anteriormente, a **aorta ventral** se divide nas **artérias carótidas externas**, que transportam sangue para a região ventral da cabeça. Entretanto, antes de produzir essas artérias carótidas externas, a aorta ventral emite uma série de arcos aórticos, os quais passam dorsalmente dentro dos arcos branquiais, entre as fendas faríngeas. Acima da faringe, esses **arcos aórticos** encontram uma **aorta dorsal** pareada. A partir da extremidade anterior da aorta dorsal, surgem as artérias **carótidas internas**, as quais transportam sangue para frente da cabeça e normalmente penetram na caixa craniana para suprir o cérebro. Entretanto, a própria aorta dorsal transporta sangue posteriormente (ver Figuras 12.10 e 12.11).

Próximo ao fígado, o par de vasos da aorta dorsal se une para formar a **aorta** ímpar, que distribui sangue para a parte posterior do corpo e que finalmente se estende na cauda como **artéria caudal**. Ao longo de seu trajeto, a aorta dorsal emite numerosas **artérias parietais** pequenas para a parede local do corpo, bem como várias artérias principais, geralmente em pares, para os tecidos somáticos. As duas **artérias subclávias** suprem os apêndices anteriores (nadadeiras ou membros) e se ramificam a partir da aorta dorsal, assim como as **artérias ilíacas** caudais, que abastecem os apêndices posteriores. As gônadas recebem sangue das **artérias genitais** pareadas (**ovarianas** ou **espermáticas**). As duas **artérias renais** que seguem seu percurso para os rins consistem em grandes ramos principais da aorta dorsal. Isso assegura que os rins recebam sangue logo no início da circulação inicial, enquanto a pressão arterial ainda é relativamente alta, uma característica da hemodinâmica que ajuda na filtração renal. Tipicamente, nos vertebrados, três artérias ímpares se originam da aorta dorsal para suprir as vísceras: a **artéria celíaca**, que supre o fígado, o baço, o estômago e parte dos intestinos; a **artéria mesentérica anterior**, que supre a maior parte do intestino delgado; e a **artéria mesentérica posterior**, que abastece o intestino grosso.

Circulação renal (Capítulo 14)

Nos vertebrados ancestrais, o retorno do sangue ao coração inclui várias veias proeminentes. A **veia**, ou **seio cardinal comum**, é a principal veia que recebe o sangue que retorna da **veia cardinal anterior (pré-cardinal)** e da **veia cardinal posterior (pós-cardinal)**. Essas veias drenam as regiões anterior e posterior do corpo, respectivamente. As tributárias do apêndice anterior deságuam na veia cardinal comum por meio da **veia subclávia**. As veias da parede lateral do corpo e apêndice posterior também desembocam na veia cardinal comum por meio da **veia abdominal lateral**.

Um **sistema porta** é uma via vascular que começa em um conjunto de capilares e segue seu percurso para outro conjunto, sem passar pelo coração. Existem dois sistemas porta principais na circulação venosa dos vertebrados. O sistema porta hepático começa nos capilares dentro da parede do trato digestório e segue seu trajeto como **veia porta hepática** até o fígado, no qual desemboca nos capilares e seios sanguíneos do fígado. Essa veia porta do fígado transporta os nutrientes absorvidos diretamente do trato digestório até o fígado para o armazenamento ou processamento de muitos produtos finais da digestão. O sistema porta renal transporta o sangue que retorna das redes capilares na cauda ou nos membros posteriores por meio das duas **veias porta renais**, que desembocam nos capilares dentro dos rins.

A função do sistema porta renal não está bem esclarecida. Como ele transporta o sangue caudal para os rins, alguns sugeriram que esse sistema proporciona uma via direta para

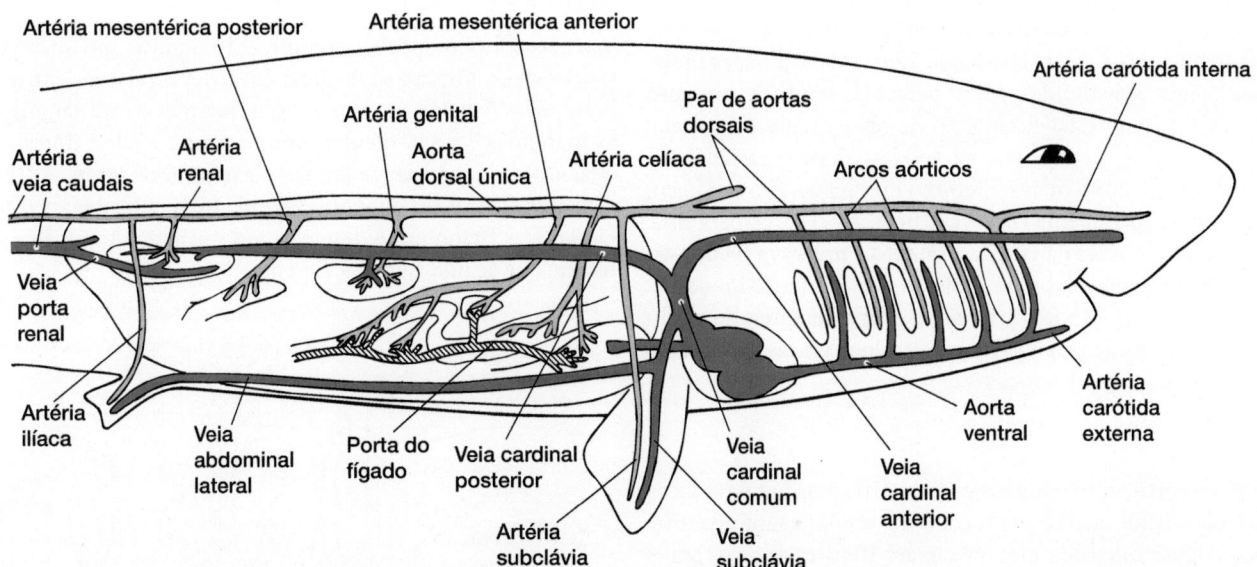

Figura 12.11 Padrão circulatório básico dos vertebrados ilustrado em um tubarão. O coração bombeia sangue para a aorta ventral, que o distribui para os arcos aórticos pares e, em seguida, para a única aorta dorsal. A partir desta, o sangue flui em direção à cabeça e, posteriormente, para o corpo, no qual ramos principais o transportam até os tecidos viscerais e somáticos.

De Goodrich.

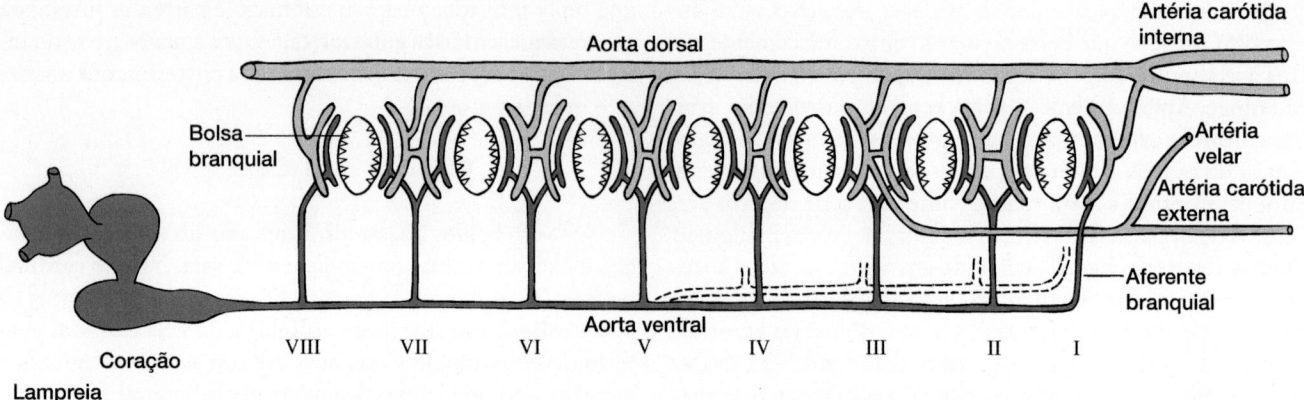

Figura 12.12 Arcos aórticos, brânquias e artérias anteriores de uma lampreia.
De Hardistry.

fornecer aos rins os subprodutos metabólicos que resultam da locomoção ativa envolvendo a musculatura caudal. Outros sugerem que pode representar uma maneira de melhorar a filtração renal. O sangue arterial que entra nas artérias renais a partir da aorta dorsal possui uma pressão alta; o sangue venoso do sistema porta renal tem uma pressão baixa. A filtração do rim depende, em parte, de uma pressão inicial alta para movimentar o líquido para fora do sangue e para dentro dos túbulos renais; todavia, a baixa pressão existente nas veias porta renais ajuda na recuperação da água e de outros solúveis úteis, devolvendo esses líquidos à circulação geral. O sistema porta renal está presente em todas as classes de vertebrado, exceto nos mamíferos. Embora os mamíferos sejam desprovidos de um sistema porta renal, seu rim apresenta uma rede vascular de baixa pressão que pode representar sua contraparte e atuar de modo semelhante para recuperar os líquidos da urina em formação.

As modificações filogenéticas nesse padrão básico de artérias e veias estão correlacionadas, em grande parte, com mudanças funcionais. Na transição da água para a terra, as brânquias foram substituídas pelos pulmões, sendo o processo acompanhado do estabelecimento de uma circulação pulmonar. Em alguns peixes e nos tetrápodes, as veias cardinais se tornam menos envolvidas no retorno do sangue. Em seu lugar, a **pós-cava** proeminente (**veia cava posterior**) surge para drenar a parte posterior do corpo, enquanto a **pré-cava** (**veia cava anterior**) se desenvolve para drenar a parte anterior do corpo. Começando com os vasos arteriais, acompanharemos de modo detalhado as principais modificações filogenéticas no sistema cardiovascular.

Vasos arteriais

▶ **Arcos aórticos.** O número de arcos aórticos primitivos e arcos branquiais pelos quais passam continua sendo assunto controverso. Alguns ostracodermes tinham até 10 pares de arcos branquiais e, presumivelmente, 10 pares de arcos aórticos. O número de pares de arcos aórticos varia nas formas viventes. As lampreias têm 8 (Figura 12.12), as feiticeiras, 15. Algumas espécies de tubarões apresentam 10 ou 12 pares. Entretanto, apenas seis pares costumam aparecer durante o desenvolvimento embrionário da maioria dos peixes gnatostomados e de todos os tetrápodes. Em consequência, seis é o número de arcos aórticos normalmente considerado como padrão embrionário básico, sendo designados por algarismos romanos (I–VI; Figura 12.13). A variação filogenética dentro dos arcos aórticos pode ser complexa (Figura 12.14 A–E; ver, adiante, Figura 12.17 A–C). Então, a referência a um padrão básico de seis arcos constitui uma abordagem simplificada para uma anatomia complexa. Entretanto, você deve estar preparado para preferências pessoais de outros autores que podem utilizar diferentes números para os arcos aórticos. Alguns insistem em utilizar números até 10, reconhecendo o suposto número primitivo. Outros abandonam o esforço de estabelecer homologias, ignoram os arcos perdidos filogeneticamente e simplesmente numeram os arcos conforme são encontrados no adulto – por exemplo, 1, 2 e 3. Neste livro, são utilizados algarismos romanos para traçar o suposto destino filogenético dos arcos, assumindo que seis pares representam o padrão embrionário básico.

Peixes. Logo após sua ramificação a partir da aorta ventral, os arcos aórticos se dividem em redes capilares dentro das brânquias. A parte do arco aórtico que transporta sangue até as brânquias é a **artéria aferente**, enquanto a parte dorsal que o transporta longe das brânquias é a **artéria eferente**. As redes capilares entre essas duas artérias envolvem parcial ou completamente as brânquias e desembocam inicialmente na **alça coletora**, que se une à artéria eferente.

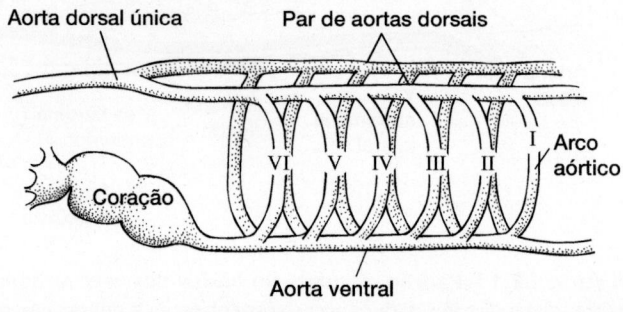

Figura 12.13 Padrão ancestral dos arcos aórticos. Diagrama do padrão básico de seis arcos.

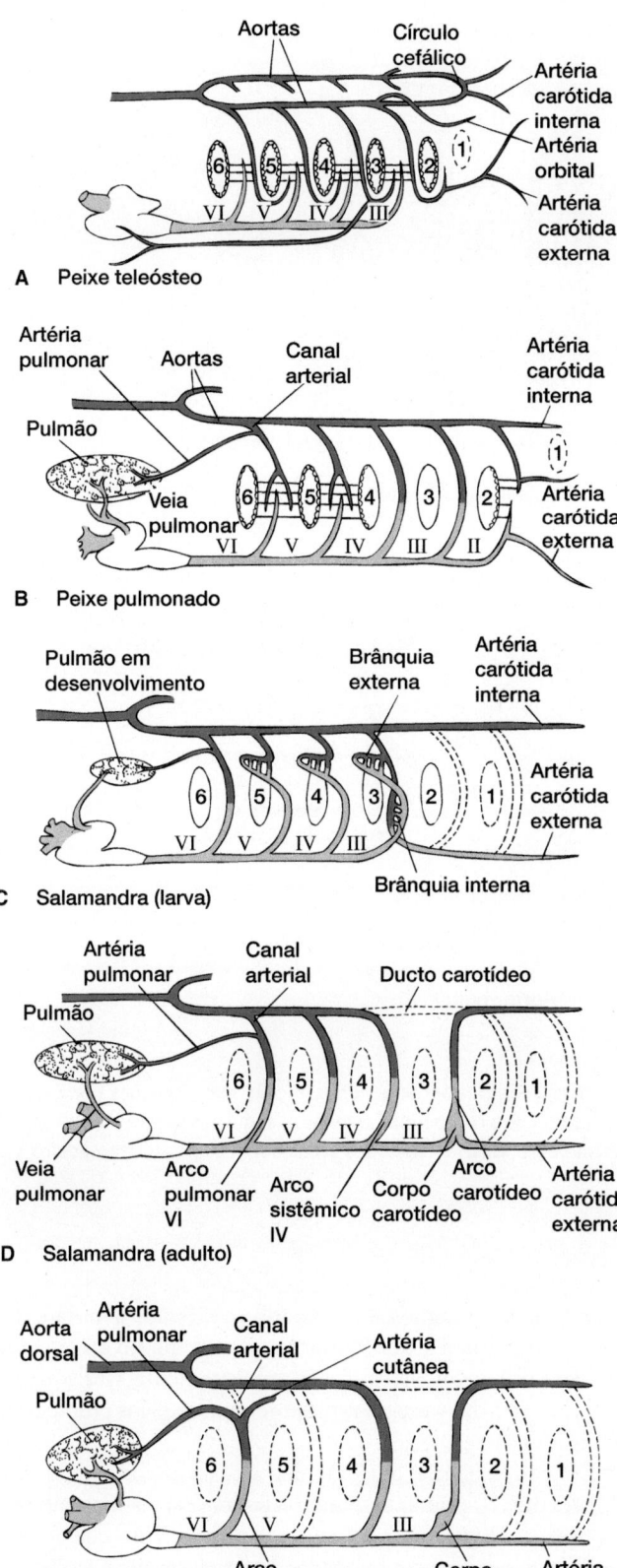

A   Peixe teleósteo

B   Peixe pulmonado

C   Salamandra (larva)

D   Salamandra (adulto)

E   Rã (adulto)

Figura 12.14 Arcos aórticos dos anamniotas e alguns derivados. Diagramas do padrão básico de seis arcos. **A.** Peixe teleósteo. **B.** Peixe pulmonado (*Protopterus*). **C.** Salamandra neotênica e larva. **D.** Salamandra adulta. **E.** Rã adulta. As *linhas* e *ovais tracejados* representam características ancestrais perdidas no grupo.

De Goodrich.

Nos condrictes, a primeira fenda faríngea é reduzida, porém não é perdida, formando um pequeno **espiráculo**. Durante o desenvolvimento embrionário, a porção ventral do primeiro arco aórtico, que se espera que abasteça a primeira fenda faríngea, não aparece. Em seu lugar, um ramo vascular da alça coletora adjacente cresce até o espiráculo, alimentando uma pequena rede de capilares em sua parede. Esse vaso constitui a **artéria espiracular aferente**. A porção dorsal do primeiro arco forma a **artéria espiracular eferente**, que drena essa pequena rede capilar. Em virtude de seu pequeno tamanho, e tendo em vista que recebe sangue oxigenado por meio da artéria espiracular aferente, acredita-se que o espiráculo desempenhe um pequeno papel na troca respiratória. Em lugar disso, pode se desenvolver como parte de um órgão secretor ou sensorial.

Os arcos aórticos remanescentes (II–VI) formam pequenos ramos na metade de seu comprimento. Fundem-se e conectam-se de modo cruzado como alças coletoras que suprem as redes capilares vasculares dentro das brânquias que se formam adjacentes às fendas faríngeas aumentadas. As metades anterior e posterior de cada alça coletora constituem seus **ramos pré-tremático** e **pós-tremático**, respectivamente (Figura 12.15 A). Embora a artéria carótida externa surja embriologicamente a partir da extremidade anterior da aorta ventral, ela se torna associada à alça coletora, uma mudança compreensível quando é necessário transportar sangue oxigenado até a maxila inferior. A artéria carótida interna que supre o cérebro recebe sangue oxigenado da primeira alça coletora totalmente funcional (fenda faríngea II) por meio da artéria branquial eferente (II) (Figura 12.15 B).

Na maioria dos peixes actinopterígios, surgem quatro pares de arcos aórticos (III–VI) a partir da aorta ventral. Eles servem as brânquias associadas a cinco fendas faríngeas. Nos esturjões e em algumas outras espécies, a primeira fenda faríngea persiste na forma de pequeno espiráculo; entretanto, na maioria dos peixes, até mesmo essa fenda modesta está ausente no adulto. O primeiro arco aórtico é perdido juntamente com essa primeira fenda (ver Figura 12.14 A).

Na maioria dos peixes com órgãos de respiração aérea complementares, o sangue oxigenado que sai desses órgãos entra na circulação venosa geral, aumentando o nível total de oxigênio do sangue que retorna ao coração. Todavia, nos peixes pulmonados, o sangue que deixa os pulmões altamente vascularizados retorna diretamente ao coração por meio de uma veia pulmonar separada (ver Figura 12.14 B). Do ponto de vista filogenético, os átrios esquerdo e direito separados aparecem inicialmente nos peixes pulmonados, estabelecendo, assim, um circuito pulmonar separado.

Nos peixes pulmonados, assim como em outros peixes ósseos, a primeira fenda faríngea é reduzida a um espiráculo, que não desempenha qualquer função respiratória. Seu arco aórtico associado (I) também está reduzido. No peixe pulmonado australiano, *Neoceratodus*, as cinco fendas faríngeas remanescentes de abrem para as brânquias totalmente funcionais, abastecidas por quatro arcos aórticos (III–VI). No peixe pulmonado africano, *Protopterus*, as brânquias funcionais são ainda mais reduzidas. A terceira e a quarta brânquias estão totalmente ausentes, porém seus arcos aórticos (III–IV) persistem

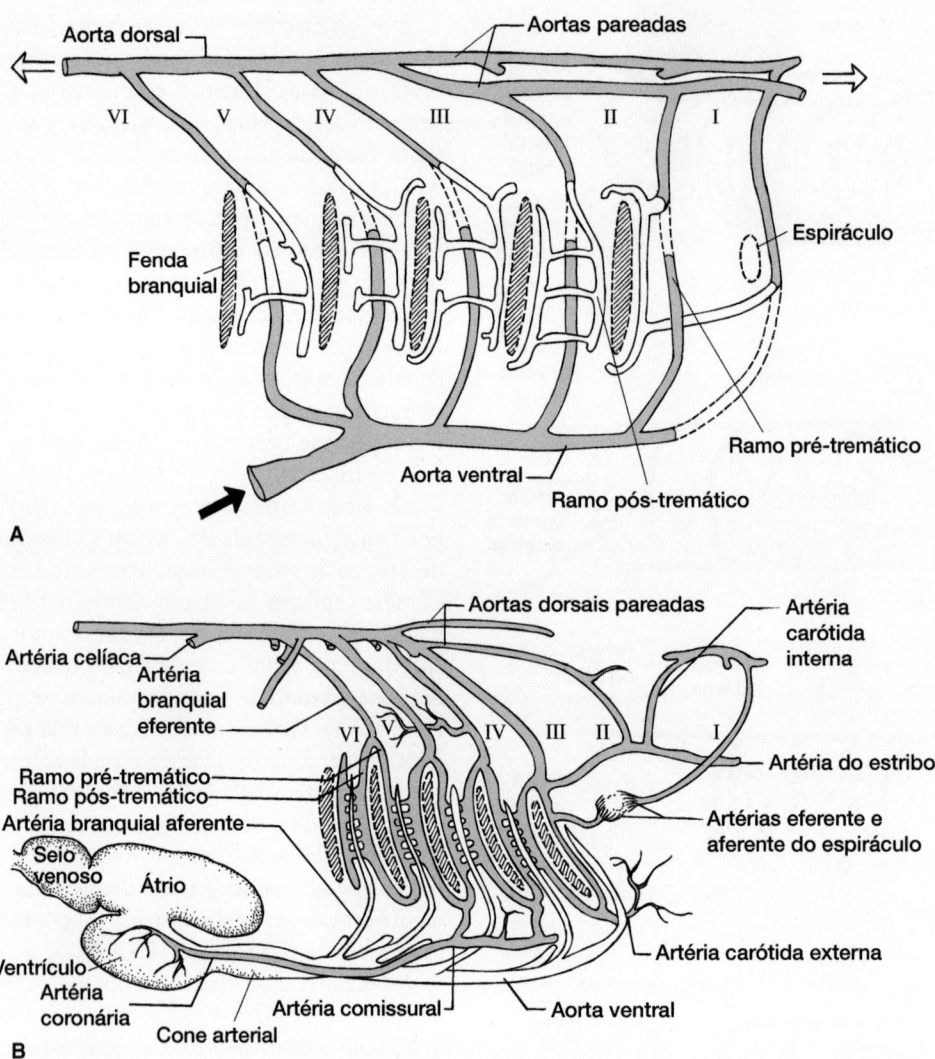

Figura 12.15 Arcos aórticos de um tubarão. A. Modificações embrionárias dos arcos aórticos. Novas contribuições (*em branco*) aos arcos estabelecem as partes pré-tremática e pós-tremática das alças coletoras que recebem as artérias branquiais aferentes e suprem as eferentes, derivadas das partes ventral e dorsal dos arcos aórticos, respectivamente. **B.** Derivados dos arcos aórticos no tubarão adulto. Os algarismos romanos indicam os arcos aórticos.

De Kent.

(ver Figura 12.14 B). Em todos os peixes pulmonados, o vaso eferente do arco aórtico mais posterior (VI) dá origem à **artéria pulmonar**, porém mantém sua conexão com a aorta dorsal por meio do **canal arterial** curto.

Se você pensar cuidadosamente sobre o fluxo sanguíneo implicado por esse padrão anatômico, compreenderá as concepções errôneas que ele favorece. Por exemplo, observe que, se o sangue pobre em oxigênio da aorta ventral flui ao longo de seu suposto percurso através dos arcos II, V e VI, ele passará pelas redes capilares das brânquias, será reabastecido com oxigênio e entrará na aorta dorsal como sangue oxigenado. Todavia, observe também que, no peixe pulmonado africano, o sangue pobre em oxigênio da aorta ventral parece seguir um percurso alternativo pelos arcos III e IV, que são desprovidos de brânquias. Teoricamente, o sangue poderia alcançar a aorta dorsal inalterado, ainda pobre em oxigênio. Se isso ocorresse, como pode sugerir a anatomia em si, então o sangue

oxigenado e o sangue desoxigenado se misturariam na aorta dorsal, reduziriam a tensão global de oxigênio no sangue que flui para os tecidos sistêmicos e, aparentemente, isto anularia a maior parte das vantagens proporcionadas pelos pulmões de respiração aérea.

Em consequência, o padrão dos arcos aórticos parecia ineficiente para os primeiros anatomistas, porém justificavam isso e, talvez, até mesmo esperavam esse padrão, visto que acreditavam que os peixes pulmonados não tinham uma respiração totalmente aquática nem totalmente aérea. Os peixes pulmonados a encontravam a meio caminho, capazes de realizar um pouco de ambas as respirações, porém sem executar nenhuma delas particularmente bem. Essa visão errônea – de que os peixes pulmonados eram imperfeitamente projetados em comparação com os vertebrados mais evoluídos – foi testada quando estudos cuidadosos de sua fisiologia circulatória foram conduzidos. De fato, ocorre muito pouca mistura entre o sangue oxigenado e o desoxigenado, devido, em grande parte, ao papel desempenhado pelo coração parcialmente dividido, como veremos adiante neste capítulo.

Anfíbios. A mesma visão equivocada, de que o sistema cardiovascular foi imperfeitamente projetado, também foi sustentada no caso dos anfíbios e, em grande parte, pelas mesmas razões. O arranjo anatômico de seus arcos aórticos sugere que ocorre alguma mistura entre o sangue oxigenado das brânquias e o sangue desoxigenado que retorna do corpo.

Nos anfíbios, os primeiros dois arcos aórticos (I, II) desaparecem precocemente no desenvolvimento. O padrão dos arcos remanescentes difere entre as larvas e os adultos metamorfoseados. Na maioria das larvas das salamandras, os próximos três arcos aórticos (III-V) apresentam brânquias externas, enquanto o último arco (VI) dá origem à artéria pulmonar para o pulmão em desenvolvimento. Uma exceção notável é a salamandra neotênica, *Necturus*, em que parte do sexto arco desaparece, e apenas sua porção dorsal persiste, formando a base da artéria pulmonar (Figuras 12.16 e, adiante, 12.19). Na maioria das espécies de salamandras, as brânquias externas são perdidas após a transformação da larva no adulto; todavia, os arcos aórticos são mantidos na forma de vasos sistêmicos principais.

A parte curta da aorta dorsal entre os arcos aórticos III e IV, denominada **ducto carotídeo**, fecha-se na metamorfose. Isso força o enchimento das carótidas com sangue de um derivado da aorta ventral. A parte da aorta ventral entre os arcos III e IV passa a constituir a **artéria carótida comum**, que alimenta a artéria carótida externa (a partir da parte anterior da aorta ventral) e a artéria carótida interna (a porção anterior da aorta dorsal, juntamente com o terceiro arco aórtico). O **corpo**

carotídeo é um pequeno aglomerado de células sensoriais associado a capilares, geralmente localizado próximo ao ponto de ramificação das artérias carótidas comuns. Suas funções não estão totalmente conhecidas. Certamente, o corpo carotídeo desempenha um papel na percepção do conteúdo de gases ou pressão do sangue, bem como em algumas funções endócrinas.

Os próximos dois arcos (IV, V) constituem vasos sistêmicos importantes, que se unem à aorta dorsal. O arco aórtico final (VI) também se une com a aorta dorsal, e a sua porção final curta forma o canal arterial. Pouco antes de se unir à aorta dorsal, o sexto arco aórtico emite a artéria pulmonar, a qual se divide em pequenos ramos para o assoalho da boca, a faringe e o esôfago antes de entrar efetivamente nos pulmões. Nas salamandras sem pulmão, a artéria pulmonar, quando persiste, supre a pele do pescoço e das costas.

Nas rãs, a larva apresenta habitualmente brânquias internas, que se localizam nos últimos quatro arcos aórticos (III–VI), enquanto a artéria pulmonar embrionária surge do arco VI. Durante a metamorfose, ocorre perda dessas brânquias, juntamente com o ducto carotídeo e todo o arco V. Os arcos aórticos que persistem (III, IV e VI) se expandem para fornecer sangue à cabeça, ao corpo e aos circuitos pulmonares, respectivamente. O terceiro arco e a parte associada da aorta dorsal anterior se tornam a artéria carótida interna. A extensão anterior da aorta ventral passa a constituir a artéria carótida externa. As artérias carótidas, tanto interna quanto externa, originam-se da carótida comum, a parte da aorta ventral entre os arcos III e IV. Em geral, pode-se encontrar um corpo carotídeo na raiz da artéria carótida interna. O próximo arco aórtico (IV) aumentado se une com a aorta dorsal, a principal artéria sistêmica que supre

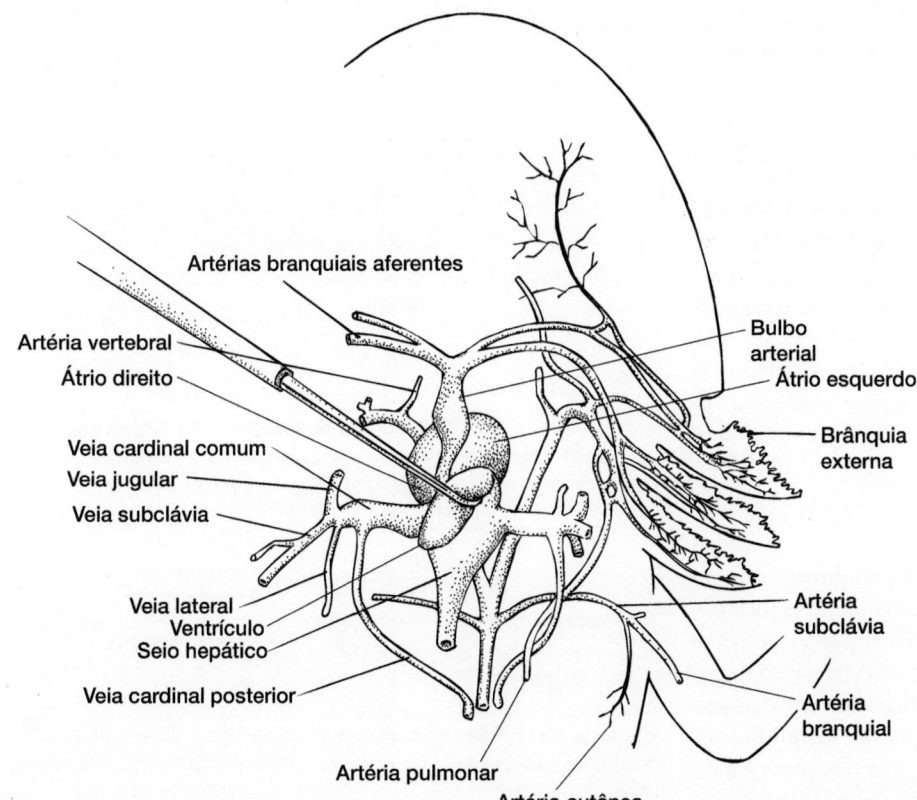

Figura 12.16 Arcos aórticos da salamandra *Necturus* (vista ventral).

Artérias branquiais aferentes

Artéria vertebral
Átrio direito

Veia cardinal comum
Veia jugular
Veia subclávia

Veia lateral
Ventrículo
Seio hepático

Veia cardinal posterior

Artéria pulmonar
Artéria cutânea

Bulbo arterial
Átrio esquerdo

Brânquia externa

Artéria subclávia

Artéria branquial

o corpo. O último arco (VI) perde a sua conexão com a aorta dorsal, visto que o canal arterial se fecha e passa a constituir a **artéria pulmocutânea**. Um ramo da artéria pulmocutânea é a artéria pulmonar, agora bem-desenvolvida, que entra no pulmão. O outro ramo é a **artéria cutânea**, que transporta sangue para a pele ao longo da parede dorsal e lateral do corpo.

Alguns dos primeiros morfologistas concluíram que as ineficiências do fluxo sanguíneo nos anfíbios deviam resultar desses padrões anatômicos. Por exemplo, acreditava-se que o sangue oxigenado que retorna ao coração se misturava com o sangue desoxigenado proveniente dos tecidos sistêmicos. Basta dizer que isso não ocorre. De fato, ocorre pouca mistura. Todavia, essa visão equivocada ganhou popularidade e, até certo ponto, ainda prevalece nas atitudes de alguns cientistas sobre a fisiologia desses vertebrados inferiores.

Répteis. Começando com os répteis, mas também presentes nas aves e nos mamíferos, os arcos aórticos simétricos do embrião tendem a se tornar assimétricos no adulto. Os arcos aórticos III, IV e VI persistem nos répteis, porém a maioria das mudanças se concentra em aprimoramento e modificação do quarto arco. Talvez a modificação anatômica mais significativa do sistema arterial nos répteis seja a subdivisão da aorta ventral. Durante o desenvolvimento embrionário, a aorta ventral se divide para formar as bases de três artérias separadas que deixam o coração: o arco aórtico esquerdo, o arco aórtico direito e o tronco pulmonar (Figura 12.17 A).

O tronco pulmonar incorpora as bases do sexto arco pareado e seus ramos como parte do **arco pulmonar** para os pulmões. A base do arco aórtico esquerdo, o próprio arco aórtico esquerdo (IV) e a parte curva da aorta dorsal esquerda, na qual se continua, constituem o **arco sistêmico esquerdo**. O **arco sistêmico direito** inclui os mesmos componentes do lado direito do corpo: a base do arco aórtico direito, o próprio arco aórtico direito e a parte arqueada da artéria dorsal direita. Os dois arcos sistêmicos se unem atrás do coração para formar a aorta dorsal comum. O arco sistêmico direito tende a ser o mais proeminente dos dois, principalmente devido aos vasos adicionais que ele abastece. Por exemplo, as artérias carótidas, que se originam da aorta ventral nos vertebrados mais ancestrais, surgem nos répteis a partir do arco sistêmico direito. O sangue que passa pelo arco sistêmico direito pode fluir para o corpo ou entrar nas artérias carótidas para suprir a cabeça. Na maioria dos répteis, as artérias subclávias se ramificam a partir da aorta dorsal; todavia, em alguns répteis, ramificam-se a partir dos arcos sistêmicos. Essas modificações dos arcos aórticos nos répteis produzem um circuito pulmonar e dois circuitos sistêmicos, cada um dos quais surge independentemente do coração.

Aves. Nas aves, o arco sistêmico direito se torna predominante (Figura 12.17 B). As bases do arco aórtico, o arco aórtico direito (IV) e a parte contígua da aorta dorsal direita formam o arco sistêmico direito durante o desenvolvimento embrionário. O seu membro oposto, o arco sistêmico esquerdo, nunca se desenvolve por completo. Em geral, as carótidas se originam dos mesmos componentes dos arcos aórticos dos répteis (arco aórtico III e partes das aortas ventral e dorsal) e se ramificam a partir do arco sistêmico direito. Entretanto, as subclávias pareadas que se dirigem para as asas surgem das carótidas internas, e

não da aorta dorsal. As carótidas comuns e as subclávias suprem a cabeça e os membros anteriores, respectivamente. As carótidas comuns podem se ramificar a partir do arco sistêmico direito separadamente, ou ambas podem se unir para formar uma única carótida (Figura 12.18 A–C). Um vaso curto, porém importante, a **artéria braquiocefálica**, é encontrada em alguns répteis, particularmente nas tartarugas, mas atua como principal vaso anterior em muitas aves. A artéria braquiocefálica também se ramifica a partir do arco sistêmico direito. Depois dessa junção da artéria braquiocefálica, o arco sistêmico se curva posteriormente para abastecer o resto do corpo. Nas aves, bem como nos répteis, o arco pulmonar se forma a partir das bases do sexto arco pareado e de seus ramos para suprir ambos os pulmões.

Mamíferos. Até seis arcos aórticos surgem no embrião dos mamíferos, porém apenas três persistem no adulto como artérias anteriores principais: as artérias carótidas, o arco pulmonar e o arco sistêmico (Figura 12.17 C). As artérias carótidas e o arco pulmonar se formam a partir dos mesmos componentes do arco dos répteis. As artérias carótidas dos mamíferos se originam dos arcos aórticos pareados (III) e partes das aortas ventral e dorsal. O arco pulmonar se forma a partir das bases do sexto arco pareado e seus ramos. O arco sistêmico se origina embriologicamente

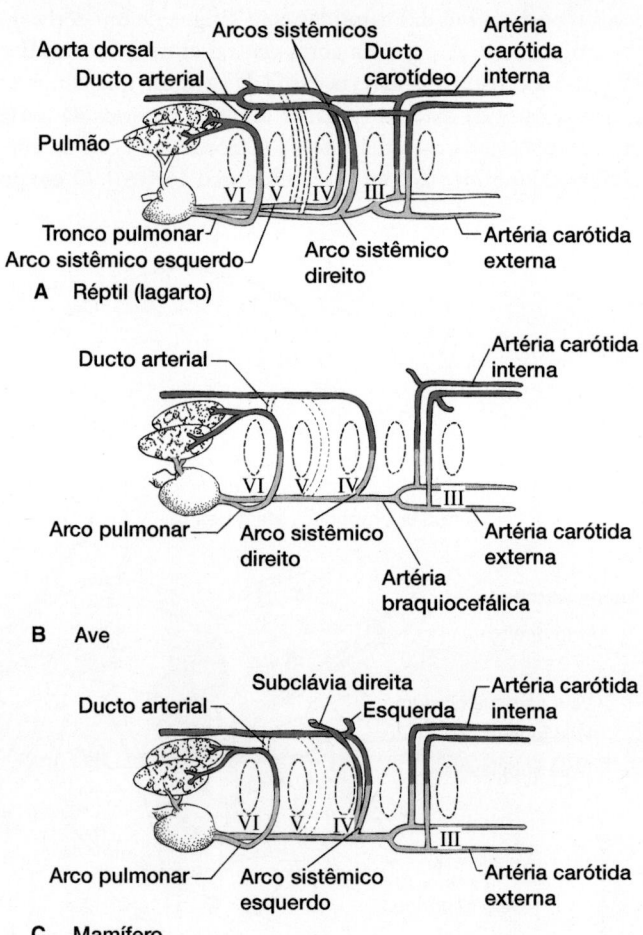

Figura 12.17 Arcos aórticos dos amniotas. Diagrama dos derivados do padrão básico de seis arcos. **A.** Réptil. **B.** Ave. **C.** Mamífero.

De Goodrich.

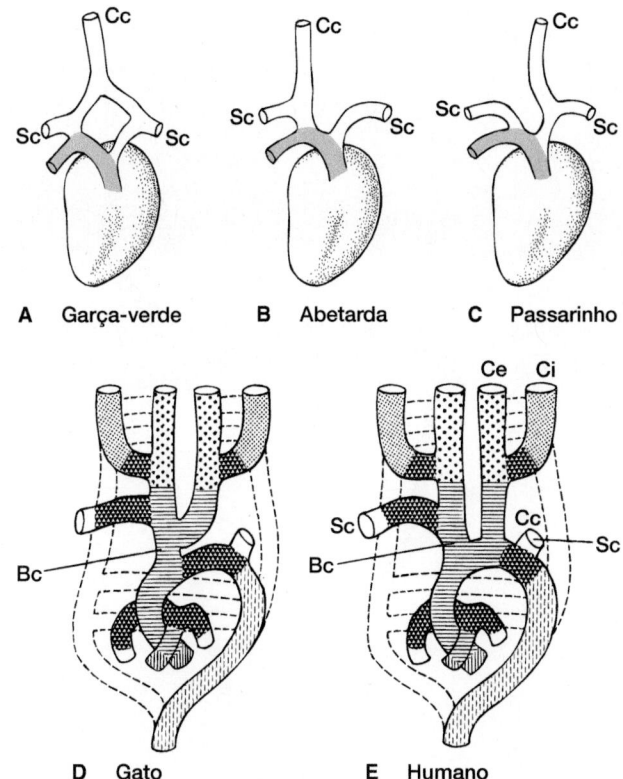

A Garça-verde   **B** Abetarda   **C** Passarinho

D Gato   **E** Humano

Figura 12.18 Vistas ventrais dos arcos aórticos. Nas aves, podem ser encontradas diversas configurações alternativas dos arcos. Na garça-verde (**A**), dois arcos carotídeos se unem. Uma única carótida persiste no lado direito da abetarda *Eupodotis* (**B**) e no lado esquerdo do passarinho *Passeres* (**C**). Nos mamíferos, a formação das principais artérias anteriores pode variar de acordo com a espécie, como no gato (**D**) e no humano (**E**). Abreviações: Braquiocefálica = Bc; carótida comum = Cc; carótida externa = Ce; carótida interna = Ci; sublclávia = Sc.

a partir do arco aórtico esquerdo (IV) e do membro esquerdo da aorta dorsal pareada e, portanto, constitui um arco sistêmico *esquerdo* nos mamíferos. As artérias carótidas comuns podem compartilhar uma origem braquiocefálica ou podem surgir independentemente a partir de diferentes pontos no arco aórtico (Figura 12.18 D e E). A outra diferença notável nos mamíferos é observada na formação das artérias subclávias. A artéria subclávia esquerda surge do arco sistêmico esquerdo nos mamíferos. Entretanto, a artéria subclávia direita inclui o arco aórtico direito (IV), parte da aorta dorsal direita contígua e as artérias que crescem a partir destes no ramo direito (Figura 12.18 D e E).

▶ **Resumo da evolução dos arcos aórticos.** Na maioria dos peixes, os arcos aórticos transportam sangue desoxigenado até as superfícies respiratórias das brânquias e, em seguida, distribuem sangue oxigenado para os tecidos da cabeça (por meio das artérias carótidas) e para o restante do corpo (por meio da aorta dorsal). Nos peixes pulmonados e nos tetrápodes, os arcos aórticos contribuem para o arco pulmonar, que é o circuito arterial para os pulmões, e para os arcos sistêmicos, que são os circuitos arteriais para o resto do corpo (Figura 12.19). As artérias carótidas ainda têm a principal responsabilidade de suprir o sangue para a cabeça nos tetrápodes; todavia, agora elas surgem a partir de um dos arcos sistêmicos principais. Os arcos

sistêmicos duplos (esquerdo e direito) presentes nos anfíbios e nos répteis (Figura 12.20 A e B) ficam reduzidos a um único arco sistêmico – o direito nas aves e o esquerdo nos mamíferos (Figura 12.20 C e D). Embora aves e mamíferos compartilhem muitas semelhanças, incluindo endotermia, vidas ativas e radiação diversa, eles surgiram de ancestrais répteis diferentes. Quaisquer semelhanças em suas anatomias cardiovasculares representam inovações evolutivas independentes.

O padrão básico de seis arcos dos arcos aórticos representa um conceito útil que nos permite traçar os derivados dos arcos aórticos e organizar a diversidade de modificações anatômicas encontradas. Além disso, o aparecimento de seis arcos aórticos durante o desenvolvimento embrionário dos gnatostomados viventes sugere que se trate do padrão ancestral. Entretanto, como já vimos, a verdadeira anatomia do adulto pode ser muito variada entre diferentes espécies.

Vasos venosos

As principais veias que trazem o sangue de volta ao coração são complicadas e altamente variáveis. Dentro de cada grupo de vertebrados, as veias compõem alguns sistemas funcionais principais, que surgem embriologicamente a partir do que parece ser um padrão de desenvolvimento comum. Antes de examinar a anatomia das veias em cada grupo, analisaremos esses sistemas básicos de circulação venosa. Nos vertebrados com circulação dupla estabelecida, existem dois sistemas funcionais gerais de circulação venosa: o sistema sistêmico, que drena os tecidos gerais do corpo, e o sistema pulmonar, que drena os pulmões. Dentro do sistema sistêmico, as veias porta hepáticas servem o fígado, as veias porta renais servem os rins e as veias gerais do corpo drenam os tecidos sistêmicos restantes.

▶ **Sistema sistêmico.** No início do desenvolvimento, são observados três conjuntos principais de veias em pares: as **veias vitelinas** do saco vitelino, as **veias cardinais** do corpo do próprio embrião e as **veias abdominais laterais** da região pélvica. As veias vitelinas pareadas estão entre os primeiros vasos que aparecem no embrião. Surgem sobre o vitelo e seguem o pedúnculo vitelino para dentro do corpo. Em seguida, fazem o seu trajeto anteriormente, continuam ao longo do intestino e entram no seio venoso. O primórdio do fígado cresce dentro das veias vitelinas. A proliferação dos cordões hepáticos divide as veias vitelinas associadas em **sinusoides hepáticos**. As partes curtas remanescentes das veias vitelinas que drenam esses sinusoides hepáticos e entram no seio venoso são as **veias hepáticas**.

As veias cardinais incluem as **veias cardinais anteriores**, que drenam o sangue da região da cabeça, e as **veias cardinais posteriores**, que trazem o sangue de volta ao corpo do embrião. Ambos os pares de veias cardinais anteriores e posteriores se unem no nível do coração em **veias cardinais comuns** curtas, que se abrem no seio venoso. As veias cardinais anteriores consistem em várias partes que se desenvolvem como vasos que recebem tributários do cérebro, do crânio e do pescoço. As veias cardinais posteriores se desenvolvem principalmente como vasos dos rins embrionários.

As veias abdominais laterais são encontradas nos peixes, porém geralmente estão fundidas ou ausentes nos tetrápodes. Nos peixes, cada veia se une com a **veia ilíaca** da nadadeira

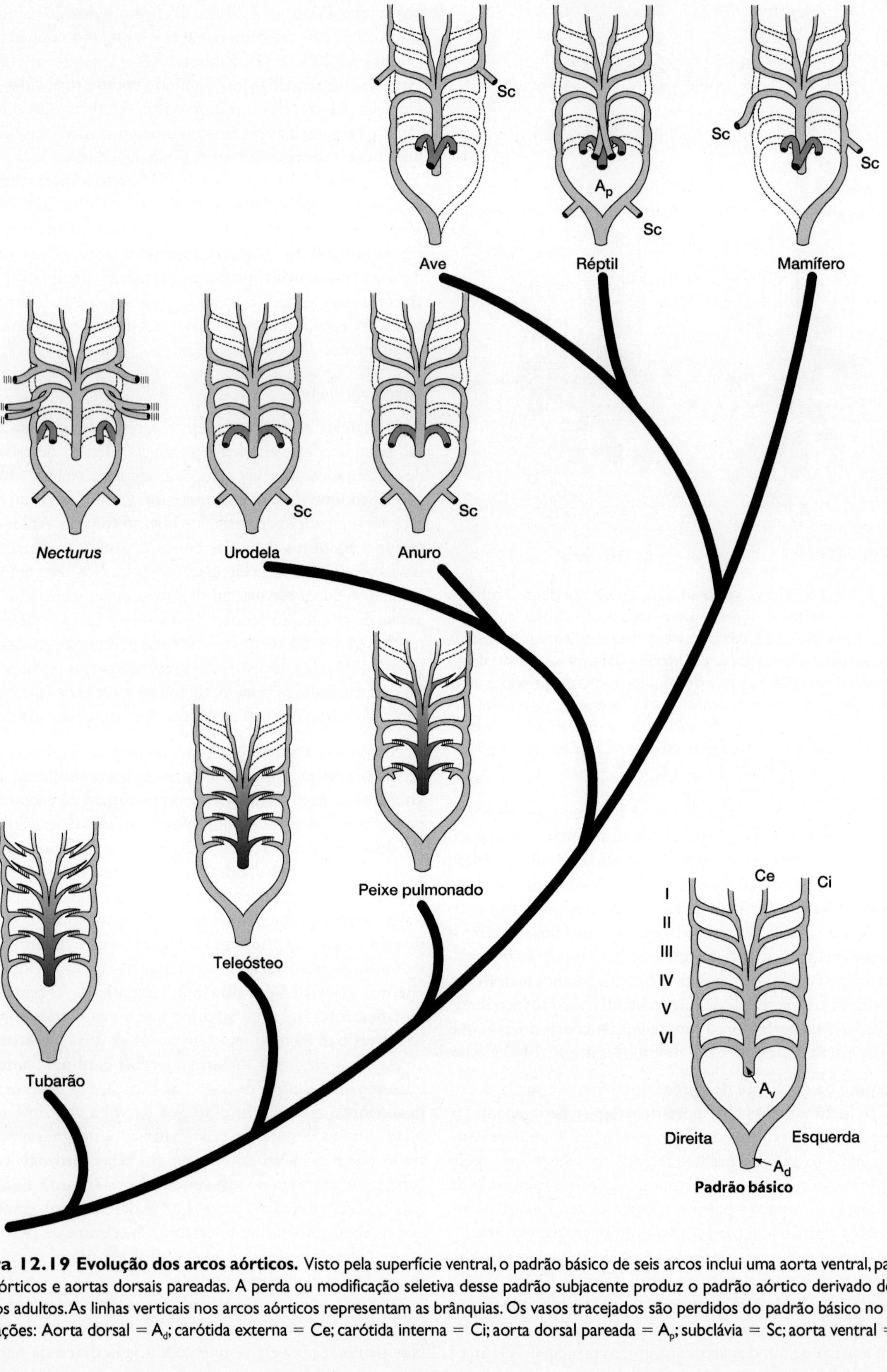

Figura 12.19 Evolução dos arcos aórticos. Visto pela superfície ventral, o padrão básico de seis arcos inclui uma aorta ventral, pares de arcos aórticos e aortas dorsais pareadas. A perda ou modificação seletiva desse padrão subjacente produz o padrão aórtico derivado dos vertebrados adultos. As linhas verticais nos arcos aórticos representam as brânquias. Os vasos tracejados são perdidos do padrão básico no adulto. Abreviações: Aorta dorsal = A_d; carótida externa = Ce; carótida interna = Ci; aorta dorsal pareada = A_p; subclávia = Sc; aorta ventral = A_v.

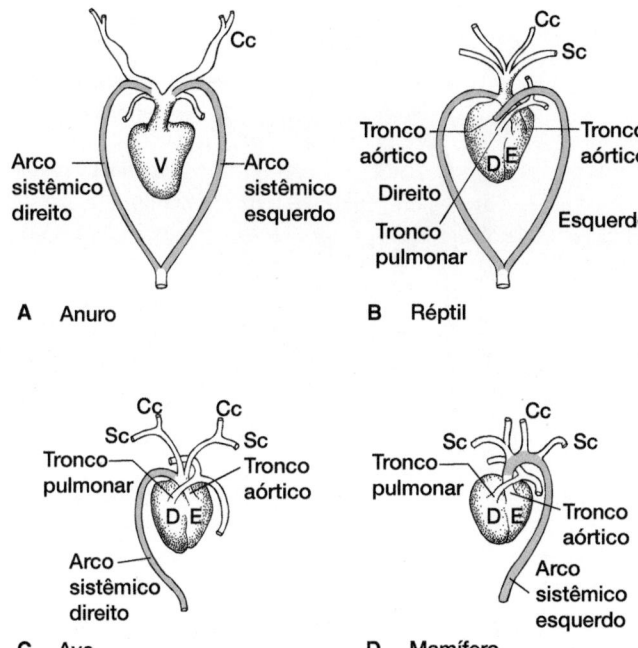

Figura 12.20 Destino dos arcos sistêmicos nos tetrápodes (vistas ventrais). Os arcos sistêmicos dos dois lados persistem nos anuros (**A**) e nos répteis (**B**) adultos. O arco sistêmico direito persiste nas aves (**C**), e o esquerdo, nos mamíferos (**D**). Abreviações: Carótida comum = Cc; ventrículo esquerdo = E; ventrículo direito = D; subclávia = Sc; ventrículo = V.

pélvica e segue seu percurso para frente na parede lateral do corpo. No ombro, a veia ilíaca se une com a **veia braquial** e, portanto, passa a constituir a **veia subclávia**, que vira medialmente para entrar na veia cardinal comum. Todavia, nos tetrápodes, a subclávia retorna separadamente ao coração, e as veias abdominais laterais entram no fígado. Nos anfíbios, as veias abdominais laterais esquerda e direita podem se juntar em uma única veia mediana, a **veia abdominal ventral**, que segue um percurso ao longo do assoalho do celoma corporal. Nos jacarés, nas aves e nos mamíferos, a veia abdominal está ausente.

O desenvolvimento venoso subsequente envolve mudanças nesses primeiros vasos pareados, acompanhadas de anastomoses entre eles, perda de partes por atrofia e aparecimento de vasos embrionários adicionais. As alterações costumam ser mais extensas que aquelas observadas nas artérias e produzem, no adulto, vias venosas principais, e frequentemente assimétricas, de sangue que retorna ao coração.

Veia porta do fígado. A veia porta do fígado segue um percurso do trato digestório até o fígado e forma uma via direta para transportar os produtos finais absorvidos da digestão imediatamente para o fígado. É comum a todos os vertebrados e se desenvolve principalmente a partir da **veia subintestinal** embrionária, um vaso único que se origina na veia caudal (Figura 12.21 A). A veia subintestinal faz uma alça ao redor do ânus e se estende para frente, seguindo seu trajeto ao longo da parede ventral do intestino a partir do qual coleta sangue. Passa pelo fígado a partir do intestino e se une, finalmente, à veia vitelina esquerda. Nos cordões hepáticos em proliferação, as

veias vitelinas se dividem em uma rede de pequenos sinusoides hepáticos. A extremidade anterior da veia subintestinal libera sangue nesses sinusoides hepáticos e sua extremidade posterior regride, perdendo contato com a veia caudal. Essa veia subintestinal modificada é, agora, denominada mais apropriadamente **veia porta do fígado** (Figura 12.21 B). Ela coleta sangue não apenas dos intestinos, mas também do estômago, do pâncreas e do baço, e o transporta para os sinusoides vasculares dentro do fígado.

Sistema porta renal. No início do desenvolvimento, o sangue que retorna da cauda pela veia caudal flui por meio da veia subintestinal ou das cardinais posteriores, sendo estas últimas a via mais comum (ver Figura 12.21 A). As veias cardinais posteriores seguem seu percurso dorsalmente aos rins, drenam o sangue deles e, em seguida, continuam para frente, desembocando em veias que entram no coração. Subsequentemente, um conjunto de **veias subcardinais** surge ventralmente aos rins, os drenam e seguem um percurso para frente, desembocando nas veias cardinais posteriores. Quando essa via pelas veias subcardinais se estabelece, a parte curta da veia cardinal posterior sofre atrofia entre sua junção com a veia subcardinal e o rim. Nesse ponto do desenvolvimento, a veia subintestinal também perdeu sua conexão com a veia caudal. Em consequência dessas alterações vasculares, o sangue da cauda precisa agora passar pelos rins. Com o estabelecimento do fluxo do sangue caudal através dos rins, a veia caudal se torna o sistema porta renal. A partir dos rins, o sangue é drenado pelas veias subcardinais recém-estabelecidas (ver Figura 12.21 B).

Em geral, o sangue que entra no sistema porta renal provém da veia caudal que drena a cauda. Entretanto, há vias porta renais alternativas em alguns vertebrados. Nos ciclóstomos e em alguns teleósteos, o sangue do sistema porta renal entra nos rins por meio das veias segmentares da parede do corpo. Em alguns peixes pulmonados, o sangue adicional proveniente das nadadeiras pélvicas e da região abdominal posterior contribui para o fluxo porta renal que entra nos rins. A veia caudal desses peixes pulmonados não supre os rins, mas os drena e, em seguida, continua para frente para se unir com as veias cardinais posteriores ou pós-cavas.

Veias gerais do corpo. Nos vertebrados menos evoluídos, o padrão embrionário inicial básico é mantido, e o sangue proveniente dos tecidos sistêmicos anteriores e posteriores retorna nas veias cardinais anteriores e posteriores, e ambos os pares de veias se unem nas veias cardinais comuns, próximo ao coração. Nos vertebrados derivados, as veias cardinais aparecem, mas geralmente só persistem no embrião, sendo funcionalmente substituídas, no adulto, por vasos alternativos, as veias pré e pós-cava (veias cava anterior e posterior).

A derivação embrionária da pré-cava e da pós-cava a partir das veias precursoras revela a extensa modificação na qual se baseia o sistema venoso do adulto. A formação da pré-cava é precedida pelo aparecimento embrionário precoce das veias cardinais anteriores, posteriores e comum (Figura 12.22 A). A formação da própria pré-cava começa com o aumento de pequenas veias intersegmentares nas veias subclávias que desembocam nas veias cardinais anteriores (Figura 12.22 B). Em seguida, observa-se o desenvolvimento de uma **anastomose intercardinal**

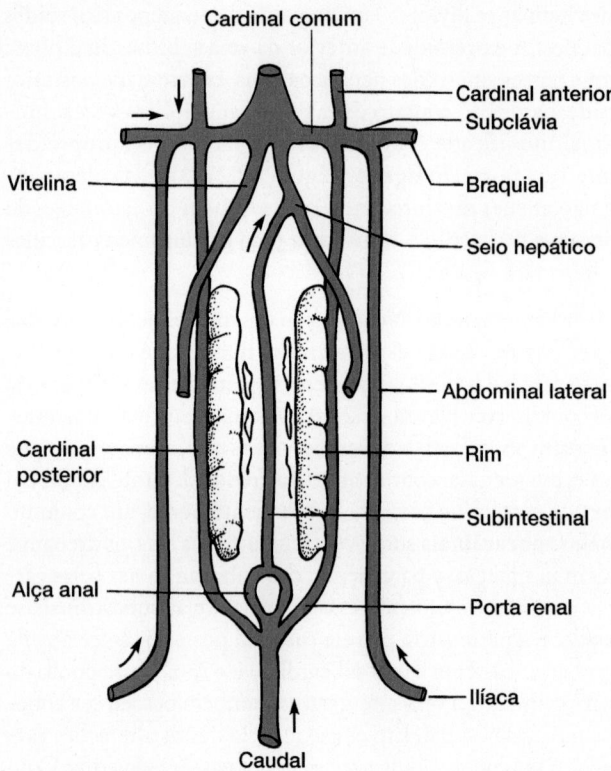

A   Padrão básico embrionário

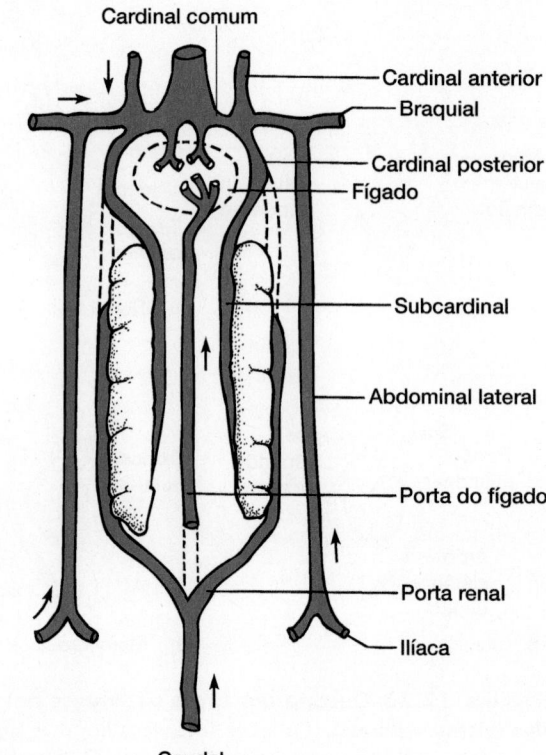

B   Peixe adulto

Figura 12.21 Principais veias. O padrão básico embrionário (**A**) e modificado do adulto (**B**) das principais veias no tubarão. A veia porta do fígado se forma a partir da veia subintestinal embrionária. Partes anteriores das veias vitelinas embrionárias dão origem às veias hepáticas curtas que drenam o fígado. A adição de uma veia subcardinal drena o rim, e o sistema porta renal se torna estabelecido a partir de derivados posteriores das veias cardinais posteriores. A veia abdominal lateral drena os apêndices pélvicos, recebe sangue da parede do corpo quando segue o seu trajeto anteriormente e se une com a veia subclávia do apêndice peitoral e com a veia cardinal anterior da cabeça para entrar no coração.

entre as cardinais anteriores (Figura 12.22 C). Com o crescimento do embrião, esses canais recém-estabelecidos passam a ser usados cada vez mais, particularmente do lado direito, para trazer sangue proveniente da cabeça. A veia cardinal comum do lado direito aumenta para receber esse sangue que retorna e passa a constituir a pré-cava do adulto (Figura 12.22 D). A veia cardinal comum do lado esquerdo regride, persistindo apenas como pequena veia do átrio do coração do adulto.

A formação da pós-cava é ainda mais elaborada. Inicialmente, as veias cardinais posteriores pareadas trazem sangue do corpo embrionário atrás do coração. Entretanto, a consolidação subsequente de partes de três vasos embrionários – hepáticos, subcardinais e supracardinais – e a extensa anastomose entre eles resultam em um desvio progressivo do sangue de retorno a partir das cardinais posteriores para um único canal medial emergente, constituído de partes de várias veias. Os vasos que contribuem para esse canal de retorno finalmente se fundem em uma única veia, a pós-cava. Sua história de desenvolvimento começa com o surgimento das veias cardinais posteriores, que drenam os rins embrionários no início (mesonefros). Em seguida, as veias subcardinais surgem e se conectam entre si por meio da **anastomose subcardinal**. Por fim, as **veias supracardinais** se desenvolvem e proporcionam uma drenagem complementar da parte posterior do corpo.

Anteriormente, a veia vitelina direita (veia hepática direita) se une com a subcardinal direita, e, posteriormente, uma nova conexão é estabelecida com as veias subcardinais e supracardinais (ver Figura 12.22 C). Em consequência dessas anastomoses e consolidações entre os vasos, desenvolve-se um canal medial ímpar, que oferece uma via de retorno alternativa para o coração à medida que a via de retorno prévia pelas cardinais posteriores regride. Esse canal é, a princípio, modesto, porém aumenta conforme maior quantidade de sangue procura essa via de retorno ao coração, tornando-se, finalmente, a pós-cava do adulto. Por conseguinte, a pré-cava e a pós-cava são mosaicos de vasos precedentes, parte dos quais são pirateadas durante o desenvolvimento embrionário para produzir os vasos definitivos do adulto, que drenam as partes anterior e posterior do corpo, respectivamente.

▶ **Sistema pulmonar.** Muitos peixes possuem órgãos complementares para a respiração aérea, mas apenas os peixes com pulmões apresentam um sistema pulmonar. Entre os peixes viventes, apenas os dipnoicos têm pulmões verdadeiros. Se os antigos placodermes tivessem pulmões, uma possibilidade anteriormente mencionada, então o sistema pulmonar teria evoluído precocemente na evolução dos vertebrados.

Pulmões e bexigas de gás (Capítulo 11)

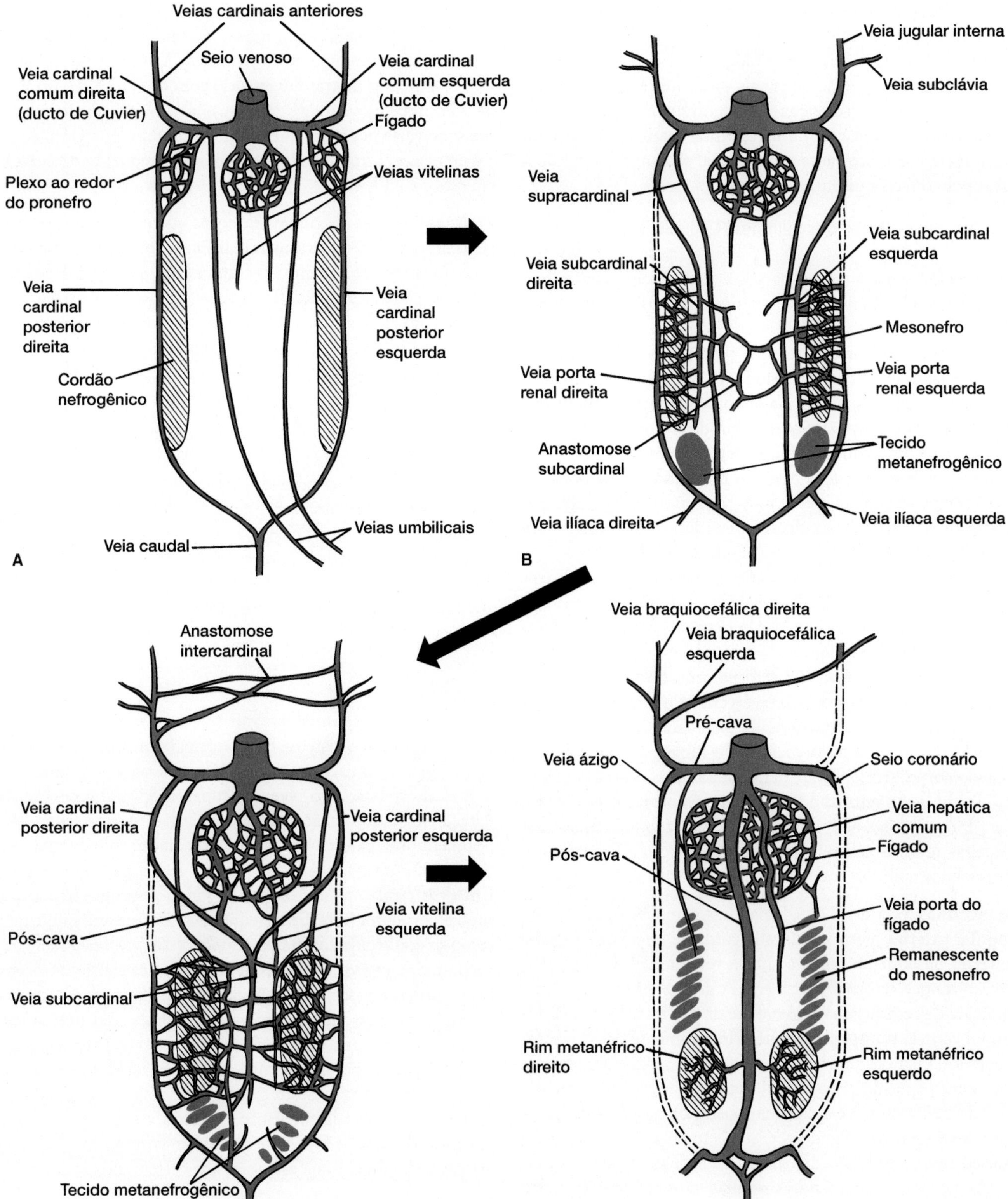

A.

Veias cardinais anteriores

Seio venoso

Veia cardinal comum direita (ducto de Cuvier)

Veia cardinal comum esquerda (ducto de Cuvier)

Fígado

Plexo ao redor do pronefro

Veias vitelinas

Veia cardinal posterior direita

Veia cardinal posterior esquerda

Cordão nefrogênico

Veia caudal

Veias umbilicais

A

B.

Veia jugular interna

Veia subclávia

Veia supracardinal

Veia subcardinal esquerda

Veia subcardinal direita

Mesonefro

Veia porta renal direita

Veia porta renal esquerda

Anastomose subcardinal

Tecido metanefrogênico

Veia ilíaca direita

Veia ilíaca esquerda

B

C.

Anastomose intercardinal

Veia cardinal posterior direita

Veia cardinal posterior esquerda

Pós-cava

Veia vitelina esquerda

Veia subcardinal

Tecido metanefrogênico

C

D.

Veia braquiocefálica direita

Veia braquiocefálica esquerda

Pré-cava

Veia ázigo

Seio coronário

Veia hepática comum

Fígado

Pós-cava

Veia porta do fígado

Remanescente do mesonefro

Rim metanéfrico direito

Rim metanéfrico esquerdo

D

Figura 12.22 Desenvolvimento embrionário das veias dos mamíferos. A. No início do desenvolvimento, as veias cardinais anteriores, posteriores e comuns se estabelecem. **B.** As veias intersegmentares próximas dos membros peitorais se esvaziam nas veias cardinais anteriores. As veias subcardinais surgem entre os rins e passam pela frente para entrar nas cardinais posteriores. **C.** A anastomose intercardinal se estabelece entre as veias cardinais anteriores. O sangue que retorna da região posterior do corpo inclui, agora, uma via que passa pelo fígado, visto que parte da veia vitelina direita foi incorporada dentro da veia subcardinal direita. **D.** A pré-cava recebe sangue das veias braquiocefálicas esquerda e direita (anastomose intercardinal e veia cardinal anterior direita, respectivamente). A pós-cava é o principal canal que traz sangue da região posterior do corpo.

De Ballinsky.

Veias pulmonares. As veias pulmonares trazem sangue do par de pulmões para o coração. Antes de entrar no coração, elas se unem em uma única veia. Embriologicamente, a veia pulmonar não surge pela conversão de canais vasculares existentes. Com efeito, numerosos vasos pequenos se originam separadamente e drenam os brotos pulmonares embrionários. Em seguida, convergem em vários vasos comuns, que passam a constituir as veias pulmonares que entram no átrio esquerdo.

Evolução dos pulmões (Capítulo 11)

▶ **Peixes.** A cabeça é drenada pelas veias cardinais anteriores pareadas e pelas pequenas **veias jugulares inferiores**, que se unem com as veias cardinais comuns logo antes de desembocar no seio venoso do coração. As veias subclávia e ilíaca drenam os apêndices por meio da veia abdominal lateral. Ambas se unem com a veia cardinal comum. Na maioria dos peixes, a modificação da veia cardinal posterior desvia todo o sangue que retorna da cauda, de modo que ele flui pelos rins antes de desaguar nas porções remanescentes da cardinal posterior. A veia porta do fígado transporta o sangue do trato digestório para os capilares no fígado. A partir do fígado, o sangue flui para o coração por meio das veias hepáticas curtas (Figura 12.23 A e B).

Nos actinopterígios, as veias abdominais laterais geralmente são perdidas e as nadadeiras pélvicas são drenadas pela veia cardinal posterior. O sangue das bexigas de gás entra nas veias hepática ou cardinal comum.

Nos peixes pulmonados, o retorno venoso ao coração se assemelha àquele de outros peixes, exceto pelo fato de que a veia cardinal posterior direita aumenta para assumir a maior parte da responsabilidade da drenagem do sangue da parte posterior do corpo, sendo, então, denominada veia pós-cava (Figura 12.23 C). As veias abdominais laterais pareadas se fundem para formar a veia abdominal ventral única, que drena as nadadeiras pélvicas e desemboca no seio venoso. O sangue que retorna dos pulmões entra diretamente no átrio do coração.

▶ **Anfíbios.** Nas larvas de salamandras, como *Necturus*, as **veias jugular interna** (derivada da veia cardinal anterior) e **jugular externa**, juntamente com a pequena **veia lingual** da língua, fazem o sangue retornar da cabeça. A grande pós-cava oferece uma via de retorno do sangue a partir dos rins. A **veia abdominal ventral** transporta sangue principalmente dos membros posteriores para os sinusoides hepáticos. O sangue proveniente da cauda dispõe de várias vias alternativas de retorno: pela veia abdominal ventral, veia cardinal posterior ou pós-cava pelos rins. A veia porta do fígado persiste. Numerosas veias hepáticas que entram na pós-cava drenam o fígado (Figura 12.23 D e E).

As veias nas salamandras adultas são, em grande parte, iguais às das larvas. Nos anuros adultos, a principal diferença reside na veia cardinal posterior, parte da qual é perdida entre o rim e a veia cardinal comum. Assim, a veia cardinal posterior não pode trazer o sangue dos rins de volta ao coração.

▶ **Répteis.** A veia jugular interna (derivada da cardinal anterior), a veia jugular externa e a veia subclávia do antebraço são tributárias das cardinais comuns pareadas. As veias cardinais comuns aumentadas e modificadas são denominadas pré-cavas nos répteis. A veia cardinal posterior é consideravelmente reduzida às pequenas **veias ázigos** que drenam a parede interna do tórax. As veias abdominais laterais pareadas estão presentes, bem como uma única pós-cava. A veia porta do fígado une os capilares do trato digestório com os sinusoides do fígado. O sangue proveniente dos sinusoides hepáticos retorna por meio de veias hepáticas curtas que se unem à pós-cava. A pré e a pós-cava entram no seio venoso muito reduzido do coração (Figura 12.23 F e G).

▶ **Aves.** As veias jugulares externas curtas se unem com as veias jugulares internas longas (cardinais anteriores) para fazer o sangue retornar às cardinais comuns, que são modificadas na pré-cava pareada. As veias femoral, caudal e renal são tributárias da pós-cava extensa, que também recebe veias hepáticas antes de entrar no coração. As veias porta do fígado e porta renal também estão presentes (Figura 12.23 H).

▶ **Mamíferos.** As veias porta renal e abdominal estão ausentes na circulação venosa dos mamíferos, mas existe uma veia porta do fígado. Os vasos cardinais estão substancialmente modificados, produzindo dois vasos principais: a pré-cava única (a veia cava superior nos humanos) e a pós-cava única (a veia cava inferior nos humanos). Esses vasos coletam sangue das partes anterior e posterior do corpo, respectivamente, e o fazem retornar ao átrio direito do coração. A veia cava posterior é dividida em várias partes, incluindo veias hepática, renal e subcardinal (Figura 12.23 I).

Corações

O coração é uma bomba que movimenta o sangue pelos vasos, propelindo-o pelo sistema circulatório, bem como por aspiração – criando uma pressão negativa que suga o sangue para dentro do coração. No pequeno tubarão *Squalus acanthias*, de natação lenta, o coração pode movimentar 7,5 ℓ de sangue por hora; em uma galinha em repouso, o coração movimenta 24 ℓ por hora; e no humano, 280 ℓ (cerca de 75 galões) por hora. Em uma girafa, quase 1.200 ℓ de sangue podem circular por todo o corpo por hora. Se a frequência cardíaca aumentar, uma resposta conhecida como **taquicardia**, esses valores podem aumentar cinco vezes. Se a frequência cardíaca diminuir, ocorre **bradicardia**, e esses valores podem cair acentuadamente. Por exemplo, quando uma tartaruga mergulha, o seu débito cardíaco pode cair para menos de 1/50 do débito anterior. Além de funcionar como uma bomba, o coração também serve para transportar o sangue desoxigenado e o sangue oxigenado até partes apropriadas da circulação, evitando, assim, a sua mistura. Antes de discutir as funções especiais do coração, analisaremos em primeiro lugar a sua estrutura nos vertebrados.

Coração básico dos vertebrados

Do ponto de vista filogenético, o coração provavelmente começou como um vaso contrátil, em grande parte semelhante àquele encontrado no sistema circulatório do anfioxo. Na maioria dos peixes, o coração faz parte de uma circulação única. Os vasos que atuam na troca gasosa nas brânquias e redes capilares sistêmicos estão em série entre si. O coração embrionário dos peixes consiste em quatro câmaras, que também estão em série, de modo que o sangue flui sequencialmente do **seio**

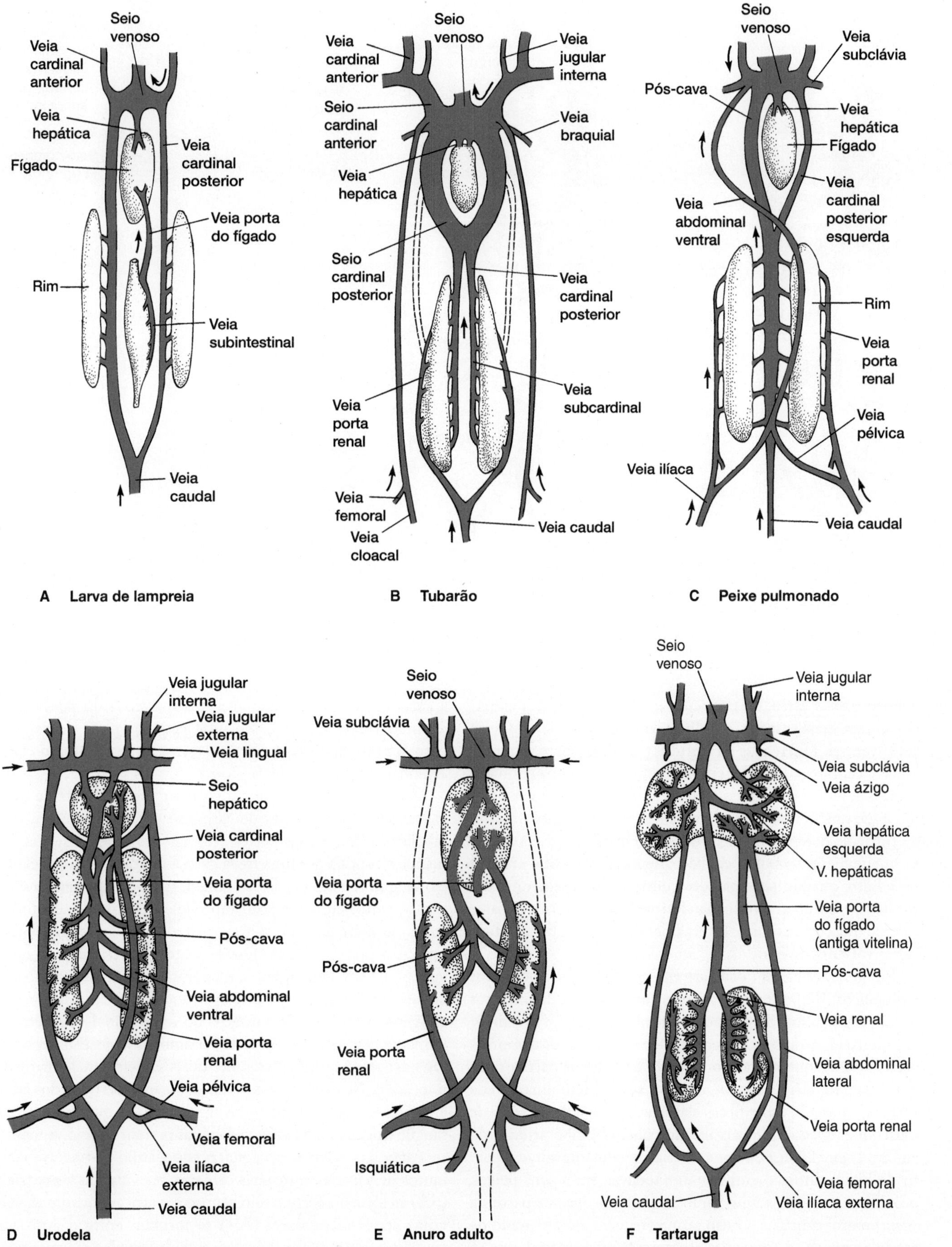

A Larva de lampreia

B Tubarão

C Peixe pulmonado

D Urodela

E Anuro adulto

F Tartaruga

Figura 12.23 Principais canais venosos dos vertebrados. A. Larva de lampreia. **B.** Tubarão. **C.** Peixe pulmonado (*Protopterus*). **D.** Urodela. **E.** Anuro adulto. **F.** Tartaruga.(*Continua*)

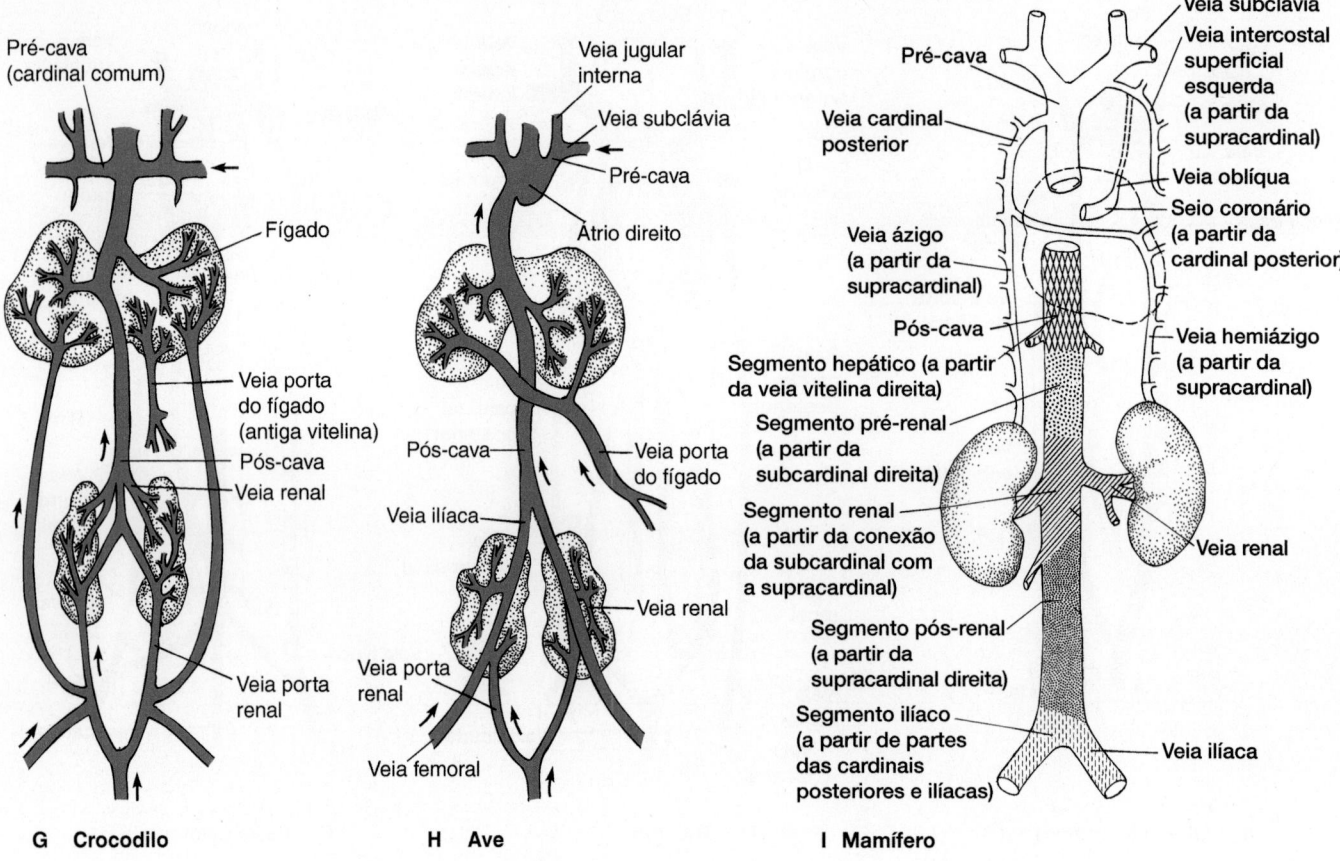

Figura 12.23 (Continuação) G. Crocodilo. **H.** Ave. **I.** Mamífero.

venoso para o **átrio**, o **ventrículo** e, por fim, a quarta câmara cardíaca mais anterior, o **bulbo cardíaco**, antes de entrar na aorta ventral. Diferenças na estrutura, dúvidas sobre a homologia e o emprego livre de termos resultaram em uma confusão sobre a nomenclatura dessa quarta câmara. Utilizaremos o termo *bulbo cardíaco* para essa câmara nos embriões. Nos adultos, o ventrículo desemboca na aorta ventral ou nessa quarta câmara interveniente, o bulbo cardíaco, denominado **cone arterial** no adulto, quando suas paredes contráteis possuem músculo cardíaco, e **bulbo arterial**, quando suas paredes elásticas carecem de músculo cardíaco. Internamente, cada um pode conter várias **válvulas do cone**.

Em geral, existe um cone arterial nos condrictes, holósteos e dipnoicos. Embora esteja ausente como câmara distinta nos tetrápodes adultos, durante o desenvolvimento, seu precursor embrionário, o bulbo cardíaco, divide-se nas bases das principais artérias que deixam o coração. Em alguns peixes, mais notavelmente nos teleósteos, o bulbo arterial tem uma parede fina com músculo liso e fibras elásticas, porém é desprovido de músculo cardíaco e de válvulas do cone. O bulbo arterial do adulto, à semelhança do cone arterial, geralmente surge a partir do bulbo cardíaco embrionário; todavia, em alguns peixes, o bulbo arterial do adulto também pode incorporar parte da aorta ventral contígua. Outro termo frequentemente usado de modo ambíguo na antiga literatura é o **tronco arterial**, que só deve ser aplicado à aorta ventral ou a seus derivados imediatos, mas não a qualquer parte do próprio coração. Nos tetrápodes,

a aorta ventral frequentemente se torna reduzida, persistindo, algumas vezes, apenas como uma pequena parte do vaso na base dos principais arcos aórticos. Nesses casos, o termo *tronco arterial* é mais adequado.

Como qualquer músculo ativo, o coração necessita de troca gasosa (oxigênio, dióxido de carbono) para sustentar seu metabolismo. Em muitos peixes e tetrápodes ancestrais, essa demanda é suprida por uma troca gasosa direta entre o miocárdio e o sangue que passa pelo seu lúmen. A parede interna do miocárdio, particularmente a do ventrículo, com frequência forma cones de músculos que se projetam, denominados **trabéculas**, separadas por recessos profundos. A textura resultante, quando vista a partir do lúmen, parece esponjosa e é designada como **trabeculada**. Os **vasos coronários** perfundem a parede do coração, em geral apenas na parte externa do miocárdio. Estão particularmente bem desenvolvidos nos elasmobrânquios, nos crocodilos, nas aves e nos mamíferos, nos quais suprem a maior parte do miocárdio. Nos peixes, as artérias coronárias derivam dos arcos eferentes ou das alças coletoras das brânquias, que transportam sangue oxigenado. As veias coronárias entram no seio venoso.

Além das válvulas do cone, o endocárdio desenvolve conjuntos de válvulas entre suas câmaras: As **válvulas sinoatriais (SA)** se formam entre o seio venoso e o átrio, enquanto as **válvulas atrioventriculares (AV)** se formam entre o átrio e o ventrículo. Durante o fluxo normal, as válvulas são mantidas abertas, embora a inversão do sangue as force a fechar imediatamente, impedindo, assim, a ocorrência de fluxo sanguíneo retrógrado. O coração está localizado dentro da **cavidade peri-cárdica**, revestido por uma fina membrana epitelial, o **pericár-dio**. Em muitos peixes, a cavidade pericárdica se encontra dentro de osso ou cartilagem, formando um compartimento semirrígido que contém o coração (Figura 12.24 A). A contração sequencial das câmaras cardíacas ajuda a movimentar o sangue de uma câmara para a seguinte e, por fim, o propele do coração para dentro da aorta ventral. Os movimentos musculares normais que atuam sobre as veias próximas elevam a pressão interna e ajudam a propelir o sangue venoso de volta ao coração. Todavia, o reenchimento do seio venoso e do átrio pelo sangue que retorna é ajudado frequentemente pela baixa pressão produzida dentro dos limites do compartimento semirrígido que envolve o coração. Isso é denominado **efeito de aspiração**. Com a contração do grande ventrículo muscular, o sangue sai pelo cone dentro da aorta ventral para o ventrículo. Isso reduz temporariamente o volume ocupado pelo ventrículo dentro da cavidade pericárdica, o que reduz a pressão por toda a cavidade pericárdica que circunda o átrio de parede fina e o seio venoso. A pressão negativa ao redor do seio venoso e do átrio relaxados provoca a sua expansão; por sua vez, ambos desenvolvem uma pressão negativa que aspira ou suga o sangue venoso. Uma vez preenchidos, o átrio e o seio venoso se contraem para encher o ventrículo (Figura 12.24 B).

Conforme assinalado anteriormente, a contração é uma propriedade intrínseca do músculo cardíaco. As células individuais até mesmo exibem contrações rítmicas se forem isoladas fora do corpo, em um meio de cultura apropriado. As células cardíacas tendem a bater de maneira sincrônica. A contração de todo o coração começa dentro de uma região restrita no seio venoso, denominada **marca-passo** ou **nó sinoatrial (SA)**, e, em seguida, espalha-se por um sistema condutor de fibras para o ventrículo e outras regiões contráteis do coração. Nos mamíferos, o sistema de condução inclui, além do nó SA, um segundo nó, o **nó atrioventricular (AV)** na parede do coração. O nó AV consiste em **fibras de Purkinje**, isto é, fibras semelhantes a neurônios que são células musculares cardíacas modificadas. As fibras de Purkinje deixam o nó AV, dividem-se em feixes esquerdo e direito que passam pelo septo interventricular até o ápice do coração; em seguida, viram e seguem ao redor dos respectivos lados dos ventrículos. A taxa com que os batimentos cardíacos são iniciados está sob a influência dos sistemas nervoso e endócrino. A frequência cardíaca também responde à taxa de enchimento venoso. Durante o exercício, o retorno venoso ao coração aumenta, em parte, devido à pressão elevada que as veias experimentam em decorrência dos músculos ativos ao redor delas. Quando o sangue venoso retorna e enche as câmaras cardíacas, elas se distendem, resultando em uma contração subsequente mais forte. Essa resposta é denominada **reflexo de Frank-Starling**, em homenagem aos fisiologistas que o documentaram pela primeira vez. Ele faz um autoajuste da força de contração do coração, ajustando, assim, o volume sistólico, aumentando-o à medida que o retorno venoso aumenta e diminuindo-o quando o retorno venoso se torna lento.

As aves e os mamíferos possuem corações com quatro câmaras. Todavia, quanto às quatro câmaras originais dos peixes, apenas duas persistem como compartimentos receptores

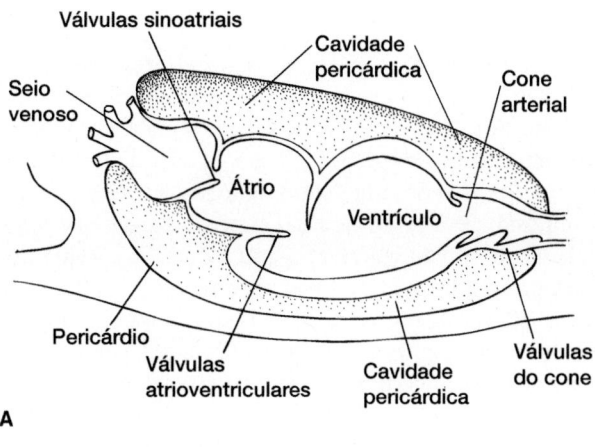

A

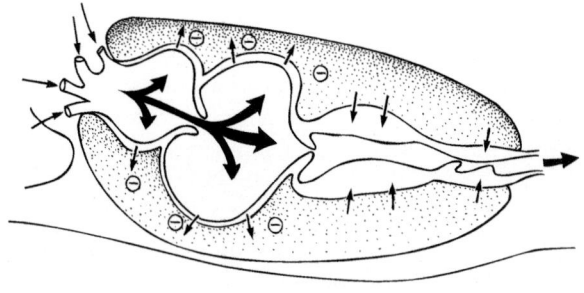

B

Figura 12.24 Estrutura básica do coração e enchimento por aspiração. A. As quatro câmaras do coração do peixe estão encerradas dentro da cavidade pericárdica. Válvulas unidirecionais entre cada câmara impedem o fluxo inverso de sangue à medida que as câmaras sucessivas se contraem. **B.** Quando ocorre contração do ventrículo, o volume ocupado pelo ventrículo na cavidade pericárdica diminui momentaneamente (isso está aumentado no diagrama). O volume ventricular reduzido cria uma pressão negativa ao redor das outras câmaras. Como as paredes do seio venoso e do átrio são finas, essa pressão baixa circundante provoca sua expansão, criando dentro de seus lumens uma pressão negativa que suga ou aspira o sangue das veias.

principais, o átrio e o ventrículo, ambos os quais são divididos em compartimentos esquerdo e direito para produzir quatro câmaras anatomicamente separadas. Embora os corações das aves e dos mamíferos sejam derivados dos primeiros tetrápodes, eles surgiram independentemente a partir de diferentes ancestrais dos tetrápodes. Do ponto de vista filogenético, os anfíbios e répteis viventes estão entre esses tetrápodes e peixes derivados, uma posição que persuadiu muitos a acreditar que esses vertebrados intermediários possuíam corações que deveriam ser avaliados à luz de quão bem anteciparam os corações das aves e dos mamíferos. Certamente, a via evolutiva para as aves e os mamíferos passou pelos tetrápodes ancestrais. Todavia, os anfíbios e os répteis viventes estão, eles próprios, milhões de anos separados desses primeiros ancestrais. Seus corações, assim como seus sistemas cardiovasculares de modo geral, devem ser examinados quanto aos papéis funcionais especiais que hoje desempenham. Para fazer isso, examinaremos, a seguir, a estrutura do coração e a sua relação com as funções que desempenha em todos os vertebrados.

Peixes

As feiticeiras são peixes ancestrais, descendentes dos primeiros agnatos. No entanto, hoje vivem uma vida de carniceiros lentos à espreita. Seu sistema cardiovascular apresenta algumas surpresas. À semelhança do coração de todos os vertebrados, o coração das feiticeiras se encontra dentro da região anterior do tronco, é composto de músculo cardíaco e recebe sangue que retorna da circulação sistêmica geral (Figura 12.25 A). É constituído de três câmaras em série: o seio venoso, o átrio e o ventrículo (Figura 12.25 B). Alguns biologistas consideram um ligeiro espessamento microscópico na base da aorta ventral como evidência de um quarto compartimento, o bulbo arterial. Todavia, não se trata morfologicamente de uma câmara evidente, de modo que esse espessamento é mais simplesmente interpretado como parte da aorta ventral. O sangue que retorna das duas veias cardinais comuns e do fígado entra inicialmente no seio venoso, flui pelo átrio e, em seguida, pelo ventrículo; por fim, é bombeado diretamente na aorta ventral e, daí, para as brânquias. Existem válvulas unidirecionais entre as câmaras cardíacas que impedem o fluxo inverso de sangue. Nenhum nervo importante inerva o coração da feiticeira para estimular a contração. Com efeito, o enchimento do seio venoso pelo sangue que retorna desencadeia o reflexo de Frank-Starling, que estimula contrações mais fortes que se originam no marca-passo e, em seguida, espalham-se sequencialmente para as outras câmaras.

Em certas ocasiões, o coração da feiticeira é denominado **coração branquial** para distingui-lo das bombas de sangue acessórias singulares encontradas em outras partes de sua circulação (ver Figura 12.25 B). Essas bombas circulatórias complementares podem ser denominadas **"corações" acessórios**, entre aspas, uma vez que se contraem, mas carecem do músculo cardíaco dos corações branquiais verdadeiros (Figura 12.25 C e D). Na maioria dos peixes, os tecidos sistêmicos são drenados por vênulas e veias distintas. Entretanto, na feiticeira, a drenagem venosa de algumas regiões, como a cabeça e as regiões caudais subcutâneas, é realizada por grandes seios abertos. Uma provável consequência é a de que a pressão do sangue venoso é particularmente baixa. Os corações acessórios no lado venoso da circulação representam uma resposta evidente ao problema de fazer retornar um sangue venoso com baixa pressão.

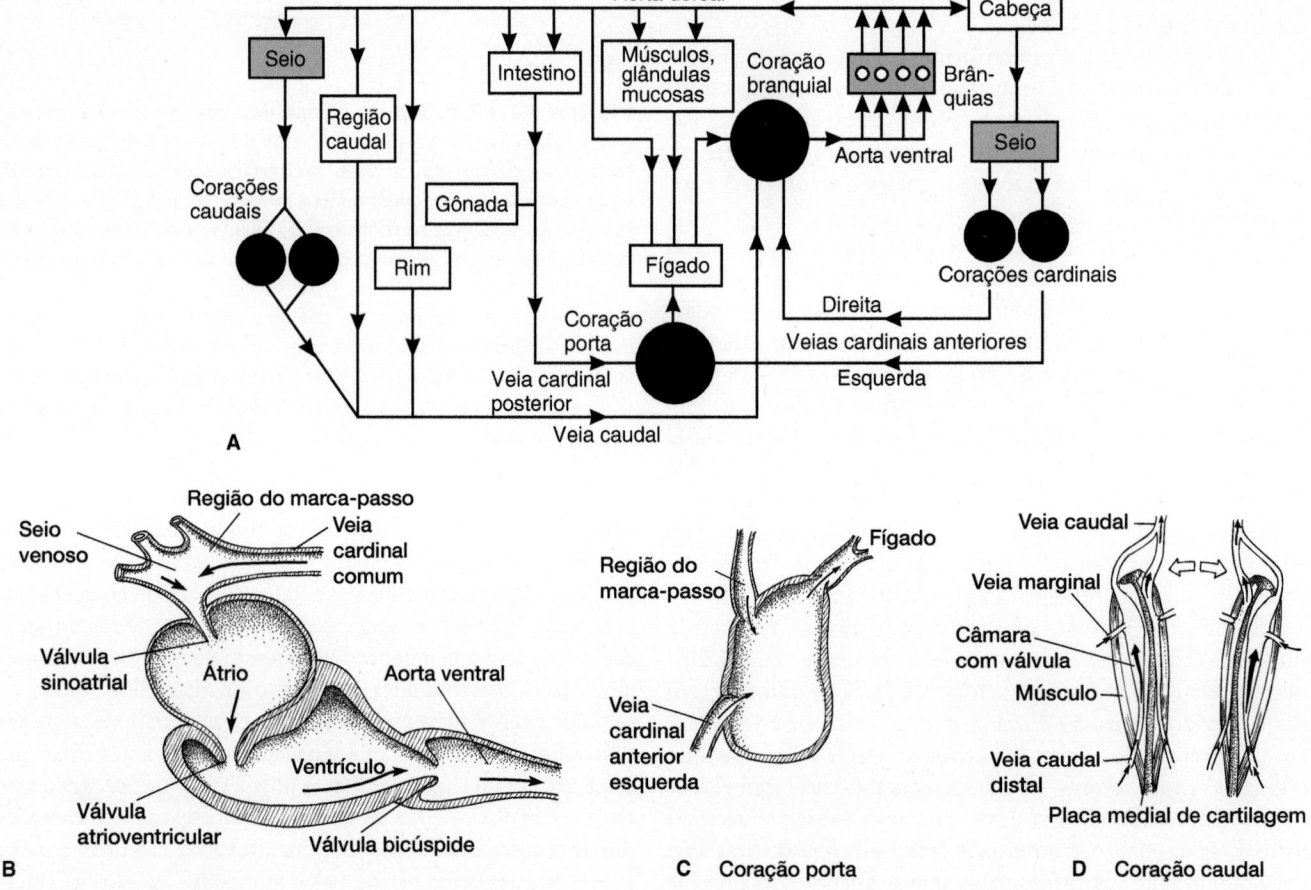

Figura 12.25 Circulação na feiticeira. A. Diagrama do sistema cardiovascular. **B.** Coração branquial, ilustrando as três câmaras. Corações acessórios. As paredes dos corações cardinais (não representados) e porta (**C**) pulsam para ajudar a propelir o sangue. Os corações caudais (**D**) apresentam pares de músculos estriados e um suporte central flexível, localizando-se quase na extremidade da cauda da feiticeira. A contração do músculo esquerdo inclina a placa de cartilagem medial, expelindo o sangue da câmara direita comprimida e possibilitando o enchimento da câmara esquerda. A contração do músculo direito tem o efeito oposto. As contrações alternadas da musculatura do coração caudal aumentam e comprimem as veias, produzindo seu enchimento e, em seguida, seu esvaziamento.

A e B, de Jensen.

Os **corações cardinais**, localizados dentro das veias cardinais anteriores, assemelham-se a sacos, cuja ação de bombeamento é iniciada pelos músculos esqueléticos existentes ao redor de suas paredes externas. Os **corações caudais** pareados, que estão localizados na cauda, representam um mecanismo de bombeamento de sangue único entre os vertebrados. São compostos de um bastão cartilaginoso central, músculos esqueléticos laterais e veias no meio. A contração alternada desses músculos inclina o bastão para trás e para frente, o que exerce pressão sobre as paredes dos vasos e bombeia o sangue para a veia caudal (ver Figura 12.25 D).

O **coração porta** é um saco vascular expandido único que recebe sangue venoso das veias cardinais anterior e posterior; em seguida, contrai-se para propelir o sangue pelo fígado (ver Figura 12.25 C). Apenas as feiticeiras possuem esse coração acessório no trajeto da veia porta do fígado, o que eleva a pressão arterial antes da entrada do sangue nos sinusoides hepáticos. Além disso, o coração porta é o único coração acessório que apresenta paredes de músculo cardíaco, como o músculo cardíaco dos corações branquiais verdadeiros.

O coração da lampreia (coração branquial) também é constituído de três compartimentos pelos quais o sangue flui de modo sequencial – o seio venoso, o átrio e o ventrículo (Figura 12.26). No entanto, diferentemente do coração da feiticeira, ele é inervado e seu ventrículo se abre no bulbo arterial, cujas paredes carecem de músculo cardíaco, mas contêm células musculares lisas de disposição longitudinal e circunferencial. Os compartimentos são separados por válvulas unidirecionais, de modo que as válvulas sinoatrial e atrioventricular impedem o fluxo sanguíneo retrógrado. As paredes luminais do bulbo arterial são pregueadas em folhetos, formando coletivamente as **válvulas semilunares**, que impedem o fluxo sanguíneo inverso e, possivelmente, ajudam na distribuição do sangue para os arcos aórticos. A partir dos arcos, o sangue flui para os delicados capilares das brânquias que aparecem alinhados na circulação.

Os corações dos condrictes e dos peixes ósseos consistem em quatro câmaras básicas – o seio venoso, o átrio, o ventrículo e o cone arterial (ou bulbo arterial) – com válvulas unidirecionais localizadas entre os compartimentos (Figura 12.27 A e B). À semelhança das outras câmaras, o cone arterial muscular se contrai, atuando como uma bomba auxiliar para ajudar a manter o fluxo sanguíneo na aorta ventral após o início do relaxamento

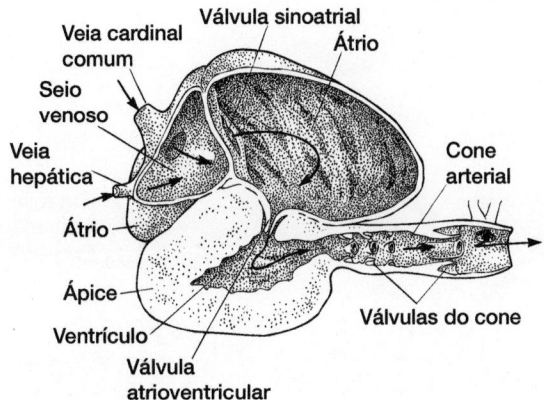

A   Coração do tubarão

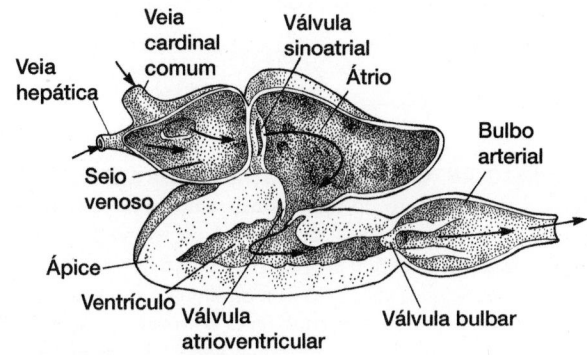

B   Coração de teleósteo

Figura 12.27 Corações dos peixes. A. Tubarão. **B.** Teleósteo. O sangue deixa o coração do tubarão por meio do cone arterial muscular, uma câmara que está ausente em muitos peixes teleósteos. Com efeito, no coração dos teleósteos, a base da aorta ventral está dilatada, criando o bulbo arterial elástico.

De Lawson.

ventricular. Sua contração também possibilita a união das válvulas do cone localizadas em suas paredes opostas de modo que, quando elas se encontram, impedem o fluxo retrógrado do sangue. Nos teleósteos, o cone arterial pode regredir, deixando apenas remanescentes de um cone miocárdico, ou pode ser totalmente substituído por um bulbo arterial elástico não contrátil, desprovido de músculo cardíaco, porém apresentando músculo liso, colágeno e fibras elásticas. Um único par de **válvulas bulbares** na junção entre o bulbo arterial e o ventrículo impede o fluxo retrógrado. Quando recebe sangue após a contração ventricular, o bulbo arterial se distende e, em seguida, sofre retração elástica suave para manter o fluxo sanguíneo dentro da aorta ventral. O resultado é uma **depulsação** ou atenuação das grandes oscilações do fluxo sanguíneo e da pressão produzidas pelas contrações ventriculares. Isso foi proposto como maneira de proteger os delicados capilares branquiais, que estão no caminho da circulação, da exposição a ondas súbitas de sangue em alta pressão que, de outro modo, poderiam ocorrer.

Nos peixes, a disposição das câmaras em forma de S no coração coloca o seio venoso de paredes finas e o átrio, dorsalmente ao ventrículo, de modo que a contração atrial ajuda no enchimento ventricular. O sangue flui das câmaras posteriores para

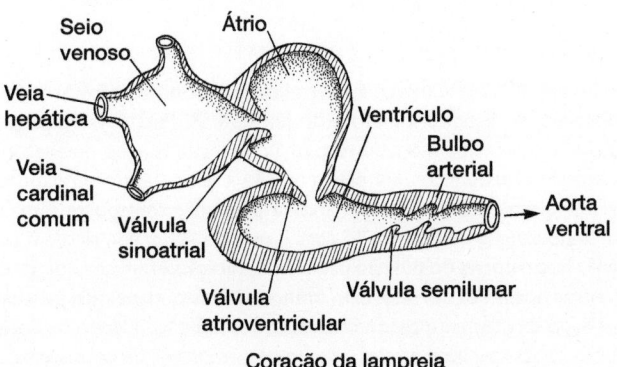

Coração da lampreia

Figura 12.26 Coração da lampreia. As quatro câmaras características da maioria dos peixes estão presentes na lampreia.

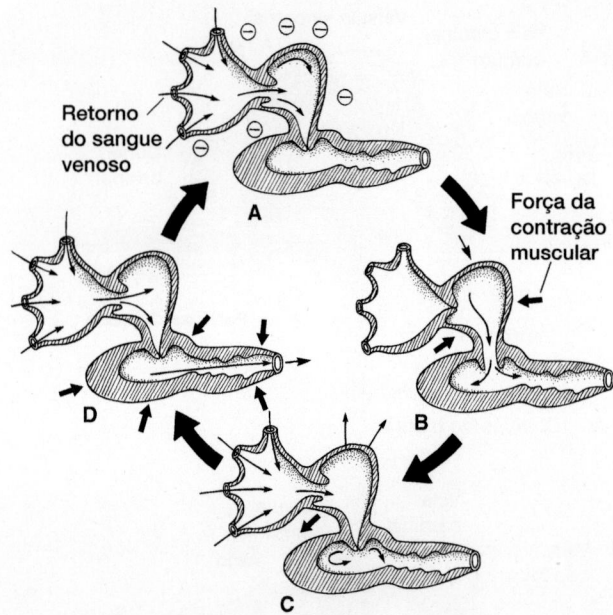

Figura 12.28 Ciclo de contração do coração de teleósteo. A. O relaxamento do seio venoso e do átrio puxa o sangue pelas veias hepática e cardinal comum. **B.** A contração do átrio fecha a válvula sinoatrial e força o sangue para dentro do ventrículo. **C.** À medida que as paredes atriais relaxam novamente, o sangue entra no átrio. **D.** A contração do ventrículo força o sangue pelo bulbo arterial e o distribui para os arcos aórticos. O efeito de aspiração (sinais negativos) contribui para o novo enchimento do seio venoso e do átrio e o completa, dando início a um novo ciclo.

as anteriores na seguinte sequência: em primeiro lugar, o sangue venoso enche o seio venoso e mantém a válvula sinoatrial aberta para o enchimento do átrio. O efeito de aspiração impulsiona esse movimento de sangue venoso e favorece o enchimento inicial do seio venoso e do átrio (Figura 12.28 A). Em segundo lugar, o átrio sofre contração, elevando a pressão dentro de seu lúmen. A contração atrial força a válvula sinoatrial a se fechar e abre a válvula atrioventricular, possibilitando, assim, o fluxo de sangue para encher o ventrículo (Figura 12.28 B). Em terceiro lugar, o átrio relaxa, diminuindo a pressão dentro dele e dentro do seio venoso. Em consequência, o sangue é sugado pelo efeito da aspiração e começa a encher novamente ambas as câmaras (Figura 12.28 C). Em quarto lugar, o ventrículo se contrai, propelindo o sangue que ele contém para frente e através do cone arterial, que agora inicia a sua contração (Figura 12.28 D).

▶ **Peixes pulmonados.** O coração dos peixes pulmonados é modificado em relação ao dos outros peixes ósseos. A primeira câmara que recebe o sangue que retorna continua sendo o seio venoso. Em todos os três gêneros de peixes pulmonados, o único átrio é parcialmente dividido em seu interior por um **septo interatrial** (prega pulmonar), que define uma **câmara atrial direita** maior e uma **câmara atrial esquerda** menor (Figura 12.29 A). As veias pulmonares que transportam o sangue proveniente dos pulmões deságuam no seio venoso (peixe pulmonado australiano, *Neoceratodus*) ou diretamente na câmara atrial esquerda (peixe pulmonado sul-americano, *Lepidosiren*, e peixe pulmonado africano, *Protopterus*). O seio venoso que transporta sangue venoso

sistêmico se abre na câmara atrial direita (ver Figura 12.29 A). No lugar das válvulas atrioventriculares está a **membrana atrioventricular**, uma elevação na parede do ventrículo. Essa membrana se movimenta para dentro e para fora da abertura do átrio, como as válvulas AV, impedindo o fluxo retrógrado de sangue dentro do átrio. O ventrículo também é dividido internamente, porém apenas em parte, por um **septo interventricular**. Dentro dos dipnoicos, o peixe pulmonado sul-americano exibe o maior grau de subdivisão interna, tanto do átrio quanto do ventrículo, e o peixe pulmonado australiano é o que apresenta o menor grau. O alinhamento do septo interventricular, da membrana atrioventricular e do septo interatrial estabelece canais internos dentro e através do coração. Quando o peixe pulmonado respira ar, o canal esquerdo tende a receber sangue oxigenado que retorna dos pulmões. O canal direito tende a transportar sangue sistêmico desoxigenado (Figura 12.29 B). Assim, apesar da formação de septos internos anatomicamente incompletos no coração dos peixes pulmonados, o sangue que entra a partir do seio venoso não tende a se misturar com o sangue que retorna dos pulmões.

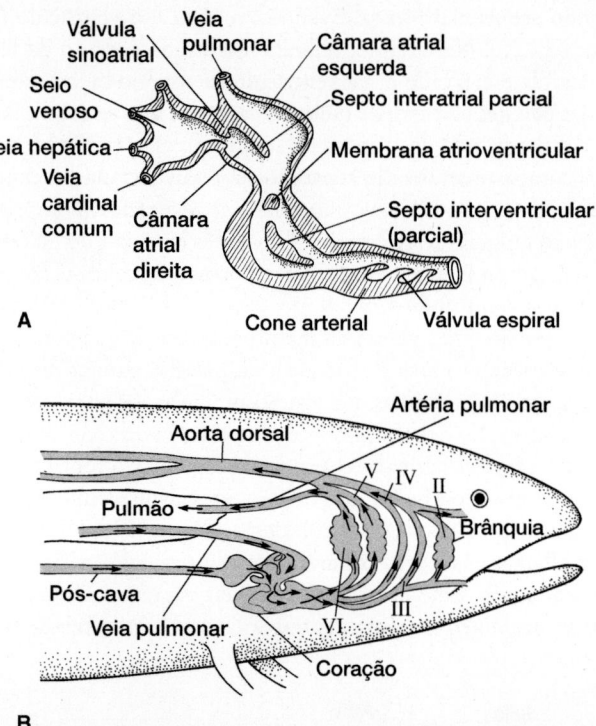

Figura 12.29 Coração do peixe pulmonado africano *Protopterus*. A. Estrutura interna do coração. **B.** Percurso do sangue. Quando o peixe pulmonado respira ar, o sangue venoso que retorna dos tecidos sistêmicos flui pelo coração e tende a ser direcionado para o último arco aórtico. A artéria pulmonar transporta a maior parte do sangue desoxigenado para o pulmão. O sangue rico em oxigênio que retorna do pulmão passa pelo coração e, em seguida, tende a entrar nos arcos aórticos sem brânquias. Dessa maneira, o sangue é desviado diretamente para a circulação geral. Então, quando os peixes pulmonados respiram ar, eles exibem os primórdios de um sistema de circulação dupla. Os cinco arcos aórticos são representados, filogeneticamente, do segundo ao sexto (algarismos romanos). O primeiro (II) e os últimos dois (V, VI) desses arcos apresentam brânquias.

A **válvula espiral** dentro do cone arterial ajuda a separar o sangue oxigenado do sangue desoxigenado. A válvula espiral, aparentemente derivada das válvulas do cone, consiste em duas pregas endocárdicas, cujas bordas livres opostas se tocam sem se fundir. O cone efetua um par de curvas fechadas e gira cerca de 270°, de modo que essas pregas fazem uma espiral dentro do lúmen. Embora não fundidas, as pregas torcidas dividem internamente o cone em dois canais espiralados. Como o cone está fixo ao ventrículo, o sangue oxigenado, que entra pelo canal esquerdo, e o desoxigenado, que entra pelo direito, tendem a fluir por diferentes canais espiralados dentro do cone e, assim, permanecem separados. Conforme as correntes de sangue oxigenado e desoxigenado saem do cone arterial, elas entram em diferentes conjuntos de arcos aórticos.

Quando um peixe pulmonado procura a superfície para engolir ar fresco em seus pulmões, o fluxo sanguíneo pulmonar aumenta. Quando esse sangue oxigenado retorna do pulmão, é desviado pelos arcos III e IV, que são desprovidos de brânquias, e flui diretamente para os tecidos sistêmicos. O sangue venoso que retorna dos tecidos sistêmicos é desviado através dos arcos posteriores, V e VI, e, em seguida, é encaminhado para o pulmão. O suprimento sanguíneo para esses arcos posteriores deriva do canal espiral que recebeu sangue desoxigenado proveniente do lado direito do coração. O sangue oxigenado que passa pelo lado esquerdo do coração é conduzido por canais ao longo da espiral oposta do cone para entrar no conjunto anterior de arcos aórticos.

Esses ajustes cardiovasculares dos peixes pulmonados para a respiração de ar são adequadamente igualados às demandas ambientais. Na maioria das condições, a tensão de oxigênio é alta nos rios e nos lagos onde vivem os peixes pulmonados. O sangue desoxigenado que flui pelos arcos com capilares branquiais capta oxigênio suficiente da água para atender às demandas metabólicas. Entretanto, em consequência da seca sazonal, de altas temperaturas ou de águas estagnadas, os níveis de oxigênio na água podem diminuir significativamente, deixando pouca quantidade para difusão através das brânquias para dentro do sangue. Nessas condições deteriorantes, o peixe pulmonado procura a superfície para engolir ar fresco em seus pulmões, e as mudanças fisiológicas se aproveitam completamente dessa fonte adicional de oxigênio. No peixe pulmonado *Protopterus*, o sangue desoxigenado que retorna dos tecidos sistêmicos tende a ser desviado para os pulmões (e não para as brânquias), e cerca de 95% do sangue oxigenado dos pulmões tende a ser direcionado por meio dos arcos aórticos anteriores para os tecidos sistêmicos (e não através das brânquias). A fração de sangue que passa dos pulmões para os arcos anteriores declina uniformemente para cerca de 65% exatamente antes da próxima respiração, quando, então, retorna a 95%.

Esse sistema de respiração aérea possui várias vantagens fisiológicas. Em primeiro lugar, as correntes de sangue oxigenados (proveniente dos pulmões) e de sangue desoxigenado (proveniente dos tecidos sistêmicos) tendem a ser mantidas separadas. Assim, a corrente de sangue oxigenado em seu percurso para os tecidos sistêmicos ativos não é diluída por sangue pobre em oxigênio, e o sangue que passa através das superfícies de troca do pulmão tem pouco oxigênio, promovendo a sua rápida captação. Em segundo lugar, o fluxo sanguíneo ajustado em um peixe com respiração aérea impede a perda de oxigênio para a água. Paradoxalmente, se o sangue oxigenado proveniente dos pulmões fosse passar pelas brânquias, ele perderia efetivamente oxigênio por difusão para a água pobre em oxigênio. Todavia, o sangue oxigenado é direcionado preferencialmente para os arcos aórticos sem capilares branquiais para fluir diretamente até os tecidos sistêmicos. Além do desvio preferencial do sangue oxigenado para os arcos anteriores, um mecanismo secundário, que envolve um desvio na base dos capilares branquiais, impede a exposição do sangue oxigenado à água pobre em oxigênio nas brânquias. Alguns peixes pulmonados apresentam artérias musculares espessas que conectam os arcos aórticos aferentes e eferentes. Quando esses desvios são abertos, o sangue que entra nos arcos com brânquias pode ser desviado totalmente dos capilares branquiais, evitando a exposição à água pobre em oxigênio que irriga as redes respiratórias.

Nem todos os peixes pulmonados atuais exibem a mesma capacidade de se adaptar à ventilação aérea. As brânquias do peixe pulmonado australiano estão bem desenvolvidas, enquanto seus pulmões exibem menor desenvolvimento. Esse peixe pulmonado vive muito bem em água oxigenada. Entretanto, se for mantido fora da água, seu pulmão não consegue manter níveis de oxigênio altos o suficiente para se manter por muito tempo. Entretanto, o peixe pulmonado africano possui brânquias que não estão bem desenvolvidas, enquanto seus pulmões exibem maior desenvolvimento. Se for mantido fora da água, o sistema circulatório e o pulmão desse peixe pulmonado podem sustentá-lo por longos períodos de tempo. Assim, o grau de resposta fisiológica à respiração aquática ou aérea depende da espécie de peixe pulmonado.

Anfíbios

Os anfíbios dependem da troca gasosa cutânea (as salamandras Plethodontidae são totalmente desprovidas de pulmões), das brânquias (muitas formas larvais), de pulmões (a maioria dos sapos e das rãs) ou de todos os três modos (a maioria dos anfíbios). Como as fontes de sangue oxigenado e desoxigenado variam, a estrutura do coração também varia. Em geral, nos anfíbios com pulmões funcionais, o coração consiste em um seio venoso, átrios direito e esquerdo divididos por um septo interatrial anatomicamente completo, um ventrículo sem qualquer subdivisão interna e um cone arterial com uma válvula espiral (Figura 12.30 A). Com a exceção das salamandras do gênero *Siren*, que apresentam um septo interventricular parcial, os anfíbios são únicos entre os vertebrados de respiração aérea, visto que são desprovidos de qualquer divisão interna dentro do ventrículo.

O sistema cardiovascular é, talvez, mais bem estudado nas rãs. O cone arterial do coração da rã surge a partir de um único ventrículo trabeculado (Figura 12.30 B). Existem válvulas semilunares na base do cone, que impedem o fluxo retrógrado de sangue de volta ao ventrículo. Internamente, uma válvula espiral torcida, fazendo uma rotação quase completa, estabelece dois canais dentro do cone, em que cada um deles conduz sangue para conjuntos específicos de arcos sistêmicos e pulmocutâneos. Os arcos, tanto sistêmicos quanto pulmocutâneos, originam-se do tronco arterial, um remanescente da aorta ventral, porém os dois conjuntos de arcos recebem sangue de diferentes lados da válvula espiral.

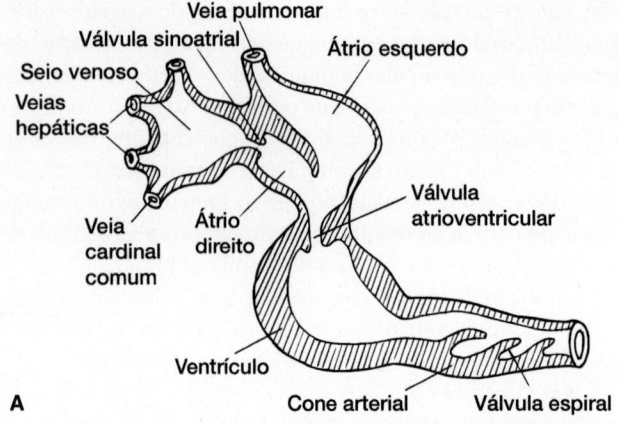

A

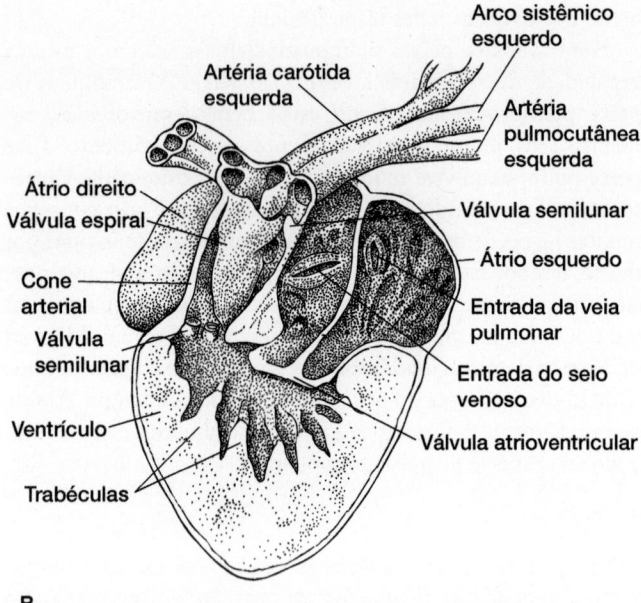

B

Figura 12.30 Corações dos anfíbios. A. Diagrama de um coração típico de anfíbio. Observe que o átrio está dividido em câmaras esquerda e direita, enquanto o ventrículo é desprovido de septo interno. **B.** Coração de rã-touro (*Rana catesbeiana*). Embora não possua septos internos, a parede do ventrículo se dobra em numerosas trabéculas. Acredita-se que os pequenos compartimentos entre essas trabéculas ajudem a separar as correntes sanguíneas que passam pelo coração.

B, de Lawson.

Nas salamandras sem pulmão ou naquelas com função pulmonar reduzida, o septo interatrial e a válvula espiral podem estar muito reduzidos ou totalmente ausentes. Diferentemente das rãs, nas quais os ramos da artéria pulmocutânea dão origem à artéria cutânea, as salamandras carecem de artéria cutânea. Em seu lugar, ramos dos vasos que suprem a circulação sistêmica transportam sangue até a pele da salamandra. A artéria pulmonar e os arcos sistêmicos nas salamandras surgem a partir do tronco arterial (Figura 12.31 A e B).

As duas correntes diferentes de sangue que retornam dos circuitos sistêmico e pulmonar dos anfíbios são mantidas, em grande parte, separadas à medida que passam pelo coração

(Figura 12.31 C). À semelhança dos peixes pulmonados, o sangue desoxigenado é seletivamente direcionado para os pulmões por meio da artéria pulmonar, enquanto o sangue oxigenado é direcionado para os tecidos sistêmicos através dos arcos aórticos. Nas rãs que respiram ar, o sangue oxigenado e o desoxigenado são majoritariamente separados e distribuídos pelo coração. O que, de certo modo, surpreende a respeito dessa capacidade é o fato de que o ventrículo do coração da rã, assim como o dos outros anfíbios, carece até mesmo de um septo interno parcial. A topografia trabeculada produz recessos profundos nas paredes do ventrículo, que, acredita-se, possam separar correntes de sangue que diferem na sua tensão de oxigênio. Foi formulada a hipótese de que, à medida que a corrente entra no ventrículo, ela enche preferencialmente os recessos entre as trabéculas, enquanto a segunda corrente ocupa o centro do ventrículo. Em virtude de suas posições, as correntes oxigenada

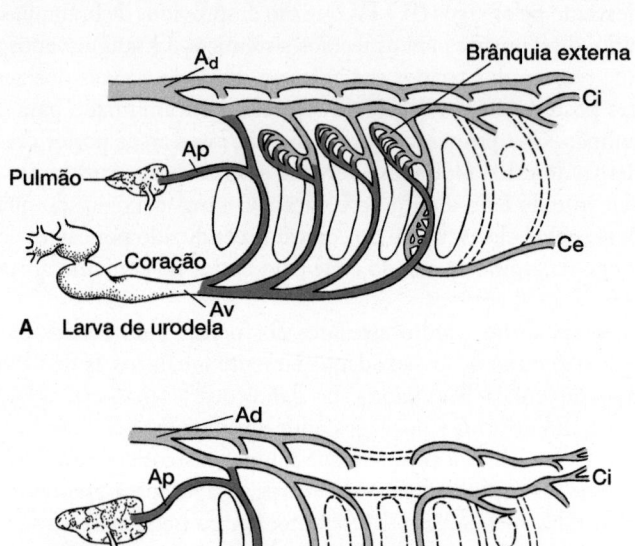

A Larva de urodela

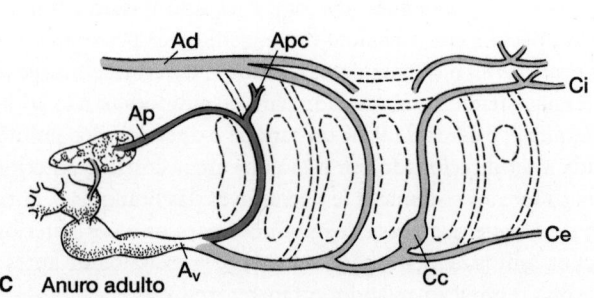

B Urodela adulta

C Anuro adulto

Figura 12.31 Fluxo sanguíneo para os arcos aórticos nos anfíbios. A. Larva de salamandra. **B.** Salamandra adulta. **C.** Anuro. Observe o ramo pulmocutâneo (Apc) para a pele. Nas rãs, um esfíncter impede o fluxo de sangue para o pulmão durante o mergulho, desviando, assim, o fluxo sanguíneo para a pele, aumentando a respiração cutânea. Corpo carotídeo = Cc; aorta dorsal = A_d; carótida externa = Ce; carótida interna = Ci; artéria pulmonar = Ap; artéria pulmocutânea = Apc; aorta ventral = A_v.

De Goodrich.

e desoxigenada saem por pontos diferentes para alcançar conjuntos apropriados de artérias. Desse modo, as trabéculas aparentemente são as estruturas no ventrículo da rã que separam as correntes de sangue venoso pulmonar e sistêmico que fluem pelo coração (Figura 12.30 B).

Quando uma rã mergulha, um esfíncter presente na base da artéria pulmonar sofre contração, resultando em redução do fluxo sanguíneo para o pulmão e aumento do fluxo para a pele. Por conseguinte, enquanto uma rã está submersa, a perda da respiração pulmonar é, de certo modo, compensada por um aumento da respiração cutânea (ver Figura 12.31 C).

Nas salamandras adultas, os circuitos pulmonar e sistêmico são separados de modo semelhante no coração. Nas espécies especializadas, a estrutura do coração é modificada. Por exemplo, nos anfíbios Plethodontidae sem pulmão, nos quais 90% das necessidades respiratórios são supridas pela pele e 10% por meio da cavidade bucal, o coração é desprovido de átrio esquerdo, compartimento que receberia o sangue proveniente dos pulmões. Nos seres em que as brânquias predominam sobre os pulmões como órgãos respiratórios (p. ex., *Necturus*), o septo interatrial está reduzido ou perfurado.

Répteis

Os répteis conquistaram ambientes mais efetivamente terrestres e adotaram estilos de vida mais ativos que os anfíbios. O sistema cardiovascular dos répteis sustenta taxas metabólicas mais altas e níveis elevados de transporte de oxigênio e dióxido de carbono. É capaz de gerar pressões arteriais elevadas, maior débito cardíaco e separação eficiente das correntes de sangue oxigenado e desoxigenado. A diversidade dos corações e da função cardíaca nos répteis está sendo mais bem compreendida. É evidente que nenhum coração de determinado réptil pode representar todos os outros. Além disso, olhar para os corações dos répteis como corações de aves ou mamíferos evolutivamente incompletos e imperfeitos não faz jus à estrutura cardiovascular especializada, primorosa e bastante efetiva que sustenta seus estilos de vida próprios e característicos. Em geral, são identificados dois padrões básicos de coração reptiliano. Um deles é encontrado nos quelônios e nos escamados, enquanto o segundo ocorre nos crocodilianos. Esses padrões serão descritos nessa ordem.

▶ **Corações dos quelônios/escamados.** Nesses répteis, o seio venoso se apresenta reduzido em comparação com aquele dos anfíbios, porém mantém as mesmas funções. Trata-se, ainda, da primeira câmara que recebe sangue venoso e contém o marca-passo. O átrio está totalmente dividido em átrios direito e esquerdo. Válvulas atrioventriculares proeminentes protegem a entrada para os ventrículos. O cone arterial (ou bulbo cardíaco) aparece durante o desenvolvimento embrionário inicial, porém é dividido, no adulto, para formar as bases (tronco) de três grandes artérias que saem do ventrículo: o **tronco pulmonar** e os **troncos aórticos sistêmicos direito** e **esquerdo**. Nas cobras, um forame interaórtico com válvula conecta as bases das aortas adjacentes. Todavia, o desvio de sangue que se tornou possível com esse forame não foi explorado. Em geral, a artéria braquiocefálica, que transporta sangue para as artérias subclávias e carótidas, origina-se diretamente do arco aórtico direito; no entanto, em algumas

tartarugas, surge diretamente a partir do ventrículo, incluída com os troncos dos três arcos aórticos (Figura 12.32 A e B). O cone também dá origem a uma faixa de tecido muscular contrátil na base do tronco pulmonar para controlar a resistência que o sangue encontra à medida que flui para os pulmões. Estritamente falando, o ventrículo é uma câmara única, que atua como bomba exclusiva de líquido para propelir o sangue dentro das grandes artérias que deixam o coração. Todavia, internamente, apresenta três compartimentos interconectados: a **cavidade venosa** e a **cavidade pulmonar**, separadas uma da outra por uma **crista muscular**, e a **cavidade arterial**, conectada com a cavidade venosa por meio de um **canal interventricular**. A cavidade arterial se enche com sangue proveniente do átrio esquerdo, porém não tem qualquer saída arterial direta. Durante a sístole, o sangue que ela recebe flui através do canal interventricular para os arcos aórticos. A cavidade pulmonar não recebe sangue diretamente dos átrios. Em lugar disso, o sangue da cavidade venosa, que flui através da crista muscular, enche a cavidade pulmonar. Por sua vez, grande parte do sangue que enche a cavidade venosa consiste em sangue desoxigenado do átrio direito. Conclui-se, então, que o coração tem cinco câmaras, compostas de dois átrios e três compartimentos do ventrículo, ou seis câmaras se o seio venoso for incluído.

O padrão de fluxo sanguíneo através dos corações dos Chelonia e dos escamados difere, dependendo da respiração aérea ou de prenderem a respiração. Por exemplo, em uma tartaruga de respiração aérea na terra, a maior parte do sangue desoxigenado que retorna dos tecidos sistêmicos é direcionada para os pulmões, enquanto a maior parte do sangue oxigenado dos pulmões é direcionada para os tecidos sistêmicos por meio dos troncos aórticos.

Especificamente, a partir do seio venoso, o átrio direito recebe sangue desoxigenado que retorna do corpo. O átrio esquerdo recebe sangue oxigenado que volta dos pulmões. Quando os átrios sofrem contração, o sangue desoxigenado do átrio direito flui para a cavidade venosa e, em seguida, através da crista muscular, para a cavidade pulmonar. Além disso, quando as válvulas AV direitas se abrem, elas ficam localizadas na abertura do canal interventricular, fechando-o temporariamente. O sangue oxigenado no átrio esquerdo entra na cavidade arterial e permanece temporariamente lá, enquanto as válvulas AV obstruem o canal interventricular. Quando o ventrículo sofre contração, a crista muscular é comprimida contra a parede oposta, separando a cavidade venosa da pulmonar. As válvulas AV se fecham para impedir o fluxo retrógrado para dentro do átrio; todavia, ao fazê-lo, a válvula AV direita abre o canal interventricular e possibilita o fluxo de sangue por ele. Por conseguinte, o sangue deixa o ventrículo pelas vias mais acessíveis: o sangue desoxigenado na cavidade pulmonar sai principalmente pela artéria pulmonar para o pulmão, embora certa quantidade também jorre através da crista muscular para entrar no arco aórtico esquerdo; o sangue oxigenado na cavidade arterial se move pelo canal interventricular para alcançar as bases dos troncos aórticos, através dos quais ele sai (Figuras 12.33 A e 12.34 A e B).

Observa-se, também, um ligeiro assincronismo quanto ao momento das contrações das paredes do ventrículo. Em consequência, o sangue desoxigenado é propelido na artéria

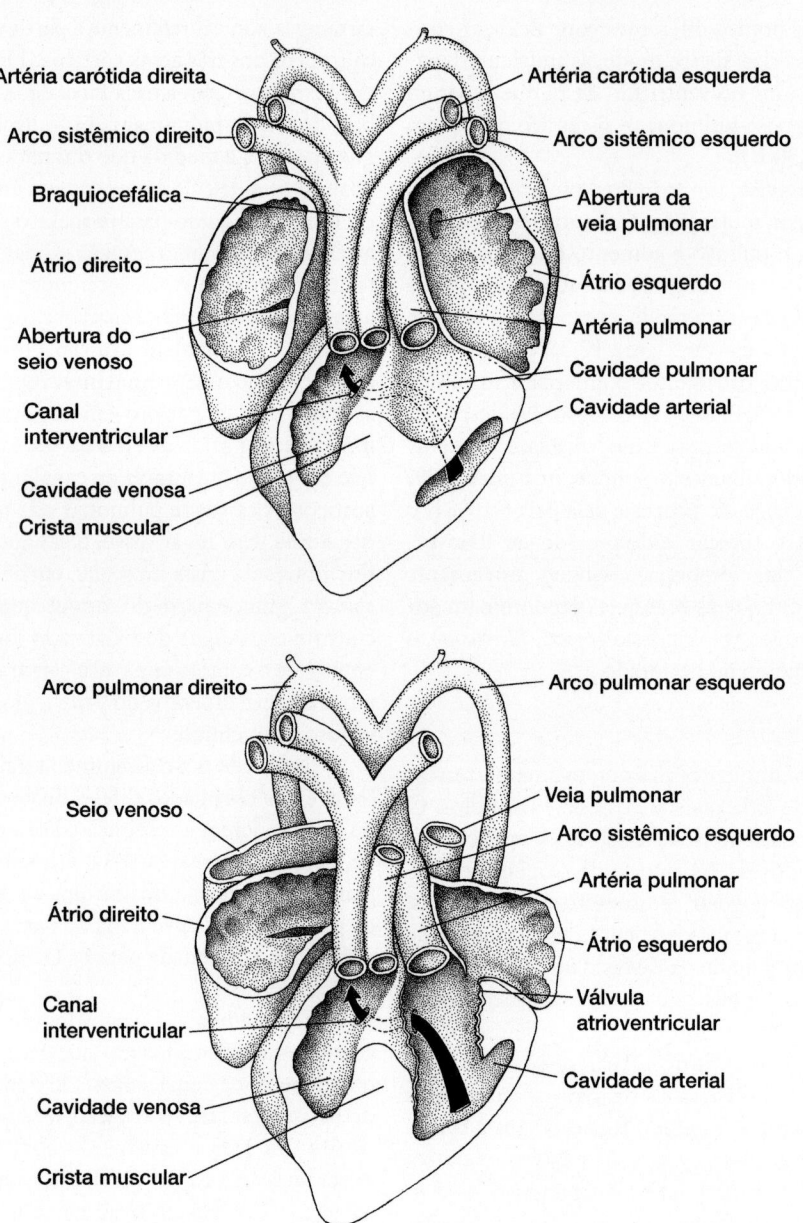

Figura 12.32 Coração de lagarto, vista ventral. A. Parte da parede ventral do coração foi removida, assim como o ápice do ventrículo, para mostrar seus três compartimentos interconectados – a cavidade venosa separada por uma crista muscular da cavidade pulmonar e a cavidade arterial mais profunda. A *seta cheia* indica o trajeto do fluxo sanguíneo a partir da cavidade arterial por meio do canal interventricular para dentro da cavidade venosa, entrando nas bases dos arcos aórticos. **B.** A parede da cavidade pulmonar foi removida para revelar melhor a associação da cavidade arterial mais profunda. O corte dos átrios e do arco aórtico esquerdo possibilita melhor visualização do seio venoso e da artéria pulmonar.

pulmonar antes de o sangue oxigenado ser colocado em movimento. Quando as paredes ventriculares adjacentes se contraem, o sangue oxigenado se depara com alta resistência na artéria pulmonar quase cheia. Em consequência, o sangue oxigenado sai pelos arcos sistêmicos, visto que estes oferecem a menor resistência.

As medições do conteúdo de oxigênio nas principais artérias confirmam que a distribuição do sangue sistêmico e do sangue pulmonar é altamente direcional – o sangue desoxigenado flui para os pulmões, enquanto o sangue oxigenado segue seu percurso para os tecidos sistêmicos. Nas tartarugas que respiram

ar, 70 a 90% de todo o sangue que alcança o arco sistêmico esquerdo consiste em sangue oxigenado que provém do circuito pulmonar; 60 a 90% do sangue desoxigenado que alcança os pulmões provêm dos tecidos sistêmicos. O isolamento das correntes de sangue oxigenado e desoxigenado ocorre, apesar do fato de que os compartimentos do ventrículo não estão anatomicamente separados. Observe que essa separação funcional se estende para os troncos aórticos. O arco aórtico esquerdo se enche principalmente com sangue oxigenado, mas também com certa quantidade de sangue desoxigenado; todavia, quando a tartaruga respira ar, o arco aórtico direito transporta apenas

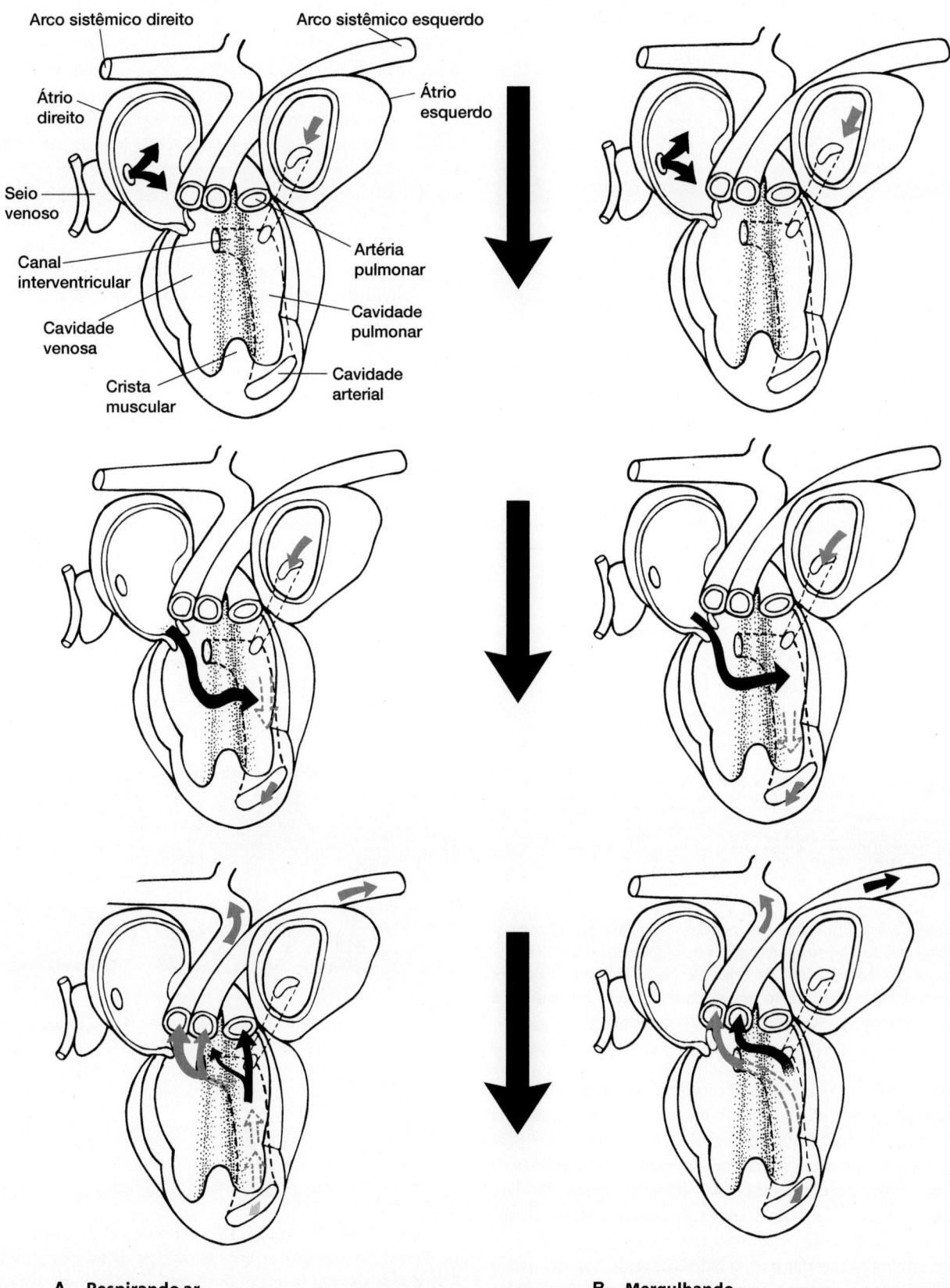

A   Respirando ar

B   Mergulhando

Figura 12.33 Fluxo sanguíneo do coração de escamados (e da tartaruga). A. Quando os escamados respiram ar na terra, o sangue venoso do átrio direito entra na cavidade venosa do ventrículo e cruza uma crista muscular para encher a cavidade pulmonar momentaneamente. Com a contração ventricular, a maior parte desse sangue sai pela artéria pulmonar. Simultaneamente, o sangue do átrio esquerdo entra na cavidade arterial profunda. A contração do ventrículo faz esse sangue jorrar pelo canal interventricular, e, em seguida, o sangue sai pelos arcos sistêmicos esquerdo e direito. **B.** Quando os escamados mergulham, a resistência ao fluxo sanguíneo pulmonar favorece o sangue que normalmente sairia dos pulmões a se mover através da crista muscular e sair principalmente pelo arco aórtico esquerdo.

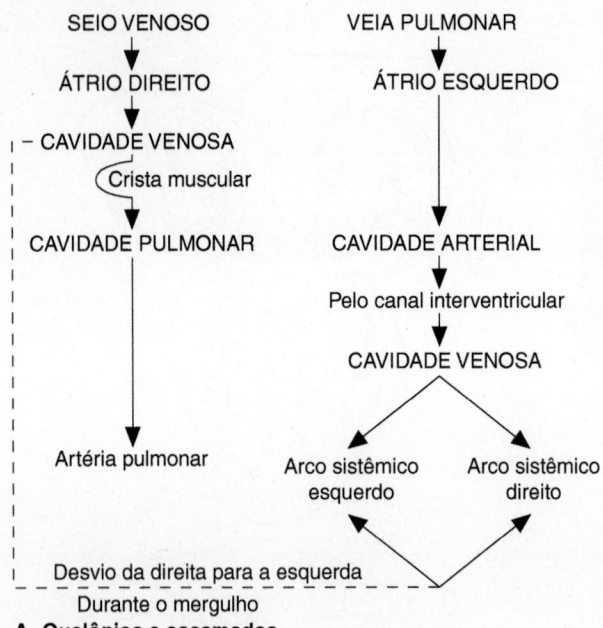

SEIO VENOSO → ÁTRIO DIREITO → CAVIDADE VENOSA (Crista muscular) → CAVIDADE PULMONAR → Artéria pulmonar

VEIA PULMONAR → ÁTRIO ESQUERDO → CAVIDADE ARTERIAL → Pelo canal interventricular → CAVIDADE VENOSA → Arco sistêmico esquerdo / Arco sistêmico direito

Desvio da direita para a esquerda
Durante o mergulho
A Quelônios e escamados

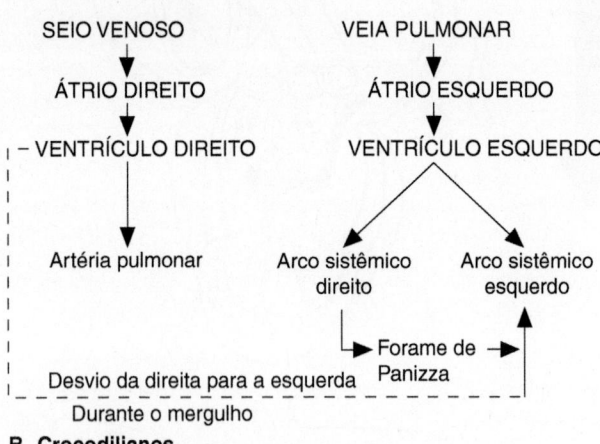

SEIO VENOSO → ÁTRIO DIREITO → VENTRÍCULO DIREITO → Artéria pulmonar

VEIA PULMONAR → ÁTRIO ESQUERDO → VENTRÍCULO ESQUERDO → Arco sistêmico direito / Arco sistêmico esquerdo → Forame de Panizza

Desvio da direita para a esquerda
Durante o mergulho
B Crocodilianos

Figura 12.34 Corações dos répteis. Esse fluxograma compara o percurso do sangue nos corações dos quelônios e dos escamados (**A**) e crocodilianos (**B**). As *linhas tracejadas* indicam os desvios cardíacos durante o mergulho que mudam a direção do sangue do circuito pulmonar diretamente para o circuito sistêmico.

sangue oxigenado para assegurar um fluxo de sangue altamente oxigenado para o cérebro por meio das carótidas, a partir da artéria braquiocefálica (Figura 12.35).

Quando a tartaruga mergulha, os problemas fisiológicos com os quais o sistema circulatório deve se deparar mudam significativamente. O coração responde com um **desvio da direita para a esquerda**, ou **desvio cardíaco**. Normalmente, o sangue sistêmico retorna para o lado *direito* do coração (átrio direito/ventrículo direito) e, em seguida, é bombeado para os pulmões; depois disso, o sangue pulmonar retorna para o lado *esquerdo* do coração (átrio esquerdo/ventrículo esquerdo) antes de ser bombeado de volta para os tecidos sistêmicos. Quando um desvio cardíaco é utilizado, o sangue que retorna para o lado direito do coração segue diretamente para o lado esquerdo e sai para os tecidos sistêmicos, desviando-se, assim, dos

pulmões. Na tartaruga que mergulha, o sangue que entra na cavidade venosa é direcionado para o lado oposto e fora da aorta em lugar de fora do circuito pulmonar (ver Figura 12.33 B). Acredita-se que as diferenças nas resistências dos circuitos sistêmico e pulmonar possam controlar esse desvio. Um esfíncter na base da artéria pulmonar sofre contração, aumentando a resistência pulmonar ao fluxo sanguíneo depois que a tartaruga mergulha. Como o sangue tende a seguir o caminho de menor resistência, ele flui para a circulação sistêmica. Quando uma tartaruga mergulha, o sangue que passaria pelos pulmões durante a respiração aérea é desviado através dos arcos aórticos para o circuito sistêmico (Figura 12.35).

Uma tartaruga que mergulha tira o maior proveito de uma situação difícil. O ar mantido nos pulmões tem o seu oxigênio esgotado rapidamente, de modo que existe pouca vantagem em fazer circular grandes quantidades de sangue para lá. A energia usada para bombear o sangue para os pulmões não traria qualquer benefício fisiológico de volta. Com efeito, ao desviar o sangue para o circuito sistêmico, isso aumenta o volume de sangue que pode remover metabólitos ou coletar oxigênio armazenado nos tecidos.

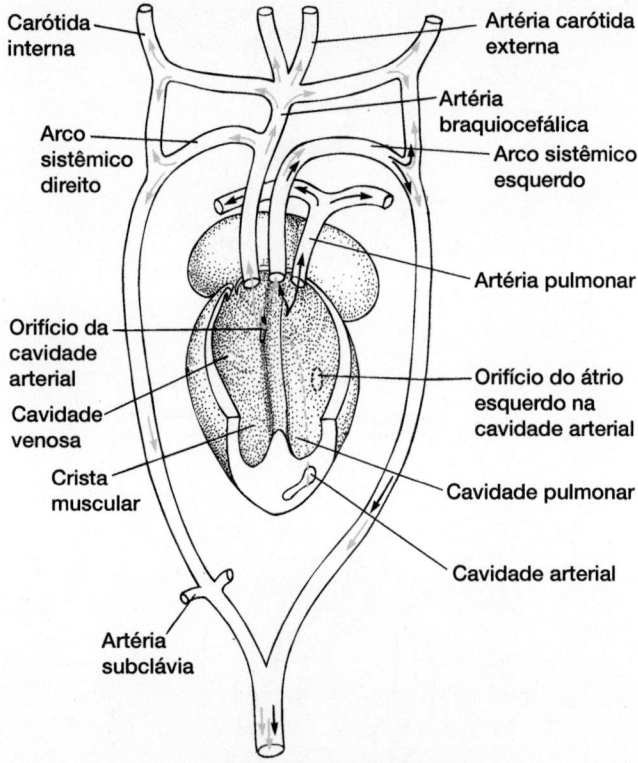

Carótida interna — Arco sistêmico direito — Orifício da cavidade arterial — Cavidade venosa — Crista muscular — Artéria subclávia

Artéria carótida externa — Artéria braquiocefálica — Arco sistêmico esquerdo — Artéria pulmonar — Orifício do átrio esquerdo na cavidade arterial — Cavidade pulmonar — Cavidade arterial

Circulação aórtica dos escamados

Figura 12.35 Circulação sistêmica dos escamados. O sangue flui para as principais artérias quando os escamados respiram ar. O sangue oxigenado (*setas em cinza-claro*) é direcionado para os arcos sistêmicos. A maior parte do sangue desoxigenado (*setas pretas*), mas aparentemente nem todo, entra na artéria pulmonar. A pequena quantidade de sangue desoxigenado que flui para a circulação sistêmica entra no arco sistêmico esquerdo. Por isso, a tensão de oxigênio do sangue nesse arco é ligeiramente menor que a do arco sistêmico direito. Pode ser importante que os vasos carotídeos que suprem a cabeça e o cérebro se ramifiquem a partir do arco sistêmico direito.

▶ **Corações dos crocodilianos.** Em muitos aspectos, os corações dos jacarés e dos crocodilos são estruturalmente semelhantes aos de outros répteis. O cone arterial (bulbo cardíaco) produz as bases dos troncos das três artérias que saem do coração – os troncos pulmonar e aórticos esquerdo e direito. As **válvulas lunares** unidirecionais nas bases de cada tronco possibilitam a entrada do sangue no cone, mas impedem o fluxo reverso para o ventrículo. O seio venoso está reduzido, porém ainda funciona como câmara que recebe o sangue sistêmico de volta. O átrio está totalmente subdividido em duas câmaras distintas, esquerda e direita, e o seio venoso desemboca no átrio direito. A veia pulmonar entra no átrio esquerdo nos adultos, mas não se abre no átrio esquerdo durante o desenvolvimento embrionário. O que inicialmente eram veias pulmonares separadas, uma proveniente de cada pulmão, une-se em um único tronco, a veia pulmonar, que entra no seio venoso. Entretanto, à medida que prossegue o desenvolvimento embrionário, essa parte do seio venoso, juntamente com a veia pulmonar associada, incorpora-se no átrio esquerdo em desenvolvimento (Figuras 12.34 B e 12.36).

Em outros aspectos, o coração crocodiliano é muito diferente daquele que vimos até agora. O ventrículo está dividido por um septo interventricular anatomicamente completo em câmaras esquerda e direita distintas. O tronco pulmonar e o arco aórtico *esquerdo* se abrem para fora do ventrículo *direito* de paredes espessas. O arco aórtico *direito* se abre para fora do ventrículo *esquerdo*. Um canal estreito, denominado **forame de Panizza**, conecta os arcos aórticos esquerdo e direito pouco depois de sua saída do ventrículo (Figura 12.36 A).

Em um crocodilo que respira, os átrios direito e esquerdo se enchem com sangue sistêmico desoxigenado e sangue pulmonar oxigenado, respectivamente. A contração dos átrios transporta o sangue para os respectivos ventrículos. Quando os ventrículos sofrem contração, o sangue flui através das portas mais próximas de menor resistência. No momento da sístole, a pressão é maior no ventrículo esquerdo. O sangue oxigenado ali contido entra na base do arco aórtico direito; todavia, em virtude de sua alta pressão, entra também no arco aórtico esquerdo pelo forame de Panizza. A pressão elevada no arco aórtico esquerdo mantém as válvulas lunares em sua base fechadas, deixando apenas a via pulmonar de saída para o sangue do ventrículo direito. Em consequência, ambos os arcos aórticos transportam sangue oxigenado para os tecidos sistêmicos e a artéria pulmonar transporta sangue desoxigenado para os pulmões (ver Figura 12.36 A).

Quando um crocodilo mergulha, esse padrão de fluxo sanguíneo cardíaco se modifica devido a um desvio cardíaco. A resistência ao fluxo pulmonar aumenta em virtude da vasoconstrição do suprimento vascular para os pulmões e da constrição parcial de um esfíncter na base da artéria pulmonar. Por fim, um par de válvulas de tecido conjuntivo, semelhantes a um dente de roda, no efluxo pulmonar se fecha. Em consequência, a pressão sistólica dentro do ventrículo direito, mas não no esquerdo, aumenta substancialmente, tornando-se igual e excedendo um pouco a pressão existente dentro do arco aórtico esquerdo. O sangue no ventrículo direito tende agora a sair pelo arco aórtico esquerdo, em lugar de sair pelo circuito pulmonar, que apresenta uma alta resistência ao fluxo sanguíneo. O desvio de sangue do ventrículo direito para circulação sistêmica representa um desvio cardíaco da direita para a esquerda. O sangue presente no ventrículo direito, que iria fluir para os pulmões em um crocodilo respirando, segue, em vez disso, um percurso através do arco aórtico esquerdo, alcançando a circulação sistêmica e se desviando dos pulmões (Figuras 12.34 B e 12.36 B). Essa derivação pulmonar confere as mesmas vantagens fisiológicas que observamos nas tartarugas, ou seja, um aumento na eficiência do fluxo sanguíneo enquanto não há disponibilidade de ar fresco.

A apneia, isto é, a interrupção da respiração, ocorre não apenas durante o mergulho. A maioria dos répteis em repouso na terra pode passar longos intervalos sem respirar. Conforme a apneia continua, ocorre depleção do oxigênio dos pulmões, e a perfusão pulmonar declina até logo antes de outra respiração. Por conseguinte, para os répteis que ventilam de modo intermitente, o desvio cardíaco faz com que a perfusão pulmonar se iguale à ventilação aérea. Nos répteis que vivem em regiões temperadas (ou em desertos) o desvio cardíaco provavelmente desvia o sangue durante momentos de hibernação (ou estivação), quando as necessidades metabólicas estão reduzidas, a taxa de ventilação declina e os níveis elevados de perfusão pulmonar trariam poucos benefícios fisiológicos.

Porém, há muito mais. Algumas pesquisas muito recentes e inovadoras realizadas por Colleen Farmer indicam que esses desvios cardíacos têm outras funções. Ela sugere que eles constituem também, ou primariamente, a base de uma sustentação muito sofisticada para a digestão ectotérmica e, possivelmente, o crescimento esquelético. Até o momento, os desvios cardíacos foram estudados experimentalmente apenas em algumas das milhares de espécies de saropsídeos, tornando difícil decifrar a sua importância funcional geral. Além disso, os desvios cardíacos têm sido historicamente considerados como adaptações para o mergulho, o que certamente podem ter sido. Entretanto, constatamos agora que há muito mais. Por exemplo, nos quelônios, nos crocodilianos e em alguns lagartos grandes, os arcos sistêmicos esquerdo e direito são assimétricos em seu tamanho. Antes de se unir com o arco sistêmico direito para formar a única aorta dorsal, o arco sistêmico esquerdo abastece os vasos gastrintestinais que suprem as vísceras digestivas, incluindo estômago, fígado, pâncreas, baço e intestino delgado (Figura 12.37). Essas vísceras são importantes na biossíntese de ácido gástrico, ácidos graxos, aminoácidos e precursores (p. ex., purinas) do RNA e do DNA. Pode ser surpreendente reconhecer que o CO_2 não constitui apenas um produto de degradação transportado pelo sangue para a sua eliminação pelo corpo – com efeito, ele também contribui para a biossíntese desses produtos. Na água, o CO_2 se dissocia para formar bicarbonato (HCO_3^-) e ácido (H^+) (ver Figura 11.42). No estômago, o H^+ é bombeado para dentro do lúmen para acidificar o conteúdo; o HCO_3^- é transportado até o pâncreas, o fígado e o intestino delgado, onde ajuda a neutralizar o quimo ácido, fornece uma fonte de CO_2 transportada pelo sangue para complementar o equilíbrio acidobásico e contribui para a síntese de algumas moléculas que participam na respiração anaeróbica celular.

Com base nesse arranjo vascular e na fisiologia celular, foi formulada a hipótese de que esses saropsídeos podem ajustar os níveis acidobásicos do sangue, possibilitando o fluxo de sangue relativamente alcalino para as regiões somáticas e apendiculares (arco sistêmico direito) e o fluxo de sangue relativamente ácido

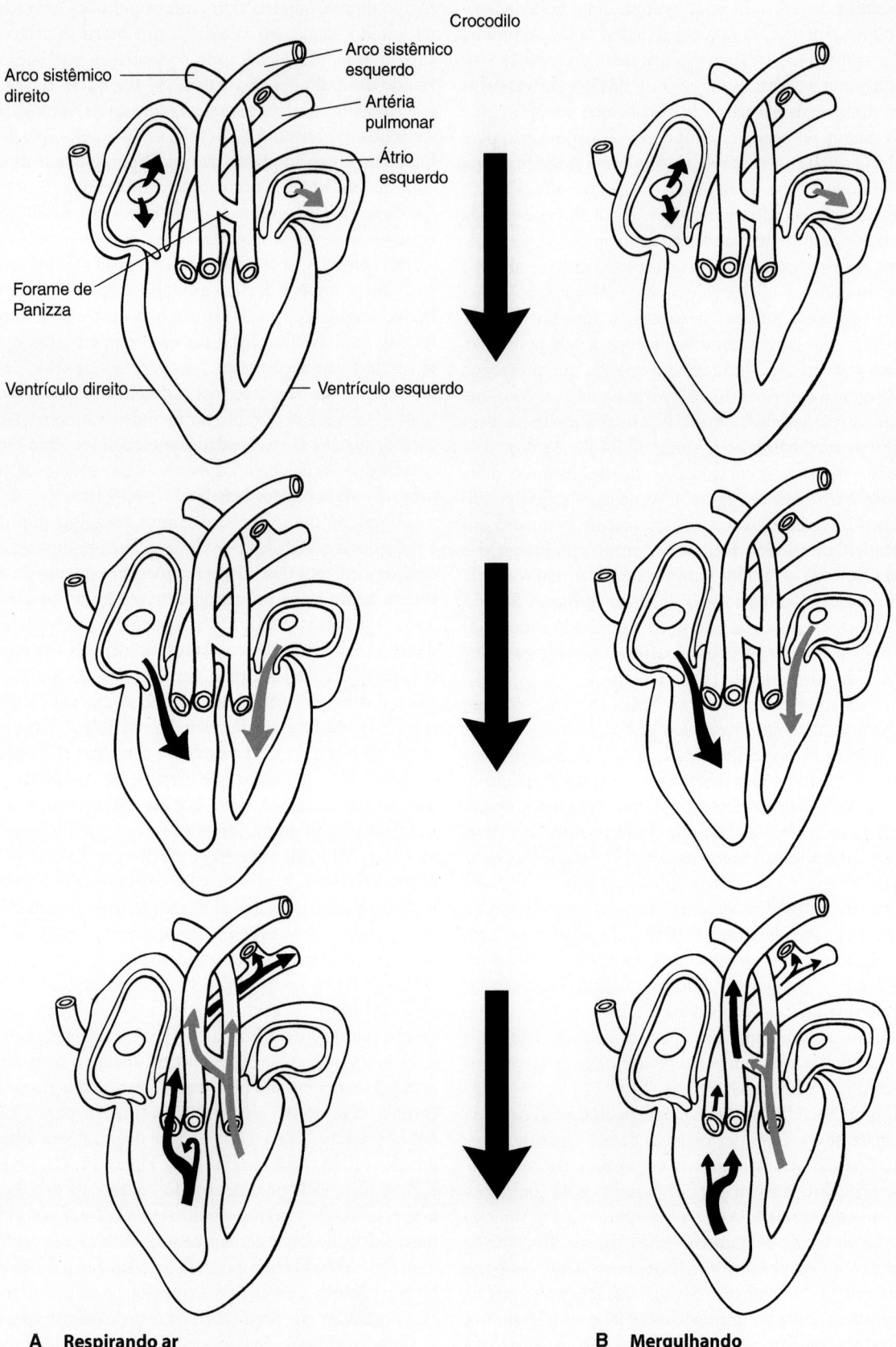

Crocodilo

Arco sistêmico direito

Arco sistêmico esquerdo

Artéria pulmonar

Átrio esquerdo

Forame de Panizza

Ventrículo direito

Ventrículo esquerdo

A Respirando ar

B Mergulhando

Figura 12.36 Fluxo sanguíneo do coração do crocodilo. A. Fluxo sanguíneo sistêmico e pulmonar quando o crocodilo respira ar. **B.** Mudanças internas que resultam em diminuição do fluxo pulmonar quando o crocodilo mergulha.

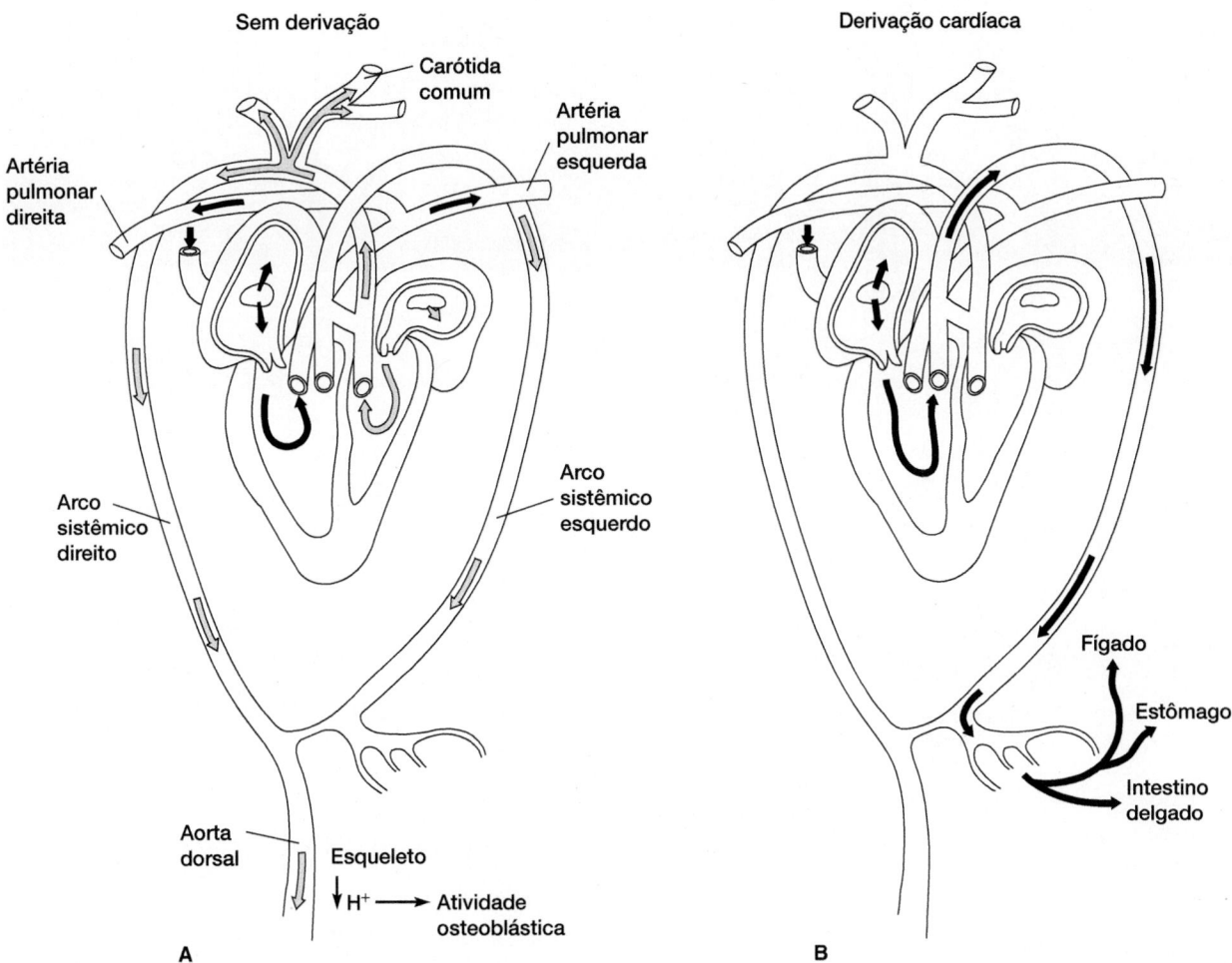

Figura 12.37 Suposta importância do desvio cardíaco na digestão, com base nos crocodilianos. A. Ausência de desvio cardíaco. O sangue que retorna dos tecidos sistêmicos é direcionado para os pulmões, liberando CO_2 e se reabastecendo de sangue; em seguida, retorna ao coração e, daí, para os tecidos sistêmicos, principalmente pelo arco sistêmico direito, transportando sangue rico em oxigênio para sustentar a atividade metabólica e promover o depósito de osso. **B.** Desvio cardíaco. Depois de uma refeição, parte do sangue que retorna com baixo conteúdo de oxigênio e altos níveis de CO_2 pode não passar pelos pulmões devido a um desvio cardíaco e ser direcionada para o arco sistêmico esquerdo, transportando sangue acidificado até as vísceras digestivas e, assim, sustentando as funções digestivas e a biossíntese. (A outra corrente de sangue rica em oxigênio que retorna dos pulmões e passa pelo arco sistêmico direito não é mostrada.)

Com base na pesquisa de Colleen Farmer.

para as vísceras digestivas (arco sistêmico esquerdo). O sangue alcalino, com alto conteúdo de oxigênio, favorece uma atividade aumentada dos osteoblastos e, portanto, a deposição de osso; o sangue ácido, com alto conteúdo de CO_2, que flui para as vísceras do trato digestório favorece sua participação na biossíntese (Figura 12.37). Quando desenvolvido, o desvio cardíaco pode ser importante para desviar o CO_2 para esses circuitos sistêmicos ou a partir deles. Esse reforço pode ser particularmente importante para os ectotérmicos, nos quais as temperaturas baixas podem reduzir o crescimento efetivo ou a função gástrica.

Com exceção de alguns lagartos grandes (p. ex., Varanidae), os lagartos diferem, em sua maioria, dos quelônios e dos crocodilianos, na sua anatomia vascular e, portanto, podem utilizar diferentemente o desvio cardíaco. Os arcos sistêmicos esquerdo e direito têm aproximadamente o mesmo tamanho em sua confluência, formando a única aorta dorsal. As artérias gástrica e celíaca surgem da aorta dorsal distalmente a essa confluência,

e não desses arcos. Além disso, os níveis de oxigênio permanecem altos (e os de CO_2 baixos) durante a digestão, indicando que o desvio cardíaco, quando presente, é bastante pequeno. A importância funcional do desvio cardíaco poderá finalmente incluir muitas funções nos estilos de vida dos sauropsídeos.

Aves e mamíferos

Conforme assinalado, os corações das aves e dos mamíferos possuem quatro câmaras que surgem a partir das duas câmaras (átrio e ventrículo) do coração dos peixes. Nas aves, o seio venoso é reduzido a uma área pequena, porém ainda anatomicamente distinta. O cone arterial (bulbo cardíaco) é apenas uma câmara embrionária transitória, que dá origem ao tronco pulmonar e a um único tronco aórtico no adulto (Figura 12.38). Nos mamíferos, o seio venoso é reduzido a uma porção de fibras de Purkinje, ou nó sinoatrial, na parede do átrio direito. O nó sinoatrial atua como marca-passo, iniciando a onda de

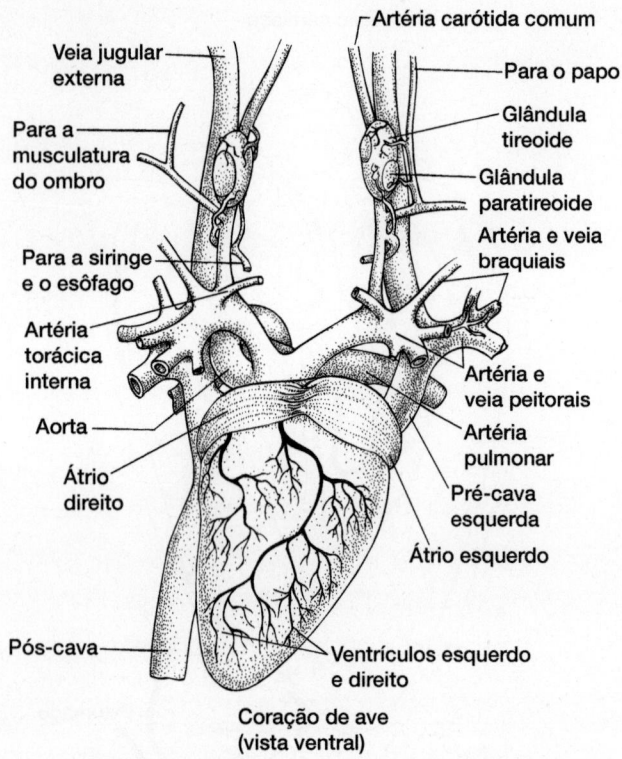

Figura 12.38 Coração de ave, vista ventral.

De Evans.

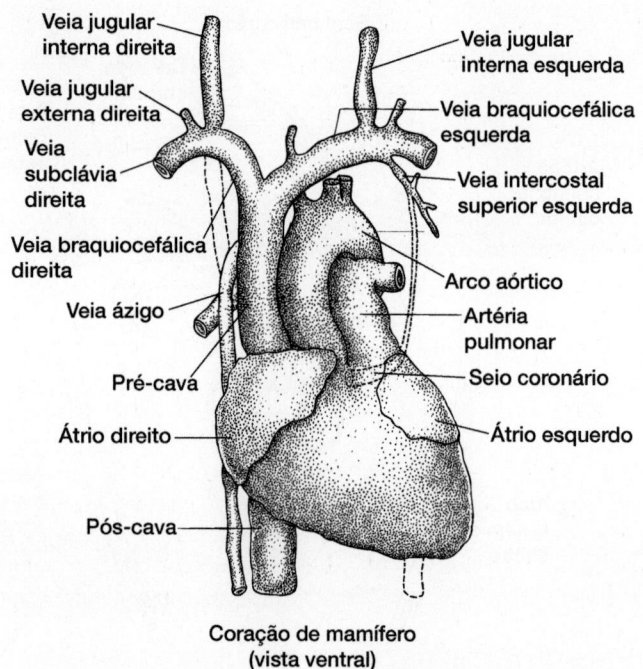

Figura 12.39 Coração de mamífero, vista ventral.

De Lawson.

contração que se propaga através do coração, como em todos os outros vertebrados. À semelhança das aves, o cone arterial se divide durante o desenvolvimento embrionário nos mamíferos, produzindo o tronco pulmonar e o único tronco aórtico do adulto (Figura 12.39).

Apesar de estruturalmente semelhantes, os corações das aves e dos mamíferos surgiram independentemente a partir de diferentes grupos de tetrápodes ancestrais. Essa diferença se reflete no seu desenvolvimento embrionário. O aparecimento dos septos interventricular e interatrial que formam as câmaras pareadas ocorre de forma muito diferente nos dois grupos. Os corações das aves e dos mamíferos também funcionam de maneira semelhante. Ambos consistem em bombas paralelas com circuitos duplos de circulação. O lado direito do coração coleta o sangue desoxigenado proveniente dos tecidos sistêmicos e o bombeia para o circuito pulmonar. O lado esquerdo do coração bombeia sangue oxigenado dos pulmões para o circuito sistêmico. Os corações das aves e dos mamíferos são anatomicamente divididos em compartimentos esquerdo e direito; desse modo, não há qualquer desvio cardíaco com mudanças nas taxas de ventilação. Diferentemente dos anfíbios e dos répteis, um desvio cardíaco não pode ser utilizado nas aves e nos mamíferos para desacoplar a perfusão do pulmão e dos tecidos sistêmicos. Embora as razões não estejam bem compreendidas, alguns propõem que os animais endotérmicos (aves e mamíferos) podem necessitar de uma separação anatômica completa das câmaras cardíacas para evitar que o sangue seja enviado para os pulmões com a mesma pressão alta do sangue enviado para os tecidos sistêmicos (ver Boxe Ensaio 12.1).

Sistema cardiovascular | Adaptação da estrutura anatômica às demandas ambientais

É tentador medir o desempenho do coração dos vertebrados inferiores em termos de quão bem seus sistemas cardiovasculares poderiam atender às necessidades dos mamíferos. Os septos internos parciais do coração foram designados como "incompletos" em comparação com as divisões anatômicas "completas" encontradas nos corações dos mamíferos. Os corações e os arcos aórticos dos vertebrados inferiores foram interpretados como estruturas "imperfeitas", em comparação com a estrutura dos mamíferos, considerada ideal. Como já observamos, acreditava-se erroneamente que o sistema cardiovascular dos peixes pulmonados misturava significativamente o sangue oxigenado com o sangue desoxigenado.

Se começamos com a ideia de que os vertebrados inferiores apresentam estruturas imperfeitas, chegaremos naturalmente a esse tipo de conclusão ingênua. Nos peixes pulmonados, se o sangue oxigenado das brânquias respiratórias (II, V e VI) se encontrasse com o sangue desoxigenado proveniente dos arcos sem brânquias (III e IV) na aorta dorsal, os dois se misturariam. E, se essa mistura ocorresse, o sangue que perfunde os tecidos sistêmicos ativos apresentaria menor tensão de oxigênio. Com certeza, isso seria uma estrutura ineficiente. Trabalhos experimentais, associados a um conhecimento da anatomia básica dos vertebrados, provaram agora que essa interpretação é incorreta.

As divisões internas "incompletas" do coração e os arranjos dos arcos aórticos associados possibilitam um ajuste dos padrões fisiológicos de circulação dos peixes pulmonados com as mudanças na disponibilidade de oxigênio de seu ambiente. Os sistemas cardiovasculares dos vertebrados inferiores são extraordinariamente flexíveis, possibilitando ajustes aos padrões de

| Boxe Ensaio 12.1 | Hemodinâmica do lagarto-monitor |

Os corações dos lagartos nos induzem a equívocos. Existem dois átrios anatomicamente separados, porém o ventrículo consiste em uma única câmara, com compartimentos interconectados. Três artérias principais saem diretamente do ventrículo. Esse tipo de estruturação sugeriu aos primeiros anatomistas que as correntes sanguíneas se misturavam quando o sangue oxigenado e o desoxigenado entravam no ventrículo comum. Os pressupostos sutis por trás dessa interpretação representavam um obstáculo tanto para a compreensão da função cardíaca quanto para a própria anatomia complexa. Os lagartos eram vistos como primitivos, e os anatomistas estavam olhando para frente, para os sistemas cardiovasculares dos endotérmicos avançados. Como declarou um desses cientistas, a "solução perfeita" para a separação das correntes sanguíneas "só ocorreu quando foram alcançados os estágios das aves e dos mamíferos". Pesquisas experimentais recentes sobre o fluxo sanguíneo do coração do lagarto mostraram o quanto estavam erradas essas antigas fisiologia e filosofia.

Diversas técnicas foram utilizadas para esclarecer o fluxo sanguíneo no sistema cardiovascular dos lagartos viventes. Uma dessas técnicas emprega a radiologia e tira proveito dos líquidos de contraste, que geralmente não são tóxicos e são compatíveis com o sangue. Esses meios de contraste são **radiopacos**, isto é, visíveis quando observados com raios X. Com a introdução de um meio radiopaco em veias selecionadas, é possível acompanhar o trajeto subsequente seguido pelo sangue, normalmente a partir de uma série sequencial de fotografias ou monitor de vídeo. Como o meio radiopaco se encontra dentro dos vasos sanguíneos de um animal vivo, seu percurso parece representar a circulação normal do sangue. Um desses experimentos foi realizado por Kjell Johansen no lagarto *Varanus niloticus*, um grande membro da família Varanidae (Johansen, 1977). O meio de contraste radiopaco foi injetado na veia jugular direita e pós-cava.

O átrio direito, o ventrículo e artérias pulmonares foram vistos se enchendo com o meio de contraste em estágios sucessivos. Embora o ventrículo do lagarto não apre-

sente qualquer divisão interna completa, nenhum meio de contraste entrou nos arcos sistêmicos (Figura I A–C do Boxe). Esta é uma confirmação experimental de que o coração desse lagarto Varanidae mantém o sangue desoxigenado que retorna separado do sangue oxigenado, e direciona o sangue desoxigenado para o circuito pulmonar para a sua oxigenação no pulmão.

Outra técnica utiliza tubos de diâmetro estreito, denominados cânulas, que são inseridos dentro de vasos para medir diretamente a pressão, coletar amostras de sangue ou injetar corantes marcadores. Foram utilizadas cânulas em experimentos com o lagarto-monitor das savanas, *Varanus exanthematicus*, para esclarecer a hemodinâmica da pressão arterial e o fluxo de sangue oxigenado (Burggren e Johansen, 1982). Com o uso de anestesia e procedimentos cirúrgicos, Burggren e Johansen inseriram pequenas cânulas conectadas a transdutores de pressão e equipamentos de registro dentro do lúmen de artérias selecionadas do lagarto-monitor. Cânulas adicionais em outras artérias permitiram aos pesquisadores coletar minúsculas amostras de sangue e medir a tensão de oxigênio. À semelhança de outros escamados e quelônios, o coração do lagarto-monitor era capaz de separar as correntes sanguíneas oxigenada e desoxigenada, direcionando-as para os circuitos sistêmico e pulmonar, respectivamente. Entretanto, os pesquisadores descobriram que, nesse lagarto, diferentemente daquilo observado em outros escamados e quelônios, a pressão arterial no circuito sistêmico alcançava níveis maiores que o dobro daqueles do circuito pulmonar durante a sístole (Figura 2 A–C do Boxe). Na maioria dos outros lagartos, as pressões sistólicas em ambos os circuitos são muito semelhantes. Por conseguinte, o coração do lagarto-monitor não apenas desvia as correntes separadas de sangue oxigenado e de sangue desoxigenado para os circuitos sistêmico e pulmonar, mas também gera pressões separadas dentro de cada circuito.

A cavidade venosa dentro do ventrículo desse lagarto está consideravelmente reduzida; todavia, nos demais aspectos, o coração é anatomicamente semelhante àqueles de outros escamados e quelônios. Entretanto, a

geração de pressões arteriais sistêmica alta e pulmonar baixa o torna hemodinamicamente semelhante aos corações dos crocodilianos, das aves e dos mamíferos. Não se sabe ao certo por que isso ocorre dessa maneira nesses lagartos. Quando alcançam sua temperatura corporal preferida, os Varanidae apresentam uma taxa metabólica maior que a da maioria dos outros lagartos. Foi sugerido que a pressão sistêmica alta poderia permitir a perfusão de um maior número de redes capilares do que a pressão sistêmica em outros lagartos, sem uma consequente queda da pressão capilar. Uma pressão sistêmica alta permitiria o transporte de altos níveis de sangue oxigenado para sustentar as altas demandas de oxigênio dos músculos ativos desses Varanidae. Entretanto, se os capilares pulmonares experimentassem essas altas pressões, poderiam extravasar um excesso de líquido, que seria coletado nos tecidos pulmonares, interferindo na troca gasosa. Como os capilares pulmonares constituem parte do circuito pulmonar de baixa pressão, eles estão protegidos nos lagartos-monitores. Isso sugere que, por estar separado em duas bombas de pressão, o ventrículo dos lagartos-monitores protege os capilares pulmonares contra o excesso de pressão, enquanto atende às demandas de alta pressão dos músculos ativos.

O coração dos lagartos não evoluiu procurando antecipar o coração "perfeito" das aves e dos mamíferos. Ele provou ser funcionalmente complexo e extremamente adaptado às demandas especiais do estilo de vida dos escamados. A pesquisa experimental estabeleceu grande parte da função fisiológica; todavia, isso também deve ser um convite a uma reavaliação da fisiologia subjacente à interpretação dos sistemas nos vertebrados ancestrais. Precisamos abandonar o ponto de vista de que os vertebrados inferiores, por terem sido os primeiros a surgir na evolução dos vertebrados, não estão perfeitamente adaptados. As pesquisas modernas de morfologia funcional demonstram exatamente o contrário. O sistema cardiovascular, à semelhança de outros sistemas morfológicos, é surpreendentemente sofisticado tanto nos vertebrados ancestrais quanto em seus descendentes derivados.

Boxe Ensaio 12.1 | Hemodinâmica do lagarto-monitor (*continuação*)

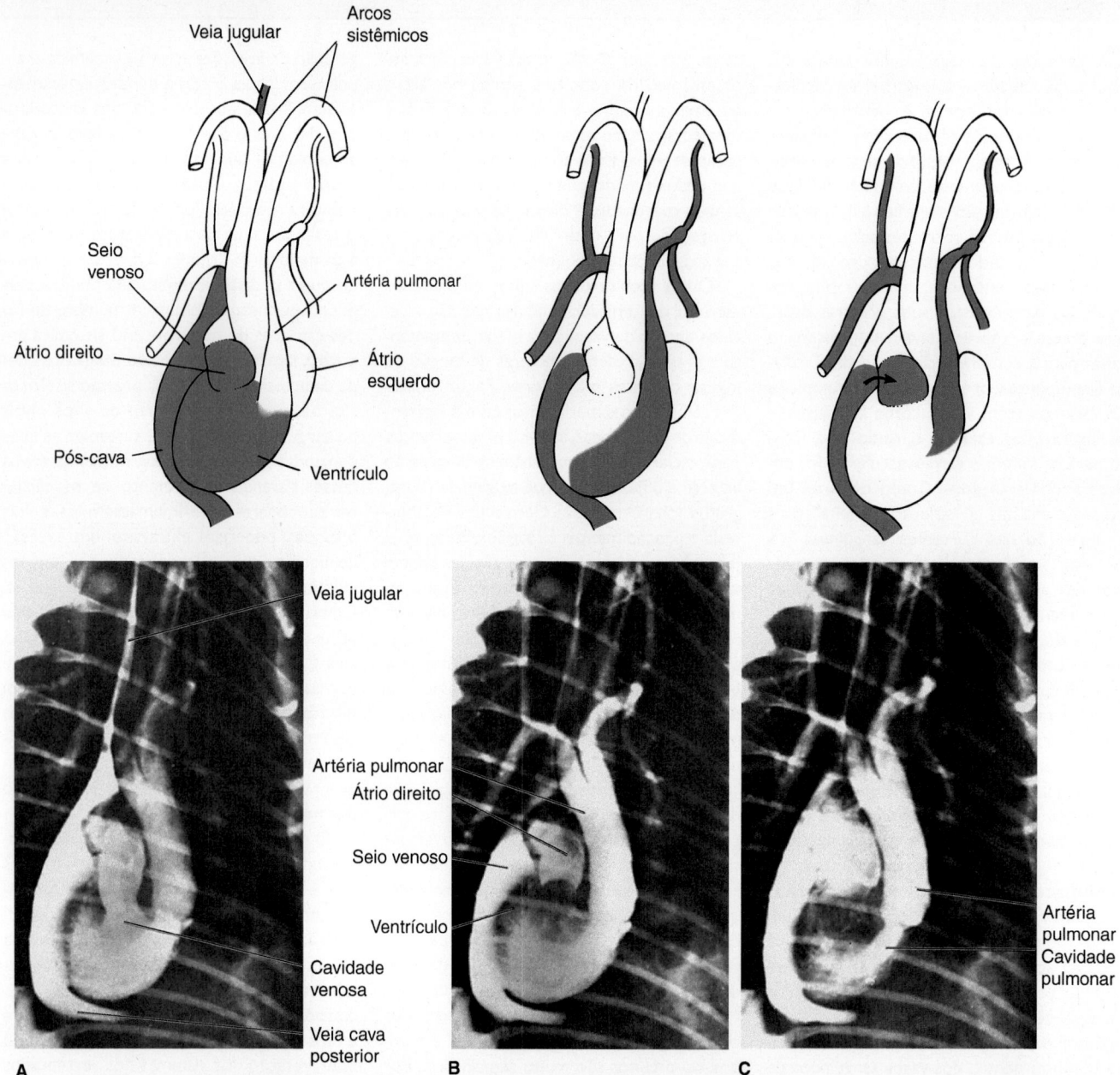

Figura I do Boxe Rastreamento do percurso do sangue pelo coração do lagarto *Varanus niloticus*. A. Foi injetado meio de contraste radiopaco na veia jugular direita, forçando-o ligeiramente para trás na veia pós-cava. O meio de contraste já entrou no átrio direito, que sofreu contração para encher parte do ventrículo (as cavidades venosa e pulmonar). **B.** O ventrículo está sofrendo contração e ocorre enchimento da artéria pulmonar. **C.** A contração do ventrículo está quase completa, o meio de contraste foi quase totalmente expelido e os ramos da artéria pulmonar para cada pulmão estão claramente preenchidos. Observe, nos últimos dois estágios, que o fechamento das válvulas atrioventriculares impede o fluxo retrógrado do sangue para dentro do átrio direito. Observe também que esse meio desoxigenado não entra nos arcos sistêmicos, de modo que esses arcos não aparecem nas radiografias.

De Johansen.

| Boxe Ensaio 12.1 | Hemodinâmica do lagarto-monitor *(continuação)* |

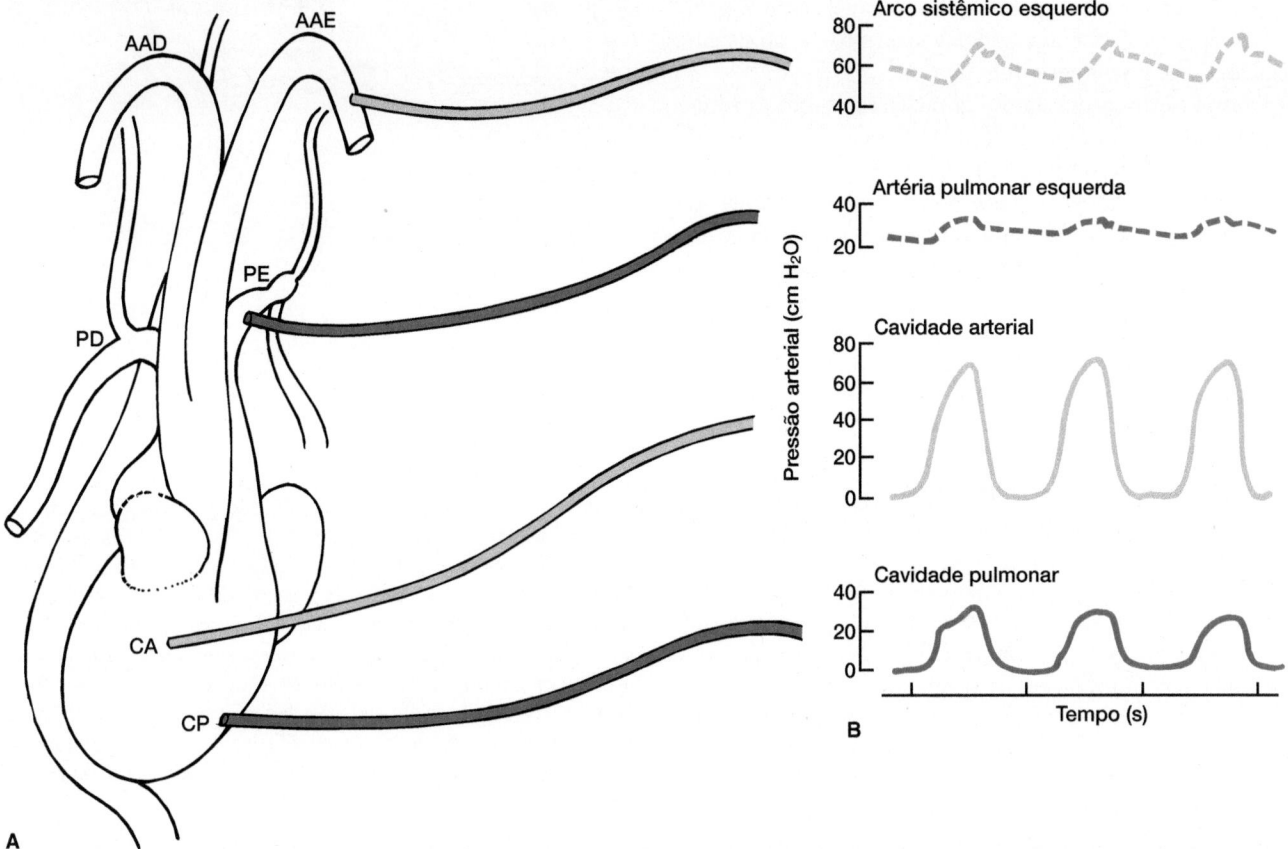

A

B

Pressão arterial (cm H₂O)

Arco sistêmico esquerdo

Artéria pulmonar esquerda

Cavidade arterial

Cavidade pulmonar

Tempo (s)

Figura 2 do Boxe Hemodinâmica do fluxo sanguí-neo pelo coração do lagarto *Varanus exanthematicus*. **A.** São colocadas cânulas no coração do lagarto para possibilitar o monitoramento contínuo da pressão arterial. Neste exemplo, as cânulas de pressão foram inseridas no arco aórtico esquerdo (AAE) e na cavidade arterial (CA), bem como na artéria pulmonar esquerda (PE) e na cavidade pulmonar (CP). **B.** São apresentados os registros das pressões nesses locais em um indivíduo. **C.** Os registros das pressões de diferentes vasos estão superpostos. Durante a contração ventricular, a pressão arterial no arco aórtico esquerdo (AAE) aumenta, juntamente com a pressão na cavidade arterial (CA), do qual recebe o sangue, até alcançar pressões máximas e iguais. As pressões na artéria pulmonar esquerda (PE) e na cavidade pulmonar (CP) também aumentam até picos semelhantes. Todavia, o pico de pressão no arco aórtico é mais do que o dobro daquele no arco pulmonar. Isso fornece uma evidência experimental de que o ventrículo opera como bomba dupla de pressão, produzindo, simultaneamente, pressões altas no circuito sistêmico e pressões baixas no circuito pulmonar. Abreviações: Artéria pulmonar direita = PD; arco aórtico direito = AAD.

De Burggren e Johansen.

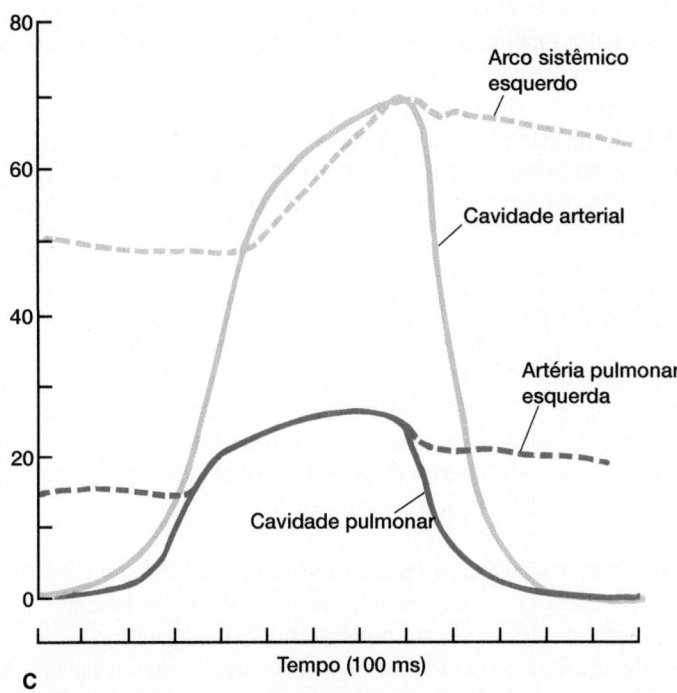

C

Tempo (100 ms)

Arco sistêmico esquerdo

Cavidade arterial

Artéria pulmonar esquerda

Cavidade pulmonar

ventilação do ar e da água. Seus sistemas cardiovasculares não são menos adaptivos para os ambientes nos quais residem que os sistemas das aves e dos mamíferos mais "avançados". A evolução do sistema cardiovascular não representa melhora progressiva de sua estrutura, porém um modo alternativo igualmente adaptativo de atender às demandas impostas ao sistema circulatório por diferentes estilos de vida.

O desvio cardíaco, que aproveita características da estrutura do coração, como a presença de septos incompletos, também permite que o coração produza diferentes pressões nos circuitos sistêmico e pulmonar, altas e baixas, respectivamente. As pressões baixas dentro dos pulmões ajudam a impedir a formação de edema, isto é, acúmulo de líquido que extravasa dos capilares. A pressão alta existente na circulação sistêmica mantém a pressão arterial alta nas artérias renais que seguem para os rins e, assim, facilita a filtração para a excreção.

A precisão desse desvio cardíaco e as estruturas morfológicas que o facilitam podem ser muito especializadas. No crocodilo, uma válvula especial em "dente de engrenagem", derivada do tecido conjuntivo, localiza-se na base da artéria pulmonar. A válvula pode se fechar para restringir o fluxo sanguíneo em direção aos pulmões e, assim, contribuir para o desvio cardíaco, o qual pode desviar uma grande proporção do débito cardíaco para longe dos pulmões. Durante mergulhos prolongados, o fluxo sanguíneo através do forame de Panizza pode se inverter efetivamente, com passagem de sangue dos arcos aórticos esquerdos para os direitos, assegurando, dessa maneira, o enchimento do arco aórtico direito, que abastece a circulação coronária (coração) e cefálica (cérebro).

Pode ocorrer desvio cardíaco significativo enquanto o réptil está na terra, em repouso. Isso também pode representar uma maneira de manter a filtração renal alta, sem manter a circulação pulmonar também desnecessariamente alta quando a taxa metabólica está baixa. Além disso, pode servir para a digestão. Nos crocodilos, o arco aórtico esquerdo abastece grande parte do estômago e do intestino. Se a produção de dióxido de carbono aumentar a acidez do sangue, o desvio do sangue ácido para o intestino pode ser vantajoso para a secreção de HCl dentro do estômago depois de uma refeição.

Órgãos acessórios de respiração aérea

Muitos peixes não sofrem os extremos de hipoxia com os quais os peixes pulmonados se defrontam; todavia, em certas ocasiões, enfrentam um estresse temporário devido à baixa disponibilidade de oxigênio. As bexigas de gás vascularizadas parecem proporcionar uma resposta. O sangue é desviado da circulação geral para a bexiga de gás, na qual o oxigênio é captado e retorna à circulação geral (Figura 12.40 A). No *Hoplosternum*, um peixe semelhante à carpa, ramos da aorta dorsal transportam sangue para áreas do trato digestório enriquecido com redes capilares. O sangue nessas redes é exposto a uma bolha de ar deglutida dentro do trato digestório, e o oxigênio do ar é capturado e adicionado diretamente à circulação sistêmica para aumentar a tensão global de oxigênio (Figura 12.40 B).

Nos peixes com órgãos acessórios de respiração aérea, o sangue oxigenado alcança a circulação geral antes de entrar no coração. O resultado consiste em elevação dos níveis de oxigênio

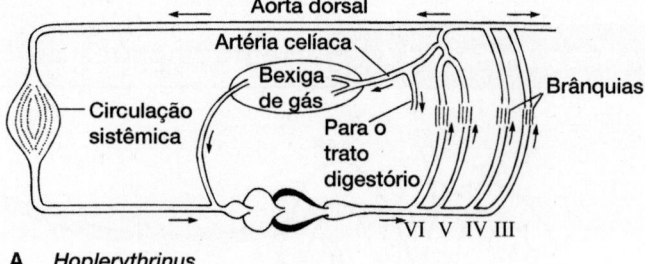

A *Hoplerythrinus*

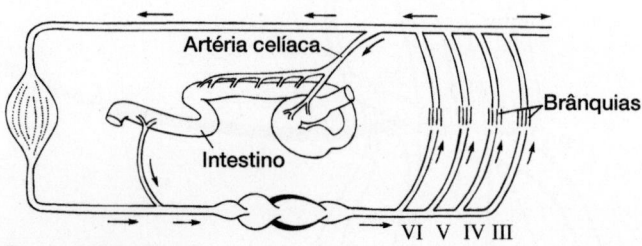

B *Hoplosternum*

Figura 12.40 Suprimento sanguíneo para órgãos acessórios de respiração aérea nos peixes. A. O jeju, *Hoplerythrinus*, desenvolveu uma bexiga natatória vascularizada, suprida por um ramo da artéria celíaca. Quando esse peixe respira ar, o fluxo sanguíneo para a bexiga natatória quase duplica, porém não existe qualquer estrutura anatômica para separar o sangue oxigenado que retorna da circulação venosa antes de ambos entrarem no coração. **B.** O *Hoplosternum* engole ar em seu intestino, a partir do qual o oxigênio entra na circulação sistêmica. À semelhança do jeju, o sangue oxigenado se mistura com o sangue desoxigenado em seu percurso de volta ao coração.

no sangue o suficiente para compensar os baixos níveis na água e permitir que o peixe possa passar por períodos temporários de hipoxia. Essa estruturação é suficiente e adaptativa para os estresses limitados produzidos por baixos níveis ocasionais de oxigênio. Os peixes pulmonados são os únicos entre os peixes viventes que possuem uma veia pulmonar distinta que faz o sangue retornar diretamente ao coração. Em condições mais graves de hipoxia frequente e prolongada, bem como durante as secas, essa estrutura cardiovascular possibilita a sobrevivência dos dipnoicos. Por conseguinte, esse grupo pode ocupar *habitats* e tolerar condições às quais outros peixes são bem menos adaptados.

Aves e mamíferos mergulhadores

Os corações de aves e mamíferos mergulhadores não oferecem as opções fisiológicas utilizadas por anfíbios e répteis para se ajustar às demandas do mergulho. De certo modo, as aves e os mamíferos estão presos a um padrão não apropriado para a respiração intermitente que acompanha a vida aquática. Quando mergulham, ocorre rápida depleção do oxigênio nos pulmões. Torna-se logo desvantajoso para o coração bombear o grande volume habitual de sangue para os pulmões que não estão funcionando. Contudo, em virtude da divisão interna completa do coração, o desvio de sangue para longe do pulmão não pode ocorrer dentro do coração. Os ajustes precisam ocorrer por outros meios.

Quando um tetrápode mergulha, ocorrem três ajustes fisiológicos dentro do sistema circulatório. Em primeiro lugar, ocorre bradicardia. A frequência cardíaca diminuída reduz o gasto de energia para bombear o sangue para os pulmões com depleção de oxigênio. Em segundo lugar, o metabolismo anaeróbico nos músculos esqueléticos aumenta. Em terceiro lugar, a microcirculação altera o fluxo sanguíneo para os principais órgãos e tecidos. Por exemplo, o fluxo sanguíneo para o cérebro e as glândulas suprarrenais é mantido, enquanto o fluxo sanguíneo para os pulmões, o trato digestório e os músculos apendiculares (que funcionam em condições anaeróbicas) diminui.

De modo geral, uma ave ou mamífero mergulhador tira o melhor partido de uma condição estressante. Quando está submerso, existe pouco oxigênio disponível. Os pulmões apresentam uma depleção de oxigênio e, com frequência, colapsam sob a pressão da água. E, embora uma grande quantidade de oxigênio esteja armazenada na mioglobina, ela é logo consumida. Em consequência, as atividades que consomem energia mudam para vias metabólicas que não exigem oxigênio imediato (os músculos passam para o metabolismo anaeróbico), a energia é conservada (ocorre bradicardia), e o sangue disponível é desviado para os órgãos prioritários (desvio da microcirculação). Nenhuma dessas respostas fisiológicas é exclusiva das aves e dos mamíferos. Todos os tetrápodes exibem respostas semelhantes quando mergulham. Entretanto, como as aves e os mamíferos carecem de um coração com desvio cardíaco, estes são os únicos ajustes cardiovasculares importantes disponíveis.

Diferentemente das aves e dos mamíferos, os corações dos répteis e dos anfíbios funcionam como duas bombas independentes. Durante o mergulho, a resistência pulmonar aumenta, e maior quantidade de sangue pode ser desviada para a circulação sistêmica. Entretanto, como as bombas são independentes, podem ser produzidas pressões independentes. Por exemplo, isso pode ser importante para manter a pressão sistêmica alta, de modo que a filtração renal do sangue não decline; isso pode ser realizado nos circuitos sistêmicos sem a necessidade de elevação simultânea da pressão pulmonar.

Fluxo cardíaco

O coração não apenas produz a pressão inicial que movimenta o sangue, mas também separa as correntes sanguíneas oxigenada e desoxigenada e direciona o sangue para os troncos aórtico ou pulmonar apropriados. A separação do sangue oxigenado e desoxigenado depende de muitas características da estrutura e função do coração, incluindo presença de septos, posição de portas de entrada e de saída, dinâmica do fluxo sanguíneo e textura do revestimento cardíaco. Os septos internos, sejam eles completos ou incompletos, ajudam a separar as correntes oxigenada e desoxigenada que fluem pelo coração. As localizações das portas de entrada e de saída do coração também ajudam a manter os fluxos de sangue arterial e de sangue venoso separados. Por exemplo, no coração do crocodilo, se o arco aórtico esquerdo surgisse a partir do ventrículo esquerdo, em lugar do direito, não haveria qualquer desvio cardíaco. No coração do lagarto, o transporte do sangue do átrio esquerdo para a cavidade arterial coloca o sangue oxigenado em locais

favoráveis dentro do coração, de modo que esteja estrategicamente posicionado para seguir a saída apropriada. Além disso, o equilíbrio da resistência entre os circuitos pulmonar e sistêmico também influencia a direção do fluxo sanguíneo a partir do coração. No coração dos anfíbios, a dinâmica do fluxo sanguíneo pelo ventrículo explica, em parte, por que ocorre tão pouca mistura de sangue oxigenado e desoxigenado nessa câmara comum. Os recessos do miocárdio trabeculado podem proporcionar locais temporários onde o sangue que entra por uma corrente é momentaneamente isolado do outro. O coração e seu revestimento, de uma maneira que ainda não está bem elucidada, provavelmente produzem um fluxo laminar, e não turbulento, reduzindo ainda mais a agitação que poderia induzir a mistura de sangue oxigenado com sangue desoxigenado. Para que o coração funcione de modo apropriado, várias sutilezas de estrutura precisam interagir, embora algumas vezes não tenhamos uma compreensão completa de suas contribuições indispensáveis.

Ontogenia da função cardiovascular

O embrião e o adulto frequentemente vivem em ambientes muito diferentes. Por conseguinte, não é surpreendente que o sistema circulatório seja diferente nesses dois estágios da história de vida de um indivíduo. O coração embrionário começa a bater nos primeiros dias. No pintainho, consiste em uma bomba com um único ventrículo não dividido, que possui as mesmas demandas hemodinâmicas do coração de um peixe adulto. Tanto no peixe adulto quanto no embrião de pintainho, os tecidos de troca gasosa e os tecidos sistêmicos estão em série. São abastecidos por uma única bomba cardíaca, que precisa gerar uma pressão suficiente para conduzir o sangue por ambos. Padrões estruturais semelhantes atendem a demandas funcionais comuns. O coração embrionário com seus batimentos, não menos do que o coração do adulto, atende às necessidades do embrião, embora se trate de um estágio transitório. Para a maioria dos vertebrados, alterações de importância crítica no sistema circulatório devem acomodar rapidamente mudanças repentinas nas demandas fisiológicas que ocorrem por ocasião do nascimento ou da eclosão. Essas mudanças são mais extensas e talvez mais bem conhecidas nos mamíferos placentários.

Circulação fetal nos mamíferos placentários

Nos mamíferos eutérios, o feto depende exclusivamente da placenta para o suprimento de oxigênio (Figura 12.41). Uma única **veia umbilical** que transporta sangue oxigenado a partir da placenta flui para o fígado, no qual aproximadamente metade do sangue entra nos sinusoides hepáticos, enquanto a outra metade se desvia do fígado por meio do **ducto venoso** e entra na veia hepática. O sangue na veia hepática se une ao grande volume de sangue que retorna ao átrio direito por meio da pré-cava e da pós-cava. A circulação pulmonar para os pulmões não funcionais está reduzida. Cerca de 90% do sangue que alcança a artéria pulmonar são desviados do pulmão pelo **canal arterial** e passam para a aorta dorsal. Dentro do coração, o septo interatrial é incompleto. O **forame oval**, uma abertura entre os átrios direito e esquerdo, possibilita a entrada da maior parte do sangue dentro do átrio direito para fluir diretamente

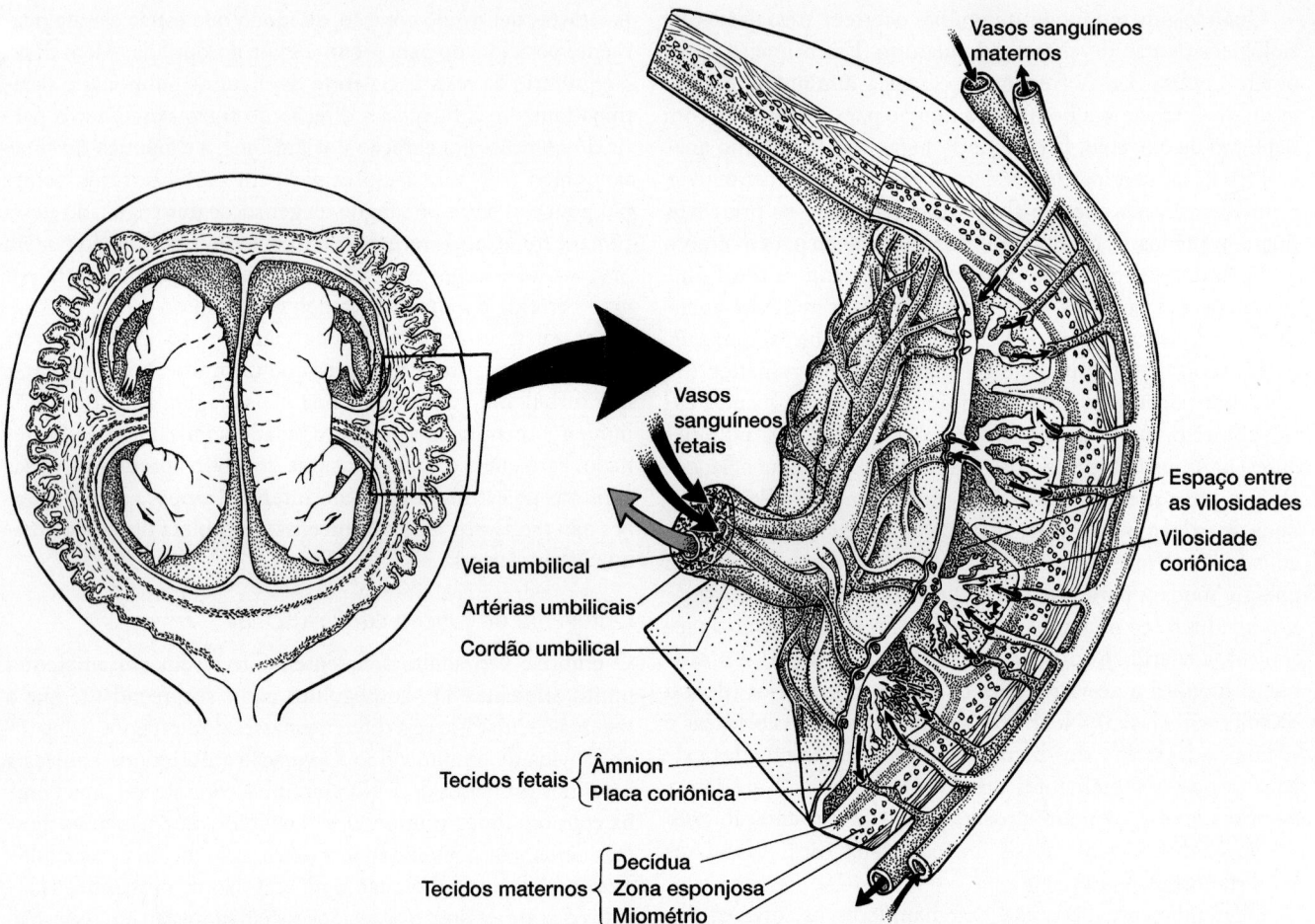

Figura 12.41 Placenta de mamífero. As membranas extraembrionárias do feto produzem a placa coriônica associada aos tecidos maternos da placenta. Por ocasião do parto, a placenta se separa do útero na zona esponjosa. O sangue fetal com baixa tensão de oxigênio flui por duas artérias umbilicais para uma densa rede ramificada de capilares nas vilosidades coriônicas, nas quais o sangue fetal absorve oxigênio do sangue materno. O sangue oxigenado flui a partir desses capilares, pela veia umbilical, para entrar na circulação fetal. O sangue materno flui pela placenta por ramos da artéria uterina, satura os espaços entre as vilosidades e banha as paredes das vilosidades coriônicas, liberando oxigênio nos capilares fetais. O sangue materno flui a partir desses espaços, por meio de tributárias, para a veia uterina.

De Mossman, 1937.

no átrio esquerdo, sem passar primeiro pelos pulmões. Por conseguinte, o forame oval, à semelhança do canal arterial, desvia a maior parte do sangue para longe dos pulmões não funcionais e para dentro da circulação sistêmica. O sangue retorna à placenta por meio das **artérias umbilicais** pareadas que se ramificam a partir da artéria ilíaca (Figura 12.42 A).

Placenta (Capítulo 3)

Próximo do final da gestação, o feto de mamífero apresenta um sistema circulatório especializado e complexo. O sangue que entra no átrio direito consiste em uma mistura de sangue desoxigenado (proveniente do fígado, da pré-cava, da pós-cava e do seio coronário) e de sangue oxigenado da placenta (por meio da veia umbilical e ducto venoso). Entretanto, mesmo com essa mistura no átrio direito, o sangue oxigenado da placenta tende a ser desviado pelo forame oval para o átrio esquerdo. A partir do átrio esquerdo, flui para o ventrículo esquerdo, a aorta dorsal, as carótidas e a cabeça. Por conseguinte, o cérebro fetal

recebe, preferencialmente, sangue com maior pressão parcial de oxigênio, em comparação com o sangue que flui para outros órgãos do corpo.

Como a resistência pulmonar é alta, as pressões são maiores no lado direito do coração que no lado esquerdo. Esse diferencial de pressão e a ação unidirecional do forame oval asseguram que o sangue flua apenas do átrio direito para o esquerdo.

Mudanças por ocasião do nascimento

Quando um ser humano nasce, ocorrem várias mudanças no sistema circulatório, de modo quase simultâneo. Conforme os tecidos maternos e fetais se separam no processo do nascimento, a circulação da placenta cessa. Os pulmões neonatais se expandem com as primeiras respirações vigorosas e se tornam funcionais pela primeira vez (Figura 12.42 B). Quando a respiração começa, a súbita elevação na pressão parcial de oxigênio do sangue estimula a contração do músculo liso nas paredes do canal arterial, fechando-o imediatamente. No decorrer de

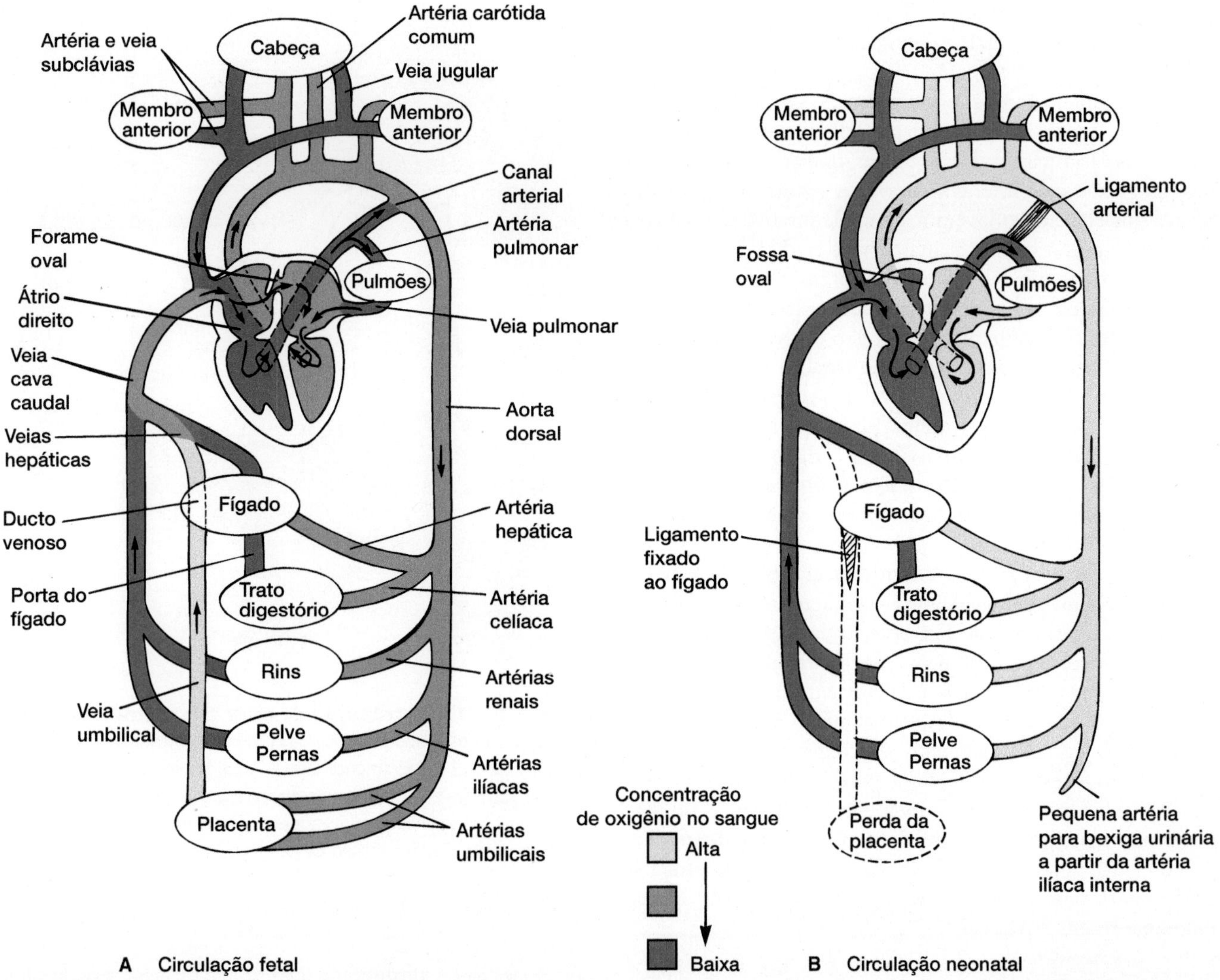

Figura 12.42 Mudanças circulatórias dos mamíferos (eutérios) por ocasião do nascimento. A. Circulação fetal. Como os pulmões não são funcionais, a captação de oxigênio e de nutrientes ocorre pela placenta. O ducto venoso é uma derivação do fígado. O forame oval e o canal arterial são derivações do pulmão. **B.** Circulação neonatal. Após o nascimento, os pulmões se tornam funcionais, a placenta se desprende e ocorre fechamento do ducto venoso, do forame oval e do canal arterial.

De Walker.

um período de várias semanas, o tecido fibroso invade o lúmen e oblitera o canal arterial, que se transforma em um cordão de tecido, o *ligamento arterial* (ligamento de Botallus). Como maior quantidade de sangue entra nos pulmões funcionais depois do nascimento, maior quantidade retorna ao coração, aumentando a pressão no átrio esquerdo e mantendo os septos do forame oval fechados. Na maioria dos indivíduos, os septos se fundem de modo gradual, de modo que ocorre formação de uma parede anatomicamente completa entre os átrios quando o ser humano tem cerca de 1 ano de idade. Todavia, em cerca de um terço dos humanos adultos, essa fusão anatômica falha. Em seu lugar, os septos são mantidos fechados por diferenças de pressão entre os átrios, não provocando habitualmente qualquer sintoma clínico.

Os músculos lisos dentro das paredes dos vasos umbilicais sofrem contração e gradualmente são invadidos por tecido conjuntivo fibroso. Isso continua durante os primeiros

2 a 3 meses de vida pós-natal. Partes ocluídas das artérias umbilicais passam a constituir os ligamentos umbilicais laterais. Outras partes das artérias umbilicais contribuem para as artérias ilíacas comum e interna. A veia umbilical persiste apenas como um cordão de tecido conjuntivo, o ligamento redondo. No decorrer de um período de 2 meses, o ducto venoso sofre atrofia em massa fibrosa, o ligamento venoso (ver Figura 12.42 B).

Em consequência dessas mudanças que ocorrem ao nascimento, um padrão de circulação dupla é rapidamente estabelecido e se torna anatomicamente consolidado nos primeiros meses de vida neonatal. Falhas na ocorrência de uma ou várias dessas mudanças podem resultar em oxigenação ou distribuição de sangue inadequadas. Conforme o sangue pouco oxigenado alcança a circulação periférica, a pele do lactente escurece, assumindo a tonalidade azulada do sangue desoxigenado, uma condição conhecida como **cianose** (síndrome do bebê azul). A gravidade da condição e a resposta clínica apropriada dependem de quais e quantas dessas mudanças deixaram de ocorrer.

Os marsupiais nascem em um estágio precoce de desenvolvimento depois de um breve período de gestação, de apenas 13 dias (no gambá *Didelphis virginiana*) ou até 37 dias (no canguru-cinza oriental, *Macropus giganteus*). À semelhança dos eutérios, o jovem marsupial, durante o desenvolvimento intrauterino, apresenta desvios cardiovasculares que permitem ao sangue não passar pelos pulmões, através de um canal arterial. Há também uma comunicação interatrial entre os átrios direito e esquerdo, porém isso ocorre por um septo fenestrado entre as duas câmaras do coração fetal, que pode corresponder a parte do forame oval dos eutérios. Diferentemente dos eutérios, esse septo marsupial não desenvolve uma válvula unidirecional, mas possibilita o fluxo de sangue em qualquer direção entre os átrios. Em alguns marsupiais, aparece um forame interventricular durante o desenvolvimento bem inicial.

No final da gestação, o jovem marsupial precisa se deslocar do canal do parto até o marsúpio e enfrentar os desafios físicos da existência extrauterina. Por ocasião do nascimento, o canal arterial sofre constrição para se fechar rapidamente dentro de poucas horas. Além disso, o fechamento do forame interventricular, se não estiver completo, também ocorre dentro de poucas horas após o nascimento. A proliferação de tecido invade o septo fenestrado interatrial, porém o fechamento completo pode levar vários dias. O momento apropriado e o fechamento um tanto gradual desses desvios ao nascimento podem proporcionar uma maneira de ajustar de modo primoroso as diferenças de pressão entre a circulação sistêmica e a circulação pulmonar recém-funcional.

Transferência de calor

Além de transportar gases e produtos metabólicos, o sistema circulatório também funciona na transferência de calor. Por exemplo, os répteis que se aquecem ao sol absorvem calor em seus vasos sanguíneos periféricos. À medida que esse sangue aquecido circula por todo o corpo, ele aquece os tecidos mais profundos. Por outro lado, o sangue transporta o calor produzido como subproduto dos músculos em atividade até a superfície do corpo (Figura 12.43 A e B). Esse calor pode ser mais facilmente dissipado pelo tegumento para evitar o superaquecimento. Quando o sangue transporta calor para os tecidos profundos ou transporta o excesso de calor até a superfície, as mudanças apropriadas que ocorrem na circulação são, em grande parte, mediadas por mudanças na microcirculação. Durante o resfriamento, mais redes capilares se abrem na circulação periférica da pele para aumentar o fluxo sanguíneo e transferir o calor para o ambiente. Quando o calor é conservado, ocorre redução do fluxo sanguíneo periférico.

Em comparação com o ar, a água tem maior capacitância térmica (capacidade de manter o calor). Em consequência, os animais na água frequentemente enfrentam problemas especiais em relação ao controle da perda ou do ganho de calor. As nadadeiras ou os pés palmados das baleias, focas ou aves pernaltas são banhados na água fria. O sangue que circula para essas extremidades é quente, porém a água pode estar gelada;

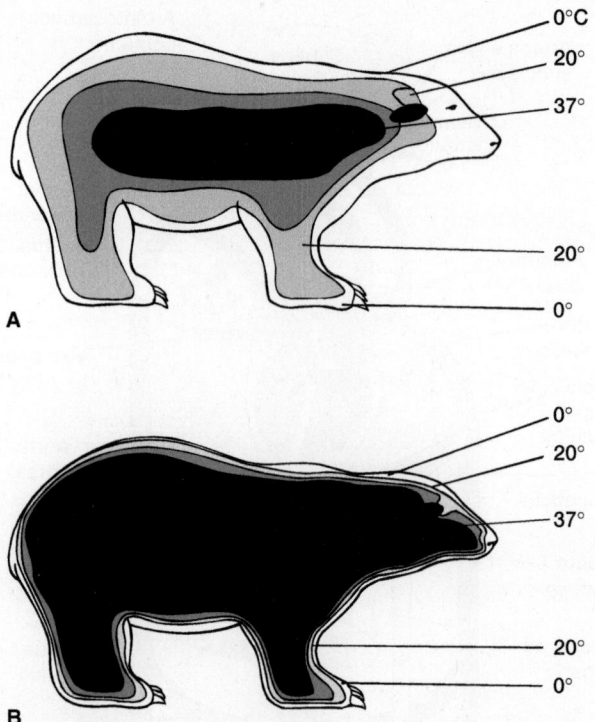

Figura 12.43 Distribuição de calor nos mamíferos. A. Mamíferos como os ursos-polares mantêm preferencialmente uma temperatura central relativamente alta. À medida que o sangue se aproxima da superfície do corpo, ele alcança áreas mais frias do animal. **B.** Quando um animal se superaquece, como durante uma atividade ou em dias quentes, o excesso de calor circula até a superfície da pele, a partir da qual pode ser mais facilmente dissipado.

por conseguinte, uma grande quantidade de calor seria perdida para o ambiente não fossem as características especializadas do sistema circulatório. Nas regiões superiores das nadadeiras ou das pernas, forma-se uma rede entrelaçada e elaborada entre artérias que saem e veias que retornam. Essas tramas adjacentes de artérias e veias são denominadas *redes* (*retes*). O sangue em uma rede estabelece um padrão de contracorrente entre as artérias que saem e as veias que chegam. Antes de alcançar a nadadeira ou o pé, o sangue quente passa pela rede. O calor transportado nas artérias é transferido quase totalmente para o sangue que retorna nas veias. Quando o sangue alcança a extremidade, resta pouco calor que é dissipado para o ambiente. Essas redes funcionam como **bloqueadores de calor** para impedir a perda de calor do corpo através das extremidades.

Troca por contracorrente (Capítulo 4)

Nos golfinhos e nas baleias, um mecanismo adicional é usado para controlar a perda de calor. Profundamente, na parte central da nadadeira, a artéria central única é circundada por numerosas veias. A artéria central que chega e as numerosas veias que retornam formam um sistema de troca por contracorrente, que atua como bloqueador de calor (Figura 12.44). Entretanto, quando o animal está ativo, e há necessidade de dissipação do excesso de calor, o mesmo mecanismo circulatório atua. O sangue adicional flui para a nadadeira através da

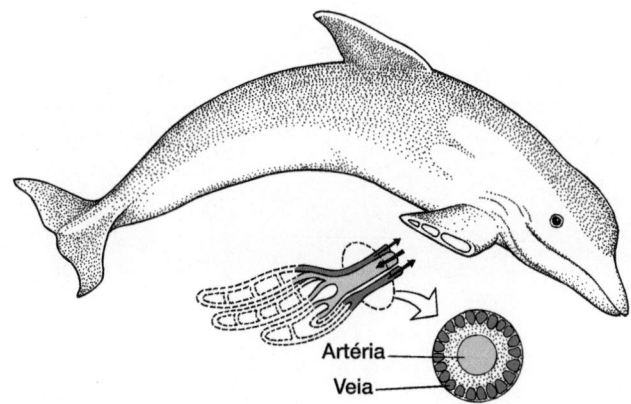

Figura 12.44 Bloqueadores de calor. As aves e os mamíferos que vivem em águas frias correm risco de perder calor continuamente para o ambiente. Isso é particularmente verdadeiro nas extremidades que apresentam uma grande área de superfície em relação à sua massa. O sangue quente que flui para as extremidades perde calor para o ambiente. Isso potencialmente poderia levar a uma grave perda de calor do organismo. Nos golfinhos, o sangue arterial quente que circula para a nadadeira passa pelo sangue venoso que retorna, o qual é frio. Como as veias que retornam da nadadeira circundam a artéria central, um sistema de fluxo por contracorrente é estabelecido. O sangue arterial que flui na nadadeira cede seu calor para o sangue venoso que retorna, diminuindo a perda de calor do golfinho para o ambiente. Esse arranjo por contracorrente na nadadeira anterior atua como bloqueador de calor, impedindo o excesso de perda de calor para o ambiente.

De Schmidt-Nielsen.

artéria central. À medida que o sangue dilata essa artéria, ele exerce pressão sobre as veias circundantes, causando seu colapso. Como essas veias estão fechadas, o sangue quente procura vias alternativas de retorno em veias próximas da superfície da nadadeira. O resultado global consiste no fechamento temporário do bloqueador de calor profundo e no desvio simultâneo de sangue para a superfície, onde o excesso de calor pode ser transferido para a água.

A perseguição de uma presa ou a fuga de inimigos gera um excesso de calor metabólico; a exposição à radiação solar aumenta a temperatura corporal. O cérebro é particularmente suscetível a esses extremos de temperatura. Se o cérebro sofrer superaquecimento, mesmo que ligeiramente, o resultado pode ser letal. Em muitos animais, uma **rede carotídea** especial, localizada na base do cérebro, resolve esse problema (Figura 12.45 A). Por exemplo, no nariz de um cão, *conchas nasais* altamente pregueadas sustentam uma área extensa de membranas nasais úmidas resfriadas por evaporação. O sangue venoso resfriado que retorna dessas membranas nasais entra na rede carotídea para absorver o calor do sangue na artéria carótida antes de sua entrada no cérebro (Figura 12.45 B). Naturalmente, nem todo o calor é bloqueado antes de alcançar o cérebro, visto que este precisa ser mantido aquecido. Todavia, a rede carotídea atua como outro bloqueador de calor. Nesse caso, o bloqueador de calor proporciona um mecanismo para absorver o excesso de calor e impedir os extremos prejudiciais de temperatura no cérebro (Figura 12.45 C).

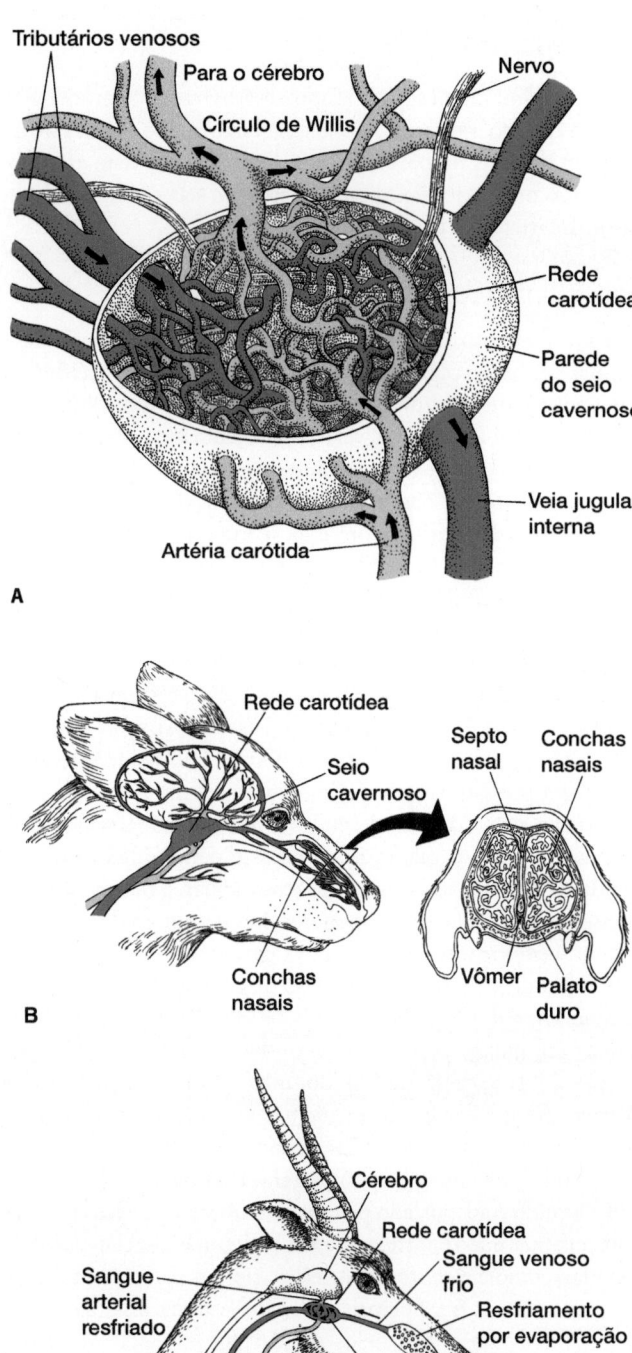

Figura 12.45 Resfriamento. A. Em muitos mamíferos, existe uma rede carotídea na base do cérebro. Essa rede faz com que as artérias e veias estejam próximas umas das outras, possibilitando a troca de calor entre elas. **B.** O nariz do cão inclui um conjunto altamente contorcido de conchas nasais supridas com sangue. O ar que se movimenta através do nariz resfria o sangue venoso antes que ele flua pela rede carotídea. Na rede, o sangue arterial em seu percurso para o cérebro cede seu calor para esse sangue venoso frio, um processo que protege o cérebro do superaquecimento. **C.** No elande (*Taurotragus oryx*), um mamífero do deserto, observe a localização da rede carotídea em relação às passagens nasais e ao cérebro.

De Baker.

Sistema linfático

O sistema linfático está associado ao sistema circulatório. Ele ajuda o líquido a retornar ao sistema circulatório e está envolvido em diversas funções especiais. Do ponto de vista estrutural, são reconhecidos dois componentes do sistema linfático: os vasos linfáticos e o tecido linfático.

Vasos linfáticos

Em seu conjunto, os vasos linfáticos constituem um sistema tubular em fundo cego, que faz o líquido circular dos tecidos de volta ao sistema cardiovascular. As paredes dos vasos linfáticos se assemelham àquelas das veias, e, à semelhança destas, os vasos linfáticos contêm válvulas unidirecionais.

A pressão dentro das arteríolas surge a partir de duas fontes. A **pressão hidrostática** representa a força remanescente inicialmente gerada pela contração ventricular. Tende a favorecer o fluxo de líquido do sangue para o tecido circundante. A **pressão osmótica** resulta de concentrações diferentes das proteínas dentro da arteríola e fora, no líquido tecido circundante, de modo que o líquido se movimenta do tecido circundante para o sangue. À medida que uma arteríola se aproxima de uma rede capilar, a pressão hidrostática residual é habitualmente mais alta que a pressão osmótica. Em consequência, o líquido vaza do sangue para banhar as células circundantes. Esse líquido que escapou dos capilares sanguíneos é denominado **líquido tecidual**. No lado das vênulas da rede capilar, a maior parte da pressão hidrostática se dissipou, resultando em predomínio da pressão osmótica. A pressão efetiva para dentro resulta em recuperação de quase 90% do líquido original que extravasou do sangue arterial. Os 10% restantes, se não forem recuperados, irão se acumular nos tecidos conjuntivos, causando tumefação devido a um excesso de líquido, uma condição denominada **edema**. Em geral, não ocorre edema, visto que o excesso de líquido tecidual é captado pelos túbulos linfáticos e finalmente devolvido à circulação sanguínea geral (Figura 12.46).

O líquido transportado pelos vasos linfáticos é a **linfa**. Consiste, em sua maior parte, em água e algumas substâncias dissolvidas, como eletrólitos e proteínas, porém não contém qualquer eritrócito. Os principais vasos do sistema linfático coletam a linfa reabsorvida pelos minúsculos capilares linfáticos em fundo cego e a devolvem para a circulação venosa, próximo das veias pré-cava e pós-cava (Figura 12.47). Os vasos linfáticos formam uma rede de canais anastomosados. Os principais vasos que geralmente compõem a rede linfática e as partes do corpo que drenam são os **linfáticos jugulares** (cabeça e pescoço), os **linfáticos subclávios** (apêndices anteriores), os **linfáticos lombares** (apêndices posteriores) e os **linfáticos torácicos** (tronco, vísceras da cavidade do corpo, cauda; Figuras 12.47 A e 12.48 A e B).

A baixa pressão existente dentro dos vasos linfáticos os ajuda a captar o líquido tecidual, porém apresenta um problema para movimentar a linfa. Em alguns vertebrados, como peixes teleósteos e anfíbios, ocorrem **"corações" linfáticos** ao longo do trajeto de retorno. Não se trata de corações verdadeiros, visto que são desprovidos de músculo cardíaco; entretanto, os músculos estriados presentes em suas paredes desenvolvem

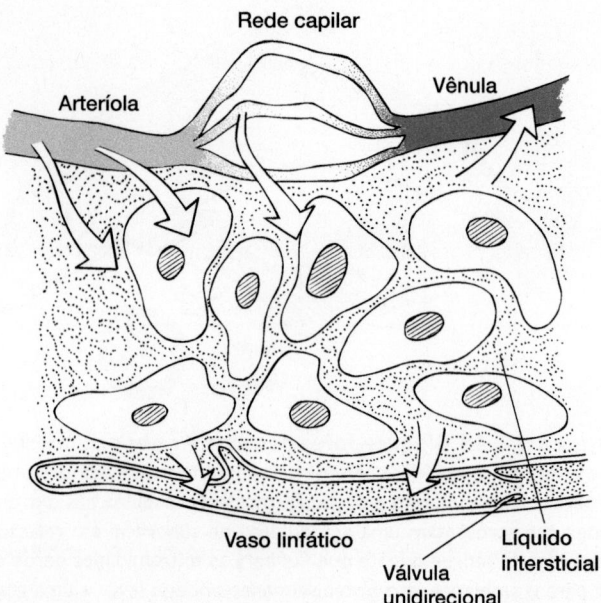

Figura 12.46 Formação da linfa. A pressão relativamente alta nos capilares resulta em extravasamento de líquido do sangue para os tecidos circundantes. Parte desse líquido intersticial retorna ao sangue no lado venoso de baixa pressão da circulação. Canais em fundo cego, denominados vasos linfáticos, coletam o excesso de líquido (linfa) e o devolvem à circulação geral, geralmente por meio de uma das grandes veias torácicas (as *setas* indicam o movimento do líquido).

lentamente pulsos de pressão para propelir a linfa. Nervos espinais suprem os corações linfáticos, embora os corações também possam pulsar de maneira rítmica por eles próprios se a inervação for interrompida. Nos peixes teleósteos, os corações linfáticos são encontrados na cauda e se esvaziam na veia caudal. Ocorrem também em alguns anfíbios (Figura 12.49), répteis e embriões de aves. Com frequência, são encontrados onde os vasos linfáticos entram nas veias. Válvulas unidirecionais nos corações linfáticos ajudam a garantir o retorno da linfa para o sistema cardiovascular.

O mecanismo de retorno da linfa também se aproveita dos movimentos gerais do corpo, como diferenças de pressão de inalação e exalação no tórax e contrações dos músculos próximos que comprimem as paredes dos vasos linfáticos, forçando o fluxo da linfa. Em muitos vertebrados, os vasos linfáticos formam bainhas ao redor das principais artérias pulsantes. Pulsos de ondas que percorrem as paredes arteriais cedem sua energia para a linfa circundante (Figura 12.50 A). As válvulas unidirecionais dentro dos vasos linfáticos asseguram que essas forças movimentem a linfa de volta à circulação sanguínea (Figura 12.50 B).

Tecido linfático

O sistema linfático também inclui o tecido linfático, um conjunto de tecido conjuntivo e células livres. As células livres compreendem, em sua maior parte, leucócitos, plasmócitos e macrófagos, que desempenham um papel no sistema imune do corpo. O tecido linfático pode ser encontrado em quase todas

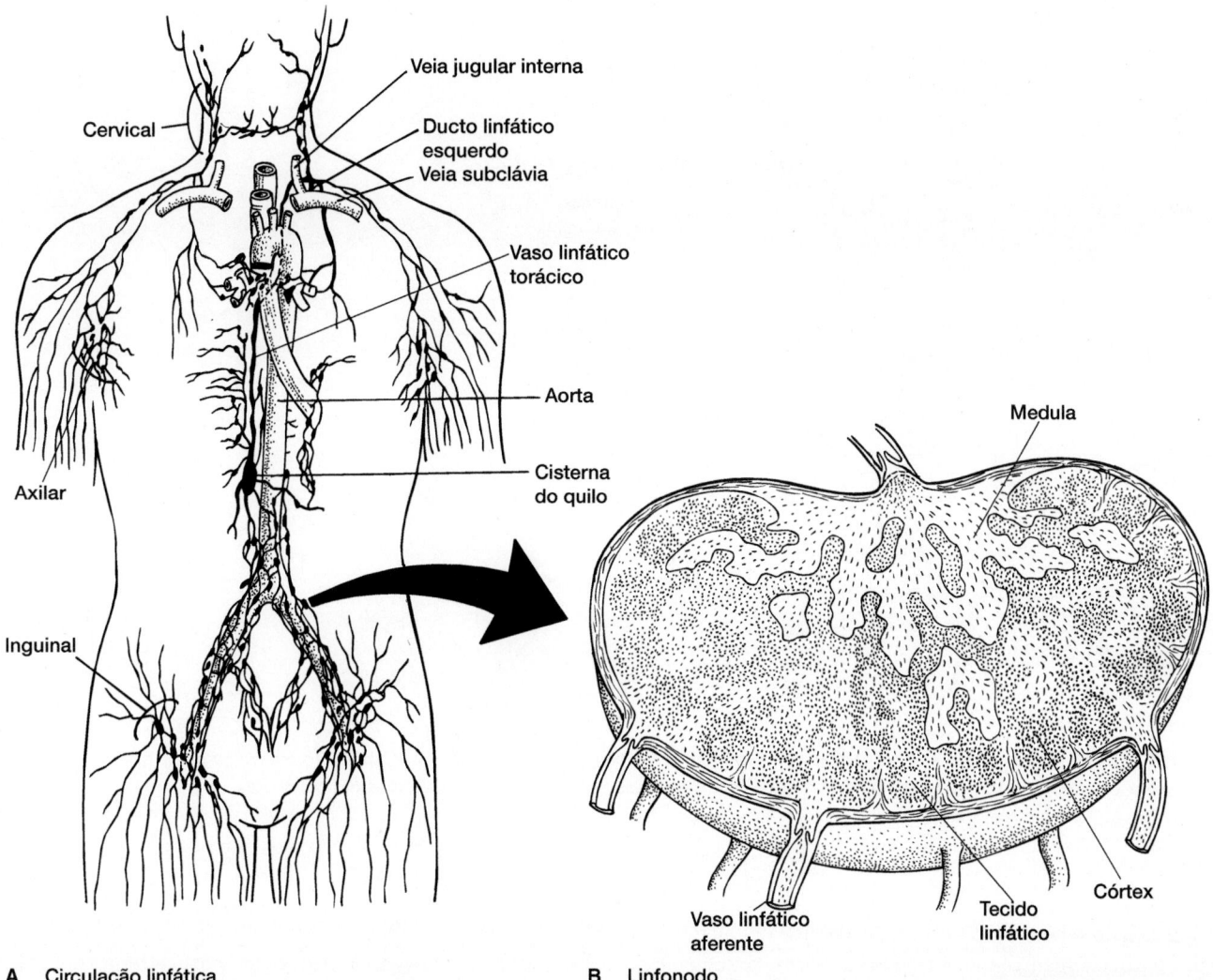

Figura 12.47 Circulação linfática e linfonodos. A. Os vasos linfáticos que retornam de todas as partes do corpo se unem para formar vasos linfáticos principais, cujo maior deles é o ducto torácico, que transporta linfa para dentro das veias pós-cava ou subclávia. **B.** Corte transversal de um linfonodo. Nos mamíferos e em algumas outras espécies, ocorrem pequenas tumefações ou nódulos ao longo dos vasos linfáticos. Esses linfonodos abrigam tecido linfático, cuja função consiste em remover os materiais estranhos da linfa que circula por eles. Os linfonodos possuem um córtex e uma medula envolvidos por uma cápsula de tecido conjuntivo fibroso. Observe os vasos linfáticos que entram e que saem.

De J.V. Basmajian, Primary Anatomy, 7th ed. Copyright © 1976 Williams and Wilkins, Baltimore, MD. Reimpressa com autorização.

as partes do corpo: como tecido difusamente distribuído, em placas (p. ex., nódulos linfáticos) ou encapsulado em linfonodos. O **linfonodo** (ver Figura 12.47 B) é um conjunto de tecido linfático envolvido por uma cápsula de tecido conjuntivo fibroso. Os linfonodos estão localizados dentro de canais dos vasos linfáticos, ao longo do trajeto de retorno da linfa. Essa posição nos vasos linfáticos assegura a passagem da linfa através do tecido linfático mantido no linfonodo e que seja apresentada às células livres. Os linfonodos ocorrem nos mamíferos e em algumas aves aquáticas, porém estão ausentes em outros vertebrados. Nos répteis, dilatações ou expansões dos vasos linfáticos, denominadas **cisternas linfáticas** ou **sacos linfáticos**, ocorrem em locais normalmente ocupados por linfonodos verdadeiros nas aves e nos mamíferos.

Forma e função

Os vasos linfáticos funcionam como um sistema venoso acessório, absorvendo e devolvendo o líquido que escapou à circulação geral. Eles também absorvem lipídios do trato digestório. Numerosos vasos linfáticos no trato digestório, denominados **ductos lactíferos**, absorvem ácidos graxos de cadeia longa e os devolvem à circulação sanguínea (Figura 12.51).

A pressão alta no lado arterial da circulação resulta em perda de líquido para os tecidos nos capilares. O retorno desse líquido depende da baixa pressão do sistema venoso, juntamente com os linfáticos e uma pressão osmótica favorável de proteínas sanguíneas. Todavia, os linfáticos, para devolver esse líquido coletado, precisam entrar na circulação em um ponto onde a baixa pressão favorece o retorno do líquido. Na maioria dos

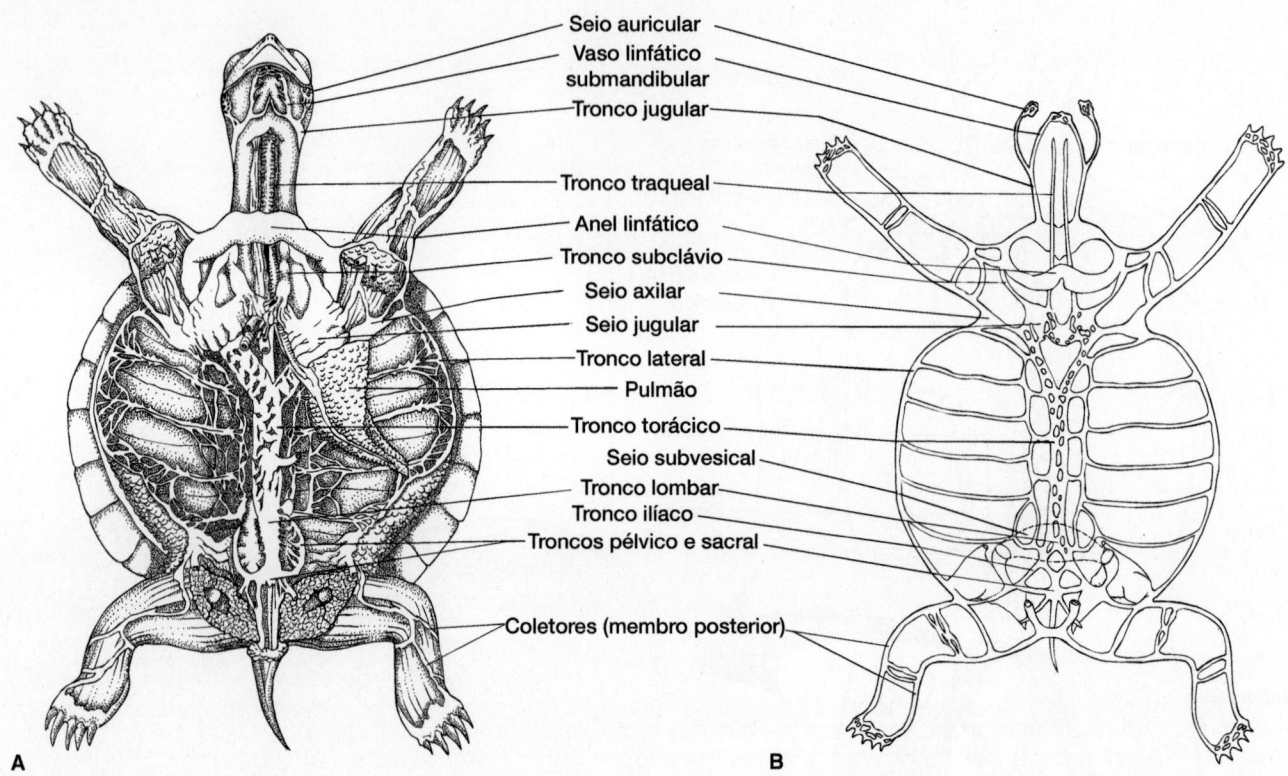

Figura 12.48 Vasos linfáticos na tartaruga *Pseudemys scripta* (vista ventral). A. O plastrão e a maior parte das vísceras foram removidos para mostrar os vasos linfáticos. **B.** Vista diagramática dos principais troncos linfáticos nas tartarugas.

De Ottaviani e Tazzi.

peixes, o lado venoso da circulação proporciona essa oportunidade, particularmente se a pressão baixa ocorre exatamente no local onde as veias entram no coração. Os efeitos da aspiração do coração contribuem para o retorno da linfa e do sangue no seio venoso. Entretanto, com a evolução dos pulmões, o sangue venoso que retorna dos pulmões se encontra sob alta pressão. A divisão do átrio em câmaras direita (sistêmica) e esquerda (pulmonar) e, portanto, a divisão das pressões venosas de retorno, possibilitaram a manutenção das baixas pressões do sistema venoso sistêmico. Por conseguinte, a presença inicial de septos no coração ocorreu no átrio para estabelecer um sistema de baixa pressão, que possibilitou o retorno do líquido coletado. O tecido linfático está envolvido na remoção e destruição do material estranho nocivo, como bactérias e partículas de poeira.

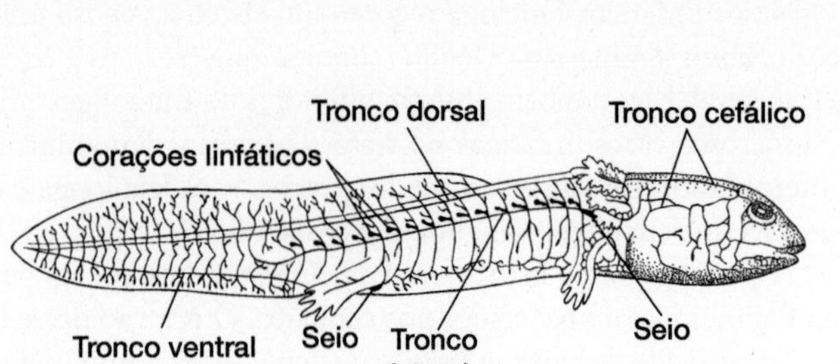

Os plasmócitos produzem alguns anticorpos que circulam no sangue. Os macrófagos aderem aos leucócitos conforme atuam para destruir as bactérias. O tecido linfático também intercepta células cancerosas que migram através dos linfonodos, embora as células livres não possam destruir células cancerosas. Por fim, os linfonodos se tornam sucessivamente sobrepujados por células cancerosas em rápida divisão. Se a presença de câncer for detectada precocemente, a intervenção cirúrgica geralmente pode curar o paciente. Devem-se efetuar exames de acompanhamento para detectar a extensão da disseminação das células cancerosas através dos vasos linfáticos; em seguida, todos os linfonodos acometidos devem ser removidos.

Resumo

O sistema cardiovascular ajuda na difusão passiva de gases entre os tecidos internos e o sangue (respiração interna), constituindo o complemento do sistema respiratório (respiração externa). O sistema cardiovascular também transporta calor e hormônios, componentes do sistema imune, produtos finais da digestão e moléculas que contribuam para o metabolismo ativo ou derivem dele. Trata-se de um sistema de tubos conectores e bombas que são preenchidos com sangue. A principal bomba é o coração branquial, uma série de câmaras de direção única que recebe sangue, gera força e envia sangue para os órgãos respiratórios (normalmente brânquias ou pulmões) e para os tecidos sistêmicos. Os movimentos gerais do corpo e, em cer-

Figura 12.49 Vasos linfáticos de uma salamandra. Os corações linfáticos ajudam o retorno de líquido à circulação sanguínea.

De Smith.

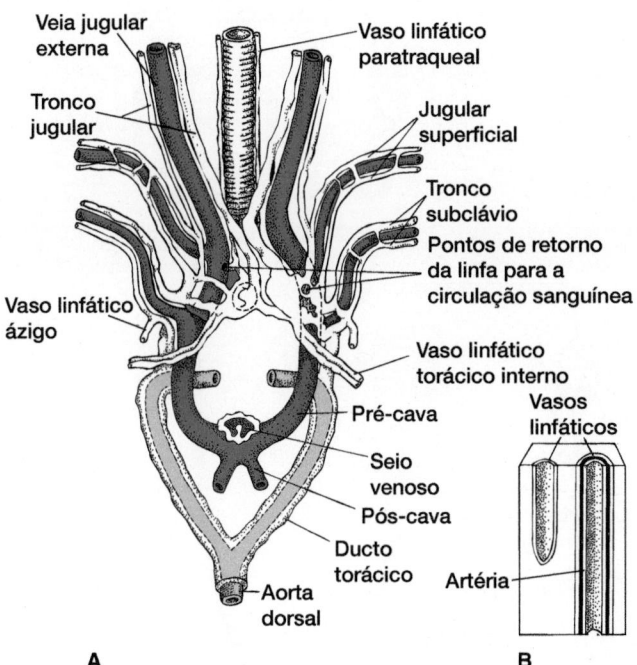

Figura 12.50 Sistema linfático nos répteis. A. Vasos linfáticos anteriores no crocodiliano *Caiman crocodilus*. O coração foi removido para revelar mais claramente os principais vasos sanguíneos e vasos linfáticos associados. A pressão necessária para movimentar a linfa através dos vasos linfáticos deriva da ação dos órgãos circundantes. Muitos vasos linfáticos também estão próximos dos músculos ativos. As paredes dos vasos linfáticos que passam através da cavidade torácica são comprimidas pelos movimentos respiratórios rítmicos. Nesses vasos, válvulas unidirecionais asseguram que essa pressão impulsione a linfa de volta à circulação sanguínea geral. **B.** Além disso, os vasos sanguíneos frequentemente circundam as principais artérias, obtendo força das ondas de pulso dessas artérias. A maioria dos vasos linfáticos forma uma extensa rede de canais interconectados em fundo cego, que coletam e devolvem a linfa à circulação sanguínea sistêmica.

De Ottaviani e Tazzi.

tas ocasiões, a presença de bombas acessórias também ajudam a propelir o sangue pelo sistema. Os tubos (vasos sanguíneos) incluem artérias que transportam o sangue para longe do coração branquial, veias que o devolvem e a microcirculação (redes capilares) entre elas, onde ocorre a respiração interna. O controle sobre a microcirculação também ajuda a harmonizar o fluxo sanguíneo com a atividade tecidual e a pressão.

Juntamente com a microcirculação, o sistema linfático coleta e devolve o excesso de líquido tecidual para a circulação geral, sendo auxiliado pelos movimentos do corpo e, em algumas espécies, por "corações" linfáticos. Um conjunto especializado de vasos linfáticos, os ductos lactíferos, captam principalmente ácidos graxos de cadeia longa do canal alimentar e os transportam até o fígado. O sistema linfático não tem eritrócitos, no entanto apresenta linfócitos e outros componentes do sistema imune.

Uma transição evolutiva importante foi a de uma circulação simples (brânquias em série com tecidos sistêmicos) para uma circulação dupla (pulmões em paralelo com os tecidos sistêmicos), resultando em importantes mudanças no sistema

cardiovascular. Olhando para trás, a partir de nosso ponto de vista como mamíferos, podemos ficar tentados a interpretar os sistemas cardiovasculares dos grupos anteriores como uma antecipação da circulação totalmente dupla que possuímos. Todavia, naturalmente, isso seria uma séria interpretação errônea da filogenia dos vertebrados. Precisamos nos livrar da visão de que os primeiros grupos de vertebrados estavam "a caminho" de se tornarem mamíferos, visto que claramente não eram esses visionários. Tampouco seus sistemas eram "imperfeitos", como acreditavam os primeiros anatomistas. Na verdade, seus sistemas circulatórios eram bem apropriados para atender às demandas ecológicas que surgiam em consequência de seus estilos de vida. Os peixes pulmonados e anfíbios posteriores respiravam água e ar e, em virtude do desvio de sangue, conseguiam aproveitar o melhor de ambos. De modo semelhante, os répteis se ajustam fisiologicamente às demandas do mergulho ou de apenas prender a respiração como parte de um metabolismo ectotérmico econômico. Observe também que a circulação dupla anatomicamente completa surgiu de maneira independente duas vezes – a primeira, nas aves, e a segunda, nos mamíferos (Figura 12.52 A). Para nos lembrar da evolução independente de alguns sistemas cardiovasculares, devemos nos lembrar dos peixes, como o teleósteo especializado, *Hoplosternum* (Figura 12.52 B). Embora a sua invenção da respiração intestinal para complementar o seu sistema cardiovascular não tenha levado a grupos posteriores baseados nesse modelo, ela se adapta

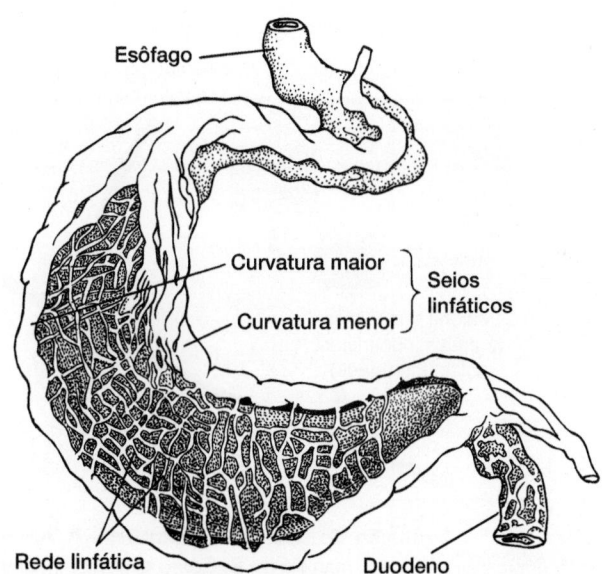

Figura 12.51 Vasos linfáticos associados ao estômago da tartaruga *Pseudemys scripta*. Os vasos linfáticos microscópicos dentro das paredes do estômago são ductos lactíferos que capturam, principalmente, ácidos graxos de cadeia longa absorvidos pela parede do estômago. Os ductos lactíferos desembocam em redes linfáticas extensas que drenam para grandes seios linfáticos ao longo das curvaturas maior e menor do estômago. Os seios linfáticos desembocam em troncos linfáticos que seguem seu percurso através dos mesentérios, recebendo, com frequência, tributários de outros vasos linfáticos viscerais e entrando no ducto linfático torácico.

De Ottaviani e Tazzi.

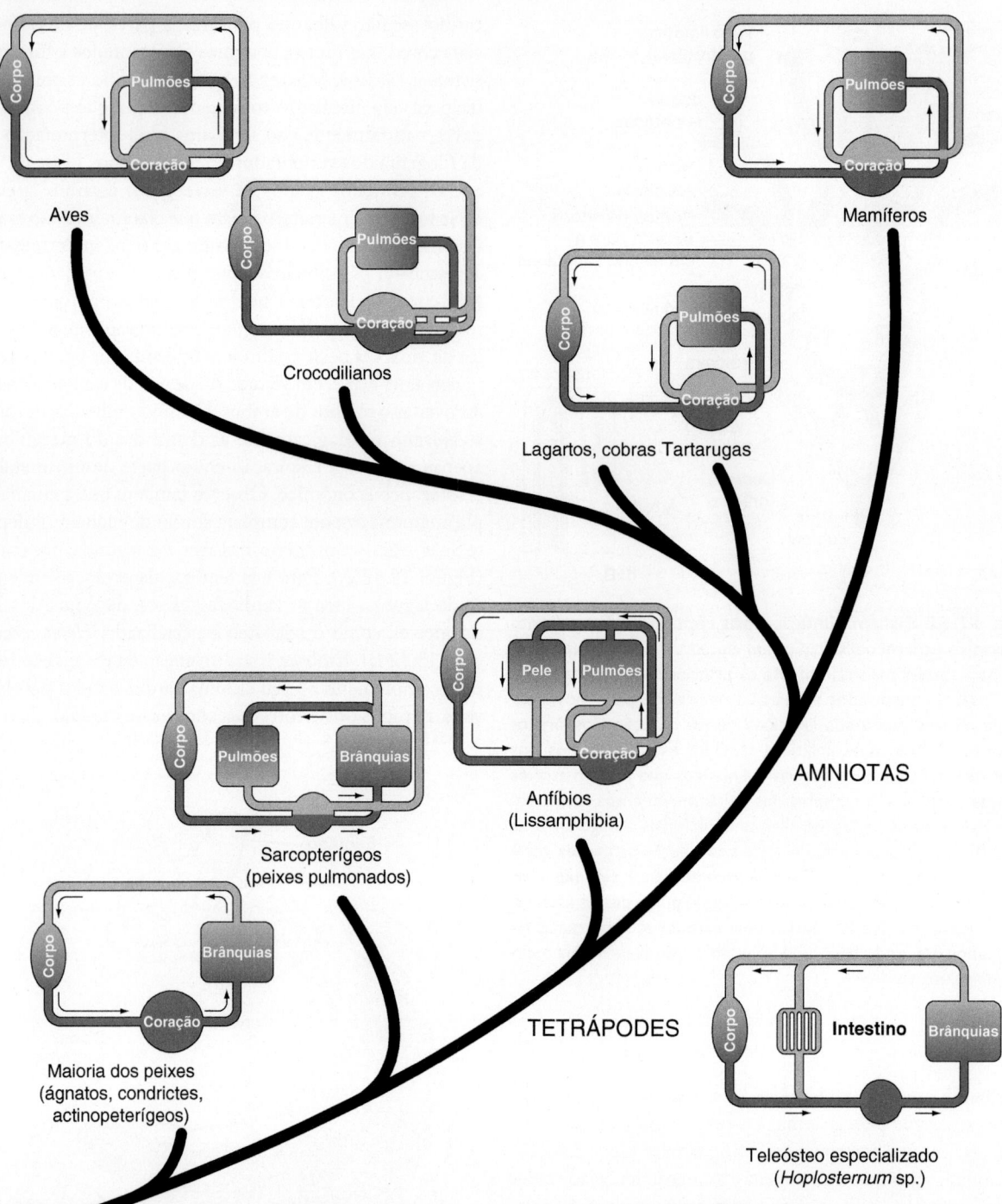

Figura 12.52 Evolução do sistema circulatório. A. A circulação simples da maioria dos peixes origina, independentemente, a circulação dupla nas aves e nos mamíferos. **B.** Como lembrete, muitas circulações especializadas evoluíram, como esse peixe com "respiração" intestinal, porém sem uma diversificação filogenética adicional sobre esse tema.

perfeitamente ao ambiente imediato, em que baixos níveis de oxigênio ocasionais na água podem ser complementados com o comportamento de engolir ar.

Os arcos aórticos constituem um importante grupo de vasos sanguíneos, que se caracterizam por um padrão fundamental de seis arcos aórticos, que conectam a aorta ventral à aorta dorsal. O sistema no adulto é desenvolvido a partir desse padrão por deleções e expansões do padrão disponível de seis arcos,

produzindo o sistema básico dos peixes ou tetrápodes. O suprimento arterial para uma região ou órgão é igualado por uma drenagem venosa, com retorno do sangue ao coração. Um importante sistema porta, o sistema porta do fígado, transporta principalmente produtos finais da digestão do canal alimentar diretamente para o fígado para o seu processamento. Na maioria dos peixes, anfíbios, répteis e aves, existe um sistema porta renal que se estende das redes capilares na cauda até os rins.

Pulmões, ou órgãos semelhantes a esses, estavam presentes em alguns dos primeiros peixes, evoluindo para bexigas de gás especializadas, que complementam a respiração branquial nos peixes ósseos e, posteriormente, substituem as brânquias nos tetrápodes como principal órgão respiratório. Os pulmões trouxeram vantagens no suprimento dos tecidos sistêmicos com oxigênio e, nos peixes, proporcionaram um meio de controle da flutuabilidade. Entretanto, os pulmões podem ter evoluído inicialmente nos primeiros peixes para abastecer o coração com oxigênio (ver Farmer, 1997). Na maioria dos peixes ósseos e tetrápodes ancestrais, não existe um suprimento coronário bem desenvolvido para o músculo cardíaco. Em lugar disso, o miocárdio do coração esponjoso recebe oxigênio diretamente do sangue que passa por seu lúmen. A necessidade de oxigênio cardíaco é maior nos peixes ativos. Nesses peixes (p. ex., peixes ganoides, âmias e *Tarpon*, um teleósteo pelágico ancestral), o sangue rico em oxigênio que retorna da bexiga de gás respiratória entra na circulação venosa quando se aproxima do coração, assegurando, assim, que não seja inicialmente consumido nos tecidos sistêmicos, mas esteja disponível para o miocárdio à medida que flui pelo lúmen cardíaco.

Na transição para a terra, houve perda das brânquias, e o pulmão de respiração aérea dos peixes ancestrais expandiu seu papel fisiológico. Em particular, obter oxigênio para as redes capilares sistêmicas se tornou um papel maior para o pulmão e o coração. A presença de septos no coração, juntamente com modificações do sistema vascular, ajudou a atender essas necessidades fisiológicas ao conduzir agora seletivamente as duas correntes de sangue, a sistêmica e a pulmonar. O sangue que retorna rico em oxigênio pode ser usado efetivamente se não for direcionado diretamente e de maneira completa para os tecidos sistêmicos. A divisão do átrio e do ventrículo nos peixes produz efetivamente um coração com dois lados. O lado direito recebe sangue desoxigenado sistêmico e o envia para os pulmões; o lado esquerdo recebe sangue oxigenado dos pulmões e o envia para os tecidos sistêmicos. Os peixes pulmonados e muitos tetrápodes tiram um proveito fisiológico completo do extraordinário desvio cardíaco para ajustar eficientemente os fluxos sanguíneos sistêmico e pulmonar às mudanças nas demandas metabólicas e ambientais. A respiração cutânea (p. ex., anfíbios recentes) adiciona oxigênio ao sangue que entra no lado direito do coração; o desvio intracardíaco permite que o sangue rico em oxigênio do lado esquerdo banhe o lado direito. Por esses meios, o miocárdio do lado direito separado do coração é exposto ao sangue luminal rico em oxigênio. Nas aves e nos mamíferos, que carecem de respiração cutânea significativa, e cujos corações apresentam uma divisão anatômica completa, existem artérias coronárias bem desenvolvidas, substituindo, em grande parte, o suprimento luminal para o miocárdio.

Bexigas de gás (Capítulo 11)

Os corações das aves e dos mamíferos com divisão anatômica completa apresentam várias vantagens. Uma delas é que esses corações impedem a mistura do sangue rico em oxigênio (proveniente dos pulmões) com o sangue pobre em oxigênio (que retorna dos tecidos sistêmicos). Em consequência, o sangue rico em oxigênio não diluído é transportado até os tecidos ativos,

enquanto o sangue pobre em oxigênio é enviado para os pulmões para reabastecimento. Outra vantagem de um sistema circulatório dividido é que as pressões arteriais podem ser separadas. Altas pressões sistêmicas podem ser geradas sem expor os delicados tecidos pulmonares a essas mesmas pressões altas e, possivelmente, prejudiciais. Os tetrápodes com sistemas cardíacos cuja divisão não é completa representam um quebra-cabeça. O sangue, por meio de diferentes mecanismos, pode empregar as conexões anatômicas abertas para fluir do lado direito do coração para o lado esquerdo, sem passar pelos pulmões, constituindo o desvio da direita para a esquerda. Essa divisão anatomicamente incompleta do sistema cardiovascular não impede a separação fisiológica do sangue rico em oxigênio do sangue pobre em oxigênio e, tampouco, evita a geração de uma alta pressão arterial sistêmica não acoplada com as pressões pulmonares. Isso pode conferir alguma vantagem ao animal durante o mergulho, conforme discutido anteriormente. Esse desvio também pode ajudar na digestão.

Depois de uma refeição, a secreção de ácido gástrico aumenta no trato gastrintestinal, no estômago e nos intestinos, a fim de facilitar a digestão. O arco sistêmico esquerdo abastece principalmente esses órgãos da digestão em primeiro lugar – estômago, pâncreas, fígado e outros órgãos digestivos. A secreção gástrica é rica em energia, de modo que o oxigênio transportado pelo arco sistêmico esquerdo sustenta esse importante evento digestivo. Todavia, por meio do desvio da direita para a esquerda, o sangue rico em CO_2 (e pobre em oxigênio) é adicionado ao arco sistêmico esquerdo. O dióxido de carbono é o substrato para a formação de ácido no estômago, em particular, e esse desvio constitui uma maneira de adicionar CO_2 ao sangue, sustentando a digestão gástrica. Esta também é uma maneira de fornecer carbono para a síntese de lipídios, de hemoglobina e, indiretamente, de proteínas no fígado, no intestino delgado e no baço.

O processo de secreção de ácido gástrico é sensível à temperatura, sendo menos eficiente em temperaturas baixas. Isso pode explicar a presença desse desvio da direita para a esquerda nos ectotérmicos (répteis), e a sua ausência nos endotérmicos (aves, mamíferos).

Uma das mudanças mais notáveis no sistema cardiovascular ocorre nos amniotas por ocasião do nascimento. Para suprir suas necessidades respiratórias, o embrião do amniota depende de derivados vascularizados das membranas extraembrionárias (p. ex., placenta, córion). Todavia, ao nascimento, o recém-nascido muda para a respiração aérea por meio dos pulmões, uma conversão que precisa ser realizada rapidamente. Os desvios vasculares dos pulmões embrionários não funcionais se fecham rapidamente devido a mudanças nas diferenças de pressão (forame oval), contrações dos músculos lisos (canal arterial) ou atrofia (ducto venoso); o fluxo para as membranas respiratórias fetais cessa. Nas aves e nos mamíferos, o resultado consiste na rápida conversão do sistema cardiovascular embrionário em uma circulação dupla.

O sistema linfático complementa o sistema venoso, devolvendo líquidos que escaparam do sangue para os tecidos de volta à circulação geral (na forma de linfa). O sistema linfático também está associado ao sistema imune e contribui para a absorção (ductos lactíferos) dos produtos finais da digestão que, de outro modo, são resistentes à absorção pelo intestino.

Sistema Digestório

Introdução

No século 19, Alfred Lord Tennyson nos ofereceu essa implacável descrição: "A Natureza, vermelha nos dentes e nas garras", um lembrete poético de que os animais precisam obter alimento para sua sobrevivência, uma necessidade algumas vezes dura, mas prática. Para os predadores, o alimento significa outro animal; para os herbívoros, significa plantas. Uma perseguição rápida e morte da presa por subjugação podem caracterizar a captura por um carnívoro; a pastagem prolongada ou a migração para novas fontes de plantas suculentas podem caracterizar a alimentação por um herbívoro. Porém, essa refeição difícil de obter é inicialmente inutilizável. O processo de converter uma refeição em combustível passível de ser usado pelo corpo é a tarefa do sistema digestório. O sistema digestório degrada as grandes moléculas contidas em uma refeição suculenta, de modo que possam ser absorvidas na corrente sanguínea, tornando-se disponíveis para uso por todo o corpo.

Uma massa de alimento na boca é denominada **bolo**. Processos, tanto mecânicos quanto químicos, atuam para digerir esse bolo. Inicialmente, a mastigação mecânica com os dentes e a agitação dentro do trato digestório degradam o bolo, reduzindo-o a numerosos pedaços menores e aumentando, assim, a área de superfície disponível para digestão química por enzimas. Os músculos que circundam as paredes do trato digestório produzem ondas de contração que amassam e propelem, denominadas **peristaltismo**, comprimindo o alimento no lúmen, misturando-o e forçando-o de uma parte do trato para a seguinte. À medida que as ações mecânica e química atuam sobre o bolo, ele se transforma logo em uma massa mole de fluido, mais comumente denominada **quimo** ou **produto da digestão**.

Preâmbulo

O sistema digestório do adulto inclui o trato digestório e as glândulas digestivas acessórias. O **trato digestório** é uma passagem tubular que se estende pelo corpo, desde os lábios da boca até o ânus ou abertura cloacal. As glândulas imersas nas paredes que revestem o trato liberam secreções diretamente no lúmen. Com base em diferenças histológicas entre essas **glândulas luminais** intrínsecas e diferenças no tamanho, no formato e na derivação embrionária, são identificadas três regiões do trato digestório: a **cavidade bucal** ou boca; a **faringe**; e o **canal alimentar** (Figura 13.1). Com base em diferenças histológicas na parede do lúmen do canal alimentar, são identificadas quatro regiões: **esôfago, estômago, intestino delgado** e **intestino grosso** (ver Figura 13.1).

Na maioria dos vertebrados, o canal alimentar termina em uma **cloaca**, uma câmara terminal que recebe tanto os materiais fecais provenientes dos intestinos quanto os produtos do trato urogenital. A porta de saída da cloaca é a **abertura** ou **orifício cloacal**. Todavia, em alguns peixes e na maioria dos mamíferos, a cloaca está ausente, e os intestinos e o trato urogenital possuem portas de saída separadas. O intestino grosso enrolado frequentemente se torna retilíneo, formando o **reto** com uma abertura anal (**ânus**) para o exterior. As **glândulas digestivas acessórias** são glândulas extrínsecas localizadas fora das paredes do trato digestório, mas que secretam enzimas químicas da digestão e sais emulsificadores no lúmen por meio de ductos longos. As principais glândulas do trato digestório são as **glândulas salivares**, o **fígado** e o **pâncreas**.

O sistema digestório, juntamente com suas glândulas associadas, baseia-se em um simples tubo com funções regionalizadas, desde a cavidade bucal até a cloaca. Durante o desenvolvimento embrionário, o revestimento endodérmico do intestino é circundado por células mesenquimatosas provenientes da mesoderme da placa lateral do embrião. Essa regionalização é estabelecida precocemente durante o desenvolvimento embrionário por meio da expressão localizada de genes *Hox* (ver, adiante, Figura 13.45) nas camadas endodérmica e mesodérmica, estabelecendo o padrão do intestino com suas regiões diferenciadas.

No embrião, o **intestino** é um tubo simples de endoderme que mantém, por meio do pedúnculo vitelino, uma conexão anatômica com o vitelo (Figura 13.2). O vitelo não entra diretamente no intestino por meio desse pedúnculo, mas é absorvido e transportado pelos vasos vitelinos em desenvolvimento como parte das membranas extraembrionárias do saco vitelino. O intestino embrionário simples origina a faringe e o canal alimentar, juntamente com suas glândulas digestivas associadas. Durante o desenvolvimento embrionário, as invaginações da ectoderme superficial entram em contato com o intestino endodérmico nas extremidades opostas do corpo. A invaginação anterior, ou **estomodeu**, entra em contato com a porção anterior do intestino ou **intestino anterior**. Entre o estomodeu e o intestino anterior, forma-se uma **membrana bucofaríngea** temporária, que acaba se rompendo para unir os lúmenes de ambos. O estomodeu dá origem à cavidade bucal. A invaginação posterior da ectoderme, o **proctodeu**, encontra a porção posterior do intestino ou **intestino posterior**. Entre o intestino posterior e o proctodeu, forma-se a **membrana cloacal** que, em seguida, sofre ruptura, criando a saída para o intestino posterior. O proctodeu se torna a cloaca do adulto (ver Figura 13.2).

Membranas extraembrionárias (Capítulo 5)

Componentes do sistema digestório

Os termos que descrevem as partes do trato digestório frequentemente são empregados de modo casual. Alguns utilizam o termo *canal alimentar* para se referir a todo o sistema digestório, da boca até o ânus; outros o aplicam em um sentido restrito. O termo *trato gastrintestinal* ou *trato GI* significa literalmente estômago e intestinos; todavia, a maioria o aplica a todo o trato digestório, desde a cavidade bucal até o ânus. Os médicos utilizam os termos populares de intestino delgado e intestino grosso. Não há nada de ruim e tampouco existe qualquer atitude descuidada, tratando-se apenas de diferentes profissionais procurando usar uma terminologia que atenda às suas necessidades. Nesse contexto, utilizaremos a terminologia definida nesta seção.

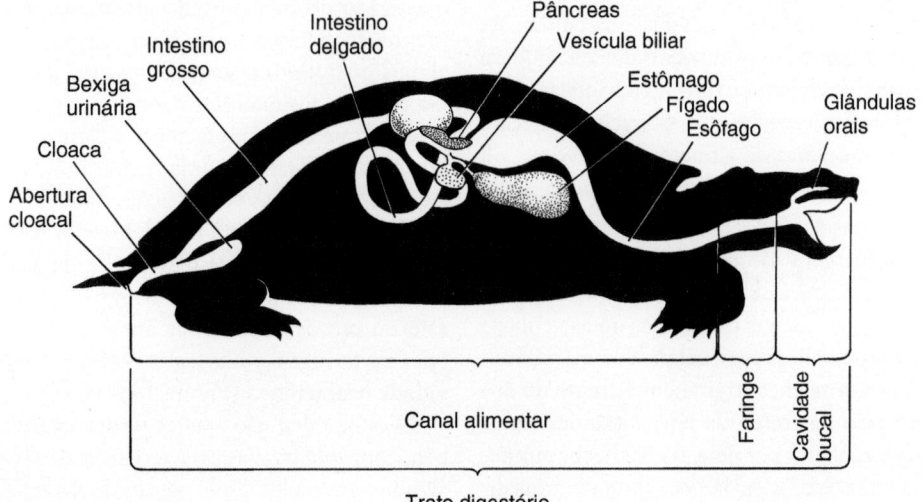

Figura 13.1 Sistema digestório dos vertebrados. O sistema digestório consiste no trato digestório juntamente às glândulas associadas da digestão. O trato digestório inclui a cavidade bucal, a faringe e o canal alimentar, que é dividido em esôfago, estômago, intestinos e cloaca.

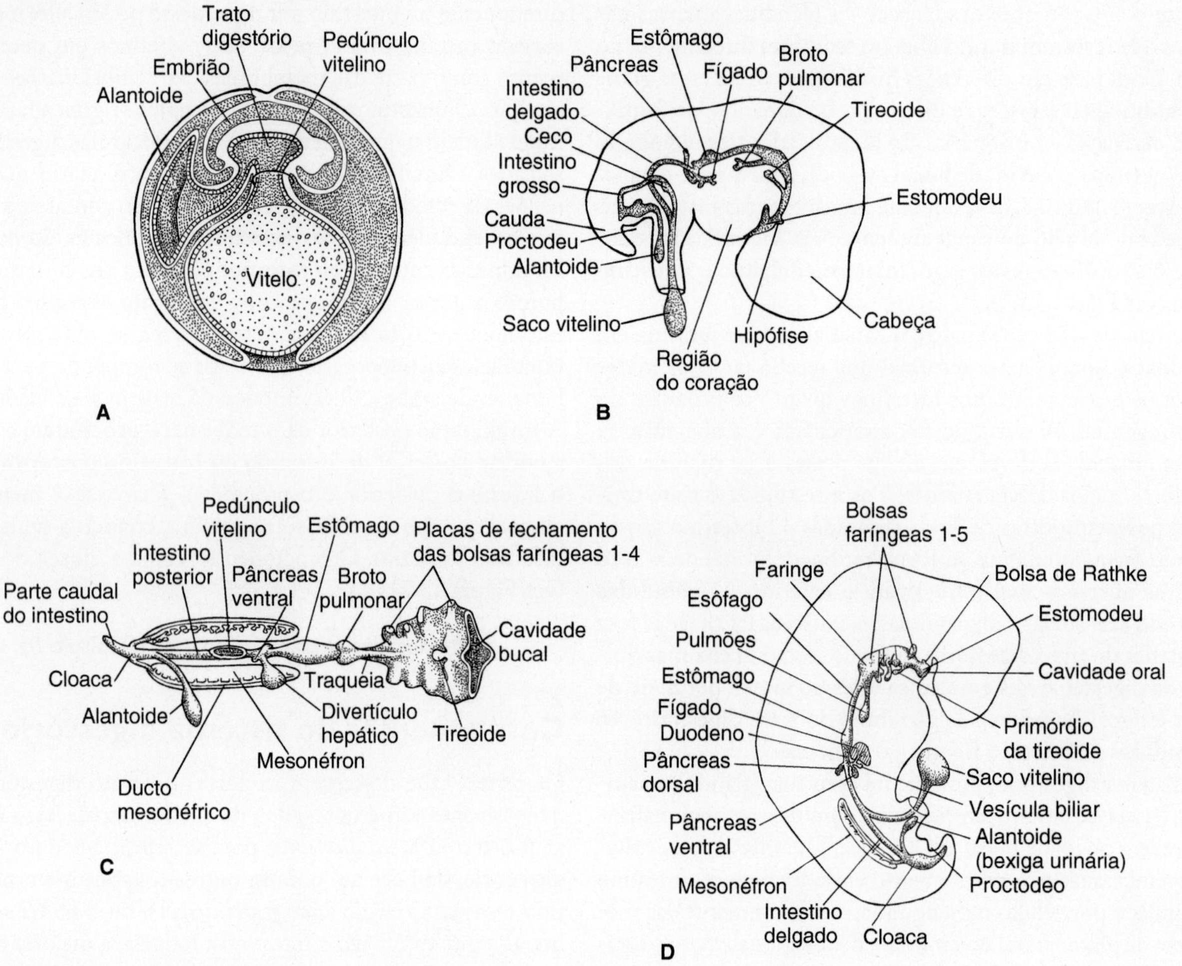

Figura 13.2 Formação embrionária do sistema digestório. A. Embrião de amniota inicial em corte sagital, mostrando a primeira posição do intestino. Observe as conexões do embrião com o vitelino por meio do pedúnculo vitelino e até a alantoide. **B.** Embrião de amniota generalizado em corte sagital. Observe as regiões do trato digestório e as invaginações destinadas a formar as glândulas associadas do trato digestório. **C.** Vista ventral do trato digestório isolado, juntamente com os rins embrionários. Observe as bolsas extensas produzidas pela faringe, contribuindo, cada uma delas, para estruturas específicas do adulto. **D.** Vista lateral do trato digestório em diferenciação.

Cavidade bucal

A cavidade bucal contém os dentes, a língua e o palato. As glândulas orais se abrem nela. As glândulas salivares ajudam a umedecer o alimento e secretam enzimas para iniciar a digestão química. Em algumas espécies, a mastigação começa o processo de degradação mecânica do alimento.

Limites

A **abertura oral**, cujas margens são constituídas pelos lábios, forma a entrada da cavidade bucal. Em geral, os lábios superior e inferior seguem a linha das fileiras dos dentes que se encontram posteriormente, no ângulo das maxilas. Nos mamíferos, os lábios superior e inferior se encontram bem à frente do ângulo das maxilas, próximo da frente da boca, criando, assim, uma região da **bochecha** coberta por pele. As bochechas impedem a perda de alimento pelos lados da boca durante a mastigação. Em alguns roedores e nos macacos do Velho Mundo, elas se expandem em **bolsas da bochecha**, que consistem em pequenos compartimentos no interior dos quais o alimento

recolhido pode ser temporariamente mantido até que seja mastigado ou transportado até esconderijos. Os lábios geralmente são maleáveis, mas aves, tartarugas, alguns dinossauros e alguns mamíferos possuem bicos rígidos com margens firmes. Na maioria dos mamíferos, os lábios são carnudos, uma característica que ajuda um lactente a formar uma vedação ao redor do mamilo durante a amamentação. Os lábios dos humanos ajudam a formar as vocalizações da fala.

Os lábios definem a borda anterior da boca. O arco palatoglosso é uma prega que marca a borda posterior da boca e que se localiza entre a boca e a faringe (Figura 13.3 A). Todavia, se este ou outros marcadores anatômicos estiverem ausentes, a boca e a faringe formam uma câmara coletiva, denominada **cavidade orofaríngea** (Figura 13.3 B).

O estomodeu não apenas forma a cavidade bucal, mas também contribui para as características da superfície da cabeça em alguns vertebrados. Dois pontos de referência embrionários importantes no estomodeu, a **bolsa hipofisária** (placódio adenohipofisário) e o **placódio nasal**, tornam isso evidente (Figura 13.4 A–C). Nos ciclóstomos, apenas a parte posterior do

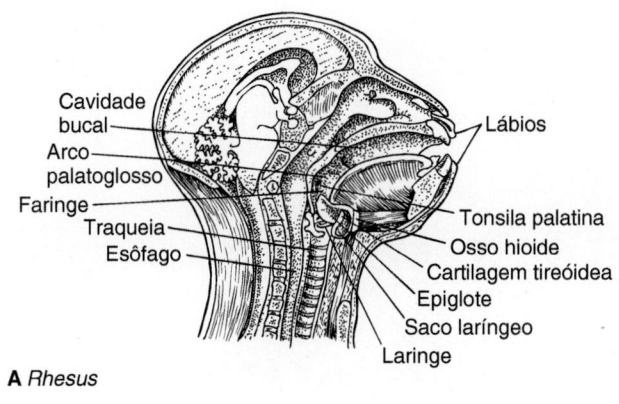

A *Rhesus*

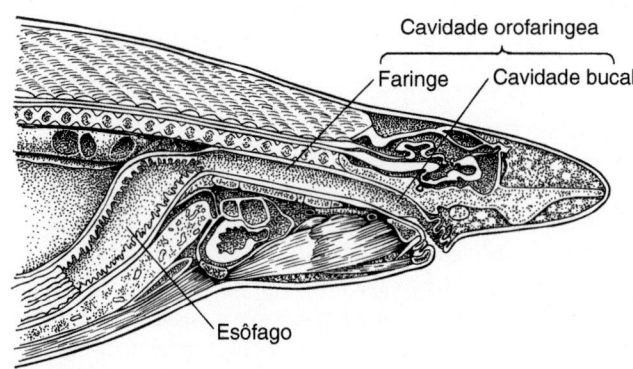

B Tubarão

Figura 13.3 Vista sagital da cavidade bucal, faringe e esôfago em desenvolvimento. A. Cabeça e pescoço de *Rhesus*. **B.** Tubarão.

A, de Geist; B, de Wischnitzer.

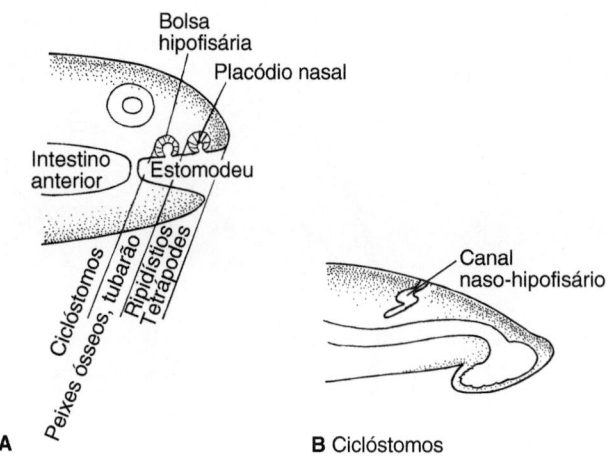

A　　**B** Ciclóstomos

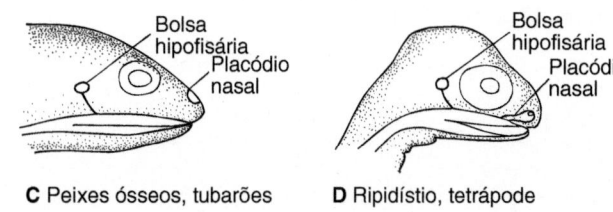

C Peixes ósseos, tubarões　　**D** Ripidístio, tetrápode

Figura 13.4 Limites da cavidade bucal. A extensão da contribuição do estomodeu embrionário para a boca pode ser acompanhada por dois marcadores: o placódio nasal e a bolsa hipofisária. **A.** Posições comparativas da margem anterior da boca em vários grupos de vertebrados. **B–D.** Vista diagramática de cada grupo. Esses dois marcadores permanecem fora da boca nos ciclóstomos. Nos tubarões e nos peixes ósseos, a bolsa hipofisária deriva da boca. Nos ripidístios e nos tetrápodes, tanto o placódio nasal quanto a bolsa hipofisária se abrem na boca e derivam dela.

estomodeu se dobra para dentro, contribuindo para a boca. A parte anterior se volta para fora, contribuindo para a superfície externa da cabeça. Nos tubarões e nos actinopterígios, a bolsa hipofisária está dentro da boca, os placódios nasais se diferenciam na parte externa da cabeça, e as margens da boca se formam entre esses dois pontos de referência anatômicos. Nos ripidístios e nos tetrápodes, ambos os pontos de referência estão localizados dentro da cavidade bucal do adulto (Figura 13.4 D).

Palato

O teto da cavidade bucal é o palato, que se forma a partir da fusão dos ossos ventrais do crânio acima da boca. Nos osteíctes e nos tetrápodes, o **palato primário** inclui uma série medial de ossos (vômer, pterigoide, paraesfenoide) e uma série lateral (palatino, ectopterigoide). Na maioria dos peixes, o palato primário é uma abóboda baixa sem qualquer abertura. Nos ripidístios e nos tetrápodes, as passagens nasais alcançam a boca por meio de um par de aberturas no palato primário, as **narinas internas** ou **coanas** (Figura 13.5 A e B). As **pregas palatinas** são projeções internas de ossos laterais que se encontram na linha mediana e formam um segundo teto horizontal que separa as passagens nasais da boca. Esse novo teto, que está presente

nos mamíferos e nos crocodilos, é denominado **palato secundário**. A parte anterior do palato secundário é o **palato duro**, que compreende contribuições ósseas pareadas da pré-maxila e maxila. Em algumas espécies, o palatino e o pterigoide também fazem sua contribuição. Nos mamíferos, a margem posterior do palato secundário é o **palato mole carnoso**, que estende a posição das narinas internas ainda mais para trás da cavidade bucal (Figura 13.5 C).

Palato secundário (Capítulo 7)

Dentes

Os dentes são exclusivos dos vertebrados, recobertos por esmalte, um revestimento mineralizado encontrado apenas nos vertebrados. A interação indutiva entre a epiderme embrionária e o mesênquima derivado da crista neural é necessária para a formação dos dentes. Em geral, as células derivadas da epiderme produzem o esmalte dos dentes, enquanto o mesênquima forma a dentina. A teoria "de fora para dentro" sustenta que, filogeneticamente, os dentes surgiram a partir da armadura óssea dos peixes ancestrais, provavelmente a partir de dentículos superficiais que penetraram à medida que o estomodeu invaginado (ectoderme) foi se movendo para dentro da cavidade bucal com as maxilas recém-desenvolvidas.

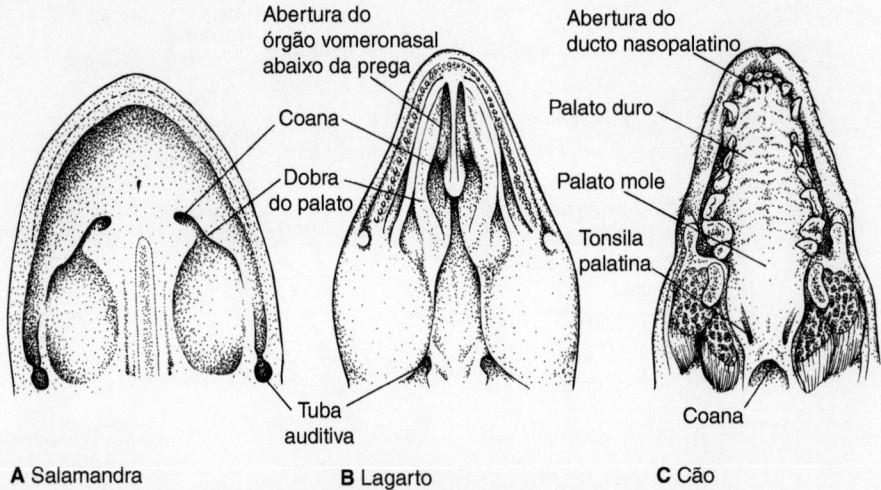

Figura 13.5 Teto ou palato da boca nos tetrápodes. A. Salamandra. **B.** Lagarto. **C.** Mamífero (cão). Observe o ponto de entrada da coana ou narina interna em cada animal.

De Romer e Parsons.

A presença de dentes, mas não de armadura dérmica, nos conodontes complica esse quadro da evolução dos dentes. Os dentes conodontes eram mineralizados, mas não se sabe ao certo se o mineral era esmalte. Além disso, alguns dentes são encontrados dentro da região faríngea de muitos peixes sem maxilas. Isso levou à formulação alternativa de uma teoria de "dentro para fora", em que os dentes surgem na faringe (endoderme) e, subsequentemente, progridem para frente até a cavidade bucal. A chave para solucionar isso pode residir na descoberta dos programas moleculares ainda desconhecidos que regulam o desenvolvimento dos dentes.

Conodontes (Capítulo 3)

Os dentes ajudam a capturar e segurar a presa. Eles também oferecem fortes superfícies de oposição que as maxilas usam para esmagar as conchas duras da presa. Nos mamíferos e em alguns outros vertebrados, a digestão mecânica começa na boca. Depois de cada mordida, a língua e as bochechas coletam o alimento e o colocam entre as fileiras superior e inferior de dentes, que quebram mecanicamente o bolo, reduzindo-o a pedaços menores para tornar a sua deglutição mais fácil. Ao quebrar o grande bolo em numerosos pedaços menores, a mastigação também aumenta a superfície exposta à digestão química. Mesmo nos vertebrados que não mastigam o alimento, os dentes afiados perfuram a superfície da presa, criando locais através dos quais as enzimas digestivas penetram quando o alimento alcança o canal alimentar. Para os vertebrados que se alimentam de insetos e outros artrópodes, as perfurações feitas através do exoesqueleto quitinoso são particularmente importantes para que as enzimas proteolíticas tenham acesso aos tecidos digeríveis.

▶ **Anatomia dos dentes.** A parte do dente que se projeta acima da linha da **gengiva** é denominada **coroa**; a região abaixo da gengiva é a **base**. Quando a base se encaixa dentro de uma **cavidade** (alvéolo) no osso da maxila, ela é denominada **raiz**. Dentro da coroa, a **cavidade pulpar** se estreita quando entra

na raiz, formando o **canal da raiz**, e se abre na ponta da raiz, como **forame do ápice do dente**. A **polpa**, um tecido conjuntivo mucoso, preenche a cavidade da polpa e o canal da raiz para sustentar os vasos sanguíneos e os nervos que entram nos dentes pelo forame do ápice do dente. A **face oclusal** da coroa faz contato com o dente oposto. As **cúspides** são minúsculos picos ou cristas elevadas na face oclusal (Figura 13.6 A e B).

O dente é composto de três tecidos duros: o esmalte, a dentina e o cemento. O **esmalte** é a substância mais dura encontrada no corpo, que forma a superfície da coroa do dente. Acredita-se que os anéis concêntricos visualizados ao exame microscópico sejam o resultado de pulsos de depósitos de sais de cálcio antes da erupção do dente, não havendo mais depósito de esmalte na coroa depois disso.

A **dentina** lembra o osso na sua composição química, porém é mais dura. Está abaixo do esmalte e do cemento e forma as paredes da cavidade pulpar. Mesmo depois da erupção

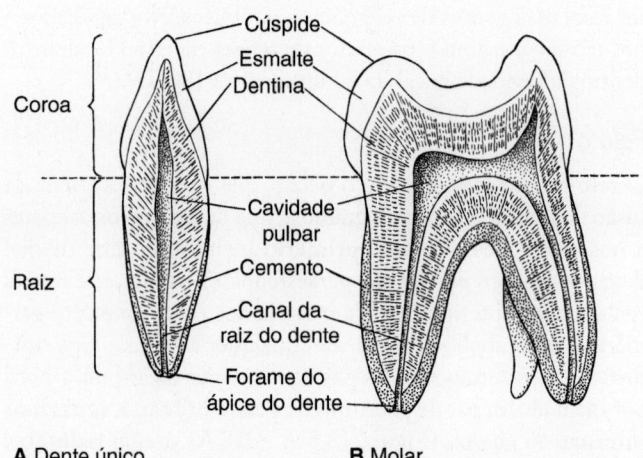

Figura 13.6 Estrutura do dente. A. Dente com uma única raiz. **B.** Dente molar com três raízes.

do dente, ocorre depósito de nova dentina lentamente durante toda a vida do indivíduo. O crescimento ocorre por aposição diária ao longo das paredes da cavidade pulpar, de modo que, em animais muito velhos, a dentina pode preencher quase toda a cavidade. As camadas diárias de crescimento da dentina são denominadas **linhas de aumento de von Ebner**.

O **cemento**, à semelhança do osso, apresenta regiões celulares e acelulares. Ele repousa sobre a dentina e cresce em camadas sobre a superfície das raízes. Em muitos herbívoros, o cemento pode se estender ao longo da coroa, entre as pregas de esmalte e, de fato, contribui para a face oclusal dos dentes de coroa alta. As células dentro do cemento, denominadas **cementócitos**, elaboram a matriz em pulsos sazonais, de modo que o cemento aumenta de maneira irregular com a idade. O resultado é a produção de **anéis de cemento**, isto é, anéis concêntricos que caracterizam a camada de cemento. O aparecimento desses anéis muda previsivelmente com as propriedades mecânicas do alimento (duro), o estado nutricional (épocas de escassez) e a estação (inverno). Nos fósseis, a aparência do cemento pode, assim, responder a questões sobre a dieta e até mesmo sobre a estação em que o animal morreu.

A **membrana periodontal** (ligamento periodontal) consiste em feixes espessos de fibras colágenas, que conectam a raiz coberta por cemento ao osso do alvéolo.

Nos vertebrados inferiores, os dentes normalmente são **homodontes**, ou seja, semelhantes em sua aparência geral dentro da boca. As tartarugas e as aves recentes são desprovidas de dentes, mas alguns tetrápodes, particularmente os mamíferos, possuem dentes **heterodontes**, que diferem na sua aparência geral dentro da boca. Os vertebrados inferiores têm, em sua maioria, uma dentição **polifiodonte**, isto é, seus dentes são continuamente substituídos. Um padrão polifiodonte de substituição garante o rejuvenescimento dos dentes se seu desgaste ou quebra diminuírem a sua função. Todavia, os mamíferos são, em sua maioria, **difiodontes**, com apenas dois conjuntos de dentes. O primeiro conjunto, a **dentição decídua** ou "dentes de leite", aparece no início da vida. Consiste em incisivos, caninos e pré-molares, porém nenhum molar (Figura 13.7 A). Conforme o mamífero amadurece, esses dentes caem e são substituídos pela **dentição permanente**, que consiste em um segundo conjunto de incisivos, caninos e pré-molares e, agora, molares, que não têm predecessores decíduos (Figura 13.7 B).

▶ **Desenvolvimento do dente.** Os dentes são derivados embrionários da epiderme e da derme e se desenvolvem, inicialmente, abaixo da superfície da pele. Quando amadurecem, os dentes totalmente formados **emergem** através da pele e se estendem dentro da cavidade bucal. A epiderme produz o **órgão do esmalte**, enquanto as células mesenquimatosas que se originam da crista neural se reúnem próximo dentro da derme para produzir a **papila dérmica** (Figura 13.8 A). As células dentro do órgão do esmalte formam uma camada especializada de **ameloblastos**, que secretam o esmalte. As células dentro da papila dérmica formam os **odontoblastos**, que secretam a dentina (Figura 13.8 B). Assim, as células da crista neural contribuem diretamente para produzir a dentina por meio dos odontoblastos e indiretamente induzem o depósito de esmalte pelos ameloblastos sobrejacentes. A coroa do dente se forma em primeiro

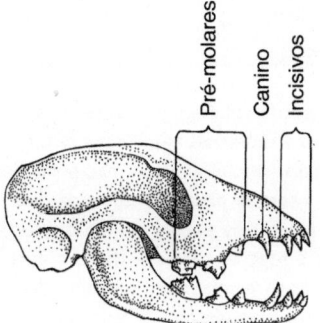

A Filhote de cão

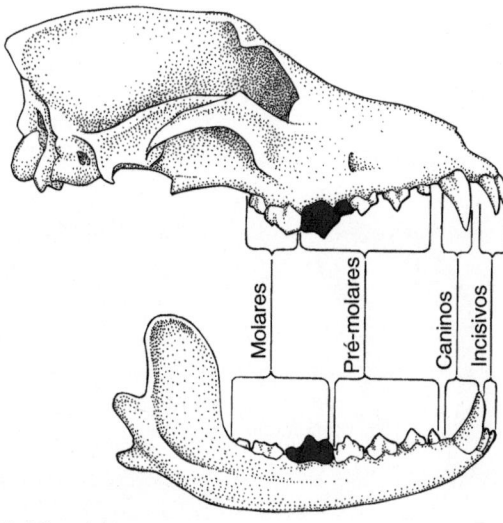

B Cão adulto

Figura 13.7 Dentes decíduos (A) e permanentes (B) de um cão. Os carniceiros (dentes sombreados) são dentes especializados dos carnívoros, derivados do último pré-molar (*superior*) e primeiro molar (*inferior*).

lugar e, em seguida, pouco antes da erupção, a raiz começa a se desenvolver (Figura 13.8 C e D). O cemento e o ligamento periodontal são os últimos a se desenvolver.

Crista neural (Capítulo 5)

Nos mamíferos, os dentes emergem em sequência, de modo que os nossos dentes do "siso" emergem posteriormente na vida. O crescimento dos dentes permanentes começa a partir de um primórdio separado do órgão do esmalte e da papila dérmica, que é, em geral, adjacente ou de localização mais profunda que o dente decíduo recém-irrompido (Figura 13.8 E). Por meio de etapas semelhantes, o crescimento expansivo do dente permanente contra as raízes do dente decíduo gradualmente interrompe a sua nutrição, causando reabsorção da raiz e perda final do dente decíduo, substituído pelo dente permanente emergente. Por fim, o aparecimento do cemento e do ligamento periodontal assegura a fixação firme da dentição de substituição.

Nos roedores e lagomorfos, os incisivos e os dentes da bochecha continuam crescendo a partir de suas raízes, à medida que suas coroas são desgastadas. O esmalte recobre o lado

Boxe Ensaio 13.1   A nova boca

As maxilas dos gnatostomados evoluíram a partir dos arcos branquiais dos ancestrais agnatos. Em particular, as maxilas evoluíram a partir dos arcos branquiais internos, proporcionando um aparato que elevou os peixes predadores com maxilas até o topo da cadeia alimentar e criou as condições para uma irradiação explosiva dos primeiros placodermes, condrictes, acantódios e peixes ósseos. Todavia, Jon Mallatt argumenta que os primeiros

passos para alcançar uma condição com maxilas foram impulsionados não pela predação, mas pelas demandas respiratórias de estilos de vida cada vez mais ativos.

De acordo com a sua hipótese, os primeiros vertebrados possuíam arcos branquiais internos e externos não unidos, bem como uma musculatura que circundava a faringe (Figura I A e B do Boxe). Quando estavam respirando, a contração ativa dos

músculos circundantes forçava a água através das brânquias (fase de exalação); em seguida, a retração elástica passiva dos arcos branquiais aumentava a faringe para aspirar água pela boca (fase de inalação). Subsequentemente, os estilos de vida cada vez mais ativos favoreceram movimentos de ventilação mais fortes da água para dentro e através das brânquias. Nos pré-gnatostomados, essas demandas foram solucionadas por um

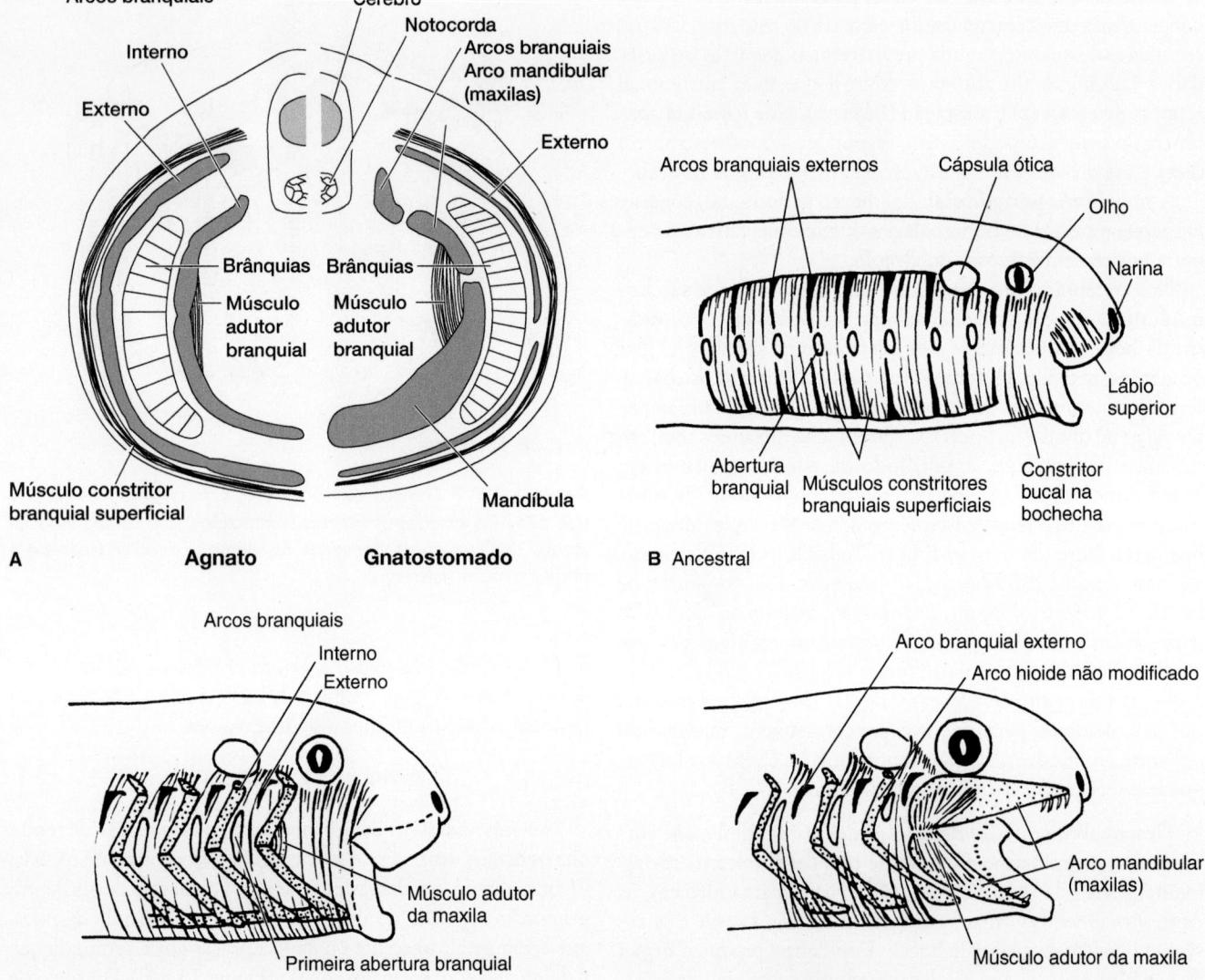

Figura I do Boxe. Evolução das maxilas e da boca dos gnatostomados. A. Corte transversal diagramático da faringe. Nos agnatos (*à esquerda*), as brânquias se localizam entre os arcos branquiais internos e externos; nos gnatostomados (*à direita*), as maxilas derivam de arcos branquiais internos aumentados e seus músculos adutores a partir dos músculos branquiais adutores. **B.** Ancestral. Acredita-se que ancestral agnato tivesse músculos circundantes nas bochechas e na faringe. Os arcos branquiais externos livres seguiam entre as aberturas branquiais; havia arcos branquiais internos não unidos encontrados mais profundamente (não ilustrados). **C.** Pré-gnatostomado ("maxilas de ventilação"). A maior participação na ventilação produz aumento dos arcos branquiais internos e dos músculos adutores associados. **D.** Primeiro gnatostomado ("maxilas de alimentação"). O arco mandibular aumentado, o primeiro arco branquial, inclina-se para frente e define a nova boca.

(continua)

Boxe Ensaio 13.1 | A nova boca (*continuação*)

fortalecimento dos músculos expiratórios circundantes e pela evolução de novos músculos de inalação (hipobranquiais de alguns miótomos), que produziam expansão ativa da faringe. Os arcos branquiais internos, sobre os quais atuam esses músculos mais fortes, também se tornaram mais robustos e, agora, funcionavam como um sistema de alavanca, produzindo movimentos ativos de inalação e exalação da faringe. O primeiro arco (mandibular), que ancorava a série de músculos branquiais, e sua musculatura foram os que mais aumentaram, formando uma "maxila ventilatória", que abria enormemente a boca durante a inalação e a fechava firmemente durante a exalação (Figura 1 C do Boxe).

Embora ela tenha evoluído para a ventilação das brânquias, criou condições para maior evolução, de modo que as maxilas rapidamente assumiram uma função na alimentação. A rápida expansão da faringe para a inalação produziu uma sucção capaz de sugar presas animais. A rápida exalação fechava as maxilas para segurar e morder a presa que

tinha sido inalada. Se esses peixes se alimentavam previamente de pequenos invertebrados bentônicos lentos, o advento da alimentação por sucção e mordida forte permitia, agora, que esses novos peixes com maxilas pudessem capturar grandes presas pelágicas capazes de fugir. Seguiram-se o aumento e o fortalecimento dessas estruturas à medida que as "maxilas para alimentação" se tornaram mais proeminentes na captura da presa (Figura 1 A–D do Boxe).

Todos os agnatos fósseis e viventes possuem uma boca bem-desenvolvida (cavidade bucal) localizada anteriormente ao arco mandibular. Essa boca pré-mandibular tem lábios que definem a abertura oral e paredes proeminentes semelhantes a bochechas. Conforme evoluíram em aparatos para a alimentação, as maxilas não apenas aumentaram, mas também se inclinaram para frente, assumindo uma posição mais favorável na qual pudessem agarrar efetivamente a presa (Figura 1 D do Boxe). À medida que isso ocorreu, as bochechas da boca pré-mandibular se tornaram consideravelmente reduzidas,

de modo a não interferir nas maxilas durante a captura da presa. Em consequência, nos gnatostomados, as maxilas definem a abertura oral, e a cavidade bucal se localiza imediatamente atrás das maxilas, em uma posição pós-mandibular.

A evolução da nova boca (pós-mandibular), substituindo a antiga (pré-mandibular) deixou seus traços nos grupos modernos. A maioria dos peixes modernos com maxilas se alimenta por sucção, produzindo uma rápida expansão da faringe para inalar a presa. Isso representa um remanescente do estágio ventilatório inicial na evolução das maxilas, essencialmente uma ação de ventilação exagerada que agora serve para a alimentação. No tubarão da família Squalidae, pode-se observar a presença de abas laterais de pele dobradas atrás do canto da boca. Essas abas fazem parte das bochechas laterais da boca pré-mandibular, que agora está na frente do arco mandibular com dentes. A hipótese de Mallatt de uma "nova" boca nos gnatostomados despertou o novo olhar sobre "antigas" questões.

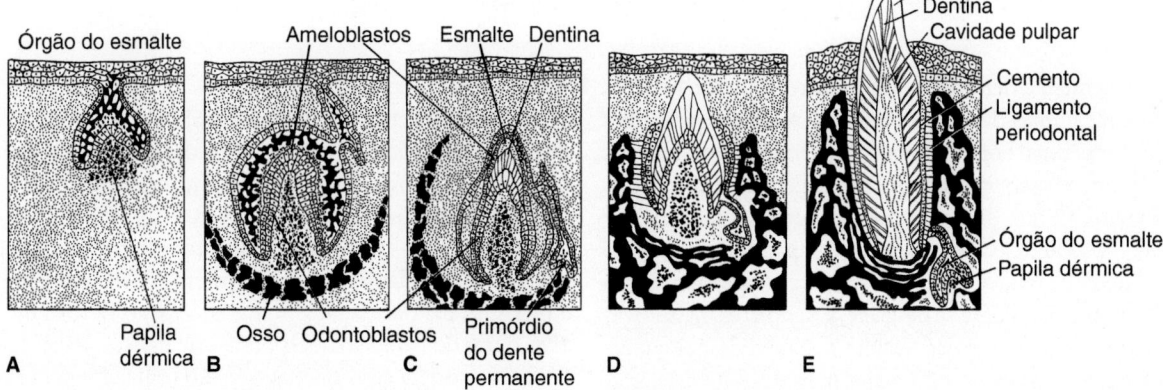

Figura 13.8 Desenvolvimento dos dentes dos mamíferos. A. Aparecimento do órgão do esmalte (a partir da epiderme) e da papila dérmica (a partir da derme). **B.** Os ameloblastos constituem a fonte de esmalte do dente e se formam a partir do órgão do esmalte. Os odontoblastos são a fonte da dentina e surgem a partir da papila dérmica. O osso aparece e começa a delinear o alvéolo dental no qual residirá o dente. **C.** Aparecimento do primórdio do dente permanente. **D.** O crescimento do dente continua. **E.** O dente decíduo nasce e é ancorado no alvéolo dental por um ligamento periodontal bem-estabelecido. O órgão do esmalte e a papila dérmica do primórdio do dente permanente só começarão a formar o dente pouco antes da queda do dente decíduo.

De Kardong.

Boxe Ensaio 13.2 — A fala humana

A fala humana é muito mais que grunhidos altos, pelo menos quando bem-feita. As palavras são construídas a partir de sons cuidadosamente formados, denominados **fonemas**. Os sons por si próprios não têm sentido. A comunicação animal com sons é principalmente uma resposta emocional a circunstâncias imediatas. Todavia, para os seres humanos, os fonemas em combinações transmitem ideias e pensamentos sobre eventos passados ou ações futuras. Atribuímos significados a combinações de sons, e não aos próprios sons individuais. A nossa fala é tão funcionalmente distinta das vocalizações de outros vertebrados que alguns antropólogos marcam a transição para o *Homo sapiens* a partir do momento em que nossa ancestralidade deu início à fala.

As relações entre os sons, e não os próprios sons, constroem as palavras. E as palavras colocadas em sentenças ordenadas constroem uma ideia. Todavia, nosso aparato da fala só pode produzir sons rapidamente e ajustá-los cuidadosamente porque foi reestruturado. As mudanças anatômicas que possibilitam a fala se concentraram no alongamento da faringe, que foi obtido pela separação do palato mole e da epiglote. Por meio desse alongamento, o ar pode ser conduzido sem esforço e de modo contínuo passando pela boca, na qual é transformado em sons. Os macacos, com uma faringe curta, precisam emitir sons por meio

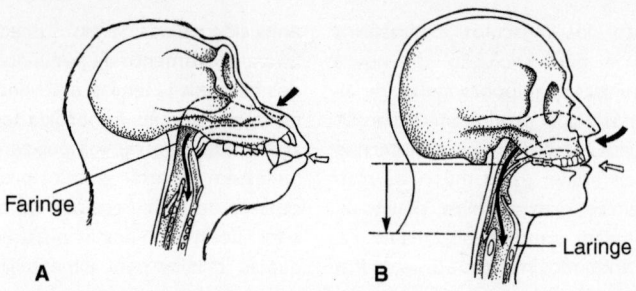

Figura I do Boxe. Fala humana. A. Nos chimpanzés, a laringe tem uma localização alta no pescoço, próximo do ponto em que ela recebe ar pela narina interna. **B.** Nos seres homens, a laringe é mais baixa, servindo para alongar a faringe, utilizada na produção dos sons da fala. Entretanto, isso separa a laringe da fácil conexão com as vias respiratórias, e as vias para o ar e para o alimento se cruzam.

de curtos episódios de ar liberado. Os lobos podem sustentar um uivado levantando suas cabeças, estirando a garganta e, assim, alongando temporariamente sua faringe. Por meio do controle de suas paredes musculares, a faringe reestruturada dos seres humanos se tornou a principal câmara produtora de vogais.

Nos primatas não humanos e na maioria dos outros mamíferos, a laringe tem uma localização alta no pescoço e se encaixa na nasofaringe por trás da passagem nasal (Figura I A do Boxe). Isso estabelece uma via direta de ar desde o nariz até os pulmões sem interferir na via do alimento da boca até

o esôfago. Nos seres humanos, houve uma queda da laringe, alongando a faringe e forçando o cruzamento das vias do alimento e do ar (Figura I B do Boxe). À semelhança de outros mamíferos, você, como ser humano, não pode deglutir e respirar ao mesmo tempo. Quando ocorre uma mistura, o alimento conduzido para o esôfago fica preso na epiglote e você se asfixia. Para corrigir rapidamente o problema, o ar residual nos pulmões pode ser expelido com força para remover o alimento causador da obstrução. Isso constitui a base da manobra de Heimlich realizada em pessoas que estão sufocando.

---

convexo do dente e a dentina, o lado côncavo (Figura 13.9 A). O esmalte, que é mais duro que a dentina, sofre desgaste mais lento, deixando uma borda afiada. Nos elefantes, os molares também irrompem sequencialmente no decorrer de um período prolongado. O que diferencia os elefantes é o fato de que cada dente hipsodonte é aumentado, se comparado ao tamanho de toda a fileira de dentes irrompidos, e sofre rotação imediata na maxila antes que o dente se desgaste. Os molares mais novos irrompem na parte de trás das maxilas e, à medida que emergem lentamente, empurram os molares mais velhos e desgastados para frente na fileira de dentes (Figura 13.9 B). Os molares que se movem para frente são sequencialmente desgastados por completo, sendo substituídos pelos seguintes até uma fase muito avançada na vida do elefante, quando o número limitado de molares é usado (Figura 13.9 C). Todavia, para a maioria dos mamíferos, uma vez estabelecidos os dentes permanentes, eles não são substituídos nem crescem em comprimento.

▶ **Dentes especializados nos vertebrados inferiores.** Os dentes estão fixados aos ossos de sustentação de três maneiras gerais. Os répteis Archosauria e os mamíferos apresentam dentes

tecodontes inseridos em alvéolos dentro do osso (Figura 13.10 A). Outros vertebrados exibem uma condição **acrodonte**, com alvéolos superficiais e dentes fixados à crista do osso, ou uma condição **pleurodonte**, com dentes fixados no lado medial do osso (Figura 13.10 B e C).

Entre alguns herbívoros e predadores, os dentes são, com frequência, amplamente achatados em superfícies semelhantes a bigornas para esmagar o material vegetal fibroso ou as conchas duras dos moluscos. Os dentes de muitos peixes teleósteos formam superfícies abrasivas, que são utilizadas para raspar algas incrustadas das rochas, colocá-las em suspensão e ingeri-las (Figura 13.11 A–E).

A cavidade oral e seus dentes também servem de armadilha, um aparato desenvolvido para capturar presas desatentas. Entre a maioria dos carnívoros, os dentes consistem em cones afiados simples. Perfuram a pele da presa para prender firmemente com as maxilas o animal capturado e que frequentemente ainda está se debatendo. A pele é o que os engenheiros chamam de material complacente. Em virtude de sua grande flexibilidade, ou complacência, a pele facilmente se deforma ou cede às tentativas de punção. Para solucionar esse problema

Figura 13.9 Crescimento de dentes especializados nos mamíferos. Na maioria dos mamíferos, os molares não crescem nem são substituídos depois de sua erupção. **A.** Uma exceção é encontrada nos roedores, cujos dentes incisivos continuam crescendo em suas raízes, à medida que as coroas em formato de cinzel são desgastadas. O osso superficial foi removido para mostrar as raízes dos incisivos superior e inferior. **B.** Nos elefantes, os dentes molares irrompem sequencialmente durante um período de tempo prolongado. Um novo molar que irrompe atrás da fileira de dentes empurra os molares mais velhos e desgastados para frente. **C.** O osso superficial foi removido dos dentes do elefante para mostrar a erupção e as mudanças de posição com a idade. As vistas correspondentes das coroas dos molares (M$_{1-6}$) são mostradas na parte inferior.

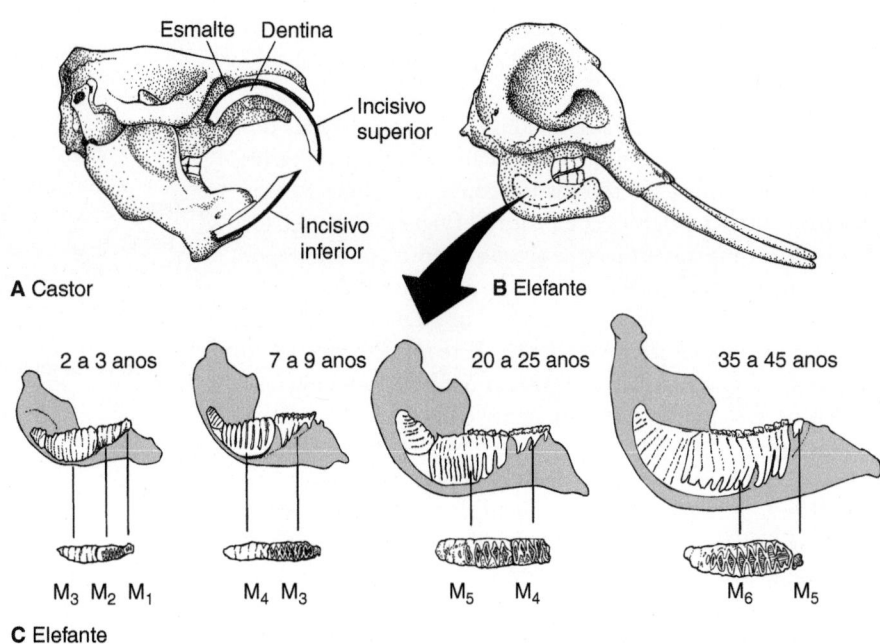

Esmalte   Dentina

Incisivo superior

Incisivo inferior

A Castor

B Elefante

2 a 3 anos   7 a 9 anos   20 a 25 anos   35 a 45 anos

M$_3$ M$_2$ M$_1$ M$_4$ M$_3$ M$_5$ M$_4$ M$_6$ M$_5$

C Elefante

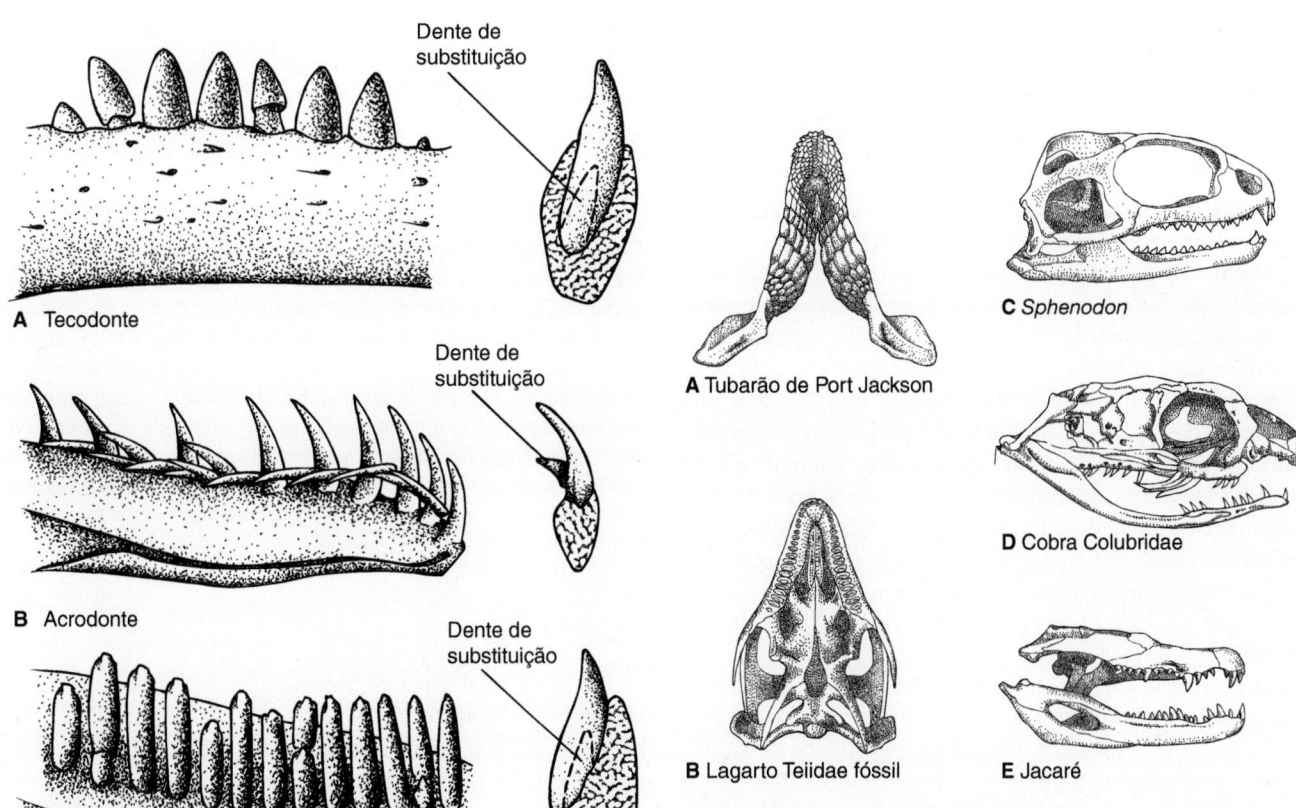

Dente de substituição

A Tecodonte

Dente de substituição

B Acrodonte

Dente de substituição

C Pleurodonte

Figura 13.10 Tipos de fixação dos dentes. A. Os dentes tecodontes estão fixados em alvéolos (jacaré). **B.** Os dentes acrodontes estão fixados mais ou menos na superfície de oclusão do osso (cobra). **C.** Os dentes pleurodontes estão fixados na parte lateral (lagarto).

De Smith.

A Tubarão de Port Jackson

B Lagarto Teiidae fóssil

C *Sphenodon*

D Cobra Colubridae

E Jacaré

Figura 13.11 Dentição heterodonte. A dentição heterodonte é mais pronunciada entre os mamíferos, nos quais é possível distinguir incisivos, caninos, pré-molares e molares distintos. Todavia, entre muitos ectotérmicos, a diferenciação dos dentes também é evidente. **A.** Maxila inferior do tubarão de Port Jackson. **B.** Lagarto Teiidae fóssil. **C.** *Sphenodon*. **D.** Cobra Colubridae do gênero *Dispholidus*, exibindo um grande conjunto de dentes inoculados sulcados na extremidade posterior da maxila. **E.** Jacaré com alguns dentes grandes.

De Smith; Kardong.

mecânico, os dentes dos predadores têm cúspides pontudas para furar ou cortar esse material flexível. Além disso, os dentes de alguns predadores, como os tubarões, apresentam margens afiadas e cortantes como facas ao longo das partes laterais dos dentes para ajudar a perfurar a pele. Para despedaçar a carne, essas margens ainda são serrilhadas, como as de uma faca de pão, para cortar a pele macia e maleável (Figura 13.12 A). Os dentes de alguns ripidístios e de alguns dos primeiros tetrápodes possuem cúspides únicas e afiadas, e as laterais de esmalte estão contorcidas de modo complexo, inspirando a designação de *labirintodonte* para esses dentes. Esse esmalte pregueado produz cristas superficiais que podem melhorar a penetração do dente e fortalecê-lo internamente (Figura 13.12 B).

Nas larvas das salamandras, os dentes consistem, em sua maioria, em cones pontudos, porém os dentes dos adultos metamorfoseados frequentemente exibem especializações. Em algumas espécies, as coroas são **bicúspides**, isto é, apresentam duas cúspides, e a própria coroa está sobre um **pedicelo** basal, fixada por meio de fibras colágenas. Quando um dente é substituído, a coroa é perdida, e o pedicelo sofre rápida reabsorção, levando alguns especialistas a argumentar que esses dentes pedicelados representam um mecanismo de rápida substituição dos dentes. Entretanto, a principal vantagem desse tipo de estrutura é o fato de que ela ajuda a agarrar a presa. A "articulação" formada entre a coroa e o pedicelo possibilita a inclinação da ponta do dente para dentro, mas não para fora. Desse modo, quando uma presa que ainda está se debatendo é introduzida ainda mais dentro da boca da salamandra, as pontas dos dentes relaxam e se inclinam na mesma direção, favorecendo o movimento em direção à garganta. Como essas pontas dos dentes estão inclinadas para dentro da cavidade bucal, elas resistem à fuga da presa para fora (Figura 13.12 C).

À semelhança dos dentes da maioria dos répteis carnívoros, os dentes das cobras geralmente se afilam em uma cúspide acentuadamente pontuda, que penetra na pele e proporciona uma mordida firme sobre a presa. Alguns dentes de cobras são especializados e apresentam uma margem semelhante a uma lâmina ou cristas baixas ao longo de suas laterais que podem ajudar na penetração do dente. Quando uma cobra dá o bote, ela fecha sua boca rapidamente sobre a presa. A série de dentes semelhantes a agulhas forma uma superfície espinhosa, que facilmente a prende. Os dentes na frente da boca da cobra são frequentemente **invertidos**, com a ponta inclinada para frente em relação ao restante dos dentes (Figura 13.13 A e B). Isso confere a eles uma inclinação posterior acentuada em sua base e uma inclinação para frente no seu ápice. A inclinação da cúspide para frente significa que, durante o bote, a ponta afiada é trazida para uma posição mais alinhada com a linha de captura da presa pela cobra. O alinhamento das pontas dos dentes com a presa facilita a perfuração da pele com o impacto. A inclinação posterior na base do dente atua para segurar a presa e facilitar a sua deglutição. Se a presa recuar na tentativa de escapar, os dentes afundam ainda mais profundamente e com maior firmeza na pele, em virtude de sua inclinação para trás. Os dentes com curvatura invertida são encontrados em outros vertebrados, como os tubarões, e presumivelmente funcionam de modo semelhante. A cúspide penetra com o impacto, e a base segura a presa que está se debatendo.

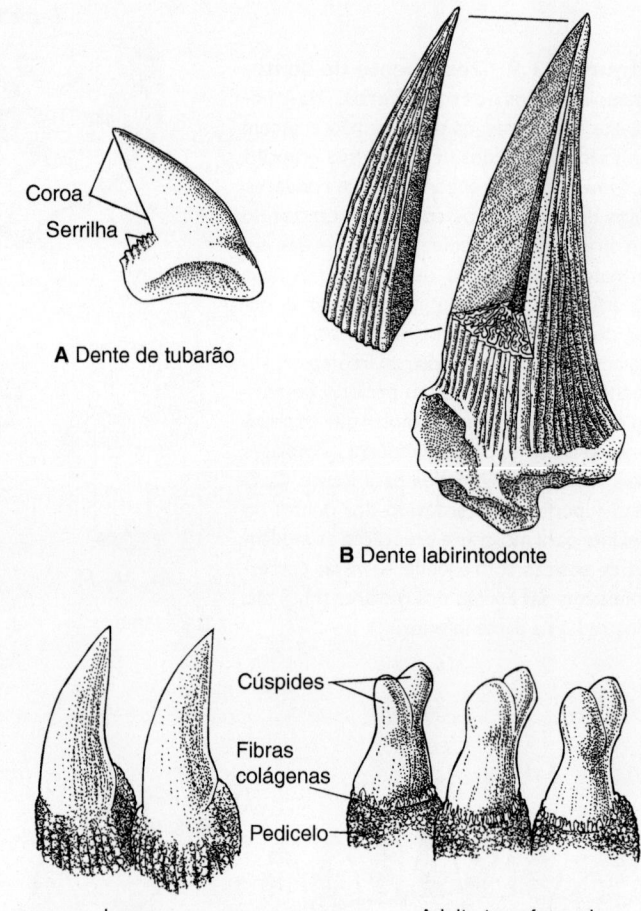

A Dente de tubarão

B Dente labirintodonte

Cúspides

Fibras colágenas

Pedicelo

Larva   Adulto transformado

C Dentes de salamandra

Figura 13.12 Especializações dos dentes. A. Dente de tubarão (*Carcharhinus acronotus*). A coroa pontuda tem uma margem quase lisa para perfurar a presa; a base é serrilhada para cortar a carne. **B.** Vista lateral de um dente labirintodonte de um anfíbio fóssil. Uma cunha do dente foi removida para mostrar o esmalte pregueado. **C.** Dentes da salamandra (*Ambystoma gracile*) antes da metamorfose (larva) e depois (adulto). Os dentes da larva são pontudos. Os dentes do adulto transformado apresentam cúspides divididas que se articulam com um pedicelo basal. Acredita-se que as cúspides se curvem com a presa se debatendo, resistindo, assim, a seu escape da boca.

B, de Owen.

Os dentes maxilares de algumas cobras apresentam sulcos abertos através dos quais as secreções orais fluem durante a alimentação. Nas cobras venenosas, as margens desses sulcos se fundem, formando um canal oco na parte central do dente, pelo qual o veneno proveniente do ducto passa até a presa. O termo **dente inoculador** é apropriado para descrever esse dente oco modificado para a liberação de veneno. Por ser um dente modificado, o dente inoculador da cobra, assim como outros dentes, constitui parte de um sistema polifiodonte, que é substituído de modo regular. Por conseguinte, a remoção artificial do dente inoculador não irá tornar uma cobra venenosa permanentemente "inofensiva", visto que, dentro de um dia ou menos, seu lugar será ocupado por um dente de substituição.

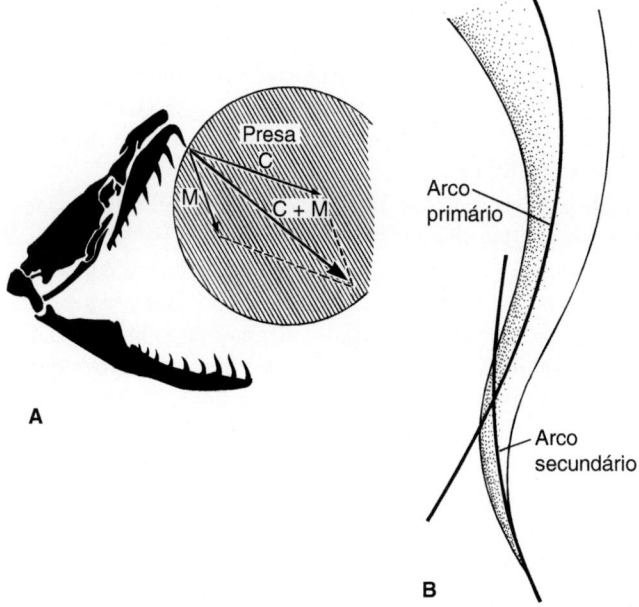

Figura 13.13 Curvatura invertida dos dentes da cobra. A. Quando uma cobra lança sua cabeça e fecha as maxilas sobre uma presa, duas forças são transmitidas pela ponta dos dentes anteriores, representadas aqui por vetores. Um vetor representa a força que surge do movimento do crânio (C) para frente. O outro representa a força de fechamento da maxila (M). A força resultante no impacto é C + M. **B.** A inclinação da ponta do dente para frente (arco secundário) em relação à sua base (arco primário) pode fazer com que a ponta coincida mais com a linha dessa força resultante sobre o impacto. O arco primário da base do dente orienta o dente posteriormente. Quando a cobra deglute a presa, essa inclinação para trás resiste à fuga da presa para fora da boca. Durante o bote, o arco secundário inverso ajuda o dente a penetrar na superfície da presa.

Com base na pesquisa de T. H. Frazzetta.

▶ **Dentes especializados nos mamíferos.** Nos mamíferos, os dentes não apenas capturam ou seguram o alimento, mas também são especializados para mastigá-lo, produzindo uma dentição complexa e distinta. De fato, a dentição em diferentes grupos é tão distinta que, com frequência, fornece a base para a identificação dos animais viventes e das espécies fósseis. Não é surpreendente que tenha surgido uma terminologia elaborada para descrever as características particulares dos dentes dos mamíferos.

A dentição heterodonte dos mamíferos inclui quatro tipos de dentes na boca: os **incisivos**, na frente, os **caninos**, próximos a eles, os **pré-molares**, ao longo das laterais da boca, e os **molares**, atrás. O número de cada tipo difere entre os grupos de mamíferos. A **fórmula dentária** é uma expressão abreviada do número de cada tipo de dente em um lado da cabeça para um grupo taxonômico. Por exemplo, a fórmula dentária do coiote (*Canis latrans*) é a seguinte:

I 3/3, C 1/1, PM 4/4, M 2/3

Isso significa que existem três incisivos (I) superiores e três inferiores, um canino (C) superior e um inferior, quatro pré-molares (PM) superiores e quatro inferiores e dois molares (M) superiores e três inferiores, 21 para um lado ou 42 no total. Algumas vezes, a fórmula dentária é escrita como 3-1-4-2/3-1-4-3, em que os quatro primeiros números indicam os dentes superiores e os outros quatro, os dentes inferiores. A fórmula dentária para o veado-mula norte-americano (*Odocoileus hemionus*) é 0-0-3-3/3-1-3-3. Observe que os incisivos e caninos superiores ausentes estão indicados por zeros (Figura 13.14).

Em geral, os incisivos na frente da boca são utilizados para cortar ou aparar; os caninos para perfurar ou segurar; e os pré-molares e molares, para esmagar ou triturar o alimento. O termo coletivo para se referir tanto aos pré-molares quanto aos molares é **dentes da bochecha** ou **dentes molariformes**. Nos seres humanos e nos porcos, as coroas são baixas ou **braquidontes** (Figura 13. 15 A). Nos cavalos, as coroas são altas ou **hipsodontes** (Figura 13.15 B). Se as cúspides formarem picos arredondados, como nos onívoros, os dentes são **bunodontes** (Figura 13.15 C). As cúspides que formam cristas predominantemente retas, como nos perissodáctilos e nos roedores, produzem dentes **lofodontes** (Figura 13.15 D). As cúspides em forma de crescente, como nos artiodáctilos, caracterizam os dentes **selenodontes** (Figura 13.15 E). Tipicamente, os dentes hipsodontes são encontrados nos herbívoros que trituram material vegetal para quebrar as paredes celulares resistentes, particularmente animais como os que pastam, em que as partículas de sílica na grama tornam sua dieta mais abrasiva. Sua superfície de oclusão é desgastada de modo desigual, visto que os minerais que formam a superfície – esmalte, dentina e cemento – diferem em sua dureza. As superfícies de oclusão são funcionalmente importantes, visto que asseguram que as cristas e depressões persistam por toda vida, mantendo, assim, uma superfície resistente para trituração, que não se torna lisa com o uso contínuo (ver Figura 13.15 B).

Os mamíferos possuem uma variedade de dentes especializados. Em alguns, os **dentes setoriais** são modificados, de modo que as cristas em dentes opostos passam uma pela outra para cortar o tecido. Em alguns primatas, as margens cortantes

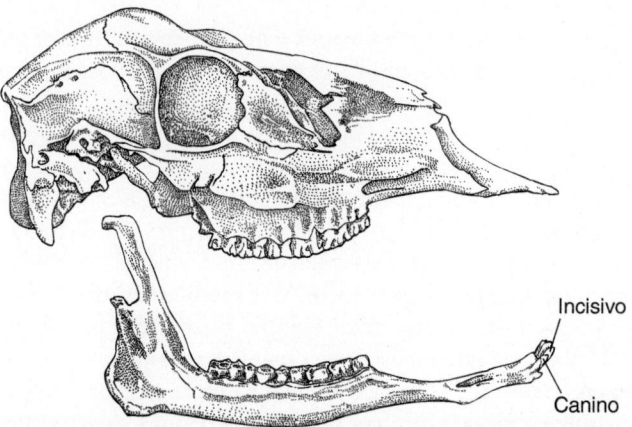

Figura 13.14 Crânio do veado-mula norte-americano (*Odocoileus hemionus*), com a maxila inferior abaixada. A fórmula dentária para a fileira superior é 0-0-3-3, enquanto a fórmula para a inferior é 3-1-3-3. A ausência de incisivos e caninos superiores é normal, indicada pelos zeros na fórmula dentária. Os incisivos e caninos inferiores estão presentes, e o canino é adjacente aos incisivos na frente da maxila.

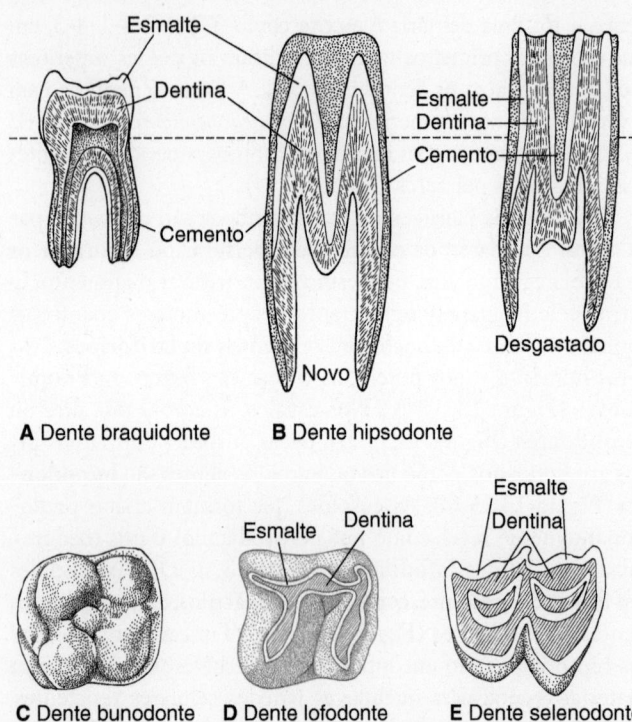

Figura 13.15 Altura da coroa e superfícies de oclusão. Altura do dente: **A.** Dente braquidonte. **B.** Dente hipsodonte. Quando a superfície de oclusão de um dente hipsodonte recém-irrompido (*à esquerda*) se torna desgastada, camadas alternadas de dentina e esmalte são expostas (*à direita*). As camadas alternadas de dureza variável asseguram a formação de cristas e depressões, produzindo uma superfície áspera, que não se tornará lisa, mesmo após uso prolongado. Observe que os dentes continuam irrompendo (movem-se acima da linha da gengiva) conforme são desgastados no ápice. Nos dentes dos mamíferos, são observadas várias superfícies de oclusão: **C.** Dente bunodonte (p. ex., porcos, primatas). **D.** Dente lofodonte (p. ex., cavalos, rinocerontes). **E.** Dente selenodonte (p. ex., camelos, veado).

A e B, de C. Janis. D, de Halasey.

são formadas no canino superior e no primeiro pré-molar inferior, os dentes setoriais. Esses dentes são utilizados em lutas entre indivíduos ou para defesa. Na ordem Carnivora, o quarto pré-molar superior e o primeiro molar inferior formam os **carniceiros**, que são dentes setoriais especializados que deslizam um pelo outro como tesouras para cortar tendões e músculos. As **presas** surgem a partir de diferentes dentes em diferentes espécies. A presa única em espiral de 3 m do narval é o incisivo superior esquerdo (Figura 13.16 A). Especulações sobre a função dessa presa incluem desde capturar peixes, fazer buracos no gelo polar, até agitar o fundo do oceano para assustar o alimento enterrado. Todos os machos, mas somente algumas fêmeas, possuem a presa, sugerindo que se trata de uma característica sexual secundária utilizada em exibições entre machos e/ou para corte. Nos elefantes, as presas pareadas são incisivos alongados (Figura 13.16 B) e, nas morsas, as presas pareadas são caninos superiores que se projetam para baixo (Figura 13.16 E). Nos mamíferos carnívoros, os dentes caninos, juntamente com maxilas poderosas, são utilizados para matar a presa. Algumas vezes, esses dentes perfuram os principais vasos sanguíneos no

pescoço, causando sangramento profuso da vítima e enfraquecendo-a. Um carnívoro experiente, como o leão adulto, tem mais tendência a morder no pescoço e a colapsar a traqueia para sufocar a sua presa. Alguns mamíferos, como os tamanduás e as baleias-de-barbatanas, carecem por completo de dentes (Figura 13.16 D e G).

Os padrões das cúspides dos dentes molariformes dos mamíferos são tão distintos que são utilizados na identificação das espécies. As cúspides são denominadas cones, cujos principais são identificados pela adição dos prefixos *proto-*, *para-*, *meta-*, *hipo-* ou *ento-*; as cúspides menores estão indicadas pelo sufixo *-ulo*. Para os especialistas, a terminologia prossegue: o termo **cíngulo** é usado para cristas acessórias de esmalte nas margens da coroa, *-lofo* denota cristas através da coroa conectando cúspides, *-cone* significa as cúspides nos dentes superiores e *-conídio* se refere aos cones nos dentes inferiores. Por exemplo, meta*cone* e meta*conídio* denotam as mesmas cúspides, mas nos dentes superiores e inferiores, respectivamente (Figura 13.17 A–E).

Grande parte dessa terminologia foi inspirada por paleontólogos do final do século 19, os quais propuseram que as três cúspides em cada molar dos cinodontes ancestrais se espalharam pela coroa expandida dos descendentes mamíferos, tornando-se o paracone (paraconídio), o protocone (protoconídio) e o metacone (metaconídio) dos molares superiores (e inferiores). Outros cones foram adicionados posteriormente. Esperar esse tipo de exatidão entre as minúsculas cúspides dos cinodontes e dos mamíferos posteriores era, provavelmente, muito otimismo. Todavia, isso proporcionou e continua proporcionando uma técnica prática para caracterizar os mamíferos taxonomicamente.

Língua

Os ciclóstomos possuem uma língua que deriva, não da musculatura hipobranquial, mas sim do assoalho da faringe. Durante a alimentação, os ciclóstomos projetam essa língua mole, que possui cristas de "dentes" queratinizados utilizadas para raspar. Todavia, a maioria dos peixes gnatostomados não tem língua. Em certas ocasiões, os dentes que nascem nas extremidades inferiores das barras branquiais podem atuar contra os do palato, mas não há, no geral, uma língua muscular carnuda. Uma língua móvel se desenvolve pela primeira vez nos tetrápodes a partir da musculatura hipobranquial, fixada ao **aparato hioide** subjacente e que repousa sobre ele – um derivado esquelético das extremidades inferiores modificadas do arco hioide e arcos branquiais adjacentes.

A língua de muitos tetrápodes tem **botões gustativos**, isto é, órgãos sensoriais que respondem a substâncias químicas que entram na boca. O **órgão vomeronasal** (órgão de Jacobson) é encontrado em muitos tetrápodes, nos quais está envolvido principalmente na detecção de sinais de feromônios (substâncias químicas sociais da comunicação). A liberação de substâncias químicas normalmente acontece da boca para o órgão vomeronasal. Isso pode ser intensificado pela ação da língua, como nos lagartos e nas cobras, que projetam a parte anterior da língua para fora da boca para coletar o ar e/ou substâncias químicas do substrato para sua avaliação pelo órgão vomeronasal.

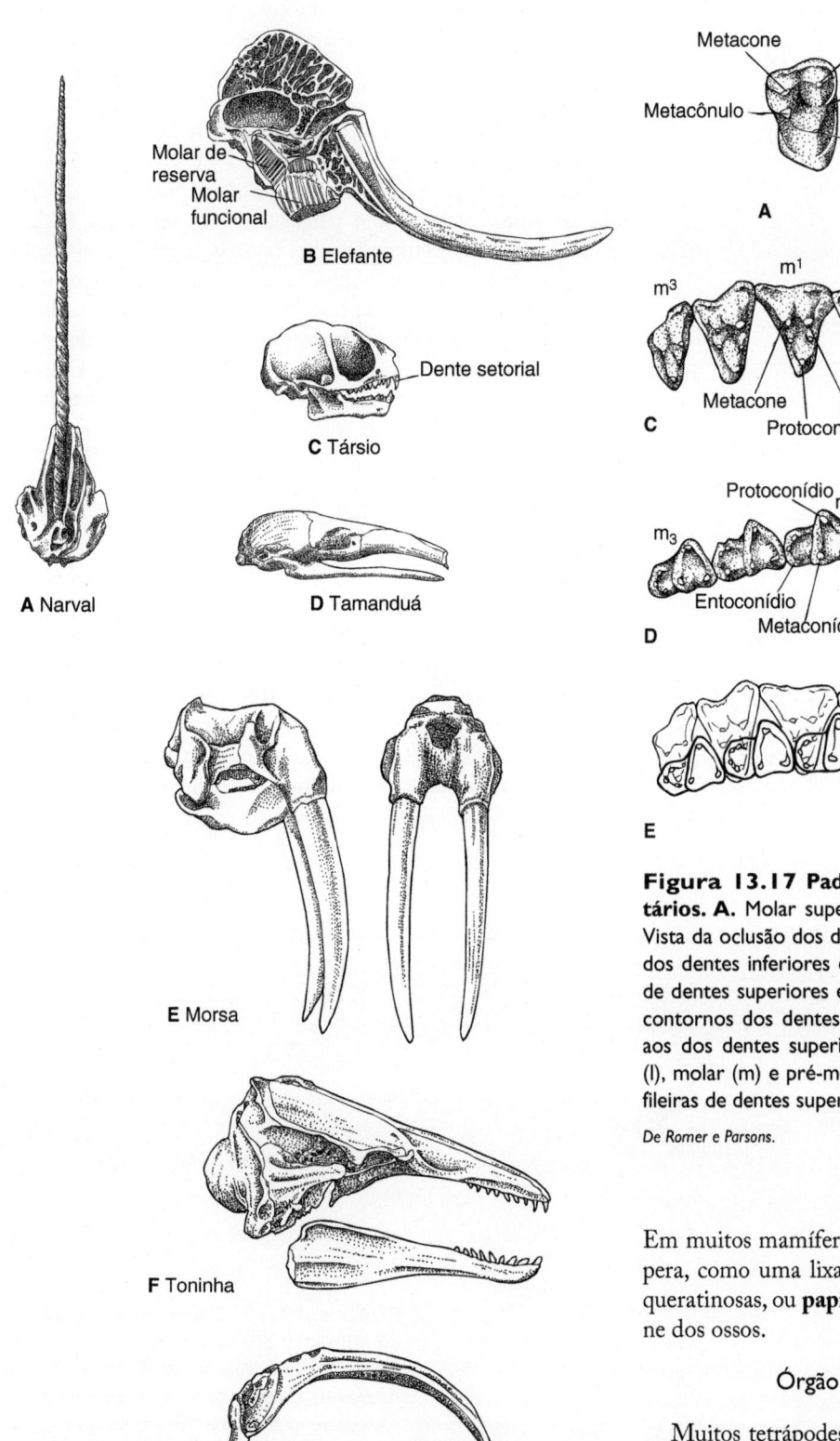

A Narval

B Elefante

Molar de reserva
Molar funcional

C Társio

Dente setorial

D Tamanduá

E Morsa

F Toninha

G Baleia-franca

Figura 13.16 Dentes especializados dos mamíferos. Vistas lateral e frontal de presas. As presas surgem a partir do incisivo superior esquerdo no narval (**A**), a partir de ambos os incisivos superiores no elefante (**B**), e a partir dos caninos nas morsas (**E**). São mostrados os dentes setoriais no primata társio (**C**) e dentes em formato de cavilha de uma toninha (**F**). Os dentes estão ausentes nos tamanduás (**D**) e nas baleias-de-barbatana (**G**).

A, B, D, de Smith.

Metacone — Paracone   Hipoconídio — Protoconídio
Paracônulo
Metacônulo — Paraconídio
Protocone   Entoconídio — Metaconídio

A   **B**

m^3 m^1 p^4 p^1 c i^{1-3}

Metacone   Paracone
Protocone

C

Protoconídio m_1 p_4 p_1 i_{1-3}
m_3
Entoconídio   Paraconídio
Metaconídio

D

E

Figura 13.17 Padrões de molares de mamíferos placentários. A. Molar superior direito. **B.** Molar inferior esquerdo. **C.** Vista da oclusão dos dentes superiores direitos. **D.** Vista da oclusão dos dentes inferiores direitos, da mesma espécie que C. **E.** Fileiras de dentes superiores e inferiores posicionadas em oclusão, com os contornos dos dentes inferiores (contornos escuros) superpostos aos dos dentes superiores. Os dentes incluem canino (c), incisivo (I), molar (m) e pré-molar (p), acompanhados de seus números nas fileiras de dentes superiores (sobrescrito) ou inferiores (subscrito).

De Romer e Parsons.

Em muitos mamíferos carnívoros, a superfície da língua é áspera, como uma lixa, com numerosas projeções espinhosas e queratinosas, ou **papilas filiformes**, que ajudam a raspar a carne dos ossos.

Órgão vomeronasal (Capítulo 17)

Muitos tetrápodes utilizam sua língua na **alimentação lingual**, projetando-a para fora da boca sobre a presa. A superfície pegajosa segura a presa capturada até que as maxilas avancem ou a língua se retraia, trazendo-a dentro da boca. Muitas salamandras e lagartos terrestres utilizam essa técnica. De fato, alguns especialistas argumentam que o movimento dessa língua móvel e protrátil representa uma importante inovação para a alimentação na transição dos primeiros tetrápodes para a vida na terra. Os pica-paus utilizam suas longas línguas especializadas como uma sonda para obter insetos entre as fendas das cascas das árvores ou em buracos que eles fabricam (Figura 13.18 A–C).

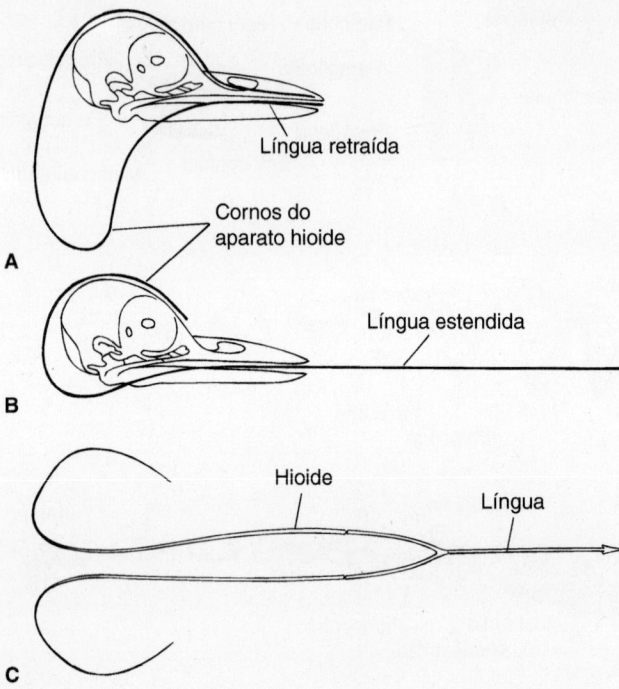

Figura 13.18 Protrusão da língua em um pica-pau. A. O aparato hioide flexível e fino sustenta a língua carnosa. **B.** Quando o pica-pau projeta sua língua, o aparato hioide desliza para frente e a língua se estende a partir dele. **C.** Vista ventral do aparato hioide do pica-pau *Picus*.

A e B, de Smith; C, de Owen.

A língua dos tetrápodes também pode transportar a presa capturada, isto é, movimentar a presa da cavidade bucal até a parte posterior da faringe, na qual é deglutida (Figura 13.19 A). Esse processo é conhecido como **transporte intraoral** e prossegue em várias etapas. Em primeiro lugar, as maxilas se abrem lentamente e a língua é projetada para frente e abaixo do alimento, encaixando-a parcialmente ao seu redor (Figura 13.19 B). Em segundo lugar, as maxilas se abrem mais rapidamente e a língua puxa o alimento aderido para trás, dentro da boca (Figura 13.19 C). Em terceiro lugar, as maxilas se fecham lentamente, segurando o alimento que está posicionado mais posteriormente, e a língua deixa de aderir ao alimento. O ciclo se repete e a língua atua em sincronismo com as maxilas para movimentar o alimento de cada vez para a parte posterior da cavidade bucal e para dentro da faringe (Figura 13.19 D).

A capacidade da língua de prender o alimento durante seu transporte depende, em parte, das irregularidades de sua superfície que se engatam na presa ou a prendem fisicamente. A habilidade da língua carnosa de se moldar ao alimento pode ajudá-la a segurar fisicamente a presa. Essa adesão da língua também depende de uma adesão "úmida", isto é, dos efeitos pegajosos criados pela tensão superficial no ar e pela ação capilar. Nos casos em que os tetrápodes retornaram a uma alimentação aquática, esses fenômenos físicos são menos efetivos. Isso pode explicar a língua muito simplificada e desprovida de musculatura intrínseca encontrada, por exemplo, nos crocodilianos. Muitos tetrápodes aquáticos, como as tartarugas de alimentação aquática, recorrem a uma alimentação por sucção

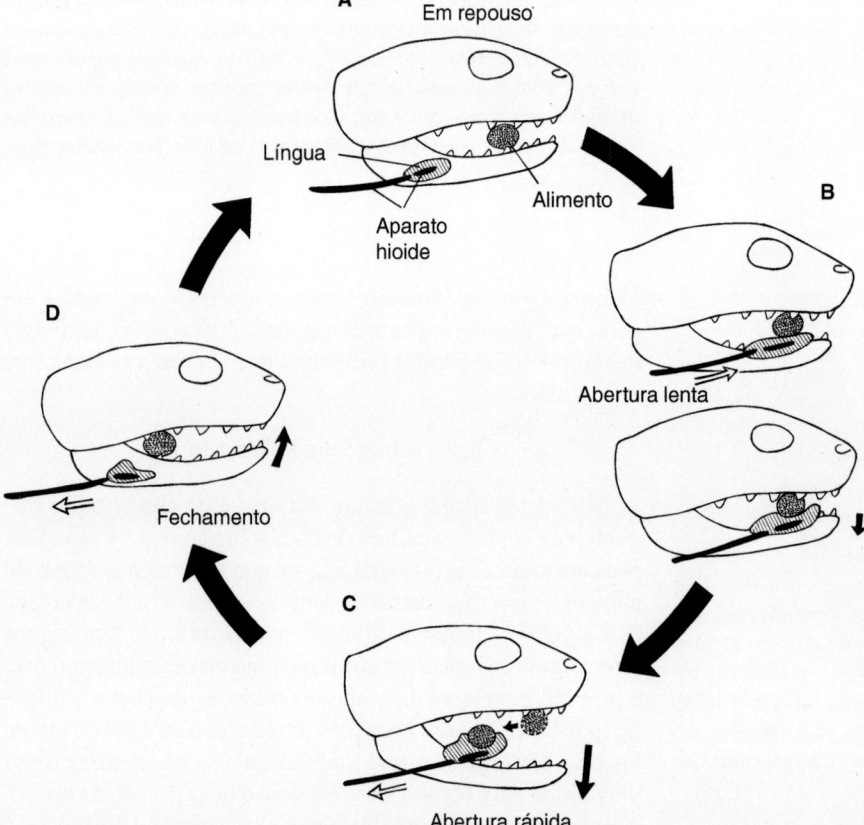

Figura 13.19 Transporte intraoral do alimento em um tetrápode generalizado. A. Em repouso. **B.** Abertura lenta. As maxilas começam a se abrir lentamente e a língua se movimenta para frente para estabelecer contato com o alimento e se ajustar a ele. **C.** Abertura rápida. As maxilas se abrem e a língua se retrai, transportando o alimento para a parte posterior da boca. **D.** Fechamento. As maxilas se fecham para adquirir o alimento; em seguida, a língua se desprende do alimento. Se o animal repetir essa sequência, o alimento é deslocado sucessivamente para trás na boca e para dentro da faringe, sendo deglutido no esôfago.

Com base na pesquisa de K. Schwenk, D. Bramble e D. Wake.

modificada, em que a língua tem pouca função. De fato, se a língua dos tetrápodes aquáticos fosse uma grande estrutura carnosa ocupando o assoalho da cavidade bucal, ela iria interferir com a súbita expansão da cavidade bucal necessária para a alimentação por sucção.

Faringe

Nos adultos, a faringe é um pouco mais que um corredor para a passagem de alimento e de ar. Todavia, do ponto de vista filogenético, a faringe constitui a fonte de muitos órgãos e, em termos de desenvolvimento, sua história é complexa (Tabela 13.1). Durante o desenvolvimento embrionário, o estomodeu (ectoderme) se abre na faringe, porém a própria faringe se forma a partir da parte anterior do intestino anterior (endoderme) e é relativamente proeminente em comparação com o restante do trato digestório ainda em formação. Uma série de reentrâncias ou **bolsas faríngeas** se forma em suas paredes laterais e cresce para fora para encontrar invaginações da ectoderme da pele, denominadas **sulcos branquiais**. Em seu ponto de contato, essas bolsas e sulcos estabelecem uma divisão ou **placa de fechamento** entre eles. Nos peixes e nas larvas de anfíbios, as placas de fechamento são perfuradas para formar as fendas branquiais funcionais. Em outros vertebrados, essas placas de fechamento não sofrem ruptura ou, se o fazem, são logo vedadas, de modo que não ocorre desenvolvimento de fendas branquiais funcionais.

A contribuição subsequente da faringe embrionária para as estruturas do adulto é surpreendente. Nos mamíferos, a primeira bolsa faríngea se expande, formando um **recesso tubotimpânico** alongado que envolve os ossos do ouvido médio, dando origem à tuba auditiva estreita e a parte da cavidade timpânica. A segunda bolsa faríngea origina a tonsila palatina. A terceira e a quarta bolsas contribuem para a paratireoide. A quinta bolsa faríngea dá origem aos denominados corpos ultimobranquiais, glândulas separadas nos peixes, anfíbios, répteis e aves. Nos mamíferos, no entanto, passam a constituir parte da glândula tireoide e, aparentemente, formam sua população interna de células C, envolvidas no controle dos níveis sanguíneos de cálcio. Todas as bolsas contribuem para o timo nos peixes, um número variável contribui nos anfíbios, e as bolsas faríngeas III e IV contribuem nos mamíferos. O teto da faringe dá origem à tonsila faríngea; o assoalho origina a tireoide, parte da língua, a tonsila lingual e o primórdio do pulmão.

A **deglutição** envolve o movimento vigoroso do bolo a partir da boca e da faringe para dentro do esôfago e, em seguida, para o estômago. Os vertebrados, em sua maioria, engolem o alimento por inteiro, sem mastigá-lo, e o esôfago se expande para acomodar o tamanho do alimento deglutido. As aves marinhas apanham peixes em seus bicos e os lançam para a parte posterior da garganta. O esôfago se distende à medida que o alimento entra. As contrações dos músculos em suas paredes espremem o peixe em seu trajeto até o estômago. As cobras utilizam os ossos articulados da maxila flexivelmente sobre a presa, puxando as laterais de sua boca sobre a presa para engoli-la. Quando o alimento entra no esôfago, ondas de contração em suas paredes e movimentos gerais do pescoço forçam o bolo ao longo do estômago (Figura 13.20).

Formam-se três vedações temporárias conforme a maioria dos mamíferos mastiga e deglute o alimento. A vedação oral anterior é formada pelos lábios. A vedação oral média de desenvolve entre o palato mole e a parte posterior da língua.

Tabela 13.1 Derivados das bolsas faríngeas nos vertebrados.

Bolsa faríngea	Posição	Lampreia	Elasmobrânquio	Urodela	Anura	Réptil	Ave	Mamífero
1	Dorsal	Timo	Espiráculo	Recesso tubotimpânico[a]	Recesso tubotimpânico[a]	Recesso tubotimpânico[a]	Recesso tubotimpânico[a]	Recesso tubotimpânico[a]
	Ventral	Bolsa branquial	-	-	-	-	-	-
2	Dorsal	Timo	Timo	-	Timo	Timo[1]	-	Tonsila (palatina)
	Ventral	Bolsa branquial	-	-	-	Paratireoide		
3	Dorsal	Timo	Timo	Timo	-	Timo[1,2]	Timo	Paratireoide
	Ventral	Bolsa branquial	-	Paratireoide	Paratireoide	Paratireoide	Paratireoide	Timo
4	Dorsal	Timo	Timo	Timo	-	Timo[2,3]	Timo	Paratireoide
	Ventral	Bolsa branquial	-	Paratireoide	Paratireoide	Paratireoide	Paratireoide	Timo
5	Dorsal	Timo	Timo	Timo	-	Timo[3]	-	-
	Ventral	Bolsa branquial	Corpo ultimobranquial	Corpo ultimobranquial	Corpo ultimobranquial	Corpo ultimobranquial	Corpo ultimobranquial	Corpo ultimobranquial

[a]Cavidade auditiva do ouvido médio e tuba uterina.
[1] Lagarto; [2]Tartaruga; [3]Cobra.

Boxe Ensaio 13.3 — Tigres-dentes-de-sabre

Em alguns mamíferos, os caninos superiores evoluíram em dentes curvados semelhantes a um sabre. Isso ocorreu independentemente em quatro ocasiões: três vezes nos placentários – uma vez nos carnívoros ancestrais, os creodontos, e duas vezes nos Carnivora, os Nimravidae fósseis e os felídeos (gatos) (Figura I do boxe) – e uma vez em uma família de marsupiais do Plioceno (Thylacosmilidae). Todos os mamíferos com dentes-de-sabre estão extintos, porém os caninos fósseis dos carnívoros com dentes-de-sabre são bem-conhecidos. Seus dentes caninos eram longos e curvados, e a margem posterior da lâmina apresentava um ligeiro serrilhado. Um Nimravidae com dente-de-sabre apresentava evidência de uma ferida causada por outro dente-de-sabre. Um fóssil de lobo foi encontrado com parte do dente-de-sabre do felídeo *Smilodon* enterrada dentro de seu crânio. Os carnívoros recentes se alimentam principalmente de herbívoros, e só raramente comem uns aos outros. Por conseguinte, a evidência fóssil de ataques de dentes-de-sabre em outros carnívoros provavelmente representa um felino defendendo a sua caça de carnívoros competidores carniceiros ou saqueadores que procuravam roubar a carcaça morta.

Ainda não se sabe como esses caninos em forma de sabre eram utilizados durante a alimentação. Os tigres dentes-de-sabre eram capazes de abrir bem as maxilas, mas estas não eram fortes o suficiente para arrancar um grande pedaço da presa. Parece provável que os sabres faziam ferimentos cortantes que sangravam profusamente, porém não eram usados para rasgar grandes pedaços de carne do corpo das presas.

Por que, então, os felinos hoje em dia não possuem dentes-de-sabre semelhantes para matar suas presas? Os tigres, os leões, os pumas e felinos menores fazem rápidos

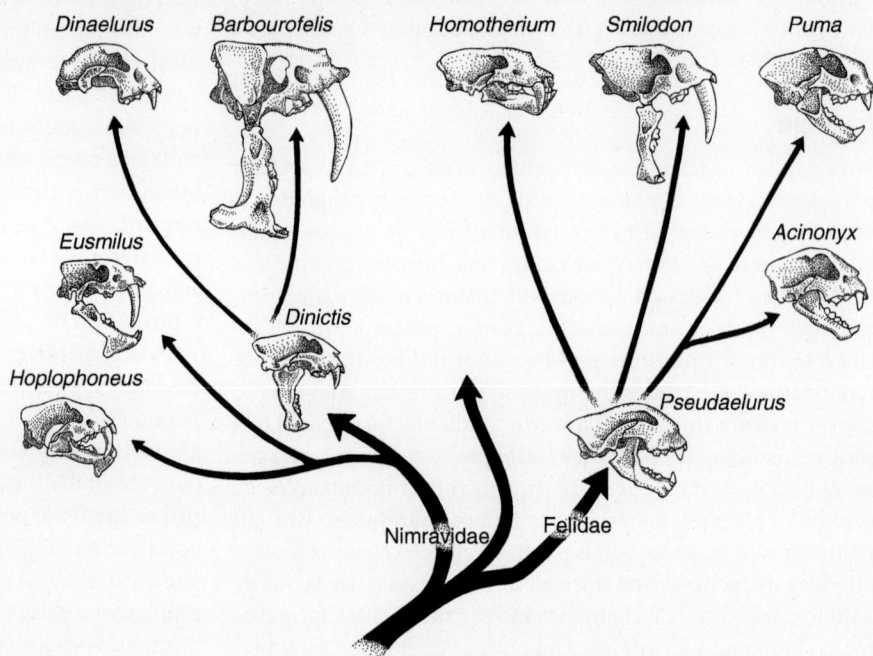

Figura I do Boxe. Possível filogenia dos Carnivora felinos. Um importante ramo de eutérios produziu os Nimravidae, e o segundo, os Felidae. Os dentes-de-sabre também evoluíram independentemente nos creodontos, um grupo extinto de Carnivora eutérios, e nos marsupiais, com total de quatro origens.

De Martin.

ataques de emboscada e usam as garras para segurar e controlar a presa enquanto mordem o seu pescoço. A mordida provoca ferimentos de perfuração e prende a traqueia, sufocando a presa. Não se sabe como dentes-de-sabre podem ter sido vantajosos se as estratégias de caça eram semelhantes. De modo alternativo, alguns sugerem que os dentes eram diferentes porque as presas também eram diferentes, exigindo uma estratégia de caça diferente. Se os mamíferos com dentes-de-sabre se alimentavam de grandes preguiças ou outros herbívoros

grandes e lentos, então esse tipo de presa pode ter representado problemas diferentes em relação aos herbívoros velozes que hoje constituem a presa da maioria dos grandes felinos. Sem um tigre-dentes-de-sabre vivente como referência, é difícil determinar a função especial desses dentes. Até o momento, não existe consenso. Todavia, se os dentes-de-sabre representavam uma especialização para presas específicas, então a ausência de grandes herbívoros lentos hoje também poderia explicar a ausência de predadores com dentes-de-sabre.

A terceira vedação oral posterior é observada entre o palato mole e a **epiglote**. Quando o animal mastiga, o alimento tende a se reunir temporariamente na **valécula**, o espaço em frente da epiglote, e no **recesso piriforme,** as passagens ao redor das laterais da **laringe**. A epiglote se localiza em cima da laringe, enquanto a traqueia fica abaixo dela. Com a deglutição, a parte posterior e as laterais da língua se expandem contra o palato mole (você mesmo pode perceber isso quando está comendo), forçando o alimento para fora da valécula, através do recesso piriforme e dentro do esôfago. A **glote** é uma fenda muscular que se fecha temporariamente através da laringe para impedir

a aspiração inadvertida do alimento dentro da traqueia e dos pulmões. Na maioria dos mamíferos, a vedação posterior (palato mole-epiglote) se encontra em posição durante a deglutição para assegurar a passagem do alimento dentro do esôfago, sem bloquear a passagem de ar (Figura 13.21 A). Nos lactentes humanos, a vedação posterior direciona o leite para o esôfago, mas, nos adultos, essa vedação é perdida, visto que a faringe desce para acomodar o início da fala. Os humanos adultos dependem da vedação oral média (palato mole-parte posterior da língua) para manter o alimento e as passagens respiratórias separadas durante a deglutição (Figura 13.21 B).

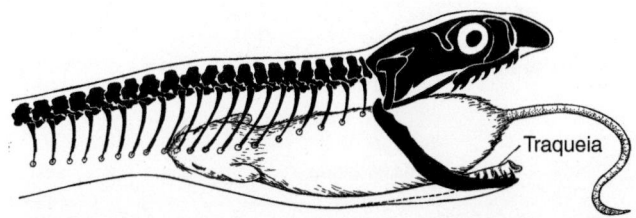

Figura 13.20 Cobra engolindo a presa. A cobra desloca suas maxilas alternadamente para a esquerda e para a direita ao longo da presa, fazendo-as "andar" sobre sua superfície até que a presa alcance a parte posterior da garganta. Os músculos lisos na parede do esôfago, auxiliados por músculos estriados na parede lateral do corpo, movimentam a presa em direção ao estômago. Enquanto a presa está na boca da cobra, a traqueia desliza por debaixo dela e para frente, a fim de manter uma via aberta por meio da qual a cobra respira até mesmo enquanto está deglutindo.

De Kardong.

Canal alimentar

Em alguns vertebrados, a **digestão** começa na cavidade bucal. Entretanto, passamos logo para o importante assunto do processamento do alimento no canal alimentar, que abrange a degradação adicional do bolo, a absorção de seus constituintes disponíveis e a eliminação dos remanescentes não digeríveis. A constituição do canal alimentar se adapta à dieta do organismo. Como a dieta pode diferir até mesmo entre grupos relacionados, os canais alimentares podem ser significativamente diferentes entre vertebrados filogeneticamente relacionados. Os vertebrados apresentam, em sua maioria, um canal alimentar constituído de esôfago, estômago, intestinos e cloaca. Por mais distintos que possam parecer, todos compartilham uma unidade subjacente de estruturação (Figura 13.22).

Cada região é elaborada de acordo com um plano comum de organização, isto é, um tubo oco com paredes compostas de quatro camadas. A camada mais interna é a **mucosa**, que inclui o epitélio que reveste o lúmen, as fibras musculares lisas finas da muscular da mucosa e a região de tecido conjuntivo frouxo, a lâmina própria entre o revestimento epitelial da muscular da mucosa. A **submucosa**, que consiste em tecido conjuntivo frouxo e plexos venosos do sistema nervoso autônomo, forma a segunda camada do trato digestório. Fora dessa camada, encontra-se a **muscular externa**, composta de folhetos circulares e longitudinais de músculo liso. A camada superficial é a **adventícia**, que consiste em tecido conjuntivo fibroso. Quando um mesentério envolve o canal alimentar, essa camada externa de tecido conjuntivo e mesentério é denominada **serosa**.

Durante o desenvolvimento embrionário, a endoderme dá origem ao revestimento do intestino, e a mesoderme circundante forma os músculos lisos, o tecido conjuntivo e os vasos sanguíneos. Na maioria dos tetrápodes, uma série de mudanças de posição transforma o intestino relativamente reto do embrião no tubo digestório enrolado do feto (Figura 13.23 A–C). Em primeiro lugar, forma-se a alça primária do trato digestório (Figura 13.23 D e E), uma grande curvatura em um local onde estava, até esse momento, um trato digestório reto. Em seguida, o rápido alongamento do intestino torce essa alça, formando a primeira espiral principal (Figura 13.23 F). Depois disso, o alongamento e o enrolamento continuados produzem o tubo digestório compacto, e regiões distintas se tornam delineadas (Figura 13.23 G). O resultado final da torção, do crescimento e da formação de alças do trato digestório embrionário consiste em solucionar um problema de acondicionamento – colocar o trato digestório longo e ativo dentro de um espaço confinado, a cavidade corporal. De maneira notável, esse longo tubo é acondicionado em um pequeno espaço, de modo a evitar o dobramento do tubo espiralado que, à semelhança de uma mangueira de jardim dobrada, poderia interromper o fluxo pelo tubo. Quando o alimento chega, a porção do trato digestório se torna ativa mecanicamente (agitação, peristaltismo) e quimicamente (secreções digestivas) conforme é suspensa pelos mesentérios e sua atividade controlada por eles.

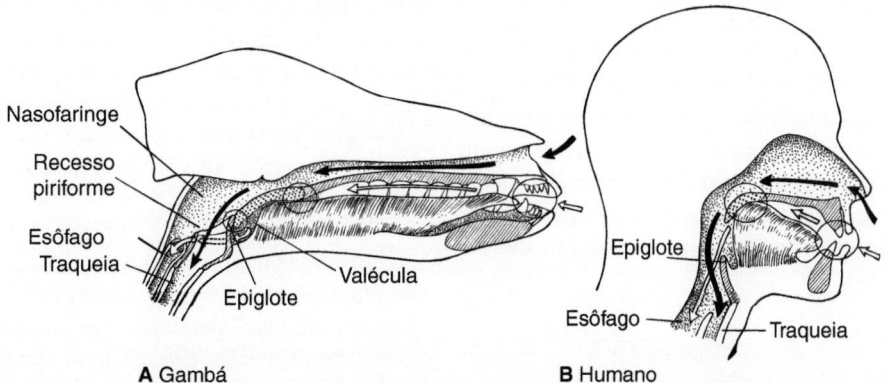

Figura 13.21 Passagens para o alimento e o ar. A. Vista sagital da cabeça de um gambá mostrando três vedações orais: anterior (lábios), média (palato mole e língua) e posterior (parte posterior da língua e epiglote). O ar (*setas cheias*) flui diretamente das passagens nasais para dentro da traqueia. O alimento (*setas vazadas*) passa ao redor das partes laterais da laringe para alcançar o esôfago. **B.** Vista sagital da cabeça de um ser humano. A vedação oral posterior está ausente, visto que a faringe está localizada mais baixa no pescoço para acomodar a produção de som para a fala. Assim, o alimento e o ar se cruzam potencialmente na extensa faringe humana.

De Hiiemae e Crompton.

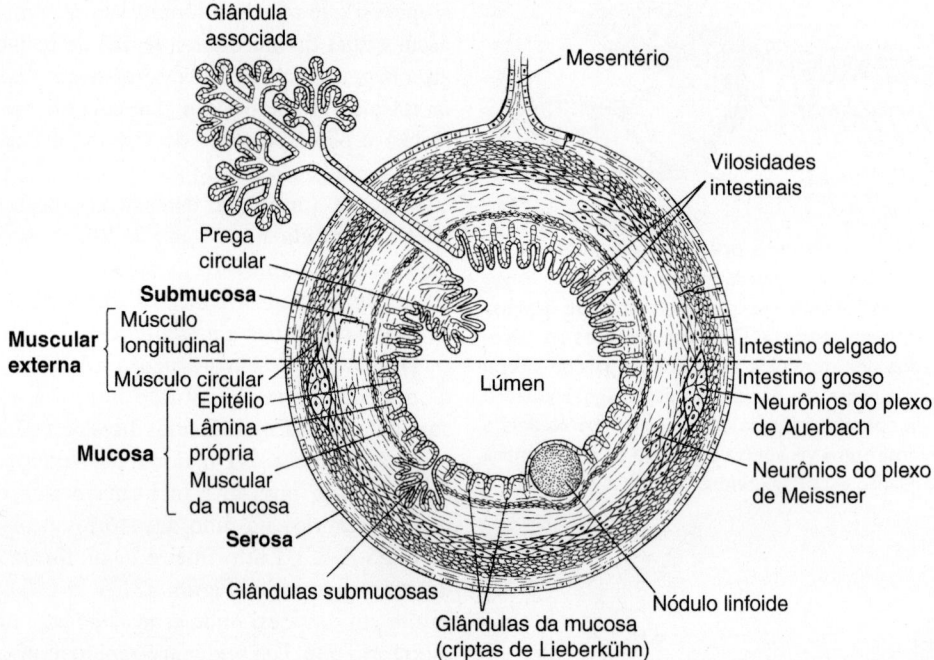

Figura 13.22 Organização geral do canal alimentar. As camadas concêntricas de mucosa, submucosa, muscular externa e serosa (ou adventícia) são comuns a todas as regiões do canal alimentar. Dentro da mucosa, existem pregas ou vilosidades intestinais. Ocorre tecido linfoide em toda a extensão, embora possa formar nódulos distintos dentro da mucosa. Podem ocorrer glândulas dentro da mucosa, submucosa ou até mesmo fora do tubo digestório.

De Bloom e Fawcett.

Esôfago

O esôfago conecta a faringe com o estômago. Trata-se de um tubo delgado, que se distende facilmente para acomodar até mesmo um grande bolo de alimento. Com frequência, ocorre secreção de muco para ajudar na passagem do alimento; todavia, o esôfago raramente produz enzimas que contribuem para a digestão química. Em alguns vertebrados, a mucosa esofágica é revestida por células ciliadas que controlam o fluxo de muco lubrificante ao redor do alimento. O epitélio ciliado também pode ajudar a reunir pequenas partículas da refeição e movê-las até o estômago. Em outros, a mucosa consiste em epitélio estratificado, que pode ser até mesmo queratinizado em animais que ingerem alimentos ásperos ou abrasivos. Nos vertebrados que deglutem grandes quantidades de alimento de uma vez, o esôfago atua como local de armazenamento temporário até que o restante do canal alimentar comece a digestão. Anteriormente, o revestimento muscular tende a ser composto de músculo estriado, que é substituído, posteriormente, por músculo liso.

Estômago

O esôfago entrega o bolo de alimento ao estômago, uma região expandida do canal alimentar. O estômago está ausente nos ciclóstomos e nos protocordados, exceto alguns urocordados, nos quais existe um estômago para receber o muco carregado de partículas alimentares coletadas na cesta branquial. Os animais que ingerem grandes quantidades de alimento de modo irregular, como muitos carnívoros, possuem estômagos

que atuam como compartimentos de armazenamento até que os processos de digestão mecânica e química se emparelhem. Esse armazenamento de alimento pode ter sido uma função inicial do estômago, quando os primeiros vertebrados evoluíram de uma alimentação em suspensão para uma alimentação de pedaços maiores de alimento. O ácido clorídrico produzido pelo estômago pode ter funcionado para retardar a putrefação do alimento por bactérias, preservando-o, assim, até que a digestão estivesse em andamento. Na maioria dos vertebrados, o estômago desempenha um papel mais amplo. Ocorre alguma absorção de água, sais e vitaminas no estômago, mas ele serve predominantemente para agitar e misturar o alimento mecanicamente e acrescentar substâncias químicas digestivas, coletivamente denominadas **suco gástrico**. O suco gástrico inclui algumas enzimas e muco, porém é principalmente composto de ácido clorídrico liberado pela parede mucosa do estômago.

O tamanho expandido do estômago o separa do esôfago estreito que chega nele e do intestino delgado no qual se esvazia. Quando não está distendido por alimento, a parede interna do estômago relaxa, formando **pregas gástricas**, que também ajudam a delinear seus limites (Figura 13.24). Todavia, a morfologia macroscópica externa nem sempre marca de maneira confiável as diferenças internas na estrutura da parede mucosa. Em consequência, o caráter histológico da parede mucosa é, com frequência, usado para distinguir regiões funcionais importantes no estômago.

Com base na histologia da mucosa, pode-se identificar duas regiões do estômago. O **epitélio glandular do estômago** se caracteriza pela presença de **glândulas gástricas**. Trata-se

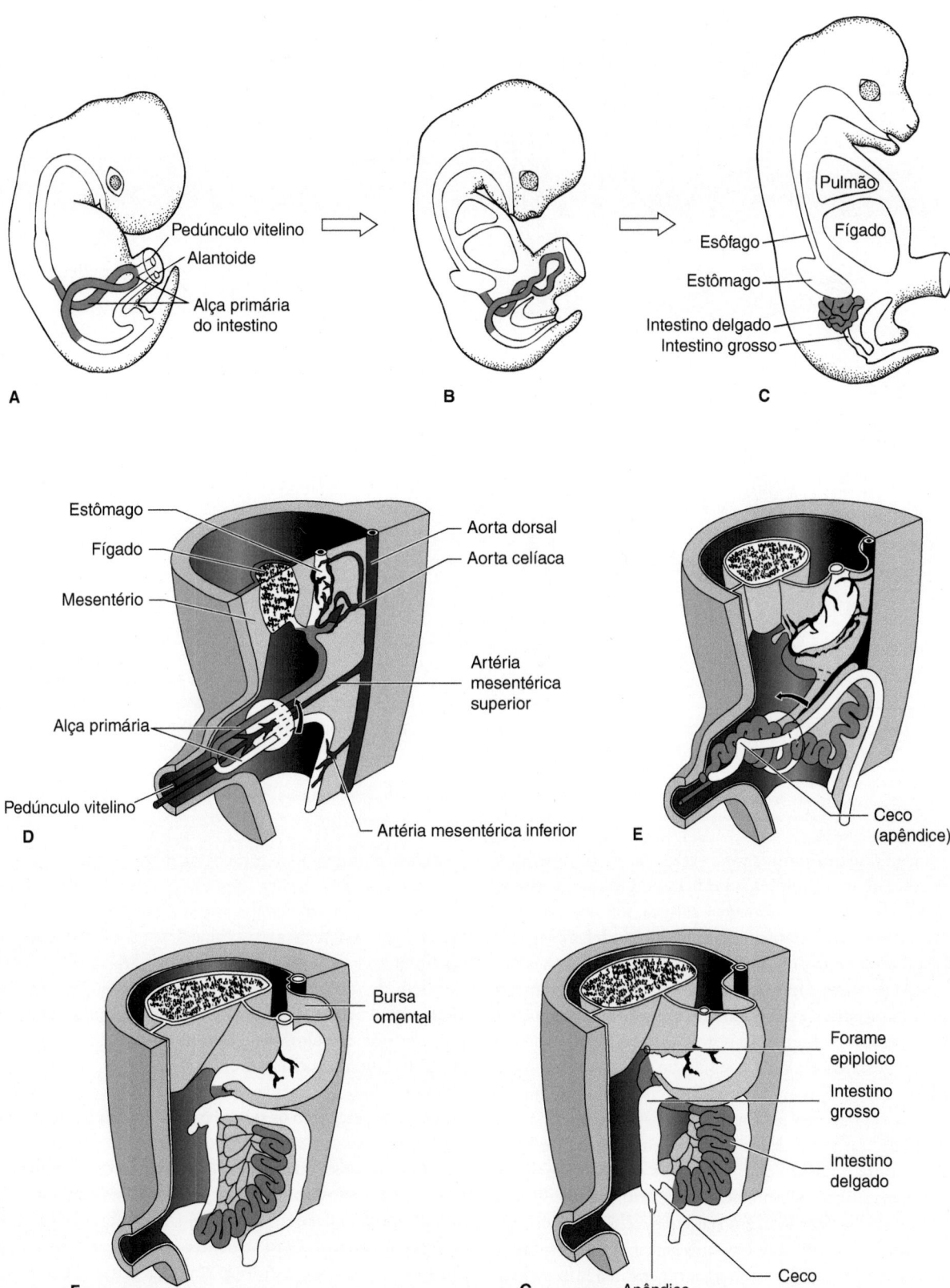

Figura 13.23 Diferenciação embrionária do trato digestório dos mamíferos. A–C. O intestino se enrola (parte sombreada), alonga-se e se dobra atrás do estômago, dentro da cavidade corporal. Vista lateral esquerda em corte (**D–G**). **D.** A diferenciação começa com a formação da alça primária. Observe as três artérias principais que se ramificam a partir da aorta dorsal para suprir diferentes porções. **E.** O pedúnculo do alantoide, que marca o ponto entre os intestinos grosso e delgado, regride. O crescimento, o alongamento e o enrolamento do trato digestório estão em andamento e continuam (**F**). Observe a alça secundária (*setas*). **G.** O resultado é um intestino longo, porém extremamente enrolado e um estômago diferenciado.

De Moor.

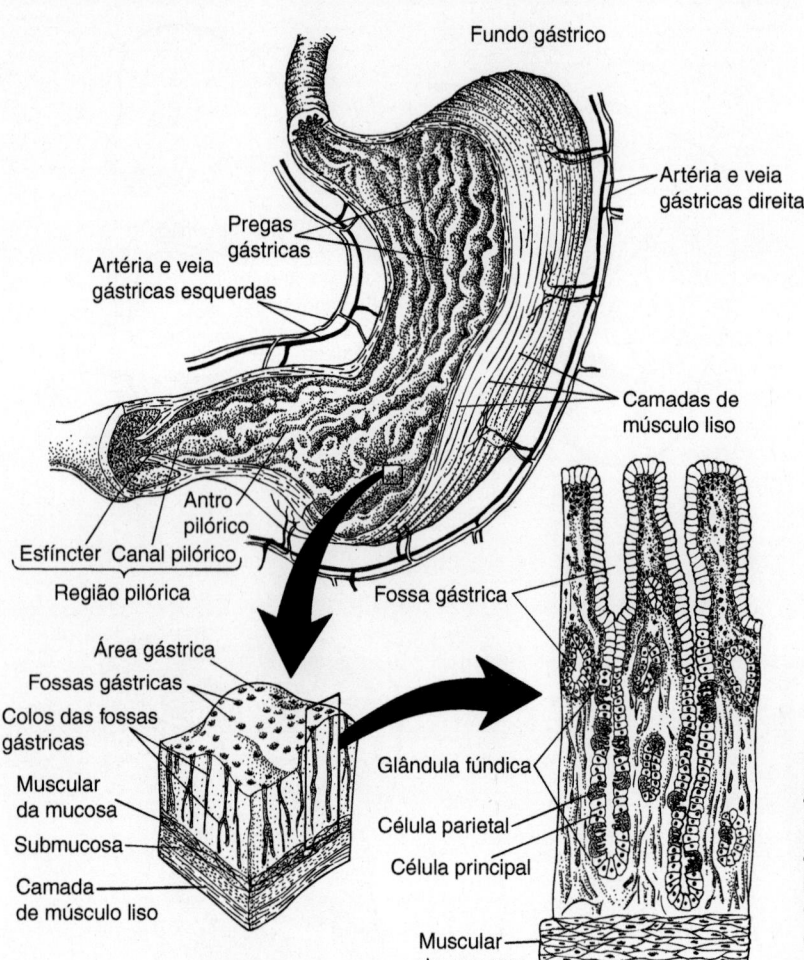

Figura 13.24 Anatomia do estômago. Distinguem-se até três regiões no estômago, sendo a maior delas a região fúndica. As fossas gástricas se abrem nas glândulas fúndicas, que apresentam células parietais e principais em suas bases. As outras duas regiões glandulares do estômago são a cárdica e a pilórica, nas bases das fossas gástricas. Vários tipos de células mucosas predominam nessas glândulas.

de glândulas tubulares ramificadas, várias das quais desembocam nas bases de invaginações superficiais ou **fossas gástricas.** Existem três divisões no estômago – cárdica, fúndica e pilórica – com base na posição relativa e no tipo de glândulas gástricas. A **cárdica** é uma região muito estreita encontrada apenas nos mamíferos, que marca a transição entre o esôfago e o estômago. Suas glândulas gástricas, denominadas **glândulas cárdicas,** são compostas predominantemente por células secretoras de muco. O **fundo gástrico** é a maior região do estômago e contém as glândulas gástricas mais importantes, as **glândulas fúndicas.** Existem células mucosas nas glândulas fúndicas, porém, nos mamíferos, elas se caracterizam pela abundância de **células parietais,** a fonte do ácido clorídrico, e de **células principais,** que constituem a suposta fonte de várias enzimas proteolíticas. Outros vertebrados possuem, em seu lugar, células oxintopépticas, que produzem tanto HCl quanto pepsinogênio. Antes de sua liberação no lúmen do estômago, o pepsinogênio é clivado pelo HCl para produzir pepsina, uma enzima proteolítica ativa. Antes de esvaziar seu conteúdo no intestino, o estômago normalmente se estreita em uma região denominada **pilórica,** cujas paredes mucosas apresentam glândulas gástricas distintas, denominadas **glândulas pilóricas.** Essas glândulas são compostas predominantemente por células mucosas, cujas secreções ajudam a neutralizar o quimo ácido à medida que se move para o intestino. Por conseguinte, a maior parte dos processos químicos e mecânicos da digestão gástrica ocorre no fundo. As regiões cárdica (quando presente) e pilórica adicionam muco. Suas paredes apresentam faixas de músculo liso que atuam como esfíncteres para impedir a transferência retrógrada do alimento (ver Figura 13.24).

Além de uma região de epitélio glandular, o estômago de alguns vertebrados também tem uma segunda região caracterizada por **epitélio não glandular,** desprovido de glândulas gástricas. À semelhança de alguns herbívoros, a região não glandular pode se desenvolver a partir da base do esôfago. Em outras espécies, como os roedores, a perda das glândulas gástricas na mucosa deixa um estômago epitelial não glandular, no qual as contrações do músculo liso amassam e misturam o quimo. Esse epitélio não glandular nos roedores também pode ser queratinizado, talvez em consequência da abrasão mecânica de alimentos ásperos, como sementes, gramíneas e exoesqueletos quitinosos dos insetos. A lesão química causada pelas enzimas digestivas adicionadas na boca também pode conduzir a um epitélio não glandular queratinizado.

Intestinos

A mucosa dos intestinos é distinta. Em primeiro lugar, contém um epitélio cuja superfície livre em contato com o lúmen apresenta numerosas **microvilosidades,** talvez até vários milhares por célula. Essas minúsculas projeções digitiformes da superfície apical aumentam substancialmente a área de superfície absortiva total do canal alimentar. Suas superfícies também parecem abrigar um microambiente longe do grande lúmen central, em que as enzimas digestivas podem atuar mais favoravelmente sobre o alimento. As enzimas digestivas estão ligadas, em sua maioria, a essas microvilosidades e incluem dissacaridases, peptidases e, provavelmente, algumas lipases. Em segundo lugar, a mucosa intestinal também inclui **glândulas intestinais** (criptas de Lieberkühn). Essas glândulas formam um reservatório de células imaturas que se dividem e migram para cima, ocupando suas posições como células epiteliais maduras de absorção que revestem o lúmen dos intestinos.

Em geral, existem duas regiões principais dos intestinos: o intestino delgado e o intestino grosso. O intestino delgado pode ser muito comprido, porém o seu diâmetro é menor que o do intestino grosso. Possui **vilosidades**, que consistem em pequenas projeções superficiais que aumentam a área de superfície da mucosa (não devem ser confundidas com as *micro*vilosidades muito menores, que são minúsculas projeções de células individuais; Figura 13.25). O intestino delgado dos mamíferos pode apresentar até três partes sucessivas: o **duodeno**, o **jejuno** e o **íleo**. O duodeno recebe o quimo do estômago e secreções exócrinas principalmente do fígado e do pâncreas. O jejuno e o íleo são mais bem delineados nos mamíferos, com base nas características histológicas da parede mucosa (Figura 13.26). Essas regiões distintas estão ausentes ou não estão bem-definidas em outros vertebrados. A **válvula ileocólica** (papila ileal) é um esfíncter entre o íleo, no intestino delgado, e o intestino grosso. Essa válvula regula o movimento do alimento para dentro do intestino grosso.

O intestino grosso, assim denominado em virtude de seu grande diâmetro, é habitualmente um tubo reto que se estende até a cloaca ou o ânus. Sua mucosa é desprovida de vilosidades. Pode estar deslocado para um dos lados da cavidade do corpo ou, como em muitos mamíferos, formar uma grande alça suave,

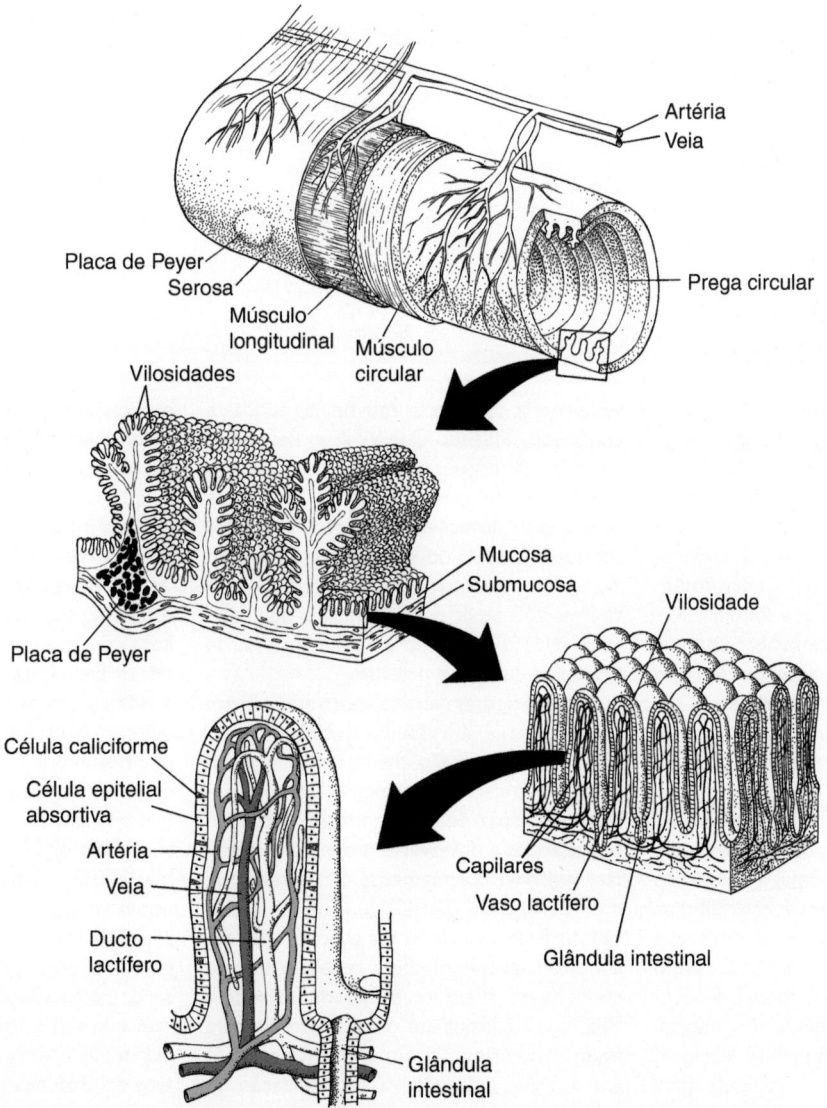

Figura 13.25 Anatomia do intestino delgado. As vilosidades se projetam acima do nível da parede da mucosa; as glândulas intestinais estão imersas na parede da mucosa. Além de ter um suprimento sanguíneo, cada vilosidade abriga em sua parte central um sistema de ductos lactíferos, que consistem em vasos linfáticos especializados.

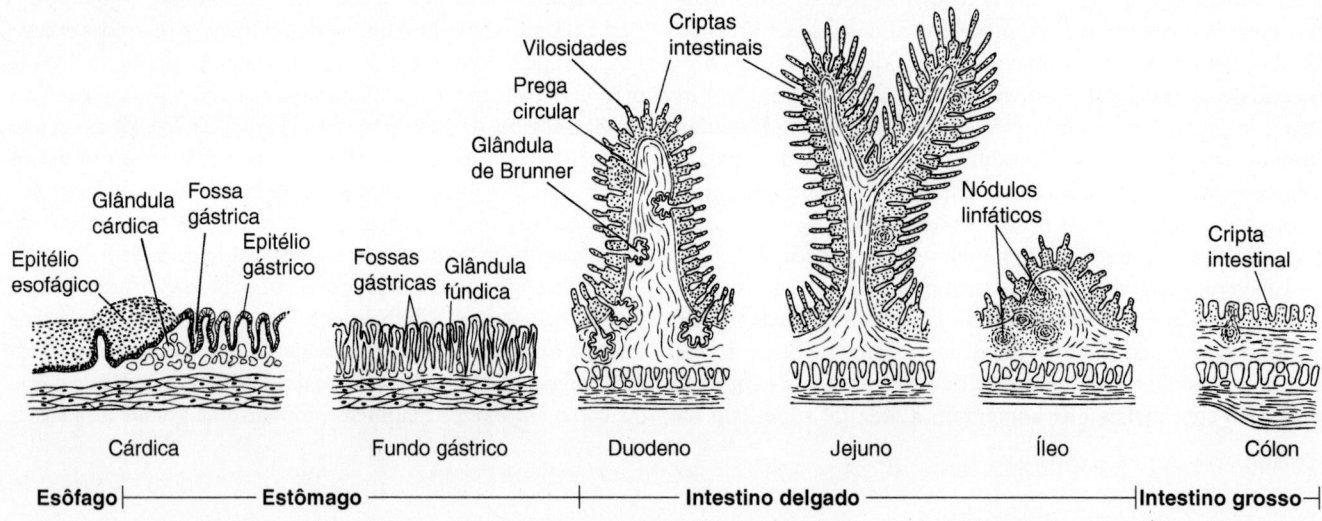

Figura 13.26 Histologia comparativa da mucosa ao longo do canal alimentar de um mamífero. Observe que o intestino grosso, à semelhança do intestino delgado, contém glândulas intestinais, mas é desprovido de vilosidades.

Boxe Ensaio 13.4 — William Beaumont e a secreção gástrica

No Forte Mackinac, em junho de 1822, onde era o então Território de Michigan, ocorreu um incidente que mudou a vida da vítima e o curso da biologia. A história começou com um tiro acidental que lançou pólvora e atingiu Alexis St. Martin, um comerciante franco-canadense que estava a uma distância de apenas 1 metro. O que foi um infortúnio para St. Martin foi uma sorte para o cirurgião do exército que o atendeu, William Beaumont. St. Martin, que não esperava sobreviver, de fato estava vivo no dia seguinte e, então, na semana seguinte para finalmente recuperar a saúde.

Entretanto, o grande buraco produzido pelo tiro não cicatrizou adequadamente. Na verdade, as bordas do estômago dilacerado e o buraco na caixa torácica formaram uma fístula aberta, uma passagem anormal que vai do estômago, pelo lado do corpo, até o exterior. Depois de muitos meses de convalescença, St. Martin foi declarado indigente e recusou qualquer tratamento adicional. William Beaumont levou o paciente para sua própria casa, fez curativos nas feridas e continuou cuidando dele. William Beaumont também começou o que ele chamou de seus "experimentos", aproveitando a fístula que dava acesso direto ao estômago. Beaumont coletou amostras do suco gástrico, introduziu vários alimentos em um barbante e os retirou mais tarde para verificar o que havia acontecido e observou a ação mecânica do estômago durante a digestão.

Os fisiologistas daquela época acreditavam que o estômago era como uma cuba ou panela, ou como um órgão que atuava para possibilitar a putrefação do alimento. Como Beaumont era capaz de coletar amostras dos sucos gástricos e observar o processo da digestão, registrou corretamente a natureza química da digestão gástrica, baseada na liberação de ácido clorídrico, e a ação de agitação do estômago. Ele também recolheu bile do duodeno por meio de massagem, trazendo-a pela região pilórica até o estômago. Embora fosse rara, esta não era a primeira fístula gástrica que possibilitava a visualização do processo de digestão. Entretanto, para seu crédito, Beaumont foi o primeiro a observar cuidadosamente a digestão e a estabelecer uma base sólida para a fisiologia da digestão.

Quanto a St. Martin, ele viveu até a idade madura de 83 anos, vivendo, portanto, mais do que o próprio Beaumont. Entretanto, seu estômago especial tinha se tornado uma valiosa conveniência dentro dos círculos científicos. Em várias ocasiões, voltou a assumir a vida de comerciante que ele conhecia tão bem, porém era encontrado e trazido de volta a Beaumont. Foi perseguido (caçado seria um melhor termo) por muitos fisiologistas que procuravam adquirir fama por meio de seus talentos gástricos especiais. Quando St. Martin faleceu, sua família, que a essa altura já estava farta (sem querer fazer trocadilho) de seu estômago peculiar, recusou a permissão para uma necropsia. Para assegurar que não seria molestado depois de morto, permitiram que seu corpo sofresse decomposição por 4 dias e, então, enterraram-no a 2,5 metros de profundidade.

denominada **cólon**. O intestino grosso frequentemente fica reto próximo de sua extremidade, formando uma porção terminal distinta antes de sua abertura. Quando essa parte terminal também recebe produtos dos sistemas urinário e/ou reprodutor, trata-se apropriadamente de uma **cloaca**, que termina por uma abertura cloacal. Quando recebe apenas produtos do canal alimentar, forma o **reto**, que termina no ânus. O reto se estreita no canal anal, no qual ocorre uma transição de um epitélio simples colunar para um epitélio estratificado na parede mucosa. Um esfíncter de músculo liso dentro da camada muscular do canal anal controla a liberação dos produtos de excreção do trato digestório.

Em geral, os intestinos desempenham várias funções. Em primeiro lugar, o peristaltismo nas paredes intestinais movimenta o alimento ao longo do trato digestório. Em segundo lugar, os intestinos adicionam secreções ao alimento que está sendo digerido. As secreções mucosas protegem o revestimento epitelial das enzimas digestivas e o lubrificam, facilitando a passagem do alimento. O **suco intestinal** produzido pelas glândulas intestinais inclui enzimas para a digestão de proteínas, carboidratos e lipídios. Glândulas acessórias também adicionam secreções. Por exemplo, as **glândulas duodenais (glândulas de Brunner)**, localizadas na submucosa, liberam suas secreções no duodeno para ajudar a neutralizar a acidez do quimo proveniente do estômago. O pâncreas também libera suas enzimas proteolíticas no duodeno. Em terceiro lugar, os intestinos absorvem seletivamente os produtos finais da digestão – aminoácidos, carboidratos e ácidos graxos. A água também é absorvida, particularmente no intestino grosso.

Cloaca

Conforme assinalado anteriormente, o proctodeu no final do intestino embrionário origina a cloaca, uma câmara comum que recebe os produtos dos intestinos e do trato urogenital. Em alguns peixes e na maioria dos mamíferos, não há cloaca. Em seu lugar, o intestino se abre por meio do ânus, que é uma abertura separada daquela do sistema urogenital.

Cloacas (Capítulo 14)

Especializações do canal alimentar

Modificações estruturais para acomodar dietas especializadas ocorrem de várias maneiras no trato digestório. Em primeiro lugar, o trajeto percorrido pelo alimento pode ser aumentado de acordo com o tempo necessário para sua digestão. Uma **válvula espiral** no lúmen do canal alimentar constitui uma maneira de aumentar o comprimento do trajeto por meio do trato digestório. Essa válvula cria uma separação helicoidal que força a passagem do alimento por um canal espiral, aumentando, assim, o tempo de permanência do bolo nos intestinos e prolongando a digestão (Figuras 13.27 e 13.29). Outra maneira de aumentar o percurso do alimento consiste em aumentar o comprimento do próprio canal alimentar. Os carnívoros têm intestinos relativamente curtos, enquanto os herbívoros, que precisam extrair nutrientes de células vegetais resistentes, geralmente apresentam intestinos longos (Figura 13.28).

Nas larvas de lampreia, uma prega longitudinal proeminente, a **tiflossole**, projeta-se a partir de uma parede do intestino para o lúmen. A tiflossole é um local de hematopoese, isto é, de formação de sangue, na larva, mas também aumenta a área de superfície disponível para a absorção dos produtos finais da digestão. Na lampreia adulta, a tiflossole geralmente é perdida e substituída por numerosas pregas longitudinais na parede da mucosa, que aumentam notavelmente a área de absorção intestinal.

Em segundo lugar, pode haver também a formação de expansões ou extensões do canal alimentar para acomodar dietas especializadas. O **papo** é uma expansão do esôfago semelhante a um saco, que é encontrado apenas nas aves e frequentemente usado para o armazenamento temporário do alimento durante seu processamento. Uma das extensões mais comuns é o **ceco**, uma evaginação em fundo cego dos intestinos, localizado na junção do intestino delgado com o intestino grosso, por meio do qual o alimento circula como parte do processo digestivo (ver Figura 13.28).

Em terceiro lugar, pode ocorrer diferenciação do canal alimentar também por meio de regionalização. Em certas ocasiões, formam-se novas regiões dentro do trato digestório. O que é um único tubo intestinal em algumas espécies pode

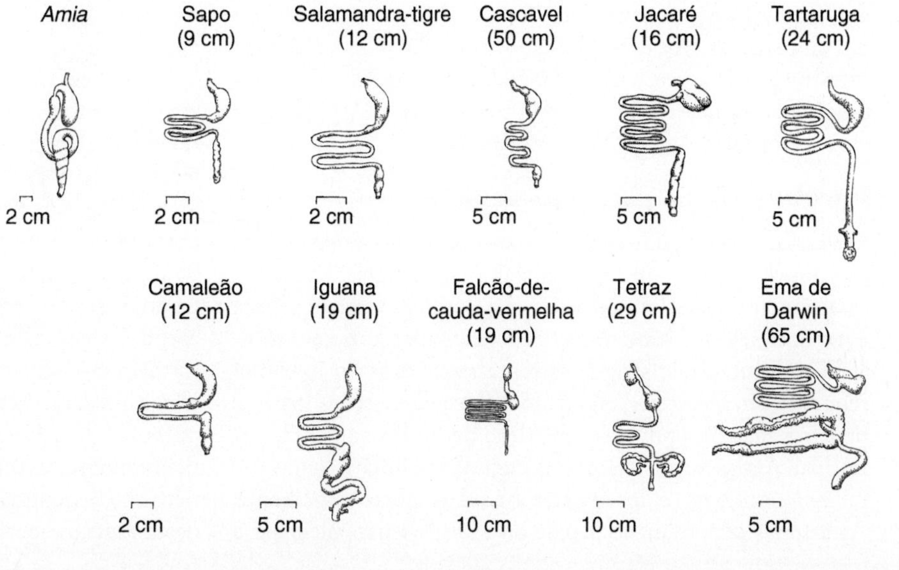

Figura 13.27 Variações no estômago e nos intestinos de vertebrados inferiores e aves. Os anfíbios, as cobras, os jacarés, os camaleões e os falcões de cauda vermelha são carnívoros e apresentam intestinos relativamente curtos e não especializados. Para prolongar a passagem do quimo, ocorrem várias especializações, como a válvula espiral da *Amia*, o ceco de alguns herbívoros ou os cecos duplos do tetraz e da ema.

De Hume, Stevens e Degabriele.

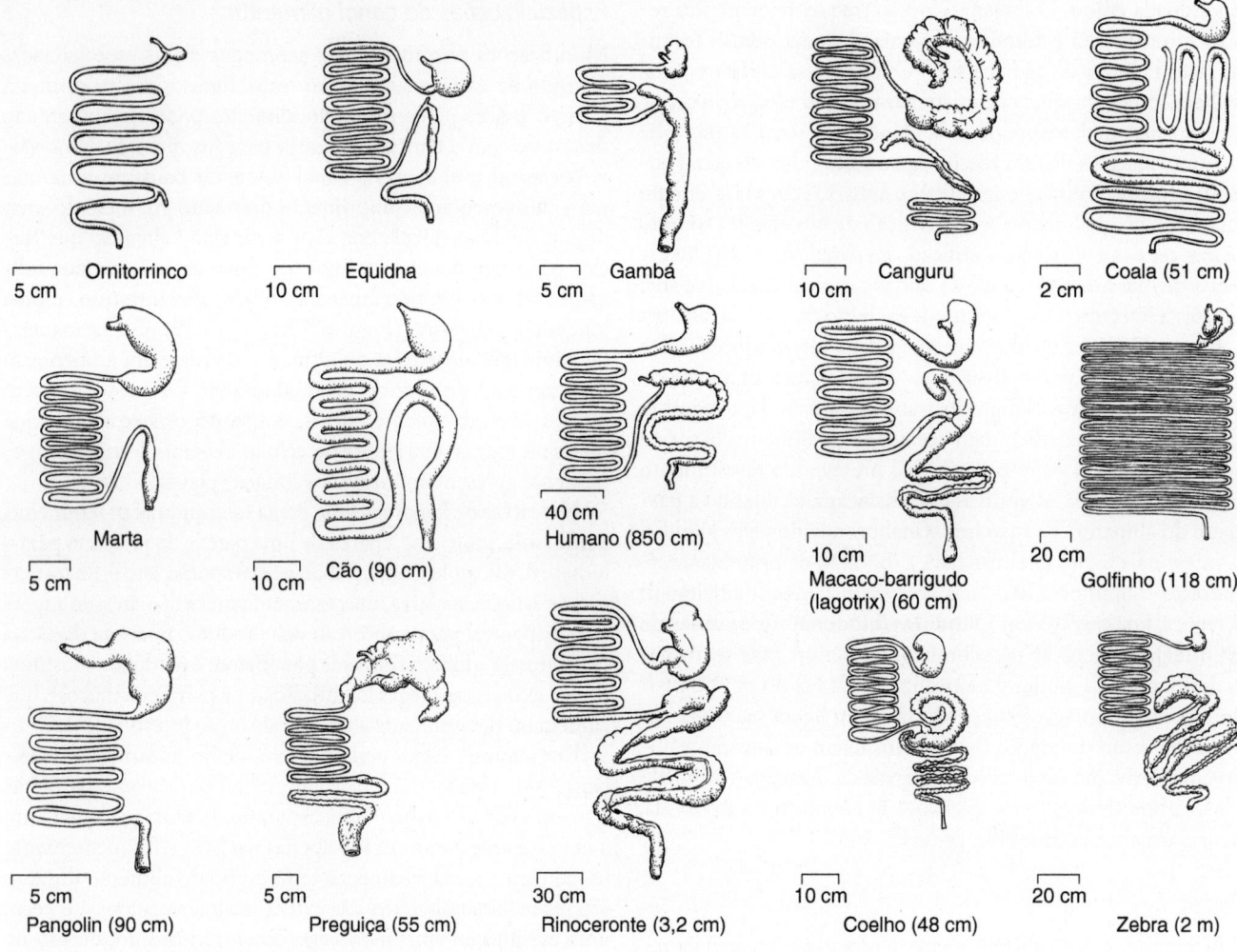

Figura 13.28 Variações no estômago e nos intestinos de mamíferos. São encontrados intestinos delgados relativamente longos na equidna e no pangoli, que se alimentam de formigas, bem como nos golfinhos. Os mamíferos terrestres que são estritamente carnívoros, como a marta e o cão, apresentam intestinos relativamente curtos e não especializados. Os cangurus, os coalas, as preguiças, os rinocerontes, os coelhos e as zebras são herbívoros com especialização intestinal que promove a fermentação. Observe o estômago e os intestinos relativamente simples do ornitorrinco, cuja dieta não é bem conhecida, mas que se acredita consista em insetos e vermes aquáticos.

De Stevens, Harrop e Hume.

sofrer diferenciação em intestino delgado e intestino grosso em outras. Como veremos, regiões são algumas vezes divididas ou perdidas. Por exemplo, a cloaca recebe o conteúdo dos intestinos e do trato urogenital; todavia, à medida que esses dois sistemas desenvolvem suas próprias saídas separadas, a cloaca é perdida.

Vascularização do trato gastrintestinal

O suprimento sanguíneo para o trato digestório é tão simples anatomicamente quanto é funcional. A aorta dorsal emite sucessivamente vários ramos principais, como as artérias celíaca e mesentérica, que suprem seções do trato digestório em série. Esse suprimento de sangue sustenta segmentos do intestino sequencialmente ativos, enquanto o fluxo para seções inativas pode ser reduzido por vasoconstrição periférica na parede intestinal. A disposição dos vasos sanguíneos e linfáticos nas paredes do estômago e dos intestinos é basicamente semelhante. As artérias penetram na parede do intestino para alcançar a submucosa, na qual se dividem, formando um plexo de vasos menores. A partir daí, distribuem-se para fora até a camada muscular e para dentro, até a mucosa, formando extensos leitos capilares. Dentro da mucosa, esses leitos capilares envolvem glândulas ativas e preenchem as partes centrais das vilosidades no intestino delgado. Conforme observado em outros tecidos ativos, os vasos sanguíneos sustentam as necessidades metabólicas dos tecidos intestinais. Todavia, também são importantes no transporte dos produtos finais da digestão – carboidratos, proteínas, ácidos graxos de cadeia pequena – a partir do intestino para uso e processamento em outros locais do corpo. Os vasos linfáticos acompanham os vasos sanguíneos e formam um extenso sistema de capilares linfáticos que alcançam a mucosa. Acredita-se que os vasos linfáticos sejam importantes na absorção de ácidos graxos de cadeia longa, particularmente no intestino delgado, no qual os capilares linfáticos são denominados **ductos lactíferos**, em reconhecimento dessa função especializada.

Peixes

Pouco se sabe diretamente sobre o sistema digestório dos peixes ostracodermes. Os coprólitos, que consistem em moldes fecais fossilizados de alguns desses peixes, sugerem uma dieta de detritos selecionados a partir do substrato. A forma espiralada desses moldes implica a presença de um intestino enrolado, caracterizado por uma invaginação de uma aba de mucosa alongada da parede intestinal que se enrolou para formar uma **válvula em rolo** espiralada dentro do lúmen.

Nos ciclóstomos, o canal alimentar é um tubo reto, que se estende da boca até o ânus sem espirais, pregas ou curvas importantes. O esôfago ciliado se estende diretamente da faringe até o intestino, não havendo estômago distinto (ver Figura 13.29 A). A dieta consiste em material particulado pequeno, sangue e tecido raspado da presa, e detritos. O armazenamento em um estômago expandido antes de entrar no intestino teria pouco valor, de modo que o alimento passa diretamente do esôfago para o intestino. Nas lampreias (ver Figura 13.29 A), a metamorfose dos amocetes em adultos é geralmente acompanhada pelo aparecimento de um "novo" esôfago. Um cordão de células se projeta a partir da superfície dorsal da faringe, adquire um lúmen e oferece uma nova via esofágica para a passagem do alimento da cavidade bucal para o intestino. Essa mudança metamórfica acomoda as mudanças nos hábitos alimentares dos adultos e o uso do disco oral para fixação. A faringe desempenha um papel independente na corrente de ventilação. O novo esôfago, frequentemente com numerosas pregas longitudinais, mantém a continuidade digestiva da boca até o canal alimentar. Parte do esôfago da larva regride e parte se incorpora ao intestino anterior do adulto. A extremidade craniana do intestino apresenta um ou dois divertículos (dependendo da espécie) próximos ao ponto de entrada do esôfago. Os produtos do fígado entram na extremidade craniana por um ducto biliar. O intestino do adulto é revestido por epitélio que contém numerosas células glandulares dispersas ao longo de várias pregas longitudinais. As enzimas digestivas são liberadas no intestino anterior, enquanto o muco é secretado no intestino posterior. Nas lampreias parasitas, o intestino anterior é particularmente importante na absorção das gorduras. Além disso, essa região do intestino das formas marinhas mantém a água salgada deglutida e é importante na osmorregulação. A parte posterior do intestino é importante na absorção de proteínas e na eliminação de biliverdina, um pigmento da bile (Figura 13.30).

Dentro dos peixes gnatostomados, observa-se uma considerável variação na estruturação do canal alimentar, talvez tanto quanto entre todo o restante dos vertebrados terrestres (ver Figura 13.29 B–F). Em geral, observa-se a presença de um esôfago, estômago e intestino, embora o estômago normalmente não esteja diferenciado nas quimeras, nos peixes pulmonados e em alguns teleósteos. Quando presente, o estômago tem comumente um formato em J e consiste em uma região fúndica e uma região pilórica estreita (Figura 13.31). Nos tubarões, as camadas musculares dentro da parede do fundo gástrico são compostas de músculo estriado anteriormente e substituídas por músculo liso posteriormente. Existe uma válvula espiral no intestino dos elasmobrânquios e de muitos peixes ósseos ancestrais, porém está ausente nos teleósteos (ver Figura 13.29).

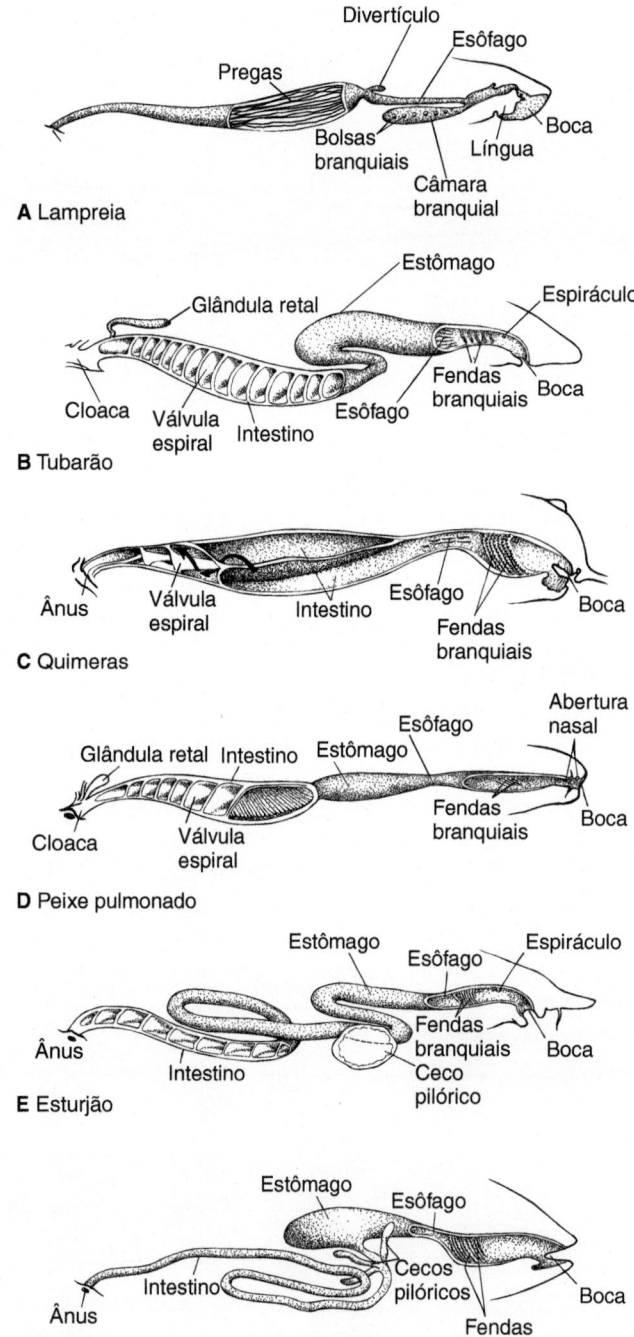

Figura 13.29 Tratos digestórios de peixes selecionados. A. Lampreia. **B.** Tubarão. **C.** Quimera. **D.** Peixe pulmonado. **E.** Esturjão. **F.** Perca. Na ausência de válvula espiral, o intestino é frequentemente mais alongado, como na perca.

A, de Youson; B–F, de Dean.

Nos teleósteos, é mais comum encontrar intestinos alongados dobrados sobre si para trás, em espiral. A porção terminal dos intestinos em geral se alarga ligeiramente em uma cloaca ou, mais comumente, em um reto. Nos elasmobrânquios e nos celacantos, uma **glândula retal** se abre na cloaca. Embora a glândula retal não esteja diretamente envolvida na digestão, ela elimina o excesso de sal ingerido durante a alimentação.

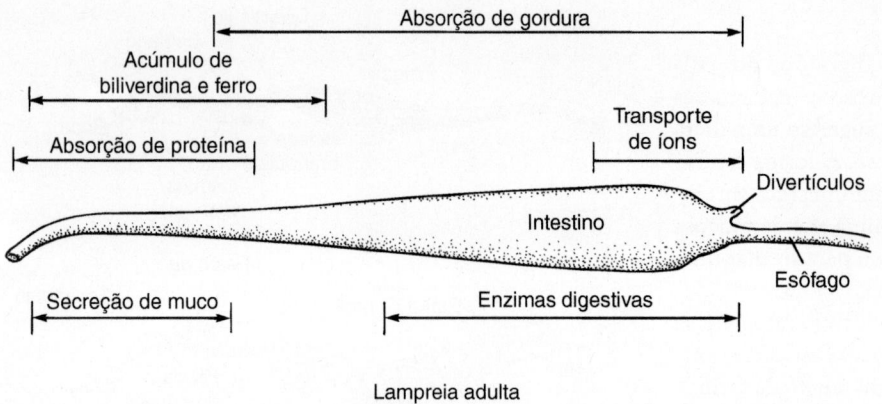

Figura 13.30 Canal alimentar da lampreia adulta. A absorção, a eliminação e o transporte pelas várias regiões do canal alimentar estão na parte superior do diagrama. As regiões que apresentam enzimas digestivas e liberam muco no canal alimentar são mostradas na parte inferior.

De Youson.

Na maioria dos peixes ósseos, **cecos pilóricos** que se abrem no duodeno se formam na junção entre o estômago e o intestino. Eles variam quanto ao número, desde alguns a quase 200 em certos teleósteos. Constituem áreas primárias para digestão e a absorção do alimento, e não câmaras de fermentação.

Tetrápodes

Nos anfíbios, o esôfago é curto e sua transição para o estômago é gradual, mas ambas as regiões são distinguíveis. O epitélio esofágico consiste em uma camada simples ou dupla de células mucosas (células caliciformes) e células ciliadas. A mucosa gástrica contém glândulas gástricas características, incluindo glândulas fúndicas, na maior parte do estômago, e glândulas pilóricas em sua estreita passagem para o intestino. Os intestinos se diferenciam em um intestino delgado enrolado, cuja primeira parte é o duodeno, e em um intestino grosso curto que desemboca na cloaca (Figura 13.32 A).

Nos répteis, o canal alimentar se assemelha ao dos anfíbios, exceto pelo fato de que, em algumas espécies de répteis, é maior e mais elaborado. Em muitos lagartos, o estômago apresenta paredes espessas e é muscular (Figura 13.32 B). Os crocodilos e os jacarés possuem uma **moela**, uma região do estômago dotada de musculatura especialmente espessa que tritura o alimento contra objetos duros ingeridos, normalmente pequenas pedras deliberadamente deglutidas para dentro do estômago (Figura 13.32 C). A região glandular de paredes finas do estômago dos crocodilos se encontra em frente da moela, na qual são adicionados sucos gástricos.

Os répteis normalmente apresentam um intestino grosso distinto. Em alguns lagartos herbívoros, observa-se a presença de um ceco entre o intestino delgado e o grosso (Figura 13.32 E). A cloaca é parcialmente diferenciada em **coprodeu**, uma câmara na qual desemboca o intestino grosso, e **urodeu**, uma câmara na qual se abre o sistema urogenital.

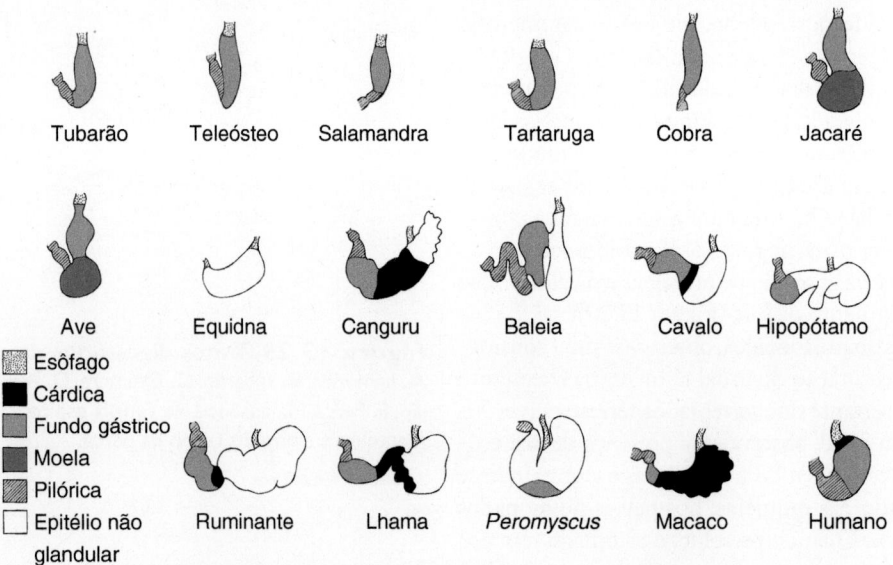

Figura 13.31 Estômagos de vários vertebrados. Podem ser reconhecidas duas regiões do estômago: a região glandular e a não glandular. A região glandular do estômago inclui glândulas gástricas e, com frequência, exibe três divisões: cárdica, fúndica e pilórica. A região não glandular do estômago é revestida por um epitélio desprovido de glândulas gástricas que, em algumas espécies, também pode ser queratinizado. As paredes do estômago são compostas por camadas de músculo liso; todavia, em algumas espécies, esses revestimentos musculares estão ampliados em uma moela especializada.

De Pernkopf.

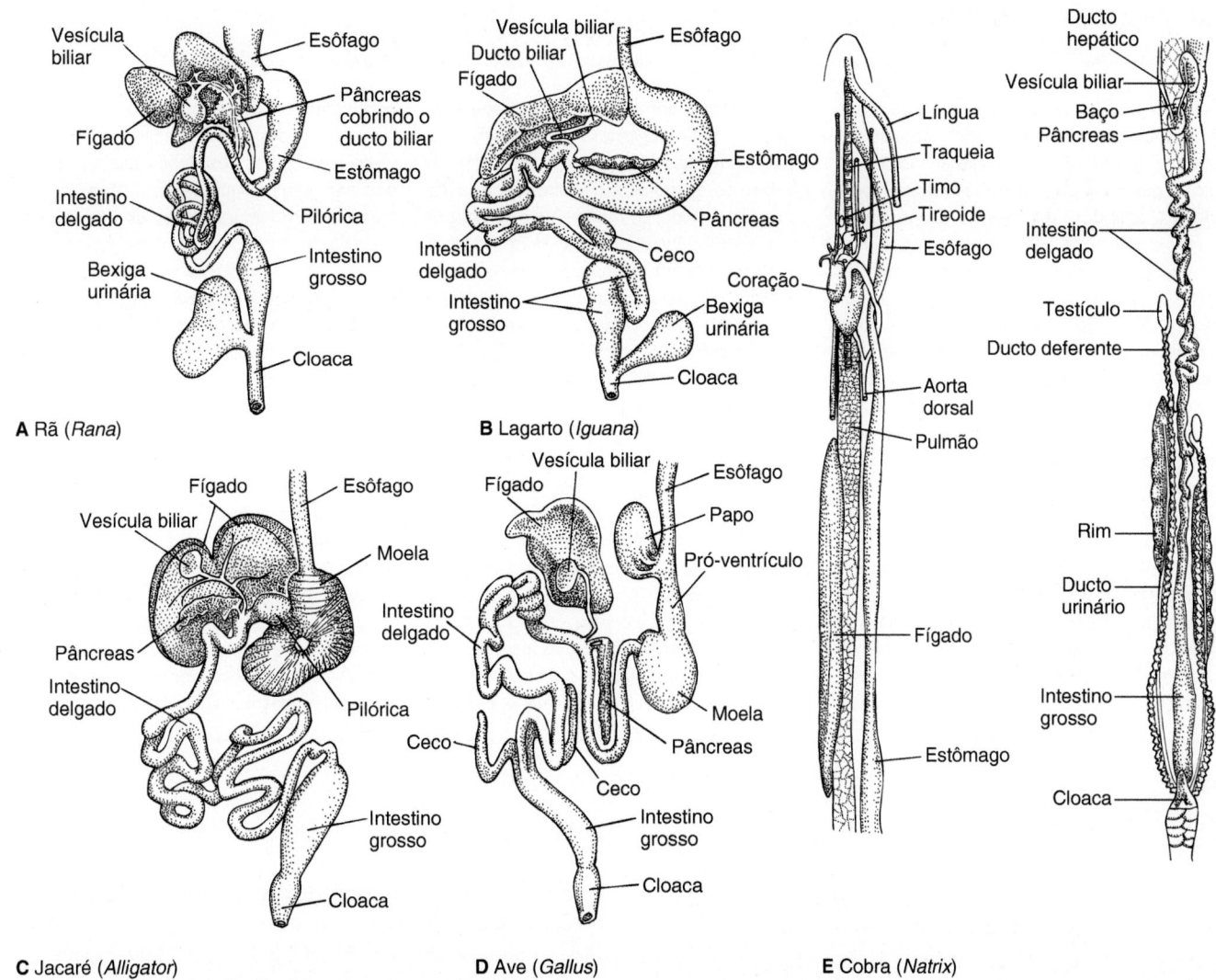

Figura 13.32 Vistas ventrais dos canais alimentares em tetrápodes. A. Rã. **B.** Lagarto. **C.** Jacaré. **D.** Ave (galinha). **E.** Cobra.

A–D, de Romer e Parsons; E, de Bellairs.

Nas aves, o esôfago produz um papo dilatado, no qual o alimento é mantido temporariamente, antes de prosseguir ao longo do trato digestório ou ser regurgitado como refeição para os filhotes. Nos pombos, o papo secreta um líquido nutricional, denominado "leite", que é dado aos filhotes por vários dias após o nascimento. O esôfago se une à porção glandular de paredes finas do estômago, o **pró-ventrículo**, que se conecta com a moela posterior (Figuras 13.32 D e 13.33 A e B). O pró-ventrículo secreta suco gástrico para ajudar a digerir o bolo, e a moela, juntamente com pedaços selecionados de cascalho duro e seixos, tritura o alimento grande em pedaços menores. O intestino delgado longo e espiralado consiste em duodeno e íleo, e um intestino grosso reto e curto se abre na cloaca. Em muitas espécies, um ou vários cecos podem se desenvolver a partir do intestino, próximo à junção entre o intestino delgado e o grosso.

Nos mamíferos, o esôfago costuma ser desprovido de papo, e o estômago não tem tendência a formar uma moela. Em alguns cetáceos, o estômago ou o esôfago podem se expandir em uma bolsa, que aparentemente atua, como o papo das aves, para o armazenamento temporário do alimento, embora alguma digestão gástrica também possa começar nessa bolsa. O intestino delgado dos mamíferos é longo e espiralado e, em geral, pode ser diferenciado, com base em suas características histológicas, em duodeno, jejuno e íleo. O intestino grosso é frequentemente longo, embora não o seja tanto quanto o intestino delgado. Nos herbívoros, existe um ceco na junção entre os intestinos delgado e grosso. Nos seres humanos, esse ceco muito reduzido é denominado apêndice ou, mais especificamente, **apêndice vermiforme**. Nos monotremados e em alguns marsupiais, o intestino grosso termina na cloaca. Nos mamíferos eutérios, abre-se diretamente para fora pelo esfíncter anal.

Nos ruminantes, o estômago é altamente especializado. Possui quatro câmaras, embora as três primeiras – **rúmen, retículo e omaso** – originem-se a partir do esôfago, e apenas a quarta – **abomaso** – seja um derivado verdadeiro do estômago (Figura 13.34 A). O grande rúmen, que dá o nome a esses mamíferos, recebe o alimento após ter sido cortado pelos dentes e deglutido.

Boxe Ensaio 13.5   O apêndice "sobressalente"

O apêndice humano tem uma imagem negativa. Como uma meia velha, acredita-se que ele não tenha mais qualquer função, de modo que ele é dispensável. Seu nome completo é apêndice vermiforme. Certamente, uma pessoa pode viver sem apêndice. Por motivos que não estão particularmente claros, ele algumas vezes pode se tornar infectado e inflamado. Quando isso ocorre, pode sofrer ruptura, despejando o conteúdo intestinal (sucos digestivos, bactérias, alimento parcialmente digerido e pus da inflamação) nas vísceras circundantes, provocando uma condição de risco à vida. Assim, se o apêndice se tornar infectado, um cirurgião sensato irá rapidamente removê-lo. Todavia, qual é a sua função?

O apêndice humano, na junção do intestino delgado com o grosso, é um ceco muito reduzido. Seu pequeno tamanho reflete seu papel, de fato, insignificante na fermentação da celulose. O nosso ceco não aloja mais um processo de fermentação microbiana em grande

escala. Todavia, somente porque o apêndice não desempenha alguma função digestiva não significa que ele seja desprovido de função. As paredes do apêndice são ricamente dotadas de tecido linfoide, de modo muito semelhante ao resto do intestino. Exatamente como o tecido linfoide em outras partes do corpo, o existente no apêndice monitora a passagem do alimento, detectando e respondendo a materiais estranhos prejudiciais e a bactérias patogênicas potenciais. Em resumo, o apêndice humano faz parte do sistema imune.

Contudo, foi proposta uma função adicional. Nas sociedades humanas, antes dos remédios modernos, a comunidade natural e necessária de bactérias simbióticas do intestino ocasionalmente pode ter sido devastada por doença ou alimentos tóxicos. Nessas situações, o apêndice pode ter assumido a função de abrigo seguro para esses micróbios simbióticos, devolvendo-os ao intestino para repovoá-lo uma vez passada a doença ou o traumatismo. O fato de que é possível

continuar vivendo sem apêndice não significa que ele seja desprovido de função. É possível viver sem alguns dos dedos das mãos, mas isso não significa que sejam desprovidos de função. Como muitas pessoas idosas e de meia-idade podem se lembrar, era comum remover cirurgicamente as tonsilas cronicamente inflamadas de uma criança, porque se acreditava que isso melhoraria sua saúde. As tonsilas estão localizadas na garganta e constituem os primeiros membros do sistema linfático a detectar a chegada de patógenos estranhos que entram com o alimento. As crianças certamente sobrevivem sem as tonsilas, provavelmente porque o sistema linfático sofre um aumento compensatório em outro local; todavia, as tonsilas desempenham efetivamente uma função. Não havia maldade na urgência do cirurgião em remover as tonsilas de uma criança; ele tinha boa intenção. Entretanto, com a vantagem de uma percepção posterior, talvez tenha sido uma das modas mal aplicadas da medicina.

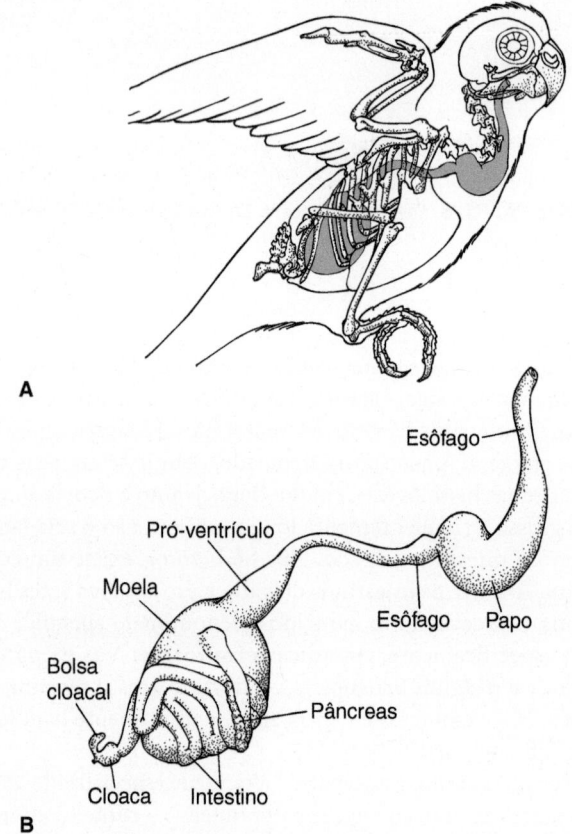

Figura 13.33 Canal alimentar do periquito. A. Posição aproximada do canal alimentar dentro da ave. **B.** Canal alimentar ampliado.

De Evans.

O retículo é uma pequena câmara acessória com textura em favo de mel. À semelhança das primeiras duas câmaras, o omaso é revestido com epitélio esofágico, embora seja dobrado em folhetos sobrepostos. Os três tipos distintos de mucosa do estômago dos mamíferos (cárdica, fundo gástrico e pilórica) são encontrados apenas no abomaso, o estômago presumivelmente "verdadeiro". Taxonomicamente, os camelos não são ruminantes, porém eles praticam a ruminação, embora sejam desprovidos de omaso verdadeiro, de modo que seu "estômago" apresenta apenas três câmaras – rúmen, retículo e abomaso.

Em muitos herbívoros, a digestão da celulose vegetal é intensificada por um ceco encontrado entre os intestinos delgado e grosso (Figura 13.34 B). O ceco contém microrganismos adicionais, que são efetivos na digestão da celulose, e proporciona uma região expandida, que prolonga o tempo disponível para a digestão.

Estômago ruminante funcional (Capítulo 13)

Glândulas associadas da digestão

Glândulas orais

O revestimento epitelial da cavidade bucal contém uma rica fonte de células que secretam muco e líquido seroso. Quando essas células secretoras são reunidas e desembocam em um ducto comum, elas passam a constituir uma **glândula oral**. Essas glândulas distintas são raras nos peixes.

Nos tetrápodes, as glândulas orais são mais prevalentes, refletindo, talvez, a ausência de um meio aquoso para umedecer o alimento. As mais comuns são as **glândulas salivares**, um termo

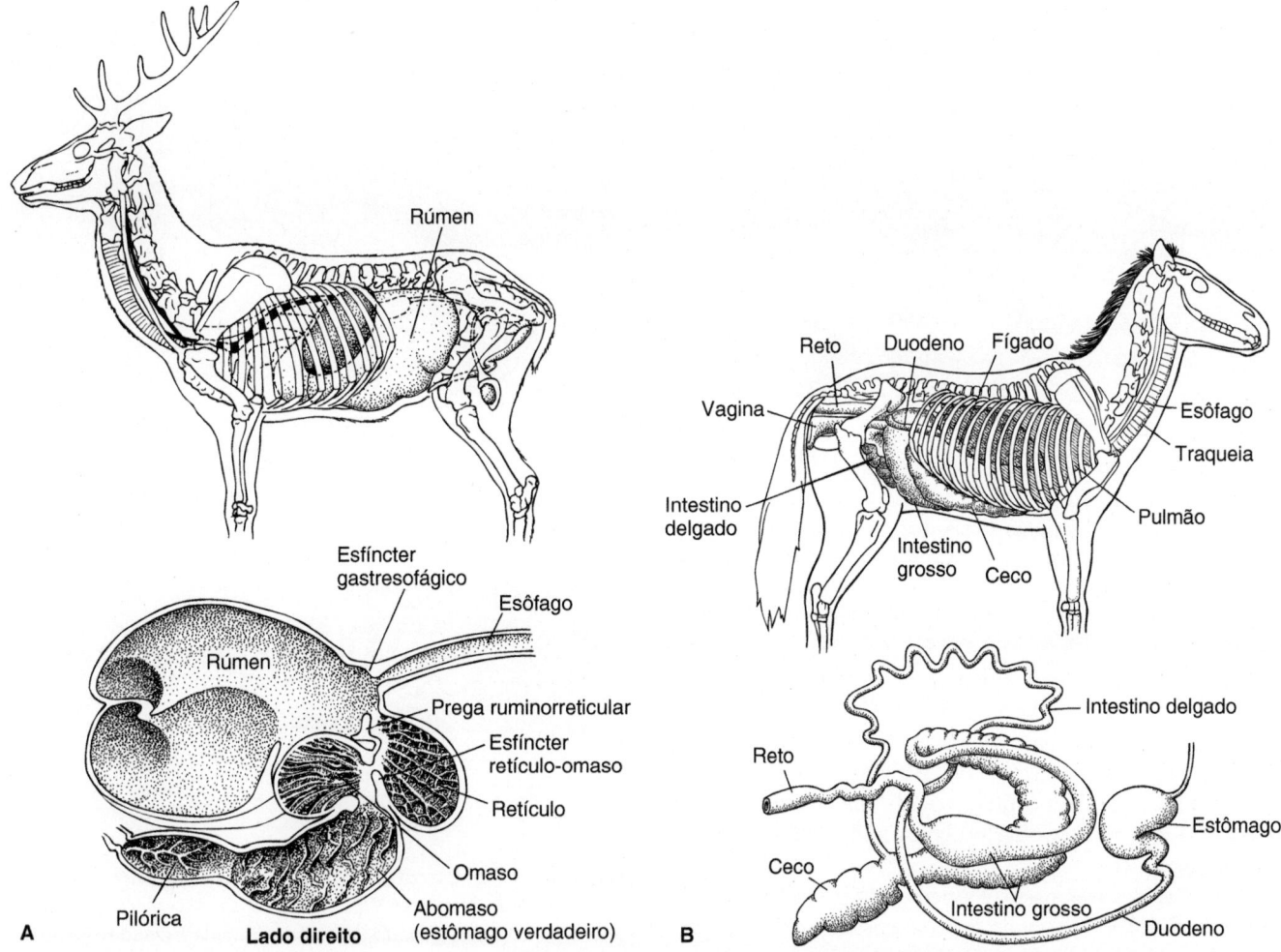

Figura 13.34 Canal alimentar de fermentadores do intestino anterior e intestino posterior. A. Os ruminantes fermentam o alimento no intestino anterior. Observe a posição do canal alimentar (*parte superior*) nesse veado. O corte sagital do "estômago" de uma ovelha (*parte inferior*) está ilustrado abaixo do veado. Observe a série de quatro câmaras. O rúmen, o retículo e o omaso são derivados do estômago. O quarto compartimento, o abomaso, é o estômago verdadeiro. **B.** Fermentadores do intestino posterior. Posição do canal alimentar (*parte superior*) em uma égua. Vista isolada (*parte inferior*) do grande ceco próximo à junção do intestino delgado e intestino grosso. Não há um estômago com quatro câmaras. Nos fermentadores do intestino posterior, o ceco e/ou o intestino grosso constituem os principais locais de fermentação.

aplicado genericamente para as principais glândulas orais dos tetrápodes. Entretanto, essas glândulas não são todas homólogas. Nas salamandras, são encontradas glândulas mucosas na língua, e uma grande glândula intermaxilar está localizada no palato. Os répteis também possuem glândulas orais. Em geral, faixas de tecido glandular, denominadas **glândulas supralabiais** e **infralabiais**, estão presentes ao longo dos lábios superior e inferior. Além disso, podem ocorrer glândulas na língua (**glândulas linguais**) ou abaixo dela (**glândulas sublinguais**), em associação ao focinho (**glândulas pré-maxilares** e **nasais**) e ao longo do teto da boca (**glândula palatina**). Essas glândulas liberam muco para lubrificar a presa durante o transporte intraoral e esofágico. As **glândulas lacrimais** e **harderianas** liberam secreções que banham o olho e o órgão vomeronasal. A **glândula de Duvernoy**, localizada ao longo da parte posterior do lábio superior, é encontrada em muitas cobras não venenosas e libera sua secreção serosa por meio de um ducto adjacente aos dentes maxilares posteriores (Figura 13.35).

As secreções de uma ou da maioria dessas glândulas, além de lubrificar o alimento, também podem ajudar a manter as membranas orais saudáveis, a neutralizar as toxinas transportadas pela presa e, talvez, iniciar os estágios químicos da digestão. Nas cobras venenosas, a **glândula do veneno**, um homólogo da glândula de Duvernoy, secreta um conjunto de diferentes substâncias químicas com várias funções – algumas tóxicas, algumas digestivas (Figura 13.36). Assim, a secreção injetada da glândula do veneno não apenas funciona para matar rapidamente a presa, mas também contém, em algumas cobras, um conjunto de enzimas introduzidas profundamente na presa, juntamente com as toxinas durante o bote, para processar seus tecidos internos.

Quando uma cobra venenosa ataca de modo defensivo, essas enzimas e toxinas são liberadas na vítima. O tratamento clínico de uma mordida de cobra em animais domésticos, animais de estimação e humanos deve incluir não apenas a neutralização dos componentes tóxicos do veneno, mas também a inativação das enzimas proteolíticas. Caso contrário, mesmo

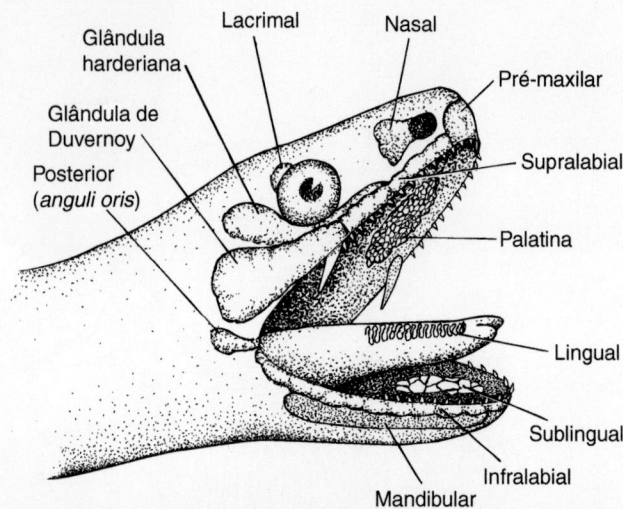

Figura 13.35 Glândulas orais dos répteis. Nem todas as glândulas orais estão presentes em todas as espécies de répteis. A glândula do veneno das cobras evoluídas é um derivado filogenético da glândula de Duvernoy e está localizada dentro da região temporal, atrás do olho, em uma posição semelhante à da glândula de Duvernoy.

De Kochva.

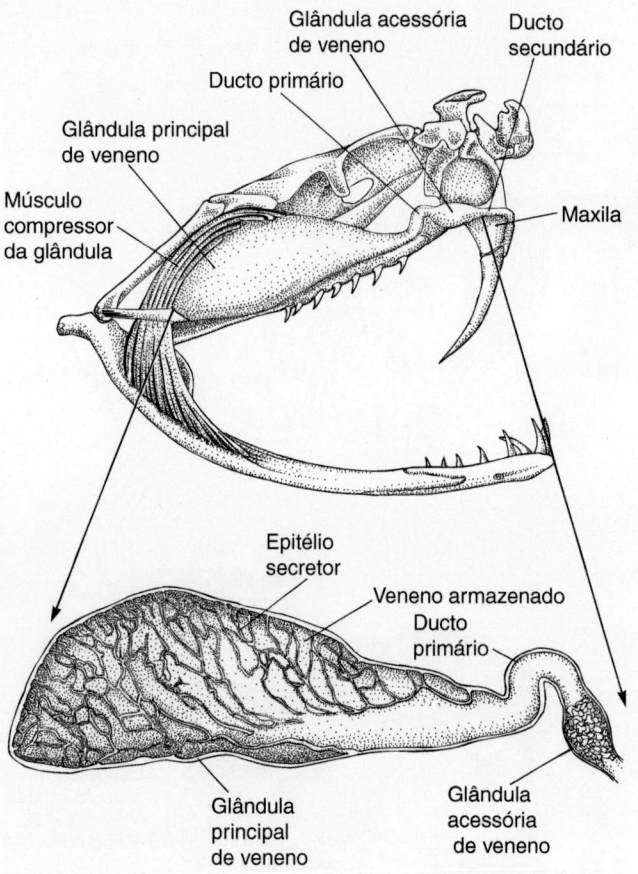

Figura 13.36 Estrutura interna de uma glândula do veneno em uma serpente Viperidae. O epitélio secretor libera o veneno no lúmen da glândula, na qual se acumulam grandes quantidades, prontas para um bote. Durante o bote, a contração do músculo compressor da glândula exerce pressão sobre ela, forçando uma carga de veneno pelos ductos e para dentro da presa. Durante a caça normal de pequenos roedores, a serpente não gasta toda a reserva de veneno dentro do lúmen em um único bote. Se uma serpente for artificialmente forçada a expelir toda sua reserva de veneno, o reabastecimento completo de veneno leva cerca de 2 dias.

De Kardong; Mackessy.

se o paciente se recuperar, pode persistir uma cicatrização extensa, devido à lesão tecidual local provocada pelas enzimas no local da mordida.

A maioria das aves, particularmente as que se alimentam na água, não têm glândulas orais, todavia, existem exceções. Algumas aves passeriformes usam o muco das secreções orais para ajudar a unir os materiais que compõem seus ninhos.

As glândulas orais mais comuns nos mamíferos são as glândulas salivares. Em geral, existem três pares de glândulas salivares principais, cujos nomes estão relacionados com suas posições aproximadas: as **glândulas mandibulares** (submandibulares ou submaxilares), **sublinguais** e **parótidas**. Elas formam a saliva, que é adicionada ao alimento na boca. Esses três pares de glândulas se localizam no ângulo das maxilas, próximo à junção entre a cabeça e o pescoço, porém estão posicionadas superficialmente à musculatura do pescoço. Os ductos das glândulas mandibulares e sublinguais seguem um percurso anterior e liberam as secreções no assoalho da cavidade bucal. O ducto da glândula parótida se abre no teto da cavidade bucal. Em algumas espécies, pode-se observar a presença de glândulas salivares adicionais. Nos cães, gatos e alguns outros carnívoros, existe uma **glândula zigomática** (orbital), normalmente localizada abaixo do arco zigomático (Figura 13.37). À semelhança da maioria das secreções digestivas, a saliva contém muco, sais, proteínas e algumas enzimas, mais notavelmente a **amilase**, que inicia a digestão do amido. A saliva também ajuda na deglutição ao lubrificar o alimento.

Fígado

O fígado é o segundo maior órgão nos seres humanos, superado em tamanho apenas pela pele, e desempenha uma ampla variedade de papéis. No início da vida fetal, o fígado está

diretamente envolvido na produção dos eritrócitos e, posteriormente, está envolvido na destruição das células sanguíneas velhas. Durante toda a vida, desintoxica e remove substâncias tóxicas do sangue. A bile é produzida no fígado e liberada no intestino para **emulsificar** as gorduras ou decompô-las em gotículas menores. Os carboidratos, as proteínas e os lipídios são armazenados e metabolizados no fígado.

O fígado é um dos órgãos do corpo mais intensamente vascularizados, sendo suprido com sangue arterial pela artéria hepática. Todavia, diferentemente da maioria dos órgãos, ele também é suprido com sangue venoso por meio da veia porta do fígado, que segue seu percurso diretamente dos intestinos e do baço para o fígado, transportando os produtos absorvidos da digestão.

Durante o desenvolvimento embrionário, o fígado aparece como uma evaginação central, ou **divertículo hepático**, do assoalho do trato digestório, que cresce para frente no mesênquima

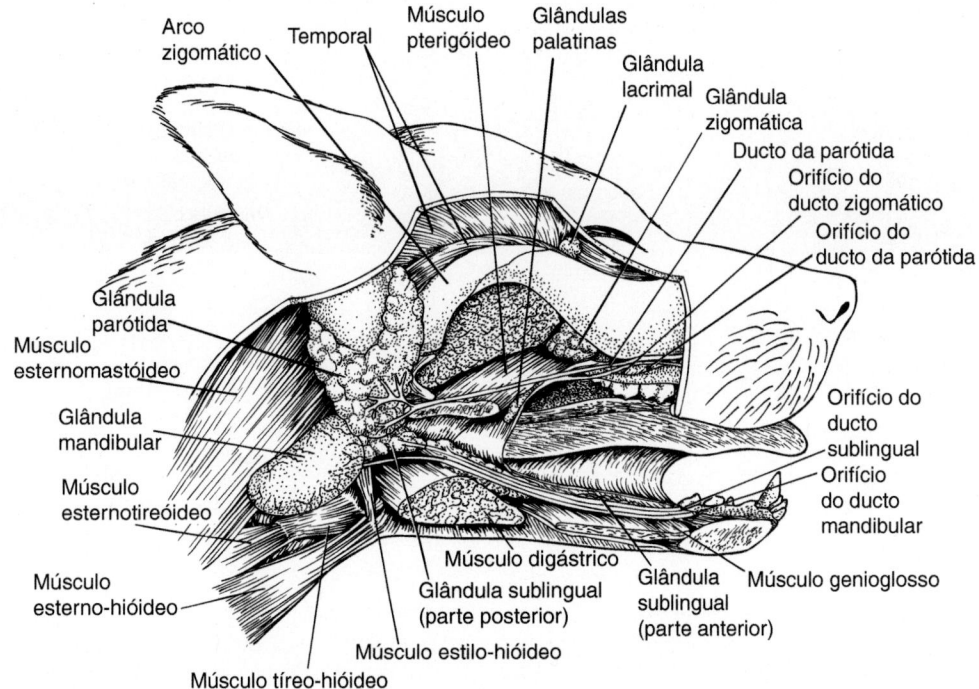

Figura 13.37 Glândulas salivares de um mamífero (cão). Observe as localizações das glândulas salivares principais (sublingual, mandibular e parótida), juntamente com seus ductos que levam à cavidade bucal. Todos os mamíferos possuem essas três glândulas salivares. Nos cães e nos gatos, existe também uma glândula zigomática.

De Miller, Christensen e Evans.

circundante (Figura 13.38 A). O mesênquima não contribui diretamente para o fígado, porém induz a endoderme do divertículo hepático a proliferar, ramificar-se e se diferenciar em **hepatócitos**, as células glandulares do fígado. Conforme o divertículo hepático continua crescendo, ele estabelece contato com os vasos sanguíneos embrionários, as veias vitelinas. Essas veias formam os **sinusoides hepáticos**, isto é, vasos sanguíneos dentro dos espaços entre as lâminas de hepatócitos (Figura 13.38 B).

Todos os vertebrados possuem um fígado. Entre os protocordados, pode-se encontrar um ceco do trato digestório no anfioxo na posição aproximada em que se forma o fígado embrionário nos embriões dos vertebrados. Esse ceco apresenta um sistema porta venoso semelhante ao sistema porta hepático. Em consequência, o ceco do anfioxo é algumas vezes denominado ceco hepático. Todavia, trata-se de um local de produção de enzimas e absorção de alimento, o que difere muito do fígado dos vertebrados, de modo que é improvável que seja um antecedente literal do fígado dos vertebrados.

Em nível macroscópico, o fígado dos vertebrados é volumoso e situado dentro da caixa torácica, adaptando-se ao formato disponível da cavidade do corpo. Nas cobras, é longo e estreito dentro da cavidade corporal tubular. Embora haja diferenças nos detalhes, a estrutura microscópica do fígado é basicamente a mesma em todos os vertebrados. O fígado é composto de lâminas de hepatócitos separadas por seios venosos, através dos quais flui o sangue venoso que retorna dos intestinos e o sangue arterial da artéria hepática (Figura 13.39).

O produto exócrino do fígado é a bile, que é lançada no intestino, no qual atua principalmente na emulsificação das gorduras. Na maioria dos vertebrados, a bile é armazenada na **vesícula biliar** e liberada em quantidades suficientes quando o quimo entra no intestino. A vesícula biliar está ausente nos ciclóstomos, na maioria das aves e em alguns mamíferos, porém, com essa exceção, é encontrada em todos os vertebrados, incluindo os elasmobrânquios e peixes ósseos, anfíbios, répteis, algumas aves e na maioria dos mamíferos. Ainda não foi elucidado por que estaria ausente em alguns vertebrados e presente na maioria dos outros. Por exemplo, entre os ungulados, a vesícula biliar está ausente nos cervídeos, mas está presente nos bovídeos (exceto em antílopes africanos do gênero *Cephalophus*, que carecem de vesícula biliar).

Pâncreas

O desenvolvimento embrionário do pâncreas está estreitamente associado ao desenvolvimento do fígado. O pâncreas surge a partir de dois divertículos não pareados: o **divertículo pancreático dorsal**, um broto que se origina diretamente do intestino; e o **divertículo pancreático ventral**, um broto posterior do divertículo hepático. Esses rudimentos pancreáticos dorsal e ventral podem ter ductos independentes para o intestino, como em alguns peixes e anfíbios, ou podem se unir, como nos amniotas, para formar uma glândula pancreática comum. Mesmo quando se fundem, cada rudimento pode conservar ductos separados para o intestino, como nos cavalos e nos cães, ou compartilhar um único ducto, como nos humanos, porcos e vacas.

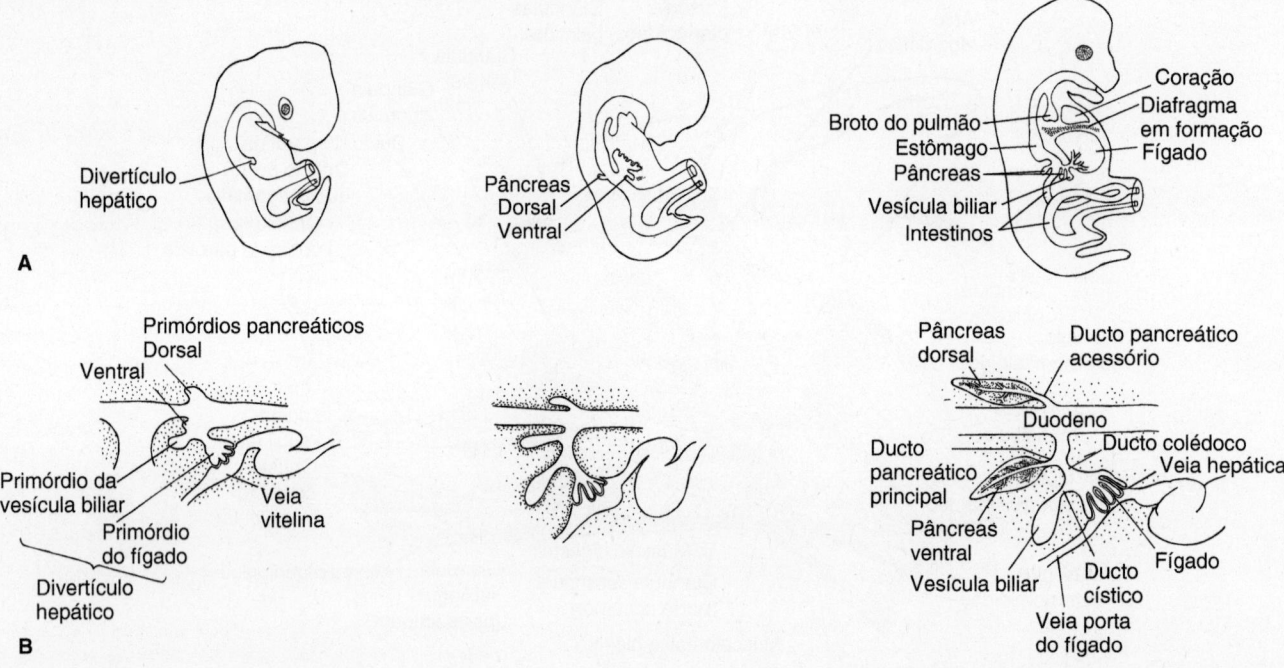

Figura 13.38 Formação embrionária do fígado. A. Crescimento do fígado em um embrião de mamífero. **B.** Os primórdios pancreáticos dorsal e ventral aparecem quase ao mesmo tempo do primórdio hepático. À medida que o broto do fígado cresce, ele entra em contato com a veia vitelina, a partir da qual surge o revestimento dos sinusoides hepáticos.

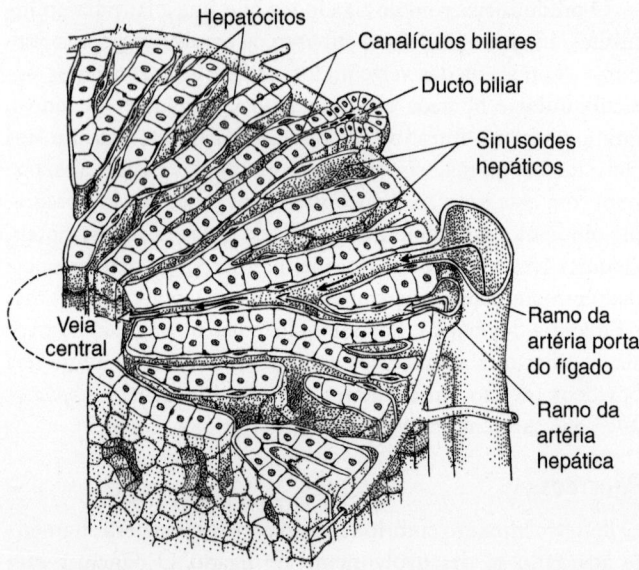

Figura 13.39 Fluxo sanguíneo e biliar no fígado. Cerca de três quartos do sangue que alcança a periferia de cada lóbulo hepático provêm da veia porta do fígado. O outro quarto provém da artéria hepática. O sangue passa para os sinusoides entre cordões ou pilhas de hepatócitos (células hepáticas) e, por fim, alcança a veia central. A partir da veia central, entra na veia pós-cava. As setas cheias e vazadas indicam o fluxo de sangue através do fígado. A bile é produzida pelos hepatócitos, coletada nos ductos biliares, armazenada na vesícula biliar e liberada no duodeno por meio do ducto biliar comum quando há necessidade de emulsificar as gorduras.

De Bloom e Fawcett.

Independentemente de serem um ou dois, os ductos desembocam na porção duodenal do intestino e liberam um produto exócrino alcalino, o **suco pancreático**, composto principalmente pela enzima proteolítica, o tripsinogênio, que é convertido no intestino em **tripsina**, a protease ativa. São também secretadas amilases para a digestão dos carboidratos e lipases para a digestão das gorduras. Imersas no pâncreas, encontram-se pequenas **ilhotas pancreáticas** (ilhotas de Langerhans) que produzem os hormônios **insulina** e **glucagon**, ambos os quais regulam o nível de glicose no sangue. Por conseguinte, o pâncreas é tanto uma glândula exócrina, que produz suco pancreático, quanto uma glândula endócrina, que produz insulina e glucagon (Figura 13.40). Tanto o epitélio exócrino do pâncreas quanto o endócrino se originam embriologicamente da endoderme induzida pelo mesênquima circundante.

O pâncreas está presente em todos os vertebrados, tanto como glândula exócrina (células pancreáticas) quanto como glândula endócrina (ilhotas pancreáticas), embora nem sempre esteja organizado como órgão distinto. Nos ciclóstomos, o pâncreas exócrino está disperso por toda a submucosa do intestino, bem como no fígado. Nas larvas de ciclóstomos, o pâncreas endócrino (ilhotas) aparentemente apresenta folículos sem ductos que se localizam na submucosa da parte anterior do intestino. Nas feiticeiras adultas, os folículos endócrinos se desenvolvem como aglomerados encapsulados distintos próximos da abertura do ducto biliar no intestino. Recebem seu próprio suprimento vascular rico. Nas lampreias adultas, o pâncreas endócrino constitui uma parte distinta de tecido próximo ao ducto biliar e separado do pâncreas exócrino disperso ao

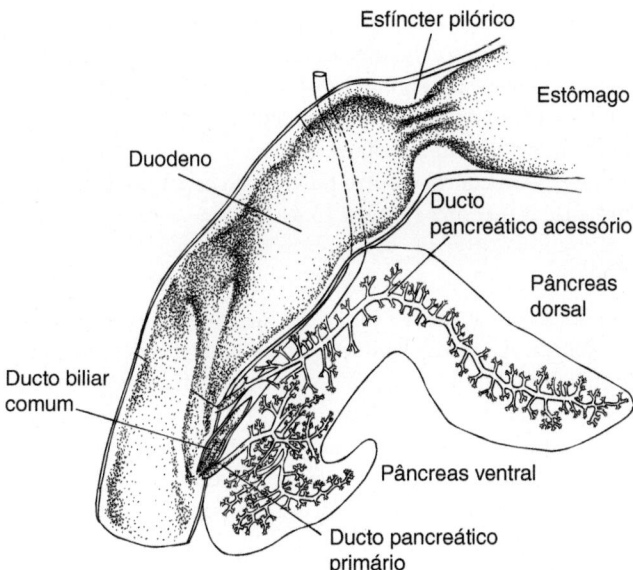

Esfíncter pilórico

Estômago

Duodeno

Ducto pancreático acessório

Pâncreas dorsal

Ducto biliar comum

Pâncreas ventral

Ducto pancreático primário

Figura 13.40 Ductos pancreáticos do panda-gigante. Tanto o pâncreas dorsal quanto o ventral se unem como órgão comum, mas mantêm os ductos que entram no duodeno separados. O ducto pancreático acessório drena o pâncreas dorsal. O ducto pancreático primário drena o pâncreas ventral e entra no duodeno juntamente com o ducto biliar comum.

De D. D. Davis.

longo do próprio intestino. Nos elasmobrânquios, o pâncreas pode estar disperso ao longo do trajeto dos vasos sanguíneos dentro do fígado ou, como nos tubarões, forma uma glândula distinta com componentes exócrinos e endócrinos associados. Nos peixes ósseos, observa-se a presença de um pâncreas exócrino e um pâncreas endócrino distintos, e as ilhotas pancreáticas estão claramente delineadas. Nos tetrápodes, há sempre um pâncreas exócrino e endócrino como órgão distinto localizado próximo ao duodeno.

Pâncreas endócrino (Capítulo 15)

Função e evolução do sistema digestório

Absorção

A absorção do alimento começa no estômago. A água, os sais e os açúcares simples frequentemente atravessam a mucosa e são absorvidos nos capilares sanguíneos. Entretanto, na maioria dos vertebrados, os produtos finais da digestão são formados e absorvidos no intestino.

A absorção do alimento depende da área disponível e do tempo passado no canal alimentar. Características anatômicas, tanto microscópicas quanto macroscópicas, podem aumentar a área de superfície. As numerosas vilosidades existentes no revestimento epitelial do intestino aumentam em 10 a 20 vezes a área disponível para absorção. Por sua vez, as microvilosidades que revestem a superfície apical das células luminais podem ainda contribuir com um aumento global de 100 vezes na área de superfície. Macroscopicamente, a válvula espiral encontrada nos intestinos de muitos peixes serve para forçar o alimento

através do canal espiralado, aumentando o tempo de exposição à digestão. Nos vertebrados herbívoros, os intestinos podem ser muito longos e os cecos podem ser extensos. Essas modificações prolongam o tempo que o alimento leva para atravessar os intestinos e possibilitam uma digestão mais completa da celulose por fermentação microbiana.

Os intestinos longos apresentam deficiência de acondicionamento. Nos macacos herbívoros e nos demais herbívoros, o espaço abdominal se expande depois de uma grande refeição, resultando em aumento da barriga. Em certas ocasiões, é necessário haver uma reorganização estrutural. Por exemplo, nos dinossauros ornitísquios, o osso púbico sofreu rotação para trás, aumentando a área abdominal, talvez como uma forma de acomodar o extenso intestino ao estilo de dieta herbívora.

O aparecimento de um intestino grosso longo e distinto nos vertebrados terrestres se correlaciona com maiores necessidades de conservar a água. A mucosa do intestino grosso contém principalmente glândulas mucosas, de modo que, nessa região, a digestão é efetuada pela ação de microrganismos residentes. O intestino grosso retém o quimo, fazendo com que os eletrólitos e a água secretada na parte superior do trato digestório possam ser reabsorvidos pelo corpo. Nos vertebrados inferiores, o intestino grosso reabsorve os eletrólitos e a água secretados pelos rins.

Os rins dos anfíbios, répteis e aves são limitados na sua capacidade de concentrar a urina. Grande parte do sódio e da água da urina sofre reabsorção na cloaca, na qual se abrem os ductos dos rins. Além disso, as ondas peristálticas retrógradas podem causar refluxo do material da cloaca de volta ao intestino grosso e ceco, proporcionando uma oportunidade adicional para reabsorver esses subprodutos.

O peristaltismo inverso prolonga o tempo de permanência do quimo no trato digestório. Em algumas aves Sylviidae, o peristaltismo inverso força o conteúdo intestinal de volta à moela. Isso parece ser particularmente característico de aves que se alimentam de frutas com revestimentos cerosos de gorduras saturadas. Quando o produto ceroso da digestão alcança o duodeno, são acrescentados altos níveis de sais biliares e lipases pancreáticas. Essa mistura sofre refluxo para o moinho eficiente de emulsificação, a moela, para um processamento adicional. Os ácidos graxos saturados presentes na cera podem ser degradados e assimilados de modo mais eficiente.

Fezes

Para alguns animais, as fezes constituem um recurso. Os tinamídeos, uma família de aves noeotropicais, e os coelhos, as lebres, muitos roedores e até mesmo gorilas comem suas fezes, um comportamento denominado **coprofagia**. Todavia, as fezes ingeridas habitualmente provêm apenas do ceco, e não do intestino principal. O ceco é esvaziado de manhã cedo, e apenas esses excrementos são consumidos. No canal alimentar, ocorre também um processo de seleção na junção cecointestinal. Os líquidos e as partículas finas são desviados para dentro do ceco para fermentação extensa, sendo as fibras mais grossas excluídas. Desse modo, as fibras grossas que se desviam do ceco não são reingeridas, e somente uma pequena porcentagem do quimo do ceco é consumida uma segunda vez. A coprofagia possibilita a reingestão, constituindo uma oportunidade adicional para que toda a extensão do canal alimentar possa capturar os produtos da fermentação, ou seja, vitaminas (vitamina K e todas as vitaminas B), aminoácidos e ácidos graxos voláteis. Se a coprofagia normal for impedida, o animal pode necessitar de suplementos vitamínicos para permanecer saudável. A coprofagia foi relatada em macacos, cervídeos e alguns outros animais em cativeiro, porém não se sabe se esse comportamento é importante na natureza entre esses grupos.

Para o marsupial coala da Austrália, as fezes são ingeridas pelo recém-nascido em crescimento como alimento de transição entre o leite e as folhas. A mãe coala alimenta seu filhote de 6 meses com seus próprios excrementos para começar o processo de desmame do leite para as fezes e, em seguida, as folhas de eucalipto.

O odor das fezes pode alertar um predador sobre a presença de jovens vulneráveis. Entre muitos herbívoros que se escondem de predadores, o animal jovem não elimina fezes até que seja lambido pela sua mãe. A ação de lamber estimula a eliminação de fezes, que são ingeridas pela mãe, de modo que não haja acúmulo de fezes nos locais onde os jovens se escondem, impedindo a ocorrência do odor revelador. Muitas aves jovens empacotam suas fezes. À medida que as fezes se movimentam para a cloaca, suas paredes secretam um envoltório mucoso que retém o quimo. Os pais carregam esses pacotes de fezes, contribuindo para uma boa manutenção do ninho (que não fica sujo) e removendo quaisquer fezes que tenham odores e que poderiam atrair a atenção de um possível predador.

Degradação mecânica do alimento

O objetivo da manipulação mecânica do alimento é melhorar o acesso às enzimas digestivas. Os dentes podem perfurar um exoesqueleto impermeável (artrópodes) ou uma armadura protetora (armadura óssea) da presa e possibilitar a invasão das enzimas digestivas no tecido. Alguns peixes e salamandras aquáticas frequentemente cospem a presa capturada para abocanhá-la novamente com as maxilas. Quando repetem esse processo, seus minúsculos dentes rasgam a camada externa resistente da presa.

Mastigação

A mastigação ocorre em alguns peixes e lagartos, porém é característica dos mamíferos. O processo de mastigação diminui um grande bolo em partículas menores, de modo que as enzimas digestivas possam atuar em uma maior área de superfície.

As propriedades físicas do alimento governam o processo de mastigação. Os alimentos moles, mas com tendões, como os músculos e a pele, são mais bem cortados pelas lâminas dos dentes carniceiros especializados – dos carnívoros, por exemplo. Quando conjuntos de dentes carniceiros superiores e inferiores se fecham, eles deslizam firmemente entre si, como tesouras, cortando o alimento em pedaços menores (Figura 13.41 A). Os alimentos fibrosos, como gramas e outros materiais vegetais, são mais bem quebrados pela trituração. Os dentes molares dos ungulados, subungulados e roedores são ondulados em sua superfície de trabalho. Conforme as maxilas se movimentam de um lado a outro, as superfícies desses dentes deslizam uma em relação à outra, rasgando as fibras vegetais.

A mastigação mecânica rasga as fibras vegetais resistentes e quebra as paredes celulares, expondo, assim, o citoplasma às enzimas digestivas (Figura 13.41 B). Alimentos duros e quebradiços, como nozes e sementes, cedem melhor à compressão, como aquela de um almofariz e pilão. Os dentes molares que se movem um contra o outro pulverizam esse tipo de alimento em pedaços menores (Figura 13.41 C).

Moelas

A redução do alimento por ação mecânica não se restringe aos dentes. A ação de agitação do estômago e dos intestinos também contribui, e a moela representa uma região especializada dedicada a essa função. Pedras duras são selecionadas, deglutidas e mantidas na moela, na qual o uso repetido as alisa com o tempo. A moela muscular trabalha com essas pedras engolidas contra o bolo e o tritura em pedaços menores. Por fim, pedras mais arenosas são deglutidas para substituir aquelas trituradas com o alimento. A moela é particularmente importante nos animais que processam materiais vegetais com paredes de celulose resistentes, embora a moela seja uma característica dos arcossauros, incluindo alguns dinossauros. Foram encontradas "pedras de moela" nas regiões abdominais de alguns dinossauros herbívoros fósseis. Essas pedras, que são lisas e polidas, oferecem uma evidência indireta de que alguns grandes dinossauros tinham moelas especializadas. Os crocodilos e os jacarés também possuem moelas, mas ela está bem desenvolvida nas aves, particularmente naquelas que se alimentam de sementes.

Degradação química do alimento

As enzimas intestinais presentes nas microvilosidades atuam sobre o alimento à medida que ele passa pelo trato digestório. Em algumas espécies, a digestão química começa na boca e envolve habitualmente a digestão dos carboidratos pela amilase.

Os produtos finais da digestão consistem em aminoácidos, açúcares e ácidos graxos, bem como vitaminas e oligoelementos indispensáveis para fornecer ao organismo o combustível necessário para seu crescimento e sua manutenção. A maioria desses produtos finais provém da degradação de três classes de macromoléculas: as proteínas, os carboidratos e os lipídios. As próprias enzimas digestivas são proteínas, que são sensíveis ao pH e à temperatura. A maioria sofre inativação em temperaturas acima de 45°C. Muitas enzimas recebem seu nome de acordo com o substrato sobre o qual atuam, com o acréscimo do sufixo -ase.

As **proteases** digerem as proteínas por meio de clivagem de suas ligações peptídicas. A digestão dos lipídios começa com a emulsificação de grandes glóbulos em numerosos glóbulos menores (os detergentes domésticos atuam dessa maneira para quebrar a gordura em pequenas gotículas). A bile, que é produzida pelo fígado, é um dos importantes agentes emulsificantes do corpo. A emulsificação é um processo físico, e não químico, visto que não rompe as ligações químicas dentro das gorduras. Essa ação é realizada pelas **lipases**, que decompõem quimicamente as moléculas de gordura de cadeia longa em ácidos graxos de cadeia mais curta. A emulsificação aumenta a área de superfície das gorduras exposta a essas lipases.

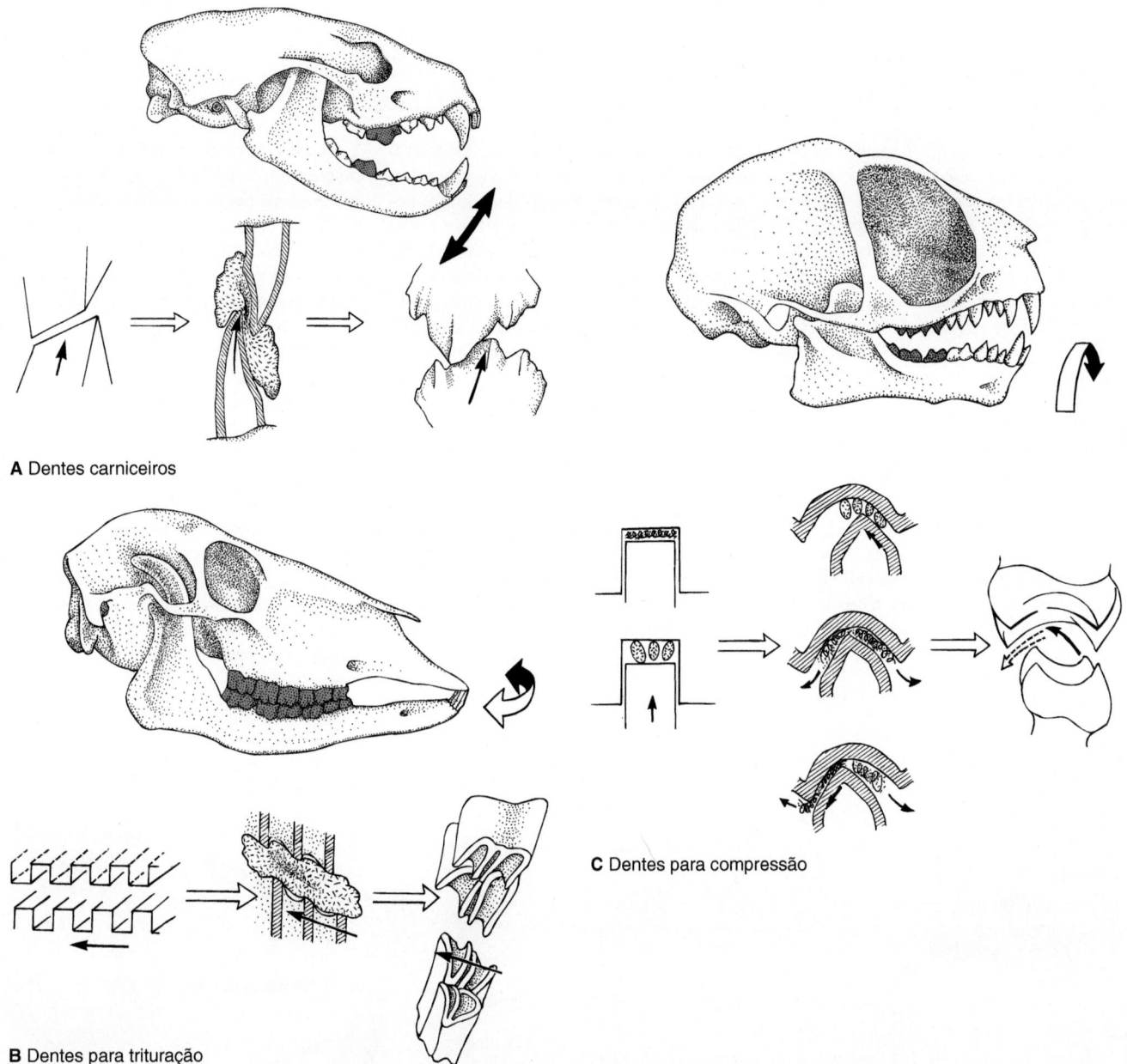

A Dentes carniceiros

C Dentes para compressão

B Dentes para trituração

Figura 13.41 Mastigação nos mamíferos. A. Crânio de carnívoro mostrando a posição dos dentes carniceiros (*sombreado*). Os carniceiros funcionam como tesouras para cortar alimentos moles, porém tendinosos. **B.** Crânio de artiodáctilo mostrando a posição dos dentes para trituração (*sombreado*). As superfícies oclusais enrugadas desses dentes trituram alimentos fibrosos. Fileiras de dentes em ambos os lados podem triturar o alimento, mas a série inferior se move para trás em relação à série superior. **C.** Crânio de primata mostrando a posição dos dentes para compressão (*sombreado*) que trituram alimentos duros.

De Hiiemae e Crompton.

A digestão dos carboidratos produz açúcares simples. Um dos carboidratos mais importantes é a celulose, um componente estrutural de todas as plantas. A celulose é insolúvel e extremamente resistente ao ataque químico. Muitos herbívoros dependem dela como importante fonte de energia; contudo, de modo surpreendente, nenhum vertebrado é capaz de produzir **celulases**, isto é, enzimas capazes de digerir a celulose. Os microrganismos, as bactérias e protozoários simbiontes, que vivem no trato digestório do vertebrado hospedeiro, produzem celulases para degradar a celulose das plantas ingeridas.

O processo microbiano de degradação da celulose é conhecido como **fermentação**, que produz ácidos orgânicos que são absorvidos e utilizados no metabolismo oxidativo. O dióxido de carbono e o metano (CH_4) são subprodutos não utilizáveis que são liberados por meio da eructação.

Em muitos vertebrados herbívoros, partes do trato digestório são especializadas como câmaras de fermentação, nas quais os microrganismos simbiontes presentes digerem finalmente a celulose. Como a fermentação microbiana é relativamente lenta, e a celulose é relativamente resistente, essas câmaras são,

Boxe Ensaio 13.6   Olhar a boca de um cavalo dado

O antigo ditado "a cavalo dado não se olha o dente" significa que, se você gentilmente ganhar um cavalo de graça, você não deve insultar o doador procurando defeitos no presente. Isso está baseado no fato de que, como os cavalos se alimentam mastigando alimentos fibrosos, seus dentes se desgastam. No final, os dentes hipsodontes estão reduzidos a pequenos tocos. Como o desgaste aumenta progressivamente com a idade, a altura do dente é proporcional à idade. Então, olhar a boca de um cavalo é um modo não tão sutil de verificar a idade e, portanto, o valor do cavalo dado.

Estimar a idade dos animais é interesse de outras pessoas além dos donos de cavalos. Geralmente, animais maiores vivem mais que animais pequenos, mas nem sempre. Alguns morcegos podem viver tanto quanto ursos. Pequenas víboras podem viver quase tanto quanto pítons. As idades de membros de uma população são importantes para biólogos que trabalham com a vida selvagem. Uma escassez de indivíduos jovens pode implicar declínio no potencial de novos membros reprodutores na população. Por outro lado, se existem baixos números de indivíduos mais velhos, podem existir muito poucos jovens para se reproduzir e sustentar a população. As decisões de manejo são baseadas em tais informações, mas como os biólogos conseguem determinar a idade dos membros de uma população?

Uma forma, embora seja apenas uma forma grosseira, é examinar a altura dos dentes. Quanto menor a coroa, mais velho é o indivíduo. Outra forma é examinar a largura do canal da polpa. Dentro do dente, os odontoblastos persistem e continuam a adicionar lentamente camadas de dentina nas paredes internas da cavidade da polpa por toda a vida de um indivíduo. Portanto, a cavidade da polpa se estreita progressivamente com a idade. Na superfície externa da raiz, mais cemento é adicionado normalmente de forma sazonal, produzindo anéis no cemento (Figura I A e B do Boxe). Essas três características dos dentes – desgaste, estreitamento da cavidade da polpa e deposição de anéis de cemento – são grosseiramente proporcionais à idade. Técnicas para estimar as idades dos indivíduos são mais confiáveis quando as estimativas de idade são comparadas com características semelhantes de uma amostra contendo indivíduos de idade conhecida. Nos vertebrados inferiores, nos quais dentes novos substituem os dentes desgastados, essas técnicas obviamente não funcionam. Porém, nos mamíferos, os quais têm apenas um conjunto de dentes permanentes para durar toda a vida, essas três características dentais são indicadores grosseiros da idade.

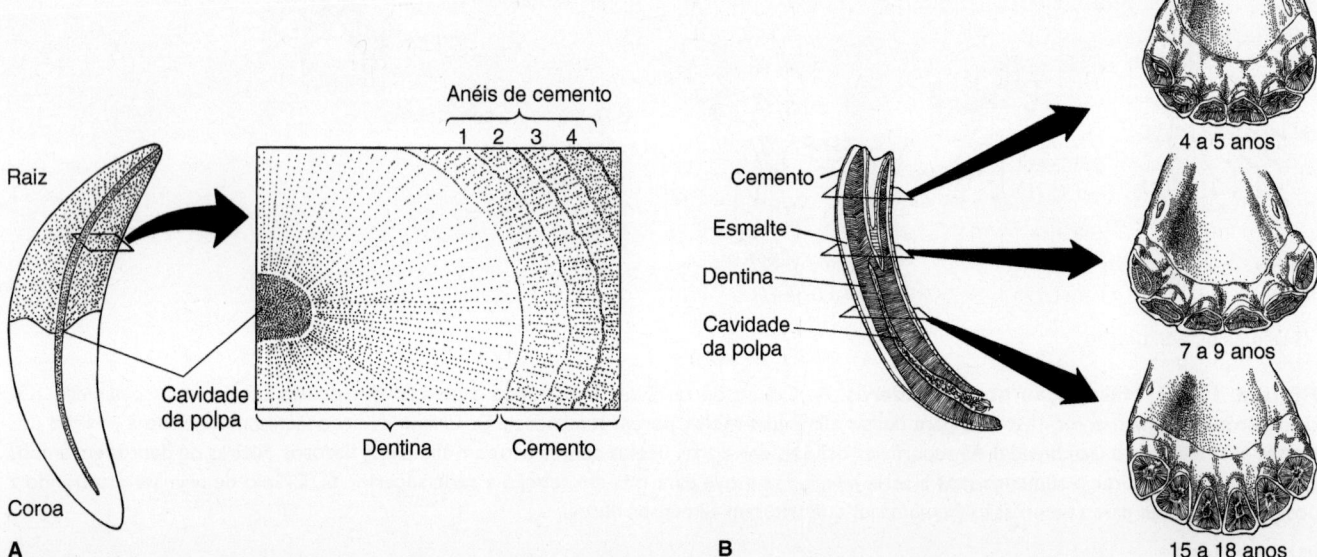

Figura I do Boxe Técnicas utilizadas para determinar a idade dos dentes de mamíferos. A. Dente canino superior de um carnívoro. Um corte transversal na raiz revela anéis de deposição de cemento no cemento superficial à dentina. A taxa de formação rítmica desses anéis pode ser calibrada se os biólogos, anteriormente, estudarem caninos de grupos de idade conhecida na mesma espécie. Depois, contando os anéis em dentes de indivíduos amostrados, podem determinar a idade de indivíduos na população e estimar a estrutura etária da população. **B.** Dentes de cavalos. O uso progressivo com a idade desgasta os dentes dos cavalos em níveis sucessivos, expondo diferentes camadas do dente. Examinando esses dentes e comparando-os com dentes de idade conhecida, os biólogos podem identificar o padrão característico nas coroas e determinar uma idade aproximada do cavalo.

B, com base em DeLahunta e Habel.

com frequência, muito extensas e compridas. A fermentação microbiana pode ocorrer em estômagos ou bolsas especializados, que se abrem no intestino, e é conhecida, respectivamente, como fermentação gástrica e fermentação intestinal.

Fermentação gástrica

Quando a digestão da celulose se concentra em um estômago especializado ou próximo dele, é denominada **fermentação gástrica (fermentação do intestino anterior)**. Neste caso, a fermentação microbiana ocorre dentro do esôfago, bem como do estômago (Figura 13.42 A e B). Nas aves, a fermentação no intestino anterior é conhecida apenas na cigana (*Ophisthocomus hoazin*), na qual ocorre em um papo dilatado e na parte inferior larga do esôfago. Entre os mamíferos, muitos empregam essa fermentação, porém os ruminantes são especialistas e receberam o seu nome taxonômico devido a esse processo. Quando um ruminante se alimenta, o alimento se acumula inicialmente no rúmen em forma de saco, a primeira de quatro câmaras. O rúmen possui paredes finas e é revestido por numerosas papilas que se projetam, aumentando, assim, sua área de superfície absortiva. Atua como uma grande cuba de retenção e fermentação. Posteriormente, o alimento no rúmen é regurgitado de volta à boca, novamente mastigado e deglutido. Esse processo é repetido até que tenham ocorrido a degradação mecânica completa do material vegetal (mastigação) e o ataque químico da celulose (fermentação).

A ruminação envolve ondas complexas de contração, que percorrem todo o rúmen e que estão sincronizadas com a remastigação e com a passagem do alimento ao longo do trato digestório. Inicialmente, os animais ruminantes cortam o material vegetal, misturam-no com a saliva, enrolam-no em bolos e o deglutem para dentro do rúmen (Figura 13.43 A). Ciclos de contração passam pelo rúmen e retículo para circular e misturar o alimento ingerido com microrganismos. Nos animais de pastagem, essa mistura também resulta na separação física

de partículas alimentares grossas e finas. As pequenas partículas afundam no líquido que se acumula ventralmente dentro do rúmen. As fibras vegetais grandes não digeridas flutuam em cima desse líquido. O gás metano que se forma durante a fermentação se acumula acima desse líquido e das fibras vegetais (Figura 13.43 B). Nos forrageadores, o retículo acumula partículas muito mais finas que o rúmen. Entretanto, não ocorre essa separação física das partículas alimentares grossas e finas dentro do rúmen. Com efeito, as contrações musculares no rúmen são muito fortes, existe uma quantidade menor de líquido, as partículas alimentares são geralmente pequenas e o gás metano produzido pela fermentação é rapidamente eliminado pela eructação. Em consequência, o rúmen não é grande e inflado com gás, mas constitui um compartimento relativamente pequeno. O gás metano arrotado representa um subproduto substancial da digestão do intestino anterior. No mundo inteiro, os ruminantes contribuem com até 60 toneladas de metano por ano, cerca de 15% do metano atmosférico total, tornando os ruminantes a segunda maior fonte de metano atmosférico, depois da fermentação natural das plantas.

O alimento que não é totalmente mastigado é regurgitado para ser remastigado na boca (Figura 13.43 C). Se esse alimento fosse inicialmente triturado finamente na boca, ele, quando deglutido, passaria rapidamente pelas complexas peneiras do estômago sem ser fermentado. Em lugar disso, em virtude de seu grande tamanho, o bolo alimentar inicial é mantido no rúmen por um tempo suficiente para ser fermentado, seguido de remastigação, controlando, assim, o tamanho e o processamento das partículas.

Três etapas estão envolvidas na regurgitação. Em primeiro lugar, o ruminante contrai o diafragma como se estivesse inspirando, porém mantém a glote (entrada da traqueia) fechada. Isso produz uma pressão negativa no tórax ao redor do esôfago. Em segundo lugar, o esfíncter gastresofágico é relaxado, e o alimento é aspirado do rúmen para dentro do esôfago.

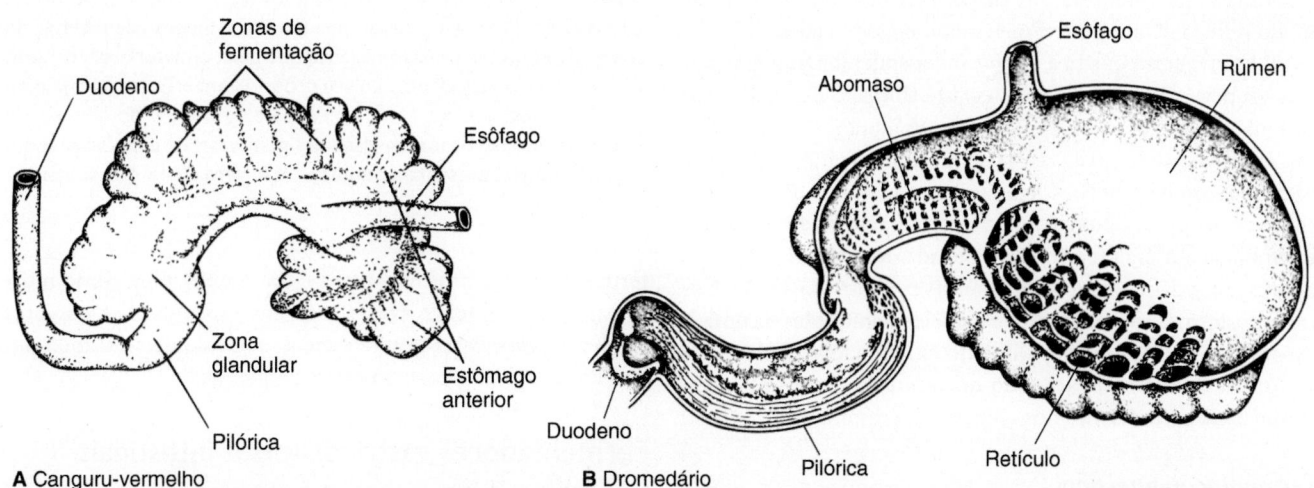

Figura 13.42 Fermentação no estômago. A. Estômago de canguru. **B.** Estômago de dromedário. As bactérias presentes no estômago liberam celulases que degradam a celulose, tornando-a disponível para absorção. Tanto o marsupial canguru quanto o placentário dromedário desenvolveram independentemente estômagos que abrigam bactérias para fermentar as plantas fibrosas que constituem grande parte de suas dietas.

A, de Dawson; B, de Pernkopf.

Em terceiro lugar, contrações peristálticas conduzem o alimento para cima pelo esôfago para dentro da boca, de modo que o animal possa remastigar o material vegetal não digerido. O processo de regurgitação e remastigação, denominado **ruminação**, ocorre repetidamente até que a maior parte do material seja degradada mecanicamente. O tempo levado por um animal na ruminação depende proporcionalmente do conteúdo de fibras do alimento. No gado que pasta, isso pode levar até 8 horas por dia e envolve uma ruminação de 40 a 50 vezes para cada bolo.

O retículo se contrai para bater o produto da digestão entre ele próprio e o rúmen. Possivelmente, isso também separa o material vegetal grosso do fino, tornando o material vegetal fino disponível para seu trânsito posterior. O omaso opera como uma bomba de duas fases para transferir o produto da digestão do retículo para o abomaso (Figura 13.43 D). Em primeiro lugar, o relaxamento das paredes musculares do omaso aspira o líquido e as partículas finas do retículo para dentro do lúmen do omaso. Em seguida, o omaso se contrai para forçar esse produto da digestão dentro do abomaso. O abomaso é a parte fúndica do estômago, no qual ocorre digestão adicional antes que o produto da digestão passe para os intestinos.

Em animais que se alimentam de plantas fibrosas, a combinação da remastigação e do processo de fermentação é muito eficiente. No gado, os ácidos orgânicos produzidos apenas no rúmen representam 70% de toda a sua necessidade energética. Por fim, o alimento remastigado passa pelo retículo até o omaso, que absorve os ácidos graxos voláteis, amônia e água e, ao mesmo tempo, separa o conteúdo fermentado do rúmen e do retículo do conteúdo altamente ácido do abomaso. O omaso movimenta as partículas alimentares menores para dentro do abomaso, o estômago verdadeiro, em que ocorre hidrólise enzimática e ácida. Por fim, o quimo entra no intestino (ver Figura 13.43 D).

No ruminante recém-nascido em fase de amamentação, o abomaso e o intestino digerem o leite, de modo que não há necessidade de fermentação no rúmen. O leite é desviado do rúmen do recém-nascido, passando diretamente do esôfago para o abomaso, por meio de um **sulco reticular** que se fecha de modo reflexo quando o recém-nascido engole o leite.

A fermentação gástrica surgiu independentemente em outros grupos, além dos ruminantes. O estômago de alguns não ruminantes, incluindo preguiças que se alimentam de folhas, macacos langur (*Semnopithecus* sp.), elefantes, hipopótamos e muitos roedores, é apenas ligeiramente menos elaborado. Entre os marsupiais, algumas espécies dependem da fermentação microbiana em uma região especializada do estômago para digerir plantas das quais se alimentam (ver Figura 13.42 A). Entretanto, apenas os ruminantes e camelos regurgitam o conteúdo gástrico e remastigam o alimento em um ciclo regular. Essa regurgitação e remastigação são denominadas **ruminação** nos ruminantes e **mericismo** nos animais não ruminantes.

Fermentação intestinal

A digestão microbiana da celulose concentrada no intestino é a **fermentação intestinal (= fermentação no intestino posterior)**. O extenso alongamento do intestino e a presença de grandes cecos aumentam o volume disponível para a fermentação. Os coelhos, porcos, cavalos e coalas são exemplos de

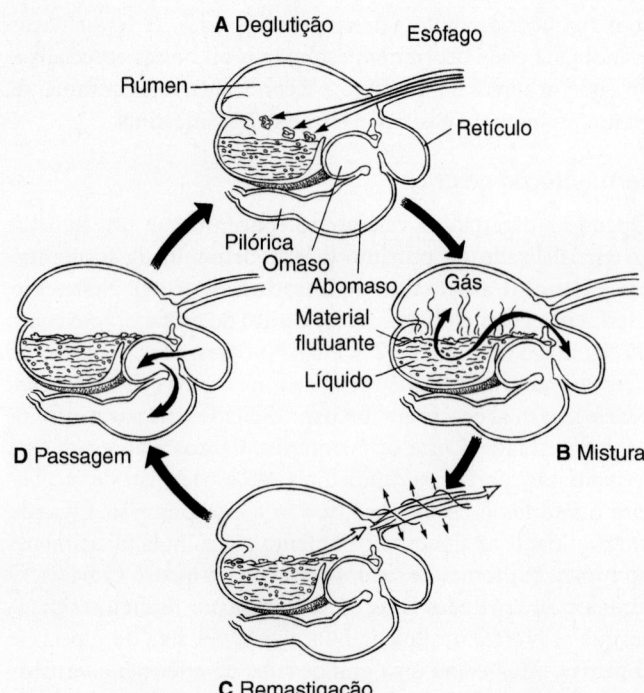

Figura 13.43 Fermentação gástrica no rúmen bovino (com base na vaca doméstica). A. Nos ruminantes, o alimento é cortado, enrolado em um bolo, misturado com saliva e deglutido. **B.** As contrações se espalham pelo rúmen e retículo em ciclos para circular e misturar o produto da digestão. Os conteúdos são separados em líquido e material particulado. O material vegetal fibroso e flutuante e uma bolsa de gás se formam durante a fermentação. **C.** Os bolos de material vegetal pouco mastigado são regurgitados e remastigados posteriormente para quebrar mecanicamente as paredes celulares fibrosas e expor ainda mais o tecido vegetal às celulases. A inalação respiratória, sem abrir a traqueia, produz uma pressão negativa ao redor do esôfago para conduzir parte desse material pouco mastigado dentro do esôfago através do esfíncter gastresofágico. As ondas peristálticas que se movimentam para frente na parede do esôfago transportam o bolo dentro da boca para ser remastigado. **D.** O omaso transporta o produto reduzido da digestão do retículo para o abomaso em duas fases. Na primeira, o relaxamento das paredes do omaso produz uma pressão negativa que puxa o material particulado fino do retículo para dentro de seu próprio lúmen. Em seguida, a contração do omaso força essas partículas para dentro do abomaso, a região do estômago rica em glândulas gástricas. Por essa característica, o abomaso representa a primeira parte verdadeira do estômago.

fermentadores intestinais (ver Figura 13.28), bem como muitos anfíbios, répteis e aves. Os herbívoros e as aves onívoras tendem a apresentar grandes cecos; as aves que se alimentam de peixes e grãos possuem cecos pequenos.

Fermentadores gástricos *versus* intestinais

Nos fermentadores, tanto gástricos quanto intestinais, os microrganismos do trato digestório liberam enzimas que digerem a celulose vegetal (Figura 13.44 A e B). Entretanto, as vantagens fisiológicas dessa fermentação diferem entre os fermentadores gástricos e intestinais. À primeira vista, pode parecer que os fermentadores gástricos, como os ruminantes, camelos e cangurus, desfrutem de todas as vantagens de uma digestão eficiente. Em primeiro lugar, a fermentação ocorre na parte anterior do canal alimentar, gerando produtos finais da digestão no início do processo digestivo, de forma que estão prontos para a sua captação imediata no intestino (ver Figura 13.44 A). Em segundo lugar, o sistema ruminante possibilita a remastigação e a degradação mecânica mais completa das paredes celulares. Ao movimentar o alimento entre a boca e o rúmen pelo esôfago, o ruminante pode continuar a trituração das fibras vegetais. Os cecos distantes dos fermentadores intestinais tornam essa movimentação impossível. Em terceiro lugar, o sistema dos ruminantes transforma grande parte do nitrogênio, que representa um produto de degradação na maioria dos vertebrados, em um recurso. Isso é particularmente útil nos mamíferos que consomem dietas pobres em proteínas. Inicialmente, o sistema dos ruminantes converte o nitrogênio em produtos de degradação, como amônia e ureia. O nitrogênio na forma de amônia é um subproduto da fermentação da proteína no rúmen (e da desaminação de aminoácidos no fígado). Os microrganismos captam a amônia, combinam-na com compostos de carbono orgânicos e a utilizam para produzir suas próprias proteínas celulares à medida que proliferam. Periodicamente, o rúmen sofre contração, eliminando esses microrganismos para dentro do abomaso e intestino, em que, como qualquer alimento, os próprios microrganismos são digeridos e têm suas proteínas de alta qualidade absorvidas.

Os fermentadores gástricos também são capazes de converter a ureia, outro produto de degradação, em um recurso. Por exemplo, um camelo alimentado com alimentos com baixa concentração de proteína excreta quase nenhuma ureia na urina. A ureia é formada durante o metabolismo, porém entra novamente no rúmen, em parte por transferência direta através da parede do rúmen e, em parte, na saliva do camelo. No rúmen, a ureia é degradada em dióxido de carbono e amônia. Por fim, além de utilizarem a amônia, os microrganismos também ajudam na degradação da celulose, um carboidrato encontrado nas paredes celulares das plantas. A fermentação da celulose produz dióxido de carbono, água e ácidos graxos voláteis.

Assim, a fermentação gástrica é particularmente eficiente para extrair a maioria dos nutrientes, até mesmo de alimentos de pouca qualidade. Os ruminantes e os animais semelhantes a eles foram particularmente bem-sucedidos em *habitats* onde a forragem é escassa, fibrosa e pobre, pelo menos em parte do ano, como nas regiões alpinas (cabras), nos desertos (camelos) e em áreas com inverno rigoroso (bisão). Além disso, a ação da fermentação nos animais de fermentação gástrica no início da passagem do produto de digestão destrói ou neutraliza as possíveis toxinas vegetais.

Entretanto, a fermentação intestinal tem algumas vantagens. Para o fermentador intestinal, o bolo passa pelas principais regiões de absorção do canal alimentar *antes* de alcançar os locais de fermentação, habitualmente os cecos (ver Figura 13.44 B). Os nutrientes solúveis, como os carboidratos, a glicose e as proteínas, podem ser absorvidos com segurança antes do início da fermentação. Por outro lado, entre os fermentadores gástricos, a fermentação ocorre precocemente, e muitos desses nutrientes necessários são descartados antes que possam ser absorvidos. Para compensar a digestão

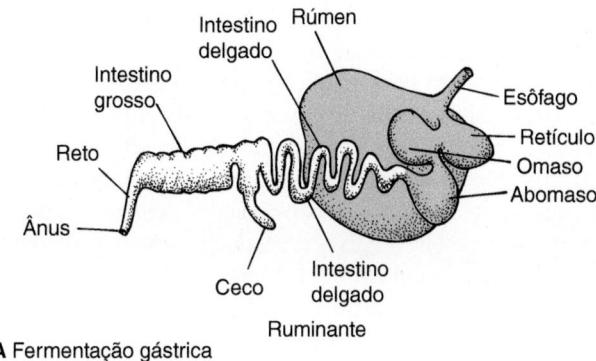

A Fermentação gástrica

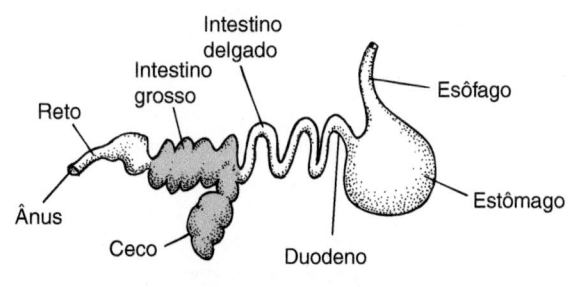

Herbívoro não ruminante

B Fermentação intestinal

Figura 13.44 Fermentação gástrica *versus* intestinal. A. Os ruminantes e outros fermentadores gástricos dependem da atividade microbiana no início do processo digestivo, visto que os "estômagos" dos ruminantes atacam quimicamente a celulose presente nas paredes celulares das plantas. **B.** Nos fermentadores intestinais, a fermentação ocorre nos longos intestinos e ceco extenso.

prematura, os fermentadores gástricos dependem da eliminação ocasional dos microrganismos para dentro do intestino, no qual são digeridos para repor os nutrientes perdidos durante a fermentação.

Além disso, embora a fermentação gástrica seja completa, ela também é lenta. Para fermentar plantas fibrosas, o alimento precisa ocupar o rúmen para o processamento extenso da celulose. Nos locais onde a forragem é abundante, o fermentador intestinal pode movimentar grandes quantidades de alimento através do trato digestório, processar o componente de digestão mais fácil da forragem, excretar o componente de baixa qualidade e repor aquele que foi excretado com forragem fresca. Os cavalos são fermentadores intestinais. Eles dependem de uma alta ingestão de alimentos e de um rápido trânsito para suprir suas necessidades nutricionais, como qualquer um que tenha manejado cavalos sabe muito bem. Além disso, a coprofagia permite aos coelhos e a alguns roedores ingerir suas próprias fezes contendo produtos de fermentação gerados em sua primeira passagem pelo trato digestório. Isso confere a esses fermentadores intestinais uma segunda chance de extrair parte do material não digerido.

Tamanho e fermentação

O tamanho do corpo de um herbívoro afeta as vantagens relativas da fermentação gástrica *versus* intestinal. Por exemplo, os pequenos mamíferos herbívoros têm taxas metabólicas mais altas que os grandes em relação ao tamanho do corpo. Em consequência, um pequeno herbívoro precisa digerir rapidamente o alimento para atender às demandas de sua alta taxa metabólica. Por isso, os pequenos herbívoros são, em sua maioria, fermentadores intestinais, cuja digestão se baseia na rápida passagem de folhagem abundante e de relativamente alta qualidade. Por outro lado, os grandes herbívoros apresentam taxas metabólicas baixas e, proporcionalmente, maior volume para o processamento do alimento. Assim, para os grandes ruminantes, o trânsito mais lento do alimento provoca uma defasagem da digestão em relação às demandas metabólicas, visto que a taxa metabólica também é mais lenta e o volume do rúmen para a digestão é relativamente maior. Todavia, de modo semelhante, os grandes animais não ruminantes também podem desfrutar de algumas vantagens. De fato, se o tamanho do corpo for grande o suficiente, os fermentadores intestinais podem obter uma digestão relativamente completa, aproximando-se daquela dos ruminantes. Por conseguinte, os grandes herbívoros, sejam eles ruminantes ou não ruminantes, podem extrair mais energia do material vegetal que os pequenos herbívoros. Os ruminantes com tamanho corporal intermediário parecem desfrutar de uma vantagem sobre os não ruminantes de tamanho intermediário, porém apenas se a qualidade da forragem for boa.

Os primeiros ruminantes dos quais temos registro fóssil eram pequenos. Todavia, como acabamos de observar, a digestão lenta no rúmen dos pequenos herbívoros constitui uma desvantagem, em comparação com a rápida passagem dos alimentos nos não ruminantes. Isso levou à sugestão de que o rúmen provavelmente evoluiu no início para o desempenho de outras funções, como desintoxicação ou síntese de proteínas. Posteriormente, quando os pastos se expandiram, o intestino anterior estava pré-adaptado para os herbívoros de porte médio que necessitavam de um processamento mais eficiente dessa forragem fibrosa.

Digestão de toxinas

O trato digestório evoluiu para executar muito mais funções que a de reduzir o alimento a seus produtos finais, tornando-os disponíveis para o organismo. Muitos animais possuem tratos digestórios envolvidos na desintoxicação de substâncias químicas potencialmente venenosas presentes no alimento. O coala depende de uma dieta exclusivamente feita de folhas de eucalipto. Existem mais de 500 espécies de eucaliptos na Austrália, e o coala prefere talvez uma dúzia delas como alimento. Como as plantas não podem fugir dos animais herbívoros, muitas produzem defesas químicas para tornar seus tecidos não palatáveis ou tóxicos para os herbívoros. Exemplos incluem os taninos nas videiras, a cafeína nos cafeeiros e a *cannabis* nas folhas da maconha. Essas substâncias químicas são amargas ou desagradáveis ao paladar, de modo que os animais as evitam. Algumas substâncias produzem uma alteração do estado de alerta, fazendo com que um herbívoro fique menos atento à sua própria segurança e, assim, constitua um alvo fácil para um predador que não esteja sob o efeito de drogas. Esses compostos não palatáveis ou tóxicos contra herbívoros são denominados **compostos vegetais secundários**, visto que não

constituem parte da atividade metabólica principal da planta. De modo semelhante, muitos animais que são presas desenvolveram suas próprias toxinas, análogas às toxinas vegetais secundárias, que desencorajam os predadores. As glândulas tóxicas da pele da maioria dos anfíbios são exemplos.

O eucalipto produz óleos que são tóxicos para a maioria dos animais se forem ingeridos. Graças a esses compostos secundários, poucos herbívoros podem se alimentar com segurança de eucaliptos. O coala é uma exceção. Seu sistema digestório é capaz de desintoxicar os óleos nocivos e explorar um recurso que é, em grande parte, indisponível para outros competidores herbívoros.

Para muitos ruminantes que se alimentam de brotos de alimentos ricos em taninos, a saliva do ruminante desempenha um papel central na neutralização dos efeitos prejudiciais. Além de serem tóxicos, os taninos se ligam a proteínas para reduzir sua absorção, diminuindo, assim, a digestibilidade das plantas. Entretanto, os ruminantes que consomem plantas ricas em tanino produzem proteínas salivares que se ligam firmemente a eles quando o alimento entra pela primeira vez na boca, reduzindo imediatamente sua toxicidade. Todavia, as proteínas salivares ainda neutralizam compostos secundários para reduzir seus efeitos prejudiciais sobre a digestibilidade. Não surpreende, então, que as glândulas salivares desses ruminantes sejam habitualmente aumentadas. Em particular, a glândula parótida é três vezes o tamanho daquela de ruminantes que não pastam em plantas carregadas de taninos.

Alimentação e jejum

O canal alimentar é um órgão dinâmico, que responde notavelmente a mudanças imediatas na quantidade e na qualidade do alimento. Com a chegada do bolo alimentar, a parte do trato digestório que o recebe se torna mecânica (agitação, peristaltismo) e quimicamente (secreção) ativa. O produto da digestão pode ser desviado para compartimentos especializados, ou ficar entre eles, para processamento adicional (p. ex., fermentação). Nas aves e nos mamíferos que se alimentam diariamente, a proliferação celular nas criptas intestinais produz constantemente novas células que migram para a superfície e se desprendem no lúmen, sendo substituídas por células localizadas abaixo. Desse modo, no decorrer de um período de 1 semana, toda a mucosa intestinal pode ser substituída de maneira contínua. Para os vertebrados que fazem jejum, como durante a migração a longas distâncias (aves) ou a hibernação (mamíferos), a mucosa intestinal pode responder ao reinício da alimentação diária principalmente por um incremento das células de revestimento, aumentando, assim, a massa do trato digestório.

Nas espécies que frequentemente permanecem em jejum entre grandes refeições, como muitas cobras, o resultado observado no canal alimentar pode ser muito acentuado. Em resposta ao reinício da alimentação depois de um jejum, a mucosa intestinal da cobra aumenta o tamanho das células de revestimento e sua proliferação, superando a perda das células de superfície para o lúmen. Além disso, o comprimento das microvilosidades pode aumentar cinco vezes, de modo que a mucosa pode ter sua área duplicada ou até mesmo triplicada para atender às demandas fisiológicas imediatas do reinício da digestão. Essa resposta global é designada como **suprarregulação**. Isso inclui as superfícies apicais das células intestinais, o enchimento das células de revestimento com gotículas lipídicas e a maior proeminência dos capilares sanguíneos e linfáticos nas paredes da mucosa. O fígado, o pâncreas e até mesmo os rins também podem sofrer suprarregulação, com duplicação de sua massa e atividade. Essa suprarregulação pode ocorrer de 24 a 48 horas após a ingestão de uma nova refeição.

Essas respostas dinâmicas do canal alimentar são totalmente reversíveis em espécies como as cobras após a passagem do alimento pelo estômago e intestino delgado. Uma vez digerida a refeição, a mucosa intestinal retorna a um estado de repouso – uma diminuição da área de superfície da mucosa por meio de diminuição da proliferação das células intestinais ou dobramento epitelial, diminuição dos capilares sanguíneos e linfáticos e redução no tamanho do fígado – uma resposta global denominada **infrarregulação**.

Para as espécies com longos períodos de jejum, a infrarregulação do intestino e órgãos digestivos relacionados pode representar uma maneira de conservar a energia de manutenção entre as refeições. Entretanto, isso pode ser dispendioso. Na píton birmanesa, a suprarregulação pode custar até um terço da energia de uma refeição. Entretanto, para vertebrados que se alimentam com frequência, o custo da suprarregulação e da infrarregulação pode superar a economia energética obtida durante períodos muito curtos de jejum. Para a maioria dos vertebrados, essa regulação com alimentação e jejum é comum apenas nos vertebrados com longos episódios previsíveis de jejum.

Resumo

O revestimento endodérmico do intestino embrionário é circundado por mesênquima liberado da mesoderme da placa lateral. Essa regionalização é estabelecida precocemente no desenvolvimento embrionário por meio da expressão localizada do gene *Hox* nas camadas tanto endodérmica quando mesodérmica, que determinam o padrão do intestino, estabelecendo suas regiões diferenciadas (Figura 13.45).

O canal alimentar é uma estrada cheia de curvas que transporta alimentos contendo os produtos finais químicos necessários para sustentar as necessidades energéticas do organismo – proteínas, carboidratos e ácidos graxos. Essa degradação da refeição a moléculas constitui a principal função do sistema digestório (Figura 13.46). Em sua forma mais simples, o sistema digestório é um tubo que transporta o bolo alimentar ao longo de sua extensão por peristaltismo, absorve diretamente o que pode ser retido e movimenta o produto da digestão remanescente para processamento adicional. O sistema digestório é constituído de regiões especializadas. A língua e os dentes podem agarrar ou pegar o alimento e introduzi-lo na boca. Na boca, o alimento é preparado e acondicionado na faringe; em seguida, é deglutido para o esôfago até alcançar o estômago. O esôfago nos anfíbios e nos répteis pode armazenar temporariamente o alimento e, nas aves, inclui um papo. O estômago, com seu movimento de agitação, estabelece um ambiente ácido para neutralizar patógenos e desnaturar as proteínas, iniciando o processo de sua degradação. Uma parede muscular, a moela, que é encontrada em alguns vertebrados, tritura mecanicamente a refeição. Quando entra nos intestinos, o produto

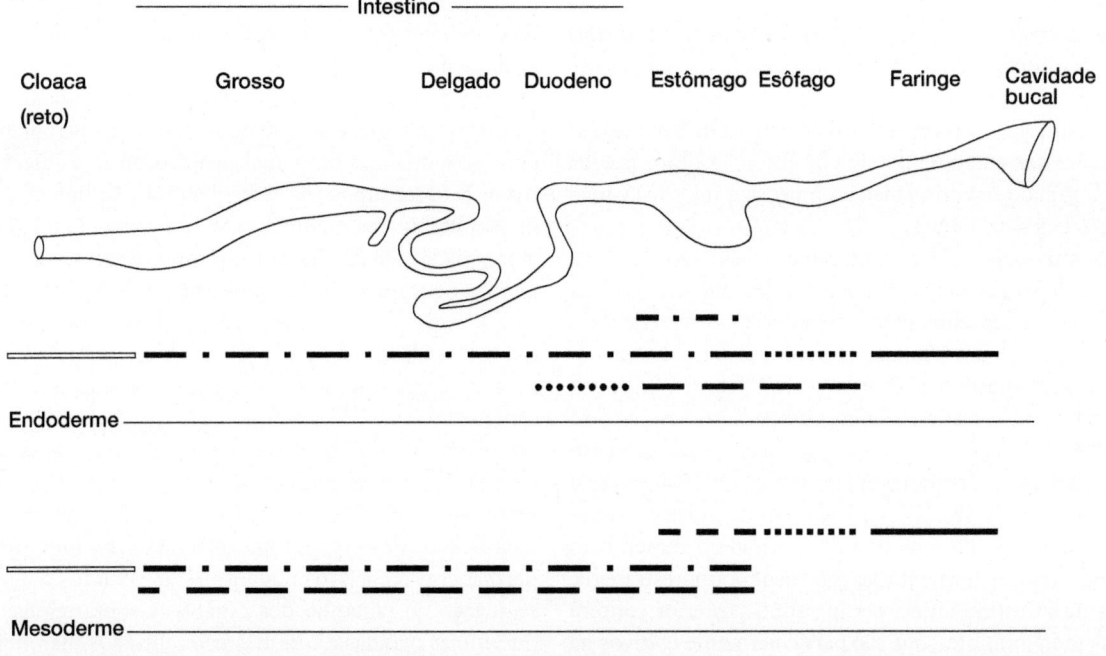

Figura 13.45 Regiões de expressão do gene *Hox* no trato digestório embrionário. Os genes *Hox* são expressos na endoderme e na mesoderme do trato digestório durante o desenvolvimento embrionário inicial, determinando seu padrão e estabelecendo suas regiões distintas. Alguns genes *Hox* continuam sendo expressos no adulto. Talvez mais de 100 genes *Hox* estejam diretamente envolvidos, dos quais apenas alguns representantes são mostrados aqui. Os estilos de linha diferentes (ou iguais) representam regiões nas quais são expressos genes *Hox* diferentes (ou iguais), atuando, assim, na diferenciação do trato digestório.

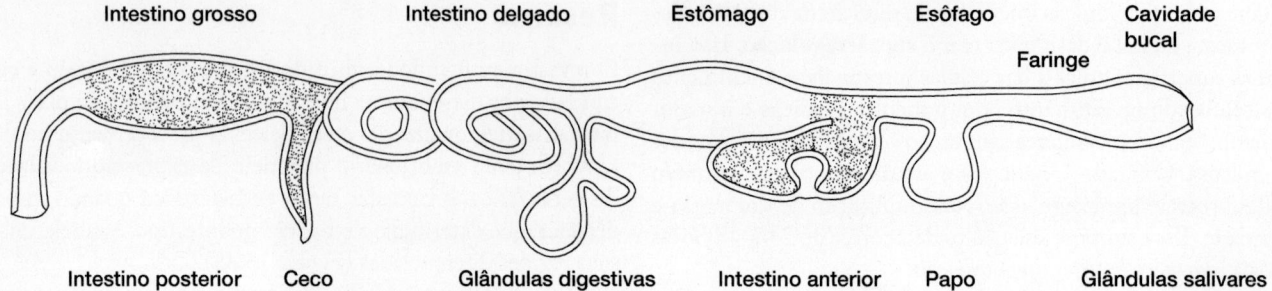

Figura 13.46 Regiões de um trato digestório de tetrápode generalizado. As áreas de fermentação gástrica e fermentação intestinal, quando presentes, são mostradas (*área pontilhada*). As glândulas digestivas (fígado, pâncreas, vesícula biliar) liberam seus produtos na junção entre o estômago e o intestino delgado. As aves possuem um papo, no qual um grande bolo alimentar pode ser temporariamente armazenado.

ácido da digestão é neutralizado com a adição de enzimas digestivas e substâncias químicas emulsificantes. São adicionadas mais substâncias químicas digestivas, a degradação do quimo continua, e o material não digerido finalmente é expelido na extremidade final do trato digestório.

A degradação do alimento inclui meios químicos e mecânicos. As substâncias químicas digestivas umedecem o alimento, emulsificam-no e atuam diretamente para reduzi-lo até seus produtos finais. Essas substâncias são adicionadas por glândulas exócrinas associadas que estão presentes ao longo da via de passagem do alimento e que liberam seus produtos através de ductos no lúmen e glândulas mucosas microscópicas que revestem o lúmen, particularmente no estômago e nos intestinos. A digestão mecânica inclui maneiras de misturar o quimo e quebrá-lo fisicamente em unidades menores. Isso pode incluir dentes para trituração, moelas e peristaltismo, e contrações da parede intestinal.

Esses produtos finais da digestão, que começa no estômago e aumenta no intestino, são absorvidos através da parede intestinal em leitos capilares associados e no sistema de ductos lactíferos (linfáticos). O revestimento do canal alimentar inclui especializações que aumentam a área de absorção, desde pregas na parede luminal até vilosidades na mucosa e microvilosidades nas superfícies das células.

Os alimentos que resistem à digestão ou que são de baixa qualidade se deparam com várias adaptações digestivas. Uma estratégia consiste em aumentar o tempo de permanência do alimento no trato digestório, aumentando, assim, sua exposição ao processo digestivo. Válvulas espirais fazem o alimento girar no lúmen; intestinos longos aumentam o trajeto; os cecos oferecem projeções em fundo cego para processamento especial do alimento; a coprofagia faz com que o alimento seja exposto uma segunda vez no canal alimentar. Todas essas estratégias são maneiras de aumentar a exposição do alimento ao processo digestivo. A fermentação representa outra estratégia. As regiões do intestino anterior e intestino posterior contêm microrganismos simbiotes, que são particularmente efetivos na degradação da celulose presente no material vegetal e na conversão dos produtos de degradação do nitrogênio em uma forma utilizável.

Infelizmente, ao longo dessa jornada pelo corpo, existem também bactérias e vírus patogênicos, parasitos e toxinas. Em consequência, são observados componentes do sistema linfático localizados nas paredes do canal alimentar, colocando o sistema imune em estreita proximidade com esses riscos à saúde. A função imune do trato digestório constitui a primeira linha de defesa contra patógenos, parasitos e venenos. Os linfócitos trafegam para dentro e para fora do epitélio da mucosa, captando antígenos, enquanto outras células ajudam a neutralizar as toxinas potenciais. A alta capacidade de vigilância e de desintoxicação do sistema imune do trato digestório de abutres explica por que eles podem ingerir alimentos em putrefação que nos matariam. Sem o sistema imune do intestino, que intercepta imediatamente esses desafios, os vertebrados seriam facilmente colonizados por todos os tipos de microrganismos repugnantes.

As secreções liberadas pelas glândulas salivares e outras glândulas digestivas proporcionam aos herbívoros a capacidade de lidar com patógenos e toxinas vegetais secundárias. O ambiente ácido dentro do estômago, mesmo durante o jejum, pode interceptar e defender o animal contra o estabelecimento de microrganismos patogênicos. Por outro lado, os microrganismos podem desempenhar um papel positivo no trato digestório, conforme já observamos com a fermentação. Entretanto, até mesmo os não herbívoros mantêm uma complexa comunidade de microrganismos dentro de seus intestinos e cecos, cujo papel na dinâmica do trato digestório ainda não está bem elucidado.

As respostas dinâmicas do canal alimentar são evidentes durante a alimentação e o jejum. A chegada de uma refeição no trato digestório desencadeia um aumento na atividade mecânica e química. Nos animais que regularmente permanecem em jejum entre as refeições, como muitas cobras, a suprarregulação e a infrarregulação são comuns, acompanhadas de aumentos ou reduções acentuados, respectivamente, na massa e na atividade dos órgãos digestivos. As aves migratórias podem permanecer em jejum enquanto estão voando com uma infrarregulação no tamanho dos órgãos. A suprarregulação retorna durante as paradas e o reabastecimento. Os mamíferos lactentes aumentam a ingestão de alimento, e o trato digestório aumenta; quando a ingestão de alimento diminui, o trato digestório sofre uma redução em sua massa e atividade metabólica.

Sistema Urogenital

Introdução

A sobrevivência evolutiva depende da execução bem-sucedida de muitas atividades: escapar dos predadores, procurar alimento, adaptar-se ao ambiente e assim por diante. Tudo isso para que haja reprodução da espécie com êxito, o que constitui o principal papel biológico do sistema genital. Por outro lado, o sistema urinário se destina a funções muitos diferentes: a eliminação dos produtos de degradação, principalmente amônia, e a regulação do equilíbrio hidreletrolítico. Embora as funções urinárias e reprodutivas sejam muito diferentes, discutiremos ambos os sistemas em conjunto como sistema urogenital, visto que os dois compartilham grande parte dos mesmos ductos.

Anatomicamente, o sistema urinário é constituído pelos rins e ductos que transportam seu produto, a **urina**. O sistema genital inclui as gônadas e os ductos que transportam os produtos que elas formam, os **espermatozoides** ou os **ovos**. Embriologicamente, os órgãos urinários e reprodutores se originam dos mesmos tecidos, ou de tecidos adjacentes, e mantêm uma estreita associação anatômica durante toda a vida do organismo.

Sistema urinário

Os rins dos vertebrados consistem em um par de massas compactas de túbulos encontrados dorsalmente à cavidade abdominal. A urina produzida pelos túbulos é finalmente liberada na **cloaca** ou em seu derivado, o **seio urogenital**. Discutiremos os ductos urinários de modo mais detalhado posteriormente neste capítulo, quando considerarmos o sistema reprodutor. Nesta seção, examinaremos o rim.

Desenvolvimento embrionário

A embriologia do rim dos vertebrados e seus ductos é basicamente semelhante nos diferentes grupos, isto é, seu desenvolvimento ocorre dentro da mesoderme intermediária. Entretanto, a modulação desse padrão embrionário subjacente básico produz notáveis diferenças na derivação do rim, bem como diferenças no destino de seus ductos nos machos e nas fêmeas. Isso levou à produção de uma vasta terminologia com muitos sinônimos, provenientes de diferentes bases científicas, bem como a diferenças entre machos e fêmeas. Vamos resolver essa complicação começando com a embriologia.

Mesoderme intermediária (Capítulo 5)

Do nefrótomo até os túbulos néfricos

Os rins são formados na mesoderme intermediária localizada na parede dorsal e posterior do corpo do embrião. No início de sua diferenciação, essa região posterior da mesoderme intermediária se expande, formando uma **crista néfrica**, que se projeta ligeiramente a partir da parede dorsal da cavidade corporal (Figura 14.1 A). A próxima estrutura a aparecer é o par de **nefrótomos** (Figura 14.1 B). O nefrótomo é frequentemente segmentar e contém a **nefrocele**, uma câmara celômica que pode se abrir por meio de um **funil peritoneal** ciliado para o celoma. Em seguida, a extremidade medial do nefrótomo se alarga em uma cápsula renal de parede fina no interior da qual cresce o **glomérulo**, um tufo de capilares arteriais. A extremidade lateral do nefrótomo cresce para fora. Essa invaginação se funde com evaginações semelhantes de nefrótomos sucessivos para formar o **ducto néfrico** comum (Figura 14.1 C), que passa na mesoderme intermediada posteriormente, para alcançar a cloaca. A partir desse ponto no desenvolvimento embrionário, o nefrótomo modificado é mais adequadamente denominado túbulo urinífero para incluir agora o ducto néfrico, juntamente com sua conexão pelo túbulo néfrico ao nefroceloma, que pode manter uma conexão com o celoma por um funil peritoneal persistente (ver Figura 14.1 C).

O plano fundamental subjacente ao sistema excretor consiste em túbulos uriníferos pareados e segmentares que se abrem para o celoma em uma extremidade e para o ducto néfrico em outra, com um glomérulo localizado no meio. O funil peritoneal ciliado parece conduzir o líquido do celoma

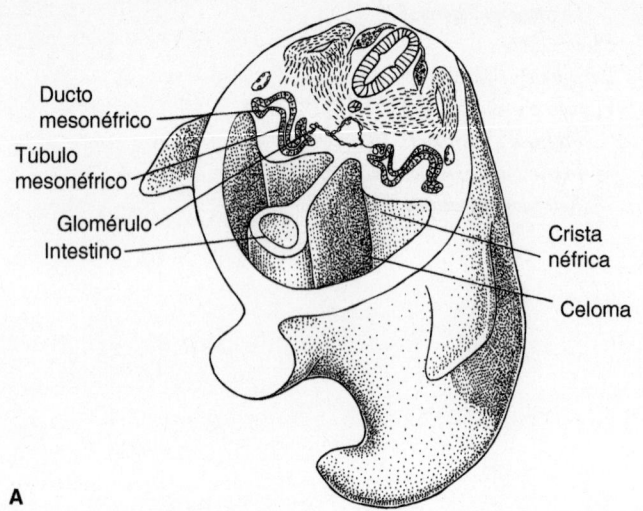

A

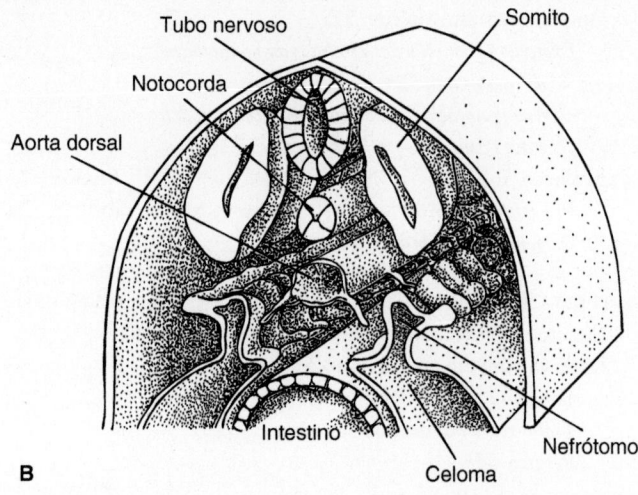

B

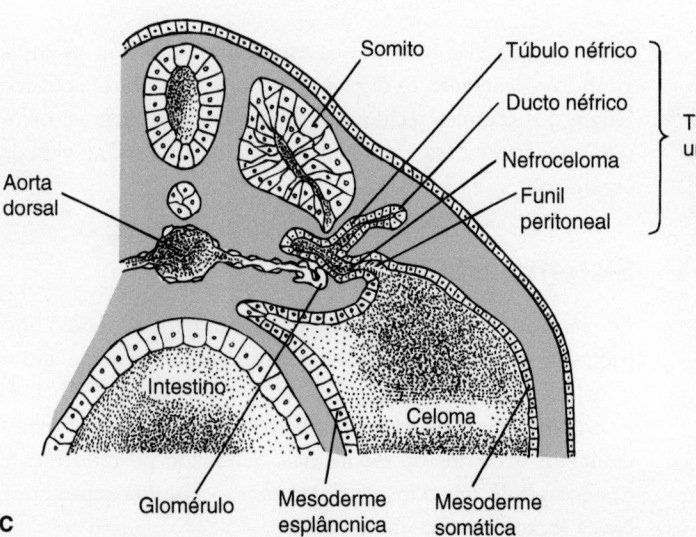

C

Figura 14.1 Aparecimento embrionário dos túbulos néfricos. A. Os túbulos néfricos se desenvolvem na crista néfrica. **B.** Antes disso, aparecem nefrótomos segmentares na parte posterior da mesoderme intermediária. **C.** A extremidade medial dos nefrótomos se diferencia na primeira parte do túbulo néfrico, a cápsula renal, no interior da qual cresce o glomérulo. Projeções arteriolares da aorta dorsal se ramificam para formar o glomérulo. As extremidades laterais dos nefrótomos crescem para fora e se fundem entre si no ducto néfrico. Algumas vezes, o nefrótomo permanece conectado ao celoma por meio do funil peritoneal ciliado.

para dentro do túbulo, o glomérulo associado adiciona líquidos do sangue, e o próprio túbulo modifica esse líquido coletado antes que flua para o ducto néfrico. Embora essa estrutura represente o plano ancestral ou fundamental da organização do túbulo excretor, túbulos que se abrem no celoma por meio de um funil peritoneal são raramente encontrados nos rins dos vertebrados adultos.

Conceito tripartido da organização do rim

As diferenças estruturais e de desenvolvimento observadas nos túbulos néfricos que surgem na crista néfrica inspiraram uma visão da formação do rim conhecida como **conceito tripartido**. De acordo com esse conceito, a formação dos túbulos néfricos ocorre em um de três locais na crista néfrica. A perda subsequente, a fusão ou a substituição desses túbulos constituem a base do desenvolvimento dos rins definitivos do adulto. Especificamente, os túbulos néfricos podem surgir dentro da região anterior, média ou posterior da crista néfrica, dando origem a um *pronefro, mesonefro* ou *metanefro*, respectivamente (Figura 14.2 A–C). Além das diferenças de posição, as três regiões variam quanto às conexões com o celoma. No pronefro, os túbulos mantêm suas conexões com o celoma por meio do funil peritoneal; entretanto, os túbulos que surgem dentro das regiões média ou posterior perdem essa conexão nos vertebrados adultos, dando fim a essa via direta de comunicação com os líquidos celômicos.

▶ **Pronefro.** O pronefro anterior constitui apenas um estágio de desenvolvimento embrionário transitório em todos os vertebrados. Os túbulos que aparecem na parte anterior da crista néfrica são denominados **túbulos pronéfricos**. Esses túbulos se unem para formar um ducto pronéfrico comum. Esse ducto cresce posteriormente na crista néfrica, alcançando finalmente a cloaca, na qual se abre (Figura 14.2 A). Os glomérulos podem se projetar dentro do teto do celoma corporal, e o líquido é filtrado através das membranas epiteliais e, a partir delas, seguem para dentro da cavidade do corpo. Em seguida, os túbulos pronéfricos captam esse líquido celomático por meio de funis peritoneais ciliados, atuam sobre ele e, por fim, excretam o líquido como urina. Todavia, na maioria dos rins pronéfricos, os glomérulos estabelecem contato direto com os túbulos pronéfricos.

A partir dessa associação, glomérulos e túbulos pronéfricos formam rins funcionais nas larvas de ciclóstomos, em alguns peixes adultos e nos embriões da maioria dos vertebrados inferiores. O líquido filtrado a partir do sangue entra diretamente nos túbulos, e os funis peritoneais podem permanecer abertos, dependendo da espécie. Em alguns amniotas, podem aparecer vários túbulos pronéfricos durante o desenvolvimento embrionário. Esses túbulos não estão conectados ao celoma e não se tornam funcionais. Na maioria dos vertebrados, o pronefro embrionário regride e é substituído por um segundo tipo de rim embrionário, o mesonefro.

▶ **Mesonefro.** Os túbulos do rim mesonéfrico surgem no meio da crista néfrica. Esses **túbulos mesonéfricos** não produzem um novo ducto, porém se abrem dentro do **ducto pronéfrico** preexistente. Para ser coerente, o ducto pronéfrico é agora apropriadamente denominado **ducto mesonéfrico** (Figura 14.2 B).

O mesonefro se torna funcional no embrião. Todavia, no adulto, é modificado por meio da incorporação de túbulos adicionais que surgem dentro da crista néfrica posterior. Esse rim mesonéfrico ampliado com túbulos posteriores adicionais é denominado **opistonefro** (Figuras 14.2 D e 14.3). O opistonefro é encontrado na maioria dos peixes e anfíbios adultos. Embora normalmente seja perdido no adulto, o funil peritoneal embrionário do mesonefro pode ser mantido em algumas espécies adultas (p. ex., *Amia*, esturjão, alguns sapos). Nos amniotas, o mesonefro é substituído durante o desenvolvimento posterior por um terceiro tipo de rim embrionário, o metanefro.

▶ **Metanefro.** O primeiro indício embrionário de um metanefro é a formação do ducto metanéfrico, que aparece como **divertículo uretérico** e surge na base do ducto mesonéfrico preexistente. O divertículo uretérico cresce dorsalmente para dentro da região posterior da crista néfrica. Neste local, aumenta e estimula o crescimento de **túbulos metanéfricos**, que irão constituir o rim metanéfrico. O metanefro se torna o rim adulto dos amniotas e o ducto metanéfrico é denominado ureter (ver Figuras 14.2 C e 14.4).

▶ **Resumo.** A crista néfrica é uma região **nefrogênica**, o que significa que ela representa a fonte embrionária dos rins e seus ductos. As partes anterior, média e posterior da crista néfrica podem contribuir para os rins e os ductos. Os estágios transitórios frequentemente produzem estruturas urinárias posteriores. O conceito tripartido que utilizamos como base conceitual para discutir esses eventos considera o desenvolvimento do rim dos vertebrados adultos como proveniente de uma das três regiões da crista néfrica. Essas três regiões são tratadas como anatomicamente distintas, e os rins que elas produzem como tipos diferentes – pronefro, mesonefro ou metanefro. Além disso, o aparecimento ontogenético desses rins parece remontar às suas origens filogenéticas.

Todavia, as demarcações anatômicas entre essas três regiões da crista néfrica nem sempre são evidentes, e toda a crista néfrica pode constituir mais uma unidade que um conjunto de três partes. Em consequência, muitos morfologistas preferem utilizar uma estrutura conceitual alternativa para interpretar o desenvolvimento e a evolução do rim. Essa visão alternativa ressalta a unidade de toda a crista néfrica e é denominada **conceito holonéfrico**. Os morfologistas que defendem esse conceito enfatizam que os três tipos de rins surgem como partes de um órgão, o **holonefro**, que produz túbulos em uma sucessão anterior para posterior durante o desenvolvimento. Não existe qualquer descontinuidade anatômica marcando tipos separados de rins. Assim, o holonefro se refere à parte da crista néfrica que produz o rim.

A embriologia experimental é excitante. Por exemplo, o transplante de mesoderme formadora de mesonefro ou formadora de metanefro para a região do "pronefro" da mesoderme resulta na diferenciação desses tecidos transplantados em túbulos pronéfricos, e não no que teriam se diferenciado se tivessem permanecido no seu local. Isso indica que os tecidos dentro da crista néfrica são flexíveis e não estão comprometidos com um tipo ou outro de rim. A diferenciação da crista néfrica em túbulos pronéfricos, mesonéfricos ou

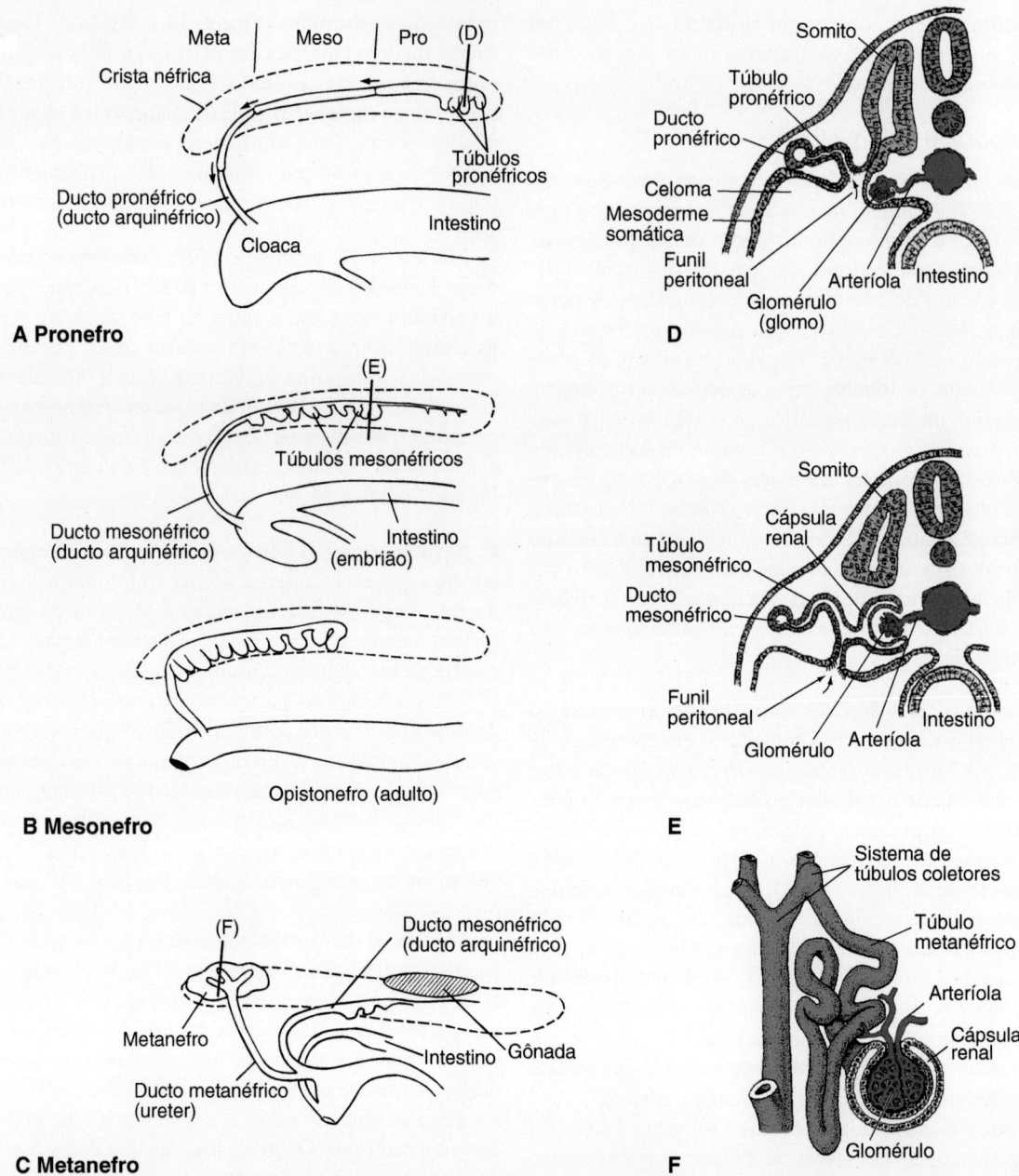

Figura 14.2 Rins embrionários. Os túbulos que formam o rim surgem em uma das três regiões da crista néfrica: anterior (pro), média (meso) ou posterior (meta). **A.** Pronefro. Os túbulos surgem na parte anterior da crista néfrica. Produzem um ducto pronéfrico que cresce posteriormente na crista néfrica e se abre na cloaca. Dos três tipos de rins, o pronefro é o primeiro a surgir durante o desenvolvimento embrionário. Torna-se o rim adulto em alguns peixes, porém geralmente é substituído pelo mesonefro durante o desenvolvimento embrionário. **B.** Mesonefro. Os túbulos surgem na região média da crista néfrica e terminam no ducto pronéfrico existente, agora apropriadamente denominado ducto mesonéfrico. O mesonefro é embrionário e transitório. Os túbulos do opistonefro surgem das partes média e posterior da crista néfrica para formar um rim ampliado, que pode persistir no rim adulto de peixes e anfíbios. **C.** Metanefro. O divertículo uretérico (posteriormente o ureter), que surge a partir do ducto mesonéfrico, cresce na parte posterior da crista néfrica, na qual estimula a diferenciação dos túbulos que formam o metanefro. Nos machos, o ducto mesonéfrico assume, em geral, a função de transporte dos espermatozoides e é denominado ducto deferente. Nas fêmeas, o ducto mesonéfrico degenera. **D–F.** Cortes transversais embrionários respectivos dos três tipos de rins, com suas localizações indicadas por linhas verticais à esquerda, mostrando a estrutura interna.

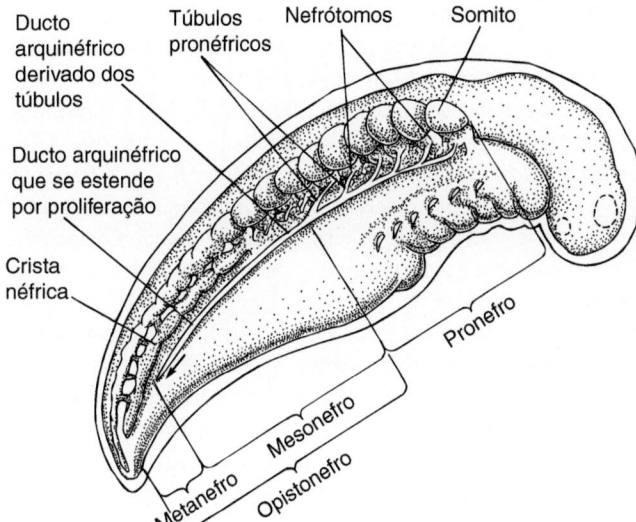

Ducto arquinéfrico derivado dos túbulos

Túbulos pronéfricos

Nefrótomos

Somito

Ducto arquinéfrico que se estende por proliferação

Crista néfrica

Pronefro

Mesonefro

Opistonefro

Metanefro

Figura 14.3 Rim tripartido. Dentro da crista néfrica, que é derivada da mesoderme intermediária, podem surgir até três conjuntos de túbulos. Um rim adulto dilatado, drenado pelo ducto mesonéfrico e composto por túbulos posteriores mesonéfricos e metanéfricos, é denominado opistonefro.

De Pough, Heiser e McFarland.

metanéfricos é induzida pela localização do tecido ou por interações com tecidos adjacentes, e não pela regionalização intrínseca dentro da própria mesoderme intermediária. Como a crista néfrica é inespecífica e flexível em termos de desenvolvimento, ela tem a capacidade de formar diferentes tipos de néfrons. Desse modo, alguns morfologistas argumentam que o termo *holonefro* deveria ser utilizado para descrever a unidade da crista néfrica. Um rim holonéfrico parece caracterizar o desenvolvimento inicial de algumas feiticeiras, elasmobrânquios e gimnofionos. Entretanto, nenhum vertebrado adulto mantém um holonefro. A ausência de exemplos em adultos parece contrariar o que seria previsto a partir do conceito holonéfrico e levou outros morfologistas a manter o conceito tripartido.

De maneira prática, utilizamos neste livro a riqueza descritiva do conceito tripartido para examinar a evolução dos rins dos vertebrados. Para caracterizar o rim, utilizo termos que indicam quais as partes da crista néfrica que contribuíram para a sua formação. Se o rim se forma apenas a partir da região anterior, trata-se de um pronefro; se é formado a partir da região média, um mesonefro; e se for da região posterior, um metanefro. O opistonefro se forma a partir das regiões média e posterior da crista néfrica.

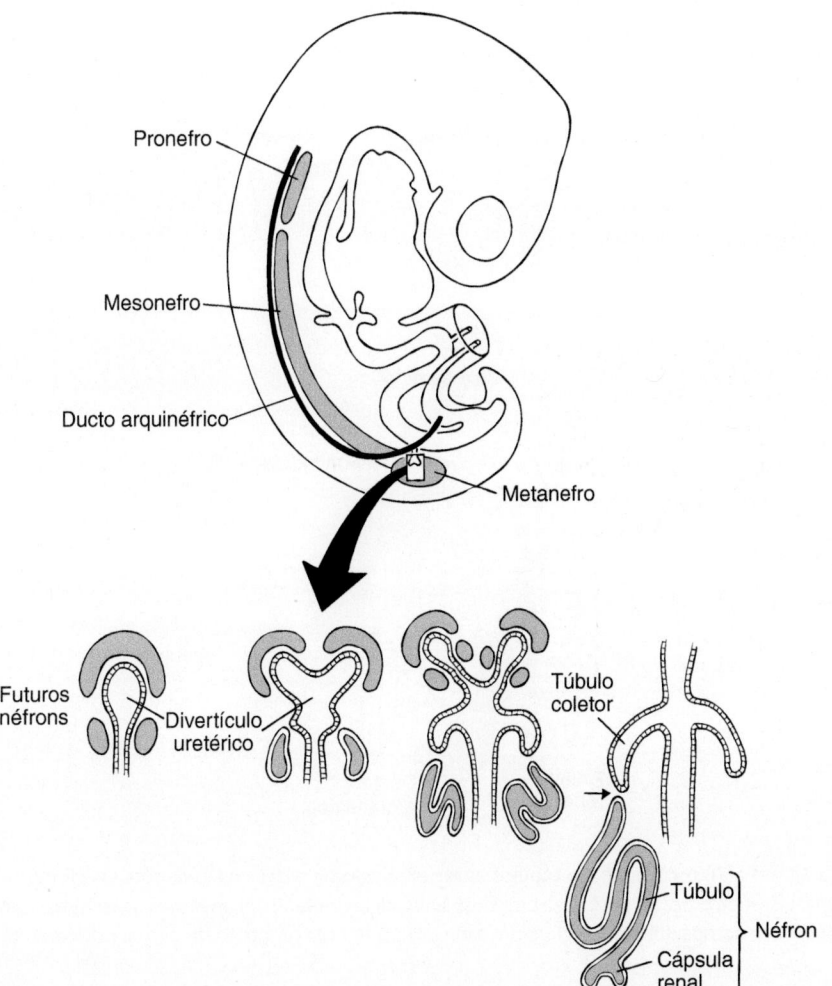

Pronefro

Mesonefro

Ducto arquinéfrico

Metanefro

Futuros néfrons

Divertículo uretérico

Túbulo coletor

Túbulo

Néfron

Cápsula renal

Figura 14.4 Estágios na formação do rim de amniotas. Corte transversal do metanefro em formação, mostrando que o divertículo uretérico estimula o tecido circundante na crista néfrica a se diferenciar em néfrons. As extremidades do divertículo uretérico formam os túbulos coletores.

Filogenia do rim

Peixes

Os rins dos vertebrados mais ancestrais são encontrados entre os ciclóstomos. Na feiticeira *Bdellostoma*, os túbulos pronéfricos surgem na parte anterior (cranial) da crista néfrica durante o desenvolvimento embrionário. Esses túbulos se unem sucessivamente uns com os outros, formando o ducto arquinéfrico ou pronéfrico (Figura 14.5 A). Os túbulos anteriores são desprovidos de glomérulos, porém se abrem no celoma por meio de funis peritoneais, enquanto os túbulos posteriores estão associados a glomérulos, mas carecem de conexão com o celoma. No adulto, os túbulos aglomerulares anteriores, juntamente com vários túbulos glomerulares posteriores persistentes, tornam-se o pronefro compacto. Embora o pronefro adulto possa contribuir para a formação do líquido celomático, o mesonefro é considerado o rim adulto funcional das feiticeiras. Cada mesonefro pareado consiste em 30 a 35 grandes túbulos glomerulares dispostos de modo segmentar ao longo do ducto excretor (ducto pronéfrico) e conectados com ele por túbulos curtos.

Na lampreia, os rins iniciais das larvas (amocetes) são pronéfricos e consistem em três a oito túbulos retorcidos supridos por um único feixe compacto de capilares, denominado **glomo**. O glomo difere de um glomérulo, visto que cada glomo

vascular supre vários túbulos. Cada túbulo pronéfrico se abre no celoma por meio de um funil peritoneal e desemboca em um ducto pronéfrico. O pronefro é o único órgão excretor da jovem larva. Posteriormente, durante a vida larval, o pronefro recebe túbulos mesonéfricos adicionais posteriormente. Com a metamorfose, túbulos adicionais são recrutados a partir da porção mais posterior da crista néfrica, produzindo um opistonefro que se transforma no rim adulto funcional. O pronefro degenera, embora alguns túbulos pareçam persistir no adulto em algumas espécies de lampreias (Figura 14.5 B).

Nas larvas de peixes, o pronefro com frequência se desenvolve inicialmente e pode se tornar funcional durante certo tempo; todavia, normalmente é suplementado por um mesonefro. Na maioria dos peixes, o pronefro sofre degeneração à medida que mais túbulos são adicionados caudalmente ao mesonefro para formar um rim opistonéfrico funcional no adulto. Em algumas espécies de teleósteos, o pronefro persiste como rim adulto funcional.

Tetrápodes

Entre os anfíbios que possuem larvas ativas de vida livre, pode-se observar o desenvolvimento de um pronefro que se torna funcional durante certo tempo. Um ou dois túbulos pronéfricos também podem contribuir para o rim adulto. Nas cecílias

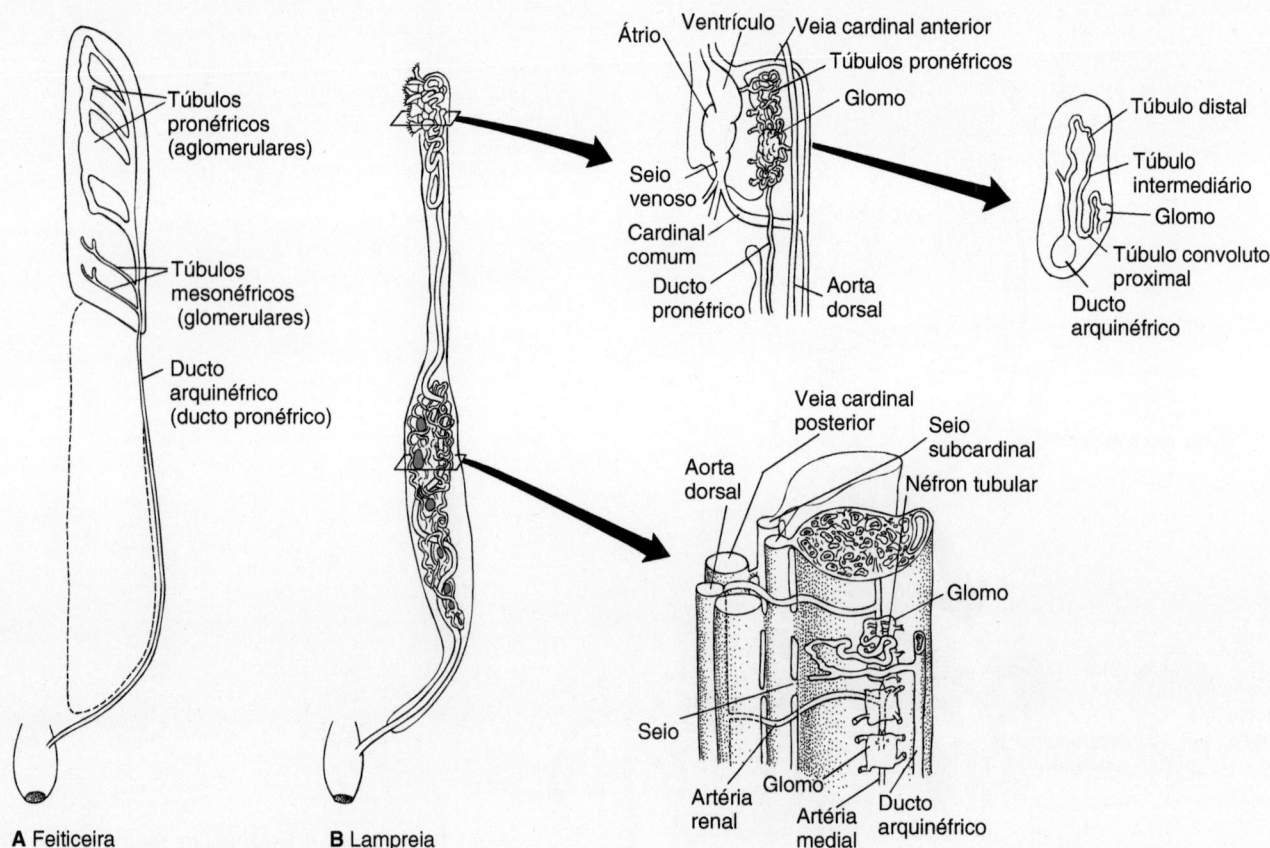

Figura 14.5 Rins de ciclóstomos. A. Feiticeira. O rim adulto consiste em túbulos anteriores aglomerulares e alguns túbulos glomerulares posteriores. **B.** Lampreia. O rim adulto inclui um opistonefro posterior. Em algumas espécies, alguns túbulos pronéfricos anteriores com funis peritoneais podem persistir. Vários túbulos pronéfricos compartilham um glomo, e cada um pode ser composto de partes proximal, intermediária e distal.

B, de Goodrich; Youson e McMillan.

(gimnofionos), foram descritos até uma dúzia de túbulos pronéfricos no rim adulto. Todavia, o pronefro embrionário inicial geralmente é sucedido pelo mesonefro larval, o qual, durante a metamorfose, é substituído por um opistonefro na maioria dos anfíbios. Os néfrons dentro do opistonefro tendem a se diferenciar em regiões proximal e distal antes de se unirem aos ductos urinários. Nos anfíbios, bem como em muitos tubarões e teleósteos com rins opistonéfricos, os túbulos renais anteriores transportam os espermatozoides, ilustrando mais uma vez o uso duplo de ductos que servem para os sistemas genital e urinário (Figura 14.6 A–C).

Nos amniotas a extremidade anterior da crista néfrica raramente produz túbulos pronéfricos. Quando presentes, esses túbulos estão em pequeno número e carecem de função excretora. O rim embrionário predominante é o mesonefro; todavia, em todos os amniotas, é complementado durante o desenvolvimento posterior e, em seguida, totalmente substituído no adulto pelo metanefro, que é drenado por um novo ducto urinário, o ureter. Os túbulos metanéfricos tendem a ser longos, com regiões proximal, intermediária e distal bem-diferenciadas.

O rim dos mamíferos possui uma estrutura distinta. Uma vista em corte do rim de mamífero revela a presença de duas regiões: um **córtex** externo que circunda uma **medula** mais profunda (Figura 14.7 A). A urina produzida pelo rim entra no **cálice menor** e, em seguida, no **cálice maior** que se une à **pelve renal**, uma câmara comum que leva à bexiga urinária por meio do **ureter**. A eliminação da urina do corpo ocorre pela **uretra**. No rim, o **túbulo urinífero** microscópico é a unidade funcional que forma a urina (Figuras 14.7 B e 14.8). O túbulo urinífero consiste em duas partes: o **néfron (túbulo néfrico)** e o **túbulo coletor**, no qual desemboca o néfron. O número de túbulos uriníferos varia desde algumas centenas nos rins de ciclóstomos até um milhão em mamíferos, nos quais os túbulos de ambos os rins combinados perfazem mais de 120 km. O néfron forma a urina, e o túbulo coletor afeta a concentração da urina e a transporta até o cálice menor, o início do ducto excretor.

A artéria renal, um dos principais ramos da aorta dorsal, fornece sangue aos rins. Por meio de uma série de ramificações subsequentes, a artéria renal finalmente dá origem a minúsculos leitos capilares, conhecidos como **glomérulos**, cada um associado a uma **cápsula renal (cápsula de Bowman)**, constituindo a primeira parte do néfron. Em seu conjunto, o glomérulo e a cápsula renal formam o **corpúsculo renal**. Um ultrafiltrado desprovido de células sanguíneas e proteínas é forçado através das paredes dos capilares e passa para a cápsula renal antes de alcançar o túbulo convoluto **proximal**, o túbulo **intermediário** e o túbulo convoluto **distal** do néfron, entrando, finalmente, nos túbulos coletores. Durante o seu trajeto, a composição do líquido é alterada e a água é removida. Após circular pelo glomérulo, o sangue flui através de uma extensa rede de capilares entrelaçados no resto do túbulo urinífero (ver Figura 14.7 B). Em seguida, o sangue é coletado em veias progressivamente maiores que se unem à veia renal comum, deixando os rins.

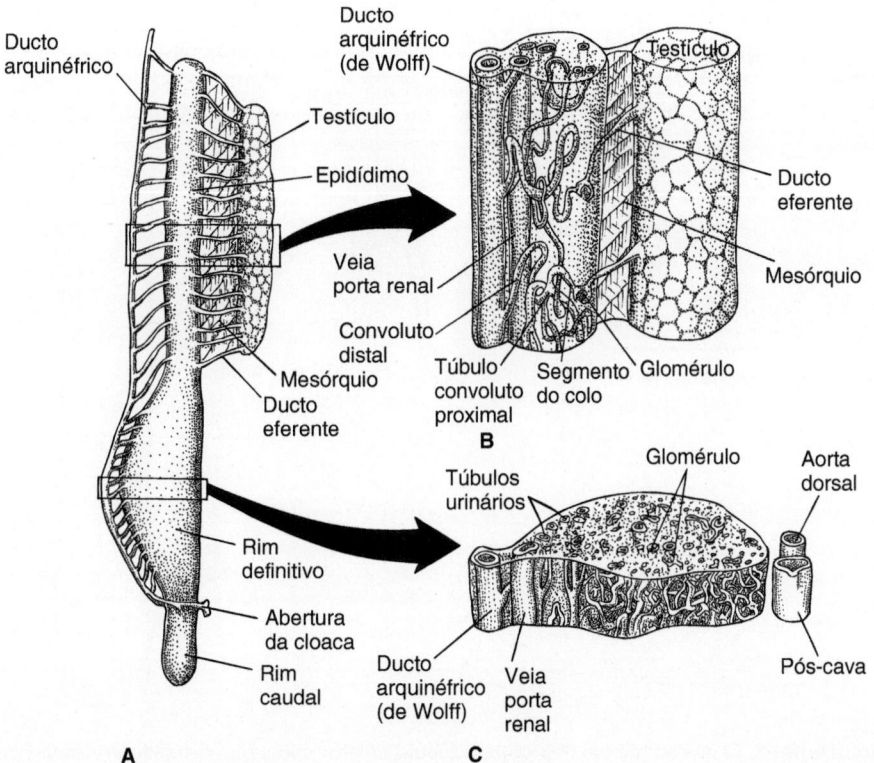

Figura 14.6 Órgãos urogenitais de um macho de salamandra do gênero *Siren*. A. Rim e testículo inteiros com ductos associados. **B.** O rim anterior contém túbulos que drenam o testículo, além dos néfrons excretores. Os túbulos reprodutores e urinários entram no ducto arquinéfrico. **C.** O rim posterior está envolvido na formação da urina e é drenado pelo ducto arquinéfrico.

De Willett.

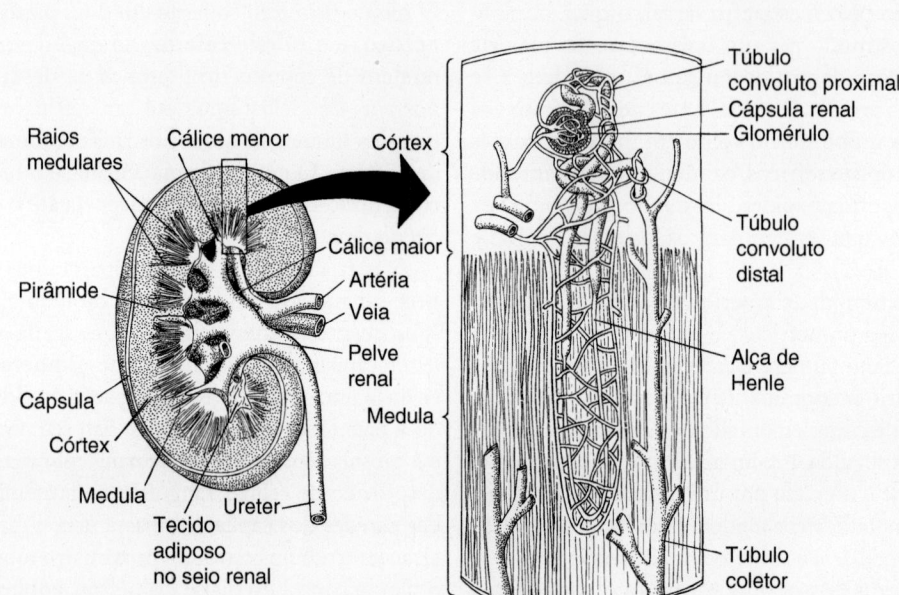

Figura 14.7 **Estrutura do rim de mamífero. A.** Corte do rim mostrando o córtex, a medula e a saída do ureter. **B.** O túbulo urinífero começa no córtex, forma uma alça através da medula e, em seguida, retorna ao córtex, no qual se une ao túbulo coletor.

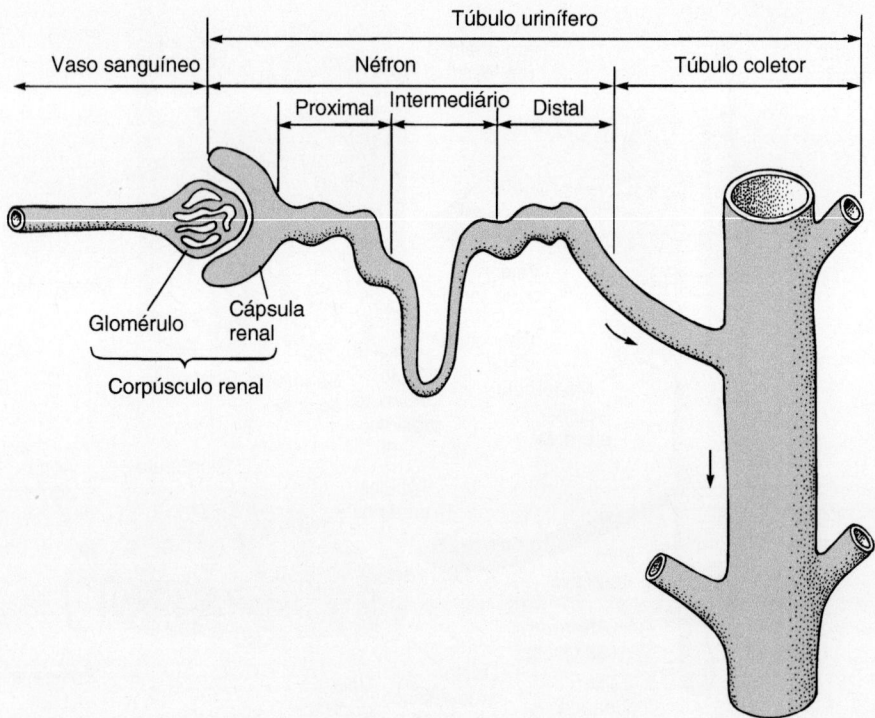

Figura 14.8 **Túbulo urinífero.** O néfron (túbulo néfrico) e o túbulo coletor compõem o túbulo urinífero. Por sua vez, o néfron compreende a cápsula renal (de Bowman) e os túbulos proximal, intermediário e distal. O glomérulo consiste no leito capilar associado à cápsula renal. O ducto excretor transporta os produtos de excreção de vários túbulos uriníferos.

Nos mamíferos, a parte intermediária dos túbulos é particularmente alongada, constituindo a maior parte da **alça de Henle**. Esse termo se refere tanto a uma característica de posição quanto a uma característica estrutural do néfron. Quanto à sua posição, a alça inclui a parte do néfron que sai do córtex e mergulha na medula (o ramo descendente), faz uma curva acentuada e retorna ao córtex (ramo ascendente). Do ponto de vista estrutural, três regiões contribuem: a parte reta do túbulo proximal, a região intermediária de paredes finas e a parte reta do túbulo distal (Figura 14.7 B). Observe que os termos *ramo descendente* e *ramo ascendente* se referem às partes da alça que estão saindo ou entrando no córtex, respectivamente. Os termos *espesso* e *delgado* se referem à altura das células epiteliais que formam a alça. As células cuboides são espessas, enquanto as células pavimentosas são delgadas.

As alças do néfron só ocorrem em grupos capazes de produzir urina concentrada. Entre os vertebrados, apenas os rins de mamíferos e de algumas aves podem produzir uma urina na qual os solutos são mais concentrados que no sangue, e apenas esses dois grupos possuem néfrons com alças. Todos os néfrons dos mamíferos têm alças, especificamente, as alças de Henle. Os rins dos mamíferos produzem uma urina 2 a 25 vezes mais concentrada que o sangue. Além disso, a capacidade de concentrar a urina está relacionada com o comprimento da alça, que está correlacionado com a disponibilidade de água. O castor tem alças curtas e excreta uma urina com apenas cerca de duas vezes a concentração osmótica de seu plasma sanguíneo; todavia, alguns roedores do deserto possuem alças longas e podem produzir uma urina que é cerca de 25 vezes tão concentrada quanto seu sangue.

Em algumas espécies de aves, os rins contêm alguns néfrons com segmentos de alça curtos e distintos (Figura 14.9). Embora sejam análogas às alças de Henle dos mamíferos, essas alças curtas das aves evoluíram de modo independente. Os rins das aves exibem uma capacidade modesta de produzir urina concentrada. Seu produto é cerca de duas a quatro vezes mais concentrado que seu sangue. Todavia, os néfrons da maioria das aves são desprovidos de alças. Na ausência de uma alça, o néfron da ave se assemelha ao dos répteis.

Função e estrutura do rim

A estrutura do néfron pode ser muito diferente de um grupo taxonômico para outro e, à primeira vista, pode parecer não ter qualquer correlação óbvia com a posição filogenética do táxon. Nas feiticeiras, o néfron é muito simples. A cápsula renal é conectada ao ducto excretor por um túbulo curto (Figura 14.10 A). Nas lampreias e nos peixes ósseos de água doce, o néfron é mais diferenciado. Inclui uma cápsula renal, túbulos proximais e distais geralmente unidos por um segmento intermediário e um túbulo coletor (Figura 14.10 C). No entanto, o néfron dos teleósteos marinhos é, em geral, reduzido, visto que houve perda do túbulo distal, e, em alguns, a cápsula renal também é perdida (Figura 14.10 A). Nos amniotas, o néfron é novamente bem-diferenciado, e o segmento intermediário que contribui para a alça de Henle nos mamíferos é frequentemente elaborado (Figura 14.10 B).

Para compreender a estrutura do rim, a base adaptativa de suas funções excretora e reguladora e a evolução do néfron, precisamos olhar para as demandas impostas aos rins.

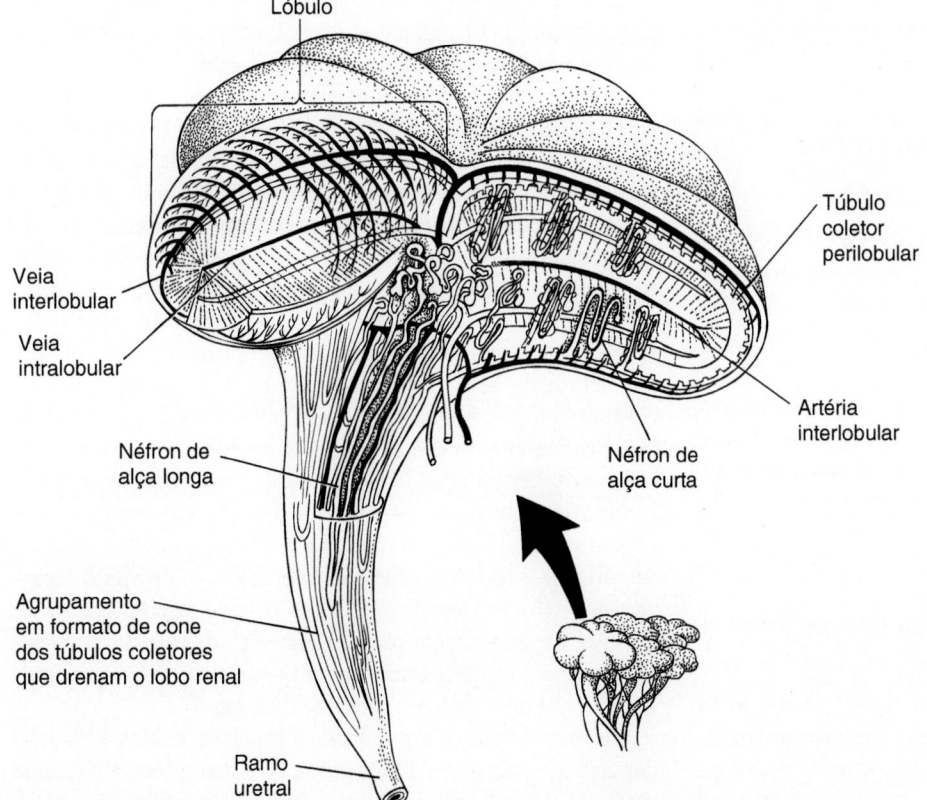

Figura 14.9 Rim de ave. Uma parte do rim está ampliada e em corte para revelar a disposição dos néfrons e o suprimento sanguíneo para eles.

De Braun e Dantzler.

Lóbulo

Veia interlobular

Veia intralobular

Néfron de alça longa

Agrupamento em formato de cone dos túbulos coletores que drenam o lobo renal

Ramo uretral

Túbulo coletor perilobular

Artéria interlobular

Néfron de alça curta

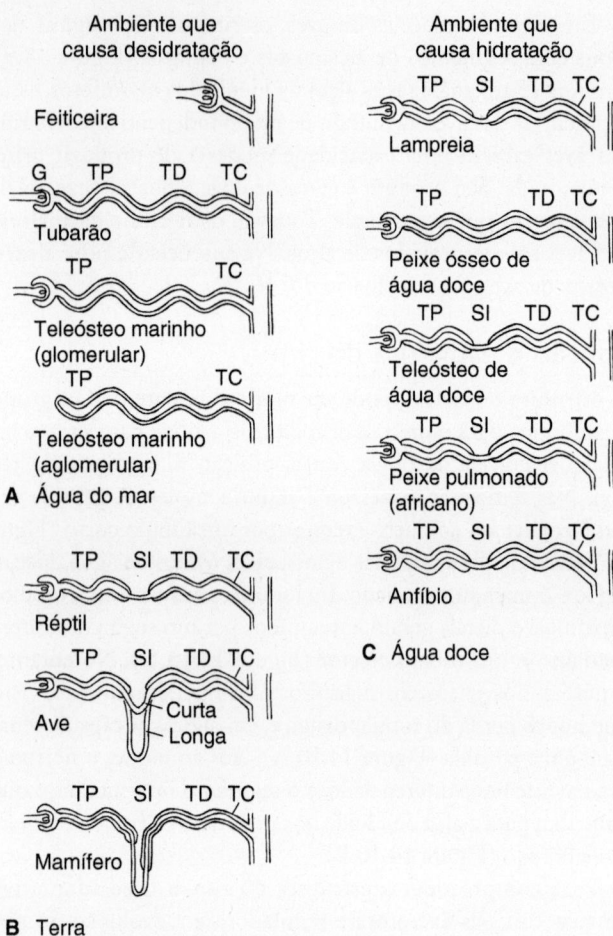

Figura 14.10 Néfrons dos principais grupos de vertebrados.
Os segmentos que contribuem para o néfron dos vertebrados dependem, em grande parte, de o animal viver em um ambiente que provoque desidratação, como a água do mar ou a terra (**A** e **B**), ou em um ambiente que cause hidratação, como a água doce (**C**). Os néfrons estão ilustrados e não foram reproduzidos em escala entre os diferentes grupos. Abreviações: túbulo coletor (TC), túbulo distal (TD), glomérulo (G), segmento intermediário (SI), túbulo proximal (TP).

Em geral, o rim dos vertebrados contribui para a manutenção de um ambiente interno constante, ou quase constante, denominado **homeostase**, de modo que as células ativas (p. ex., músculo estriado, músculo cardíaco, neurônios) não sejam estressadas por uma mudança radical das condições ideais de atuação. Para executar essa tarefa, o rim desempenha duas funções fisiológicas fundamentais: a **excreção** e a **osmorregulação**. Ambas estão relacionadas com a manutenção de um ambiente interno constante diante do acúmulo de subprodutos metabólicos e de perturbações nas concentrações de sais e de água.

Excreção | Remoção dos produtos do metabolismo do nitrogênio

Os componentes excretados na urina consistem, em sua maioria, em subprodutos metabólicos que se acumulam no organismo e que precisam ser eliminados para não interferir no equilíbrio fisiológico do corpo.

A energia necessária para sustentar o crescimento e a atividade provém do metabolismo dos alimentos. O dióxido de carbono e a água constituem os produtos finais do metabolismo dos carboidratos e das gorduras, e ambos são facilmente eliminados. Por outro lado, o metabolismo das proteínas e dos ácidos nucleicos produz nitrogênio, normalmente na forma reduzida de amônia (NH_3). Como a amônia é altamente tóxica, ela precisa ser rapidamente removida do corpo, sequestrada ou convertida em uma forma não tóxica para evitar o seu acúmulo nos tecidos. Nos vertebrados, existem três vias de eliminação da amônia, que algumas vezes ocorrem em combinação. A excreção direta de amônia é conhecida como **amoniotelismo**. A excreção de nitrogênio na forma de ácido úrico é denominada **uricotelismo**. A terceira via é o **ureotelismo**, que consiste na excreção de nitrogênio na forma de ureia (Figura 14.11). O amoniotelismo é comum em animais que vivem na água. A amônia é solúvel em água, e é necessária uma grande quantidade de água para eliminá-la dos tecidos corporais. Para os vertebrados que vivem em um meio aquoso, a água é abundante. Desse modo, a amônia é eliminada através do epitélio branquial, da pele ou de outras membranas permeáveis banhadas pela água. Todavia, nos vertebrados terrestres, a água é frequentemente escassa, de modo que sua conservação se torna mais crítica. Como os amniotas perderam as brânquias, o epitélio branquial não constitui mais uma via para a excreção de amônia. Tendo em vista essas restrições terrestres, a amônia é então convertida em ureia ou ácido úrico, ambos os quais são formas não tóxicas que resolvem o problema imediato da toxicidade da amônia. Além disso, é necessária menor quantidade de água para excretar a ureia ou o ácido úrico, de modo que a água também é conservada.

Nos tetrápodes derivados, surgiram duas vias evolutivas para solucionar os problemas relacionados da economia de água e eliminação de nitrogênio. As aves e a maioria dos répteis viventes dependem principalmente do uricotelismo. O ácido úrico, que é apenas ligeiramente solúvel em água, é formado nos rins e transportado pelos ureteres até a cloaca. O ácido úrico na cloaca une-se a íons e forma um precipitado de sais de sódio, potássio e amônio. A água não utilizada se difunde através das paredes da cloaca de volta ao sangue. Forma-se uma "lama" de ácido úrico concentrado e quase sólido, possibilitando a eliminação do nitrogênio com pouca perda concomitante de água.

Foi formulada a hipótese de que a síntese de ácido úrico surgiu inicialmente como adaptação embrionária. No entanto, em virtude de suas vantagens na conservação de água, foi incorporada na fisiologia do adulto. O ovo cleidoico, que evoluiu pela primeira vez nos répteis, é posto em locais secos, tornando a conservação de água um importante fator na sobrevivência do embrião. As adaptações embrionárias que conservam a água incluem: (1) a casca, que retarda a perda de água; (2) a produção interna de água por meio do metabolismo do vitelo armazenado; e (3) o uricotelismo. Como o ácido úrico precipita da solução, ele não exerce pressão osmótica dentro do embrião, sendo separado de maneira segura dentro do ovo, sem exigir grandes volumes de água para a sua remoção.

Os mamíferos seguiram uma via evolutiva diferente para lidar com a eliminação do nitrogênio. Eles dependem, em grande parte, do ureotelismo, isto é, a conversão da amônia em ureia.

Boxe Ensaio 14.1   Mamíferos nos desertos, rãs no mar

A desidratação ameaça todos os vertebrados que se aventuram na terra, mas é particularmente intensa para os animais que vivem em desertos quentes e secos. Para lidar com a desidratação, o rato-canguru (*Dipodomys spectabilis*) desenvolveu várias adaptações fisiológicas que possibilitam a sua residência em *habitats* desérticos. Mesmo a água da chuva é escassa para o rato-canguru, de modo que ele não depende da ingestão de água para repor aquela evaporada durante o dia. Durante a primavera exuberante, a vegetação que ele come contém uma certa quantidade de água, mas, posteriormente, no verão, quando a dieta consiste, em grande parte, em sementes secas, o alimento não representa uma importante fonte de água. Ao contrário, os ratos-cangurus dependem da água produzida como subproduto do metabolismo dos carboidratos e das gorduras.

Quando metabolizado, o alimento produz dióxido de carbono e água. De fato, até 90% do estoque de água do rato-canguru pode ser proveniente da oxidação do alimento. Por outro lado, ele excreta menos água na urina em comparação com a maioria dos outros mamíferos. As alças de Henle são elaboradas nos rins dos ratos-cangurus. As longas alças possibilitam a produção de uma urina concentrada, até quatro vezes mais concentrada que a dos seres humanos. Dessa maneira, o rato-canguru recupera uma certa quantidade de água do metabolismo de seu alimento e perde pouco na sua urina. Essas adaptações permitem a manutenção de um equilíbrio hídrico mesmo em condições desérticas.

Para os anfíbios que se movimentam da terra para a água do mar, a desidratação também representa um problema, já que são hiposmóticos em relação ao meio salgado, tendo água retirada de seus corpos. Se a perda de água não for regulada, eles sofrerão desidratação e morrerão. Os anfíbios vivem, em sua maioria, na água doce ou na terra. Uma das poucas exceções é a rã do Sudeste Asiático, *Rana cancrivora*. Na maré baixa, ela se aventura em poças de água salgada para se alimentar de caranguejos e crustáceos, um hábito que conferiu o seu nome comum, rã-comedora-de-caranguejo. Ela tolera essas condições salgadas por meio de aumento nas concentrações sanguíneas de íons sódio e cloreto e, particularmente, de ureia, como nos tubarões. Pelo menos durante os curtos períodos de tempo em poças formadas pelas marés, ela é capaz de manter seus níveis sanguíneos hiposmóticos em relação à água do mar, impedindo, assim, grave perda de água e desidratação.

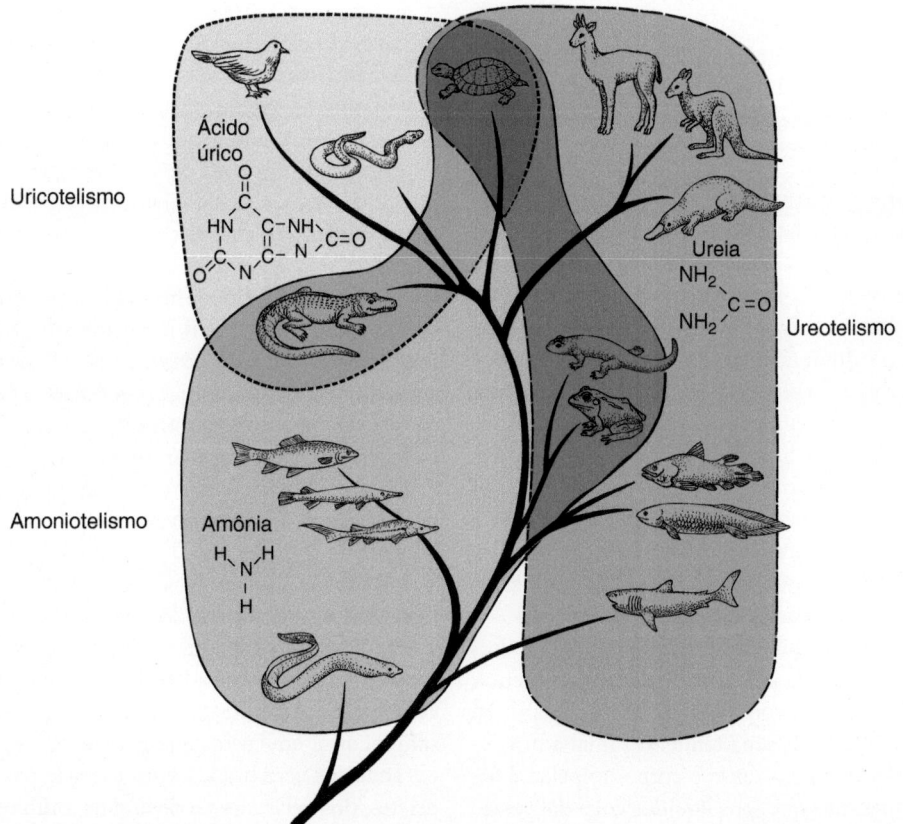

Figura 14.11 Mecanismos de eliminação de produtos de degradação nitrogenados. Entre muitos peixes, anfíbios e alguns répteis, o nitrogênio é excretado na forma de amônia (amoniotelismo). A excreção de nitrogênio na forma de ácido úrico (uricotelismo) ocorre em alguns répteis e em todas as aves. Nos mamíferos e em alguns anfíbios e peixes, o nitrogênio é eliminado como ureia (ureotelismo).

De Schmidt-Nielsen.

Os rins dos mamíferos acumulam ureia e a excretam como urina concentrada, desintoxicando, assim, a amônia e conservando a água.

Em um indivíduo, as vias de excreção de nitrogênio podem variar em relação à disponibilidade de água. Por exemplo, o peixe pulmonado africano excreta amônia quando nada em rios e lagoas. Entretanto, durante a seca, quando as lagoas secam e o peixe pulmonado estiva, a amônia é transformada em ureia, que pode ser acumulada com segurança no corpo durante momentos de escassez de água. Com o retorno das chuvas, o peixe pulmonado rapidamente absorve água e excreta a ureia acumulada. De modo semelhante, muitos anfíbios eliminam amônia na água e, em seguida, excretam ureia quando migram para a terra depois da metamorfose. Nos jacarés, tanto a amônia quanto o ácido úrico são excretados. As tartarugas excretam principalmente amônia em *habitats* aquáticos, mas eliminam ureia ou ácido úrico quando estão na terra (ver Figura 14.11).

Osmorregulação | Regulação do equilíbrio hídrico e dos sais

A segunda função fisiológica principal dos rins é a osmorregulação, que envolve a manutenção dos níveis de água e de sais. O mundo externo pode variar de modo considerável para um vertebrado ativo, porém, as células em seu interior encontram um ambiente relativamente constante. O ambiente intracelular no estado de equilíbrio dinâmico é mantido, em grande parte, pela troca de solutos entre os líquidos corporais e o sangue e a linfa. Por sua vez, os rins em grande parte regulam o volume e a composição constantes do sangue e da linfa nos vertebrados terrestres. Nos vertebrados aquáticos, o epitélio branquial e o trato digestório são tão importantes quanto os rins para solucionar os problemas do equilíbrio de sais.

▶ **Equilíbrio hídrico.** Os vertebrados necessitam, em sua maioria, de um controle fisiológico para manter o equilíbrio interno, devido à constante imposição do mundo externo. Isso é particularmente verdadeiro para a água, que pode ser retirada de um organismo e desidratá-lo, ou que pode entrar nele através de superfícies permeáveis e diluir os líquidos corporais. Por exemplo, um vertebrado terrestre habitualmente corre risco de perder água de seu corpo. Para impedir a desidratação, a ingestão de água pode ajudar a repor aquela perdida (Figura 14.12 A). Alguns grupos, como os répteis, controlam a perda de água com um tegumento espesso que reduz a permeabilidade de sua pele à água. Além disso, os rins, a cloaca e até mesmo a bexiga urinária são **conservadores de água**, o que significa que eles recuperam água antes da eliminação de nitrogênio do corpo.

Por outro lado, uma vida aquática apresenta outros desafios para lidar com os **fluxos de água**. A água pode se movimentar para dentro ou para fora do corpo. Nos peixes de água doce, o problema osmótico resulta de uma tendência final a um *influxo* de água. Em relação à água doce, o corpo do peixe é **hiperosmótico**, o que significa que seus líquidos corporais estão osmoticamente mais concentrados (portanto *hiper*) que a água circundante. Como a água doce é relativamente diluída, e o corpo é relativamente salgado, a água flui para dentro do corpo (Figura 14.12 B). Se essa situação continuasse, o influxo efetivo de água iria diluir substancialmente os líquidos corporais,

criando, assim, um desequilíbrio no ambiente extracelular. Para os peixes de água doce, o principal problema homeostático é livrar o corpo desse excesso de água. Para resolver esse problema, os rins são estruturados para excretar grandes quantidades de urina diluída, cerca de dez vezes o volume excretado pelos seus parentes marinhos.

Para a maioria dos peixes de água salgada, o problema osmótico é exatamente o oposto. Há uma tendência a um *efluxo* efetivo de água a partir dos tecidos corporais, causando sua desidratação. Em relação à água salgada, os corpos da maioria dos peixes marinhos são **hiposmóticos**, o que significa que o corpo é osmoticamente menos concentrado (portanto, *hipo*) que a água do mar. A água tende a ser retirada do corpo, resultando em desidratação do corpo se essa situação não for controlada fisiologicamente. Nesse aspecto, um peixe em água salgada enfrenta um problema fisiológico muito semelhante àquele de um tetrápode na terra, isto é, a perda de água corporal para o ambiente (ver Figura 14.12 A). Para os peixes marinhos, a osmorregulação é complexa. Pode-se, por exemplo, ingerir água para recuperá-la; entretanto, se fizerem isso, eles precisam excretar o excesso de sal ingerido juntamente com a água do mar. Para ajudar na conservação da água, os rins são estruturados para excretar uma quantidade muito pequena de água, reduzindo, assim, sua perda. Para resolver o problema do excesso de sal, as brânquias e, algumas vezes, glândulas especiais se tornam parceiras dos rins na tarefa da osmorregulação.

O corpo de alguns animais é **isosmótico**, o que significa que as concentrações osmóticas do ambiente interno e da água do mar circundante são aproximadamente iguais (portanto, *iso*-). Em virtude desse equilíbrio, não há tendência efetiva de movimento da água para dentro ou para fora do corpo, de modo que o animal não se depara com qualquer problema especial de excesso de água ou de desidratação (ver Figura 14.12 B). As moléculas e íons dissolvidos, conhecidos como solutos, no corpo aumentam em concentração até que a sua concentração osmótica seja igual àquela da água do mar circundante. Esse tipo de animal é denominado **osmoconformador**. Entre os vertebrados, as feiticeiras são osmoconformadoras. As concentrações de sódio e de outros íons estão próximas daquelas da água do mar circundante. Os condrictes e os celacantos (*Latimeria*) também apresentam líquidos teciduais osmoticamente próximos da água do mar, porém isso resulta dos níveis elevados do composto orgânico ureia que circula no sangue. Em consequência, a concentração osmótica do sangue se aproxima daquela da água do mar. Embora isso reduza os problemas fisiológicos de lidar com os fluxos de água, exige também que as células das feiticeiras, dos elasmobrânquios e dos celacantos atuem de modo eficiente em um ambiente líquido que apresenta uma concentração osmótica mais alta que a de outros vertebrados. Acredita-se que essas concentrações elevadas possam incorrer em custos energéticos na osmorregulação.

Todos os vertebrados, com exceção das feiticeiras, dos condrictes, dos celacantos e de alguns anfíbios, são **osmorreguladores**. Apesar das flutuações nos níveis osmóticos do ambiente externo, eles mantêm os líquidos corporais em níveis osmóticos constantes por meio de ajustes fisiológicos ativos. Esses ajustes podem envolver a conservação ou a eliminação de água corporal para compensar a perda ou a entrada de água, promovidas

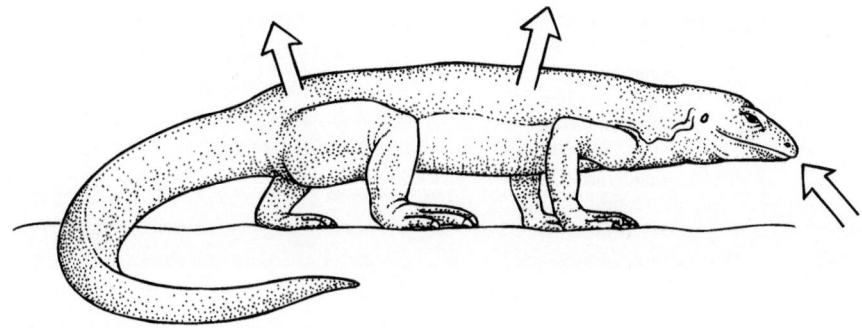

A Ambiente terrestre

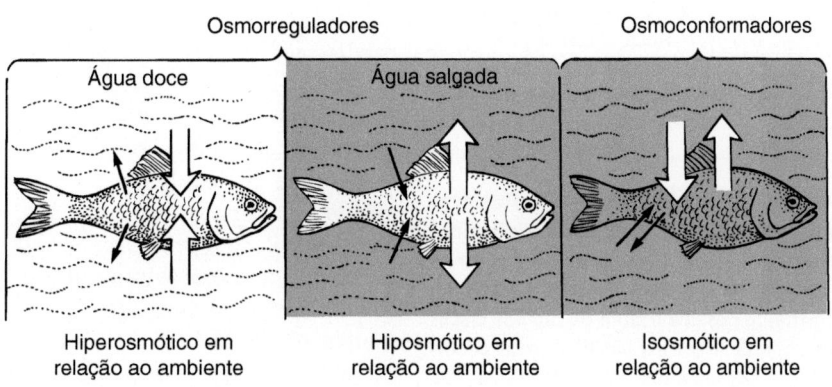

B Ambiente aquático

Figura 14.12 Equilíbrio hídrico. A. Nos vertebrados terrestres, o ambiente circundante relativamente seco tende a retirar água do corpo, criando o problema da desidratação. **B.** Nos vertebrados aquáticos, a tendência a ganhar, perder ou estar em equilíbrio com a água circundante depende da concentração relativa de solutos no animal, em comparação com aquela da água circundante. Os osmorreguladores controlam as concentrações de sal e de água em seus corpos. Na água doce, um animal é comumente hiperosmótico em relação ao meio, e o gradiente osmótico resulta em um influxo de água em excesso. Na água salgada, os vertebrados são, em sua maioria, hiposmóticos; por conseguinte, a água tende a sair de seus corpos para o ambiente circundante. À semelhança dos vertebrados terrestres, o resultado consiste em desidratação. Em ambas as situações aquáticas, o vertebrado precisa fazer adaptações fisiológicas para eliminar ou absorver água, a fim de manter a homeostase. Em uma terceira situação aquática, em que o nível de solutos nos tecidos corporais aumenta para corresponder àquele da água salgada circundante, não há desenvolvimento de qualquer gradiente osmótico significativo. Esses vertebrados são denominados osmoconformadores, visto que são isosmóticos em relação à água do mar, e não ocorre fluxo efetivo de água. As *setas abertas* representam a direção efetiva dos fluxos de água; as *setas cheias* representam a direção efetiva do movimento de solutos. O *sombreado* indica a concentração relativamente alta de solutos na água.

osmoticamente em relação ao ambiente externo. Os solutos também são regulados por meio de excreção e absorção para manter a homeostase dos líquidos corporais. Assim, a osmorregulação envolve ajustes da água *e* dos solutos. A seguir, veremos as estruturas desenvolvidas para movimentar ambos. Começaremos com as adaptações dos rins que atuam no equilíbrio hídrico. Existem dois problemas impostos pelo ambiente – a eliminação de água e a conservação de água (Figura 14.13).

Eliminação de água. A eliminação de água representa um problema para os vertebrados hiperosmóticos que vivem em água doce. O mecanismo de formação da urina nos vertebrados parece estar particularmente bem-adaptado para resolver esse problema. Os rins da maioria dos insetos e de alguns animais invertebrados são **rins de secreção**. A urina é formada pela secreção de constituintes nos túbulos ao longo de seu percurso. Entretanto, os rins

dos vertebrados, como os rins da maioria dos crustáceos, anelídeos e moluscos, são **rins de filtração**. Grandes quantidades de líquido e solutos passam imediatamente do glomérulo para dentro da cápsula renal para formar um **filtrado glomerular**. À medida que esse filtrado se move ao longo do túbulo, a secreção seletiva adiciona certos constituintes, porém a maior parte da água e dos solutos inicialmente filtrados é absorvida de volta aos capilares entrelaçados com os túbulos. Por exemplo, nos seres humanos, os rins formam, a cada dia, cerca de 170 ℓ (45 galões) de filtrado glomerular em seus 2 milhões de cápsulas renais. Isso corresponde a quatro a cinco vezes o volume total de água no corpo. Se esse volume fosse eliminado a cada dia, haveria pouco tempo para realizar outras tarefas, para não dizer nada dos grandes volumes de água que iríamos precisar beber para repor a água excretada. De fato, todo o filtrado, exceto aproximadamente 1 ℓ, é reabsorvido de volta ao sangue ao longo dos túbulos uriníferos.

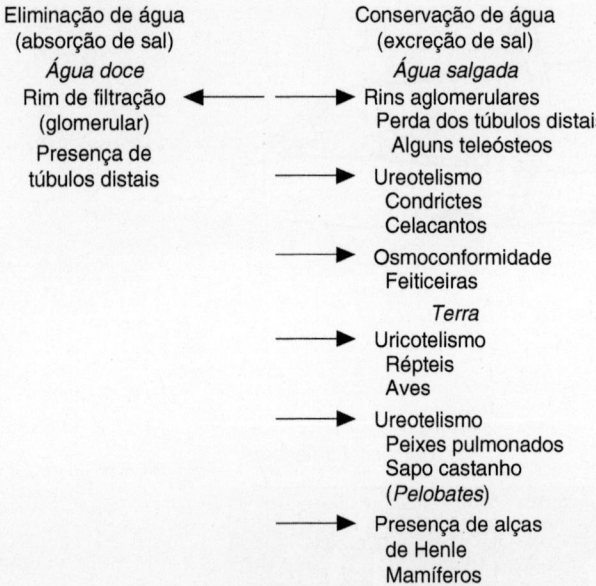

Figura 14.13 Resumo das adaptações dos rins a dois problemas homeostáticos impostos pelo ambiente: a eliminação e a conservação de água. Na água doce, a maioria dos vertebrados precisa eliminar o excesso de água. Um rim de filtração com um aparato glomerular totalmente desenvolvido e os túbulos distais pode produzir quantidades copiosas de urina diluída e livrar o corpo do excesso de água. Na água salgada e nos ambientes terrestres, são vantajosos os rins para conservação de água. Nos peixes marinhos, os rins aglomerulares que são desprovidos de túbulos distais, o ureotelismo resultando em níveis elevados de solutos no sangue e a osmoconformidade representam três vias adaptativas diferentes para conservação da água. Os vertebrados em ambientes terrestres conservam a água por meio de mudanças estruturais no néfron (alça de Henle), que promovem a recuperação da água, ou por meios mais econômicos de eliminar o nitrogênio do corpo, como o uricotelismo ou o ureotelismo, que exigem menos água que o amoniotelismo.

Nos peixes de água doce e nos anfíbios aquáticos, os rins tipicamente apresentam glomérulos grandes e bem desenvolvidos. Em consequência, são produzidos volumes relativamente grandes de filtrado glomerular. O túbulo distal proeminente absorve solutos (sais, aminoácidos etc.) do filtrado para mantê-los no corpo, mas apenas de um terço à metade da água filtrada. Nesse caso, uma grande proporção da água é eliminada na urina. Desse modo, o rim é projetado para produzir grandes quantidades de urina diluída e resolver o principal problema osmótico de excesso de água nos vertebrados de água doce.

Conservação de água. Conforme anteriormente assinalado, a conservação de água representa um problema não apenas para os vertebrados terrestres que enfrentam um ambiente quente e seco, mas também para os vertebrados que vivem em água salgada. Diversas adaptações estruturais e fisiológicas surgiram para solucionar os problemas da dessecação na água salgada e nos ambientes terrestres.

O rim de filtração não é conveniente para os peixes hiposmóticos que vivem na água salgada, visto que ele é estruturado para formar grandes volumes de urina. Esses peixes precisam conservar a água do corpo, e não eliminá-la. Em consequência, em muitas espécies de teleósteos marinhos, partes do néfron que contribuem para a perda de água estão ausentes, especificamente o glomérulo e o túbulo distal. A ausência do glomérulo e da cápsula renal associada diminui a quantidade de líquido tubular que se forma inicialmente. Esses teleósteos marinhos possuem **rins aglomerulares**, que, por não produzirem quantidades copiosas de filtrado glomerular, nunca enfrentam o problema de reabsorvê-lo posteriormente. Em essência, os rins aglomerulares conservam a água eliminando o processo de filtração na cápsula renal.

A perda do túbulo distal também contribui para a conservação de água. O túbulo distal absorve sais da urina, mas possibilita a excreção de água. Assim, a perda do túbulo distal favorece a retenção de água pelos peixes. Na ausência de glomérulos e túbulos distais, esses teleósteos dependem, em grande parte, da secreção seletiva de solutos nos túbulos aglomerulares para formar uma urina concentrada.

Os vertebrados terrestres possuem adaptações alternativas para conservar a água. Nos mamíferos e, em menor grau, nas aves, a conservação de água se baseia na modificação da alça de Henle. A alça cria um ambiente ao redor dos túbulos que favorece a absorção de água antes que possa ser excretada do corpo. Em consequência, a urina se torna concentrada, e a estrutura do rim serve para a conservação de água.

Boxe Ensaio 14.2 | **Entre a água doce e a água salgada**

Os peixes são, em sua maioria, estenoalinos, isto é, podem tolerar apenas uma estreita faixa de salinidades. Alguns peixes são eurialinos: toleram amplas flutuações de salinidade e podem, de fato, migrar entre a água doce e a água salgada. Os peixes **anádromos** eclodem na água doce, migram para a água salgada, na qual amadurecem e, em seguida, retornam à água doce para se reproduzir. O salmão é um exemplo. Dependendo da espécie, os peixes anádromos passam um a vários anos no mar, alimentando-se e crescendo para depois voltar a seu rio natal, em que se reproduzem. Os peixes **catádromos** migram na direção oposta, da água salgada para a água doce. As enguias europeias e americanas, *Anguilla*, são exemplos. Amadurecem nos rios e migram para o oceano para se reproduzir.

Embora os peixes eurialinos passem parte de suas vidas na água doce e parte na água salgada, a transição de um ambiente para outro não pode ser abrupta. Com frequência, é necessário um período de adaptação, envolvendo habitualmente várias semanas na água salobra, para possibilitar a aclimatação. Quando esses peixes nadam para a água doce, o grande desafio fisiológico é lidar com a perda de sal através das brânquias. Os peixes marinhos estenoalinos colocados em água doce não conseguem compensar a alta permeabilidade de suas brânquias ao sal. O sal escapa continuamente e os peixes morrem. Os peixes eurialinos desenvolvem uma permeabilidade fisiológica reduzida ao sal e sobrevivem.

No rim dos mamíferos, a relação entre a estrutura dos túbulos e a conservação de água é complexa. A primeira etapa na formação de urina consiste na formação de um filtrado glomerular. As células sanguíneas circulantes, as gotículas de lipídios e as grandes proteínas plasmáticas não fluem para dentro do néfron, mas a maior parte da água e solutos do plasma sanguíneo passa dos capilares do glomérulo para dentro da cápsula renal. Em segundo lugar, a maior parte dos íons sódio, os nutrientes e água são reabsorvidos no túbulo proximal. A absorção é facilitada pela grande área de superfície das células do túbulo proximal e depende do transporte ativo de sódio. As proteínas úteis que faziam parte do filtrado glomerular também são absorvidas no túbulo proximal. Em terceiro lugar, o filtrado entra no túbulo intermediário da alça de Henle. Diferentemente das teorias anteriores, a alça de Henle não é um local adicional no qual a água é extraída do filtrado. Com efeito, a alça bombeia ativamente íons sódio a partir do filtrado para dentro do espaço intersticial, criando um líquido intersticial hiperosmótico ao redor dos ductos coletores. Em quarto lugar,

à medida que os ductos coletores transportam o filtrado modificado para a pelve renal, eles passam por uma região que, em virtude das alças de Henle, é hiperosmótica em relação ao filtrado. O gradiente osmótico entre o líquido tecidual circundante e a urina diluída que entra nos ductos coletores proporciona a força motriz que movimenta a água para fora dos ductos coletores e para dentro do líquido circundante. Quando o corpo está desidratado, a permeabilidade das células do ducto coletor muda sob influência hormonal, e a água é retirada do líquido tubular para dentro do líquido intersticial circundante. Neste local, os capilares sanguíneos, coletivamente denominados **vasos retos**, absorvem água, juntamente com alguns solutos, e os devolvem à circulação. Desse modo, a urina que permanece nos ductos coletores se torna concentrada antes de fluir para a pelve renal e o ureter (Figura 14.14).

O fluxo sanguíneo para os túbulos uriníferos é necessário para que ocorram filtração e reabsorção. Os glomérulos crescem a partir das artérias renais, que se ramificam diretamente da aorta dorsal. A pressão arterial ainda está alta nas artérias

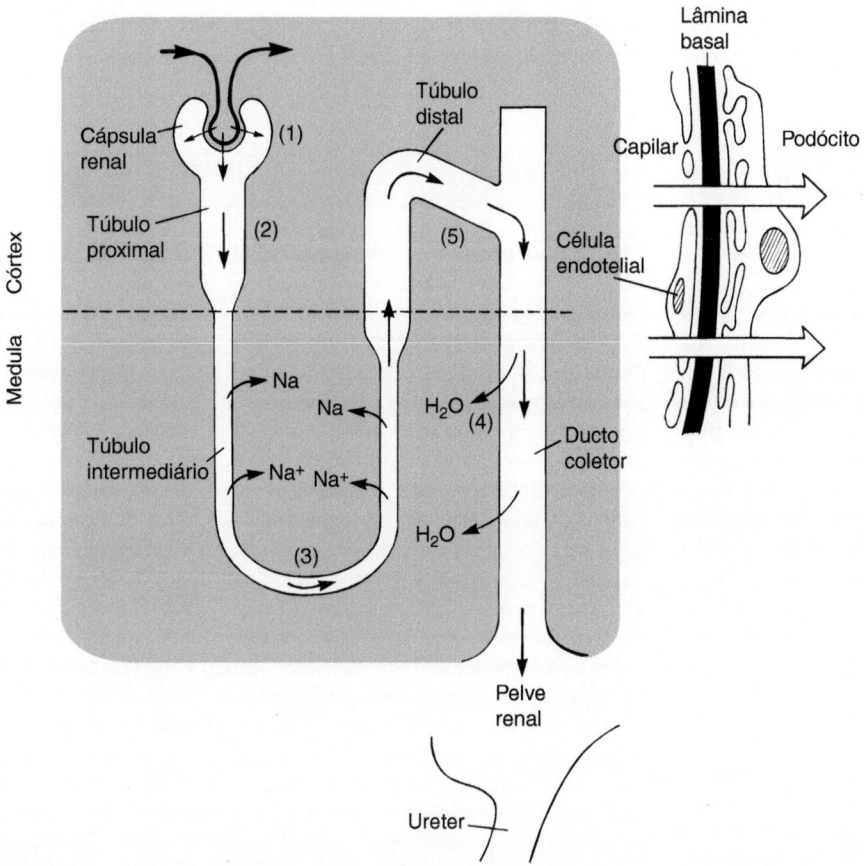

Figura 14.14 Função do rim de mamíferos. No início da formação da urina, a pressão elevada no glomérulo favorece o fluxo de líquido no sangue dos capilares para dentro da cápsula renal, formando um filtrado glomerular. (1) À medida que o filtrado glomerular passa pelo restante do néfron, são acrescentados alguns constituintes, porém a maior parte da água é absorvida de volta aos capilares. Nos mamíferos (e nas aves), essa absorção ocorre principalmente no túbulo proximal (2) e nos ductos coletores (4). O túbulo intermediário da alça de Henle produz um ambiente salgado (3) na medula do rim. À medida que a urina flui pelo ducto coletor através da medula (4), ela é transportada dessa região hiperosmótica, e a água segue o gradiente osmótico para fora do túbulo, passando para o tecido circundante. Os vasos sanguíneos dos vasos retos (não mostrados) captam essa água e a devolvem à circulação sistêmica. Isso produz uma urina concentrada nos ductos coletores, que é excretada pelo rim através do ureter (5). O detalhe (*parte superior, à direita*) é uma vista ampliada do corpúsculo renal, mostrando a parede endotelial do glomérulo, a célula endotelial especializada da cápsula renal (podócito) e a lâmina basal espessa entre essas camadas endoteliais. As setas indicam a direção do fluxo de líquido do sangue para dentro da cápsula renal para formar o filtrado glomerular.

renais. Assim, a pressão arterial nos glomérulos está elevada e promove o fluxo de líquido para dentro das cápsulas renais. Por outro lado, a pressão nos vasos retos é baixa à medida que esses vasos surgem das arteríolas depois dos glomérulos, e a pressão cai à medida que o sangue flui através dos glomérulos. A pressão mais baixa nos vasos retos favorece a absorção da água que se acumula ao redor das alças de Henle.

Observe que, diferentemente do rim aglomerular para conservação de água dos teleósteos, o túbulo distal é preservado no rim para conservação de água dos mamíferos. Nos mamíferos, parte do túbulo distal é incorporada na alça de Henle, em que sua capacidade de absorver sais contribui para a produção de um ambiente intersticial hiperosmótico ao redor dos ductos coletores. Desse modo, nos teleósteos aglomerulares, a conservação de água é obtida pela eliminação de partes do túbulo urinífero que possibilitam a perda de água, ao passo que, nos mamíferos, essas partes homólogas do túbulo urinífero são mantidas, mas se tornam incorporadas em um mecanismo totalmente diferente de concentração de urina.

Osmoconformadores. De certo modo, uma maneira de resolver o problema dos fluxos de água é evitar o problema. Esta é a estratégia dos osmoconformadores, cujos líquidos corporais têm a mesma concentração osmótica do meio circundante. Os osmoconformadores, que estão equilibrados isosmoticamente com seus ambientes, não precisam enfrentar os problemas de entrada ou de perda de água. Todos os vertebrados osmoconformadores são marinhos. Nas feiticeiras, diferentemente dos líquidos corporais hiposmóticos da maioria dos peixes marinhos, as concentrações de Na^+ e de Cl^- no sangue e no líquido extracelular são elevadas, de modo que estão próximas daquelas da água do mar. Os tecidos das feiticeiras toleram esses níveis relativamente altos de solutos. Como a feiticeira está em equilíbrio osmótico com seu ambiente, o néfron não precisa excretar grandes volumes de urina. Em consequência, o néfron é reduzido a pouco mais que uma cápsula renal conectada ao ducto arquinéfrico por um ducto curto de paredes finas (Figura 14.10 A). De modo surpreendente, os corpúsculos renais são muito grandes. Como a eliminação de água não representa um problema para a feiticeira, o corpúsculo renal bem-desenvolvido provavelmente funciona na regulação de íons divalentes, como Ca^{++} e SO_4^{--}.

Os elasmobrânquios e o celacanto *Latimeria* também são semelhantes a osmoconformadores, porém isso é obtido por meio de ureotelismo. A ureia se acumula em altas concentrações no sangue e eleva a osmolaridade sanguínea até a da água do mar. Para esses peixes, não ocorrem grandes fluxos de água,

---

Boxe Ensaio 14.3   Filósofos nos exames finais

O rim parece revelar o filósofo que existe em todos nós. Homer W. Smith, que passou a vida inteira estudando a fisiologia do rim, publicou um livro de reflexão, *O Homem e seus Deuses,* examinado os efeitos dos mitos religiosos e seculares sobre o pensamento humano e o destino da humanidade. Ninguém mais do que Albert Einstein considerou o livro profundamente interessante e redigiu o prefácio. Isak Dinesen, talvez mais conhecida hoje pelo seu livro transformado em filme, *Out of Africa,* também refletiu de maneira semelhante sobre o rim. Em uma coleção de livros de 1934, *Seven Gothic Tales,* o personagem, um marinheiro árabe no convés de seu navio, navegando pela Costa da África, filosofou o seguinte:

O que é o ser humano quando você pensa a respeito dele, a não ser uma máquina engenhosa minuciosamente ajustada para transformar, com infinita habilidade, o vinho tinto de Shiraz em urina?

A palavra urina provém do latim, *urina,* que passou a ser usada na língua inglesa por volta do século 14. Antes disso, a palavra francesa *pissier* deu origem ao termo inglês *piss,* usado livremente por Geoffrey Chaucer (no século 14) e até mesmo por damas e cavalheiros elisabetanos. Foi somente com Oliver Cromwell e o puritanismo (século 17)

que o termo foi desaprovado. Apenas recentemente foi redescoberto e mais uma vez usado em público.

A palavra urina foi aplicada a uma variedade de usos domésticos: como produto para cabelos, fermento para pão, para dar sabor a queijos e para macerar as folhas de tabaco. Damas francesas saudáveis do século 17 frequentemente podiam ser encontradas em banhos enriquecidos com urina para embelezar a pele. Em várias culturas, a urina foi usada para limpeza bucal e gargarejo. Durante séculos, foi considerado apropriado e humano lavar os ferimentos de batalha urinando sobre os ferimentos dos companheiros (não se dispunha de nenhum elixir mais estéril e antisséptico). No início do século 19, a uroscopia ou *water casting* estava na moda na profissão médica em toda a América Norte e Europa. Envolvia a inspeção do "penico", como os elisabetanos o chamavam, ou urinol, e esses aparelhos médicos eram, com frequência, cuidadosamente decorados com flores nos lares de classe média e com ouro e prata nas famílias mais refinadas. A uroscopia era tão proeminente no século 19 que o urinol se tornou um emblema da profissão médica.

Os estudantes também passaram a apreciar seus rins. Quando ficamos sobrecarregados com café e inúmeros pensamentos na véspera de um exame final, ou quando

celebramos com bebidas e grandes desculpas depois do exame, somos lembrados de nossos rins e do volume de urina que eles podem produzir quando solicitados. Embora tenham evoluído pela sua capacidade de conservar a água, nossos rins possuem a flexibilidade fisiológica de livrar nosso corpo do excesso de água quando abusamos. Os ductos coletores se tornam impermeáveis à saída de água (o ADH, um hormônio hipofisário, modifica sua permeabilidade), menor quantidade de água se movimenta dos ductos coletores para dentro do espaço intersticial, menor quantidade está disponível para absorção pelos vasos retos, e maior quantidade de líquido permanece para ser excretada em quantidades copiosas. Os bares no mundo inteiro servem diferentes tipos de cervejas, vinhos, cafés e refrigerantes, porém todos têm banheiros.

Essa inspiração entre fisiologia e filosofia tornou os banheiros públicos os locais onde celebramos nossos rins. Talvez tenha sido exatamente esse tipo de homenagem ao rim humano que levou Samuel Jonhson, um lendário contador de histórias e grande usuário de seus rins, a fazer o seguinte comentário:

Não há nada que já tenha sido idealizado pelo homem que produza tão grande felicidade quanto uma boa taverna ou pousada.

A vida do Dr. Jonhson, James Boswell

e a manutenção do equilíbrio hídrico não representa um problema especial. Os sais em excesso entram nos líquidos corporais provenientes da água do mar e são eliminados por meio de glândulas especiais, como a *glândula retal* dos tubarões, ou através das brânquias.

Tolerância a flutuações. As mudanças na estrutura do rim e a osmoconformidade não constituem as únicas maneiras de enfrentar o estresse osmótico. Alguns vertebrados aquáticos são capazes de tolerar amplas variações de salinidade. Aqueles que são osmoticamente tolerantes são animais **eurialinos** (*euri-*, amplo; *halino*, sal). Alguns desses podem passar do ambiente marinho para a água salobra e até mesmo para a água doce. Outros vertebrados que podem suportar apenas uma estreita faixa de salinidades ambientais são animais **estenoalinos** (*esteno-*, estreito; *halino*, sal).

▶ **Equilíbrio dos sais.** Embora tenhamos focalizado os mecanismos renais que eliminam ou que conservam a água, a obtenção de um equilíbrio osmótico envolve a movimentação de sais, bem como de água. Várias estruturas são destinadas à tarefa de regular o equilíbrio de sais. Conforme já assinalado, o túbulo distal no rim recupera os sais a partir da urina. As brânquias resolvem o desequilíbrio de íons bombeando os sais para fora do corpo (peixes ósseos marinhos) ou para dentro (peixes de água doce). A glândula retal dos elasmobrânquios também coleta, concentra e elimina sais do corpo (Figura 14.15 A).

Os répteis e as aves marinhos que ingerem alimentos salgados ou bebem água do mar para repor os líquidos perdidos também ingerem altos níveis de sal. Como seus rins são incapazes de processar esse excesso de sal, ele é excretado por **glândulas de sal** especiais. Em resposta a uma carga de sal, as glândulas de sal produzem intermitentemente uma secreção altamente concentrada, contendo principalmente Na^+ e Cl^-. Nos répteis, essas glândulas de sal podem ser glândulas nasais especializadas (em alguns lagartos marinhos), glândulas orbitais (em algumas tartarugas marinhas), glândulas sublinguais (nas cobras marinhas) ou glândulas na superfície da língua (nos crocodilos asiáticos de água salgada e nos crocodilos norte-americanos).

Nas aves marinhas, observa-se a presença de glândulas de sal nasais pareadas. Essas grandes glândulas especializadas estão localizadas em depressões na superfície dorsal do crânio e liberam sua secreção concentrada na cavidade nasal. Os mamíferos marinhos não têm glândulas de sal especializadas. Seus rins produzem uma urina que é muito mais concentrada que a água do mar, de modo que a maior parte do sal é eliminada pelos rins. Muitos mamíferos terrestres possuem glândulas sudoríparas no tegumento, que atuam principalmente na termorregulação, mas que também eliminam uma certa quantidade de sal.

Na água doce, o problema é totalmente diferente. O sal tende a ser perdido para o ambiente. Os peixes de água doce absorvem sais através de suas brânquias. Nos anfíbios aquáticos, a pele ajuda na regulação do equilíbrio de sais (Figura 14.15 B).

▶ **Equilíbrio das demandas concorrentes.** A cloaca, a bexiga urinária e o intestino grosso também ajudam na regulação do equilíbrio de sais e de água. O manejo do equilíbrio de sais e de água precisa ser comprometido com outras demandas. Já vimos que as demandas de excreção de nitrogênio precisam ser equilibradas, algumas vezes, com a necessidade de conservação de água. Além disso, os amniotas frequentemente sofrem uma carga de calor quando vivem em climas quentes ou levam vidas ativas. As aves ofegam e os mamíferos suam para ajudar a dissipar o calor por meio do processo de resfriamento evaporativo. A água também é perdida nesse processo. Embora os répteis sejam desprovidos de glândulas sudoríparas, eles possuem uma pele espessa resistente à água e exibem apenas um mecanismo modesto de ofegar, de modo que eles não podem regular sua temperatura corporal por meio de resfriamento evaporativo. Em vez disso, afastam-se do sol (procuram a sombra ou tocas) ou se tornam ativos à noite. A termorregulação comportamental e as taxas metabólicas mais baixas reduzem a perda evaporativa de água e contribuem para a conservação dessa nos répteis.

Evolução

Os rins dos vertebrados ilustram uma pré-adaptação, um tema que já vimos em outros sistemas. Todavia, a pré-adaptação do sistema urinário levanta uma questão que não abordamos – as origens dos vertebrados a partir da água doce.

Pré-adaptação

A excreção de ureia ou de ácido úrico conserva a água e é adaptativa para a vida na terra. Entretanto, a conversão da amônia em ureia ou ácido úrico provavelmente surgiu bem antes dos vertebrados se aventurarem efetivamente na terra. Nos condrictes e celacantos, a formação de ureia responde ao problema do equilíbrio hídrico, tornando esses peixes osmoconformadores. A desintoxicação da amônia, convertendo-a em ureia, permite que os peixes pulmonados possam resolver o problema imediato de sua sobrevivência às secas. O embrião dos amniotas, confinado a um ovo cleidoico, converte a amônia em ácido úrico, de modo que possa sequestrar com segurança os produtos de degradação nitrogenados, sem a necessidade de grandes quantidades de água para eliminá-los. Uma ou mais dessas condições podem ter precedido a vida na terra e ter sido pré-adaptativas. Quando os vertebrados finalmente se aventuraram na terra, entraram em um ambiente no qual a água era escassa, tornando a conservação de água especialmente importante. Entretanto, quando essa transição ocorreu, os meios metabólicos de conservação da água já deviam estar estabelecidos.

Origem dos vertebrados

Homer Smith, um fisiologista, foi a primeira pessoa a observar que os rins dos vertebrados pareciam mais bem adaptados para a vida na água doce que na água salgada. Com efeito, argumentou que os rins eram tão bem-planejados para a água doce que os vertebrados devem ter evoluído na água doce e somente depois ter entrado na água salgada. Seu raciocínio era o seguinte: os rins dos vertebrados são rins de filtração que podem produzir grandes volumes de filtrado glomerular. Essa estrutura representaria um perigo em ambientes marinhos, onde a água precisa ser conservada, porém seria um recurso nos ambientes de água doce, em que os peixes precisam se livrar dos influxos de excesso de água.

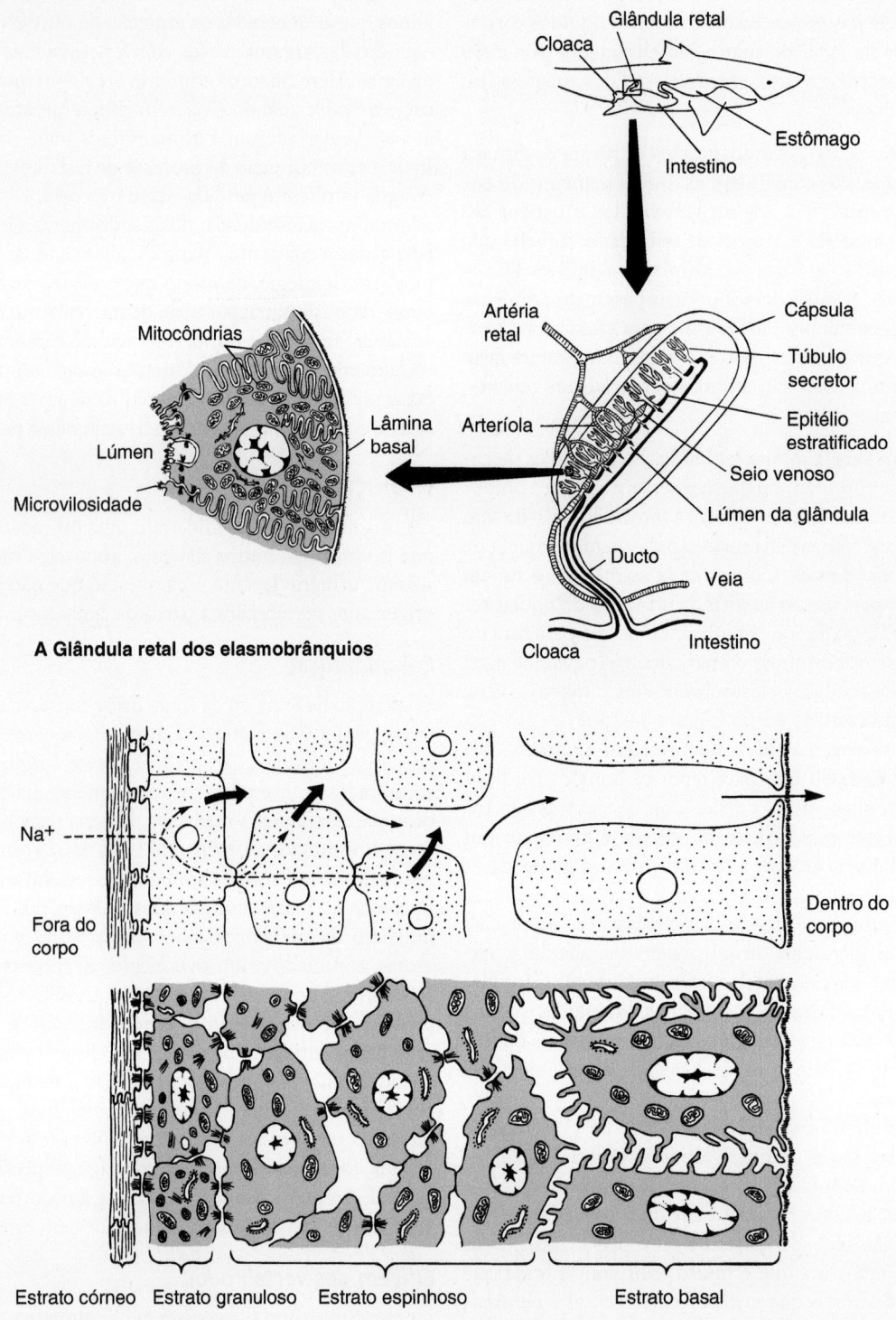

A Glândula retal dos elasmobrânquios

B Tegumento de anfíbio

Figura 14.15 Regulação dos níveis de sais. A. Glândulas retais de tubarões e outros elasmobrânquios. Essas glândulas evoluíram para eliminar eficientemente os sais do corpo sem o consumo de grandes volumes de água. A cápsula externa da glândula retal dos elasmobrânquios consiste em tecido conjuntivo e músculo liso. O sangue entra pela artéria renal, circula ao redor dos túbulos secretores, entra em um seio venoso e, em seguida, flui na veia renal. O sal coletado pelos túbulos secretores passa para dentro do lúmen da glândula retal e, em seguida, é impelido para dentro do intestino para ser eliminado com as fezes. **B.** Corte transversal diagramático do tegumento de anfíbio. O sal tende a se difundir dos anfíbios para a água doce. Esses animais desenvolveram a capacidade de captar sais para reposição, particularmente íons sódio, através da pele, por meio de transporte ativo. O sódio é captado através do extrato granuloso e movido por transporte ativo até os espaços entre as células. Por fim, segue seu trajeto para os capilares na derme.

De Berridge e Oschman.

| Boxe Ensaio 14.4 | Água, água por toda parte, nenhuma gota para beber* |

À deriva no oceano, os marinheiros que sobreviveram à perda de seus navios enfrentam um paradoxo. Expostos ao calor, eles sofrem desidratação. Contudo, são circundados por água, porém bebê-la só iria piorar a situação. A razão disso é que a água do mar é hiperosmótica em relação aos líquidos corporais. Se uma pessoa beber água do mar, o sal será absorvido, com consequente elevação dos níveis osmóticos do sangue. Nessa situação, para eliminar o excesso de sal do corpo, o rim precisa gastar tanto ou mais água do que foi originalmente engolida pelo náufrago sedento. O resultado final é que o corpo fica ainda mais desidratado. Além disso, existe outro problema. A água do mar também contém sulfato de magnésio, um ingrediente utilizado em laxantes. O sulfato de magnésio estimula a diarreia, e, portanto, ocorre mais perda de líquido pelo trato digestório. Muitos animais marinhos resolvem esse problema de maneira diferente. Eles bebem água do mar, mas excretam o excesso de sal por meio de transporte ativo em glândulas de sal especiais, em vez de eliminá-lo pelos rins com a água. Isso possibilita o uso da água do mar sem prejudicar o seu equilíbrio hídrico, como acontece nos seres humanos.

*A Balada do Velho Marinheiro (*The Rime of the Ancient Mariner*) de Samuel Taylor Coleridge.

Os invertebrados marinhos são osmoconformadores. Os níveis de sais em seu sangue estão próximos daqueles da água do mar, tornando-os isosmóticos. Não correm risco de desidratação; todavia, isso não é válido para os vertebrados marinhos. Em comparação com os invertebrados marinhos, os níveis de sal no sangue dos vertebrados marinhos são quase dois terços menores. Em consequência, os vertebrados são hiposmóticos em relação à água do mar e podem sofrer desidratação. Para complicar ainda mais a situação, os vertebrados possuem um rim de filtração capaz de produzir grandes volumes de água, e não de conservá-la.

Na opinião de Smith, essas características desvantajosas dos vertebrados marinhos poderiam ser explicadas se os vertebrados tivessem se originado na água doce. Se os ancestrais vertebrados viveram na água doce, a evolução dos rins de filtração e os baixos níveis de solutos seriam adaptativos para lidar com os influxos de água apresentados nesses ambientes. Entretanto, quando esses vertebrados passaram posteriormente da água doce para a água salgada, seu rim de filtração era desvantajoso, e houve necessidade de fazer modificações. Nos condrictes e celacantos, os níveis de solutos aumentaram no sangue para resolver esse problema. Outros peixes desenvolveram adaptações, como beber água do mar, que recuperava a água, bem como glândulas de sal e brânquias que eliminavam o excesso de sal, juntamente com a perda dos glomérulos e túbulos distais. Smith acreditava que o registro fóssil disponível em 1931 também sustentava uma origem dos primeiros vertebrados na água doce.

Outros discordaram da hipótese de Smith e defenderam uma origem marinha para os vertebrados. Em primeiro lugar, os rins de filtração dos vertebrados são, tipicamente, rins de alta pressão, que produzem grandes volumes de filtrado glomerular. Os grandes volumes de líquido que se movem do sangue para os túbulos renais proporcionam aos rins uma maior oportunidade de atuar sobre os constituintes dos líquidos circulantes do corpo. Um sistema de alta pressão produz um grande volume de filtrado, o que ajuda no processamento dos produtos nitrogenados. Por conseguinte, o rim de filtração poderia representar um sistema eficiente para a eliminação dos produtos de degradação nitrogenados e outros resíduos, movendo grandes volumes de filtrado pelo rim. Em segundo lugar, o rim de filtração não é exclusivo dos vertebrados. Os crustáceos e muitos outros invertebrados possuem rins de filtração, e, apesar disso, evoluíram claramente a partir de ancestrais marinhos. Além disso, muitos são hoje em dia osmoconformadores marinhos. Por fim, um novo exame dos depósitos fósseis dos primeiros vertebrados sugere que eles vieram de mares, e não de *habitats* de água doce, como acreditava Smith. Diferentemente das ideias de Smith, o rim de filtração dos vertebrados marinhos estava pré-adaptado para a água doce, mas não surgiu lá.

Nesse debate, a feiticeira representa um problema para todos. As feiticeiras são osmoconformadoras, como a maioria dos *in*vertebrados marinhos, porém diferentemente da maioria dos vertebrados. São membros do grupo mais antigo de vertebrados viventes, os ciclóstomos, e possuem um rim de filtração; contudo, elas vivem na água salgada. Se Smith estivesse correto, então esses vertebrados ancestrais viveriam em água doce. Naturalmente, isso não ocorre. Se a origem marinha dos vertebrados estiver correta, então as feiticeiras deveriam ser osmorreguladoras como outros vertebrados. Naturalmente, isso não é o caso. Talvez seja mais apropriado reconhecer que as feiticeiras, embora sejam representantes do grupo mais antigo de vertebrados, são um grupo muito antigo e podem ter divergido significativamente da condição ancestral em sua fisiologia.

Sistema reprodutor

O sistema reprodutor inclui as gônadas, seus produtos, hormônios e gametas, e os ductos que transportam os gametas. Os hormônios reprodutores facilitam o comportamento sexual e o cuidado parental, preparam os ductos reprodutores para receber os gametas, sustentam o zigoto e desempenham outras funções que serão consideradas no Capítulo 15, sobre o sistema endócrino. Veremos agora os gametas e os ductos que proporcionam um local e um meio de transporte dos gametas durante a reprodução. O mamífero eutério é novamente utilizado para introduzir a terminologia aplicada ao sistema reprodutor.

Estrutura do sistema reprodutor dos mamíferos

Nos mamíferos, cada ovário consiste em uma cápsula externa de tecido conjuntivo, a **túnica albugínea**, que contém um **córtex** espesso e uma **medula** mais profunda. Os **óvulos** ocupam o córtex e estão envolvidos por camadas de **células foliculares** derivadas do tecido conjuntivo. Um óvulo com suas células foliculares associadas é denominado **folículo**. Alguns folículos permanecem rudimentares, nunca se modificam e nunca liberam seus óvulos. Outros passam por uma série de estágios de crescimento ou **maturação,** no fim da qual o óvulo e algumas de suas células foliculares são lançados para fora do ovário, no processo de **ovulação**, tornando-se prontos para a fertilização. Se houver fertilização, o óvulo continua seu trajeto pelo **oviduto** e se **implanta** na parede do **útero** preparado, no qual ocorre o crescimento subsequente do embrião. Se não ocorrer fecundação, o óvulo não desenvolvido continua pelo oviduto e é eliminado do útero durante a próxima menstruação (Figura 14.16).

Implantação embrionária (Capítulo 5)

Cada testículo no mamífero também consiste em uma túnica albugínea externa, que contém os **túbulos seminíferos** e produzem os espermatozoides. Dentro das paredes dos túbulos seminíferos, as células-tronco se multiplicam e crescem, produzindo espermatozoides que finalmente são liberados no lúmen. Os túbulos seminíferos espiralados se tornam retos, formando **túbulos retos** logo antes de se unirem com a **rede do testículo**. Por meio dos **ductos eferentes**, a rede do testículo se une ao **epidídimo**, no qual os espermatozoides são temporariamente armazenados. Na ejaculação, os espermatozoides seguem seu trajeto ao longo do **ducto deferente** para dentro da uretra. Ao longo desse percurso, três glândulas sexuais acessórias, a **glândula seminal**, a **próstata** e a **glândula bulbouretral** (de Cowper), respectivamente, adicionam suas secreções à medida que os espermatozoides se movimentam dos testículos para a uretra. Esse líquido e os espermatozoides nele contidos constituem o **líquido seminal** ou **sêmen** (Figura 14.17).

Desenvolvimento embrionário

Gônadas e gametas

As gônadas pareadas se originam a partir da **crista genital**, que inicialmente é um espessamento na mesoderme esplâncnica para o qual contribuem células mesenquimais adjacentes (Figura 14.18). A gônada inicial é pouco mais que uma dilatação na parede dorsal do celoma, com um córtex externo espesso ao redor de uma medula mais profunda (Figura 14.19 A e B). Como a gônada não exibe característica masculina ou feminina singular nesse estágio inicial, ela é denominada **gônada indiferenciada**. As gônadas de ambos os sexos contêm inicialmente **células germinativas**, os futuros espermatozoides ou óvulos. De modo surpreendente, as próprias células germinativas não se originam a partir da crista genital, nem da mesoderme adjacente. De fato, não surgem no embrião. Aparecem pela primeira vez em locais remotos fora do embrião, na endoderme extra-embrionária, seguindo um percurso que as leva, finalmente, até as gônadas indiferenciadas, nas quais estabelecem sua residência permanente. Nas fêmeas, as células germinativas estabelecem residência no córtex. Nos machos, as células germinativas estabelecem residência na medula, que se desenvolve no túbulo seminífero (Figura 14.19 C e D).

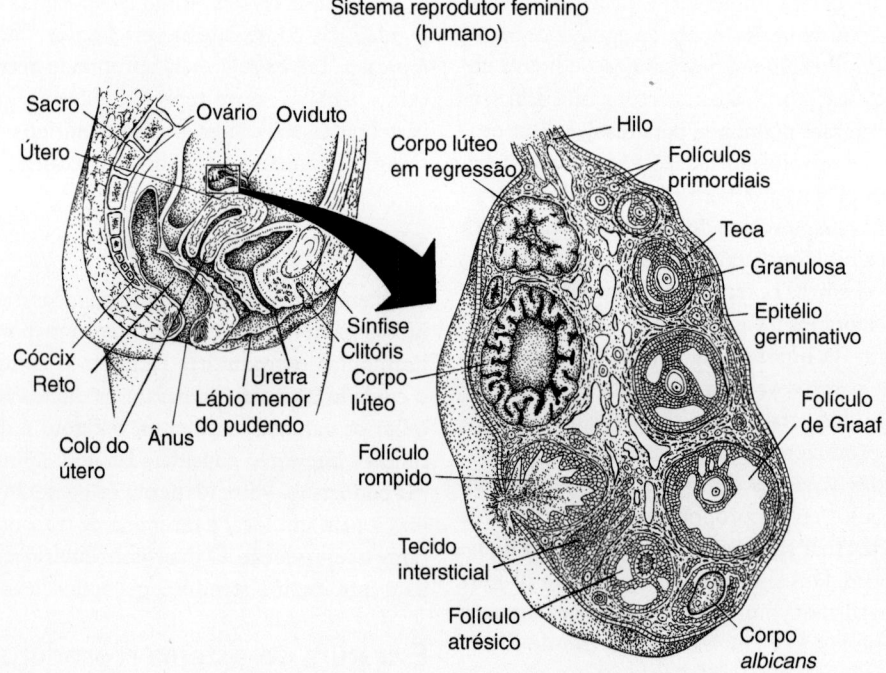

Sistema reprodutor feminino
(humano)

Figura 14.16 Sistema reprodutor feminino (humano). Este corte sagital da pelve feminina mostra os órgãos reprodutores e suas relações com os sistemas urinário e digestório. O ovário está ampliado e mostrado em corte à direita. Os estágios sucessivos na maturação dos folículos estão resumidos dentro do ovário representativo, iniciando-se com os folículos primordiais e, em seguida, prosseguindo em sentido horário até o folículo de Graaf e o corpo lúteo. Estão incluídos folículos atrésicos e outros estágios regressivos.

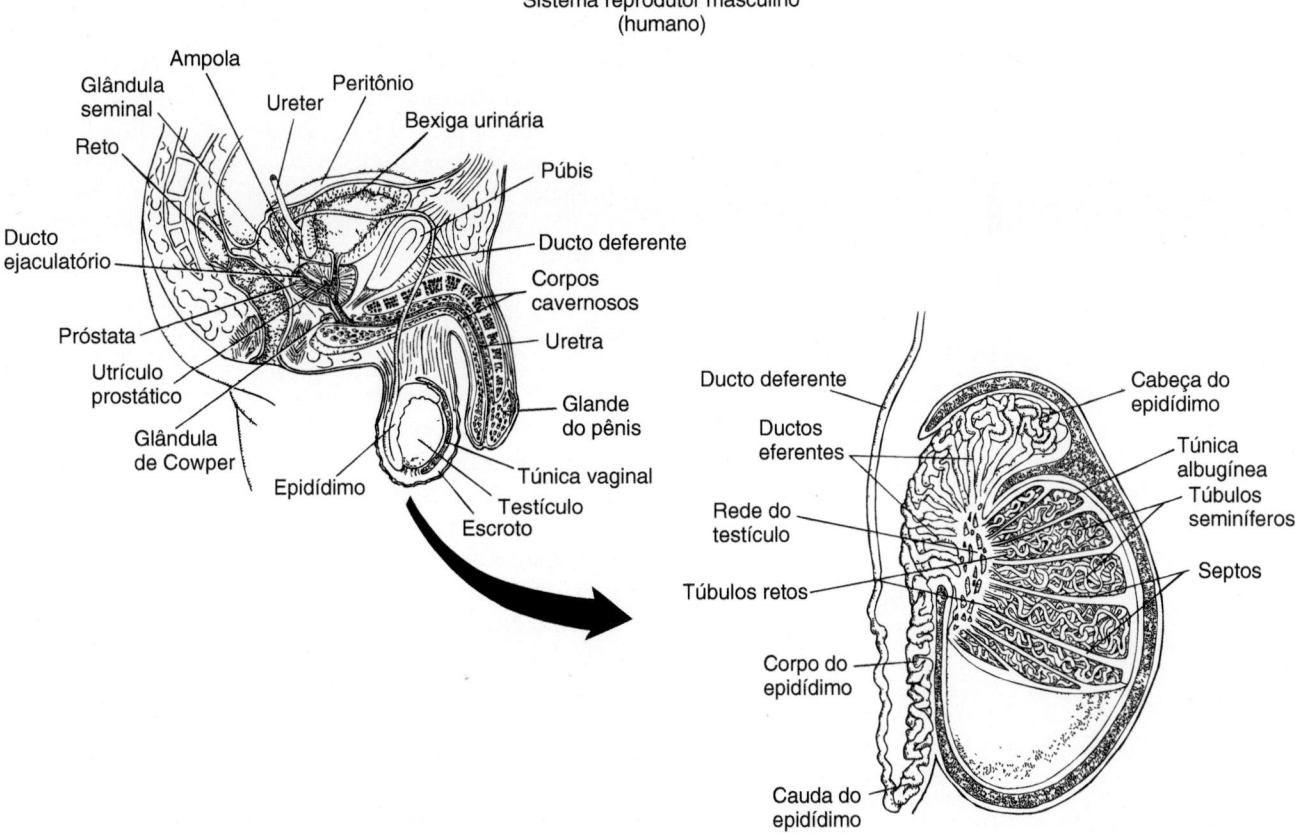

Figura 14.17 Sistema reprodutor masculino (humano). Esse corte sagital da pelve masculina mostra os órgãos reprodutores e suas relações com os sistemas urinário e digestório. A vista ampliada e em corte do testículo e seu sistema de ductos é mostrada na parte inferior. Os espermatozoides produzidos nos túbulos seminíferos finalmente passam pelos túbulos retos até a rede do testículo e entram no epidídimo. Há adição de líquido, à medida que os espermatozoides são transportados pelo ducto deferente, por meio de contrações das camadas de músculo liso em suas paredes.

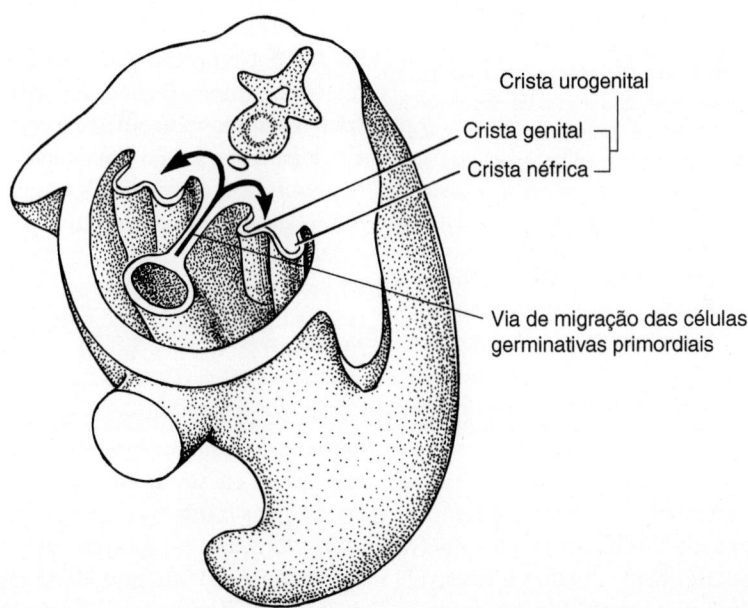

Figura 14.18 Crista urogenital. Na parte posterior do embrião em desenvolvimento, surgem pares de cristas urogenitais no teto do celoma. As cristas mediais são as cristas genitais que dão origem às gônadas. As cristas néfricas laterais dão origem ao rim e a seus ductos. As células germinativas primordiais que se desenvolvem em óvulos ou espermatozoides surgem fora das gônadas, migram para elas e colonizam os primeiros rudimentos das gônadas.

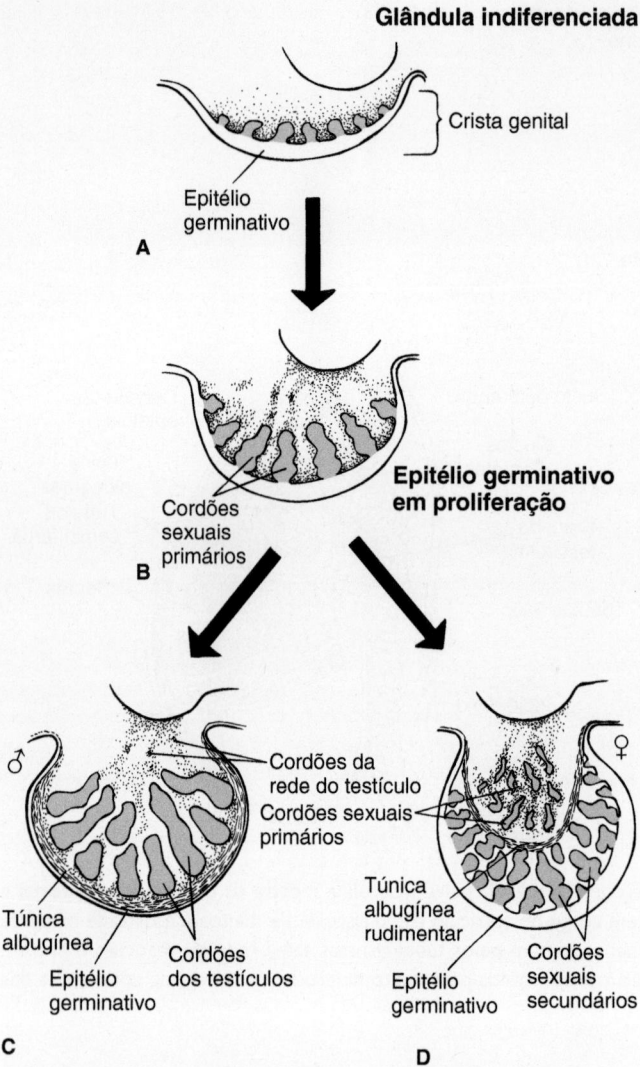

Glândula indiferenciada

Crista genital

Epitélio germinativo

A

Epitélio germinativo em proliferação

Cordões sexuais primários

B

♂

Cordões da rede do testículo

Cordões sexuais primários

Túnica albugínea

Cordões dos testículos

Epitélio germinativo

C

♀

Túnica albugínea rudimentar

Epitélio germinativo

Cordões sexuais secundários

D

Figura 14.19 Formação embrionária da gônada. A e B. O espessamento da crista genital e o movimento das células mesenquimais adjacentes para dentro originam uma dilatação, a crista genital, a partir do teto do celoma. Como esse estágio inicial de desenvolvimento é semelhante em ambos os sexos, é designado como gônada indiferenciada, que inclui um córtex e uma medula. As células germinativas primordiais que chegam de locais distantes fora do embrião habitualmente estabelecem residência na gônada indiferenciada. **C.** Nos machos, a medula aumenta, transformando-se em cordões testiculares que formarão os túbulos seminíferos. **D.** Nas fêmeas, o córtex se expande, formando cordões sexuais secundários que abrigam os folículos.

Tratos reprodutores

Partes do sistema urinário embrionário são recuperadas ou compartilhadas com o sistema genital. Nas fêmeas de mamíferos, o ducto mesonéfrico **(ducto de Wolff)** drena o mesonefro embrionário, mas regride posteriormente durante o desenvolvimento, quando o metanefro e seu ureter se tornam o rim do adulto. Entretanto, surge um segundo **ducto mülleriano** paralelo próximo ao ducto mesonéfrico embrionário antes de sua regressão. O ducto mülleriano, e não o ducto de Wolff, forma o oviduto, o útero e a vagina (Figura 14.20). Alguns túbulos

mesonéfricos podem persistir como **paroóforo** e **epoóforo**. Nos machos de mamíferos, o ducto mesonéfrico se torna o ducto deferente. Os túbulos mesonéfricos e alguns dos ductos associados contribuem para o epidídimo. Em certas ocasiões, surge um ducto mülleriano rudimentar nos embriões machos, mas que nunca assume um papel significativo no macho adulto (ver Figura 14.20).

Resumo

O sistema urogenital dos vertebrados certamente não prestou atenção ao aviso de Shakespeare: "Nem tanto emprestar nem tanto tomar emprestado." Partes que evoluíram inicialmente para servir aos rins (p. ex., ducto pronéfrico) posteriormente acabaram servindo ao testículo nos machos (p. ex., ducto deferente). Em algumas espécies, um determinado ducto é compartilhado entre os sistemas urinário e reprodutor. Em outras, o mesmo ducto funciona em apenas um desses sistemas. Mesmo dentro da mesma espécie, partes homólogas desempenham papéis diferentes em sexos opostos. Não é simples acompanhar essas diferenças anatômicas. Uma prolífera terminologia que se desenvolveu para rastrear essas diferenças anatômicas e funcionais pode obscurecer a unidade subjacente do sistema. Neste livro, selecionamos um conjunto de termos aplicáveis a todo o sistema urogenital dos vertebrados (citando sinônimos), que são aplicados de modo consistente (Figura 14.21). Quando examinamos a filogenia, utilizamos a terminologia que se aplica à homologia das partes reprodutivas em todos os vertebrados e fornecemos o termo mais comum ou funcional para determinadas espécie e sexo entre parênteses.

Como vimos anteriormente em nossa discussão sobre o rim, o ducto pronéfrico persiste e drena o mesonefro ou o opistonefro estendido, recebendo o novo nome de ducto mesonéfrico ou ducto opistonéfrico, respectivamente. Em alguns machos, esse ducto transporta espermatozoides e é denominado ducto deferente. Nas fêmeas, é conhecido embriologicamente como ducto de Wolff. Como esse ducto desempenha diferentes papéis em diferentes grupos, prefere-se o termo mais geral **ducto arquinéfrico.** O **ducto metanéfrico** é comumente denominado ureter. Em alguns machos, o rim divide seus serviços entre as funções reprodutora e excretora. Para reconhecer essas funções, é comum falar em **rim reprodutor** e **rim urinífero.**

Nas fêmeas, os ductos arquinéfricos (mesonéfricos) tendem a funcionar apenas dentro do sistema urinário. O ducto mülleriano surge embriologicamente próximo ao ducto arquinéfrico (de Wolff). Nos machos, o ducto mülleriano regride, quando aparece; todavia, nas fêmeas, os ductos müllerianos passam a constituir os ovidutos do sistema reprodutor. Os óvulos liberados entram no oviduto através do **óstio**, que tipicamente se transforma em um **funil** (infundíbulo) em muitos vertebrados. As margens franjadas do óstio são as **fímbrias** que envolvem o ovário. O ovário e o óstio são algumas vezes envolvidos por um saco peritoneal comum; todavia, em geral, os ovidutos não são conectados diretamente com os ovários. Com efeito, as fímbrias ciliadas e o infundíbulo reúnem os óvulos liberados e os transportam para o oviduto. A fertilização, se for interna, ocorre logo após a entrada o óvulo no oviduto. Pouco antes de seu término, os ovidutos podem se expandir no útero, o órgão no

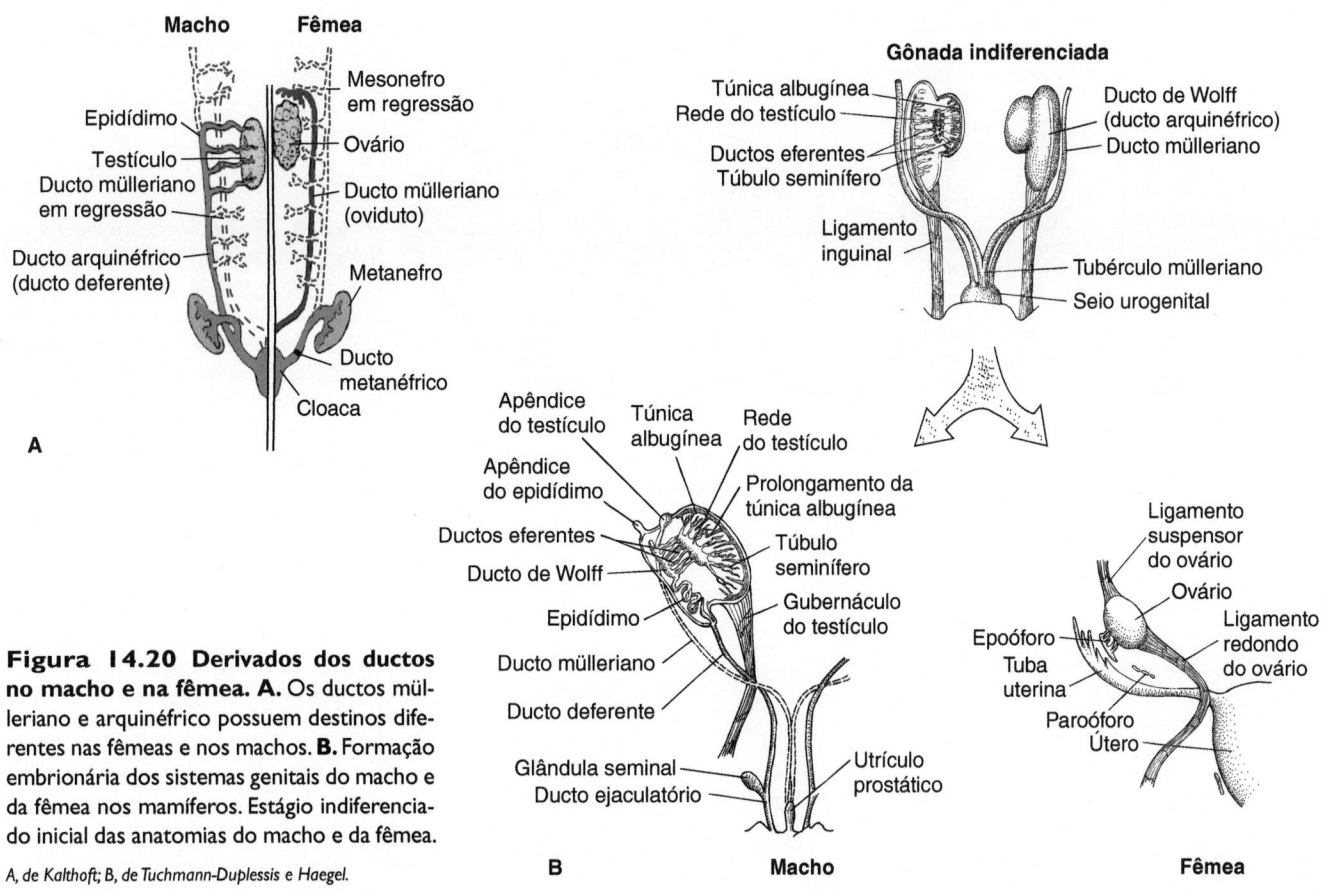

Figura 14.20 Derivados dos ductos no macho e na fêmea. A. Os ductos mülleriano e arquinéfrico possuem destinos diferentes nas fêmeas e nos machos. **B.** Formação embrionária dos sistemas genitais do macho e da fêmea nos mamíferos. Estágio indiferenciado inicial das anatomias do macho e da fêmea.

A, de Kalthoft; B, de Tuchmann-Duplessis e Haegel.

Ductos do sistema urogenital	
Termo geral	*Termo alternativo*
Ducto arquinéfrico	Ducto pronéfrico/ducto mesonéfrico
	Ducto de Wolff
	Ducto opistonéfrico
	Ducto deferente
Ducto mülleriano	Oviduto
Ducto metanéfrico	Ureter

Figura 14.21 Terminologia do sistema urogenital. As associações dos ductos mudam durante a evolução e o desenvolvimento. Algumas vezes, o mesmo ducto desempenha diferentes papéis nos machos e nas fêmeas. O resultado tem sido uma proliferação de sinônimos, que estão resumidos nesta figura. O ducto que serve o pronefro inicial é o ducto pronéfrico; entretanto, quando o mesonefro substitui o rim pronéfrico, esse ducto passa a servir o novo mesonefro e é denominado ducto mesonéfrico. Com o advento do metanefro, esse ducto sofre degeneração na fêmea, porém se torna o ducto deferente do testículo no macho. Alguns preferem o termo *ducto arquinéfrico* ou *ducto de Wolff* para essa estrutura. Embora o termo *ducto metanéfrico* possa ser paralelo aos termos *ductos pronéfrico* e *mesonéfrico*, utiliza-se mais frequentemente o termo *ureter* para o ducto metanéfrico.

qual o embrião é alojado e nutrido. Se o óvulo fertilizado for envolvido em uma casca, **glândulas da casca** ou **regiões secretoras de casca** podem ser evidentes no oviduto.

Sistema reprodutor feminino

Ovário

O ovário produz tanto hormônios quanto óvulos maduros. A **ovogênese** é o processo de maturação do óvulo, que ocorre desde o momento de seu aparecimento no ovário até completar a meiose. A ovogênese é um processo complexo, que envolve divisões celulares tanto **mitóticas** quanto **meióticas**, crescimento no tamanho do óvulo e mudanças na composição citoplasmática (Figura 14.22). Após o estabelecimento de residência das células germinativas no ovário, elas são designadas como **ovogônias**. As ovogônias diploides sofrem divisão mitótica, produzindo células diploides. No final dessa fase do desenvolvimento, são **ovócitos primários**. Em seguida, os ovócitos primários começam a divisão meiótica pela primeira vez. Em consequência da primeira divisão meiótica, cada óvulo produz um primeiro **corpúsculo polar** e um **ovócito secundário**. Embora o primeiro corpúsculo polar possa se dividir novamente, seu papel em ajudar a reduzir o número de cromossomos está completo, tendo pouca importância a partir desse momento. O ovócito secundário sofre uma segunda divisão meiótica, produzindo um segundo corpúsculo polar e um óvulo haploide.

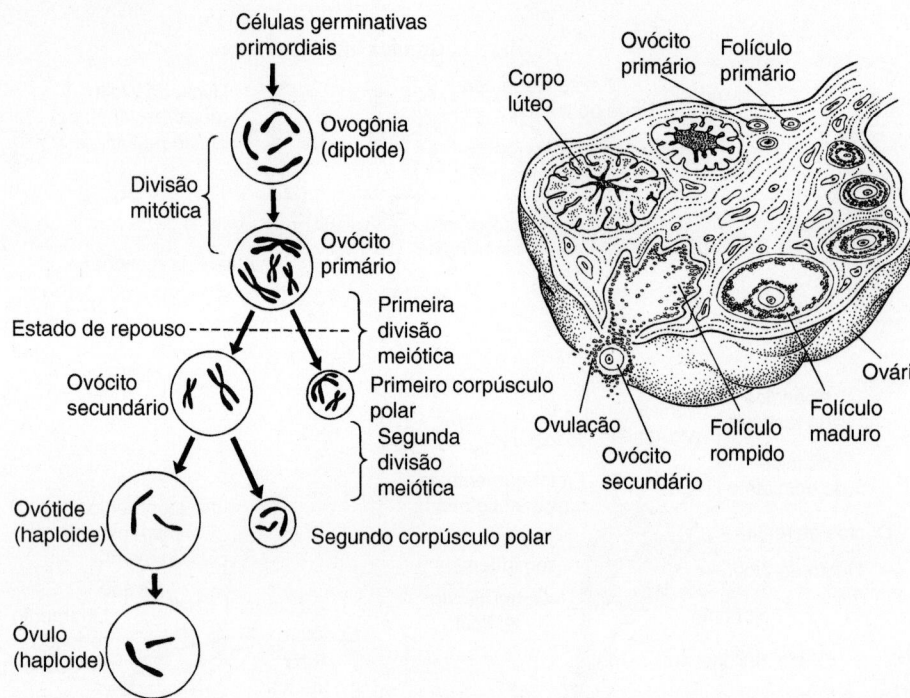

Figura 14.22 Ovogênese. As células germinativas primordiais diploides colonizam o ovário do embrião da fêmea. Quando alcançam o ovário, essas células germinativas são denominadas ovócitos primários. Reúnem ao seu redor uma camada de células de tecido conjuntivo para formar o folículo ovariano. A maioria dos ovócitos começa a meiose, porém só completa esse processo na ovulação ou mais tarde, dependendo da espécie. Das centenas ou milhares de ovócitos que residem nos folículos dentro do ovário, apenas alguns irão amadurecer, serão liberados por ocasião da ovulação (quando são denominados óvulos) e serão fertilizados.

Uma cápsula de células de tecido conjuntivo de sustentação, denominadas *células foliculares*, forma-se ao redor do ovócito primário. As células foliculares e o ovócito que elas envolvem formam o **folículo ovariano**. As células foliculares contribuem para o suporte nutricional e ajudam a produzir vitelo dentro do óvulo. Durante a estação de acasalamento, folículos selecionados e os ovócitos que eles contêm retomam o processo de maturação sob estimulação hormonal. Com a conclusão da meiose, forma-se um **ovócito secundário**. A liberação do ovócito pelo ovário é denominada ovulação.

Ocorre muita variação durante o período de tempo que antecede a meiose. Esses eventos de ovogênese podem ocorrer, em grande parte, antes ou depois da maturidade sexual, dependendo da espécie. Por ocasião do nascimento de uma fêmea de mamífero, as células germinativas primordiais já migraram para dentro do ovário e começaram a sofrer meiose, porém a ovogênese é geralmente interrompida até o início da maturidade sexual. De fato, nem todos os ovócitos primários amadurecem. Por exemplo, nos seres humanos, a mulher nasce com meio milhão de ovócitos primários em seus ovários, porém talvez apenas várias centenas completem a ovogênese. O restante acaba sofrendo degeneração. Em algumas espécies de mamíferos, a meiose ocorre antes da ovulação. Em outras espécies, ela só ocorre após a fertilização.

O ovário se encontra suspenso a partir da parede dorsal do celoma por um mesentério, denominado **mesovário** (Figura 14.23). Exceto nos ciclóstomos, cujos óvulos escapam através de poros secundários na parede do corpo, os óvulos dos vertebrados seguem seu percurso por ductos genitais após a sua liberação dos ovários. Na maioria dos vertebrados, os ovários são pareados; todavia, nos ciclóstomos, em alguns répteis, na maioria das aves, no ornitorrinco e em alguns morcegos, existe um único ovário funcional (Tabela 14.1).

Oviparidade, viviparidade (Capítulo 5)

Ductos genitais

▶ **Peixes.** Nos ciclóstomos, o único ovário grande fica suspenso a partir da parede média dorsal. Nas lampreias, de 24.000 a mais de 200.000 folículos ovarianos podem se desenvolver de modo sincrônico e sofrer ovulação durante uma única estação de acasalamento. A maioria das lampreias se reproduz uma vez e morre pouco depois. Existem alguns folículos nas feiticeiras, porém pouco se sabe a respeito de seu comportamento reprodutivo. Os ovários dos ciclóstomos são desprovidos de ductos. Com efeito, os óvulos são lançados no celoma. A partir do celoma, alcançam a cloaca (nas lampreias) ou o ânus (nas feiticeiras) por meio de poros secundários. Os ductos arquinéfricos drenam exclusivamente os rins.

Nos elasmobrânquios, os ovários são inicialmente pareados; todavia, em algumas espécies, apenas um pode se desenvolver. O ducto mülleriano ou oviduto se diferencia em quatro regiões: o funil, a glândula da casca, o **istmo** e o útero (Figura 14.24 A). O funil coleta os óvulos liberados pelo ovário. As extremidades anteriores do oviduto pareado podem se fundir em um único funil, ou o desenvolvimento assimétrico pode deixar apenas um funil primário. Em algumas espécies, a glândula da casca (glândula nidamental) armazena espermatozoides; entretanto, na maioria dos elasmobrânquios, ela secreta albúmen e muco. Nas espécies ovíparas, a glândula da casca também produz o envoltório do óvulo. Nas espécies vivíparas, em particular, a glândula da casca pode ser indistinguível. O istmo conecta a glândula da casca com o útero. O útero sustenta nutricionalmente os embriões se estes forem mantidos no oviduto por um período extenso. Os ovidutos podem se unir antes de entrar na cloaca, ou podem entrar separadamente. Os ductos genitais das quimeras se assemelham aos dos tubarões, exceto pelo fato de que os ovidutos sempre compartilham um funil comum, e cada oviduto se abre separadamente na cloaca. O ducto arquinéfrico drena o rim opistonéfrico da fêmea.

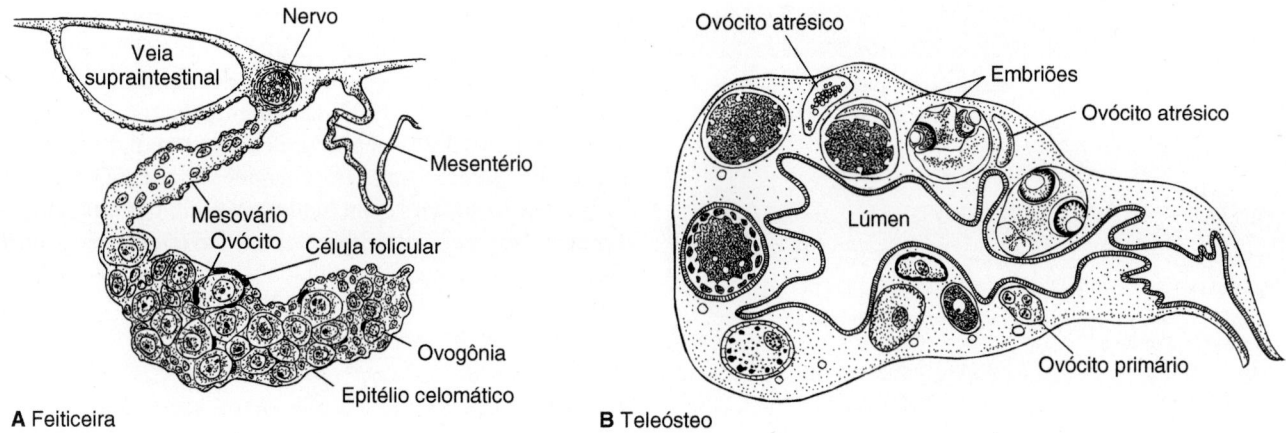

Figura 14.23 Ovários de peixes. A. Feiticeira. Os ovócitos e as células foliculares circundantes são mantidos dentro do ovário. **B.** Teleósteo. Corte do ovário de lebiste, *Poecilia reticulata.* Os óvulos são fertilizados enquanto estão dentro do ovário e são mantidos até o desenvolvimento embrionário. Pode haver de um a sete ovócitos em estágios progressivos de desenvolvimento. Os ovócitos atrésicos, que não se desenvolvem, e embriões em desenvolvimento estão ilustrados.

A, de Hardisty; B, de Lambert.

Nas fêmeas de peixes ósseos, à semelhança da maioria das outras fêmeas de amniotas, os ductos arquinéfricos servem os rins, enquanto os ovidutos pareados (ductos müllerianos) servem os ovários pareados (Figuras 14.24 B–D e 14.25 A–C). Em alguns teleósteos, como os salmonídeos, os óvulos liberados dos ovários enchem a cavidade do corpo. Por fim, alcançam remanescentes curtos em forma de funil de ovidutos localizados na parte posterior do celoma. Todavia, em muitos teleósteos, os ovidutos regridem por completo, deixando o transporte dos óvulos para os novos **ductos ovarianos**

(Figura 14.26 A–C). Esses ductos não são homólogos aos ovidutos (ductos müllerianos) dos outros vertebrados. Com efeito, derivam de pregas peritoneais que envolvem cada ovário e que cresceram posteriormente para formar novos ductos.

Os peixes teleósteos em sua maioria põem ovos, porém alguns carregam os filhotes. Entre esses teleósteos vivíparos, os tecidos maternos podem nutrir o embrião. Um caso extremo é encontrado na família dos teleósteos que inclui o lebiste. Nesse grupo, a fertilização ocorre enquanto os óvulos ainda se encontram nos folículos ovarianos. O ovário continua mantendo

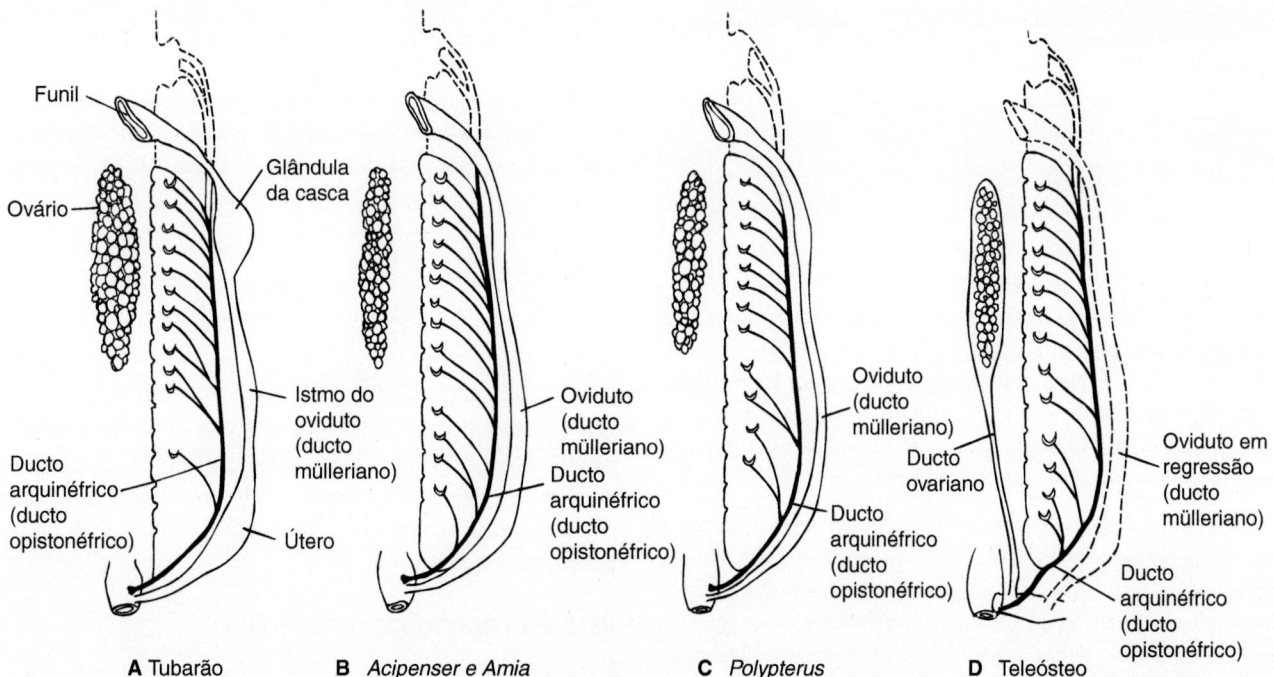

Figura 14.24 Ovidutos de fêmeas de peixes. A. Tubarão. **B.** Esturjão e *Amia.* **C.** Bichir (*Polypterus*). **D.** Teleósteo. O oviduto (ducto mülleriano) surge adjacente e paralelo ao ducto arquinéfrico na maioria dos peixes. Nos teleósteos, o oviduto é substituído por um ducto ovariano que é derivado separadamente.

Tabela 14.1 Vertebrados com um ovário funcional.

Espécie	Explicação para a condição de um ovário
Agnatha	
Lampreias	Fusão de duas gônadas
Feiticeiras	Uma das gônadas não se desenvolve
Osteichthyes	
Percas, *Perca*	Fusão de duas gônadas
Lucio, *Lucia-Stizostedion* sp.	Fusão de duas gônadas
Noemacheilus sp.	Fusão de duas gônadas
Rhodeus ararus	Fusão de duas gônadas
Oryzias latipes	Uma das gônadas não se desenvolve
Lebiste, *Poecilia reticulata*	Uma das gônadas não se desenvolve
Chondrichthyes	
Tubarões	
Scyliorhinus	O ovário esquerdo se torna atrofiado
Pristiophorus	O ovário esquerdo se torna atrofiado
Carcharhinus	O ovário esquerdo se torna atrofiado
Galeus	O ovário esquerdo se torna atrofiado
Mustelus	O ovário esquerdo se torna atrofiado
Sphyrna	O ovário esquerdo se torna atrofiado
Raias	
Urolophus	Ovário esquerdo funcional
Dasyatis	Ovário direito ausente
Reptilia	
Cobras-cegas, *Typhlops*	Ovário esquerdo e oviduto ausentes
Aves	Ovário esquerdo funcional na maioria das espécies; o ovário direito regride nos embriões
Mammalia	
Ornitorrinco, *Ornithorrhychus anatinus*	Ovário esquerdo funcional
Morcegos	
Miniopterus natalensis	Ovário esquerdo funcional
Miniopterus schreibersi	Ovário direito funcional
Rhinolophus	Ovário direito funcional
Tadarida cyanocephala	Ovário direito funcional
Molossus ater	Ovário direito funcional
Viscacha, *Lagidium peruanum*	Ovário direito funcional
Antílope, *Kobus defassa*	Ovário esquerdo funcional

os embriões durante o desenvolvimento subsequente até que sejam liberados como minúsculos peixes. Os ovócitos que não alcançam um ponto de maturação em que podem ser fertilizados sofrem involução e são denominados **ovócitos atrésicos** (ver Figura 14.23 B). A reciclagem do tecido atrésico fornece nutrição para os ovócitos que sobrevivem.

▶ **Tetrápodes.** Os ovários dos anfíbios são estruturas ocas pareadas, que geralmente exibem um córtex proeminente coberto por epitélio germinativo. Os ductos genitais das fêmeas dos anfíbios são simples e consistentes. Os ductos arquinéfricos servem aos rins opistonéfricos, enquanto os ovidutos (ductos müllerianos) servem aos ovários.

Nos amniotas, os remanescentes do mesonefro podem persistir nos estágios larvais; todavia, os adultos têm rins metanéfricos que são drenados exclusivamente por novos ductos pareados, os ureteres (ductos metanéfricos). Nas fêmeas, os ductos arquinéfricos são rudimentares. Os ovidutos (ductos müllerianos) persistem em seus papéis de transportar os óvulos dos ovários e sustentar o embrião durante seu trânsito. Os ovidutos tubulares (ductos müllerianos) dos amniotas frequentemente apresentam camadas proeminentes de músculo liso dentro de suas paredes e um lúmen revestido por uma mucosa secretora. Nos amniotas ovíparos, pode haver uma glândula da casca proeminente; nos amniotas vivíparos, o útero pode ser distinto (Figuras 14.27 A–C e 14.28 A–D).

Oviduto

Após a ovulação, a fímbria movimenta o óvulo para dentro do oviduto. Se a fertilização for interna, o óvulo e os espermatozoides se encontram quase imediatamente nos limites superiores do oviduto. Se a fertilização for externa, o músculo liso e os cílios que revestem o oviduto conduzem o óvulo para fora, onde é fertilizado.

Além de transportar o óvulo, o oviduto em alguns vertebrados pode adicionar camadas de membrana ou uma casca. Em muitas espécies, partes do oviduto são especializadas como glândulas de casca distintas, que adicionam esses revestimentos. Como as membranas e as cascas são impermeáveis aos espermatozoides, são adicionadas após a fertilização. Nas aves e nos répteis que põem ovos, uma camada de albúmen, em seguida, uma membrana da casca e, por fim, uma camada externa calcária são adicionadas à medida que o óvulo fertilizado desliza ao longo do oviduto (Figura 14.29). O ovo encapsulado é, então, mantido dentro do oviduto até que seja preparado um local apropriado no ambiente onde o ovo será depositado.

Útero

O útero é a porção terminal do oviduto. Os ovos com casca que esperam ser colocados ou os embriões que completam seu desenvolvimento são mantidos dentro do útero. Nos mamíferos eutérios e em alguns outros vertebrados, as paredes do útero e as membranas extraembrionárias do embrião estabelecem uma estreita associação vascular através da **placenta**. Os nutrientes e o oxigênio são transportados até o embrião em desenvolvimento, enquanto o dióxido de carbono é transferido para a circulação materna pela placenta.

Placenta (Capítulo 5)

Nos mamíferos térios, as extremidades terminais do oviduto tendem a se fundir em um único útero e uma **vagina** localizada ao longo da linha média do corpo. A vagina recebe o pênis do macho ou o órgão introdutor durante a cópula. O homólogo feminino do pênis masculino é o **clitóris**. Diferentemente do pênis, o clitóris não participa na transferência de gametas nem na eliminação de urina.

Sistema reprodutor masculino

Testículo

Com exceção dos ciclóstomos e de alguns teleósteos, os testículos são pareados, e cada um está suspenso a partir da parede dorsal do celoma por um mesentério, o **mesórquio**. Os testículos

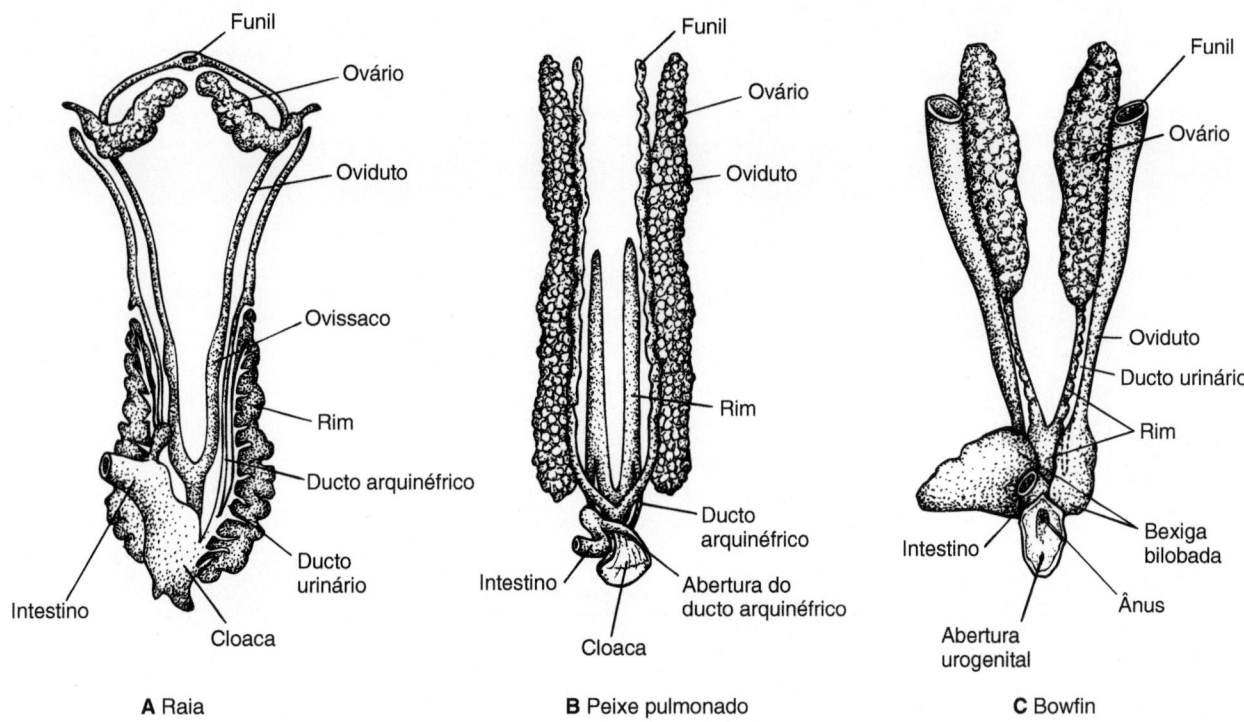

Figura 14.25 Sistemas urogenitais das fêmeas de peixes. A. Raia, *Torpedo*. **B.** Peixe pulmonado, *Protopterus*. **C.** Bowfin, *Amia*. *De Romer e Parsons.*

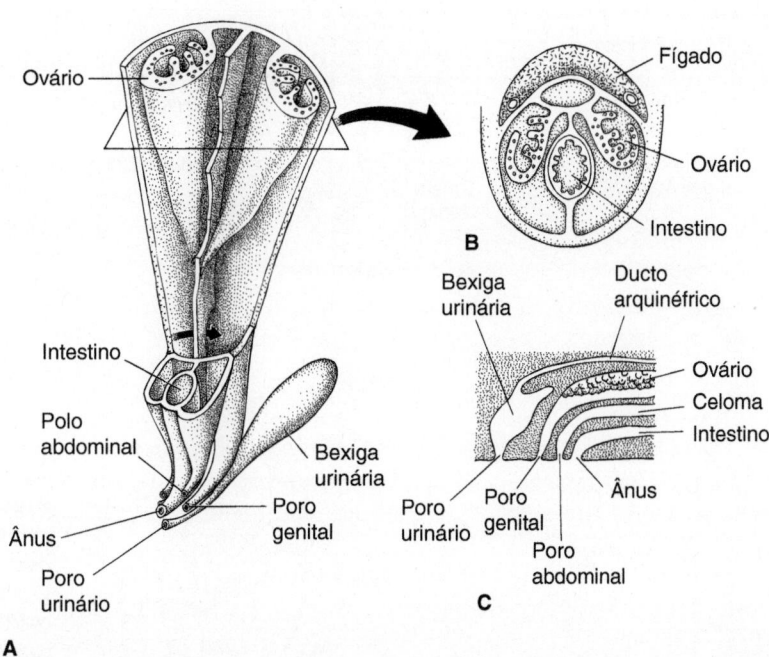

Figura 14.26 Sistema urogenital de uma fêmea de teleósteo. A. Vista ventral, com corte parcial do sistema urogenital em um peixe teleósteo generalizado. Os ovários estão suspensos a partir da parede dorsal e liberam óvulos nos funis genitais formados a partir de pregas da parede peritoneal. O celoma se conecta com o exterior por meio de poros abdominais. As fezes são eliminadas pelo ânus, e a urina, através do poro urinário da bexiga. **B.** Corte transversal no nível dos ovários. **C.** Corte sagital.

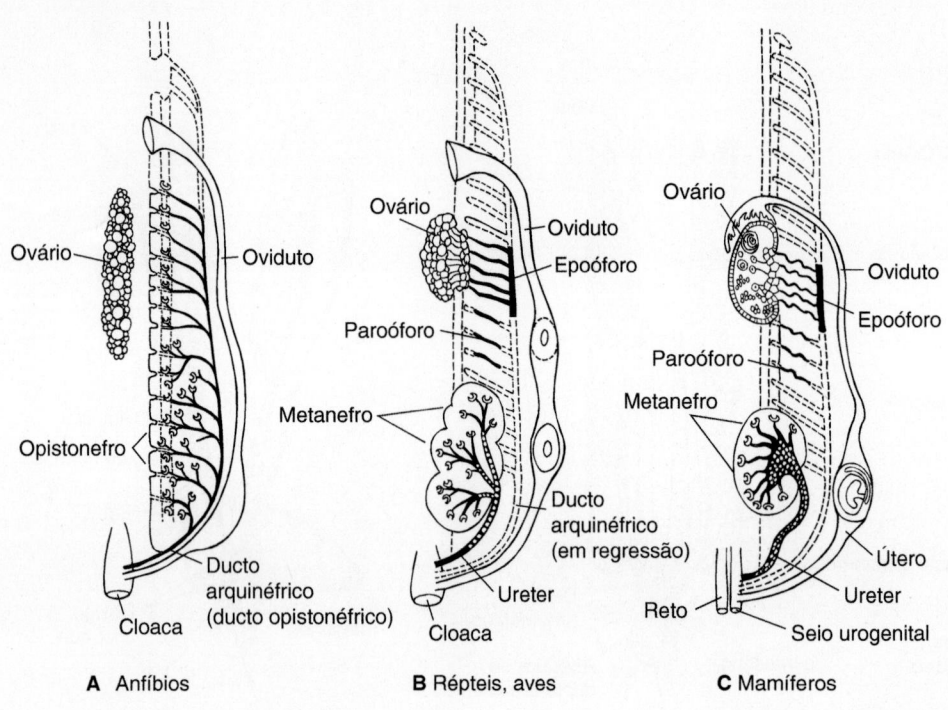

Figura 14.27 Anatomia urogenital das fêmeas de tetrápodes. A. Anfíbios. **B.** Répteis e aves. **C.** Mamíferos.

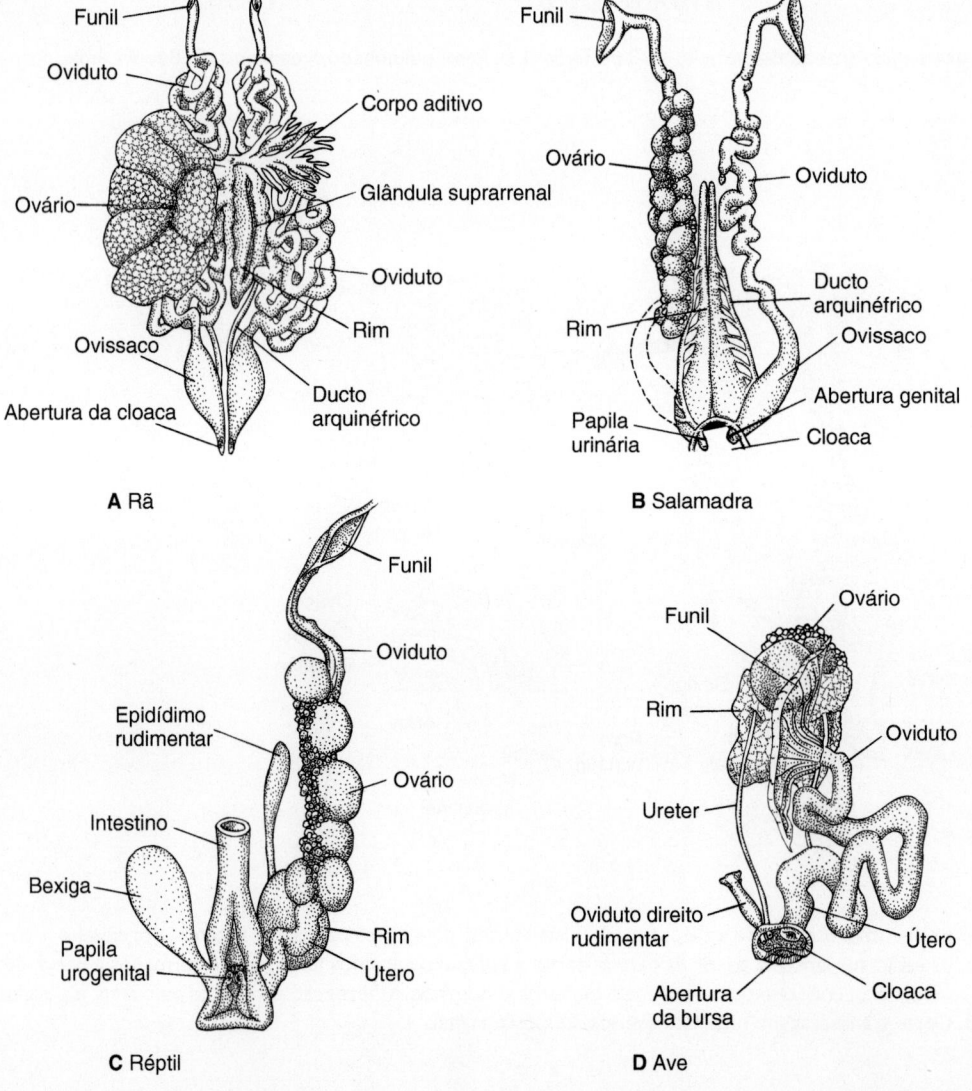

Figura 14.28 Sistemas urogenitais de fêmeas de tetrápodes, vista ventral. A. Rã, *Rana*. O intestino, a bexiga urinária e o ovário esquerdo foram removidos para expor as estruturas subjacentes. Os ductos urinários do lado direito foram afastados do rim para mostrar seu trajeto. **B.** Salamadra, *Salamandra*. **C.** Réptil, *Sphenodon*. **D.** Ave, *Columba*.

De Romer e Parsons.

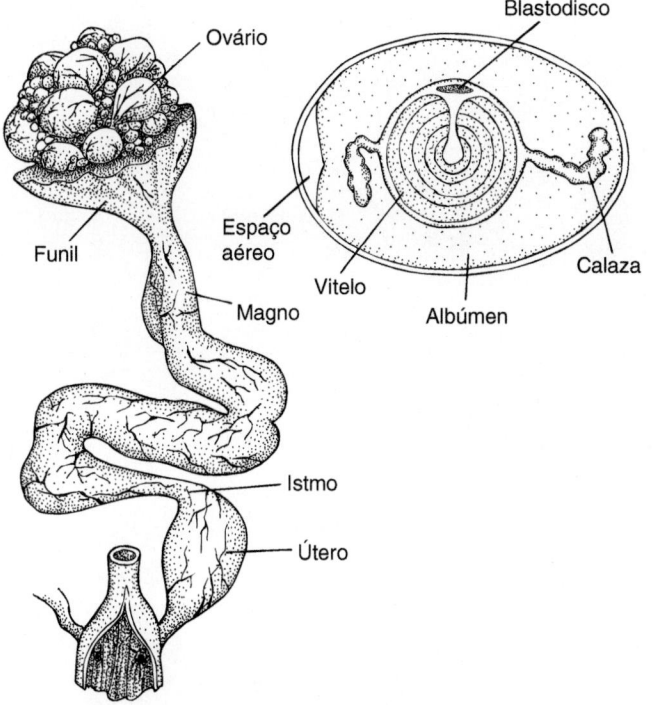

Figura 14.29 Oviduto de galinha. Após a ovulação, os óvulos são reunidos pelo infundíbulo do oviduto. Se forem adicionadas membranas ao ovo, a fertilização ocorre nos limites superiores do oviduto. O oviduto adiciona um revestimento de albúmen, uma membrana da casca e, por fim, uma casca calcária.

dos vertebrados desempenham duas funções – a produção de espermatozoides e a secreção de hormônios. Os hormônios dos testículos são esteroides coletivamente denominados **andrógenos**. O principal andrógeno é a **testosterona**, que é secretada principalmente pelas **células intersticiais** (células de Leydig) dos testículos. A testosterona controla o desenvolvimento e a manutenção das características sexuais secundárias, aumenta o impulso sexual (ou libido) e ajuda a manter os ductos genitais e os órgãos sexuais acessórios. O papel endócrino dos testículos será considerado mais detalhadamente no Capítulo 15.

Durante a estação de acasalamento, as células germinativas primordiais nos testículos começam o processo denominado **espermatogênese**, por meio do qual células germinativas selecionadas se tornam espermatozoides. A espermatogênese (à semelhança da ovogênese) envolve divisões tanto mitóticas quanto meióticas, bem como a reorganização do citoplasma (Figura 14.30). Nos vertebrados, existem dois padrões gerais de espermatogênese: um nos anamniotas e outros nos amniotas.

▶ **Amniotas.** Nos répteis, nas aves e nos mamíferos, os espermatozoides se formam na parede luminal dos túbulos seminíferos, que carecem de subcompartimentos. As células germinativas primordiais residentes, mais comumente denominadas **espermatogônias** nesse estágio, sofrem divisão por mitose. Um membro do par resultante de células permanece dentro da parede do túbulo seminífero para produzir mais espermatogônias, enquanto a outra aumenta em tamanho. No final desse crescimento, a espermatogônia diploide é denominada **espermatócito**

Figura 14.30 Espermatogênese. Nas paredes dos túbulos seminíferos, as espermatogônias se dividem, dando origem a células que permanecem no local e preservam a população de espermatogônias, bem como a células que sofrem meiose e reorganização citológica. Essas células se tornam os espermatócitos primários e, em seguida, secundários. Os espermatócitos secundários sofrem mudanças que os transformam em espermatozoides. As células de Sertoli mantêm os espermatozoides e, em seguida, os liberam no lúmen dos túbulos seminíferos e do epidídimo conector. As células intersticiais (células de Leydig) encontradas entre os túbulos seminíferos secretam hormônios masculinos.

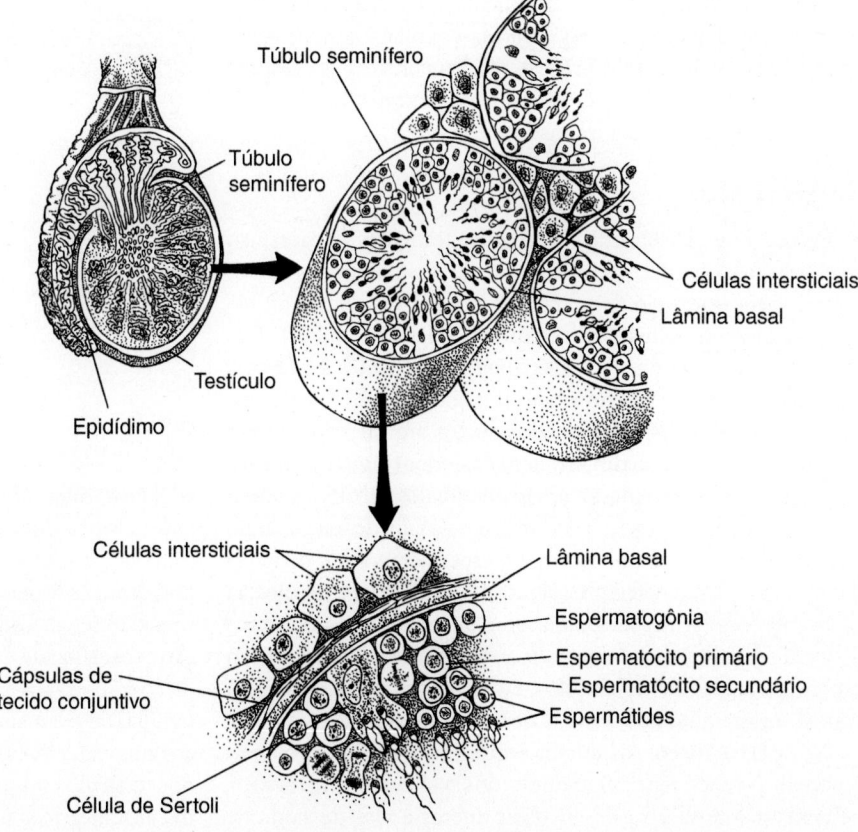

primário e começa a divisão meiótica. Durante a meiose, torna-se brevemente um **espermatócito secundário** e, em seguida, uma **espermátide** haploide; depois disso, não sofre qualquer divisão adicional. Todavia, as espermátides sofrem uma reorganização celular, em que o DNA nuclear se condensa, enquanto o excesso de citoplasma e de organelas é descartado para formar o **espermatozoide** esguio.

Durante um certo tempo, as **células de Sertoli** envolvem e sustentam nutricionalmente as espermátides, talvez ao promover uma maturação adicional. Os espermatozoides são armazenados, em sua maioria, no lúmen dos túbulos seminíferos e no epidídimo conectado. Por ocasião do orgasmo, camadas de músculo liso nas paredes dos ductos sofrem contração rítmica, expelindo com força os espermatozoides no processo de **ejaculação**. Os espermatozoides são transportados em um líquido composto espesso, secretado pelas glândulas sexuais acessórias. Nos mamíferos, existem três dessas glândulas. A glândula bulbouretral descarrega o muco durante a ereção e a ejaculação. A próstata secreta uma substância alcalina durante a ejaculação para proteger os espermatozoides da acidez de qualquer urina remanescente na uretra masculina. Por fim, a glândula seminal adiciona uma secreção espessa, rica de frutose, como fonte de suporte nutricional para os espermatozoides.

▶ **Anamniotas.** Nos peixes e nos anfíbios, os espermatozoides são produzidos em clones, cada um localizado dentro de um cisto ou folículo, e todos são alojados em compartimentos tubulares separados dentro dos testículos (Figura 14.31 A e B). Em geral, uma espermatogônia é englobada por uma ou várias células de tecido conjuntivo, denominadas células foliculares (como nas fêmeas), que se transformam em células de Sertoli funcionais à medida que a maturação prossegue. A proliferação de uma espermatogônia dentro das células foliculares (de Sertoli) produz um clone agrupado de muitas espermatogônias, algumas vezes denominado **espermatocisto**. As células dentro desse espermatocisto sofrem espermatogênese em sincronia, produzindo finalmente espermatozoides maduros.

Ductos genitais

▶ **Peixes.** Nos ciclóstosmos, os grandes testículos impares não recebem ducto genital. Os espermatozoides são liberados no celoma e saem por meio de poros abdominais. Os ductos arquinéfricos drenam exclusivamente os rins (Figura 14.32 A). Nos elasmobrânquios, os ductos müllerianos proeminentes das fêmeas são rudimentares no macho adulto (Figura 14.32 B). Os **ductos urinários acessórios**, distintos dos ductos arquinéfricos, estão presentes para servir ao rim urinífero posterior (Figura 14.33 A). Cada rim reprodutor anterior apresenta túbulos curtos que unem o testículo ao ducto arquinéfrico, que, em virtude de seu papel no armazenamento e no transporte dos espermatozoides, pode ser denominado ducto deferente (Figura 14.32 B). Esses túbulos na parte anterior do rim funcionam como um epidídimo, conectando a rede do testículo ao ducto deferente e, talvez, armazenando espermatozoides. As células de Leydig adjacentes nessa região cranial secretam líquido seminal nos ductos genitais.

Nos peixes ósseos, os ductos arquinéfricos drenam os rins e podem receber espermatozoides dos testículos. Entretanto, os testículos tendem a desenvolver ductos e vias de saída de

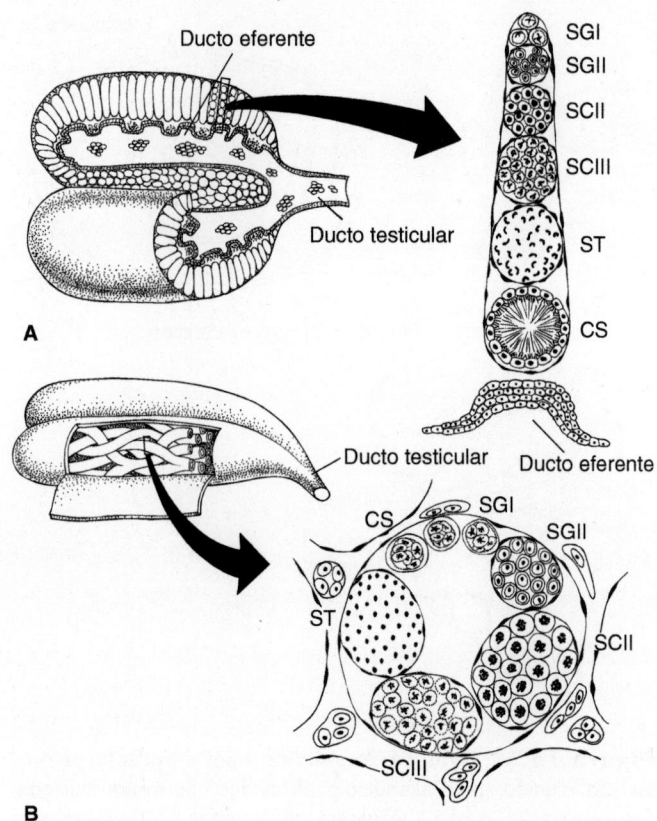

Figura 14.31 Produção de espermatozoides no testículo de teleósteos. Os espermatozoides podem se desenvolver dentro de compartimentos (**A**) ou túbulos (**B**). Durante a cópula, os espermatozoides maduros passam para dentro do ducto testicular. As espermatogônias primárias (SGI) se tornam, sucessivamente, espermatogônias secundárias (SGII), espermatócitos primários (SCII), espermatócitos secundários (SCIII) e espermátides (ST). As células de Sertoli (CS) formam parte do epitélio que reveste os compartimentos ou túbulos.

De van Tienhover, com base em van den Hurk, 1975.

espermatozoides separados (Figura 14.33 B e C). Na maioria dos teleósteos, esse sistema de ductos separados forma um **ducto testicular**, que não é homólogo ao ducto arquinéfrico e que pode até mesmo estabelecer sua própria abertura para o exterior (Figura 14.33 D). Alguns teleósteos, como os salmonídeos, carecem totalmente de ductos espermáticos. Os espermatozoides são liberados na cavidade do corpo e saem dele por meio de poros próximos à parte posterior do celoma.

▶ **Tetrápodes.** Nos anfíbios machos, podem ocorrer várias configurações de ductos genitais (Figura 14.34 A e B). Em *Necturus* e em algumas outras espécies, os ductos arquinéfricos transportam tanto os espermatozoides dos testículos quanto a urina dos rins uriníferos. Todavia, trata-se provavelmente de uma condição especializada do pedomórfico *Necturus*. Em geral, essa condição é observada apenas nas larvas de salamandras. Em algumas famílias de salamandras, novos ductos urinários acessórios servem aos rins caudais, e os espermatozoides são transportados a partir dos testículos por minúsculos ductos nos rins craniais aos ductos arquinéfricos (ducto deferente), para seu armazenamento.

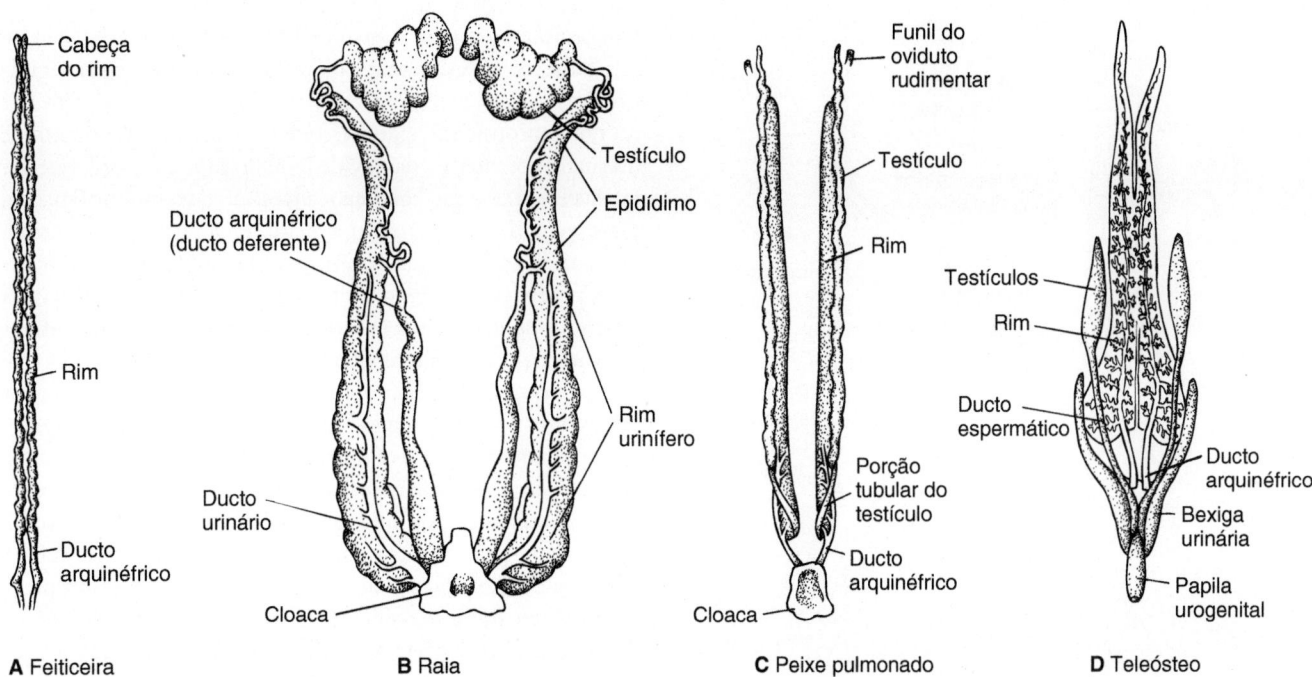

Figura 14.32 Sistemas urogenitais de peixes machos. A. Feiticeira, *Bdellostoma*. O único testículo da feiticeira fica pendurado na parede dorsal do corpo, entre os rins. **B.** Plasmobrânquio, *Torpedo*. **C.** Peixe pulmonado, *Protopterus*. **D.** Teleósteo, cavalo-marinho *Hippocampus*.

De Romer e Parsons.

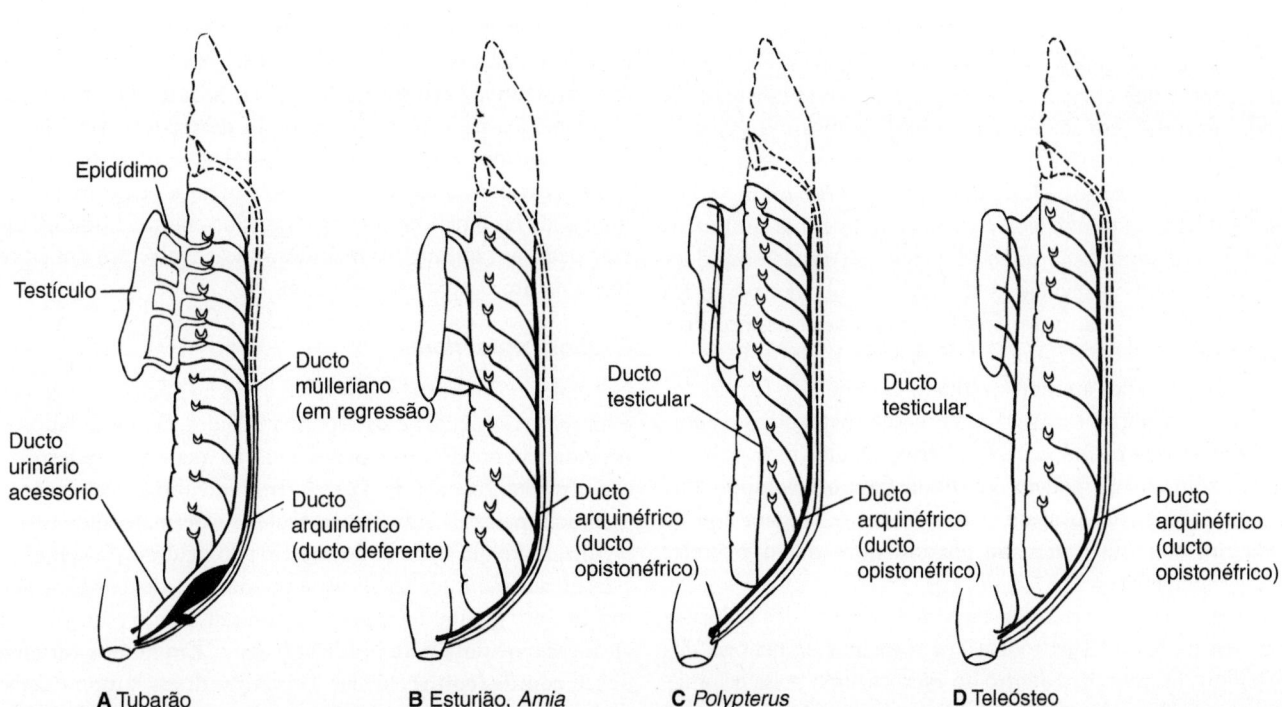

Figura 14.33 Ductos urogenitais de machos de peixes. A. Tubarão. **B.** Esturjão e *Amia*. **C.** Bichir. **D.** Teleósteo. Nos tubarões, ocorre desenvolvimento de um ducto urinário acessório para drenar o rim, enquanto o ducto arquinéfrico está relacionado com o transporte de espermatozoides. Em outros grupos, ductos adicionais que se desenvolvem para drenar os testículos se unem algumas vezes ao ducto arquinéfrico. Nos teleósteos, saem independentemente.

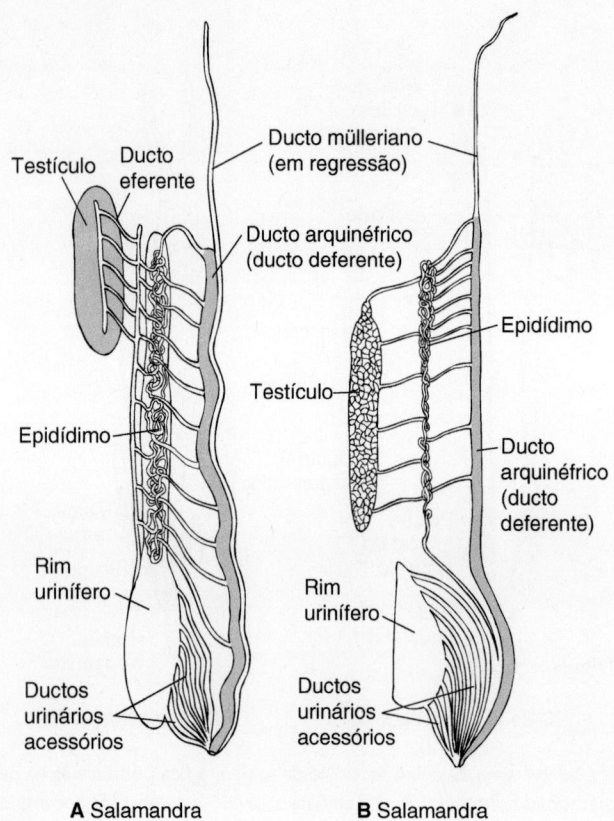

A Salamandra   **B** Salamandra

Figura 14.34 Sistemas urogenitais de machos de anfíbios. A. Salamandra, *Ambystoma*. **B.** Salamandra, *Gyrinophilus*.

A, de Baker e Taylor; B, de Strickland.

Em todas as rãs e em algumas espécies de salamandras, minúsculos ductos que chegam diretamente dos testículos para os ductos arquinéfricos se desviam da parte anterior dos rins. A eliminação dos rins uriníferos ocorre exclusivamente pelos ductos urinários acessórios. Desse modo, em alguns anfíbios adultos, os ductos arquinéfricos podem desempenhar ambos os papéis reprodutor e excretor, ao passo que, em outras, esses ductos podem estar envolvidos exclusivamente no transporte dos espermatozoides, com novos ductos urinários acessórios drenando o opistonefro (Figuras 14.35 A e B e 14.36 A–C).

Nos machos dos amniotas, o ducto arquinéfrico (ducto deferente) transporta exclusivamente espermatozoides (Figuras 14.35 C e D e 14.36 C e D). Vários túbulos mesonéfricos do rim embrionário podem contribuir para o epidídimo, que conecta cada testículo a um ducto deferente (Figura 14.37). Cada rim amniota é drenado por um novo ducto, o ureter (ducto metanéfrico).

Na maioria dos vertebrados machos, os testículos se localizam dentro do abdome; todavia, os testículos da maioria dos mamíferos descem para dentro do **escroto**, uma bolsa celomática suspensa fora do corpo, mas conectada ao celoma abdominal por meio de um **canal inguinal** (Figura 14.35 D). Nos outros mamíferos, os testículos permanecem na cavidade do corpo (p. ex., monotremados, alguns insetívoros ancestrais, sirênios, elefantes, preguiças, cetáceos, tatus) ou descem dentro de uma bolsa muscular, mas não um escroto celomático verdadeiro

(p. ex., toupeira, musaranho, muitos roedores, lagomorfos, pinípedes, hienas). Alguns mamíferos têm testículos que descem temporariamente para dentro do escroto durante a estação de acasalamento (p. ex., tâmia e esquilos, alguns morcegos, alguns primatas). A ausência de escroto nos monotremados, bem como nos sauropsídeos, significa que os testículos são mantidos internamente dentro da cavidade abdominal. Isso representa provavelmente uma condição ancestral nos monotremados. A presença de um escroto nos mamíferos térios posteriores é uma condição derivada. Muitos marsupiais possuem um escroto, porém pré-peniano, na frente da base do pênis. Quando presente nos mamíferos eutérios, é pós-peniano. O significado funcional dessa diferença não é conhecido, e tampouco se sabe por que alguns mamíferos eutérios carecem de escroto. Entretanto, a ausência de escroto nos cetáceos constitui provavelmente uma adaptação à hidrodinâmica. Embora localizados dentro de sua cavidade corporal quente, os testículos dos cetáceos são resfriados por uma vascularização especial dedicada a essa função. A maioria dos outros mamíferos eutérios apresenta testículos que descem de modo permanente, o que tipicamente ocorre durante o desenvolvimento embrionário.

Os testículos migram a partir da cavidade corporal através da parede abdominal, por meio do canal inguinal e para dentro do escroto, onde a temperatura é mais fria, frequentemente até 8°C mais baixa do que no abdome. Os músculos externos cremáster elevam os testículos mais próximos do corpo em condições frias e possibilitam sua descida em condições quentes, aquecendo ou resfriando os testículos de acordo com as necessidades. Além disso, artérias e veias que entram e saem dos testículos se misturam em um **plexo pampiniforme**, mecanismo de troca por contracorrente que atua como bloqueador de calor para os testículos. Se os testículos não descerem (uma condição denominada **criptorquidismo**), ou se forem artificialmente aquecidos no escroto, a produção de espermatozoides cai ou até mesmo cessa nessas espécies. Assim, os testículos nos mamíferos com escroto parecem ter perdido a capacidade de funcionar na temperatura corporal. Entretanto, ainda não foi elucidado por que alguns mamíferos desenvolveram um escroto, enquanto outros não o fizeram.

Órgãos copuladores

Na maioria dos vertebrados que vivem na água, a fertilização é externa. Os óvulos e os espermatozoides são eliminados simultaneamente do corpo para a água, na qual ocorre a fertilização. Entretanto, quando o útero feminino abriga o embrião ou quando uma casca envolve um óvulo, o espermatozoide precisa fertilizar o óvulo antes de sua descida do oviduto. Nesses casos, a fertilização é interna. Os espermatozoides depositados dentro do trato genital feminino seguem seu trajeto para cima até alcançar o oviduto para fertilizar o óvulo. Em muitos vertebrados, a **cópula (coito)** envolve a aposição direta e momentânea das cloacas do macho e da fêmea para transferência dos espermatozoides. Todavia, com frequência, o macho possui **órgãos introdutores** internos especializados na liberação dos espermatozoides durante o coito. Nas salamandras, a transferência dos espermatozoides é externa e envolve um **espermatóforo**, porém a fertilização é interna.

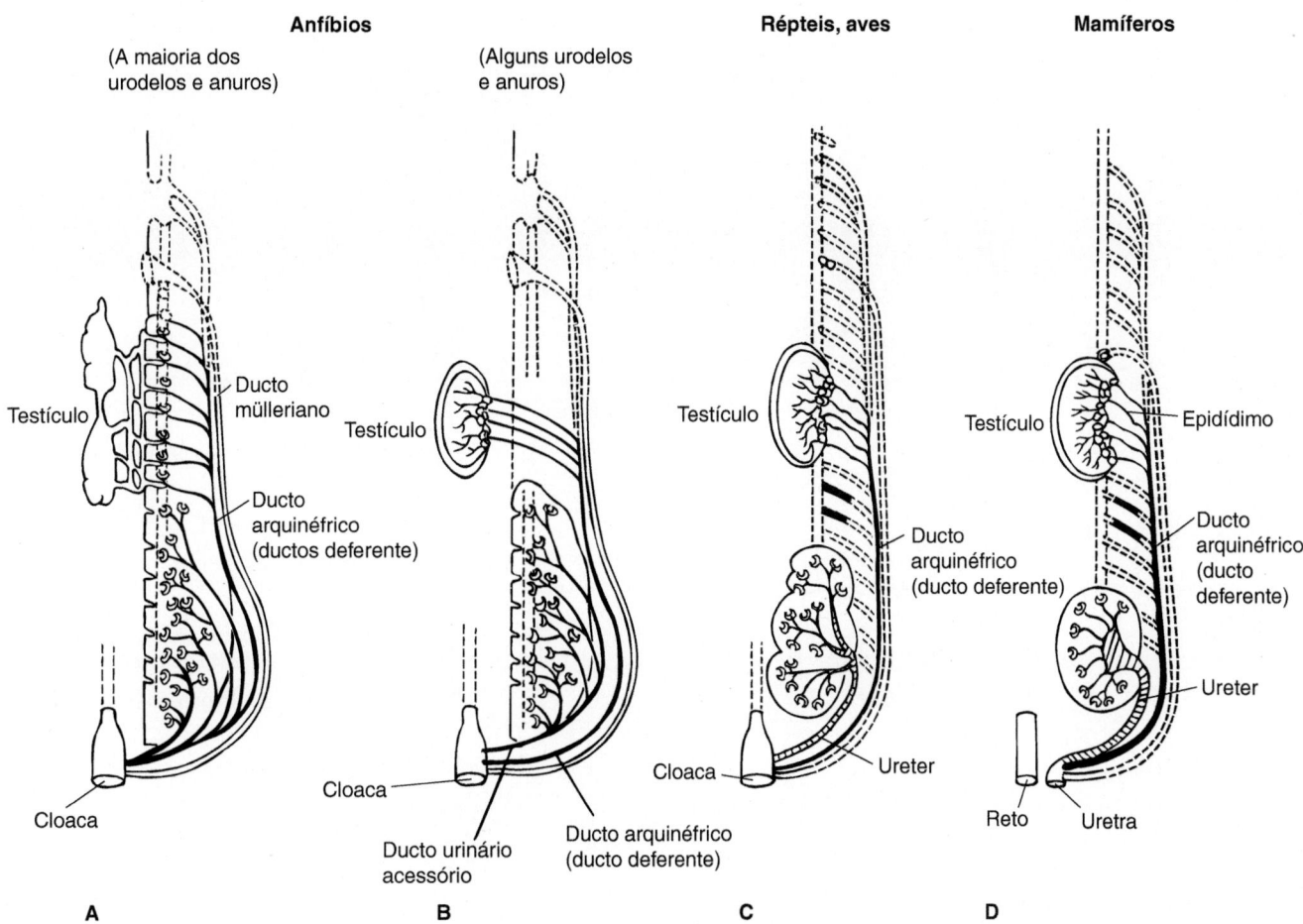

Figura 14.35 Ductos urogenitais de machos de tetrápodes. A. A maioria dos urodelos e a maioria dos anuros (adultos). **B.** Alguns urodelos e alguns anuros (adultos). **C.** Répteis e aves. **D.** Mamíferos.

Nos machos de tubarões, raias, quimeras e em alguns placodermes, as nadadeiras pélvicas são especializadas em **cláspers** (Figura 14.38 A–C). Durante a cópula, um clásper é introduzido na cloaca da fêmea, e suas cartilagens terminais se abrem por ação muscular para ajudar a mantê-lo no local. Os espermatozoides deixam a cloaca do macho, entram em um sulco no clásper e são levados pela água esguichada a partir de sacos de sifão existentes na parede do corpo do macho para dentro da cloaca da fêmea. No peixe *Fundulus,* um teleósteo, as nadadeiras pélvica e anal se conectam durante a reprodução, mantendo as cloacas do macho e da fêmea unidas à medida que os gametas são liberados (Figura 14.39 A). Em algumas espécies de teleósteos, a nadadeira anal é modificada em um órgão introdutor sulcado, denominado **gonopódio**, que deposita os espermatozoides dentro da fêmea durante a cópula (Figura 14.39 B).

A fertilização em quase todas as rãs é externa. O macho agarra a fêmea por cima, em um comportamento denominado **amplexo** e libera espermatozoides de sua cloaca à medida que os óvulos deixam a cloaca da fêmea. Uma exceção entre as rãs é a rã do gênero *Ascaphus.* O macho possui uma extensão da cloaca curta, sulcada e semelhante a uma cauda, que é usada para transferir os espermatozoides diretamente dentro da cloaca da fêmea. Os machos da maioria das espécies de salamandras produzem um espermatóforo, que consiste em uma cobertura de espermatozoides em cima de um pedestal gelatinoso (Figura 14.40 A–C). O espermatóforo é depositado na frente da fêmea no clímax de uma corte estilizada. A fêmea belisca a cobertura dos espermatozoides com os lábios de sua cloaca para recolher os espermatozoides (Figura 14.41). As fêmeas de algumas espécies coletam apenas uma parte de cada cobertura de espermatozoides do espermatóforo, mas coletam até 20 ou 30 espermatóforos diferentes. Os espermatozoides são armazenados em uma bolsa dorsal da cloaca, a **espermateca**, até serem liberados para fertilizar internamente os óvulos à medida que se deslocam dos ovidutos e saem pela cloaca. Esse método de reprodução desconecta a transferência de espermatozoides da fertilização. Desse modo, a transferência de espermatozoides pode ocorrer em época e local favoráveis para a corte, mas não para a deposição de ovos. Nas cecílias, o macho everte a parte posterior da cloaca através do orifício e a encaixa na cloaca da fêmea para ajudar na transferência dos espermatozoides.

Não existem órgãos introdutores bem-desenvolvidos no *Sphenodon,* embora evaginações pareadas, supridas com faixas finas de músculo, tenham sido descritas nos cantos da cloaca, próximo à base da cauda. Durante a corte, as cloacas são pressionadas uma contra a outra, e os espermatozoides são transferidos diretamente. Alguns machos de aves e de tartarugas,

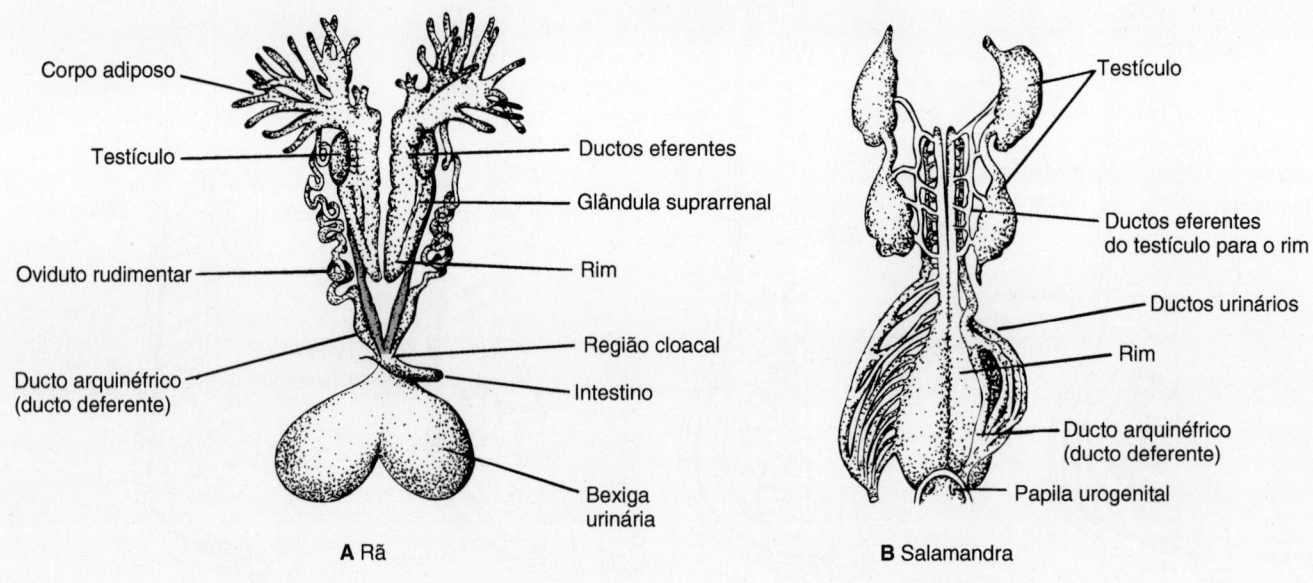

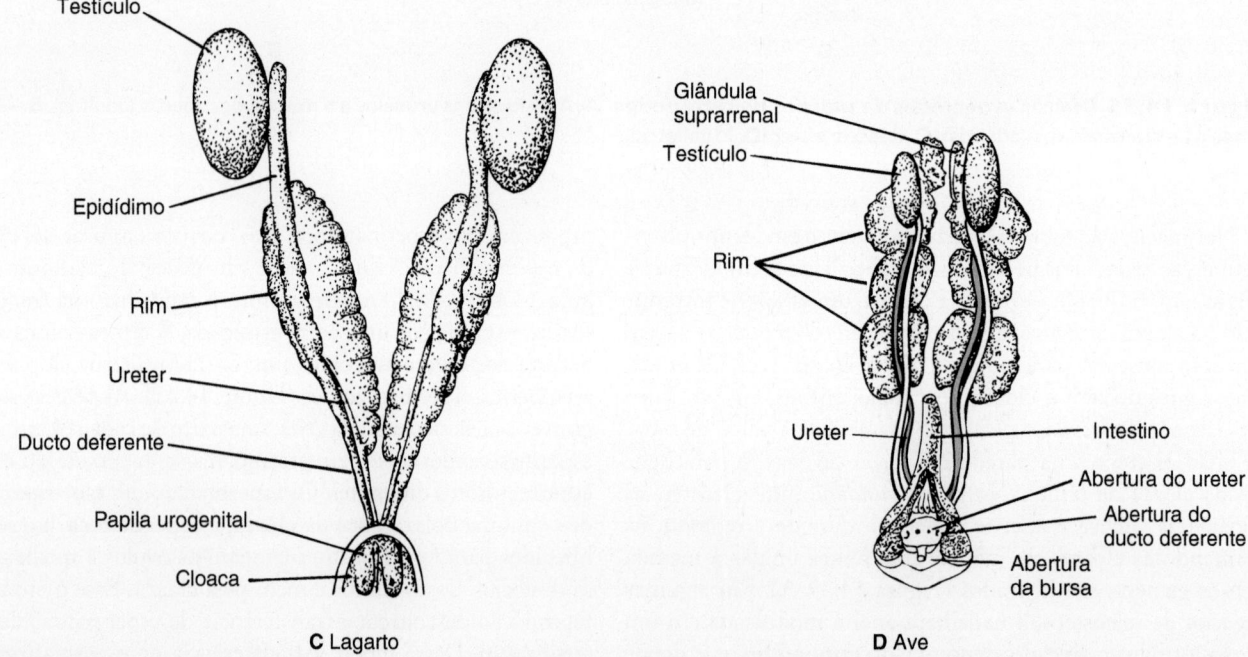

Figura 14.36 Sistemas urogenitais de machos de tetrápodes, vista ventral. A. Rã, *Rana.* **B.** Salamandra, *Salamandra.* **C.** Lagarto, *Varanus.* **D.** Ave, *Columba.*

De Romer e Parsons.

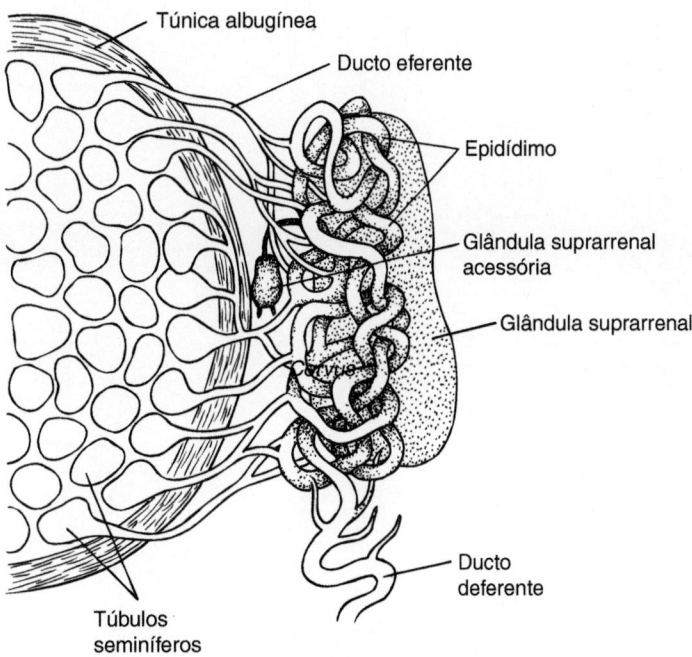

Figura 14.37 Testículo e epidídimo de ave *Corvus*.

De Lake.

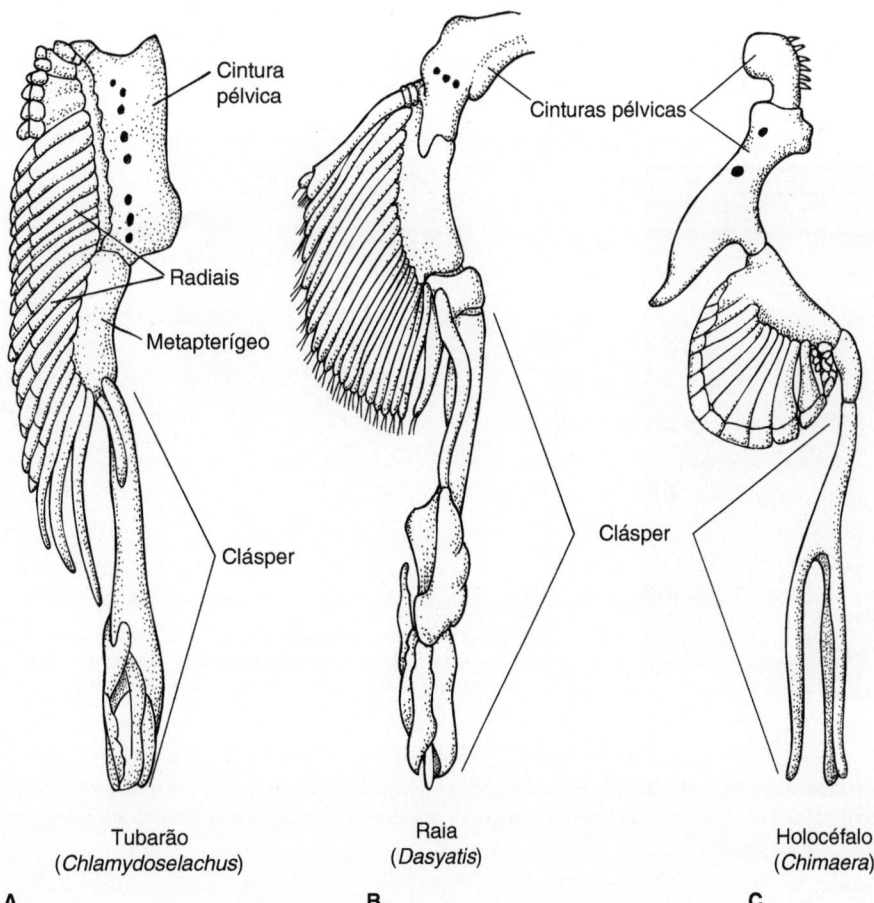

Tubarão
(*Chlamydoselachus*)

A

Raia
(*Dasyatis*)

B

Holocéfalo
(*Chimaera*)

C

Figura 14.38 Órgãos introdutores de condrictes. A. Tubarão, *Chlamydoselachus*. **B.** Raia, *Dasyatis*. **C.** Holocéfalo, *Chimaera*.

De van Tienhoven.

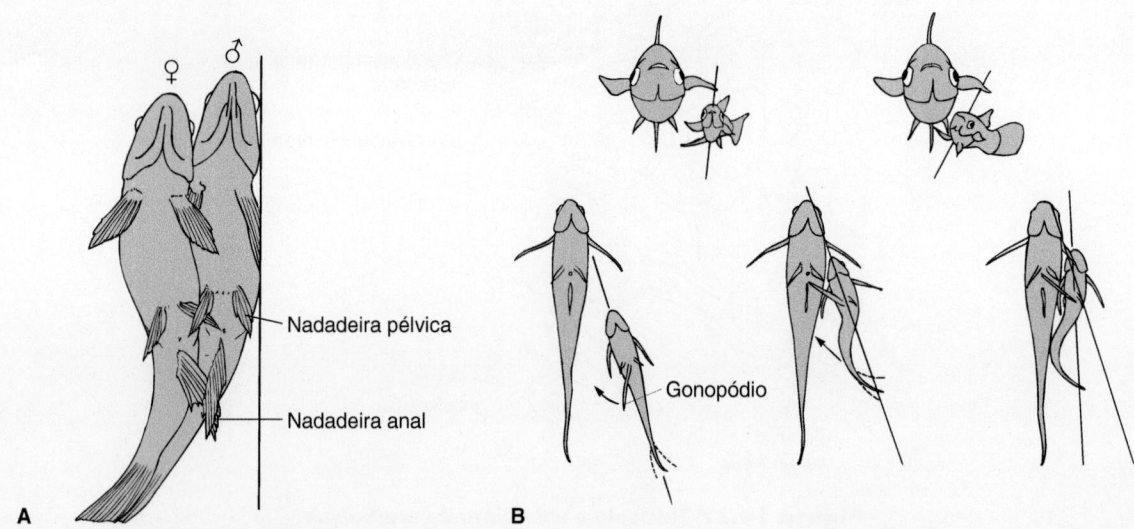

Figura 14.39 Reprodução em teleósteos. A. Vista ventral das nadadeiras anais e pélvicas interligadas de *Fundulus*. **B.** O gonopódio do macho está inserido na região anal da fêmea.

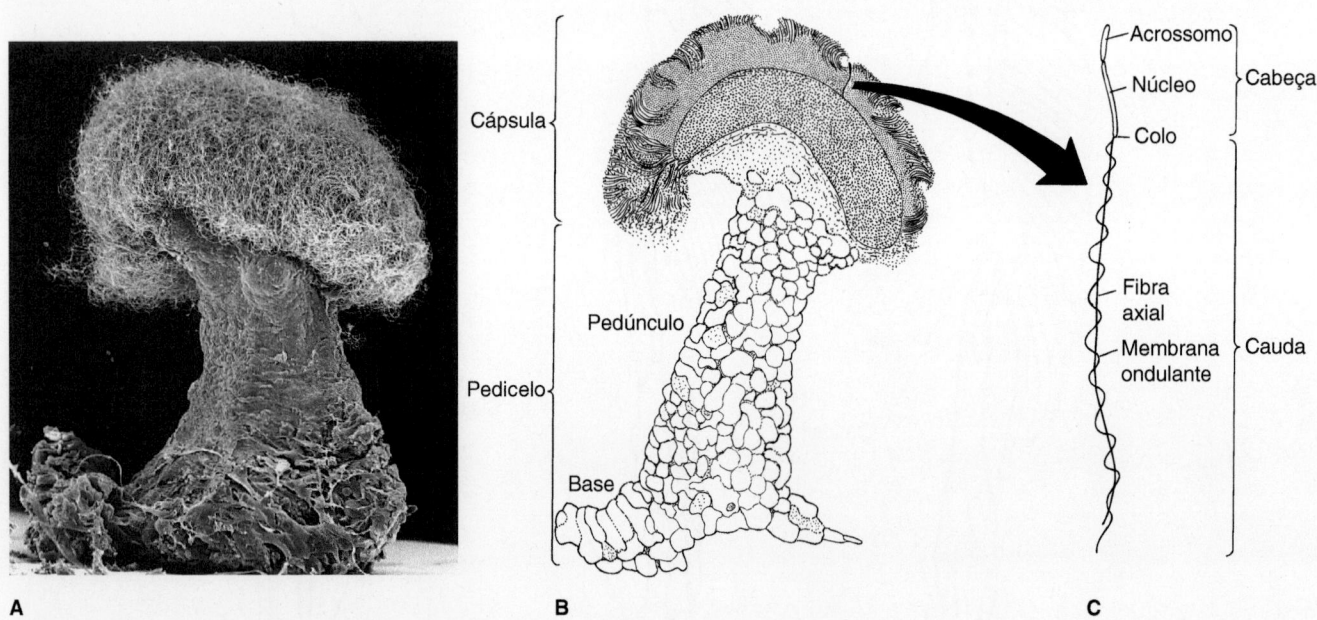

Figura 14.40 Espermatóforos de anfíbios. A. Espermatóforo inteiro depositado pelo macho de *Ambystoma macrodactylum*. **B.** Corte longitudinal de um espermatóforo de *Ambystoma texanum*. Em geral, as cabeças dos espermatozoides apontam para fora, e as caudas, para dentro. **C.** Um espermatozoide ampliado.

A, gentilmente fornecida por E. Zalisko.

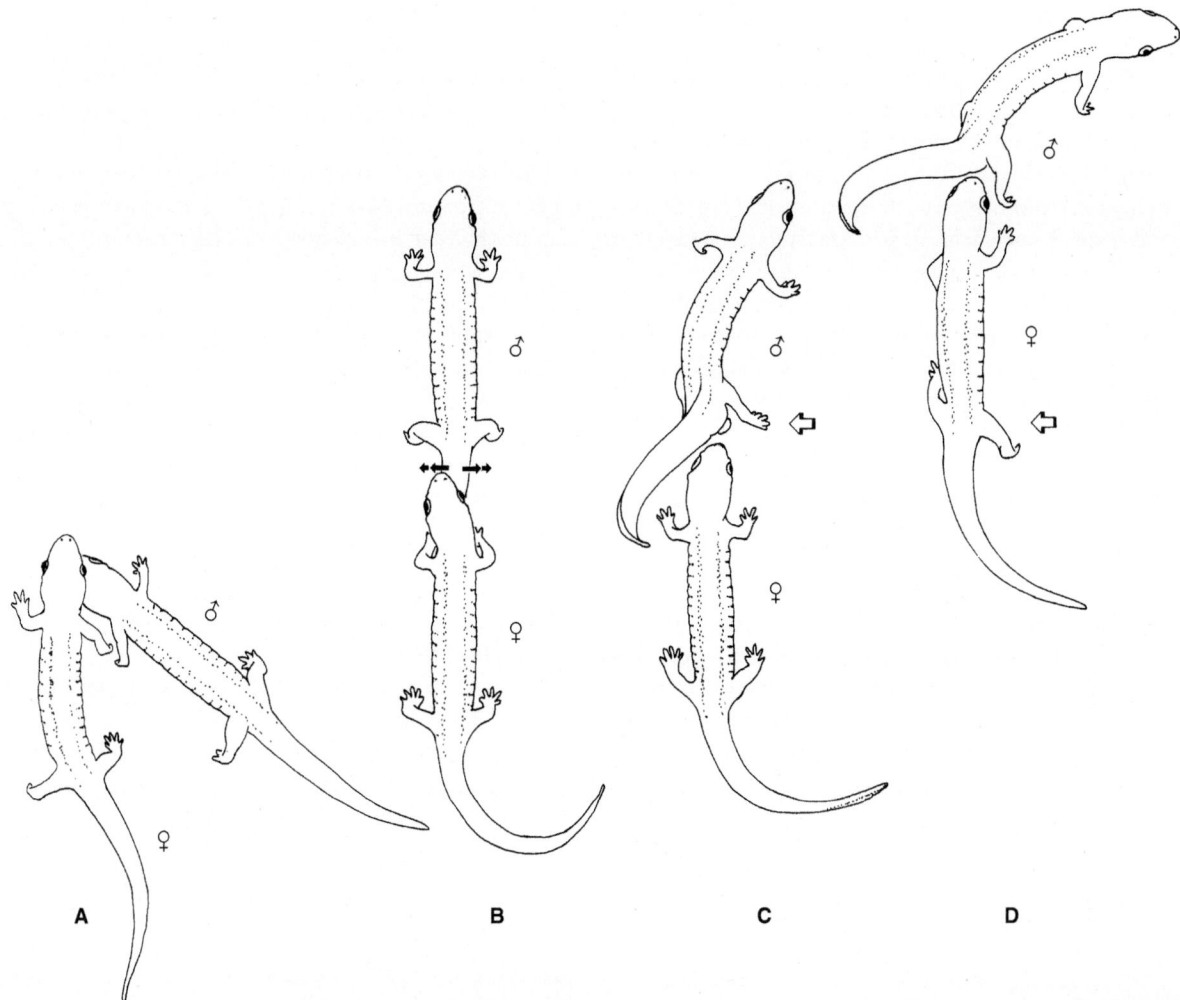

Figura 14.41 Corte na salamandra *Desmognathus quadramaculatus*. A. O macho se aproxima da fêmea e esfrega sua cabeça embaixo da cabeça dela. **B.** O macho desliza sob o queixo da fêmea e se move para frente; ela segue e monta em cima de sua cauda, que agora ondula lateralmente (*setas cheias*). **C.** O macho deposita o espermatóforo (*seta aberta*) no substrato e se move para frente. **D.** A fêmea segue, e a cápsula do espermatóforo é capturada em sua cloaca. Os espermatozoides são armazenados em túbulos especializados até que sejam usados para fertilizar internamente os óvulos, logo antes de serem depositados várias semanas depois. O tempo transcorrido é de cerca de cinco minutos.

Com base na pesquisa de P. Verrell.

Boxe Ensaio 14.5 | De da Vinci até o Viagra®

O cientista, artista e inventor renascentista Leonardo da Vinci (1452-1519) dissecava escondidamente os corpos de seres humanos falecidos, com o risco de censura por parte das autoridades religiosas. Essa prática aprimorou sua arte das figuras humanas e também o seu entendimento da função biológica. Os pênis de homens recém-enforcados inspiraram a sua descoberta da base da ereção – o preenchimento dos seios sanguíneos produzia ereção. Talvez a partir de sua própria experiência ele observou que "o pênis não obedece à ordem de seu dono e fica ereto livremente enquanto seu dono está dormindo". De fato, episódios de excitação noturna também ocorrem em mulheres, geralmente durante o sonho. Na verdade, essas excitações são comandadas pela atividade do sistema nervoso central, porém de maneiras complexas. Os nervos excitatórios para o pênis liberam substâncias químicas que causam relaxamento das artérias comprimidas do pênis, aumentando, assim, o fluxo sanguíneo para os seios penianos, os quais, por sua vez, se enchem e se dilatam, com consequente ereção do pênis. O Viagra® atua retardando ou evitando a degradação dessas substâncias químicas naturais de relaxamento, prolongando, assim, o enchimento do pênis. À medida que o pênis se enche, as veias que o drenam são comprimidas, reduzindo o esvaziamento, de modo que a ereção continua. Uma ereção de mais de quatro horas de duração é considerada uma emergência médica, visto que a ereção túrgida priva essencialmente o pênis de sangue novo transportando o oxigênio essencial. Normalmente, após o homem alcançar o clímax, outros nervos limitam o fluxo sanguíneo, os seios drenam, e o pênis se torna flácido e, em clima frio, experimenta uma "retração" adicional.

crocodilos e mamíferos têm um único **pênis**, um órgão introdutor localizado na linha média do corpo (Figura 14.42 A–C). A origem evolutiva do pênis não é conhecida, mas parece ser um derivado da cloaca. Quando não é usado, o pênis é flácido e pode ser retraído dentro de uma bainha ou colocado de volta dentro da câmara cloacal. Torna-se intumescido e ereto com sangue ou linfa que preenche seus compartimentos especializados. Quando o pênis está ereto, ele penetra na fêmea e mantém o canal aberto para a ejaculação dos espermatozoides. A ereção obtida pela infiltração de sangue é denominada **hemotumescência**. Nas tartarugas, o pênis de localização mesoventral consiste em duas faixas paralelas de tecido sinusoidal, os **corpos cavernosos**. Entre esses corpos existe um sulco, o sulco espermático (Figura 14.42 A e B). Quando intumescidos com sangue, os corpos cavernosos aumentam, projetam o pênis a partir da parede da cloaca, através do orifício, e transformam o sulco espermático em um ducto, que recebe e transfere os espermatozoides de cada ducto deferente. As fêmeas de algumas espécies de tartarugas possuem um homólogo do pênis. Embora essa estrutura possa não ter função alguma, ela possivelmente completa a outra metade do sulco espermático do macho e, portanto, contribui para o canal de transferência de espermatozoides.

O pênis dos crocodilianos machos se assemelha ao das tartarugas, exceto que é relativamente mais longo e todo o órgão se projeta mais a partir da cloaca (Figura 14.42 C–E). Embora o mecanismo de ereção não esteja bem-esclarecido, a hemotumescência que define o sulco espermático parece estar envolvida. As fêmeas de crocodilianos também possuem um homólogo rudimentar do pênis do macho, mas que permanece dentro da cloaca e não se projeta.

Nos lagartos e nas cobras, os machos possuem um par de órgãos introdutores, o **hemipênis**. Cada hemipênis é sulcado para possibilitar o transporte dos espermatozoides. É áspero ou espinhoso em sua extremidade para assegurar um encaixe seguro quando o macho o introduz na cloaca da fêmea. Um músculo retrator faz cada hemipênis retornar ao corpo, virando-o ao avesso, um processo denominado invaginação. O retrator puxa o hemipênis dentro de uma bolsa localizada na base da cauda, atrás do orifício. Durante a ereção, a ação muscular e a hemotumescência forçam cada hemipênis através da cloaca e o enchem fora do orifício, virando-o de dentro para fora – um processo conhecido como evaginação (Figura 14.43 A e B). Existe um sulco espermático definido em cada hemipênis, que algumas vezes tem o formato de um Y. Durante a cópula, apenas um hemipênis é introduzido na cloaca da fêmea (Figura 14.43 C).

Nas aves, são encontrados dois tipos de órgãos introdutores. No peru doméstico, pouco mais do que as margens da cloaca sofrem intumescimento durante a cópula (Figura 14.44 A). As cloacas do macho e da fêmea são pressionadas uma contra a

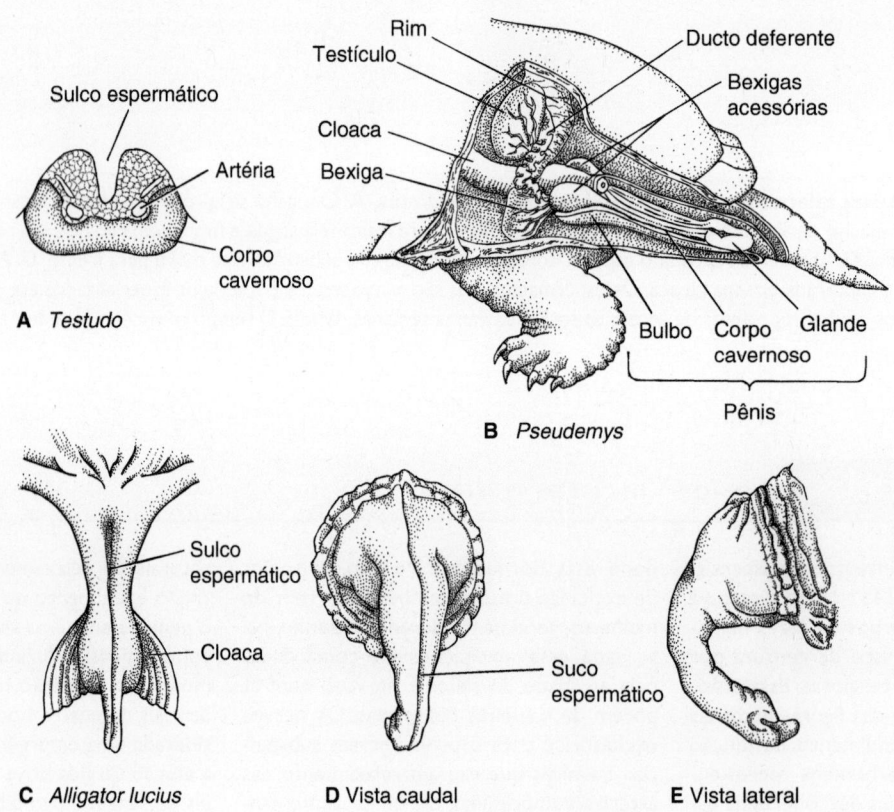

Figura 14.42 Pênis de répteis. A. Tartaruga, *Testudo*: corte transversal do pênis dentro da cloaca. **B.** Tartaruga, *Pseudemys*: corte sagital do pênis. **C.** Jacaré, pênis de *Alligator lucius*. Vistas caudal (**D**) e lateral (**E**) do pênis do crocodilo, *Crocodylus palustris*.

A, C-E, de A. S. King; B, de van Tienhoven.

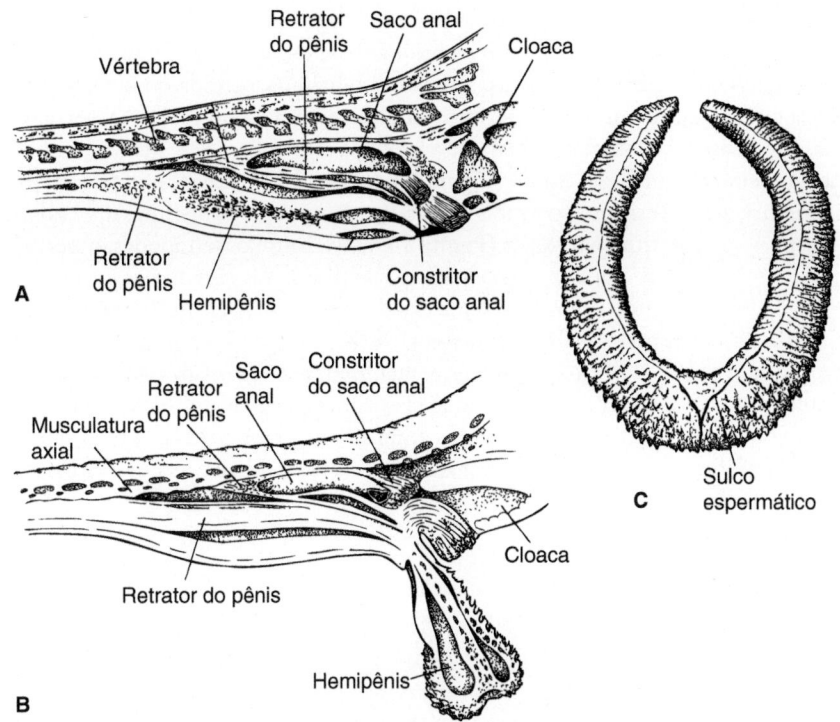

Figura 14.43 Hemipênis de uma cobra. Os lagartos e as cobras possuem hemipênis pareados, mas apenas um é utilizado durante a cópula. **A.** O hemipênis é retraído dentro do corpo pelo músculo retrator (vista sagital). **B.** Quando ereto, os seios internos do hemipênis se tornam intumescidos com sangue e ele se projeta através do orifício (vista sagital). Durante a cópula, o macho introduz o hemipênis na cloaca da fêmea. Os espermatozoides percorrem o sulco espermático até a fêmea. **C.** Um dos dois hemipênis da cascavel *Crotalus atrox* é mostrado evertido. Esse único hemipênis é dividido, conferindo-lhe o formato de ferradura. Observe o sulco espermático dividido que segue seu trajeto ao longo de cada ramo arqueado do hemipênis.

Modificada de Dowling e Savage, 1960.

outra no coito. O sêmen flui entre as intumescências penianas laterais do macho e é ejaculado dentro da cloaca da fêmea. As avestruzes e alguns outros grupos possuem outro órgão introdutor. Trata-se de um pênis verdadeiro com um corpo erétil que o macho introduz na cloaca da fêmea. No macho de avestruz, o pênis ereto é cônico e alargado em sua base. Apresenta um sulco espermático ao longo de seu comprimento (Figura 14.44 B). Nos patos, o pênis ereto pode ser muito elaborado, com o sulco espermático espiralado ao longo da haste afilada. Quando relaxado, o pênis é enrolado e guardado na cloaca ao longo da parede ventral. Canais linfáticos no pênis se conectam a câmaras dilatadas. Acredita-se que o mecanismo de ereção envolva o enchimento dessas câmaras internas. Em consequência, o pênis se projeta a partir da cloaca e se curva para frente (Figura 14.44 C e D).

Todos os mamíferos copulam com um pênis. Além dos corpos cavernosos pareados, existe um terceiro tecido sinusoidal, o **corpo esponjoso**, que circunda o sulco fechado ou **uretra cavernosa** (Figura 14.45 A). Esses seios esponjosos no pênis se tornam intumescidos com sangue e endurecem. Além disso, os insetívoros, os morcegos, os roedores, os carnívoros e a maioria dos primatas, exceto os humanos, apresentam um **báculo** (osso do pênis), um osso permanente localizado dentro do tecido conjuntivo do pênis para endurecê-lo. Nesses mamíferos, o pênis já

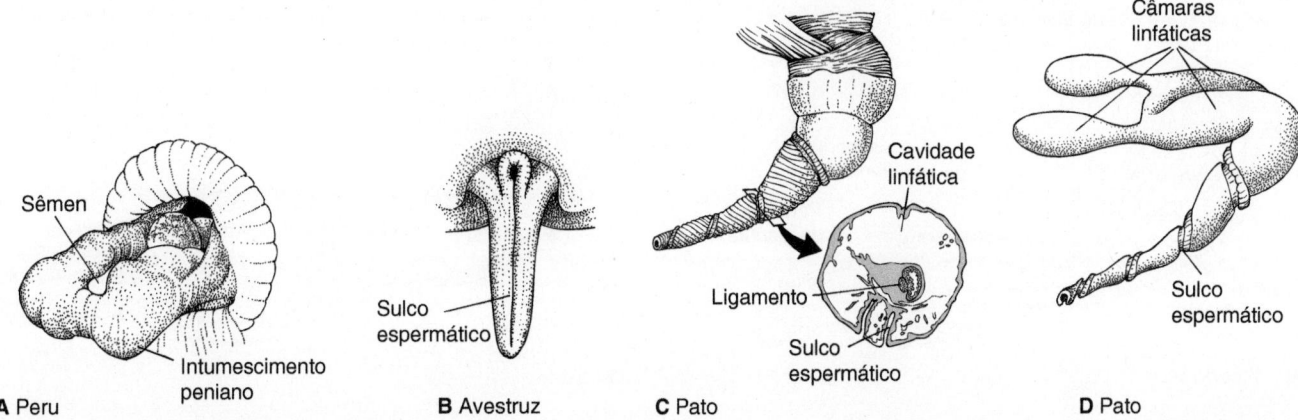

Figura 14.44 Órgãos introdutores das aves. A. Peru doméstico com intumescimentos penianos. As margens da cloaca formam o sulco central ao longo do qual os espermatozoides fluem durante a cópula. **B.** Pênis ereto de avestruz. **C.** Pênis ereto de pato com a ave em pé. O corte transversal mostra as cavidades linfáticas supostamente responsáveis pela eversão do pênis da cloaca. **D.** Vista lateral diagramática das câmaras linfáticas, cujo enchimento seja supostamente responsável pela ereção do pênis.

De A. S. King.

endurecido se torna intumescido com sangue em uma posição totalmente ereta (Figura 14.45 B e C). A extremidade sensível do pênis é a **glande do pênis**. O pênis dos machos é único nos mamíferos, embora nos marsupiais a extremidade seja bifurcada para se encaixar nas duas vaginas laterais da fêmea. Em consequência, os espermatozoides ejaculados se movimentam em cada vagina lateral e, em seguida, para dentro do seio vaginal, uma câmara que recebe ambos os úteros (ver Figura 14.51).

Cloaca

A cloaca já foi definida como uma câmara comum que recebe os produtos dos rins, dos intestinos e, com frequência, das gônadas. Abre-se para fora por meio de uma abertura ou orifício cloacal. (É habitual assinalar que, em latim, *cloaca* significa "cano de esgoto".) A cloaca surge em algum ponto durante o desenvolvimento embrionário de todos os vertebrados; todavia, em muitos deles, torna-se subdividida, perdida ou incorporada a outras estruturas do adulto (Figura 14.46 A–F). Observa-se uma cloaca bem-desenvolvida nos tubarões e peixes pulmonados adultos (Figura 14.46 B e D). Todavia, nos teleósteos, existem aberturas urinárias, anais e genitais distintas, que substituem a cloaca (Figura 14.46 F). Entre os tetrápodes, observa-se a presença de cloaca nos anfíbios, nos répteis, nas aves e nos monotremados. Uma cloaca superficial persiste até mesmo nos marsupiais (Figura 14.47 A–K).

A cloaca é aparentemente uma característica ancestral dos vertebrados, visto que ela ocorre nos gnatostomados mais ancestrais e persiste nos embriões de quase todos os vertebrados. A sua ausência nas quimeras (Holocephali), nos peixes ósseos

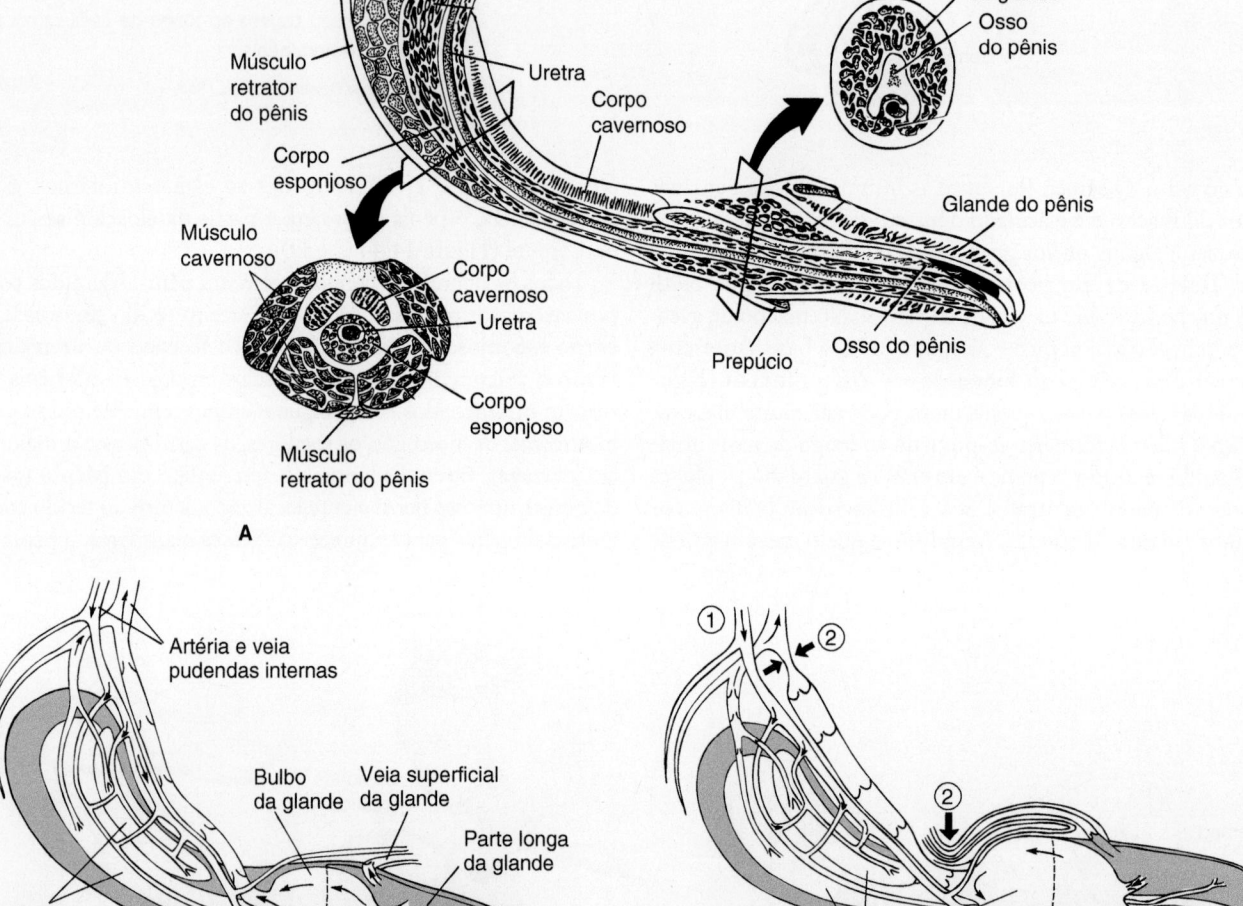

Figura 14.45 Ereção peniana no cão. A. Corte sagital e cortes transversais do pênis. **B.** Pênis flácido. O sangue arterial entra na artéria pudenda interna, circula pelos capilares do pênis e flui do pênis através da veia pudenda. **C.** Pênis ereto. A estimulação dos nervos da ereção provoca aumento do fluxo sanguíneo para o pênis (1). Além disso, a inibição parcial da drenagem venosa (*setas cheias*) em (2) resulta em desvio do sangue para os corpos cavernosos (3) (corpo cavernoso e bulbo da glande), que se enchem, endurecem o pênis e resultam em sua ereção. O osso do pênis (báculo) também ajuda a firmar o pênis.

De Miller, Christensen e Evans.

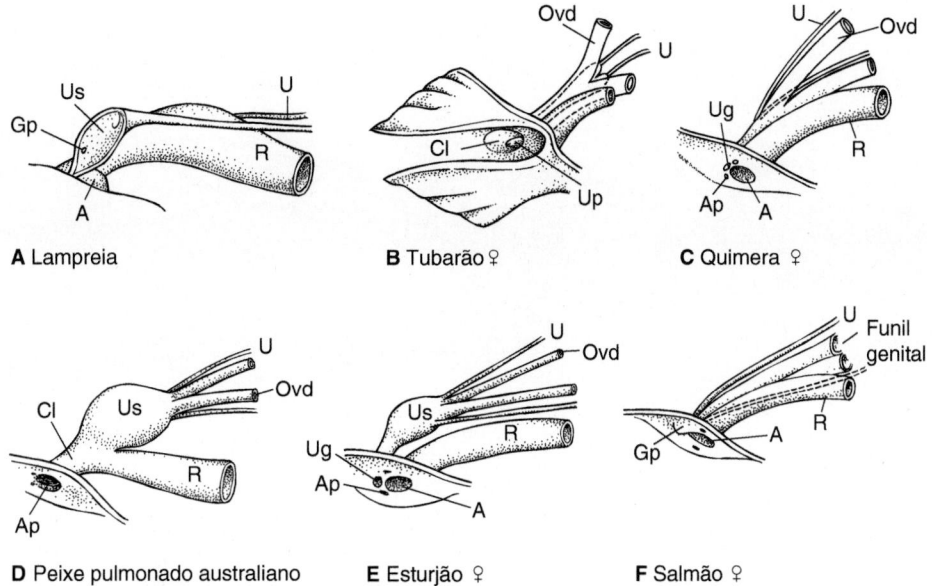

A Lampreia   **B** Tubarão ♀   **C** Quimera ♀

D Peixe pulmonado australiano   **E** Esturjão ♀   **F** Salmão ♀

Figura 14.46 Regiões cloacal e anal dos peixes. A. Lampreia. **B.** Fêmea de tubarão. **C.** Fêmea de quimera. **D.** Peixe pulmonado australiano. **E.** Fêmea de esturjão. **F.** Fêmea de salmão. As estruturas do sistema urogenital incluem o ânus (A), o poro abdominal (Ap), a cloaca (Cl), o poro genital (Gp), o oviduto (Ovd), o reto (R), os ductos urinários (U), a abertura urogenital (Ug), o seio urogenital (Us) e a papila urinária (Up).

De Romer e Parsons.

com nadadeiras raiadas (Actinopterygii), em *Latimeria* (celacanto) e na maioria dos mamíferos eutérios pode representar perdas independentes.

Do ponto de vista embriológico, a cloaca se origina da endoderme do intestino posterior e ectoderme do proctodeu. Estruturalmente, três funções a influenciam: defecação, micção e cópula. Cada função tende a estar associada a um compartimento, e cada compartimento é controlado por músculos que regulam a entrada e a saída de produtos do intestino, dos rins e das gônadas. O compartimento mais proximal é o **coprodeu**, dentro do qual o intestino se esvazia. O **urodeu** recebe os produtos dos ductos urinário e genital. O compartimento mais distal é o **proctodeu**, que funciona na cópula e, em muitos amniotas, desenvolve um pênis (Figura 14.47 A). Muitos ductos urogenitais, quando se aproximam da cloaca, dilatam-se ligeiramente para formar um **seio urogenital** expandido. Com frequência, esses ductos se abrem na cloaca por meio de uma pequena projeção denominada **papila urogenital**.

No final do século 19, Hans Gadow sugeriu que cada um desses três compartimentos da cloaca era separado uns dos outros por meio de pregas na parede mucosa: a **prega retocoprodeal** entre o intestino e o coprodeu; a **prega coprourodeal** entre o coprodeu e o urodeu; e a **prega uroproctodeal** entre o urodeu e o proctodeu. Embora essas pregas ocorram em muitos vertebrados, são pequenas ou ausentes em alguns, tornando difícil delinear limites entre os compartimentos da cloaca. A terminologia de Gadow para descrever os compartimentos e as pregas foi baseada nos tetrápodes, porém se aplica atualmente aos peixes também. Infelizmente, não foi conduzido qualquer estudo comparativo de peixes no qual fosse examinada uma grande amostra de espécies. Desse modo, é difícil generalizar a presença ou ausência desses compartimentos cloacais nos grupos de peixes.

A cloaca da maioria dos anfíbios é simples. O coprodeu e o urodeu são delineados por pregas; todavia, na ausência de um órgão introdutor ou de uma prega uroproctodeal, o proctodeu não é anatomicamente demarcado do restante da cloaca (Figura 14.47 B). Entre os répteis, a cloaca de *Sphenodon* é subdividida por pregas em três compartimentos; o proctodeu é simplificado e desprovido de pênis. A cloaca das cobras e dos lagartos também apresenta três compartimentos, porém o proctodeu é reduzido (Figuras 14.47 C–E e 14.48 A e B). A subdivisão interna da cloaca é muito menos distinta nas tartarugas (Figura 14.47 F). Já nos crocodilianos, o coprodeu e o urodeu e, em menor grau, o proctodeu, estão mais ou menos unidos em uma única câmara grande (Figura 14.47 G). Nas aves, as pregas cloacais são muito variáveis. A cloaca do avestruz tem uma prega retrocoprodeal (Figuras 14.47 H, e 14.49 A e B), porém essa prega aparentemente está ausente em outros grupos (Figura 14.47 I). Nas aves, o proctodeu está associado a uma **bursa cloacal** (bursa de Fabricius), que desempenha uma função imune.

A cloaca persiste nos monotremados, nos quais existem pregas coprourodeal e uroproctodeal distintas que demarcam o urodeu de outros compartimentos (Figura 14.47 J). O ureter e o ducto deferente se abrem em um seio urogenital, mas a urina flui diretamente para o urodeu, enquanto o sêmen flui por um ducto espermático para dentro do pênis. Os marsupiais possuem uma cloaca reduzida, que é representada principalmente pelo proctodeu (Figura 14.47 K). A parte ectodérmica da cloaca persiste em alguns roedores e insetívoros; todavia, em todos os mamíferos eutérios, a cloaca se divide no estágio sexual indiferenciado e forma orifícios separados do coprodeu e urodeu (Figura 14.50 A–C). Em geral, o coprodeu passa a constituir a região retal do trato digestório

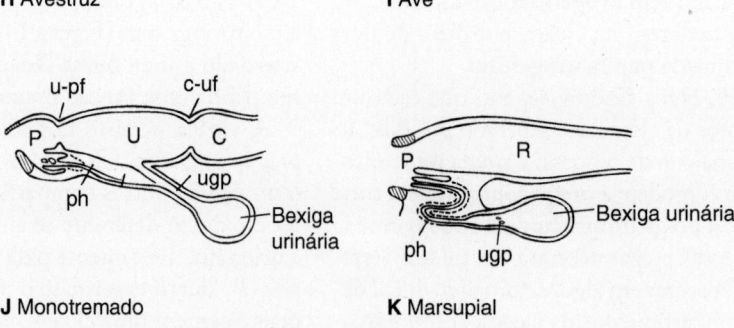

Figura 14.47 Diagramas de cortes sagitais de cloacas de tetrápodes. A. Cloaca de ave com ductos e órgãos que se abrem em cada uma das três câmaras. **B.** Anfíbio. **C.** Réptil, *Sphenodon*. **D.** Lagarto, *Lacerta*. **E.** Cobra, *Tropidonotus*. **F.** Tartaruga, *Pseudemys*. **G.** Crocodilo. **H.** Avestruz. **I.** Ave. **J.** Monotremado. **K.** Marsupial. As partes da cloaca incluem coprodeu (C), proctodeu (P), reto (R) e urodeu (U). Outras abreviações: prega coprourodeal (c-uf), glândula cloacal (cl-gl), saco cloacal (cs), oviduto (ov), pênis (ph), prega retocoprodeal (r-cf), poro urinário (up), poros urogenitais (ugp), prega uroproctodeal (u-pf), seio urogenital (ugs), reservatório urogenital (ugr).

A, de Lake; D–K, de A. S. King.

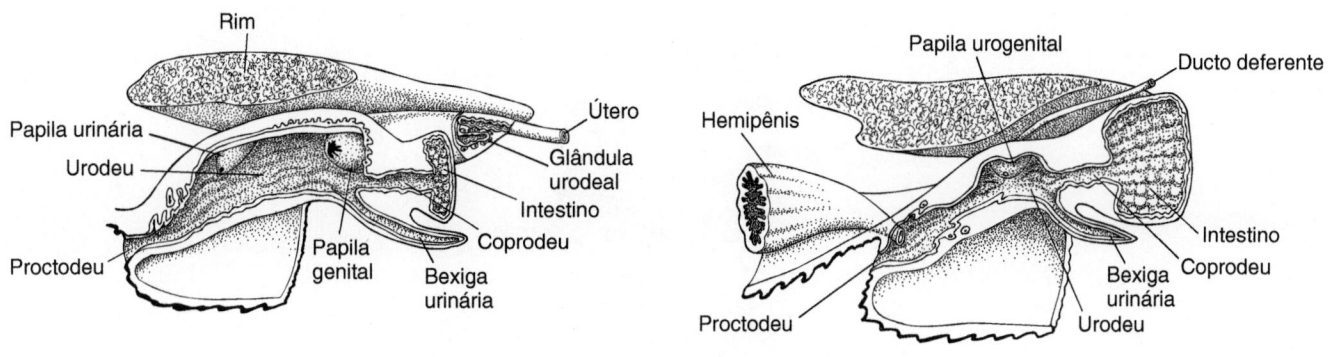

A Fêmea de lagarto

B Macho de lagarto

Figura 14.48 Cloaca do lagarto *Coleonyx*. A. Fêmea. **B.** Macho.

De Gabe e Saint-Girons.

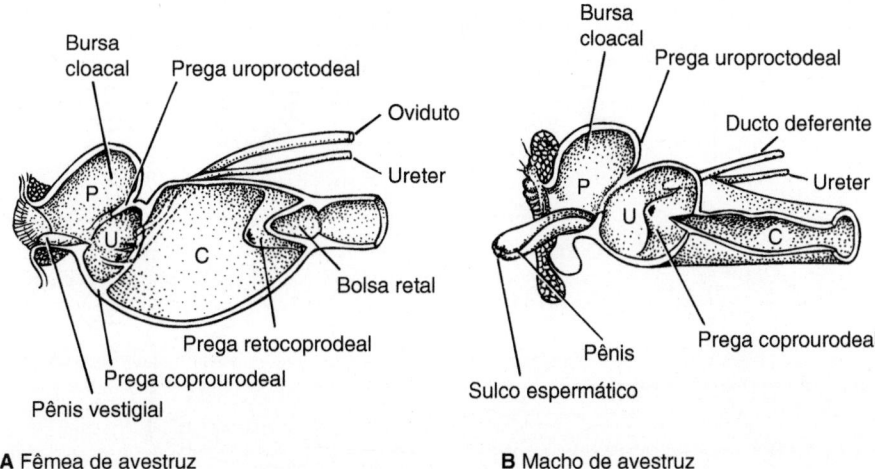

A Fêmea de avestruz

B Macho de avestruz

Figura 14.49 Cloacas de aves. A. Cloaca de fêmea de avestruz, vista longitudinal. **B.** Cloaca de macho de avestruz. As câmaras incluem o coprodeu (C), o proctodeu (P) e o urodeu (U).

De A. S. King.

com uma abertura anal. O urodeu produz estruturas separadas, dependendo do sexo. No macho, o seio urogenital se transforma na uretra que transporta os espermatozoides e produtos urinários (Figura 14.50 D). Na maioria dos mamíferos eutérios, a uretra da fêmea permanece unida à vagina, formando um seio urogenital. Em outros, o seio urogenital se divide novamente para produzir uma abertura uretral para o sistema urinário e uma abertura vaginal para o sistema reprodutor (Figura 14.50 C).

Existem dois padrões evidentes nos órgãos reprodutores das fêmeas de marsupiais. Nos gambás, os ovidutos entram em um seio vaginal que forma alças simetricamente ao redor das vísceras, produzindo vaginas laterais (Figura 14.51 A). Nos cangurus, o seio vaginal, por meio de um canal vaginal central único, alcança as alças vaginais laterais no seio urogenital comum (Figura 14.51 B). Nas fêmeas dos mamíferos térios, uma extremidade de cada oviduto se torna estreita para formar uma tuba

uterina mais fina, que recebe o óvulo liberado pelo ovário. Na outra extremidade, o oviduto se expande no útero para sustentar o jovem durante seu desenvolvimento embrionário. Em algumas espécies de eutérios, os ovidutos se unem à vagina separadamente, formando um **útero duplo**. Nos **úteros bipartidos** ou **bicornes**, os úteros sofrem fusão parcial. Se houver fusão completa, forma-se um **útero simples** (Figura 14.52).

Bexiga urinária

Antes de ser excretada, a urina é geralmente armazenada em regiões especializadas do sistema urogenital. Dessa maneira, o vertebrado pode urinar em momentos oportunos, em lugar de urinar continuamente à medida que a urina é formada. Se a conservação de água for importante, a bexiga sequestra a urina concentrada, de modo que não gere uma pressão osmótica que impulsione a água para fora dos tecidos do animal.

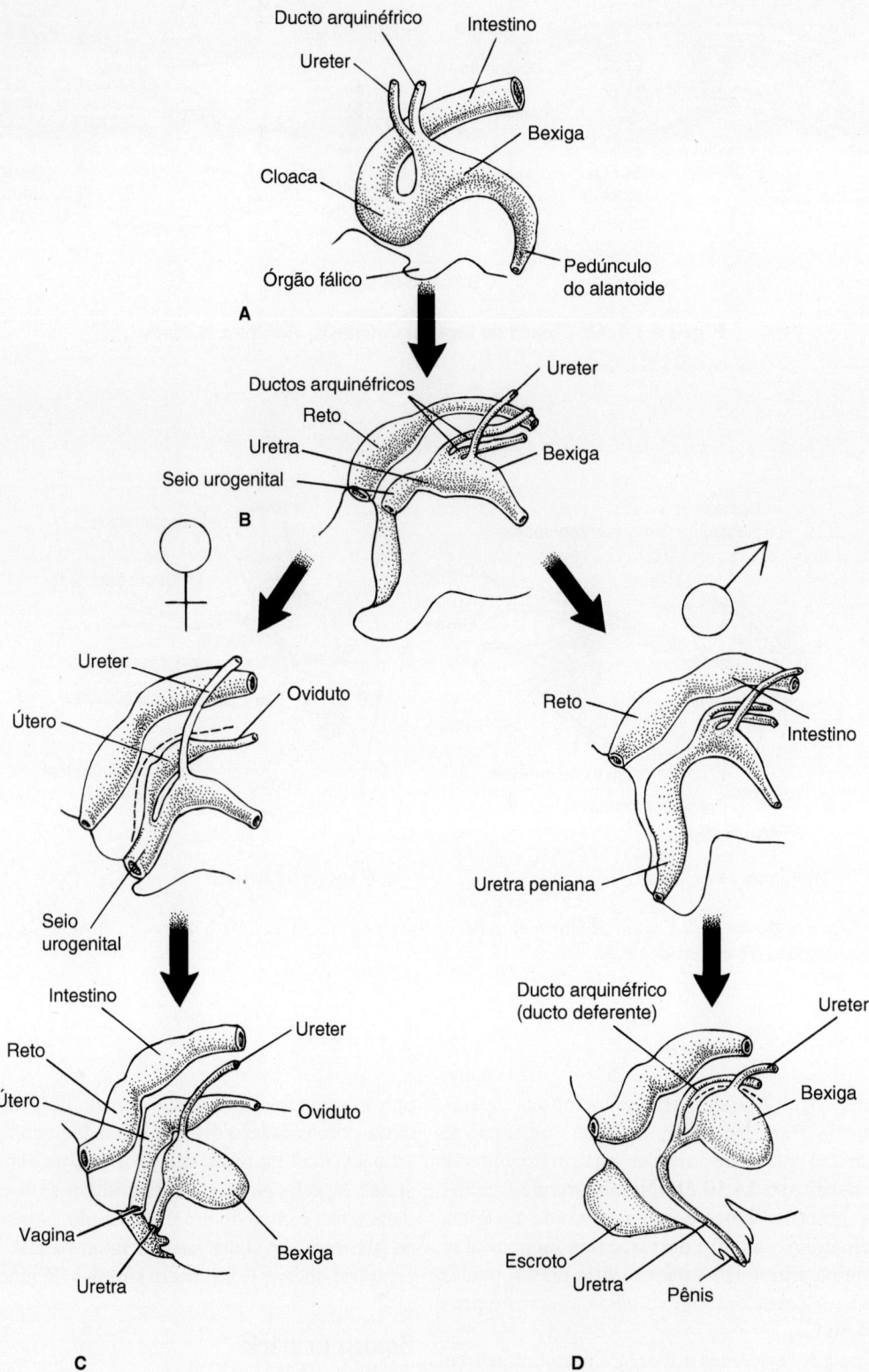

Figura 14.50 Derivados embrionários do seio urogenital em alguns mamíferos eutérios. A. No estágio indiferenciado, a cloaca não é dividida. **B.** A primeira etapa para a diferenciação consiste na separação do seio urogenital do reto. **C.** Na fêmea, o seio urogenital se divide para formar a uretra e a vagina, ambas com orifícios externos separados. **D.** No macho, o seio urogenital se torna a uretra do pênis, que transporta tanto a urina quanto os espermatozoides.

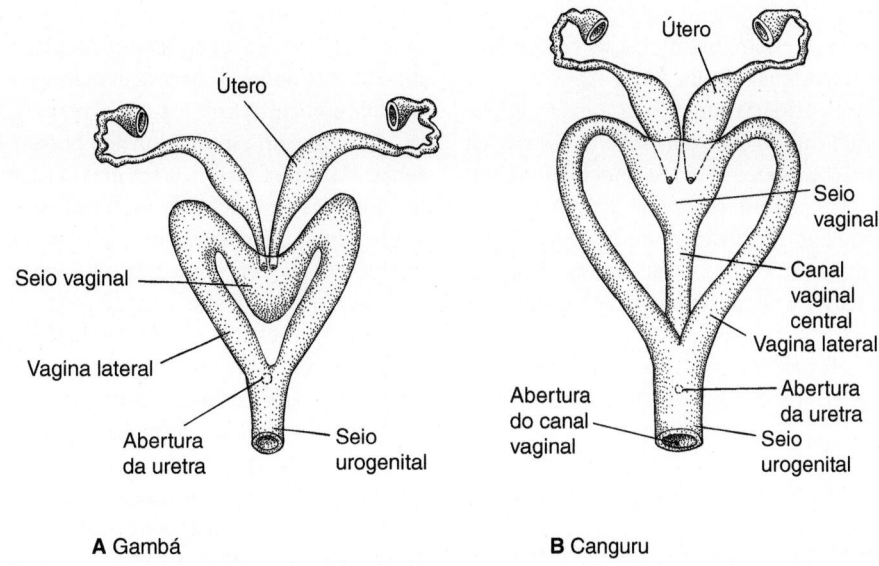

Figura 14.51 Órgãos reprodutores de fêmeas de marsupiais. A. Gambá. **B.** Canguru.

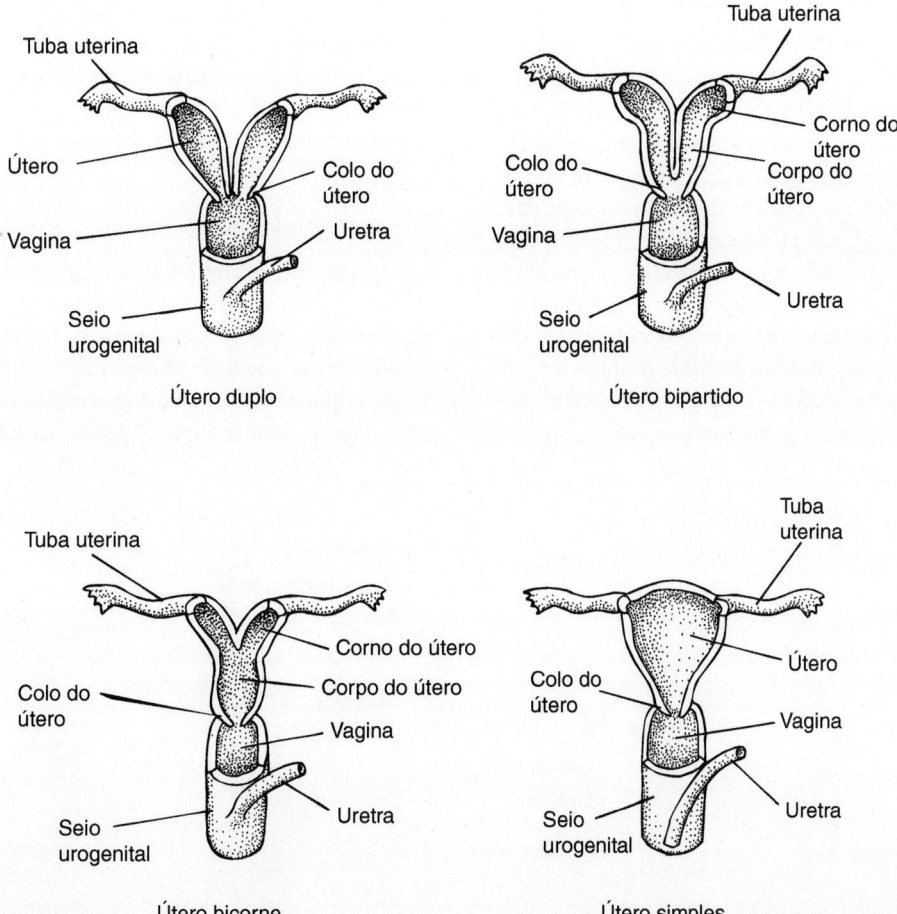

Figura 14.52 Órgãos reprodutores de fêmeas de mamíferos eutérios. O útero se caracteriza pelo grau de fusão dos úteros pareados.

Nos peixes, a urina é armazenada nas extremidades dos ductos urinários, onde se unem à cloaca ou se abrem para fora. Esse tipo de bexiga urinária é de origem mesodérmica, e não cloacal. É encontrada entre os elasmobrânquios, os holocéfalos e na maioria dos peixes teleósteos (Figura 14.53 A).

Nos tetrápodes, a bexiga urinária surge como uma evaginação da cloaca. A urina que flui do ducto urinário se esvazia na cloaca e, em seguida, enche a bexiga urinária semelhante a um saco (Figura 14.53 B). Nos mamíferos térios, os ductos urinários (ureteres) desembocam diretamente na bexiga urinária (Figura 14.53 C). A bexiga urinária dos tetrápodes aparece inicialmente entre os anfíbios e é encontrada em *Sphenodon*, nas tartarugas, na maioria dos lagartos, nas avestruzes entre as aves e em todos os mamíferos. A bexiga urinária foi perdida nas cobras, em alguns lagartos, nos crocodilianos e em todas as aves, com exceção da avestruz.

Função e evolução

Na maioria dos vertebrados, a reprodução é sazonal. A corte e a cópula estão habitualmente restritas a uma breve estação reprodutiva anual. Durante a estação reprodutiva, os ductos genitais preparados pelos hormônios recebem e transportam óvulos e espermatozoides liberados. O início do período reprodutivo é denominado **recrudescência**. Apenas entre os humanos é que a reprodução ocorre durante todo o ano.

Potência e fertilidade

A **fertilidade** se refere à capacidade da fêmea de produzir óvulos passíveis de fertilização ou à capacidade do macho de produzir espermatozoides em números suficientes para efetuar a fertilização. Um macho que produz um número insuficiente de espermatozoides é **infértil** ou **estéril**. No homem, o sêmen ejaculado pode conter 200 milhões de espermatozoides. Embora seja necessário apenas um espermatozoide para fecundar um óvulo, uma queda na contagem de espermatozoides para 50 milhões pode resultar em esterilidade. Embora milhões de espermatozoides possam ser ejaculados na vagina, o número de espermatozoides que sobrevive à jornada até os limites superiores

do oviduto raramente ultrapassa algumas centenas. Tendo em vista que o espermatozoide é pequeno em comparação ao volume do oviduto, não é surpreendente que apenas um número muito modesto de espermatozoides alcance o local de fertilização. Por fim, muitos espermatozoides interagem para atravessar as células foliculares ou o muco superficial que aderem ao óvulo, de modo que um espermatozoide possa penetrar na membrana celular do óvulo. Assim, a fertilização é realizada pela fusão de um único espermatozoide com um único óvulo; todavia, isso ocorre depois de muito atrito e cooperação entre numerosos espermatozoides para promover a penetração do óvulo.

A **potência** se refere à capacidade do macho de copular. A **impotência** resulta da impossibilidade de conseguir uma ereção. A impotência é diferente da esterilidade. Os machos castrados são estéreis, visto que carecem de testículos e não produzem nenhum espermatozoide. Entretanto, se os testículos forem removidos depois da puberdade, terá decorrido um período suficiente para que os andrógenos masculinizem o indivíduo, que então mantém algumas características sexuais secundárias, o impulso sexual e a capacidade de ter relações sexuais (potência).

A espermatogênese está sob controle hormonal. Em um animal com reprodução sazonal, os espermatozoides são apenas produzidos em determinadas épocas do ano. O **hormônio foliculoestimulante (FSH)**, um hormônio gonadotrópico da hipófise, estimula a multiplicação das espermatogônias nos túbulos seminíferos à medida que se aproxima a estação de acasalamento. Com o avanço da idade, pode haver um declínio lento na capacidade dos túbulos seminíferos de produzir espermatozoides maduros, porém não ocorre uma cessação repentina comparável à **menopausa** feminina que ocorre em alguns mamíferos.

Fertilização externa e interna

A fertilização externa é comum entre os invertebrados e os vertebrados ancestrais. Os óvulos e os espermatozoides se encontram fora do corpo. Todavia, muitos vertebrados vivem em ambientes em que a fertilização externa é desvantajosa. A rã *Ascaphus*, por exemplo, vive e se reproduz em rios de correnteza, onde as correntes rápidas poderiam carrear os óvulos e os

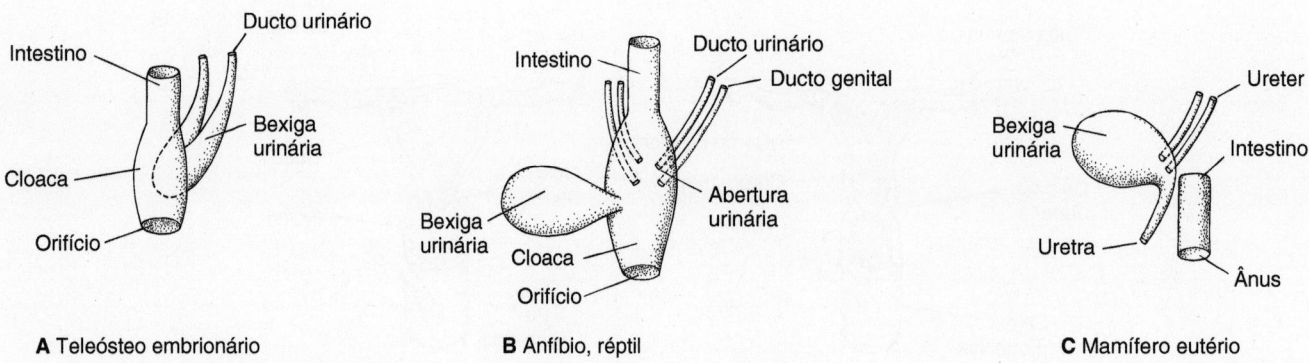

A Teleósteo embrionário　　**B** Anfíbio, réptil　　**C** Mamífero eutério

Figura 14.53 Evolução da bexiga urinária. A. Nos teleósteos, o intestino e os ductos urinários estabelecem saídas separadas, o ânus e os poros urinários, respectivamente. Em consequência, ocorre perda da cloaca embrionária no adulto. A bexiga urinária dos teleósteos, quando presente, é formada a partir das extremidades dilatadas dos ductos urinários. **B** e **C.** Nos tetrápodes, a bexiga urinária consiste em uma evaginação da cloaca. Abre-se na cloaca nos anfíbios e nos répteis (**B**), porém sai pela uretra nos mamíferos (**C**).

De M. Wake.

espermatozoides liberados no ambiente. A fertilização interna por meio de um órgão introdutor aumenta o sucesso da transferência de espermatozoides nessas condições.

Todavia, a fertilização interna oferece uma vantagem adaptativa adicional. Os eventos de corte e fertilização podem ser separados dos eventos de deposição dos ovos. A fertilização nem sempre ocorre em um ambiente que também seja apropriado para a deposição dos ovos. Por exemplo, algumas salamandras acasalam na terra, onde as exibições de corte são visíveis, porém a terra seca oferece poucos locais favoráveis para o desenvolvimento de seus ovos que dependem da água. Na maioria das salamandras, um espermatóforo é capturado pela fêmea durante a corte, porém os óvulos não são liberados nesse momento. Com efeito, os espermatozoides são mantidos na espermateca até que seja encontrado um local apropriado para a deposição. Os óvulos são fertilizados à medida que são depositados (Figura 14.54 A–C).

Certas limitações fisiológicas podem restringir a evolução da viviparidade em alguns grupos. Entre os amniotas, o cálcio para a ossificação do esqueleto embrionário pode ser armazenado no vitelo (p. ex., escamados) ou na casca do ovo (p. ex., tartarugas, crocodilos e aves). Na viviparidade, a casca calcária do ovo é perdida, possibilitando uma troca eficiente entre os tecidos fetais e maternos. Entretanto, os reservatórios de cálcio da casca

também são perdidos. Isso pode ajudar a explicar por que a viviparidade está ausente entre tartarugas, crocodilos e aves, isto é, grupos nos quais a casca do ovo é utilizada para o armazenamento de cálcio. A viviparidade é comum entre os lagartos e as cobras que não utilizam a casca como reservatório de cálcio.

Tanto na oviparidade quanto na viviparidade, os jovens são transportados internamente, aumentando o tempo decorrido entre a corte e o nascimento ou a deposição do ovo e dando à fêmea a chance de procurar locais seguros para o nascimento ou a eclosão dos jovens. Nos vertebrados que regulam a sua temperatura internamente ou de modo comportamental, as fêmeas mantêm seus embriões, possibilitando o seu desenvolvimento em uma temperatura estável. Se um réptil ectotérmico depositar seus ovos sob uma rocha, os ovos estarão sujeitos à flutuação ambiental da temperatura. Entretanto, se a fêmea os mantiver dentro de seu corpo, ela pode se deslocar entre os locais e, em dias frios, se aquecer em qualquer local onde haja calor disponível para elevar a temperatura dos embriões em desenvolvimento dentro de seu corpo.

Retardos na gestação

A **gestação** dura desde o momento da concepção até a eclosão ou o nascimento. Inclui a fertilização, a implantação (em algumas espécies) e o desenvolvimento. Em algumas espécies

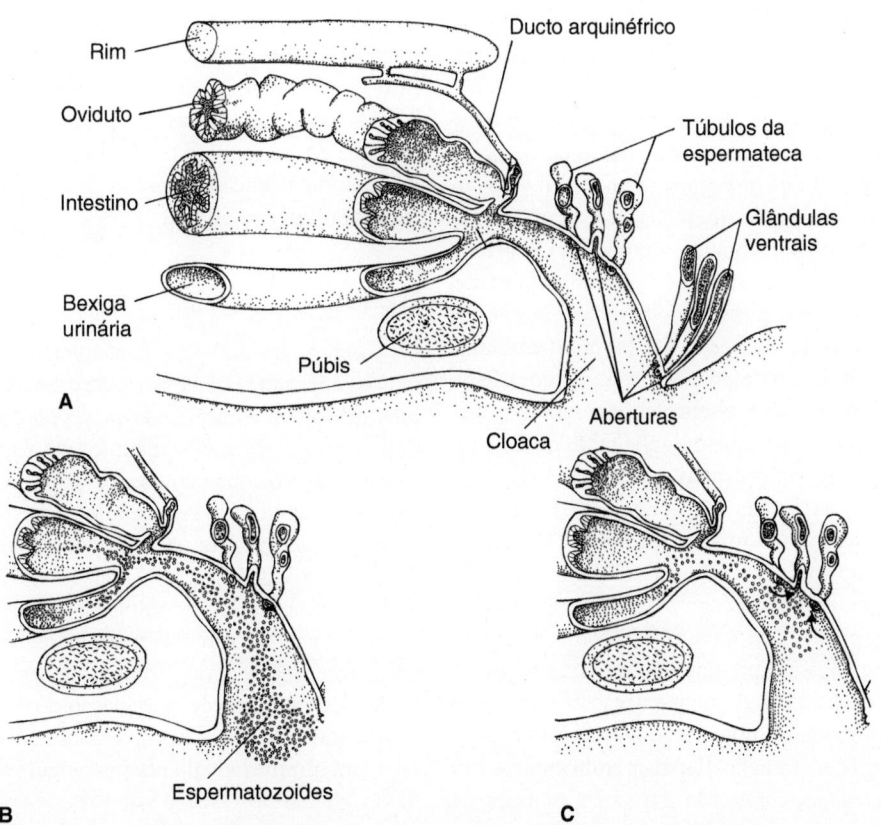

Figura 14.54 Armazenamento de espermatozoides na espermateca da salamandra _Notophthalmus_. A. Diagrama do sistema urogenital. Algumas horas após a entrada dos espermatozoides na cloaca (**B**), eles se movimentam para dentro dos túbulos da espermateca (**C**), onde são armazenados. Nessa espécie, os óvulos não são liberados por vários meses. Quando são liberados, os espermatozoides armazenados são descarregados na cloaca para fertilizar os óvulos que estão passando.

De Hardy e Dent.

Família	Espécie	Nome comum	Meses
			J F M A M J J A S O N D J F M A M J J
Mustelidae	*Martes americana*	Marta	
	Lutra canadiensis	Lontra	
	Mustela erminea	Arminho	
	Taxidea taxus	Texugo-americano	
	Meles meles	Texugo-europeu	
Ursidae	*Ursus americanus*	Urso-negro	
	Ursus maritimus	Urso-polar	
Pinnipedia	*Phoca vitulina*	Foca comum	
	Callorhinus ursinus	Urso-do-mar	
	*Mirounga leonina**	Elefante-marinho	
Artiodactyla	*Capreolus capreolus*	Corça	
Edentata	*Dasypus novemcinctus*	Tatu	
Chiroptera	*Eidolon helvum*	Morcego frugívoro	
	*Hemisfério sul		J F M A M J J A S O N D J F M A M J J

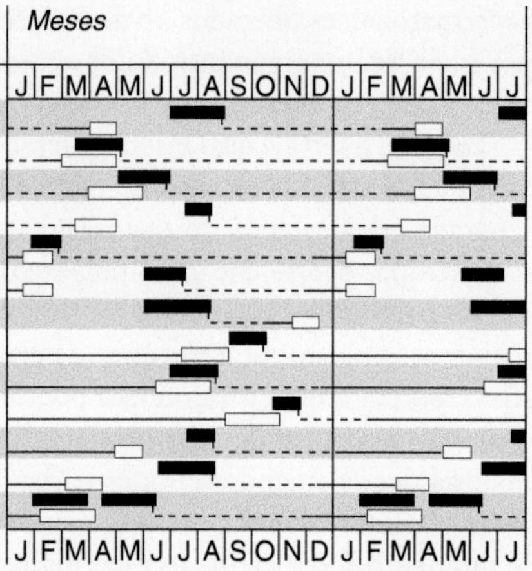

■ Estação de acasalamento   - - - - Pré-implantação   —— Pós-implantação   ▢ Estação do nascimento

Figura 14.55 Implantação retardada. São apresentadas as estações de acasalamento, pré-implantação, pós-implantação e nascimento para várias espécies de mamíferos. Para assegurar que os jovens nasçam quando os recursos provavelmente estão mais disponíveis, muitos mamíferos desenvolveram métodos para prolongar a gestação além das estações rigorosas ou das épocas de migração, de modo que o nascimento ocorra quando as condições estiverem favoráveis. A implantação retardada ocorre depois da fertilização, quando o embrião não se implanta imediatamente na parede uterina. Com efeito, o embrião passa por um estágio durante o qual seu desenvolvimento é retardado ou interrompido. Posteriormente, após a ocorrência da implantação, o desenvolvimento embrionário retoma seu ritmo. Observe que algumas espécies dão à luz durante o inverno.

De Sadleir.

de mamíferos, o início de cada estágio pode ser prolongado ou retardado. Por exemplo, ocorre **fertilização retardada** em alguns morcegos. A cópula ocorre no outono, logo antes da hibernação, porém as fêmeas não ovulam nessa época. Com efeito, os espermatozoides são armazenados no útero ou na parte superior da vagina. Quando os morcegos saem da hibernação vários meses depois, os óvulos são liberados, os espermatozoides ficam ativos, e a fertilização finalmente ocorre. Os jovens nascem no início do verão, uma estação que geralmente se caracteriza pela abundância de insetos como alimento.

Na **implantação retardada**, conhecida apenas nos mamíferos, ocorrem fertilização e início do desenvolvimento, porém o embrião não se implanta no útero. O desenvolvimento é interrompido por um período extenso, até que a implantação finalmente ocorra e a gestação prossiga. A implantação retardada é observada em muitos membros da família das doninhas (Mustelidae), dos ursos (Ursidae) e em alguns outros grupos (Figura 14.55). Na maioria dos casos, a implantação retardada está ligada ao ciclo sazonal anual. Em alguns marsupiais, como os cangurus e marsupiais da família Macropodidae, entretanto, a implantação retardada do **blastocisto** está ligada à presença de um canguru jovem no marsúpio, denominado filhote. A amamentação de um filhote mais velho no marsúpio inibe a implantação do próximo blastocisto, um tipo de retardo denominado **diapausa embrionária**. No **desenvolvimento retardado**, conhecido em várias espécies de morcegos, a fertilização e a implantação ocorrem conforme programado, porém o crescimento subsequente do embrião é lento.

O retardo na fertilização, na implantação ou no desenvolvimento aumenta o tempo decorrido entre a reprodução e o nascimento para assegurar que os jovens não nascerão em um momento inoportuno (p. ex., durante a migração) ou quando

o alimento é escasso (como ocorre no meio do inverno). As fêmeas de caribu dão à luz imediatamente após sua migração das florestas de inverno para a tundra de verão. Muitas espécies de baleias dão à luz após sua migração dos mares polares, quando chegam em oceanos temperados ou tropicais. As focas dão à luz quando alcançam as praias de acasalamento, depois de uma extensa migração no mar.

Resumo

Os sistemas urinário e genital surgem como vizinhos a partir de regiões adjacentes no embrião e compartilham alguns dos mesmos ductos no adulto. Todavia, do ponto de vista funcional, os dois sistemas são muito distintos. O sistema urinário inclui os rins e os ductos que eliminam a urina, um produto de excreção aquoso. A urina é um subproduto da função primária do sistema urinário, que consiste na regulação interna da composição dos líquidos corporais. Outros órgãos também podem participar – a pele, as brânquias ou os pulmões, o canal alimentar, o fígado –, porém os rins são especializados na manutenção controlada dos níveis internos de água e solutos, na osmorregulação e na eliminação dos produtos de degradação do metabolismo, a excreção. A unidade funcional do rim, o túbulo urinífero, coleta na cápsula renal um ultrafiltrado do plasma sanguíneo que se difunde a partir do glomérulo vascular sob pressões osmóticas e hemodinâmicas favoráveis. À medida que o ultrafiltrado se move ao longo do túbulo, determinadas regiões do túbulo adicionam ou retiram líquido e solutos, produzindo, finalmente, a urina.

Os organismos vivem em ambientes que podem desidratá-los, reduzindo criticamente os níveis internos de líquidos, ou em ambientes que resultam em um influxo de líquido ao longo de um gradiente osmótico, inchando os tecidos com o excesso de líquido. Ao controlar a composição de água do ultrafiltrado, os líquidos podem ser recuperados (produzindo urina concentrada) ou adicionados (produzindo urina diluída) para compensar o estresse ambiental sobre o equilíbrio interno dos líquidos e solutos. Um produto final do metabolismo é o nitrogênio, normalmente na forma de amônia, que pode ser tóxica. A sua eliminação pode ser direta, através da pele ou das brânquias (amoniotelismo), ou indireta, através dos rins, por meio da conversão inicial da amônia em ácido úrico e, em seguida, sua eliminação (uricotelismo), ou em ureia, seguida de sua eliminação (ureotelismo).

O sistema genital inclui as gônadas e os ductos que transportam seus produtos, os óvulos e os espermatozoides. Desse modo, o sistema genital está mais diretamente envolvido na realização de uma reprodução bem-sucedida, que é seu principal papel biológico. Além de produzir óvulos e espermatozoides, as gônadas são órgãos endócrinos que presidem o desenvolvimento dos gametas, do embrião e a reprodução de acordo com o seu ritmo estabelecido. Além disso, iniciam o desenvolvimento das características sexuais secundárias, preparam para a gravidez, mantêm o suporte fisiológico para o embrião e ativam o comportamento reprodutor associado. Nos amniotas, a fertilização normalmente é interna, sendo a transferência dos espermatozoides ocasionalmente auxiliada por um órgão introdutor masculino.

Na transição dos vertebrados da água para a terra, uma via conveniente de eliminação dos resíduos – as brânquias – desapareceu, aumentando, assim, o papel dos rins. À medida que os vertebrados se tornaram mais terrestres, a economia da água ficou mais importante durante a eliminação do nitrogênio. A formação de ácido úrico, incluindo a reabsorção de água na cloaca, fornece uma resposta. A outra é a formação de ureia, um meio de converter a amônia em uma forma atóxica, exigindo menor quantidade de água no processo. A transição para a terra também favoreceu inicialmente a fertilização interna como alternativa para disseminar os gametas externamente no ambiente aquático circundante. A fertilização interna possibilita o desacoplamento temporal de várias atividades reprodutivas – a corte, a fertilização e a deposição dos ovos. Dessa maneira, essas atividades podem ocorrer em momento e ambiente mais apropriados para cada uma delas.

CAPÍTULO 15

Sistema Endócrino

Descrição das glândulas endócrinas

Os níveis de atividade no corpo são regidos por dois sistemas de controle principais. Um deles é o sistema nervoso, que é discutido no Capítulo 16; o outro é o sistema endócrino, descrito neste capítulo. Esses sistemas de controle frequentemente atuam em conjunto, são responsáveis pela coordenação das atividades entre órgãos, incrementam a atividade dos órgãos em respostas a necessidades fisiológicas aumentadas e mantêm condições de equilíbrio dinâmico.

O sistema endócrino inclui as **glândulas endócrinas**, os mensageiros químicos ou **hormônios** que elas produzem e os **tecidos-alvo** que elas afetam. As glândulas endócrinas estão localizadas em todo corpo. Os hormônios não são transportados em ductos, mas sim pelo sangue. Embora circulem por todo corpo, cada um deles normalmente afeta tecidos-alvo selecionados, de modo que sua influência é localizada.

As glândulas endócrinas são tão variadas quanto os tecidos-alvo que elas controlam. Presidem a reprodução, o metabolismo, a osmorregulação, o desenvolvimento embrionário, o crescimento, a metamorfose e a digestão. Começaremos a analisar a distribuição das glândulas endócrinas e os hormônios que produzem entre os grupos de vertebrados.

Glândula tireoide

Estrutura e filogenia

A glândula tireoide produz, armazena e libera dois **hormônios tireoidianos** separados que regulam a taxa metabólica, a metamorfose, o crescimento e a reprodução. Os hormônios tireoidianos são considerados **permissivos**, o que significa que eles "permitem" que os tecidos-alvo sejam mais responsivos à estimulação por outros hormônios, pelo sistema nervoso ou, possivelmente, por estímulos ambientais (como luz ou temperatura). A glândula tireoide secreta hormônios que contêm iodo. Em 1915, a **tiroxina**, o primeiro hormônio tireoidiano, foi isolada e identificada. Outro nome para esse hormônio é **tetraiodotironina**, ou, de modo abreviado, T_4 (assim denominado porque cada molécula contém quatro átomos de iodo). Um segundo hormônio tireoidiano identificado em 1952 é a

tri-iodotironina ou T_3 (que contém três átomos de iodo; Tabela 15.1). Inicialmente isolados em mamíferos, sabe-se atualmente que ambos os hormônios T_3 e T_4 são sintetizados em todos os vertebrados. Nos ciclóstomos, esses hormônios são armazenados *intra*celularmente. Todavia, nos gnatostomados, a tireoide armazena grandes quantidades de hormônios *extra*celularmente no lúmen de centenas de minúsculas esferas irregulares ou **folículos**. Essa condição é singular quando comparada com todas as outras glândulas endócrinas dos vertebrados. As paredes desses folículos são formadas por uma única camada de células epiteliais, denominadas **células principais** (células foliculares) (Figura 15.1 A a C). Elas produzem um **coloide** gelatinoso, no qual esses hormônios são armazenados dentro dos folículos. As células principais também liberam hormônios tireoidianos quando necessário (Figura 15.1 B). Em todos os vertebrados, a glândula tireoide surge como uma evaginação

Tabela 15.1 Glândulas endócrinas e suas principais secreções nos mamíferos.

Hormônio	Fonte do hormônio
Adeno-hipófise	
Hormônio do crescimento (GH)	*Pars distalis*
Prolactina (PRL)	*Pars distalis*
Tireotropina (TSH)	*Pars distalis*
Hormônio foliculoestimulante (FSH)	*Pars distalis*
Hormônio luteinizante (LH)	*Pars distalis*
Corticotropina (ACTH)	*Pars distalis*
Melanotropina (MSH)	*Pars intermedia*
Neuro-hipófise	
Vasopressina (VADH)	Neurônios que se projetam para a neuro-hipófise a partir dos núcleos
Ocitocina (OCI)	paraventriculares e supraópticos do hipotálamo
Paratireoide	
Paratormônio (PTH)	Células principais
Tireoide	
Tiroxina (tetraiodotironina) (T_4)	Células principais
Tri-iodotironina (T_3)	Células principais
Calcitonina	Células parafoliculares
Glândula adrenal	
Córtex	
Aldosterona	Zona glomerulosa
Glicocorticoides	Zona fasciculada, zona reticulada
Andrógenos	Zona reticulada
Medula	
Norepinefrina	Células cromafins
Epinefrina	Células cromafins
Ilhotas pancreáticas	
Insulina	Células B
Glucagon	Células A
Somatostatina	Células D
Polipeptídio pancreático	Células PP
Duodeno	
Colecistocinina (CCK)	Mucosa intestinal
Secretina	Mucosa intestinal
Testículos	
Testosterona	Células intersticiais
Ovário	
Estradiol	Teca interna, células intersticiais, células da granulosa (?)
Progesterona	Corpo lúteo, teca interna
Outros esteroides estrogênicos foliculares em menores quantidades	
Placenta	
Gonadotropina coriônica	Sinciciotrofoblasto
Estradiol	Sinciciotrofoblasto
Estriol	Sinciciotrofoblasto
Corticoides adrenais	Sinciciotrofoblasto
Lactogênio placentário (PL)	Sinciciotrofoblasto
Prolactina	Sinciciotrofoblasto
Substâncias semelhantes ao ACTH	Sinciciotrofoblasto

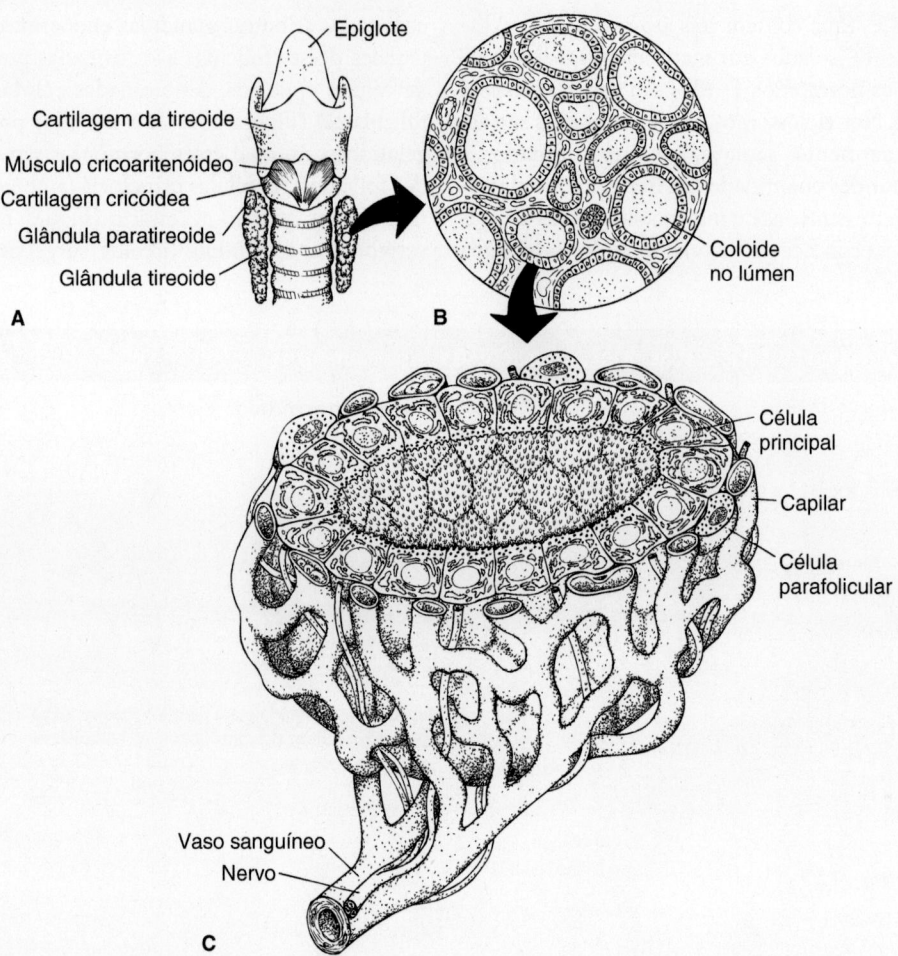

Epiglote

Cartilagem da tireoide

Músculo cricoaritenóideo

Cartilagem cricóidea

Glândula paratireoide

Glândula tireoide

A

B

Coloide no lúmen

Célula principal

Capilar

Célula parafolicular

Vaso sanguíneo

Nervo

C

Figura 15.1 Glândula tireoide dos mamíferos. A glândula tireoide é composta por numerosos folículos esféricos. As células principais na parede de cada folículo produzem hormônios tireoidianos e os secretam, quando necessário, nos capilares. **A.** Vista ventral da laringe e da traqueia de um cão, mostrando as glândulas tireoide e paratireoide pareadas. **B.** Corte histológico ampliado da tireoide, ilustrando os folículos e o coloide que preenche o lúmen. **C.** Vista em corte de um único folículo da tireoide, mostrando a disposição das células principais e das células parafoliculares (células C) que compõem a parede folicular. Observe a inervação e os capilares que envolvem as regiões basais dessas células.

De Krstić.

do assoalho da faringe, inicialmente sólida ou oca, mas que logo se separa da faringe (Figura 15.2 A a D). Nos teleósteos, fragmenta-se em massas dispersas de folículos. Na maioria dos outros vertebrados, forma uma glândula com um ou dois lobos na garganta, envolvida por uma cápsula de tecido conjuntivo (Figura 15.3 A a L).

Nos urocordados e cefalocordados, foi descrita uma via de biossíntese para a produção dos hormônios tireoidianos. Nos anfioxos e nas lampreias, o endóstilo possui uma função semelhante à da glândula tireoide, visto que secreta produtos ricos em iodo, porém diretamente no trato digestório. Durante a metamorfose dos amocetes, o endóstilo é convertido nas células foliculares da glândula tireoide, que libera seus hormônios no sistema circulatório. O endóstilo dos protocordados, à semelhança da glândula tireoide dos vertebrados, coleta o iodo, contribuindo para o ponto de vista de que o endóstilo é o predecessor filogenético da tireoide. Todavia, o papel desempenhado pelos compostos iodados no metabolismo dos protocordados ainda não está bem-esclarecido.

Função

Quando está sendo armazenada, a proteína tireoglobulina é secretada pelas células principais sob a influência do hormônio hipofisário, a **tireotropina**, ou **hormônio tireoestimulante (TSH)**, e armazenada no coloide (Figura 15.4 A). O aminoácido tirosina é incorporado na proteína e iodado, utilizado para formar a T_4 (acoplamento de duas tirosinas iodadas) e ligado ao arcabouço da proteína por ligações peptídicas. Quando mobilizadas, as células principais se tornam mais altas e formam extensões apicais que envolvem a proteína armazenada, de modo que essas células possam fagocitar e, em seguida, hidrolisar o coloide em lisossomos. A tireoglobulina é captada de volta pelas células principais (novamente sob a influência do TSH), onde as enzimas hidrolíticas clivam a tireoglobulina para produzir T_4. Parte da T_4 é parcialmente desiodada para T_3 antes de sua liberação da glândula, de modo que certa quantidade de T_3, mas principalmente T_4, entra na circulação (Figura 15.4 B). Grande parte da T_4 na circulação é degradada ou convertida por enzimas hepáticas na forma mais ativa do hormônio, a T_3.

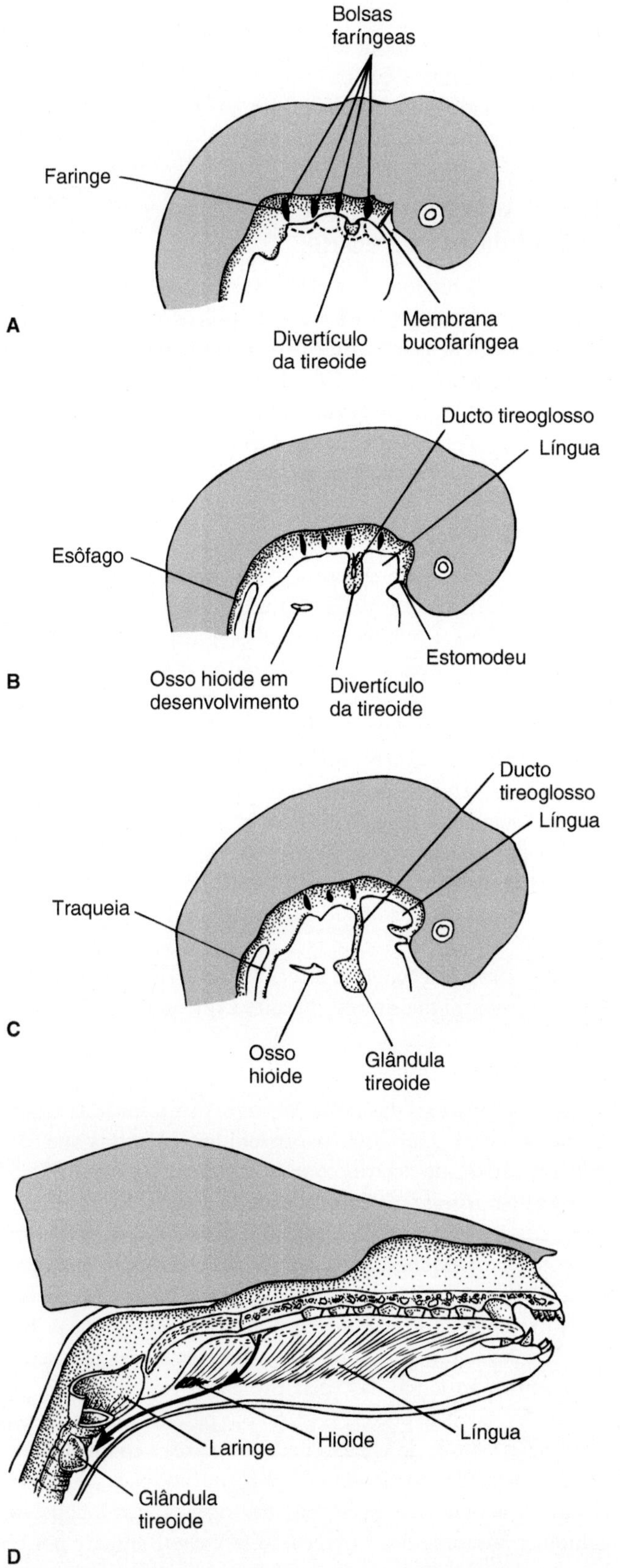

A

Bolsas faríngeas

Faringe

Divertículo da tireoide

Membrana bucofaríngea

B

Ducto tireoglosso

Língua

Esôfago

Osso hioide em desenvolvimento

Divertículo da tireoide

Estomodeu

C

Ducto tireoglosso

Língua

Traqueia

Osso hioide

Glândula tireoide

D

Laringe

Hioide

Língua

Glândula tireoide

Figura 15.2 Desenvolvimento embrionário da tireoide dos mamíferos. A. Corte sagital através da faringe embrionária. **B** e **C.** Estágios sucessivos no aparecimento e no crescimento do divertículo da tireoide. **D.** Localização da tireoide em um mamífero adulto, que migra embriologicamente ao longo da via indicada pelas *setas*.

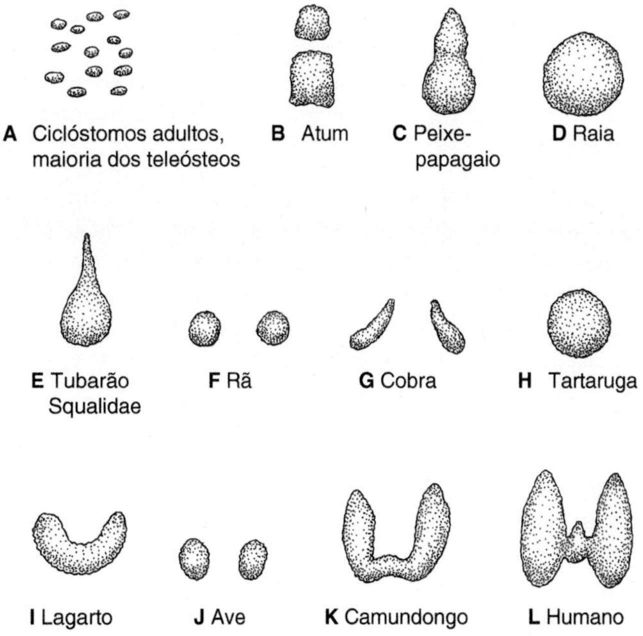

A Ciclóstomos adultos, maioria dos teleósteos

B Atum

C Peixe-papagaio

D Raia

E Tubarão Squalidae

F Rã

G Cobra

H Tartaruga

I Lagarto

J Ave

K Camundongo

L Humano

Figura 15.3 Glândulas tireoides dos vertebrados. A a **E.** Peixes. **F.** Anfíbio. **G** a **I.** Répteis. **J.** Aves. **K** e **L.** Mamíferos.

De Gorbman e Bern.

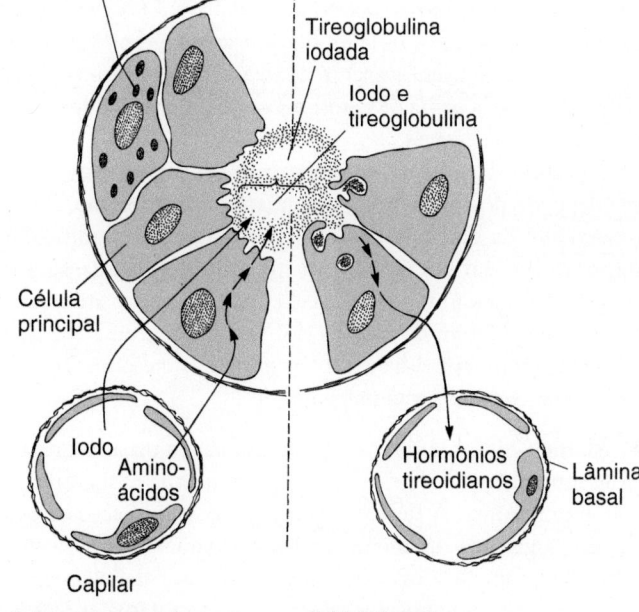

Célula parafolicular

Tireoglobulina iodada

Iodo e tireoglobulina

Célula principal

Iodo

Amino-ácidos

Hormônios tireoidianos

Lâmina basal

Capilar

A Armazenamento

B Mobilização

Figura 15.4 Secreção e mobilização da tireoide. A. A tireotropina (TSH) estimula as células principais a captar o iodo e os aminoácidos, a combiná-los com a tireoglobulina e a secretar o coloide resultante no lúmen. **B.** Estimuladas pelo TSH da hipófise, as células principais mobilizam os hormônios armazenados no coloide e os liberam nos capilares adjacentes. As paredes dos capilares normalmente são fenestradas, mas a lâmina basal é completa.

Os hormônios tireoidianos são encontrados nos ciclóstomos, nos quais inibem a metamorfose, mas sua função no adulto não é conhecida. Os efeitos dos hormônios tireoidianos sobre os tecidos-alvo são mais bem conhecidos nos mamíferos e nas aves.

▶ **Metabolismo.** Nos endotérmicos, os hormônios tireoidianos elevam o consumo de oxigênio e a produção de calor pelos tecidos. Injeções de hormônios tireoidianos podem aumentar a taxa metabólica basal em várias vezes. Os hormônios tireoidianos afetam a atividade metabólica especificamente por meio de aumento das membranas plasmáticas, particularmente nas mitocôndrias, e pelo aumento nas atividades moleculares das proteínas de membrana. Os ectotérmicos não apresentam taxa metabólica "basal", embora naturalmente tenham uma temperatura corporal dependente das condições do ambiente e dos níveis de atividade. Os hormônios tireoidianos nos ectotérmicos afetam o metabolismo, e esse efeito é sensível à temperatura corporal. Um efeito da tireoide sobre o metabolismo dos ectotérmicos pode ser observado nos répteis, quando sua temperatura se torna ambientalmente elevada. Em temperaturas baixas (20°C), os tecidos do lagarto não são sensíveis aos hormônios tireoidianos, mas, em temperaturas preferidas (30°C), os tecidos respondem aos hormônios tireoidianos.

▶ **Crescimento e metamorfose.** Nas aves e nos mamíferos, o crescimento normal depende dos níveis normais de hormônios tireoidianos. O **hipotireoidismo**, que se refere a uma produção deficiente desses hormônios, resulta em retardo do crescimento e deficiência mental nas crianças, uma síndrome conhecida com **cretinismo**. Nos adultos, o hipotireoidismo resulta em letargia e comprometimento da capacidade cognitiva. O **hipertireoidismo**, que se refere a uma produção excessiva de hormônios tireoidianos, resulta em aumento da atividade, nervosismo, olhos salientes e rápida perda de peso, uma condição médica denominada doença de Graves.

De modo semelhante, o crescimento dos répteis e dos peixes depende dos hormônios tireoidianos. Por exemplo, ocorre aumento da glândula tireoide quando um jovem salmão é transformado em um salmão em sua primeira descida para o mar, o estágio migratório em que ele nada rio abaixo até o mar. Os anfíbios diferem da maioria dos vertebrados, uma vez que seus hormônios tireoidianos interrompem o crescimento das larvas e promovem a metamorfose.

▶ **Muda.** Os hormônios tireoidianos afetam a perda e a reposição subsequente dos pelos ou das penas quando os mamíferos e as aves **mudam**. A tiroxina promove a descamação ou troca da pele, sugerindo um efeito geral dos hormônios tireoidianos sobre o tegumento dos vertebrados. Se houver deficiência de hormônios tireoidianos nas aves ou nos mamíferos, o crescimento dos pelos ou das penas fica comprometido, a deposição de pigmento é reduzida, e a pele tende a ficar fina. A pele dos peixes, dos anfíbios e dos répteis também é afetada de maneira adversa pela deficiência dos hormônios da tireoide.

▶ **Reprodução.** Na maioria dos vertebrados, os níveis elevados de hormônios tireoidianos estão correlacionados com a maturação das gônadas e a ovogênese ou a espermatogênese. Mais uma vez, os anfíbios parecem constituir uma exceção, visto que seus hormônios tireoidianos aparentemente interrompem os processos fisiológicos que promovem a reprodução. A remoção cirúrgica das glândulas tireoides dos anfíbios é seguida de desenvolvimento acelerado das gônadas.

Corpo ultimobranquial e glândula paratireoide

O corpo ultimobranquial e a glândula paratireoide liberam hormônios com efeitos opostos ou antagônicos. O corpo ultimobranquial secreta **calcitonina** (tireocalcitonina), que reduz os níveis sanguíneos de cálcio. A glândula paratireoide secreta o **paratormônio** (= **hormônio da paratireoide**), que eleva os níveis sanguíneos de cálcio. Como seus papéis se concentram no metabolismo do cálcio, ambas as glândulas são tratadas juntas.

Corpo ultimobranquial

Os primórdios embrionários da quinta bolsa faríngea formam os **corpos ultimobranquiais** (Figura 15.5). Esses corpos consistem em massas celulares separadas, normalmente de modo pareado, que se localizam na região da garganta dos peixes, anfíbios, répteis e aves. Os ciclóstomos não parecem ter corpos ultimobranquiais. Nos mamíferos, sua distribuição é singular, e os primórdios são incorporados diretamente na tireoide para formar uma pequena população dispersa de **células parafoliculares** (células C), espalhadas entre as células principais nas paredes dos folículos tireoidianos (ver Figura 15.1 C).

A crista neural constitui a fonte embrionária das células ultimobranquiais. Ainda não foi esclarecido se as células da crista neural entram no primórdio faríngeo antes de migrar para seu local de diferenciação, ou se as células da crista neural colonizam o primórdio mais tarde, durante a diferenciação.

Glândula paratireoide

As margens ventrais das bolsas faríngeas embrionárias constituem a fonte das **glândulas paratireoides**. As bolsas que contribuem variam de acordo com as espécies (ver Figura 15.5). O termo *paratireoide* descreve a estreita associação, nos mamíferos, dessa glândula com a glândula tireoide, que está imersa (p. ex., camundongo, gato, humano) ou próxima (p. ex., cabras, coelhos) da glândula tireoide. Pode haver um ou dois pares presentes. Todavia, nos anfíbios, nos répteis e nas aves, as glândulas paratireoides podem estar localizadas na tireoide ou dispersas ao longo das veias principais no pescoço (Figura 15.6 A a C). Nos peixes, as glândulas paratireoides estão ausentes. Em virtude de sua ausência nos peixes e em pelo menos algumas salamandras neotênicas obrigatórias (p. ex., *Necturus*), nas quais as brânquias persistem, foi sugerido que o papel das glândulas paratireoides é precedido filogeneticamente por células nas brânquias.

Na glândula paratireoide, as células exibem um arranjo em cordão aglomerado. As **células principais**, que constituem o tipo mais abundante de células, são provavelmente a fonte de paratormônio. Nos seres humanos e em algumas espécies de mamíferos, observa-se também a presença de **células oxífilas** de função desconhecida.

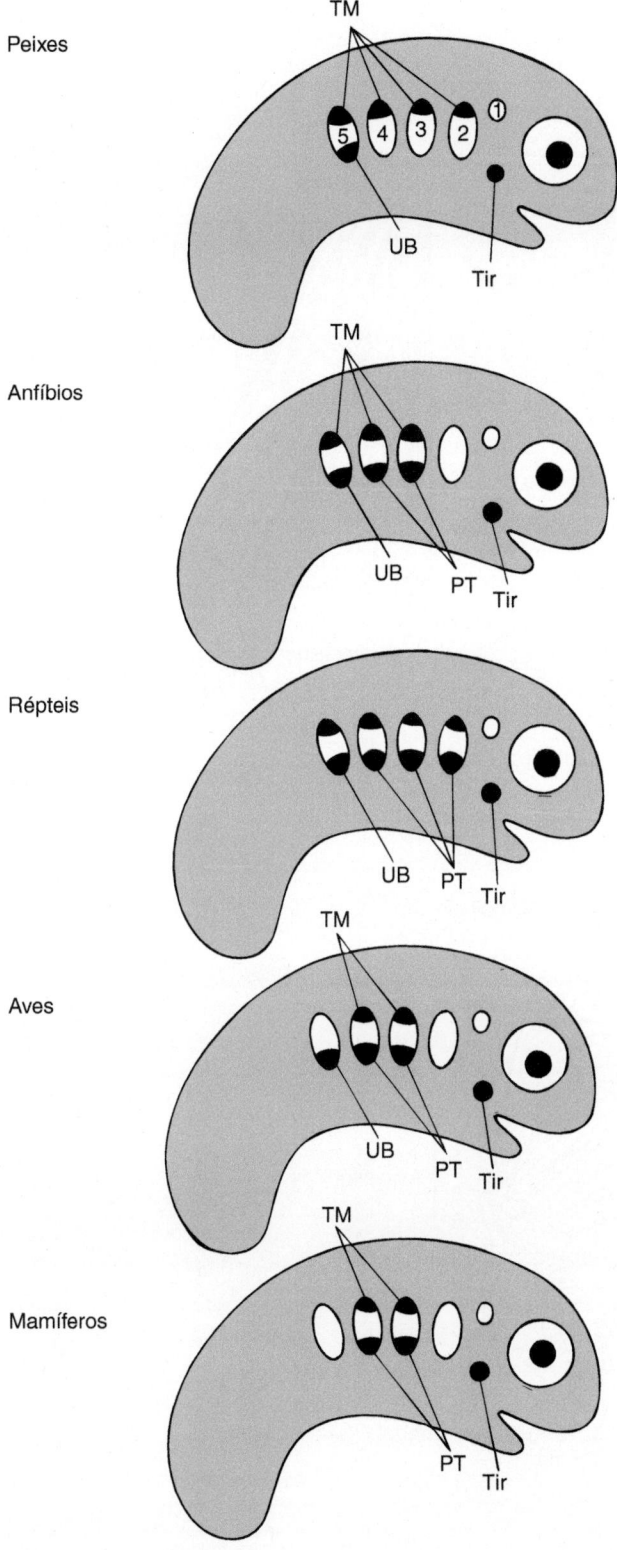

Figura 15.5 Contribuições embrionárias das bolsas farín-geas dos vertebrados para a tireoide (*Tir*), a paratireoide (*PT*), o timo (*TM*) e os corpos ultimobranquiais (*UB*). O ti-mo dos répteis se desenvolve a partir das bolsas 2 e 3 nos lagartos, das bolsas 3 e 4 nas tartarugas e das bolsas 4 e 5 nas cobras. Os corpos ultimobranquiais nos mamíferos se estabelecem na glândula tireoide na forma de células parafoliculares (células C). As bolsas farín-geas estão numeradas, sendo a primeira habitualmente reduzida no desenvolvimento embrionário.

Forma e função

O acesso imediato ao cálcio é importante na maioria dos verte-brados. Quando as aves secretam cascas de ovo calcificadas ou quando os veados apresentam o crescimento de uma nova ga-lhada, grandes quantidades de cálcio precisam ser rapidamente mobilizadas e transportadas de um local para outro. A manu-tenção da resistência normal do osso depende dos níveis de cálcio. Se os níveis de cálcio no sangue caírem excessivamente, os músculos esqueléticos podem sofrer espasmos descontro-lados. Se houver elevação excessiva dos níveis sanguíneos, as células osteogênicas são incapazes de reter o cálcio na matriz óssea para manter a densidade e a resistência do osso.

O paratormônio secretado pelas glândulas paratireoides atua por meio da elevação dos níveis sanguíneos de cálcio, promo-vendo a retenção de cálcio pelo rim, estimulando a sua absorção através das paredes do trato digestório e afetando a deposição de osso. Os processos competitivos de deposição e de remoção ósseas ocorrem de maneira simultânea e contínua, mas são, em geral, dinamicamente equilibrados. O paratormônio desloca o equilíbrio em direção a uma remoção efetiva de osso. Em con-sequência, maior quantidade de matriz óssea é removida em comparação com a quantidade depositada. Por conseguinte, o cálcio é liberado da matriz e captado pela circulação, causando elevação dos níveis sanguíneos de cálcio. A calcitonina das cé-lulas parafoliculares tem o efeito oposto, mudando o equilíbrio em direção à deposição efetiva de osso. Ela faz com que o cál-cio seja extraído do sangue e utilizado para construir uma nova matriz óssea, causando queda nos níveis sanguíneos de cálcio.

Os detalhes do mecanismo que controla os níveis de cálcio nos tetrápodes ainda são controversos, mas, em geral, três ór-gãos estão envolvidos: intestinos, rins e ossos. A interação des-ses órgãos está ilustrada no diagrama da Figura 15.7. Os tecidos moles, como os músculos, também necessitam de cálcio, porém seu efeito final sobre os níveis sanguíneos de cálcio é habitu-almente mínimo. O cálcio presente nos alimentos é absorvido pelos intestinos. Os rins são capazes de recuperar todo o cál-cio do filtrado glomerular e devolvê-lo ao líquido extracelular. O controle dos níveis de cálcio no osso é mais complicado. O cálcio é incorporado ao osso em uma forma cristalina. O nível de saturação do cálcio no osso é mais baixo que no sangue, de modo que o fluxo efetivo de cálcio ocorre do sangue para o os-so. A formação de novos cristais de osso é um processo passivo. Embora os níveis elevados de calcitonina tenham uma corre-lação com a queda dos níveis sanguíneos de cálcio, os detalhes do mecanismo envolvido ainda não estão bem esclarecidos. O paratormônio promove a reação oposta – o efluxo de cálcio de volta ao sangue –, favorecendo os osteoclastos que reabsorvem o osso. A remoção do cálcio do osso é um processo ativo. Não se sabe se os dois hormônios interagem direta ou indiretamen-te para inibir a ação um do outro.

Os peixes regulam o cálcio por mecanismos diferentes. Por exemplo, os teleósteos secretam somatolactina a partir da *pars intermedia* (hipófise), que influencia a homeostase do cálcio. Em geral, os teleósteos possuem osso acelular, que não repre-senta, portanto, uma boa fonte para a mobilização dinâmica do cálcio, de modo que eles dependem das escamas (e dos sacos endolinfáticos do ouvido) como reservatórios de cálcio.

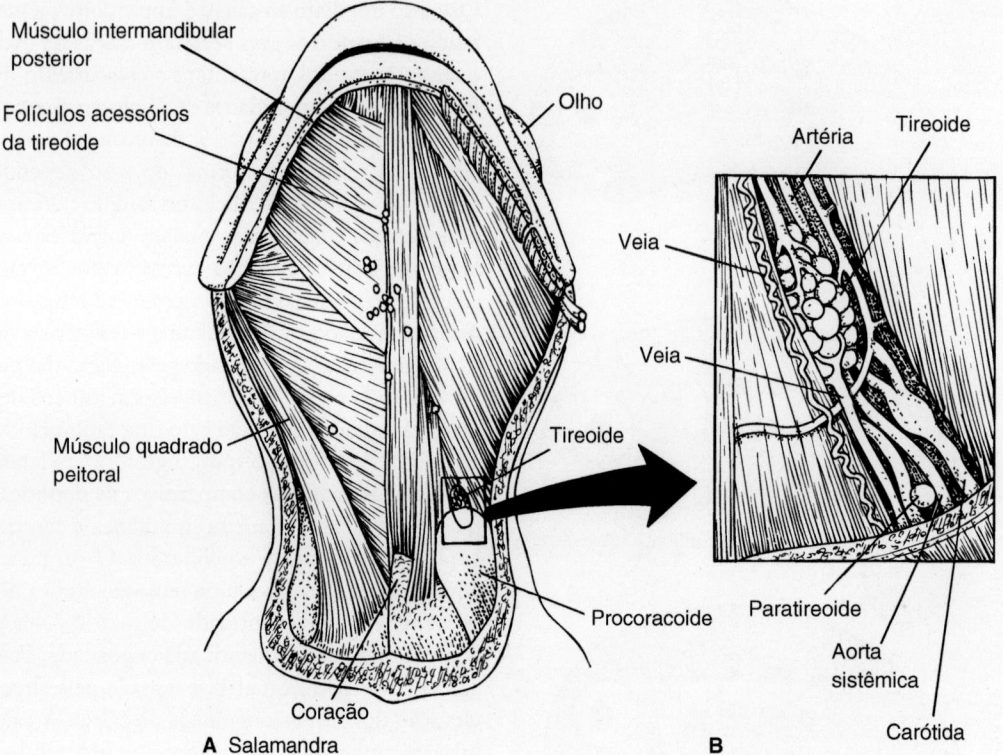

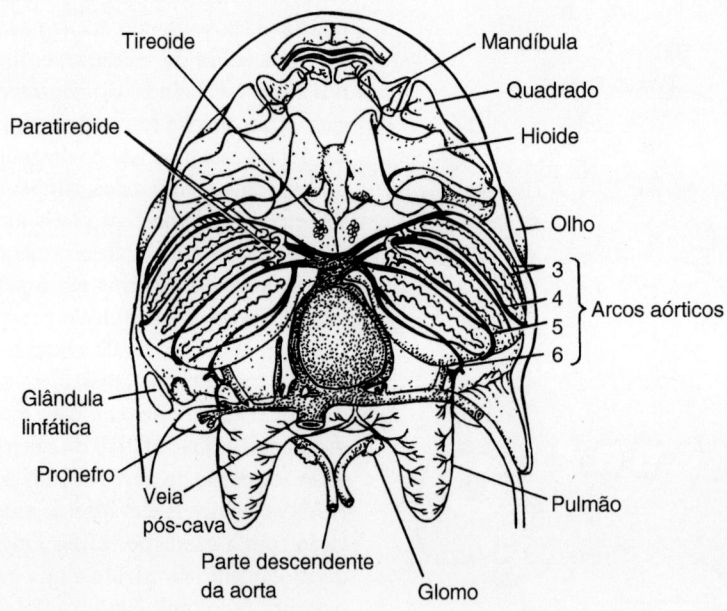

Figura 15.6 Localizações das glândulas tireoide e paratireoide nos anfíbios. A. Vista ventral exposta da garganta da salamandra *Triturus viridescens*. Os músculos intermandibular, quadrado interósseo e quadrado peitoral esquerdos foram removidos para mostrar os músculos mais profundos e as glândulas. **B.** Área ampliada, mostrando as glândulas tireoide e paratireoide com as artérias e veias circundantes. **C.** Vista ventral da garganta do girino de *Rana catesbeiana*. Observe as glândulas tireoides pareadas anteriormente ao coração e os conjuntos pares de glândulas paratireoides nas bases dos arcos branquiais (aórticos).

A e B, De Stone e Steinitz; C, de Witschi.

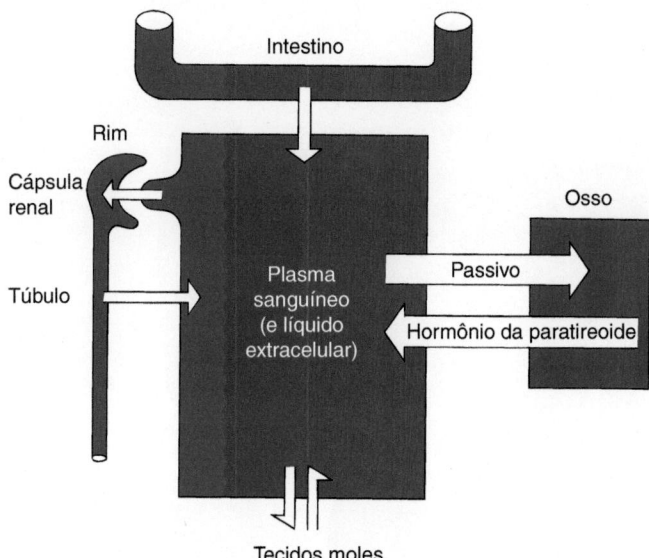

Figura 15.7 Homeostasia do cálcio nos tetrápodes. As *setas* indicam as principais vias pelas quais o cálcio é retirado ou adicionado ao plasma sanguíneo e ao líquido extracelular. O cálcio dos alimentos é absorvido nos intestinos. No rim, ele inicialmente entra no ultrafiltrado que se forma na cápsula renal, mas todos os íons cálcio são recuperados e devolvidos ao sangue. O cálcio se move passivamente para fora do sangue supersaturado e se cristaliza para formar o osso. A reabsorção óssea ativa, sob a estimulação do paratormônio, devolve uma certa quantidade de cálcio ao sangue.

Glândula adrenal

Estrutura e filogenia

A **glândula adrenal** é uma glândula composta derivada de duas fontes filogenéticas separadas. Uma delas é o **tecido adrenocortical** (= tecido interrenal ou corpos interrenais), que produz **hormônios corticosteroides**, pertencentes a uma classe de compostos orgânicos denominados **esteroides**. Existem três categorias de esteroides: aqueles envolvidos (1) na reabsorção de água e transporte de sódio pelo rim (**mineralocorticoides**), (2) no metabolismo dos carboidratos (**glicocorticoides**) e (3) na reprodução (**estrógenos, andrógenos e progestógenos**). Nos adultos, os estrógenos estimulam o desenvolvimento e vascularização do trato reprodutor feminino; os andrógenos são agentes masculinizantes que promovem o desenvolvimento das características sexuais secundárias masculinas; e os progestógenos (= progestinas) mantêm a gravidez e a parede uterina durante sua fase secretora.

A outra fonte filogenética da glândula adrenal é o **tecido cromafim** ou **corpos cromafins**, que produzem as **catecolaminas, hormônios cromafins** como a **epinefrina** (adrenalina) e a **norepinefrina**. As origens embrionárias desses tecidos, à semelhança de suas origens filogenéticas, são distintas (Figura 15.8). O tecido adrenocortical origina-se da mesoderme esplâncnica na região adjacente à crista urogenital. O tecido cromafim surge a partir de células da crista neural.

Nos ciclóstomos e teleósteos adultos, o tecido adrenocortical permanece separado dos corpos cromafins. Nos ciclóstomos, o tecido adrenocortical está disperso ao longo das veias cardinais posteriores, na vizinhança do pronefro. As células cromafins residem em aglomerados próximos ao tecido adrenocortical, porém sem estabelecer contato com ele. Nos teleósteos, o tecido adrenocortical ocorre dentro do pronefro, em aglomerados dispersos ou em uma faixa de tecido ao redor das veias cardinais posteriores. As glândulas adrenais dos teleósteos exibem uma considerável variação na anatomia do tecido cromafim. As células cromafins, que habitualmente estão associadas ao rim anterior, podem estar entremeadas no tecido adrenocortical e também podem formar aglomerados que são inteiramente separados, ou ambos. Nos elasmobrânquios, o tecido adrenocortical forma glândulas distintas ao longo das margens dos rins, mas o tecido cromafim ainda continua separado e consiste em fileiras de agrupamentos celulares entre os rins e anteriormente a eles (Figura 15.9 A e B). Nos anfíbios, os tecidos adrenocortical e cromafim misturam-se ou exibem uma localização adjacente um ao outro e formam filamentos ou fileiras de tecidos adrenais, situando-se sobre os rins

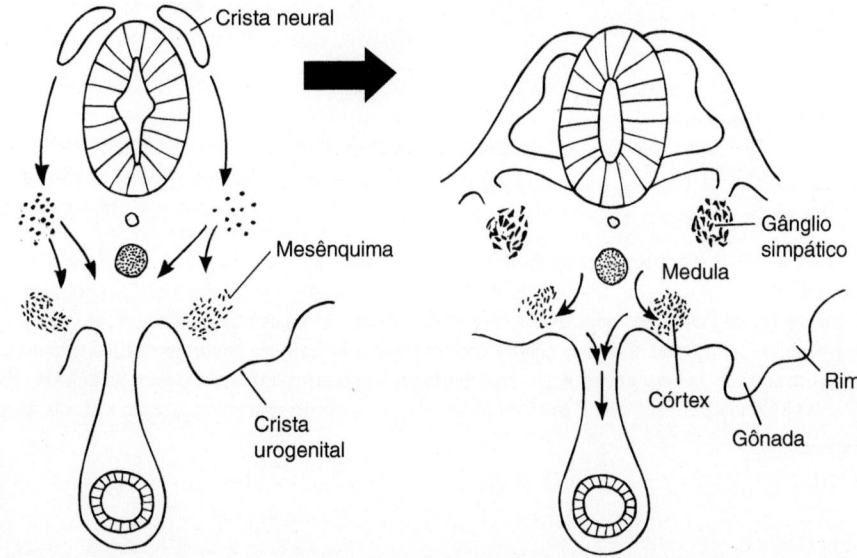

Figura 15.8 Desenvolvimento da glândula adrenal em um embrião de mamífero (vistas em corte transversal). O mesênquima adjacente à crista urogenital forma o córtex da adrenal. As células da crista neural que chegam estabelecem residência dentro do córtex, formando a medula da adrenal.

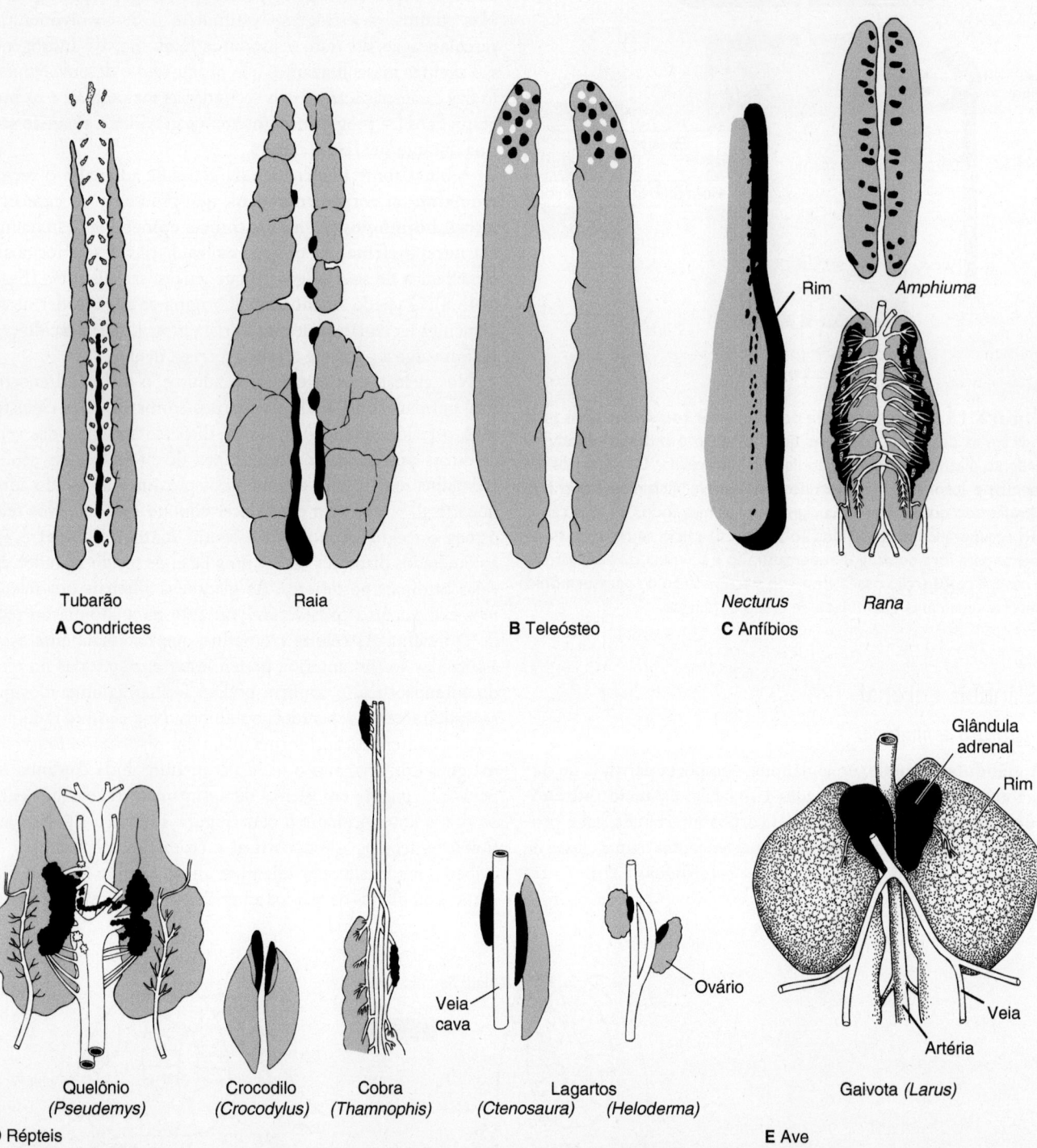

Tubarão   Raia
A Condrictes

B Teleósteo

Necturus   *Rana*
C Anfíbios

Rim   *Amphiuma*

Quelônio
(*Pseudemys*)
Crocodilo
(*Crocodylus*)
Cobra
(*Thamnophis*)
Lagartos
(*Ctenosaura*)
(*Heloderma*)
Gaivota (*Larus*)

Veia
cava

Ovário

Glândula
adrenal
Rim

Veia

Artéria

D Répteis   **E** Ave

Figura 15.9 Tecidos adrenais dos vertebrados. A. Condrictes. **B.** Teleósteos. **C.** Anfíbios. As glândulas adrenais se encontram na superfície ventral dos rins. **D.** Répteis. **E.** Aves. **F.** Glândulas adrenais das aves, em corte transversal. **G.** Mamíferos, mostrando a posição das adrenais (*preto sólido*) em relação aos rins. **H.** Glândulas adrenais nos mamíferos, em corte transversal. Observe que o tecido adrenocortical forma o córtex (*preto*), e que as células cromafins se localizam na parte central, formando a medula distinta (*branco*) da glândula adrenal. Tecido adrenocortical em *preto*; tecido cromafim em *branco*; rim em *cinza*. Como as células cromafins podem estar espalhadas em uma camada fina ou imersas, nem sempre é possível indicá-las na anatomia macroscópica do sistema adrenal. (*Continua*)

De Bentley.

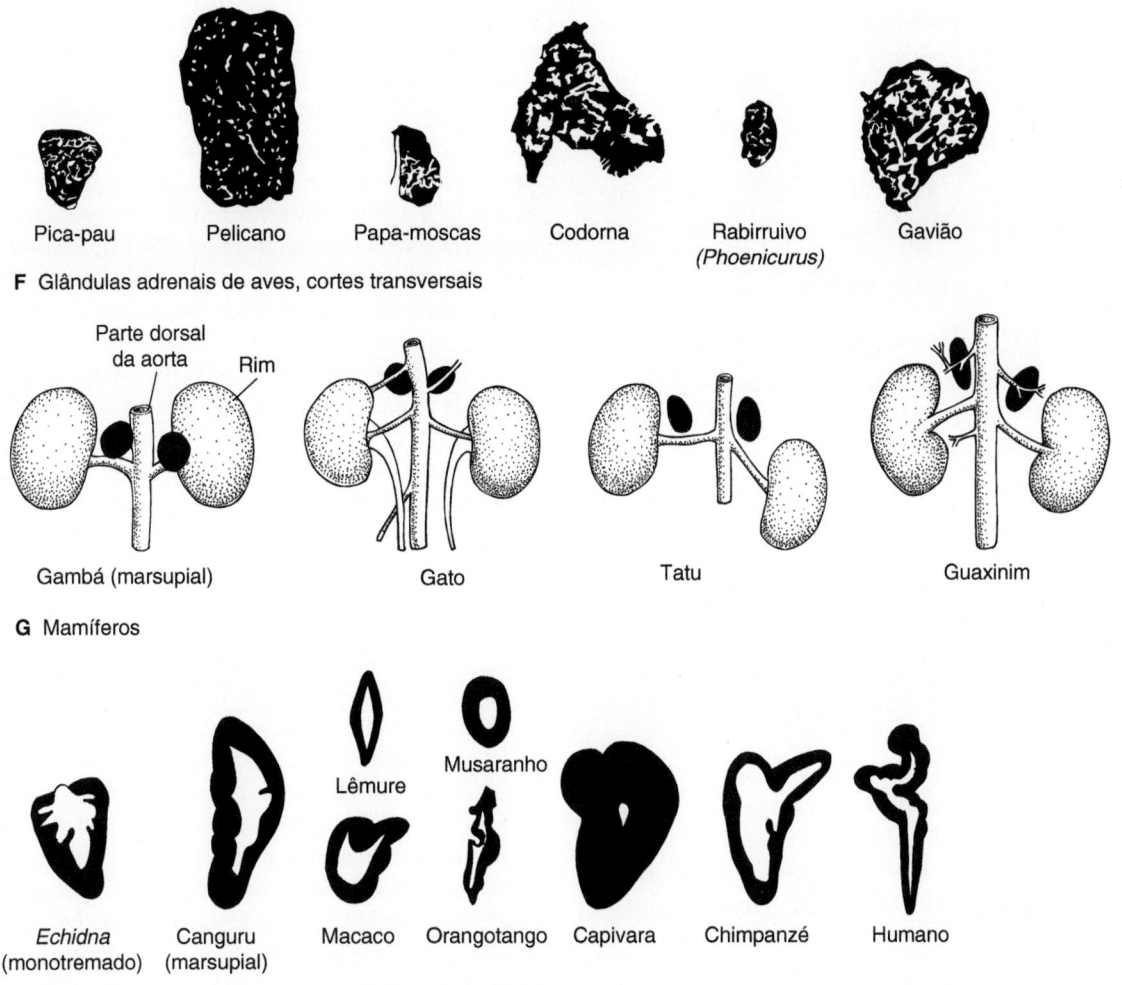

F Glândulas adrenais de aves, cortes transversais

Pica-pau   Pelicano   Papa-moscas   Codorna   Rabirruivo *(Phoenicurus)*   Gavião

Parte dorsal da aorta   Rim

Gambá (marsupial)   Gato   Tatu   Guaxinim

G Mamíferos

Lêmure   Musaranho

Echidna (monotremado)   Canguru (marsupial)   Macaco   Orangotango   Capivara   Chimpanzé   Humano

H Glândulas adrenais de mamíferos, cortes transversais

Figura 15.9 *(Continuação)*

ou próximo a eles (Figura 15.9 C). Os dois tecidos também se misturam nos répteis e nas aves, embora as glândulas adrenais nos amniotas tenham tendência a ser estruturas distintas localizadas sobre os rins ou próximo a eles (Figura 15.9 D a F). Nos répteis, pela primeira vez filogeneticamente, o tecido adrenocortical recebe seu próprio suprimento sanguíneo arterial e venoso e não depende do rim e do sistema porta renal para distribuição de seus produtos secretores. Nos mamíferos, pela primeira vez, os tecidos adrenocortical e cromafim formam um **córtex** (a partir do tecido adrenocortical) e uma **medula** (a partir do tecido cromafim) para criar a glândula adrenal (**suprarrenal**) composta (Figura 15.9 G e H).

Função

Nos mamíferos, o córtex da adrenal produz corticosteroides. Os estudos histológicos mostraram a existência de três zonas no córtex da adrenal do adulto (Figura 15.10). As células da **zona glomerulosa** mais externa são pequenas e compactas. O rim libera o hormônio **renina**, que desencadeia uma série de eventos que, em última análise, estimulam as células da zona glomerulosa a liberar mineralocorticoides (p. ex., **aldosterona**). Os mineralocorticoides afetam a reabsorção de sódio, aumentando sua

concentração no rim e produzindo um gradiente de concentração que favorece a retenção de água. Assim, o volume de urina é reduzido e ajuda a restabelecer o volume de líquido no sangue e nos tecidos. As células da região média do córtex da adrenal, a **zona fasciculada**, estão dispostas em fileiras ou cordões, com seios sanguíneos entre eles. O **hormônio adrenocorticotrófico (ACTH)**, que é liberado pela hipófise, estimula as células da zona fasciculada a secretar glicocorticoides, que incluem o cortisol e, principalmente, a corticosterona. Isso ocorre na maioria dos anfíbios, em todos os répteis e aves e em alguns mamíferos. As células da terceira região cortical mais interna, a **zona reticulada**, são pequenas e compactas, sendo controladas pela hipófise para secretar andrógenos e glicocorticoides adicionais.

Em muitos mamíferos (p. ex., primatas), uma extensa **zona fetal** ocupa a periferia do córtex da adrenal antes do nascimento. Essa zona é responsável pela produção de esteroides circulantes, que são precursores químicos dos estrógenos sintetizados na placenta. A incapacidade de funcionamento da zona fetal interrompe a gestação e resulta em parto prematuro. Normalmente, a zona fetal da glândula adrenal deixa de funcionar por ocasião do nascimento, e, depois disso, seu tamanho diminui acentuadamente.

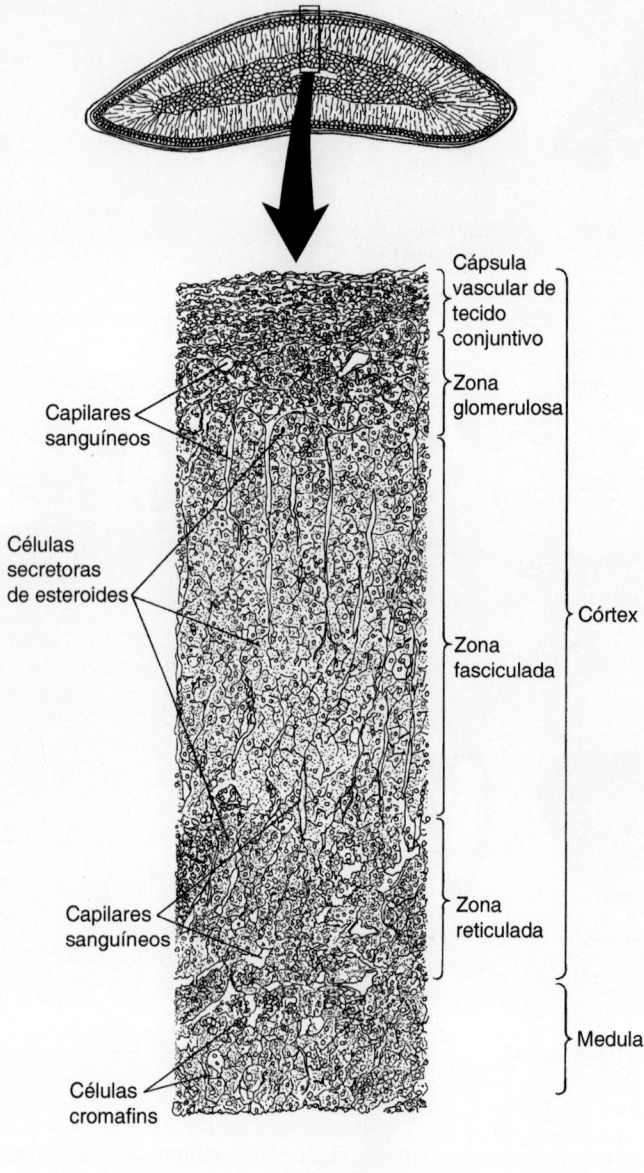

Figura 15.10 Zonas nas glândulas adrenais de mamíferos adultos. São identificadas três zonas dentro do córtex da adrenal: a zona glomerulosa, a zona fasciculada e a zona reticulada. A medula é composta de tecido cromafim não regionalizado que se origina na crista neural.

Foram isolados 30 ou mais corticosteroides do córtex de mamíferos, mas a maioria não é secretada. Os corticosteroides que não são secretados parecem ser intermediários na síntese dos hormônios definitivos liberados no sangue. Nos vertebrados não mamíferos, a zonalidade do tecido inter-renal é menos evidente. Foram encontradas regiões histológicas distintas em anuros, répteis e aves, mas elas podem ser sazonais.

Em outros vertebrados, os hormônios corticais regulam principalmente o transporte de sódio, bem como o metabolismo. Além do transporte de sódio através das paredes dos túbulos renais, acredita-se que os hormônios corticais controlam o transporte de sódio pelas glândulas retais nos condrictes,

das brânquias e do trato digestório nos teleósteos, na pele e na bexiga urinária dos anfíbios e nas glândulas de sal em répteis e aves.

Uma das funções mais importantes da glândula adrenal consiste em coordenar a resposta do organismo como um todo ao estresse. Estressores ambientais que comportam risco de vida, como o súbito aparecimento de um predador ou de um competidor territorial, deflagram uma reação fisiológica imediata de prontidão para a "luta ou fuga" por meio da liberação de catecolaminas adrenais e ação do sistema nervoso simpático. Todavia, diferentemente dessa reação, existe uma mudança para um **estado de história de vida de emergência**. Diferentemente da luta ou fuga, essa resposta fisiológica a longo prazo leva minutos a horas para se desenvolver e pode ser desencadeada por estressores ambientais inesperados, mas que não necessariamente representam uma ameaça imediata à sobrevivência, embora a aptidão global ao longo da vida possa ser atendida. Muitos hormônios podem estar envolvidos, porém os glicocorticoides adrenais, principalmente (p. ex., cortisol, corticosterona), presidem o estabelecimento de estados de história de vida a longo prazo. Por exemplo, estressores ambientais que não necessariamente comportam risco à vida (p. ex., perda de filhotes em consequência de escassez de alimento, tempestades ou destruição de *habitats*) podem atuar por meio do eixo cérebro-hipófise-adrenal (Figura 15.26) para promover uma fisiologia/comportamento de história de vida de emergência, em que o indivíduo afetado abandona os cuidados parentais, migra para climas mais favoráveis ou se estabelece em novo *habitat* apropriado. Isso permite ao indivíduo adaptar-se fisiologicamente a desafios imediatos que não ameaçam sua sobrevivência, e a habilidade em estar pronto para retornar a sua história de vida normal quando esses estressores cessam.

Luta ou fuga (Capítulo 16)

O próprio estresse desempenha um papel natural no ajuste fisiológico a ameaças ambientais ou traumatismos. Ele mobiliza o sistema endócrino e o sistema nervoso para enfrentar os desafios, a curto ou a longo prazo, que ameaçam a sobrevivência, e, depois disso, o organismo retorna a um estado fisiológico mais normal e confortável. Todavia, nos humanos e em alguns animais em cativeiro, o estresse pode ser mais intenso ou prolongado além de sua utilidade. Isso pode levar a condições patológicas que afetam adversamente o sistema imune, o sistema cardiovascular, o intestino e o metabolismo geral, produzindo doenças por estresse. Nos animais em cativeiro, o alívio do estresse frequentemente envolve uma melhora na reprodução; nos humanos, como os estudantes percebem, ocorre alívio do estresse com a formatura.

A medula, que é composta de tecido cromafim, forma a parte central da glândula adrenal dos mamíferos (Figura 15.10). Diferentemente do córtex, não há regiões histológicas distintas identificadas na medula da adrenal. As catecolaminas produzidas nessa região preparam o organismo para enfrentar ameaças ou desafios a curto prazo.

O suprimento sanguíneo alcança o córtex por meio da cápsula de tecido conjuntivo. O sangue penetra pelos seios, banhando os cordões de tecido cortical, e entra nas veias dentro da medula. Além disso, a medula é suprida por vasos sanguíneos da cápsula que passam, sem se ramificar, através do córtex, mas se dividem em uma rica rede de capilares ao redor dos cordões e agrupamentos de células cromafins na medula. Por conseguinte, a medula dos mamíferos recebe um duplo suprimento sanguíneo: um diretamente da cápsula e outro dos seios corticais. Esse segundo suprimento vascular coloca as células dentro da medula distalmente ao córtex. Assim, os hormônios corticais liberados nos seios sanguíneos são transportados inicialmente para a medula, onde atuam antes de deixar a glândula adrenal. As vantagens desse suporte químico da função das células cromafins não estão totalmente esclarecidas. Nos amniotas, o tecido adrenocortical produz glicocorticoides que controlam o metabolismo das proteínas, dos lipídios e dos carboidratos. Com essa capacidade, o tecido adrenocortical, à semelhança do tecido cromafim, afeta a atividade metabólica, embora de formas diferentes. Assim, a estreita associação entre os tecidos adrenocorticais e cromafins estabelecida pelos vasos sanguíneos que suprem ambos os tecidos poderia ter alguma vantagem na sincronização de suas atividades.

Ilhotas pancreáticas

Estrutura e filogenia

O **pâncreas** é uma glândula composta, que consiste em partes exócrina e endócrina (Figura 15.11 A). A porção **exócrina** consiste em **ácinos** que secretam enzimas digestivas em ductos. A porção endócrina, as **ilhotas pancreáticas** (ilhotas de Langerhans), é constituída por massas de células endócrinas imersas no pâncreas exócrino (Figura 15.11 B e C). Nos ciclóstomos e na maioria dos peixes teleósteos, as porções exócrina e endócrina do pâncreas são adjacentes uma à outra, embora sejam grupos separados de tecido glandular (Figura 15.12). Nas feiticeiras, as ilhotas são encontradas na base do ducto colédoco e, nas lampreias, estão imersas na parede mucosa do intestino e até mesmo dentro do fígado. Nos condrictes e nos celacantos (*Latimeria*), as ilhotas são observadas ao redor dos ductos e dentro do pâncreas exócrino. Na maioria dos peixes ósseos, massas isoladas de tecido de ilhotas pancreáticas, conhecidas como **corpos de Brockmann**, estão espalhadas pelo fígado, vesícula biliar, ductos biliares, vasos sanguíneos abdominais e superfície do intestino. Em algumas espécies de peixes ósseos, as ilhotas se acumulam no pâncreas exócrino, mas, em muitos teleósteos, as ilhotas separadas são reunidas em uma única massa, denominada **ilhota principal**. Na maioria dos tetrápodes, as ilhotas endócrinas tipicamente estão distribuídas de modo uniforme em pequenos aglomerados. Em muitas aves e no sapo *Bufo*, formam lobos imersos na porção exócrina do pâncreas.

Tanto os ácinos exócrinos quanto as ilhotas endócrinas se diferenciam dentro do **divertículo pancreático**, que cresce a partir do intestino embrionário e abre seu caminho através do mesênquima circundante. Transplantes de células marcadas da crista neural de codorna em embriões jovens de galinha revelam que essas células transplantadas da crista neural dão origem a gânglios parassimpáticos no pâncreas do pintainho, mas aparentemente as células da crista neural *não* fazem qualquer contribuição para as ilhotas pancreáticas.

Função

Com o uso de **corantes especiais**, até quatro tipos de células podem ser distinguidos nas ilhotas pancreáticas da maioria dos vertebrados (Tabela 15.2). A **insulina** é produzida pelas **células B** das ilhotas, e, em associação a outros hormônios, controla o metabolismo geral dos carboidratos, lipídios e proteínas. É particularmente importante quando esses produtos finais da digestão estão abundantes, visto que ela promove, frequentemente de modo indireto, sua conversão em formas de armazenamento. Uma ação da insulina consiste em inibir a degradação da gordura, promover a síntese de gordura e, consequentemente, reduzir os níveis sanguíneos de ácidos graxos. A insulina aumenta o metabolismo intracelular da glicose e inibe a degradação do glicogênio no fígado, porém sua função mais importante consiste em ligar-se às membranas celulares e promover a entrada de glicose nas células, particularmente nas musculares esqueléticas e cardíacas. Por conseguinte, os níveis sanguíneos de glicose caem, uma condição conhecida como *hipo*glicemia, visto que ocorre elevação dos níveis intracelulares de glicose. Se a produção de insulina for excessivamente baixa, a glicose é incapaz de entrar nas células, acumula-se no sangue e é excretada na urina. Essa condição é denominada **diabetes melito**, que significa doença da "urina doce". Antigamente, os médicos utilizavam suas próprias papilas gustativas para diagnosticar essa doença.

Como os níveis de glicose no sangue estão altos, a recuperação da glicose pelos rins falha, o equilíbrio osmótico é perturbado, e os rins têm menos capacidade de recuperar a água. Em consequência, a urina é produzida em grande volume, levando ao título descritivo dessa doença na idade média como "mijo maléfico". Um resultado adicional da produção inadequada de insulina consiste em permitir uma conversão aumentada de gorduras armazenadas (triglicerídios) e proteínas em glicose para repor a sua perda. Em consequência, há produção de corpos cetônicos (uma família de subprodutos do metabolismo dos lipídios) e ureia (metabolismo das proteínas), que entram no sangue e, durante a filtração renal, favorecem osmoticamente ainda mais a produção de um volume aumentado de urina. De modo geral, o paciente acometido dessa doença diabética sofre desidratação, coma, insuficiência cardíaca (em decorrência da perda de volume sanguíneo) e morte, se não for tratado.

O glucagon é produzido pelas **células A** das ilhotas pancreáticas. Ele mobiliza produtos armazenados em substâncias químicas mais facilmente utilizáveis. Em consequência, suas principais funções são opostas àquelas da insulina, visto que o glucagon resulta em níveis sanguíneos elevados de glicose, denominados *hiper*glicemia, por meio da estimulação do fígado para a conversão do glicogênio armazenado em glicose. O glucagon exerce efeitos opostos no metabolismo dos lipídios, degradando as gorduras, com consequente elevação dos níveis sanguíneos de ácidos graxos.

O glucagon é um dos vários hormônios hiperglicêmicos, embora seja particularmente crítico para a regulação metabólica nos herbívoros e em carnívoros em jejum. Nas aves e nos lagartos, é mais importante que a insulina para regular o destino dos produtos finais da digestão.

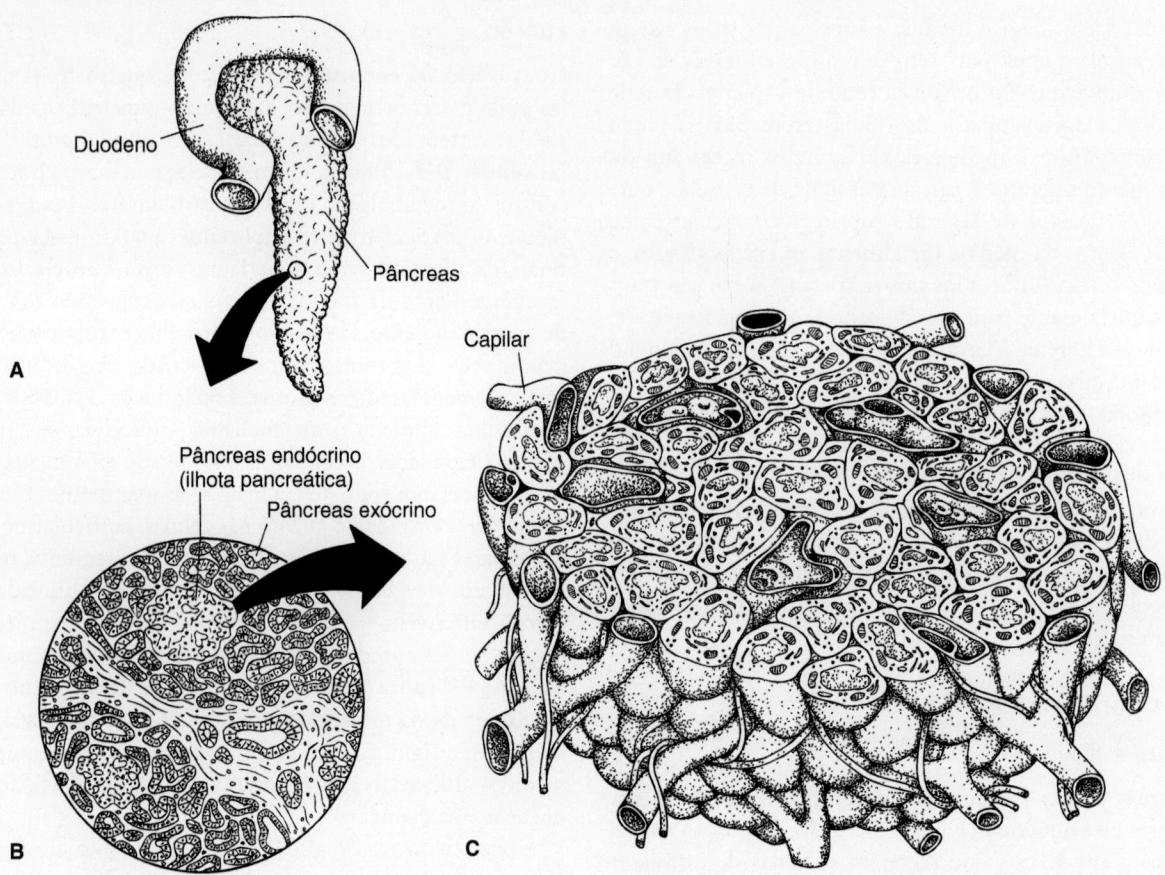

Figura 15.11 Ilhotas pancreáticas dos mamíferos. A. O pâncreas é composto por uma glândula exócrina e uma endócrina. **B.** Agrupamentos de tecido altamente vascularizado, denominados ilhotas pancreáticas, constituem, em seu conjunto, o pâncreas endócrino. **C.** Corte ampliado de uma ilhota pancreática.

De Krstić.

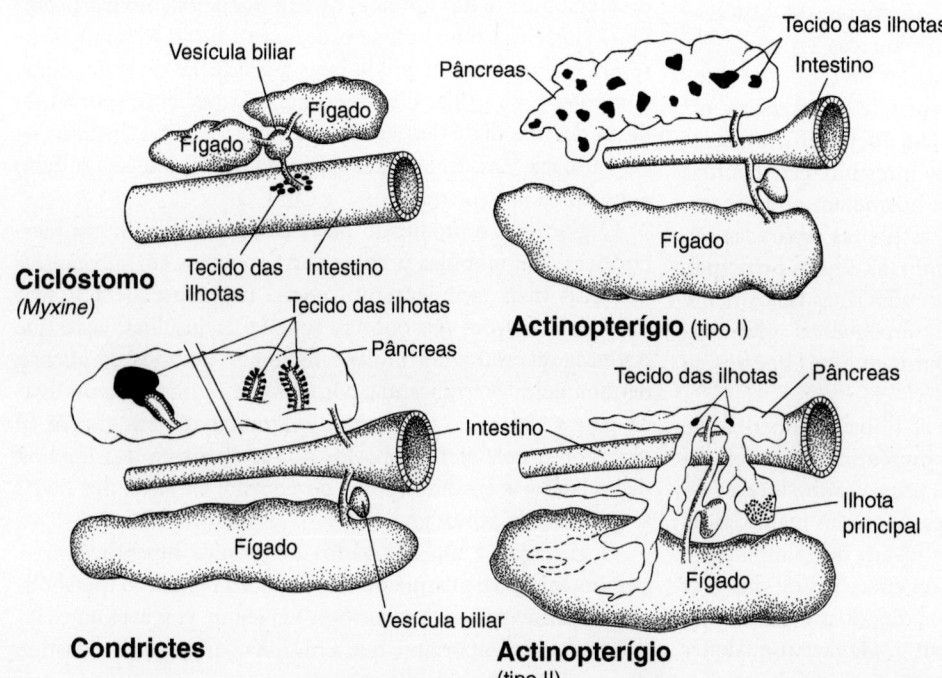

Figura 15.12 Distribuição das ilhotas pancreáticas entre os vertebrados. O *sombreado* indica o tecido endócrino (ilhotas pancreáticas), enquanto as *áreas pontilhadas* indicam o tecido exócrino que secreta enzimas digestivas. São identificados dois arranjos gerais de tecido pancreático nos actinopterígios, o tipo I e o tipo II.

De Epple.

Tabela 15.2 Distribuição dos tipos de células do pâncreas endócrino entre grupos de vertebrados.

Classe	Células A	Células B	Células D	Células PP
Agnatha				
Feiticeiras	–	+ + + +	+	?
Chondrichthyes				
Elasmobrânquios	+ + +	+ + + +	+	+
Osteichthyes				
Teleósteos	+ + +	+ + + +	+	+
Amphibia				
Anura e Urodela	+ + +	+ + + +	+	+
Reptilia				
Lepidosauria	+ + + +	+	+	+
Crocodilia	+ + +	+ + +	+	?
Aves	+ + + + +	+ + +	+	+
Mammalia	+ +	+ + + + +	+	+

Nota: O número de sinais positivos (+) representa a abundância relativa de cada tipo de célula em um grupo e não deve ser interpretado como uma razão precisa. O sinal negativo (–) indica a ausência de células.

A **somatostatina** é produzida pelas **células D** das ilhotas. Ela inibe a secreção de insulina e de glucagon, mas a importância fisiológica dessa ação não é conhecida. O **polipeptídio pancreático** (PP) é secretado pelas **células PP** nas ilhotas e é normalmente liberado no sangue depois de uma refeição rica em proteínas ou em gorduras. Aparentemente, esse hormônio ajuda no controle de determinadas atividades gastrintestinais, promovendo o fluxo de suco gástrico, particularmente de ácido clorídrico, no estômago.

Hipófise

Estrutura

A **hipófise**, ou **pituitária**, é encontrada em todos os vertebrados. O nome *hipófise* é um termo recente inspirado pela sua posição abaixo do cérebro (*hipo-* significa abaixo e *fise* refere-se a crescimento). O termo *pituitária* tem centenas de anos e indica a ideia errada de que essa glândula produzia muco ou secreções viscosas denominadas *pituita* (flegma). Apesar de seu tamanho pequeno, a hipófise exerce efeitos globais na maioria das atividades do corpo. Ela tem duas origens embrionárias. Uma delas é o **infundíbulo**, uma projeção ventral do **diencéfalo** do cérebro. A outra é a bolsa de Rathke, um divertículo do **estomodeu**, que cresce dorsalmente e se torna associado ao infundíbulo (Figura 15.13 A e B). O infundíbulo mantém sua conexão com o cérebro e se desenvolve em **neuro-hipófise**. A bolsa de Rathke (placódio adeno-hipofisário) é destacada de sua conexão com o estomodeu e transforma-se na **adeno-hipófise** (Figura 15.13 B a D).

Por sua vez, a adeno-hipófise e a neuro-hipófise diferenciam-se em regiões que reconhecemos pela disposição dos tecidos (cordões e aglomerados), propriedades de coloração (acidófilas, basófilas e cromófobas) ou posição anatômica. A adeno-hipófise é subdividida em três regiões distintas: a *pars distalis*, a *pars tuberalis* e a *pars intermedia* (Figura 15.13 E). Em todos os vertebrados, a *pars distalis* constitui a principal porção da adeno-hipófise e a fonte de uma variedade de hormônios. Com frequência, é diferenciada em lobos (cefálico e caudal) ou em sub-regiões (proximal e rostral). A *pars tuberalis* está localizada anteriormente à *pars distalis*. Sua função ainda não está bem elucidada, porém ela é encontrada apenas nos tetrápodes. Nos mamíferos, pelo menos, ela responde à melatonina e libera um hormônio que, por sua vez, está ligado ao controle fotoperiódico da secreção de prolactina em um ritmo circadiano. A *pars intermedia* está adjacente à neuro-hipófise, frequentemente associada a uma fenda, um remanescente do lúmen embrionário da bolsa de Rathke.

A neuro-hipófise consiste em até duas subdivisões: a *pars nervosa* e a **eminência mediana** mais anterior. Cada uma dessas regiões tem seu próprio suprimento vascular. Um sistema porta curto entre essas regiões coloca a adeno-hipófise distalmente à eminência mediana. A *pars nervosa* possui um extenso suprimento sanguíneo a partir da circulação geral do corpo, que é separado do suprimento para a adeno-hipófise. Os termos descritivos **lobos anterior** e **posterior** são evitados neste livro, visto que *não* são sinônimos das divisões embrionárias da hipófise. Na verdade, referem-se a divisões anatômicas. O termo *lobo posterior* inclui, na realidade, partes derivadas de ambas as fontes embrionárias (Tabela 15.3). Os termos preferidos *adeno-hipófise* e *neuro-hipófise* dividem a hipófise de acordo com sua origem embrionária a partir da bolsa de Rathke e do infundíbulo, respectivamente.

Entre os protocordados, o infundíbulo dos vertebrados é encontrado nos cefalocordados (mas aparentemente não nos urocordados) e é representado pelo lobo ventral direito do tubo neural anterior, que se estende para baixo ao longo do lado

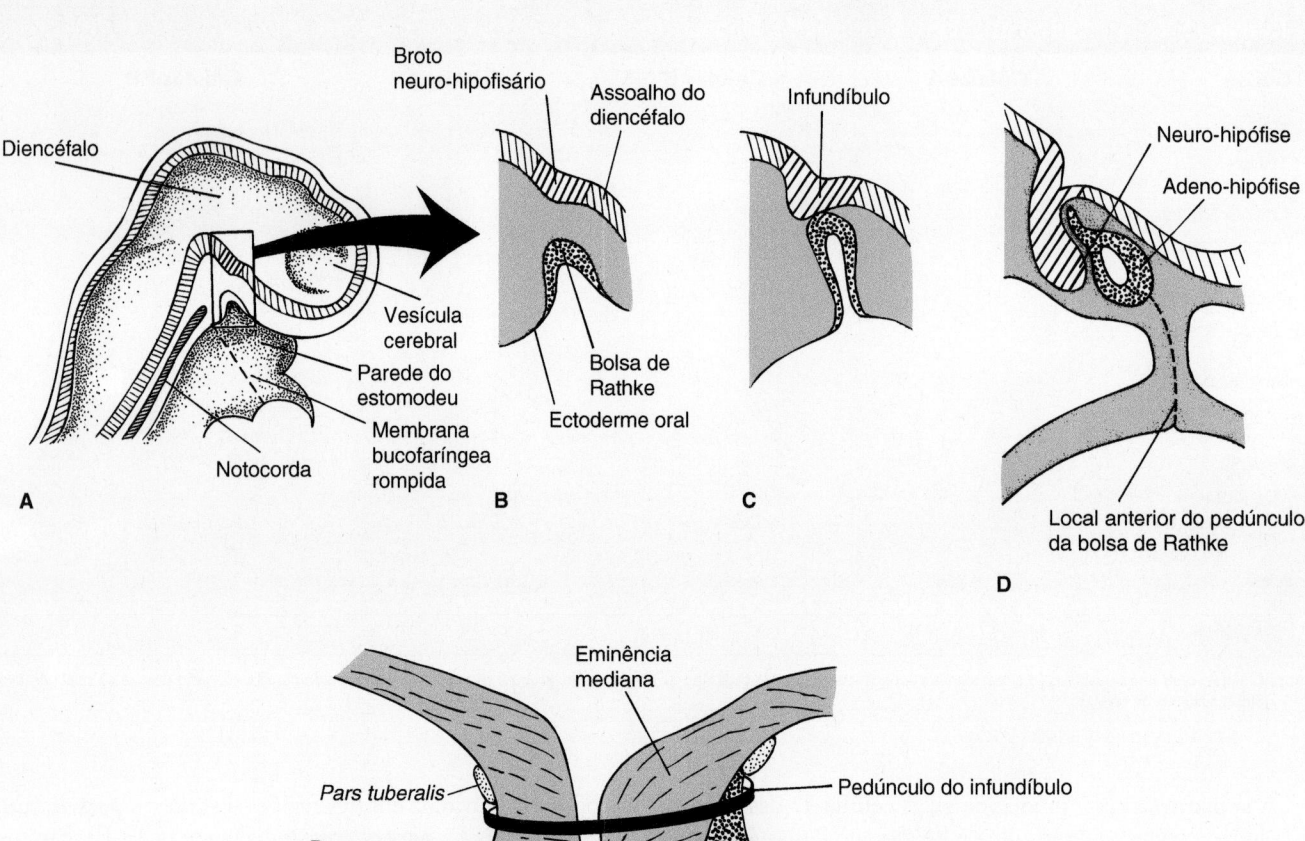

E Hipófise

Figura 15.13 Desenvolvimento da hipófise dos vertebrados. A. Corte sagital de um embrião jovem mostrando a formação da bolsa de Rathke e do infundíbulo rudimentar. **B** a **D.** Os dois divertículos estabelecem contato durante o desenvolvimento embrionário, e a bolsa de Rathke libera-se de sua fonte no estomodeu. **E.** Anatomia da hipófise do adulto. Observe como as duas fontes embrionárias estão combinadas.

Tabela 15.3 Divisões da hipófise.			
Origem embrionária	**Divisões embrionárias**		**Divisões anatômicas**
Bolsa de Rathke	Adeno-hipófise	Pars tuberalis Pars distalis Pars intermedia	Lobo anterior
Infundíbulo	Neuro-hipófise	Pars nervosa Pedúnculo do infundíbulo e eminência mediana	Lobo posterior

direito da notocorda e termina próximo à superfície dorsal da depressão de Hatschek. A adeno-hipófise dos vertebrados está representada na depressão de Hatschek (cefalocordados) ou na glândula subneural (urocordados). Cada estrutura está aberta às correntes de água que entram pela faringe. Elas são capazes de reconhecer diretamente sinais sazonais (térmicos, químicos) e, por sua vez, sincronizam a atividade reprodutiva por meio da liberação de hormônios (gonadotropinas) que afetam o desenvolvimento das gônadas.

Filogenia

▶ **Peixes.** O tamanho e a organização da hipófise são muito variáveis, mesmo entre vertebrados da mesma classe. Nas feiticeiras, as origens embrionárias da hipófise diferem daquelas de outros vertebrados. À semelhança de outros vertebrados, a neuro-hipófise da feiticeira é um saco oco e alongado, que se estende a partir do diencéfalo, porém a eminência mediana está ausente. A adeno-hipófise da feiticeira parece surgir da endoderme, e não da ectoderme do estomodeu. Consiste em grupos de células imersos em uma camada de tecido conjuntivo denso, mas não diferenciados em regiões. Por conseguinte, a adeno-hipófise da feiticeira pode não ser homóloga à hipófise de outros vertebrados.

Embora não exista uma eminência mediana nas feiticeiras e nas lampreias, sua hipófise, na maioria dos outros aspectos, assemelha-se estreitamente àquela de outros peixes (Figura 15.14). A neuro-hipófise das lampreias estende-se a partir da parte ventral do cérebro e estabelece contato com a adeno-hipófise. Esta, por sua vez, surge como uma bolsa ectodérmica, mas, normalmente, mantém sua conexão com o órgão olfatório até a metamorfose. Tanto a *pars intermedia* quanto a *pars distalis* estão presentes. A *pars distalis* é ainda subdividida em **pars distalis rostral** e **proximal** (Tabela 15.4).

Na hipófise dos condrictes e peixes pulmonados, pelo menos duas regiões são tipicamente identificadas na adeno-hipófise (*pars intermedia* e *pars distalis*) e duas na neuro-hipófise (*pars nervosa* e eminência mediana) (Figura 15.14). A hipófise dos elasmobrânquios exibe características adicionais. Exclusiva dos elasmobrânquios, observa-se uma projeção a frente da *pars distalis*, denominada **lobo ventral**, que alguns endocrinologistas denominam *pars ventralis*. A função do lobo ventral não é conhecida, embora, pelo fato de secretar alguns dos mesmos hormônios, seja provavelmente apenas uma extensão da *pars distalis*. O **saco vasculoso** da hipófise dos elasmobrânquios é uma especialização estrutural derivada do hipotálamo e localizada acima da neuro-hipófise, mas sua função ainda permanece desconhecida. Existe um sistema porta vascular entre a

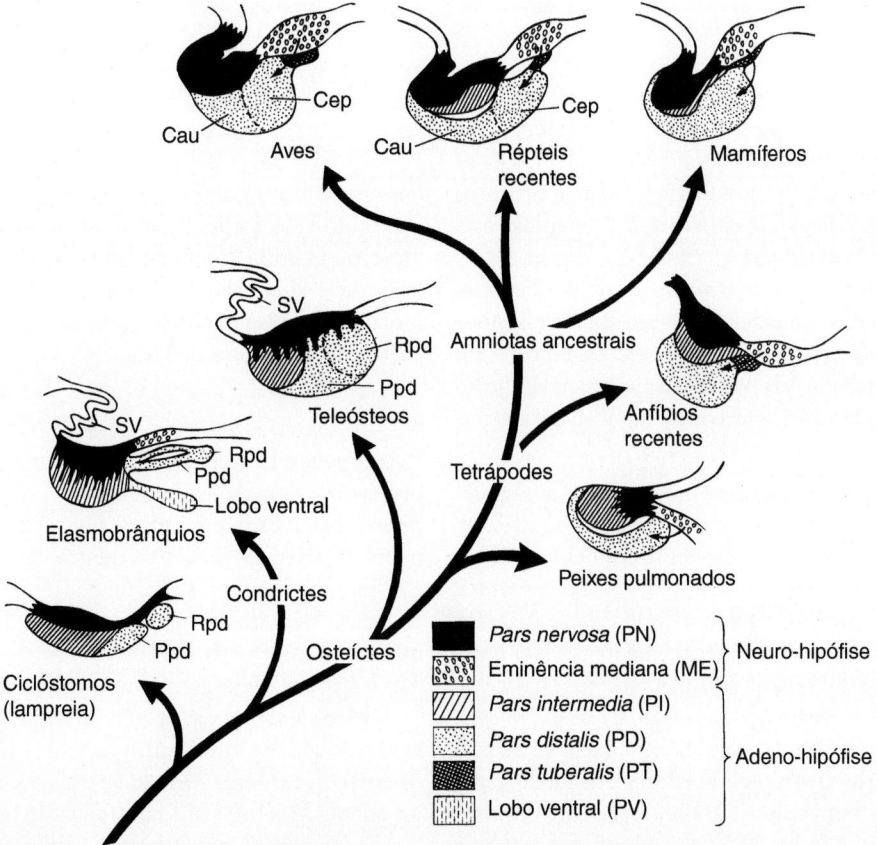

Figura 15.14 Filogenia da hipófise dos vertebrados. As *setas cheias* e *finas* na hipófise indicam a conexão porta-vascular da eminência mediana com a *pars distalis*. Com frequência, a *pars distalis* exibe regiões anterior e posterior: a *pars distalis* rostral (*Rpd*), a *pars distalis* proximal (*Ppd*) ou a *pars distalis* cefálica (*Cep*), e a *pars distalis* caudal (*Cau*). Nos mamíferos, a *pars distalis* não é subdividida. O lobo ventral, que é uma projeção da adeno-hipófise, é exclusivo dos elasmobrânquios. Em alguns vertebrados menos derivados, o saco vasculoso (*SV*) está presente e deriva do hipotálamo do cérebro.

Tabela 15.4 Resumo das características anatômicas da hipófise dos vertebrados.

Grupo	PT	Pars distalis		PI	PV	ME	PN	SV
		RPD (caudal)	**PPD** (cefálica)					
Agnatha								
Feiticeira		*	*				+	
Lampreias		+	+	+			+	
Chondrichthyes		+	+	+	+	+	+	+
Osteichthyes								
Polypterus		+	+	+		+	+	+
Teleósteos		+	+	+			+	+
Latimeria		+	+	+		+	+	+
Dipnoicos				+		+	+	
Amphibia	+	*	*	+		+	+	
Reptilia, maioria	+	×	×	+		+	+	
Crocodilia	+	×	×			+	+	
Aves	+	×	×			+	+	
Mammalia	+	×	×	+		+	+	

Nota: Os sinais positivos (+) indicam a presença da parte. (*) *Pars distalis* presente, porém sem regionalização em *RPD* e *PPD*. (×) Região da *pars distalis* presente e homóloga. Abreviações: *pars tuberalis (PT), pars distalis rostral (RPD), pars distalis proximal (PPD), pars intermedia (PI), pars ventralis (PV), eminência mediana (ME), pars nervosa (PN),* saco vasculoso *(SV)*.

eminência mediana e a *pars distalis*. À semelhança das lampreias, a *pars distalis* dos elasmobrânquios é subdividida em uma *pars distalis* rostral e uma *pars distalis* proximal. Nos osteíctes, excluindo os dipnoicos, as subdivisões rostral e proximal são identificadas dentro da *pars distalis*, e o saco vasculoso está presente, mas o lobo ventral está ausente (ver Figura 15.14; Tabela 15.4). Nos teleósteos, são também reconhecidas duas regiões principais, a adeno-hipófise e a neuro-hipófise, embora, diferentemente daquelas de outros peixes ósseos, careçam de uma eminência mediana. Os neurônios no hipotálamo dos teleósteos alcançam diretamente a adeno-hipófise para ativar suas células secretoras.

▶ **Tetrápodes.** A *pars tuberalis* aparece nos primeiros tetrápodes e persiste na maioria dos amniotas posteriores (ver Figura 15.14). Por conseguinte, a hipófise dos tetrápodes tipicamente consiste em uma adeno-hipófise com três subdivisões (*pars intermedia, pars distalis* e *pars tuberalis*) e uma neuro-hipófise que mantém duas subdivisões (*pars nervosa* e eminência mediana). Nos anfíbios, a adeno-hipófise estabelece um padrão tetrápode básico de *pars tuberalis, pars distalis* (sem regionalização) e *pars intermedia*. Já a neuro-hipófise é constituída por uma eminência mediana e *pars nervosa*. As hipófises dos répteis obedecem, de modo geral, ao padrão tetrápode, porém se mostram notavelmente variáveis quanto a seu tamanho e forma. A adeno-hipófise das cobras apresenta lobos, e é possível observar a presença de uma fenda em alguns répteis. Na *pars distalis* dos répteis, são identificados **lobos cefálico** e **caudal**. A *pars tuberalis* está bem-desenvolvida na maioria dos répteis, mas está reduzida nos lagartos e ausente nas cobras. As hipófises, tanto dos crocodilos quanto das aves,

assemelham-se àquelas de outros tetrápodes, embora a *pars intermedia* esteja ausente em ambas. A *pars distalis* novamente consiste em lobos cefálico e caudal. A eminência mediana bem-desenvolvida está, algumas vezes, dividida em regiões anterior e posterior. Vários mamíferos também carecem de *pars intermedia*, e, na maioria dos monotremados e térios, o padrão básico é evidente – adeno-hipófise com *pars tuberalis* e *pars intermedia*, e neuro-hipófise com *pars nervosa* e eminência mediana (ver Figura 15.14 e Tabela 15.4).

Função

Estritamente falando, as células dentro da neuro-hipófise não produzem hormônios hipofisários. Na verdade, axônios de **neurônios neurossecretores** do hipotálamo dorsalmente à neuro-hipófise projetam-se dentro dela, onde suas secreções são liberadas nos vasos sanguíneos ou temporariamente armazenadas. Além desses axônios, acredita-se que os **pituícitos** na neuro-hipófise sustentem os neurônios neurossecretores, mas não sintetizem nem secretem hormônios.

Diferentemente das células da neuro-hipófise, as células da adeno-hipófise sintetizam hormônios hipofisários. Nos teleósteos, os neurônios neurossecretores se projetam diretamente na adeno-hipófise para controlar diretamente sua atividade. Em todos os outros vertebrados com uma eminência mediana, o hipotálamo influencia indiretamente sua atividade. Neurônios neurossecretores do hipotálamo se projetam na região da eminência mediana, onde secretam seus **neuro-hormônios** em capilares. Por meio de uma minúscula ligação porta-vascular, esses neuro-hormônios são transportados por uma curta distância por um plexo de capilares e, em seguida, difundem-se dentro da adeno-hipófise (Figura 15.15). Esses neuro-hormônios são **hormônios liberadores** ou **hormônios inibidores de liberação**, dependendo de estimularem ou inibirem as células da adeno-hipófise.

A partir dos primeiros métodos de coloração, os tipos de células foram identificados com base em suas reações com corantes. As células **acidófilas** e **basófilas** possuem afinidade por corantes ácidos e básicos, respectivamente. As células **cromófobas** não reagem com corantes. Embora esses termos ainda sejam úteis para fins descritivos, novos corantes e técnicas mais aprimoradas para identificar os hormônios mostraram que um tipo de célula pode produzir vários hormônios diferentes.

▶ **Neuro-hipófise.** Na *pars nervosa* dos mamíferos, foram identificados dois hormônios sintetizados por células neurossecretoras do hipotálamo. Um desses hormônios é a **vasopressina**, que atua sobre o músculo liso das paredes das arteríolas periféricas, causando sua contração. A resistência ao fluxo sanguíneo aumenta e provoca uma elevação da pressão arterial. Se um organismo sofrer uma perda considerável de sangue, sensores de pressão existentes na artéria carótida detectam declínios da pressão arterial e estimulam a secreção aumentada de vasopressina por meio de controle reflexo do hipotálamo.

A vasopressina também é denominada **hormônio antidiurético (ADH)**, visto que promove a conservação de água nos rins (Figura 15.16 A). Se um mamífero sofrer desidratação, os neurônios neurossecretores do hipotálamo liberam ADH na neuro-hipófise, onde o hormônio é captado no sangue e transportado até os rins. O ADH atua nas paredes dos ductos coletores renais, tornando-os altamente permeáveis à água. Assim, a água flui dos túbulos para o líquido intersticial hiperosmótico e produz uma urina concentrada. Na ausência de ADH, as paredes dos ductos coletores permanecem impermeáveis à água, menor quantidade de água é reabsorvida, e a urina é copiosa e diluída. Em condições patológicas em que doenças ou tumores impedem a liberação suficiente de ADH, são eliminados grandes volumes de urina diluída, uma condição médica conhecida como **diabetes insípido**. Em consequência, o indivíduo apresenta sede constante e ingere grandes quantidades de água para compensar.

O segundo hormônio encontrado na *pars nervosa* é a **ocitocina**. Os tecidos-alvo da ocitocina são o **miométrico**, que é a camada de músculo liso do útero, e as **células mioepiteliais** contráteis da glândula mamária. No final da gestação, o nível de ocitocina no sangue aumenta, conferindo-lhe um papel nas contrações uterinas durante o parto. O recém-nascido mamando inicia um reflexo por meio de nervos sensoriais, o que estimula os neurônios neurossecretores do hipotálamo a liberar

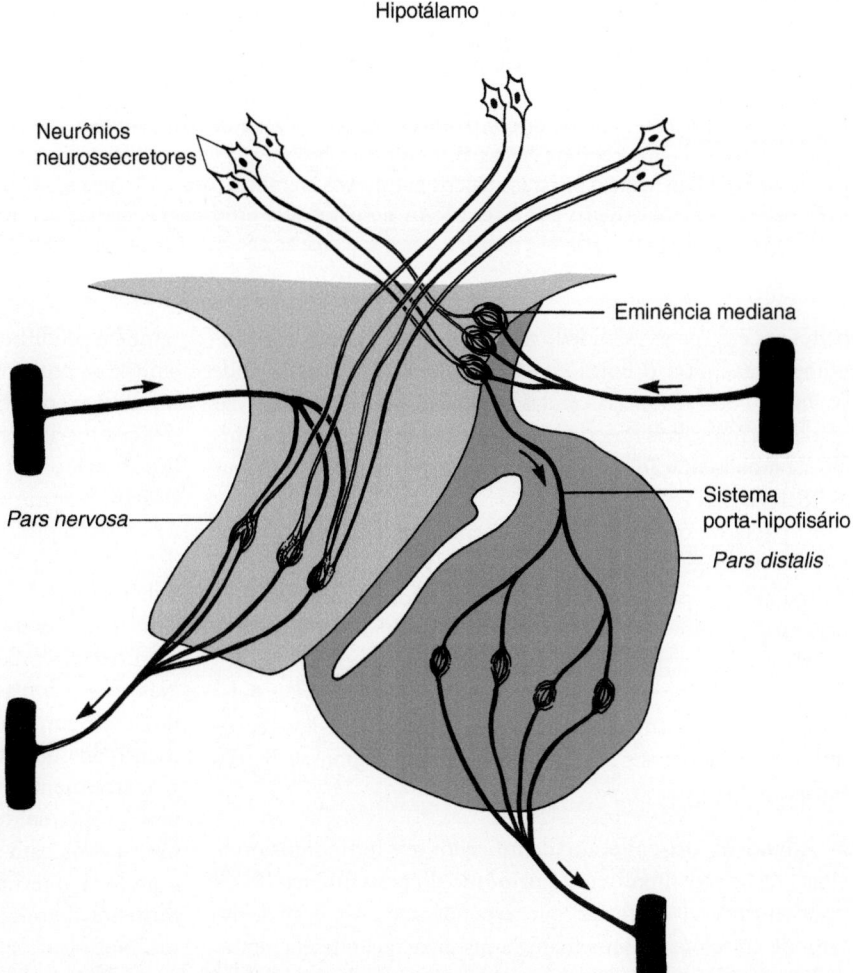

Figura 15.15 Suprimento vascular e circulação na hipófise. Observe a curta derivação porta-hipofisária entre a eminência mediana e a *pars distalis*. Um suprimento capilar separado para a *pars nervosa* surge a partir da circulação geral. Os neurônios neurossecretores liberam neuro-hormônios em ambas as redes de capilares. Os neuro-hormônios que entram na eminência mediana são transportados até as células dentro da *pars distalis*. Os neuro-hormônios liberados na *pars nervosa* entram na circulação geral do corpo.

Hipotálamo

Neurônios neurossecretores

Eminência mediana

Sistema porta-hipofisário

Pars distalis

Pars nervosa

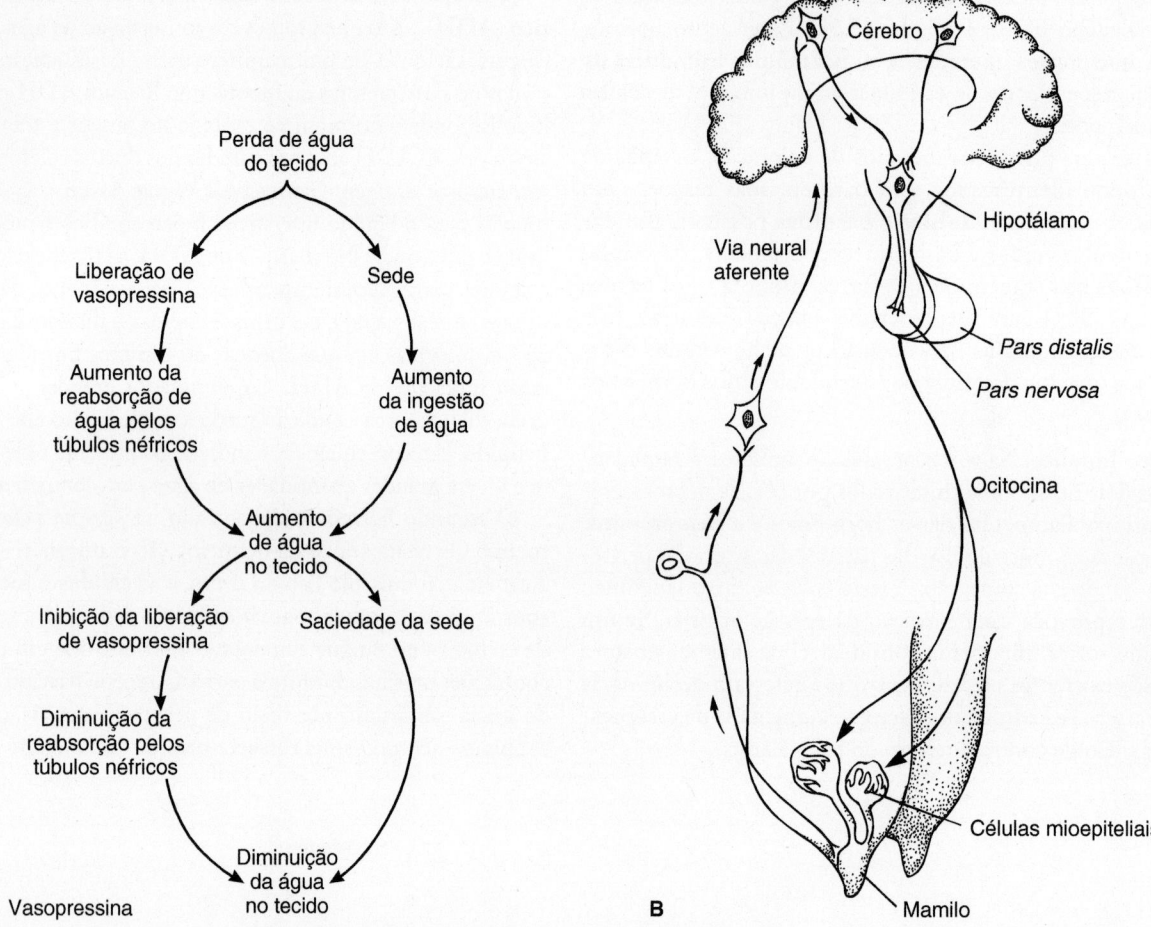

Figura 15.16 Hormônios encontrados na *pars nervosa* dos mamíferos. A. A vasopressina restabelece o equilíbrio hídrico por meio de uma complexa série de etapas. **B.** A ocitocina promove a liberação de leite durante a amamentação. Os impulsos provenientes da estimulação tátil do mamilo são transmitidos por nervos aferentes para o cérebro e, em seguida, para o hipotálamo. À medida que as células neurossecretoras são ativadas por esses nervos aferentes, eles produzem e liberam ocitocina. A ocitocina liberada pela *pars nervosa* é transportada pelo sangue até a glândula mamária, onde estimula as células mioepiteliais contráteis, causando a liberação do leite.

ocitocina em sua extremidade na *pars nervosa*. A corrente sanguínea transporta o hormônio até a glândula mamária, onde promove contrações das células mioepiteliais nas paredes das glândulas mamárias exócrinas. Cerca de um minuto após o início da amamentação, o leite começa a fluir do mamilo (Figura 15.16 B).

O papel da ocitocina nas contrações uterinas naturais durante o parto resultou em seu uso clínico na indução artificial do trabalho de parto em mulheres. Em todos os vertebrados, a ocitocina promove contrações rítmicas dos ovidutos durante a oviposição ou no parto e, nos machos, estimula a contração dos ductos espermáticos. A ocitocina merece nossa gratidão pelas suas contrações rítmicas dos músculos lisos dos órgãos reprodutores nos homens e nas mulheres, que são responsáveis pela sensação do orgasmo.

▶ **Adeno-hipófise.** Foram identificados seis hormônios principais na adeno-hipófise. O **hormônio do crescimento (GH)** pode ter como alvo o fígado, que responde com a secreção de um fator de crescimento semelhante à insulina, que medeia alguns efeitos do GH sobre o crescimento e o metabolismo. O GH também produz efeitos em todo o corpo, incluindo aumento na síntese de proteínas, mobilização aumentada de ácidos graxos e diminuição da utilização de glicose. Em animais jovens, níveis deficientes de hormônio do crescimento resultam em **nanismo hipofisário**, enquanto níveis excessivos geram **gigantismo hipofisário**. A **acromegalia** é uma condição que ocorre em adultos, nos quais a proliferação desproporcional de cartilagem resulta de um excesso de hormônio do crescimento liberado depois da puberdade.

Nos mamíferos, a **prolactina (PRL)** promove o desenvolvimento das glândulas mamárias e a lactação durante a gravidez. Nas aves, a prolactina estimula a síntese de lipídios durante a fase de engorda pré-migratória e é responsável pelo comportamento de chocar. Em algumas espécies, a prolactina estimula o aparecimento de uma **placa de incubação**, uma região sem penas e altamente vascularizada da pele do peito colocada sobre os ovos para aquecê-los. Nos pombos e aves relacionadas, a prolactina promove a secreção do **leite do papo**, um líquido nutricional produzido no papo e usado para alimentar os filhotes. Nos lagartos, a prolactina afeta a regeneração da cauda e, nos anfíbios, afeta o crescimento. Nos teleósteos, a prolactina é importante na osmorregulação, particularmente nos peixes migratórios que se deslocam da água salgada para a água doce durante a reprodução.

A **tireotropina**, ou **hormônio tireoestimulante (TSH)**, estimula a glândula tireoide a sintetizar e liberar T_3 e T_4 no sangue.

A adeno-hipófise libera as **gonadotropinas**, tipicamente dois hormônios que afetam as gônadas e os tratos reprodutivos. As principais gonadotropinas produzidas pela adeno-hipófise são o hormônio foliculoestimulante e o hormônio luteinizante. O aumento dos níveis de **hormônio foliculoestimulante (FSH)** induz o desenvolvimento de folículos ovarianos. Nos machos, o FSH inicia a espermatogênese e ajuda a mantê-la, embora o termo possa parecer ilógico para essa situação. O **hormônio luteinizante (LH)** atua nas fêmeas para finalizar a maturação dos folículos ovarianos. A elevação dos níveis de LH promove a ovulação. Depois da ovulação, estimula a reorganização das células foliculares no **corpo lúteo**. Nos machos, o hormônio luteinizante, mais corretamente denominado **hormônio estimulante das células intersticiais (ICSH)**, estimula as células intersticiais do testículo a secretar testosterona. De modo global, o LH e o FSH estimulam a síntese de andrógenos e de estrógenos tanto nos machos quanto nas fêmeas. Em certas ocasiões, as fêmeas produzem níveis de andrógenos mais elevados que os machos da mesma espécie; e os machos, como os garanhões, produzem estrógenos. Há evidências crescentes para um papel dos andrógenos nas fêmeas e dos estrógenos nos machos, embora ainda não esteja claramente definido.

A **corticotropina** ou **hormônio adrenocorticotrófico (ACTH)** estimula a liberação de glicocorticoides pelo córtex da glândula adrenal.

O **hormônio estimulante dos melanóforos (MSH)** está localizado na *pars intermedia*. Os alvos desse hormônio são os **melanóforos**, isto é, células pigmentares da pele. Em poucos minutos, o MSH afeta a distribuição da melanina nos melanóforos, mudando o escurecimento da pele nos vertebrados inferiores. A estimulação provoca dispersão do pigmento **melanina** em **pseudópodes** citoplasmáticos fixos dos melanóforos, o que escurece a pele. Na ausência de MSH (ou por meio de inibição pela melatonina produzida na pineal), os grânulos de pigmento se reúnem no centro da célula. O efeito global consiste em clareamento da pele (Figura 15.17). Nas aves e nos mamíferos, a pigmentação da pele resulta da liberação de grânulos de melanina na pele, nas penas e nos pelos. O MSH pode atuar para aumentar a produção de pigmento a longo prazo ou de modo sazonal.

Cromatóforos (Capítulo 6)

Algum tempo atrás, o termo melanó*cito* foia usado para descrever células pigmentares nas quais o FSH causava aumento da síntese de melanina, porém sem nenhum movimento do pigmento dentro da célula. O melanó*foro* designava outro tipo de célula na qual a melanina se movimentava dentro da célula em resposta ao MSH. Todavia, a descoberta de melanócitos nos quais tanto a síntese quanto o movimento ocorrem lançou dúvida sobre a utilidade dessa distinção específica. Neste capítulo, será utilizado o termo **melanóforo** para incluir ambos, porém é preciso estar preparado para encontrar diferentes aplicações dos termos em outros livros.

Gônadas

Além da produção de gametas, as gônadas produzem hormônios que sustentam as características sexuais secundárias. Nos humanos, incluem pelos púbicos, pelos faciais nos machos, glândulas mamárias femininas, preparação dos ductos sexuais para a reprodução e manutenção do impulso sexual. Nos machos, as **células intersticiais** (células de Leydig) que se agrupam entre os túbulos seminíferos produzem andrógenos. O principal andrógeno é a **testosterona**. Nas fêmeas, os tecidos endócrinos do ovário incluem os folículos, o corpo lúteo e o tecido intersticial. Os principais hormônios produzidos são os estrógenos (p. ex., estradiol) e os progestógenos (p. ex., progesterona). A coordenação endócrina da reprodução é discutida de modo mais detalhado posteriormente neste capítulo.

Sistema reprodutor (Capítulo 14)

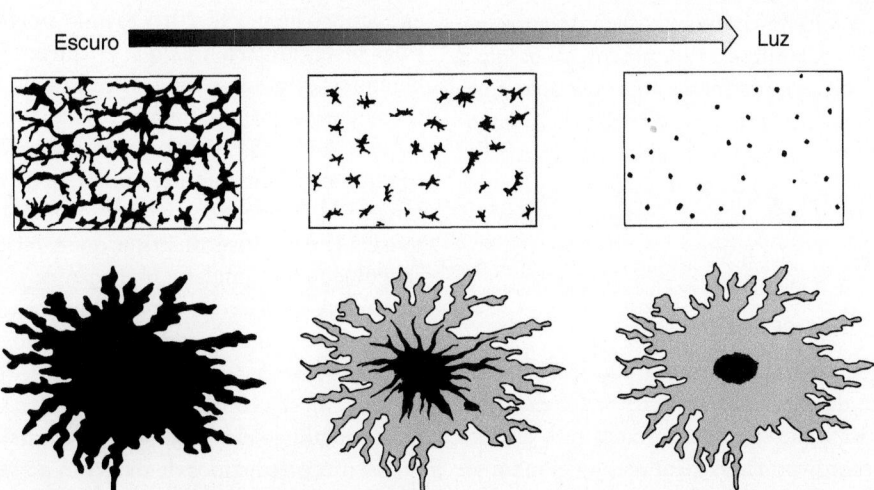

Figura 15.17 Melanóforos da pele de rã. Os melanóforos, que estão localizados no tegumento, respondem ao hormônio estimulante dos melanóforos, dispersando os grânulos de pigmento para escurecer a cor da pele (*à esquerda*) ou, na sua ausência, concentrando-os para clarear a cor da pele (*à direita*).

Glândula pineal

A **glândula pineal**, ou **epífise não pareada**, é uma evaginação dorsal do mesencéfalo. A glândula pineal faz parte de um complexo de evaginações do teto do mesencéfalo, que veremos com mais detalhes no Capítulo 17, quando são examinados os órgãos fotorreceptores. Em alguns vertebrados, a glândula pineal afeta a percepção da fotorradiação. Por exemplo, em alguns vertebrados fósseis, a glândula pineal encontrava-se inserida em uma abertura do crânio ósseo, conhecida como **forame pineal**, e coberta apenas por uma fina camada de tegumento. Isso pode ter permitido que a glândula pineal respondesse a mudanças no fotoperíodo. Em alguns vertebrados viventes, a glândula pineal ainda está localizada logo abaixo da pele, mas, com mais frequência, reside abaixo do crânio ósseo. A presença de células fotossensíveis dentro da glândula pineal dos vertebrados inferiores indica que essa glândula pode estar envolvida na detecção de esquemas sazonais ou diários de luz. Foi também demonstrado que a ela regula os ciclos reprodutivos em uma diversidade de vertebrados.

Os primeiros anatomistas gregos especularam que a glândula pineal regulava o fluxo dos pensamentos. A ausência de evidências não impediu uma especulação posterior sobre a pineal ser a sede da alma. A primeira sugestão experimental de uma função endócrina surgiu em 1927, quando um extrato preparado a partir de uma glândula pineal triturada foi colocado em um aquário contendo girinos. A pele dos girinos branqueou, sugerindo que o extrato afetava os melanóforos. Posteriormente, o hormônio responsável por esse efeito foi isolado e denominado **melatonina**. Entretanto, as pesquisas subsequentes foram frustrantes. A glândula pineal parece modular atividades já em desenvolvimento, em lugar de iniciar atividades. Nos vertebrados inferiores, ela claramente afeta os melanóforos na pele. Todavia, nas aves e nos mamíferos, esse papel é menos importante. Conforme já assinalado, pesquisas sugerem que a glândula pineal regula padrões reprodutivos sazonais. Nos répteis e nas aves, a pineal pode ajudar na organização dos ritmos diários ou **circadianos**. À medida que as temperaturas ambientais aumentam, a glândula pineal medeia o início do comportamento de corte em cobras *Thamnophis*. Nos mamíferos, experimentos nos quais a pineal foi removida, ou em que foram administradas injeções de extratos de pineal, fornecem evidências circunstanciais de que ela possa estar envolvida na liberação de ACTH pela adeno-hipófise, no aumento da secreção de vasopressina, na inibição da atividade da tireoide e até mesmo na estimulação de componentes do sistema imune.

Glândulas endócrinas secundárias

Algumas glândulas que desempenham um papel central em outras atividades além da regulação endócrina também liberam substâncias químicas, que são transportadas pelo sistema vascular até tecidos responsivos. Essas glândulas funcionam secundariamente no sistema endócrino. Em geral, os hormônios que elas liberam ajudam essas **glândulas endócrinas secundárias** a regular suas próprias atividades primárias. Dois exemplos são o trato digestório e os rins.

Trato gastrintestinal

Naturalmente, o canal alimentar atua principalmente na digestão. As paredes do trato digestório produzem substâncias químicas que estimulam ou inibem tecidos-alvo no trato gastrintestinal ou em órgãos digestórios relacionados (p. ex., fígado, pâncreas). Essas substâncias são secretadas diretamente, em lugar de serem liberadas em ductos. Por conseguinte, o trato digestório atua secundariamente com o órgão endócrino.

Quando o alimento entra no estômago dos amniotas, a mucosa gástrica libera o hormônio **gastrina** (Figura 15.18), que entra no sangue e é transportada até o estômago, onde estimula a secreção de suco gástrico. Quando o estômago esvazia o alimento misturado e acidificado no duodeno, a mucosa intestinal libera **secretina**, que estimula o pâncreas a liberar o suco pancreático altamente alcalino para tamponar o **quimo** ácido recémchegado do estômago. A **enterogastrona**, que também é liberada pela mucosa intestinal, inibe a secreção e mobilidade gástricas adicionais. As gorduras, as proteínas e os ácidos estimulam a secreção de **colecistocinina (CCK)** ou de **colecistocinina-pancreozima (CCK-PZ)** da mucosa intestinal. Originalmente, acreditava-se que a colecistocinina fosse dois hormônios (daí seu nome alternativo com hífen), visto que ela desempenha duas funções. A colecistocinina estimula o relaxamento do esfíncter na base do ducto biliar, a contração da vesícula biliar e a ejeção de bile que flui para o duodeno, onde ela atua sobre as gorduras. A colecistocinina também estimula o pâncreas a secretar suco pancreático contendo enzimas digestivas (Figura 15.19).

Desde a descoberta desses hormônios gastrintestinais, foram descobertos outros hormônios com ações mais restritivas. Por exemplo, a **enterocrinina**, liberada pela mucosa intestinal, aumenta a produção de suco intestinal. Examinaremos a função endócrina dos órgãos digestivos de modo mais detalhado quando considerarmos a evolução da regulação endócrina mais adiante neste capítulo.

Rins

Os rins primariamente excretam produtos nitrogenados e atuam na osmorregulação. Todavia, atuam também como órgão endócrino (Figura 15.20). Quando a pressão arterial cai, as **células justaglomerulares** que envolvem as arteríolas renais liberam o hormônio renina. A **renina** desencadeia uma cascata de mudanças que finalmente resultam em elevação da pressão arterial. A renina catalisa a transformação do **angiotensinogênio** no sangue em **angiotensina I**, que é convertida em **angiotensina II** nos pulmões, bem como em outros órgãos. A angiotensina II é um vasoconstritor que também aumenta o volume sanguíneo ao estimular a liberação de aldosterona da glândula adrenal. A aldosterona faz com que os túbulos distais dos rins reabsorvam maior quantidade de sódio, produzindo aumento na reabsorção de água e elevação subsequente do volume sanguíneo. Em seu conjunto, a vasoconstrição e o aumento do volume sanguíneo elevam a pressão arterial.

Os níveis reduzidos de oxigênio no sangue que passam pelos rins estimulam as células a produzir eritropoetina (EOP). A EOP é um hormônio que estimula a produção de eritrócitos pelos tecidos hematopoéticos nos mamíferos. Em certas ocasiões, um atleta humano, particularmente em um evento

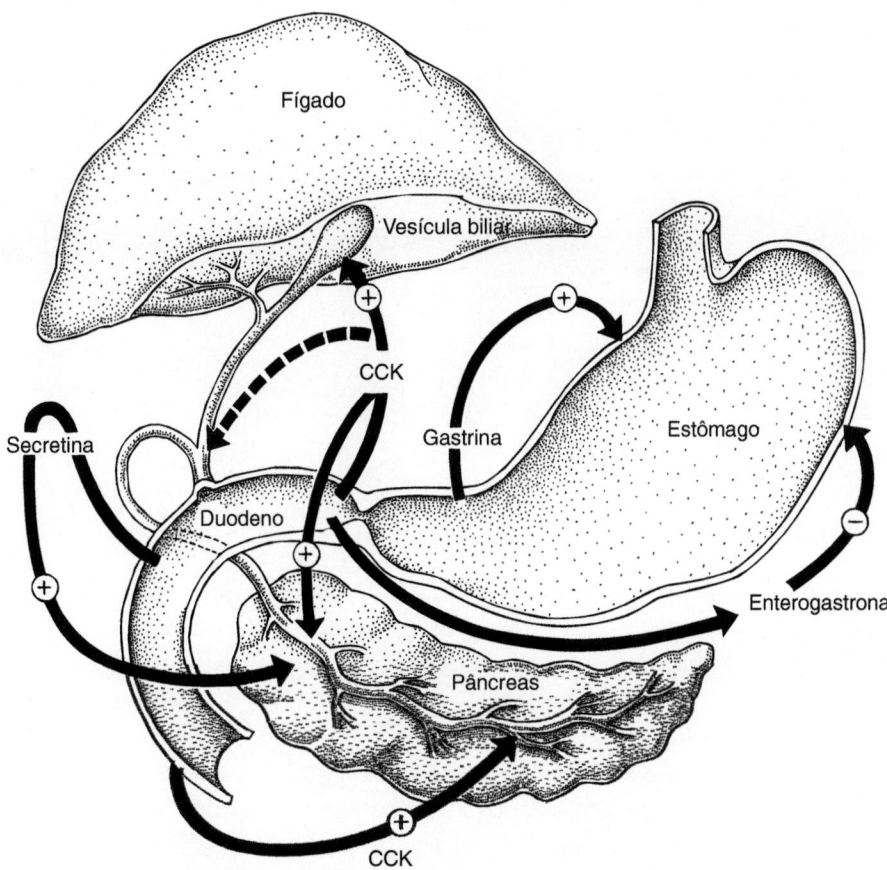

Figura 15.18 Alguns hormônios gastrintestinais dos mamíferos. Estão indicados os locais de liberação e os efeitos sobre os tecidos-alvo. A estimulação ou inibição hormonal da atividade secretora está indicada pelos sinais positivo (+) ou negativo (–), respectivamente. Colecistocinina (*CCK*).

esportivo de resistência, pode ilegalmente tomar doses artificiais de EOP para aumentar o número de células sanguíneas que transportam oxigênio e, assim, melhorar seu desempenho. Esses trapaceiros são pegos pela detecção de níveis anormais e altos de EOP. Todavia, como a EOP é um hormônio natural, esses testes podem ser controversos.

Coordenação endócrina

Até agora, analisamos as glândulas endócrinas, seus hormônios e seus tecidos-alvo. A seguir, examinaremos duas maneiras pelas quais as glândulas endócrinas interagem para coordenar as atividades. Começaremos pela reprodução nos mamíferos.

Reprodução nos mamíferos

Macho

Nos machos, a adeno-hipófise libera FSH e LH, que exercem efeitos imediatos sobre os testículos (Figura 15.21). O FSH desempenha um papel proeminente no controle da espermatogênese. O LH atua sobre as células intersticiais no testículo, promovendo a produção de andrógenos, particularmente de testosterona. Em primeiro lugar, a testosterona regula o desenvolvimento e a manutenção das características sexuais secundárias (incluindo galhadas e plumagem brilhantemente colorida),

o impulso sexual e as glândulas sexuais acessórias. Em segundo lugar, a testosterona promove a espermatogênese. Em terceiro lugar, possui um efeito de retroalimentação negativa sobre a adeno-hipófise para limitar a produção de LH e, portanto, impedir a produção excessiva desse hormônio gonadotrópico (ver Figura 15.21).

Fêmea

Nas fêmeas, os ovócitos nos ovários dos cordados são revestidos por células foliculares derivadas do epitélio ovariano. Na maioria dos tetrápodes, cada ovário aloja centenas ou milhares de ovócitos envolvidos por células foliculares. Todavia, apenas alguns folículos sofrem efetivamente **maturação** para liberar seus óvulos durante a **ovulação**, tornando a **fertilização** possível. À medida que a maturação de um óvulo progride, a camada interna única de células foliculares que o envolvem prolifera, transformando-se na **granulosa** espessa com múltiplas camadas. Posteriormente, durante a maturação, espaços preenchidos por líquido aparecem dentro da granulosa e coalescem, formando o **antro**, um espaço único preenchido por líquido. Além disso, células de tecido conjuntivo no ovário formam um revestimento externo, denominado **teca**, ao redor do folículo. Depois da ovulação, o folículo transforma-se no **corpo lúteo**. A camada externa permanece como cápsula de tecido conjuntivo, enquanto a camada interna se torna endócrina, constituindo

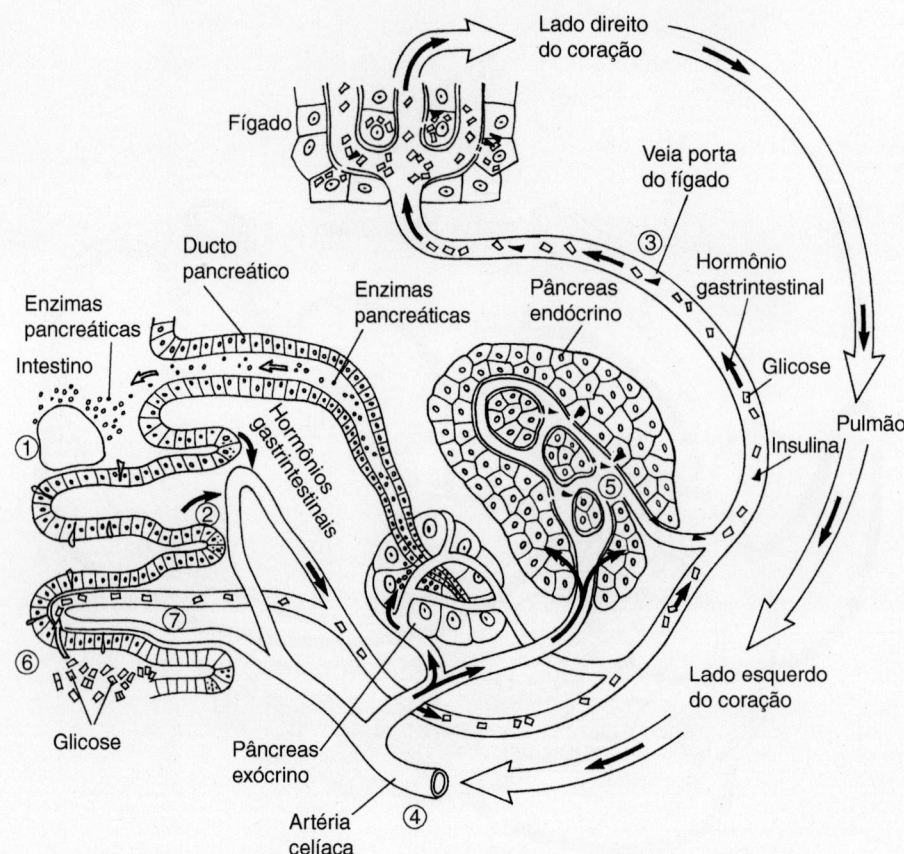

Figura 15.19 Controle endócrino da digestão. À medida que o alimento entra no canal alimentar (*1*), a liberação de hormônios gastrintestinais é estimulada (*2*) e esses hormônios entram no sistema circulatório, seguem seu trajeto pela veia porta hepática (*3*) até o fígado e, em seguida, dirigem-se para o coração. A partir do coração, são transportados de volta ao canal alimentar pela artéria celíaca (*4*). Quando alcançam o pâncreas, esses hormônios gastrintestinais estimulam a liberação de enzimas pancreáticas. O principal desses hormônios gastrintestinais é a colecistocinina, que desencadeia a liberação de enzimas digestivas pelo pâncreas exócrino e de bile pela vesícula biliar. A secretina, um hormônio gastrintestinal, estimula o pâncreas a liberar bicarbonato e ajuda a neutralizar o quimo ácido que entra no duodeno a partir do estômago. Outro hormônio gastrintestinal, o peptídio insulinotrópico da glicose (*GIP*), estimula o pâncreas endócrino a liberar insulina, indicada pelas *setas cheias* (*5*). A glicose é um produto final da digestão (*6*), sendo absorvida pela parede intestinal (*7*) e transportada até o fígado por meio da veia porta hepática (*3*).

De Elias e Pauly.

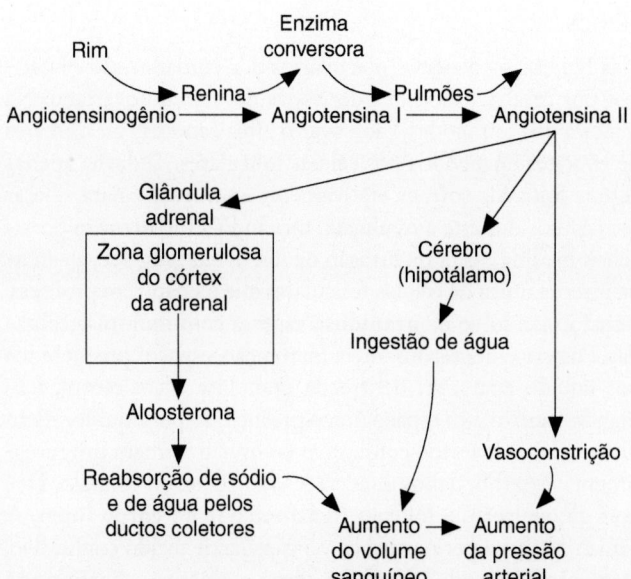

Figura 15.20 O rim como órgão endócrino. Uma queda da pressão arterial nos vasos sanguíneos que suprem o rim resulta em liberação de renina, o hormônio que catalisa a transformação do angiotensinogênio em angiotensina I. Nos pulmões e em outros locais, a angiotensina I é convertida em angiotensina II, que indiretamente provoca a retenção de mais água pelo rim e, por meio da estimulação do hipotálamo, promove um comportamento de aumento na ingestão de água. Ambos aumentam o volume sanguíneo e, portanto, a pressão arterial. A angiotensina II também atua como vasoconstritor, contribuindo ainda mais para a elevação da pressão arterial.

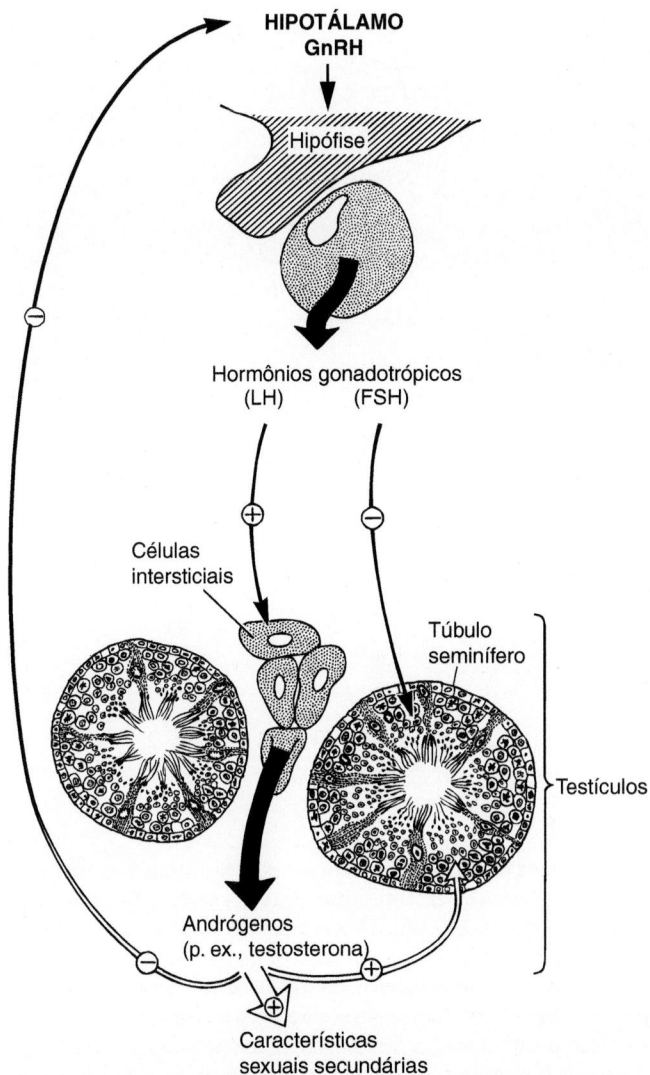

HIPOTÁLAMO
GnRH

Hipófise

Hormônios gonadotrópicos
(LH)   (FSH)

Células
intersticiais

Túbulo
seminífero

Testículos

Andrógenos
(p. ex., testosterona)

Características
sexuais secundárias

Figura 15.21 Hormônios gonadotrópicos em machos de mamíferos. O hormônio foliculoestimulante (*FSH*) promove a espermatogênese. O hormônio luteinizante (*LH*) estimula as células intersticiais dos testículos a liberar testosterona. Por sua vez, a testosterona ajuda a manter as características sexuais secundárias nos machos e inibe a secreção de hormônios gonadotrópicos. A promoção e a inibição hormonais da atividade estão indicadas pelos sinais positivo (+) e negativo (−), respectivamente.

uma fonte dos andrógenos necessários pelas células da granulosa para a síntese de estrógeno. As células da granulosa tornam-se **células luteínicas da granulosa**, que constituem a maior parte do corpo lúteo, e as células da teca persistem como **células luteínicas da teca**, que formam a cápsula externa do corpo lúteo. A regressão final do corpo lúteo produz o **corpo albicans** em estágios progressivos de degeneração. A regressão dos folículos antes da ovulação produz **folículos atrésicos** (Figura 15.22) (ver Capítulo 14).

Os eventos na maturação dos folículos são mais bem compreendidos nos mamíferos, particularmente nos humanos. Os hormônios promovem a maturação dos folículos e, simultaneamente, preparam o útero para receber um óvulo fertilizado (Figura 15.23 A). Existem quatro etapas principais envolvidas. Em primeiro lugar, o declínio dos níveis de progesterona é acompanhado de elevação dos níveis de FSH. À medida que os níveis de FSH aumentam, folículos selecionados começam a amadurecer. Não se sabe por que alguns folículos no ovário respondem e outros, não. Nos folículos que respondem, a camada fina de células foliculares divide-se para produzir um revestimento espesso de células. Aparecem, também, espaços preenchidos por líquido, constituindo os precursores do antro.

Em segundo lugar, à medida que os folículos crescem sob estimulação contínua do FSH, as células mais internas da granulosa secretam quantidades aumentadas de estrógeno. Nesse momento, o estrógeno possui duas ações. Ele estimula a proliferação do endométrio do útero e, indiretamente, promove a secreção do hormônio luteinizante (LH) por meio de seus efeitos sobre o hipotálamo, que secreta o **hormônio liberador das gonadotropinas (GnRH)**, estimulando efetivamente a liberação de LH.

Em terceiro lugar, a liberação de LH provoca ovulação. Ocorre ruptura de um folículo maduro, que libera seu óvulo. Em seguida, o LH promove a consolidação do folículo rompido em corpo lúteo.

Em quarto lugar, o corpo lúteo assume a função de secretar estrógeno que foi iniciada pelos folículos, embora a secreção agora esteja em níveis mais baixos. Além disso, o corpo lúteo produz progesterona, um hormônio "otimista" que promove os estágios finais de preparação do útero para um óvulo fertilizado. Além disso, a progesterona inibe a secreção de FSH pela hipófise, de modo que nenhum folículo amadurece nesse período.

Boxe Ensaio 15.1 | A pílula | Feminina

Em grande parte, o sucesso médico no desenvolvimento de contraceptivos orais para as mulheres, mas não para os homens, pode ser atribuído a diferenças intrínsecas no controle hormonal natural das funções reprodutivas nos dois sexos.

A contracepção, que é mediada por hormônios sexuais, é um fenômeno mensal *normal* nas mulheres. A progesterona, que é produzida pelo corpo lúteo, suprime a ovulação adicional ao inibir a liberação de novo hormônio foliculoestimulante (FSH). Por conseguinte, enquanto a progesterona é secretada, não há produção de FSH, nenhum folículo adicional amadurece, não há liberação de óvulo e não ocorre fertilização. Os contraceptivos orais procuram imitar essa série natural de eventos, por conterem progesterona, que impede a ovulação ao suprimir a secreção de FSH. Todavia, isso significa que as mulheres que fazem uso de contraceptivos orais não formam corpos lúteos.

Assim, a progesterona e quantidades menores de estrógeno produzidas pelo corpo lúteo estão ausentes.

Uma modificação da receita original para contraceptivos orais foi a adição de estrógeno à progesterona para compensar o corpo lúteo ausente e a secreção de ambos. Outra modificação consistiu em alterar os níveis de progesterona administrados. Em geral, eles são mais baixos nos contraceptivos orais para atender às necessidades individuais da mulher.

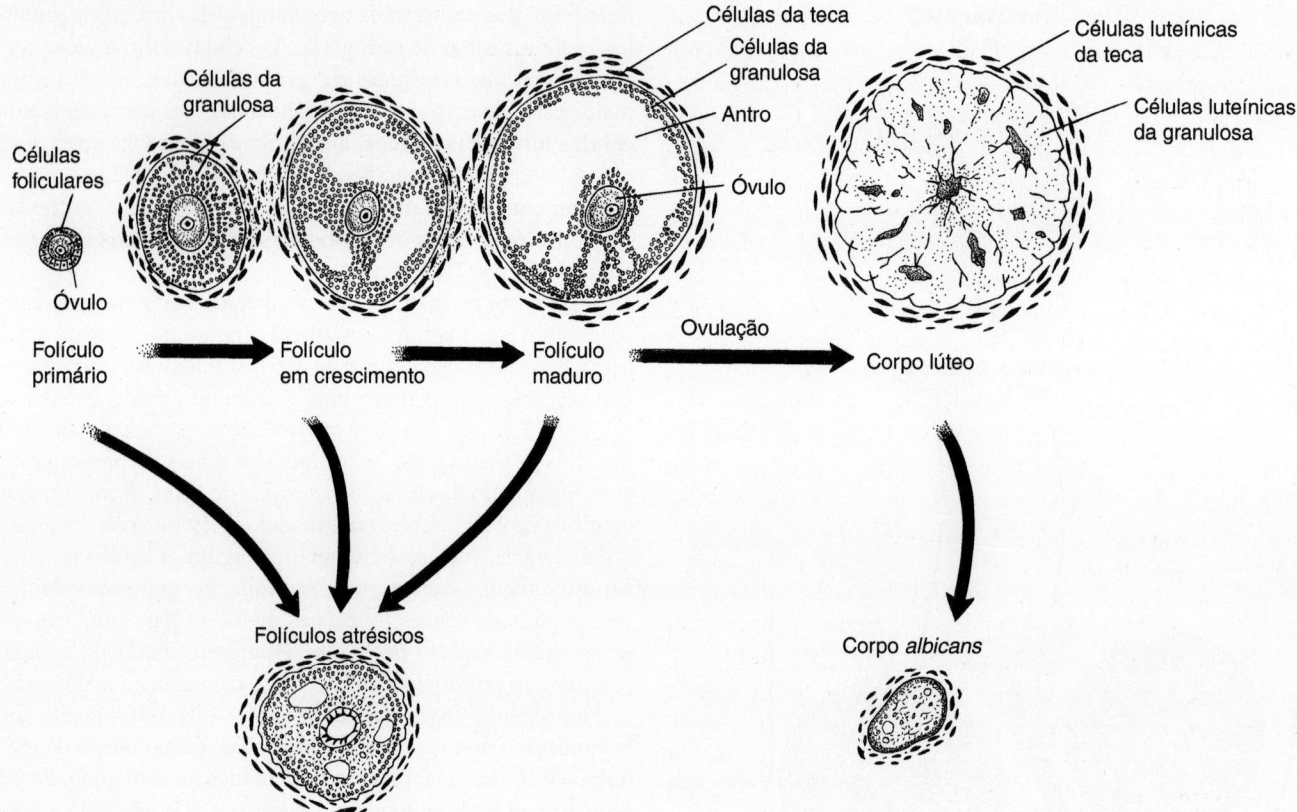

Figura 15.22 Maturação de um folículo ovariano nos mamíferos. Em uma fêmea que entra em sua primeira estação reprodutiva, o ovário está povoado por ovócitos envolvidos em células foliculares, que permaneceram quiescentes desde que as células germinativas primordiais colonizaram pela primeira vez o ovário durante seu desenvolvimento embrionário. No início da estação reprodutiva, os hormônios estimulam a maturação de alguns desses folículos. As células foliculares proliferam, amadurecem e envolvem o antro, um espaço preenchido por líquido no folículo. Com a ovulação, o folículo maduro sofre ruptura, liberando o óvulo e algumas células foliculares aderidas. Uma vez liberado o óvulo, as paredes do folículo formam o corpo lúteo, que continua desempenhando um papel endócrino durante certo período de tempo. Se não houver gravidez, o ovário retoma rapidamente seu ciclo para que o animal volte a assumir um modo pronto para a reprodução. Em seguida, o corpo lúteo sofre involução e permanece na forma de uma placa remanescente de tecido conjuntivo, o corpo *albicans*. Se os folículos regredirem antes da ovulação, os folículos involuídos formam folículos atrésicos, que antigamente eram considerados desprovidos de função, mas que agora se sabe que talvez mantenham uma função endócrina, na medida em que contribuem para a glândula intersticial ovariana envolvida na síntese de esteroides.

Boxe Ensaio 15.2 | A pílula | Masculina

No homem, entretanto, a produção de espermatozoides não segue ritmos mensais. Os espermatozoides são produzidos de maneira mais ou menos contínua, de modo que não ocorre uma contracepção cíclica mediada por hormônios nos homens, como aquela observada em mulheres. Isso impede nos homens qualquer imitação de um processo contraceptivo natural. Com efeito, as estratégias para produzir um contraceptivo oral masculino procuraram inibir diretamente a secreção de FSH. Naturalmente, isso não pode ser obtido com progesterona. Se fosse

possível, os efeitos colaterais resultariam em um homem estéril e feminilizado. Outras alterações hormonais da função testicular suficientes para interromper a produção de espermatozoides tiveram efeitos colaterais semelhantes. Entretanto, surgiu recentemente alguma esperança.

Pesquisadores estavam testando um agente antineoplásico experimental e queriam ter certeza de que o fármaco não teria efeitos colaterais negativos sobre as células sadias. Assim, administraram o fármaco a camundongos e procuraram o aparecimento

de quaisquer efeitos colaterais. Para sua surpresa, descobriram que, como efeito colateral, esse fármaco atuava como contraceptivo masculino. Quando injetado em camundongos, seus testículos paravam de produzir espermatozoides; quando o fármaco foi interrompido, a produção de espermatozoides recomeçou. Existem ensaios clínicos experimentais em andamento. Se esse fármaco finalmente atuar em seres humanos e for seguro, deverá fornecer uma maneira de controle masculino não hormonal de procriação.

Nos humanos, se a gravidez não ocorrer, o suporte hormonal para o crescimento do corpo lúteo cai depois de 10 a 12 dias, e ele degenera. Quando isso acontece, o corpo lúteo sofre involução, transformando-se em uma placa de tecido cicatricial, o corpo *albicans*. Com o declínio do corpo lúteo, os níveis de estrógeno e de progesterona caem, a secreção de FSH e de LH aumenta, e o ciclo recomeça.

Se a gravidez ocorrer, o hormônio **gonadotropina coriônica (GC)** estimula o crescimento do corpo lúteo. A GC é produzida pela placenta rudimentar estabelecida pelo embrião implantado na parede uterina (Figura 15.23 B). A GC dos eutérios atua para manter o corpo lúteo, que, por sua vez, produz progesterona para manter o útero que está alojando o embrião implantado e sua placenta rudimentar. Nos humanos,

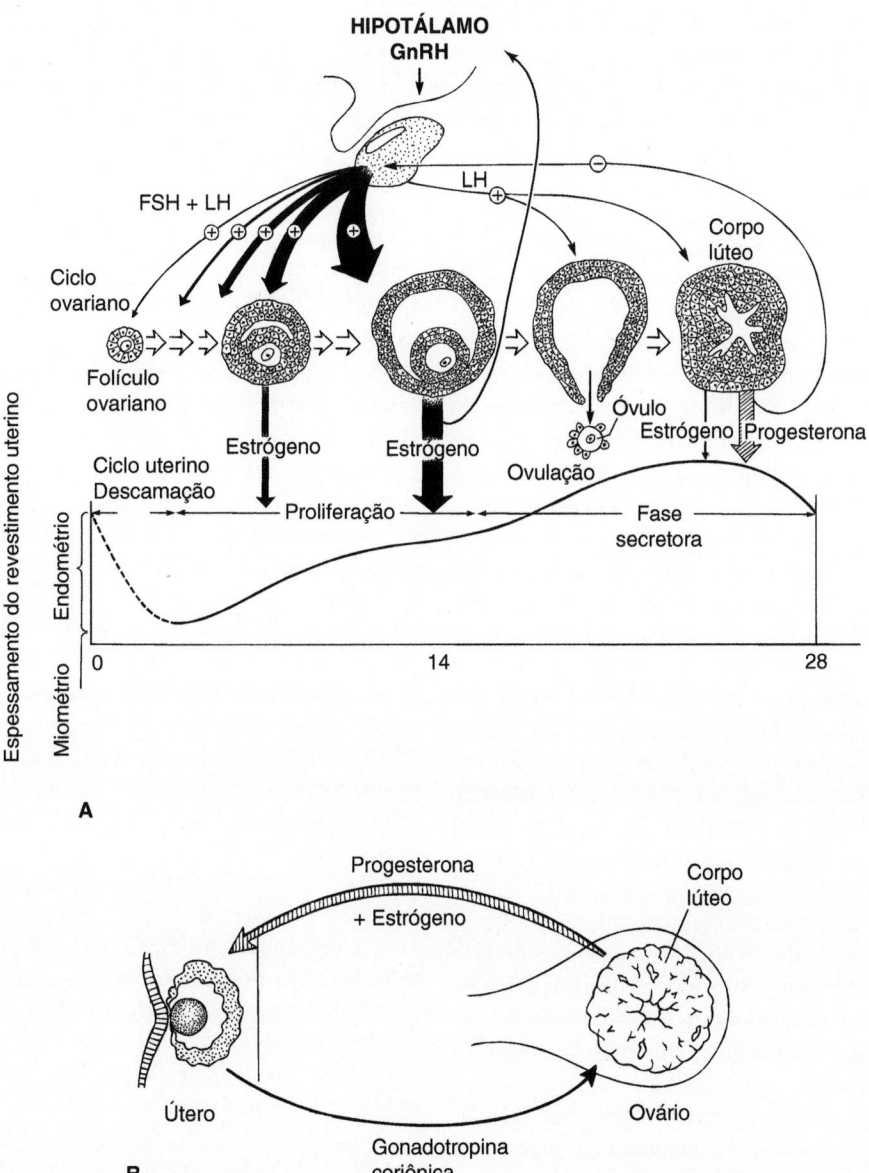

Figura 15.23 Ciclos ovariano e uterino das mulheres. A. Maturação do folículo e espessamento associado do revestimento uterino. O endométrio do útero sofre espessamento e, em seguida, entra em uma fase secretora, na antecipação para receber um óvulo fertilizado. O folículo é um órgão endócrino que libera níveis crescentes de estrógeno em resposta à elevação dos níveis de FSH e de LH da adeno-hipófise. Os níveis aumentados de estrógeno atuam por meio do hipotálamo, liberando um surto de GnRH, que estimula o pico de LH, causando ovulação. Depois da ovulação, o folículo rompido persiste na forma de corpo lúteo. Esse tecido endócrino modificado ainda produz alguns estrógenos, principalmente progesterona, que inibe a produção de FSH e impede temporariamente a maturação de folículos adicionais. A progesterona também estimula o útero a manter um ambiente acolhedor para o embrião implantado. Se não ocorrer implantação, o corpo lúteo se desintegra aproximadamente no dia 28 do ciclo, os níveis de progesterona caem, e o FSH é liberado, permitindo que o ciclo de desenvolvimento folicular comece novamente. **B.** Se ocorrer gravidez, a gonadotropina coriônica liberada pela placenta sustenta inicialmente o corpo lúteo, que secreta progesterona para manter a parede uterina durante e após a implantação. Esse suporte hormonal mútuo persiste até aproximadamente o terceiro mês de gestação, quando a placenta começa a secretar progesterona. O corpo lúteo sofre involução lenta nesse período.

o corpo lúteo, a placenta e o embrião em crescimento são mutuamente mantidos dessa maneira recíproca até aproximadamente o segundo mês de gestação. Depois disso, o corpo lúteo sofre involução lenta. Entretanto, nessa fase da gravidez, a involução do corpo lúteo e a consequente queda de produção de progesterona (e estrógeno) não causam menstruação e perda do embrião implantado, visto que, nesse estágio, a própria placenta já está produzindo progesterona (e estrógeno) para se manter.

O ciclo reprodutivo do canguru-vermelho (*Megaleia rufa*) ilustra como os sistemas endócrino e nervoso coordenam os processos reprodutivos (Figura 15.24 A a C). À semelhança da maioria dos marsupiais, o canguru-vermelho possui um curto período de gestação. A fêmea do canguru pode manter até três jovens em estágios escalonados de desenvolvimento. Seu trato reprodutor está estruturado para acomodar embriões em diferentes estágios de maturação. A ovulação alterna-se entre os dois ovários. O blastocisto entra no canal vaginal central, onde se desenvolve durante sua breve gestação. Os espermatozoides de uma cópula subsequente percorrem os canais laterais da vagina sem entrar em contato com o embrião. Depois do nascimento, o lactente, agora um **filhote**, migra para dentro do marsúpio e começa a mamar em um mamilo. Por meio de nervos aferentes que chegam à hipófise, a amamentação estimula a liberação de prolactina e causa diminuição da gonadotropina. Em consequência dessas mudanças hormonais, o corpo lúteo do ovário é inibido, e a sua produção de progesterona declina. Sem a progesterona, o útero não promove mais o desenvolvimento do próximo blastocisto. Seu desenvolvimento é temporariamente interrompido, e o blastocisto entra em **diapausa embrionária** (ver Capítulo 14). Quando o filhote em crescimento começa a fazer tentativas de incursões fora do marsúpio, a intensidade do estímulo da amamentação diminui, os níveis de hormônio gonadotrópico aumentam, estimulando o corpo lúteo, e ocorre elevação dos níveis de progesterona. A fêmea entra no estro e acasala. O blastocisto em diapausa reinicia seu desenvolvimento e completa a gestação. O recém-nascido migra para o marsúpio e fixa-se a um mamilo disponível. Mais uma vez, o estímulo da amamentação interrompe o desenvolvimento do novo blastocisto, e este entra em diapausa embrionária. Durante a amamentação, a composição do leite também se modifica, aumentando o conteúdo de gordura à medida que o filhote cresce.

A morte ou remoção prematura de um filhote resulta em diminuição da secreção de prolactina e aumento da secreção de hormônio gonadotrópico pela hipófise. Em consequência, o corpo lúteo é reativado, a secreção de progesterona aumenta e o desenvolvimento do blastocisto recomeça. A fêmea entra em estro e acasala. Todavia, eventos ambientais, como fotoperíodos curtos, podem exercer um efeito semelhante ao de um filhote em amamentação. Se um jovem for removido no outono, o blastocisto pode não reiniciar seu desenvolvimento até a primavera.

Metamorfose nas rãs

A metamorfose nas rãs fornece um excelente exemplo da coordenação de um complexo processo fisiológico envolvendo respostas nervosas, secretoras e vasculares mediadas pelo sistema endócrino. O girino passa por três estágios de desenvolvimento (Figura 15.25 A a C). O primeiro estágio, de **pré-metamorfose** se caracteriza pelo crescimento do corpo. No segundo estágio, de **pró-metamorfose**, a mudança é mais proeminente no desenvolvimento dos membros posteriores, embora ainda ocorra algum crescimento do corpo. O terceiro estágio é o **clímax metamórfico**, em que o girino é transformado em jovem rã. Os membros anteriores emergem, o bico é perdido, a boca se alarga e a cauda é reabsorvida. Em cada estágio, estão envolvidos hormônios, eventos de desenvolvimento e o sistema nervoso.

Durante a pré-metamorfose, a adeno-hipófise produz níveis elevados de prolactina, que estimulam o crescimento, mas inibem a metamorfose. A adeno-hipófise também produz pequenas quantidades de hormônio tireoestimulante (TSH) de maneira autônoma, sem qualquer estímulo do hipotálamo. O TSH estimula a tireoide a secretar tiroxina, mas não em níveis suficientes para iniciar a metamorfose. Durante esse estágio inicial de desenvolvimento, a eminência mediana da hipófise não responde à tiroxina e permanece não desenvolvida. Por conseguinte, durante a pré-metamorfose, o girino cresce em tamanho, porém algumas outras alterações também ocorrem (Figura 15.25 A).

Durante a pró-metamorfose, a eminência mediana se torna responsiva à tiroxina e começa a se desenvolver, estabelecendo um sistema porta modesto, mas completo, que possibilita o transporte dos neuro-hormônios do hipotálamo até a adeno-hipófise. O neuro-hormônio, o **hormônio liberador de corticotropina** (CRH), estimula a secreção de quantidades crescentes de TSH. Os níveis elevados de TSH estimulam a produção de maiores quantidades de tiroxina pela tireoide. Nesse estágio, a metamorfose prossegue por meio de mudanças adicionais. A conversão acelerada da tiroxina (T_4) em T_3, juntamente com o aparecimento de receptores no tecido-alvo responsivo ao hormônio tireoidiano, leva ao desenvolvimento dos membros posteriores (Figura 15.25 B).

Esses eventos geram um sistema de retroalimentação positiva, em que os níveis crescentes de tiroxina promovem a eminência mediana mais responsiva a desenvolver uma conexão porta mais extensa, com consequente transporte de maior quantidade de CRH para a adeno-hipófise. A chegada do CRH estimula a secreção de níveis ainda mais elevados de TSH e, por sua vez, de mais tiroxina. À medida que esses eventos se somam, os níveis de tiroxina continuam aumentando, levando ao clímax metamórfico. Os corticoides (esteroides) das glândulas adrenais inibem a metamorfose prematura. Todavia, com a elevação dos níveis de hormônios tireoidianos e o desenvolvimento de receptores nos tecidos-alvo, os corticoides da adrenal também estimulam a metamorfose acelerada em girinos de mais idade. Os primeiros modelos do controle endócrino da metamorfose nas rãs previam um declínio dos níveis de prolactina à medida que os níveis de tiroxina aumentavam, porém isso não parece ser verdade. Os níveis de prolactina permanecem elevados durante todo o clímax metamórfico, pelo menos nas rãs, mas seus efeitos inibitórios sobre a metamorfose são aparentemente superados pelos níveis crescentes de tiroxina.

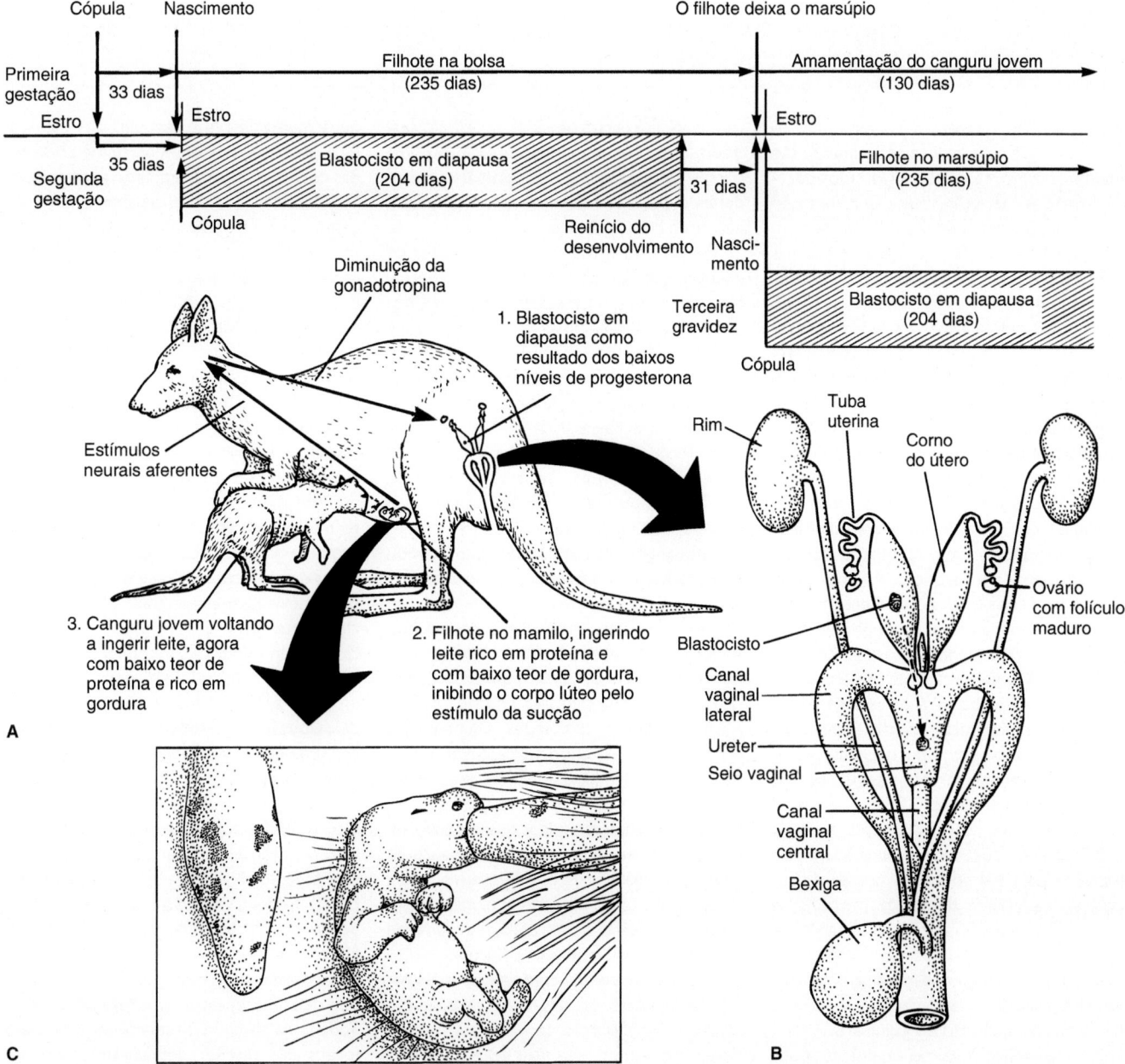

Figura 15.24 Controle hormonal e neural da reprodução no canguru-vermelho, *Megaleia rufa.* **A.** Em qualquer momento, a fêmea pode sustentar até três filhotes em vários estágios de desenvolvimento: blastocisto, filhote e canguru jovem. Esse escalonamento de três gestações está ilustrado na forma de diagrama. No final do primeiro período de gestação de 33 dias, ocorre o primeiro nascimento. A fêmea entra novamente em estro e acasala, resultando em gravidez. Todavia, o primeiro jovem, agora denominado filhote, entra no marsúpio e fixa sua boca a um mamilo. A ação de sugar estimula (por meio de estimulação neural aferente da hipófise) o aumento dos níveis de prolactina e a diminuição dos níveis de hormônios gonadotrópicos. Em consequência, a secreção de progesterona pelo corpo lúteo diminui, de modo que o útero não é mais capaz de sustentar o desenvolvimento do segundo embrião. Nesse estágio, o segundo embrião entra em diapausa embrionária. À medida que o primeiro filhote se torna mais independente e começa a fazer incursões fora da bolsa, o estímulo de sucção diminui, os níveis de prolactina declinam, e os níveis de hormônios gonadotrópicos aumentam. Os níveis elevados de hormônios gonadotrópicos estimulam novamente o corpo lúteo. Níveis elevados de progesterona voltam a ocorrer, e o segundo embrião é reativado para completar a gestação e estabelecer residência no marsúpio. Nesse estágio, a fêmea pode entrar no estro, copular e engravidar novamente. O desenvolvimento dessa terceira gestação é controlado pelo estímulo de sucção do segundo filhote no marsúpio. Se um filhote for removido prematuramente do marsúpio ou morrer, o blastocisto recomeça seu desenvolvimento, e a fêmea entra mais uma vez no estro. Se ela engravidar, o processo é repetido. O primeiro jovem não é totalmente desmamado até cerca de 4 meses após iniciar as incursões fora do marsúpio. **B.** Sistema reprodutor da fêmea do canguru-vermelho. Depois da cópula, os espermatozoides migram pelo canal vaginal lateral. O canal vaginal central habitualmente contém o blastocisto. **C.** Filhote fixado ao mamilo. À medida que o filhote cresce, a glândula mamária aumenta para fornecer maiores volumes de leite. O mamilo maior ainda está sendo sugado por um jovem canguru. Observe os grandes antebraços do filhote que ele utiliza para abrir seu caminho pelo útero até o marsúpio.

A, modificada de Short, 1972; B, modificada de G. G. Sharman, 1967.

Boxe Ensaio 15.3 — Capões, castrados e cantores famosos | A castração e suas consequências

Os galos são suculentos, os garanhões ficam mansos, e os homens possivelmente são melhores cantores se forem castrados quando jovens. A castração refere-se à remoção das gônadas, ovários ou testículos, e, portanto, aplica-se tanto a fêmeas quanto a machos. Todavia, nos mamíferos, pelo menos, os testículos localizam-se externamente, de modo que são facilmente acessíveis. A remoção radical extirpa os gametas, deixando o indivíduo infértil, mas esse procedimento também extrai o tecido endócrino intimamente associado, privando, assim, o indivíduo de alguns dos hormônios que normalmente controlam a fisiologia e implementam o comportamento. As consequências fisiológicas e comportamentais da castração dependem da idade na qual é realizada. Em geral, quanto mais cedo for realizada a castração, maiores serão as consequências posteriores. Certamente, a sexualidade fundamental dos indivíduos surge de seu caráter genético básico. Todavia, à medida que amadurecem, as características sexuais espalham-se para os tecidos somáticos. As características sexuais secundárias aparecem com os comportamentos apropriados para empregar essas características anatômicas pubescentes.

Nas aves, o acesso às gônadas é obtido pela lateral do corpo. Uma fenda fina é realizada na pele, e a gônada é retirada de sua posição na parede dorsal da cavidade do corpo. Galos jovens castrados são capões. A operação, além de produzir aves com carne mais saborosa, também elimina seu comportamento agressivo e arrogante, de modo que há menos perturbação no galinheiro.

Um garanhão totalmente dotado pode ser uma besta determinada, particularmente perto de uma fêmea no estro. Os criadores de cavalos consideram isso um aborrecimento. Um cruzamento não planejado pode levar a traços não desejados em potros indesejados. Em certas ocasiões, administra-se progesterona às éguas para suprimir o estro, reduzir seus flertes sedutores e diminuir a atração sedutora dos garanhões. Todavia, com mais frequência, o problema é resolvido pela castração do garanhão enquanto é ainda um jovem potro, produzindo um cavalo castrado. Isso também diminui a agressividade masculina entre os garanhões, o que é uma grande ajuda para os que criam e correm com cavalos. Os cavalos castrados podem ter personalidades mais maleáveis. Todavia, naturalmente, são estéreis e perdem seu valor econômico como garanhões quando seus dias de corrida

terminam. Em certas ocasiões, um cavalo castrado irá ganhar um grande prêmio ou uma corrida de prestígio, e o proprietário, considerando seu valor perdido como garanhão, não pode fazer mais nada.

Em toda a história humana, acidentes de guerra ou de trabalho, ou punições intencionais de ladrões ou traidores deixaram homens castrados. Algumas vezes, homens foram castrados para produzir guardas de harém, transformando-os no que se pensava serem castrados humanos seguros. Todavia, a castração deliberada de meninos pré-púberes tornou-se uma nova moda no final do século 17 na Europa. De fato, no meio do século 18, a prática era tão prevalente que mais de 4.000 meninos eram castrados anualmente apenas na Itália. O que impulsionou essa prática foi a descoberta de que os meninos castrados algumas vezes desenvolviam vozes únicas para cantar quando adultos. A demanda dessas vozes cresceu – primeiramente nos corais e, em seguida, na ópera. Esses eunucos cantores eram os *castrati* (*castrato*, cantor), com vozes distintamente próprias, nem de tenores (masculinas) nem de sopranos (femininas). Muitos podem ter estado entre os maiores artistas cantores da história humana. Os poucos que desenvolveram essas vozes únicas cantaram diante de grandes multidões que os adoravam e para a realeza generosa. Colheram enormes gratificações financeiras e desfrutaram de fama de "estrelas de *rock*" por toda a Europa.

Onde esses *castrati* conseguiram suas vozes? As cordas vocais são compostas de duas partes: uma porção cartilaginosa firme e uma parte membranosa mais flexível. Quanto mais curta e mais fina a parte membranosa, mais alta e mais flexível a voz resultante para cantar. As cordas vocais de crianças pequenas de ambos os sexos são quase do mesmo tamanho e comprimento. Quando as crianças passam pela puberdade, ocorrem muitas mudanças fisiológicas e anatômicas, impulsionadas por mudanças endócrinas associadas. Para os meninos, os níveis elevados de andrógenos (células intersticiais) nos testículos estimulam o desenvolvimento das características sexuais secundárias, incluindo o alongamento e o espessamento das cordas vocais, tornando a voz masculina mais grave. Nas meninas, as cordas vocais também se espessam e alongam, mas não tanto quanto nos meninos, de modo que as mulheres têm uma voz natural mais aguda. Entretanto, as cordas vocais de um menino castrado desenvolvem-se de ma-

neira muito diferente daqueles dos meninos e das meninas normais. A parte membranosa das cordas vocais não aumenta, permanecendo tão curta quanto a de uma criança. Os *castrati* eram frequentemente descritos como tendo vozes de outro mundo. Podiam cantar mais alto e mais suavemente e com mais agilidade do que até mesmo a maioria das sopranos. Não se sabe exatamente como essas características anatômicas produzem uma voz única para cantar (a sociedade estava interessada no som e não na ciência). Mais provavelmente, as cordas vocais dos *castrati* eram mais curtas e mais finas do que até mesmo as da maioria das mulheres adultas. Juntamente com um intenso treinamento musical nos conservatórios da Itália, isso produzia aquelas vozes altas "angelicais". As vozes eram doces, mas também muito poderosas, devido, em parte, caixa torácica, capacidade pulmonar e força física maiores dos *castrati*, em comparação com a maioria das cantoras de constituição menor.

Todavia, havia também efeitos colaterais da castração. Os *castrati* tendiam a desenvolver uma quantidade aumentada de gordura subcutânea em áreas mais típicas da forma feminina – quadris, nádegas e mama. O pelo púbico seguia a distribuição de um padrão feminino (agrupado), em lugar do padrão masculino (disperso). Não havia crescimento de barba. De maneira mais distinta, os braços e as pernas eram habitualmente muito longos. Na puberdade, as placas epifisárias normalmente se ossificam, os ossos longos não aumentam de comprimento, e o crescimento cessa. Todavia, na ausência de andrógenos, os ossos longos dos *castrati* continuavam crescendo, resultando em uma "aparência eunucoide" desproporcionalmente alta, muitas vezes ridicularizada em caricaturas que apareciam na imprensa do século 17 (Figura 1 do boxe).

Não se sabe por que os meninos começaram a ser castrados. Uma hipótese é que as mulheres eram proibidas de cantar nos coros de igreja nos estados papais, devido ao ditado de São Paulo: "Mantenham suas mulheres em silêncio nas igrejas." Todavia, mulheres cantavam efetivamente em algumas igrejas, particularmente nas áreas rurais. A demanda de *castrati* parece estar mais relacionada com o encanto de suas vozes. Por volta da metade do século 15, surgiu uma forma muito complexa de canto a *capella*, exigindo vozes de nível "soprano" extremamente competentes e hábeis. Com frequência, meninos pré-púberes eram treinados

Boxe Ensaio 15.3 | Capões, castrados e cantores famosos | A castração e suas consequências *(continuação)*

Figura I do Boxe Caricatura do século 18 de dois *castrati* atuando em uma ópera de Handel. O artista os ilustrou se sobressaindo da atriz coadjuvante e, portanto, ridiculariza uma das deformidades físicas que frequentemente era observada no homem castrado – braços e pernas anormalmente longos.

para cantar essa parte. Entretanto, quando se tornavam cantores especialistas, entravam na puberdade, e suas vozes mudavam de registro. À medida que esse estilo musical se desenvolvia ainda mais no século seguinte, os *castrati* começaram a substituir os cantores crianças e passaram a ser muito procurados pelas suas vozes "espirituais" especiais honrando a Deus nas igrejas da Itália.

Os *castrati* logo encontraram muitos favores e melhores remunerações financeiras no mundo secular. A ópera no final do século 17 era um novo entretenimento popular em expansão. Conforme mais *castrati* apareciam nas óperas, as músicas eram compostas para se adequar às suas vozes. Uma nova forma de ópera, a *opera seria*, realçou a força, a flexibilidade e o entusiasmo da voz dos *castrati*. Monteverdi, Scarlatti e Handel escreveram óperas para os *castrati*. Mozart compôs partes para *castrati* em *Indomeneo* (1781) e *La Clemenza di Tito* (1791, o ano de sua morte). Atualmente, existe uma escassez mundial de *castrati*. Todavia, estas e muitas óperas barrocas ainda são produzidas para audiência que as apreciam. Nas produções atuais, as partes dos *castrati* são frequentemente cantadas por mulheres sopranos e *mezzosopranos* em "papéis masculinos". Todavia, a música não está sendo tocada no instrumento original. Sem os *castrati*, as audiências de hoje não estão ouvindo as mesmas óperas que os compositores compuseram e que as audiências barrocas desfrutaram.

Imagine o que deve ter sido ouvir Farinelli (1705-1782, nascido Carlo Broschi), um

dos mais famosos *castrati*. Desfrutou de um *status* quase mítico. Aproveitava-se de sua beleza andrógena e de sua altura para ganhar uma presença de comando no palco. No entanto, foi sua voz que o marcou como possivelmente um dos maiores cantores de todos os tempos, muito apreciada por sua beleza, pureza, agilidade e força. Segundo relatos, o registro de sua voz estendia-se por três oitavas e meia, e dizia-se que ele conseguia cantar 250 notas em uma respiração. Relatos contemporâneos enalteciam eloquentemente as maravilhas de sua voz e podiam explicar o brado *eviva il coltello* ("vida longa à faca"), que explodia das audiências extasiadas depois de uma apresentação.

Apesar do número e da popularidade dos *castrati*, a castração intencional foi oficialmente proibida. A igreja católica punia, por excomunhão, qualquer um que castrasse deliberadamente um menino. Todavia, a fama e a fortuna eram muito tentadoras. Para satisfazer a igreja, cada *castrato* tinha sua própria história de como se separou de suas gônadas. Uma queda de cavalo deixava um castrado, outro contava sobre um ataque por um javali selvagem. À medida que as explicações simples foram se esgotando, as histórias para explicar o fato de tornaram mais elaboradas. Um *castrato* declarou ter sido atacado por um bando de gansos que arrancaram seus testículos. Estudiosos de música estimam que, no auge do período barroco, 70% de todos os cantores de ópera eram *castrati*. Devido à proibição da igreja, os materiais e métodos de castração não estão bem-documentados.

Aparentemente, os testículos eram removidos ou seu suprimento de sangue era interrompido. Após a administração de uma droga, como o ópio, o menino era colocado em um banho quente, e a operação era executada na criança quase inconsciente.

Nem todos os meninos castrados se tornaram famosos no mundo da ópera. A maioria nunca chegou a desenvolver a grande voz necessária para ganhar grandes somas. Terminavam cantando em coros locais ou eram contratados como cocheiros músicos. Todavia, aqueles que eram bem-sucedidos, como Farinelli, desfrutavam de grande riqueza e fama internacional. E, assim como os modernos heróis do esporte e da música, desfrutavam da atenção e eram rodeados por fãs sempre presentes, muitos dos quais usavam medalhões com imagens de seu *castrato* favorito. Adorados pelas mulheres tanto pela sua gloriosa voz quanto pela sua aparência andrógena romântica, cada *castrati* tinha uma reputação para preservar, não apenas no palco, mas também na cama. Todavia, poderiam os homens castrados realmente estar à altura da situação – ereção e orgasmo? Provavelmente, porém é difícil afirmar com certeza. A proeza sexual é afetada pela mente e por expectativas sociais, bem como pelas gônadas. Os *castrati*, que eram considerados altamente desejados na sociedade, deviam estar sob pressão considerável para desempenhar uma *performance* satisfatória. Todavia, eles sem dúvida alguma diferiam entre si nas suas capacidades sexuais tanto quanto outros homens não mutilados, e muito dependia da idade na qual haviam sido castrados – quanto mais próximo da puberdade, mais probabilidade teriam de desenvolver uma atividade sexual com sucesso. Certamente, os *castrati* eram estéreis. Sem espermatozoides, sem fertilização. Mas isso pode ter sido precisamente seu atrativo: as mulheres podiam ter um caso amoroso sem o medo de engravidar.

Os *castrati* continuaram a cantar nas igrejas da Itália até o final do século 19. Em 1922, o último dos *castrati*, Alessandro Moreschi, diretor do Coro da Cistina, morreu. Tinha 64 anos de idade. Não temos nenhum registro de sua voz em sua mocidade. Deixou apenas uma gravação com chiado de uma voz envelhecida. Talvez vozes sintetizadas em computadores possam recriar eletronicamente o que as audiências de ópera ouviram de modo eloquente e diretamente durante mais de dois séculos. Enquanto isso, os meninos devem ser advertidos para tomarem cuidado com bandos de gansos saqueadores.

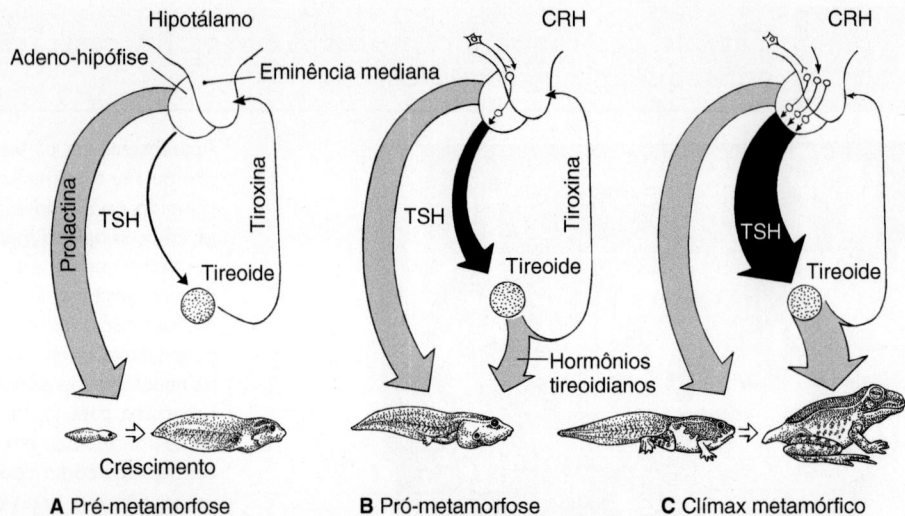

Crescimento

A Pré-metamorfose   **B** Pró-metamorfose   **C** Clímax metamórfico

Figura 15.25 Metamorfose na rã. A. A pré-metamorfose caracteriza-se por níveis elevados de prolactina, que promovem o crescimento do girino, e por baixos níveis de hormônio tireoestimulante (*TSH*) e hormônios tireoidianos. **B.** A pró-metamorfose inclui a elaboração da eminência mediana e seu sistema porta, o que permite que o hipotálamo influencie a adeno-hipófise. Em consequência, ocorre elevação dos níveis do hormônio liberador de corticotropina (*CRH*), o que promove um aumento nos níveis dos hormônios tireoidianos. Os hormônios da tireoide estimulam o desenvolvimento dos membros posteriores. **C.** No clímax metamórfico, vias vasculares adicionais por meio da eminência mediana em crescimento estimulam o aumento da secreção de TSH. O consequente nível elevado de tiroxina promove a metamorfose do girino em uma jovem rã. Não estão mostradas as vias que estimulam as glândulas adrenais, nem os efeitos aceleradores dos corticoides adrenais liberados sobre a metamorfose dos girinos de mais idade. Também não estão mostrados os níveis crescentes de hormônio liberador de tireotropina (*TRH*) do hipotálamo, que inibem progressivamente a prolactina.

Fundamentos do controle hormonal

O crescimento e a metamorfose das rãs ressaltam algumas características básicas do controle hormonal. Em primeiro lugar, os hormônios atuam não apenas exercendo uma influência positiva sobre os tecidos-alvo, mas também controlam eventos ao inibir esses tecidos. Em segundo lugar, um tecido-alvo, como a eminência mediana, responde aos hormônios somente após os primeiros estágios de desenvolvimento terem sido completados. Em terceiro lugar, o controle endócrino é exercido não apenas com base na presença ou ausência de um hormônio, mas também nas mudanças de seus níveis. Em quarto lugar, o sistema endócrino também é responsivo a condições ambientais e pode, dentro de certos limites, estender ou reduzir a duração da metamorfose. Se um girino for colocado em um ambiente que é muito frio ou sem nutrientes suficientes, o crescimento e a metamorfose são retardados.

Ligação funcional e estrutural

Os sistemas endócrino e nervoso estão funcionalmente ligados por meio do hipotálamo no mesencéfalo. Isso faz com que o sistema endócrino esteja sob influência do sistema nervoso central. Por conseguinte, por meio do sistema endócrino, o sistema nervoso estende indiretamente seu controle para os tecidos-alvo.

A ponte fisiológica entre o sistema nervoso e o sistema endócrino é mediada por neurônios neurossecretores, assim denominados por exibirem propriedades tanto de células nervosas (que transmitem impulsos elétricos) quanto de células endócrinas (que secretam substâncias químicas nos vasos sanguíneos).

Sob a influência dos centros cerebrais superiores, as células neurossecretoras no hipotálamo secretam hormônios no sistema porta curto que começa na eminência mediana. Quando chegam à *pars distalis*, esses hormônios neurossecretores estimulam ou suprimem a secreção de outros hormônios hipofisários. Por sua vez, os hormônios secretados pela hipófise podem afetar diretamente os tecidos-alvo, ou podem estimular outra glândula endócrina a produzir um terceiro hormônio que, em seguida, é transportado para os tecidos-alvo. Por exemplo, o neuro-hormônio CHR estimula a liberação de TSH, que, por sua vez, estimula a glândula tireoide a liberar tiroxina, a qual afeta os tecidos-alvo (Figura 15.26).

Respostas dos tecidos-alvo

As ações de um hormônio sobre os tecidos são habitualmente seletivas, e a capacidade de um tecido de responder a determinado hormônio depende da presença de **receptores** celulares que o reconheçam (Figura 15.27). Esses receptores podem estar localizados na membrana celular ou no citoplasma. Os tecidos não responsivos carecem de receptores celulares. Para produzir um efeito, um hormônio precisa estar ligado a substâncias químicas receptoras nas células, que são seletivas para determinados hormônios. O complexo hormônio-receptor exerce uma influência ao promover reações de síntese ou de catabolismo. Por exemplo, os níveis de andrógeno aumentam na puberdade nos homens, mas a resposta seletiva a esses níveis crescentes depende da presença de receptores nos tecidos-alvo que promovem a diferenciação celular das características sexuais secundárias. Os folículos pilosos nas regiões

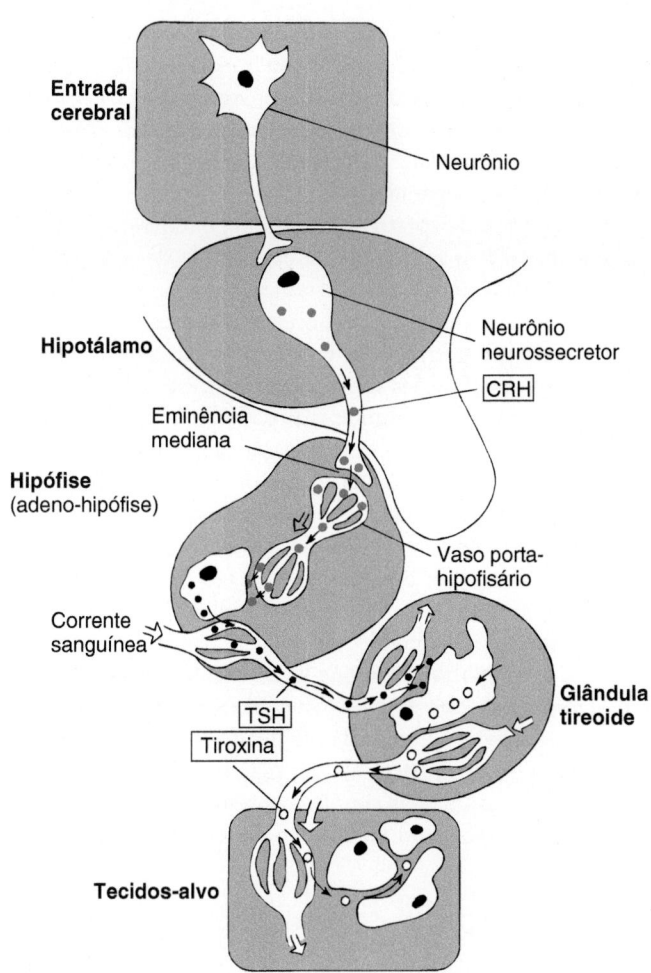

Figura 15.26 Representação esquemática das vias pelas quais os neurônios do cérebro influenciam tecidos-alvo, por meio de glândulas endócrinas intermediárias.

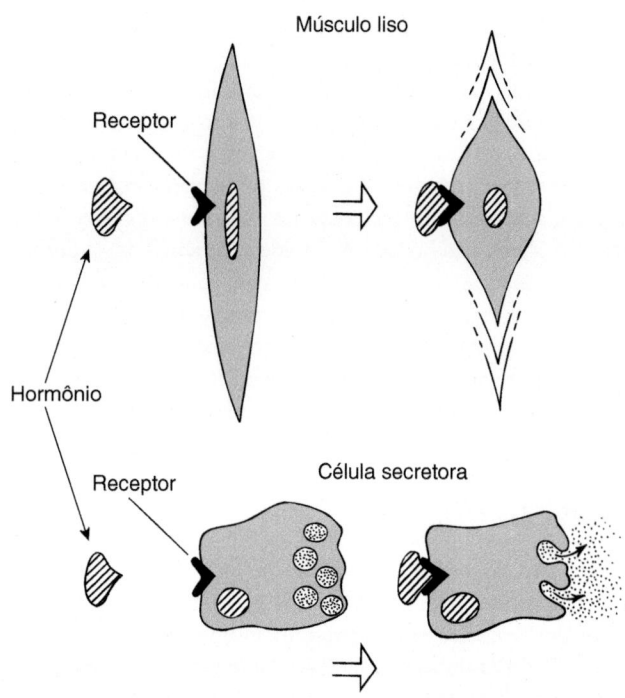

Figura 15.27 Locais receptores de hormônios. As células musculares lisas e as células secretoras possuem locais receptores. Os receptores de alguns hormônios estão localizados na membrana plasmática. Os receptores de outros hormônios, como os esteroides, são encontrados no citoplasma e nas membranas celulares. O hormônio apropriado se liga a seu receptor na célula-alvo e, por meio de uma cadeia de vias metabólicas acopladas, promove uma resposta celular. A evolução frequentemente envolve mudanças nos locais receptores, em lugar de mudanças nos hormônios. A evolução do local receptor apropriado torna uma célula-alvo responsiva e faz com que esteja sob a influência do sistema endócrino. A perda do receptor a remove do controle endócrino imediato.

axilares, púbica, facial e torácica respondem com aumento no crescimento dos pelos. Nas mulheres, as células e os ductos das glândulas mamárias possuem receptores que possibilitam sua resposta a níveis crescentes do hormônio circulante estradiol, o que não ocorre com as células glandulares em outras partes do corpo.

Por fim, os hormônios influenciam os tecidos-alvo, alterando as taxas de divisão celular e iniciando ou inibindo a síntese de novos produtos. Os tipos de células diferem nas suas respostas a determinado hormônio. Por exemplo, um músculo liso pode responder a determinado hormônio por meio de sua contração, enquanto uma glândula pode responder ao mesmo hormônio por meio da liberação de um produto secretor (ver Figura 15.27). Embora o caráter dos hormônios seja importante no controle endócrino do metabolismo, também é importante o caráter do próprio tecido-alvo. O LH nos machos e nas fêmeas é quimicamente idêntico, mas inicia diferentes processos. O LH estimula a ovulação nas fêmeas, ao passo que o mesmo hormônio promove o crescimento das células intersticiais nos testículos dos machos. Essas diferenças funcionais resultam principalmente de diferenças nos tecidos-alvo, e não de diferenças no hormônio estimulante.

Sistema endócrino e ambiente

O sistema endócrino regula a fisiologia interna, coordena o desenvolvimento embrionário, equilibra os níveis de minerais e nutrientes para atender às demandas, estimula o crescimento e o metabolismo e sincroniza as atividades entre partes distantes do organismo. Todavia, o próprio sistema endócrino é influenciado pelo ambiente externo. Muitos eventos fisiológicos, como a reprodução, a migração e a hibernação são sazonais. O ambiente atua por meio do sistema nervoso, alterando o sistema endócrino, o qual, por sua vez, desencadeia mudanças fisiológicas e/ou comportamentais específicas. Juntamente com o sistema nervoso, o sistema endócrino atua como intermediário entre o ambiente e a fisiologia interna de um organismo para coordenar mudanças internas de acordo com as condições externas.

Para os ectotérmicos, a temperatura ambiental é central para a atividade. As temperaturas frias do outono podem favorecer a redução da taxa metabólica e induzir a hibernação dos répteis em regiões temperadas. As temperaturas quentes da primavera podem tirá-los da hibernação. De modo semelhante, mudanças no comprimento do dia afetam o sistema endócrino, aparentemente por meio dos olhos ou da glândula pineal.

Para muitos tetrápodes, os dias mais longos podem promover o início da reprodução. O encurtamento dos dias frequentemente resulta em mudanças fisiológicas internas que levam à deposição de gordura e hibernação, ou à migração para climas mais quentes. O ambiente social também pode afetar o sistema endócrino. Por exemplo, as fêmeas de lagartos exibem sinais de atividade ovariana acelerada ou **recrudescência** se forem expostas a um macho que faz a corte, porém a recrudescência é retardada se a fêmea assistir a exibições territoriais entre machos. Por conseguinte, o sistema endócrino liga mudanças fisiológicas, particularmente aquelas baseadas em um ciclo sazonal, a mudanças no ambiente circundante. Dessa maneira, a fisiologia e o comportamento respondem de maneira semelhante às condições ambientais.

Evolução

A evolução do sistema endócrino inclui mudanças filogenéticas nos hormônios, nas glândulas endócrinas e nos tecidos-alvo. Como verificamos na primeira parte deste capítulo, a estrutura das glândulas endócrinas é muito variada. Nos anamniotas, algumas glândulas endócrinas tendem a ser distribuídas em grupos e dispersas, em comparação com um arranjo mais compacto nos amniotas. Por exemplo, nos anamniotas, os componentes da glândula adrenal aparecem como glândulas separadas, contendo, cada uma, tecido adrenocortical ou cromafim. Nos amniotas, esses componentes formam o córtex e a medula de uma glândula adrenal composta, respectivamente. A incorporação das células parafoliculares na glândula tireoide constitui outro exemplo de uma fusão evolutiva daquilo que, nos anamniotas, são glândulas separadas. A localização das ilhotas pancreáticas dentro do pâncreas fornece outro exemplo de um órgão composto em que tecidos endócrinos e exócrinos estão combinados. Pouco se sabe a respeito do significado funcional dessas fusões. A combinação de diferentes glândulas confere uma influência imediata de uma sobre a outra, e isso parece tornar mais conveniente a coordenação das atividades. Todavia, ainda não se esclareceram quais vantagens adaptativas poderiam ter favorecido o aparecimento filogenético de glândulas separadas.

As mudanças adaptativas no sistema endócrino frequentemente envolvem mudanças na capacidade de resposta dos tecidos-alvo aos hormônios existentes, em lugar de mudanças nos próprios hormônios. Em consequência, a existência de semelhanças entre hormônios de diferentes classes não implica necessariamente funções semelhantes. Por exemplo, a prolactina desempenha uma grande variedade de funções em diferentes classes, incluindo a estimulação da produção de leite nos mamíferos, a inibição da metamorfose e a promoção do crescimento nos anfíbios, o desenvolvimento da pigmentação dérmica nos anfíbios e nos répteis, e a modulação do cuidado parental e do equilíbrio hídrico nos peixes. Mesmo dentro de uma mesma classe, o papel de determinado hormônio pode mudar. Assim, por exemplo, na maioria das aves, a prolactina inicia o comportamento que leva à incubação. Além disso, em algumas espécies de aves, o tegumento da parte inferior do peito desenvolve uma placa de incubação em resposta aos níveis elevados de prolactina, uma adaptação que não envolve um novo hormônio, mas simplesmente uma mudança na capacidade de resposta do tegumento do peito a um hormônio já existente.

Outro exemplo da evolução da responsividade dos tecidos a um determinado hormônio pode ser encontrado em alguns hormônios do sistema digestório. A colecistocinina (CCK) estimula a liberação de enzimas digestivas, filogeneticamente pelo menos desde os protocordados. Todavia, posteriormente na filogenia, a vesícula biliar também se tornou responsiva a esse antigo hormônio.

| Boxe Ensaio 15.4 | O coelho morreu | Poucas palavras sobre os testes de gravidez |

Foi, e ainda é, em certas ocasiões, um hábito comum em muitas comédias inferir os resultados positivos para gravidez se "o coelho morrer". O teste é um antigo método que não é mais utilizado. Na verdade, o coelho nunca morreu com um resultado positivo!

A maioria dos testes de gravidez consiste em testes para gonadotropina coriônica (GC), um hormônio produzido pelo trofoblasto quase imediatamente após a implantação do embrião na parede uterina, quando está com aproximadamente 6 dias. À semelhança de todos os hormônios, a GC circula no sangue, e uma certa quantidade é excretada na urina. A urina pode ser testada para a presença (implicando em gravidez) ou ausência (indicando ausência de gravidez) de GC. Os primeiros testes de gravidez utilizavam um coelho, daí a origem da anedota.

O teste aproveitava o fato de que a ovulação na fêmea do coelho só ocorre quando o hormônio luteinizante (LH) é secretado. Como foi verificado, a GC imita o LH e produz ovulação na fêmea do coelho. Por conseguinte, a urina de uma mulher era injetada no sangue da fêmea de coelho. Se a mulher estivesse grávida, a GC estaria presente em sua urina e estimularia a ovulação quando injetada no animal. Os ovários do coelho eram inspecionados após a injeção da urina da mulher. Se fosse encontrada evidência de ovulação, significava que a mulher estava grávida. Tecnicamente, o coelho de fato morria quando os ovários eram examinados, porém sua morte não era indicador de gravidez.

As rãs foram usadas em outro teste antigo para gravidez. A GC imita os hormônios que induzem a deposição dos ovos pelas rãs. Os testes contemporâneos são mais simples. Anticorpos produzidos contra a GC são misturados com a urina da mulher. Se ocorrer aglutinação, significa a presença de GC, e o teste é positivo, indicando gravidez. Esses testes não eram muito sensíveis e só podiam detectar níveis elevados de GC alcançados com 2 ou 3 meses de gestação. Hoje em dia, os testes detectam a gravidez no primeiro mês. Podem ser comprados *kits* de teste em farmácias ou mercados, e um coelho ou uma rã não precisam estar diretamente envolvidos.

As interações dos hormônios digestivos com seus tecidos-alvo passaram por uma complicada sequência de mudanças evolutivas (Figura 15.28 A a C). Nos peixes ósseos, por exemplo, os dois hormônios são particularmente importantes no controle da secreção de ácido pelas paredes do estômago. A **bombesina**, um hormônio transportado pelo sangue, é secretada por células endócrinas localizadas no estômago. Quando o alimento chega ao estômago, ele estimula essas células a secretar a bombesina, que promove a liberação de ácido gástrico. À medida que o alimento passa do estômago para o intestino delgado, as células de CCK do intestino são estimuladas a liberar CCK, que é transportada pelo sangue até o estômago, e atua ao inibir a liberação de ácido gástrico adicional no estômago vazio (Figura 15.28 A e B).

Nos anfíbios, as células de CCK estão localizadas no estômago, bem como no intestino. As células que produzem bombesina estão localizadas no estômago. Todavia, em lugar de entrar no sistema circulatório, como ocorre nos peixes, a bombesina estimula diretamente as células de CCK adjacentes ou até mesmo as células gástricas na parede do estômago. As células gástricas respondem à CCK ou à estimulação direta da bombesina, secretando ácido no estômago (ver Figura 15.28 C). Nos mamíferos, nas aves e, provavelmente, nos répteis, as células CCK são encontradas apenas no intestino. Em seu lugar no estômago, existem células que produzem o hormônio gastrina (Figura 15.28 D e E). Na maioria dos amniotas, a gastrina, em lugar da CCK, estimula a liberação de ácido das paredes do estômago, e as células gástricas que secretam bombesina estimulam células adjacentes secretoras de gastrina. Nos mamíferos, as células secretoras de bombesina tornam-se neurossecretoras, visto que contêm axônios curtos que se estendem até as células secretoras de gastrina, estimulando-as a produzir gastrina.

Várias mudanças filogenéticas são evidentes nessa sequência. Em primeiro lugar, a CCK inibe a secreção de ácido gástrico nos peixes, ao passo que, nos anfíbios, ela promove a liberação de ácido gástrico. Diferentemente dessas duas situações, a gastrina nos amniotas substitui a CCK como o hormônio que ativa a liberação de ácido gástrico. Em segundo lugar, as células que secretam bombesina e a liberam no sangue nos peixes se tornam células neurossecretoras que ativam tecidos-alvo gástricos nos mamíferos. A bombesina exibe um amplo repertório de efeitos, além de sua ação sobre o estômago, incluindo efeitos na termorregulação, na atividade da hipófise e na mobilidade do trato digestório. A vantagem dessa mudança filogenética nas células produtoras de bombesina, de um papel endócrino para uma função neurossecretora, está provavelmente relacionada com a liberação mais localizada e precisa da estimulação, que não interfere nos outros efeitos endócrinos da bombesina.

A substituição da CCK pela gastrina como o hormônio que controla a secreção gástrica provavelmente tornou a digestão mais eficiente. A CCK surgiu, inicialmente, como um hormônio intestinal importante no processamento do alimento. Quando apareceu um estômago distinto, as células de CCK estavam localizadas tanto no intestino quanto no estômago e podiam ser estimuladas pela presença de alimento em qualquer um desses locais. Todavia, os papéis do estômago e do intestino no processamento do alimento são diferentes, particularmente nos vertebrados superiores (Capítulo 13). Com a restrição da

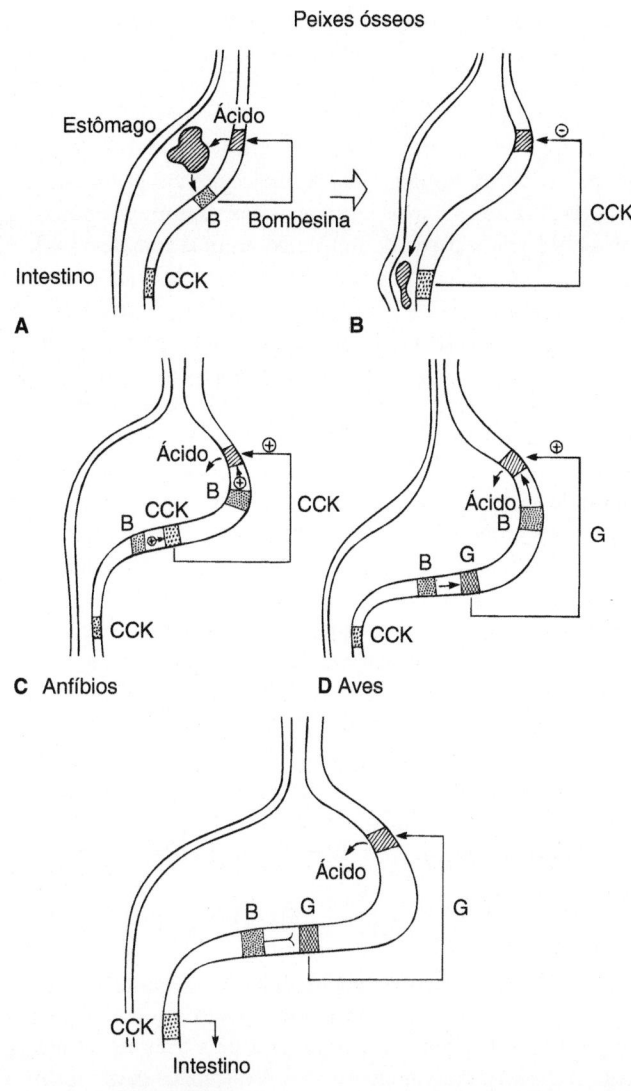

Figura 15.28 Evolução do controle gastrintestinal pelo sistema endócrino. A. Peixes ósseos. O alimento no estômago de um peixe ósseo estimula as células de bombesina a liberar a bombesina (*B*) transportada pelo sangue, que estimula a secreção de ácido gástrico. **B.** À medida que o alimento se move para o intestino do teleósteo, as células de CCK são estimuladas a liberar CCK, que inibe a secreção gástrica. **C.** Anfíbios. Observe que as células de CCK residem tanto no intestino, conforme observado nos peixes ósseos, quanto no estômago. As células de bombesina liberam uma secreção que se difunde através do epitélio adjacente, estimulando diretamente as células de CCK a promover a secreção de ácido gástrico. **D.** Aves (e, provavelmente, répteis). As células de CCK estão restritas ao intestino. No estômago, são substituídas por células que secretam gastrina (*G*). **E.** Mamíferos. As células de bombesina ou seus derivados estimulam as células de gastrina por meio de contato químico direto.

localização das células de CCK ao intestino, e o aparecimento das células de gastrina no estômago, as fases gástrica e intestinal da digestão puderam ser controladas separadamente.

A CCK dos mamíferos se assemelha quimicamente àquela dos peixes, de modo que houve pouca evolução do hormônio. Entretanto, ocorreram alterações significativas no controle endócrino da digestão gástrica e intestinal. A gastrina surgiu e as células secretoras de bombesina modificaram suas vias de ação, de seu transporte pelo sangue para uma direta estimulação neural.

Em algumas situações, a evolução envolveu importantes mudanças na estrutura hormonal, ou moléculas antigas foram cooptadas para novos papéis hormonais. Por exemplo, a epinefrina foi modificada a partir de um único aminoácido (tirosina). A epinefrina passou a atuar como neurotransmissor, que é liberado localmente por axônios nos espaços sinápticos. Ampliando esse papel, a glândula adrenal possui a epinefrina como hormônio, liberando-a no sangue para exercer efeitos dispersos sobre distantes tecidos-alvo. No sistema endócrino, mensageiros químicos coordenam atividades internas, percorrendo longas distâncias pelo sistema circulatório. No sistema nervoso, os mensageiros químicos percorrem curtas distâncias pelos espaços existentes entre os neurônios e as células responsivas. Por conseguinte, o sistema nervoso, à semelhança do sistema endócrino, regula as atividades do corpo, e sua base funcional é quase a mesma – liberar mensageiros químicos que afetam as respostas. Assim, veremos a seguir o sistema nervoso (ver Capítulo 16).

Resumo

O sistema endócrino inicia e coordena a atividade interna do organismo. É constituído por glândulas sem ductos, as glândulas endócrinas, que liberam hormônios nos vasos sanguíneos, que transportam esses mensageiros químicos até os tecidos-alvo que eles afetam. Em geral, cada glândula endócrina principal tem a capacidade de regular uma diversidade de atividades corporais – em diferentes momentos no desenvolvimento de indivíduos e de diferentes maneiras em diferentes grupos filogenéticos. A glândula tireoide preside a taxa metabólica, a metamorfose, o crescimento e a reprodução. O corpo ultimobranquial e a glândula paratireoide atuam de modo antagônico para produzir matriz óssea ou para removê-la, respectivamente, por meio de seus efeitos sobre a deposição/reabsorção de cálcio. A glândula adrenal é composta por dois tipos de tecidos: o tecido adrenocortical que produz hormônios corticosteroides que afetam a retenção de água, o metabolismo e a reprodução; o tecido cromafim produtor de catecolaminas que preparam o organismo para uma atividade vigorosa. As ilhotas pancre-áticas produzem principalmente a insulina, que está envolvida no metabolismo da glicose e das gorduras. A hipófise se desenvolve a partir da fusão de contribuições embrionárias neural (infundíbulo) e ectodérmica (bolsa de Rathke), produzindo no adulto, respectivamente, a neuro-hipófise, que influencia a adeno-hipófise, por meio de neurônios neurossecretores. Os hormônios hipofisários afetam as contrações do músculo liso e a conservação de água (neuro-hipófise), bem como o crescimento, a reprodução e os melanóforos (adeno-hipófise). A atividade digestiva do canal alimentar é regulada por hormônios liberados pelas suas paredes para coordenar a passagem do alimento e a liberação de substâncias químicas digestivas. Os hormônios liberados pelo rim participam na regulação da pressão arterial e na produção de eritrócitos.

Os hormônios são compostos de sinalização liberados por glândulas dedicadas, transportados pelo sangue e direcionados para órgãos específicos. Algumas vezes, as "glândulas" endócrinas estão espalhadas mais difusamente pelo corpo. Por exemplo, enquanto as células adiposas (adipócitos) se distribuem por todo corpo, elas liberam leptina, que é transportada pela corrente sanguínea até os receptores hipotalâmicos, atuando como sinal químico para reduzir o consumo de alimento.

De modo geral, o sistema endócrino regula a atividade de órgãos internos, como o sistema digestório. Ajuda a iniciar e a regular os eventos de desenvolvimento, como a metamorfose ou o aparecimento das características sexuais secundárias. O sistema endócrino também ajusta o organismo ao ambiente. Os desafios imediatos são enfrentados com ajustes internos na taxa metabólica, no equilíbrio hídrico e no estado de alerta. As mudanças sazonais são acompanhadas por meio de preparação para a migração ou a hibernação, ou pela preparação para a atividade reprodutiva.

A evolução do sistema endócrino dos vertebrados inclui o surgimento de novas moléculas que participam nas funções hormonais. As moléculas, que são subprodutos de atividades fisiológicas normais, são frequentemente cooptadas para atuar como mensageiras químicas. As glândulas endócrinas evoluíram, em sua maior parte, por meio de alterações anatômicas em associação entre si ou com outros órgãos. Por meio da evolução da responsividade a sinais hormonais circulantes, os tecidos-alvo constituem a parte evolutiva mais ativa do sistema endócrino.

Sistema Nervoso

Introdução

O sistema nervoso é dividido em **sistema nervoso central (SNC)**, que inclui o encéfalo e a medula espinal, e o **sistema nervoso periférico (SNP)**, que consiste em todo tecido nervoso fora do SNC. O sistema nervoso recebe estímulos de um ou mais **receptores** e *transmite* informação para um ou mais **efetores**, que respondem à estimulação. Os efetores incluem **efetores mecânicos**, como os músculos, e químicos, como as glândulas. Por conseguinte, as respostas do sistema nervoso envolvem contrações musculares e secreções glandulares. O sistema nervoso regula o desempenho de um animal, integrando a informação sensorial imediata recebida com a informação armazenada, isto é, os resultados de experiências passadas, e, em seguida, traduz as informações passadas e presentes em ações, por meio dos efetores.

O sistema nervoso é composto de milhões de células nervosas, cada uma das quais estabelece milhares de contatos com outras células nervosas, de modo que o número total de interconexões é astronômico. Isso explica por que a análise da função do sistema nervoso frequentemente inclui tanto filosofia quanto ciência. A tarefa é enorme, mas não impossível. Começaremos analisando os componentes celulares fundamentais do sistema nervoso.

Tipos de células no sistema nervoso

Existem dois tipos de células no sistema nervoso: os **neurônios** e as **células da neuróglia** ou **glia**.

Neuróglia

As células da neuróglia ("nervo" e "cola") não transmitem impulsos. Elas sustentam, nutrem e isolam os neurônios. Todas as células da neuróglia unem o tecido nervoso e podem ser especializadas (Figura 16.1). A **micróglia** engloba materiais estranhos e bactérias; a **olidendróglia** e as **células de Schwann** isolam os axônios dos neurônios; as **células ependimárias** revestem o canal central do encéfalo e medula espinal; e os **astrócitos** passam nutrientes entre os capilares sanguíneos e os neurônios. Além disso, guiam o desenvolvimento dos neurônios, regulam os níveis de comunicação química entre as células (sinapses) e controlam o fluxo sanguíneo para os neurônios ativos.

Neurônios

Os neurônios são especializados na transmissão de impulsos elétricos a longa distância por todo o corpo e é a unidade estrutural e funcional do sistema nervoso. Consiste no corpo celular, o **pericário**, que é o **corpo** ou **soma** do neurônio, e em prolongamentos celulares finos, denominados **fibras nervosas**

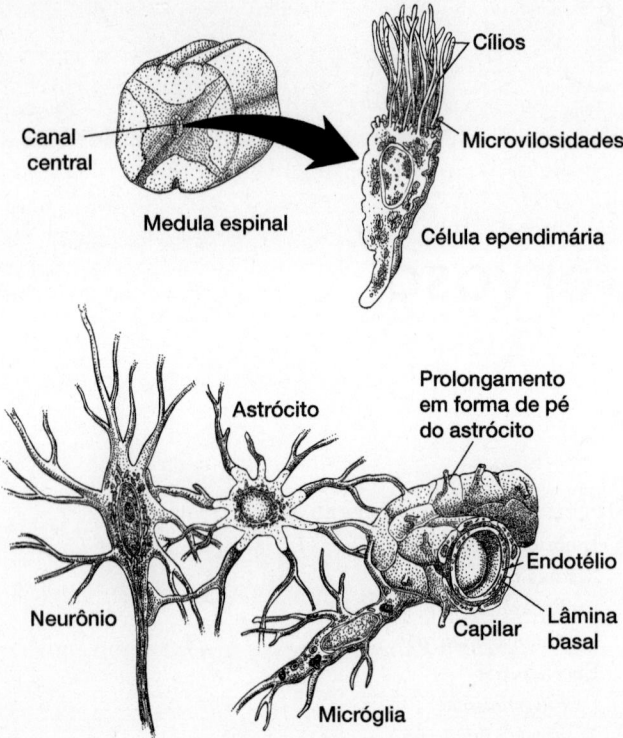

Figura 16.1 Quatro tipos de neuróglia encontrados no sistema nervoso central. Os astrócitos formam conexões citoplasmáticas para transportar nutrientes entre os capilares sanguíneos e os neurônios. A micróglia fagocítica engloba materiais perdidos ou estranhos. As células ependimárias revestem o canal central do sistema nervoso central. A oligodendróglia isola os axônios dentro do sistema nervoso central (*não mostrada*).

(ou neuritos) se forem longos (Figura 16.2). Os prolongamentos são de dois tipos: um axônio por neurônio e um ou muitos **dendritos**. Os dendritos transmitem os impulsos elétricos que chegam em direção ao pericário. Os axônios transportam os impulsos e deixam o pericário. Os neurônios são agrupados de acordo com o número de prolongamentos. Os **neurônios unipolares** possuem uma única haste, que se divide em dendrito e axônio. Os **neurônios bipolares** apresentam dois prolongamentos, habitualmente em extremidades opostas. Os **neurônios multipolares** possuem muitos prolongamentos associados ao corpo celular (Figura 16.3 A a H).

Os neurônios e seus prolongamentos são frequentemente conhecidos por termos diferentes, dependendo de sua localização no SNC ou no SNP. Por exemplo, um conjunto de fibras nervosas que seguem um percurso juntas é um **trato** nervoso no SNC e um **nervo** no SNP. Um conjunto de corpos celulares forma um **núcleo** no SNC e um **gânglio** no SNP. As células da neuróglia envolvem alguns axônios em uma bainha de **mielina** espessa. Essas fibras são denominadas **nervos mielinizados**, enquanto aqueles desprovidos de bainhas são **nervos não mielinizados** (Figura 16.4 A e B). Uma célula da neuróglia que produz a bainha de mielina é um oligodendrócito no SNC e uma célula de Schwann no SNP. Os **nós de Ranvier** são reentrâncias entre células da neuróglia adjacentes na bainha de mielina.

Alguns nervos periféricos, se não forem excessivamente danificados, podem voltar a crescer, com brotamento de um novo axônio a partir do axônio cortado ou do pericário, que cresce lentamente pelo tubo da célula de Schwann, restabelecendo a inervação do órgão efetor. Uma vez formados, acreditava-se que os nervos do sistema nervoso central eram desprovidos da capacidade de se substituírem. Evidências mais recentes sugerem o contrário. De fato, nos vertebrados estudados até agora, os neurônios do SNC são substituídos regularmente. Mesmo no encéfalo adulto de mamífero, milhares de novos neurônios são adicionados diariamente. Embora esses novos neurônios sejam uma minúscula proporção da população total, essa contribuição pode ser considerável com uma adição que ocorre durante toda vida. Neurônios adicionais nos adultos são particularmente evidentes em partes do encéfalo importantes no aprendizado e na memória. Nas aves, novos neurônios são adicionados sazonalmente em áreas relacionadas com a corte.

Transmissão da informação

A informação que percorre o sistema nervoso é transmitida na forma de sinais elétricos e químicos. Os sinais elétricos consistem em **impulsos nervosos** que seguem seu trajeto dentro da membrana plasmática do neurônio e são de dois tipos: potenciais graduados e potenciais de ação. Um **potencial graduado** é uma onda de excitação elétrica proporcional à magnitude do estímulo que o dispara. A magnitude do

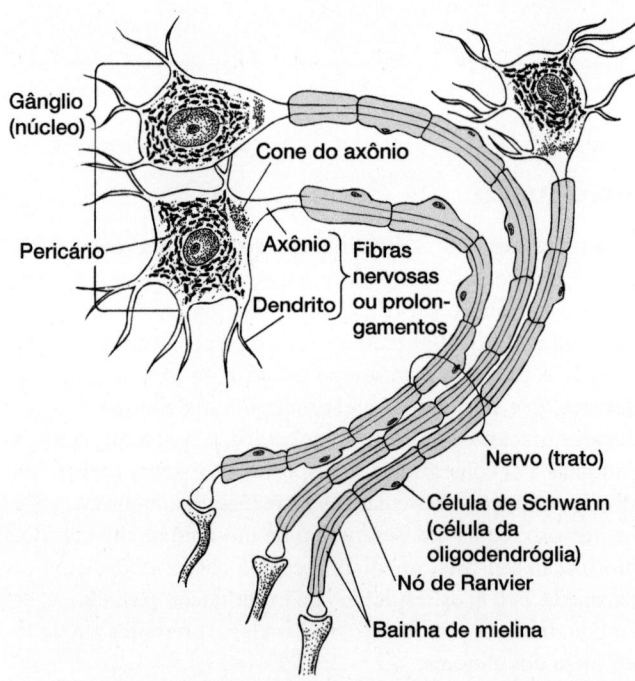

Figura 16.2 Estrutura de um neurônio. O núcleo celular e o citoplasma circundante formam o corpo celular de um neurônio (pericário). As fibras nervosas, ou prolongamentos, são extensões citoplasmáticas a partir do pericário. Os axônios transportam impulsos a partir do pericário, enquanto os dendritos transportam impulsos em direção a ele. As mesmas estruturas recebem designações diferentes no sistema nervoso periférico e sistema nervoso central. Os termos para o sistema nervoso central são fornecidos entre parênteses.

Boxe Ensaio 16.1 Ganho de encéfalo

No final da década de 1990, sabia-se que um processo denominado "neurogênese" (neurônio + produção) acrescentava novos neurônios aos encéfalos de ratos, gatos e canários. Mas, e quanto ao encéfalo dos humanos? Poderiam os humanos adicionar neurônios cerebrais perdidos pela idade ou por lesões? Para responder a isso, seria necessário realizar um experimento invasivo, e, nos humanos, isso naturalmente levantava limitações éticas especiais. Naquela época, pesquisadores de câncer estavam usando corantes especiais que eram captados preferencialmente por células em rápida divisão, como as células cancerosas, ajudando, assim, na detecção da doença. Fred Gage, um neurocientista, percebeu que, se novas células cerebrais fossem adicionadas, elas também captariam o corante em pacientes com câncer crônico. Quando pacientes finalmente morreram, Gage examinou o tecido cerebral doado e descobriu, de fato, que o encéfalo humano estava produzindo novos neurônios, até mesmo nesses pacientes que estavam doentes e tendiam a ser idosos.

Voltando para os estudos realizados em animais, trabalhos subsequentes constataram que o exercício, a lesão, as pancadas, o estrógeno e o nível social elevado estimulam a neurogênese; entretanto, ela é inibida com o envelhecimento, o estresse, a perda de sono e os ambientes tediosos. O aspecto mais promissor é que esses novos neurônios provêm de células-tronco dormentes escondidas em diferentes regiões do encéfalo e prontas para serem ativadas. Uma dessas regiões está próxima ao hipocampo, que desempenha um papel essencial na memória. Os novos neurônios parecem ser especialmente adaptáveis para forjar novas conexões, constituindo, talvez, a base anatômica para o estabelecimento de novas reservas de informação.

Ver também Vastag B. 2007. Brain gain: Constant sprouting of neurons attracts scientists, drugmakers. Sci News 171:376-77, 380.

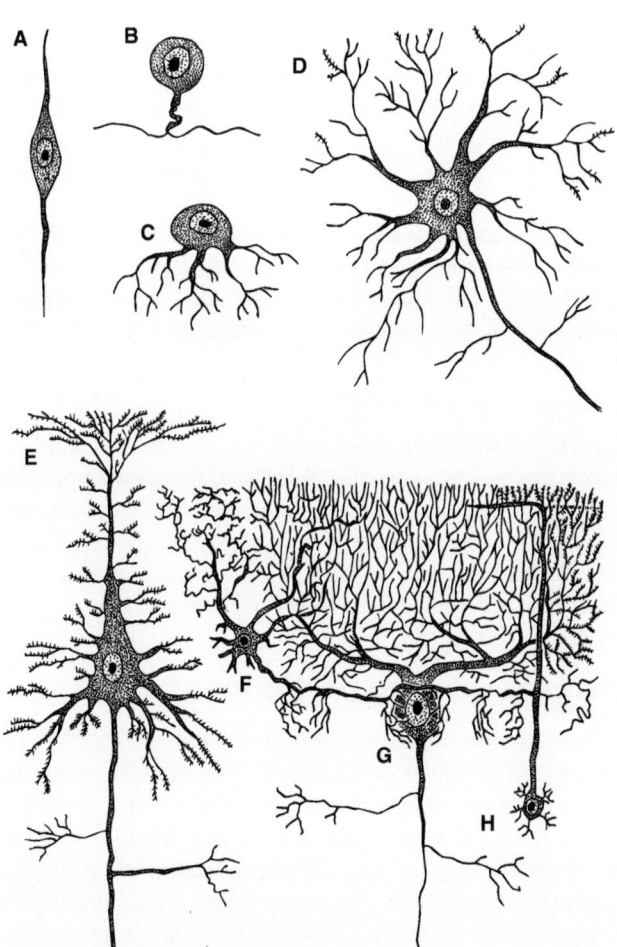

Figura 16.3 Tipos de neurônios. A. Neurônio bipolar. **B.** Neurônio unipolar. **C** a **H.** Neurônios multipolares.

De R.V. Krstić. General Histology of the Mammal. © 1984 Springer-Verlag. Reimpressa com autorização.

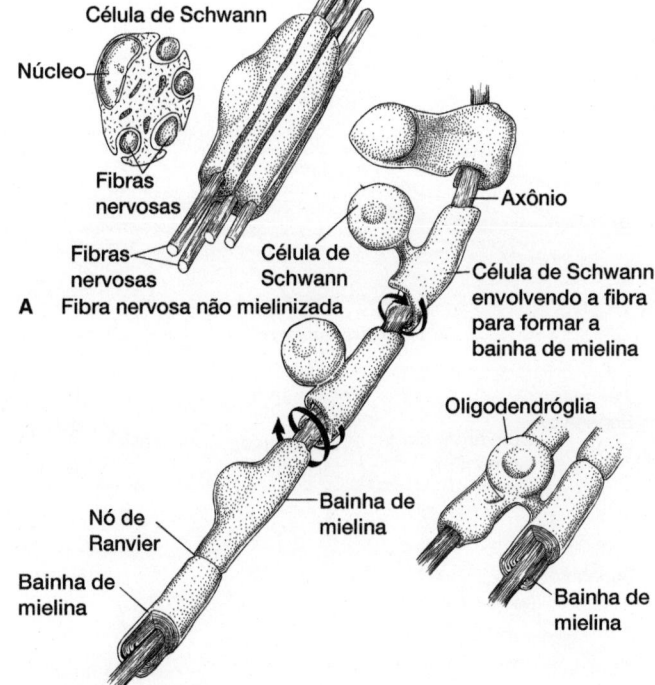

Figura 16.4 Fibras nervosas mielinizadas e não mielinizadas. A. Apesar de seu nome, as fibras nervosas não mielinizadas estão associadas a células da neuróglia. Em geral, existem várias fibras por célula da neuróglia, porém essas células não estão envolvidas repetidamente ao redor das fibras, de modo que estão em nervos mielinizados. **B.** A bainha de mielina é formada por uma célula da neuróglia, que se enrola repetidamente ao redor de uma parte da fibra nervosa. No sistema nervoso periférico, a célula da neuróglia é uma célula de Schwann. No sistema nervoso central, é um oligodendrócito. As células sucessivas da neuróglia formam coletivamente a bainha de mielina. Os limites entre elas são denominados nós de Ranvier.

potencial graduado declina à medida que ele segue seu percurso ao longo de uma fibra nervosa. Um **potencial de ação** é um fenômeno de tudo ou nada. Uma vez iniciado, propaga-se sem decréscimo ao longo de uma fibra nervosa. Os potenciais de ação são frequentemente utilizados para a sinalização a longa distância no sistema nervoso. Nos dendritos e no pericário, os impulsos nervosos consistem habitualmente em potenciais graduados, porém se tornam potenciais de ação à medida que saem do axônio.

Os sinais químicos são gerados nas **sinapses**, que são espaços entre as junções dos neurônios (Figura 16.5 A). Esses espaços ocorrem entre os prolongamentos de dois neurônios, bem como entre axônios e pericários. Com a chegada na terminação de um axônio, o impulso elétrico estimula a liberação de **neurotransmissores** armazenados dentro do minúsculo, espaço existente entre os prolongamentos. Os neurotransmissores se difundem por meio dessa junção sináptica e se estabelecem no prolongamento celular associado do próximo neurônio. Quando coletados em concentração suficiente, os neurotransmissores iniciam um impulso elétrico no neurônio seguinte. As moléculas de neurotransmissor em excesso e utilizadas são rapidamente inativadas para evitar efeitos prolongados. Os neurotransmissores precisam alcançar rapidamente um limiar para iniciar um impulso elétrico no próximo neurônio. Por conseguinte, a passagem de informação por cadeias de neurônios

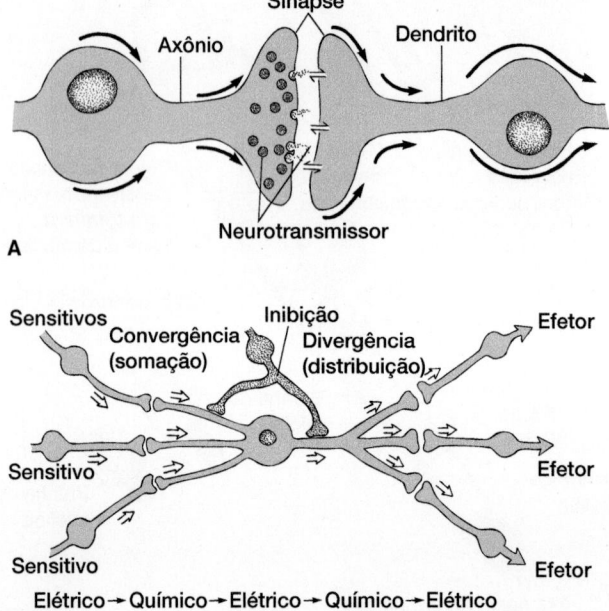

Figura 16.5 Transmissão da informação no sistema nervoso. A. Os neurônios transmitem e recebem estímulos como impulsos elétricos ao longo de suas fibras. As sinapses são junções entre as células nervosas. Os axônios liberam mensageiros químicos (neurotransmissores) que se difundem através da sinapse. Quando chegam ao dendrito em concentração suficiente, as moléculas de neurotransmissor iniciam um impulso elétrico no neurônio seguinte. **B.** As sinapses ajudam no processamento da informação. O estímulo elétrico pode convergir ou divergir. Os estímulos de alguns neurônios inibem ou reduzem a sensibilidade de outros neurônios.

conectados inclui eventos alternados de transmissão elétrica e transmissão química, envolvendo impulsos nervosos e neurotransmissores, respectivamente (Figura 16.5 B).

As sinapses introduzem um controle no processamento da transferência de informação. Se não houvesse sinapses, e os neurônios estivessem em contato direto uns com os outros, a excitação em um neurônio se espalharia inevitavelmente por toda a rede de neurônios interconectados, como ondas em uma lagoa, sem qualquer controle local. As sinapses quebram uma rede de neurônios em unidades de processamento de informação. A transmissão de um impulso para o neurônio seguinte em uma sequência depende de haver ou não uma concentração suficiente de neurotransmissores na sinapse. Nos locais onde os neurônios convergem, a transmissão de um único impulso a partir de um neurônio pode ser insuficiente. Poderia ser necessária a chegada simultânea de vários impulsos para a liberação de moléculas de neurotransmissor suficientes para disparar um impulso elétrico no neurônio seguinte. A convergência promove a **somatória** da informação. Por outro lado, se um neurônio envia ramos para vários circuitos, a informação diverge e é distribuída para áreas apropriadas. Os ramos de um único axônio são denominados **ramos laterais**. A inibição também afeta o fluxo de informação, diminuindo a responsividade dos neurônios à informação que chega. A convergência, a divergência e a inibição constituem modos de processamento da informação que aproveitam a natureza da sinapse (Figura 16.5). Além disso, a estrutura dos neurônios em uma sinapse assegura que a transmissão através da fenda ocorra apenas em uma direção.

Nos seres humanos, o número de sinapses alcança um pico entre 2 meses e 2 anos de idade. Depois disso, ocorre alguma formatação das sinapses, em que algumas são reduzidas, enquanto outras são fortalecidas. O fortalecimento é estimulado pela descarga elétrica na sinapse, que promove a secreção de proteínas especiais que fortalecem a sinapse.

Células neurossecretoras

Os neurônios liberam, em sua maioria, neurotransmissores nas extremidades de seus axônios. As **células neurossecretoras** são neurônios especializados que liberam secreções nas extremidades de seus axônios, dentro de um capilar sanguíneo, e transportadas para um tecido-alvo. Por conseguinte, as células neurossecretoras desempenham uma função endócrina.

Sistema nervoso periférico

Os termos utilizados para descrever os componentes do sistema nervoso periférico se referem às propriedades anatômicas e funcionais dos nervos (Figura 16.6). Os nervos periféricos servem aos tecidos somáticos ou viscerais e transportam informação sensorial ou motora. Os **nervos somáticos** dirigem-se para os tecidos somáticos ou provêm deles – músculo esquelético, pele e seus derivados. Os **nervos viscerais** dirigem-se para as vísceras ou são provenientes delas – músculos involuntários e glândulas. Os nervos que transportam informação dos tecidos *para* o sistema nervoso central são **neurônios aferentes** ou **sensitivos**. Os neurônios que transportam a informação *a partir* do SNC para efetores são neurônios **eferentes** ou motores.

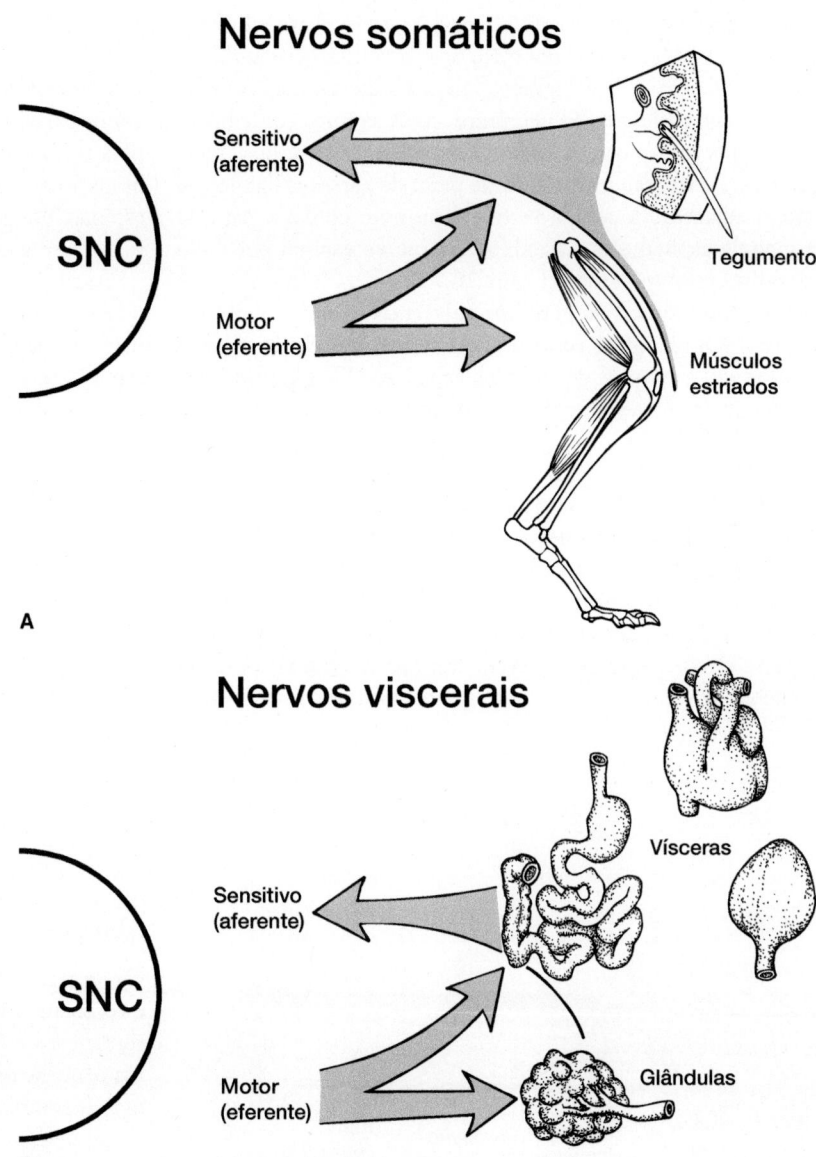

Nervos somáticos

Sensitivo (aferente)

SNC

Motor (eferente)

Tegumento

Músculos estriados

A

Nervos viscerais

Sensitivo (aferente)

SNC

Motor (eferente)

Vísceras

Glândulas

B

Figura 16.6 Categorias funcionais de neurônios do sistema nervoso periférico. Alguns neurônios inervam tecidos somáticos, enquanto outros inervam tecidos viscerais. Podem ser sensitivos e responder a estímulos desses tecidos, ou podem ser motores e transportar estímulos para eles. SNC, sistema nervoso central.

Por conseguinte, um nervo sensitivo somático pode transportar informações sobre toque, dor ou temperatura da pele para o sistema nervoso central. Um nervo motor somático transporta impulsos do SNC para um músculo estriado a fim de estimular sua contração. Um nervo sensitivo visceral transporta informações sobre a condição das vísceras internas para o SNC. Um nervo motor visceral inerva efetores viscerais (músculo cardíaco, músculo liso ou glândulas). Os componentes do SNP que controlam a atividade visceral constituem o **sistema nervoso autônomo** (**SNA**).

Os nervos possuem duas propriedades adicionais, com base em sua distribuição. Os neurônios são denominados *gerais* se os tecidos inervados forem amplamente distribuídos, ou *especiais*, se forem de localização restrita. Assim, os neurônios somáticos gerais inervam os órgãos sensoriais ou suprem efetores do tegumento e a maioria dos músculos estriados. Os neurônios somáticos especiais estão associados a órgãos sensoriais somáticos (p. ex., olhos, órgãos olfativos, ouvidos internos) ou efetores (p. ex., músculos branquioméricos, músculos ciliares

dos olhos, músculos oculares extrínsecos) que possuem distribuição limitada. Os neurônios viscerais gerais inervam os órgãos sensoriais ou suprem efetores em glândulas ou músculos lisos do trato digestório, coração e outras vísceras. Os neurônios viscerais especiais relacionados com a entrada sensorial inervam as papilas gustativas e o epitélio olfativo.

Com base em critérios anatômicos, o sistema nervoso periférico pode ser dividido em **nervos espinais**, que surgem a partir da medula espinal, e **nervos cranianos** que se originam do encéfalo. Começaremos a analisar essas divisões anatômicas do sistema nervoso periférico.

Nervos espinais

Os nervos espinais são sequencialmente dispostos e numerados (C-1, T-1, L-1, S-1) de acordo com sua associação com regiões da coluna vertebral (cervical, torácica, lombar, sacral). Os primeiros anatomistas reconheceram **raízes dorsal** e **ventral** de cada nervo espinal. As fibras aferentes entram na medula espinal por meio da raiz dorsal, enquanto as fibras eferentes deixam a medula espinal por meio da raiz ventral. O gânglio da raiz dorsal, uma dilatação nessa raiz, consiste em um conjunto de corpos celulares de neurônios, cujos axônios contribuem para o nervo espinal. A **cadeia simpática** de gânglios (gânglios paravertebrais), uma série de pares de gânglios ligados de modo adjacente à coluna vertebral ou notocorda, é paralela à medula espinal e está ligada a cada nervo espinal por meio de **ramos comunicantes** (Figura 16.7 A e B). Outros gânglios periféricos formam os **gânglios colaterais** (gânglios pré-vertebrais). Os **gânglios cervicais, celíacos** e **mesentéricos pareados** são exemplos de gânglios colaterais. Os **gânglios viscerais** ocorrem nas paredes dos órgãos efetores viscerais (ver Figura 16.7 B). Por conseguinte, existem três tipos de gânglios: simpáticos, colaterais e viscerais.

Os nervos periféricos no tronco surgem durante o desenvolvimento embrionário a partir de duas fontes (Figura 16.8 A e B). Uma dessas fontes é constituída pelos neurônios que se diferenciam dentro da medula espinal. Prolongamentos axônicos brotam a partir desses neurônios e crescem para os gânglios ou para os efetores que eles inervam (ver Figura 16.8 B). A outra fonte é a crista neural. Células migram a partir da crista neural

para locais específicos e emitem prolongamentos que crescem de volta ao sistema nervoso central e para fora, em direção aos tecidos que inervam (ver Figura 16.8 A). As raízes ventrais surgem a partir de neurônios na medula espinal que enviam fibras para fora da medula. A raiz dorsal surge a partir de células de origem da crista neural e envia fibras para dentro da medula espinal. Nos gnatostomados, as suas raízes se fundem para formar o nervo espinal composto e a cadeia simpática associada.

As fibras de cada nervoso espinal inervam estruturas restritas naquele nível da medula. Essa característica é particularmente marcante com a inervação dos tecidos somáticos pelos nervos espinais. Cada nervo espinal em crescimento tende a acompanhar seu **miótomo** embrionário adjacente, a fonte dos músculos somáticos, e seu **dermátomo**, a fonte de tecido conjuntivo dérmico e do músculo, à medida que se espalham e se diferenciam durante o desenvolvimento (Figura 16.9 A a C). Uma vez diferenciado, o nervo espinal supre os músculos esqueléticos derivados de seu miótomo adjacente e recebe estímulo sensorial somático da área restrita da superfície do corpo diferenciada a partir de seu dermátomo. Estritamente falando, um **dermátomo** refere-se a uma estrutura embrionária, porém o termo é, com frequência, empregado para denotar a região do corpo do adulto derivada a partir dela. A fidelidade entre um dermátomo e seu nervo espinal possibilita o mapeamento da superfície do corpo em termos dos nervos espinais correspondentes que suprem cada região. A perda da sensação em determinado dermátomo pode ser diagnóstica do nervo espinal específico envolvido.

Nervos cranianos

Os nervos cranianos possuem raízes contidas na caixa craniana e recebem, em sua maioria, nomes e números por algarismos romanos, contando dos anteriores para os posteriores. O sistema convencional de numeração desses nervos é, algumas vezes, inconsistente. Por exemplo, na maioria dos anamniotas, os nervos cranianos são numerados até dez, mais seis pares de nervos cranianos da linha lateral sem números. Diz-se que alguns anamniotas e todos os amniotas apresentam 12. De fato, existe um nervo terminal adicional no início dessa série. Se todos forem contados, ele recebe o número 0 para evitar uma nova numeração da sequência convencional. Além disso, o segundo nervo craniano (II) não é um nervo, mas sim uma extensão do encéfalo. Entretanto, por convenção, é denominado "nervo" óptico. O décimo primeiro nervo craniano (XI) representa a fusão de um ramo do décimo nervo craniano (X) com elementos dos primeiros dois nervos espinais (C-1 e C-2). Apesar de sua estrutura composta, é denominado nervo acessório espinal e designado pelo algarismo romano XI. Além desses nervos cranianos numerados, até seis pares de nervos cranianos da linha lateral não numerados estão presentes nos peixes mandibulados e em muitos anfíbios.

Do ponto de vista filogenético, acredita-se que os nervos cranianos tenham evoluído a partir de nervos dorsais e ventrais de alguns nervos espinais anteriores, que se tornaram incorporados na caixa craniana. Os nervos dorsais e ventrais fundem-se no tronco, mas não na cabeça, e produzem duas séries: nervos cranianos dorsais (V, VII, IX e X) e nervos cranianos ventrais (III, IV, VI e XII). À semelhança dos nervos espinais, os nervos

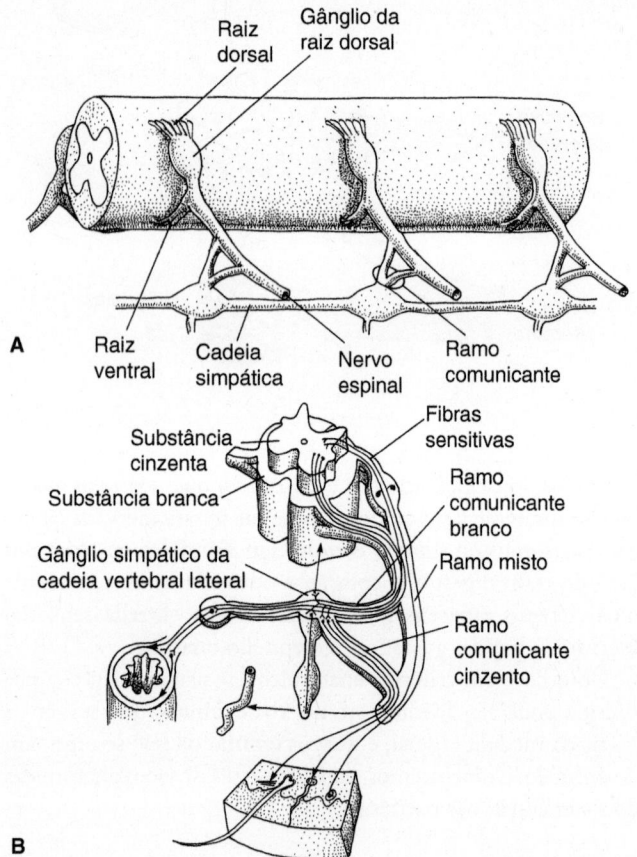

Figura 16.7 Anatomia do nervo espinal. A. As raízes dorsal e ventral conectam os nervos espinais à medula espinal. A raiz dorsal é dilatada em um gânglio da raiz dorsal. Os nervos espinais se unem à cadeia simpática por meio de ramos comunicantes. **B.** Configuração das vias neuronais sensitiva e motora em um mamífero adulto.

B, de Tuchmann-Duplessis et al.

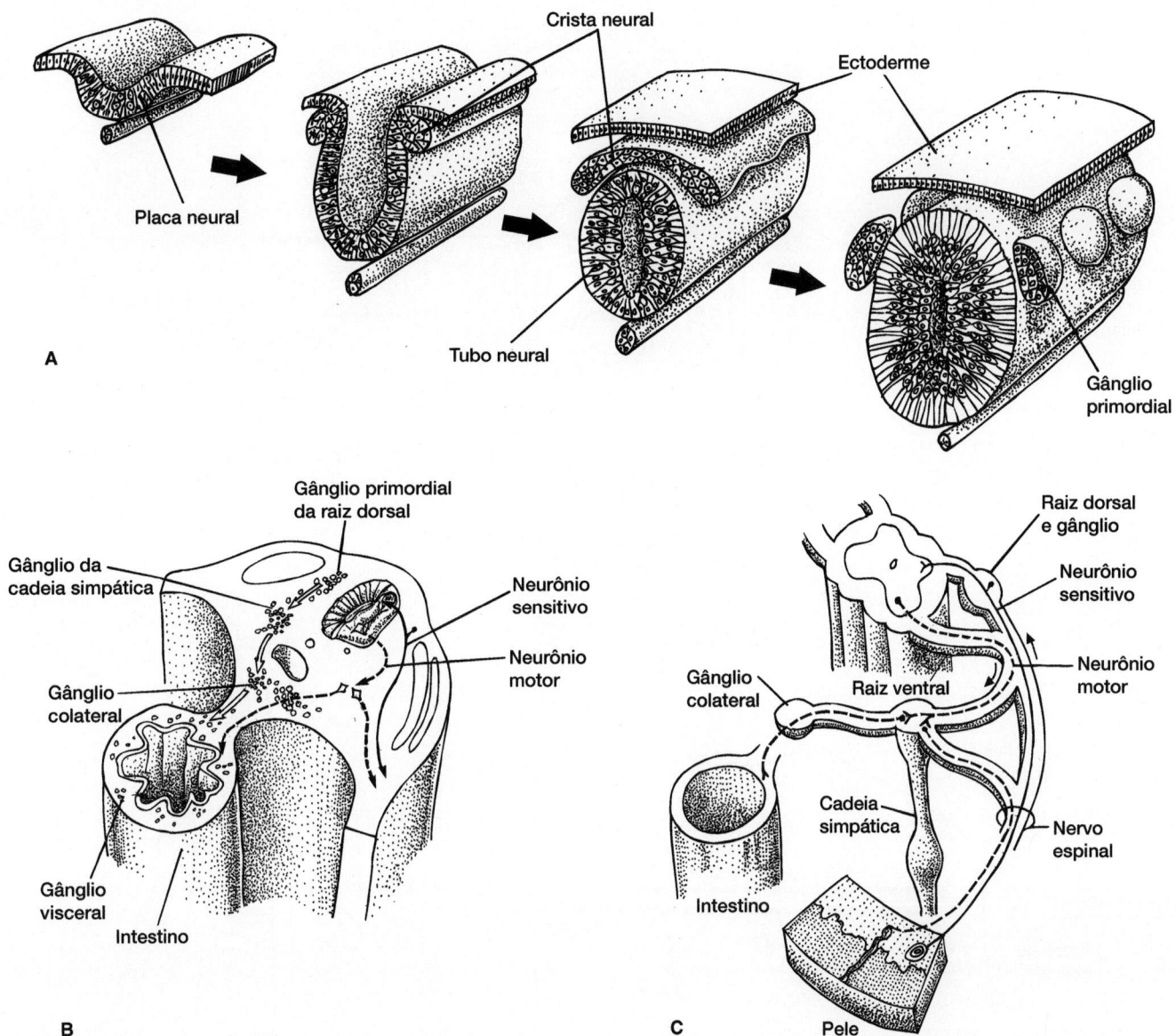

Figura 16.8 Desenvolvimento embrionário dos nervos espinais aferentes e eferentes. A. A crista neural forma-se a partir da ectoderme durante a neurulação e torna-se organizada como populações segmentares de células dispostas dorsalmente ao longo do tubo neural. **B.** A partir dessa localização dorsal, algumas células migram (*setas abertas*) para locais específicos do corpo, formando populações distintas de células neurais nesses locais. Os neurônios em diferenciação na raiz dorsal primordial emitem prolongamentos celulares que crescem de volta ao túbulo neural e para fora, em direção aos tecidos somáticos e viscerais. Os corpos neuronais que permanecem em sua posição constituem o gânglio da raiz dorsal. Os neurônios em diferenciação em outras populações emitem prolongamentos celulares para os efetores e seus corpos celulares constituem os gânglios. Os neurônios motores diferenciam-se no tubo neural e emitem prolongamentos celulares para esses gânglios periféricos ou diretamente para os efetores. **C.** Representação diagramática de neurônios aferentes e eferentes estabelecidos dentro de nervos espinais.

A, de Krstić; B e C, de Tuchmann-Duplessis et al.

cranianos inervam tecidos somáticos e viscerais e transportam a informação sensorial e motora geral. Alguns nervos cranianos consistem apenas em fibras sensitivas ou apenas em fibras motoras. Outros nervos são **mistos**, contendo ambos os tipos. Os nervos cranianos relacionados com os sentidos localizados (p. ex., visão, audição, linha lateral, olfato, paladar) são denominados **nervos cranianos especiais** para diferenciá-los daqueles relacionados com a inervação sensorial ou motora das vísceras de distribuição mais ampla, os **nervos cranianos gerais**.

Todos os nervos cranianos que suprem as bolsas branquiais formavam três ramos por bolsa: **pré-tremático**, **pós-tremático** e **faríngeo** (Figura 16.10). Nos amniotas, esses nervos tendem a ser perdidos, ou suas homologias tornam-se incertas.

Os anamniotas possuem, em sua maioria, 17 nervos cranianos. Os primeiros nervos espinais atrás da caixa craniana ficaram alojados no crânio dos grupos derivados posteriores. Todavia, nos anamniotas, esses nervos espinais anteriores ainda estão parcialmente fora do crânio. Nos ciclóstomos, esses nervos

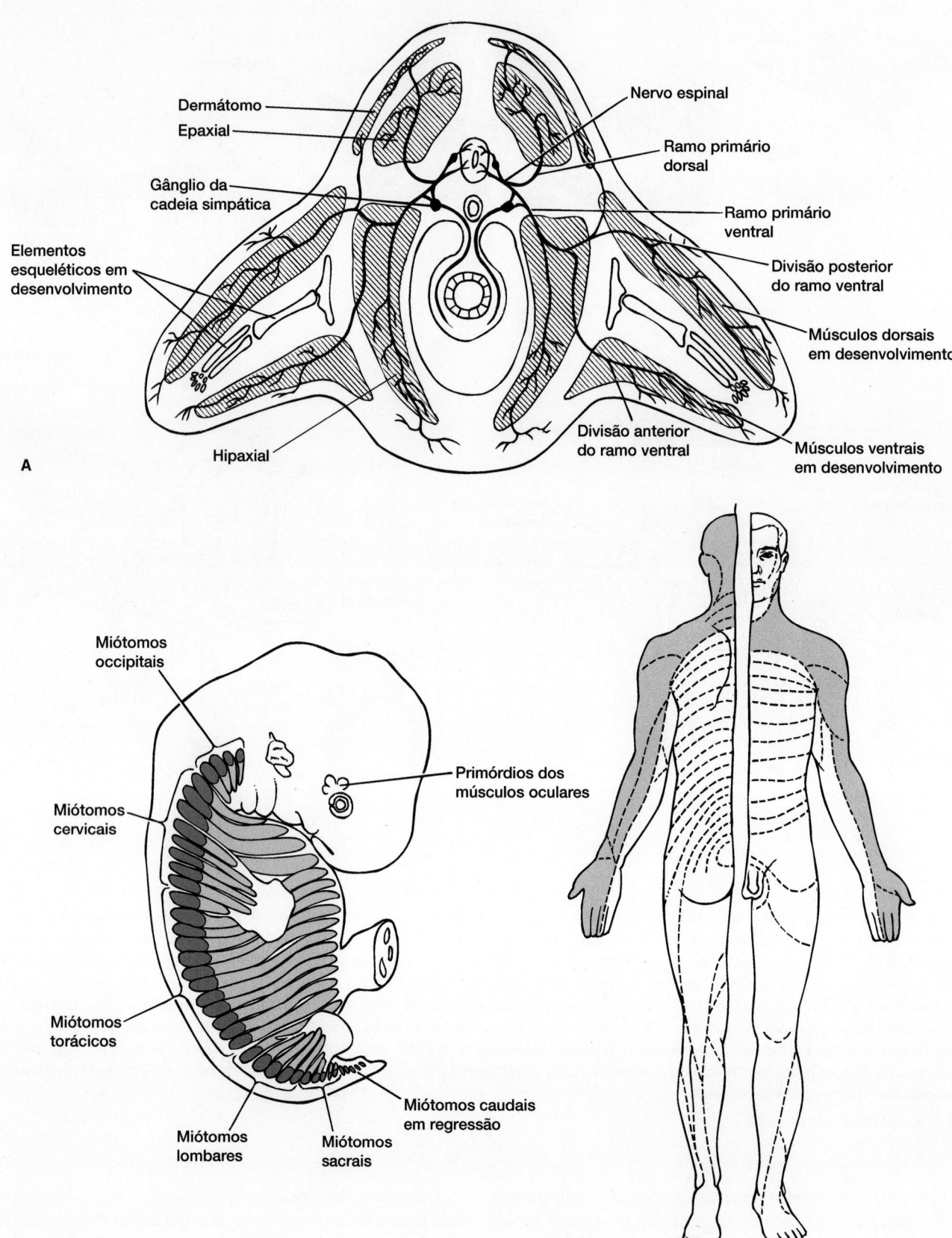

Figura 16.9 Os nervos espinais inervam os membros e a parede do corpo dos vertebrados. A. Corte transversal de um vertebrado generalizado. Observe a distribuição dos nervos espinais para os músculos axiais e apendiculares. **B.** Embrião humano ilustrando a distribuição dos miótomos inervados por nervos espinais segmentares. **C.** Imagem dividida, mostrando a distribuição dorsal e ventral dos dermátomos no corpo humano.

De Patten e Carlson.

Boxe Ensaio 16.2	Herpes-zóster

O herpes-zóster é o nome comum para uma doença causada pelo vírus *Herpes zoster*, o mesmo vírus que provoca catapora. O herpes-zóster caracteriza-se por uma linha de vesículas que se irradiam ao longo de um dos lados do corpo, seguindo um dos nervos espinais ou cranianos até um dermátomo.

Para a maioria das pessoas, a catapora é uma doença infantil que dura várias semanas. Provoca vesículas pruriginosas pelo corpo e também proporciona alguns dias de férias da escola. Por fim, o sistema imune força o vírus a entrar em remissão. Os eventos subse-

quentes não são bem conhecidos, porém se acredita que o vírus se refugie nos pericários dos neurônios, nos quais é mantido sob controle pelo sistema imune. Para a maioria das pessoas, isso representa o final do *Herpes zoster*. Todavia, em algumas, o sistema imune baixa sua guarda, e o vírus passa a proliferar, exceto que, durante esse segundo surto, sua disseminação é mais restrita. O vírus migra ao longo de um nervo até o dermátomo que ele inerva (Figura 16.9 B e C). O tecido ao longo dessa via reage, formando as vesículas características, porém muito dolorosas. Quando o sistema responde novamente,

o vírus é mais uma vez derrotado, habitualmente, mas nem sempre, pela última vez, e os sintomas da doença regridem. Se os nervos para a face forem envolvidos, pode ocorrer dano aos olhos, por exemplo, persistindo permanentemente, mesmo após a remissão do vírus.

Nosso conhecimento sobre a anatomia dos nervos e as associações de dermátomos correspondentes ajuda no diagnóstico do herpes-zóster. Na maioria dos casos, é possível determinar, com base no padrão das vesículas, em qual nervo espinal ou craniano o vírus está se disseminando.

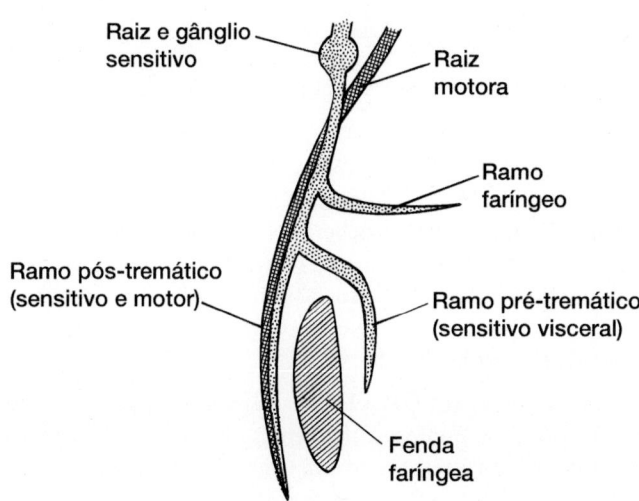

Figura 16.10 Componentes de um nervo craniano em um peixe. O ramo faríngeo, para o revestimento da faringe, e o pequeno ramo pré-tremático, para a frente da fenda faríngea, transportam fibras sensitivas viscerais. O ramo dorsal da pele é composto de fibras sensitivas somáticas. O ramo pós-tremático que percorre a parte posterior da fenda faríngea inclui fibras sensitivas e motoras. A parte rostral está à direita da figura.

espinais anteriores fora do crânio são denominados **nervos espino-occipitais**. Em outros peixes e anfíbios, os nervos espinais anteriores tornam-se parcialmente incorporados na caixa craniana. Eles saem por meio de forames na região occipital do crânio e são denominados **nervos occipitais**, unindo-se com os próximos nervos espinais cervicais para formar o **nervo hipobranquial** composto, que inerva os músculos hipobranquiais na garganta (Figura 16.11 A e B).

A *Latimeria* (celacanto) e muitos anfíbios possuem 17 nervos cranianos. Nos amniotas, os nervos da linha lateral são perdidos, e os espino-occipitais são incorporados ao crânio e modificados. Suas raízes mudam da medula espinal para a frente, no bulbo. Dessa maneira, os amniotas derivam o décimo

primeiro e o décimo segundo nervos cranianos. Os 12 nervos cranianos numerados estão ilustrados nas Figuras 16.12 a 16.15. Em seguida, são descritos de modo mais detalhado, e suas funções estão resumidas na Tabela 16.1.

▶ **Nervo terminal (0).** O **nervo terminal** pode ser prova da perda de um antigo segmento anterior da cabeça. O nervo terminal é um nervo ou, talvez, um complexo de nervos, que surge a partir de placódios olfativos. É encontrado em todas as classes de gnatostomados, com a exceção das aves. Segue seu percurso até os vasos sanguíneos do epitélio olfativo no saco olfativo e transporta fibras sensoriais viscerais e algumas fibras motoras. Suspeita-se de um papel na reprodução.

▶ **Nervo olfativo (I).** O **nervo olfativo** é um nervo sensorial relacionado com o sentido do olfato. As células olfativas estão situadas na membrana mucosa do saco olfativo. Um axônio curto se estende de cada célula até o bulbo olfativo. Cada axônio constitui uma fibra olfativa. Coletivamente, as fibras olfativas formam o nervo olfativo curto, que é o único nervo craniano composto por axônios das próprias células receptoras.

▶ **Nervo óptico (II).** Estritamente falando, o **nervo óptico** não é um nervo, mas sim um trato sensorial. Isto é, não se trata de um conjunto de axônios periféricos; consiste em um conjunto de fibras no SNC. Do ponto de vista embriológico, desenvolve-se como uma evaginação do encéfalo. Todavia, uma vez diferenciado, localiza-se fora do encéfalo. Suas fibras fazem sinapse no tálamo e no mesencéfalo.

▶ **Nervo oculomotor (III).** O **nervo oculomotor** supre principalmente os músculos extrínsecos do olho (músculos reto superior, reto medial, reto oblíquo e oblíquo inferior do bulbo do olho) derivados de miótomos pré-ópticos. É um nervo motor que também transporta algumas fibras motoras viscerais para a íris e o corpo ciliar do olho. As fibras surgem no núcleo oculomotor no assoalho do mesencéfalo.

▶ **Nervo troclear (IV).** O **nervo troclear** é um nervo motor que inerva o músculo extrínseco oblíquo superior do bulbo do olho. As fibras surgem no núcleo troclear do mesencéfalo.

Tabela 16.1 Componentes funcionais dos nervos cranianos nos amniotas.

Nervo craniano		Sensitivo somático		Sensitivo visceral		Motor visceral		Motor somático	
		Geral	Especial	Geral	Especial	Geral	Especial	Geral	Especial
0	Terminal	X		X					
I	Olfativo				X				
II	Óptico		X						
III	Oculomotor					(X)		X	
IV	Troclear							X	
V_1	Trigêmeo	X							
$V_{2,3}$	Trigêmeo propriamente dito	X							X
VI	Abducente								
VII	Facial	(X)		X	X	X			X
VIII	Auditivo		X						
IX	Glossofaríngeo	(X)		X	X	X			X
X	Vago	X		X		X			X
XI	Acessório espinal								X
XII	Hipoglosso							X	
	Linha lateral		X						

Nota: os parênteses indicam uma função variável ou insignificante na categoria indicada.

▶ **Nervo trigêmeo (V).** O nervo **trigêmeo** é assim denominado porque é constituído de três ramos: nervo **oftálmico** (V_1), nervo **maxilar** (V_2) e nervo **mandibular** (V_3) nos amniotas (Figuras 16.12 C e 16.15). O nervo oftálmico, algumas vezes denominado nervo oftálmico profundo para diferenciá-lo de um nervo mais superficial, funde-se com os outros dois ramos. Todavia, nos anamniotas, o nervo oftálmico com frequência emerge do encéfalo separadamente. Essa emergência independente já foi considerada evidência de que, ancestralmente, inervava um arco branquial anterior que foi, desde então, perdido. Todavia, o nervo oftálmico (V_1) origina-se embriologicamente a partir de um placódio, diferentemente do nervo maxilar (V_2) e do nervo mandibular (V_3), que surgem da crista neural, sugerindo uma origem independente para o nervo oftálmico, sem a necessidade de postular uma associação com um arco branquial perdido. Os outros dois ramos, o nervo maxilar (V_2) para a maxila superior, e o nervo mandibular (V_3), para a maxila inferior, representam, presumivelmente, os ramos prétremático e pós-tremático de um nervo branquial típico para o arco mandibular.

O nervo trigêmeo misto inclui fibras sensoriais da pele da cabeça e áreas da boca e fibras motoras para derivados do primeiro arco branquial. As fibras sensoriais do trigêmeo retornam ao encéfalo a partir da pele, dos dentes e de outras áreas por cada um dos três ramos. O ramo mandibular também contém fibras motoras somáticas para músculos do arco mandibular.

▶ **Nervo abducente (V).** O nervo **abducente** é o terceiro dos três nervos cranianos que inervam os músculos que controlam os movimentos do bulbo do olho. Trata-se de um nervo motor que inerva o músculo extrínseco retrolateral do bulbo do olho. As fibras surgem no núcleo abducente localizado no bulbo.

▶ **Nervo facial (VII).** O **nervo facial** misto inclui fibras sensoriais das papilas gustativas, bem como fibras motoras que servem derivados do segundo arco (hioide). Esse nervo também transporta um número substancial de fibras sensoriais somáticas para a pele. Nos peixes, a pele do complexo opercular inteiro é inervada pelo nervo facial.

▶ **Nervo auditivo (VIII).** O nervo **auditivo** sensorial (acústico, vestibulococlear, estatoacústico) transporta fibras sensoriais a partir do ouvido interno, que está relacionado com o equilíbrio e a audição. O nervo faz sinapses em várias regiões do bulbo.

▶ **Nervo glossofaríngeo (IX).** O **nervo glossofaríngeo** misto inerva o terceiro arco branquial. Contém fibras sensoriais das papilas gustativas, da primeira bolsa branquial e do revestimento faríngeo adjacente. As fibras motoras inervam músculos do terceiro arco branquial.

▶ **Nervo vago (X).** O nome **vago** é um termo latim que significa perambulação e que se aplica convenientemente a esse nervo misto. O nervo vago segue um trajeto sinuoso, servindo áreas da boca, da faringe e da maioria das vísceras. É formado pela união de diversas raízes através de vários segmentos da cabeça. Em certas ocasiões, nervos adicionais da linha lateral se fundem com o nervo vago.

▶ **Nervo acessório espinal (XI).** Nos anamniotas, o *nervo acessório espinal* provavelmente é composto por um ramo do nervo vago e vários nervos espino-occipitais. Nos amniotas, particularmente nas aves e nos mamíferos, trata-se de um nervo motor pequeno, porém distinto, que inerva derivados do músculo cucular (músculo cleidomastóideo, esternomastóideo, trapézio). Algumas fibras acompanham o nervo vago para inervar parte da faringe e laringe e, talvez, o coração. As fibras surgem a partir de vários núcleos dentro do bulbo.

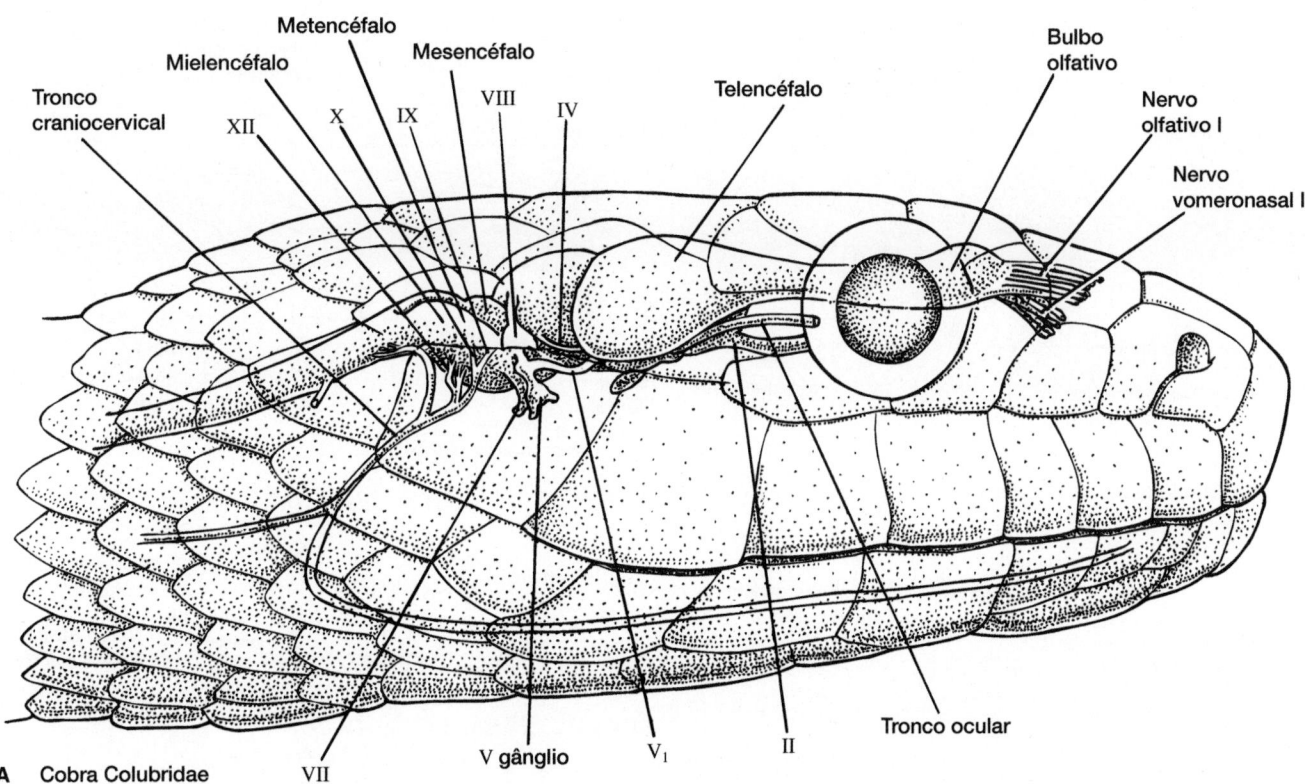

A Cobra Colubridae

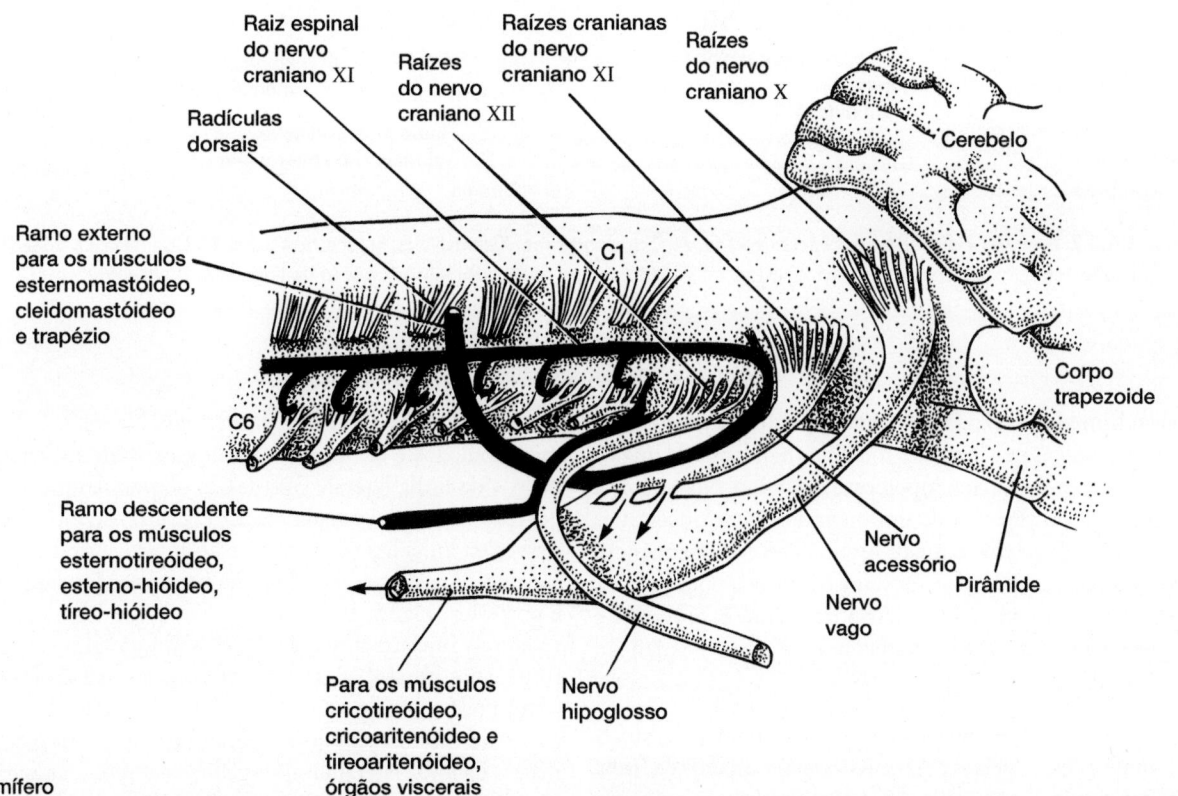

B Mamífero

Figura 16.11 Nervos cranianos posteriores. A. Cobra Colubridae. Os nervos glossofaríngeo (IX), vago (X) e hipoglosso (XII), e um dos nervos espinais unem-se para formar o tronco craniocervical. Diferentemente da maioria dos outros amniotas, as cobras parecem não ter um nervo acessório espinal (XI). **B.** Mamífero. As raízes do nervo hipoglosso estão em série com as raízes ventrais dos nervos espinais precedentes. As contribuições de nervos espinais para os nervos acessório (XI) e hipoglosso (XII) são mostradas em *preto*. O nervo vago recebe contribuições a partir dos nervos acessórios (*setas*).

B, de Kent.

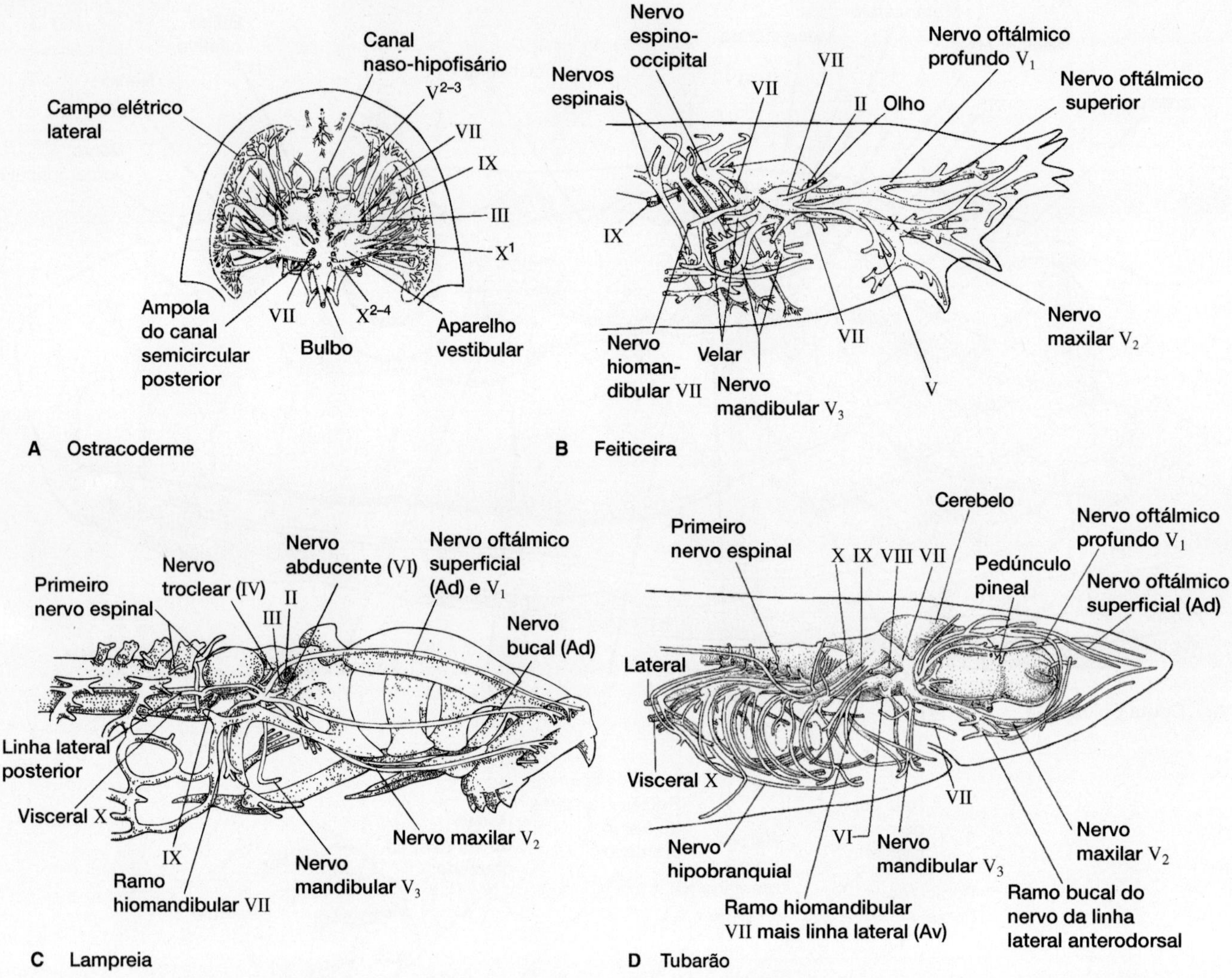

Figura 16.12 Nervos cranianos de vertebrados. A. Ostracoderme, *Kiaeraspis.* **B.** Feiticeira, *Myxine.* **C.** Lampreia. **D.** Vista lateral dos nervos cranianos no tubarão *Squalus.* Abreviações: nervo da linha lateral anterodorsal (*Ad*), nervo da linha lateral anteroventral (*Av*).

A, de Stensiö; B a D, de Jollie.

▶ **Nervo hipoglosso (XII).** O **nervo hipoglosso** é um nervo motor nos amniotas que inerva os músculos hióideos e da língua. As fibras surgem no núcleo hipoglosso no bulbo. Nos peixes e nos anfíbios, a confluência de um ou vários nervos occipitais (raízes ventrais de nervos espinais originais) e, com frequência, nervos espinais modificados formam o nervo hipobranquial. Nos amniotas, é incorporado dentro do crânio e, portanto, é mais adequadamente reconhecido como um nervo craniano, o nervo hipoglosso.

▶ **Nervos da linha lateral.** Além dos nervos cranianos formalmente numerados, os peixes possuem **nervos cranianos da linha lateral** pré-óptico e pós-óptico, que têm suas raízes no bulbo e inervam o sistema da linha lateral. Antigamente, acreditava-se que fossem componentes dos nervos facial, glossofaríngeo e vago, mas, atualmente, são reconhecidos como nervos cranianos independentes, derivados dos placódios dorsolaterais (placódios auditivo-laterais) (Figura 16.13 A). Infelizmente, esse reconhecimento tardio como nervos cranianos distintos os deixou sem

um algarismo romano de identificação. Na maioria dos peixes mandibulados e em alguns anfíbios, existem até seis pares de nervos da linha lateral. Três desses nervos são pré-óticos (em posição rostral à vesícula ótica, o futuro ouvido interno): os nervos da linha lateral anterodorsal, anteroventral e óptico; três são pós-óticos: os nervos da linha lateral média, supratemporal e posterior (Figura 16.13 A e B). Cada um dos placódios dorsolaterais inicialmente dá origem a um gânglio sensorial distinto, cujas fibras distais inervam os receptores da linha lateral (neuromastos e órgãos ampulares), os quais também surgem a partir do mesmo placódio. Apenas raramente há gânglios dos nervos da linha lateral fundidos com os nervos cranianos V, VII, IX e X, porém todos os nervos da linha lateral pré-óticos e pós-óticos convergem, entrando no encéfalo em posição rostral e caudal à vesícula ótica, respectivamente. Com frequência, cada nervo que convergiu se divide em uma raiz dorsal e uma raiz ventral. Quando presente, a raiz dorsal transporta apenas fibras que inervam os órgãos ampulares, enquanto a raiz ventral transporta apenas fibras que inervam os órgãos neuromastos. Como

Placódios dorsolaterais

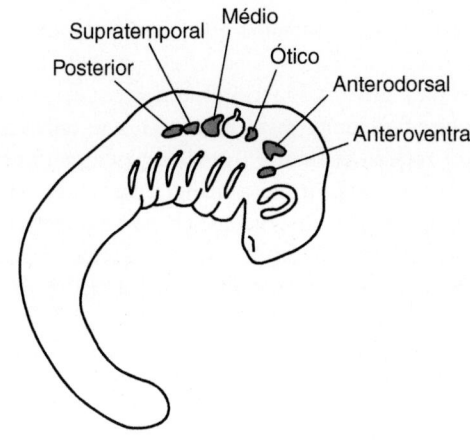

Nervos da linha lateral

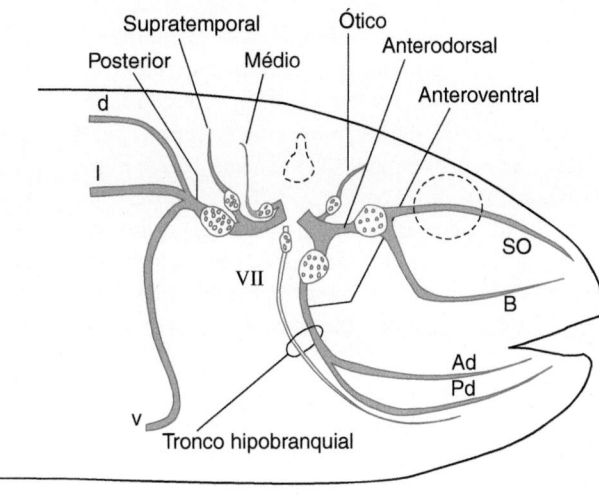

A

B

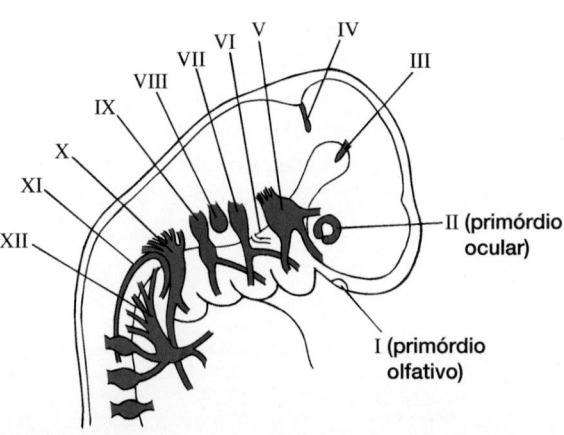

C Feto de cão

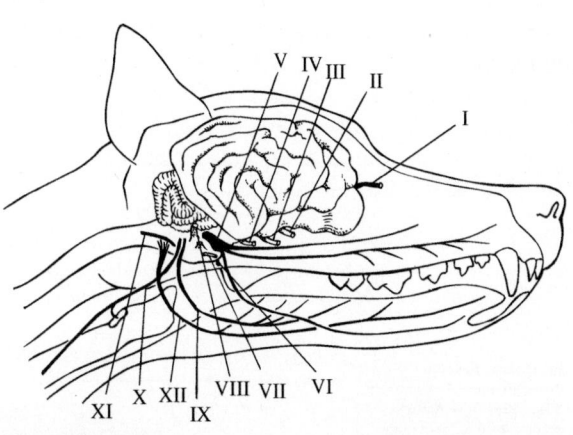

D Cão adulto

Figura 16.13 Desenvolvimento embrionário dos nervos cranianos. A. Os nervos cranianos da linha lateral surgem dos placódios dorsolaterais. **B.** Número generalizado e padrão de inervação dos nervos da linha lateral em peixes mandibulados. Os gânglios são representados por áreas dilatadas com pequenos círculos em seu interior. A posição relativa do olho (*círculo tracejado*) e da vesícula ótica (*tracejado em forma de pera*) está indicada. O tronco hipobranquial inclui o nervo da linha lateral e o nervo craniano facial VII. **C.** Feto de cão. **D.** Cão adulto. O nervo da linha lateral posterior possui três ramos: dorsal (*d*), lateral (*l*) e ventral (*v*). O nervo da linha lateral anterodorsal possui dois ramos principais: o ramo oftálmico superficial (*SO*) e o ramo bucal (*B*). O nervo da linha lateral anteroventral produz dois ramos principais: as divisões anterior (*Ad*) e posterior (*Pd*).

B, de Northcutt.

os nervos da linha lateral e os nervos auditivos compartilham semelhanças em termos de organização, são frequentemente designados como sistema auditivo-lateral (= acústico-lateral).

> Crista neural e placódios ectodérmicos (Capítulo 5);
> mecanorreceptores, neuromastos (Capítulo 17);
> eletrorreceptores; órgãos ampulares (Capítulo 17);
> sistema da linha lateral (Capítulo 17)

Evolução

Nos primeiros vertebrados, cada segmento da cabeça pode ter sido inervado por raízes dorsais e ventrais anatomicamente separadas, de modo muito semelhante aos nervos espinais dorsais e ventrais separados que inervam cada segmento do tronco nas lampreias. Cada segmento era possivelmente inervado por um nervo dorsal misto e um motor. Foi sugerido que os nervos cranianos são derivados de perdas ou fusões desses nervos dorsais e ventrais separados. Entretanto, as fusões complexas e perdas dificultam estabelecer a distribuição dos nervos ancestrais para seus respectivos segmentos da cabeça. O arco mandibular incorpora o nervo oftálmico profundo em seus próprios ramos da raiz dorsal (os ramos maxilar e mandibular), formando o nervo trigêmeo composto. Outros nervos dorsais persistentes incluem os nervos facial, glossofaríngeo, vago e acessório. Os derivados do nervo ventral incluem os nervos oculomotor, troclear, abducente e occipital.

Quando associado ao arco branquial, cada nervo craniano exibe fidelidade com aquele arco específico e seus músculos. Consistentemente em todos os vertebrados, o primeiro arco, o arco mandibular, é inervado pelo nervo trigêmeo (V); o segundo, o hióideo, pelo nervo facial (VII); o terceiro, pelo nervo glossofaríngeo (IX); e os arcos remanescentes, pelos nervos vago (X) e acessório espinal (XI) (Tabela 16.2 e Figura 16.16 A e B).

Acredita-se que os nervos olfativo (I), óptico (II) e auditivo (VIII), e os nervos cranianos da linha lateral sejam derivados de modo separado, juntamente com seus respectivos órgãos dos sentidos especiais, e não em associação com segmentos antigos da cabeça.

A mudança da vida aquática para terrestre está refletida nos nervos cranianos. O sistema da linha média, destinado a detectar as correntes de água, está totalmente perdido nos vertebrados terrestres, assim como os nervos cranianos que o inervam. Os ramos pré e pós-tremático associados às brânquias também são modificados. Os nervos acessório espinal e hipoglosso aumentam ou emergem como nervos cranianos separados. O nervo acessório espinal separa-se do nervo vago e inerva os músculos branquioméricos, que se tornam mais proeminentes na sustentação e rotação da cabeça. O nervo hipoglosso para a língua e o aparato hióideo torna-se proeminente à medida que o papel dessas estruturas se expande na alimentação terrestre e manipulação do alimento na boca.

Funções do sistema nervoso periférico
Reflexos espinais

Os reflexos espinais exibem o nível mais simples de controle no sistema nervoso. Embora os reflexos possam difundir a informação para centros superiores, todos os seus componentes necessários e funcionais residem ou têm suas raízes na medula espinal. O **reflexo espinal** é um circuito de neurônios que se estende de um receptor até a medula espinal e, daí, para um efetor. A informação sensorial que chega e a informação motora que sai percorrem circuitos estabelecidos por neurônios nos nervos espinais. Dentro da medula espinal, **neurônios de associação (interneurônios, neurônios internunciais)** conectam esses neurônios sensoriais e motores para completar o circuito entre eles. Existem dois tipos de arco reflexo espinal: o somático e o visceral (Figura 16.17). O circuito neuronal para cada tipo de arco é distinto, pelo menos nos mamíferos, nos quais foi mais amplamente estudado (Tabela 16.3). O papel do sistema nervoso central na modificação dos reflexos espinais é discutido mais adiante, neste capítulo.

A maioria dos **arcos reflexos somáticos** em nível da medula espinal inclui três neurônios: o neurônio sensorial somático e o neurônio motor somático, com um neurônio de associação para conectá-los. O corpo do neurônio sensorial somático está localizado na raiz dorsal. Suas fibras nervosas seguem seu percurso através do nervo espinal e fazem sinapse com um neurônio de

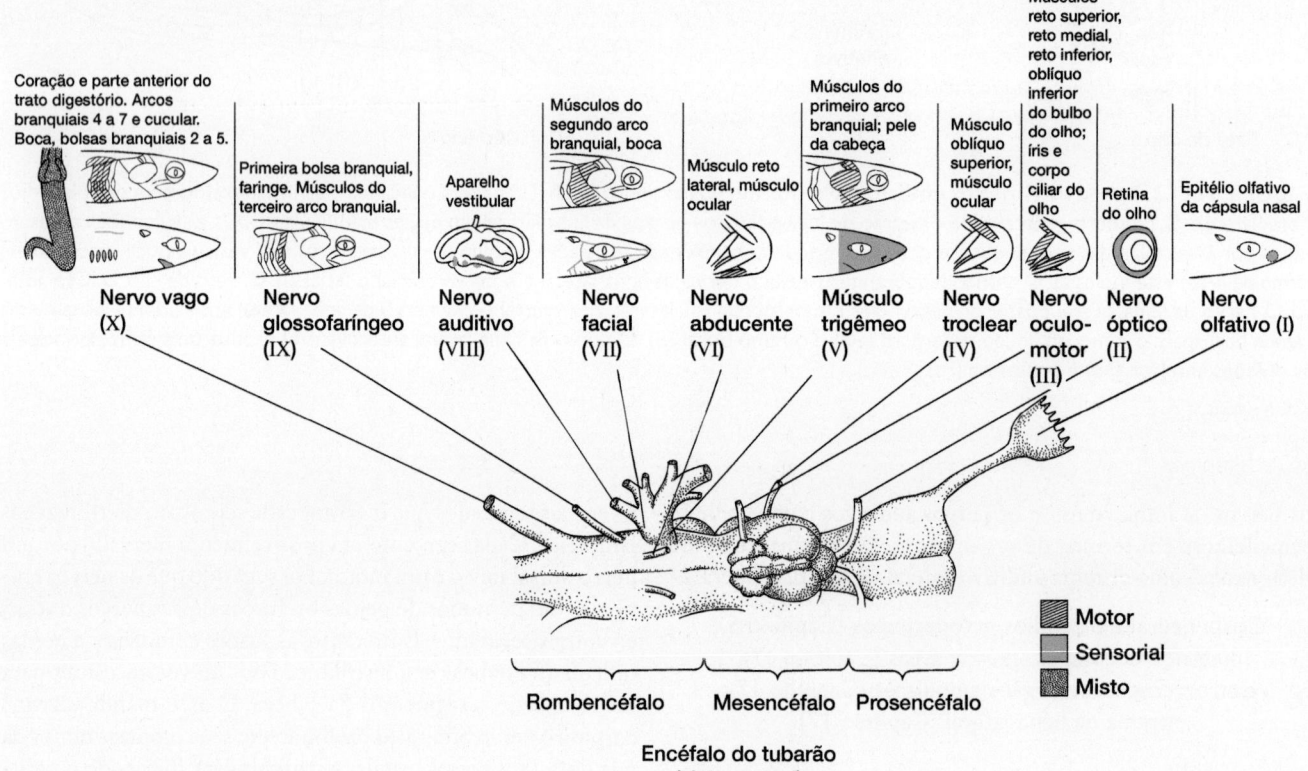

Figura 16.14 Distribuição dos nervos cranianos no tubarão *Squalus*. Vistas ampliadas das estruturas inervadas dos nervos cranianos II, III, IV, VI e X. Vistas laterais da cabeça com e sem pele, indicando a localização dos primeiros dez nervos cranianos.

De Gilbert.

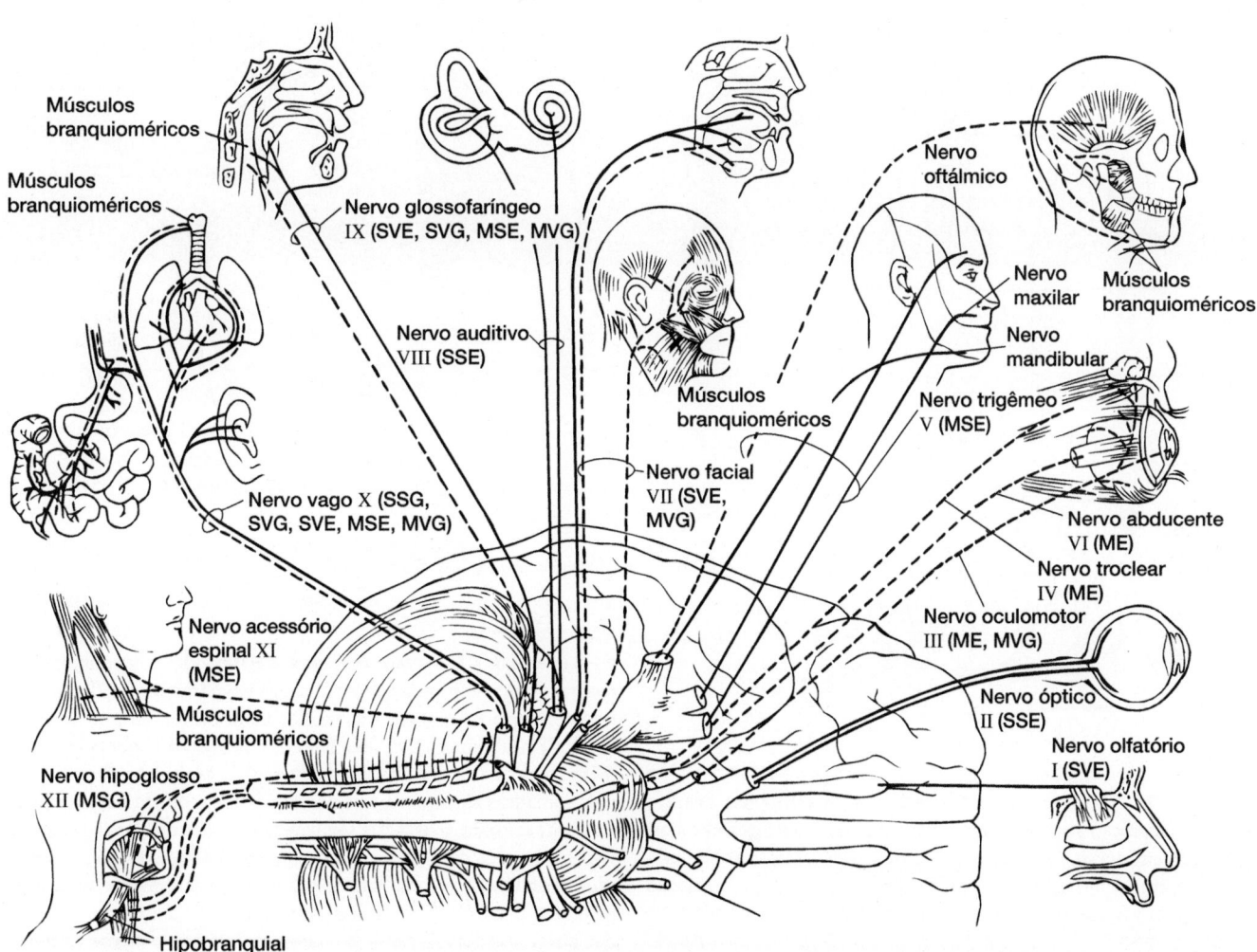

Figura 16.15 Distribuição dos nervos cranianos em um mamífero, *Homo sapiens*. As fibras nervosas sensoriais (*linhas cheias*) e motoras (*linhas tracejadas*) estão indicadas. Vistas ampliadas das estruturas inervadas pelos nervos cranianos são mostradas ao redor do encéfalo humano em vista ventral. Abreviações: sensorial somático geral (*SSG*), sensorial visceral somático (*SVG*), motor somático geral (*MSG*), motor visceral geral (*MVG*), motor somático (*MS*), sensorial somático especial (*SSE*), motor somático especial (*MSE*), sensorial visceral especial (*SVE*).

De H. M. Smith.

Tabela 16.2 Nervos cranianos e seus arcos branquiais associados.

Segmento antigo	Arco atual	Representante da raiz dorsal	Representante da raiz ventral
?		Terminal (0)	
0		Oftálmico profundo (V)	Oculomotor
–	Mandibular		
1		Oftálmico superficial (pele; V) maxilar (pré-tremático; V) mandibular (pós-tremático; V)	Troclear
2	Hioide	Facial	Abducente
3	Branquial 3	Glossofaríngeo (IX)	
4	Branquial 4	Vago (X)	
5	Branquial 5	Vago (X)	Hipoglosso
6	Branquial 6	Vago (X)	Hipoglosso
7	Branquial 7	Acessório espinal (XI)	Hipoglosso

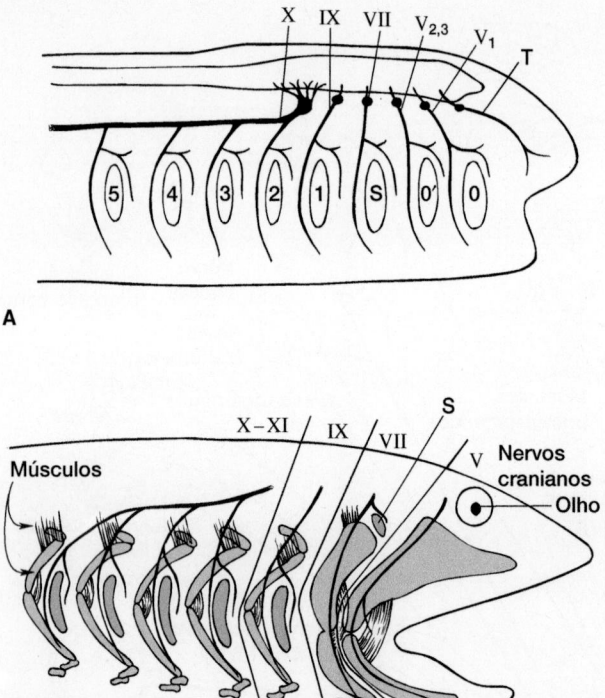

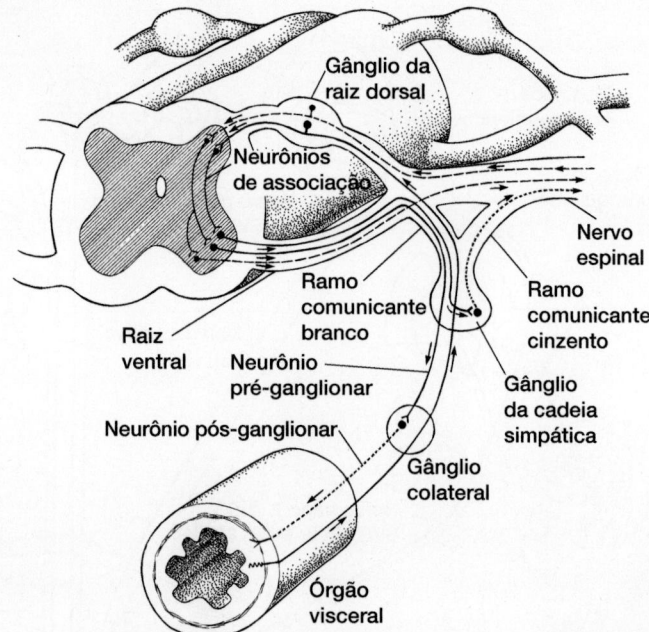

Figura 16.17 Arcos reflexos somáticos e viscerais dos mamíferos. A entrada sensorial chega em fibras da raiz dorsal, que fazem sinapse na medula espinal. O efluxo motor sai por meio de fibras da raiz ventral. Um neurônio de associação conecta habitualmente a entrada e a saída dentro da medula espinal. As fibras sensoriais somáticas alcançam a raiz dorsal por meio de um nervo espinal. As fibras sensoriais viscerais seguem seu percurso a partir do órgão visceral, através de um ou mais gânglios e, em seguida, por meio do ramo comunicante e da raiz dorsal, fazendo finalmente sinapse na medula espinal. O efluxo motor somático inclui um único neurônio que envia suas fibras a partir do nervo espinal para o efetor. O efluxo motor visceral inclui dois neurônios em série: um neurônio pré-ganglionar (*linha cheia*) e um neurônio pós-ganglionar (*linha pontilhada*). A sinapse entre eles pode ocorrer em um gânglio da cadeia simpática, em um gânglio colateral ou na parede do órgão inervado. Quando fazem sinapse na cadeia simpática, as fibras pós-ganglionares habitualmente alcançam o efetor por meio do nervo espinal.

Figura 16.16 Derivação filogenética dos nervos cranianos. A. Condição ancestral hipotética. Cada fenda faríngea era inervada por um nervo. O primeiro nervo ou nervo terminal (*T*) inervava um arco anterior que foi perdido precocemente na evolução dos vertebrados. **B.** Inervação para arcos branquiais associados. Os nervos cranianos V, VII, IX e X-XI inervam os seguintes: mandibular (*1*), hioide (*2*), terceiro (*3*) e quarto ao sétimo (*4* a *7*) arcos, respectivamente. Essas associações entre os nervos cranianos e seus derivados permanecem estáveis em todos os teleósteos e tetrápodes. Abreviações: fendas branquiais perdidas nos gnatostomados (*0*, *0'*), fendas branquiais habitualmente presentes nos gnatostomados (*1* a *5*), fenda espiracular (*S*).

associação dentro da medula espinal. O neurônio de associação pode transmitir impulsos em várias direções possíveis, pode fazer sinapse com um neurônio motor somático no mesmo lado da medula, no lado oposto da medula, ou pode seguir seu percurso para cima ou para baixo na medula até neurônios motores em diferentes níveis. Em seguida, o neurônio motor transmite o impulso por meio da raiz ventral para um efetor somático. Um arco reflexo somático pode ser ainda mais simples. Os reflexos espinais que controlam a postura envolvem apenas dois neurônios.

Neurônio sensorial faz sinapse diretamente com o neurônio motor. Se um animal começar a se desviar inadvertidamente de sua postura normal, seus músculos são estirados e desencadeiam um reflexo somático que causa contração do músculo apropriado e restaura a postura original do animal (Figura 16.18 A e B).

O **arco reflexo visceral** é estruturalmente mais complexo. O corpo de um neurônio sensorial visceral também reside na raiz dorsal, porém suas fibras nervosas seguem seu percurso por um ou mais gânglios da cadeia simpática e, em seguida, pelo

Tabela 16.3 Reflexos nos mamíferos.		
Componentes de um circuito reflexo	**Arco somático**	**Arco visceral**
Efetor	Músculo esquelético	Músculos cardíaco e liso, glândulas
Número de neurônios no circuito	Três (ou dois) neurônios: sensorial (de associação) e motor	Quatro neurônios: sensorial (de associação), motor pré-ganglionar, motor pós-ganglionar
Neurotransmissores	Acetilcolina	Acetilcolina, norepinefrina

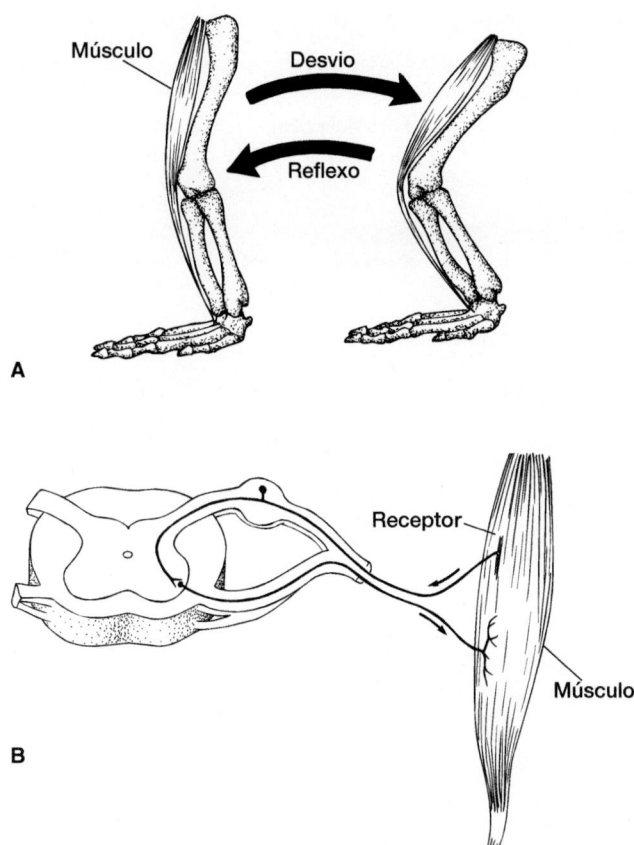

Figura 16.18 Arco reflexo somático. A. A postura pode ser mantida por meio de um reflexo espinal envolvendo um único neurônio sensorial e um único neurônio motor conectados diretamente na medula espinal. Quando um tetrápode começa a se desviar de sua postura normal, os receptores sensoriais nas articulações e nos músculos detectam esse deslocamento. **B.** As fibras sensoriais que transportam esse impulso até a medula espinal fazem sinapse com neurônios motores apropriados, que estimulam as unidades motoras do músculo esquelético a se contrair, retificar o membro e restaurar a postura normal.

ramo comunicante. Seus axônios finalmente fazem sinapse dentro da medula espinal com um neurônio de associação (ver Figura 16.17). Diferentemente do arco somático, a saída motora do arco reflexo visceral inclui dois neurônios em sequência. O primeiro é o **neurônio pré-ganglionar**, que se estende para fora da raiz ventral e faz sinapse no gânglio simpático, em um gânglio colateral ou na parede de um órgão visceral com um segundo neurônio, o **neurônio pós-ganglionar**. O neurônio pós-ganglionar segue seu trajeto para inervar o órgão visceral efetor. Por conseguinte, em sua forma mais simples, o arco visceral inclui quatro neurônios: um neurônio sensorial visceral, dois neurônios motores viscerais em série e um neurônio de associação interconectado.

Em resumo, o arco somático inclui neurônios aferentes somáticos que transportam impulsos sensoriais para o SNC a partir da pele, dos músculos voluntários e tendões. Os neurônios eferentes somáticos fornecem impulsos motores para efetores somáticos. O arco visceral inclui neurônios aferentes viscerais que transportam impulsos sensoriais para o SNC a partir do trato digestório e de outras estruturas internas. Os neurônios

eferentes viscerais transportam impulsos motores para os órgãos viscerais; essa parte do circuito inclui dois neurônios: o pré-ganglionar e o pós-ganglionar.

Nos amniotas, a raiz dorsal transporta predominantemente informação sensorial, que pode ser somática ou visceral. A raiz ventral transporta quase exclusivamente informação motora, também somática ou visceral. Nos anamniotas, existe uma considerável variação tanto na estrutura das vias dos nervos espinais quanto na informação que eles transportam. Na lampreia, as raízes dorsal e ventral não se unem. A raiz ventral transporta apenas informação motora somática transmitida para os músculos estriados naquele nível da medula espinal. A raiz dorsal transporta informação sensorial, somática e visceral, como nos amniotas, mas também transporta fibras motoras viscerais (Figura 16.19 A). Nos peixes e nos anfíbios, as raízes dorsal e ventral são unidas, mas as fibras motoras viscerais saem por meio de ambas as raízes, a raiz dorsal, como nas lampreias, e a raiz ventral, como nos amniotas (Figura 16.19 B).

Sistema nervoso autônomo

Os primeiros anatomistas observaram que a atividade visceral não parecia estar sob controle voluntário. Os nervos periféricos e gânglios associados à atividade visceral pareciam ser autônomos ou independentes do resto do sistema nervoso. Em seu conjunto, eram considerados como constituintes do sistema nervoso autônomo, uma divisão funcional do sistema nervoso periférico que preside a atividade visceral. São incluídas fibras tanto sensoriais quanto motoras. As fibras sensoriais autônomas monitoram o ambiente interno do organismo – isto é, a

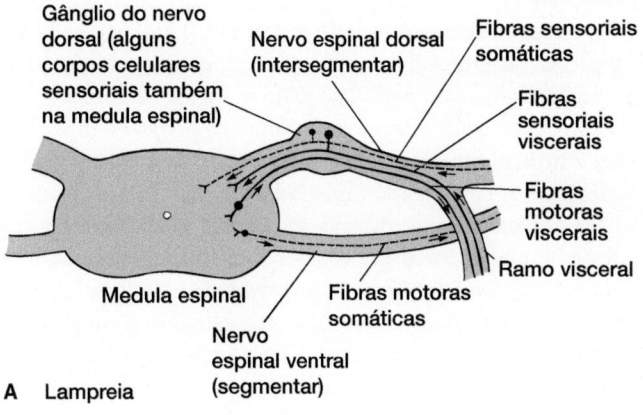

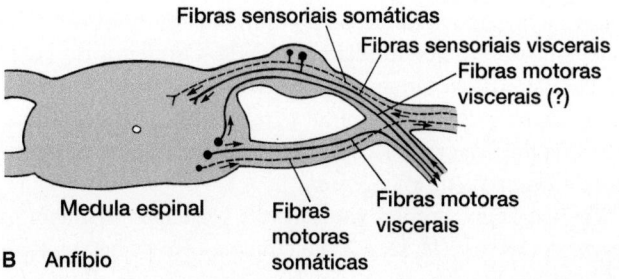

Figura 16.19 Circuitos somático e visceral nos anamniotas. A. Lampreia. **B.** Anfíbio. Não se sabe ao certo se a raiz dorsal nos anfíbios transporta um efluxo motor visceral.

pressão arterial, a tensão de oxigênio e de dióxido de carbono, a temperatura central e da pele e a atividade das vísceras. As fibras motoras são neurônios motores viscerais gerais, que inervam o músculo cardíaco, os músculos lisos e as glândulas. Por conseguinte, controlam o trato digestório, os vasos sanguíneos, a árvore respiratória, a bexiga, os órgãos sexuais e outras vísceras gerais do corpo. Como o sistema nervoso autônomo inclui o circuito motor visceral geral, neurônios pré e pós-ganglionares em série caracterizam a interação motora para cada órgão.

Os centros conscientes também podem afetar a atividade visceral controlada pelo sistema nervoso autônomo. Por exemplo, por meio da prática de meditação ou de um esforço deliberado para "esfriar" a mente e relaxá-la, é possível afetar o batimento cardíaco ou a liberação de suor. Entretanto, em sua maior parte, o sistema autônomo opera em nível subconsciente e não está sob controle voluntário. Os reflexos controlam as atividades que mantêm o ambiente interno. Em sua forma mais simples, o circuito neuronal do sistema nervoso autônomo inclui quatro neurônios ligados em uma alça reflexa: um neurônio sensorial que faz sinapse com um neurônio de associação, que faz sinapse com um neurônio motor pré-ganglionar em série com um neurônio motor pós-ganglionar.

▶ **Divisões funcionais do sistema nervoso autônomo.** Nos mamíferos, o sistema nervoso autônomo está dividido em dois sistemas antagônicos contrastantes de controle sobre a atividade visceral: o sistema simpático e o sistema parassimpático.

O **sistema nervoso simpático** prepara o corpo para uma ação extenuante aumentando a atividade das vísceras, embora reduza a velocidade dos processos digestivos. A estimulação do sistema simpático inibe a atividade do canal alimentar, porém promove a contração do baço (causando a liberação de eritrócitos extras na circulação geral), aumenta a frequência cardíaca e a pressão arterial, dilata os vasos coronários e mobiliza a glicose a partir da reserva de glicogênio no fígado. Com frequência, diz-se que o sistema nervoso simpático prepara o indivíduo para a **luta ou fuga**, indicando o quociente de coragem ou sabedoria de um organismo (Tabela 16.4).

Os nervos motores viscerais gerais que participam na atividade simpática saem das regiões torácica e lombar da medula espinal dos mamíferos. Essa atividade é designada como **efluxo toracolombar**. O neurônio pré-ganglionar simpático é habitualmente curto e faz sinapse no gânglio da cadeia simpática ou em um gânglio localizado distante da coluna vertebral. A fibra pós-ganglionar é habitualmente longa (Figura 16.20).

O **sistema nervoso parassimpático** restaura o estado de repouso ou vegetativo do corpo ao diminuir seu nível de atividade, embora a digestão seja estimulada. Os efeitos do sistema parassimpático são antagônicos aos do sistema simpático. Ele aumenta a digestão, diminui a frequência cardíaca, produz queda da pressão arterial, comprime os vasos coronários e promove a formação de glicogênio.

Os neurônios motores viscerais que participam incluem os nervos cranianos VII, IX e X, juntamente com os nervos espinais que provêm da região sacral. Isso é denominado **efluxo craniossacral**. As fibras pré-ganglionares parassimpáticas são longas e alcançam a parede do órgão que elas inervam, e fazem sinapse com fibras pós-ganglionares muito curtas (Figura 16.20).

Tabela 16.4 Divisões funcionais do sistema nervoso autônomo.

Órgão/ atividade	Estimulação simpática	Estimulação parassimpática
Olho		
Músculo ciliar	Relaxamento	Contração
Pupila	Dilatação	Constrição
Glândulas		
Salivar	Vasoconstrição Ligeira secreção	Vasodilatação Secreção copiosa
Gástrica	Inibição da secreção	Estimulação da secreção
Pâncreas	Inibição da secreção	Estimulação da secreção
Lacrimal	Nenhuma	Secreção
Sudoríparas	Sudorese	Nenhuma
Trato digestório		
Esfíncteres	Aumento do tônus	Diminuição do tônus
Paredes	Diminuição da motilidade	Aumento da motilidade
Fígado	Liberação de glicose	Nenhuma
Vesícula biliar	Relaxamento	Contração
Bexiga		
Músculo liso	Relaxamento	Contração
Esfíncter	Contração	Relaxamento
Glândulas suprarrenais	Secreção[a]	Nenhuma
Coração		
Músculo	Aumento da frequência e da força	Diminuição da frequência
Artérias coronárias	Dilatação	Constrição
Pulmões (brônquios)	Dilatação	Constrição
Baço	Contração	Relaxamento
Vasos sanguíneos		
Abdome	Constrição	Nenhuma
Pele	Constrição	Nenhuma
Órgãos sexuais		
Pênis	Ejaculação	Ereção
Clitóris	?	Ereção
Metabolismo	Aumentado	Nenhuma

[a]Inervação por neurônio pré-ganglionar.

▶ **Controle adrenérgico e colinérgico.** O sistema simpático é considerado **adrenérgico**, visto que os neurotransmissores liberados durante a estimulação são a **epinefrina** ou a **norepinefrina** (também denominadas adrenalina e noradrenalina). O sistema parassimpático é descrito como colinérgico, visto que o neurotransmissor liberado é a **acetilcolina**, também liberada entre as fibras pré e pós-ganglionares em ambos os sistemas (ver Figura 16.20) e nas junções entre nervos e músculos esqueléticos.

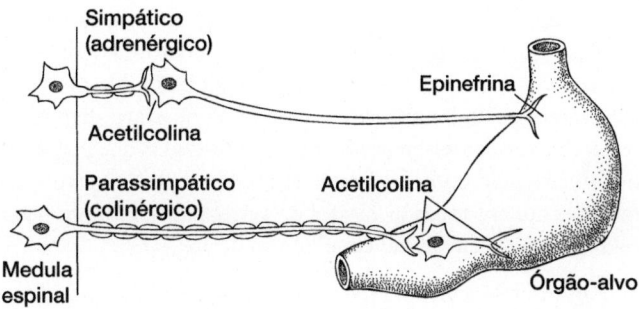

Figura 16.20 Neurotransmissores do sistema nervoso autônomo. Os neurotransmissores adrenérgicos e colinérgicos são liberados nas extremidades dos circuitos simpáticos e parassimpáticos, respectivamente. Esta é a base para a resposta diferencial do órgão.

Nos mamíferos, quase todos os órgãos viscerais possuem inervação simpática e parassimpática (Figura 16.21; ver Tabela 16.4). As exceções a essa dupla inervação incluem as glândulas suprarrenais, os vasos sanguíneos periféricos e as glândulas sudoríparas, que recebem apenas inervação simpática. A cessação da estimulação simpática faz com que esses órgãos possam retornar a um estado de repouso.

A glândula suprarrenal (ou glândula adrenal) também é excepcional, visto que é inervada apenas por fibras pré-ganglionares; as fibras pós-ganglionares estão ausentes. Como a epinefrina e a norepinefrina atuam como sinais químicos adrenérgicos do circuito simpático e como hormônios produzidos pelas glândulas suprarrenais (Capítulo 15), existe a possibilidade de confusão química. Entretanto, o neurônio pré-ganglionar libera acetilcolina, e não epinefrina ou substâncias químicas semelhantes, de modo

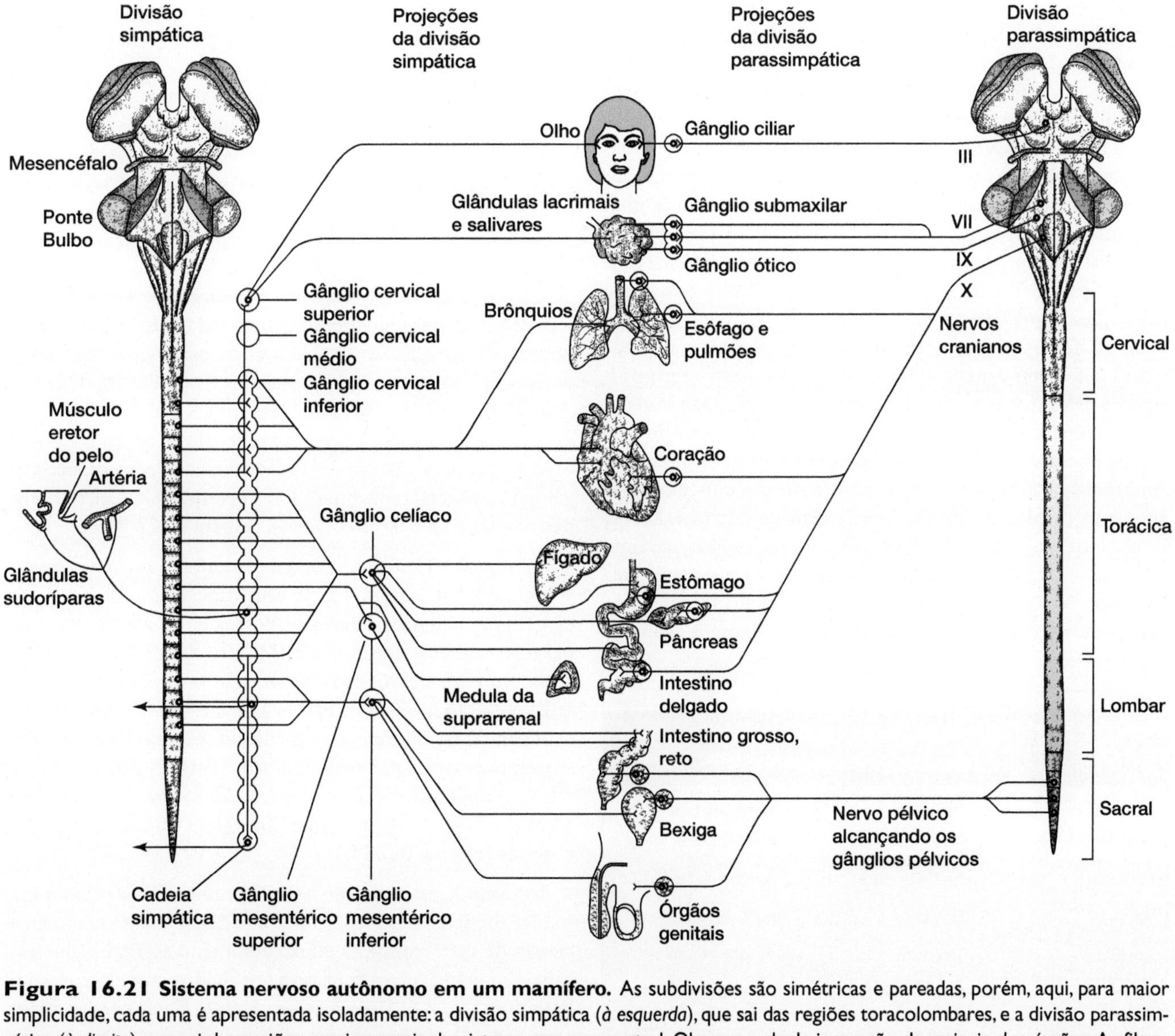

Figura 16.21 Sistema nervoso autônomo em um mamífero. As subdivisões são simétricas e pareadas, porém, aqui, para maior simplicidade, cada uma é apresentada isoladamente: a divisão simpática (*à esquerda*), que sai das regiões toracolombares, e a divisão parassimpática (*à direita*) que sai das regiões craniossacrais do sistema nervoso central. Observe a dupla inervação da maioria dos órgãos. As fibras pré-ganglionares e pós-ganglionares estão indicadas.

que a inervação direta das glândulas suprarrenais por fibras pré-ganglionares remove a possibilidade de ambiguidade química entre a inervação parassimpática e a estimulação hormonal pela glândula.

▶ **Divisões anatômicas do sistema nervoso autônomo.** A divisão do sistema nervoso autônomo em componentes funcionais simpáticos e parassimpáticos está razoavelmente bem estabelecida nos mamíferos, mas, em outros vertebrados, a anatomia comparada do sistema nervoso autônomo está pouco definida. A maioria das vísceras recebe inervações simpática e parassimpática contrastantes, porém essas divisões funcionais nem sempre correspondem aos efluxos toracolombar e craniossacral, respectivamente. Com frequência, nos vertebrados não mamíferos, os nervos autônomos que saem dessas regiões desempenham uma função mista. Quando se examina a localização dos nervos autônomos dos anamniotas, não é possível deduzir, com segurança, sua função a partir da posição anatômica. Por conseguinte, preferem-se apenas distinções anatômicas, sem significado funcional implicado, quando se descreve o sistema nervoso autônomo dos vertebrados não mamíferos.

Existem três divisões anatômicas do sistema nervoso autônomo: o sistema autônomo craniano, o sistema autônomo espinal e o sistema autônomo entérico (Tabela 16.5). O **sistema autônomo craniano** inclui os nervos cranianos que saem do encéfalo. O **sistema autônomo espinal** consiste em todas as fibras autônomas que saem do sistema nervoso central nos segmentos espinais, especificamente todas as fibras autônomas torácicas, lombares e sacrais.

O **sistema autônomo entérico** inclui os neurônios sensoriais e motores intrínsecos que estão localizados na parede do trato digestório. O sistema entérico consiste em um grande número de neurônios, provavelmente o mesmo número de neurônios que há no sistema nervoso central. Os nervos formados a partir deles se interconectam e se misturam, formando redes de prolongamentos nervosos, denominadas **plexos**, dentro da parede do trato digestório. Os **plexos mioentéricos** (plexos de Auerbach) estão situados na parede externa dos músculos lisos, enquanto os **plexos submucosos** (plexos de Meissner) estão localizados profundamente dentro dos músculos lisos, próximo a seu lúmen. O sistema autônomo entérico é responsável pela coordenação da atividade do trato digestório. É independente, mas pode ser modificado pelos sistemas autônomos espinal e

craniano. O alimento, que distende mecanicamente os músculos lisos do trato digestório, estimula os neurônios entéricos. Por sua vez, esses neurônios ativam a contração dos músculos lisos circulares e longitudinais na parede do trato digestório, resultando em **ondas peristálticas** sincronizadas que propelem o alimento pelo trato. O sistema autônomo entérico parece estar presente em todas as classes de vertebrados, embora possa estar pouco desenvolvido em algumas delas.

Peixes. Nos ciclóstomos, o sistema nervoso autônomo é fragmentar. Não há cadeias simpáticas, porém são observados gânglios colaterais, presumivelmente parte do sistema autônomo, que estão dispersos por todas as vísceras. Nas feiticeiras, as fibras autônomas cranianas aparentemente só ocorrem no nervo vago (X). Entretanto, nas lampreias, além do nervo vago (X), os nervos facial (VII) e glossofaríngeo (IX) incluem fibras autônomas que medeiam eventos nas brânquias. Nas feiticeiras, as fibras autônomas espinais passam através das raízes ventrais de nervos espinais, porém sua distribuição subsequente não é bem-conhecida. Nas lampreias, fibras autônomas espinais saem através das raízes dorsais dos nervos espinais para inervar os rins, as gônadas, os vasos sanguíneos, a parte posterior do trato digestório, a cloaca e outras vísceras.

Nos peixes condrictes e osteíctes, o sistema nervoso autônomo é bem-representado. Existe uma cadeia simpática de gânglios no sistema autônomo espinal. Os nervos do sistema autônomo craniano passam para as vísceras. Todavia, nos elasmobrânquios, não há gânglios colaterais, e as cadeias simpáticas aparentemente não contribuem com fibras para os nervos cranianos. O nervo vago está bem desenvolvido, com ramos para o estômago e o coração, mas o coração aparentemente carece de um correspondente simpático para inervação inibitória do vago (Figura 16.22 A). Além disso, os gânglios simpáticos dos elasmobrânquios estão associados a populações de células cromafins, derivadas da crista neural que, nos teleósteos e na maioria dos tetrápodes (com exceção dos urodelos), tornam-se separadas dos gânglios. Na maioria dos teleósteos, ocorrem gânglios colaterais e algumas fibras nervosas espinais são compartilhadas com nervos cranianos (Figura 16.22 B).

Tetrápodes. O sistema nervoso autônomo está bem desenvolvido nos tetrápodes. Existe uma cadeia simpática pareada, os gânglios colaterais estão dispersos entre as vísceras, e os nervos cranianos e espinais estão bem delineados. O efluxo autônomo nos nervos espinais dos anfíbios passa através das raízes ventrais, mas ainda não está bem esclarecido se também ocorrem fibras motoras na raiz dorsal (Figura 16.23 A). Nos répteis, nas aves e nos mamíferos, os sistemas autônomos são muito semelhantes em sua construção básica. As fibras motoras autônomas espinais saem das raízes ventrais dos nervos espinais (Figura 16.23 B).

▶ **Resumo.** Com a exceção dos ciclóstomos, a organização anatômica do sistema nervoso autônomo é semelhante em todas as classes de vertebrados. O efluxo autônomo espinal inclui uma cadeia simpática pareada (exceto nos ciclóstomos e nos elasmobrânquios), com contribuição de algumas fibras para os nervos cranianos. O efluxo autônomo craniano inclui os nervos cranianos facial (VII), glossofaríngeo (IX) e vago (X), embora os

Tabela 16.5 Relação entre as divisões funcional e anatômica do sistema nervoso autônomo.

Localização	Função (mamíferos)	Designação anatômica
Craniana	Parassimpática	Autônoma craniana
Torácica	Simpática	Autônoma espinal
Lombar	Simpática	Autônoma espinal
Sacral	Parassimpática	Autônoma espinal
Trato digestório intrínseco	Entérica	Autônoma entérica

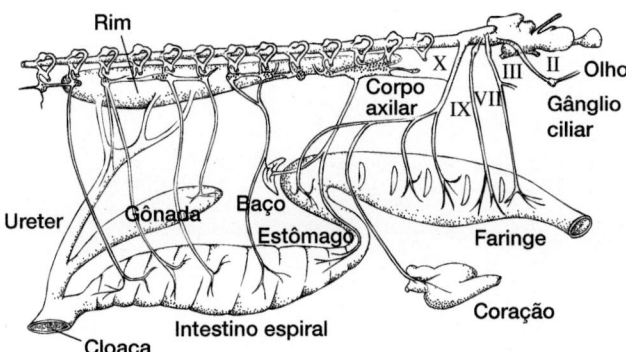

A   Elasmobrânquio

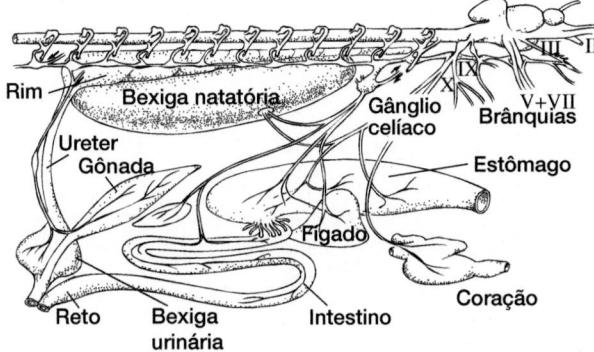

B   Teleósteo

Figura 16.22 Sistema nervoso autônomo dos peixes. A. Elasmobrânquio (tubarão). Observe que o nervo vago (X), que inerva a faringe, o estômago e o coração, não transporta fibras a partir de qualquer um dos nervos espinais. **B.** Teleósteo. O nervo vago (X), que inerva a maioria vísceras iguais às do tubarão e que também contribui para a inervação da bexiga natatória, está conectado à cadeia simpática.

Redesenhada a partir de S. Nilsson, 1983, "Autonomic nerve function in the vertebrates," in Zoophysiology. Ed. By D.S. Farmer, Springer-Verlag, NY, based on Young 1933, and Nilsson 1976. Reimpressa com autorização.

nervos facial e glossofaríngeo possam estar reduzidos nos peixes. Nos vertebrados, o nervo oculomotor (III) pode enviar fibras para a íris e para os músculos ciliares nos olhos.

Nos mamíferos, particularmente nos seres humanos, o sistema nervoso autônomo é mais bem conhecido, e é possível seguir os circuitos para o efluxo motor com maior segurança. O sistema nervoso autônomo humano inclui um efluxo toracolombar simpático e um efluxo craniossacral parassimpático. A existência de um sistema parassimpático sacral em outros vertebrados ainda é incerta. Os nervos pélvicos dos anfíbios, que surgem a partir da extremidade posterior da medula espinal e que inervam a bexiga urinária e o reto, têm sido tradicionalmente considerados como efluxo sacral parassimpático. Todavia, mesmo nos mamíferos, as fibras parassimpáticas sacrais misturam-se com as fibras simpáticas toracolombares no plexo pélvico, tornando difícil seguir o curso do circuito posterior desses dois sistemas em seu trajeto até os efetores viscerais. Até que as características comparadas do sistema nervoso autônomo sejam mais bem conhecidas nos vertebrados, os papéis funcionais dos nervos autônomos nas classes de não mamíferos precisam ser inferidos.

Em resumo, os efetores somáticos e viscerais recebem informação motora. Os efetores e os receptores estão ligados através do sistema nervoso central. O controle de grande parte da atividade do corpo envolve reflexos simples. O arco reflexo somático está principalmente envolvido no controle dos músculos esqueléticos. O arco reflexo visceral é o componente básico do sistema nervoso autônomo, que é responsável pelo monitoramento da atividade visceral interna. Em seguida, focalizaremos o sistema nervoso central para examinar seu papel no processo da informação.

Sistema nervoso central

O sistema nervoso central coordena principalmente as atividades que permitem a um organismo sobreviver e se reproduzir em seu ambiente. Para desempenhar essa tarefa, o sistema nervoso central precisa receber informações provenientes de várias fontes. Receptores sensoriais, conhecidos como **interoceptores**, reúnem a informação e respondem a sensações gerais dos órgãos dentro do ambiente interno. Os **proprioceptores** são um tipo de interoceptor, que informam o sistema nervoso central sobre a posição dos membros e o grau com que as articulações estão curvadas e os músculos estirados. Esse componente de processamento da informação do sistema nervoso é designado como **sistema somatossensorial**, que inclui proprioceptores e receptores de superfície na pele. As sensações reunidas pelo sistema somatossensorial são particularmente importantes na coordenação das posições dos membros e do corpo durante a locomoção. Os **exteroceptores** reúnem a informação proveniente do ambiente externo. As sensações de tato, pressão, temperatura, visão, audição, olfato, paladar e outros estímulos do ambiente externo são transmitidos por meio de exteroceptores para o encéfalo e a medula espinal. Uma terceira fonte de informação provém da memória, permitindo ao organismo ajustar sua atividade com base em experiências passadas.

O sistema nervoso central processa a informação que chega e devolve instruções aos efetores (Figura 16.24). Essas instruções constituem a resposta do organismo. A informação que entra **diverge** para informar várias áreas do encéfalo e da medula espinal sobre a situação existente naquele momento. Quando uma decisão é tomada, as instruções **convergem** para os efetores apropriados. A medula espinal e o encéfalo transportam as vias por meio das quais essa informação segue seu trajeto e formam as áreas de associação onde é avaliada.

Embriologia

O sistema nervoso central dos vertebrados é oco, um resultado da fusão de duas dobras neurais elevadas na ectoderme. No encéfalo, o canal central dilata-se e forma **ventrículos** preenchidos por líquido, que consistem em espaços conectados localizados no centro do encéfalo. No interior do tubo neural anterior, três regiões embrionárias do encéfalo diferenciam-se em **prosencéfalo, mesencéfalo** e **rombencéfalo** (Figura 16.25 A a C). Elas dão origem às três regiões do encéfalo do adulto: **encéfalos anterior** (telencéfalo e diencéfalo), **médio** (mesencéfalo) e **posterior** (metencéfalo e mielencéfalo) (Figura 16.25 F).

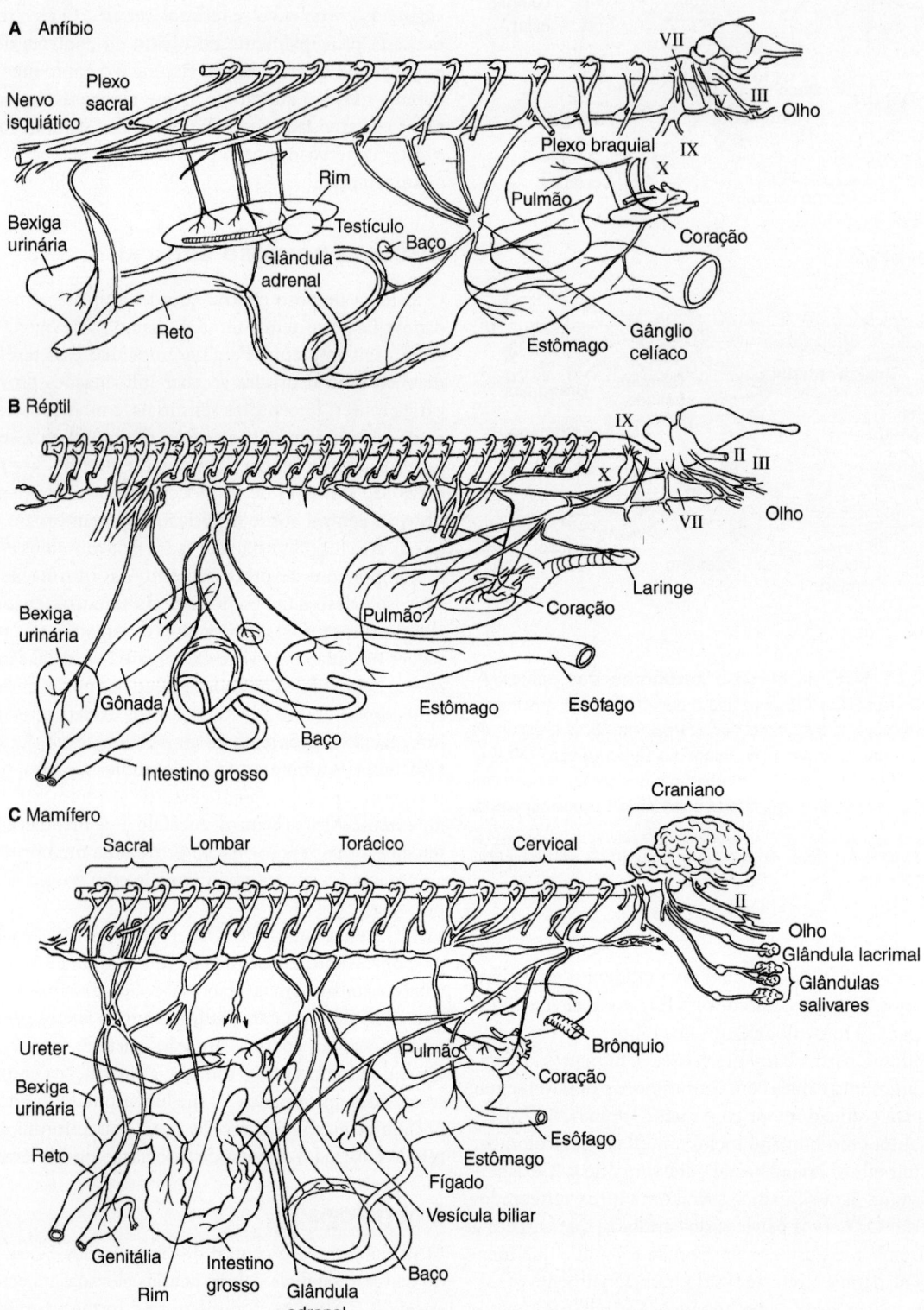

Figura 16.23 Sistema nervoso autônomo de vários tetrápodes. A. Anfíbio (*anuro*). **B.** Réptil (*lagarto*). **C.** Mamífero (*eutério*).

Redesenhada de S. Nilsson, 1983, "Autonomic nerve function in the vertebrates", in Zoophysiology. Ed. By D.S. Farmer, Springer-Verlag, NY, based on Young 1933, and Nilsson 1976. Reimpressa com autorização.

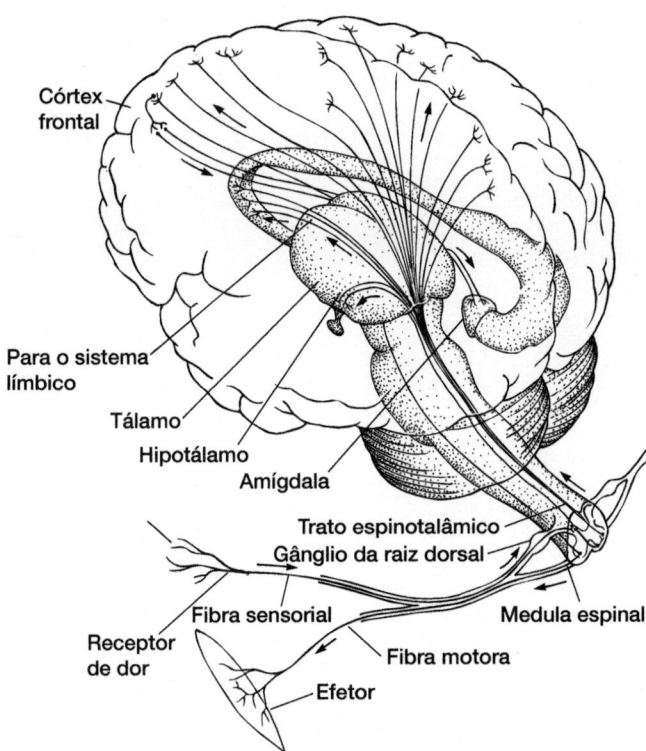

Córtex frontal

Para o sistema límbico

Tálamo

Hipotálamo

Amígdala

Trato espinotalâmico

Gânglio da raiz dorsal

Fibra sensorial

Medula espinal

Receptor de dor

Fibra motora

Efetor

Figura 16.24 Circuitos sensorial e motor. Os receptores sensoriais na pele respondem a estímulos, gerando um impulso elétrico que segue um percurso até a medula espinal e faz sinapse no tálamo. Esse impulso é retransmitido por outros neurônios a outras áreas do encéfalo, produzindo uma resposta que se propaga pela medula espinal até um neurônio motor e para fora, até um efetor.

O encéfalo e a medula espinal estão envolvidos pelas **meninges** derivadas, em parte, da crista neural. Nos mamíferos, as meninges consistem em três camadas: a mais externa e rígida, a **dura-máter**, a **aracnoide-máter** mediana, semelhante a uma teia, e a **pia-máter** mais interna (Figura 16.26 A). A pia-máter contém vasos sanguíneos que suprem o tecido nervoso subjacente. O **líquido cefalorraquidiano (LCR)** é um líquido ligeiramente viscoso que flui lentamente através dos ventrículos do encéfalo, no espaço subaracnoide, abaixo da aracnoide-máter e no canal central. O **plexo coroide**, que consiste em pequenos ramos de vasos sanguíneos associados com as células ependimárias, projeta-se para dentro dos ventrículos em locais específicos e constitui a principal fonte do líquido cefalorraquidiano. Esse líquido é reabsorvido nos seios venosos. Embora o líquido cefalorraquidiano seja derivado do sangue e retorne a ele, ele não apresenta eritrócitos nem quaisquer outros elementos figurados grandes. Quando uma pessoa sofre lesão, e há suspeita de traumatismo do sistema nervoso central, efetua-se um procedimento denominado punção da medula para a coleta de uma amostra de líquido cefalorraquidiano. Quando o líquido contém eritrócitos, significa que o encéfalo ou a medula espinal podem estar danificados. O líquido cefalorraquidiano proporciona um amortecedor líquido ao redor do encéfalo e da medula espinal para sustentar os tecidos nervosos delicados e absorver choques de concussões. O ser humano médio apresenta cerca de 150 mℓ de líquido cefalorraquidiano, menos que

uma xícara, que é substituído várias vezes por dia, lavando o sistema nervoso central. Especulações recentes sugerem que o LCR poderia transportar mensagens químicas importantes na regulação dos ritmos circadianos do organismo.

Nos peixes, as meninges consistem em uma única membrana, a **meninge primitiva**, que envolve o encéfalo e a medula espinal (Figura 16.26 B). Com a adoção da vida terrestre, as meninges se duplicaram. Nos anfíbios, nos répteis e nas aves, as meninges incluem uma dura-máter externa espessa, derivada da mesoderme, e uma **meninge secundária** interna fina (Figura 16.26 C). Com uma dupla camada de meninges, o LCR pode circular mais efetivamente e absorver choques dos solavancos que ocorrem durante a locomoção terrestre. Nos mamíferos, a dura-máter persiste, porém a divisão da meninge secundária produz a aracnoide-máter e a pia-máter a partir da ectomesoderme (Figura 16.26 D).

Medula espinal

A medula espinal dos vertebrados, à semelhança do encéfalo, está organizada em duas regiões e recebe seus nomes com base em sua aparência em preparações frescas (Figura 16.27 A a F). A **substância cinzenta** da medula espinal inclui os corpos celulares dos neurônios situados no centro da medula espinal. As extensões dorsais e ventrais da substância cinzenta formam **cornos dorsais** e **cornos ventrais**, respectivamente. Os cornos dorsais contêm os corpos celulares dos neurônios que recebem informação sensorial. Os cornos ventrais contêm os corpos dos neurônios motores (ver Figura 16.17). A **substância branca** da medula espinal circunda a substância cinzenta. É predominantemente composta por fibras nervosas que ligam diferentes níveis da medula espinal entre si e com o encéfalo. Muitas dessas fibras são mielinizadas, criando sua coloração branca.

A medula espinal desempenha duas funções. Ela estabelece reflexo simples e contém vias de informações divergente e convergente.

Reflexos espinais

Com base na discussão anterior dos arcos reflexos somáticos e viscerais, a medula espinal completa a alça reflexa entre a entrada sensorial e a saída motora. Ao realizar essa tarefa, a medula espinal seleciona os efetores a serem ativados ou inibidos. Embora a medula espinal opere no nível de reflexos, ela também contém circuitos que coordenam diferentes partes da medula.

As fibras sensoriais que chegam fazem sinapse no corno dorsal da substância cinzenta com neurônios de associação (Figura 16.28 A). Os neurônios de associação transportam o impulso para o corno ventral do mesmo lado, do lado oposto ou para um diferente nível da medula espinal ou do encéfalo. No corno ventral, o neurônio de associação faz sinapse com um neurônio motor cujo axônio segue um trajeto da raiz ventral até o efetor. A dispersão da informação na medula espinal pode produzir respostas complexas a estímulos, sem envolver centros superiores. Por exemplo, se um animal inadvertidamente colocar o pé sobre um objeto afiado, o reflexo de retirada pode envolver apenas três neurônios (Figura 16.29). O primeiro, o neurônio sensorial aferente, transporta o estímulo doloroso até

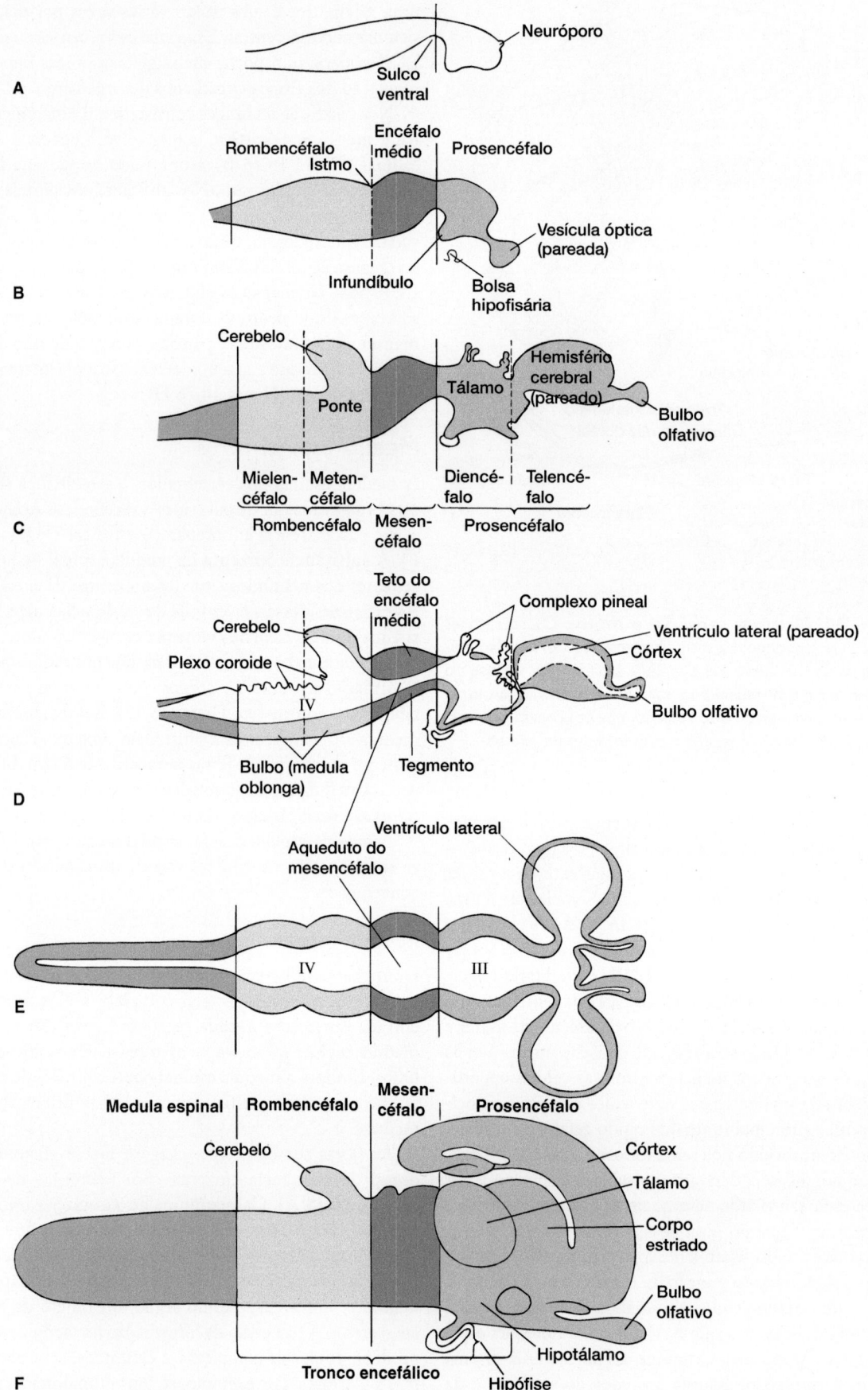

Figura 16.25 Desenvolvimento do sistema nervoso central. A a **D.** Desenvolvimento embrionário. **E.** Ventrículos preenchidos por líquido no sistema nervoso central. **F.** Regiões anatômicas do encéfalo do adulto.

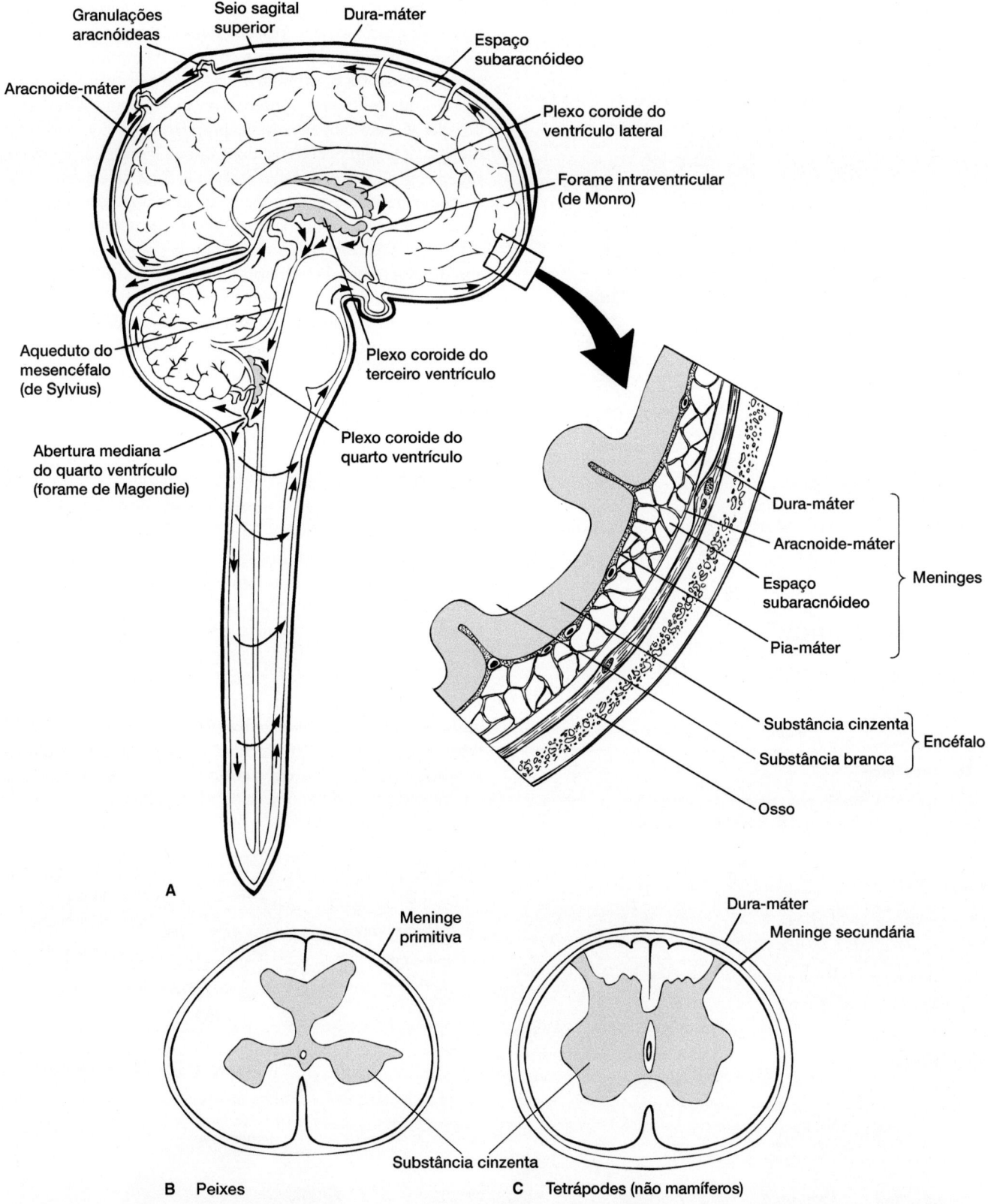

Figura 16.26 Líquido cefalorraquidiano e meninges. A. As *setas* acompanham a circulação do líquido cefalorraquidiano pelo encéfalo e pela medula espinal de um mamífero. As três camadas de meninges estão ampliadas à direita. **B.** As meninges dos peixes consistem em uma única camada fina, a meninge primitiva. **C.** Em todos os tetrápodes, com exceção dos mamíferos, as meninges são duas camadas, que consistem em uma dura-máter externa e uma meninge secundária interna. **D.** A vista em corte da medula espinal de um mamífero ilustra as três camadas das meninges: a dura-máter, a aracnoide-máter e a pia-máter. Ramos do nervo espinal são mostrados, juntamente com suas conexões com a cadeia simpática. (*Continua*)

A a C, de H.M. Smith; D, de R.T. Woodburne.

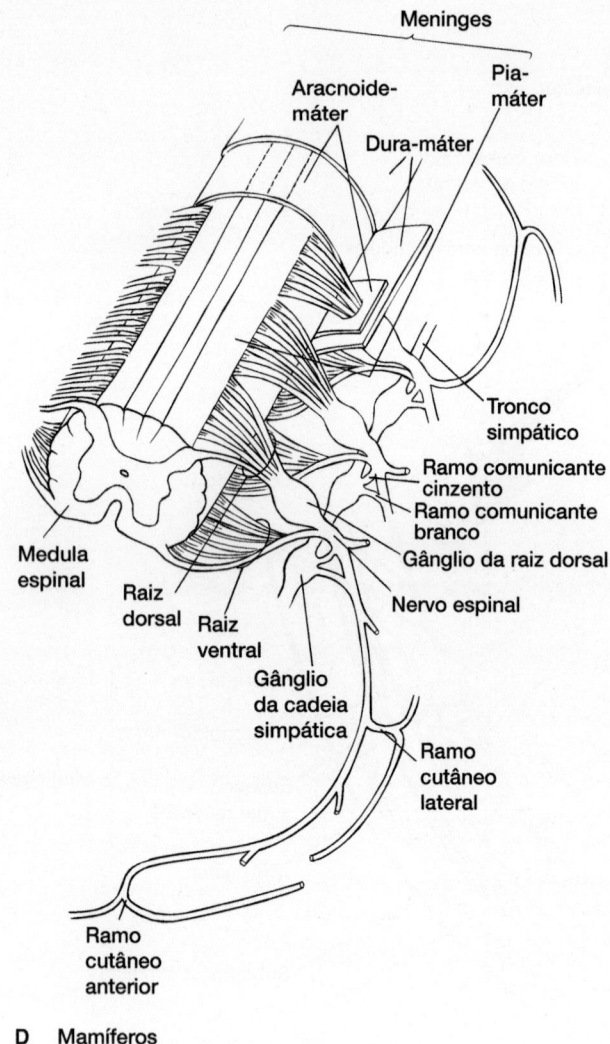

Figura 16.26 (Continuação)

a medula espinal, onde faz sinapse com um neurônio de associação. O neurônio de associação transmite o estímulo ao corno ventral, em que faz sinapse com um neurônio motor, cujo axônio transporta o estímulo até os músculos retratores apropriados, que contraem e retiram o pé. Os neurônios de associação que se conectam em níveis apropriados no lado oposto da medula alcançam neurônios motores que inervam os músculos extensores na perna oposta. Esses músculos se contraem, estendem a perna e evitam a queda do animal quando este eleva a outra perna para retirá-la do objeto afiado. O circuito envolvido exige uma conexão entre o estímulo doloroso e os efetores apropriados (músculos retratores e extensores), mas não precisa envolver centros cerebrais superiores. Em geral, os neurônios de associação também conduzem o estímulo doloroso até os centros de consciência do encéfalo, em que ele é percebido (Figura 16.28 B). Todavia, os centros superiores se tornam cientes do traumatismo inesperado do pé, o reflexo espinal para retraí-lo já está em execução.

Tratos espinais

Nem toda a informação é processada no nível da medula espinal. Muitas informações e, talvez, a maioria, são transportadas até níveis superiores do sistema nervoso para avaliação. As decisões resultantes são transportadas pela medula espinal até efetores apropriados. As fibras nervosas que transportam informações semelhantes tendem a seguir seu trajeto juntas em tratos nervosos, feixes de fibras semelhantes que ocupam uma região específica da medula espinal. Os tratos nervosos podem ser ascendentes ou descendentes, dependendo da condução da informação para cima ou para baixo na medula espinal, respectivamente (Figura 16.30). Os tratos nervosos são habitualmente designados com base em sua fonte e destino. Por exemplo, o trato espinotalâmico começa na medula espinal e se estende até o tálamo (Tabela 16.6).

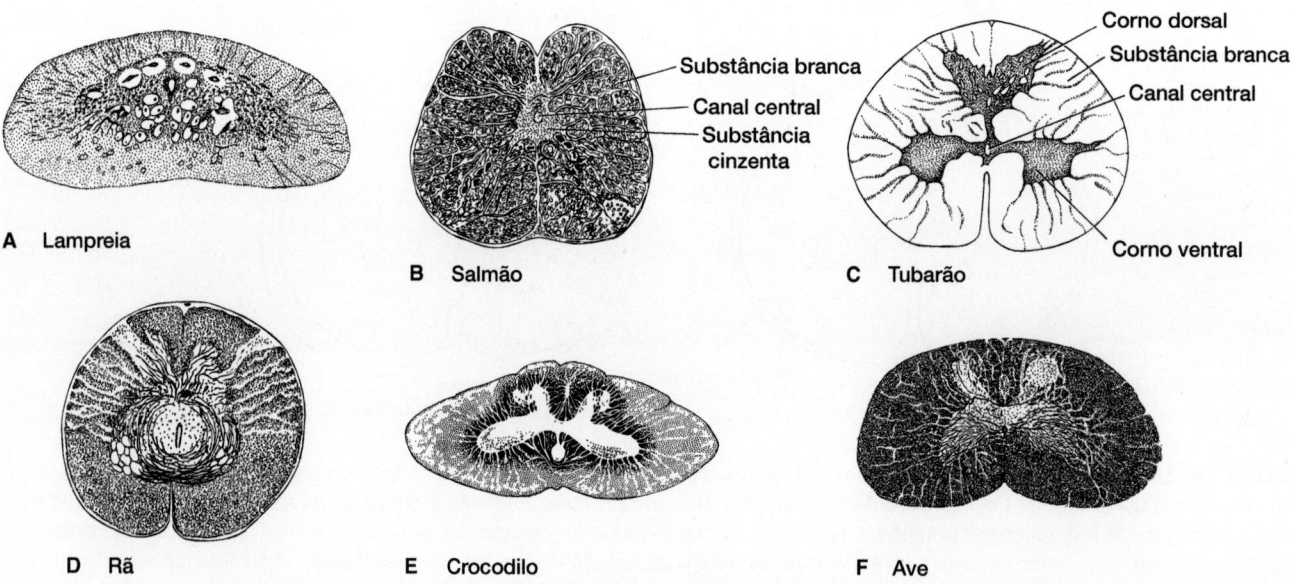

Figura 16.27 Cortes transversais de medulas espinais de vertebrados.

De Bolk.

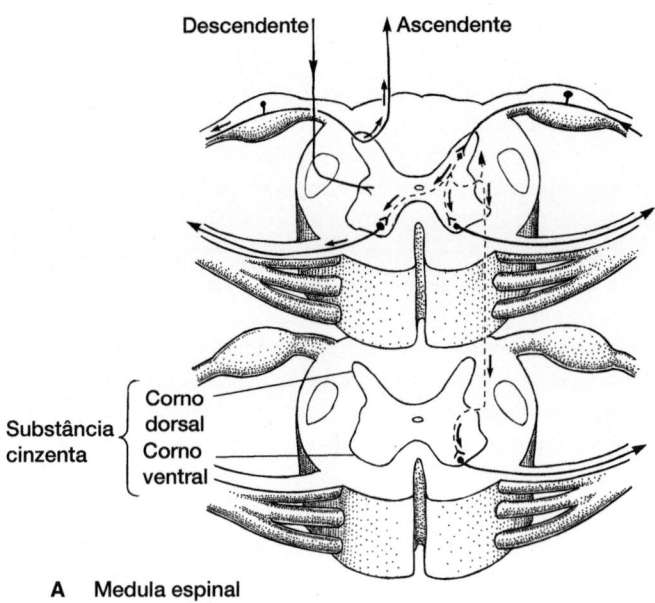

A   Medula espinal

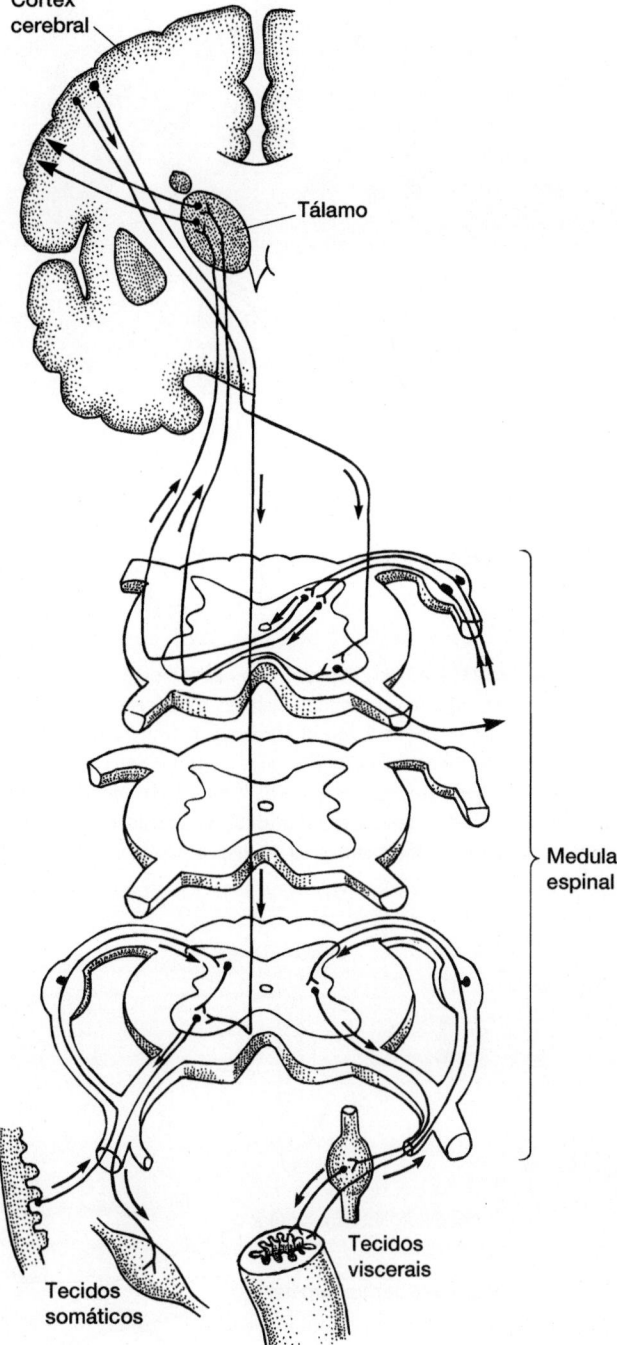

B

Figura 16.28 Reflexos espinais. A. Os neurônios de associação (*linhas tracejadas*) dentro da substância cinzenta recebem sinais aferentes e os transmitem para o mesmo lado da medula ou para um nível diferente da medula espinal. **B.** Os reflexos espinais colocam os efetores somáticos e viscerais sob o controle imediato da informação sensorial. Todavia, os neurônios motores que se dirigem até esses tecidos também são influenciados por circuitos descendentes provenientes de centros conscientes do encéfalo.

Guerras, acidentes e doenças podem levar a ferimentos localizados da medula espinal, que interrompem o fluxo ascendente ou descendente da informação. Nos seres humanos, essas perdas de função têm sido correlacionadas com a região específica onde o ferimento ocorreu e são utilizadas para mapear as posições desses tratos nervosos. Informações mais precisas obtidas de estudos realizados com animais ampliaram o nosso conhecimento sobre a organização da medula espinal. Por conveniência, esses tratos mapeados são desenhados em localizações distintas. Na prática, suas posições precisas podem mudar ligeiramente em diferentes níveis da medula, havendo também uma certa superposição dos tratos.

Os **tratos ascendentes** transportam impulsos sensoriais da medula espinal para o encéfalo. Entre os mais proeminentes, destacam-se o **fascículo grácil** e o **fascículo cuneiforme**, que estão localizados na região dorsal da medula espinal. Ambos transportam estímulos proprioceptivos e sensações associadas à postura até a medula. À medida que cada trato ascende, mais axônios são adicionados. Por exemplo, o fascículo grácil é complementado lateralmente, produzindo o fascículo cuneiforme (Figura 16.31). Por conseguinte, os níveis superiores da medula, o fascículo grácil mais medial transporta sensações dos membros inferiores, enquanto o fascículo cuneiforme mais lateral transporta sensações dos membros superiores.

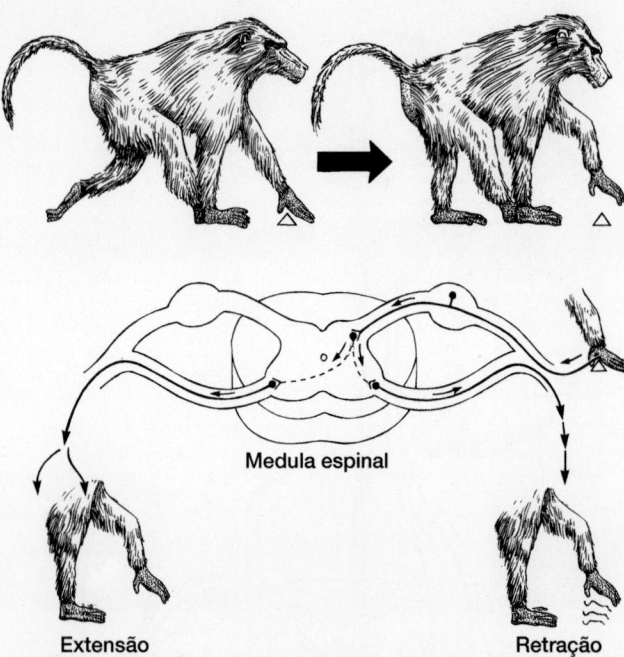

Figura 16.29 Reflexo espinal. Os neurônios de associação (*linhas tracejadas*) dentro da medula espinal transferem os estímulos para neurônios motores, fazendo com que os músculos retratores desse animal levantem seu pé para longe de um objeto nocivo. Esses estímulos também são disseminados para neurônios motores em outras áreas da medula que inervam músculos extensores do membro oposto para contraí-los e sustentar o peso do corpo.

Os **tratos espinocerebelares** transportam informação proprioceptiva relativa às posições dos membros e do corpo para o cerebelo. Essa informação não é percebida conscientemente, mas possibilita ao cerebelo coordenar os movimentos de diferentes partes do corpo. O **trato espinotalâmico lateroventral** (= anterolateral) transmite a informação relacionada com sensações de dor e de temperatura para o tálamo.

Os **tratos descendentes** transmitem impulsos do encéfalo para a medula espinal. Um dos mais importantes é o **trato corticoespinal**, que segu seu trajeto diretamente do córtex cerebral para neurônios motores que alcançam os membros. Desse modo, coloca os músculos esqueléticos sob controle cerebral. O **trato tetoespinal** está associado a estímulos ópticos e auditivos. Ele não alcança centros conscientes, porém se estende por curta distância diretamente pela medula espinal até níveis cervicais, nos quais termina em neurônios motores somáticos que inervam os músculos do pescoço. Sua função consiste em rápida rotação da cabeça em direção a estímulos visuais ou auditivos de ameaça ou de surpresa. O **trato rubroespinal** transporta impulsos do mesencéfalo para a medula espinal e está envolvido em iniciar movimentos coordenados.

Encéfalo

O encéfalo se forma embriologicamente a partir do tubo neural anterior à medula espinal. É constituído de três regiões anatômicas (Figuras 16.25 A a F e 16.32). A região mais posterior é o rombencéfalo, que inclui o **bulbo**, a **ponte** e o **cerebelo**. Em

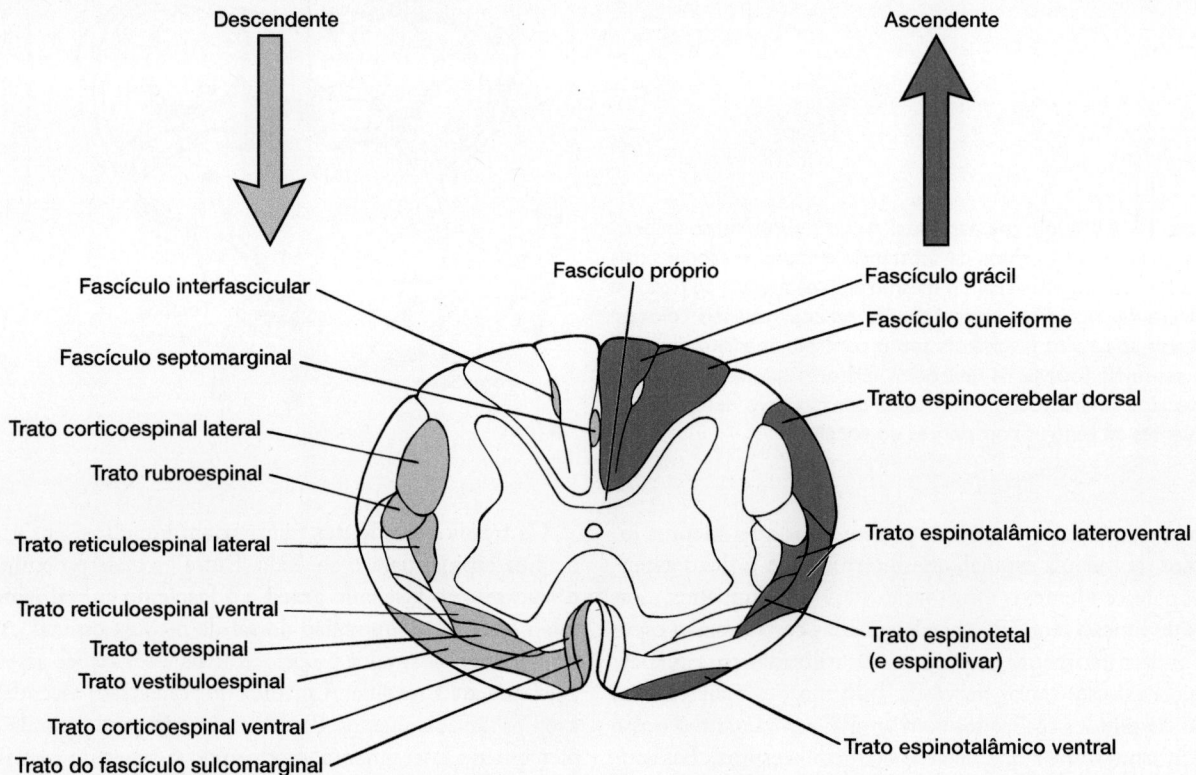

Figura 16.30 Corte transversal da medula espinal humana mostrando as localizações aproximadas dos tratos nervosos ascendentes (*à direita*) e descendentes (*à esquerda*).

De Netter.

Tabela 16.6 Localizações e funções dos tratos nervosos descendentes e ascendentes da medula espinal.

Trato	Fonte	Destino	Função
Descendente			
Tratos corticoespinais lateral e ventral	Córtex cerebral	Medula espinal	Conexões motoras diretas do córtex para neurônios motores primários dos braços e das pernas (coloca os neurônios motores sob controle cortical voluntário direto)
Trato rubrospinal	Mesencéfalo (núcleo rubro do tegmento)	Medula espinal	Conexões motoras na medula espinal
Tratos reticuloespinais lateral e ventral	Formação reticular da medula	Medula espinal (corno dorsal)	Reflexos posturais
Trato tetoespinal	Mesencéfalo (colículo, teto)	Medula espinal	Estímulos visuais e auditivos para os membros e o tronco
Trato vestibuloespinal	Medula (núcleo vestibular)	Medula espinal	Reflexos posturais executados pela musculatura axial e dos membros
Ascendente			
Fascículo grácil e fascículo cuneiforme	Medula espinal	Bulbo	Informação tátil fina, órgãos tendíneos de Golgi, corpúsculos de Pacini nas articulações
Tratos espinocerebelares dorsal e ventral[a]	Medula espinal	Cerebelo por meio do pedúnculo	Informação proprioceptiva dos músculos para o cerebelo, fibras musculares intrafusais
Trato espinotalâmico lateroventral	Medula espinal	Tálamo	Sensações de dor e temperatura para o tálamo
Trato espinotetal	Medula espinal	Mesencéfalo (teto)	Informação proprioceptiva do pescoço e dos membros
Trato espinorreticular	Medula espinal	Bulbo (formação reticular)	Dor e sensações dos órgãos internos

a Pode ser um trato único.

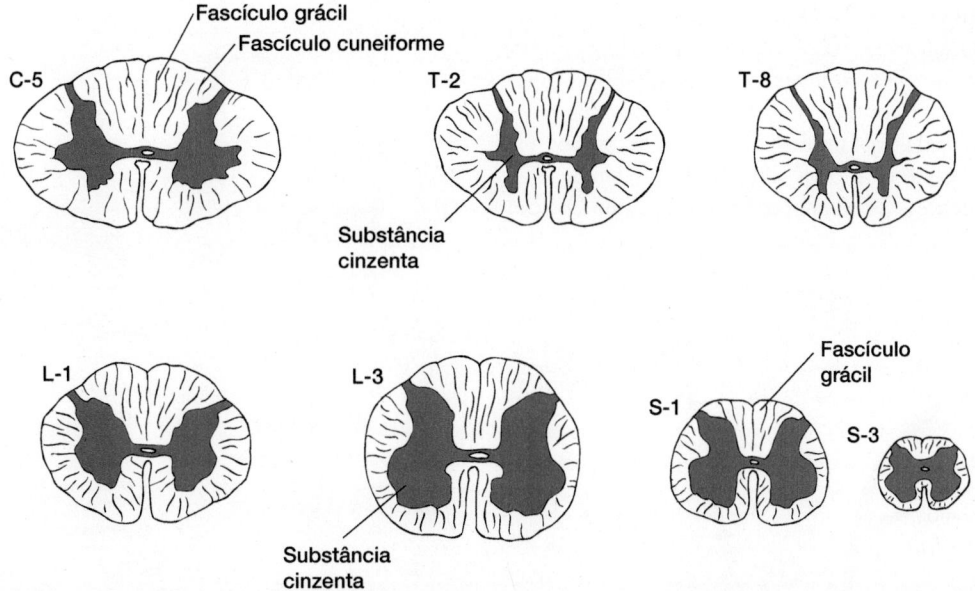

Figura 16.31 Substância cinzenta e substância branca em vários níveis da medula espinal humana. Os cortes são identificados pela sua região – cervical (*C*), torácica (*T*), lombar (*L*), sacral (*S*) – e pelas vértebras específicas numeradas (algarismos arábicos) dentro de cada uma dessas regiões a partir das quais provêm. Nos braços (*C-5*) e nas pernas (*L-3*), fibras sensoriais e motoras adicionais entram na medula espinal e saem dela. Isso se reflete na substância cinzenta mais extensa em comparação com outras regiões da medula (p. ex., *T-2*, *T-8*). Observe a adição do fascículo cuneiforme no nível mais alto da medula. Ele transporta principalmente a informação sensorial proveniente dos braços.

De Netter.

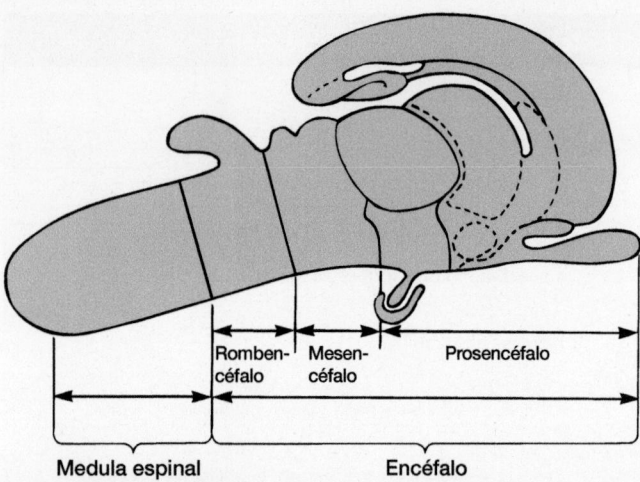

Figura 16.32 Regiões do encéfalo de vertebrados representadas na forma de diagrama.

De Nauta e Feirtag.

seguida, encontra-se o mesencéfalo, que inclui o **teto** sensorial e um **tegmento** motor. O **tronco encefálico** abrange todas as regiões do mesencéfalo e rombencéfalo, com exceção do cerebelo e dos colículos. A região mais anterior do encéfalo, o prosencéfalo, é constituída pelo **telencéfalo** ou **cérebro** e pelo **diencéfalo**, que é a fonte do **tálamo**.

Filogenia

Independentemente, o prosencéfalo tende a aumentar em vários grupos de vertebrados, incluindo as feiticeiras, alguns tubarões, raias, peixes teleósteos e tetrápodes (Figura 16.33). Parte dessa ampliação está correlacionada com a maior importância da informação olfativa (olfato), como ocorre, por exemplo, nas feiticeiras. O aumento do prosencéfalo também acompanha comportamentos e controle muscular cada vez mais complexos. Nos amniotas, a postura dos membros e do corpo modifica-se à medida que os modos terrestres de locomoção se tornam predominantes. Os membros passam de uma posição aberta para uma postura na qual estão posicionados mais diretamente sob o peso do corpo, aumentando a facilidade e a eficiência da oscilação dos membros (ver Capítulo 8). A coordenação da oscilação e do posicionamento dos membros durante a locomoção rápida tornou-se particularmente complicada nos arcossauros e nas aves bípedes. O aumento da entrada de informação somatossensorial e da saída de respostas motoras para os músculos esqueléticos exige mediação. O aumento do prosencéfalo dos amniotas reflete seu papel crescente nessa mediação dentro do sistema locomotor.

Nos peixes teleósteos avançados, o mesencéfalo tende a aumentar, em lugar do prosencéfalo. Isso parece estar correlacionado com o processamento da informação visual, bem como com a importância crescente da entrada sensorial a partir do sistema da linha lateral e com a maior movimentação dos teleósteos no espaço tridimensional de seu ambiente aquático.

Dentro desses padrões gerais, o encéfalo de cada espécie reflete as demandas de processamento de informação exigidas pelo seu *habitat* e modo de vida (Figura 16.34). Por exemplo, os peixes cavernícolas têm olhos reduzidos e vivem em cavernas, um ambiente subterrâneo permanentemente escuro. De modo correspondente, o teto do mesencéfalo, que normalmente recebe estímulo visual, também está reduzido. Por outro lado, quando a informação visual constitui grande parte da entrada sensorial do encéfalo, como no salmão, o teto está aumentado. Por conseguinte, a redução ou perda de entrada sensorial de um exteroceptor ou interoceptor resultam em uma redução ou perda correspondentes dos núcleos cerebrais que recebem e processam essa informação, enquanto um aumento da entrada sensorial leva a maior proeminência da associação apropriada.

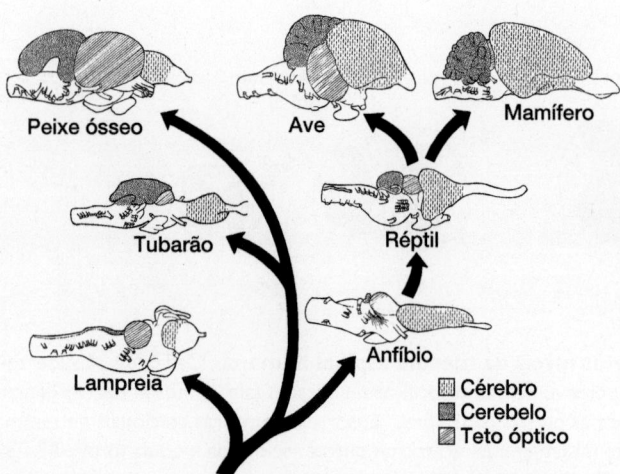

Figura 16.33 Evolução do encéfalo dos vertebrados. Observe o aumento filogenético do cérebro e do cerebelo.

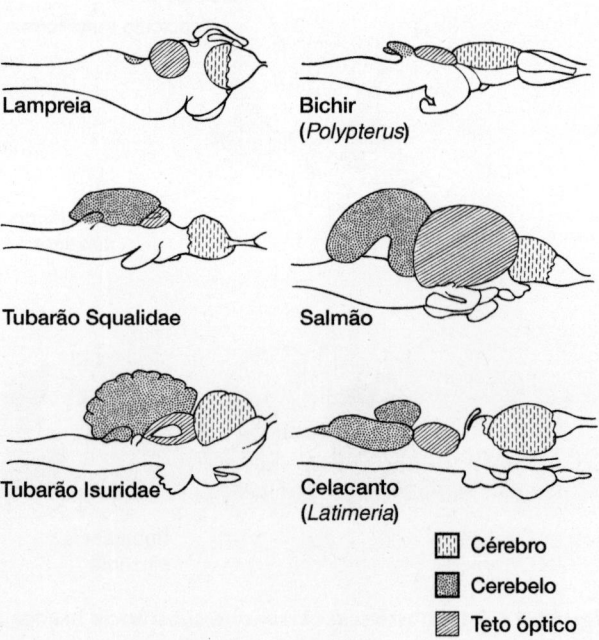

Figura 16.34 Encéfalos de peixes. Observe as variações nos tamanhos de diferentes regiões do encéfalo. Elas refletem diferenças no papel que cada região desempenha no processamento de informações importantes para diferentes espécies.

De Ebbesson e Northcutt; Roberts e Kremers.

Forma e função

Os encéfalos representativos de vertebrados estão ilustrados nas Figuras 16.35 a 16.37.

▶ **Rombencéfalo. A medula oblonga** opera principalmente em nível reflexo e desempenha três funções importantes. Em primeiro lugar, aloja os núcleos primários dos nervos cranianos (Figura 16.36 A a C). Nos tubarões, os núcleos primários ou raízes dos nervos cranianos V a X estão contidos dentro da medula, ao passo que, nos mamíferos, são os núcleos primários dos nervos cranianos VII a XII que residem na medula. Em segundo lugar, a medula atua como importante via por meio da qual as vias ascendentes e descendentes seguem para centros superiores do encéfalo e a partir deles. Em terceiro lugar, a medula contém centros para os reflexos viscerais, auditivos e proprioceptivos, incluindo centros reflexos para a respiração (Figura 16.38), os batimentos cardíacos e a motilidade intestinal. A ocorrência de dano na medula pode ser potencialmente fatal, visto que esses centros controlam funções vitais.

Os núcleos bulbares recebem sinais aferentes de nervos sensoriais espinais e cranianos, bem como sinais descendentes provenientes de centros superiores, como o hipotálamo. Todos os nervos cranianos branquioméricos – trigêmeo (V), facial (VII), glossofaríngeo (IX) e vago (X) – originam-se no bulbo.

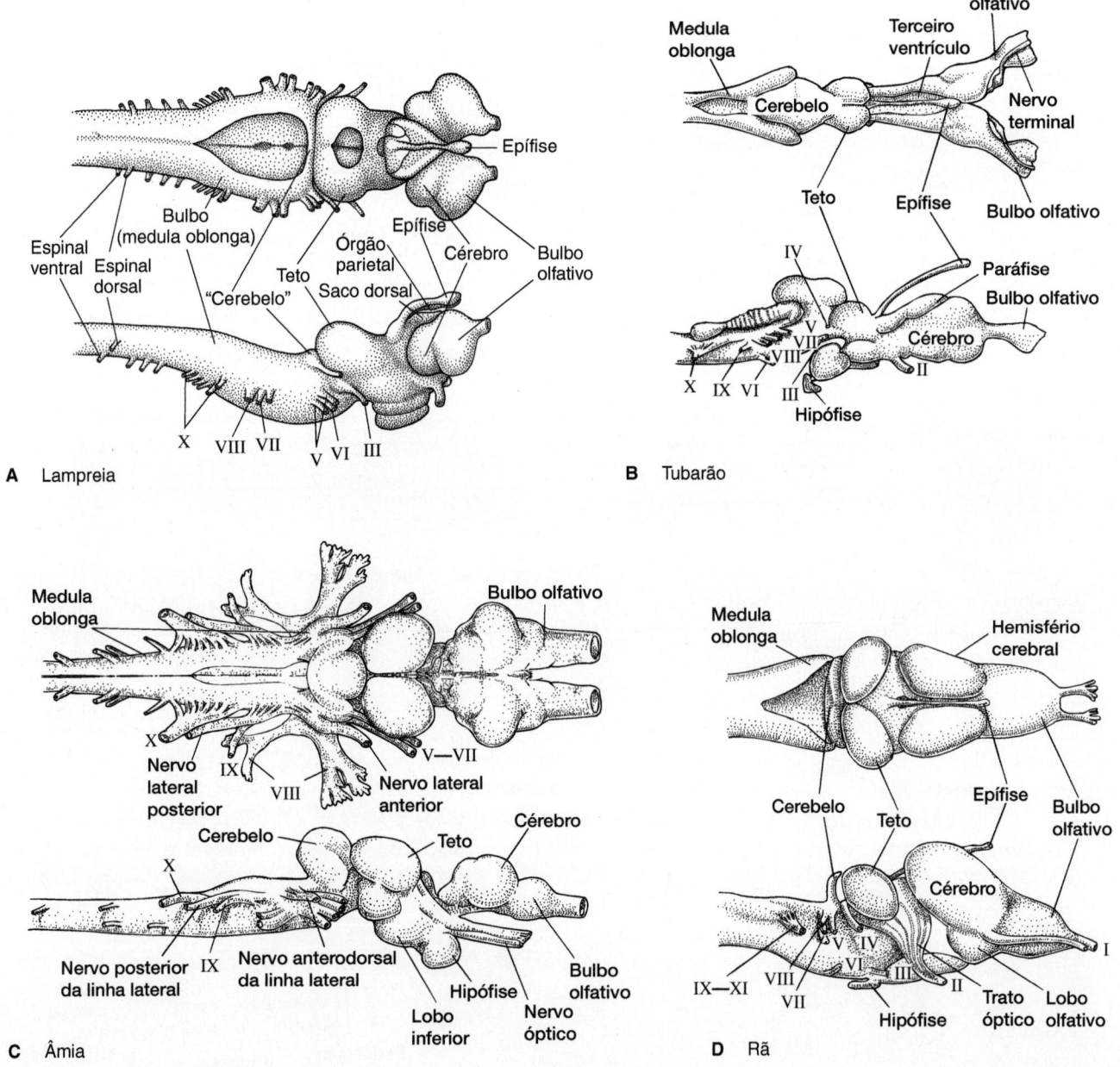

Figura 16.35 Encéfalos de vertebrados. São mostradas vistas dorsais em cima e vistas laterais embaixo. **A.** Lampreia (*Lampetra*). **B.** Tubarão (*Scymnus*). **C.** Âmia (*Amia*). **D.** Rã (*Rana*). **E.** Jacaré (*Alligator*). **F.** Insetívoro (*Gymnura*). **G.** Ganso (*Anser*). **H.** Cavalo (*Equus*). (*Continua*)

A, B, D a G, de Romer e Parsons; C, de Davis e Northcutt; H, de Getty.

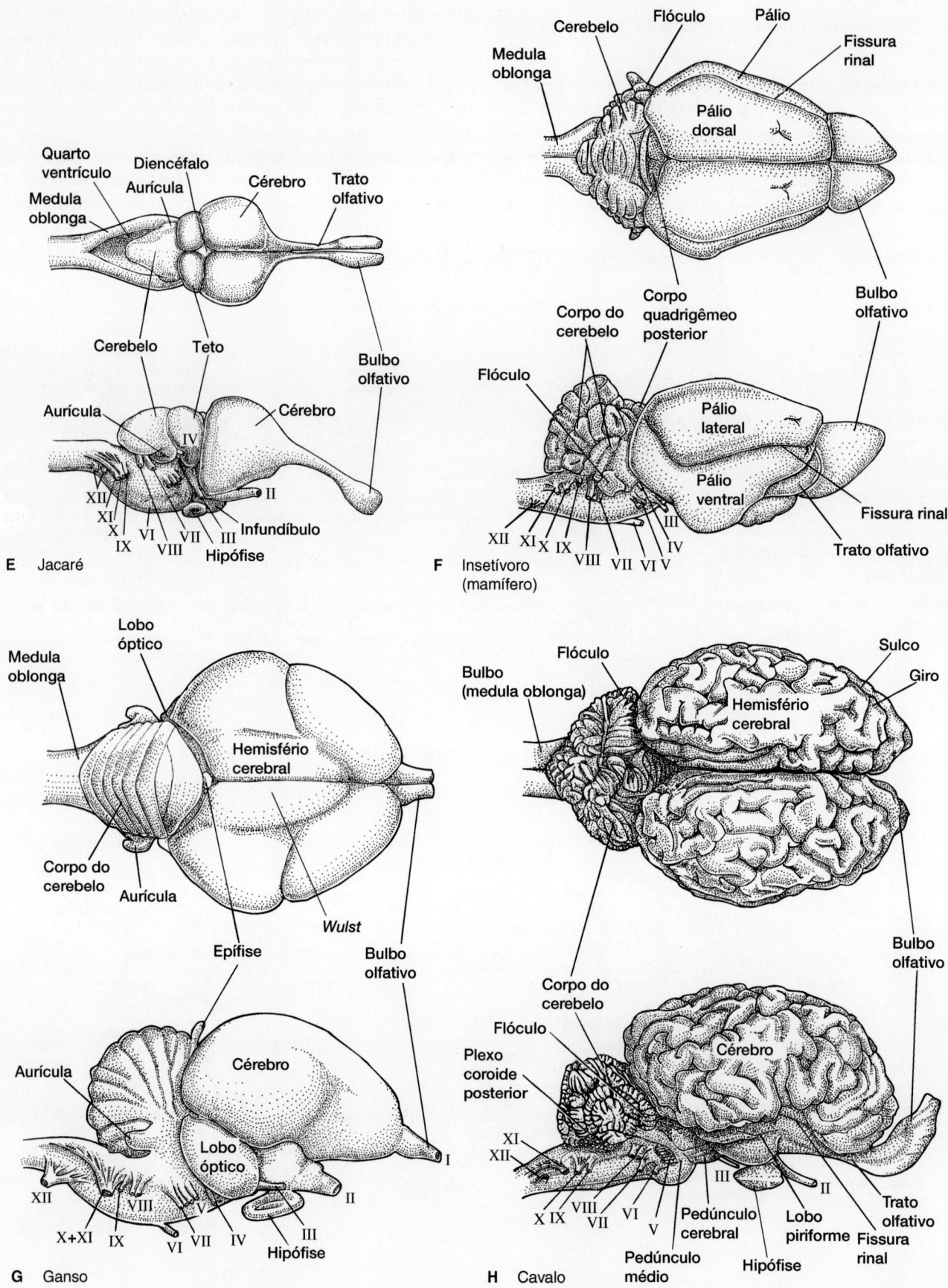

Figura 16.35 (*Continuação*)

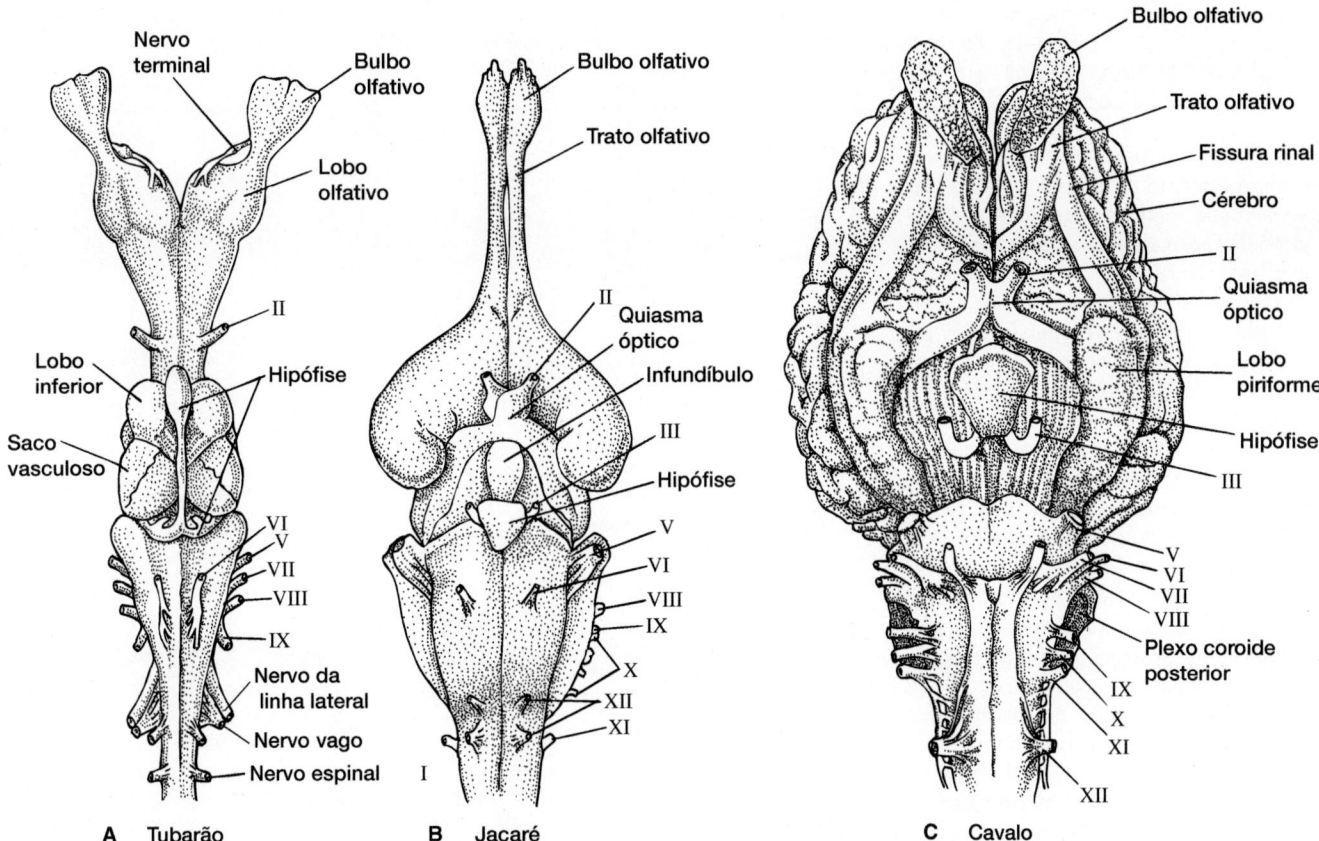

Figura 16.36 Encéfalo de vertebrados, vistas ventrais. A. Tubarão (*Scymnus*). **B.** Jacaré (*Alligator*). **C.** Cavalo (*Equus*).

De Romer e Parsons.

Nesses centros bulbares, a informação que chega é processada e a saída eferente é iniciada para ajustar a atividade visceral, bem como padrões rítmicos de alimentação e de respiração.

Nos amniotas, o assoalho do rombencéfalo passa a constituir um cruzamento de importância crescente para o fluxo de informação. Nos mamíferos, desenvolve-se em uma dilatação distinta, a **ponte** (ver Figura 16.37 E), formada principalmente pelos núcleos da ponte, que transmitem a informação do córtex cerebral para o córtex cerebelar.

O **cerebelo** está presente nos gnatostomados, sendo até mesmo muito grande em alguns deles, porém está aparentemente ausente nos ciclóstomos e ostracodermes, embora ainda haja algumas incertezas. Nas lampreias, um rebordo neural elevado define a parede dorsal anterior do bulbo ("cerebelo"; Figura 16.35 A), antigamente proposto como sendo um cerebelo modesto. Todavia, seus tipos de células diferem das células do cerebelo, e ele constitui mais provavelmente parte do bulbo. Na maioria dos gnatostomados, o cerebelo é uma extensão em forma de cúpula do rombencéfalo. Com frequência, sua superfície é altamente convoluta e pregueada. O cerebelo pode ser dividido em um **corpo** mediano e um par de **aurículas** laterais. As laterais do corpo se expandem nos hemisférios cerebelares nas aves e nos mamíferos. O lóbulo flóculonodular, ou **flóculo** dos tetrápodes, é homólogo à metade dorsal da aurícula dos peixes. A aurícula ventral dos peixes recebe a entrada da linha lateral.

O cerebelo modifica e monitora a saída motora, porém não a inicia. Opera em nível involuntário e desempenha duas funções principais. Em primeiro lugar, é importante na manutenção do equilíbrio (Figura 16.39). A informação referente ao tato, visão, audição, propriocepção e entrada motora proveniente dos centros superiores é processada no cerebelo. A integração dessas sensações resulta em manutenção do tônus muscular e do equilíbrio. Para um organismo correr, saltar, voar ou nadar em um mundo tridimensional, deve ser capaz de se manter ereto e de se orientar no espaço em relação à gravidade. O cerebelo está envolvido no processamento da informação que resulta na manutenção do equilíbrio posicional do organismo.

A segunda função principal do cerebelo é o refinamento da ação motora. O cerebelo compara os impulsos que chegam e envia sinais modificados aos centros motores. A estimulação elétrica direta do cerebelo não produz contrações musculares. Após a remoção do cerebelo, um organismo ainda pode se movimentar no espaço, porém seus movimentos são descoordenados, exagerados ou insuficientes, e, provavelmente, desigual. Por conseguinte, o papel do cerebelo consiste em monitorar e modificar a ação, mais do que em iniciá-la.

Assim, é preciso observar que grande parte do que o cerebelo faz ainda não está bem compreendido. Agora, fica claro que o cerebelo também está altamente envolvido na formação da memória relacionada com eventos motores. Ele adquire

Boxe Ensaio 16.3 — Doença, guerra, brigas de bar – O início da ciência da neurologia

Algumas das primeiras noções a respeito do funcionamento do sistema nervoso vieram das consequências de seu dano. A distribuição da informação no sistema nervoso é muito organizada nos mamíferos. A informação sensorial chega por meio da raiz dorsal, as respostas motoras saem pela raiz ventral, e os neurônios de associação intervêm entre elas (Figura 16.29). A estrutura anatômica e a atividade funcional exibem uma estreita correspondência. Como a forma e a função estão estreitamente combinadas no sistema nervoso, a interrupção da função pode ser usada para identificar a localização de uma lesão anatômica. Como a medula espinal e o encéfalo estão organizados em áreas funcionais distintas, o dano em determinada parte resulta em comprometimento seletivo da função. As primeiras indicações disso vieram de ferimentos de batalha de soldados que sobreviveram, mas que apresentavam déficits persistentes de função (Figura 1 A do Boxe). Os ferimentos de faca ou de bala que causam dano restrito ao corno dorsal da substância cinzenta deixam os pacientes com uma habilidade motora mais ou menos normal, mas comprometem sua capacidade de perceber sensações no nível do corpo em que ocorreu o ferimento (Figura 1 B do Boxe).

Outras patologias afetam a saída motora, mas não a entrada sensorial. Em 1861, o neurologista alemão P. P. Broca realizou um exame *post-mortem* do encéfalo de um paciente que sofria de um defeito de fala em decorrência de uma lesão ocorrida na cabeça. Enquanto estava vivo, os lábios, a língua e as cordas vocais do paciente estavam totalmente funcionais, porém ele não conseguia falar de modo inteligível. Sua fala era lenta, e ocorria deleção de muitos substantivos e verbos. Foi identificada uma lesão *post-mor-*

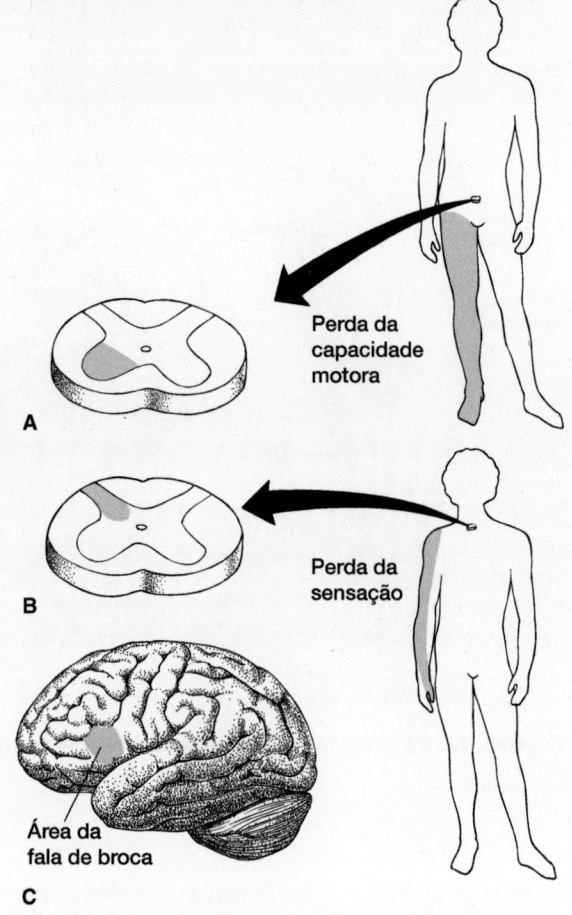

Figura 1 do Boxe Avaliação clínica das lesões do sistema nervoso. A. A perda de controle motor para os músculos da perna direita pode implicar uma lesão seletiva no corno ventral da medula espinal, no nível em que residem os neurônios motores para os músculos esqueléticos da perna. **B.** A perda de sensação do braço direito pode resultar da perda ou lesão do corno dorsal da medula naquele nível. **C.** A lesão da área de broca do encéfalo deixa uma pessoa com compreensão da linguagem, porém resulta em comprometimento da fala.

Perda da capacidade motora

Perda da sensação

Área da fala de broca

tem em uma área restrita do prosencéfalo, uma região ainda conhecida como área motora da fala de Broca (Figura 1 C do Boxe).

A poliomielite, outrora uma doença comum que acometia principalmente crianças, afeta os neurônios motores nos cornos ventrais da medula espinal. Quando a doença se estabelece em um nível baixo na medula espinal, a lesão provavelmente causa paralisia da perna no mesmo lado.

No século 20, acidentes de trânsito foram adicionados à lista de eventos que provocam esse tipo de dano. Experimentos com animais aumentaram nosso conhecimento sobre a organização funcional do sistema nervoso central.

---

informação sensorial detalhada sobre o espaço externo e pode aproveitar padrões de atividade inatos pré-instalados, bem como os resultados da experiência prévia aprendida. Embora envolvido na orientação, grande parte do equilíbrio também é mediada pelos nervos vestibular e ocular que atuam diretamente sobre nervos motores em níveis mais baixos da medula espinal. Na maioria dos animais, se o cerebelo for removido cirurgicamente, são observados poucos efeitos graves e duradouros no comportamento. Nos humanos, a destruição da região da linha média (*vermis*) resulta em ataxia, a perda de coordenação dos membros, do corpo, da fala ou dos movimentos dos olhos. A destruição dos lobos laterais do cerebelo (hemisférios) resul-

ta em uma condição conhecida como dismetria, que se caracteriza por não alcançar ou ultrapassar um alvo que é alcançado com as mãos ou os pés.

À semelhança de outras partes do encéfalo, o tamanho do cerebelo é proporcional a seu papel. Nos peixes, o cerebelo é, em geral, relativamente grande, devido à extensa entrada proveniente do sistema sensorial da linha lateral relacionado com as correntes de água e os estímulos elétricos. Além disso, os organismos aquáticos ativos precisam navegar e orientar-se em um meio tridimensional. O equilíbrio e a estabilidade são importantes; por esse motivo, o cerebelo está bem desenvolvido. Como seria esperado, nos peixes que vivem no fundo

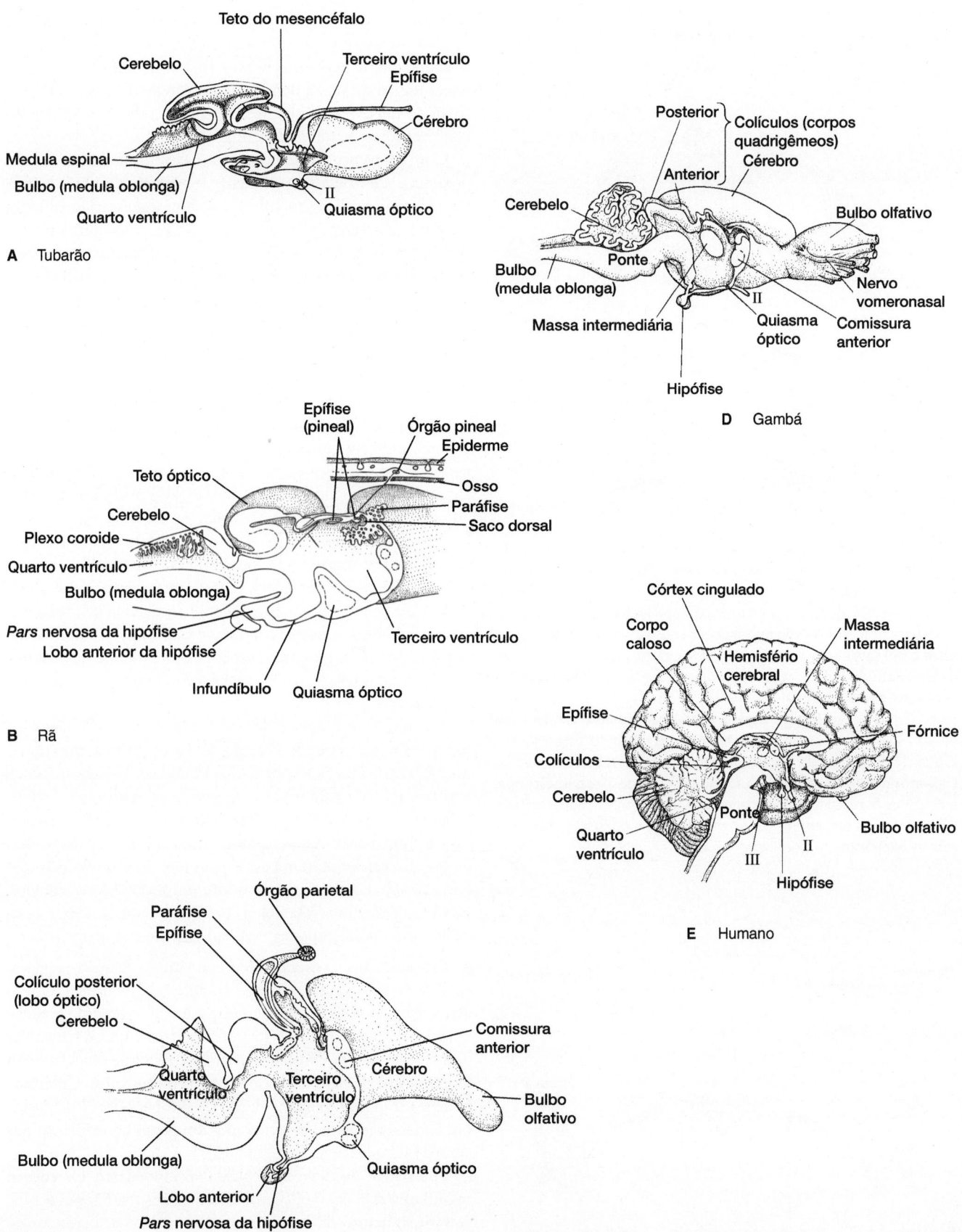

Figura 16.37 Encéfalo de vertebrados, vistas sagitais. A. Tubarão (*Scyllium*). **B.** Rã (*Rana*). **C.** Lagarto (*Lacerta*). **D.** Gambá (*Didelphis*).
E. Humano (*Homo*).

A, D e E, de Romer e Parsons; B e C, de Jollie.

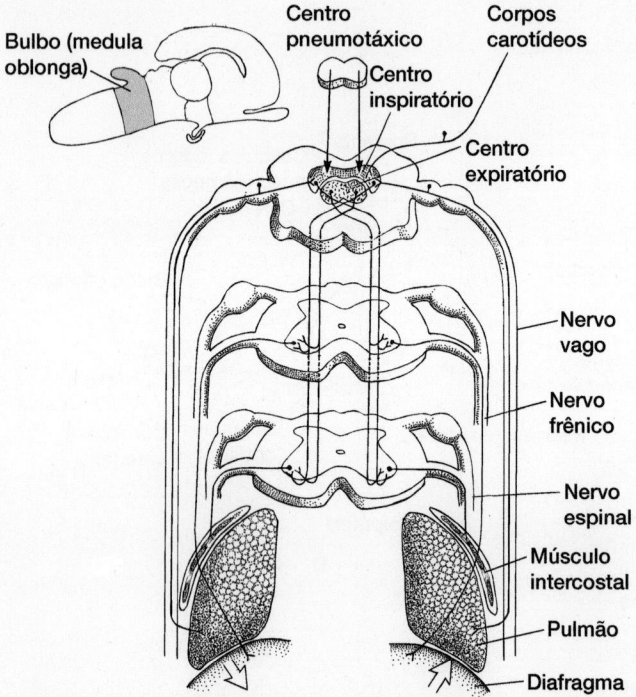

Figura 16.38 Coordenação da respiração pelo bulbo de mamíferos. O controle reflexo da respiração está sob a influência de três núcleos pareados: o centro pneumotáxico na ponte e o centro inspiratório dorsal, e o centro expiratório ventral no bulbo. O centro inspiratório recebe informações sobre a composição dos gases e o pH sanguíneo a partir dos corpos carotídeos e sobre o grau de expansão do pulmão a partir do nervo vago. O centro inspiratório excita os neurônios descendentes que terminam em neurônios motores do nervo frênico para o diafragma. Estimula também um nervo espinal para os músculos intercostais. Quando esses nervos são excitados, ocorrem inspiração e expansão do pulmão. O centro expiratório ventral não parece funcionar durante a respiração normal calma. Esse centro está conectado a neurônios motores (não ilustrados) que servem músculos antagonistas intercostais e acessórios da expiração.

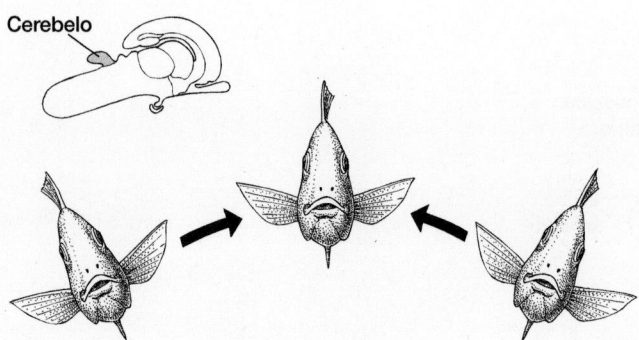

Figura 16.39 Função do cerebelo. O equilíbrio e a orientação são mediados pelo cerebelo. Conforme um animal muda sua orientação dentro de um campo gravitacional (*esquemas à direita e à esquerda*), os órgãos sensoriais que detectam sua posição alterada enviam impulsos para o cerebelo. O cerebelo media respostas que restabelece a posição do animal (*figura do centro*).

(p. ex., linguados) e nos peixes que não nadam ativamente (p. ex., lampreias), o cerebelo desempenha um papel reduzido e é relativamente pequeno (Figura 16.35 A). Convém assinalar que a região no peixe denominada "cerebelo" é, na realidade, parte do núcleo octavolateral, o principal alvo das fibras eletrorreceptoras do nervo da linha lateral.

Com o advento da vida terrestre, o sistema da linha lateral é perdido, e a entrada sensorial para o cerebelo diminui. Entretanto, à medida que os membros robustos usados na locomoção terrestre se desenvolvem, a informação proprioceptiva e o refinamento da ação muscular se tornam importantes e impõem demandas maiores ao cerebelo. Por conseguinte, o cerebelo dos vertebrados terrestres permanece grande e proeminente.

▶ **Mesencéfalo.** A porção superior do mesencéfalo é denominada **teto** e recebe informações sensoriais. Especificamente, o teto do mesencéfalo é dividido em um teto óptico, que recebe informação visual, e em um *torus semicularis*, que recebe a entrada auditiva e da linha lateral. Nos mamíferos, o teto óptico é especializado em **colículos superior** e **inferior**. O assoalho do mesencéfalo é o **tegmento**, que inicia a saída motora habitualmente por meio dos nervos troclear (IV) e oculomotor (III), que surgem no próprio mesencéfalo.

Nos peixes e nos anfíbios, o mesencéfalo frequentemente constitui a região mais proeminente do encéfalo (Figura 16.35 A a E). O teto recebe entrada direta a partir dos olhos. Além disso, a informação proveniente do sistema octavolateral, do cerebelo e dos sensores cutâneos é transmitida indiretamente para o teto. O tegmento também é proeminente nos amniotas. Em alguns peixes, parece atuar como importante centro de aprendizado.

Nos répteis, nas aves e nos mamíferos, o teto do mesencéfalo continua recebendo entrada visual e auditiva, que transmite para o telencéfalo por meio do tálamo. Por conseguinte, a informação visual em todos os vertebrados alcança o telencéfalo por meio do teto do mesencéfalo. Uma segunda via pela qual a informação visual alcança o telencéfalo é pelo tálamo do encéfalo anterior, sem passar pelo teto do mesencéfalo (Figura 16.40). Essa via está presente em todos os vertebrados, mesmo apenas modestamente, porém se torna maior e mais importante nos tetrápodes, particularmente nos mamíferos.

▶ **Prosencéfalo.** O **diencéfalo** é constituído de quatro regiões: epitálamo, hipotálamo, tálamo ventral e **tálamo dorsal.** O teto do diencéfalo produz o epitálamo, que inclui a **glândula pineal** e o núcleo **habenular** em sua base. A função do núcleo habenular permanece incerta. Nos anamniotas, a glândula pineal afeta a pigmentação da pele, atuando sobre os melanócitos, e também pode ser importante na regulação do fotoperíodo. Nos amniotas, a glândula pineal desempenha um papel na regulação dos ritmos biológicos (ver Capítulo 15).

O assoalho do diencéfalo produz o hipotálamo. Os **corpos mamilares**, que são muito proeminentes nos mamíferos, desenvolvem-se dentro do hipotálamo (Figura 16.41). Esses corpos fazem parte do circuito de Papez (ver, adiante, Figura 16.44), que está envolvido no comportamento reprodutivo e na memória a curto prazo. O hipotálamo aloja um conjunto de núcleos que regulam a homeostase para manter o equilíbrio fisiológico interno do corpo. Os mecanismos homeostáticos ajustados por esses

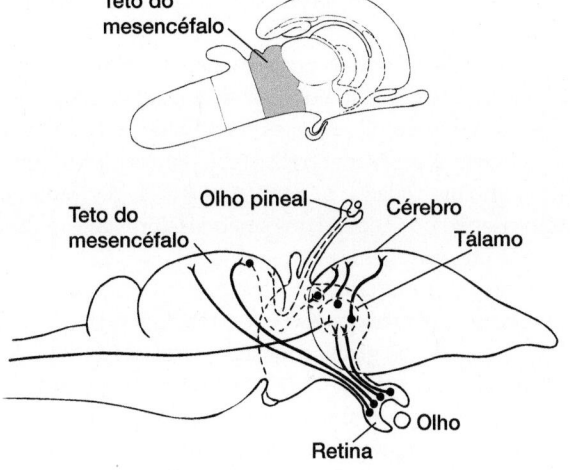

Figura 16.40 Função do teto do mesencéfalo dos amniotas. O teto do mesencéfalo recebe informações visuais diretamente da retina e as retransmite em primeiro lugar para o tálamo e, em seguida, para o cérebro. Na maioria dos vertebrados, a informação visual da retina chega ao cérebro por meio de uma segunda via sem passar pelo teto do mesencéfalo. A partir da retina, a informação visual alcança em primeiro lugar o tálamo e, em seguida, é retransmitida ao cérebro.

núcleos incluem a temperatura, o equilíbrio hídrico, o apetite, o metabolismo, a pressão arterial, o comportamento sexual, o estado de alerta e alguns aspectos do comportamento emocional. O hipotálamo estimula a hipófise localizada abaixo dele, regulando muitas funções homeostáticas. Os **sistemas límbico** e **reticular** também influenciam as funções do hipotálamo. Esses sistemas são discutidos adiante neste capítulo.

O tálamo ventral é uma pequena área situada entre o mesencéfalo e o restante do diencéfalo. A maior parte do diencéfalo é o tálamo dorsal, algumas vezes denominado apenas tálamo, uma área que compreende núcleos que recebem entrada sensorial. O tálamo constitui o principal centro de coordenação dos impulsos sensoriais aferentes de todas as partes do corpo. Com exceção dos tratos olfativos, que transmitem estímulos diretamente ao córtex cerebral, todos os tratos sensoriais somáticos e viscerais, incluindo os que retransmitem sensações de tato, temperatura, dor e pressão, bem como todas as fibras visuais e auditivas, fazem sinapse nos núcleos talâmicos em seu trajeto até o córtex. Por conseguinte, o tálamo é um centro de retransmissão da informação sensorial dirigida para o córtex cerebral. O tálamo integra os impulsos somáticos sensoriais em um padrão de sensações que é projetado para a área sensorial somática do córtex cerebral.

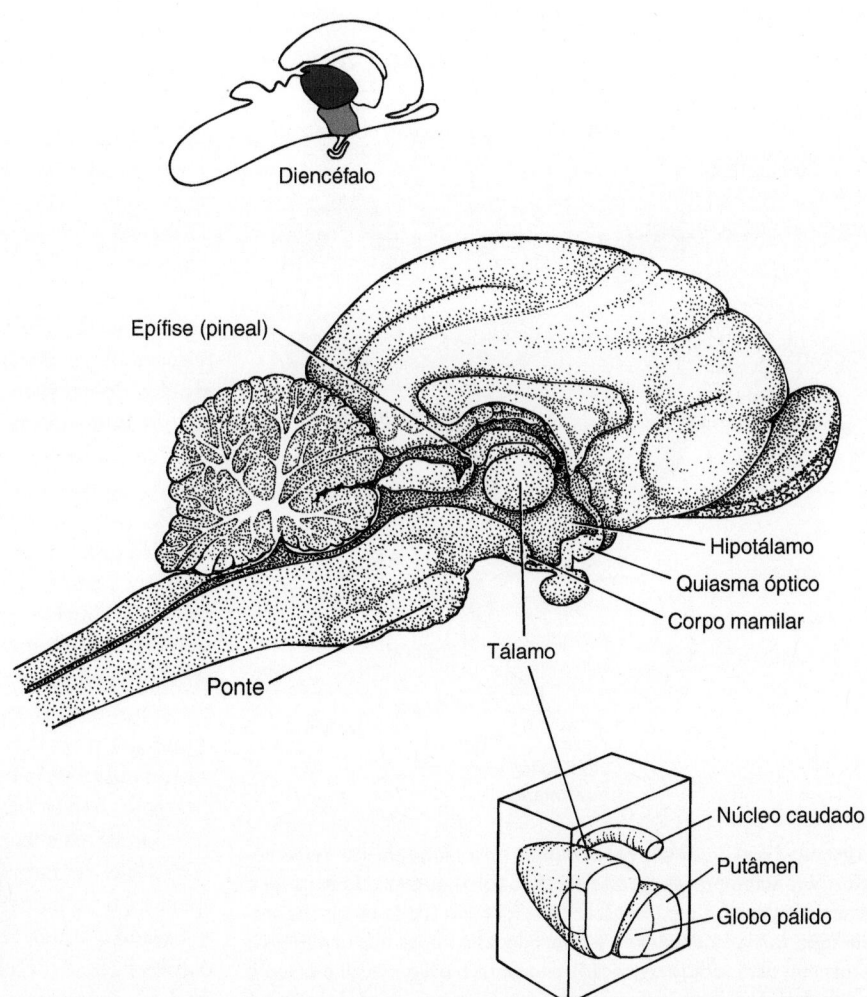

Figura 16.41 Hipotálamo e sua relação com regiões adjacentes do encéfalo. A região do diencéfalo está sombreada na pequena figura da parte superior. O tálamo dorsal isolado em vista tridimensional é mostrado no pequeno bloco abaixo do encéfalo.

O **telencéfalo** ou cérebro inclui um par de lobos expandidos, conhecidos como **hemisférios cerebrais**, além dos **bulbos olfativos**. A parede externa desses hemisférios forma o **córtex cerebral** ou **região cortical**. A **região subcortical** compreende o tecido cerebral remanescente. O tecido subcortical que circunda imediatamente o corpo caloso é o **giro do cíngulo**, que faz parte do sistema límbico (Figura 16.44). Os hemisférios aparecem embriologicamente na extremidade mais anterior do tubo neural. Nos peixes actinopterígios, o telencéfalo embrionário prolifera para fora, formando o cérebro adulto evertido. Em todos os outros peixes e tetrápodes, o telencéfalo embrionário forma dilatações laterais, que dão origem aos hemisférios cerebrais do adulto (Figura 16.42). Não se sabe a razão pela qual os hemisférios são evertidos nos peixes com nadadeiras raiadas, mas não em outros vertebrados. Todavia, foi sugerido que isso representa uma consequência indireta do acondicionamento embrionário dos hemisférios no espaço preenchido entre as grandes cápsulas nasais e os olhos em desenvolvimento.

A recepção da informação olfativa é uma importante função do telencéfalo. Todavia, mesmo nos vertebrados basais, as fibras ascendentes provêm do tálamo, sugerindo que o telencéfalo também participou na regulação de outras funções integrativas sensoriais desde o início da evolução dos vertebrados. Nos répteis e, em particular, nas aves e nos mamíferos, a região cerebral aumenta de 5 a 20 vezes em comparação com a maioria dos anamniotas de tamanho corporal semelhante. Esse aumento filogenético ocorre, em parte, devido à necessidade do

cérebro de processar mais informação sensorial do tálamo. Isso é acompanhado de um número aumentado de centros de associação no cérebro. Todavia, em qualquer classe de vertebrados, o tamanho do telencéfalo pode variar consideravelmente entre as espécies. Por exemplo, entre os peixes condrictes, os tubarões e raias ancestrais possuem cérebros cujo tamanho é comparável ao dos anfíbios. Todavia, nos tubarões e raias derivados, o tamanho relativo dos hemisférios cerebrais aproxima-se daquele das aves e dos mamíferos.

Em muitos mamíferos, o córtex cerebral é dobrado de maneira complexa para acomodar o seu maior volume. As dobras arredondadas são os **giros**, enquanto os sulcos intervenientes são denominados **sulcos**. O termo **fissura** é frequentemente utilizado para assinalar um sulco profundo que separa regiões superficiais importantes do cérebro. Nem todos os mamíferos exibem esse dobramento. No ornitorrinco, no gambá e em muitos roedores, o córtex cerebral é liso. Na equidna, nos cangurus e na maioria dos primatas, o grau de dobramento é variável. Em todos os grupos de mamíferos, a extensão do dobramento parece ser mais pronunciada nas espécies grandes. As metades esquerda e direita do prosencéfalo são interconectadas por **comissuras**, isto é, feixes de neurônios que cruzam transversalmente a linha média entre as respectivas regiões do encéfalo. A mais proeminente das comissuras é o **corpo caloso**, que é encontrado apenas nos mamíferos eutérios. O corpo caloso comunica os hemisférios cerebrais esquerdo e direito. Nos monotremados e marsupiais, todas as fibras das comissuras entre as metades dos hemisférios cerebrais cruzam na comissura anterior. Nos mamíferos eutérios, a comissura anterior contém fibras que interconectam o córtex olfativo e o córtex piriforme. Outras comissuras conectam regiões e núcleos pareados no encéfalo.

As primeiras teorias sobre a evolução do cérebro sustentavam que novas regiões surgiam progressivamente a partir de regiões preexistentes. Acreditava-se que uma "neoestrutura" recente surgisse a partir de uma "arquiestrutura" anterior, que havia evoluído a partir de uma "paleoestrutura" inicial. Os termos morfológicos criados tentavam expressar essas supostas relações filogenéticas. Além disso, grande parte dos primeiros estudos do encéfalo era centrada nos mamíferos, em particular nos humanos, nos quais eram preferidos termos descritivos. Em lugar de reconhecer homologias filogenéticas, esses termos expressavam características pitorescas ou extravagantes. Por exemplo, *hipocampo* significa cauda de cavalo, *amígdala* significa amêndoa e *putâmen* refere-se ao caroço de uma fruta. Alguns desses termos mais antigos, incluindo hipocampo e amígdala, ainda são usados. Todavia, nesses últimos anos, novas técnicas experimentais ampliaram nossa compreensão sobre a estrutura comparada do encéfalo, levando a uma reinterpretação continuada das primeiras ideias e introduzindo uma terminologia nova e amplamente aplicável. Essas diferenças na terminologia estão comparadas na Tabela 16.7. A proliferação de termos tem sido particularmente notável na neuroanatomia dos mamíferos e na medicina humana.

A visão reexaminada da evolução do cérebro desafia não apenas a terminologia, mas também os pressupostos nos quais se baseou a antiga terminologia. A visão atual sustenta que as regiões básicas do telencéfalo não emergiram de maneira gradual. O padrão segundo o qual essas regiões são dispostas é

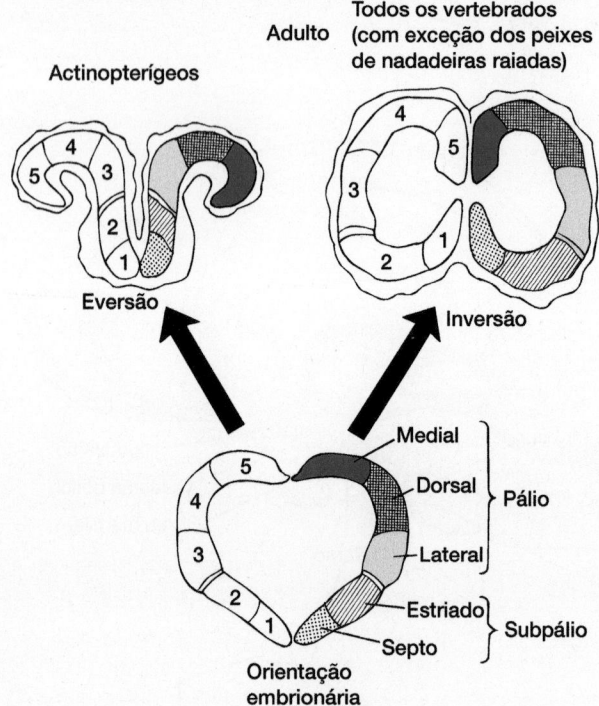

Figura 16.42 Desenvolvimento embrionário do telencéfalo. Nos actinopterígeos, o telencéfalo torna-se evertido durante o desenvolvimento, e o pálio oscila para fora. Em todos os outros vertebrados, torna-se evaginado e invertido; as paredes dos hemisférios aumentam para fora (evaginação), enquanto o pálio medial e o septo se enrolam para dentro (inversão).

Tabela 16.7 Comparação dos termos recentes e antigos para designar o telencéfalo.

TERMOS ANTERIORES

Morfológico	Descritivo	Termos recentes
Teto do telencéfalo		
Pálio		PÁLIO
Archipallium	Hipocampo	Pálio **medial**
		Pálio **dorsal**
		Córtex dorsomedial (cingulado)
Neopálio (Neocórtex)	Córtex cerebral	Pálio **lateral**
		Crista ventricular dorsal
Paleopálio	Córtex piriforme	Córtex **lateral**
Assoalho do telencéfalo		
Corpo estriado	Núcleos da base	SUBPÁLIO
Neoestriado	Núcleo caudado, Putame	**Corpo estriado**
Paleoestriado	Globo pálido	**Pálido**
Arquiestriado	Amígdala (parte)	
Septo	Área do septo	**Septo**

muito antigo e já estava presente no ancestral comum de todos os vertebrados. A partir desse padrão fundamental, verificamos que o cérebro possui duas regiões: um **pálio** dorsal e um **subpálio** ventral. O pálio possui divisões **medial**, **dorsal** e **lateral**. O subpálio consiste em um corpo **estriado** e **septo** (ver Figura 16.42). Todos os vertebrados possuem um cérebro baseado nesse plano básico. As principais mudanças filogenéticas no cérebro concentram-se na perda, na fusão ou no aumento de uma ou mais dessas regiões.

Pálio. O *pálio medial* recebe uma pequena entrada olfativa primária, porém entradas auditivas, da linha lateral, somatossensoriais e visuais são substanciais. Os pálios dorsal e lateral recebem entrada ascendente, incluindo informação visual retransmitida a partir do tálamo. Os agnatos possuem um pálio característico (medial, dorsal, lateral) e um subpálio (estriado, septo). Todavia, nas lampreias, os hemisférios cerebrais incorporaram apenas o pálio lateral e o septo; o restante do pálio (medial e dorsal) e do subpálio (estriado) está localizado exatamente posterior a eles, no telencéfalo caudal. Os bulbos olfativos das lampreias são grandes, aproximadamente do mesmo tamanho dos hemisférios cerebrais (ver Figura 16.35 A). O processamento da informação olfativa é um importante papel desempenhado pelo bulbo olfativo, porém não se sabe ao certo quais entradas sensoriais adicionais alcançam o telencéfalo adjacente a partir dos tratos ascendentes.

O pálio dos elasmobrânquios inclui divisões lateral, dorsal e medial, embora estas possam ser, por sua vez, subdivididas. O pálio lateral recebe a principal entrada olfativa por meio do trato olfativo lateral. Partes do pálio dorsal recebem estímulos visuais, da linha lateral, do tálamo e, possivelmente, auditivos. Existe menor conhecimento sobre o pálio medial, porém a troca

de informação entre os hemisférios é provável, visto que eles se fundem na linha média. Nos peixes com nadadeiras raiadas, as regiões características do pálio e do subpálio podem ser identificadas em um grupo basal, como *Polypterus* (Figura 16.43), mesmo no telencéfalo evertido (Figura 16.42). Todavia, nos teleósteos derivados, as células embrionárias do pálio se dispersam e se misturam, em lugar de sofrer diferenciação em regiões características. Por conseguinte, o pálio dos teleósteos é geralmente homólogo àquele de *Polypterus* e de outros vertebrados, embora muitas de suas divisões possam ser singulares.

Os pálios dos peixes pulmonados e dos anfíbios são semelhantes entre si e assemelham-se também aos dos tubarões ancestrais, porém menos complexos que os dos répteis. Em ambos, o pálio consiste em três regiões – divisões dorsal, lateral e medial do pálio –, que recebem entrada olfativa, bem como entrada sensorial do tálamo. Nos anfíbios viventes, mas não nos peixes pulmonados, a amígdala é outra região do pálio relacionada com a informação do órgão vomeronasal.

O pálio dos répteis inclui as divisões dorsal, lateral e medial, bem como uma região hipertrofiada, a **crista ventricular dorsal** (**CVD**), que domina a região central do hemisfério cerebral. Outrora considerada como parte do corpo estriado, acredita-se agora que a CVD seja um derivado do pálio lateral. Nas aves, a CVD se expande ainda mais. É responsável por grande parte do aumento relativo de tamanho dos hemisférios cerebrais e ocupa o ventrículo lateral, deixando uma fenda. A parte dorsal da CVD das aves sofre hipertrofia em uma região habitualmente denominada *Wulst* (Figura 16.35 G), que contém informação visual altamente organizada importante para a visão estereoscópica. A CVD recebe entradas visuais, auditivas e somatossensoriais dos vários núcleos talâmicos principais e projeta essa informação para o corpo estriado e para outras partes do pálio. Seu tamanho e sua posição central no fluxo de informações sugerem que a CVD pode representar uma importante área de associação superior, tanto nos répteis quanto nas aves. O pálio lateral (anteriormente denominado lobo piriforme) e o pálio medial (anteriormente hipocampo) persistem como áreas corticais significativas nos répteis e nas aves, mas o pálio dorsal habitualmente está reduzido, em particular nas aves.

As aves exibem um número surpreendente de comportamentos sofisticados mediados pelo seu prosencéfalo aumentado. Algumas são capazes de memorizar mais de 700 padrões visuais (pombos); fabricar instrumentos simples (corvos); lembrar de eventos que ocorreram em lugar e momento específicos (*Aphelocoma californica*); têm uma capacidade de localização de sons altamente acurada para a caça noturna (corujas); e exibem aprendizado vocal e até mesmo aprendem palavras humanas para comunicação recíproca com humanos (papagaios).

Os mamíferos também exibem um acentuado aumento no tamanho proporcional dos hemisférios cerebrais, mas não devido a uma CVD aumentada, como nos répteis e nas aves. Com efeito, o pálio dorsal está aumentado nos mamíferos. Durante esse aumento, o ele sofre espessamento e diferencia-se em camadas. O córtex cerebral resultante dos mamíferos torna-se proporcionalmente uma área extensa, denominada **córtex cerebral** ou neocórtex. Nos primatas, aproximadamente 70% dos neurônios no sistema nervoso central são encontrados no córtex cerebral. O córtex cerebral é dedicado a decifrar

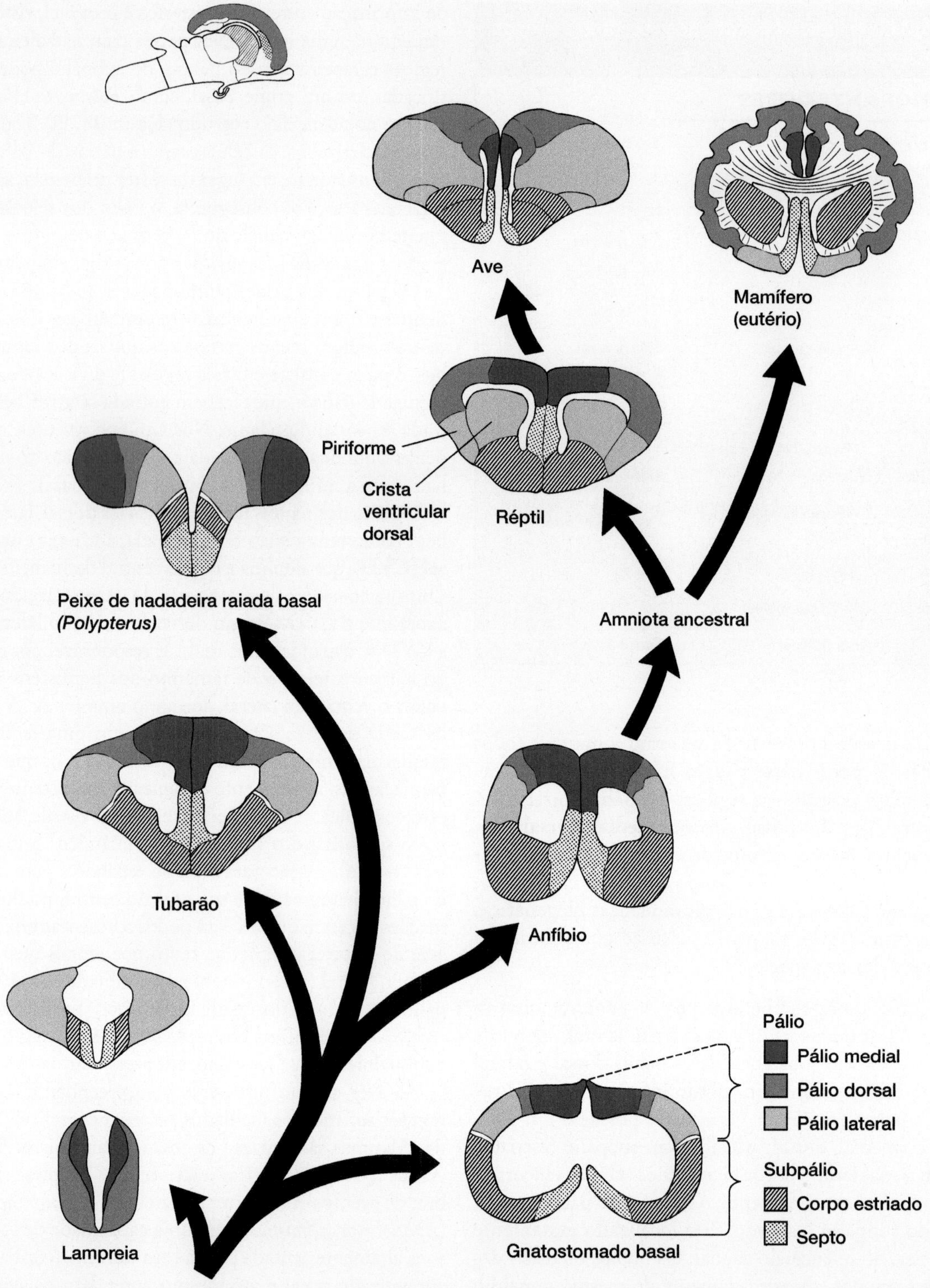

Figura 16.43 Evolução dos hemisférios cerebrais dos vertebrados. Os hemisférios cerebrais são mostrados em cortes transversais característicos. Na lampreia, os hemisférios cerebrais incorporam (*parte superior*) os componentes do subpálio (septo, corpo estriado), porém apenas do pálio lateral; o restante do pálio localiza-se principalmente na região não evaginada do telencéfalo (*parte inferior*) posterior aos hemisférios cerebrais. Nos gnatostomados basais e grupos posteriores, essas cinco regiões estão dentro dos hemisférios cerebrais.

informações auditivas, visuais e somatossensoriais, bem como a controlar a função do tronco encefálico e da medula espinal. Todas as áreas sensoriais são canalizadas ou retransmitidas para o córtex cerebral, transportando juntas informações sensoriais e de memória.

O pálio medial (hipocampo) dos mamíferos recebe informação sensorial e parece iniciar os comportamentos de inquisição e investigação. Está também relacionado com a memória de eventos recentes. A informação olfativa é deslocada para o pálio lateral (piriforme) dos mamíferos.

Subpálio. Conforme já assinalado, o *subpálio* é dividido em duas regiões: um septo medial e um estriado lateroventral mais extenso. Ambas as regiões são distintas, mesmo nos primeiros peixes. Nas lampreias, o subpálio está dividido entre o rombencéfalo (corpo estriado) e os hemisférios cerebrais (septo). Nos outros peixes, incluindo os teleósteos, o subpálio diferencia-se em regiões homólogas do septo e estriado contidas dentro dos hemisférios cerebrais. Os peixes pulmonados e todos os tetrápodes mantêm essa organização (Figura 16.43).

O septo recebe informações do pálio medial e está conectado com o hipotálamo no prosencéfalo, bem como ao tegmento do mesencéfalo. Trata-se de uma importante parte do sistema límbico. O estriado possui uma filogenia mais complexa.

O **corpo estriado**, juntamente com uma região denominada **pálido**, faz parte de um conjunto de grupos nucleares na base dos hemisférios cerebrais, conhecidos coletivamente como **núcleos da base**. Os núcleos da base têm sido mais bem descritos nos amniotas, especialmente nos mamíferos (ver Tabela 16.7). Dependendo da espécie, o corpo estriado pode formar subdivisões, principalmente o **núcleo caudado** e o **putame**. O pálido pode formar várias subdivisões distintas, principalmente o **globo pálido**. Embora tenha sido difícil confirmar as homologias de algumas dessas subdivisões fora dos amniotas, os núcleos da base provavelmente estavam presentes no encéfalo dos vertebrados ancestrais com mandíbulas. Os núcleos da base recebem entrada sensorial de um núcleo denominado **substância negra**, localizado no tegmento do mesencéfalo. Os núcleos da base participam no controle do movimento. Recebem informação sobre a posição do corpo e o estado de motivação; em seguida, integram isso em uma atividade motora apropriada ou na supressão de movimento indesejado. A ruptura dos núcleos da base leva a movimentos involuntários e desnecessários, conhecidos como discinesia. A doença de Parkinson, que se caracteriza por tremor involuntário que frequentemente se agrava quando o paciente está em repouso, está associada à degeneração dos núcleos da base. A **amígdala** é complexamente derivada e integrada funcionalmente às principais regiões do encéfalo. Uma parte surge ontogeneticamente a partir do pálio e recebe uma entrada vomeronasal; a outra parte origina-se de outras regiões do subpálio. A amígdala está ligada ao sistema límbico.

Nos répteis e nas aves, o corpo estriado recebe informação a partir da CVD e a transmite em primeiro lugar para o tronco encefálico e, em seguida, para a região óptica do teto. Os neurônios no corpo estriado das aves estão frequentemente organizados em camadas ou faixas. A expansão da CVD (répteis e aves) e do pálio dorsal (mamíferos) é acompanhada de uma expansão correspondente do corpo estriado.

Vomeronasal (Capítulo 17); olfato (Capítulo 17)

Associações funcionais de partes do sistema nervoso central

▶ **Telencéfalo.** O pálio recebe uma entrada sensorial direta, particularmente informações auditivas, visuais e somatossensoriais provenientes do hipotálamo, processa essas informações e transmite respostas ao corpo estriado, hipotálamo e tronco encefálico, controlando indiretamente a locomoção. A reorganização e a expansão importantes do prosencéfalo estão correlacionadas com mudanças na locomoção e postura terrestres. Nas aves, a postura ereta e os complexos movimentos das asas são determinados pela CVD expandida. Nos mamíferos, o pálio dorsal aumenta para assumir um papel crescente na coordenação da locomoção complexa.

Sinais sensoriais particularmente importantes podem ser duplicados várias vezes dentro do telencéfalo, proporcionando múltiplas representações da mesma informação. Por exemplo, a entrada visual, que é importante em quase todos os vertebrados, possui duas vias paralelas para o telencéfalo. Uma delas se estende da retina até o teto do mesencéfalo e, em seguida, para o telencéfalo por meio de uma retransmissão no tálamo. A segunda via estende-se da retina até o tálamo e, daí, para o telencéfalo. Em alguns mamíferos eutérios, nos quais a visão constitui uma importante fonte de informação, pode haver uma dúzia de áreas no telencéfalo que decifram os estímulos visuais. De modo semelhante, são encontradas múltiplas áreas visuais em gatos, esquilos, morcegos e primatas. A duplicação de centros que processam estímulos aparentemente melhora a comparação da entrada sensorial no sistema nervoso e ajuda a extrair a informação contida. A consequência anatômica consiste em aumento de tamanho da área cerebral para acomodar a recepção e o processamento de múltiplos conjuntos de informação sensorial semelhante.

Sistema límbico

O sistema límbico foi descrito pela primeira vez no século 19 por Paul Broca, cujo nome hoje está principalmente associado aos centros da fala no encéfalo (Boxe ensaio 16.3). O significado funcional era desconhecido naquela época, porém Broca o definiu anatomicamente. Baseado principalmente em encéfalo humanos, Broca definiu o sistema límbico como o córtex cerebral que circunda imediatamente o corpo caloso e o tronco encefálico. Isso inclui as partes profundas do córtex cerebral (giro do cíngulo) e a superfície medial do lobo temporal do córtex cerebral. Apenas no início do século 20 que James Papez reconheceu a relação existente entre o sistema límbico e a emoção. Em particular, ele e cientistas posteriores identificaram a existência de uma associação funcional dos centros cerebrais, que incluem núcleos do tálamo, hipotálamo, amígdala, hipocampo (pálio medial), **giro do cíngulo** e septo. A **fórnice** é um sistema de fibras de duas vias que conecta todos os núcleos do sistema límbico (Figura 16.44 A e B e Tabela 16.8). Esse circuito, denominado circuito de Papez, recebe estímulos do córtex cerebral e devolve respostas ao córtex cerebral e ao sistema nervoso autônomo. O hipotálamo contém núcleos que afetam a frequência cardíaca, a respiração e a atividade visceral geral por meio do sistema nervoso autônomo. Mudanças nesses núcleos acompanham habitualmente as emoções fortes. A amígdala é ativa na produção do comportamento agressivo e do medo. O hipocampo (pálio medial) localiza-se adjacente à amígdala. A lesão do hipocampo causa perda da memória recente. O giro do cíngulo e o septo constituem outras vias de entrada desse sistema. A lesão do giro do cíngulo resulta em interrupção da ordem de comportamento complexo, como cuidados parentais.

| Boxe Ensaio 16.4 | Da frenologia à neuroanatomia | Tentativas de decifrar a relação entre a anatomia do encéfalo e a personalidade |

A frenologia, popular no século 19, procurou mapear qualidades morais ou desejos pessoais, os quais se acreditavam que se originassem de áreas específicas do encéfalo. Assim, acreditava-se que, ao massagear o couro cabeludo, era possível detectar emoções excessivamente fortes, visto que o encéfalo, naquela região, estaria aumentado, produzindo uma expansão no crânio sobrejacente (Figura I A do Boxe I).

A estimulação cuidadosa de áreas motoras do encéfalo possibilita aos neurofisiologistas mapear as regiões do encéfalo dedicadas a funções corticais motoras específicas (Figura I B do Boxe I).

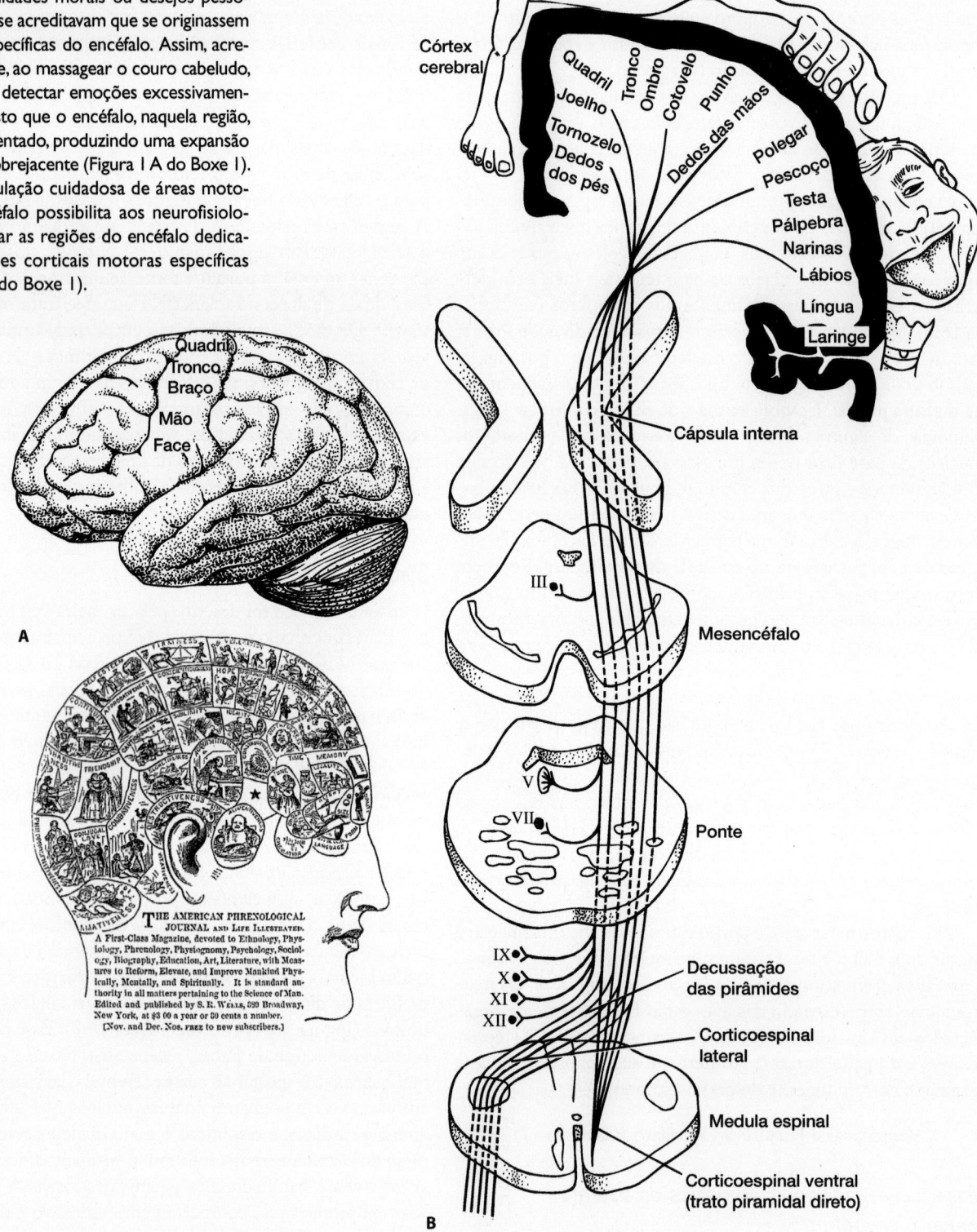

Figura I do Boxe I Função e frenologia. A. Mapa do crânio humano utilizado pelos frenologistas do século 19. **B.** Neste exemplo, estão indicadas as áreas do córtex motor responsáveis pelo controle dos movimentos em diferentes partes do corpo.

De Netter.

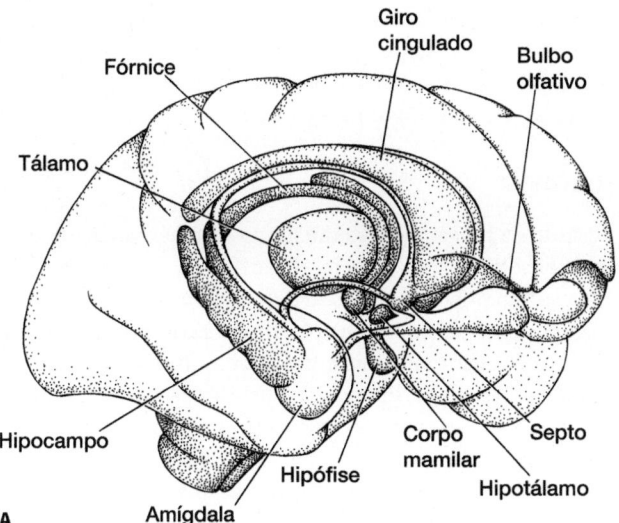

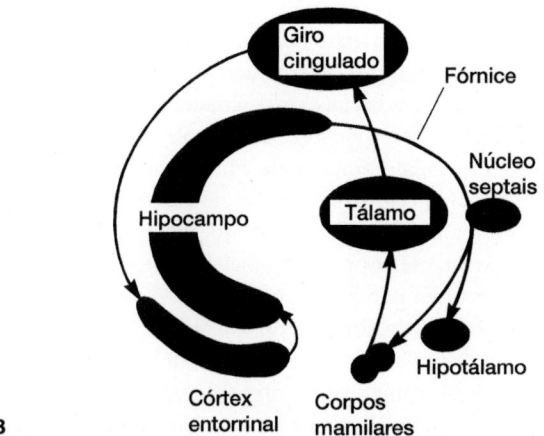

Figura 16.44 Sistema límbico. A. Componentes anatômicos do sistema límbico. **B.** Fluxo de informação através do sistema límbico, o circuito de Papez.

Tabela 16.8 Centros do encéfalo associados ao sistema límbico.	
Centros corticais	**Centros subcorticais**
Telencéfalo	Telencéfalo
Pálio	Subpálio
Hipocampo	*Septo*
Giro denteado	*Amígdala (parte)*
Para-hipocampo	
	Diencéfalo
Giro do cíngulo	*Núcleo habenular*
Amígdala (parte)	*Tálamo*
Córtex piriforme	*Hipotálamo*
Córtex entorrinal	*Corpos mamilares*

Uma fêmea de rato com esse tipo de dano ainda atende os filhotes, porém amamenta, lambe, dirige-se ao ninho e assim por diante sem uma sequência lógica e, com frequência, muda aleatoriamente de um comportamento para outro.

O sistema límbico está envolvido em duas funções. Em primeiro lugar, conforme assinalado anteriormente, ele regula a expressão das emoções. A remoção experimental ou acidental de partes do sistema límbico resulta em passividade emocional. Essa função é importante para a sobrevivência. Para se sustentar, um animal precisa procurar ativamente seu alimento, estar alerta ao perigo e responder de modo apropriado quando ameaçado. Do ponto de vista filogenético, o sistema límbico ou, pelo menos, muitos de seus centros surgem no início da evolução, mesmo antes da existência de muitas conexões diretas entre o tálamo e o córtex cerebral. O sistema límbico foi denominado "cérebro visceral", em virtude de sua influência substancial sobre as funções viscerais por meio do sistema nervoso autônomo.

A segunda função do sistema límbico envolve a memória espacial e a de curto prazo. A lesão grave do hipocampo (pálio medial) não destrói a memória de eventos anteriores à lesão, porém os eventos subsequentes são apenas lembrados com grande dificuldade ou não são lembrados. A memória provavelmente reside no córtex cerebral, mais que no sistema límbico, porém o sistema límbico está envolvido em conservar temporariamente a memória de uma experiência recente até que ela se torne estabelecida como memória de longo prazo no córtex cerebral. Por exemplo, o hipocampo é muito grande nas aves e nos mamíferos que escondem alimento, e sua destruição prejudica gravemente a capacidade de localizar o alimento escondido. Nos seres humanos, pessoas com dano no hipocampo conservam uma boa memória de longo prazo (memória antes do dano), porém apresentam uma memória de curto prazo precária. Se forem interrompidas enquanto estiverem falando, precisam ser lembrados sobre o que estavam dizendo. As pessoas que encontraram poucos minutos antes precisam ser reapresentadas quando voltam à sala. Um paciente, que viveu em sua casa por mais de 20 anos, não conseguia desenhar um diagrama da casa, devido à perda da memória espacial e da memória a curto prazo em consequência de dano no hipocampo ocorrido duas décadas antes.

▶ **Formação reticular.** A formação reticular localiza-se no bulbo e no mesencéfalo (Figura 16.45). Essa estrutura é definida de diversas maneiras, mas, em geral, consiste em neurônios emaranhados e suas fibras. O termo *retícula* e o termo *formação* referem-se à aparência microscópica dessa região utilizando métodos antigos. Parecia ser desprovida de tratos delineados ou núcleos como um "centro" ou "sistema". Esse arranjo difuso de fibras lembrava algumas partes do sistema nervoso dos anamniotas e, portanto, inspirou a ideia de que a formação reticular era uma retenção filogenética de uma característica ancestral. Métodos mais recentes para acompanhar as vias e identificar grupos de neurônios revelaram a existência de quase 30 núcleos, todos eles interconectados e, por sua vez, irradiando para outras áreas.

A formação reticular desempenha várias funções. Em primeiro lugar, tem uma ação de alerta por meio do despertar ou estimulação do córtex cerebral. Um animal alerta é mais atento à entrada sensorial. Alguns anestésicos e tranquilizantes atuam ao suprimir transmissões da formação reticular. A ocorrência de dano na formação reticular pode levar a um coma prolongado. Em segundo lugar, a formação reticular também atua como

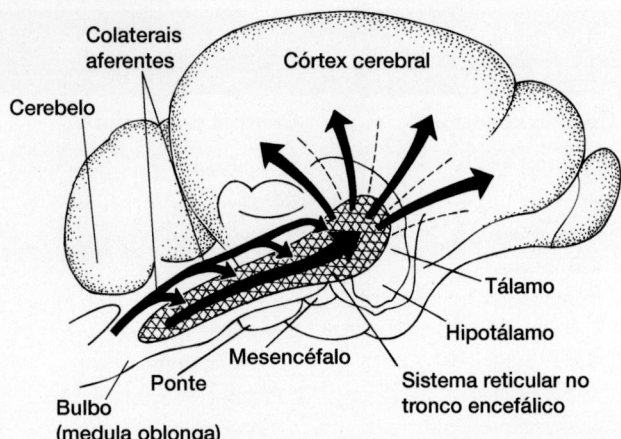

Figura 16.45 Formação reticular. A formação reticular localiza-se no bulbo e no mesencéfalo e projeta-se para os centros superiores do encéfalo. Quando ativa, parece produzir um estado de alerta geral. As vias aferentes sensoriais que se dirigem para centros superiores enviam ramos colaterais aferentes para o sistema reticular. Por meio do tálamo, o sistema reticular é projetado para os hemisférios cerebrais, resultando em estado de alerta geral.

De T. E. Stize et al., 1951.

filtro. Ela seleciona a informação a ser retransmitida a centros superiores ou à medula espinal. Tende a transmitir a informação nova ou persistente.

Por fim, os neurônios da formação reticular atuam como neurônios de associação na medula espinal, exceto onde os neurônios conectam núcleos sensoriais no encéfalo com neurônios motores no tronco encefálico e na medula espinal. Muitas funções inatas complexas, como alimentação, vocalização, postura, respiração e locomoção, envolvem músculos que são inervados por vários centros cranianos diferentes. Os neurônios da formação reticular interconectam esses centros e coordenam seu controle separado em uma saída motora cooperativa.

▶ **Associações espinocorticais.** Até o momento, foram examinadas as regiões do sistema nervoso central que executam funções locais: os reflexos da medula espinal, os centros de associação do encéfalo e os sistemas de associação. Todavia, o sistema nervoso central exibe um alto grau de integração. Até mesmo os reflexos realizados em nível da medula espinal são registrados em centros superiores, e eventos nos centros superiores influenciam níveis inferiores na medula espinal. Esse fluxo de informação tende a ocorrer ao longo de tratos distintos.

Os impulsos sensoriais ascendem pela medula espinal, mas, antes de alcançar os centros conscientes no córtex cerebral, fazem sinapse na substância cinzenta, no tálamo ou até mesmo em núcleos adicionais. Por conseguinte, a informação que alcança os centros conscientes já foi examinada minuciosamente e filtrada (Figura 16.46 A). Conforme discutido anteriormente, todas as fibras sensoriais fazem sinapse no tálamo em seu percurso até o córtex cerebral, com exceção dos tratos olfativos. No tálamo, os impulsos sensoriais são coordenados em um padrão integrado de sensações que, em seguida, é projetado para áreas sensoriais especializadas no córtex. Em outras palavras, o córtex recebe informação que já foi interpretada por centros subcorticais. A informação que desce pela medula espinal, mesmo se tiver a sua origem no córtex cerebral, é modificada pelo cerebelo, por centros subcorticais e por reflexos no nível da medula espinal (Figura 16.46 B).

Resumo

O estudo da função do sistema nervoso frequentemente inclui tanto filosofia quanto ciência. A partir de suas unidades básicas, o sistema nervoso é construído em complexas regiões de processamento de informação confusas e complexas. A unidade básica é o neurônio, que é isolado e nutrido pela neuróglia. Ligados entre si por sinapses, os neurônios formam circuitos que conectam uma parte do organismo a outra – entrada sensorial para saída motora por meio de efetores. Os órgãos somáticos e viscerais transmitem a informação sensorial ao SNC e, depois do processamento, os nervos transportam a informação, na forma de sinais elétricos, para os efetores. O sistema nervoso periférico consiste em nervos cranianos e espinais, que transportam fibras sensoriais (aferentes) ou motoras (eferentes) ou ambos os tipos. As raízes dos nervos cranianos estão habitualmente encerradas na caixa craniana e inervam uma variedade de órgãos. A resposta reflexa simples à entrada sensorial ocorre na medula espinal, onde a informação sensorial que chega é distribuída por neurônios de associação até uma saída motora apropriada. O sistema nervoso autônomo exerce um controle contrastante sobre a atividade visceral para preparar um estado ativo (simpático) ou restabelecer o organismo a um estado vegetativo (parassimpático).

O sistema nervoso central inclui a medula espinal e o encéfalo. A medula espinal é um corredor que transporta informação sensorial semelhante até os níveis superiores e traz de volta a informação motora para os neurônios motores. No encéfalo, os núcleos, que consistem em agrupamentos de corpos celulares de células nervosas, recebem a informação sensorial ascendente pertinente à função na qual estão envolvidos. Por meio de neurônios de associação (interneurônios), os núcleos passam essa informação para outros núcleos envolvidos no processamento de informação semelhante, até que ocorra uma resposta através da saída motora. Por conseguinte, é estabelecida no encéfalo uma passagem de informação semelhante, porém mais complexa, da entrada sensorial para a saída motora, comunicada por meio de neurônios interligados. As regiões do encéfalo contêm conjuntos de núcleos. À medida que as funções aumentam filogeneticamente para atender às demandas adaptativas em diferentes ambientes, os núcleos responsáveis pelo processamento da informação associada aumentam, e a região cerebral respectiva também apresenta um aumento. O rombencéfalo, que inclui o bulbo (medula oblonga) e aloja os núcleos primários dos nervos cranianos, é um corredor principal para os tratos ascendentes e descendentes e opera em um nível suprarreflexo, presidindo a atividade visceral. O cerebelo monitora e modifica a saída motora, em lugar de iniciá-la, atenuando, assim, a ação dos efetores. A parte superior do mesencéfalo inclui o teto, que recebe entrada sensorial, principalmente visual, auditiva e da linha lateral. Seu assoalho é constituído pelo tegmento, um local que inicia a saída motora. O prosencéfalo inclui uma variedade de regiões

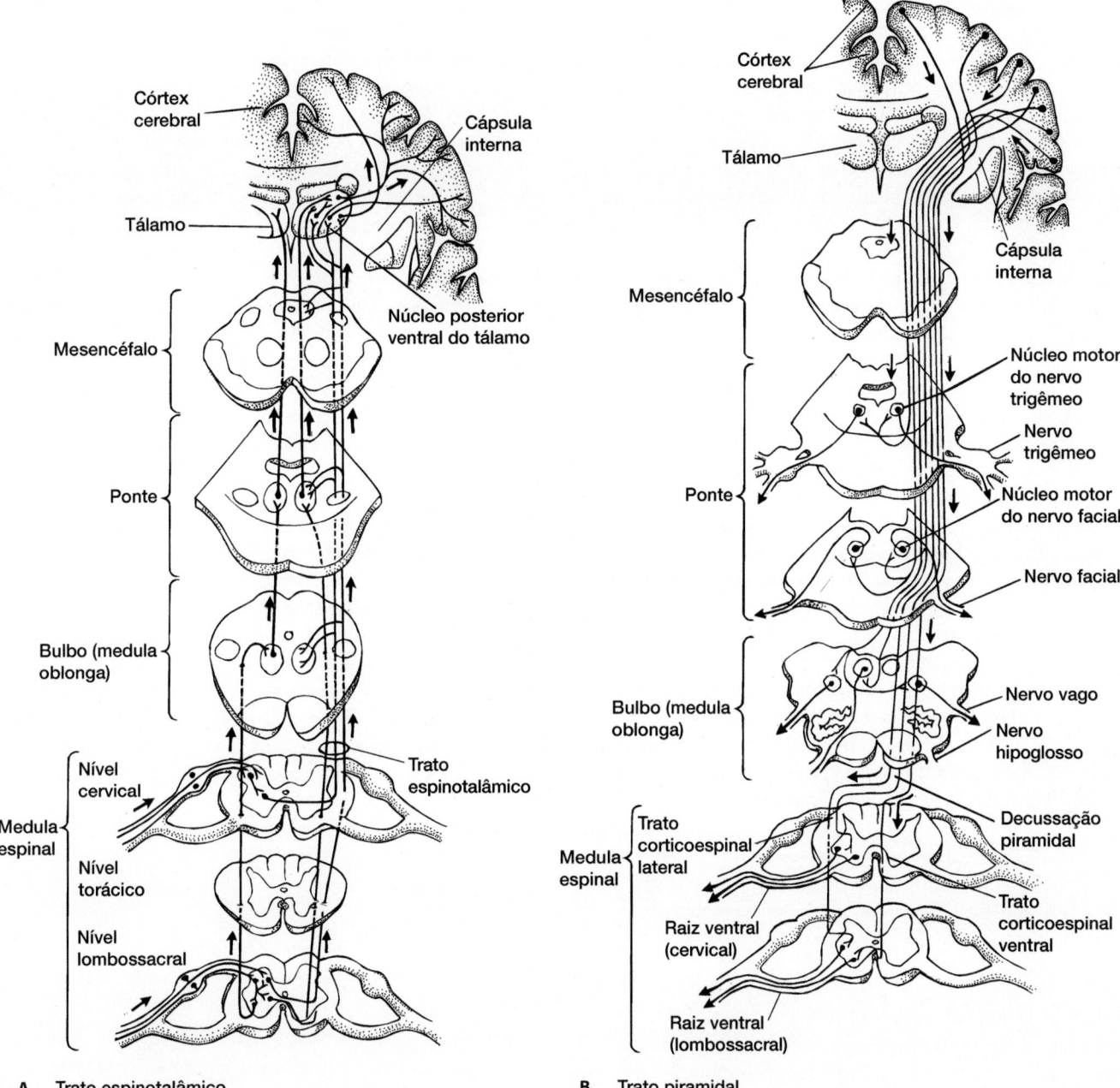

A   Trato espinotalâmico

B   Trato piramidal

Figura 16.46 Processamento das informações sensoriais e motoras. A. O trato espinotalâmico reúne neurônios sensoriais que transportam sensações de dor. Em seguida, o trato segue até o tálamo, em que as sensações são retransmitidas aos centros cerebrais superiores. **B.** Trato piramidal. As decisões iniciadas no córtex cerebral são transportadas ao longo de neurônios motores descendentes, que formam o trato piramidal, até o nível apropriado da medula espinal. A partir da medula espinal, a resposta é transmitida ao longo de um neurônio motor para o efetor.

De Barr e Kiemm.

importantes, das quais o tálamo é uma das mais importantes. Com exceção dos tratos olfativos, todos os outros neurônios somáticos ascendentes e sensoriais viscerais fazem sinapse em primeiro lugar no tálamo, que organiza essa entrada em um padrão de sensações que são retransmitidas ao córtex cerebral. O cérebro é expandido em hemisférios cerebrais, constituídos por uma parede externa, o córtex cerebral, e regiões subcorticais abaixos. Em todos os vertebrados, o cérebro se baseia em um plano comum que inclui uma região dorsal, o pálio, e uma

região ventral, o subpálio. Essas regiões altamente interconectadas presidem a integração da informação que chega dos centros inferiores. Por sua vez, essas regiões estão organizadas em sistemas responsáveis pela coordenação da atividade somática e visceral e até mesmo estados emocionais. Nos amniotas, o cérebro aumenta filogeneticamente de modo proporcional, porém, devido à expansão de diferentes regiões do cérebro nos mamíferos (pálio dorsal) e répteis/aves (pálio lateral e sua crista ventricular dorsal).

Uma maneira de interpretar a função do encéfalo é considerar o corpo dos vertebrados constituídos por camadas de receptores – camadas bidimensionais contendo receptores sensoriais. Por exemplo, a superfície tegumentar da pele recebe estímulos ambientais de pontos de contato ou a camada da retina do olho responde aos estímulos luminosos que chegam. Os neurônios destas e de outras camadas de receptores projetam-se para regiões correspondentes do encéfalo, onde essa informação ambiental é mapeada, configurada em um mapa geográfico organizado da camada correspondente de receptores (p. ex., Figura 1 B do Boxe 16.4). Por sua vez, os mapas cerebrais conectam-se entre si por meio de vias de fibras extensas. Por exemplo, o corpo caloso conecta partes de seu hemisfério direito e hemisfério esquerdo através da linha média e contém cerca de 200 milhões de fibras. Como a moderna neurobiologia descobriu, mas ainda não esclareceu, essas interconexões paralelas e recíprocas entre regiões cerebrais mapeadas podem constituir a base para função cerebral acima das respostas reflexas simples que levam a processos mentais de ordem superior.

Esses mapas são estabelecidos em duas etapas. A primeira ocorre durante o desenvolvimento embrionário, durante o qual os genes dirigem a formação de um mapa geral de camadas de receptores para as regiões cerebrais. A segunda etapa ocorre à medida que o animal ativa essas vias no início de sua vida. Em consequência, a sinapse entre as células nervosas muda e se desloca para acomodar as vias neurais utilizadas pelo animal ativo; em consequência, esses mapas se tornam modificados e mais refinados. Durante essa etapa, essas conexões não são precisamente pré-especificadas nos genes, porém surgem em decorrência da atividade do organismo e da exposição à informação ambiental.

Isso significa que os mapas cerebrais não são fixos, mas que seus limites flutuam com o passar do tempo, tornando cada um deles ligeiramente diferente de um indivíduo para outro.

As memórias a curto prazo que se formam inicialmente no hipocampo são finalmente transferidas para o armazenamento a longo prazo em outras partes do encéfalo, residindo em ambas as regiões durante algum tempo. Acredita-se que parte dessa nova memória seja estabelecida por meio da adição ou modificação de novas sinapses de conexão. Acredita-se também que haja a participação da neurogênese, isto é, o nascimento de novos neurônios no encéfalo adulto. Em duas semanas, aproximadamente, os neurônios recém-nascidos acabam morrendo se não forem estimulados a aprender alguma informação nova. Se estiverem envolvidos no aprendizado de algo novo com grande esforço, os neurônios novos persistem. Porém esses novos neurônios também enfraquecem ou expulsam antigas memórias, uma função que se acredita possa limpar o hipocampo, dando espaço para novas memórias.

As sutilezas do sistema nervoso central são profundas. Vimos que o sistema nervoso reúne informação sobre o estado interno do corpo e sobre o mundo exterior e os resultados de experiências prévias, transformando isso em respostas que podem permitir ao organismo se manter em seu ambiente. Todavia, esse processo tem mais que o processamento mecânico da informação. As emoções, as metas e a participação consciente modelam a resposta, pelo menos nos seres humanos. Em grande parte, nossas respostas são modeladas pelas nossas percepções dos estímulos físicos, que são mediados por receptores sensoriais. No Capítulo 17, analisaremos de modo mais detalhado esses receptores sensoriais.

Órgãos Sensoriais

Introdução

Para sobreviver, um organismo precisa reagir ao perigo e se aproveitar das oportunidades. As respostas apropriadas exigem a obtenção de informações sobre o ambiente externo, sobre a fisiologia interna do corpo e experiências prévias. Os resultados das experiências prévias são registrados no sistema nervoso na forma de memória, enquanto os **receptores sensoriais** monitoram os ambientes externo e interno (Figura 17.1). Os receptores sensoriais são órgãos especializados que respondem a informações selecionadas e codificam ou traduzem energias ambientais em impulsos nervosos que são transmitidos ao sistema nervoso central (SNC) por meio de fibras aferentes. Esses impulsos podem ou não ser recebidos nos níveis conscientes do cérebro.

Para nós, seres humanos, as sensações que se tornam conscientes são designadas como **percepção**. Nossa visão do mundo é determinada, em parte, pelos tipos de informações que nossos receptores sensoriais detectam e pela maneira como essa informação é processada. Os vertebrados diferem na sua capacidade de perceber estímulos. Os morcegos e até mesmo os cães ouvem sons em frequências acima da capacidade de nossos ouvidos. Os gaviões podem voar muito acima do solo para caçar e detectar minúsculos roedores correndo. As cascavéis caçam em ambientes com luz demasiadamente fraca para que os humanos possam enxergar. Contudo, os humanos veem o mundo em cores, enquanto a maioria dos outros mamíferos o vê principalmente em preto e branco. Nossa percepção do mundo é limitada ou ampliada pela disponibilidade e sensibilidade de nossos receptores sensoriais.

Além disso, é preciso ressaltar que as sensações conscientes constituem uma interpretação subjetiva do organismo sobre o ambiente. O ambiente contém substâncias químicas e fótons de luz, porém as percepções do paladar e das cores são interpretações desses fenômenos. De modo semelhante, a dor não existe no ambiente. Você não pode medir a dor da mesma forma que você consegue medir a temperatura ou força. Paladar, cor e dor são percepções que surgem a partir de eventos no próprio cérebro.

Os impulsos nervosos transportados por nervos sensoriais são impulsos elétricos. O nervo óptico transporta o mesmo tipo de impulsos elétricos que os nervos auditivos, olfativos, do paladar e assim por diante. Diferentes sensações resultam de diferentes maneiras pelas quais o sistema nervoso interpreta os sinais provenientes de diferentes receptores sensoriais. Como os impulsos são os mesmos, o sistema nervoso central pode ser enganado. A estimulação artificial do nervo auditivo é

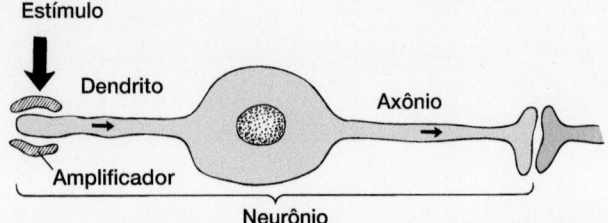

Figura 17.1 Receptor sensorial. Um receptor sensorial é habitualmente composto pelos dendritos de um neurônio e pode incluir o tecido que amplifica o estímulo. O receptor é um transdutor que transforma um estímulo em um impulso ou séries de impulsos elétricos que se espalham pelo corpo celular e seguem ao longo de seu axônio até outros neurônios, normalmente no sistema nervoso central.

percebida como som. A estimulação artificial do nervo óptico é percebida como luz. A pressão mecânica sobre o bulbo do olho estimula o nervo óptico a enviar impulsos elétricos para o cérebro. Esses impulsos são interpretados como esperado, isto é, sensações de luz, em lugar de estímulos mecânicos. Esta é a razão pela qual uma pancada mecânica sobre o olho pode fazer com que uma pessoa "veja estrelas".

Para sermos claros na discussão da percepção, precisamos distinguir entre o estímulo ambiental e a maneira pela qual é interpretado, mas isso raramente é feito. Na linguagem comum e até mesmo na pesquisa científica, a convenção é que prevalece. Falamos dos sentidos da visão, da audição, do paladar, do olfato e assim por diante como se o estímulo e a percepção do estímulo fossem a mesma coisa. Por exemplo, as substâncias químicas no alimento não transportam qualquer sabor intrínseco. São apenas substâncias químicas. Entretanto, nós as percebemos como doces, azedas ou amargas. A percepção do sabor é um produto do sistema nervoso, um resultado de eventos que ocorrem no cérebro. A discussão dos receptores sensoriais neste capítulo procura separar o tipo de energia ambiental ou estímulo monitorado da interpretação desse estímulo pelo sistema nervoso.

Componentes de um órgão sensorial

Os neurônios sensoriais são células nervosas especializadas na detecção e na transmissão de informações sobre o ambiente externo ou interno. Cada neurônio sensorial emite prolongamentos delgados ou **fibras nervosas**. Os receptores sensoriais habitualmente contêm **dendritos**, isto é, prolongamentos que respondem aos estímulos e transportam impulsos para o corpo da célula nervosa. Em geral, um neurônio sensorial também possui um axônio, um prolongamento nervoso que transmite os impulsos do corpo celular para outros neurônios.

Neurônios (Capítulo 16)

O receptor sensorial atua como **transdutor**, um aparelho que traduz uma forma de energia em outra. O microfone de um sistema de comunicação, que traduz ondas sonoras em energia elétrica, é outro exemplo de transdutor. A maioria dos receptores sensoriais traduz os estímulos luminosos, mecânicos ou químicos em impulsos elétricos. Com frequência, a extremidade

da fibra nervosa sensorial está associada a tecidos acessórios que amplificam o estímulo e, portanto, aumentam a sensibilidade do receptor. Uma fibra nervosa sensorial com seus tecidos associados é denominada **órgão sensorial**.

Os órgãos sensoriais podem ser classificados de acordo com diversos critérios. Os **órgãos sensoriais somáticos** se referem aos órgãos da pele, da superfície corporal e dos músculos esqueléticos. Os **órgãos sensoriais viscerais** são encontrados nas vísceras. Os **exteroceptores** recebem sensações provenientes do ambiente, enquanto os **interoceptores** respondem a sensações dos órgãos. O **proprioceptor**, um órgão sensorial localizado nos músculos estriados, nas articulações e nos tendões, constitui um tipo especial de interoceptor. Uma terceira maneira de classificar os órgãos sensoriais, que é utilizada neste capítulo, baseia-se na extensão de sua distribuição. Assim, os **órgãos sensoriais gerais** estão amplamente distribuídos por todo o corpo e estão relacionados com as sensações de toque, temperatura e propriocepção. Os **órgãos sensoriais especiais** são localizados e, com frequência, especializados.

Órgãos sensoriais gerais

Os receptores sensoriais gerais podem ser classificados em uma de três categorias anatômicas: livres, encapsulados ou com terminações nervosas associadas. A estrutura da terminação nervosa se destina a aumentar o efeito do estímulo (Figura 17.2).

Receptores sensoriais livres

Quando a terminação de um prolongamento sensorial carece de qualquer associação especializada, é denominada **terminação nervosa livre** ou **receptor sensorial livre**. Em sua extremidade, a terminação nervosa livre pode **ramificar-se** extensamente para aumentar a área monitorada. Os receptores

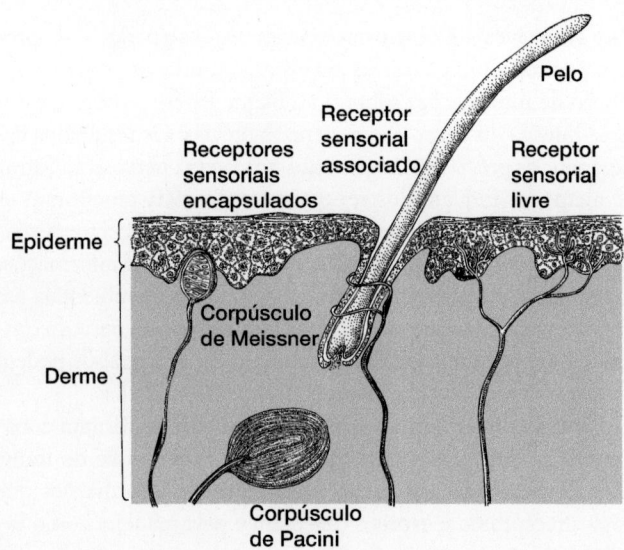

Figura 17.2 Receptores sensoriais gerais. Uma terminação nervosa livre, receptores sensoriais encapsulados (corpúsculos de Meissner e Pacini) e um receptor sensorial associado de um folículo piloso.

sensoriais livres estão principalmente relacionados com sensações interpretadas como dolorosas, mas também podem ser estimulados por extremos de calor ou de frio. A lesão tecidual pode resultar em tumefação e estimulação direta. A dor de dente é um exemplo. As sensações táteis – isto é, sensações de pressão ou de toque – também são frequentemente detectadas por terminações nervosas livres. Os receptores sensoriais livres são abundantes em áreas onde a sensibilidade está altamente desenvolvida, como a pele, a córnea, a cavidade oral, a polpa do dente e os intestinos. Por exemplo, a sensação de queimação da pimenta-malagueta resulta das moléculas de capsaicina na pimenta, que alcançam os canais receptores nas células sensoriais. Quando ativados pela ligação da capsaicina, os íons ocupam a célula receptora, a célula dispara, e seu impulso elétrico é interpretado pelo cérebro como sensação de queimação. Embora seja utilizada para condimentar alimentos humanos insípidos, a capsaicina provavelmente evoluiu nas pimentas para evitar herbívoros com paladar menos apurado.

Receptores sensoriais encapsulados

Quando a terminação de um prolongamento nervoso está encerrada em uma estrutura especializada, é denominada **terminação nervosa encapsulada** ou **receptor sensorial encapsulado**. Por exemplo, o **corpúsculo de Meissner** é uma terminação sensorial envolvida por células mesodérmicas, que se localiza na derme logo abaixo da epiderme da pele (ver Figura 17.2) e responde ao toque. O **corpúsculo de Ruffini**, que responde ao calor, e o **bulbo terminal de Krause**, que é sensível ao frio, são outros receptores encapsulados que estão localizados na derme. Os **corpúsculos de Pacini** (corpúsculos de Vater-Pacini) estão localizados na pele, nas articulações e nos tecidos profundos do corpo. Por exemplo, não é raro encontrá-los em associação com o pâncreas. Eles respondem à pressão. Nos receptores encapsulados, as cápsulas aumentam a deformação das terminações nervosas, ajudando, assim, na iniciação do impulso nervoso. Por exemplo, nos corpúsculos de Pacini, a terminação nervosa está envolvida por uma série de camadas concêntricas que formam uma cápsula em "casca de cebola". Essa cápsula atua como minúsculo transdutor, que converte a pressão em despolarização elétrica da terminação nervosa.

Receptores sensoriais associados

Quando a terminação de um prolongamento sensorial está envolvida ao redor de outro órgão, é denominada **terminação nervosa associada** ou **receptor sensorial associado**. Por exemplo, as terminações nervosas estão associadas com a base de um folículo piloso (ver Figura 17.2). Quando o pelo se move, as terminações nervosas entrelaçadas na base do pelo são estimuladas.

Propriocepção

A propriocepção se baseia, em grande parte, na informação reunida por receptores sensoriais associados, que estão localizados nos músculos, nos tendões e nas articulações. Esses receptores monitoram o estado de flexão dos membros e o grau de contração muscular. Em consequência, o sistema nervoso central é mantido informado sobre a posição dos membros ou

do corpo. Se uma parte do corpo for movida, os músculos envolvidos e a quantidade de contração realizada serão diferentes, dependendo da posição inicial da parte envolvida. A informação proprioceptiva é indispensável para determinar a localização de uma parte antes e no decorrer de seu movimento. Se você é uma pessoa provida de visão, provavelmente não aproveita a informação proprioceptiva retransmitida a seus centros conscientes. Entretanto, se você for vendado, e uma pessoa mudar suavemente o seu braço estendido para uma nova localização, você terá consciência da nova posição em que seu braço foi colocado. Todavia, a maioria da informação proprioceptiva é processada em níveis subconscientes do sistema nervoso para fazer ajustes automáticos de postura ou para sincronizar movimentos do corpo e dos membros.

Algumas fibras proprioceptivas provêm de corpúsculos de Pacini encapsulados localizados em cápsulas articulares, porém a maioria se origina de dois tipos de receptores associados: os fusos musculares e os órgãos tendíneos de Golgi.

▶ **Fusos musculares.** Nos músculos esqueléticos, a fibra muscular que produz a principal força que move determinada parte é a **célula muscular extrafusal** (fibra muscular extrafusal). Essas são inervadas por **neurônios alfa motores**, cujos corpos celulares estão localizados na substância cinzenta da medula espinal. Intercalados entre as fibras musculares extrafusais estão agrupamentos fusiformes de **fusos musculares**, que contêm **células musculares intrafusais** estriadas modificadas (fibras musculares intrafusais). Diferentemente das fibras extrafusais que atuam no sistema de alavanca, as fibras intrafusais são órgãos sensoriais especializados.

Existem dois tipos de fibras musculares intrafusais. A **fibra intrafusal em saco nuclear** possui núcleos agrupados em uma região dilatada, próximo ao meio da fibra e associada a um **nervo sensorial aferente primário** (nervo anuloespiral). A **fibra intrafusal em cadeia nuclear** apresenta núcleos dispersos ao longo da fibra, em lugar de estarem aglomerados. Está associada a um **nervo sensorial aferente secundário** (nervo *flower spray*). Ambos os tipos de fibras intrafusais são inervados por **neurônios gama motores** (Figura 17.3).

Os fusos musculares funcionam para manter o tônus muscular. O músculo normal mantém uma pequena quantidade de tensão, mesmo quando está relaxado, um estado em que o músculo possui **tônus**. Quando um músculo relaxa mais do que o normal, o fuso muscular cede. Por meio de conexões reflexas na medula espinal, esses neurônios aferentes fazem sinapse com neurônios alfa motores para estimular a contração das fibras extrafusais que estimulam a tensão muscular e restabelecem o tônus muscular.

O estiramento de um músculo leva à sua contração reflexa. Quando os músculos posturais são estirados, ou quando se acrescenta uma carga, os fusos musculares se alongam, iniciando o **reflexo de estiramento** (Figura 17.4 A). Como os neurônios gama motores causam a contração das fibras intrafusais, acredita-se que esses neurônios aumentem ou diminuam a sensibilidade desse reflexo (Figura 17.4 B, C).

A função sensorial das fibras musculares intrafusais consiste em informar ao sistema nervoso a taxa de mudança no comprimento das fibras musculares extrafusais com as quais estão

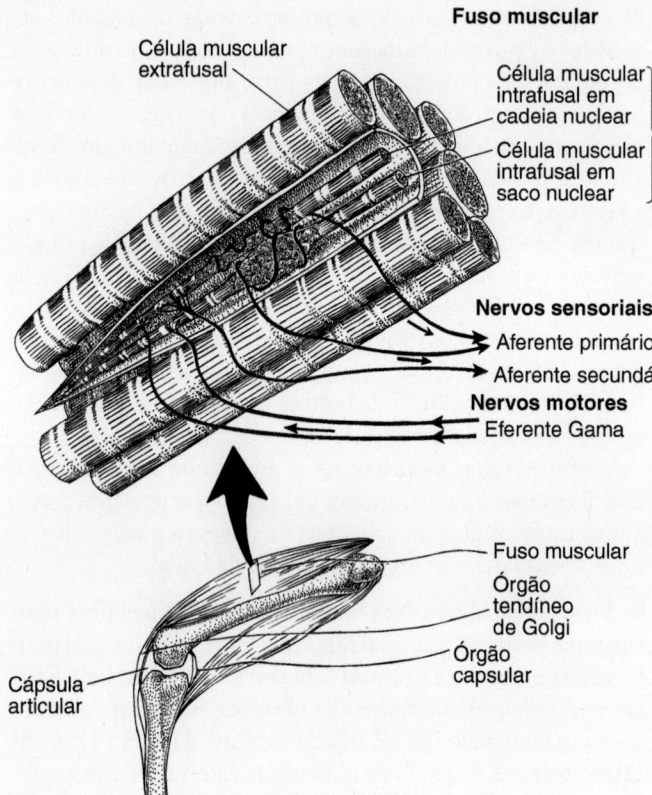

Figura 17.3 Fuso muscular. As células musculares extrafusais produzem a força contrátil de um músculo. As células musculares intrafusais, que consistem em fibras intrafusais em cadeia nuclear e em saco nuclear, são células musculares modificadas. As células musculares intrafusais são inervadas por neurônios gama motores eferentes e por neurônios sensoriais aferentes primários e secundários. O órgão tendíneo de Golgi é um receptor sensorial associado ao tendão.

associadas. Essa informação pode iniciar um reflexo de estiramento para ajustar o tônus. É também retransmitida ao cerebelo, que modula a atividade muscular.

Reflexo de postura (Capítulo 16)

▶ **Órgãos tendíneos de Golgi.** Os órgãos tendíneos de Golgi são receptores sensoriais presentes nos tendões que fixam os músculos ao osso. Por conseguinte, localizam-se ao longo da linha de ação do músculo e atuam como registradores de tensão, fornecendo ao sistema nervoso central a informação sobre as forças geradas pelos músculos (ver Figura 17.3).

Mecanismos para a percepção de estímulos a partir dos receptores sensoriais gerais

Foram formuladas duas teorias que procuram explicar a relação entre os estímulos que os receptores sensoriais gerais recebem e a percepção que o sistema nervoso central produz a partir deles. A **teoria de energias nervosas específicas** propõe que as terminações nervosas de cada receptor sensorial estão associadas exclusivamente a um sentido específico. Por exemplo, a estimulação de um corpúsculo de Meissner desencadeia uma salva de impulsos para o sistema nervoso que, como provém desse tipo de receptor, são interpretados como estímulos táteis. Impulsos do bulbo terminal de Krause são interpretados como frio, os do corpúsculo de Ruffini, como calor, e assim por diante.

O conceito alternativo é a **teoria padrão da sensação**, em que pequenos complexos de terminações nervosas estão associados a uma determinada localização. A estimulação dos receptores em um local específico faz com que diferentes combinações ou padrões de sensações sejam enviadas simultaneamente ao sistema nervoso, possibilitando diferenças qualitativas na interpretação. Por exemplo, reconhecemos que as sensações de dor variam na sua qualidade e intensidade. Algumas dores são "agudas", enquanto outras são "surdas", ou podemos sentir uma dor em "queimação". Ambas as teorias ajudam a explicar como o sistema nervoso central interpreta estímulos sensoriais gerais.

Órgãos sensoriais especiais

Os órgãos sensoriais especiais normalmente são distribuídos de modo localizado, e suas respostas estão restritas a estímulos específicos. Existem estímulos químicos, eletromagnéticos, mecânicos e elétricos aos quais os órgãos sensoriais respondem.

Quimiorreceptores

Os receptores sensoriais sensíveis a estímulos químicos são denominados **quimiorreceptores**, e as substâncias químicas às quais respondem são os odores. Quando uma substância química entra em contato com um receptor apropriado, ele inicia um impulso elétrico no neurônio sensorial. O paladar e o olfato constituem os sentidos quimiorreceptores mais familiares nos humanos, porém essa distinção é enganosa. O sentido do paladar reconhece apenas cinco qualidades básicas: salgado, doce, azedo, amargo e saboroso. O que interpretamos como o rico "sabor" do alimento resulta principalmente da textura mecânica do alimento e do aroma que estimula o sentido do olfato. Se estivermos gripados, o que causa obstrução nasal e impede a recepção desses estímulos, o alimento perde grande parte de seu "sabor".

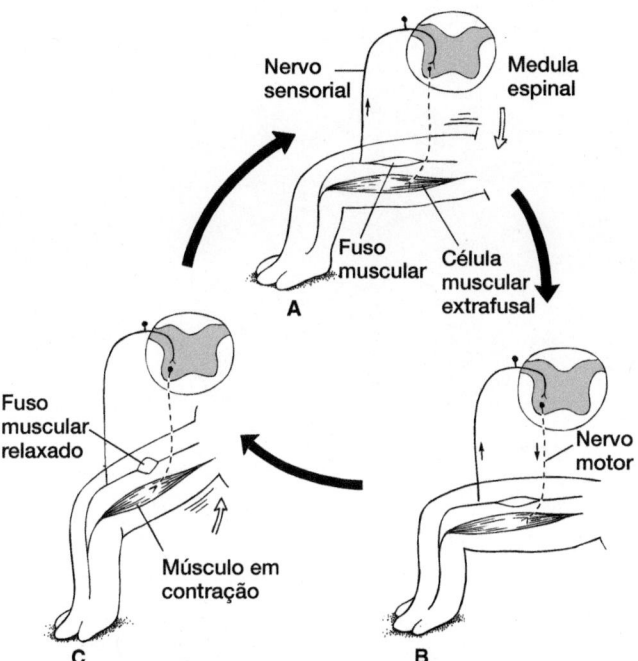

Figura 17.4 Reflexo de estiramento. A. Quando a postura muda, ou quando se coloca uma carga sobre o corpo de um animal, os fusos musculares são estirados, estimulando nervos associados a gerar impulsos contínuos que seguem até a medula espinal (*linha cheia*). **B.** Esses impulsos percorrem fibras aferentes até a medula espinal e fazem sinapse com neurônios motores que conduzem esses impulsos para músculos extrafusais apropriados (*linha tracejada*), causando a sua contração. **C.** A contração muscular tende a retificar o membro (*seta aberta pequena*) e a aliviar o estiramento do fuso muscular. Quando o fuso muscular relaxa, os nervos sensoriais associados deixam de disparar, e a postura apropriada retorna.

Nos vertebrados aquáticos, a distinção entre os sentidos do paladar e do olfato é ainda menos útil. Por exemplo, alguns peixes possuem quimiorreceptores distribuídos por toda a superfície externa do corpo (Figura 17.5). Deveríamos dizer que esses quimiorreceptores são utilizados para "cheirar" ou "saborear" a água? Em lugar de fazer uma distinção arbitrária entre paladar e olfato, classificaremos os quimiorreceptores de acordo com sua localização.

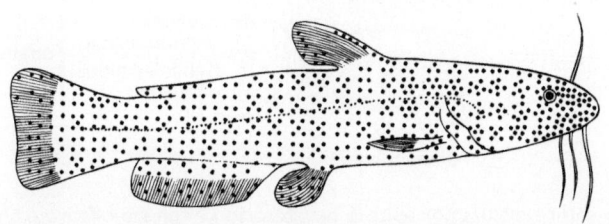

Figura 17.5 Distribuição dos quimiorreceptores no bagre. Em muitos peixes, as papilas gustativas localizam-se na superfície do corpo, bem como nas nadadeiras. Cada ponto representa aproximadamente 100 papilas gustativas.

Modificada de Atema, 1971.

Os **feromônios**, que são mensagens químicas, constituem uma categoria específica de odores liberados no ambiente por um indivíduo, e influenciam o comportamento ou a fisiologia de outro indivíduo de sua espécie. Produzidos por glândulas exócrinas, muitos feromônios afetam a atividade sexual ou a territorialidade. Os feromônios representam uma via de comunicação entre indivíduos e, com frequência, são detectados por órgãos receptores especializados.

Por exemplo, a nepetalactona é um composto presente nas folhas e nos caules da erva-dos-gatos, que atua como um feromônio sexual artificial de gatos. Quando a nepetalactona entra nas passagens nasais do gato, liga-se a receptores proteicos nos nervos sensoriais e ativa impulsos nervosos que passam para o sistema nervoso central. Ali, centros (amígdala) projetam-se para áreas que comandam a expressão de comportamentos sexuais, incluindo esfregar o corpo ou a cabeça na erva-dos-gatos, rolar e vocalizar, frequentemente acompanhada de salivação. Nem todos os gatos exibem esse comportamento, porém isso já foi observado desde gatos domésticos até leões maiores.

Passagens nasais

O sentido do olfato ou *olfação* envolve quimiorreceptores habitualmente localizados nas passagens nasais. Anatomicamente, existem três componentes do circuito olfativo: o epitélio olfativo, o bulbo olfativo e o trato olfativo (Figura 17.6).

O **epitélio olfativo** consiste em uma porção especializada de epitélio, dentro da cavidade nasal, que coleta substâncias químicas pertinentes da corrente de ar. Contém **células basais**, que provavelmente são células de reposição, e **células sustentaculares**, que secretam muco e sustentam as **células sensoriais olfativas** (Figura 17.7 A). As verdadeiras células quimiorreceptoras no epitélio são células sensoriais olfativas. Cada célula olfativa emite um tufo de cílios sensoriais em sua extremidade apical. Na sua extremidade basal, emite um axônio, através da **lâmina cribriforme**, para o **bulbo olfativo** (Figura 17.7 B). O termo **nervo olfativo** é aplicado apropriadamente apenas a esses axônios curtos das células sensoriais olfativas.

No grande bulbo olfativo residem vários tipos de células, das quais a mais importante é a célula mitral. Os axônios das células sensoriais olfativas fazem sinapse com **células mitrais**, as quais, por sua vez, enviam seus axônios longos, coletivamente denominados **trato olfativo**, para o restante do cérebro (ver Figura 17.7 B). Os axônios no trato olfativo fazem sinapse principalmente no **lobo piriforme** e **septo** no cérebro, antes de sua retransmissão para outras regiões do cérebro (ver Figura 17.7 A). Isso possibilita uma entrada olfativa direta para o estriado e o sistema límbico.

Centros olfativos (Capítulo 16);
sistema límbico (Capítulo 16)

▶ **Embriologia.** O sistema olfativo começa embriologicamente como um par de **placódios olfativos**, que consistem em espessamentos da ectoderme que sofrem invaginação dorsal em direção ao tubo neural sobrejacente. As paredes laterais de cada placódio formam o epitélio respiratório que reveste as passagens nasais. A região central do placódio forma o epitélio olfativo.

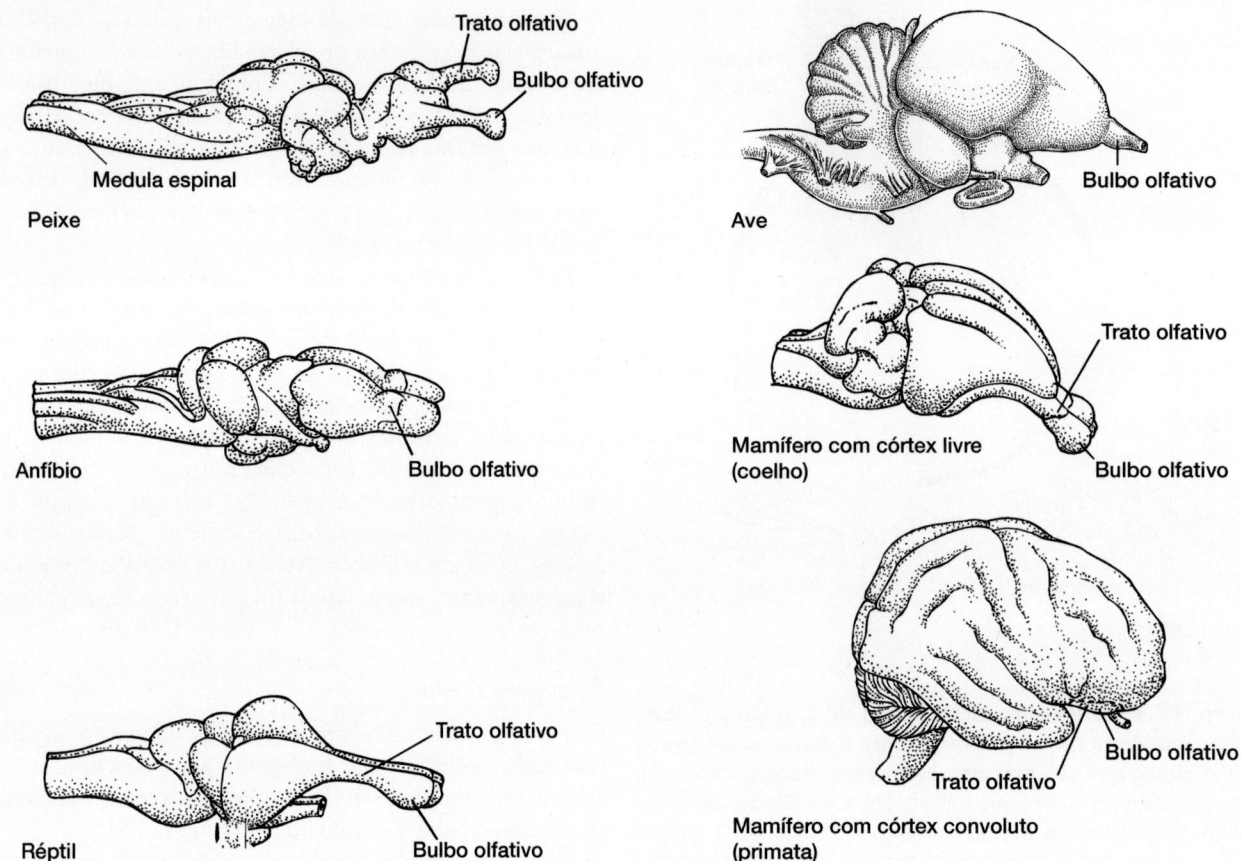

Figura 17.6 Bulbo e trato olfativos. O trato olfativo é uma extensão do cérebro, e não um nervo. A extremidade desse trato está habitualmente expandida no bulbo olfativo, que recebe o nervo olfativo curto (não mostrado) vindo do epitélio olfativo.

De Tuchmann-Duplessis et al.

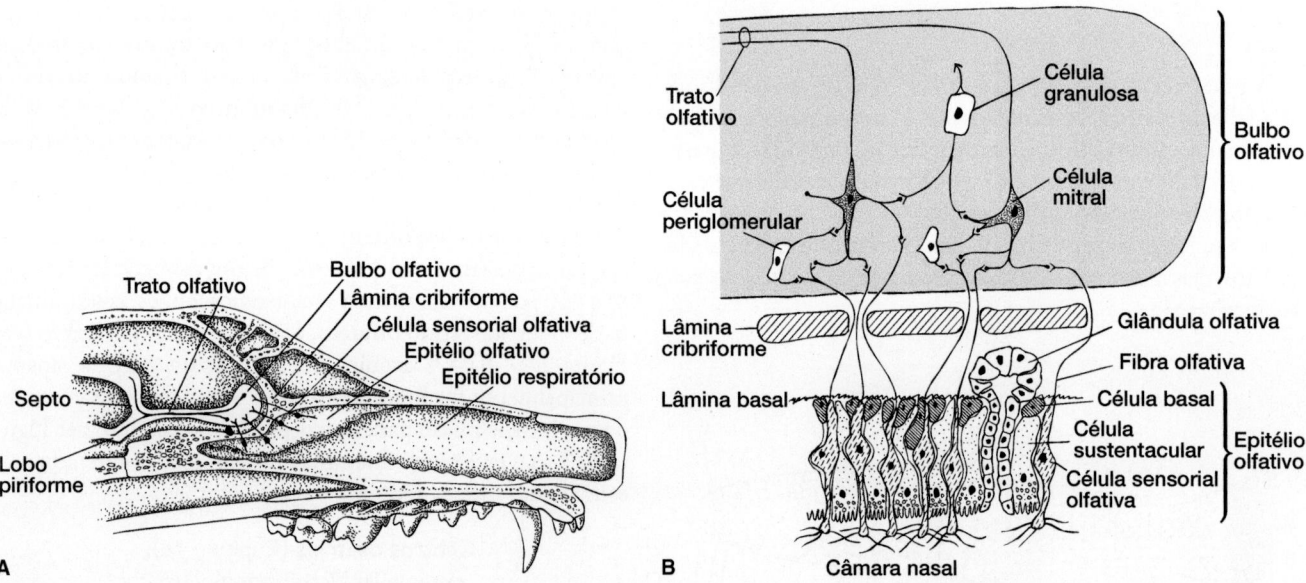

Figura 17.7 Epitélio olfativo. A. As passagens nasais nos mamíferos são revestidas por epitélio respiratório. O epitélio olfativo é uma pequena região desse revestimento que contém fibras neuronais especializadas que estabelecem contato com neurônios do trato olfativo. Esses processos retransmitem impulsos para o lobo piriforme e a área do septo do cérebro. **B.** Histologia do epitélio olfativo. O epitélio olfativo é constituído por células sustentaculares de suporte, células basais e células sensoriais olfativas. A superfície apical de cada célula olfativa desenvolve cílios que se projetam para dentro da passagem aérea. Sua extremidade basal consiste em uma fibra nervosa que atravessa a lâmina cribriforme e se estende até o bulbo olfativo, onde faz sinapse com células periglomerulares, mitrais e granulosas. As fibras das células mitrais constituem o trato olfativo, que se dirige para o cérebro.

As células sensoriais olfativas diferenciam-se nesse epitélio e emitem axônios que crescem a partir do epitélio, através do mesênquima, até alcançar o telencéfalo em formação (Figura 17.8 A). Essas fibras olfativas induzem o telencéfalo a produzir uma projeção dilatada, o bulbo olfativo, que se conecta com o restante do telencéfalo por meio do trato olfativo (Figura 17.8 B e C). Embora células da crista neural possam migrar para a vizinhança do sistema olfativo em diferenciação, elas aparentemente não formam diretamente as células sensoriais olfativas.

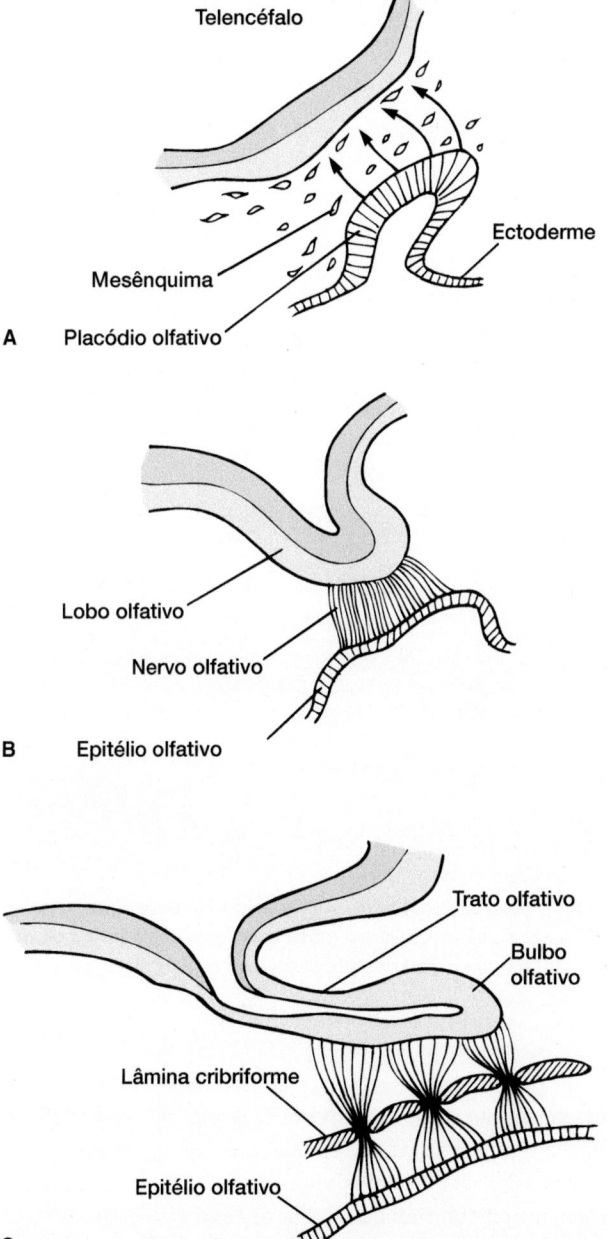

Figura 17.8 Desenvolvimento embrionário do sistema olfativo. A. O espessamento da ectoderme forma o placódio olfativo. As células em seu interior emitem fibras nervosas que crescem para o telencéfalo vizinho. **B.** Essas fibras formam, em seu conjunto, o nervo olfativo. **C.** A projeção do telencéfalo que recebe o nervo olfativo é o bulbo olfativo. O trato olfativo conecta o bulbo olfativo ao cérebro.

▶ **Filogenia.** Nos tetrápodes, o nariz está associado à respiração, porém primitivamente surgiu como uma área olfativa. De fato, a projeção dos receptores olfativos para o pálio medial, uma das primeiras regiões do cérebro, sugerem que o sistema olfativo é muito antigo.

Na maioria dos peixes, receptores sensoriais olfativos estão escondidos em depressões pareadas de fundo cego, conhecidas como **sacos nasais** (Figuras 17.9 A e 17.10 A). Nos ciclóstomos viventes e em muitos ostracodermes, essas depressões sofreram fusão secundária, enquanto os tratos olfativos permaneceram pareados. A água que transporta substâncias químicas flui para dentro e para fora desses sacos à medida que o peixe nada. Todavia, entre alguns grupos de peixes, é possível haver um fluxo unidirecional de água através dos sacos nasais. O saco é dividido por um septo parcial em aberturas inalante e exalante. Em algumas linhagens, essas aberturas tornam-se separadas (Figura 17.9 B a D). A abertura exalante pode deslocar-se para a margem da boca (p. ex., em alguns sarcopterígios) ou até mesmo se abrir diretamente na cavidade bucal (p. ex., nos holocéfalos). A abertura exalante na boca ocorreu várias vezes independentemente na evolução dos peixes e levou a uma reavaliação das homologias, que ainda está em andamento.

Saco nasal, ducto nasolacrimal (Capítulo 7)

Nos tetrápodes e seus peixes ancestrais imediatos, denominados peixes com coanas, uma pequena **narina externa** fornece acesso a cada passagem nasal. A parte posterior da passagem nasal abre-se na boca por meio da **narina interna** ou **coana** (Figura 17.10 B a E). Nos anfíbios, o saco nasal aumenta entre as narinas, a partir das quais um recesso curto, o **órgão vomeronasal (de Jacobson)**, projeta-se (Figura 17.10 C).

Nas salamandras Plethodontidae, um par de sulcos profundos conecta a parte anterior da boca com cada narina externa. Esses **sulcos nasolabiais** transportam material aquoso preferencialmente para o órgão vomeronasal nas cavidades nasais (Figura 17.11). Os sulcos não são ciliados, e o líquido move-se através deles por ação capilar. As substâncias químicas transportadas pelo líquido podem ser feromônios ou podem provir do alimento. Quando as salamandras tocam o substrato com o nariz, um comportamento denominado "tatear com o nariz", elas reúnem e transmitem sinais químicos importantes ao longo dos sulcos nasolabiais para identificar seu território.

As cecílias, que são anfíbios sem membros, possuem pequenos tentáculos pareados protráteis, de localização anterior aos olhos. Esses tentáculos são quimiossensoriais e aparentemente ajudam na transferência de substâncias químicas para o órgão vomeronasal no teto da boca.

Nos répteis, o saco nasal sofre diferenciação em duas regiões: o **vestíbulo** anterior, que inicialmente recebe o ar que entra pela narina externa, e a **câmara nasal** posterior, para a qual o ar flui em seguida. Em alguns répteis, uma parede lateral se projeta dentro da câmara, formando **conchas**, que consistem em dobras que aumentam a área de superfície do epitélio respiratório. O ar sai da câmara nasal por meio do **ducto nasofaríngeo** estreito, que leva à narina interna (Figura 17.10 D). As passagens nasais das aves são semelhantes, e suas conchas podem se desenvolver em voltas complexas.

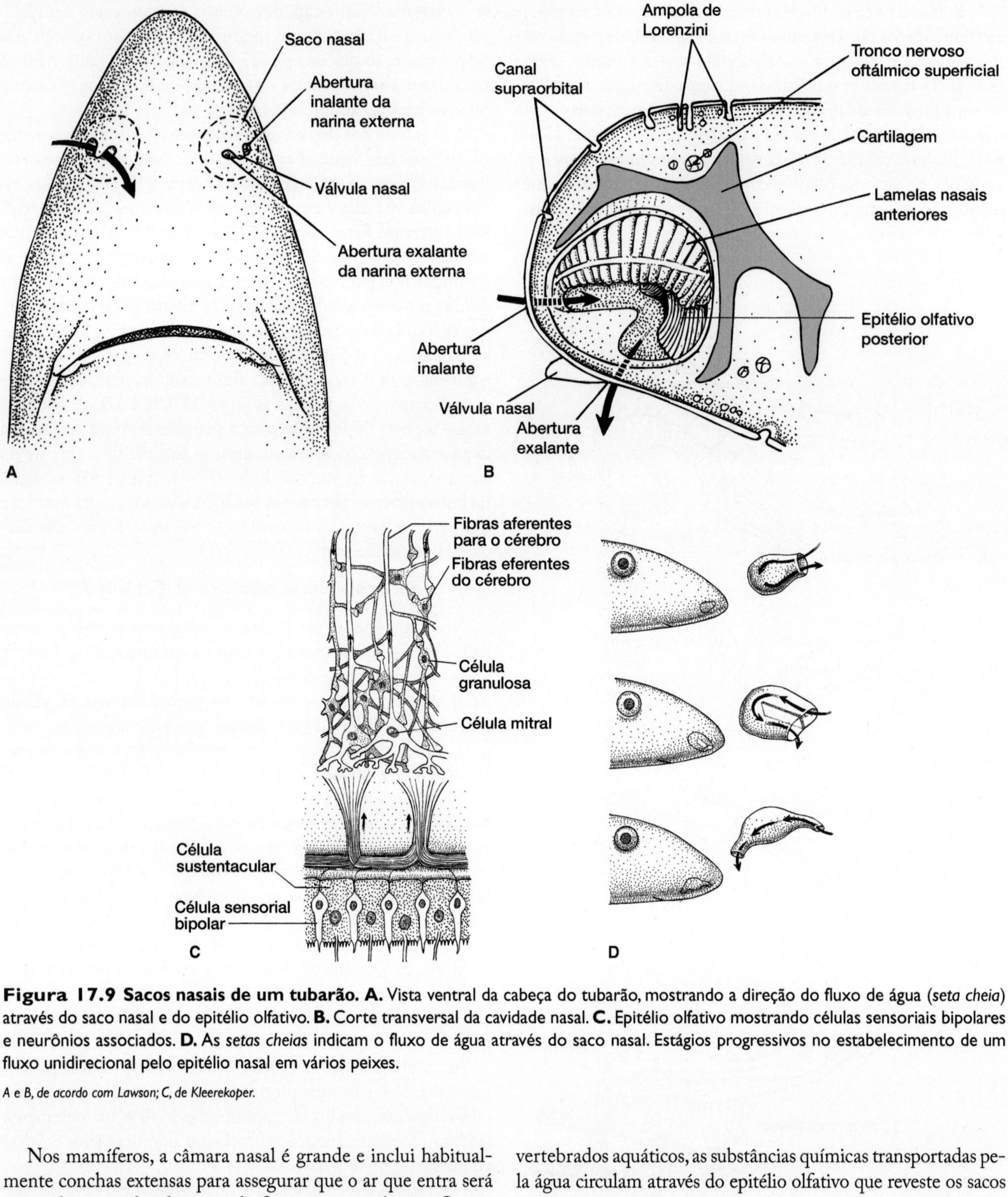

Figura 17.9 Sacos nasais de um tubarão. A. Vista ventral da cabeça do tubarão, mostrando a direção do fluxo de água (*seta cheia*) através do saco nasal e do epitélio olfativo. **B.** Corte transversal da cavidade nasal. **C.** Epitélio olfativo mostrando células sensoriais bipolares e neurônios associados. **D.** As *setas cheias* indicam o fluxo de água através do saco nasal. Estágios progressivos no estabelecimento de um fluxo unidirecional pelo epitélio nasal em vários peixes.

A e B, de acordo com Lawson; C, de Kleerekoper.

Nos mamíferos, a câmara nasal é grande e inclui habitualmente conchas extensas para assegurar que o ar que entra será aquecido e umedecido antes de fluir para os pulmões. O epitélio olfativo ocupa a parede posterior da câmara nasal. O revestimento remanescente consiste em epitélio respiratório (ver Figura 17.10 E).

▶ **Forma e função.** O sentido do olfato está habitualmente bem-desenvolvido entre os peixes, porém é um dos sentidos secundários nas aves, nos morcegos e nos primatas superiores, incluindo os humanos. A informação olfativa é importante para os peixes que caçam ou que seguem um gradiente químico. Nos vertebrados aquáticos, as substâncias químicas transportadas pela água circulam através do epitélio olfativo que reveste os sacos nasais. O desenvolvimento de um fluxo unidirecional melhorou o olfato, assegurando um fluxo bastante contínuo de água nova para eliminar as substâncias químicas que já foram detectadas e trazer novas substâncias químicas. As correntes respiratória e olfativa estão acopladas nos peixes, nos quais a abertura exalante está na boca. Os movimentos que irrigam as brânquias também puxam a água através do epitélio olfativo. As passagens nasais, ao acoplar as funções respiratória e olfativa, estavam pré-adaptadas para seu papel posterior na respiração aérea nos tetrápodes.

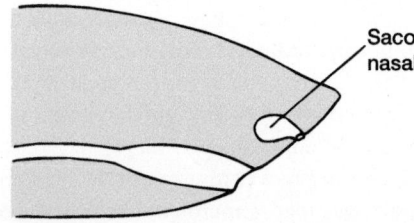

A Peixe sem coanas

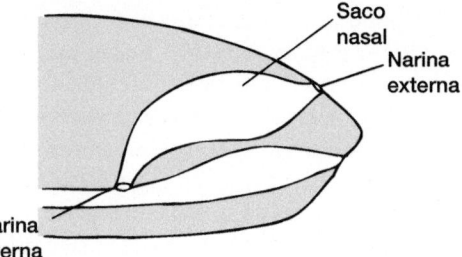

B Peixe com coanas

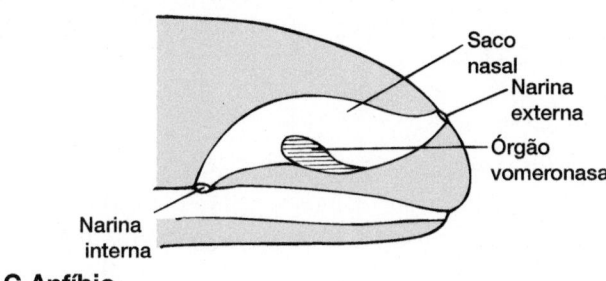

C Anfíbio

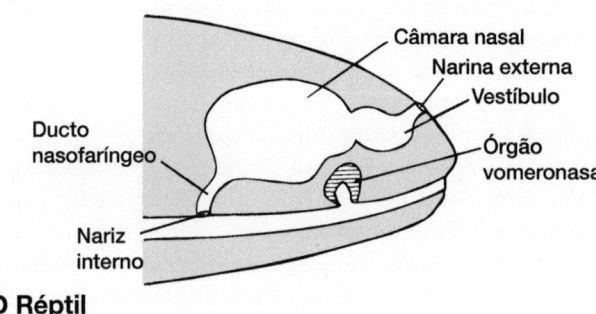

D Réptil

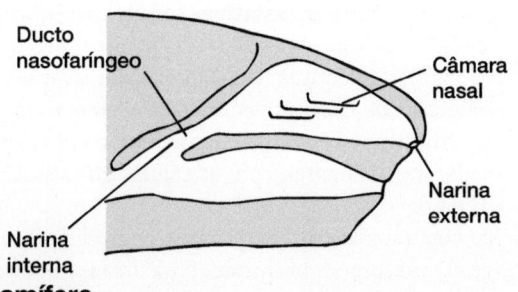

E Mamífero

Figura 17.10 Filogenia dos órgãos olfativos. Observe que o órgão vomeronasal está ausente nos peixes, porém presente na maioria dos tetrápodes. **A.** Peixe sem coanas. **B.** Peixe com coanas. **C.** Anfíbio. **D.** Réptil. **E.** Mamífero.

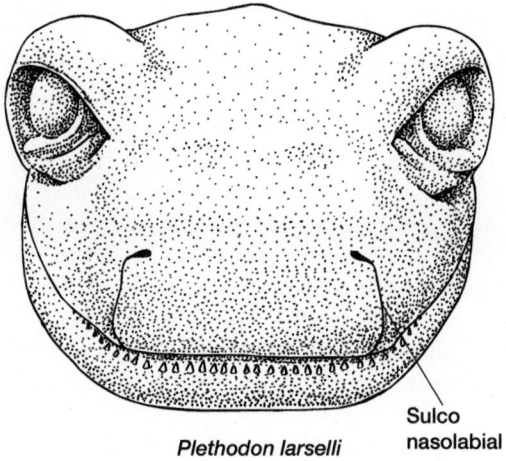

Plethodon larselli

Figura 17.11 Cabeça da salamandra *Plethodon larselli.* Em salamandras Plethodontidae, um sulco nasolabial estende-se entre a boca e as narinas. Acredita-se que esse sulco transporte substâncias químicas da boca ao nariz.

Com base em fotografias fornecidas por J. H. Larsen.

Nos tetrápodes, o ar substitui a água no transporte químico, embora, antes de alcançar os receptores sensoriais, as partículas transportadas pelo ar ainda sejam absorvidas em um filme mucoso que recobre o epitélio olfativo. O ar que entra nas narinas precisa fluir pelo epitélio olfativo em seu trajeto até os pulmões. Assim, o epitélio olfativo pode obter amostras das substâncias químicas presentes no fluxo de ar. Um vertebrado terrestre pode farejar o ar quando detecta substâncias químicas de especial interesse. O comportamento de farejar é independente da respiração e impele rápidos pulsos de ar para reabastecer o ar na câmara nasal. Isso aumenta a renovação do ar na câmara nasal e possibilita uma amostragem mais frequente de odores do ambiente (Figura 17.12).

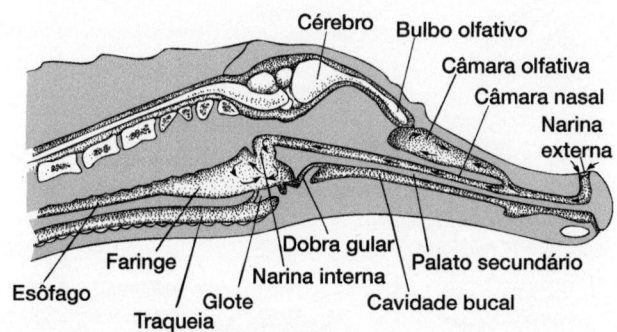

Figura 17.12 Comportamento de farejar no crocodilo. Nos tetrápodes, a olfação frequentemente depende da chegada de novas substâncias químicas com cada troca respiratória de ar para os pulmões. O comportamento de farejar possibilita a obtenção mais frequente de uma amostra de ar sem aumentar a frequência respiratória. O crocodilo pode fechar tanto a glote quanto a dobra gular, isolando momentaneamente as narinas e a boca. Ao baixar o assoalho da faringe, o ar fresco pode ser aspirado dentro da câmara olfativa e novas substâncias químicas podem ser coletadas sem ventilação respiratória.

De Pooley e Gans.

Área vomeronasal

O órgão vomeronasal, cujo nome deriva dos ossos que habitualmente alojam esse órgão quimiossensorial, é conhecido apenas em alguns tetrápodes. Está ausente na maioria das tartarugas, crocodilos, aves, alguns morcegos e mamíferos aquáticos. Nos anfíbios, encontra-se em uma área escondida fora da cavidade nasal principal. Nos répteis, o órgão vomeronasal é um par separado de depressões para as quais a língua e as membranas orais transportam substâncias químicas. Nos mamíferos que possuem esse órgão, trata-se de uma área isolada da membrana olfativa dentro da cavidade nasal, que habitualmente está conectada com a boca por meio do **ducto nasopalatino** (Figura 17.13).

O órgão vomeronasal é um sistema olfativo acessório. Inclui células basais, sustentaculares e sensoriais bipolares, semelhantes àquelas encontradas no epitélio olfativo. As células receptoras sensoriais do órgão vomeronasal projetam-se para dentro do lúmen por meio de microvilosidades, enquanto as células sensoriais possuem cílios. O circuito neural do sistema vomeronasal segue paralelamente ao sistema olfativo principal, porém permanece totalmente separado dele. À semelhança do sistema olfativo principal, o sistema vomeronasal pode ser localizado por meio do sistema límbico, a partir do hipotálamo e tálamo.

Tálamo e hipotálamo (Capítulo 16)

Em muitos vertebrados com órgão vomeronasal, o fluxo de ar respiratório transporta partículas para o órgão. Todavia, o órgão vomeronasal também pode estabelecer uma associação com a boca, levando alguns a sugerirem que ele percebe a composição química do alimento na cavidade bucal. Todavia, o órgão vomeronasal também parece ser particularmente sensível a substâncias químicas importantes no comportamento social

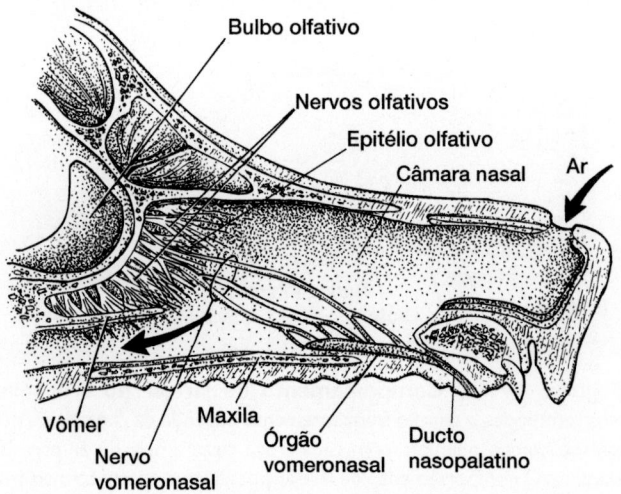

Figura 17.13 Órgão vomeronasal de um cão. O ducto nasopalatino que passa pelo forame incisivo une a boca com a câmara nasal. Os nervos olfativos seguem o seu percurso até uma área restrita do epitélio olfativo.

De Miller e Christensen.

ou reprodutivo. Teoricamente, os indivíduos que carecem desse órgão podem aumentar a sua taxa de ventilação respiratória para retirar amostras mais frequentes de ar através do epitélio olfativo, porém isso seria energeticamente mais dispendioso e poderia resultar em problemas na regulação do pH sanguíneo. Para reconhecermos a distinção anatômica e funcional do epitélio nasal e do órgão vomeronasal, referimo-nos às substâncias químicas detectadas como **odores** e **vomodores** e aos processos como **olfação** e **vomerolfação**, respectivamente.

As cobras e os lagartos estendem sua língua a partir da boca, vasculham o ar em frente de seu focinho para coletar vomodores e, em seguida, retraem a língua para dentro da boca para entregar essas substâncias químicas ao órgão vomeronasal (Figura 17.14 A a D). Nas cobras e, possivelmente, nos lagartos, a língua não entra diretamente no lúmen do órgão vomeronasal ao retornar na boca. Em lugar disso, o réptil esfrega a língua contra os ductos de entrada do órgão e contra pequenas cristas na parte inferior da boca. Essas cristas são elevadas para o ducto, aparentemente adicionando vomodores, que se unem àqueles liberados diretamente pela língua nos ductos de entrada. Nas cobras, a remoção ou a inativação do órgão vomeronasal leva a déficits na corte, no rastreamento de feromônios e na detecção de presas.

Boca

O paladar, assim como a olfação, concentra-se na detecção de estímulos químicos por quimiorreceptores. Todavia, os quimiorreceptores do paladar são **papilas gustativas** localizadas na boca. Nos anfíbios, nos répteis e nas aves, as papilas gustativas ocorrem na boca e na faringe. Já as dos mamíferos tendem a se distribuir por toda a língua.

Nos mamíferos, três nervos cranianos separados enviam informação sensorial das papilas gustativas para o sistema nervoso: os **nervos facial**, **vago** e **glossofaríngeo** (Figura 17.15 A). Cada papila gustativa que se abre, através do epitélio por um poro gustativo, consiste em um conjunto de 20 ou mais células de três tipos em formato de barril. Acredita-se que as células basais localizadas na base ou na periferia das papilas gustativas sejam células-tronco – isto é, células que substituem outros tipos de células. O tempo de vida das células das papilas gustativas é de cerca de 1 semana. Assim, a reposição é um processo contínuo. As células sustentaculares (células escuras) desempenham uma função de sustentação e secreção. Acredita-se que as **células gustativas** (células claras) sejam as principais células quimiorreceptoras das papilas gustativas. As células das papilas gustativas não têm axônios. Em seu lugar, fibras sensoriais dos três nervos cranianos se entrelaçam ao redor desses três tipos de células e estabelecem contatos especiais, semelhantes a sinapses, com as células gustativas (Figura 17.15 B e C).

Em seu conjunto, as papilas gustativas percebem estímulos químicos e atuam como transdutores para iniciar impulsos elétricos que se estendem, por meio dos nervos cranianos, até o sistema nervoso central. As substâncias doces, azedas, salgadas, amargas e saborosas enviam diferentes padrões de informações elétricas para o sistema nervoso a partir de células receptoras distintas. Antigamente, acreditava-se que esses receptores

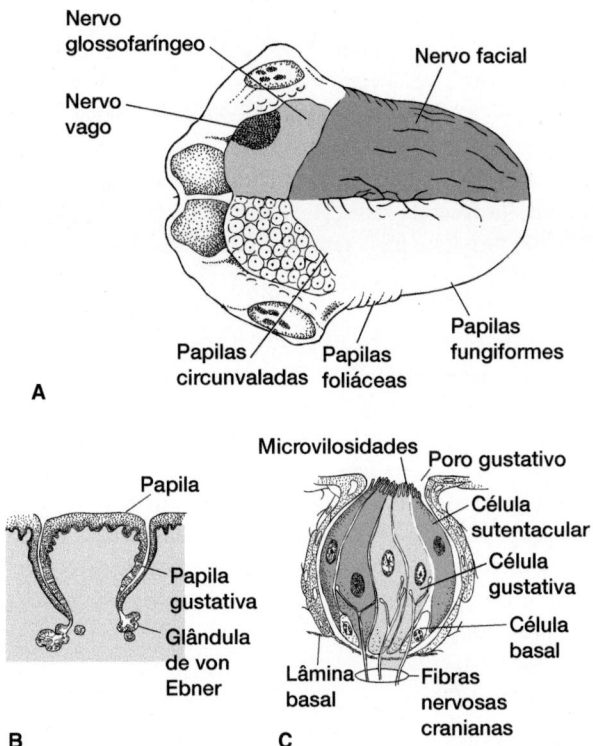

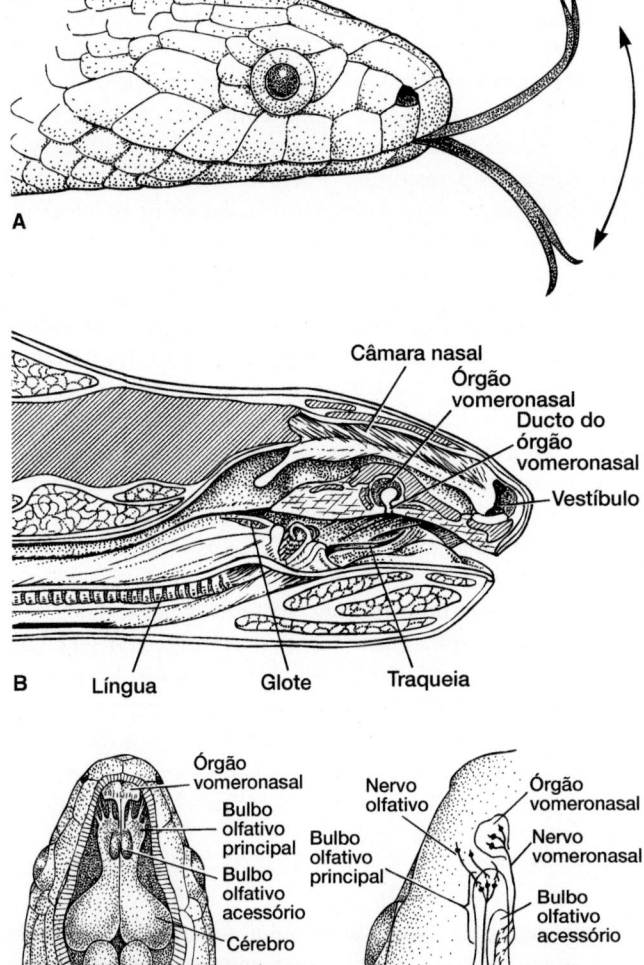

Figura 17.14 Movimento (*flicking*) da língua nas cobras. A. As cobras, assim como os lagartos, estendem a língua para varrer o ar à sua frente. A língua coleta e, em seguida, transporta partículas do ar para dentro da boca. Provavelmente com outras membranas orais, a língua esfrega essas partículas no órgão vomeronasal no teto da boca. **B.** Corte sagital da cabeça de uma jiboia. O órgão vomeronasal é uma bolsa cega, com lúmen que se abre diretamente na boca por meio de um ducto. A ponta da língua retraída se projeta a partir de sua bainha, abaixo da traqueia. **C.** O crânio e o tecido sobrejacente foram cortados para mostrar a vista dorsal do cérebro da cobra. **D.** Neuroanatomia dos órgãos olfativos de uma cobra. O bulbo olfativo principal recebe estímulos a partir do epitélio olfativo. O bulbo olfativo acessório, por meio de um ducto separado, recebe informações a partir do órgão vomeronasal. Os sistemas vomeronasal e olfativo são órgãos quimiorreceptores separados, cujas fibras seguem um trajeto separado dentro do trato olfativo. Em seguida, a informação sensorial tende a ser transportada em conjunto para o córtex olfativo do telencéfalo.

De Kubie et al.; Halpern e Kubie.

Figura 17.15 Quimiorreceptores da boca. A. As papilas gustativas, distribuídas pela língua, detectam cinco qualidades básicas: saborosa (umani), doce, azedo, salgado e amargo. As áreas inervadas pelos nervos cranianos facial, glossofaríngeo e vago estão indicadas. **B.** As papilas gustativas estão localizadas ao longo dos recessos de papilas dentro do epitélio superficial. **C.** Cada papila gustativa é composta de várias dezenas de células, incluindo células sustentaculares, células basais e células gustativas sensoriais. As superfícies apicais das células apresentam microvilosidades que se projetam através do epitélio de superfície. As fibras nervosas aferentes estão associadas a todas essas células.

A, de Bloom, Lazerson e Hofstadler.

particulares fossem restritos a regiões específicas da língua; todavia, sabe-se hoje que todas as sensações do paladar provêm de todas as regiões da língua, embora algumas regiões possam ser particularmente sensíveis a determinados sabores.

Receptores de radiação

A radiação viaja em ondas, sendo que aradiação cósmica tem o menor comprimento de onda, enquanto as ondas de rádio apresentam o maior. Essas, juntamente com os comprimentos de onda intermediários, constituem o **espectro eletromagnético**. Do ponto de vista de um organismo, a radiação transporta informações sobre sua intensidade, comprimento de onda e direção.

Nenhum organismo consegue interceptar toda a gama de informações disponíveis em todo o espectro eletromagnético. Os organismos podem perceber apenas uma faixa limitada de comprimentos de onda. Os insetos, como as abelhas e as borboletas, podem ver a radiação ultravioleta (UV), assim como muitos peixes, répteis e aves. A maioria dos mamíferos perdeu a capacidade de ver a luz UV, exceto talvez alguns roedores.

Sua urina reflete a luz UV, tornando a sua detecção um sinal útil pelos roedores sociais. Na outra extremidade da faixa visual (Figura 17.16), alguns vertebrados, como os morcegos vampiros, os pítons e os crotalíneos, podem detectar a radiação infravermelha (IR) por meio de receptores de superfície especializados. Todavia, a maioria dos vertebrados só consegue perceber uma estreita faixa da radiação eletromagnética, entre cerca de 380 e 760 nm. Essa faixa restrita é denominada luz "visível", o que significa que podemos vê-la (ver Figura 17.16). Quando falamos de "luz", estamos sendo bastante limitados, visto que estamos nos referindo, na realidade, a essa faixa muito estreita de radiação eletromagnética em relação a um espectro muito mais amplo. De modo semelhante, quando falamos sobre o sentido da "visão", estamos nos referindo à capacidade de perceber luz nessa estreita faixa.

Os vertebrados desenvolveram uma variedade de órgãos sensoriais que recolhem a radiação eletromagnética. Diferentes regiões do espectro representam diferentes energias (ver Figura 17.16) e apresentam diferentes níveis de estímulos para os receptores sensoriais.

Fotorreceptores

Os **fotorreceptores do olho** são sensíveis à luz e incluem duas categorias específicas de receptores sensíveis à luz: os bastonetes (sensores de baixos níveis de luz) e os cones (sensores para cores). Os olhos dos vertebrados podem focar a luz nas células fotossensíveis para formar uma imagem do ambiente. A capacidade de focar a luz em objetos a diferentes distâncias é denominada **acomodação visual**.

O sistema nervoso se aproveita das propriedades físicas da luz para interpretar as imagens apresentadas a ele. As diferenças na intensidade de luz são interpretadas como contrastes. Dentro do espectro visível, os diferentes comprimentos de onda são interpretados como diferentes cores.

▶ **Estrutura do olho.** O olho dos mamíferos apresenta três camadas: a esclerótica, a coroide e a retina (Figura 17.17 A).

Esclerótica. A esclerótica é a camada mais externa do olho. Forma o "branco do olho" e consiste em uma cápsula rígida de tecido conjuntivo à qual se fixam os músculos oculares extrínsecos. As contrações desses músculos produzem rotação do bulbo do olho em sua órbita para direcionar o olhar a um objeto de interesse. A esclerótica ajuda a definir o formato de bulbo do olho. Nas aves, nos répteis e nos peixes, observa-se, com frequência, a presença de pequenas placas de osso denominadas **ossículos escleróticos**, que ajudam a manter a forma da esclerótica. Na frente do olho, a esclerótica se torna mais clara, constituindo a **córnea** transparente.

Úvea | Túnica vascular do bulbo. A camada média do olho, a túnica vascular do bulbo ou **úvea**, é composta de três partes. A **coroide**, adjacente à retina, representa a maior parte. Ela é pigmentada e, em virtude de sua alta vascularização, proporciona suporte nutricional aos tecidosoculares. Em alguns vertebrados noturnos, ela inclui um material refletivo especial, o **tapete lúcido**. Em condições de baixa luminosidade, essa estrutura reflete a luz limitada para restimular as células sensíveis à luz na retina. O tapete lúcido produz o "brilho do olho" dos mamíferos vistos à noite pelos faróis dos carros ou fachos de lanterna.

A segunda parte da túnica vascular do bulbo, o **corpo ciliar**, consiste em um minúsculo círculo de músculo liso ao redor do interior do bulbo do olho. O **músculo ciliar** controla a acomodação visual e está inserido à **lente** flexível por meio de um **ligamento suspensório** circular. A tensão sobre a lente tende a deformá-la, enquanto o relaxamento permite à lente restabelecer elasticamente o seu formato.

A terceira parte da túnica vascular do bulbo, a **íris**, é uma fina continuação da túnica através da frente do bulbo do olho. A **pupila** não é uma estrutura, porém uma abertura definida pela margem livre da íris. Minúsculos músculos lisos dentro da íris atuam como diafragma para reduzir ou aumentar o tamanho da pupila e regular a quantidade de luz que entra no olho.

Retina. A camada mais interna do olho, a **retina** fotossensível, é ela própria composta de três camadas celulares. A camada mais profunda de células na retina contém as células

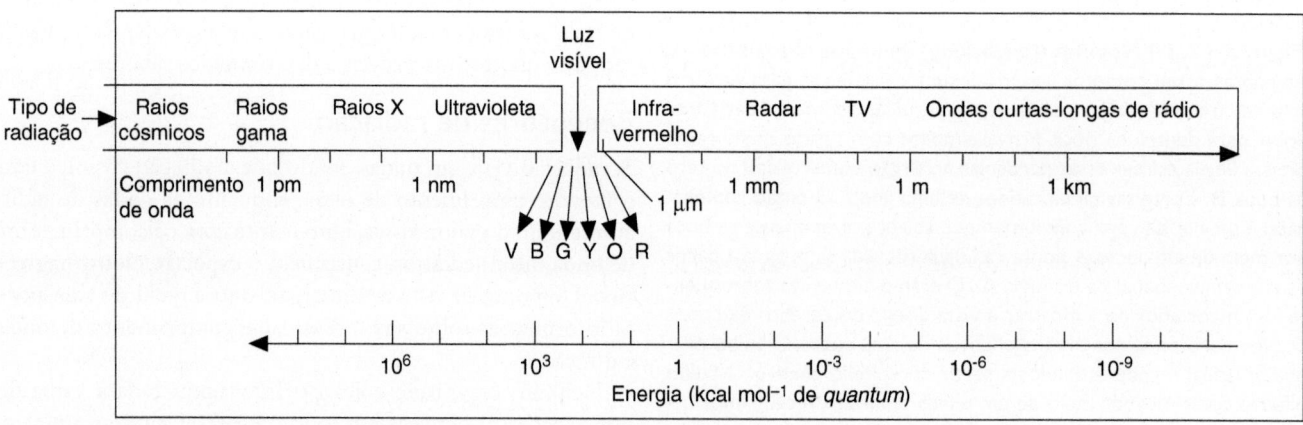

Figura 17.16 Espectro da radiação eletromagnética. Entre os raios cósmicos extremamente curtos e as ondas de rádio longas, encontra-se uma estreita faixa de "luz visível", à qual os olhos humanos são normalmente sensíveis. O comprimento de onda aumenta para a direita. A energia dentro da radiação eletromagnética aumenta para a esquerda. Abreviações: violeta (*V*), azul (*B*), verde (*G*), amarelo (*Y*), laranja (*O*), vermelho (*R*).

De Schmidt-Nielsen.

fotorreceptoras, incluindo os **bastonetes**, que são sensíveis a baixos níveis de iluminação, mas não a cores, e os **cones**, que são sensíveis a cores em boa iluminação. As células fotorreceptoras fazem sinapse com **células horizontais e bipolares**. Proximalmente a essas células, encontram-se as *células amácrinas* e *ganglionares* em camadas. Essa disposição significa que a luz que entra no olho e incide na retina passa sequencialmente pelas células ganglionares, amácrinas, bipolares e horizontais antes de alcançar os bastonetes fotorreceptivos e os cones (Figura 17.17 B). O significado funcional desse arranjo, se houver algum, não é conhecido.

Em alguns vertebrados, a retina é denteada, formando a **fóvea** (ver Figura 17.17 A), o ponto na parte posterior do bulbo do olho para o qual a luz converge. A fóvea, que é composta inteiramente por cones, forma o ponto de foco mais acurado. Embora estejam ausentes na fóvea, os bastonetes aumentam perifericamente.

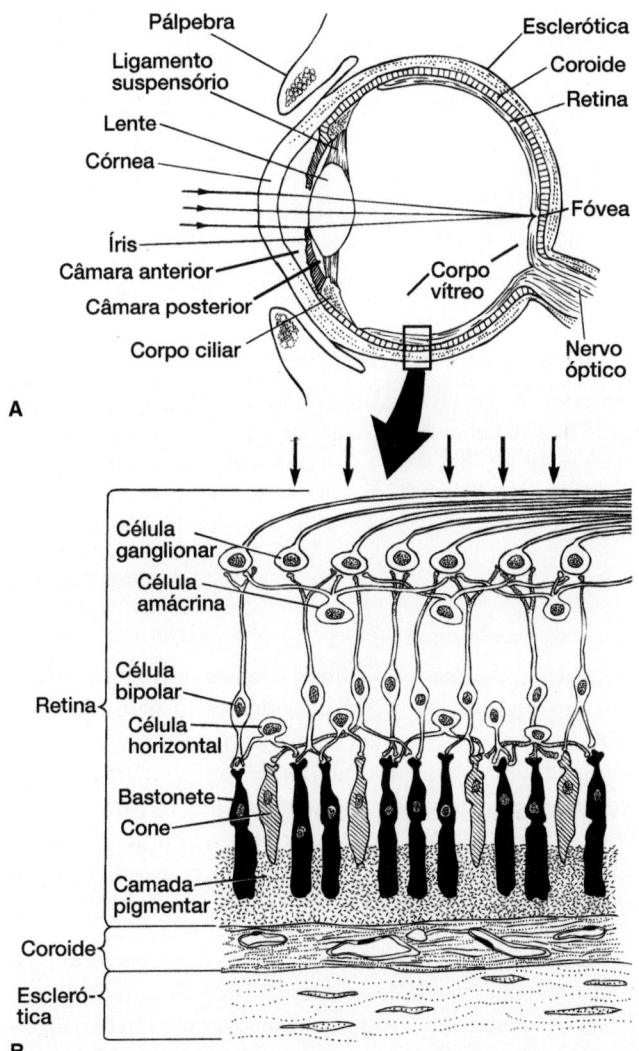

A

B

Figura 17.17 Estrutura do olho de um primata superior. A. Corte transversal. **B.** Vista ampliada das camadas na parede posterior do bulbo do olho. Os neurônios conectam indiretamente os bastonetes e cones fotossensíveis às células ganglionares que formam o nervo óptico. As *setas pretas* indicam o caminho de entrada da luz.

No olho existem três câmaras. Duas delas estão localizadas em frente da lente: a **câmara anterior**, entre a íris e a córnea, e a pequena **câmara posterior**, entre a íris e a lente. A terceira, a **câmara vítrea**, que é a maior, está localizada atrás da lente. Essas câmaras estão preenchidas com um líquido transparente que ajuda a manter o formato do bulbo do olho. As câmaras anterior e posterior são preenchidas com **humor aquoso**. A câmara vítrea contém **humor vítreo** espesso, algumas vezes denominado **corpo vítreo,** visto que pode ser dissecado do olho como um único tampão viscoso.

▶ **Embriologia.** Do ponto de vista embriológico, o olho é uma estrutura composta formada a partir do mesênquima circundante e do placódio óptico, um tecido neuroectodérmico espessado que dá origem à vesícula óptica. A retina é uma extensão do cérebro, contendo eventualmente 100 milhões de células fotorreceptoras nos humanos. O desenvolvimento do olho começa com o aparecimento de projeções pareadas, as **vesículas ópticas**, a partir das laterais do futuro telencéfalo (Figura 17.18 A). À medida que as vesículas ópticas se aproximam da ectoderme sobrejacente, esta sofre espessamento para se tornar o placódio óptico, e se invagina para formar o **primórdio da lente** (Figura 17.18 B). O placódio óptico se projeta para estabelecer uma indentação, a **cúpula óptica**. O mesênquima que circunda o bulbo do olho em desenvolvimento se condensa para produzir os revestimentos externos do olho (Figura 17.18 C e D).

Por conseguinte, a ectoderme origina a pálpebra, a córnea e a lente. O mesênquima forma a coroide e a esclerótica, enquanto a íris e a retina se desenvolvem a partir da cúpula óptica. A vesícula óptica mantém a sua conexão com o cérebro na forma do **pedículo óptico**, a partir do qual surge inicialmente. O pedículo óptico transporta os axônios das células ganglionares que se projetam para áreas ópticas no diencéfalo. Embora esse pedículo seja, na verdade, uma extensão do cérebro e, portanto, devesse ser denominado trato, na prática ele é frequentemente designado como **"nervo" óptico** e considerado como o segundo nervo craniano.

Nervos cranianos (Capítulo 6)

▶ **Filogenia.** Durante o desenvolvimento do olho nos vertebrados, moléculas específicas desempenham papéis cruciais no seu desenvolvimento. O olho frontal do anfioxo expressa essas mesmas moléculas, sugerindo uma homologia geral de suas células fotorreceptoras e células pigmentares com o olho dos vertebrados. Nas lampreias, o músculo estriado da córnea que se origina do miótomo está inserido na membrana externa (*spectacle*), uma área clara de pele sobre a córnea. A contração desse músculo tende a manter essa camada externa tensa e a achatar a córnea. Isso, por sua vez, empurra a lente mais próxima da retina. Por conseguinte, a acomodação é obtida pela deformação do bulbo do olho externamente. Com o relaxamento do músculo da córnea, a elasticidade da córnea e do humor vítreo fazem com que a lente retorne a uma posição de repouso (Figura 17.19 A).

Nos peixes ósseos e cartilaginosos, o bulbo do olho frequentemente é sustentado por ossos ou cartilagens escleróticos. A lente é quase redonda (Figura 17.19 B e C). É mantida pelo ligamento suspensório e movimentada pelo **músculo retrator**

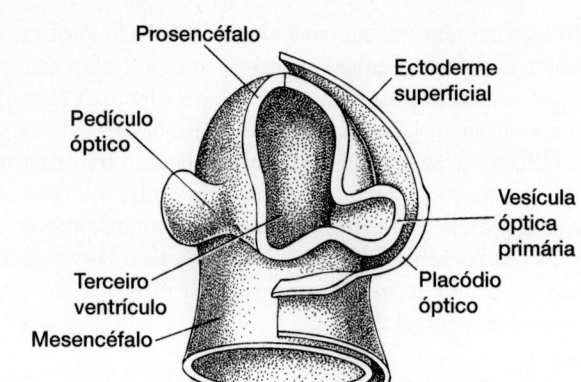

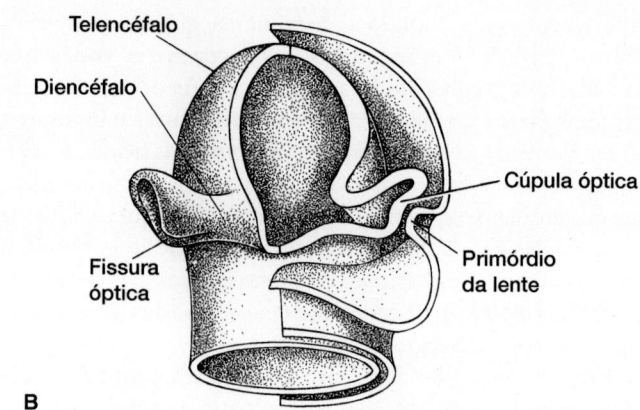

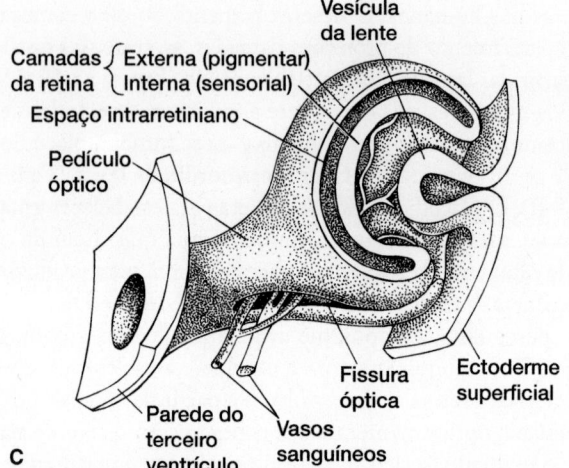

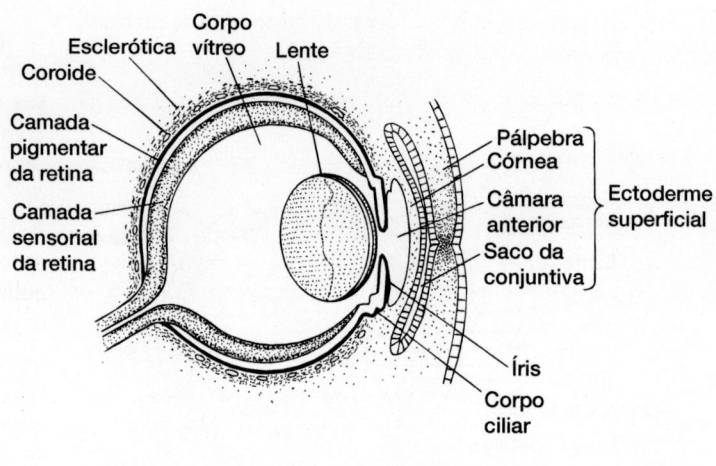

Figura 17.18 Desenvolvimento embrionário do olho dos vertebrados. A. Estágio inicial de embrião, no qual as vesículas ópticas em crescimento para fora finalmente encontram o placódio óptico espessado na ectoderme. **B.** Pouco depois, a interação da vesícula óptica com o placódio óptico leva à diferenciação inicial da mente e daquilo que irá se tornar uma vesícula óptica secundária de dupla camada ou cúpula óptica. **C e D.** Estágios sucessivos na separação da lente na vesícula óptica. Ocorre formação da pálpebra e da córnea, e a parede do bulbo do olho diferencia-se em camadas distintas. Após a separação da lente, aparecem aberturas no epitélio de superfície para delinear a córnea e a câmara anterior.

De Tuchmann-Duplessis, Auroux e Haegel.

ou **elevador da lente**, que está inserido diretamente na lente. Para focar a imagem, o músculo retrator puxa a lente para frente nos elasmobrânquios e para trás nos teleósteos.

O olho do anfíbio é algumas vezes reforçado por uma cúpula ou anel de cartilagem esclerótica. A lente é quase redonda e sustentada por um ligamento suspensório circular (Figura 17.19 D). O músculo retrator da lente dos anfíbios está inserido na base do ligamento suspensório, em lugar de estar diretamente inserido na lente. A lente é normalmente focada em objetos distantes. Para que os anfíbios possam enxergar objetos próximos, o músculo retrator da lente a impele para frente.

Entre os amniotas, com exceção das cobras, a lente muda de formato para acomodar a imagem visual. Isso envolve habitualmente a contração do músculo ciliar, que pode espremer a lente para modificar seu formato ou atuar por meio do do ligamento suspensório circular para estirar a lente e achatá-la. Com o relaxamento do músculo, a lente pode retornar a um formato mais arredondado, devido à sua resiliência. Em alguns

répteis e em algumas aves, porém não nos mamíferos, existem ossículos escleróticos. Esses ossículos estão particularmente bem-desenvolvidos nas aves de rapina que alcançam uma alta velocidade aérea. Um **cone papilar** nos répteis e um **pente** nas aves se projetam para dentro da câmara vítrea a partir da parede posterior do olho. Acredita-se que essas estruturas proporcionem um suporte nutricional complementar para os tecidos oculares profundos (Figura 17.19 E e F).

▶ **Forma e função.** A água e o ar representam desafios físicos fundamentalmente diferentes para a visão. A água afeta a luz de várias maneiras, por exemplo transportando materiais dissolvidos e em suspensão que podem bloquear a luz. Nas águas marinhas, o limite de visão útil pode ser de 30 m; todavia, nos rios e lagos de água doce turva, o limite frequentemente cai para apenas cerca de 1 a 2 m. Quanto mais fundo um animal mergulha, mais a luz solar é filtrada, e a água torna-se menos iluminada e, por fim, escura. A intensidade da luz diminui seletivamente com

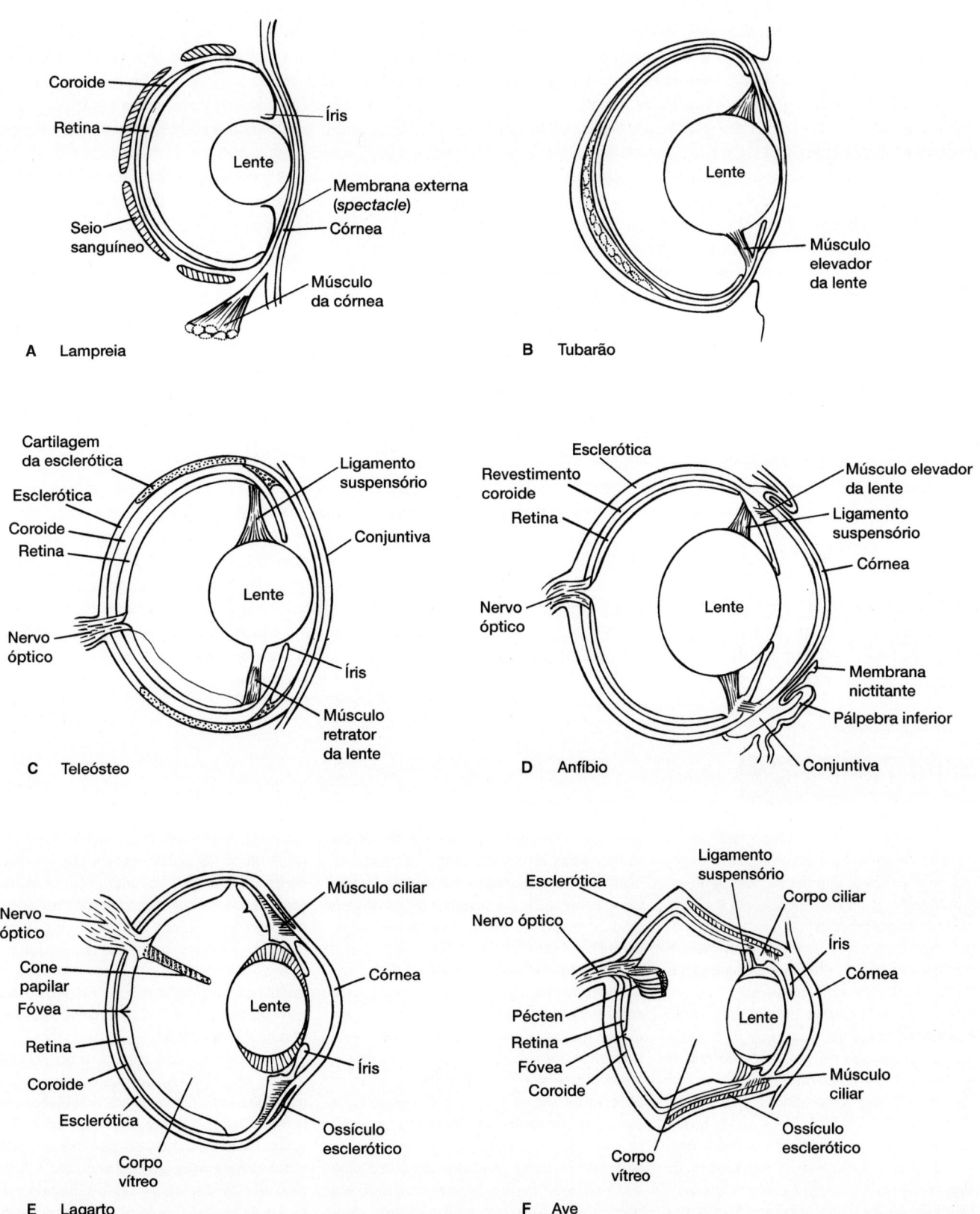

Figura 17.19 Cortes transversais de olhos de vertebrados. A. Lampreia. **B.** Tubarão, *Squalus*. **C.** Teleósteo. **D.** Anfíbio. **E.** Lagarto. **F.** Ave.

De G. A. Walls.

a profundidade. O primeiro comprimento de onda a ser absorvido é o ultravioleta e, em seguida, o infravermelho, vermelho, laranja, amarelo, verde e, por fim, azul. Praticamente nenhuma luz solar penetra abaixo de 1.100 m, mesmo em águas transparentes. Entretanto, a maioria dos peixes em profundidades superiores a 1.100 metros possui olhos grandes e complexos, mas que não detectam a luz solar, visto que ela nunca penetra nessas grandes profundidades. Em lugar disso, respondem a *flashes* de luz bioluminescente que os próprios peixes produzem.

Os ictiossauros, répteis marinhos extintos do Mesozoico, tinham olhos maiores em relação ao tamanho de seu corpo do que aqueles encontrados hoje nos mamíferos e répteis marinhos. Esses olhos relativamente grandes podem ter funcionado bem em condições de baixa luminosidade nas profundidades oceânicas, talvez superiores a 500 m. Um alimento favorito era a lula, que também reside nas profundezas oceânicas e também está equipada com olhos relativamente grandes. As focas comuns e manchadas são sensíveis a imagens visuais escuras, equivalentes a profundidades de 600 a 650 m; contudo, elas não possuem olhos particularmente grandes. Portanto, é possível que os ictiossauros com seus grandes olhos se alimentassem a profundidades superiores a 500 m, onde olhos grandes e aguçados captam a pouca luz que alcança essas profundidades.

Ictiossauros (Capítulos 1 e 3)

Acomodação visual. A água e o ar também diferem em seus efeitos sobre a acomodação visual. Para focar uma imagem, os raios luminosos precisam ser desviados ou "inclinados" de sua trajetória normal paralela para convergir na retina. Para os vertebrados terrestres, a diferença no **índice de refração** do olho e do ar é pronunciada, de modo que a luz que incide na córnea é desviada abruptamente. Em consequência, a córnea dos vertebrados terrestres realiza a maior parte do foco (Figura 17.20 A). A lente simplesmente refina a imagem para trazê-la para um foco nítido na retina. Todavia, nos vertebrados aquáticos, a córnea contribui muito pouco para o foco. Os índices de refração da água e da córnea são quase iguais. Por conseguinte, a lente dos peixes refrata a maior parte da luz. O índice de refração da lente é bem acima daquele da água, em virtude de sua estrutura cristalina e considerável espessura (Figura 17.20 B).

Óptica (Capítulo 4)

O foco nos peixes depende de mudanças na *posição* da lente dentro do olho (Figura 17.21 A e B). Em contrapartida, nos vertebrados terrestres – com exceção das cobras, o foco depende de mudanças no *formato* da lente (Figura 17.21 C a E). Não se sabe ao certo se o olho dos peixes em repouso está focado em objetos próximos ou distantes. Diferentes mecanismos de acomodação são empregados por diferentes grupos de peixes. Quando estimulados eletricamente, os músculos retratores da lente movimentam a lente posteriormente em alguns peixes, obliquamente para baixo em outros e obliquamente para cima em outros ainda.

Na truta, a lente é redonda, e a retina é elipsoide, de modo que as duas não são concêntricas (Figura 17.22 A). Isso pode significar que, em repouso, o campo de visão próximo do centro e o campo distante na periferia estão em foco. Durante a acomodação, a lente é puxada para trás. Isso não modifica acentuadamente o foco nos objetos periféricos, porém foca objetos distantes no centro do campo de visão (Figura 17.22 B).

Boxe Ensaio 17.1   "Dentro da visão" de John Dalton

Por uma variedade de razões – lesão, erros de desenvolvimento, mas principalmente genes defeituosos –, algumas pessoas apresentam deficiência de visão para cores e são incapazes de perceber certas cores, tornando-as "cegas para cores" A forma mais comum é a cegueira para as cores vermelha e verde, devido à falta de cones sensíveis a comprimentos de onda médios (verde). A condição é ligada ao sexo, de modo que os homens (cerca de 5%) são mais afetados do que as mulheres (menos de 0,5%).

Um indivíduo acometido por esse problema foi John Dalton (1766 a 1844), químico (propôs a teoria atômica dos elementos) e físico inglês. Provavelmente suspeitava de algo antes, porém chegou o momento decisivo quando foi a um encontro formal dos Quakers em traje preto, e um confiante Dalton apareceu com traje vermelho vivo ousado. Ele e seu irmão podiam perceber as cores azul e roxo, porém depois disso apenas amarelo. As cores verde, amarela e laranja não eram mais do que tons diferentes de amarelo. As plantas verdes e o sangue vermelho tinham a mesma aparência. Por fim, ele formulou a hipótese de que o centro de gel de seus olhos, o corpo vítreo, em lugar de ser transparente, era colorido de azul, filtrando os tons que ele não conseguia perceber. Não existia nenhuma maneira fácil de testar essa hipótese sem remover seus olhos. Assim, pouco depois de sua morte, o assistente de Dalton seguiu suas instruções, removeu seus olhos, despejou o conteúdo de um olho em um vidro de observação, iluminou o vidro e registrou que tudo era transparente. Nenhuma estrutura colorida. Em seguida, cortou uma pequena janela na parte posterior do outro olho e o examinou dentro. Novamente, tudo era transparente. Nenhuma estrutura colorida. A cegueira para cores, algumas vezes denominada "daltonismo" em sua homenagem, resultava de algum defeito em outro local.

Atualmente, sabemos que é a condição herdada que deixa a retina sem cones sensíveis aos comprimentos de onda médios da luz visível. A teoria de Dalton sobre a cegueira para cores foi refutada pelas suas próprias instruções depois de sua morte; entretanto, podemos agradecer a John Dalton por ter sido o primeiro a descrever de maneira honesta e cuidadosa a condição em 1798 ("Fatos extraordinários relacionados com a visão das cores, com observação", *Mem. Literary Phil. Soc. Manchester* 5:28-45, 1798.)

Há uma nota de rodapé: Depois do exame, os olhos de Dalton foram preservados, mantidos em um recipiente e cuidados pela John Dalton Society of Britain, até o presente. De fato, Dalton ou, pelo menos, seus olhos tinham mais uma contribuição a fazer. No meio da década de 1990, utilizando métodos de biologia molecular, os pesquisadores extraíram e examinaram o DNA das células de seu olho preservado. Foi confirmado que John Dalton era portador apenas de uma forma comum de cegueira para cores herdada.

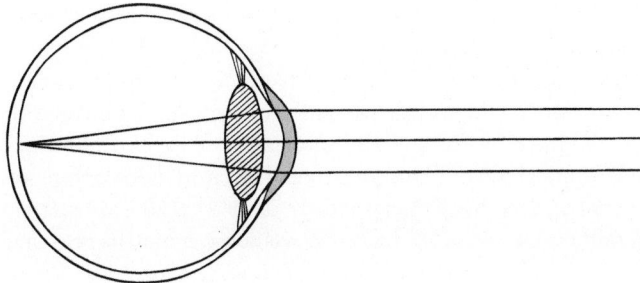

A   Tetrápode – ar

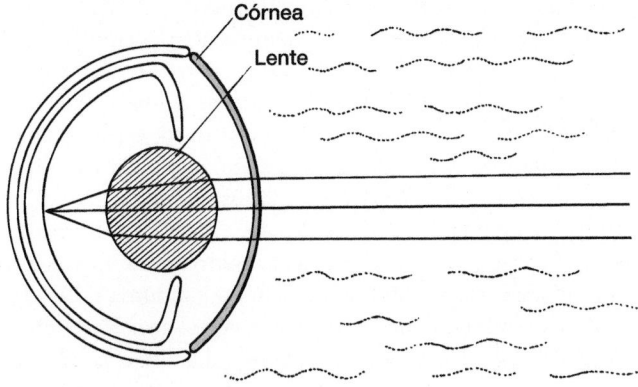

Córnea
Lente

B   Peixe – água

Figura 17.20 Visão no ar e na água. A. A luz que passa através do ar é fortemente refratada quando passa através da córnea; por conseguinte, a córnea é principalmente responsável por focar os raios luminosos. A lente faz o ajuste fino da imagem focada. **B.** Como a córnea tem propriedades de refração semelhantes às da água, a luz que chega é muito pouco afetada quando entra inicialmente no olho, de modo que a grande lente é que tem a principal responsabilidade de trazer os raios luminosos em foco sobre a retina.

Fotorrecepção. A maioria dos vertebrados apresenta dois sistemas visuais sobrepostos na retina. Um deles é **escotópico** – responsável pela capacidade visual em luz fraca, empregando os bastonetes –, e o outro é o **fotópico** – responsável pela visão em cores em luz brilhante, empregando os cones. Os bastonetes proporcionam a visão noturna, são sensíveis a baixos níveis de luminosidade, porém carecem de percepção de cor. Os cones são responsáveis pela visão em cores. Os pigmentos que absorvem luz nos bastonetes e nos cones pertencem a uma classe de pigmentos visuais, denominados **opsinas**, as quais, por sua vez, estão ligadas à molécula retinal, relacionada com a vitamina A. Quando esses pigmentos absorvem fótons de luz, as moléculas retinais mudam de forma e, por meio de uma série de etapas interligadas, estimulam a célula a produzir um impulso nervoso, que se propaga até os centros superiores.

As proporções de bastonetes e cones variam consideravelmente em diferentes animais. Nos animais ativos em condições de luminosidade, como os tetrápodes diurnos e os peixes diurnos de águas rasas, verifica-se a presença de bastonetes e cones. Os cones estão concentrados, em sua maioria, próximo da fóvea, enquanto os bastonetes predominam na periferia. Os animais noturnos ou aqueles que habitam águas com pouca luminosidade estão adaptados a uma iluminação fraca.

Nesses grupos, os cones estão presentes em pequeno número ou ausentes, e a retina é composta quase inteiramente de bastonetes.

As retinas de todos os vertebrados possuem bastonetes, e, portanto, todos os vertebrados apresentam algum grau de visão escotópica. Todavia, muitos vertebrados, como os condrictes, carecem de cones na retina, sugerindo uma falta de visão em cores. Os vertebrados com visão em cores podem ter até quatro tipos de cones, reconhecidos pela presença de pigmentos de opsina distintos (ou seu DNA associado), cujos nomes estão relacionados com a região espectral à qual são mais sensíveis. De fato, os primeiros vertebrados tinham todos os quatro tipos de cones, que são, com sensibilidade máxima aproximada à cor: violeta (370 nm), azul (445 nm), verde (508 nm) e laranja (560 nm). Essa visão em cores tetracromática (quatro cores) é encontrada em muitos peixes, tartarugas, lagartos e aves. Além dos pigmentos de opsina, os cones nesses grupos também podem apresentar gotículas de óleo que atuam para filtrar comprimentos de onda curtos, estreitando o espectro e reduzindo a sobreposição da sensibilidade espectral. Os cones informam

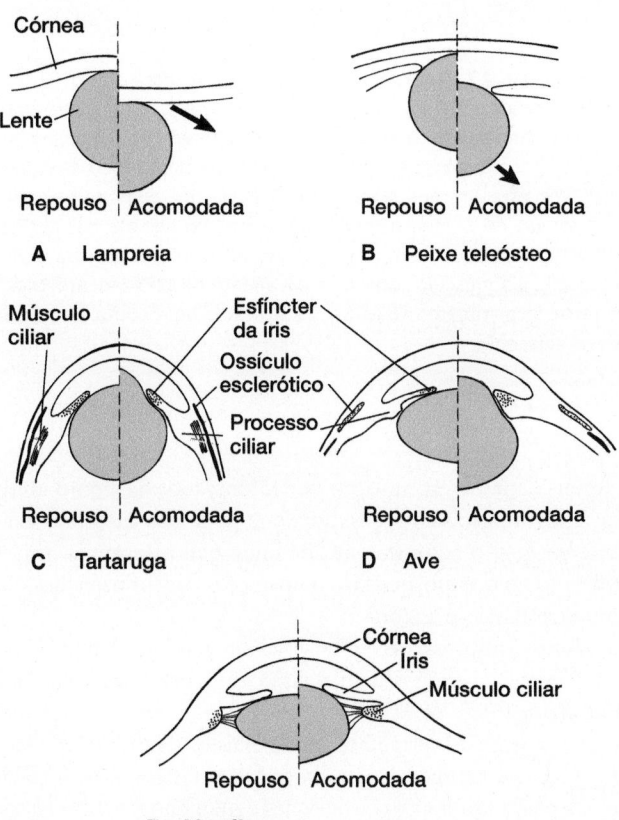

Figura 17.21 Acomodação nos vertebrados. A. Lampreia. A contração do músculo da córnea puxa a córnea contra a lente, forçando uma mudança em sua posição e capacidade de focar a luz que entra. **B.** Teleósteo. A acomodação no teleósteo depende de uma mudança na posição da lente. **C.** Tartaruga e **D.** Ave. A acomodação em ambas envolve o músculo esfíncter da íris que comprime a lente. **E.** Mamífero. A acomodação é realizada por meio do relaxamento dos ligamentos suspensórios do olho.

De G. A. Walls.

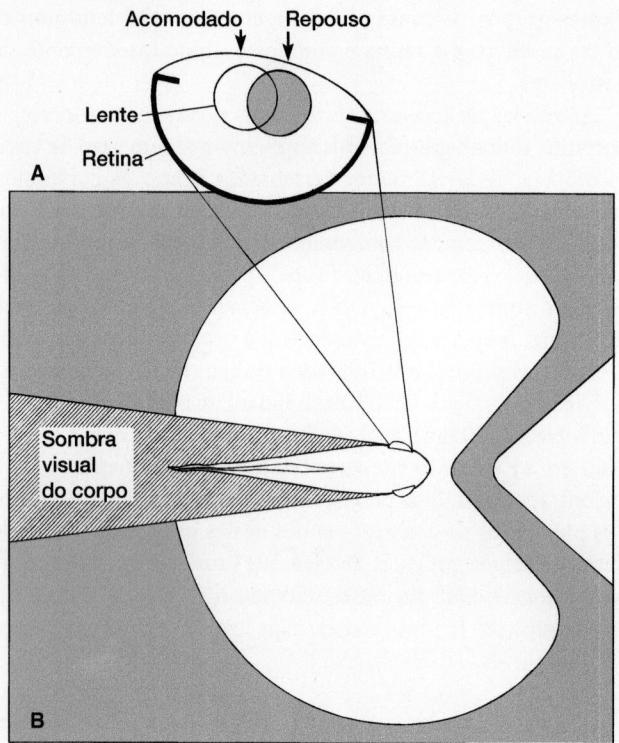

Figura 17.22 Acomodação na truta. A. Para que o olho da truta acomode a luz, a lente precisa ser tracionada posteriormente. Como as curvaturas da lente e da retina diferem, foi proposto que essas diferentes curvaturas proporcionam um duplo foco. **B.** Quando o olho está em repouso, a *área pontilhada*, que consiste na região em formato de V imediatamente em frente do peixe e nas regiões laterais distantes, está em foco; as *áreas em branco* estão fora de foco. Quando o músculo retrator puxa a lente posteriormente, o peixe pode focar objetos distantes à sua frente, bem como no campo lateral adjacente.

De Pumphrey; Somiya e Tamura.

a intensidade da estimulação por fótons; todavia, como ainda existe alguma sobreposição, um cone pode não informar exatamente qual o comprimento de onda que o estimula. Isso é realizado no cérebro, que faz comparações das informações dos cones e estabelece as cores.

Muitos anfíbios carecem de visão em cores, porém até mesmo naqueles que a possuem, a visão em cores é reduzida para tricromática (três cores) – são capazes de distinguir o azul do verde e o verde do vermelho. Talvez mais intrigante seja a visão em cores dos mamíferos – quase todos são dicromáticos (duas cores), perdendo dois tipos de cones e mantendo apenas os cones para violeta e laranja, com perda das gotículas de óleo também. Acredita-se que isso esteja relacionado com a história dos mamíferos, que inclui principalmente um estilo de vida noturno, exigindo pouca visão em cores. Isso faz com que a maioria dos mamíferos atualmente não seja capaz de contrastar as cores nas regiões verde, amarelo e vermelho do espectro. Os humanos e outros primatas superiores constituem exceções.

Nos humanos e símios, existem três pigmentos coloridos que produzem um sistema tricromático completo, porém secundariamente derivado. Geneticamente, nos macacos, uma duplicação gênica (mutação) em um pigmento sensível a comprimentos de onda longos acrescentou um terceiro pigmento de cone aos dois dos outros mamíferos, formando, assim, uma visão em cores baseada em um sistema tricromático de cones, que consiste aproximadamente em cones violeta/azul (425 nm), verde (530 nm) e laranja (560 nm). Isso confere aos humanos uma notável capacidade de percepção estimada em 2 milhões de cores. Há controvérsias sobre o motivo pelo qual essa acuidade e gamas de cores evoluíram nos macacos. Alguns sugerem que isso ajudou a encontrar frutas maduras (mudança de cor) nas florestas densas ou uma fêmea no estro (intumescimentos púbicos aumentados) entre o grupo.

Qualquer que seja seu valor evolutivo, a visão em cores tricromática surgiu nos macacos ancestrais, e é por esse motivo que nós, como humanos, evoluindo dentro desse grupo, adquirimos essa visão em cores relativamente boa (as aves possuem uma visão em cores ainda melhor). Os caçadores que usam chapéus e roupas de cor laranja ou vermelha facilitam sua visualização e identificação por outros humanos, porém os animais dicromáticos caçados são incapazes de ver cores contrastantes nas regiões verde, amarelo e vermelho do espectro, o que torna o caçador vestido de vermelho/laranja facilmente visível aos olhos humanos, porém difícil de ser reconhecido pelo mamífero caçado.

Nas espécies diurnas, os cones isolados tendem a fazer sinapse com células bipolares isoladas, que fazem sinapse com células ganglionares únicas que se projetam para o sistema nervoso central. Acredita-se que essa transferência direta de impulsos um a um aumente a resolução da retina e, portanto, sua acuidade (Figura 17.23 A e B). Nas espécies noturnas, um grande número de células fotorreceptoras converge para um pequeno número de interneurônios; por conseguinte, existe um agrupamento de informação. A acuidade diminui, porém, a

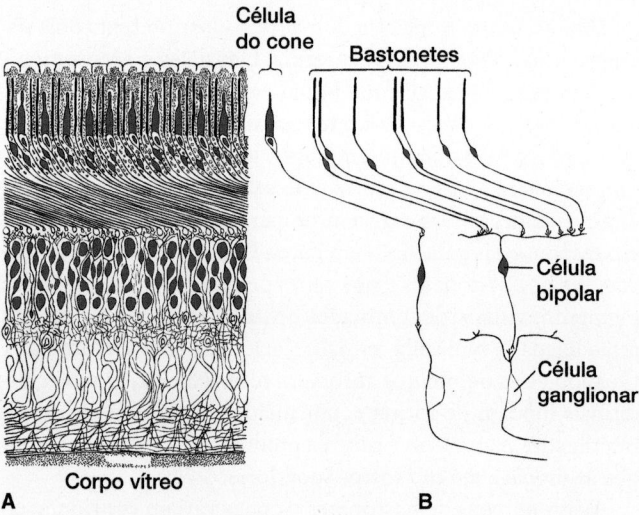

Figura 17.23 Conexões da retina. A. Diagrama dos bastonetes, cones, células bipolares e células ganglionares da retina. **B.** Nas espécies diurnas, acredita-se que o circuito de um a um, em que um cone se conecta a uma única célula bipolar, que se conecta a uma célula ganglionar, aumente a acuidade visual, ao passo que uma célula bipolar que recebe muitos bastonetes reúne diferentes estímulos, porém aumenta a sensibilidade.

sensibilidade aumenta. As células horizontais e, talvez, as células amácrinas dispersam a informação lateralmente para ajudar a acentuar os contrastes.

Um último aspecto da fotorrecepção precisa ser ressaltado. Alguns vertebrados possuem receptores em suas retinas que são sensíveis à radiação ultravioleta (UV). Sabe-se, há mais de um século, que os insetos exibem essa sensibilidade ao UV. Todavia, isso também está documentado em muitos peixes, tartarugas, lagartos e aves (mas não nos mamíferos, com exceção dos roedores). O significado funcional da recepção de UV não é conhecido, mas pode estar relacionado com o comportamento de forragear. Ratazanas deixam trilhas de urina e fezes que refletem comprimentos de onda UV. Pequenos falcões (do gênero *Falco*) podem aparentemente utilizar essas trilhas UV para rastrear esses roedores.

Percepção de profundidade. A posição dos olhos na cabeça representa um equilíbrio entre a amplitude do campo visual e a percepção de profundidade. Se os olhos estiverem posicionados lateralmente, então cada olho esquadrinha porções separadas do mundo ao redor, e o campo total de visão a qualquer momento é amplo. A visão em que os campos visuais não se sobrepõem é denominada **visão monocular**. Como ela permite ao indivíduo enxergar uma grande proporção de seu meio ambiente e detectar ameaças potenciais da maioria das direções, ela é comum em predadores. A visão estritamente monocular, em que os campos visuais dos dois olhos estão totalmente separados, é relativamente rara. Ocorre nos ciclóstomos, em alguns tubarões, salamandras, pinguins e baleias.

O campo visual sobrepõe-se nos animais com **visão binocular** (Figura 17.24). Uma extensa sobreposição dos campos visuais caracteriza os humanos. Temos até 90° de visão binocular, deixando 60° de visão monocular em cada lado. A visão binocular é importante na maioria das classes de vertebrados. Algumas aves apresentam até 70° de sobreposição, os répteis até 45° e alguns peixes até 40°. Na área de sobreposição, os dois campos visuais fundem-se em uma única imagem, produzindo

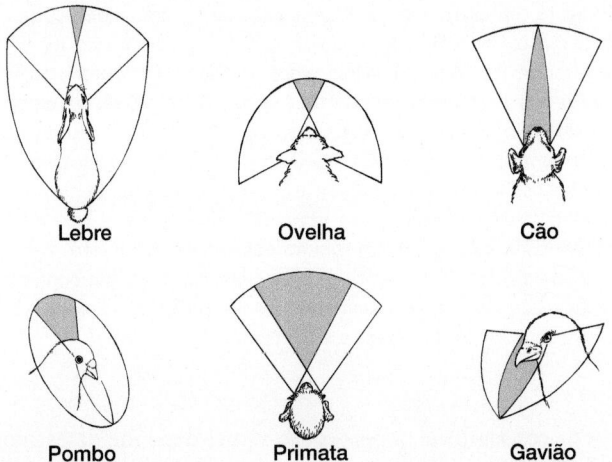

Figura 17.24 Visão monocular e binocular nas aves e nos mamíferos. O grau de sobreposição dos campos visuais (indicado pelo *sombreado*) varia de modo considerável. Os grandes campos panorâmicos de visão caracterizam animais suscetíveis ao ataque.

Lebre   Ovelha   Cão
Pombo   Primata   Gavião

uma **visão estereoscópica**. A vantagem da visão estereoscópica é que ela confere um sentido de percepção de profundidade. Se uma pessoa com dois olhos funcionais fechar um deles, irá perder grande parte do sentido de profundidade.

A percepção de profundidade provém do método de processamento da informação visual. Na visão binocular, o campo visual absorvido por cada olho é dividido. Metade da entrada vai para o mesmo lado, enquanto a outra metade cruza o **quiasma óptico** para o lado oposto do cérebro. O resultado consiste em trazer a informação recolhida por ambos os olhos para o mesmo lado do cérebro. O cérebro compara a paralaxe das duas imagens. A **paralaxe** é a visão ligeiramente diferente que se obtém de um objeto distante a partir de dois pontos de vista diferentes. Olhe para um poste de iluminação distante a partir de uma posição e, em seguida, depois de alguns passos lateralmente, olhe novamente para ele. Um pouco mais de um lado, poderá ser visto, e menos do lado oposto. A posição do poste em relação a pontos de referência no fundo também muda. Isso é a paralaxe. O sistema nervoso aproveita-se da paralaxe que resulta de diferenças nas posições dos dois olhos. Cada olho registra uma imagem ligeiramente diferente, devido à distância entre os olhos. Embora essa diferença seja pequena, ela é suficiente para que o sistema nervoso produza um sentido de profundidade a partir das diferenças na paralaxe (Figura 17.25).

A acomodação visual também contribui para a percepção de profundidade. Mesmo com um único olho, o grau de acomodação necessário para trazer o objeto em foco pode ser usado para interpretar sua distância.

Integração da informação visual. Nos vertebrados inferiores, o nervo óptico tende a seguir um trajeto diretamente para dentro do mesencéfalo. Nos amniotas, os axônios do trato óptico seguem um percurso para uma das três regiões: os **núcleos geniculados laterais** do tálamo, o teto do mesencéfalo e a área pré-tectal no tegmento do mesencéfalo.

As fibras do trato óptico dirigem-se, em sua maioria, para os núcleos geniculados laterais pareados do tálamo. Em seguida, as fibras retransmitem a informação para o córtex visual primário do cérebro (Figura 17.26). As células do tálamo, células fotorreceptoras e algumas células do córtex visual respondem às intensidades luminosas, porém outras células no córtex visual são mais especializadas. Algumas delas respondem a imagens visuais na forma de fendas, barras ou margens. Outras respondem apenas a bordas visuais em movimento ou paradas. Essas células especializadas acrescentam mais informações sobre o tamanho, o formato e o movimento da imagem visual. Em outras palavras, a retina responde à intensidade luminosa e ao comprimento de onda; todavia, no córtex visual, a imagem ganha contorno, orientação e movimento. A formação da imagem poderia ser comparada a filmes compostos por pontos de vídeos distintos. Conforme as margens, as sombras e os formatos são distribuídos, a imagem emerge progressivamente. Além disso, acredita-se que a informação visual alcance um nível consciente no córtex visual. Quando alcança o córtex, o mundo visual é conscientemente percebido.

Antes de entrar no tálamo, algumas células ganglionares do trato óptico enviam ramos para o mesencéfalo, entrando em contato com o teto. Além dessa entrada visual, os neurônios do

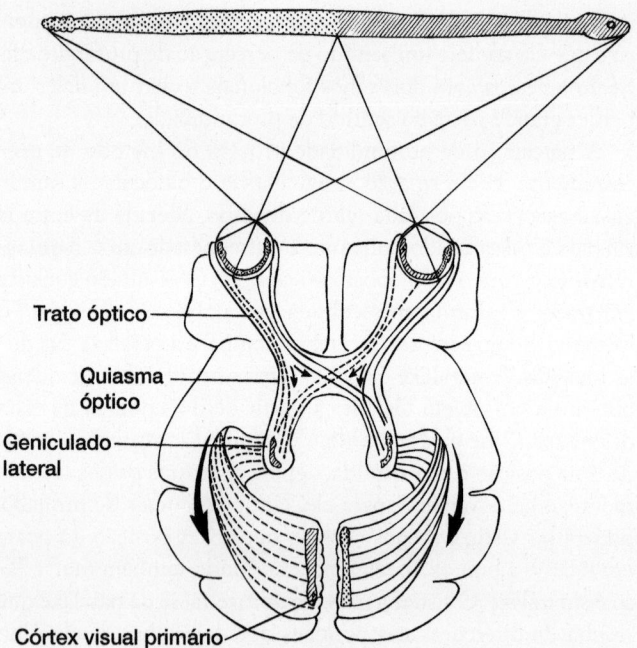

Figura 17.25 Percepção de profundidade. Os campos visuais sobrepostos nos olhos coletam a informação sobre o mesmo objeto (cobra), porém parte dessa informação segue pelo mesmo lado do cérebro através do quiasma óptico, enquanto outra informação segue para as áreas visuais no lado oposto do cérebro. Isso permite que informações semelhantes provenientes dos olhos posicionados de modo ligeiramente diferente sejam reunidas e comparadas. Acredita-se que essas comparações constituam a base para a percepção de profundidade. Observe a organização específica da informação visual. A informação proveniente do campo visual esquerdo (cauda da cobra) é recebida pelo lado direito de cada olho. O campo visual direito (cabeça da cobra) é recebido pelo lado esquerdo de cada olho. As fibras nervosas da parte medial da retina cruzam no quiasma óptico. As fibras laterais não cruzam. De modo geral, a informação proveniente do campo visual esquerdo (cauda) é processada no córtex visual primário do hemisfério cerebral direito. A informação proveniente do campo visual direito (cabeça) é processada no hemisfério cerebral esquerdo.

colículo superior recebem informações sobre som, posição da cabeça e *feedback* do córtex visual. Por sua vez, o teto produz uma saída motora para os músculos que estão envolvidos na rotação dos olhos, da cabeça e até mesmo do tronco em direção aos estímulos visuais. Os humanos têm dois olhos e dois campos visuais. Mentalmente, fundem-se em um campo, em parte devido aos movimentos intricadamente sincronizados de ambos os olhos à medida que examinamos o ambiente externo. O teto também envia impulsos visuais por meio do **núcleo pulvinar** do tálamo para o córtex visual. A função dessa via de entrada visual para o córtex cerebral não é conhecida. Se o córtex visual primário for danificado, ou a entrada direta a partir do tálamo for interrompida, essa entrada alternativa a partir do mesencéfalo pode preservar uma resposta rudimentar aos estímulos visuais.

Algumas fibras do trato óptico também enviam entradas para a área **pré-tectal** no tegmento do mesencéfalo. Uma retransmissão reflexa do tegmento para nervos motores que controlam os músculos da íris possibilita o ajuste imediato do tamanho da pupila em relação à intensidade luminosa.

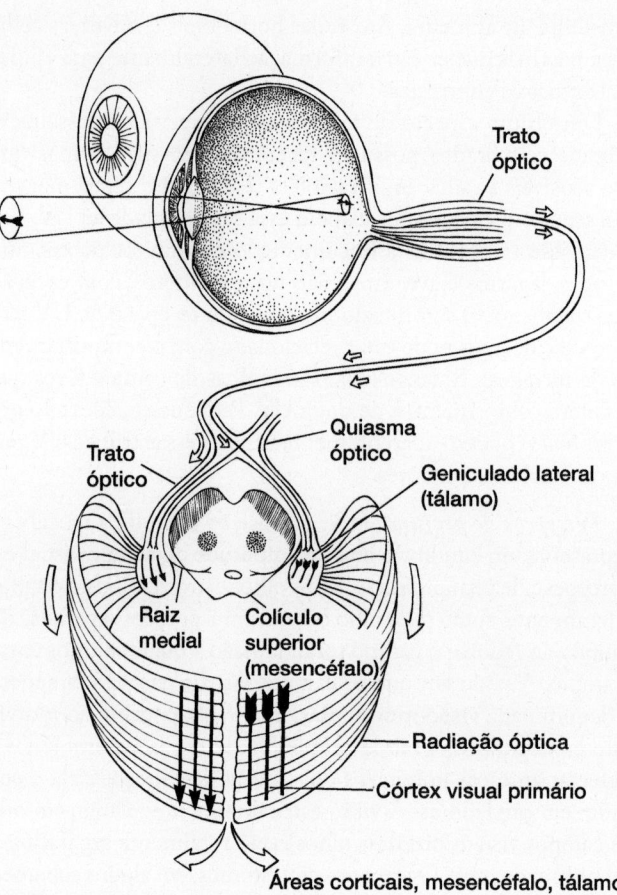

Figura 17.26 Projeções da informação visual para o córtex visual primário nos primatas. O objeto de foco é uma *seta cheia*. A saída da retina é transmitida por meio do trato óptico para os núcleos geniculados laterais no tálamo. O cruzamento seletivo de algumas fibras no quiasma óptico faz com que cada núcleo geniculado lateral receba a imagem (a *seta*) da metade oposta do campo visual. A imagem visual é representada ou mapeada no geniculado lateral na forma de um conjunto de campos adjacentes e altamente ordenados de neurônios estimulados. A partir do geniculado lateral, os axônios projetam-se por meio de uma radiação óptica para os hemisférios cerebrais, onde as partes correspondentes da imagem são agora representadas como uma pilha de campos superpostos no córtex visual primário. Acredita-se que a organização de múltiplas representações de uma imagem tanto no tálamo (geniculado lateral) quanto nos hemisférios cerebrais (córtex visual primário), embora não seja totalmente elucidada, possa contribuir para a neuroanálise da imagem binocular. Observe que a via visual não termina no córtex visual primário, mas continua até o mesencéfalo e até mesmo de volta ao tálamo. Um pequeno ramo do trato óptico, a raiz medial, não entra no tálamo, porém leva ao colículo superior (teto óptico). A raiz medial faz sinapse com os neurônios motores que controlam o reflexo de orientação visual envolvendo os movimentos do bulbo do olho, a rotação da cabeça e a do tronco.

Por conseguinte, a percepção visual depende da estimulação de células fotorreceptoras na retina e culmina nas regiões de integração centrais do cérebro. Entretanto, é preciso ressaltar que o processamento da informação visual começa na própria retina, que, como você deve se lembrar de anteriormente neste capítulo, constitui embriologicamente uma extensão do cérebro. Foi sugerido que até 90% da informação visual são processados na retina antes de sua transmissão ao tálamo.

▶ **Complexo pineal.** Na maioria dos vertebrados, o teto do diencéfalo, denominado **epitálamo**, produz um único fotorreceptor mediano, o **órgão parietal**. Todavia, existe uma grande variação nesse órgão de um grupo para outro e, com frequência, ele recebe especializações adjacentes adicionais do epitálamo. Para complicar ainda mais a situação, ocorre uma mudança filogenética na função do órgão parietal. Ele participa na fotorrecepção entre os anamniotas, porém tende a se tornar um órgão endócrino nos amniotas.

Glândula pineal (Capítulo 15)

De maneira não surpreendente, grande parte da terminologia desenvolveu-se em torno dos órgãos parietais e adjacentes do epitálamo. Começaremos a organizar essa terminologia.

Estrutura. Dependendo da espécie, o epitálamo pode sofrer evaginação para produzir quatro estruturas, sendo cada uma delas um órgão distinto (Figura 17.27 A). A estrutura mais anterior é a **paráfise**, seguida do **saco dorsal, órgão parietal e epífise cerebral (epífise)**. Se duas ou mais dessas estruturas estiverem presentes juntas, emprega-se o termo coletivo **complexo pineal**.

As funções da paráfise e do saco dorsal não estão bem elucidadas, porém a sua estrutura sugere que se trata de órgãos glandulares. A epífise é algumas vezes denominada **órgão pineal** ou, se desempenhar em grande parte uma função endócrina, **glândula pineal**. Como é adjacente ao órgão pineal, o órgão parietal é algumas vezes denominado **órgão parapineal** ou **olho parietal** quando forma um órgão sensorial fotorreceptor. O olho parietal pode incluir uma córnea modesta, uma lente e uma área de células fotorreceptoras que fazem sinapse com células ganglionares adjacentes para formar um nervo que se estende até o sistema nervoso (Figura 17.27 B e C).

Filogenia. Um único forame parietal dorsal através do crânio de muitos ostracodermes testemunha a presença de um órgão parietal. As lampreias viventes possuem tanto uma epífise quanto um órgão parietal. Ambos os órgãos exibem alguma capacidade de fotorrecepção (Figura 17.28 A). Nos elasmobrânquios e nos peixes ósseos, a epífise é proeminente, porém o órgão parietal, se estiver presente, é apenas rudimentar (Figura 17.28 B e C).

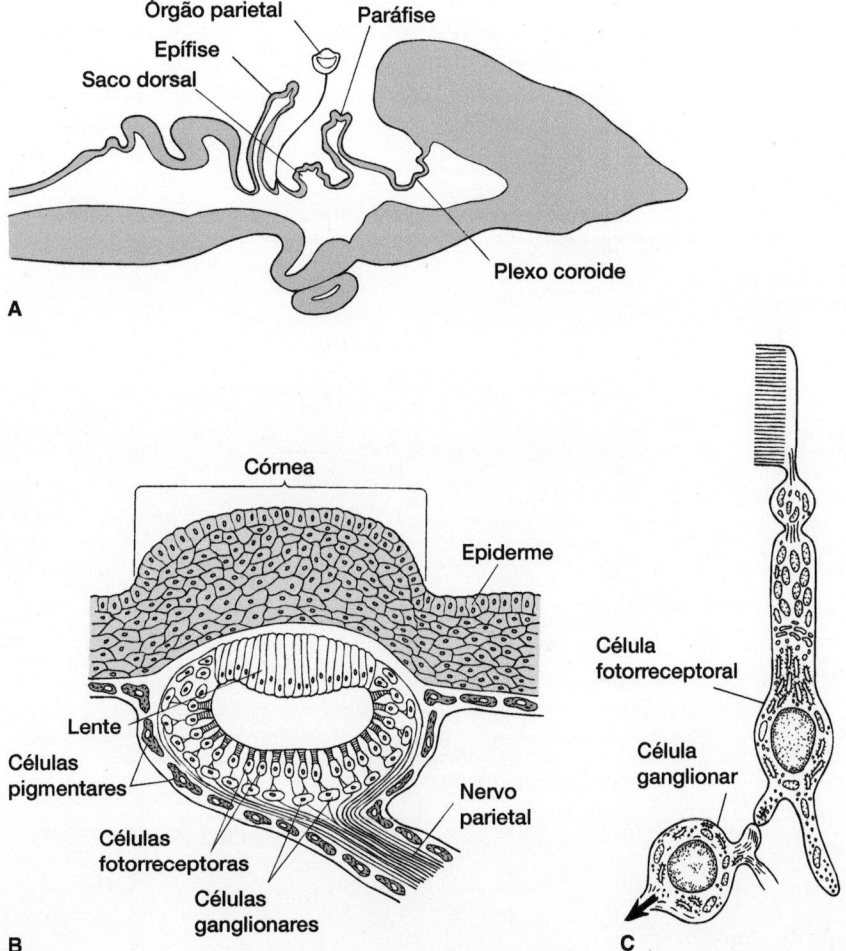

Figura 17.27 Complexo pineal. A. Corte sagital através do sistema nervoso central de um vertebrado generalizado. Pode haver formação de até quatro evaginações do teto do diencéfalo. **B.** Olho parietal generalizado. **C.** Célula fotorreceptora de um órgão parietal.

De Northcutt.

Os anfíbios possuem habitualmente tanto uma epífise quanto um órgão parietal. Em anfíbios fósseis, o órgão parietal forma um olho parietal distinto. As rãs viventes mantêm esse órgão, porém ele está ausente nas salamandras (Figura 17.28 D e E).

Em muitos répteis, o órgão parietal está presente. Os lagartos e *Sphenodon* possuem um olho parietal tão distinto que é frequentemente designado como **terceiro olho**. A epífise também está presente (Figura 17.28 F).

Nas aves e nos mamíferos, o órgão parietal está ausente. A epífise é observada em ambas as classes, porém se trata de um órgão exclusivamente endócrino e designado habitualmente como glândula pineal (Figura 17.28 G e H).

Mesmo em uma determinada classe de vertebrados, existe uma considerável variação no complexo pineal. Por exemplo, a glândula pineal é pequena nas corujas, pardelas, gambás, musaranhos, baleias e morcegos, enquanto é grande nos

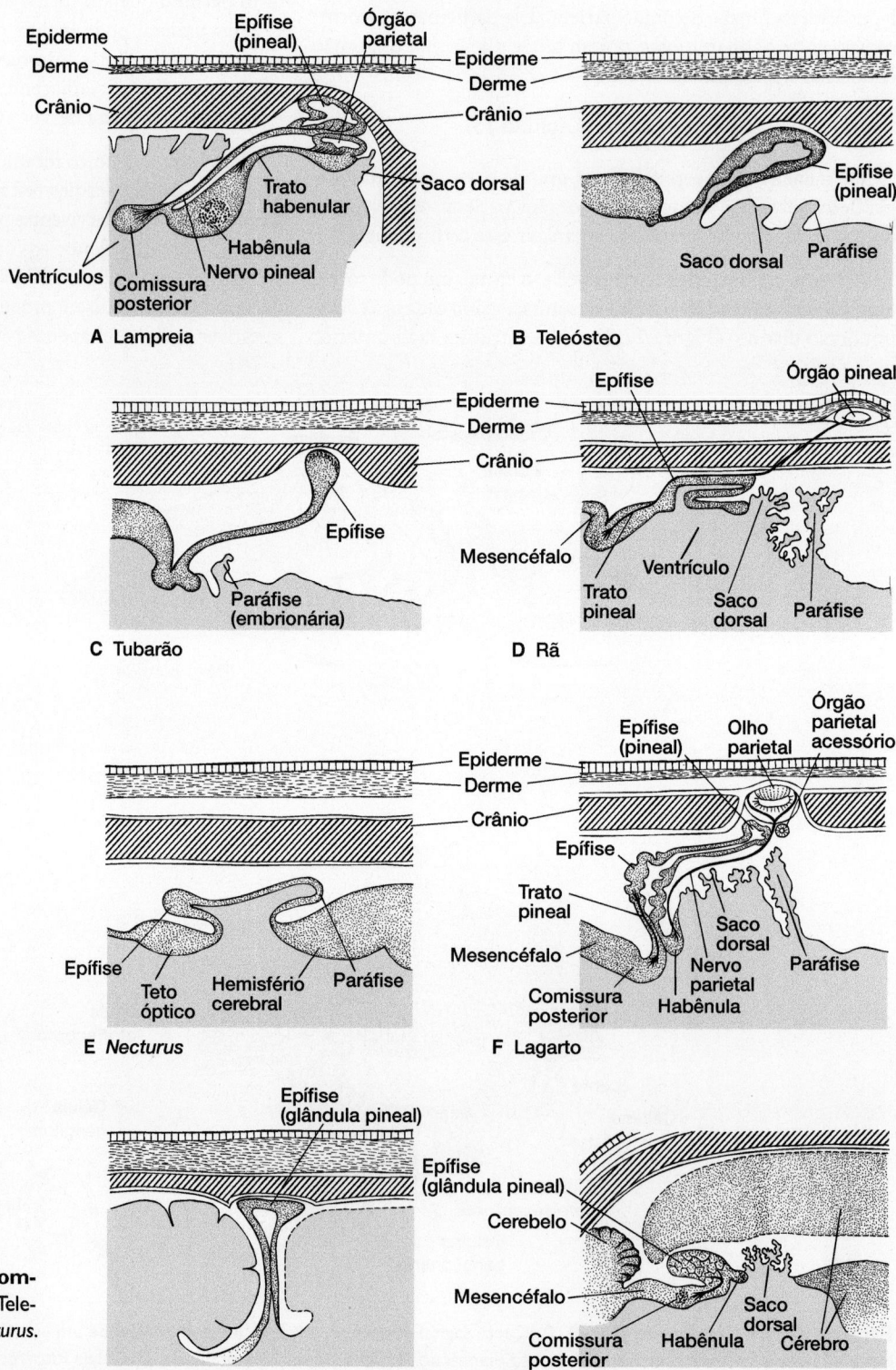

Figura 17.28 Filogenia do complexo da pineal. A. Lampreia. **B.** Teleósteo. **C.** Tubarão. **D.** Rã. **E.** *Necturus*. **F.** Lagarto. **G.** Ave. **H.** Mamífero.

De H. M. Smith.

pinguins, emus, leões-marinhos e focas. Nas feiticeiras, crocodilianos, tatus, dugongos, preguiças e tamanduás, a epífise está totalmente ausente. O órgão parietal pode se desenvolver independente da epífise. Os dois podem estar estreitamente associados ou, conforme observado em alguns peixes e anuros, podem fundir-se.

Forma e função. O complexo pineal primitivo era um órgão fotossensível. Entre a maioria dos ciclóstomos, peixes, anfíbios e répteis, a fotossensibilidade foi demonstrada experimentalmente no complexo do órgão pineal. Isso ajuda a sustentar o ponto de vista de que esse complexo constitui uma estrutura antiga entre os vertebrados e que surgiu como um sistema sensorial acessório sensível à fotorradiação. As células fotorreceptoras do complexo pineal são altas e colunares, com uma extensão apical especializada (Figura 17.27 C). As regiões basais fazem sinapse com células ganglionares adjacentes. Estas formam o nervo pineal, que retransmite impulsos para o núcleo **habenular** e outras regiões do cérebro.

A mudança da fotorrecepção para a secreção endócrina ocorre nas aves e nos mamíferos. Em algumas aves, foram descritas fibras do trato pineal, o que sugere um papel persistente na fotorrecepção. Entretanto, em sua maior parte, a epífise das aves é glandular, e acredita-se que esteja envolvida na secreção endócrina. Nos mamíferos, projeções de fibras pineais para o cérebro não são conhecidas. A epífise dos mamíferos é exclusivamente de função endócrina e composta por células secretoras, denominadas **pinealócitos**, que podem ser células fotorreceptoras modificadas.

Receptores de infravermelho

A radiação infravermelha está logo à direita da faixa visível de luz no espectro eletromagnético (Figura 17.16). Alguns vertebrados possuem órgãos sensoriais especiais que respondem à radiação infravermelha. Isso é particularmente útil à noite, quando a luz visível habitualmente não está disponível.

Para que possamos ver um objeto, a luz visível precisa incidir nele e ser refletida por ele. A fonte natural de luz visível é a luz solar. Entretanto, a luz infravermelha emana diretamente a partir da superfície de qualquer objeto com uma temperatura acima do zero absoluto, isto é, qualquer objeto mais quente que −273°C. Naturalmente, o sol está bem acima dessa temperatura, de modo que a radiação infravermelha está incluída em seu espectro. Todavia, todos os outros objetos naturais também estão acima dessa temperatura extremamente baixa e emitem radiação infravermelha a partir de suas superfícies, seja de dia ou de noite. A radiação infravermelha pode ser detectada por algumas espécies de cobra e pode ser utilizada para guiar a sua procura por presas no escuro.

Como a radiação infravermelha é emitida a partir de objetos quentes, e os objetos sobre os quais brilha são aquecidos à medida que eles a absorvem, essa radiação é algumas vezes designada incorretamente como "radiação de calor". Estritamente falando, a radiação infravermelha é uma faixa estreita de comprimentos de onda de radiação eletromagnética, e não de calor. Entretanto, esse efeito de aquecimento da radiação infravermelha nos corpos que a absorvem é o modo pelo qual os receptores de infravermelho são estimulados.

Em vários grupos de vertebrados, ocorrem órgãos sensoriais especiais que contêm **receptores de infravermelho (termorreceptores)**. Estão presentes na face dos morcegos vampiros que se alimentam de ungulados. Os receptores de infravermelho aparentemente ajudam esses morcegos a detectar os vasos sanguíneos quentes abaixo da pele espessa de suas presas. Os receptores de infravermelho mais distintos são encontrados em dois grupos de cobras: nas jiboias ancestrais e nos crotalíneos derivados. Em ambos os casos, o receptor sensorial é uma terminação nervosa livre localizada na pele. À medida que a pele absorve a radiação infravermelha, ela é aquecida; isso estimula as terminações nervosas livres associadas, que transmitem essa informação ao teto óptico do mesencéfalo.

Nas jiboias, as terminações nervosas livres situam-se nas escamas epidérmicas ao longo dos lábios (Figura 17.29 A). Nos pítons, as terminações nervosas encontram-se no fundo de uma série de várias **fossetas labiais** escondidas ao longo dos lábios (Figura 17.29 B). Os crotalíneos venenosos são denominados *pit vipers,* devido à presença de um par de receptores de infravermelho, denominados **fossetas faciais** (fossetas loreais). As fossetas faciais também são afundadas, porém diferem das labiais dos pítons. As terminações nervosas sensoriais estão suspensas em uma fina **membrana da fosseta**, a meia distância entre o fundo e o ápice da fosseta, em lugar de estarem localizadas no fundo da fosseta, como nos pítons (Figura 17.29 C e D).

Quando as terminações nervosas livres estão imersas em uma escama epidérmica, como na jiboia, ou quando estão associadas ao tecido no fundo de uma fosseta, como nos pítons, o tecido circundante pode dissipar calor e, dessa maneira, diminuir o aquecimento local que estimula as terminações nervosas livres. Todavia, nos crotalíneos, as terminações nervosas são rapidamente aquecidas, visto que as terminações nervosas livres

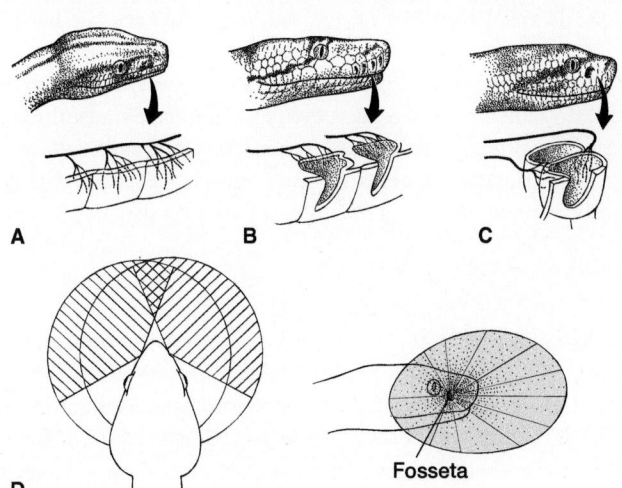

Figura 17.29 Receptores de infravermelho. Os receptores sensíveis à radiação infravermelha estão localizados no tegumento em algumas jiboias (**A**), no fundo de fossetas em pítons (**B**) e em uma membrana fina a meia distância entre a abertura e o fundo do órgão sensorial nos crotalíneos venenosos (**C**). Nos crotalíneos, os órgãos em fosseta rastreiam a *área sombreada* em forma de cone (**D**) em frente e nas laterais do receptor de infravermelho.

De deCock Buning.

estão suspensas na fina membrana longe das paredes da fosseta, aumentando sua sensibilidade à radiação infravermelha. Uma membrana da fosseta que é aquecida em apenas 0,003°C alcança um limiar suficiente para excitar seus receptores sensoriais. Para uma cobra crotalínea, isso se traduz em sensibilidade ao infravermelho de um camundongo presente a uma distância de cerca de 30 cm. Os pítons e as jiboias podem detectar camundongos a distâncias de cerca de 15 cm e 7 cm, respectivamente.

Mecanorreceptores

A detecção de correntes de água, a manutenção do equilíbrio e a audição de sons podem ter a aparência de serem funções sensoriais diferentes. Contudo, todas se baseiam em **mecanorreceptores**, isto é, células sensoriais que respondem a pequenas mudanças na força mecânica.

Um mecanorreceptor básico é a **célula ciliada**, cujos prolongamentos microscópicos em sua superfície apical assemelham-se a pelos finos. Esses minúsculos prolongamentos incluem um feixe compacto de **microvilosidades** de diferentes comprimentos e um único **cílio** longo, algumas vezes denominado **quinocílio**. Com frequência, as microvilosidades estão comprimidas em sua base e repousam sobre uma **rede terminal** densa ou **placa cuticular**. Cada microvilosidade inclui um núcleo de microfilamentos finos com pontes cruzadas moleculares, de modo que ela se comporta como um bastonete rígido. Como são imóveis, as microvilosidades são mais apropriadamente denominadas **estereocílios**. Um tufo de estereocílios com um quinocílio forma um **feixe ciliar** (Figura 17.30 A).

As células ciliadas são transdutores que transformam estímulos mecânicos em sinais elétricos. O estímulo mecânico do feixe ciliar desencadeia alterações iônicas na célula ciliada. As células ciliadas são células epiteliais que se originam embriologicamente a partir da ectoderme superficial. Elas são desprovidas de axônios próprios e, em seu lugar, cada célula ciliada é envolvida pelas fibras sensoriais de neurônios sensíveis a mudanças iônicas nesta célula. Por meio de sinapses, ou pontos de contato semelhantes a estas, a excitação elétrica é transmitida a partir das células ciliadas para os neurônios que as envolvem e, em seguida, para o sistema nervoso central. As células ciliadas também recebem nervos eferentes a partir do sistema nervoso central. Os nervos eferentes podem modificar a sensibilidade da célula ciliada ou ajudar a focar sua sensibilidade em uma faixa restrita de frequências mecânicas.

As células ciliadas respondem seletivamente a estímulos mecânicos. Por exemplo, estímulos aplicados em uma direção irão disparar uma célula ciliada, enquanto estímulos aplicados a partir da direção oposta não o farão (Figura 17.30 C). Acredita-se que a seletividade resulte da assimetria do próprio feixe ciliar, devido aos diferentes comprimentos de seus estereocílios.

Um **órgão neuromasto** é um pequeno conjunto de células ciliadas, células de sustentação e fibras nervosas sensoriais, constituindo o arranjo mais comum de mecanorreceptor. Os neuromastos surgem a partir de células primordiais migratórias, que se originam de placódios embrionários e seguem vias definidas para locais específicos de cada espécie na cabeça e no corpo. Os feixes ciliares que se projetam estão habitualmente inseridos em um revestimento gelatinoso, denominado **cúpula**

(Figura 17.30 B). A cúpula mais provavelmente acentua a estimulação mecânica das células ciliadas, aumentando, assim, sua sensibilidade. O órgão neuromasto, ou uma modificação dele, constitui o componente fundamental de todos os três tipos de sistemas mecanorreceptores: o sistema de linha lateral, que detecta correntes de água; o aparelho vestibular, que percebe mudanças no equilíbrio; e o sistema auditivo, que responde ao som.

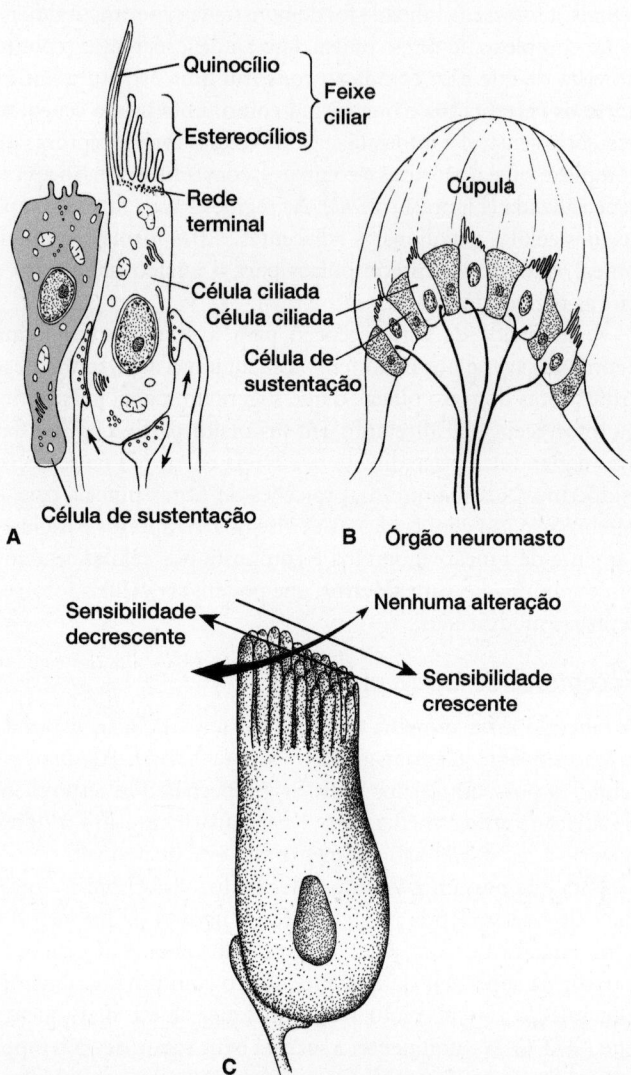

Figura 17.30 Células ciliadas. A. Um feixe ciliar, composto por estereocílios de comprimentos diferentes e por um único quinocílio, projeta-se a partir da superfície apical de uma célula ciliada. Fibras nervosas aferentes e eferentes estão associadas a cada célula ciliada. Uma célula de sustentação, que se acredita que não reaja a uma estimulação mecânica direta, frequentemente está adjacente a uma célula ciliada. **B.** Agrupamentos de células ciliadas e células de sustentação, formando uma unidade funcional, o órgão neuromasto. A cúpula é um revestimento de material gelatinoso que se encaixa sobre os feixes ciliares que se projetam. **C.** Uma célula ciliada responde à estimulação mecânica direta, porém a sua resposta é seletiva. Cada célula é mais sensível a forças de uma determinada direção. Forças mecânicas na direção oposta reduzem a sensibilidade. As forças em ângulo reto à célula ciliada não produzem qualquer alteração. Por meio dessas respostas seletivas, as células ciliadas indicam as direções das forças mecânicas que atuam sobre elas.

| Boxe Ensaio 17.2 | Órgãos sensoriais e origem das cobras |

Os lagartos são os parentes viventes mais próximos das cobras. As cobras podem ter evoluído a partir dos lagartos, ou ambos os grupos podem compartilhar um ancestral comum. O que é particularmente intrigante sobre a origem das cobras é o fato de que sua derivação a partir dos lagartos ou de ancestrais semelhantes aos lagartos pode ter incluído uma fase fossorial, em que a importância dos fotorreceptores estava reduzida. Depois dessa extensa fase fossorial, as cobras mais modernas teriam se irradiado de volta a *habitats* acima do solo. Os fotorreceptores que regrediram durante a fase fossorial foram, de certo modo, reconstruídos para atender as exigências adaptativas das espécies que passaram a ter estilos de vida ativos durante o dia.

O ponto de vista de que as cobras passaram por um período fossorial foi defendido por Gordon Walls no início da década de 1940. Foi inspirado pelo seu extraordinário estudo do olho nos vertebrados. Walls observou que o olho das cobras era acentuadamente diferente dos olhos de todos os outros répteis, incluindo os lagartos (Figura do Boxe 1A). Por exemplo, a acomodação do olho do lagarto ocorre por meio de uma mudança no formato da lente. Nas cobras, ocorre pelo movimento da

lente para frente ou para trás. Tipicamente, os lagartos possuem três pálpebras móveis: superior, inferior e membrana nictitante. As cobras não têm qualquer pálpebra. Em seu lugar, a córnea das cobras é coberta por uma membrana externa (**spectacle**), um derivado transparente das pálpebras que possui posição fixa. Alguns lagartos apresentam ossículos escleróticos, que estão ausentes em todas as cobras. Nas retinas dos lagartos diurnos, verifica-se a presença de cones e bastonetes distintos; todavia, nas cobras, os "cones" parecem ser bastonetes modificados que atuam na percepção de cor. Walls também observou diferenças adicionais na circulação, estrutura interna e composição química que atestam a particularidade do olho das cobras, não apenas entre os répteis, mas também entre todos os outros vertebrados. Para Walls, o olho das cobras parecia ser único.

Walls propôs que essas peculiaridades anatômicas do olho das cobras não poderiam ser facilmente explicadas se as cobras tivessem evoluído a partir dos lagartos que vivem na superfície. Com efeito, sugeriu que as cobras evoluíram a partir de formas nas quais os olhos estivessem reduzidos em associação a condições de baixa luminosidade. Propôs também que

as cobras tivessem passado por uma fase de vida em tocas. Em sua opinião, a reestruturação do olho ocorreu à medida que as cobras retornaram a condições de vida diurnas na superfície.

Outros fotorreceptores das cobras mostram evidências semelhantes de reconstrução a partir de um padrão regredido reptiliano. Por exemplo, o órgão parietal de muitos lagartos está altamente desenvolvido em um órgão fotorreceptor, que inclui uma lente e uma camada fotorreceptora. O parietal dos lagartos ocupa uma abertura no crânio e está abaixo da pele, onde tem acesso direto à luz natural. Todavia, nas cobras, o parietal está totalmente perdido e apenas a porção basal da epífise (pineal) é mantida. Na epífise remanescente dos ofídios, apenas pinealócitos secretores estão presentes, e a glândula pineal está localizada abaixo do crânio (Figura do boxe IB).

A questão relativa ao fato de a origem das cobras ter incluído uma fase fossorial ou apenas uma fase noturna durante a qual os ancestrais das cobras viveram em condições de baixa luminosidade continua discutível. De qualquer modo, os fotorreceptores especiais das cobras representam, certamente, um afastamento radical daqueles presentes em outros répteis.

Sistema de linha lateral

O **sistema de linha lateral** é encontrado na pele da maioria dos ciclóstomos, de outros peixes e anfíbios aquáticos, porém não é conhecido nos vertebrados terrestres, incluindo aves e mamíferos aquáticos. Consiste em longos sulcos ou **canais da linha lateral**, concentrados na cabeça e que se estendem ao longo das laterais do corpo e da cauda (Figura 17.31 A e B). Os órgãos neuromastos são os receptores sensoriais do sistema de linha lateral e, juntamente com os nervos sensoriais da linha lateral que os inervam, originam-se, embriologicamente, a partir dos placódios epidérmicos.

Os neuromastos podem ocorrer separadamente na superfície da pele, porém são habitualmente encontrados na base dos canais da linha lateral. O canal pode estar escondido em uma depressão ou afundado e recoberto pela pele superficial que possui poros através dos quais as correntes de água fluem sobre os órgãos neuromastos.

Os neuromastos respondem diretamente a correntes de água. As células ciliadas estão orientadas com seu eixo mais sensível, paralelo ao canal. Cerca da metade dessas células está orientada em uma direção, e o restante na direção oposta. Na ausência de estimulação mecânica, cada neuromasto gera uma série contínua de pulsos elétricos. A água que flui em uma

direção estimula um aumento nessa taxa de descarga. Se o fluxo ocorre na direção oposta, a taxa de descargas cai abaixo de sua taxa de repouso. Se a água passar em ângulo reto a esses neuromastos, a taxa de descarga elétrica em repouso não é afetada. Isso fornece informação sobre a direção de movimento do animal e sobre perturbações na água. Mesmo os peixes cavernícolas que são cegos podem navegar ao redor de obstáculos em seu ambiente devido à presença desses sistemas de linha lateral.

Alguns peixes utilizam seus canais da linha lateral como tipo de "toque a distância", isto é, eles possibilitam a detecção de compressão na água à sua frente conforme eles se aproximam de um objeto estacionário adiante. Em alguns peixes que se alimentam na superfície, o sistema de linha lateral detecta oscilações de frequência produzidas por insetos se debatendo na superfície da água. Se o nervo da linha lateral for cortado, ou se seus sulcos forem cobertos, o peixe perde sua capacidade de navegar ou de executar o comportamento de formação de cardumes.

Há algumas evidências de que os canais da linha lateral são capazes de detectar sons de baixa frequência, pelo menos de objetos próximos. A incerteza quanto a seu papel na audição se deve, em parte, à semelhança entre os estímulos. As rápidas oscilações da água e as vibrações de baixa frequência resultantes de sons que se propagam pela água são mecanicamente

Boxe Ensaio 17.2 | Órgãos sensoriais e origem das cobras (*continuação*)

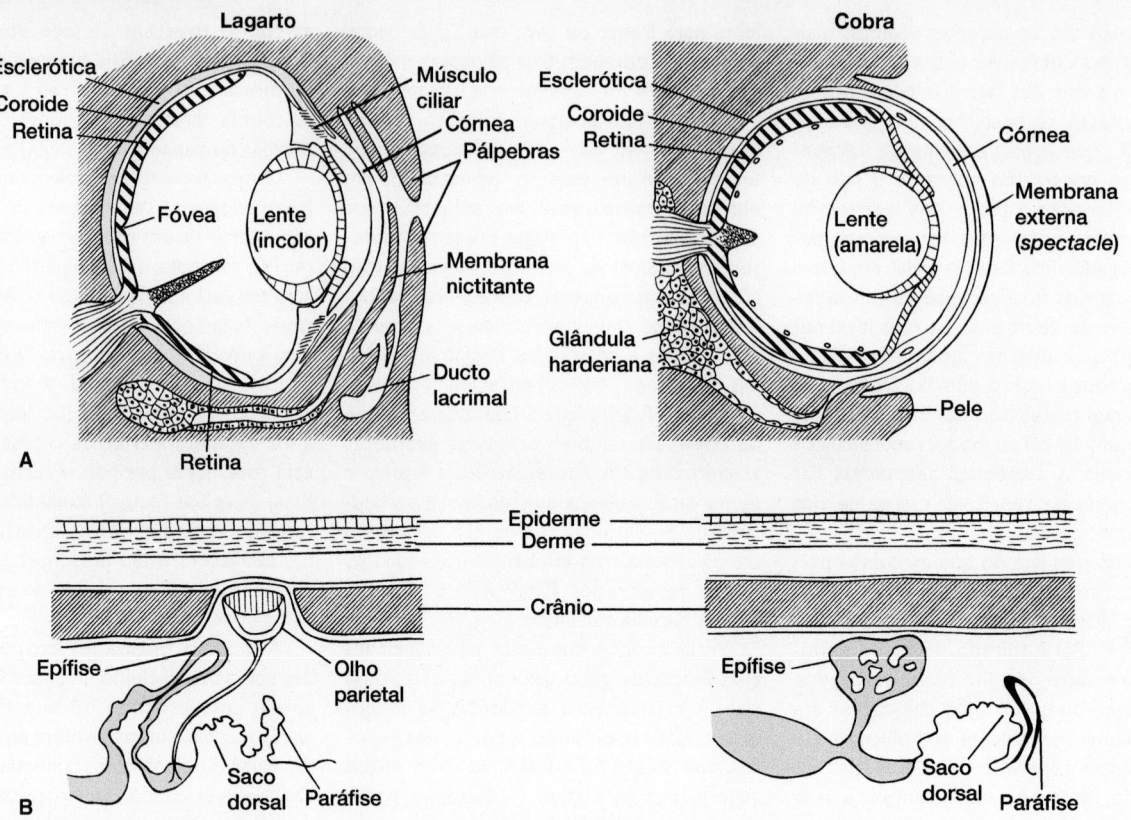

Figura 1 do Boxe Comparação dos fotorreceptores dos lagartos e das cobras. A. Olhos de lagarto e de cobra em corte transversal. **B.** Complexos pineais de um lagarto e de uma cobra.

A, de G. A. Walls.

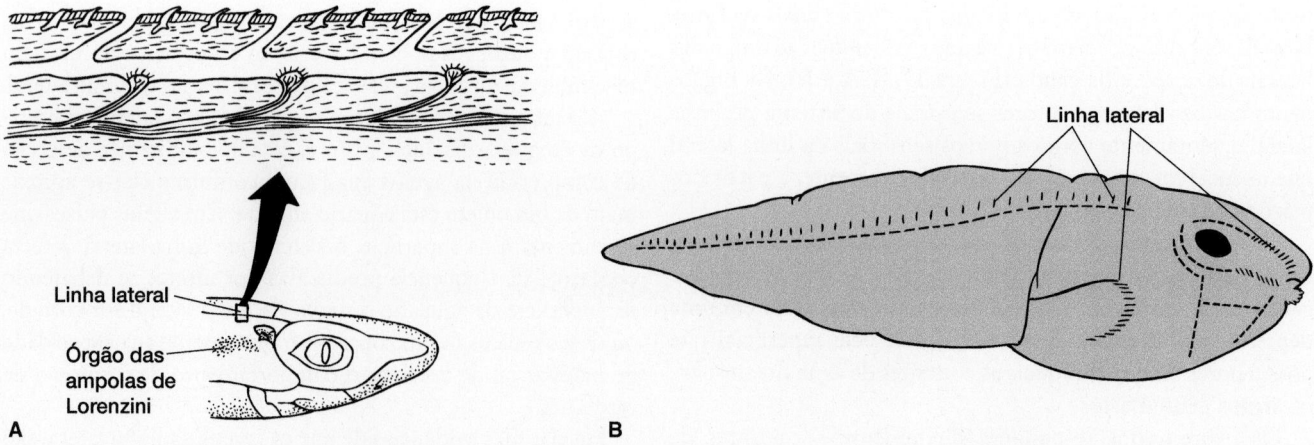

Figura 17.31 Sistema de linha lateral. A. Corte realizado através da pele de um tubarão, mostrando o canal da linha lateral afundado que se abre na superfície por meio de pequenos poros. **B.** Distribuição dos neuromastos na lateral de um girino. O eixo longo de cada neuromasto está representado pela orientação das *barras curtas*. Observe como essa orientação muda.

semelhantes. É também difícil isolar experimentalmente o sistema de linha lateral do ouvido interno, que também é sensível ao som. É evidente que a navegação constitui o principal papel do sistema de linha lateral. Talvez possa detectar perturbações na água produzidas por presas, e também devemos considerar um possível papel secundário na audição.

Aparelho vestibular

O **aparelho vestibular** (labirinto membranoso) é um órgão de equilíbrio, que surge filogeneticamente a partir do sistema de linha lateral. Está suspenso no aparelho vestibular por tecido conjuntivo frouxo. O aparelho vestibular é preenchido por **endolinfa** e circundado por **perilinfa**. Ambos os líquidos possuem uma consistência semelhante à da linfa. Do ponto de vista embriológico, o aparelho vestibular se forma a partir do **placódio ótico**, que se aprofunda a partir da superfície para produzir células ciliadas, neurônios dos gânglios óticos e o aparelho vestibular. Nos elasmobrânquios, o aparelho vestibular mantém uma continuidade com o ambiente por meio do ducto endolinfático. Em outros vertebrados, é separado para formar um sistema fechado de canais, preenchido por líquido.

O aparelho vestibular contém canais semicirculares e pelo menos dois compartimentos ligados: o **sáculo** e o **utrículo** (Figura 17.32 A). Esses compartimentos estão revestidos por **epitélio vestibular**, dentro do qual surgem os órgãos neuromastos que participam na percepção do equilíbrio e dos sons. Os gnatostomados possuem três **canais semicirculares** orientados aproximadamente nos três planos do espaço. Existem receptores sensoriais dentro dos canais semicirculares, denominados **cristas** (Figura 17.32 B). Cada crista é um órgão neuromasto expandido, composto por células ciliadas e cúpula. As cristas se encontram dentro de **ampolas** dilatadas na base de cada canal semicircular.

Os canais semicirculares respondem à rotação, tecnicamente à aceleração angular produzida quando a cabeça é girada ou movida. Quando os canais são acelerados, a inércia do líquido faz com que o movimento da endolinfa fique atrás do movimento do próprio canal. O líquido desvia a cúpula, estimula as células ciliadas e altera sua descarga rítmica de impulsos elétricos para o sistema nervoso.

O receptor sensorial dentro do sáculo e do utrículo é a **mácula** ou o **otólito receptor**. Trata-se também de um órgão neuromasto modificado com células ciliadas e cúpula gelatinosa; todavia, além disso, minúsculas concreções minerais de carbonato de cálcio, conhecidas como **otocônios**, estão imersas na superfície da cúpula (Figura 17.32 C).

As máculas respondem a mudanças de orientação dentro de um campo gravitacional. O movimento da cabeça ou a mudança de posição do corpo inclinam as máculas e modificam sua orientação em relação à gravidade. A aceleração do corpo também faz com que as máculas respondam. Os otocônios são massas com inércia que acentuam os deslocamentos de cisalhamento dos feixes ciliares em resposta à aceleração linear ou a mudanças na orientação da cabeça.

O aparelho vestibular mantém o sistema nervoso informado sobre o estado de repouso ou movimento do animal e transmite a informação sobre sua orientação. As máculas percebem a gravidade e a aceleração linear, e as cristas respondem à aceleração angular. Nos peixes, o aparelho vestibular também é responsivo ao som, embora essa função não pareça estar bem desenvolvida. Nos peixes, nos répteis, nas aves e, particularmente, nos mamíferos, o aparelho vestibular produz uma região especializada de recepção de som, a **lagena** (Figura 17.33).

Sistema auditivo

A lagena está envolvida na audição. Desenvolve-se como uma extensão do sáculo, de modo que faz parte do aparelho vestibular. Nos vertebrados terrestres, tende a aumentar de comprimento e, na maioria dos mamíferos, torna-se enrolada na **cóclea**. Dentro da lagena, ou cóclea nos mamíferos, encontra-se o receptor de som, o **órgão de Corti** (órgão espiral), uma faixa especializada de neuromastos conectados ao cérebro por meio do nervo auditivo. A lagena, assim como o restante do aparelho vestibular, localiza-se dentro do osso ou da cartilagem do crânio. O "ouvido" inclui até três compartimentos contíguos: os ouvidos externo, médio e interno.

▶ **Anatomia do ouvido.** O **ouvido externo** está ausente nos peixes e nos anfíbios, porém está presente nos répteis, como os lagartos e os crocodilianos. Consiste em um tubo denteado curto, o **canal acústico externo**, que se abre na superfície por meio do **orifício externo**. Nas aves e nos mamíferos, o canal acústico externo é alongado. O que a maioria das pessoas chama de "orelha" é corretamente denominado **pavilhão auricular**. Essa dobra cartilaginosa externa ao redor do orifício externo está presente na maioria dos mamíferos. O formato irregular do pavilhão auricular ajuda a diferenciar os sons que provêm de diferentes direções e os canalizam para o canal acústico externo. Assim como dois olhos com campos visuais sobrepostos produzem uma visão estereoscópica, os ouvidos pareados proporcionam uma audição estereofônica.

O **ouvido médio** consiste em três partes: um tímpano (= membrana timpânica), uma cavidade ou canal acústico médio e um a três ossos **minúsculos** ou **ossículos da audição**. O **tímpano** é uma membrana fina e esticada na superfície do corpo das rãs e de alguns répteis, porém frequentemente está localizada no fundo do canal acústico externo nos répteis viventes, bem como na maioria das aves e dos mamíferos. Como veremos adiante, o tímpano evoluiu diversas vezes nos tetrápodes.

A primeira bolsa faríngea aumenta, formando o recesso tubotimpânico. Sua extremidade expandida forma a **cavidade do ouvido médio** (Figura 17.34 A a E). O restante do recesso permanece aberto para formar a tuba auditiva (**tuba de Eustáquio**), que mantém uma continuidade entre a cavidade do ouvido médio e a faringe.

O primeiro ossículo da audição dos tetrápodes a se diferenciar foi o **estribo** ou columela, um derivado do **hiomandibular** dos peixes, nos quais atua principalmente na suspensão da maxila. A princípio, era um osso robusto, alojado firmemente entre a caixa craniana e o palato quadrado, continuando na sua principal função como suporte mecânico. O seu contato com a caixa craniana o coloca estrategicamente de modo que possa transferir secundariamente as vibrações sonoras para o ouvido interno de localização próxima. Em seguida, tornou-se

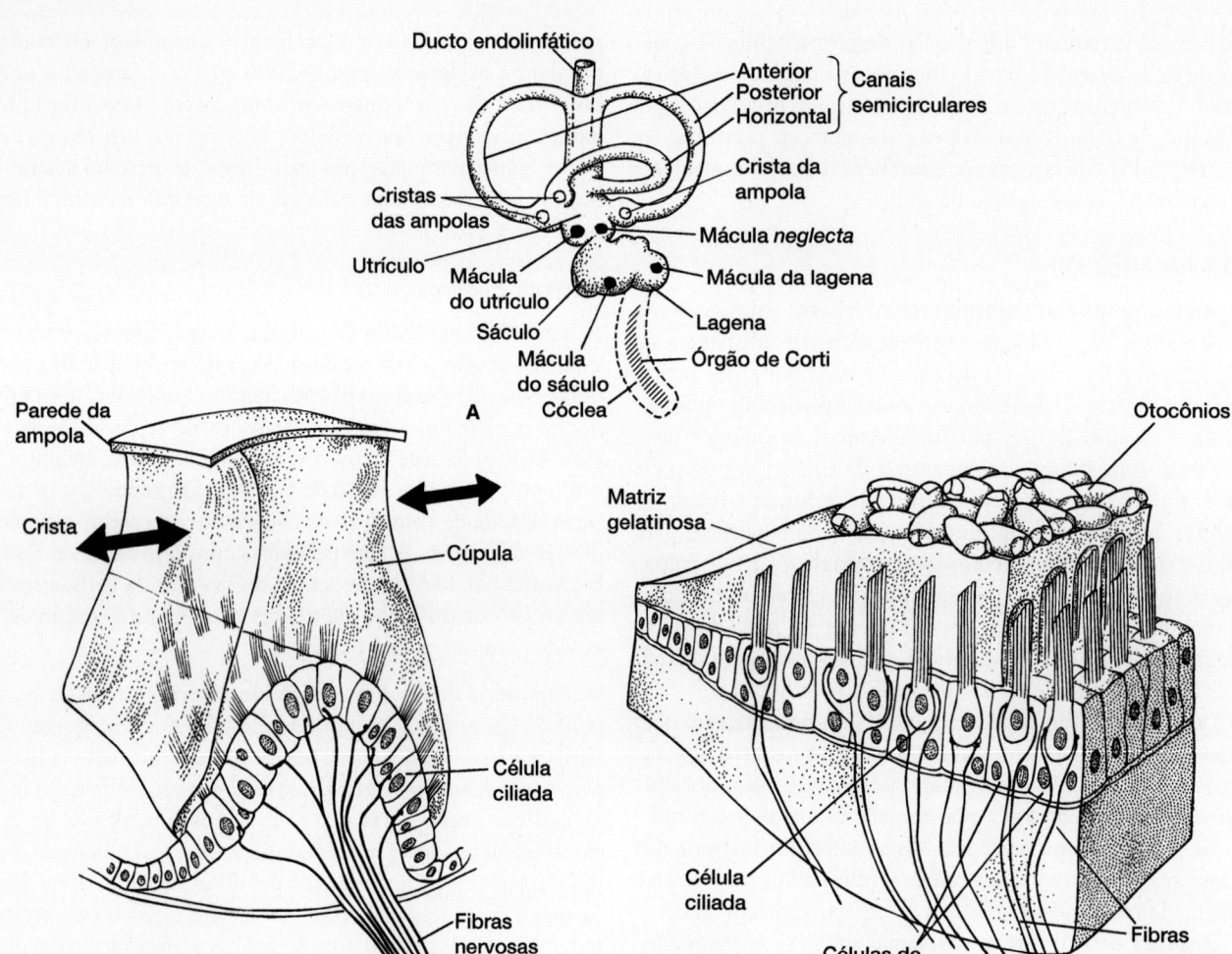

Figura 17.32 Aparelho vestibular. A. Aparelho vestibular generalizado mostrando os três canais semicirculares e os principais compartimentos: o utrículo, o sáculo e a lagena. **B.** A crista é um órgão neuromasto expandido. Uma crista está localizada na base de cada canal semicircular, em uma região dilatada, a ampola. A cúpula gelatinosa estende-se através da ampola e está ligada à parede oposta. A aceleração da cabeça (*setas*) produz uma força de cisalhamento do líquido endolinfático contra a cúpula, que curva e deforma as células ciliadas inseridas dentro dela. **C.** A mácula forma uma plataforma do neuromasto contendo otocônios. Essas máculas são encontradas nos três compartimentos do aparelho vestibular. Seus nomes derivam desses compartimentos. Em algumas espécies, observa-se a presença de uma quarta mácula, a mácula *neglecta*.

B e C, de Parker.

uma especialização ao redor do espiráculo, ajudando a controlar a inalação da água para a respiração. Nos tetrápodes subsequentes, o estribo abandonou essa função e ficou dedicado à transmissão do som. O estribo se tornou mais leve, deixando-o mais sensível às vibrações. Independentemente, em várias linhagens de tetrápodes, ficou associado a um tímpano e envolvido dentro de sua própria câmara no ouvido médio, em que transfere o som do tímpano para o ouvido interno. Em alguns anfíbios, nos répteis e nas aves, o estribo apresenta uma extensão cartilaginosa em sua extremidade, a **extracolumela**. Essa estrutura, derivada do arco hioide, repousa sobre a superfície inferior do tímpano.

Nos mamíferos, existem três ossículos da audição. O **estribo** está muito reduzido e mais leve em comparação com os primeiros amniotas. A **bigorna** e o **martelo** são derivados dos ossos **quadrado** e **articular**, respectivamente. O martelo, a

bigorna e o estribo formam uma cadeia articulada, que se estende pela cavidade do ouvido médio, do tímpano até o ouvido interno (Figura 17.35 C).

Evolução dos ossículos do ouvido médio (Capítulo 7)

O **ouvido interno** inclui o aparelho vestibular e os espaços perilinfáticos circundantes. Conforme assinalado anteriormente, nas aves e nos mamíferos, a parte auditiva do aparelho vestibular é a lagena tubular. Nos mamíferos a lagena forma a cóclea espiralada (Figura 17.35 B e D). O órgão de Corti situa-se ao longo de um canal central suspenso dentro da lagena. Dois canais perilinfáticos paralelos seguem seu trajeto em ambos os lados. Por conseguinte, a cóclea consiste em três canais espiralados preenchidos por líquido. Os dois canais perilinfáticos são a **rampa do vestíbulo** e a **rampa do tímpano**, e o canal existente entre elas é habitualmente denominado **rampa**

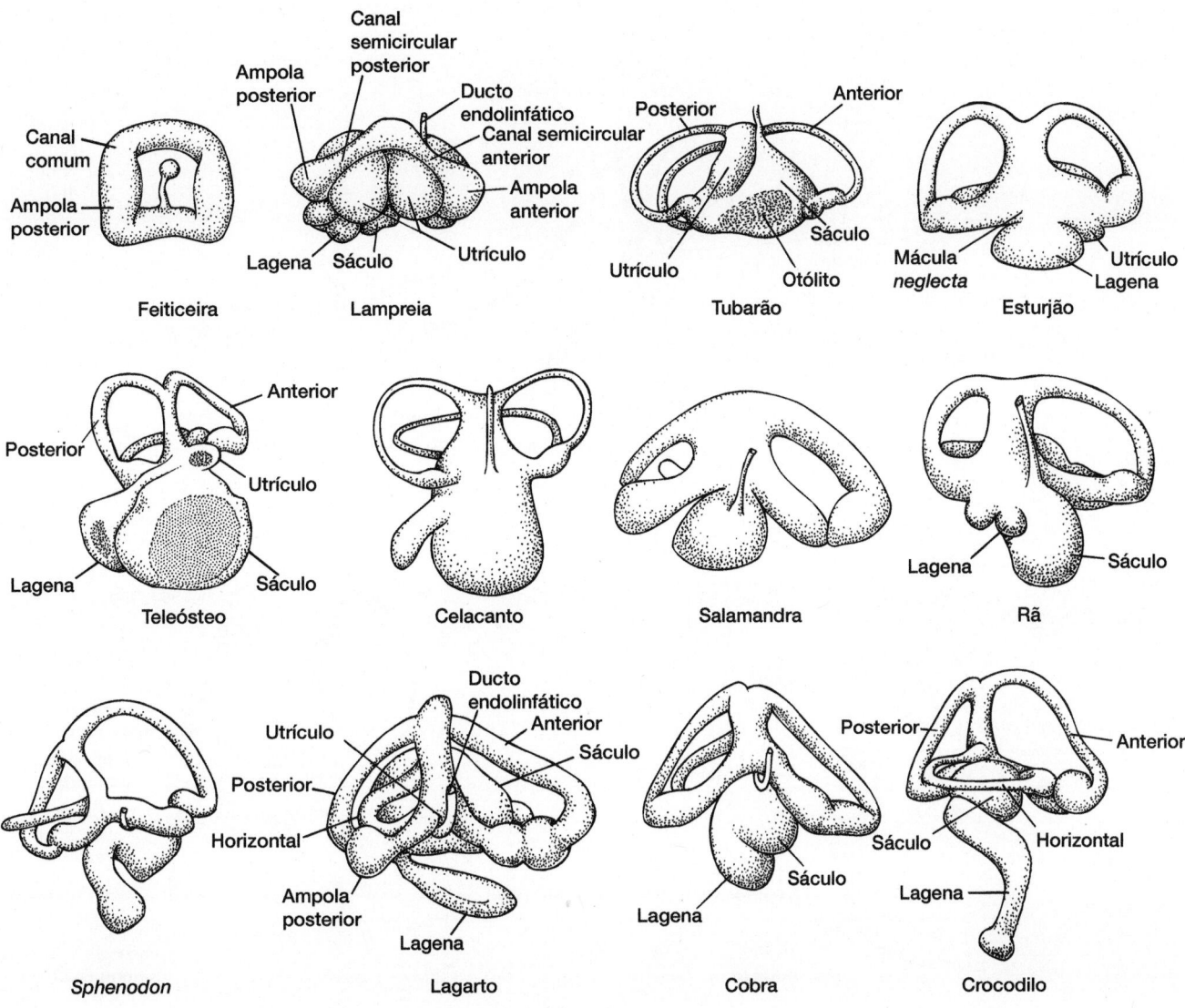

Figura 17.33 Aparelhos vestibulares dos vertebrados.

média (ducto coclear). A **membrana basilar** separa a rampa do tímpano da rampa média, e o órgão de Corti vibra com a membrana basilar em resposta a ondas sonoras. Em muitos vertebrados, os feixes ciliares do órgão de Corti estão imersos em uma placa firme, a **membrana tectória**. A **membrana de Reissner** está localizada entre a rampa do vestíbulo e a rampa média (Figura 17.35 A e B).

O som entra no ouvido interno por meio da **janela do vestíbulo** (= janela oval) (Figura 17.35 C). Uma das extremidades do estribo fino (ou columela) se expande em um pedículo ou **base do estribo**, que ocupa essa janela, de modo que as ondas sonoras passam desse ossículo da audição para o líquido que preenche as câmaras do ouvido interno. A **janela da cóclea**, ou janela redonda, na extremidade dos canais perilinfáticos é lacrada por uma membrana flexível (Figura 17.35 A e B). O aparelho auditivo, que contém células ciliadas sensíveis, flutua em líquido entre a janela do vestíbulo e a janela da cóclea. Em todos os vertebrados, os sons transmitidos para esse líquido vibram e estimulam mecanicamente os receptores auditivos.

Funções do ouvido

▶ **Peixes.** O ouvido interno dos peixes é muito semelhante ao dos tetrápodes. Existem três canais semicirculares (exceto nas feiticeiras, que apresentam um canal semicircular, e nas lampreias, que têm dois) e três regiões otolíticas: o sáculo, o utrículo e a lagena. Além disso, alguns peixes e alguns tetrápodes possuem uma **mácula** *neglecta*, uma área sensorial complementar de localização próxima ao utrículo.

Nos peixes, a audição geralmente envolve o sáculo e a lagena, embora algumas vezes predomine uma das regiões. As máculas dentro do sáculo e da lagena são receptores de som. Quando as células ciliadas das máculas são colocadas em movimento por vibrações sonoras, elas se movem contra os otólitos relativamente densos e fixos. Acredita-se que as diferenças no tamanho e no formato dos otocônios levem a ligeiras diferenças na estimulação das células ciliadas, possibilitando, assim, a detecção de diferentes frequências sonoras. Além disso, as células ciliadas dentro do sáculo e da lagena estão orientadas ao longo dos eixos perpendiculares (Figura 17.36). Por conseguinte, o

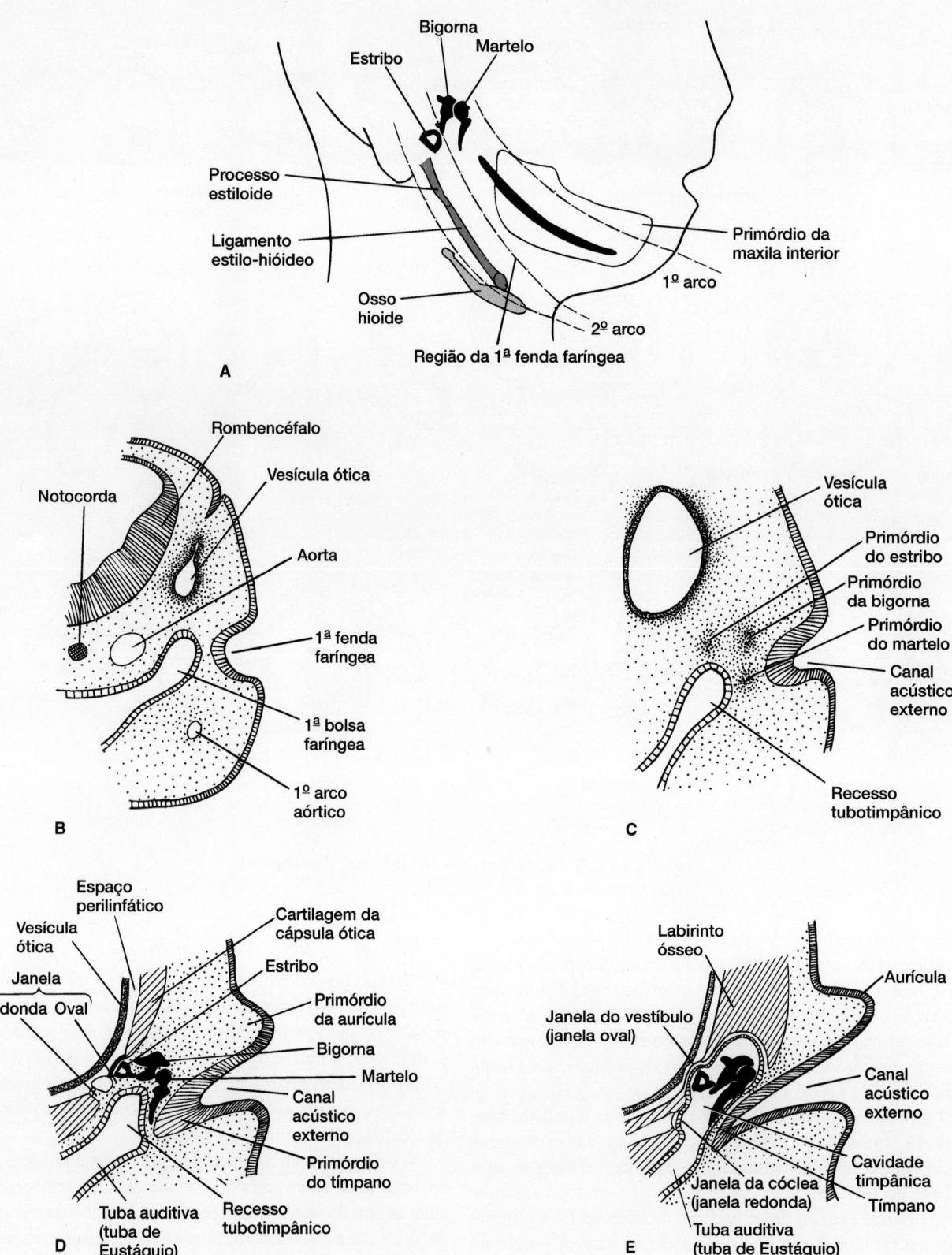

Figura 17.34 Formação embrionária do ouvido médio. A. Localização dos ossículos do ouvido médio em relação aos derivados do esplancnocrânio. **B.** A superfície da ectoderme sofre espessamento, formando um placódio ótico que mergulha abaixo da pele e dá origem à vesícula ótica. A vesícula ótica se move para a vizinhança da primeira fenda faríngea e primeira bolsa faríngea. **C.** O mesênquima (indicado pelo *pontilhado forte*) começa a se condensar e diferenciar nos ossículos do ouvido: a bigorna, o martelo e o estribo (**D** e **E**).

Redesenhada de H. Tuchmann-Duplessis et al., 1974. Illustrated Human Embryology, Vol. III, Nervous System and Endocrine Glands. © 1974 Springer-Verlag, NY. Reimpressa com autorização.

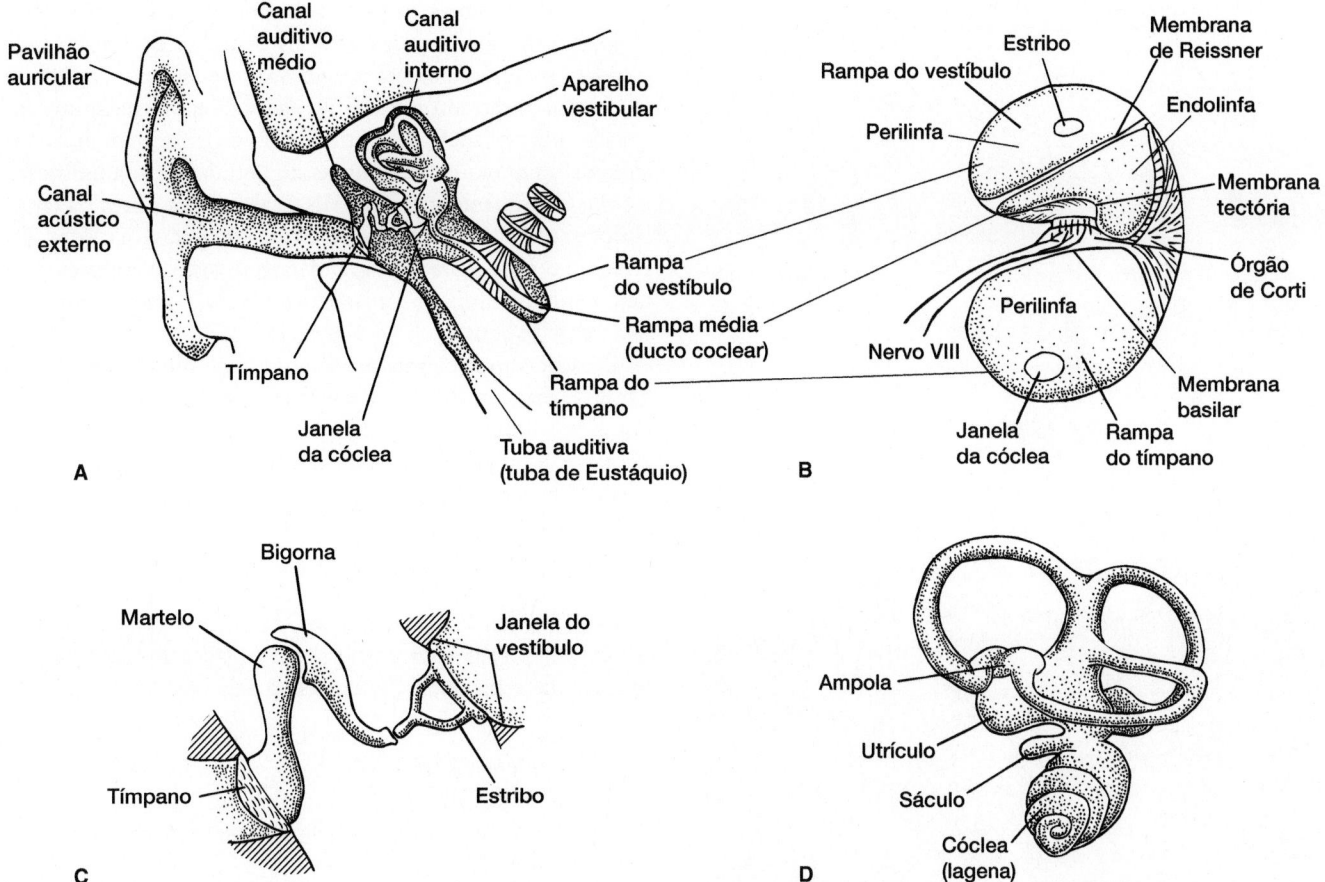

Figura 17.35 Anatomia do ouvido dos térios. A. Ouvidos externo, médio e interno. **B.** Corte transversal da cóclea. **C.** Os três ossículos do ouvido médio dos mamíferos. **D.** Aparelho vestibular dos mamíferos. Observe que a lagena está alongada e espiralada, formando a cóclea.

movimento em uma direção estimula ao máximo um conjunto de células ciliadas e ao mínimo outro conjunto. Os sinais provenientes de diferentes direções aparentemente produzem estímulos diferentes, que são utilizados pelo sistema nervoso para localizar com precisão a fonte de um som.

Os otocônios dos peixes consistem habitualmente em grãos de cálcio secretados. Todavia, em alguns elasmobrânquios que habitam o fundo, grãos de areia entram pelo ducto endolinfático aberto e se estabelecem nas máculas. Conforme assinalado anteriormente, as máculas dos peixes são sensores de gravidade e movimento, bem como do som.

O som alcança e estimula o ouvido interno por diversas vias. Os tecidos de um peixe e seu ambiente são principalmente compostos de água e apresentam amplitudes de frequência semelhantes. Por conseguinte, as ondas sonoras passam diretamente da água, através dos tecidos do peixe, para o ouvido interno e desencadeiam o movimento das células ciliadas. Os otocônios densos oscilam em uma frequência diferente das células ciliadas associadas, causando a inclinação dos feixes ciliares e estimulando essas células sensoriais.

Os sons são transmitidos ao ouvido interno dos peixes por vias adicionais. Em algumas espécies, extensões da bexiga natatória entram em contato direto com o ouvido interno. As vibrações captadas pela bexiga natatória são transmitidas diretamente ao aparelho de detecção de som (Figura 17.37 A). Além

disso, como a bexiga natatória cheia de ar e os tecidos corporais dos peixes possuem densidades muito diferentes, a bexiga natatória leve pode ser mais sensível ao som e atuar como ressonador para aprimorar a detecção do som. Em outras espécies, a bexiga natatória está conectada ao ouvido interno por meio de uma série de ossículos, denominados **ossículos de Weber**, que transportam as vibrações para detectores de som dentro do sáculo e da lagena (Figura 17.37 B).

▶ **Tetrápodes.** Os ouvidos adaptados para a audição em ambiente aquático foram levados para um ambiente aéreo durante a transição dos vertebrados da água para a terra. As mudanças anatômicas nos ouvidos dos tetrápodes surgiram, em sua maioria, para transferir a energia sonora que se propaga pelo ar para os pequenos espaços de líquido do ouvido interno. Em desacordo, existe um problema físico de **equilíbrio de impedância**, que surge em consequência das diferentes respostas físicas da água e do ar às vibrações. O líquido é espesso, enquanto o ar é ralo, de modo que os dois meios diferem na quantidade de energia sonora necessária para fazer vibrar as moléculas. Para um peixe que se encontra na água, o som passa facilmente do ambiente aquático líquido para o ambiente líquido do ouvido interno. Entretanto, para um animal que vive em um ambiente aéreo, a responsividade do líquido do ouvido interno a ondas sonoras difere da responsividade do ar a ondas sonoras,

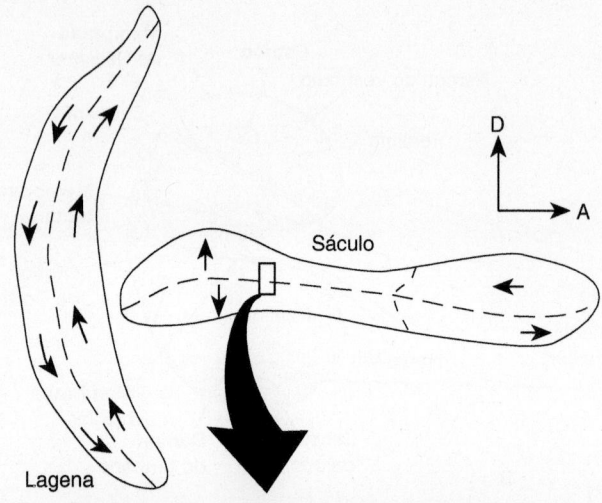

Figura 17.36 Ouvido interno de peixe. São mostradas as orientações das células ciliadas dentro do sáculo e da lagena. As *setas* indicam o lado do feixe ciliar no qual se encontra o quinocílio. As *linhas tracejadas* indicam as divisões entre os feixes com diferentes orientações. Essas diferenças no posicionamento dos feixes ciliares causam respostas diferentes às vibrações mecânicas que percorrem o líquido circundante.

De Fay e Popper.

produzindo um limite água/ar. Em virtude de sua maior viscosidade, o líquido resiste a ser colocado em movimento por sons transportados pelo ar. Consequentemente, os sons transportados pelo ar são, em sua maioria, refletidos para longe do ouvido e não são detectados. As estruturas do ouvido médio estão envolvidas, em grande parte, no equilíbrio de impedância. O que significa que elas recolhem, concentram e transmitem sons transportados pelo ar para o ouvido interno em um nível suficiente para comunicar essas vibrações aos espaços preenchidos por líquido do ouvido interno. Isso permite que as células ciliadas sensoriais estrategicamente posicionadas dentro do ouvido interno respondam a oscilações que chegam por meio do líquido circundante. Sem o equilíbrio de impedância por esses ossículos do ouvido médio, apenas cerca de 0,1% da energia sonora no ar passaria para o líquido do ouvido interno. O restante seria refletido para longe.

As ondas sonoras que chegam produzem movimento do tímpano. Por sua vez, isso afeta os ossículos do ouvido médio. Esses minúsculos ossos atuam de três maneiras críticas: (1) atuam como um sistema de alavanca para transmitir vibrações para a janela do vestíbulo; (2) transformam as ondas sonoras no ar em ondas sonoras no líquido; e (3) amplificam o som. O tímpano pode ter mais de dez vezes a área da janela do vestíbulo para a qual os ossículos transmitem o som. Ao recolher o som sobre uma grande área e focá-lo em uma área bem menor, o tímpano e a janela do vestíbulo amplificam efetivamente os sons.

O estribo aparentemente não atua como um pistão. Em lugar disso, balança dentro da janela do vestíbulo, perturbando o líquido perilinfático que preenche o ouvido interno. Esse líquido não é compressível e resistiria a essa compressão, não fosse a janela da cóclea recoberta por membrana no final dos canais perilinfáticos. Trata-se de uma janela especializada no alívio da pressão, que possibilita alguma flexibilidade nos movimentos do líquido à medida que o som é transmitido para o ouvido interno. Foi sugerido que a janela da cóclea também ajuda a amortecer os sons após a sua primeira passagem pela cóclea e impede que essas ondas ricocheteiem pelo ouvido interno.

▶ **Anfíbios.** Existem dois receptores auditivos nos anfíbios: a **papila *amphibiorum*** (papila dos anfíbios), exclusiva dos anfíbios, e a **papila basilar**, um possível precursor do órgão de Corti nos amniotas. Ambas as papilas são órgãos neuromastos especializados (Figura 17.38 B).

Os primeiros fisiologistas concentraram-se nos anfíbios viventes. A rã, com seu tímpano proeminente e sua sensibilidade aos sons transportados pelo ar, recebeu muita atenção. A lagena e o utrículo provavelmente são os receptores vestibulares, e o sáculo, que contém as papilas *amphibiorum* e basilar, parece constituir o principal local de detecção de sons. Tipicamente, o tímpano nas rãs é nivelado com a superfície da pele. A extracolumela e o estribo transmitem essas vibrações em série ao ouvido interno. A base do estribo compartilha a janela do vestíbulo com um pequeno osso móvel, o **opérculo**. O **opercular** é um músculo muito pequeno que une o opérculo à supraescápula da cintura escapular e é um derivado do músculo elevador da escápula. Acredita-se também que o minúsculo **músculo estapédio** seja um derivado do músculo elevador da escápula, que se estende da supraescápula até o estribo (Figura 17.38 A). Ambos os músculos conectam o ouvido interno à cintura escapular e, indiretamente através do membro, ao solo. Dessa maneira, os músculos introduzem vias pelas quais as ondas sonoras **sísmicas** podem viajar do solo para o ouvido interno.

Por conseguinte, o som alcança o ouvido interno pelas vias opercular e do estribo, e as ondas sonoras vibram o líquido do ouvido interno, estimulando os receptores auditivos. Um método utilizado pelas rãs para discriminar frequências sonoras se aproveita, aparentemente, dessas duas vias. A papila *amphibiorum* responde melhor a sons de baixa frequência que chegam por meio do opérculo. A papila basilar responde a sons de frequência mais alta que chegam através do estribo. O músculo do ouvido médio intensifica esse padrão de discriminação. A contração do músculo opercular (e o relaxamento do músculo estapédio) deixa o estribo livre para vibrar na janela do vestíbulo.

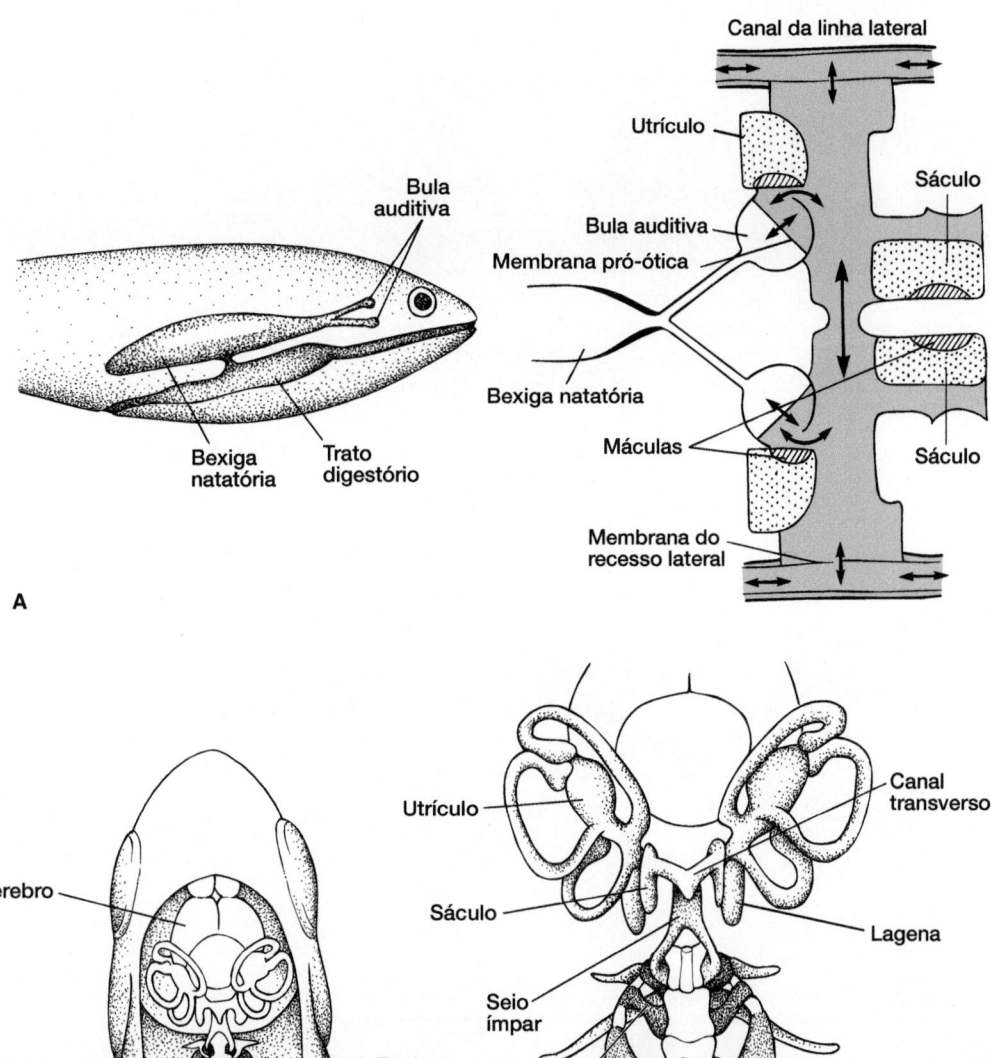

Figura 17.37 Trajeto da transferência do som para o ouvido interno dos peixes. A. Em alguns peixes, a bexiga natatória inclui extensões anteriores que fazem contato com o ouvido interno. **B.** Em outros peixes, os ossículos de Weber, uma minúscula série de ossos, conectam a bexiga natatória com o ouvido interno.

De Bone e Marshall; Popper e Coombs.

A situação inversa, a contração do músculo estapédio e o relaxamento do opercular, imobilizam o estribo. Além disso, esses músculos pequenos protegem os receptores auditivos de uma estimulação violenta por meio de sua contração seletiva. Dessa maneira, podem também aumentar a capacidade do ouvido interno de discriminar diferentes frequências sonoras ou selecionar sons que chegam ao longo de diferentes vias acústicas.

Para localizar os sons, as rãs podem recorrer a outra característica da estrutura do ouvido médio. As tubas auditivas unem os ouvidos médios esquerdo e direito através da cavidade bucal. A pressão gerada pelo tímpano, respondendo em um lado da cabeça, é transmitida para a cavidade bucal, que pode atuar como ressonador antes de transmitir o som para o tímpano oposto. Esse acoplamento de vibrações do tímpano por um ressonador entre eles significa que o som que alcança os ouvidos esquerdo e direito apresenta diferentes qualidades acústicas. Essa diferença permite que as rãs localizem as fontes sonoras (ver Figura 17.38 B).

Nas salamandras modernas, as vibrações transmitidas por meio do estribo estimulam o ouvido interno, mas o tímpano está ausente. Em seu lugar, a extremidade do estribo está fixada ao osso esquamosal por meio de um curto **ligamento esquamosal-estapédio**. À semelhança dos anuros, a base do estribo compartilha a janela do vestíbulo com o opérculo. Apenas o músculo

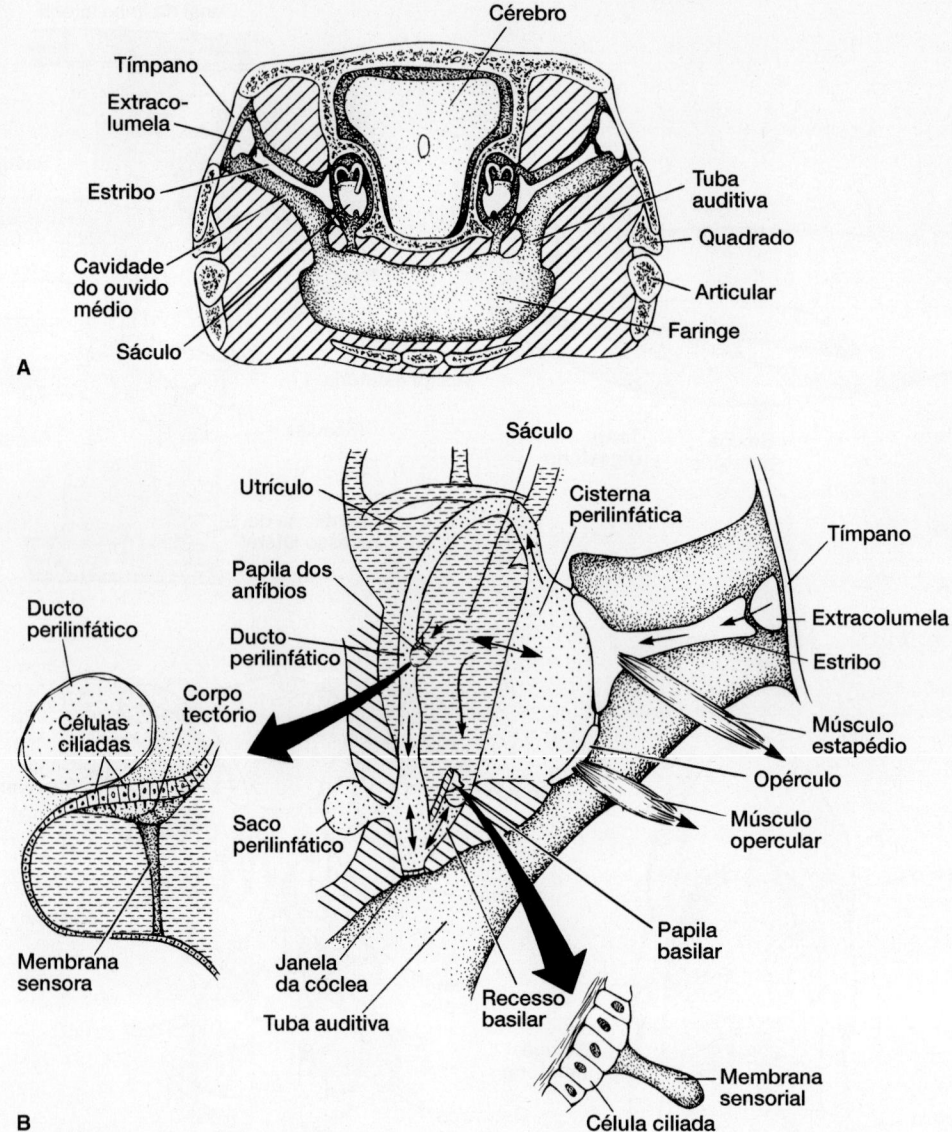

Figura 17.38 Audição nas rãs. A. Corte transversal realizado através da cabeça de uma rã. Como as tubas auditivas conectam os dois ouvidos por meio da faringe, um som que coloca o tímpano em movimento também afeta o ouvido do lado oposto, produzindo vibrações na passagem aérea de conexão. Acredita-se que isso permita às rãs localizar a fonte dos sons. **B.** O som chega ao ouvido interno da rã por duas vias: uma delas envolve o tímpano-columela, enquanto a outra envolve o músculo opercular-opérculo. As vibrações que chegam por qualquer uma das vias provocam vibração do líquido do ouvido interno. Essa vibração estimula os receptores auditivos. O modo pelo qual esses receptores discriminam os sons não está bem elucidado. Todavia, como parecem ser órgãos neuromastos modificados, acredita-se que respondam seletivamente às oscilações de cisalhamento que as vibrações que chegam causam no líquido do ouvido interno.

A, de Romer e Parsons; B, de Wever.

opercular está presente nas salamandras. Na maioria dos casos, é derivado do músculo elevador da escápula, mas, em uma família, origina-se do músculo cucular. Por conseguinte, existem duas vias disponíveis de transmissão do som para o ouvido interno das salamandras: uma a partir do osso esquamosal para o estribo, e a outra da cintura escapular para o opérculo (Figura 17.39 A).

Embora as vias percorridas pelo som até o ouvido interno sejam conhecidas, o mecanismo de recepção e o método de processamento das ondas sonoras não estão claramente elucidados nas salamandras. Quando uma salamandra está na água, a impedância é baixa, e o som alcança o ouvido interno com pouca perda por reflexão. Entretanto, na ausência de tímpano,

o ouvido da salamandra parece pouco adaptado para a detecção de sons propagados pelo ar. Além disso, a janela da cóclea também está ausente, tornando possivelmente os líquidos presentes no ouvido interno menos sensíveis às vibrações por pressão. Essas observações levaram à sugestão de que as salamandras são surdas no ar; entretanto, trabalhos experimentais refutam essa hipótese. De fato, as salamandras na terra respondem a sons sísmicos e propagados pelo ar, embora sua sensibilidade a esses sons seja menor que a dos anuros.

Os sons que alcançam a janela do vestíbulo colocam o líquido do ouvido interno em movimento. Nas salamandras, essas vibrações propagam-se pelo crânio por meio de um canal preenchido pelo líquido cerebrospinal, a fim de alcançar o ouvido interno do lado oposto (Figura 17.39 B). Ao longo dessa via interna, encontram-se as papilas dos anfíbios estimuladas por essas vibrações que passam.

Em resumo, o ouvido interno dos anfíbios viventes inclui dois receptores auditivos principais. O receptor auditivo principal é a papila *amphibiorum*, um receptor sensorial encontrado apenas nos anfíbios viventes. O outro é a papila basilar, que, em cada ordem de anfíbios viventes, parece ter evoluído de modo independente. Nos anuros, a papila basilar está localizada no sáculo. Nas salamandras, ela é encontrada na lagena e, nas cecílias, no utrículo. As células receptoras auditivas dos anfíbios estão dispostas sobre uma base imóvel fixada ao crânio. Os feixes ciliares projetam-se para dentro do líquido que os coloca em movimento. Como veremos adiante, o oposto é observado nos répteis. As células sensoriais se movem sobre uma membrana basilar flexível, e os feixes ciliares são habitualmente contidos pela membrana tectória.

▶ **Répteis.** Na maioria dos répteis, os sons propagados pelo ar vibram o tímpano. Isso provoca movimento na extracolumela e no estribo, que transmitem essas vibrações para o ouvido interno (Figura 17.40 A e B). A principal área sensível ao som

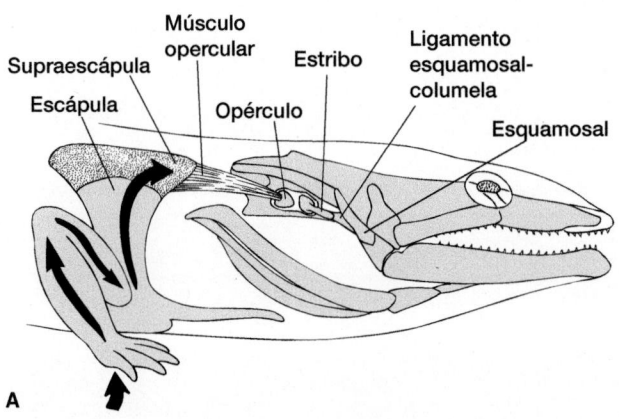

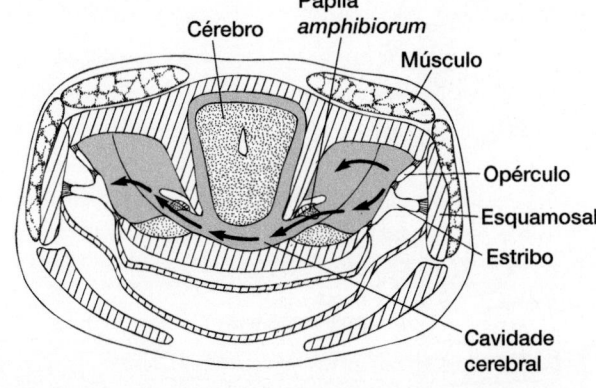

Figura 17.39 Audição nas salamandras. A. Em muitas salamandras, os sons alcançam o ouvido interno por uma via esquamosal-columela e por meio do músculo opercular da escápula. **B.** Os dois ouvidos internos dos lados opostos da cabeça estão conectados por um canal preenchido por líquido, que passa pela cavidade cerebral. Esse canal pode possibilitar a propagação das vibrações sônicas de um ouvido para outro (*setas cheias*).

dentro do ouvido interno é a lagena ligeiramente dilatada. O receptor primário é a **papila auditiva**, que é estimulada por vibrações sonoras transmitidas para o líquido do ouvido interno (Figura 17.40 C). Além disso, observa-se a presença de vários receptores auditivos complementares em algumas espécies.

Os ouvidos das cobras, diferentemente daqueles da maioria dos répteis, carecem de tímpano. Por meio de um ligamento curto, o estribo está ligado em uma extremidade ao osso quadrado da maxila superior, enquanto se encaixa na janela do vestíbulo na extremidade oposta. Apesar da opinião popular de que as cobras são surdas, trabalhos experimentais refutam essa ideia. Registros de atividade elétrica das áreas do cérebro para as quais os nervos auditivos se dirigem confirmaram que o ouvido interno das cobras é sensível a sons sísmicos e propagados pelo ar, embora a faixa de sensibilidade seja um tanto restrita.

▶ **Aves.** Como a lagena do ouvido interno das aves é mais longa em comparação com a dos répteis, o suporte das células ciliadas estende-se por uma longa faixa (Figura 17.41 A e B). Os feixes ciliares estão habitualmente imersos na membrana tectória, uma lâmina contínua que atua para aumentar o cisalhamento desses feixes, à medida que as células ciliadas são agitadas por vibrações sonoras.

Nas corujas, a margem elevada e densamente comprimida das penas faciais, que confere a essas aves a sua "graciosa" aparência de estar com óculos, é o equivalente funcional do pavilhão auricular. Essa coleira facial de penas conduz os sons para dentro do canal acústico (Figura 17.42 A). Na coruja, os orifícios externos esquerdo e direito e seus canais acústicos associados são diferentes quanto ao tamanho e formato (Figura 17.42 B e C), resultando em dois ouvidos que produzem diferentes qualidades acústicas provenientes de muitas direções. O sistema nervoso utiliza isso para aumentar a precisão com a qual as fontes de som podem ser identificadas no *habitat*.

▶ **Mamíferos.** O pavilhão auricular é provavelmente uma invenção dos térios. Está ausente nos monotremados, porém está presente nos mamíferos térios, exceto naqueles em que foi perdido secundariamente, como nas toupeiras e nas baleias. O pavilhão auricular direciona os sons para dentro do canal acústico externo, no qual esses sons vibram o tímpano. Todos os mamíferos possuem três ossículos da audição que amplificam essas vibrações e as transmitem para a janela do vestíbulo (Figura 17.43 A e B). A partir da janela do vestíbulo, as vibrações propagam-se através do líquido na cóclea extensa. Conforme assinalado anteriormente, a cóclea é composta por três canais paralelos. O canal mediano (ducto coclear) inclui o órgão espiral, que consiste em uma fileira externa e interna de células ciliadas. Pode haver 20.000 a 25.000 dessas células. Os feixes ciliares estão inseridos na membrana tectória (Figura 17.43 C).

▶ **Discriminação de diferentes frequências.** As ondas sonoras estimulam os órgãos neuromastos (p. ex., papila auditiva, órgão de Corti), os locais de percepção do som. Em algumas espécies, os feixes ciliares projetam-se diretamente no líquido circundante. Quando esse líquido vibra em resposta às ondas sonoras, os feixes são inclinados pelo líquido em movimento e estimulados.

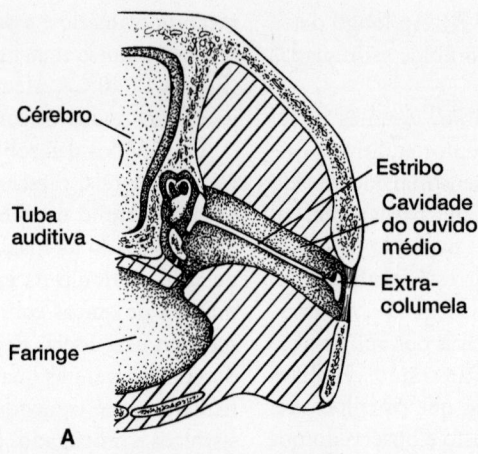

Cérebro

Tuba
auditiva

Faringe

Estribo

Cavidade
do ouvido
médio

Extra-
columela

A

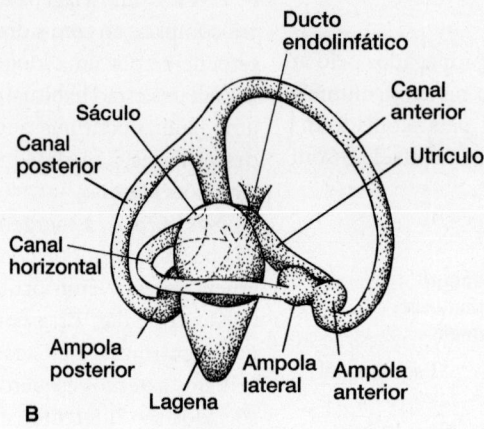

Ducto
endolinfático

Sáculo

Canal
posterior

Canal
horizontal

Ampola
posterior

Lagena

Ampola
lateral

Ampola
anterior

Canal
anterior

Utrículo

B

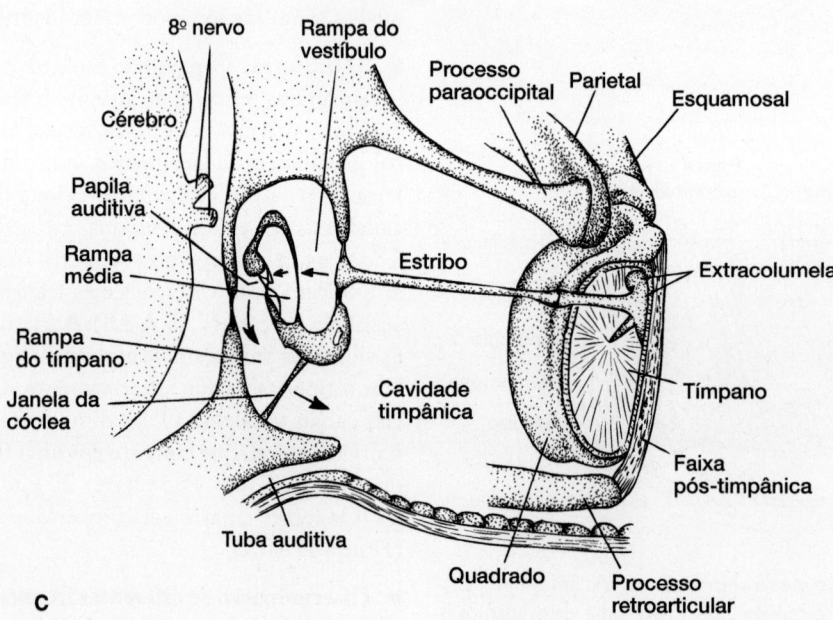

8º nervo

Rampa do
vestíbulo

Processo
paraoccipital

Parietal

Esquamosal

Cérebro

Papila
auditiva

Rampa
média

Rampa
do tímpano

Janela da
cóclea

Estribo

Cavidade
timpânica

Extracolumela

Tímpano

Faixa
pós-timpânica

Tuba auditiva

Quadrado

Processo
retroarticular

C

Figura 17.40 Audição nos répteis. A. Corte transversal através da cabeça de um réptil. **B.** Aparelho vestibular de um lagarto. **C.** Corte através do ouvido de uma iguana, mostrando a relação do tímpano, da extracolumela, do estribo e do ouvido interno.

A, de Romer e Parsons; B, C, de Wever.

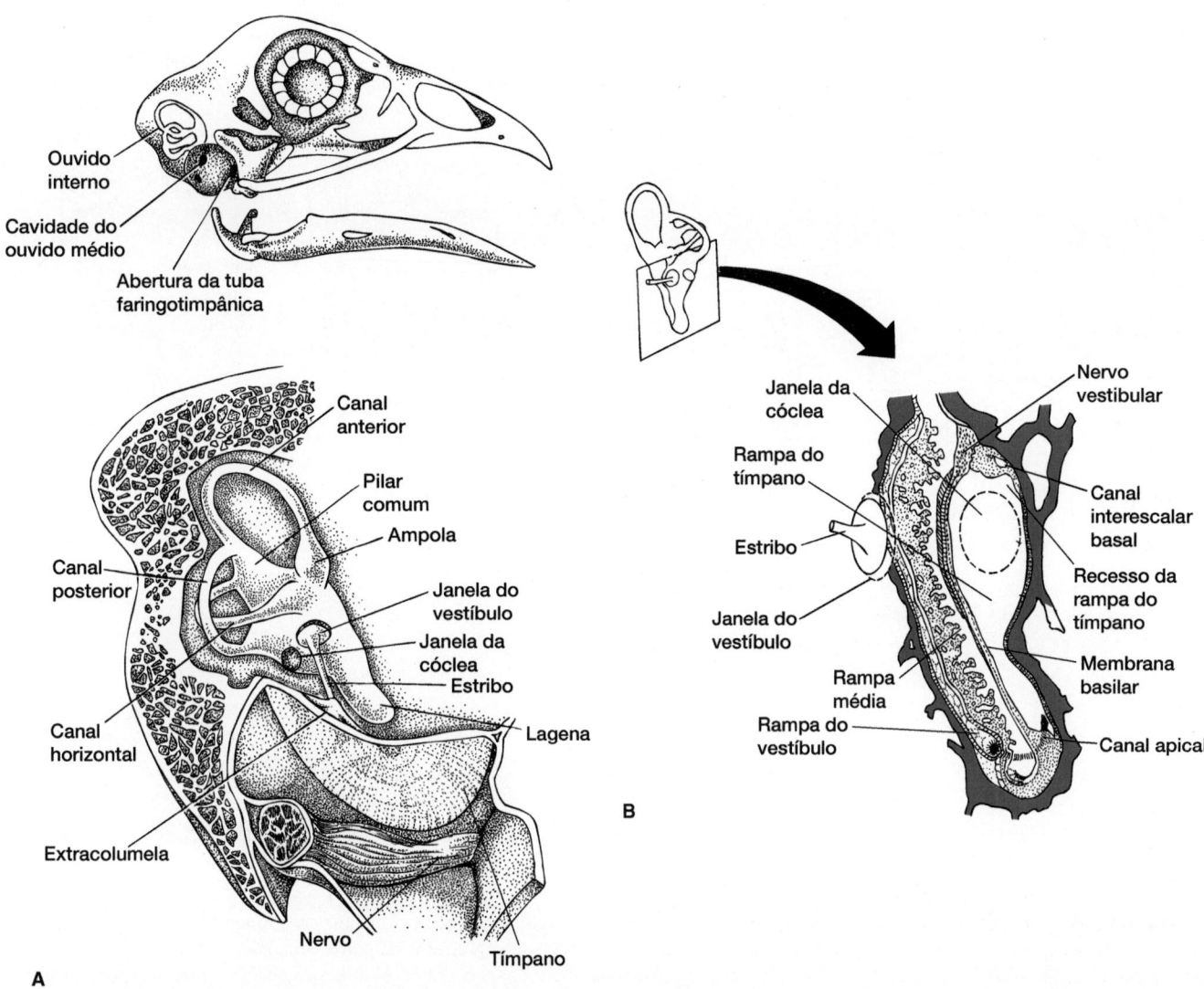

Figura 17.41 Audição nas aves. A. Aparelho vestibular de uma galinha. **B.** Corte através da lagena de uma galinha.

De H. Evans.

Na maioria dos vertebrados superiores, os feixes ciliares estão imersos na membrana tectória. As ondas sonoras transferem o movimento à membrana tectória, que, em seguida, provoca inclinação dos feixes ciliares. Essa ação estimula as células ciliadas.

Além de sua capacidade de detectar ondas sonoras, os receptores auditivos podem discriminar entre diferentes frequências (tons) de sons. Por conseguinte, o ouvido interno também é um analisador de ressonância. As células ciliadas estão sintonizadas apenas com uma estreita faixa de frequências. Nos mamíferos, as diferenças na orientação das células ciliadas nas fileiras interna e externa do órgão de Corti produzem diferenças na sensibilidade em diferentes regiões. A gradação sequencial das células ciliadas sintonizadas ao longo do órgão de Corti produz a discriminação dos tons em uma escala de frequências.

Todavia, pode haver mais para a detecção de tons do que a sintonia das células ciliadas. Nos mamíferos, a membrana basilar sobre a qual reside o órgão de Corti muda gradualmente de largura à medida que a cóclea se torna espiralada. A membrana basilar pode ser como uma harpa, em que cada seção da membrana pode ressonar apenas em uma faixa distinta de frequências. Se este for o caso, os tons que entram na cóclea produzem o maior movimento na seção da membrana basilar que corresponde à sua frequência. Desse modo, tons específicos estimulam seções específicas de células ciliadas. Foi sugerido que essa estimulação diferencial das células ciliadas poderia contribuir para a discriminação dos tons (Figura 17.44).

▶ **Evolução da audição.** Qualquer organismo que se movimente através do seu ambiente produz sons que denunciam a sua aproximação. Não é difícil imaginar as vantagens adaptativas de um sistema de detecção de sons que alerte um organismo sobre a presença de outro. Embora a importância do sentido da audição seja fácil de entender para os audiófilos como nós mesmos, que temos uma capacidade bem-desenvolvida de discriminar uma ampla faixa de sons em nosso ambiente, ainda existem muitas questões sem resposta sobre a evolução da audição.

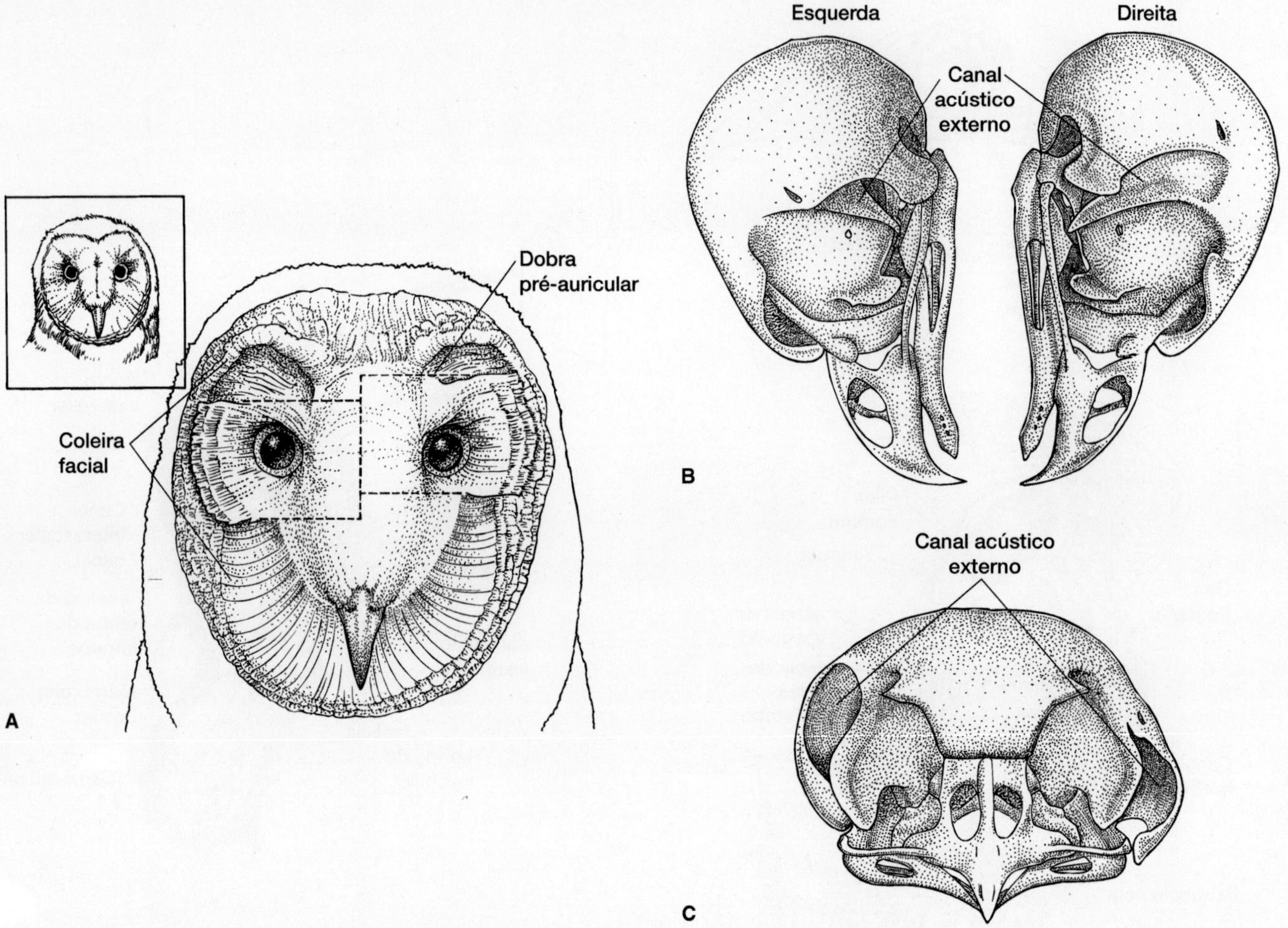

Figura 17.42 Acuidade auditiva nas corujas. A. As penas do disco facial na posição normal (*detalhe*) foram removidas para expor os conjuntos de penas auditivas. Nessa coruja-das-torres, aros parabólicos densamente agrupados de penas circundam a face e o orifício externo do ouvido. Essa gola facial de penas, como é chamada, recolhe e direciona os sons para o orifício externo do ouvido. Observe o posicionamento assimétrico das dobras pré-auriculares de penas (*linhas tracejadas*). **B.** Lados esquerdo e direito do crânio de uma coruja de Tengmalm. Existem ligeiras diferenças no tamanho do canal auditivo externo. **C.** Vista anterior mostrando a assimetria das áreas óticas na coruja de Tengmalm.

A, de Knudson; B, C, de Norberg. De "The Hearing for the Barn Owl" editada por E. I. Knudson, ilustrada por Tom Prentisss em Scientific American, December 1981. Copyright © 1981 by Scientific American, Inc.

Uma das principais mudanças evolutivas no sistema auditivo ocorreu durante a transição da água para a terra. Essa transição envolveu o aparecimento ou o aprimoramento dos ouvidos médio e externo, estruturas que coletam os sons propagados pelo ar e os comparam com propriedades de impedância do líquido no ouvido interno. Além disso, os ouvidos internos dos primeiros tetrápodes também eram capazes de receber sons sísmicos. Apesar da importância dessa transição da água para a terra, tem sido difícil estudar diretamente esse processo, visto que não existem formas viventes próximas às dos tetrápodes basais.

Todavia, com base em novas evidências fósseis, os primeiros tetrápodes não tinham um sistema auditivo especializado para a detecção de sons propagados pelo ar. Isso não é muito surpreendente, visto que a maioria ainda era constituída predominantemente por animais aquáticos. O *primeiro ouvido dos tetrápodes* ancestrais possuía um ouvido interno, derivado dos ancestrais sarcopterígeos, e um estribo, modificado a partir do

hiomandibular dos peixes. Em alguns peixes sarcopterígeos derivados, o estribo (hiomandibular modificado) manipulava a abertura espiracular para a entrada de ar. Nos tetrápodes ancestrais, o estribo era maciço, assumindo um novo papel primariamente como suporte mecânico para a parede posterior da caixa craniana. Todavia, ainda não existiam outras especializações óticas, isto é, não havia uma cavidade fechada do ouvido médio e um tímpano.

À medida que a caixa craniana dos primeiros tetrápodes sofreu remodelamento fundamental e ajustes para uma vida anfíbia, o estribo maciço foi transferido, passando para uma posição mais próxima do ouvido interno. À semelhança do hiomandibular, encaixa-se em uma faceta na parede da caixa craniana dos peixes. Nos primeiros tetrápodes, esse novo posicionamento foi estabelecido em uma fenda ossificada, um orifício na caixa craniana que iria se tornar a janela do vestíbulo. Embora ainda seja uma barra de suporte na parte posterior da caixa craniana dos primeiros tetrápodes, essa

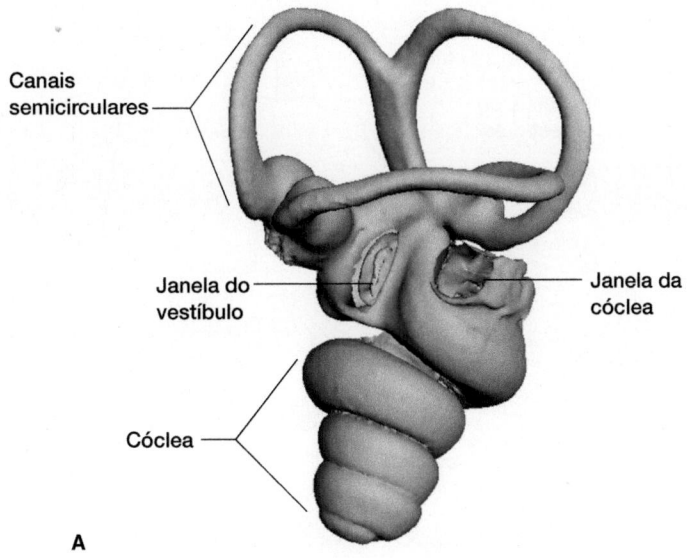

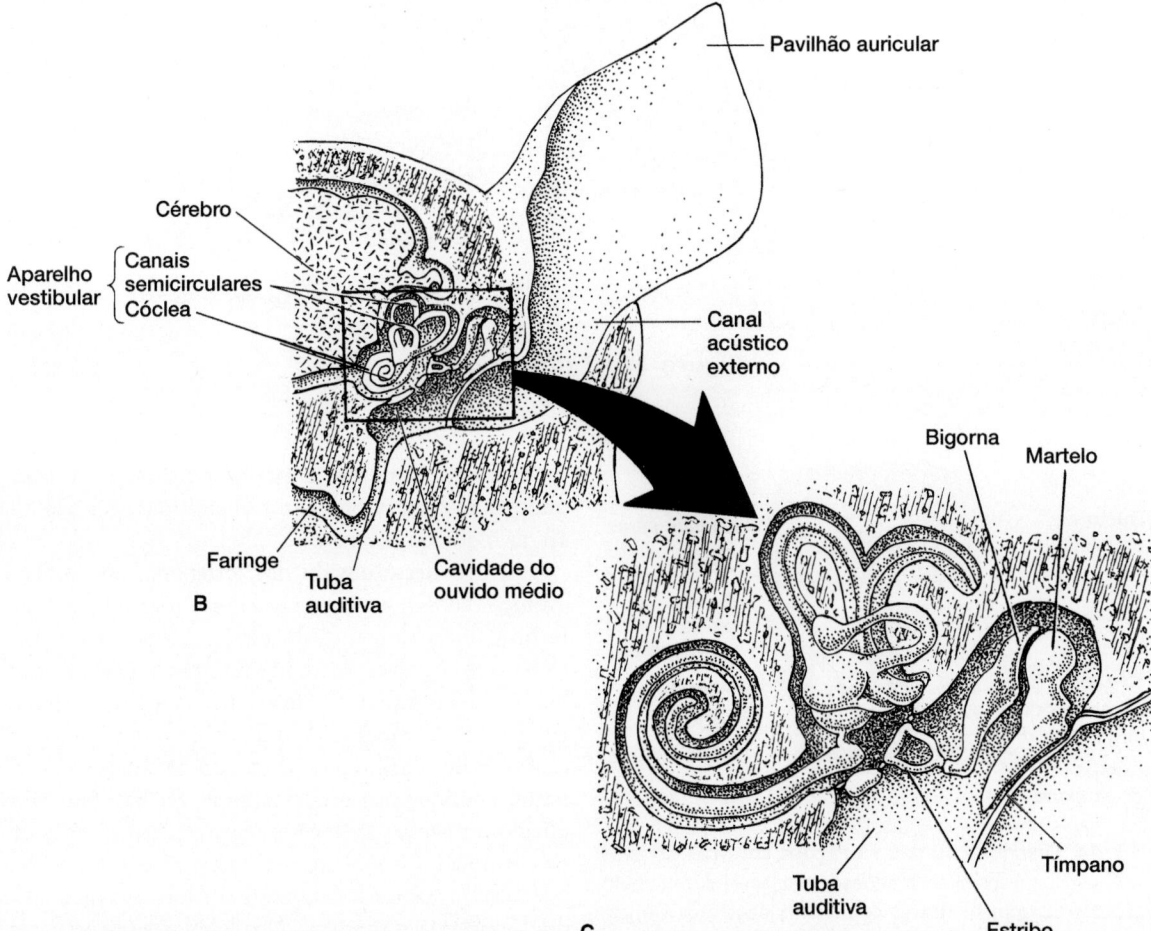

Figura 17.43 Ouvido dos mamíferos. A. Modelo ósseo em vista lateral do aparelho vestibular esquerdo, capivara (roedor da América do Sul). **B.** Corte transversal através do crânio de um mamífero. **C.** Estrutura interna da cóclea. **D.** Corte através do órgão de Corti, mostrando as fileiras interna e externa de células ciliadas e a membrana tectória na qual estão imersos os feixes ciliares. As ondas sonoras percorrem inicialmente a rampa do vestíbulo (*setas cheias*) antes de passar para o ápice da cóclea na rampa do tímpano (*setas tracejadas*). (*Continua*)

A, imagem gentilmente fornecida pela Dra. Irina Ruf, Universität Bonn; B, de H. M. Smith; C, de Romer e Parsons; D, de vanBeneden e vanBambeke.

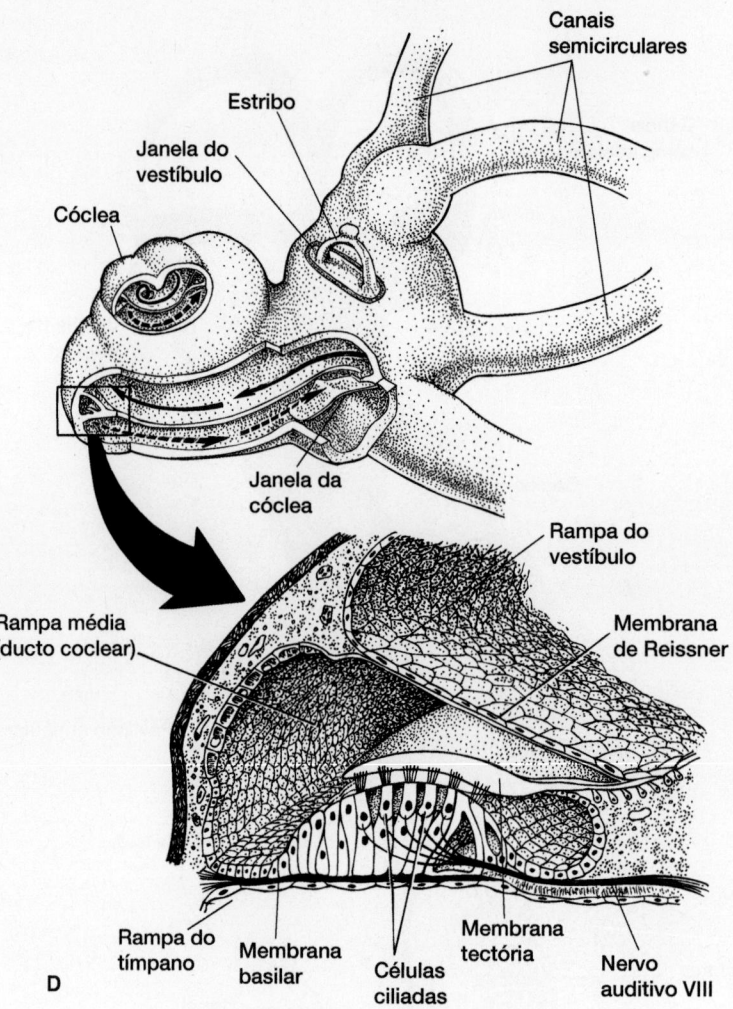

Canais
semicirculares

Estribo

Janela do
vestíbulo

Cóclea

Janela da
cóclea

Rampa média
(ducto coclear)

Rampa do
vestíbulo

Membrana
de Reissner

Rampa do
tímpano

Membrana
basilar

Células
ciliadas

Membrana
tectória

Nervo
auditivo VIII

D

Figura 17.43 (Continuação)

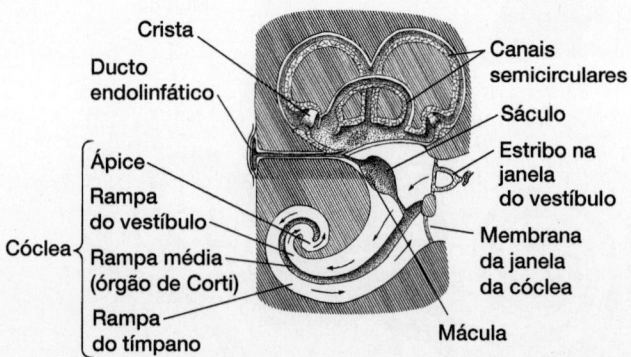

Crista

Ducto
endolinfático

Canais
semicirculares

Sáculo

Ápice

Rampa
do vestíbulo

Cóclea

Rampa média
(órgão de Corti)

Rampa
do tímpano

Estribo na
janela
do vestíbulo

Membrana
da janela
da cóclea

Mácula

Figura 17.44 Distribuição das vibrações sonoras através da cóclea. O estribo transmite vibrações para a janela do vestíbulo. Essas vibrações propagam-se através da perilinfa dentro da câmara da rampa do vestíbulo e ao redor da extremidade da cóclea para dentro da câmara conectora da rampa do tímpano. O ducto coclear, que contém o órgão de Corti, está localizado entre essas duas câmaras. Acredita-se que as vibrações que passam estimulem seções apropriadas dentro desse órgão. A membrana flexível através da janela da cóclea serve para atenuar as ondas sonoras e evitar o seu retorno através da cóclea.

De vanBeneden e vanBambeke.

mudança fez com que o estribo passasse para uma posição onde quaisquer vibrações transmitidas por ele pudessem afetar o ouvido interno.

A partir desse ouvido dos tetrápodes ancestrais, houve a evolução subsequente de um *ouvido timpânico* (ouvido médio fechado mais tímpano) de modo independente pelo menos cinco vezes e, talvez, mais, nos tetrápodes posteriores. Os anfíbios e os temnospôndilos relacionados foram o primeiro grupo em que houve evolução de um ouvido com tímpano. O tímpano e o ouvido médio fechado foram herdados pelas rãs, porém foram perdidos nos urodelos e nas cecílias. Nos amniotas, o ouvido timpânico aparece independentemente nas tartarugas, nos escamados e nos arcossauros, bem como nos mamíferos. Nas tartarugas, uma escavação em formato de cone no quadrado sustenta o tímpano. Nos lepidossauros viventes, apenas os lagartos exibem a condição totalmente desenvolvida, visto que *Sphenodon* e as cobras perderam secundariamente tanto tímpano quanto a cavidade do ouvido médio. Os arcossauros, incluindo os crocodilos e aves viventes, também desenvolveram separadamente um ouvido com tímpano, que está correlacionado com a crescente acuidade auditiva relacionada com as vantagens de isolar a recepção dos sons de outras funções.

Nos mamíferos, a evolução de um ouvido timpânico foi mais complexa. Começamos com os pelicossauros, sinápsidos basais. O ouvido dos pelicossauros era simples e consistia essencialmente em um ouvido tetrápode primitivo. Não havia nenhuma evidência de uma região ótica especializada para a recepção de sons propagados pelo ar. O estribo era maciço e ainda consistia em uma barra de suporte na parte posterior da caixa craniana. Não havia qualquer cavidade fechada para o ouvido médio, e o tímpano estava ausente. Quando os mamíferos surgiram na última radiação dos sinápsidos, havia um ouvido timpânico. O estribo único é alcançado, no ouvido médio, pela bigorna e pelo martelo, derivados do quadrado e do articular, respectivamente. Esses três ossos do ouvido médio estendem-se do tímpano até o ouvido interno. Uma boa série de fósseis revela a ocorrência de mudanças anatômicas na transição dos pelicossauros para os mamíferos dentro dos sinápsidos. Todavia, as vantagens adaptativas que favoreceram essas mudanças ainda são controversas.

Uma sugestão correlaciona essas mudanças com alterações nas demandas metabólicas, à medida que os sinápsidos posteriores se tornaram endotérmicos. Convém lembrar que a maxila inferior dos pelicossauros era formada pelo dentário principal e por um conjunto de ossos pós-dentários, articulados através da articulação quadrado-articular da maxila. O estribo robusto tinha contato com o quadrado e o sustentava; este, por sua vez, articulava-se com o articular que, por sua vez, tinha contato com os ossos pós-dentários. Todavia, isso também significa que esses ossos faziam secundariamente parte de uma cadeia auditiva. Quaisquer vibrações sonoras, às quais os ossos pós-dentários eram sensíveis, deveriam passar pela cadeia do articular-quadrado-estribo para o ouvido interno. Nos sinápsidos cinodontes, aparece inicialmente o músculo masseter, representando, talvez, um aumento geral dos músculos da maxila, acomodando um maior uso das maxilas na alimentação e na mastigação. Isso trouxe maior estresse para a articulação da maxila, favorecendo o fortalecimento dos ossos pós-dentários. No entanto, a consolidação e a fixação dos ossos pós-dentários seriam desvantajosas para o seu papel como ossículos vibráteis da audição. Surgiu, assim, um conflito de funções. A solução foi transferir as inserções dos músculos das maxilas para o dentário, juntamente com o seu aumento, à custa dos ossos pós-dentários, para receber esses músculos. O desenvolvimento subsequente de uma articulação da maxila dentário-esquamosal separada proporcionou a oportunidade para a perda final dos ossos pós-dentários e o movimento do quadrado e do articular para o ouvido médio, onde se juntaram ao estribo, especializado apenas na transmissão de sons.

Evolução dos ossos do ouvido médio (Capítulo 7)

Eletrorreceptores

Estrutura e filogenia

Os peixes e monotremados viventes, mas não outros tetrápodes, possuem, em sua maioria, **eletrorreceptores**, isto é, receptores sensoriais que respondem a campos elétricos fracos. Os eletrorreceptores são órgãos neuromastos modificados e localizados em depressões dentro da pele, que estão predominan-

temente concentrados na cabeça do peixe. Existem dois tipos de eletrorreceptores. Um **receptor ampular** contém células de sustentação situadas no fundo de um canal estreito preenchido por um mucopolissacarídio gelatinoso (Figura 17.45 A). As células receptoras são envolvidas por neurônios aferentes.

O **receptor tuberoso** fica mergulhado sob a pele, em uma invaginação abaixo de uma camada frouxa de células epiteliais (Figura 17.45 B). Essa camada frouxa de células epiteliais pode se diferenciar em **células de cobertura** sobre as células sensoriais e em um conjunto superficial de **células-tampão**. Esse tipo de eletrorreceptor responde a frequências mais altas do que o receptor ampular e, em geral, está adaptado para receber descargas elétricas do próprio órgão elétrico do peixe. Por conseguinte, até o momento, os receptores tuberosos são conhecidos apenas nos peixes elétricos.

Os eletrorreceptores surgiram muito cedo na evolução dos peixes, tendo em vista a presença de depressões no osso dérmico de acantódios e de alguns grupos de peixes ostracoderme. Entre os peixes viventes, os eletrorreceptores são encontrados em todos os elasmobrânquios, bagres, esturjões, alguns teleósteos e no peixe pulmonado *Protopterus* (ver ilustração dos eletrorreceptores de uma raia na Figura 17.45 C).

Forma e função

Nos peixes elétricos, o órgão elétrico é constituído por blocos especializados de músculos, denominados **eletroplacas**. Em alguns, o órgão elétrico pode gerar um choque súbito de voltagem para atordoar a presa ou dissuadir um predador.

Órgãos elétricos (Capítulo 10)

Entretanto, na maioria dos peixes elétricos, o órgão elétrico produz um campo elétrico suave ao redor do peixe. Os objetos eletricamente condutores e não condutores que entram nesse campo apresentam efeitos diferentes sobre o fluxo de corrente produzido. Os animais viventes, como outros peixes, são relativamente salgados, tornando-os condutores e causando convergência das linhas do campo elétrico. As rochas são habitualmente não condutoras e causam divergência das linhas de corrente (Figura 17.46 A). Os eletrorreceptores são sensíveis a essas deformações do campo elétrico circundante. Esse tipo de eletrorreceptor é comum em peixes de água doce que vivem em águas escuras ou que caçam à noite. Eles utilizam essa informação para navegar e detectar presas. O peixe elétrico *Gymnarchus* mantém o seu corpo rígido para alinhar os receptores que geram e recebem sinais em todo o corpo (Figura 17.46 B).

Os padrões de descarga dos órgãos elétricos também são utilizados na comunicação intraespecífica. Esses padrões mudam de acordo com as circunstâncias sociais. Por exemplo, os peixes utilizam a comunicação elétrica para reconhecer o sexo e a espécie de outros peixes. A partir desses sinais elétricos, eles detectam medo, submissão e corte.

Muitos peixes que não geram ativamente seu próprio campo elétrico apresentam, mesmo assim, eletrorreceptores. Os elasmobrânquios, alguns teleósteos, os esturjões, bagres e outros são dotados de uma quantidade abundante de eletrorreceptores em suas cabeças, que estão particularmente concentrados ao redor da boca. Esses órgãos são sensíveis a campos elétricos

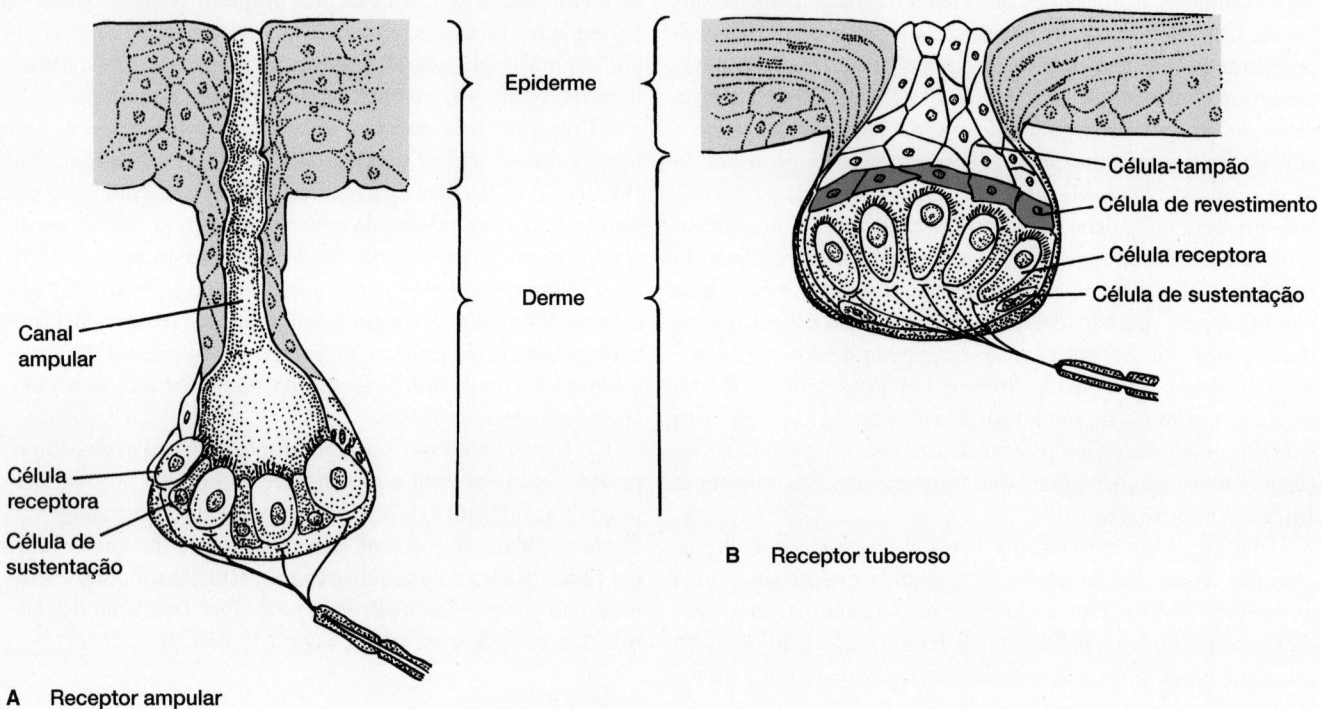

Epiderme

Derme

Canal ampular

Célula receptora

Célula de sustentação

A   Receptor ampular

Célula-tampão

Célula de revestimento

Célula receptora

Célula de sustentação

B   Receptor tuberoso

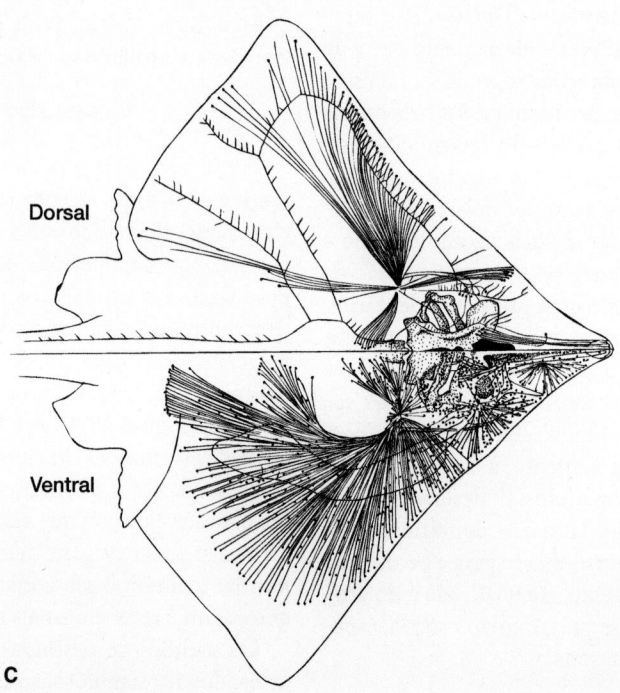

Dorsal

Ventral

C

Figura 17.45 Eletrorreceptores. A. Receptor ampular. Nos receptores ampulares, as células eletrorreceptoras (ou receptores) situam-se na base de um canal ampular profundo preenchido por mucopolissacarídio. Os receptores ampulares são comuns nos peixes que são sensíveis à energia elétrica no ambiente. **B.** Receptor tuberoso. Nos receptores tuberosos, as células eletrorreceptoras formam feixes próximos da superfície do corpo, em uma ligeira depressão da pele. São cobertos por uma camada frouxa de células de revestimento e células-tampão, sendo ambas as células especializações da epiderme. Os receptores tuberosos são encontrados apenas nos peixes elétricos – isto é, aqueles capazes de produzir sinais elétricos. **C.** Distribuição dos eletrorreceptores (*pontos pretos*) na raia *Raja laevis*. Observe que as distribuições diferem nas superfícies dorsal e ventral.

C, de Raschi.

Boxe Ensaio 17.3 | Lançando luz sobre o assunto

Muitos peixes carregam a sua própria fonte de luz em estruturas especializadas, denominadas órgãos luminosos ou fotóforos. Os próprios peixes não produzem luz; na verdade, eles transportam bactérias bioluminescentes simbióticas em bolsas de pele particularmente projetadas. Essas bolsas de bactérias brilham continuamente, de modo que, para desligar a luz, os peixes as atiram dentro de um bolso de revestimento preto, colocam uma tampa semelhante a uma persiana ou puxam os bolsos dentro do corpo.

Os peixes de água doce carecem de órgãos luminosos. Todavia, esses órgãos são encontrados em muitas espécies marinhas. Nas profundidades dos oceanos, em que não chega a luz natural, muitos peixes possuem órgãos luminosos. No entanto, os órgãos luminosos não estão restritos a espécies de profundidade. Muitos peixes marinhos de águas rasas que são presumivelmente ativos à noite também possuem órgãos luminosos.

Os órgãos luminosos são usados em uma ampla variedade de papéis. Ao fechar e abrir a cobertura existente sobre os órgãos luminosos, algumas espécies produzem *flashes* característicos, que são usados na sinalização entre membros da mesma espécie como parte da comunicação sexual ou comportamento de formação de cardumes. Durante as horas do dia, os peixes que se encontram acima de 1.000 m do oceano têm seus contornos facilmente visíveis quando vistos por baixo contra o céu claro acima. Para camuflar suas formas aos predadores ou presas que estão abaixo deles, eles produzem um brilho que combina a cor de seu corpo com a luz proveniente de cima. Para isso, esses peixes projetam órgãos luminosos a partir de divertículos do intestino. A luz suave que é emitida ilumina a superfície ventral do peixe (Figura do Boxe 1 A). Os órgãos luminosos também são usados extensamente na alimentação. Formam um chamariz nas pontas dos barbilhões ao redor da boca ou dentro dela. Os peixes da família Anomalopidae utilizam órgãos luminosos em suas cabeças para iluminar suas presas. Além de atrair as presas, os fotóforos podem expelir nuvens de bactérias bioluminescentes na água circundante para confundir os predadores. Alguns peixes elaboraram vantagens adicionais. Em grandes profundidades, os pigmentos visuais

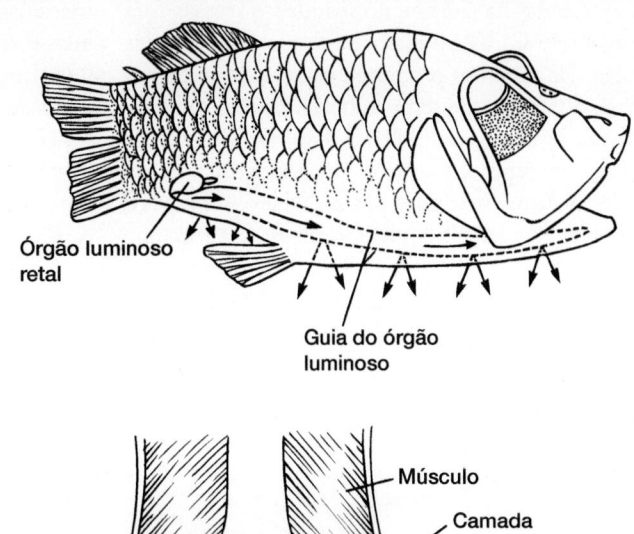

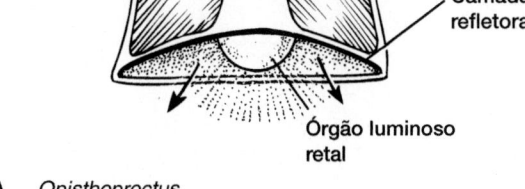

A   *Opisthoproctus*

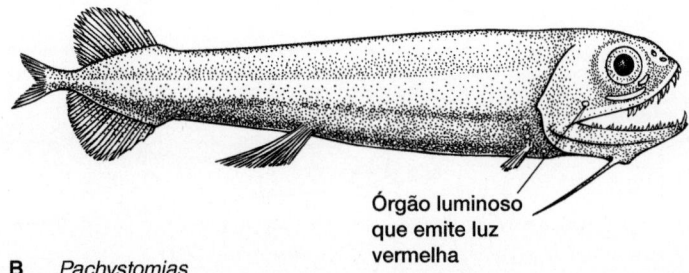

B   *Pachystomias*

Figura 1 do Boxe Órgãos luminosos bioluminescentes dos peixes. A. O *Opisthoproctus* pelágico possui um único órgão luminoso retal de bactérias. A luz irradiada distribui-se igualmente por uma longa guia tubular de luz. Uma camada refletora através da pele transparente da barriga direciona a luz em toda a superfície ventral do peixe. Ao iluminar sua superfície ventral, a silhueta do peixe é menos visível contra a luz proveniente da superfície. Acredita-se que a iluminação ventral torne a detecção desse peixe mais difícil pelos predadores de maiores profundidades que procuram localizar a sua silhueta acima deles. Um diagrama em corte transversal da guia tubular de luz mostra uma vista do órgão luminoso retal na sua extremidade. **B.** O peixe de profundidade oceânica *Pachystomias* possui um órgão luminoso próximo de seu olho, que emite luz vermelha para iluminar sua presa.

A, de Herring; B, de Guenther.

da maioria dos peixes são apenas sensíveis aos azuis e verdes. Todavia, *Pachystomias* possui um órgão luminoso que emite luz vermelha com pigmentos da retina sensíveis ao vermelho, permitindo-lhe ver a luz, ao contrário de sua presa. Em consequência, ele pode iluminar de vermelho a presa sem alertá-la (Figura do Boxe 1B).

dispersos produzidos pelas contrações musculares das presas. Nos tubarões, esses receptores são denominados **ampolas de Lorenzini**. Esses eletrorreceptores são capazes de localizar os campos elétricos fracos produzidos pelos músculos da respiração de presas enterradas na areia ou no sedimento frouxo, fora da vista (Figura 17.46 C). Além disso, o gel que envolve esses eletrorreceptores dos tubarões produz mudanças de voltagem proporcionais às diferenças de temperatura e podem ser sensíveis a mudanças de menos de 0,001°C. Isso também sugere um papel na termorrecepção. Supõe-se que a identificação de gradientes de temperatura marinhos possa ajudar os tubarões a detectar limites térmicos sutis nos quais as presas se agrupam.

Os eletrorreceptores enviam impulsos espontâneos ao sistema nervoso central em um ritmo regular. Esse ritmo aumenta ou diminui com as distorções no campo elétrico ou com estímulos de descargas elétricas dispersas e geradas pelas presas. Os mecanismos pelos quais esses campos elétricos estimulam as células receptoras não estão bem esclarecidos. Acredita-se que os impulsos sejam transmitidos a partir dos eletrorreceptores por meio de sinapses para neurônios aferentes e, em seguida, para o sistema nervoso central. A maior parte da informação reunida pelos eletrorreceptores é transmitida diretamente ao cerebelo. Nos peixes que dependem dessas informações, o tamanho do cerebelo frequentemente está aumentado (Figura 17.47 A e B).

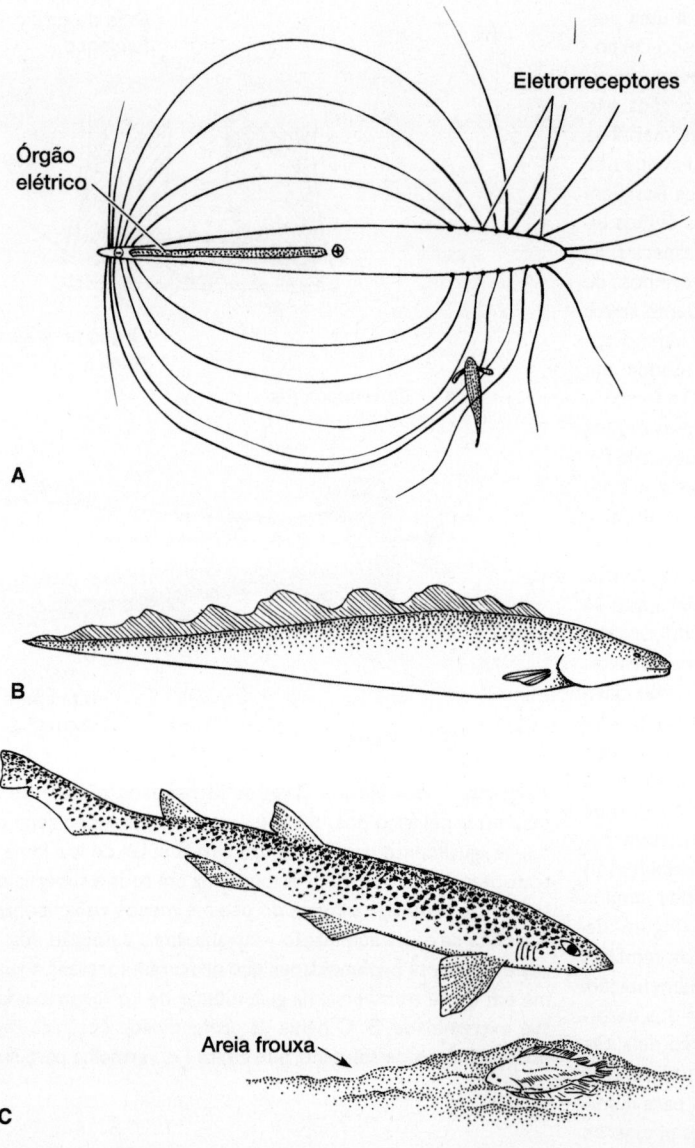

Figura 17.46 Funções dos eletrorreceptores. A. Navegação. Esse peixe elétrico gera o seu próprio campo elétrico baixo. Os objetos do ambiente que entram no campo o distorcem. Os eletrorreceptores concentrados na cabeça detectam essa distorção, e o sistema nervoso a interpreta para ajudar o peixe na navegação ao redor desses objetos. **B.** O peixe elétrico *Gymnarchus* mantém o seu corpo rígido para alinhar os receptores que geram e recebem sinais por todo o corpo. As nadadeiras ondulantes produzem movimento. **C.** Detecção da presa. Os eletrorreceptores (ampolas de Lorenzini) ao redor da boca e da cabeça desse tubarão podem detectar os baixos níveis de descarga elétrica produzidos pelos músculos respiratórios ativos de sua presa. Quando a presa está enterrada superficialmente no sedimento, esses baixos níveis de descarga elétrica podem identificar sua presença.

De Lissmann.

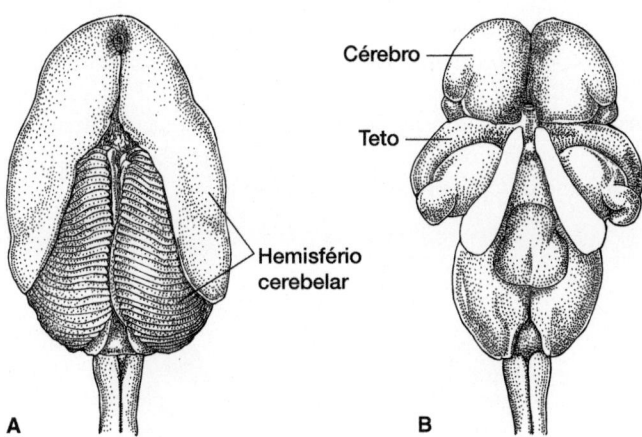

Figura 17.47 Cerebelo do peixe elétrico. A. Vista dorsal do cérebro de um peixe mormirídeo. Observe o grande cerebelo. **B.** Vista dorsal do mesencéfalo com os hemisférios cerebelares removidos.

De Northcutt e Davis.

Alguns eletrorreceptores respondem muito rapidamente aos estímulos e são estruturados para retransmitir rapidamente as informações ao sistema nervoso central. A retransmissão rápida sobre os padrões de descarga elétrica de outros peixes elétricos sugere que os eletrorreceptores desempenham um papel na comunicação. Outros eletrorreceptores são sensíveis a mudanças na amplitude elétrica. Esses receptores parecem adaptados para responder a mudanças no campo elétrico do próprio peixe e, portanto, desempenham um papel na navegação.

Órgãos sensoriais especiais adicionais

A radiação eletromagnética e os estímulos mecânicos e elétricos podem não constituir os únicos tipos de informação aos quais os vertebrados são sensíveis. Por exemplo, as tartarugas e as aves marinhas parecem utilizar, entre outros estímulos, a orientação do campo magnético da Terra para navegar. O campo magnético da Terra segue em direção norte/sul, e, na região próxima aos polos, as linhas do campo são cada vez mais inclinadas em direção à superfície da Terra. Por conseguinte, o campo magnético fornece informações tanto sobre direção quanto sobre a latitude. As tartarugas marinhas podem usar essa informação em um oceano desprovido de características para alcançar áreas de alimentação preferidas. Anos mais tarde, podem utilizar novamente os campos magnéticos para guiá-las de volta aos locais de reprodução. Embora os experimentos realizados tenham fornecido evidências de que as tartarugas marinhas usam o campo magnético da Terra para navegação, não foram descobertos receptores sensoriais para reunir essa informação.

Resumo

Os órgãos sensoriais reúnem a informação sobre os ambientes interno e externo e a codificam como sinais elétricos que alcançam o sistema nervoso central. Nossas percepções conscientes baseiam-se nessa informação. Entretanto, o "paladar" que experimentamos, os "sons" que ouvimos, as "cores" que vemos e a "dor" que sentimos são eventos do cérebro, isto é, interpretações dessa informação codificada. Estritamente falando, os órgãos sensoriais não registram "sabor", "sons", "cores" ou "dor". Estes não existem como tais, independentemente no ambiente e, portanto, não podem ser mensurados diretamente. O ambiente proporciona apenas substâncias químicas, vibrações propagadas pelo ar, ondas eletromagnéticas e estímulos mecânicos, e são estes que são reunidos e codificados pelos órgãos sensoriais, enquanto o cérebro efetua uma interpretação perceptual.

Os órgãos sensoriais gerais estão amplamente distribuídos por todo o corpo. Estão relacionados com as sensações externas e internas de toque, temperatura, pressão e propriocepção. Com frequência, as terminações nervosas são encapsuladas em tecido ou estão associadas a outros órgãos que aumentam a deformação e, portanto, aumentam a sensibilidade do receptor. As terminações nervosas livres carecem dessas associações e respondem diretamente aos estímulos. Os proprioceptores detectam a posição dos membros, o ângulo das articulações e o estado de contração dos músculos. Essa informação, que é habitualmente processada em nível subconsciente, ajuda na coordenação do movimento.

Os órgãos sensoriais especiais estão habitualmente localizados em sua distribuição e são especializados para responder a estímulos específicos, principalmente energias ambientais de radiação, químicas, mecânicas e elétricas. Os quimiorreceptores respondem a estímulos químicos, que incluem odores das presas e dos predadores, bem como feromônios, mensageiros químicos entre indivíduos. Nos tetrápodes, as papilas gustativas estão restritas à boca, mas, nos peixes, podem estar distribuídas externamente sobre o corpo. A olfação inclui quimiorreceptores dentro da passagem nasal dos peixes e dos tetrápodes, que detectam os odores que passam. A vomerolfação inclui quimiorreceptores no órgão vomeronasal separado, conhecido apenas em alguns tetrápodes, que representa um sistema quimiossensorial acessório que detecta vomodores.

Vários receptores de radiação são especializados para responder a diferentes níveis de energia no espectro eletromagnético. O olho dos vertebrados é o receptor de radiação mais bem-estudado. É sensível a comprimentos de onda de luz dentro do espectro "visível". Vários métodos de acomodação, por meio de ajustes na lente e/ou na córnea, focam a luz nos fotorreceptores presentes na retina, os bastonetes e os cones. O par de olhos proporciona uma visão monocular ou binocular, possibilitando a interpretação de profundidade no sistema nervoso central. O complexo pineal ímpar participa na fotorrecepção dos vertebrados inferiores, porém tende a assumir uma função endócrina nos grupos derivados. A radiação infravermelha situa-se fora da faixa visível de luz. A sua detecção, que é feita por receptores de infravermelho (termorreceptores) especializados, ocorre em alguns grupos de cobras, por meio de uma fosseta facial especializada, e nos morcegos hematófagos.

Os mecanorreceptores, baseados em um órgão neuromasto, são encontrados em uma variedade de órgãos sensoriais especiais. O sistema de linha lateral, que atravessa a superfície dos peixes e dos anfíbios aquáticos, é um sistema de sulcos que contêm órgãos neuromastos, que são sensíveis às correntes de água. O aparelho vestibular é um órgão de equilíbrio, que é composto por canais preenchidos de líquido, que afetam órgãos neuromastos modificados em sua base, as cristas. A mácula (receptor otólito) é sensível a acelerações ou a mudanças na postura do corpo. O ouvido é um mecanorreceptor especializado sensível a sons, que ocorre no ouvido interno dentro da lagena (cóclea). Nos tetrápodes, o ouvido timpânico surgiu várias vezes, no qual um ossículo ou ossículos da audição, encerrados dentro de uma câmara do ouvido médio, conectam o tímpano com o ouvido interno. Os ouvidos dos tetrápodes são particularmente importantes no equilíbrio de impedância, lidando com a resistência física do líquido no ouvido interno para responder a vibrações propagadas pelo ar.

Os eletrorreceptores são encontrados principalmente nos peixes, nos quais constituem parte de um sistema de navegação e nos quais, em certas ocasiões, podem ser utilizados na sinalização social.

Cada órgão sensorial se projeta para seu próprio espaço no cérebro e está organizado em um sistema hierárquico, de tal modo que a percepção é um processo progressivo. Os receptores visuais, que são particularmente importantes nos humanos e que constituem os órgãos sensoriais mais estudados, talvez sejam os melhores para nos revelar como isso funciona. O olho forma uma imagem, porém não é uma câmera; ele recolhe uma informação incompleta do mundo, e não uma cópia perfeitamente exata. O processo cumulativo de produzir uma imagem percebida é realizado progressivamente, começando na retina e continuando no tálamo e, em seguida, no córtex visual. O córtex visual apresenta neurônios específicos, que são específicos para determinadas características da imagem – linha, movimento, posição, orientação, luz, bordas. A partir dessa informação limitada e incompleta, o cérebro reconstrói ou, algumas vezes, descarta a informação para produzir a imagem final percebida. Por fim, o cérebro também faz suposições, que se revelam como ilusões ópticas (Figura 17.48).

Figura 17.48 Ilusão óptica, um triângulo de Kanizsa. Nessa imagem, percebemos um triângulo branco que naturalmente não existe no ambiente, mas que constitui um evento cerebral, produzido pelo próprio cérebro durante o processamento progressivo dos sinais sensoriais visuais.

Conclusões

Introdução

A morfologia ocupa um lugar central no desenvolvimento intelectual da biologia moderna. No entanto, a maioria das pessoas desconhece esse fato e pensa na morfologia por suas aplicações práticas. Por exemplo, na medicina, o conhecimento de anatomia e função normais é necessário para que os médicos reconheçam condições patológicas e restituam a um indivíduo doente ou ferido a condição saudável. Valvas cardíacas, aparelhos de diálise, membros artificiais, reparo de ligamentos rompidos, redução de fraturas, realinhamento das superfícies de oclusão de uma fileira de dentes, entre outros, têm como objetivo a substituição ou restauração de partes deficientes para recuperar o formato e a função normais.

Por mais que isso possa ser útil, a morfologia é mais que um auxiliar prático da medicina, sendo também a análise da arquitetura animal (Figura 18.1 A). Além de dar nome às partes, a morfologia estuda as razões da constituição dos animais. Certamente, a arquitetura, assim como a morfologia, tem seu lado prático. A arquitetura também poderia ser reduzida a uma disciplina mundana e cotidiana se a considerássemos apenas como um modo de pôr um teto sobre nossas cabeças, mas oferece muito mais a uma mente curiosa. As grandes catedrais góticas são muito mais importantes e oferecem muito mais que

um local para receber uma congregação (Figura 18.1 B). Para analisar a arquitetura da catedral, poderíamos começar conhecendo as partes da construção – abside, nave, clerestório, entablamento, umbral, plinto, tímpano de arco, trifório –, mas logo percebemos que existe mais no projeto arquitetônico de uma catedral que as pedras e a argamassa de sua anatomia. Ele revela muito sobre as pessoas que o criaram, a história que o precede e a variedade de funções a que se presta. Do mesmo modo, o projeto arquitetônico de um animal revela algo sobre os processos que o produziram, a história de sua origem e as funções de suas partes.

Quando perguntamos a razão da constituição de determinada parte de um organismo, abordamos formalmente essa questão a partir de três pontos de vista integrados: estrutura, função e ecologia (Figura 18.2). Começamos com uma descrição da arquitetura da parte, sua estrutura, e ampliamos para incluir sua função; depois, observamos o entorno ecológico em que atuam a forma e a função. Caso essa análise seja estendida ao longo do tempo, acrescentamos a dimensão evolutiva. Essas três perspectivas – forma, função, ambiente – são linhas paralelas de análise da constituição. Se tentarmos compreender as mudanças evolutivas da constituição, cada uma delas se torna uma crítica interna da série de alterações morfológicas de interesse. A função e o ambiente não são somente mais

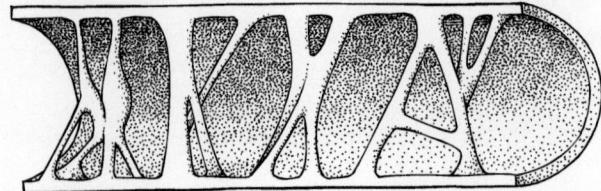

A Osso de ave

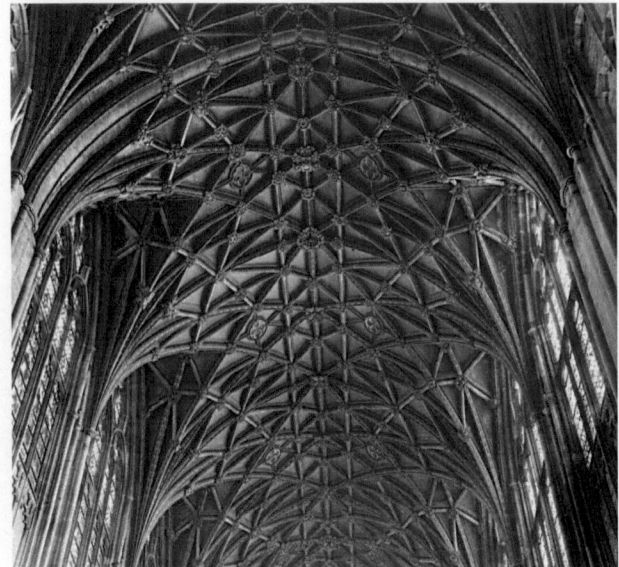

B Catedral de Gloucester

Figura 18.1 Arquitetura animal. A. O corte transversal do osso de uma ave mostra as trabéculas internas de sustentação. **B.** A abóboda da catedral de Gloucester (por volta de 1355) mostra as vigas de sustentação que transmitem o peso da abóbada do teto aos pilares laterais.

um conjunto de características a acrescentar a um pote de caracteres anatômicos, mas sim representam linhas paralelas de análises distintas.

Um exemplo do uso de séries anatômicas, funcionais e ecológicas é encontrado no estudo da evolução das aves (Figura 18.3). As penas se originaram por uma série de modificações anatômicas iniciadas com as escamas, em répteis ancestrais. Paralelamente a essas transformações, pode-se propor uma série de alterações funcionais às quais as penas atendiam: proteção, termorregulação, salto, paraquedismo, planeio e voo. As circunstâncias ecológicas nas quais a forma e a função atuam poderiam abranger transições da vida terrestre para a arborícola e desta para a aérea. As tentativas de compreender a origem das aves se concentram em hipóteses sobre essas alterações paralelas na forma, na função e na ecologia associadas.

Um método para testar a vitalidade dessas hipóteses é avaliar a compatibilidade entre essas três séries. Por exemplo, poderíamos questionar a transformação literal das escamas dos répteis nas penas das aves, observando diferenças na estrutura (ver, no Capítulo 6, *Resumo*). Em resposta, poderíamos atribuir as duas – escamas e penas – não a uma homologia literal, mas a uma homologia comum subjacente de interação de derme e epiderme durante o desenvolvimento. Seria possível, também,

questionar o papel funcional inicial proposto – termorregulação – a partir da observação da ausência de concha nasal nas primeiras aves e em seus ancestrais imediatos, os dinossauros. Essa ausência sugere a falta de endotermia e, portanto, da função de isolamento térmico das primeiras penas.

A evolução não prevê o futuro. As estruturas não evoluem para servir às funções que desempenharão milhões de anos mais tarde, mas sim para as funções de sobrevivência nos ambientes do momento. A pré-adaptação se refere ao sucesso acidental de estruturas que favorecem o uso de funções ancestrais adaptativas em seus descendentes. No entanto, o sucesso inicial de uma estrutura é determinado por sua utilidade para a sobrevivência em ambientes atuais, não importando o que o futuro possa prometer. As hipóteses acerca dos estágios na evolução das aves e da conquista do voo têm buscado identificar as formas, funções e relações ecológicas ocorridas conjuntamente nos estágios. Cada um deles representa uma condição adaptativa ocasionada por seleção natural. É preciso que a forma, a função e a circunstância ecológica sejam harmônicas em cada estágio. Ao imaginar uma série de estágios evolutivos, linhas de análise paralelas dão alguma ideia do mecanismo de transformação na evolução das aves.

Na prática, essa extensa análise da constituição dos vertebrados costuma ser um trabalho grande demais para a vida de uma só pessoa. Nos últimos anos, isso levou a mais esforços interdisciplinares. Agora é comum encontrar paleontologistas com conhecimentos de anatomia fóssil que se associam a fisiologistas e ecologistas para analisar a constituição de uma série de fósseis.

A análise da constituição dos animais assumiu muitas formas. Os cientistas tendem a enfatizar nas pesquisas as técnicas que abordam imediatamente o problema de análise da constituição. Morfologistas descritivos, a princípio interessados em características estruturais, dão atenção máxima à anatomia propriamente dita. Os morfologistas funcionais estão interessados no mecanismo de ação das partes e tendem a dar maior atenção à fisiologia ou à biomecânica da estrutura. Os morfologistas ecológicos tentam examinar as inter-relações de um organismo em seu ambiente natural para descobrir como as estruturas são empregadas atualmente. De modo geral, os morfologistas evolutivos usam todas essas informações para elaborar hipóteses sobre o desenvolvimento histórico das estruturas.

Cientistas de várias áreas trouxeram diversas técnicas e conceitos filosóficos para o estudo da constituição dos animais. Atualmente, novos e diversos instrumentos analíticos estão sendo incorporados ao estudo da constituição dos animais e promovendo seu rápido desenvolvimento. Consideremos as quatro perspectivas oferecidas pela morfologia – estrutura, função, ecologia e evolução – com o intuito de identificar a contribuição de cada uma para a análise da constituição dos vertebrados e os conhecimentos especiais oferecidos por cada uma delas.

Análise estrutural

A análise da arquitetura animal geralmente começa com uma descrição do organismo ou da parte de interesse. Caso nosso interesse seja a alimentação, poderíamos iniciar com uma meticulosa descrição de maxilas, dentes, crânio e articulações de estruturas cranianas. Normalmente, essa análise é direta, pela

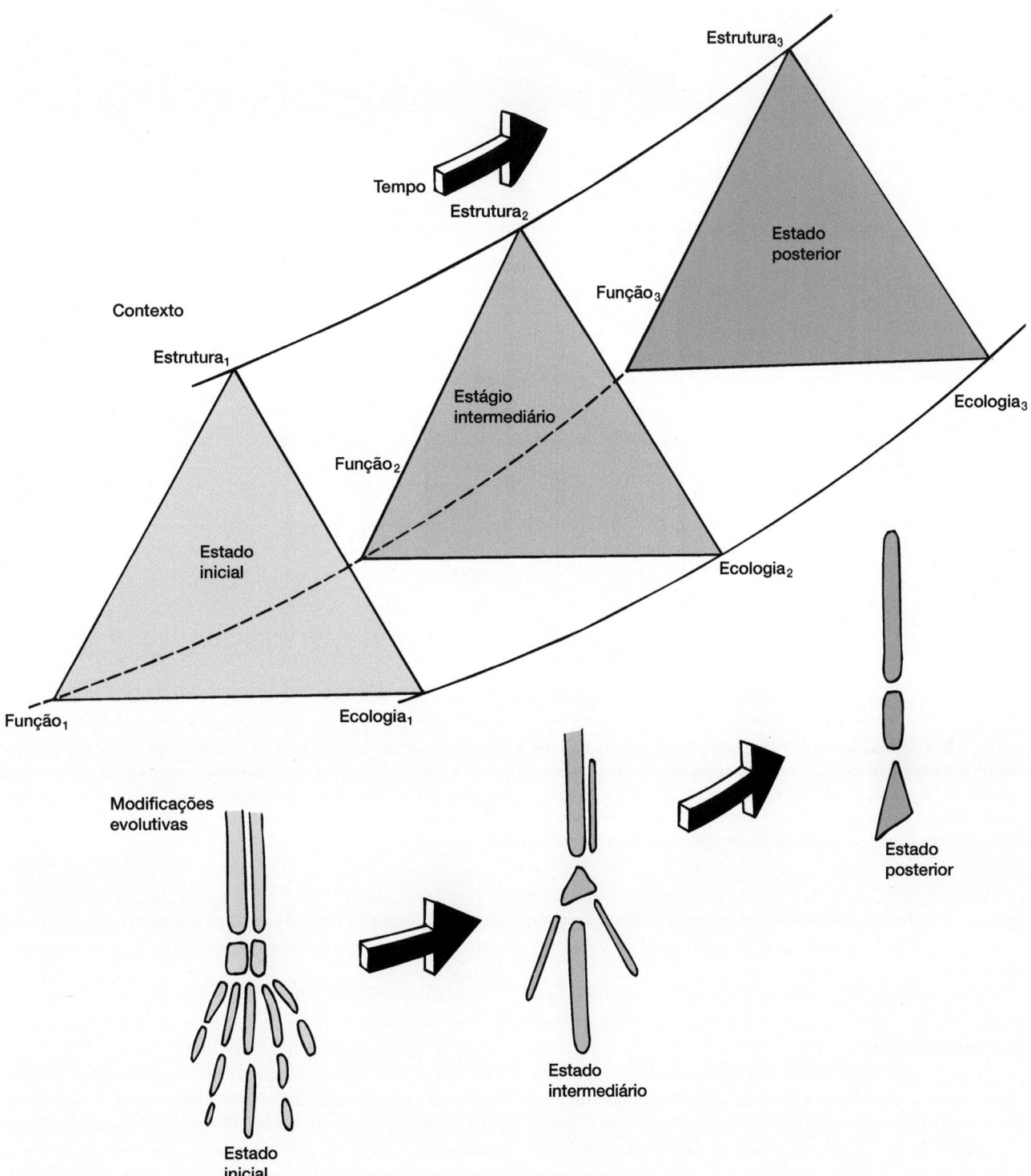

Figura 18.2 Análise da constituição. Em qualquer momento, a estrutura específica de uma parte tem uma ou mais funções em determinada situação ecológica. Com o tempo, ela pode se modificar de acordo com a função e a situação ecológica; portanto, a análise da constituição abrange estrutura, função e ecologia. Se acompanhados ao longo do tempo, esses três fatores se modificam e ajudam a explicar as mudanças evolutivas da constituição geral.

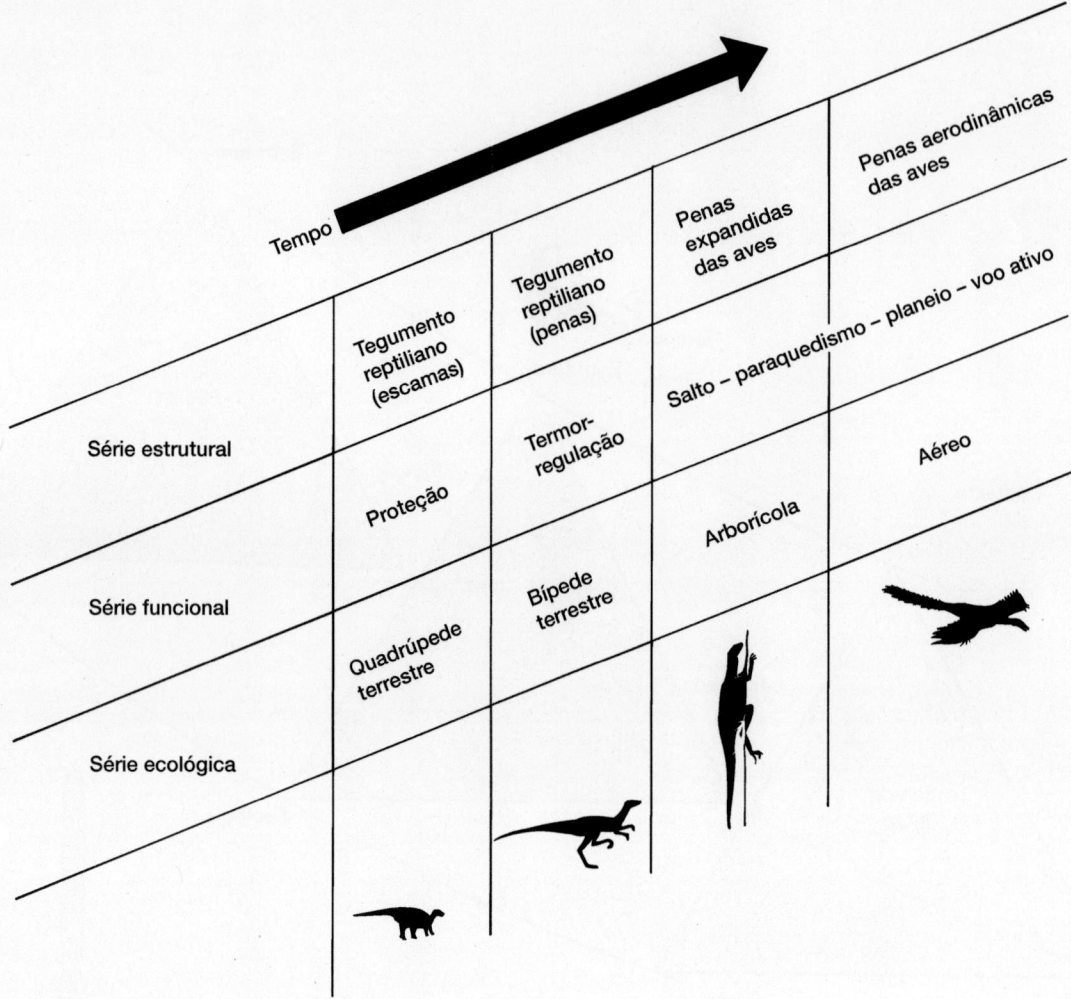

Figura 18.3 Evolução hipotética das penas de voo nas aves. As séries estruturais, funcionais e ecológicas paralelas são indicadas. As escamas características protegem os répteis terrestres contra a abrasão e a dessecação. O réptil bípede ativo usa as escamas modificadas para a termorregulação. A atividade de subir em árvores e, às vezes, saltar para galhos próximos tornaria as escamas expandidas vantajosas para retardar a descida e aumentar a distância aérea percorrida. O planeio e o voo ativo caracterizariam um organismo aéreo derivado e seriam condições que favorecem as penas como estruturas aerodinâmicas.

dissecção cuidadosa do organismo ou pelo exame microscópico de pequenas partes e, a partir das observações, nós descrevemos a anatomia.

Como questão prática, a descrição da estrutura começa por uma escolha. Nós escolhemos o nível de organização a ser descrita – células, tecidos, órgãos – e decidimos o que destacar especificamente. A escolha do nível a ser estudado costuma ser uma questão de interesse pessoal. O melhor modo de eleger o aspecto específico que será descrito é considerar quais são os atributos estruturais importantes para as propriedades funcionais da parte a ser considerada. É necessário que nossa descrição sirva ao propósito de nosso estudo. Se estivermos interessados nas linhas de ação muscular, devemos incluir os pontos de origem e inserção. Caso o interesse seja a força, é necessário incluir a descrição do tipo de fibra muscular e talvez o ângulo entre essas fibras e a linha de ação. A análise descritiva é um trabalho distinto, mas não pode ser realizado de maneira isolada. Os conhecimentos sobre forma e função devem ser tratados juntos. A compreensão da função ajuda a

escolher o que descrever. Por sua vez, a descrição contém informações detalhadas sobre os elementos que consideramos decisivos para ela.

Portanto, a própria descrição é uma hipótese sobre a estrutura observada e, desse modo, ela pode ser verificada. Por exemplo, até mesmo observadores meticulosos podem ter dúvidas ou omitir aspectos estruturais importantes, o que pode ser especialmente problemático nas descrições de fósseis. Alguns alegam ver indicações anatômicas de revestimentos pilosos na superfície de pterodáctilos. Outros discordam e sugerem que essas impressões pilosas nas rochas ao redor dos fósseis têm outra explicação. Do mesmo modo, durante muitos anos, descreveu-se a presença de penas em *Archaeopteryx* que, portanto, era considerado uma ave. Recentemente, essa descrição foi questionada, afirmando-se que as penas do fóssil eram uma farsa. Esse fato provocou uma revisão anatômica dos fósseis para verificar a hipótese. Comprovou-se que a contestação não tinha fundamento e a hipótese descritiva de que o *Archaeopteryx* tinha penas foi confirmada.

Mesmo entre formas viventes, novas descrições substituem as antigas. O peixe ósseo primitivo *Amia* foi um clássico nas aulas de anatomia comparada durante décadas e estudado por várias gerações de alunos. Descrevia-se a falta de clavícula na cintura peitoral. Mais tarde, comprovou-se a inexatidão dessa descrição. Embora seja difícil encontrar o osso, um trabalho recente indica que ele realmente existe.

Outra conduta para formular hipóteses descritivas é a construção de uma hipotética sequência de eventos. Glenn Northcutt (1985) seguiu esse método em um estudo do encéfalo dos primeiros vertebrados. Ele poderia ter examinado o encéfalo de feiticeiras e lampreias, os vertebrados mais primitivos viventes, mas temeu que esses animais pudessem ter se modificado muito durante sua longa história evolutiva, de modo que não representariam uma condição verdadeiramente primitiva. Ele também poderia ter recorrido ao exame direto dos fósseis dos primeiros vertebrados, mas os detalhes internos do encéfalo dos ostracodermes não eram preservados. Em vez disso, Northcutt pesquisou características encefálicas comuns a feiticeiras, lampreias e gnatostomados. Ele argumentou que as características comuns a todos esses grupos estavam presentes em seu ancestral comum e usou essas características compartilhadas para elaborar uma descrição hipotética do encéfalo do vertebrado primitivo, que foi usada como ponto de referência quando ele analisou as variações subsequentes na anatomia das partes moles internas do encéfalo de vertebrados.

Embora a morfologia descritiva não seja uma parte glamorosa da ciência, a descrição é importantíssima na análise da arquitetura animal. Uma descrição estabelece a hipótese a ser analisada. Em caso de erro da descrição morfológica, as análises subsequentes de função e papel ecológico podem ser desviadas do rumo. A morfologia descritiva tem suas próprias implicações. A existência ou não de penas no fóssil de *Archaeopteryx* não é uma questão anatômica trivial; ela implica um tipo de animal bastante diferente da descrição sem penas. As descrições meticulosas são as peças fundamentais da análise da constituição do animal.

Análise funcional

Como funciona?

A análise da função é voltada para a seguinte pergunta: "Como funciona?". Para alguns, essa questão dá vida à anatomia descritiva e são esses os que podem se considerar morfologistas funcionais. Para estudar a função, os morfologistas funcionais tomam emprestadas as ferramentas analíticas da engenharia e da física e analisam a biomecânica da função animal. A fisiologia também tem papel proeminente na análise funcional de muitos sistemas de vertebrados. Com essas ferramentas de análise, é possível decifrar as relações mecânicas e fisiológicas entre elementos estruturais.

É possível, em certas condições, fazer a medida direta das forças que atuam sobre as estruturas durante seu funcionamento. Por exemplo, Lanyon (1974) colou sensores de tensão em ossos para registrar variações das forças durante a carga. Alexander (1974) mediu as forças produzidas por um cão ao saltar sobre uma plataforma de força (Figura 18.4). Como as forças de reação no cão são iguais às da plataforma, Alexander pôde avaliar a tensão nos membros posteriores.

A natação e o voo criam problemas de mecânica dos fluidos. Van Leuwen (1984) criou um método para o estudo da mecânica dos fluidos na alimentação dos peixes. Ele pôs diminutas esferas de poliestireno na água em que os peixes se alimentavam e filmou os acontecimentos subsequentes. Durante a alimentação por sucção, havia aceleração das esferas próximas com o alimento capturado. A partir do padrão de movimentos dessas esferas, van Leewen calculou a velocidade da água que entrava na boca e mapeou a área adjacente de onde veio a água (Figura 18.5 A). Para estudar o voo lento das aves para frente, Spedding, Rayner e Pennycuick (1984) produziram bolhas de sabão preenchidas por hélio, de flutuabilidade neutra, e as colocaram na rota de um pombo em voo. Quando a ave atravessou essa nuvem de bolhas, fotografias registraram os efeitos dos batimentos das asas sobre as bolhas no rastro da ave (Figura 18.5 B). O redemoinho formado pelas bolhas confirmou que o rastro é composto por pequenos vórtices anulares, mas, surpreendentemente, as forças indicadas pelos padrões observados não poderiam ser responsáveis pela sustentação produzida pelas asas. Na verdade, elas pareciam corresponder à metade do que seria necessário para transportar o peso do corpo da ave; no entanto, a ave obviamente era capaz de voar e, de fato, voava. Isso enfatiza a ideia de que muitas vezes o projeto biológico é muito sutil, difícil de analisar e cheio de surpresas que perturbam ideias preconcebidas.

Esse tipo de análise produz um modelo morfofuncional que representa os elementos estruturais e funcionais primários da parte estudada. Em seguida, o modelo é verificado por comparação com a parte real em ação. Por exemplo, um modelo de ligação cinemática da mandíbula da serpente *Agkistrodon piscivorus* foi comparado a filmes em alta velocidade do bote real para verificar se o modelo simulava com exatidão a rotação do dente durante a inoculação (Figura 18.6 A e B). O movimento e o controle dos elementos maxilares no modelo equivaliam aos da serpente. Lombard e Wake (1976) propuseram um modelo morfofuncional de protrusão da língua de salamandra e previram que o músculo reto profundo do pescoço era responsável pela retração da língua. Quando o músculo foi seccionado, a salamandra era incapaz de retrair a língua, o que confirmou a previsão. Zweers (1982) propôs um modelo

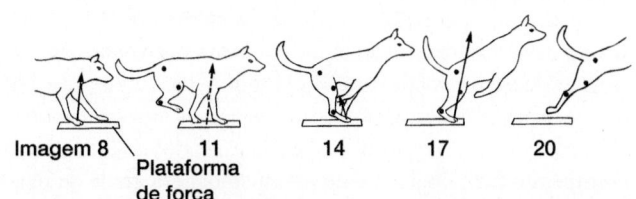

Figura 18.4 Mecânica do salto de um cão. A aplicação de uma força contra a plataforma produz uma força de reação (*seta*) contra o membro posterior. É possível medi-la para obter uma indicação das tensões sobre os elementos estruturais do esqueleto durante o salto.

Com base na pesquisa de R. McNeil Alexander.

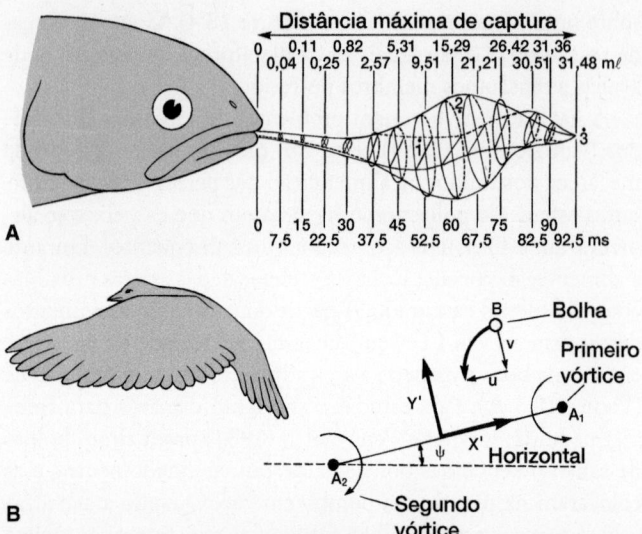

Figura 18.5 Mecânica dos fluidos. A. Alimentação de uma truta. Algumas esferas de poliestireno que flutuam ao redor do alimento respondem à sucção que surge quando a truta se alimenta. A análise dos movimentos dessas esferas revela o volume de água que entra na boca e o formato do pulso de água que carreia o alimento. **B.** Voo lento de um pombo. Bolhas de hélio giram em um vórtice quando o pombo voa através delas (*esquerda*). Esse padrão pode ser usado para calcular os componentes do movimento produzido pelos batimentos das asas e o momento (*direita*). A_1 e A_2 são os cortes transversais de vórtices produzidos pelos batimentos das asas. Os movimentos de uma bolha (*B*) são mostrados como componentes *v* e *u* de um eixo, X'Y', entre os centros do vórtice. As estruturas do vórtice no rastro formam um ângulo, Ψ, com o eixo horizontal.

Modificada de van Leeuwen, 1984.

morfofuncional do sistema usado pelos pombos para beber água. Ele previu que o esôfago da ave captava a água por sucção e, para verificar essa hipótese, criou uma fístula para o esôfago a fim de impedir a produção da pressão negativa necessária para a sucção. Entretanto, o pombo ainda conseguia beber, o que provou que o modelo morfofuncional de Zweer era falso. (O pombo bombeou a água para dentro em vez de sugá-la; Zweers, 1992.)

As relações entre forma e função podem ser esquematizadas para ilustrar as influências mútuas entre unidades de um organismo. As partes que estão estreitamente relacionadas constituem uma *unidade funcional*. As maxilas do tubarão são unidas estruturalmente para a alimentação; os elementos dos membros do cavalo, para a sustentação e a locomoção; os ossos das asas da ave, para o voo; as asas do pinguim, para a natação. No entanto, cada uma dessas unidades funcionais está conectada e integrada com outras partes do corpo, trazendo unidade para o desempenho funcional geral do organismo. Essa grade de relações dentro das unidades funcionais de um organismo, e entre elas, impõe limitações internas às estruturas, necessárias para manter a integridade funcional de uma parte e garantir seu desempenho apropriado. Contudo, essas restrições também limitam as mudanças possíveis e, portanto, dificultam as modificações evolutivas subsequentes. Desse modo, a união de forma e função parece afetar os prováveis eventos evolutivos.

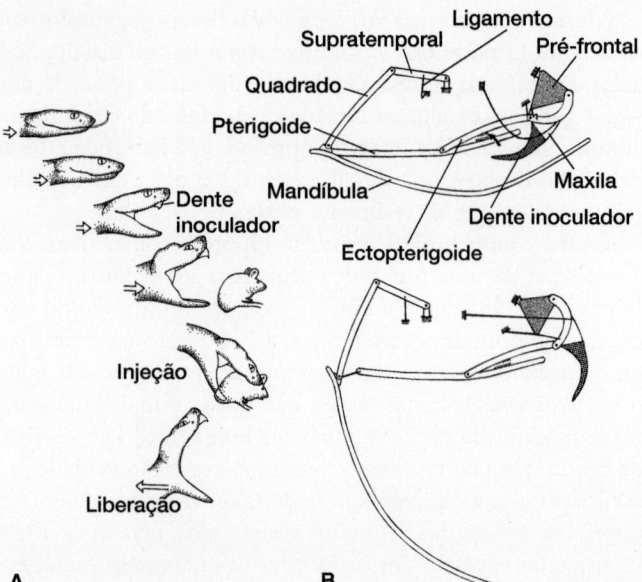

Figura 18.6 Modelos morfofuncionais. A. O bote real de uma serpente peçonhenta indica a sequência de eventos que levam à elevação do dente inoculador, injeção do veneno e liberação da presa. **B.** O modelo cinemático da mandíbula simula os elementos estruturais e as funções de seus elementos. A acurácia do modelo morfofuncional é verificada por comparação com a sequência verdadeira de eventos.

Com base em Kardong.

Acoplamento funcional, acomodação funcional

A boca da salamandra serve tanto para a respiração (ventilação pulmonar) quanto para a alimentação (captura de presas). As salamandras da família Plethodontidae não têm pulmões e dependem da respiração cutânea, de modo que a boca não participa mais da ventilação pulmonar. A respiração e a alimentação estão desvinculadas nesse grupo. As maxilas dos Plethodontidae estão quase exclusivamente a serviço da alimentação e sua constituição é muito diferente das maxilas de outras salamandras, nas quais a alimentação e a respiração estão acopladas. Os Plethodontidae perderam elementos hioides, antes necessários para a ventilação pulmonar.

Carrier (1987) afirmou que existe um acoplamento funcional entre locomoção e respiração em alguns tetrápodes. Quando um lagarto corre, por exemplo, as curvaturas laterais do corpo comprimem alternadamente os pulmões esquerdo e direito. O ar pode ser bombeado nos dois sentidos entre os pulmões, mas a quantidade de ar novo que entra para substituir o consumido é pequena (Figura 18.7 A). Ao contrário, um mamífero a galope comprime e expande os dois pulmões simultaneamente. A consequência é a inspiração e a expiração eficientes e sincronizadas com as flexões do corpo (Figura 18.7 B). Carrier argumentou que em tetrápodes ancestrais, como nos lagartos modernos, a locomoção rápida prolongada interferia na respiração e esse acoplamento funcional limitou a evolução subsequente. Descendentes ectotérmicos de tetrápodes ancestrais se especializaram em explosões de atividade dependentes do metabolismo anaeróbico, mas essas restrições impediram modos

Figura 18.7 Acoplamento estrutural e funcional entre unidades. O acoplamento da ventilação pulmonar e da locomoção pode restringir ou favorecer oportunidades de evolução subsequente de constituições alternativas. **A.** Lagarto. Curvaturas laterais do corpo durante a locomoção comprimem alternadamente os pulmões e interferem na ventilação. **B.** Mamífero. Curvaturas dorsoventrais do corpo comprimem e expandem alternadamente os dois pulmões, contribuindo para a expiração e a inspiração. Os sinais de mais e menos indicam, respectivamente, pressões positiva e negativa nos pulmões (*linhas tracejadas*).

Com base na pesquisa de D. Carrier, 1987.

mais ativos de locomoção. Por outro lado, aves e mamíferos se originaram de ancestrais que desenvolveram modificações morfológicas para contornar essas limitações e possibilitar que os tetrápodes endotérmicos adotassem a locomoção prolongada parcialmente dependente do metabolismo aeróbico.

O reconhecimento dessa limitação inspirou a reavaliação de trabalhos anteriores e novas pesquisas sobre os lagartos corredores. Em algumas espécies, a ventilação diminuiu com a velocidade. No entanto, no lagarto-monitor, os níveis de oxigênio no sangue que saía dos pulmões continuaram altos, o que sugere que a ventilação era satisfatória para manter a corrida prolongada. Em lagartos-monitores, a ventilação pulmonar é complementada por uma bomba gular durante a locomoção rápida. O assoalho da cavidade bucal (região gular) sobe e desce ativamente, com geração de pressão positiva para introduzir o ar na boca e conduzi-lo aos pulmões. A desativação da bomba gular revela que a limitação prevista por Carrier existe de fato, mas geralmente é encoberta pelo êxito da ventilação pulmonar complementar da bomba gular. Pelo menos aqui, em lagartos-monitores, foi encontrado um modo de superar as limitações mecânicas que a locomoção impunha à respiração.

Consideremos a cor das penas em um conflito funcional entre as funções na corte e na regulação da temperatura corporal. Alguns machos de aves mostram elaboradas exibições de penas coloridas e vivamente ornamentadas às fêmeas durante a corte para obter resposta favorável e sucesso reprodutivo. No entanto, além da função na corte, as penas também absorvem valiosa radiação solar para aquecer o corpo nos dias frios ou refletem o excesso de radiação para evitar o superaquecimento nos dias de calor. Pode haver conflito entre os dois papéis biológicos – corte e termorregulação – já que as penas de cores vivas que impressionam a fêmea também podem refletir a radiação solar útil para aquecer o corpo frio. Às vezes, não há como conciliar funções biológicas conflitantes e incompatíveis, e o projeto biológico é um equilíbrio entre elas.

Funções múltiplas

Qualquer estrutura provavelmente tem múltiplas funções e sua constituição é uma adaptação entre elas. As penas das aves servem para voar, mas também isolam e podem ser coloridas para exibição durante a corte. As penas da cauda do pavão são usadas durante a corte, mas podem dificultar o voo. As maxilas das serpentes agarram com força as presas que tentam fugir, mas as articulações ósseas têm de ser móveis para possibilitar a subsequente deglutição do animal capturado. Os machos de carneiros selvagens usam os chifres durante o combate quando dão cabeçadas, mas a espiral dos chifres também é usada como exibição visual para outros machos. Os membros de um guepardo transportam-no rapidamente durante a perseguição de uma presa, mas também são instrumentos usados para capturá-la quando está ao alcance.

Todas as funções de uma estrutura devem ser examinadas porque cada função influencia a constituição. O trato digestório dos vertebrados tem papel fundamental na digestão, mas contém tecido linfoide e, portanto, também faz parte do sistema imune. As paredes do ceco, assim como a maior parte do restante do trato digestório, contêm tecido linfoide. O apêndice vermiforme de seres humanos é homólogo ao ceco, porém é muito reduzido. Esse fato levou alguns a sugerirem que é apenas um vestígio sem função. Certamente, o apêndice humano perdeu uma importante função, a digestão da celulose, mas não perdeu todas as funções porque ainda contém tecido linfoide.

Algumas partes também podem ter uma função no que Melvin Moss (1962) denominou *matriz funcional*. O pulmão de mamíferos, por exemplo, é responsável pela troca gasosa, mas também sustenta a caixa torácica e os tecidos circundantes. Caso se remova o pulmão de um lado, as costelas do mesmo lado tendem a se deformar, porque perdem o "arcabouço" interno propiciado pelo pulmão. O pulmão das serpentes é outro exemplo. Nelas, o longo pulmão tubular desce no centro do corpo. Sua principal função é a respiração, mas também sustenta e dá forma ao corpo da serpente, que não tem um esterno para completar a caixa torácica e, evidentemente, não tem membros para sustentar o corpo. Portanto, a maior parte do peso do corpo é sustentada pelo pulmão insuflado (Figura 18.8 A). O encéfalo de mamíferos é outro exemplo. À medida que o encéfalo cresce durante o desenvolvimento, a caixa externa de ossos cranianos que o circunda se adapta à sua forma expansiva (Figura 18.8 B). Caso ocorram defeitos congênitos durante o crescimento, com superexpansão do encéfalo, a moldagem do crânio também é afetada. Portanto, o pulmão, o encéfalo e outras partes constituem matrizes ao redor das quais são moldados outros elementos.

Nenhuma estrutura pode desempenhar todas as suas funções igualmente, pois as demandas funcionais frequentemente são contraditórias. Portanto, são esperados meios-termos da constituição. Muitas aves marinhas, como as alcas, usam as asas para voar, mas também para manobras subaquáticas na procura de peixes. Em comparação com as aves costeiras, como as gaivotas, que usam muito pouco as asas para nadar, as asas das alcas são curtas e robustas. No entanto, em comparação com pinguins, que não usam as asas para voar, as asas da alca são mais delicadas. Entre esses dois extremos, as asas da alca têm

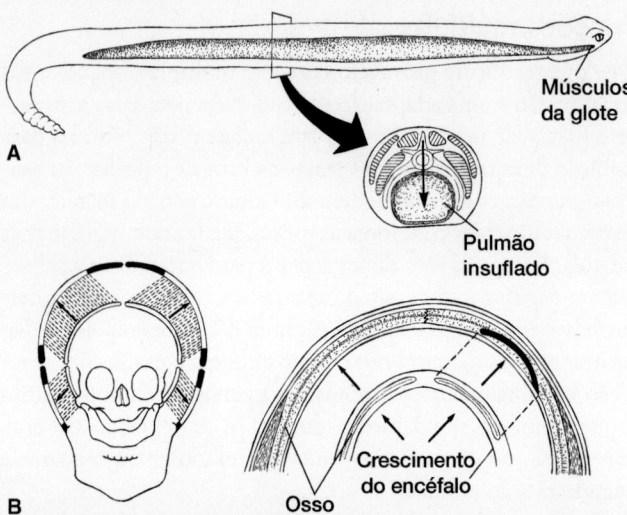

Figura 18.8 Matrizes funcionais. Além de servir à função primária, a maioria das estruturas internas sustenta os tecidos adjacentes. **A.** Vistas sagital (*em cima*) e transversal (*embaixo*) de uma serpente. Entre as respirações, pequenos músculos fecham a abertura da glote para os pulmões. O peso do corpo da serpente se apoia sobre o pulmão alongado e insuflado, que sustenta a massa corporal (*seta cheia*). **B.** Vistas frontal (*esquerda*) e transversal (*direita*) do crânio e do encéfalo humanos em desenvolvimento. O encéfalo em crescimento empurra os elementos ósseos para fora (*setas*). Há crescimento compensatório desses ossos nas margens (*sombreado*) para manter contato e formar a estrutura completa do crânio.

Com base na pesquisa de M. Moss, 1962.

estrutura intermediária, não especializada para o voo nem para a natação. As asas da alca representam um meio-termo entre as duas (Figura 18.9).

O meio-termo da constituição pode ocorrer em um sexo quando o papel biológico dele impõe exigências específicas. A pelve humana é um exemplo. Nas mulheres, o canal de parto tem de ser grande para acomodar a passagem da cabeça relativamente grande do lactente durante o parto. No entanto, esse alargamento dos quadris para aumentar o canal de parto causa afastamento dos membros da linha mediana do tronco acima. Assim, os membros não estão bem posicionados sob o peso da parte superior do corpo que precisam sustentar. O resultado é uma tendência a aumento da carga assimétrica dos membros, o que aumenta a chance de sobrecarga dos ossos. Como consequência, o músculo quadríceps se insere no joelho em ângulo mais oblíquo, o que torna as mulheres de quadris largos mais propensas à luxação do joelho. A constituição do quadril feminino parece representar um meio-termo entre as demandas da locomoção e da reprodução.

Desempenho

Se o estudo da função nos diz qual é o mecanismo de ação de uma parte, o estudo do desempenho responde à seguinte pergunta: "Funciona bem?". Um modo de avaliar o desempenho é comparar a estrutura a um modelo de engenharia com a mesma função. Se o modelo de engenharia representar a melhor constituição possível teoricamente, pode ser considerada

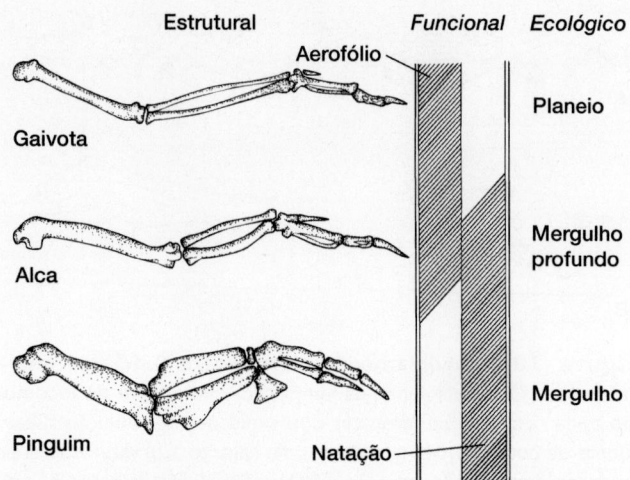

Figura 18.9 Meio-termo funcional. As gaivotas usam as asas para voar, enquanto o pinguim as usa para nadar. Desse modo, as demandas de cada um são muito diferentes, o que é refletido em sua constituição. A alca, que voa, mas também usa as asas quando mergulha, é um intermediário morfológico. A constituição de sua asa é um meio-termo entre essas diferentes demandas mecânicas.

uma *constituição ótima*. A diferença de desempenho entre a estrutura real e o modelo ideal representaria a diferença de eficiência.

Esse método tem várias limitações. Em primeiro lugar, a maioria das estruturas representa um meio-termo biológico entre várias funções em vez de uma constituição ótima para uma função. Portanto, uma estrutura poderia não atender as expectativas de um modelo de engenharia ótimo, mas ainda funcionar bastante bem. Segundo, não é necessário que uma estrutura seja perfeita para que seja preservada pela seleção natural. Um organismo requer estruturas que possibilitem sua sobrevivência em frequência igual ou pouco maior que a de seus competidores. Não é preciso que as partes de um organismo sejam perfeitas, apenas satisfatórias para atender essa exigência mínima para a sobrevivência. Portanto, as diferenças entre uma estrutura real e uma estrutura ideal podem não ter importância biológica. Para medir o desempenho de maneira biologicamente significativa, é preciso avaliar a parte no ambiente em que vive o organismo. Por fim, o mais importante não é a proximidade entre uma estrutura e o ideal teórico, mas sim a qualidade de seu desempenho nas condições ecológicas em que ela de fato atua.

Análise ecológica

Os animais viventes são mais ou menos adaptados para os ambientes atuais em que vivem. Para concluir uma análise da arquitetura animal, é preciso estudar esses animais no ambiente atual e verificar os papéis biológicos das estruturas. O conhecimento do uso de uma parte ajuda a compreender por que seria constituída de determinada maneira. As longas pernas de uma girafa aumentam o comprimento da passada e, consequentemente, é esperado que aumentem a velocidade de corrida. Entretanto, uma análise ecológica mostraria que o valor primário das longas pernas de uma girafa para a sobrevida é elevar o corpo acima do solo para que, com o pescoço estendido, a girafa consiga alcançar folhas inacessíveis a competidores de pernas curtas. Com frequência, os estudos de campo começam com as informações básicas da história natural sobre migrações, dietas, padrões reprodutivos e assim por diante, mas podem se expandir para estudos experimentais que verificam ideias sobre as funções de determinadas estruturas na vida de um organismo.

Análise evolutiva

Limitações históricas

Alguns morfologistas estudam a estrutura, a função e a ecologia de um organismo e consideram que essa base é suficiente para analisar a constituição do animal. No entanto, falta a história da origem da constituição, ou seja, sua origem evolutiva. A história por trás de uma estrutura tem de ser incluída na análise da constituição; caso contrário, não podemos abordar a razão pela qual essa constituição específica passou a caracterizar tal organismo. Suponha que analisemos a forma e a função das caudas de uma toninha e um ictiossauro. Nós poderíamos ainda relacioná-las com o ambiente da toninha e, no mínimo, com o provável ambiente do ictiossauro. Mas nossa análise não explicaria por que os lobos da cauda da toninha são *horizontais* e os lobos da cauda do ictiossauro eram *verticais* (Figura 18.10 A e B). É provável que essas diferenças sejam causadas por diferentes antecedentes evolutivos desses organismos. As toninhas descendiam de mamíferos terrestres nos quais a locomoção incluía flexões verticais da coluna vertebral. Os ictiossauros descenderam de répteis terrestres que usavam ondulações horizontais da coluna vertebral. Quando as toninhas e os ictiossauros se adaptaram ao meio aquático, desenvolveram lobos das caudas com orientações horizontal e vertical, respectivamente. Essas orientações tiraram vantagem dos padrões preexistentes da curvatura da coluna vertebral. A história pregressa restringe orientações futuras de mudanças estruturais e funcionais. Se não incluirmos a dimensão histórica em nossa análise da estrutura, limitamos nossa capacidade de explicar essas diferenças na constituição dos organismos.

Primitivo e avançado

Já mencionamos que os termos *primitivo* e *avançado* são usados para distinguir espécies que surgiram cedo daquelas que surgiram mais tarde em uma linhagem filogenética. Mas é preciso repetir que esses termos são escolhas infelizes porque alimentam a ideia de que avançado também significa melhor. O termo *derivado* é adequado para substituir *avançado*. As espécies primitivas são aquelas que preservam as características iniciais presentes nos primeiros membros da linhagem. As espécies derivadas são aquelas com características modificadas, que representam um afastamento da condição primitiva (Figura 18.11).

Entretanto, a substituição dos termos não elimina por completo a ideia equivocada de que as espécies em desenvolvimento se tornam progressivamente melhores, porque o erro não está nos termos, mas no viés que a maioria de nós traz para o tema da evolução. Muitos estudantes esperam que a evolução biológica seja governada pelos mesmos propósitos das

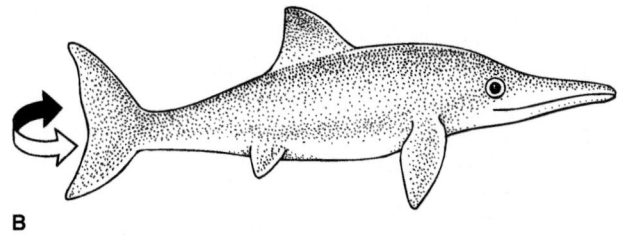

Figura 18.10 Constituição convergente. Tanto as toninhas (**A**) quanto os ictiossauros (**B**) são constituídos para nadar em *habitats* aquáticos semelhantes. No entanto, a orientação dos lobos da cauda é horizontal nas toninhas e vertical nos ictiossauros. Essas diferenças provavelmente são explicadas por diferenças nas histórias evolutivas de cada um, e não apenas por fatores funcionais ou ecológicos.

mudanças tecnológicas. De modo geral, as invenções humanas são progressivas; elas tentam melhorar a vida. Os antibióticos melhoram a saúde. Os trens viajam mais rápido que os cavalos, e os aviões viajam mais rápido que os trens. Os computadores substituem a régua de cálculo, que substituiu a contagem nos dedos das mãos e dos pés. Certamente, há um preço a pagar em poluição e gasto de recursos, porém a maioria das pessoas vê essas mudanças tecnológicas como melhorias progressivas. A vida melhora.

No entanto, esse não é o modo correto de considerar as inovações biológicas. Os mamíferos não são melhores que os répteis, os répteis não são melhores que os anfíbios, e os anfíbios não são melhores que os peixes. Cada táxon representa um modo diferente, mas não necessariamente melhor, de satisfazer as demandas da sobrevivência e da reprodução bem-sucedida. Cada grupo está igualmente bem adaptado às tarefas e aos estilos de vida necessários para a sobrevivência. Os grupos avançados não estão mais bem adaptados que os grupos primitivos.

É difícil, até mesmo para cientistas, descartar esse viés profundo que é a ideia de progresso. Como destacado em relação à evolução dos arcos aórticos no Capítulo 12, muitos cientistas sucumbiram à ideia errônea de que os arcos aórticos, a septação interna incompleta do coração e os pulmões em peixes pulmonados representavam estruturas imperfeitas. Essa mediocridade presumida era perdoável em animais "primitivos". Acreditava-se que houvesse mistura do sangue oxigenado e desoxigenado, o que era considerado um "problema" não resolvido até o surgimento de grupos avançados como as aves e os mamíferos. Como celebrava um morfologista, "a solução perfeita" foi alcançada nos estágios avançados de aves e mamíferos,

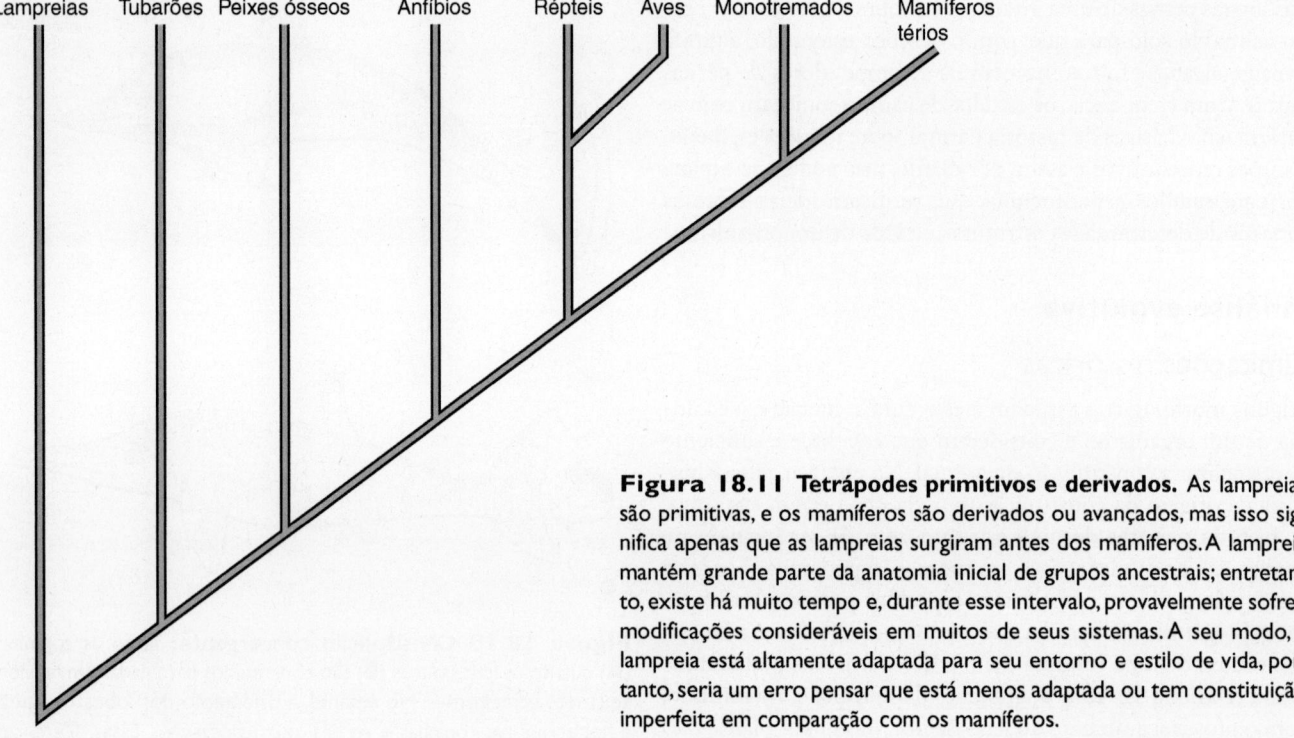

Lampreias   Tubarões   Peixes ósseos   Anfíbios   Répteis   Aves   Monotremados   Mamíferos térios

Figura 18.11 Tetrápodes primitivos e derivados. As lampreias são primitivas, e os mamíferos são derivados ou avançados, mas isso significa apenas que as lampreias surgiram antes dos mamíferos. A lampreia mantém grande parte da anatomia inicial de grupos ancestrais; entretanto, existe há muito tempo e, durante esse intervalo, provavelmente sofreu modificações consideráveis em muitos de seus sistemas. A seu modo, a lampreia está altamente adaptada para seu entorno e estilo de vida, portanto, seria um erro pensar que está menos adaptada ou tem constituição imperfeita em comparação com os mamíferos.

embora concordasse que os peixes pulmonados e os anfíbios haviam feito algum progresso na separação das duas correntes sanguíneas.

Pesquisas recentes mostram que a mistura de sangue é, na verdade, pequena, mas a questão é mais sutil. O erro é considerar peixes pulmonados e anfíbios como animais de constituição simplória em comparação com aves e mamíferos. Certamente, os peixes pulmonados seriam mamíferos precários, mas, por outro lado, mamíferos seriam peixes pulmonados precários. É preciso avaliar a constituição de cada um em relação ao meio em que vive, não ao que poderia se tornar. A evolução não cuida do futuro. Não é progressiva do mesmo modo que as mudanças tecnológicas que tornam a vida melhor.

Muitas vezes, os estudantes perguntarão por que um peixe primitivo como a lampreia continua a sobreviver junto de peixes avançados como a truta e o atum. Por trás dessa pergunta está a suposição de que avançado significa melhor, o que leva à ideia equivocada de que o "superior" (*i. e.*, avançado) deve ter substituído o "imperfeito" (*i. e.*, primitivo). A noção de "melhor" não se aplica às mudanças biológicas. As espécies primitivas e avançadas representam modos *diferentes*, e não modos *melhores* de sobrevivência.

Diversidade de tipo/unidade de padrão

De modo geral, a evolução da arquitetura animal prossegue por remodelamento, não por nova construção. É certo que surgem novas mutações propiciando novas variedades, mas seu efeito geralmente é modificar uma estrutura existente, e não substituí-la por outra totalmente nova. Desse modo, as especializações anatômicas que caracterizam cada grupo são modificações de um padrão comum. É a unidade de plano e diversidade de execução, como afirmou T. H. Huxley em 1858.

As asas das aves são modificações dos membros anteriores dos tetrápodes que, por sua vez, são modificações das nadadeiras dos peixes (Figura 18.12 A). Do mesmo modo, vimos a diversidade de arcos aórticos derivados de um padrão básico de seis arcos (Figura 18.12 B). As cinco bolsas faríngeas básicas são a origem comum de várias glândulas, e o trato digestório tubular básico se diversificou em regiões especializadas em vários grupos. Essa característica de remodelamento da evolução é responsável pelas semelhanças estruturais entre um grupo e o subsequente.

Evolução em mosaico

A seleção natural atua em organismos individuais, mas as pressões de seleção sobre diferentes partes do mesmo organismo têm diferentes intensidades. Assim, a modificação das partes ocorre em diferentes velocidades. Por exemplo, na evolução dos cavalos, houve modificação considerável dos membros entre os ancestrais de quatro ou cinco dedos e os cavalos atuais com apenas um dedo (Figura 18.13 A). Os dentes e o crânio também se modificaram, mas talvez a mudança tenha sido menos radical que a dos membros, e o tamanho relativo do encéfalo mudou muito pouco. Em qualquer linhagem em evolução, algumas partes se modificam com rapidez, outras lentamente e ainda outras não se modificam. Gavin de Beer (1951) deu a esse padrão o nome de *evolução em mosaico*, por causa das velocidades desiguais com que partes de um organismo são modificadas em uma linhagem filogenética.

Quando estudamos a evolução das espécies, é preciso ter em mente essa característica de mosaico da evolução, pois as pressões da seleção que atuam sobre uma parte de um organismo poderiam ter intensidade muito diferente daquelas que atuam sobre outra parte. Por exemplo, o grupo avançado de

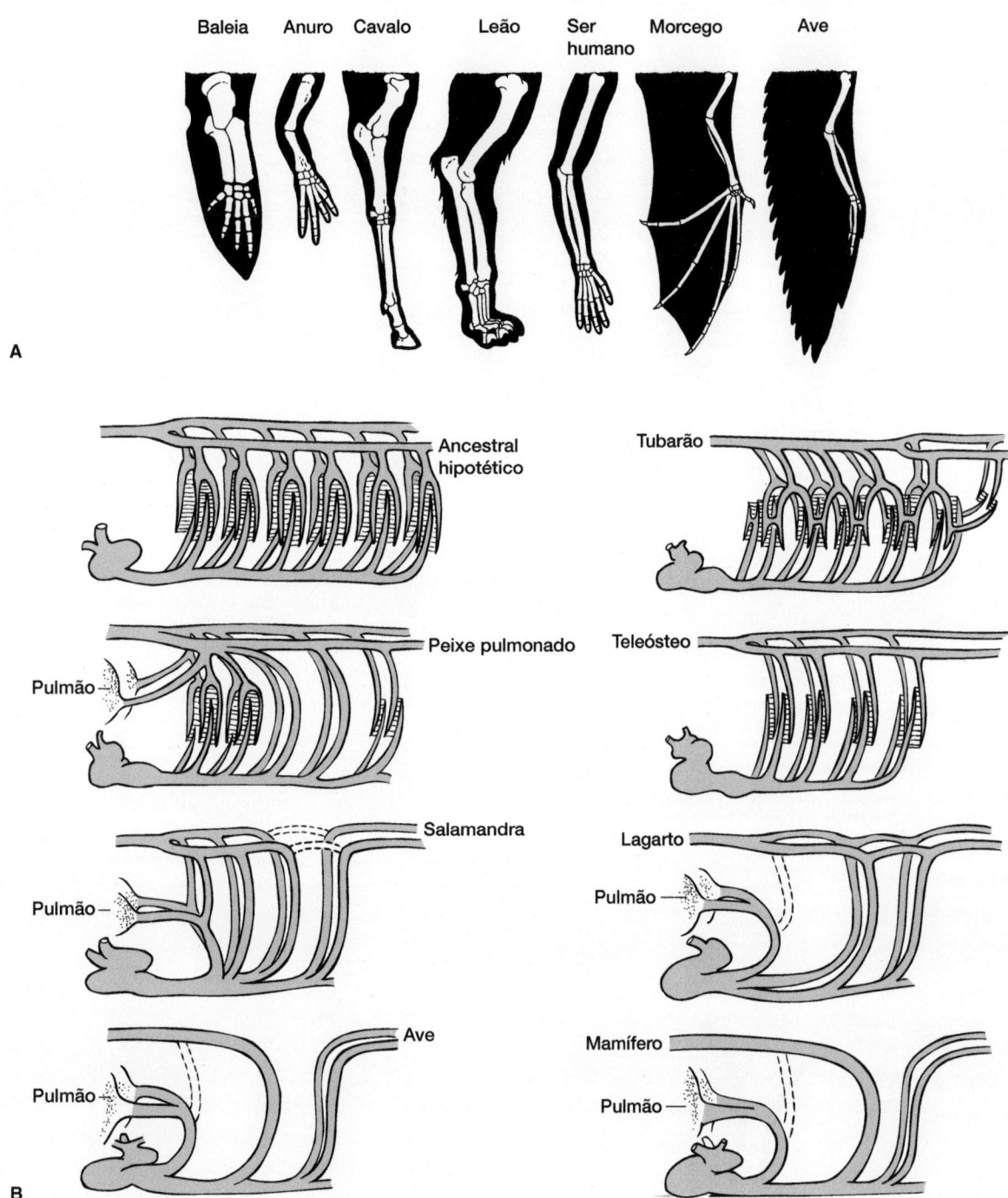

Figura 18.12 Diversidade de tipo/unidade de padrão. A. Os membros anteriores de sete tetrápodes apresentam grande diversidade, mas todas são modificações de um padrão subjacente comum. **B.** Os arcos aórticos de vários grupos são muito diferentes; entretanto, eles parecem derivados de um padrão comum de seis arcos.

A, Com base em Mayer; B, com base em Goodrich.

serpentes, Caenophidia, abrange uma família de espécies predominantemente não peçonhentas, a Colubridae, e geralmente duas famílias de serpentes muito peçonhentas derivadas de modo independente delas: Viperidae (víboras e crotalíneos) e Elapidae (najas, corais e semelhantes). Na evolução das espécies peçonhentas a partir de ancestrais não peçonhentos, o aparelho maxilar sofreu modificação bastante extensa, tornando-se o instrumento para a injeção das toxinas produzidas na glândula de veneno especializada (Figura 18.13 B). No entanto, a modificação de outras partes foi menos drástica. As vértebras das serpentes peçonhentas se modificaram pouco em relação aos ancestrais não peçonhentos. A estrutura básica das escamas praticamente não se modificou. Por causa dessas diferentes taxas evolutivas, nossa visão do ritmo de evolução em um grupo tende a ser influenciada pelo sistema específico que examinamos.

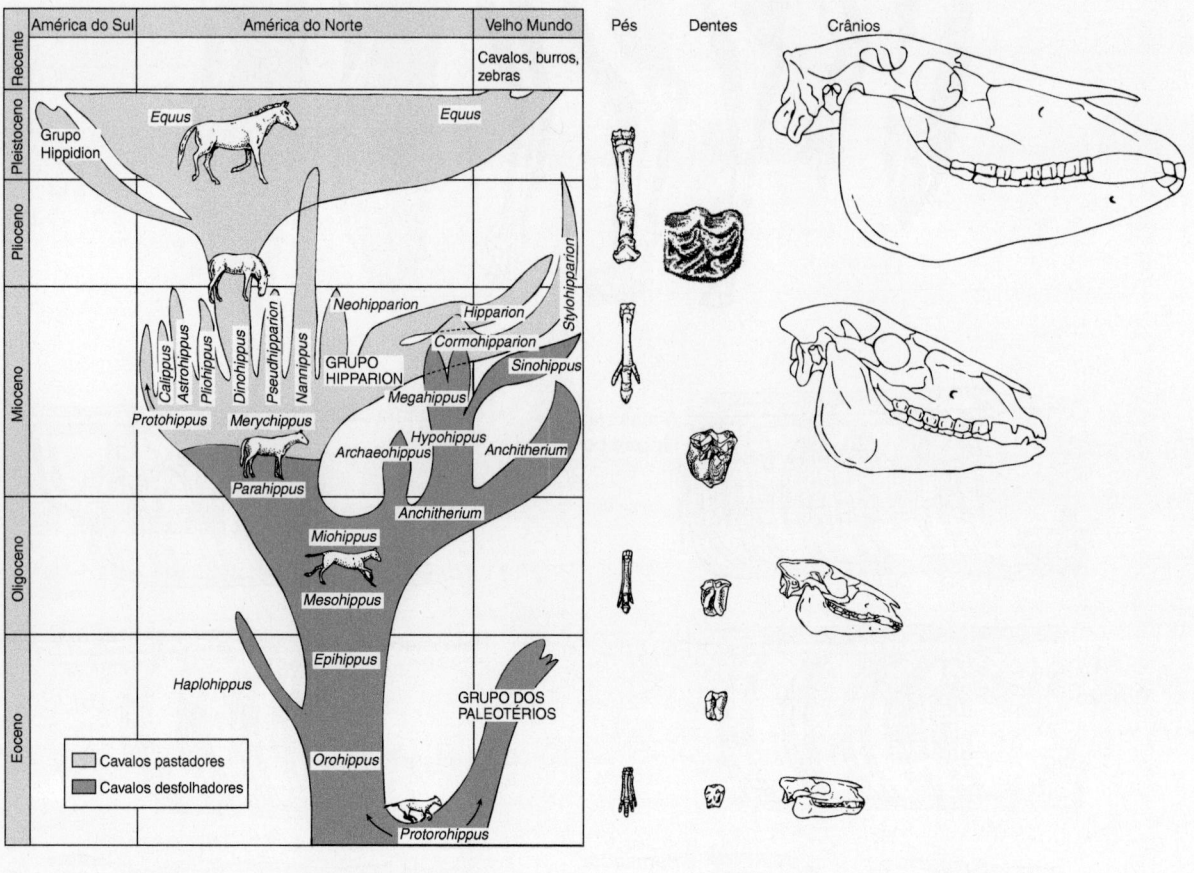

A

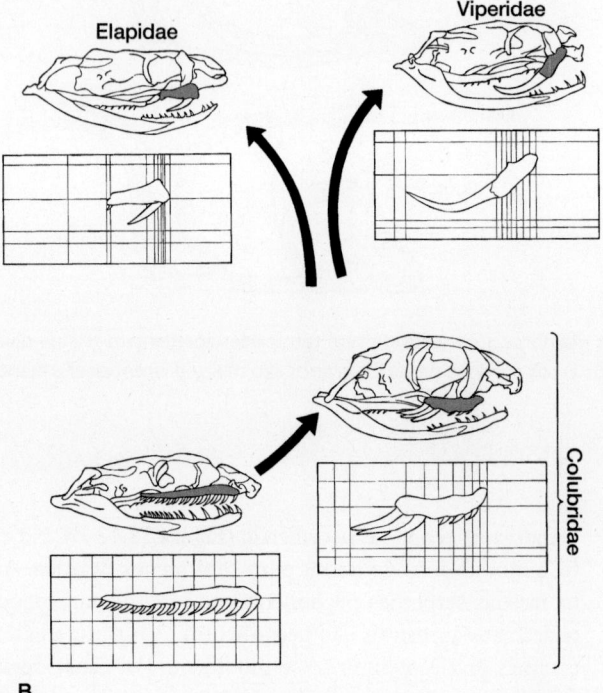

B

Figura 18.13 Evolução em mosaico. A. A evolução do cavalo foi caracterizada por alterações relativamente rápidas da estrutura dos pés e dos dentes, mas poucas mudanças substanciais em outros sistemas, como o tegumento. Observe também que a evolução dos cavalos é "ramificada", sobretudo no Mioceno, não em "escada". **B.** A evolução de serpentes muito peçonhentas foi caracterizada por modificações relativamente rápidas e extensas da maxila e do dente inoculador, mas as modificações da coluna vertebral e principalmente do tegumento foram muito menos extensas. A maxila foi removida de sua posição no crânio e ampliada. Grades de transformação são usadas para ilustrar suas modificações nessas famílias de serpentes avançadas.

A, com base em MacFadden; B, com base em Kardong.

Figura 18.14 A falácia do elo perdido. O ornitorrinco tem algumas características derivadas, como pelos e glândulas mamárias, mas a evolução de seus outros sistemas é mais lenta. As formas de transição não são obrigatoriamente intermediárias entre ancestrais e descendentes em todas as características; em vez disso, eles apresentam um mosaico de caracteres em diferentes estágios da modificação evolutiva.

O não reconhecimento da natureza de mosaico da evolução levou ao que é denominado elo perdido ou fóssil de transição. Essa é a expectativa errada de que as espécies intermediárias do ponto de vista evolutivo devem, em todos os aspectos, estar a meio caminho entre o grupo ancestral e descendente. Por exemplo, o *Archaeopteryx* do Jurássico Médio certamente está próximo da transição entre répteis, de um lado, e aves, de outro. Entretanto, não é intermediário entre esses dois grupos em todos os aspectos. Ele tinha asas com penas e uma fúrcula como as aves descendentes dele, mas ainda era dotado de dentes e um membro posterior como seus ancestrais répteis. Um exemplo vivo da evolução em mosaico é o ornitorrinco australiano (Figura 18.14). Em alguns aspectos, é especializado. Os pés são

palmados, os pés posteriores têm um esporão e o focinho é largo. Em alguns aspectos, a evolução foi retardada. A cintura peitoral preserva elementos (p. ex., coracoide, interclavícula e procoracoide distintos) dos tetrápodes ancestrais, e a reprodução, como na maioria dos répteis, depende de um ovo com casca. Em outros aspectos, a evolução foi rápida. As escamas dos tetrápodes deram lugar ao pelo, e as crias são alimentadas por glândulas mamárias.

A expectativa prevalente de que as formas de transição devem estar a meio caminho entre seus ancestrais e descendentes em todos os aspectos não corresponde à natureza de mosaico da evolução. A falácia do elo perdido prejudicou até o estudo da nossa própria evolução. Previa-se que houvesse um "elo perdido" intermediário entre os primatas hominoides modernos e o *Homo sapiens*, mas não se encontrou nenhum. No entanto, como nossa própria história evolutiva, assim como a da maioria das espécies, prossegue em padrão de mosaico, não deveríamos esperar encontrar esse intermediário. Na verdade, os elementos anatômicos que caracterizam os seres humanos evoluíram em diferentes ritmos e os traços modernos surgiram em diferentes épocas (Figura 18.15). A locomoção bípede surgiu cedo, talvez há 6 ou 7 milhões de anos no hominídeo *Sahelanthropus tchadensis*. As mãos com capacidade de preensão, os polegares oponíveis e a clavícula firme surgiram ainda antes disso, quando antecessores dos hominídeos se balançavam nas árvores; entretanto, os grandes encéfalos, os corpos com poucos pelos e a fala surgiram muito depois na evolução no *Homo habilis*, *H. erectus* e no primitivo *H. sapiens*. Nenhuma espécie ancestral tinha todas as características intermediárias na transição entre os primatas hominoides e nós.

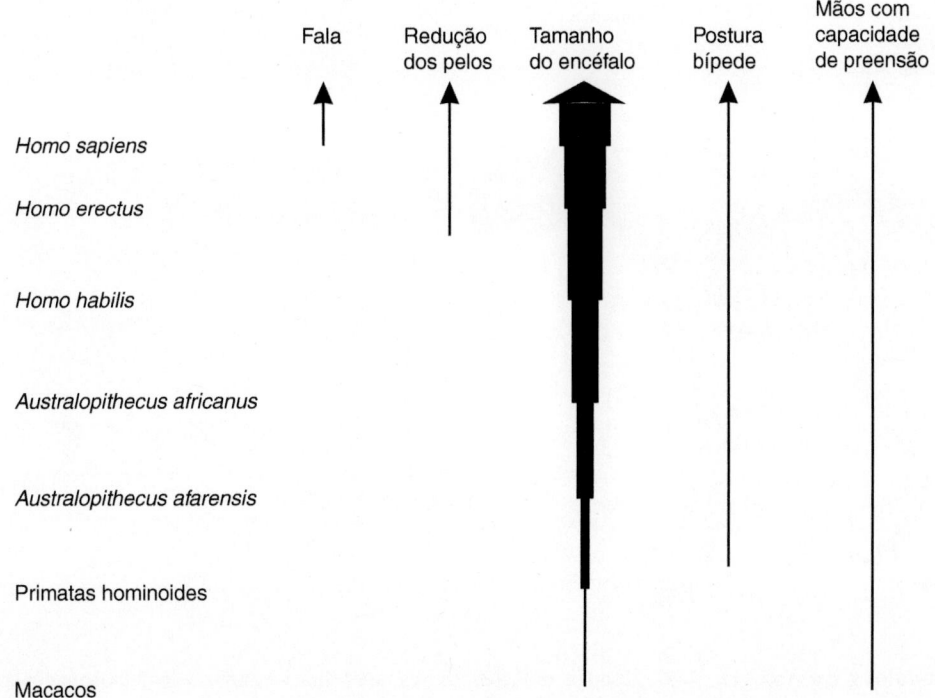

Figura 18.15 Dos macacos aos seres humanos. A natureza de mosaico da evolução é evidente na evolução dos hominídeos. Os seres humanos modernos são dotados de fala, poucos pelos corporais, encéfalos grandes, postura bípede e mãos preensoras. No entanto, nenhuma espécie ancestral de *Homo sapiens* tinha todas essas características em estados intermediários iguais. As mãos com capacidade de preensão surgiram há muito tempo em primatas que frequentavam as árvores; a fala se desenvolveu recentemente.

Morfologia e módulos

Embriões e adultos são compostos de módulos, subunidades do organismo completo com atuação semi-independente em relação ao desenvolvimento ou ao funcionamento. Os componentes de um módulo são altamente integrados, porém são parte da unidade maior, o organismo. Por exemplo, o sistema esquelético é constituído de, no mínimo, três módulos principais – esqueleto axial, crânio e elementos apendiculares (Figura 18.16 A–C). No sistema esquelético, os membros se formam sob a influência de sinais internos e controles existentes nos próprios brotos dos membros. No sistema muscular esquelético, existem módulos locomotores muito bem integrados. Em tetrápodes primitivos, o eixo do corpo e os quatro membros atuam como uma unidade integrada durante a locomoção (Figura 18.16 D). Entretanto, muitos dinossauros basais eram bípedes facultativos ou obrigatórios. Neles, a cauda e os membros posteriores constituíam um módulo locomotor único (Figura 18.16 E). No entanto, as aves, originadas desses ancestrais, têm três módulos locomotores. O membro anterior das aves adquiriu função locomotora como asa; a cauda se desvinculou do membro posterior para se especializar no controle das penas da cauda, formando uma nova aliança de módulos peitorais e caudais (Figura 18.16 F).

Durante a evolução, ocorrem importantes modificações por processos que afetam os módulos do desenvolvimento e, por sua vez, a constituição do adulto – dissociação, duplicação e divergência, e cooptação. Por exemplo, a heterocronia dissocia o desenvolvimento de uma parte do corpo de outra por aceleração ou retardo do desenvolvimento de uma parte. A duplicação e a divergência ocorrem com partes repetidas do adulto que produzem estruturas como a nadadeira do golfinho com numerosas falanges adicionais que sustentam a nadadeira, ou genes *Hox*, que podem se duplicar e as divergências subsequentes produzirem novos grupos importantes. A cooptação ocorre quando componentes de um módulo destinado a uma função são desviados

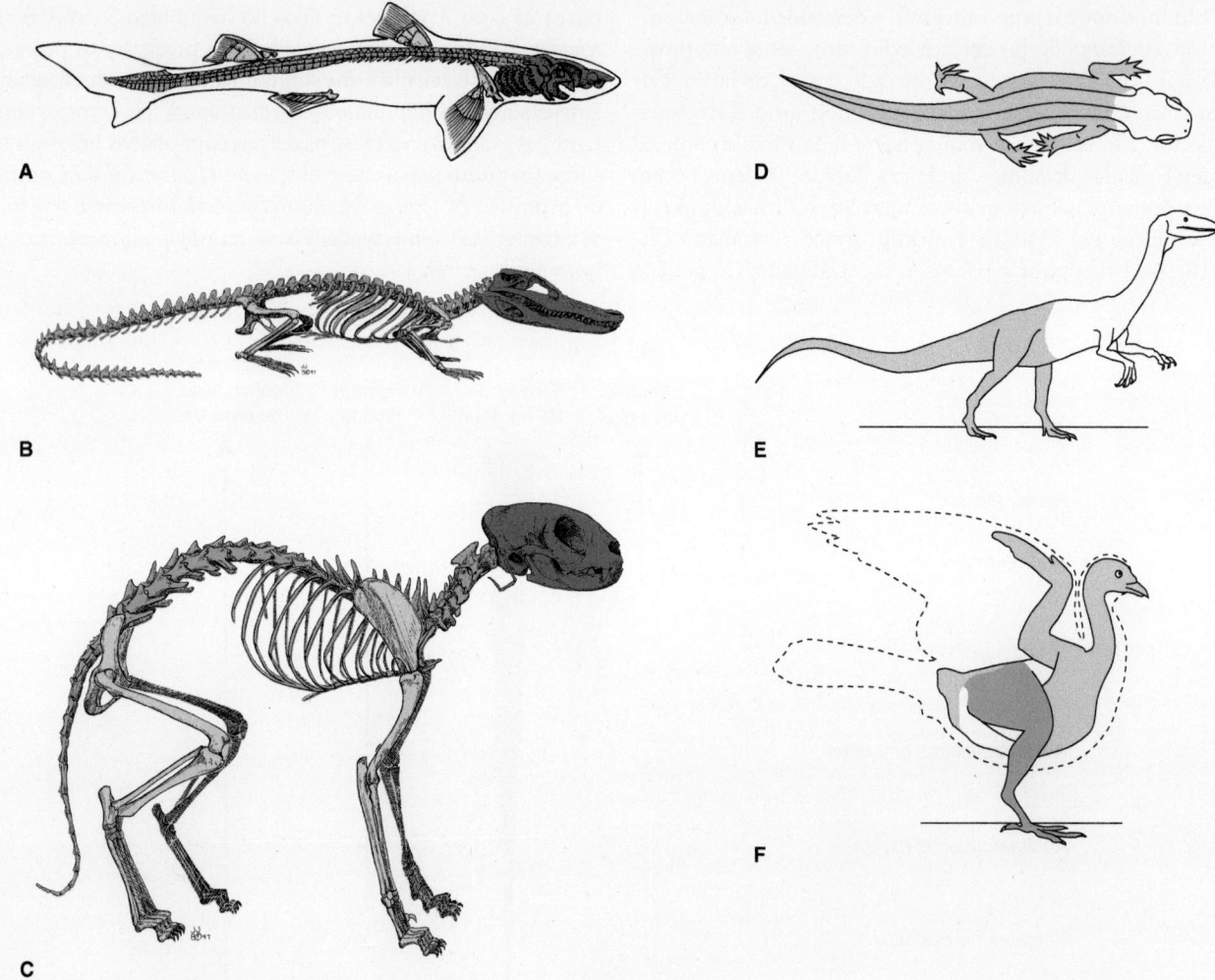

Figura 18.16 Módulos e morfologia. A–C. Módulos esqueléticos nos quais se acompanha a semi-independência do esqueleto axial, do crânio e do esqueleto apendicular. **D–F.** No sistema locomotor dos tetrápodes basais até as aves, o sistema muscular esquelético básico, inclusive o eixo corporal e os quatro membros, atuam como módulo integrado. **D.** Nos dinossauros bípedes, o módulo equivalente inclui membro posterior e cauda (**E**). Nas aves, o sistema muscular esquelético da cauda é desvinculado do membro posterior e atua em associação com o sistema do membro anterior (**F**).

D–F, com base em Gatesy e Dial.

para outras funções. Por exemplo, os ossos da articulação maxilar (quadrado, articular) em répteis são requisitados como ossos do ouvido médio. A modularidade possibilita que a evolução construa novas estruturas, funções e associações para, assim, criar novas constituições que satisfaçam o processo de seleção natural.

Heterocronia (Capítulo 5); genes Hox (Capítulo 5); evolução da maxila (Capítulo 7)

Modo e ritmo da evolução

Se uma nova espécie fosse constituída desde o início, traço por traço, o processo seria incomensuravelmente longo, mesmo se cada novo traço derivado de uma nova mutação gênica fosse favorecido de imediato pela seleção natural. Os vertebrados são complexos e os traços são integrados em uma unidade coerente. Portanto, a princípio, a evolução de uma nova espécie pode parecer improvável – cada nova parte aguardaria a chegada simultânea de milhares de mutações novas e favoráveis, funcionalmente integradas, que produzem cada nova parte do corpo. Cada parte do corpo inclui milhares de tecidos associados – vários nervos, músculos, osso, tecido conjuntivo e assim por diante – que devem ser redesenhados para construir novas espécies, peça por peça. Por exemplo, a migração da água para a terra – dos peixes ripidístios para os primeiros tetrápodes – exigiria modificações na respiração, locomoção, alimentação, tegumento e comportamento, para citar apenas alguns sistemas afetados. É preciso que ocorram centenas, se não milhares, de mutações favoráveis em peixes ripidístios para prepará-los para a viagem pioneira até a terra. E é preciso que esses novos traços apareçam no mesmo indivíduo ou pelo menos na mesma população local para se beneficiar da ação conjunta dos traços. Mesmo aceitando a suposição extrema e improvável de que essa transição exigia apenas seis traços altamente favorecidos pela seleção para aproximar esses peixes da vida na terra, o esperado seria que essa combinação só ocorresse uma vez a cada bilhão de anos (Frazzetta, 1975). Ainda assim, o registro dos fósseis conta uma história diferente. Essa transição ocorreu em cerca de um centésimo desse tempo, muito mais rápida que a simples previsão que considera a evolução como a soma de todas as novas mutações gênicas que constituem uma nova espécie. É evidente que algo está errado – uma divergência entre a velocidade real de evolução e a expectativa humana de que a evolução deve ser um processo lento que aguarda a chegada oportuna de todos os novos genes, um de cada vez, para constituir uma espécie totalmente nova. De que maneira as modificações evolutivas frequentemente ocorrem com mais rapidez do que, a princípio, esperaríamos?

Remodelamento

Evolução é remodelamento – descendência com modificação. Por conseguinte, cada espécie nova é criada a partir de uma antiga, não a partir do zero. O ancestral remodelado com alguns novos traços adaptativos é a base de uma nova espécie. Isso significa que é frequente o uso de traços antigos para novas funções. Já vimos isso na exposição sobre pré-adaptação. É provável que as penas nas aves, ou em seus ancestrais imediatos, tenham surgido de início como isolamento para conservar o calor do corpo. Assim como os pelos nos mamíferos, as penas eram uma característica indispensável para conservação de energia. O voo surgiu depois nas aves. Os ancestrais imediatos das aves eram animais parecidos com répteis, habitantes do solo ou das árvores. À medida que o voo se tornou mais importante, as penas já existentes para o isolamento foram cooptadas em superfícies aerodinâmicas – as asas – a seu serviço. Nas aves, as penas surgiram a partir das escamas dos répteis, para o isolamento. No entanto, uma vez presentes e desempenhando um papel favorável na conservação de calor, de certo modo estavam disponíveis para as funções subsequentes. A ideia de pré-adaptação não implica previsão. As penas não surgiram para ser usadas no voo milhões de anos depois. Elas surgiram por suas vantagens naquele momento – isolamento –, e não por sua função em um futuro distante – o voo. A análise retrospectiva mostra que mudanças subsequentes dos estilos de vida levaram à apropriação das penas (isolamento) nas superfícies aerodinâmicas (voo).

As maxilas dos vertebrados evoluíram a partir dos arcos branquiais que as precederam; as pernas, a partir de nadadeiras; as nadadeiras dos pinguins, a partir das asas dos ancestrais; as nadadeiras dos golfinhos, a partir das pernas e assim por diante. Existem muitos exemplos de pré-adaptação e o termo capta uma característica essencial da evolução – o remodelamento. Se novas características tivessem que partir do zero, seriam necessários períodos infinitamente maiores para a evolução produzir novas espécies. Cada nova espécie aguardaria a chegada simultânea de milhares a milhões de novas mutações que produziriam cada parte nova do corpo, criando a nova espécie, uma parte de cada vez – integrando-a, testando-a, experimentando-a. Comparativamente, a descendência com modificação é mais rápida. Se os novos traços se ajustarem bem nos corpos antigos, uma nova espécie surge a partir do ancestral.

Pré-adaptação (Capítulo 1); evolução do voo (Capítulo 9)

Mudanças embrionárias

Outro modo de produzir mudanças rápidas é por meio de grandes ajustes durante o desenvolvimento embrionário, baseados em mutações genéticas que afetam a embriologia. Algumas espécies de lagarto não têm pernas. É claro que isso não é suficiente para transformar lagartos ápodes em serpentes. Os lagartos ápodes ainda têm características de lagarto na anatomia óssea e têm pálpebras e aberturas auditivas externas que as serpentes não têm. Os braços e as pernas são partes tão fundamentais da nossa anatomia que não imaginamos os benefícios de viver sem eles. Os lagartos que vivem no solo, porém, transpõem espaços estreitos e obstruídos, deslizando entre pedras soltas e arbustos densos. Nessas condições, a ausência de membros, que dificultariam a passagem, permite que o corpo liso deslize eficientemente por esses *habitats* estreitos. Essa mudança anatômica importante nos lagartos, de ancestrais com membros para descendentes sem membros, parece estar baseada em uma modificação importante na embriologia subjacente.

Nos lagartos com membros, um agrupamento de células embrionárias iniciais em um *somito* cresce para baixo, ao longo das laterais do embrião, nos locais em que devem se formar os membros anteriores e posteriores (ver Figura 5.43). Nesse lugar, a extremidade inferior em crescimento do somito encontra células especiais – células mesenquimais – e, juntas, iniciam um "broto do membro". Em seguida, à medida que o embrião de lagarto amadurece, esses brotos crescem para fora e formam os membros, que estarão prontos quando o jovem lagarto nascer. Em lagartos ápodes, os eventos embrionários iniciais são semelhantes, exceto pelo fato de que a extremidade inferior do somito não cresce para baixo em direção à área do futuro membro. Essa única mudança nesse momento embrionário decisivo impede que o broto do membro tenha a estimulação necessária para crescer. Em seguida, os brotos dos membros embrionários regridem e o lagarto nasce sem membros.

Aqui ocorre uma importante mudança adaptativa de lagartos com membros para lagartos sem membros, mas a base dessa mudança é uma única modificação embriológica decisiva. Em ancestrais de lagartos com membros, ocorreu uma mutação que interrompeu o crescimento dos somitos para baixo durante o desenvolvimento embrionário. Os filhotes nasceram sem membros, uma nova variação na população. No ambiente, os filhotes ápodes tiveram algumas vantagens competitivas (melhor deslizamento) em relação aos outros com membros (obstruções) e sobreviveram. Outras mudanças se seguiram, entre as quais estavam as mudanças no movimento. Obviamente, nem todos os ambientes onde vivem lagartos seriam favoráveis a indivíduos sem membros, que morreriam. Entretanto, onde as características de ausência de membros eram vantajosas, a mudança da presença de membros para a ausência de membros foi rápida graças a essa mutação fortuita, porém decisiva, que afetou o desenvolvimento embrionário.

Genes Hox

Outro método de produzir mudanças morfológicas importantes e rápidas é diretamente pela ação gênica, sobretudo pelos genes *Hox* controladores do desenvolvimento (ver Capítulo 5). Em animais, esses genes, assim como generais militares, controlam grandes exércitos de outros genes. Por meio de sua ação em outros conjuntos de genes, os genes *Hox* regulam o surgimento de importantes partes, como regiões do corpo, pernas, braços e outras partes modulares. Uma simples mudança em um desses genes *Hox* controladores do desenvolvimento pode produzir uma alteração importante na constituição do corpo. Por exemplo, as serpentes sem membros surgiram a partir de ancestrais lagartos com membros. As pítons são serpentes primitivas, obviamente ápodes, mas com membros posteriores rudimentares. Nas serpentes, os genes *Hox* que regulam o desenvolvimento dos membros anteriores desativaram o desenvolvimento normal dos membros anteriores, com consequente ausência desses membros. Especificamente, propõe-se que os genes *Hox* que controlam a expressão da região peitoral em ancestrais de lagartos ampliaram seu domínio ou esfera de influência. De certo modo, o corpo de uma serpente é um tórax expandido (Figura 18.17). À medida que o gene *Hox* peitoral expandiu rapidamente seu domínio por todo o corpo, houve inibição simultânea do desenvolvimento dos membros, com a produção da condição ápode característica das serpentes atuais. A exemplo do que ocorreu com os lagartos sem membros, outros traços se seguiram, consolidando, assim, a condição ápode das serpentes. Entretanto, o corpo básico das serpentes foi produzido com apenas algumas, porém importantes, alterações gênicas.

Epigenômica (Capítulo 5)

Genes *Hox* e seus reinos (Capítulo 5)

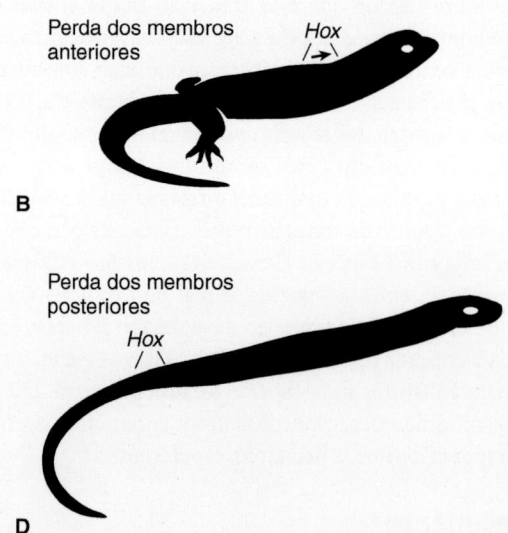

Figura 18.17 Os genes *Hox* e a evolução rápida: de lagartos a serpentes. Os genes *Hox* associados com a região peitoral em lagartos (**A**) expandem sua influência, com consequente perda dos membros anteriores (**B**). Graças a outras mudanças embriológicas, mais vértebras são acrescentadas à coluna vertebral, com a produção de um corpo alongado (**C**). Por uma mudança na influência de outros genes *Hox* e/ou por mudanças no crescimento do broto do membro (p. ex., ver Figura 5.43), há perda dos membros posteriores e produção essencialmente do corpo de uma serpente moderna (**D**). Essas etapas podem ter ocorrido em ordem diferente. Certamente, outras mudanças acompanharam essas três etapas básicas para consolidá-las e integrá-las. Ao que parece, porém, as principais etapas desde os lagartos até as serpentes são construídas apenas com algumas poucas modificações gênicas ou embrionárias. Diferentes genes *Hox* (*Hox*) estão indicados nos locais em que hipoteticamente ocorreram as mutações modificadoras da constituição do corpo.

Significado evolutivo

Essas mudanças constitucionais em grande escala – de lagartos com membros para serpentes ápodes – não são necessariamente lentas, com uma única e pequena mutação gênica por vez. As modificações evolutivas não precisam esperar por uma centena de mutações gênicas, cada uma eliminando um dedo, uma articulação, um músculo, um nervo, um tecido conjuntivo, uma parte do membro anterior por vez; depois, outra centena para fazer o mesmo no membro posterior e assim por diante. Em vez disso, grandes mudanças morfológicas podem ser iniciadas por relativamente poucos, mas importantes genes controladores do desenvolvimento, resultando em grandes e rápidas mudanças evolutivas.

A promessa da morfologia dos vertebrados

O próspero campo da morfologia dos vertebrados está provando ser uma das poucas disciplinas que adota uma conduta holística e abrangente para o estudo do indivíduo. As moléculas não são suficientes; os seres humanos são mais do que as moléculas que os constituem. O indivíduo é complexo demais e os efeitos das moléculas que compõem os genes são muito distantes do produto final para responder inteiramente, ou mesmo em grande parte, pelas características extraordinárias do projeto que caracteriza um organismo individual. Como a constituição dos indivíduos reflete demandas funcionais, pressões ambientais e limitações da história evolutiva, essas constituições são consequência de eventos naturais acessíveis à descoberta e à compreensão. Como afirmou, em 1946, o geneticista Hermann Muller, ganhador do Prêmio Nobel, "a descrição de que o homem é constituído de determinados elementos químicos só é satisfatória para aqueles que pretendem usá-lo como fertilizante".

A arquitetura animal encerra um mistério que qualquer mente vivaz deve notar. Em um mundo congestionado no qual predomina a sobrevivência no dia a dia, pode-se encontrar grande deleite pessoal na busca intelectual de questões mais profundas que as ordinárias e cotidianas. Como já dissemos, a disciplina da morfologia dos vertebrados, com o indivíduo como tema central, guarda a promessa de nos ajudar a ver quem somos e o que podemos chegar a ser.

Álgebra Vetorial

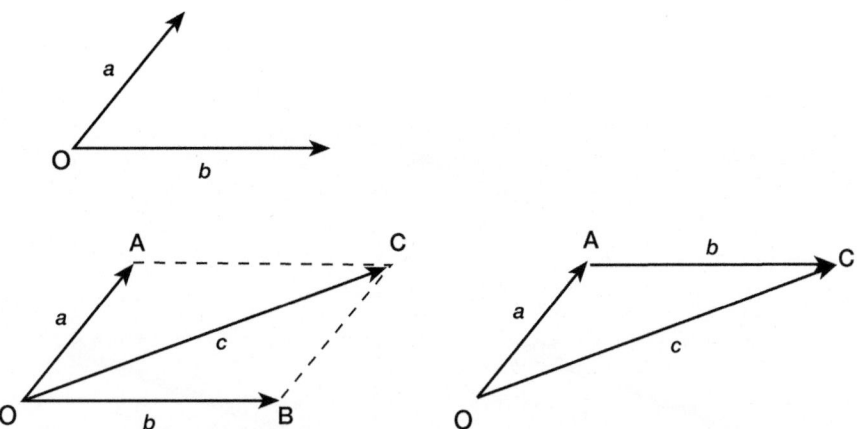

Figura A.1 Adição gráfica de vetores. A soma de dois vetores, *a* e *b*, produz uma *resultante*, o vetor *c*, que resume o efeito dos dois primeiros. Um método para determinar a resultante é a representação gráfica. A adição gráfica de vetores pode ser realizada pela construção de um paralelogramo (*esquerda*) ou um triângulo (*direita*).

Ao usar os dois vetores como os lados iniciais de um paralelogramo, podemos determinar os lados opostos (*linhas tracejadas*) para completar o paralelogramo. A diagonal OC corresponde à resultante *c*.

A construção de um triângulo requer que se adicionem os vetores, unindo-se a extremidade à origem. Neste exemplo, o vetor *b* é deslocado graficamente e sua origem é posicionada na extremidade do vetor *a*. Embora transferido para uma nova posição, sua orientação e comprimento são, obviamente, mantidos. A distância obtida ao unir a origem de *a* à extremidade de *b* é a resultante *c*.

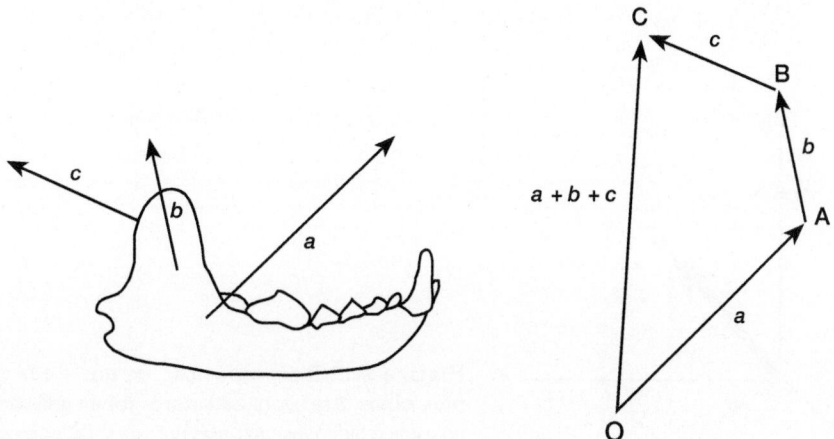

Figura A.2 Adição de múltiplos vetores. Vários vetores – *a*, *b* e *c* –, que atuam simultaneamente sobre a mandíbula de um carnívoro, podem ser somados graficamente (*direita*) para obter uma resultante (*a* + *b* + *c*) de sua ação conjunta (*esquerda*).

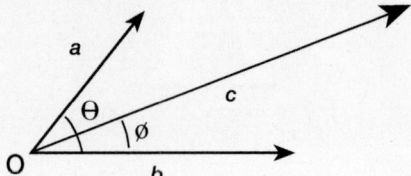

Figura A.3 Adição matemática de vetores. A soma trigonométrica dos mesmos vetores emprega a lei dos senos e dos cossenos. Sabendo-se a magnitude dos vetores componentes *a* e *b*, e o ângulo entre eles, θ, a resultante, *c*, é calculada pela lei dos cossenos:

$$c = \sqrt{a^2 + b^2 + 2^{ab} \cos \theta}$$

O ângulo (∅) entre a resultante e *b* é dado pela lei dos senos:

$$\varnothing = \text{sen}^{-1} (a \text{ sen } \theta/c)$$

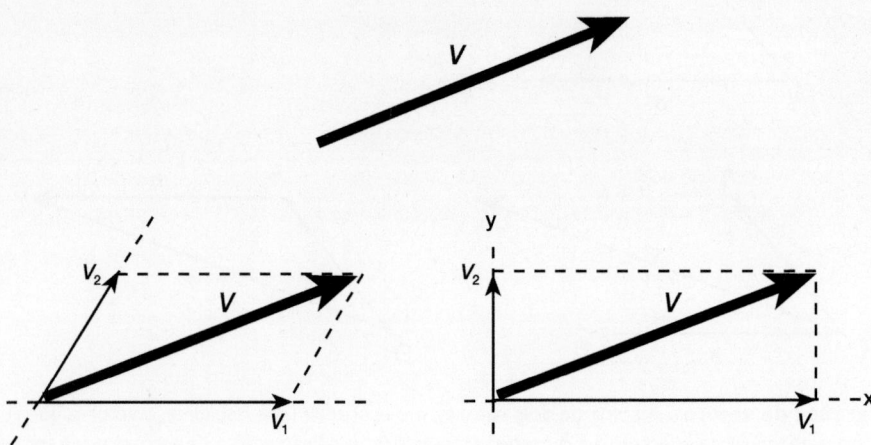

Figura A.4 Decomposição de um vetor. Por definição, um vetor tem magnitude e direção. Assim, um carro que viaja a 90 km/h em direção nordeste seria uma quantidade vetorial. A representação gráfica do vetor é uma seta (*V*) cujo comprimento é proporcional à magnitude, e cuja orientação indica a direção. Como exposto nas duas figuras anteriores, a soma de vários vetores produz uma única resultante. O processo inverso é a decomposição de um vetor em vários *vetores componentes*. Esse processo é feito pela construção do paralelogramo. O vetor *V* (*esquerda*) é projetado sobre cada lado do paralelogramo para obter seus vetores componentes, V_1 e V_2. Ao construir o paralelogramo, podemos escolher livremente a inclinação dos lados conveniente a nossos propósitos. Desde que os lados opostos sejam paralelos, a projeção da resultante sobre cada um obtém fielmente um possível conjunto de vetores componentes. Em geral, é preferível usar componentes ortogonais, nos quais todos os lados do paralelogramo são perpendiculares (*direita*). Desse modo é mais fácil superpor os componentes a um sistema de referência cartesiano retangular.

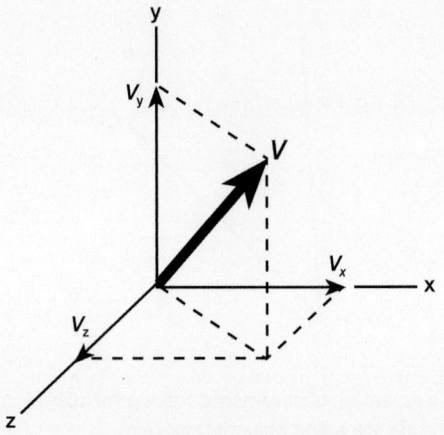

Figura A.5 Decomposição de um vetor em múltiplos eixos. Até agora os vetores foram analisados apenas no espaço bidimensional, mas um vetor (*V*) pode ser decomposto em três componentes com base no mesmo princípio se for usado um terceiro eixo, z. Assim, o vetor (*V*) é representado por três componentes: V_x, V_y, V_z.

Sistema Internacional de Unidades | SI

O SI tem seis unidades de base:

Grandeza	Nome da unidade	Símbolo
comprimento	metro	m
massa	quilograma	kg
tempo	segundo	s
corrente elétrica	ampère	A
temperatura termodinâmica	kelvin	K
intensidade luminosa	candela	cd

Todas as outras unidades do SI são derivadas dessas seis unidades básicas. Por exemplo, a unidade de força é $kg\,m\,s^{-2}$. Certas unidades recebem o nome de pessoas historicamente associadas a elas, como newton (N) ou watt (W). Algumas dessas unidades derivadas do SI são:

Grandeza	Unidade SI	Símbolo	Unidades de base do SI
área	metro quadrado	m^2	
volume	metro cúbico	m^3	
velocidade	metro por segundo	$m\,s^{-1}$	
densidade	quilograma por metro cúbico	$kg\,m^{-3}$	
aceleração	metro por segundo quadrado	$m\,s^{-2}$	
frequência	hertz	Hz	$1\,Hz = 1\,s^{-1}$
força	newton	N	$1\,N = 1\,kg\,m\,s^{-2}$
pressão, tensão	pascal	Pa	$1\,Pa = N\,m^{-2}$
energia, trabalho, calor	joule	J	$1\,J = 1\,N\,m$ $= 1\,kg\,m^2\,s^{-2}$
potência	watt	W	$1\,W = 1\,J\,s^{-1}$ $= 1\,kg\,m^2\,s^{-3}$
carga elétrica	coulomb	C	$1\,C = 1\,A\,s$
potencial elétrico	volt	V	$1\,V = 1\,W\,A^{-1}$
resistência elétrica	ohm	Ω	$1\,\Omega = 1\,V\,A^{-1}$
viscosidade	pascal-segundos	Pa s	$N\,m^{-2} = kg\,m^{-1}\,s^{-1}$

Observe que as unidades são escritas com letra minúscula, mas o símbolo pode ter letra maiúscula, como newton (N), joule (J) e watt (W). Recomenda-se o uso da notação com expoente. Assim, é preferível usar 8 m s^{-1} que 8 m/s.

Para indicar múltiplos, o prefixo adequado é combinado à unidade de base. Alguns exemplos são:

Múltiplo		Prefixo	Símbolo	Exemplo
1 000 000 000	= 10^9	giga	G	gigawatt (GW)
1 000 000	= 10^6	mega	M	megawatt (MW)
1 000	= 10^3	quilo	k	quilograma (kg)
100	= 10^2	hecto	h	hectare (ha)
0,1	= 10^{-1}	deci	d	decímetro (dm)
0,01	= 10^{-2}	centi	c	centímetro (cm)
0,001	= 10^{-3}	mili	m	milímetro (mm)
0,000 001	= 10^{-6}	micro	μ	microssegundo (μs)
0,000 000 001	= 10^{-9}	nano	n	nanômetro (nm)
0,000 000 000 001	= 10^{-12}	pico	p	picossegundo (ps)

Constantes	Sistema imperial	SI
g – aceleração pela gravidade na superfície da Terra	32,17405 pés s^{-2}	9,80665 m s^{-2}

Conversão de unidades

Dimensões

1 centímetro = 0,3937 polegada
1 metro = 39,37 polegadas
1 metro = 3,281 pés
1 metro = 1,0936 jarda
1 quilômetro = 0,62137 milha
1 quilômetro quadrado = 0,386 milha quadrada
1 milha quadrada = 640 acres
1 acre = 4.840 jardas quadradas = 4.047 metros quadrados
1 hectare = 10.000 metros quadrados = 2,47 acres
campo de futebol americano (EUA) = 360 × 160 pés = 120 × 53,33 jardas = 6.399,6 jardas quadradas

1 polegada = 2,54 centímetros
1 pé = 30,48 centímetros
1 pé = 0,305 metro
1 jarda = 0,9144 metro
1 milha = 1,6094 quilômetro
1 milha quadrada = 2,59 quilômetros quadrados

Pesos

1 grama = 0,03527 onça
1 quilograma = 2,2046 libras
1 tonelada (sistema imperial) = 2.000 libras
1 tonelada (sistema imperial) = 1,016 tonelada métrica

1 onça = 28,35 gramas
1 libra = 0,4536 quilograma
1 tonelada métrica = 0,98421 tonelada (sistema imperial)

Volume

1 centímetro cúbico = 0,61 polegada cúbica
1 litro = 0,2642 galão
1 galão = 231 polegadas cúbicas = 0,1337 pé cúbico

1 polegada cúbica = 16,39 centímetros cúbicos
1 galão = 3,785 litros

Velocidade

1 pé por segundo (pé s^{-1}) = 0,3048 metros por segundo (m s^{-1})
1 milha por hora (milha h^{-1}) = 1,609344 quilômetros por hora (km h^{-1})
1 nó (Reino Unido) = 1,00064 nó internacional (kn)
= 1,15152 milha por hora (milha h^{-1})

Força

1 dina = 1×10^{-5} N   1 newton = 100.000 dinas

1 libra-força (lbf) = 4.448,22 newtons (N)

1 pascal = 0,00014504 psi   1 psi = 6.894,65 pascais

1 watt = 1 newton-metro por segundo (Nm s^{-1})   1 cavalo-vapor = 746 watts

Ângulo

90 graus (°) = $\pi/2$ radianos (rad)

        = 1,57080 radiano (rad)

1 grau (°)   = 0,0174533 radiano (rad)

Conversões no SI

1 newton = 10^5 dinas   1 dina = 0,00001 newton

13,55 mm H$_2$O = 1 mm Hg (a 4 °C)

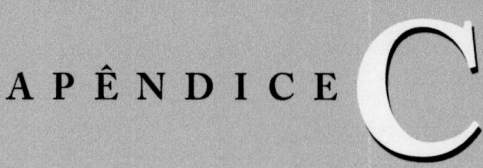

Elementos de Composição Comuns em Grego e Latim

a-(an-)	L., sem, não	-campus	*ver* kampos
ab-	L., a partir de	capit-	L., cabeça
ácino (acinus)	L., uva	cata-	Gr., embaixo, para baixo
acro-	Gr., extremidade, ponta	cec-	L., cego
ad-	L., para, em direção a	cefalo-	Gr., cabeça
adeno-	Gr., glândula	cel- (coel-)	Gr., oco
adipo	L., gordura	-cele	Gr., intumescência ou tumor
ala-	L., asa	cer-	Gr., chifre
alb-	L., branco	cervic- (cervix)	L., pescoço
-algia	Gr., dor	chil- (chyl-)	Gr., suco
alvéolo (alveolus)	L., oco, cavidade	cian- (cyan-)	Gr., azul-escuro
ambi-	L., ambos	cílio (cilium)	L., pálpebra
amil-	L., amido	cin- (cyn-)	Gr., cachorro
an-	Gr., sem, não	cit- (cyt-)	Gr., célula, oco
ana-	Gr., em cima	clast-	Gr., quebrar
anfi-	Gr., ambos	cleistos	Gr., *ver* kleistos
anquilo-	Gr., curvo	clor (chlor)	Gr., verde
ante-	L., antes	coan (choan)	Gr., funil
anti-	Gr., contra	colo- (collum-)	L., pescoço
apo-	Gr., proveniente de	conch-	Gr., concha
aqua-	L., água	corn-	L., chifre
areolar	L., espaço pequeno, aberto	cortico-	L., córtex
arqui-	Gr., primitivo, primeiro	crine (krino)	Gr., secreto, separado
artro-	Gr., articulação	cript- (crypt-)	Gr., escondido
-ase	L., enzima	crom- (chrom-)	Gr., cor
aspid-	Gr., escudo	cross-	Fr., *ver* crusi-
auto-	Gr., próprio	crusi-	L., cruz, crista
bi-	L., dois	cten-	Gr., pente
bio-	Gr., vida	cumulus	L., excesso, amontoado
blast-	Gr., germe, broto	de-	L., debaixo de, procedente de
botri-	Gr., fosseta	dent-	L., dente
bradi-	Gr., lento	di-	Gr., duplo
braqui-	Gr., braço	dia-	Gr., através
brevis-	L., curto	diplo	Gr., duplo

dis	*ver* de-
dis- (dys-)	Gr., doença
dramein	Gr., correr
duct-	L., transportar
duo-	L., dois
dura-	L., duro
ecto-	Gr., fora, externo
ella, -us, -um	L., diminutivo
emia-	Gr., sangue
endo-	Gr., dentro, interior
entero-	Gr., intestino
ento-	Gr., dentro
epi-	Gr., sobre, em cima
ergaster-	Gr., operário
eritro-	Gr., vermelho
escal-	L., escada
escam-	L., escama
esclera-	Gr., duro
esclerose	L., endurecimento
escoli-	Gr., curvo
escut-	L., escudo
esfeno-	Gr., cunha
esperm-	Gr., semente
esplancno-	Gr., víscera
esquizo-	Gr., fenda, divisão
estato-	L., estacionário
estel-	L., estrela
esteno-	Gr., estreito
esterco-	Gr., estrume
estereo-	Gr., sólido
esteto-	Gr., peito
estigmo- (stigmo-)	Gr., ponto
estilo- (stylo-)	L., coluna, pilar
estoma (stoma)	Gr., boca
estrati- (strati-)	Gr., em camadas
estrepto- (strepto-)	Gr., torcido
estria (stria-)	L., sulcado
estrongilo- (estrongylo-)	Gr., redondo
euri- (eury-)	Gr., amplo
ex-	L., fora
extra-	L., fora, além de
fago- (phago-)	Gr., comer
fenestra	L., janela
fer-	L., transportar, levar
fil- (phil-)	Gr., amoroso
fil- (phyll-)	Gr., folha
-fise (-physis)	Gr., crescimento
fito (phyto)	Gr., vegetal
flai- (flay-)	L., amarelo
flebo- (phlebo-)	Gr., veia

folículo	L., pequena bolsa
fon- (phon-)	Gr., voz, som
foro- (phoro-)	Gr., carregador de
fossa	L., depressão, cavidade
fot- (phot-)	Gr., luz
fug (e)	L., fugir
gamo-	Gr., casamento
gastro	Gr., estômago
-gen	Gr., produzir
-glia	L., cola
glico- (glyco-)	Gr., doce, açúcar
glossi-	Gr., língua
gnat (gnath)	Gr., maxilar
-gogue	Gr., principal, condutor
gon-	Gr., ângulo, semente
graf- (graph-)	Gr., escrever
halos-	Gr., sal
hemi-	Gr., metade
hemo- (haemo-)	Gr., sangue
hepato-	Gr., fígado
hetero-	Gr., diferente
hex-	Gr., seis
hialo- (hyalo-)	Gr., vítreo, transparente
hidro- (hydro-)	Gr., água
hímen- (hymen-)	Gr., membrana
hipo- (hippo-)	Gr., cavalo
hipo- (hypo-)	Gr., embaixo
histo-	Gr., tecido
homeo-	Gr., igual
homo-	L., humano
horm-	Gr., excitar
in-	L., não, sem
in-, en-	L., dentro
inter-	L., entre
interstício (interstitium)	L., espaço, entre
intra	L., dentro
iso-	Gr., igual
-ite (-itis)	L., inflamação
kampos	Gr., monstro marinho
kino-	Gr., móvel, flexível
kleistos	Gr., fechado
lact	L., leite
lacun-	L., depressão, lago
lamin-	L., lâmina, placa, camada
lio- (leio-)	Gr., liso
lema- (lemma-)	Gr., pele
leuco-	Gr., branco
lingua-	L., língua
lipo-	Gr., gordura
-lise (-lysis)	Gr., dividir, destruir

lit- (lith-)	Gr., pedra	ossi-	L., osso
-logia	Gr., discurso	osteo-	Gr., osso
lúteo (luteus)	L., amarelo dourado	osti-	L., porta
macro-	Gr., grande	ot (o)	Gr., orelha
macula-	L., mancha	-otico (-otic)	Gr., condição
mal-	L., mal, doença	ov (i)	L., ovo
mast-	Gr., mama	oxi- (oxy-)	Gr., afiado
medi-	L., médio, meio	pan-	Gr., todos
mega-	Gr., grande	par-	L., gerar
-mero (-mere)	Gr., uma parte	para-	Gr., ao lado
mes-	Gr., meio	pariet-	L., parede
meta-	Gr., mudança, depois	pat- (path-)	Gr., doença
-metro (-meter)	L., medida	pataeo- (pateo-)	Gr., antigo
micro-	Gr., pequeno	pati- (pathi-)	Gr., espesso
mielo- (myelo)	Gr., estreito	ped-	L., pé
mii- (myi-)	Gr., mosca	penicilo (penicillus)	L., pincel
mio- (myo-)	Gr., músculo	penta-	Gr., cinco
mixo- (myxo-)	Gr., muco, substância viscosa	peri-	Gr., ao redor
mono-	Gr., único	pertro-	Gr., pedra
morf- (morph-)	Gr., forma	pia-	L., macio
morti-	L., morte	picnose (pyknosis)	Gr., massa densa
necro-	Gr., morto	pigo- (pygo-)	Gr., nádega
nefro (nephro)	Gr., rim	pil- (pyl-)	Gr., porta
nemo-	Gr., filamento	pio- (pyo-)	Gr., pus
neo-	Gr., novo	piri- (pyri-)	L., pera
neuro-	Gr., nervo	piro (pyro)	Gr., fogo
nid-	L., ninho	pituito	Gr., catarro, substância viscosa
nigr-	L., preto	plasm-	Gr., formado
nisso- (nyssus-)	Gr., perfurar	plati- (platy-)	Gr., plano, achatado
noct- (not-)	L., noite	pleuro-	Gr., lado, pulmão
noto-	Gr., dorso, costas	plexo (plexus)	L., emaranhado, trançado
nuc-	L., noz	pneumo	Gr., ar
nud-	L., nu	pnoi-	Gr., respiração
ocel-	L., olho pequeno	pod (i-o)	Gr., pé
oct-	L., visão	poli- (poly-)	Gr., muitos
odont-	Gr., dente	pons-	L., ponte
oftalm- (ophthalm-)	Gr., olho	porta-	L., portão
-oide (-oid)	Gr., semelhante	post-	L., depois
olig-	Gr., pouco	pre-	L., antes
-oma	Gr., tumor	pro-	Gr., antes
omma-	Gr., olho	proct-	Gr., ânus
one- (oneh-)	Gr., gancho	protero-	Gr., anterior
onfalo (omphalo)	Gr., umbigo	proto-	Gr., primeiro, antes, princípio
oo-	Gr., ovo	psalter-	Gr., livro
opercul-	L., cobertura	pseudo-	Gr., falso
opist- (opisth-)	Gr., atrás	psiq- (psych-)	Gr., sopro, alma
or-, os-	L., boca	psil- (psyll-)	Gr., pulga
orqui- (orchi-)	Gr., testículo	psor-	Gr., prurido
orto- (ortho-)	Gr., reto, plano	ptero-	Gr., asa
-ose	L., açúcar	ptil- (ptyl-)	Gr., saliva

pubic-	L., pulga	terato-	Gr., extraordinário
pulmo-	L., pulmão	terio- (therio-)	Gr., peito
pupa-	L., bebê	termo- (thermo-)	Gr., calor
quadr-	L., quatro	tetra-	Gr., quatro
rabdo- (rhabdo-)	Gr., bastão	timpano- (tympano)	Gr., tambor
ram (i)	L., ramo	tiro- (thyro-)	Gr., porta, escudo
raqui- (rachi-)	Gr., espinha dorsal	tiro- (tyro-)	Gr., queijo
re-	L., de novo	tisan- (thysan-)	Gr., franja
rect- (ret-)	L., reto	tok-	Gr., nascimento
ren- (i)	L., rim	tomo-	Gr., cortar
reo- (rheo-)	Gr., fluir	-tonos	Gr., tônus, tensão
ret- (e,i)	L., rede	toxo-	Gr., arco
rinco- (rhyncho-)	Gr., focinho	trabecul-	L., pequena viga
rino- (rhino-)	Gr., nariz	traquel- (trachel-)	Gr., pescoço
rizo- (rhizo-)	Gr., raiz	traqui- (trachy-)	Gr., áspero
rostri- (rostr-)	L., bico	trema	Gr., buraco
rumin-	L., garganta	tremat-	Gr., buraco
sagita-	L., seta	tri-	Gr., três
salpi-	Gr., trompa	trico- (tricho-)	Gr., pelo
sapro-	Gr., pútrido	tripano- (trypano-)	Gr., broca
sarco-	Gr., carne	troc- (troch-)	Gr., polia
-scopio	Gr., ver	trof- (trophy-)	Gr., nutrição
seb-	L., sebo	tromb- (thromp-)	Gr., coágulo
sela- (sella-)	L., sela	trombid- (thrompid-)	Gr., tímido
semi-	L., metade	trop-	Gr., curva
sept-	L., parede	tumor-	L., tumefação
septic-	L., pútrido	tunic-	L., vestimenta
serra-	L., denteado	ultra-	L., além
set- (sect-)	L., cortar	unc-	L., gancho
seti-	L., cerda	-uncula	L., pequeno
sialo-	Gr., saliva	unguli	L., casco
sifon- (siphon-)	Gr., tubo	uni-	L., um
sifuncal- (siphuncal-)	L., pequeno tubo	uro-	Gr., cauda, urina
sim- (sym-)	Gr., junto	vaso-	L., vaso
sin- (syn-)	Gr., junto	ven-	L., veia
siringo- (syringo-)	Gr., tubo	ventra-	L., ventre
soma-	Gr., corpo	vermi-	L., verme
son-	L., sono	vesicul-	L., vesícula
sub-	L., sob	via-	L., caminho
super-	L., sobre	vili- (villi-)	L., peludo
supra-	L., acima	vita	L., vida
tact-	L., toque	vitr-	L., vítreo
taen-	Gr., fita	vivi-	L., vivo
talam- (thalam)	Gr., câmara	vora-	L., devorar
tapet	L., tapete	xanto- (xantho-)	Gr., amarelo
taqui- (tachy-)	Gr., rápido	xero-	Gr., seco
teco- (theco-)	Gr., caixa, cobertura	xilon- (xylon-)	Gr., madeira
tele-	Gr., extremidade	zigo- (zygo-)	Gr., juntar
teli- (telhi-)	Gr, mamilo	zim- (zym-)	Gr., fermento
tenui-	L., delgado	zoo-	Gr., vida, animal

Classificação Lineana dos Cordados

A seguir, é apresentado um esquema tradicional, ou lineano, de classificação para os cordados. Os grupos estão organizados em um sistema hierárquico de categorias.

Filo Chordata
    Subfilo Cephalochordata
    Subfilo Urochordata
    Subfilo Vertebrata (Craniata)
      Superclasse Agnatha
        Classe Myxini
        Classe Petromyzontiformes
        Classe Conodonta
        Classe Pteraspidomorphi
          Ordem Heterostraci
          Ordem Arandaspida
        Classe Cephalaspidomorpha
          Ordem Osteostraci
          Ordem Galeaspida
          Ordem Anaspida
      Superclasse Gnathostomata
        Classe Placodermi
          Ordem Stensioellida
          Ordem Pseudopetalichthyda
          Ordem Rhenanida
          Ordem Ptyctodontida
          Ordem Phyllolepidida
          Ordem Petalichthyida
          Ordem Acanthothoraci
          Ordem Arthrodira
          Ordem Antiarchi
        Classe Chondrichthyes
          Subclasse Elasmobranchii
            Ordem Cladoselachimorpha
            Ordem Xenacanthimorpha
            Ordem Selachimorpha – tubarões
            Ordem Batoidea – raias
          Subclasse Holocephali
            Ordem Chimaeriformes
        Classe Acanthodii
        Classe Osteichthyes
          Subclasse Actinopterygii
            Superordem Palaeonisciformes

            Ordem Palaeoniscoides
            Ordem Acipenseriformes – esturjões, peixes-espátulas
            Ordem Polypteriformes (Cladistia)
           Superordem Neopterygii
             Divisão Ginglymodi
            Ordem Lepisosteiformes – peixe-agulha
             Divisão Halecostomi
             Subdivisão Halecomorphi
             Ordem Amiiformes – *Amia*
             Subdivisão Teleostei
          Subclasse Sarcopterygii
            Superordem Actinistia (celacantos)
            Superordem Dipnomorpha
             Ordem Dipnoi
             Ordem Porolepiformes
            Superordem Rhipidistia
             Ordem Osteolepiformes
             Ordem Rhizodontomorpha
      Classe Labyrinthodontia
          Ordem Ichthyostegalia
          Ordem Temnospondyli
          Ordem Anthracosauria
            Subordem Embolomeri
            Subordem Seymouriamorpha
      Classe Lissamphibia
        Subclasse Amphibia
          Ordem Gymnophiona (Apoda)
          Ordem Urodela (Caudata)
          Ordem Anura (Salientia)
      Classe Lepospondyli
          Subordem Aïstopoda
          Subordem Nectridea
          Subordem Microsauria
          Subordem Lysorophia
      Classe Reptilia
        Subclasse Mesosauria
        Subclasse Parareptilia
          Ordem Pareiasauria
          Ordem Testudinata – tartarugas
            Subordem Chelonia
        Subclasse Eureptilia

Ordem Araeoscelida
Ordem Captorhinomorpha
Diápsidos ancestrais
Infraclasse Ichthyopterygia (Ichthyosauria)
Infraclasse Lepidosauromorpha
  Superordem Lepidosauria
    Ordem Eosuchia
    Ordem Sphenodonta
    Ordem Squamata – lagartos, cobras
  Superordem Sauropterygia
    Ordem Nothosauria
    Ordem Plesiosauria
Infraclasse Archosauromorpha
  Superordem Archosauria
    Ordem Thecodontia
    Ordem Crocodylia
    Ordem Pterosauria
      Subordem Rhamphorhynchoidea
      Subordem Pterodactyloidea
    Ordem Saurischia
      Subordem Theropoda
      Subordem Sauropodomorpha
    Ordem Ornithischia
      Subordem Ornithopoda
      Subordem Pachycephalosauria
      Subordem Stegosauria
      Subordem Ankylosauria
      Subordem Ceratopsia
Classe Aves
  Subclasse Sauriurae
    Infraclasse Archaeornithes *(Archaeopteryx)*
    Infraclasse Enantiornithes
  Subclasse Ornithurae
    Infraclasse Odontornithes *(Hesperornis, Ichthyornis)*
    Infraclasse Neornithes
      Superordem Palaeognathae
        Ordem Apterygiformes – quivis
        Ordem Tinamiformes – tinamídeos
        Ordem Struthioniformes – avestruzes
        Ordem Rheiformes – emas
        Ordem Casuariformes – emus, casuares
      Superordem Neognathae
        Ordem Opisthocomiformes – jacu-cigano
        Ordem Cuculiformes – cucos
        Ordem Falconiformes – falcões, gaviões
        Ordem Galliformes – tetrazes, faisões
        Ordem Columbiformes – pombos
        Ordem Psittaciformes – papagaios
        Ordem Podicipediformes – mergulhões
        Ordem Sphenisciformes – pinguins
        Ordem Procellariiformes – albatrozes, petréis
        Ordem Pelecaniformes – pelicanos, cormorões
        Ordem Anseriformes – patos, gansos
        Ordem Phoenicopteriformes – flamingos

        Ordem Ciconiiformes – garças
        Ordem Gruiformes – saracuras, grous
        Ordem Charadriiformes – gaivotas, batuíras
        Ordem Gaviiformes – mobelhas
        Ordem Strigiformes – corujas
        Ordem Caprimulgiformes – bacuraus, curiango
        Ordem Apodiformes – beija-flores, andorinhões
        Ordem Trogoniformes – surucuás
        Ordem Coliiformes – rabos-de-junco
        Ordem Coraciiformes – guarda-rios
        Ordem Piciformes – pica-paus, tucanos
        Ordem Passeriformes – pássaros canoros
Classe Synapsida
  Ordem Pelycosauria
  Ordem Therapsida
    Subordem Biarmosuchia
    Subordem Dinocephalia
    Subordem Gorgonopsia
    Subordem Cynodontia
Classe Mammalia
  Subclasse Prototheria
    Ordem Triconodonta – morganucodontes
    Ordem Docodonta
    Ordem Multituberculata
    Ordem Monotremata
  Subclasse Theria
    Infraclasse Symmetrodonta
    Infraclasse Metatheria
      Superordem Marsupialia – marsupiais
        Ordem Didelphimorpha – gambás
        Ordem Dasyuromorphia – "camundongos" marsupiais
        Ordem Peramelemorphia – *bandicoots*
        Ordem Diprotodontia – *possums*, coalas
        Ordem Paucituberculata – gambás-ratos
        Ordem Microbiotheria – colocolo
        Ordem Notoryctemorpha – toupeira-marsupial
    Infraclasse Eutheria – placentários
      Superordem Afrotheria
        Ordem Afrosoricida – toupeiras-douradas
        Ordem Macroscelidea – sengis, musaranho-elefante
        Ordem Tubulidentata – orictéropos
        Ordem Hyracoidea – híraces
        Ordem Proboscidea – elefantes, mastodontes
        Ordem Sirenia – peixes-bois
      Superordem Xenarthra
        Ordem Pilosa – tamanduás, preguiças
        Ordem Cingulate – tatus
      Superordem Euarchontoglires
        Ordem Scandentia – tupaias

Ordem Dermoptera – colugos
Ordem Primates
  Subordem Strepsirrhini – lêmures, lóris
  Subordem Haplorrhini – primatas superiores
    Infraordem Platyrrhini – macacos do Velho Mundo, saguis
    Infraordem Catarrhini
    Macacos do Novo Mundo
    Primatas hominoides – gibões, orangotangos, chimpanzés, gorilas, hominídeos
Ordem Rodentia
  Subordem Sciurognathi – castores, castores-da-montanha etc.
    Infraordem Sciuromorpha – esquilos, tâmias, géomis
    Infraordem Myomorpha – voles, camundongos, ratos
  Subordem Hystricognathi – porcos-espinhos
  Subordem Caviomorpha – cavias
Ordem Lagomorpha – *pikas*, coelhos
Superordem Laurasiatheria
Ordem Erinaceomorpha – ouriços
Ordem Soricimorpha – musaranhos, toupeiras
Ordem Pholidota – pangolins
Ordem Chiroptera – morcegos
Ordem Carnivora
  "Fissípedes"
    Família Viverridae – civetas

    Família Herpestidae – mangustos
    Família Hyaenidae – hienas
    Família Felidae – gatos
    Família Canidae – cães, lobos, raposas
    Família Ursidae – ursos
    Família Procyonidae – guaxinins
    Família Mustelidae – jaritatacas, doninhas, lontras, texugos
  "Pinípedes"
    Família Odobenidae – morsas
    Família Orariidae – otárias, leões-marinhos
    Família Phocidae – focas
Ordem Perissodactyla – cavalos, tapires, rinocerontes
"Ungulados"
Ordem Artiodactyla
  Infraordem Suiformes – porcos, hipopótamos
  Infraordem Tylopoda – camelos, lhamas
  Infraordem Ruminantia
    Família Cervidae – veado, alce
    Família Bovidae – bisão, carneiro
    Família Giraffidae – girafas
    Família Antilocapridae – antilocapras
Ordem Cetacea
  Subordem Odontoceti – baleias com dentes, golfinhos
  Subordem Mysticeri – baleias com barbatanas

Classificação Cladística dos Cordados

A seguir é apresentado em forma resumida um possível esquema de classificação em um contexto cladístico. Cada grupo recuado da margem pertence ao grupo acima dele. Portanto, cada grupo de táxons sucessivamente recuados representa um clado. (As aspas indicam que o táxon provavelmente é parafilético, mas foi incluído, por sua familiaridade em classificações tradicionais, como nome provisório até que sejam confirmadas relações ainda não esclarecidas, ou por simples conveniência.)

Chordata
  Urochordata
  Cephalochordata
  Vertebrata (Craniata)
    Agnatha
      Myxinoidea
      Petromyzontiformes
      Conodonta
      Pteraspidomorphi
      "Outros ostracodermos"
    Gnathostomata
      Placodermi
      Chondrichthyes
        Elasmobranchii
        Holocephali
      Teleostomi
        Acanthodii
        Actinopterygii
          Palaeonisciformes
          Neopterygii
        Sarcopterygii
          Actinistia (celacantos)
          Dipnoi
          "Rhipidistia"
          Tetrapoda
            "Labyrinthodontia"
              Temnospondyli
              Lissamphibia
              Cotylosauria
                Amniota
              Lepospondyli

Amniota (cont.)
Mesosauria
  Sauropsida
    Reptilia
      Parareptilia
      Eureptilia
      Diapsida
        Archosauromorpha
        Pterosauria
        Thecodontia
        Dinosauria
          Ornithischia
          Saurischia
          Aves
        Ichthyosauria
        Lepidosauromorpha
          Sauropterygia
          Lepidosauria
Synapsida
  "Pelycosauria"
  Therapsida
    Biarmosuchia
    Dinocephalia
    Cynodontia
    Mammalia
      Grupos tronco
      Monotremata
      Theria
        Metatheria
        (marsupiais)
        Eutheria (placentários)

Glossário

Abomaso. Última de quatro câmaras no estômago complexo dos ruminantes; homóloga ao estômago de outros vertebrados. *Ver Omaso, Retículo* e *Rúmen.*

Aceleração. Taxa de alteração na velocidade, ou com que rapidez ela muda.

Aceleração angular. Taxa de alteração da velocidade em torno de um ponto de rotação; aceleração rotacional.

Acomodação. Capacidade do olho de focalizar um objeto.

Acuidade. agudeza ou nitidez da percepção sensorial, como na visão nítida e na audição aguçada.

Acústica. Pertinente à audição ou percepção do som.

Adaptação. Característica fenotípica de um indivíduo que contribui para sua sobrevivência; forma ou função de uma característica e papel biológico associado à relação com um ambiente em particular.

Adrenérgico. Pertinente às fibras nervosas que liberam epinefrina ou algum neurotransmissor similar a ela.

Aeróbico. Que utiliza ou requer oxigênio.

Aerofólio. Qualquer objeto que produz sustentação quando colocado em uma corrente de ar em movimento (como a asa de uma ave).

Aferente. Refere-se ao processo de trazer algo para algum lugar; por exemplo, as fibras sensoriais aferentes trazem impulsos para o sistema nervoso central. Comparar com *Eferente.*

Agnato. Vertebrado sem maxilas.

Alantoide. Anexo embrionário do intestino posterior dos embriões amniotas que atua na excreção e, às vezes, na respiração.

Alça de Henle. Região do néfron dos mamíferos que inclui partes dos túbulos proximal e distal (membros espessos) e toda a parte intermediária do túbulo (membros finos).

Alimentação lingual. Captura de presas com a língua.

Alimentação por sucção. Captura de presas por meio de uma expansão muscular súbita da cavidade bucal, que cria um vácuo na água para trazer a presa.

Alimentação de partículas em suspensão. Aquela que se baseia na filtração de partículas alimentares em suspensão na água; em geral, envolve cílios e muco secretado; alimentação por filtração ou mucociliar.

Alometria. O estudo de uma modificação no tamanho ou na forma de uma parte, correlacionada com uma alteração no tamanho ou na forma de outra parte; tal relação pode ser seguida durante a ontogenia ou a filogenia.

Alvéolo. A menor subdivisão do tecido respiratório nos pulmões de mamíferos, localizada nas extremidades da árvore respiratória ramificada. Comparar com *Capilar aéreo* e *Favéolo.*

Âmnio. Membrana em forma de bolsa que mantém o embrião em desenvolvimento em um compartimento aquoso.

Amniota. Vertebrado cujo embrião está envolto em um âmnio.

Amonotelismo. Excreção de amônia diretamente pelos rins.

Amplexo. O abraço com que machos de anuros imobilizam a fêmea durante a cópula.

Anádromo. Caracteriza peixes que eclodem em água doce, crescem na água salgada e, quando adultos, voltam à água doce para procriar, como o salmão. Comparar com *Catádromo.*

Anaeróbico. Que não requer oxigênio.

Analogia. Refere-se a características de dois ou mais organismos que executam uma função similar; função comum.

Anamniota. Vertebrado cujo embrião não tem âmnio.

Anastomose. Rede de conexões entre vasos sanguíneos.

Ancestral. Organismo ou espécie que surgiu no início de sua linhagem filogenética; o oposto de derivado.

Anfistilia. Suspensão da maxila via as duas inserções principais: a hiomandibular e o palatoquadrado.

Angiogênese. Formação de vasos sanguíneos.

Ângulo de ataque. Orientação da borda de uma asa à medida que ela se depara com uma corrente de ar que vem ao seu encontro.

Anlage (pl. anlagen). Primórdio ou precursor embrionário formativo para o desenvolvimento ulterior de uma estrutura.

Antagonista. Músculo com ação oposta à de outros músculos. Comparar com *Fixador* e *Sinérgico.*

Aparelho vestibular. Órgão sensorial do ouvido interno composto por canais semicirculares e compartimentos associados, como o sáculo, o utrículo e a cóclea (lagena).

Apneia. Cessação temporária da respiração.

Aponeurose. Tendão largo e achatado.

Arcuálio. Primórdio embrionário cartilaginoso de partes da vértebra do adulto.

Arquétipo. Tipo fundamental, projeto básico subjacente ou modelo sobre o qual se acredita que um animal definitivo, ou parte dele, baseia-se.

Arrasto. Força que resiste ao movimento de um objeto através de um fluido; o arrasto total inclui o parasitário e o induzido.

Arrasto de atrito. Consequência do atrito entre o fluido e as superfícies em que ele flui.

Arrasto induzido. Resistência para seguir adiante que resulta do desvio produzido por um aerofólio.

Arrasto parasitário. Resistência à passagem de um corpo através de um fluido como resultado do atrito da superfície do corpo e do refluxo adverso na esteira.

Artéria. Vaso sanguíneo que leva o sangue que sai do coração; esse sangue pode ter tensão de oxigênio alta ou baixa. Comparar com *Veia*.

Articulação intratarsiana. Tornozelo de arcossauro em que a linha de flexão passa *entre* o calcâneo e o astrágalo. Comparar com *Articulação mesotarsiana*.

Articulação metatarsiana. Tornozelo de arcossauro em que o calcâneo e o astrágalo se fundem e a linha de flexão passa entre eles e os tarsianos distais. Comparar com *Articulação intratarsiana*.

Articulação sinovial. Diartrose.

Aspidospondilia. A condição em que o centro e os espinhos das vértebras estão separados anatomicamente. Comparar com *Holospondilia*.

Aspiração. Retirada por meio de sucção.

Aspondilia. Condição em que as vértebras não têm centro.

Atavismo. Regressão evolutiva; reaparecimento de um traço ancestral perdido. Comparar com *Vestigial*.

Ativação. Alterações em um ovo iniciadas pela fertilização, que dá início à divisão celular.

Atmosfera. O peso que uma coluna de ar exerce sobre um objeto ao nível do mar; 1 atmosfera = 101.000 Pa = 14,7 libras por polegada quadrada.

Atrofia. Diminuição no tamanho ou na densidade. Comparar com *Hipertrofia*.

Auditivo. Pertinente à percepção do som.

Autostilia. Suspensão da maxila em que as maxilas se articulam diretamente com a caixa craniana.

Avançado. Refere-se a um organismo ou espécie que deriva de outros em sua linhagem filogenética. Ver *Derivado* e comparar com *Ancestral*.

Axônio. Fibra nervosa de um neurônio que leva um impulso para fora do corpo celular.

Báculo. Osso dentro do pênis.

Barbatanas bucais. Placas queratinizadas que surgem do tegumento da boca de algumas espécies de baleias.

Bentônico. Do fundo das águas. Comparar com *Pelágico* e *Planctônico*.

Bexiga de ar. Bexiga de gás para troca respiratória ou controle da flutuabilidade.

Bexiga de gás. Saco cheio de gases, derivados do intestino, em peixes. Como a composição dos gases pode variar, é menos apropriada a denominação de *bexiga de ar*. Comparar com *Bexiga natatória* e *Bexiga respiratória*.

Bexiga natatória. Bexiga de gás que atua principalmente no controle da flutuação.

Bexiga respiratória. Vesícula de gás enriquecida com capilares que lhe permitem funcionar primariamente na troca de gases.

Bigorna. Osso do ouvido médio de mamíferos, derivado filogeneticamente do quadrado.

Biomecânica. Estudo da maneira como as forças físicas afetam e se incorporam à constituição do animal.

Bípede. Aquele que caminha ou corre apenas com os membros posteriores. Comparar com *Quadrúpede*.

Blastocisto. Blástula dos mamíferos.

Blastóporo. Abertura no intestino primitivo que se forma durante a gastrulação.

Blástula. Estágio embrionário inicial que se segue à clivagem e consiste em uma bola oca de células cheia de líquido.

Bochecha. Parede carnosa lateral da boca, especialmente em mamíferos.

Bolo alimentar. Massa mole de alimento na boca ou no estômago. Comparar com *Quimo*.

Braço de alavanca. Distância perpendicular do ponto em que a força é aplicada àquele em torno do qual um corpo gira (braço de momento). Ver *Momento*.

Braço de momento. Braço de alavanca.

Bradicardia. Frequência cardíaca anormalmente lenta. Comparar com *Taquicardia*.

Braquiação. Locomoção arborícola por meio da oscilação dos braços e com as mãos, apoiando-se nas árvores, o corpo suspenso sob os ramos. Comparar com *Locomoção escansorial*.

Braquiodonte. Pertinente aos dentes com coroas baixas. Comparar com *Hipsodonte*.

Brânquia. Órgão respiratório aquático.

Brotamento. Forma de reprodução assexuada em que partes se separam do corpo e, então, diferenciam-se em um novo indivíduo.

Bunodonte. Pertinente aos dentes com cúspides pontiagudas. Comparar com *Lofodonte* e *Selenodonte*.

Bursa. Bolsa ou saco.

Caixa craniana. Parte do crânio que contém as cavidades cranianas e abriga o cérebro.

Calcificação. Tipo específico de mineralização envolvendo carbonatos de cálcio (invertebrados) ou fosfatos de cálcio (vertebrados) na matriz de tecido conjuntivo especial.

Camada limítrofe. Camada de líquido mais próxima da superfície de um corpo e que flui sobre ele.

Capilar. O menor vaso sanguíneo, revestido apenas por endotélio.

Capilar aéreo. Pequeno compartimento dentro do pulmão das aves em que ocorre a troca de gases. Comparar com *Alvéolo* e *Favéolo*.

Cápsula renal. Extremidade expandida do túbulo urinífero que circunda o glomérulo vascular; o ultrafiltrado se forma primeiro na cápsula renal; também conhecida como cápsula de Bowman.

Carapaça. Parte óssea dorsal, em forma de cúpula, do casco de uma tartaruga. Comparar com *Plastrão*.

Carga. Em mecânica, as forças às quais uma estrutura é submetida.

Carnassiais. Dentes setoriais dos carnívoros, incluindo os pré-molares superiores e molares inferiores.

Cartilagem secundária. Aquela que se forma após se completar a ossificação inicial do osso; em geral, forma-se em resposta a estresse mecânico, especialmente nas margens de osso intramembranoso.

Casco. Placa cornificada aumentada na extremidade do dígito de ungulado.

Catádromo. Caracteriza peixes que eclodem na água salgada, amadurecem na água doce e voltam à água salgada para procriar, por exemplo, algumas enguias. Comparar com *Anádromo*.

Catecolaminas. Os hormônios epinefrina e norepinefrina produzidos por tecidos cromafínicos e outros.

Categoria. Nível ou estágio de realização evolutiva; um grupo parafilético.

Caudal. Na direção da cauda ou extremidade posterior do corpo; posterior.

Ceco. Evaginação de extremidade cega dos intestinos.

Cefalização. O posicionamento de órgãos sensoriais na parte anterior do corpo, em geral associados a tumefações do tubo neural, o cérebro.

Celoma. Cavidade corporal cheia de líquido que se forma dentro da mesoderme.

Célula mioepitelial. Revestimento celular (de onde se origina *epitelial*) de um canal ou glândula que tem capacidades contráteis (de onde se origina *mio*).

Célula muscular extrafusal. Fibra de músculo estriado que contribui realmente para a força que move uma parte. Comparar com *Neurônio alfa motor* e *Célula muscular intrafusal*.

Célula muscular intrafusal. Fibra de um músculo estriado especializado como um órgão sensorial de propriocepção; fica em um fuso muscular. Comparar com *Célula muscular extrafusal*, *Neurônio gama motor* e *Fuso muscular*.

Célula pilosa. Mecanorreceptor celular com um feixe de pelos que se projeta, composto por um cinocílio e vários estereocílios.

Cemento. Camadas celular e acelular que, em geral, formam-se a partir das raízes dos dentes, mas, em alguns herbívoros, podem contribuir para a superfície de oclusão. Ver *Dentina* e *Esmalte*.

Centro. Corpo ou base de uma vértebra.

Ceratotríquio. Arranjo em forma de leque de bastões queratinizados internamente que sustentam a nadadeira dos elasmobrânquios. Comparar com *Lepidotríquio*.

Cesta branquial. Faringe expandida dos cordados que funciona na alimentação em suspensão.

Chifres. Bainhas queratinizadas não ramificadas com centro ósseo, localizadas na cabeça; em geral ocorrem em machos e fêmeas e se mantêm durante todo o ano. Comparar com *Galhada*.

Cinesia. Movimento; em geral, refere-se ao movimento relativo de ossos cranianos. Ver *Cinesia craniana*.

Cinesia craniana. Movimento entre a maxila superior e a caixa craniana sobre as maxilas entre elas; em sentido estrito, crânios com articulação móvel nos ossos de sua parte superior. Comparar com *Crânio acinético*, *Mesocinese* e *Procinese*.

Cinocílio. Cílio rígido modificado do ouvido. Comparar com *Microvilosidade*.

Cladograma. Dendrograma ramificado que representa a organização e as relações de monofilos.

Clivagem. Série rápida de divisões celulares que se segue à fertilização e produz uma blástula multicelular.

Clivagem discoidal. Consiste nas divisões mitóticas iniciais restritas ao polo animal; caso extremo de clivagem meroblástica. Comparar com *Clivagem holoblástica*.

Clivagem holoblástica. Planos mitóticos iniciais que passam inteiramente através do embrião em clivagem. Comparar com *Clivagem discoidal* e *Clivagem meroblástica*.

Clivagem meroblástica. Planos mitóticos iniciais que não completam sua passagem através do embrião antes que se formem planos subsequentes de divisão. Comparar com *Clivagem discoidal* e *Clivagem holoblástica*.

Cóanas. As narinas internas; aberturas da passagem nasal na boca.

Colágeno. Proteína fibrosa secretada por células de tecido conjuntivo.

Colateral. Que acompanha; auxiliar ou subordinado.

Colinérgicas. Fibras nervosas que liberam o neurotransmissor acetilcolina.

Coloide. Substância gelatinosa ou mucosa.

Compostos vegetais secundários. Substâncias químicas produzidas por vegetais que são tóxicos ou não palatáveis para herbívoros.

Concorrente. Fluxo de correntes adjacentes na mesma direção.

Condrocrânio. Parte do crânio formada por osso ou cartilagem endocondral que fica por baixo e sustenta o crânio; também inclui as cápsulas nasais fundidas ou associadas.

Constituição. A organização estrutural e funcional de uma parte relacionada com seu papel biológico.

Contracorrente. Fluxo de correntes adjacentes em direções opostas.

Contralateral. Que ocorre no lado oposto do corpo. Comparar com *Ipsolateral*.

Coprofagia. Ingestão de fezes, comportamento em geral destinado a processar novamente material não digerido; refeição fecal.

Cópula. Coito que envolve a introdução de um órgão copulador.

Coracoide. Coracoide posterior; osso endocondral do ombro que evoluiu primeiro nos primeiros sinapsídeos ou em seus ancestrais imediatos. Comparar com *Pró-coracoide*.

Cornificado. Que tem uma camada de queratina; queratinizado.

Corpo ciliar. Anel delgado de músculo no olho que proporciona foco ao cristalino.

Corpo intervertebral. Almofada de cartilagem ou tecido conjuntivo fibroso entre extremidades articulares de centros vertebrais sucessivos.

Corte transversal fisiológico. Plano de corte através da área de todas as fibras musculares, perpendicular aos seus eixos longitudinais. Comparar com *Corte transversal morfológico*.

Corte transversal morfológico. Plano ou corte através da área de um músculo, perpendicular ao seu eixo longitudinal em sua parte mais espessa. Comparar com *Corte transversal fisiológico*.

Córtex. A parte externa ou marginal de um órgão.

Corticosteroides. Hormônios esteroides.

Cosmina. Termo antigo que designa um derivado da dentina que cobre escamas de alguns peixes; escama cosmoide.

Cranial. Na direção da cabeça ou da extremidade frontal do corpo; anterior ou rostral.

Crânio acinético. Crânio sem cinesia craniana, ou seja, que não tem articulações móveis entre os ossos cranianos.

Crânio dicinético. Aquele que tem duas articulações passando transversalmente através da caixa craniana. Comparar com *Crânio monocinético.*

Crânio monocinético. Aquele que se movimenta via uma única articulação transversa que passa através da caixa craniana.

Crista. Mecanorreceptor dentro dos canais semicirculares do aparelho vestibular do ouvido; órgão neural especializado que detecta a aceleração angular. Comparar com *Mácula.*

Crista néfrica. A região posterior da mesoderme intermediária.

Crista neural. Faixa pareada de tecido que se separa das bordas dorsais do sulco neural à medida que se forma o tubo neural.

Cromatóforo. Termo genérico que designa uma célula de pigmento.

Decussação. Trato cruzado de fibras nervosas que passam de um lado para outro do sistema nervoso central.

Deglutição. Ato de deglutir.

Dendrito. Fibra nervosa de um neurônio que leva impulsos na direção do corpo celular.

Dendrograma. Diagrama ramificado que representa as relações ou a história de um grupo de organismos.

Dente seccional. Aquele com cristas aguçadas opostas especializadas para cortar.

Dentição. Conjunto de dentes.

Dentina. Material que forma o corpo do dente, com estrutura similar à do osso, porém mais dura; tem coloração amarelada e é composta de cristais de hidroxiapatita inorgânica e colágeno; secretada por odontoblastos originados da crista neural. *Ver Cemento* e *Esmalte.*

Derivado. Denota um organismo ou uma espécie que evoluiu posteriormente em uma linhagem filogenética; avançado; oposto a ancestral.

Dermatocrânio. Parte do crânio formada a partir de ossos dérmicos.

Dermátomo. Segmento de pele embrionária.

Derme. Camada cutânea que fica sob a epiderme e é derivada da mesoderme.

Deslaminação. Divisão de bainhas de tecido embrionário em camadas paralelas.

Deuterostômio. Animal cujo ânus se forma a partir do blastóporo embrionário ou próximo dele; a boca se forma na extremidade oposta do embrião.

Diartrose. Articulação que permite rotação considerável dos elementos esqueléticos articulados e se caracteriza por uma cápsula articular, membrana sinovial e cartilagens articulares ou elementos articulados; articulação sinovial.

Diferenciação. Processo de diversificação celular durante o desenvolvimento embrionário.

Difiodonte. Padrão de substituição dentária que envolve apenas dois conjuntos de dentes, em geral os decíduos ("de leite") e os permanentes.

Difusão. Movimento de moléculas de uma área de alta concentração para uma de baixa concentração; se o movimento for aleatório e não auxiliado, é conhecido como difusão passiva.

Digestão. Quebra mecânica e química de alimentos em seus produtos finais básicos – em geral carboidratos simples, proteínas e ácidos graxos – que são absorvidos na corrente sanguínea.

Digitígrada. Postura do pé em que as almofadas dos dígitos (polpa inferior dos dígitos) sustentam o peso, como em cães e gatos. Comparar com *Plantígrada* e *Unguligrada.*

Dioico. Pertinente às gônadas femininas e masculinas em indivíduos separados. Comparar com *Monoico.*

Diplêurula. Larva hipotética de invertebrado, como um ancestral comum de equinodermos e hemicordados.

Diplospondilia. Condição em que um segmento vertebrado é composto de dois centros. Comparar com *Monospondilia.*

Disco intervertebral. Almofada de fibrocartilagem no mamífero adulto que tem um centro semelhante a gel, derivado da notocorda, e está localizada entre as extremidades articulares de centros vertebrais sucessivos. Comparar com *Corpo intervertebral.*

Dissecção. Exposição cuidadosa de partes anatômicas, permitindo que os estudantes descubram e percebam a organização morfológica de um animal, para que entendam os processos desempenhados por essas partes e a notável história evolutiva pela qual passaram.

Distal. Em direção à extremidade livre de um apêndice, como um membro. Comparar com *Proximal.*

Diurno. Ativo durante o dia. Comparar com *Noturno.*

Dorsal. Na direção das costas ou superfície superior do corpo; oposto a ventral.

Ducto arquinéfrico. Designação geral do ducto urogenital; recebe nomes alternativos (ducto de Wolff) em estágios embrionários diferentes (ducto pronéfrico, ducto mesonéfrico, ducto opistonéfrico) ou em papéis funcionais diferentes (vaso deferente).

Ducto de Wolff. Ducto mesonéfrico.

Ducto metanéfrico. Ureter; distinto dos ductos pronéfrico e mesonéfrico.

Ecomorfologia. Estudo da relação entre forma e função de uma parte e como ela é usada realmente no ambiente natural; a base para se determinar o papel biológico.

Ectomesênquima. Associação frouxa de células derivadas da crista neural.

Ectotérmico. Animal que depende de fontes ambientais de calor para atingir a temperatura corporal preferida. Comparar com *Endotérmico.*

Edema. Tumefação devida a um acúmulo de líquido nos tecidos corporais.

Eferente. Refere-se ao processo de transportar para fora ou longe; por exemplo, os neurônios motores levam impulsos para fora do sistema nervoso central.

Efetor. Órgão, como um músculo ou uma glândula, que responde à estimulação nervosa.

Elástico. Em termos físicos, a medida da capacidade de uma estrutura voltar ao seu tamanho original após deformação.

Elemento metapterígio. Cadeia de elementos endoesqueléticos, dentro das nadadeiras de peixes, que definem o eixo principal interno de sustentação.

Elementos figurados. Componentes celulares do sangue, excluindo o plasma. Comparar com *Plasma.*

Eletromiografia. Estudo do padrão de contração muscular baseado na detecção de sua atividade elétrica.

Eletromiograma. Registro elétrico de uma contração muscular.

Eletrorreceptor. Órgão sensorial que responde a sinais ou campos elétricos.

Emarginação. Grandes incisuras na caixa óssea craniana. Comparar com *Fissura*.

Emulsificar. Quebrar gorduras em gotículas menores. Comparar com *Digestão*.

Endocitose. Processo fagocítico em que materiais, como partículas de alimento e bactérias estranhas, são engolfados por uma célula.

Endócrina. Denota uma glândula que libera seu produto diretamente nos vasos sanguíneos. Comparar com *Exócrina*.

Endoesqueleto. A estrutura de sustentação ou proteção dentro do corpo, que fica sob o tegumento. Comparar com *Exoesqueleto*.

Endotélio. A camada unicelular que reveste os canais vasculares. Comparar com *Mesotélio*.

Endotérmico. Animal capaz de manter uma temperatura corporal elevada com o calor produzido pelo seu próprio metabolismo interno. Comparar com *Ectotérmico*.

Enteroceloma. Cavidade corporal formada a partir de evaginações da mesoderme. Comparar com *Esquizoceloma*.

Epêndima. Camada de células que reveste o canal central da medula espinal dos cordados.

Epibolia. Disseminação de células superficiais durante a gastrulação.

Epiderme. Camada cutânea acima da derme derivada da ectoderme.

Epífise. 1. Centro secundário de ossificação na extremidade de um osso; também se refere à extremidade de um osso. 2. Glândula pineal.

Epigenética. Estudo de eventos do desenvolvimento acima do nível dos genes; refere-se aos processos embrionários que não surgem diretamente dos genes e contribuem para o fenótipo em desenvolvimento.

Equilíbrio intermitente. Descrição de padrões filogenéticos em que longos períodos de pouca ou nenhuma alteração são intercalados por curtos períodos de alteração prolífica antes do retorno a um período de pouca alteração. Comparar com *Evolução quântica*.

Escala. Ajustes compensatórios na proporção para manter o desempenho com alterações no tamanho.

Esfíncter. Feixe de músculos em torno de um tubo ou abertura, que funciona para contraí-lo ou fechá-lo.

Esmalte. Forma a cobertura oclusal da maioria dos dentes; substância mais dura no corpo dos vertebrados, consistindo quase inteiramente em sais de cálcio, como cristais de apatita; secretado pelos ameloblastos de origem epidérmica. Ver *Cemento* e *Dentina*.

Espaço morto. Volume de ar usado que não é expelido na expiração. Comparar com *Volume corrente*.

Espermatóforo. Pacote de espermatozoides para liberação ou apresentação à fêmea.

Espiráculo. Fenda reduzida com brânquia e a primeira na série.

Esplancnocrânio. A parte do crânio que surge primeiro para sustentar as fendas faríngeas e depois contribui para as maxilas e outras estruturas da cabeça; arcos branquiais e derivados; crânio visceral.

Esquizoceloma. A cavidade corporal formada pela divisão da mesoderme. Comparar com *Enteroceloma*.

Estágio de emergência da história da vida. Adaptação fisiológica prolongada desencadeada de minutos a horas por fatores estressantes ambientais incomuns, via glicocorticoides. Ver *Luta ou fuga*.

Esteno-halino. Que tem baixa tolerância a diferenças de salinidade.

Estereocílios. Microvilosidades muito longas.

Estigma. Fenda faríngea extensamente dividida.

Estilóforos. Grupo fóssil de equinodermos básicos.

Estivação. Estado de repouso prolongado ou hibernação, durante períodos de calor ou seca, que se caracteriza pela redução dos níveis metabólicos e da frequência respiratória.

Estol. Perda da sustentação por causa do início de fluxo turbulento por um aerofólio.

Estolão. Processo semelhante à raiz nas ascídias e outros invertebrados que pode se fragmentar em pedaços que crescem assexuadamente, formando mais indivíduos.

Estomodeu. A invaginação embrionária da ectoderme superficial, que contribui para a boca.

Estratificado. Formado de camadas.

Estratigrafia. A geologia da origem, da composição e da cronologia relativa de estratos.

Estrato. Termo geológico que designa uma camada de rochas depositadas durante mais ou menos o mesmo tempo geológico.

Estreptostilia. Condição em que o osso quadrado é móvel com relação à caixa craniana.

Estresse. Medida de forças internas que agem dentro de um corpo, resultantes de uma carga, em geral expressa como força média por unidade de área.

Estribo. Um dos três ossos do ouvido médio em mamíferos, derivado filogeneticamente da columela (hiomandibular).

Eurialino. Que tem alta tolerância a diferenças de salinidade.

Evolução quântica. Alteração evolutiva adaptativa em uma linhagem, que se caracteriza por longos períodos de pouca alteração, interrompidos subitamente por surtos curtos de alteração rápida. Comparar com *Equilíbrio intermitente*.

Excreção. Remoção de resíduos e excesso de substâncias do corpo.

Exocitose. Processo pelo qual a célula libera produtos.

Exócrina. Denota uma glândula que libera secreções em ductos. Comparar com *Endócrina*.

Exoesqueleto. Estrutura de sustentação ou proteção que fica do lado externo do corpo. Comparar com *Endoesqueleto*.

Extante. Vivo, que ainda existe.

Exteroceptor. Receptor sensorial que responde a estímulos ambientais. Comparar com *Interoceptor* e *Proprioceptor*.

Extinções básicas. Ver *Extinções uniformes*.

Extinções catastróficas. Ver *Extinções em massa*.

Extinções em massa. Perda de muitas espécies de diferentes grupos em períodos relativamente curtos de tempo geológico. Sinonímia, extinções catastróficas.

Extinções uniformes. Perda gradual de espécies em um tempo geológico longo. Sinonímia, extinções básicas.

Extinto. Morto, não mais existente.

Extraembrionário. Pertinente a uma estrutura formada pelo embrião ou em torno dele, mas que não contribui diretamente para o corpo adulto nem é retida pelo embrião.

Extrínseco. Que se origina fora da parte em que age. Comparar com *Intrínseco*.

Falha. Em mecânica, perda da integridade funcional e da capacidade de realizar uma tarefa; um material pode falhar, mas não quebrar. Comparar com *Fratura*.

Fascículo. Feixe de fibras musculares delimitado por uma camada de tecido conjuntivo, dentro de um órgão muscular.

Fásicos. Ciclos recorrentes de contrações musculares.

Favéolo. Compartimento respiratório delgado dentro do pulmão que se abre para uma câmara central de ar e resulta das subdivisões do revestimento pulmonar. Comparar com *Alvéolo*.

Fenda branquial. Fenda faríngea associada a uma brânquia.

Fenda faríngea. Abertura alongada na parede lateral da faringe.

Fenótipo. Conjunto de características físicas e comportamentais de um organismo; característica somática. Comparar com *Genótipo*.

Fermentação. Processo em que microrganismos extraem energia anaerobicamente do alimento em vertebrados, mediante a liberação de enzimas celulases que degradam o material vegetal.

Fermentação cecal. Processo pelo qual microrganismos digerem alimentos no ceco do intestino. Ver *Fermentação intestinal*.

Fermentação gástrica. Processo em que microrganismos digerem o alimento em um estômago especializado; também conhecida como fermentação no intestino anterior. Ver *Fermentação intestinal*.

Fermentação intestinal. Processo em que microrganismos digerem alimento no intestino; também conhecido como fermentação no intestino posterior ou fermentação cecal. Comparar com *Fermentação gástrica*.

Fermentação no intestino anterior. Ver *Fermentação gástrica*.

Fermentação no intestino posterior. Ver *Fermentação intestinal*.

Feromônio. Substância química liberada no ambiente por um indivíduo que influencia o comportamento ou a fisiologia de outro indivíduo da mesma espécie.

Fertilidade. Capacidade de produzir óvulos viáveis ou espermatozoides em número suficiente para gerar prole; a infertilidade resulta de óvulos inviáveis ou número insuficiente de espermatozoides. Comparar com *Potência*.

Feto. Embrião no estágio final do desenvolvimento.

Fibra muscular. Célula muscular, ou seja, a parte contrátil de um órgão muscular.

Fibra nervosa. Processo citoplasmático de um neurônio; um axônio ou um dendrito.

Fibras de contração rápida. Fibras musculares de contração rápida cuja força pode ou não ter fadiga rapidamente; fibras fásicas. Comparar com *Fibras tônicas*.

Fibras tônicas. Fibras musculares de contração lenta que produzem contrações prolongadas e mantidas com baixa força. Comparar com *Fibras de contração rápida*.

Filogenia. O trajeto de uma alteração evolutiva em um grupo relacionado de organismos.

Fissura. Abertura dentro da caixa craniana óssea.

Fixador. Músculo que funciona para estabilizar uma articulação. Comparar com *Antagonista* e *Sinérgico*.

Fluxo laminar. Movimento contínuo de partículas de líquido ao longo de vias através de camadas que se sobrepõem. Comparar com *Fluxo turbulento*.

Fluxo turbulento. O movimento de partículas no líquido em vias irregulares. Comparar com *Fluxo laminar*.

Folículo. Pequena bolsa que mantém as células contendo hormônio (p. ex., folículo da tireoide) ou um óvulo (p. ex., folículo ovariano).

Forame. Perfuração ou orifício através de uma parede tecidual.

Forame de Panizza. Conexão entre as bases dos arcos aórticos esquerdo e direito nos crocodilianos.

Forame oval. Conexão de uma via entre o átrio direito e o esquerdo dos embriões dos mamíferos; fecha-se ao nascimento.

Força de compressão. Direção de uma força aplicada que tende a pressionar ou espremer um objeto, compactando-o.

Força de desvio. Direção de uma força aplicada que tende a deslizar partes de um objeto sobre outras.

Força ou pressão de seleção. Demandas biológicas ou físicas que surgem do ambiente e afetam a sobrevivência do indivíduo que vive nele.

Força de tensão. 1. Direção de uma força aplicada que tende a esticar um objeto. 2. Força produzida pela contração muscular.

Formação óssea endocondral. Formação embrionária de osso precedida por uma cartilagem precursora que, subsequentemente, ossifica-se; cartilagem ou substituição de osso. Comparar com *Formação óssea intramembranosa*.

Formação óssea intramembranosa. Formação embrionária de osso diretamente do mesênquima, sem um precursor cartilaginoso; osso dérmico. Comparar com *Formação óssea endocondral*.

Fórmula dentária. Expressão que sintetiza o número característico de cada tipo de dente (incisivo, canino, pré-molar, molar) superior e inferior nas espécies de mamíferos.

Fóssil índice. Animal fóssil com ampla distribuição geográfica, mas restrito a uma camada de rocha ou horizonte temporal; define espécies indicadoras de um estrato.

Fotorreceptor. Receptor sensorial de radiação que responde a estímulos da luz visível.

Fratura. Em mecânica, quebra ou perda da integridade estrutural; separação real de material sob carga. Comparar com *Falha*.

Fratura por fadiga. Redução na resistência à ruptura de um objeto após uso prolongado.

Fulcro. Ponto central ou o eixo de rotação.

Função. Como uma parte desempenha seu papel em um organismo. Comparar com *Papel biológico*.

Fusiforme. Refere-se a uma forma estreita, que se afunila em direção a cada extremidade.

Fuso muscular. Feixe fusiforme nos músculos estriados que aloja receptores sensoriais especializados, conhecidos como células musculares intrafusais.

Galhada. Osso nu ramificado que cresce fora dos ossos cranianos em algumas espécies de artiodáctilos; em geral, cresce anualmente nos machos adultos e cai durante a estação não reprodutiva. Comparar com *Chifres*.

Galope. Marcha que se caracteriza por alta velocidade e um padrão desigual de passos.

Gametogênese. Produção de células reprodutivas maduras femininas e masculinas.

Gânglio. Aglomerado de corpos de células nervosas no sistema nervoso periférico.

Ganoína. Termo antigo para um derivado do esmalte que cobre as escamas de alguns peixes; escama ganoide.

Garra. Unha curva aguçada, comprimida lateralmente, na extremidade de um dígito; talão, esporão.

Gastrália. Ossos dérmicos em forma de costela, localizados na região abdominal.

Gastrocele. Cavidade dentro do intestino embrionário inicial da gástrula.

Gástrula. Estágio embrionário inicial durante o qual se forma o intestino básico.

Genótipo. Constituição genética de um indivíduo. Comparar com *Fenótipo*.

Geração espontânea. Conceito de que organismos completamente formados surgiram direta e naturalmente de matéria inanimada.

Geral a específico (embriologia). Geralmente atribuída a von Baer, a observação (lei) segundo a qual os embriões, no início da formação, apresentam características gerais do grupo que, no decorrer do desenvolvimento ulterior, originam as características especializadas da espécie.

Gestação. Período que vai da concepção à eclosão ou ao nascimento.

Giro. Crista intumescida na superfície do cérebro. Comparar com *Sulco*.

Glândula mucosa. Órgão que secreta mucina rica em proteína, em geral um líquido espesso. Comparar com *Glândula serosa*.

Glândula serosa. Órgão que secreta um líquido aquoso fino.

Glomérulo. 1. Pequeno leito de capilares associado ao túbulo urinífero. 2. Pequeno aglomerado de capilares no estomocorda de hemicordados.

Gnatostomado. Vertebrado com maxilas.

Grupo crown. O monofilo menor que abrange os membros vivos de um grupo e os táxons extintos incluídos nele. Comparar com *Grupo stem* e *Grupo total*.

Grupo externo. Qualquer grupo usado para comparação taxonômica, que não faz parte do táxon sob estudo. Comparar com *Grupo interno*.

Grupo interno. O grupo de organismos realmente estudado. Comparar com *Grupo externo*.

Grupo irmão. Em taxonomia, o grupo externo particular mais estreitamente relacionado com o grupo interno. Comparar com *Grupo interno* e *Grupo externo*.

Grupo monofilético. Monofilo, todos os organismos em uma linhagem mais o ancestral que têm em comum, portanto um grupo natural. Comparar com *Grupo parafilético* e *Grupo polifilético*.

Grupo parafilético. Monofilo incompleto que resulta da remoção de uma ou mais linhagens componentes. Comparar com *Grupo monofilético* e *Grupo polifilético*.

Grupo polifilético. Grupo artificial que se caracteriza por aspectos não homólogos. Comparar com *Grupo monofilético* e *Grupo parafilético*.

Grupo stem. Montagem parafilética de táxons extintos relacionados com o grupo *crown*, mas não parte dele. Comparar com *Grupo crown* e *Grupo total*.

Grupo total. O grupo monofilético formado pelo grupo *stem* mais o grupo *crown*. Comparar com *Grupo stem* e *Grupo crown*.

Hemocele. Canais cheios de sangue dentro do tecido conjuntivo que não têm um revestimento endotelial contínuo.

Hemodinâmica. Forças e padrões de fluxo do sangue que circula nos vasos.

Hepatócito. Célula hepática.

Heterocronia. Em uma linhagem evolutiva, a mudança no tempo em que uma característica aparece no embrião com relação ao seu surgimento em um ancestral filogenético; em geral, diz respeito ao momento de início da maturidade sexual com relação ao desenvolvimento somático. Comparar com *Pedomorfose*.

Heterodonte. Dentição em que os dentes têm diferentes formatos.

Hidrofólio. Objeto que produz levantamento quando colocado em uma corrente de água em movimento, como a nadadeira peitoral de um tubarão.

Hiostilia. Suspensão da maxila, primariamente por meio de uma inserção com o hiomandibular.

Hiperosmótico. Refere-se a uma solução cuja pressão osmótica é maior que a da solução que a circunda; por exemplo, a pressão do líquido tecidual dentro de alguns peixes é maior que a da água doce que os circunda. Comparar com *Hiposmótico* e *Isosmótico*.

Hiperplasia. Aumento no número de células como resultado de proliferação celular; em geral, ocorre em resposta ao estresse ou à maior atividade. Comparar com *Hipertrofia* e *Metaplasia*.

Hipertrofia. Aumento no tamanho ou na densidade de um órgão ou parte, que não resulta de proliferação celular. Comparar com *Hiperplasia* e *Atrofia*.

Hiposmótico. Refere-se a uma solução com pressão osmótica inferior à da solução que a circunda. Comparar com *Hiperosmótico* e *Isosmótico*.

Hipótese auricular. A ideia de que o plano básico do corpo dos cordados se originou mediante modificação de uma larva de equinodermo.

Hipoxia. Níveis inadequados de oxigênio para manter as demandas metabólicas.

Hipsodonte. Dentes com coroas altas. Comparar com *Braquiodonte*.

Holonefro. Único rim que surge de várias regiões da crista néfrica, em vez dos três tipos de rins (pronefro, mesonefro, metanefro) que surgem da crista néfrica.

Holospondilia. Condição em que o centro e os espinhos das vértebras estão fundidos anatomicamente em um único osso. Comparar com *Aspidospondilia*.

Homeostase. Constância do ambiente interno de um organismo.

Homeotermia. Condição de manter a temperatura corporal constante, independentemente da estratégia.

Homodonte. Dentição em que os dentes têm aspecto geral semelhante na boca.

Homologia. Características existentes em dois ou mais organismos derivados de ancestrais comuns; ancestralidade comum. Comparar com *Homologia serial*.

Homologia serial. Similaridade entre características que se repetem sucessivamente no mesmo indivíduo.

Homoplasia. Características em dois ou mais organismos que se parecem; de aspecto semelhante.

Hormônio. Mensageiro químico que é secretado no sangue por um órgão endócrino que afeta tecidos-alvo.

Hormônio inibidor. Aquele que deprime a capacidade de resposta dos tecidos-alvo.

Hormônio liberador. Aquele que inicia a atividade no tecido-alvo. Comparar com *Hormônio inibidor*.

Impedância coincidente. Ajustes do sistema de condução do som para lidar com a resistência física que as ondas sonoras encontram à medida que seguem do ar para o líquido do ouvido interno.

Implantação. Processo pelo qual o embrião estabelece um local viável dentro da parede uterina.

Índice de refração. Medida das propriedades de inclinação da luz de um objeto.

Infrarregulação. Retorno do intestino, e de outros órgãos, a um estado de repouso após a digestão. Comparar com *Suprarregulação*.

Ingresso. Processo pelo qual células individuais de uma superfície migram para o interior de um embrião.

Inserção. Local relativamente móvel onde um músculo está inserido. Comparar com *Origem*.

Internó. Em taxonomia, a linha que conecta nós em um cladograma, representando pelo menos uma espécie ancestral de um evento de especialização. Comparar com *Nó*.

Interoceptor. Receptor sensorial que responde a estímulos internos. Comparar com *Exteroceptor* e *Proprioceptor*.

Intersticial. Pertinente ao espaço cheio de líquido entre células.

Intestino anterior. Intestino embrionário anterior que origina a faringe, o esôfago, o estômago e o intestino anterior. Comparar com *Intestino posterior*.

Intestino posterior. O intestino embrionário posterior que dá origem aos intestinos posteriores. Comparar com *Intestino anterior*.

Intrínseco. Totalmente pertencente a uma parte; ou seja, inerente da parte. Comparar com *Extrínseco*.

Invaginação. Entalhe ou dobra para dentro de uma superfície.

Involução. Retorno de células embrionárias da superfície para dentro, disseminando-se pelo interior do embrião.

Ipsolateral. Que ocorre no mesmo lado do corpo. Comparar com *Contralateral*.

Isocórtex. O córtex cerebral ou a camada externa do cérebro dos mamíferos.

Isolécito. Pertinente a um ovo em que o vitelo está distribuído igualmente pelo citoplasma. Comparar com *Telolécito*.

Isometria. Similaridade geométrica em que as proporções permanecem constantes, apesar de alterações no tamanho.

Isosmótico. Refere-se a duas soluções com níveis de soluto equivalentes. Comparar com *Hiperosmótico* e *Hiposmótico*.

Isquemia. Fluxo sanguíneo insuficiente para satisfazer as demandas metabólicas de um tecido.

Lactação. Liberação de leite das glândulas mamárias para amamentar o filhote.

Lacuna. Espaço pequeno.

Lâmina. Bainha, camada ou placa fina; por exemplo, lamela das fendas branquiais.

Larva. Estágio imaturo (que não se reproduz) morfologicamente diferente do estágio adulto.

Lateral. Na direção de ou em um lado do corpo.

Lecitotrófico. Pertinente à nutrição que o embrião recebe do vitelo do ovo. Comparar com *Matrotrófico*.

Lei biogenética. Alegação de Ernst Haeckel de que a ontogenia recapitula (repete) a filogenia; atualmente desacreditada.

Lepidotríquio. Arranjo, em forma de leque, de bastões dérmicos ossificados ou condrificados, que sustenta internamente a nadadeira de peixes ósseos. Comparar com *Ceratotríquio*.

Lepospondilia. Vértebra holospôndila com centro em forma de casca, em geral perfurado por um canal de notocorda.

Linfa. Líquido transparente transportado pelos vasos linfáticos.

Linhas de interrupção de crescimento (LIC). Referem-se a um período quando ânulos ou anéis são depositados em ossos, como resultado da interrupção ou mesmo reabsorção de osso.

Líquido tecidual. Líquido transparente que banha as células e fica fora de vasos sanguíneos ou linfáticos.

Locomoção aérea. Batimento ativo em voo; voar.

Locomoção arborícola. Movimentação pelas árvores. Comparar com *Braquiação* e *Locomoção escansorial*.

Locomoção cursorial. Corrida rápida.

Locomoção escansorial. Aquela em que o animal se pendura nas árvores usando as garras. Comparar com *Braquiação*.

Locomoção fossorial. Remoção ativa do solo para fazer um buraco; escavação.

Lofodonte. Dente com cúspides largas e contendo cristas, úteis para triturar material vegetal. Comparar com *Bunodonte* e *Selenodonte*.

Lúmen. Espaço no centro de um órgão, em especial um órgão tubular.

Luta ou fuga. Resposta fisiológica imediata a curto prazo a uma ameaça à sobrevivência, via sistemas endócrino e simpático.

Macrolécito. Pertinente a ovos com grande quantidade de vitelo armazenado.

Mácula. Mecanorreceptor dentro do aparelho vestibular do ouvido; órgão neuronal especializado para detectar alterações na postura e na aceleração do corpo. Comparar com *Crista*.

Maxilas. Elementos esqueléticos de osso ou cartilagem que reforçam as bordas inferiores da boca.

Marcha. Padrão ou sequência de movimentos do pé durante a locomoção.

Martelo. Um dos três ossos do ouvido médio nos mamíferos, derivado filogeneticamente do osso articular.

Mastigação. Quebra mecânica de um grande bolo alimentar em pedaços menores, geralmente com os dentes; mastigação de alimento.

Matrotrófico. Pertinente à nutrição que o embrião recebe por meio da placenta ou de secreções uterinas. Comparar com *Lecitotrófico*.

Meato. Canal ou abertura.

Mecanorreceptor. Órgão sensorial que responde a pequenas alterações na força mecânica. Comparar com *Quimiorreceptor* e *Fotorreceptor*.

Medula. Parte mais interna ou central de um órgão.

Meio galope. Galope curto, lento.

Meio salto. Marcha em que os pés posteriores entram em contato com o solo simultaneamente, mas os anteriores não. Comparar com *Salto*.

Mericismo. Remastigação junto com fermentação microbiana de alimentos em não ruminantes. Comparar com *Ruminação*.

Mesênquima. Células frouxamente associadas de origem mesodérmica.

Mesocinese. Movimento do crânio via uma articulação transversa que passa através do dermatocrânio posterior à órbita ocular. Comparar com *Metacinese* e *Procinese*.

Mesoderme para-axial. Faixas pares mesodérmicas que se formam ao longo do tubo neural; na cabeça, permanecem como faixas de mesoderme denominadas somitômeros, mas no tronco ficam dispostas de maneira segmentar como somitos.

Mesolécito. Pertinente a ovos com quantidades moderadas de vitelo armazenado. Comparar com *Macrolécito* e *Microlécito.*

Mesonefro. Rim que se forma a partir de túbulos néfricos que surgem no meio da crista néfrica; em geral, um estágio embrionário transitório que substitui o pronefro, mas é substituído pelo metanefro ou opistonefro adulto. Comparar com *Metanefro, Opistonefro* e *Pronefro.*

Mesotélio. Revestimento unicelular de cavidades corporais.

Metacinese. Movimento do crânio via articulação transversal posterior entre o neurocrânio mais profundo e o dermatocrânio superficial. Comparar com *Mesocinese* e *Procinese.*

Metamorfose. Transformação abrupta de um estágio anatomicamente distinto (juvenil) para outro (adulto).

Metanefro. Rim formado de túbulos néfricos que surgem na região posterior da crista néfrica e drenado por um ureter; em geral, substitui o pronefro e o mesonefro embrionários. Comparar com *Mesonefro, Opistonefro* e *Pronefro.*

Metaplasia. Modificação de um tecido de um tipo para outro. Comparar com *Hipertrofia.*

Microcirculação. Os leitos capilares e arteríolas que os suprem, mais as veias que os drenam.

Microlécito. Pertinente a ovos que contêm pequenas quantidades de vitelo armazenado. Comparar com *Macrolécito* e *Mesolécito.*

Microvilosidade. Pequena projeção citoplasmática de uma única célula. Comparar com *Vilosidade.*

Mineralização. Processo geral em que vários íons metálicos são depositados, sob o controle de células vivas do tecido, na matriz orgânica do tecido conjuntivo.

Miofibrila. Unidade contrátil de uma célula muscular; uma cadeia de sarcômeros repetidos composta de miofilamentos.

Miofilamentos. Filamentos finos e espessos na estrutura delicada de músculos compostos predominantemente por miosina e actina, respectivamente.

Miômeros. Segmentos diferenciados de um músculo em um adulto.

Miótomos. Blocos embrionários não diferenciados de presumíveis músculos.

Moela. Região especialmente bem vascularizada do estômago, usada para moer alimentos duros.

Molariforme. Termo genérico que descreve os dentes pré-molares e molares que parecem semelhantes.

Momento. Medida da tendência de uma força girar um corpo; produto da força vezes a distância perpendicular de um ponto em que a força é aplicada ao da rotação (braço de alavanca).

Monocinesia craniana. Movimento do crânio via uma única articulação transversa que passa através da caixa craniana.

Monoico. Refere-se à existência de gônadas femininas e masculinas no mesmo indivíduo; hermafrodita.

Monofilo. Linhagem evolutiva natural que inclui um ancestral mais todos e apenas seus descendentes; clade ou clã.

Monospondilia. A condição em que um segmento vertebral é composto de um centro. Comparar com *Diplospondilia.*

Morfismo. Termo que se refere à forma geral ou constituição de um animal; por exemplo, morfismo juvenil (girino) e morfismo adulto (estágio sexualmente maduro) em rãs.

Morfogênese. Durante o desenvolvimento embrionário, o processo que resulta na reorganização de tecidos em órgãos e na configuração corporal básica do embrião.

Morfologia. Estudo da anatomia e de seu significado.

Morfologia evolutiva. Estudo da relação entre a alteração na constituição anatômica com o tempo e os processos responsáveis por tal alteração.

Morfologia funcional. Estudo da relação entre a constituição anatômica de uma estrutura e a função, ou as funções, que ela desempenha.

Muda. Eliminação de partes ou toda a camada cornificada da epiderme; perda de penas ou pelos que, em geral, ocorre anualmente; ecdise.

Músculo paralelo. Órgão muscular em que todas as fibras musculares ficam na mesma direção e estão alinhadas com seu eixo longitudinal. Comparar com *Músculo penado.*

Músculo penado. Órgão muscular em que todas as fibras musculares estão alinhadas obliquamente à sua linha de ação. Comparar com *Músculo paralelo.*

Nadadeira. Placa externa ou membrana que se projeta do corpo de um animal aquático (como nos peixes).

Nadadeira do tipo arquipterígio. Tipo de nadadeira básica em que o eixo (elemento metapterígio) corre para baixo no meio dela. Comparar com *Nadadeira do tipo metapterígio.*

Nadadeira do tipo metapterígio. Tipo básico de nadadeira em que o eixo (elemento metapterígio) está localizado posteriormente na nadadeira. Comparar com *Nadadeira do tipo arquipterígio.*

Nefrídio. Órgão excretor tubular.

Néfron. A parte do túbulo urinífero em que se forma a urina; composto de regiões proximal, intermediária e distal; túbulo néfrico.

Nefrótomo. Primórdio segmentar do néfron na estrutura urinária do embrião no início do desenvolvimento.

Neomorfo. Nova estrutura morfológica em uma espécie derivada que não tem antecedente evolutivo equivalente.

Neotenia. Pedomorfose produzida por início tardio de desenvolvimento somático que é superada pela maturidade sexual normal. Comparar com *Progênese.*

Nervo. Coleção de fibras nervosas que seguem juntas no sistema nervoso periférico.

Nervo craniano. Qualquer nervo que entre no cérebro ou saia dele. Comparar com *Nervo espinal.*

Nervo craniano especial. Feixe de fibras que detectam estímulos dos órgãos dos sentidos locais: visão, olfato, audição, equilíbrio e linha lateral. Comparar com *Nervo craniano geral.*

Nervo craniano geral. Feixe de fibras que detecta sensações das vísceras amplamente distribuídas. Comparar com *Nervo craniano especial.*

Nervo espinal. Qualquer nervo que entre ou saia da medula espinal. Comparar com *Nervo craniano.*

Neurocrânio. Parte da caixa craniana que contém cavidades para o cérebro e cápsulas sensoriais associadas (nasal, óptica, auditiva).

Neuróglia. Células de sustentação não nervosas do sistema nervoso.

Neuro-hormônio. Substância química secretada diretamente em um capilar sanguíneo por um neurônio neurossecretor na terminação de seu axônio.

Neurônio. Célula nervosa.

Neurônio alfa motor. Célula nervosa que inerva células musculares extrafusais. Comparar com *Neurônio gama motor*.

Neurônio gama motor. Célula nervosa que inerva células musculares intrafusais. Comparar com *Neurônio alfa motor*.

Neurônio motor. Célula nervosa que leva impulsos para um órgão efetor. Comparar com *Neurônio sensorial*.

Neurônio sensorial. Célula nervosa que leva respostas de um órgão sensorial para o cérebro ou para a medula espinal. Comparar com *Neurônio motor*.

Neurotransmissor. Substância química liberada na sinapse de uma fibra nervosa, em geral um axônio.

Neurulação primária. Formação do tubo neural embrionário via pregas nas margens da placa neural e fusão subsequente, definindo, assim, a neurocele. Comparar com *Neurulação secundária*.

Neurulação secundária. Formação do tubo neural embrionário via cavitação, a neurocele ulterior, dentro de um bastão sólido de células, a quilha neural. Comparar com *Neurulação primária*.

Nó. Em taxonomia, o ponto de ramificação em um cladograma que representa um evento de especialização. Comparar com *Internó*.

Notocorda. Longo bastão axial composto por uma parede de tecido conjuntivo fibroso em torno de células e/ou um espaço preenchido com líquido.

Noturno. Ativo à noite. Comparar com *Diurno*.

Núcleo. 1. Organela ligada à membrana dentro do corpo de uma célula. 2. Grupo de corpos de células nervosas dentro do sistema nervoso central.

Oclusão. Encontro ou fechamento das fileiras de dentes superior e inferior.

Odor. Detecção olfatória de uma substância química por células sensoriais no epitélio nasal mediante processos olfatórios. Comparar com *Vomodor*.

Olfação. Ato de cheirar, sentir odores.

Omaso. Terceira de quatro câmaras no estômago complexo dos ruminantes; uma especialização do esôfago. Ver *Abomaso, Retículo* e *Rúmen*.

Ontogenia. Alterações em um organismo desde zigoto até a morte, embora, em geral, focada nos eventos desde zigoto até a maturidade.

Opérculo. Capa ou cobertura, como nas brânquias dos peixes.

Opistonefro. Rim adulto formado a partir do mesonefro e túbulos adicionais da região posterior da crista néfrica. Comparar com *Mesonefro, Metanefro* e *Pronefro*.

Órgão do esmalte. Parte do primórdio formador do dente que é derivada da epiderme; torna-se associada à papila dérmica e se diferencia nos ameloblastos que secretam esmalte. Ver *Papila dérmica*.

Órgão elétrico. Bloco especializado de músculos que produz campos elétricos e, em geral, altos surtos de voltagem.

Órgão hidrostático. Estrutura cuja integridade mecânica depende de um centro cheio de líquido envolto por paredes e tecido conjuntivo.

Órgão introdutor. Órgão reprodutivo masculino que libera esperma no trato reprodutivo da fêmea; pênis ou falo.

Órgão muscular. Células musculares unidas com os tecidos não contráteis que as sustentam (tecido conjuntivo, vasos sanguíneos, nervos).

Órgão neuromasto. Órgão mecanorreceptor composto por várias células ciliadas, como na linha lateral do ouvido interno.

Órgão vomeronasal. Órgão quimiossensorial presente na câmara nasal ou no teto da boca de alguns tetrápodes.

Origem. Local relativamente estável de fixação de um músculo. Comparar com *Inserção*.

Osmorregulação. Manutenção ativa do equilíbrio hídrico e de solutos.

Ossificação. Tipo específico de mineralização, exclusivo dos vertebrados, em que há deposição de hidroxiapatita (fosfato de cálcio) na matriz de colágeno, levando à formação óssea.

Osso da canela. Osso do membro posterior que resulta da fusão dos metatarsos III e IV (como nos cavalos).

Osso sesamoide. Aquele que se desenvolve diretamente em um tendão, por exemplo, a patela (capuz do joelho).

Osteoderma. Osso dérmico localizado sob uma escama epidérmica e que a sustenta.

Ósteon. Arranjo altamente ordenado de células ósseas em anéis concêntricos, com matriz óssea circundando um canal central pelo qual passam vasos sanguíneos e nervos; o sistema haversiano.

Otocônios. Pequenos cristais calcários na mácula do ouvido interno; pequenos otólitos.

Otólito. Única massa calcária na cúpula de células ciliadas.

Ova. Óvulos de peixes ainda nos ovários.

Oviduto. Ducto urogenital que transporta o ovo e, em geral, está envolvido na proteção e na nutrição do embrião; ducto mülleriano.

Oviparidade. Padrão reprodutivo de deposição de ovos.

Ovo cleidoico. Recipiente com casca em que o feto fica, como nos répteis, aves e mamíferos primitivos. Comparar com *Óvulo*.

Oviposição. Ato de depositar ovos.

Ovulação. Liberação do óvulo pelo ovário.

Óvulo. Célula haploide produzida pela fêmea; não fertilizado.

Padrão motor. Local padrão definido de atividade produzida por músculos, que mostra pouca variação quando repetida.

Padronização. Processo de estabelecer as principais regiões geográficas e eixos corporais em um embrião; dorsoventral, anteroposterior, por exemplo.

Papel biológico. Modo como a forma e a função que uma parte desempenha no contexto de um ambiente contribuem para a sobrevivência do organismo. Comparar com *Função*.

Papila dérmica. Parte do primórdio formador do dente, derivada das células da crista neural, que se associa ao órgão do esmalte e se diferencia nos odontoblastos que secretam dentina. Ver *Órgão do esmalte*.

Papo. Expansão em forma de bolsa do esôfago das aves.

Paradaptação. Conceito de que alguns aspectos de uma característica podem não ser adaptativos ou que suas propriedades não são devidas à seleção natural.

Paralaxe. Diferença na aparência de um objeto quando ele é visto de dois pontos diferentes.

Paraquedismo. Queda lenta no ar com o uso de membranas, ou o próprio corpo, arqueadas para aumentar o arrasto.

Parição. Termo genérico para parturição e oviposição.

Parturição. O ato de parir (dar à luz) via viviparidade. Comparar com *Oviposição*.

Passo. Marcha lenta que se caracteriza pelos dois pés no mesmo lado fazendo contato com o solo simultaneamente; passada lenta. Comparar com *Passo rápido*.

Passo rápido. Marcha de alta velocidade que se caracteriza pelo contato simultâneo dos dois pés do mesmo lado com o solo; marcha rápida. Comparar com *Passo*.

Patágio. Prega cutânea esticada que forma um aerofólio ou superfície de controle do voo.

Pedomorfose. A retenção de características juvenis gerais de ancestrais nos estágios tardios do desenvolvimento dos descendentes. Os estágios de larva de ancestrais se tornam os estágios "adultos" reprodutivos dos descendentes. Ver *Neotenia* e *Progênese*.

Pelágico. Que vive em mar aberto. Comparar com *Bentônico* e *Planctônico*.

Pentadáctilo. Que tem cinco dígitos por membro, o que se acredita ser o padrão básico dos tetrápodes, mas que se modificou por demandas funcionais.

Perfusão. Direcionamento do sangue através dos leitos capilares de um órgão. Comparar com *Ventilação*.

Pericário. Núcleo de uma célula e seu citoplasma adjacente, termo aplicado especialmente a células nervosas.

Pericôndrio. Bainha de tecido conjuntivo fibroso em torno da cartilagem.

Periósteo. Bainha de tecido conjuntivo fibroso em torno do osso.

Peristalse. Ondas progressivas de contrações musculares dentro das paredes de uma estrutura muscular, como as do trato digestório. Sinonímia, peristaltismo.

Permissivo. Pertinente a hormônios que relaxam tecidos-alvo insensíveis, permitindo que respondam a estímulos hormonais, neuronais ou ambientais; pertinente aos tecidos-alvo que respondem.

Piezoeletricidade. Cargas elétricas de nível baixo que surgem sobre a superfície de cristais submetidos a estresse; o estresse de cargas sobre ossos pode produzir cargas elétricas na superfície.

Pisada. Contato do pé com o solo durante a locomoção.

Pituícito. Célula não endócrina da neuro-hipófise.

Placa motora terminal. Junção neuromuscular; terminação especializada pela qual o axônio de um neurônio motor faz contato com o músculo que ele inerva.

Placenta. Órgão composto, formado de tecidos maternos e fetais, por meio do qual o embrião recebe nutrientes.

Placódio. Placa espessada distinta da ectoderme embrionária.

Planar. Queda aérea gradual que pode ser estendida pela ação do corpo e dos membros sobre o vento relativo, mas não autossustentada. Comparar com *Voo* e *Paraquedismo*.

Planctônico. Pertinente a uma planta ou um animal microscópico levado passivamente por correntes e marés. Comparar com *Bentônico* e *Pelágico*.

Plano frontal. Plano que passa de um dos lados de um organismo para o outro, dividindo o corpo em partes dorsal e ventral. Comparar com *Plano transverso*.

Plano mesossagital. Plano mediano paralelo que passa dorsoventralmente pelo do eixo longitudinal central do corpo.

Plano parassagital. Plano sagital paralelo com o mesossagital.

Plano sagital. Qualquer plano paralelo com o eixo longitudinal do corpo do animal e orientado dorsoventralmente.

Plano transverso. Plano que passa de um lado para outro em um organismo à medida que divide o corpo em partes anterior e posterior.

Plantígrada. Postura do pé em que toda a sola fica em contato com o solo. Comparar com *Digitígrada* e *Unguligrada*.

Plasma. Componente líquido do sangue, sem quaisquer elementos formados.

Plastrão. Parte óssea ventral do casco da tartaruga. Comparar com *Carapaça*.

Platisma. Músculo não especializado, derivado da musculatura do arco hioide, que se estende como uma bainha subcutânea no pescoço e sobre a face.

Plesiomorfismo. Traço ancestral presente na base de um monofilo. Comparar com *Sinafomorfismo*.

Plexo. Rede de vasos sanguíneos ou nervos interligados.

Podócitos. Células excretoras especializadas, associadas aos capilares sanguíneos dos rins.

Polidactilia. Aumento no número de dígitos além do número pentidáctilo básico. Comparar com *Polifalangia*.

Poliespondilia. Condição em que um segmento vertebral é composto por dois ou mais centros.

Polifalangia. Aumento no número de falanges em cada dígito. Comparar com *Polidactilia*.

Polifiodonte. Padrão de substituição dentária contínua. Comparar com *Difiodonte*.

Potência. 1. Capacidade de se engajar na cópula; impotência é a impossibilidade de copular. 2. A quantidade de trabalho que pode ser realizado por unidade de tempo.

Potencial de ação. Polarização tudo ou nada da membrana, que se propaga ao longo da fibra nervosa sem perda da amplitude.

Potencial graduado. Impulso nervoso proporcional à intensidade do estímulo que o produz e que declina depois. Comparar com *Potencial de ação*.

Pré-adaptação. Conceito de que as características têm forma e função necessárias para satisfazer as demandas de um ambiente em particular, antes que o organismo o experimente. Comparar com *Paradaptação*.

Preensão. Ato de agarrar com rapidez e capturar uma presa, em geral com as maxilas ou garras.

Presas. 1. Dentes longos especializados que às vezes se exteriorizam da boca; incisivos alongados (elefantes), incisivo superior esquerdo (narval), caninos (morsas). 2. Animais caçados ou capturados por predadores e que lhes servem de alimento.

Preservacionismo (embriologia). A observação de que o desenvolvimento embrionário é conservativo, no sentido de que algumas características (p. ex., fendas das brânquias) de embriões ancestrais são retidas nos embriões dos descendentes.

Pressão do arrasto. Consequência da separação do fluxo laminar, resultando no movimento final do fluxo alterado.

Pressão hidrostática. Força de um líquido, como o sangue, resultante da contração cardíaca. Comparar com *Pressão osmótica*.

Pressão osmótica. Tendência de solutos líquidos se moverem através de uma membrana para igualar as concentrações de solutos em ambos os lados. Comparar com *Pressão hidrostática*.

Pressão parcial. Pressão de um gás que contribui para a pressão total em uma mistura de gases.

Processo transverso. Termo genérico que designa qualquer projeção óssea ou cartilaginosa que parte do centro ou do arco neural.

Procinese. Refere-se ao movimento do crânio via uma articulação transversa que passa através do dermatocrânio anterior para a órbita ocular. Comparar com *Mesocinese* e *Metacinese*.

Pró-coracoide. Coracoide anterior (ou pré-coracoide); osso endocondral do ombro que evoluiu primeiro em peixes. Comparar com *Coracoide*.

Proctodeu. A invaginação embrionária da ectoderme superficial que contribui para o intestino posterior, em geral originando a cloaca.

Progênese. Pedomorfose produzida pelo início precoce da maturidade sexual em um indivíduo ainda no estágio morfologicamente juvenil. Comparar com *Neotenia*.

Projeto. No sistema nervoso, a transmissão de impulsos neurais para uma parte.

Pronefro. Rim formado de túbulos néfricos que surgem na região anterior da crista néfrica; em geral, forma apenas uma estrutura embrionária transitória. Comparar com *Mesonefro*, *Metanefro* e *Opistonefro*.

Proprioceptor. Interoceptor especializado que responde à posição do membro, ao ângulo articular e ao estado de contração muscular. Comparar com *Exteroceptor* e *Interoceptor*.

Protandria. Reprodução em que o mesmo indivíduo produz espermatozoides e depois, em outra fase da vida, óvulos, mas não ambos ao mesmo tempo.

Protostômio. Animal cuja boca se forma do blastoporo embrionário ou perto dele.

Proximal. Em direção à base de uma parte anexada onde se articula com o corpo. Comparar com *Distal*.

Ptérila. Marca de penas.

Quadrúpede. Aquele que caminha com quatro pernas. Comparar com *Bípede*.

Queratina. Proteína fibrosa.

Queratinização. Processo pelo qual a pele forma proteínas, em especial, queratina.

Quiasma. Cruzamento de fibras.

Quimiorreceptor. Órgão de sentido que responde a moléculas químicas. Comparar com *Mecanorreceptor* e *Receptor*.

Quimo. Bolo liquidificado de alimento parcialmente digerido após deixar o estômago e entrar no intestino; digesta. Comparar com *Bolo alimentar*.

Radiação eletromagnética. Ondas de energia por um espectro que inclui ondas de rádio, luz infravermelha, luz visível, luz ultravioleta, raios X e raios gama.

Rapina. Referente a aves predadoras que usam as garras, como falcões, águias e corujas.

Receptor. Extremidade de uma fibra nervosa que responde a estímulos. Comparar com *Efetor*.

Receptor de radiação. Órgão sensorial que responde à luz e a outras formas de radiação eletromagnética.

Receptor sensorial encapsulado. A terminação de uma fibra nervosa sensorial envolvida por tecido acessório. Comparar com *Receptor sensorial livre*.

Receptor sensorial livre. Terminação de uma fibra nervosa sensorial que não tem quaisquer estruturas associadas. Comparar com *Receptor sensorial encapsulado*.

Recrudescência. Renovação do interesse reprodutivo e prontidão dos tratos reprodutivos, geralmente com base sazonal.

Recrutamento. O processo de iniciar a contração de células musculares adicionais dentro de um órgão muscular durante sua atividade.

Rede. Qualquer estrutura reticulada ou decussada a distâncias iguais dos interstícios entre interseções.

Reflexo. Ação involuntária de efetores, mediada pelo sistema nervoso.

Refratário. Que não reage; em geral, depende do tempo.

Região subcortical. Região do telencéfalo sem o córtex cerebral.

Região temporal. Área do crânio atrás da órbita, completando a parede posterior da caixa craniana.

Resistência. Carga que uma estrutura suporta antes de se quebrar ou romper.

Resistência à quebra. Força máxima que uma estrutura alcança logo antes de se quebrar ou romper.

Respiração cutânea. Troca de gás diretamente entre o sangue e o ambiente via a pele.

Rete. Rede densa e compacta de capilares.

Retículo. Segunda de quatro câmaras no estômago complexo dos ruminantes; uma região especializada do esôfago. Comparar com *Abomaso*, *Omaso* e *Rúmen*.

Rúmen. Primeira de quatro câmaras no estômago complexo dos ruminantes; uma especialização expandida do esôfago que processa material vegetal. Comparar com *Abomaso*, *Omaso* e *Retículo*.

Ruminante. Mamífero placentário com rúmen; Ruminantia.

Ruminação. Remastigação junto com fermentação microbiana de alimentos em ruminantes.

Salto. Marcha em que todos os quatro membros tocam o solo em uníssono; típica dos artiodáctilos. Comparar com *Meio salto*.

Sarcolema. Membrana plasmática de uma célula muscular.

Sarcômero. Unidade repetida de miofilamentos que se sobrepõem e compõem a miofibrila contrátil de uma célula muscular.

Sarcoplasma. O citoplasma de uma célula muscular.

Segmentação. Corpo feito de seções ou partes repetidas; metamerismo.

Seleção natural. Processo pelo qual organismos com características pouco adaptadas, em média, são menos bem-sucedidos em um ambiente em particular e tendem a perecer, preservando os indivíduos com adaptações mais favoráveis; sobrevivência do mais apto.

Selenodonte. Pertinente a dentes com cúspides em forma de crescente, como nos artiodáctilos. Comparar com *Bunodonte* e *Lofodonte*.

Séssil. Pertinente a um animal aderido a um substrato estável em seu ambiente.

Simetria bilateral. Corpo em que as metades esquerda e direita são imagens especulares uma da outra.

Simetria radial. Arranjo regular do corpo em torno de um eixo central.

Sinafomorfismo. Traço compartilhado por dois ou mais táxons e seu último ancestral comum imediato. Comparar com *Plesiomorfismo*.

Sinalização. Ver *Sinalização celular*.

Sinalização celular. Comunicação de uma célula com outra, mediada via contato direto ou moléculas transportadas entre elas.

Sinapse. Região de contato entre dois neurônios ou um neurônio e um órgão efetor.

Sinaptículas. Conexões transversais entre as barras faríngeas em anfioxo.

Sinartrose. Articulação pela qual pouco ou nenhum movimento entre elementos esqueléticos articulados é possível.

Sincício. Citoplasma multinucleado; um agregado de células sem limites celulares.

Sinérgico. Dois ou mais músculos que cooperam para produzir movimento na mesma direção. Comparar com *Antagonista* e *Fixador*.

Sinusoides. Canais vasculares finos ligeiramente maiores que capilares e revestidos total ou parcialmente apenas por endotélio.

Sísmico. Relativo à vibração da Terra.

Sistema nervoso central. Tecido nervoso que compreende o cérebro e a medula espinal.

Sistema nervoso entérico. Rede de nervos intrínseca do sistema digestório.

Sistema nervoso periférico. Os nervos cranianos e espinais e seus gânglios associados que compõem a parte do sistema nervoso fora do sistema nervoso central.

Sistema porta. Conjunto de vasos que começa e termina nos leitos capilares ou seios hepáticos.

Sistema somatossensorial. Todos os neurônios proprioceptivos e aqueles que recebem estímulos da pele.

Solenócito. Única célula excretora com um círculo de microvilosidades que se projetam em torno de um flagelo central.

Soluto. Moléculas dissolvidas em uma solução.

Somático. Pertinente ao corpo, em geral ao esqueleto, aos músculos e à pele, mas não às vísceras.

Stylophora. Grupo fóssil de equinodermos basais.

Subterrâneo. Pertinente à vida no subsolo.

Sulco. Escavação na superfície do cérebro. Comparar com *Giro*.

Suprarregulação. O aumento do consumo alimentar impõe aumento anatômico e proeminência metabólica do canal alimentar, conhecida como *suprarregulação*. O consumo alimentar reduzido reverte a resposta, denominando-se *infrarregulação*.

Surfactante. Composto solúvel que reduz a tensão superficial, como nos pulmões.

Sustentação. Força produzida por um aerofólio perpendicular à sua superfície.

Tafonomia. Estudo da maneira como os animais mortos são depositados e se tornam fósseis.

Talões. Garras especializadas de aves, usadas para golpear ou capturar presas vivas.

Taquicardia. Frequência cardíaca anormalmente alta. Comparar com *Bradicardia*.

Tátil. Pertinente ao toque.

Taxa de modulação. O aumento proporcional na força contrátil de um músculo à medida que a quantidade de impulsos nervosos aumenta. Comparar com *Unidade motora*.

Táxon artificial. Grupo de organismos que não corresponde a uma unidade real de evolução. Comparar com *Táxon natural*.

Táxon natural. Grupo de organismos que representam um resultado real de eventos evolutivos. Comparar com *Táxon artificial*.

Tecido-alvo. Grupo de células relacionadas que respondem a um hormônio em particular.

Tecido cromafínico. Tecido endócrino e fonte de catecolaminas (p. ex., epinefrina); torna-se a medula da glândula adrenal ou suprarrenal.

Tecido hemopoético. Tecido formador de sangue. Comparar com *Tecido linfoide* e *Tecido mieloide*.

Tecido linfoide. Tecido formador de sangue fora das cavidades dos ossos; encontrado, por exemplo, no baço e nos linfonodos.

Tecido mieloide. Tecido formador de sangue contido dentro de ossos.

Tecidos inter-renais. Tecidos endócrinos que produzem corticosteroides e tornam-se o córtex da glândula adrenal. Comparar com *Tecido cromafínico*.

Tegumento. A pele que cobre o corpo.

Telolécito. Pertinente a ovos em que os estoques de vitelo se concentram em um polo.

Tendão. Faixa de tecido conjuntivo fibroso não contrátil que une um órgão muscular a um osso ou cartilagem. Comparar com *Aponeurose*.

Teoria composta. Hipótese de que as maxilas evoluíram a partir de vários arcos branquiais anteriores fundidos.

Teoria seriada. Hipótese de que as maxilas evoluíram de um dos arcos branquiais anteriores. Comparar com *Teoria composta*.

Termorreceptor. Receptor de radiação sensível à energia infravermelha.

Termorregulação. Processo pelo qual a temperatura corporal é estabelecida e mantida.

Tímpano. Membrana timpânica existente no ouvido.

Tocas. Labirinto de passagens escavadas no subsolo usadas por animais, em geral coelhos. Sinonímia, coelheira.

Tônus. Contração muscular parcial com força baixa quando um músculo está em estado de relaxamento.

Trato. Coleção de fibras nervosas que seguem juntas no cérebro ou na medula espinal. Comparar com *Nervo*.

Trofoblasto. Camada celular externa do blastocisto dos mamíferos.

Tronco cerebral. Parte posterior do cérebro que compreende o mesencéfalo, a ponte e o bulbo.

Trote. Marcha que se caracteriza pela oposição diagonal dos pés em contato com o solo simultaneamente. Comparar com *Meio salto*.

Túbulo urinífero. Unidade funcional do rim, composta pelo néfron e pelo túbulo coletor.

Ungulado. Mamífero placentário com cascos, pertencente à ordem Perissodactyla (cavalos) ou Artiodactyla (bovinos, cervos, suínos).

Ungulígrada. Postura do pé em que o peso é levado na ponta dos dedos dos pés (como nos cavalos).

Unidade motora. Neurônio motor e o subconjunto de fibras musculares que ele supre; importante na produção de força muscular graduada.

Ureotelismo. Excreção de nitrogênio na forma de ureia.

Ureter. Ducto metanéfrico que surge como um divertículo uretérico e drena o metanefro.

Uricotelismo. Excreção de nitrogênio na forma de ácido úrico.

Vasoconstrição. Estreitamento de um vaso sanguíneo, em geral resultante de contração de músculo liso. Comparar com *Vasodilatação*.

Vasodilatação. Alargamento de um vaso sanguíneo; pode ser ativo ou passivo. Comparar com *Vasoconstrição*.

Vasorreceptor. Monitora a pressão e os níveis de gás no sangue que passa pelo coração e pelos arcos sistêmicos.

Veia. Vaso sanguíneo que leva sangue na direção do coração; a tensão de oxigênio desse sangue pode ser baixa ou alta. Comparar com *Artéria*.

Velocidade. Taxa de alteração do deslocamento; a rapidez com que um corpo segue em determinada direção.

Ventilação. Movimento ativo de água ou ar através das superfícies de troca respiratória. Comparar com *Perfusão*.

Vento relativo. Direção aparente da corrente de ar por um aerofólio; depende do ângulo de ataque, da velocidade do aerofólio etc.

Ventral. Na direção do ventre ou parte inferior de um animal; oposto a dorsal.

Vértebra. Um de vários ossos ou blocos de cartilagem unidos firmemente em uma estrutura óssea que define o eixo corporal principal dos vertebrados.

Vértebra embolômera. Vértebra dispôndila em que ambos os centros são separados (aspidospôndila) e com tamanhos quase iguais. Comparar com *Vértebra estereoespôndila*.

Vértebra estereoespôndila. Vértebra monoespôndila em que o centro único (um intercentro) está separado (aspidospôndilo). Comparar com *Vértebra embolômera*.

Vértebra raquítoma. Vértebra aspidospôndila característica de alguns crossopterígios e primeiros anfíbios.

Vestigial. Declínio evolutivo; redução de um traço nos descendentes. Comparar com *Atavismo*.

Vilosidade. Projeção em forma de dígito de uma camada tecidual, como no intestino delgado. Comparar com *Microvilosidade*.

Visão escotópica. Sensibilidade à luz fraca. Comparar com *Visão fotópica*.

Visão estereoscópica. Capacidade de ver imagens em três dimensões.

Visão fotópica. Visão colorida em luz forte. Comparar com *Visão escotópica*.

Viscosidade. Resistência de um líquido ao fluxo.

Viviparidade. Padrão reprodutivo de nascimento vivo; nascimento de jovens não contidos em um ovo.

Volume corrente. Quantidade total de ar inalada e exalada em uma respiração. Comparar com *Espaço morto*.

Vomodor. Substância química detectada por células sensoriais do órgão vomeronasal. Comparar com *Odor*.

Voo. Locomoção aérea conseguida com o batimento das asas. Comparar com *Planar* e *Paraquedismo*.

Zigapófise. Projeção de um arco neural que se articula com o arco neural adjacente.

Créditos

Capítulo 1

Figuras 1.18: Redesenhada de W.J. Bock, "The Role of Adaptive Mechanisms in the Origin of Higher Levels of Organization, "*Systematic Zoology*, 14: 272–287, 165. Reproduzida com permissão.; **1.23:** De Plough, Harold Henry, Sea Squirts of the Atlantic Continental Shelf from Maine to Texas; **1.43:** Redesenhada de C.R. Longwell and R.F. Flint, *Introduction to Physical Geology*, 2nd edition, 1969, John Wiley & Sons, NY.; **1.47:** De F.A. Jenkins and W.A. Weijs, Journal of Zoology, 188: 379–410, London. Reproduzida com permissão de Wiley-Blackwell.

Capítulo 2

Figuras 2.9: Baseada em E.E. Ruppert and E.J. Balser, "Nephridia in the Larvae of Hemichordates and Echinoderms," Biol. Bull. 171: 188–196.; **2.10:** (A,B) Fonte: G. Stiasny, 1910, "Zur Kenntnis der lebenseise von Balanoglossus clavigerus," Zoolisches Anzeiger 35, Gustav Fischer Verlag; © De E.W. Knight-Jones, 1956, "On the nervous system of Saccoglossus cambrensis (Enteropneusta)," Proc. Trans. Roy, Soc., B, 236: 315–354.; **2.11:** De C. Burden-Jones, 1956, "Observations on the Enteropneust, Protoglossus kohleri (Caullery and Mesnil)," Proceedings of the Zoological Society of London. Reproduzida com permissão de Wiley-Blackwell.; **2.15 B:** De R. P. S. Jeffries, 1973, "The Ordovician fossil Lagynocystis pyramidalis (Barrande) and the ancestry of amphioxus"Philosophical Transactions of the Royal Society of London The Royal Society of London. Reproduzida com permissão.; **2.19:** Baseada em J. Brandenburg and G. Kummel, 1961, "Die Feinstruktur der Solenocyten," *Journal of Ultrastruc. Research,* 5: 437–452; **2.20 A:** De H.E. Lehman, Chordate Development, 1977, The Bermuda Biological Station and the Department of Zoology, University of North Carolina at Chapel Hill. Imagem cortesia de Hunter Texbooks, Inc. Reproduzida com permissão.; **2.22 B:** Com permissão de Springer Science + Business Media. Redesenhada de S.A. Torrence, 1986, "Sensory endings of the ascidian static organ (Chordata, Ascidacea)" Zoomorphology 106:62. Copyright © 1986.; **2.22 C:** Com permissão de Springer Science + Business Media: S.A. Torrence and R.A. Cloney, "Nervous system of Ascidian larvae: Caudal primary sensory neurons," Zoomorphology, 00:106, fig. 3. Copyright © 1982 Springer-Verlag, Heidelberg.; **2.25:** Plough, Harold Henry. *Sea Squirts of the Atlantic Continental Shelf from Maine to Texas.* Pp. 2, Figura 2, 106, Figura 52. © 1978 The Johns Hopkins University Press. Reproduzida com permissão de The Johns Hopkins University Press.; **2.26:** (A) Modificada com permissão de P. R. Flood, "Filter characteristics of appendicularin food catching nets," *Experientia 34:* 173–175, Birkhaeuser Verlag, Basel, Swizerland. (B,C) Modificada de A. Alldredge, 1976," Appendicularians," *Scientific American*, 235 (1): 95–102.

Capítulo 3

Figuras 3.4: De P.C.J. Donoghue, P.L. Forey, and R.J. Aldridge, "Condont Affinity and chordate Phylogeny" in Biological Reviews of the Cambridge Philosophical Society, Vol. 75. (2000): 191–251. Reproduzida com permissão de Wiley-Blackwell.; **3.5:** (A,B) De Romar and Parson, 1986, The Vertebrate Body, Saunders College publishing, de Dean; (C) De Dean; (D) de Jensen, 1966.; **3.6 A:** De Mallatt, J., and J.-Y. Chen. 2003. Fossil sister group of craniates: predicted and found. Journal of Morphology. 258:1–31. © 2003. Reproduzida com permissão de Wiley-Liss, Inc., a subsidiary of John Wiley & Sons, Inc.; **3.9:** Redesenhada de J.A. Moy-Thomas and R.S. Miles, 1971, Paleozoic Fishes, W. B. Saunders Company, (a) de Gross, (b) de White e (c) de Elliott.; **3.10:** (A) De J. Pan and S. Wang, 1980: 1, "New finding of Galeaspirotmes in South China" *Acta Paleotologia Sinica,* Beijing. (B,C) Redesenhada de J. A. Moy--Thomas and R.S. Miles, 1971 Paleozoic Fishes, W.B. Saunders Company, (A) de Gross, (B) de White, e (C) de Elliot.; **3.12:** Redesenhada de E.A. Steinsi, 1969, in J. Pivetau, ed. *Traite de Paleontologie* 4(2): 71692, Masono S.A., Paris.; **Boxe 3.3, Figura 1:** *Traite de Zoologie*, 1948, de Blanc, D'Auberton, and Plessis; (C) Baseada em Newton Parker.; **3.18:** Redesenhada de A.S. Romer and T.S. Parsons, 1986, *The Vertebrate Body,* Saunders College Publishing, (A) e (B) de Traquair, (C) de Millot.; **3.20 A-B:** Material adaptado de Hans-Peter Schultz and Linda Trueb (eds.), Origins of the Higher Group of Tetrapods: Controversy and Consensus. Copyright © 1991 by Cornell University. Used by permission of the publisher, Cornell University Press.; **3.21:** Baseada em Coates, Ruta, and Friedman; **3.22:** De J.I. Coates. Reproduced by permission of the Royal Society of Edinburgh from *Transactions of the Royal Society of Edinburgh: Earth Sciences,* Vol. 87 (1996), pp. 363–421.; **3.24 e 3.26:** De R.L. Carroll, *Vertebrate Paleontology and Evolution,* W.H. Freeman & Company, from Beerbower, 1963.; **3.30:** Modificada de A.S. Romer, 1966, *Vertebrate Paleontology,* 3rd edition, University of Chicago Press, de Jaekel.; **3.31:** De R. L. Carroll, *Vertebrate Paleontology and Evolution,* W.H. Freeman & Company, from Heaton and Reisz.; **3.34:** De A.S. Romer, 1996, *Vertebrate Paleontology,* 3rd edition, University of Chicago Press, (A) de Williston: (B) de Eaton.; **3.35:** De D. Lambert, 1983, *A Field Guide to Dinosaurs,* The Diagram Group, Avon.; **3.38:** De R.T. Peterson, 1963, *The Birds,* Life Nature Library, Time Inc.

Capítulo 4

Figuras 4.1: Baseada em T. McMahon and J.T. Bonner, 1983, *On Size and Life,* 1983, Scientific American Books, adaptada de H.G. Wells, et al., *The Science of Life,* 1931, The Literary Guild, NY.; **4.9:** De T. McMahon and J.T. Bonner, 1983, *On Size and Life,* Scientific

American Books, adaptada de P.B. Medawar, 1945, "Size, Shape, and Age" in *Essays on Growth and Form Presented to D'Archy Thompson,* pp. 157–187, Clarendo Press, Oxford.; **4.11:** Adaptada com permissão de On Size and Life by T. McMahon and J.T. Bonner, Copyright 1983 by Thomas McMahon and John Tyler Bonner. Reproduzida com permissão de Henry Holt and Company, LLC.; **4.12:** Bonner, John Tyler: Size and Cycle. © 1965 Princeton University Press, 1993 renewed PUP Reproduzida com permissão de Princeton University Press.; **4.14:** De B. Kummer, 1951, "Zur Einstehung der menschlichen Schadelform," Verh. Anat. Ges. 49 (suppl. To Anat. Anz.98) 140–146. Reproduzida com permissão de Springer Science + Business Media. **4.15:** Modificada de D.A. W. Thompson, *On Growth and Form,* 2nd edition, 1942 Cambridge University Press, Cambridge.; **4.16:** Baseada em V. Geist, 1971, *Mountain Sheep,* 2nd edition, University of Chicago Press.; **4.26:** Fonte: M. Hildebrand, "How Animals Run," *Scientific American,* May 1960.; **4.30:** (A,B,D) Baseada em J.Z. Young, 1981, *The Life of Vertebrates,* de Storer from photographs of the National Advisory Committee for Aeronautics; e de Jones. (C) Modificada de T. A. McMahon and H.T. Bonner, 1983. *On Size and Life.*

Capítulo 5

Figuras 5.8: Redesenhada de H.E. Leman, Chordate Development, p. 30, © Hunter Publishing Co. Imagem cordialmente cedida por Hunter Textbooks, Inc. Reproduzida com permissão, (F,G) Baseada em Pflugfelder 1962; (I,J) adaptada de Grasse, 1958 de Parker and Hawell, 1930. **5.12:** Adaptada de W.E. Duellman and L. Trueb, 1986, *Biology of Amphibians,* Baseada em K.L. Gosner, 1960, *Herpetologica,* 16: 183–190.; **5.25:** De R.V. Krstić 1984, *General Histology of the Mammal,* Springer-Verlag.; **5.27:** (A-D) De R.V. Krstić, 1984, *General Histology of the Mammal,* Springer-Verlag. (E) De Halsted and Middleton, 1972, Bare Bones.; **5.29:** De L.B. Arey, Developmental Anatomy, 1966.; **5.31:** De B.M. Patten and B.M. Carlson, 1974, *Foundations of Embryology,* The McGraw-Hill Companies.; **5.32:** De A. McLaren, "The Embryo" in *Reproduction in Mammals,* 2: Embryonic and Fetal Development, p. 32, ed. by C.R. Austin and R.V. Short, 1972, Cambridge University Press.; **5.34:** De H.E. Evans, 1979, Ch. 2, Reproduction and Prenatal Development in Evans and Christensen, *Miller's Anatomy of the Dog,* pp. 18 and 20. **5.37:** De McNamara, Kenneth J., Shapes of Time: The Evolution of Growth and Development. Figure on pp. 41–43. © 1997 The Johns Hopkins University Press. Reproduzida com permissão from The Johns Hopkins University Press.

Capítulo 6

Figuras 6.3: Redesenhada de M.H. Wake, ed., Hyman's Comparative Vertebrate Anatomy, 3rd edition, © 1979 by The University of Chicago. All rights reserved. Reproduzida com permissão.; **6.4:** Com permissão de Springer Science + Business Media: Adaptada de R. Olson, 1961, "The skin of amphioxus," Zeitschrift Fur Zellforschung Und Mikroskopische Anatomie, Bd. 54, 90–104. Copyright © 1961.; **6.8:** Baseada em J.A. Moy-Thomas, 1971, *Paleozoic Fishes,* 2nd edition, W.B. Saunders Company, de Kiaer.; **6.9:** (A) Baseada em H.M. Smith, 1960, *Evolution of Chordate Structure,* Holt, Rinehart, and Winston, Inc. (B) Redesenhada de J. Bereieter-Han, et al., *Biology of the Integument,* Vol. 2, 1986 Springer-Verlag, Berlin.; **6.18:** De P.J. Regal, 1975, "The evolutionary origin of feathers," *Quarterly Review of Biology,* 50: 35–66.; **6.22:** Modificada de A.G. Lyne, 1952, "Notes on external characters of the pouch young of four species of bandicoot," *Proc. Zool. Soc. London* 122: 625–650.; **6.25:** De William J. Banks, Applied Veterinary Histology, 2nd Edition. Copyright © 1986. Reproduzida com permissão de Lippincott Williams & Wilkins.; **6.30:** Adaptada de A. Pivorunas, 1979, "The feeding mechanisms of baleen whales," *American Scientist,* July/August.; **6.33:** De H.M. Smith, *Evolution of Chordate Structure,* Holt, Rinehart, and Winston.

Capítulo 7

Figuras 7.4: De P.F.A. Maderson (ed.), 1987, *Developmental and Evolutionary Aspects of the Neural Crest,* John Wiley & Sons.; **7.6:** De G.R. deBeer, 1985, *The Development of the Vertebrate Skull,* plate 13, University of Chicago Press.; **7.9:** De E.S. Goodrich, 1958, *Studies on the Structure and Development of Vertebrates,* Vol. 1, Dover Publishing, Inc.; **Boxe 7.1, Figura 1:** (A) De M. Jollie, 1971, "A theory concerning the early evolution of the visceral arches" in *Acta Zool.* 52: 85–96. (B,C) De J. Reader, 1986, *The Rise of Life,* Alfred A. Knopf. (D) De Jollie.; **7.13:** De Jarvik, 1980, *Basic Structure and Evolution of Vertebrates,* Vol. 1, Academic Press.; **7.14:** De E. Stensi, 1964, "Les cyclostomes folliles ou ostracodermes" in *Traite de Paleontologie,* Vol. 1. Mason et Cie, Paris, p. 161.; **7.15:** De E. Stensi, 1964, in Traite de Paleontologie, Vol. 1, fig. 115, p. 335, Mason et Cie, Paris.; **7.16:** (A) De E. Stensi, 1969, "Elasmorbranchiomorphi Placodermata Arthrodires," in J. Piveteau (ed.), Traite de Paleontologie, Vol. 2, Mason et Cie, Paris p. 165. (B) De E. Stensi, 1969, "Elasmorbranchiuomorphi Placodermata Arthrodires," in J. Piveteau (ed.) *Traite de Paleontologie,* Vol 2, Mason et Cie, Paris, p. 448.; **7.21:** De R.L. Carroll, 1988, *Vertebrate Paleontology and Evolution,* W.H. Freeman & Company.; **7.23:** De G. Lauder, 1980, "Evolution of the feeding mechanism in primitive actinopterygian fishes: A functional anatomical analysis of Polyperus, Lepsosteus and Amia" in *Jrn. Morph.* 163: 283–317.; **7.24:** De L.B. Radinsky, 1987, *The Evolution of Vertebrate Design,* University of Chicago Press, Chicago-London.; **7.25:** Baseada em K.F. Liem, 1978, "Modulatory multiplicity in the functional repertoire of the feeding mechanism in cichlid fishes," in J. Morph. 158: 323–360.; **7.29:** De E. Jarvik, 1980, *Basic Structure and Evolution of Vertebrates,* Vol. 1, Academic Press.; **7.31:** De J.Z. Young, 1981, *The Life of Vertebrates,* Clarendon Press, Oxford.; **7.32:** Baseada em G.V. Lauder, 1985, "Aquatic feeding in lower vertebrates: in *Functional Vertebrate Morphology* edited by M. Hildebrand et al., Harvard University Press.; **7.33:** De R.L. Carroll, 1988, *Vertebrate Paleontolgoy and Evolution,* W.H. Freeman and Company.; **7.35:** Baseada em H.M. Smith, 1960, *Evolution of Chordate Structure,* Holt, Rinehart, & Winston.; **7.37:** (A,B,C,D) De R.L. Carroll, 1988, *Vertebrate Paleontology and Evolution,* W.H. Freeman and Company. (E) De A.S. Romer, 1966, *Vertebrate Paleontology,* University of Chicago Press, Chicago-London.; **7.39:** De M. Jollie, 1962, *Chordate Morphology,* Reinhold Publishing Corp.; **7.41:** De M. Hildebrand, et al., (eds.) 1985, *Functional Vertebrate Morphology,* Belknap Press of Harvard University Press.; **7.51:** De R.L. Carroll, 1988, *Vertebrate Paleontology and Evolution,* W.H. Freeman and Company.; **7.52:** De L.H. Hyman, 1942, *Comparative Vertebrate Anatomy,* University of Chicago Press.; **7.54:** Baseada em H.E. Evans, 1979 "Reproduction and Prenatal Development (Capítulo 21)" de *Miller's Anatomy of the Dog,* Saunders Company.; **7.58:** De H.M. Smith, 1960, *Evolution of Chordate Structure,* Holt, Rinehart, & Winston.; **7.59:** De P.E. Wheeler, 1978, "Elaborate CNS cooling structures in large dinosaurs" in *Nature,* 275: 441–442.; **7.60:** De G. Kooyman, *The Weddell Seal. Vertebrates: Adaptation (Rdgs. De Scien. Amer.)* August 1969, p. 235.; **Boxe 7.4, Figura 1:** De A.S. Romer, 1966, *Vertebrate Paleontology,* 3rd edition, University of Chicago Press; R.L. Carroll, 1988, *Vertebrate Paleontology and Evolution,* W.H. Freeman and Company; and H.F. Osborn, 1924, *Andrewsarchus in Amer. Mus. Novitates* 146: 1–5.; **7.64:** Fonte: McGinnis, W., and R. Krumlauf. 1992. "Homeobox genes and azial patterning." *Cell* 68: 283–302.; **7.65:** De R.L. Carroll, 1988, *Vertebrate Paleontology and Evolution,* W.H. Freeman and Company.

Capítulo 8

Figuras 8.8: (D,E) De H.M. Smith, 1960, *Evolution of Chordate Structure,* Holt, Rinehart and Winston. (F) De M. Hildebrand, *Analysis of Vertebrate Structure,* 2nd edition, John Wiley & Sons.; **8.9:** Baseada em A.S. Romer and T.S. Parsons, 1986, *The Vertebrate Body.*; **8.13:** De M.J.

Wake (ed.), 1979 Hyman's Comparative Vertebrate Anatomy, *University of Chicago Press*, p. 203.; **8.15:** De J.A. Moy-Thomas, 1971, Paleozoic Fishes.; **8.18:** Baseada em J. Laerm, 1976, "The development, function, and design of amphicoelous vertebrae in teleost fishes," in *Zool. J. Linn. Soc.* 58: 237–54, Figures 4 & 5.; **8.21:** De S.M. Andrews, et al., 1977, "Problems in vertebrate evolution: publ. for the Linnean Soc. Of London by Academic Press; and E Jarvik, 1980, *Basic Structure and Evolution of Vertebrates.*; **8.22:** (A) De J. A. Moy-Thomas, 1971, *Paleozoic Fishes.* (C,D) De E. Jarvik, 1980, *Basic Structure and Evolution of Vertebrates*, Vol. 1 Academic Press.; **8.25:** De F. R. Parrington, 1967, "The vertebrae of early tetrapods: in *Colloq. Int. Cent. Nat. Rech. Sci.* 163: 267–279.; **8.26:** (A,B) De R.L. Carroll, 1988, *Vertebrate Paleontology and Evolution*, W.H. Freeman and Company. (C) De A.S. Romer, 1956, *Osteology of the Reptiles*, University of Chicago Press. (D,E,F,G) De R.L. Carroll, 1988, *Vertebrate Paleontology and Evolution*, W.H. Freeman and Company.; **8.27:** (A) M.J. Wake (ed.), 1979, *Hyman's Comparative Vertebrate Anatomy*, University of Chicago Press. (C) De G.H. Dalrymple, 1979, "Packaging problems of head retraction in trionychid turtles" in *Amer. Soc. Of Ichth. & Herpt.* 4: 655–66, fig. 1.; **Boxe 8.1, Figura 1:** De G.S. Kranz, 1981, *The process of Human Evolution*, Schenkman Publishing Co., Cambridge, MA.; **8.34:** De R.L. Carroll, 1988, *Vertebrate Paleontology and Evolution*, W.H. Freeman and Company.; **8.37:** (A) De R.L. Carroll, 1988, *Vertebrate Paleontology and Evolution*, W.H. Freeman and Company. (B) De A.S. Romer, 1966, *Vertebrate Paleontology*, University of Chicago Press.; **8.39:** De George C. Kent and Larry Miller, *Comparative Anatomy of the Vertebrates*, 8th edition, 1997. The McGraw-Hill Companies.

Capítulo 9

Figuras 9.8: Baseada em pesquisa de Shubin and Alberch.; **9.12:** (A,B) De R. L. Carroll, *Vertebrate Paleontology and Evolution*, W. H. Freeman and Company. (C) De E. Jarvik, 1980, *Basic Structure and Evolution of Vertebrates*, Academic Press.; **9.14:** (A) De E. Jarvik, 1980, *Basic Structure and Evolution of Vertebrates, Academic Press.* (B) De M. Jollie, 1962, *Chordate Morphology*, Reinhold Books in the Biological Sciences; e duas fontes adicionais.; **9.18:** De R.L. Carroll, 1988, *Vertebrate Paleontology and Evolution*, W.H. Freeman & Company.; **9.20:** De A.S. Romer and T.S. Parsons, 1986, *The Vertebrate Body*, 6th edition, Saunders College Publishing.; **9.22:** De A. S. Romer and T.S. Parsons, 1986, *The Vertebrate Body*, 6th edition, Saunders College Publishing.; **9.23:** De E. Jarvik, 1980, *Basic Structure and Evolution of Vertebrates*, Academic Press.; **9.25:** De H.M. Smith, 1960, *Evolution of Chordate Structure*, Holt, Rinehart, & Winston.; **9.26:** De H.M. Smith, 1960, *Evolution of Chordate Structure*, Holt, Rinehart & Winston.; **9.30:** (C) De F.H. Pough, et al., 1989, *Vertebrate Life*, MacMillan.; **9.37:** De M. Hildebrand, *Analysis of Vertebrate Structure*, 2nd edition, John Wiley & Sons.; **9.39:** (A) De M. Hildebreand, 1968, "How Animals Run" in readings from *Scientific American*, May 1960. (B) De A.S. Romer, 1956, *Osteology of the Reptiles*, University of Chicago Press. (C) De F.H. Pough, et al., 1989, *Vertebrate Life*, MacMillan.; **9.42:** De M. Hildebrand, 1968, "How Animals Run" in readings from *Scientific American*, May 1960.; **9.44:** De M. Hildebrand, 1988, *Analysis of Vertebrate Structure*, 3rd edition, John Wiley & Sons.; **9.49:** (C) De R.T. Peterson, 1963, *The Birds, Life Nature Library*, Time, Inc. (D) De F.H. Pough, et al., 1989, *Vertebrate Life*, MacMillan.; **9.50:** De F.H. Pough, et al., 1989, *Vertebrate Life*, MacMillan.; **9.54:** De M. Hildebrand, et al. (ed.), 1985, *Functional Vertebrate Morphology*, Belknap Press, Harvard University.; **9.56:** De C. Gans, 1974, *Biomechanics*, J.B. Lippincott Company.; **9.57:** De Gasc, J.P., Jouffroy, F. K., Renous, S. and Blottnitz, F. V. (1986). Morphofunctional study of the digging system of the Namib Desert Golden Mole (Eremitalpa granti namibensis): cineflurographical and anatomical analysis. J. Zool., Lond. 208, 9–35. Reproduzida com permissão de John Wiley & Sons.; **9.58:** De M. Hildebrand, 1983, *Analysis of Vertebrate Structure*, 3rd edition, John Wiley & Sons.

Capítulo 10

Figuras 10.3: Baseada em R.V. Krstić, 1984, *General Histology of the Mammal*, Springer-Verlag.; **10.16:** De J.V. Basmajian, Muscles Alive, p. 313, 1974.; **10.27:** Modificada de Romer and Parsons, 1986, *The Vertebrate Body*, 6th edition. De Mauer and Furbinger.; **Boxe 10.3, Figura 1:** De P.W. Webb, 1984, "Form & Function in Fish Swimming," *Scientific American*, July, pp. 72–82.; **10.33:** De P. Goody, 1976, *Horse Anatomy*, J.A. Allen, London.; **10.34:** Modificada de H.E. Evans, 1982, "Anatomy of the Budgerigar" in *Diseases of Cage and Aviary Birds*, 2nd edition, ed. By Margaret L. Petrak, Lea & Febiger, Philadelphia.

Capítulo 11

Figuras 11.6: Modificada de M.E. Feder and W.W. Burggren, 1985, "Skin breathing in vertebrates" *Scientific American*, 235(5): 126–142.; **11.16:** De K.F. Liem, 1977, "Respiration and Circulation," in A. Kluge (ed.), *Chordate Structure and Function*, MacMillan Publishing, de Jensen, 1966.; **11.17:** (A) De Mallatt. (B) De Johansen, Figura 7–5, in Kluge, *Chordate Structure & Function*, MacMillan Publishing, de Jensen, 1966.; **11.18:** Adaptada de G.M. Hughe and C.M. Ballintjin, "The muscular basis of the respiratory pumps in the dogfish (Scyliorhinus canicula)," *Journal of Experimental Biology*, 43:363–383. Usada com permissão da empresa Biologists Ltd.; **11.20:** Redesenhada com permissão de D.J. Randall, et al., The Evolution of Air Breathing in Vertebrates, copyright © 1981, Cambridge University Press. Reproduzida com permissão de Cambridge University Press.; **11.23:** Reproduzida de *Biol. Journal of Linnean Society*, Vol. 12, R.J. Wassersug and K. Hoff, "A comparative study of the buccal pumping mechanism of tadpoles," pp. 225–259, 1979, com permissão da editora Academic Press Limited London.; **11.24:** Baseada em N. Gradwell, 1971, "ascaphus tadpole: experiments on the suction and gill irrigation mechanisms" *Can. J. Zool.* 49:307–332.; **11.31:** Redesenhada de M.E. Miller, 1964, *Anatomy of the Dog*, W.B. Saunders Company.; **11.33:** Fonte: M. Hildebrand, et al., (eds.) 1985, *Functional Vertebrate Morphology*. Belknap Press of Harvard University Press.

Capítulo 12

Figuras 12.22: Adaptada de B.I. Balinsky, 1981, *An Introduction to Embryology*, 5th edition, W.B. Saunders College Publishing.; **Boxe 12.1, Figura 1:** De Burggren and Johansen.; **12.30:** De M.H. Wake, ed., Hyman's Comparative Vertebrate Anatomy, 3rd edition, © 1979 by The University of Chicago. Reproduzida com permissão.; **12.45:** Redesenhada de M.A. Baker, "A brain-cooling system in mammals," *Vertebrates: Physiology*, 1979, W.H. Freeman and Company.; **12.47:** De J.V. Basmajian, Primary Anatomy, 7th ed, 1976, Williams and Wilkins, Baltimore.; **12.48:** De C. Gans, *Biology of the Reptilia*, Vol. 6, Figura 1, p. 318, Academic Press.; **12.49:** De H.M. Smith, 1960, *Evolution of Chordate Structure*, Holt, Rinehart, & Winston.; **12.50:** De C. Gans, *Biology of the Reptilia*, Vol. 6, Academic Press.

Capítulo 13

Figuras 13.5: De A.S. Romer and T.S. Parsons, 1985, *The Vertebrate Body*, Saunders College Publishing.; **13.10:** De H. M. Smith, 1960, Evolution of Chordate Structure, Holt, Rinehart, & Winston.; **13.16:** De H.M. Smith, 1960, *Evolution of Chordate Structure*, Holt, Rinehart, & Winston.; **13.17:** Modificada de A.S. Romer and T.S. Parsons, 1985, *The Vertebrate Body*, Saunders College Publishing.; **13.18:** De H.M. Smith, 1960, *Evolution of Chordate Structure*, Holt, Rinehart, & Winston.; **13.23:** De H. Tuchmann-Duplessis e P. Haegel, 1974, *Illustrated Human Embryology*, Vol. II, Organogenesis, Springer-Verlag.; **13.27:** Platypus e Echidna, de Hume; Canguru e cachorro de Stevens; Coala de Degabriele.; **13.28:** De C.E. Stevens, 1980, and C.J.F. Harrop and I. D. Hume, 1978, in *Comparative Physiology: Primitive Mammals*, ed. By K. Schmidt-Nielson, et al., Cambridge

University Press.; **13.32:** (A,B,D) De Romer and Parsons; (C) De Pernkoff; (E) De A. Bellairs, 1970, *The Life of Reptiles,* Universe Books, NY.; **13.33:** De H.E. Evans, 1982, "Anatomy of the Budgerigar" in *Diseases of Cage and Aviary Birds,* ed. Margaret L. Petrak, 2nd edition, Lea & Febiger, Philadelphia.; **13.35:** Modificada de E. Kochva, 1978.; **13.37:** Modificada de M.E. Miller, et al., 1964, *Anatomy of the Dog,* W.B. Saunders Company.; **13.40:** Modificada de D.D. Davis, 1964, "The Giant Panda, A morphological study of evolutionary mechanisms," *Fieldiana: Zoology Memoirs,* Vol. 3, Chicago Natural History Museum.; **13.41:** De M. Hildebrand, et al., eds., 1985, *Functional Vertebrate Morphology,* Belknap Press of Harvard University Press.; **13.42:** (A) De T.J. Dawson, 1977, "Kangaroos: Vertebrates Adaptation" *Scientific American,* W.H. Freeman and Company. (B) Modificada de E. Pernkoff, 1929.

Capítulo 14

Figuras 14.5: De F.H. Pough et al., 1989, *Vertebrate Life,* MacMillan.; **14.8:** Modificada de J.A. Willett, 1965, "The male urogenital system in the Sirenidae," *Jrnl. Tennessee Academy of Science,* 40:1.; **14.9:** Modificada de E.J. Braun and W.H. Dantzler, 1972, *Amer. Jrnl. Physiol.* 222:4.; **14.11:** Modificada de Schmidt-Nielson.; **14.15:** Redesenhada de J.J. Berridge and J.L. Oschman, 1972, Transporting Epithelia, Academic Press, London. Reproduzida com permissão de the author.; **14.23:** (A) De M.S. Hardisty, 1979, *Biology of the Cyclostomes,* Chapman and Hall Ltd., redesenhada de micrografia de Patzner, 1974. (B) De J.G.D. Lambert, 1970, "The ovary of the guppy, Poeccilia reticulate," *Gen. Comp. Endocrin.* 15:464–476.; **14.25:** Redesenhada de Romer and Parsons; (A) De Borcea; (B) de Parker, Kerr; (C) de Hyrtl, Goodrich.; **14.28:** Modificada e redesenhada de Romer and Parsons, (A) De McEwen; (C) de Ozawa; (D) de Parker.; **14.31:** De R. van den Hurk, Morphological and functional Aspects of the Testis of the Black Molly, mollienisia (=Poecillia) latipinna, Thesis, University of Turecht, The Netherlands, 1975. Figura A (esquerda) também foi publicada em: "The testes of oviparous and viparous teleosts" in Proc. Kon. Ned. Akad. Wetensch C76, 270–279, 1973. Reproduzida com permissão de Springer Science + Business Media.; **14.32:** Redesenhada de Romer and Parsons de (A) Conel; (B) Borcea; (C) Kerr, Parker; (D) Edwards.; **14.34:** (A) De C.L. Baker and W.W. Taylor, Jr., 1964, "The urogenital system of the male Ambystoma" *Jrnl. Tenn. Acad. Sci.* 41:1 (B) De P. Strickland, 1966, "The male urogenital system of Gyrinophilus Danielsi dunni," *Jrnl. Tenn. Acad. Sci.* 41:1.; **14.36:** Redesenhada de Romer and Parsons (A) e (B) de McEwen; (C) de van den Broek; (D) de Oseler and Lasmprecht.; **14.37:** De P.E. Lake, 1981, "Male genital organs," *Form and Function in Birds,* Vol. 2, ed. By A.S. King and J. McLelland, Academic Press.; **14.38:** Material adaptado de Ari Van Tienhoven, Reproductive Physiology of Vertebrates, 2nd Edition. Copyright © 1983 by Cornell University Press. Usado com autorização da editora, Cornell University Press.; **14.39:** Material adaptado de Ari Van Tienhoven, Reproductive Physiology of Vertebrates, 2nd Edition. Copyright © 1983 by Cornell University Press. Usada com permissão da editora, Cornell University Press.; **14.42:** Esta figura foi publicada em H.E. Evans, "Introduction and Anatomy." in Zoo and Wild Animal Medicine, edited by M.E. Fowler. Copyright © 1979 Elsevier Inc. Reproduzida com permissão de Elsevier.; **14.44:** De A.S. King, 1981, *Form and Function in Birds,* Vol. 2, (C) redesenhada de Liebe, 1914; (D) Baseada em Liebe and Rauterfeld, et al., 1974.; **14.45:** De M.E. Miller, et al., 1964, *Anatomy of the Dog,* W.B. Saunders and Company.; **14.46:** Redesenhada de Romer and Parsons de Dean.; **14.47:** (A) De P.E. Lake, 1981, "Male genital organs," *Form and Function in Birds,* Vol. 2, ed. By A.S. King and J. McLelland, Academic Press, de Gadow 1887.; **14.48:** De M. Gabe and H. Saint-Girons, 1965, *Mem. Mus. Nat. Hist. Nat.,* Paris, Serie A, t. XXXIII, fasc. 4, pp. 149–292.; **14.54:** De M.P. Hardy and J.N. Dent, 1986, "Transport of sperm within the cloaca of the female red-spotted

newt," *J. Morph.* 190:259–270.; **14.55:** Modificada de C.R. Austin and R. V. Short, 1973, eds., *Reproduction in Mammals,* Book 1, Germ Cells and Fertilization, Cambridge University Press.

Capítulo 15

Figuras 15.1: (B) De R.V. Krstić, *General Histology of the Mammal,* Springer-Verlag, Verlin-Heode; berg-NY-Tokyo, p. 89. (C) De R.V. Krstić, *General Histology of the Mammal,* Springer-Verlag, Verlin-Heidelberg-NY-Tokyo, p. 93.; **15.6:** (A,B) De L.S. Stone and H. Steinitz, 1953, *Exp. Zool.,* 124:469. (C) De E. Witschi, 1949, Z. Naturforsch, 4:230.; **15.9:** (A,C,D,F) De P.J. Bentley, 1976, *Comparative Vertebrate Endocrinology,* Figs. 2.9 (A); 2.10 (C,D); 2.11(F) Cambridge University Press, Cambridge. (E,F) De Hartman and Brownell, 1949.; **15.11:** (A) De R.V. Krstić, *General Histology of the Mammal,* Springer-Verlag, Verlin-Heidelberg-NY-Tokyo, p. 89. (B) De R.V. Krstić, *General Histology of the Mammal,* Springer-Verlag, Verlin-Heidelberg-NY-Tokyo, p. 91.; **15.12:** De Bentley.

Capítulo 16

Figuras 16.3: De R.V. Krstić. General Histology of the Mammal © Springer-Verlag Berlin Heidelberg 1984. Com permissão de Springer Science+Business Media.; **16.12:** (A) De Stensio; (B) de Lindstrom 1949 via Jollie, 1962, *Chordate Morphology,* Reinhold Publishing Corp., NY, p. 401; (C) De Marinelli and Strenger, 1954 via M. Jollie, 1952 *Chordate Morphology,* Reinhold Publishing Corp., NY, p. 401; (D) De Norris and Hughes, 1920, via M.Jollie, 1962, *Chordate Morphology,* Reinhold Publishing Corp., NY, p. 401.; **16.19:** De M. Hildebrand, 1988, *Analysis of Vertebrate Structure,* John Wiley & Sons, NY.; **16.26:** De H. Smith, 1960, *Evolution of Chordate Structure,* Holt, Rinehart, & Winston, NY.; **16.32:** De W.J.H. Nauta and M. Feirtag, 1979, "The organization of the brain," *Scientific American,* 1979(9):102.; **16.34:** De Ebbessona and Northcutt, 1976; Roberts, 1981; e Kremers, 1981.; **16.35:** (A,B) Redesenhada de A.S. Romer and T.S. Parsons, 1985, *The Vertebrate Body,* Saunders College Publishing after Ahlborn. (C) De R.E. Davis and R.G. Northcutt, eds., 1983, *Fish Neurobiology,* Vol. 2, University of Michigan Press, Ann Arbor. (D,E,F,G,H) Redesenhadas de A.S. Romer and T.S. Parsons, 1985, *The Vertebrate Body,* Saunders College Publishing.; **16.36:** Redesenhada de A.S. Romer and T.S. Parsons, 1985, *The Vertebrate Body,* Saunders College Publishing, de Butschli, Weinstein, Sisson.; **16.37:** (A,D,E) Redesenhadas de A.S. Ropmer and T.S. Parsons, 1985, *The Vertebrate Body,* Saunders College publishing de (A) Haller, Burcjhardt; (D) Loo. (B,C) Modificadas de M. Jollie, 1962, *Chordate Morphology,* Reinhold Publishing Corp., NY.

Capítulo 17

Figuras 17.6: De H. Tuchmann-Duplessis, et al., 1974, *Illustrated Human Embryology,* Vol. III Nervous System and Endocrine Glands, Springer-Verlag, NY.; **17.9:** De M.H. Wake (ed.), 1979, *Hyman's Comparative Vertebrate Anatomy,* University of Chicago Press.; **17.13:** De M.A. Miller, et al, 1964, *Anatomy of the Dog,* W.B. Saunders, Philadelphia.; **17.14:** De M. Halpern and J.L. Kubie, 1984. "The role of the ophidian vomeronasal system in species-typical behavior: in *Trends Neurosci,* 7(12):472–477.; **17.15:** De F.E. Bloom, et al., 1985, *Brain, Mind, and Behavior,* W.H. Freeman and Company.; **17.18:** De H. Tuchmann-Duplessis, et al., 1974, *Illustrated Human Embryology,* Vol. III Nervous System and Endocrine Glands, Springer-Verlag, NY.; **17.19:** De H.M. Smith, 1960, Evolution of Chordate Structure, Holt, Rinehart, & Winston.; **17.22:** De Q. Bone and N.B. Marshall, 1982, *Biology of fishes,* Blackie & Sons, Ltd., Glasgow & London.; **17.28:** De M.H. Wake (ed.), Hyman's Comparative Vertebrate Anatomy, Copyright © 1979, University of Chicago Press. Reproduzida com permissão.; **17.29:** De H.M. Smith, 1960, *Revolution of Chordate Structure,* Holt, Rinehart, & Winston, de Neal and Rand.; **17.30:** De deCock

Buning, 1983.; **17.32:** De M.J. Lannoo, 1987, "Neuromast topography in anuran amphibians" in *Scientific American*, November.; **17.33:** De D.E.Parker, 1980, "The vestibular apparatus: in *Scientific American*, November.; **17.37 (acima):** Adaptada de R.G. Northcutt and R.E. Davis, eds., Fish Neurobiology, Vol. 1. Copyright © 1983, The University of Michigan Press, Ann Arbor. Reproduzida com permissão.; **17.38:** De Q. Bone and N.B. Marshall, Biology of Fishes. De A.N. Popper and Sheryl Coombs, "Auditory mechanisms in Teleost fishes" in American Scientist, 1980, 68:420–440. Copyright © 1980 Sigma Xi, The Scientific Research Society. Reproduzida com permissão.; **17.39:** (A) De A.S. Romer and T.S. Parsons, 1986, *The Vertebrate Body*, Saunders College Publishing. (B) De E.G. Weaver, 1985, *The Amphian Ear*, Princeton University Press.; **17.41:** De A.S. Romer and T.S. Parsons, 1986, *The Vertebrate Body*, Saunders College Publishing.; **17.42:** De H.E. Evans, 1982, "Diseases of Cage and Aviary Birds" in *Anatomy of the Budgerigar*, Margaret L. Petrak, (ed.), Lea & Febiger, Philadelphia.; **17.43:** (A) De Knudson; (B,C) de Norberg. De "The Hearing of the Barn Owl" edited by E.I. Knudson, drawn by Tom Prentiss in Scientific American, December 1981. Reproduzida com permissão de Nelson H. Prentiss.; **17.44:** (A) De H.M. Smith, 1960, *Evolution of Chordate Structure*, Holt, Rinehart, Winston. (B) De A.S. Romer and T.S. Parsons, 1986, *The Vertebrate Body*, Saunders College Publishing. (C) De E. van Beneden and C. van Bambeke, 1965, "Zure funktionsmorphologie des akustishen organs." *Extract des Archives des Biologie.;* **17.45:** De E. van Beneden and C. van Bambeke, 1965, "Zure funktionsmorphologie des akustishen organs." *Extract des Archives des Biologie;* **17.46:** De W. Raschi, 1986, "A morphological analysis of the ampullaie of Lorenzini in selected skates (Pisces, Rajoidei)" in *J. Morph.* 189: p. 231.; **17.47:** De H.W. Lissmann, 1963, "Electric location by fishes" in *Scientific American*, March, p. 163.; **17.48:** De R.G. Northcutt and P.E. Davis (eds.), *Fish Neurobiology*, Vol.1, University of Michigan Press, Ann Arbor.

Créditos das fotografias

Capítulo 1

Figuras 1.2: Neg. no. 326697, cortesia de Department of Library Services, American Museum of Natural History; **1.3:** Cortesia de the National Library of Medicine (USNLM); **1.4:** © Museum of Comparative Zoology Harvard University, © President and Fellows of Harvard College; **1.5 B:** Foto cortesia de Bibliotheque Centrale du Museum National d' Histoire Naturelle Paris, 2008; **1.6:** © National Portrait Gallery, London; **1.7 & 1.8 & 1.10 A:** © Stock Montage; **1.32:** Neg. no. 336671, cortesia de Department of Library Services, American Museum of Natural History; **1.33:** Cortesia de Dr. R. Wild Staatl, Museum fur Naturkunde, Stuttgart; **1.34:** © John Cunningham/Visuals Unlimited; **1.35 A:** Neg. #330491, cortesia de Department of Library Services, American Museum of Natural History; **1.35 B:** Neg. #35608, cortesia de Department of Library Services, American Museum of Natural History; **1.36 A:** Neg. #324393, cortesia de Department of Library Services, American Museum of Natural History; **1.37 A:** Foto cortesia de National Park Service; **1.37 B:** Fotos cortesia de Dr. David Taylor, Executive Director, Northwest Museum of Natural History, Portland State University, Portland, Oregon; **1.39:** Chasmosaurus by Eleanor Kish. Reproduzida com permissão de Canadian Museum of Nature, Ottawa, Canada.; **1.42 B:** © Grand Canyon National Park; **1.42 C:** Cortesia de Zion National Park; **1.42 D-F:** Cortesia de National Park Services; **1.46 A:** De Bruce A. Young, University of Massachusetts and Kenneth V. Kardong, Washington State University, "Naja haje" (Online), Digital Morploty, at http://digimorph.org/specimens/Naja_haje. **1.46 B:** Gentilmente fornecida por Bruce A. Young; p. 46(direita & esquerda): © East London Museum.

Capítulo 2

Figura 2.15 A: De Bryan Wilbur, Ashley Gosselin-Ildari, 2001, "Pisaster sp. Digital Morphology at digimorph.org/specimens/pisaster_sp

Capítulo 4

Figuras 4.18 A & B: © Kenneth Kardong; **4.39 A & B:** Reproduzida de Cowin, Hart, Blaser, Kohn, "Functional Adaptation in Long Bones: Establishing in Vivo Values for Surface Remodeling Rate Coefficients, *J. Biomechanics*, Vol. 18, No. 9, 1985. Copyright © 1985 com permissão de Elsevier; **4.41 B:** Reproduzida com permissão da editora a partir de "Functional Vertebrate Morphology," fig. 1.10a, p. 13. Edited by Milton Hildebrand et al., Cambridge, Mass.: The Belknap Press of Harvard University Press, © 1985 by the Presidents and Fellows of Harvard College.

Capítulo 5

Figura 5.38: Foto cortesia de M. Richardson.

Capítulo 6

Página 218: © Punchstock RF; **6.12 A:** De *Comparative Vertebrate Histology*, 1969. © Donald I. Patt & Gail R. Patt. Reproduzida com permissão; p. 221(fundo & detalhe): Cortesia de Deborah A. Hutchinson e Alan H. Savitzky, parte da equipe de pesquisa composta por A. Mori, J. Meinwald, F.C. Schroeder, G.M. Burghardt; p. 228 (fundo & detalhe): Fotos cortesia de e baseadas na pesquisa de John P. Dumbacher.

Capítulo 10

Figura 10.7 A & B: Modificada de Young, Magnon e Goslow, 1990, com nossos agradecimentos.

Capítulo 11

Figura 11.27 A & B: De D.L. Uchtel and K.V. Kardong in *Journal of Morphology*, Vol. 169, Issue 1, pp. 29-47, 1981 "Ultrastructure of the Lung of the Rattlesnake, Crotalus viridis oreganos," Reproduzida com permissão de Wiley-Liss, a division of John Wiley & Sons Inc.

Capítulo 12

Figura 12.10: De *Early Embryology of the Chick* by Bradley M. Patten, 1995. Reproduzida com permissão de the McGraw-Hill Companies; p. 485 A-C: Waterman, Allyn J: Olsen, Ingrith D; Johansen, Hermana; Noback, Charles R; Liem, Karel; Kluge, Arnold; Frye, B.E, *Chordate Structure & Function*, 2nd edition, © 1977. Reproduzida com permissão de Pearson Education, Inc., Upper Saddle River, NJ.

Capítulo 14

Figura 14.40: © Dr. Edward Zalisko.

Capítulo 15

Página 619: © The Trustees of the British Museum, Department of Prints and Drawings. All Rights Reserved.

Capítulo 17

Figura 17.27: De *Brain, Mind & Behavior* by Floyd E. Bloom, Arlyne Lazerson, and Laura Hofstadter, © 1985 by Educational Broadcasting Corp. Usada com autorização de W.H. Freeman and Co.; **17.37:** De Northcutt & Davis *Fish Neurobiology*, Vol. 1, pg. 147, © The University of Michigan Press; **17.44 A:** Ruf, 1. (2007): Having a Closer Look: micro (Tomalysis of the bony Cabyrinth in rodents. ICVM8 Abstracts, 107.

Capítulo 18

Figura 18.1 B: © Crown Copyright. NMR

Índice Alfabético